분야별 전문강사가 준비한
무료 동영상 강좌
2011년부터~2017년까지

1 2018

D60-2
별책부록 "핵심요점정리"

최근 7년 기출 문제 2011~2017

전기산업기사 필기

D-60 series

검정연구회 편

"핵심 요점정리"만 이해해도 자격시험 합격이 가능한
필수 암기 내용 수록!

효과적인 학습법 및 시간 배분
1단계(준비단계): "핵심 요점정리" 정독(3일 소요)
2단계: 1번째 기출문제 풀이(28일 소요)
3단계: "핵심 요점정리" 암기(5일 소요)
4단계: 2번째 기출문제 풀이(14일 소요)
5단계(마무리단계): "핵심 요점정리"+3번째 기출문제 풀이(10일 소요)

• D-60 시리즈 2-1 •

전기산업기사 필기

과년도 7개년 문제
(2011~2017)

머 리 말

국가 기초 산업의 중추적인 역할을 담당하고 있는 전기 분야에서 자신의 능력을 충분히 발휘하고 활동 영역을 확대하기 위해서는 어느 타 분야에 비해 전기 분야에서의 자격증 취득은 무엇보다 중요하며 필수적인 사항입니다.

따라서 가장 단시간만에 쉽게 자격증을 취득하기 위해서는 먼저 기 출제된 문제를 철저하게 분석하여 시험범위 및 난이도를 분석하여 그에 맞도록 준비하는 것이 가장 중요하다고 할 수 있습니다.

이에 따라 본서는 다음 사항에 중점을 두었습니다.

첫째 : 최근 **7년간 기 출제된 문제를 연도순**으로 원문에 충실하게 수록
둘째 : **철저한 검증을 통한 답과 상세한 풀이 과정을 수록**함으로서 수험생 여러분들이 완벽하고 정확하게 이해할 수 있도록 준비하였습니다.
셋째 : 무료 동영상 강의를 시청할 수 있도록 준비하였습니다.

따라서 본 수험서를 충분히 이해한다면 단시간에 자격증 취득이 가능할 뿐만 아니라 현업에서 즉시 사용될 수 있으리라고 생각합니다.

끝으로 본 수험서로 필기시험을 준비하시는 여러분들에게 깊은 감사를 드리며 출판 과정에서 발생할 수 있는 오·탈자 및 오답이 발견될 경우 연락주시면 수정토록하여 보다 나은 수험서가 되도록 노력하겠습니다. 또한 본 수험서에 잘못된 내용은 인터넷 홈페이지 **고객센터/정오표** 신고란에 게시할 예정이오니 많은 참고바랍니다.

「**인터넷 주소** : www.onepointbook.co.kr」

저 자

차 례

최근 기출문제

D-60 시리즈 2-1
최근 기출 문제

D-60 시리즈 2-1

2011년도
전기산업기사 필기

▶ 11년 제1회 전기산업기사

▶ 11년 제2회 전기산업기사

▶ 11년 제3회 전기산업기사

국가기술자격검정 필기시험 문제

2011년도 전기산업기사 일반검정 제1회

자격종목 및 등급(선택분야)	종목코드	시험시간	문제지형별	수검 번호	성 명
전기산업기사	2140	2시간 30분	A		

1과목 전기자기학

문제 01 자장 중에서 도선에 발생되는 유기 기전력의 방향은 어떤 법칙에 의하여 설명되는가?

① 패러데이(Faraday)의 법칙

② 앙페르(Ampere)의 오른나사 법칙

③ 렌츠(Lenz)의 법칙

④ 가우스(Gauss)의 법칙

풀이

유도 기전력 $e = -\dfrac{d\Phi}{dt} = -N\dfrac{d\phi}{dt}$ [V]에서

- **렌츠의 법칙** : 전자유도에 의해 발생하는 기전력은 자속 변화를 방해하는 방향으로 전류가 발생한다. 이것을 렌츠의 법칙(Lenz's law)이라 하고, **기전력의 방향(−)을 결정**한다.
- **페러데이 법칙** : 유도 기전력의 크기는 폐회로에 쇄교하는 자속의 시간적 변화율에 비례한다." 이것을 패러데이 법칙(Faraday's law) 또는 노이만 법칙(Neumann's law)이라 하며, **기전력의 크기를 결정**한다.

【답】 ③

문제 02 무한장 솔레노이드에 전류가 흐를 때 발생되는 자장에 관한 설명 중 옳은 것은?

① 내부 자장은 평등 자장이다.

② 외부와 내부 자장의 세기는 같다.

③ 외부 자장은 평등 자장이다.

④ 내부 자장의 세기는 0이다.

풀이

- 무한장 솔레노이드 **내부의 자계** $H_i = nI$[AT/m] **(위치에 관계없는 평등자계)**
- 무한장 솔레노이드 외부의 자계 $H_o = 0$[AT/m]

【답】 ①

문제 03 패러데이관의 설명 중 틀린 것은?

① +1[C]의 진전하에 −1[C]의 진전하로 끝나는 1개의 관으로 가정한다.

② 관의 양끝에는 정, 부의 단위 진전하가 있다.

③ 관의 밀도는 전속밀도와 동일하다.

④ 관속에 있는 전속수는 진전하가 있으면 일정하고 연속이다.

문제 04

무한장 직선도체에 선전하밀도 λ[C/m]의 전하가 분포되어 있는 경우 직선도체를 축으로 하는 반지름 r의 원통면 상의 전계는 몇 [V/m]인가?

① $E = \dfrac{1}{4\pi\epsilon_0} \times \dfrac{\lambda}{r}$
② $E = \dfrac{1}{2\pi\epsilon_0} \times \dfrac{\lambda}{r^2}$

③ $E = \dfrac{1}{4\pi\epsilon_0} \times \dfrac{\lambda}{r^2}$
④ $E = \dfrac{1}{2\pi\epsilon_0} \times \dfrac{\lambda}{r}$

풀이

전계의 세기
선전하 밀도 λ [C/m]로 분포되어 있는
무한장 직선 도체에서 거리 r [m]인
점에서의 전계의 세기 E

• $E = \dfrac{\lambda}{2\pi\epsilon_0 r}$ [V/m]

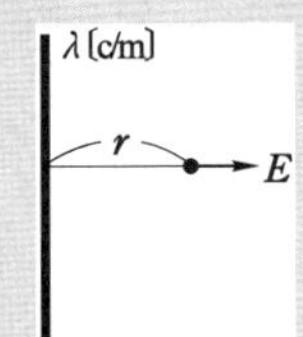

【답】 ④

문제 05

극판의 면적이 50 [cm²], 극판사이의 간격이 1 [mm], 극판사이의 매질이 비유전율 5인 평행판 콘덴서의 정전용량은 약 몇 [pF]인가?

① 220　　② 22　　③ 250　　④ 25

풀이

평행판 콘덴서의 정전 용량
$$C = \frac{\epsilon_0 \epsilon_s S}{d} = \frac{8.855 \times 10^{-12} \times 5 \times 50 \times 10^{-4}}{1 \times 10^{-3}} \fallingdotseq 221 \times 10^{-12}\,[\mathrm{F}] = 221\,[\mathrm{pF}]$$

【답】 ①

문제 06

평등 전계내에서 5[C]의 전하를 30[cm] 이동시키는데 120[J]의 일이 소요되었다. 전계의 세기는 몇 [V/m]인가?

① 24　　② 36　　③ 80　　④ 160

풀이

일 $W = 힘 \times 거리 = F \times l = qE \cdot l$ 에서
$$E = \frac{W}{q \cdot l} = \frac{120}{5 \times 30 \times 10^{-2}} = 80[\mathrm{V/m}]$$

【답】 ③

문제 07

정전차폐와 자기차폐를 비교하였을 때 옳은 것은?

① 정전차폐가 자기차폐에 비교하여 완전하다.

② 정전차폐가 자기차폐에 비교하여 불완전하다.

③ 두 차폐방법은 모두 완전하다

④ 두 차폐방법은 모두 불완전하다

풀이

① **정전 차폐**
- 그림과 같이 도체 2를 접지하여 도체 1과 3 사이의 관계와 같이 도체간에 정전현상이 미치지 않도록 완전히 차단된 상태를 정전 차폐라 한다.
- 정전 차폐는 도체를 사용하여 외부 전계의 영향을 완전히 막을 수 있다.

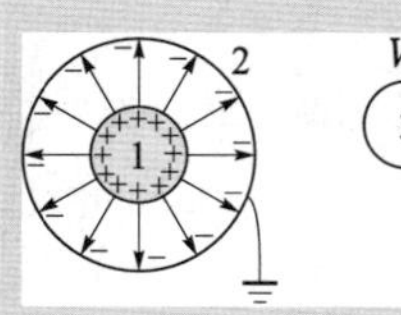

② **자기차폐**
- 투자율이 큰 강자성체를 사용하여 외부자계의 영향을 작게 하는 자기적인 차단을 자기 차폐(magnetic shielding)라 한다.
- 자계에서는 투자율이 ∞인 자성체가 존재하지 않기 때문에 완전히 차단하는 것은 불가능하다.

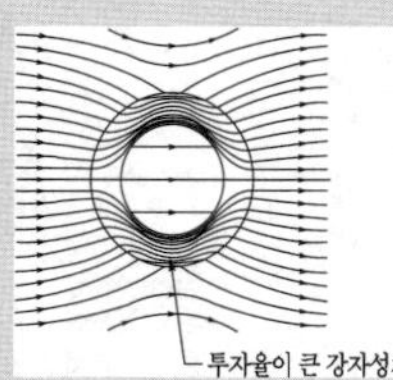

따라서, 정전차폐와 자기 차폐를 비교해보면 **정전차폐가 자기차폐에 비해 완전**하다. **【답】** ①

문제 08

다음 식 중 포인팅 벡터를 나타낸 식과 단위를 바르게 표현한 것은?

① $\vec{E} \times \vec{B},\ [\mathrm{W/m^2}]$　　　　　　　② $\vec{E} \times \vec{H},\ [\mathrm{W/m^2}]$

③ $\vec{E} \times \vec{B},\ [\mathrm{W/m^3}]$　　　　　　　④ $\vec{E} \times \vec{H},\ [\mathrm{W/m^3}]$

풀이

- 포인팅 벡터(방사 벡터) : 진행 방향에 수직되는 단위 면적을 단위 시간에 통과하는 에너지
- **포인팅 벡터** $P = \vec{E} \times \vec{H} = EH\sin\theta\ [\mathrm{W/m^2}]$　　　　**【답】** ②

문제 09

평면도체 표면에서 d의 거리에 점전하 Q가 있을 때 이 전하를 무한원점까지 운반하는데 요하는 일을 구하면 몇 [J]인가?

① $\dfrac{Q^2}{4\pi\epsilon_0 d}$　　　　② $\dfrac{Q^2}{8\pi\epsilon_0 d}$　　　　③ $\dfrac{Q^2}{16\pi\epsilon_0 d}$　　　　④ $\dfrac{Q^2}{32\pi\epsilon_0 d}$

풀이

- 작용력 $F = \dfrac{-Q^2}{4\pi\epsilon_0 (2d)^2} = \dfrac{-Q^2}{16\pi\epsilon_0 d^2}\ [\mathrm{N}]$ (흡인력)

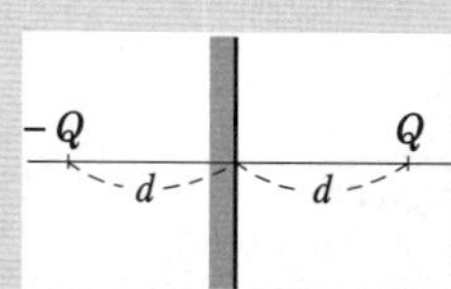

- 요하는 일 $W = \displaystyle\int_d^\infty F\,dr = \dfrac{Q^2}{16\pi\epsilon_0}\int_d^\infty \dfrac{1}{d^2}\,dr$

$$= \dfrac{Q^2}{16\pi\epsilon_0}\left[-\dfrac{1}{d}\right]_d^\infty = \dfrac{Q^2}{16\pi\epsilon_0 d}\ [\mathrm{J}]$$

【답】 ③

전계와 자계와의 관계식으로 옳은 것은?

① $\sqrt{\epsilon H} = \sqrt{\mu E}$

② $\sqrt{\epsilon \mu} = EH$

③ $\sqrt{\mu}\, H = \sqrt{\epsilon}\, E$

④ $\epsilon \mu = EH$

풀이

고유 임피던스 $\eta = \dfrac{E}{H} = \sqrt{\dfrac{\mu}{\epsilon}}\,[\Omega]$에서 $\sqrt{\mu}\, H = \sqrt{\epsilon}\, E$

【답】 ③

히스테리시스손은 주파수 및 최대자속밀도와 어떤 관계에 있는가?

① 주파수와 최대자속밀도에 비례한다.

② 주파수에 비례하고 최대자속밀도의 1.6승에 비례한다.

③ 주파수와 최대자속밀도에 반비례한다.

④ 주파수에 반비례하고 최대자속밀도의 1.6승에 비례한다.

풀이

- 히스테리시스손 $P_h = \eta f {B_m}^{1.6}\,[\text{J/m}^3]$
- **히스테리시스손은 주파수 f에 비례하고 최대자속밀도 B_m의 1.6승에 비례한다.**

【답】 ②

대전도체의 내부전위는?

① 항상 0이다.

② 표면전위와 같다.

③ 대지전압과 전하의 곱으로 표현된다.

④ 공기의 유전율과 같다.

풀이

대전도체 내부는 전계(전기력선)가 없다. 즉, 전위차가 발생하지 않는다. 따라서 **내부의 전위와 표면전위는 같다**(도체는 등전위이다).

【답】 ②

전하 Q_1, Q_2 간의 작용력이 F_1일 때 근처에 전하 Q_3을 놓을 경우 Q_1과 Q_2 사이의 전기력을 F_2라 하면?

① $F_1 = F_2$

② $F_1 < F_2$

③ $F_1 > F_2$

④ Q_3의 크기에 따라 다르다.

풀이

- Q_1과 Q_2 사이에 작용하는 쿨롱의 힘 $F = \dfrac{1}{4\pi\epsilon} \cdot \dfrac{Q_1 \cdot Q_2}{r^2}\,[\text{N}]$
- 두 전하사이에 작용하는 쿨롱의 힘은 두 전하 사이의 거리 r과 전하량 Q_1, Q_2 및 주위의 유전율 ϵ에만 관계되므로 **부근에 제3의 점전하가 있어도 그의 영향을 받지 않는다.**
  따라서, $F_1 = F_2$

【답】 ①

문제 14

평행판콘덴서의 극판사이가 진공일 때의 용량을 C_0, 비유전율 ϵ_s의 유전체를 채웠을 때의 용량을 C라 할 때, 이들의 관계식은?

① $\dfrac{C}{C_0} = \dfrac{1}{\epsilon_0 \epsilon_s}$ 　② $\dfrac{C}{C_0} = \dfrac{1}{\epsilon_s}$ 　③ $\dfrac{C}{C_0} = \epsilon_0 \epsilon_s$ 　④ $\dfrac{C}{C_0} = \epsilon_s$

풀이

- 극판 사이가 진공일 때의 정전용량 $C_0 = \dfrac{\epsilon_0 s}{d}$
- 극판 사이를 비유전율 ϵ_s의 유전체를 채웠을 때의 정전용량 $C = \dfrac{\epsilon_0 \epsilon_s s}{d} = \epsilon_s C_0$

$$\therefore \dfrac{C}{C_0} = \epsilon_s$$

【답】④

문제 15

투자율이 μ이고, 감자율이 N인 자성체를 평등자계 H_0중에 놓았을 때, 이 자성체의 자화의 세기 J를 구하면?

① $\dfrac{\mu_0(\mu_s+1)}{1+\mu(\mu_s+1)} H_0$ 　② $\dfrac{\mu_0 \mu_s}{1+N(\mu_s+1)} H_0$

③ $\dfrac{\mu_0 \mu_s}{1+N(\mu_s-1)} H_0$ 　④ $\dfrac{\mu_0(\mu_s-1)}{1+N(\mu_s-1)} H_0$

풀이

감자력 $H' = \dfrac{NJ}{\mu_0}$라 하면 자성체의 내부 자계는

$$H = H_0 - H' = H_0 - \dfrac{NJ}{\mu_0} \,[\text{A/m}]$$

$$J = \chi_m H, \quad \chi_m = \mu_0(\mu_s-1) \,[\text{Wb/m}^2]$$

H를 소거하여

$$\therefore J = \dfrac{\chi_m}{1+\dfrac{\chi_m N}{\mu_0}} H_0 = \dfrac{\mu_0(\mu_s-1)}{1+N(\mu_s-1)} H_0 \,[\text{Wb/m}^2]$$

【답】④

문제 16

다음 물질 중에서 비유전율이 가장 큰 것은?

① 운모 　② 유리 　③ 증류수 　④ 고무

풀이

- 운모 : 5.5~6.6　　• 유리 : 5.4~9.9　　• 물 : 80.7　　• 고무 : 3

【답】③

문제 17

어떤 코일에 흐르는 전류가 0.01초 동안에 일정하게 50[A]로부터 10[A]로 바뀔 때에 20[V]의 기전력이 발생한다면 자기인덕턴스는 몇 [mH]인가?

① 5 　② 7 　③ 9 　④ 12

풀이

$e = L \dfrac{di}{dt}$ 에서 $\therefore L = e\dfrac{dt}{di} = 20 \times \dfrac{0.01}{50-10} = \dfrac{0.2}{40} = 0.005[\text{H}] = 5[\text{mH}]$ 　【답】 ①

문제 18

평등자계 H_0 내에서 얇은 철판을 자계와 수직으로 놓았을 때 철판 내부의 자계의 세기 H_i 는? (단, 철의 비투자율은 μ_s, 자화율은 χ 이다.)

① $H_i = H_0$　　　　② $H_i = \chi H_0$　　　　③ $H_i = \mu_s H_0$　　　　④ $H_i = \dfrac{H_0}{\mu_s}$

【답】 ④

문제 19

자계의 세기 1500[AT/m]되는 점의 자속밀도가 2.8[Wb/m²]이다. 이 공간의 비투자율은 약 얼마인가?

① 1.86×10^{-3}　　　② 1.86×10^{-2}　　　③ 1.48×10^{3}　　　④ 1.48×10^{2}

풀이

$B = \mu_0 \mu_s H$ 식에서 　$\mu_s = \dfrac{B}{\mu_0 H} = \dfrac{2.8}{4\pi \times 10^{-7} \times 1500} = 1.485 \times 10^3\,[\text{H/m}]$ 　【답】 ③

문제 20

점전하 $+Q$의 무한 평면도체에 대한 영상전하는?

① $+Q$　　　　　　② $-Q$　　　　　　③ $+2Q$　　　　　　④ $-2Q$

풀이

전기 영상법
그림과 같이 도체 평면 XX '에서 거리 d인 점 P에 점 전하 Q가 있는 경우 도체면에 대하여 대칭인 영상점 P'에 **크기는 점전하와 같고 부호는 반대인 영상 전하 $-Q$가 있다고 가상**하고 해석 한다.

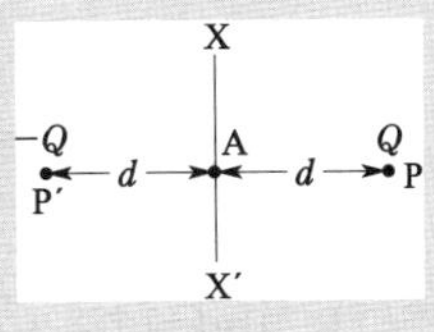

【답】 ②

2과목　전력공학

문제 21

선간거리가 $2D$[m]이고 선로 도선의 지름이 d[m]인 선로의 정전용량은 몇 [μF/km]인가?

① $\dfrac{0.02413}{\log_{10}\dfrac{4D}{d}}$　　　② $\dfrac{0.02413}{\log_{10}\dfrac{2D}{d}}$　　　③ $\dfrac{0.02413}{\log_{10}\dfrac{D}{d}}$　　　④ $\dfrac{0.2413}{\log_{10}\dfrac{4D}{d}}$

> **풀이**
>
> 선로의 정전용량 $C = \dfrac{0.02413}{\log_{10}\dfrac{D}{r}}\,[\mu\text{F/km}]$ 에서
>
> 선간거리가 $2D\,[\text{m}]$이고 도선의 지름이 $d[\text{m}]$인 경우 정전용량 C'
>
> $$C' = \dfrac{0.02413}{\log_{10}\dfrac{2D}{\dfrac{d}{2}}} = \dfrac{0.02413}{\log_{10}\dfrac{4D}{d}}\,[\mu\text{F/km}]$$
>
> 여기서, r : 반지름, D : 선간거리
>
> 【답】①

문제 22

200[V], 10[kVA]인 3상 유도전동기가 있다. 어느 날의 부하실적은 1일의 사용전력량 72[kWh], 1일의 최대전력이 9[kW], 최대부하일 때의 전류가 35[A]이었다. 1일의 부하율과 최대 공급전력일 때의 역률은 몇 [%]인가?

① 부하율 : 31.3, 역률 : 74.2　　　　② 부하율 : 33.3, 역률 : 74.2

③ 부하율 : 31.3, 역률 : 82.5　　　　④ 부하율 : 33.3, 역률 : 82.5

> **풀이**
>
> - 일 부하율 $= \dfrac{\text{평균 전력}}{\text{최대 전력}} \times 100 = \dfrac{72/24}{9} \times 100 = 33.33\,[\%]$
> - $P = \sqrt{3}\,VI\cos\theta = \sqrt{3} \times 200 \times 35 \times \cos\theta = 9000\,[\text{W}]$
>
> $\therefore \cos\theta = \dfrac{9000}{\sqrt{3} \times 200 \times 35} \times 100 = 74.23\,[\%]$
>
> 【답】②

문제 23

가공 송전선에 사용되는 애자 1연 중 전압부담이 최대인 애자는?

① 철탑에 제일 가까운 애자

② 전선에 제일 가까운 애자

③ 중앙에 있는 애자

④ 철탑과 애자연 중앙의 그 중간에 있는 애자

> **풀이**
>
> 애자련의 전압분포
> ① **최대 전압 분담애자 : 전선에 가장 가까운 애자**
> ② 최소 전압 분담애자 : 전선으로부터 2/3 (철탑으로부터 1/3)되는 지점에 있는 애자
>
> 【답】②

문제 24

배전선로의 전기방식 중 전선의 중량(전선비용)이 가장 적게 소요되는 전기방식은? (단, 배전전압, 거리, 전력 및 선로손실 등은 같다고 한다.)

① 단상 2선식　　　　② 단상 3선식

③ 3상 3선식　　　　④ 3상 4선식

단상 2선식 기준 소요 전선량

전기 방식	소요 전선량 [%]	비　　　고
단상 2선식	100	단상 2선식 기준
단상 3선식	37.5	중성선과 전압선의 굵기가 동일
	31.3	중성선의 굵기가 전압선의 1/2
3상 3선식	75	
3상 4선식	**33.3**	**중성선과 전압선의 굵기가 동일**
	29.2	중성선의 굵기가 전압선의 1/2

【답】 ④

문제 25

철탑의 탑각 접지저항이 커지면 가장 크게 우려되는 문제점은?

① 역섬락 발생　　　② 코로나 증가　　　③ 정전 유도　　　④ 차폐각 증가

철탑의 접지 저항이 크면 뇌격시 철탑의 전위가 매우 높게 되어 철탑에서 송전선에 섬락을 일으키는 경우가 있는데, 이를 **역섬락**이라고 하며, 역섬락을 방지하기 위해서는 철탑과 송전선과의 절연 간격을 적절히 하고, 철탑의 접지 저항을 작게 해야 한다.

【답】 ①

문제 26

직접 접지 방식에 대한 설명 중 옳지 않은 것은?

① 이상전압 발생의 우려가 거의 없다.

② 계통의 절연수준이 낮아지므로 경제적이다.

③ 변압기의 단절연이 가능하다.

④ 보호계전기가 신속히 작동하므로 과도안정도가 좋다.

직접 접지 방식의 장·단점

[장점]　① 1선 지락시에 건전상의 대지 전압이 거의 상승하지 않는다.
　　　　② 피뢰기의 효과를 증진시킬 수 있다.
　　　　③ 단절연이 가능하다.
　　　　④ 계전기의 동작이 확실해진다.

[단점]　① **송전 계통의 과도 안정도가 나빠진다.**
　　　　② 통신선에 유도 장해가 크다.
　　　　③ 기기에 큰 영향을 주어 손상을 준다.
　　　　④ 대용량 차단기가 필요하다.

【답】 ④

문제 27

전압 3300/105-0-105[V]의 단상 3선식 변압기에 60[A], 60[%] 및 50[A], 80[%]의 불평형, 늦은 역률 부하를 걸었을 때 총 유효전력은 약 몇 [kW]인가?

① 5　　　　　　② 8　　　　　　③ 11　　　　　　④ 14

풀이

$$P_1 = V_1 I_1 \cos\theta_1 = 105 \times 60 \times 0.6 = 3.78[\text{kW}]$$
$$P_2 = V_2 I_2 \cos\theta_2 = 105 \times 50 \times 0.8 = 4.2[\text{kW}]$$
$$\therefore P = P_1 + P_2 = 7.98 \coloneqq 8[\text{kW}]$$

【답】②

문제 28 자가용 변전소의 1차측 차단기의 용량을 결정할 때 가장 밀접한 관계가 있는 것은?

① 부하설비 용량
② 공급측의 전기설비용량
③ 부하의 부하율
④ 수전계약 용량

풀이

• **차단기의 차단용량 > 계통의 단락용량**

• 단락용량 $P_s = \dfrac{100}{\%z} \times P_n \qquad \therefore P_s \propto P_n$

　여기서, $\%z$: 고장점까지의 %임피던스,　P_n : 기준용량(공급 측의 전기설비 용량)　【답】②

문제 29 소호각(arcing horn)의 사용 목적은?

① 클램프의 보호
② 전선의 진동 방지
③ 애자의 보호
④ 이상전압의 발생 방지

풀이

초호각(소호각)을 설치 목적
• 애자련의 **전압분포 개선**
• 섬락으로부터 **애자련을 보호**　【답】③

문제 30 전선의 손실계수 H와 부하율 F와의 관계는?

① $0 \leq F^2 \leq H \leq F \leq 1$
② $0 \leq H^2 \leq F \leq H \leq 1$
③ $0 \leq H \leq F^2 \leq F \leq 1$
④ $0 \leq F \leq H^2 \leq H \leq 1$

풀이

부하율 F와 손실계수 H와의 관계
• $0 \leq F^2 \leq H \leq F \leq 1$　　• $H = \alpha F + (1-\alpha)F^2$
여기서, α : 정수로서 0.1~0.4　【답】①

문제 31 다음 설명 중 옳지 않은 것은?

① 직류송전에서는 무효전력을 보낼 수 없다.
② 선로의 정상 및 역상임피던스는 같다.
③ 계통을 연계하면 통신선에 대한 유도장해가 감소된다.
④ 장간애자는 2련 또는 3련으로 사용할 수 있다.

문제 32　단상 교류회로에 3150/210[V]의 승압기를 80[kW], 역률 0.8인 부하에 접속하여 전압을 상승시키는 경우 약 몇 [kVA]의 승압기를 사용하여야 적당한가? (단, 전원전압은 2900[V]이다.)

① 3.6[kVA]　　　　② 5.5[kVA]　　　　③ 6.8[kVA]　　　　④ 10[kVA]

풀이

변압기 용량(자기 용량, 승압기 용량)

$$w = I_2 e_2$$

$$E_2 = E_1\left(1 + \frac{1}{n}\right) = 2900 \times \left(1 + \frac{210}{3150}\right) = 3093.33\,[\text{V}]$$

$$I_2 = \frac{80 \times 10^3}{3093.33 \times 0.8} = 32.33$$

$$\therefore w = I_2 e_2 = 32.33 \times 210 \times 10^{-3} \fallingdotseq 6.8\,[\text{kVA}]$$

승압 전압 e_2는 **변압기 용량을 결정할 때는 계산상 전압을 사용하지 않고 최대 전압이 될 수 있는 210[V]을 사용**한다.　　　　　**【답】** ③

문제 33　차단기의 정격차단 시간의 표준이 아닌 것은?

① 3[Hz]　　　　② 5[Hz]　　　　③ 8[Hz]　　　　④ 10[Hz]

풀이

차단기의 정격 차단 시간이란 트립 코일 여자로부터 아크 소호까지의 시간을 말하며 **3, 5, 8[Hz]의 규격**이 있다.　　　　　**【답】** ④

문제 34　저항 10[Ω], 리액턴스 15[Ω]인 3상 송전선로가 있다. 수전단 전압 60[kV], 부하역률 0.8[lag], 전류 100[A]라 할 때 송전단 전압은?

① 약 33[kV]　　　　② 약 42[kV]　　　　③ 약 58[kV]　　　　④ 약 63[kV]

풀이

$$V_s = V_r + \sqrt{3}\,I(R\cos\theta + X\sin\theta)$$
$$= 60 \times 10^3 + \sqrt{3} \times 100 \times (10 \times 0.8 + 15 \times 0.6) = 62944[\text{V}] \fallingdotseq 63[\text{kV}]$$
　　　　　【답】 ④

문제 35　연가를 하는 주된 목적으로 옳은 것은?

① 선로정수의 평형　　　　　　　② 유도뢰의 방지

③ 계전기의 확실한 동작의 확보　　④ 전선의 절약

풀이

- **연가의 목적 : 선로정수의 평형**
- 연가의 효과 : 직렬공진 방지, 유도장해 감소, 선로정수 평형 【답】 ①

문제 36

발전소 원동기로 이용되는 가스터빈의 특징을 증기터빈과 내연기관에 비교하였을 때 옳은 것은?

① 평균효율이 증기터빈에 비하여 대단히 낮다.

② 기동시간이 짧고 조작이 간단하므로 첨두부하 발전에 적당하다.

③ 냉각수가 비교적 많이 든다.

④ 설비가 복잡하며, 건설비 및 유지비가 많고 보수가 어렵다.

풀이

가스 터빈의 장점

① 소형 경량으로 건설비가 싸고 유지비가 적다.

② **기동시간이 짧고** 부하의 급변에도 잘 견딘다.

③ 냉각수를 다량으로 필요치 않다.

④ **첨두부하 발전용**으로 사용된다. 【답】 ②

문제 37

그림과 같은 열사이클의 명칭은?

① 랭킨사이클

② 재생사이클

③ 재열사이클

④ 재생재열사이클

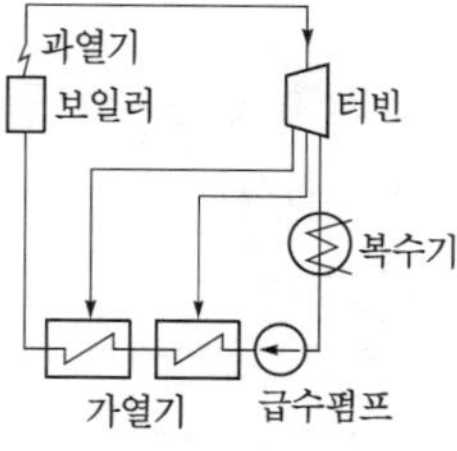

풀이

① 랭킨 사이클 :증기를 작동 유체로 사용하는 가장 간단한 이론 사이클

② **재생 사이클** : 랭킨 사이클의 단열 팽창 중도에서 **증기의 일부를 추기하여 보일러 급수를 가열**함으로써 복수기에서의 열손실을 회수하는 사이클

③ 재열 사이클 : 랭킨 사이클의 단열 팽창 중도에서 증기를 다시 과열시켜 과열 증기로 만들어 이것을 다시 단열 팽창시켜 열효율의 향상과 증기 습도 증가에 의한 장해를 적게 하는 사이클

④ 재생 재열 사이클 : 재생 사이클과 재열 사이클을 겸용하여 전 사이클의 효율을 향상시킨 사이클

【답】 ②

문제 38

저수지의 이용 수심이 클 때 사용하면 유리한 조압수조는?

① 차동조압수조　　　　　② 단동조압수조

③ 수실조압수조　　　　　④ 제수공조압수조

풀이

이용 수심이 큰 경우에는 조압 수조의 높이가 증가하므로 상하 부분에 수실을 두며, 중간은 단면적이 비교적 작은 샤프트(shaft)로 두수실을 연결하는 **수실 조압 수조**가 좋다. 【답】 ③

선로의 커패시턴스와 무관한 것은?

① 중성점 잔류전압

② 발전기 자기여자현상

③ 개폐서지

④ 전자유도

풀이

- **전자 유도** : 전력선과 통신선과의 **상호 인덕턴스에 의해 발생**

  전자유도전압 $E_m = -j\omega Ml(I_a + I_b + I_c) = -j\omega Ml(3I_0)$

  여기서, M : 전력선과 통신선 사이의 상호 인덕턴스 [H/km]

  l : 병행길이 [km]

  I_0 : 영상 전류 [A]

【답】④

3상 3선식 선로에서 각 선의 대지 정전 용량이 C_s[F], 선간 정전 용량이 C_m[F]일 때, 1선의 작용 정전 용량은 몇 [F]인가?

① $2C_s + C_m$

② $C_s + 2C_m$

③ $3C_s + C_m$

④ $C_s + 3C_m$

풀이

3상 1회선인 경우 작용정전 용량 $C_w = C_s + 3C_m$

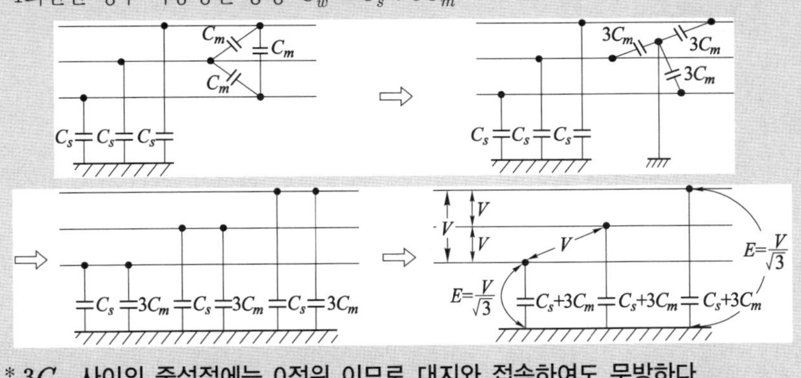

* $3C_m$ 사이의 중성점에는 0전위 이므로 대지와 접속하여도 무방하다.

【답】④

3과목 전기기기

유도 전동기의 회전력 발생 요소 중 제곱에 비례하는 요소는?

① 슬립

② 2차 권선저항

③ 2차 임피던스

④ 2차 기전력

풀이

토크 $T = K_0 \dfrac{sE_2^2 r_2}{r_2^2 + (sx_2)^2}$ 에서 $T \propto E_2^2$ (2차 기전력)

여기서, s : 슬립, r_2 : 2차 권선저항, E_2 : 2차 기전력

【답】 ④

문제 42

직류분권 발전기의 무부하 포화곡선이 $V = \dfrac{940I_f}{33 + I_f}$ 이고, I_f는 계자전류[A], V는 무부하 전압 [V]으로 주어질 때 계자 회로의 저항이 20[Ω]이면 몇 [V]의 전압이 유기되는가?

① 140　　　　② 160　　　　③ 280　　　　④ 300

풀이

$$V = \frac{940I_f}{33 + I_f}$$

계자 권선의 저항이 20 [Ω]이므로　$V = I_f R_f = 20 I_f$　$\therefore I_f = \dfrac{V}{20}$

이 식을 윗식에 대입하면

$$V = \frac{940 \dfrac{V}{20}}{33 + \dfrac{V}{20}}, \quad 33V + \frac{V^2}{20} = 940 \times \frac{V}{20}, \quad 33 + \frac{V}{20} = 47$$

$$\therefore V = 280 \, [V]$$

【답】 ③

문제 43

동기 전동기의 자기동법에서 계자권선을 단락하는 이유는?

① 고전압이 유도된다.　　　　② 전기자 반작용을 방지한다.

③ 기동권선으로 이용한다.　　　　④ 기동이 쉽다.

풀이

동기전동기의 자기동법

이 방식은 난조 방지용인 제동권선을 기동권선으로 하여 시동토크를 얻는 방법으로서, **기동 시 전기자 권선에 의한 회전자계에 의해 계자권선내에 고압이 유도되어 절연을 파괴할** 우려가 있으므로 **계자권 선은 외부 저항을 통해 단락**해 놓고 기동해야 한다.　　【답】 ①

문제 44

단상 전파 정류 회로에서 교류 전압 $v = 628\sin 315t$ [V], 부하저항 20[Ω]일 때 직류측 전압의 평균값[V]은?

① 약 200　　　　② 약 400

③ 약 600　　　　④ 약 800

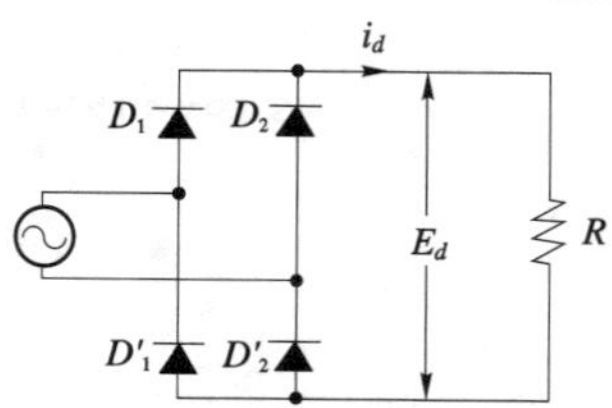

풀이

실효값 $E = \dfrac{E_m}{\sqrt{2}} = \dfrac{628}{\sqrt{2}} = 444$ [V]

$$\therefore E_d = \frac{2\sqrt{2}}{\pi} E = 0.9E = 0.9 \times 444 ≒ 400 \, [V]$$

【답】 ②

문제 45 직류기에서 양호한 정류를 얻는 조건이 아닌 것은?

① 정류 주기를 크게 한다.

② 전기자 코일의 인덕턴스를 작게 한다.

③ 평균 리액턴스 전압을 브러시 접촉면 전압강하보다 크게 한다.

④ 브러시의 접촉 저항을 크게 한다.

풀이

① 정류 주기를 크게 하면 전류의 변화율, 즉 $\dfrac{di}{dt}$가 작아져서 불꽃 발생의 원인이 작아진다.

② $e_r = L\dfrac{di}{dt}$에서 L이 작아지면 불꽃 발생의 근본 원인인 역기전력이 작아진다.

③ **리액턴스 전압은** $e_r = L\dfrac{di}{dt}$ **로서 이것이 정류를 해치는 가장 큰 원인이** 되는 것이다.

④ 브러시의 접촉 저항이 크면 저항 정류가 이루어져서 양호한 정류가 이루어진다. 【답】③

문제 46 3상 유도전동기의 특성 중 비례추이를 할 수 없는 것은?

① 동기 속도　　　② 2차 전류　　　③ 1차 전류　　　④ 역률

풀이

• 비례추이가 되는 항목 : 토크, 역률, 2차 전류, 1차 전류
• **비례추이가 되지 않는 항목** : 기계적 출력, 2차 동손, 효율, 저항, **동기속도** 【답】①

문제 47 직류발전기의 정류시간에 비례하는 요소를 바르게 나타낸 것은?

(단, b : 브러시의 두께[mm], δ : 정류자편사이의 두께[m], v_c : 정류자의 주변속도이다.)

① $v_c - \delta$　　　② $b - \delta$　　　③ $\delta - b$　　　④ $b + \delta$

풀이

브러시의 두께를 b[m], 정류자편 사이의 절연물의 두께를 δ[m], 정류자의 주변 속도를 v_c[m/s]라 하면

정류 주기 $T_c = \dfrac{b - \delta}{v_c}$[s] 【답】②

문제 48 △결선 변압기의 한 대가 고장으로 제거되어 V결선으로 공급할 때 공급할 수 있는 전력은 고장 전 전력에 대하여 몇 [%]인가?

① 57.7　　　② 66.7　　　③ 75.0　　　④ 86.6

풀이

1대의 단상 변압기 용량을 P_1라 하면 그 출력비는

$$\frac{\text{V결선의 출력}}{\text{△결선의 출력}} = \frac{\sqrt{3}\,P_1}{3P_1} = \frac{\sqrt{3}}{3} = 0.577 = 57.7[\%]$$

【답】①

문제 49 직류 분권 전동기 운전 중 계자 권선의 저항이 증가할 때 회전속도는?

① 일정하다. ② 감소한다. ③ 증가한다. ④ 관계없다.

풀이

$n = k\dfrac{V - I_a R_a}{\phi}$ 에서 자속 ϕ 가 감소(여자전류 I_f 감소)하면 회전속도 n 이 증가하게 된다.

($I_f = \dfrac{V}{R_f}$ 에서 계자 권선 저항 R_f 가 증가하면 계자 전류 I_f 는 감소한다.)

【답】 ③

문제 50 부흐홀쯔 계전기는 주로 어느 기기를 보호하는데 사용하는가?

① 변압기 ② 발전기 ③ 동기전동기 ④ 회전변류기

풀이

부흐홀쯔 계전기는 변압기의 내부 고장으로 발생하는 기름의 분해 가스 증기 또는 유류를 이용하여 부저를 움직여 계전기의 접점을 닫는 것으로서, 변압기의 주탱크와 콘서베이터와의 연결관 도중에 설치하여 변압기 내부 고장을 검출하는 계전기이다.

【답】 ①

문제 51 다음 중 변압기의 절연내력 시험법이 아닌 것은?

① 단락시험 ② 가압시험
③ 오일의 절연파괴 전압시험 ④ 충격전압시험

풀이

절연내력시험은 절연강도를 확인하기 위한 시험으로 가압시험, 유도시험, 충격전압시험 등이 있다. 그러나, 변압기의 **단락시험은 동손, 임피던스 와트 및 임피던스 전압을 구하는데 이용**된다. 【답】 ①

문제 52 22[kW] 3상 유도전동기 1대를 운전하기 위해서 2대의 단상변압기를 사용한다. 이 변압기의 용량은? (단, 피상효율은 0.75 이다.)

① 29.3[kVA] ② 16.9[kVA] ③ 12.4[kVA] ④ 9.78[kVA]

풀이

2대의 단상변압기로 V결선하여 3상 유도전동기를 운전할 수 있으므로.

$P_V = \sqrt{3}\,P_1[kVA]$ (단, P_1 : 변압기 1대의 용량)

$\therefore P_1 = \dfrac{P_V}{\sqrt{3}} = \dfrac{22/0.75}{\sqrt{3}} = 16.9[kVA]$

【답】 ②

문제 53 200[kVA]의 단상 변압기가 있다. 철손이 1.6[kW]이고, 전부하 동손이 2.4[kW]이다. 변압기의 역률이 0.8 일 때 전부하시의 효율[%]은 약 얼마인가?

① 96.6 ② 97.6 ③ 98.6 ④ 99.6

효율 $\eta = \dfrac{VI\cos\phi}{VI\cos\phi + P_i + P_c} \times 100[\%]$ 에서

$\eta_{0.8} = \dfrac{200 \times 0.8}{200 \times 0.8 + 1.6 + 2.4} = \dfrac{160}{160+4} = 0.9756 = 97.6[\%]$

【답】 ②

문제 54

전기자 반작용이 직류발전기에 영향을 주는 것을 설명한 것으로 틀린 것은?

① 전기자 중성축을 이동시킨다.

② 자속을 감소시켜 부하시 전압강하의 원인이 된다.

③ 정류자 편간전압이 불균일하게 되어 섬락의 원인이 된다.

④ 전류의 파형은 찌그러지나 출력에는 변화가 없다.

전기자 반작용의 영향
① 전기적 중성축 이동
  • 발전기 : 회전 방향으로 이동
  • 전동기 : 회전 방향과 반대 방향으로 이동
② **주자속 감소**
③ 정류자 편간의 불꽃 섬락 발생
④ **발전기의 출력감소**

【답】 ④

문제 55

동기 발전기의 전기자 권선을 분포권으로 하는 이유는 다음 중 어느 것인가?

① 권선의 누설 리액턴스가 증가한다.

② 분포권은 집중권에 비하여 합성 유기기전력이 증가한다.

③ 기전력의 고조파가 감소하여 파형이 좋아진다.

④ 난조를 방지한다.

분포권의 장·단점
[장점] ① 기전력의 **고조파가 감소하여 파형이 좋아진다.**
　　　　② 권선의 누설 리액턴스가 감소한다.
　　　　③ 전기자 권선에 의한 열을 고르게 분포시켜 과열을 방지한다.
[단점] ① 분포권은 집중권에 비하여 합성 유기 기전력이 감소한다.

【답】 ③

문제 56

3150/210[V] 5[kVA]의 단상변압기가 있다. 2차를 개방하고 정격 1차 전압을 가할 때의 입력은 60[W], 2차를 단락하고 여기에 정격 1차 전류가 흐르도록 1차측에 저전압을 가했을 때의 입력은 120[W] 이었다. 역률 100[%]에서의 전부하 효율[%]은?

① 약 96.5　　　　② 약 95.5　　　　③ 약 86.5　　　　④ 약 70.7

풀이

• 철손 $P_i = 60[\text{W}]$ • 동손 $P_c = 120[\text{W}]$

효율 $\eta = \dfrac{VI\cos\phi}{VI\cos\phi + P_i + P_c} \times 100 = \dfrac{5 \times 10^3}{5 \times 10^3 + 60 + 120} \times 100 = 96.5[\%]$

【답】①

문제 57

병렬 운전을 하고 있는 2대의 3상 동기 발전기 사이에 무효 순환 전류가 흐르는 경우는?

① 여자 전류의 변화 ② 부하의 증가

③ 부하의 감소 ④ 원동기의 출력변화

풀이

병렬 운전 조건이 다른 경우

병렬 운전 조건	다른 경우 흐르는 전류
기전력의 크기가 같을 것	**무효 순환 전류**
기전력의 위상이 같을 것	동기화 전류
기전력의 주파수가 같을 것	동기화 전류
기전력의 파형이 같을 것	고주파 무효순환전류

즉, **여자 전류가 변화면 유기기전력의 크기가 변화**고 그 결과 무효 순환 전류가 흐른다. 【답】①

문제 58

동기 전동기의 공급 전압, 주파수 및 부하를 일정하게 유지하고 여자 전류만을 변화시키면?

① 출력이 변화한다. ② 토크가 변화한다.

③ 각속도가 변화한다. ④ 부하각이 변화한다.

풀이

동기 전동기의 출력 $P = \dfrac{VE}{x_s}\sin\delta$이다. 위상 특성 곡선에서 V, P, x_s가 일정할 경우 여자가 증가하여 E가 커지면 부하각 δ이 감소되어야 하고, E가 감소하면 δ가 증가해야 한다.

따라서, **여자 전류가 변화면 부하각이 변화**한다. 【답】④

문제 59

50[Hz] 12극의 3상 유도 전동기가 정격 전압으로 정격출력 10[HP]를 발생하며 회전하고 있다. 이때의 회전수는 약 몇 [rpm]인가? (단, 회전자 동손은 350[W], 회전자 입력은 출력과 회전자 동손과의 합이다.)

① 468 ② 478 ③ 485 ④ 500

풀이

• 2차 입력 $P_2 = P + P_{c2} = 10 \times 746 + 350 = 7810\,[\text{W}]$

• 2차 효율 $\eta_2 = (1-s) = \dfrac{P}{P_2} \times 100 = \dfrac{7460}{7810} \times 100 = 0.955$

• 동기 속도 $N_s = \dfrac{120f}{p} = \dfrac{120 \times 50}{12} = 500[\text{rpm}]$

• 회전 속도 $N = (1-s)N_s = 0.955 \times 500 = 478[\text{rpm}]$

【답】②

단상 반발전동기의 종류가 아닌 것은?

① 아트킨손형　　　② 톰슨형　　　③ 테리형　　　④ 유도자형

풀이

단상 교류 정류자 전동기의 종류

단상 정류자 전동기 ┬ 직권 특성 ┬ 단상 직권 정류자 전동기-직권형, 보상직권형, 유도보상 직권형
　　　　　　　　　└ 단상 반발 전동기-아트킨손형전동기, 톰슨전동기, 테리전동기
　　　　　　　　 └ 분권 특성 : 현재 실용화 되지 않고 있음

【답】 ④

4과목　회로이론

교류회로에서 역률이란 무엇인가?

① 전압과 전류의 위상차의 정현　　　② 전압과 전류의 위상차의 여현

③ 임피던스와 리액턴스의 위상차의 여현　　④ 임피던스와 저항의 위상차의 정현

풀이

역률이란 전압과 전류의 위상차의 여현$(\cos\theta)$이다.　　【답】 ②

1상의 임피던스 $Z_p = 12 + j9[\Omega]$인 평형 △ 부하에 평형 3상 전압 208[V]가 인가되어 있다. 이 회로의 피상전력[VA]은 약 얼마인가?

① 8653　　　② 7640　　　③ 6672　　　④ 5340

풀이

$$P_a = 3I^2 Z = 3\left(\frac{V_P}{\sqrt{R^2+X^2}}\right)^2 Z = \frac{3V_P^2 Z}{R^2+X^2} = \frac{3\times 208^2 \times \sqrt{12^2+9^2}}{12^2+9^2} \fallingdotseq 8653[\text{VA}]$$

【답】 ①

회로에서 a, b 간의 합성 인덕턴스 $L_0[\text{H}]$의 값은?

(단, $M[\text{H}]$은 L_1, L_2 코일사이의 상호 인덕턴스이다.)

① $L_1 + L_2 + L$

② $L_1 + L_2 - 2M + L$

③ $L_1 + L_2 + 2M + L$

④ $L_1 + L_2 - M + L$

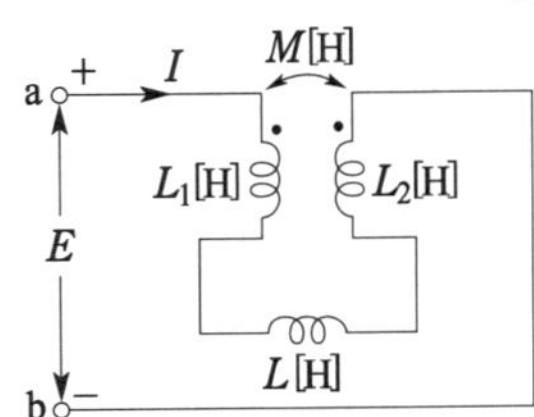

풀이

- L_1과 L_2의 결합은 **차동결합**(L_1에 흐르는 전류 I는 dot방향, L_2에 흐르는 전류 I는 dot반대 방향)
  이므로 L_1과 L_2의 합성인덕턴스 $L = L_1 + L_2 - 2M[\text{H}]$
- 전체 합성인덕턴스 $L_0 = L_1 + L_2 - 2M + L[\text{H}]$

【답】 ②

문제 64

그림과 같은 파형의 파고율은 얼마인가?

① 1
② 1.414
③ 1.732
④ 2.449

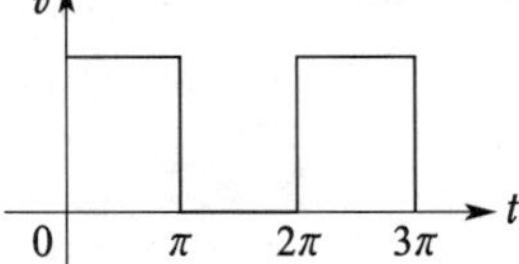

풀이

구형 반파에서

- 실효값 $V = \dfrac{V_m}{\sqrt{2}}$
- 평균값 $V_{av} = \dfrac{V_m}{2}$

- 파고율 $= \dfrac{\text{최대값}}{\text{실효값}} = \dfrac{V_m}{\dfrac{V_m}{\sqrt{2}}} = \sqrt{2}$

【답】②

문제 65

그림과 같은 T회로에서 임피던스 정수는 각각 얼마인가?

① $Z_{11} = 5[\Omega]$, $Z_{21} = 3[\Omega]$, $Z_{22} = 7[\Omega]$, $Z_{12} = 3[\Omega]$
② $Z_{11} = 7[\Omega]$, $Z_{21} = 5[\Omega]$, $Z_{22} = 3[\Omega]$, $Z_{12} = 5[\Omega]$
③ $Z_{11} = 3[\Omega]$, $Z_{21} = 7[\Omega]$, $Z_{22} = 3[\Omega]$, $Z_{12} = 5[\Omega]$
④ $Z_{11} = 5[\Omega]$, $Z_{21} = 7[\Omega]$, $Z_{22} = 3[\Omega]$, $Z_{12} = 7[\Omega]$

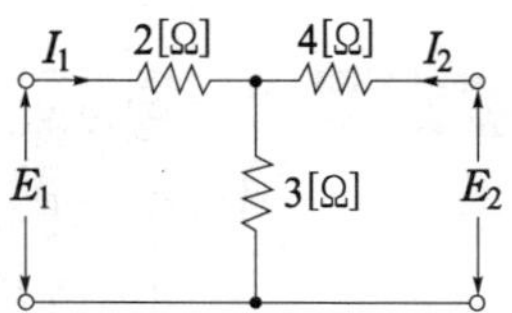

풀이

- $Z_{11} = \dfrac{E_1}{I_1}\bigg|_{I_2=0}\ [\Omega]$ ($I_2 = 0$는 2차측 개방의 의미)

$E_1 = I_1 \times (2+3)$ $\therefore Z_{11} = \dfrac{E_1}{I_1} = \dfrac{I_1 \times (2+3)}{I_1} = 5[\Omega]$

- $Z_{21} = \dfrac{E_2}{I_1}\bigg|_{I_2=0}\ [\Omega]$ ($I_2 = 0$는 2차측 개방의 의미)

$E_2 = I_1 \times 3$ $\therefore Z_{21} = \dfrac{E_2}{I_1} = \dfrac{I_1 \times 3}{I_1} = 3[\Omega]$

- $Z_{22} = \dfrac{E_2}{I_2}\bigg|_{I_1=0}\ [\Omega]$ ($I_1 = 0$는 1차측 개방의 의미)

$E_2 = I_2 \times (3+4)$ $\therefore Z_{22} = \dfrac{E_2}{I_2} = \dfrac{I_2 \times (3+4)}{I_2} = 7[\Omega]$

- $Z_{12} = \dfrac{E_1}{I_2}\bigg|_{I_1=0}\ [\Omega]$ ($I_1 = 0$는 1차측 개방의 의미)

$E_1 = I_2 \times 3$ $\therefore Z_{12} = \dfrac{E_1}{I_2} = \dfrac{I_2 \times 3}{I_2} = 3[\Omega]$

【답】①

문제 66

상호 인덕턴스 100[mH]인 회로의 1차 코일에 3[A]의 전류가 0.3초 동안에 18[A]로 변화할 때 2차 유도 기전력[V]은?

① 5
② 6
③ 7
④ 8

$$e = M\frac{di}{dt} = 100 \times 10^{-3} \times \frac{18-3}{0.3} = 5[\text{V}]$$

【답】 ①

문제 67 그림과 같은 회로에서 저항 R_4에 소비되는 전력은 약 몇 [W]인가?

① 2.38

② 4.76

③ 9.52

④ 29.2

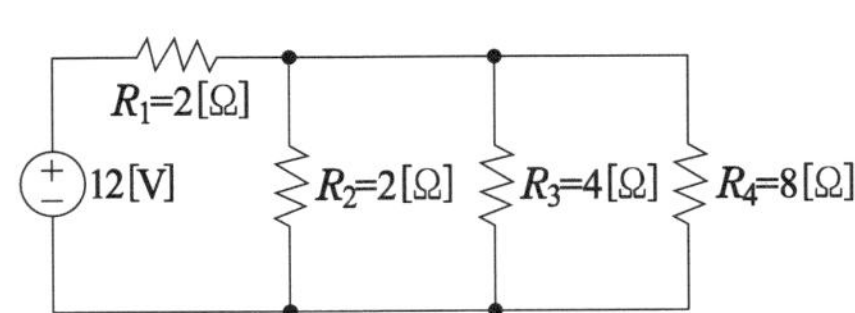

- R_2, R_3, R_4의 합성저항 $R_t = \dfrac{1}{\dfrac{1}{R_2} + \dfrac{1}{R_3} + \dfrac{1}{R_4}} = \dfrac{1}{\dfrac{1}{2} + \dfrac{1}{4} + \dfrac{1}{8}} = \dfrac{8}{7} = 1.14[\Omega]$

- R_2, R_3, R_4에 걸리는 전압 $V_t = \dfrac{12}{2 + R_t} \times R_t = \dfrac{12}{2 + 1.14} \times 1.14 = 4.36[\text{V}]$

- R_4에서 소비되는 전력 $P_4 = \dfrac{V_t^2}{R_4} = \dfrac{4.36^2}{8} = 2.38[\text{W}]$

【답】 ①

문제 68 그림과 같은 비정현파의 실효값[V]은?

① 46.90

② 51.61

③ 59.04

④ 80

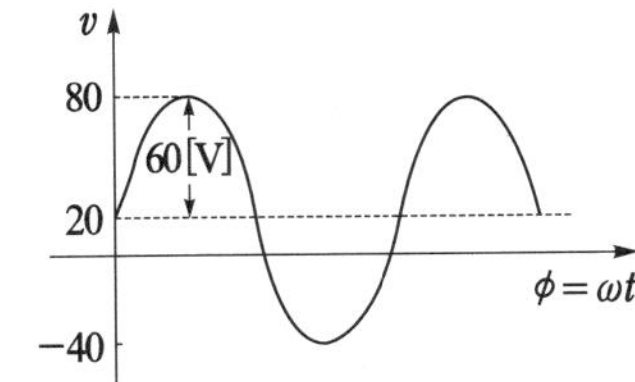

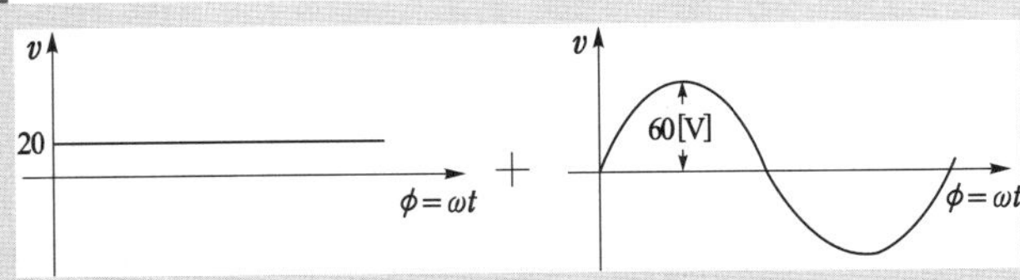

그림은 크기가 20[V]인 직류 전압과 최대값 $V_m = 60$[V]인 정현파의 합이다.

따라서, 전압 $V = 20 + 60\sin\omega t$ [V]으로 표현된다.

비정현파의 실효값 $V = \sqrt{\text{각 파의 실효값 제곱의 합}} = \sqrt{20^2 + \left(\dfrac{60}{\sqrt{2}}\right)^2} = 46.90[\text{V}]$

【답】 ①

문제 69 $i = 2t^2 + 8t$[A]로 표시되는 전류를 도선에 3[sec] 동안 흘렸을 때 통과한 전 전기량은 몇 [C]인가?

① 18   ② 48   ③ 54   ④ 61

$$Q = \int_0^t i\,dt = \int_0^3 (2t^2 + 8t)\,dt = \left[\frac{2}{3}t^3 + 4t^2\right]_0^3 = 54[\text{C}]$$

【답】 ③

문제 70

그림과 같은 $R-C$ 회로에서 입력을 $v_i(t)[\text{V}]$, 출력을 $v_o(t)[\text{V}]$라 할 때의 전달함수는?
(단, $T = RC$ 이다)

① $\dfrac{1}{Ts+1}$ ② $\dfrac{1}{Ts+2}$

③ $\dfrac{2}{Ts+3}$ ④ $\dfrac{1}{Ts+3}$

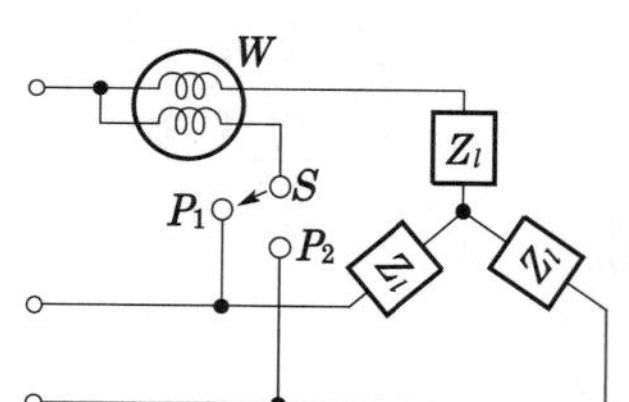

$$\begin{cases} v_i(t) = Ri(t) + \dfrac{1}{C}\displaystyle\int i(t)dt \\[2mm] v_o(t) = \dfrac{1}{C}\displaystyle\int i(t)dt \end{cases} , \qquad \begin{cases} V_i(s) = \left(R + \dfrac{1}{Cs}\right)I(s) \\[2mm] V_o(s) = \dfrac{1}{Cs}I(s) \end{cases}$$

$$\therefore \text{전달함수}\ \ G(s) = \frac{V_o(s)}{V_i(s)} = \frac{\dfrac{1}{Cs}}{R + \dfrac{1}{Cs}} = \frac{1}{RCs+1} = \frac{1}{Ts+1}$$

【답】 ①

문제 71

그림과 같이 단상 전력계법을 이용하여 스위치를 P_1에 연결하여 측정하였더니 300[W]이고 스위치를 P_2에 연결하여 측정하였더니 600[W]이었다. 이 3상 부하의 역률은?

① 0.577   ② 0.637

③ 0.707   ④ 0.866

$$n = \frac{P_2}{P_1} = \frac{600}{300} = 2$$

$$\cos\theta = \frac{1}{\sqrt{1 + 3\left(\dfrac{1-n}{1+n}\right)^2}} = \frac{1}{\sqrt{1 + 3\left(\dfrac{1-2}{1+2}\right)^2}} = 0.866$$

【답】 ④

문제 72

$f(t) = u(t-a) - u(t-b)$식으로 표시되는 4각파의 라플라스변환은?

① $\dfrac{1}{s}(e^{-as} - e^{-bs})$ ② $\dfrac{1}{s}(e^{as} + e^{bs})$

③ $\dfrac{1}{s^2}(e^{-as} - e^{-bs})$ ④ $\dfrac{1}{s^2}(e^{as} + e^{bs})$

$$\mathcal{L}\left[f(t)\right] = \mathcal{L}\left[u(t-a) - u(t-b)\right] = \frac{e^{-as}}{s} - \frac{e^{-bs}}{s} = \frac{1}{s}\left(e^{-as} - e^{-bs}\right)$$

【답】 ①

문제 73 그림과 같이 L형 회로의 영상 임피던스 Z_{02}를 구하면?

① $\sqrt{\dfrac{Z_1 Z_2}{\left(1 + \dfrac{Z_1}{4Z_2}\right)}}$

② $\sqrt{Z_1 Z_2 \left(1 + \dfrac{Z_1}{4Z_2}\right)}$

③ $\sqrt{\dfrac{Z_1}{4Z_2}}$

④ $\sqrt{1 + \dfrac{Z_1}{4Z_2}}$

4단자 정수를 구하면

$$\begin{bmatrix} A & B \\ C & D \end{bmatrix} = \begin{bmatrix} 1 & \dfrac{1}{2}Z_1 \\ 0 & 1 \end{bmatrix}\begin{bmatrix} 1 & 0 \\ \dfrac{1}{2Z_2} & 1 \end{bmatrix} = \begin{bmatrix} 1 + \dfrac{Z_1}{4Z_2} & \dfrac{1}{2}Z_1 \\ \dfrac{1}{2Z_2} & 1 \end{bmatrix}$$

$$\therefore Z_{02} = \sqrt{\frac{BD}{AC}} = \sqrt{\frac{\dfrac{1}{2}Z_1 \times 1}{\left(1 + \dfrac{Z_1}{4Z_2}\right) \times \dfrac{1}{2Z_2}}} = \sqrt{\frac{Z_1 Z_2}{1 + \dfrac{Z_1}{4Z_2}}}$$

【답】 ①

문제 74 자계 코일의 권수 $N = 1000$, 코일의 내부저항 $R[\Omega]$으로 전류 $I = 10[A]$를 통했을 때의 자속 $\Phi = 2 \times 10^{-2}[Wb]$이다. 이때 이 회로의 시정수가 0.1[s]라면 저항 R은 몇 $[\Omega]$인가?

① 0.2　　　　② $\dfrac{1}{20}$　　　　③ 2　　　　④ 20

$$L = \frac{N\Phi}{I} = \frac{1000 \times 2 \times 100^{-2}}{10} = 2\,[H]$$

시정수 $\tau = \dfrac{L}{R}$에서 $R = \dfrac{L}{\tau} = \dfrac{2}{0.1} = 20[\Omega]$

【답】 ④

문제 75 대칭 좌표법에 관한 설명 중 잘못된 것은?

① 대칭 좌표법은 일반적인 비대칭 3상 교류회로의 계산에도 이용된다.

② 대칭 3상 전압의 영상분과 역상분은 0이고, 정상분만 남는다.

③ 비대칭 3상 교류회로는 영상분, 역상분 및 정상분의 3성분으로 해석한다.

④ 비대칭 3상 회로의 접지식 회로에는 영상분이 존재하지 않는다.

풀이

비대칭 3상회로는 불평형 회로로서,
- **중성점 접지 방식** : 접지선을 통해 영상전류가 흐르므로 **영상분이 존재**
- **중성점 비접지 방식** : 영상전류가 흐를 수 있는 중성선이 없으므로 영상분은 존재하지 않는다. 【답】④

문제 76

그림과 같은 궤환 회로의 종합 전달함수는?

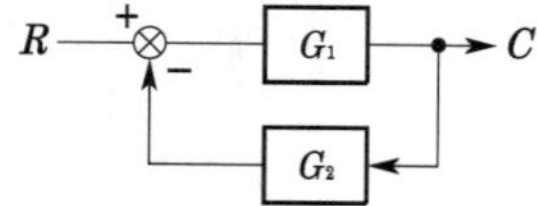

① $\dfrac{1}{G_1}+\dfrac{1}{G_2}$

② $\dfrac{G_1}{1-G_1G_2}$

③ $\dfrac{G_1}{1+G_1G_2}$

④ $\dfrac{G_1G_2}{1+G_1G_2}$

풀이

$$(R-CG_2)\,G_1 = C$$
$$RG_1 = C + CG_1G_2 = C(1+G_1G_2)$$
$$\therefore \text{전달함수 } \frac{C}{R}=\frac{G_1}{1+G_1G_2}$$

【답】③

문제 77

그림에서 절점 B의 전위[v]는?

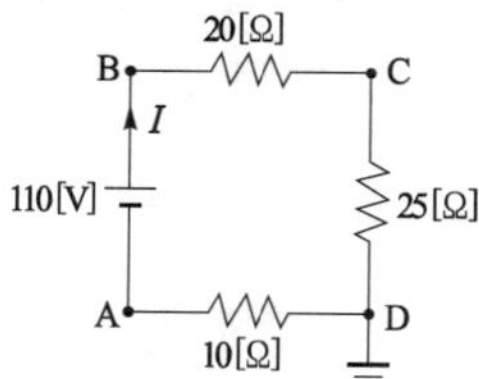

① 130

② 110

③ 100

④ 90

풀이

$$I=\frac{V}{R}=\frac{110}{(20+25+10)}=2\,[\text{A}]$$

접지를 기준(0[V])으로 잡고, 각 저항에서의 전압강하를 구하면
- B점과 C점 사이의 전압강하 $e_{BC}=IR_1=2\times20=40\,[\text{V}]$
- C점과 D점 사이의 전압강하 $e_{CD}=2\times25=50\,[\text{V}]$
- D점과 A점 사이의 전압강하 $e_{DA}=(-2)\times10=-20\,[\text{V}]$

따라서, B점의 전위는 $e_{BD}=40+50=90\,[\text{V}]$이다.

【답】④

문제 78

20[kVA] 변압기 2대로 공급할 수 있는 최대 3상 전력[kVA]은?

① 20   ② 17.3   ③ 24.64   ④ 34.64

풀이

V결선시 공급할 수 있는 전력은 단상변압기 1대용량 P_1의 $\sqrt{3}$ 배이므로

$$P_V=\sqrt{3}\,P_1=\sqrt{3}\times20=34.64\,[\text{kVA}]$$

【답】④

$e_1 = 30\sqrt{2}\sin\omega t[\text{V}]$, $e_2 = 40\sqrt{2}\cos\left(\omega t - \dfrac{\pi}{6}\right)[\text{V}]$일 때 $e_1 + e_2$의 실효값은 몇 [V]인가?

① 50 ② 70 ③ $10\sqrt{7}$ ④ $10\sqrt{37}$

풀이

$$E_1 = 30\,\underline{/0^\circ}$$
$$E_2 = 40\sqrt{2}\cos\left(\omega t - \frac{\pi}{6}\right) = 40\sqrt{2}\sin\left(\omega t + \frac{\pi}{3}\right)\text{이므로}$$
$$E_2 = 40\,\underline{/60^\circ}$$
$$E_1 + E_2 = 30 + 40\cos 60^\circ + j\,40\sin 60^\circ$$
$$= 50 + j\,34.64 = \sqrt{50^2 + 34.64^2} = \sqrt{3700} = 10\sqrt{37}$$

【답】 ④

한 상의 직렬임피던스가 $R = 6[\Omega]$, $X_L = 8[\Omega]$인 $\triangle$ 결선 평형 부하가 있다. 여기에 선간 전압 100[V]인 대칭 3상 교류전압을 가하면 선전류는 몇 [A]인가?

① $\dfrac{10\sqrt{3}}{3}$ ② $3\sqrt{3}$ ③ 10 ④ $10\sqrt{3}$

풀이

$\triangle$결선시 선간 전압 E_l＝상전압 E_p

$$\therefore\ \text{상전류}\ \ I_p = \frac{E_p}{Z} = \frac{E_l}{Z} = \frac{E_l}{\sqrt{R^2 + X^2}} = \frac{100}{\sqrt{6^2 + 8^2}} = 10\,[\text{A}]$$

$\triangle$결선시 선전류 $I_l = \sqrt{3}\,I_p$이므로
$$I_l = \sqrt{3} \times 10 = 10\sqrt{3}\,[\text{A}]$$

【답】 ④

5과목 전기설비기술기준 및 판단기준

아파트 세대 욕실에 "비데용 콘센트"를 시설하고자 한다. 다음의 시설방법 중 적합하지 않는 것은?

① 콘센트를 시설하는 경우에는 인체감전보호용 누전차단기로 보호된 전로에 접속할 것
② 습기가 많은 곳에 시설하는 배선기구는 방습장치를 시설할 것
③ 저압용 콘센트는 접지극이 없는 것을 사용할 것
④ 충전 부분이 노출되지 않을 것

풀이

옥내에 시설하는 저압용의 배선기구의 시설(판단기준 제170조)
욕실 등 인체가 물에 젖어있는 상태에서 물을 사용하는 장소에 시설하는 **저압 콘센트는 접지극이 있는 것을 사용하여 접지**하여야 한다.

【답】 ③

문제 82 발전기·변압기·조상기·계기용 변성기·모선 또는 이를 지지하는 애자는 어떤 전류에 의하여 생기는 기계적 충격에 견디는 것이어야 하는가?

① 지상전류 ② 유도전류 ③ 충전전류 ④ 단락전류

풀이

발전기 등의 기계적 강도(기술기준 제23조)
발전기, 변압기, 조상기, 모선 또는 이를 지지하는 애자는 **단락 전류에 의하여 생기는 기계적 충격**에 견디어야 한다. 【답】 ④

문제 83 고·저압의 혼촉에 의한 위험을 방지하기 위하여 저압측 중성점에 제2종 접지공사를 변압기의 시설장소 마다 시행하여야 한다. 그러나 토지의 상황에 따라 규정의 접지저항 값을 얻기 어려운 경우에는 변압기의 시설장소로부터 몇 [m]까지 떼어서 시설할 수 있는가?

① 75 ② 100 ③ 200 ④ 300

풀이

고압 또는 특고압과 저압의 혼촉에 의한 위험 방지 시설(판단기준 제23조)
접지공사는 변압기 시설 장소마다 하여야 한다. 단, 토지 상황에 의하여 부득이한 경우에는 인장강도 5.26 [kN] 이상 또는 지름 4[mm] 이상의 가공 접지선을 **저압가공전선에 관한 규정에 준하여 시설**할 때에는 변압기의 시설장소로부터 **200[m]까지 떼어놓을 수 있다.** 【답】 ③

문제 84 특고압 가공전선로의 지지물로서 직선형의 철탑을 연속하여 사용하는 부분에는 몇 기 이하마다 내장 애자장치가 되어있는 철탑 또는 이와 동등 이상의 강도를 가지는 철탑 1기를 시설하여야 하는가?

① 5 ② 10 ③ 15 ④ 20

풀이

특고압 가공전선로의 내장형 등의 지지물 시설(판단기준 제119조)
철탑을 사용하는 **직선 부분은 10기 이하마다 내장 애자 장치를 가지는 철탑 1기를 시설**한다. 【답】 ②

문제 85 사용전압이 170[kV]을 초과하는 특고압 가공전선로를 시가지에 시설하는 경우 전선의 단면적은 몇 [mm²] 이상의 강심알루미늄 또는 이와 동등 이상의 인장강도 및 내 아크 성능을 가지는 연선을 사용하여야 하는가?

① 22 ② 55 ③ 150 ④ 240

풀이

시가지 등에서 특고압 가공전선로의 시설(판단기준 제104조)
사용전압이 170[kV] 초과하는 전선로를 시설하는 경우 경간 거리는 600[m] 이하로 지지물은 철탑을 사용하고, 전선은 **단면적 240[mm²] 이상**의 강심알루미늄선 또는 이와 동등이상의 인장강도 및 내 아크 성능을 가지는 연선을 사용해야 한다. 【답】 ④

문제 86

고압 옥상 전선로의 전선이 다른 시설물과 접근하거나 교차하는 경우에는 고압 옥상 전선로의 전선과 이들 사이의 이격거리는 몇 [cm] 이상이어야 하는가?

① 30   ② 40   ③ 50   ④ 60

풀이

고압 옥상전선로의 시설(판단기준 제98조)
고압 옥상 전선로의 전선이 다른 시설물과 접근하거나 교차하는 경우에는 **고압 옥상 전선로의 전선과 이들 사이의 이격거리는 60 [cm] 이상**이어야 한다.　　　　　　　　【답】④

문제 87

발전소 또는 변전소에 준하는 시설에 관한 내용 중 틀린 것은?

① 고압 가공전선과 금속제의 울타리, 담 등이 교차하는 경우 금속제의 울타리, 담 등에는 제1종 접지공사를 하여야 한다.

② 상용전원으로 쓰이는 축전지에는 자동차단장치를 시설하지 않아야 한다.

③ 발전기 또는 변전소의 특별고압 전로에는 보기 쉬운 곳에 상별 표시를 하여야 한다.

④ 사용전압이 100[kV] 이상의 변압기를 설치하는 곳에는 절연유 유출 방지설비를 하여야 한다.

풀이

발전기 등의 보호장치(판단기준 제47조)
상용 전원으로 쓰이는 축전지에는 이에 **과전류가 생겼을 경우에 자동적으로 이를 전로로부터 차단하는 장치**를 시설하여야 한다.　　　　　　　　【답】②

문제 88

최대 사용 전압이 23000[V]인 중성점 비접지식 전로의 절연내력 시험전압은 몇 [V] 인가?

① 16560   ② 21160   ③ 25300   ④ 28750

풀이

전로의 절연저항 및 절연내력(판단기준 제13조)
절연내력 시험전압(최대 사용전압의 배수)

전로의 종류	접지방식	시험전압 (최대사용 전압의 배수)	최저시험전압
7 [kV] 이하인 전로		1.5배	
7 [kV] 초과 25 [kV] 이하	다중접지	0.92배	
7 [kV] 초과 60 [kV] 이하	다중접지 이외	**1.25배**	10,500[V]
60 [kV] 초과	비 접지	1.25배	
	접 지 식	1.1배	75[kV]
	직접접지	0.72배	
170 [kV] 초과	직접접지	0.64배	

7 [kV] 초과 60 [kV] 이하의 다중접지방식 이외의 방식이므로 **시험전압 배수는 1.25배**이다.
따라서, 시험전압 $= 23000 \times 1.25 = 28750$[V]가 되어야 한다.　　　　　　　　【답】④

문제 89

접지공사에서 접지선을 지하 0.75[m]에서 지표상 2[m]까지의 부분을 보호하기 위한 보호물로 적합한 것은?

① 합성수지관　　　② 후강전선관　　　③ 케이블 트레이　　　④ 케이블 덕트

> **풀이**
>
> 각종 접지공사의 세목(판단기준 제19조)
> 제1종 또는 제2종 접지공사에 사용하는 접지선을 사람이 접촉할 우려가 있는 경우는 접지선의 **지하 75[cm]부터 지표상 2[m]까지의 부분은 합성수지관** 등으로 덮을 것 (단, 두께 2[mm] 미만의 합성수지제 전선관 및 콤바인 덕트관 제외)

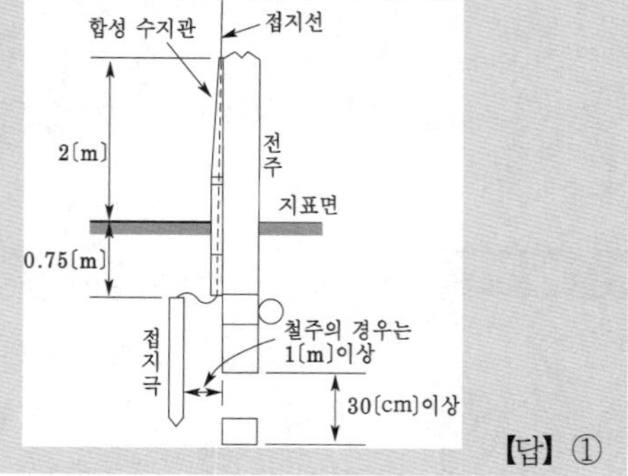

【답】 ①

문제 90

방직공장의 구내 도로에 220[V] 조명등용 가공전선로를 시설하고자 한다. 전선로의 경간은 몇 [m] 이하이어야 하는가?

① 20　　　　② 30　　　　③ 40　　　　④ 50

> **풀이**
>
> 구내에 시설하는 저압 가공전선로 (판단기준 제93조)
> **구내에 시설하는 저압 가공 전선로는 경간 30[m] 이하**로 하며, 전선은 인장강도 1.38[kN] 이상의 절연전선 또는 지름 2[mm] 이상의 경동선의 절연전선을 사용한다. 다만, 경간이 10[m] 이하인 경우에 한하여 공칭 단면적 4[mm²] 이상의 연동 절연선을 사용 할 수 있다.

【답】 ②

문제 91

고압 가공전선이 안테나와 접근상태로 시설되는 경우, 가공전선과 안테나와의 이격거리는 고압 가공전선으로 사용되는 전선이 케이블이 아니라면 몇 [cm] 이상으로 이격시켜야 하는가?

① 60　　　　② 80　　　　③ 100　　　　④ 120

> **풀이**
>
> 저고압 가공전선과 안테나의 접근 또는 교차(판단기준 제82조)

사용 전압 부분 공작물의 종류		저압[m]	고압[m]
	일반적인 경우	0.6	**0.8**
안 테 나	전선이 고압절연전선	0.3	0.8
	전선이 케이블인 경우	0.3	0.4

【답】 ②

문제 92

허용전류 60[A]인 옥내저압간선에 간선 보호용 과전류차단기가 시설되어 있다. 이 과전류차단기에 전동기 부하를 접속할 때 최대 몇 [A]까지 접속이 가능한가?

① 120　　　　② 150　　　　③ 180　　　　④ 200

분기회로의 시설(판단기준 제176조)
전동기 등에만 이르는 저압 옥내 전로의 **과전류 차단기는** 차단기에 직접 접속하는 부하측 **전선의 허용 전류를 2.5배한 값 이하**인 정격 전류의 것이어야 한다.

$$60 \times 2.5 = 150[\text{A}]$$

【답】②

문제 93

345[kV] 변전소의 충전 부분에서 5.98[m] 거리에 울타리를 설치할 경우 울타리 최소 높이는 몇 [m]인가?

① 2.1 　　② 2.3 　　③ 2.5 　　④ 2.7

발전소 등의 울타리·담 등의 시설(판단기준 제44조)

사용전압의 구분	울타리·담 등의 높이와 울타리·담 등으로부터 충전 부분까지의 거리의 합계
35 [kV] 이하	5 [m]
35 [kV] 초과 160 [kV] 이하	6 [m]
160 [kV] 초과	• 거리 = 6 + 단수 × 0.12 [m] • 단수 = $\dfrac{\text{사용전압 [kV]} - 160}{10}$ 단수 계산에서 소수점 이하는 절상

- 단수 = $\dfrac{345 - 160}{10} = 18.5 \rightarrow 19$단
- 이격거리 + 울타리높이 = $6 + 19 \times 0.12 = 8.28[\text{m}]$
- 울타리에서 충전 부분까지 거리는 5.98[m] 이므로,
  울타리 최소 높이 = $8.28 - 5.98 = 2.3[\text{m}]$

【답】②

문제 94

내부깊이 150[mm] 이하의 사다리형 케이블 트레이 안에 다심 제어용 케이블만을 넣는 경우 혹은 이들 케이블을 함께 넣는 경우에는 모든 케이블의 단면적의 합계는 케이블 트레이의 내부 단면적의 몇 [%] 이하로 하여야 하는가?

① 30 　　② 40 　　③ 50 　　④ 60

케이블 트레이 공사(판단기준 제194조)
내부 깊이 150 [mm] 이하의 사다리형 또는 펀칭형 케이블 트레이 내에 **다심 제어용 케이블 또는 다심 신호용 케이블만을 넣는 경우** 혹은 이들 케이블을 함께 넣는 경우에는 모든 케이블의 단면적의 합계는 **케이블 트레이의 내부 단면적의 50 [%] 이하로** 하여야 한다.

【답】③

문제 95

저압 옥내배선의 사용 전압이 220[V]인 출·퇴 표시등 회로를 금속관 공사에 의하여 시공하였다. 여기에 사용되는 배선은 지름 몇 [mm²]이상의 연동선을 사용하여야 하는가?

① 1.5 　　② 2.0 　　③ 5.0 　　④ 5.5

> **풀이**
>
> 저압 옥내배선의 사용전선(판단기준 제168조)
>
> 옥내배선의 사용 전압이 400[V] 미만인 경우 **전광표시 장치·출퇴 표시등** 기타 이와 유사한 장치 또는 제어 회로 등에 사용하는 배선에 **단면적 1.5[mm²] 이상의 연동선**을 사용할 것　　　　**【답】** ①

문제 96

관·암거 기타 지중전선을 넣은 방호장치의 금속제 부분 및 지중전선의 피복으로 사용하는 금속체에는 제 몇 종 접지공사를 하여야 하는가? (단, 금속제 부분에는 케이블을 지지하는 금구류를 제외한다.)

① 제1종 접지공사　　　　　　　② 제2종 접지공사

③ 제3종 접지공사　　　　　　　④ 특별 제3종 접지공사

> **풀이**
>
> 지중전선의 피복금속체 접지(판단기준 제139조)
>
> 금속체의 전선 접속함 및 **지중 전선의 피복으로 사용하는 금속체에는 제3종 접지공사**를 하여야 한다.　　　　**【답】** ③

문제 97

저압 옥내 배선을 금속관 공사에 의하여 시설하는 경우에 대한 설명 중 옳은 것은?

① 전선에 옥외용 비닐 절연 전선을 사용하여야 한다.

② 전선은 굵기에 관계없이 연선을 사용하여야 한다.

③ 콘크리트에 매설하는 금속관의 두께는 1.2[mm] 이상이어야 한다.

④ 옥내 배선의 사용 전압이 교류 600[V] 이하인 경우 관에는 제3종 접지공사를 하여야 한다.

> **풀이**
>
> 금속관 공사(판단기준 제184조)
>
> 금속관 공사는 옥외용 비닐 절연 전선을 제외한 절연 전선으로 10[mm²] 이하에 한하여 단선을 사용할 수 있으며 **콘크리트에 매설하는 금속관은 1.2[mm] 이상**이며 400[V] 미만은 제3종 접지 공사, 400[V] 이상인 것은 특별 제3종 접지 공사를 한다.　　　　**【답】** ③

문제 98

전기부식방지를 위한 귀선의 시설 방법에 해당되지 않는 것은?

① 귀선은 부극성으로 할 것

② 이음매 하나의 저항은 그 궤조의 길이 5[m]의 저항에 상당하는 값 이하인 것

③ 특수한 곳을 제외하고 궤도는 길이 30[m] 이상이 되도록 연속하여 용접할 것

④ 용접용 본드는 단면적 22[mm²] 이상, 길이 60[cm] 이상의 연동 연선일 것

> **풀이**
>
> 전기부식방지를 위한 귀선의 시설(판단기준 제263조)
>
> 전식 방지를 위해 사용하는 **본드는 단면적 115[mm²] 이상, 길이 60[cm] 이상의 연동 연선**이어야 한다.　　　　**【답】** ④

동일 지지물에 저압가공전선(다중접지된 중성선은 제외)과 고압가공전선을 시설하는 경우 저압 가공전선은?

① 고압 가공전선의 위로 하고 동일 완금류에 시설

② 고압 가공전선과 나란하게 하고 동일 완금류에 시설

③ 고압 가공전선의 아래로 하고 별개의 완금류에 시설

④ 고압 가공전선과 나란하게 하고 별개의 완금류에 시설

풀이

저고압 가공전선 등의 병가(판단기준 제75조)
고압 가공전선을 저압 가공전선 위에 시설하고 **별개의 완금류**에 시설할 것
그러나, 저압 가공 인입선을 분기하기 위하여 저압 가공 전선을 고압용의 완금류에 견고하게 시설하는 경우 별개의 완금류에 시설하지 않을 수 있다. 【답】③

가공 전선로의 지지물에 시설하는 지선의 설치기준으로 옳은 것은?

① 지선의 안전율은 1.2 이상일 것

② 연선을 사용할 경우에는 소선 3가닥 이상의 연선일 것

③ 소선은 지름 1.2[mm] 이상인 금속선일 것

④ 허용 인장하중의 최저는 2.15[kN]으로 할 것

풀이

지선의 시설(판단기준 제67조)
• 안전율 : 2.5 이상
• 2.6 [mm] 이상의 **금속선을 3조 이상 꼬아서 사용**
• 최저 인장 하중 : 4.31[kN]
• 지중 및 지표상 30[cm]까지의 부분은 아연도금 철봉 등을 사용 【답】②

국가기술자격검정 필기시험 문제

2011년도 전기산업기사 일반검정 제2회				수검 번호	성 명
자격종목 및 등급(선택분야)	종목코드	시험시간	문제지형별		
전기산업기사	2140	2시간 30분	A		

1과목 전기자기학

문제 01

액체 유전체를 넣은 콘덴서의 용량이 20[μF]이다. 여기에 500[kV]의 전압을 가하면 누설 전류는 몇 [A] 인가? (단, 비유전율 $\epsilon_s = 2.2$, 고유저항 $\rho = 10^{11}[\Omega \cdot m]$ 이다.)

① 4.2 　　　　② 5.13 　　　　③ 54.5 　　　　④ 61

풀이

$$RC = \rho\epsilon \, [s] \quad R = \frac{\rho\epsilon}{C}[\Omega]$$

$$\therefore I = \frac{V}{R} = \frac{CV}{\rho\epsilon} = \frac{CV}{\rho\epsilon_0\epsilon_s} = \frac{20 \times 10^{-6} \times 500 \times 10^3}{10^{11} \times 8.855 \times 10^{-12} \times 2.2} = 5.13[\text{A}]$$

【답】②

문제 02

공기콘덴서를 어느 전압으로 충전한 다음 전극 간에 유전체를 넣어 정전용량을 2배로 하였다면 축적되는 에너지는 어떻게 되는가?

① $\frac{1}{4}$ 로 된다. 　　② $\frac{1}{2}$ 로 된다. 　　③ $\sqrt{2}$ 배로 된다. 　　④ 2배로 된다.

풀이

유전체를 삽입한 후 전하량 Q는 변함이 없고 정전용량이 2배로 되었으므로 콘덴서에 축적되는 에너지 $W = \frac{Q^2}{2C}[\text{J}]$에서

$$W' = \frac{Q^2}{2 \times 2C} = \frac{1}{2}W$$

【답】②

문제 03

정전계에 대한 설명으로 가장 적합한 것은?

① 전계에너지가 최대로 되는 전하분포의 전계이다.

② 전계에너지와 무관한 전하분포의 전계이다.

③ 전계에너지가 최소로 되는 전하분포의 전계이다.

④ 전계에너지가 일정하게 유지되는 전하분포의 전계이다.

- 전계(전기장, 전장) : 전기력이 미치는 공간
- **정전계 : 전계 에너지가 최소로 되는 전하 분포의 전계**

【답】③

문제 04 한 변의 길이가 a[m]인 정육각형의 각 정점에 각각 Q[C]의 전하를 놓았을 때 정육각형의 중심 O의 전계의 세기는 몇 [V/m] 인가?

① 0
② $\dfrac{Q}{2\pi\epsilon_0 a}$
③ $\dfrac{Q}{4\pi\epsilon_0 a}$
④ $\dfrac{Q}{8\pi\epsilon_0 a}$

풀이

2개의 점전하가 3쌍으로 맞서 있고, 각 쌍의 중심 전계의 세기는 크기가 같고 방향이 정반대이므로 0이 되고 합성 전계의 세기도 0이 된다.

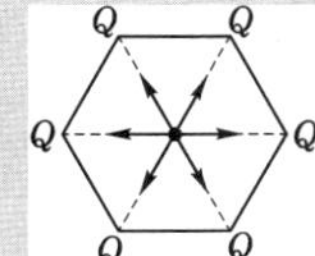

【답】①

문제 05 공심 환상철심에서 코일의 권회수 500회, 단면적 6[m²], 평균 반지름 15[cm], 코일에 흐르는 전류를 4[A]라 하면 철심 중심에서의 자계의 세기는 약 몇 [AT/m] 인가?

① 1061
② 1325
③ 1821
④ 2122

풀이

$$H = \frac{NI}{2\pi a} = \frac{500 \times 4}{2\pi \times 0.15} = 2122\,[\text{AT/m}]$$

【답】④

문제 06 권수 600, 단면적 100[cm²]의 공심 코일에 전류 1[A]를 흘릴 때 자계가 1.28[AT/m]이었다. 자기인덕턴스는 몇 [H] 인가?

① 9.65×10^{-6}
② 8.05×10^{-6}
③ 6.28×10^{-8}
④ 0.64×10^{-8}

풀이

$$L = \frac{N\phi}{I} = \frac{NBS}{I} = \frac{N\mu_0 HS}{I} = \frac{600 \times 4\pi \times 10^{-7} \times 1.28 \times 100 \times 10^{-4}}{1} = 9.65 \times 10^{-6}\,[\text{H}]$$

【답】①

문제 07 시간적으로 변화하지 않는 보존적인 전계가 비회전성(非回轉性)이라는 의미를 나타낸 식은?

① $\nabla \cdot E = 0$
② $\nabla \cdot E = \infty$
③ $\nabla \times E = 0$
④ $\nabla^2 E = 0$

풀이

정전계의 보존적인 조건

- 적분형 : $\oint_c E\, dl = 0$
- 미분형 : $\text{rot}\,E = \nabla \times E = 0$(비회전성)

【답】③

문제 08 전자석의 흡인력은 공극(air gap)의 자속밀도를 B라 할 때 다음의 어느 것에 비례하는가?

① B ② $B^{0.5}$ ③ $B^{1.6}$ ④ $B^{2.0}$

풀이

그림의 N극의 강자성체를 $\triangle x$ 움직일 때의 에너지의 증가 $\triangle W$는(가상 변위의 원리)

$$\triangle W = \frac{1}{2\mu}B^2 \triangle xS - \frac{1}{2\mu_0}B^2 \triangle xS$$

$$F_x = -\frac{\triangle W}{\triangle x} = \left(\frac{B^2}{2\mu_0} - \frac{B^2}{2\mu}\right)S\,[\text{N}]$$

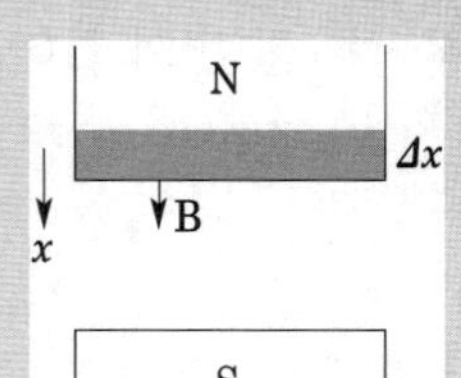

위의 식에서 $\dfrac{B^2}{2\mu_0} \gg \dfrac{B^2}{2\mu}$ 이다. ($\because$ 강자성체에서는 $\mu_0 \ll \mu$).

$$\therefore F_x = \frac{B^2}{2\mu_0}S\,[\text{N}] \ (\text{흡인력})$$

또, S극의 강자성체에도 같은 크기의 흡인력이 작용한다.

【답】 ④

문제 09 자속 밀도 $B[\text{Wb/m}^2]$인 자계 내를 속도 $v[\text{m/s}]$로 운동하는 길이 $dl[\text{m}]$의 도선에 유기되는 기전력[V]은?

① $v \times \boldsymbol{B}$ ② $(v \times \boldsymbol{B}) \cdot dl$ ③ $(v \cdot \boldsymbol{B})$ ④ $(v \cdot \boldsymbol{B}) \times dl$

풀이

플레밍의 오른손 법칙에 의해
 유도 기전력 $e = (v \times \boldsymbol{B}) \cdot \boldsymbol{dl}$
v와 $\boldsymbol{B}$의 각이 θ라고 할 때
 유도 기전력의 크기는 $e = Blv\sin\theta[\text{V}]$

【답】 ②

문제 10 전자계에서 맥스웰의 기본 이론이 아닌 것은?

① 고립된 자극이 존재한다.
② 전하에서 전속선이 발산된다.
③ 전도 전류와 변위 전류는 자계를 발생한다.
④ 자계의 시간적 변화에 따라 자계의 회전이 생긴다.

풀이

- **단자극은 존재하지 않는다.** $\text{div}\boldsymbol{B} = 0$
- 자계의 시간적 변화에 따라 **전계의 회전이 생긴다.**

【답】 ①, ④

문제 11 진공 중에서 자기 쌍극자의 축과 θ의 각을 이루고, 자기 쌍극자 중심에서 $r[\text{m}]$ 떨어진 점의 자계의 세기를 설명한 것 중 맞는 것은?

① 자극의 세기 m에 반비례한다.
② r^3에 반비례한다.
③ $\sin\theta$에 비례한다.
④ 두 점 자극을 잇는 거리에 반비례한다.

풀이
자기 쌍극자에서 거리 r만큼 떨어진 임의의 점에서의 자계의 세기

$$H = \frac{m}{4\pi\mu_0 r^3}\sqrt{1+3\cos^2\theta}\ [\text{AT/m}]$$

【답】 ②

문제 12

전계 및 자계가 z방향의 성분을 갖지 않고 동일한 전계와 자계를 합한 면이 z축에 수직이 되는 파를 무엇이라 하는가?

① 직선파 ② 전자파 ③ 굴절파 ④ 평면파

풀이

평면파는 진행파의 **진행 방향에 대하여 수직**인 무한 평면내에서 진행파의 크기, 위상이 같은 파를 의미한다.

【답】 ④

문제 13

역자성체 내에서 비투자율 μ_s는?

① $\mu_s \gg 1$ ② $\mu_s > 1$ ③ $\mu_s < 1$ ④ $\mu_s = 1$

풀이

• 강자성체 : $\mu_s \gg 1$(온도에 변화)

• 상자성체 : $\mu_s > 1$

• **역자성체** : $\mu_s < 1$

【답】 ③

문제 14

전하 $\dfrac{1}{\sqrt{\epsilon_0\mu_0}}$[m/sec]의 값은?

① 1×10^8 ② 2×10^8 ③ 3×10^8 ④ 4×10^8

풀이

• $\mu_0 = 4\pi \times 10^{-7}$

• $\epsilon_0 = 8.854 \times 10^{-12}$

• $\dfrac{1}{\sqrt{\epsilon_0\mu_0}} = \dfrac{1}{\sqrt{8.854 \times 10^{-12} \times 4\pi \times 10^{-7}}} = 3 \times 10^8\ [\text{m/sec}]$

【답】 ③

문제 15

전기력선의 성질이 아닌 것은?

① 전기력선은 도체내부에 존재한다.

② 전기력선은 등전위면인 도체표면과 수직으로 출입한다.

③ 전기력선은 그 자신만으로 폐곡선이 되는 일이 없다.

④ 1[C]의 단위전하에는 $\dfrac{1}{\epsilon_0}$개의 전기력선이 출입한다.

풀이

전기력선의 성질
① 전기력선의 방향은 전계의 방향과 일치한다.
② 전기력선 밀도는 그 점에서의 전계의 세기와 같다.
③ 단위전하 $(1\,[\text{C}])$에서는 $\dfrac{1}{\epsilon_0}=36\pi\times10^9$개의 전기력선이 발생한다.
④ 전기력선은 정전하(+ 전하)에서 출발하여 부전하(−전하)에서 멈추거나 무한원까지 퍼진다.
⑤ 전하가 없는 곳에서는 전기력선의 발생과 소멸이 없고 연속적이다.
⑥ 전기력선은 전위가 높은 곳에서 낮은 곳으로 향한다. $(E=-\operatorname{grad}V)$
⑦ 전기력선은 자신만으로 폐곡선이 되는 일은 없다. $(\nabla\times E=0)$
⑧ 2개의 전기력선은 서로 교차하지 않는다.
⑨ 전기력선은 등전위면과 직교한다.
⑩ **도체 내부에서 전기력선은 없다.**(도체내부 전계의 세기가 0)
⑪ 전기력선은 도체 표면에서 수직으로 출입한다.
⑫ 무한원점에 있는 전하까지 합하면 전하의 총량은 0 이다.

【답】 ①

문제 16　일정 전압이 가해져 있는 콘덴서에 비유전율이 ϵ_s인 유전체를 채웠을 때 일어나는 현상은?

① 극판간의 전계가 ϵ_s배가 된다.
② 극판간의 전계가 ϵ_s^2배가 된다.
③ 극판의 전하량이 ϵ_s배가 된다.
④ 극판의 전하량이 $\dfrac{1}{\epsilon_s}$로 된다.

풀이

전원을 가하여 충전이 된 후 Q가 일정하면 전계의 세기는 $1/\epsilon_s$가 된다.
그러나 문제에서는 전압을 가하고 있는 상태이므로(V 일정)전계의 세기는 $E=\dfrac{V}{d}$로 변하지 않는다.
또, $Q=CV$에서 V가 일정하므로 Q는 C와 비례하고 C가 유전율과 비례하므로 전하량은 ϵ_s배가 된다.

【답】 ③

문제 17　영구자석의 재료로 사용되는 철에 요구되는 사항으로 다음 중 가장 적절한 것은?

① 잔류자속밀도는 작고 보자력이 커야 한다.
② 잔류자속밀도는 크고 보자력이 작아야 한다.
③ 잔류자속밀도와 보자력이 모두 커야 한다.
④ 잔류자속밀도는 커야 하나, 보자력은 0이어야 한다.

풀이

• **영구자석 재료 : 잔류자기(B_r) 및 보자력(H_c)이 클 것**
• 전자석 재료 : 잔류자기(B_r)는 크고 H_c(보자력)가 적을 것

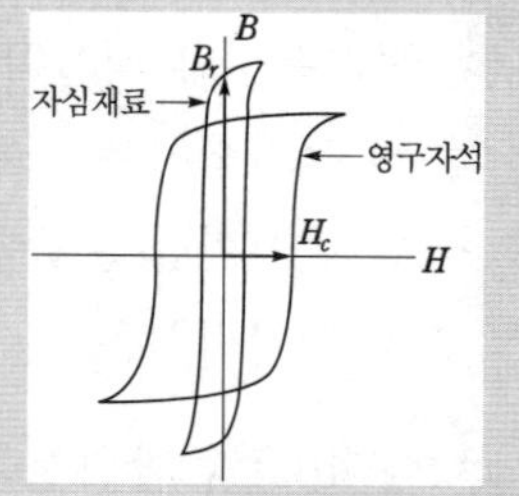

【답】 ③

그림과 같이 유전율이 ϵ_1, ϵ_2인 두 유전체의 경계면에 중심을 둔 반지름 a[m]인 도체구의 정전용량은?

① $4\pi a(\epsilon_1 + \epsilon_2)$

② $2\pi a(\epsilon_1 + \epsilon_2)$

③ $\dfrac{\epsilon_1 + \epsilon_2}{2\pi a}$

④ $\dfrac{\epsilon_1 + \epsilon_2}{4\pi a}$

풀이

유전율 ϵ_1인 유전체 내부 도체의 전위 V_a는

$$V_a = -\int_0^a \boldsymbol{E}\, dl = -\int_0^a \frac{Q}{4\pi\epsilon_1 r^2}\, dr = \frac{Q}{4\pi\epsilon_1 a}\,[\mathrm{V}]$$

따라서, 반구의 정전 용량은 $2\pi\epsilon_1 a[\mathrm{F}]$, ϵ_2의 유전체 내의 반구의 정전 용량은 $2\pi\epsilon_2 a\,[\mathrm{F}]$

$$\therefore C = 2\pi\epsilon_1 a + 2\pi\epsilon_2 a = 2\pi a(\epsilon_1 + \epsilon_2)\,[\mathrm{F}]$$

【답】②

내부 원통의 반지름 a[m], 외부 원통의 안지름이 b[m], 길이 l[m]인 동축원통 도체간에 도전율 $k[\mho/\mathrm{m}]$인 물질을 채워놓고 내외 원통 도체 간에 전압 V[V]를 걸었을 때에 전류는 몇 [A] 인가?

① $\dfrac{\pi l Vk}{\ln\left(\dfrac{b}{a}\right)}$

② $\dfrac{2\pi l Vk}{\ln\left(\dfrac{b}{a}\right)}$

③ $\dfrac{4\pi l Vk}{\ln\left(\dfrac{b}{a}\right)}$

④ $\dfrac{\pi l Vk}{2\ln\left(\dfrac{b}{a}\right)}$

풀이

동축 원통 도체 사이의 정전용량 $C = \dfrac{2\pi\epsilon l}{\ln\dfrac{b}{a}}\,[\mathrm{F}]$

$RC = \rho\epsilon = \dfrac{\epsilon}{k}$ 에서 $\quad R = \dfrac{\epsilon}{kC} = \dfrac{\epsilon}{\dfrac{2\pi\epsilon l}{\ln\dfrac{b}{a}}\cdot k} = \dfrac{\ln\dfrac{b}{a}}{2\pi kl}\,[\Omega]$

$$\therefore I = \frac{V}{R} = \frac{V}{\dfrac{\ln\dfrac{b}{a}}{2\pi kl}} = \frac{2\pi l Vk}{\ln\dfrac{b}{a}}\,[\mathrm{A}]$$

【답】②

반지름 a[m]인 도체구에 전하 Q[C]을 주었을 때, 구 중심에서 r[m] 떨어진 구 밖$(r > a)$의 한 점의 전속밀도 $D[\mathrm{C/m^2}]$는?

① $\dfrac{Q}{4\pi a^2}$

② $\dfrac{Q}{4\pi r^2}$

③ $\dfrac{Q}{4\pi\epsilon a^2}$

④ $\dfrac{Q}{4\pi\epsilon r^2}$

풀이

$$\int_s \boldsymbol{E}\cdot d\boldsymbol{S} = \int_s E_n dS = E_n \int_s dS = E_n 4\pi r^2 = \frac{Q}{\epsilon}$$

$$\therefore \epsilon E_n = D_n = \frac{Q}{4\pi r^2} = D[\mathrm{C/m^2}]$$

【답】②

2과목 전력공학

문제 21

송전선의 전압변동률의 식은 $\dfrac{V_{R1} - V_{R2}}{V_{R2}} \times 100$[%]로 표현된다. 이 식에서 V_{R1}은 무엇인가?

① 무부하시 송전단전압

② 부하시 송전단전압

③ 무부하시 수전단전압

④ 부하시 수전단전압

풀이

$$\text{전압 변동률} = \frac{\text{무부하시의 수전단 전압} - \text{전부하시의 수전단 전압}}{\text{전부하시의 수전단 전압}} \times 100\,[\%]$$

【답】③

문제 22

전력원선도에서 구할 수 없는 것은?

① 조상용량

② 송전손실

③ 정태안정 극한전력

④ 과도안정 극한전력

풀이

(1) 전력원선도에서 알 수 있는 사항
　① 정태안정 극한전력　　　② 송·수전할 수 있는 최대전력
　③ 선로손실과 송전효율　　④ 수전단의 역률
　⑤ 조상용량　　　　　　　⑥ 필요한 전력을 보내기 위한 송·수전단 전압간의 상차각
(2) **원선도에서 구할 수 없는 것**
　① **과도 안정 극한전력**　　② 코로나 손실

【답】④

문제 23

어떤 고층건물의 총 부하 설비전력이 400[kW], 수용률 0.5 일 때 이 건물의 변전시설 용량의 최저값은 몇 [KVA] 인가? (단, 부하의 역률은 0.8 이다.)

① 150

② 200

③ 250

④ 300

풀이

$$\text{변압기 용량}[\text{kVA}] \geq \text{합성 최대 수용 전력} = \frac{\text{부하 설비 합계}[\text{kW}] \times \text{수용률}}{\text{부등률} \times \text{역률}} \text{에서}$$

$$\text{변압기 용량}[\text{kVA}] = \frac{400\,[\text{kW}] \times 0.5}{1 \times 0.8} = 250[\text{kVA}]$$

【답】③

문제 24

다음 중 전력계통에서 인터록(interlock)의 설명으로 적합한 것은?

① 차단기가 열려 있어야만 단로기를 닫을 수 있다.

② 차단기가 닫혀 있어야만 단로기를 닫을 수 있다.

③ 차단기의 접점과 단로기의 접점이 동시에 투입할 수 있다.

④ 차단기와 단로기는 각각 열리고 닫힌다.

문제 25

1상의 대지 정전용량이 0.5[μF]이고 주파수 60[Hz]의 3상 송전선 소호 리액터의 인덕턴스는 몇 [H] 인가?

① 2.69　　　　　② 3.69　　　　　③ 4.69　　　　　④ 5.69

문제 26

주상변압기의 1차측 전압이 일정할 경우 2차측 부하가 변하면, 주상변압기의 동손과 철손은 어떻게 되는가?

① 동손과 철손이 모두 변한다.　　　　② 동손과 철손은 모두 변하지 않는다.

③ 동손은 변하고 철손은 일정하다.　　④ 동손은 일정하고 철손이 변한다.

문제 27

등가 송전선로의 정전용량 $C = 0.008[\mu\text{F/km}]$, 선로길이 $l = 100[\text{km}]$, 대지전압 $E = 37000$[V]이고 주파수 $f = 60[\text{Hz}]$일 때, 충전전류는 약 몇 [A] 인가?

① 11.2　　　　　② 6.7　　　　　③ 0.635　　　　　④ 0.426

문제 28

피뢰기의 제한전압이란?

① 상용주파전압에 대한 피뢰기의 충격방전 개시전압

② 충격파 침입시 피뢰기의 충격방전 개시전압

③ 피뢰기가 충격파 방전 종류 후 언제나 속류를 확실히 차단할 수 있는 상용주파 최대전압

④ 충격파 전류가 흐르고 있을 때의 피뢰기 단자전압

풀이

제한 전압 : 피뢰기 동작 중에 계속해서 걸리고 있는 단자 전압의 파고값　　【답】④

문제 29

다음 중 가스차단기(GCB)의 보호장치가 아닌 것은?

① 가스압력계　　　　　　　　　　② 가스밀도검출계

③ 조작압력계　　　　　　　　　　④ 가스성분표시계

【답】④

문제 30

다음 중 조상(調相) 설비에 해당되지 않는 것은?

① 분로 리액터　　　　　　　　　　② 동기 조상기

③ 상순(相順) 표시기　　　　　　　④ 진상 콘덴서

풀이

조상설비는 무효전력을 공급하는 설비로서 동기 조상기, 전력용 콘덴서 및 리액터가 있다.
- 동기 조상기 : 지상 및 진상 무효전력 공급
- 전력용 콘덴서 : 진상 무효전력 공급
- 분로 리액터 : 지상 무효전력 공급

그러나, **상순 표시기는 공급 전원의 상순을 표시하는 계측기**로서 조상설비가 아니다.　　【답】③

문제 31

송전선에 낙뢰가 가해져서 애자에 섬락이 생기면 아크가 생겨 애자가 손상되는 경우가 있다. 이것을 방지하기 위하여 사용되는 것은?

① 댐퍼(damper)　　　　　　　　　② 아아모로드(armour rod)

③ 가공지선　　　　　　　　　　　④ 아킹혼(arcing horn)

풀이

- 댐퍼 : 전선의 진동 방지
- 아아모로드 : 전선의 진동 방지
- 가공지선 : 뇌의 차폐
- **아킹 혼 : 섬락으로부터 애자련의 보호**, 애자련의 전압 분포 개선　　【답】④

문제 32

출력 20[kW]의 전동기로 총양정 10[m], 펌프효율 0.75일 때 양수량은 몇 [m³/min] 인가?

① 9.18　　　　　　② 9.85　　　　　　③ 10.31　　　　　　④ 15.5

풀이

펌프용 전동기의 출력 $P = \dfrac{QH}{6.12\eta}$ 에서

$$Q = \frac{6.12P\eta}{H} = \frac{6.12 \times 20 \times 0.75}{10} = 9.18[\text{m}^3/\text{min}]$$

【답】①

그림에서와 같이 부하가 균일한 밀도로 도중에서 분기되어 선로전류가 송전단에 이를수록 직선적으로 증가할 경우 선로 말단의 전압강하는 이 송전단 전류와 같은 전류의 부하가 선로의 말단에만 집중되어 있을 경우의 전압강하 보다 대략 어떻게 되는가?

(단, 부하역률은 모두 같다고 한다.)

① $\dfrac{1}{3}$로 된다.

② $\dfrac{1}{2}$로 된다.

③ 동일하다.

④ $\dfrac{1}{4}$로 된다.

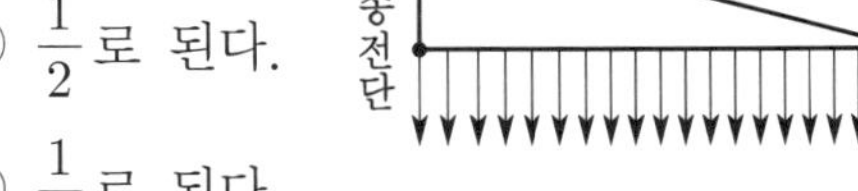

풀이

집중 부하와 분산 부하

구 분	전력손실	전압강하
말단에 집중부하	$I^2 rL$	IrL
균등분포 부하	$\dfrac{1}{3} I^2 rL$	$\dfrac{1}{2} IrL$

【답】 ②

선로 정수를 전체적으로 평행되게 만들어서 근접 통신선에 대한 유도 장해를 줄일 수 있는 방법은?

① 연가를 한다.

② 딥(dip)을 준다.

③ 복도체를 사용한다.

④ 소호 리액터 접지를 한다.

풀이

- **연가의 목적 : 선로정수의 평형**
- 연가의 효과 : 직렬공진 방지, 유도장해 감소, 선로정수 평형

【답】 ①

수력발전소에서 서보 모터(servo-motor)의 작용으로 옳게 설명한 것은?

① 축받이 기름을 보내는 특수 전동펌프이다.

② 안내날개를 조절하는 장치이다.

③ 전기식 조속기용 특수 전동기이다.

④ 수압관 하부의 압력조정장치이다.

풀이

서보 전동기는 배압 밸브에서 공급되는 압유의 힘에 의하여 피스톤을 동작시켜 피스톤에 연결된 도륜을 회전시킴으로써 **안내 날개를 여닫는 장치**이다.

【답】 ②

수전단전압 66[kV], 전류 100[A], 선로저항 10[Ω], 선로리액턴스 15[Ω]인 3상 단거리 송전선로의 전압강하율은 몇 [%] 인가? (단, 수전단의 역률은 0.8 이다.)

① 2.57　　　② 3.25　　　③ 3.74　　　④ 4.46

풀이

$$\text{전압 강하율}\quad \epsilon = \frac{V_s - V_r}{V_r}\times 100 = \frac{e}{V_R}\times 100 = \frac{\sqrt{3}\,I(R\cos\theta + X\sin\theta)}{V_r}\times 100$$

$$= \frac{\sqrt{3}\times 100(10\times 0.8 + 15\times 0.6)}{66{,}000}\times 100 = 4.46\,[\%]$$

【답】 ④

문제 37 철탑에서의 차폐각에 대한 설명 중 옳은 것은?

① 차폐각이 클수록 보호 효율이 크다.

② 차폐각이 작을수록 건설비가 비싸다.

③ 가공지선이 높을수록 차폐각이 크다.

④ 차폐각은 보통 90° 이상이다.

풀이

차폐각이 적을수록 보호 효율은 크지만 건설비는 많아진다.
66 [kV] 송전선은 45° 정도의 것이 많으며 보호 효율은 90 [%]
이고 154 [kV]는 5°로서 95 [%]정도 보호되며 345 [kV] 초고
압 선로에서는 0°의 차폐각을 이루면서 100 [%] 보호 효율이
된다.

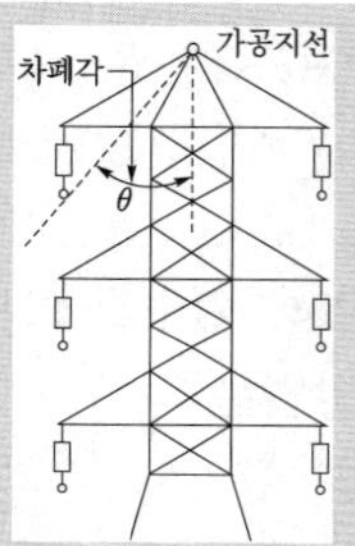

【답】 ②

문제 38 지중 케이블에서 고장점을 찾는 방법이 아닌 것은?

① 머리 루프(Murray loop)시험기에 의한 방법

② 메거(Megger)에 의한 측정 방법

③ 임피던스 브리지법

④ 펄스에 의한 측정법

풀이

지중 케이블 고장 수색법
  ① 머리 루프법 　　　　　　　　② 정전 용량의 측정으로 발견하는 법
  ③ 수색 코일로 하는 방법 　　　④ 펄스로 하는 방법
  ⑤ 음향으로 고장점을 측정하는 방법
※ 메거는 절연저항을 측정하는 계측기기 이다.

【답】 ②

문제 39 3상 1회선 전선로에서 대지정전용량을 C_s[F/m], 선간정전용량을 C_m[F/m]이라 할 때, 작
용정전용량 C_n[F/m]은?

① $C_s + C_m$ 　　　　② $C_s + 2C_m$ 　　　　③ $C_s + 3C_m$ 　　　　④ $2C_s + C_m$

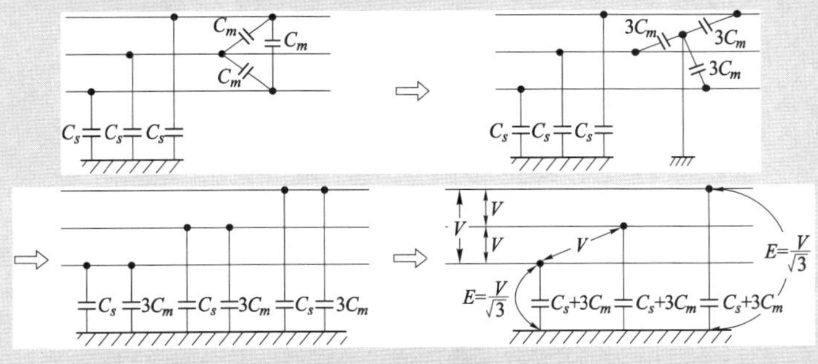

【답】③

문제 40 차단기와 차단기의 소호 매질이 틀리게 결합된 것은 어느 것인가?

① 공기차단기–압축공기 　　　　② 가스차단기–냉매

③ 자기차단기–전자력　　　　　　④ 유입차단기–절연유

풀이

차단기별 소호 매질은?

종 류	소호매질
유입차단기(OCB)	절연유
진공차단기(VCB)	고진공
자기차단기(MBB)	전자기력
공기차단기(ABB)	압축공기
가스차단기(GCB)	SF_6 가스

【답】②

3과목 전기기기

문제 41 그림에서 밀리암페어계의 지시[mA]를 구하면 얼마인가?

(단, 밀리암페어계는 가동 코일형이고, 정류기의 저항은 무시한다.)

① 9　　　　　　　　　　　　② 6.4

③ 4.5　　　　　　　　　　　④ 1.8

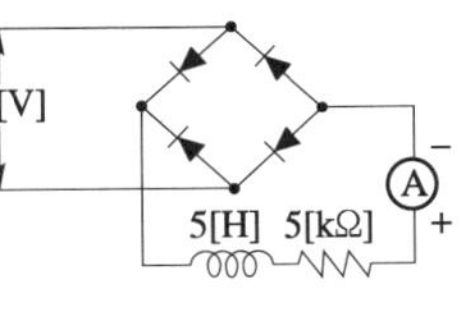

풀이

• 직류 전압 $E_d = \dfrac{2\sqrt{2}}{\pi}E = 0.9E = 0.9 \times 10 = 9[V]$

• 전류 $I_d = \dfrac{E_d}{R} = \dfrac{9}{5000} = 1.8 \times 10^{-3}[A] = 1.8[mA]$

여기서, **직류 전압이므로 전류의 크기는 리액턴스에 무관**하다.

【답】④

문제 42 권선형 유도전동기에서 2차 저항을 변화시켜서 속도제어를 하는 경우 최대 토크는?

① 항상 일정하다

② 2차 저항에만 비례한다.

③ 최대 토크가 생기는 점의 슬립에 비례한다.

④ 최대 토크가 생기는 점의 슬립에 반비례한다.

풀이

- 최대 토크를 발생하는 슬립 $s_m = \dfrac{r_2}{x_2}$(1차 권선 저항 r_1을 무시한 경우)

- 최대 토크 $T_m = K_0 \dfrac{E_2^{\ 2}}{2x_2}$ [N·m]

따라서, **2차 저항의 크기를 변화시키면 최대 토크의 크기는 변하지 않으나 최대 토크를 발생하는 슬립 점이 2차 회로의 저항에 비례하여 이동**한다. **【답】** ①

문제 43 직류 분권 발전기를 역회전하면?

① 발전되지 않는다. ② 정회전 때와 마찬가지다.

③ 과대전압이 유기된다. ④ 섬락이 일어난다.

풀이

운전 중 **전기자 회전 방향을 반대**로 하면 ⇒
- 반대 방향의 기전력이 유기되어 계자전류가 반대로 흐르게 된다.
- **잔류 자기를 소멸시켜 발전 불가능** **【답】** ①

문제 44 단상 주상변압기의 2차측(105[V] 단자)에 1[Ω]의 저항을 접속하고, 1차측에 900[V]를 가하여 1차 전류가 1[A]라면, 1차측 탭 전압[V]은? (단, 변압기의 내부 임피던스는 무시한다.)

① 3350 ② 3250 ③ 3150 ④ 3050

풀이

$$R_1 = a^2 R_2 = a^2 \times 1 = a^2 [\Omega]$$

$$I_1 = \frac{V_1}{R_1} = \frac{V_1}{a^2} = \frac{900}{a^2} = 1[A]$$

$a^2 = 900$ 이므로, $a = 30$

$$\therefore V_T = a V_2 = 30 \times 105 = 3150[V]$$ **【답】** ③

문제 45 정격 150[kVA], 철손 1[kW], 전부하 동손이 4[kW]인 단상 변압기의 최대 효율[%]과 최대 효율시의 부하[kVA]는? (단, 부하역률은 1이다.)

① 96.8[%], 125[kVA] ② 97.4[%], 75[kVA]

③ 97[%], 50[kVA] ④ 97.2[%], 100[kVA]

변압기 효율은 $m^2 P_c = P_i$ 일 때 최대이므로

$$m^2 \times 4 = 1 \qquad \therefore m = \sqrt{\frac{1}{4}} = \frac{1}{2}$$

따라서 $150 \times \frac{1}{2} = 75\,[\text{kVA}]$에서 최대 효율이 된다.

효율 $\eta = \dfrac{mP}{mP + P_i + m^2 P_c} \times 100\,[\%]$ 에서

$$\text{최대효율} \quad \eta_m = \frac{\frac{1}{2} \times 150}{\frac{1}{2} \times 150 + 1 + (\frac{1}{2})^2 \times 4} \times 100 = 97.4\,[\%]$$

【답】②

문제 46

유도전동기의 특성에서 토크 τ와 2차 입력 P_2, 동기 속도 N_s의 관계는?

① 토크는 2차 입력에 비례하고, 동기속도에 반비례 한다.

② 토크는 2차 입력과 동기속도의 곱에 비례 한다.

③ 토크는 2차 입력에 반비례하고, 동기속도에 비례 한다.

④ 토크는 2차 입력의 자승에 비례하고, 동기속도의 자승에 반비례 한다.

2차 입력 $P_2 = 2\pi N_s \tau$ 에서 토크 $\tau = \dfrac{P_2}{2\pi N_s}$

따라서, 토크 τ는 2차 입력 P_2에 비례하고 동기속도 N_s에 반비례한다.

【답】①

문제 47

직류기의 보상권선은?

① 계자와 병렬로 연결　　　　　② 계자와 직렬로 연결

③ 전기자와 병렬로 연결　　　　④ 전기자와 직렬로 연결

보상권선을 전기자 권선과 직렬로 접속하고 전기자 전류와 반대 방향으로 전류를 흐르게 하면, 전기자 전류에 의한 전기자 반작용 자속은 보상 권선의 자속으로 상쇄되어 전기자 반작용은 상쇄된다. 【답】④

문제 48

백분율 저항강하 2[%], 백분율 리액턴스강하 3[%]인 변압기가 있다. 역률(지역률) 80[%]인 경우의 전압 변동률[%]은?

① 1.4　　　　　　② 3.4　　　　　　③ 4.4　　　　　　④ 5.4

뒤진 역률(지역률)이므로
전압 변동률 $\epsilon = p\cos\theta + q\sin\theta = 2 \times 0.8 + 3 \times 0.6 = 3.4\,[\%]$　　　　【답】②

문제 49

사이리스터에서의 래칭 전류에 관한 설명으로 옳은 것은?

① 게이트를 개방한 상태에서 사이리스터 도통 상태를 유지하기 위한 최소의 순전류

② 게이트 전압을 인가한 후에 급히 제거한 상태에서 도통상태가 유지되는 최소의 순전류

③ 사이리스터의 게이트를 개방한 상태에서 전압을 상승하면 급히 증가하게 되는 순전류

④ 사이리스터가 턴온하기 시작하는 순전류

> **풀이**
>
> - **래칭전류 : SCR이 ON 되기 위하여** 애노우드에서 캐소드 쪽으로 흘러야 할 **최소전류**
> - 유지전류 : ON된 후에 ON 상태를 유지하기 위한 최소전류로서 래칭전류보다 작다.　　【답】④

문제 50

변압기 2대로 출력 P[kW], 역률 $\cos\theta$의 3상 유도전동기에 V결선 변압기로 전력을 공급할 때 변압기 1대의 최소용량[kVA]은?

① $\dfrac{P}{3\cos\theta}$　　　　② $\dfrac{P}{\sqrt{3}\cos\theta}$　　　　③ $\dfrac{3P}{\cos\theta}$　　　　④ $\dfrac{\sqrt{3}\,P}{\cos\theta}$

> **풀이**
>
> V결선 시 변압기의 출력은 단상 변압기 1대 용량의 $\sqrt{3}$ 배 이므로, 변압기 1대의 용량을 P_1[kVA]라 하면
>
> $$P = \sqrt{3}\,P_1\cos\theta\,[\text{kW}]$$
>
> $$\therefore\ P_1 = \frac{P}{\sqrt{3}\cos\theta}\,[\text{kVA}]$$
>
> 　　【답】②

문제 51

3상 동기 발전기에서 권선 피치와 자극 피치의 비를 $\dfrac{13}{15}$의 단절권으로 하였을 때의 단절권 계수는?

① $\sin\dfrac{13}{15}\pi$　　　　② $\sin\dfrac{13}{30}\pi$　　　　③ $\sin\dfrac{15}{26}\pi$　　　　④ $\sin\dfrac{15}{13}\pi$

> **풀이**
>
> 단절권 계수 $K_s = \sin\dfrac{\beta\pi}{2} = \sin\left(\dfrac{13}{15}\times\dfrac{\pi}{2}\right) = \sin\dfrac{13}{30}\pi$
>
> $\left(\beta = \dfrac{\text{권선 피치}}{\text{자극 피치}}\right)$
>
> 　　【답】②

문제 52

특수 동기기에 대한 설명 중 잘못 연결된 것은?

① 반작용 전동기 : 역률이 좋다.

② 유도 동기 전동기 : 기동 토크와 인입 토크가 크다.

③ 동기 주파수 변환기 : 조작이 간편하고 효율이 좋다.

④ 정현파 발전기 : 부하에 관계없이 정현파 기전력을 발생한다.

반작용 전동기 : 자극만 있고 여자권선이 없는 회전자를 가진 일종의 동기전동기로서 **출력은 작고 역률이 낮지만** 직류전원을 필요로 하지 않으므로 **구조가 간단하여 전기시계 및 각종 측정장치 용으로 사용**된다.

【답】 ①

문제 53 부하가 변하면 심하게 속도가 변하는 직류전동기는?

① 직권 전동기 ② 분권 전동기

③ 차동 복권 전동기 ④ 가동 복권 전동기

직권 전동기의 회전속도 $n = K \cdot \dfrac{V - I_a(R_a + R_s)}{\phi} = K_1 \cdot \dfrac{V - I_a(R_a + R_s)}{I_a}$ 에서

$I_a(R_a + R_s)$ 는 V에 비해 매우 적으므로 무시하면 $n = K_2 \cdot \dfrac{V}{I_a}$[rps]가 된다.

따라서, **직권전동기는 부하 전류가 변화하면 속도가 현저하게 변하는 특성이 있다.**

【답】 ①

문제 54 직류 발전기의 보극에 관한 설명 중 틀린 것은?

① 보극의 계자권선은 전기자권선과 직렬로 접속한다.

② 보극의 극성은 주자극의 극성을 회전방향으로 옮겨 놓은 것과 같은 극성이다.

③ 보극의 수는 주자극과 동일한 수이지만 어떤 경우에는 주자극의 수보다 적은 것도 있다.

④ 보극에 의한 자속은 전기자전류에 비례하여 변화한다.

발전기에서 **보극의 극성**은 주자극의 극성을
회전방향으로 옮겨 놓은 것과 **반대극성**이다.

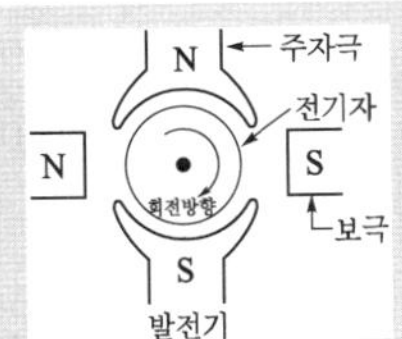

【답】 ②

문제 55 직류 분권 발전기를 병렬로 운전하는 경우 발전기용량 P와 정격전압 V 값은?

① P와 V 모두 같아야 한다. ② P는 임의, V는 같아야 한다.

③ P는 같고, V는 임의이다. ④ P와 V 모두 임의이다.

직류 발전기의 병렬 운전 조건
① 전압의 크기와 극성이 같을 것
② 외부 특성 곡선이 어느 정도 수하 특성일 것.
③ 각 발전기의 부하 전류를 그 정격 전류의 백분율로 표시한 외부 특성 곡선이 거의 같을 것
그러므로 직류 분권 발전기를 병렬 운전하려면 **정격 전압 V는 같아야 하지만 용량 P는 달라도 된다.**

【답】 ②

문제 56

3상 유도 전동기에서 $s=1$일 때의 2차 유기기전력을 $E_2[\text{V}]$, 2차 1상의 리액턴스를 $x_2[\Omega]$, 저항을 $r_2[\Omega]$, 슬립을 s, 비례상수를 K_0라고 하면 토크는?

① $K_0\dfrac{E_2^2}{r_2^2+x_2^2}$ ② $K_0\dfrac{sE_2^2 r_2}{r_2^2+sx_2^2}$ ③ $K_0\dfrac{E_2^2 r_2}{r_2^2+(sx_2)^2}$ ④ $K_0\dfrac{sE_2^2 r_2}{r_2^2+(sx_2)^2}$

풀이

3상 유도 전동기의 토크 $\tau=K_0\dfrac{sE_2^2 r_2}{r_2^2+(sx_2)^2}\,[\text{N·m}]$

【답】 ④

문제 57

다음 중 역률이 가장 좋은 전동기는?

① 단상 유도 전동기 ② 3상 유도 전동기
③ 동기 전동기 ④ 반발 전동기

풀이

동기 전동기는 계자 전류의 크기를 조정하여 **역률을 항상 1로 운전**할 수 있다.

【답】 ③

문제 58

변압기 철심에서 자속변화에 의하여 발생하는 손실은?

① 와전류 손실 ② 표유 부하손실
③ 히스테리시스 손실 ④ 누설 리액턴스 손실

풀이

• **와류손** : 와류손은 **자속의 변화에 의하여** 철심 내부에 유도되는 와전류에 의한 손실

【답】 ①

문제 59

권선형 3상 유도전동기가 있다. 2차 회로는 Y로 접속되고 2차 각 상의 저항은 $0.3[\Omega]$이며 1차, 2차 리액턴스의 합은 2차측에서 보아 $1.5[\Omega]$이라 한다. 기동시에 최대 토크를 발생하기 위해서 삽입하여야 할 저항$[\Omega]$은 얼마인가? (단, 1차 각 상의 저항은 무시한다.)

① 1.2 ② 1.5 ③ 2 ④ 2.2

풀이

1차 저항 $r_1=0$이므로

$$R_s{}' = \sqrt{r_1^2+(x_1+x_2{}')^2}-r_2{}' = \sqrt{(x_1+x_2{}')^2}-r_2{}'$$

$x_1{}'+x_2=1.5\,[\Omega]$, $r_2=0.3\,[\Omega]$이므로

$$\therefore R_s = \sqrt{(x_1+x_2{}')^2}-r_2 = \sqrt{(1.5)^2}-0.3 = 1.2\,[\Omega]$$

【답】 ①

문제 60

반파 정류회로에서 직류전압 $200[\text{V}]$를 얻는데 필요한 변압기 2차 상전압은 약 몇 $[\text{V}]$ 인가? (단, 부하는 순저항, 변압기내 전압강하를 무시하면 정류기내의 전압강하는 $5[\text{V}]$로 한다.)

① 68 ② 113 ③ 333 ④ 455

반파 정류회로에서 직류전압 $E_d = 0.45E - e\,[\text{V}]$ 이므로

$$\therefore E = \frac{E_d + e}{0.45} = \frac{200 + 5}{0.45} \fallingdotseq 455\,[\text{V}]$$

【답】 ④

4과목 회로이론

문제 61

회로에서 저항 15[Ω]에 흐르는 전류는 몇 [A] 인가?

① 8
② 5.5
③ 2
④ 0.5

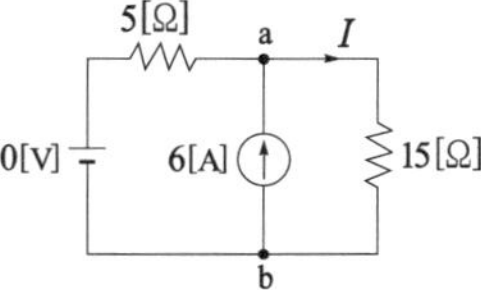

중첩의 원리에 의하여

- 10[V]에 의한 전류 (이때 전류원은 개방) : $I_1 = \dfrac{V}{R} = \dfrac{10}{5+15} = 0.5[\text{A}]$

- 6[A]에 의한 전류(이때 전압원은 단락) : $I_2 = \dfrac{R_1}{R_1 + R_2}I = \dfrac{5}{5+15} \times 6 = 1.5[\text{A}]$

$$\therefore I = I_1 + I_2 = 0.5 + 1.5 = 2[\text{A}]$$

【답】 ③

문제 62

$F(s) = \dfrac{5s+8}{5s^2+4s}$ 일 때 $f(t)$의 최종값은?

① 1
② 2
③ 3
④ 4

최종값 정리 $f(\infty) = \lim_{t \to \infty} f(t) = \lim_{s \to 0} s F(s)$ 에 의해서

$$\lim_{t \to \infty} i(t) = \lim_{s \to 0} s \cdot I(s) = \lim_{s \to 0} s \cdot \frac{5s+8}{5s^2+4s} = \lim_{s \to 0} s \cdot \frac{5s+8}{s(5s+4)} = \lim_{s \to 0} \frac{5s+8}{5s+4} = \frac{8}{4} = 2$$

【답】 ②

문제 63

불평형 3상전류 $I_a = 10 + j2[\text{A}]$, $I_b = -20 - j24[\text{A}]$, $I_c = -5 + j10[\text{A}]$일 때의 영상전류 I_0 값은 얼마인가?

① $15 + j2[\text{A}]$
② $-5 - j4[\text{A}]$
③ $-15 - j12[\text{A}]$
④ $-45 - j36[\text{A}]$

영상전류 $I_0 = \dfrac{1}{3}(I_a + I_b + I_c) = \dfrac{1}{3}(10 + j2 - 20 - j24 - 5 + j10)$

$$= \frac{1}{3}(-15 - j12) = -5 - j4[\text{A}]$$

【답】 ②

문제 64

라플라스 변환함수 $\dfrac{1}{s(s+1)}$에 대한 역라플라스 변환은?

① $1+e^{-t}$ ② $1-e^{-t}$ ③ $\dfrac{1}{1-e^{-t}}$ ④ $\dfrac{1}{1+e^{-t}}$

풀이

$$F(s)=\frac{1}{s(s+1)}=\frac{A}{s}+\frac{B}{s+1}$$

$$A=\frac{1}{s+1}\Big|_{s=0}=\frac{1}{1}=1,\quad B=\frac{1}{s}\Big|_{s=-1}=\frac{1}{-1}=-1 \text{ 이므로}$$

$$F(s)=\frac{1}{s}-\frac{1}{s+1}$$

$$\mathcal{L}^{-1}[F(s)]=1-e^{-t}$$

【답】②

문제 65

상순이 abc인 3상 회로에 있어서 대칭분 전압이 $V_0=-8+j3[\text{V}]$, $V_1=6-j8[\text{V}]$, $V_2=8+j12[\text{V}]$ 일 때 a상의 전압 $V_a[\text{V}]$는?

① $6+j7$ ② $8+j12$ ③ $6+j14$ ④ $16+j4$

풀이

$$\boldsymbol{V_a}=\boldsymbol{V_0}+\boldsymbol{V_1}+\boldsymbol{V_2}=-8+j3+6-j8+8+j12=6+j7[\text{V}]$$

【답】①

문제 66

그림과 같은 회로에서 $e_o[\text{V}]$의 위상은 $e_i[\text{V}]$ 보다 어떻게 되는가?

① 앞선다.   ② 뒤진다.

③ 동상이다.   ④ 90° 앞선다.

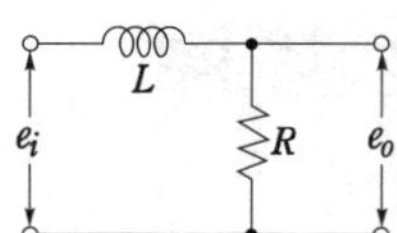

풀이

- 전류 $i=\dfrac{e_i}{R+j\omega L}[\text{A}]$

- $e_o=i\cdot R=\dfrac{e_i}{R+j\omega L}\times R=\dfrac{e_i\cdot R}{R^2+\omega^2 L^2}(R-j\omega L)[\text{V}]$

즉, e_o는 e_i보다 위상이 뒤진다.($\because\ e_o$의 허수값이 $-j$ 이다)

【답】②

문제 67

다음과 같은 회로에서 정 K형 저역 여파기(filter)에 해당되는 것은?

(단, 인덕턴스는 L, 커패시턴스는 C이다.)

① Z_1이 L, Z_2가 C인 경우

② Z_1이 C, Z_2가 L인 경우

③ Z_1, Z_2 모두가 C인 경우

④ Z_1, Z_2 모두가 L인 경우

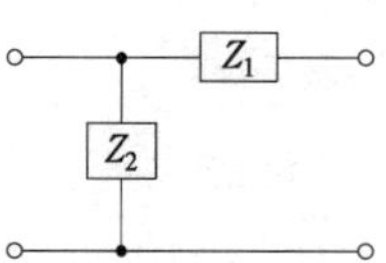

정 K형 필터는 인덕턴스 L과 커패시턴스 C의 조합으로 구성된 순수한 리액턴스 4단자망 필터를 말한다.

① 정 K형 저역통과필터   ② 정 K형 고역통과필터

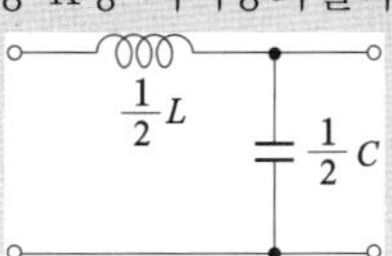   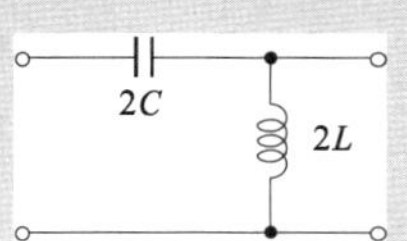

【답】 ①

문제 68

L형 4단자 회로망에서 4단자 정수가 $A = \dfrac{15}{4}$, $D = 1$이고, 영상 임피던스 Z_{02}가 $\dfrac{12}{5}[\Omega]$일 때, 영상 임피던스 $Z_{01}[\Omega]$의 값은 얼마인가?

① 12   ② 9   ③ 8   ④ 6

$$Z_{01} \cdot Z_{02} = \frac{B}{C}, \qquad \frac{Z_{01}}{Z_{02}} = \frac{A}{D} \text{ 에서}$$

$$Z_{01} = \frac{A}{D} Z_{02} = \frac{\frac{15}{4}}{1} \times \frac{12}{5} = \frac{180}{20} = 9\,[\Omega]$$

【답】 ②

문제 69

그림과 같은 평형3상 Y형 결선에서 각 상이 8[Ω]의 저항과 6[Ω]의 리액턴스가 직렬로 접속된 부하에 선간전압 $100\sqrt{3}\,[V]$가 공급되었다. 이때 선전류는 몇 [A] 인가?

① 5   ② 10

③ 15   ④ 20

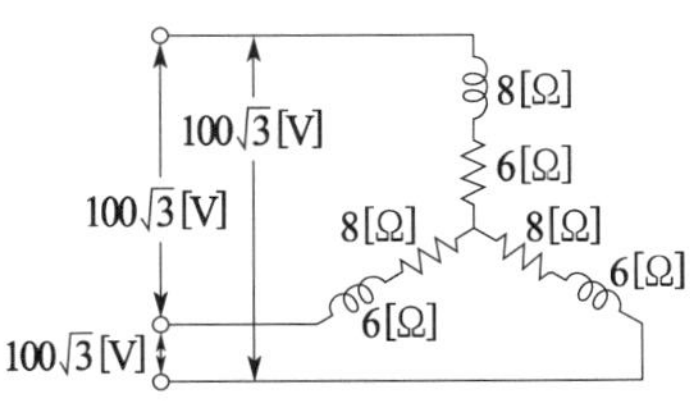

- 상전류 $I_p = \dfrac{E_p}{Z} = \dfrac{\dfrac{100\sqrt{3}}{\sqrt{3}}}{\sqrt{8+j6}} = 10[A]$
- Y결선에서 상전류=선전류 이므로 $I_l = I_p = 10[A]$

【답】 ②

문제 70

RC 직렬 회로의 과도현상에 관한 설명 중 옳게 표현된 것은?

① 과도 전류값은 RC값에 상관이 없다.

② RC 값이 클수록 과도 전류값은 빨리 사라진다.

③ RC 값이 클수록 과도 전류값은 천천히 사라진다.

④ $\dfrac{1}{RC}$ 값이 클수록 과도 전류값은 천천히 사라진다.

풀이

$R-C$ 직렬 회로의 전류 $i(t)$는 $i(t) = \dfrac{E}{R} e^{-\frac{1}{RC}t}$

따라서 시정수 $\tau = RC$ 가 된다. 또한, **시정수가 크면 클수록 과도현상은 오래 지속되므로** $R \cdot C$ 값이 클수록 **과도 전류의 값이 천천히 사라진다.**　　　【답】③

문제 71　구형파의 파고율은 얼마인가?

① 1.0　　　　　② 1.414　　　　　③ 1.732　　　　　④ 2.0

풀이

항목	구형파	3각파	정현파	정류파(전파)	정류파(반파)
파형률	1.0	1.15	1.11	1.11	1.57
파고율	1.0	1.732	1.414	1.414	2.0

【답】①

문제 72　어떤 사인파 교류전압의 평균값이 191[V]이면 최대값은 약 몇 [V] 인가?

① 150　　　　　② 250　　　　　③ 300　　　　　④ 400

풀이

정현파에서 $V_{av} = \dfrac{2V_m}{\pi}$ 이므로 $V_m = \dfrac{\pi}{2} V_{av} = \dfrac{\pi}{2} \times 191 \fallingdotseq 300 \,[V]$　　　【답】③

문제 73　대칭 좌표법에서 사용되는 용어 중 3상에 공통된 성분을 표시하는 것은?

① 공통분　　　　② 정상분　　　　③ 역상분　　　　④ 영상분

풀이

- 정상분 : 상회전 방향이 전원과 같은 방향으로, 전동기에서 토크를 발생
- 역상분 : 상회전 방향이 전원과 반대 방향으로, 전동기에서 제동작용을 한다.
- **영상분 : 각 상별로 같은 크기와 같은 위상각을 가진 단상전류**

【답】④

문제 74　정전용량 C만의 회로에서 100[V], 60[Hz]의 교류를 가했을 때 60[mA]의 전류가 흐른다면 C는 몇 [μF] 인가?

① 5.26[μF]　　　② 4.32[μF]　　　③ 3.59[μF]　　　④ 1.59[μF]

풀이

$$X_c = \frac{V}{I} = \frac{100}{60 \times 10^{-3}} = \frac{10}{6} \times 10^3 = 1.66 \times 10^3 [\Omega]$$

$$X_c = \frac{1}{\omega C} \text{에서 } C = \frac{1}{\omega X_c}$$

$$C = \frac{1}{\omega(1.66 \times 10^3)} = \frac{1}{2 \times 3.14 \times 60 \times 1.66 \times 10^3} = 1.59 \times 10^{-6}[F] = 1.59[\mu F]$$

【답】④

문제 75 어떤 제어계의 임펄스 응답이 $\sin t$일 때, 이 계의 전달함수를 구하면?

① $\dfrac{1}{s+1}$ ② $\dfrac{1}{s^2+1}$ ③ $\dfrac{s}{s+1}$ ④ $\dfrac{s}{s^2+1}$

풀이

계의 전달 함수는 그 계에 대한 임펄스 응답의 라플라스 변환과 같으므로

$$\mathcal{L}\left[\sin t\right]=\frac{1}{s^2+1}$$

【답】②

문제 76 그림과 같은 회로에서 인가 전압에 의한 전류 i를 입력, V_o를 출력이라 할 때 전달 함수는? (단, 초기조건은 모두 0이다.)

① $\dfrac{1}{Cs}$ ② Cs

③ $\dfrac{1}{1+Cs}$ ④ $1+Cs$

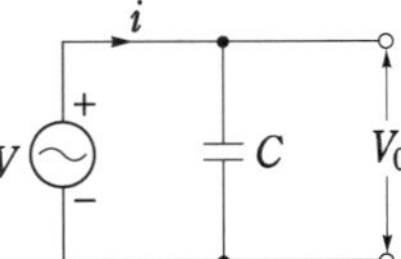

풀이

$$v_0(t)=\frac{1}{C}\int i(t)dt \text{ 이므로 } V_0(s)=\frac{1}{Cs}\cdot I(s)$$

$$\text{따라서, 전달함수 } G(s)=\frac{V_o(s)}{I(s)}=\frac{\frac{1}{Cs}\cdot I(s)}{I(s)}=\frac{1}{Cs}$$

【답】①

문제 77 그림에서 $e(t)=E_m\cos\omega t$의 전원전압을 인가했을 때 인덕턴스 L에 축적되는 에너지[J]는?

① $\dfrac{1}{2}\dfrac{E_m^2}{\omega^2 L^2}(1+\cos\omega t)$ ② $\dfrac{1}{4}\dfrac{E_m^2}{\omega^2 L}(1-\cos\omega t)$

③ $\dfrac{1}{2}\dfrac{E_m^2}{\omega^2 L^2}(1+\cos 2\omega t)$ ④ $\dfrac{1}{4}\dfrac{E_m^2}{\omega^2 L}(1-\cos 2\omega t)$

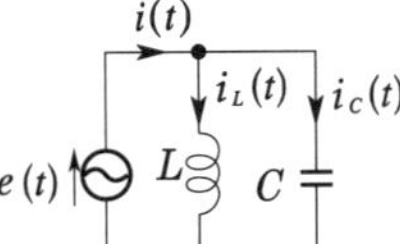

풀이

인덕턴스에 흐르는 전류 $i_L(t)$는

$$i_L(t)=\frac{1}{L}\int e(t)dt=\frac{1}{L}\int E_m\cos\omega t\,dt=\frac{E_m}{\omega L}\sin\omega t$$

$$\therefore W_L(t)=\frac{L\,i_L(t)^2}{2}=\frac{L}{2}\left(\frac{E_m}{\omega L}\right)^2\sin^2\omega t=\frac{E_m^2}{2\omega^2 L}\left(\frac{1-\cos 2\omega t}{2}\right)=\frac{1}{4}\frac{E_m^2}{\omega^2 L}(1-\cos 2\omega t)$$

【답】④

문제 78 데브낭의 정리와 쌍대 관계에 있는 정리는?

① 보상의 정리 ② 노튼의 정리
③ 중첩의 정리 ④ 밀만의 정리

풀이

테브난의 정리(등가 전압원 정리)와 **노튼 정리**(등가 전류원 정리)는 **쌍대 관계**가 있다.　【답】②

문제 79

ϕ가 0에서 π까지는 $i = 20[\text{A}]$, π에서 2π까지는 $i = 0[\text{A}]$ 인 파형을 푸리에 급수로 전개할 때 a_0는?

① 5

② 7.07

③ 10

④ 14.14

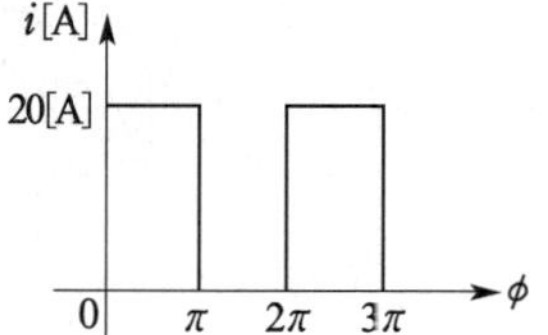

풀이

$$a_0 = \frac{1}{2\pi}\int_0^\pi i\,d(\phi) = \frac{1}{2\pi}\int_0^\pi 20\,d(\phi) = \frac{20}{2\pi}\cdot\pi = 10[\text{A}]$$

【답】③

문제 80

코일에 단상 100[V]의 전압을 가하면 30[A]의 전류가 흐르고 1.8[kW]의 전력을 소비한다고 한다. 이 코일과 병렬로 콘덴서를 접속하여 회로의 합성 역률을 100[%]로 하기 위한 용량 리액턴스는 대략 몇 [Ω]이어야 하는가?

① 1.2

② 2.6

③ 3.2

④ 4.2

풀이

- 피상전력 $P_a = V\cdot I = 100\cdot 30 = 3000[\text{VA}] = 3[\text{kVA}]$
- 지상 무효전력 $P_r = \sqrt{P_a^2 - P^2} = \sqrt{3^2 - 1.8^2} = 2.4[\text{kVar}]$
- 역률이 100 [%]로 되기 위해서는 무효전력이 0[kVar]가 되어야 하므로 진상무효 전력인 2.4 [kVA]의 콘덴서가 필요하다.
- 콘덴서 용량 $Q_C = 2\pi f\,CV^2 = \dfrac{V^2}{X_C} = 2.4\times 10^3[\text{kVA}]$에서 $X_C = \dfrac{100^2}{2.4\times 10^3} \fallingdotseq 4.2\,[\Omega]$

【답】④

5과목　전기설비기술기준 및 판단기준

문제 81

관등 회로란 무엇인가?

① 분기점으로부터 안정기까지의 전로

② 스위치로부터 방전등까지의 전로

③ 스위치로부터 안정기까지의 전로

④ 방전등용 안정기로부터 방전관까지의 전로

풀이

정의(판단기준 제2조)

관등 회로라 함은 **방전등용 안정기로부터 방전관까지의 전로**를 말한다.　【답】④

154[kV] 옥외 변전소의 울타리 최소 높이는 몇 [m] 인가?

① 2.0　　　② 2.5　　　③ 3.0　　　④ 3.5

풀이

발전소 등의 울타리·담 등의 시설(판단기준 제44조)
울타리·담 등의 높이는 2 [m] 이상으로 하고 지표면과 울타리·담 등의 하단 사이의 간격은 15 [cm] 이하로 할 것.　　　　　　　　　　　　　　　　　　　　　　**【답】 ①**

고압 절연전선을 사용한 6600[V] 배전선이 안테나와 접근상태로 시설되는 경우 그 이격거리는 몇 [cm] 이상이어야 하는가?

① 60　　　② 80　　　③ 100　　　④ 120

풀이

저고압 가공전선과 안테나의 접근 또는 교차(판단기준 제82조)

사용 전압 부분 공작물의 종류	저압	고압
일반적인 경우	0.6 [m]	0.8 [m]
전선이 고압 절연 전선	0.3 [m]	**0.8 [m]**
전선이 케이블인 경우	0.3 [m]	0.4 [m]

【답】 ②

고압 가공전선로의 지지물로 철탑을 사용하는 경우 최대 경간은 몇 [m]인가?

① 150　　　② 200　　　③ 250　　　④ 600

풀이

고압 가공전선로 경간의 제한(판단기준 제76조)

| 지지물의 종류 | 고 압 | 지름 5[mm] 이상 | 단면적 22[mm²] 이상 |
	특고압	단면적 22[mm²] 이상	단면적 55[mm²] 이상
목주·A종 철주 또는 A종 철근 콘크리트주		150 [m] 이하	300 [m] 이하
B종 철주 또는 B종 철근 콘크리트주		250 [m] 이하	500 [m] 이하
철 탑		**600 [m] 이하**	600 [m] 이하

【답】 ④

뱅크용량이 20000[kVA] 인 전력용 커패시터에 자동적으로 전로로부터 차단하는 보호장치를 하려고 한다. 반드시 시설하여야 할 보호장치가 아닌 것은?

① 내부에 고장이 생긴 경우에 동작하는 장치
② 절연유의 압력이 변화할 때 동작하는 장치
③ 과전류가 생긴 경우에 동작하는 장치
④ 과전압이 생긴 경우에 동작하는 장치

풀이

조상설비의 보호장치(판단기준 제49조)
조상 설비에는 그 내부에 고장이 생긴 경우에 보호하는 장치를 표와 같이 시설하여야 한다.

설비 종별	뱅크 용량의 구분	자동적으로 전로로부터 차단하는 장치
전력용 커패시터 및 분로리액터	500 [kVA] 초과 15,000 [kVA] 미만	·내부에 고장이 생긴 경우 ·과전류가 생긴 경우
	15,000 [kVA] 이상	**·내부에 고장**이 생긴 경우 **·과전류**가 생긴 경우 **·과전압**이 생긴 경우
조상기	15,000 [kVA] 이상	·내부에 고장이 생긴 경우

【답】②

문제 86

직류식 전기철도에서 가공으로 시설하는 배류선은 케이블인 경우 이외에는 지름 몇 [mm]의 경동선이나 이와 동등 이상의 세기 및 굵기의 것 이어야 하는가?

① 2.0　　　　② 2.5　　　　③ 3.5　　　　④ 4.0

풀이

배류접속(판단기준 제265조)
가공으로 시설하는 배류선
① **배류선**은 케이블인 경우 이외에는 **지름 4[mm]의 경동선**이나 이와 동등 이상의 세기 및 굵기의 것일 것.
② 배류선의 상승 부분중 지표상 2.5[m] 미만의 부분은 절연전선(옥외용 비닐 절연 전선을 제외한다)
　·캡타이어 케이블 또는 케이블을 사용하고 사람이 접촉할 우려가 없고 또한 손상을 받을 우려가 없도록 시설할 것

【답】④

문제 87

수소냉각식 발전기안의 수소 순도가 몇 [%] 이하로 저하한 경우에 이를 경보하는 장치를 시설해야 하는가?

① 65　　　　② 75　　　　③ 85　　　　④ 95

풀이

수소냉각식 발전기 등의 시설(판단기준 제51조)
발전기 또는 조상기 안의 수소의 **순도가 85 [%] 이하로 저하한 경우에는 이를 경보하는 장치**를 시설해야 한다.

【답】③

문제 88

전기부식방식 시설은 지표 또는 수중에서 1[m] 간격의 임의의 2점간의 전위차가 몇 [V]를 넘으면 안 되는가?

① 5　　　　② 10　　　　③ 25　　　　④ 30

풀이

전기부식방지 시설(판단기준 제243조)
전기 방식 시설은 직류 60 [V] 이하를 사용하며 수중에 시설하는 양극과 그 주위 1 [m] 안에 있는 점과의 전위차는 10 [V] 이하, **1 [m] 간격을 갖는 임의의 2점간의 전위차는 5 [V] 이하**이어야 한다. 【답】①

문제 89

특고압 가공전선이 도로·횡단보도교·철도 또는 궤도와 제1차 접근 상태로 시설되는 경우 특고압 가공전선로는 제 몇 종 보안공사에 의하여야 하는가?

① 제1종 특고압 보안공사
② 제2종 특고압 보안공사
③ 제3종 특고압 보안공사
④ 제4종 특고압 보안공사

풀이

특고압 보안공사(판단기준 제125조)
특고압 가공 전선이 건조물 등과 **제1차 접근 상태인 경우는 제3종 특고 보안 공사에 의할 것** 【답】 ③

문제 90

변압기의 고압측 전로와의 혼촉에 의하여 저압 전로의 대지 전압이 150[V]를 넘는 경우에 2초 이내에 고압 전로를 자동 차단하는 장치가 되어 있는 6600/220[V] 배전선로에 있어서 1선 지락 전류가 2[A] 이면 제2종 접지저항 값의 최대는 얼마인가?

① 50[Ω]
② 75[Ω]
③ 150[Ω]
④ 300[Ω]

풀이

접지공사의 종류(판단기준 제18조)

- 제2종 접지 저항 $= \dfrac{150}{1선\ 지락\ 전류}[\Omega]$

- **1초를 넘고 2초 이내에 자동 차단하는 장치가 있는 경우**

  제2종 접지 저항 $= \dfrac{300}{1선\ 지락\ 전류}[\Omega]$

  따라서, 2초 이내에 자동 차단하는 장치가 있으므로

  제2종 접지저항 $R_2 = \dfrac{300}{2} = 150[\Omega]$

【답】 ③

문제 91

케이블 트레이 공사에 사용하는 케이블 트레이에 적합하지 않은 것은?

① 케이블 트레이의 안전율은 1.5 이상이어야 한다.
② 지지대는 트레이 자체 하중과 포설된 케이블 하중을 충분히 견딜 수 있는 강도를 가져야 한다.
③ 전선의 피복 등을 손상시킬 돌기 등이 없이 매끈하여야 한다.
④ 금속재의 것은 내식성 재료의 것으로 하지 않아도 된다.

풀이

케이블 트레이 공사(판단기준 제194조)
금속재의 것은 적절한 방식처리를 한 것이거나 내식성 재료의 것이어야 한다. 【답】 ④

문제 92

345[kV]의 가공송전선로를 평지에 건설하는 경우 전선의 지표상 높이는 최소 몇 [m] 이상이어야 하는가?

① 7.58
② 7.95
③ 8.28
④ 8.85

풀이

특고압 가공전선의 높이(판단기준 제110조)

전압의 범위	일반 장소	도로 횡단	철도 또는 궤도횡단	횡단보도교
35 [kV] 이하	5 [m]	6 [m]	6.5 [m]	4 [m] (특고압 절연전선 또는 케이블 사용)
35 [kV] 초과 160 [kV] 이하	6 [m]	6 [m]	6.5 [m]	5 [m](케이블 사용)
35 [kV] 초과 160 [kV] 이하	산지 등에서 사람이 쉽게 들어갈 수 없는 장소 ; 5 [m] 이상			
160 [kV] 초과	일반장소	가공전선의 높이 = 6 + 단수 × 0.12 [m]		
160 [kV] 초과	철도 또는 궤도횡단	가공전선의 높이 = 6.5 + 단수 × 0.12 [m]		
160 [kV] 초과	산지	가공전선의 높이 = 5 + 단수 × 0.12 [m]		

- 특고압 가공 전선의 지표상 높이는 일반 장소에서는 6[m](산지 등에서는 5 [m])에, 160 [kV]를 넘는 10[kV] 또는 그 단수마다 12[cm]를 가한 값

- 단수 $= \dfrac{345 - 160}{10} = 18.5 \;\rightarrow\; 19$단

∴ 전선의 지표상 높이 $= 6 + 19 \times 0.12 = 8.28 [\mathrm{m}]$ 【답】③

문제 93

사용전압이 400[V] 미만인 저압 가공전선은 지름 몇 [mm]이상의 절연전선이어야 하는가?

① 3.2 ② 3.6 ③ 4.0 ④ 5.0

풀이

저고압 가공전선의 굵기 및 종류(판단기준 제70조)

사용전압이 **400 [V] 미만인 저압 가공전선**은 케이블인 경우를 제외하고는 인장강도 3.43 [kN] 이상의 것 또는 **지름 3.2 [mm]** (절연전선인 경우는 인장강도 2.3 [kN] 이상의 것 또는 지름 2.6 [mm] 이상의 경동선) 이상의 것이어야 한다. 【답】①

문제 94

전력보안 가공통신선(광섬유 케이블은 제외)을 조가 할 경우 조가용 선은?

① 금속으로 된 단선 ② 알루미늄으로 된 단선
③ 강심 알루미늄 연선 ④ 금속선으로 된 연선

풀이

통신선의 시설(판단기준 제154조)

가공 지선을 이용한 광섬유 케이블 사용을 제외한 가공 통신선은 다음과 같이 시설하여야 한다.
① 조가용선으로 조가할 것
   단, 인장강도 2.30 [kN]의 것 또는 지름 2.6 [mm]의 경동선 등의 사용시에는 조가하지 않아도 된다.
② **조가용선은 금속으로 된 연선일 것**
③ 가공 전선로의 지지물에 시설하는 가공 통신선에 직접 접속하는 통신선은 절연 전선, 통신용 케이블 이외의 케이블, 광섬유 케이블이어야 한다. 【답】④

문제 95

저압 옥내배선용 전선의 굵기는 연동선을 사용할 때 일반적으로 몇 [mm²] 이상의 것을 사용하여야 하는가?

① 2.5 ② 1 ③ 1.5 ④ 0.75

저압 옥내배선의 사용전선(판단기준 제168조)
저압 옥내 배선의 사용 전선은 2.5 [mm²] 연동선이나 1 [mm²] 이상의 MI 케이블이어야 한다. **【답】** ①

문제 96

고압 지중전선이 지중 약전류전선 등과 접근하여 이격거리가 몇 [cm] 이하인 때에는 양 전선 사이에 견고한 내화성의 격벽을 설치하는 경우 이외에는 지중전선을 견고한 불연성 또는 난연성의 관에 넣어 그 관이 지중 약전류전선 등과 직접 접촉되지 않도록 하여야 하는가?

① 15　　　　　　② 20　　　　　　③ 25　　　　　　④ 30

지중전선과 지중 약전류전선 등 또는 관과의 접근 또는 교차(판단기준 제141조)
고압 지중 전선이 지중 약전류 전선과 접근 교차하는 경우 **상호의 이격 거리가 30 [cm] 이하인 경우**에는 지중 전선과 관과의 사이에 견고한 **내화성의 격벽**을 시설하여야 한다.　**【답】** ④

문제 97

사용 전압이 154[kV] 인 가공 송전선의 시설에서 전선과 식물과의 이격거리는 일반적인 경우에 몇 [m] 이상으로 하여야 하는가?

① 2.8　　　　　　② 3.2　　　　　　③ 3.6　　　　　　④ 4.2

특고압 가공전선과 식물의 이격거리(판단기준 제133조)

사용전압의 구분	이격거리
60 [kV] 이하	2 [m]
60 [kV] 초과	• 이격거리 = 2 + 단수×0.12 [m] • 단수 = $\dfrac{(\text{전압 [kV]}-60)}{10}$ 단수 계산에서 소수점 이하는 절상

• 단수 = $\dfrac{154-60}{10}=9.4 \rightarrow 10$단

• 이격 거리 = $2+0.12\times10=3.2$ [m]　**【답】** ②

문제 98

다음 중 지선의 시설 목적으로 적절하지 않은 것은?

① 유도장해를 방지하기 위하여
② 지지물의 강도를 보강하기 위하여
③ 전선로의 안전성을 증가시키기 위하여
④ 불평형 장력을 줄이기 위하여

지선의 시설(판단기준 제67조)
유도장해를 방지하기 위해서는 지선이 아닌 **차폐선을 설치**하여야 한다.　**【답】** ①

문제 99 금속 덕트 공사에 의한 저압 옥내배선 공사 시설 기준에 적합하지 않는 것은?

① 금속 덕트에 넣은 전선의 단면적의 합계가 덕트의 내부 단면적의 20[%] 이하가 되게 하였다.

② 덕트 상호 및 덕트와 금속관과는 전기적으로 완전하게 접속했다.

③ 덕트를 조영재에 붙이는 경우 덕트의 지지점간의 거리를 4[m] 이하로 견고하게 붙였다.

④ 저압 옥내 배선의 사용 전압이 400[V] 미만인 경우 덕트에는 제3종 접지공사를 한다.

풀이

금속 덕트 공사(판단기준 제187조)

금속 덕트는 두께 1.2 [mm] 이상인 철판으로 제작하여야 하며 덕트를 조영재에 붙이는 경우에는 **덕트의 지지점간 거리를 3 [m] 이하**로 하여야 한다. **【답】③**

문제 100 백열전등 또는 방전등에 전기를 공급하는 옥내 전선로의 대지 전압의 최대값은 일반적으로 몇 [V] 인가?

① 150   ② 300   ③ 400   ④ 600

풀이

옥내 전로의 대지 전압의 제한(판단기준 제166조)

백열 전등이나 방전등에 전기를 공급하는 **옥내 전로의 대지 전압은 300 [V] 이하**이어야 한다. **【답】②**

국가기술자격검정 필기시험 문제

수검 번호	성 명

자격종목 및 등급(선택분야)	종목코드	시험시간	문제지형별
전기산업기사	2140	2시간 30분	A

1과목 전기자기학

문제 01 그림과 같이 전류 I[A]가 흐르는 반지름 a[m]의 원형 코일의 중심으로부터 x[m]인 점 P의 자계의 세기는 몇 [AT/m] 인가? (단, θ는 각 APO 라 한다.)

① $\dfrac{I}{2a}\sin^3\theta$ 　　　　② $\dfrac{I}{2a}\cos^3\theta$

③ $\dfrac{I}{2a}\sin^2\theta$ 　　　　④ $\dfrac{I}{2a}\cos^2\theta$

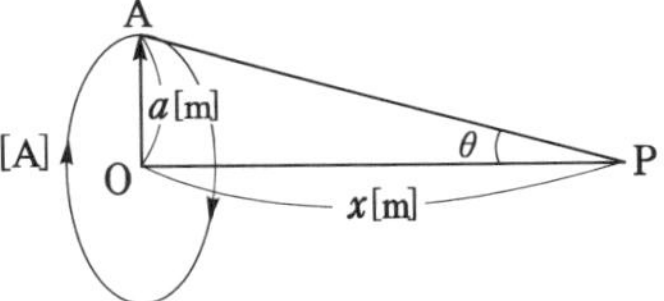

풀이

그림과 같이 점 P에서 코일 AB를 바라보는 입체각 ω는
$$\omega = 2\pi(1-\cos\theta)$$
이므로 자위는
$$U_m = \frac{I}{4\pi}\omega = \frac{I}{4\pi}\cdot 2\pi(1-\cos\theta) = \frac{I}{2}\left(1-\frac{x}{\sqrt{a^2+x^2}}\right) \text{[AT]}$$
따라서, 원형 전류에 의한 축방향의 자계 H_x는
$$H_x = -\frac{\partial U}{\partial x} = \frac{a^2 I}{2(a^2+x^2)^{3/2}} = \frac{I}{2a}\sin^3\theta \text{ [AT/m]}$$

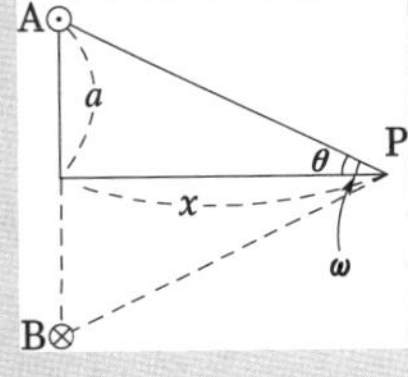

【답】 ①

문제 02 그림과 같은 회로 C에 전류 I[A]가 흐를 때 C의 미소 부분 dl에 의하여 거리 r만큼 떨어진 P 점에서의 자계의 세기 dH [AT/m]는? (단, θ는 dl과 거리 r이 이루는 각이다.)

① $\dfrac{Idl\sin\theta}{4\pi r}$ 　　　　② $\dfrac{Idl\sin\theta}{r^2}$

③ $\dfrac{Idl\sin\theta}{4\pi r^2}$ 　　　　④ $\dfrac{4\pi Idl\sin\theta}{r^2}$

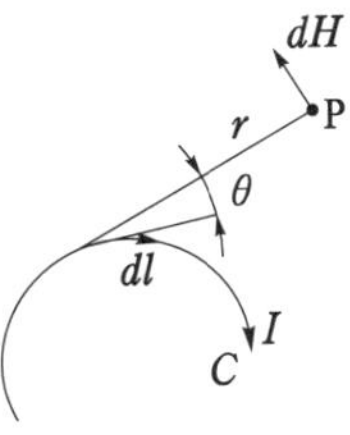

풀이

비오–사바르의 법칙 : $dH = \dfrac{Idl\sin\theta}{4\pi r^2}$

【답】 ③

문제 03 비투자율 $\mu_s = 4$인 자성체 내에서 주파수 1[GHz]인 전자기파의 파장[m]은?

① 0.1　　　　② 0.15　　　　③ 0.25　　　　④ 0.4

풀이

전자파의 전파속도 $v = \dfrac{1}{\sqrt{\epsilon\mu}} = \dfrac{1}{\sqrt{\epsilon_0\mu_0}\,\sqrt{\epsilon_r\mu_r}} = \dfrac{1}{\sqrt{\epsilon_0\mu_0}} \times \dfrac{1}{\sqrt{\epsilon_r\mu_r}}$

여기서 $\dfrac{1}{\sqrt{\epsilon_0\mu_0}} = \dfrac{1}{\sqrt{\dfrac{1}{4\pi\times9\times10^9}\times4\pi\times10^{-7}}} = 3\times10^8$ [m/sec]

$v = \dfrac{3\times10^8}{\sqrt{\epsilon_r\mu_r}} = \dfrac{3\times10^8}{\sqrt{1\times4}} = 1.5\times10^8$ [m/s]

$\lambda = \dfrac{v}{f} = \dfrac{1.5\times10^8}{1\times10^9} = 0.15$ [m]

【답】②

문제 04 유전율 ϵ, 투자율 μ인 매질 중을 주파수 f[Hz]의 전자파가 전파되어 나갈 때의 파장은 몇 [m]인가?

① $f\sqrt{\epsilon\mu}$　　　　② $\dfrac{1}{f\sqrt{\epsilon\mu}}$　　　　③ $\dfrac{f}{\sqrt{\epsilon\mu}}$　　　　④ $\dfrac{\sqrt{\epsilon\mu}}{f}$

풀이

전자파의 전파속도 $v = \dfrac{1}{\sqrt{\epsilon\mu}} = \dfrac{3\times10^8}{\sqrt{\epsilon_r\mu_r}}$ [m/s] 이므로,

파장 $\lambda = \dfrac{v}{f} = \dfrac{\dfrac{1}{\sqrt{\epsilon\mu}}}{f} = \dfrac{1}{f\sqrt{\epsilon\mu}}$ [m]

【답】②

문제 05 반지름 10[cm]인 도체구 A에 9[C]의 전하가 분포되어 있다. 이 도체구에 반지름 5[cm]인 도체구 B를 접촉시켰을 때 도체구 B로 이동한 전하는 몇 [C]인가?

① 3　　　　② 9　　　　③ 18　　　　④ 24

풀이

- 전체 전하량 $Q = Q_1 + Q_2$

　여기서, Q_1 : 도체구 접촉 후 A 도체의 전하량

　　　　　Q_2 : 도체구 접촉 후 B 도체의 전하량

　　　　　Q : 도체구 접촉 전 A도체의 전하량(총 전하량)

- 두 도체구를 접속시키면 전위는 같게 되므로,

$$V = \dfrac{Q_1}{4\pi\epsilon_0 r_1} = \dfrac{Q_2}{4\pi\epsilon_0 r_2}$$

따라서, $Q_2 = \dfrac{4\pi\epsilon_0 r_2}{4\pi\epsilon_0 r_1}Q_1 = \dfrac{r_2}{r_1}Q_1 = \dfrac{r_2}{r_1}(Q - Q_2) = \dfrac{5}{10}(9 - Q_2)$

$\therefore Q_2 = 3$ [C]

【답】①

회로가 닫혀있는 코일1과 개방된 코일2가 그림과 같이 평등자계와 직각방향으로 서로 나란한 코일면을 유지하고 있을 때 평등자계의 자속이 일정한 비율로 감소하는 경우 다음 설명 중 옳은 것은?

① 유기기전력은 두 코일에 모두 유기된다.

② 유기기전력은 개방된 코일2에만 유기된다.

③ 두 코일에 같은 줄열이 발생한다.

④ 줄열은 어느 쪽도 발생하지 않는다.

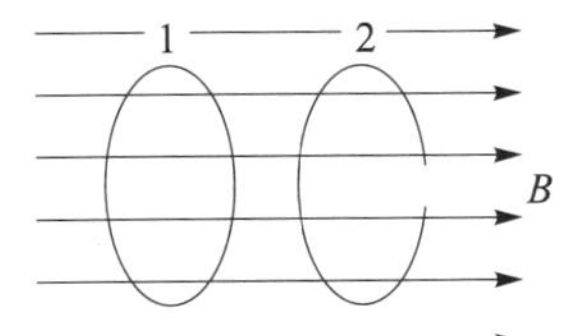

풀이

두 코일을 각각 변압기 2차측 코일로 간주하고 철심에 자속이 변화(감소)하는 경우에 코일 1은 변압기 2차측이 단락상태가 되어 전류가 크게 흐르고, 코일2는 개방상태(무부하)가 되어 고전압이 유기된다. 따라서 **두 코일 모두 유기기전력이 유기된다.**

【답】 ①

고유저항 $\rho[\Omega \cdot m]$, 한 변의 길이가 $r[m]$인 정육면체의 저항$[\Omega]$은?

① $\dfrac{\rho}{\pi r}$
② $\dfrac{\pi r^2}{\sqrt{\rho}}$
③ $\dfrac{\rho}{r}$
④ $\sqrt{\dfrac{2\pi r^2}{\rho}}$

풀이

$R = \rho \dfrac{l}{A}$ 에서 정육면체 한 변의 길이가 $r[m]$이므로 $A = r^2$, $l = r$을 대입하면

$$\therefore R = \rho \frac{r}{r^2} = \frac{\rho}{r} \ [\Omega]$$

【답】 ③

전계 $E = i3x^2 + j2xy^2 + kx^2yz$의 div E는 얼마인가?

① $-i6x + jxy + kx^2y$
② $i6x + j6xy + kx^2y$
③ $-6x - 6xy - x^2y$
④ $6x + 4xy + x^2y$

풀이

$$\text{div} E = \nabla \cdot E = \left(i\frac{\partial}{\partial x} + j\frac{\partial}{\partial y} + k\frac{\partial}{\partial z} \right) \cdot (iE_x + jE_y + kE_z)$$

$$= \frac{\partial E_x}{\partial x} + \frac{\partial E_y}{\partial y} + \frac{\partial E_z}{\partial z} = \frac{\partial}{\partial x}(3x^2) + \frac{\partial}{\partial y}(2xy^2) + \frac{\partial}{\partial z}(x^2yz)$$

$$= 6x + 4xy + x^2y$$

【답】 ④

비투자율 μ_s, 길이 l인 철심에 권수 N인 환상 솔레노이드 코일이 있다. 이 철심에 길이 l_1인 미소 공극을 만들었을 때 공극 자계 세기 H_A와 철심 자계 세기 H_F의 비$\left(\dfrac{H_F}{H_A}\right)$는?

① μ_s
② $\dfrac{1}{\mu_s}$
③ $\dfrac{\mu_s(l-l_1)}{l_1}$
④ $\dfrac{l_1}{\mu_s(l-l_1)}$

풀이

공극에 있어서 자속의 퍼짐이 없으면 철심 내부와 공극 부분의 자속 밀도가 같게 되므로

- 공극 부분의 자계의 세기 $H_A = \dfrac{B}{\mu_0}$

- 철심 부분의 자계의 세기 $H_F = \dfrac{B}{\mu} = \dfrac{B}{\mu_0 \mu_s}$

$$\therefore \frac{H_F}{H_A} = \frac{1}{\mu_s}$$

【답】 ②

문제 10

정전용량이 1[μF], 2[μF]인 콘덴서에 각각 2×10^{-4}[C] 및 3×10^{-4}[C]의 전하를 주고 극성을 같게 하여 병렬로 접속할 때 콘덴서에 축적된 에너지는 약 몇 [J]인가?

① 0.042　　　　② 0.063　　　　③ 0.084　　　　④ 0.126

풀이

$$Q = Q_1 + Q_2 = 2 \times 10^{-4} + 3 \times 10^{-4} = 5 \times 10^{-4} \ [\text{C}]$$

$$C = C_1 + C_2 = (1 + 2) \times 10^{-6} = 3 \times 10^{-6} \ [\text{F}]$$

$$\therefore W = \frac{Q^2}{2C} = \frac{(5 \times 10^{-4})^2}{2 \times 3 \times 10^{-6}} = 0.042 \ [\text{J}]$$

【답】 ①

문제 11

유전체에서 변위전류를 발생하는 것은?

① 분극전하밀도의 시간적 변화　　　　② 분극전하밀도의 공간적 변화

③ 자속밀도의 시간적 변화　　　　④ 전속밀도의 시간적 변화

풀이

변위 전류 : 시간적으로 변화하는 전속 밀도에 의한 전류

변위 전류　$i_d = \dfrac{\partial D}{\partial t} \ [\text{A/mm}^2]$

【답】 ④

문제 12

두 개의 똑같은 작은 도체구를 접촉하여 대전시킨 후 1[m] 거리에 떼어 놓았더니 작은 도체구는 서로 9×10^{-3}[N]의 힘으로 반발했다. 각 전하는 몇 [C]인가?

① 10^{-8}　　　　② 10^{-6}　　　　③ 10^{-4}　　　　④ 10^{-2}

풀이

쿨롱의 법칙 $F = 9 \times 10^9 \dfrac{Q_1 Q_2}{r^2}$[N]에서 두 개의 같은 점전하($Q_1 = Q_2$)가 1[m] 떨어져 있고, 힘($F$)이 9×10^{-3}[N] 이므로

$$F = 9 \times 10^9 \frac{Q^2}{1^2} = 9 \times 10^{-3} \ [\text{N}]$$

$$\therefore Q = \sqrt{\frac{9 \times 10^{-3}}{9 \times 10^9}} = 10^{-6} \ [\text{C}]$$

【답】 ②

문제 13

강자성체의 자화에 관한 설명으로 틀린 것은?

① 강자성체의 자화의 세기는 자계의 세기에 비례한다.

② 강자성체에 자계를 변화시키면 히스테리시스현상이 나타난다.

③ 강자성체의 히스테리시스손은 히스테리시스 곡선의 면적과 같다.

④ 강자성체의 자속밀도 B는 자계의 세기 H에 비례하지 않는다.

풀이

자화의 세기 J와 자계의 세기 H와의 관계

$$J = \chi H = (\mu - \mu_0)H = \mu_0(\mu_s - 1)H \ [\text{Wb/m}^2]$$

- 강자성체 이외의 자성체 : 자화의 세기와 자계가 비례
  (즉, μ 와 χ_m을 정수로 취급)
- 강자성체 : 전혀 자화되어 있지 않은 강자성체에 자계를 가하여
  그 자계 H를 점점 크게 하면 그에 따라 자화의 세기 J도 점점 크
  게 된다. 그러나 일정 범위를 지나면 **자계의 세기 H가 증가하여
  도 자화의 세기 J는 더 이상 증가하지 않고 거의 일정하게 된다.**

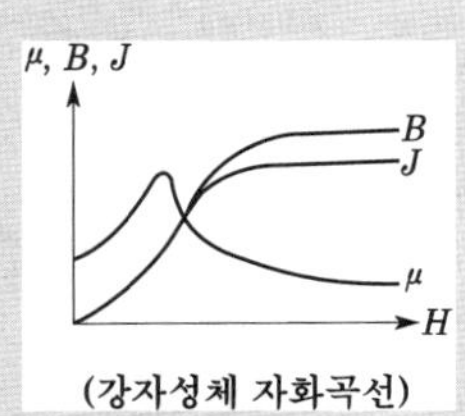

【답】 ①

문제 14

축이 무한히 길고 반지름이 a[m]인 원주 내에 전하가 축대칭이며, 축방향으로 균일하게 분포되어 있을 경우, 반지름 $r(>a)$[m]되는 동심 원통면상 외부의 일점 P의 전계의 세기는 몇 [V/m]인가? (단, 원주의 단위 길이당의 전하를 λ[C/m]라 한다.)

① $\dfrac{\lambda}{\epsilon_0}$　　　② $\dfrac{\lambda}{2\pi\epsilon_0}$　　　③ $\dfrac{\lambda}{\pi a}$　　　④ $\dfrac{\lambda}{2\pi\epsilon_0 r}$

풀이

- 원주 외부에서의 전계의 세기$(r > a)$

$$E = \frac{\lambda}{2\pi\epsilon_0 r} \ [\text{V/m}]$$

- 원주 표면에서의 전계의 세기$(r = a)$

$$E_a = \frac{\lambda}{2\pi\epsilon_0 a} \ [\text{V/m}]$$

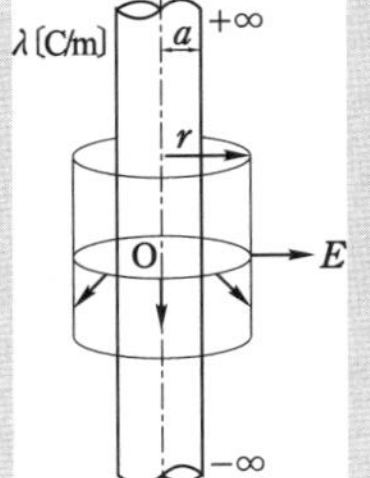

【답】 ④

문제 15

자기회로에서 단면적, 길이, 투자율을 모두 $\dfrac{1}{2}$로 하면 자기저항은 어떻게 되는가?

① $\dfrac{1}{2}$로 된다.　　② 2배로 된다.　　③ 4배로 된다.　　④ 8배로 된다.

풀이

자기저항 $R_m = \dfrac{l}{\mu S} = \dfrac{l}{\mu_0\mu_s S}$ [AT/Wb] 에서

단면적 S, 길이 l, 투자율 μ를 $\dfrac{1}{2}$배로 한 경우의 자기 저항을 R'_m 라 하면

$$R'_m = \frac{\left(\frac{1}{2}l\right)}{\left(\frac{1}{2}\mu\right)\left(\frac{1}{2}S\right)} = 2\frac{l}{\mu S} = 2R_m\,[\text{AT/Wb}]$$

【답】②

문제 16

평행판 콘덴서의 판 사이에 비유전률 ϵ_s의 유전체를 삽입하였을 때의 정전용량은 진공일 때 보다 어떻게 되는가?

① ϵ_s 배로 증가 　　　　　　　　② $\pi\epsilon_s$ 배로 증가

③ $\dfrac{1}{\epsilon_s}$ 로 감소 　　　　　　　　④ (ϵ_s+1) 배로 증가

풀이

- 판 사이가 진공인 경우 정전용량 $C_1 = \dfrac{\epsilon_0 S}{d}$ [F]
- 판 사이를 비유전률 ϵ_s의 유전체를 삽입하였을 때의 정전용량 $C_2 = \dfrac{\epsilon_0 \epsilon_s S}{d}$ [F]

　따라서, $C_2 = \epsilon_s C_1$

【답】①

문제 17

공기 중에 고립하고 있는 지름 3[cm]의 구도체의 전위를 몇 [kV] 이상으로 하면 구 표면의 공기가 절연파괴 되는가? (단, 공기의 절연 내력은 3[kV/mm]라 한다.)

① 15　　　　　　　② 30　　　　　　　③ 45　　　　　　　④ 60

풀이

$$V = \frac{Q}{4\pi\epsilon_0 r}\,[\text{V}], \qquad G = E = \frac{Q}{4\pi\epsilon_0 r^2}\,[\text{V/m}]$$

단, G 는 구의 표면에 있어서의 전위 경도이다.

$$V \geq Gr = 3\times10^6[\text{V/m}]\times\frac{3}{2}\times10^{-2}[\text{m}] = 45\times10^3\,[\text{V}] = 45[\text{kV}]$$

즉, 45 [kV] 이상으로 하면 구 표면의 절연이 파괴된다.

【답】③

문제 18

전위계수에 대한 설명 중 틀린 것은?

① 도체주위의 매질에 따라 정해지는 상수이다.

② 도체의 크기와는 관계가 없다.

③ 전위계수는 도체 상호간의 배치상태에 따라 정해지는 상수이다.

④ 전위계수의 단위는 [1/F]이다.

풀이

전위계수는 도체의 크기, 상호간의 배치 상태 및 주위 공간의 매질에 따라 정해지고 전위, 전하에 관계없는 상수 이다.

【답】②

전기기계기구의 자심재료로 규소강판을 사용하는 이유는?

① 동손을 줄이기 위해　　　　　　　② 와전류손을 줄이기 위해

③ 히스테리시스손을 줄이기 위해　　④ 제작을 쉽게 하기 위하여

풀이

- **규소 강판 : 히스테리시스손 감소**
- **성층 철심 : 와류손 감소**　　　　　　　　　　　　　　　　　　【답】 ③

전기력선의 기본성질을 설명한 것 중 옳지 않은 것은?

① 전기력선의 방향은 그 점의 전계의 방향과 일치한다.

② 전기력선은 전위가 높은 곳에서 낮은 곳으로 향한다.

③ 전기력선은 그 자신만으로도 폐곡선이 된다.

④ 전기력선은 전계의 세기가 0인 곳을 제외하고는 등전위면과 직교한다.

풀이

전기력선의 성질
① 전기력선의 방향은 전계의 방향과 일치한다.
② 전기력선 밀도는 그 점에서의 전계의 세기와 같다.
③ 단위전하 (1 [C])에서는 $\dfrac{1}{\epsilon_0}=36\pi\times10^9$개의 전기력선이 발생한다.
④ 전기력선은 정전하(+ 전하)에서 출발하여 부전하(−전하)에서 멈추거나 무한원까지 퍼진다.
⑤ 전하가 없는 곳에서는 전기력선의 발생과 소멸이 없고 연속적이다.
⑥ 전기력선은 전위가 높은 곳에서 낮은 곳으로 향한다.($E=-\operatorname{grad}V$)
⑦ **전기력선은 자신만으로 폐곡선이 되는 일은 없다.**($\nabla\times E=0$)
⑧ 2개의 전기력선은 서로 교차하지 않는다.
⑨ 전기력선은 등전위면과 직교한다(단, 전계가 0인 곳에서는 이 조건은 성립되지 않는다.)
⑩ 도체 내부에서 전기력선은 없다.(도체내부 전계의 세기가 0)
⑪ 전기력선은 도체 표면에서 수직으로 출입한다.
⑫ 전기력선은 무한원점에서 끝나거나, 무한원점에서 오는 것이 있다.
⑬ 무한원점에 있는 전하까지 합하면 전하의 총량은 0 이다.　　　　　　　【답】 ③

2과목　전력공학

같은 전력을 수송하는 배전선로에서 다른 조건은 현 상태로 유지하고 역률만을 개선할 때의 효과로 기대하기 어려운 것은?

① 배전선의 손실 저감　　　　　　　② 설비용량의 여유증가

③ 전압강하의 경감　　　　　　　　　④ 고조파의 경감

풀이

역률 개선의 효과
① 전력 손실 경감　　　② 전압 강하 경감
③ 설비 용량의 여유분 증가　　　④ 전력 요금의 절약

【답】④

문제 22

그림과 같은 수전단 전력원선도가 있다. 부하직선을 참고하여 다음 중 전압조정을 위한 조상설비가 없어도 정전압운전이 가능한 부하전력은 대략 어느 정도일 때인가?

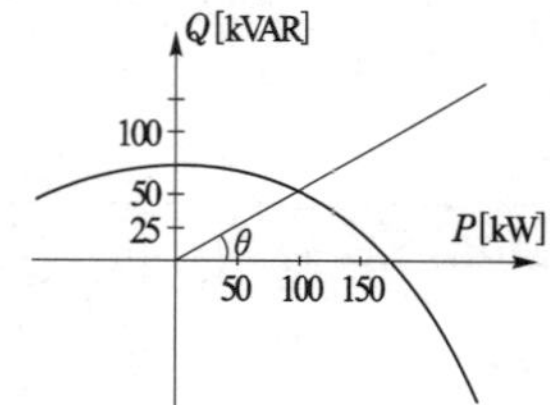

① 무부하일 때　　　② 50[kW] 일 때
③ 100[kW] 일 때　　　④ 150[kW] 일 때

풀이

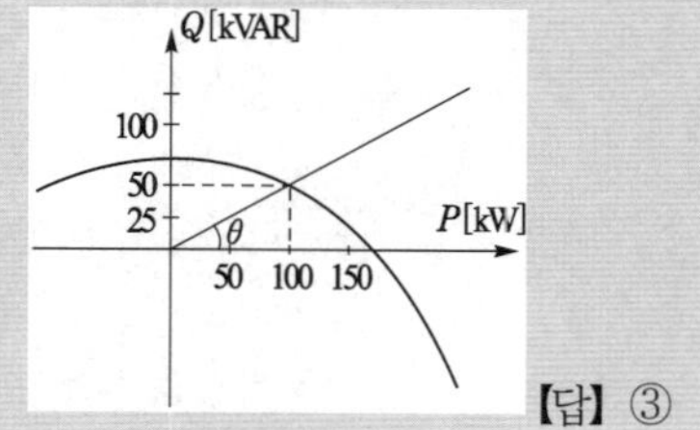

정전압 송전방식(송전단 전압 V_s는 일정, 수전단 전압 V_r도 일정)에서는 원의 반지름 $\rho = \dfrac{V_s V_r}{b}$ 이 일정하므로 **송·수전전력은 언제나 원선도의 원주상에 존재**하여야 한다. 따라서, 조상설비가 없어도 정전압운전이 가능한 부하전력은 유효전력 100[kW], 무효전력 50[kVAR]이다.

【답】③

문제 23

송전전력, 송전거리, 전선의 비중 및 전력 손실률이 일정하다고 할 때, 전선의 단면적 A [mm²]와 송전전압 V [kV]의 관계로 옳은 것은?

① $A \propto V$　　　② $A \propto \sqrt{V}$　　　③ $A \propto \dfrac{1}{V^2}$　　　④ $A \propto V^2$

풀이

전력손실 $P_l = 3I^2 R = 3\left(\dfrac{P}{\sqrt{3}\,V\cos\theta}\right)^2 R = \dfrac{P^2 R}{V^2\cos^2\theta} = \dfrac{P^2}{V^2\cos^2\theta}\times\rho\dfrac{l}{A}$ 에서

전선의 단면적 $A = \dfrac{P^2\rho l}{P_l V^2\cos^2\theta}$　$\left(\therefore A \propto \dfrac{1}{V^2}\right)$

【답】③

문제 24

수전용 변전설비의 1차측에 설치하는 차단기의 용량은 어느 것에 의하여 정하는가?

① 수전전력과 부하율　　　② 수전계약용량
③ 공급측 전원의 단락용량　　　④ 부하설비용량

풀이

- 차단기의 차단 용량 > 단락 용량 $P_s = \dfrac{100}{\%Z}P_n$　　　$(\therefore P_s \propto P_n)$
- **차단기의 차단용량**은 전원측으로부터 단락점까지의 %임피던스(%Z)와 **공급측 전기 설비 용량** P_n에 **의해 결정된다.**

【답】③

문제 25

차단기와 차단기의 소호 매질로서 연결이 잘못된 것은?

① 공기 차단기 – 압축 공기
② 가스 차단기 – SF$_6$ 가스
③ 진공 차단기 – 전자력
④ 유입 차단기 – 절연유

풀이

차단기별 소호 매질은?

종 류	소호매질
유입차단기(OCB)	절연유
진공차단기(VCB)	**고진공**
자기차단기(MBB)	전자기력
공기차단기(ABB)	압축공기
가스차단기(GCB)	SF$_6$ 가스

【답】 ③

문제 26

소호리액터 접지계통에서 리액터의 탭을 완전 공진상태에서 약간 벗어나도록 하는 이유는?

① 전력손실을 줄이기 위하여
② 선로의 리액턴스분을 감소시키기 위하여
③ 접지 계전기의 동작을 확실하게 하기 위하여
④ 직렬공진에 의한 이상전압의 발생을 방지하기 위하여

풀이

직렬 공진에 의한 이상 전압을 억제하기 위하여 10 [%] 정도 과보상하는 것이 일반적이다.　【답】 ④

문제 27

수전단 전압 66000[V], 전류 200[A], 선로저항 10[Ω], 선로리액턴스 15[Ω]인 3상 단거리 송전선로의 전압강하율은 약 몇 [%] 인가? (단, 수전단 역률은 0.8 이다.)

① 7.83
② 8.92
③ 9.01
④ 9.45

풀이

$$전압\ 강하율 \quad \epsilon = \frac{V_s - V_r}{V_r} \times 100 = \frac{e}{V_r} \times 100 = \frac{\sqrt{3}\,I(R\cos\theta + X\sin\theta)}{V_r} \times 100$$

$$= \frac{\sqrt{3} \times 200(10 \times 0.8 + 15 \times 0.6)}{66,000} \times 100 = 8.92\,[\%]$$

【답】 ②

문제 28

선로정수를 전체적으로 평형되게 하고 근접 통신선에 대한 유도 장해를 줄일 수 있는 방법은?

① 딥(dip)을 준다.
② 연가를 한다.
③ 복도체를 사용한다.
④ 소호 리액터접지를 한다.

풀이

• **연가의 목적 : 선로정수의 평형**
• **연가의 효과 :** 직렬공진 방지, 유도장해 감소, 선로정수 평형

【답】 ②

문제 29 다음 중 통신선에 대한 유도장해가 가장 큰 배전계통의 접지방식은?

① 소호리액터 접지 ② 저항접지

③ 비접지 ④ 직접접지

풀이

접지방식별 특징

방 식	2중 고장 발생 확률	보호 계전기 동작	지락 전류	고장중 운전	전위 상승	과도 안정도	유도 장해	특 징
직접 접지 (22.9, 154, 345 [kV])	최대	확실	최대	×	1.3	최소	**최대**	중성점영전위, 단절연가능
저항 접지	↓	↓	↓	×	$\sqrt{3}$	↓	↓	
비접지 (3.3, 6.6 [kV])	↓	×	↓	가능	$\sqrt{3}$	↓	↓	저전압 단거리에 적용
소호 리액터 접지 (66 [kV])	최소	불확실	최소	가능	$\sqrt{3}$ 이상	최대	최소	병렬공진, 고장전류최소

【답】 ④

문제 30 반지름 15[mm]의 ACSR로 구성된 완전 연가 된 3상 1회선 송전 선로가 있다. 각 상간의 등가 선간 거리가 3000[mm]라고 할 때, 이 선로의 [km]당 작용 인덕턴스는 몇 [mH/km]인가?

① 1.43 ② 1.11 ③ 0.65 ④ 0.33

풀이

$$L = 0.4605 \log_{10} \frac{D}{r} + 0.05 \ [\text{mH/km}]$$

$$= 0.4605 \log_{10} \frac{3000}{15} + 0.05 [\text{mH/km}] \fallingdotseq 1.11 [\text{mH/km}]$$

【답】 ②

문제 31 설비 A가 150[kW], 수용률 0.5, 설비 B가 250[kW], 수용률 0.8일 때 합성최대전력이 235 [kW] 이면 부등률은 약 얼마인가?

① 1.10 ② 1.13 ③ 1.17 ④ 1.22

풀이

$$\text{부등률} = \frac{\text{개개의 최대 전력의 합}}{\text{합성 최대 수용 전력}} = \frac{0.5 \times 150 + 0.8 \times 250}{235} = 1.17$$

【답】 ③

문제 32 정상적으로 운전하고 있는 전력계통에서 서서히 부하를 조금씩 증가 했을 경우 안정 운전을 지속할 수 있는가 하는 능력을 무엇이라 하는가?

① 동태 안정도 ② 정태 안정도

③ 고유 과도안정도 ④ 동적 과도안정도

① **정태 안정도** : 정상적인 운전 상태에서 서서히 **부하를 조금씩 증가**했을 경우 안정 운전을 지속할 수 있는가 어떤가 하는 능력을 정태 안정도

② 과도 안정도 : 부하가 급변한다든지 또는 사고가 발생해서 계통에 큰 충격을 주었을 경우에도 계통에 연결된 각 동기기가 동기를 유지하면서 계속 안정적으로 운전할 수 있는가 어떤가 하는 능력을 과도 안정도

③ 동태 안정도(dynamic stability) : 정태시 및 과도시에 자동전압조정기(AVR : automatic voltage regulator) 또는 조속기 등이 갖는 제어 효과를 고려한 안정도를 동태 안정도라 한다.　【답】②

문제 33

다음 중 경수감속 냉각형 원자로에 속하는 것은?

① 비등수형 원자로　　　　　　　　② 고속증식로

③ 열중성자로　　　　　　　　　　④ 흑연감속 가스 냉각로

발전용 원자로의 종류에는 흑연감속 가스 냉각로, 경수감속 경수 냉각로, 중수감속 중수 냉각로 등이 있으며, **경수감속 경수 냉각로에는 가압수형 원자로(PWR), 비등수형 원자로(BWR)**가 있다.　【답】①

문제 34

그림과 같은 단상 3선식 배전선로에서 100[V], 100[W] 전등을 AN간에 병렬로 5등, BN간에 병렬로 4등이 연결되어 운전하던 중 중성선이 단선되었다. 이때 AN간의 부하전압 V_{AN}은 몇 [V]인가? (단, 선로는 저항뿐이고, 부하까지 1선당 2.5[Ω]이다.)

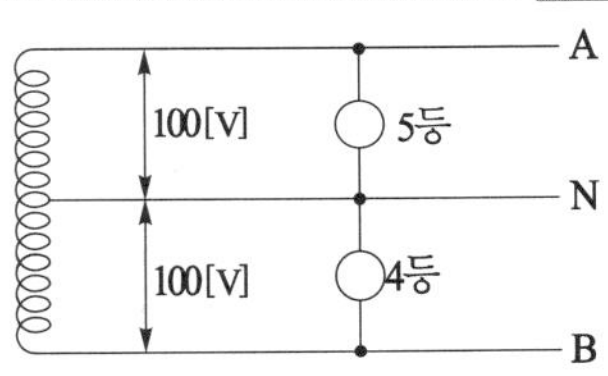

① 80　　　　　　② 100　　　　　　③ 120　　　　　　④ 140

$$R_A = \frac{V^2}{P_A} = \frac{100^2}{100 \times 5} = 20\,[\Omega]$$

$$R_B = \frac{V^2}{P_B} = \frac{100^2}{100 \times 4} = 25\,[\Omega]$$

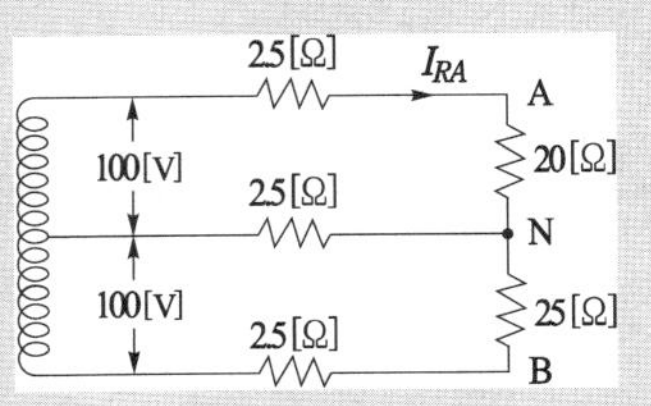

1선당 저항은 2.5[Ω] 이므로, 전압분배 법칙에 의해 AN간의 부하전압을 구하면 다음과 같다.

$$V_{AN} = I_{R_A} \times R = \frac{200}{2.5+20+25+2.5} \times 20 = 80\,[V]$$

【답】①

문제 35

반한시성 과전류계전기의 전류–시간 특성에 대한 설명 중 옳은 것은?

① 계전기 동작시간은 전류값의 크기와 비례한다.

② 계전기 동작시간은 전류의 크기와 관계없이 일정하다.

③ 계전기 동작시간은 전류값의 크기와 반비례한다.

④ 계전기 동작시간은 전류값의 크기의 제곱에 비례한다.

풀이

동작 시간에 의한 보호 계전기 분류
① 순한시 계전기 : 고장 즉시 동작
② 정한시 계전기 : 고장 후 일정시간이 경과하면 동작
③ **반한시 계전기 : 고장전류의 크기에 반비례하여 동작**
④ 반한시 정한시 계전기 : 반한시와 정한시 특성을 겸함 　　【답】③

문제 36　수력발전소의 댐 설계 및 저수지 용량 등을 결정하는데 가장 적합하게 사용되는 것은?

① 유량도　　　　　　　　　　　② 유황곡선
③ 수위–유량곡선　　　　　　　　④ 적산유량곡선

풀이

적산 유량 곡선은 매일의 수량을 차례로 적산해서 가로축에 일수를, 세로축에 적산 수량을 그린 곡선으로서 수력발전소의 **댐 설계 및 저수지 용량 등을 결정**하는데 가장 적합하게 사용 　　【답】④

문제 37　부하의 선간전압 3300[V], 피상전력 330[kVA], 역률 0.7인 3상부하가 있다. 부하의 역률을 0.85로 개선하는데 필요한 전력용 콘덴서의 용량은 약 몇 [kVA]인가?

① 63　　　　　　　② 73　　　　　　　③ 83　　　　　　　④ 93

풀이

$Q = P(\tan\theta_1 - \tan\theta_2)$ [kVA]에서

유효 전력 $P = 3300 \times 0.7$ [kW]이므로

콘덴서 용량 $Q_c = P\left(\dfrac{\sqrt{1-\cos^2\theta_1}}{\cos\theta_1} - \dfrac{\sqrt{1-\cos\theta_2}}{\cos\theta_2} \right)$

$= 330 \times 0.7 \times \left(\dfrac{\sqrt{1-0.7^2}}{0.7} - \dfrac{\sqrt{1-0.85^2}}{0.85} \right) \fallingdotseq 93$[kVA] 　　【답】④

문제 38　송전계통에서 이상전압의 방지대책으로 볼 수 없는 것은?

① 철탑 접지저항의 저감
② 가공 송전선로의 피뢰용으로서의 가공지선에 의한 뇌차폐
③ 기기 보호용으로서의 피뢰기 설치
④ 복도체 방식 채택

풀이

보호 장치 및 기능
• 매설지선 : 철탑의 접지저항을 저감하여 역섬락 방지
• 가공지선 : 뇌의 차폐
• 피뢰기 : 기기 보호
그러나 **복도체 방식**은 1상당 도체의 수가 2개이다. 따라서, **선로의 인덕턴스는 감소되고 정전용량은 증가**하게 되나 **이상전압의 방지대책과는 거리가 멀다.** 　　【답】④

송전선에 댐퍼(damper)를 설치하는 주된 목적은?

① 전선의 진동방지

② 전자유도 감소

③ 코로나의 방지

④ 현수애자의 경사 방지

풀이

진동 억제 장치

① 전선의 지지점 가까운 곳에 **추(댐퍼)를 달아 진동을 감소**시키는 방법

• 스톡 브리지 댐퍼　　　• 토셔널 댐퍼　　　• 베이츠 댐퍼

② 전선 지지점 부근의 전선을 보강하는 방법 : 아머로드

【답】 ①

보일러에서 흡수열량이 가장 큰 것은?

① 수냉벽　　　② 보일러 수관　　　③ 과열기　　　④ 절탄기

풀이

항 목	가열 면적 [%]	흡수 열량 [%]
수 냉 벽	10~15	**40~50**
보일러 수관	5~10	10~15
과 열 기	10~15	15~20
절 탄 기	15	10~15
공기 예열기	50	5~10

【답】 ①

3과목　전기기기

슬립 6[%]인 유도전동기의 2차측 효율[%]은?

① 94　　　② 84　　　③ 90　　　④ 88

풀이

$$\eta_2 = \frac{\text{출력}}{\text{2차측 입력}} = \frac{P}{P_2} \times 100 = \frac{(1-s)P_2}{P_2} \times 100 = (1-s) \times 100$$
$$= (1-0.06) \times 100 = 94\,[\%]$$

【답】 ①

권수비 10:1 인 동일정격 3대의 단상 변압기를 Y-△로 결선하여 2차 단자에 200[V], 75[kVA]의 평형부하를 걸었을 때 각 변압기의 1차 권선의 전류[A] 및 1차 선간전압[V]은? (단, 여자전류와 임피던스는 무시한다.)

① 21.6[A], 2000[V]

② 12.5[A], 2000[V]

③ 21.6[A], 3464[V]

④ 12.5[A], 3464[V]

풀이

2차측 상전류 $I_2 = \dfrac{P}{3V} = \dfrac{75000}{3 \times 200} = 125\,[A]$

$\dfrac{n_1}{n_2} = \dfrac{V_1}{V_2} = \dfrac{I_2}{I_1}$ 에서

$I_1 = \dfrac{n_2}{n_1} \times I_2 = \dfrac{1}{10} \times 125 = 12.5\,[A]$ (Y결선에서는 상전류 = 선전류)

$V_1 = \dfrac{n_1}{n_2} \times V_2 = 10 \times 200 \times \sqrt{3} = 3464\,[V]$ (Y결선에서 선간전압 = 상전압의 $\sqrt{3}$ 배)

【답】 ④

문제 43

3상 교류 발전기의 기전력에 대하여 $\dfrac{\pi}{2}$[rad] 뒤진 전기자 전류가 흐르면 전기자 반작용은?

① 횡축 반작용을 한다.　　　　　② 교차 자화작용을 한다.

③ 증자작용을 한다.　　　　　　④ 감자작용을 한다.

풀이

발전기와 전동기의 전기자 반작용은 서로 반대이다.

분 류	동기 발전기	동기 전동기
전압과 동상	교차 자화 작용	교차 자화 작용
진상전류	증자 작용	감자 작용
지상전류	**감자 작용**	증자 작용

【답】 ④

문제 44

직류 분권전동기와 권선형 유도전동기와의 유사한 점은?

① 토크가 전압에 비례하며 속도 변동률이 크다.

② 기동 토크가 기동 전류에 비례하며 속도가 변하지 않는다.

③ 저항으로 속도조정이 되며 속도 변동률이 작다.

④ 정류자가 있으며 저항으로 속도조정이 가능하다.

풀이

• 권선형 유도 전동기의 속도제어 : 2차저항제어

• 직류 분권전동기의 속도제어 : 직렬저항제어법

【답】 ③

문제 45

변압기유 열화방지 방법 중 틀린 것은?

① 개방형 콘서베이터　　　　　② 수소봉입방식

③ 밀봉방식　　　　　　　　　　④ 흡착제방식

풀이

• 절연유 열화의 원인은 절연유의 온도 상승과 공기와의 접촉에 의해 발생하며 기름의 열화 방지로는 콘서베이터, 브리더(흡착제 방식), 질소 봉입이 있다.

• **수소는 폭발성 가스로서 전기기기의 냉각제로 사용하지 않는다.**

【답】 ②

용량 P[kVA]인 동일 정격의 단상변압기 4대로 낼 수 있는 3상 최대출력용량은?

① $3P$ ② $\sqrt{3}\,P$ ③ $4P$ ④ $2\sqrt{3}\,P$

풀이

단상 변압기 4대로 V결선 2 bank를 운영할 수 있으므로

$$P_3 = 2P_V = 2 \times \sqrt{3}\,P = 2\sqrt{3}\,P\,[\text{kVA}]$$

【답】 ④

내분권 가동복권발전기의 단자전압 V는 얼마인가?

(단, Φ_s[Wb] : 직권계자권선에 의한 자속, Φ_f[Wb] : 분권계자의 자속

R_a[Ω] : 전기자권선 저항, R_s[Ω] : 직권계자권선 저항

I_a[A] : 전기자 전류, I[A] : 부하 전류

n[rps] : 속도, $k = \dfrac{PZ}{a}$ 이고, 자기회로의 포화현상과 전기자반작용은 무시한다.)

① $V = k(\Phi_f + \Phi_s)n - I_a R_a - I R_s\,[\text{V}]$ ② $V = k(\Phi_f - \Phi_s)n - I_a R_a - I R_s\,[\text{V}]$

③ $V = k(\Phi_f + \Phi_s)n - I_a(R_a - R_s)\,[\text{V}]$ ④ $V = k(\Phi_f - \Phi_s)n - I_a(R_a - R_s)\,[\text{V}]$

풀이

- 가동복권 발전기 : $\Phi = \Phi_f + \Phi_s$

  (참고 : 차동복권 발전기 $\Phi = \Phi_f - \Phi_s$)

- 부하전류 I＝전기자 전류 I_a － 계자전류 I_f

- 단자전압 $V = E - I_a R_a - I R_s = \dfrac{PZ}{a}\Phi n - I_a R_a - I R_s$

  $= k(\Phi_f + \Phi_s)n - I_a R_a - I R_s$

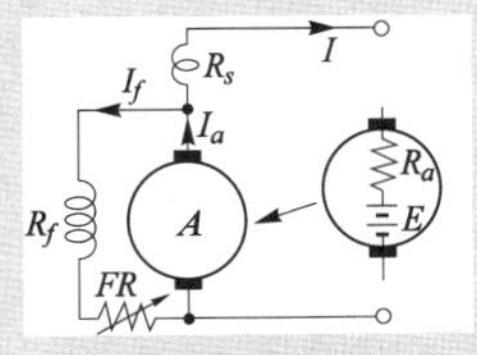

〈 내분권 복권발전기 〉

【답】 ①

전기자 지름 0.2[m]의 직류 발전기가 출력 28[kW]의 출력에서 900[rpm]으로 회전하고 있을 때 전기자 주변속도는 약 몇 [m/sec]인가?

① 9.42 ② 10.96 ③ 16.74 ④ 21.85

풀이

$$\text{전기자 주변속도}\quad V = \pi D \frac{N}{60} = \pi \times 0.2 \times \frac{900}{60} = 9.42\,[\text{m/s}]$$

【답】 ①

권선형 유도전동기 2대를 직렬종속으로 운전하는 경우의 속도는?

① 두 전동기 극수의 합을 극수로 하는 전동기의 동기속도이다.

② 두 전동기 중 큰 극수를 갖는 전동기의 동기속도이다.

③ 두 전동기 중 적은 극수를 갖는 전동기의 동기속도이다.

④ 두 전동기 극수의 차를 극수로 하는 전동기의 동기속도이다.

풀이

• 직렬 종속법 : $N = \dfrac{120f}{p_1 + p_2}$ [rpm]　　여기서, p_1 : M_1의 극수,　p_2 : M_2의 극수

따라서, 직렬종속으로 운전하는 경우의 속도는 두 전동기 극수의 합$(p_1 + p_2)$을 극수로 하는 전동기의 동기속도이다.

【답】 ①

문제 50

유도전동기의 특성에 관한 설명으로 옳은 것은?

① 최대토크는 2차 저항과 반비례한다.

② 최대토크는 슬립과 반비례한다.

③ 발생토크는 전압의 2승에 반비례한다.

④ 발생토크는 전압의 2승에 비례한다.

풀이

• 최대 토크 $T_m = K_0 \dfrac{E_2^{\,2}}{2x_2}$ [N·m]에서 최대토크는 2차측 리액턴스 x_2에 반비례 한다.

• **토크** $T = K_0 \dfrac{s\,E_2^{\,2}\,r_2}{r_2 + (s\,x_2)^2}$ 에서 발생토크는 **전압의 2승에 비례**한다.

【답】 ④

문제 51

3상 동기발전기의 매극 매상의 슬롯수를 3 이라고 하면 분포계수는

① $\sin\dfrac{2}{3}\pi$　　　② $\sin\dfrac{3}{2}\pi$　　　③ $6\sin\dfrac{\pi}{18}$　　　④ $\dfrac{1}{6\sin\dfrac{\pi}{18}}$

풀이

분포권 계수 $K_d = \dfrac{\sin\dfrac{n\pi}{2m}}{q\sin\dfrac{n\pi}{2mq}}$ 에서

고조파 차수 $n = 1$(별도의 명기가 없으면 기본파로서 $n = 1$), 상수 $m = 3$,
매극, 매상의 슬롯수 $q = 3$이므로

$$\therefore K_d = \dfrac{\sin\dfrac{\pi}{2\times3}}{3\sin\dfrac{\pi}{2\times3\times3}} = \dfrac{\dfrac{1}{2}}{3\sin\dfrac{\pi}{18}} = \dfrac{1}{6\sin\dfrac{\pi}{18}}$$

【답】 ④

문제 52

스테핑 모터의 설명 중 틀린 것은?

① 가속, 감속이 용이하며 정·역전 변속이 쉽다.

② 위치제어를 할 때 각도오차가 적고 누적되지 않는다.

③ 정지하고 있을 때 그 위치를 유지해주는 토크가 작다.

④ 브러시, 슬립링 등이 없고 부품수가 적다

스텝모터의 장·단점

[장점]　① 피드백루프가 필요 없어 오픈 루프로 손쉽게 속도 및 위치제어를 할 수 있다.

　　　　② 다른 디지털 기기와의 인터페이스가 쉽다.

　　　　③ 가속, 감속이 용이하며 정·역전 및 변속이 쉽다.

　　　　④ 속도제어 범위가 광범위하며, 초저속에서 큰 토크를 얻을 수 있다.

　　　　⑤ 위치제어를 할 때 각도오차가 적고 누적되지 않는다.

　　　　⑥ 정지하고 있을 때 그 위치를 유지해 주는 토크가 크다.

　　　　⑦ 브러시, 슬립 링 등이 없고 부품수가 적기 때문에 유지 보수의 필요성이 적다.

[단점]　① 분해 조립, 또는 정지위치가 한정된다.

　　　　② 효율이 서보모터에 비해 나쁘다.

　　　　③ 마찰 부하의 경우 위치 오차가 크다.

　　　　④ 오버슈트 및 진동의 문제가 있다.

　　　　⑤ 대용량의 대형기는 만들기 어렵다.

　　　　⑥ 큰 관성부하에 적용하기는 부적합하다.　　　　　　　　　　　　　【답】③

문제 53　정류자형 주파수 변환기의 구조에 관한 설명 중 틀린 것은?

① 소용량의 것으로 가장 간단한 것은 회전자만 있고 고정자는 없다.

② 회전자는 3상 회전변류기의 전기자와 거의 같은 구조이며 정류자와 3개의 슬립링이 있다.

③ 자기회로의 자기저항을 감소시키기 위해 성층철심만으로 권선이 없는 고정자를 설치한 것도 있다.

④ 용량이 큰 것은 정류작용을 좋게 하기위해 회전자에 보상권선과 보극권선을 설치한 것도 있다.

정류자형 주파수 변환기는 정류작용의 점에서 **대용량의 것은 제작이 어렵고** 고정자에 보상권선, 보극권선 등을 설치한 것에서도 100 [kVA] 정도가 한도이므로 **대용량의 전동기에는 응용할 수 없다.**【답】④

문제 54　병렬운전을 하고 있는 두 대의 3상 동기발전기 사이에 무효순환전류가 흐르는 것은 두 발전기의 기전력이 어떠할 때 인가?

① 기전력의 위상이 다를 때　　　　　② 기전력의 파형이 다를 때

③ 기전력의 주파수가 다를 때　　　　④ 기전력의 크기가 다를 때

병렬 운전 조건이 다른 경우

병렬 운전 조건	병렬운전 조건이 다른 경우
기전력의 크기가 같을 것	**무효 순환 전류**
기전력의 위상이 같을 것	동기화 전류
기전력의 주파수가 같을 것	동기화 전류
기전력의 파형이 같을 것	고주파 무효순환전류

【답】④

문제 55 변압기에 사용되는 절연유의 성질이 아닌 것은?

① 절연내력이 클 것

② 인화점이 낮을 것

③ 비열이 커서 냉각효과가 클 것

④ 절연재료와 접촉해도 화학작용을 미치지 않을 것

풀이

변압기의 기름으로서 갖추어야 할 조건
① 절연 저항 및 절연내력이 클 것 (30 [kV] / 2.5 [mm] 이상)
② 절연 재료 및 금속에 화학 작용을 일으키지 않을 것
③ **인화점이 높고**(130 [℃] 이상), 응고점이 낮을 것(-30 [℃] 이하)
④ 점도가 낮고(유동성이 풍부), 비열이 커서 냉각 효과가 클 것
⑤ 고온에서도 석출물이 생기거나 산화하지 않을 것
⑥ 열전도율이 클 것
⑦ 열 팽창계수가 작고 증발로 인한 감소량이 적을 것

【답】②

문제 56 3상 유도전동기에 직결된 펌프가 있다. 펌프 출력은 80[kW], 효율 74.6[%], 전동기의 효율과 역률은 94[%]와 90[%] 라고 하면 전동기의 입력은 약 몇 [kVA] 인가?

① 95.74　　　　② 104.4　　　　③ 121.1　　　　④ 126.7

풀이

- 펌프의 입력＝전동기의 출력 $P_m = \dfrac{\text{펌프 출력}}{\text{펌프 효율}} = \dfrac{P_0}{\eta_m} = \dfrac{80}{0.746} = 107.24[\text{kW}]$

- 전동기의 입력 $P_i = \dfrac{\text{전동기 출력}}{\text{전동기 효율}} = \dfrac{107.24}{0.94} = 114.09[\text{kW}]$

- 전동기 입력[kVA] $= \dfrac{P_i}{\cos\theta} = \dfrac{114.09}{0.9} = 126.77[\text{kVA}]$

【답】④

문제 57 다음 유도전동기 기동법 중 권선형 유도전동기에 가장 적합한 기동법은?

① Y-△기동법　　　　　　② 기동보상기법

③ 전전압기동법　　　　　④ 2차 저항법

풀이

2차 저항에 의한 기동방법은 권선형 유도전동기의 2차 회로에 가변 저항기(R_s)를 접속하여 비례추이의 원리에 의하여 **기동시 큰 기동토크**를 얻는 반면에 기동전류는 억제하는 기동방법이다.

$$\frac{r_2}{s_m} = \frac{r_2 + R_s}{s_t}$$

여기서, r_2 : 2차 권선의 저항,　s_m : 최대 토크시 슬립
　　　　s_t : 기동시 슬립(정지상태에서 기동시 $s_t = 1$)
　　　　R_s : 2차 외부회로 저항

【답】④

문제 58

반도체 사이리스터에 의한 제어는 어느 것을 변화시키는 것인가?

① 주파수　　　　　② 전류　　　　　③ 위상각　　　　　④ 최대값

풀이

반도체 사이리스터에 의한 제어는 **정류 전압의 위상각을 제어**한다.　　　　　【답】 ③

문제 59

동기기의 안정도 증진법 중 옳은 것은?

① 동기화 리액턴스를 작게 할 것　　　② 회전자의 플라이휠 효과를 작게 할 것

③ 역상, 영상 임피던스를 작게 할 것　　④ 단락비를 작게 할 것

풀이

동기기의 안정도 증진법은
① **동기화 리액턴스를 작게 할 것**　　② 회전자의 플라이휠 효과를 크게 할 것
③ 속응 여자 방식을 채용할 것　　　　④ 발전기의 조속기 동작을 신속히 할 것
⑤ 단락비를 크게 할 것
⑥ 정상 임피던스는 적게, 역상, 영상 임피던스는 크게 할 것　　　　【답】 ①

문제 60

다음에서 게이트에 의한 턴온(turn-on)을 이용하지 않는 소자는?

① DIAC　　　　　② SCR　　　　　③ GTO　　　　　④ TRAIC

풀이

DIAC은 양방향으로 전류를 흘릴 수 있는 pn-pn 구조로서 애노드와 캐소드의 2개의 단자로 구성되어 있으며, 2단자 양단의 어느 극성에서도 브레이크 오버 전압에 도달하면 도통되고, 전류가 유지전류 이하로 떨어지면 턴-오프 된다.
따라서 DIAC은 게이트에 의한 턴온(turn-on)을 이용하지 않는다.　　　　【답】 ①

4과목　회로이론

문제 61

전달함수 응답식 $C(s) = G(s)R(s)$에서 입력함수를 단위임펄스 $\delta(t)$로 가할 때 계의 응답은?

① $C(s) = G(s)\delta(s)$　　　　　② $C(s) = \dfrac{G(s)}{\delta(s)}$

③ $C(s) = \dfrac{G(s)}{s}$　　　　　④ $C(s) = G(s)$

풀이

단위 임펄스인 경우 $G(s)$가 된다.
즉, $r(t) = \delta(t)$를 라플라스 변환하면 $R(s) = 1$
　∴ $C(s) = G(s) \cdot 1 = G(s)$　　　　【답】 ④

문제 62

그림에서 전류계는 0.4 [A], 전압계 V_1은 3 [V], V_2는 4 [V]를 지시했다. 저항 R_3의 값[Ω]은? (단, 전류계 및 전압계의 내부 저항은 무시한다.)

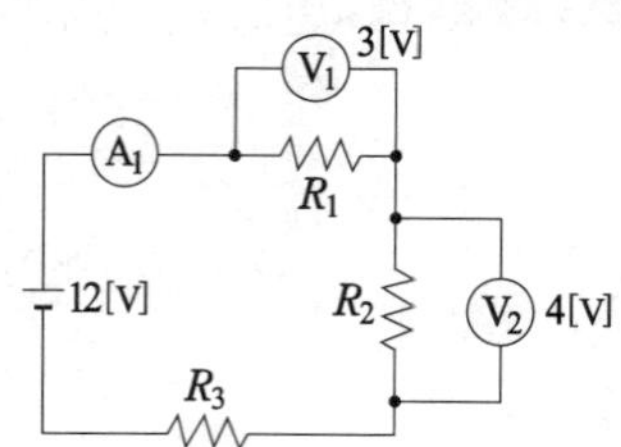

① 5   ② 11

③ 12.5   ④ 13.7

풀이

키르히호프의 전압법칙에 의해 회로망 내의 임의의 폐회로에 있어서 전원전압의 합은 폐회로내의 전압강하의 합과 같다.

$$V = IR_1 + IR_2 + IR_3 = V_1 + V_2 + IR_3 = 3 + 4 + IR_3 = 12[V] \text{이므로}, \quad IR_3 = 5[V]$$

$$\therefore R_3 = \frac{5}{I} = \frac{5}{0.4} = 12.5[\Omega]$$

【답】③

문제 63

다음 회로에서 $V_1 = 6[V]$, $R_1 = 1[k\Omega]$, $R_2 = 2[k\Omega]$ 일 때 등가회로로 변환한 회로의 합성저항 $R_{th}[k\Omega]$와 등가전압 $V_{eq}[V]$는 각각 얼마인가?

① $R_{th} = 0.67, \ V_{eq} = 2$

② $R_{th} = 0.67, \ V_{eq} = 4$

③ $R_{th} = 3, \ V_{eq} = 2$

④ $R_{th} = 4, \ V_{eq} = 4$

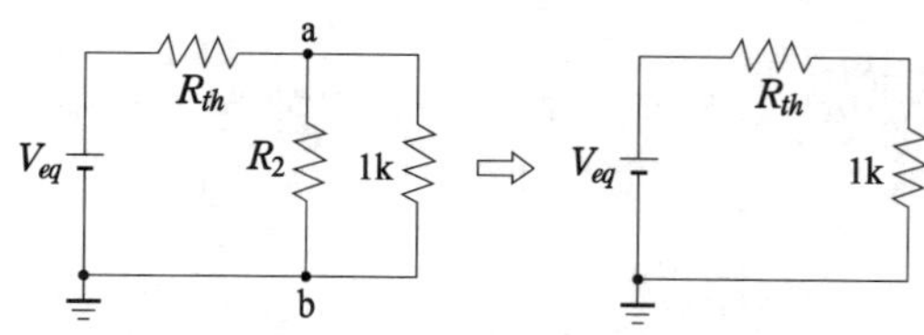

풀이

테브낭의 정리에 의해

- a, b 단자에서 회로측으로 바라본 저항(이때 회로측의 전원을 모두 0으로 해야 하는데, **전압원일 경우는 단락시키고 전류원의 경우는 개방**한다)

$$R_{th} = \frac{R_1 R_2}{R_1 + R_2} = \frac{1 \times 10^3 \times 2 \times 10^3}{(1+2) \times 10^3} \fallingdotseq 667\,[\Omega] = 0.67[k\Omega] \ (\text{전압원 단락})$$

- a, b 단자에 걸리는 개방전압

$$V_{eq} = \frac{V_1}{R_1 + R_2} R_2 = \frac{6}{(1+2) \times 10^3} \times 2 \times 10^3 = 4[V]$$

【답】②

문제 64

RC 회로의 입력단자에 계단전압을 인가하면 출력전압은?

① 0부터 지수적으로 증가한다.

② 처음에는 입력과 같이 변했다가 지수적으로 감쇠한다.

③ 같은 모양의 계단전압이 나타난다.

④ 아무 것도 나타나지 않는다.

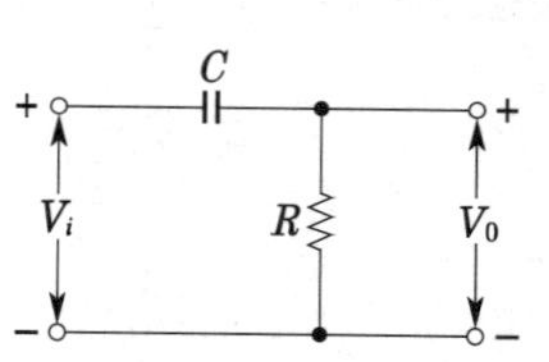

풀이

$V_0 = Ve^{-\frac{1}{RC}t}$ 이므로 처음에는 입력과 같이 변했다가 지수적으로 감쇠한다.

【답】②

전원이 Y결선, 부하가 △결선된 3상 대칭회로가 있다. 전원의 상전압이 220[V] 이고 전원의 상전류가 10[A] 일 경우, 부하 한 상의 임피던스[Ω]는?

① 66 ② $22\sqrt{3}$ ③ 22 ④ $\dfrac{22}{\sqrt{3}}$

풀이

- 전원의 선간전압＝부하의 상전압 이므로
  부하 1상에 인가되는 상전압 $V_p = 220\sqrt{3}\,[\text{V}]$
- 전원의 상전류＝부하의 선전류 이므로
  부하의 상전류 $I_p = \dfrac{I_l}{\sqrt{3}} = \dfrac{10}{\sqrt{3}}\,[\text{A}]$

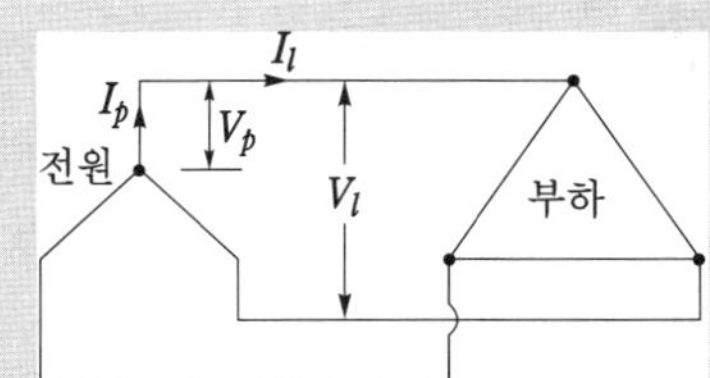

- 부하 1상의 임피던스 $Z_p = \dfrac{V_p}{I_p} = \dfrac{220\sqrt{3}}{\dfrac{10}{\sqrt{3}}} = 66\,[\Omega]$

【답】 ①

$Z_1 = 3 + j10\,[\Omega]$, $Z_2 = 3 - j2\,[\Omega]$의 두 임피던스를 직렬로 연결하고 양단에 $100 \angle 0°\,[\text{V}]$의 전압을 가했을 때 $\dot{Z_1}$, $\dot{Z_2}$에 걸리는 전압 V_1, $V_2[\text{V}]$는 각각 얼마인가?

① $V_1 = 98 + j36,\ V_2 = 2 + j36$ ② $V_1 = 98 - j36,\ V_2 = 2 + j36$
③ $V_1 = 98 + j36,\ V_2 = 2 - j36$ ④ $V_1 = 98 - j36,\ V_2 = 2 - j36$

풀이

$$V_1 = \dfrac{\dot{Z_1}}{\dot{Z_1} + \dot{Z_2}}\, V = \dfrac{3 + j10}{3 + j10 + 3 - j2} \times 100 = \dfrac{(3 + j10)(6 - j8)}{(6 + j8)(6 - j8)} \times 100 = 98 + j36\,[\text{V}]$$

$$V_2 = V - V_1 = 100 - (98 + j36) = 2 - j36\,[\text{V}]$$

【답】 ③

어떤 제어계의 출력이 $C(s) = \dfrac{5}{s(s^2 + s + 2)}$ 로 주어질 때 출력의 시간함수 $c(t)$의 정상값은?

① 5 ② 2 ③ $\dfrac{2}{5}$ ④ $\dfrac{5}{2}$

풀이

최종값 정리에 의해서

$$\lim_{t \to \infty} c(t) = \lim_{s \to 0} s\, C(s) = \lim_{s \to 0} \dfrac{5}{s^2 + s + 2} = \dfrac{5}{2}$$

【답】 ④

$10t^3$의 라플라스 변환은?

① $\dfrac{60}{s^4}$ ② $\dfrac{30}{s^4}$ ③ $\dfrac{10}{s^4}$ ④ $\dfrac{80}{s^4}$

풀이

$$\mathcal{L}\left[at^n\right] = a\mathcal{L}\left[t^n\right] = \frac{an!}{s^{n+1}} \text{에서} \qquad \mathcal{L}\left[10t^3\right] = \frac{10 \times 3!}{s^{3+1}} = \frac{60}{s^4}$$

$$(\because 3! = 3 \times 2 \times 1 = 6)$$

【답】 ①

문제 69

$Z = 8 + j6[\Omega]$인 평형 Y부하에 선간전압 200[V]인 대칭 3상 전압을 가할 때 선전류는 약 몇 [A]인가?

① 20　　　　② 11.5　　　　③ 7.5　　　　④ 5.5

풀이

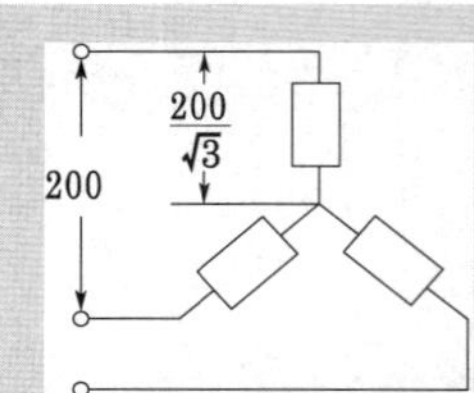

- Y결선에서 상전압 $V_p = \dfrac{\text{선간전압}}{\sqrt{3}} = \dfrac{200}{\sqrt{3}}[V]$

- 상전류 $I_p = \dfrac{V_p}{Z} = \dfrac{\frac{200}{\sqrt{3}}}{\sqrt{8^2 + 6^2}} = \dfrac{20}{\sqrt{3}} = 11.55[A]$

- Y결선에서 상전류 = 선전류 이므로 $I_l = I_p = 11.55\,[A]$

【답】 ②

문제 70

그림과 같이 10[Ω]의 저항에 감은비가 10:1의 결합회로를 연결했을 때 4단자 정수 A, B, C, D는?

① $A = 1$, $B = 10$, $C = 0$, $D = 10$

② $A = 10$, $B = 0$, $C = 1$, $D = \dfrac{1}{10}$

③ $A = 10$, $B = 1$, $C = 0$, $D = \dfrac{1}{10}$

④ $A = 10$, $B = 1$, $C = 1$, $D = 10$

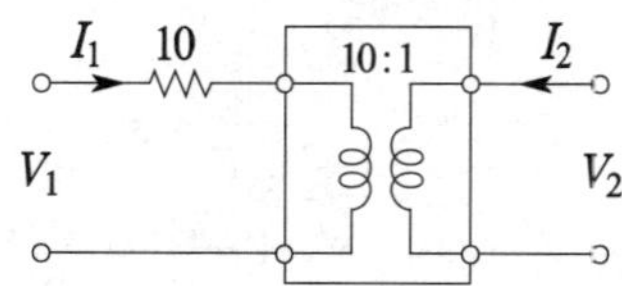

풀이

$$\begin{bmatrix} A & B \\ C & D \end{bmatrix} = \begin{bmatrix} 1 & 10 \\ 0 & 1 \end{bmatrix} \begin{bmatrix} 10 & 0 \\ 0 & \frac{1}{10} \end{bmatrix} = \begin{bmatrix} 10 & 1 \\ 0 & \frac{1}{10} \end{bmatrix}$$

$$(\because \text{전압비} : 10, \text{전류비} : \frac{1}{10})$$

【답】 ③

문제 71

불평형 3상 전류 $I_a = 18 + j3[A]$, $I_b = -25 - j7[A]$, $I_c = -5 + j10[A]$일 때, 영상전류 I_0 [A]는?

① $-12 - j6$　　　② $2 - j6.24$　　　③ $6 - j3$　　　④ $-4 + j2$

풀이

$$\text{영상전류 } I_0 = \frac{1}{3}(I_a + I_b + I_c) = \frac{1}{3}(18 + j3 - 25 - j7 - 5 + j10) = \frac{1}{3}(-12 + j6) = -4 + j2\,[A]$$

【답】 ④

다음과 같은 브리지 회로가 평형이 되기 위한 Z_4의 값은?

① $2 + j4$

② $-2 + j4$

③ $4 + j2$

④ $4 - j2$

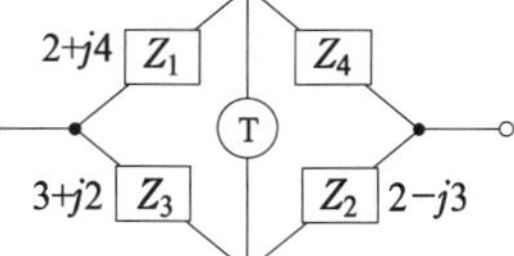

풀이

$$Z_4(3+j2) = (2+j4)(2-j3)$$

$$\therefore Z_4 = \frac{(2+j4)(2-j3)}{3+j2} = \frac{(16+j2)(3-j2)}{(3+j2)(3-j2)} = 4 - j2$$

【답】④

그림과 같은 톱니파의 라플라스 변환은?

① $\dfrac{E}{Ts}(1 - e^{-Ts})$

② $\dfrac{E}{Ts^2}(1 - e^{-Ts})$

③ $\dfrac{E}{Ts}(1 - e^{-Ts} - Tse^{-Ts})$

④ $\dfrac{E}{Ts^2}(1 - e^{-Ts} - Tse^{-Ts})$

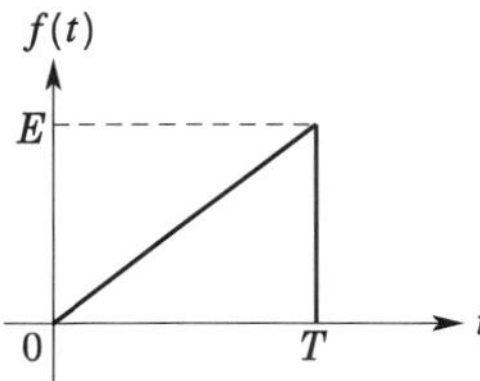

풀이

$$f(t) = \frac{E}{T}tu(t) - Eu(t-T) - \frac{E}{T}(t-T)u(t-T)$$

이므로 시간 추이 정리를 이용하면

$$\therefore F(s) = \frac{E}{Ts^2} - \frac{Ee^{-Ts}}{s} - \frac{Ee^{-Ts}}{Ts^2}$$

$$= \frac{E}{Ts^2}\left[1 - (Ts+1)e^{-Ts}\right]$$

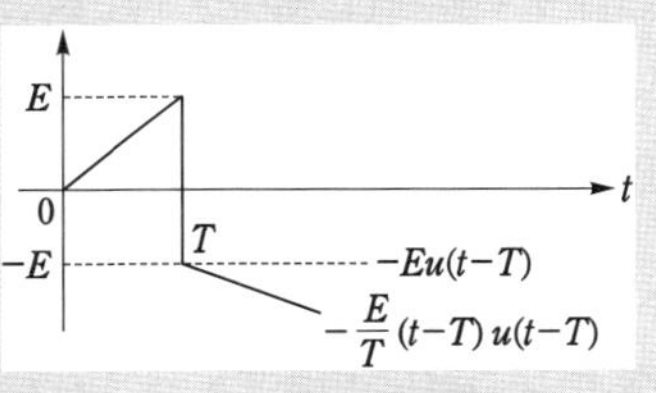

【답】④

주파수 f [Hz], 단상 교류전압 V [V]의 전원에 저항 R [Ω], 인덕턴스 L [H]의 코일을 접속한 회로가 있을 때, L을 가감해서 R의 전력을 $L=0$일 때의 $\dfrac{1}{5}$로 하면 L [H]의 크기는?

① $\dfrac{R^2}{2\pi f}$

② $\pi f R^2$

③ $\dfrac{R}{\pi f}$

④ $\dfrac{R}{2\pi f}$

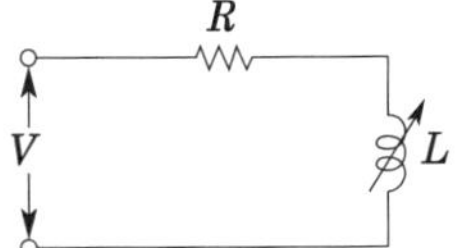

풀이

- R, L 회로에서의 전력 $P_1 = I^2 R = \left(\dfrac{V}{\sqrt{R^2 + \omega^2 L^2}}\right)^2 R$

- L이 0인 때의 전력 $P_2 = \dfrac{V^2}{R}$

$$\cdot \frac{1}{5}P_2 = P_1, \quad \frac{V^2}{R} \times \frac{1}{5} = \left(\frac{V}{\sqrt{R^2+\omega^2 L^2}}\right)^2 \cdot R \text{ 이므로 } 5R^2 = R^2+\omega^2 L^2$$

$$\therefore L = \frac{2R}{\omega} = \frac{R}{\pi f}$$

【답】③

문제 75

$R = 10[\Omega]$, $L = 5[\mu H]$인 RL 직렬회로와 $C = 100[pF]$인 콘덴서가 병렬로 연결된 회로에서 공진시 공진임피던스[kΩ]는?

① 0.2   ② 0.5   ③ 5   ④ 200

풀이

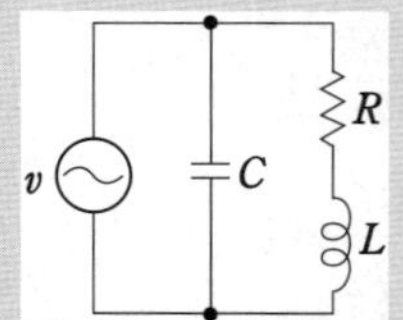

공진 조건 $\omega C = \dfrac{\omega L}{R^2+(\omega L)^2}$ 로부터

공진임피던스 $Z_a = \dfrac{L}{RC} = \dfrac{5 \times 10^{-6}}{10 \times 100 \times 10^{-12}}$
$\qquad\qquad\qquad = 5 \times 10^3[\Omega] = 5[k\Omega]$

【답】③

문제 76

그림에서 4단자 회로 정수 A, B, C, D 중 출력 단자 3, 4가 개방되었을 때의 $\dfrac{V_1}{V_2}$인 A의 값은?

① $1 + \dfrac{Z_2}{Z_1}$ ② $\dfrac{Z_1 + Z_2 + Z_3}{Z_1 Z_3}$

③ $1 + \dfrac{Z_2}{Z_3}$ ④ $1 + \dfrac{Z_3}{Z_2}$

풀이

- 전압분배법칙에 의해 Z_2에 걸리는 전압 $V_2 = \dfrac{V_1}{Z_2 + Z_3} \times Z_2$

- $A = \dfrac{V_1}{V_2}\bigg|_{I_2=0} = \dfrac{V_1}{\dfrac{Z_2}{Z_2 + Z_3} \cdot V_1} = \dfrac{Z_2 + Z_3}{Z_2} = 1 + \dfrac{Z_3}{Z_2}$

【답】④

문제 77

그림과 같은 회로가 정저항 회로가 되려면 L은 몇 [H]이어야 하는가?
(단, $R = 20[\Omega]$, $C = 200[\mu F]$ 이다.)

① 0.08   ② 0.8

③ 1   ④ 4

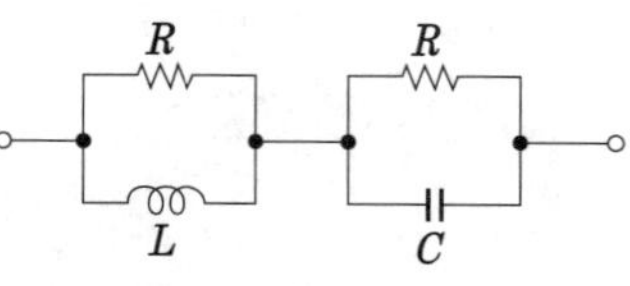

풀이

정저항 회로조건 $R^2 = \dfrac{L}{C}$ 에서 $L = R^2 C = 20^2 \times 200 \times 10^{-6} = 0.08[H]$

【답】①

다상 교류회로 설명 중 잘못된 것은? (단, $n =$ 상수)

① 평형 3상 교류에서 △결선의 상전류는 선전류의 $\dfrac{1}{\sqrt{3}}$ 과 같다.

② n상 전력 $P = \dfrac{1}{2\sin\dfrac{\pi}{n}} V_l I_l \cos\theta$ 이다.

③ 성형결선에서 선간전압과 상전압과의 위상차는 $\dfrac{\pi}{2}(1 - \dfrac{2}{n})$[rad]이다.

④ 비대칭 다상교류가 만드는 회전 자기장은 타원회전 자기장이다.

풀이

n상 전력 $P = \dfrac{n}{2\sin\dfrac{\pi}{n}} V_l I_l \cos\theta$ [W]

**【답】② **

대칭 3상 교류에서 각 상의 전압이 v_a[V], v_b[V], v_c[V] 일 때 3상 전압의 합은?

① 0[V]　　　　② $0.3v_a$[V]　　　　③ $0.5v_a$[V]　　　　④ $3v_a$[V]

풀이

a상을 기준으로 하면 $v_a + v_b + v_c = v_a + a^2 v_a + a v_a = v_a(1 + a^2 + a) = 0$

$(\because 1 + a^2 + a = 0)$

**【답】① **

$i = 100 + 50\sqrt{2}\sin\omega t + 20\sqrt{2}\sin(3\omega t + \dfrac{\pi}{6})$[A]로 표시되는 비정현파 전류의 실효값[A]는 약 얼마인가?

① 20　　　　② 50　　　　③ 114　　　　④ 150

풀이

왜형파의 실효값은 직류분, 기본파 및 각 고조파의 제곱합의 제곱근이므로

$I = \sqrt{I_0^2 + I_1^2 + I_3^2} = \sqrt{100^2 + 50^2 + 20^2} = 114$[A]

**【답】③ **

5과목　전기설비기술기준 및 판단기준

가공전선로에 사용하는 지지물의 강도 계산시 구성재의 수직 투영면적 1[m²]에 대한 풍압을 기초로 적용하는 갑종풍압하중 값의 기준이 잘못된 것은?

① 목주 : 588[Pa]　　　　② 원형 철주 : 588[Pa]

③ 철근콘크리트주 : 1117[Pa]　　　　④ 강관으로 구성된 철탑 : 1255[Pa]

풀이

풍압하중의 종별과 적용(판단기준 제62조)

풍압을 받는 구분		풍압 [Pa]
철근	원형의 것	588
콘크리트주	기타의 것	822

【답】③

문제 82

가공전선로 지지물에 시설하는 통신선으로 적합하지 아니한 것은?

① 통신선은 가공전선의 아래에 시설할 것

② 통신선과 저압 가공전선 사이의 이격거리는 60[cm] 이상 일 것

③ 통신선과 고압 가공전선 사이의 이격거리는 60[cm] 이상 일 것

④ 통신선과 특고압 가공전선 사이의 이격거리는 1.0[m] 이상 일 것

풀이

가공전선과 첨가 통신선의 이격거리 (판단기준 제155조)

통신선과 고압 가공전선 사이의 이격거리는 60 [cm] 이상일 것. 다만, 고압 가공전선이 케이블인 경우에 통신선이 절연전선과 동등 이상의 절연효력이 있는 것 또는 첨가 통신용 제1종 케이블이나 첨가통신용 제2종 케이블인 경우에는 30 [cm] 이상으로 할 수 있다.

【답】④

문제 83

최대 사용전압이 6600[V]인 3상 유도전동기의 권선과 대지 사이의 절연내력 시험전압은 몇 [V]인가?

① 7260   ② 7920   ③ 8250   ④ 9900

풀이

판단기준 제14조 (회전기 및 정류기의 절연내력)
회전기 및 정류기의 절연내력 (판단기준 제14조)

종　　류			시험 전압	시험 방법
회전기	발전기·전동기·조상기·기타회전기	7,000 [V] 이하	1.5배(최저 500 [V])	권선과 대지 사이에 연속하여 10분간
		7,000 [V] 초과	1.25배(최저 10,500 [V])	
	회전 변류기		직류측의 최대사용전압의 1배의 교류전압(최저 500 [V])	

∴ 시험 전압＝6600×1.5＝9900 [V]

【답】④

문제 84

전로의 중성점을 접지하는 목적으로 볼 수 없는 것은?

① 전로의 보호 장치의 확실한 동작의 확보

② 부하전류의 일부를 대지로 방류하여 전선 절약

③ 이상전압의 억제

④ 대지전압의 저하

문제 85

습기 있는 장소에서 사용전압이 440[V]인 경우의 애자사용 공사시 전선과 조영재 사이의
이격거리는 최소 몇[cm] 이상이어야 하는가?

① 2.5　　　　　　② 4.5　　　　　　③ 6　　　　　　④ 8

문제 86

중성선 다중 접지한 22.9 [kV] 3상4선식 가공전선로를 건조물의 옆쪽 또는 아래쪽에서 접
근 상태로 시설하는 경우 가공 나전선과 건조물의 최소 이격거리[m]는?

① 1.2　　　　　　② 1.5　　　　　　③ 2.0　　　　　　④ 2.5

문제 87

제2종 접지공사에서 접지선의 굵기는 연동선인 경우 몇 [mm²] 이상인가?

① 1.25　　　　　　② 6　　　　　　③ 8　　　　　　④ 16

풀이

각종 접지공사의 세목(판단기준 제19조)

접지공사의 종류	접지선의 굵기
제1종 접지공사	공칭단면적 6[mm²] 이상의 연동선
제2종 접지공사	• **공칭단면적 16[mm²] 이상의 연동선** • 고압전로와 저압전로를 변압기에 의해 결합하는 경우 6[mm²] 이상의 연동선 • 25[kV] 이하인 특고압 가공전선로(중성선 다중접지식으로서, 고저압 혼촉 시 2초 이내동작하는 자동차단장치가 있는 경우)와 저압전로를 변압기로 결합하는 경우에는 공칭단면적 6[mm²] 이상의 연동선
제3종 접지공사 및 특별 제3종 접지공사	공칭단면적 2.5[mm²] 이상의 연동선

【답】 ④

문제 88 강제 배류기의 시설기준에 대한 설명으로 옳지 않은 것은?

① 귀선에서는 강제 배류기를 거쳐 금속제 지중 관로로 통하는 전류를 저지하는 구조로 할 것

② 강제 배류기를 보호하기 위하여 적정한 과전류 차단기를 시설할 것

③ 강제 배류기용 전원장치의 변압기는 절연변압기를 시설하고 1, 2차측 전로에는 개폐기 및 과전류차단기를 각 극에 시설한 것일 것

④ 강제 배류기는 제3종 접지공사를 한 금속제 외함 기타 견고한 함에 넣어 시설하거나 사람이 접촉할 우려가 없도록 시설할 것

풀이

배류접속 (판단기준 제265조)
강제 배류기용 전원 장치
① 변압기는 절연 변압기일 것
② **1차측 전로**에는 개폐기 및 과전류 차단기를 각 극에 시설할 것

【답】 ③

문제 89 수소냉각식의 발전기·조상기에 부속하는 수소 냉각장치에서 필요 없는 장치는?

① 수소의 순도 저하를 경보하는 장치   ② 수소의 압력을 계측하는 장치

③ 수소의 온도를 계측하는 장치   ④ 수소의 유량을 계측하는 장치

풀이

수소냉각식 발전기 등의 시설 (판단기준 제51조)
수소 냉각식 발전기, 조상기 또는 이에 부속하는 수소 냉각장치는 수소의 폭발 위험이 있으므로 다음과 같이 시설하여야 한다.
① 발전기 또는 조상기는 기밀구조의 것이고 또한 수소가 대기압에서 폭발하는 경우 생기는 압력에 견디는 강도를 가질 것

② 발전기축의 밀봉부에는 질소 가스를 봉입할 수 있는 장치와 누설한 수소 가스를 안전하게 외부에 방출할 수 있는 장치를 시설할 것

③ 발전기, 조상기 안의 **수소 순도가 85 [%] 이하로 저하한 경우 이를 경보하는 경보장치**를 시설할 것

④ 발전기, 조상기 안의 **수소의 압력을 계측하는 장치** 및 그 압력이 현저히 변동할 경우에 이를 경보하는 장치를 시설할 것

⑤ 발전기안 또는 조상기안의 **수소의 온도를 계측하는 장치**를 시설할 것 【답】 ④

문제 90

저압 가공인입선의 시설에 대한 설명으로 틀린 것은?

① 전선은 절연전선, 다심형 전선 또는 케이블일 것

② 전선은 지름 1.6[mm]의 경동선 또는 이와 동등이상의 세기 및 굵기일 것

③ 전선의 높이는 철도 및 궤도를 횡단하는 경우에는 레일면상 6.5[m] 이상일 것

④ 전선의 높이는 횡단보도교의 위에 시설하는 경우에는 노면상 3[m] 이상일 것

풀이

저압 인입선의 시설(판단기준 제100조)
(1) 사용 가능한 전선의 종류
　　① 케이블
　　② 절연전선
　　　• 경간이 15[m] 이하 : **지름 2[mm] 이상의 인입용 비닐절연전선**
　　　• 경간이 15[m] 초과 : **지름 2.6[mm] 이상의 인입용 비닐절연전선**
　　③ 다심형 전선
(2) 전선의 높이
　　① 도로(차도와 보도의 구별이 있는 도로인 경우에는 차도)를 횡단하는 경우 : 노면상 5[m] (기술상 부득이한 경우에 교통에 지장이 없을 때에는 3[m]) 이상
　　② 철도 또는 궤도를 횡단하는 경우 : 레일면상 6.5[m] 이상
　　③ 횡단보도교 위에 시설하는 경우 : 노면상 3[m] 이상 【답】 ②

문제 91

과전류차단기로 시설하는 퓨즈 중 고압전로에 사용하는 비포장 퓨즈는 정격전류의 최대 몇 배의 전류에 견디어야 하는가?

① 1.1　　　　　② 1.25　　　　　③ 1.5　　　　　④ 2

풀이

고압 및 특고압 전로 중의 과전류차단기의 시설(판단기준 제39조)
과전류 차단기로 시설하는 퓨즈 중 고압 전로에 사용하는 **비포장 퓨즈는 정격 전류의 1.25배의 전류에 견디고**, 또한 2배의 전류로 2분 안에 용단되어야 한다. 【답】 ②

문제 92

사용전압이 25000[V] 이하의 특고압 가공전선로에는 전화선로의 길이 12[km] 마다 유도전류가 몇 [μA]를 넘지 아니하도록 하여야 하는가?

① 1.5　　　　　② 2　　　　　③ 2.5　　　　　④ 3

풀이

유도장해의 방지(판단기준 제105조)
특고압 가공 전선로는 기설 가공 전화 선로에 대하여 상시 정전유도 작용에 의한 통신상의 장해가 없도록 시설하고 유도 전류를 다음과 같이 제한한다.
① 사용전압이 **60[kV] 이하**인 경우에는 전화선로의 **길이 12[km]마다 유도전류가 2[μA]를 넘지 아니하도록 할 것**
② 사용전압이 60[kV] 를 초과하는 경우에는 전화선로의 길이 40[km]마다 유도전류가 3[μA]를 넘지 아니하도록 할 것
【답】 ②

문제 93 전격살충기는 전격격자가 지표상 또는 마루 위 몇 [m] 이상 되도록 시설하여야 하는가?

① 1.5[m] ② 2[m] ③ 2.8[m] ④ 3.5[m]

풀이

전격살충기의 시설(판단기준 제233조)
전격 살충기는 전격 격자가 지표상 또는 마루 위 3.5 [m] 이상이어야 한다.
단, 2차측 개방 전압이 7[kV] 이하인 변압기를 사용하는 경우 1.8 [m] 이상으로 할 수 있다.
【답】 ④

문제 94 지중에 매설된 금속제 수도관로는 각종 접지공사의 접지극으로 사용할 수 있다. 다음 중에서 접지극으로 사용할 수 없는 것은?

① 안지름 75[mm] 이상이고 전기저항값이 3[Ω] 이하인 것
② 안지름 75[mm] 이상이고 전기저항값이 2[Ω] 이하인 것
③ 안지름 75[mm]에서 분기한 안지름 50[mm]의 수도관으로 길이가 6[m]이고, 전기저항값이 3[Ω] 이하인 것
④ 안지름 75[mm]에서 분기한 안지름 30[mm]의 수도관으로 길이가 5[m] 이너이고, 전기저항값이 3[Ω] 이하인 것

풀이

수도관 등의 접지극(판단기준 제21조)
① 지중에 매설되어 있고 대지와의 전기저항치가 3[Ω] 이하의 값을 유지하고 있는 금속제 수도관로는 이를 제1종 접지공사·제2종 접지공사·제3종 접지공사·특별 제3종 접지공사 및 기타의 접지공사의 접지극으로 사용할 수 있다.
② 접지선과 수도관의 접속은 **안지름 75 [mm] 이상의 수도관**의 부분, 또는 이로부터 분기한 안지름 75[mm] 미만인 수도관의 그 **분기점부터 5[m] 이내**의 부분에서 할 것. 그러나, **수도관의 전기 저항값이 2[Ω] 이하**인 경우에는 어느 곳에서나 접속할 수 있다.
【답】 ③

문제 95 분기회로의 시설에서 저압 옥내간선과의 분기점에서 전선의 길이가 몇 [m] 이하인 곳에 개폐기 및 과전류 차단기를 시설하여야 하는가?

① 3 ② 4 ③ 5 ④ 6

분기회로의 시설(판단기준 제176조)
저압 옥내 간선과의 분기점에서 **전선의 길이가 3 [m] 이하**인 곳에 개폐기 및 과전류 차단기를 시설하여야 한다.

【답】 ①

문제 96

출퇴표시등 제어회로의 배선을 금속 덕트 공사에 의하여 시설하고자 한다. 절연피복을 포함한 전선의 총면적은 덕트 내부 단면적의 몇 [%]까지 할 수 있는가?

① 20   ② 30   ③ 40   ④ 50

금속 덕트 공사(판단기준 제187조)
금속 덕트에 넣는 전선의 단면적의 합계는 덕트 내부 단면적의 20[%](전광 표시 장치, **출퇴근 표시등, 제어 회로 등의 배전선만을 넣는 경우는 50[%]**) 이하일 것

【답】 ④

문제 97

3상 380[V] 모터에 전원을 공급하는 저압전로의 전선상호간 및 전로와 대지 사이의 절연저항 값은 몇 [MΩ]이상이 되어야 하는가?

① 0.1   ② 0.2   ③ 0.3   ④ 0.4

저압 전로의 절연 성능(기술기준 제52조)
저압 전로의 절연 저항 하한값

전로의 사용전압의 구분		절연 저항값
400 [V] 미만	대지 전압이 150 [V] 이하인 경우	0.1 [MΩ]
	대지 전압이 150 [V] 초과 300 [V] 이하인 경우	0.2 [MΩ]
	사용 전압이 300 [V] 초과 400 [V] 미만인 경우	**0.3 [MΩ]**
400 [V] 이상		0.4 [MΩ]
[비고] 대지 전압 : 접지식 전로는 전선과 대지사이의 전압, 비접지식 전로는 전선간의 전압		

【답】 ③

문제 98

특고압 지중전선이 가연성이나 유독성의 유체(流體)를 내포하는 관과 접근하기 때문에 상호 간에 견고한 내화성의 격벽을 시설하였다. 상호 간의 이격거리가 몇 [m] 이하인 경우 인가?

① 0.4   ② 0.6   ③ 0.8   ④ 1.0

지중전선과 지중 약전류전선 등 또는 관과의 접근 또는 교차(판단기준 제141조)
지중전선이 다음 조건의 이격거리 이하로 설치되는 경우에는 상호간에 내화성의 격벽을 설치하여야 한다.

조 건	전 압	이격거리
지중 약전류 전선과 접근 또는 교차하는 경우	저압 또는 고압	0.3 [m]
	특고압	0.6 [m]
유독성의 유체를 내포하는 관과 접근 또는 교차	**특고압**	**1 [m]**
	25 [kV] 이하, 다중접지방식	0.5 [m]

【답】 ④

문제 99

가공 전선로의 지지물에 하중이 가하여지는 경우에 그 하중을 받는 지지물 기초의 안전율은 일반적인 경우에 얼마 이상이어야 하는가?

① 1.5 ② 2.0 ③ 2.5 ④ 3.0

풀이

가공전선로 지지물의 기초의 안전율(판단기준 제63조)

가공전선로의 지지물에 하중이 가하여지는 경우에 그 하중을 받는 **지지물의 기초의 안전율은 2이상** (단, 이상시 상정하중에 대한 철탑의 기초에 대하여는 1.33)이어야 한다. 【답】②

문제 100

관·암거 기타 지중전선을 넣은 방호장치의 금속제 부분, 금속제의 전선 접속함 및 지중전선의 피복으로 사용하는 금속체에 시행하는 접지공사의 종류는?

① 제1종 접지공사 ② 제2종 접지공사
③ 제3종 접지공사 ④ 특별 제3종 접지공사

풀이

지중전선의 피복금속체 접지(판단기준 제139조)

방호장치의 금속제 부분, 금속제의 전선접속함 및 지중전선의 피복으로 사용하는 **금속체에는 제3종 접지공사를** 하여야 한다. 【답】③

D-60 시리즈 2-1

2012년도
전기산업기사 필기

- ▸ 12년 제1회 전기산업기사
- ▸ 12년 제2회 전기산업기사
- ▸ 12년 제3회 전기산업기사

국가기술자격검정 필기시험 문제

2012년도 전기산업기사 일반검정 제1회

자격종목 및 등급(선택분야)	종목코드	시험시간	문제지형별	수검 번호	성 명
전기산업기사	2140	2시간 30분	A		

1과목　전기자기학

문제 01

전하 q[C]가 진공 중의 자계 H[AT/m]에 수직방향으로 v[m/s]의 속도로 움직일 때 받는 힘은 몇 [N]인가? 단, μ_0는 진공의 투자율이다.

① $\dfrac{qH}{\mu_o v}$　　　　② qvH　　　　③ $\dfrac{qvH}{\mu_o}$　　　　④ $\mu_o qvH$

풀이

자계 내에 놓여진 운동 전하가 받는 힘은
$$F = qvB\sin\theta = qv\mu_0 H\sin\theta \ \text{[N]에서} \quad \theta = 90°\text{이므로}$$
$$F = qv\mu_0 H \ \text{[N]이다.}$$

【답】④

문제 02

다음 조건 중 틀린 것은? (단, χ_m : 비자화율, μ_r : 비투자율이다.)

① 물질은 χ_m 또는 μ_r의 값에 따라 역자성체, 상자성체, 강자성체 등으로 구분한다.

② $\chi_m > 0$, $\mu_r > 1$이면 상자성체

③ $\chi_m < 0$, $\mu_r < 1$이면 역자성체

④ $\mu_r \ll 1$이면 강자성체

풀이

- 상자성체 : 자화율 $\chi > 0$,　　비투자율 $\mu_r > 1$
- 반자성체 : 자화율 $\chi < 0$,　　비투자율 $\mu_r < 1$
- **강자성체 : 비투자율 $\mu_r \gg 1$**

【답】④

문제 03

면적이 S[m²], 극판 간격이 d[m], 유전율이 ϵ[F/m]인 평행판 콘덴서에 V[V]의 전압이 가해졌을 때 축적되는 전하 Q[C]는?

① $\dfrac{\epsilon_0 S}{d}V$　　　　② $\dfrac{\epsilon_0}{dS}V$　　　　③ $\dfrac{\epsilon S}{d}V$　　　　④ $\dfrac{dS}{\epsilon}V$

풀이

- 평행판 콘덴서의 정전용량 $C = \dfrac{\epsilon S}{d}$ [F]

- 축적되는 전하 $Q = CV = \dfrac{\epsilon S}{d} \cdot V$ [C]

【답】③

문제 04

다음 설명 중 영전위로 볼 수 없는 것은?

① 가상 음전하가 존재하는 무한원점   ② 전지의 음극

③ 지구의 대지   ④ 전계내의 대전도체

풀이

전계내의 대전도체는 **양전하, 음전하가 모두 존재**하므로 **영전위로 볼 수 없다.**

【답】④

문제 05

그림과 같이 $+q$ [C/m]로 대전된 두 도선이 d [m]의 간격으로 평행하게 가설되었을 때, 이 두 도선간에서 전계가 최소가 되는 점은?

① $\dfrac{d}{3}$ 지점

② $\dfrac{d}{2}$ 지점

③ $\dfrac{2}{3}d$ 지점

④ $\dfrac{3}{5}d$ 지점

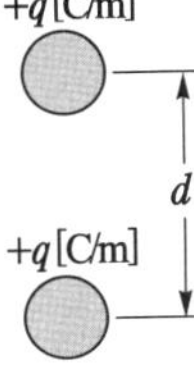

풀이

P점의 전계의 세기 $E = \dfrac{q}{2\pi\epsilon_0 x} - \dfrac{q}{2\pi\epsilon_0 (d-x)} = \dfrac{q}{2\pi\epsilon_0}\left(\dfrac{1}{x} - \dfrac{1}{d-x}\right)$ [V]

전계의 세기가 최소가 되기 위한 조건은 $\dfrac{\partial E}{\partial x} = 0$ 이므로

$\dfrac{\partial E}{\partial x} = \dfrac{q}{2\pi\epsilon_0}\left[-\dfrac{1}{x^2} + \dfrac{1}{(d-x)^2}\right] = 0$

따라서, 0이 되기 위해서는 $\dfrac{1}{x^2} = \dfrac{1}{(d-x)^2}$

$\therefore\ x^2 = (d-x)^2 \qquad x = d-x \qquad \therefore\ x = \dfrac{d}{2}$

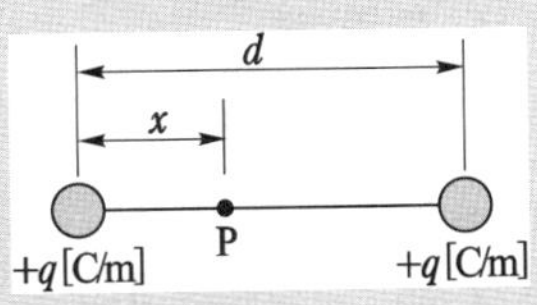

즉, **전하의 크기가 같기 때문에 두 도선 사이의 중간지점에서의 전계의 세기가 0이되어 최소가 된다.**

【답】②

문제 06

정현파 자속의 주파수를 3배로 높일 때 유기기전력은 어떻게 변화하는가?

① 3배로 감소   ② 3배로 증가

③ 9배로 감소   ④ 9배로 증가

풀이

$e = -\omega N\phi_m \sin(\omega t - \pi) = -2\pi f N\phi_m \sin(\omega t - \pi)$ 에서 $e \propto f$

따라서, **주파수를 3배 높이면 유기기전력도 3배 높아진다.**

【답】②

문제 07 전류 I[A]가 반지름 a[m]의 원주를 균일하게 흐를 때 원주 내부의 중심에서 r[m] 떨어진 원주 내부 점의 자계의 세기는 몇 [AT/m]인가?

① $\dfrac{Ir}{2\pi a^2}$ [AT/m]　　　　　　　② $\dfrac{Ir}{2\pi a}$ [AT/m]

③ $\dfrac{Ir}{\pi a^2}$ [AT/m]　　　　　　　④ $\dfrac{Ir}{\pi a}$ [AT/m]

풀이

원통 내부에 전류 I 가 균일하게 흐른다면

원통내부에서의 자계의 세기 $H_i = \dfrac{I_r}{2\pi r}$

여기서 내부전류 I_r은 원통의 단면적에 비례하므로

$$I : I_r = \pi a^2 : \pi r^2$$

$$I_r = \dfrac{\pi r^2}{\pi a^2}I = \dfrac{r^2}{a^2}I$$

$$\therefore H_i = \dfrac{\dfrac{r^2}{a^2}I}{2\pi r} = \dfrac{rI}{2\pi a^2} \ [\text{AT/m}]$$

【답】①

문제 08 전원에 연결한 코일에 10 [A]가 흐르고 있다. 지금 순간적으로 전원을 분리하고 코일에 저항을 연결하였을 때 저항에서 24 [cal]의 열량이 발생하였다. 코일의 자기 인덕턴스는 몇 [H]인가?

① 0.1 [H]　　　　② 0.5 [H]　　　　③ 2 [H]　　　　④ 24 [H]

풀이

코일에 축적되는 에너지는 저항에서 모두 열로 소비 된다.

$W = \dfrac{1}{2}LI^2$ [J] 에서

$L = \dfrac{2W}{I^2} = \dfrac{2 \times 24 \times 4.18}{10^2} = 2[\text{H}]$　　　(참고로 1[cal] = 4.18[J])

【답】③

문제 09 점 $(-2, 1, 5)$ [m]와 점$(1, 3, -1)$ [m]에 각각 위치해 있는 점전하 1 [μC]과 4 [μC]에 의해 발생된 전위장 내에 저장된 정전 에너지는 약 몇 [mJ]인가?

① 2.57　　　　② 5.14　　　　③ 7.71　　　　④ 10.28

풀이

두 점간의 거리 $r = \sqrt{(1+2)^2 + (3-1)^2 + (-1-5)^2} = 7[\text{m}]$

정전 에너지 $w = \dfrac{1}{2}(Q_1 V_1 + Q_2 V_2) = \dfrac{1}{2}\left(Q_1 \times \dfrac{Q_2}{4\pi\epsilon_0 r} + Q_2 \times \dfrac{Q_1}{4\pi\epsilon_0 r}\right) = \dfrac{Q_1 Q_2}{4\pi\epsilon_0 r}$

$= 9 \times 10^9 \times \dfrac{1 \times 10^{-6} \times 4 \times 10^{-6}}{7} = 0.00514[\text{J}] = 5.14[\text{mJ}]$

【답】②

문제 10 반지름 a[m]인 전선을 지상 h[m] 높이에 지면에 나란하게 가설했을 때의 단위 길이당 자기 유도계수 L [H/m]은? (단, 도선의 투자율은 μ [H/m]이다.)

① $\dfrac{\mu}{4\pi}+\dfrac{\mu_o}{2\pi}\ln\dfrac{2h}{a}$ 　　　　② $\dfrac{\mu}{4\pi}+\dfrac{\mu_o}{\pi}\ln\dfrac{2h}{a}$

③ $\dfrac{\mu}{8\pi}+\dfrac{\mu_o}{2\pi}\ln\dfrac{2h}{a}$ 　　　　④ $\dfrac{\mu}{8\pi}+\dfrac{\mu_o}{\pi}\ln\dfrac{2h}{a}$

풀이

전선에 전류 I가 흐를 때 지면에 대칭적으로 영상전류$(-I)$를 생각하고, 대지를 제거하여 전선과 영상 간의 전류, 즉 평행왕복 도체의 자기 인덕턴스와 같다. 즉, 간격 d, 반지름 a인 평행왕복 도체의 한 선당 단위길이에 대한 자기 인덕턴스는

$$L=\frac{\mu}{8\pi}+\frac{\mu_0}{2\pi}\ln\frac{d}{a}$$

여기서, $d=2h$ 이므로

$$\therefore\ L=\frac{\mu}{8\pi}+\frac{\mu_0}{2\pi}\ln\frac{2h}{a}$$

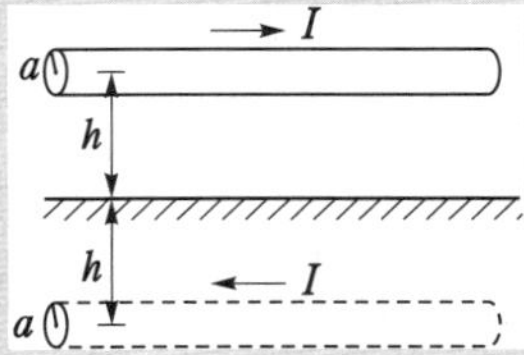

【답】 ③

문제 11 도체 2를 Q[C]으로 대전된 도체 1에 접속하면 도체 2가 얻는 전하는 몇 [C]이 되는지를 전위계수로 표시하면? (단, $P_{11},\ P_{12},\ P_{21},\ P_{22}$는 전위계수이다.)

① $\dfrac{P_{11}-P_{12}}{P_{11}-2P_{12}+P_{22}}Q$ 　　　　② $-\dfrac{P_{11}-P_{12}}{P_{11}-2P_{12}+P_{22}}Q$

③ $\dfrac{P_{11}-P_{12}}{P_{11}+2P_{12}+P_{22}}Q$ 　　　　④ $-\dfrac{P_{11}-P_{12}}{P_{11}+2P_{12}+P_{22}}Q$

풀이

$V_1=P_{11}Q_1+P_{12}Q_2,\quad V_2=P_{21}Q_1+P_{22}Q_2$ 에서

$P_{12}=P_{21},\ Q_1=Q-Q_2,$

$V_1=V_2$ (도체1에 도체2가 접속되면 두 도체의 전위는 동일하게 된다.)

그러므로

$P_{11}(Q-Q_2)+P_{12}Q_2=P_{21}(Q-Q_2)+P_{22}Q_2$

$(P_{11}-P_{12})Q=(P_{11}+P_{22}-2P_{12})Q_2$

$\therefore\ Q_2=\dfrac{P_{11}-P_{12}}{P_{11}-2P_{12}+P_{22}}Q$

【답】 ①

문제 12 변위전류밀도를 나타낸 식은?

(단, Φ는 자속, D는 전속밀도, B는 자속밀도, $N\Phi$는 자속 쇄교수이다.)

① $i=\dfrac{d(N\Phi)}{dt}$ 　　② $i=\dfrac{d\Phi}{dt}$ 　　③ $i=\dfrac{dD}{dt}$ 　　④ $i=\dfrac{dB}{dt}$

풀이

변위 전류밀도 i_d : 전속 밀도의 시간적 변화에 의한 것으로 다음과 같이 나타낸다.

변위전류밀도 $i_d = \dfrac{dD}{dt}\,[\text{A/m}]$

【답】 ③

문제 13

어느 철심에 도선을 250회 감고 여기에 2 [A]의 전류를 흘릴 때 발생하는 자속이 0.02 [Wb]이었다. 이 코일의 자기인덕턴스는 몇 [H]인가?

① 1.05

② 1.25

③ 2.5

④ $\sqrt{2}\,\pi$

풀이

쇄교 자속수 $\Phi = N\phi = LI$ 에서

자기 인덕턴스 $L = \dfrac{N\phi}{I} = \dfrac{250 \times 0.02}{2} = 2.5[\text{H}]$

【답】 ③

문제 14

유전률이 각각 ϵ_1, ϵ_2인 두 유전체가 접해 있다. 각 유전체 중의 전계 및 전속밀도가 각각 E_1, D_1 및 E_2, D_2이고, 경계면에 대한 입사각 및 굴절각이 θ_1, θ_2일 때 경계조건으로 옳은 것은?

① $\dfrac{\sin\theta_2}{\sin\theta_1} = \dfrac{E_2}{E_1}$

② $\dfrac{\cos\theta_2}{\cos\theta_1} = \dfrac{D_2}{D_1}$

③ $\dfrac{\tan\theta_2}{\tan\theta_1} = \dfrac{\epsilon_2}{\epsilon_1}$

④ $\tan\theta_2 - \tan\theta_1 = \epsilon_1\epsilon_2$

풀이

- 전속밀도의 법선 성분(수직 성분)이 같다. $(D_1\cos\theta_1 = D_2\cos\theta_2)$
- 전계는 접선 성분(평행 성분)이 같다. $(E_1\sin\theta_1 = E_2\sin\theta_2)$
- 두 경계면에서의 전위는 서로 같다. $(V_1 = V_2)$
- $\dfrac{\tan\theta_1}{\tan\theta_2} = \dfrac{\epsilon_1}{\epsilon_2}$
- $\epsilon_1 > \epsilon_2$이면 $\theta_1 > \theta_2$ 이다.

【답】 ③

문제 15

무한 평면 도체로부터 a [m]의 거리에 점전하 Q [C]가 있을 때 이 점전하와 평면 도체간의 작용력은 몇 [N]인가?

① $\dfrac{Q^2}{2\pi\epsilon a^2}$

② $-\dfrac{Q^2}{4\pi\epsilon a^2}$

③ $\dfrac{Q^2}{8\pi\epsilon a^2}$

④ $-\dfrac{Q^2}{16\pi\epsilon a^2}$

점전하 Q[C]과 무한 평면 도체간의 작용력[N]은 점전하 Q[C]과 영상 전하 $-Q$[C]과의 작용력[N]이므로

$$F = \frac{-Q^2}{4\pi\epsilon(2a)^2}[\text{N}] = \frac{-Q^2}{16\pi\epsilon a^2}[\text{N}]$$

여기서, (−)는 흡인력이다.

【답】④

문제 16 한 변의 길이가 10 [m] 되는 정방형 회로에 100 [A]의 전류가 흐를 때 회로 중심부의 자계의 세기는 약 몇 [A/m]인가?

① 5 [A/m]　　　② 9 [A/m]　　　③ 16 [A/m]　　　④ 21 [A/m]

한 변 AB에 대한 중심점의 자계는

$$H_{AB} = \frac{I}{4\pi a}(\sin\beta_1 + \sin\beta_2)$$

이므로 $a = \dfrac{l}{2}$, $\sin\beta_1 = \sin\beta_2 = \sin45° = \dfrac{1}{\sqrt{2}}$ 을 대입하면

$$H_{AB} = \frac{I}{4\pi\left(\dfrac{l}{2}\right)} \times 2 \times \frac{1}{\sqrt{2}} = \frac{I}{\sqrt{2}\,\pi l}[\text{AT/m}]$$

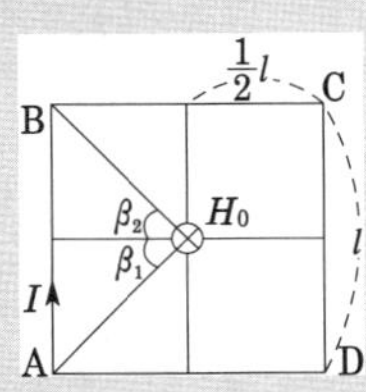

$$\therefore H_0 = H_{AB} + H_{BC} + H_{CD} + H_{DA}$$
$$= 4H_{AB} = 4 \times \frac{I}{\sqrt{2}\,\pi l} = 4 \times \frac{100}{\sqrt{2}\,\pi \times 10} = 9[\text{AT/m}]$$

【답】②

문제 17 다음 중 맥스웰의 전자 방정식이 아닌 것은?

① $\nabla \times \boldsymbol{H} = i + \dfrac{\partial \boldsymbol{D}}{\partial t}$　　　　② $\nabla \times \boldsymbol{E} = -\dfrac{\partial \boldsymbol{H}}{\partial t}$

③ $\nabla \cdot \boldsymbol{D} = \rho$　　　　④ $\nabla \cdot i = -\dfrac{\partial \rho}{\partial t}$

패러데이 법칙에서 유도된 맥스웰의 전자방정식은 $\text{rot}\,\boldsymbol{E} = \nabla \times \boldsymbol{E} = -\dfrac{\partial \boldsymbol{B}}{\partial t}$

【답】②

문제 18 기자력의 단위는?

① [V]　　　　② [Wb]　　　　③ [AT]　　　　④ [N]

- 전압의 단위 : [V]
- 자속의 단위 : [Wb]
- 기자력 $F = IN$ [AT] (전류 I[A], 권수 N[Turn])
- 힘의 단위 : [N]

【답】③

문제 19

도체의 길이 l[m], 단면적 S[m²]의 저항 $R = \rho\dfrac{l}{S}$[Ω]으로 표현되는데 여기서 ρ의 역수를 무엇이라고 하는가?

① 저항률 ② 고유저항 ③ 도전율 ④ 비례상수

풀이

$\rho = \dfrac{1}{\sigma}$ 여기서, ρ : 저항률, σ : 도전율 【답】 ③

문제 20

전하 Q[C]으로 대전된 반지름 a[m]의 구도체가 반지름 r[m]로 비유전율 ϵ_s의 동심구 유전체로 둘러싸여 있을 때 이 구도체의 정전용량[F]은? (단, $a < r$ 이라 한다.)

① $\dfrac{1}{4\pi\epsilon_o\left\{\dfrac{1}{r} + \dfrac{1}{\epsilon_s}\left(\dfrac{1}{a} - \dfrac{1}{r}\right)\right\}}$

② $\dfrac{1}{4\pi\epsilon_o + \left\{\dfrac{1}{r} + \dfrac{1}{\epsilon_s}\left(\dfrac{1}{a} + \dfrac{1}{r}\right)\right\}}$

③ $\dfrac{4\pi\epsilon_o}{\dfrac{1}{r} + \dfrac{1}{\epsilon_s}\left(\dfrac{1}{a} - \dfrac{1}{r}\right)}$

④ $\dfrac{\dfrac{1}{r} + \dfrac{1}{\epsilon_s}\left(\dfrac{1}{a} - \dfrac{1}{r}\right)}{4\pi\epsilon_o}$

풀이

구도체 전위 $V = -\displaystyle\int_\infty^r E_2\, dr - \int_r^a E_1\, dr = -\dfrac{Q}{4\pi\epsilon_0}\int_\infty^r \dfrac{1}{r^2}\, dr - \dfrac{Q}{4\pi\epsilon_0\epsilon_s}\int_r^a \dfrac{1}{r^2}\, dr$

$= \dfrac{Q}{4\pi\epsilon_0 r} + \dfrac{Q}{4\pi\epsilon_0\epsilon_s}\left(\dfrac{1}{a} - \dfrac{1}{r}\right) = \dfrac{Q}{4\pi\epsilon_0}\left[\dfrac{1}{r} + \dfrac{1}{\epsilon_s}\left(\dfrac{1}{a} - \dfrac{1}{r}\right)\right]$

따라서, 정전용량 $C = \dfrac{Q}{V}$ 에서

$C = \dfrac{Q}{\dfrac{Q}{4\pi\epsilon_0}\left[\dfrac{1}{r} + \dfrac{1}{\epsilon_s}\left(\dfrac{1}{a} - \dfrac{1}{r}\right)\right]} = \dfrac{4\pi\epsilon_0}{\dfrac{1}{r} + \dfrac{1}{\epsilon_s}\left(\dfrac{1}{a} - \dfrac{1}{r}\right)}$ [F]

【답】 ③

2과목 전력공학

문제 21

SF₆ 가스차단기의 설명으로 적절하지 않은 것은?

① SF_6가스는 절연내력이 공기보다 크다.

② 개폐시의 소음이 작다.

③ 근거리 고장 등 가혹한 재기전압에 대해서 우수하다.

④ 아크에 의해 SF_6가스는 분해되어 유독가스를 발생시킨다.

문제 22

케이블의 전력손실과 관계가 없는 것은?

① 도체의 저항손　　　　　　　　② 유전체손

③ 연피손　　　　　　　　　　　　④ 철손

문제 23

수전단에 관련된 다음 사항 중 틀린 것은?

① 경부하시 수전단에 설치된 동기조상기는 부족여자로 운전

② 중부하시 수전단에 설치된 동기조상기는 부족여자로 운전

③ 중부하시 수전단에 전력 콘덴서를 투입

④ 시충전시 수전단 전압이 송전단보다 높게 됨

문제 24

단상 2선식 배전선로에서 대지정전용량을 C_s, 선간정전용량을 C_m 이라 할 때 작용 정전용량은?

① $C_s + C_m$　　　　② $C_s + 2C_m$　　　　③ $2C_s + C_m$　　　　④ $C_s + 3C_m$

문제 25 수전 용량에 비해 첨두부하가 커지면 부하율은 그에 따라 어떻게 되는가?

① 높아진다.

② 낮아진다.

③ 변하지 않고 일정하다.

④ 부하의 종류에 따라 달라진다.

풀이

부하율 $= \dfrac{평균\ 전력}{최대\ 전력}$ 에서

첨두 부하가 커지면 최대 전력이 증가하여 부하율은 낮아진다. 【답】②

문제 26 전원이 양단에 있는 방사상 송전선로의 단락보호에 사용되는 계전기의 조합 방식은?

① 방향거리계전기와 과전압계전기의 조합

② 방향단락계전기와 과전류계전기의 조합

③ 선택접지계전기와 과전류계전기의 조합

④ 부족전류계전기와 과전압계전기의 조합

풀이

• 전원이 2군데 이상 환상 선로의 단락 보호
  → 방향 거리 계전기(DZ)
• **전원이 2군데 이상 방사상 선로의 단락 보호**
  → 방향 단락 계전기(DS)와 과전류 계전기(OC)를 조합 【답】②

문제 27 저압 뱅킹 방식에 대한 설명 중 맞지 않는 것은?

① 전압동요가 적다.

② 캐스케이딩 현상에 의해 고장확대가 축소된다.

③ 부하증가에 대해 융통성이 좋다.

④ 고장 보호 방식이 적당 할 때 공급 신뢰도는 향상된다.

풀이

캐스케이딩 현상이란 Banking 배전방식으로 운전 중 건전한 변압기 일부가 고장이 발생하면 **부하가 다른 건전한 변압기에 걸려서 고장이 확대되는 현상**을 말한다. 【답】②

문제 28 연간 최대전류 200[A], 배전거리 10 [km]의 말단에 집중 부하를 가진 6.6 [kV], 3상 3선식 배전선이 있다. 이 선로의 연간 손실 전력량은 약 몇 [MWh] 정도인가? (단, 부하율 $F = 0.6$, 손실계수 $H = 0.3F + 0.7F^2$이고, 전선의 저항은 0.25 [Ω/km]이다.)

① 685   ② 1135   ③ 1585   ④ 1825

손실계수 $H = 0.3F + 0.7F^2 = 0.3 \times 0.6 + 0.7 \times 0.6^2 = 0.432$

1선당 연간 손실전력량 w

$$w = HI_m^2 RT = 0.432 \times 200^2 \times 0.25 \times 10 \times 365 \times 24 = 378.432 \times 10^6 [\text{Wh/1선}]$$

따라서, 3선 에서의 전력손실 W

$$W = 3 \times w = 3 \times 378.432 \times 10^6 = 1135.296 \times 10^6 [\text{Wh}] ≒ 1135 [\text{MW}]$$

【답】②

문제 29

송전거리 50 [km], 송전전력 5000 [kW] 일 때의 still식에 의한 송전전압은 대략 몇 [kV] 정도가 적당한가?

① 10　　　　　② 30　　　　　③ 50　　　　　④ 70

Still 식　$V_s = 5.5 \sqrt{0.6 \times l + 0.01 \times P}$

$\qquad = 5.5 \sqrt{0.6 \times 50 + 0.01 \times 5000} = 49.19 [\text{kV}]$

【답】③

문제 30

부하의 밸런스가 필요로 하는 배전 방식은?

① 3상 3선식　　　　　② 3상 4선식
③ 단상 2선식　　　　　④ 단상 3선식

단상3선식의 특징
① 전압강하 및 전력손실은 1/4로 감소한다.
② 소요 전선량은 감소한다.
③ 110/220 [V]와 같이 2종의 전압을 얻을 수 있다.
④ 상시 부하가 불평형이면 전압이 불평형이 되고 이에 대한 대책으로 **밸런스를 설치**하여야 한다.
⑤ 중성선에는 퓨즈를 설치하지 않는다.

【답】④

문제 31

연가의 효과로 볼 수 없는 것은?

① 선로 정수의 평형　　　　　② 대지 정전용량의 감소
③ 통신선의 유도 장해의 감소　　　　　④ 직렬 공진의 방지

연가의 효과
① 선로 정수 평형　　　　　② 임피던스 평형
③ 소호 리액터 접지시 직렬 공진 방지　　　　　④ 유도 장해 감소

【답】②

문제 32

유량을 구분할 때 매년 1~2회 발생하는 출수의 유량을 나타내는 것은?

① 홍수량　　　　　② 풍수량　　　　　③ 고수량　　　　　④ 갈수량

> **풀이**
>
> - 갈수량 : 1년 365일 중 355일은 이것보다 내려가지 않는 유량
> - 저수량 : 1년 365일 중 275일은 이것보다 내려가지 않는 유량
> - 평수량 : 1년 365일 중 185일은 이것보다 내려가지 않는 유량
> - 풍수량 : 1년 365일 중 95일은 이것보다 내려가지 않는 유량
> - **고수량 : 매년 1~2회 생기는 출수의 유량**
> - 홍수량 : 3~4년에 한 번 생기는 출수의 유량
> - 최저 갈수량, 최대 홍수량 : 과거의 기록, 구전 등으로 판정된 최저 또는 최대의 유량   【답】 ③

문제 33

소호리액터 접지방식에 대한 설명 중 옳지 못한 것은?

① 전자유도장해가 경감된다.

② 지락 중에도 계속 송전이 가능하다.

③ 지락전류가 적다.

④ 선택지락계전기의 동작이 용이하다.

> **풀이**
>
> **소호리액터 접지방식은** 중성점을 송전 선로의 대지 정전 용량과 공진하는 리액터를 통해 접지하는 방식으로 **지락 사고시 지락 전류가 최소가** 된다. 따라서 전자 유도 장해가 최소화 되며 지락 사고 중에도 송전이 가능하나 **선택 지락 계전기의 동작이 곤란한 단점**이 있다.   【답】 ④

문제 34

가공 선로에서 이도를 D라 하면 전선의 실제 길이는 경간 S보다 얼마나 차이가 나는가?

① $\dfrac{5D}{8S}$ ② $\dfrac{3D^2}{8S}$ ③ $\dfrac{9D}{8S^2}$ ④ $\dfrac{8D^2}{3S}$

> **풀이**
>
> 전선의 실제길이 $L = S + \dfrac{8D^2}{3S}$ 에서 $L - S = \dfrac{8D^2}{3S}[\text{m}]$ 【답】 ④

문제 35

어떤 수력발전소의 수압관에서 분출되는 물의 속도와 직접적인 관련이 없는 것은?

① 수면에서의 연직거리   ② 관의 경사

③ 관의 길이   ④ 유량

> **풀이**
>
> 물의 분출속도 $v = c_v \sqrt{2gH}[\text{m/s}]$ 【답】 ③

문제 36

3상3선식에서 일정한 거리에 일정한 전력을 송전할 경우 전로에서의 저항손은?

① 선간전압에 비례한다.   ② 선간전압에 반비례한다.

③ 선간전압의 2승에 비례한다.   ④ 선간전압의 2승에 반비례한다.

풀이

$$\text{전력손실 } P_l = 3I^2R = 3\left(\frac{P}{\sqrt{3}\,V\cos\phi}\right)^2 R = \frac{RP^2}{V^2\cos\phi^2} \text{에서 } P_l \propto \frac{1}{V^2}$$

【답】 ④

문제 37

단락점까지의 한 선의 임피던스 $Z = 3 + j4$ [Ω] (전원포함), 단락전의 단락점 전압이 3450 [V]인 단상 2선식 전선로의 단락용량은 약 몇 [kVA]인가? (단, 부하전류는 무시한다.)

① 540　　　　② 650　　　　③ 840　　　　④ 1190

풀이

- 단락전류 $I_s = \dfrac{E}{Z_s} = \dfrac{3450}{2\sqrt{3^2+4^2}} = 345[A]$

- 단락용량 $P_s = EI_s = 3450 \times 345 \times 10^{-3} = 1190.25\ [\text{kVA}]$

【답】 ④

문제 38

전력용 콘덴서에 직렬로 콘덴서 용량의 5[%] 정도의 유도 리액턴스를 삽입하는 목적은?

① 제3고조파를 제거시키기 위하여

② 제5고조파를 제거시키기 위하여

③ 이상전압의 발생을 방지하기 위하여

④ 정전용량을 조절하기 위하여

풀이

직렬 리액터는 제5고조파 제거를 목적으로 사용된다.

$$2\pi(5f_0)L = \frac{1}{2\pi(5f_0)C}$$

따라서, $X_L = \dfrac{1}{25} \times X_c = 0.04X_c$

즉, 5고조파를 제거하기 위해서는 콘덴서 용량의 4[%]에 해당하는 직렬리액터를 설치하면 되지만 여유를 고려하여 콘덴서 용량의 5~6[%]에 해당하는 직렬리액턴스를 설치한다.

【답】 ②

문제 39

가공전선을 단도체식으로 하는 것보다 같은 단면적의 복도체식으로 하였을 경우 옳지 않은 것은?

① 전선의 인덕턴스가 감소된다　　　② 전선의 정전용량이 감소된다.

③ 코로나 손실이 적어진다.　　　④ 송전용량이 증가한다.

풀이

복도체의 장점

① 선로의 인덕턴스 감소　　　② **선로의 정전용량 증가**

③ 선로의 송전용량 증가　　　④ 안정도 증가

⑤ 코로나 개시전압 증가(코로나 임계전압 상승)

【답】 ②

문제 40

다음 중 배전 선로에 사용되는 개폐기의 종류와 그 특성의 연결이 바르지 못한 것은?

① 컷아웃 스위치(COS) - 주된 용도로는 주상변압기의 고장이 배전선로에 파급되는 것을 방지하고 변압기의 과부하 소손을 예방하고자 사용한다.

② 부하 개폐기 - 고장 전류와 같은 대전류는 차단할 수 없지만 평상 운전시의 부하전류는 개폐할 수 있다.

③ 리클로저(recloser) - 선로에 고장이 발생 하였을 때 고장 전류를 검출하여 지정된 시간 내에 고속 차단하고 자동 재폐로 동작을 수행하여 고장 구간을 분리하거나 재송전하는 장치이다.

④ 섹셔널라이저(sectionalizer) - 고장 발생 시 신속히 고장 전류를 차단하여 사고를 국부적으로 분리시키는 것으로 후비 보호 장치와 직렬로 설치하여야 한다.

풀이

섹셔널라이저(sectionalizer)
배전선로에 고장이 발생할 경우 리클로저의 동작으로 선로가 무전압 상태가 되면 섹셔널라이저는 이를 감지하여 무전압 상태의 횟수를 기억 하였다가 정해진 횟수에 도달하면 섹셔널라이저는 선로의 무전압 상태에서 선로를 개방하여 고장구간을 분리시킨다. **섹셔널라이저는 고장전류를 차단할 수 있는 능력이 없기 때문에 리클로저와 직렬로 조합하여 사용한다.**　　　　　【답】④

3과목　전기기기

문제 41

직류 분권전동기 기동시 계자 저항기의 저항값은?

① 최대로 해 둔다.　　　　② 0(영)으로 해 둔다.

③ 중간으로 해 둔다.　　　　④ 1/3로 해 둔다.

풀이

토크 $T = K\phi I_a$, 회전속도 $N = K\dfrac{V - I_a R_a}{\phi}$ 에서 **기동시 계자 저항을 최소로** 하여 계자 전류를 크게 (자속 ϕ를 크게)하면 기동 토크가 크게 되고 속도는 저속으로 된다.　　　　【답】②

문제 42

3상 서보모터에 평형 2상 전압을 가하여 동작시킬 때의 속도-토크 특성곡선에서 최대토크가 발생할 슬립 s는?

① $0.05 < s < 0.2$　　　　② $0.2 < s < 0.8$

③ $0.8 < s < 1$　　　　④ $1 < s < 2$

　　　　【답】②

철극형(凸극형) 발전기의 특징은?

① 자극편 부분의 공극이 크다.

② 회전이 빨라진다.

③ 자극편 부분의 자기저항은 크고 그 밖의 부분에서는 자기저항이 현저히 낮다.

④ 전기자 반작용 자속수가 역률의 영향을 받는다.

풀이

돌극형(철극형)의 특징
① 최대출력은 부하각 60°에서 발생
② 직축리액턴스 및 횡축리액턴스 값이 서로 다르다.
③ **전기자 반작용 및 자속수가 역률의 영향을 받는다.**
④ 풍손이 원통형에 비해 크다.
⑤ 수차와 같은 저속기에 사용

【답】 ④

75[W]정도 이하의 소형 공구, 영사기, 치과의료용 등에 사용되고 만능 전동기라고도 하는 정류자 전동기는?

① 단상 직권 정류자 전동기 ② 단상 반발 정류자 전동기

③ 3상 직권 정류자 전동기 ④ 단상 분권 정류자 전동기

풀이

직류 직권 전동기에 가해 주는 직류 전압을 그림과 같이 바꿀 경우에도 자속과 전기자 전류의 방향이 동시에 모두 반대가 되므로, 회전 방향은 변하지 않는다.

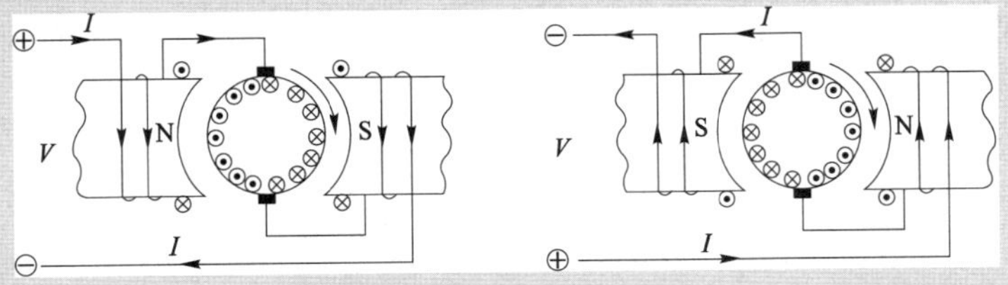

직·교류 양용 전동기의 원리

따라서, 이 직류 직권 전동기에 교류 전압을 가해 주어도 전동기는 항상 같은 방향의 토크를 발생하고, 회전을 같은 방향으로 계속한다. **직·교류 양용 전동기(만능 전동기)**는 이와 같은 원리를 이용한 전동기로서 **단상 직권 정류자 전동기**라고 하며, 믹서기, 재봉틀, 진공청소기, **휴대용 드릴 및 영사기** 등에 사용된다.

【답】 ①

SCR의 애노드 전류가 10[A]일 때 게이트 전류를 1/2로 줄이면 애노드 전류는 몇 [A]인가?

① 20   ② 10   ③ 5   ④ 2

풀이

SCR는 게이트에 (+)의 트리거 펄스가 인가되면 통전 상태로 되어 정류 작용이 개시되고, 일단 통전이 시작되면 게이트 전류를 차단해도 주전류(애노드 전류)는 차단되지 않는다. 따라서, **게이트 전류를 감소시켜도 주전류(부하 전류)의 크기가 변함이 없는 10[A]가 흐른다.**

【답】 ②

문제 46

3상 6극 슬롯수 54의 동기 발전기가 있다. 어떤 전기자코일의 두 변이 제1슬롯과 제8슬롯에 들어 있다면 기본파에 대한 단절권 계수는 약 얼마인가?

① 0.6983　　　② 0.7848　　　③ 0.8749　　　④ 0.9397

풀이

- 코일간격 : $8-1=7$

- 극간격 $= \dfrac{\text{총 슬롯수}}{\text{극수}} = \dfrac{S}{p} = \dfrac{54}{6} = 9$

- $\beta = \dfrac{\text{코일간격}}{\text{극 간격}} = \dfrac{7}{9}$

∴ 단절권 계수 $K_P = \sin\dfrac{1}{2}\beta\pi = \sin\dfrac{1}{2}\times\dfrac{7}{9}\pi = 0.9397$

【답】④

문제 47

6300/210[V], 20[kVA] 단상변압기 1차 저항과 리액턴스가 각각 15.2[Ω]과 21.6[Ω], 2차 저항과 리액턴스가 각각 0.019[Ω]과 0.028[Ω]이다. 백분율 임피던스[%]는?

① 약 1.86　　　② 약 2.87　　　③ 약 3.86　　　④ 약 4.86

풀이

- 권수비 $a = \dfrac{6300}{210} = 30$

- 1차측으로 환산한 임피던스 $Z_1 = \sqrt{(r_1 + a^2 r_2)^2 + (x_1 + a^2 x_2)^2}$
$$= \sqrt{(15.2 + 30^2\times 0.019)^2 + (21.6 + 30^2\times 0.028)^2} = 56.86[\Omega]$$

- $\%Z = \dfrac{I_n Z}{E}\times 100 = \dfrac{\dfrac{20000}{6300}\times 56.86}{6300}\times 100 = 2.865[\%]$

【답】②

문제 48

3상 유도전동기의 속도제어법이 아닌 것은?

① 1차 주파수제어　　　　　② 2차 저항제어

③ 극수변환법　　　　　　　④ 1차 여자제어

풀이

① 농형 유도 전동기의 속도 제어법은
- **주파수**를 바꾸는 방법　　• **극수**를 바꾸는 방법　　• 전원 전압을 바꾸는 방법

② 권선형 유도 전동기는
- **2차 저항**을 제어하는 방법　　• 2차 여자법 등이 있다.

【답】④

문제 49

변압기 철심으로 갖추어야 할 성질로 맞지 않는 것은?

① 투자율이 클 것　　　　　　② 전기 저항이 작을 것

③ 히스테리시스 계수가 작을 것　　④ 성층 철심으로 할 것

문제 50

단상 전파정류회로에서 맥동률은?

① 약 0.17　　　② 약 0.34　　　③ 약 0.48　　　④ 약 0.96

문제 51

직류 발전기에서 양호한 정류를 얻는 조건이 아닌 것은?

① 보극을 마련한다.

② 보상권선을 마련한다.

③ 브러시의 접촉저항을 적게 한다.

④ 정류를 받는 코일의 자기인덕턴스를 적게 한다.

문제 52

주상변압기에서 보통 동손과 철손의 비는 (a)이고 최대효율이 되기 위해서는 동손과 철손의 비는 (b)이다. (　)안에 알맞은 것은?

① $a = 1:1, \quad b = 1:1$　　　② $a = 2:1, \quad b = 1:1$

③ $a = 1:1, \quad b = 2:1$　　　④ $a = 3:1, \quad b = 1:1$

문제 53

동기기의 안정도를 증진시키는 방법은?

① 속응 여자 방식을 채용한다.

② 역상 임피던스를 작게 한다.

③ 회전부의 플라이휠 효과를 작게 한다.

④ 단락비를 작게 한다.

풀이

동기기의 안정도 증진법은
① 동기화 리액턴스를 작게 할 것
② 회전자의 플라이휠 효과를 크게 할 것
③ **속응 여자 방식을 채용**할 것
④ 발전기의 조속기 동작을 신속히 할 것
⑤ 단락비를 크게 할 것
⑥ 정상 임피던스는 적게, 역상, 영상 임피던스는 크게 할 것

【답】 ①

문제 54

전기자 저항이 0.05[Ω]인 직류 분권발전기가 있다. 회전수가 1000[rpm]이고 단자전압이 220[V]일 때 전기자전류가 100[A]이다. 분권발전기를 전동기로 사용하여 그 단자전압 및 전기자전류가 위의 값과 똑같을 경우 그 회전수[rpm]는 약 얼마인가?
(단, 전기자 반작용은 무시한다.)

① 약 1046.5 　　　　　② 약 977.8

③ 약 977.3 　　　　　④ 약 955.6

풀이

- 발전기의 경우 유기기전력 $E = V + I_a R_a = 220 + (100 \times 0.05) = 225[V]$

  또, $E = K\phi N$ 식에서 $K\phi = \dfrac{E}{N} = \dfrac{225}{1000} = 0.225$

- 전동기로 사용시 단자 전압 및 전기자 전류가 같으므로
  역기전력 $E_c = V - I_a R_a = K\phi N$ 에서

  $$N = \frac{V - I_a R_a}{K\phi} = \frac{220 - (100 \times 0.05)}{0.225} = 955.56[rpm]$$

【답】 ④

문제 55

1차 권선수 N_1, 2차 권선수 N_2, 1차 권선계수 kw_1, 2차 권선계수 kw_2인 유도전동기가 슬립 s로 운전하는 경우 전압비는?

① $\dfrac{kw_1 N_1}{kw_2 N_2}$ 　　② $\dfrac{kw_2 N_2}{kw_1 N_1}$ 　　③ $\dfrac{kw_1 N_1}{s\, kw_2 N_2}$ 　　④ $\dfrac{s\, kw_2 N_2}{kw_1 N_1}$

풀이

$$\frac{E_1}{E_2'} = \frac{a}{s} = \frac{N_1 k_{w1}}{s N_2 k_{w2}}$$

【답】 ③

20[kVA]의 단상변압기가 역률 1일 때 전부하 효율이 97[%]이다. 3/4 부하일 때 이 변압기는 최고 효율을 나타낸다. 전부하에서 철손(P_i)과 동손(P_c)은 각각 몇 [W]인가?

① $P_i = 222$, $P_c = 396$

② $P_i = 232$, $P_c = 386$

③ $P_i = 242$, $P_c = 376$

④ $P_i = 252$, $P_c = 356$

풀이

변압기의 효율은 $P_i = m^2 P_c$일 때 최대 효율이 되므로 $P_i = \left(\dfrac{3}{4}\right)^2 P_c$

즉, $P_i = 0.5625 P_c$

전부하 효율 $\eta = \dfrac{P}{P + P_i + P_c} \times 100\,[\%]$에서

$$\eta = \frac{20000}{20000 + 0.5625 P_c + P_c} \times 100 = 97\,[\%]$$

$$\therefore P_c = \frac{\left(\dfrac{20000 \times 100}{97} - 20000\right)}{1.5625} = 395.88\,[\text{W}]$$

$$P_i = 0.5625 P_c = 0.5625 \times 395.88 = 222.68\,[\text{W}]$$

【답】 ①

50[Hz] 4극 15[kW]의 3상 유도전동기가 있다. 전부하시의 회전수가 1450[rpm] 이라면 토크는 몇 [kg·m] 인가?

① 약 68.52

② 약 88.65

③ 약 98.68

④ 약 10.07

풀이

$$T = 0.975 \times \frac{P}{N}\,[\text{kg·m}]\text{에서} \qquad T = 0.975 \times \frac{15000}{1450} = 10.08\,[\text{kg·m}]$$

【답】 ④

단상 유도 전압 조정기의 1차 권선과 2차 권선의 축 사이의 각도를 α라 하고, 양 권선의 축이 일치할 때 2차 권선의 유기 전압을 E_2, 전원전압을 V_1, 부하측의 전압을 V_2 라고 하면 임의의 각 α일 때 V_2를 나타내는 식은?

① $V_2 = V_1 + E_2 \cos\alpha$

② $V_2 = V_1 - E_2 \cos\alpha$

③ $V_2 = E_2 + V_1 \cos\alpha$

④ $V_2 = E_2 - V_1 \cos\alpha$

풀이

단상 유도 전압 조정기

$V_2 = V_1 + E_2 \cos\alpha$

【답】 ①

문제 59 동기 전동기를 부족여자로 운전하면 어떠한 작용을 하는가?

① 충전전류가 흐른다.　　　　　② 콘덴서 작용을 한다.

③ 뒤진 전류가 흐른다.　　　　　④ 뒤진 전류를 보상한다.

풀이

- 동기 조상기는 무부하로 운전되는 동기 전동기의 V곡선을 이용
- 동기전동기 운전
  - 과여자 운전 : 앞선 전류가 흘러 콘덴서로 작용
  - **부족 여자 운전 : 뒤진 전류가 흘러 리액터로 작용**

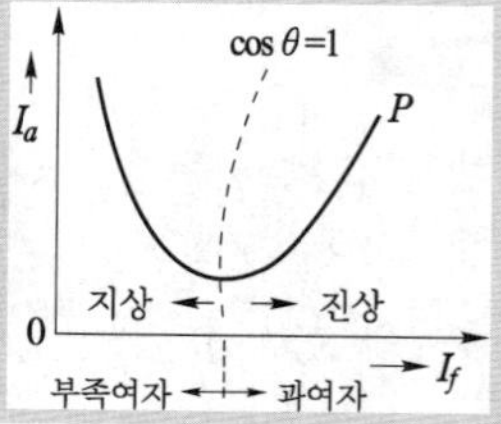

【답】 ③

문제 60 단상 전파 제어 정류 회로에서 순저항 부하일 때의 평균 출력 전압은?
(단, V_m은 인가 전압의 최대값이고 점호각은 α이다.)

① $\dfrac{V_m}{\pi}(1+\cos\alpha)$ 　　　　　② $\dfrac{V_m}{\pi}(1+\sin\alpha)$

③ $\dfrac{2V_m}{\pi}(1+\cos\alpha)$ 　　　　　④ $\dfrac{2V_m}{\pi}(1+\sin\alpha)$

풀이

	반파정류	전파정류
다이오드	$E_d = \dfrac{\sqrt{2}\,E}{\pi} = 0.45E$	$E_d = \dfrac{2\sqrt{2}\,E}{\pi} = 0.9E$
SCR	$E_d = \dfrac{\sqrt{2}\,E}{2\pi}(1+\cos\alpha)$	$E_d = \dfrac{\sqrt{2}\,E}{\pi}(1+\cos\alpha) = \dfrac{V_m}{\pi}(1+\cos\alpha)$

【답】 ①

4과목　회로이론

문제 61 평형 3상 부하에 전력을 공급할 때 선전류 값이 20[A]이고 부하의 소비전력이 4[kW]이다. 이 부하의 등가 Y회로에 대한 각 상의 저항은 약 몇 [Ω]인가?

① 3.3 [Ω]　　　　② 5.7 [Ω]　　　　③ 7.2 [Ω]　　　　④ 10 [Ω]

풀이

Y결선에서 선전류와 상전류는 같고
또, 유효전력 $P = 3I^2R$ [W] 이므로

$$R = \frac{P}{3I^2} = \frac{4\times10^3}{3\times20^2} = 3.33[\Omega]$$

【답】 ①

$F(s) = \dfrac{s}{s^2 + \pi^2} \cdot e^{-2s}$ 함수를 시간추이정리에 의해서 역변환하면?

① $\sin\pi(t-2) \cdot u(t-2)$ ② $\sin\pi(t+a) \cdot u(t+a)$

③ $\cos\pi(t-2) \cdot u(t-2)$ ④ $\cos\pi(t+a) \cdot u(t+a)$

풀이

$f(t)$	$F(s)$
$\sin\omega t$	$\dfrac{\omega}{s^2 + \omega^2}$
$\cos\omega t$	$\dfrac{s}{s^2 + \omega^2}$

이므로 시간 추이 정리 $\mathcal{L}[f(t-a)] = e^{-as}F(s)$를 이용하면

$F(s) = \dfrac{s}{s^2 + \pi^2} \cdot e^{-2s}$ 의 역라플라스 변환은

$\mathcal{L}^{-1}[F(s)] = f(t) = \cos\pi(t-2) \cdot u(t-2)$

【답】③

파고율이 2가 되는 파형은?

① 정현파   ② 톱니파   ③ 사각파   ④ 정류파(정현반파)

풀이

$$파고율 = \frac{최대치}{실효치}$$

로 표현되며, 각 파형의 파형률 및 파고율은 다음과 같다.

	구형파	3각파	정현파	정류파(전파)	정류파(반파)
파형률	1.0	1.15	1.11	1.11	1.57
파고율	1.0	1.732	1.414	1.414	2.0

【답】④

평형 3상 무유도 저항 부하가 3상 4선식 회로에 접속
되어 있을 때 단상 전력계를 그림과 같이 접속했더니
그 지시값이 W[W]이었다. 이 부하의 전력[W]은?
(단, 정현파 교류이다.)

① $\sqrt{2}\,W$ ② $2W$

③ $\sqrt{3}\,W$ ④ $3W$

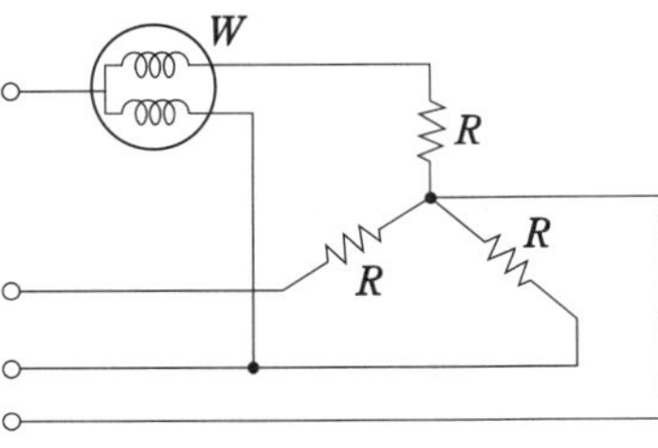

풀이

선간 전압을 E_{12}, 부하 전류를 I_1이라 하면 I_1은 상전압 E_1과 동상이 되지만 E_{12}와는 30° 위상차가 있으므로

$$W = E_{12}I_1\cos 30° = \frac{\sqrt{3}}{2}E_{12} \cdot I_1 \qquad \therefore E_{12} \cdot I_1 = \frac{2W}{\sqrt{3}}$$

부하 전력 $P = \sqrt{3}\,E_{12} \cdot I_1 = \sqrt{3} \times \dfrac{2W}{\sqrt{3}} = 2W$[W]

【답】②

문제 65

비접지 3상 Y부하의 각 선에 흐르는 비대칭 각 선전류를 I_a, I_b, I_c라 할 때 선전류의 영상분 I_0는?

① $I_a + I_b$

② $I_a + I_b + I_c$

③ $\dfrac{1}{3}(I_a - I_b - I_c)$

④ 0

풀이

영상분은 접지선, 중성선에 존재한다. 따라서 **비접지 3상 Y부하는 중성선이 없으므로 영상분이 존재하지 않는다.**

【답】 ④

문제 66

그림과 같은 회로에서 부하 R_L에서 소비되는 최대전력은 몇 [W]인가?

① 50

② 125

③ 250

④ 500

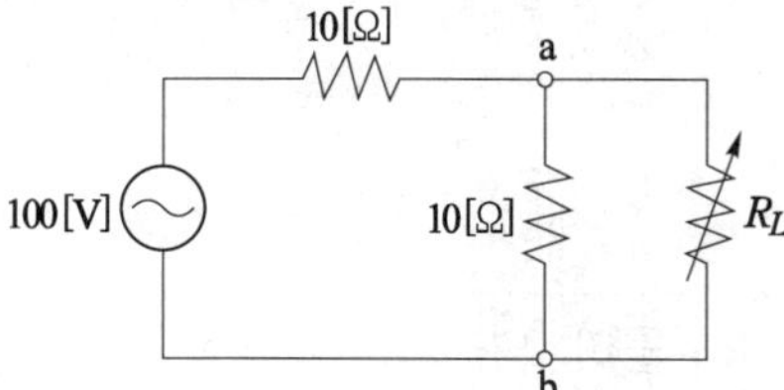

풀이

- a, b단자에서 본 합성저항 $R = \dfrac{10 \times 10}{10 + 10} = 5[\Omega]$ (이때 **전압원은 단락**)

- a, b단자 사이의 전압 $E_{ab} = \dfrac{100}{10 + 10} \times 10 = 50[V]$

- **최대전력 전달 조건은 $R = R_L$** 이므로 $R_L = 5[\Omega]$이 되어야 한다.

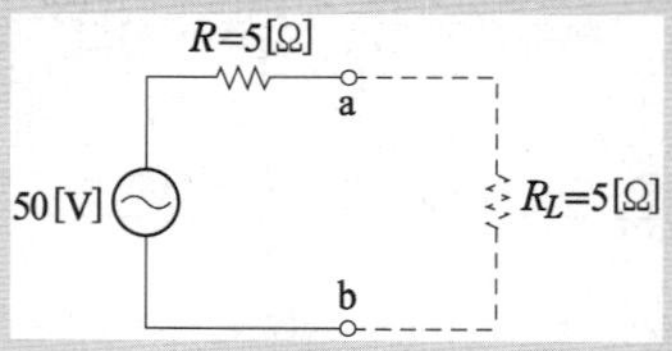

- 전력 $P_L = I^2 R_L = \left(\dfrac{50}{5 + 5}\right)^2 \cdot 5 = 125[W]$

【답】 ②

문제 67

$\dfrac{s\sin\theta + \omega\cos\theta}{s^2 + \omega^2}$ 의 역라플라스 변환을 구하면 어떻게 되는가?

① $\sin(\omega t - \theta)$

② $\sin(\omega t + \theta)$

③ $\cos(\omega t - \theta)$

④ $\cos(\omega t + \theta)$

풀이

$$F(s) = \frac{s\sin\theta + \omega\cos\theta}{s^2 + \omega^2} = \frac{s}{s^2 + \omega^2}\sin\theta + \frac{\omega}{s^2 + \omega^2}\cos\theta$$

역 Laplace 변환하면

$$f(t) = \cos\omega t\sin\theta + \sin\omega t\cos\theta = \sin(\omega t + \theta)$$

문제 68

RL 직렬회로에 V인 직류 전압원을 갑자기 연결 하였을 때 $t=0_+$인 순간, 이 회로에 흐르는 회로전류에 대하여 바르게 표현된 것은?

① 이 회로에는 전류가 흐르지 않는다.

② 이 회로에는 $\dfrac{V}{R}$ 크기의 전류가 흐른다.

③ 이 회로에는 무한대의 전류가 흐른다.

④ 이 회로에는 $\dfrac{V}{(R+j\omega L)}$ 의 전류가 흐른다.

풀이

$R-L$ 직렬 회로의 전류 $i(t)=\dfrac{E}{R}\left(1-e^{-\frac{R}{L}t}\right)$ 에서 $t=0$인 경우 $i(t)=0$이다.
$(\because e^0=1)$

【답】 ①

문제 69

3상 불평형 전압을 $V_a,\ V_b,\ V_c$라고 할 때 정상전압은? (단, $a=-\dfrac{1}{2}+j\dfrac{\sqrt{3}}{2}$ 이다.)

① $\dfrac{1}{3}(V_a+aV_b+a^2V_c)$ ② $\dfrac{1}{3}(V_a+a^2V_b+aV_c)$

③ $\dfrac{1}{3}(V_a+a^2V_b+V_c)$ ④ $\dfrac{1}{3}(V_a+V_b+V_c)$

풀이

- 영상 전압 $V_0=\dfrac{1}{3}(V_a+V_b+V_c)$

- **정상 전압** $V_1=\dfrac{1}{3}(V_a+aV_b+a^2V_c)$ $(1\to a\to a^2$의 순서$)$

- 역상 전압 $V_2=\dfrac{1}{3}(V_a+a^2V_b+aV_c)$ $(1\to a^2\to a$의 순서$)$

【답】 ①

문제 70

그림과 같은 교류 브리지가 평형상태에 있다. $L[\text{H}]$의 값은 얼마인가?

① $L=\dfrac{R_1R_2}{C}$ ② $L=\dfrac{C}{R_1R_2}$

③ $L=R_1R_2C$ ④ $L=\dfrac{R_2}{R_1C}$

풀이

브리지 평형조건 $R_1 \times R_2 = \dfrac{1}{j\omega C} \times j\omega L$ 에서 $L = R_1 R_2 C$ [H]

【답】③

문제 71

$t = 3$[ms]에서 최대치 5[V]에 도달하는 60[Hz]의 정현파 전압 $e(t)$를 시간함수로 표시하면 어떻게 되는가?

① $e = 5\sin(376.8t + 25.2°)$ [V]

② $e = 5\sin(376.8t + 35.2°)$ [V]

③ $e = 5\sqrt{2}\sin(376.8t + 25.2°)$ [V]

④ $e = 5\sqrt{2}\sin(376.8t + 35.2°)$ [V]

풀이

순시값 e의 표현은 $e = E_m \sin(\omega t + \theta)$ 이다. (여기서, ωt 의 단위는[rad])

따라서, $t = 3$[ms]에서 최대값($E_m = 5$[V])이 되어야 하므로 $(\omega t + \theta) = 90°$가 되어야 한다.

즉, $2\pi \times 60 \times 3 \times 10^{-3} \times \dfrac{180°}{\pi} + \theta° = 90°$ 에서 $\theta = 25.23°$

$(1[\text{rad}] = \dfrac{180°}{\pi}$, 여기서 $\pi = 3.14$ 임)

따라서, 순시값 $e = 5\sin(376.8t + 25.2°)$ [V]

【답】①

문제 72

자동차 축전지의 무부하 전압을 측정하니 13.5 [V]를 지시하였다. 이 때 정격이 12 [V], 55 [W]인 자동차 전구를 연결하여 축전지의 단자전압을 측정하니 12 [V]를 지시하였다. 축전지의 내부저항은 약 몇 [Ω]인가?

① 0.33 [Ω]　　　② 0.45 [Ω]　　　③ 2.62 [Ω]　　　④ 3.31 [Ω]

풀이

- 전구의 저항 $R_L = \dfrac{V_n^2}{P} = \dfrac{12^2}{55}$ [Ω]

- 전구 연결 후 단자전압 $V = IR_L = 12$[V]에서

  회로에 흐르는 전류 $I = \dfrac{12}{R_L} = \dfrac{55}{12}$ [A]

- 전압강하 $e = IR_i = 13.5 - 12 = 1.5$[V]에서

  축전지 내부저항 $R_i = \dfrac{1.5}{I} = \dfrac{1.5 \times 12}{55} = 0.327$[Ω]

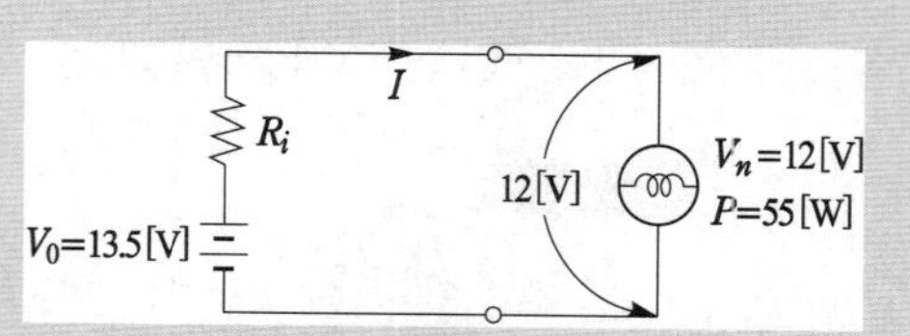

【답】①

문제 73

그림과 같은 회로에서 $t = 0$의 시각에 스위치 S를 닫을 때 전류 $i(t)$의 라플라스 변환 $I(s)$는? (단, $V_c(0) = 1$ [V] 이다.)

① $\dfrac{3s}{6s+1}$

② $\dfrac{3}{6s+1}$

③ $\dfrac{6}{6s+1}$

④ $\dfrac{-s}{6s+1}$

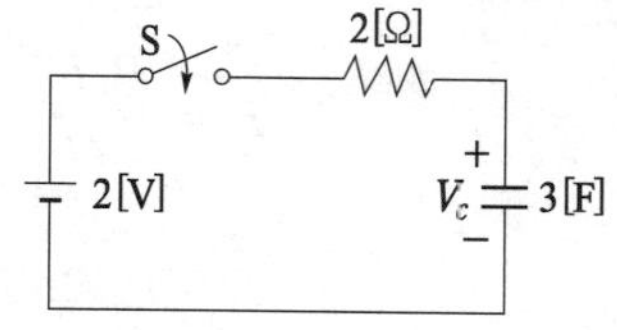

- 스위치 S 투입시 흐르는 전류 $i(t) = \dfrac{V - V_c}{R} e^{-\frac{1}{RC}t}$

  ($\because V_c(0) = 1[\text{V}]$는 $t = 0$일 때 즉, 초기전압 1[V]가 존재 한다는 것을 의미)

- $i(t) = \dfrac{2-1}{2} e^{-\frac{1}{2\times 3}t} = \dfrac{1}{2} e^{-\frac{1}{6}t} [\text{A}]$

- $\mathcal{L}[i(t)] = I(s) = \dfrac{1}{2} \cdot \dfrac{1}{s + \frac{1}{6}} = \dfrac{1}{2} \cdot \dfrac{6}{6s+1} = \dfrac{3}{6s+1} [\text{A}]$ ($\because \mathcal{L}[e^{\pm at}] = \dfrac{1}{s \mp a}$)

【답】②

문제 74 반파 및 정현대칭의 왜형파의 푸리에 급수에서 옳게 표현된 것은?

(단, $f(t) = a_0 + \displaystyle\sum_{n=1}^{\infty} a_n \cos n\omega t + \sum_{n=1}^{\infty} b_n \sin n\omega t$ 임)

① a_n의 우수항만 존재한다. ② a_n의 기수항만 존재한다.

③ b_n의 우수항만 존재한다. ④ b_n의 기수항만 존재한다.

- 반파 대칭 및 정현 대칭을 동시에 만족하는 파형으로는 삼각파와 구형파가 있다.
- **반파 대칭의 특징** : 직류성분 $a_0 = 0$, **홀수항의 sin, cos항 존재**
- **정현 대칭의 특징** : 직류성분 $a_0 = 0$, cos항=0, sin항 존재

따라서, **반파 및 정현대칭의 경우 홀수항(기수항)의 sin만 존재**한다.

【답】④

문제 75 2개의 전력계로 평형 3상 부하의 전력을 측정하였더니 한쪽의 지시치가 다른 쪽 전력계의 지시치보다 3배 이었다면 부하역률은 약 얼마인가?

① 0.37 ② 0.57 ③ 0.76 ④ 0.86

2전력계법에서 역률 $\cos\theta = \dfrac{P_1 + P_2}{2\sqrt{P_1^2 + P_2^2 - P_1 \cdot P_2}}$ 에서 $P_1 = 3P_2$ 인 경우

$\cos\theta = \dfrac{3P_2 + P_2}{2\sqrt{(3P_2)^2 + P_2^2 - 3P_2 \times P_2}} = \dfrac{2}{\sqrt{7}} = 0.76$

【답】③

문제 76 그림과 같은 4단자 회로의 4단자 정수 중 D의 값은?

① $1 - \omega^2 LC$

② $j\omega L(2 - \omega^2 LC)$

③ $j\omega C$

④ $j\omega L$

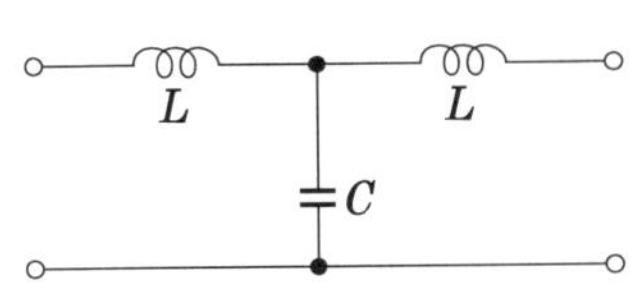

풀이

$$\begin{bmatrix} 1 & j\omega L \\ 0 & 1 \end{bmatrix} \begin{bmatrix} 1 & 0 \\ j\omega C & 1 \end{bmatrix} \begin{bmatrix} 1 & j\omega L \\ 0 & 1 \end{bmatrix} = \begin{bmatrix} 1 - \omega^2 LC & j\omega L(2 - \omega^2 LC) \\ j\omega C & 1 - \omega^2 LC \end{bmatrix}$$

【답】 ①

문제 77

그림과 같은 회로의 2단자 임피던스 $Z(s)$는? (단, $s = j\omega$ 이다.)

① $\dfrac{1}{s^2 + 1}$

② $\dfrac{s}{s^2 + 1}$

③ $\dfrac{2s}{s^2 + 1}$

④ $\dfrac{3s}{s^2 + 1}$

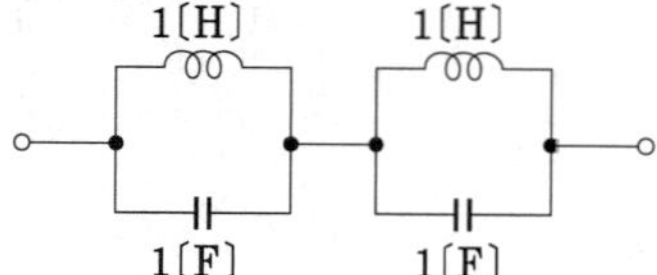

풀이

$$Z(s) = \frac{\dfrac{s}{s}}{s + \dfrac{1}{s}} \times 2 = \frac{2s}{s^2 + 1} \, [\Omega]$$

【답】 ③

문제 78

다음과 같은 회로에서 입력전압의 실효치가 12 [V]의 정현파일 때 전 전류 I[A]는?

① $3 - j4$[A]

② $3 + j4$[A]

③ $4 - j3$[A]

④ $6 + j10$[A]

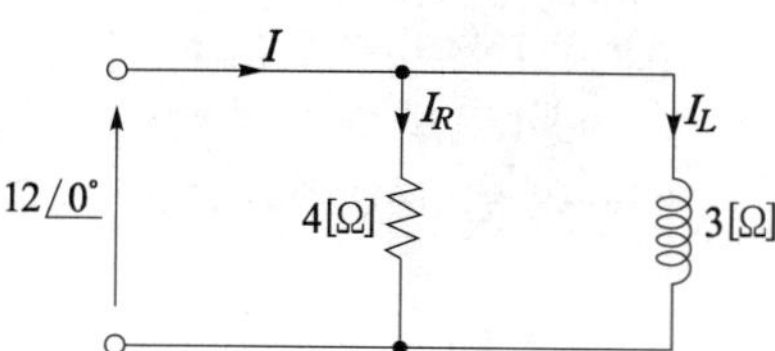

풀이

- $I_R = \dfrac{12}{4} = 3$[A]
- $I_L = \dfrac{12}{j3} = -j4$[A]

- 전 전류 $I = I_R + I_L = 3 - j4$[A]

【답】 ①

문제 79

다음 회로에서 전압비 전달함수 $\dfrac{V_2(s)}{V_1(s)}$는 어떻게 되는가?

① $\dfrac{R_1 + R_2 + R_1 R_2 Cs}{R_2 + R_1 R_2 Cs}$

② $\dfrac{R_1 R_2 Cs + R_2}{R_1 R_2 Cs + R_1 + R_2}$

③ $\dfrac{R_1 Cs + R_2}{R_2 + R_1 R_2 Cs}$

④ $\dfrac{R_1 R_2 Cs}{R_1 R_2 Cs + R_1 + R_2}$

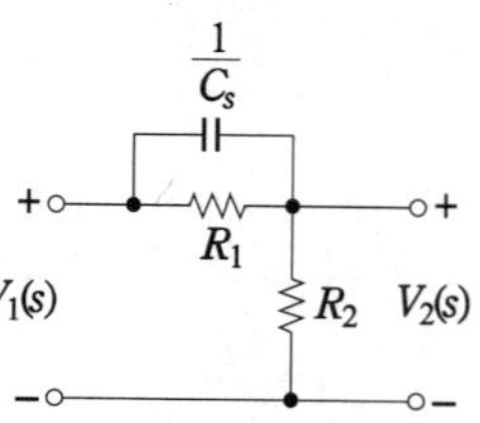

문제의 R_1과 C의 합성 임피던스 등가 회로는 그림과 같다. 그림에서

$$V_1(s) = \left\{ \left(\frac{R_1}{1 + CsR_1} \right) + R_2 \right\} I(s)$$

$$V_2(s) = R_2 I(s)$$

$$\therefore \ G(s) = \frac{V_2(s)}{V_1(s)} = \frac{R_2}{\dfrac{R_1}{1 + CsR_1} + R_2}$$

$$= \frac{R_2 + R_1 R_2 Cs}{R_1 + R_2 + R_1 R_2 Cs}$$

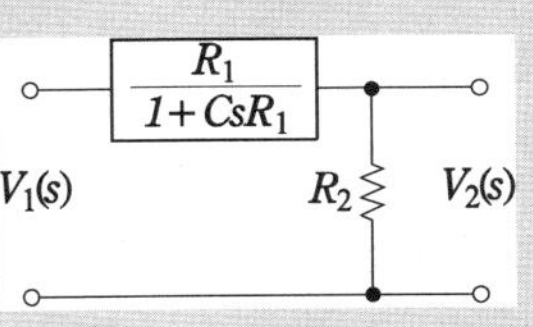

【답】②

문제 80

리액턴스 함수가 $Z(\lambda) = \dfrac{3\lambda}{\lambda^2 + 15}$ 로 표시되는 리액턴스 2단자망은?

① 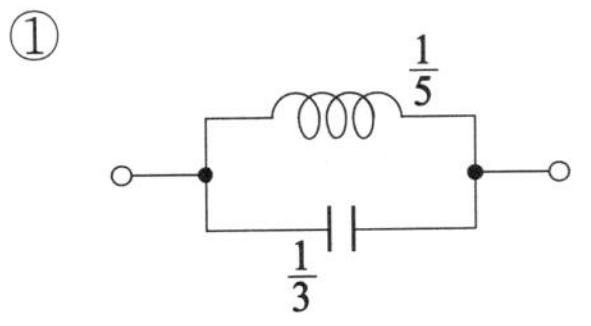

② 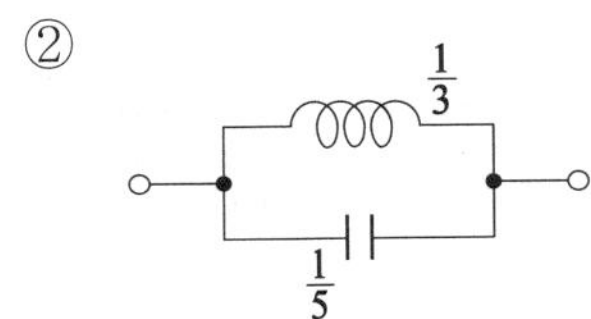

③ 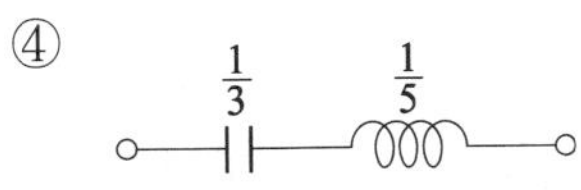

④

$Z(s)$의 함수가 주어졌을 때 회로망을 그리는 방법

• 모든 분수의 분자를 1로 만든다.
• 분수 밖의 ⊕는 직렬, 분수 속의 ⊕는 병렬로 그린다.
• 분수 밖에 존재하는 복소함수 s의 계수는 L의 값이고, $\dfrac{1}{s}$의 계수는 C의 값이다.
• 분수 안에 존재하는 복소함수 s의 계수는 C의 값이고, $\dfrac{1}{s}$의 계수는 L의 값이다.

따라서, $Z(\lambda) = \dfrac{3\lambda}{\lambda^2 + 15} = \dfrac{1}{\dfrac{\lambda^2}{3\lambda} + \dfrac{15}{3\lambda}} = \dfrac{1}{\dfrac{1}{3}\lambda + \dfrac{1}{\dfrac{1}{5}\lambda}}$

그러므로 $C = \dfrac{1}{3}$, $L = \dfrac{1}{5}$, 분수 속의 ⊕ 이므로 병렬을 나타낸다.

【답】①

5과목 전기설비기술기준 및 판단기준

문제 81

특고압 가공전선이 삭도와 제2차 접근상태로 시설할 경우 특고압 가공전선로는 어느 보안공사를 하여야 하는가?

① 고압 보안공사

② 제1종 특고압 보안공사

③ 제2종 특고압 보안공사

④ 제3종 특고압 보안공사

풀이

특고압 가공 전선과 저고압 가공 전선 등의 접근 또는 교차 (판단기준 제129조)
- 1차 접근 상태의 경우 – 제3종 특고압 보안 공사
- **2차 접근 상태의 경우 – 제2종 특고압 보안 공사**

【답】 ③

문제 82

특고압 가공전선이 케이블인 경우에 통신선이 절연전선과 동등 이상의 절연효력이 있을 때 통신선과 특고압 가공전선과의 이격거리는 몇 [cm] 이상인가?

① 30　　　　② 60　　　　③ 75　　　　④ 90

풀이

가공전선과 첨가 통신선과의 이격거리 (판단기준 제155조)
가공 전선로의 지지물에 공가하는 통신선은 전력선 가공 전선 밑에 시설하고 가공 전선과의 이격 거리는 다음과 같이 유지하여야 한다.

전선의 전압	전력선의 종류	통신선의 종류	이격 거리
저압 및 중성선	나선	나선, 절연전선, 케이블	60[cm] 이상
	절연 전선 또는 케이블	절연전선 또는 케이블	30[cm] 이상
고　압	나선 또는 절연 전선	나선, 절연전선, 케이블	60[cm] 이상
	케이블	절연전선 또는 케이블	30[cm] 이상
특별고압	나선 또는 절연 전선	나선, 절연전선 또는 케이블	1.2[m] 이상
	케이블	**절연전선** 또는 케이블	**30[cm] 이상**
22.9[kV-Y]	나선 또는 절연 전선	나선, 절연전선 또는 케이블	75[cm] 이상

【답】 ①

문제 83

케이블 공사로 저압 옥내배선을 시설하려고 한다. 캡타이어 케이블을 사용하여 조영재의 아랫면에 따라 붙이고자 할 때 전선의 지지점간의 거리는 몇 [m] 이하로 하여야 하는가?

① 1　　　　② 2　　　　③ 3　　　　④ 5

풀이

케이블 공사 (판단기준 제193조)
전선을 조영재의 아랫면 또는 옆면에 따라 붙이는 경우에는 전선의 지지점 간의 거리를 케이블은 2[m](사람이 접촉할 우려가 없는 곳에서 수직으로 붙이는 경우에는 6[m]) 이하 **캡타이어 케이블은 1[m] 이하로** 하고 또한 그 피복을 손상하지 아니하도록 붙일 것.

【답】 ①

특고압 가공전선로로부터 공급을 받는 수용장소의 인입구에 시설하는 피뢰기의 접지공사는?

① 제1종 접지공사
② 제2종 접지공사
③ 제3종 접지공사
④ 특별 제3종 접지공사

풀이

피뢰기의 접지 (판단기준 제43조)
- **고압 및 특고압의 전로에 시설하는 피뢰기에는 제1종 접지공사를** 하여야 한다.
- 단, 고압가공전선로에 시설하는 피뢰기의 접지공사의 접지선이 전용의 것인 경우에는 접지 저항치가 30[Ω]까지 허용된다.

【답】 ①

폭연성 분진 또는 화약류의 분말이 존재하는 곳의 저압 옥내배선은 어느 공사에 의하는가?

① 애자사용 공사 또는 가요전선관 공사
② 캡타이어 케이블 공사
③ 합성수지관 공사
④ 금속관 공사

풀이

먼지가 많은 장소에서의 저압의 시설 (판단기준 제199조)
폭연성 분진(마그네슘, 알루미늄, 티탄, 지르코늄 등의 먼지로 쌓여진 상태에서 착화된 때에 폭발할 우려가 있는 것), 화약류 분말이 존재하는 곳, 가연성의 가스 또는 인화성 물질의 증기가 새거나 체류하는 곳의 전기 공작물은 **금속관 공사, 또는 케이블 공사(캡타이어 케이블을 제외**한다)에 의하여야 하며 금속관 공사를 하는 경우 관 상호 및 관과 박스 등은 5턱 이상의 나사 조임으로 접속하여야 한다.

【답】 ④

저압 옥상전선로의 전선과 식물사이의 이격거리는 일반적으로 어떻게 규정하고 있는가?

① 20 [cm] 이상 이격거리를 두어야 한다.
② 30 [cm] 이상 이격거리를 두어야 한다.
③ 특별한 규정이 없다.
④ 바람 등에 의하여 접촉하지 않도록 한다.

풀이

저압, 고압 가공 전선과 식물과의 이격 거리는 **상시 불고 있는 바람에 의해 접촉하지 않으면 된다.**
(판단기준 제89조)

【답】 ④

특고압 가공전선과 지지물, 완금류, 지주 또는 지선사이의 이격거리는 사용전압 15 [kV] 미만인 경우 일반적으로 몇 [cm] 이상이어야 하는가?

① 15
② 20
③ 30
④ 35

풀이

특고압 가공전선과 지지물 등의 이격거리 (판단기준 제108조)
특고압 가공전선(케이블은 제외한다)과 그 지지물·완금류·지주 또는 지선 사이의 이격거리는 표에서 정한 값 이상이어야 한다. 다만, 기술상 부득이한 경우에 위험의 우려가 없도록 시설한 때에는 표에서 정한 값의 0.8배까지 감할 수 있다.

단위 : [cm]

사 용 전 압	이격거리	사 용 전 압	이격거리
15[kV] 미만	**15**	70[kV] 이상 80[kV] 미만	45
15[kV] 이상 25[kV] 미만	20	80[kV] 이상 130[kV] 미만	65
25[kV] 이상 35[kV] 미만	25	130[kV] 이상 160[kV] 미만	90
35[kV] 이상 50[kV] 미만	30	160[kV] 이상 200[kV] 미만	110
50[kV] 이상 60[kV] 미만	35	200[kV] 이상 230[kV] 미만	130
60[kV] 이상 70[kV] 미만	40	230[kV] 이상	160

【답】 ①

문제 88

전기철도에서 직류 귀선의 비절연 부분에 대한 전식 방지를 위한 귀선의 극성은 어떻게 해야 하는가?

① 감극성으로 한다.　　　　② 가극성으로 한다.

③ 부극성으로 한다.　　　　④ 정극성으로 한다.

풀이

전기부식방지를 위한 귀선(판단기준 제263조)
- **귀선은 부극성**
- 이음매의 저항은 레일 자체의 저항의 20[%] 이하로 유지
- 귀선용 레일은 특수한 곳 이외에는 길이 30[m] 이상
- 귀선의 궤도 근접 부분에 1년간의 평균 전류가 통할 때에 생기는 전위차는 그 구간 안의 어느 2점 사이에서도 2[V] 이하

【답】 ③

문제 89

발전소에서 계측장치를 시설하지 않아도 되는 것은?

① 발전기의 전압, 전류 및 전력

② 발전기의 베어링 및 고정자 온도

③ 특고압 모선의 전압, 전류 및 전력

④ 특고압용 변압기의 온도

풀이

발전소 또는 이에 준하는 장소에는 다음 각 호에 해당하는 **계측 장치를 시설**하여야 한다(판단기준 제50조).
① **발전기의 전압** 및 전류 또는 전력
② **발전기의** 베어링 및 **고정자의 온도**
③ 주요 변압기의 전압 및 전류 또는 전력
④ **특고압용 변압기의 온도**

【답】 ③

최대사용전압이 380 [V]인 3상 유도전동기의 절연내력은 몇 [V]의 시험전압에 견디어야 하는가?

① 475　　　　② 500　　　　③ 570　　　　④ 760

풀이

회전기 및 정류기의 절연내력 (판단기준 제14조)

종　류			시험전압	시험방법
회전기	발전기·전동기·조상기·기타회전기(회전 변류기를 제외한다.)	최대 사용 전압 7,000 [V] 이하	**최대 사용전압의 1.5배의 전압(500 [V] 미만으로 되는 경우에는 500 [V])**	권선과 대지 사이에 연속하여 10분간 가한다.
		최대 사용 전압 7,000 [V] 초과	최대 사용전압의 1.25배의 전압(10,500 [V] 미만으로 되는 경우에는 10,500 [V])	
	회전 변류기		직류측의 최대 사용전압의 1배의 교류전압 (500 [V] 미만으로 되는 경우에는 500 [V])	

시험 전압은 최대 사용 전압에 표의 배수를 곱하고 그 값을 권선과 대지간에 10분간 시험한다.
따라서, 시험전압 $= 380 \times 1.5 = 570 [V]$

【답】 ③

변전소에 울타리·담 등을 시설할 때, 사용전압이 345 [kV]이면 울타리·담 등의 높이와 울타리·담 등으로부터 충전부분까지의 거리의 합계는 몇 [m] 이상으로 하여야 하는가?

① 6.48　　　　② 8.16　　　　③ 8.40　　　　④ 8.28

풀이

특고압용 기계 기구의 시설 (판단기준 제31조)

사용전압의 구분	울타리·담 등의 높이와 울타리·담 등으로부터 충전 부분까지의 거리의 합계
35 [kV] 이하	5 [m]
35 [kV] 초과 160 [kV] 이하	6 [m]
160 [kV] 초과	• 거리 $= 6 + $ 단수 $\times 0.12 [m]$ • 단수 $= \dfrac{\text{사용전압 [kV]} - 160}{10}$ 단수 계산에서 소수점 이하는 절상

• 단수 $= \dfrac{345 - 160}{10} = 18.5 \rightarrow 19$단
• 충전부 까지의 거리 $= 6 + 19 \times 0.12 = 8.28 [m]$

【답】 ④

중성선 다중접지식의 것으로 전로에 지락이 생겼을 때에 2초 이내에 자동적으로 이를 전로로부터 차단하는 장치가 되어 있는 22.9 [kV] 가공전선로를 상부 조영재의 위쪽에서 접근상태로 시설하는 경우, 가공전선과 건조물과의 이격거리는 몇 [m] 이상이어야 하는가?
(단, 전선으로는 나전선을 사용한다고 한다.)

① 1.2　　　　② 1.5　　　　③ 2.5　　　　④ 3.0

풀이

특고압 가공전선과 건조물의 조영재 사이의 이격거리(판단기준 제135조)

건조물의 조영재	접근형태	전선의 종류	이격거리
상부 조영재	위쪽	나전선	3 [m]
		특고압 절연전선	2.5 [m]
		케이블	1.2 [m]
	옆쪽 또는 아래쪽	나전선	1.5 [m]
		특고압 절연전선	1.0 [m]
		케이블	0.5 [m]

25[kV] 이하 : 상부 조영재 위쪽 3[m] (케이블은 1.2[m])　　　　　　【답】④

문제 93　옥내에 시설하는 전기시설물에 대한 내용 중 틀린 것은?

① 백열전등 또는 방전등에 전기를 공급하는 옥내전로의 대지전압은 300 [V] 이하이어야 한다.

② 정격 소비전력 5 [kW] 이상의 전기기계기구는 그 전로의 옥내배선과 직접 접속할 수 있다.

③ 옥내에 시설하는 저압용의 배선기구는 그 충전 부분이 노출하지 않도록 시설하여야 한다.

④ 저압 옥내배선의 사용전선은 단면적 $2.5[\text{mm}^2]$ 이상의 연동선이어야 한다.

풀이

옥내전로의 대지 전압의 제한(판단기준 제166조)
정격 소비 전력 3[kW] 이상의 전기기계기구에 전기를 공급하기 위한 전로에는 전용의 개폐기 및 과전류 차단기를 시설하고 그 전로의 **옥내배선과 직접 접속**하거나 적정 용량의 전용콘센트를 시설할 것.　　　【답】②

문제 94　사람이 상시 통행하는 터널 내 저압전선로의 애자 사용 공사시 노면상 최소 높이는?

① 2.0[m]　　　② 2.2[m]　　　③ 2.5[m]　　　④ 3.0[m]

풀이

터널 안 전선로의 시설(판단기준 제143조)

전 압	전선의 굵기	시공 방법	애자사용 공사 시 높이
저 압	2.6 [mm] 이상의 경동선	• 합성수지관 공사 • 금속관 공사 • 가요전선관 공사 • 케이블 공사 • 애자 사용 공사	**노면상**, 레일면상 **2.5[m] 이상**
고 압	4 [mm] 이상의 경동선	• 케이블 공사 • 애자 사용 공사	노면상, 레일면상 3 [m] 이상

【답】③

문제 95

문제 95 특고압 가공전선로에 사용하는 철탑 종류 중 전선로 지지물의 양측 경간의 차가 큰 곳에 사용하는 철탑은?

① 각도형 철탑 　　　　　　　　　② 인류형 철탑
③ 보강형 철탑 　　　　　　　　　④ 내장형 철탑

풀이

철탑의 종류 (판단기준 제114조)
① 직선형 : 전선로의 직선부분(3도 이하인 수평각도를 이루는 곳을 포함한다.)에 사용하는 것. 다만, 내장형 및 보강형에 속하는 것을 제외한다.
② 각도형 : 전선로 중 3도를 넘는 수평각도를 이루는 곳에 사용하는 것
③ 인류형 : 전가섭선을 인류하는 곳에 사용하는 것
④ **내장형 : 전선로의 지지물 양쪽의 경간의 차가 큰 곳에 사용**하는 것
⑤ 보강형 : 전선로의 직선부분에 그 보강을 위하여 사용하는 것　　　　【답】 ④

문제 96 저압 가공전선이 다른 저압 가공전선과 접근상태로 시설 되거나 교차하여 시설되는 경우에 저압 가공전선 상호간의 이격거리는 몇 [cm] 이상이어야 하는가? (단, 한 쪽의 전선이 고압 절연전선이라고 한다.)

① 30　　　　　　　② 60　　　　　　　③ 80　　　　　　　④ 100

풀이

가공전선 상호간 접근 또는 교차 (판단기준 제84조, 제85조, 제86조)

구분	저압 가공전선		고압 가공전선	
	일 반	고압 절연전선 또는 케이블	일 반	케이블
저압가공전선	0.6 [m]	**0.3 [m]**	0.8 [m]	0.4 [m]
저압가공전선로의 지지물	0.3 [m]	–	0.6 [m]	0.3 [m]
고압전차선	–	–	1.2 [m]	–
고압가공전선	–	–	0.8 [m]	0.4 [m]
고압가공전선로의 지지물	–	–	0.6 [m]	0.3 [m]

【답】 ①

문제 97 66[kV] 특고압 가공전선로를 케이블을 사용하여 시가지에 시설하려고 한다. 애자장치는 50[%] 충격섬락전압의 값이 다른 부분을 지지하는 애자장치의 몇 [%] 이상으로 되어야 하는가?

① 100　　　　　　　② 115　　　　　　　③ 110　　　　　　　④ 105

풀이

시가지 등에서 특고압 가공전선로의 시설 (판단기준 제104조)
애자 장치는 **50[%] 충격 섬락 전압의 값이 타부분 애자 장치값의 110[%]** (사용전압이 130[kV]를 넘는 경우는 105[%]) 이상인 것을 사용하거나 아크 혼을 취부하고 또는 2연 이상의 현수 애자, 장간 애자를 사용한다.　　　　【답】 ③

문제 98

154[kV]의 특고압 가공전선을 사람이 쉽게 들어갈 수 없는 산지(山地) 등에 시설하는 경우 지표상의 높이는 몇 [m] 이상으로 하여야 하는가?

① 4 ② 5 ③ 6.5 ④ 8

풀이

특고압 가공전선의 높이 (판단기준 제110조)

특고압 가공전선의 지표상(철도 또는 궤도를 횡단하는 경우에는 레일면상, 횡단보도교를 횡단하는 경우에는 그 노면상)의 높이

전압의 범위	일반장소	도로횡단	철도 또는 궤도횡단	횡단보도교		
35[kV] 이하	5[m]	6[m]	6.5[m]	4 [m] (특고압절연전선 또는 케이블 사용)		
35[kV] 초과 160[kV] 이하	6[m]	6[m]	6.5[m]	5 [m](케이블 사용)		
	산지 등에서 사람이 쉽게 들어갈 수 없는 장소 ; 5[m] 이상					
160[kV] 초과	일반장소		가공전선의 높이 = 6 + 단수 × 0.12 [m]			
	철도 또는 궤도횡단		가공전선의 높이 = 6.5 + 단수 × 0.12 [m]			
	산지		가공전선의 높이 = 5 + 단수 × 0.12 [m]			

【답】②

문제 99

66[kV] 특고압 가공전선로를 시가지에 설치할 때, 전선의 인장강도 21.67[kN] 이상의 연선 또는 단면적 최소 몇 [mm²] 이상의 경동 연선 또는 이와 동등 이상의 세기 및 굵기의 연선을 사용해야 하는가?

① 30 ② 38 ③ 50 ④ 55

풀이

가공전선의 굵기 및 종류 (판단기준 제70조)

가공 전선	전선의 종류	
특고압 가공 전선	시가지내	**100[kV] 미만 → 55[mm²]** 100[kV] 이상 → 150[mm²]
	시가지외	22[mm²] 이상의 경동 연선
22.9[kV-Y]	시내·외 모두 22[mm²] 이상의 경동 연선	

【답】④

문제 100

다음 중 농사용 저압 가공전선로의 시설 기준으로 옳지 않은 것은?

① 사용전압이 저압일 것

② 저압 가공 전선의 인장강도는 1.38[kN] 이상일 것

③ 저압 가공전선의 지표상 높이는 3.5[m] 이상일 것

④ 전선로의 경간은 40[m] 이하일 것

풀이

농사용 저압 가공전선로의 시설 (판단기준 제92조)

농사용 저압 가공 전선로의 경간은 30[m] 이하일 것. 목주 말구 지름은 9[cm] 이상이고, 전선은 인장강도 1.38[kN] 이상의 것 또는 지름 2[mm] 이상의 경동선 이상일 것

【답】④

국가기술자격검정 필기시험 문제

수검 번호	성 명

자격종목 및 등급(선택분야)	종목코드	시험시간	문제지형별
전기산업기사	2140	2시간 30분	A

1과목 전기자기학

문제 01 극판면적 10[cm^2], 간격 1[mm] 평행판 콘덴서에 비유전율이 3인 유전체를 채웠을 때 전압 100 [V]를 가하면 축적되는 에너지는 약 몇 [J]인가?

① 1.32×10^{-7} [J]

② 1.32×10^{-9} [J]

③ 2.64×10^{-7} [J]

④ 2.64×10^{-9} [J]

풀이

$$C = \frac{\epsilon_0 \epsilon_s}{d} \cdot S = 8.85 \times 10^{-12} \times \frac{3 \times 10 \times 10^{-4}}{1 \times 10^{-3}} = 26.55 \times 10^{-12} \text{ [F]}$$

$$\therefore \ W = \frac{1}{2}CV^2 = \frac{1}{2} \times 26.55 \times 10^{-12} \times 100^2 = 1.33 \times 10^{-7} \text{[J]}$$

【답】 ①

문제 02 비유전율 $\epsilon_s = 5$인 등방유전체인 한 점에서 전계의 세기 $E = 10^4$[V/m]일 때 이점에서의 분극율은?

① $\dfrac{10^{-5}}{9\pi}$ [F/m]

② $\dfrac{10^{-7}}{9\pi}$ [F/m]

③ $\dfrac{10^{-9}}{9\pi}$ [F/m]

④ $\dfrac{10^{-12}}{9\pi}$ [F/m]

풀이

분극의 세기 $P = \epsilon_0(\epsilon_s - 1)E$ 식에서

분극률 $\chi = \dfrac{P}{E} = \epsilon_0(\epsilon_s - 1) = \dfrac{1}{36\pi \times 10^9} \times (5-1) = \dfrac{10^{-9}}{9\pi}$ [F/m]

$(\epsilon_0 = \dfrac{10^7}{4\pi C^2} = \dfrac{1}{36\pi \times 10^9}$, C : 빛의 속도(3×10^8[m/s])

【답】 ③

문제 03 내압이 1[kV]이고, 용량이 각각 0.01 [μF], 0.02 [μF], 0.05 [μF]인 콘덴서를 직렬로 연결했을 때의 전체내압은?

① 1500[V]

② 1600[V]

③ 1700[V]

④ 1800[V]

풀이

$Q = C_1 V_1 = C_2 V_2 = C_3 V_3$ 에서 콘덴서 용량이 적을수록 콘덴서에 인가되는 전압이 높아진다.

즉, 내압이 동일하다면 용량이 제일 적은 콘덴서가 제일 먼저 파괴 된다.

따라서, **최초로 파괴되는 0.01[μF] 콘덴서를 기준**하여 전압을 인가하면 된다.

$Q = CV$에서 $V \propto \dfrac{1}{C}$이므로

$$V_1 : V_2 : V_3 = \frac{1}{0.01} : \frac{1}{0.02} : \frac{1}{0.05} = 10 : 5 : 2$$

즉, $0.01[\mu F]$ 콘덴서에 인가되는 전압 V_1은 전체전압의 $\dfrac{10}{(10+5+2)}$ 만큼이 인가된다.

$$\therefore V_1 = \frac{10}{17} V \rightarrow V = \frac{17}{10} \times 1,000 = 1,700[\text{V}]$$

【답】③

문제 04

원점 주위의 전류밀도가 $J = \dfrac{2}{r} a_r [\text{A/m}^2]$의 분포를 가질 때 반지름 5[cm]의 구면을 지나는 전전류는?

① $0.1\pi[\text{A}]$
② $0.2\pi[\text{A}]$
③ $0.3\pi[\text{A}]$
④ $0.4\pi[\text{A}]$

풀이

$$I = J \cdot S = \frac{2}{r} \times 4\pi r^2 = 8\pi r = 8\pi \times 0.05 = 0.4\pi\,[\text{A}]$$

【답】④

문제 05

전계 $E\,[\text{V/m}]$ 및 자계 $H\,[\text{A/m}]$의 에너지가 자유공간 중을 $v\,[\text{m/s}]$의 속도로 전파될 때 단위시간에 단위 면적을 지나는 에너지는?

① $P = \dfrac{1}{2} EH\,[\text{W/m}^2]$
② $P = EH\,[\text{W/m}^2]$
③ $P = 377 EH\,[\text{W/m}^2]$
④ $P = \dfrac{EH}{377}\,[\text{W/m}^2]$

풀이

단위 면적당 전력 = 포인팅 Vector : $P = E \times H = EH\,[\text{W/m}^2]$

【답】②

문제 06

진공 중에서 대전도체의 표면전하밀도가 $\sigma\,[\text{C/m}^2]$ 이라면 표면 전계는?

① $E = \dfrac{\sigma}{\epsilon_o}$
② $E = \dfrac{\sigma}{2\epsilon_o}$
③ $E = \dfrac{\sigma}{2\pi\epsilon_o}$
④ $E = \dfrac{\sigma}{4\pi r^2}$

풀이

전하 밀도 $\sigma[\text{C/m}^2]$에서 나오는 전기력선 밀도는 $\dfrac{\sigma}{\epsilon_0}[\text{개/m}^2] = \dfrac{\sigma}{\epsilon_0}[\text{V/m}]$가 된다.

반지름 $a[\text{m}]$인 도체구에서도 역시 표면 전계의 세기는 $\dfrac{\sigma}{\epsilon_0}[\text{V/m}]$이다.

【답】①

원점에 점전하 Q[C]이 있을 때 원점을 제외한 모든 점에서 $\nabla \cdot D$의 값은?

① ∞　　　② 0　　　③ 1　　　④ ϵ_o

풀이

전하가 없는 곳이므로　$\mathrm{div}\, D = \nabla \cdot D = 0$　　　【답】②

문제 08

비유전율 81 이고, 비투자율 1인 물속에 전자파의 파동 임피던스는 약 몇 [Ω]인가?

① 9[Ω]　　　② 27[Ω]　　　③ 33[Ω]　　　④ 42[Ω]

풀이

고유 임피던스　$Z_0 = \dfrac{E}{H} = \sqrt{\dfrac{\mu}{\epsilon}} = \sqrt{\dfrac{\mu_0}{\epsilon_0}} \cdot \sqrt{\dfrac{\mu_s}{\epsilon_s}} = \sqrt{\dfrac{4\pi \times 10^{-7}}{8.855 \times 10^{-12}}} \cdot \sqrt{\dfrac{\mu_s}{\epsilon_s}}$

$\qquad\qquad\qquad = 377 \sqrt{\dfrac{\mu_s}{\epsilon_s}} = 377 \sqrt{\dfrac{1}{81}} = 41.89 \,[\Omega]$　　　【답】④

문제 09

무한장 직선 도체에 선전하밀도 λ[C/m]의 전하가 분포되어 있는 경우, 이 직선 도체를 축으로 하는 반지름 r[m]의 원통면상의 전계는?

① $\dfrac{\lambda}{2\pi\epsilon_0 r^2}$ [V/m]　② $\dfrac{\lambda}{2\pi\epsilon_0 r}$ [V/m]　③ $\dfrac{\lambda}{4\pi\epsilon_0 r^2}$ [V/m]　④ $\dfrac{\lambda}{4\pi\epsilon_0 r}$ [V/m]

풀이

무한 선전하에 의한 전계는 $E = \dfrac{\lambda}{2\pi\epsilon_0 r}$ [V/m]로 거리에 반비례한다.　　　【답】②

문제 10

두 개의 자기인덕턴스를 직렬로 접속하여 합성 인덕턴스를 측정하였더니 75[mH]가 되었고, 한 쪽의 인덕턴스를 반대로 접속하여 측정하니 25[mH] 되었다면 두 코일의 상호 인덕턴스 [mH]는?

① 12.5[mH]　　　② 45[mH]　　　③ 50[mH]　　　④ 90[mH]

풀이

$L_a + L_b + 2M = 75 \cdots\cdots\cdots ①$

$L_a + L_b - 2M = 25 \cdots\cdots\cdots ②$

식 ①, ②에서 $M = \dfrac{75 - 25}{4} = 12.5$

$\therefore M = 12.5$[mH]　　　【답】①

문제 11

도체의 단면적이 5[m²]인 곳을 3초 동안에 30[C]의 전하가 통과하였다면 이때의 전류는?

① 5[A]　　　② 10[A]　　　③ 30[A]　　　④ 90[A]

풀이

$$\text{전류 } I = \frac{dQ}{dt} = \frac{30}{3} = 10[\text{A}]$$

【답】②

문제 12

같은 평등 자계 중의 자계와 수직방향으로 전류 도선을 놓으면 N, S극이 만드는 자계와 전류에 의한 자계와의 상호작용에 의하여 자계의 합성이 이루어지고 전류 도선은 힘을 받는다. 이러한 힘을 무엇이라 하는가?

① 전자력　　　　② 기전력　　　　③ 기자력　　　　④ 전계력

풀이

자계 내에서 전류가 흐르는 도체가 받는 힘을 전자력(electromagnetic force)이라 한다.　【답】①

문제 13

공기 중에서 $E[\text{V/m}]$의 전계를 $i_d[\text{A/m}^2]$의 변위전류로 흐르게 하고자 한다. 이때 주파수 f [Hz]는?

① $f = \dfrac{i_d}{2\pi\epsilon E}[\text{Hz}]$　　　　　② $f = \dfrac{i_d}{4\pi\epsilon E}[\text{Hz}]$

③ $f = \dfrac{\epsilon i_d}{2\pi^2 E}[\text{Hz}]$　　　　　④ $f = \dfrac{i_d E}{4\pi^2 \epsilon}[\text{Hz}]$

풀이

$$\text{변위 전류 밀도 } i_d = \frac{\partial D}{\partial t} = \frac{\epsilon V_m}{d}\frac{\partial}{\partial t}\sin\omega t = \frac{\omega\epsilon}{d}V_m\cos\omega t = \omega\epsilon E\cos\omega t \,[\text{A/m}^2]$$

변위전류 밀도와 각속도와의 관계는 $|i_d| = \omega\epsilon E$, $\omega = \dfrac{|i_d|}{\epsilon E}$ 가된다.

$\omega = 2\pi f$ 이므로 주파수 f는 $\therefore f = \dfrac{i_d}{2\pi\epsilon E}[\text{Hz}]$ 【답】①

문제 14

평행판 콘덴서의 두 극판 면적을 3배로 하고 간격을 반으로 줄이면 정전 용량은 처음의 몇 배가 되는가?

① 1.5배　　　　② 4.5배　　　　③ 6배　　　　④ 9배

풀이

면적 S_1, 간격 d_1인 평행판 콘덴서의 정전 용량을 C_1이라 하면

$$C_1 = \frac{\epsilon_0}{d_1}S_1$$

문제에서 $d = \dfrac{1}{2}d_1$, $S = 3S_1$이므로 구하는 용량은

$$\therefore C = \frac{\epsilon_0}{\frac{1}{2}d_1} \cdot 3S_1 = 6\frac{\epsilon_0}{d_1}S_1 = 6C_1$$

【답】③

그림과 같이 영역 $y \leq 0$은 완전 도체로 위치해 있고, 영역 $y \geq 0$은 완전 유전체로 위치해 있을 때, 만일 경계 무한 평면의 도체면상에 면전하 밀도 $\rho_s = 2[\mathrm{nC/m^2}]$가 분포되어 있다면 P점 $(-4,\ 1,\ -5)[\mathrm{m}]$의 전계의 세기는?

① $18\pi \boldsymbol{a}_y\ [\mathrm{V/m}]$

② $36\pi \boldsymbol{a}_y\ [\mathrm{V/m}]$

③ $-54\pi \boldsymbol{a}_y\ [\mathrm{V/m}]$

④ $72\pi \boldsymbol{a}_y\ [\mathrm{V/m}]$

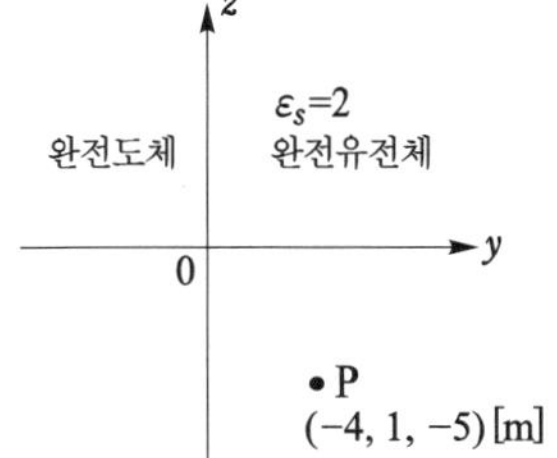

풀이

① 완전도체에서 전하는 z축 면상에만 균일분포
② 전기력선은 도체 외부의 수직 방향인 유전체 내부로 진행(a_y방향)
③ 유전체 내부는 평등전계이므로 P점에 관계없이 어느 점이나 전계는 일정

전계의 세기(크기) $E = \dfrac{\rho_s}{\epsilon} = \dfrac{\rho_s}{\epsilon_0 \epsilon_s}$

$\rho_s = 2 \times 10^{-9}[\mathrm{C/m^2}]$ ($\dfrac{1}{4\pi\epsilon_0} = 9 \times 10^9$ $\therefore \dfrac{1}{\epsilon_0} = 36\pi \times 10^9$ $\epsilon_s = 2$)

$\therefore E = 36\pi \times 10^9 \times \dfrac{2 \times 10^{-9}}{2} = 36\pi$

$\therefore$ 전계의 세기(벡터) $\boldsymbol{E} = E\boldsymbol{a}_y = 36\pi \boldsymbol{a}_y [\mathrm{V/m}]$

【답】②

자기 인덕턴스가 50[H]인 회로에 20[A]의 전류가 흐르고 있을 때 축적된 전자 에너지는 몇 [J]인가?

① 10[J]　　　　② 100[J]　　　　③ 1000[J]　　　　④ 10000[J]

풀이

• 축적되는 전자에너지 $W = \dfrac{1}{2}LI^2[\mathrm{J}]$에서

전자 에너지 $W = \dfrac{1}{2} \times 50 \times 20^2 = 10000[\mathrm{J}]$

【답】④

직류 500[V] 절연저항계로 절연저항을 측정하니 2[MΩ]이 되었다면 누설전류는?

① $25[\mu\mathrm{A}]$　　　　② $250[\mu\mathrm{A}]$　　　　③ $1000[\mu\mathrm{A}]$　　　　④ $1250[\mu\mathrm{A}]$

풀이

누설 전류 $i = \dfrac{E}{R_g} = \dfrac{500}{2 \times 10^6} = 250 \times 10^{-6}[\mathrm{A}] = 250[\mu\mathrm{A}]$

【답】②

환상솔레노이드의 자기 인덕턴스에서 코일 권수를 5배로 하였다면 인덕턴스의 값은?

① 변함이 없다.　　　　② 5배 증가한다.
③ 10배 증가한다.　　　　④ 25배 증가한다.

풀이

$$L = \frac{N\phi}{I} = \frac{N^2}{R_m} = \frac{\mu A N^2}{l} \text{ [H]} \qquad \therefore \ L \propto N^2$$

따라서, 코일 권수를 5배로 하면 인덕턴스는 25배 증가한다. 　　【답】④

문제 19

전류의 세기가 I[A], 반지름 r[m]인 원형 선전류 중심에 m[Wb]인 가상 점자극을 둘 때 원형 선전류가 받는 힘은?

① $\dfrac{mI}{2\pi r}$ [N] 　　　② $\dfrac{mI}{2r}$ [N] 　　　③ $\dfrac{mI^2}{2\pi r}$ [N] 　　　④ $\dfrac{mI}{2\pi r^2}$ [N]

풀이

반지름 r인 원형 선전류 중심의 자계의 세기 $H_0 = \dfrac{I}{2r}$ [AT/m]

$$\therefore \ F = mH = \frac{mI}{2r} \text{ [N]}$$

　　【답】②

문제 20

전기력선 밀도를 이용하여 주로 대칭 정전계의 세기를 구하기 위하여 이용되는 법칙은?

① 패러데이의 법칙　　　　　　　　② 가우스의 법칙

③ 쿨롱의 법칙　　　　　　　　　　④ 톰슨의 법칙

풀이

• 패러데이 법칙 : 전자유도 법칙에 의한 기전력
• **가우스의 법칙 : 전계의 세기**
• 쿨롱의 법칙 : 전하들간에 작용하는 힘
• 톰슨의 법칙 : 전계의 최소 에너지

　　【답】②

2과목　전력공학

문제 21

유효저수량 200,000[m³], 평균유효낙차 100[m], 발전기출력 7,500[kW]이다. 1대를 운전할 경우 약 몇 시간 정도 발전할 수 있는가? (단, 발전기 및 수차의 합성효율은 85[%]이다.)

① 4　　　　　　　　② 5　　　　　　　　③ 6　　　　　　　　④ 7

풀이

• 출력 $P = 9.8QH\eta$ [kW]에서 7500[kW]를 발전하는데 필요한 유량 Q [m³/sec]는

$$Q = \frac{P}{9.8H\eta} = \frac{7500}{9.8 \times 100 \times 0.85} \fallingdotseq 9 \text{[m}^3\text{/sec]}$$

• 발전 시간 $t = \dfrac{V}{Q} = \dfrac{200000}{9} = 22222.22 \text{[sec]} = \dfrac{22222.22}{60 \times 60} \fallingdotseq 6.17 \text{[h]}$

　　【답】③

부하가 P[kW]이고, 그의 역률이 $\cos\theta_1$인 것을 $\cos\theta_2$로 개선하기 위한 전력용 콘덴서의 용량[kVA]은?

① $P(\tan\theta_1 - \tan\theta_2)$

② $P\left(\dfrac{\cos\theta_1}{\sin\theta_1} - \dfrac{\cos\theta_2}{\sin\theta_2}\right)$

③ $\dfrac{P}{(\tan\theta_1 - \tan\theta_2)}$

④ $\dfrac{P}{(\cos\theta_1 - \cos\theta_2)}$

풀이

$$Q_c = P(\tan\theta_1 - \tan\theta_2)$$
$$= P\left(\frac{\sin\theta_1}{\cos\theta_1} - \frac{\sin\theta_2}{\cos\theta_2}\right)$$
$$= P\left(\frac{\sqrt{1-\cos\theta_1^2}}{\cos\theta_1} - \frac{\sqrt{1-\cos\theta_2^2}}{\cos\theta_2}\right)$$

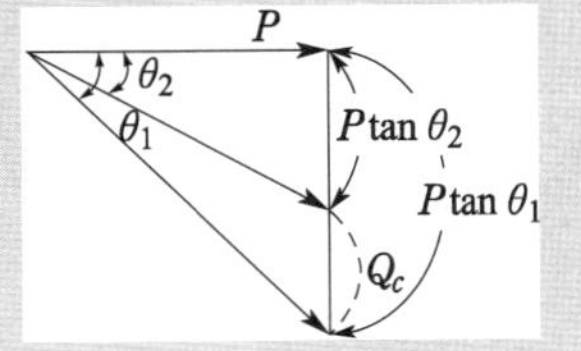

【답】 ①

지락보호계전기의 동작이 가장 확실한 송전계통방식은?

① 고저항접지식

② 비접지식

③ 소호리액터접지식

④ 직접접지식

풀이

직접 접지방식의 장·단점

[장점]

① 1선 지락시에 건전상의 대지 전압이 거의 상승하지 않는다.

② 피뢰기의 효과를 증진시킬 수 있다.

③ 단절연이 가능하다.

④ **지락보호 계전기의 동작이 확실**해진다.

[단점]

① 송전 계통의 과도 안정도가 나빠진다.

② 통신선에 유도 장해가 크다.

③ 기기에 큰 영향을 주어 손상을 준다.

④ 대용량 차단기가 필요하다.

【답】 ④

공칭전압 154[kV]에 대한 250[mm] 현수애자의 연결 개수는 대략 몇 개 정도인가?

① 5~6

② 9~10

③ 14~15

④ 19~23

풀이

전압에 따른 현수애자의 연결 개수는 주변 환경에 따라 다르나 일반적으로 다음과 같이 계산할 수 있다.

연결개수 $n = \dfrac{전압[kV]}{20[kV]} + 1 \sim 2(여유)$

따라서, 154[kV] 계통에서 $n = \dfrac{154}{20} + (1 \sim 2) = 8 + (1 \sim 2) = 9 \sim 10$[개]

【답】 ②

문제 25

공기차단기에 비해 SF₆ 가스차단기의 특징으로 볼 수 없는 것은?

① 같은 압력에서 공기의 2~3배 정도의 절연내력이 있다.

② 밀폐된 구조이므로 소음이 없다.

③ 소전류 차단시 이상전압이 높다.

④ 아크에 SF₆ 가스는 분해되지 않고 무독성이다.

풀이

SF₆ 가스 차단기의 특징
① 밀폐구조이므로 소음이 없다.
② 절연내력이 공기의 2~3배, 소호 능력은 공기의 100~200배
③ 근거리 고장 등 가혹한 재기전압에 대해서도 성능이 우수
④ **소전류 차단에도 안정된 차단 가능**
⑤ 이상전압의 발생이 적다

【답】 ③

문제 26

수관식 보일러의 장점에 속하지 않는 것은?

① 수관의 지름이 적어지고 고압에 견딜 수 있다.

② 드럼안의 순환이 좋으며 증기발생이 빠르다.

③ 용량을 크게 할 수 있고 과열기를 설치하기 쉽다.

④ 구조가 간단하고 증발량이 크다.

풀이

수관식 보일러는 여러 가지 장점이 있는 반면에 축열용량이 작고, 급수를 펌프를 사용해서 고압으로 공급하기 때문에 **구조가 복잡하고 운전비용이 비싸진다는 단점**이 있다. 【답】 ④

문제 27

일반적인 경우 그 값이 1 이상인 것은?

① 부등률　　　　② 전압강하율　　　③ 부하율　　　　④ 수용률

풀이

$$부등률 = \frac{수용\ 설비\ 개개의\ 최대\ 수용\ 전력의\ 합계}{합성\ 최대\ 수용\ 전력} \geqq 1$$

【답】 ①

문제 28

일정 거리를 동일전선으로 송전할 때 송전전력은 송전전압의 대략 몇 승에 비례하는가?

① 2　　　　　② $\dfrac{1}{2}$　　　　　③ 1　　　　　④ $\dfrac{1}{3}$

풀이

- 전력손실률 $h = \dfrac{P_l}{P} = \dfrac{PR}{V^2\cos\theta^2}$ 에서 송전전력 $P = \dfrac{hV^2\cos\theta^2}{R}$

  즉, **송전전력은 송전전압의 2승에 비례**한다.$(P \propto V^2)$

【답】 ①

전압이 정정치 이하로 되었을 때 동작하는 것으로서 단락시 고장 검출용으로도 사용되는 계전기는?

① 재폐로 계전기 ② 역상 계전기
③ 부족 전류 계전기 ④ 부족 전압 계전기

풀이

① **전압이 정정값 이하 시 동작 : 부족 전압 계전기**
② 전압이 정정값 초과 시 동작 : 과전압 계전기

【답】④

3상 Y결선된 발전기가 무부하 상태로 운전 중 3상 단락고장이 발생하였을 때 나타나는 현상으로 적합하지 않은 것은?

① 영상분 전류는 흐르지 않는다.
② 역상분 전류는 흐르지 않는다.
③ 정상분 전류는 영상분 및 역상분 임피던스에 무관하고 정상분 임피던스에 반비례한다.
④ 3상 단락전류는 정상분 전류의 3배가 흐른다.

풀이

고장별 대칭분 및 전류의 크기

고장의 종류	대 칭 분	전류의 크기
3상 단락	정상분	$I_1 \neq 0,\ I_2 = I_0 = 0$
선간 단락	정상분, 역상분	$I_1 = -I_2 \neq 0,\ I_0 = 0$
1선 지락	정상분, 역상분, 영상분	$I_0 = I_1 = I_2 \neq 0$

따라서, **3상 단락 고장시 정상분 임피던스에 반비례하는 정상분 전류**만 흐르게 된다.

【답】④

재폐로 차단기에 대한 설명으로 가장 옳은 것은?

① 배전선로용은 고장구간을 고속 차단하여 제거한 후 다시 수동조작에 의해 배전이 되도록 설계된 것이다.
② 재폐로계전기와 함께 설치하여 계전기가 고장을 검출하여 이를 차단기에 통보, 차단하도록 된 것이다.
③ 3상 재폐로 차단기는 1상의 차단이 가능하고 무전압 시간을 약 20~30초로 정하여 재폐로 하도록 되어있다.
④ 송전선로의 고장구간을 고속 차단하고 재송전하는 조작을 자동적으로 시행하는 재폐로 차단장치를 장비한 자동차단기이다.

풀이

송전 선로의 사고의 대부분은 순시적인 것으로서 영구 고장은 거의 없고 그 중에서도 1선 지락 고장이 가장 많으므로 고장을 일으킨 구간을 신속히 차단 제거하면 고장의 아크는 저절로 소멸되고 고장점의 절연이 회복되어 차단기만 투입하면 이상 없이 송전을 계속할 수가 있다. 따라서 계통의 안정도를 향상시킬 목적으로 **차단기가 차단되어 사고가 소멸된 후 자동적으로 송전선을 투입하는 일련의 동작을 재폐로**라 한다.

【답】④

문제 32

송전선로의 저항은 R, 리액턴스를 X라 하면 다음의 어느 식이 성립하는가?

① $R \geq X$ 　　② $R < X$ 　　③ $R = X$ 　　④ $R > X$

풀이

일반적으로 **선로의 리액턴스는 저항의 약 6배**가 되며, 간단한 고장계산시에는 저항분을 무시해도 좋다. 즉, $R < X$**의 관계가 성립**된다.

【답】②

문제 33

3상 3선식 송전선에서 1선의 저항이 15[Ω], 리액턴스는 20[Ω]이고 수전단의 선간전압은 30[kV], 부하역률이 0.8인 경우 전압강하율을 10[%]라 하면, 이 송전선로로는 몇 [kW]까지 수전할 수 있는가?

① 2500[kW] 　　② 2750[kW] 　　③ 3000[kW] 　　④ 3250[kW]

풀이

- 전압강하율 $\epsilon = \dfrac{P}{V^2}(R + X\tan\theta)$에서

- 수전 전력 $P = \dfrac{\epsilon V^2}{R + X\tan\theta} = \dfrac{\epsilon V^2}{R + X\dfrac{\sin\theta}{\cos\theta}} = \dfrac{0.1 \times 30000^2}{15 + 20 \times \dfrac{0.6}{0.8}} = 3000000[\text{W}] = 3000[\text{kW}]$

【답】③

문제 34

전력계통의 주파수가 기준치보다 증가하는 경우 어떻게 하는 것이 타당한가?

① 발전출력(kW)을 증가시켜야 한다.
② 발전출력(kW)을 감소시켜야 한다.
③ 무효전력(kVar)을 증가시켜야 한다.
④ 무효전력(kVar)을 감소시켜야 한다.

풀이

- 발전기 출력(유효 전력) 증가 → 계통 주파수 상승
- **발전기 출력(유효 전력) 감소 → 계통 주파수 하강**
- 진상 무효 전력 증가 → 수전단 전압 상승
- 지상 무효 전력 증가 → 수전단 전압 하강

【답】②

문제 35

송전선로의 매설지선의 가장 중요한 설치목적은?

① 뇌해방지 　　　　　　　② 코로나 전압감소
③ 구조물 보호 　　　　　④ 절연강도 증가

문제 36　지중선 계통을 가공선 계통에 비교하였을 때 옳은 것은?

① 인덕턴스, 정전용량이 모두 크다.

② 인덕턴스, 정전용량이 모두 적다.

③ 인덕턴스는 적고, 정전용량은 크다.

④ 인덕턴스는 크고, 정전용량은 적다.

문제 37　과전류계전기(OCR)의 탭(tap) 값을 옳게 설명한 것은?

① 계전기의 최소 동작전류　　　② 계전기의 최대 부하전류

③ 계전기의 동작시한　　　　　④ 변류기의 권수비

문제 38　위상 비교 반송 방식에 대한 설명으로 맞는 것은?

① 일단에서의 전압과 타단에서의 전압의 위상각을 비교한다.

② 일단에서 유입하는 전류와 타단에서 유출하는 전류의 위상각을 비교한다.

③ 일단에서 유입하는 전류와 타단에서의 전압의 위상각을 비교한다.

④ 일단에서의 전압과 타단에서 유출되는 전류의 위상각을 비교한다.

문제 39　어떤 발전소의 발전기가 13.2[kV], 용량 9.3[MVA], 동기임피던스 94[%] 일 때, 임피던스는 몇 [Ω]인가?

① 9.8[Ω]　　　　　　　　　② 12.8[Ω]

③ 17.6[Ω]　　　　　　　　　④ 22.4[Ω]

풀이

퍼센트 임피던스 $\%Z = \dfrac{ZP}{10\,V^2}$ 에서

임피던스 $Z = \dfrac{10\,V^2}{P} \times \%Z = \dfrac{10 \times 13.2^2}{9300} \times 94 = 17.6\,[\Omega]$

(여기서, **전압 V의 단위가 [kV], 기준 용량 P의 단위가 [kVA]가 되어야 함**)　　　**【답】** ③

문제 40

가공전선로의 선로정수에 대한 설명 중 틀린 내용은?

① 송배전선로는 저항, 인덕턴스, 정전용량, 누설컨덕턴스라는 4개의 정수로 이루어진다.

② 선로정수를 평형 시키기 위해서는 연가를 하지 않는다.

③ 장거리 송전선로에 대해서는 분포정수회로로 취급한다.

④ 도체와 도체사이 또는 도체와 대지사이에는 정전용량이 존재한다.

풀이

연가는 선로정수를 평형시키고 통신선의 유도장해를 방지하기 위하여 선로를 3배수 등분하여 실시하며 특징은 다음과 같다.
① 직렬공진 방지　　　② 유도장해 감소　　　③ **선로정수 평형**　　　**【답】** ②

3과목　전기기기

문제 41

440/13200 [V] 단상 변압기의 2차 전류가 3.3 [A] 이면 1차 출력은 약 몇 [kVA]인가?

① 22　　　　　② 33　　　　　③ 44　　　　　④ 62

풀이

손실을 무시하면 "1차 입력=2차 출력" 이 된다.

따라서, 2차 출력=1차 입력= $V_2 I_2 = 13200 \times 3.3 \times 10^{-3} = 43.56\,[kVA]$　　　**【답】** ③

문제 42

3상 유도전동기 원선도 작성에 필요한 기본량이 아닌 것은?

① 저항측정　　　　　　　　　② 단락시험

③ 무부하시험　　　④　　　　구속시험

풀이

① **원선도 작성에 필요한 시험은**
　　• 저항 측정　　• 무부하 시험　　• 구속 시험이 있다.
② 유도 전동기의 원선도에서 구 할 수 있는 항목
　　• 전부하 전류　　• 역률　　• 효율　　• 슬립　　• 최대출력/정격출력　　• 토크　　**【답】** ②

단상변압기 3대를 Y-△결선해서 3상 20000 [V]를 3000[V]로 내려서 3000[kW], 역률 80 [%]의 부하에 전력을 공급할 때 변압기 1대의 정격용량 [kVA]은?

① 1250　　　　　② 1767　　　　　③ 2500　　　　　④ 3750

풀이

변압기 1대의 용량 $P_a = \dfrac{P[\text{kW}]}{3 \times \cos\theta} = \dfrac{3000}{3 \times 0.8} = 1250[\text{kVA}]$

【답】 ①

내철형 3상 변압기를 단상 변압기로 사용할 수 없는 이유는?

① 1차, 2차간의 각 변위가 있기 때문에

② 각 권선마다의 독립된 자기 회로가 있기 때문에

③ 각 권선마다의 독립된 자기 회로가 없기 때문에

④ 각 권선이 만든 자속이 $\dfrac{3\pi}{2}$ 위상차가 있기 때문에

풀이

외철형 3상 변압기는 각 상마다 독립된 자기 회로를 가지고 있으므로 단상 변압기로 사용할 수 있지만 **내철형 3상 변압기**는 각 권선마다 **독립된 자기 회로가 없기** 때문에 각 권선을 단상으로 사용할 수 없다.

【답】 ③

3상 동기발전기를 병렬 운전하는 도중 여자 전류를 증가시킨 발전기에서는 어떤 현상이 생기는가?

① 무효전류가 감소한다.　　　　　② 역률이 나빠진다.

③ 전압이 높아진다.　　　　　④ 출력이 커진다.

풀이

A, B 두 대의 발전기가 병렬 운전 중에 A기의 여자를 증대하면, 즉 A기의 유기전압이 B기의 유기전압보다 높게 되면 A기로부터 B기로 전류가 흐르게 되는데 이때의 전류 I_c는

$$I_c = \dfrac{E_A - E_B}{j2x_s} = -j\dfrac{E_A - E_B}{2x_s}$$

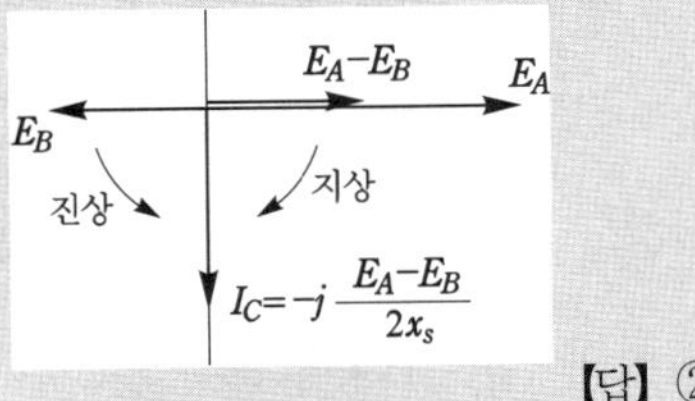

로 A(여자전류를 증가 시킨 발전기)기에는 전압보다 90° 늦은 전류가 흐르게 되어 역률이 나빠지고, B기에는 90° 빠른 전류가 흐르게 되어 역률이 좋아지게 되며, 그 결과 A,B 발전기의 단자전압은 서로 같게 된다.

【답】 ②

다음 동기기 중 슬립링을 사용하지 않는 기기는?

① 동기발전기　　　　　② 동기전동기

③ 유도자형 고주파발전기　　　　　④ 고정자 회전기동형 동기전동기

유도자형 발전기는 계자극과 전기자를 함께 고정시키고 그 중앙에 유도자라고 하는 권선이 없는 회전자를 갖춘 것으로 주로 수백~수만 [Hz] 정도의 고주파 발전기로 사용되며 **슬립링이 없다.** 【답】 ③

문제 47

3상 유도전동기의 2차 저항을 m배로 하면 동일하게 m배로 되는 것은?

① 역률　　　② 전류　　　③ 슬립　　　④ 토크

풀이

$$\frac{r_2}{s_m} = \frac{r_2 + R_s}{s_t}$$

여기서, r_2 : 2차 권선의 저항, s_m : 최대 토크시 슬립, s_t : 기동시 슬립

　　R_s : 2차 외부회로 저항, $r_2 + R_s$: 2차회로 저항

즉, **2차 회로 저항 $r_2 + R_s$와 슬립 s_t는 비례 관계**에 있다. 【답】 ③

문제 48

전압이나 전류의 제어가 불가능한 소자는?

① IGBT　　　② SCR　　　③ GTO　　　④ Diode

풀이

다이오드(Diode)는 회로의 주변 상황에 따라 순방향으로 전압이 가해지면 도통하고 역방향으로 전압이 가해지면 도통하지 않는 수동적인 소자로 사용자가 임의로 ON, OFF 시킬 수 없다.
따라서, **다이오드는 전압이나 전류의 제어가 불가능**하다.

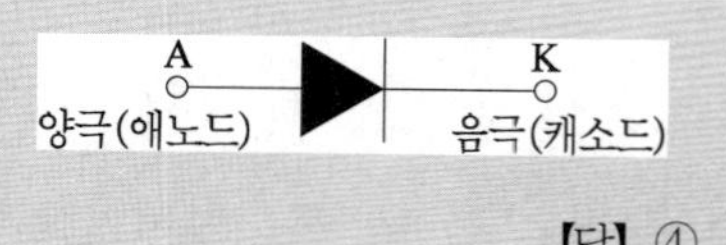

【답】 ④

문제 49

직류기의 다중 중권 권선법에서 전기자 병렬회로수(a)와 극수(p)와의 관계는?
(단, 다중도는 m 이다.)

① $a = 2$　　　② $a = 2m$　　　③ $a = p$　　　④ $a = mp$

풀이

중권과 파권의 비교

구　분	중권 (병렬권)	파권 (직렬권)
전기자 병렬회로 수 a	$p\,(a = mp)$	$2\,(a = 2m)$
브러시 수 b	p	2
용　도	저전압, 대전류	고전압, 소전류
균압접속	4극 이상	

여기서, p : 극수, m : 다중도 【답】 ④

문제 50

단상 전파정류로 직류 450 [V]를 얻는데 필요한 변압기 2차 권선의 전압은 몇 [V]인가?

① 525　　　② 500　　　③ 475　　　④ 465

- 전파 정류에서 $E_d = 0.9 E_s$

$$\therefore E_s = \frac{E_d}{0.9} = \frac{450}{0.9} = 500[\mathrm{V}]$$

【답】②

문제 51 직권 전동기의 전기자 전류가 30[A]일 때 210[kg·m]의 토크를 발생한다. 전기자 전류가 90[A]로 되면 토크는 몇 [kg·m]로 되는가? (단, 자기포화는 무시한다.)

① 1625　　　　② 1758　　　　③ 1890　　　　④ 1935

- 토크 $T = k\phi I_a$
- **직권전동기**에서는 $I = I_a = I_f$이고, 자기포화를 무시하면 $I_f \propto \phi$ 이므로

  토크 $T = KI^2$가 되어 $T \propto I^2$**의 관계가 성립**된다.

  따라서, $210 : T' = 30^2 : 90^2$ 에서 $T' = \left(\frac{90}{30}\right)^2 \times 210 = 1890[\mathrm{kg \cdot m}]$

【답】③

문제 52 직류발전기의 전기자에 대한 설명 중 잘못된 것은?

① 전기자 권선은 대전류인 경우 평각동선을 사용한다.

② 전기자 권선은 소전류인 경우 연동환선을 사용한다.

③ 소형기에는 반폐 슬롯을 사용한다.

④ 중형 및 대형기에는 가지형 슬롯을 사용한다.

- 반폐 슬롯 : 소형기 및 고속도 기기에 적용
- **개방 슬롯 : 중형기 및 대형기에 적용**

【답】④

문제 53 60[Hz], 12극, 회전자 외경 2[m]의 동기발전기에 있어서 자극면의 주변속도 [m/s]는 약 얼마인가?

① 34　　　　② 43　　　　③ 59　　　　④ 62

$$N_s = \frac{120f}{p} = \frac{120 \times 60}{12} = 600[\mathrm{rpm}]$$

$$\therefore v = \pi D \cdot \frac{N_s}{60} = \pi \times 2 \times \frac{600}{60} = 62.8[\mathrm{m/s}]$$

【답】④

문제 54 동기발전기의 병렬운전 조건에서 같지 않아도 되는 것은?

① 주파수　　　　② 용량　　　　③ 위상　　　　④ 기전력

동기 발전기의 **병렬 운전 조건**은 다음과 같다.
① 기전력의 **크기**가 같을 것　　② 기전력의 **위상**이 같을 것
③ 기전력의 **주파수**가 같을 것　　④ 기전력의 **파형**이 같을 것
⑤ **상회전 방향**이 같을 것

【답】②

문제 55

유도전동기의 2차 동손(P_c), 2차 입력(P_2), 슬립(s)일 때의 관계식으로 옳은 것은?

① $P_2 P_c s = 1$ 　　② $s = P_2 P_c$ 　　③ $s = \dfrac{P_2}{P_c}$ 　　④ $P_c = s P_2$

2차 동손 $P_c = I_2^2 r_2 = I_2 r_2 \cdot \dfrac{sE_2}{\sqrt{r_2^2 + (sx_2)^2}} = sE_2 I_2 \dfrac{r_2}{\sqrt{r_2^2 + (sx_2)^2}} = sE_2 I_2 \cos\theta_2 = sP_2$

(2차 전류 $I_2 = \dfrac{sE_2}{\sqrt{r_2^2 + (sx_2)^2}}$, 　2차 역률 $\cos\theta_2 = \dfrac{r_2}{\sqrt{r_2^2 + (sx_2)^2}}$)

【답】④

문제 56

전압 380[V]에서의 기동 토크가 전부하 토크의 186[%]인 3상 유도전동기가 있다. 기동 토크가 100[%]되는 부하에 대해서는 기동 보상기로 전압을 약 몇 [V] 공급하면 되는가?

① 280 　　② 270 　　③ 290 　　④ 300

기동 토크는 전압의 2승에 비례하므로
$T_1 : T_2 = V_1^2 : V_2^2$

따라서, $V_2 = \sqrt{\dfrac{T_2}{T_1}} \times V_1 = \sqrt{\dfrac{100}{186}} \times 380 = 278.63[V]$

【답】①

문제 57

1차 전압 3300[V], 권수비 50인 단상 변압기가 순저항 부하에 10[A]를 공급할 때의 입력 [kW]은?

① 0.66 　　② 1.25 　　③ 2.43 　　④ 2.82

• 권수비 $a = \dfrac{I_2}{I_1}$ 에서 1차전류 $I_1 = \dfrac{I_2}{a} = \dfrac{10}{50} = 0.2[A]$

• 입력 $P = V_1 I_1 = 3300 \times 0.2 = 660[W] = 0.66[kW]$

【답】①

문제 58

직류 직권 전동기를 정격전압에서 전부하 전류 50 [A]로 운전할 때, 부하토크가 1/2로 감소하면 그 부하전류는 약 몇 [A]인가? (단, 자기포화는 무시한다.)

① 20 　　② 25 　　③ 30 　　④ 35

문제 59

정격전압 6000[V], 용량 5000[kVA]의 3상 동기발전기에서 여자전류가 200[A]일 때 무부하 단자 전압이 6000[V], 단락전류는 500[A]이었다. 동기 리액턴스는 약 몇 [Ω]인가?

① 8.65　　　　② 7.26　　　　③ 6.93　　　　④ 5.77

문제 60

변압기 단락시험에서 계산 할 수 있는 것은?

① 백분율 전압강하, 백분율 리액턴스강하
② 백분율 저항강하, 백분율 리액턴스강하
③ 백분율 전압강하, 여자 어드미턴스
④ 백분율 리액턴스강하, 여자 어드미턴스

4과목　회로이론

문제 61

$R = 100\,[\Omega]$, $L = \dfrac{1}{\pi}\,[\text{H}]$, $C = \dfrac{100}{4\pi}\,[\text{pF}]$가 직렬로 연결되어 공진할 경우 이 공진회로의 전압확대율 Q는?

① 2×10^3　　　② 2×10^4　　　③ 3×10^3　　　④ 3×10^4

풀이

전압 확대율 $Q = \dfrac{1}{R}\sqrt{\dfrac{L}{C}} = \dfrac{1}{100}\sqrt{\dfrac{\dfrac{1}{\pi}}{\dfrac{100}{4\pi}\times 10^{-12}}} = 2\times 10^3$

【답】 ①

문제 62

대칭 n상 환상결선에서 선전류와 환상전류 사이의 위상차는 어떻게 되는가?

① $\dfrac{\pi}{2}\left(1-\dfrac{2}{n}\right)$ ② $2\left(1-\dfrac{2}{n}\right)$ ③ $\dfrac{n}{2}\left(1-\dfrac{\pi}{2}\right)$ ④ $\dfrac{\pi}{2}\left(1-\dfrac{n}{2}\right)$

풀이

대칭 n상에서 선전류는 환상 전류(상전류)보다 $\dfrac{\pi}{2}\left(1-\dfrac{2}{n}\right)$[rad]만큼 위상이 뒤진다.

【답】 ①

문제 63

3상 불평형 회로의 전압에서 불평형률[%]은?

① $\dfrac{영상전압}{정상전압}\times 100\,[\%]$ ② $\dfrac{정상전압}{역상전압}\times 100\,[\%]$

③ $\dfrac{정상전압}{영상전압}\times 100\,[\%]$ ④ $\dfrac{역상전압}{정상전압}\times 100\,[\%]$

풀이

불평형률 $= \dfrac{역상분}{정상분}\times 100\,[\%]$

【답】 ④

문제 64

$V = 50\sqrt{3} - j50$ [V], $I = 15\sqrt{3} + j15$ [A]일 때 유효전력 P [W]와 무효전력 P_r [Var]은 각각 얼마인가?

① $P = 3000,\ P_r = 1500$ ② $P = 1500,\ P_r = 1500\sqrt{3}$

③ $P = 750,\ P_r = 750\sqrt{3}$ ④ $P = 2250,\ P_r = 1500\sqrt{3}$

풀이

$P_a = VI^* = P + jQ = (50\sqrt{3} - j50)(15\sqrt{3} - j15)$

$= 2250 - j750\sqrt{3} - j750\sqrt{3} - 750 = 1500 - j1500\sqrt{3}$

따라서, 유효전력 $P = 1500$[W], 무효전력 $P_r = 1500\sqrt{3}$ [Var]

【답】 ②

문제 65

RL 직렬회로에 $v = 150\sqrt{2}\cos\omega t + 100\sqrt{2}\sin3\omega t + 25\sqrt{2}\sin5\omega t$ [V]의 전압을 가하였다. 이 때 제3고조파성분 전류의 실효치[A]는? (단, $R = 5\,[\Omega]$, $\omega L = 4\,[\Omega]$이다.)

① 약 7.69[A]   ② 약 10.88[A]   ③ 약 15.62[A]   ④ 약 22.08[A]

$$I_3 = \frac{V_3}{Z_3} = \frac{V_3}{\sqrt{R^2 + (3\omega L)^2}} = \frac{100}{\sqrt{5^2 + (3 \times 4)^2}} = 7.69[\text{A}]$$

($\because$ 저항은 기본파일 때나 고조파 일 때나 그 크기의 변화는 없다. 그러나 **리액턴스는 제n차 고조파에** **서는 주파수가 n배가 되므로**, 리액턴스 $X_n = 2\pi(nf)L = n \times 2\pi fL$로 **기본파의 n배가 된다.**)

【답】 ①

문제 66

3상 회로에 △결선된 평형 순저항 부하를 사용하는 경우 선간전압 220[V], 상전류가 7.33 [A]라면 1상의 부하저항은 약 몇 [Ω]인가?

① 80[Ω]　　　　② 60[Ω]　　　　③ 45[Ω]　　　　④ 30[Ω]

△결선에서 "선간전압 = 상전압" 이다.

따라서, $I_P = \dfrac{V_P}{Z}$ 에서 $Z = \dfrac{V_P}{I_P} = \dfrac{V_l}{I_P} = \dfrac{220}{7.33} = 30[\Omega]$

【답】 ④

문제 67

60[Hz], 100[V]의 교류전압을 어떤 콘덴서에 인가하니 1[A]의 전류가 흘렀다. 이 콘덴서의 정전용량[μF]은?

① 약 377[μF]　　　② 약 265[μF]　　　③ 약 26.5[μF]　　　④ 약 2.65[μF]

$$X_c = \frac{V}{I} = \frac{100}{1} = 100[\Omega]$$

$$X_c = \frac{1}{\omega C} \text{에서 } C = \frac{1}{\omega X_c}$$

$$C = \frac{1}{2\pi \times 60 \times 100} = 26.5 \times 10^{-6}[\text{F}] = 26.5[\mu\text{F}]$$

【답】 ③

문제 68

분류기를 사용하여 전류를 측정하는 경우 전류계의 내부저항이 0.12[Ω], 분류기의 저항이 0.03[Ω]이면 그 배율은?

① 6　　　　② 5　　　　③ 4　　　　④ 3

분류기 : 전류계의 측정범위를 확대하기 위하여 내부저항 r_a[Ω]인 전류계에 병렬로 접속하는 저항

배율 $m = \dfrac{I}{I_a} = 1 + \dfrac{r_a}{R_s} = 1 + \dfrac{0.12}{0.03} = 5$

【답】 ②

문제 69

RL 직렬회로에서 시정수의 값이 클수록 과도현상의 소멸되는 시간에 대한 설명으로 옳은 것은?

① 짧아진다.　　　　　　　　　　② 과도기가 없어진다.

③ 길어진다.　　　　　　　　　　④ 변화가 없다.

풀이

시정수가 크면 클수록 과도기가 오래 지속되고, 적으면 적을수록 지속시간이 짧아진다.　　【답】③

문제 70

그림과 같은 이상적인 변압기로 구성된 4단자 회로에서 정수 A와 C는 어떻게 되는가?

① $A = 0,\ C = n$

② $A = 0,\ C = \dfrac{1}{n}$

③ $A = n,\ C = 0$

④ $A = \dfrac{1}{n},\ C = 0$

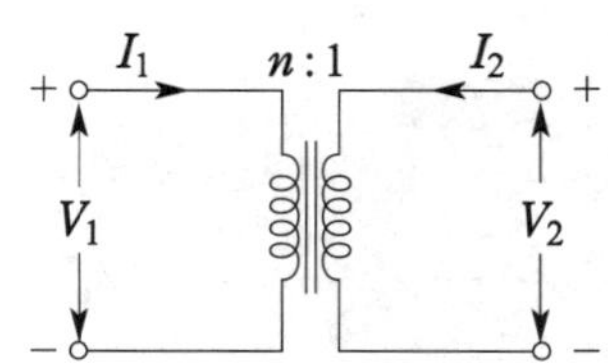

풀이

변압기의 4단자 정수는 $\begin{bmatrix} a & 0 \\ 0 & \frac{1}{a} \end{bmatrix}$ 이므로 $\begin{bmatrix} A & B \\ C & D \end{bmatrix} = \begin{bmatrix} n & 0 \\ 0 & \frac{1}{n} \end{bmatrix}$ 가 된다.

따라서, $A = n,\ B = 0,\ C = 0,\ D = \dfrac{1}{n}$ 이 된다.　　【답】③

문제 71

비정현파의 성분을 가장 적합하게 나타낸 것은?

① 직류분 + 고조파　　　　　　　② 교류분 + 고조파

③ 직류분 + 기본파 + 고조파　　　④ 교류분 + 기본파 + 고조파

풀이

정현파로부터 일그러진 파형을 총칭하여 비정현파라고 하며, 비정현파는 다음과 같이 표시한다.

비정현파 = 직류분 + 기본파 + 고조파　　【답】③

문제 72

어느 저항에 $v_1 = 220\sqrt{2}\sin(2\pi \cdot 60t - 30°)$ [V]와

$v_2 = 100\sqrt{2}\sin(3 \cdot 2\pi \cdot 60t - 30°)$ [V]의 전압이 각각 걸릴 때 올바른 것은?

① v_1이 v_2보다 위상이 15° 앞선다.

② v_1이 v_2보다 위상이 15° 뒤진다.

③ v_1이 v_2보다 위상이 75° 앞선다.

④ v_1과 v_2의 위상관계는 의미가 없다.

주파수가 서로 다른 전압, 전류 사이에서는 유효전력도 무효전력도 전혀 발생하지 않는다.
따라서, 기본파인 v_1과 3고조파인 v_2 사이에서의 위상관계는 의미가 없다. 【답】④

문제 73 다음 미분방정식으로 표시되는 계에 대한 전달함수를 구하면?
(단, $x(t)$는 입력, $y(t)$는 출력을 나타낸다.)

$$\frac{d^2 y(t)}{dt^2} + 3\frac{dy(t)}{dt} + 2y(t) = x(t) + \frac{dx(t)}{dt}$$

① $\dfrac{s+1}{s^2+3s+2}$　　② $\dfrac{s-1}{s^2+3s+2}$　　③ $\dfrac{s+1}{s^2-3s+2}$　　④ $\dfrac{s-1}{s^2-3s+2}$

양변을 라플라스 변환하면
$$s^2 Y(s) + 3s\,Y(s) + 2\,Y(s) = X(s) + s\,X(s)$$
$$(s^2 + 3s + 2)\,Y(s) = (s+1)\,X(s)$$
$$\therefore\ G(s) = \frac{Y(s)}{X(s)} = \frac{s+1}{s^2+3s+2}$$

【답】①

문제 74 다음 그림에서 $V_1 = 24[\text{V}]$일 때 $V_0[\text{V}]$의 값은?

① 8

② 12

③ 16

④ 24

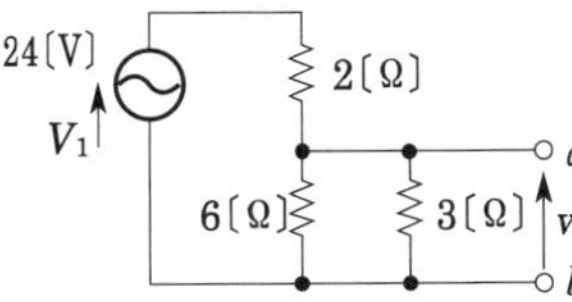

병렬 부분의 저항
$$R = \frac{6 \times 3}{6+3} = 2[\Omega]$$
$$\therefore\ V_0 = 24 \times \frac{1}{2} = 12[\text{V}]$$

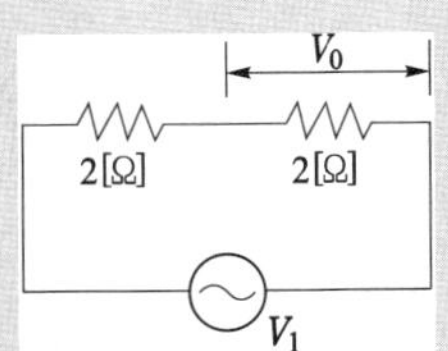

【답】②

문제 75 그림과 같은 회로의 임피던스 파라미터는?

① $Z_{11} = Z_1 + Z_2,\ Z_{12} = Z_1,\ Z_{21} = Z_1,\ Z_{22} = Z_1$

② $Z_{11} = Z_1,\ Z_{12} = Z_2,\ Z_{21} = -Z_1,\ Z_{22} = Z_2$

③ $Z_{11} = Z_2,\ Z_{12} = -Z_2,\ Z_{21} = -Z_2,\ Z_{22} = Z_1 + Z_2$

④ $Z_{11} = Z_2,\ Z_{12} = Z_1 + Z_2,\ Z_{21} = Z_1 + Z_2,\ Z_{22} = Z_1$

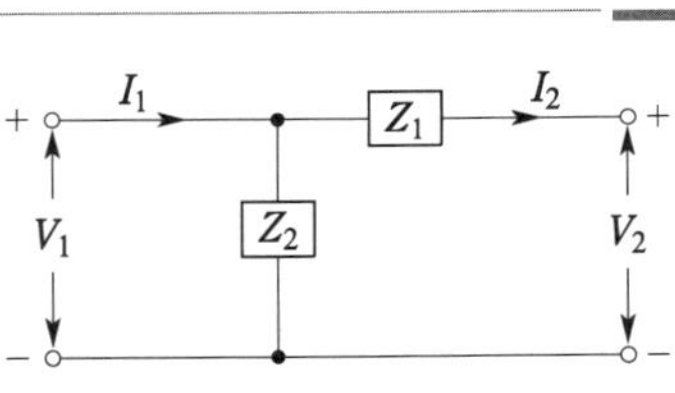

풀이

$$\bullet\ Z_{11} = \left.\frac{V_1}{I_1}\right|_{I_2=0} [\Omega] \quad (I_2=0\text{는 2차측 개방}), \quad V_1 = I_1 \times Z_2$$

$$\therefore Z_{11} = \frac{V_1}{I_1} = \frac{I_1 \times Z_2}{I_1} = Z_2 [\Omega]$$

$$\bullet\ Z_{12} = \left.\frac{V_1}{I_2}\right|_{I_1=0} [\Omega] \quad (I_1=0\text{는 1차측 개방}), \quad V_1 = (-I_2) \times Z_2$$

$$\therefore Z_{12} = \frac{V_1}{I_2} = \frac{-I_2 \times Z_2}{I_2} = -Z_2 [\Omega]$$

$$\bullet\ Z_{21} = \left.\frac{V_2}{I_1}\right|_{I_2=0} [\Omega] \quad (I_2=0\text{는 2차측 개방}), \quad V_2 = (-I_1) \times Z_2$$

$$\therefore Z_{21} = \frac{V_2}{I_1} = \frac{-I_1 \times Z_2}{I_1} = -Z_2 [\Omega]$$

$$\bullet\ Z_{22} = \left.\frac{V_2}{I_2}\right|_{I_1=0} [\Omega] \quad (I_1=0\text{는 1차측 개방}), \quad V_2 = I_2 \times (Z_1 + Z_2)$$

$$\therefore Z_{22} = \frac{V_2}{I_2} = \frac{I_2 \times (Z_1 + Z_2)}{I_2} = Z_1 + Z_2 [\Omega]$$

【답】 ③

문제 76 각 상의 임피던스가 $Z = 6 + j8$인 평형 Y부하에 선간전압 220 [V]인 대칭 3상 전압이 가해졌을 때 선전류는 약 몇 [A]인가?

① 11.7[A] ② 12.7[A] ③ 13.7[A] ④ 14.7[A]

풀이

$$\text{상전류 } I_P = \frac{V_P}{Z} = \frac{220/\sqrt{3}}{\sqrt{6^2+8^2}} = 12.7 [A]$$

Y결선이므로 선전류 $I_l = $ 상전류$I_P = 12.7[A]$

【답】 ②

문제 77 다음과 같은 파형을 푸리에 급수로 전개하면?

① $y = \dfrac{A}{\pi} + \dfrac{\sin 2x}{2} + \dfrac{\sin 4x}{4} + \cdots$

② $y = \dfrac{4A}{\pi}\left(\sin\alpha \sin x + \dfrac{1}{9}\sin 3\alpha \sin 3x + \cdots\right.$

③ $y = \dfrac{4A}{\pi}\left(\sin x + \dfrac{1}{3}\sin 3x + \dfrac{1}{5}\sin 5x + \cdots\right)$

④ $y = \dfrac{4}{\pi}\left(\dfrac{\cos 2x}{1.3} + \dfrac{\cos 4x}{3.5} + \dfrac{\cos 6x}{5.7} + \cdots\right)$

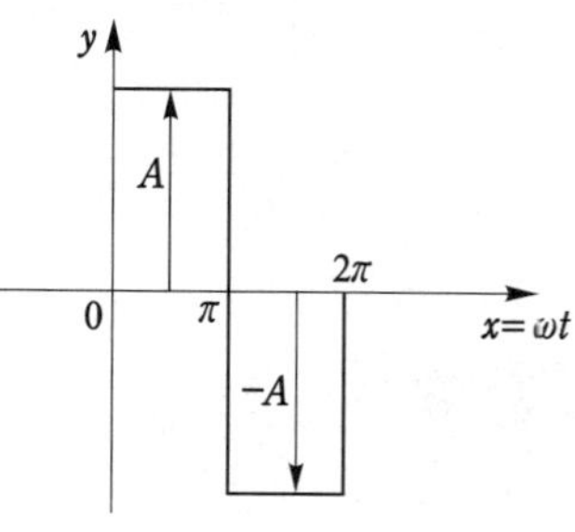

풀이

반파 대칭 및 정현파 대칭이므로 $b_n = a_0 = 0$ 기수항의 sin 항만이 존재한다.

【답】 ③

일정 전압의 직류 전원에 저항 R을 접속하고 전류를 흘릴 때, 이 전류값을 20 [%] 증가시키기 위해서는 저항값은 얼마로 하여야 하는가?

① $1.25R$ ② $1.20R$ ③ $0.83R$ ④ $0.80R$

풀이

$$I = \frac{E}{R} \quad\cdots\cdots\cdots\cdots ①$$

$$I_2 = \frac{E}{R_2} = 1.2I \quad\cdots\cdots ②$$

식 ①, ②에서

$$E = IR = I_2 R_2 = 1.2\, IR_2 \qquad \therefore\ R_2 = \frac{IR}{1.2I} \fallingdotseq 0.83R$$

【답】 ③

전류가 전압에 비례한다는 것을 가장 잘 나타낸 것은?

① 테브낭의 정리   ② 상반의 정리
③ 밀만의 정리   ④ 중첩의 원리

풀이

테브낭의 정리

$$I = \frac{V}{Z_0 + Z}$$

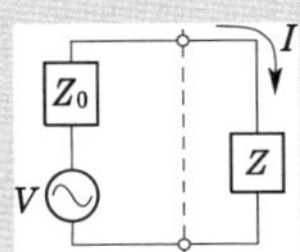

【답】 ①

---

a가 상수, $t > 0$ 일 때 $f(t) = e^{at}$ 의 라플라스 변환은?

① $\dfrac{1}{s-a}$ ② $\dfrac{1}{s+a}$ ③ $\dfrac{1}{s^2 - a^2}$ ④ $\dfrac{1}{s^2 + a^2}$

풀이

라플라스 변환 표

$f(t)$	$F(s)$
$e^{\mp at}$	$\dfrac{1}{s \pm a}$

【답】 ①

5과목　전기설비기술기준 및 판단기준

문제 81

다음 중 전선 접속 방법이 잘못된 것은?

① 알루미늄과 동을 사용하는 전선을 접속하는 경우에는 접속 부분에 전기적 부식이 생기지 않아야 한다.

② 공칭단면적 10[mm²] 미만인 캡타이어 케이블 상호간을 접속하는 경우에는 접속함을 사용할 수 없다.

③ 절연전선 상호간을 접속하는 경우에는 접속부분을 절연 효력이 있는 것으로 충분히 피복하여야 한다.

④ 나전선 상호간의 접속인 경우에는 전선의 세기를 20 [%]이상 감소시키지 않아야 한다.

풀이

코드 상호, 캡타이어 케이블 상호 또는 이들 **상호간의 접속은 코드접속기, 접속함 및 기타 기구를 사용하여야 한다.** 다만, **단면적이 10[mm²] 이상의 캡타이어 케이블 상호**를 접속하는 경우로서 규정에 따라 시설할 경우에는 **기구를 사용하지 않을 수 있다.**　　　　【답】②

문제 82

다음 (　)에 들어갈 적당한 것은?

"지중 전선로는 기설 지중 약전류 전선로에 대하여 (ⓐ) 또는 (ⓑ)에 의하여 통신상의 장해를 주지 않도록 기설 약전류 전선으로부터 충분히 이격시키거나 기타 적당한 방법으로 시설하여야 한다."

① ⓐ 정전용량, ⓑ 표피작용　　　　② ⓐ 정전용량, ⓑ 유도작용
③ ⓐ 누설전류, ⓑ 표피작용　　　　④ ⓐ 누설전류, ⓑ 유도작용

풀이

지중 약전류전선에의 유도장해의 방지 (판단기준 제140조)
지중전선로는 기설 지중 약전류 전선로에 대하여 **누설전류 또는 유도작용에 의하여 통신상의 장해를 주지 아니하도록** 기설 약전류 전선로로부터 충분히 이격시키거나 기타 적당한 방법으로 시설하여야 하다.　　　　【답】④

문제 83

고압 가공전선로에 사용하는 가공지선은 지름 몇 [mm]이상의 나경동선을 사용하여야 하는가?

① 2.6　　　　　② 3.0　　　　　③ 4.0　　　　　④ 5.0

풀이

고압 가공전선로의 가공지선(판단기준 제73조)
• **고압 가공 전선로의 가공지선 : 4[mm] 이상의 나동경선**
• 특고압 가공 전선로의 가공지선　: 5[mm] 이상의 나경동선　　　　【답】③

중성점 비접지식 고압전로(케이블을 사용하는 전로)에서 제2종 접지공사의 접지저항값을 결정하는 1선 지락전류의 계산식은? (단, V는 전로의 공칭전압[kV]을 1.1로 나눈 전압, L는 동일모선에 접속되는 고압전로의 선로연장 [km]이다.)

① $1 + \dfrac{\frac{V}{2}L' - 1}{3}$

② $1 + \dfrac{\frac{V}{3}L' - 1}{2}$

③ $\dfrac{\frac{V}{3}L - 1}{2}$

④ $1 + \dfrac{\frac{V}{3}L - 1}{4}$

풀이

접지공사의 종류 (판단기준 제18조)

① 전선에 케이블 이외의 것을 사용하는 전로

$$I_1 = 1 + \frac{\frac{V}{3}L - 100}{150}$$

우변의 제2항의 값은 소수점 이하는 절상한다. I_1이 2미만으로 되는 경우에는 2로 한다.

② **전선에 케이블을 사용하는 전로**

$$I_1 = 1 + \frac{\frac{V}{3}L' - 1}{2}$$

우변의 제2항의 값은 소수점 이하는 절상한다. I_1이 2미만으로 되는 경우에는 2로 한다.

③ 전선에 케이블 이외의 것을 사용하는 전로와 전선에 케이블을 사용하는 전로로 되어 있는 전로

$$I_1 = 1 + \frac{\frac{V}{3}L - 100}{150} + \frac{\frac{V}{3}L' - 1}{2}$$

【답】 ②

전력보안통신 설비인 무선통신용 안테나를 지지하는 목주는 풍압하중에 대한 안전율이 얼마 이상이어야 하는가?

① 1.0   ② 1.2   ③ 1.5   ④ 2.0

풀이

무선용 안테나 등의 지지하는 철탑 등의 시설 (판단기준 제164조)

전력 보안통신 설비인 무선통신용 안테나 또는 반사판 을 지지하는 목주·철근·철근 콘크리트주 또는 철탑은 다음 각 호에 의하여 시설하여야 한다.

① **목주의 안전율 : 1.5 이상**

② 철주·철근 콘크리트주 또는 철탑의 기초 안전율 : 1.5 이상

【답】 ③

인입용 비닐절연전선을 사용한 저압 가공전선은 횡단보도교 위에 시설하는 경우 노면상의 높이는 몇 [m]이상으로 하여야 하는가?

① 3   ② 3.5   ③ 4   ④ 4.5

풀이

저압 인입선의 시설(판단기준 제100조)

전선의 높이

① 도로(차도와 보도의 구별이 있는 도로인 경우에는 차도)를 횡단하는 경우 : 노면상 5[m] (기술상 부득이한 경우에 교통에 지장이 없을 때에는 3[m]) 이상

② 철도 또는 궤도를 횡단하는 경우 : 레일면상 6.5[m] 이상

③ **횡단보도교 위에 시설하는 경우 : 노면상 3[m] 이상**

【답】 ①

문제 87

옥내에 시설하는 조명용 전등의 점멸장치에 대한 설명으로 틀린 것은?

① 가정용 전등은 등기구마다 점멸이 가능하도록 한다.

② 국부조명설비는 그 조명대상에 따라 점멸할 수 있도록 시설한다.

③ 공장, 사무실 등에 시설하는 전체 조명용 전등은 부분조명이 가능하도록 등기구수 6개 이내의 전등군으로 구분하여 전등군마다 점멸이 가능하도록 한다.

④ 광 천장 조명 또는 간접조명을 위하여 전등을 격등회로로 시설하는 경우에는 10개의 전등군으로 구분하여 점멸이 가능하도록 한다.

풀이

2012년 1월에 개정된 판단기준 제177조(점멸장치와 타임스위치 등의 시설)

• **개정 전** : 부분 조명이 가능하도록 **등기구수 6개 이내의 전등군으로 구분**하여 전등군마다 점멸이 가능하도록

• **개정 후** : 부분 조명이 가능하도록 **전등군을 구분**하여 점멸이 가능하도록

따라서, **답이 ③ 및 ④ 가 될 수 있다.**

【답】 ④

문제 88

발전소에서 사용하는 차단기의 압축공기장치의 공기압축기는 최고 사용압력 몇 배의 수압을 연속하여 10분간 가하였을 때 견디고 새지 않아야 하는가?

① 1.2배 ② 1.25배 ③ 1.5배 ④ 1.55배

풀이

가스절연기기 등의 압력용기의 시설 (판단기준 제52조)

발·변전소, 개폐기 또는 이에 준하는 곳에서 개폐기 또는 차단기에 사용하는 **압축 공기 장치는 최고 사용 압력의 1.5배의 수압**을 계속하여 10분간 가하여 시험을 한 경우에 이에 견디고 또한 새지 아니할 것

【답】 ③

문제 89

사용전압이 22900 [V]인 특고압 가공전선이 건조물 등과 접근상태로 시설되는 경우 지지물로 A종 철근 콘크리트주를 사용하면 그 경간은 몇 [m] 이하이어야 하는가? (단, 중성선 다중접지식으로 전로에 단락이 생겼을 때에 2초 이내에 자동적으로 이를 전로로부터 차단하는 장치가 되어있는 경우)

① 100 ② 150 ③ 200 ④ 250

문제 90

태양전지 발전소에 시설하는 태양전지 모듈, 전선 및 개폐기 기타 기구의 시설방법으로 적합하지 않은 것은?

① 충전부분은 노출되지 아니하도록 시설할 것

② 태양전지 모듈에 전선을 접속하는 경우에는 접속점에 장력이 가해지도록 할 것

③ 옥내에 시설하는 경우에는 금속관공사, 가요전선관공사로 할 것

④ 태양전지 모듈의 지지물은 진동과 충격에 안전한 구조이어야 할 것

문제 91

고압 보안공사에서 지지물이 A종 철주인 경우 경간은 몇 [m] 이하인가?

① 100 ② 150 ③ 250 ④ 400

문제 92

전기울타리 시설에 대한 설명으로 옳지 않은 것은?

① 사람이 쉽게 출입하지 아니하는 곳에 시설할 것

② 전선과 이를 지지하는 기둥 사이의 이격거리는 2.5 [cm] 이상일 것

③ 전기울타리용 전원장치에 전기를 공급하는 전로의 사용전압은 250 [V] 이하일 것

④ 전선과 다른 시설물 또는 수목사이의 이격거리는 20 [cm] 이상일 것

> **풀이**
>
> **전기 울타리의 시설**(판단기준 제231조)
> • 목적 : 논, 밭, 목장 등에서 짐승의 침입 또는 가축의 탈출을 방지하기 위하여 시설하는 것
> • 전원 : 전원장치에 전기를 공급하는 전로의 사용 전압은 250[V] 이하
> • 전선 : 인장강도 1.38[kN] 이상의 것 또는 지름 2[mm] 이상의 경동선
> • 기둥과의 이격 거리 : 2.5[cm] 이상
> • **전선과 다른 공작물 또는 수목과의 이격 거리 : 30[cm] 이상**　　　　【답】 ④

문제 93　제1종 금속제 가요전선관의 두께는 몇 [mm] 이상인가?

① 0.8　　　　　② 1.0　　　　　③ 1.2　　　　　④ 1.6

> **풀이**
>
> 가요 전선관 공사 (판단기준 제186조)
> ① 전선은 절연 전선(OW 제외)으로 연선이어야 하며 (단면적 10[mm²] 이하의 것은 단선 사용 가능) 관 안에서 접속점이 없도록 시설하고 가요 전선관은 2종 금속제 가요 전선관일 것
> ② **1종 금속제 가요전선관은 두께 0.8 [mm] 이상**으로 4 [m]를 넘는 것은 1.6 [mm] 이상의 나연동선을 전장에 걸쳐 삽입 또는 첨가하여 양단에서 관과 전기적으로 완전하게 접속하여야 한다.　【답】 ①

문제 94　철도 또는 궤도를 횡단하는 저고압 가공전선의 높이는 레일면상 몇 [m] 이상이어야 하는가?

① 5.5　　　　　② 6.5　　　　　③ 7.5　　　　　④ 8.5

> **풀이**
>
> 저고압 가공전선의 높이 (판단기준 제72조)
>
> | 설치장소 | | 가공전선의 높이 |
> |---|---|---|
> | 도로횡단 | | 지표상 6 [m] 이상 |
> | **철도 또는 궤도 횡단** | | **레일면상 6.5 [m] 이상** |
> | 횡단보도교 위 | 저압 | 노면상 3.5 [m] 이상, 단, 절연전선의 경우 3 [m] 이상 |
> | | 고압 | 노면상 3.5 [m] 이상 |
> | 일반장소 | | 지표상 5 [m] 이상. 단, 절연전선 또는 케이블을 사용하여 교통에 지장이 없도록 하여 옥외조명용에 공급하는 경우 4 [m]까지 감할 수 있다. |
>
> 　　【답】 ②

문제 95　케이블 트레이공사에 사용하는 케이블 트레이에 적합하지 않은 것은?

① 금속재의 것은 적절한 방식처리를 하거나 내식성 재료의 것이어야 한다.

② 비금속재 케이블 트레이는 난연성 재료가 아니어도 된다.

③ 케이블 트레이가 방화구획의 벽 등을 관통하는 경우에는 개구부에 연소방지시설을 하여야 한다.

④ 금속제 케이블 트레이 계통은 기계적 또는 전기적으로 완전하게 접속하여야 한다.

케이블 트레이 공사(판단기준 제194조)
케이블 트레이 : 케이블을 지지하기 위하여 사용하는 **금속제 또는 불연성 재료로 제작**된 유닛 또는 유닛의 집합체 및 그에 부속하는 부속재 등으로 구성된 견고한 구조물을 말하며 사다리형, 펀칭형, 통풍 채널형, 바닥밀폐형 기타 이와 유사한 구조물을 포함한다. 【답】②

문제 96 금속제 지중 관로에 대하여 전식 작용에 의한 장해를 줄 우려가 있어 배류 시설에 사용되는 선택 배류기를 보호할 목적으로 시설하여야 하는 것은?

① 과전류 차단기　　　　　　　　② 과전압 계전기
③ 유입 개폐기　　　　　　　　　④ 피뢰기

배류접속 (판단기준 제265조)
선택 배류기는 다음 각 호에 의하여 시설하여야 한다.
- **선택 배류기를 보호**하기 위하여 적정한 **과전류 차단기를 시설**할 것
- 선택 배류기는 제3종 접지공사를 한 금속제 외함 기타 견고한 함에 넣어 시설하거나 사람이 접촉할 우려가 없도록 시설할 것 【답】①

문제 97 지중전선이 지중약전류 전선 등과 접근하거나 교차하는 경우에 상호 간의 이격거리가 저압 또는 고압의 지중 전선이 몇 [cm] 이하일 때, 지중 전선과 지중약전류 전선 사이에 견고한 내화성의 격벽(隔璧)을 설치하여야 하는가?

① 10[cm]　　　　② 20[cm]　　　　③ 30[cm]　　　　④ 60[cm]

지중전선과 지중 약전류전선 등 또는 관과의 접근 또는 교차(판단기준 제141조)
고압 지중 전선이 지중 약전류 전선과 접근 교차하는 경우 **상호의 이격 거리가 30[cm] 이하인 경우에**는 지중 전선과 관과의 사이에 견고한 **내화성의 격벽**을 시설하여야 한다. 【답】③

문제 98 특고압 전선로에 접속하는 배전용 변압기를 시설하는 경우에 대한 설명으로 틀린 것은?

① 변압기의 2차 전압이 고압인 경우에는 저압측에 개폐기를 시설한다.
② 특고압 전선으로 특고압 절연전선 또는 케이블을 사용한다.
③ 변압기의 특고압측에 개폐기 및 과전류차단기를 시설한다.
④ 변압기의 1차 전압은 35 [kV] 이하, 2차 전압은 저압 또는 고압이어야 한다.

특고압 배전용 변압기의 시설 (판단기준 제29조)
- 특고압 전선에 특고압 절연 전선 또는 케이블을 사용한다.
- 1차 전압은 35 [kV] 이하, 2차측은 저압 또는 고압일 것
- **특고압측에는 개폐기 및 과전류 차단기를 시설할 것** 【답】①

문제 99 특고압 가공전선과 가공약전류 전선사이에 시설하는 보호망에서 보호망을 구성하는 금속선 상호간의 간격은 가로 및 세로를 각각 몇 [m] 이하로 시설하여야 하는가?

① 0.75[m] ② 1.0[m] ③ 1.25[m] ④ 1.5[m]

풀이

특고압 가공 전선과 도로 등의 접근 도는 교차 (판단기준 제127조)
- **보호망은 제1종 접지공사**를 한 금속제의 망상장치로 하고 견고하게 지지할 것.
- 보호망을 구성하는 **금속선의 상호 간격**은 1.5[m] 이하로 구성할 것 **【답】** ④

전기설비 기술기준(개정)과 판단기준에 따라 삭제된 문제가 있어 전체 20문항이 안됩니다.

국가기술자격검정 필기시험 문제

2012년도 전기산업기사 일반검정 제3회

자격종목 및 등급(선택분야)	종목코드	시험시간	문제지형별	수검 번호	성 명
전기산업기사	2140	2시간 30분	A		

1과목　전기자기학

문제 01　대전 도체 내부의 전위에 대한 설명으로 옳은 것은?

① 내부에는 전기력선이 없으므로 전위는 무한대의 값을 갖는다.

② 내부의 전위와 표면전위는 같다. 즉 도체는 등전위이다.

③ 내부의 전위는 항상 대지전위와 같다.

④ 내부에는 전계가 없으므로 0 전위이다.

풀이

도체의 성질과 전하분포
- **도체 표면과 내부의 전위는 동일하고(등전위)**, 표면은 등전위면이다.
- 도체 내부의 전계의 세기는 0 이다.
- 전하는 도체 내부에는 존재하지 않고, 도체 표면에만 분포한다.
- 도체 면에서의 전계의 세기는 도체 표면에 항상 수직이다.
- 도체 표면에서의 전하밀도는 곡률이 클수록 높다. 즉, 곡률반경이 작을수록 높다.　【답】②

문제 02　자화율 χ와 비투자율 μ_s의 관계에서 상자성체로 판단할 수 있는 것은?

① $\chi > 0,\ \mu_s < 1$　　　② $\chi < 0,\ \mu_s > 1$

③ $\chi > 0,\ \mu_s > 1$　　　④ $\chi < 0,\ \mu_s < 1$

풀이

- **상자성체 : 자화율 $\chi > 0$, 비투자율 $\mu_s > 1$**
- 반자성체 : 자화율 $\chi < 0$, 　비투자율 $\mu_s < 1$
- 강자성채 : 비투자율 $\mu_s \gg 1$　　　【답】③

문제 03　강자성체의 자속 밀도 B의 크기와 자화의 세기 J의 크기 사이에는 어떤 관계가 있는가?

① J가 B보다 약간 크다.　　　② J는 B보다 대단히 크다.

③ J는 B보다 약간 작다.　　　④ J는 B와 똑같다.

풀이

강자성체는 $\mu_s \gg 1$이므로 $J = \dfrac{\mu_s - 1}{\mu_s} B$ 에서

$\dfrac{\mu_s - 1}{\mu_s}$ 은 1보다 약간 작으므로 J도 B보다 약간 작다.

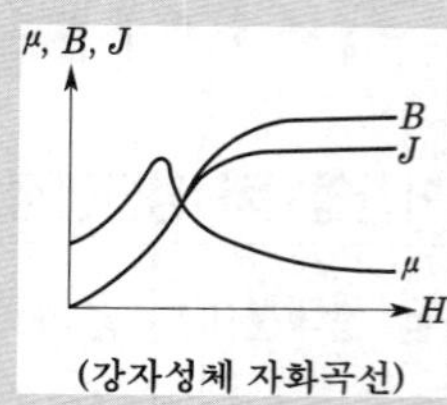

【답】③

문제 04

다음 설명 중 옳은 것은?

① 완전 도체가 아닌 일정한 고유저항을 가진 대지상에 대지와 나란히 높이 h인 곳에 가선된 전류 I가 흐르는 원통상 도선의 영상전류는 방향이 반대인 $-I$이고, 땅속 h보다 얕은 곳에 대지면과 나란히 흐르는 영상전류이다.

② 접지 구도체의 외부에 있는 점전하에 기인된 접지 구도체상 유도전하의 영상전하는 2개 있다.

③ 두 유전체가 무한 평면으로 경계면을 이루고 접해있을 때 한 유전체내에 있는 점전하 Q의 영상전하는, 경계면과 Q간 거리의 연장선상 반대편 등거리에 1개 있다.

④ 절연 도체구의 외부에 점전하가 있을 때 절연 도체구에 유도된 전하에 관한 영상 전하는 2개 있다.

풀이

절연 도체구 외부에 점전하 Q가 있는 경우 영상전하는 2개가 있다.

① 제1 영상전하 : 영상점 : $\dfrac{a^2}{d}$, 영상전하 $Q' = -\dfrac{a}{d} Q$

② 제2 영상전하 : 영상점 : 구의 중심, 영상전하 $Q'' = \dfrac{a}{d} Q$

【답】④

문제 05

열전대는 무슨 효과를 이용한 것인가?

① 압전효과   ② 제벡효과   ③ 홀효과   ④ 가우스효과

풀이

제벡 효과(Seebeck effect)
서로 다른 두 종류의 금속선을 접합하여 폐회로를 만든 후 두 접합점의 온도를 달리하였을 때, 폐회로에 열기전력이 발생하여 열전류가 흐르게 된다. 이러한 현상을 제벡 효과라 하며 이때 연결한 **금속 루프를 열전대**라 한다.

【답】②

문제 06

자기인덕턴스가 L_1, L_2이고 상호인덕턴스가 M인 두 코일을 직렬로 연결하여 합성인덕턴스 L을 얻었을 때, 다음 중 항상 양의 값을 갖는 것만 골라 묶은 것은?

① L_1, L_2, M ② L_1, L_2, L

③ M, L ④ 항상 양의 값을 갖는 것은 없다.

풀이

- 자기 인덕턴스(L_1, L_2)는 항상 정(+)의 값을 갖는다.
- 상호 인덕턴스는 두 회로 사이의 관계로 두 코일에 흐르는 전류가 만드는 **자속이 같은 방향이면 정(+)의 값을**, 반대 방향이면 부(−)의 값을 갖는다.

$$L = L_1 + L_2 \pm 2M$$

(상호 인덕턴스 $M = k\sqrt{L_1 L_2}$, 여기서, 결합계수 k는 $0 \leq k \leq 1$)

- 합성인덕턴스 L은 항상 정(+)의 값을 갖는다.

【답】 ②

문제 07

두 개의 자하 m_1, m_2 사이에 작용되는 쿨롱의 법칙으로서 자하간의 자기력에 대한 설명으로 옳지 않은 것은?

① 두 자하가 동일 극성이면 반발력이 작용한다.

② 두 자하가 서로 다른 극성이면 흡인력이 작용한다.

③ 두 자하의 거리에 반비례한다.

④ 두 자하의 곱에 비례한다.

풀이

쿨롱의 법칙 $F = \dfrac{m_1 m_2}{4\pi \mu_0 r^2}$ [N]에서

두 자하간에 작용하는 작용력은 거리의 제곱에 반비례 한다.

【답】 ③

문제 08

전압 V로 충전된 용량 C의 콘덴서에 용량 $2C$의 콘덴서를 병렬 연결한 후의 단자 전압[V]은?

① $3V$ ② $2V$ ③ $\dfrac{V}{2}$ ④ $\dfrac{V}{3}$

풀이

- 초기 충전 전하 $Q = CV$
- 콘덴서가 병렬 접속되어 있으므로 합성정전용량 $C_0 = C + 2C = 3C$
- 병렬연결 후 전위차 $V_0 = \dfrac{Q}{C_0} = \dfrac{CV}{3C} = \dfrac{V}{3}$

【답】 ④

문제 09

자기회로단면적 4[cm^2]의 철심에 6×10^{-4}[Wb]의 자속을 통하게 하려면 2800[AT/m]의 자계가 필요하다. 이 철심의 비투자율은?

① 12[H/m]   ② 43[H/m]   ③ 75[H/m]   ④ 426[H/m]

풀이

$\phi = BS = \mu_0 \mu_s HS$에서

$$\therefore \mu_s = \frac{\phi}{\mu_0 HS} = \frac{6 \times 10^{-4}}{4\pi \times 10^{-7} \times 2800 \times 4 \times 10^{-4}} \fallingdotseq 426\text{[H/m]}$$

【답】 ④

문제 10

두 자성체 경계면에서 정자계가 만족하는 것은?

① 자속밀도의 접선성분이 같다.

② 자속은 투자율이 작은 자성체에 모인다.

③ 양측 경계면상의 두 점의 전위는 서로 같다.

④ 자계의 법선성분이 같다.

풀이

① 자계의 접선 성분이 같다. $H_1 \sin\theta_1 = H_2 \sin\theta_2$

② 자속 밀도의 법선 성분이 같다. $B_1 \cos\theta_1 = B_2 \cos\theta_2$

③ **경계면상의 두 점의 전위는 서로 같다.**

④ 자속은 투자율이 높은 쪽으로 모이려는 성질이 있다.

【답】 ③

문제 11

평행판 공기콘덴서의 극판 사이에 비유전율 ϵ_s의 유전체를 채운 경우 동일 전위차에 대한 극판간의 전하량 Q[C]는?

① ϵ_s배로 증가　　② $\dfrac{1}{\epsilon_s}$로 감소　　③ $\pi\epsilon_s$ 배로 증가　　④ 불변

풀이

① 극판 사이가 진공일 때

- 정전용량 $C_0 = \dfrac{\epsilon_0 S}{d}$　　　　- 전하량 $Q_0 = C_0 V$

② 극판 사이를 비유전율 ϵ_s의 유전체를 채웠을 때

- 정전용량 $C = \dfrac{\epsilon_0 \epsilon_s S}{d} = \epsilon_s C_0$　　- 전하량 $Q = CV = \epsilon_s C_0 V$

따라서, $Q = \epsilon_s Q_0$로 ϵ_s배 만큼 커진다.

【답】 ①

문제 12

그림과 같이 진공내의 A, B, C 각 점에 $Q_A = 4 \times 10^{-6}$[C], $Q_B = 2 \times 10^{-6}$ [C], $Q_C = 5 \times 10^{-6}$[C]의 점전하가 일직선상에 놓여 있을 때 B점에 작용하는 힘은 몇 [N]인가?

① 0.8×10^{-2}

② 1.2×10^{-2}

③ 1.8×10^{-2}

④ 2.4×10^{-2}

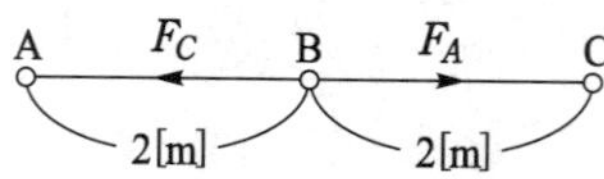

풀이

- 점전하 A가 점전하 B에 작용하는 힘

$$F_A = \frac{1}{4\pi\epsilon_0} \frac{Q_A Q_B}{r^2} = 9 \times 10^9 \times \frac{4 \times 2 \times 10^{-12}}{2^2} = 1.8 \times 10^{-2}[\text{N}]$$

- 점전하 C가 점전하 B에 작용하는 힘

$$F_C = \frac{1}{4\pi\epsilon_0} \frac{Q_B Q_C}{r^2} = 9 \times 10^9 \times \frac{2 \times 5 \times 10^{-12}}{3^2} = 1 \times 10^{-2}[\text{N}]$$

> • 점전하 B가 받는 힘 F는 F_A와 F_C의 합성력 이므로
> $$F = F_A - F_C = (1.8-1) \times 10^{-2} = 0.8 \times 10^{-2}[\text{N}]$$
>
> 【답】 ①

문제 13

무한 평면도체에서 $h[\text{m}]$의 높이에 반지름 $a[\text{m}]$ $(a \ll h)$의 도선을 도체에 평행하게 가설하였을 때 도체에 대한 도선의 정전용량은 몇 [F/m]인가?

① $\dfrac{\pi\epsilon_0}{\ln\dfrac{h}{a}}$
② $\dfrac{2\pi\epsilon_0}{\ln\dfrac{2h}{a}}$
③ $\dfrac{\pi\epsilon_0}{\ln\dfrac{2h}{a}}$
④ $\dfrac{2\pi\epsilon_0}{\ln\dfrac{h}{a}}$

풀이

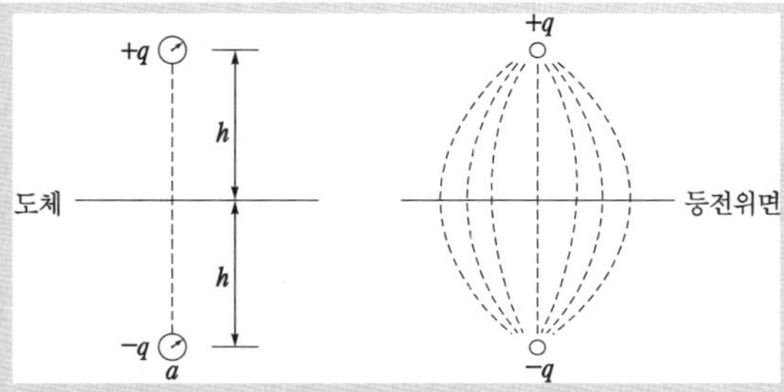

그림과 같이 반지름 $a[\text{m}]$인 도선이 도체면상 $h[\text{m}]$인 높이에서 $+q[\text{C/m}]$의 전하를 지니고 있다고 하면 도체면 아래 $h[\text{m}]$ 깊이에 $-q[\text{C/m}]$의 전하를 지닌 반지름$a[\text{m}]$인 도선이 있다고 가정하고 풀면 된다. 이때의 정전 용량은 $C_s = \dfrac{2\pi\epsilon_0}{\ln\dfrac{2h}{a}}[\text{F/m}]$가 된다.

【답】 ②

문제 14

두 도체 A와 B에서 도체 A에는 $+Q[\text{C}]$, 도체 B에는 $-Q[\text{C}]$의 전하를 줄 때 도체 A, B간의 전위차를 V_{AB}라 하면 성립되는 식은? (단, 두 도체 사이의 정전용량은 C 이다.)

① $Q = \sqrt{C}\, V_{AB}^2$
② $Q = \sqrt{C}\, V_{AB}$
③ $Q = C^2 V_{AB}$
④ $Q = CV_{AB}$

풀이

진공 중에 놓여진 두 도체에 각각 동량 이 부호의 전하 $\pm Q$를 주었을 때 두 도체 사이의 정전용량

$$C = \frac{Q}{V_{AB}}[\text{F}]$$

여기서, V_{AB} : 두 도체 사이의 전위차, C : 두 도체 사이의 정전용량

【답】 ④

문제 15

자기 인덕턴스 50[mH]의 회로에 흐르는 전류가 매초 100[A]의 비율로 감소할 때 자기 유도 기전력[V]은?

① $5 \times 10^{-4}[\text{mV}]$
② 5[V]
③ 40[V]
④ 200[V]

유도기전력 $e = L\dfrac{di}{dt} = 0.05 \times \dfrac{100}{1} = 5[\text{V}]$

【답】 ②

문제 16

유전율이 각각 ϵ_1, ϵ_2인 두 유전체가 접해있는 경우 전기력선의 방향을 그림과 같이 표시할 때 $\epsilon_1 > \epsilon_2$이면 θ_1과 θ_2의 관계는?

① $\theta_1 = \theta_2$

② $\theta_1 < \theta_2$

③ $\theta_1 > \theta_2$

④ 전력선의 방향에 따라 $\theta_1 > \theta_2$ 혹은 $\theta_1 < \theta_2$

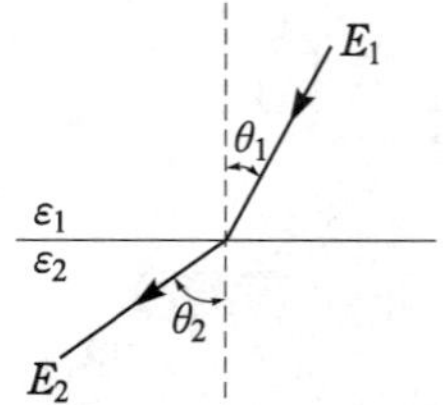

풀이

유전체에서의 경계면 조건

$E_1 \sin\theta_1 = E_2 \sin\theta_2$, $D_1 \cos\theta_1 = D_2 \cos\theta_2$ 에서 $\dfrac{\tan\theta_1}{\tan\theta_2} = \dfrac{\epsilon_1}{\epsilon_2}$ 의 관계가 성립된다.

따라서, $\epsilon_1 > \epsilon_2$ 이면 $\theta_1 > \theta_2$ 이다.

【답】 ③

문제 17

유전율 $\epsilon_1[\text{F/m}]$, $\epsilon_2[\text{F/m}]$인 두 종류의 유전체가 무한평면을 경계로 접해있다. 유전체에서 경계면으로부터 $r[\text{m}]$만큼 떨어진 점 P에 점전하 $Q[\text{C}]$가 있을 경우, 점전하와 유전체 $\epsilon_2[\text{F/m}]$ 사이에 작용하는 힘[N]은?

① $\dfrac{Q^2}{4\pi\epsilon_1 r^2}\dfrac{\epsilon_1 - \epsilon_2}{\epsilon_1 + \epsilon_2}[\text{N}]$

② $\dfrac{Q}{4\pi\epsilon_1 r}\dfrac{\epsilon_1 - \epsilon_2}{\epsilon_1 + \epsilon_2}[\text{N}]$

③ $\dfrac{Q}{16\pi\epsilon_1 r}\dfrac{\epsilon_1 - \epsilon_2}{\epsilon_1 + \epsilon_2}[\text{N}]$

④ $\dfrac{Q^2}{16\pi\epsilon_1 r^2}\dfrac{\epsilon_1 - \epsilon_2}{\epsilon_1 + \epsilon_2}[\text{N}]$

풀이

점전하 Q와 유전체 ϵ_2 사이에 작용하는 힘은 유전체 ϵ_1중에서 점전하 Q와 영상 전하 Q' 사이에 작용하는 힘과 같다. 즉, 전 공간이 ϵ_1의 유전체로 되었을 경우의 Q에 대한 영상 전하 Q'는

$$Q' = \dfrac{\epsilon_1 - \epsilon_2}{\epsilon_1 + \epsilon_2} Q$$

따라서 점전하 Q가 받는 힘 F는

$$F = \dfrac{QQ'}{4\pi\epsilon_1 (2r)^2} = \dfrac{Q^2}{16\pi\epsilon_1 r^2}\dfrac{\epsilon_1 - \epsilon_2}{\epsilon_1 + \epsilon_2}[\text{N}]$$

【답】 ④

문제 18

반지름 $a[\text{m}]$되는 도선의 $1[\text{m}]$당 내부 자기인덕턴스는 몇 $[\text{H/m}]$인가?

① $\dfrac{\mu}{8\pi}$

② $\dfrac{\mu}{4\pi}$

③ $\dfrac{\mu a}{8\pi}$

④ $\dfrac{\mu a}{4\pi}$

- 단위 길이 당 자계 에너지 $W = \dfrac{\mu I^2}{16\pi}$ [J/m]

- 단위 길이 당 내부 인덕턴스 $L_i = \dfrac{2W}{I^2} = \dfrac{2}{I^2} \times \dfrac{\mu I^2}{16\pi} = \dfrac{\mu}{8\pi}$ [H/m]

【답】 ①

문제 19 도전성을 가진 매질내의 평면파에서 전송계수 γ를 표현한 것으로 알맞은 것은?

① $\gamma = \alpha + j\beta$ 　　　　② $\gamma = \alpha - j\beta$

③ $\gamma = j\alpha + \beta$ 　　　　④ $\gamma = j\alpha - \beta$

$\gamma = \alpha + j\beta$ 　여기서, α : 감쇠정수, 　β : 위상정수

【답】 ①

문제 20 전자계에 대한 맥스웰(Maxwell)의 기본 이론으로 옳지 않은 것은?

① 고립된 자극이 존재한다.

② 전하에서 전속선이 발산된다.

③ 전도 전류와 변위 전류는 자계의 회전을 발생시킨다.

④ 자속 밀도의 시간적 변화에 따라 전계의 회전이 생긴다.

- 단자극은 존재하지 않는다. $\mathrm{div}\,B = 0$

【답】 ①

2과목 전력공학

문제 21 송전선용 표준철탑 설계의 경우 일반적으로 가장 큰 하중은?

① 빙설 　　　　② 애자, 전선의 중량

③ 풍압 　　　　④ 전선의 인장강도

【답】 ③

문제 22 출력 20,000[kW]의 화력발전소가 부하율 80[%]로 운전할 때 1일의 석탄소비량은 약 몇 ton 인가? (단, 보일러 효율 80[%], 터빈의 열 사이클 효율 35[%], 터빈효율 85[%], 발전기 효율 76[%], 석탄의 발열량은 5500[kcal/kg] 이다.)

① 272 　　　　② 293 　　　　③ 312 　　　　④ 333

풀이

- 1일 발전량=출력×부하율×24 $= 20000 \times 0.8 \times 24 = 384,000$[kWh]
- 종합 효율$= 0.8 \times 0.35 \times 0.85 \times 0.76 = 0.18$
- 발전에 필요한 총열량$= \dfrac{384,000 \times 860}{0.18} = 1.83 \times 10^9$[kcal]   (1[kWh]=860[kcal])
- 필요한 석탄량$= \dfrac{1.83 \times 10^9}{5500} = 3.3 \times 10^5$[kg]$= 330$[ton]

【답】 ④

문제 23

코로나 방지에 가장 효과적인 방법은?

① 선간거리를 증가시킨다.

② 전선의 높이를 가급적 낮게 한다.

③ 전선 표면의 전위경도를 높인다.

④ 전선의 바깥지름을 크게 한다.

풀이

코로나 방지 대책

코로나 임계전압 $\left(E_0 = 24.3 m_0 m_1 \delta\, d \log_{10} \dfrac{D}{r} \right)$ 을 상승시킨다.

① **전선의 지름(d)을 크게 한다.**
② 복도체를 사용한다.
③ 가선 금구를 개량한다.
④ 가선시에 전선 표면의 금구를 손상하지 않게 한다.

임계 전압 식에서 선간 거리(D)를 증가시켜도 코로나 임계 전압이 상승하나, **선간 거리를 증가시키려면 철탑을 보강하여야 하므로 경제적 측면에서 부적당**하다.

【답】 ④

문제 24

전력선 1선의 대지 전압을 E, 통신선의 대지 정전 용량을 C_b, 전력선과 통신선 사이의 상호 정전 용량을 C_{ab}라고 하면 통신선의 정전 유도 전압은?

① $\dfrac{C_{ab} + C_b}{C_b} \cdot E$

② $\dfrac{C_{ab} + C_b}{C_{ab}} \cdot E$

③ $\dfrac{C_{ab}}{C_{ab} + C_b} \cdot E$

④ $\dfrac{C_b}{C_{ab} + C_b} \cdot E$

풀이

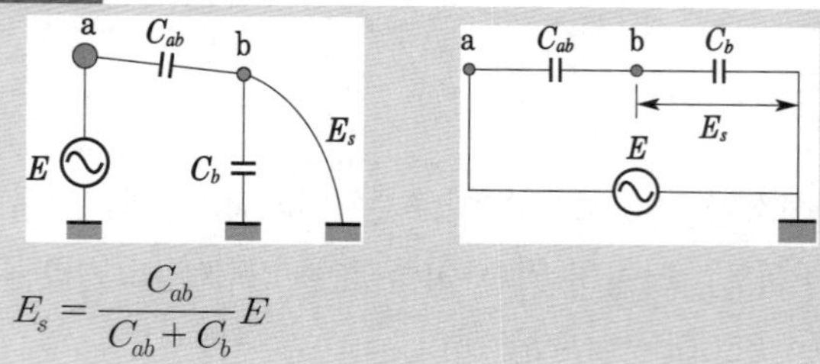

$$E_s = \dfrac{C_{ab}}{C_{ab} + C_b} E$$

【답】 ③

변전소에서 사용되는 조상설비 중 전력 손실이 출력의 최대 0.6[%]이하이며 지상용으로 사용되는 조상설비는?

① 전력용 콘덴서   ② 분로 리액터

③ 동기 조상기   ④ 유도 전압 조정기

풀이

조상설비의 비교

항　　목	동기 조상기	전력용 콘덴서	분로 리액터
전력손실	많음 (1.5~2.5 [%])	적음 (0.3 [%] 이하)	**적음 (0.6 [%] 이하)**
무효전력	진상, 지상 양용	진상전용	**지상전용**
조　정	연속적	계단적	계단적
사고시 전압유지	큼	작음	작음
시송전	가능	불가능	불가능

【답】②

3상 3선식 소호 리액터 접지 방식에서 1선의 대지 정전 용량을 $C\,[\mu F]$, 상전압 $E[kV]$, 주파수 $f[Hz]$라 하면, 소호 리액터의 용량은 몇 [kVA]인가?

① $\pi f CE^2 \times 10^{-3}$ ② $2\pi f CE^2 \times 10^{-3}$

③ $3\pi f CE^2 \times 10^{-3}$ ④ $6\pi f CE^2 \times 10^{-3}$

풀이

소호리액터 접지방식은 선로의 대지정전용량과 공진하는 리액터를 통하여 접지하는 방식이므로

$$I = \frac{E}{2\pi f L} = 2\pi f CE \text{ 가 된다.}$$

따라서, 3상 1회선 소호 리액터 용량

$$P = 3EI = 3E \times 2\pi f\, CE = 6\pi f\, CE^2 \text{에서}$$

정전용량 $C\,[\mu F]$, 상전압 $E\,[kV]$이므로 단위를 고려하면

$$P = 6\pi f\, C \times 10^{-6} \times E^2 \times 10^6 \; [VA]$$
$$= 6\pi f\, CE^2\,[VA] = 6\pi f\, CE^2 \times 10^{-3}\,[kVA]$$

【답】④

반지름 $r[m]$이고 소도체 간격 a인 2도체 송전선로에서 등가선간거리가 $D[m]$로 배치되고 완전 연가된 경우 인덕턴스는 몇 [mH/km]인가?

① $L = 0.4605 \log_{10} \dfrac{D}{\sqrt{ra^2}} + 0.025$ ② $L = 0.4605 \log_{10} \dfrac{D}{\sqrt{ra}} + 0.025$

③ $L = 0.4605 \log_{10} \dfrac{D}{\sqrt{ra}} + 0.05$ ④ $L = 0.4605 \log_{10} \dfrac{D}{\sqrt{ra^2}} + 0.05$

풀이

n도체인 경우 인덕턴스 $L_n = \dfrac{0.05}{n} + 0.4605 \log_{10} \dfrac{D}{\sqrt[n]{ra^{n-1}}}$ 이므로

$n = 2$인 경우 인덕턴스 $L = 0.025 + 0.4605 \log_{10} \dfrac{D}{\sqrt{ra}}\,[mH/km]$ 이다.

【답】②

문제 28

다음 중 1상당의 용량 200[kVA]의 콘덴서에 제5고조파를 억제하기 위하여 직렬리액터를 설치하고자 한다. 기본파 기준으로 직렬리액터의 용량[kVA]으로 가장 알맞은 것은?

① 6[kVA]　　　　② 12[kVA]　　　　③ 18[kVA]　　　　④ 25[kVA]

> **풀이**
>
> **5고조파를 제거하기 위해서는** 콘덴서 용량의 4[%]에 해당하는 직렬리액터를 설치하면 되지만 여유를 고려하여 **콘덴서 용량의 5~6[%]에 해당하는 직렬리액턴스를 설치**한다.
> 따라서, 직렬 리액터 용량 $= (0.05 \sim 0.06) \times 200 = 10 \sim 12[kVA]$ 　　　【답】②

문제 29

전력용 콘덴서 회로에 방전코일을 설치하는 주된 목적은?

① 합성 역률의 개선

② 전압의 파형개선

③ 콘덴서의 등가용량 증대

④ 전원 개방시 잔류 전하를 방전시켜 인체의 위험방지

> **풀이**
>
> • 방전 코일은 콘덴서를 전원으로부터 개로 할 경우, 콘덴서에 남아있는 잔류 전하에 의한 위험을 방지하기 위한 것이다.
> • **방전 코일 : 잔류 전하 방전, 인체 보호** 　　　【답】④

문제 30

플리커 예방을 위한 수용가 측의 대책이 아닌 것은?

① 공급 전압을 승압한다.

② 전원계통에 리액터분을 보상한다.

③ 전압 강하를 보상한다.

④ 부하의 무효전력 변동분을 흡수한다.

> **풀이**
>
> 플리커 경감 대책
> **(1) 전력 공급측에서 실시**
> 　① 전용 계통으로 공급　　　② 단락 용량이 큰 계통에서 공급
> 　③ 전용 변압기로 공급　　　**④ 공급 전압을 승압**
> (2) 수용가 측에서의 대책
> 　① 전원 계통에 리액터 분을 보상　　　② 전압 강하를 보상
> 　③ 부하의 무효 전력 변동분을 흡수　　　④ 플리커 부하 전류의 변동분을 억제 　　　【답】①

문제 31

수전 용량에 비해 첨두 부하가 커지면 부하율은 그에 따라 어떻게 되는가?

① 높아진다.　　　　　　　　② 낮아진다.

③ 변하지 않고 일정하다.　　　　④ 부하의 종류에 따라 달라진다.

문제 32 고장점에서 구한 전 임피던스를 $Z[\Omega]$, 고장점의 상전압을 $E[V]$라 하면 3상 단락전류[A]는?

① $\dfrac{E}{Z}$　　　　② $\dfrac{ZE}{\sqrt{3}}$　　　　③ $\dfrac{\sqrt{3}\,E}{Z}$　　　　④ $\dfrac{3E}{Z}$

문제 33 파동 임피던스가 $Z_1 = 400[\Omega]$인 선로의 종단에 파동 임피던스가 $Z_2 = 1200[\Omega]$인 변압기가 접속되어 있다. 지금 선로로부터 파고 $e_1 = 1000[kV]$의 전압이 진입하였다. 접속점에서 전압의 투과파는?

① 500[kV]　　　　② 1000[kV]　　　　③ 1500[kV]　　　　④ 2000[kV]

문제 34 피뢰기의 정격 전압이란?

① 상용주파수의 방전개시전압

② 속류를 차단할 수 있는 최고의 교류전압

③ 방전을 개시할 때 단자전압의 순시값

④ 충격방전전류를 통하고 있을 때 단자전압

문제 35 콘덴서형 계기용변압기의 특징에 속하지 않은 것은?

① 권선형에 비해 오차가 적고 특성이 좋다.

② 절연의 신뢰도가 권선형에 비해 크다.

③ 고압 회로용의 경우는 권선형에 비해 소형 경량이다.

④ 전력선 반송용 결합콘덴서와 공용할 수 있다.

> **풀이**
>
> **콘덴서형 계기용 변압기(CPD)의 특징**
> - 권선형에 비해 소형 경량이고 값이 싸다.
> - 절연의 신뢰도가 권선형에 비해 크다.
> - 전력선 반송용 결합 콘덴서와 공용할 수 있다.
> - 전자형에 비해 **오차가 많고 특성이 나쁘다.**　　　　　　　　　　　【답】 ①

문제 36

화력 발전소에서 증기 및 급수가 흐르는 순서는?

① 보일러 → 과열기 → 절탄기 → 터빈 → 복수기

② 보일러 → 절탄기 → 과열기 → 터빈 → 복수기

③ 절탄기 → 보일러 → 과열기 → 터빈 → 복수기

④ 절탄기 → 과열기 → 보일러 → 터빈 → 복수기

> **풀이**
>
> 실제 기력 발전소에 쓰이는 기본 사이클(Rankine cycle)은 다음과 같다.
>
> 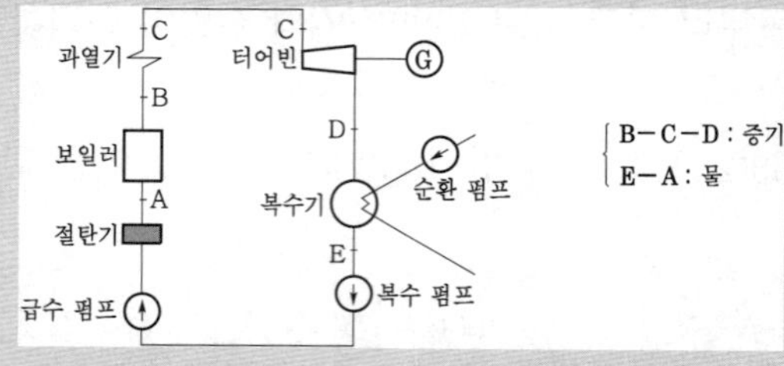
>
>
> 증기 및 급수가 흐르는 순서
> 　절탄기 → 보일러 → 과열기 → 터빈 → 복수기 → 복수 펌프 → 급수펌프 → 절탄기　【답】 ③

문제 37

전력 계통의 주파수가 기준값보다 증가하는 경우 어떻게 하는 것이 가장 타당한가?

① 발전 출력 [kW]을 감소시켜야 한다.　　② 발전 출력 [kW]을 증가시켜야 한다.

③ 무효 전력 [kVar]을 감소시켜야 한다.　　④ 무효 전력 [kVar]을 증가시켜야 한다.

> **풀이**
>
> - 발전기 출력(유효 전력) 증가 → 계통 주파수 상승
> - **발전기 출력(유효 전력) 감소 → 계통 주파수 하강**
> - 진상 무효 전력 증가 → 수전단 전압 상승
> - 지상 무효 전력 증가 → 수전단 전압 하강　　　　　　　　　　　【답】 ①

문제 38

가공전선로에 대한 지중전선로의 장점으로 옳은 것은?

① 건설비가 싸다.

② 송전용량이 많다.

③ 인축에 대한 안전성이 높으며 환경조화를 이룰 수 있다.

④ 사고복구에 효율적이다.

문제 39

1선 지락시 건전상의 전압상승이 가장 적은 중성점 접지방식은?

① 직접 접지방식　　　　　　　② 비접지방식

③ 저항 접지방식　　　　　　　④ 소호 리액터 접지방식

문제 40

전력 원선도의 가로축과 세로축은 각각 어느 것을 나타내는가?

① 전압과 전류　　　　　　　② 전압과 역률

③ 전류와 유효전력　　　　　④ 유효전력과 무효전력

3과목　전기기기

문제 41

순저항 부하를 갖는 3상 반파 위상제어 정류회로에서 출력전류가 연속이 되는 점호각 a의 범위는?

① $a \leq 30°$　　　② $a > 30°$　　　③ $a \leq 60°$　　　④ $a > 60°$

【답】①

문제 42

변압기의 임피던스 전압이란 정격부하를 걸었을 때 변압기 내부에서 일어나는 임피던스에 의한 전압 강하분이 정격 전압의 몇[%]가 강하되는가의 백분율[%]이다. 다음 어느 시험에서 구할 수 있는가?

① 무부하시험　　　② 단락시험　　　③ 온도시험　　　④ 내전압시험

> **풀이**
>
> 변압기의 시험
> ① 개방회로(무부하) 시험으로 측정할 수 있는 항목
>   • 무부하 전류 • 히스테리시스손 • 와류손 • 여자 어드미턴스 • 철손
> ② **단락시험으로 측정할 수 있는 항목**
>   • 동손 • 임피던스 와트 • **임피던스 전압**　　　　　　　　　　【답】②

문제 43

교류 단상직권전동기의 구조를 설명하는 것 중 옳은 것은?

① 역률 개선을 위해 고정자와 회전자의 자로를 성층 철심으로 한다.

② 정류 개선을 위해 강계자 약전기자형으로 한다.

③ 전기자 반작용을 줄이기 위해 약계자 강전기자형으로 한다.

④ 역률 및 정류 개선을 위해 약계자 강전기자형으로 한다.

> **풀이**
>
> **단상직권 전동기의 구조**
> • 철손을 감소시키기 위하여 전기자 및 계자는 성층철심을 사용하고 원통형 회전자로 한다.
> • 정류 개선을 위해 브러시는 접촉저항이 어느 정도 큰 것을 사용하여 저항 정류로 하여야 한다.
> • 전기자 반작용을 감소시키기 위해 보상권선을 설치한다.
> • **역률을 개선하기 위해 약계자 강전기자형** 으로 한다　　　　　　　　【답】④

문제 44

직류기에서 양호한 정류를 얻는 조건을 옳게 설명한 것은?

① 정류 주기를 짧게 한다.

② 전기자 코일의 인덕턴스를 작게 한다.

③ 평균 리액턴스 전압을 브러시 접촉 저항에 의한 전압 강하보다 크게 한다.

④ 브러시의 접촉저항을 작게 한다.

> **풀이**
>
> **양호한 정류를 얻는 조건**
> ① 리액턴스 전압을 작게 한다. $\left(e_L = L\dfrac{2I_c}{T_c} \right)$
> ② **단절권 채용으로 자기 인덕턴스를 작게 한다.**
> ③ 고속을 피하여 정류 주기를 길게 한다.
> ④ 저항 정류로서 탄소 브러시를 사용한다.
> ⑤ 전압 정류로서 보극을 설치한다.　　　　　　　　　　　　　　　　【답】②

문제 45

절연유를 충만시킨 외함 내에 변압기를 수용하고, 오일의 대류작용에 의하여 철심 및 권선에 발생한 열을 외함에 전달하여, 외함의 방산이나 대류에 의하여 열을 대기로 방산시키는 변압기의 냉각방식은?

① 유입송유식　　　　② 유입수냉식　　　　③ 유입풍냉식　　　　④ 유입자냉식

① 유입 송유식 (FOA, FOW)

외함 내에 있는 가열된 기름을 순환펌프에 의해 외부의 수냉식 냉각기 및 풍냉식 냉각기에 의해 냉각시켜 다시 외함 내에 유입 시키는 방식

② 유입 수냉식 (OW)

상부 기름 중에 냉각관을 두어 이것에 냉각수를 순환시켜 냉각하는 방식

③ 유입 풍냉식(FA)

유입 변압기에 방열기를 부착 시키고 송풍기에 의해 강제 통풍시켜 냉각 효과를 증대시킨 방식

④ **유입 자냉식 (OA)**

변압기의 본체를 절연유로 채워진 외함 내에 넣어 **대류 작용에 의해 발생된 열을 외기중으로 방산시키는 방식**

【답】 ④

문제 46 동기 전동기의 기동법으로 옳은 것은?

① 직류초퍼법, 기동전동기법 　　② 자기동법, 기동전동기법

③ 자기동법, 직류초퍼법 　　④ 계자제어법, 저항제어법

동기 전동기는 동기 속도 이외의 속도에서는 토크를 발생 할 수 없으므로 기동시의 토크는 0이다. 따라서, **동기전동기를 기동시키는 방법으로는 자기동법과 기동 전동기법**이 있다.

【답】 ②

문제 47 터빈발전기의 냉각을 수소 냉각방식으로 하는 이유가 아닌 것은?

① 풍손이 공기냉각시의 약 1/10로 줄어든다.

② 동일기계일 때 공기냉각시 보다 정격 출력이 약 25 [%] 증가한다.

③ 수분, 먼지 등이 없어 코로나에 의한 손상이 없다.

④ 비열은 공기의 약 10배 이고 열전도율은 약 15배로 된다.

가스 냉각 방식 : 대형 고속기에 적용

① 수소 냉각 발전기의 장점
- 비중이 공기의 약 7[%]로 가볍고 풍손은 공기의 약 1/10로 감소
- **비열이 공기의 약 14배**로 열전도성이 좋고, 공기냉각 발전기에 비하여 약 25 [%]의 출력이 증가
- 가스 냉각기가 적어도 된다.
- 코로나 발생전압이 높고 절연물의 수명이 길어진다.
- 공기에 비해 대류율이 1.3배이고 운전중 소음이 적다.

② 수소 냉각 발전기의 단점
- 공기와 적당히 혼합하면 폭발할 우려가 있다.
- 폭발 예방을 위한 부속설비가 필요하며 설비비가 증가

【답】 ④

문제 48 전부하에 있어 철손과 동손의 비율이 1 : 2인 변압기에서 효율이 최고인 부하는 전부하의 약 몇 [%]인가?

① 50 　　② 60 　　③ 70 　　④ 80

풀이

최대 효율 조건 "동손 = 철손"

즉, $m^2 P_c = P_i$ 에서 $m = \sqrt{\dfrac{P_i}{P_c}} = \sqrt{\dfrac{1}{2}} = 0.707$

【답】 ③

문제 49

용량 40[kVA], 3200/200[V]인 3상 변압기 2차측에 3상 단락이 생겼을 경우 단락전류는 약 몇 A]인가? (단, %임피던스 전압은 4[%] 이다.)

① 1887 ② 2887 ③ 3243 ④ 3558

풀이

단락전류 $I_s = \dfrac{100}{\%Z} \times I_n [\text{A}]$에서

$$I_s = \dfrac{100}{\%Z} \times \dfrac{P}{\sqrt{3}\,V} = \dfrac{100}{4} \times \dfrac{40000}{\sqrt{3} \times 200} = 2887[\text{A}]$$

(V : 2차측 단락전류를 구할 때는 2차측 전압을, 1차측에서의 단락전류를 구할 때는 1차측 전압)

【답】 ②

문제 50

△결선 변압기의 한 대가 고장으로 제거되어 V결선으로 공급할 때 공급할 수 있는 전력은 고장 전 전력에 대하여 몇 [%]인가?

① 86.6 ② 75.0 ③ 66.7 ④ 57.7

풀이

1대의 단상 변압기 용량을 P_1라 하면 그 출력비는

$$\dfrac{\text{V결선의 출력}}{\text{△결선의 출력}} = \dfrac{\sqrt{3}\,P_1}{3P_1} = \dfrac{\sqrt{3}}{3} = 0.577 = 57.7[\%]$$

【답】 ④

문제 51

선박의 전기추진용 전동기의 속도제어에 가장 알맞은 것은?

① 주파수 변화에 의한 제어 ② 극수 변환에 의한 제어
③ 1차 회전에 의한 제어 ④ 2차 저항에 의한 제어

풀이

주파수 변화에 의한 제어는 전동기에 가해지는 전원 주파수를 바꾸어 속도를 제어하는 방법으로서 원동기의 속도 제어에 의해 전용 발전기의 주파수를 변화시키는 것으로 **선박의 전기 추진용 전동기, 포터 모터의 속도제어 등에 적합**하다.

【답】 ①

문제 52

전류가 불연속인 경우 전원전압 220[V]인 단상 전파정류 회로에서 점호각 $\alpha = 90°$일 때의 직류 평균전압은 약 몇 [V]인가?

① 45 ② 84 ③ 90 ④ 99

$$E_{d\alpha} = \frac{\sqrt{2}}{\pi} E_s (1+\cos\alpha)\,[\text{V}] \text{에서}$$

$$E_{d\alpha} = \frac{\sqrt{2}}{\pi} \times 220 \times (1+\cos 90°) = 99.03\,[\text{V}]$$

【답】④

문제 53

단상 유도전동기의 기동 토크가 큰 순서로 되어 있는 것은?

① 반발 기동, 분상기동, 콘덴서기동

② 분상기동, 반발기동, 콘덴서기동

③ 반발기동, 콘덴서기동, 분상기동

④ 콘덴서기동, 분상기동, 반발기동

단상 유도 전동기의 종류 및 용도

종　류	기동 토크[%]	용　　도
분상 기동형	125 이상	복사기, 계산기
콘덴서 기동형	250 이상	냉장고
콘덴서 전동기	140~160	세탁기, 선풍기
반발 기동형	300 이상	펌프
셰이딩 코일형	40~100	플레이어, 테이프 레코더

즉, **기동 토크가 큰 순서는 반발 기동형 > 콘덴서 기동형 > 분상 기동형 > 셰이딩 코일형** 이다.

【답】③

문제 54

유도전동기의 속도제어 방식으로 적합하지 않은 것은?

① 2차 여자제어　　　　　　　　② 2차 저항제어

③ 1차 저항제어　　　　　　　　④ 1차 주파수제어

유도전동기의 속도제어 방법

① 농형 유도 전동기의 속도 제어법은

　•**주파수를 바꾸는 방법**　　•극수를 바꾸는 방법　　•전원 전압을 바꾸는 방법

② 권선형 유도 전동기는

　•**2차 저항**을 제어하는 방법　•**2차 여자법** 등이 있다.

【답】③

문제 55

3상 권선형 유도전동기에서 토크 τ, 1차 전류 I_1, 역률 $\cos\theta$, 2차 동손 P_{2c}, 효율 η, 출력 P_o라 할 때 비례추이하는 량으로 조합된 것은?

① I_1, $\cos\theta$, P_o　　　　　　② τ, P_{2c}, P_o

③ P_{2c}, η, P_o　　　　　　④ τ, I_1, $\cos\theta$

문제 56

용량 1[kVA], 3000/200[V]의 단상 변압기를 단권 변압기로 결선해서 3000/3200[V]의 승압기로 사용할 때 그 부하 용량[kVA]은?

① 16　　　　　② 15　　　　　③ 1.5　　　　　④ 0.6

풀이

$$\text{부하 용량} = \text{자기 용량} \times \frac{V_h}{V_h - V_l} = 1 \times \frac{3200}{3200 - 3000} = 16[\text{kVA}]$$

【답】①

문제 57

교류전동기에서 브러시 이동으로 속도변화가 편리한 전동기는?

① 시라게 전동기　　　　　② 농형 전동기
③ 동기 전동기　　　　　　④ 2중 농형 전동기

풀이

속도를 변화시킬 수 있는 교류 전동기로서 널리 사용되고 있는 것은 **시라게 전동기**이며 그 구조는 직류 전동기와 유사 하지만 브러시가 2조가 있어 각 조의 **브러시를 반대 방향으로 이동하면 속도를 조정할 수 있다.**

【답】①

문제 58

다음에서 동기전동기와 거의 같은 구조는?

① 직류전동기　　　　　② 유도전동기
③ 정류자전동기　　　　④ 동기발전기

풀이

동기 전동기와 동기 발전기(교류 발전기)는 동일한 구조를 가지고 있다.

【답】④

문제 59

3상 유도전동기 기동특성에서 기동토크 τ_s가 부하토크 τ_c보다 약간 클 때 가속토크로 작용하는 것은? (단, 전동기 토크는 τ이다.)

① $\tau_c - \tau$　　　　　② $\tau - \tau_c$
③ $\tau - \tau_s$　　　　　④ $\tau_s - \tau$

풀이

- $\tau - \tau_c = 0$: 일정속도 유지
- $\tau - \tau_c > 0$: 가속
- $\tau - \tau_c < 0$: 감속

【답】②

동기기의 전기자 저항을 r, 반작용 리액턴스를 x_a, 누설 리액턴스를 x_l이라 하면 동기 임피던스는?

① $\sqrt{r^2 + \left(\dfrac{x_a}{x_l}\right)^2}$ 　　　　② $\sqrt{r^2 + x_l^2}$

③ $\sqrt{r^2 + x_a^2}$ 　　　　④ $\sqrt{r^2 + (x_a + x_l)^2}$

풀이

- 동기 리액턴스 $x_s = x_a + x_l [\Omega]$
- 동기 임피던스 $Z_s = r + jx_s = r + j(x_a + x_l) = \sqrt{r^2 + (x_a + x_l)^2}\,[\Omega]$

  여기서, x_a : 전기자 반작용 리액턴스, x_l : 누설 리액턴스 　　**【답】** ④

4과목　회로이론

3상 유도전동기의 출력이 3.5[kW], 선간전압이 220[V], 효율 80[%], 역률 85[%]일 때 전동기의 선전류는?

① 약 9.2[A] 　　② 약 10.3[A] 　　③ 약 11.4[A] 　　④ 약 13.5[A]

풀이

선전류 $I = \dfrac{P}{\sqrt{3}\,V\cos\theta} \times \dfrac{1}{\eta}$ 에서

$$I = \frac{3500}{\sqrt{3} \times 220 \times 0.85} \times \frac{1}{0.8} = 13.5[A]$$

　　【답】 ④

$R - L$ 직렬회로에 $i = I_1\sin\omega t + I_3\sin 3\omega t$[A]인 전류를 흘리는데 필요한 단자전압 e[V]는?

① $(R\sin\omega t + \omega L\cos\omega t)I_1 + (R\sin 3\omega t + 3\omega L\cos 3\omega t)I_3$

② $(R\sin\omega t + \omega L\cos 3\omega t)I_1 + (R\sin 3\omega t + 3\omega L\cos\omega t)I_3$

③ $(R\sin 3\omega t + \omega L\cos\omega t)I_1 + (R\sin\omega t + 3\omega L\cos 3\omega t)I_3$

④ $(R\sin 3\omega t + \omega L\cos 3\omega t)I_1 + (R\sin\omega t + 3\omega L\cos\omega t)I_3$

풀이

$i_1 = I_1\sin\omega t$, $i_3 = I_3\sin 3\omega t$ 라고 하면 필요한 전압 e_1, e_3의 실효값을 E_1, E_3라 하면

$$E_1 = \frac{I_1}{\sqrt{2}}(R + j\omega L), \quad \theta = \tan^{-1}\frac{\omega L}{R}$$

$$E_3 = \frac{I_3}{\sqrt{2}}(R + j3\omega L), \quad \theta_3 = \tan^{-1}\frac{3\omega L}{R}$$

$$e_1 = \sqrt{2}\,E_1 \sin(\omega t + \theta_1) = I_1 \sqrt{R^2 + (\omega L)^2}\,\sin(\omega t + \theta_1)$$

$$e_3 = \sqrt{2}\,E_3 \sin(3\omega t + \theta_3) = I_3 \sqrt{R^2 + (3\omega L)^2}\,\sin(3\omega t + \theta_3)$$

(삼각함수 합성법 $a\sin x + b\cos x = \sqrt{a^2 + b^2}\,\sin(x + \theta)$, 단 $\theta = \tan^{-1}\dfrac{b}{a}$)

$$e_1 = I_1(R\sin\omega t + \omega L\cos\omega t)$$

$$e_3 = I_3(R\sin 3\omega t + 3\omega L\cos 3\omega t)$$

$$\therefore e = (R\sin\omega t + \omega L\cos\omega t)I_1 + (R\sin 3\omega t + 3\omega L\cos 3\omega t)I_3$$

【답】①

문제 63

그림의 회로에서 단자 a-b에 나타나는 전압은 몇 [V]인가?

① 10 [V]

② 12 [V]

③ 14 [V]

④ 16 [V]

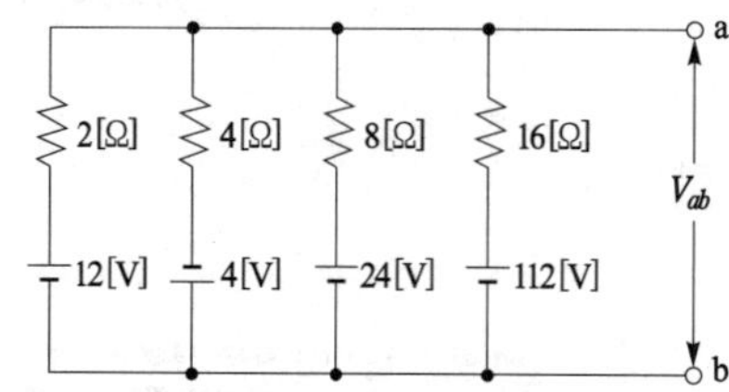

풀이

밀만의 정리에 의해

$$V_{ab} = \cfrac{\dfrac{E_1}{R_1} + \dfrac{E_2}{R_2} + \dfrac{E_3}{R_3} + \dfrac{E_4}{R_4}}{\dfrac{1}{R_1} + \dfrac{1}{R_2} + \dfrac{1}{R_3} + \dfrac{1}{R_4}}\,[V]\text{에서}$$

4[V] 전원의 극성이 반대 방향이므로

$$V_{ab} = \cfrac{\dfrac{12}{2} - \dfrac{4}{4} + \dfrac{24}{8} + \dfrac{112}{16}}{\dfrac{1}{2} + \dfrac{1}{4} + \dfrac{1}{8} + \dfrac{1}{16}} = \frac{12 \times 8 - 4 \times 4 + 24 \times 2 + 112}{8 + 4 + 2 + 1} = 16\,[V]$$

(분모, 분자에 16을 곱해서 정리)

【답】④

문제 64

전압 $v = 20\sin 20t + 30\sin 30t$ 이고 전류가 $i = 30\sin 20t + 20\sin 30t$ 이면 소비 전력 [W]은?

① 1200[W]　　② 600[W]　　③ 400[W]　　④ 300[W]

풀이

비정현파의 유효전력 $P = \displaystyle\sum_{n=1}^{\infty} V_n I_n \cos\theta_n$ 에서

$$P = \frac{20}{\sqrt{2}} \times \frac{30}{\sqrt{2}} \times \cos 0° + \frac{30}{\sqrt{2}} \times \frac{20}{\sqrt{2}} \times \cos 0° = 600\,[W]$$

【답】②

문제 65

대칭 6상 전원이 있다. 환상결선으로 권선에 120[A]의 전류를 흘린다고 하면 선전류는 몇 [A]인가?

① 60[A]　　② 90[A]　　③ 120[A]　　④ 150[A]

풀이

$$I_l = 2I_p \sin \frac{\pi}{n} = 2 \times 120 \times \sin \frac{\pi}{6} = 120[\text{A}]$$

【답】 ③

문제 66

그림의 회로가 주파수에 관계없이 일정한 임피던스를 갖도록 $C[\mu\text{F}]$의 값을 구하면?

① 20

② 10

③ 2.45

④ 0.24

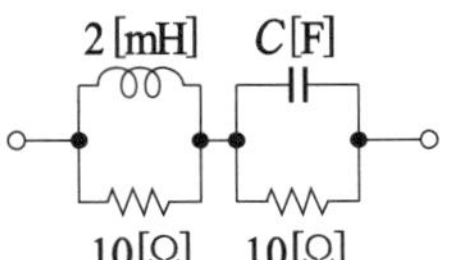

풀이

주파수에 관계없이 일정한 임피던스를 가지려면 정저항 회로가 되면 된다.

즉, **정저항 회로 조건** $R = \sqrt{\dfrac{L}{C}}$ 에서

$$C = \frac{L}{R^2} = \frac{2 \times 10^{-3}}{10^2} = 20 \times 10^{-6}\,[\text{F}] = 20[\mu\text{F}]$$

【답】 ①

문제 67

다음은 과도현상에 관한 내용이다. 틀린 것은?

① RL 직렬회로의 시정수는 $\dfrac{L}{R}$ [s]이다.

② RC 직렬회로에서 V_o로 충전된 콘덴서를 방전시킬 경우 $t = RC$에서의 콘덴서 단자전압은 $0.632\,V_o$이다.

③ 정현파 교류회로에서는 전원을 넣을 때의 위상을 조절함으로써 과도현상의 영향을 제거할 수 있다.

④ 전원이 직류 기전력인 때에도 회로의 전류가 정현파로 되는 경우가 있다.

풀이

RC 직렬회로에서 충전된 콘덴서를 방전시키는 경우 콘덴서 단자전압 V_c는

$$V_c = V_0 e^{-\frac{1}{RC}t} \text{에서 } t = RC \text{일 때}$$

$$V_c = V_0 e^{-\frac{1}{RC}RC} = V_0 e^{-1} = 0.368\,V_0 \text{ 가 된다.}$$

【답】 ②

문제 68

그림의 회로에서 스위치 S를 갑자기 닫은 후 회로에 흐르는 전류 $i(t)$의 시정수는? (단, C에 초기 전하는 없었다.)

① $\dfrac{R + R_1}{RR_1 C}$

② $\dfrac{C}{RR_1 + R_1}$

③ $\dfrac{RR_1 C}{R + R_1}$

④ $(RR_1 + R_1)C$

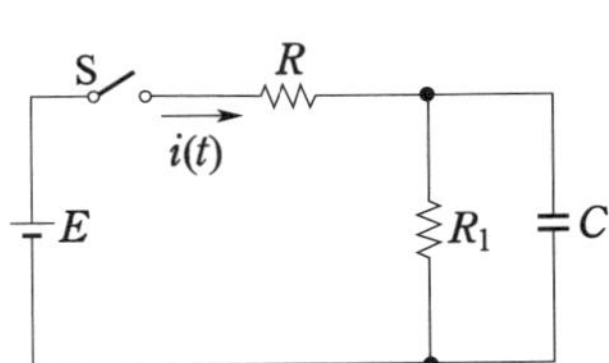

풀이

$$\tau = R_0 C = \frac{R R_1}{R + R_1} C \,[\text{sec}]$$

【답】③

문제 69

출력이 $F(s) = \dfrac{3s+2}{s(s^2+2s+6)}$ 로 표시되는 제어계가 있다. 이 계의 시간함수 $f(t)$의 정상 값은?

① 3　　　　　② 2　　　　　③ $\dfrac{1}{3}$　　　　　④ $\dfrac{1}{6}$

풀이

최종값 정리에 의해

$$f(\infty) = \lim_{s \to 0} s F(s) = \lim_{s \to 0} s \cdot \frac{3s+2}{s(s^2+2s+6)} = \frac{2}{6} = \frac{1}{3}$$

【답】③

문제 70

2단자 임피던스함수가 $Z(s) = \dfrac{s(s+1)}{(s+2)(s+3)}$ 일 때 회로의 단락 상태를 나타내는 점은?

① −1, 0　　　　　② 0, 1　　　　　③ −2, −3　　　　　④ 2, 3

풀이

$Z(s) = 0$가 되는 s의 값을 영점(zero)이라 하며 회로의 단락상태를 나타내고 $Z(s) = \infty$ 가 되는 s 의 값을 극점(pole)이라 하며 회로가 개방상태 임을 의미한다.
따라서, $Z(s)$가 0이 되기 위해서는 분자가 0이어야 하므로 s의 값은 0, −1이다.

【답】①

문제 71

$e^{j\frac{2}{3}\pi}$ 와 같은 것은?

① $-\dfrac{1}{2} - j\dfrac{\sqrt{3}}{2}$

② $\dfrac{1}{2} - j\dfrac{\sqrt{3}}{2}$

③ $-\dfrac{1}{2} + j\dfrac{\sqrt{3}}{2}$

④ $\cos\dfrac{2}{3}\pi + \sin\dfrac{2}{3}\pi$

풀이

$$e^{j\frac{2}{3}\pi} = 1(\cos 120° + j\sin 120°) = -\frac{1}{2} + j\frac{\sqrt{3}}{2}$$

【답】③

문제 72

대칭 3상 Y결선 부하에서 각상의 임피던스가 $Z = 16 + j12\,[\Omega]$이고 부하 전류가 5[A]일 때, 이 부하의 선간전압[V]은?

① $100\sqrt{3}$

② $100\sqrt{2}$

③ $200\sqrt{3}$

④ $200\sqrt{2}$

Y결선에서 상전압 $V_p =$ 부하 전류 $\times$ 1상 임피던스 $= 5 \times \sqrt{16^2 + 12^2} = 100$ [V]

Y결선 선간 전압 $= \sqrt{3} \times$ 상전압

$\therefore V_l = \sqrt{3}\, V_p = 100\sqrt{3}$ [V] 　　　　　　　【답】 ①

문제 73 그림과 같은 회로의 a–b간에 20 [V]의 전압을 가할 때 5 [A]의 전류가 흐른다. r_1 및 r_2에 흐르는 전류의 비를 1 : 2로 하려면 r_1 및 r_2는 각각 몇 [Ω] 인가?

① $r_1 = 2$, $r_2 = 4$

② $r_1 = 4$, $r_2 = 2$

③ $r_1 = 3$, $r_2 = 6$

④ $r_1 = 6$, $r_2 = 3$

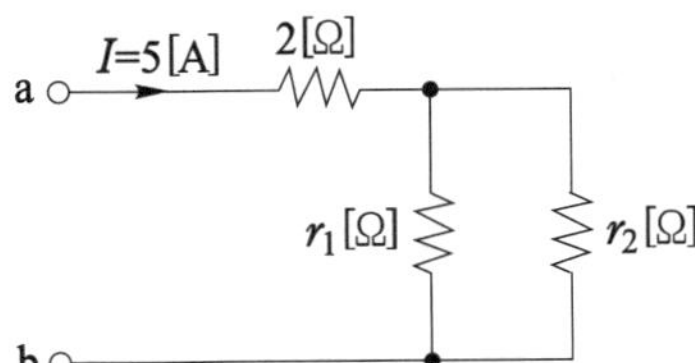

$I = 5 = \dfrac{E}{R_t} = \dfrac{20}{R_t}$ 　　　　$\therefore R_t = \dfrac{20}{5} = 4\,[\Omega]$

$2 + \dfrac{r_1 r_2}{r_1 + r_2} = 4$

전류비가 1 : 2이므로 저항비는 $r_1 : r_2 = 2 : 1$ 　　　$\therefore r_1 = 2r_2$

$\dfrac{2r_2^2}{2r_2 + r_2} = 4 - 2$, 　　　$\dfrac{2}{3} r_2 = 2$

$\therefore r_2 = 3\,[\Omega]$, 　$r_1 = 6\,[\Omega]$ 　　　　　　　【답】 ④

문제 74 어느 회로에 전압 $V = 6\cos(4t + 30°)$[V]를 가했다. 이 전원의 주파수 [Hz]는?

① 2 　　　　② 4 　　　　③ 2π 　　　　④ $\dfrac{2}{\pi}$

전압식에서 $\omega t = 4t$ 이므로 $\omega = 2\pi f = 4$ 　　$\therefore f = \dfrac{2}{\pi}$ [Hz] 　　　【답】 ④

문제 75 $f(t) = \sin t \cos t$ 를 라플라스 변환하면?

① $\dfrac{1}{s^2 + 2}$ 　　　② $\dfrac{1}{s^2 + 4}$ 　　　③ $\dfrac{1}{(s+2)^2}$ 　　　④ $\dfrac{1}{(s+4)^2}$

삼각함수의 가법 정리에 의해서 $\sin t \cos t = \dfrac{1}{2}\sin 2t$ 이므로

$F(s) = \mathcal{L}\,[\sin t \cos t] = \mathcal{L}\left[\dfrac{1}{2}\sin 2t\right] = \dfrac{1}{2} \cdot \dfrac{2}{s^2 + 2^2} = \dfrac{1}{s^2 + 4}$ 　　【답】 ②

문제 76

기본파의 30[%]인 제 3고조파와 기본파의 20[%]인 제5고조파를 포함하는 전압파의 왜형률은 약 얼마인가?

① 0.21　　　　② 0.33　　　　③ 0.36　　　　④ 0.42

풀이

$$\text{왜형률} = \frac{\text{각 고조파의 실효값의 합}}{\text{기본파의 실효값}}$$

$$= \frac{\sqrt{V_3^{\,2} + V_5^{\,2}}}{V_1} = \sqrt{\left(\frac{V_3}{V_1}\right)^2 + \left(\frac{V_5}{V_1}\right)^2} = \sqrt{0.3^2 + 0.2^2} = 0.36$$

【답】③

문제 77

$i = 15\sin\left(\omega t - \dfrac{\pi}{6}\right)$[A]로 표시되는 전류보다 위상이 60° 지연되고, 최대치가 200 [V]인 전압 v를 식으로 나타낸 것은?

① $v = 200\sin\left(\omega t - \dfrac{\pi}{2}\right)$　　　　② $v = 200\sin\left(\omega t + \dfrac{\pi}{2}\right)$

③ $v = 200\sin\left(\omega t - \dfrac{\pi}{6}\right)$　　　　④ $v = 200\sin\left(\omega t + \dfrac{\pi}{6}\right)$

풀이

순시값 $v = V_m\sin(\omega t + \theta) = \sqrt{2}\,V\sin(\omega t + \theta)$

여기서, V_m : 최대치, V : 실효치

$$\therefore v = 200\sin\left(\omega t + \left[-\frac{\pi}{6} - \frac{\pi}{3}\right]\right) = 200\sin\left(\omega t - \frac{\pi}{2}\right)\,[\text{V}]$$

【답】①

문제 78

임피던스가 $Z(s) = \dfrac{4s + 2}{s}$로 표시되는 2단자 회로는? (단, $s = j\omega$ 이다.)

①　4[Ω]　$\frac{1}{2}$[H]

②　4[Ω]　$\frac{1}{2}$[F]

③　$\frac{1}{2}$[Ω]　4[H]

④　$\frac{1}{2}$[Ω]　4[F]

풀이

$Z(s)$의 함수가 주어졌을 때 회로망을 그리는 방법

- 모든 분수의 분자를 1로 만든다.
- **분수 밖의 +는 직렬**, 분수 속의 +는 병렬로 그린다.
- 분수 밖에 존재하는 복소함수 s의 계수는 L의 값이고, $\dfrac{1}{s}$의 계수는 C의 값이다.
- **분수 안에 존재**하는 복소함수 s**의 계수는** C**의 값이고,** $\dfrac{1}{s}$의 계수는 L의 값이다.

$$Z(s) = \frac{4s + 2}{s} = 4 + \frac{2}{s} = 4 + \frac{1}{\frac{1}{2}s}$$

【답】②

4단자 정수를 구하는 식으로 틀린 것은?

① $A = \left(\dfrac{V_1}{V_2} \right)_{I_2 = 0}$
② $B = \left(\dfrac{V_2}{I_2} \right)_{V_1 = 0}$
③ $C = \left(\dfrac{I_1}{V_2} \right)_{I_2 = 0}$
④ $D = \left(\dfrac{I_1}{I_2} \right)_{V_2 = 0}$

풀이

$V_1 = AV_2 + BI_2, \quad I_1 = CV_2 + DI_2$ 에서

$$A = \dfrac{V_1}{V_2}\bigg|_{I_2=0} \qquad B = \dfrac{V_1}{I_2}\bigg|_{V_2=0} \qquad C = \dfrac{I_1}{V_2}\bigg|_{I_2=0} \qquad D = \dfrac{I_1}{I_2}\bigg|_{V_2=0}$$

【답】 ②

다음 회로해석의 설명 중에서 옳지 않은 것은?

① 전기회로는 특정 목적을 달성하기 위하여 상호 연결된 회로소자들의 집합이다.

② 옴의 법칙과 같은 소자법칙은 회로가 어떻게 구성되는지에 따라 각 개별 소자에서 단자 전압과 전류를 관계 지어준다.

③ 키르히호프의 법칙은 회로의 연결 법칙으로서 전하 불변 및 에너지 불변으로부터 유래 되었다.

④ 일반적으로 전압–전류특성에 의하여 회로의 형태를 알 수 있는 것이며, 특히 다이오드 와 트랜지스터는 선형적으로 해석할 수 있다.

풀이

트랜지스터의 전압–전류특성은 비선형 이다.

【답】 ④

5과목 전기설비기술기준 및 판단기준

고압 가공전선로에 사용하는 가공지선으로 나경동선을 사용할 때의 최소 굵기[mm]는?

① 3.2
② 3.5
③ 4.0
④ 5.0

풀이

가공지선
- **고압 가공 전선로의 가공지선 : 4[mm] 이상의 나경동선** (판단기준 제73조)
- **특고압 가공 전선로의 가공지선 : 5[mm] 이상의 나경동선** (판단기준 제111조)

【답】 ③

사용전압이 380[V]인 저압 보안공사에 사용되는 경동선은 그 지름이 최소 몇 [mm] 이상의 것을 사용하여야 하는가?

① 2.0
② 2.6
③ 4.0
④ 5.0

> **풀이**
>
> **저압 보안 공사** (판단기준 제77조)
> 전선이 케이블인 경우 이외에는
> ① 저압 : 인장 강도 8.01[kN] 이상의 것 또는 지름 5[mm] 이상의 경동선
> ② 400[V] 미만 : 인장 강도 5.26[kN] 이상의 것 또는 지름 **4[mm] 이상의 경동선**이여야 한다.
>
> **【답】** ③

문제 83

수상 전선로를 시설하는 경우에 대한 설명으로 알맞은 것은?

① 사용 전압이 고압인 경우에는 클로로프렌 캡타이어 케이블을 사용한다.

② 가공 전선로의 전선과 접속하는 경우, 접속점이 육상에 있는 경우에는 지표상 4[m] 이상의 높이로 지지물에 견고하게 붙인다.

③ 가공 전선로의 전선과 접속하는 경우, 접속점이 수면상에 있는 경우, 사용 전압이 고압인 경우에는 수면상 5[m] 이상의 높이로 지지물에 견고하게 붙인다.

④ 고압 수상 전선로에 지락이 생길 때를 대비하여 전로를 수동으로 차단하는 장치를 시설한다.

> **풀이**
>
> 수상전선로의 시설 (판단기준 제145조)
> 수상 전선로는 그 사용 전압이 저압 또는 고압의 것에 한한다.
> (1) 전선
> ① 저압 : 클로로프렌 캡타이어 케이블
> ② 고압 : 캡타이어 케이블
> (2) 수상 전선로의 전선과 가공 전선로 **접속점의 높이**
> ① 접속점이 육상에 있는 경우 : 지표상 5 [m] 이상
> ② **접속점이 수면상에 있는 경우 : 저압 4 [m] 이상, 고압 5 [m] 이상**
>
> **【답】** ③

문제 84

고압 가공전선과 식물과의 이격거리에 대한 기준으로 가장 적절한 것은?

① 고압 가공전선의 주위에 보호망으로 이격시킨다.

② 식물과의 접촉에 대비하여 차폐선을 시설하도록 한다.

③ 고압 가공전선을 절연전선으로 사용하고 주변의 식물을 제거시키도록 한다.

④ 식물에 접촉하지 아니하도록 시설하여야 한다.

> **풀이**
>
> **저압, 고압 가공 전선과 식물과의 이격 거리**는 상시 불고 있는 **바람에 의해 접촉하지 않으면 된다.**
> (판단기준 제89조)
>
> **【답】** ④

문제 85

동기발전기를 사용하는 전력계통에 시설하여야 하는 장치는?

① 비상 조속기
② 동기검정장치
③ 분로 리액터
④ 절연유 유출방지설비

문제 86

지선을 사용하여 그 강도를 분담시켜서는 아니 되는 가공전선로 지지물은?

① 목주 　　　　　　　　　　　② 철주

③ 철근콘크리트주 　　　　　　④ 철탑

문제 87

154[kV] 전선로를 제1종 특고압 보안공사로 시설할 때 경동연선의 최소 굵기는 몇 [mm^2] 이어야 하는가?

① 55 　　　　② 100 　　　　③ 150 　　　　④ 200

문제 88

폭연성 분진 또는 화약류의 분말이 존재하는 곳의 저압 옥내배선은 어느 공사에 의하는가?

① 애자 사용 공사 　　　　　　② 캡타이어 케이블 공사

③ 합성 수지관 공사 　　　　　④ 금속관 공사

문제 89

과전류차단기로 시설하는 퓨즈 중 고압전로에 사용하는 포장 퓨즈는 정격전류의 몇 배에 견디어야 하는가? (단, 퓨즈 이외의 과전류 차단기와 조합하여 하나의 과전류 차단기로 사용하는 것을 제외한다.)

① 1.1 ② 1.3 ③ 1.5 ④ 1.7

풀이

고압용 포장 퓨즈와 비포장 퓨즈 용단 규정은 다음과 같다.(판단기준 제39조)
① **포장 퓨즈 : 1.3배의 전류에 견디고** 2배의 전류에서는 120분 안에 용단
② 비포장 퓨즈 : 1.25배의 전류에 견디고 2배의 전류에서는 2분 안에 용단

【답】②

문제 90

저압 가공전선이 안테나와 접근상태로 시설되는 경우 가공전선과 안테나 사이의 이격거리는 저압인 경우 몇 [cm] 이상 이어야 하는가?

① 40 ② 60 ③ 80 ④ 100

풀이

저고압 가공전선과 안테나의 접근 또는 교차(판단기준 제82조)

사용 전압 부분 공작물의 종류		저압 [m]	고압[m]
	일반적인 경우	**0.6**	0.8
안 테 나	전선이 고압절연전선	0.3	0.8
	전선이 케이블인 경우	0.3	0.4

【답】②

문제 91

옥내에 시설하는 관등회로의 사용전압이 12000[V]인 방전등 공사시의 네온 변압기 외함에는 몇 종 접지공사를 해야 하는가?

① 제1종 ② 제2종 ③ 제3종 ④ 특별 제3종

풀이

옥내의 네온 방전등 공사 (판단기준 제215조)
옥내에 시설하는 관등회로의 사용 전압이 1,000 [V]를 넘는 관등회로의 배선은 애자 사용 공사에 의하여 시설하고 또한 다음에 의할 것
① 전선은 네온 전선일 것
② 전선은 조영재의 옆면 또는 아랫면에 붙일 것. 다만, 전선을 전개된 장소에 시설하는 경우에 기술상 부득이한 때에는 그러하지 아니하다.
③ 전선의 지지점간의 거리는 1 [m] 이하일 것
④ 전선 상호간의 간격은 6 [cm] 이상일 것
⑤ **네온 변압기의 외함에는 제3종 접지공사**를 할 것

【답】③

문제 92

저압 옥내배선의 사용전압이 400[V] 미만인 경우 버스 덕트 공사는 몇 종 접지공사를 하여야 하는가?

① 제1종 ② 제2종 ③ 제3종 ④ 특별 제3종

버스 덕트 공사 (판단기준 제188조)
저압 옥내배선의 사용전압이 **400[V] 미만인 경우에는 덕트에 제3종 접지공사**, 400[V] 이상인 경우에는 덕트에 특별 제3종 접지공사를 할 것. 다만, 사람이 접촉할 우려가 없도록 시설하는 경우에는 제3종 접지공사에 의할 수 있다. 【답】 ③

문제 93

발전소에 시설하지 않아도 되는 계측 장치는?

① 발전기의 전압 및 전류 또는 전력

② 발전기의 베어링 및 고정자의 온도

③ 발전기의 회전수 및 주파수

④ 특고압용 변압기의 온도

발전소에는 다음과 같은 **계측 장치를 시설**하여야 한다(판단기준 제50조).
① **발전기의 전압 및 전류** 또는 전력
② 발전기의 베어링 및 **고정자의 온도**
③ 주요 변압기의 전압 및 전류 또는 전력
④ **특고압용 변압기의 온도** 【답】 ③

문제 94

아크용접장치의 시설 기준으로 옳지 않은 것은?

① 용접변압기는 절연변압기일 것

② 용접변압기의 1차측 전로의 대지전압은 400[V] 이하일 것

③ 용접변압기 1차측 전로에는 용접변압기에 가까운 곳에 쉽게 개폐할 수 있는 개폐기를 시설할 것

④ 피용접재 또는 이와 전기적으로 접속되는 받침대·정반 등의 금속체에는 제3종 접지공사를 할 것

아크 용접 장치의 시설 (판단기준 제247조)
가반형의 용접 전극을 사용하는 아크 용접장치는 다음 각호에 의하여 시설하여야 한다.
① 용접 변압기는 절연 변압기일 것
② **용접 변압기의 1차측 전로의 대지 전압은 300 [V] 이하일 것**
③ 용접 변압기의 1차측 전로에는 용접 변압기에 가까운 곳에 쉽게 개폐할 수 있는 개폐기를 시설할 것
④ 피용접재 또는 이와 전기적으로 접속되는 받침대·정반 등의 금속체에는 제3종 접지공사를 할 것 【답】 ②

문제 95

전력보안 통신설비의 보안 장치 중에서 특고압용 배류 중계 코일을 시설하는 경우 선로측 코일과 대지와의 사이의 절연내력은 몇 [V]의 시험전압으로 연속하여 1분간 견디어야 하는가?

① AC 600　　　② AC 6000　　　③ AC 300　　　④ AC 3000

> **풀이**
>
> 특고압 가공전선로 첨가 통신선의 시가지 인입제한(판단기준 제 159조)
> **특고압용 배류 중계 코일의 선로측 코일과 옥내측 코일 사이 및 선로측 코일과 대지 사이의 절연내력** 은 교류 6[kV]의 **시험전압**으로 시험하였을 때 **연속하여 1분간** 이에 견디는 것일 것　　【답】 ②

문제 96

옥내의 저압전선으로 나전선 사용이 허용되지 않는 경우는?

① 라이팅 덕트 공사에 의하여 시설하는 경우

② 버스 덕트 공사에 의하여 시설하는 경우

③ 애자사용 공사에 의하여 전개된 곳에 시설하는 경우

④ 금속관 공사에 의하여 시설하는 경우

> **풀이**
>
> **나전선의 사용 제한** (판단기준 제167조)
> • 나전선을 사용 할 수 있는 공사 : 라이팅 덕트 공사, 버스 덕트 공사, 애자 사용 공사에 의하여 전개된 곳에 전기로용 전선 및 전선의 피복 절연물이 부식하는 장소에 시설하는 전선
> • **나전선 사용 제한 공사 : 금속관 공사**, 합성수지관 공사, 합성수지몰드 공사, 금속 덕트 공사 등
> 　　【답】 ④

문제 97

고압 또는 특고압 가공전선과 금속제 울타리·담 등이 교차하는 경우에 금속제의 울타리·담 등에는 교차점과 좌, 우로 45[m] 이내의 개소에 몇 종 접지공사를 하는가?

① 제1종 접지공사　　　　　　　② 제2종 접지공사

③ 제3종 접지공사　　　　　　　④ 특별 제3종 접지공사

> **풀이**
>
> 발전소 등의 울타리·담 등의 시설 (판단기준 제44조)
> 고압 또는 특고압 가공전선과 금속제의 울타리, 담 등이 교차하는 경우에 **금속제의 울타리, 담 등에는 교차점과 좌, 우로 45[m] 이내의 개소에 제1종 접지공사**를 하여야 한다. 다만, 토지의 상황에 의하여 제1종 접지저항값을 얻기 어려운 경우에는 제3종 접지공사에 의한다.　　【답】 ①

문제 98

사용전압 161[kV]의 가공전선이 건조물과 제1차 접근상태로 시설되는 경우 가공전선과 건조물사이의 이격거리는 몇 [m] 이상인가?

① 4.25　　　　　　② 4.65　　　　　　③ 4.95　　　　　　④ 5.45

> **풀이**
>
> 특고압 전로와 건조물의 간격 (판단기준 제126조)
> ① 35[kV] 이하는 3[m] 이상
> ② 35[kV]가 넘는 경우는 10[kV]마다 15[cm]를 더 가산 이격할 것
>
> $$\text{단수} = \frac{161 - 35}{10} = 12.6 \rightarrow 13\text{단}$$
>
> • 이격거리 $= 3 + 0.15 \times 13 = 4.95[\text{m}]$　　【답】 ③

강색 철도의 전차선은 지름 몇 [mm] 의 경동선 또는 이와 동등 이상의 세기 및 굵기의 것이어야 하는가?

① 5 　　　　② 7 　　　　③ 10 　　　　④ 15

풀이

강색 차선의 시설(판단기준 제275조)
- **강색 차선은 지름 7[mm]의 경동선** 또는 이와 동등 이상의 세기 및 굵기의 것일 것.
- 강색 차선의 레일면상의 높이는 4[m] 이상일 것. 다만, 터널 안, 교량아래 그 밖에 이와 유사한 곳에 시설하는 경우에는 3.5[m] 이상으로 할 수 있다. 　　**【답】** ②

농사용 저압 가공전선로 시설에 대한 설명으로 옳지 않은 것은?

① 목주의 말구 지름은 9 [cm] 이상일 것
② 지름 2 [mm] 이상의 경동선 일 것
③ 지표상 3.5 [m] 이상일 것
④ 전선로의 경간은 50 [m] 이하일 것

풀이

농사용 저압 가공전선로의 시설 (판단기준 제92조)
농사용 저압 가공 전선로의 경간은 30[m] 이하일 것
목주 말구 지름은 9[cm] 이상이고, 전선은 인장강도 1.38[kN] 이상의 것 또는 지름 2[mm] 이상의 경동선 이상일 것 　　**【답】** ④

MEMO

2013년도
전기산업기사 필기

- ▸ 13년 제1회 전기산업기사
- ▸ 13년 제2회 전기산업기사
- ▸ 13년 제3회 전기산업기사

국가기술자격검정 필기시험 문제

2013년도 전기산업기사 일반검정 제1회

자격종목 및 등급(선택분야)	종목코드	시험시간	문제지형별	수검 번호	성 명
전기산업기사	2140	2시간 30분	A		

1과목　전기자기학

문제 01

비유전율이 2.4인 유전체 내의 전계의 세기가 100 [mV/m]이다. 유전체에 저축되는 단위체적당 정전에너지는 몇 [J/m³]인가?

① 1.06×10^{-13} 　　　　② 1.77×10^{-13}

③ 2.32×10^{-13} 　　　　④ 2.32×10^{-11}

풀이

정전 에너지 $w = \dfrac{1}{2} \boldsymbol{E} \cdot \boldsymbol{D} = \dfrac{\epsilon E^2}{2} = \dfrac{\epsilon_0 \epsilon_s E^2}{2}$ [J/m³] 에서

$$w = \frac{8.855 \times 10^{-12} \times 2.4 \times (100 \times 10^{-3})^2}{2} = 1.0626 \times 10^{-13} [\text{J/m}^3]$$

【답】①

문제 02

자계 내에서 도선에 전류를 흘려보낼 때, 도선을 자계에 대해 60도의 각으로 놓았을 때 작용하는 힘은 30도의 각으로 놓았을 때 작용하는 힘의 몇 배인가?

① 2　　　　② $\sqrt{2}$　　　　③ $\sqrt{3}$　　　　④ 4

풀이

$F = BIl\sin\theta$ 에서 작용하는 힘 $F \propto \sin\theta$ 이므로

$F_1 : F_2 = \sin 30° : \sin 60°$

$$F_2 = \frac{\sin 60°}{\sin 30°} \times F_1 = \frac{\sqrt{3}/2}{1/2} \times F_1 = \sqrt{3}\, F_1$$

【답】③

문제 03

도체가 관통하는 자속이 변하든가 또는 자속과 도체가 상대적으로 운동하여 도체내의 자속이 시간적 변화를 일으키면 이 변화를 막기 위하여 도체 내에 국부적으로 형성되는 임의의 폐회로를 따라 전류가 유기되는데 이 전류를 무엇이라 하는가?

① 히스테리시스전류　　　　② 와전류

③ 변위전류　　　　④ 과도전류

와전류는 도체내에 국부적으로 흐르는 맴돌이 전류로 rot $i = -K\dfrac{\partial \boldsymbol{B}}{\partial t}$ 로 **자속의 변화를 방해하기 위한**

역자속을 만드는 전류이다. 따라서 이 전류는 자속의 수직되는 면을 회전한다.　　　【답】 ②

문제 04　간격 50 [cm]인 평행 도체판 사이에 10 [Ω/m]인 물질을 채웠을 때 단위 면적당의 저항은

몇 [Ω]인가?

① 1 [Ω]　　　　　② 5 [Ω]　　　　　③ 10 [Ω]　　　　　④ 15 [Ω]

저항 $R = \rho\dfrac{l}{S}$ [Ω]에서

단위면적당 $(S=1)$ 저항 $R = \rho \times \dfrac{l}{1} = 10 \times 0.5 = 5 [\Omega]$　　　【답】 ②

문제 05　길이 l [m]인 도선으로 원형코일을 만들어 일정한 전류를 흘릴 때, M회 감았을 때의 중심

자계는 N회 감았을 때의 중심자계의 몇 배 인가?

① $\left(\dfrac{M}{N}\right)^2$　　　　② $\left(\dfrac{N}{M}\right)^2$　　　　③ $\dfrac{N}{M}$　　　　④ $\dfrac{M}{N}$

전체 길이는 동일하므로

$$l = M(2\pi a_M) = N(2\pi a_N)$$

$$a_M = \frac{l}{2\pi M}, \qquad a_N = \frac{l}{2\pi N}$$

$$H_M = \frac{M \cdot I}{2a_M} = \frac{M \cdot I}{2 \cdot \dfrac{l}{2\pi M}} = \frac{\pi M^2 I}{l}, \qquad H_N = \frac{N \cdot I}{2a_N} = \frac{N \cdot I}{2 \cdot \dfrac{l}{2\pi N}} = \frac{\pi N^2 I}{l}$$

$$\frac{H_M}{H_N} = \frac{\dfrac{\pi M^2 I}{l}}{\dfrac{\pi N^2 I}{l}} = \frac{M^2}{N^2} \qquad \therefore H_M = \left(\frac{M}{N}\right)^2 \times H_N$$

【답】 ①

문제 06　공기 중에서 1[V/m]의 크기를 가진 정현파 전계에 대한 변위전류 1 [A/m^2]를 흐르게 하기

위해서는 이 전계의 주파수가 몇 [MHz]가 되어야 하는가?

① 1500 [MHz]　　　② 1800 [MHz]　　　③ 15000 [MHz]　　　④ 18000 [MHz]

$$f = \frac{i_d}{2\pi\epsilon E} \text{ [Hz]에서}$$

$$f = \frac{1}{2\pi \times 8.855 \times 10^{-12} \times 1} = 17973 \times 10^6 \text{[Hz]} = 17973 \text{[MHz]}$$

【답】 ④

문제 07 도체 표면의 전류 밀도가 커지고 도체중심으로 갈수록 전류 밀도가 작아지는 효과는?

① 표피효과 ② 홀효과 ③ 펠티에효과 ④ 제벡효과

풀이

전류의 주파수가 증가할수록 **도체 내부의 전류 밀도가 지수 함수적으로 감소되는 현상을 표피효과**라 한다.

$$\delta = \sqrt{\frac{2}{\omega\sigma\mu}} = \sqrt{\frac{1}{\pi f \sigma\mu}} \ [\text{m}]$$

여기서, σ : 도전율 $[\mho/\text{m}]$, $\quad \mu = 4\pi \times 10^{-7}[\text{H/m}]$: 투자율

δ : 표피두께(skin depth) 또는 침투깊이

【답】①

문제 08 비투자율 μ_s, 자속밀도 B인 자계 중에 있는 $m[\text{wb}]$의 점자극이 받는 힘$[\text{N}]$은?

① $\dfrac{mB}{\mu_o}$ ② $\dfrac{mB}{\mu_o\mu_s}$ ③ $\dfrac{mB}{\mu_s}$ ④ $\dfrac{\mu_o\mu_s}{mB}$

풀이

자속밀도 $B = \mu H = \mu_0\mu_s H$ 에서 $H = \dfrac{B}{\mu_0\mu_s}$

힘 $F = mH = m \times \dfrac{B}{\mu_0\mu_s} = \dfrac{mB}{\mu_0\mu_s} [\text{N}]$

【답】②

문제 09 환상 철심에 감은 코일에 5 [A]의 전류를 흘리면 2000 [AT]의 기자력이 생긴다면 코일의 권수는 얼마로 하여야 하는가?

① 10000 ② 5000 ③ 400 ④ 250

풀이

기자력 $F = NI$ 에서

$\therefore \ N = \dfrac{F}{I} = \dfrac{2000}{5} = 400$ 회

【답】③

문제 10 자속의 연속성을 나타내는 식은?

① $B = \mu H$ ② $\nabla \cdot B = 0$

③ $\nabla \cdot B = \rho$ ④ $\nabla \cdot B = -\mu H$

풀이

$\nabla \cdot B = \text{div}\boldsymbol{B} = 0$

【답】②

문제 11 1.2 [kW]의 전열기를 45분간 사용할 때 발생한 열량$[\text{kcal}]$은?

① 471 ② 572 ③ 673 ④ 774

전력량 $W = P \times t = 1.2 \times \dfrac{45}{60} = 0.9[\text{kWh}]$

$1[\text{kWh}] = 860[\text{kcal}]$ 이므로
열량 $H = 0.9 \times 860 = 774[\text{kcal}]$

【답】 ④

문제 12

그림과 같이 공기 중에서 1[m]의 거리를 사이에 둔 2점 A, B에 각각 $3 \times 10^{-4}[\text{Wb}]$와 $-3 \times 10^{-4}[\text{Wb}]$의 점자극을 두었다. 이때 점 P에 단위 정(+)자극을 두었을 때 이 극에 작용하는 힘의 합력은 약 몇 [N]인가?

(단, $m(\overline{\text{AP}}) = m(\overline{\text{BP}})$, $m(\angle \text{APB}) = 90°$ 이다.)

① 0

② 18.9

③ 37.9

④ 53.7

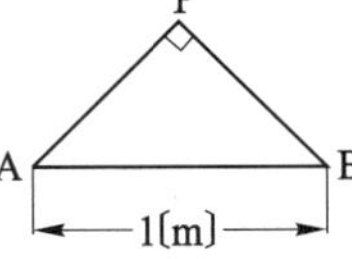

$\overline{\text{AP}} = \overline{\text{BP}} = \dfrac{1}{\sqrt{2}}$, $F = \dfrac{m_1 m_2}{4\pi\mu_0 r^2} = 6.33 \times 10^4 \times \dfrac{m_1 m_2}{r^2}[\text{N}]$

$F_1 = 6.33 \times 10^4 \times \dfrac{1 \times 3 \times 10^{-4}}{\left(\dfrac{1}{\sqrt{2}}\right)^2} = 12.66 \times 3 = 37.98[\text{N}]$

$F_2 = 6.33 \times 10^4 \times \dfrac{1 \times (-3) \times 10^{-4}}{\left(\dfrac{1}{\sqrt{2}}\right)^2} = 12.66 \times (-3) = -37.98[\text{N}]$

$\therefore F = 2F_1 \cos 45 = 2 \times 37.98 \times \dfrac{1}{\sqrt{2}} = 53.71[\text{N}]$

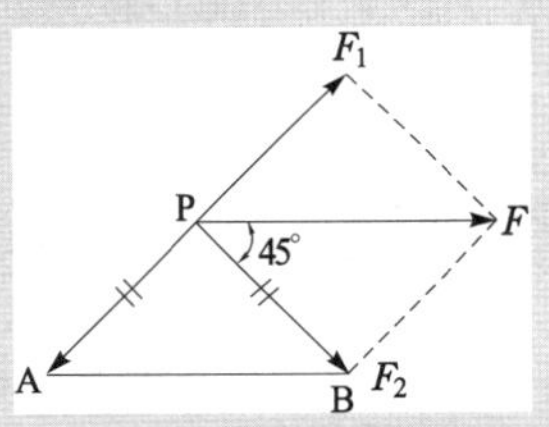

【답】 ④

문제 13

그림과 같은 정전용량이 C_o [F]되는 평행판 공기콘덴서의 판면적의 $\dfrac{2}{3}$ 되는 공간에 비유전율 ϵ_s인 유전체를 채우면 공기콘덴서의 정전용량은 몇 [F]인가?

① $\dfrac{2\epsilon_s}{3} C_o$

② $\dfrac{3}{1 + 2\epsilon_s} C_o$

③ $\dfrac{1 + \epsilon_s}{3} C_o$

④ $\dfrac{1 + 2\epsilon_s}{3} C_o$

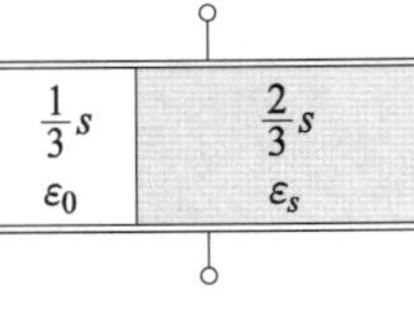

$C_1 = \dfrac{\epsilon_0 \left(\dfrac{1}{3}S\right)}{d} = \dfrac{1}{3} C_0$, $\quad C_2 = \dfrac{\epsilon_0 \epsilon_s \left(\dfrac{2}{3}S\right)}{d} = \dfrac{2}{3}\epsilon_s C_0$

C_1, C_2는 병렬 접속이므로

$C_t = C_1 + C_2 = \dfrac{1 + 2\epsilon_s}{3} C_0$

【답】 ④

문제 14

중공도체의 중공부에 전하를 놓지 않으면 외부에서 준 전하는 외부 표면에만 분포한다. 이 때 도체내의 전계는 몇 [V/m]가 되는가?

① 0
② 4π
③ ∞
④ $\dfrac{1}{4\pi\epsilon_o}$

풀이

- **도체 내의 전계** $E = 0$
- 도체 밖의 전계 $E = \dfrac{Q}{4\pi\epsilon_0 r^2}\ (r > b)$

【답】 ①

문제 15

일반적으로 자구(magnetic domain)를 가지는 자성체는?

① 강자성체
② 유전체
③ 역자성체
④ 비자성체

풀이

자기 모멘트가 서로 접근하여 원자 전체의 모멘트가 동일 방향으로 정렬하고 있는 작은 영역을 자구 (magnetic domain)라고 하며, **강자성체에는 처음부터 자구가 존재**한다.

【답】 ①

문제 16

다음 중 맥스웰의 전자 방정식으로 옳지 않은 것은?

① $\mathrm{rot}\,\boldsymbol{H} = i + \dfrac{\partial \boldsymbol{D}}{\partial t}$
② $\mathrm{rot}\,\boldsymbol{E} = -\dfrac{\partial \boldsymbol{B}}{\partial t}$
③ $\mathrm{div}\,\boldsymbol{B} = \phi$
④ $\mathrm{div}\,\boldsymbol{D} = \rho$

풀이

맥스웰의 전자 방정식
- $\mathrm{rot}\,\boldsymbol{E} = -\dfrac{\partial \boldsymbol{B}}{\partial t}$
- $\mathrm{rot}\,\boldsymbol{H} = i + \dfrac{\partial \boldsymbol{D}}{\partial t}$

보조 방정식
- $\mathrm{div}\,\boldsymbol{D} = \rho$
- $\mathrm{div}\,\boldsymbol{B} = 0$

【답】 ③

문제 17

그림과 같이 도체구 내부 공동의 중심에 점전하 $Q\,[\mathrm{C}]$가 있을 때 이 도체구의 외부로 발산되어 나오는 전기력선의 수는 몇 개인가?
(단, 도체내외의 공간은 진공이라 한다.)

① 4π
② $\dfrac{Q}{\epsilon_0}$
③ Q
④ $\epsilon_0 Q$

풀이

$Q\,[\mathrm{C}]$의 전하로부터 발산되는 전기력선 수는 가우스 정리에 의하여

$\displaystyle \int_S \boldsymbol{E} \cdot d\boldsymbol{S} = \dfrac{Q}{\epsilon_0}$ 유전체의 경우는 $\dfrac{Q}{\epsilon_0 \epsilon_s}$가 되어 그의 수는 감소한다.

【답】 ②

용량계수와 유도계수에 대한 성질 중에서 틀린 것은?

① $q_{11}, q_{22}, q_{33}, \cdots q_{nn} > 0$, 일반적으로 $q_{rr} > 0$

② q_{12}, q_{13} 등 ≤ 0, 일반적으로 $q_{rs} \leq 0$

③ $q_{11} \geq (q_{21} + q_{31} + \cdots + q_{n1})$

④ $q_{rs} = q_{sr}$

풀이

용량계수 및 유도계수의 성질
- $q_{11}, q_{22}, q_{33}, \cdots\cdots > 0$: 용량계수(q_{rr}) > 0
- $q_{12}, q_{21}, q_{31}, \cdots\cdots \leqq 0$: 유도계수(q_{rs}) $\leqq 0$
- $q_{11} \geqq -(q_{21} + q_{31} + q_{41} + \cdots + q_{n1})$ 또는 $q_{11} + q_{21} + q_{31} + q_{41} + \cdots + q_{n1} \geqq 0$
- 전위계수 $P_{12} = P_{21}$의 성질이 있으므로 다음의 관계가 성립한다.

$q_{12} = q_{21}$ 일반적으로 $q_{rs} = q_{sr}$

【답】 ③

대전된 구도체를 반지름이 2배가 되는 대전이 되지 않은 구도체에 가는 도선으로 연결할 때 원래의 에너지에 대해 손실된 에너지의 비율은 얼마가 되는가?

(단, 구도체는 충분히 떨어져 있다고 한다.)

① $\dfrac{1}{2}$　　　② $\dfrac{1}{3}$　　　③ $\dfrac{2}{3}$　　　④ $\dfrac{2}{5}$

풀이

대전된 도체구의 정전 용량을 C라 하면
$$C = 4\pi\epsilon_0 a$$
대전되지 않은 구의 정전 용량을 C'라 하면
$$C' = 4\pi\epsilon_0 a' = 4\pi\epsilon_0 (2a) = 2C \,[\text{F}]$$
연결 전후의 에너지를 W, W'라 하면
$$W = \frac{Q^2}{2C}, \quad W' = \frac{Q^2}{2(C+2C)} = \frac{Q^2}{6C}$$
따라서, 손실비는

$$\therefore \ \text{손실비} = \frac{W - W'}{W} = \frac{\dfrac{Q^2}{2C} - \dfrac{Q^2}{6C}}{\dfrac{Q^2}{2C}} = \frac{2}{3}$$

【답】 ③

자유 공간을 통과하는 전자파의 전파속도 v는?

(단, ϵ_o : 자유공간의 유전율, μ_o : 자유공간의 투자율)

① $\sqrt{\dfrac{\epsilon_o}{\mu_0}}$　　　② $\sqrt{\epsilon_o \mu_0}$　　　③ $\sqrt{\dfrac{\mu_o}{\epsilon_o}}$　　　④ $\dfrac{1}{\sqrt{\epsilon_o \mu_0}}$

풀이

전자파의 속도는 $v^2 = \dfrac{1}{\epsilon_0 \mu_0}$ 에서 $\therefore\ v = \dfrac{1}{\sqrt{\epsilon_0 \mu_0}}\,[\text{m/s}]$

【답】 ④

2과목 전력공학

문제 21 차단기의 소호재료가 아닌 것은?

① 수소　　　　　② 기름　　　　　③ 공기　　　　　④ SF_6

풀이

차단기별 소호 매질은?

종 류	소호매질
유입차단기(OCB)	절연유
진공차단기(VCB)	고진공
자기차단기(MBB)	전자기력
공기차단기(ABB)	압축공기
가스차단기(GCB)	SF_6 가스

그러나 **수소가스는 공기와 적당히 혼합하게 되면 폭발하므로 소호재료로 사용할 수 없다.**　　【답】 ①

문제 22 3상 배전선로의 전압강하율을 나타내는 식이 아닌 것은? (단, V_s : 송전단 전압, V_r : 수전단 전압, I : 전부하전류, P : 부하전력, Q : 무효전력이다.)

① $\dfrac{\sqrt{3}\,I}{V_r}(R\cos\theta + X\sin\theta)\times 100\,[\%]$ 　　　② $\dfrac{PR + QX}{V_r^2}\times 100\,[\%]$

③ $\dfrac{V_s - V_r}{V_r}\times 100\,[\%]$ 　　　④ $\dfrac{V_r}{V_s}\times 100\,[\%]$

풀이

전압강하율 $\epsilon = \dfrac{V_s - V_r}{V_r}\times 100 = \dfrac{\sqrt{3}\,I(R\cos\theta + X\sin\theta)}{V_r}\times 100\,[\%]$

$= \dfrac{\sqrt{3}\,V_r I(R\cos\theta + X\sin\theta)}{V_r^2}\times 100 = \dfrac{RP + QX}{V_r^2}\times 100\,[\%]$

【답】 ④

문제 23 전력 퓨즈(POWER FUSE)의 특성이 아닌 것은?

① 현저한 한류특성이 있다.　　　　② 부하전류를 안전하게 차단한다.

③ 소형이고 경량이다.　　　　　　④ 릴레이나 변성기가 불필요하다.

전류 퓨즈의 장·단점

장 점	단 점
• 현저한 한류특성을 가진다.	• 재투입이 불가능하다 (가장 큰 단점).
• 고속도 차단할 수 있다.	• 차단시 과전압을 발생한다.
• 소형으로서 큰 차단 용량을 가진다.	• 과전류에 의해 용단되기 쉽고 결상을 일으킬 우려가 있다.
• 한류형 퓨즈는 차단시 무소음 ,무방출이다.	
• 소형, 경량이다.	• 한류형 퓨즈는 용단되어도 차단되지 않는 전류 범위가 있다.
• 릴레이나 변성기가 불필요하다.	
• 가격이 저렴하며, 유지 보수가 간단하다.	• 동작 시간 – 전류 특성을 계전기처럼 자유롭게 조정할 수 없다.

즉, 전력 퓨즈는 단락 보호로 사용되나 부하 전류의 개폐용으로 사용되지 않는다. 【답】 ②

문제 24 송전단 전압을 V_s, 수전단 전압을 V_r, 선로의 직렬 리액턴스를 X라 할 때 이 선로에서 최대 송전전력은? (단, 선로 저항은 무시한다.)

① $\dfrac{V_s V_r}{X}$ ② $\dfrac{V_s^2 - V_r^2}{X}$ ③ $\dfrac{V_s V_r}{X^2}$ ④ $\dfrac{V_s^2 V_r^2}{X}$

송전전력 $P = \dfrac{V_s V_r}{X}\sin\theta$ 에서 **최대 송전전력은 $\theta = 90°$일 때** 이며

이때의 최대 송전전력은 $P_m = \dfrac{V_s V_r}{X}$ 가 된다. 【답】 ①

문제 25 선로의 전압을 25 [kV]에서 50 [kV]로 승압할 경우, 공급전력을 동일하게 취급하면 공급전력은 승압전의 (㉠)배로 되고, 선로 손실은 승압전의 (㉡)배로 된다.
(단, 동일 조건에서 공급 전력과 선로 손실률을 동일하게 취급함)

① ㉠ $\dfrac{1}{4}$ ㉡ 2   ② ㉠ $\dfrac{1}{4}$ ㉡ 4

③ ㉠ 2 ㉡ $\dfrac{1}{4}$ ④ ㉠ 4 ㉡ $\dfrac{1}{4}$

전력 손실률 $h = \dfrac{P_l}{P} = \dfrac{RP}{V^2\cos\theta^2}$ 에서 $P = \dfrac{hV^2\cos\theta^2}{R}$ 따라서, $P \propto V^2$

$P : P' = V^2 : (2V)^2$ $\therefore P' = 4P$

전력 손실 $P_l = 3I^2 R = 3\left(\dfrac{P}{\sqrt{3}\,V\cos\theta}\right)^2 R = \dfrac{RP^2}{V^2\cos\theta^2}$ 에서 $P_l \propto \dfrac{1}{V^2}$

$P_l : P_l' = \dfrac{1}{V^2} : \dfrac{1}{(2V)^2}$ $\therefore P_l' = \dfrac{1}{4}P_l$ 【답】 ④

문제 26 전선의 굵기가 균일하고 부하가 균등하게 분산 분포되어 있는 배전선로의 전력손실은 전체 부하가 송전단으로부터 전체 전선로 길이의 어느 지점에 집중되어 있을 경우의 손실과 같은가?

① $\dfrac{3}{4}$　　　　② $\dfrac{2}{3}$　　　　③ $\dfrac{1}{3}$　　　　④ $\dfrac{1}{2}$

풀이

집중 부하와 분산 부하

구 분	전력 손실	전압 강하
말단에 집중 부하	$I^2 rL$	IrL
균등 분산 분포 부하	$\dfrac{1}{3}I^2 rL = I^2 r\left(\dfrac{1}{3}L\right)$	$\dfrac{1}{2}IrL = Ir\left(\dfrac{1}{2}L\right)$

여기서, I : 전선의 전류, r : 전선 단위 길이당 저항, L : 전선의 길이　　【답】③

문제 27 발전기의 자기여자현상을 방지하기 위한 대책으로 적합하지 않은 것은?

① 단락비를 크게 한다.　　　　② 포화율을 작게 한다.
③ 선로의 충전전압을 높게 한다.　　　　④ 발전기 정격전압을 높게 한다.

풀이

발전기가 송전선로를 충전하는 경우 자기여자 현상을 방지하기 위해서는 단락비를 크게 하면 된다.
따라서, 선로를 안전하게 충전 할 수 있는 단락비의 값은 다음 식을 만족해야 한다.

$$단락비 > \frac{Q'}{Q}\left(\frac{V}{V'}\right)^2 (1+\sigma)$$

여기서, Q' : 소요 충전전압 V'에서의 선로 충전용량[kVA], Q : 발전기의 정격출력[kVA]
　　　　V : 발전기의 정격전압[V], σ : 발전기 정격전압에서의 포화율
따라서, **자기여자현상을 방지하기 위해서는 발전기 정격전압 V를 낮게 하여야 한다.**　　【답】④

문제 28 3상의 같은 전원에 접속하는 경우, △결선의 콘덴서를 Y결선으로 바꾸어 연결하면 진상용량은?

① $\sqrt{3}$ 배의 진상용량이 된다.　　　　② 3배의 진상용량이 된다.
③ $\dfrac{1}{\sqrt{3}}$ 의 진상용량이 된다.　　　　④ $\dfrac{1}{3}$ 의 진상용량이 된다.

풀이

$$Q_\triangle = 3 \times 2\pi f C V^2$$
$$Q_Y = 3 \times 2\pi f C\left(\frac{V}{\sqrt{3}}\right)^2 = 2\pi f C V^2$$
$$\therefore\ Q_Y = \frac{1}{3}Q_\triangle$$

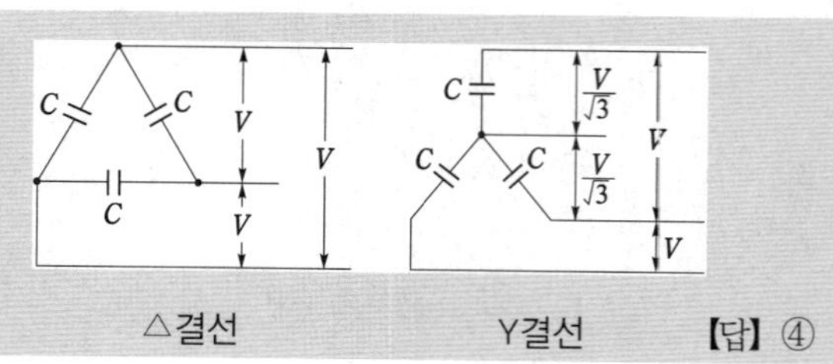

【답】④

| 문제 29 | 차단기에서 "$O - t_1 - CO - t_2 - CO$"의 표기로 나타내는 것은? |

차단기에서 "$O - t_1 - CO - t_2 - CO$"의 표기로 나타내는 것은?

(단, O : 차단 동작, t_1, t_2 : 시간 간격, C : 투입 동작, CO : 투입 직후 차단)

① 차단기 동작 책무　　　　　　　　② 차단기 재폐로 계수

③ 차단기 속류 주기　　　　　　　　④ 차단기 무전압 시간

풀이

차단기의 동작책무 : 어느 시간 간격을 두고 행하여지는 일련의 동작을 규정한 것
- 일반용 : CO – 15초 – CO
- 고속도 재투입용 : O – t(0.3초) – CO – 1분 – CO　　　　　　　　**【답】 ①**

문제 30　화력발전소에서 탈기기의 설치 목적으로 가장 타당한 것은?

① 급수 중의 용해 산소의 분리　　　② 급수의 습증기 건조

③ 연료 중의 공기제거　　　　　　　④ 염류 및 부유물질 제거

풀이

급수 중에 용해되어 있는 산소는 증기 계통, 급수 계통 등을 부식시킨다. **탈기기**(deaerator)**는 용해 산소 분리의 목적**으로 쓰인다.　　　　　　　　**【답】 ①**

문제 31　수력발전소의 조압 수조(서지 탱크)설치 목적은?

① 수차 보호　　　　　　　　　　　② 흡출관 보호

③ 수격작용 흡수　　　　　　　　　④ 조속기 보호

풀이

조압수조(서지탱크)는 자유 수면을 가진 수조로서 부하가 급격히 변화하였을 때 생기는 **수격 작용을 흡수하여 압력수로를 보호**하고, 수차의 사용 유량 변동에 의한 서징(surging)작용을 흡수한다. **【답】 ③**

문제 32　전압이 일정값 이하로 되었을 때 동작하는 것으로서 단락시 고장 검출용으로도 사용되는 계전기는?

① 재폐로 계전기　　　　　　　　　② 역상 계전기

③ 부족 전류 계전기　　　　　　　　④ 부족 전압 계전기

풀이

① **전압이 정정값 이하 시 동작 : 부족 전압 계전기**
② 전압이 정정값 초과 시 동작 : 과전압 계전기　　　　　　　　**【답】 ④**

문제 33　전력계통의 전압조정과 무관한 것은?

① 변압기　　　　　　　　　　　　② 발전기의 전압조정장치

③ MOF　　　　　　　　　　　　　④ 동기 조상기

풀이

MOF는 고전압 대전류 등의 전기량을 측정하기 위한 **계기용 변성기로서 전력 계통의 전압 조정과 무관**하다.

【답】③

문제 34

송배전 선로의 도중에 직렬로 삽입하여 선로의 유도성 리액턴스를 보상함으로서 선로정수 그 자체를 변화시켜서 선로의 전압강하를 감소시키는 직렬콘덴서방식의 특성에 대한 설명으로 옳은 것은?

① 최대 송전전력이 감소하고 정태 안정도가 감소된다.

② 부하의 변동에 따른 수전단의 전압변동률은 증대된다.

③ 장거리 선로의 유도 리액턴스를 보상하고 전압강하를 감소시킨다.

④ 송·수 양단의 전달 임피던스가 증가하고 안정 극한 전력이 감소한다.

풀이

직렬 콘덴서의 장·단점

[장점]

① **유도 리액턴스를 보상하고 전압 강하를 감소시킨다.**

② 수전단의 전압 변동률을 경감시킨다.

③ 최대 송전 전력이 증대하고 정태 안정도가 증대한다.

④ 부하 역률이 나쁠수록 효과가 크다.

⑤ 용량이 작으므로 설비비가 저렴하다

[단점]

① 단락 고장시 콘덴서 양단에 고전압이 걸린다.

② 무부하 변압기에 직렬 콘덴서를 투입하는 경우 선로 전류가 증대한다.

③ 고압 배전선에 설치하는 경우 자기 여자 현상이 일어날 경우가 있다.

④ 과보상이 되면 동기기에 난조가 생기거나 탈조하는 수가 있다.

【답】③

문제 35

배전반 및 분전반의 설치장소로 가장 적당한 곳은?

① 벽장 내부

② 화장실 내부

③ 노출된 장소

④ 출입구 신발장 내부

풀이

배전반 및 분전반의 설치장소는 습기가 없고 조작 및 유지보수가 용이한 **노출된 장소**가 적당하다.

【답】③

문제 36

배전선로의 접지 목적과 거리가 먼 것은?

① 고장전류의 크기 억제

② 고저압 혼촉, 누전, 접촉에 의한 위험 방지

③ 이상전압의 억제, 대지전압을 저하시켜 보호 장치 작동 확실

④ 피뢰기 등의 뇌해 방지 설비의 보호 효과 향상

문제 37

철탑의 탑각 접지저항이 커질 때 생기는 문제점은?

① 속류 발생 　　　　　　　② 역섬락 발생

③ 코로나 증가 　　　　　　④ 가공지선의 차폐각 증가

풀이

탑각 접지 저항이 충분히 낮지 않으면 가공 지선이 포착한 직격뢰는 대지로 흐를 수 없고, 철탑 전위가 상승하여 철탑부가 애자를 통하여 또는 경간 내에서 가공 지선과 전력선간의 공기를 통하여, 전력선에 방전하는 **역섬락을 일으킨다.** 【답】 ②

문제 38

전선 양측의 지지점의 높이가 동일할 경우 전선의 단위 길이당 중량을 W[kg], 수평장력을 T[kg], 경간을 S[m], 전선의 이도를 D[m]라 할 때 전선의 실제길이 L[m]를 계산하는 식은?

① $L = S + \dfrac{8S^2}{3D}$ 　　　　　② $L = S + \dfrac{8D^2}{3S}$

③ $L = S + \dfrac{3S^2}{8D}$ 　　　　　④ $L = S + \dfrac{3D^2}{8S}$

풀이

- 이도(dip) $D = \dfrac{WS^2}{8T}$ [m]

- 전선의 실제길이 $L = S + \dfrac{8D^2}{3S}$ [m]　　　　　【답】 ②

문제 39

22.9 [kV−Y] 배전 선로의 보호 협조기기가 아닌 것은?

① 컷아웃 스위치 　　　　　② 인터럽터 스위치

③ 리클로저 　　　　　　　④ 섹셔널라이저

풀이

22.9[kV] 배전선로의 **보호 협조는 리클로저, 섹셔널라이저, 라인퓨즈**(배전용 COS : Cut Out Switch)로 이루어 진다. 【답】 ②

문제 40

뒤진 역률 80 [%], 1000 [kW]의 3상 부하가 있다. 여기에 콘덴서를 설치하여 역률을 95 [%]로 개선하려면 콘덴서의 용량[kVA]은?

① 328 [kVA] 　　② 421 [kVA] 　　③ 765 [kVA] 　　④ 951 [kVA]

풀이

$Q_c = P(\tan\theta_1 - \tan\theta_2)$ 에서

$$Q_c = 1000\left(\frac{0.6}{0.8} - \frac{\sqrt{1-0.95^2}}{0.95}\right) = 421.32\,[\text{kVA}]$$

【답】②

3과목　전기기기

문제 41　정격출력 $P\,[\text{kW}]$, 회전수 $N\,[\text{rpm}]$인 전동기의 토크[kg·m]는?

① $0.975\dfrac{P}{N}$　　② $1.026\dfrac{P}{N}$　　③ $975\dfrac{P}{N}$　　④ $1026\dfrac{P}{N}$

풀이

$$T = \frac{1}{9.8} \cdot \frac{P}{\omega} = \frac{1}{9.8} \cdot \frac{P \times 10^3}{2\pi \times \dfrac{N}{60}} = 975\frac{P}{N}\,[\text{kg·m}]$$

【답】③

문제 42　트랜지스터에 비해 스위칭 속도가 매우 빠른 이점이 있는 반면에 용량이 적어서 비교적 저전력용에 주로 사용되는 전력용 반도체 소자는?

① SCR　　　　② GTO　　　　③ IGBT　　　　④ MOSFET

풀이

MOSFET(Metal Oxide Semiconductor Field Effect Transistor)은 금속 산화막 반도체 전계효과 트랜지스터로서 게이트의 절연체 때문에 **전력손실이 없어 구동 전력이 적고 스위칭 속도가 뛰어나기 때문에** 디지털 회로에 광범위 하게 사용된다.

【답】④

문제 43　변압기에 사용하는 절연유의 성질이 아닌 것은?

① 절연 내력이 클 것　　　　　　② 인화점이 높을 것
③ 점도가 클 것　　　　　　　　④ 냉각효과가 클 것

풀이

변압기의 기름으로서 갖추어야 할 조건은
① 절연 내력이 클 것
② 절연 재료 및 금속에 화학 작용을 일으키지 않을 것
③ 인화점이 높고, 응고점이 낮을 것
④ **점도가 낮고,** 비열이 커서 냉각 효과가 클 것
⑤ 고온에서도 석출물이 생기거나 산화하지 않을 것

【답】③

단권변압기의 3상 결선에서 △결선인 경우, 1차측 선간전압 V_1, 2차측 선간전압 V_2일 때 단권변압기의 자기용량/부하용량은? (단, $V_1 > V_2$인 경우이다.)

① $\dfrac{V_1 - V_2}{V_1}$　　② $\dfrac{V_1^2 - V_2^2}{\sqrt{3}\,V_1 V_2}$　　③ $\dfrac{\sqrt{3}\,(V_1^2 - V_2^2)}{V_1 V_2}$　　④ $\dfrac{V_1 - V_2}{\sqrt{3}\,V_1}$

풀이

△결선에서 고압측 전압 V_h, 저압측 전압 V_l 이라고 하면

$$\frac{\text{자기 용량(등가 용량)}}{\text{부하 용량}} = \frac{V_h^2 - V_l^2}{\sqrt{3}\,V_h V_l} = \frac{V_1^2 - V_2^2}{\sqrt{3}\,V_1 V_2}$$

【답】②

75 [W] 이하의 소 출력으로 소형 공구, 영사기, 치과의료용 등에 널리 이용되는 전동기는?

① 단상 반발 전동기　　　　　　② 3상 직권정류자 전동기
③ 영구자석 스텝전동기　　　　　④ 단상 직권정류자 전동기

풀이

직류 직권 전동기에 가해 주는 직류 전압을 그림과 같이 바꿀 경우에도 자속과 전기자 전류의 방향이 동시에 모두 반대가 되므로, 회전 방향은 변하지 않는다.

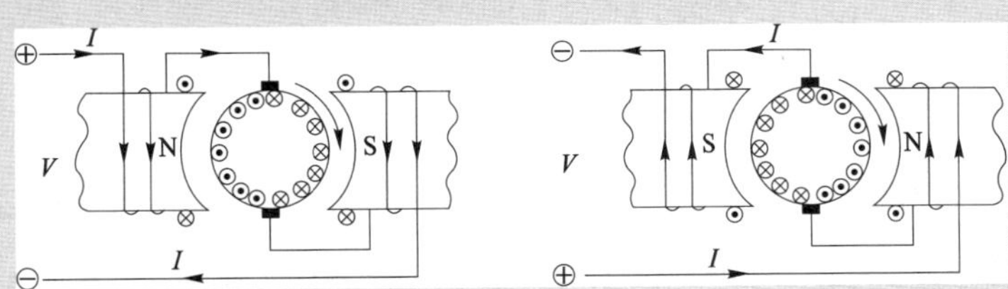

직·교류 양용 전동기의 원리

따라서, 이 직류 직권 전동기에 교류 전압을 가해 주어도 전동기는 항상 같은 방향의 토크를 발생하고, 회전을 같은 방향으로 계속한다. **직·교류 양용 전동기(만능 전동기)**는 이와 같은 원리를 이용한 전동기로서 **단상 직권 정류자 전동기**라고 하며, 믹서기, 재봉틀, 진공청소기, 휴대용 드릴 및 영사기 등에 사용된다.

【답】④

직류발전기의 구조가 아닌 것은?

① 계자 권선　　　　　　　　　② 전기자 권선
③ 내철형 철심　　　　　　　　④ 전기자 철심

풀이

직류 발전기의 주요 부분
① **계자** : 전기자를 통과하는 자속을 만드는 부분으로 계자 권선, 자극 철심, 계철 및 자극편으로 되어 있다.
② **전기자** : 계자에서 만든 자속을 끊어서 기전력을 유도 하는 부분으로 **전기자 권선**과 **전기자 철심**으로 구성되어 있다.
③ **정류자** : 전기자 권선에서 유도된 교류를 직류로 바꾸어 주는 부분

【답】③

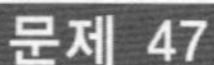

문제 47   3상 유도전동기의 원선도 작성시 필요한 시험이 아닌 것은?

① 슬립 측정   ② 무부하 시험

③ 구속 시험   ④ 고정자 권선의 저항 측정

풀이

(1) 원선도 작성에 필요한 시험은
- 저항 측정   • 무부하 시험   • 구속 시험이 있다.

(2) 유도 전동기의 원선도에서 구할 수 있는 항목
- 전부하 전류   • 역률   • 효율   • 슬립   • 최대출력/정격출력   • 토크

즉, 슬립은 원선도 상에서 구할 수 있다.   【답】 ①

문제 48   주파수 60 [Hz], 슬립 3 [%], 회전수 1164 [rpm]인 유도전동기의 극수는?

① 4   ② 6   ③ 8   ④ 10

풀이

$$s = \frac{N_s - N}{N_s} \times 100 \text{에서} \quad N_s = \frac{N}{1 - \dfrac{s}{100}} = \frac{1164}{1 - 0.03} = 1200 \text{ [rpm]}$$

$$N_s = \frac{120f}{p} \text{에서} \quad \therefore \ p = \frac{120f}{N_s} = \frac{120 \times 60}{1200} = 6 \text{[극]}$$

【답】 ②

문제 49   4극 60 [Hz]의 3상 동기발전기가 있다. 회전자의 주변 속도를 200 [m/s] 이하로 하려면 회전자의 최대 직경을 약 몇 [m]로 하여야 하는가?

① 1.5   ② 1.8   ③ 2.1   ④ 2.8

풀이

$$N_s = \frac{120f}{p} = \frac{120 \times 60}{4} = 1800 \text{ [rpm]}$$

회전자 주변 속도 $v = \pi D \cdot \dfrac{N_s}{60}$ [m/s]

$$\therefore D = \frac{60v}{\pi N_s} = \frac{60 \times 200}{3.14 \times 1800} = 2.1231 \text{ [m]}$$

【답】 ③

문제 50   비철극(원통)형 회전자 동기발전기에서 동기리액턴스 값이 2배가 되면 발전기의 출력은?

① 1/2로 줄어든다.   ② 1배이다.

③ 2배로 증가한다.   ④ 4배로 증가한다.

풀이

비 철극기 1상의 출력 $P = \dfrac{EV}{x_s} \sin\delta$ [W]에서 동기리액턴스 x_s가 2배로 되면 출력 P는 1/2로 감소한다.

【답】 ①

| 문제 51 |

동기전동기에서 제동권선의 역할에 해당되지 않는 것은?

① 기동 토크를 발생한다.

② 난조 방지작용을 한다.

③ 전기자반작용을 방지한다.

④ 급격한 부하의 변화로 인한 속도의 요동을 방지한다.

풀이

제동 권선의 역할
① 난조 방지
② 기동 토크 발생
③ 불평형 부하시의 전류, 전압 파형 개선
④ 송전선의 불평형 단락시의 이상 전압 방지 【답】③

| 문제 52 |

유도전동기에서 부하를 증가시킬 때 일어나는 현상에 관한 설명 중 틀린 것은?

(단, n_s : 회전자계의 속도, n : 회전자의 속도이다.)

① 상대속도 $(n_s - n)$ 증가 ② 2차 전류 증가

③ 토크 증가 ④ 속도 증가

풀이

부하가 증가하면 회전자의 속도 n이 감소하게 되어 슬립은 증가한다. 【답】④

| 문제 53 |

직류 전동기의 실측효율을 측정하는 방법이 아닌 것은?

① 보조 발전기를 사용하는 방법 ② 프로니 브레이크를 사용하는 방법

③ 전기 동력계를 사용하는 방법 ④ 블론델법을 사용하는 방법

풀이

직류기의 온도시험 방법
① 실부하법
② 반환부하법 : 블론델법, 카프법 및 홉킨스 법
따라서, **블론델법**은 효율을 측정하는 방법이 아니라 **온도시험 방법의 한 종류**이다. 【답】④

| 문제 54 |

변압기 온도시험을 하는데 가장 좋은 방법은?

① 반환 부하법 ② 실 부하법

③ 단락 시험법 ④ 내전압 시험법

풀이

변압기의 온도 상승 시험중 실부하법은 전력 손실이 크기 때문에 소용량 이외에는 별로 적용되지 않는다. **반환 부하법**은 동일 정격의 변압기가 2대 이상 있을 경우에 채용되며, 전력 소비가 적고 철손과 동손을 따로 공급하는 것으로 **현재 가장 많이 사용**하고 있다. 【답】①

문제 55

2극 단상 60 [Hz]인 릴럭턴스(reluctance) 전동기가 있다. 실효치 2 [A]의 정현파 전류가 흐를 때 발생 토크의 최대값[N·m]은?
(단, 직축(L_d) 및 횡축(L_q) 인덕턴스는 $L_d = 2L_q = 200$[mH]이다.)

① 0.1 　　　　② 0.5 　　　　③ 1.0 　　　　④ 1.5

풀이

릴럭턴스 전동기의 최대 토크 T_m은 $2\delta = 90°$일 때 발생한다.
즉, $\sin 2\delta = 1$이 된다.

$$\therefore T_m = \frac{1}{8} I_m^2 (L_d - L_q)\sin 2\delta = \frac{1}{8} \times (2\sqrt{2})^2 \times (200 - 100) \times 10^{-3} \times 1 = 0.1 [\text{N·m}]$$

【답】 ①

문제 56

동일 정격의 3상 동기발전기 2대를 무부하로 병렬 운전하고 있을 때, 두 발전기의 기전력 사이에 30°의 위상차가 있으면 한 발전기에서 다른 발전기에 공급되는 유효전력은 몇 [kW]인가? (단, 각 발전기의(1상의) 기전력은 1000 [V], 동기 리액턴스는 4 [Ω]이고, 전기자 저항은 무시한다.)

① 62.5 　　　② $62.5 \times \sqrt{3}$ 　　　③ 125.5 　　　④ $125.5 \times \sqrt{3}$

풀이

동기 화력 $P_s = \dfrac{E^2}{2x_s}\sin\delta$ [W]에서

$$P_s = \frac{1000^2}{2 \times 4} \times \sin 30° = 62500 [\text{W}] = 62.5 [\text{kW}]$$

【답】 ①

문제 57

변압기 결선방법 중 3상 전원을 이용하여 2상 전압을 얻고자 할 때 사용할 결선 방법은?

① Fork 결선 　　　② Scott 결선 　　　③ 환상 결선 　　　④ 2중 3각 결선

풀이

상수의 변환
① 3상-2상간의 상수 변환
　• **스코트 결선(T결선)**　• 메이어 결선　• 우드 브리지 결선
② 3상-6상간의 상수 변환
　• 환상 결선　•2중 3각 결선　•2중 성형 결선　• 대각 결선　• 포크 결선

【답】 ②

문제 58

3상 유도전동기의 슬립과 토크의 관계에서 최대 토크를 T_m, 최대 토크를 발생하는 슬립을 s_t, 2차 저항이 R_2일 때의 관계는?

① $T_m \propto R_2$, $s_t = $ 일정 　　　　② $T_m \propto R_2$, $s_t \propto R_2$

③ T_m 일정, $s_t \propto R_2$ 　　　　④ $T_m \propto \dfrac{1}{R_2}$, $s_t \propto R_2$

- 최대 토크 $T_m \propto \dfrac{V^2}{2X_2}$: 2차 저항에 무관

- 최대 토크를 발생하는 슬립 $s_t \fallingdotseq \pm \dfrac{R_2}{X_2}$: 2차 저항에 비례

따라서, 3상 유도 전동기의 **최대 토크의 크기는 2차저항 R_2와 슬립 s에 관계없이 항상 일정**하고 다만 **최대 토크가 발생하는 슬립점이 2차 회로의 저항에 비례해서 이동**할 뿐이다. 【답】③

문제 59

50 [kW], 610 [V], 1200 [rpm]의 직류 분권전동기가 있다. 70 [%] 부하일 때 부하전류는 100 [A], 회전 속도는 1240 [rpm]이다. 전기자 발생 토크 [kg · m]는?
(단, 전기자 저항은 0.1 [Ω]이고, 계자 전류는 전기자 전류에 비해 현저히 작다.)

① 약 39.3 ② 약 40.6
③ 약 47.17 ④ 약 48.75

전동기의 역기전력 $E_c = V - I_a R_a = 610 - 100 \times 0.1 = 600 [\text{V}]$
(계자전류는 매우 적다고 했으므로 $I_a \fallingdotseq I$ 가 된다)
기계적 동력 $P = E_c I_a = 2\pi n T$ 에서

$$\text{토크} \ T = \frac{E_c I_a}{2\pi n} = \frac{600 \times 100}{2\pi \times \dfrac{1240}{60}} = 462.06 [\text{N} \cdot \text{m}]$$

[N·m]를 [kg·m]로 환산하면

$$T = \frac{462.06}{9.8} = 47.15 [\text{kg} \cdot \text{m}]$$

【답】③

문제 60

동기 발전기의 전기자 권선법 중 집중권에 비해 분포권의 장점에 해당되는 것은?

① 기전력의 파형이 좋아진다. ② 난조를 방지 할 수 있다.
③ 권선의 리액턴스가 커진다. ④ 합성유도기전력이 높아진다.

분포권의 장 · 단점
[장점] ① 기전력의 고조파가 감소하여 **파형이 좋아진다.**
　　　② 권선의 누설 리액턴스가 감소한다.
　　　③ 전기자 권선에 의한 열을 고르게 분포시켜 과열을 방지한다.
[단점] ① 분포권은 집중권에 비하여 합성 유기 기전력이 감소한다. 【답】①

4과목 회로이론

문제 61

다음과 같이 변환시 $R_1 + R_2 + R_3$의 값 $[\Omega]$은?

(단, $R_{ab} = 2\,[\Omega]$, $R_{bc} = 4\,[\Omega]$, $R_{ca} = 6\,[\Omega]$이다.)

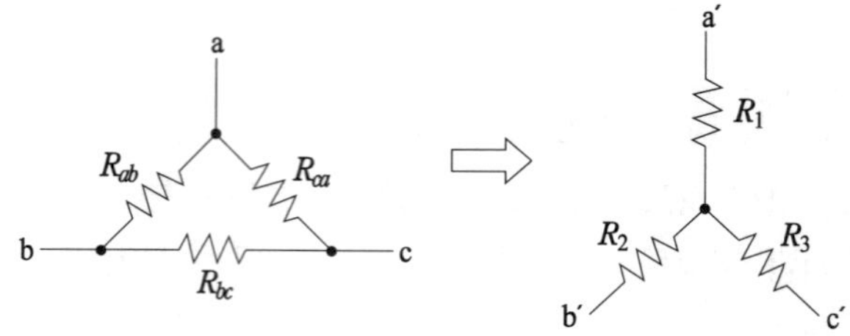

① 1.57 $[\Omega]$　　② 2.67 $[\Omega]$　　③ 3.67 $[\Omega]$　　④ 4.87 $[\Omega]$

풀이

$$R_1 = \frac{R_{ab} \cdot R_{ca}}{R_{ab} + R_{bc} + R_{ca}}, \quad R_2 = \frac{R_{ab} \cdot R_{bc}}{R_{ab} + R_{bc} + R_{ca}}, \quad R_3 = \frac{R_{bc} \cdot R_{ca}}{R_{ab} + R_{bc} + R_{ca}} \ \text{이므로}$$

$$\therefore\ R_1 + R_2 + R_3 = \frac{R_{ab} \cdot R_{ca} + R_{ab} \cdot R_{bc} + R_{bc} \cdot R_{ca}}{R_{ab} + R_{bc} + R_{ca}} = \frac{2 \times 6 + 2 \times 4 + 4 \times 6}{2 + 4 + 6} = 3.67\,[\Omega]$$

【답】③

문제 62

그림과 같은 회로에서 $t = 0$일 때 스위치 K를 닫을 때 과도전류 $i(t)$는 어떻게 표시되는가?

① $i(t) = \dfrac{V}{R_1}\left(1 - \dfrac{R_2}{R_1 + R_2} e^{-\frac{R_1}{L}t}\right)$

② $i(t) = \dfrac{V}{R_1 + R_2}\left(1 + \dfrac{R_2}{R_1} e^{-\frac{(R_1 + R_2)}{L}t}\right)$

③ $i(t) = \dfrac{V}{R_1}\left(1 + \dfrac{R_2}{R_1} e^{-\frac{R_2}{L}t}\right)$

④ $i(t) = \dfrac{R_1 V}{R_2 + R_1}\left(1 + \dfrac{R_1}{R_2 + R_1} e^{-\frac{(R_1 + R_2)}{L}t}\right)$

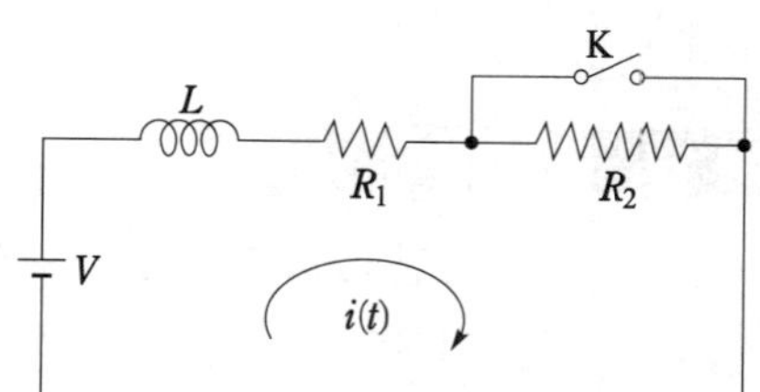

풀이

• 정상전류 $I_s = \dfrac{V}{R_1}$ (전원이 직류이므로 인덕턴스 L은 고려 할 필요없다)

• 시정수 $\tau = \dfrac{L}{R_1}$

• 초기전류 $i(0) = \dfrac{V}{R_1 + R_2} = \dfrac{V}{R_1} + K$ 에서 $\quad K = \dfrac{-R_2 V}{R_1 (R_1 + R_2)}$

$$\bullet\ i(t) = I_s + Ke^{-\frac{1}{\tau}}[\text{A}]에서$$

$$i(t) = \frac{V}{R_1} - \frac{R_2 V}{R_1(R_1 + R_2)}e^{-\frac{R_1}{L}} = \frac{V}{R_1}\left(1 - \frac{R_2}{R_1 + R_2}e^{-\frac{R_1}{L}t}\right)[\text{A}]$$

【답】 ①

문제 63

그림과 같은 4단자 회로망에서 어드미턴스 파라미터 $Y_{12}\ [\mho]$는?

① $-j\dfrac{1}{12}$ ② $j\dfrac{1}{18}$

③ $-j\dfrac{1}{24}$ ④ $j\dfrac{1}{24}$

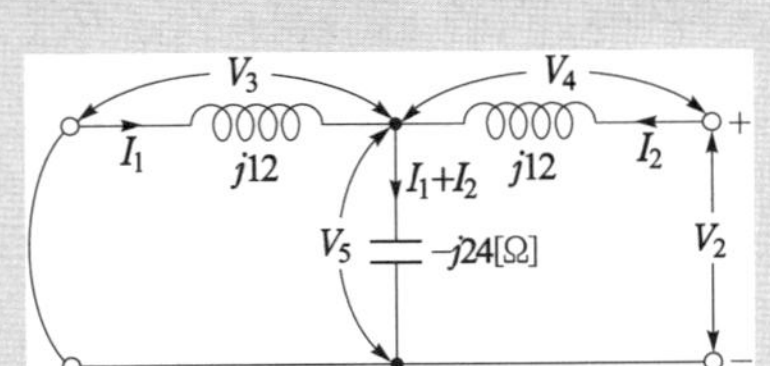

풀이

$$V_2 = V_4 + V_5 = (j12 I_2) + (-j24 I_1 - j24 I_2) = -j24 I_1 - j12 I_2$$

$$V_5 = -V_3$$

$$(-j24 I_1 - j24 I_2) = -j12 I_1$$

$$-j24 I_2 = j12 I_1$$

$$\therefore\ I_2 = \frac{j12}{-j24}I_1 = -\frac{1}{2}I_1$$

$$V_2 = -j24 I_1 - j12\left(-\frac{1}{2}I_1\right) = -j24 I_1 + j6 I_1 = -j18 I_1$$

$$Y_{12} = \left.\frac{I_1}{V_2}\right|_{V_1 = 0} = \frac{I_1}{-j18 I_1} = j\frac{1}{18}$$

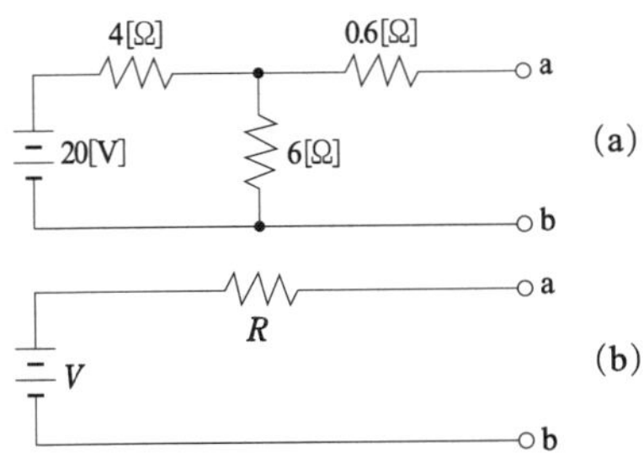

【답】 ②

문제 64

테브난의 정리를 이용하여 그림(a)의 회로를 (b)와 같은 등가회로로 만들려고 할 때 V와 R의 값은?

① $V = 12\,[\text{V}],\ R = 3\,[\Omega]$

② $V = 20\,[\text{V}],\ R = 3\,[\Omega]$

③ $V = 12\,[\text{V}],\ R = 10\,[\Omega]$

④ $V = 20\,[\text{V}],\ R = 10\,[\Omega]$

풀이

$\bullet$ 단자 a, b 사이의 전압 $V = \dfrac{20}{4+6} \times 6 = 12\,[\text{V}]$

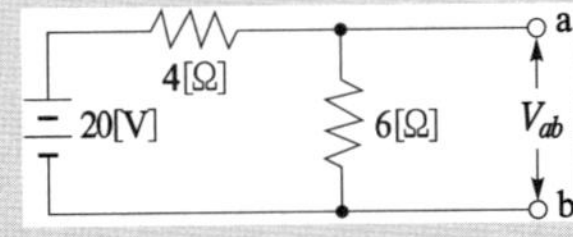

$\bullet$ 20[V] 전압원을 단락시키고 단자 a, b에서 본 저항 $R = 0.6 + \dfrac{4 \times 6}{4+6} = 3\,[\Omega]$

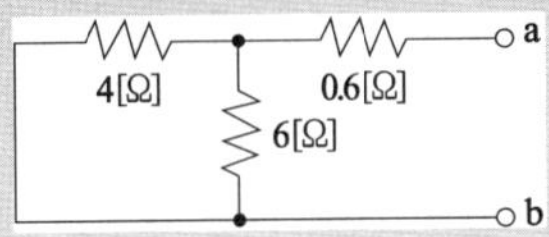

【답】 ①

문제 65

저항 $R_1 = 10[\Omega]$과 $R_2 = 40[\Omega]$이 직렬로 접속된 회로에 100[V], 60[Hz]인 정현파 교류전압을 인가할 때, 이 회로에 흐르는 전류로 옳은 것은?

① $\sqrt{2}\sin 377t[A]$　　　　　　　② $2\sqrt{2}\sin 377t[A]$

③ $\sqrt{2}\sin 422t[A]$　　　　　　　④ $2\sqrt{2}\sin 422t[A]$

풀이

- 전류 실효값 $I = \dfrac{V}{R} = \dfrac{100}{10+40} = 2[A]$
- 전류 $i = I_m\sin(\omega t + \theta) = \sqrt{2}\,I\sin(\omega t + \theta°)$

  저항만의 회로 이므로 $\theta = 0°$

  따라서, $i = \sqrt{2}\,I\sin(2\pi f)t = 2\sqrt{2}\sin 377t[A]$

【답】 ②

문제 66

다음 중 옳지 않은 것은?

① 역률 $= \dfrac{\text{유효전력}}{\text{피상전력}}$　　　　② 파형률 $= \dfrac{\text{실효값}}{\text{평균값}}$

③ 파고율 $= \dfrac{\text{실효값}}{\text{최대값}}$　　　　④ 왜형률 $= \dfrac{\text{전 고조파의 실효값}}{\text{기본파의 실효값}}$

풀이

$$\text{파고율(crest factor)} = \dfrac{\text{최대값}}{\text{실효값}}$$

【답】 ③

문제 67

그림과 같은 4단자 회로망에서 출력측을 개방하니 $V_1 = 12[V]$, $I_1 = 2[A]$, $V_2 = 4[V]$이고 출력측을 단락하니 $V_1 = 16[V]$, $I_1 = 4[A]$, $I_2 = 2[A]$이었다. 4단자 정수 A, B, C, D는 얼마인가?

① A = 2, B = 3, C = 8, D = 0.5

② A = 0.5, B = 2, C = 3, D = 8

③ A = 8, B = 0.5, C = 2, D = 3

④ A = 3, B = 8, C = 0.5, D = 2

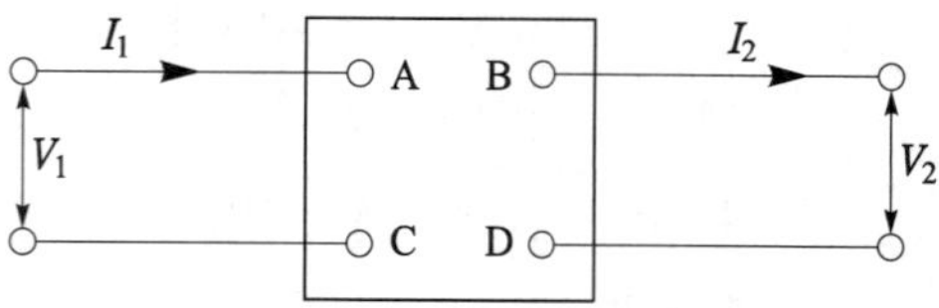

풀이

4단자 정수

$$\begin{bmatrix} V_1 \\ I_1 \end{bmatrix} = \begin{bmatrix} A\ B \\ C\ D \end{bmatrix}\begin{bmatrix} V_2 \\ I_2 \end{bmatrix} \text{에서} \quad V_1 = AV_2 + BI_2, \quad I_1 = CV_2 + DI_2$$

$$A = \left.\dfrac{V_1}{V_2}\right|_{I_2=0} = \dfrac{12}{4} = 3, \qquad B = \left.\dfrac{V_1}{I_2}\right|_{V_2=0} = \dfrac{16}{2} = 8$$

$$C = \left.\dfrac{I_1}{V_2}\right|_{I_2=0} = \dfrac{2}{4} = 0.5, \qquad D = \left.\dfrac{I_1}{I_2}\right|_{V_2=0} = \dfrac{4}{2} = 2$$

【답】 ④

대칭 3상 전압을 그림과 같은 평형 부하에 가할 때 부하의 역률은 얼마인가?

(단, $R = 9\,[\Omega]$, $\dfrac{1}{\omega C} = 4\,[\Omega]$이다.)

① 0.4

② 0.6

③ 0.8

④ 1.0

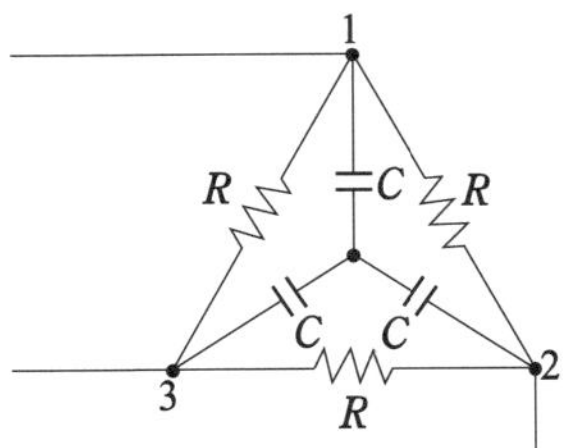

풀이

△결선된 저항을 Y로 등가 변환하면
그림과 같은 $R-C$ 병렬 회로가 된다.

$\left(\because R_Y = \dfrac{1}{3} R_{\triangle}\right)$

$R-C$ 병렬 회로에서 역률

$$\cos\theta = \frac{I_R}{I} = \frac{G}{Y} = \frac{X_C}{\sqrt{R^2 + X_C^2}} = \frac{4}{\sqrt{3^2 + 4^2}} = 0.8$$

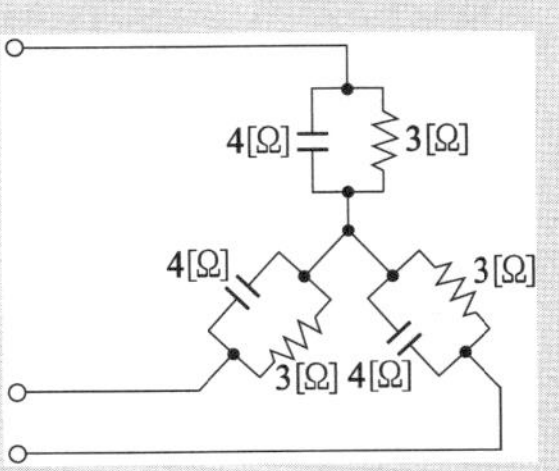

【답】 ③

대칭 3상 전압을 공급한 3상 유도전동기에서 각 계기의 지시는 다음과 같다. 유도전동기의 역률은 얼마인가? (단, $W_1 = 1.2[\text{kW}]$, $W_2 = 1.8[\text{kW}]$, $V = 200[\text{V}]$, $A = 10[\text{A}]$ 이다.)

① 0.70

② 0.76

③ 0.80

④ 0.87

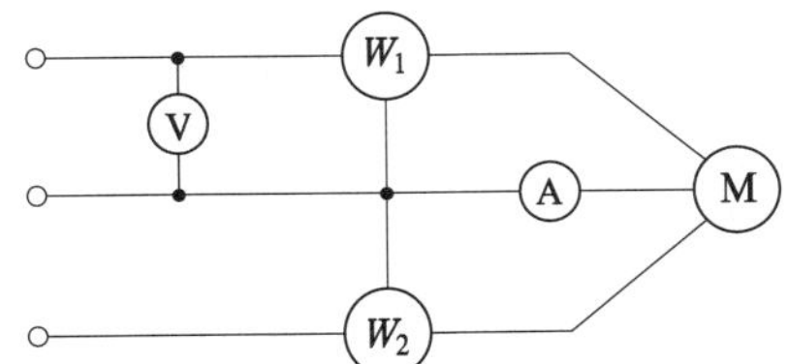

풀이

3상 전력 $W = \sqrt{3}\,VI\cos\theta$ 에서

$$\cos\theta = \frac{W_1 + W_2}{\sqrt{3}\,VI} = \frac{1200 + 1800}{\sqrt{3} \times 200 \times 10} = 0.866$$

【답】 ④

비정현파에서 정현 대칭의 조건은 어느 것인가?

① $f(t) = f(-t)$

② $f(t) = -f(-t)$

③ $f(t) = -f(t)$

④ $f(t) = -f\left(t + \dfrac{T}{2}\right)$

풀이

기함수

• 정현대칭, 원점대칭, … sin 항만 존재

• $f(t) = -f(-t)$ • $f(t) = \displaystyle\sum_{n=0}^{\infty} b_n \sin n\omega t$

• $a_0,\ a_n = 0$

【답】 ②

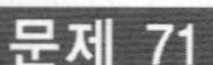

문제 71 그림과 같은 회로의 합성 인덕턴스는?

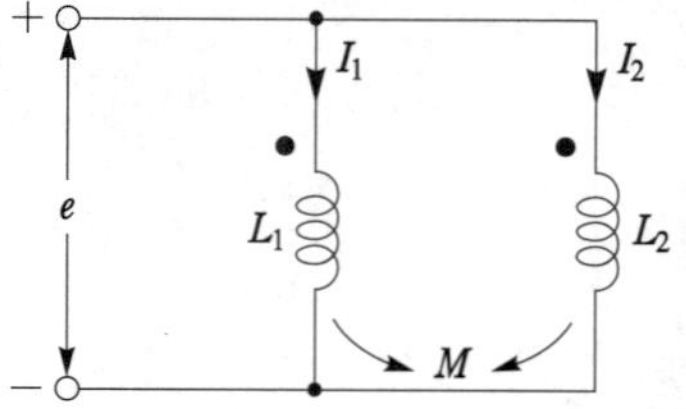

① $\dfrac{L_1 L_2 - M^2}{L_1 + L_2 - 2M}$ ② $\dfrac{L_1 L_2 + M^2}{L_1 + L_2 - 2M}$

③ $\dfrac{L_1 L_2 - M^2}{L_1 + L_2 + 2M}$ ④ $\dfrac{L_1 L_2 + M^2}{L_1 + L_2 + 2M}$

풀이

병렬 접속형의 등가 회로를 그려 보면 그림과 같다.
그러므로, 합성 인덕턴스 L_0는

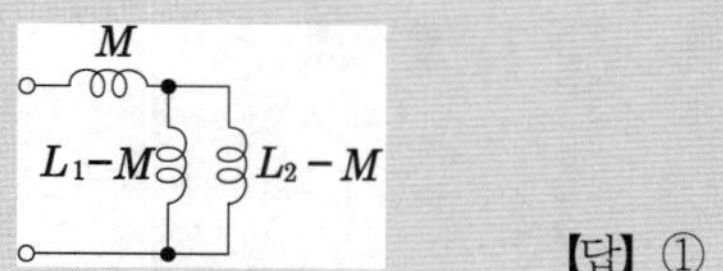

$$L_0 = M + \frac{(L_1 - M)(L_2 - M)}{(L_1 - M) + (L_2 - M)} = \frac{L_1 L_2 - M^2}{L_1 + L_2 - 2M}$$

【답】①

문제 72 코일에 단상 100 [V]의 전압을 가하면 30 [A]의 전류가 흐르고 1.8 [kW]의 전력을 소비한다고 한다. 이 코일과 병렬로 콘덴서를 접속하여 회로의 합성 역률을 100 [%]로 하기 위한 용량 리액턴스[Ω]는?

① 약 4.2[Ω]   ② 약 6.8[Ω]
③ 약 8.4[Ω]   ④ 약 10.6[Ω]

풀이

• 피상전력 $P_a = V \cdot I = 100 \times 30 = 3000[\text{VA}] = 3[\text{kVA}]$

• 지상 무효전력 $P_r = \sqrt{P_a^2 - P^2} = \sqrt{3^2 - 1.8^2} = 2.4[\text{kVar}]$

• 역률이 100 [%]로 되기 위해서는 무효전력이 0[kVar]가 되어야 하므로 진상무효 전력인 2.4 [kVA]의 콘덴서가 필요하다.

• 콘덴서 용량 $Q_C = 2\pi f\, CV^2 = \dfrac{V^2}{X_C} = 2.4 \times 10^3 [\text{kVA}]$에서

$$X_C = \frac{100^2}{2.4 \times 10^3} \fallingdotseq 4.2[\Omega]$$

【답】①

문제 73 100 [V] 전압에 대하여 늦은 역률 0.8로서 10 [A]의 전류가 흐르는 부하와 앞선 역률 0.8로서 20 [A]의 전류가 흐르는 부하가 병렬로 연결되어 있다. 전 전류에 대한 역률은 약 얼마인가?

① 0.66   ② 0.76   ③ 0.87   ④ 0.97

풀이

$$I_1 = I_1 \times \cos\theta_1 - jI_1 \times \sin\theta_1 = 10 \times 0.8 - j10 \times 0.6 = 8 - j6[\text{A}]$$
$$I_2 = I_2 \times \cos\theta_2 + jI_2 \times \sin\theta_2 = 20 \times 0.8 + j20 \times 0.6 = 16 + j12[\text{A}]$$
전체전류 $I = I_1 + I_2 = 8 - j6 + 16 + j12 = 24 + j6[\text{A}]$

전 역률 $\cos\theta = \dfrac{I_R}{I} = \dfrac{24}{24 + j6} = \dfrac{24}{\sqrt{24^2 + 6^2}} = 0.97$

【답】④

두 코일이 있다. 한 코일의 전류가 매초 40 [A]의 비율로 변화할 때 다른 코일에는 20 [V]의 기전력이 발생하였다면 두 코일의 상호인덕턴스는 몇 [H]인가?

① 0.2 [H]　　　　② 0.5 [H]　　　　③ 1.0 [H]　　　　④ 2.0 [H]

풀이

$$V_L = M \frac{di(t)}{dt}, \quad M = \frac{V_L}{\frac{di(t)}{dt}} = \frac{20}{40} = 0.5[\mathrm{H}]$$

【답】②

3상 불평형 전압에서 영상전압이 150 [V]이고 정상전압이 600 [V], 역상전압이 300 [V]이면 전압의 불평형률[%]은?

① 60[%]　　　　② 50[%]　　　　③ 40[%]　　　　④ 30[%]

풀이

$$불평형률 = \frac{역상\ 전압}{정상\ 전압} \times 100 = \frac{300}{600} \times 100 = 50[\%]$$

【답】②

$t\sin\omega t$의 라플라스 변환은?

① $\dfrac{\omega}{(s^2+\omega^2)^2}$　　　② $\dfrac{\omega s}{(s^2+\omega^2)^2}$　　　③ $\dfrac{\omega^2}{(s^2+\omega^2)^2}$　　　④ $\dfrac{2\omega s}{(s^2+\omega^2)^2}$

풀이

$$F(s) = (-1)\frac{d}{ds}\{\mathcal{L}(\sin\omega t)\} = (-1)\frac{d}{ds}\frac{\omega}{s^2+\omega^2} = \frac{2\omega s}{(s^2+\omega^2)^2}$$

【답】④

$\dfrac{2s+3}{s^2+3s+2}$ 의 라플라스 함수의 역변환의 값은?

① $e^{-t}+e^{-2t}$　　　② $e^{-t}-e^{-2t}$　　　③ $-e^{-t}-e^{-2t}$　　　④ $e^{t}+e^{2t}$

풀이

$$F(s) = \frac{2s+3}{s^2+3s+2} = \frac{2s+3}{(s+2)(s+1)} = \frac{k_1}{s+2} + \frac{k_2}{s+1}$$

$$k_1 = \lim_{s \to -2} \frac{(2s+3)}{(s+1)} = 1, \quad k_2 = \lim_{s \to -1} \frac{(2s+3)}{(s+2)} = 1$$

$$\therefore \mathcal{L}\left[\frac{1}{s+2} + \frac{1}{s+1}\right] = e^{-t} + e^{-2t}$$

【답】①

두 점 사이에는 20[C]의 전하를 옮기는데 80[J]의 에너지가 필요하다면 두 점 사이의 전압은?

① 2[V]　　　　② 3[V]　　　　③ 4[V]　　　　④ 5[V]

풀이

$$W = QV \text{에서 전압 } V = \frac{W}{Q} = \frac{80}{20} = 4[\text{V}]$$

【답】 ③

문제 79

RLC 직렬회로에 $t=0$에서 교류전압 $e = E_m \sin(\omega t + \theta)$를 가할 때 $R^2 - 4\dfrac{L}{C} > 0$이면 이 회로는?

① 진동적이다.　　　　　　　　② 비진동적이다.

③ 임계진동적이다.　　　　　　④ 비감쇠진동이다.

풀이

- $R^2 = 4\dfrac{L}{C}$: 임계진동　　- $R^2 - 4\dfrac{L}{C} > 0$: 비진동　　- $R^2 - 4\dfrac{L}{C} < 0$: 진동

【답】 ②

문제 80

전압 $e = 5 + 10\sqrt{2}\sin\omega t + 10\sqrt{2}\sin3\omega t$ [V]일 때 실효값은?

① 7.07 [V]　　　　② 10 [V]　　　　③ 15 [V]　　　　④ 20 [V]

풀이

비정현파 교류의 실효값은 직류분, 기본파 및 고조파의 제곱 합의 평방근으로 나타내므로
$$V = \sqrt{V_0{}^2 + V_1{}^2 + V_2{}^2 + V_3{}^2 + \cdots} \text{ 에서}$$
$$V = \sqrt{5^2 + 10^2 + 10^2} = 15[\text{V}]$$

【답】 ③

5과목　전기설비기술기준 및 판단기준

문제 81

특고압 가공 전선로를 제3종 특고압 보안공사에 의하여 시설하는 경우는?

① 건조물과 제1차 접근상태로 시설되는 경우

② 건조물과 제2차 접근상태로 시설되는 경우

③ 도로 등과 교차하여 시설하는 경우

④ 가공 약전류선과 공가하여 시설하는 경우

풀이

특고압 가공전선과 건조물의 접근 (판단기준 제126조)
- 제1차 접근 상태 : 제3종 특고압 보안 공사
- 제2차 접근 상태
  - 35 [kV] 이하 : 제2종 특고압 보안 공사
  - 35 [kV] 초과 400 [kV] 미만 : 제1종 특고압 보안 공사

【답】 ①

가공 전선로의 지지물에 시설하는 지선의 안전율은 일반적인 경우 얼마 이상이어야 하는가?

① 1.8　　　　② 2.0　　　　③ 2.2　　　　④ 2.5

풀이

지선의 시설(판단기준 제67조)
① **지선의 안전율은 2.5**
② 소선은 지름 2.6 [mm] 이상의 금속선 3조 이상을 꼬아서 사용한다
③ 철주 및 철근 콘크리트주의 지선은 지중 및 지표상 30 [cm]까지의 부분은 아연도금 철봉 등을 사용한다.
④ 지선이 도로를 횡단하는 경우는 5 [m] 이상으로 한다 (보도의 경우는 2.5 [m] 이상으로 할 수 있다).

【답】④

제1종 또는 제2종 접지공사에 사용하는 접지선을 사람이 접촉할 우려가 있는 곳에 시설하는 경우에 합성수지관 또는 이와 동등 이상의 절연효력 및 강도를 가지는 몰드로 접지선을 덮어야 하는가?

① 지하 30 [cm]로 부터 지표상 1.5 [m]까지의 부분
② 지하 50 [cm]로 부터 지표상 1.8 [m]까지의 부분
③ 지하 90 [cm]로 부터 지표상 2.5 [m]까지의 부분
④ 지하 75 [cm]로 부터 지표상 2.0 [m]까지의 부분

풀이

각종 접지공사의 세목 (판단기준 제19조)
접지극은 **지하 75 [cm] 이상의 깊이에 매설**하고 **지표상 2 [m]까지의 부분**은 절연 효력이 있는 **합성 수지관으로 덮을 것**

【답】④

400 [V] 미만의 저압용 계기용변성기에 있어서 그 철심에는 몇 종 접지공사를 하여야 하는가?

① 특별 제3종 접지공사　　　　② 제1종 접지공사
③ 제2종 접지공사　　　　④ 제3종 접지공사

풀이

• 철대 및 금속제 외함의 접지(판단기준 제33조)
전로에 시설하는 기계기구의 철대 및 금속제 외함에는 표에서 정한 접지공사를 하여야 한다.

기계기구의 구분	접 지 공 사
400 [V] 미만인 저압용의 것	**제3종 접지공사**
400 [V] 이상의 저압용의 것	특별 제3종 접지공사
고압용 또는 특고압용의 것	제1종 접지공사

【답】④

문제 85 저압 접촉전선을 절연 트롤리 공사에 의하여 시설하는 경우에 대한 기준으로 옳지 않은 것은? (단, 기계기구에 시설하는 경우가 아닌 것으로 한다.)

① 절연 트롤리선은 사람이 쉽게 접할 우려가 없도록 시설할 것

② 절연 트롤리선의 개구부는 아래 또는 옆으로 향하여 시설 할 것

③ 절연 트롤리선의 끝 부분은 충전부분이 노출되는 구조일 것

④ 절연 트롤리선은 각 지지점에서 견고하게 시설하는 것 이외에 그 양쪽 끝을 내장 인류 장치에 의하여 견고하게 인류할 것

풀이

옥내에 시설하는 저압 접촉전선 공사 (판단기준 제206조)

① 절연 트롤리선은 사람이 쉽게 접할 우려가 없도록 시설할 것

② 절연 트롤리선의 개구부는 아래 또는 옆으로 향하여 시설할 것

③ **절연 트롤리선의 끝 부분은 충전부분이 노출되지 아니하는 구조**의 것일 것

④ 절연 트롤리선은 각 지지점에서 견고하게 시설하는 것 이외에 그 양쪽 끝을 내장 인류장치에 의하여 견고하게 인류할 것

⑤ 절연 트롤리선 및 그 절연 트롤리선에 접촉하는 집전장치는 조영재와 접촉되지 아니하도록 시설할 것

⑥ 절연 트롤리선을 습기가 많은 장소 또는 물기가 있는 장소에 시설하는 경우 옥외용 행거 또는 옥외용 내장 인류장치를 사용할 것

【답】 ③

문제 86 철도·궤도 또는 자동차도의 전용터널 안의 터널내 전선로의 시설방법으로 틀린 것은?

① 저압전선으로 지름 2.0 [mm]의 경동선을 사용하였다.

② 고압전선은 케이블공사로 하였다.

③ 저압전선을 애자사용공사에 의하여 시설하고 이를 레일면상 또는 노면상 2.5 [m] 이상으로 하였다.

④ 저압전선을 가요전선관공사에 의하여 시설하였다.

풀이

터널 안 전선로의 시설 (판단기준 제143조)

전압	전선의 굵기	시공 방법	애자사용 공사 시 높이
저압	인장강도 2.3 [kN] 이상의 절연전선 또는 **2.6 [mm] 이상의 경동선**의 절연전선	• 합성수지관 공사 • 금속관 공사 • 가요전선관 공사 • 케이블 공사 • 애자 사용 공사	노면상, 레일면상 2.5 [m] 이상
고압	4 [mm] 이상의 경동선의 절연전선	• 케이블 공사 • 애자 사용 공사	노면상, 레일면상 3 [m] 이상

【답】 ①

문제 87 345 [kV] 옥외 변전소에 울타리 높이와 울타리에서 충전부분까지 거리[m]의 합계는?

① 6.48 ② 8.16 ③ 8.40 ④ 8.28

발전소 등의 울타리·담 등의 시설(판단기준 제44조)

사용전압의 구분	울타리·담 등의 높이와 울타리·담 등으로부터 충전 부분까지의 거리의 합계
35 [kV] 이하	5 [m]
35 [kV] 초과 160 [kV] 이하	6 [m]
160 [kV] 초과	• **거리 = 6 + 단수 × 0.12 [m]** • 단수 = $\dfrac{\text{사용전압 [kV]} - 160}{10}$ 단수 계산에서 소수점 이하는 절상

• 단수 = $\dfrac{345 - 160}{10} = 18.5 \rightarrow 19$단

• 이격거리 + 울타리높이 = $6 + 19 \times 0.12 = 8.28$[m]　　　　　　　　　**【답】** ④

문제 88

강색 철도의 시설에 대한 설명으로 틀린 것은?

① 강색 차선은 지름 7 [mm]의 경동선을 사용한다.

② 강색 차선의 레일면상 높이는 3 [m]이상으로 한다.

③ 강색 차선과 대지사이의 절연저항은 사용전압에 대한 누설 전류가 궤도의 연장 1 [km]
　마다 10 [mA]를 넘지 않는다.

④ 레일에 접속하는 전선은 레일 사이 및 레일의 바깥쪽 30 [cm]안에 시설하는 것 이외에
　는 대지로부터 절연한다.

강색 차선의 시설 (판단기준 제275조)
강색 차선의 레일면상의 높이는 4 [m] 이상일 것. 다만, 터널 안, 교량 아래 그 밖에 이와 유사한 곳에
시설하는 경우에는 3.5 [m] 이상으로 할 수 있다.　　　　　　　　　**【답】** ②

문제 89

고압 가공전선이 교류 전차선과 교차하는 경우, 고압 가공전선으로 케이블을 사용하는 경우
이외에는 단면적 몇 [mm²] 이상의 경동연선을 사용하여야 하는가?

① 14　　　　　　　② 22　　　　　　　③ 30　　　　　　　④ 38

저고압 가공전선과 교류전차선 등의 접근 또는 교차(판단기준 제83조)
저압 가공전선 또는 고압 가공전선이 교류 전차선 등과 교차하는 경우에 저압 가공전선 또는 고압 가공
전선이 교류 전차선 등의 위에 시설되는 때에는 다음 각 호에 따라야 한다.
① 저압 가공전선에는 케이블을 사용하고 또한 이를 단면적 38[mm²] 이상인 아연도강연선으로서 인장
　강도 19.61 [kN] 이상인 것으로 조가하여 시설할 것.
② **고압 가공전선은** 케이블인 경우 이외에는 인장강도 14.51 [kN] 이상의 것 또는 **단면적 38 [mm²] 이
　상의 경동연선**일 것.
③ 고압 가공전선이 케이블인 경우에는 이를 단면적 38[mm²] 이상인 아연도강연선으로서 인장강도
　19.61 [kN] 이상인 것으로 조가하여 시설할 것.　　　　　　　　　**【답】** ④

문제 90

고압 옥내배선이 다른 고압 옥내배선과 접근하거나 교차하는 경우 상호간의 이격거리는 최소 몇 [cm] 이상이어야 하는가?

① 10　　　　② 15　　　　③ 20　　　　④ 25

풀이

고압 옥내배선과 타 시설물과의 이격거리 (판단기준 제209조)
① **다른 고압 옥내배선**·저압 옥내전선·관등회로의 배선·약전류 전선 : **15[cm]**
② 수관·가스관이나 이와 유사한 것과 접근하거나 교차하는 경우 : 15[cm]
③ 애자사용 공사에 의하여 시설하는 저압 옥내전선인 경우 : 30[cm]
④ 가스계량기 및 가스관의 이음부와 전력량계 및 개폐기 : 60[cm]

【답】 ②

문제 91

가공 전선로에 사용하는 지지물의 강도계산에 적용하는 갑종 풍압하중을 계산할 때 구성재의 수직 투영면적 1 [m²]에 대한 풍압의 기준이 잘못된 것은?

① 목주 : 588[Pa]

② 원형 철주 : 588[Pa]

③ 원형 철근콘크리트주 : 882[Pa]

④ 강관으로 구성(단주는 제외)된 철탑 : 1255[Pa]

풀이

풍압하중의 종별과 적용(판단기준 제62조)

풍압을 받는 구분				풍압 [Pa]
지 지 물	목　　주			588
	철　　주	원형의 것		588
		삼각형 또는 농형		1412
		강관에 의하여 구성되는 4각형의 것		1117
		기타의 것으로 복재가 전후면에 겹치는 경우		1627
		기타의 것으로 겹치지 않은 경우		1784
	철근 콘크리트주	**원형의 것**		**588**
		기타의 것		882
	철　　탑	단주	원형의 것	588
			기타의 것	1117
		강관으로 구성되는 것		1255
		기타의 것		2157

【답】 ③

문제 92

교류식 전기철도의 전차선과 식물사이의 이격거리는 몇 [m] 이상이어야 하는가?

① 1　　　　② 1.5　　　　③ 2　　　　④ 2.5

풀이

교류 전차선과 식물과의 이격 거리는 2 [m] 이상이어야 한다 (판단기준 제271조).

【답】 ③

가공 전선로의 지지물에 시설하는 통신선은 가공 전선과의 이격거리를 몇 [cm] 이상 유지하여야 하는가? (단, 가공전선은 고압으로 케이블을 사용한다.)

① 30　　　　② 45　　　　③ 60　　　　④ 75

풀이

가공전선과 첨가 통신선과의 이격거리 (판단기준 제155조)
가공 전선로의 지지물에 공가하는 통신선은 전력선 가공 전선 밑에 시설하고 가공 전선과의 이격 거리는 다음과 같이 유지하여야 한다.

전선의 전압	전력선의 종류	통신선의 종류	이격 거리
저압 및 중성선	나선	나선, 절연전선, 케이블	60[cm] 이상
	절연 전선 또는 케이블	절연전선 또는 케이블	30[cm] 이상
고 압	나선 또는 절연 전선	나선, 절연전선, 케이블	60[cm] 이상
	케이블	절연전선 또는 케이블	**30[cm] 이상**
특별고압	나선 또는 절연 전선	나선, 절연전선 또는 케이블	1.2[m] 이상
	케이블	절연전선 또는 케이블	30[cm] 이상
22.9[kV-Y]	나선 또는 절연 전선	나선, 절연전선 또는 케이블	75[cm] 이상

【답】 ①

주상변압기 전로의 절연내력을 시험할 때 최대 사용전압이 23000 [V]인 권선으로서 중성점 접지식 전로(중성선을 가지는 것으로서 그 중성선에 다중접지를 한 것)에 접속하는 것의 시험전압은?

① 16560[V]　　　　　　② 21160[V]
③ 25300[V]　　　　　　④ 28750[V]

풀이

절연 내력 시험 전압(최대 사용 전압의 배수) (판단기준 제13조)

접지 방식	최대 사용 전압	시험 전압 (최대 사용 전압 배수)	최저 시험 전압
비 접 지	7 [kV] 이하	1.5배	500 [V]
	7 [kV] 초과	1.25배	10,500 [V]
중 성 점 접 지	60 [kV] 초과	1.1배	75,000 [V]
중성점직접접지	60 [kV] 초과 170 [kV] 이하	0.72배	
	170 [kV] 초과	0.64배	
중성점다중접지	**25 [kV] 이하**	**0.92배**	500 [V]

$\therefore$ 시험 전압 $= 23000 \times 0.92 = 21,160[V]$

【답】 ②

금속덕트 공사에 의한 저압 옥내배선에서, 금속덕트에 넣은 전선의 단면적의 합계는 덕트 내부 단면적의 몇 [%] 이하이어야 하는가?

① 20　　　　② 30　　　　③ 40　　　　④ 50

> **풀이**
>
> 금속 덕트 공사(판단기준 제187조)
> 금속 덕트에 넣는 전선의 단면적의 합계는 **덕트 내부 단면적의 20[%]**(전광 표시 장치, 출퇴근 표시등,
> 제어 회로 등의 배전선만을 넣는 경우는 50[%]) **이하일 것** **【답】** ①

문제 96 아파트 세대 욕실에 '비데용 콘센트'를 시설하고자 한다. 다음의 시설방법 중 적합하지 않는
것은?

① 충전 부분이 노출되지 않을 것

② 배선기구에 방습장치를 시설할 것

③ 저압용 콘센트는 접지극이 없는 것을 사용할 것

④ 인체감전보호용 누전차단기가 부착된 것을 사용할 것

> **풀이**
>
> 옥내에 시설하는 저압용의 배선기구의 시설(판단기준 제170조)
> **욕실 등 인체가 물에 젖어있는 상태에서 물을 사용하는 장소에 시설하는 저압 콘센트는 접지극이 있는
> 것을 사용하여 접지**하여야 한다. **【답】** ③

문제 97 저압 및 고압 가공전선의 최소 높이는 도로를 횡단하는 경우와 철도를 횡단하는 경우에 각
각 몇 [m] 이상이어야 하는가?

① 도로 : 지표상 6 [m], 철도 : 레일면상 6.5 [m]

② 도로 : 지표상 6 [m], 철도 : 레일면상 6 [m]

③ 도로 : 지표상 5 [m], 철도 : 레일면상 6.5 [m]

④ 도로 : 지표상 5 [m], 철도 : 레일면상 6 [m]

> **풀이**
>
> 저고압 가공 전선의 높이는 다음과 같다 (판단기준 제72조).
> ① **도로 횡단 : 6 [m] 이상**　　② **철도 횡단 : 레일면 상 6.5 [m] 이상**
> ③ 횡단 보도교 위 : 3.5 [m]　　④ 기타 : 5 [m] 이상 **【답】** ①

문제 98 유희용 전차에 전기를 공급하는 전로의 사용전압이 교류인 경우 몇 [V] 이하이어야 하는가?

① 20　　　　　　② 40　　　　　　③ 60　　　　　　④ 100

> **풀이**
>
> 유희용 전차의 시설 (판단기준 제232조)
> ① **유희용 전차**에 전기를 공급하는 전로의 사용 전압은 **직류 60 [V] 이하, 교류 40 [V] 이하**로 사용 변압
>   기의 1차 전압은 400 [V] 이하일 것
> ② 접촉 전선은 제3 궤조 방식에 의할 것
> ③ 전차 안에 승압용 변압기를 사용하는 경우는 절연 변압기로 그 2차 전압은 150 [V] 이하일 것
>   **【답】** ②

빙설이 적고 인가가 밀집된 도시에 시설하는 고압 가공 전선로 설계에 사용하는 풍압하중은?

① 갑종 풍압하중

② 을종 풍압하중

③ 병종 풍압하중

④ 갑종 풍압하중과 을종 풍압하중을 각 설비에 따라 혼용

풀이

풍압 하중의 종별과 적용(판단기준 제62조)

지　　　　　역		고온 계절	저온 계절
빙설이 많은 지방 이외의 지방		갑종	병종
빙설이 많은 지방	일반지역	갑종	을종
	해안지방 기타 저온계절에 최대풍압이 생기는 지역	갑종	갑종과 을종 중 큰 값 선정
인가가 많이 연접되어 있는 장소		**병종**	**병종**

【답】③

저압 옥내배선 버스덕트공사에서 지지점간의 거리[m]는?
(단, 취급자만이 출입하는 곳에서 수직으로 붙이는 경우)

① 3　　　　　② 5　　　　　③ 6　　　　　④ 8

풀이

버스 덕트 공사 (판단기준 제188조)
① 덕트 상호 및 전선 상호는 견고하고 전기적으로 완전하게 접속할 것
② **버스 덕트 지지점간의 거리는 3[m]** (취급자 이외의 자가 출입할 수 없도록 설비한 곳에서 **수직으로 붙이는 경우에는 6[m]**) 이하일 것

【답】③

국가기술자격검정 필기시험 문제

2013년도 전기산업기사 일반검정 제2회				수검 번호	성 명
자격종목 및 등급(선택분야)	종목코드	시험시간	문제지형별		
전기산업기사	2140	2시간 30분	A		

1과목 　전기자기학

문제 01

유전율이 각각 ϵ_1, ϵ_2인 두 유전체가 접해 있다. 각 유전체 중의 전계 및 전속밀도가 각각 E_1, D_1 및 E_2, D_2 이고, 경계면에 대한 입사각 및 굴절각이 θ_1, θ_2일 때 경계조건으로 옳은 것은?

① $\dfrac{\sin\theta_2}{\sin\theta_1} = \dfrac{\epsilon_2}{\epsilon_1}$
② $\dfrac{\cos\theta_2}{\cos\theta_1} = \dfrac{D_2}{D_1}$
③ $\dfrac{\tan\theta_2}{\tan\theta_1} = \dfrac{\epsilon_2}{\epsilon_1}$
④ $\dfrac{\cot\theta_2}{\cot\theta_1} = \dfrac{E_2}{E_1}$

풀이

- 전속밀도의 법선 성분(수직 성분)이 같다. $(D_1\cos\theta_1 = D_2\cos\theta_2)$
- 전계는 접선 성분(평행 성분)이 같다. $(E_1\sin\theta_1 = E_2\sin\theta_2)$
- 두 경계면에서의 전위는 서로 같다. $(V_1 = V_2)$
- $\epsilon_1 > \epsilon_2$이면, $\theta_1 > \theta_2$ 이다.
- $\dfrac{\tan\theta_2}{\tan\theta_1} = \dfrac{\epsilon_2}{\epsilon_1}$

【답】 ③

문제 02

자기인덕턴스가 10 [H]인 코일에 3 [A]의 전류가 흐를 때 코일에 축적된 자계에너지는 몇 [J]인가?

① 30　　　　② 45　　　　③ 60　　　　④ 90

풀이

$$W = \frac{1}{2}LI^2 = \frac{1}{2}\times 10 \times 3^2 = 45\,[\text{J}]$$

【답】 ②

문제 03

자유공간에서 특성 임피던스 $\sqrt{\dfrac{\mu_0}{\epsilon_0}}$ 의 값은?

① $\dfrac{1}{110\pi}$ [Ω]
② $\dfrac{1}{120\pi}$ [Ω]
③ 110π [Ω]
④ 120π [Ω]

특성 임피던스 $Z_0 = \dfrac{E}{H} = \sqrt{\dfrac{\mu_0}{\epsilon_0}} = \sqrt{\dfrac{4\pi \times 10^{-7}}{\dfrac{1}{36\pi \times 10^9}}} = \sqrt{144\pi^2 \times 100} = 120\pi\,[\Omega]$

【답】 ④

문제 04 진공 중에서 $10^{-6}[\mathrm{C}]$과 $10^{-7}[\mathrm{C}]$의 두 개의 점전하가 50[cm]의 거리에 있을 때 작용하는 힘은 몇 [N]인가?

① 3.6×10^{-3} ② 1.8×10^{-3} ③ 4×10^{-13} ④ 0.25×10^{-13}

쿨롱의 법칙 $F = 9 \times 10^9 \times \dfrac{Q_1 Q_2}{r^2}\,[\mathrm{N}]$에서

$F = 9 \times 10^9 \times \dfrac{Q_1 Q_2}{r^2} = 9 \times 10^9 \times \dfrac{10^{-6} \times 10^{-7}}{0.5^2} = 3.6 \times 10^{-3}[\mathrm{N}]$

【답】 ①

문제 05 유전체내의 정전 에너지식으로 옳지 않은 것은?

① $\dfrac{1}{2}\boldsymbol{ED}\,[\mathrm{J/m^3}]$ ② $\dfrac{1}{2}\dfrac{\boldsymbol{D}^2}{\epsilon}\,[\mathrm{J/m^3}]$

③ $\dfrac{1}{2}\epsilon\boldsymbol{D}\,[\mathrm{J/m^3}]$ ④ $\dfrac{1}{2}\epsilon\boldsymbol{E}^2\,[\mathrm{J/m^3}]$

정전 에너지 $w = \dfrac{1}{2}\boldsymbol{E} \cdot \boldsymbol{D} = \dfrac{\epsilon E^2}{2} = \dfrac{D^2}{2\epsilon}\,[\mathrm{J/m^3}] \quad \left(D = \epsilon E,\ E = \dfrac{D}{\epsilon}\right)$

【답】 ③

문제 06 공기 중에서 무한 평면 도체 표면 아래의 1[m] 떨어진 곳에 1[C]의 점전하가 있다. 전하가 받는 힘의 크기는?

① $9 \times 10^9\,[\mathrm{N}]$ ② $\dfrac{9}{2} \times 10^9\,[\mathrm{N}]$

③ $\dfrac{9}{4} \times 10^9\,[\mathrm{N}]$ ④ $\dfrac{9}{16} \times 10^9\,[\mathrm{N}]$

무한 평면 도체에서 1[m] 떨어진 점전하 $Q\,[\mathrm{C}]$이 받는 힘은 전기 영상법에 의해

$F = \dfrac{1}{4\pi\epsilon_0}\dfrac{QQ'}{(2r)^2} = \dfrac{Q^2}{16\pi\epsilon_0 r^2} = \dfrac{1}{4} \times 9 \times 10^9 \times \dfrac{1}{1^2} = \dfrac{9}{4} \times 10^9\,[\mathrm{N}]$

$\left(\because \dfrac{1}{4\pi\epsilon_0} = 9 \times 10^9\right)$

【답】 ③

문제 07

전위분포가 $V = 2x^2 + 3y^2 + z^2$[V]의 식으로 표시되는 공간의 전하밀도 ρ는 얼마인가?

① $12\epsilon_0$[C/m^3]　　　② $-12\epsilon_0$[C/m^3]　　　③ $12\epsilon_0$[C/cm^3]　　　④ $-12\epsilon_0$[C/cm^3]

풀이

전위 $V = 2x^2 + 3y^2 + z^2$ 이므로

$$\nabla^2 V = \frac{\partial^2 V}{\partial x^2} + \frac{\partial^2 V}{\partial y^2} + \frac{\partial^2 V}{\partial z^2} = 4 + 6 + 2 = -\frac{\rho}{\epsilon_0}$$

$$12 = -\frac{\rho}{\epsilon_0} \qquad \therefore \rho = -12\epsilon_0 \ [\text{C/m}^3]$$

【답】②

문제 08

강자성체에서 자구의 크기에 대한 설명으로 가장 옳은 것은?

① 역자성체를 제외한 다른 자성체에서는 모두 같다.

② 원자나 분자의 질량에 따라 달라진다.

③ 물질의 종류에 관계없이 크기가 모두 같다.

④ 물질의 종류 및 상태에 따라 다르다.

풀이

일반적으로 **자구**(磁區)를 가지는 자성체는 강자성체이며, **물질의 종류 및 상태 등에 따라 다르게 나타난다.**

【답】④

문제 09

평행한 두 개의 도선에 전류가 서로 같은방향으로 흐를 때 두 도선 사이에서의 자계강도는 한 개의 도선일 때 보다 어떠한가?

① 더 약해진다　　　　　　　　　　② 주기적으로 약해졌다 또는 강해졌다 한다.

③ 더 강해진다.　　　　　　　　　　④ 강해졌다가 약해진다.

풀이

자계강도 H는 자력선 밀도와 같으므로 한 개의 자력선 보다 서로 반대 방향의 두 개의 자력선이 흐르면 자력선 밀도가 감소하므로 자계 강도는 더 약해진다.

【답】①

문제 10

강자성체의 자속밀도 B의 크기와 자화의 세기 J의 크기 사이의 관계로 옳은 것은?

① J는 B보다 크다.　　　　　　　② J는 B보다 적다.

③ J는 B와 그 값이 같다.　　　　　④ J는 B에 투자율을 더한 값과 같다.

풀이

강자성체는 $\mu_s \gg 1$이므로

$$J = \frac{\mu_s - 1}{\mu_s} B \text{ 에서 } \frac{\mu_s - 1}{\mu_s} \text{ 은}$$

1보다 약간 작으므로 J도 B보다 약간 작다.

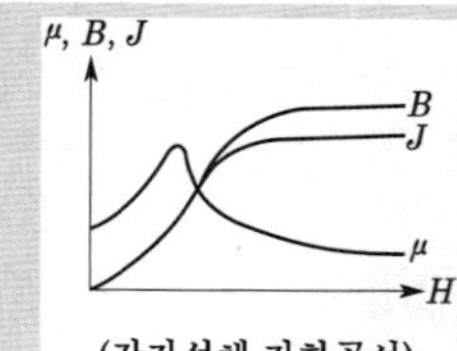

(강자성체 자화곡선)

【답】②

문제 11

반지름 a[m]인 원통도체가 있다. 이 원통도체의 길이가 l[m]일 때 내부 인덕턴스는 몇 [H]인가? (단, 원통도체의 투자율은 μ[H/m]이다.)

① $\dfrac{\mu a}{4\pi}$ ② $\dfrac{\mu l}{4\pi}$ ③ $\dfrac{\mu l}{8\pi}$ ④ $\dfrac{\mu a}{8\pi}$

풀이

- 단위 길이 당 자계 에너지 $W=\dfrac{\mu I^2}{16\pi}$ [J/m]

- 단위 길이 당 내부 인덕턴스 $L_i=\dfrac{2W}{I^2}=\dfrac{2}{I^2}\times\dfrac{\mu I^2}{16\pi}=\dfrac{\mu}{8\pi}$ [H/m]

따라서, 길이가 l[m] 인 경우 내부 인덕턴스 $L_i=\dfrac{\mu l}{8\pi}$ [H]가 된다.

【답】 ③

문제 12

점 $P(1,\ 2,\ 3)$ [m]와 $Q(2,\ 0,\ 5)$ [m]에 각각 4×10^{-5}[C]과 -2×10^{-4}[C]의 점전하가 있을 때, 점 P에 작용하는 힘은 몇 [N]인가?

① $\dfrac{8}{3}(i-2j+2k)$ ② $\dfrac{8}{3}(-i-2j+2k)$

③ $\dfrac{3}{8}(i+2j+2k)$ ④ $\dfrac{3}{8}(2i+j-2k)$

풀이

$$F=\frac{1}{4\pi\epsilon_0}\cdot\frac{Q_1Q_2}{r^2}r_0=9\times10^9\times\frac{Q_1Q_2}{r^2}r_0$$

$$=9\times10^9\times\frac{4\times10^{-5}\times(-2\times10^{-4})}{(1-2)^2+(2-0)^2+(3-5)^2}\times\frac{(1-2)i+(2-0)j+(3-5)k}{\sqrt{(1-2)^2+(2-0)^2+(3-5)^2}}$$

$$=9\times10^9\times\frac{(-8\times10^{-9})}{9}\times\frac{(-i+2j-2k)}{3}=\frac{8}{3}(i-2j+2k)$$

【답】 ①

문제 13

500 [AT/m]의 자계 중에 어떤 자극을 놓았을 때 3×10^3[N]의 힘이 작용했다면 이때의 자극의 세기는 몇 [Wb]인가?

① 2 [Wb] ② 3 [Wb] ③ 5 [Wb] ④ 6 [Wb]

풀이

$F=mH$ 에서

$$\therefore\ m=\frac{F}{H}=\frac{3\times10^3}{500}=\frac{3000}{500}=6[Wb]$$

【답】 ④

문제 14

투자율과 유전율로 이루어진 식 $\dfrac{1}{\sqrt{\mu\epsilon}}$ 의 단위는?

① [F/H] ② [m/s] ③ [Ω] ④ [A/m^2]

풀이

전자파 전파 속도 $v = \dfrac{1}{\sqrt{\mu\epsilon}}$ [m/sec]

【답】 ②

문제 15

공기 중에서 반지름 a[m], 도선의 중심축간 거리 d[m]인 평행 도선간의 정전용량은 몇 [F/m] 인가?

① $\dfrac{2\pi\epsilon_o}{\log_e \dfrac{a}{d}}$
② $\dfrac{4\pi\epsilon_o}{\log_e \dfrac{a}{d}}$
③ $\dfrac{2\pi\epsilon_o}{\log_e \dfrac{d}{a}}$
④ $\dfrac{\pi\epsilon_o}{\log_e \dfrac{d}{a}}$

풀이

$d \gg a$인 경우, 도선간의 정전용량

$$C = \frac{\pi\epsilon_0}{\ln\dfrac{d}{a}} = \frac{\pi\epsilon_0}{\log_e \dfrac{d}{a}} = \frac{1.027 \times 10^{-11}}{\log_{10}\dfrac{d}{a}}\,[\text{F/m}] = \frac{0.01207}{\log_{10}\dfrac{d}{a}}\,[\mu\text{F/km}]$$

【답】 ④

문제 16

하나의 금속에서 전류의 흐름으로 인한 온도 구배부분의 줄열 이외의 발열 또는 흡열에 관한 현상은?

① 펠티에 효과(Peltier effect)
② 볼타 법칙(Volta law)
③ 지벡 효과(Seebeck effect)
④ 톰슨 효과(Thomson effect)

풀이

- 제어벡 효과 : 두 종류 금속 접속면에 온도차가 있으면 기전력이 발생하는 효과
- 펠티에 효과 : 두 종류 금속 접속면에 전류를 흘리면 접속점에서 열의 흡수, 발생이 일어나는 효과
- **톰슨 효과 : 동일한 금속** 도선의 두 점간에 온도차를 주고, 고온 쪽에서 저온 쪽으로 전류를 흘리면 도선 속에서 열이 발생되거나 흡수가 일어나는 이러한 현상을 톰슨 효과라 한다.

【답】 ④

문제 17

자계 B의 안에 놓여 있는 전류 I의 회로 C가 받는 힘 F의 식으로 옳은 것은? (단, dl은 미소변위이다.)

① $\boldsymbol{F} = \displaystyle\oint_c (I\,dl) \times \boldsymbol{B}$
② $\boldsymbol{F} = \displaystyle\oint_c (I\boldsymbol{B}) \times dl$

③ $\boldsymbol{F} = \displaystyle\oint_c (I^2\,dl) \cdot \boldsymbol{B}$
④ $\boldsymbol{F} = \displaystyle\oint_c (-I^2\boldsymbol{B}) \cdot dl$

풀이

자속밀도 $\boldsymbol{B}$[Wb/m^2] 중에 있는 길이 l[m]의 도선에 전류 I[A] 흐를 때 작용하는 힘은
$F = IBl\sin\theta$[N]에서
$d\boldsymbol{F} = Idl \times \boldsymbol{B}$ [N]
$\therefore \boldsymbol{F} = \displaystyle\oint_c (Idl) \times \boldsymbol{B}$[N]

【답】 ①

진공 중에서 어떤 대전체의 전속이 Q이었다. 이 대전체를 비유전율 2.2인 유전체 속에 넣었을 경우의 전속은?

① Q ② ϵQ ③ $2.2Q$ ④ 0

풀이

전기력선 수는 $\dfrac{Q}{\epsilon}$로 유전율에 반비례하나 **전속수**는 유전체의 Gauss 법칙에서 $\oint D \cdot n\,dS = Q$로 유전율에 관계없이 항상 Q개이다.

【답】 ①

다음 식들 중 옳지 못한 것은?

① 라플라스(Laplace)의 방정식 $\nabla^2 V = 0$

② 발산정리 $\oint_S A\,dS = \int_v \mathrm{div}\,A\,dv$

③ 포아송(poisson's)의 방정식 $\nabla^2 V = \dfrac{\rho}{\epsilon_o}$

④ 가우스(Gauss)의 정리 $\mathrm{div}\,D = \rho$

풀이

전위와 공간 전하 밀도의 관계 : 포아송 방정식 $\nabla^2 V = -\dfrac{\rho}{\epsilon_o}$

【답】 ③

판자석의 세기가 P [Wb/m]되는 판자석을 보는 입체각 ω인 점의 자위는 몇 [A]인가?

① $\dfrac{P}{4\pi\mu_o\omega}$ ② $\dfrac{P\omega}{4\pi\mu_o}$ ③ $\dfrac{P}{2\pi\mu_o\omega}$ ④ $\dfrac{P\omega}{2\pi\mu_o}$

풀이

그림에서 미소 면적 dS인 소자석에 의한 점 P의 자위는

$$dU = \frac{1}{4\pi\mu_0} \cdot \frac{Pd S\cos\theta}{r^2} = \frac{P}{4\pi\mu_0} \cdot \frac{dS\cos\theta}{r^2}\ [\text{A}]$$

따라서 판 전체에 의한 자위는

$$U = \frac{P}{4\pi\mu_0} \int_s \frac{dS\cos\theta}{r^2}$$

여기서, $\displaystyle\int_s \frac{dS\cos\theta}{r^2}$는 판 S가 점 P에 대하여 짓는 입체각 ω가 되므로

$$\therefore\ U = \frac{P\omega}{4\pi\mu_0}\ [\text{A}]$$

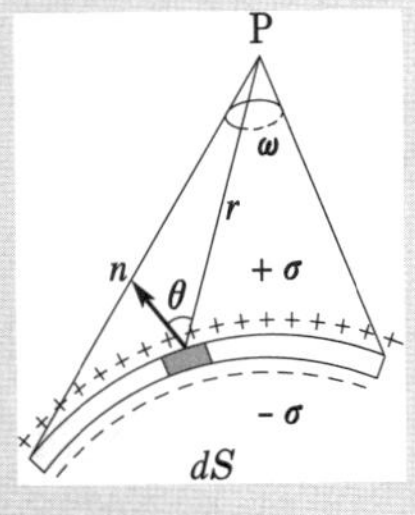

【답】 ②

2과목 전력공학

문제 21

가공전선로의 작용 인덕턴스를 L[H], 작용정전용량을 C[F], 사용전원의 주파수를 f[Hz]라 할 때 선로의 특성 임피던스는? (단, 저항과 누설컨덕턴스는 무시한다.)

① $\sqrt{\dfrac{C}{L}}$　　　　② $\sqrt{\dfrac{L}{C}}$　　　　③ $\sqrt{LC}$　　　　④ $2\pi fL - \dfrac{1}{2\pi fC}$

풀이

특성 임피던스 $Z_0 = \sqrt{\dfrac{Z}{Y}} = \sqrt{\dfrac{R+j\omega L}{G+j\omega C}}$

저항과 누설콘덕턴스를 무시하면 $Z_0 \risingdotseq \sqrt{\dfrac{L}{C}}$

【답】②

문제 22

중성점 비접지 방식이 이용되는 송전선은?

① 20~30 [kV] 정도의 단거리 송전선
② 40~50 [kV] 정도의 중거리 송전선
③ 80~100 [kV] 정도의 장거리 송전선
④ 140~160 [kV] 정도의 장거리 송전선

풀이

중성점 비접지방식은 전압이 낮은 계통(**33[kV] 정도 이하**)의 단거리 송전선 계통에 적용한다.
그 이유는 비접지방식을 전압이 높고 선로의 길이가 긴 계통에 채용하게 되면 대지 정전 용량이 증가하게 되어 1선 지락 고장시 충전 전류에 의한 간헐 아크 지락을 일으켜서 이상 전압을 발생하게 되기 때문이다.

【답】①

문제 23

중성점 저항 접지방식의 병행 2회선 송전선로의 지락사고 차단에 사용되는 계전기는?

① 선택접지계전기　　　　② 거리계전기
③ 과전류계전기　　　　④ 역상계전기

풀이

병행 2회선의 지락 사고 시에 **선택 접지 계전기**가 동작하여 **지락사고 선로를 선택하여 차단**한다.

【답】①

문제 24

주상변압기의 1차측 전압이 일정할 경우, 2차측 부하가 증가하면 주상변압기의 동손과 철손은 어떻게 되는가?

① 동손은 감소하고 철손은 증가한다.　　　　② 동손은 증가하고 철손은 감소한다.
③ 동손은 증가하고 철손은 일정하다.　　　　④ 동손과 철손이 모두 일정하다.

- **철손** : 히스테리시스손 + 와류손 으로서 **부하와 관계없이 1차 전압만 인가되면 발생되는 손실**
- **동손** : $P_c = I^2 R[\text{W}]$로 **부하의 변화(I)에 따라 동손의 크기가 변한다.**

따라서, 2차 부하가 증가하면 철손은 일정하고 동손은 증가한다. 【답】 ③

문제 25

풍압이 $P\,[\text{kg/m}^2]$이고 빙설이 적은 지방에서 지름이 $d\,[\text{mm}]$인 전선 1[m]가 받는 풍압하중은 표면계수를 k라고 할 때 몇 [kg/m]가 되는가?

① $\dfrac{Pk(d+12)}{1000}$ ② $\dfrac{Pk(d+6)}{1000}$ ③ $\dfrac{Pkd}{1000}$ ④ $\dfrac{Pkd^2}{1000}$

풍압 하중(W_w : 수평하중)

- 빙설이 많은 지역 $W_w = \dfrac{Pk(d+12)}{1000}[\text{kg/m}]$

- **빙설이 적은 지역** $W_w = \dfrac{Pkd}{1000}[\text{kg/m}]$

여기서, P : 전선이 받는 압력[kg/m²], d : 전선의 직경[mm], k : 전선 표면계수 【답】 ③

문제 26

다음 중 3상 차단기의 정격차단용량으로 알맞은 것은?

① 정격전압 × 정격차단전류
② $\sqrt{3}$ × 정격전압 × 정격차단전류
③ 3 × 정격전압 × 정격차단전류
④ $3\sqrt{3}$ × 정격전압 × 정격차단전류

$P_s = \sqrt{3}\,V_n I_s$ 【답】 ②

문제 27

배전선로의 전기적 특성 중 그 값이 1 이상인 것은?

① 부등률
② 전압강하율
③ 부하율
④ 수용률

$$\text{부등률} = \frac{\text{수용 설비 개개의 최대 수용 전력의 합계}}{\text{합성 최대 수용 전력}} \geqq 1$$ 【답】 ①

문제 28

단상 2선식 계통에서 단락점까지 전선 한 가닥의 임피던스가 $6 + j8[\Omega]$(전원포함), 단락전의 단락점 전압이 3300[V]일 때 단상 전선로의 단락 용량은 약 몇 [kVA]인가?
(단, 부하전류는 무시한다.)

① 455 ② 500 ③ 545 ④ 600

풀이

전선 1가닥의 임피던스 $Z = \sqrt{R^2 + X^2} = \sqrt{6^2 + 8^2} = 10[\Omega]$

따라서, 왕복선로의 임피던스 $Z_s = 2Z = 2 \times 10 = 20[\Omega]$

$$I_s = \frac{E}{Z_s} = \frac{3300}{20} = 165[A]$$

$$P_s = EI_s = 3300 \times 165 \times 10^{-3} = 544.5 \, [kVA]$$

【답】③

문제 29

전선 a, b, c가 일직선으로 배치되어 있다. a와 b와 c사이의 거리가 각각 5 [m]일 때 이 선로의 등가선간거리는 몇 [m]인가?

① 5   ② 10   ③ $5\sqrt[3]{2}$ ④ $5\sqrt{2}$

풀이

등가 선간거리 D_e는,

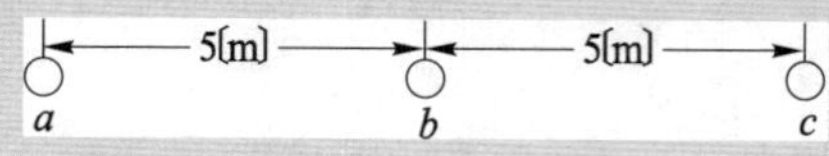

$$D_e = \sqrt[3]{D_{ab} \cdot D_{bc} \cdot D_{ac}} = \sqrt[3]{5 \times 5 \times (2 \times 5)} = 5\sqrt[3]{2} \, [m]$$

【답】③

문제 30

충전된 콘덴서의 에너지에 의해 트립되는 방식으로 정류기, 콘덴서 등으로 구성되어 있는 차단기의 트립방식은?

① 과전류 트립방식   ② 직류전압 트립방식

③ 콘덴서 트립방식   ④ 부족전압 트립방식

풀이

콘덴서 트립 방식(CTD)

충전기로 교류를 정류하여 콘덴서를 충전하고, 그 방전 에너지에 의해 트립 코일을 여자 하여 트립 시키는 방법으로 **정류기와 콘덴서로 구성**되어 있다.

【답】③

문제 31

다음 중 송전선의 1선 지락 시 선로에 흐르는 전류를 바르게 나타낸 것은?

① 영상전류만 흐른다.

② 영상전류 및 정상전류만 흐른다.

③ 영상전류 및 역상전류만 흐른다.

④ 영상전류, 정상전류 및 역상전류가 흐른다.

풀이

• **1선 지락고장 : 정상분, 역상분, 영상분**

• 선간단락고장 : 정상분, 역상분

• 3상 단락고장 : 정상분

【답】④

문제 32 기력발전소에서 과잉공기가 많아질 때의 현상으로 적당하지 않은 것은?

① 노 내의 온도가 저하된다.　　　　　② 배기가스가 증가된다.

③ 연도손실이 커진다.　　　　　　　　④ 불완전 연소로 매연이 발생한다.

풀이

과잉공기량이 너무 많으면 연료는 완전히 연소되지만 연도로 빠져나가는 배기가스량이 증가하여 배출되는 열량이 많아지고, 노 내의 온도가 저하되고, 연도손실이 커지게 된다. 따라서 발전소에서는 완전 연소에 필요한 공기 이외는 공급되지 않게끔 감시장치로 제어하고 있다.　　【답】④

문제 33 불평형 부하에서 역률은 어떻게 표현되는가?

① $\dfrac{유효전력}{각 상의 피상전력의 산술 합}$　　　　② $\dfrac{유효전력}{각 상의 피상전력의 벡터 합}$

③ $\dfrac{무효전력}{각 상의 피상전력의 산술 합}$　　　　④ $\dfrac{무효전력}{각 상의 피상전력의 벡터 합}$

풀이

$$\cos\theta = \frac{P}{P_a}$$

　　【답】②

문제 34 역률 0.8, 출력 360 [kW]인 3상 평형유도 부하가 3상 배전선로에 접속되어 있다. 부하단의 수전전압이 6000 [V], 배전선 1조의 저항 및 리액턴스가 각각 5 [Ω], 4 [Ω]라고 하면 송전단전압은 몇 [V] 인가?

① 6120　　　　　　② 6277　　　　　　③ 6300　　　　　　④ 6480

풀이

전류 $I = \dfrac{P}{\sqrt{3}\,V\cos\theta} = \dfrac{360\times 10^3}{\sqrt{3}\times 6000\times 0.8} = 43.3[\text{A}]$

송전단 전압 $V_s = V_r + \sqrt{3}\,I(R\cos\theta + X\sin\theta)$

$\qquad\qquad = 6000 + \sqrt{3}\times 43.3\times(5\times 0.8 + 4\times 0.6) = 6480[\text{V}]$

　　【답】④

문제 35 초호각(arcing horn)의 역할은?

① 풍압을 조정한다.　　　　　　　　② 차단기의 단락강도를 높인다.

③ 송전효율을 높인다.　　　　　　　④ 애자의 파손을 방지한다.

풀이

초호각(arcing horn)의 목적

- 애자련의 전압분포 개선
- 선로의 섬락으로부터 **애자련의 보호**

　　【답】④

문제 36 소호리액터 접지방식에서 사용되는 탭의 크기로 일반적인 것은?

① 과보상　　　　　② 부족보상　　　　　③ (−)보상　　　　　④ 직렬공진

풀이

소호리액터 접지방식에서 직렬 공진에 의한 이상 전압을 억제하기 위하여 10[%] 정도 과보상하는 것이 일반적이다.　　　　　　　【답】①

문제 37 단상 2선식과 3상 3선식의 부하전력, 전압을 같게 하였을 때 단상 2선식의 선로전류를 100[%]로 보았을 경우, 3상 3선식의 선로 전류는?

① 38[%]　　　　　② 48[%]　　　　　③ 58[%]　　　　　④ 68[%]

풀이

송전 전력이 동일한 조건이므로

$$VI_1\cos\theta = \sqrt{3}\,VI_3\cos\theta \qquad \therefore I_3 = \frac{1}{\sqrt{3}}I_1 = 0.577I_1$$

【답】③

문제 38 154[kV] 송전선로에 10개의 현수애자가 연결되어 있다. 다음 중 전압부담이 가장 적은 것은?

① 철탑에 가장 가까운 것　　　　　② 철탑에서 3번째에 있는 것
③ 전선에서 가장 가까운 것　　　　　④ 전선에서 3번째에 있는 것

풀이

• 전압 부담 최대 : 전선에 가장 가까운 애자
• 전압 부담 최소 : 전선에서 2/3 지점에 있는 애자 (철탑에서 1/3 지점에 있는 애자)　　　　　【답】②

문제 39 154[kV] 송전선로에서 송전거리가 154[km]라 할 때 송전용량 계수법에 의한 송전용량은 몇 [kW] 인가? (단, 송전용량계수는 1200으로 한다.)

① 61600　　　　　② 92400　　　　　③ 123200　　　　　④ 184800

풀이

$$\text{송전용량}\quad P = \text{회선 수} \times K\frac{V^2}{l}\,[\text{kW}] \quad \begin{cases} K : \text{용량계수} \\ V : \text{송전전압}[\text{kV}] \\ l : \text{송전거리}[\text{km}] \end{cases}$$

$$P = 1 \times 1200 \times \frac{154^2}{154} = 184800\,[\text{kW}]$$

【답】④

문제 40 1선의 대지정전용량이 C 인 3상 1회선 송전선로의 1단에 소호리액터를 설치할 때 그 인덕턴스는?

① $\dfrac{1}{3\omega^2 C}$　　　　　② $\dfrac{1}{\omega C}$　　　　　③ $\dfrac{1}{\omega^2 C}$　　　　　④ $\dfrac{1}{3\omega C}$

소호 리액터의 크기 $X = \dfrac{1}{3\omega C} - \dfrac{X_t}{3}$ 　단, X_t : 변압기 리액터스

$$\omega L = \dfrac{1}{3\omega C} - \dfrac{\omega L_t}{3}$$

$$\therefore L = \dfrac{1}{3\omega^2 C} - \dfrac{L_t}{3}$$ 　단, L_t : 변압기 인덕턴스

변압기 인덕턴스를 무시하면 $L = \dfrac{1}{3\omega^2 C}$ 이 된다.

【답】 ①

3과목 전기기기

문제 41

6극 3상 유도전동기가 있다. 회전자도 3상이며 회전자 정지시의 1상의 전압은 200 [V]이다. 전부하시의 속도가 1152 [rpm]이면 2차 1상의 전압은 몇 [V]인가?

(단, 1차 주파수는 60 [Hz]이다.)

① 8.0　　　　　② 8.3　　　　　③ 11.5　　　　　④ 23.0

- 동기속도 $N_s = \dfrac{120f}{p} = \dfrac{120 \times 60}{6} = 1200[\text{rpm}]$

- 슬립 $s = \dfrac{N_s - N}{N_s} = \dfrac{1200 - 1152}{1200} = 0.04$

- 슬립 s로 회전 시 2차측 1상의 전압 $E_{2s} = sE_2 = 0.04 \times 200 = 8[\text{V}]$

【답】 ①

문제 42

다음 중 인버터(inverter)의 설명을 바르게 나타낸 것은?

① 직류를 교류로 변환　　　　　② 교류를 교류로 변환

③ 직류를 직류로 변환　　　　　④ 교류를 직류로 변환

- **인버터(Inverter) : 직류 → 교류**
- 컨버터 (converter) : 교류 → 직류

【답】 ①

문제 43

SCR에 대한 설명으로 옳은 것은?

① 턴온을 위해 게이트 펄스가 필요하다.

② 게이트 펄스를 지속적으로 공급해야 턴온 상태를 유지할 수 있다.

③ 양방향성의 3단자 소자이다.

④ 양방향성의 3층 구조이다.

> **풀이**
>
> SCR은 정류기능을 갖는 단일방향성 3단자 소자로서 **게이트에 (+)의 트리거 펄스가 인가되면 통전 상태**로 되어 정류 작용이 개시되고, 일단 통전이 시작되면 게이트 전류를 차단해도 주전류(애노드 전류)는 차단되지 않는다. **【답】 ①**

문제 44 동기발전기에 관한 다음 설명 중 옳지 않은 것은?

① 단락비가 크면 동기임피던스가 적다.

② 단락비가 크면 공극이 크고 철이 많이 소요된다.

③ 단락비를 적게 하기 위해서 분포권과 단절권을 사용한다.

④ 전압강하가 감소되어 전압변동률이 좋다.

> **풀이**
>
> 동기 발전기의 전기자 권선을 **분포권과 단절권**으로 하는 이유는 **고조파를 제거하여 기전력의 파형을 개선**하기 위한 것이다. 따라서 단락비와는 관련이 없다. **【답】 ③**

문제 45 와류손이 3 [kW]인 3300/110 [V], 60 [Hz]용 단상 변압기를 50 [Hz], 3000 [V]의 전원에 사용하면 이 변압기의 와류손은 약 몇 [kW]로 되는가?

① 1.7 　　　　② 2.1 　　　　③ 2.3 　　　　④ 2.5

> **풀이**
>
> $$와류손 \ P_e = \sigma_e (tfB_m)^2 = K\left(f \cdot \frac{V}{f}\right)^2 = KV^2$$
>
> 에서 와류손은 주파수와는 무관하고 전압의 제곱에 비례하므로
>
> $$P_e{}' = P_e \times \left(\frac{V'}{V}\right)^2 = 3 \times \left(\frac{3000}{3300}\right)^2 = 2.48 [\text{kW}]$$
>
> **【답】 ④**

문제 46 전기철도에 주로 사용되는 직류전동기는?

① 직권 전동기 　　　　　　　② 타여자 전동기

③ 자여자 분권전동기 　　　　④ 가동 복권전동기

> **풀이**
>
> **직권 전동기**에서는 토크가 증가하면 속도가 저하하므로 회전속도와 토크와의 곱에 비례하는 출력도 어떤 범위 내에서는 대체로 일정하다. 따라서, 직권 전동기는 **전기철도, 기중기 등의 부하 변동이 심하고 큰 기동 토크가 요구되는 기기에 사용**된다. **【답】 ①**

문제 47 200 [V], 50 [Hz] 8극, 15 [kW]의 3상 유도전동기에서 전부하 회전수가 720 [rpm]이면 이 전동기의 2차 동손은 몇 [W]인가?

① 435 　　　　② 537 　　　　③ 625 　　　　④ 723

풀이

- 동기속도 $N_s = \dfrac{120f}{p} = \dfrac{120 \times 50}{8} = 750[\text{rpm}]$

- 2차 동손 $P_{c2} = sP_2 = s \times \dfrac{P_0}{1-s} = 0.04 \times \dfrac{15000}{1-0.04} = 625[\text{W}]$

【답】 ③

문제 48 440/13200 [V], 단상 변압기의 2차 전류가 4.5 [A]이면 1차 출력은 약 몇 [kVA]인가?

① 50.4 ② 59.4 ③ 62.4 ④ 65.4

풀이

손실을 무시하면 "1차 입력=2차 출력" 이 된다.

따라서, 2차 출력=1차 입력= $V_2I_2 = 13200 \times 4.5 \times 10^{-3} = 59.4[\text{kVA}]$

【답】 ②

문제 49 전압비가 무부하에서는 33 : 1, 정격부하에서는 33.6 : 1인 변압기의 전압변동률[%]은?

① 약 1.5 ② 약 1.8 ③ 약 2.0 ④ 약 2.2

풀이

권수비는 무부하시의 전압비와 같으므로

$$\frac{V_1}{V_{20}} = 33, \qquad \frac{V_1}{V_{2n}} = 33.6$$

따라서

$$V_{20} = \frac{V_1}{33}, \qquad V_{2n} = \frac{V_1}{33.6}, \qquad \frac{V_{20}}{V_{2n}} = \frac{\dfrac{V_1}{33}}{\dfrac{V_1}{33.6}} = \frac{33.6}{33}$$

그러므로, 전압 변동률 ϵ 은

$$\therefore \epsilon = \frac{V_{20} - V_{2n}}{V_{2n}} \times 100 = \left(\frac{V_{20}}{V_{2n}} - 1\right) \times 100 = \left(\frac{33.6}{33} - 1\right) \times 100 = 1.82[\%]$$

【답】 ②

문제 50 변압기의 전일효율을 최대로 하기 위한 조건은?

① 전부하 시간이 짧을수록 무부하손을 적게 한다.

② 전부하 시간이 짧을수록 철손을 크게 한다.

③ 부하시간에 관계없이 전부하 동손과 철손을 같게 한다.

④ 전부하 시간이 길수록 철손을 적게 한다.

풀이

전일 효율이 최대가 되려면,
철손 = 동손 $(24P_i = \sum h P_c)$일 때다.
따라서 **전부하 시간이 짧을수록(동손이 적을수록) 철손(무부하손)을 적게** 하여야 한다.

【답】 ①

문제 51 동기 발전기의 단락비나 동기 임피던스를 산출하는데 필요한 특성곡선은?

① 단상 단락곡선과 3상 단락곡선 　　② 무부하포화곡선과 3상 단락곡선

③ 부하포화곡선과 3상 단락곡선 　　④ 무부하포화곡선과 외부특성곡선

풀이

측정항목	시험의 종류
철　　　　손	무부하 시험
기　계　손	무부하 시험
동기임피던스	단락 시험
동기리액턴스	단락 시험
단　락　비	**무부하(포화) 시험, 단락 시험**

【답】②

문제 52 3상 유도전동기의 전전압 기동토크는 전부하시의 1.8배이다. 전전압의 2/3로 기동할 때 기동토크는 전부하시보다 약 몇 [%] 감소하는가?

① 80　　　　② 70　　　　③ 60　　　　④ 40

풀이

토크는 전압의 제곱에 비례하므로

$$T_s : T_s' = V^2 : \left(\frac{2}{3}V\right)^2$$

$$\therefore T_s' = \left(\frac{2}{3}\right)^2 T_s = \frac{4}{9} T_s = \frac{4}{9} \times 1.8T = 0.8T$$

여기서, T_s' : 전압 V' 로 기동 할 때 기동 토크, T_s : 전 전압 기동 토크, T : 전부하 토크

【답】①

문제 53 전기자를 고정자로 하고 계자극을 회전자로 한 전기기계는?

① 직류 발전기　　② 동기 발전기　　③ 유도 발전기　　④ 회전 변류기

풀이

회전 계자형은 전기자를 고정자로 하고, 계자극을 회전자로 한 것으로 발전기 중 현재 가장 많이 사용되고 있는 **동기 발전기는 회전 계자형**으로 되어 있다.

【답】②

문제 54 변압기의 내부고장 보호에 쓰이는 계전기로서 가장 적당한 것은?

① 과전류 계전기　　　　② 역상 계전기

③ 접지 계전기　　　　④ 브흐홀쯔 계전기

풀이

부흐홀쯔 계전기는 변압기의 내부 고장으로 발생하는 기름의 분해 가스 증기 또는 유류를 이용하여 버저를 움직여 계전기의 접점을 닫는 것이므로 변압기의 주탱크와 콘서베이터와의 연결관 도중에 설비한다.

【답】④

 직류전동기의 속도제어법 중 정지 워드 레오나드 방식에 관한 설명으로 틀린 것은?

① 광범위한 속도제어가 가능하다.

② 정토크 가변속도의 용도에 적합하다.

③ 제철용압연기, 엘리베이터 등에 사용된다.

④ 직권전동기의 저항제어와 조합하여 사용한다.

풀이

직류 전동기의 속도 제어법 비교

구 분	제어 특성	특 징
계자 제어법	• 정출력 제어	• 속도 제어 범위가 좁다.
전압 제어법	• 정토크 제어 ┌ **워드 레오나드 방식** └ 일그너 방식	• 제어 범위가 넓다. • 손실이 매우 적다. • 정역 운전이 가능 • 압연기나 권상기 등의 속도제어에 사용 • 설비비가 많이 든다.
직렬 저항법		• 효율이 나쁘다.

【답】 ④

 3상 동기발전기에서 그림과 같이 1상의 권선을 서로 똑같은 2조로 나누어서 그 1조의 권선 전압을 E[V], 각 권선의 전류를 I[A]라 하고 2중 △형(double delta)으로 결선하는 경우 선간전압과 선전류 및 피상전력은?

① $3E$, I, $5.19EI$

② $\sqrt{3}\,E$, $2I$, $6EI$

③ E, $2\sqrt{3}\,I$, $6EI$

④ $\sqrt{3}\,E$, $\sqrt{3}\,I$, $5.19EI$

풀이

• △결선에서 "선간전압=상전압"이므로 $V_l = E$

• △결선에서 "선전류=$\sqrt{3}$×상전류"이므로

$$I_l = \sqrt{3} \times 2I(\text{2중 권선이므로 } 2I) = 2\sqrt{3}\,I$$

• 피상전력 $P = \sqrt{3}\,V_l I_l = \sqrt{3} \times E \times 2\sqrt{3}\,I = 6EI$

【답】 ③

 권선형 유도전동기에 한하여 이용되고 있는 속도제어법은?

① 1차 전압제어법, 2차 저항제어법

② 1차 주파수제어법, 1차 전압제어법

③ 2차 여자제어법, 2차 저항제어법

④ 2차 여자제어법, 극수변환법

풀이

① 농형 유도 전동기 속도 제어법
　• 주파수를 바꾸는 방법　　• 극수를 바꾸는 방법　　• 전원 전압을 바꾸는 방법
② **권선형 유도 전동기** 속도 제어법
　• 2차 저항 제어법　　• 2차 여자제어법

【답】 ③

문제 58

스테핑 모터의 특징을 설명한 것으로 옳지 않은 것은?

① 위치제어를 할 때 각도오차가 적고 누적되지 않는다.

② 속도제어 범위가 좁으며 초저속에서 토크가 크다.

③ 정지하고 있을 때 그 위치를 유지해주는 토크가 크다.

④ 가속, 감속이 용이하며 정·역전 및 변속이 쉽다.

풀이

스텝모터의 장·단점
[장점]　① 피드백루프가 필요 없어 오픈 루프로 손쉽게 속도 및 위치제어를 할 수 있다.
　　　　② 다른 디지털 기기와의 인터페이스가 쉽다.
　　　　③ 가속, 감속이 용이하며 정·역전 및 변속이 쉽다.
　　　　④ **속도제어 범위가 광범위하며, 초저속에서 큰 토크를 얻을 수 있다.**
　　　　⑤ 위치제어를 할 때 각도오차가 적고 누적되지 않는다.
　　　　⑥ 정지하고 있을 때 그 위치를 유지해 주는 토크가 크다.
　　　　⑦ 브러시, 슬립 링 등이 없고 부품수가 적기 때문에 유지 보수의 필요성이 적다.
[단점]　① 분해 조립, 또는 정지위치가 한정된다.
　　　　② 효율이 서보모터에 비해 나쁘다.
　　　　③ 마찰 부하의 경우 위치 오차가 크다.
　　　　④ 오버슈트 및 진동의 문제가 있다.
　　　　⑤ 대용량의 대형기는 만들기 어렵다.
　　　　⑥ 큰 관성부하에 적용하기는 부적합하다.

【답】 ②

문제 59

직류기에서 양호한 정류를 얻을 수 있는 조건이 아닌 것은?

① 전기자 코일의 인덕턴스를 작게 한다.

② 정류주기를 크게 한다.

③ 자속 분포를 줄이고 자기적으로 포화시킨다.

④ 브러시의 접촉저항을 작게 한다.

풀이

양호한 정류를 얻는 조건

① 리액턴스 전압을 작게 한다. $\left(e_L = L\dfrac{2I_c}{T_c} \right)$

② 단절권 채용으로 자기 인덕턴스를 작게 한다.

③ 고속을 피하여 정류 주기를 길게 한다.

④ **저항 정류로서 접촉저항이 큰 탄소 브러시를 사용**한다.

⑤ 전압 정류로서 보극을 설치한다.

【답】 ④

저전압 대전류에 가장 적합한 브러시 재료는?

① 금속 흑연질 　　　　② 전기 흑연질

③ 탄소질 　　　　　　　④ 금속질

풀이

브러시의 종류 및 적용
- 탄소질 브러시 : 소형기, 저속기
- 흑연질 브러시 : 대전류, 고속기
- 전기 흑연질 브러시 : 일반 직류기
- **금속 흑연질 브러시 : 저전압, 대전류**　　　【답】①

4과목　회로이론

문제 61　다음과 같은 Y결선 회로와 등가인 △결선 회로의 A, B, C값은 몇 [Ω] 인가?

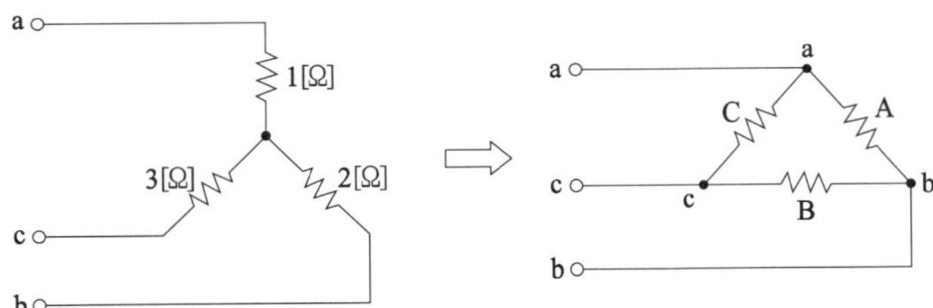

① $A = 11$, $B = \dfrac{11}{2}$, $C = \dfrac{11}{3}$　　　② $A = \dfrac{7}{3}$, $B = 7$, $C = \dfrac{7}{2}$

③ $A = \dfrac{11}{3}$, $B = 11$, $C = \dfrac{11}{2}$　　　④ $A = 7$, $B = \dfrac{7}{2}$, $C = \dfrac{7}{3}$

풀이

Y → Δ로 등가변환

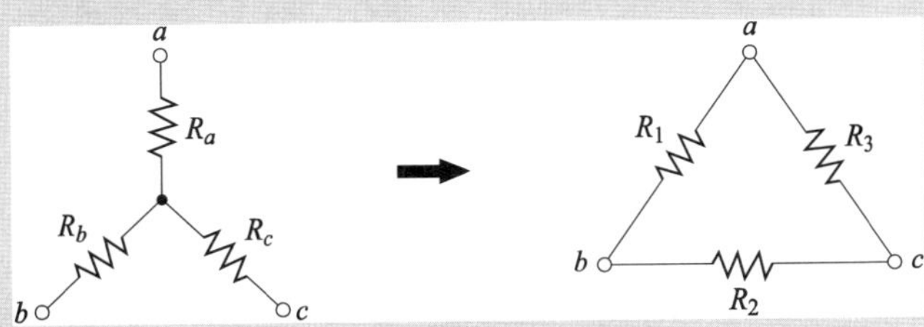

$$R_1 = \frac{R_a R_b + R_b R_c + R_c R_a}{R_c} \;,\quad R_2 = \frac{R_a R_b + R_b R_c + R_c R_a}{R_a} \;,\quad R_3 = \frac{R_a R_b + R_b R_c + R_c R_a}{R_b}$$

여기서, $R_a = R_b = R_c = R_Y$가 되면, $R_1 = R_2 = R_3 = R_\Delta = 3R_Y$

따라서, 　$\bullet\ A = \dfrac{1\times 2 + 2\times 3 + 3\times 1}{3} = \dfrac{11}{3}$　　　$\bullet\ B = \dfrac{1\times 2 + 2\times 3 + 3\times 1}{1} = 11$

$\bullet\ C = \dfrac{1\times 2 + 2\times 3 + 3\times 1}{2} = \dfrac{11}{2}$

【답】③

문제 62

부하저항 R_L [Ω]이 전원의 내부저항 R_0 [Ω]의 3배가 되면 부하저항 R_L에서 소비되는 전력 P_L [W]는 최대 전송전력 P_m [W]의 몇 배인가?

① 0.89배　　　　② 0.75배　　　　③ 0.5배　　　　④ 0.3배

풀이

$$P_L = I^2 R_L = \left(\frac{V_g}{R_0 + R_L}\right)^2 \cdot R_L = \left(\frac{V_g}{R_0 + 3R_0}\right)^2 \times 3R_0 = \frac{3}{16} \cdot \frac{V_g^2}{R_0}$$

최대 전력 전송 조건은 $R_L = R_0$이므로

$$P_{\max} = I^2 R_L = \left(\frac{V_g}{2R_0}\right)^2 \cdot R_0 = \frac{V_g^2}{4R_0}$$

$$\therefore \ \frac{P_L}{P_{\max}} = \frac{\dfrac{3}{16} \cdot \dfrac{V_g^2}{R_0}}{\dfrac{1}{4} \cdot \dfrac{V_g^2}{R_0}} = \frac{12}{16} = 0.75 \ [배]$$

【답】 ②

문제 63

다음과 같은 회로에서 $t = 0$인 순간에 스위치 S를 닫았다. 이 순간에 인덕턴스 L에 걸리는 전압은? (단, L의 초기 전류는 0 이다.)

① 0

② $\dfrac{LE}{R}$

③ E

④ $\dfrac{E}{R}$

풀이

$$E_L = E e^{-\frac{R}{L}t} = E e^{-\frac{R}{L} \times 0} = E \ [\text{V}]$$

여기서, $e^0 = 1$ 이다.

【답】 ③

문제 64

라플라스 함수 $F(s) = \dfrac{A}{\alpha + s}$ 이라 하면 이의 라플라스 역변환은?

① αe^{At}　　　　② $A e^{\alpha t}$　　　　③ αe^{-At}　　　　④ $A e^{-\alpha t}$

풀이

$$\mathcal{L}^{-1}\left[\frac{A}{s+\alpha}\right] = A \mathcal{L}^{-1}\left[\frac{1}{s+\alpha}\right] = A e^{-\alpha t}$$

【답】 ④

문제 65

파고율이 2이고 파형률이 1.57인 파형은?

① 구형파　　　　　　　　② 정현반파

③ 삼각파　　　　　　　　④ 정현파

풀이

	구형파	3각파	정현파	정류파(전파)	정류파(반파)
파형률	1.0	1.15	1.11	1.11	1.57
파고율	1.0	1.732	1.414	1.414	2.0

【답】②

문제 66 RL 직렬회로에서 시정수의 값이 클수록 과도현상이 소멸되는 시간은 어떻게 변화하는가?

① 길어진다.   ② 짧아진다.

③ 관계없다.   ④ 과도기가 없어진다.

풀이

시정수가 클수록 과도 현상은 길어진다.

【답】①

문제 67 $e^{j\omega t}$의 라플라스 변환은?

① $\dfrac{1}{s - j\omega}$ ② $\dfrac{1}{s + j\omega}$ ③ $\dfrac{1}{s^2 + \omega^2}$ ④ $\dfrac{\omega}{s^2 + \omega^2}$

풀이

$$\mathcal{L}\left[e^{\pm at}\right] = \frac{1}{s \mp a} \quad \text{이므로} \quad F(s) = \mathcal{L}\left[e^{j\omega t}\right] = \frac{1}{s - j\omega}$$

【답】①

문제 68 그림과 같은 회로의 컨덕턴스 G_2에 흐르는 전류는 몇 [A]인가?

① 3

② 5

③ 10

④ 15

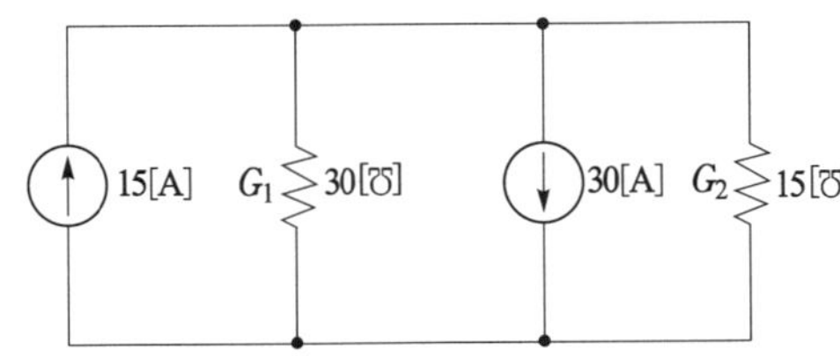

풀이

전류원 두 개가 방향이 반대이므로
그림과 같은 회로가 된다.

$$I_2 = I \times \frac{G_2}{G_1 + G_2}$$

$$= 15 \times \frac{15}{30 + 15} = 5 \text{ [A]}$$

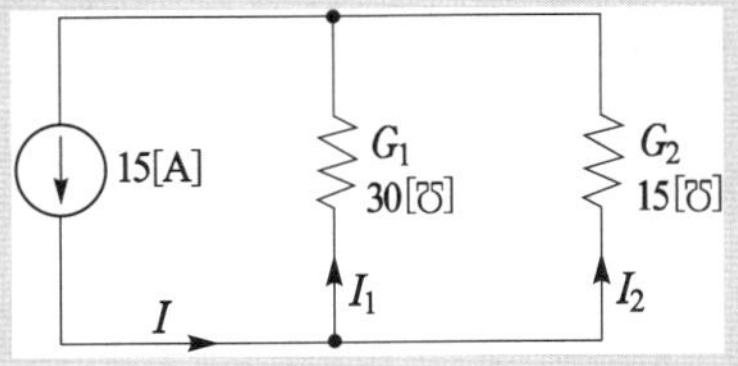

【답】②

문제 69 2단자 임피던스 함수 $Z(s) = \dfrac{(s+2)(s+3)}{(s+4)(s+5)}$일 때 극점(pole)은?

① $-2,\ -3$ ② $-3,\ -4$ ③ $-2,\ -4$ ④ $-4,\ -5$

풀이

극점 : $Z(s) = \infty$, 회로의 개방상태를 의미 (즉, **분모가 0이 되는 경우**)
따라서, 극점은 분모가 0이 되는 −4, −5 가 된다. 【답】④

문제 70

다음 중 LC 직렬회로의 공진 조건으로 옳은 것은?

① $\dfrac{1}{\omega L} = \omega C + R$　　　　② 직류 전원을 가할 때

③ $\omega L = \omega C$　　　　　　　　④ $\omega L = \dfrac{1}{\omega C}$

풀이

공진조건

- 직렬 회로 : $\omega L = \dfrac{1}{\omega C}$　　　　• 병렬 회로 : $\omega C = \dfrac{1}{\omega L}$ 【답】④

문제 71

RL 직렬회로에 $V_R = 100$[V]이고, $V_L = 173$[V]이다. 전원전압이 $v = \sqrt{2}\,V\sin\omega t$[V]일 때 리액턴스 양단 전압의 순시값 V_L[V]은?

① $173\sqrt{2}\sin(\omega t + 60°)$　　　　② $173\sqrt{2}\sin(\omega t + 30°)$
③ $173\sqrt{2}\sin(\omega t - 60°)$　　　　④ $173\sqrt{2}\sin(\omega t - 30°)$

풀이

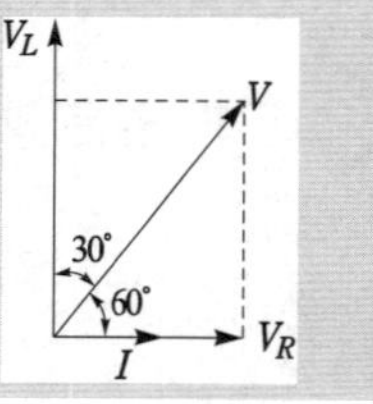

전류 I를 기준 벡터로 하면
$V = V_R + jV_L = 100 + j173 = 200\angle 60°$
V_L이 V보다 30° 앞서고 문제에서 V의 위상은 0°이므로
$V_L = 173\angle 30°$
$\therefore v_L = 173\sqrt{2}\sin(\omega t + 30°)$ 【답】②

문제 72

그림의 $R-L-C$ 직렬회로에서 입력을 전압 $e_i(t)$, 출력을 전류 $i(t)$로 할 때 이 계의 전달함수는?

① $\dfrac{s}{s^2 + 10s + 10}$　　　　② $\dfrac{10s}{s^2 + 10s + 10}$

③ $\dfrac{s}{s^2 + s + 1}$　　　　　　④ $\dfrac{10s}{s^2 + s + 1}$

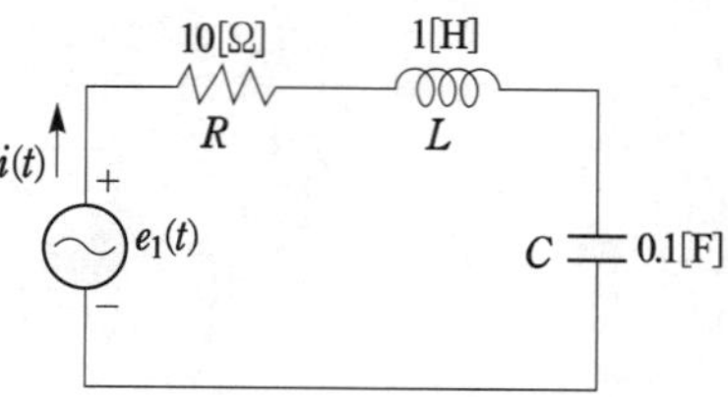

풀이

$\dfrac{I(s)}{E(s)} = Y(s) = \dfrac{1}{Z(s)} = \dfrac{1}{R + Ls + \dfrac{1}{Cs}} = \dfrac{Cs}{LCs^2 + RCs + 1}$

$= \dfrac{0.1s}{1\times 0.1s^2 + 10\times 0.1s + 1} = \dfrac{s}{s^2 + 10s + 10}$ 【답】①

문제 73 그림과 같은 톱니파형의 실효값은?

① $\dfrac{A}{\sqrt{3}}$

② $\dfrac{A}{\sqrt{2}}$

③ $\dfrac{A}{3}$

④ $\dfrac{A}{2}$

풀이

$$I = \sqrt{\frac{1}{\pi}\int_0^\pi i^2 d(\omega t)} = \sqrt{\frac{1}{\pi}\int_0^\pi \left(\frac{A}{\pi}\omega t\right)^2 d(\omega t)} = \sqrt{\frac{A^2}{\pi^3}\cdot\frac{1}{3}\left[(\omega t)^3\right]_0^\pi} = \frac{A}{\sqrt{3}}$$

【답】 ①

문제 74 임피던스가 $Z(s) = \dfrac{s+30}{s^2+2RLs+1}$ [Ω]으로 주어지는 2단자 회로에 직류 전류원 3 [A]를 가할 때, 이 회로의 단자전압 [V]은? (단, $s = j\omega$ 이다.)

① 30 [V]

② 90 [V]

③ 300 [V]

④ 900 [V]

풀이

직류 전원이므로 $f = 0$

$$\therefore \ \omega(= 2\pi f) = s = 0$$

$$Z = \left.\frac{s+20}{s^2+2RLs+1}\right|_{s=0} = 30 \ [\Omega]$$

$$\therefore E = Z\cdot I = 30\times 3 = 90 \ [V]$$

【답】 ②

문제 75 그림과 같이 선형저항 R_1과 이상 전압원 V_2와의 직렬접속된 회로에서 $V-i$ 특성을 나타낸 것은?

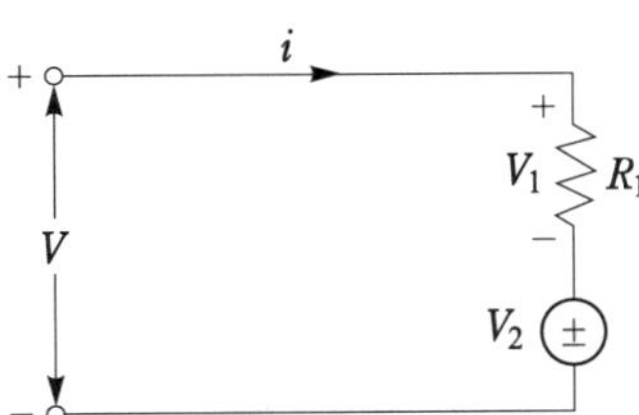

①

②

③

④

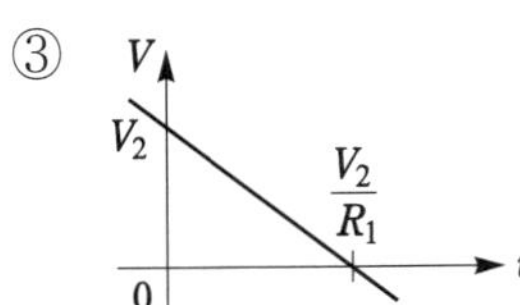

풀이

$i = \dfrac{V - V_2}{R_1}$ [A]에서

- $V = 0$일 때 $i = -\dfrac{V_2}{R_1}$ [A]
- $V = V_2$일 때 $i = 0$ [A]

【답】 ④

문제 76 Y결선 전원에서 각 상전압이 100 [V]일 때 선간전압 [V]은?

① 150　　　　　② 170　　　　　③ 173　　　　　④ 179

풀이

선간전압을 V_l, 상전압을 V_p, 선전류를 I_l, 상전류를 I_p 라고 할 때

Y결선에서 $V_p = \dfrac{V_l}{\sqrt{3}}$, $I_l = I_p$의 관계가 있다.

따라서 선간전압 $V_l = \sqrt{3}\, V_p = \sqrt{3} \times 100 = 173$ [V]

【답】 ③

문제 77 그림과 같은 회로에서 지로전류 I_L [A]과 I_C [A]가 크기는 같고 $90°$의 위상차를 이루는 조건은?

① $R_1 = R_2$, $R_2 = \dfrac{1}{\omega C}$

② $R_1 = \dfrac{1}{\omega C}$, $R_2 = \omega L$

③ $R_1 = \omega L$, $R_2 = -\dfrac{1}{\omega C}$

④ $R_1 = -\omega L$, $R_2 = \dfrac{1}{\omega L}$

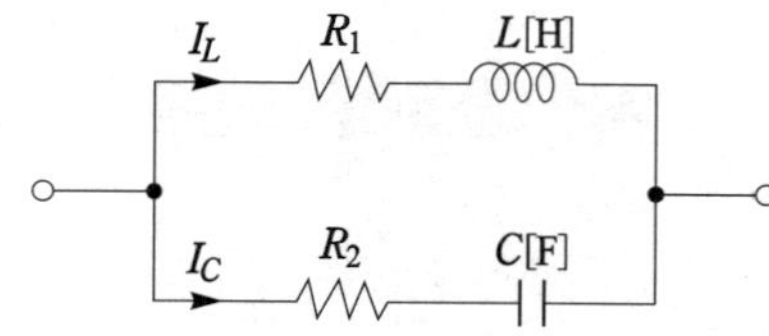

풀이

$$I_L = \frac{V}{R_1 + j\omega L} \text{[A]}, \qquad I_C = \frac{V}{R_2 - j\dfrac{1}{\omega C}} \text{[A]}$$

I_L 과 I_C의 크기가 같고 위상차가 $90°$이므로

$$\frac{I_C}{I_L} = \frac{\dfrac{V}{R_2 - j\dfrac{1}{\omega C}}}{\dfrac{V}{R_1 + j\omega L}} = \frac{R_1 + j\omega L}{R_2 - j\dfrac{1}{\omega C}} = j \text{ 가 되어야 한다.}$$

따라서, $R_1 + j\omega L = jR_2 + \dfrac{1}{\omega C}$

$$\left(R_1 - \frac{1}{\omega C}\right) + j(\omega L - R_2) = 0$$

$$\therefore R_1 = \frac{1}{\omega C}, \quad R_2 = \omega L$$

【답】 ②

두 벡터의 값이 $A_1 = 20\left(\cos\dfrac{\pi}{3} + j\sin\dfrac{\pi}{3}\right)$ 이고, $A_2 = 5\left(\cos\dfrac{\pi}{6} + j\sin\dfrac{\pi}{6}\right)$ 일 때 $\dfrac{A_1}{A_2}$ 의 값은?

① $10\left(\cos\dfrac{\pi}{6} + j\sin\dfrac{\pi}{6}\right)$

② $10\left(\cos\dfrac{\pi}{3} + j\sin\dfrac{\pi}{3}\right)$

③ $4\left(\cos\dfrac{\pi}{6} + j\sin\dfrac{\pi}{6}\right)$

④ $4\left(\cos\dfrac{\pi}{3} + j\sin\dfrac{\pi}{3}\right)$

풀이

$$A_1 = 20\left(\cos\frac{\pi}{3} + j\sin\frac{\pi}{3}\right) = 20\left/\frac{\pi}{3}\right.$$

$$A_2 = 5\left(\cos\frac{\pi}{6} + j\sin\frac{\pi}{6}\right) = 5\left/\frac{\pi}{6}\right.$$

$$\therefore A_3 = \frac{A_1}{A_2} = 20\left/\frac{\pi}{3}\right. \Big/ 5\left/\frac{\pi}{6}\right. = 4\left/\frac{\pi}{3} - \frac{\pi}{6}\right. = 4\left/\frac{\pi}{6}\right. = 4\left(\cos\frac{\pi}{6} + j\sin\frac{\pi}{6}\right)$$

【답】 ③

그림과 같은 불평형 Y형 회로에 평형 3상 전압을 가할 경우 중성점의 전위 V_n [V]는?
(단, Y_1, Y_2, Y_3는 각 상의 어드미턴스 [℧]이고, Z_1, Z_2, Z_3는 각 어드미턴스에 대한 임피던스 [Ω] 이다.)

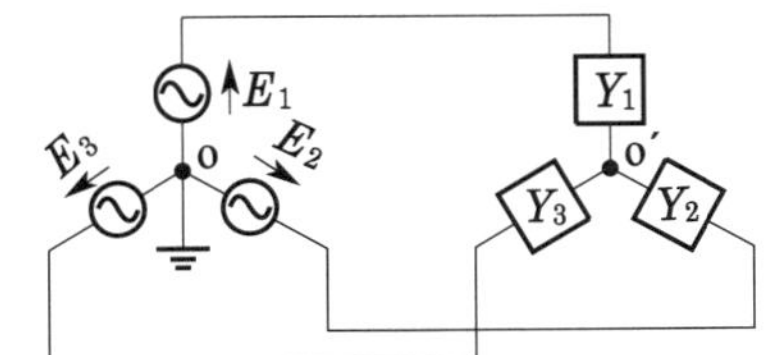

① $\dfrac{E_1 + E_2 + E_3}{Z_1 + Z_2 + Z_3}$

② $\dfrac{Z_1 E_1 + Z_2 E_2 + Z_3 E_3}{Z_1 + Z_2 + Z_3}$

③ $\dfrac{E_1 + E_2 + E_3}{Y_1 + Y_2 + Y_3}$

④ $\dfrac{Y_1 E_1 + Y_2 E_2 + Y_3 E_3}{Y_1 + Y_2 + Y_3}$

풀이

밀만의 정리

$$V_0 = \frac{\dfrac{E_1}{Z_1} + \dfrac{E_2}{Z_2} + \dfrac{E_3}{Z_3}}{\dfrac{1}{Z_1} + \dfrac{1}{Z_2} + \dfrac{1}{Z_3}} = \frac{Y_1 E_1 + Y_2 E_2 + Y_3 E_3}{Y_1 + Y_2 + Y_3}$$

【답】 ④

푸리에 급수에서 직류항은?

① 우함수이다.

② 기함수이다.

③ 우함수+기함수이다.

④ 우함수×기함수이다.

【답】 ①

5과목 전기설비기술기준 및 판단기준

문제 81

저압 가공인입선에 사용하지 않는 전선은?

① 나전선　　　　② 절연전선　　　　③ 다심형 전선　　　　④ 케이블

풀이

저압 인입선의 시설(판단기준 제100조)
사용 가능한 전선의 종류
① 케이블
② 절연전선
 • 경간이 15[m] 이하 : 지름 2[mm] 이상의 인입용 비닐절연전선
 • 경간이 15[m] 초과 : 지름 2.6[mm] 이상의 인입용 비닐절연전선
③ 다심형 전선　　　　　　　　　　　　　　　　　　　　　　　　　　　　　【답】①

문제 82

케이블을 지지하기 위하여 사용하는 금속제 케이블 트레이의 종류가 아닌 것은?

① 통풍 밀폐형　　　　　　　　② 통풍 채널형
③ 바닥 밀폐형　　　　　　　　④ 사다리형

풀이

케이블 트레이 공사(판단기준 제194조)
케이블 트레이 : 케이블을 지지하기 위하여 사용하는 금속제 또는 불연성 재료로 제작된 유닛 또는 유닛의 집합체 및 그에 부속하는 부속재 등으로 구성된 견고한 구조물을 말하며 **사다리형, 펀칭형, 통풍 채널형, 바닥밀폐형** 기타 이와 유사한 구조물을 포함한다.　　　　　　　　　　　　　　【답】①

문제 83

옥내 저압 간선 시설에서 전동기 등의 정격전류 합계가 50 [A] 이하인 경우에는 그 정격전류 합계의 몇 배 이상의 허용전류가 있는 전선을 사용하여야 하는가?

① 0.8　　　　　　② 1.1　　　　　　③ 1.25　　　　　　④ 1.5

풀이

저압 옥내 간선을 시설할 때 전동기 등의 정격전류의 합이 다른 전기사용 기계기구의 합보다 크고
• 전동기 등의 **정격전류의 합이 50 [A] 이하의 경우** : **1.25배**
• 전동기 등의 정격전류의 합이 50 [A] 초과의 경우 : 1.1배 (판단기준 제175조)　　【답】③

문제 84

저압 가공전선과 식물이 상호 접촉되지 않도록 이격시키는 기준으로 옳은 것은?

① 이격거리는 최소 50 [cm]이상 떨어져 시설하여야 한다.
② 상시 불고 있는 바람 등에 의하여 식물에 접촉하지 않도록 시설하여야 한다.
③ 저압 가공전선은 반드시 방호구에 넣어 시설하여야 한다.
④ 트리와이어(Tree Wire)를 사용하여 시설하여야 한다.

풀이

저압, 고압 가공 전선과 식물과의 이격 거리는 **상시 불고 있는 바람에 의해 접촉하지 않으면 된다.**
(판단기준 제89조)
【답】 ②

문제 85

가공 전화선에 고압 가공전선을 접근하여 시설하는 경우, 이격거리는 최소 몇 [cm] 이상이어야 하는가? (단, 가공전선으로는 절연전선을 사용한다고 한다.)

① 60　　　　　② 80　　　　　③ 100　　　　　④ 120

풀이

저고압 가공전선과 가공약전류전선 등의 접근 또는 교차(판단기준 제81조)

가공전선 약전류 전선	저압 가공전선		고압 가공전선	
	저압 절연전선	고압 절연전선 또는 케이블	**절연전선**	케이블
일반	0.6 [m]	0.3 [m]	**0.8 [m]**	0.4 [m]
절연전선 또는 통신용 케이블인 경우	0.3 [m]	0.15 [m]	0.8 [m]	0.4 [m]

【답】 ②

문제 86

풀용 수중조명등에 전기를 공급하기 위하여 1차측 120 [V], 2차측 30 [V]의 절연 변압기를 사용하였다. 절연 변압기의 2차측 전로의 접지에 대한 방법으로 옳은 것은?

① 제1종 접지공사로 접지한다.　　　　② 제2종 접지공사로 접지한다.
③ 특별 제3종 접지공사로 접지한다.　　④ 접지하지 않는다.

풀이

수중 또는 분수에 조명등을 시설할 경우 시설 기준 (판단기준 제241조)
① 조명등에 전기를 공급하기 위해서는 1차측 전로의 사용 전압 및 2차측 전로의 사용 전압이 각각 400 [V] 미만 및 150 [V] 이하인 절연 변압기를 사용할 것
② 절연 변압기는 2차 전압 30 [V] 이하는 제1종 접지 공사를 한 혼촉 방지판을 설치하고 30 [V]를 넘는 경우에 지기가 발생하면 자동적으로 전로를 차단하는 장치를 시설한다. 또는 **2차측 전로는 비접지**로 한다.
【답】 ④

문제 87

고압전로와 비접지식의 저압전로를 결합하는 변압기로 그 고압권선과 저압권선 간에 금속제의 혼촉방지판이 있고 그 혼촉방지판에 제2종 접지공사를 한 것에 접속하는 저압 전선을 옥외에 시설하는 경우로 옳지 않은 것은?

① 저압 옥상전선로의 전선은 케이블이어야 한다.
② 저압 가공전선과 고압의 가공전선은 동일 지지물에 시설하지 않아야 한다.
③ 저압 전선은 2구내에만 시설한다.
④ 저압 가공전선로의 전선은 케이블이어야 한다.

풀이

혼촉방지판이 있는 변압기에 접속하는 저압 옥외전선의 시설 등 (판단기준 제24조)
- 저압전선은 1구내에만 시설할 것.
- 저압 가공전선로 또는 저압 옥상전선로의 전선은 케이블일 것.
- 저압 가공전선과 고압 또는 특고압의 가공전선을 동일 지지물에 시설하지 아니할 것. 다만, 고압 가공전선로 또는 특고압 가공전선로의 전선이 케이블인 경우에는 그러하지 아니하다. 【답】③

문제 88 특고압 가공전선이 다른 특고압 가공전선과 접근상태로 시설되거나 교차하는 경우에 양쪽이 특고압 절연전선으로 시설할 경우 이격거리는 몇 [m] 이상인가? 단, 35[kV] 이하인 경우이다.

① 0.8 　　　② 1.0 　　　③ 1.2 　　　④ 1.6

풀이

특고압 가공전선 상호간의 접근 또는 교차 (판단기준 제130조)
특고압 가공전선이 다른 특고압 가공전선과 접근상태로 시설되거나 교차하여 시설되는 경우
① 위쪽 또는 옆쪽에 시설되는 특고압 가공전선로는 제3종 특고압 보안공사에 의할 것
② 특고압 가공전선과 다른 특고압 가공전선 사이의 이격거리

사용전압의 구분	이격거리
35 [kV] 이하	• 특고압 가공전선에 케이블을 사용하고 다른 특고압 가공전선에 특고압 절연전선 또는 케이블을 사용하는 경우 : 0.5 [m] • 각각의 특고압 가공전선에 **특고압 절연전선을 사용하는 경우** : 1 [m]
60 [kV] 이하	2 [m]
60 [kV] 초과	• 이격거리 = 2 + 단수×0.12 [m] • 단수 = $\dfrac{(전압\,[kV]-60)}{10}$ 단수계산에서 소수점 이하는 절상

【답】②

문제 89 고압 옥내배선의 시설 공사로 할 수 있는 것은?

① 금속관 공사 　　　② 케이블 공사
③ 합성수지관 공사 　　　④ 버스덕트 공사

풀이

고압 옥내배선 등의 시설 (판단기준 제209조)
고압 옥내 배선은 **케이블 공사, 케이블 트레이 공사**에 의한다. 다만, 건조하고 전개된 곳에 한하여 애자사용 공사를 할 수 있다. 【답】②

문제 90 저압 가공전선이 상부 조영재 위쪽에서 접근하는 경우 전선과 상부 조영재간의 이격거리 [m]는 얼마 이상이어야 하는가? (단, 특고압 절연전선 또는 케이블인 경우이다.)

① 0.8 　　　② 1.0 　　　③ 1.2 　　　④ 2.0

저고압 가공 전선과 건조물의 접근 (판단기준 제79조)

사용 전압 부분 공작물의 종류			저압[m]	고압[m]
건 조 물	상부 조영재 상방	일반적인 경우	2	2
		전선이 고압절연전선	1	2
		전선이 케이블인 경우	**1**	**1**
	기타 조영재 또는 상부조영재의 옆쪽 또는 아래쪽	일반적인 경우	1.2	1.2
		전선이 고압절연전선	0.4	1.2
		전선이 케이블인 경우	0.4	0.4
		사람이 쉽게 접근 할 수 없도록 시설한 경우	0.8	0.8

[답] ②

문제 91

중성선 다중접지식의 것으로 전로에 지락이 생긴 경우에 2초안에 자동적으로 이를 차단하는 장치를 가지는 22.9 [kV] 특고압 가공전선로에서 각 접지점의 대지 전기저항 값이 300 [Ω] 이하이며, 1 [km] 마다의 중성선과 대지간의 합성전기저항 값은 몇 [Ω] 이하이어야 하는가?

① 10　　　　② 15　　　　③ 20　　　　④ 30

25 [kV]이하인 특고압 가공전선로의 시설 (판단기준 제135조)
각 접지선을 중성선으로부터 분리하였을 경우의 각 접지점의 대지 전기저항치가 1 [km] 마다의 중성선과 대지사이의 합성 전기저항치

사용전압	각 접지점의 대지 전기저항 치	1 [km] 마다의 합성 전기저항 치
15 [kV] 이하	300 [Ω]	30 [Ω]
15 [kV] 초과 25 [kV] 이하	300 [Ω]	**15 [Ω]**

[답] ②

문제 92

지상에 전선로를 시설하는 규정에 대한 내용으로 설명이 잘못된 것은?

① 1구내에서만 시설하는 전선로의 전부 또는 일부로 시설하는 경우에 사용한다.

② 사용전선은 케이블 또는 클로로프렌 캡타이어 케이블을 사용한다.

③ 전선이 케이블인 경우는 철근 콘크리트제의 견고한 개거 또는 트라프에 넣어야 한다.

④ 캡타이어 케이블을 사용하는 경우 전선 도중에 접속점을 제공하는 장치를 시설한다.

지상에 시설하는 전선로(판단기준 제147조)
전선이 캡타이어 케이블인 경우에는 다음에 의할 것.
① 전선의 도중에는 접속점을 만들지 아니할 것.
② 전선은 손상을 받을 우려가 없도록 개거 등에 넣을 것. 다만, 취급자이외의 자가 출입할 수 없도록 설치한 곳에 시설하는 경우에는 그러하지 아니하다.

③ 전선로의 전원측 전로에는 전용의 개폐기 및 과전류 차단기를 각 극(과전류 차단기는 다선식 전로의 중성극을 제외한다)에 시설할 것. 【답】 ④

문제 93

다도체 가공전선의 을종 풍압하중은 수직투영면적 1 [m²]당 몇 [Pa]을 기초로 하여 계산하는가? (단, 전선 기타의 가섭선 주위에 두께 6 [mm], 비중 0.9의 빙설이 부착한 상태임)

① 333 　　　　② 372 　　　　③ 588 　　　　④ 666

풀이

풍압하중의 종별과 적용 (판단기준 제62조)
을종 풍압하중 : 전선 기타의 가섭선 주위에 두께 6 [mm], 비중 0.9의 빙설이 부착된 상태에서 수직투영면적 372 [Pa](**다도체를 구성하는 전선은 333[Pa]**), 그 이외의 것은 갑종 풍압하중의 2분의 1을 기초로 하여 계산한 것. 【답】 ①

문제 94

냉각장치에 고장이 생긴 경우 특고압용 변압기의 보호장치는?

① 경보장치 　　　　② 과전류 측정장치
③ 온도 측정장치 　　　　④ 자동차단장치

풀이

판단기준 제48조 (특고압용 변압기의 보호장치)
특고압용의 변압기에는 그 내부에 고장이 생겼을 경우에 보호하는 장치를 표와 같이 시설하여야 한다.

뱅크 용량의 구분	동작 조건	장치의 종류
5,000 [kVA] 이상 10,000 [kVA] 미만	변압기 내부 고장	자동 차단 장치 또는 경보 장치
10,000 [kVA] 이상	변압기 내부 고장	자동 차단 장치
타냉식 변압기(변압기의 권선 및 철심을 직접 냉각시키기 위하여 봉입한 냉매를 강제 순환시키는 냉각 방식을 말한다.)	**냉각 장치에 고장이 생긴 경우** 또는 변압기의 온도가 현저히 상승한 경우	**경보 장치**

【답】 ①

문제 95

옥내 고압용 이동전선의 시설방법으로 옳은 것은?

① 전선은 MI케이블을 사용하였다.
② 다선식 선로의 중성선에 과전류차단기를 시설하였다.
③ 이동전선과 전기사용기계기구와는 해체가 쉽게 되도록 느슨하게 접속하였다.
④ 전로에 지락이 생겼을 때에 자동적으로 전로를 차단하는 장치를 시설하였다.

풀이

옥내 고압용 이동 전선의 시설(판단기준 제210조)
① 전선은 고압용의 캡타이어 케이블일 것
② 전로에 **지락이 생겼을 때에 자동적으로 전로를 차단하는 장치**를 시설할 것 【답】 ④

문제 96 고압 가공전선으로 ACSR선을 사용할 때의 안전율은 얼마이상이 되는 이도(弛度)로 시설하여야 하는가?

① 2.2　　　　　② 2.5　　　　　③ 3　　　　　④ 3.5

풀이

저고압 가공전선의 안전율 (판단기준 제71조)
고압 가공전선은 케이블인 경우 이외에는 다음의 안전율 이상이 되는 이도로 시설하여야 한다.
- 경동선 또는 내열 동합금선 : 2.2 이상
- **그 밖의 전선 : 2.5 이상**　　　　　　　　　　　　　　　　　　　　【답】②

문제 97 다심 코드 및 다심 캡타이어케이블의 일심이외의 가요성이 있는 연동연선으로 제3종 접지공사 시 접지선의 단면적은 몇 [mm^2] 이상 이어야 하는가?

① 0.75　　　　　② 1.5　　　　　③ 6　　　　　④ 10

풀이

각종 접지공사의 세목 (판단기준 제19조).

접지공사의 종류	접지선의 종류	접지선의 단면적
제1종 접지공사 및 제2종 접지공사		8[mm^2]
제3종 접지공사 및 특별 제3종 접지공사	• 다심 코드 또는 다심 캡타이어케이블의 일심	0.75[mm^2]
	• 가요성이 있는 연동연선	**1.5[mm^2]**

【답】②

문제 98 전로에 설치하는 고압용 기계기구의 철대 및 외함에 설치하여야 할 접지공사는?

① 제1종 접지　　　　　② 제2종 접지
③ 제3종 접지　　　　　④ 특별 제3종 접지

풀이

기계 기구의 철대 및 외함의 접지 (판단기준 제33조)

기계기구의 구분	접지공사
400 [V] 미만인 저압용의 것	제3종 접지공사
400 [V] 이상의 저압용의 것	특별 제3종 접지공사
고압용 또는 특고압용의 것	**제1종 접지공사**

【답】①

문제 99 피뢰기 설치기준으로 옳지 않은 것은?

① 발전소·변전소 또는 이에 준하는 장소의 가공전선의 인입구 및 인출구

② 가공전선로와 특고압 전선로가 접속되는 곳

③ 가공 전선로에 접속한 1차측 전압이 35[kV] 이하인 배전용 변압기의 고압측 및 특고압측

④ 고압 및 특고압 가공전선로로부터 공급 받는 수용장소의 인입구

풀이

피뢰기 시설 장소(판단기준 제42조)
① 발·변전소 또는 이에 준하는 장소의 가공 전선 인입구 및 인출구
② 배전용 변압기의 고압측 및 특고압측
③ 고압 및 특고압 가공 전선로로부터 공급을 받는 수용 장소의 인입구
④ 가공 전선로와 지중 전선로가 접속되는 곳
그러나 다음의 경우에는 피뢰기를 설치하지 않아도 된다.
 • 직접 접속하는 전선이 짧은 경우
 • 피보호기기가 보호범위 내에 위치하는 경우　　　　　　　　　【답】②

문제 100　"지중관로"에 대한 정의로 가장 옳은 것은?

① 지중전선로·지중 약전류 전선로와 지중매설지선 등을 말한다.
② 지중전선로·지중 약전류 전선로와 복합케이블선로·기타 이와 유사한 것 및 이들에 부속되는 지중함을 말한다.
③ 지중전선로·지중 약전류 전선로·지중에 시설하는 수관 및 가스관과 지중매설지선을 말한다.
④ 지중전선로·지중 약전류 전선로·지중 광섬유 케이블 선로·지중에 시설하는 수관 및 가스관과 기타 이와 유사한 것 및 이들에 부속하는 지중함 등을 말한다.

풀이

정의 (판단기준 제2조)
지중관로란 지중 전선로, 지중 약전류 전선로, 지중에 시설하는 수관 및 가스관과 이와 유사한 것 및 이들에 부속하는 지중함 등을 말한다.　　　　　　　　　【답】④

국가기술자격검정 필기시험 문제

수검 번호	성 명

자격종목 및 등급(선택분야)	종목코드	시험시간	문제지형별
전기산업기사	2140	2시간 30분	A

1과목   전기자기학

문제 01

100 [kW]의 전력이 안테나에서 사방으로 균일하게 방사될 때 안테나에서 1[km]의 거리에 있는 전계의 실효값은 약 몇 [V/m] 인가?

① 1.73 　　　　② 2.45 　　　　③ 3.68 　　　　④ 6.21

풀이

단위면적당의 전력 $P = \dfrac{P_s}{S} = \dfrac{P_s}{4\pi r^2}$ 에서

$$P = \frac{100 \times 10^3}{4 \times 3.14 \times (10^3)^2} = 7.96 \times 10^{-3}\,[\text{W/m}^2]$$

$$H_e = \sqrt{\frac{\epsilon_0}{\mu_0}}\,E_e = \sqrt{\frac{8.855 \times 10^{-12}}{4\pi \times 10^{-7}}}\,E_e = 2.654 \times 10^{-3} E_e\,[\text{A/m}]$$

$P = H_e E_e$ 이므로

$$2.654 \times 10^{-3} E_e^2 = 7.96 \times 10^{-3}, \qquad E_e^2 = 3$$

$$\therefore\ E_e = \sqrt{3} = 1.73[\text{V/m}]$$

【답】 ①

문제 02

유전율이 각각 ϵ_1, ϵ_2인 두 유전체가 접해 있는 경우, 경계면에서 전속선의 방향이 그림과 같이 될 때 $\epsilon_1 > \epsilon_2$이면 입사각과 굴절각은?

① $\theta_1 = \theta_2$이다.

② $\theta_1 > \theta_2$이다.

③ $\theta_1 < \theta_2$이다.

④ $\theta_1 + \theta_2 = 90°$이다.

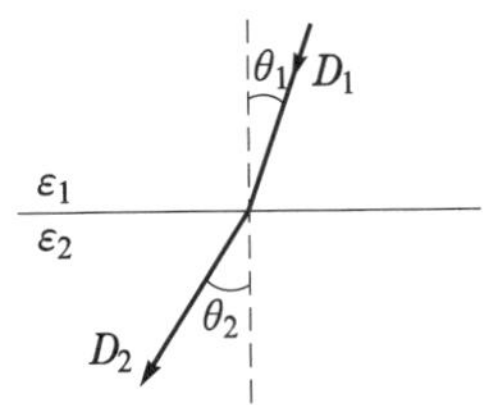

풀이

굴절의 법칙 : 입사각과 굴절각은 유전율에 비례

$$\frac{\tan \theta_1}{\tan \theta_2} = \frac{\epsilon_1}{\epsilon_2} \quad (\theta_1 : \text{입사각},\ \theta_2 : \text{굴절각})$$

$\epsilon_1 > \epsilon_2$이므로 $\theta_1 > \theta_2$ 이 된다.

【답】 ②

문제 03 비투자율 μ_s, 자속밀도 B [Wb/m]의 자계 중에 있는 m [Wb]의 자극이 받는 힘은 몇 [N]인가?

① $m \cdot B$ 　② $\dfrac{m \cdot B}{\mu_o}$ 　③ $\dfrac{m \cdot B}{\mu_s}$ 　④ $\dfrac{m \cdot B}{\mu_o \mu_s}$

풀이

자계 중의 자극이 받는 힘은

$$F = mH\,[\text{N}], \quad H = \frac{B}{\mu_0 \mu_s}\,[\text{A/m}]\text{에서} \quad \therefore F = \frac{Bm}{\mu_0 \mu_s}\,[\text{N}]$$

【답】④

문제 04 지표면에 대지로 향하는 300 [V/m]의 전계가 있다면 지표면의 전하밀도의 크기는 몇 [C/m²] 인가?

① 1.33×10^{-9} 　② 2.66×10^{-9} 　③ 1.33×10^{-7} 　④ 2.66×10^{-7}

풀이

전계의 세기 $E = \dfrac{\sigma}{\epsilon_0}$

$$\therefore \sigma = \epsilon_0 E = 8.85 \times 10^{-12} \times 300 = 2.66 \times 10^{-9}\,[\text{C/m}^2]$$

【답】②

문제 05 길이가 50 [cm], 단면의 반지름이 1 [cm]인 원형의 가늘고 긴 공심 단층 원형 솔레노이드가 있다. 이 코일의 자기인덕턴스를 10 [mH]로 하려면 권수는 약 몇 회인가?
(단, 비투자율은 1이며, 솔레노이드 측면의 누설자속은 없다.)

① 3560 　② 3820 　③ 4300 　④ 5760

풀이

$$L = \frac{\mu S N^2}{l}\,[\text{H}]\text{에서}$$

$$N = \sqrt{\frac{L \cdot l}{\mu S}} = \sqrt{\frac{10 \times 10^{-3} \times 0.5}{4\pi \times 10^{-7} \times \pi \times (1 \times 10^{-2})^2}} = 3559\,[\text{회}]$$

【답】①

문제 06 전하 q [C]이 공기 중의 자계 H [AT/m] 내에서 자계와 수직방향으로 v[m/s]의 속도로 움직일 때 받는 힘은 몇 [N] 인가?

① $\mu_o q v H$ 　② $\dfrac{q v H}{\mu_o}$ 　③ $q v H$ 　④ $\dfrac{q H}{\mu_o v}$

풀이

자계 내에 놓여진 운동 전하가 받는 힘은

$$F = q v B \sin\theta = q v \mu_0 H \sin\theta\,[\text{N}]\text{에서} \quad \theta = 90°\text{이므로}$$
$$F = q v \mu_0 H\,[\text{N}]\text{이다.}$$

【답】①

공기 중에서 반지름 a [m], 도선의 중심축간 거리 d [m]인 평행도선 사이의 단위 길이당 정전용량은 몇 [F/m] 인가? (단, $d \gg a$ 이다.)

① $\dfrac{\pi\epsilon_o}{\log_{10}\dfrac{d}{a}}$
② $\dfrac{12.07\times10^{-12}}{\log_{10}\dfrac{d}{a}}$
③ $\dfrac{24.16\times10^{-12}}{\log_{10}\dfrac{d}{a}}$
④ $\dfrac{2\pi\epsilon_o}{\log_{10}\dfrac{d}{a}}$

풀이

평행 원통 도체 사이의 정전용량 C는

$$C = \frac{\lambda}{V} = \frac{\pi\epsilon_0}{\ln\dfrac{d-a}{a}}\,[\text{F/m}]$$

여기서 $d \gg a$ 이므로 C는 $\dfrac{\pi\epsilon_0}{\ln\dfrac{d}{a}}\,[\text{F/m}]$

자연대수 대신에 상용대수를 취하면

$$C = \frac{\pi\epsilon_0}{\ln\dfrac{d}{a}} = \frac{\pi\epsilon_0\log_{10}e}{\log_{10}\dfrac{d}{a}} = \frac{12.07\times10^{-12}}{\log_{10}\dfrac{d}{a}}\,[\text{F/m}]$$

【답】 ②

무한 평면 도체로부터 a [m] 떨어진 곳에 점전하 Q [C]이 있을 때 이 무한 평면도체 표면에 유도되는 면밀도가 최대인 점의 전하밀도는 몇 [C/m²]인가?

① $-\dfrac{Q}{2\pi a^2}$
② $-\dfrac{Q}{\pi\epsilon_o a}$
③ $-\dfrac{Q}{4\pi a^2}$
④ $-\dfrac{Q}{4\pi a}$

풀이

무한 평면 도체상의 기준 원점으로부터 x [m]인 곳의 유기 전하 밀도[C/m²]는

$$\sigma = -D - \epsilon_0 E = -\frac{Q\cdot a}{2\pi(a^2+x^2)^{3/2}}\,[\text{C/m}^2]$$

이다. 그러므로

$$\therefore \sigma_{\max} = [\sigma]_{x=0} = -\frac{Q}{2\pi a^2}\,[\text{C/m}^2]$$

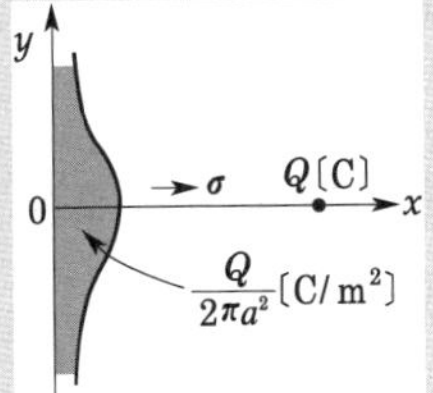

【답】 ①

인접 영구 자기 쌍극자가 크기는 같으나 방향이 서로 반대 방향으로 배열된 자성체를 어떤 자성체라 하는가?

① 반자성체
② 반강자성체
③ 강자성체
④ 상자성체

풀이

- 반자성체 : 영구자기 쌍극자는 없는 재질
- 상자성체 : 인접 영구자기 쌍극자의 방향이 규칙성이 없는 재질
- 강자성체 : 인접 영구자기 쌍극자의 방향이 동일방향으로 배열하는 재질
- **반강자성체 : 인접 영구자기 쌍극자의 배열이 서로 반대인 재질**

【답】 ②

문제 10

두 자성체 경계면에서 정자계가 만족하는 것은?

① 자계의 법선성분이 같다.

② 자속밀도의 접선성분이 같다.

③ 경계면상의 두 점간의 자위차가 같다.

④ 자속은 투자율이 작은 자성체에 모인다.

풀이

- 자계의 접선 성분이 같다. $H_1\sin\theta_1 = H_2\sin\theta_2$
- 자속 밀도의 법선 성분이 같다. $B_1\cos\theta_1 = B_2\cos\theta_2$
- **경계면상의 두 점간의 자위차는 같다.**
- 자속은 투자율이 높은 쪽으로 모이려는 성질이 있다.

【답】 ③

문제 11

자기인덕턴스가 각각 L_1, L_2인 두 코일을 서로 간섭이 없도록 병렬로 연결했을 때 그 합성 인덕턴스는?

① $L_1 + L_2$　　② $L_1 \cdot L_2$　　③ $\dfrac{L_1 + L_2}{L_1 \cdot L_2}$　　④ $\dfrac{L_1 \cdot L_2}{L_1 + L_2}$

풀이

병렬 접속

- 가극성 $L = \dfrac{L_1 L_2 - M^2}{L_1 + L_2 - 2M}$　　• 감극성 $L = \dfrac{L_1 L_2 - M^2}{L_1 + L_2 + 2M}$

간섭이 없도록 병렬로 연결하면 $M = 0$이므로

$$L = \frac{L_1 L_2}{L_1 + L_2}$$

【답】 ④

문제 12

그림과 같이 진공 중에 자극면적이 2 [cm²], 간격이 0.1 [cm]인 자성체내에서 포화자속밀도가 2 [Wb/m²]일 때 두 자극면 사이에 작용하는 힘의 크기는 약 몇 [N]인가?

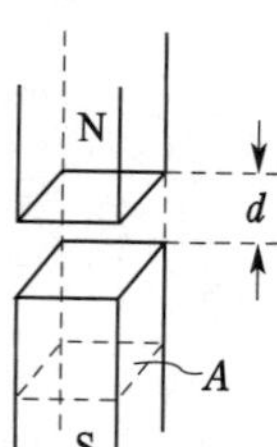

① 53　　　　　　　② 106

③ 159　　　　　　④ 318

풀이

$$F = \frac{B^2 A}{2\mu_0} = \frac{2^2 \times 2 \times 10^{-4}}{2 \times 4\pi \times 10^{-7}} = 318.31\,[\text{N}]$$

【답】 ④

문제 13

코일에 있어서 자기인덕턴스는 다음 중 어떤 매질의 상수에 비례하는가?

① 저항률　　　　② 유전율　　　　③ 투자율　　　　④ 도전율

원형 코일에서 자기 인덕턴스는

$$L = \frac{N\phi}{I} = \frac{\pi a \mu N^2}{2} \,[\text{H}]\text{에서}$$

인덕턴스 L 은 투자율 μ와 코일의 권수 N^2에 비례 한다.

【답】 ③

문제 14 무한평면의 표면을 가진 비유전율 ϵ_s인 유전체의 표면전방의 공기 중 $d[\text{m}]$ 지점에 놓인 점전하 $Q\,[\text{C}]$에 작용하는 힘은 몇 [N] 인가?

① $-9 \times 10^9 \times \dfrac{Q^2(\epsilon_s - 1)}{d^2(\epsilon_s + 1)}$

② $-9 \times 10^9 \times \dfrac{Q^2(\epsilon_s + 1)}{d^2(\epsilon_s - 1)}$

③ $-2.25 \times 10^9 \times \dfrac{Q^2(\epsilon_s - 1)}{d^2(\epsilon_s + 1)}$

④ $-2.25 \times 10^9 \times \dfrac{Q^2(\epsilon_s + 1)}{d^2(\epsilon_s - 1)}$

전기영상법에 의한 영상력

$$F = -\frac{1}{16\pi d^2} - \frac{\epsilon_2 - \epsilon_1}{\epsilon_1(\epsilon_2 + \epsilon_1)} Q^2 = -\frac{1}{16\pi\epsilon_0 d^2} \cdot \frac{(\epsilon_s - 1)}{(\epsilon_s + 1)} Q^2$$

$$= -2.25 \times 10^9 \times \frac{Q^2(\epsilon_s - 1)}{d^2(\epsilon_s + 1)}$$

【답】 ③

문제 15 히스테리시스 곡선(Hysteresis loop)에 대한 설명 중 틀린 것은?

① 자화의 경력이 있을 때나 없을 때나 곡선은 항상 같다.

② Y축(세로축)은 자속밀도이다.

③ 자화력이 0 일 때 남아있는 자기가 잔류자기이다.

④ 잔류자기를 상쇄시키려면 역방향의 자화력을 가해야 한다.

자화의 경력이 없는 경우에는 곡선 ①의 자화곡선 특성, 자화의 경력이 있는 경우에는 곡선 ②의 자기이력곡선 (히스테리시스 곡선)특성을 나타낸다.
따라서, **자화의 경력이 있을 때와 없을 때는 곡선이 서로 다르다.**

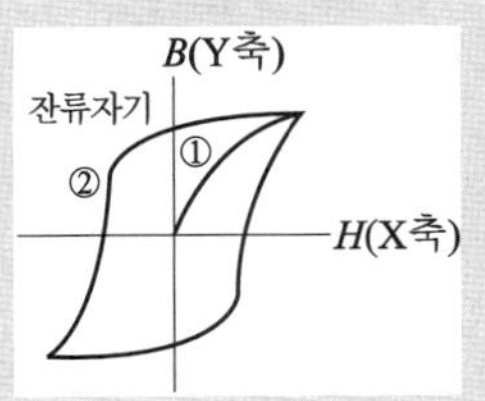

【답】 ①

문제 16 액체 유전체를 넣은 콘덴서의 용량이 $20\,[\mu\text{F}]$이다. 여기에 $500\,[\text{V}]$의 전압을 가했을 때의 누설전류는 몇 [mA] 인가? (단, 고유저항 $\rho = 10^{11}\,[\Omega \cdot \text{m}]$, 비유전율 $\epsilon_s = 2.2$ 이다.)

① 4.1　　　　② 4.5　　　　③ 5.1　　　　④ 5.6

풀이

$$RC = \rho\epsilon \, [\text{s}], \qquad R = \frac{\rho\epsilon}{C} \, [\Omega]$$

$$\therefore \; I = \frac{V}{R} = \frac{CV}{\rho\epsilon} = \frac{CV}{\rho\epsilon_0\epsilon_s} = \frac{20 \times 10^{-6} \times 500}{10^{11} \times 8.855 \times 10^{-12} \times 2.2} = 5.13 \times 10^{-3} \, [\text{A}] = 5.13 \, [\text{mA}]$$

【답】 ③

문제 17 전압 V로 충전된 용량 C의 콘덴서에 용량 $2C$의 콘덴서를 병렬 연결한 후의 단자전압은?

① V　　　　② $2V$　　　　③ $\dfrac{V}{2}$　　　　④ $\dfrac{V}{3}$

풀이

- 초기 충전 전하 $Q = CV$
- 콘덴서가 병렬 접속되어 있으므로 합성정전용량 $C_0 = C + 2C = 3C$
- 병렬연결 후 전위차 $V_0 = \dfrac{Q}{C_0} = \dfrac{CV}{3C} = \dfrac{V}{3}$

【답】 ④

문제 18 등전위면을 따라 전하 $Q\,[\text{C}]$을 운반하는데 필요한 일은?

① 전하의 크기에 따라 변한다.

② 전위의 크기에 따라 변한다.

③ 등전위면과 전기력선에 의하여 결정된다.

④ 항상 0 이다.

풀이

미소 길이를 운반하는데 필요한 일은 $dW = q\boldsymbol{E} \cdot dl = qE\cos\theta\,dl\,[\text{J}]$로 나타내어 지는데 **전계와 등전위면($dl$)은 항상 $\theta = 90°$의 각을 이루므로 일은 0이다.**

【답】 ④

문제 19 유전율이 서로 다른 두 종류의 경계면에 전속과 전기력선이 수직으로 도달할 때 다음 설명 중 옳지 않은 것은?

① 전계의 세기는 연속이다.

② 전속밀도는 불변이다.

③ 전속과 전기력선은 굴절하지 않는다.

④ 전속선은 유전율이 큰 유전체 중으로 모이려는 성질이 있다.

풀이

전속 및 전기력선이 수직 입사할 때의 경계조건
- 전속밀도 $D_1 = D_2$(연속)
- **전계의 세기 $E_1 \neq E_2$(불연속)**
- 입사각과 굴절각 $\theta_1 = \theta_2 = 0$(굴절하지 않음)

【답】 ①

전자유도작용에서 벡터퍼텐셜을 A[Wb/m]라 할 때 유도되는 전계 E는 몇 [V/m]인가?

① $-\int A\,dt$ ② $\int A\,dt$ ③ $-\dfrac{\partial A}{\partial t}$ ④ $\dfrac{\partial A}{\partial t}$

풀이

전계 $E = -\dfrac{\partial A}{\partial t}$

【답】③

2과목　전력공학

문제 21

저항 2[Ω], 유도리액턴스 10[Ω]의 단상 2선식 배전선로의 전압강하를 보상하기 위하여 부하단에 용량리액턴스 5[Ω]의 콘덴서를 삽입하였을 때 부하단 전압은 몇 [V] 인가?
(단, 전원 전압은 7000[V], 부하전류 200[A], 역률은 0.8(뒤짐)이다.)

① 6080   ② 7000   ③ 7080   ④ 8120

풀이

$V_r = V_s - I(R\cos\theta + (X_L - X_C)\sin\theta)\,[\text{V}]$에서

$\cos\theta = 0.8$이면 $\sin\theta = \sqrt{1-\cos^2\theta} = \sqrt{1-0.8^2} = 0.6$이므로

$V_r = 7000 - 200(2\times0.8 + (10-5)\times0.6) = 6080\,[\text{V}]$

【답】①

문제 22

다음 중 특유속도가 가장 작은 수차는?

① 프로펠러 수차   ② 프란시스 수차
③ 펠턴 수차   ④ 카플란 수차

풀이

수차종류	특유속도(비속도)의 한계	적용 낙차[m]
펠　톤	**12 ~ 23**	300 이상
프란시스	50 ~ 350	50 ~ 300
사　류	120 ~ 300	60 ~ 150
프로펠러, 카프란	200 ~ 900	50 이하

【답】③

문제 23

△결선의 3상 3선식 배전선로가 있다. 1선이 지락하는 경우 건전상의 전위상승은 지락전의 몇 배인가?

① $\dfrac{\sqrt{3}}{2}$ ② 1   ③ $\sqrt{2}$ ④ $\sqrt{3}$

> **풀이**
>
> 비접지 방식에서 1선 지락시 건전상의 전위는 상전압에서 선간전압으로 되기 때문에 대지전압은 $\sqrt{3}$ 배 올라간다.
>
> 【답】 ④

문제 24 단거리 3상 3선식 송전선에서 전선의 중량은 전압이나 역률에 어떠한 관계에 있는가?

① 비례 ② 반비례 ③ 제곱에 비례 ④ 제곱에 반비례

> **풀이**
>
> 전력손실 $P_c = \dfrac{\rho l\,P^2}{A\,V^2\cos^2\theta}$ 에서 $A = \dfrac{\rho l\,P^2}{P_c\,V^2\cos^2\theta}$
>
> 전선의 중량 $W = A\,l = \dfrac{\rho l^2\,P^2}{P_c\,V^2\cos^2\theta} \propto \dfrac{1}{V^2\cos^2\theta}$
>
> 【답】 ④

문제 25 충전전류는 일반적으로 어떤 전류인가?

① 앞선전류 ② 뒤진전류 ③ 유효전류 ④ 누설전류

> **풀이**
>
> **충전 전류**는 선로의 작용 정전 용량에 의해 흐르는 전류로 **전압보다** $\dfrac{\pi}{2}$ **앞선 전류**이다.
>
> 충전 전류 $I_c = j\,2\pi f\,C_w\,\dfrac{V}{\sqrt{3}}$
>
> 【답】 ①

문제 26 철탑의 사용목적에 의한 분류에서 송전선로 전부의 전선을 끌어당겨서 고정시킬 수 있도록 설계한 철탑으로 D형 철탑이라고도 하는 것은?

① 내장 보강 철탑 ② 각도 철탑
③ 억류 지지 철탑 ④ 직선 철탑

> **풀이**
>
> • 내장 보강 철탑 : 선로의 보강용으로 세워지는 것으로서 직선 철탑이 다수 연속될 경우에는 약 10기마다 1기의 비율로 내장 보강 철탑을 세워 나간다.
> • 각도 철탑 : 수평 각도가 3°를 넘는 장소에 세워지는 철탑
> • **억류지지 철탑** : 전부의 전선을 끌어당겨서 고정시킬 수 있도록 설계한 철탑으로서 **D형 철탑**이라고도 한다.
> • 직선 철탑 : 선로의 직선 부분 또는 수평각도 3° 이내의 장소에 세워지는 철탑
>
> 【답】 ③

문제 27 콘덴서 3개를 선간전압 6600 [V], 주파수 60 [Hz]의 선로에 △로 접속하여 60 [kVA]가 되게 하려면 필요한 콘덴서 1개의 정전용량은 약 얼마인가?

① 약 $1.2[\mu F]$ ② 약 $3.6[\mu F]$ ③ 약 $7.2[\mu F]$ ④ 약 $72[\mu F]$

풀이

$$Q = 3EI_c = 3 \times 2\pi f\, CE^2$$

$$\text{정전 용량}\ \ C = \frac{Q}{6\pi f E^2} = \frac{60 \times 10^3}{6\pi \times 60 \times 6600^2} \times 10^6 = 1.218[\mu\text{F}]$$

【답】 ①

문제 28

A, B 및 C상의 전류를 각각 I_a, I_b, I_c 라 할 때,

$$I_x = \frac{1}{3}(I_a + aI_b + a^2 I_c)\,\text{이고},\ \ a = -\frac{1}{2} + j\frac{\sqrt{3}}{2}\,\text{이다.}\ \ I_x\,\text{는 어떤 전류인가?}$$

① 정상전류　　　　② 역상전류　　　　③ 영상전류　　　　④ 무효전류

풀이

대칭 좌표법의 대칭 전류를 보면

- **정상 전류** $\ I_1 = \dfrac{1}{3}(I_a + aI_b + a^2 I_c)$ $\ (1 \to a \to a^2$의 순서$)$
- 역상 전류 $\ I_2 = \dfrac{1}{3}(I_a + a^2 I_b + aI_c)$ $\ (1 \to a^2 \to a$의 순서$)$
- 영상 전류 $\ I_0 = \dfrac{1}{3}(I_a + I_b + I_c)$

【답】 ①

문제 29

그림과 같이 D [m]의 간격으로 반지름 r [m]의 두 전선 a, b가 평행하게 가선되어 있다고 한다. 작용인덕턴스 L [mH/km]의 표현으로 알맞은 것은?

① $L = 0.05 + 0.4605\log_{10}(rD)$ [mH/km]

② $L = 0.05 + 0.4605\log_{10}\dfrac{r}{D}$ [mH/km]

③ $L = 0.05 + 0.4605\log_{10}\dfrac{D}{r}$ [mH/km]

④ $L = 0.05 + 0.4605\log_{10}\left(\dfrac{1}{rD}\right)$ [mH/km]

풀이

단도체 인덕턴스 $L = 0.05 + 0.4605\log_{10}\dfrac{D}{r}$ [mH/km]

【답】 ③

문제 30

차단기 개방시 재점호가 일어나기 쉬운 경우는?

① 1선 지락 전류인 경우　　　　② 3상 단락 전류인 경우
③ 무부하 변압기의 여자전류인 경우　　　　④ 무부하 충전전류인 경우

풀이

재점호란 전류가 0인 점에서 아크가 소호된 후 차단점에서 다시 아크를 일으키는 현상을 재점호라 하며, 이러한 현상은 **무부하 충전 전류를 차단할 때 발생하기 쉽다.**　　　　【답】 ④

문제 31

송전선로에 근접한 통신선에 유도장해가 발생한다. 정전유도의 원인과 관계가 있는 것은?

① 역상전압　　　② 영상전압　　　③ 역상전류　　　④ 정상전류

풀이

① **정전유도 : 영상전압에 의해 발생 (정상시)**
② 전자유도 : 영상전류에 의해 발생 (사고시)
　 전자유도 전압　$E_m = -j\omega Ml \times 3I_0 \,[\text{V}]$

【답】②

문제 32

㉠~㉣의 (　)안에 들어갈 알맞은 내용은?

"화력발전소의 (　㉠　)은 발생 (　㉡　)을 열량으로 환산한 값과 이것을 발생하기 위하여 소비된 (　㉢　)의 보유열량 (　㉣　)를 말한다."

① ㉠ 손실율　㉡ 발열량　㉢ 물　㉣ 차
② ㉠ 열효율　㉡ 전력량　㉢ 연료　㉣ 비
③ ㉠ 발전량　㉡ 증기량　㉢ 연료　㉣ 결과
④ ㉠ 연료소비율　㉡ 증기량　㉢ 물　㉣ 차

풀이

$$\text{화력발전소의 열효율} = \frac{\text{발생 전력량을 열량으로 환산한 값}}{\text{소비된 연료의 보유열량}}$$

【답】②

문제 33

선로 길이 100 [km], 송전단 전압 154 [kV], 수전단 전압 140 [kV]의 3상 3선식 정전압 송전선에서 선로정수는 저항 0.315 [Ω/km], 리액턴스 1.035 [Ω/km]라고 할 때 수전단 3상 전력 원선도의 반경을 [MVA]단위로 표시하면 약 얼마인가?

① 200 [MVA]　　② 300 [MVA]　　③ 450 [MVA]　　④ 600 [MVA]

풀이

반지름　$\rho = \dfrac{E_s E_r}{b}$ 에서

b는 직렬 임피던스를 나타내므로

$b = \sqrt{(0.315 \times 100)^2 + (1.035 \times 100)^2} = 108.19$

$\rho = \dfrac{154 \times 10^3 \times 140 \times 10^3}{108.19} = 199.28 \times 10^6 \,[\text{VA}] = 199.28 \,[\text{MVA}]$

【답】①

문제 34

다음 중 부하 전류의 차단능력이 없는 것은?

① 부하개폐기(LBS)　　　　　　② 유입차단기(OCB)
③ 진공차단기(VCB)　　　　　　④ 단로기(DS)

단로기(DS)는 스위치로서 소호 장치가 없고 아크 소멸 능력이 없으므로 **부하 전류나 사고 전류의 개폐는 할 수 없으며** 무부하 상태에서 기기를 전로에서 개방할 때 또는 모선의 접속 변경시 사용　【답】④

문제 35

다음 중 전력선반송 보호계전방식의 장점이 아닌 것은?

① 저주파 반송전류를 중첩시켜 사용하므로 계통의 신뢰도가 높아진다.

② 고장 구간의 선택이 확실하다.

③ 동작이 예민하다.

④ 고장점이나 계통의 여하에 불구하고 선택차단개소를 동시에 고속도 차단할 수 있다.

전력선 반송계전방식은 가공송전선을 이용하여 반송파를 전송하는 계전방식으로서 송전계통 보호에 널리 사용되고 있으며 사용되는 반송파의 주파수 범위는 **30~300[kHz]의 높은 주파수를 사용**한다.

【답】①

문제 36

3상용 차단기의 정격 차단 용량은?

① $\dfrac{1}{\sqrt{3}}$ (정격전압) × (정격차단전류)　　② $\dfrac{1}{\sqrt{3}}$ (정격전압) × (정격전류)

③ $\sqrt{3}$ (정격전압) × (정격전류)　　④ $\sqrt{3}$ (정격전압) × (정격차단전류)

$$P_s = \sqrt{3}\, V I_s$$

【답】④

문제 37

배전선로에서 사용하는 전압 조정 방법이 아닌 것은?

① 승압기 사용　　② 저전압계전기 사용

③ 병렬콘덴서 사용　　④ 주상변압기 탭 전환

선로전압 조정
① 선로전압 강하 보상기
② 고정 승압기 : 단상 승압기, 3상 V결선 승압기, 3상 △결선 승압기
③ 직렬콘덴서(병렬콘덴서는 주로 역률 개선용으로 사용되지만 동시에 전압조정 효과도 있다.)
④ 주상변압기의 탭 조정　　【답】②

문제 38

페란티 현상이 발생하는 주된 원인은?

① 선로의 저항　　② 선로의 인덕턴스

③ 선로의 정전용량　　④ 선로의 누설콘덕턴스

> **풀이**
>
> **페란티 현상**이란 **선로의 정전 용량**으로 인하여 무부하시나 경부하시에 **진상 전류**가 흘러 수전단 전압이 송전단 전압보다 높아지는 현상을 말하며 이의 대책으로는 분로 리액터나 동기 조상기의 지상 용량으로 방지할 수 있다.
>
> 【답】 ③

문제 39

공칭단면적 200 $[mm^2]$, 전선무게 1.838 $[kg/m]$, 전선의 외경 18.5 $[mm]$인 경동연선을 경간 200 $[m]$로 가설하는 경우의 이도는 약 몇 $[m]$ 인가? (단, 경동연선의 전단 인장하중은 7910 $[kg]$, 빙설하중은 0.416 $[kg/m]$, 풍압하중은 1.525 $[kg/m]$, 안전율은 2.0 이다.)

① 3.44 $[m]$　　　② 3.78 $[m]$　　　③ 4.28 $[m]$　　　④ 4.78 $[m]$

> **풀이**
>
> - 수직하중=자중 + 빙설하중=1.838+0.416=2.254[kg/m]
> - 수평하중=풍압하중=1.525[kg/m]
> - 하중= $\sqrt{(수직하중)^2+(수평하중)^2} = \sqrt{2.254^2+1.525^2} = 2.721[kg/m]$
> - 이도 $D = \dfrac{WS^2}{8T} = \dfrac{2.721 \times 200^2}{8 \times \dfrac{7910}{2}} = 3.44[m]$
>
> 【답】 ①

문제 40

송전선로에서 역섬락을 방지하는 유효한 방법은?

① 가공지선을 설치한다.　　　　　　② 소호각을 설치한다.

③ 탑각 접지 저항을 작게 한다.　　　④ 피뢰기를 설치한다.

> **풀이**
>
> 이상 전압에 대한 대책
> - 가공지선 : 뇌의 차폐(가공지선의 차폐각이 적을수록 보호효율 이 높다)
> - 아킹 혼(소호각) : 섬락사고시 애자련의 보호, 애자련의 전압 분담 균일화
> - **매설지선(탑각 접지저항을 낮춤) : 역섬락 방지**
> - 피뢰기 : 뇌로부터 기기 보호
>
> 【답】 ③

3과목 전기기기

문제 41

75[kVA], 6000/200[V]의 단상변압기의 %임피던스 강하가 4[%]이다. 1차 단락전류[A]는?

① 512.5　　　　② 412.5　　　　③ 312.5　　　　④ 212.5

> **풀이**
>
> $$I_{1s} = \frac{100}{\%Z} \times I_{1n} = \frac{100}{4} \times \frac{75 \times 10^3}{6000} = 312.5[A]$$
>
> 【답】 ③

문제 42

3상 유도전동기의 공급 전압이 일정하고, 주파수가 정격값보다 수 [%] 감소할 때 다음 현상 중 옳지 않은 것은?

① 동기속도가 감소한다.　　　　　　② 누설 리액턴스가 증가한다.

③ 철손이 약간 증가한다.　　　　　　④ 역률이 나빠진다.

풀이

누설리액턴스 $x_l = 2\pi f L$에서 **주파수 f가 감소하면 누설리액턴스도 감소**한다.　　　【답】②

문제 43

3상 유도전동기의 원선도 작성에 필요한 기본량이 아닌 것은?

① 저항 측정　　　② 슬립 측정　　　③ 구속 시험　　　④ 무부하 시험

풀이

(1) 원선도 작성에 필요한 시험은
　　• 저항 측정　• 무부하 시험　• 구속 시험이 있다.
(2) 유도 전동기의 원선도에서 구할 수 있는 항목
　　• 전부하 전류　• 역률　• 효율　• 슬립　• 최대출력/정격출력　• 토크
즉, 슬립은 원선도 상에서 구할 수 있다.　　　【답】②

문제 44

변압기 등가회로 작성에 필요하지 않은 시험은?

① 무부하 시험　　　　　　　　　　② 단락 시험

③ 반환부하 시험　　　　　　　　　④ 저항 측정시험

풀이

등가 회로 작성에는 권선의 저항을 알아야 하고, 철손을 측정하는 무부하 시험, 동손을 측정하는 단락 시험이 필요하다. 그러나, **반환 부하법은 변압기의 온도상승 시험**을 하는데 필요한 시험법이다.

【답】③

문제 45

단상 반파 정류로 직류 전압 50 [V]를 얻으려고 한다. 다이오드의 최대 역전압(PIV)은 약 몇 [V] 인가?

① 111　　　　　　② 141.4　　　　　　③ 157　　　　　　④ 314

풀이

단상 반파 정류 회로에서　$PIV = \sqrt{2}\,E = \pi E_d$

∴ $PIV = \pi \times 50 = 157[V]$　　　【답】③

문제 46

용량 2 [kVA], 3000/100 [V]의 단상변압기를 단권변압기로 연결해서 승압기로 사용할 때, 1차측에 3000 [V]를 가할 경우 부하용량은 몇 [kVA] 인가?

① 16　　　　　　② 32　　　　　　③ 50　　　　　　④ 62

풀이

$$V_h = V_l + e = 3000 + 100 = 3100\,[\text{V}]$$

$$\text{부하 용량} = \text{자기 용량} \times \frac{V_h}{V_h - V_l} = 2 \times \frac{3100}{3100 - 3000} = 62\,[\text{kVA}]$$

【답】 ④

문제 47 전압비 3300/110 [V], 1차 누설 임피던스 $Z_1 = 12 + j13\,[\Omega]$, 2차 누설 임피던스 $Z_2 = 0.015 + j0.013\,[\Omega]$인 변압기가 있다. 1차로 환산된 등가임피던스[Ω]는?

① $25.5 + j24.7$
② $25.5 + j22.7$
③ $24.7 + j25.5$
④ $22.7 + j25.5$

풀이

- 권수비 $a = \dfrac{E_1}{E_2} = \dfrac{3300}{110} = 30$
- 1차로 환산한 등가임피던스 Z_1'

$$Z_1' = Z_1 + a^2 Z_2 = 12 + j13 + 30^2 \times (0.015 + j0.013) = 25.5 + j24.7\,[\Omega]$$

【답】 ①

문제 48 2대의 동기발전기가 병렬운전하고 있을 때 동기화 전류가 흐르는 경우는?

① 기전력의 크기에 차가 있을 때
② 기전력의 위상에 차가 있을 때
③ 부하분담에 차가 있을 때
④ 기전력의 파형에 차가 있을 때

풀이

병렬 운전 조건	병렬 운전 조건이 다른 경우
기전력의 크기가 같을 것	무효 순환 전류가 흐른다.
기전력의 위상이 같을 것	**유효 전류로 동기화 전류가 흐른다.**
기전력의 주파수가 같을 것	동기화 전류가 주기적으로 흐른다.
기전력의 파형이 같을 것	고조파 무효 순환 전류가 흐른다.

【답】 ②

문제 49 단자전압 100 [V], 전기자 전류 10 [A], 전기자 회로 저항 1 [Ω], 회전수 1800 [rpm] 으로 전부하 운전하고 있는 직류 전동기의 토크는 약 몇 [kg·m] 인가?

① 0.049
② 0.49
③ 49
④ 490

풀이

- 역기전력 $E_c = V - I_a R_a = 100 - 10 \times 1 = 90\,[\text{V}]$
- $P = 2\pi n T = E_c I_a$ 에서

$$\text{토크 } T = \frac{E_c I_a}{2\pi n} = \frac{90 \times 10}{2\pi \times \dfrac{1800}{60}} = 4.775\,[\text{N·m}] = \frac{4.775}{9.8}\,[\text{kg·m}] = 0.487\,[\text{kg·m}]$$

【답】 ②

3상 동기발전기의 전기자 권선을 Y결선으로 하는 이유 중 △결선과 비교할 때 장점이 아닌 것은?

① 출력을 더욱 증대할 수 있다.

② 권선의 코로나 현상이 적다.

③ 고조파 순환전류가 흐르지 않는다.

④ 권선의 보호 및 이상전압의 방지 대책이 용이하다.

풀이

3상 동기 발전기의 **전기자 권선을 Y결선**으로 하면

① 권선의 불평형 및 제3고조파(그 배수 포함) 등에 의한 **순환 전류가 흐르지 않는다.**

② 중성점을 이용할 수 있으므로 권선 보호 장치의 시설이나 중성점 접지에 의한 이상 전압의 방지 대책이 용이하다.

③ 상전압이 낮기 때문에 코일의 **코로나, 열화 등이 작다.** 그러나, 동일 전압에 대하여 상전압이 낮기 때문에 발전기 권선의 전류는 커진다고 볼 수 있다. 【답】 ①

동기발전기의 자기여자 방지법이 아닌 것은?

① 발전기 2대 또는 3대를 병렬로 모선에 접속한다.

② 수전단에 동기조상기를 접속한다.

③ 송전선로의 수전단에 변압기를 접속한다.

④ 발전기의 단락비를 적게 한다.

풀이

① 발전기의 자기여자

발전기에 진상전류가 흐르면 전기자 반작용의 증자작용에 의해 여자전류를 가하지 않은 상태에서도 전압이 상승하여 정상전압 까지 올라가는 현상을 발전기의 자기여자 라 한다.

② **자기 여자 방지법**

• 발전기 2대 또는 3대를 병렬로 모선에 접속한다.

• 수전단에 동기 조상기를 접속하고 이것을 부족 여자로 하여 송전선에서 지상 전류를 취하게 하면 충전 전류를 그 만큼 감소시키는 것이 된다.

• 송전선로의 수전단에 변압기를 접속한다.

• 수전단에 리액턴스를 병렬로 접속한다.

• **발전기의 단락비를 크게 한다.** 【답】 ④

균압선을 설치하여 병렬 운전하는 발전기는?

① 타여자 발전기　　　　② 분권 발전기

③ 복권 발전기　　　　④ 동기기

풀이

균압선의 목적은 병렬 운전을 안정하게 하기 위하여 설치하는 것으로 일반적으로 **직권 및 복권 발전기**에서는 직권 계자 코일에 흐르는 전류에 의하여 병렬 운전이 불안정하게 되므로, 균압선을 설치하여 직권 계자 코일에 흐르는 전류를 분류하게 한다. 【답】 ③

문제 53

직류기에서 전기자 반작용이란 전기자 권선에 흐르는 전류로 인하여 생긴 자속이 무엇에 영향을 주는 현상인가?

① 모든 부분에 영향을 주는 현상　　② 계자극에 영향을 주는 현상

③ 감자 작용만을 하는 현상　　④ 편자 작용만을 하는 현상

풀이

전기자 반작용 : 전기자 권선에 흐르는 전류에 의한 자속이 계자에서 만든 주자속에 영향을 미치는 현상을 전기자 반작용이라고 하며, 그 영향은 다음과 같다.

① 전기적 중성축 이동
  • 발전기 : 회전 방향으로 이동
  • 전동기 : 회전 방향과 반대 방향으로 이동
② 주자속 감소
③ 정류자 편간의 불꽃섬락이 발생하여 정류 불량 발생

**【답】② **

문제 54

경부하로 회전중인 3상 농형 유도전동기에서 전원의 3선중 1선이 개방되면 3상 전동기는?

① 개방시 바로 정지한다.　　② 속도가 급상승한다.

③ 회전을 계속한다.　　④ 일정시간 회전 후 정지한다.

풀이

3상 농형 유도전동기에서 전원의 3선중 1선이 개방되면 3상 전동기는 단상 전동기가 된다.
이때 큰 부하가 인가되어 있는 경우에는 전동기가 정지하게 되고 큰 전류가 흘러 전동기가 소손된다.
그러나 **경부하에서는 회전을 계속하게 되나 경부하 부하전류는 증가하게 된다.**

**【답】③ **

문제 55

변압기 내부 고장 검출용으로 쓰이는 계전기는?

① 비율차동계전기　　② 거리계전기

③ 과전류계전기　　④ 방향단락계전기

풀이

비율차동 계전기 : 발전기 및 변압기의 층간 단락 등 **내부 고장 검출용**에 사용된다.

**【답】① **

문제 56

△결선 변압기의 1대가 고장으로 제거되어 V결선으로 할 때 공급할 수 있는 전력은 고장전 전력의 몇 [%] 인가?

① 81.6　　② 75.0

③ 66.7　　④ 57.7

풀이

1대의 단상 변압기 용량을 P_1라 하면 그 출력비는

$$\frac{\text{V결선의 출력}}{\triangle\text{결선의 출력}} = \frac{\sqrt{3}\,P_1}{3P_1} = \frac{\sqrt{3}}{3} = 0.577 = 57.7[\%]$$

**【답】④ **

직류기에서 전기자 반작용을 방지하기 위한 보상권선의 전류방향은?

① 전기자 전류의 방향과 같다.

② 전기자 전류의 방향과 반대이다.

③ 계자 전류의 방향과 같다.

④ 계자 전류의 방향과 반대이다.

풀이

보상권선을 전기자 권선과 직렬로 접속하고 **전기자 전류와 반대 방향**으로 전류를 흐르게 하면, 전기자 전류에 의한 전기자 반작용 자속은 보상 권선의 자속으로 상쇄되어 전기자 반작용은 상쇄된다.

【답】 ②

문제 58

정격부하를 걸고 16.3 [kg·m]의 토크를 발생하며, 1200 [rpm]으로 회전하는 어떤 직류 분권전동기의 역기전력이 100 [V]일 때 전기자 전류는 약 몇 [A] 인가?

① 100　　　　② 150　　　　③ 175　　　　④ 200

풀이

$$T = 0.975 \frac{E_c I_a}{N} \quad (P = E_c I_a)$$

$$16.3 = 0.975 \times \frac{100 \times I_a}{1200} \text{에서} \quad I_a = \frac{16.3 \times 1200}{0.975 \times 100} = 200.62 [\text{A}]$$

$$\left(\text{기본식} : \ T = 0.975 \frac{P}{N} [\text{kg} \cdot \text{m}]\right)$$

【답】 ④

문제 59

동기기에서 동기 임피던스 값과 실용상 같은 것은? (단, 전기자 저항은 무시한다.)

① 전기자 누설 리액턴스　　　　② 동기 리액턴스

③ 유도 리액턴스　　　　④ 등가 리액턴스

풀이

동기 임피던스 $Z_s = r + j x_s$ [Ω]에서 일반적으로 전기자 저항 r은 매우 적으므로 무시하면 $Z_s \fallingdotseq x_s$ 즉, "**동기임피던스=동기리액턴스**"라고 한다.

【답】 ②

문제 60

직류 분권전동기의 운전 중 계자저항기의 저항을 증가하면 속도는 어떻게 되는가?

① 변하지 않는다.　　　　② 증가한다.

③ 감소한다.　　　　④ 정지한다.

풀이

계자 저항 R_f을 증가시키면 여자 전류가 감소하고 $\left(I_f = \dfrac{V}{R_f}\right)$ 따라서 **계자 자속 ϕ도 감소**한다.

$$n = K \frac{V - I_a R_a}{\phi} \text{에서 } \textbf{속도는 증가}\text{하게 된다.}$$

【답】 ②

4과목　회로이론

문제 61

변압비 $\dfrac{n_1}{n_2} = 30$인 단상 변압기 3개를 1차 △결선, 2차 Y결선 하고 1차 선간에 3000 [V]를 가했을 때 무부하 2차 선간전압[V]은?

① $\dfrac{100}{\sqrt{3}}\,[\text{V}]$　　　② $\dfrac{190}{\sqrt{3}}\,[\text{V}]$　　　③ $100\,[\text{V}]$　　　④ $100\sqrt{3}\,[\text{V}]$

풀이

$a = \dfrac{E_1}{E_2}$ 에서 $E_2 = \dfrac{E_1}{a} = \dfrac{3000}{30} = 100\,[\text{V}]$

2차는 Y결선이므로 선간 전압 V_2는

$$V_2 = \sqrt{3}\,E_2 = \sqrt{3} \times 100 = 173.2[\text{V}]$$

【답】④

문제 62

어떤 회로의 전압 E, 전류 I 일 때 $P_a = \overline{E}I = P + jP_r$ 에서 $P_r > 0$ 이다. 이 회로는 어떤 부하인가? (단, $\overline{E}$는 E의 공액복소수이다.)

① 용량성　　　② 무유도성　　　③ 유도성　　　④ 정저항

풀이

공　　　액	$+j$	$-j$
전압공액 $P_a = \overline{E} \cdot I = P \mp jP_r$	용량성	유도성
전류공액 $P_a = E \cdot \overline{I} = P \pm jP_r$	유도성	용량성

【답】①

문제 63

다음과 같은 회로에서 4단자 정수는 어떻게 되는가?

① $A = 1$, $B = \dfrac{1}{Z_1}$, $C = Z_1$, $D = 1 + \dfrac{Z_2}{Z_3}$

② $A = 0$, $B = \dfrac{1}{Z_2}$, $C = Z_3$, $D = 2 + \dfrac{Z_2}{Z_3}$

③ $A = 1$, $B = Z_1$, $C = \dfrac{1}{Z_2}$, $D = 1 + \dfrac{Z_1}{Z_2}$

④ $A = 1$, $B = \dfrac{1}{Z_2}$, $C = \dfrac{Z_3}{Z_2 + Z_3}$, $D = Z_2 + Z_3$

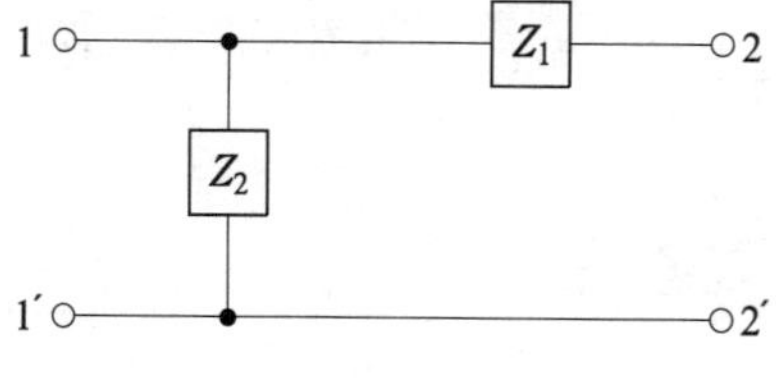

풀이

$$\begin{bmatrix} A & B \\ C & D \end{bmatrix} = \begin{bmatrix} 1 & 0 \\ \dfrac{1}{Z_2} & 1 \end{bmatrix}\begin{bmatrix} 1 & Z_1 \\ 0 & 1 \end{bmatrix} = \begin{bmatrix} 1 & Z_1 \\ \dfrac{1}{Z_2} & \dfrac{Z_1}{Z_2}+1 \end{bmatrix}$$

【답】③

문제 64

다음 그림과 같은 전기회로의 입력을 e_i, 출력을 e_o 라고 할 때 전달함수는?

① $\dfrac{R_2(1+R_1Ls)}{R_1+R_2+R_1R_2Ls}$

② $\dfrac{1+R_2Ls}{1+(R_1+R_2)Ls}$

③ $\dfrac{R_2(R_1+Ls)}{R_1R_2+R_1Ls+R_2Ls}$

④ $\dfrac{R_2+\dfrac{1}{Ls}}{R_1+R_2+\dfrac{1}{Ls}}$

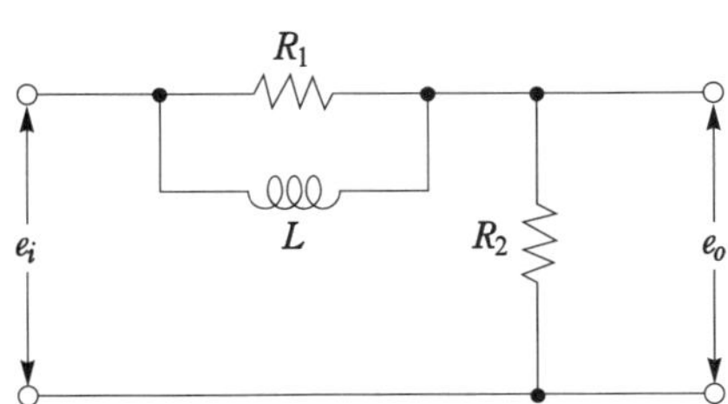

풀이

$$G(s)=\frac{E_0(s)}{E_i(s)}=\frac{R_2}{R_2+\dfrac{R_1Ls}{R_1+Ls}}=\frac{R_2(R_1+Ls)}{R_1R_2+R_1Ls+R_2Ls}$$

【답】 ③

문제 65

그림과 같은 RC 직렬회로에 비정현파 전압

$v=20+220\sqrt{2}\sin120\pi t+40\sqrt{2}\sin360\pi t$ [V]를 가할 때 제3고조파전류 i_3[A]는 약 얼마인가?

① $0.49\sin(360\pi t-14.04°)$

② $0.49\sqrt{2}\sin(360\pi t-14.04°)$

③ $0.49\sin(360\pi t+14.04°)$

④ $0.49\sqrt{2}\sin(360\pi t+14.04°)$

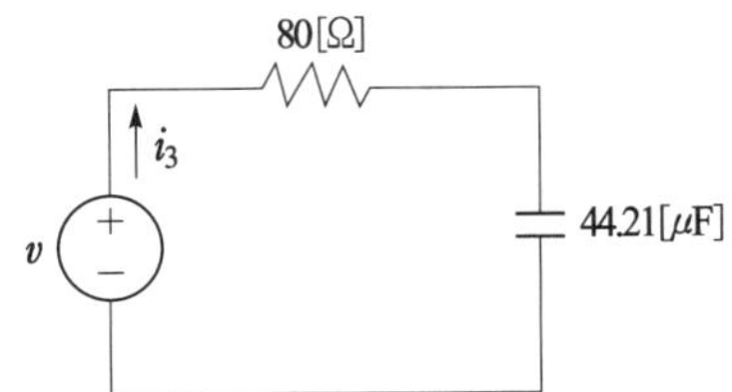

풀이

- 3고조파에 대한 리액턴스 $X_3=\dfrac{1}{2\pi\times 3f\times C}=\dfrac{1}{2\pi\times 3\times 60\times 44.21\times 10^{-6}}=20\,[\Omega]$

- 3고조파 전류 $I_3=\dfrac{V_3}{\sqrt{R^2+X_3^2}}=\dfrac{40}{\sqrt{80^2+20^2}}=0.49\,[\text{V}]$

- $\theta=\tan^{-1}\dfrac{X_3}{R}=\tan^{-1}\dfrac{20}{80}=14.04°$

따라서, 순시치 $i_3=0.49\sqrt{2}\sin(360\pi t+14.04°)\,[\text{A}]$

【답】 ④

문제 66

내부저항이 15 [kΩ]이고 최대눈금이 150 [V]인 전압계와 내부저항이 10 [kΩ]이고 최대눈금이 150 [V]인 전압계가 있다. 두 전압계를 직렬 접속하여 측정하면 최대 몇 [V] 까지 측정할 수 있는가?

① 200   ② 250   ③ 300   ④ 375

풀이

$$I_1 = \frac{V_{m1}}{R_1} = \frac{150}{15000} = 0.01\,[\text{A}]$$

$$I_2 = \frac{V_{m2}}{R_2} = \frac{150}{10000} = 0.015\,[\text{A}]$$

직렬회로에서 $I_2 > I_1$ 이므로 전압계에 흐를 수 있는 전류는 적은 전류인 0.01[A]가 흐를 수 있다.

따라서, 측정 할 수 있는 최대전압

$$V_m = I_1 \times (R_1 + R_2) = 0.01 \times (15000 + 10000) = 250\,[\text{V}]$$

【답】②

문제 67 교류의 파형률이란?

① $\dfrac{최대값}{실효값}$ ② $\dfrac{실효값}{최대값}$ ③ $\dfrac{평균값}{실효값}$ ④ $\dfrac{실효값}{평균값}$

풀이

- 파형률 $= \dfrac{실효값}{평균값}$ · 파고율 $= \dfrac{최대값}{실효값}$

【답】④

문제 68 그림과 같은 회로에서 15 [Ω]에 흐르는 전류는 몇 [A]인가?

① 4 [A]

② 8 [A]

③ 10 [A]

④ 20 [A]

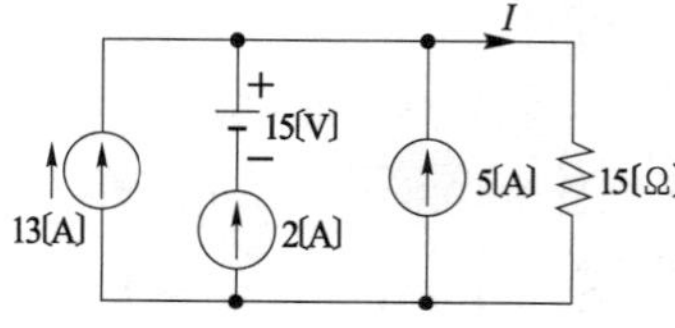

풀이

중첩의 정리에 의해

① 전류원에 의한 전류 I_1 (이때 전압원은 단락시킨다.)

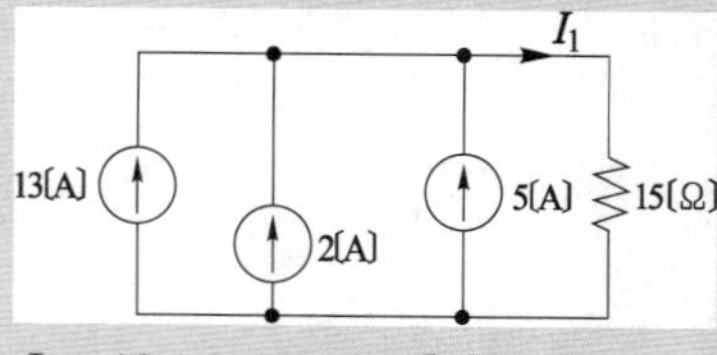

$$I_1 = 13 + 2 + 5 = 20\,[\text{A}]$$

② 전압원에 의한 전류 I_2 (이때 전류원은 개방시킨다.)

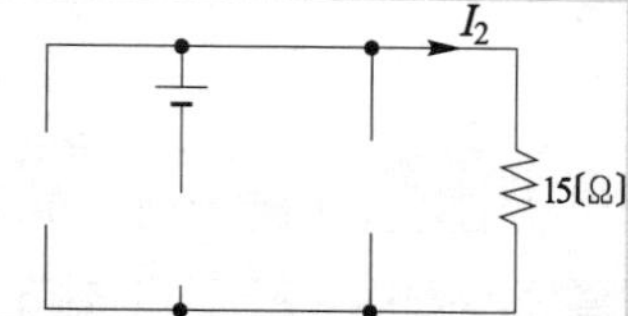

전압원 밑의 2 [A] 전류원이 개방되므로 전압원에 의한 전류는 0이다.

$$\therefore\ I = I_1 + I_2 = 20 + 0 = 20\,[\text{A}]$$

【답】④

6상 성형 상전압이 200 [V]일 때 선간전압[V]은?

① 200　　　　② 150　　　　③ 100　　　　④ 50

풀이

$$V_l = 2 V_p \sin\frac{\pi}{n} = 2 V_p \sin\frac{\pi}{6} = V_p$$

그러므로 6상이면 "상전압=선간 전압" 이므로 선간전압 $V_l = 200[\text{V}]$　　【답】①

---

1 [mV]의 입력을 가했을 때 100 [mV]의 출력이 나오는 4단자 회로의 이득[dB]은?

① 40　　　　② 30　　　　③ 20　　　　④ 10

풀이

$$이득 \ G = 20\log\frac{100}{1} = 20\log 10^2 = 40[\text{dB}]$$

【답】①

$i = 20\sqrt{2}\sin\left(377\text{t} - \frac{\pi}{6}\right)$ [A]인 파형의 주파수는 몇 [Hz]인가?

① 50　　　　② 60　　　　③ 70　　　　④ 80

풀이

문제의 전류식에서 $\omega t = 377t$ 이므로

$$\omega = 2\pi f = 377$$
$$\therefore \ f = \frac{377}{2\pi} = 60 \ [\text{Hz}]$$

【답】②

그림과 같은 회로에 교류전압 $E = 100\angle 0°$[V]를 인가할 때 전전류 I는 몇 [A]인가?

① $6 + j28$

② $6 - j28$

③ $28 + j6$

④ $28 - j6$

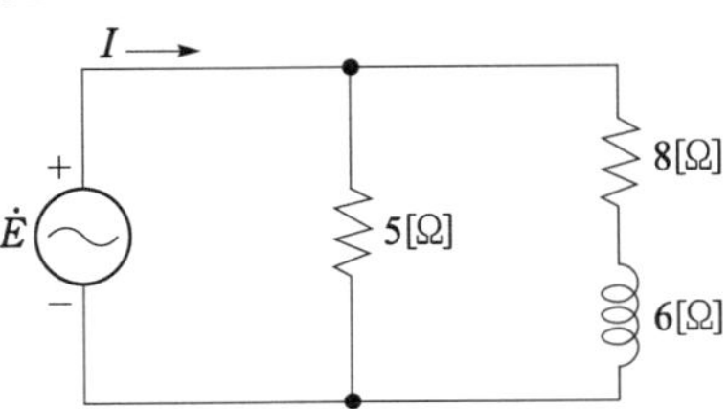

풀이

• 저항 5[Ω]에 흐르는 전류 $I_1 = \dfrac{100}{5} = 20[\text{A}]$

• $R-L$ 직렬회로에 흐르는 전류

$$I_2 = \frac{100}{8+j6} = \frac{100(8-j6)}{(8+j6)(8-j6)} = \frac{800-j600}{100}$$
$$= 8 - j6[\text{A}]$$

• 전전류 $I = I_1 + I_2 = 20 + 8 - j6 = 28 - j6[\text{A}]$

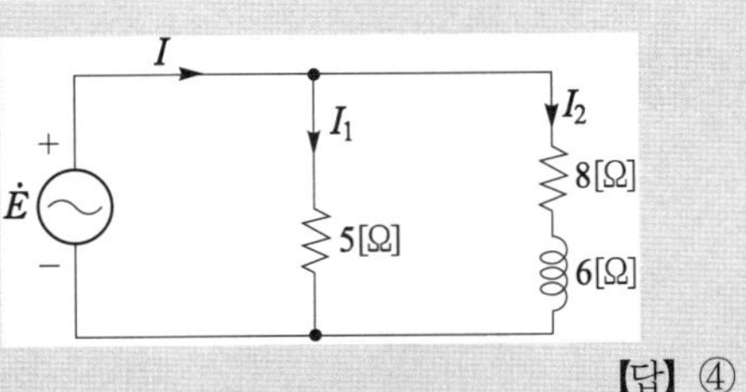

【답】④

문제 73

RLC 직렬회로에 $t=0$에서 교류전압 $e=E_m\sin(\omega t+\theta)$를 가할 때 $R^2-4\dfrac{L}{C}>0$ 이면 이 회로는?

① 진동적이다.

② 비진동적이다.

③ 임계적이다.

④ 비감쇠진동이다.

풀이

- $R^2=4\dfrac{L}{C}$: 임계진동

- $R^2-4\dfrac{L}{C}>0$: **비진동**

- $R^2-4\dfrac{L}{C}<0$: 진동

【답】 ②

문제 74

$e^{-at}\cos\omega t$의 라플라스 변환은?

① $\dfrac{s-a}{(s-a)^2+\omega^2}$　　② $\dfrac{s+a}{(s+a)^2+\omega^2}$　　③ $\dfrac{s+a}{(s^2+\omega^2)^2}$　　④ $\dfrac{s-a}{(s^2-\omega^2)^2}$

풀이

복소 추이 정리에 의해서

$$\mathcal{L}\,[e^{-at}\cos\omega t]=\mathcal{L}\,[\cos\omega t]_{s=s+a}=\left[\frac{s}{s^2+\omega^2}\right]_{s=s+a}=\frac{s+a}{(s+a)^2+\omega^2}$$

【답】 ②

문제 75

그림과 같은 회로에서 스위치 S를 $t=0$에서 닫았을 때 $(V_L)_{t=0}=100\,[\mathrm{V}]$, $\left(\dfrac{di}{dt}\right)_{t=0}=400\,[\mathrm{A/sec}]$ 이다. L의 값은 몇 [H] 인가?

① 0.1

② 0.5

③ 0.25

④ 7.5

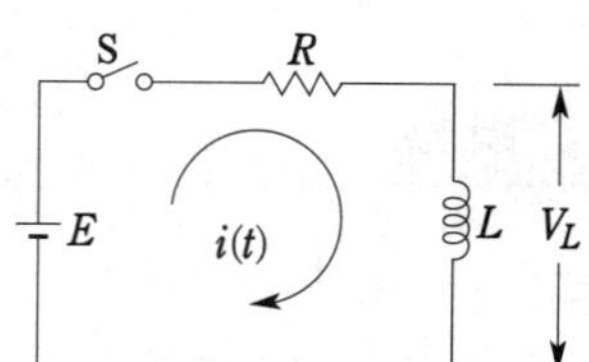

풀이

$V_L=L\dfrac{di}{dt}$에서　$100=L\,400$　　$\therefore\;L=\dfrac{100}{400}=0.25$

【답】 ③

문제 76

$G(s)=\dfrac{s+1}{s^2+3s+2}$의 특성방정식의 근의 값은?

① $-2,\ 3$　　　② $1,\ 2$　　　③ $-2,\ -1$　　　④ $1,\ -3$

풀이

분모 $s^2+3s+2=0$을 인수 분해하면

　$(s+1)(s+2)=0$

　$\therefore\;s=-2,\,-1$

【답】 ③

다음 회로에서 정저항 회로가 되기 위해서는 $\dfrac{1}{\omega C}$의 값은 몇 $[\Omega]$ 이면 되는가?

① 2

② 4

③ 6

④ 8

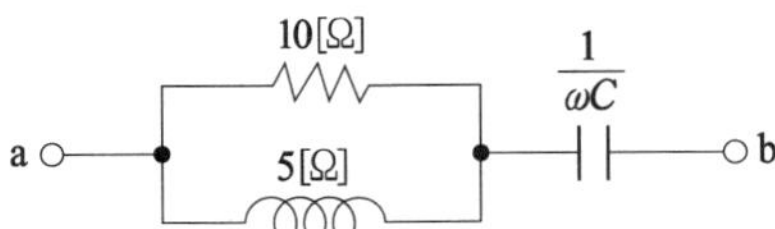

풀이

$\dfrac{1}{\omega C}=X_c$ 라고 하면

합성임피던스 $Z=\dfrac{10\times j5}{10+j5}-jX_c=\dfrac{j50(10-j5)}{(10+j5)(10-j5)}-jX_c=\dfrac{j500+250}{125}-jX_c$

$\qquad\qquad\qquad\quad =\dfrac{250}{125}+j\dfrac{500}{125}-jX_c$

정저항 회로가 되기 위해서는 허수부가 영이 되어야 하므로 $j\dfrac{500}{125}-jX_c=0$

따라서 $X_c=\dfrac{1}{\omega C}=\dfrac{500}{125}=4[\Omega]$

【답】②

그림에서 4단자망의 개방 순방향 전달 임피던스 $Z_{21}\,[\Omega]$과 단락 순방향 전달 어드미턴스 $Y_{21}\,[\mho]$은?

① $Z_{21}=5,\ Y_{21}=-\dfrac{1}{2}$

② $Z_{21}=3,\ Y_{21}=-\dfrac{1}{3}$

③ $Z_{21}=3,\ Y_{21}=-\dfrac{1}{2}$

④ $Z_{21}=5,\ Y_{21}=-\dfrac{5}{6}$

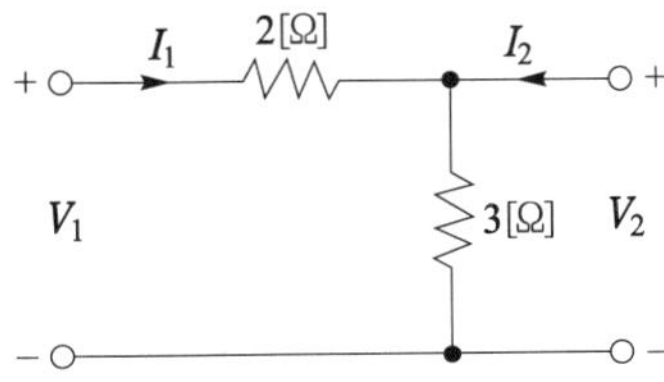

풀이

- $Z_{21}=\left.\dfrac{V_2}{I_1}\right|_{I_2=0}=\dfrac{3I_1}{I_1}=3$

- $Y_{21}=\left.\dfrac{I_2}{V_1}\right|_{V_2=0}=\dfrac{-I_1}{2I_1}=-\dfrac{1}{2}$

【답】③

불평형 3상 전류가 $I_a=15+j2[\text{A}]$, $I_b=-20-j14[\text{A}]$, $I_c=-3+j10[\text{A}]$ 일 때의 영상전류 I_0는?

① $2.85+j0.36[\text{A}]$

② $-2.67-j0.67[\text{A}]$

③ $1.57-j3.25[\text{A}]$

④ $12.67+j2[\text{A}]$

풀이

$$I_0 = \frac{1}{3}(I_a + I_b + I_c) = \frac{1}{3}(15 + j2 - 20 - j14 - 3 + j10)$$

$$= \frac{1}{3}(-8 - j2) = -2.67 - j0.67[\text{A}]$$

【답】②

문제 80

그림과 같이 접속된 회로의 단자 a, b에서 본 등가임피던스는 어떻게 표현되는가?
(단, $M[\text{H}]$은 두 코일 L_1, L_2 사이의 상호인덕턴스이다.)

① $R_1 + R_2 + j\omega(L_1 + L_2)$

② $R_1 + R_2 + j\omega(L_1 - L_2)$

③ $R_1 + R_2 + j\omega(L_1 + L_2 + 2M)$

④ $R_1 + R_2 + j\omega(L_1 + L_2 - 2M)$

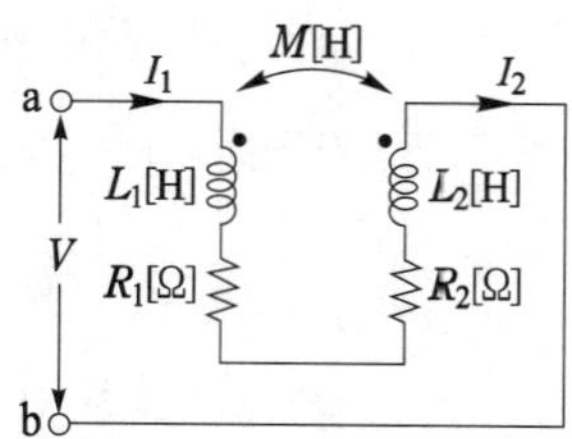

풀이

화동결합 $L = L_1 + L_2 + 2M$	차동결합 $L = L_1 + L_2 - 2M$
(전류가 L_1, L_2의 •방향으로 흐름)	(전류가 L_1에는 •방향, L_2에는 •반대 방향으로 흐름)

(•와 전류의 방향에 따라 상호 인덕턴스는 $+2M$ 또는 $-2M$이 된다.)

【답】④

5과목　전기설비기술기준 및 판단기준

문제 81

고압 가공 전선을 ACSR선으로 쓸 때 안전율은 몇 이상의 이도로 시설하여야 하는가?

① 2.0　　　　② 2.2　　　　③ 2.5　　　　④ 3.0

풀이

저고압 가공전선의 안전율 (판단기준 제71조)
고압 가공전선은 케이블인 경우 이외에는 다음의 안전율 이상이 되는 이도로 시설하여야 한다.
• 경동선 또는 내열 동합금선 : 2.2 이상
• **그 밖의 전선 : 2.5 이상**

【답】③

문제 82

고압 보안공사 시에 지지물로 A종 철근 콘크리트주를 사용할 경우 경간은 몇 [m] 이하이어야 하는가?

① 50　　　　② 100　　　　③ 150　　　　④ 400

고압 보안공사 (판단기준 제78조)

지지물 종류	표준 경간	저·고압 보안 공사	1종 특고압 보안 공사	2·3종 특고압 보안 공사	특고압 시가지
목주, A종	150	**100**	×	100	75
B종	250	150	150	200	150
철탑	600	400	400	400	400

【답】 ②

문제 83 440 [V] 옥내 배선에 연결된 전동기 회로의 절연저항의 최소값은 얼마인가?

① 0.1 [MΩ]　　② 0.2 [MΩ]　　③ 0.4 [MΩ]　　④ 1 [MΩ]

저압 전로의 절연 저항 하한값 (기술기준 제52조)

전로의 사용전압의 구분		절연 저항값
400 [V] 미만	대지 전압이 150 [V] 이하인 경우	0.1 [MΩ]
	대지 전압이 150 [V] 초과 300 [V] 이하인 경우	0.2 [MΩ]
	사용 전압이 300 [V] 초과 400 [V] 미만인 경우	0.3 [MΩ]
400 [V] 이상		**0.4 [MΩ]**

[비고] 대지 전압 : 접지식 전로는 전선과 대지사이의 전압, 비접지식 전로는 전선간의 전압

【답】 ③

문제 84 고압 가공전선로의 지지물이 B종 철주인 경우, 경간은 몇 [m] 이하이어야 하는가?

① 150　　② 200　　③ 250　　④ 300

판단기준 제76조

지지물 종류	표준 경간	저·7고압 보안 공사	1종 특고압 보안 공사	2·3종 특고압 보안 공사	특고 시가지
목주, A종	150	100	×	100	75
B종	**250**	150	150	200	150
철탑	600	400	400	400	400

【답】 ③

문제 85 동작시에 아크가 생기는 고압용 개폐기는 목재로부터 몇 [m] 이상 떼어 놓아야 하는가?

① 1　　② 1.2　　③ 1.5　　④ 2

아크를 발생하는 기구의 시설 (판단기준 제35조)
개폐기·차단기·피뢰기 기타 이와 유사한 기구로서 동작시에 아크가 생기는 것은 목재의 벽 또는 천장 기타의 가연성 물체로부터 다음과 같이 이격시켜야 한다.
• **고압용 – 1 [m] 이상**
• 특고압용 – 2 [m] 이상

【답】 ①

문제 86 저압의 옥측배선 또는 옥외배선 시설로 잘못된 것은?

① 400[V] 이상 저압의 전개된 장소에 애자사용 공사로 시설

② 합성수지관 또는 금속관 공사, 가요전선관 공사로 시설

③ 400[V] 이상 저압의 점검 가능한 은폐장소에 버스덕트 공사로 시설

④ 옥내전로의 분기점에서 10[m] 이상인 저압의 옥측배선 또는 옥외배선의 개폐기를 옥내 전로용과 겸용으로 시설

풀이

옥측배선 또는 옥외배선의 시설(판단기준 제 218조)
저압의 **옥측배선 또는 옥외배선의 개폐기 및 과전류 차단기는 옥내 전로용의 것과 겸용하지 아니할 것.**
다만, 그 배선의 길이가 옥내전로의 분기점으로부터 8[m] 이하인 경우에 옥내 전로용의 과전류 차단기의 정격전류가 15[A](배선용 차단기는 20[A])이하인 경우에는 그러하지 아니하다.　【답】④

문제 87 일반 주택의 저압 옥내배선을 점검하였더니 다음과 같이 시공되어 있었다. 잘못 시공된 것은?

① 욕실의 전등으로 방습 형광등이 시설되어 있다.

② 단상 3선식 인입개폐기의 중성선에 동판이 접속되어 있었다.

③ 합성수지관공사의 관의 지지점간의 거리가 2[m]로 되어 있었다.

④ 금속관공사로 시공하였고 절연전선을 사용하였다.

풀이

합성 수지관의 지지점간의 거리는 1.5[m] 이하로 시설할 것 (판단기준 제183조)　【답】③

문제 88 전로에 시설하는 고압용 기계기구의 철대 및 금속제 외함의 접지공사는?

① 제1종　　　② 제2종　　　③ 제3종　　　④ 특별 제3종

풀이

기계 기구의 철대 및 외함의 접지 (판단기준 제33조)
전로에 시설하는 기계 기구의 철대 및 금속제 외함에는 표에서 정한 접지공사를 하여야 한다.

기계기구의 구분	접지공사
400[V] 미만인 저압용의 것	제3종 접지공사
400[V] 이상의 저압용의 것	특별 제3종 접지공사
고압용 또는 특고압용의 것	**제1종 접지공사**

【답】①

문제 89 고압 옥내배선의 공사법이 아닌 것은?

① 애자사용 공사　　　　　② 케이블 공사

③ 금속관 공사　　　　　④ 케이블 트레이 공사

고압 옥내 배선은 **애자 사용 공사**(건조한 장소로서 전개된 장소에 한함) 및 **케이블 공사, 케이블 트레이 공사**에 의하여야 한다. (판단기준 제169조)　　　　　　　　　　　　　　　　**【답】③**

문제 90

케이블을 사용하지 않은 154 [kV] 가공송전선과 식물과의 최소 이격거리는 몇 [m]인가?

① 2.8　　　　　② 3.2　　　　　③ 3.8　　　　　④ 4.2

특고압 가공전선과 식물의 이격거리 (판단기준 제133조)

사용전압의 구분	이격거리
60 [kV] 이하	2 [m]
60 [kV] 초과	2 [m]에 사용전압이 60 [kV]를 초과하는 10 [kV] 또는 그 단수마다 12 [cm]를 더한 값

- 단수 $= \dfrac{154-60}{10} = 9.4 \Rightarrow 10$단
- 이격거리 $= 2 + 10 \times 0.12 = 3.2$[m]　　　　　　　　　　　　　**【답】②**

문제 91

특고압 지중전선과 고압 지중전선이 서로 교차하며, 각각의 지중전선을 견고한 난연성의 관에 넣어 시설하는 경우, 지중함 내 이외의 곳에서 상호간의 이격거리는 몇 [cm] 이하로 시설하여도 되는가?

① 30　　　　　② 60　　　　　③ 100　　　　　④ 120

지중전선이 다른 지중전선과 접근하거나 교차하는 경우에 지중함내 이외의 곳에서 상호간의 거리가 저압 지중전선과 고압 지중전선에 있어서는 15 [cm] 이하, 저압이나 **고압의 지중전선과 특고압 지중전선에 있어서는 30 [cm] 이하의 경우.** 각각의 지중전선을 견고한 난연성의 관에 넣어 시설하여야 한다. (판단기준 제142조)　　　　　　　　　　　　　　　　**【답】①**

문제 92

발전소에 시설하여야 하는 계측장치가 계측할 대상이 아닌 것은?

① 발전기 · 연료전지의 전압 및 전류
② 발전기의 베어링 및 고정자 온도
③ 고압용 변압기의 온도
④ 주요 변압기의 전압 및 전류

발전소 또는 이에 준하는 장소에는 다음 각 호에 해당하는 계측 장치를 시설하여야 한다(판단기준 제50조).
　① 발전기의 전압 및 전류 또는 전력
　② 발전기의 베어링 및 고정자의 온도
　③ 주요 변압기의 전압 및 전류 또는 전력
　④ 특고압용 변압기의 온도　　　　　　　　　　　　　　　　**【답】③**

문제 93 특고압으로 가설할 수 없는 전선로는?

① 지중 전선로　　　　　　　　　② 옥상 전선로

③ 가공 전선로　　　　　　　　　④ 수중 전선로

풀이

특고압 옥상전선로의 시설(판단기준 제99조)

특고압 옥상전선로(특고압의 인입선의 옥상 부분을 제외한다)**는 시설하여서는 아니된다.**　　　【답】②

문제 94 다음 중 전로의 중성점 접지의 목적으로 거리가 먼 것은?

① 대지전압의 저하　　　　　　　② 이상전압의 억제

③ 손실전력의 감소　　　　　　　④ 보호장치의 확실한 동작의 확보

풀이

전로의 중성점의 접지 (판단기준 제27조)

보호 장치의 확실한 동작의 확보, 이상 전압의 억제 및 대지 전압의 저하를 위하여 필요한 경우에 전로의 중성점을 접지한다.　　　【답】③

문제 95 직류 귀선의 궤도 근접 부분이 금속제 지중 관로와 1[km]안에 접근하는 경우에는 지중관로에 대한 어떤 장해를 방지하기 위한 조치를 취하여야 하는가?

① 전파에 의한 장해　　　　　　　② 전류누설에 의한 장해

③ 전식작용에 의한 장해　　　　　④ 토양붕괴에 의한 장해

풀이

전기부식방지를 위한 귀선의 시설 (판단기준 제263조)

직류 귀선의 궤도 근접 부분이 **금속제 지중 관로와 1[km] 안에 접근하는 경우**에는 금속제 지중관로에 대한 **전식작용에 의한 장해를 방지**하기 위하여 그 구간의 귀선은 다음 각 호에 의하여 시설하여야 한다.

① 귀선은 부극성(負極性)으로 할 것

② 귀선용 레일의 이음매의 저항을 합친 값은 그 구간의 레일 자체의 저항의 20[%] 이하로 유지하고 또한 하나의 이음매의 저항은 그 레일의 길이 5[m]의 저항에 상당한 값 이하일 것.

③ 귀선용 레일은 특수한 곳 이외에는 길이 30[m] 이상이 되도록 연속하여 용접할 것

④ 귀선의 궤도 근접 부분에 1년간의 평균 전류가 통할 때에 생기는 전위차는 그 구간 안의 어느 2점 사이에서도 2[V] 이하일 것　　　【답】③

문제 96 특고압 옥내배선과 저압 옥내전선·관등회로의 배선 또는 고압 옥내전선 사이의 이격거리는 일반적으로 몇 [cm] 이상이어야 하는가?

① 15　　　　　　② 30　　　　　　③ 45　　　　　　④ 60

풀이

특고압 옥내배선(판단기준 제212조)

• 사용 전압은 100[kV] 이하이며 전선은 케이블을 사용할 것

• 특고압 옥내 배선과 저압 옥내 전선·관등 회로의 배선 또는 고압 옥내 전선 사이의 **이격 거리는 60[cm] 이상일 것**
【답】 ④

문제 97

전로에 시설하는 기계기구 중에서 외함 접지 공사를 생략할 수 없는 경우는?

① 사용전압이 직류 300 [V] 또는 교류 대지전압이 150 [V] 이하인 기계기구를 건조한 곳에 시설하는 경우

② 철대 또는 외함의 주위에 절연대를 시설하는 경우

③ 전기용품안전 관리법의 적용을 받는 2중 절연의 구조로 되어 있는 기계기구를 시설하는 경우

④ 정격 감도 전류 20 [mA], 동작 시간이 0.5초인 전류 동작형의 인체 감전 보호용 누전차단기를 시설하는 경우

풀이

기계기구의 철대 및 외함의 접지 (판단기준 제33조)
물기 있는 장소 이외의 장소에 시설하는 저압용의 개별 기계기구에 전기를 공급하는 전로에 인체감전보호용 누전차단기(**정격감도전류가 30[mA] 이하, 동작시간이 0.03초 이하의 전류동작형에 한한다**)를 시설하는 경우에는 외함 접지를 생략할 수 있다.
【답】 ④

문제 98

전력보안 가공 통신선을 횡단보도교 위에 시설하는 경우, 그 노면상 높이는 몇 [m] 이상으로 하여야 하는가?

① 3.0　　　　② 3.5　　　　③ 4.0　　　　④ 4.5

풀이

가공 통신선의 높이(판단기준 제156조)

시설 장소		가공 통신선 [m]	가공전선로의 지지물에 시설	
			고·저압 [m]	특고압 [m]
도로(차도) 위	일반적인 경우	5	6	6
	교통에 지장을 안 주는 경우	4.5	5	
철도 횡단 (레일면 상)		6.5	6.5	6.5
횡단 보도교 위(노면상)		**3**	3.5	5
횡단 보도교 위 (통신용 케이블을 사용)			3	4
기타의 장소 (도로, 철도, 횡단 보도교 이외의 장소)		3.5	4	5

【답】 ①

문제 99

22.9 [kV]의 특고압 가공전선로를 시가지에 시설할 경우 지표상의 최저 높이는 몇 [m] 이어야 하는가? (단, 전선은 특고압 절연전선이다.)

① 4　　　　② 5　　　　③ 6　　　　④ 8

> **풀이**
>
> • 시가지에 특고압이 시설되는 경우 전선의 지표 상 높이는 **35 [kV] 이하 10 [m] (특고압 절연 전선인 경우 8 [m]) 이상**, 35 [kV]를 넘는 경우 10 [m]에 35 [kV]를 넘는 10 [kV] 또는 그 단수마다 12 [cm]를 더한 값으로 한다. (판단기준 제104조) **【답】 ④**

문제 100 전기설비기준에서 사용되는 용어의 정의에 대한 설명으로 옳지 않은 것은?

① 접속설비란 공용 전력계통으로부터 특정 분산형전원 설치자의 전기설비에 이르기까지의 전선로와 이에 부속하는 개폐장치, 모선 및 기타 관련 설비를 말한다.

② 제1차 접근상태란 가공 전선이 다른 시설물과 접근하는 경우에 다른 시설물의 위쪽 또는 옆쪽에서 수평거리로 3 [m] 미만인 곳에 시설되는 상태를 말한다.

③ 계통연계란 분산형 전원을 송전사업자나 배전사업자의 전력계통에 접속하는 것을 말한다.

④ 단독운전이란 전력계통의 일부가 전력계통의 전원과 전기적으로 분리된 상태에서 분산형전원에 의해서만 가압되는 상태를 말한다.

> **풀이**
>
> "**제1차 접근 상태**"란 가공 전선이 다른 시설물의 위쪽 또는 옆쪽에서 수평거리로 **가공 전선로의 지지물의 지표상의 높이에 상당하는 거리 안에 시설**(수평 거리로 3 [m] 미만인 곳에 시설되는 것을 제외한다)됨으로써 가공 전선로의 전선의 절단, 지지물의 도괴 등의 경우에 그 전선이 다른 시설물에 접촉할 우려가 있는 상태를 말한다.
>
> 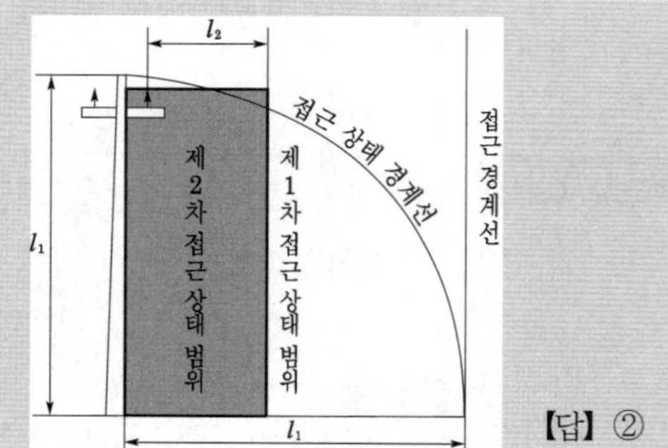
>
>
> **【답】 ②**

D-60 시리즈 2-1

2014년도
전기산업기사 필기

- ▸ 14년 제1회 전기산업기사
- ▸ 14년 제2회 전기산업기사
- ▸ 14년 제3회 전기산업기사

국가기술자격검정 필기시험 문제

2014년도 전기산업기사 일반검정 제1회

	수검 번호	성 명

자격종목 및 등급(선택분야)	종목코드	시험시간	문제지형별
전기산업기사	2140	2시간 30분	A

1과목 전기자기학

문제 01 다음 식에서 관계없는 것은?

$$\oint_c H dl = \int_s J ds = \int_s (\nabla \times H) ds = I$$

① 맥스웰의 방정식 ② 암페어의 주회법칙
③ 스토크스(stokes)의 정리 ④ 패러데이 법칙

풀이

$$\oint_c H dl = \int_s J dS = \int_s (\nabla \times H) dS = I$$
$$\quad\ (1) \qquad\quad (2) \qquad\quad (3) \qquad\qquad (4)$$

주어진 식으로부터

① 맥스웰의 방정식 $\int_s (\nabla \times H) dS = I$ (적분형) [(3)=(4)]

② 암페어의 주회적분 법칙 $\oint_c H \cdot dl = I$ [(1)=(4)]

③ 스토크스(stokes)의 정리 $\oint_c H \cdot dl = \int_s (\nabla \times H) dS$ [(1)=(3)]

④ 패러데이 법칙(해당 없음) $rot E = -\dfrac{\partial B}{\partial t}$

∴ ①, ②, ③ 법칙 및 정리는 포함, ④는 미포함되어 관계없음 **【답】 ④**

문제 02 진공 중에 있는 반지름 a [m]인 도체구의 표면전하밀도가 σ [C/m²]일 때 도체구 표면의 전계의 세기는 몇 [V/m] 인가?

① $\dfrac{\sigma}{\epsilon_0}$ ② $\dfrac{\sigma}{2\epsilon_0}$ ③ $\dfrac{\sigma^2}{2\epsilon_0}$ ④ $\dfrac{\epsilon_0 \sigma^2}{2}$

풀이

전하 밀도 σ [C/m²]에서 나오는 전기력선 밀도는 $\dfrac{\sigma}{\epsilon_0}$ [개/m²]$= \dfrac{\sigma}{\epsilon_0}$ [V/m]가 된다.

반지름 a[m]인 도체구에서도 역시 표면 전계의 세기는 $\dfrac{\sigma}{\epsilon_0}$ [V/m]이다.

【답】 ①

10^6[cal]의 열량은 몇 [kWh] 정도의 전력량에 상당한가?

① 0.06　　　　② 1.16　　　　③ 2.27　　　　④ 4.17

풀이

$1\,[\mathrm{kWh}] = 860\,[\mathrm{kcal}]$이므로　$\dfrac{10^6}{860 \times 10^3} = 1.16[\mathrm{kWh}]$　　　　【답】②

다음 설명 중 틀린 것은?

① 저항의 역수는 컨덕턴스이다.

② 저항률의 역수는 도전율이다.

③ 도체의 저항은 온도가 올라가면 그 값이 증가한다.

④ 저항률의 단위는 $[\Omega/\mathrm{m}^2]$ 이다.

풀이

- 저항률(고유저항) $= \dfrac{1}{\sigma(\text{도전율})}\,[\Omega \cdot \mathrm{m}]$　　　　【답】④

다음 중 전자유도 현상의 응용이 아닌 것은?

① 발전기　　　② 전동기　　　③ 전자석　　　④ 변압기

풀이

- **전자유도 현상** : 회로에 쇄교하는 자속의 시간적 변화에 의하여 기전력이 유기되는 현상을 말하며, 이 현상을 이용한 것으로서는 **발전기**, **변압기**, **전동기**, 유량계, 지진계 등 이 있다.
- 전자석 : 전류가 흐르면 자성(磁性)을 띠고, 전류가 끊기면 원래의 상태로 돌아가는 일시적 자석

【답】③

$\epsilon_1 > \epsilon_2$인 두 유전체의 경계면에 전계가 수직일 때 경계면에 작용하는 힘의 방향은?

① 전계의 방향　　　　　　　　② 전속밀도의 방향

③ ϵ_1의 유전체에서 ϵ_2의 유전체 방향　　④ ϵ_2의 유전체에서 ϵ_1의 유전체 방향

풀이

전계가 경계면에 수직으로 입사 할 때, 경계면을 공통 전극으로 취하는 2개의 콘덴서가 직렬로 되어있는 회로로 볼 수 있다. 따라서, 콘덴서의 두 전극사이에는 흡인력이 작용하므로 f_1과 f_2의 방향은 서로 반대 방향이 되고 이때 단위면적당 작용하는 힘 f_1, f_2는

- $f_1 = \dfrac{1}{2}\dfrac{D^2}{\epsilon_1}$,　$f_2 = \dfrac{1}{2}\dfrac{D^2}{\epsilon_2}$

따라서 $\epsilon_1 > \epsilon_2$이면 $f_1 < f_2$가 된다.
- 즉, **경계면에서의 정전력은 유전율이 큰 쪽에서 작은 쪽으로 향한다.**　　　　【답】③

문제 07

속도 v[m/s] 되는 전자가 자속밀도 B [Wb/m²]인 평등자계 중에 자계와 수직으로 입사했을 때 전자궤도의 반지름 r 은 몇 [m] 인가?

① $\dfrac{ev}{mB}$ ② $\dfrac{mB}{ev}$ ③ $\dfrac{eB}{mv}$ ④ $\dfrac{mv}{eB}$

풀이

"전자력 = 구심력" 이므로

$$eBv = \frac{mv^2}{r} \qquad \therefore\ r = \frac{mv}{eB} = \frac{mv}{e\mu_o H}\ [\text{H}]$$

(여기서, e : 전자의 전하[C], m : 질량 [kg])

【답】 ④

문제 08

비투자율 μ_s인 철심이 든 환상 솔레노이드의 권수가 N회, 평균 지름이 d [m], 철심의 단면적이 A [m²]라 할 때 솔레노이드에 I[A] 의 전류가 흐르면, 자속[Wb]은?

① $\dfrac{2\pi \times 10^{-7}\mu_s NIA}{d}$ ② $\dfrac{4\pi \times 10^{-7}\mu_s NIA}{d}$

③ $\dfrac{2 \times 10^{-7}\mu_s NIA}{d}$ ④ $\dfrac{4 \times 10^{-7}\mu_s NIA}{d}$

풀이

$$\phi = \frac{NI}{R_m} = \frac{\mu_0 \mu_s\, NIA}{l} = \frac{4\pi \times 10^{-7}\mu_s NIA}{\pi d} = \frac{4 \times 10^{-7}\mu_s NIA}{d}\ [\text{Wb}]$$

$$\left(\because R_m = \frac{l}{\mu A} = \frac{l}{\mu_0 \mu_s A},\quad l = 2\pi r = \pi d\right)$$

【답】 ④

문제 09

액체 유전체를 넣은 콘덴서의 용량이 30 [μF]이다. 여기에 500 [V] 의 전압을 가했을 때 누설전류는 약 얼마인가? (단, 고유저항 ρ는 10^{11}[$\Omega \cdot$m], 비유전율 ϵ_s는 2.2 이다.)

① 5.1 [mA]   ② 7.7 [mA]   ③ 10.2 [mA]   ④ 15.4 [mA]

풀이

$$RC = \rho\epsilon\ [\text{s}] \qquad R = \frac{\rho\epsilon}{C}\ [\Omega]$$

$$\therefore I = \frac{V}{R} = \frac{CV}{\rho\epsilon} = \frac{CV}{\rho\epsilon_0 \epsilon_s} = \frac{30 \times 10^{-6} \times 500}{10^{11} \times 8.855 \times 10^{-12} \times 2.2} = 0.0077\ [\text{A}] = 7.7\ [\text{mA}]$$

【답】 ②

문제 10

동심구형 콘덴서의 내외 반지름을 각각 2배로 증가시켜서 처음의 정전용량과 같게 하려면 유전체의 비유전율은 처음의 유전체에 비하여 어떻게 하면 되는가?

① 1배로 한다.   ② 2배로 한다.

③ $\dfrac{1}{2}$ 로 줄인다.   ④ $\dfrac{1}{4}$ 로 줄인다.

문제 11 2[cm]의 간격을 가진 선간전압 6600 [V]인 두 개의 평행도선에 2000 [A]의 전류가 흐를 때 도선 1 [m] 마다 작용하는 힘은 몇 [N/m] 인가?

① 20　　　　　　② 30　　　　　　③ 40　　　　　　④ 50

문제 12 전계 E [V/m] 및 자계 H [AT/m] 의 에너지가 자유공간 사이를 C [m/s] 의 속도로 전파될 때 단위시간에 단위 면적을 지나는 에너지[W/m²]는?

① $\frac{1}{2}EH$　　　　② EH　　　　③ EH^2　　　　④ $E^2 H$

문제 13 코일로 감겨진 환상 자기회로에서 철심의 투자율을 μ [H/m] 라 하고 자기회로의 길이를 l [m] 라 할 때, 그 자기회로의 일부에 미소 공극 l_g [m]를 만들면 회로의 자기저항은 이전의 약 몇 배 정도 되는가?

① $1 + \frac{\mu\, l_g}{\mu_0\, l}$　　　② $1 + \frac{\mu\, l}{\mu_0\, l_g}$　　　③ $\frac{\mu\, l_g}{\mu_0\, l}$　　　④ $\frac{\mu\, l}{\mu_0\, l_g}$

문제 14 변위전류에 대해 설명이 옳지 않은 것은?

① 전도전류이든 변위전류이든 모두 전자 이동이다.

② 유전율이 무한히 크면 전하의 변위를 일으킨다.

③ 변위전류는 유전체 내에 유전속 밀도의 시간적 변화에 비례한다.

④ 유전율이 무한대이면 내부 전계는 항상 0(zero)이다.

풀이

- 전도 전류 : 도체 내에서 전계의 작용으로 자유 전자의 이동으로 생기는 것
- **변위 전류 : 전속 밀도의 시간적 변화**에 의한 것으로 하전체에 의하지 않는 전류

$$\left(\text{변위 전류 } J_d = \frac{dD}{dt}\right)$$

【답】①

문제 15 정전용량이 4 [μF], 5 [μF], 6 [μF] 이고, 각각의 내압이 순서대로 500 [V], 450 [V], 350 [V]인 콘덴서 3개를 직렬로 연결하고 전압을 서서히 증가시키면 콘덴서의 상태는 어떻게 되겠는가? (단, 유전체의 재질이나 두께는 같다.)

① 동시에 모두 파괴 된다.   ② 4 [μF]가 가장 먼저 파괴된다.

③ 5 [μF]가 가장 먼저 파괴된다.   ④ 6 [μF]가 가장 먼저 파괴된다.

풀이

콘덴서를 직렬로 접속하고 전압을 서서히 증가시키면, 콘덴서의 **전하량이 가장 적은 콘덴서가 제일 먼저 파괴**된다.

$$Q_1 = C_1 V_{1\text{max}} = 4 \times 10^{-6} \times 500 = 2 \times 10^{-3}[\text{C}]$$

$$Q_2 = C_2 V_{2\text{max}} = 5 \times 10^{-6} \times 450 = 2.25 \times 10^{-3}[\text{C}]$$

$$Q_3 = C_3 V_{3\text{max}} = 6 \times 10^{-6} \times 350 = 2.1 \times 10^{-3}[\text{C}]$$

$\therefore$ 전하량이 가장 낮은 4[μF] 콘덴서가 제일 먼저 파괴된다.

【답】②

문제 16 히스테리시스 손실과 히스테리시스 곡선과의 관계는?

① 히스테리시스 곡선의 면적이 클수록 히스테리시스 손실이 적다.

② 히스테리시스 곡선의 면적이 작을수록 히스테리시스 손실이 적다.

③ 히스테리시스 곡선의 잔류자기 값이 클수록 히스테리시스 손실이 적다.

④ 히스테리시스 곡선의 보자력이 값이 클수록 히스테리시스 손실이 적다.

풀이

히스테리시스 손(hysterisis loss)
히스테리시스 곡선을 다시 일주시켜도 항상 처음과 동일하기 때문에 히스테리시스의 면적에 해당하는 에너지는 열로 소비된다. 이것을 히스테리시스 손이라 한다.

$$P_h = \eta f B_m^{1.6}$$

따라서, **히스테리시스 곡선의 면적이 작을수록 히스테리시스 손실이 적다.**

【답】②

그림과 같이 AB = BC = 1[m]일 때 A와 B에 동일한 +1 $[\mu C]$ 이 있는 경우 C점의 전위는 몇 [V] 인가?

① 6.25×10^3　　　　　　　　② 8.75×10^3

③ 12.5×10^3　　　　　　　④ 13.5×10^3

풀이

전위 $V = \dfrac{1}{4\pi\epsilon_0}\left(\dfrac{Q_1}{r_1} + \dfrac{Q_2}{r_2} + \cdots + \dfrac{Q_n}{r_n}\right)$ 에서

$$V = \frac{1}{4\pi\epsilon_0}\left(\frac{1\times10^{-6}}{1} + \frac{1\times10^{-6}}{2}\right) = 9\times10^9 \times \frac{3}{2}\times10^{-6} = 13.5\times10^3 [V]$$

【답】 ④

$C = 5\,[\mu F]$인 평행판 콘덴서에 5[V]인 전압을 걸어 줄 때 콘덴서에 축적되는 에너지는 몇 [J]인가?

① 6.25×10^{-5}　　② 6.25×10^{-3}　　③ 1.25×10^{-5}　　④ 1.25×10^{-3}

풀이

콘덴서에 축적되는 에너지 W는

$$W = \frac{1}{2}CV^2 = \frac{1}{2}\times5\times10^{-6}\times5^2 = 6.25\times10^{-5}\,[J]$$

【답】 ①

구(球)의 전하가 $5\times10^{-6}[C]$에서 3[m] 떨어진 점에서 전위를 구하면 몇 [V]인가?
(단, $\epsilon_s = 1$이다.)

① 10×10^3　　　② 15×10^3　　　③ 20×10^3　　　④ 25×10^3

풀이

$$V = \frac{Q}{4\pi\epsilon_0\epsilon_s r} = 9\times10^9 \times \frac{Q}{\epsilon_s r} = 9\times10^9 \times \frac{5\times10^{-6}}{1\times3} = 15\times10^3\,[V]$$

【답】 ②

강유전체에 대한 설명 중 옳지 않은 것은?

① 티탄산 바륨과 인산칼륨은 강유전체에 속한다.

② 강유전체의 결정에 힘을 가하면 분극을 생기게 하여 전압이 나타난다.

③ 강유전체에 생기는 전압의 변화와 고유진동수의 관계를 이용하여 발전기, 마이크로폰 등에 이용되고 있다.

④ 강유전체에 전압을 가하면 변형이 생기고 내부에만 정·부의 전하가 생긴다.

풀이

강유전체 : 외부에서 **전기장(電氣場)을 가하지 않아도** 자연 상태에서 전기 분극(分極)을 나타내는 물질로서 음향기기 등의 회로 소자에 쓰인다.

【답】 ④

2과목   전력공학

문제 21 공기예열기를 설치하는 효과로 볼 수 없는 것은?

① 화로의 온도가 높아져 보일러의 증발량이 증가한다.

② 매연의 발생이 적어진다.

③ 보일러 효율이 높아진다.

④ 연소율이 감소한다.

풀이

공기예열기(air preheater) : 절탄기를 통과한 배기가스의 남은 열량을 이용하여 보일러 연소용 공기를 200~300[℃]까지 높이기 위하여 연도의 마지막 출구 부분에 설치한다. 공기예열기는 배기가스의 열량을 회수함으로서 보일러 효율을 높이며, **연소용 공기의 온도를 높임으로서 연소효율이 증가**되어 연소실 체적을 작게 할 수 있다.　　　　　　　　　　　　　　　　　　　　　　　　　　**【답】** ④

문제 22 장거리 송전선에서 단위 길이당 임피던스 $Z = R + j\omega L$ [Ω/km], 어드미턴스 $Y = G + j\omega C$ [℧/km]라 할 때 저항과 누설컨덕턴스를 무시하는 경우 특성임피던스의 값은?

① $\sqrt{\dfrac{L}{C}}$　　　　　② $\sqrt{\dfrac{C}{L}}$　　　　　③ $\dfrac{L}{C}$　　　　　④ $\dfrac{C}{L}$

풀이

특성 임피던스 $Z_0 = \sqrt{\dfrac{Z}{Y}} = \sqrt{\dfrac{R+j\omega L}{G+j\omega C}}$ 에서

$G=0$, $R=0$이라 하면

$$Z_0 = \sqrt{\dfrac{j\omega L}{j\omega C}} = \sqrt{\dfrac{L}{C}}$$

【답】 ①

문제 23 영상변류기를 사용하는 계전기는?

① 과전류계전기　　　② 지락계전기　　　③ 차동계전기　　　④ 과전압계전기

풀이

비접지 계통의 지락 사고 검출

• 선택 접지 계전기(SGR) + 영상 전류 검출 (ZCT) + 영상 전압 검출(GPT)

• **지락 계전기(GR) + 영상 전류 검출 (ZCT)**　　　　　　　　　　　　　　**【답】** ②

문제 24 62000 [kW]의 전력을 60 [km] 떨어진 지점에 송전하려면 전압은 약 몇 [kV]로 하면 좋은가? (단. still식을 사용한다.)

① 66　　　　　　　② 110　　　　　　　③ 140　　　　　　　④ 154

문제 25

계통 내의 각 기기, 기구 및 애자 등의 상호간에 적정한 절연강도를 지니게 함으로서 계통 설계를 합리적으로 하는 것은?

① 기준충격절연강도　　　　　　　② 절연협조

③ 절연계급 선정　　　　　　　　④ 보호계전방식

문제 26

그림과 같은 배전선로에서 부하의 급전 시와 차단 시에 조작 방법 중 옳은 것은?

① 급전 시는 DS, CB 순이고, 차단 시는 CB, DS 순이다

② 급전 시는 CB, DS 순이고, 차단 시는 DS, CB 순이다.

③ 급전 및 차단 시 모두 DS, CB 순이다.

④ 급전 및 차단 시 모두 CB, DS 순이다.

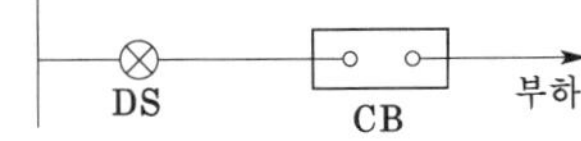

문제 27

옥내배선의 전압강하는 될 수 있는 대로 적게 해야 하지만 경제성을 고려하여 보통 다음 값 이하로 하고 있다. 옳은 것은?

① 인입선 1 [%], 간선 1 [%], 분기회로 2 [%]

② 인입선 2 [%], 간선 2 [%], 분기회로 1 [%]

③ 인입선 1 [%], 간선 2 [%], 분기회로 3 [%]

④ 인입선 2 [%], 간선 1 [%], 분기회로 1 [%]

문제 28 페란티 현상이 생기는 주된 원인으로 알맞은 것은?

① 선로의 인덕턴스 ② 선로의 정전용량

③ 선로의 누설컨덕턴스 ④ 선로의 저항

풀이

페란티 현상이란 **선로의 정전 용량**으로 인하여 무부하시나 경부하시에 **진상 전류**가 흘러 수전단 전압이 송전단 전압보다 높아지는 현상을 말하며 이의 대책으로는 분로 리액터나 동기 조상기의 지상 용량으로 방지할 수 있다. **【답】** ②

문제 29 부하역률이 $\cos\phi$인 배전선로의 저항 손실은 같은 크기의 부하전력에서 역률 1일 때 저항손실의 몇 배인가?

① $\cos^2\phi$ ② $\cos\phi$ ③ $\dfrac{1}{\cos\phi}$ ④ $\dfrac{1}{\cos^2\phi}$

풀이

전력손실 $P_l = 3I^2R = 3\left(\dfrac{P}{\sqrt{3}\,V\cos\phi}\right)^2 R = \dfrac{RP^2}{V^2\cos^2\phi}$ 에서 $P_l \propto \dfrac{1}{\cos^2\phi}$

$\therefore \; P_l : P_l' = \dfrac{1}{1^2} : \dfrac{1}{\cos^2\phi} \qquad P_l' = \dfrac{1}{\cos^2\phi}P_l$ **【답】** ④

문제 30 전력용 퓨즈에 대한 설명 중 틀린 것은?

① 정전 용량이 크다. ② 차단 용량이 크다.

③ 보수가 간단하다. ④ 가격이 저렴하다.

풀이

전력용 퓨즈의 장점
- 소형, 경량이다.
- 소형으로 **큰 차단 용량**을 가진다.
- **가격이 저렴**하다.
- 고속도 차단할 수 있다.
- **유지 보수가 간단**하다. **【답】** ①

문제 31 변압기의 보호방식에서 차동계전기는 무엇에 의하여 동작하는가?

① 정상전류와 역상전류의 차로 동작한다.

② 정상전류와 영상전류의 차로 동작한다.

③ 전압과 전류의 배수의 차로 동작한다.

④ 1, 2차 전류의 차로 동작한다.

풀이

차동 계전기는 보호 구간에 **유입하는 전류와 유출하는 전류의 차**를 검출해서 **동작**하는 계전기이다. **【답】** ④

중성점 접지방식 중 1선 지락고장일 때 선로의 전압상승이 최대이고, 통신장해가 최소인 것은?

① 비접지방식   ② 직접접지방식

③ 저항접지방식   ④ 소호리액터접지방식

풀이

접지방식별 특징

방 식	다중 고장 발생 확률	보호 계전기 동작	지락 전류	고장중 운전	전위 상승	과도 안정도	유도 장해	특 징
직접 접지 (22.9, 154, 345[kV])	최소	확실	최대	×	1.3	최소	최대	중성점영전위, 단절연가능
저항 접지	보통	↓	↓	×	$\sqrt{3}$	↓	↓	
비접지 (3.3, 6.6[kV])	최대	×	↓	가능	$\sqrt{3}$	↓	↓	저전압 단거리에 적용
소호 리액터 접지 (66[kV])	보통	불확실	**최소**	가능	$\sqrt{3}$ 이상	최대	**최소**	병렬공진, 고장전류최소

【답】 ④

선간전압 3300 [V], 피상전력 330 [kVA], 역률 0.7인 3상 부하가 있다. 부하의 역률을 0.85로 개선하는데 필요한 전력용 콘덴서의 용량은 약 몇 [kVA] 인가?

① 62   ② 72   ③ 82   ④ 92

풀이

$$Q_c = P(\tan\theta_1 - \tan\theta_2) = P\left(\frac{\sin\theta_1}{\cos\theta_1} - \frac{\sin\theta_2}{\cos\theta_2}\right)$$

$$= \left(\frac{\sqrt{1-\cos^2\theta_1}}{\cos\theta_1} - \frac{\sqrt{1-\cos^2\theta_2}}{\cos\theta_2}\right) = 330 \times 0.7 \left(\frac{\sqrt{1-0.7^2}}{0.7} - \frac{\sqrt{1-0.85^2}}{0.85}\right)$$

$$= 92.5 \,[\text{kVA}]$$

【답】 ④

3상 송배전 선로의 공칭전압이란?

① 그 전선로를 대표하는 최고전압

② 그 전선로를 대표하는 평균전압

③ 그 전선로를 대표하는 선간전압

④ 그 전선로를 대표하는 상전압

풀이

전선로의 **공칭전압**이라 함은, 그 **전선로를 대표**하는 전부하 상태에서의 송전단 **선간 전압**을 말한다.

【답】 ③

문제 35 철탑에서 전선의 오프셋을 주는 이유로 옳은 것은?

① 불평형 전압의 유도방지　　　　② 상하 전선의 접촉방지

③ 전선의 진동방지　　　　　　　④ 지락사고 방지

풀이

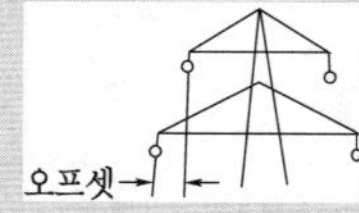

오프셋 : 전선 도약에 의한 상하 전선 사이에서의
상간 단락 사고 방지

【답】②

문제 36 100 [kVA] 단상변압기 3대로 3상 전력을 공급하던 중 변압기 1대가 고장 났을 때 공급가능 전력은 몇 [kVA] 인가?

① 200　　　　　　② 100　　　　　　③ 173　　　　　　④ 150

풀이

$$P_V = \sqrt{3}\,P_1 = \sqrt{3}\times 100 \fallingdotseq 173[\text{kVA}]$$

【답】③

문제 37 무손실 송전선로에서 송전할 수 있는 송전용량은? (단, E_S : 송전단 전압, E_R : 수전단 전압, δ : 부하각, X : 송전선로의 리액턴스, R : 송전선로의 저항, Y : 송전선로의 어드미턴스 이다.)

① $\dfrac{E_S E_R}{X}\sin\delta$　　　② $\dfrac{E_S E_R}{R}\sin\delta$　　　③ $\dfrac{E_S E_R}{Y}\cos\delta$　　　④ $\dfrac{E_S E_R}{X}\cos\delta$

풀이

전력 계통은 고효율 전력 전송 목적으로 설계되므로 저항손과 대지 정전 용량은 극히 적으므로 무시한다. 그러므로 그림과 같이 등가로 나타낼 수 있다.

$$\overline{bc} = XI\cos\varphi = E_S\sin\delta$$

$$I\cos\varphi = \frac{E_S}{X}\sin\delta$$

$$P = E_R I\cos\varphi$$

$$\therefore\ P = \frac{E_S E_R}{X}\sin\delta$$

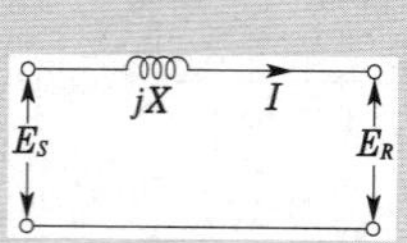

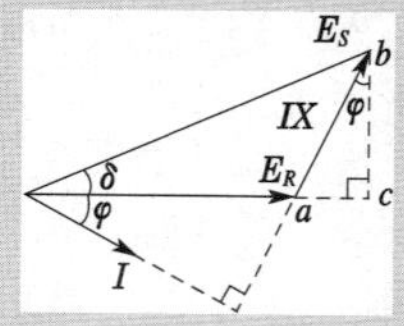

【답】①

문제 38 345 [kV] 송전계통의 절연협조에서 충격절연내력의 크기순으로 나열한 것은?

① 선로애자 > 차단기 > 변압기 > 피뢰기

② 선로애자 > 변압기 > 차단기 > 피뢰기

③ 변압기 > 차단기 > 선로애자 > 피뢰기

④ 변압기 > 선로애자 > 차단기 > 피뢰기

풀이

절연 레벨 : 선로애자 > 차단기, CT, PT, … > 변압기 > 피뢰기

【답】①

부하측에 밸런스를 필요로 하는 배전 방식은?

① 3상 3선식   ② 3상 4선식   ③ 단상 2선식   ④ 단상 3선식

풀이

단상 3선식의 특징
① 전압강하 및 전력손실은 1/4로 감소한다.
② 소요 전선량은 감소한다.
③ 110/220 [V]와 같이 2종의 전압을 얻을 수 있다.
④ 상시 부하가 불평형이면 전압이 불평형이 되고 이에 대한 대책으로 **밸런스를 설치**하여야 한다.
⑤ 중성선에는 퓨즈를 설치하지 않는다.

【답】 ④

3상 66 [kV]의 1회선 송전선로의 1선의 리액턴스가 11 [Ω], 정격전류가 600 [A]일 때 %리액턴스는?

① $\dfrac{10}{\sqrt{3}}$ ② $\dfrac{100}{\sqrt{3}}$ ③ $10\sqrt{3}$ ④ $100\sqrt{3}$

풀이

$$\%X = \frac{I_n X}{E} \times 100 = \frac{600 \times 11}{\dfrac{66 \times 10^3}{\sqrt{3}}} \times 100 = 10\sqrt{3}$$

【답】 ③

3과목   전기기기

제13차 고조파에 의한 회전자계의 회전방향과 속도를 기본파 회전자계와 비교할 때 옳은 것은?

① 기본파와 반대방향이고, 1/13의 속도
② 기본파와 동일방향이고, 1/13의 속도
③ 기본파와 동일방향이고, 13배의 속도
④ 기본파와 반대방향이고, 13배의 속도

풀이

① 회전 자계 방향
  • $h = 3n+1$: **기본파와 같은 방향**의 회전 자계 발생 (즉, 7차, 13차, …)
    여기서, h : 고조파 차수, n : 1, 2, 3, …
  • $h = 3n$: 회전자계를 발생하지 않는다.
  • $h = 3n-1$: 기본파와 반대 방향의 회전자계 발생
② **회전속도** $= \dfrac{1}{\text{고조파 차수}}$

【답】 ②

문제 42 브러시 홀더(brush holder)는 브러시를 정류자면의 적당한 위치에서 스프링에 의하여 항상 일정한 압력으로 정류자면에 접촉하여야 한다. 가장 적당한 압력[kg/cm^2]은?

① 0.01~0.15   ② 0.5~1

③ 0.15~0.25   ④ 1~2

풀이

브러시의 압력은 재질에 따라서 0.1~0.2 [kg/cm^2]로 조정한다. 전차용 전동기, 크레인 모터 등 진동이 많은 기계는 0.3~0.45 [kg/cm^2]로 한다. 【답】③

문제 43 3상 동기기의 제동권선을 사용하는 주 목적은?

① 출력이 증가한다.   ② 효율이 증가한다.

③ 역률을 개선한다.   ④ 난조를 방지한다.

풀이

제동 권선은 회전 자극 표면에 설치한 유도 전동기의 농형 권선과 같은 권선으로서 회전자가 동기 속도로 회전하고 있는 동안에는 전압을 유도하지 않으므로 아무런 작용이 없다. 그러나, 조금이라도 동기 속도를 벗어나면 전기자 자속을 끊어 전압이 유도되어 단락 전류가 흐르므로 동기 속도로 되돌아가게 된다. 즉, 진동 에너지를 열로 소비하여 진동을 방지한다. 이 **제동 권선은 난조 방지**에 쓰인다. 【답】④

문제 44 220 [V], 6극, 60 [Hz], 10 [kW] 인 3상 유도전동기의 회전자 1상의 저항은 0.1 [Ω], 리액턴스는 0.5 [Ω]이다. 정격전압을 가했을 때 슬립이 4[%]일 때 회전자 전류는 몇 [A]인가?
(단, 고정자와 회전자는 △결선으로서 권수는 각각 300회와 150회이며, 각 권선계수는 같다.)

① 27   ② 36   ③ 43   ④ 52

풀이

권선 계수가 같으므로 $k_{w1} = k_{w2}$

권수비 $a = \dfrac{w_1}{w_2} = \dfrac{300}{150} = 2$

2차 유기 전압 $E_2 = \dfrac{E_2{}'}{a} \fallingdotseq \dfrac{V_1}{a} = \dfrac{220}{2} = 110 \,[\text{V}]$

$\therefore$ 회전자 전류 $I_2 = \dfrac{sE_2}{\sqrt{r_2^2 + (sx_2)^2}} = \dfrac{0.04 \times 110}{\sqrt{0.1^2 + (0.04 \times 0.5)^2}} = 43[\text{A}]$

【답】③

문제 45 동기발전기의 병렬운전에서 기전력의 위상이 다른 경우, 동기화력(P_s)을 나타낸 식은?
(단, P : 수수전력, δ : 상차각 이다.)

① $P_s = \dfrac{dP}{d\delta}$ ② $P_s = \displaystyle\int P d\delta$

③ $P_s = P \times \cos \delta$ ④ $P_s = \dfrac{P}{\cos \delta}$

동기화력은 상차각 δ의 미소변동에 대한 출력(P)의 변화율이므로

$$P_s = \frac{dP}{d\delta} = \frac{d}{d\delta} \cdot \frac{E^2}{2x_s} \sin\delta = \frac{E^2}{2x_s} \cos\delta \, [\mathrm{W}]$$

【답】 ①

문제 46

계자저항 100 [Ω], 계자전류 2 [A], 전기자 저항이 0.2 [Ω]이고, 무부하 정격속도로 회전하고 있는 직류 분권발전기가 있다. 이때의 유기기전력[V]은?

① 196.2　　　　② 200.4　　　　③ 220.5　　　　④ 320.2

단자 전압 V는 계자 회로의 전압 강하와 같으므로

$$V = R_f I_f = 100 \times 2 = 200 \,[\mathrm{V}]$$

$I_a = I + I_f$에서 무부하 이므로

$$I = 0 [\mathrm{A}] \quad \therefore I_a = I_f$$

유기기전력 $E = V + I_a R_a = V + I_f R_a$

$$= 200 + 2 \times 0.2 = 200.4 [\mathrm{V}]$$

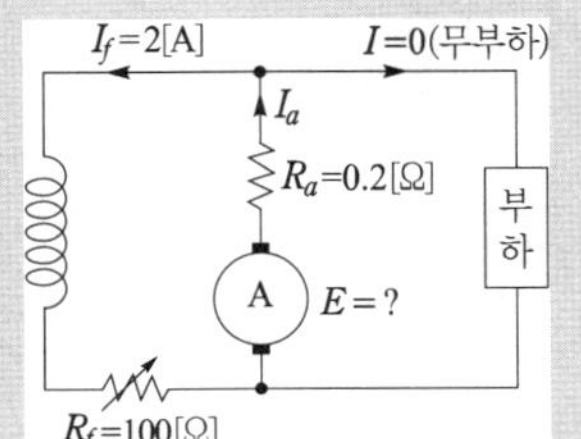

【답】 ②

문제 47

6극, 220 [V]의 3상 유도전동기가 있다. 정격전압을 인가해서 기동시킬 때 기동토크는 전부하토크의 220 [%]이다. 기동토크를 전부하토크의 1.5배로 하려면 기동전압[V]을 얼마로 하면 되는가?

① 163　　　　② 182　　　　③ 200　　　　④ 220

$T_s \propto V_1^2$ 이므로

$$2.20\,T : 1.5\,T = 220^2 : V^2$$

$$\therefore V = \sqrt{\frac{1.5}{2.20}} \times 220 = 181.66 \,[\mathrm{V}]$$

【답】 ②

문제 48

교류 전동기에서 브러시의 이동으로 속도변화가 가능한 것은?

① 농형 전동기　　② 2중 농형 전동기　③ 동기 전동기　　　④ 시라게 전동기

속도를 변화시킬 수 있는 교류 전동기로서 널리 사용되고 있는 것은 **시라게 전동기**이며 그 구조는 직류 전동기와 유사 하지만 브러시가 2조가 있어 각 조의 **브러시**를 반대 방향으로 이동하면 **속도를 조정할** 수 있다.

【답】 ④

문제 49

변압기의 임피던스 와트와 임피던스 전압을 구하는 시험은?

① 충격전압시험　　② 부하시험　　　③ 무부하시험　　　④ 단락시험

> **풀이**
>
> 변압기의 시험
> ① 개방회로(무부하) 시험으로 측정할 수 있는 항목
> • 무부하 전류 • 히스테리시스손 • 와류손 • 여자 어드미턴스 • 철손
> ② **단락시험**으로 측정할 수 있는 항목
> • 동손 • **임피던스 와트** • **임피던스 전압**
> 【답】 ④

문제 50 3상 유도전동기의 속도제어법이 아닌 것은?

① 1차 주파수제어   ② 2차 저항제어   ③ 극수변환법   ④ 1차 여자제어

> **풀이**
>
> **유도전동기의 속도 제어법**
> ① 농형 유도 전동기의 속도 제어법은
> • **주파수**를 바꾸는 방법 • **극수**를 바꾸는 방법 • 전원 전압을 바꾸는 방법
> ② 권선형 유도 전동기는
> • **2차 저항**을 제어하는 방법 • 2차 여자법 등이 있다.
> 【답】 ④

문제 51 직류기에서 공극을 사이에 두고 전기자와 함께 자기회로를 형성하는 것은?

① 계자   ② 슬롯   ③ 정류자   ④ 브러시

> **풀이**
>
> **계자**는 전기자를 통과하는 **자속을 만드는 부분**으로 자극과 계철로 구성되어 있다.
> 【답】 ①

문제 52 60 [Hz], 12극의 동기전동기 회전자계의 주변속도 [m/s]는? (단, 회전자계의 극 간격은 1 [m]이다.)

① 10   ② 31.4   ③ 120   ④ 377

> **풀이**
>
> • 동기속도 $N_s = \dfrac{120f}{p} = \dfrac{120 \times 60}{12} = 600$ [rpm]
> • 회전자 둘레(πD) = 극수 $\times$ 극 간격 $= 12 \times 1 = 12$ [m]
> • 회전자 주변 속도 $v = \pi D \dfrac{N_s}{60}$ [m/s], (여기서, πD : 회전자 둘레)
> $\therefore\ v = 12 \times \dfrac{600}{60} = 120$ [m/s]
> 【답】 ③

문제 53 4극, 60 [Hz], 3상 권선형 유도전동기에서 전부하 회전수는 1600 [rpm]이다. 동일 토크로 회전수를 1200 [rpm]으로 하려면 2차 회로에 몇 [Ω]의 외부 저항을 삽입하면 되는가? (단, 2차 회로는 Y결선이고, 각 상의 저항은 r_2이다.)

① r_2 ② $2r_2$ ③ $3r_2$ ④ $4r_2$

$$s_1 = \frac{N_s - N_1}{N_s} = \frac{1800 - 1600}{1800} = 0.11$$

$$s_2 = \frac{1800 - 1200}{1800} = 0.33$$

따라서 비례추이에 의해서

$$\frac{r_2}{s_1} = \frac{r_2 + R_s}{s_2}, \quad \frac{r_2}{0.11} = \frac{r_2 + R_s}{0.33}$$

$$\therefore R_s = \frac{(0.33 - 0.11)r_2}{0.11} = 2r_2$$

【답】 ②

문제 54 3상 유도전동기의 원선도 작성시 필요치 않은 시험은?

① 저항 측정 ② 무부하 시험

③ 구속 시험 ④ 슬립 측정

① 원선도 작성에 필요한 시험은
  • 저항 측정 • 무부하 시험 • 구속 시험이 있다.
② 유도 전동기의 원선도에서 구할 수 있는 항목
  • 전부하 전류 • 역률 • 효율 • 슬립 • 최대출력/정격출력 • 토크
  즉, 슬립은 원선도 상에서 구할 수 있다.

【답】 ④

문제 55 3상 직권 정류자 전동기에 있어서 중간 변압기를 사용하는 주된 목적은?

① 역회전의 방지를 위하여

② 역회전을 하기 위하여

③ 권수비를 바꾸어서 전동기의 특성을 조정하기 위하여

④ 분권 특성을 얻기 위하여

3상 직권 정류자 전동기의 **중간 변압기**는 고정자 권선과 회전자 권선 사이에 직렬로 접속되며 이 중간 변압기를 사용하는 주요한 이유는 다음과 같다.
① 전원 전압의 크기에 관계없이 정류에 알맞은 회전자 전압을 선택할 수 있다.
② 중간 변압기의 권수비를 바꾸어 **전동기의 특성을 조정**할 수 있다.
③ 직권 특성이기 때문에 경부하에서는 속도가 매우 상승하나 중간 변압기를 사용, 그 철심을 포화하도록 하면 그 속도 상승을 제한할 수 있다.

【답】 ③

문제 56 동기 발전기의 안정도를 증진시키기 위하여 설계상 고려할 점으로서 틀린 것은?

① 속응여자방식을 채용 한다. ② 단락비를 작게 한다.

③ 회전부의 관성을 크게 한다. ④ 영상 및 역상 임피던스를 크게 한다.

풀이

동기기의 안정도 증진법은
① 동기화 리액턴스를 작게 할 것
② 회전자의 플라이휠 효과를 크게 할 것
③ 속응 여자 방식을 채용할 것
④ 발전기의 조속기 동작을 신속히 할 것
⑤ **단락비를 크게 할 것**
⑥ 정상 임피던스는 적게, 역상, 영상 임피던스는 크게 할 것 【답】②

문제 57

단상 반파 정류회로에서 변압기 2차 전압의 실효값을 E [V]라 할 때 직류 전류 평균값[A]은? (단, 정류기의 전압강하는 e [V], 부하저항은 R [Ω]이다.)

① $\left(\dfrac{\sqrt{2}}{\pi}E - e\right)/R$

② $\dfrac{1}{2} \cdot \dfrac{E-e}{R}$

③ $\dfrac{2\sqrt{2}}{\pi} \cdot \dfrac{E}{R}$

④ $\dfrac{\sqrt{2}}{\pi} \cdot \dfrac{E-e}{R}$

풀이

무부하 직류 전압 E_{d0}는

$$E_{d0} = \frac{1}{2\pi}\int_0^\pi \sqrt{2}\,E\sin\theta \cdot d\theta = \frac{\sqrt{2}}{\pi}E = 0.45E \,[\text{V}]$$

정류기 내의 전압 강하(수은 정류기에서는 아크 전압 강하)를 e라 하면 직류 전압 평균값 E_d는

$$E_d = E_{d0} - e \,[\text{V}]$$

따라서 직류 전류 평균값 I_d는

$$\therefore\ I_d = \frac{E_d}{R} = \frac{E_{d0} - e}{R} = \frac{\dfrac{\sqrt{2}}{\pi}E - e}{R} = \frac{0.45E - e}{R}\,[\text{A}]$$

단, E : 변압기 2차 상전압(실효값)[V], R : 부하 저항[Ω] 【답】①

문제 58

단상 직권정류자 전동기의 설명으로 틀린 것은?

① 계자권선의 리액턴스 강하 때문에 계자권선수를 적게 한다.

② 토크를 증가하기 위해 전기자권선수를 많게 한다.

③ 전기자 반작용을 감소하기 위해 보상권선을 설치한다.

④ 변압기 기전력을 크게 하기 위해 브러시 접촉저항을 적게 한다.

풀이

단상 직권정류자 전동기에서 브러시로 단락되는 코일에는 인덕턴스에 의한 유도기전력 외에 주자속의 교번에 의하여 변압기 작용에 의한 기전력이 유도되고, 단락전류가 크므로 정류작용은 직류기의 경우보다 어렵다.
이것을 개선하기 위하여 **브러시에 접촉저항이 어느 정도 큰 것을 사용하여 저항 정류**를 하고, 또 대형으로 된 것은 보극을 설치하거나 전기자 코일과 정류자편 사이를 접속 하는데 고저항의 도선을 사용하여 단락전류를 제한하기도 한다. 【답】④

그림과 같은 동기발전기의 무부하 포화곡선에서 포화계수는?

① $\overline{OA}/\overline{OG}$

② $\overline{OD}/\overline{DB}$

③ $\overline{BC}/\overline{CD}$

④ $\overline{CD}/\overline{CO}$

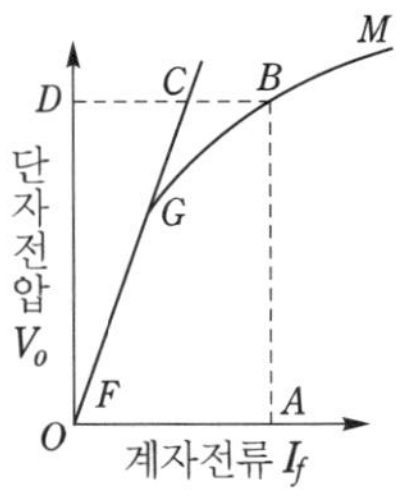

풀이

동기 발전기의 포화 정도를 나타내는 데는 포화율(saturation factor)이 사용된다. 동기기의 무부하 포화 곡선상에 정격 전압 V_n의 1.2배가 되는 점 c를 잡고 점 c에서 횡축에 평행선을 그어 종축과 만나는 점을 b라고 한다. 다음에 원점 0에서 무부하 포화 곡선 0M에 접선(공극선)을 긋고, 선 bc와 만나는 점을 c'라고 하면, 포화율 σ는

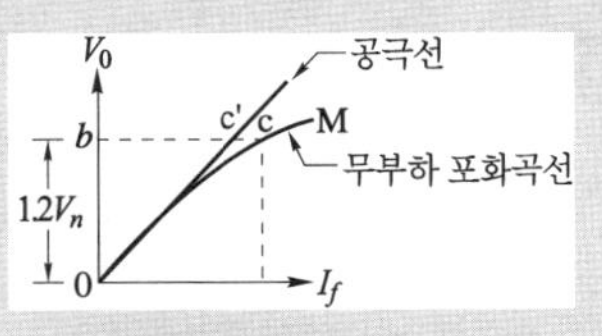

$$\sigma = \frac{cc'}{bc'}$$

【답】 ③

단상 단권변압기 2대를 V결선으로 해서 3상 전압 3000 [V] 를 3300 [V]로 승압하고, 150 [kVA]를 송전하려고 한다. 이 경우 단상 단권변압기 1대분의 자기용량[kVA]은 약 얼마인가?

① 15.74 ② 13.62 ③ 7.87 ④ 4.54

풀이

단권변압기의 V결선에서

$$자기\ 용량 = \frac{2}{\sqrt{3}} \times \frac{V_h - V_l}{V_h} \times 부하\ 용량 = \frac{2}{\sqrt{3}} \times \frac{3300 - 3000}{3300} \times 150 = 15.75[kVA]$$

따라서, 1대분의 용량은 $\dfrac{15.75}{2} = 7.87[kVA]$

【답】 ③

4과목 회로이론

$F(s) = \dfrac{2s+3}{s^2 + 3s + 2}$ 인 라플라스 함수를 시간함수로 고치면 어떻게 되는가?

① $e^{-t} - 2e^{-2t}$ ② $e^{-t} + te^{-2t}$ ③ $e^{-t} + e^{-2t}$ ④ $2t + e^{-t}$

풀이

$$F(s) = \frac{2s+3}{s^2+3s+2} = \frac{2s+3}{(s+2)(s+1)} = \frac{k_1}{s+2} + \frac{k_2}{s+1}$$

$$k_1 = \lim_{s \to -2} \frac{(2s+3)}{(s+1)} = 1, \qquad k_2 = \lim_{s \to -1} \frac{(2s+3)}{(s+2)} = 1$$

$$\therefore \mathcal{L}\left[\frac{1}{s+2} + \frac{1}{s+1}\right] = e^{-t} + e^{-2t}$$

【답】 ③

문제 62

대칭 3상 교류에서 각 상의 전압이 v_a, v_b, v_c일 때 3상 전압의 합은?

① 0
② $0.3v_a$
③ $0.5v_a$
④ $3v_a$

풀이

a상을 기준으로 하면 $v_a + v_b + v_c = v_a + a^2 v_a + a v_a = v_a(1 + a^2 + a) = 0$

$(\because 1 + a^2 + a = 0)$

【답】①

문제 63

$v_1 = 20\sqrt{2}\sin\omega t\,[\text{V}]$, $v_2 = 50\sqrt{2}\cos\left(\omega t - \dfrac{\pi}{6}\right)[\text{V}]$일 때, $v_1 + v_2$의 실효값[V]은?

① $\sqrt{1400}$
② $\sqrt{2400}$
③ $\sqrt{2900}$
④ $\sqrt{3900}$

풀이

$v_2 = 50\sqrt{2}\cos\left(\omega t - \dfrac{\pi}{6}\right) = 50\sqrt{2}\sin\left(\omega t - \dfrac{\pi}{6} + \dfrac{\pi}{2}\right) = 50\sqrt{2}\sin\left(\omega t + \dfrac{\pi}{3}\right)$ 이므로,

$V_1 = 20\angle 0°$, $V_2 = 50\angle 60°$

$\therefore v_1 + v_2 = 20(\cos 0° + j\sin 0°) + 50(\cos 60° + j\sin 60°) = 20 + 50\left(\dfrac{1}{2} + j\dfrac{\sqrt{3}}{2}\right)$

$\quad = 45 + j25\sqrt{3} = \sqrt{45^2 + (25\sqrt{3})^2} = \sqrt{3900}\,[\text{V}]$

【답】④

문제 64

어떤 회로의 단자 전압 및 전류의 순시값이

$$v = 220\sqrt{2}\sin\left(377t + \dfrac{\pi}{4}\right)[\text{V}], \qquad i = 5\sqrt{2}\sin\left(377t + \dfrac{\pi}{3}\right)[\text{A}]$$

일 때, 복소 임피던스는 약 몇 $[\Omega]$ 인가?

① $42.5 - j11.4$
② $42.5 - j9$
③ $50 + j11.4$
④ $50 - j11.4$

풀이

주어진 식을 실효값 정지 벡터로 표시하면,

$V = 220\angle\dfrac{\pi}{4}$, $I = 5\angle\dfrac{\pi}{3}$

따라서, 임피던스

$Z = \dfrac{V}{I} = \dfrac{220\angle\dfrac{\pi}{4}}{5\angle\dfrac{\pi}{3}} = 44\angle -15° = 44(\cos 15° - j\sin 15°) = 42.5 - j11.4\,[\Omega]$

【답】①

문제 65

단자전압의 각 대칭분 V_0, V_1, V_2가 0 이 아니면서 서로 같게 되는 고장의 종류는?

① 1선 지락
② 선간 단락
③ 2선 지락
④ 3선 단락

풀이

V_0, V_1, V_2 존재 → 1선 지락 고장

$V_0 = 0$, V_1, V_2 존재 → 선간 단락 고장

$V_0 = V_1 = V_2 \neq 0$ → **2선 지락**

【답】③

전원과 부하가 다 같이 △결선된 3상 평형회로에서 전원전압이 200 [V], 부하 한 상의 임피던스가 $6+j8$ [Ω]인 경우 선전류는 몇 [A] 인가?

① 20　　　　② $\dfrac{20}{\sqrt{3}}$　　　　③ $20\sqrt{3}$　　　　④ $40\sqrt{3}$

풀이

△결선시 선간 전압 E_l = 상전압 E_p

$$\therefore\ \text{상전류}\ \ I_p = \frac{E_p}{Z} = \frac{E_l}{Z} = \frac{E_l}{\sqrt{R^2+X^2}} = \frac{200}{\sqrt{6^2+8^2}} = 20 \text{ [A]}$$

△결선시 선전류 $I_l = \sqrt{3}\,I_p$이므로

$$I_l = \sqrt{3} \times 20 = 20\sqrt{3} \text{ [A]}$$

【답】③

그림과 같은 T형 회로의 영상 전달정수 θ는?

① 0　　　　　　　　　　② 1

③ -3　　　　　　　　　④ -1

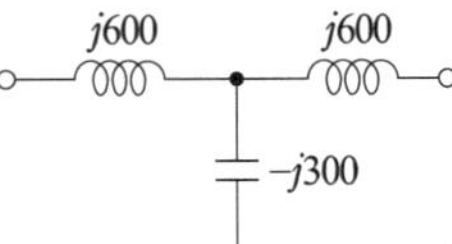

풀이

$$\begin{bmatrix} A & B \\ C & D \end{bmatrix} = \begin{bmatrix} 1 & j600 \\ 0 & 1 \end{bmatrix} \begin{bmatrix} 1 & 0 \\ \dfrac{1}{-j300} & 1 \end{bmatrix} \begin{bmatrix} 1 & j600 \\ 0 & 1 \end{bmatrix} = \begin{bmatrix} -1 & 0 \\ j\dfrac{1}{300} & -1 \end{bmatrix} \text{에서}$$

$$A = -1, \quad B = 0, \quad C = j\frac{1}{300}, \quad D = -1$$

$$\therefore\ \theta = \sinh^{-1}\sqrt{BC} = \cosh^{-1}\sqrt{AD} = \cosh^{-1}\sqrt{(-1)\times(-1)} = 0$$

【답】①

어떤 회로에 $e = 50\sin\omega t$[V]를 인가 시 $i = 4\sin(\omega t - 30°)$[A]가 흘렀다면 유효전력은 몇 [W]인가?

① 173.2　　　　② 122.5　　　　③ 86.6　　　　④ 61.2

풀이

$P = EI\cos\theta$[W] 에서

여기서, E :전압의 실효값, I :전류의 실효값, θ :전압과 전류의 위상차

$$P = \frac{50}{\sqrt{2}} \times \frac{4}{\sqrt{2}} \times \cos 30° = 86.6 \text{[W]}$$

【답】③

다음과 같은 전기회로의 입력을 e_i, 출력을 e_o라고 할 때 전달함수는? (단, $T = \dfrac{L}{R}$ 이다.)

① $Ts+1$　　　　　　　　② Ts^2+1

③ $\dfrac{1}{Ts+1}$　　　　　　　④ $\dfrac{Ts}{Ts+1}$

$$G(s) = \frac{V_o(s)}{V_i(s)} = \frac{Ls}{R+Ls} = \frac{\dfrac{L}{R}s}{1+\dfrac{L}{R}s} = \frac{Ts}{1+Ts}$$

【답】 ④

문제 70

RC 회로의 입력단자에 계단전압을 인가하면 출력전압은?

① 0부터 지수적으로 증가한다.

② 처음에는 입력과 같이 변했다가 지수적으로 감쇠한다.

③ 같은 모양의 계단전압이 나타난다.

④ 아무 것도 나타나지 않는다.

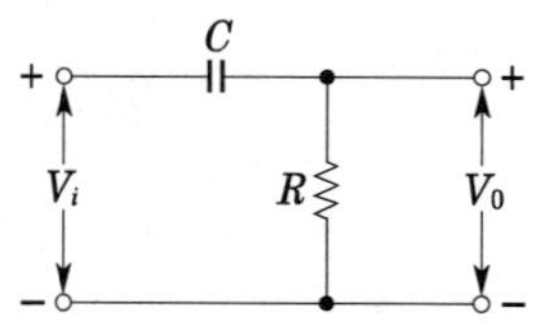

$V_0 = Ve^{-\frac{1}{RC}t}$ 이므로 처음에는 입력과 같이 변했다가 지수적으로 감쇠한다.

【답】 ②

문제 71

$Ri(t) + L\dfrac{di(t)}{dt} = E$ 에서 모든 초기값을 0으로 하였을 때의 $i(t)$의 값은?

① $\dfrac{E}{R}e^{-\frac{RL}{2}}$

② $\dfrac{E}{R}e^{-\frac{L}{R}t}$

③ $\dfrac{E}{R}(1-e^{-\frac{R}{L}t})$

④ $\dfrac{E}{R}(1-e^{-\frac{L}{R}t})$

주어진 시간함수를 라플라스 변환하면

$$RI(s) + LsI(s) = \frac{E}{s}$$

$$I(s) = \frac{E}{s(R+Ls)} = \frac{\dfrac{E}{L}}{s\left(s+\dfrac{R}{L}\right)} = \frac{\dfrac{E}{R}}{s} - \frac{\dfrac{E}{R}}{s+\dfrac{R}{L}} = \frac{E}{R}\left(\frac{1}{s} - \frac{1}{s+\dfrac{R}{L}}\right)$$

$$\therefore i(t) = \mathcal{L}^{-1}[I(s)] = \frac{E}{R}\left(1-e^{-\frac{R}{L}t}\right)$$

【답】 ③

문제 72

$t = 0$에서 스위치 S를 닫았을 때 정상 전류값[A]은?

① 1

② 2.5

③ 3.5

④ 7

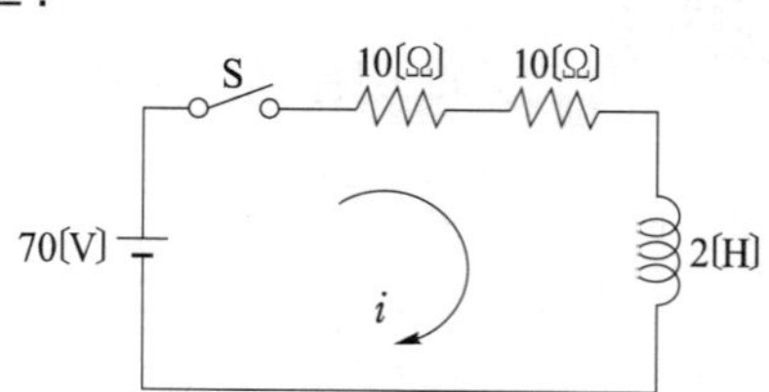

$$i = \frac{E}{R}\left(1 - e^{-\frac{R}{L}t}\right)$$ 에서 $t = \infty$(정상 상태)를 대입하면 $i_s = \frac{E}{R} = \frac{70}{20} = 3.5\,[\text{A}]$

【답】③

문제 73

교류회로에서 역률이란 무엇인가?

① 전압과 전류의 위상차의 정현

② 전압과 전류의 위상차의 여현

③ 임피던스와 리액턴스의 위상차의 여현

④ 임피던스와 저항의 위상차의 정현

역률이란 전압과 전류의 위상차의 여현($\cos\theta$)이다.

【답】②

문제 74

$R\,[\Omega]$의 저항 3개를 Y로 접속하고 이것을 선간전압 200 [V]의 평형 3상 교류 전원에 연결할 때 선전류가 20 [A] 흘렀다. 이 3개의 저항을 △로 접속하고 동일 전원에 연결하였을 때의 선전류는 몇 [A] 인가?

① 30   ② 40   ③ 50   ④ 60

Y접속시 상전류 $I_Y = \dfrac{E}{R} = \dfrac{\frac{200}{\sqrt{3}}}{R} = 20\,[\text{A}]$에서 $R = \dfrac{200}{20\sqrt{3}}\,[\Omega]$

따라서, △접속시의 선전류 $I_\Delta = \sqrt{3} \times$ 상전류 $= \sqrt{3} \times \dfrac{200}{\frac{200}{20\sqrt{3}}} = 60\,[\text{A}]$

【답】④

문제 75

비정현파에서 여현 대칭의 조건은 어느 것인가?

① $f(t) = f(-t)$ ② $f(t) = -f(-t)$

③ $f(t) = -f(t)$ ④ $f(t) = -f\left(t + \dfrac{T}{2}\right)$

우함수는 여현대칭(Y축 대칭)으로 직류분과 여현항($\cos$항)만 존재하며, 정현항($\sin$항)이 없다.

	기함수파(정현대칭)	우함수파(여현대칭)	대칭파(반파대칭)
대칭 조건	$f(t) = -f(-t)$	$f(t) = f(-t)$	$f(t) = -f\left(t + \dfrac{T}{2}\right)$
결과	$\sin$항만 존재한다.	$\cos$항 존재 직류분 존재	고조파 차수가 홀수차 항만 존재한다.

【답】①

문제 76   그림과 같은 회로의 출력전압 $e_o(t)$의 위상은 입력전압 $e_i(t)$의 위상보다 어떻게 되는가?

① 앞선다.

② 뒤진다.

③ 같다.

④ 앞설 수도 있고, 뒤질 수도 있다.

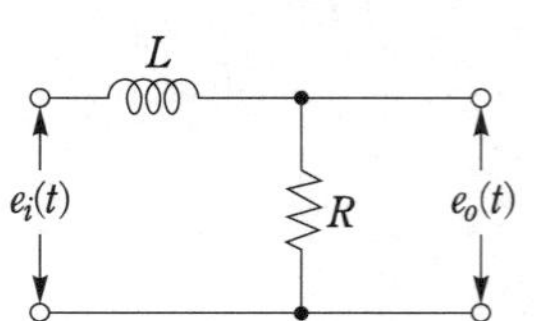

풀이

전류 $i = \dfrac{e_i}{R + j\omega L}$ [A]

$$e_o = iR = \dfrac{e_i}{R + j\omega L} \times R = \dfrac{e_i \cdot R}{R^2 + \omega^2 L^2}(R - j\omega L)\,[\mathrm{V}]$$

e_o의 허수값이 $-j$ 이므로, e_o는 e_i보다 위상이 뒤진다.

【답】 ②

문제 77   L형 4단자 회로망에서 R_1, R_2를 정합하기 위한 Z_1은? (단, $R_2 > R_1$ 이다.)

① $\pm jR_2 \sqrt{\dfrac{R_1}{R_2 - R_1}}$

② $\pm jR_1 \sqrt{\dfrac{R_1}{R_2 - R_1}}$

③ $\pm j\sqrt{R_2(R_2 - R_1)}$

④ $\pm j\sqrt{R_1(R_2 - R_1)}$

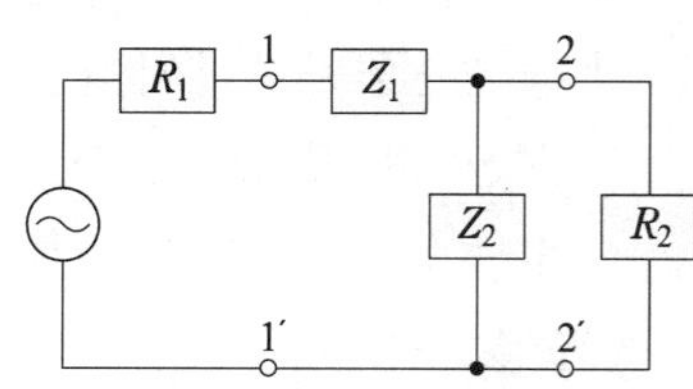

풀이

단자 $11'$의 영상임피턴스 Z_{01}, 단자 $22'$의 영상임피턴스 Z_{02}라 할 때 정합조건은

$$R_1 = Z_{01} = \sqrt{Z_1(Z_1 + Z_2)} \qquad R_2 = Z_{02} = \sqrt{\dfrac{Z_1 Z_2^2}{Z_1 + Z_2}}$$

두 관계식에서 Z_1을 구한다.

$$R_1^2 = Z_1(Z_1 + Z_2) \rightarrow Z_1 + Z_2 = \dfrac{R_1^2}{Z_1}$$

$$R_2^2 = \dfrac{Z_1 Z_2^2}{Z_1 + Z_2} \rightarrow R_2^2 = \dfrac{Z_1^2 Z_2^2}{R_1^2}$$

$$\therefore R_2 = \dfrac{Z_1 Z_2}{R_1}$$

$$Z_1 = \dfrac{R_1 R_2}{Z_2} \quad \left(Z_2 = \dfrac{R_1^2}{Z_1} - Z_1 = \dfrac{R_1^2 - Z_1^2}{Z_1}\right)$$

$$\therefore Z_1 = \dfrac{R_1 R_2 Z_1}{R_1^2 - Z_1^2} \rightarrow R_1^2 - Z_1^2 = R_1 R_2, \quad Z_1^2 = R_1^2 - R_1 R_2$$

$Z_1 = \pm \sqrt{R_1(R_1 - R_2)}$ ($R_2 > R_1$이므로)

$$\therefore Z_1 = \pm j\sqrt{R_1(R_2 - R_1)}$$

【답】 ④

그림과 같은 회로의 합성 인덕턴스는?

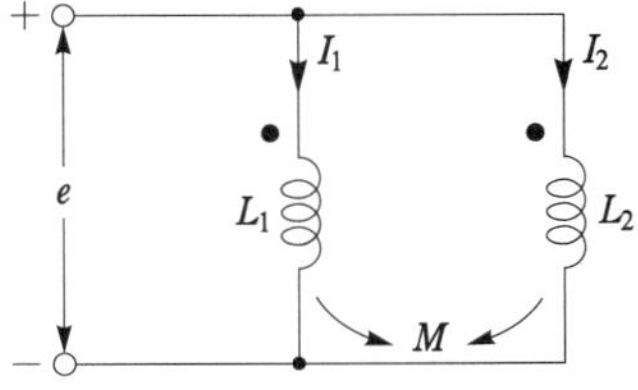

① $\dfrac{L_1 - M^2}{L_1 + L_2 - 2M}$

② $\dfrac{L_2 - M^2}{L_1 + L_2 - 2M}$

③ $\dfrac{L_1 L_2 + M^2}{L_1 + L_2 - 2M}$

④ $\dfrac{L_1 L_2 - M^2}{L_1 + L_2 - 2M}$

풀이

병렬 접속형의 등가 회로를 그려 보면 그림과 같다.
그러므로, 합성 인덕턴스 L_0는

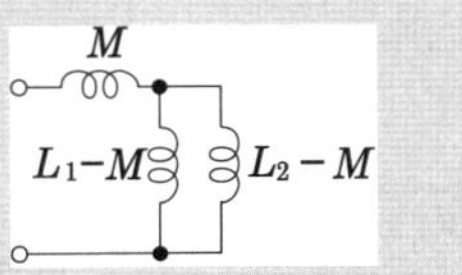

$$L_0 = M + \frac{(L_1 - M)(L_2 - M)}{(L_1 - M) + (L_2 - M)} = \frac{L_1 L_2 - M^2}{L_1 + L_2 - 2M}$$

【답】 ④

임피던스 궤적이 직선일 때 이의 역수인 어드미턴스 궤적은?

① 원점을 통하는 직선
② 원점을 통하지 않는 직선
③ 원점을 통하는 원
④ 원점을 통하지 않는 원

풀이

직선 궤적의 역궤적은 원점을 통과하는 반원이다.

【답】 ③

$3\,[\mu\text{F}]$인 커패시턴스를 $50\,[\Omega]$의 용량성 리액턴스로 사용하려면 정현파 교류의 주파수는 약 몇 [kHz]로 하면 되는가?

① 1.02
② 1.04
③ 1.06
④ 1.08

풀이

$X_C = \dfrac{1}{2\pi f C}$ 에서 $f = \dfrac{1}{2\pi C \cdot X_C}$ 이므로

$$f = \frac{1}{2\pi \times 3 \times 10^{-6} \times 50} \fallingdotseq 1.06 \times 10^3\,[\text{Hz}] = 1.06\,[\text{kHz}]$$

【답】 ③

5과목 전기설비기술기준 및 판단기준

765 [kV] 특고압 가공전선이 건조물과 2차 접근상태로 있는 경우 전선 높이가 최저상태일 때 가공전선과 건조물 상부와의 수직거리는 몇 [m] 이상이어야 하는가?

① 20
② 22
③ 25
④ 28

> **풀이**
>
> 특고압 가공전선과 건조물의 접근(판단기준 제126조)
> 사용전압이 **400 [kV] 이상의 특고압 가공전선**이 건조물과 제2차 접근상태로 있는 경우, 전선 높이가 최저상태일 때 가공전선과 건조물 상부와의 **수직거리가 28 [m]이상**일 것. **【답】** ④

문제 82 고압 가공전선이 상부 조영재의 위쪽으로 접근시의 가공전선과 조영재의 이격거리는 몇 [m] 이상이어야 하는가?

① 0.6　　　　② 0.8　　　　③ 1.2　　　　④ 2.0

> **풀이**
>
> 저고압 가공 전선과 건조물의 접근 (판단기준 제79조)

사용 전압 부분 공작물의 종류			저압 [m]	고압[m]
건 조 물	**상부 조영재 상방**	일반적인 경우	2	**2**
		전선이 고압절연전선	1	2
		전선이 케이블인 경우	1	1
	기타 조영재 또는 상부조영재의 옆쪽 또는 아래쪽	일반적인 경우	1.2	1.2
		전선이 고압절연전선	0.4	1.2
		전선이 케이블인 경우	0.4	0.4
		사람이 쉽게 접근 할 수 없도록 시설한 경우	0.8	0.8

【답】 ④

문제 83 특고압 가공전선로의 중성선의 다중접지 시설에서 각 접지선을 중성선으로부터 분리하였을 경우 각 접지점의 대지 전기저항값은 몇 [Ω] 이하이어야 하는가?

① 100　　　　② 150　　　　③ 300　　　　④ 500

> **풀이**
>
> 25 [kV] 이하인 특고압 가공전선로의 시설 (판단기준 제135조)
> 각 접지선을 중성선으로부터 분리하였을 경우의 각 접지점의 대지 전기저항치 및 1 [km] 마다의 중성선과 대지 사이의 합성 전기저항치

사용전압	각 접지점의 대지 전기저항 치	1[km] 마다의 합성 전기저항 치
15 [kV] 이하	300 [Ω]	30 [Ω]
15 [kV] 초과 25 [kV] 이하	300 [Ω]	15 [Ω]

【답】 ③

문제 84 고압 가공전선이 가공약전류 전선과 접근하는 경우 고압 가공전선과 가공약전류 전선 사이의 이격거리는 몇 [cm] 이상 이어야 하는가? (단, 전선이 케이블인 경우이다.)

① 15　　　　② 30　　　　③ 40　　　　④ 80

풀이

저고압 가공전선과 가공약전류전선 등의 접근 또는 교차(판단기준 제81조)

가공전선 약전류 전선	저압 가공전선		고압 가공전선	
	저압 절연전선	고압 절연전선 또는 케이블	절연전선	케이블
일반	0.6 [m]	0.3 [m]	0.8 [m]	**0.4 [m]**
절연전선 또는 통신용 케이블인 경우	0.3 [m]	0.15 [m]		

【답】③

문제 85

고압 옥상전선로의 전선이 다른 시설물과 접근하거나 교차하는 경우 이들 사이의 이격거리는 몇 [cm] 이상이어야 하는가?

① 30　　　　　② 60　　　　　③ 90　　　　　④ 120

풀이

고압 옥상전선로의 시설(판단기준 제98조)

고압 옥상 전선로의 전선이 다른 시설물과 접근하거나 교차하는 경우에는 **고압 옥상 전선로의 전선과** 이들 사이의 **이격거리는 60 [cm] 이상**이어야 한다.　　　　　【답】②

문제 86

발전기·전동기·조상기·기타 회전기(회전 변류기 제외)의 절연내력 시험시 시험전압은 권선과 대지사이에 연속하여 몇 분 이상 가하여야 하는가?

① 10　　　　　② 15　　　　　③ 20　　　　　④ 30

풀이

회전기 및 정류기의 절연내력 (판단기준 제14조)

종　　류			시험전압	시험방법
회 전 기	발전기·전동기· 조상기·기타회전 기(회전 변류기 를 제외한다.)	최대 사용 전압 7,000 [V] 이하	최대 사용전압의 1.5배의 전압(500 [V] 미만으로 되는 경우에는 500 [V])	권선과 대지 사이에 **연속하여** **10분간** 가한다.
		최대 사용 전압 7,000 [V] 초과	최대 사용전압의 1.25배의 전압(10,500 [V] 미만으로 되는 경우에는 10,500 [V])	
	회전 변류기		직류측의 최대 사용전압의 1배의 교류전압(500 [V] 미만으로 되는 경우에는 500 [V])	

【답】①

문제 87

터널에 시설하는 사용전압이 400 [V] 이상의 저압인 경우, 이동전선은 몇 [mm^2] 이상의 0.6/1 [kV] EP 고무 절연 클로로프렌 캡타이어 케이블이어야 하는가?

① 0.25　　　　　② 0.55　　　　　③ 0.75　　　　　④ 1.25

풀이

터널 등의 전구선 또는 이동전선 등의 시설 (판단기준 제229조)

터널 등에 시설하는 사용 전압이 400 [V] 이상인 저압의 이동 전선은 **단면적 0.75[mm^2] 이상**의 0.6/1

[kV] EP 고무절연 클로로프렌 캡타이어 케이블일 것. 【답】 ③

문제 88 저압 가공전선이 철도 또는 궤도를 횡단하는 경우에는 레일면상 높이가 몇 [m] 이상이어야 하는가?

① 5 ② 5.5 ③ 6 ④ 6.5

풀이

저고압 가공전선의 높이 (판단기준 제72조)

설치장소		가공전선의 높이
도로횡단		지표상 6 [m] 이상
철도 또는 궤도 횡단		**레일면상 6.5 [m] 이상**
횡단보도교 위	저압	노면상 3.5 [m] 이상, 단, 절연전선의 경우 3 [m] 이상
	고압	노면상 3.5 [m] 이상
일반장소		지표상 5 [m] 이상. 단, 절연전선 또는 케이블을 사용하여 교통에 지장이 없도록 하여 옥외조명용에 공급하는 경우 4 [m]까지 감할 수 있다.

【답】 ④

문제 89 고압용 기계기구를 시설하여서는 안 되는 경우는?

① 발전소, 변전소, 개폐소 또는 이에 준하는 곳에 시설하는 경우

② 시가지 외로서 지표상 3 [m] 인 경우

③ 공장 등의 구내에서 기계 기구의 주위에 사람이 쉽게 접촉할 우려가 없도록 적당한 울타리를 설치하는 경우

④ 옥내에 설치한 기계 기구를 취급자 이외의 사람이 출입할 수 없도록 설치한 곳에 시설하는 경우

풀이

고압용 기계기구의 시설 (판단기준 제36조)
고압용 기계기구를 발전소, 변전소, 개폐소 또는 이에 준하는 곳 외에 시설하는 경우 다음의 경우 이외에는 시설하여서는 안된다.
① 기계기구의 주위에 규정에 준하여 울타리·담 등을 시설하는 경우
 • 울타리·담 등의 높이 : 2 [m] 이상
 • 지표면과 울타리·담 등 의 하단사이의 간격 : 15 [cm] 이하
② 기계기구를 지표상 4.5 [m] **(시가지 외에는 4 [m])** 이상의 높이에 시설하고 또한 사람이 쉽게 접촉할 우려가 없도록 시설하는 경우

【답】 ②

문제 90 전철에서 직류귀선의 비절연부분이 금속제 지중관로와 접근하거나 교차하는 경우 상호 전식방지를 위한 이격거리는?

① 0.5 [m] 이상 ② 1 [m] 이상 ③ 1.5 [m] 이상 ④ 2 [m] 이상

문제 91 애자사용 공사에 의한 고압 옥내배선의 시설에 사용되는 연동선의 단면적은 최소 몇 [mm^2] 의 것을 사용하여야 하는가?

① 2.5　　　　　　② 4　　　　　　③ 6　　　　　　④ 10

문제 92 특고압용 변압기로서 변압기 내부고장이 발생할 경우 경보장치를 시설하여야 할 뱅크용량 의 범위는?

① 1000 [kVA] 이상 5000 [kVA] 미만

② 5000 [kVA] 이상 10000 [kVA] 미만

③ 10000 [kVA] 이상 15000 [kVA] 미만

④ 15000 [kVA] 이상 20000 [kVA] 미만

문제 93 전로의 중성점을 접지하는 목적에 해당되지 않는 것은?

① 보호장치의 확실한 동작의 확보

② 부하전류의 일부를 대지로 흐르게 하여 전선 절약

③ 이상전압의 억제

④ 대지전압의 저하

> **풀이**
>
> 전로의 **중성점의 접지** (판단기준 제27조)
> 전로 **보호 장치의 확실한 동작**, 또는 **이상 전압의 억제** 및 **대지 전압의 저하**를 위하여 전로의 중성점에 접지공사를 한다.　　　　　　　　　　　　　　　　　　　　　　　　　　　　　**【답】** ②

문제 94

154 [kV] 가공전선로를 제1종 특고압 보안공사에 의하여 시설하는 경우 사용 전선은 인장강도 58.84 [kN] 이상의 연선 또는 단면적 몇 [mm²] 이상의 경동연선이어야 하는가?

① 35　　　　　　② 50　　　　　　③ 95　　　　　　④ 150

> **풀이**
>
> 제1종 특고압 보안 공사의 전선 굵기 (판단기준 제125조)
> • 100 [kV] 미만 : 55 [mm²] 이상 또는 인장강도 21.67 [kN] 이상의 연선
> • **100 [kV] 이상 300 [kV] 미만 : 150 [mm²] 이상** 또는 인장강도 58.84 [kN] 이상의 연선
> • 300 [kV] 이상 : 200 [mm²] 이상 또는 인장강도 77.47 [kN] 이상의 연선　　　**【답】** ④

문제 95

동일 지지물에 고압 가공전선과 저압 가공전선을 병가할 때 저압 가공전선의 위치는?

① 저압 가공전선을 고압 가공전선 위에 시설
② 저압 가공전선을 고압 가공전선 아래에 시설
③ 동일 완금류에 평행되게 시설
④ 별도의 규정이 없으므로 임의로 시설

> **풀이**
>
> 저고압 가공전선 등의 병가(판단기준 제75조)
> **고압 가공전선을 저압 가공전선 위에** 시설하고 **별개의 완금류에** 시설할 것
> 그러나, 저압 가공 인입선을 분기하기 위하여 저압 가공 전선을 고압용의 완금류에 견고하게 시설하는 경우 별개의 완금류에 시설하지 않을 수 있다.　　　　　　　　　　　　　**【답】** ②

문제 96

시가지에 시설하는 특고압 가공전선로의 철탑의 경간은 몇 [m] 이하이어야 하는가?

① 250　　　　　　② 300　　　　　　③ 350　　　　　　④ 400

> **풀이**
>
> 170[kV] 미만의 특고압 가공 전선로는 다음에 의하여 시설하거나 또는 케이블을 사용하는 경우가 아니면 시가지에 시설할 수 없다. (판단기준 제104조)
> • **지지물의 경간** : 목주는 사용할 수 없고, A종주는 75 [m], B종주는 150 [m], **철탑은 400 [m] 이내로** 한다.　　　　　　　　　　　　　　　　　　　　　　　　　　　　**【답】** ④

문제 97

지중 전선로의 매설방법이 아닌 것은?

① 관로식　　　　　② 인입식　　　　　③ 암거식　　　　　④ 직접 매설식

지중 전선로의 시설 (판단기준 제136조)
① **지중 전선로**는 전선에 케이블을 사용하고 또한 **관로식·암거식** 또는 **직접 매설식**에 의하여 시설하여야 한다.
② 지중 전선로를 직접 매설식에 의하여 시설하는 경우에는 매설 깊이를 차량 기타 중량물의 압력을 받을 우려가 있는 장소에는 1.2 [m] 이상, 기타 장소에는 60 [cm] 이상으로 하고 또한 지중 전선을 견고한 트라프 기타 방호물에 넣어 시설하여야 한다. 【답】②

문제 98

지중전선로를 직접 매설식에 의하여 시설하는 경우, 차량 기타 중량물의 압력을 받을 우려가 있는 장소의 매설 깊이는 최소 몇 [cm] 이상이면 되는가?

① 120　　　　② 150　　　　③ 180　　　　④ 200

지중 전선로의 시설 (판단기준 제136조)
① 지중 전선로는 전선에 케이블을 사용하고 또한 관로식·암거식 또는 직접 매설식에 의하여 시설하여야 한다.
② 지중 전선로를 직접 매설식에 의하여 시설하는 경우에는 매설 깊이를 차량 기타 **중량물의 압력을 받을 우려가 있는 장소에는 1.2 [m] 이상**, 기타 장소에는 60 [cm] 이상으로 하고 또한 지중 전선을 견고한 트라프 기타 방호물에 넣어 시설하여야 한다. 【답】①

문제 99

전기욕기용 전원장치의 금속제 외함 및 전선을 넣는 금속관에는 제 몇 종 접지공사를 하여야 하는가?

① 제1종　　　　② 제2종　　　　③ 제3종　　　　④ 특별 제3종

전기욕기의 시설(판단기준 제239조)
전기욕기용 전원장치의 금속제 외함 및 전선을 넣는 **금속관에는 제3종 접지공사**를 할 것　【답】③

문제 100

전력보안통신용 전화설비를 시설하지 않아도 되는 경우는?
① 수력설비의 강수량 관측소와 수력발전소간
② 동일 수계에 속한 수력발전소 상호간
③ 발전제어소와 기상대
④ 휴대용 전화설비를 갖춘 22.9[kV] 변전소와 기술원 주재소

전력보안 통신용 전화설비의 시설(판단기준 제153조)
사용전압이 **35 [kV] 이하의 원격감시제어가 되지 아니하는 변전소**에 준하는 곳으로서, 기기를 그 조작 등에 의하여 전기의 공급에 지장을 주지 아니하도록 시설한 경우에 전력보안 **통신용 전화설비에 갈음하는 전화설비를 가지고 있는 경우**에는 시설하지 않아도 된다. 【답】④

국가기술자격검정 필기시험 문제

2014년도 전기산업기사 일반검정 제2회

수검 번호	성 명

자격종목 및 등급(선택분야)	종목코드	시험시간	문제지형별
전기산업기사	2140	2시간 30분	A

1과목 전기자기학

문제 01 역자성체 내에서 비투자율 μ_s 는?

① $\mu_s \gg 1$　　　② $\mu_s > 1$　　　③ $\mu_s < 1$　　　④ $\mu_s = 1$

풀이

- 강자성체 : $\mu_s \gg 1$(온도에 변화)
- 상자성체 : $\mu_s > 1$
- **역자성체 : $\mu_s < 1$**

【답】 ③

문제 02 무한 평면에 일정한 전류가 표면에 한 방향으로 흐르고 있다. 평면으로부터 위로 r만큼 떨어진 점과 아래로 $2r$ 만큼 떨어진 점과의 자계의 비 및 서로의 방향은?

① 1, 반대 방향　　　　　　② $\sqrt{2}$, 같은 방향

③ 2, 반대 방향　　　　　　④ 4, 같은 방향

풀이

① 자기장 H는 좌표 (y, z)에 관계없으므로 $H = H(x)$

② x, z성분의 H는 존재하지 않고 암페어 주회적분법칙에 의해 $x-y$평면상에 일주경로를 취하면

$$\oint \boldsymbol{H} \cdot dl = [H_y(x)j + H_y(-x)(-j)]\, l = I$$

$H_y(x) - H_y(-x) = KI$ 이고,

$H_y(x) = -H_y(-x)$로 부터 $2H_y(x) = KI$

$\therefore\ H_y(x) = \dfrac{KI}{2}$(상수)

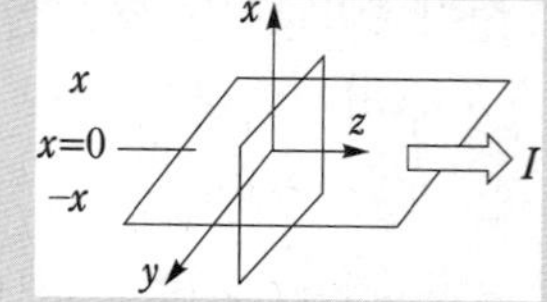

자기장의 x, z성분 $H_x = H_z = 0$, y성분 $H_y = \dfrac{KI}{2}$이므로 자계는 거리에 관계없이 일정하고 방향은 반대이다.

【답】 ①

문제 03 반지름 1[m]의 원형 코일에 1[A]의 전류가 흐를 때 중심점의 자계의 세기는 몇 [AT/m]인가?

① $\dfrac{1}{4}$　　　② $\dfrac{1}{2}$　　　③ 1　　　④ 2

원형 코일 중심의 자계의 세기

$$H_0 = \frac{I}{2a} = \frac{1}{2 \times 1} = \frac{1}{2}\,[\text{AT/m}]$$

【답】 ②

문제 04

면적 $S\,[\text{m}^2]$, 간격 $d\,[\text{m}]$인 평행판 콘덴서에 그림과 같이 두께 d_1, $d_2\,[\text{m}]$이며 유전율 ϵ_1, ϵ_2 $[\text{F/m}]$인 두 유전체를 극판 간에 평행으로 채웠을 때 정전용량[F]은?

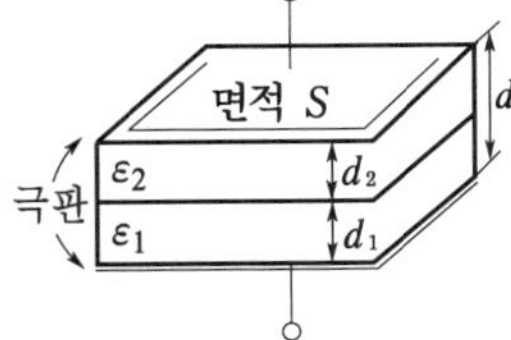

① $\dfrac{S}{\dfrac{d_1}{\epsilon_1}+\dfrac{d_2}{\epsilon_2}}$

② $\dfrac{S^2}{\dfrac{d_1}{\epsilon_2}+\dfrac{d_2}{\epsilon_1}}$

③ $\dfrac{\epsilon_1 S}{d_1}+\dfrac{\epsilon_2 S}{d_2}$

④ $\dfrac{\epsilon_1 \epsilon_2 S}{d}$

유전율이 ϵ_1, ϵ_2인 각 유전체의 정전 용량을 C_1, C_2라 하면

$$C_1 = \frac{\epsilon_1 S}{d_1},\ \ C_2 = \frac{\epsilon_2 S}{d_2}\,\text{이므로}$$

직렬 합성 용량 C는

$$\therefore\ C = \frac{1}{\dfrac{1}{C_1}+\dfrac{1}{C_2}} = \frac{C_1 C_2}{C_1 + C_2} = \frac{\dfrac{\epsilon_1 S\,\epsilon_2 S}{d_1 d_2}}{\dfrac{\epsilon_1 S}{d_1}+\dfrac{\epsilon_2 S}{d_2}} = \frac{\epsilon_1 \epsilon_2 S}{\epsilon_2 d_1 + \epsilon_1 d_2} = \frac{S}{\dfrac{d_1}{\epsilon_1}+\dfrac{d_2}{\epsilon_2}}$$

【답】 ①

문제 05

10 [mH] 인덕턴스 2개가 있다. 결합계수를 0.1로부터 0.9까지 변화시킬 수 있다면 이것을 직렬 접속시켜 얻을 수 있는 합성인덕턴스의 최대값과 최소값의 비는?

① 9 : 1　　② 13 : 1　　③ 16 : 1　　④ 19 : 1

결합 계수 $\alpha = 0.9$일 때 합성 인덕턴스 최대값 $L_0{}'$와 최소값 L_0의 비가 크므로,

$$L_0 = L_1 + L_2 \pm 2\alpha\sqrt{L_1 L_2}\,\text{에서}$$

최대 : $L_0{}' = 10 + 10 + 2 \times 0.9\sqrt{10 \times 10} = 38$

최소 : $L_0 = 10 + 10 - 2 \times 0.9\sqrt{10 \times 10} = 2$

$\therefore$ 최대와 최소의 비는 $38 : 2 = 19 : 1$

【답】 ④

문제 06

유전율 $\epsilon\,[\text{F/m}]$인 유전체 중에서 전하가 $Q\,[\text{C}]$, 전위가 $V\,[\text{V}]$, 반지름 $a\,[\text{m}]$인 도체구가 갖는 에너지는 몇 [J] 인가?

① $\dfrac{1}{2}\pi\epsilon a V^2$　　② $\pi\epsilon a V^2$　　③ $2\pi\epsilon a V^2$　　④ $4\pi\epsilon a V^2$

풀이

반경 a인 도체구의 정전 용량은 $C=4\pi\epsilon a$[F]이므로

$$W=\frac{1}{2}CV^2=\frac{1}{2}\times 4\pi\epsilon a\, V^2=2\pi\epsilon a\, V^2[\text{J}]$$

【답】③

문제 07

자유공간 중의 전위계에서 $V=5(x^2+2y^2-3z^2)$일 때 점 $P(2,\,0,\,-3)$에서의 전하밀도 ρ의 값은?

① 0 　　　　② 2 　　　　③ 7 　　　　④ 9

풀이

전위와 공간 전하 밀도의 관계 : 포아송 방정식

$$\nabla^2 V=\frac{\partial^2 V}{\partial x^2}+\frac{\partial^2 V}{\partial y^2}+\frac{\partial^2 V}{\partial z^2}$$
$$=\frac{\partial^2}{\partial x^2}[5(x^2+2y^2-3z^2)]+\frac{\partial^2}{\partial y^2}[5(x^2+2y^2-3z^2)]+\frac{\partial^2}{\partial z^2}[5(x^2+2y^2-3z^2)]$$
$$=10+20-30=0$$
$$[\nabla^2 V]_{x=2,y=0,z=-3}=0=-\frac{\rho}{\epsilon_0}$$
$$\therefore\ \rho=-\epsilon_0\times 0=0\,[\text{C/m}^3]$$

【답】①

문제 08

지면에 평행으로 높이 h[m]에 가설된 반지름 a[m]인 가공 직선 도체의 대지간 정전용량은 몇 [F/m]인가? (단, $h\gg a$ 이다.)

① $\dfrac{\pi\epsilon_o}{\ln\dfrac{2h}{a}}$ 　　② $\dfrac{2\pi\epsilon_o}{\ln\dfrac{2h}{a}}$ 　　③ $\dfrac{\pi\epsilon_o}{\ln\dfrac{a}{2h}}$ 　　④ $\dfrac{2\pi\epsilon_o}{\ln\dfrac{a}{2h}}$

풀이

두 평형 도선간 정전 용량

$$C=\frac{\pi\epsilon_0}{\ln\dfrac{2h}{a}}\,[\text{F/m}]\text{에서}$$

대지간 정전 용량은 거리가 $\dfrac{1}{2}$이므로

$$\therefore\ C_0=2C=\frac{2\pi\epsilon_0}{\ln\dfrac{2h}{a}}\,[\text{F/m}]$$

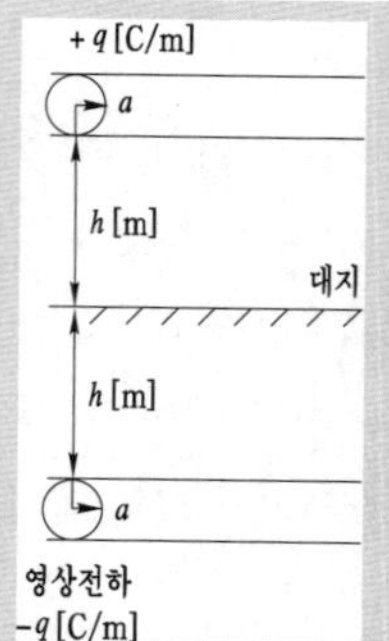

【답】②

문제 09

접지 구도체와 점전하 사이에 작용하는 힘은?

① 항상 반발력이다. 　　② 항상 흡인력이다.

③ 조건적 반발력이다. 　　④ 조건적 흡인력이다.

접지 구도체에는 항상 **점전하와 반대 극성인 전하**$\left(Q' = -\dfrac{a}{d}Q\right)$가 유도되므로 항상 흡인력이 작용한다.

【답】②

문제 10

그림과 같이 내외 도체의 반지름이 a, b인 동축선(케이블)의 도체 사이에 유전율이 ϵ인 유전체가 채워져 있는 경우 동축선의 단위 길이당 정전용량은?

① $\epsilon \log_e \dfrac{b}{a}$ 에 비례한다.

② $\dfrac{1}{\epsilon} \log_{10} \dfrac{b}{a}$ 에 비례한다.

③ $\dfrac{\epsilon}{\log_e \dfrac{b}{a}}$ 에 비례한다.

④ $\dfrac{\epsilon b}{a}$ 에 비례한다.

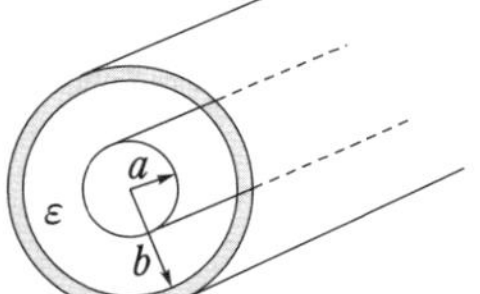

동축 원통 사이의 단위 길이당 정전용량

$$C = \frac{2\pi\epsilon_0\epsilon_s}{\ln\dfrac{b}{a}} = \frac{2\pi\epsilon_0\epsilon_s}{\log_e\dfrac{b}{a}} \,[\text{F/m}] \qquad \text{따라서, } C \propto \frac{\epsilon}{\log_e\dfrac{b}{a}}$$

【답】③

문제 11

진공 중에서 어떤 대전체의 전속이 Q 이었다. 이 대전체를 비유전율 2.2인 유전체 속에 넣었을 경우의 전속은?

① Q

② $\dfrac{2.2Q}{\epsilon}$

③ $\dfrac{Q}{2.2\epsilon}$

④ $2.2Q$

전기력선 수는 $\dfrac{Q}{\epsilon}$로 유전율에 반비례하나 전속수는 유전체의 Gauss 법칙에서 $\oint \boldsymbol{D} \cdot \boldsymbol{n}\,dS = Q$로 **유전율에 관계없이 항상 $\boldsymbol{Q}$개이다.**

【답】①

문제 12

다음 중 사람의 눈이 색을 다르게 느끼는 것은 빛의 어떤 특성이 다르기 때문인가?

① 굴절률

② 속도

③ 편광방향

④ 파장

가시광선의 파장

사람의 눈이 빛으로 느낄 수 있는 파장을 가시광선이라고 하며 가시광선의 파장 범위는 $380\sim760[\text{nm}]$이다. **각각의 색에 대한 파장**은 다음과 같다.

색	보라	파랑	초록	노랑	주황	빨강
파장[nm]	380~430	430~452	452~550	550~590	590~640	640~760

【답】④

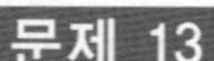

문제 13

지름 20 [cm]의 구리로 만든 반구의 볼에 물을 채우고 그 중에 지름 10[cm]의 구를 띄운다. 이때에 양구가 동심구라면 양구간의 저항[Ω]은 약 얼마인가? (단, 물의 도전율은 10^{-3} [℧/m]이고 물은 충만되어 있다.)

① 159　　　　② 1590　　　　③ 2800　　　　④ 2850

풀이

동심구의 정전용량에서 반구이므로

$$C = \frac{4\pi\epsilon}{\dfrac{1}{a} - \dfrac{1}{b}} \times \frac{1}{2} = \frac{2\pi\epsilon}{\dfrac{1}{a} - \dfrac{1}{b}} \, [\text{F}]$$

$RC = \epsilon\rho = \dfrac{\epsilon}{\sigma}$ 에서

$$\therefore R = \frac{\epsilon}{\sigma C} = \frac{1}{2\pi\sigma}\left(\frac{1}{a} - \frac{1}{b}\right) = \frac{1}{2\pi \times 10^{-3}}\left(\frac{1}{0.05} - \frac{1}{0.1}\right) = 1591\,[\Omega]$$

【답】②

문제 14

두 벡터 $\boldsymbol{A} = A_x i + 2j$, $\boldsymbol{B} = 3i - 3j - k$ 가 서로 직교하려면 A_x의 값은?

① 0　　　　② 2　　　　③ $\dfrac{1}{2}$　　　　④ -2

풀이

$\boldsymbol{A} \cdot \boldsymbol{B} = AB\cos\theta$ 에서 $\cos\theta = \dfrac{\boldsymbol{A} \cdot \boldsymbol{B}}{AB}$ 이다.

직교하려면 $\theta = 90°$ 가 되어야 하므로 $\cos 90° = 0 = \dfrac{\boldsymbol{A} \cdot \boldsymbol{B}}{AB}$

따라서, $\boldsymbol{A} \cdot \boldsymbol{B} = 0$ 가 되어야 하므로

$0 = A_x \times 3 + 2 \times (-3) + 0 \times (-1)$ 에서

$3A_x = 6 \qquad A_x = 2$

【답】②

문제 15

전하 8π [C]이 8 [m/s]의 속도로 진공 중을 직선운동하고 있다면, 이 운동 방향에 대하여 각도 θ이고, 거리 4 [m]떨어진 점의 자계의 세기는 몇 [A/m]인가?

① $\cos\theta$　　　　② $\dfrac{1}{2\sin\theta}$　　　　③ $\sin\theta$　　　　④ $2\sin\theta$

풀이

등가전류 $I = \dfrac{q}{t} = \dfrac{qv}{l} \left(\because v = \dfrac{l}{t}\right)$

비오사바르 법칙

$$H = \frac{Il\sin\theta}{4\pi r^2} = \frac{qv\sin\theta}{4\pi r^2} = \frac{8\pi \times 8 \times \sin\theta}{4\pi \times 4^2} = \sin\theta\,[\text{A/m}]$$

【답】③

문제 16

전계 내에서 폐회로를 따라 전하를 일주시킬 때 전계가 행하는 일은 몇 [J]인가?

① ∞　　　　② π　　　　③ 1　　　　④ 0

전계의 주회 적분과 에너지와의 관계에서

$$\oint_c Q\boldsymbol{E}\cdot dl = Q\oint_c \boldsymbol{E}\cdot dl = 0$$

즉, **폐회로**를 따라 단위 정전하를 일주시킬 때 **전계가 하는 일은 항상 0 을 의미한다**(에너지 보존적).

【답】 ④

문제 17 다음의 맥스웰 방정식 중 틀린 것은?

① $\text{rot}\boldsymbol{H} = i + \dfrac{\partial \boldsymbol{D}}{\partial t}$　　　　② $\text{rot}\boldsymbol{E} = -\dfrac{\partial \boldsymbol{H}}{\partial t}$

③ $\text{div}\boldsymbol{B} = 0$　　　　④ $\text{div}\boldsymbol{D} = \rho$

맥스웰 방정식의 미분형

① $\text{rot }\boldsymbol{H} = i + \dfrac{\partial \boldsymbol{D}}{\partial t}$: 암페어의 주회적분 법칙

② $\text{rot }\boldsymbol{E} = -\dfrac{\partial \boldsymbol{B}}{\partial t}$: Faraday 법칙

③ $\text{div }\boldsymbol{B} = 0$: 고립된 자하는 없다.

④ $\text{div }\boldsymbol{D} = \rho$: 가우스의 법칙

【답】 ②

문제 18 단면적이 같은 자기회로가 있다. 철심의 투자율을 μ라 하고 철심회로의 길이를 l이라 한다. 지금 그 일부에 미소공극 l_0을 만들었을 때 자기회로의 자기저항은 공극이 없을 때의 약 몇 배 인가?

① $1 + \dfrac{\mu l}{\mu_0 l_0}$　　　② $1 + \dfrac{\mu l_0}{\mu_0 l}$　　　③ $1 + \dfrac{\mu_0 l}{\mu l_0}$　　　④ $1 + \dfrac{\mu_0 l_0}{\mu l}$

투자율 μ인 자기 저항 $R_\mu = \dfrac{l}{\mu A}$

여기서 A는 철심의 단면적, 미소 공극은 l_0이므로 철심의 길이는 $l - l_0 \fallingdotseq l$ 이라 하면 이때의 자기 저항 R_m은

$$R_m = 공극부분의\ 자기저항 + 철심부분의\ 자기저항 = \frac{l_0}{\mu_0 A} + \frac{l}{\mu A} = \frac{l_0}{\mu_0 A} + R_\mu$$

양변을 R_μ로 나누면

$$\therefore \frac{R_m}{R_\mu} = 1 + \frac{1}{R_\mu} \times \frac{l_0}{\mu_0 A} = 1 + \frac{\mu A}{l} \times \frac{l_0}{\mu_0 A} = 1 + \frac{\mu l_0}{\mu_0 l}$$

【답】 ②

문제 19 전류와 자계 사이의 힘의 효과를 이용한 것으로 자유로이 구부릴 수 있는 도선에 대전류를 통하면 도선 상호간에 반발력에 의하여 도선이 원을 형성하는데 이와 같은 현상은?

① 스트레치 효과　　② 핀치효과　　　③ 홀효과　　　　④ 스킨효과

풀이

스트레치 효과(stretch effect) : 자유로이 구부릴 수 있는 가는 직사각형의 도선에 대전류를 흘리면, 평행 도선에서 전류가 반대로 흐를 때와 마찬가지로 도선 상호간에는 반발력이 작용하게 되어 최종적으로 도선이 원의 형태를 이루게 된다.

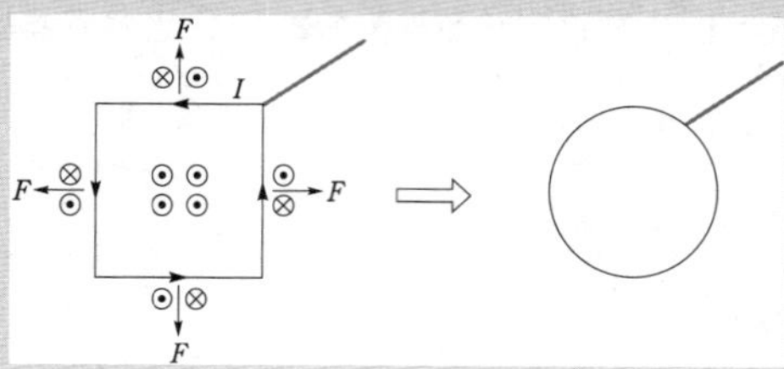

【답】 ①

문제 20

두 평행 왕복 도선사이의 도선 외부의 자기인덕턴스는 몇 [H/m]인가? (단, r 은 도선의 반지름, D 는 두 왕복 도선사이의 거리이다.)

① $\dfrac{\mu_o}{4\pi}\ln\dfrac{D}{r}$ ② $\dfrac{\mu_o}{2\pi}\ln\dfrac{D}{r}$ ③ $\dfrac{\mu_o}{\pi}\ln\dfrac{r}{D}$ ④ $\dfrac{\mu_o}{\pi}\ln\dfrac{D}{r}$

풀이

평행 왕복 도체에서의 인덕턴스

- **두 도선 사이 선간의 자기 인덕턴스** $L_0 = \dfrac{\mu_0}{\pi}\ln\dfrac{D}{r}$ [H/m]
- 도체 내부의 자기 인덕턴스 $L_i = \dfrac{\mu}{8\pi}$ [H/m]
- 평행 왕복 도체에서의 전 인덕턴스

$$L = L_0 + L_i = \dfrac{\mu_0}{\pi}\ln\dfrac{D}{r}+\left(2\times\dfrac{\mu}{8\pi}\right) = \dfrac{\mu_0}{\pi}\ln\dfrac{D}{r}+\dfrac{\mu}{4\pi}\,[\text{H/m}]$$

【답】 ④

2과목　전력공학

문제 21

송전계통의 중성점을 직접 접지하는 목적과 관계없는 것은?

① 고장전류 크기의 억제   ② 이상전압 발생의 방지

③ 보호계전기의 신속 정확한 동작   ④ 전선로 및 기기의 절연레벨을 경감

풀이

① **직접 접지의 장점**
- 1선 지락 시 건전상의 **대지전압 상승을 1.3배 이하**로 억제한다. (유효접지)
- 선로 및 기기의 **절연레벨을 저감**한다. (저감절연, 단절연 가능)
- **보호 계전기의 동작을 확실**하게 한다.

② 접지 방식별 지락전류의 크기

직접접지 방식 > 저항 접지방식 > 비 접지방식 > 소호 리액터 접지방식

즉, 지락사고시 직접접지 방식의 고장전류가 제일 크다.

【답】 ①

| 문제 22 | 선로의 단락보호용으로 사용되는 계전기는? |

① 접지계전기　　　② 역상계전기　　　③ 재폐로계전기　　　④ 거리계전기

풀이

거리 계전기 (Distance Relay ; ZR) : 계전기가 설치된 위치로부터 고장점까지의 전기적 거리에 비례하여 한시 동작하는 것으로 **복잡한 계통의 단락 보호**에 과전류 계전기의 대용으로 쓰인다.　　【답】④

| 문제 23 | 옥내배선의 보호방법이 아닌 것은? |

① 과전류 보호　　　　　　　　　　② 지락 보호

③ 전압강하 보호　　　　　　　　　④ 절연 접지 보호

풀이

전압 강하는 전기 품질에 관한 것으로서 전압 강하가 적을수록 품질 측면에서는 유리하나 그 반면에 전선의 굵기가 증가하여 시설비가 많이 소요되는 문제점이 있다.　　【답】③

| 문제 24 | 송전선로에 근접한 통신선에 유도장해가 발생하였다. 전자유도의 원인은? |

① 역상전압　　　　　　　　　　　② 정상전압

③ 정상전류　　　　　　　　　　　④ 영상전류

풀이

① 정전유도 : 영상전압에 의해 발생 (정상시)

② **전자유도 : 영상전류에 의해 발생** (사고시)

전자유도 전압 $E_m = -j\omega Ml \times 3I_0$ [V]　　【답】④

| 문제 25 | 배전선로 개폐기 중 반드시 차단기능이 있는 후비 보조장치와 직렬로 설치하여 고장구간을 분리시키는 개폐기는? |

① 컷아웃 스위치　　　　　　　　② 부하개폐기

③ 리클로저　　　　　　　　　　④ 섹셔널라이저

풀이

섹셔널라이저(sectionalizer) : 배전선로에 고장이 발생할 경우 리클로저의 동작으로 선로가 무전압 상태가 되면 섹셔널라이저는 이를 감지하여 무전압 상태의 횟수를 기억 하였다가 정해진 횟수에 도달하면 섹셔널라이저는 선로의 무전압 상태에서 선로를 개방하여 고장구간을 분리시킨다. **섹셔널라이저는 고장전류를 차단 할 수 있는 능력이 없기 때문에 리클로저와 직렬로 조합하여 사용**한다.　　【답】④

| 문제 26 | 가공 송전선에 사용되는 애자 1연 중 전압부담이 최대인 애자는? |

① 철탑에 제일 가까운 애자　　　　② 전선에 제일 가까운 애자

③ 중앙에 있는 애자　　　　　　　④ 전선으로부터 1/4 지점에 있는 애자

> **풀이**
>
> • **전압 부담 최대 : 전선에 가장 가까운 애자**
> • **전압 부담 최소 : 전선에서 2/3 지점에 있는 애자 (철탑에서 1/3 지점에 있는애자)**　　【답】②

문제 27

다음은 무엇을 결정할 때 사용되는 식인가? (단, l은 송전거리[km]이고, P는 송전전력[kW]이다.)

$$5.5\sqrt{0.6l + \frac{P}{100}}$$

① 송전전압　　　　　　　　　　　② 송전선의 굵기

③ 역률개선 시 콘덴서의 용량　　　④ 발전소의 발전전압

> **풀이**
>
> 경제적인 송전전압(Alfred still 식)
>
> $$송전전압\,[kV] = 5.5\sqrt{0.6 \times 송전거리[km] + \frac{송전전력[km]}{100}}$$　　【답】①

문제 28

일반적으로 수용가 상호간, 배전변압기 상호간, 급전선 상호간 또는 변전소 상호간에서 각각의 최대부하는 그 발생 시각이 약간씩 다르다. 따라서 각각의 최대수요전력의 합계는 그 군의 종합 최대수요전력보다도 큰 것이 보통이다. 이 최대전력의 발생시각 또는 발생시기의 분산을 나타내는 지표는?

① 전일효율　　　　　② 부등률　　　　　③ 부하율　　　　　④ 수용률

> **풀이**
>
> • **수용률** : 수요를 상정할 경우 사용
> • **부등률** : 최대 전력의 **발생시각 또는 발생 시기의 분산을 나타내는 지표**로 사용
> • **부하율** : 일정 기간 중 부하 변동의 정도를 나타내는 것으로서 전기설비가 얼마만큼 유효하게 이용되고 있는가 하는 정도를 파악하는 데 사용　　【답】②

문제 29

다음 중 SF_6 가스 차단기의 특징이 아닌 것은?

① 밀폐구조로 소음이 작다.

② 근거리 고장 등 가혹한 재기 전압에 대해서도 우수하다.

③ 아크에 의해 SF_6 가스가 분해되며 유독가스를 발생시킨다.

④ SF_6 가스의 소호능력은 공기의 $100 \sim 200$배이다.

> **풀이**
>
> 가스차단기(GCB)는 소호매질로서 SF_6(육불화유황)가스를 사용하며, **SF_6 가스의 특징**으로는 안정도가 높고 **무색, 무취, 무독**, 불활성 기체이며 절연 내력은 공기의 약 3배이고, 10기압 정도로 압축하면 공기의 10배 정도 절연 내력을 가지므로 실용화된 가스로서는 가장 널리 쓰인다.　　【답】③

자가용 변전소의 1차측 차단기의 용량을 결정할 때 가장 밀접한 관계가 있는 것은?

① 부하설비 용량　　　　　　　　　② 공급측의 단락용량

③ 부하의 부하율　　　　　　　　　④ 수전계약 용량

풀이

- **차단기의 차단용량 > 계통의 단락용량**

- 단락용량 $P_s = \dfrac{100}{\%z} \times P_n \qquad \therefore P_s \propto P_n$

  여기서, $\%z$: 고장점까지의 %임피던스,　P_n : 기준용량(공급 측의 전기설비 용량)　　【답】②

3상 3선식에서 전선의 선간거리가 각각 1[m], 2[m], 4[m]로 삼각형으로 배치되어 있을 때 등가선간거리는 몇 [m] 인가?

① 1　　　　　　　② 2　　　　　　　③ 3　　　　　　　④ 4

풀이

등가선간거리 $D_e = \sqrt[3]{D_1 \cdot D_2 \cdot D_3} = \sqrt[3]{1 \cdot 2 \cdot 4} = 2$　　【답】②

원자로 내에서 발생한 열에너지를 외부로 끄집어내기 위한 열매체를 무엇이라고 하는가?

① 반사체　　　　　　　　　　　② 감속재

③ 냉각재　　　　　　　　　　　④ 제어봉

풀이

- 반사재 : 핵분열에 의하여 발생하는 중성자가 외부로 누설되는 것을 원자로 내부로 다시 반사시키는 목적으로 사용
- 감속재 : 핵분열로 발생한 고속 중성자를 열중성자로 바꾸는 작용
- **냉각제** : 원자로에서 생긴 열을 **노심 밖으로 보내기 위하여 사용되는 열 매체**
- 제어재 : 원자로의 핵분열 반응을 조절하기 위하여 중성자를 흡수할 목적으로 사용　　【답】③

선로 임피던스 Z, 송수전단 양쪽에 어드미턴스 Y 인 π형 회로의 4단자 정수에서 B의 값은?

① Y　　　　　　　　　　　　② Z

③ $1 + \dfrac{ZY}{2}$　　　　　　　　④ $Y\left(1 + \dfrac{ZY}{4}\right)$

풀이

π형 회로

- $E_s = Z(Y \cdot E_r + I_r) + E_r = (1 + ZY) E_r + ZI_r$
- $I_s = Y(2 + ZY) E_r + (1 + ZY) I_r$ 이므로

  $A = (1 + ZY),\qquad B = Z$

  $C = Y(2 + ZY),\qquad D = (1 + ZY)$

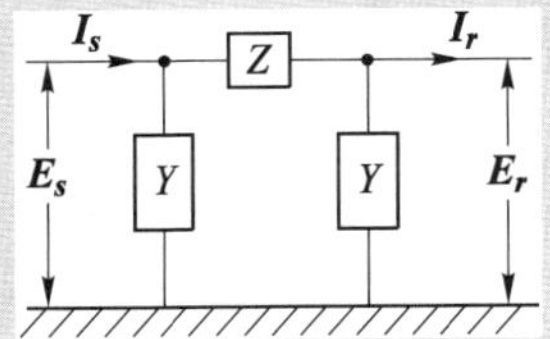

【답】②

문제 34 송전선로에 복도체를 사용하는 가장 주된 목적은?

① 건설비를 절감하기 위하여   ② 진동을 방지하기 위하여

③ 전선의 이도를 주기 위하여   ④ 코로나를 방지하기 위하여

풀이

3상 송전선의 한 상당 전선을 2가닥 이상으로 한 것을 다도체라 하고, 2가닥으로 한 것을 보통 복도체라 한다. **복도체의 특징으로는**
① 코로나 임계 전압이 15~20 [%] 상승하여 **코로나 발생을 억제**
② 인덕턴스 20~30 [%] 감소
③ 정전 용량 20 [%] 증가

【답】 ④

문제 35 수전단 전압이 송전단 전압보다 높아지는 현상을 무엇이라 하는가?

① 옵티마 현상   ② 자기 여자 현상   ③ 페란티 현상   ④ 동기화 현상

풀이

페란티 현상이란 선로의 정전 용량으로 인하여 무부하시나 경부하시에 진상 전류가 흘러 **수전단 전압이 송전단 전압보다 높아지는 현상**을 말하며 이의 대책으로는 분로 리액터나 동기 조상기의 지상 용량으로 방지할 수 있다.

【답】 ③

문제 36 출력 20 [kW]의 전동기로서 총양정 10 [m], 펌프효율 0.75일 때 양수량은 몇 [m³/min] 인가?

① 9.18   ② 9.85   ③ 10.31   ④ 11.02

풀이

펌프용 전동기의 출력 $P = \dfrac{QH}{6.12\,\eta}$ 에서

$$Q = \frac{6.12P\eta}{H} = \frac{6.12 \times 20 \times 0.75}{10} = 9.18[\text{m}^3/\text{min}]$$

【답】 ①

문제 37 전압이 일정값 이하로 되었을 때 동작하는 것으로서 단락시 고장 검출용으로도 사용되는 계전기는?

① OVR   ② OVGR   ③ NSR   ④ UVR

풀이

① **전압이 정정값 이하 시 동작 : 부족 전압 계전기(UVR)**
② 전압이 정정값 초과 시 동작 : 과전압 계전기(OVR)

【답】 ④

문제 38 취수구에 제수문을 설치하는 목적은?

① 모래를 배제한다.   ② 홍수위를 낮춘다.

③ 유량을 조절한다.   ④ 낙차를 높인다.

풀이

제수문은 **취수량을 조절**하고 물의 유입을 단절하기 위함이다.　　　　　　　　　　【답】③

문제 39

송전단 전압 161 [kV], 수전단 전압 154 [kV], 상차각 45°, 리액턴스 14.14 [Ω] 일 때, 선로 손실을 무시하면 전송전력은 약 몇 [MW]인가?

① 1753　　　　　② 1518　　　　　③ 1240　　　　　④ 877

풀이

$$송전전력\ P = \frac{V_s V_r}{X}\sin\delta = \frac{161 \times 154}{14.14} \times \sin 45° = 1240\ [\text{MW}]$$

【답】③

문제 40

연가를 하는 주된 목적에 해당되는 것은?

① 선로정수를 평형 시키기 위하여　　　　② 단락사고를 방지하기 위하여

③ 대전력을 수송하기 위하여　　　　　　④ 페란티 현상을 줄이기 위하여

풀이

연가는 선로정수를 평형시키고 통신선의 유도장해를 방지하기 위하여 선로를 3배수 등분하여 실시하며 특징은 다음과 같다.
① 선로정수 평형　② 직렬공진 방지　③ 유도장해 감소　　　　　　　　　　【답】①

3과목　전기기기

문제 41

동기 발전기의 병렬운전조건에서 같지 않아도 되는 것은?

① 기전력　　　　　② 위상　　　　　③ 주파수　　　　　④ 용량

풀이

병렬 운전 조건이 다른 경우

병렬 운전 조건	다른 경우 흐르는 전류
기전력의 **크기**가 같을 것	무효 순환 전류
기전력의 **위상**이 같을 것	동기화 전류
기전력의 **주파수**가 같을 것	동기화 전류
기전력의 **파형**이 같을 것	고주파 무효 순환 전류

즉, 두 발전기의 **용량이 같지 않아도 병렬운전 가능**하다.　　　　　　　　　　【답】④

문제 42

다음 중 반자성 특성을 갖는 자성체는?

① 규소강판　　　　② 초전도체　　　　③ 페리자성체　　　　④ 네오디뮴자석

초전도체는 임계온도 이하에서 완전 반자성을 나타낸다.

【답】②

문제 43

직류 분권발전기의 무부하 포화 곡선이 $V = \dfrac{950 I_f}{30 + I_f}$ 이고, I_f는 계자 전류[A], V는 무부하 전압[V]으로 주어질 때 계자 회로의 저항이 25[Ω]이면 몇 [V]의 전압이 유기되는가?

① 200　　　　② 250　　　　③ 280　　　　④ 300

$$V = \frac{950 I_f}{30 + I_f}$$

계자 권선의 저항이 25 [Ω]이므로

$$V = I_f R_f = 25 I_f \qquad \therefore I_f = \frac{V}{25}$$

이 식을 윗식에 대입하면

$$V = \frac{950 \dfrac{V}{25}}{30 + \dfrac{V}{25}}, \quad 30 V + \frac{V^2}{25} = 950 \times \frac{V}{25}, \quad 30 + \frac{V}{25} = 38$$

$$\therefore V = 200 \text{ [V]}$$

【답】①

문제 44

권선형 유도전동기에서 비례추이를 할 수 없는 것은?

① 회전력　　　　② 1차 전류　　　　③ 2차 전류　　　　④ 출력

- 비례추이가 되는 항목 : 토크, 역률, 2차 전류, 1차 전류
- **비례추이가 되지 않는 항목 : 기계적 출력**, 2차 동손, 효율, 저항, 동기속도

【답】④

문제 45

전력용 MOSFET와 전력용 BJT에 대한 설명 중 틀린 것은?

① 전력용 BJT는 전압제어소자로 온 상태를 유지하는데 거의 무시할 만큼의 전류가 필요로 된다.

② 전력용 MOSFET는 비교적 스위칭 시간이 짧아 높은 스위칭 주파수로 사용할 수 있다.

③ 전력용 BJT는 일반적으로 턴온 상태에서의 전압강하가 전력용 MOSFET보다 작아 전력손실이 적다.

④ 전력용 MOSFET는 온·오프 제어가 가능한 소자이다.

BJT는 베이스 전류로 컬렉터 전류를 제어하는 전류 제어 스위치로, **온상태를 유지하기 위해 지속적이고 일정한 크기의 베이스 전류가 필요**하다.

【답】①

문제 46 용량 150 [kVA]의 단상 변압기의 철손이 1 [kW], 전부하 동손이 4 [kW]이다. 이 변압기의 최대효율은 몇 [kVA]에서 나타나는가?

① 50　　　　　　② 75　　　　　　③ 100　　　　　　④ 150

풀이

변압기 효율은 $m^2 P_c = P_i$ **일 때 최대이므로**

$$m^2 \times 4 = 1 \qquad \therefore \ m = \sqrt{\frac{1}{4}} = \frac{1}{2}$$

따라서 $150 \times \dfrac{1}{2} = 75$ [kVA]에서 최대 효율이 된다.

【답】 ②

문제 47 단락비가 큰 동기기는?

① 안정도가 높다.　　　　　② 전압변동률이 크다.

③ 기계가 소형이다.　　　　　④ 전기자 반작용이 크다.

풀이

단락비가 큰 기계(철기계)
- 동기 임피던스가 적다 $\left(K_s \propto \dfrac{1}{Z_s}\right)$
- 전기자 반작용이 작다.
- 과부하 내량이 크고 **안정도가 높다.**
- 부피가 커지며 가격이 비싸다.
- 전압변동률이 작다.
- 출력이 크다.
- 자기 여자 현상이 작다.

【답】 ①

문제 48 단상 유도전동기의 기동방법 중 기동 토크가 가장 큰 것은?

① 반발 기동형　　　　　② 반발 유도형

③ 콘덴서 기동형　　　　　④ 분상 기동형

풀이

기동 토크의 크기
반발 기동형 > 반발 유도형 > 콘덴서 기동형 > 분상 기동형 > 세이딩 코일형

【답】 ①

문제 49 [보기]의 설명에서 빈칸(㉠~㉢)에 알맞은 말은?

> 권선형 유도전동기에서 2차 저항을 증가시키면 기동 전류는 (㉠)하고 기동 토크는 (㉡)하며, 2차 회로의 역률이 (㉢)되고 최대토크는 일정하다.

① ㉠ 감소　㉡ 증가　㉢ 좋아지게
② ㉠ 감소　㉡ 감소　㉢ 좋아지게
③ ㉠ 감소　㉡ 증가　㉢ 나빠지게
④ ㉠ 증가　㉡ 감소　㉢ 나빠지게

풀이

3상 권선형 유도전동기에서 2차 저항을 크게 하면 기동전류는 감소하고 기동토크는 증가하나, 최대 토크는 변하지 않는다.　　【답】①

문제 50　단상 전파 제어 정류 회로에서 순저항 부하일 때의 평균 출력 전압은? (단, V_m은 인가 전압의 최대값이고 점호각은 α이다.)

① $\dfrac{V_m}{\pi}(1+\cos\alpha)$　　　　　　　② $\dfrac{V_m}{\pi}(1+\tan\alpha)$

③ $\dfrac{2V_m}{\pi}(1+\cos\alpha)$　　　　　　④ $\dfrac{2V_m}{\pi}(1+\tan\alpha)$

풀이

	반파정류	전파정류
다이오드	$V_d = \dfrac{\sqrt{2}\,V_i}{\pi} = 0.45\,V_i$	$V_d = \dfrac{2\sqrt{2}\,V_i}{\pi} = 0.9\,V_i$
SCR	$V_d = \dfrac{\sqrt{2}\,V_i}{2\pi}(1+\cos\alpha)$	$V_d = \dfrac{\sqrt{2}\,V_i}{\pi}(1+\cos\alpha) = \dfrac{V_m}{\pi}(1+\cos\alpha)$

단, V_d는 직류전압, V_i는 교류전압의 실효값이다.　　【답】①

문제 51　직류 분권전동기의 공급 전압의 극성을 반대로 하면 회전방향은 어떻게 되는가?

① 변하지 않는다.　　　　　　② 반대로 된다.

③ 발전기로 된다.　　　　　　④ 회전하지 않는다.

풀이

직류 분권 전동기의 공급 전압의 극성이 반대로 되면, **계자 전류와 전기자 전류의 방향이 동시에 반대로 된다.** 따라서, **회전 방향은 변하지 않는다.**

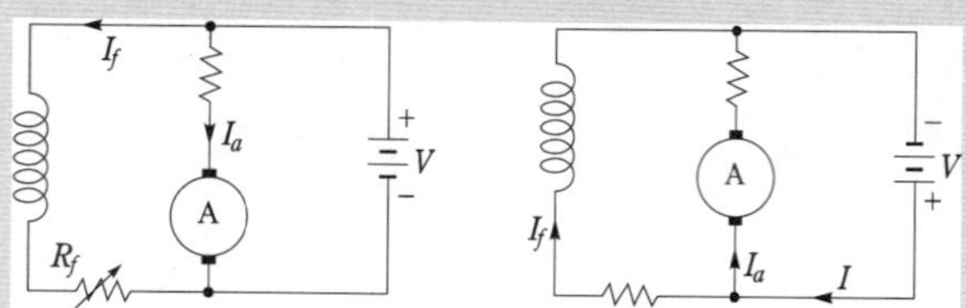

【답】①

문제 52　10 [kVA], 2000/380 [V]의 변압기 1차 환산 등가임피던스가 $3+j4[\Omega]$이다. %임피던스 강하는 몇 [%]인가?

① 0.75　　　　　② 1.0　　　　　③ 1.25　　　　　④ 1.5

풀이

$$Z = \sqrt{3^2 + 4^2} = 5[\Omega] \qquad \%Z = \frac{ZP}{10\,V^2} = \frac{5 \times 10}{10 \times 2^2} = 1.25[\%]$$

(여기서, V의 단위가[kV], P의 단위가[kVA] 가 되어야 함)　　【답】③

동기 조상기를 부족여자로 사용하면?

① 리액터로 작용

② 저항손의 보상

③ 일반 부하의 뒤진 전류를 보상

④ 콘덴서로 작용

풀이

- 동기 조상기는 무부하로 운전되는 동기 전동기의 V곡선을 이용
- 동기전동기 운전
  - 과여자 운전 : 앞선 전류가 흘러 콘덴서로 작용
  - **부족 여자 운전 : 뒤진 전류가 흘러 리액터로 작용**

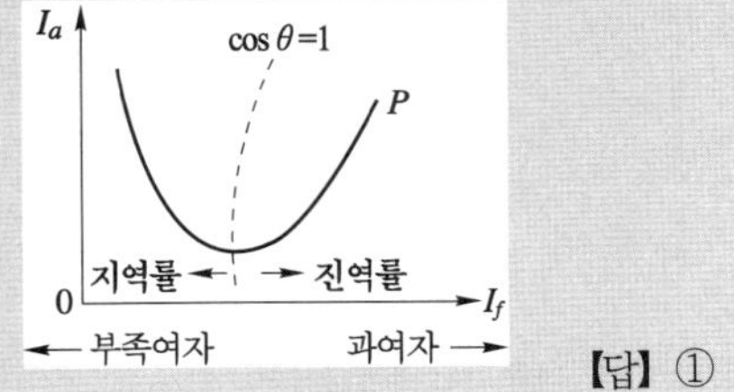

【답】 ①

직류 분권전동기의 운전 중 계자저항기의 저항을 증가하면 속도는 어떻게 되는가?

① 변하지 않는다.

② 증가한다.

③ 감소한다.

④ 정지한다.

풀이

계자 저항 R_f을 증가시키면 여자 전류가 감소하고($I_f = \dfrac{V}{R_f}$) 따라서 계자 자속 ϕ도 감소한다.

$n = K \dfrac{V - I_a R_a}{\phi}$ 에서 속도는 증가하게 된다.

【답】 ②

사이리스터 특성에 대한 설명 중 틀린 것은?

① 하나의 스위치 작용을 하는 반도체이다.

② pn접합을 여러개 적당히 결합한 전력용 스위치이다.

③ 사이리스터를 턴온시키기 위해 필요한 최소의 순방향 전류를 래칭전류라 한다.

④ 유지전류는 래칭전류보다 크다.

풀이

- 래칭전류 : SCR이 ON 되기 위하여 애노우드에서 캐소드 쪽으로 흘러야 할 최소전류
- **유지전류** : ON된 후에 ON 상태를 유지하기 위한 최소전류로서 **래칭전류보다 작다.**

【답】 ④

$E_1 = 2000\,[\text{V}]$, $E_2 = 100\,[\text{V}]$의 변압기에서 $r_1 = 0.2\,[\Omega]$, $r_2 = 0.0005\,[\Omega]$, $x_1 = 2\,[\Omega]$, $x_2 = 0.005\,[\Omega]$이다. 권수비 a는?

① 60

② 30

③ 20

④ 10

풀이

권수비 $a = \dfrac{E_1}{E_2} = \dfrac{N_1}{N_2}$ 에서 $\therefore a = \dfrac{2000}{100} = 20$

【답】 ③

문제 57

출력이 20 [kW]인 직류발전기의 효율이 80 [%]이면 손실 [kW]은 얼마인가?

① 1　　　　　　② 2　　　　　　③ 5　　　　　　④ 8

풀이

$$효율 = \frac{출력}{출력 + 손실} \ 에서$$

손실을 P_L [kW]라 하면　$0.8 = \dfrac{20}{20 + P_L}$

$$\therefore \ P_L = \frac{20}{0.8} - 20 = 25 - 20 = 5 [kW]$$

【답】③

문제 58

단상 교류정류자 전동기의 직권형에 가장 적합한 부하는?

① 치과의료용　　　　　　　　② 펌프용

③ 송풍기용　　　　　　　　　④ 공작기계용

풀이

직류 직권 전동기에 가해 주는 직류 전압을 그림과 같이 바꿀 경우에도 자속과 전기자 전류의 방향이 동시에 모두 반대가 되므로, 회전 방향은 변하지 않는다.

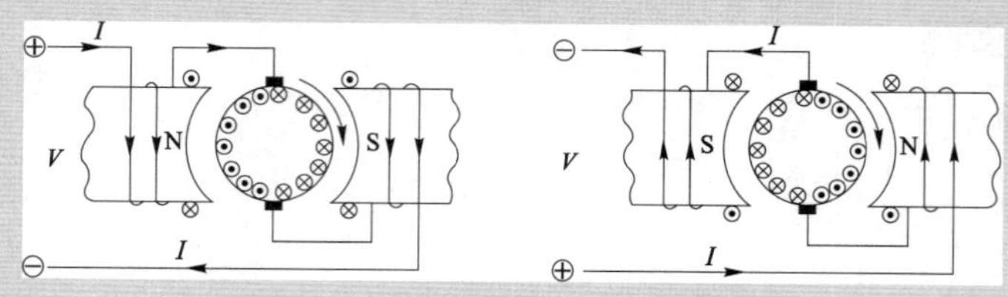

직·교류 양용 전동기의 원리

따라서, 이 직류 직권 전동기에 교류 전압을 가해 주어도 전동기는 항상 같은 방향의 토크를 발생하고, 회전을 같은 방향으로 계속한다. 직·교류 양용 전동기(만능 전동기)는 이와 같은 원리를 이용한 전동기로서 **단상 직권 정류자 전동기**라고 하며, 믹서기, 재봉틀, 진공청소기, **치과의료용 엔진**, 휴대용 드릴 및 영사기 등에 사용된다.

【답】①

문제 59

전기자를 고정자로하고, 계자극을 회전자로 한 회전계자형으로 가장 많이 사용되는 것은?

① 직류발전기　　　　　　　　② 회전변류기

③ 동기발전기　　　　　　　　④ 유도발전기

풀이

회전 계자형은 전기자를 고정자로 하고, 계자극을 회전자로 한 것으로 **발전기** 중 현재 가장 많이 사용되고 있는 동기 발전기는 **회전 계자형**으로 되어 있다.

【답】③

문제 60

명판(name plate)에 정격전압 220 [V], 정격전류 14.4 [A], 출력 3.7 [kW]로 기재되어 있는 3상 유도전동기가 있다. 이 전동기의 역률을 84 [%]라 할 때 이 전동기의 효율[%]은?

① 78.25　　　　　　② 78.84　　　　　　③ 79.15　　　　　　④ 80.27

효율$=\dfrac{출력}{입력}$에서

$$\eta = \frac{P}{\sqrt{3}\,VI\cos\theta} \times 100 = \frac{3700}{\sqrt{3}\times 220 \times 14.4 \times 0.84} \times 100 = 80.27[\%]$$

【답】④

4과목 회로이론

문제 61

1차 지연 요소의 전달함수는?

① K
② $\dfrac{K}{s}$
③ Ks
④ $\dfrac{K}{1+Ts}$

- K : 비례 요소의 전달 함수
- $\dfrac{K}{s}$: 적분 요소의 전달 함수
- Ks : 미분 요소의 전달 함수
- $\dfrac{K}{Ts+1}$: **1차 지연 요소의 전달 함수**

【답】④

문제 62

그림과 같은 회로에서 공진시의 어드미턴스[℧]는?

① $\dfrac{CR}{L}$
② $\dfrac{LC}{R}$
③ $\dfrac{C}{RL}$
④ $\dfrac{R}{LC}$

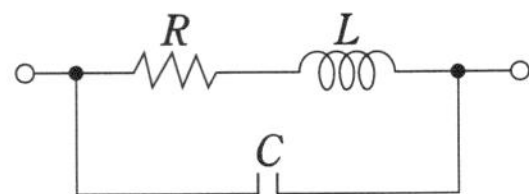

- 합성 어드미턴스 $Y = Y_1 + Y_2 = \dfrac{1}{R+j\omega L} + j\omega C = \dfrac{R}{R^2+\omega^2 L^2} + j\left(\omega C - \dfrac{\omega L}{R^2+\omega^2 L^2}\right)$

- **병렬공진조건 : 허수부가 0이 되어야 한다.**

  즉, $\omega C = \dfrac{\omega L}{R^2+\omega^2 L^2}$ 에서 $R^2+\omega^2 L^2 = \dfrac{\omega L}{\omega C} = \dfrac{L}{C}$

- 병렬공진시 어드미턴스 : $Y_r = \dfrac{R}{R^2+\omega^2 L^2} = \dfrac{R}{L/C} = \dfrac{CR}{L}$

【답】①

문제 63

어떤 회로에 $E = 200\angle\dfrac{\pi}{3}$[V]의 전압을 가하니 $I = 10\sqrt{3} + j10$[A]의 전류가 흘렀다. 이 회로의 무효전력[Var]은?

① 707
② 1000
③ 1732
④ 2000

풀이

$$I = 10\sqrt{3} + j10 = \sqrt{(10\sqrt{3})^2 + 10^2} \angle \tan^{-1}\left(\frac{1}{\sqrt{3}}\right) = 20\angle 30°[\text{A}]$$

$$\therefore P_a = \overline{E}I = 200\angle -60° \times 20\angle 30° = 4000\angle -30°$$

$$= 4000(\cos 30° - j\sin 30°) = 2000\sqrt{3} - j2000\,[\text{VA}]$$

따라서, 이 회로의 유효전력은 $2000\sqrt{3}\,[\text{W}]$, 무효전력은 2000[Var]이다. 【답】④

문제 64

3상 불평형 전압에서 영상전압이 150 [V]이고 정상전압이 500 [V], 역상전압이 300 [V]이면 전압의 불평형률[%]은?

① 70　　　　② 60　　　　③ 50　　　　④ 40

풀이

$$\text{불평형률} = \frac{\text{역상 전압}}{\text{정상 전압}} \times 100 = \frac{300}{500} \times 100 = 60[\%]$$

【답】②

문제 65

어떤 제어계의 출력이 $C(s) = \dfrac{5}{s(s^2 + s + 2)}$ 로 주어질 때 출력의 시간함수 $c(t)$의 정상값은?

① 5　　　　② 2　　　　③ $\dfrac{2}{5}$　　　　④ $\dfrac{5}{2}$

풀이

최종값 정리에 의해서

$$\lim_{t\to\infty} c(t) = \lim_{s\to 0} sC(s) = \lim_{s\to 0} s \cdot \frac{5}{s(s^2 + s + 2)} = \frac{5}{2}$$

【답】④

문제 66

그림과 같은 회로에서 정전용량 $C\,[\text{F}]$를 충전한 후 스위치 S를 닫아서 이것을 방전할 때 과도전류는? (단, 회로에는 저항이 없다.)

① 주파수가 다른 전류
② 크기가 일정하지 않은 전류
③ 증가 후 감쇠하는 전류
④ 불변의 진동전류

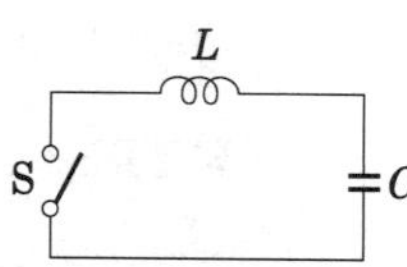

풀이

저항 성분이 없으므로 전력 소모가 없고 L, C 내의 보유 에너지는 불변하므로 크기, 주파수가 변함없는 **불변의 진동 전류**가 흐른다. 【답】④

문제 67

저항 4 [Ω]과 유도 리액턴스 $X_L\,[\Omega]$이 병렬로 접속된 회로에 12 [V]의 교류전압을 가하니 5 [A]의 전류가 흘렀다. 이 회로의 $X_L\,[\Omega]$은?

① 8　　　　② 6　　　　③ 3　　　　④ 1

$V = I_R \cdot R = I_L \cdot X_L$에서

$$I_R = \frac{V}{R} = \frac{12}{4} = 3[\text{A}]$$

$$I_L = \sqrt{I^2 - I_R^2} = \sqrt{5^2 - 3^2} = 4[\text{A}]$$

$V = I_L \cdot X_L = 12[\text{V}]$에서

$$X_L = \frac{12}{I_L} = \frac{12}{4} = 3[\Omega]$$

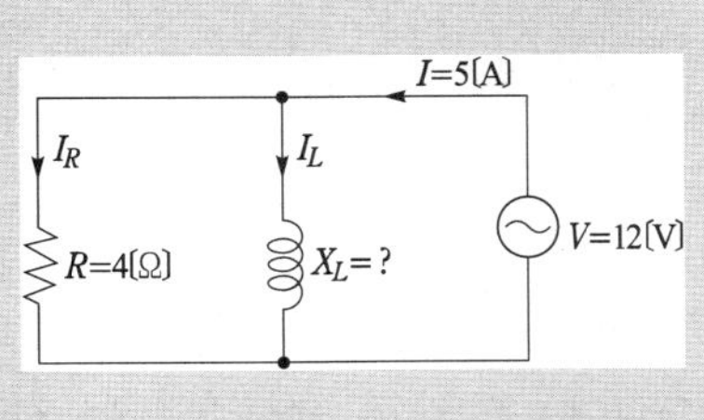

【답】③

문제 68

다음 용어 설명 중 틀린 것은?

① 역률 $= \dfrac{\text{유효전력}}{\text{피상전력}}$

② 파형률 $= \dfrac{\text{평균값}}{\text{실효값}}$

③ 파고율 $= \dfrac{\text{최대값}}{\text{실효값}}$

④ 왜형률 $= \dfrac{\text{전 고조파의 실효값}}{\text{기본파의 실효값}}$

$$\text{파형률(form factor)} = \frac{\text{실효값}}{\text{평균값}}$$

【답】②

문제 69

그림과 같은 구형파의 라플라스 변환은?

① $\dfrac{1}{s}(1 - e^{-s})$

② $\dfrac{1}{s}(1 + e^{-s})$

③ $\dfrac{1}{s}(1 - e^{-2s})$

④ $\dfrac{1}{s}(1 + e^{-2s})$

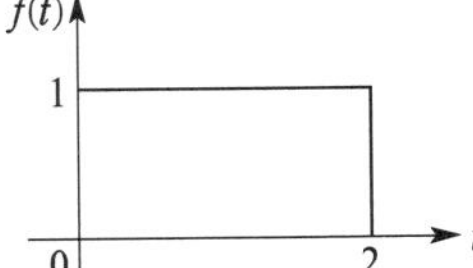

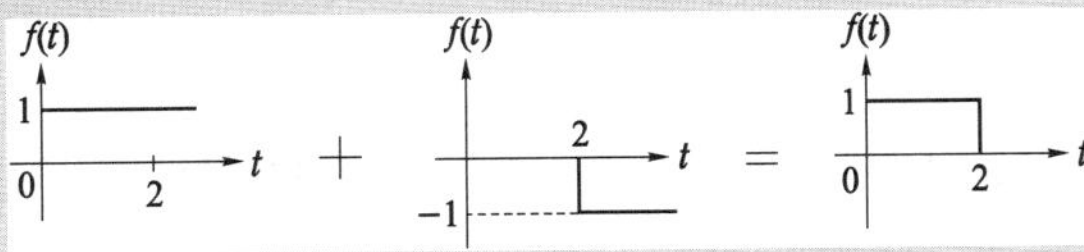

$$f(t) = u(t) - u(t-2)$$

$$F(s) = \mathcal{L}[f(t)] = \mathcal{L}[u(t) - u(t-2)] = \frac{1}{s} - \frac{1}{s}e^{-2s} = \frac{1}{s}(1 - e^{-2s})$$

【답】③

문제 70

3상 회로의 영상분, 정상분, 역상분을 각각 I_0, I_1, I_2라 하고 선전류를 I_a, I_b, I_c 라 할 때 I_b는? (단, $a = -\dfrac{1}{2} + j\dfrac{\sqrt{3}}{2}$ 이다.)

① $I_0 + I_1 + I_2$

② $\dfrac{1}{3}(I_0 + I_1 + I_2)$

③ $I_0 + a^2 I_1 + a I_2$

④ $\dfrac{1}{3}(I_0 + a I_1 + a^2 I_2)$

풀이

불평형 3상 전류

$$I_a = I_0 + I_1 + I_2, \quad I_b = I_0 + a^2 I_1 + a I_2, \quad I_c = I_0 + a I_1 + a^2 I_2$$

【답】 ③

문제 71

3대의 단상변압기를 △결선으로 하여 운전하던 중 변압기 1대가 고장으로 제거하여 V결선으로 한 경우 공급할 수 있는 전력은 고장전 전력의 몇 [%]인가?

① 57.7 ② 50.0 ③ 63.3 ④ 67.7

풀이

변압기 1대의 출력을 P라 하면

$$출력비 = \frac{P_V}{P_\triangle} = \frac{\sqrt{3}\,P}{3P} = \frac{\sqrt{3}}{3} \fallingdotseq 0.577\,(57.7[\%])$$

【답】 ①

문제 72

정상상태에서 시간 $t = 0$일 때 스위치 S를 열면 흐르는 전류 i는?

① $\dfrac{E}{R}e^{-\frac{R+r}{L}t}$

② $\dfrac{E}{r}e^{-\frac{R+r}{L}t}$

③ $\dfrac{E}{r}e^{-\frac{L}{R+r}t}$

④ $\dfrac{E}{R}e^{-\frac{L}{R+r}t}$

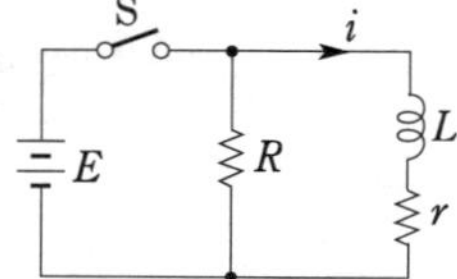

풀이

전원 제거시 $i(t) = Ie^{-\frac{R+r}{L}t}$ 에서 $i(t) = \dfrac{E}{r}e^{-\frac{R+r}{L}t}$ [A]

(정상상태에서 직류전압 E가 인가 되었으므로 $i = \dfrac{E}{r}$[A]가 흐른다.)

【답】 ②

문제 73

어떤 코일의 임피던스를 측정하고자 직류전압 100 [V]를 가했더니 500 [W]가 소비되고, 교류전압 150 [V]를 가했더니 720 [W]가 소비되었다. 코일의 저항[Ω]과 리액턴스[Ω]는 각각 얼마인가?

① $R = 20,\ X_L = 15$

② $R = 15,\ X_L = 20$

③ $R = 25,\ X_L = 20$

④ $R = 30,\ X_L = 25$

풀이

직류 : $P = I^2 R = \left(\dfrac{V}{R}\right)^2 R = \dfrac{V^2}{R}$ 에서 $R = \dfrac{V^2}{P} = \dfrac{100^2}{500} = 20\,[\Omega]$

(∵ **직류를 인가하면 주파수 $f = 0$이므로, $X = 2\pi f L = 0$이 된다.**)

교류 : $P = I^2 R = \left(\dfrac{V}{\sqrt{R^2 + X^2}}\right)^2 R = \dfrac{V^2 R}{R^2 + X^2}$ 에서

$$720 = \frac{150^2 \times 20}{20^2 + X^2} \qquad \therefore X = 15[\Omega]$$

【답】 ①

단자 a–b에 30 [V]의 전압을 가했을 때 전류 I는 3 [A] 가 흘렀다고 한다. 저항 r [Ω]은 얼마인가?

① 5
② 10
③ 15
④ 20

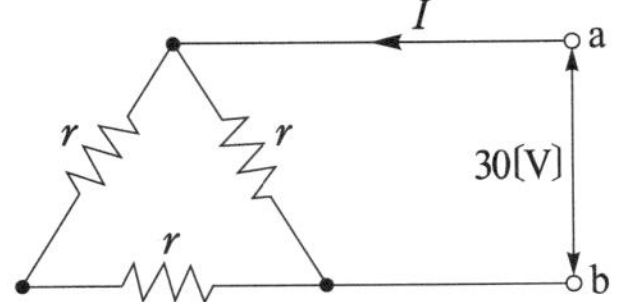

풀이

단자 a–b 사이의 합성 저항 $R = \dfrac{2r \times r}{2r+r} = \dfrac{2}{3}r$ ($\because$ $2r$ 과 r의 병렬 회로)

$V = IR = I \times \dfrac{2}{3}r$ 이므로 $\quad \therefore r = \dfrac{V}{I} \times \dfrac{3}{2} = \dfrac{30}{3} \times \dfrac{3}{2} = 15 [\Omega]$

【답】③

그림과 같은 회로망에서 Z_1을 4단자 정수에 의해 표시하면 어떻게 되는가?

① $\dfrac{1}{C}$
② $\dfrac{D-1}{C}$
③ $\dfrac{B-1}{C}$
④ $\dfrac{A-1}{C}$

풀이

그림과 같은 4단자망의 4단자 정수 중 A와 C는

$$A = 1 + \frac{Z_1}{Z_3}, \quad C = \frac{1}{Z_3}$$

$$\therefore\ Z_1 = (A-1)Z_3 = \frac{A-1}{C}$$

【답】④

그림과 같은 회로에서 임피던스 파라미터 Z_{11}은?

① sL_1
② sM
③ $sL_1 L_2$
④ sL_2

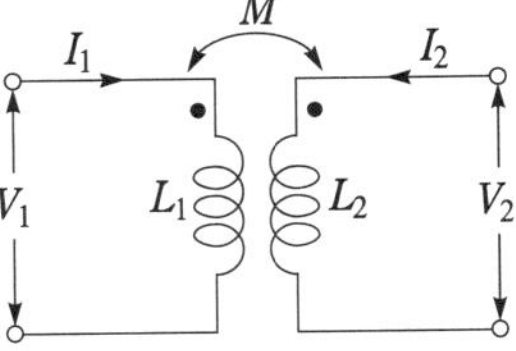

풀이

T형 등가 변환하면

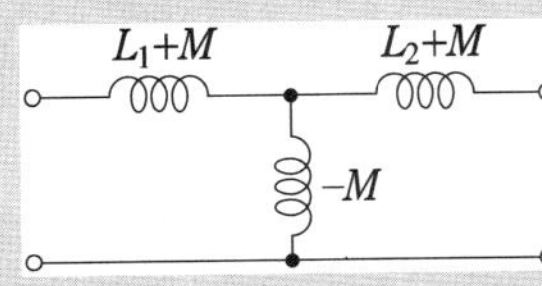

Z_{11} : 단자 $1-1'$에서의 개방 구동점 임피던스

$$Z_{11} = \frac{V_1}{I_1}\bigg|_{I_2=0} \quad \text{이므로}$$

$L_{11} = L_1 + M - M = L_1 \quad \therefore Z_{11} = sL_1$

【답】①

문제 77

RL 병렬회로의 합성 임피던스$[\Omega]$는? (단, $\omega[\text{rad/s}]$는 이 회로의 각 주파수이다.)

① $R\left(1 + j\dfrac{\omega L}{R}\right)$

② $R\left(1 - j\dfrac{1}{\omega L}\right)$

③ $\dfrac{R}{\left(1 - j\dfrac{R}{\omega L}\right)}$

④ $\dfrac{R}{\left(1 + j\dfrac{R}{\omega L}\right)}$

풀이

$$Z = \frac{R \cdot j\omega L}{R + j\omega L} = \frac{R}{1 + \dfrac{R}{j\omega L}} = \frac{R}{1 - j\dfrac{R}{\omega L}} \quad \left(\because \frac{R}{j\omega L} = \frac{jR}{j^2 \omega L} = -j\frac{R}{\omega L}\right)$$

【답】③

문제 78

어떤 회로에 흐르는 전류가 $i = 7 + 14.1\sin\omega t\,[\text{A}]$인 경우 실효값은 약 몇 $[\text{A}]$인가?

① 11.2

② 12.2

③ 13.2

④ 14.2

풀이

비정현파 교류의 실효값은 직류분, 기본파 및 고조파의 제곱 합의 평방근으로 나타내므로

$$I = \sqrt{I_0^2 + I_1^2 + I_2^2 + \cdots + I_n^2} \text{ 에서} \quad I = \sqrt{7^2 + \left(\frac{14.1}{\sqrt{2}}\right)^2} = 12.2\,[\text{A}]$$

【답】②

문제 79

$f(t) = At^2$의 라플라스변환은?

① $\dfrac{A}{s^2}$

② $\dfrac{2A}{s^2}$

③ $\dfrac{A}{s^3}$

④ $\dfrac{2A}{s^3}$

풀이

$$\mathcal{L}[at^n] = a\mathcal{L}[t^n] = \frac{an!}{s^{n+1}} \text{ 에서}$$

$$\mathcal{L}[At^2] = \frac{A \cdot 2!}{s^{2+1}} = \frac{2A}{s^3} \quad (\because 2! = 2 \times 1 = 2)$$

【답】④

문제 80

3상 유도전동기의 출력이 3.7[kW], 선간전압 200[V], 효율 90[%], 역률 80[%]일 때, 이 전동기에 유입되는 선전류는 약 몇 [A]인가?

① 8

② 10

③ 12

④ 15

풀이

$$\text{효율 } \eta = \frac{\text{출력}}{\text{입력}} = \frac{P_0}{\sqrt{3}\,VI\cos\theta} \text{ 에서}$$

$$\therefore I = \frac{P_0}{\eta\sqrt{3}\,V\cos\theta} = \frac{3.7 \times 10^3}{0.9 \times \sqrt{3} \times 200 \times 0.8} = 14.83\,[\text{A}]$$

【답】④

문제 81

발전소 등의 울타리·담 등을 시설할 때 사용전압이 154 [kV] 인 경우 울타리·담 등의 높이와 울타리·담 등으로부터 충전부분까지의 거리의 합계는 몇 [m] 이상이어야 하는가?

① 5　　　　　② 6　　　　　③ 8　　　　　④ 10

풀이

특고압용 기계 기구의 시설 (판단기준 제31조)

사용전압의 구분	울타리·담 등의 높이와 울타리·담 등으로부터 충전 부분까지의 거리의 합계
35 [kV] 이하	5 [m]
35 [kV] 초과 160 [kV] 이하	**6 [m]**
160 [kV] 초과	• 거리 = 6 + 단수 × 0.12 [m] • 단수 = $\dfrac{\text{사용전압 [kV]}-160}{10}$ 단수 계산에서 소수점 이하는 절상

[답] ②

문제 82

중성점 접지식 22.9 [kV] 가공전선과 직류 1500 [V] 전차선을 동일 지지물에 병가할 때 상호간의 이격거리는 몇 [m] 이상인가?

① 1.0　　　　　② 1.2　　　　　③ 1.5　　　　　④ 2.0

풀이

특고압 가공전선과 저고압 전차선의 병가(판단기준 제121조)
특고압 가공 전선로와 저·고압 전차선을 병가하는 경우 이격 거리는 **35 [kV] 이하 1.2 [m] 이상**, 22.9 [kV] 중성점 다중 접지의 경우는 1 [m] 이상, 35 [kV] 넘는 것은 2 [m] 이상 이격하여야 한다.　　**[답] ②**

문제 83

사용전압 66 [kV]의 가공전선을 시가지에 시설할 경우 전선의 지표상 최소 높이는 몇 [m]인가?

① 6.48　　　　　② 8.36　　　　　③ 10.48　　　　　④ 12.36

풀이

시가지 등에서 특별고압 가공전선로의 시설(판단기준 제104조)

사용전압의 구분	지표상의 높이
35 [kV] 이하	10 [m] (전선이 특별고압 절연전선인 경우에는 8 [m])
35 [kV] 초과	10 [m]에 35 [kV]를 초과하는 10 [kV] 또는 그 단수마다 12 [cm]를 더한 값

• 단수 = $\dfrac{66-35}{10}=3.1 \rightarrow 4$단
• 지표상의 높이 = $10+4\times0.12=10.48$ [m]　　**[답] ③**

문제 84

지선 시설에 관한 설명으로 틀린 것은?

① 철탑은 지선을 사용하여 그 강도를 분담시켜야 한다.

② 지선의 안전율은 2.5 이상이어야 한다.

③ 지선에 연선을 사용할 경우 소선 3가닥 이상의 연선이어야 한다.

④ 지선근가는 지선의 인장하중에 충분히 견디도록 시설하여야 한다.

풀이

지선의 시설 (판단기준 제67조)
가공 전선로의 지지물로서 사용하는 **철탑은 지선을 사용하여 그 강도를 분담시켜서는 아니된다.**
단, 임시사용으로 6개월 이내는 예외로 한다.　　　　　　　　　　　　　　　　　　　**【답】** ①

문제 85

시가지 등에서 특고압 가공전선로를 시설하는 경우 특고압 가공전선로용 지지물로 사용할 수 없는 것은? (단, 사용전압이 170 [kV] 이하인 경우이다.)

① 철탑　　　　　　　　　　　　　　② 철근 콘크리트주

③ A종 철주　　　　　　　　　　　　④ 목주

풀이

시가지 등에서 특고압 가공전선로의 시설(판단기준 제104조)
특고압 가공 전선로를 시가지, 기타 인가가 밀집한 지역에 시설하는 경우는 케이블을 사용하여 시설하거나 사용 전압 170 [kV] 미만의 것을 다음에 의하여 시설한다.
① **지지물은 목주를 사용할 수 없고** 철주, 철근 콘크리트주, 또는 철탑을 사용한다.
② 전선

사용전압의 구분	전선의 단면적
100 [kV] 미만	단면적 55 [mm^2] 이상의 경동연선
100 [kV] 이상	단면적 150 [mm^2] 이상의 경동연선

【답】 ④

문제 86

전기설비의 접지계통과 건축물의 피뢰설비 및 통신설비 등의 접지극을 공용하는 통합 접지공사를 하는 경우 낙뢰 등 과전압으로부터 전기설비를 보호하기 위하여 설치해야 하는 것은?

① 과전류차단기　　　　　　　　　　② 지락보호장치

③ 서지보호장치　　　　　　　　　　④ 개폐기

풀이

접지공사의 종류(판단기준 제18조)
전기설비의 접지계통과 건축물의 피뢰설비 및 통신설비 등의 접지극을 공용하는 통합접지 공사를 할 수 있다. 이 경우 **낙뢰 등에 의한 과전압으로부터 전기설비 등을 보호하기 위해 서지보호장치**(SPD)를 설치하여야 한다.　　　　　　　　　　　　　　　　　　　　**【답】** ③

문제 87

가공 직류 전차선의 레일면상의 높이는 몇 [m] 이상이어야 하는가?

① 6.0　　　　　　② 5.5　　　　　　③ 5.0　　　　　　④ 4.8

가공 직류 전차선의 레일면상의 높이 (판단기준 제256조)

가공 직류 전차선의 레일면상의 높이는 4.8 [m] 이상, 전용의 부지위에 시설될 때에는 4.4 [m] 이상이어야 한다. 단, 다음에 해당하는 경우에는 그러하지 아니하다.

- 터널 안의 윗면, 교량의 아랫면 기타 이와 유사한 곳 또는 이에 인접하는 곳에 시설하는 경우로서 3.5 [m] 이상일 때
- 광산 기타의 갱도 안의 윗면에 시설하는 경우로서 1.8 [m] 이상일 때 　【답】④

문제 88　가요전선관 공사에 의한 저압 옥내배선으로 틀린 것은?

① 2종 금속제 가요전선관을 사용하였다.

② 사용전압이 380 [V] 이므로 가요전선관에 제3종 접지공사를 하였다.

③ 전선으로 옥외용 비닐 절연전선을 사용하였다.

④ 사용전압 440 [V]에서 사람이 접촉할 우려가 없어 제3종 접지공사를 하였다.

가요 전선관 공사에 의한 저압 옥내 배선의 시설(판단기준 제186조)
① 전선은 절연 전선일 것 (**옥외용 비닐 절연 전선은 제외**)
② 전선은 연선일 것. 단, 단면적 10 [mm^2] 이하의 것은 단선을 쓸 수 있다.
③ 가요 전선관에는 전선에 접속점이 없도록 한다.
④ 가요 전선관은 2종 금속제 가요 전선관일 것 　【답】③

문제 89　저압 가공전선과 고압 가공전선을 동일 지지물에 시설하는 경우 이격거리는 몇 [cm] 이상이어야 하는가?

① 50　　　　② 60　　　　③ 70　　　　④ 80

가공전선 등의 병가 (판단기준 제75조, 제120조)

전　압	표　준	고압에 케이블사용	특고압에 케이블 사용 및 저·고압에 절연전선 또는 케이블 사용
저·고압 병가	**0.5 [m] 이상**	0.3 [m] 이상	-
35 [kV] 이하	1.2 [m] 이상	-	0.5 [m] 이상
35 [kV] 초과 60 [kV] 이하	2 [m] 이상	-	1 [m] 이상

【답】①

문제 90　옥내의 네온 방전등 공사에 대한 설명으로 틀린 것은?

① 방전등용 변압기는 네온변압기일 것

② 관등회로의 배선은 점검할 수 없는 은폐장소에 시설할 것

③ 관등회로의 배선은 애자사용 공사에 의하여 시설할 것

④ 방전등용 변압기의 외함에는 제3종 접지공사를 할 것

풀이

옥내의 네온 방전등 공사 (판단기준 제215조)

방전등용 변압기는 네온 변압기로, **관등 회로의 배선은 점검할 수 있는 장소에 애자 사용 공사**에 의하여 시설하고 전선 지지점간의 거리는 1 [m] 이하일 것. 【답】 ②

문제 91

특고압 가공전선이 도로 등과 교차하여 도로 상부측에 시설할 경우에 보호망도 같이 시설하려고 한다. 보호망은 제 몇 종 접지공사로 하여야 하는가?

① 제1종 접지공사 ② 제2종 접지공사

③ 제3종 접지공사 ④ 특별 제3종 접지공사

풀이

특고압 가공전선과 도로 등의 접근 또는 교차 (판단기준 제127조)

보호망은 제1종 접지공사를 한다. 【답】 ①

문제 92

사용전압 220 [V] 인 경우에 애자사용공사에 의한 옥측전선로를 시설할 때 전선과 조영재와의 이격거리는 몇 [cm] 이상 이어야 하는가?

① 2.5 ② 4.5 ③ 6 ④ 8

풀이

애자사용공사 (판단기준 제181조)

전 압		전선과 조영재와의 이격 거리		전 선 상 호 간 격	전선 지지점간의 거리	
					조영재의 상면 또는 측면	조영재에 따라 시설하지 않는 경우
저 압	**400[V] 미만**	**2.5 [cm] 이상**		6 [cm] 이상	2 [m] 이하	–
	400[V] 이상	건조한 장소	2.5 [cm] 이상			6 [m] 이하
		기타의 장소	4.5 [cm] 이상			

【답】 ①

문제 93

사용전압 66[kV] 가공전선과 6[kV] 가공전선을 동일 지지물에 시설하는 경우, 특고압 가공전선은 케이블인 경우를 제외하고는 단면적이 몇 [mm²]인 경동연선 또는 이와 동등이상의 세기 및 굵기의 연선이어야 하는가?

① 22 ② 38 ③ 55 ④ 100

풀이

저·고압과 특고압의 병가(판단기준 제120조)

	35 [kV] 초과 100 [kV] 미만	35 [kV] 이하
이격 거리	2 [m] 이상	1.2 [m] 이상
사용 전선	인장강도 21.67 [kN] 이상의 연선 또는 **55 [mm²] 이상인 경동연선**	연선일 것

【답】 ③

문제 94 가공전선 및 지지물에 관한 시설기준 중 틀린 것은?

① 가공전선은 다른 가공전선로, 전차선로, 가공 약전류 전선로 또는 가공 광섬유 케이블 선로의 지지물을 사이에 두고 시설하지 말 것

② 가공전선의 분기는 그 전선의 지지점에서 할 것(단, 전선의 장력이 가하여지지 않도록 시설하는 경우는 제외)

③ 가공전선로의 지지물에는 승탑 및 승주를 할 수 없도록 발판 못 등을 시설하지 말 것

④ 가공전선로의 지지물로는 목주·철주·철근콘크리트주 또는 철탑을 사용할 것

풀이

가공전선로 지지물의 승탑 및 승주방지(판단기준 제60조)
가공전선로의 지지물에 취급자가 오르고 내리는데 사용하는 **발판 볼트 등을 지표상 1.8[m] 미만에 시설하여서는 아니된다.** 【답】 ③

문제 95 300 [kHz] 부터 3000 [kHz] 까지의 주파수대에서 전차선로에서 발생하는 전파의 허용한도 상대레벨의 준첨두 값[dB]은?

① 25.5　　　　② 32.5　　　　③ 36.5　　　　④ 40.5

풀이

전파 장해의 방지 (판단기준 제251조)
전차선로에서 발생하는 전파의 허용한도는 300[kHz] 부터 3000[kHz]까지의 **주파수대에서 36.5[dB]** (준 첨두 값)일 것. 【답】 ③

문제 96 수소냉각식 발전기 및 이에 부속하는 수소냉각장치에 관한 시설기준 중 틀린 것은?

① 발전기안의 수소의 압력 계측장치 및 압력 변동에 대한 경보장치를 시설할 것

② 발전기안의 수소 온도를 계측하는 장치를 시설할 것

③ 발전기는 기밀구조이고 또한 수소가 대기압에서 폭발하는 경우에 생기는 압력에 견디는 강도를 가지는 것일 것

④ 발전기안의 수소의 순도가 70[%] 이하로 저하한 경우에 경보를 하는 장치를 시설할 것

풀이

수소 냉각식 발전기 등의 시설 (판단기준 제51조)
발전기 또는 조상기 안의 **수소의 순도가 85 [%] 이하로 저하한 경우에는 이를 경보하는 장치를** 시설해야 한다. 【답】 ④

문제 97 과전류 차단기로 시설하는 퓨즈 중 고압 전로에 사용되는 포장 퓨즈는 정격전류의 몇 배의 전류에 견디어야 하는가?

① 1.1　　　　② 1.2　　　　③ 1.3　　　　④ 1.5

> **풀이**
>
> 고압용 포장 퓨즈와 비포장 퓨즈 용단 규정은 다음과 같다.(판단기준 제39조)
> ① **포장 퓨즈 : 1.3배의 전류에 견디고** 2배의 전류에서는 120분 안에 용단
> ② 비포장 퓨즈 : 1.25배의 전류에 견디고 2배의 전류에서는 2분 안에 용단
> 【답】 ③

문제 98

저압 옥내배선을 합성수지관 공사에 의하여 실시하는 경우 사용할 수 있는 단선(동선)의 최대 단면적은 몇 [mm^2]인가?

① 4　　　　　② 6　　　　　③ 10　　　　　④ 16

> **풀이**
>
> 합성수지관 공사(판단기준 제183조)
> 저압 옥내 배선 중 각종 관 공사의 경우 관에 넣을 수 있는 **단선으로서의 최대 굵기는 단면적 10 [mm^2]**
> (AL의 경우는 16 [mm^2]) 이다.
> 【답】 ③

문제 99

가반형의 용접전극을 사용하는 아크 용접장치를 시설할 때 용접변압기의 1차측 전로의 대지전압은 몇 [V] 이하이어야 하는가?

① 200　　　　　② 250　　　　　③ 300　　　　　④ 600

> **풀이**
>
> 아크 용접 장치의 시설 (판단기준 제247조)
> 가반형(可搬型)의 용접 전극을 사용하는 아크 용접장치는 다음 각호에 의하여 시설하여야 한다.
> ① 용접 변압기는 절연 변압기일 것
> ② 용접 변압기의 **1차측 전로의 대지전압은 300 [V] 이하일 것**
> ③ 용접 변압기의 1차측 전로에는 용접 변압기에 가까운 곳에 쉽게 개폐할 수 있는 개폐기를 시설할 것
> ④ 피용접재 또는 이와 전기적으로 접속되는 받침대·정반 등의 금속체에는 제3종 접지공사를 할 것
> 【답】 ③

문제 100

저압전로에 사용하는 80[A] 퓨즈는 수평으로 붙일 경우 정격전류의 1.6배 전류에 몇 분 안에 용단되어야 하는가?

① 60　　　　　② 120　　　　　③ 180　　　　　④ 240

> **풀이**
>
> 저압전로에 사용하는 퓨즈는 다음에 의하여야 한다. (판단기준 제38조)
> ① 정격전류의 1.1배에 견디어야 한다.
> ② 1.6배 및 2배의 전류에 대하여 표와 같이 용단되어야 한다.
>
> | 정격 전류의 구분 | 용단 시간(분) | |
> |---|---|---|
> | | 1.6배의 전류 | 2배의 전류 |
> | 30 [A] 이하 | 60 | 2 |
> | 30 [A] 넘고　60 [A] 이하 | 60 | 4 |
> | **60 [A] 넘고 100 [A] 이하** | **120** | 6 |
> | 100 [A] 넘고 200 [A] 이하 | 120 | 8 |
>
> 【답】 ②

국가기술자격검정 필기시험 문제

자격종목 및 등급(선택분야)	종목코드	시험시간	문제지형별	수검 번호	성 명
전기산업기사	2140	2시간 30분	A		

1과목 전기자기학

문제 01 공기 중에서 무한평면도체 표면 아래의 1[m] 떨어진 곳에 1[C]의 점전하가 있다. 전하가 받는 힘의 크기는 몇 [N] 인가?

① 9×10^9 ② $\dfrac{9}{2} \times 10^9$ ③ $\dfrac{9}{4} \times 10^9$ ④ $\dfrac{9}{16} \times 10^9$

풀이

무한 평면 도체에서 1[m] 떨어진 점전하 Q[C]이 받는 힘은 전기 영상법에 의해

$$F = \frac{1}{4\pi\epsilon_0} \frac{QQ'}{(2r)^2}$$

$$= 9 \times 10^9 \times \frac{1 \times 1}{(2 \times 1)^2} = \frac{9}{4} \times 10^9 \text{ [N]}$$

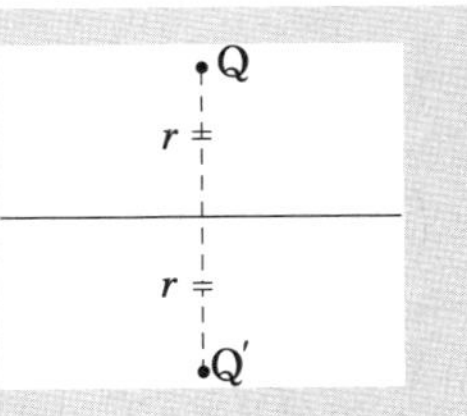

【답】 ③

문제 02 1[m]의 간격을 가진 선간전압 66000 [V]인 2개의 평행 왕복도선에 10 [kA]의 전류가 흐를 때 도선 1[m]마다 작용하는 힘의 크기는 몇 [N/m]인가?

① 1 [N/m] ② 10 [N/m] ③ 20 [N/m] ④ 200 [N/m]

풀이

$$F = \frac{\mu_0 I_1 I_2}{2\pi r} = \frac{2 I_1 I_2}{r} \times 10^{-7} = \frac{2 \times (10 \times 10^3)^2}{1} \times 10^{-7} = 20 \text{[N/m]} \text{ (흡인력)}$$

【답】 ③

문제 03 비투자율 800의 환상철심으로 하여 권선 600회 감아서 환상솔레노이드를 만들었다. 이 솔레노이드의 평균반경이 20 [cm]이고, 단면적이 10 [cm²]이다. 이 권선에 전류 1[A]를 흘리면 내부에 통하는 자속 [Wb]은?

① 2.7×10^{-4} ② 4.8×10^{-4}

③ 6.8×10^{-4} ④ 9.6×10^{-4}

> **풀이**
>
> 환상 솔레노이드의 내부 자속
>
> $$\phi = \boldsymbol{B}S = \mu HS = \mu \cdot \frac{NI}{2\pi r} S$$
>
> $$\mu = \mu_0 \mu_s = 4\pi \times 10^{-7} \times 800, \quad N = 600[회], \quad I = 1[A], \quad S = 10 \times 10^{-4}[m^2], \quad r = 0.2[m]$$
>
> $$\therefore \ \phi = \frac{4\pi \times 10^{-7} \times 800 \times 600 \times 1 \times 10 \times 10^{-4}}{2\pi \times 0.2} = 4.8 \times 10^{-4}[Wb]$$
>
> 【답】②

문제 04 대지면에서 높이 $h[m]$로 가선된 대단히 긴 평행도선의 선전하(선전하 밀도 $\lambda[C/m]$)가 지면으로부터 받는 힘[N/m]은?

① h에 비례

② h^2에 비례

③ h에 반비례

④ h^2에 반비례

> **풀이**
>
> 지상의 높이 $h[m]$와 같은 거리에 선전하 밀도 $-\lambda[C/m]$인 영상 전하를 고려하여 선전하간의 작용력을 구하면
>
> $$f = -\lambda E = -\lambda \cdot \frac{\lambda}{2\pi\epsilon_0 (2h)} = \frac{-\lambda^2}{4\pi\epsilon_0 h} \propto \frac{1}{h}$$
>
> 【답】③

문제 05 단면의 지름이 $D[m]$, 권수가 $n[회/m]$인 무한장 솔레노이드에 전류 $I[A]$를 흘렸을 때, 길이 $l\,[m]$에 대한 인덕턴스 $L\,[H]$는 얼마인가?

① $4\pi^2 \mu_s n D^2 l \times 10^{-7}$

② $4\pi^2 \mu_s n^2 D l \times 10^{-7}$

③ $\pi^2 \mu_s n D^2 l \times 10^{-7}$

④ $\pi^2 \mu_s n^2 D^2 l \times 10^{-7}$

> **풀이**
>
> $$L = \frac{N\phi}{I} = \frac{(nl)\mu HS}{\dfrac{Hl}{(nl)}} = \frac{(nl)^2 \mu S}{l} = n^2 l \mu S = n^2 l \mu_0 \mu_s S$$
>
> $$= 4\pi \times 10^{-7} \times \mu_s n^2 l \times \frac{\pi D^2}{4} = \pi^2 \mu_s n^2 D^2 l \times 10^{-7}\,[H]$$
>
> 【답】④

문제 06 액체 유전체를 포함한 콘덴서 용량이 $C[F]$인 것에 $V[V]$의 전압을 가했을 경우에 흐르는 누설전류[A]는? (단, 유전체의 유전율은 ϵ, 고유저항은 ρ라 한다.)

① $\dfrac{\rho\epsilon}{C} V$

② $\dfrac{C}{\rho\epsilon} V$

③ $\dfrac{C}{\rho\epsilon} V^2$

④ $\dfrac{\rho\epsilon}{CV}$

> **풀이**
>
> $$RC = \rho\epsilon\,[s], \quad R = \frac{\rho\epsilon}{C}\,[\Omega] \quad \therefore \ I = \frac{V}{R} = \frac{CV}{\rho\epsilon} = \frac{CV}{\rho\epsilon_0 \epsilon_s}\,[A]$$
>
> 【답】②

문제 07

전계 E [V/m] 및 자계 H [AT/m]의 전자계가 평면파를 이루고 공기 중을 3×10^8[m/s]의 속도로 전파될 때 단위 시간 당 단위 면적을 지나는 에너지는 몇 [W/m²]인가?

① EH ② $\sqrt{\epsilon\mu}\, EH$ ③ $\dfrac{EH}{\sqrt{\epsilon\mu}}$ ④ $\dfrac{1}{2}(\epsilon E^2 + \mu H^2)$

풀이

전계 E와 자계 H가 공존하는 경우이므로 단위 체적에 대하여

$$w = \frac{1}{2}(\epsilon E^2 + \mu H^2)\,[\text{J/m}^3]$$

의 에너지가 존재한다. 지금 $E,\ H$의 전자계가 평면파를 이루고 c[m/s]의 속도로 전파된다면 진행 방향에 수직되는 단위 면적당 단위 시간에 통과하는 에너지는

$$P = \frac{1}{2}(\epsilon E^2 + \mu H^2) \cdot c\,[\text{W/m}^2], \quad c = \frac{1}{\sqrt{\epsilon\mu}}, \quad E = \sqrt{\frac{\mu}{\epsilon}}\,H$$

의 관계가 있으므로

$$P = \frac{1}{\sqrt{\epsilon\mu}}\left\{\frac{1}{2}\epsilon E\left(\sqrt{\frac{\mu}{\epsilon}}\,H\right) + \frac{1}{2}\epsilon H\left(\sqrt{\frac{\epsilon}{\mu}}\,E\right)\right\} = EH\,[\text{W/m}^2]$$

【답】 ①

문제 08

Q_1[C]으로 대전된 용량 C_1[F]의 콘덴서에 용량 C_2[F]를 병렬 연결한 경우 C_2가 분배 받는 전기량 Q_2 [C]는? (단, V_1 [V]은 콘덴서 C_1이 Q_1으로 충전되었을 때 C_1의 양단 전압이다.)

① $Q_2 = \dfrac{C_1 + C_2}{C_2}\,V_1$ ② $Q_2 = \dfrac{C_2}{C_1 + C_2}\,V_1$

③ $Q_2 = \dfrac{C_1 + C_2}{C_1}\,V_1$ ④ $Q_2 = \dfrac{C_1 C_2}{C_1 + C_2}\,V_1$

풀이

합성 용량을 C_0라고 하면 $C_0 = C_1 + C_2$ [F]

연결 후의 전위차는 $V_0 = \dfrac{Q_1}{C_1 + C_2}$ [V]

C_2가 분배받는 전기량 Q_2는

$$\therefore\ Q_2 = C_2 V_0 = \frac{C_2}{C_1 + C_2}\,Q_1 = \frac{C_1 C_2}{C_1 + C_2}\,V_1\,[\text{C}]$$

【답】 ④

문제 09

다음 중 변위전류에 관한 설명으로 가장 옳은 것은?

① 변위전류밀도는 전속밀도의 시간적 변화율이다.

② 자유공간에서 변위전류가 만드는 것은 전계이다.

③ 변위전류는 도체와 가장 관계가 깊다.

④ 시간적으로 변화하지 않는 계에서도 변위전류는 흐른다.

풀이

변위 전류 : 전속 밀도의 시간적 변화에 의한 것으로 다음과 같이 나타낼 수 있다.

$$i_d = \frac{\partial D}{\partial t}$$

【답】 ①

문제 10 평면 전자파의 전계 E와 자계 H와의 관계식으로 알맞은 것은?

① $H = \sqrt{\dfrac{\epsilon}{\mu}}\, E$ ② $H = \sqrt{\dfrac{\mu}{\epsilon}}\, E$ ③ $H = \dfrac{\epsilon}{\mu}\, E$ ④ $H = \dfrac{\mu}{\epsilon}\, E$

풀이

$\dfrac{E}{H} = \sqrt{\dfrac{\mu}{\epsilon}}$ 에서 $H = \sqrt{\dfrac{\epsilon}{\mu}}\, E$ 이다.

【답】 ①

문제 11 반지름 a[m]인 무한히 긴 원통형 도선 A, B가 중심 사이의 거리 d[m]로 평행하게 배치되어 있다. 도선 A, B에 각각 단위 길이마다 $+Q$[C/m], $-Q$[C/m]의 전하를 줄 때 두 도선 사이의 전위차는 몇 [V] 인가?

① $\dfrac{Q}{2\pi\epsilon_o} \ln \dfrac{d-a}{a}$ ② $\dfrac{Q}{2\pi\epsilon_o} \ln \dfrac{a}{d-a}$

③ $\dfrac{Q}{\pi\epsilon_o} \ln \dfrac{d-a}{a}$ ④ $\dfrac{Q}{\pi\epsilon_o} \ln \dfrac{a}{d-a}$

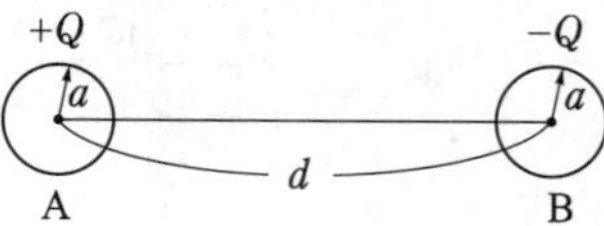

풀이

$C = \dfrac{\pi\epsilon_0}{\ln \dfrac{d-a}{a}}$, $Q = CV$ 이므로

$\therefore V = \dfrac{Q}{C} = \dfrac{Q}{\dfrac{\pi\epsilon_0}{\ln \dfrac{d-a}{a}}} = \dfrac{Q}{\pi\epsilon_o} \ln \dfrac{d-a}{a}$ [V]

【답】 ③

문제 12 비유전율 $\epsilon_s = 5$인 유전체 내의 분극률은 몇 [F/m]인가?

① $\dfrac{10^{-8}}{9\pi}$ ② $\dfrac{10^9}{9\pi}$ ③ $\dfrac{10^{-9}}{9\pi}$ ④ $\dfrac{10^8}{9\pi}$

풀이

분극의 세기 $P = \epsilon_0(\epsilon_s - 1)E$ 식에서

분극률 $\chi = \dfrac{P}{E} = \epsilon_0(\epsilon_s - 1) = \dfrac{1}{36\pi \times 10^9} \times (5-1) = \dfrac{10^{-9}}{9\pi}$ [F/m]

$\left(\epsilon_0 = \dfrac{10^7}{4\pi C^2} = \dfrac{1}{36\pi \times 10^9} ,\ \ C : 빛의\ 속도 = 3 \times 10^8 \text{[m/s]}\right)$

【답】 ③

문제 13 자속 ϕ [Wb]가 $\phi_m \cos 2\pi ft$ [Wb]로 변화할 때 이 자속과 쇄교하는 권수 N회의 코일에 발생하는 기전력은 몇 [V]인가?

① $-\pi f N \phi_m \cos 2\pi ft$ ② $\pi f N \phi_m \sin 2\pi ft$

③ $-2\pi f N \phi_m \cos 2\pi ft$ ④ $2\pi f N \phi_m \sin 2\pi ft$

기전력은 시간당 변화하는 자속의 량에 의해 결정된다.

$$e = -N\frac{d\phi}{dt} = -N\frac{d}{dt}\phi_m\cos 2\pi ft = 2\pi fN\phi_m\sin 2\pi ft\,[\text{V}]$$

【답】 ④

문제 14 반지름 $r = a$[m]인 원통 도선에 I[A]의 전류가 균일하게 흐를 때, 자계의 최대값 [AT/m]는?

① $\dfrac{I}{\pi a}$ ② $\dfrac{I}{2\pi a}$ ③ $\dfrac{I}{3\pi a}$ ④ $\dfrac{I}{4\pi a}$

원통형(원주형) 도체에서 표면($r = a$)에서
자계의 세기가 최대가 되므로

$$H = \frac{I}{2\pi r} = \frac{I}{2\pi a}\,[\text{AT/m}]$$

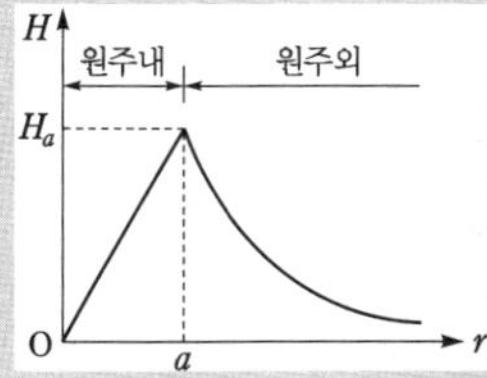

【답】 ②

문제 15 ㉠ $\Omega\cdot\text{sec}$, ㉡ sec/Ω과 같은 단위는?

① ㉠ H, ㉡ F   ② ㉠ H/m, ㉡ F/m

③ ㉠ F, ㉡ H   ④ ㉠ F/m, ㉡ H/m

시정수 t[sec]와 R[Ω], L[H], C[F]의 관계에서

$$t = \frac{L}{R} \text{ 에서 } \quad L = Rt\,, \quad \therefore [\text{H}] = [\Omega\cdot\text{sec}]$$

$$t = RC \text{ 에서 } \quad C = \frac{t}{R}\,, \quad \therefore [\text{F}] = [\text{sec}/\Omega]$$

【답】 ①

문제 16 유전률 $\epsilon_1 > \epsilon_2$인 두 유전체 경계면에 전속이 수직일 때, 경계면상의 작용력은?

① ϵ_1의 유전체에서 ϵ_2의 유전체 방향   ② ϵ_2의 유전체에서 ϵ_1의 유전체 방향

③ 전속밀도의 방향   ④ 전속밀도의 반대 방향

전계가 경계면에 수직으로 입사 할 때, 경계면을 공통
전극으로 취하는 2개의 콘덴서가 직렬로 되어있는 회
로로 볼 수 있다. 따라서, 콘덴서의 두 전극사이에는
흡인력이 작용하므로 f_1과 f_2의 방향은 서로 반대 방
향이 되고 이때 단위면적당 작용하는 힘 f_1, f_2는

$$\bullet\ f_1 = \frac{1}{2}\frac{D^2}{\epsilon_1}\,, \quad f_2 = \frac{1}{2}\frac{D^2}{\epsilon_2}$$

따라서 $\epsilon_1 > \epsilon_2$이면 $f_1 < f_2$가 된다.

• 즉, **경계면에서의 정전력은 유전율이 큰쪽에서 작은 쪽으로 향한다.**

【답】 ①

문제 17 유도계수의 단위에 해당되는 것은?

① C/F   ② V/C   ③ V/m   ④ C/V

풀이

용량계수와 유도계수의 단위는 모두 [C/V]이다. 【답】④

문제 18 전류에 의한 자계의 발생 방향을 결정하는 법칙은?

① 비오사바르의 법칙   ② 쿨롱의 법칙

③ 패러데이의 법칙   ④ 암페어의 오른손 법칙

풀이

- 비오사바르(Biot Savart)의 법칙 : 전류에 의한 자계의 세기
- 쿨롱의 법칙 : 전하들간에 작용하는 힘
- 패러데이 법칙 : 전자유도 법칙에 의한 기전력
- **암페어의 오른나사 법칙 : 전류에 의한 자계의 방향** 【답】④

문제 19 자기회로의 자기저항에 대한 설명으로 옳지 않은 것은?

① 자기회로의 단면적에 반비례 한다.

② 자기회로의 길이에 반비례 한다.

③ 자성체의 비투자율에 반비례 한다.

④ 단위는 [AT/Wb] 이다.

풀이

자기 저항 $R = \dfrac{l}{\mu_0 \mu_s S}$ [AT/Wb]이므로 $R \propto l$ 이다.

즉, **자기 저항은 길이에 비례**한다. 【답】②

문제 20 길이 20 [cm], 단면의 반지름 10 [cm]인 원통이 길이의 방향으로 균일하게 자화되어 자화의 세기가 200 [Wb/m²]인 경우, 원통 양 단자에서의 전 자극의 세기는 몇 [Wb]인가?

① π ② 2π ③ 3π ④ 4π

풀이

자화의 세기는 단위면적당의 자화된 자화량으로 정의되므로 다음과 같이 표현된다.

$$J = \frac{m}{s} \, [\text{Wb/m}^2]$$

$$\therefore \; m = J \cdot s = J \cdot \pi r^2 \, [\text{Wb}]\text{에서}$$

$$m = 200 \times \pi \times (10 \times 10^{-2})^2 = 2\pi \, [\text{Wb}]$$

【답】②

문제 21

정삼각형 배치의 선간거리가 5 [m]이고, 전선의 지름이 1 [cm]인 3상 가공 송전선의 1선의 정전용량은 약 몇 [μF/km]인가?

① 0.008
② 0.016
③ 0.024
④ 0.032

풀이

$$C_w = \frac{0.02413}{\log_{10}\dfrac{D}{r}} = \frac{0.02413}{\log_{10}\dfrac{5}{0.5 \times 10^{-2}}} = 0.008 [\mu\text{F/km}]$$

【답】①

문제 22

보일러 급수 중에 포함되어 있는 산소 등에 의한 보일러 배관의 부식을 방지할 목적으로 사용되는 장치는?

① 공기 예열기
② 탈기기
③ 급수 가열기
④ 수위 경보기

풀이

급수 중에 용해되어 있는 산소는 증기 계통, 급수 계통 등을 부식시킨다. **탈기기**(deaerator)는 **용해 산소 분리의 목적**으로 쓰인다.

【답】②

문제 23

변압기의 손실 중, 철손의 감소 대책이 아닌 것은?

① 자속 밀도의 감소
② 고배향성 규소 강판 사용
③ 아몰퍼스 변압기의 채용
④ 권선의 단면적 증가

풀이

변압기의 무부하손과 여자용량은 개개의 변압기 전압과 용량과 권선의 형식과는 무관계하게 **철심중량만으로 결정**되어진다. 예를 들면 60[Hz]용 변압기가 극히 클 경우 철심중량 Pound 당 1[W]로 무부하손실을 계산하게 된다.

【답】④

문제 24

송전 선로의 절연 설계에 있어서 주된 결정 사항으로 옳지 않은 것은?

① 애자련의 개수
② 전선과 지지물과의 이격거리
③ 전선 굵기
④ 가공지선의 차폐각도

풀이

전선 굵기는 선로의 절연 설계와는 무관하고 송전 전력, 즉 선로에 흐르는 **전류의 대소와 허용 전압 강하 등을 고려하여 결정**되어진다.

【답】③

문제 25 가공 전선로의 전선 진동을 방지하기 위한 방법으로 틀린 것은?

① 토쇼널 댐퍼(torsional damper)의 설치

② 스프링 피스톤 댐퍼와 같은 진동 제지권을 설치

③ 경동선을 ACSR로 교환

④ 클램프나 전선 접촉기 등을 가벼운 것으로 바꾸고 클램프 부근에 적당히 전선을 첨가

풀이

전선의 진동이 발생하기 좋은 조건
 ① 가벼운 전선 ② 경간이 길 경우
 ③ 가선 장력이 클 경우 ④ 전선의 바깥 지름이 클 경우
따라서, **지름에 비하여 중량이 가벼운 중공 전선이나 강심 알루미늄 전선(ACSR)은 진동의 원인이 된다.**

【답】③

문제 26 부하전류의 차단능력이 없는 것은?

① 공기차단기 ② 유입차단기 ③ 진공차단기 ④ 단로기

풀이

- 차단기(Breaker) : 아크 소호능력이 있어 부하전류나 사고전류의 차단이 가능
- 스위치(Switch) : 아크 소호능력이 없어 부하전류나 사고전류의 차단이 불 가능
- **단로기**(Disconnecting Switch)**는 스위치 이므로 아크 소호 능력이 없어 부하 전류의 개폐를 하지 못한다.**

【답】④

문제 27 차단기가 전류를 차단할 때, 재점호가 일어나기 쉬운 차단 전류는?

① 동상전류 ② 지상전류

③ 진상전류 ④ 단락전류

풀이

재점호란 전류가 0인 점에서 아크가 소호된 후 차단점에서 다시 아크를 일으키는 현상을 재점호라 하며, 이러한 현상은 **진상 전류인 무부하 충전 전류를 차단**할 때 발생하기 쉽다.

【답】③

문제 28 전력용 콘덴서에 직렬로 콘덴서 용량의 5 [%] 정도의 유도 리액턴스를 삽입하는 목적은?

① 제3고조파 전류의 억제 ② 제5고조파 전류의 억제

③ 이상전압의 발생방지 ④ 정전용량의 조절

풀이

직렬 리액터는 제5고조파 제거를 목적으로 사용된다.

$$2\pi\,(5f_0)\,L = \frac{1}{2\pi\,(5f_0)\,C} \qquad \text{따라서, } X_L = \frac{1}{25} \times X_c = 0.04 X_c$$

즉, 5고조파를 제거하기 위해서는 콘덴서 용량의 4[%]에 해당하는 직렬리액터를 설치하면 되지만 여유를 고려하여 콘덴서 용량의 5~6[%]에 해당하는 직렬리액턴스를 설치한다.

【답】②

중거리 송전선로에서 T형 회로일 경우 4단자 정수 A는?

① $1 + \dfrac{ZY}{2}$ 　　② $1 - \dfrac{ZY}{4}$ 　　③ Z 　　④ Y

풀이

T회로에서 4단자 정수

$$\begin{bmatrix} A & B \\ C & D \end{bmatrix} = \begin{bmatrix} 1 & \dfrac{Z}{2} \\ 0 & 1 \end{bmatrix} \begin{bmatrix} 1 & 0 \\ Y & 1 \end{bmatrix} \begin{bmatrix} 1 & \dfrac{Z}{2} \\ 0 & 1 \end{bmatrix} = \begin{bmatrix} 1 + \dfrac{YZ}{2} & Z\left(1 + \dfrac{YZ}{4}\right) \\ Y & 1 + \dfrac{YZ}{2} \end{bmatrix}$$

【답】 ①

피뢰기의 제한전압이란?

① 상용주파전압에 대한 피뢰기의 충격방전 개시전압

② 충격파 침입 시 피뢰기의 충격방전 개시전압

③ 피뢰기가 충격파 방전 종료 후 언제나 속류를 확실히 차단 할 수 있는 상용주파 최대전압

④ 충격파 전류가 흐르고 있을 때의 피뢰기 단자전압

풀이

제한 전압 : 피뢰기 동작 중에 계속해서 걸리고 있는 **단자 전압의 파고값**

【답】 ④

수차의 특유속도 크기를 바르게 나열한 것은?

① 펠턴수차 < 카플란수차 < 프란시스수차

② 펠턴수차 < 프란시스수차 < 카플란수차

③ 프란시스수차 < 카플란수차 < 펠턴수차

④ 카플란수차 < 펠턴수차 < 프란시스수차

풀이

수차종류	특유속도(비속도)의 한계	적용 낙차[m]
펠　톤	12 ~ 23	300 이상
프란시스	50 ~ 350	50 ~ 300
사　류	120 ~ 300	60 ~ 150
프로펠러, 카플란	200 ~ 900	50 이하

【답】 ②

송전선로에서 매설지선을 사용하는 주된 목적은?

① 코로나 전압을 저감시키기 위하여

② 뇌해를 방지하기 위하여

③ 탑각 접지저항을 줄여서 섬락을 방지하기 위하여

④ 인축의 감전사고를 막기 위하여

풀이

탑각 접지 저항이 충분히 낮지 않으면 가공 지선이 포착한 직격뢰는 대지로 흐를 수 없고, 철탑 전위가 상승하여 철탑부가 애자를 통하여, 또는 경간 내에서 가공 지선과 전력선간의 공기를 통하여, 전력선에 방전하는 역섬락을 일으킨다.

따라서, **매설지선**이란 지하 30~60 [cm] 정도의 깊이에 30~50 [m] 정도의 아연도금 철선을 매설한 것으로서 철탑의 **탑각 접지 저항을 낮추어 역섬락을 방지**하기 위한 것이다. **【답】** ③

문제 33

3상 수직배치인 선로에서 오프셋(offset)을 주는 이유는?

① 전선의 진동 억제   ② 단락 방지

③ 철탑의 중량 감소   ④ 전선의 풍압 감소

풀이

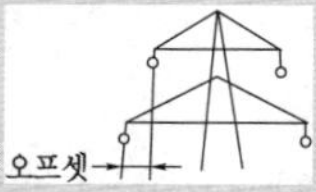

오프셋 : 전선 도약에 의한 **상간 단락 사고 방지** **【답】** ②

문제 34

1차 전압 6000 [V], 권수비 30 인 단상 변압기로부터 부하에 20 [A]를 공급할 때, 입력 전력은 몇 [kW]인가? (단, 변압기손실은 무시하고, 부하역률은 1로 한다.)

① 2   ② 2.5   ③ 3   ④ 4

풀이

변압기 2차측 전류를 1차측으로 환산하면 $I_1 = \dfrac{I_2}{a} = \dfrac{20}{30} = \dfrac{2}{3}$ [A]

역률 $\cos\theta = 1$ 이므로

입력 $P_1 = V_1 I_1 \cos\theta = 6000 \times \dfrac{2}{3} \times 1 = 4000$ [W] = 4 [kW]

【답】 ④

문제 35

전력계통의 전압조정을 위한 방법으로 적당한 것은?

① 계통에 콘덴서 또는 병렬리액터 투입   ② 발전기의 유효전력 조정

③ 부하의 유효전력 감소   ④ 계통의 주파수 조정

풀이

• 유효 전력 제어 ⇔ 주파수 제어

• 무효 전력 제어 ⇔ 전압 제어

즉, 계통에 콘덴서 또는 **병렬리액터를 투입하여 무효 전력을 조정함으로서 계통의 전압 조정**을 할 수 있다. **【답】** ①

문제 36

송전 선로에 가공 지선을 설치하는 목적은?

① 코로나 방지   ② 뇌에 대한 차폐

③ 선로 정수의 평행   ④ 철탑지지

문제 37

설비 A가 150 [kW], 수용률 0.5, 설비 B가 250 [kW], 수용률 0.8일 때 합성최대전력이 235 [kW]이면 부등률은 약 얼마인가?

① 1.10　　　　② 1.13　　　　③ 1.17　　　　④ 1.22

풀이

A 최대 전력 = 설비 용량 × 수용율 = $150 \times 0.5 = 75[\text{kW}]$
B 최대 전력 = 설비 용량 × 수용율 = $250 \times 0.8 = 200[\text{kW}]$

$$\text{부등률} = \frac{\text{개개의 최대 전력의 합}}{\text{합성 최대 전력}} = \frac{75+200}{235} = 1.17$$

【답】 ③

문제 38

송전단 전압이 3300 [V], 수전단 전압은 3000 [V]이다. 수전단의 부하를 차단한 경우, 수전단 전압이 3200 [V]라면 이 회로의 전압 변동률은 약 몇 [%] 인가?

① 3.25　　　　② 4.28　　　　③ 5.67　　　　④ 6.67

풀이

$$\text{전압변동률} = \frac{\text{무부하시의 전압} - \text{정격 전압}}{\text{정격 전압}} \times 100$$

$$= \frac{3200-3000}{3000} \times 100 = 6.67[\%]$$

【답】 ④

문제 39

진상콘덴서에 2배의 교류전압을 가했을 때 충전용량은 어떻게 되는가?

① $\frac{1}{4}$로 된다.　　② $\frac{1}{2}$로 된다.　　③ 2배로 된다.　　④ 4배로 된다.

풀이

충전 용량 $P_c = VI_c = 2\pi f C V^2$ 에서 $P_c \propto V^2$
따라서, 전압 V가 2배로 되면 충전 용량은 4배로 된다.

【답】 ④

문제 40

동일한 부하전력에 대하여 전압을 2배로 승압하면 전압강하, 전압강하율, 전력 손실률은 각각 어떻게 되는지 순서대로 나열한 것은?

① $\frac{1}{2}, \frac{1}{2}, \frac{1}{2}$　　　② $\frac{1}{2}, \frac{1}{2}, \frac{1}{4}$　　　③ $\frac{1}{2}, \frac{1}{4}, \frac{1}{4}$　　　④ $\frac{1}{4}, \frac{1}{4}, \frac{1}{4}$

풀이

항 목	관 계	관 계 식
송전전력(P)	전압의 자승에 비례	$\propto V^2$
공급용량	전압에 비례	$\propto V$
전압강하(e)	전압에 반비례	$\propto \dfrac{1}{V}$
• 전력손실(P_l) • 전압강하율(ϵ)	전압의 자승에 반비례	$\propto \dfrac{1}{V^2}$

따라서, 전압을 2배로 승압하면 전압강하는 $\dfrac{1}{2}$, 전압 강하율과 전력손실은 $\dfrac{1}{4}$ 로 감소 한다. 【답】 ③

3과목   전기기기

문제 41

유도전동기의 회전력 발생 요소 중 제곱에 비례하는 요소는?

① 슬립
② 2차 권선저항
③ 2차 임피던스
④ 2차 기전력

풀이

토크 $T = K_0 \dfrac{s E_2^2 r_2}{r_2^2 + (sx_2)^2}$ 에서 $T \propto E_2^2$(2차 기전력)

여기서, s : 슬립, r_2 : 2차 권선저항, E_2 : 2차 기전력
【답】 ④

문제 42

변압기에 사용되는 절연유의 성질이 아닌 것은?

① 절연내력이 클 것
② 인화점이 낮을 것
③ 비열이 커서 냉각효과가 클 것
④ 절연재료와 접촉해도 화학작용을 미치지 않을 것

풀이

변압기의 기름으로서 갖추어야 할 조건
① 절연 저항 및 절연내력이 클 것 (30 [kV] / 2.5 [mm] 이상)
② 절연 재료 및 금속에 화학 작용을 일으키지 않을 것
③ **인화점이 높고**(130 [℃] 이상), 응고점이 낮을 것(-30 [℃] 이하)
④ 점도가 낮고(유동성이 풍부), 비열이 커서 냉각 효과가 클 것
⑤ 고온에서도 석출물이 생기거나 산화하지 않을 것
⑥ 열전도율이 클 것
⑦ 열 팽창계수가 작고 증발로 인한 감소량이 적을 것
【답】 ②

문제 43

분로권선 및 직렬권선 1상에 유도되는 기전력을 각각 E_1, E_2 [V]라 하고 회전자를 0°에서 180°까지 변화시킬 때 3상 유도전압조정기의 출력측 선간전압의 조정범위는?

① $(E_1 \pm E_2)/\sqrt{3}$
② $\sqrt{3}(E_1 \pm E_2)$
③ $(E_1 - E_2)$
④ $3(E_1 + E_2)$

풀이

3상 유도 전압 조정기는 출력 회로의 선간 전압을 $\sqrt{3}(E_1 \pm E_2)$의 범위에 걸쳐 연속적으로 조정할 수가 있다.
【답】②

문제 44

단상 및 3상 유도전압 조정기에 관하여 옳게 설명한 것은?

① 단락 권선은 단상 및 3상 유도전압 조정기 모두 필요하다.
② 3상 유도전압 조정기에는 단락 권선이 필요 없다.
③ 3상 유도전압 조정기의 1차와 2차 전압은 동상이다.
④ 단상 유도전압 조정기의 기전력은 회전 자계에 의해서 유도 된다.

풀이

항　　목	단상 유도 전압 조정기	3상 유도 전압 조정기
단락권선	필요하다.	**필요없다.**
입력전압과 출력전압 사이의 위상차	위상차 없다.	위상차 있다.
자계	교번자계	회전자계

【답】②

문제 45

주파수 50 [Hz], 슬립 0.2인 경우의 회전자 속도가 600 [rpm]일 때에 3상 유도전동기의 극수는?

① 4
② 8
③ 12
④ 16

풀이

슬립 $s = \dfrac{N_s - N}{N_s}$ 에서　$N_s = \dfrac{N}{1-s} = \dfrac{600}{1-0.2} = 750$ [rpm]

$N_s = \dfrac{120f}{p}$ 에서　$\therefore p = \dfrac{120f}{N_s} = \dfrac{120 \times 50}{750} = 8$[극]

【답】②

문제 46

직류기에 탄소 브러시를 사용하는 주된 이유는?

① 고유저항이 작기 때문에
② 접촉저항이 작기 때문에
③ 접촉저항이 크기 때문에
④ 고유저항이 크기 때문에

풀이

저항 정류 : 접촉저항이 큰 탄소 브러시를 사용하여 정류 코일의 단락 전류를 억제해서 양호한 정류를 얻는 방법
【답】③

문제 47 직류 발전기에 있어서 계자 철심에 잔류자기가 없어도 발전되는 직류기는?

① 분권 발전기　　　　　　　　　② 직권 발전기

③ 타여자 발전기　　　　　　　　④ 복권 발전기

풀이

타여자 발전기는 외부에서 계자 권선 F에 직류 전원을 공급하므로 **잔류 자기가 없어도 된다.**

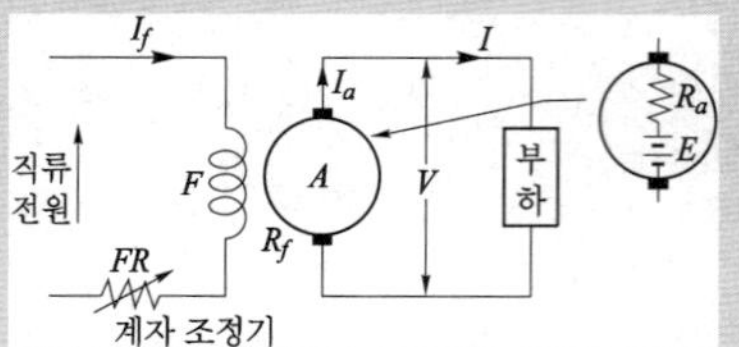

【답】③

문제 48 3300/200 [V], 10 [kVA]의 단상 변압기의 2차를 단락하여 1차측에 300 [V]를 가하니 2차에 120 [A]가 흘렀다. 이 변압기의 임피던스 전압[V]과 백분율 임피던스 강하[%]는?

① 125, 3.8　　　　　　　　　② 200, 4

③ 125, 3.5　　　　　　　　　④ 200, 4.2

풀이

1차 정격 전류 $I_{1n} = \dfrac{P}{V_1} = \dfrac{10 \times 10^3}{3300} = 3.03$ [A]

1차 단락 전류 $I_{1s} = \dfrac{1}{a}I_{2s} = \dfrac{200}{3300} \times 120 = 7.27$ [A]

2차를 1차로 환산한 등가 누설 임피던스

$$Z_{21} = \frac{V_s'}{I_{1s}} = \frac{300}{7.27} = 41.26 \ [\Omega]$$

임피던스 전압 V_s는

$$\therefore V_s = I_{1n}Z_{21} = 3.03 \times 41.26 = 125.02 \ [V]$$

백분율 임피던스 강하 %Z는

$$\therefore \%Z = \frac{V_s}{V_{1n}} \times 100 = \frac{125.02}{3300} \times 100 = 3.8 [\%]$$

【답】①

문제 49 변압기 결선 방식에서 △-△결선 방식의 특성이 아닌 것은?

① 중성점 접지를 할 수 없다.

② 110 [kV] 이상 되는 계통에서 많이 사용되고 있다.

③ 외부에 고조파 전압이 나오지 않으므로 통신장해의 염려가 없다.

④ 단상 변압기 3대 중 1대의 고장이 생겼을 때 2대로 V결선하여 송전할 수 있다.

풀이

△-△ **결선**은 중성점을 접지할 수 없어서 이상전압이 발생 할 수 있으므로 **77 [kV] 이하**의 배전용 변압기에 사용되고 그 이상에는 거의 사용되지 않는다.

【답】②

문제 50 일반적으로 전철이나 화학용과 같이 비교적 용량이 큰 수은 정류기용 변압기의 2차측 결선 방식으로 쓰이는 것은?

① 6상 2중 성형　　　　　　　　　② 3상 반파

③ 3상 전파　　　　　　　　　　　④ 3상 크로즈파

풀이

수은 정류기의 직류측 전압은 맥동이 있으므로 맥동을 적게 하기 위하여 상수를 6상 또는 12상을 사용한다. 특히 **대용량의 경우는 보통 6상식이 쓰**인다.　　　　　　　　　　【답】①

문제 51 시라게 전동기의 특성과 가장 가까운 전동기는?

① 3상 평복권 정류자전동기　　　　② 3상 복권 정류자전동기

③ 3상 직권 정류자전동기　　　　　④ 3상 분권 정류자전동기

풀이

시라게 전동기는 3상 분권 정류자 전동기이므로 직류 분권 전동기와 특성이 비슷한 정속도 전동기이다.　　　　　　　　　　【답】④

문제 52 정·역 운전을 할 수 없는 단상 유도전동기는?

① 분상 기동형　　② 세이딩 코일형　　③ 반발 기동형　　④ 콘덴서 기동형

풀이

세이딩 코일형은 돌극형 자극의 고정자와 농형 회전자로 구성된 전동기로 자극에 슬롯을 만들어서 단락된 세이딩 코일을 끼워 넣은 것이다. 구조가 간단하나 기동 토크가 매우 작고 효율과 역률이 떨어지며, **회전 방향을 바꿀 수 없는 큰 결점**이 있다.　　　　　　　　　　【답】②

문제 53 동기기의 과도 안정도를 증가시키는 방법이 아닌 것은?

① 속응 여자방식을 채용한다.　　　② 회전자의 플라이휠 효과를 크게 한다.

③ 동기화 리액턴스를 크게 한다.　　④ 조속기의 동작을 신속히 한다.

풀이

동기기의 안정도 증진법
① **동기화 리액턴스를 작게** 할 것　　② 회전자의 플라이휠 효과를 크게 할 것
③ 속응 여자 방식을 채용할 것　　　　④ 발전기의 조속기 동작을 신속히 할 것
⑤ 동기 탈조 계전기를 사용할 것　　　　　　　　　　　　　　　　【답】③

문제 54 극수는 6 회전수가 1200 [rpm]인 교류발전기와 병렬 운전하는 극수가 8인 교류발전기의 회전수[rpm]는?

① 1200　　　　　② 900　　　　　③ 750　　　　　④ 520

풀이

교류발전기의 **병렬운전 조건은 주파수가 같아야 한다.**

극수 6인 발전기의 주파수를 구하면, $N_s = \dfrac{120f}{p}$ 에서

$$\therefore f = \frac{N_s \times p}{120} = \frac{1200 \times 6}{120} = 60\,[\text{Hz}]$$

따라서, 극수 8인 발전기의 회전수는

$$\therefore N = \frac{120f}{p} = \frac{120 \times 60}{8} = 900\,[\text{rpm}]$$

【답】 ②

문제 55　어떤 변압기의 단락시험에서 %저항강하 1.5 [%]와 %리액턴스강하 3 [%]를 얻었다. 부하 역률이 80 [%] 앞선 경우의 전압변동률 [%]은?

① -0.6　　　　② 0.6　　　　③ -3.0　　　　④ 3.0

풀이

$p = 1.5[\%]$,　$q = 3[\%]$,　$\cos\theta = 0.8$(진상)

앞선 역률이므로 $\epsilon = p\cos\phi - q\sin\phi = 1.5 \times 0.8 - 3 \times 0.6 = -0.6[\%]$

【답】 ①

문제 56　교류 발전기의 고조파 발생을 방지하는데 적합하지 않은 것은?

① 전기자 슬롯을 스큐 슬롯으로 한다.　　② 전기자 권선의 결선을 Y형으로 한다.

③ 전기자 반작용을 작게 한다.　　　　　④ 전기자 권선을 전절권으로 감는다.

풀이

단절권의 장·단점 : 단절권은 전절권에 비해 다음과 같은 장·단점이 있어 동기기에서는 거의 대부분 단절권을 사용한다.

① 장점
  - 고조파를 제거하여 기전력의 파형을 개선하고
  - 코일 단부가 짧게 되어 기계전체 길이가 축소되어 동의 양이 적게 되는 이점이 있다.

② 단점
  - 전절권에 비해 합성 유기기전력이 감소

따라서, 기전력의 파형을 좋게 하고, **고조파를 제거하기 위해서는 전절권이 아닌 단절권**으로 하여야 한다.

【답】 ④

문제 57　3상 동기기에서 제동권선의 주 목적은?

① 출력 개선　　　② 효율 개선　　　③ 역률 개선　　　④ 난조 방지

풀이

제동 권선의 역할

① **난조 방지**

② 기동 토크 발생

③ 불평형 부하시의 전류, 전압 파형 개선

④ 송전선의 불평형 단락시의 이상 전압 방지

【답】 ④

직류기에서 전기자 반작용을 방지하기 위한 보상권선의 전류 방향은?

① 계자전류의 방향과 같다.　　　　　② 계자전류 방향과 반대이다.

③ 전기자 전류방향과 같다.　　　　　④ 전기자 전류방향과 반대이다.

풀이

보상권선을 전기자 권선과 직렬로 접속하고 **전기자 전류와 반대 방향**으로 전류를 흐르게 하면, 전기자 전류에 의한 전기자 반작용 자속은 보상 권선의 자속으로 상쇄되어 전기자 반작용은 상쇄된다.

【답】④

10극인 직류 발전기의 전기자 도체수가 600, 단중 파권이고 매극의 자속수가 0.01 [Wb], 600 [rpm]일 때의 유도기전력[V]은?

① 150　　　　　② 200　　　　　③ 250　　　　　④ 300

풀이

파권이므로 내부 병렬 회로수 $a = 2$이다.

$$\therefore E = \frac{pZ}{a}\phi\frac{N}{60} = \frac{10 \times 600}{2} \times 0.01 \times \frac{600}{60} = 300\,[\text{V}]$$

【답】④

전동력 응용기기에서 GD^2의 값이 적은 것이 바람직한 기기는?

① 압연기　　　　　② 엘리베이터　　　　　③ 송풍기　　　　　④ 냉동기

풀이

엘리베이터용 전동기는 일반적으로 성능이 높은 신뢰도를 지니며 기동 토크가 큰 것이 요구된다. 또한 사용빈도가 높으며, 마이너스 부하로부터 과부하까지 광범위하게 제어가 되어야 할 뿐만 아니라 기동 전류와 전동기의 GD^2이 **작아야** 하고, 소음 및 속도와 회전력의 맥동이 없어야 한다.　　【답】②

4과목　회로이론

다음과 같은 회로가 정저항 회로가 되기 위한 $R\,[\Omega]$의 값은?

① 200　　　　　　　　　② 2

③ 2×10^{-2}　　　　　　④ 2×10^{-4}

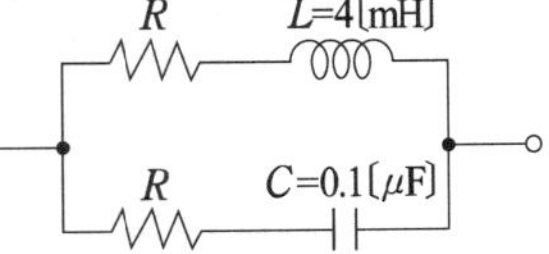

풀이

정저항 회로 조건 $R^2 = \dfrac{L}{C}$에서,　$R = \sqrt{\dfrac{L}{C}}$

$$\therefore R = \sqrt{\frac{4 \times 10^{-3}}{0.1 \times 10^{-6}}} = 200\,[\Omega]$$

【답】①

문제 62

2전력계법에서 지시 $P_1 = 100[\text{W}]$, $P_2 = 200[\text{W}]$일 때 역률[%]은?

① 50.2　　　　② 70.7　　　　③ 86.6　　　　④ 90.4

풀이

2전력계법에서 역률

$$\cos\theta = \frac{P_1 + P_2}{2\sqrt{P_1^2 + P_2^2 - P_1 \cdot P_2}} = \frac{100 + 200}{2\sqrt{100^2 + 200^2 - 100 \times 200}} = 0.866 = 86.6[\%]$$

【답】③

문제 63

$Z_1 = 2 + j11[\Omega]$, $Z_2 = 4 - j3[\Omega]$의 직렬회로에 교류전압 100 [V]를 가할 때 회로에 흐르는 전류는 몇 [A] 인가?

① 10　　　　② 8　　　　③ 6　　　　④ 4

풀이

합성 임피던스 $Z = Z_1 + Z_2 = (2 + j11) + (4 - j3) = 6 + j8 \, [\Omega]$

$$\therefore I = \frac{V}{Z} = \frac{100}{6 + j8} = \frac{100}{\sqrt{6^2 + 8^2}} = 10[\text{A}]$$

【답】①

문제 64

주기함수 $f(t)$의 푸리에 급수 전개식으로 옳은 것은?

① $f(t) = \displaystyle\sum_{n=1}^{\infty} a_n \sin n\omega t + \sum_{n=1}^{\infty} b_n \sin n\omega t$

② $f(t) = b_0 + \displaystyle\sum_{n=2}^{\infty} a_n \sin n\omega t + \sum_{n=2}^{\infty} b_n \cos n\omega t$

③ $f(t) = a_0 + \displaystyle\sum_{n=1}^{\infty} a_n \cos n\omega t + \sum_{n=1}^{\infty} b_n \sin n\omega t$

④ $f(t) = \displaystyle\sum_{n=1}^{\infty} a_n \cos n\omega t + \sum_{n=1}^{\infty} b_n \cos n\omega t$

풀이

푸리에 급수는 주파수와 진폭을 달리하는 무수히 많은 성분을 갖는 비정현파를 무수히 많은 정현항과 여현항의 합으로 표현하는 것이다.

$$f(t) = a_0 + \sum_{n=1}^{\infty} a_n \cos n\omega t + \sum_{n=1}^{\infty} b_n \sin n\omega t$$

【답】③

문제 65

$i(t) = I_0 e^{st}[\text{A}]$로 주어지는 전류가 콘덴서 $C[\text{F}]$에 흐르는 경우의 임피던스 $[\Omega]$는?

① $\dfrac{C}{s}$　　　　　　　　② $\dfrac{1}{sC}$

③ C　　　　　　　　④ sC

C에서의 전압 $v(t) = \dfrac{1}{C}\displaystyle\int i(t)dt$ 이므로

$$v(t) = \frac{1}{C}\int I_0 e^{st} dt = \frac{I_0}{sC}e^{st} \qquad \therefore Z = \frac{v(t)}{i(t)} = \frac{\dfrac{I_0 e^{st}}{sC}}{I_0 e^{st}} = \frac{1}{sC}$$

【답】②

문제 66 $E = 40 + j30\,[\text{V}]$의 전압을 가하면 $I = 30 + j10\,[\text{A}]$의 전류가 흐른다. 이 회로의 역률은?

① 0.456

② 0.567

③ 0.854

④ 0.949

$$\boldsymbol{P_a} = \overline{\boldsymbol{E}}\boldsymbol{I} = (40 - j30)(30 + j10) = 1500 - j500\,[\text{VA}]$$

즉, 유효전력 $P = 1500\,[\text{W}]$, 무효전력 $Q = 500\,[\text{Var}]$ 이다.

$$\cos\theta = \frac{P}{\sqrt{P^2 + Q^2}} = \frac{1500}{\sqrt{1500^2 + 500^2}} = 0.949$$

【답】④

문제 67 $V_a = 3\,[\text{V}]$, $V_b = 2 - j3\,[\text{V}]$, $V_c = 4 + j3\,[\text{V}]$를 3상 불평형 전압이라고 할 때 영상전압[V]은?

① 0 [V]

② 3 [V]

③ 9 [V]

④ 27 [V]

영상전압 $\boldsymbol{V_0} = \dfrac{1}{3}(\boldsymbol{V_a} + \boldsymbol{V_b} + \boldsymbol{V_c}) = \dfrac{1}{3}(3 + 2 - j3 + 4 + j3) = 3\,[\text{V}]$

【답】②

문제 68 그림과 같은 회로에서 $V - i$ 관계식은?

① $V = 0.8i$

② $V = i_s R_s - 2i$

③ $V = 2i$

④ $V = 3 + 0.2i$

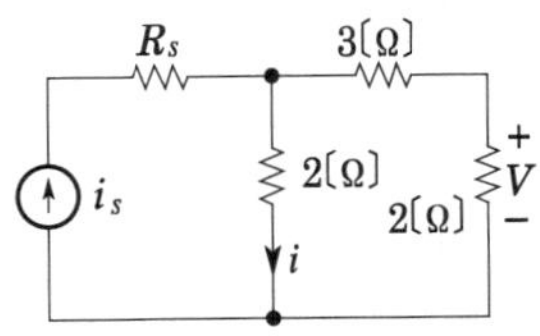

2[Ω]에서의 전압 $2i$

전압분배법칙에 의해 $V = \dfrac{2}{3+2} \times 2i = \dfrac{4}{5}i = 0.8i$

【답】①

문제 69 $f(t) = te^{-at}$의 라플라스 변환은?

① $\dfrac{2}{(s-a)^2}$

② $\dfrac{1}{s(s+a)}$

③ $\dfrac{1}{(s+a)^2}$

④ $\dfrac{1}{s+a}$

복소 추이 정리에 의해서

$$\mathcal{L}\left[te^{-at}\right] = \mathcal{L}\left[t\right]_{s=s+a} = \left[\frac{1}{s^2}\right]_{s=s+a} = \frac{1}{(s+a)^2}$$

【답】③

문제 70 회로에서 단자 a-b 사이의 합성저항 R_{ab}는 몇 $[\Omega]$인가?

(단, 저항의 크기는 $r[\Omega]$이다.)

① $\dfrac{1}{3}r$ ② $\dfrac{1}{2}r$

③ r ④ $2r$

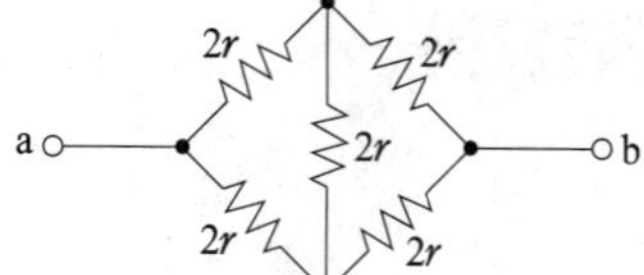

풀이

브리지 회로의 평형상태이므로 중앙에 있는 $2r$의 저항에는 전류가 흐르지 않는다.
따라서, **중앙에 있는 $2r$의 저항을 무시해도 된다.**

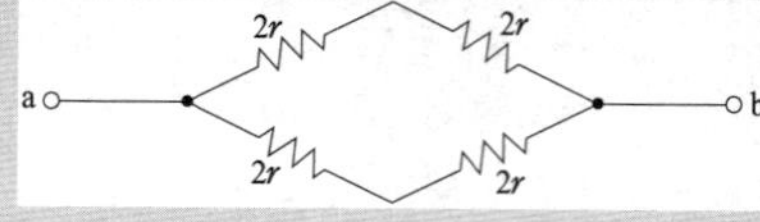

합성저항 $R_{ab} = \dfrac{4r \times 4r}{4r + 4r} = \dfrac{16r^2}{8r} = 2r[\Omega]$

【답】④

문제 71 그림과 같은 4단자 회로의 어드미턴스 파라미터 중 $Y_{11}[\mho]$은?

① $-j\dfrac{1}{35}$ ② $j\dfrac{2}{35}$

③ $-j\dfrac{1}{33}$ ④ $j\dfrac{2}{33}$

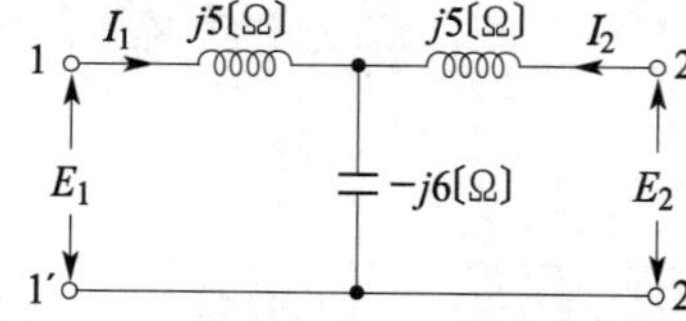

풀이

$$Y_{11} = \frac{I_1}{E_1}\bigg|_{E_2=0}$$

($\because E_2 = 0$ 이므로 단자 2-2'는 단락 상태 임)

$$I_1 = \frac{E_1}{j5 + \dfrac{j5 \times (-j6)}{j5 - j6}} = \frac{E_1}{j5 + \dfrac{30}{-j}} = \frac{E_1}{j5 + j30} = \frac{E_1}{j35}$$

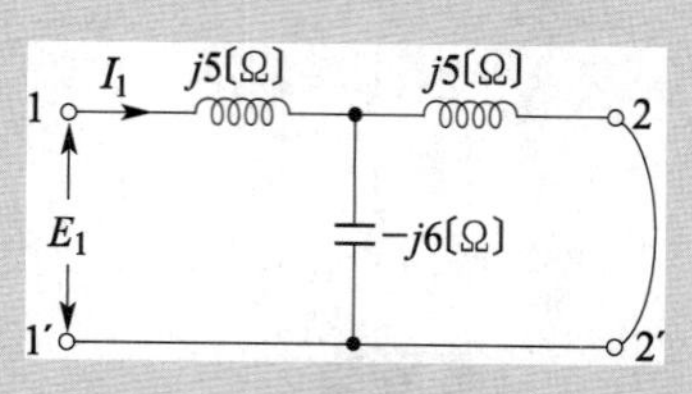

$$\therefore\ Y_{11} = \frac{\dfrac{E_1}{j35}}{E_1} = \frac{1}{j35} = -j\frac{1}{35}\,[\mho]$$

【답】①

문제 72 $R = 4[\Omega]$, $\omega L = 3[\Omega]$의 직렬회로에 $e = 100\sqrt{2}\sin\omega t + 50\sqrt{2}\sin 3\omega t\,[\text{V}]$를 가할 때 이
회로의 소비전력은 약 몇 $[\text{W}]$ 인가?

① 1414 ② 1514 ③ 1703 ④ 1903

주어진 비정현파는 기본파와 제3고조파 분으로 이루어져 있다.

$$P = I^2 R = \left(\frac{E}{\sqrt{R^2 + X^2}}\right)^2 R = \frac{E^2 R}{R^2 + X^2} \text{에서}$$

• 기본파에 의한 전력 P_1은

$$P_1 = \frac{E_1^2 R}{R^2 + X_1^2} = \frac{100^2 \times 4}{4^2 + 3^2} = 1600 \,[\text{W}]$$

• 3고조파에 의한 전력 P_3은

$$P_3 = \frac{E_3^2 R}{R^2 + X_3^2} = \frac{50^2 \times 4}{4^2 + (3 \times 3)^2} = 103 \,[\text{W}]$$

($\because$ 리액턴스 $X = 2\pi f L$에서 X는 주파수에 비례한다. 그러므로 **3고조파에서의 리액턴스 X_3는 X의 3배가 된다.**) 따라서, 이 회로의 소비전력 $P = P_1 + P_3 = 1600 + 103 = 1703\,[\text{W}]$ 【답】③

문제 73 그림과 같은 회로에서 스위치 S를 닫았을 때, 시정수 [sec]의 값은?
(단, $L = 10\,[\text{mH}]$, $R = 20\,[\Omega]$ 이다.)

① 5×10^{-3} ② 5×10^{-4}

③ 200 ④ 2000

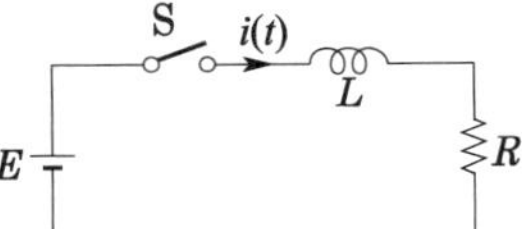

$R - L$ 직렬 회로의 시정수 $\tau = \dfrac{L}{R}\,[\text{s}]$

$$\therefore \tau = \frac{10 \times 10^{-3}}{20} = 5 \times 10^{-4}\,[\text{s}]$$

【답】②

문제 74 정전용량이 같은 콘덴서 2개를 병렬로 연결 했을 때의 합성 정전용량은 직렬로 연결 했을 때의 몇 배인가?

① 2 ② 4 ③ 6 ④ 8

정전용량을 C, 직렬로 연결할 때의 정전용량을 C_s, 병렬로 연결할 때의 정전용량을 C_p라 하면

$$C_s = \frac{C \times C}{C + C} = \frac{C^2}{2C} = \frac{C}{2}, \quad C_p = C + C = 2C, \quad \therefore C_p = 4C_s$$

【답】②

문제 75 대칭 5상 회로의 선간전압과 상전압의 위상차는?

① 27° ② 36° ③ 54° ④ 72°

대칭 n상인 경우 기전력의 위상차는

$$\theta = \frac{\pi}{2}\left(1 - \frac{2}{n}\right) = \frac{180°}{2}\left(1 - \frac{2}{5}\right) = 90° \times \frac{3}{5} = 54°$$

【답】③

문제 76 전달함수에 대한 설명으로 틀린 것은?

① 어떤 계의 전달함수는 그 계에 대한 임펄스 응답의 라플라스 변환과 같다.

② 전달함수는 $\dfrac{\text{출력 라플라스 변환}}{\text{입력 라플라스 변환}}$ 으로 정의된다.

③ 전달함수가 s 가 될 때 적분요소라 한다.

④ 어떤 계의 전달함수의 분모를 0으로 놓으면 이것이 곧 특성방정식이 된다.

풀이

적분 요소의 전달 함수 : $\dfrac{K}{s}$

【답】③

문제 77 그림과 같은 대칭 3상 Y결선 부하 $Z = 6 + j8[\Omega]$에 200[V]의 상전압이 공급될 때 선전류는 몇 [A] 인가?

① 15

② 20

③ $15\sqrt{3}$

④ $20\sqrt{3}$

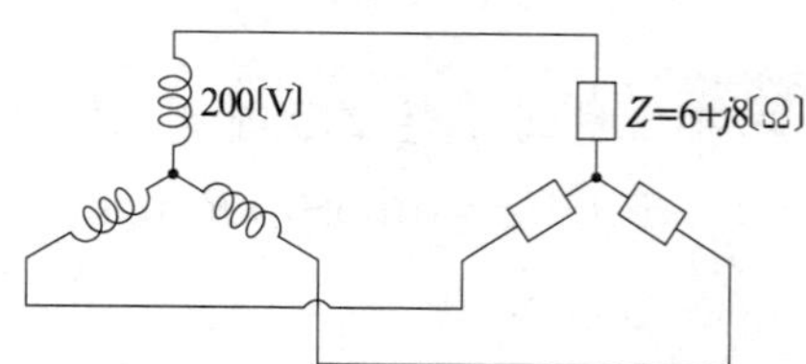

풀이

상전류 $I_p = \dfrac{V_p}{Z} = \dfrac{200}{6+j8} = \dfrac{200}{\sqrt{6^2+8^2}} = 20[A]$

Y결선에서 '선전류=상전류' 이므로,
선전류 $I_l = I_p = 20\,[A]$

【답】②

문제 78 그림과 같은 비정현파의 실효값[V]은?

① 46.9

② 51.6

③ 56.6

④ 63.3

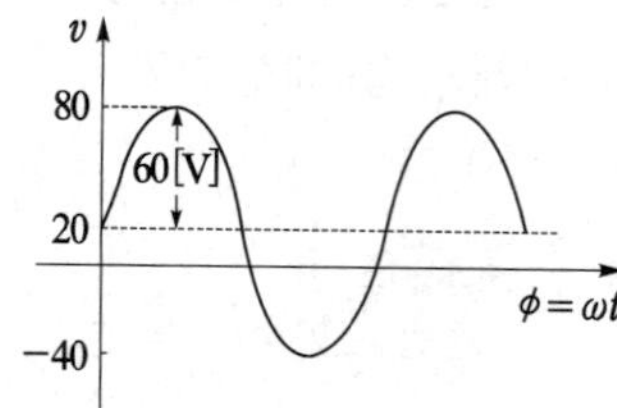

풀이

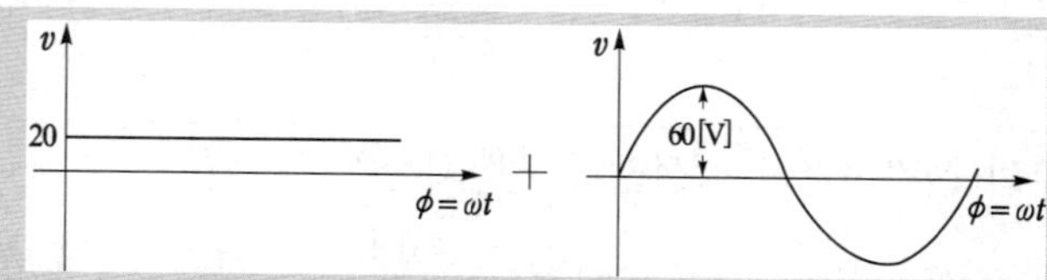

그림은 크기가 20[V]인 직류 전압과 최대값 $V_m = 60[V]$인 정현파의 합이다.

따라서, 전압 $V = 20 + 60\sin\omega t$ [V]으로 표현된다.

비정현파의 실효값 $V = \sqrt{\text{각 파의 실효값 제곱의 합}} = \sqrt{20^2 + \left(\dfrac{60}{\sqrt{2}}\right)^2} = 46.90[V]$

【답】①

정현파 교류 전압의 평균값은 최대값의 약 몇 [%] 인가?

① 50.1 ② 63.7 ③ 70.7 ④ 90.1

풀이

정현파에서 평균값 $V_{av} = \dfrac{2V_m}{\pi} = 0.637 V_m$ 이므로,

정편파 교류 전압의 평균값은 최대값의 약 63.7 [%]이다. **【답】** ②

4단자 회로에서 4단자 정수가 $A = \dfrac{15}{4}$, $D = 1$이고, 영상 임피던스 $Z_{02} = \dfrac{12}{5}$[Ω]일 때 영상 임피던스 Z_{01} [Ω] 은?

① 9 ② 6 ③ 4 ④ 2

풀이

$$Z_{01} \cdot Z_{02} = \frac{B}{C}, \qquad \frac{Z_{01}}{Z_{02}} = \frac{A}{D} \quad \text{에서}$$

$$Z_{01} = \frac{A}{D} Z_{02} = \frac{\frac{15}{4}}{1} \times \frac{12}{5} = \frac{180}{20} = 9[\Omega]$$

【답】 ①

5과목 전기설비기술기준 및 판단기준

전자개폐기의 조작회로 또는 초인벨·경보벨 등에 접속하는 전로로서 최대사용전압이 60 [V] 이하인 것으로 대지전압이 몇 [V] 이하인 강 전류 전기의 전송에 사용하는 전로와 변압기로 결합되는 것을 소세력 회로라 하는가?

① 100 ② 150

③ 300 ④ 440

풀이

소세력 회로의 시설(판단기준 제244조)
전자 개폐기 조작회로 또는 차임벨, 경보벨 등에 접속하는 60 [V] 이하의 **소세력 회로에는 1차 대지 전압 300 [V] 이하**, 2차 대지 전압 60 [V] 이하의 절연 변압기를 사용할 것 **【답】** ③

지상에 설치한 380[V]용 저압 전동기의 금속제 외함에는 제 몇 종 접지공사를 하여야 하는가?

① 제1종 접지공사 ② 제2종 접지공사

③ 제3종 접지공사 ④ 특별 제3종 접지공사

풀이

기계 기구의 철대 및 외함의 접지 (판단기준 제33조)

기계기구의 구분	접지공사
400 [V] 미만인 저압용의 것	**제3종 접지공사**
400 [V] 이상의 저압용의 것	특별 제3종 접지공사
고압용 또는 특고압용의 것	제1종 접지공사

【답】 ③

문제 83

제2차 접근상태를 바르게 설명한 것은?

① 가공전선이 전선의 절단 또는 지지물의 도괴 등이 되는 경우에 당해 전선이 다른 시설물에 접속될 우려가 있는 상태

② 가공전선이 다른 시설물과 접근하는 경우에 당해 가공전선이 다른 시설물의 위쪽 또는 옆쪽에서 수평거리로 3 [m] 미만인 곳에 시설되는 상태

③ 가공전선이 다른 시설물과 접근하는 경우에 가공전선을 다른 시설물과 수평되게 시설되는 상태

④ 가공선로에 제2종 접지공사를 하고 보호망으로 보호하여 인축의 감전 상태를 방지하도록 조치하는 상태

풀이

정의(판단기준 제2조)

"**제2차 접근상태**"란 가공 전선이 다른 시설물과 접근하는 경우에 그 가공 전선이 다른 시설물의 **위쪽 또는 옆쪽**에서 **수평거리로 3[m] 미만**인 곳에 시설되는 상태를 말한다.

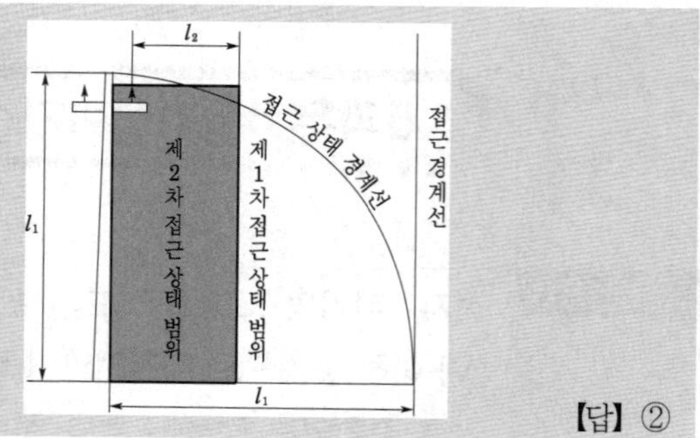

【답】 ②

문제 84

화약류 저장소의 전기설비의 시설기준으로 틀린 것은?

① 전로의 대지전압은 150[V] 이하일 것

② 전기기계기구는 전폐형의 것일 것

③ 전용 개폐기 및 과전류차단기는 화약류저장소 밖에 설치할 것

④ 개폐기 또는 과전류차단기에서 화약류저장소의 인입구까지의 배선은 케이블을 사용할 것

풀이

화약류 저장소에서 전기설비의 시설(판단기준 제202조)
화약류 저장소 안에는 전기설비를 시설하여서는 아니 된다. 다만, 백열전등이나 형광등 또는 이들에 전기를 공급하기 위한 전기설비(개폐기 및 과전류 차단기를 제외한다)는 다음 각 호에 따라 시설하는 경우에는 그러하지 아니하다.

① 전로의 대지 전압은 300 [V] 이하일 것
② 전기 기계 기구는 전폐형의 것일 것
③ 전용의 개폐기 및 과전류 차단기를 화약류 저장소 이외의 곳에 취급자 이외의 자가 쉽게 조작할 수 없도록 시설하고 전로에 지기가 생길 때에 자동적으로 전로를 차단하거나 경보하는 장치를 할 것
④ 전용의 개폐기 또는 과전류 차단기에서 화약류 저장소 인입구까지의 배선에는 케이블을 사용하여 지하에 시설하여야 한다.

【답】 ①

문제 85

고압 보안공사에 철탑을 지지물로 사용하는 경우 경간은 몇 [m] 이하이어야 하는가?

① 100　　② 150　　③ 400　　④ 600

풀이

보안공사 (판단기준 제77조, 제78조, 제125조)
표준 경간과 보안 공사의 경우 경간　　　　단위 : [m]

지지물의 종류	표준 경간	저·고압 보안공사	1종 특고압 보안공사	2·3종 특고압 보안공사
목주, A종 철주, A종 철근 콘크리트주	150	100	×	100
B종 철주, B종 철근 콘크리트주	250	150	150	200
철 탑	600	**400**	400	400

【답】 ③

문제 86

옥내에 시설하는 전동기에 과부하 보호장치의 시설을 생략할 수 없는 경우는?

① 전동기가 단상의 것으로 전원측 전로에 시설하는 과전류 차단기의 정격전류가 15[A] 이하인 경우
② 전동기가 단상의 것으로 전원측 전로에 시설하는 배선용 차단기의 정격전류가 20[A] 이하인 경우
③ 전동기 운전 중 취급자가 상시 감시할 수 있는 위치에 시설하는 경우
④ 전동기의 정격출력이 0.75[kW]인 전동기

풀이

전동기의 과부하 보호 장치의 시설 (판단기준 제174조)
옥내에 시설하는 전동기에는 소손할 우려가 있는 과전류가 생긴 경우 자동적으로 이를 저지하거나 경보하는 장치를 하여야 한다. 단 다음의 경우에는 **보호 장치를 생략**할 수 있다.
① 전동기 운전 중 상시 감시자가 감시할 수 있는 위치에 시설하는 경우
② 전동기의 구조상 또는 부하의 성질상 과전류가 생길 우려가 없는 것
③ 단상 전동기를 15 [A] 분기 회로에 접속한 경우 (배선용 차단기는 20 [A] 이하)
④ **0.2 [kW] 이하의 전동기**

【답】 ④

문제 87

전기욕기용 전원장치로부터 욕기안의 전극까지의 전선상호간 및 전선과 대지사이에 절연저항 값은 몇 [MΩ] 이상이어야 하는가?

① 0.1　　② 0.2　　③ 0.3　　④ 0.4

풀이

전기 욕기의 시설(판단기준 제239조)
전기 욕기용 전원 장치로부터 욕탕 안의 전극까지의 전선 상호간 및 **전선과 대지 사이의 절연 저항값은**
0.1[MΩ] 이상일 것　　　　　　　　　　　　　　　　　　　　　　　　　　　　　　【답】①

문제 88

특고압 가공전선로의 지지물 중 전선로의 지지물 양쪽의 경간의 차가 큰 곳에 사용하는 철탑은?

① 내장형 철탑　　　② 인류형 철탑　　　③ 보강형 철탑　　　④ 각도형 철탑

풀이

철탑의 종류 (판단기준 제114조)
① 직선형 : 전선로의 직선부분(3도 이하인 수평각도를 이루는 곳을 포함한다.)에 사용하는 것. 다만,
　 내장형 및 보강형에 속하는 것을 제외한다.
② 각도형 : 전선로 중 3도를 넘는 수평각도를 이루는 곳에 사용하는 것
③ 인류형 : 전가섭선을 인류하는 곳에 사용하는 것
④ **내장형** : 전선로의 지지물 **양쪽의 경간의 차가 큰 곳에 사용**하는 것
⑤ 보강형 : 전선로의 직선부분에 그 보강을 위하여 사용하는 것　　　　　　　　　【답】①

문제 89

400[V] 미만의 저압 옥내배선을 할 때 점검할 수 없는 은폐장소에 할 수 없는 배선공사는?
① 금속관 공사　　　　　　　　　　② 합성수지관 공사
③ 금속몰드 공사　　　　　　　　　④ 플로어덕트 공사

풀이

저압 옥내배선의 시설장소별 공사의 종류 (판단기준 제180조)
금속 몰드 공사는 400 [V] 미만의 건조하고 **전개된 장소에만 시설**할 수 있다.　　　【답】③

문제 90

저압 연접인입선은 폭 몇 [m]를 초과하는 도로를 횡단하지 않아야 하는가?
① 5　　　　　　　② 6　　　　　　　③ 7　　　　　　　④ 8

풀이

저압 연접 인입선 시설 (판단기준 제101조)
한 수용 장소 인입구에서 분기하여 지지물을 거치지 아니하고 다른 수용 장소 인입구에 이르는 전선이
며 시설 기준은 다음과 같다.
① 분기하는 점으로부터 100 [m]를 초과하지 않을 것
② **폭 5 [m]를 넘는 도로를 횡단하지 않을 것**
③ 옥내를 관통하지 않을 것　　　　　　　　　　　　　　　　　　　　　　　　　　【답】①

문제 91

임시 가공전선로의 지지물로 철탑을 사용시 사용기간은?
① 1개월 이내　　　② 3개월 이내　　　③ 4개월 이내　　　④ 6개월 이내

문제 92　　특고압 가공전선을 삭도와 제1차 접근상태로 시설되는 경우 최소 이격거리에 대한 설명 중 틀린 것은?

① 사용전압이 35 [kV] 이하의 경우는 1.5 [m] 이상

② 사용전압이 35 [kV] 이하이고 특고압 절연전선을 사용한 경우 1 [m] 이상

③ 사용전압이 70 [kV] 인 경우 2.12 [m] 이상

④ 사용전압이 35 [kV] 초과하고 60 [kV] 이하인 경우 2.0 [m] 이상

문제 93　　고압 및 특고압의 전로에 시설하는 피뢰기의 접지공사는?

① 특별 제3종　　　② 제3종　　　③ 제2종　　　④ 제1종

문제 94　　지중전선로에서 지중전선을 넣은 방호장치의 금속제부분·금속제의 전선 접속함에 적합한 접지공사는?

① 제1종 접지공사　　　　　　　　② 제2종 접지공사

③ 제3종 접지공사　　　　　　　　④ 특별 제3종 접지공사

> **풀이**
>
> 지중전선의 피복금속체 접지(판단기준 제139조)
> 금속체의 전선 접속함 및 지중 전선의 피복으로 사용하는 **금속체에는 제3종 접지공사**를 하여야 한다.
> **【답】③**

문제 95 특고압 가공전선이 도로, 횡단보도교, 철도와 제1차 접근상태로 시설되는 경우 특고압 가공전선로는 제 몇 종 보안공사를 하여야 하는가?

① 제1종 특고압 보안공사   ② 제2종 특고압 보안공사

③ 제3종 특고압 보안공사   ④ 특별 제3종 특고압 보안공사

> **풀이**
>
> 특고압 가공전선과 도로 등의 접근 또는 교차(판단기준 제127조)
> ① **건조물과 제1차 접근상태로 시설 : 제3종 특고압 보안공사**
> ② 건조물과 제2차 접근상태로 시설 : 제2종 특고압 보안공사
> ③ 도로 등과 교차하여 시설 : 제2종 특고압 보안공사
> ④ 가공 약전류선과 공가하여 시설 : 제2종 특고 보안공사에 의한다.
> **【답】③**

문제 96 폭연성 분진 또는 화약류의 분말이 존재하는 곳의 저압옥내배선은 어느 공사에 의하는가?

① 애자 사용 공사 또는 가요 전선관 공사

② 캡타이어 케이블 공사

③ 합성 수지관 공사

④ 금속관 공사 또는 케이블 공사

> **풀이**
>
> 먼지가 많은 장소에서의 저압의 시설 (판단기준 제199조)
> **폭연성 분진**(마그네슘, 알루미늄, 티탄, 지르코늄 등의 먼지로 쌓여진 상태에서 착화된 때에 폭발할 우려가 있는 것), 화약류 분말이 존재하는 곳, 가연성의 가스 또는 인화성 물질의 증기가 새거나 체류하는 곳의 전기 공작물은 **금속관 공사, 또는 케이블 공사**(캡타이어 케이블을 제외한다)에 의하여야 하며 금속관 공사를 하는 경우 관 상호 및 관과 박스 등은 5턱 이상의 나사 조임으로 접속하여야 한다. **【답】④**

문제 97 가공전선로에 사용하는 지지물의 강도 계산 시 구성재의 수직 투영면적 $1\,[\text{m}^2]$에 대한 풍압을 기초로 적용하는 갑종풍압하중 값의 기준이 잘못된 것은?

① 목주 : 588 [Pa]   ② 원형 철주 : 588 [Pa]

③ 철근콘크리트주 : 1117 [Pa]   ④ 강관으로 구성된 철탑 : 1255 [Pa]

> **풀이**
>
> 풍압하중의 종별과 적용(판단기준 제62조)
>
> | 풍압을 받는 구분 | | 풍압 [Pa] |
> |---|---|---|
> | 철근 | 원형의 것 | 588 |
> | 콘크리트주 | 기타의 것 | 822 |
>
> **【답】③**

고압 가공전선이 경동선인 경우 안전율은 얼마 이상이어야 하는가?

① 2.0 ② 2.2 ③ 2.5 ④ 3.0

풀이

저고압 가공전선의 안전율 (판단기준 제71조)
고압 가공전선은 케이블인 경우 이외에는 다음의 안전율 이상이 되는 이도로 시설하여야 한다.
- **경동선** 또는 내열 동합금선 : **2.2 이상**
- 그 밖의 전선 : 2.5 이상

【답】②

일반주택 및 아파트 각 호실의 현관 등은 몇 분 이내에 소등되는 타임스위치를 시설하여야 하는가?

① 1분 ② 3분 ③ 5분 ④ 10분

풀이

점멸 장치와 타임 스위치 등의 시설 (판단기준 제177조)
- 호텔, 또는 여관 각 객실 입구등은 1분 이내 소등되는 것
- **일반 주택 및 아파트 각 호실의 현관등은 3분 이내 소등**되는 것

【답】②

220 [V]용 유도 전동기의 철대 및 금속제 외함에 적합한 접지공사는?

① 제1종 접지공사 ② 제2종 접지공사
③ 제3종 접지공사 ④ 특별 제3종 접지공사

풀이

기계 기구의 철대 및 외함의 접지 (판단기준 제33조)
전로에 시설하는 기계 기구의 철대 및 금속제 외함에는 표에서 정한 접지공사를 하여야 한다.

기계 기구의 구분	접지공사
400 [V] 미만의 것	**제3종 접지공사**
400 [V] 이상의 저압용의 것	특별 제3종 접지공사
고압용 또는 특고압용의 것	제1종 접지공사

【답】③

MEMO

D-60 시리즈 2-1

2015년도
전기산업기사 필기

- ▸ 15년 제1회 전기산업기사
- ▸ 15년 제2회 전기산업기사
- ▸ 15년 제3회 전기산업기사

국가기술자격검정 필기시험 문제

2015년도 전기산업기사 일반검정 제1회

수검 번호	성 명

자격종목 및 등급(선택분야)	종목코드	시험시간	문제지형별
전기산업기사	2140	2시간 30분	A

1과목 전기자기학

문제 01

그림과 같은 자기회로에서 $R_1 = 0.1$[AT/Wb], $R_2 = 0.2$[AT/Wb], $R_3 = 0.3$[AT/Wb]이고 코일은 10[회] 감았다. 이 때 코일에 10[A]의 전류를 흘리면 $\overline{\mathrm{ACB}}$간에 투과하는 자속 ϕ은 약 몇 [Wb]인가?

① 2.25×10^2

② 4.55×10^2

③ 6.50×10^2

④ 8.45×10^2

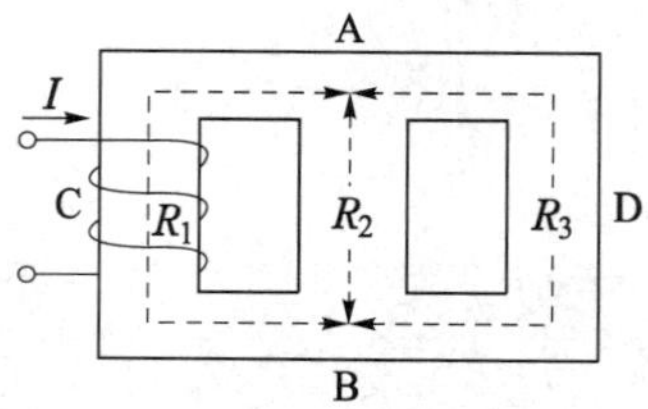

풀이

합성 저항 R는

$$R = R_1 + \frac{R_2 R_3}{R_2 + R_3} = 0.1 + \frac{0.2 \times 0.3}{0.2 + 0.3}$$

$$= 0.1 + 0.12 = 0.22 \text{[AT/Wb]}$$

$N = 10$, $I = 10$[A]이므로 기자력 $F = NI = R\phi$에서

$$\text{자속 } \phi = \frac{NI}{R} = \frac{10 \times 10}{0.22} = 4.55 \times 10^2 \text{[Wb]}$$

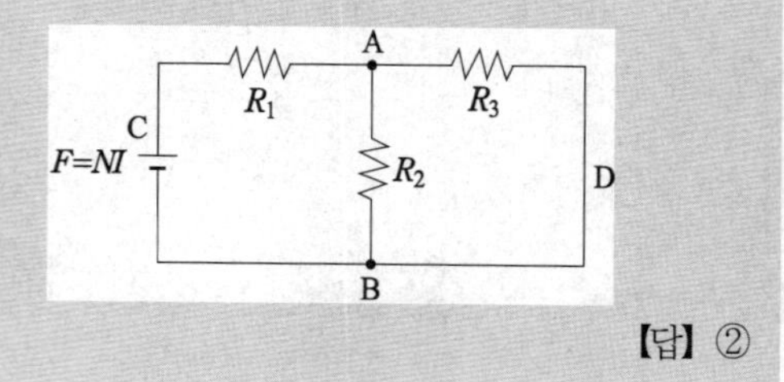

【답】 ②

문제 02

공간도체 중의 정상 전류 밀도를 i, 공간 전하밀도를 ρ라고 할 때 키르히호프의 전류법칙을 나타내는 것은?

① $i = 0$ ② $\mathrm{div}\,i = 0$ ③ $i = \dfrac{\partial \rho}{\partial t}$ ④ $\mathrm{div}\,i = \infty$

풀이

키르히호프의 전류 법칙은

$$\sum I = 0 = \int_s i \cdot dS = \int_v \mathrm{div}\,i\,dv$$

가 되어 $\mathbf{div}\,i = 0$이다. 즉 단위 체적당의 전류의 발산은 없다. (전류의 연속성)

【답】 ②

전계의 세기를 주는 대전체 중 거리 r에 반비례하는 것은 ?

① 구전하에 의한 전계

② 점전하에 의한 전계

③ 선전하에 의한 전계

④ 전기쌍극자에 의한 전계

풀이

- 구전하에 의한 전계 $E = \dfrac{Q}{4\pi\epsilon_0 r^2} \propto \dfrac{1}{r^2}$

- 점전하에 의한 전계 $E = \dfrac{Q}{4\pi\epsilon_0 r^2} \propto \dfrac{1}{r^2}$

- **선전하에 의한 전계** $E = \dfrac{\lambda}{2\pi\epsilon_0 r} \propto \dfrac{1}{r}$

- 전기 쌍극자에 의한 전계 $E = \dfrac{M\sqrt{1+3\cos^2\theta}}{4\pi\epsilon_0 r^3} \propto \dfrac{1}{r^3}$

【답】③

무한길이의 직선 도체에 전하가 균일하게 분포되어 있다. 이 직선 도체로부터 l인 거리에 있는 점의 전계의 세기는?

① l에 비례한다.

② l에 반비례한다.

③ l^2에 비례한다.

④ l^2에 반비례한다.

풀이

전계의 세기

선전하 밀도 λ [C/m]로 분포되어 있는 무한장 직선 도체에서 거리 l [m]인 점에서의 전계의 세기 E

- $E = \dfrac{\lambda}{2\pi\epsilon_0 l}$ [V/m] $\qquad \therefore E \propto \dfrac{1}{l}$

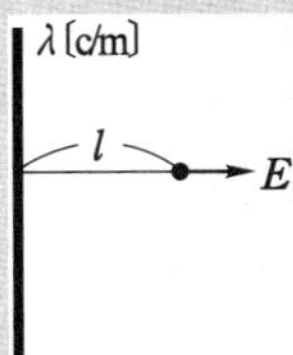

【답】②

6.28 [A]가 흐르는 무한장 직선 도선상에서 1[m] 떨어진 점의 자계의 세기 [A/m]는?

① 0.5

② 1

③ 2

④ 3

풀이

무한장 직선 전류에 의한 자계의 세기

$H = \dfrac{I}{2\pi r}$ [AT/m]에서 $\qquad H = \dfrac{6.28}{2\pi \times 1} = 1$ [AT/m]

【답】②

유전율 ϵ, 투자율 μ인 매질 중을 주파수 f[Hz]의 전자파가 전파되어 나갈 때의 파장은 몇 [m]인가?

① $f\sqrt{\epsilon\mu}$

② $\dfrac{1}{f\sqrt{\epsilon\mu}}$

③ $\dfrac{f}{\sqrt{\epsilon\mu}}$

④ $\dfrac{\sqrt{\epsilon\mu}}{f}$

풀이

전자파의 전파속도 $v = \dfrac{1}{\sqrt{\epsilon\mu}} = \dfrac{3 \times 10^8}{\sqrt{\epsilon_r \mu_r}}$ [m/s] 이므로,

파장 $\lambda = \dfrac{v}{f} = \dfrac{\frac{1}{\sqrt{\epsilon\mu}}}{f} = \dfrac{1}{f\sqrt{\epsilon\mu}}$ [m]

【답】②

문제 07 정전용량 6[μF], 극간거리 2[mm]의 평행 평판 콘덴서에 300[μC]의 전하를 주었을 때 극판 간의 전계는 몇 [V/mm]인가?

① 25　　　　　　　② 50　　　　　　　③ 150　　　　　　　④ 200

풀이

$$V = \frac{Q}{C} = \frac{300 \times 10^{-6}}{6 \times 10^{-6}} = 50[\text{V}]$$

따라서, 전계 $E = \dfrac{V}{d} = \dfrac{50}{2} = 25[\text{V/mm}]$

【답】①

문제 08 전자석의 재료(연철)로 적당한 것은?

① 잔류자속밀도가 크고, 보자력이 작아야 한다.
② 잔류자속밀도와 보자력이 모두 작아야 한다.
③ 잔류자속밀도와 보자력이 모두 커야 한다.
④ 잔류자속밀도가 작고, 보자력이 커야 한다.

풀이

- 영구자석 재료 : 잔류자기(B_r) 및 보자력(H_c)이 클 것
- **전자석 재료** : 히스테리시스 곡선 면적은 적고, **잔류 자기(B_r)는 크고, 보자력(H_c)은 작아야 한다.**

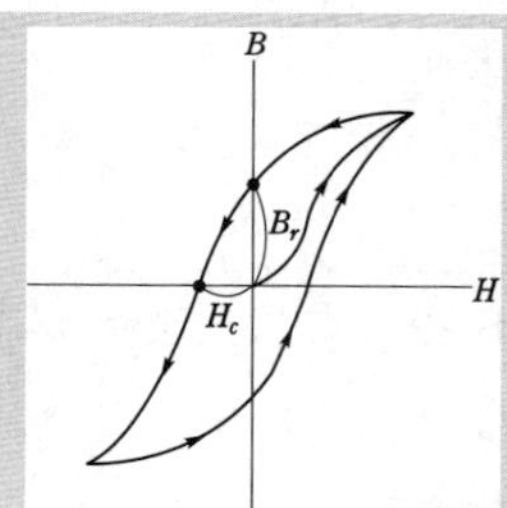

【답】①

문제 09 10 [V]의 기전력을 유기시키려면 5초간에 몇 [Wb]의 자속을 끊어야 하는가?

① 2　　　　　　　② 10　　　　　　　③ 25　　　　　　　④ 50

풀이

패러데이 법칙 $e = \dfrac{d\phi}{dt}$ 에서

$10 = \dfrac{d\phi}{5}$ 이므로 $d\phi = 10 \times 5 = 50[\text{Wb}]$

【답】④

유전체에 가한 전계 E [V/m]와 분극의 세기 P [C/m^2], 전속밀도 D[C/m^2]간의 관계식으로 옳은 것은?

① $P = \epsilon_o(\epsilon_s - 1)E$ ② $P = \epsilon_o(\epsilon_s + 1)E$

③ $D = \epsilon_o E - P$ ④ $D = \epsilon_o \epsilon_s E + P$

풀이

$$E = \frac{\sigma - \sigma_p}{\epsilon_0} = \frac{D - P}{\epsilon_0}\,[\text{V/m}]$$

$$D = \epsilon_0 E + P = \epsilon_0 \epsilon_s E\,[\text{C/m}^2]$$

$$\therefore P = \epsilon_0(\epsilon_s - 1)E\,[\text{C/m}^2]$$

여기서, σ : 진전하, σ_p : 속박전하, $\sigma - \sigma_p$: 자유전하

【답】①

반지름이 r_1인 가상구 표면에 $+Q$의 전하가 균일하게 분포되어 있는 경우, 가상구 내의 전위분포에 대한 설명으로 옳은 것은?

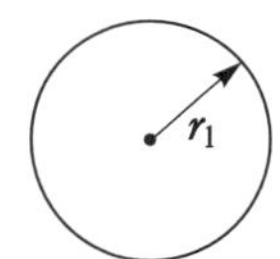

① $V = \dfrac{Q}{4\pi\epsilon_0 r_1}$ 로 반지름에 반비례하여 감소한다.

② $V = \dfrac{Q}{4\pi\epsilon_0 r_1}$ 로 일정하다.

③ $V = \dfrac{Q}{4\pi\epsilon_0 r_1^2}$ 로 반지름에 반비례하여 감소한다.

④ $V = \dfrac{Q}{4\pi\epsilon_0 r_1^2}$ 로 일정하다.

풀이

전하 $+Q$가 가상구 표면에 균일하게 분포하는 것은 도체구를 의미하므로 **가상구 내부의 전위는 표면전위와 같다.** 즉 가상구(도체구)의 표면전위는 점전하 $+Q$가 중심에 있고 거리 r_1인 점의 전위와 같으므로

$$V = \frac{Q}{4\pi\epsilon_0 r_1}\,(\text{내부 : 일정})$$

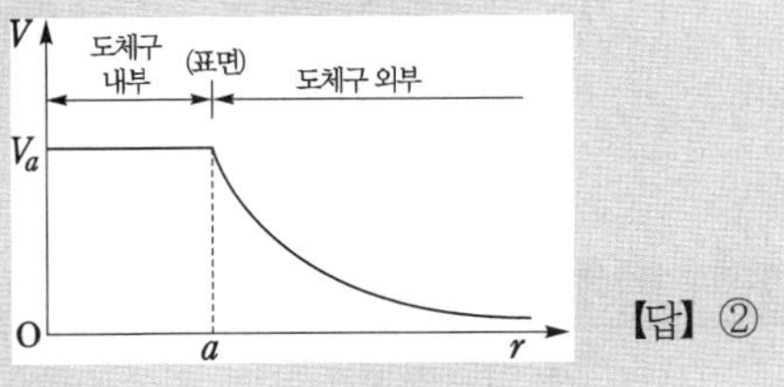

【답】②

전계 $E = i\,3x^2 + j\,2xy^2 + k\,x^2yz$의 $\operatorname{div} E$ 는 얼마인가?

① $-i\,6x + j\,xy + k\,x^2y$ ② $i\,6x + j\,6xy + k\,x^2y$

③ $-6x - 6xy - x^2y$ ④ $6x + 4xy + x^2y$

풀이

$$\operatorname{div} E = \nabla \cdot E$$
$$= \left(i\frac{\partial}{\partial x} + j\frac{\partial}{\partial y} + k\frac{\partial}{\partial z}\right) \cdot (iE_x + jE_y + kE_z)$$

$$= \frac{\partial E_x}{\partial x} + \frac{\partial E_y}{\partial y} + \frac{\partial E_z}{\partial z}$$

$$= \frac{\partial}{\partial x}(3x^2) + \frac{\partial}{\partial y}(2xy^2) + \frac{\partial}{\partial z}(x^2yz)$$

$$= 6x + 4xy + x^2y \ [\text{F}]$$

【답】 ④

문제 13

정현파 자속으로 하여 기전력이 유기될 때 자속의 주파수가 3배로 증가하면 유기 기전력은 어떻게 되는가?

① 3배 증가　　　② 3배 감소　　　③ 9배 증가　　　④ 9배 감소

풀이

$\phi = \phi_m \sin\omega t = \phi_m \sin 2\pi f t \, [\text{Wb}]$ 일 때

유기기전력 $e = -N\dfrac{d\phi}{dt} = -N\dfrac{d(\phi_m \sin 2\pi f t)}{dt} = -2\pi f N \phi_m \cos 2\pi f t = 2\pi f N \phi_m \sin\left(2\pi f t - \dfrac{\pi}{2}\right)[\text{V}]$

$$\therefore \ e \propto f$$

따라서, **주파수 f가 3배로 증가하면 유기기전력 e도 3배로 증가**된다.

【답】 ①

문제 14

W_1, W_2의 에너지를 갖는 두 콘덴서를 병렬로 연결하였을 경우 총 에너지 W에 대한 관계식으로 옳은 것은? (단, $W_1 \neq W_2$ 이다.)

① $W_1 + W_2 > W$　　　　　② $W_1 + W_2 < W$

③ $W_1 + W_2 = W$　　　　　④ $W_1 - W_2 = W$

풀이

전위가 다르게 충전된 콘덴서를 병렬로 접속시 전위차가 같아지도록 높은 전위 콘덴서의 전하가 낮은 전위 콘덴서 쪽으로 이동하며 이에 따른 **전하의 이동(전류)으로 도선에서 전력 소모가 발생**한다.
따라서, $W_1 + W_2 > W$ 가 된다.

【답】 ①

문제 15

완전 유전체에서 경계조건을 설명한 것 중 맞는 것은?

① 전속밀도의 접선성분은 같다.

② 전계의 법선성분은 같다.

③ 경계면에 수직으로 입사한 전속은 굴절하지 않는다.

④ 유전율이 큰 유전체에서 유전율이 작은 유전체로 전계가 입사하는 경우 굴절각은 입사각보다 크다.

풀이

경계 조건
① 전속밀도의 법선 성분(수직 성분)이 같다. ($D_1\cos\theta_1 = D_2\cos\theta_2$)
② 전계는 접선 성분(평행 성분)이 같다. ($E_1\sin\theta_1 = E_2\sin\theta_2$)

③ **경계면에 수직으로 입사한 전속은 굴절하지 않는다.**

수직 입사이므로 $\theta_1 = 0°$

$\dfrac{\tan\theta_1}{\tan\theta_2} = \dfrac{\epsilon_1}{\epsilon_2}$ 에서 $\tan\theta_2 = \dfrac{\epsilon_2}{\epsilon_1}\tan\theta_1 = 0 \rightarrow \therefore \theta_2 = 0$ 굴절하지 않는다.

④ 입사각과 굴절각은 유전율에 비례

$\dfrac{\tan\theta_1}{\tan\theta_2} = \dfrac{\epsilon_1}{\epsilon_2}$ (θ_1 : 입사각, θ_2 : 굴절각)

$\epsilon_1 > \epsilon_2$이면, $\theta_1 > \theta_2$ 이다.

【답】 ③

문제 16

두 자기인덕턴스를 직렬로 연결하여 두 코일이 만드는 자속이 동일 방향일 때 합성 인덕턴스를 측정하였더니 75[mH]가 되었고, 두 코일이 만드는 자속이 서로 반대인 경우에는 25[mH]가 되었다. 두 코일의 상호인덕턴스는 몇 [mH]인가?

① 12.5   ② 20.5   ③ 25   ④ 30

풀이

$L_a + L_b + 2M = 75$ ······ ①

$L_a + L_b - 2M = 25$ ······ ②

식 ①, ②에서 $M = \dfrac{75-25}{4} = 12.5$ $\therefore M = 12.5[\mathrm{mH}]$

【답】 ①

문제 17

투자율이 다른 두 자성체의 경계면에서 굴절각과 입사각의 관계가 옳은 것은?

(단, μ : 투자율, θ_1 : 입사각, θ_2 : 굴절각 이다.)

① $\dfrac{\sin\theta_1}{\sin\theta_2} = \dfrac{\mu_1}{\mu_2}$ ② $\dfrac{\tan\theta_2}{\tan\theta_1} = \dfrac{\mu_1}{\mu_2}$

③ $\dfrac{\cos\theta_1}{\cos\theta_2} = \dfrac{\mu_1}{\mu_2}$ ④ $\dfrac{\tan\theta_1}{\tan\theta_2} = \dfrac{\mu_1}{\mu_2}$

풀이

- 자계 세기의 접선 성분의 연속성 : $H_1\sin\theta_1 = H_2\sin\theta_2$
- 자속 밀도의 법선 성분의 연속성 : $B_1\cos\theta_1 = B_2\cos\theta_2$
- 굴절각 : $\dfrac{\tan\theta_1}{\tan\theta_2} = \dfrac{\mu_1}{\mu_2}$

【답】 ④

문제 18

$l_1 = \infty$, $l_2 = 1[\mathrm{m}]$의 두 직선도선을 50[cm]의 간격으로 평행하게 놓고 l_1을 중심축으로 하여 l_2를 속도 100 [m/s]로 회전시키면 l_2에 유기되는 전압은 몇 [V]인가?

(단, l_1에 흐르는 전류는 50 [mA]이다.)

① 0   ② 5   ③ 2×10^{-6} ④ 3×10^{-6}

풀이

자계내 운동 도체에 유기되는 기전력은
$$e = lvB\sin\theta = lv\mu_0 H\sin\theta \ [\text{V}]$$
l_1에 흐르는 전류에 의한 l_2점에 자계는
$$H_1 = \frac{I_1}{2\pi d} \ [\text{A/m}] \text{이지만,}$$
l_2가 원운동시 $\theta = 0°$ 아니면 $\theta = 180°$가 되므로 $\sin\theta = 0$
$$\therefore \ e = lvB\sin\theta = 0 \text{이 되어 전압은 유기되지 않는다.} \qquad \textbf{【답】 ①}$$

문제 19

$E = [(\sin x)a_x + (\cos x)a_y]e^{-y}\,[\text{V/m}]$인 전계가 자유공간 내에 존재한다. 공간 내의 모든 곳에서 전하밀도는 몇 $[\text{C/m}^3]$인가?

① $\sin x$ ② $\cos x$ ③ e^{-y} ④ 0

풀이

가우스 정리의 미분형
$$\rho = \nabla \cdot D = \nabla \cdot \epsilon_0 E = \epsilon_0\left(\frac{\partial}{\partial x}e^{-y}\sin x + \frac{\partial}{\partial y}e^{-y}\cos x\right) = \epsilon_0(e^{-y}\cos x - e^{-y}\cos x) = 0 \qquad \textbf{【답】 ④}$$

문제 20

진공 중에 같은 전기량 $+1\,[\text{C}]$의 대전체 두개가 약 몇 $[\text{m}]$ 떨어져 있을 때 각 대전체에 작용하는 반발력이 $1\,[\text{N}]$인가?

① 3.2×10^{-3} ② 3.2×10^{3} ③ 9.5×10^{-4} ④ 9.5×10^{4}

풀이

쿨롱의 법칙 $F = 9 \times 10^9 \times \dfrac{Q_1 Q_2}{r^2}\,[\text{N}]$에서 $F = 1[\text{N}]$, $Q_1 = Q_2 = 1\,[\text{C}]$ 이므로
$$r^2 = \frac{9 \times 10^9 \times Q^2}{F} = \frac{9 \times 10^9 \times 1^2}{1}$$
$$\therefore \ r = 9.49 \times 10^4 \ [\text{m}] \qquad \textbf{【답】 ④}$$

2과목 전력공학

문제 21

저압 뱅킹 방식에 대한 설명으로 틀린 것은?

① 전압동요가 적다.

② 캐스케이딩 현상에 의해 고장확대가 축소된다.

③ 부하증가에 대해 융통성이 좋다.

④ 고장 보호 방식이 적당할 때 공급 신뢰도는 향상된다.

캐스케이딩 현상이란 Banking 배전방식으로 운전 중 건전한 변압기 일부가 고장이 발생하면 부하가 다른 건전한 변압기에 걸려서 **고장이 확대되는 현상**을 말한다. 【답】 ②

문제 22

뇌해 방지와 관계가 없는 것은?

① 매설지선　　　② 가공지선　　　③ 소호각　　　④ 댐퍼

- 매설지선(탑각 접지저항을 낮춤) : 뇌 침입 시 역섬락 방지
- 가공지선 : 뇌의 차폐
- 아킹 혼(소호각) : 섬락사고시 애자련의 보호, 애자련의 전압 분담 균일화
- **댐퍼 : 선로의 진동 방지** 【답】 ④

문제 23

선로 임피던스가 Z인 단상 단거리 송전선로의 4단자 정수는?

① $A = Z$, $B = Z$, $C = 0$, $D = 1$　　　② $A = 1$, $B = 0$, $C = Z$, $D = 1$

③ $A = 1$, $B = Z$, $C = 0$, $D = 1$　　　④ $A = 0$, $B = 1$, $C = Z$, $D = 0$

- $E_s = E_r + I_r Z$
- $I_s = I_r$

즉, $\begin{vmatrix} E_s \\ I_s \end{vmatrix} = \begin{vmatrix} 1 & Z \\ 0 & 1 \end{vmatrix} \begin{vmatrix} E_r \\ I_r \end{vmatrix}$ 이다.

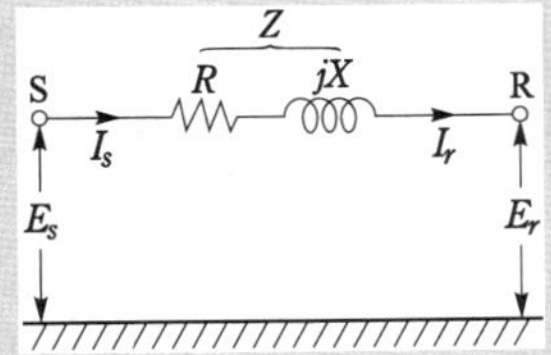

【답】 ③

문제 24

송전 선로의 안정도 향상 대책이 아닌 것은?

① 병행 다회선이나 복도체 방식 채용　　　② 계통의 직렬리액턴스 증가

③ 속응 여자방식 채용　　　④ 고속도 차단기 이용

안정도 향상 대책
- **계통의 직렬 리액턴스 감소**(직렬콘덴서 설치, 단락비 크게, 복도체 사용, 병행회선 채용)
- 전압 변동률을 적게 한다. (속응 여자 방식 채용, 계통의 연계, 중간 조상 방식)
- 계통에 주는 충격을 적게 한다. (적당한 중성점 접지 방식, 고속 차단 방식, 재폐로 방식)
- 고장 중의 발전기 돌입 출력의 불평형을 적게 한다. 【답】 ②

문제 25

송전 선로에서 역섬락을 방지하는 가장 유효한 방법은?

① 피뢰기를 설치한다.　　　② 가공지선을 설치한다.

③ 소호각을 설치한다.　　　④ 탑각 접지저항을 작게 한다.

풀이

이상 전압에 대한 대책
- 피뢰기 : 뇌로부터 기기 보호
- 가공지선 : 뇌의 차폐(가공지선의 차폐각이 적을수록 보호효율 이 높다)
- 아킹 혼(소호각) : 섬락사고시 애자련의 보호, 애자련의 전압 분담 균일화
- **매설지선(탑각 접지저항을 낮춤) : 역섬락 방지**

【답】④

문제 26 리클로저에 대한 설명으로 가장 옳은 것은?

① 배전선로용은 고장구간을 고속 차단하여 제거한 후 다시 수동조작에 의해 배전이 되도록 설계된 것이다.

② 재폐로계전기와 함께 설치하여 계전기가 고장을 검출하고 이를 차단기에 통보, 차단하도록 된 것이다.

③ 3상 재폐로 차단기는 1상의 차단이 가능하고 무전압 시간을 약 20~30초로 정하여 재폐로 하도록 되어있다.

④ 배전선로의 고장구간을 고속 차단하고 재송전하는 조작을 자동적으로 시행하는 재폐로 차단장치를 장비한 자동차단기이다.

풀이

리클로저(recloser) : 선로에 고장이 발생 하였을 때 고장 전류를 검출하여 지정된 시간 내에 고속 차단하고 **자동 재폐로 동작**을 수행하여 고장 구간을 분리하거나 재송전하는 장치이다.

【답】④

문제 27 원자력발전소와 화력발전소의 특성을 비교한 것 중 틀린 것은?

① 원자력발전소는 화력발전소의 보일러 대신 원자로와 열교환기를 사용한다.

② 원자력발전소의 건설비는 화력발전소에 비해 싸다.

③ 동일 출력일 경우 원자력발전소의 터빈이나 복수기가 화력발전소에 비하여 대형이다.

④ 원자력발전소는 방사능에 대한 차폐 시설물의 투자가 필요하다.

풀이

화력 발전과 비교하여 **원자력 발전은** 출력 밀도(단위 체적당 출력)가 크므로 같은 출력이라면 소형화가 가능하며, **단위 출력당 건설비는 화력 발전소에 비하여 비싸다.**

【답】②

문제 28 우리나라의 특고압 배전방식으로 가장 많이 사용되고 있는 것은?

① 단상 2선식   ② 단상 3선식

③ 3상 3선식   ④ 3상 4선식

풀이

3상 4선식은 같은 회선에서 선간전압과 상전압의 양전압을 이용할 수 있기 때문에 **배전에서 많이 채용**되고 있다.

【답】④

문제 29 양 지지점의 높이가 같은 전선의 이도를 구하는 식은? (단, 이도는 D [m], 수평장력은 T [kg], 전선의 무게는 W[kg/m], 경간은 S[m]이다.)

① $D = \dfrac{WS^2}{8T}$ ② $D = \dfrac{SW^2}{8T}$ ③ $D = \dfrac{8WT}{S^2}$ ④ $D = \dfrac{ST^2}{8W}$

풀이

- **이도**(dip) $D = \dfrac{WS^2}{8T}$ [m]
- 전선의 실제길이 $L = S + \dfrac{8D^2}{3S}$ [m]

【답】 ①

문제 30 배전선로의 역률개선에 따른 효과로 적합하지 않은 것은?

① 전원측 설비의 이용률 향상   ② 선로절연에 요하는 비용 절감

③ 전압강하 감소   ④ 선로의 전력손실 경감

풀이

역률 개선의 효과
① 전력 손실 경감   ② 전압 강하 경감
③ 설비 용량의 여유분 증가   ④ 전력 요금의 절약
즉, **선로절연에 요하는 비용**은 선로 전압의 크기에 좌우되지 **선로의 역률과는 무관**하다.

【답】 ②

문제 31 유역면적 80 [km^2], 유효낙차 30 [m], 연간강우량 1,500 [mm]의 수력발전소에서 그 강우량의 70 [%]만 이용하면 연간 발전 전력량은 몇 [kWh]인가? (단, 종합 효율은 80 [%]이다.)

① 5.49×10^7 ② 1.98×10^7 ③ 5.49×10^6 ④ 1.98×10^6

풀이

$$\text{평균 유량 } Q = \frac{80 \times 10^6 \times \dfrac{1500}{1000} \times 0.7}{365 \times 24 \times 3600} = 2.664 [\text{m}^3/\text{s}]$$

$$\therefore P = 9.8 QH\eta t = 9.8 \times 2.664 \times 30 \times 0.8 \times 365 \times 24 = 5.49 \times 10^6 [\text{kWh}]$$

【답】 ③

문제 32 발전기의 정태 안정 극한전력이란?

① 부하가 서서히 증가할 때의 극한전력

② 부하가 갑자기 크게 변동할 때의 극한전력

③ 부하가 갑자기 사고가 났을 때의 극한전력

④ 부하가 변하지 않을 때의 극한전력

풀이

안정도의 종류
① **정태 안정도**(static stability) : 송전 계통이 **불변 부하** 또는 극히 서서히 증가하는 부하에 대하여 계속

적으로 송전할 수 있는 능력을 정태 안정도로 하고, 안정도를 유지할 수 있는 극한의 송전 전력을 정태 안정 극한 전력이라고 한다.
② 과도 안정도(transient stability) : 계통에 갑자기 고장 사고와 같은 급격한 외란이 발생하였을 때에도 탈조하지 않고 새로운 평형 상태를 회복하여 송전을 계속할 수 있는 능력을 과도 안정도라 하고 이 경우의 극한 전력을 과도 안정 극한 전력이라고 한다.
③ 동태 안정도(dynamic stability) : 고속 자동 전압 조정기로 동기기의 여자 전류를 제어 할 경우의 정태 안정도를 특히 동태 안정도라 한다.
【답】 ①

문제 33

낙차 350 [m], 회전수 600 [rpm]인 수차를 325 [m]의 낙차에서 사용할 때의 회전수는 약 몇 [rpm]인가?

① 500　　　② 560　　　③ 580　　　④ 600

풀이

회전수 N과 낙차 H와의 관계는

$$\frac{N_2}{N_1} = \left(\frac{H_2}{H_1}\right)^{1/2} \text{이므로}$$

$$N_2 = \left(\frac{H_2}{H_1}\right)^{1/2} \times N_1 = \left(\frac{325}{350}\right)^{1/2} \times 600 = 578.17[\text{rpm}]$$

【답】 ③

문제 34

가공 송전선의 코로나를 고려할 때 표준상태에서 공기의 절연내력이 파괴되는 최소 전위경도는 정현파 교류의 실효값으로 약 몇 [kV/cm] 정도인가?

① 6　　　② 11　　　③ 21　　　④ 31

풀이

파열극한 전위경도
• DC : 30 [kV/cm]　　• AC : 21 [kV/cm]

$$(\text{실효값} = \frac{\text{최대값}}{\sqrt{2}} = \frac{30}{\sqrt{2}} = 21.2[\text{kV}])$$

【답】 ③

문제 35

선로의 작용 정전용량 0.008[μF/km], 선로길이 100[km], 전압 37000[V]이고 주파수 60[Hz] 일 때 한 상에 흐르는 충전전류는 약 몇 [A]인가?

① 6.7　　　② 8.7　　　③ 11.2　　　④ 14.2

풀이

$$I_c = 2\pi f C l E = 2\pi \times 60 \times 0.008 \times 10^{-6} \times 100 \times 37000 = 11.16[\text{A}]$$

(참고로 문제에 주어진 전압이 대지 전압인지? 선간전압인지 알 수 없으나 계산 결과로 보면 대지 전압으로 이해해야 합니다. 만약 선간전압이라고 한다면

$$I_c = 2\pi f C l E = 2\pi \times 60 \times 0.008 \times 10^{-6} \times 100 \times \frac{37000}{\sqrt{3}} = 6.44[\text{A}]$$

로 보기에 답이 없기 때문입니다.)

【답】 ③

문제 36

차단기의 개폐에 의한 이상 전압의 크기는 대부분의 경우 송전선 대지 전압의 최고 몇 배 정도인가?

① 2배　　　　② 4배　　　　③ 6배　　　　④ 8배

풀이

개폐서지의 크기는 선로의 길이, 차단기의 성능 및 중성점 접지방식에 따라 차이는 있으나 **대부분의 경우 상규 대지전압의 4배**를 넘는 경우는 거의 없다.　　　　　**【답】②**

문제 37

동일 전력을 동일 선간전압, 동일 역률로 동일 거리에 보낼 때 사용하는 전선의 총중량이 같으면, 단상 2선식과 3상 3선식의 전력 손실비(3상 3선식/단상 2선식)는?

① $\dfrac{1}{3}$　　　　② $\dfrac{1}{2}$　　　　③ $\dfrac{3}{4}$　　　　④ 1

풀이

- 전력이 동일 하므로　$VI_1 = \sqrt{3}\,VI_3$　　　　$\therefore I_1 = \sqrt{3}\,I_3$
- 전선의 총 중량이 같으므로　$2\sigma A_1 l = 3\sigma A_3 l$　　$\therefore 2A_1 = 3A_3$
- $R = \rho \dfrac{l}{A}$ 에서 **전선의 단면적과 저항은 반비례 관계**에 있으므로　　$\therefore 2R_3 = 3R_1$

$$\frac{3상전력손실}{단상전력손실} = \frac{3I_3^2 R_3}{2I_1^2 R_1} = \frac{3I_3^2 R_3}{2\times(\sqrt{3}\,I_3)^2 \times \frac{2}{3}R_3} = \frac{3}{4}$$

　　　　【답】③

문제 38

정정된 값 이상의 전류가 흘러 보호계전기가 동작할 때 동작 전류가 낮은 구간에서는 동작 전류의 증가에 따라 동작 시간이 짧아지고, 그 이상이면 동작 전류의 크기에 관계없이 일정한 시간에서 동작하는 특성을 무슨 특성이라 하는가?

① 정한시 특성　　　　　　② 반한시 특성
③ 순한시 특성　　　　　　④ 반한시성 정한시 특성

풀이

보호 계전기 특징
① 순한시 특성 : 최소 동작 전류 이상의 전류가 흐르면 즉시 동작하는 특성
② 반한시 특성 : 동작 전류가 커질수록 동작 시간이 짧게 되는 특성
③ 정한시 특성 : 동작 전류의 크기에 관계없이 일정한 시간에 동작하는 특성
④ **반한시 정한시 특성** : 동작 전류가 적은 동안에는 동작 전류가 커질수록 동작 시간이 짧게 되고 어떤 전류 이상이면 동작 전류의 크기에 관계없이 일정한 시간에 동작하는 특성　　　**【답】④**

문제 39

어떤 건물에서 총설비부하용량이 850 [kW], 수용률이 60 [%]이면 변압기 용량은 최소 몇 [kVA]로 하여야 하는가? (단, 설비부하의 종합역률은 0.75이다.)

① 740　　　　② 680　　　　③ 650　　　　④ 500

풀이

$$\text{변압기 용량[kVA]} = \frac{\text{설비 용량[kW]} \times \text{수용률}}{\text{역률}} = \frac{850 \times 0.6}{0.75} = 680[\text{kVA}]$$

【답】②

문제 40

송전선로의 단락보호계전방식이 아닌 것은?

① 과전류계전방식
② 방향단락계전방식
③ 거리계전방식
④ 과전압계전방식

풀이

과전압 계전기 : 일정값 이상의 전압이 걸렸을 때 동작하는 계전기이다.
일반적으로 **발전기가 무부하로 되었을 경우**의 과전압 보호용 및 비접지계통의 배전선로 보호용으로 사용된다.

【답】④

3과목 전기기기

문제 41

브러시의 위치를 바꾸어서 회전방향을 바꿀 수 있는 전기기계가 아닌 것은?

① 톰슨형 반발 전동기
② 3상 직권 정류자 전동기
③ 시라게 전동기
④ 정류자형 주파수 변환기

풀이

정류자형 주파수 변환기는 권선형 유도전동기의 2차 여자를 행하기 위한 교류여자기로서 사용되며, 유도전동기와 직결한다. 따라서, **회전방향은 유도전동기의 회전방향과 같다.**

【답】④

문제 42

직류 전동기의 역기전력에 대한 설명 중 틀린 것은?

① 역기전력이 증가할수록 전기자 전류는 감소한다.
② 역기전력은 속도에 비례한다.
③ 역기전력은 회전방향에 따라 크기가 다르다.
④ 부하가 걸려 있을 때에는 역기전력은 공급전압보다 크기가 작다.

풀이

① 전기자 전류 $I_a = \dfrac{V - E_c}{R_a}$[A]에서 역기전력 E_c가 증가할수록 전기자 전류 I_a는 감소한다.

② 역기전력 $E_c = p\phi n \dfrac{Z}{a}$[V] 로 속도 n에 비례한다.

③ 역기전력 $E_c = p\phi n \dfrac{Z}{a}$[V]이다. 따라서, **역기전력의 크기는 회전방향과 무관**하다.

④ 전동기의 역기전력 $E_c = V - I_a R_a$[V] 이므로 공급전압 V보다 적다.

【답】③

문제 43

정격 6600/220[V]인 변압기의 1차측에 6600[V]를 가하고 2차측에 순저항 부하를 접속하였더니 1차에 2[A]의 전류가 흘렀다. 이때 2차 출력 [kVA]은?

① 19.8　　　　　② 15.4　　　　　③ 13.2　　　　　④ 9.7

풀이

손실을 무시하면 "1차 입력＝2차 출력"이 된다.

따라서, $P = V_1 I_1 = V_2 I_2 = 6600 \times 2 \times 10^{-3} = 13.2[\text{kVA}]$가 된다.　　　　【답】③

문제 44

단자전압 220[V], 부하전류 50[A]인 분권발전기의 유기기전력[V]은?

(단, 전기자 저항 0.2[Ω], 계자전류 및 전기자 반작용은 무시한다.)

① 210　　　　　② 225　　　　　③ 230　　　　　④ 250

풀이

$I_f = 0$, $I = 50[\text{A}]$, $R_a = 0.2[\Omega]$

$\therefore E = V + I_a R_a$

$\quad = V + (I + I_f) R_a$

$\quad = 220 + 50 \times 0.2$

$\quad = 230[\text{V}]$

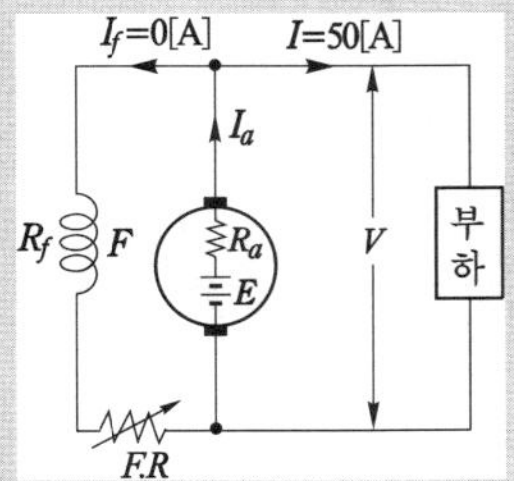

【답】③

문제 45

200 [kW], 200 [V]의 직류 분권발전기가 있다. 전기자 권선의 저항이 0.025 [Ω]일 때 전압 변동률은 몇 [%]인가?

① 6.0　　　　　② 12.5　　　　　③ 20.5　　　　　④ 25.0

풀이

무부하 단자 전압 V_0는

$$V_0 = V_n + R_a I_a = 200 + 0.025 \times \frac{200 \times 10^3}{200} = 225 [\text{V}]$$

그러므로, 전압 변동률 $\epsilon[\%]$

$$\therefore \epsilon = \frac{V_0 - V_n}{V_n} \times 100 = \frac{225 - 200}{200} \times 100 = 12.5$$

【답】②

문제 46

반도체 사이리스터에 의한 제어는 어느 것을 변화시키는 것인가?

① 주파수　　　　　　　　　② 전류

③ 위상각　　　　　　　　　④ 최대값

풀이

반도체 **사이리스터에 의한 제어**는 정류 전압의 **위상각을 제어**한다.　　　　【답】③

문제 47

6극 직류발전기의 정류자 편수가 132, 단자 전압이 220 [V], 직렬 도체수가 132개이고 중권이다. 정류자 편간 전압은 몇 [V]인가?

① 5　　　　　② 10　　　　　③ 20　　　　　④ 30

풀이

e_{sa} : 정류자 편간 전압,　E : 유기 기전력,　p : 극수,　K : 정류자 편수

$$e_{sa} = \frac{pE}{K} = \frac{6 \times 220}{132} = 10[\text{V}]$$

【답】 ②

문제 48

3300/210[V], 5[kVA] 단상변압기의 퍼센트 저항강하 2.4[%], 퍼센트 리액턴스강하 1.8[%]이다. 임피던스 와트[W]는?

① 320　　　　　② 240　　　　　③ 120　　　　　④ 90

풀이

$$\%R = \frac{I_n R}{E_n} \times 100 = \frac{I_n^2 R}{E_n I_n} \times 100 = \frac{P_s}{P_n} \times 100[\%]에서$$

$$P_s = \frac{\%R \cdot P_n}{100} = \frac{2.4 \times 5 \times 10^3}{100} = 120[\text{W}]$$

【답】 ③

문제 49

다음 중 변압기유가 갖추어야 할 조건으로 옳은 것은?

① 절연내력이 낮을 것　　　　　② 인화점이 높을 것
③ 비열이 적어 냉각효과가 클 것　　　　　④ 응고점이 높을 것

풀이

변압기의 기름으로서 갖추어야 할 조건
① 절연 저항 및 절연내력이 클 것 (30 [kV] / 2.5 [mm] 이상)
② 절연 재료 및 금속에 화학 작용을 일으키지 않을 것
③ **인화점이 높고**(130 [℃] 이상), **응고점이 낮을 것**(-30 [℃] 이하)
④ 점도가 낮고(유동성이 풍부), 비열이 커서 냉각 효과가 클 것
⑤ 고온에서도 석출물이 생기거나 산화하지 않을 것
⑥ 열전도율이 클 것
⑦ 열 팽창계수가 작고 증발로 인한 감소량이 적을 것

【답】 ②

문제 50

단상 유도전동기의 기동토크에 대한 사항으로 틀린 것은?

① 분상기동형의 기동토크는 125[%] 이상이다.
② 콘덴서기동형의 기동토크는 350[%] 이상이다.
③ 반발기동형의 기동토크는 300[%] 이상이다.
④ 세이딩코일형의 기동토크는 40~80[%] 이상이다.

【답】 ②

3상 동기발전기에 평형 3상전류가 흐를 때 전기자 반작용은 이 전류가 기전력에 대하여 (A) 때 감자작용이 되고 (B) 때 증자작용이 된다. A, B의 적당한 것은?

① A : 90° 뒤질, B : 90° 앞설
② A : 90° 앞설, B : 90° 뒤질
③ A : 90° 뒤질, B : 동상일
④ A : 동상일, B : 90° 앞설

풀이

발전기와 전동기의 전기자 반작용은 서로 반대이다.

분 류	동기 발전기	동기 전동기
전압과 동상	교차 자화 작용	교차 자화 작용
진상전류	**증자 작용**	감자 작용
지상전류	**감자 작용**	증자 작용

【답】 ①

유도전동기의 슬립을 측정하려고 한다. 다음 중 슬립의 측정법이 아닌 것은?

① 동력계법
② 수화기법
③ 직류 밀리볼트계법
④ 스트로보스코프법

풀이

슬립 측정 방법은
① DC 밀리볼트계법
② 수화기법
③ 스트로보스코프법 이 있다.
그러나 **동력계법은 전동기 토크 측정법**이다.

【답】 ①

3상 유도 전동기의 원선도 작성에 필요한 시험이 아닌 것은?

① 저항측정
② 슬립측정
③ 무부하시험
④ 구속시험

풀이

① 원선도 작성에 필요한 시험은
 • 저항 측정 • 무부하 시험 • 구속 시험이 있다.
② 유도 전동기의 원선도에서 구할 수 있는 항목
 • 전부하 전류 • 역률 • 효율 • 슬립 • 최대출력/정격출력 • 토크
즉, **슬립은 원선도 상에서 구할 수 있다.**

【답】 ②

스테핑모터의 여자방식이 아닌 것은?

① 2-4상 여자
② 1-2상 여자
③ 2상 여자
④ 1상 여자

풀이

스테핑모터의 여자방식
① **1상 여자방식** : 항상 하나의 상에만 전류가 흐르게 하는 방식

② **2상 여자방식** : 항상 2개의 상에 전류를 흐르게 하는 방식으로 1상 여자방식에 비해 2배의 전류가 흐른다.

③ **1-2상 여자방식** : 1상 여자방식과 2상 여자방식을 교대로 반복하는 여자방식 【답】 ①

문제 55 극수 6, 회전수 1200[rpm]의 교류발전기와 병행운전하는 극수 8의 교류발전기의 회전수는 몇 [rpm] 이어야 하는가?

① 800 ② 900 ③ 1050 ④ 1100

풀이

교류발전기의 **병렬운전 조건은 주파수가 같아야 한다.**

극수 6인 발전기의 주파수를 구하면, $N_s = \dfrac{120f}{p}$ 에서

$$\therefore f = \frac{N_s \times p}{120} = \frac{1200 \times 6}{120} = 60 \,[\text{Hz}]$$

따라서, 극수 8인 발전기의 회전수는

$$\therefore N = \frac{120f}{p} = \frac{120 \times 60}{8} = 900 \,[\text{rpm}]$$

【답】 ②

문제 56 3상 동기발전기의 매극 매상의 슬롯수를 3 이라고 하면 분포계수는?

① $\sin\dfrac{2}{3}\pi$ ② $\sin\dfrac{3}{2}\pi$ ③ $6\sin\dfrac{\pi}{18}$ ④ $\dfrac{1}{6\sin\dfrac{\pi}{18}}$

풀이

분포권 계수 $K_d = \dfrac{\sin\dfrac{n\pi}{2m}}{q\sin\dfrac{n\pi}{2mq}}$ 에서

고조파 차수 $n = 1$(별도의 명기가 없으면 기본파로서 $n = 1$), 상수 $m = 3$,
매극, 매상의 슬롯수 $q = 3$이므로

$$\therefore K_d = \frac{\sin\dfrac{\pi}{2 \times 3}}{3\sin\dfrac{\pi}{2 \times 3 \times 3}} = \frac{\dfrac{1}{2}}{3\sin\dfrac{\pi}{18}} = \frac{1}{6\sin\dfrac{\pi}{18}}$$

【답】 ④

문제 57 단상 반발전동기에 해당되지 않는 것은?

① 아트킨손 전동기 ② 슈라게 전동기
③ 데리 전동기 ④ 톰슨 전동기

풀이

단상 반발 전동기의 종류
• 아트킨손형전동기 • 톰슨전동기 • 데리전동기
그러나, **슈라게 전동기는 3상 분권 정류자 전동기의 한 종류**이다. 【답】 ②

△-Y 결선의 3상 변압기군 A와 Y-△ 결선의 3상 변압기군 B를 병렬로 사용할 때 A군의 변압기 권수비가 30이라면 B군의 변압기 권수비는?

① 10　　　　② 30　　　　③ 60　　　　④ 90

풀이

A, B 변압기군의 권수비를 각각 a_1, a_2, 1차, 2차의 상전압과 선간 전압을 각각 E_1, E_2, V_1, V_2라고 하면

$$a_1 = \frac{E_1}{E_2} = \frac{V_1}{V_2/\sqrt{3}}, \qquad a_2 = \frac{E_1{}'}{E_2{}'} = \frac{V_1/\sqrt{3}}{V_2}$$

$$\frac{a_2}{a_1} = \frac{\dfrac{V_1}{\sqrt{3}}/V_2}{V_1/\dfrac{V_2}{\sqrt{3}}} = \frac{1}{3}$$

$$\therefore \ a_2 = \frac{1}{3}a_1 = \frac{1}{3} \times 30 = 10$$

【답】 ①

동기발전기에서 기전력의 파형이 좋아지고 권선의 누설리액턴스를 감소시키기 위하여 채택한 권선법은?

① 집중권　　　　② 형권　　　　③ 쇄권　　　　④ 분포권

풀이

분포권의 장·단점

[장점] ① 기전력의 **고조파가 감소**하여 **파형이 좋아진다.**
　　　② 권선의 누설 리액턴스가 감소한다.
　　　③ 전기자 권선에 의한 열을 고르게 분포시켜 과열을 방지한다.
[단점] ① 분포권은 집중권에 비하여 합성 유기 기전력이 감소한다.

【답】 ④

3상, 60 [Hz]전원에 의해 여자되는 6극 권선형 유도전동기가 있다. 이 전동기가 1150 [rpm]으로 회전할 때 회전자 전류의 주파수는 몇 [Hz]인가?

① 1　　　　② 1.5　　　　③ 2　　　　④ 2.5

풀이

$$N_s = \frac{120f}{p} = \frac{120 \times 60}{6} = 1200 \text{ [rpm]}$$

$$s = \frac{N_s - N}{N_s} = \frac{1200 - 1150}{1200} = 0.0417$$

$$\therefore \ f_2 = sf_1 = 0.0417 \times 60 = 2.5 \text{[Hz]}$$

【답】 ④

4과목 회로이론

문제 61

1000 [Hz]인 정현파 교류에서 5 [mH]인 유도 리액턴스와 같은 용량 리액턴스를 갖는 C의 값은 몇 [μF]인가?

① 4.07 ② 5.07 ③ 6.07 ④ 7.07

풀이

$\omega L = \dfrac{1}{\omega C}$ 에서 $C = \dfrac{1}{\omega^2 L}$

따라서, $C = \dfrac{1}{(2 \times \pi \times 1000)^2 \times 5 \times 10^{-3}} = 5.07 \times 10^{-6}\,[\text{F}] = 5.07\,[\mu\text{F}]$

【답】②

문제 62

$Z = 8 + j6\,[\Omega]$인 평형 Y부하에 선간전압 200 [V]인 대칭 3상 전압을 가할 때 선전류는 약 몇 [A]인가?

① 20 ② 11.5 ③ 7.5 ④ 5.5

풀이

상전류 $I_P = \dfrac{V_P}{Z} = \dfrac{200/\sqrt{3}}{\sqrt{8^2 + 6^2}} = 11.55\,[\text{A}]$

Y결선이므로

선전류 $I_l =$ 상전류 $I_P = 11.55\,[\text{A}]$

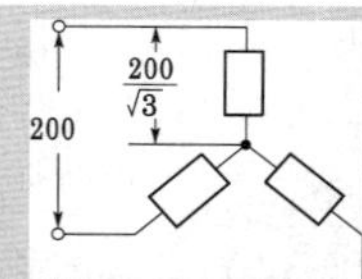

【답】②

문제 63

복소수 $I_1 = 10\,\underline{/\tan^{-1}\dfrac{4}{3}}$, $I_2 = 10\,\underline{/\tan^{-1}\dfrac{3}{4}}$ 일 때 $I = I_1 + I_2$는 얼마인가?

① $-2 + j2$ ② $14 + j14$

③ $14 + j4$ ④ $14 + j3$

풀이

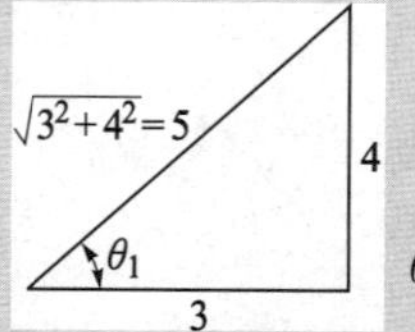

$\theta_1 = \tan^{-1}\dfrac{4}{3}$

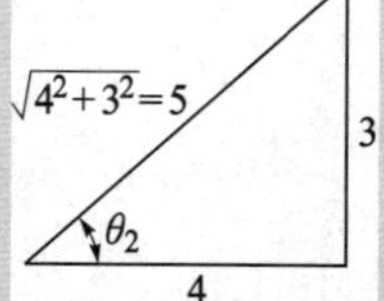

$\theta_2 = \tan^{-1}\dfrac{3}{4}$

I_1과 I_2를 변형하면

$I_1 = 10\angle\theta_1 = 10(\cos\theta_1 + j\sin\theta_1) = 10\left(\dfrac{3}{5} + j\dfrac{4}{5}\right) = 6 + j8$

$I_2 = 10\angle\theta_2 = 10(\cos\theta_2 + j\sin\theta_2) = 10\left(\dfrac{4}{5} + j\dfrac{3}{5}\right) = 8 + j6$

$\therefore\ I = I_1 + I_2 = 6 + j8 + 8 + j6 = 14 + j14$

【답】②

그림과 같은 이상적인 변압기로 구성된 4단자 회로에서
정수 A, B, C, D 중 A는?

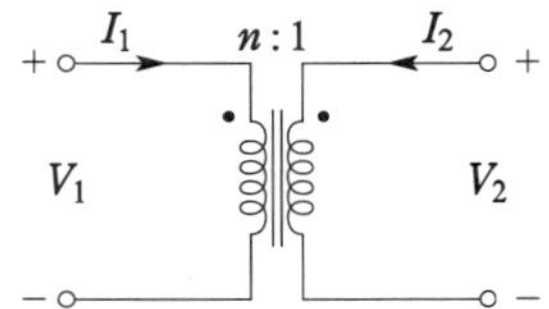

① 1

② 0

③ n

④ $\dfrac{1}{n}$

풀이

변압기의 4단자 정수는 $\begin{bmatrix} a & 0 \\ 0 & \dfrac{1}{a} \end{bmatrix}$ 이므로, $\begin{bmatrix} A & B \\ C & D \end{bmatrix} = \begin{bmatrix} \dfrac{n_1}{n_2} & 0 \\ 0 & \dfrac{n_2}{n_1} \end{bmatrix}$ 가 된다.

따라서, $A = \dfrac{n_1}{n_2} = \dfrac{n}{1} = n$ 이다.

【답】 ③

$f(t) = u(t-a) - u(t-b)$ 의 라플라스 변환은?

① $\dfrac{1}{s}(e^{-as} - e^{-bs})$

② $\dfrac{1}{s}(e^{as} + e^{bs})$

③ $\dfrac{1}{s^2}(e^{-as} - e^{-bs})$

④ $\dfrac{1}{s^2}(e^{as} + e^{bs})$

풀이

$\mathcal{L}[f(t)] = \mathcal{L}[u(t-a) - u(t-b)] = \dfrac{e^{-as}}{s} - \dfrac{e^{-bs}}{s} = \dfrac{1}{s}(e^{-as} - e^{-bs})$

【답】 ①

그림과 같은 회로의 전달 함수는? (단, e_1은 입력, e_2는 출력이다.)

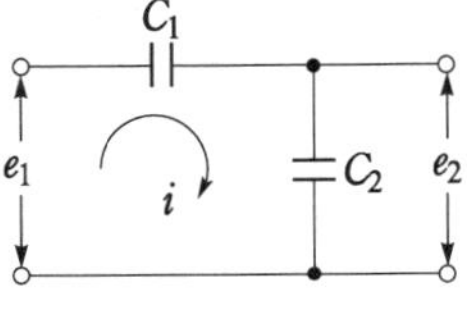

① $C_1 + C_2$

② $\dfrac{C_2}{C_1}$

③ $\dfrac{C_1}{C_1 + C_2}$

④ $\dfrac{C_2}{C_1 + C_2}$

풀이

$\begin{cases} e_1(t) = \dfrac{1}{C_1} \int i(t)dt + \dfrac{1}{C_2} \int i(t)dt \\ e_2(t) = \dfrac{1}{C_2} \int i(t)dt \end{cases}$, $\begin{cases} E_1(s) = \left(\dfrac{1}{C_1 s} + \dfrac{1}{C_2 s} \right) I(s) = \dfrac{C_1 + C_2}{C_1 C_2 s} \cdot I(s) \\ E_2(s) = \dfrac{I(s)}{C_2 s} \end{cases}$

$\therefore G(s) = \dfrac{E_2(s)}{E_1(s)} = \dfrac{\dfrac{1}{C_2 s} \cdot I(s)}{\dfrac{C_1 + C_2}{C_1 C_2 s} \cdot I(s)} = \dfrac{C_1}{C_1 + C_2}$

【답】 ③

문제 67 그림과 같은 회로에서 a-b 양단간의 전압은 몇 [V]인가?

① 80

② 90

③ 120

④ 150

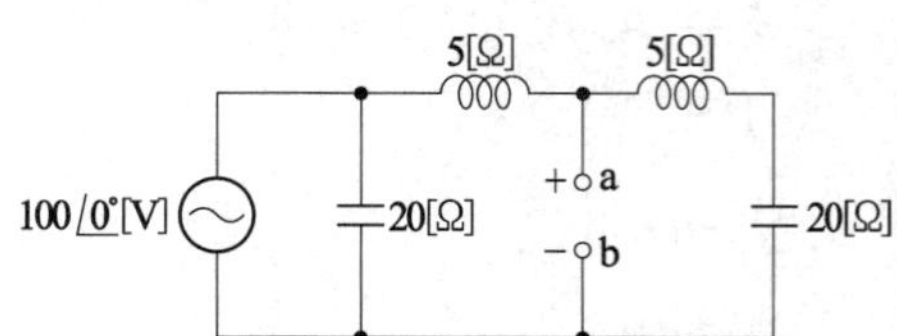

풀이

회로에 흐르는 전류 I는

$$I = \frac{100}{j5 - j15} = j10\,[\text{A}]$$

a, b 사이의 전압

$$V_{ab} = I \times (-j15)$$
$$= j10 \times (-j15) = 150\,[\text{V}]$$

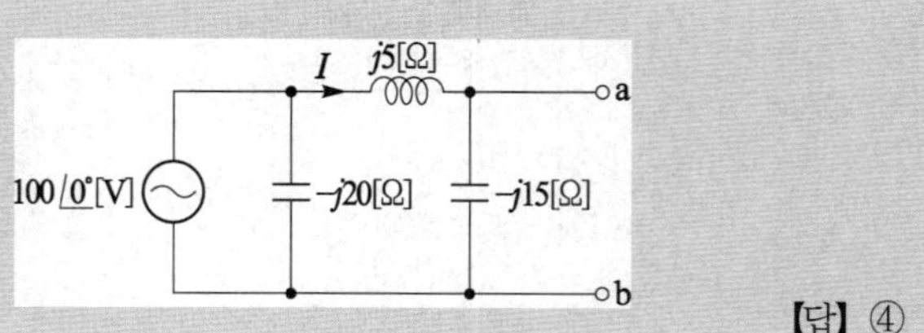

【답】 ④

문제 68 역률이 60[%]이고 1상의 임피던스가 60[Ω]인 유도부하를 △로 결선하고 여기에 병렬로 저항 20[Ω]을 Y결선으로 하여 3상 선간전압 200[V]를 가할 때의 소비전력 [W]은?

① 3200 ② 3000 ③ 2000 ④ 1000

풀이

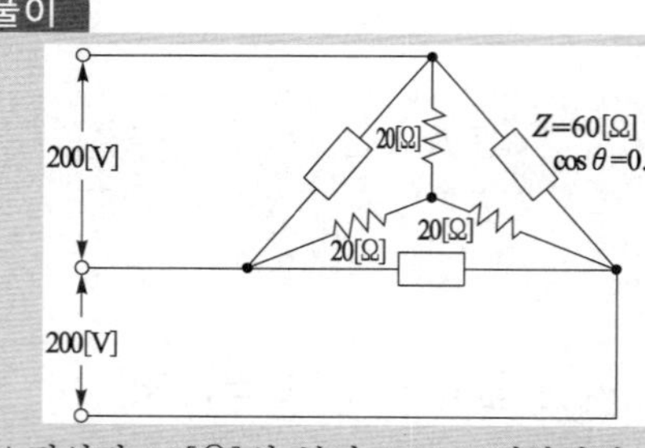

△결선된 60[Ω]의 부하로 Y로 변환하면

$$Z_Y = \frac{60}{3} = 20\,[\Omega] \quad (\because\ Z_Y = \frac{1}{3}Z_\triangle)$$

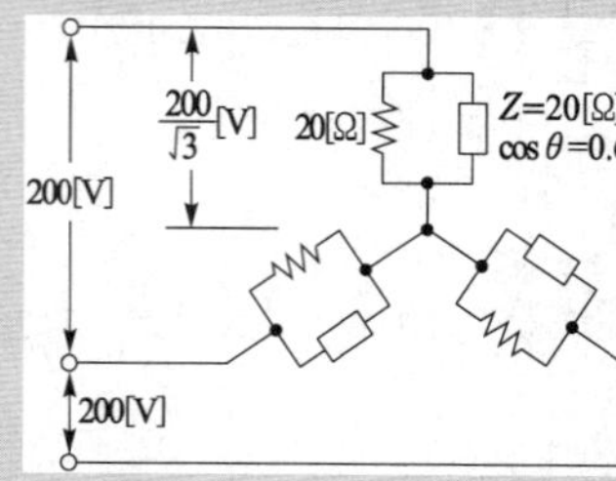

- 저항에서의 소비전력 $P_1 = 3 \times \dfrac{V_P^2}{R} = 3 \times \dfrac{(200/\sqrt{3})^2}{20} = 2000\,[\text{W}]$
- 임피던스에서의 소비전력

$$P_2 = 3\,V_P I_P \cos\theta = 3 \times \frac{200}{\sqrt{3}} \times \frac{200/\sqrt{3}}{20} \times 0.6 = 1200\,[\text{W}]$$

- 전 소비전력 $P = P_1 + P_2 = 2000 + 1200 = 3200\,[\text{W}]$

【답】 ①

그림과 같은 4단자망의 영상 전달정수 θ는?

① $\sqrt{5}$

② $\log_e \sqrt{5}$

③ $\log_e \dfrac{1}{\sqrt{5}}$

④ $5\log_e \sqrt{5}$

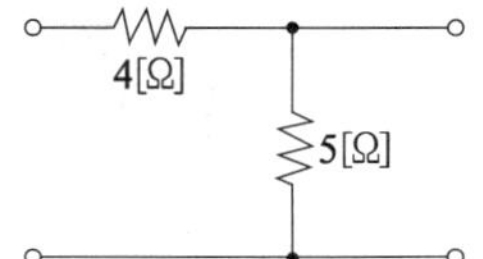

풀이

$$\begin{bmatrix} A & B \\ C & D \end{bmatrix} = \begin{bmatrix} 1+\dfrac{4}{5} & 4 \\ \dfrac{1}{5} & 1 \end{bmatrix} = \begin{bmatrix} \dfrac{9}{5} & 4 \\ \dfrac{1}{5} & 1 \end{bmatrix}$$

$$\therefore \ \theta = \log_e \left(\sqrt{AD} + \sqrt{BC} \right) = \log_e \left(\sqrt{\dfrac{9}{5} \times 1} + \sqrt{4 \times \dfrac{1}{5}} \right)$$

$$= \log_e \left(\dfrac{3}{\sqrt{5}} + \dfrac{2}{\sqrt{5}} \right) = \log_e \left(\dfrac{5}{\sqrt{5}} \right) = \log_e \sqrt{5}$$

【답】②

그림 (a)의 회로를 그림 (b)와 같은 등가회로로 구성하고자 한다. 이 때 V 및 R의 값은?

① 6 [V], 2 [Ω]

② 6 [V], 6 [Ω]

③ 9 [V], 2 [Ω]

④ 9 [V], 6 [Ω]

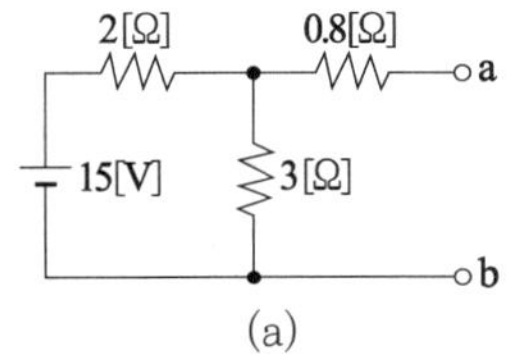
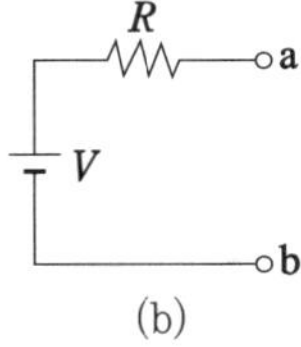

풀이

- a, b 단자 사이에 걸리는 개방전압

$$V_{ab} = \dfrac{3}{2+3} \times 15 = 9[V]$$

- a, b 단자에서 전원측으로 본 합성 저항 (전압원은 단락시킨다.)

$$R_{ab} = 0.8 + \dfrac{2 \times 3}{2+3} = 2[\Omega]$$

【답】③

구형파의 파형률(㉠)과 파고율(㉡)은?

① ㉠ 1, ㉡ 0

② ㉠ 1.11, ㉡ 1.414

③ ㉠ 1, ㉡ 1

④ ㉠ 1.57, ㉡ 2

풀이

파 형	구형파	3각파	정현파	정류파(전파)	정류파(반파)
파형률	**1.0**	1.15	1.11	1.11	1.57
파고율	**1.0**	1.732	1.414	1.414	2.0

【답】③

모든 초기 값을 0으로 할 때, 출력과 입력의 비를 무엇이라 하는가?

① 전달함수　　② 충격함수　　③ 경사함수　　④ 포물선함수

전달 함수 : 모든 초기값을 0으로 하였을 때 **출력 신호의 라플라스 변환값과 입력 신호의 라플라스 변환값의 비를 전달함수라 한다.**　　　　　**【답】 ①**

문제 73

그림과 같은 파형의 라플라스 변환은?

① $\dfrac{E}{Ts}(1-e^{-Ts})$

② $\dfrac{E}{Ts^2}(1-e^{-Ts})$

③ $\dfrac{E}{Ts}(1-e^{-Ts}-Ts\cdot e^{-Ts})$

④ $\dfrac{E}{Ts^2}(1-e^{-Ts}-Ts\cdot e^{-Ts})$

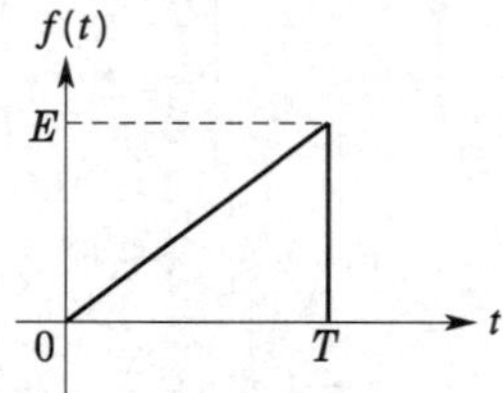

풀이

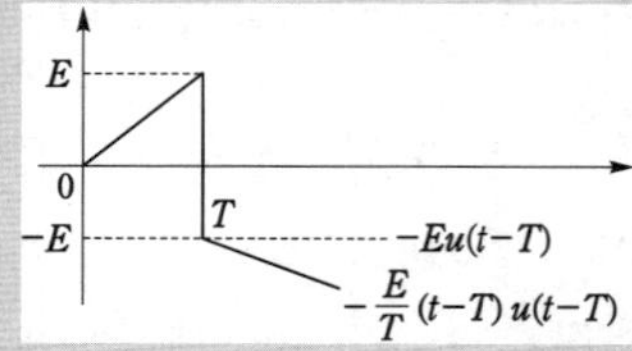

$f(t)=\dfrac{E}{T}tu(t)-Eu(t-T)-\dfrac{E}{T}(t-T)u(t-T)$이므로 시간추이 정리를 이용하면

$F(s)=\dfrac{E}{Ts^2}-\dfrac{Ee^{-Ts}}{s}-\dfrac{Ee^{-Ts}}{Ts^2}=\dfrac{E}{Ts^2}[1-(Ts+1)e^{-Ts}]$　　　**【답】 ④**

문제 74

2전력계법으로 평형 3상 전력을 측정하였더니 각각의 전력계가 500[W], 300[W]를 지시하였다면 전 전력[W]은?

① 200　　　　　② 300　　　　　③ 500　　　　　④ 800

풀이

2전력계법에서 전 전력 $W=W_1+W_2$

따라서, 전 전력 $W=500+300=800[W]$　　　　　**【답】 ④**

문제 75

그림에서 전류 i_5의 크기는?

① 3 [A]

② 5 [A]

③ 8 [A]

④ 12 [A]

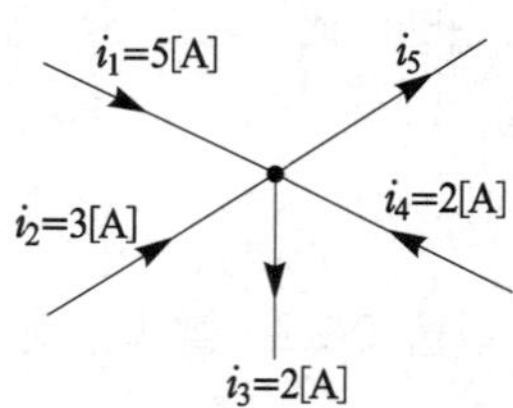

키르히호프의 전류법칙(Kirchhoff's Current Law : KCL : 제1법칙)
한 절점(접속점)에서의 **유입 전류와 유출 전류의 대수적인 합은 같다.**
따라서, $i_1+i_2-i_3+i_4-i_5=0$

$$\therefore i_5=i_1+i_2-i_3+i_4=5+3-2+2=8[A]$$

【답】 ③

문제 76 1상의 직렬 임피던스가 $R=6[\Omega]$, $X_L=8[\Omega]$인 △결선 평형 부하가 있다. 여기에 선간전압 100 [V]인 대칭 3상 교류전압을 가하면 선전류는 몇 [A]인가?

① $\dfrac{10\sqrt{3}}{3}$ ② $3\sqrt{3}$ ③ 10 ④ $10\sqrt{3}$

△결선시 선간 전압 E_l = 상전압 E_p

$$\therefore \ 상전류 \ I_p=\frac{E_p}{Z}=\frac{E_l}{Z}=\frac{E_l}{\sqrt{R^2+X^2}}=\frac{100}{\sqrt{6^2+8^2}}=10[A]$$

△결선시 선전류 $I_l=\sqrt{3}\,I_p$이므로

$$I_l=\sqrt{3}\times10=10\sqrt{3}\,[A]$$

【답】 ④

문제 77 그림과 같은 회로에서 S를 열었을 때 전류계는 10 [A]를 지시하였다. S를 닫을 때 전류계의 지시는 몇 [A]인가?

① 10 ② 12
③ 14 ④ 16

S를 열었을 때 전전압을 구해 보면

$$E=IR=10\left(\frac{3\times6}{3+6}+4\right)=60[V]$$

따라서, S를 닫으면 전전류

$$I'=\frac{E}{R'}=\frac{60}{\dfrac{3\times6}{3+6}+\dfrac{4\times12}{4+12}}=\frac{60}{2+3}=12[A]$$

【답】 ②

문제 78 3상 평형 부하가 있다. 선간전압이 200[V], 역률이 0.8이고, 소비전력이 10[kW]라면 선전류는 약 몇 [A]인가?

① 30 ② 32 ③ 34 ④ 36

3상 부하에서 소비전력 $P=\sqrt{3}\,VI\cos\theta$

$$\therefore I = \frac{P}{\sqrt{3}\,V\cos\theta} = \frac{10\times10^3}{\sqrt{3}\times200\times0.8} = 36.08[\text{A}]$$

【답】 ④

문제 79

회로에서 각 계기들의 지시값은 다음과 같다. 전압계 ⓥ 는 240 [V], 전류계 Ⓐ는 5[A], 전력계 ⓦ는 720[W]이다. 이때 인덕턴스 L[H]은 얼마인가? (단, 전원주파수는 60 [Hz] 이다.)

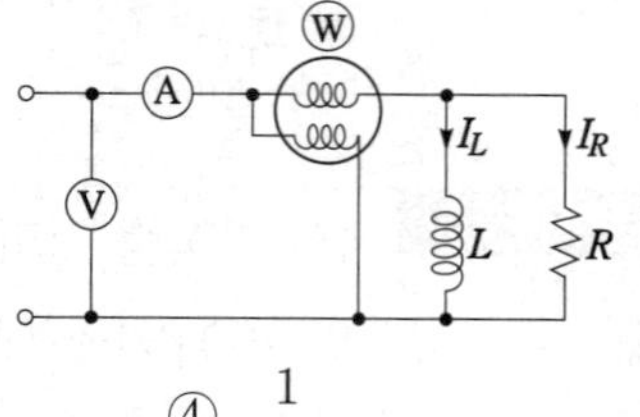

① $\dfrac{1}{\pi}$ ② $\dfrac{1}{2\pi}$ ③ $\dfrac{1}{3\pi}$ ④ $\dfrac{1}{4\pi}$

풀이

- 피상전력 $P_a = VI = 240\times5 = 1200[\text{VA}]$
- $P_a = \sqrt{W^2 + Q^2}$ 에서 무효전력 $Q = \sqrt{P_a^2 - W^2} = \sqrt{1200^2 - 720^2} = 960[\text{Var}]$
- $Q = I_L^2 X_L = \left(\dfrac{V}{X_L}\right)^2 X_L$ 에서 $X_L = \dfrac{V^2}{Q}$ $\therefore X_L = \dfrac{240^2}{960} = 60[\Omega]$

따라서, $L = \dfrac{X_L}{2\pi f} = \dfrac{60}{2\pi\times60} = \dfrac{1}{2\pi}[\text{H}]$

【답】 ②

문제 80

다음 회로에 대한 설명으로 옳은 것은?

① 이 회로의 시정수는 $\dfrac{L}{R_1 + R_2}$ 이다.

② 이 회로의 특성근은 $\dfrac{R_1 + R_2}{L}$ 이다.

③ 정상 전류값은 $\dfrac{E}{R_2}$ 이다.

④ 이 회로의 전류값은 $i(t) = \dfrac{E}{R_1 + R_2}\left(1 - e^{-\frac{L}{R_1 + R_2}t}\right)$ 이다.

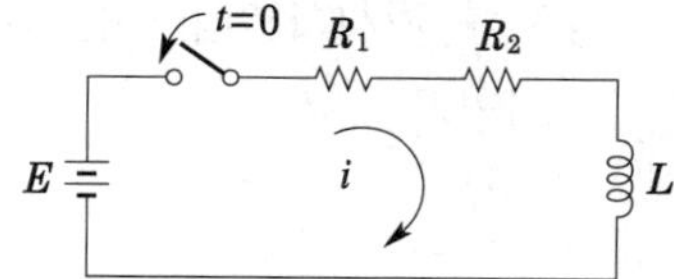

풀이

① **시정수** $\tau = \dfrac{L}{R_1 + R_2}$

② 특성근 $= -\dfrac{1}{\text{시정수}} = -\dfrac{R_1 + R_2}{L}$

③ 정상전류 $i_s = \dfrac{E}{R_1 + R_2}$

④ 전류 $i(t) = \dfrac{E}{R_1 + R_2}\left(1 - e^{-\frac{R_1 + R_2}{L}t}\right)$

【답】 ①

문제 81

저압전로에서 그 전로에 지락이 생겼을 경우 0.5초 이내에 자동적으로 전로를 차단하는 장치를 시설하는 경우에는 제3종 접지공사의 접지저항 값을 몇 [Ω]까지 허용할 수 있는가? (단, 자동차단기의 정격감도전류는 30 [mA] 이다.)

① 10 ② 100 ③ 300 ④ 500

풀이

접지 공사의 종류 (판단기준 제18조)

정격감도 전류	접지저항치	
	물기 있는 장소, 전기적 위험도 높은 장소	그 외 다른 장소
30 [mA]	500 [Ω]	500 [Ω]
50	300	500
100	150	500
200	75	250
300	50	166
500	30	100

【답】④

문제 82

애자사용공사에 의한 저압 옥내배선을 시설할 때 전선 상호간의 간격은 몇 [cm] 이상이어야 하는가?

① 2 ② 4 ③ 6 ④ 8

풀이

애자사용공사 (판단기준 제181조)

전 압		전선과 조영재와의 이격 거리		전 선 상 호 간 격	전선 지지점간의 거리	
					조영재의 상면 또는 측면	조영재에 따라 시설하지 않는 경우
저 압	400[V] 미만	2.5 [cm] 이상		6 [cm] 이상	2 [m] 이하	−
	400[V] 이상	건조한 장소	2.5 [cm] 이상			6 [m] 이하
		기타의 장소	4.5 [cm] 이상			

【답】③

문제 83

방전등용 안정기로부터 방전관까지의 전로를 무엇이라고 하는가?

① 가섭선 ② 가공인입선 ③ 관등회로 ④ 지중관로

풀이

정의(판단기준 제2조)
관등 회로라 함은 방전등용 안정기로부터 방전관까지의 전로를 말한다.

【답】③

문제 84

고압 가공전선에 케이블을 사용하는 경우의 조가용선 및 케이블의 피복에 사용하는 금속체에는 몇 종 접지 공사를 하여야 하는가?

① 제1종 접지 공사
② 제2종 접지 공사
③ 제3종 접지 공사
④ 특별 제3종 접지 공사

저고압 가공 전선에 케이블을 사용하는 경우에는 다음과 같이 시설하여야 한다. (판단기준 제69조)
조가용선 및 케이블의 피복에 사용하는 금속체에는 제3종 접지 공사를 할 것　　　　　【답】③

문제 85

345[kV]의 송전선을 사람이 쉽게 들어갈 수 없는 산지에 시설하는 경우 전선의 지표상 높이는 최소 몇 [m] 이상이어야 하는가?

① 7.28
② 8.28
③ 7.85
④ 8.85

특고압 가공전선의 높이(판단기준 제110조)

전압의 범위	일반 장소	도로 횡단	철도 또는 궤도횡단	횡단보도교
35 [kV] 이하	5 [m]	6 [m]	6.5 [m]	4 [m] (특고압 절연전선 또는 케이블 사용)
35 [kV] 초과 160 [kV] 이하	6 [m]	6 [m]	6.5 [m]	5 [m](케이블 사용)
	산지 등에서 사람이 쉽게 들어갈 수 없는 장소 ; 5 [m] 이상			
160 [kV] 초과	일반장소	가공전선의 높이 = 6 + 단수×0.12 [m]		
	철도 또는 궤도횡단	가공전선의 높이 = 6.5 + 단수×0.12 [m]		
	산지	**가공전선의 높이 = 5 + 단수×0.12 [m]**		

- 특고압 가공 전선의 지표상 높이는 일반 장소에서는 6 [m](산지 등에서는 5 [m])에, 160 [kV]를 넘는 10[kV] 또는 그 단수마다 12 [cm]를 가한 값
- 단수 $= \dfrac{345-160}{10} = 18.5 \rightarrow 19$단
- ∴ 전선의 지표상 높이 $= 5 + 19 \times 0.12 = 7.28$[m]　　　　　【답】①

문제 86

"지중 관로"에 대한 정의로 옳은 것은?

① 지중 전선로, 지중 약전류 전선로와 지중 매설지선 등을 말한다.
② 지중 전선로, 지중 약전류 전선로와 복합 케이블 선로, 기타 이와 유사한 것 및 이들에 부속하는 지중함을 말한다.
③ 지중 전선로, 지중 약전류 전선로, 지중에 시설하는 수관 및 가스관과 지중 매설지선을 말한다.
④ 지중 전선로, 지중 약전류 전선로, 지중 광섬유 케이블 선로, 지중에 시설하는 수관 및 가스관과 이와 유사한 것 및 이들에 부속하는 지중함 등을 말한다.

정의 (판단기준 제2조)

지중관로란 지중 전선로, 지중 약전류 전선로, 지중에 시설하는 수관 및 가스관과 이와 유사한 것 및 이들에 부속하는 지중함 등을 말한다.　　　　　　　　　　　　　　　　　　　　　　　**【답】** ④

문제 87　전기설비기술기준에서 정하는 15[kV] 이상 25[kV] 미만인 특고압 가공전선과 그 지지물, 완금류, 지주 또는 지선 사이의 이격거리는 몇 [cm] 이상이어야 하는가?

① 20　　　　　　　　　　　　　② 25

③ 30　　　　　　　　　　　　　④ 40

전선과 그 지지물 또는 완금 등과 이격 거리 (판단기준 제108조)

사용 전압의 구분		이격 거리
15 [kV] 미만		15 [cm]
15 [kV] 이상	**25 [kV] 미만**	**20 [cm]**
60 [kV] 이상	70 [kV] 미만	40 [cm]
130 [kV] 이상	160 [kV] 미만	90 [cm]
230 [kV] 이상		160 [cm]

　　　　　　　　　　　　　　　　　　　　　　　　　　　　　　　　【답】 ①

문제 88　고압 지중케이블로서 직접 매설식에 의하여 콘크리트제 기타 견고한 관 또는 트라프에 넣지 않고 부설할 수 있는 케이블은?

① 비닐외장케이블　　　　　　　② 고무외장케이블

③ 클로로프렌외장케이블　　　　④ 콤바인덕트케이블

지중 전선로의 시설(판단기준 제136조)

지중 전선은 견고한 트라프 기타 방호물에 넣어 시설하여야 한다. 다만 지중전선을 **콤바인 덕트 케이블** 또는 고시하는 구조의 개장 케이블을 사용하는 경우에는 **예외로 한다.**　　　　**【답】** ④

문제 89　관, 암거 기타 지중전선을 넣은 방호장치의 금속제 부분 및 지중전선의 피복으로 사용하는 금속체에는 몇 종 접지공사를 하여야 하는가?

① 제1종 접지공사　　　　　　　② 제2종 접지공사

③ 제3종 접지공사　　　　　　　④ 특별 제3종 접지공사

지중전선의 피복금속체 접지(판단기준 제139조)

금속체의 전선 접속함 및 **지중 전선의 피복**으로 사용하는 금속체에는 **제3종 접지공사**를 하여야 한다.　　　　　　　　　　　　　　　　　　　　　　　　　　　　　　　　**【답】** ③

문제 90

전기 울타리의 시설에 관한 설명으로 틀린 것은?

① 전원장치에 전기를 공급하는 전로의 사용전압은 600 [V] 이하이어야 한다.

② 사람이 쉽게 출입하지 아니하는 곳에 시설한다.

③ 전선은 지름 2 [mm] 이상의 경동선을 사용한다.

④ 수목 사이의 이격거리는 30 [cm] 이상이어야 한다.

풀이

전기 울타리의 시설 (판단기준 제231조)
- 전기울타리용 전원 장치에 전기를 공급하는 **전로의 사용전압 : 250 [V] 이하**
- 전선 : 지름 2 [mm] 이상의 경동선
- 전선과 기둥 사이의 이격거리 : 2.5 [cm] 이상
- 전선과 다른 시설물(가공 전선을 제외한다) 또는 수목 사이의 이격거리는 30 [cm] 이상일 것.
- 전기울타리는 사람이 쉽게 출입하지 아니하는 곳에 시설할 것.　　　　　**【답】** ①

문제 91

전선의 접속법을 열거한 것 중 틀린 것은?

① 전선의 세기를 30[%] 이상 감소시키지 않는다.

② 접속 부분을 절연 전선의 절연물과 동등 이상의 절연 효력이 있도록 충분히 피복한다.

③ 접속 부분은 접속관, 기타의 기구를 사용한다.

④ 알루미늄 도체의 전선과 동 도체의 전선을 접속할 때에는 전기적 부식이 생기지 않도록 한다.

풀이

전선의 접속법 (판단기준 제11조)
전선을 접속하는 경우에는 다음에 의한다.
① 전선의 전기 저항을 증가시키지 않을 것
② 인장 하중(**전선의 세기**)을 **20 [%] 이상 감소시키지 않을 것**
③ 접속 부분의 절연은 절연 전선의 절연물과 동등 이상의 절연 효력이 있는 것으로 충분히 피복할 것
④ 전기 화학적 성질이 다른 도체를 접속하는 경우에는 접속부분에 전기적 부식이 생기지 아니하도록 할 것　　　　　**【답】** ①

문제 92

소맥분, 전분 기타의 가연성 분진이 존재하는 곳의 저압옥내배선으로 적합하지 않은 공사방법은?

① 케이블공사　　　　　　　　　　② 두께 2[mm] 이상의 합성수지관공사

③ 금속관공사　　　　　　　　　　④ 가요전선관공사

풀이

먼지가 많은 장소에서의 저압의 시설(판단기준 제199조)
가연성 분진에 전기설비가 발화원이 되어 폭발할 우려가 있는 곳에 시설하는 저압 옥내 전기설비는 **합성
수지관 공사**(두께 2 [mm] 미만의 합성수지전선관 및 콤바인덕트관을 사용하는 것을 제외한다.) **금속관
공사** 또는 **케이블 공사**에 의할 것　　　　　**【답】** ④

문제 93

철근 콘크리트주로서 전장이 15[m] 이고, 설계하중이 7.8 [kN] 이다. 이 지지물을 논, 기타 지반이 약한 곳 이외에 기초 안전율의 고려 없이 시설하는 경우에 그 묻히는 깊이는 기준보다 몇 [cm]를 가산하여 시설하여야 하는가?

① 10 　　　　② 30 　　　　③ 50 　　　　④ 70

풀이

가공전선로 지지물의 기초의 안전율 (판단기준 제63조)
가공전선로의 지지물에 하중이 가하여지는 경우에 그 하중을 받는 지지물의 기초의 안전율은 2이상(단, 이상시 상정하중에 대한 철탑의 기초에 대하여는 1.33)이어야 한다. 다만, 땅에 묻히는 깊이를 다음의 표에서 정한 값 이상의 깊이로 시설하는 경우에는 그러하지 아니하다.

설계 하중 ＼ 전장	6.8 [kN] 이하	6.8 [kN] 초과 ~ 9.8 [kN] 이하	9.8 [kN] 초과 ~ 14.72 [kN] 이하
15 [m] 이하	전장 × 1/6 [m] 이상	**전장 × 1/6 + 0.3 [m] 이상**	–
15 [m] 초과	2.5 [m] 이상	2.8 [m] 이상	–
16 [m] 초과~20 [m] 이하	2.8 [m] 이상	–	–
15 [m] 초과~18 [m] 이하	–	–	3 [m] 이상
18 [m] 초과	–	–	3.2 [m] 이상

【답】②

문제 94

가공전선로의 지지물에 하중이 가하여지는 경우에 그 하중을 받는 지지물의 기초의 안전율은 일반적인 경우 얼마 이상이어야 하는가?

① 1.2 　　　　② 1.5 　　　　③ 1.8 　　　　④ 2

풀이

가공전선로 지지물의 기초의 안전율(판단기준 제63조)
가공전선로의 지지물에 하중이 가하여지는 경우에 그 하중을 받는 **지지물의 기초의 안전율은 2이상**(단, 이상시 상정하중에 대한 철탑의 기초에 대하여는 1.33)이어야 한다.

【답】④

문제 95

도로, 주차장 또는 조영물의 조영재에 고정하여 시설하는 전열장치의 발열선에 공급하는 전로의 대지전압은 몇 [V] 이하이어야 하는가?

① 30 　　　　② 60 　　　　③ 220 　　　　④ 300

풀이

도로 등의 전열장치의 시설 (판단기준 제235조)
• 발열선에 전기를 공급하는 **전로의 대지전압은 300 [V] 이하**일 것.
• 발열선은 그 온도가 80 [℃]를 넘지 아니하도록 시설할 것. 다만, 도로 또는 옥외주차장에 금속피복을 한 발열선을 시설할 경우에는 발열선의 온도를 120 [℃]이하로 할 수 있다.

【답】④

문제 96

도로에 시설하는 가공 직류 전차 선로의 경간은 몇 [m] 이하인가?

① 30 　　　　② 60 　　　　③ 80 　　　　④ 100

문제 97

66 [kV]에 사용되는 변압기를 취급자 이외의 자가 들어가지 않도록 적당한 울타리·담 등을 설치하여 시설하는 경우 울타리·담 등의 높이와 울타리·담 등으로부터 충전부분까지의 거리의 합계는 최소 몇 [m] 이상으로 하여야 하는가?

① 5　　　　　　② 6　　　　　　③ 8　　　　　　④ 10

풀이

발전소 등의 울타리·담 등의 시설(판단기준 제44조)

① 35 [kV] 이하 : 5 [m]

② **35 [kV] 초과 160 [kV] 이하 : 6 [m]**

③ 160 [kV]가 넘는 것 : 6 [m]에 160 [kV]를 넘는 10 [kV] 또는 그 단수마다 12 [cm]를 가산한 값

　　　　【답】②

문제 98

가공 전선로에 사용하는 지지물의 강도 계산에 적용하는 병종풍압하중은 갑종풍압하중의 몇 [%]를 기초로 하여 계산한 것인가?

① 30　　　　　　② 50　　　　　　③ 80　　　　　　④ 110

풀이

풍압하중의 종별과 적용(판단기준 제62조)

병종 풍압 하중은 **갑종 풍압 하중의 $\dfrac{1}{2}$ 값**이다.　　　　【답】②

문제 99

저압옥내배선에서 시행하는 공사 내용 중 틀린 것은?

① 합성수지몰드공사에서는 절연전선을 사용한다.

② 합성수지관 안에서는 접속점이 없어야 한다.

③ 가요전선관은 2종 금속제 가요전선관이어야 한다.

④ 사용전압이 400[V] 이상인 금속관에는 제3종 접지공사를 한다.

풀이

금속관 공사(판단기준 제184조)

• 400[V] 미만 : 제3종 접지

• **400[V] 이상 : 특별 제3종 접지**(단, 사람의 접촉 우려가 없는 경우에는 제3종 접지)　　　　【답】④

문제 100

케이블 트레이 공사에 사용하는 케이블트레이의 최소 안전율은?

① 1.5　　　　　　② 1.8　　　　　　③ 2.0　　　　　　④ 3.0

케이블 트레이는 다음에 적합하게 시설하여야 한다. (판단기준 제194조)

① **케이블 트레이의 안전율은 1.5 이상**이어야 한다.

② 전선의 피복 등을 손상시킬 돌기 등이 없이 매끈해야 한다.

③ 금속제 케이블 트레이 계통은 기계적 또는 전기적으로 완전하게 접속하여야 하며, 저압 옥내 배선의 사용 전압이 400 [V] 미만인 경우에는 케이블 트레이에 제3종 접지 공사, 사용 전압이 400 [V] 이상인 경우에는 특별 제3종 접지 공사를 하여야 한다. 【답】 ①

국가기술자격검정 필기시험 문제

2015년도 전기산업기사 일반검정 제2회

수검 번호	성 명

자격종목 및 등급(선택분야)	종목코드	시험시간	문제지형별	
전기산업기사	2140	2시간 30분	A	

1과목 전기자기학

문제 01 전기력선의 성질에 관한 설명으로 틀린 것은?

① 전기력선의 방향은 그 점의 전계의 방향과 같다.

② 전기력선은 전위가 높은 점에서 낮은 점으로 향한다.

③ 전하가 없는 곳에서도 전기력선의 발생, 소멸이 있다.

④ 전계가 0이 아닌 곳에서 2개의 전기력선은 교차하는 일이 없다.

풀이

전기력선의 성질은 다음과 같다.
- 전기력선은 정전하에서 시작하여 부전하에서 그친다.
- **전하가 없는 곳에서는 전기력선의 발생, 소멸이 없고 연속적이다.**
- 전위가 높은 점에서 낮은 점으로 향한다.
- 그 자신만으로 폐곡선이 되는 일은 없다.
- 전계가 0이 아닌 곳에서는 2개의 전기력선은 교차하지 않는다.
- 도체 내부에는 전기력선이 없다.
- 수직 단면의 전기력선 밀도는 전계의 세기이고($1\,[\text{개}/\text{m}^2] = 1\,[\text{N/C}]$), 전기력선의 접선 방향은 전계의 방향이다.
- 도체면(등전위면)에서 전기력선은 수직으로 출입한다.
- 단위 전하 $\pm 1[\text{C}]$에서는 $1/\epsilon_0$개의 전기력선이 출입한다.

【답】③

문제 02 자계 내에서 운동하는 대전입자의 작용에 대한 설명으로 틀린 것은?

① 대전입자의 운동방향으로 작용하므로 입자의 속도의 크기는 변하지 않는다.

② 가속도 벡터는 항상 속도 벡터와 직각이므로 입자의 운동에너지도 변화하지 않는다.

③ 정상자계는 운동하고 있는 대전입자에 에너지를 줄 수가 없다.

④ 자계 내 대전입자를 임의 방향의 운동 속도로 투입하면 $\cos\theta$에 비례한다.

풀이

대전입자를 **자계 내에 수직으로 투입하면 등속원운동, 자계에 각 θ로 비스듬히 투입하면 등속의 나선운동**을 한다. 따라서 **임의 방향의 운동속도로 투입하면 등속운동을** 하여 일정하다.

【답】④

두 벡터 $A = 2i + 4j$, $B = 6j - 4k$가 이루는 각은 약 몇 ° 인가?

① 36   ② 42   ③ 50   ④ 61

풀이

$$A \cdot B = A_x B_x + A_y B_y + A_z B_z = 4 \times 6 = 24$$
$$A = |A| = \sqrt{2^2 + 4^2} = \sqrt{20}$$
$$B = |B| = \sqrt{6^2 + 4^2} = \sqrt{52}$$
$$\cos\theta = \frac{A \cdot B}{AB} = \frac{24}{\sqrt{20} \times \sqrt{52}} = 0.744$$
$$\therefore \theta = \cos^{-1} 0.744 = 41.92°$$

【답】②

2[cm]의 간격을 가진 두 평행도선에 1000[A]의 전류가 흐를 때 도선 1[m]마다 작용하는 힘은 몇 [N/m] 인가?

① 5   ② 10   ③ 15   ④ 20

풀이

평행도선 단위길이당 작용하는 힘 $F = \dfrac{\mu_0 I_1 I_2}{2\pi r} = \dfrac{2 I_1 I_2}{r} \times 10^{-7}$ [N/m]에서

$$F = \frac{2 \times 1000^2}{2 \times 10^{-2}} \times 10^{-7} = 10 \text{[N/m]}$$

【답】②

투자율 $\mu = \mu_0$, 굴절률 $n = 2$, 전도율 $\sigma = 0.5$의 특성을 갖는 매질내부의 한 점에서 전계가 $E = 10\cos(2\pi f t) a_x$로 주어질 경우 전도 전류밀도와 변위 전류밀도의 최대값의 크기가 같아지는 전계의 주파수 f[GHz]는?

① 1.75   ② 2.25   ③ 5.75   ④ 10.25

풀이

전도전류밀도 $i_c = \sigma E$, 변위전류밀도 $i_d = \omega \epsilon E$와 $i_c = i_d$ 로부터

$$\sigma E = \omega \epsilon E, \quad \sigma = 2\pi f \epsilon$$

주파수 f는

$$\therefore f = \frac{\sigma}{2\pi\epsilon} = \frac{\sigma}{2\pi(n^2 \epsilon_0)} = \frac{0.5}{2\pi \times 2^2 \times 8.85 \times 10^{-12}} = 2.25 \times 10^9 \text{[Hz]} = 2.25 \text{[GHz]}$$

【답】②

면적 S[m²] 평행한 평판 전극사이에 유전율이 ϵ_1[F/m], ϵ_2[F/m] 되는 두 종류의 유전체를 $\dfrac{d}{2}$[m] 두께가 되도록 각각 넣으면 정전 용량은 몇 [F]가 되는가?

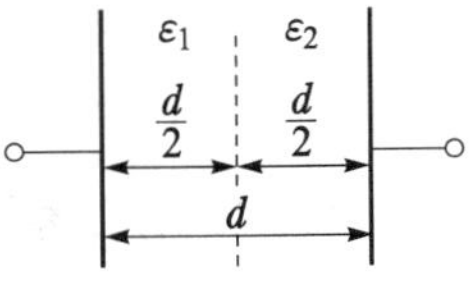

① $\dfrac{2S}{d(\epsilon_1 + \epsilon_2)}$ ② $\dfrac{2\epsilon_1 \epsilon_2}{dS(\epsilon_1 + \epsilon_2)}$ ③ $\dfrac{2S\epsilon_1 \epsilon_2}{d(\epsilon_1 + \epsilon_2)}$ ④ $\dfrac{S\epsilon_1 \epsilon_2}{2d(\epsilon_1 + \epsilon_2)}$

등가회로로 변환하면 다음 그림과 같다.

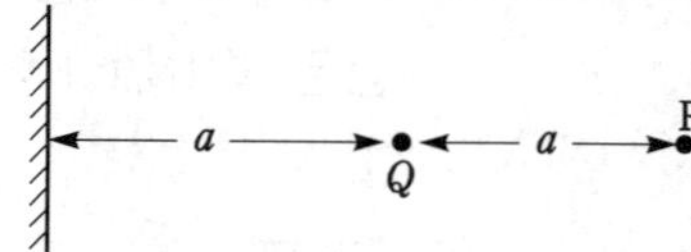

$$\therefore C = \frac{C_1 \cdot C_2}{C_1 + C_2} = \frac{\dfrac{\epsilon_1 \cdot S}{\dfrac{d}{2}} \cdot \dfrac{\epsilon_2 \cdot S}{\dfrac{d}{2}}}{\dfrac{\epsilon_1 \cdot S}{\dfrac{d}{2}} + \dfrac{\epsilon_2 \cdot S}{\dfrac{d}{2}}} = \frac{2S}{d\left(\dfrac{1}{\epsilon_1} + \dfrac{1}{\epsilon_2}\right)} = \frac{2S\epsilon_1\epsilon_2}{d(\epsilon_1 + \epsilon_2)}\ [\text{F}]$$

【답】 ③

문제 07

접지된 무한히 넓은 평면도체로부터 a[m] 떨어져 있는 공간에 Q[C]의 점전하가 놓여 있을 때 그림 P점의 전위는 몇 [V]인가?

① $\dfrac{Q}{8\pi\epsilon_0 a}$

② $\dfrac{Q}{6\pi\epsilon_0 a}$

③ $\dfrac{3Q}{4\pi\epsilon_0 a}$

④ $\dfrac{Q}{2\pi\epsilon_0 a}$

풀이

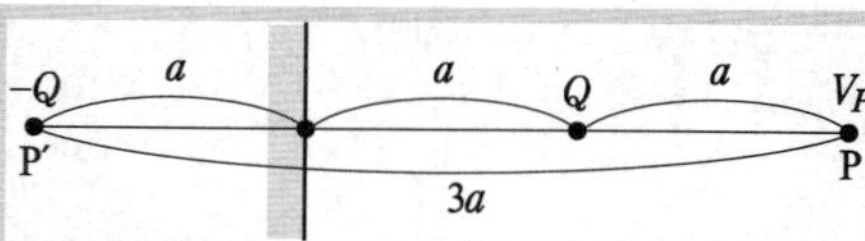

영상전하 $-Q$[C]을 생각하면 두 개의 점전하 Q[C]과 $-Q$[C]에 의한 점 P에서의 전위 V_P

전위 $V_P = \dfrac{Q}{4\pi\epsilon_0 a} + \dfrac{-Q}{4\pi\epsilon_0 (3a)} = \dfrac{Q}{6\pi\epsilon_0 a}\ [\text{V}]$

【답】 ②

문제 08

옴의 법칙에서 전류는?

① 저항에 반비례하고 전압에 비례한다.

② 저항에 반비례하고 전압에도 반비례한다.

③ 저항에 비례하고 전압에 반비례한다.

④ 저항에 비례하고 전압에도 비례한다.

풀이

옴의 법칙에서 $I = \dfrac{V}{R}$[A]이므로, **전류는 저항에 반비례**하고, **전압에 비례**한다.

【답】 ①

문제 09

어느 철심에 도선을 250회 감고 여기에 4[A]의 전류를 흘릴 때 발생하는 자속이 0.02[Wb] 이었다. 이 코일의 자기인덕턴스는 몇 [H]인가?

① 1.05

② 1.25

③ 2.5

④ $\sqrt{2}\,\pi$

쇄교 자속수 $\Phi = N\phi = LI$ 에서

자기 인덕턴스 $L = \dfrac{N\phi}{I} = \dfrac{250 \times 0.02}{4} = 1.25\,[\mathrm{H}]$

【답】②

문제 10 전계와 자계의 기본법칙에 대한 내용으로 틀린 것은?

① 암페어의 주회적분 법칙 : $\displaystyle\oint_c \boldsymbol{H} \cdot dl = I + \int_S \frac{\partial \boldsymbol{D}}{\partial t} \cdot d\boldsymbol{S}$

② 가우스의 정리 : $\displaystyle\oint_S \boldsymbol{B} \cdot d\boldsymbol{S} = 0$

③ 가우스의 정리 : $\displaystyle\oint_S \boldsymbol{D} \cdot d\boldsymbol{S} = \int_v \rho\, dv = Q$

④ 패러데이의 법칙 : $\displaystyle\oint_c \boldsymbol{D} \cdot dl = -\int_S \frac{d\boldsymbol{H}}{dt} \cdot d\boldsymbol{S}$

전자계에서 성립하는 기본 방정식

맥스웰 전자방정식		의 미
미 분 형	적 분 형	
$\mathrm{rot}\ \boldsymbol{E} = -\dfrac{\partial \boldsymbol{B}}{\partial t}$	$\displaystyle\oint_c \boldsymbol{E} \cdot dl = -\int_S \frac{\partial \boldsymbol{B}}{\partial t} \cdot d\boldsymbol{S}$	패러데이 법칙

【답】④

문제 11 다음 물질 중 반자성체는?

① 구리　　　　② 백금　　　　③ 니켈　　　　④ 알루미늄

- 강자성체 : Fe, Ni, Co
- 상자성체 : Al, Mn, Pt, W, Sn, O_2, N_2 등
- **반자성체** : Ag, 구리(Cu), Bi, H_2O, C, Si, Ag, Pb 등

【답】①

문제 12 철심에 도선을 250회 감고 1.2[A]의 전류를 흘렸더니 1.5×10^{-3}[Wb]의 자속이 생겼다. 자기저항[AT/Wb]은?

① 2×10^5　　　　　　　　② 3×10^5

③ 4×10^5　　　　　　　　④ 5×10^5

$\phi = \dfrac{F}{R_m}$ 에서

자기저항 $R_m = \dfrac{F}{\phi} = \dfrac{NI}{\phi} = \dfrac{250 \times 1.2}{1.5 \times 10^{-3}} = 2 \times 10^5\,[\mathrm{AT/Wb}]$

【답】①

문제 13

$\epsilon_1 > \epsilon_2$인 두 유전체의 경계면에 전계가 수직으로 입사할 때 단위면적당 경계면에 작용하는 힘은?

① 힘 $f = \dfrac{1}{2}\left(\dfrac{1}{\epsilon_1} - \dfrac{1}{\epsilon_2}\right)D^2$이 ϵ_2에서 ϵ_1로 작용한다.

② 힘 $f = \dfrac{1}{2}\left(\dfrac{1}{\epsilon_1} - \dfrac{1}{\epsilon_2}\right)E^2$이 ϵ_2에서 ϵ_1로 작용한다.

③ 힘 $f = \dfrac{1}{2}\left(\dfrac{1}{\epsilon_2} - \dfrac{1}{\epsilon_1}\right)D^2$이 ϵ_1에서 ϵ_2로 작용한다.

④ 힘 $f = \dfrac{1}{2}\left(\dfrac{1}{\epsilon_1} - \dfrac{1}{\epsilon_2}\right)E^2$이 ϵ_1에서 ϵ_2로 작용한다.

풀이

전계가 경계면에 수직으로 입사 할 때, 경계면을 공통 전극으로 취하는 2개의 콘덴서가 직렬로 되어있는 회로로 볼 수 있다. 따라서, 콘덴서의 두 전극사이에는 흡인력이 작용하므로 f_1과 f_2의 방향은 서로 반대 방향이 되고 이때 단위면적당 작용하는 힘 f_1, f_2는

- $f_1 = \dfrac{1}{2}\dfrac{D^2}{\epsilon_1}$, $f_2 = \dfrac{1}{2}\dfrac{D^2}{\epsilon_2}$ 이된다.

따라서, $\epsilon_1 > \epsilon_2$이면 $f_1 < f_2$가 되므로 경계면에 작용하는 힘 f는

$$f = f_2 - f_1 = \dfrac{1}{2}\left(\dfrac{1}{\epsilon_2} - \dfrac{1}{\epsilon_1}\right)D^2$$

즉, **경계면에서의 정전력은 유전율이 큰 쪽에서 작은 쪽으로 향한다.** **【답】** ③

문제 14

반지름 $a[\text{m}]$의 구도체에 $Q[\text{C}]$의 전하가 주어졌을 때 구심에서 $5a[\text{m}]$ 되는 점의 전위는 몇 $[\text{V}]$ 인가?

① $\dfrac{Q}{4\pi\epsilon_0 a}$ ② $\dfrac{Q}{4\pi\epsilon_0 a^2}$ ③ $\dfrac{Q}{20\pi\epsilon_0 a}$ ④ $\dfrac{Q}{20\pi\epsilon_0 a^2}$

풀이

전위 $V = \dfrac{Q}{4\pi\epsilon_0 (5a)} = \dfrac{Q}{20\pi\epsilon_0 a}[\text{V}]$ **【답】** ③

문제 15

전류와 자계 사이에 직접적인 관련이 없는 법칙은?

① 앙페르의 오른나사법칙 ② 비오사바르의 법칙
③ 플레밍의 왼손법칙 ④ 쿨롱의 법칙

풀이

① 앙페르의 오른나사 법칙 : 전류가 만드는 자계의 방향
② 비오사바르(Biot Savart)의 법칙 : 전류에 의한 자계의 세기
③ 플레밍의 왼손 법칙 : 자계내에 놓여진 전류도선이 받는 힘의 방향

④ 쿨롱의 법칙 : 전하들간에 작용하는 힘
즉, 쿨롱의 법칙은 전하들간에 작용하는 힘에 대한 것으로서 전류와 자계 사이에 직접적인 관계는 없다.

【답】 ④

문제 16

전류분포가 벡터자기포텐셜 A[Wb/m]를 발생시킬 때 점(-1, 2, 5)[m]에서의 자속밀도 B [T]는? (단, $A = 2yz^2 a_x + y^2 x a_y + 4xyz a_z$ 이다.)

① $20a_x - 40a_y + 30a_z$

② $20a_x + 40a_y - 30a_z$

③ $2a_x + 4a_y + 3a_z$

④ $-20a_x - 46a_z$

풀이

$$B = \mathrm{rot}\,A = \nabla \times A = \begin{vmatrix} a_x & a_y & a_z \\ \dfrac{\partial}{\partial x} & \dfrac{\partial}{\partial y} & \dfrac{\partial}{\partial z} \\ 2yz^2 & y^2 x & 4xyz \end{vmatrix}$$

$$= \left\{ \frac{\partial}{\partial y}(4xyz) - \frac{\partial}{\partial z}(y^2 x) \right\} a_x + \left\{ \frac{\partial}{\partial z}(2yz^2) - \frac{\partial}{\partial x}(4xyz) \right\} a_y + \left\{ \frac{\partial}{\partial x}(y^2 x) - \frac{\partial}{\partial y}(2yz^2) \right\} a_z$$

$$= (4xz - 0)\,a_x + (4yz - 4yz)\,a_y + (y^2 - 2z^2)\,a_z$$

$$= 4xz\,a_x + (y^2 - 2z^2)\,a_z \qquad \text{점 } (-1,\ 2,\ 5) \text{ 대입}$$

$$= -20\,a_x + (4 - 50)\,a_z = -20\,a_x - 46\,a_z$$

【답】 ④

문제 17

축이 무한히 길고 반지름이 a[m]인 원주 내에 전하가 축대칭이며, 축방향으로 균일하게 분포되어 있을 경우, 반지름 $r(>a)$[m] 되는 동심 원통면상 외부의 한 점 P의 전계의 세기는 몇 [V/m] 인가? (단, 원주의 단위 길이당의 전하를 λ [C/m]라 한다.)

① $\dfrac{\lambda}{\epsilon_0}$

② $\dfrac{\lambda}{2\pi\epsilon_0}$

③ $\dfrac{\lambda}{\pi a}$

④ $\dfrac{\lambda}{2\pi\epsilon_0 r}$

풀이

- 원주 외부에서의 전계의 세기$(r > a)$

$$E = \frac{\lambda}{2\pi\epsilon_0 r} \ [\text{V/m}]$$

- 원주 표면에서의 전계의 세기$(r = a)$

$$E_a = \frac{\lambda}{2\pi\epsilon_0 a} \ [\text{V/m}]$$

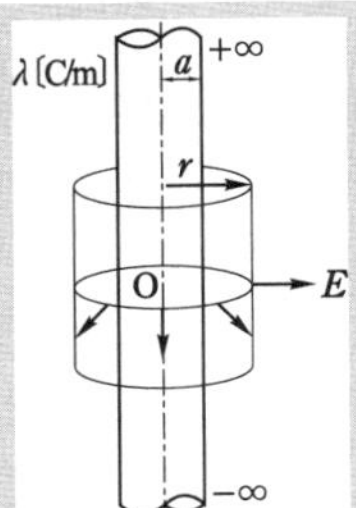

【답】 ④

문제 18

반지름이 2 [m], 3 [m] 절연 도체구의 전위를 각각 5 [V], 6 [V]로 한 후 가는 도선으로 두 도체구를 연결하면 공통 전위는 몇 [V] 가 되는가?

① 5.2

② 5.4

③ 5.6

④ 5.8

풀이

두 도체의 처음 전하를 각각 Q_1, Q_2 [C], 가느다란 도체로 연결한 후의 전하를 Q_1', Q_2' [C]라 하면,

$$C_1 V_1 + C_2 V_2 = Q_1 + Q_2 = Q'_1 + Q'_2 = C_1 V + C_2 V \, [\text{C}]$$

공통 전위 $V = \dfrac{C_1 V_1 + C_2 V_2}{C_1 + C_2}$ [V]

$C_1 = 4\pi\epsilon_0 r_1 = 2 \times 4\pi\epsilon_0$

$C_2 = 4\pi\epsilon_0 r_2 = 3 \times 4\pi\epsilon_0$

$$V = \frac{4\pi\epsilon_0 (r_1 V_1 + r_2 V_2)}{4\pi\epsilon_0 (r_1 + r_2)} = \frac{2 \times 5 + 3 \times 6}{2 + 3} = 5.6 \, [\text{V}]$$

【답】③

문제 19　전기쌍극자로부터 임의의 점의 거리가 r이라 할 때, 전계의 세기는 r과 어떤 관계에 있는가?

① $\dfrac{1}{r}$에 비례　　② $\dfrac{1}{r^2}$에 비례　　③ $\dfrac{1}{r^3}$에 비례　　④ $\dfrac{1}{r^4}$에 비례

풀이

전기 쌍극자에 의한 전계 $E = \dfrac{M\sqrt{1 + 3\cos^2\theta}}{4\pi\epsilon_0 r^3}$

따라서, $E \propto \dfrac{1}{r^3}$가 된다.

【답】③

문제 20　전하 Q_1, Q_2 간의 전기력이 F_1이고 이 근처에 전하 Q_3를 놓았을 경우의 Q_1과 Q_2간의 전기력을 F_2라 하면 F_1과 F_2의 관계는 어떻게 되는가?

① $F_1 > F_2$　　　　　　　　② $F_1 = F_2$

③ $F_1 < F_2$　　　　　　　　④ Q_3의 크기에 따라 다르다.

풀이

- Q_1과 Q_2 사이에 작용하는 쿨롱의 힘 $F = \dfrac{1}{4\pi\epsilon} \cdot \dfrac{Q_1 \cdot Q_2}{r^2}$ [N]
- **두 전하 사이에 작용하는 쿨롱의 힘**은 두 전하 사이의 거리 r과 전하량 Q_1, Q_2 및 주위의 유전율 ϵ에만 관계되므로 부근에 **제3의 점전하**가 있어도 그의 영향을 받지 않는다.

따라서, $F_1 = F_2$

【답】②

문제 21

60[Hz], 154[kV], 길이 200[km]인 3상 송전선로에서 대지정전용량 $C_s = 0.008[\mu F/km]$, 선간정전용량 $C_m = 0.0018[\mu F/km]$일 때, 1선에 흐르는 충전전류는 약 몇 [A]인가?

① 68.9　　　② 78.9　　　③ 89.8　　　④ 97.6

풀이

작용 정전 용량은
$$C_w = C_s + 3C_m = 0.008 + 3 \times 0.0018 = 0.0134 \, [\mu F/km]$$
1선 충전 전류
$$I_c = \omega C_w E l = 2\pi f C_w \frac{V}{\sqrt{3}} \, l = 2\pi \times 60 \times 0.0134 \times 10^{-6} \times 200 \times \frac{154,000}{\sqrt{3}} = 89.8[A]$$
【답】③

문제 22

440[V] 공공시설의 옥내배선을 금속관공사로 시설하고자 한다. 금속관에 어떤 접지공사를 해야 하는가?

① 제1종 접지공사　　　② 제2종 접지공사
③ 제3종 접지공사　　　④ 특별 제3종 접지공사

풀이

금속관 공사(판단기준 제184조)
저압 옥내 배선의 사용 전압이 **400 [V] 이상인 경우** 관에는 **특별 제3종 접지 공사**를 할 것. 다만, 사람이 접촉할 우려가 없도록 시설하는 경우에는 제3종 접지 공사에 의할 것.　　　【답】④

문제 23

조상설비가 있는 1차 변전소에서 주변압기로 주로 사용되는 변압기는?

① 승압용 변압기　　　② 단권 변압기
③ 단상 변압기　　　④ 3권선 변압기

풀이

3권선 변압기
1차 — Y Y — 2차
△ 3차(안정권선)
├ 조상설비
└ 소내용 전원공급　　　【답】④

문제 24

아킹혼의 설치 목적은?

① 코로나손의 방지　　　② 이상전압 제한
③ 지지물의 보호　　　④ 섬락사고 시 애자의 보호

풀이

• 아킹 혼(소호각) : **섬락사고시 애자련의 보호**, 애자련의 전압 분담 균일화 **【답】 ④**

문제 25

소수력 발전의 장점이 아닌 것은?

① 국내 부존자원 활용

② 일단 건설 후에는 운영비가 저렴

③ 전력생산 외에 농업용수 공급, 홍수조절에 기여

④ 양수발전과 같이 첨두부하에 대한 기여도가 많음

풀이

소수력발전(small hydro power)은 소규모 수력 발전을 의미하며, 일반적인 대규모 수력 발전과 원리면에서는 차이가 없으나 대규모 수력발전이 환경에 부정적 영향을 미치는 점을 생각한다면 국지적인 지역 조건과 조화를 이루는 규모가 작고 기술적으로 단순한 수력 발전이라고 할 수 있다.

그 장·단점으로는

① 장점
  • 국내 부존자원 활용
  • 전력생산 외에 농업용수 공급, 홍수조절에 기여
  • 일단 건설후에는 운영비가 저렴

② 단점
  • 대수력이나 양수발전과 같이 **첨두부하에 대한 기여도가 적음**
  • 초기 건설비 소요가 크고, 발전량이 강수량에 따라 변동이 많음 **【답】 ④**

문제 26

유효낙차 400[m]의 수력발전소에서 펠턴수차의 노즐에서 분출하는 물의 속도를 이론값의 0.95배로 한다면 물의 분출속도는 약 몇 [m/s]인가?

① 42.3　　　　② 59.5　　　　③ 62.6　　　　④ 84.1

풀이

높이 H[m]의 수두를 갖는 물이 노즐로부터 분출하는 유수의 속도 v는

$$v = C_v \sqrt{2gH} = 0.95 \times \sqrt{2 \times 9.8 \times 400} = 84.116 [\text{m/s}]$$

【답】 ④

문제 27

송전선로에서 역섬락을 방지하려면?

① 가공지선을 설치한다.　　　　② 피뢰기를 설치한다.

③ 탑각 접지저항을 적게 한다.　　　　④ 소호각을 설치한다.

풀이

① 가공지선 : 뇌의 차폐(가공지선의 차폐각이 적을수록 보호효율 이 높다)

② 피뢰기 : 뇌로부터 기기 보호

③ **매설지선(탑각 접지저항을 낮춤) : 역섬락 방지**

④ 아킹 혼(소호각) : 섬락사고시 애자련의 보호, 애자련의 전압 분담 균일화 **【답】 ③**

초고압 장거리 송전선로에 접속되는 1차 변전소에 병렬 리액터를 설치하는 목적은?

① 페란티효과 방지
② 코로나손실 경감
③ 전압강하 경감
④ 선로손실 경감

풀이

페란티 현상이란 선로의 정전 용량으로 인하여 무부하시나 경부하시에 진상 전류가 흘러 수전단 전압이 송전단 전압보다 높아지는 현상을 말하며 이의 **대책으로는 분로 리액터(병렬 리액터)**나 동기 조상기의 지상 용량으로 방지할 수 있다. 【답】①

SF_6 가스차단기의 설명으로 틀린 것은?

① 밀폐구조이므로 개폐 시 소음이 작다.

② SF_6 가스는 절연내력이 공기보다 크다.

③ 근거리 고장 등 가혹한 재기전압에 대해서 성능이 우수하다.

④ 아크에 의해 SF_6 가스는 분해되어 유독가스를 발생시킨다.

풀이

가스차단기(GCB)는 소호매질로서 SF_6(육불화유황)가스를 사용하며, SF_6 가스의 특징으로는 안정도가 높고 무색, 무취, **무독**, 불활성 기체이다.

따라서, **SF_6 가스는 아크에 의해 유독가스를 발생시키지 않는다.** 【답】④

직류 송전방식이 교류 송전방식에 비하여 유리한 점이 아닌 것은?

① 선로의 절연이 용이하다.

② 통신선에 대한 유도잡음이 적다.

③ 표피효과에 의한 송전손실이 적다.

④ 정류가 필요 없고 승압 및 강압이 쉽다.

풀이

직류 송전 방식의 장·단점
[장점] ① 선로의 리액턴스가 없으므로 안정도가 높다.
　　　 ② 유전체손 및 충전 용량이 없고 절연 내력이 강하다.
　　　 ③ 비동기 연계가 가능하다.
　　　 ④ 단락 전류가 적고 임의 크기의 교류 계통을 연계시킬 수 있다.
　　　 ⑤ 코로나손 및 전력 손실이 적다.
　　　 ⑥ 표피 효과나 근접 효과가 없으므로 실효 저항의 증대가 없다.
[단점] ① 직교 변환 장치가 필요하다.
　　　 ② **전압의 승압 및 강압이 불리하다.**
　　　 ③ 고조파나 고주파 억제 대책이 필요하다.
　　　 ④ 직류 차단기가 개발되어 있지 않다. 【답】④

문제 31 그림과 같은 평형 3상 발전기가 있다. a상이 지락한 경우 지락전류는 어떻게 표현되는가?
(단, Z_0 : 영상 임피던스, Z_1 : 정상 임피던스, Z_2 : 역상 임피던스이다.)

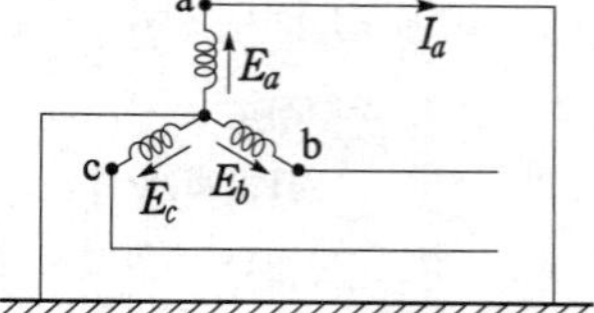

① $\dfrac{E_a}{Z_0 + Z_1 + Z_2}$

② $\dfrac{3E_a}{Z_0 + Z_1 + Z_2}$

③ $\dfrac{-Z_0 E_a}{Z_0 + Z_1 + Z_2}$

④ $\dfrac{2Z_2 E_a}{Z_1 + Z_2}$

풀이

대칭 좌표법과 발전기의 기본식을 이용하여 풀면

$$I_0 = I_1 = I_2 = \frac{E_a}{Z_0 + Z_1 + Z_2}$$

지락전류 $I_a = I_0 + I_1 + I_2 = 3I_0 = \dfrac{3E_a}{Z_0 + Z_1 + Z_2}$

【답】②

문제 32 전력계통의 안정도 향상대책으로 볼 수 없는 것은?

① 직렬콘덴서 설치

② 병렬콘덴서 설치

③ 중간 개폐소 설치

④ 고속차단, 재폐로방식 채용

풀이

안정도 향상 대책
① 계통의 직렬 리액턴스 감소(직렬콘덴서, 단락비 크게, 복도체 사용, 병행회선)
② 전압 변동률을 적게 한다. (속응 여자 방식 채용, 계통의 연계, 중간 조상 방식 채택)
③ 계통에 주는 충격을 적게 한다. (적당한 중성점 접지 방식, 고속 차단 방식, 재폐로 방식 채택)
④ 고장 중의 발전기 돌입 출력의 불평형을 적게 한다.
　그러나 **병렬 콘덴서는 역률 개선이 주목적** 이다.

【답】②

문제 33 π형 회로의 일반회로 정수에서 B는 무엇을 의미하는가?

① 컨덕턴스

② 리액턴스

③ 임피던스

④ 어드미턴스

풀이

$$E_s = AE_R + BI_R, \qquad I_s = CE_R + DI_r$$

에서 A : 전압비, B : **임피던스**, C : 어드미턴스, D : 전류비를 의미한다.

【답】③

문제 34 전원이 양단에 있는 방사상 송전선로에서 과전류 계전기와 조합하여 단락보호에 사용하는 계전기는?

① 선택지락계전기

② 방향단락계전기

③ 과전압계전기

④ 부족전류계전기

문제 35

송전단의 전력원 방정식이 $P_s^2 + (Q_s - 300)^2 = 250000$인 전력계통에서 최대전송 가능한 유효전력은 얼마인가?

① 300　　　　② 400　　　　③ 500　　　　④ 600

문제 36

그림의 X 부분에 흐르는 전류는 어떤 전류인가?

① b상 전류
② 정상전류
③ 역상전류
④ 영상전류

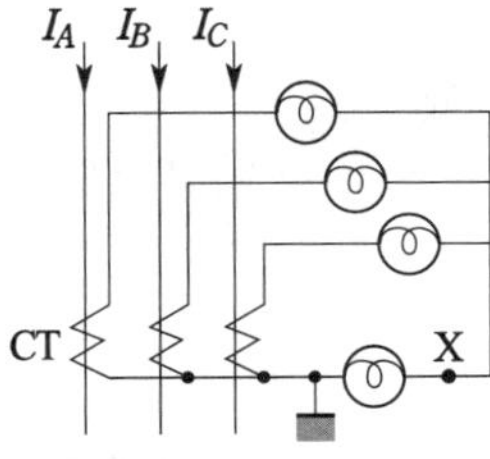

문제 37

변류기 개방시 2차측을 단락하는 이유는?

① 2차측 절연 보호
② 2차측 과전류 보호
③ 측정오차 방지
④ 1차측 과전류 방지

문제 38

그림과 같은 배전선이 있다. 부하에 급전 및 정전할 때 조작방법 으로 옳은 것은?

① 급전 및 정전할 때는 항상 DS, CB 순으로 한다.
② 급전 및 정전할 때는 항상 CB, DS 순으로 한다.
③ 급전시는 DS, CB 순이고 정전시는 CB, DS 순이다.
④ 급전시는 CB, DS 순이고 정전시는 DS, CB 순이다.

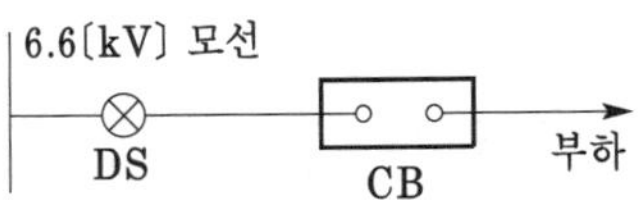

풀이

단로기는 부하 차단 능력이 없으므로 정전시 CB – DS, 급전시 DS – CB가 되어야 한다.
즉, 차단기가 열려 있어야 단로기를 열고 닫을 수 있다.　　【답】③

문제 39

피뢰기가 방전을 개시할 때 단자전압의 순시값을 방전 개시전압이라 한다. 피뢰기 방전 중 단자전압의 파고값을 무슨 전압이라고 하는가?

① 뇌전압　　　　　　　　　　　② 상용주파교류전압

③ 제한전압　　　　　　　　　　④ 충격절연강도전압

풀이

피뢰기가 동작할 때 피뢰기 양단자 사이의 전압을 제한전압이라 한다.　　【답】③

문제 40

3상 1회선과 대지간의 충전전류가 1[km]당 0.25 [A]일 때 길이가 18 [km]인 선로의 충전전류는 몇 [A] 인가?

① 1.5　　　　　　　② 4.5　　　　　　　③ 13.5　　　　　　　④ 40.5

풀이

충전 전류　$I_c = 0.25[\text{A/km}] \times 18[\text{km}] = 4.5[\text{A}]$　　【답】②

3과목　전기기기

문제 41

직류 분권전동기가 단자전압 215 [V], 전기자 전류 50 [A], 1500 [rpm]으로 운전되고 있을 때 발생 토크는 약 몇 [N·m]인가? (단, 전기자 저항은 0.1 [Ω]이다.)

① 6.8　　　　　　　② 33.2　　　　　　　③ 46.8　　　　　　　④ 66.9

풀이

$V = 215 \,[\text{V}], \ I_a = 50 \,[\text{A}], \ N = 1500 \,[\text{rpm}], \ r_a = 0.1 \,[\Omega]$이므로

$E_c = V - I_a R_a = 215 - (50 \times 0.1) = 210 \,[\text{V}]$

발생 토크　$T = \dfrac{P}{\omega} = \dfrac{E_c I_a}{2\pi n} = \dfrac{E_c I_a}{2\pi \dfrac{N}{60}}$　에서　$T = \dfrac{210 \times 50}{2\pi \times \dfrac{1500}{60}} = 66.85[\text{N·m}]$　　【답】④

문제 42

어느 변압기의 1차 권수가 1500인 변압기의 2차측에 접속한 20 [Ω]의 저항은 1차측으로 환산했을 때 8 [kΩ]으로 되었다고 한다. 이 변압기의 2차 권수는?

① 400　　　　　　　② 250　　　　　　　③ 150　　　　　　　④ 75

풀이

$$n_1 = 1500, \ R_2 = 20[\Omega], \ R_1 = 8000[\Omega]$$

2차를 1차로 환산 $R_1 = a^2 R_2$에서

$$\text{권수비} \ a = \sqrt{\frac{R_1}{R_2}} = \sqrt{\frac{8000}{20}} = 20$$

$$\therefore N_2 = \frac{N_1}{a} = \frac{1500}{20} = 75회$$

【답】 ④

문제 43

SCR의 특징이 아닌 것은?

① 아크가 생기지 않으므로 열의 발생이 적다.

② 열용량이 적어 고온에 약하다.

③ 전류가 흐르고 있을 때 양극의 전압강하가 작다.

④ 과전압에 강하다.

풀이

SCR의 특징

- 아크가 생기지 않으므로 열의 발생이 적다.
- **과전압에 약하다.**
- 열용량이 적어 고온에 약하다.
- 게이트 신호를 인가할 때부터 도통할 때까지의 시간이 짧다.
- 전류가 흐르고 있을 때 양극의 전압강하가 작다.
- 정류기능을 갖는 단일방향성 3단자 소자이다.
- 역률각 이하에서는 제어가 되지 않는다.

【답】 ④

문제 44

8극과 4극 2개의 유도 전동기를 종속법에 의한 직렬 종속법으로 속도제어를 할 때, 전원주파수가 60[Hz]인 경우 무부하 속도[rpm]는?

① 600　　　　② 900　　　　③ 1200　　　　④ 1800

풀이

$$\text{직렬 종속} \ N = \frac{2f}{p_1 + p_2}[\text{rps}] = \frac{120f}{p_1 + p_2}[\text{rpm}]에서$$

$$N = \frac{120 \times 60}{8 + 4} = 600[\text{rpm}]$$

【답】 ①

문제 45

1차 전압 6900[V], 1차 권선 3000회, 권수비 20의 변압기가 60[Hz]에 사용할 때 철심의 최대자속[Wb]은?

① 0.76×10^{-4}　　　　　　② 8.63×10^{-3}

③ 80×10^{-3}　　　　　　④ 90×10^{-3}

풀이

1차 유기기전력 $E_1 = 4.44 f \phi_m N_1$ [V]

따라서, $\phi_m = \dfrac{E_1}{4.44 f N_1} = \dfrac{6900}{4.44 \times 60 \times 3000} = 0.00863 = 8.63 \times 10^{-3}$[Wb]　　【답】②

문제 46

동기발전기의 병렬운전 시 동기화력은 부하각 δ와 어떠한 관계인가?

① $\tan\delta$에 비례 ② $\cos\delta$에 비례

③ $\sin\delta$에 반비례 ④ $\cos\delta$에 반비례

풀이

동기화력은 부하각 δ의 미소변동에 의한 출력의 변화율이므로

동기화력 $P_s = \dfrac{dP}{d\delta} = \dfrac{d}{d\delta} \cdot \dfrac{E^2}{2x_s} \sin\delta = \dfrac{E^2}{2x_s} \cos\delta$

즉, 동기화력 $P_s \propto \cos\delta$　　【답】②

문제 47

30 [kW]의 3상 유도전동기에 전력을 공급할 때 2대의 단상변압기를 사용하는 경우 변압기의 용량[kVA]은? (단, 전동기의 역률과 효율은 각각 84 [%]와 86 [%]이고 전동기 손실은 무시한다.)

① 10 ② 20 ③ 24 ④ 28

풀이

- 전동기 입력 $P_i[\text{kVA}] = \dfrac{P[\text{kW}]}{\eta \cdot \cos\theta} = \dfrac{30}{0.86 \times 0.84} = 41.53$[kVA]

- 단상 변압기 2대로 3상 부하에 전력을 공급하기 위해서는 변압기 결선은 V결선이 되어야 한다.
  따라서, 변압기 1대의 용량을 P_1 [kVA], V결선시 출력을 P_V[kVA]라 하면

  $P_V = \sqrt{3}\, P_1 = P_i$가 되어야 한다. (∵ **변압기 출력 P_V = 전동기 입력 P_i**)

  ∴ 단상변압기 1대의 용량 $P_1 = \dfrac{P_i}{\sqrt{3}} = \dfrac{41.53}{\sqrt{3}} = 23.98$[kVA]　　【답】③

문제 48

유도전동기 원선도에서 원의 지름은? (단, E는 1차 전압, r은 1차로 환산한 저항, x를 1차로 환산한 누설리액턴스라 한다.)

① rE에 비례 ② rxE에 비례

③ $\dfrac{E}{r}$에 비례 ④ $\dfrac{E}{x}$에 비례

풀이

유도 전동기는 일정값의 리액턴스와 부하에 의하여 변하는 저항(r_2'/s)의 직렬 회로라고 생각되므로 부하에 의하여 변화하는 전류 벡터의 궤적, 즉 **원선도의 지름은 전압에 비례하고 리액턴스에 반비례한다.**　　【답】④

문제 49

동기 주파수 변환기의 주파수 f_1 및 f_2 계통에 접속되는 양 극을 P_1, P_2라 하면 다음 어떤 관계가 성립되는가?

① $\dfrac{f_1}{f_2} = \dfrac{P_1}{P_2}$ ② $\dfrac{f_1}{f_2} = P_2$ ③ $\dfrac{f_1}{f_2} = \dfrac{P_2}{P_1}$ ④ $\dfrac{f_2}{f_1} = P_1 \cdot P_2$

풀이

동기 주파수 변환기

주파수가 다른 2개의 송전 계통을 연결하여 전력을 주고 받고자 하는 경우 또는 전원 주파수와 다른 주파수를 필요로 하는 경우 사용되며 동기 전동기와 동기 발전기를 직결하여 주파수를 변환하는 장치이다.

따라서, **전동기와 발전기의 회전속도 N_s가 같아야** 하므로

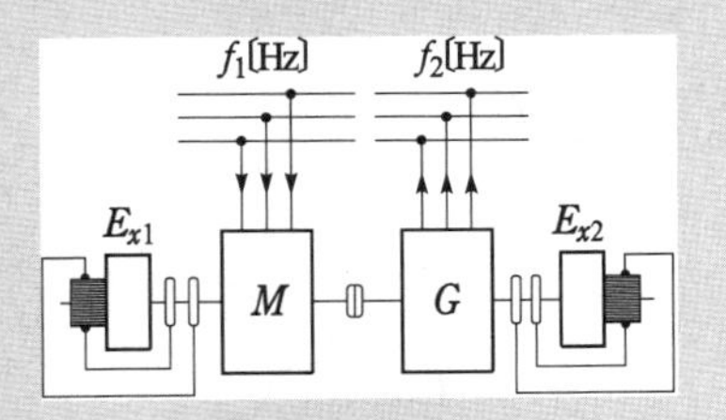

$N_s = \dfrac{120f_1}{P_1} = \dfrac{120f_2}{P_2}$ 의 관계가 있다.

따라서, $\dfrac{f_1}{P_1} = \dfrac{f_2}{P_2}$ 에서 $\dfrac{f_1}{f_2} = \dfrac{P_1}{P_2}$

【답】 ①

문제 50

유도전동기의 2차 동손을 P_c, 2차 입력을 P_2, 슬립을 s라 할 때 이들 사이의 관계는?

① $s = P_c / P_2$ ② $s = P_2 / P_c$

③ $s = P_2 \cdot P_c$ ④ $s = P_2 + P_c$

풀이

2차 동손 $P_c = I_2^2 r_2 = I_2 r_2 \cdot \dfrac{sE_2}{\sqrt{r_2^2 + (sx_2)^2}}$ $\left(\because I_2 = \dfrac{sE_2}{\sqrt{r_2^2 + (sx_2)^2}} \right)$

$= s E_2 I_2 \dfrac{r_2}{\sqrt{r_2^2 + (sx_2)^2}} = s E_2 I_2 \cos\theta_2 = s P_2$

$\therefore s = \dfrac{P_c}{P_2}$

【답】 ①

문제 51

슬롯수 36의 고정자 철심이 있다. 여기에 3상 4극의 2층권을 시행할 때 매극 매상의 슬롯수와 총 코일수는?

① 3과 18 ② 9와 36

③ 3과 36 ④ 9와 18

풀이

- 매극매상 슬롯수 $= \dfrac{\text{총슬롯수}}{\text{상수} \times \text{극수}} = \dfrac{36}{3 \times 4} = 3$

- 코일수 $= \dfrac{\text{총슬롯수} \times m}{2} = \dfrac{36 \times 2}{2} = 36$ (단, $m =$ 코일 층수)

【답】 ③

문제 52

입력전압이 220[V]일 때 3상 전파제어정류회로에서 얻을 수 있는 직류 전압은 몇 [V]인가?
(단, 최대전압은 점호각 $\alpha = 0$일 때이고, 3상에서 선간전압으로 본다.)

① 152　　　　　② 198　　　　　③ 297　　　　　④ 317

풀이

3상 전파정류에서 직류전압 $E_d = 1.35\,V = 1.35 \times 220 = 297[V]$　　　【답】③

문제 53

직류 전동기의 회전수를 $\dfrac{1}{2}$로 줄이려면 계자 자속을 몇 배로 하여야 하는가?

① 1　　　　　② 2　　　　　③ 3　　　　　④ 4

풀이

회전수 $n = K\dfrac{V - I_a R_a}{\phi}$ 에서 $n \propto \dfrac{1}{\phi}$

따라서, n을 $\dfrac{1}{2}$로 하자면 자속 ϕ는 2배가 되어야 한다.　　　【답】②

문제 54

단상 변압기 3대를 이용하여 3상 △-△ 결선을 했을 때 1차와 2차 전압의 각변위(위상차)는?

① 30°　　　　　② 60°　　　　　③ 120°　　　　　④ 180°

풀이

각 변위라 함은 1차 유기전압을 기준으로 하고 이에 대한 2차 유기전압의 뒤진 각을 말한다.

각 변위		0도	330도(-30도)	30도	180도	150도	210도
전압벡터도	고압						
	저압						

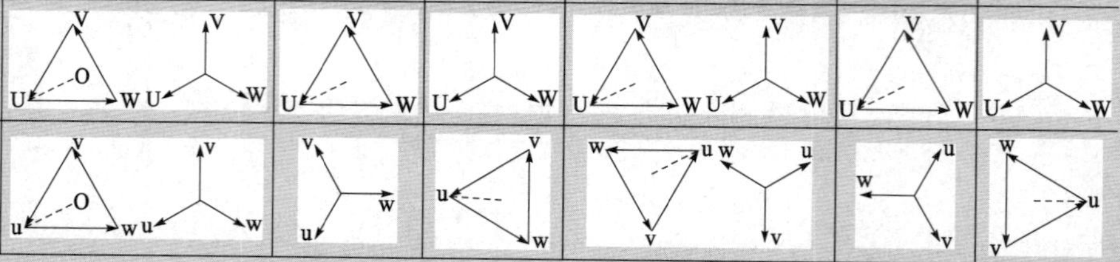

【답】④

문제 55

변압기의 임피던스 전압이란?

① 정격전류 시 2차측 단자전압이다.

② 변압기의 1차를 단락, 1차에 1차 정격전류와 같은 전류를 흐르게 하는데 필요한 1차 전압이다.

③ 변압기 내부임피던스와 정격전류와의 곱인 내부 전압강하이다.

④ 변압기의 2차를 단락, 2차에 2차 정격전류와 같은 전류를 흐르게 하는데 필요한 2차 전압이다.

변압기의 **임피던스 전압**이란, 변압기의 임피던스와 정격 전류와의 곱을 말한다. $(E_s = I_n \cdot Z)$
즉, **정격 전류에 의한 변압기 내부 전압 강하**를 의미한다. 【답】 ③

문제 56

전부하로 운전하고 있는 60 [Hz], 4극 권선형 유도전동기의 전부하 속도는 1728 [rpm], 2차 1상의 저항은 0.02 [Ω]이다. 2차 회로의 저항을 3배로 할 때의 회전수[rpm]는?

① 1264
② 1356
③ 1584
④ 1765

$$f = 60[\text{Hz}], \quad p = 4, \quad N = 1728[\text{rpm}], \quad r_2 = 0.02[\Omega], \quad r_2 + R_s = 3r_2[\Omega]$$

$$N_s = \frac{120 \times 60}{4} = 1800 \, [\text{rpm}]$$

$$s_1 = \frac{1800 - 1728}{1800} = 0.04$$

r_2를 3배로 하면 비례 추이의 원리로 슬립 s_2도 3배로 된다.

$$\frac{r_2}{s_1} = \frac{r_2 + R}{s_2} = \frac{3r_2}{s_2}$$

$$s_2 = \frac{3r_2}{r_2} s_1 = \frac{3 \times 0.02}{0.02} \times 0.04 = 0.12$$

$$\therefore N_2 = (1 - s_2)N_s = (1 - 0.12) \times 1800 = 1584 \, [\text{rpm}]$$

【답】 ③

문제 57

3상 유도전동기를 급속하게 정지시킬 경우에 사용되는 제동법은?

① 발전 제동법
② 회생 제동법
③ 마찰 제동법
④ 역상 제동법

유도 전동기의 제동
(1) 전기적 제동
　① 발전 제동 : 전동기를 전원으로부터 분리한 후 1차측에 직류전원을 공급하여 발전기로 동작시킨 후 발생된 전력을 저항에서 열로 소비시키는 방법
　② 회생 제동 : 유도 전동기를 유도 발전기로 동작시켜 그 발생 전력을 전원에 반환하면서 제동하는 방법
　③ **역전 제동(역상제동, Pluging)** : 회전중인 전동기의 1차 권선 3단자 중 임의의 2단자의 접속을 바꾸면 역방향의 토오크가 발생되어 제동하는 방법으로 **이 방법은 급속하게 정지 시키고자 하는 경우에 사용**된다.
　④ 단상 제동 : 권선형 유도전동기의 1차측을 단상교류로 여자하고 2차측에 적당한 크기의 저항을 넣으면 전동기의 회전과는 역방향의 토오크가 발생되므로 제동된다.
(2) 기계적 제동 : 회전 부분과 정지 부분 사이의 마찰을 이용하여 제동하는 방법 【답】 ④

문제 58 동기전동기의 진상전류에 의한 전기자반작용은 어떤 작용을 하는가?

① 횡축반작용　　　　　　　　　② 교차자화작용

③ 증자작용　　　　　　　　　　④ 감자작용

풀이

발전기와 전동기의 전기자 반작용은 서로 반대이다.

분　류	동기 발전기	동기 전동기
전압과 동상	교차 자화 작용	교차 자화 작용
진상 전류	증자 작용	**감자 작용**
지상 전류	감자 작용	증자 작용

【답】④

문제 59 3상 권선형 유도 전동기의 2차 회로의 한상이 단선 된 경우에 부하가 약간 커지면 슬립이 50 [%]인 곳에서 운전이 되는 것을 무엇이라 하는가?

① 차동기 운전　　　　　　　　② 자기여자

③ 게르게스 현상　　　　　　　④ 난조

풀이

게르게스 현상이란 3상 권선형 유도 전동기의 2차 회로 중 1선이 단선된 경우에 약간의 과부하 상태에서도 **슬립** $S=0.5$ **부근에서 가속되지 않는 현상**을 말한다.

【답】③

문제 60 2상 서보모터의 제어방식이 아닌 것은?

① 온도제어　　　　　　　　　　② 전압제어

③ 위상제어　　　　　　　　　　④ 전압·위상 혼합제어

풀이

2상 서보모터의 제어방식

① **전압제어 방식** : 주권선에 보통 위상을 $90°$진상으로 콘덴서 C를 직렬로 접속하여 일정 전압을 가하고 제어권선에는 입력전압의 크기만이 변화하는 신호를 걸어 속도 제어를 하는 방식

② **위상제어 방식** : 주권선에는 위상을 $90°$ 진상으로 콘덴서를 통하여 일정전압을 가하고, 제어권선에도 정격 전압을 가하여 그 위상을 $±90°$ 변화시켜 제어 하는 방식

③ **전압·위상 혼합 제어방식** : 가장 일반적으로 사용되는 방식이며, 전압제어와 위상제어의 각각의 장점을 취한 방식이다.

【답】①

문제 61

$\dfrac{dx(t)}{dt} + x(t) = 1$의 라플라스 변환 $X(s)$의 값은? (단, $x(0) = 0$이다.)

① $s+1$ 　　　　② $s(s+1)$ 　　　　③ $\dfrac{1}{s}(s+1)$ 　　　　④ $\dfrac{1}{s(s+1)}$

풀이

미분정리 $\mathcal{L}\left[\dfrac{d}{dt}x(t)\right] = sX(s) - x(0)$에서

초기값을 0으로 하고 라플라스 변환하면,

$$\{sX(s) - x(0)\} + X(s) = \frac{1}{s}$$

$$(s+1)X(s) = \frac{1}{s} \qquad \therefore X(s) = \frac{1}{s(s+1)}$$

【답】 ④

문제 62

4단자 회로에서 4단자 정수를 A, B, C, D 라 할 때 전달정수 θ는 어떻게 되는가?

① $\ln\left(\sqrt{AB} + \sqrt{BC}\right)$ 　　　　② $\ln\left(\sqrt{AB} - \sqrt{CD}\right)$

③ $\ln\left(\sqrt{AD} + \sqrt{BC}\right)$ 　　　　④ $\ln\left(\sqrt{AD} - \sqrt{BC}\right)$

풀이

영상전달정수 $\theta = \ln\left(\sqrt{AD} + \sqrt{BC}\right) = \cosh^{-1}\sqrt{AD} = \sinh^{-1} = \sqrt{BC}$

$$= \tanh^{-1} = \sqrt{\frac{BC}{AD}}$$

【답】 ③

문제 63

다음 회로에서 10 [Ω]의 저항에 흐르는 전류는 몇 [A]인가?

① 1

② 2

③ 4

④ 5

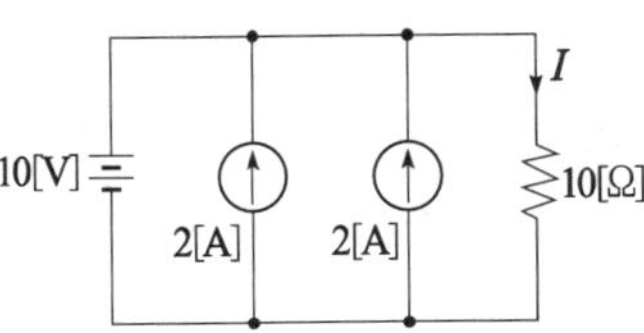

풀이

• 전압원만 존재할 때 10 [Ω]에 흐르는 전류 I_1
  (이때, 전류원은 개방)

$$I_1 = \frac{V}{R} = \frac{10}{10} = 1[A]$$

• 2[A] 전류원만 존재 할 때
  10 [Ω]에 흐르는 전류 I_2 (이때, 전압원은 단락)

$I_2 = 0$(2[A] 전류는 단락된 전압원 측으로 흐르므로 저항에는 전류가 흐르지 않는다.)

$$\therefore I_1 + I_2 = 1 + 0 = 1[A]$$

【답】 ①

문제 64

3상 회로에 △결선된 평형 순저항 부하를 사용하는 경우 선간전압 220 [V], 상전류가 7.33 [A]라면 1상의 부하저항은 약 몇 [Ω]인가?

① 80　　　　　② 60　　　　　③ 45　　　　　④ 30

풀이

$$부하\ 1상의\ 임피던스 = \frac{상전압}{상전류}$$

$$= \frac{220}{7.33} = 30\ [\Omega]$$

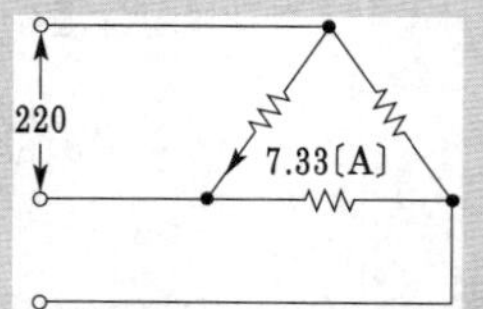

【답】 ④

문제 65

그림과 같은 순저항으로 된 회로에 대칭 3상 전압을 가할 때 각 선에 흐르는 전류가 같으려면 $R[\Omega]$의 값은?

① 20　　　　　　　　② 25
③ 30　　　　　　　　④ 35

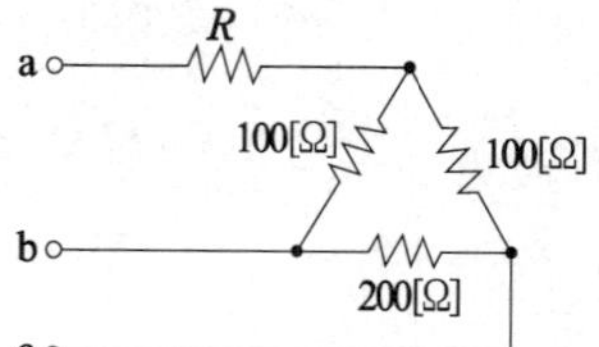

풀이

△저항을 Y저항으로 변환하면

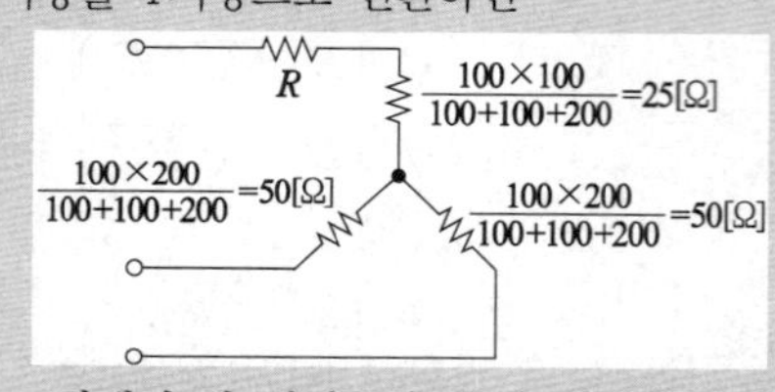

위 그림에서 각 선전류가 같기 위해서는 각 선저항이 같아야 하므로 $R+25=50[\Omega]$ 이라야 한다.

$$R = 50 - 25 = 25[\Omega]$$

【답】 ②

문제 66

어떤 소자가 60[Hz]에서 리액턴스 값이 10[Ω]이었다. 이 소자를 인덕터 또는 커패시터라 할 때, 인덕턴스[mH]와 정전용량[μF]은 각각 얼마인가?

① 26.53[mH], 295.37[μF]　　　② 18.37[mH], 265.25[μF]
③ 18.37[mH], 295.37[μF]　　　④ 26.53[mH], 265.25[μF]

풀이

$\omega = 2\pi f = 2\pi \times 60 ≒ 377$ 이므로,

① 유도성 리액턴스

$$X_L = \omega L = 377L = 10[\Omega]$$

$$\therefore L = \frac{10}{377} = 0.02653[H] = 26.53[mH]$$

② 용량성 리액턴스

$$X_C = \frac{1}{\omega C} = \frac{1}{377C} = 10[\Omega]$$

$$\therefore C = \frac{1}{377 \times 10} = 0.00026525[F] = 265.25[\mu F]$$

【답】 ④

다음 용어에 대한 설명으로 옳은 것은?

① 능동소자는 나머지 회로에 에너지를 공급하는 소자이며 그 값은 양과 음의 값을 갖는다.

② 종속전원은 회로 내의 다른 변수에 종속되어 전압 또는 전류를 공급하는 전원이다.

③ 선형소자는 중첩의 원리와 비례의 법칙을 만족할 수 있는 다이오드 등을 말한다.

④ 개방회로는 두 단자 사이에 흐르는 전류가 양단자에 전압과 관계없이 무한대 값을 갖는다.

풀이

종속 전원 : 회로내에 존재하는 **다른 전압이나 전류에 종속**되어 전압 또는 전류를 공급하는 전원으로서 회로 내의 다른 부분에는 전혀 영향을 미치지 못한다. 【답】②

문제 68

그림과 같은 회로에서 입력을 $V_1(s)$, 출력을 $V_2(s)$라 할 때 전압비 전달함수는?

① $\dfrac{R_1}{R_1 Cs + 1}$

② $\dfrac{R_2 + R_1 R_2 Cs}{R_1 + R_2 + R_1 R_2 Cs}$

③ $\dfrac{R_1 R_2 s + RCs}{R_1 Cs + R_1 R_2 s^2 + C}$

④ $\dfrac{s+1}{s + (R_1 + R_2) + R_1 R_2 C}$

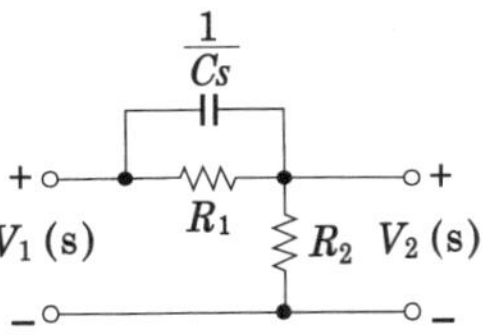

풀이

문제의 R_1과 C의 합성 임피던스 등가 회로는 그림과 같다. 그림에서

$$V_1(s) = \left\{ \left(\frac{R_1}{1 + CsR_1} \right) + R_2 \right\} I(s)$$

$$V_2(s) = R_2 I(s)$$

$$\therefore G(s) = \frac{V_2(s)}{V_1(s)} = \frac{R_2}{\dfrac{R_1}{1 + CsR_1} + R_2} = \frac{R_2 + R_1 R_2 Cs}{R_1 + R_2 + R_1 R_2 Cs}$$

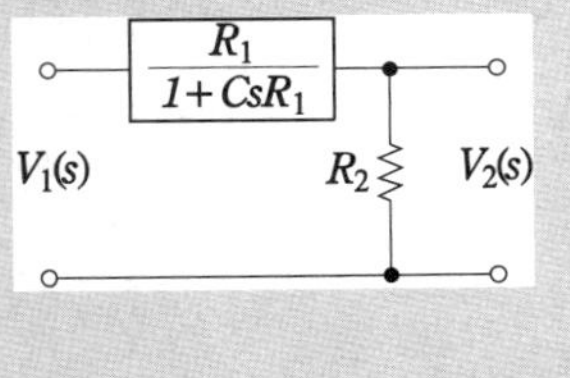

【답】②

문제 69

어떤 코일에 흐르는 전류를 0.5[ms] 동안에 5[A]만큼 변화 시킬 때 20[V]의 전압이 발생한다. 이 코일의 자기 인덕턴스[mH]는?

① 2   ② 4   ③ 6   ④ 8

풀이

유도전압 $e = L \dfrac{di(t)}{dt}$ 에서 $20 = L \dfrac{5}{0.5 \times 10^{-3}}$

$$\therefore L = \frac{0.5 \times 10^{-3}}{5} \times 20 = 2 \times 10^{-3}[\text{H}] = 2[\text{mH}]$$

【답】①

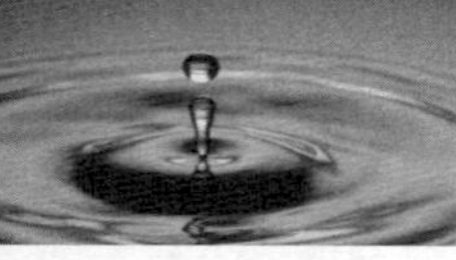

문제 70 반파대칭 및 정현대칭인 왜형파의 푸리에 급수의 전개에서 옳게 표현된 것은?
(단, $f(t) = a_0 + \sum_{n=1}^{\infty} a_n \cos n\omega t + \sum_{n=1}^{\infty} b_n \sin n\omega t$ 임)

① a_n의 우수항만 존재한다. ② a_n의 기수항만 존재한다.
③ b_n의 우수항만 존재한다. ④ b_n의 기수항만 존재한다.

풀이
- 반파 대칭 및 정현 대칭을 동시에 만족하는 파형으로는 삼각파와 구형파가 있다.
- 반파 대칭의 특징 : 직류성분 $a_0 = 0$, 홀수항의 sin, cos항 존재
- 정현 대칭의 특징 : 직류성분 $a_0 = 0$, cos항$=0$, sin항 존재

따라서, **반파 및 정현대칭의 경우 홀수항(기수항)의 sin만 존재**한다. 【답】 ④

문제 71 다음과 같은 π형 회로의 4단자 정수 중 D의 값은?

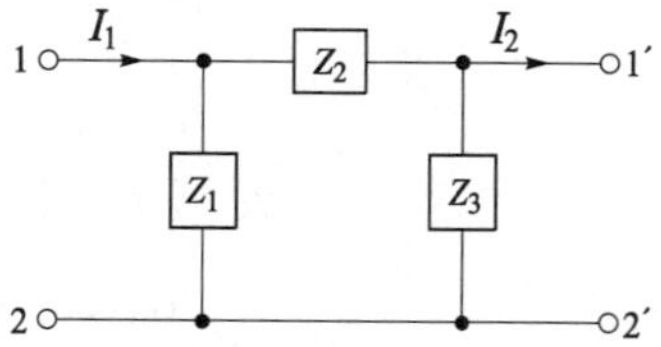

① Z_2 ② $1 + \frac{Z_2}{Z_1}$
③ $\frac{1}{Z_1} + \frac{1}{Z_2}$ ④ $1 + \frac{Z_2}{Z_3}$

풀이
기본적인 4단자망의 4단자 정수

4단자 정수 / 회로의 종류	A	B	C	D
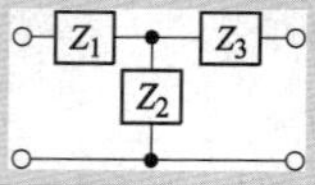	$1 + \frac{Z_1}{Z_2}$	$\frac{Z_1Z_2 + Z_2Z_3 + Z_3Z_1}{Z_2}$	$\frac{1}{Z_2}$	$1 + \frac{Z_3}{Z_2}$
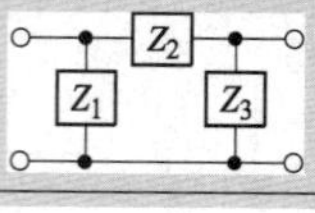	$1 + \frac{Z_2}{Z_3}$	Z_2	$\frac{Z_1 + Z_2 + Z_3}{Z_1Z_3}$	$1 + \frac{Z_2}{Z_1}$

【답】 ②

문제 72 전기량(전하)의 단위로 알맞은 것은?

① [C] ② [mA] ③ [nW] ④ [μF]

풀이
- **전기량 Q[C]**
- 전류 I[A]
- 유효 전력 P[W]
- 정전 용량 C[F]

【답】 ①

문제 73 저항 $R = 60[\Omega]$과 유도리액턴스 $\omega L = 80[\Omega]$인 코일이 직렬로 연결된 회로에 200[V]의 전압을 인가할 때 전압과 전류의 위상차는?

① 48.17° ② 50.23° ③ 53.13° ④ 55.27°

임피던스 $Z = R + j\omega L$ 에서

$$Z = 60 + j80 = \sqrt{60^2 + 80^2}\left/\tan^{-1}\frac{80}{60}\right. = 100\left/53.13°\right.$$

따라서 전류 $I = \dfrac{E}{Z} = \dfrac{200\left/0°\right.}{100\left/53.13°\right.} = 2\left/-53.13°\right.$

【답】③

문제 74

다음 회로에서 $t = 0$일 때 스위치 K를 닫았다. $i_1(0_+)$, $i_2(0_+)$의 값은?

(단, $t < 0$에서 C전압과 L전압은 각각 0[V]이다.)

① $\dfrac{V}{R_1}$, 0

② 0, $\dfrac{V}{R_2}$

③ 0, 0

④ $-\dfrac{V}{R_1}$, 0

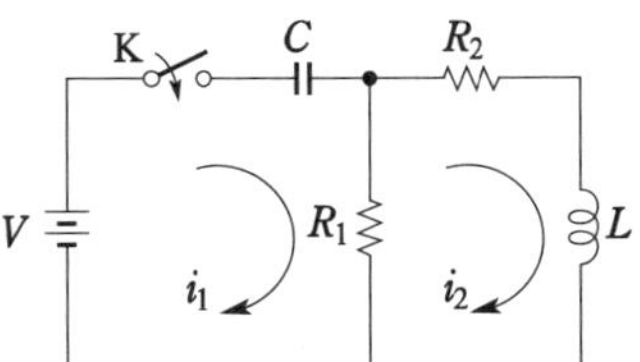

$t = 0_+$에서 C는 단락, L은 개방이므로

$$i_1 = \frac{V}{R_1}, \quad i_2 = 0$$

【답】①

문제 75

그림과 같이 저항 $R = 3[\Omega]$과 용량 리액턴스 $\dfrac{1}{\omega C} = 4[\Omega]$인 콘덴서가 병렬로 연결된 회로에 100[V]의 교류 전압을 인가할 때, 합성 임피던스 $Z[\Omega]$는?

① 1.2

② 1.8

③ 2.2

④ 2.4

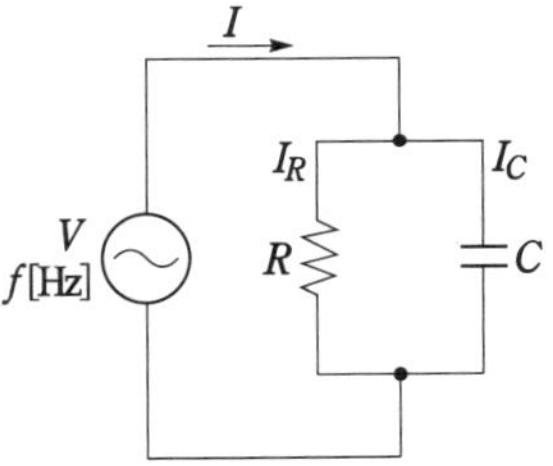

$$Z = \frac{1}{\sqrt{\left(\dfrac{1}{R}\right)^2 + \left(\dfrac{1}{X_C}\right)^2}} = \frac{1}{\sqrt{\left(\dfrac{1}{3}\right)^2 + \left(\dfrac{1}{4}\right)^2}} = 2.4[\Omega]$$

【답】④

문제 76

대칭 3상 Y결선 부하에서 각 상의 임피던스가 $16 + j12[\Omega]$이고,. 부하전류가 10[A]일 때, 이 부하의 선간전압은 약 몇 [V]인가?

① 152.6

② 229.1

③ 346.4

④ 445.1

Y결선에서 상전압 $V_p = $ 부하 전류 $\times$ 1상 임피던스 $= 10 \times \sqrt{16^2 + 12^2} = 200[V]$

Y결선 선간 전압 $= \sqrt{3} \times$ 상전압

$$\therefore V_l = \sqrt{3}\, V_p = \sqrt{3} \times 200 = 346.41[V]$$

【답】③

문제 77

전달 함수 $G(s) = \dfrac{20}{3+2s}$ 을 갖는 요소가 있다. 이 요소에 $\omega = 2$[rad/sec]인 정현파를 주었을 때 $|G(j\omega)|$를 구하면?

① 8 　　　　② 6 　　　　③ 4 　　　　④ 2

풀이

$$G(j\omega) = \frac{20}{3+2j\omega}, \quad \omega = 2 \ \text{이므로}$$

$$|G(j\omega)| = \left|\frac{20}{3+2j\omega}\right|_{\omega=2} = \left|\frac{20}{\sqrt{3^2+4^2}}\right| = 4$$

【답】③

문제 78

시정수 τ를 갖는 RL 직렬회로에 직류전압을 가할 때 $t = 2\tau$ 되는 시간에 회로에 흐르는 전류는 최종값의 약 몇 [%]인가?

① 98 　　　　② 95 　　　　③ 86 　　　　④ 63

풀이

$$i(t) = \frac{E}{R}\left(1-e^{-\frac{R}{L}t}\right) = I\left(1-e^{-\frac{1}{\tau}\times t}\right) \text{이므로}$$

$t = 2\tau$ 일 때 전류

$$i_\tau = I\left(1-e^{-\frac{1}{\tau}\times 2\tau}\right) = I(1-e^{-2}) \fallingdotseq 0.86I$$

【답】③

문제 79

3상 4선식에서 중성선이 필요하지 않아서 중성선을 제거하여 3상 3선식으로 하려고 한다. 이때 중성선의 조건식은 어떻게 되는가? (단, I_a, I_b, I_c[A]는 각 상의 전류이다.)

① $I_a + I_b + I_c = 1$ 　　　　② $I_a + I_b + I_c = \sqrt{3}$

③ $I_a + I_b + I_c = 3$ 　　　　④ $I_a + I_b + I_c = 0$

풀이

중성선을 제거하려면 중성선에 흐르는 전류가 0이 되어야 한다.

즉, $I_a + I_b + I_c = 0$

【답】④

문제 80

$e_i(t) = Ri(t) + L\dfrac{di}{dt}(t) + \dfrac{1}{C}\displaystyle\int i(t)dt$ 에서 모든 초기값을 0으로 하고 라플라스 변환할 때 $I(s)$는? (단, $I(s)$, $E_i(s)$는 $i(t)$, $e_i(t)$의 라플라스 변환이다.)

① $\dfrac{Cs}{LCs^2 + RCs + 1}E_i(s)$ 　　　　② $\dfrac{1}{R + Ls + \dfrac{s}{C}}E_i(s)$

③ $\dfrac{1}{R + Ls + Cs^2}E_i(s)$ 　　　　④ $\left(R + Ls + \dfrac{1}{Cs}\right)E_i(s)$

양변을 라플라스 변환하면

$$E_i(s) = RI(s) + sLI(s) + \frac{1}{sC}I(s) \text{에서}$$

$$E_i(s) = \left(R + sL + \frac{1}{sC}\right)I(s)$$

$$\therefore \ I(s) = \frac{1}{sL + R + \frac{1}{sC}}E_i(s) = \frac{Cs}{LCs^2 + RCs + 1}E_i(s)$$

【답】 ①

5과목 전기설비기술기준 및 판단기준

문제 81

변압기로서 특고압과 결합되는 고압 전로의 혼촉에 의한 위험 방지 시설은?

① 프라이머리 컷 아웃 스위치 장치

② 제2종 접지 공사

③ 퓨즈

④ 사용 전압의 3배의 전압에서 방전하는 방전 장치

특고압과 고압의 혼촉 등에 의한 위험 방지시설 (판단기준 제25조)
변압기에 의해 특고압 전로에 결합되는 고압 전로에는 **사용 전압이 3배 이하인** 전압이 가해진 경우 **방전하는 장치**를 변압기 단자 가까운 1극에 설치하고 제1종 접지 공사를 해야 한다. 【답】 ④

문제 82

발전기, 변압기, 조상기, 모선 또는 이를 지지하는 애자는 단락전류에 의하여 생기는 어느 충격에 견디어야 하는가?

① 기계적 충격 　　　　　　　② 철손에 의한 충격

③ 동손에 의한 충격 　　　　　④ 표류부하손에 위한 충격

발전기 등의 기계적 강도(기술기준 제23조)
발전기, 변압기, 조상기, 모선 또는 이를 지지하는 애자는 **단락 전류에 의하여 생기는 기계적 충격**에 견디어야 한다. 【답】 ①

문제 83

옥내에 시설하는 저압 전선으로 나전선을 사용할 수 있는 배선공사는?

① 합성수지관 공사 　　　　　② 금속관 공사

③ 버스 덕트공사 　　　　　　④ 플로어 덕트공사

풀이

나전선의 사용 제한 (판단기준 제167조)
- **나전선을 사용할 수 있는 공사** : 라이팅 덕트 공사, **버스 덕트 공사**
- 나전선 사용 제한 공사 : 금속관 공사, 합성수지관 공사, 합성수지몰드 공사, 금속 덕트 공사 등

【답】③

문제 84

특고압 가공 전선로에서 양측의 경간의 차가 큰 곳에 사용하는 철탑의 종류는?

① 내장형　　　　② 직선형　　　　③ 인류형　　　　④ 보강형

풀이

철탑의 종류 (판단기준 제114조)
① **내장형** : 전선로의 지지물 **양쪽의 경간의 차가 큰 곳에 사용**하는 것
② 직선형 : 전선로의 직선부분(3도 이하인 수평각도를 이루는 곳을 포함한다.)에 사용하는 것. 다만, 내장형 및 보강형에 속하는 것을 제외한다.
③ 인류형 : 전가섭선을 인류하는 곳에 사용하는 것
④ 보강형 : 전선로의 직선부분에 그 보강을 위하여 사용하는 것
⑤ 각도형 : 전선로 중 3도를 넘는 수평각도를 이루는 곳에 사용하는 것

【답】①

문제 85

금속제 수도관로 또는 철골, 기타의 금속제를 접지극으로 사용한 제1종 또는 제2종 접지공사의 접지선 시설방법은 어느 것에 준하여 시설하여야 하는가?

① 애자 사용 공사　　　　　　② 금속 몰드 공사
③ 금속관 공사　　　　　　　④ 케이블 공사

풀이

수도관 등의 접지극(판단기준 제21조)
접지하여야 할 부분으로부터 수도관 등의 금속체까지의 배선은 **케이블 공사**에 준하여야 한다. 【답】④

문제 86

22[kV] 전선로의 절연내력시험은 전로와 대지간에 시험전압을 연속하여 몇 분간 가하여 시험하게 되는가?

① 2　　　　　　② 4　　　　　　③ 8　　　　　　④ 10

풀이

전로의 절연저항 및 절연내력 (판단기준 제13조)
최대 사용 전압에 배수를 곱하고 그 값의 전압으로 권선과 대지사이에 **연속하여 10분간** 가하여 견딜 것

【답】④

문제 87

건조한 장소에 시설하는 애자사용공사로서 사용전압이 440 [V]인 경우 전선과 조영재와의 이격거리는 최소 몇 [cm] 이상이어야 하는가?

① 2.5　　　　　　② 3.5　　　　　　③ 4.5　　　　　　④ 5.5

애자사용공사(판단기준 제181조)

전 압		전선과 조영재와의 이격 거리		전 선 상 호 간 격	전선 지지점간의 거리	
					조영재의 상면 또는 측면	조영재에 따라 시설하지 않는 경우
저 압	400 [V] 미만	2.5 [cm] 이상		6 [cm] 이상	2 [m] 이하	–
	400 [V] 이상	건조한 장소	2.5 [cm] 이상			6 [m] 이하
		기타의 장소	4.5 [cm] 이상			

【답】 ①

문제 88

저압 옥내배선을 케이블트레이 공사로 시설하려고 한다. 틀린 것은?

① 저압케이블과 고압케이블은 동일 케이블트레이 내에 시설하여서는 아니 된다.

② 케이블 트레이 내에서는 전선을 접속하여서는 아니 된다.

③ 수평으로 포설하는 케이블 이외의 케이블은 케이블트레이의 가로대에 견고하게 고정시킨다.

④ 절연전선을 금속관에 넣으면 케이블트레이 공사에 사용할 수 있다.

케이블 트레이 공사 (판단기준 제194조)
케이블 트레이 내에서 **전선을 접속하는 경우에는 그 부분을 절연 처리**해야 한다. 　　【답】 ②

문제 89

교통신호등의 시설공사를 다음과 같이 하였을 때 틀린 것은?

① 전선은 450/750[V] 일반용 단심 비닐 절연 전선을 사용하였다.

② 신호등의 인하선은 지표상 2.5[m]로 하였다.

③ 사용전압을 300[V]이하로 하였다.

④ 제어장치의 금속제 외함은 특별 제3종 접지공사를 하였다.

교통신호등의 시설(판단기준 제234조)
제어 장치의 금속제 외함은 제3종 접지 공사를 한다. 　　【답】 ④

문제 90

가공전선로의 지지물에 지선을 시설할 때 옳은 방법은?

① 지선의 안전률을 2.0 으로 하였다.

② 소선은 최소 2가닥 이상의 연선을 사용하였다.

③ 지중의 부분 및 지표상 20[cm]까지의 부분은 아연도금 철봉 등 내부식성 재료를 사용하였다.

④ 도로를 횡단하는 곳의 지선의 높이는 지표상 5 [m]로 하였다.

풀이

지선의 시설 (판단기준 제67조)
- 안전율 : 2.5 이상
- 최저 인장 하중 : 4.31 [kN]
- 2.6 [mm] 이상의 금속선을 3조 이상 꼬아서 사용
- 지중 및 지표상 30 [cm]까지의 부분은 아연도금 철봉 등을 사용
- **지선이 도로를 횡단하는 경우는 지표상 5[m] 이상**으로 한다.
  (단, 교통에 지장을 초래할 우려가 없는 경우에는 지표상 4.5[m],보도 의 경우 2.5[m] 이상) **【답】④**

문제 91 전로의 절연원칙에 따라 반드시 절연하여야 하는 것은?

① 수용장소의 인입구 접지점

② 고압과 특별고압 및 저압과의 혼촉 위험방지를 한 경우 접지점

③ 저압가공전선로의 접지측 전선

④ 시험용 변압기

풀이

전로는 다음의 경우를 제외하고 대지로부터 절연하여야 한다. (판단기준 제12조)
① **각 접지 공사를 하는 경우의 접지점**
② **시험용 변압기**, 전력선 반송용 결합 리액터, 전기 울타리용 전원 장치, X선 발생 장치, 전기 방식용 양극, 단선식 전기 철도의 귀선 등 전로의 일부를 대지로부터 절연하지 아니하고 전기를 사용하는 것이 부득이한 것
③ 전기 욕기, 전기로, 전기 보일러, 전해조 등 대지로부터 절연하는 것이 기술상 곤란한 것 **【답】③**

문제 92 방직공장의 구내 도로에 220[V] 조명등용 가공전선로를 시설하고자 한다. 전선로의 경간은 몇 [m] 이하이어야 하는가?

① 20 　　　　② 30 　　　　③ 40 　　　　④ 50

풀이

구내에 시설하는 저압 가공전선로 (판단기준 제93조)
구내에 시설하는 저압 가공 전선로는 경간 30[m] 이하로 하며, 전선은 인장강도 1.38[kN] 이상의 절연전선 또는 지름 2[mm] 이상의 경동선의 절연전선을 사용한다. 다만, 경간이 10[m] 이하인 경우에 한하여 공칭 단면적 4[mm^2] 이상의 연동 절연선을 사용 할 수 있다. **【답】②**

문제 93 금속관공사에 의한 저압옥내배선 시설방법으로 틀린 것은?

① 전선은 절연전선일 것

② 전선은 연선일 것

③ 관의 두께는 콘크리트에 매설시 1.2[mm]이상일 것

④ 사용전압이 400[V] 이상인 관에는 제3종 접지공사를 할 것

문제 94　옥외 백열전등의 인하선으로 공칭단면적 2.5 [mm^2] 이상의 연동선과 동등이상의 세기 및 굵기의 절연 전선을 사용해야 하는 지표상의 높이 몇 [m] 미만인가?

① 2.5　　　　　　② 3　　　　　　③ 3.5　　　　　　④ 4

문제 95　발전기의 용량에 관계없이 자동적으로 이를 전로로부터 차단하는 장치를 시설하여야 하는 경우는?

① 과전류 인입　　　　　　　　　② 베어링 과열
③ 발전기 내부 고장　　　　　　　④ 유압의 과팽창

문제 96　한 수용장소의 인입선에서 분기하여 지지물을 거치지 않고 다른 수용 장소의 인입구에 이르는 부분의 전선을 무엇이라고 하는가?

① 가공인입선　　　　　　　　　② 인입선
③ 연접인입선　　　　　　　　　④ 옥측배선

문제 97

345[kV] 가공 송전선로를 제1종 특고압 보안 공사에 의할 때 사용되는 경동연선의 굵기는 몇 [mm^2] 이상이어야 하는가?

① 150 ② 200 ③ 250 ④ 300

풀이

제1종 특별 고압 보안공사 (판단기준 제125조)

사용전압	전 선
100 [kV] 미만	인장강도 21.67 [kN] 이상의 연선 또는 단면적 55 [mm^2] 이상의 경동연선
100 [kV] 이상 300 [kV] 미만	인장강도 58.84 [kN] 이상의 연선 또는 단면적 150 [mm^2] 이상의 경동연선
300 [kV] 이상	인장강도 77.47 [kN] 이상의 연선 또는 **단면적 200 [mm^2] 이상의 경동연선**

【답】 ②

문제 98

중량물이 통과하는 장소에 비닐외장케이블을 직접 매설식 으로 시설하는 경우 매설깊이는 몇 [m] 이상이어야 하는가?

① 0.8 ② 1.0 ③ 1.2 ④ 1.5

풀이

지중 전선로의 시설 (판단기준 제136조)
① 지중 전선로는 전선에 케이블을 사용하고 또한 관로식·암거식 또는 직접 매설식에 의하여 시설하여야 한다.
② 지중 전선로를 직접 매설식에 의하여 시설하는 경우에는 매설 깊이를 차량 기타 **중량물의 압력을 받을 우려가 있는 장소에는 1.2 [m] 이상**, 기타 장소에는 60 [cm] 이상으로 하고 또한 지중 전선을 견고한 트라프 기타 방호물에 넣어 시설하여야 한다.

【답】 ③

문제 99

특고압 가공전선이 다른 특고압 가공전선과 교차하여 시설하는 경우는 제 몇 종 특고압 보안 공사에 의하여야 하는가?

① 1종 ② 2종 ③ 3종 ④ 4종

풀이

특고압 가공전선 상호간의 접근 또는 교차 (판단기준 제130조)
특고압 가공전선이 다른 특고압 가공전선과 접근상태로 시설되거나 교차하여 시설되는 경우
위쪽 또는 옆쪽에 시설되는 특고압 가공전선로는 **제3종 특고압 보안공사에 의할 것**

【답】 ③

문제 100

특고압 전로와 저압 전로를 결합하는 변압기 저압측의 중성점에 제2종 접지공사를 토지의 상황 때문에 변압기의 시설장소마다 하기 어려워서 가공접지선을 시설하려고 한다. 이 때 가공접지선으로 경동선을 사용한다면 그 최소 굵기는 몇 [mm]인가?

① 3.2 ② 4 ③ 4.5 ④ 5

고압 또는 특고압과 저압의 혼촉에 의한 위험 방지 시설(판단기준 제23조)

접지공사는 변압기 시설 장소마다 하여야 한다. 단, 토지 상황에 의하여 부득이한 경우에는 인장강도 5.26 [kN] 이상 또는 **지름 4[mm] 이상의 가공 접지선**을 저압가공전선에 관한 규정에 준하여 시설할 때에는 변압기의 시설장소로부터 200[m]까지 떼어놓을 수 있다.　　　　【답】②

국가기술자격검정 필기시험 문제

2015년도 전기산업기사 일반검정 제3회				수검 번호	성 명
자격종목 및 등급(선택분야)	종목코드	시험시간	문제지형별		
전기산업기사	2140	2시간 30분	A		

1과목 전기자기학

문제 01 전자석에 사용하는 연철(soft iron)은 다음 어느 성질을 갖는가?

① 잔류자기, 보자력이 모두 크다.

② 보자력이 크고 잔류자기가 작다.

③ 보자력이 크고 히스테리시스 곡선의 면적이 작다.

④ 보자력과 히스테리시스 곡선의 면적이 모두 작다.

풀이

자석 재료
- 영구자석 재료 : 잔류자기(B_r) 및 보자력(H_c)이 클 것
- **전자석 재료 : 히스테리시스 곡선 면적은 적고**, 잔류자기 (B_r)는 크고, **보자력(H_c)은 작아야 한다.**

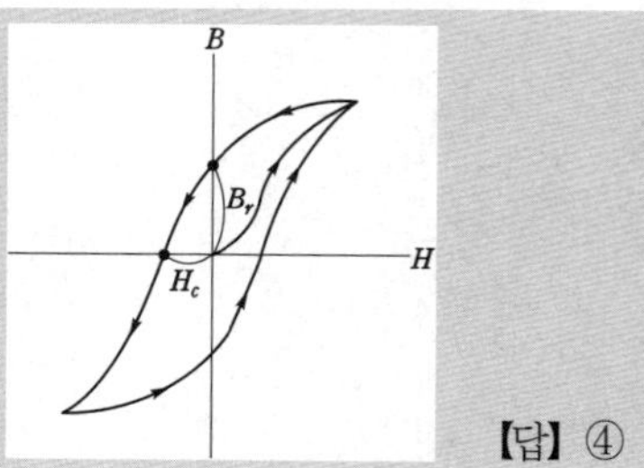

【답】 ④

문제 02 면적이 $S[\mathrm{m}^2]$, 극사이의 거리가 $d[\mathrm{m}]$, 유전체의 비유전율이 ϵ_s인 평행 평판콘덴서의 정전 용량은 몇 [F] 인가?

① $\dfrac{\epsilon_o S}{d}$
② $\dfrac{\epsilon_o \epsilon_s S}{d}$
③ $\dfrac{\epsilon_o d}{S}$
④ $\dfrac{\epsilon_o \epsilon_s d}{S}$

풀이

평행판 콘덴서의 정전용량 $C = \dfrac{\epsilon S}{d} = \dfrac{\epsilon_0 \epsilon_s S}{d}$

【답】 ②

문제 03 전기저항 R과 정전 용량 C, 고유저항 ρ 및 유전율 ϵ 사이의 관계로 옳은 것은?

① $RC = \rho\epsilon$
② $R\rho = C\epsilon$
③ $C = R\rho\epsilon$
④ $R = \epsilon\rho C$

$$R = \rho \frac{l}{s}, \quad C = \frac{\epsilon s}{l} \text{ 에서 } RC = \rho\epsilon$$

【답】 ①

문제 04

맥스웰의 전자 방정식 중 패러데이 법칙에 의하여 유도된 방정식은?

① $\nabla \times \boldsymbol{E} = -\dfrac{\partial \boldsymbol{B}}{\partial t}$ 　　　② $\nabla \times \boldsymbol{H} = i_c + \dfrac{\partial \boldsymbol{D}}{\partial t}$

③ $\operatorname{div} \boldsymbol{D} = \rho$ 　　　④ $\operatorname{div} \boldsymbol{B} = 0$

전자계에서 성립하는 기본 방정식

맥스웰 전자방정식		의　미
미 분 형	적 분 형	
$\operatorname{rot} \boldsymbol{E} = -\dfrac{\partial \boldsymbol{B}}{\partial t}$	$\oint_c \boldsymbol{E} \cdot dl = -\displaystyle\int_s \dfrac{\partial \boldsymbol{B}}{\partial t} \cdot d\boldsymbol{S}$	**패러데이 법칙**
$\operatorname{rot} \boldsymbol{H} = i_c + \dfrac{\partial \boldsymbol{D}}{\partial t}$	$\oint_c \boldsymbol{H} \cdot dl = I + \displaystyle\int_s \dfrac{\partial \boldsymbol{D}}{\partial t} \cdot d\boldsymbol{S}$	암페어 주회적분 법칙
$\operatorname{div} \boldsymbol{D} = \rho$	$\oint_s \boldsymbol{D} \cdot d\boldsymbol{S} = \displaystyle\int_v \rho \, dv = Q$	가우스 법칙
$\operatorname{div} \boldsymbol{B} = 0$	$\oint_s \boldsymbol{B} \cdot d\boldsymbol{S} = 0$	가우스 법칙

【답】 ①

문제 05

한 변의 길이가 a[m]인 정육각형의 각 정점에 각각 Q[C]의 전하를 놓았을 때 정육각형의 중심 O의 전계의 세기는 몇 [V/m] 인가?

① 0 　　　② $\dfrac{Q}{2\pi\epsilon_0 a}$ 　　　③ $\dfrac{Q}{4\pi\epsilon_0 a}$ 　　　④ $\dfrac{Q}{8\pi\epsilon_0 a}$

2개의 점전하가 3쌍으로 맞서 있고, 각 쌍의 중심 전계의 세기는 크기가 같고 방향이 정반대이므로 0이 되고 합성 전계의 세기도 0이 된다.

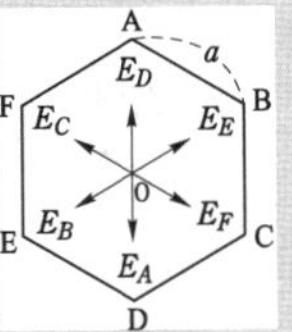

【답】 ①

문제 06

그림과 같이 판의 면적 $\dfrac{1}{3}S$, 두께 d와 판면적 $\dfrac{1}{3}S$, 두께 $\dfrac{1}{2}d$ 되는 유전체($\epsilon_s = 3$)를 끼웠을 경우의 정전 용량은 처음의 몇 배인가?

① $\dfrac{1}{6}$ 　　　② $\dfrac{5}{6}$

③ $\dfrac{11}{6}$ 　　　④ $\dfrac{13}{6}$

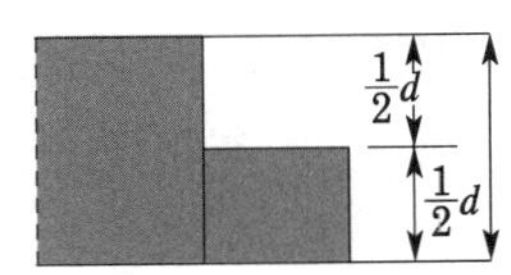

풀이

평행판 공기 콘덴서의 정전 용량을 C_0라 하고 각 부분의 용량을 C_1, C_2, C_3라 하면

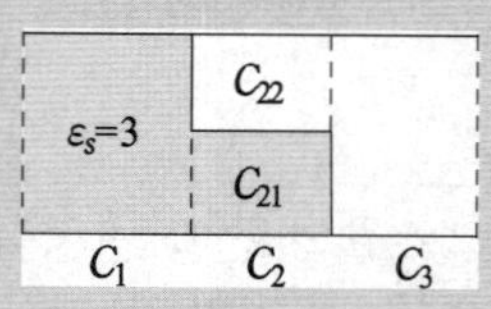

- $C_1 = \dfrac{3\epsilon_0 \times \dfrac{1}{3}S}{d} = \dfrac{\epsilon_0 S}{d} = C_0$

- $C_{21} = \dfrac{3\epsilon_0 \times \dfrac{1}{3}S}{\dfrac{1}{2}d} = 2\dfrac{\epsilon_0 S}{d} = 2C_0$

- $C_{22} = \dfrac{\epsilon_0 \times \dfrac{1}{3}S}{\dfrac{1}{2}d} = \dfrac{2}{3}\dfrac{\epsilon_0 S}{d} = \dfrac{2}{3}C_0$

- C_2는 C_{21}과 C_{22}의 직렬 접속이므로

  $\therefore C_2 = \dfrac{C_{21} \times C_{22}}{C_{21} + C_{22}} = \dfrac{2C_0 \times \dfrac{2}{3}C_0}{2C_0 + \dfrac{2}{3}C_0} = \dfrac{1}{2}C_0$

- $C_3 = \dfrac{\epsilon_0 \times \dfrac{1}{3}S}{d} = \dfrac{1}{3}\dfrac{\epsilon_0 S}{d} = \dfrac{1}{3}C_0$

따라서, 합성정전 용량은 C_1, C_2, C_3 의 병렬 접속이므로

$\therefore C = C_1 + C_2 + C_3 = C_0 + \dfrac{1}{2}C_0 + \dfrac{1}{3}C_0 = \dfrac{11}{6}C_0$

【답】 ③

문제 07

반지름 a[m]의 도체구와 내외 반지름이 각각 b[m] 및 c[m]인 도체구가 동심으로 되어 있다. 두 도체구 사이에 비유전율 ϵ_s인 유전체를 채웠을 경우의 정전용량[F]은?

① $\dfrac{1}{9 \times 10^9} \cdot \dfrac{abc}{a-b+c}$

② $9 \times 10^9 \cdot \dfrac{bc}{c-b}$

③ $\dfrac{\epsilon_s}{9 \times 10^9} \cdot \dfrac{ac}{c-a}$

④ $\dfrac{\epsilon_s}{9 \times 10^9} \cdot \dfrac{ab}{b-a}$

풀이

동심구의 내구에 $+Q$[C], 외구에 $-Q$[C]을 준 경우, 두 도체구 사이의 전위차는

$V_{12} = \dfrac{Q}{4\pi\epsilon}\left(\dfrac{1}{a} - \dfrac{1}{b}\right)$ [V]이므로

$C = \dfrac{Q}{V_{12}} = \dfrac{4\pi\epsilon}{\dfrac{1}{a} - \dfrac{1}{b}} = \dfrac{4\pi\epsilon}{\dfrac{b-a}{ab}} = \dfrac{4\pi\epsilon ab}{b-a} = \dfrac{4\pi\epsilon_0\epsilon_s ab}{b-a} = \dfrac{\epsilon_s}{9 \times 10^9} \cdot \dfrac{ab}{b-a}$ [F]

【답】 ④

문제 08

코로나 방전이 3×10^6[V/m]에서 일어난다고 하면 반지름 10[cm]인 도체구에 저축할 수 있는 최대 전하량은 몇 [C] 인가?

① 0.33×10^{-5}
② 0.72×10^{-6}
③ 0.84×10^{-7}
④ 0.98×10^{-8}

전계 $E = 3 \times 10^6 [\text{V/m}]$, 반지름 $r = 10 \times 10^{-2} [\text{m}]$

전계와 전위의 관계식 $E = \dfrac{Q}{4\pi\epsilon_0 a^2} = \dfrac{Q}{4\pi\epsilon_0 a \cdot a} = \dfrac{V}{a}$ $\quad \therefore V = aE$

도체구 전하량 $Q = CV = (4\pi\epsilon_0 a)(aE) = 4\pi\epsilon_0 a^2 E$

$$= \dfrac{1}{9 \times 10^9} \times (10 \times 10^{-2})^2 \times 3 \times 10^6 = 0.33 \times 10^{-5} [\text{C}]$$

【답】 ①

문제 09

환상솔레노이드 코일에 흐르는 전류가 2[A]일 때 자로의 자속이 10^{-2}[Wb]였다고 한다. 코일의 권수를 500회라고 하면, 이 코일의 자기인덕턴스는 몇 [H] 인가? (단, 코일의 전류와 자로의 자속과의 관계는 비례하는 것으로 한다.)

① 2.5 ② 3.5 ③ 4.5 ④ 5.5

$$L = \dfrac{N\phi}{I} = \dfrac{500 \times 1 \times 10^{-2}}{2} = 2.5 [\text{H}]$$

【답】 ①

문제 10

동일한 두 도체를 같은 에너지 $W_1 = W_2$로 충전한 후에 이들을 병렬로 연결하였다. 총에너지 W와의 관계로 옳은 것은?

① $W_1 + W_2 < W$

② $W_1 + W_2 = W$

③ $W_1 + W_2 > W$

④ $W_1 - W_2 = W$

동일한 두 도체의 정전용량 C_1, C_2라고 할 때 $C_1 = C_2 = C$

두 도체에 같은 정전에너지로 충전하였을 때 전하량은 $Q_1 = Q_2 = Q$, 각각의 정전에너지는

$$W_1 = \dfrac{Q_1^2}{2C_1} = \dfrac{Q^2}{2C}, \quad W_2 = \dfrac{Q_2^2}{2C_2} = \dfrac{Q^2}{2C}, \quad W_1 + W_2 = \dfrac{Q^2}{C}$$

두 도체를 병렬로 접속하였을 때 합성 정전용량 $C' = C_1 + C_2 = 2C$

총전하량 $Q' = Q_1 + Q_2 = 2Q$

총 정전에너지 $W = \dfrac{Q'^2}{2C'} = \dfrac{(Q_1 + Q_2)^2}{2(C_1 + C_2)} = \dfrac{(2Q)^2}{2(2C)} = \dfrac{Q^2}{C}$

$\therefore W_1 + W_2 = W$

【답】 ②

문제 11

투자율 μ_1 및 μ_2인 두 자성체의 경계면에서 자력선의 굴절법칙을 나타낸 식은?

① $\dfrac{\mu_1}{\mu_2} = \dfrac{\sin\theta_1}{\sin\theta_2}$

② $\dfrac{\mu_1}{\mu_2} = \dfrac{\sin\theta_2}{\sin\theta_1}$

③ $\dfrac{\mu_1}{\mu_2} = \dfrac{\tan\theta_1}{\tan\theta_2}$

④ $\dfrac{\mu_1}{\mu_2} = \dfrac{\tan\theta_2}{\tan\theta_1}$

풀이

① 자속밀도는 경계면에서 법선성분이 같다.

$$B_1\cos\theta_1 = B_2\cos\theta_2 \ (B_1 = \mu_1 H_1,\ B_2 = \mu_2 H_2)$$

② 자계의 세기는 경계면에서 접선성분이 같다.

$$H_1\sin\theta_1 = H_2\sin\theta_2$$

두 조건에서

$$\frac{H_2\sin\theta_2}{B_2\cos\theta_2} = \frac{H_1\sin\theta_1}{B_1\cos\theta_1}, \quad \frac{H_2}{\mu_2 H_2}\cdot\tan\theta_2 = \frac{H_1}{\mu_1 H_1}\cdot\tan\theta_1$$

따라서, **자성체의 굴절의 법칙**은 $\dfrac{\tan\theta_1}{\tan\theta_2} = \dfrac{\mu_1}{\mu_2}$ 의 관계가 얻어진다. 【답】③

문제 12

자계가 보존적인 경우를 나타내는 것은? (단, j는 공간상의 0이 아닌 전류 밀도를 의미한다.)

① $\nabla\cdot\boldsymbol{B} = 0$ ② $\nabla\cdot\boldsymbol{B} = j$ ③ $\nabla\times\boldsymbol{H} = 0$ ④ $\nabla\times\boldsymbol{H} = j$

풀이

보존장의 조건 : $\displaystyle\oint_c \boldsymbol{H}\cdot dl = 0$ (적분형)

$$\mathrm{rot}\,\boldsymbol{H} = \nabla\times\boldsymbol{H} = 0 \ (\text{미분형})$$

[참고] $\displaystyle\oint_c \boldsymbol{H}\cdot dl = \oint_S \nabla\times\boldsymbol{H}\cdot d\boldsymbol{S} = 0\ (\nabla\times\boldsymbol{H} = 0)$

(미분형은 스토크스의 정리를 이용하여 적분형에서 구함) 【답】③

문제 13

반지름이 3 [mm], 4 [mm]인 2개의 절연도체구에 각각 5 [V], 8 [V]가 되도록 충전한 후 가는 도선으로 연결할 때, 공통 전위는 몇 [V] 인가?

① 3.14 ② 4.27 ③ 5.56 ④ 6.71

풀이

두 도체구를 연결하기 전의 전하 Q는,

$$Q = Q_1 + Q_2 = 4\pi\epsilon_0 r_1 V_1 + 4\pi\epsilon_0 r_2 V_2$$

연결 후의 전하 Q'는 등전위이므로,

$$Q' = Q_1' + Q_2' = 4\pi\epsilon_0 r_1 V + 4\pi\epsilon_0 r_2 V \quad \therefore\ Q = Q' \text{이므로}$$

$$4\pi\epsilon_0 (r_1 V_1 + r_2 V_2) = 4\pi\epsilon_0 (r_1 + r_2) V$$

따라서, 공통전위 $V = \dfrac{r_1 V_1 + r_2 V_2}{r_1 + r_2} = \dfrac{3\times5 + 4\times8}{3+4} = 6.71 [V]$ 【답】④

문제 14

금속도체의 전기저항은 일반적으로 온도와 어떤 관계인가?

① 전기저항은 온도의 변화에 무관하다.

② 전기저항은 온도의 변화에 대해 정특성을 갖는다.

③ 전기저항은 온도의 변화에 대해 부특성을 갖는다.

④ 금속도체의 종류에 따라 전기저항의 온도특성은 일관성이 없다.

풀이

- **금속 도체** : 온도의 상승과 더불어 전기 저항은 증가한다.
- **절연체 또는 반도체** : 온도의 상승과 더불어 전기 저항은 감소한다. 【답】②

문제 15 자기인덕턴스와 상호인덕턴스와의 관계에서 결합계수 k에 영향을 주지 않는 것은?

① 코일의 형상　　② 코일의 크기　　③ 코일의 재질　　④ 코일의 상대위치

풀이

자기 인덕턴스와 상호 인덕턴스의 관계
- 누설자속이 없는 경우 : $M = \sqrt{L_1 L_2}$
- 누설자속이 있는 경우 : $M = k \sqrt{L_1 L_2}$

여기에서 k를 결합계수라 하며 자기적 결합 정도를 나타내며, 이 **결합계수는 양 코일의 형상, 크기, 상대 위치 등으로 결정**된다. 【답】③

문제 16 두 종류의 금속 접합면에 전류를 흘리면 접속점에서 열의 흡수 또는 발생이 일어나는 현상은?

① 제벡효과　　　　② 펠티에효과　　　③ 톰슨효과　　　④ 파이로효과

풀이

- 제어벡(지벡) 효과 : 두 종류 금속 접속면에 온도차가 있으면 기전력이 발생하는 효과
- **펠티에 효과 : 두 종류 금속 접속면**에 전류를 흘리면 접속점에서 **열의 흡수, 발생이 일어나는 효과**
- 톰슨 효과 : 동일한 금속 도선의 두 점간에 온도차를 주고, 고온 쪽에서 저온 쪽으로 전류를 흘리면 도선 속에서 열이 발생되거나 흡수가 일어나는 현상
- 파이로 전기(초전기) : 로셸염, 수정 등에 열을 가하거나 냉각을 하면 전기 분극이 발생 【답】②

문제 17 대지 중의 두 전극 사이에 있는 어떤 점의 전계의 세기가 $E = 3.5$[V/cm], 지면의 도전율이 $K = 10^{-4}$[℧/m]일 때 이 점의 전류 밀도[A/m²]는?

① 1.5×10^{-2}　　② 2.5×10^{-2}　　③ 3.5×10^{-2}　　④ 4.5×10^{-2}

풀이

$$i = KE = 10^{-4} \times \left(3.5 \times \frac{1}{10^{-2}}\right) = 3.5 \times 10^{-2}\,[\text{A/m}^2]$$

【답】③

문제 18 위치 함수로 주어지는 벡터량이 $E_{(x,y,z)} = iE_x + jE_y + kE_z$ 이다. 나블라($\triangledown$)와의 내적 $\triangledown \cdot E$와 같은 의미를 갖는 것은?

① $\dfrac{\partial E_x}{\partial x} + \dfrac{\partial E_y}{\partial y} + \dfrac{\partial E_z}{\partial z}$　　　　② $i\dfrac{\partial E_z}{\partial x} + j\dfrac{\partial E_x}{\partial y} + k\dfrac{\partial E_y}{\partial z}$

③ $\displaystyle\int \dfrac{\partial E_x}{\partial x} + \int \dfrac{\partial E_y}{\partial y} + \int \dfrac{\partial E_z}{\partial z}$　　　　④ $i\displaystyle\int E_x dx + j\int E_y dy + k\int E_z dz$

풀이

$$\nabla \cdot E = \left(i\frac{\partial}{\partial x} + j\frac{\partial}{\partial y} + k\frac{\partial}{\partial z}\right) \cdot (iEx + jEy + kEz) = \frac{\partial Ex}{\partial x} + \frac{\partial Ey}{\partial y} + \frac{\partial Ez}{\partial z}$$

【답】①

문제 19 100 [MHz]의 전자파의 파장은?

① 0.3[m] ② 0.6[m] ③ 3[m] ④ 6[m]

풀이

$$\lambda = \frac{v}{f} = \frac{3 \times 10^8}{100 \times 10^6} = 3[\text{m}]$$

여기서, λ : 전파의 파장[m], f : 주파수[Hz]

v : 전파속도 (진공 중에서 $v = 3 \times 10^8$[m/s])

【답】③

문제 20 $\phi = \phi_m \sin 2\pi ft$[Wb]일 때, 이 자속과 쇄교하는 권수 N회인 코일에 발생하는 기전력[V]은?

① $2\pi fN\phi_m \sin 2\pi ft$
② $-2\pi fN\phi_m \sin 2\pi ft$
③ $2\pi fN\phi_m \cos 2\pi ft$
④ $-2\pi fN\phi_m \cos 2\pi ft$

풀이

기전력은 시간당 변화하는 자속의 양에 의해 결정된다.

$$e = -N\frac{d\phi}{dt} = -N\frac{d}{dt}\phi_m \sin 2\pi ft = -2\pi fN\phi_m \cos 2\pi ft[\text{V}]$$

【답】④

2과목   전력공학

문제 21 송전선로의 저항은 R, 리액턴스를 X 라 하면 성립하는 식은?

① $R \geq 2X$
② $R < X$
③ $R = X$
④ $R > X$

풀이

일반적으로 **선로의 리액턴스는 저항의 약 6배**가 되며, 간단한 고장계산시에는 저항분을 무시해도 좋다. 즉, $R < X$의 관계가 성립된다.

【답】②

문제 22 주상변압기의 고압측 및 저압측에 설치되는 보호장치가 아닌 것은?

① 피뢰기
② 1차 컷아웃스위치
③ 캐치홀더
④ 케이블헤드

① 피뢰기(lightning arrester) : 뇌 서지 침입시 이상 전압을 대지로 방전시키고 그 속류를 차단하는 보호장치.
② 컷 아웃 스위치(cut out switch) : 주상변압기의 고장이 배전선로에 파급되는 것을 방지하고 변압기의 과부하 소손을 예방하고자 변압기 1차측에 사용하는 보호장치
③ 캐치홀더(catch holders) : 변압기 2차측 및 인입선의 분기개소에 설치하여 사용하는 변압기 보호장치
④ **케이블 헤드**(cable head) : **케이블의 단말 처리재**로서 보호장치가 아니다.　　　　【답】 ④

문제 23

그림과 같이 반지름 r[m]인 세 개의 도체가 선간거리 D[m]로 수평배치 하였을 때 A도체의 인덕턴스는 몇 [mH/km]인가?

① $0.05 + 0.4605 \log_{10} \dfrac{D}{r}$

② $0.05 + 0.4605 \log_{10} \dfrac{2D}{r}$

③ $0.05 + 0.4605 \log_{10} \dfrac{\sqrt[3]{2}\,D}{r}$

④ $0.05 + 0.4605 \log_{10} \dfrac{\sqrt{2}\,D}{r}$

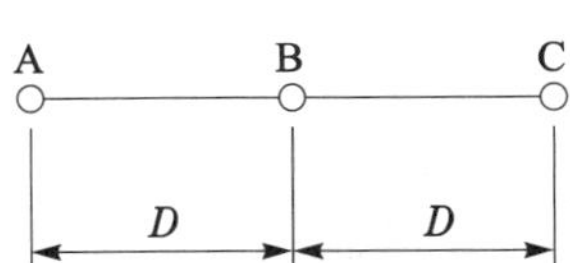

인덕턴스 $L = 0.05 + 0.4605 \log \dfrac{D_e}{r}$ [mH/km] 에서

등가선간거리 $D_e = \sqrt[3]{D \cdot D \cdot 2D} = \sqrt[3]{2}\,D$

$\therefore L = 0.05 + 0.4605 \log_{10} \dfrac{\sqrt[3]{2}\,D}{r}$ [mH/km]　　　　【답】 ③

문제 24

유효낙차 50 [m], 최대사용수량 20 [m³/s], 수차효율 87 [%], 발전기 효율 97[%]인 수력발전소의 최대출력은 몇 [kW] 인가?

① 7570　　　　② 8070　　　　③ 8270　　　　④ 8570

출력 $P = 9.8 QH\eta_t \eta_g$ [kW]에서
$= 9.8 \times 20 \times 50 \times 0.87 \times 0.97 = 8270.22$[kW]　　　　【답】 ③

문제 25

과전류계전기의 반한시 특성이란?
① 동작전류가 커질수록 동작시간이 짧아진다.
② 동작전류가 적을수록 동작시간이 짧아진다.
③ 동작전류에 관계없이 동작시간은 일정하다.
④ 동작전류가 커질수록 동작시간이 길어진다.

> **풀이**
>
> 보호 계전기의 동작 시간특성
> ① 순한시 특성 : 최소 동작 전류 이상의 전류가 흐르면 즉시 동작하는 특성
> **② 반한시 특성 : 동작 전류가 커질수록 동작 시간이 짧게 되는 특성**
> ③ 정한시 특성 : 동작 전류의 크기에 관계없이 일정한 시간에 동작하는 특성
> ④ 반한시 정한시 특성 : 동작 전류가 적은 동안에는 동작 전류가 커질수록 동작 시간이 짧게 되고 어떤
> 전류 이상이면 동작 전류의 크기에 관계없이 일정한 시간에 동작하는 특성　　**【답】** ①

문제 26　장거리 송전선에서 단위 길이당 임피던스 $Z = r + j\omega L$[Ω/km], 어드미턴스 $Y = g + j\omega C$ [℧/km]라 할 때 저항과 누설 컨덕턴스를 무시하면 특성임피던스의 값은?

① $\sqrt{\dfrac{L}{C}}$　　　　② $\sqrt{\dfrac{C}{L}}$　　　　③ $\dfrac{L}{C}$　　　　④ $\dfrac{C}{L}$

> **풀이**
>
> 특성 임피던스 $Z_0 = \sqrt{\dfrac{Z}{Y}} = \sqrt{\dfrac{r+j\omega L}{g+j\omega C}}$ 에서 $g=0$, $r=0$이라 하면
>
> $Z_0 = \sqrt{\dfrac{j\omega L}{j\omega C}} = \sqrt{\dfrac{L}{C}}$　　　　**【답】** ①

문제 27　콘덴서형 계기용변압기의 특징으로 틀린 것은?

① 권선형에 비해 오차가 적고 특성이 좋다.

② 절연의 신뢰도가 권선형에 비해 크다.

③ 전력선 반송용 결합콘덴서와 공용할 수 있다.

④ 고압 회로용의 경우는 권선형에 비해 소형 경량이다.

> **풀이**
>
> **콘덴서형 계기용 변압기(CPD)의 특징**
> • 권선형에 비해 소형 경량이고 값이 싸다.
> • 절연의 신뢰도가 권선형에 비해 크다.
> • 전력선 반송용 결합 콘덴서와 공용할 수 있다.
> • **권선형에 비해 오차가 많고 특성이 나쁘다.**　　**【답】** ①

문제 28　동일전력을 수송할 때 다른 조건은 그대로 두고 역률을 개선한 경우의 효과로 옳지 않은 것은?

① 선로변압기 등의 저항손이 역률의 제곱에 반비례하여 감소한다.

② 변압기, 개폐기 등의 소요 용량은 역률에 비례하여 감소한다.

③ 선로의 송전용량이 그 허용전류에 의하여 제한될 때는 선로의 송전 용량도 증가한다.

④ 전압 강하는 $1 + \dfrac{X}{R}\tan\varphi$에 비례하여 감소한다.

전력 $P = \sqrt{3} \, VI\cos\theta$ 에서 동일전력을 공급하는 경우 **전류는 역률에 반비례** 한다.

즉, $I = \dfrac{P}{\sqrt{3} \, V\cos\theta}$ 에서 $I \propto \dfrac{1}{\cos\theta}$

【답】 ②

문제 29 배전선로의 전압강하의 정도를 나타내는 식이 아닌 것은?

(단, E_s 는 송전단전압, E_r 은 수전단전압이다.)

① $\dfrac{I}{E_r}(R\cos\theta + X\sin\theta)\times 100\,[\%]$ 　　② $\dfrac{\sqrt{3}\,I}{E_r}(R\cos\theta + X\sin\theta)\times 100\,[\%]$

③ $\dfrac{E_s - E_r}{E_r}\times 100\,[\%]$ 　　④ $\dfrac{E_s + E_r}{E_s}\times 100\,[\%]$

- 전압강하 $e = E_s - E_r = \sqrt{3}\,I(R\cos\theta + X\sin\theta)$
- 전압강하율 $\epsilon = \dfrac{e}{E_r}\times 100\,[\%] = \dfrac{E_s - E_r}{E_r}\times 100\,[\%] = \dfrac{\sqrt{3}\,I}{E_r}(R\cos\theta + X\sin\theta)$

【답】 ④

문제 30 소호 원리에 따른 차단기의 종류 중에서 소호실에서 아크에 의한 절연유 분해가스의 흡부력(吸付力)을 이용하여 차단하는 것은?

① 유입차단기　　② 기중차단기　　③ 자기차단기　　④ 가스차단기

소호 원리에 따른 차단기의 종류

종 류	약 어	소 호 원 리
유입 차단기	OCB	소호실에서 아크에 의한 **절연유 분해 가스의 흡부력**을 이용해서 차단
기중 차단기	ACB	대기 중에서 아크를 길게 하여 소호실에서 냉각 차단
자기 차단기	MBB	대기 중에서 전자력을 이용하여 아크를 소호실내로 유도해서 냉각차단
공기 차단기	ABB	압축된 공기를 아크에 불어 넣어서 차단
진공 차단기	VCB	고진공 중에서 전자의 고속도 확산에 의해 차단
가스 차단기	GCB	고성능 절연 특성을 가진 특수 가스(SF_6)를 흡수해서 차단

【답】 ①

문제 31 비접지식 송전선로에서 1선 지락고장이 생겼을 경우 지락점에 흐르는 전류는?

① 직선성을 가진 직류이다.

② 고장 상의 전압과 동상의 전류이다.

③ 고장 상의 전압보다 $90°$ 늦은 전류이다.

④ 고장 상의 전압보다 $90°$ 빠른 전류이다.

풀이

지락전류 $I_g = j3\omega C_s E\,[\text{A}]$

따라서, **지락 전류는 전압보다 $+j(90°)$ 앞선 전류가** 흐른다.

【답】④

문제 32

출력 5000[kW], 유효낙차 50[m]인 수차에서 안내날개의 개방상태나 효율의 변화 없이 일정할 때 유효낙차가 5[m] 줄었을 경우 출력은 약 몇 [kW]인가?

① 4000　　　　② 4270　　　　③ 4500　　　　④ 4740

풀이

출력을 P, 사용 수량을 Q, 유효 낙차를 H라고 하면 $P = 9.8QH\eta$ 이므로 $P \propto QH$

수차에 유입하는 물의 유속 $v = C\sqrt{2gH}$에서 $v \propto H^{\frac{1}{2}}$

$Q = Av$에서 안내 날개의 개도 A는 일정하므로 $Q \propto v \propto H^{\frac{1}{2}}$

그러므로, $P \propto QH \propto H^{\frac{3}{2}}$

지금 P_1 : 낙차 변화 전의 출력[kW]　　　P_2 : 낙차 변화 후의 출력[kW]

　　H_1 : 변화 전의 낙차　　　　　　　　H_2 : 변화 후의 낙차라고 하면

$$\therefore P_2 = P_1 \left(\frac{H_2}{H_1}\right)^{3/2} = 5000 \times \left(\frac{50-5}{50}\right)^{3/2} = 5000 \times 0.854 = 4270[\text{kW}]$$

【답】②

문제 33

다음 사항 중 가공송전선로의 코로나손실과 관계가 없는 사항은?

① 전원주파수　　　　　　　② 전선의 연가

③ 상대공기밀도　　　　　　④ 선간거리

풀이

Peek의 식 $P = \dfrac{241}{\delta}(f+25)\sqrt{\dfrac{d}{2D}}(E-E_0)^2 \times 10^{-5}[\text{kW/km/선}]$

δ : 상대 공기 밀도,　D : 선간 거리,　d : 전선의 지름,　f : 주파수

E : 전선에 걸리는 대지 전압,　E_0 : 코로나 임계 전압

따라서, **전선의 연가는 코로나와 관계가 없다.**

【답】②

문제 34

송전선로에 낙뢰를 방지하기 위하여 설치하는 것은?

① 댐퍼　　　　　　　② 초호환

③ 가공지선　　　　　④ 애자

풀이

① 댐퍼 : 전선의 진동 방지

② 초호환 : 섬락으로부터 애자련의 보호, 애자련의 전압 분포 개선

③ **가공지선 : 뇌의 차폐**

④ 애자 : 전선을 지지하고 절연

【답】③

문제 35 배전방식으로 저압 네트워크방식이 적당한 경우는?

① 부하가 밀집되어 있는 시가지　　② 바람이 많은 어촌지역

③ 농촌지역　　④ 화학공장

풀이

네트워크 배전 방식의 장점
- 무정전 공급이 가능해서 배전 신뢰도가 높다.
- 기기 이용률이 향상된다.　　• 전압 변동이 적다.
- 적응성 양호하다.　　• 전력 손실이 감소한다.
- 변전소 수를 줄일 수 있다.
따라서, 저압 네트워크 방식은 **부하가 밀집되어 있는 시가지에 적당**하다.　　【답】①

문제 36 차단 시 재점호가 발생하기 쉬운 경우는?

① $R-L$ 회로 차단　　② 단락전류의 차단

③ C회로의 차단　　④ L회로의 차단

풀이

충전전류를 차단할 때 전류파의 0의 위치에서 소거된 아크가 재기전압에 의하여 극간에 다시 발생하는 것을 재점호라고 하며 이러한 **재점호 전류는 콘덴서 C에 의한 진상전류에 의해 발생**한다.　　【답】③

문제 37 뇌서지와 개폐서지의 파두장과 파미장에 대한 설명으로 옳은 것은?

① 파두장과 파미장이 모두 같다.　　② 파두장은 같고 파미장이 다르다.

③ 파두장이 다르고 파미장은 같다.　　④ 파두장과 파미장이 모두 다르다.

풀이

뇌서지와 개폐서지는 **파두장과 파미장이 모두 다르다.**　　【답】④

문제 38 전선이 조영재에 접근할 때에나 조영재를 관통하는 경우에 사용되는 것은?

① 노브애자　　② 애관

③ 서비스캡　　④ 유니버설 커플링

풀이

애자사용 배선의 절연전선이 **조영재를 관통**하는 경우는 그 부분의 모든 전선을 각각 별개의 **애관 및 합성수지관 등**에 넣어 시설하여야 한다.(내선규정 2270-7)　　【답】②

문제 39 동일한 전압에서 동일한 전력을 송전할 때 역률을 0.7에서 0.95로 개선하면 전력손실은 개선전에 비해 약 몇 [%]인가?

① 80　　② 65　　③ 54　　④ 40

풀이

전력 손실 $P_l = \dfrac{R \cdot P^2}{V^2 \cos^2\theta}$ 에서 $P_l \propto \dfrac{1}{\cos^2\theta}$

$\therefore\ \dfrac{P_l'}{P_l} = \dfrac{\dfrac{1}{0.95^2}}{\dfrac{1}{0.7^2}} = \left(\dfrac{0.7}{0.95}\right)^2$ $P_l' = 0.543 P_l$ 그러므로 약 54 [%]로 감소

【답】③

문제 40

3상 Y결선된 발전기가 무부하 상태로 운전 중 3상 단락고장이 발생하였을 때 나타나는 현상으로 틀린 것은?

① 영상분 전류는 흐르지 않는다.

② 역상분 전류는 흐르지 않는다.

③ 3상 단락전류는 정상분 전류의 3배가 흐른다.

④ 정상분 전류는 영상분 및 역상분 임피던스에 무관하고 정상분 임피던스에 반비례한다.

풀이

고장별 대칭분 및 전류의 크기

고장의 종류	대 칭 분	전류의 크기
3상 단락	정상분	$I_1 \neq 0,\ I_2 = I_0 = 0$
선간 단락	정상분, 역상분	$I_1 = -I_2 \neq 0,\ I_0 = 0$
1선 지락	정상분, 역상분, 영상분	$I_0 = I_1 = I_2 \neq 0$

따라서, 3상 단락 고장시 정상분 임피던스에 반비례하는 정상분 전류만 흐르게 된다.

【답】③

3과목 전기기기

문제 41

중부하에서도 기동되도록 하고 회전계자형의 동기전동기에 고정자인 전기자 부분이 회전자의 주위를 회전할 수 있도록 2중 베어링의 구조를 가지고 있는 전동기는?

① 유도자형 전동기   ② 유도 동기 전동기

③ 초동기 전동기   ④ 반작용 전동기

풀이

초동기 전동기

기동 토크가 작은 것이 단점인 동기 전동기는 경부하에서 기동이 거의 불가능하므로 이것을 보완하여 **중부하에서도 기동이 되도록 한 것이 초동기 전동기**이다. 이 전동기는 회전계자형의 동기 전동기에 전기자 부분도 회전자의 주위를 회전할 수 있도록 2중 베어링의 구조로 되어 있어 고정자 회전 기동형이라고 한다.

【답】③

유도전동기의 공극에 관한 설명으로 틀린 것은?

① 공극은 일반적으로 0.3~2.5[mm] 정도이다.

② 공극이 넓으면 여자 전류가 커지고 역률이 현저하게 떨어진다.

③ 공극이 좁으면 기계적으로 약간의 불평형이 생겨도 진동과 소음의 원인이 된다.

④ 공극이 좁으면 누설리액턴스가 증가하여 순간 최대전력이 증가하고 철손이 증가한다.

풀이

공극이 좁으면 누설리액턴스가 감소하게 된다.　　　　　　　　　　　　　　　　　【답】④

단상 전파 정류의 맥동률은?

① 0.17　　　　　　② 0.34　　　　　　③ 0.48　　　　　　④ 0.86

풀이

$$\bullet\ 맥동률 = \sqrt{\frac{실효값^2 - 평균값^2}{평균값^2}} \times 100 = \frac{교류분}{직류분} \times 100[\%]$$

정류 종류	단상 반파	단상 전파	3상 반파	3상 전파
맥동률 [%]	121	**48**	17.7	4.04

【답】③

직류기의 권선법에 대한 설명 중 틀린 것은?

① 전기자 권선에 환상권은 거의 사용되지 않는다.

② 전기자 권선에는 고상권이 주로 이용되고 있다.

③ 정류를 양호하게하기 위해 단절권이 이용된다.

④ 저전압 대전류 직류기에는 파권이 적당하며, 고전압 직류기에는 중권이 적당하다.

풀이

중권과 파권의 비교

비교 항목	단중 중권	단중 파권
전기자의 병렬 회로수(a)	$P(mP)$	$2\,(2m)$
브러시 수(b)	P	2
용도	**저전압, 대전류**	**고전압, 소전류**
균압 접속	4극 이상이면 균압 접속을 하여야 한다.	균압 접속은 필요 없다.

여기서, m : 다중도　　　　　　　　　　　　　　　　　　　　　　　　　　　　【답】④

고압 단상변압기의 %임피던스 강하 4[%], 2차 정격전류를 300[A]라 하면 정격전압의 2차 단락전류[A]는? (단, 변압기에서 전원측의 임피던스는 무시한다.)

① 0.75　　　　　　　　　　　② 75

③ 1200　　　　　　　　　　　④ 7500

풀이

단락 전류 $I_s = \dfrac{100}{\%Z} I_n = \dfrac{100}{4} \times 300 = 7500[\text{A}]$ 【답】④

문제 46 반발전동기(reaction motor)의 특성에 대한 설명으로 옳은 것은?

① 분권특성이다.

② 기동 토크가 특히 큰 전동기이다.

③ 직권특성으로 부하 증가 시 속도가 상승한다.

④ 1/2 동기속도에서 정류가 양호하다.

풀이

단상 반발전동기의 기동토크는 전부하 토크의 400~500[%] 정도로 **기동 토크가 특히 큰 전동기** 이다. 【답】②

문제 47 3상 유도전동기의 운전 중 전압을 80[%]로 낮추면 부하회전력은 몇 [%]로 감소되는가?

① 94　　　　　② 80　　　　　③ 72　　　　　④ 64

풀이

3상 유도 전동기의 **토크는 전압의 2승에 비례**하므로

$T : T' = V^2 : (0.8\,V)^2$　　　　$T' = 0.64\,T$ 【답】④

문제 48 단상 정류자전동기에 보상권선을 사용하는 이유는?

① 정류개선　　　　② 기동토크조절　　　③ 속도제어　　　　④ 역률개선

풀이

단상 정류자 전동기의 **보상 권선**은 직류 직권 전동기와 달리 전기자 반작용으로 생기는 필요 없는 자속을 상쇄하도록 하여, 무효 전력의 증대에 따르는 **역률의 저하를 방지**한다. 【답】④

문제 49 단상 직권정류자 전동기에 전기자 권선의 권수를 계자 권수에 비해 많게 하는 이유가 아닌 것은?

① 주자속을 작게 하고 토크를 증가하기 위하여

② 속도 기전력을 크게 하기 위하여

③ 변압기 기전력을 크게 하기 위하여

④ 역률저하를 방지하기 위하여

풀이

단상 정류자 전동기에서는 **약계자, 강전기자형**으로 하여 역률을 좋게 하고 **변압기 기전력을 작게** 한다. 【답】③

3상 유도전동기의 원선도를 작성하는데 필요하지 않은 것은?

① 구속 시험 ② 무부하 시험 ③ 슬립 측정 ④ 저항 측정

풀이

① 원선도 작성에 필요한 시험은
  • 저항 측정 • 무부하 시험 • 구속 시험이 있다.
② 유도 전동기의 원선도에서 구할 수 있는 항목
  • 전부하 전류 • 역률 • 효율 • 슬립 • 최대출력/정격출력 • 토크
  즉, 슬립은 원선도 상에서 구할 수 있다.

【답】③

변압기의 병렬운전에서 1차 환산 누설임피던스가 $2+j3[\Omega]$과 $3+j2[\Omega]$일 때 변압기에 흐르는 부하 전류가 50 [A]이면 순환전류[A]는? (단, 다른 정격은 모두 같다.)

① 10 ② 8 ③ 5 ④ 3

풀이

• 임피던스의 크기가 같으므로 부하 전류는 25[A]씩 양분되어 흐른다.

• 순환 전류 $I_c = \dfrac{V_2 - V_1}{Z_1 + Z_2} = \dfrac{I_2 Z_2 - I_1 Z_1}{Z_1 + Z_2}$

$$\therefore I_c = \frac{25(3+j2) - 25(2+j3)}{(2+j3) + (3+j2)} = \frac{75 + j50 - 50 - j75}{5 + j5}$$

$$= \frac{25 - j25}{5 + j5} = \frac{(25 - j25)(5 - j5)}{(5 + j5)(5 - j5)}$$

$$= \frac{125 - j125 - j125 + j^2 125}{5^2 + 5^2} = \frac{-j250}{50} = -j5 = 5\underline{/-90°}\ [A]$$

【답】③

터빈 발전기 출력 1350 [kVA], 2극, 3600 [rpm], 11 [kV]일 때 역률 80 [%]에서 전부하 효율이 96 [%]라 하면 이 때의 손실 전력 [kW]은?

① 36.6 ② 45 ③ 56.6 ④ 65

풀이

출력 $P = 1350 \times 0.8 = 1080[kW]$

효율 $\eta = \dfrac{출력}{출력 + 손실} = \dfrac{P}{P + P_l}$ 에서

$$0.96 = \frac{1080}{1080 + P_l} \qquad \therefore P_l = \frac{1080}{0.96} - 1080 = 45[kW]$$

【답】②

T−결선에 의하여 3300 [V]의 3상으로부터 200 [V], 40 [kVA]의 전력을 얻는 경우 T좌 변압기의 권수비는 약 얼마인가?

① 16.5 ② 14.3
③ 11.7 ④ 10.2

풀이

주좌 변압기의 권수비를 a_M, T좌 변압기의 권수비를 a_T 라 하면

$$a_T = a_M \times \frac{\sqrt{3}}{2} = \frac{3300}{200} \times \frac{\sqrt{3}}{2} = 16.5 \times 0.866 = 14.29$$

【답】②

문제 54

1방향성 4단자 사이리스터는?

① TRIAC   ② SCS   ③ SCR   ④ SSS

풀이

각 종 반도체 소자의 비교
① 방향성
  • 양방향성(쌍방향성) 소자 : DIAC, TRIAC, SSS
  • **역저지(단방향성) 소자** : SCR, LASCR, GTO, **SCS**
② 극(단자) 수
  • 2극(단자) 소자 : DIAC, SSS, Diode
  • 3극(단자) 소자 : SCR, LASCR, GTO, TRIAC
  • **4극(단자) 소자 : SCS**

【답】②

문제 55

3상 동기발전기를 병렬 운전하는 도중 여자 전류를 증가시킨 발전기에서 일어나는 현상은?

① 무효전류가 증가한다.   ② 역률이 좋아진다.

③ 전압이 높아진다.   ④ 출력이 커진다.

풀이

A, B 두 대의 발전기가 병렬 운전 중에 A기의 여자를 증대하면, 즉 A기의 유기전압이 B기의 유기전압보다 높게 되면 A기로부터 B기로 전류가 흐르게 되는데 이때의 전류 I_c는

$$I_c = \frac{E_A - E_B}{j2x_s} = -j\frac{E_A - E_B}{2x_s}$$

로 A(여자전류를 증가 시킨 발전기)기에는 전압보다 90° 늦은 전류가 흐르게 되어 역률이 나빠지고, B기에는 90° 빠른 전류가 흐르게 되어 역률이 좋아지게 되며, 그 결과 A,B 발전기의 단자전압은 서로 같게 된다.

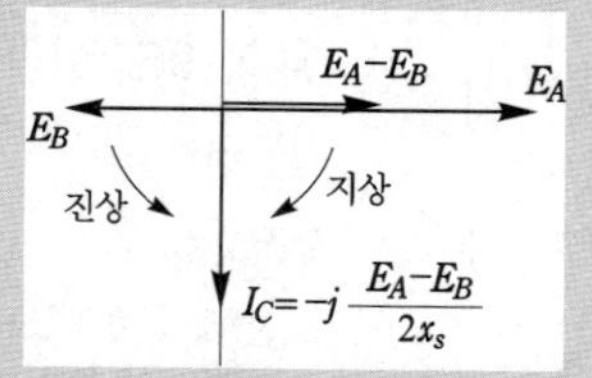

즉, $I_c = -j\dfrac{E_A - E_B}{2x_s}$ 만큼의 무효전류가 증가하게 된다.

【답】①

문제 56

직류 타여자발전기의 부하전류와 전기자전류의 크기는?

① 부하전류가 전기자전류보다 크다.

② 전기자전류가 부하전류보다 크다.

③ 전기자전류와 부하전류가 같다.

④ 전기자전류와 부하전류는 항상 0이다.

타여자 발전기는 외부에서 계자 권선 F에 직류 전원을 공급하므로 잔류 자기가 없어도 되며, 전기자 전류(I_a)와 부하전류(I)의 크기가 같다.

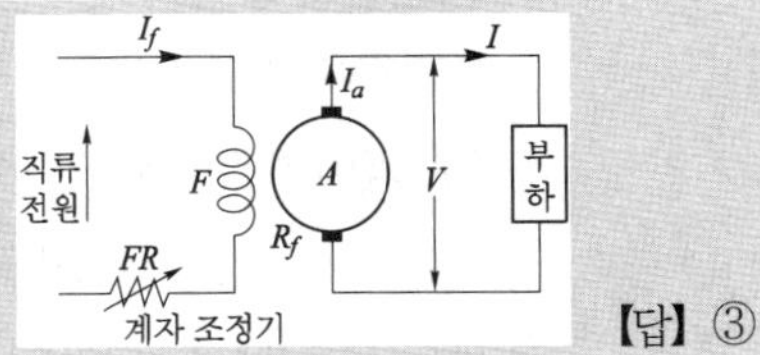

【답】③

문제 57 직류 분권전동기 기동 시 계자 저항기의 저항값은?

① 최대로 해 둔다. ② 0(영)으로 해 둔다.

③ 중간으로 해 둔다. ④ 1/3로 해 둔다.

토크 $T = K\phi I_a$, 회전속도 $N = K\dfrac{V - I_a R_a}{\phi}$에서 **기동시 계자 저항을 최소**로 하여 계자 전류를 크게(자속 ϕ를 크게)하면 기동 토크가 크게 되고 속도는 저속으로 된다.

【답】②

문제 58 유도전동기로 직류발전기를 회전시킬 때, 직류 발전기의 부하를 증가시키면 유도전동기의 속도는?

① 증가한다. ② 감소한다.

③ 변함이 없다. ④ 동기속도 이상으로 회전한다.

직류 발전기의 부하가 증가하게 되면, 유도전동기의 부하가 증가하게 되어 그 결과 유도전동기의 속도는 감소하게 된다.

【답】②

문제 59 5 [kVA], 2000/200 [V]의 단상변압기가 있다. 2차로 환산한 등가저항과 등가리액턴스는 각각 0.14 [Ω], 0.16 [Ω]이다. 이 변압기에 역률 0.8(뒤짐)의 정격부하를 걸었을 때의 전압변동률[%]은?

① 0.026 ② 0.26 ③ 2.6 ④ 26

- 정격2차 전류 $I_{2n} = \dfrac{P}{V_2} = \dfrac{5000}{200} = 25$ [A]

- % 저항 강하 $p = \dfrac{I_{2n} r_2}{V_{2n}} \times 100 = \dfrac{25 \times 0.14}{200} \times 100 = 1.75$ [%]

- % 리액턴스 강하 $q = \dfrac{I_{2n} x_2}{V_{2n}} \times 100 = \dfrac{25 \times 0.16}{200} \times 100 = 2$ [%]

- 전압변동률 $\epsilon = p\cos\theta + q\sin\theta = 1.75 \times 0.8 + 2 \times 0.6 = 2.6$[%]

【답】③

문제 60 송전선로에 접속된 동기조상기의 설명으로 옳은 것은?

① 과여자로 해서 운전하면 앞선전류가 흐르므로 리액터 역할을 한다.

② 과여자로 해서 운전하면 뒤진전류가 흐르므로 콘덴서 역할을 한다.

③ 부족여자로 해서 운전하면 앞선전류가 흐르므로 리액터 역할을 한다.

④ 부족여자로 해서 운전하면 송전선로의 자기여자작용에 의한 전압상승을 방지한다.

풀이

동기조상기의 운전
- 과여자 운전 : 콘덴서 작용 – 역률 개선
- **부족 여자 운전 : 리액터 작용 – 이상 전압의 상승 억제**　　　　【답】④

4과목　회로이론

문제 61 불평형 3상 전류 $I_a = 15 + j2$[A], $I_b = -20 - j14$[A], $I_c = -3 + j10$[A]일 때 정상분 전류 I[A]는?

① $1.91 + j6.24$　　　　　　　　② $-2.67 - j0.67$

③ $15.7 - j3.57$　　　　　　　　④ $18.4 + j12.3$

풀이

정상분 전류 $I_1 = \dfrac{1}{3}(I_a + aI_b + a^2I_c)$ 에서

$$I_1 = \frac{1}{3}\left\{ (15+j2) + \left(-\frac{1}{2} + j\frac{\sqrt{3}}{2}\right)(-20-j14) + \left(-\frac{1}{2} - j\frac{\sqrt{3}}{2}\right)(-3+j10) \right\}$$

$$= 15.76 - j3.57 \text{ [A]}$$
　　　　【답】③

문제 62 RC 직렬회로의 과도현상에 대하여 옳게 설명한 것은?

① $\dfrac{1}{RC}$ 의 값이 클수록 과도 전류값은 천천히 사라진다.

② RC 값이 클수록 과도 전류값은 빨리 사라진다.

③ 과도 전류는 RC 값에 관계가 없다.

④ RC 값이 클수록 과도 전류값은 천천히 사라진다.

풀이

$R-C$ 직렬 회로의 전류 $i(t)$는　$i(t) = \dfrac{E}{R}e^{-\frac{1}{RC}t}$

따라서 **시정수 $\tau = RC$가** 된다. 또한, **시정수가 크면 클수록 과도현상은 오래 지속**되므로 $R \cdot C$ 값이 클수록 과도 전류의 값이 천천히 사라진다.
　　　　【답】④

리액턴스 함수가 $Z(s) = \dfrac{3s}{s^2 + 15}$ 로 표시되는 리액턴스 2단자망은?

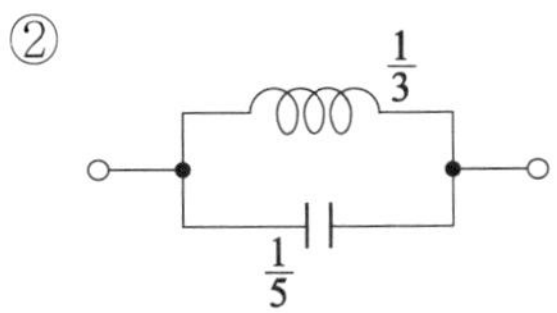

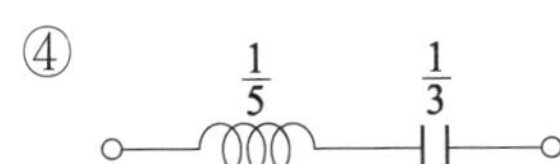

$Z(s)$의 함수가 주어졌을 때 회로망을 그리는 방법

- 모든 분수의 분자를 1로 만든다.
- 분수 밖의 $\oplus$는 직렬, 분수 속의 $\oplus$는 병렬로 그린다.
- 분수 밖에 존재하는 복소함수 s의 계수는 L의 값이고, $\dfrac{1}{s}$의 계수는 C의 값이다.
- 분수 안에 존재하는 복소함수 s의 계수는 C의 값이고, $\dfrac{1}{s}$의 계수는 L의 값이다.

따라서, $Z(s) = \dfrac{3s}{s^2 + 15} = \dfrac{1}{\dfrac{s^2}{3s} + \dfrac{15}{3s}} = \dfrac{1}{\dfrac{1}{3}s + \dfrac{1}{\dfrac{1}{5}s}}$

그러므로 $C = \dfrac{1}{3}$, $L = \dfrac{1}{5}$, 분수 속의 $\oplus$이므로 병렬을 나타낸다.

【답】 ①

그림과 같은 회로의 전압비 전달함수 $H(j\omega)$는? (단, 입력 $V(t)$는 정현파 교류 전압이며, V_R은 출력이다.

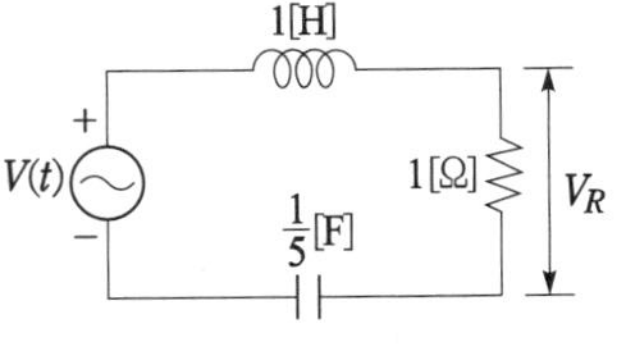

① $\dfrac{j\omega}{(5 - \omega^2) + j\omega}$

② $\dfrac{j\omega}{(5 + \omega^2) + j\omega}$

③ $\dfrac{j\omega}{(5 - \omega)^2 + j\omega}$

④ $\dfrac{j\omega}{(5 + \omega)^2 + j\omega}$

$$H(j\omega) = \frac{V_R}{V(j\omega)} = \frac{1}{j\omega + 1 + \dfrac{1}{j\omega \dfrac{1}{5}}} = \frac{j\omega}{(j\omega)^2 + j\omega + 5} = \frac{j\omega}{(5 - \omega^2) + j\omega}$$

【답】 ①

그림과 같은 회로에서 a-b 단자에서 본 합성저항은 몇 [Ω]인가?

① 2

② 4

③ 6

④ 8

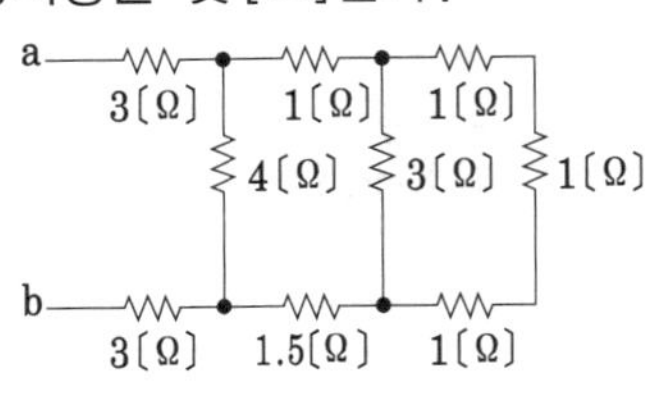

> **풀이**
>
> a-b 사이의 합성 저항은
>
> 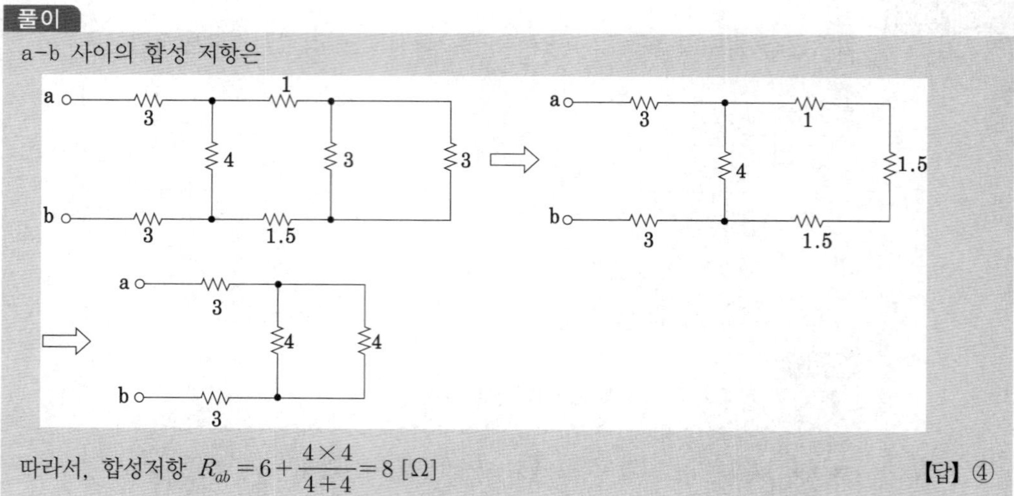
>
> 따라서, 합성저항 $R_{ab} = 6 + \dfrac{4 \times 4}{4+4} = 8\,[\Omega]$
>
> 【답】 ④

문제 66

전압과 전류가 각각 $e = 141.4\sin\left(377t + \dfrac{\pi}{3}\right)$ [V], $i = \sqrt{8}\,\sin\left(377t + \dfrac{\pi}{6}\right)$ [A]인 회로의 소비전력은 약 몇 [W] 인가?

① 100　　　　② 173　　　　③ 200　　　　④ 344

> **풀이**
>
> $$P = \frac{V_m}{\sqrt{2}} \cdot \frac{I_m}{\sqrt{2}} \cos\theta = \frac{141.4}{\sqrt{2}} \times \frac{\sqrt{8}}{\sqrt{2}} \times \cos\left(\frac{\pi}{3} - \frac{\pi}{6}\right) = 173.18\,[\text{W}]$$
>
> 【답】 ②

문제 67

$i = 10\sin\left(\omega t - \dfrac{\pi}{6}\right)$ [A]로 표시되는 전류와 주파수는 같으나 위상이 45° 앞서는 실효값 100 [V]의 전압을 표시하는 식으로 옳은 것은?

① $100\sin\left(\omega t - \dfrac{\pi}{10}\right)$

② $100\sqrt{2}\,\sin\left(\omega t + \dfrac{\pi}{12}\right)$

③ $\dfrac{100}{\sqrt{2}}\sin\left(\omega t - \dfrac{5}{12}\pi\right)$

④ $100\sqrt{2}\,\sin\left(\omega t - \dfrac{\pi}{12}\right)$

> **풀이**
>
> 실효값이 100[V]이고 전류보다 위상이 $45°\left(= \dfrac{\pi}{4}\right)$ 앞서므로,
>
> $v = 100\sqrt{2}\,\sin\left(\omega t - \dfrac{\pi}{6} + \dfrac{\pi}{4}\right) = 100\sqrt{2}\,\sin\left(\omega t + \dfrac{\pi}{12}\right)$ [V]
>
> 【답】 ②

문제 68

부동작 시간(dead time) 요소의 전달 함수는?

① Ks　　　　② $\dfrac{K}{s}$　　　　③ Ke^{-Ls}　　　　④ $\dfrac{K}{Ts+1}$

풀이

$$y(t) = Kx(t-L)$$
$$Y(s) = Ke^{-Ls} \cdot X(s)$$
$$\therefore \; G(s) = \frac{Y(s)}{X(s)} = Ke^{-Ls}$$

【답】③

문제 69

저항 6[kΩ], 인덕턴스 90[mH], 커패시턴스 0.01[μF]인 직렬회로에 $t=0$ 에서의 직류전압 100[V]를 가하였다. 흐르는 전류의 최대값(I_m)은 약 몇 [mA]인가?

① 11.8　　　　② 12.3　　　　③ 14.7　　　　④ 15.6

풀이

$$R^2 = \frac{4L}{C}, \quad (6\times10^3)^2 = \frac{4\times90\times10^{-3}}{0.01\times10^{-6}} = 36\times10^6$$

이므로 임계 진동 전류가 흐르게 되며, 이 경우 전류는

$$i(t) = \frac{E}{L}t \cdot e^{-\frac{R}{2L}t} \; 이다.$$

전류가 최대로 되는 시간은

$$\frac{di(t)}{dt} = \frac{E}{L} \cdot e^{-\frac{R}{2L}t} - \frac{R}{2L} \cdot \frac{E}{L}te^{-\frac{R}{2L}t} = 0$$

$$1 = \frac{R}{2L}t$$

$$t = \frac{2L}{R} = \frac{2\times90\times10^{-3}}{6000} = 30[\mu s]$$

이므로, 전류의 최대값(I_m)은

$$i(t) = \frac{E}{L}t \cdot e^{-\frac{R}{2L}t} = \frac{100}{90\times10^{-3}}\times30\times10^{-6}\times e^{-\frac{6\times10^3}{2\times90\times10^{-3}}\times30\times10^{-6}}$$

$$= 0.0123[A] = 12.3[mA]$$

【답】②

문제 70

그림과 같은 회로에서 단자 a – b간의 전압 V_{ab} [V]는?

① $-j160$

② $j160$

③ 40

④ 80

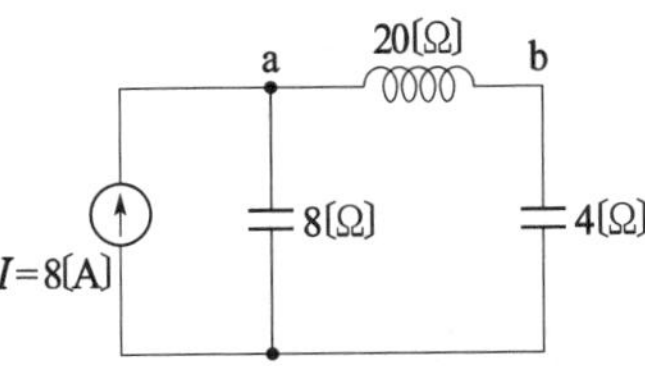

풀이

a, b 단자 사이에 흐르는 전류 I_{ab}는

$$I_{ab} = 8 \times \frac{-j8}{(j20-j4)-j8} = -8[A]$$

$$V_{ab} = -8 \times j20 = -j160[V]$$

【답】①

문제 71 회로에서 Z 파라미터가 잘못 구하여진 것은?

① $Z_{11} = 8\,[\Omega]$

② $Z_{12} = 3\,[\Omega]$

③ $Z_{21} = 3\,[\Omega]$

④ $Z_{22} = 5\,[\Omega]$

풀이

$$Z_{11} = Z_1 + Z_2 = 5 + 3 = 8\,[\Omega]$$
$$Z_{12} = Z_{21} = Z_2 = 3\,[\Omega]$$
$$Z_{22} = Z_2 = 3\,[\Omega]$$

【답】 ④

문제 72 △결선된 저항부하를 Y결선으로 바꾸면 소비 전력은? (단, 저항과 선간 전압은 일정하다.)

① 3배로 된다.

② 9배로 된다.

③ $\dfrac{1}{9}$ 로 된다.

④ $\dfrac{1}{3}$ 로 된다.

풀이

$$P_\triangle = 3I^2 R = 3\left(\frac{V}{R}\right)^2 R = 3 \cdot \frac{V^2}{R}$$

다음 Y결선시 상전압은 선간 전압의 $\dfrac{1}{\sqrt{3}}$ 이므로

$$P_Y = 3\left(\frac{\frac{V}{\sqrt{3}}}{R}\right)^2 \cdot R = 3 \cdot \frac{V^2}{3R} = \frac{V^2}{R}$$

$$\therefore \frac{P_Y}{P_\triangle} = \frac{\frac{V^2}{R}}{\frac{3V^2}{R}} = \frac{1}{3}, \qquad P_Y = \frac{1}{3}P_\triangle$$

【답】 ④

문제 73 굵기가 일정한 도체에서 체적은 변하지 않고 지름을 $\dfrac{1}{n}$ 로 줄였다면 저항은?

① $\dfrac{1}{n^2}$ 로 된다.

② n 로 된다.

③ n^2 로 된다.

④ n^4 로 된다.

풀이

• 체적이 일정하므로

$$\frac{1}{4}\pi d_1^2 \times l_1 = \frac{1}{4}\pi d_2^2 \times l_2 = \frac{1}{4}\pi\left(\frac{1}{n}d_1\right)^2 \times l_2 \qquad \therefore l_2 = n^2 l_1$$

• 저항 $R_2 = \rho \dfrac{l_2}{\frac{1}{4}\pi d_2^2} = \rho \dfrac{n^2 l_1}{\frac{1}{4}\pi\left(\frac{1}{n}d_1\right)^2} = n^4 \times \rho \dfrac{l_1}{\frac{1}{4}\pi d_1^2} = n^4 \times R_1$

【답】 ④

문제 74

20[mH]와 60[mH]의 두 인덕턴스가 병렬로 연결되어 있다. 합성인덕턴스의 값[mH]은?
(단, 상호인덕턴스는 없는 것으로 한다.)

① 15　　　　　② 20　　　　　③ 50　　　　　④ 75

풀이

$$L_0 = \frac{L_1 \times L_2}{L_1 + L_2} = \frac{20 \times 60}{20 + 60} = 15[\text{mH}]$$

【답】 ①

문제 75

대칭 3상 전압이 있다. 1상의 Y결선 전압의 순시값이 다음과 같을 때 선간전압에 대한 상전압의 비율은?

$$e = 1000\sqrt{2}\sin\omega t + 500\sqrt{2}\sin(3\omega t + 20°) + 100\sqrt{2}\sin(5\omega t + 30°)[\text{V}]$$

① 약 55[%]　　　　　② 약 65[%]

③ 약 70[%]　　　　　④ 약 75[%]

풀이

상전압의 실효값 V_p 는

$$V_p = \sqrt{V_1^2 + V_3^2 + V_5^2} = \sqrt{1000^2 + 500^2 + 100^2} = 1122.5[\text{V}]$$

선간 전압에는 제3 고조파분이 나타나지 않으므로

$$V_l = \sqrt{3} \cdot \sqrt{V_1^2 + V_5^2} = \sqrt{3} \cdot \sqrt{1000^2 + 100^2} = 1740.7[\text{V}]$$

$$\therefore \frac{V_p}{V_l} = \frac{1122.5}{1740.7} = 0.645$$

【답】 ②

문제 76

비정현파의 일그러짐의 정도를 표시하는 양으로서 왜형률이란?

① $\dfrac{평균값}{실효값}$　　　　　② $\dfrac{실효값}{최대값}$

③ $\dfrac{고조파만의\ 실효값}{기본파의\ 실효값}$　　　　　④ $\dfrac{기본파의\ 실효값}{고조파만의\ 실효값}$

풀이

$$왜형률 = \frac{전\ 고조파의\ 실효값}{기본파의\ 실효값}$$

【답】 ③

문제 77

㉠ $\mathcal{L}[\sin at]$ 및 ㉡ $\mathcal{L}[\cos \omega t]$를 구하면?

① ㉠ $\dfrac{a}{s+a}$　㉡ $\dfrac{s}{s+\omega}$　　　　② ㉠ $\dfrac{1}{s^2+a^2}$　㉡ $\dfrac{s}{s+\omega}$

③ ㉠ $\dfrac{a}{s^2+a^2}$　㉡ $\dfrac{s}{s^2+\omega^2}$　　　　④ ㉠ $\dfrac{1}{s+a}$　㉡ $\dfrac{1}{s-\omega}$

풀이

$$\mathcal{L}\left[\sin at\right]=\frac{a}{s^2+a^2}, \quad \mathcal{L}\left[\cos \omega t\right]=\frac{s}{s^2+\omega^2}$$

【답】 ③

문제 78 그림과 같은 회로에서 저항 R에 흐르는 전류 I[A]는?

① -2
② -1
③ 2
④ 1

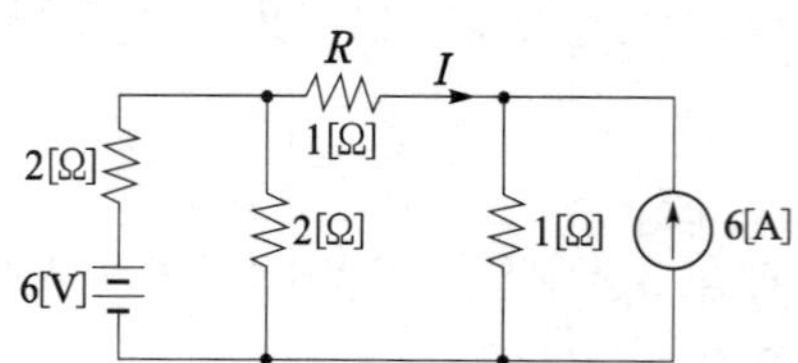

풀이

① 6[A] 전류원 개방시 R에 흐르는 전류 I_1은

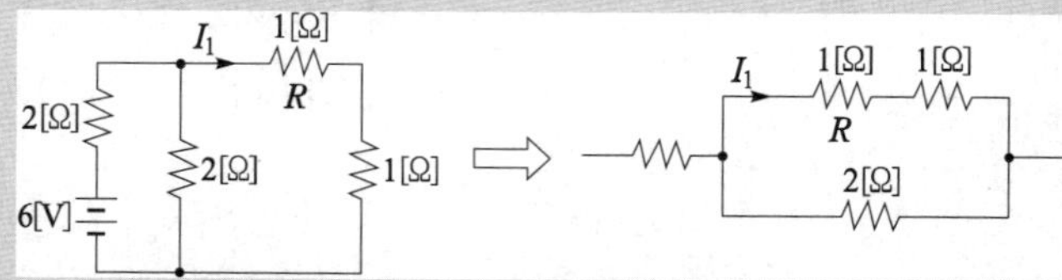

- 회로에 흐르는 전체 전류 $I=\dfrac{6}{2+\dfrac{2\times2}{2+2}}=2[A]$

- R에 흐르는 전류 $I_1=2\times\dfrac{2}{2+2}=1[A]$

② 6[V] 전압원 단락시 R에 흐르는 전류

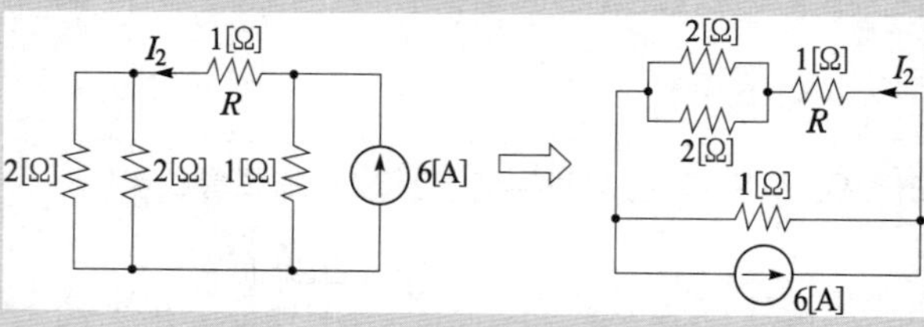

- R에 흐르는 전류 $I_2=6\times\dfrac{1}{1+2}=2[A]$

③ 중첩의 정리에 의해 R에 흐르는 전류 I_R은

$$I=I_1+(-I_2)=1-2=-1[A]$$

($\because$ I_2와 R에 주어진 전류 I와 방향이 서로 반대)

【답】②

문제 79 전압 100[V], 전류 20[A]로써 1.2[kW]의 전력을 소비하는 회로의 리액턴스는 약 몇 [Ω]인가?

① 4　　　　② 6　　　　③ 8　　　　④ 10

풀이

$P=EI\cos\theta$ 에서

$$\cos\theta=\frac{P}{EI}=\frac{1200}{100\times20}=0.6, \qquad Z=\frac{E}{I}=\frac{100}{20}=5\ [\Omega]$$

$$\therefore\ X=Z\sin\theta=5\times\sqrt{1-0.6^2}=4[\Omega]$$

【답】①

문제 80 각 상의 임피던스 $Z = 6 + j8$ [Ω]인 평형 △부하에 선간전압이 220 [V]인 대칭 3상 전압을 가할 때의 선전류[A] 및 전전력[W]은?

① 17 [A], 5620 [W]

② 25 [A], 6570 [W]

③ 27 [A], 7180 [W]

④ 38.1 [A], 8712 [W]

풀이

① 상전류 $I_p = \dfrac{V_p}{Z} = \dfrac{220}{\sqrt{6^2 + 8^2}} = 22[\text{A}]$

따라서, 선전류 $I_l = \sqrt{3}\,I_p = \sqrt{3} \times 22 = 38.1[\text{A}]$

② 전전력 $P = 3I_p^2 R = 3 \times 22^2 \times 6 = 8712[\text{W}]$

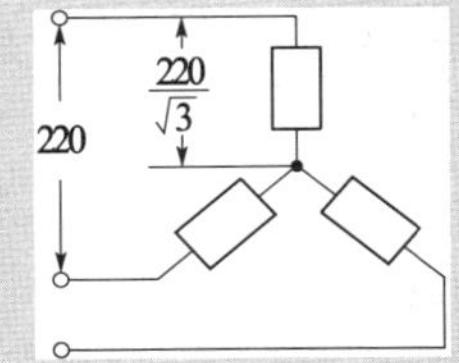

【답】 ④

5과목　전기설비기술기준 및 판단기준

문제 81 화약류 저장소에서의 전기설비 시설기준으로 틀린 것은?

① 전용개폐기 및 과전류차단기는 화약류 저장소 이외의 곳에 둔다.

② 전기기계기구는 반폐형의 것을 사용한다.

③ 전로의 대지전압은 300[V] 이하이어야 한다.

④ 케이블을 전기기계기구에 인입할 때에는 인입구에서 케이블이 손상될 우려가 없도록 시설하여야 한다.

풀이

화약류 저장소에서 전기설비의 시설(판단기준 제202조)

화약류 저장소 안에는 전기설비를 시설하여서는 아니 된다. 다만, 백열전등이나 형광등 또는 이들에 전기를 공급하기 위한 전기설비(개폐기 및 과전류 차단기를 제외한다)는 다음 각 호에 따라 시설하는 경우에는 그러하지 아니하다.

① 전로의 대지 전압은 300 [V] 이하일 것

② **전기 기계 기구는 전폐형**의 것일 것

③ 전용의 개폐기 및 과전류 차단기를 화약류 저장소 이외의 곳에 취급자 이외의 자가 쉽게 조작할 수 없도록 시설하고 전로에 지기가 생길 때에 자동적으로 전로를 차단하거나 경보하는 장치를 할 것

④ 전용의 개폐기 또는 과전류 차단기에서 화약류 저장소 인입구까지의 배선에는 케이블을 사용하여 지하에 시설하여야 한다.

【답】 ②

문제 82 어느 공장에서 440[V] 전동기 배선을 사람이 접촉할 우려가 있는 곳에 금속관으로 시공하고자 한다. 이 금속관을 접지할 때 그 저항값은 몇 [Ω] 이하로 하여야 하는가?

① 10　　　　　② 30　　　　　③ 50　　　　　④ 100

> **풀이**
>
> 금속관 공사(판단기준 제184조)
> 저압 옥내 배선의 사용 전압이 **400[V] 이상인 경우에 관에는 특별 제3종 접지 공사를 할 것**. 다만, 사람이 접촉할 우려가 없도록 시설하는 경우에는 제3종 접지 공사에 의할 것. **【답】①**

문제 83

사용전압이 220[V]인 가공전선을 절연전선으로 사용하는 경우 그 최소 굵기는 지름 몇 [mm]인가?

① 2 ② 2.6 ③ 3.2 ④ 4

> **풀이**
>
> 가공전선의 굵기 및 종류 (판단기준 제70조, 제107조)
> ① 전선의 굵기(경동선 기준)
>
> | 전 압 | 조 건 | 전선의 굵기 및 인장강도 |
> |---|---|---|
> | 400 [V] 미만 | **절연전선** | 인장강도 2.3 [kN] 이상의 것 또는 **지름 2.6 [mm] 이상** |
> | | 절연전선 이외 | 인장강도 3.43 [kN] 이상의 것 또는 지름 3.2 [mm] 이상 |
> | 400 [V] 이상 저압 또는 고압 | 시가지에 시설 | 인장강도 8.01 [kN] 이상의 것 또는 지름 5 [mm] 이상 |
> | | 시가지 외에 시설 | 인장강도 5.26 [kN] 이상의 것 또는 지름 4 [mm] 이상 |
> | 특고압 | | 인장강도 8.71 [kN] 이상의 연선 또는 단면적이 22 [mm^2] 이상의 경동연선 |
>
> ② 사용전압이 400[V] 이상인 저압 가공전선에는 인입용 비닐절연전선 또는 다심형 전선을 사용하여서는 아니 된다. **【답】②**

문제 84

고압 지중 케이블로서 직접 매설식에 의하여 견고한 트라프 기타 방호물에 넣지 않고 시설할 수 있는 케이블은? (단, 케이블을 개장(鎧裝)하지 않고 시설한 경우이다.)

① 미네럴인슈레이션케이블 ② 콤바인덕트케이블
③ 클로로프렌외장케이블 ④ 고무외장케이블

> **풀이**
>
> 지중 전선로의 시설(판단기준 제136조)
> 지중 전선은 견고한 트라프 기타 방호물에 넣어 시설하여야 한다. 다만 지중전선을 **콤바인 덕트 케이블** 또는 고시하는 구조의 개장 케이블을 사용하는 경우에는 **예외로 한다**. **【답】②**

문제 85

특고압 전로와 저압전로를 결합하는 변압기의 경우 혼촉에 의한 위험을 방지하기 위해 저압측의 중성점에 제 몇 종 접지공사를 하여야 하는가?

① 제1종 ② 제2종 ③ 제3종 ④ 특별 제3종

> **풀이**
>
> 고압 또는 특고압과 저압의 혼촉에 의한 위험 방지 시설 (판단기준 제23조)
> 고압전로 또는 특고압 전로와 저압 전로를 결합하는 변압기의 **저압측 중성점에는 제2종 접지 공사**를 하여야 하며, 특고압 전로와 저압전로를 결합하는 경우에 규정에 의하여 계산한 값이 10 [Ω]을 넘을 때에는 접지저항치가 10 [Ω] 이하가 되도록 할 것. **【답】②**

440[V]용 전동기의 외함을 접지할 때 접지 저항값은 몇 [Ω] 이하로 유지하여야 하는가?

① 10　　　　　② 20　　　　　③ 30　　　　　④ 100

풀이

기계 기구의 철대 및 외함의 접지 (판단기준 제33조)

전로에 시설하는 기계 기구의 철대 및 금속제 외함에는 표에서 정한 접지공사를 하여야 한다.

기계기구의 구분	접지공사
400 [V] 미만인 저압용의 것	제3종 접지공사
400 [V] 이상의 저압용의 것	**특별 제3종 접지공사**
고압용 또는 특고압용의 것	제1종 접지공사

【답】 ①

최대사용전압이 3300[V]인 고압용 전동기가 있다. 이 전동기의 절연내력 시험전압은 몇 [V] 인가?

① 3630　　　　　② 4125　　　　　③ 4290　　　　　④ 4950

풀이

회전기 및 정류기의 절연내력 (판단기준 제14조)

종　　류		시험 전압	시험 방법
회전기	발전기·**전동기**·조상기·기타회전기	7,000 [V] 이하	1.5배(최저 500 [V])	권선과 대지 사이에 연속하여 10분간
		7,000 [V] 초과	1.25배(최저 10,500 [V])	
	회전 변류기		직류측의 최대사용전압의 1배의 교류전압(최저 500 [V])	

$\therefore$ 시험 전압 $= 3300 \times 1.5 = 4950[V]$

【답】 ④

345[kV]의 특고압 가공전선로를 사람이 쉽게 들어갈 수 없는 산지에 시설할 때 지표상의 높이는 몇 [m] 이상인가?

① 7.28　　　　　② 7.85　　　　　③ 8.28　　　　　④ 9.28

풀이

특고압 가공전선의 높이(판단기준 제110조)

전압의 범위	일반 장소	도로 횡단	철도 또는 궤도횡단	횡단보도교
35 [kV] 이하	5 [m]	6 [m]	6.5 [m]	4 [m] (특고압 절연전선 또는 케이블 사용)
35 [kV] 초과 160 [kV] 이하	6 [m]	6 [m]	6.5 [m]	5 [m](케이블 사용)
	산지 등에서 사람이 쉽게 들어갈 수 없는 장소 ; 5 [m] 이상			
160 [kV] 초과	일반장소	가공전선의 높이 = 6 + 단수 × 0.12 [m]		
	철도 또는 궤도횡단	가공전선의 높이 = 6.5 + 단수 × 0.12 [m]		
	산지	**가공전선의 높이 = 5 + 단수 × 0.12 [m]**		

• 단수 $= \dfrac{345 - 160}{10} = 18.5 \rightarrow 19$단

$\therefore$ 전선의 지표상 높이 $= 5 + 19 \times 0.12 = 7.28[m]$

【답】 ①

문제 89 피뢰기를 설치하지 않아도 되는 곳은?

① 발전소·변전소의 가공전선 인입구 및 인출구

② 가공전선로의 말구 부분

③ 가공전선로에 접속한 1차측 전압이 35[kV] 이하인 배전용변압기의 고압측 및 특고압측

④ 고압 및 특고압 가공전선로로부터 공급을 받는 수용 장소의 인입구

풀이

피뢰기 시설 장소(판단기준 제42조)
① 발·변전소 또는 이에 준하는 장소의 가공 전선 인입구 및 인출구
② 배전용 변압기의 고압측 및 특고압측
③ 고압 및 특고압 가공 전선로로부터 공급을 받는 수용 장소의 인입구
④ 가공 전선로와 지중 전선로가 접속되는 곳
　　그러나 다음의 경우에는 피뢰기를 설치하지 않아도 된다.
　　• 직접 접속하는 전선이 짧은 경우
　　• 피보호기기가 보호범위 내에 위치하는 경우

【답】 ②

문제 90 시가지에 시설하는 154[kV] 가공전선로를 도로와 제1차 접근상태로 시설하는 경우, 전선과 도로와의 이격거리는 몇 [m] 이상이어야 하는가?

① 4.4　　　　　② 4.8　　　　　③ 5.2　　　　　④ 5.6

풀이

특고압 가공전선과 도로 등의 접근 또는 교차 (판단기준 제127조)

사용전압의 구분	이격거리
35 [kV] 이하	3 [m]
35 [kV] 초과	• 이격거리 = 3 + 단수 × 0.15 [m] • 단수 = $\dfrac{(\text{전압}\,[kV]-35)}{10}$ 단수 계산에서 소수점 이하는 절상

단, 특고압 절연전선을 사용하는 사용전압이 35 [kV] 이하의 특고압 가공전선과 도로 등 사이의 수평 이격거리가 1.2 [m] 이상인 경우에는 적용받지 않는다.

$$\text{단수} = \frac{154-35}{10} = 11.9 \rightarrow 12\text{단}$$

$$\text{이격거리} = 3 + 12 \times 0.15 = 4.8[m]$$

【답】 ②

문제 91 지중전선로에 사용하는 지중함의 시설기준으로 적절하지 않은 것은?

① 견고하고 차량 기타 중량물의 압력에 견디는 구조일 것

② 안에 고인 물을 제거할 수 있는 구조로 되어 있을 것

③ 뚜껑은 시설자 이외의 자가 쉽게 열 수 없도록 시설할 것

④ 조명 및 세척이 가능한 적당한 장치를 시설할 것

지중함의 시설(판단기준 제137조)

지중전선로에 사용하는 지중함은 다음 각호에 의하여 시설하여야 한다.

① 지중함은 견고하고 차량 기타 중량물의 압력에 견디는 구조 일 것

② 지중함은 그 안의 고인 물을 제거할 수 있는 구조로 되어 있을 것

③ 폭발성 또는 연소성의 가스가 침입할 우려가 있는 곳에 시설하는 지중함으로서 그 크기가 1 [m3] 이상인 것에는 통풍장치 기타 가스를 방산시키기 위한 적당한 장치를 시설할 것

④ 지중함의 뚜껑은 시설자 이외의 자가 쉽게 열 수 없도록 시설할 것.

따라서, **지중함에 조명시설은 필요치 않다.** 【답】④

문제 92

조명용 전등을 설치할 때 타임스위치를 시설해야 할 곳은?

① 공장 　　　　　　　　　　② 사무실

③ 병원 　　　　　　　　　　④ 아파트 현관

점멸장치와 타임스위치 등의 시설 (판단기준 제177조)

조명용 백열 전등은 다음과 같은 타임 스위치를 시설하여야 한다.

① 호텔, 또는 여관 각 객실 입구등은 1분 이내 소등되는 것

② 일반 주택 및 **아파트 각 호실의 현관등은 3분 이내 소등**되는 것 【답】④

문제 93

지중 또는 수중에 시설되어 있는 금속체의 부식을 방지하기 위해 전기부식회로의 사용전압은 직류 몇 [V] 이하이어야 하는가?

① 30 　　　　　② 60 　　　　　③ 90 　　　　　④ 120

전기부식방지 시설 (판단기준 제243조)

지중 또는 수중에 시설되는 금속체의 부식을 방지하기 위하여 지중 또는 수중에 시설하는 양극과 금속체간에 방식 전류를 통하는 시설로 다음과 같이 한다.

① **사용 전압은 직류 60[V] 이하일 것**

② 지중에 매설하는 양극은 75 [cm] 이상의 깊이일 것

③ 수중에 시설하는 양극과 그 주위 1 [m] 안의 임의의 점과의 전위차는 10 [V] 이내, 지표 또는 수중에서 1 [m] 간격을 갖는 임의의 2점간의 전위차는 5 [V] 이내이어야 한다.

④ 전선은 케이블인 경우를 제외하고 2 [mm] 경동선 이상이어야 한다. 【답】②

문제 94

인가에 인접한 주상변압기의 제2종 접지공사에 적합한 시공은?

① 접지극은 공칭단면적 2[mm^2] 연동선에 연결하여, 지하 75[cm] 이상의 깊이에 매설

② 접지극은 공칭단면적 16[mm^2] 연동선에 연결하여, 지하 60[cm] 이상의 깊이에 매설

③ 접지극은 공칭단면적 6[mm^2] 연동선에 연결하여, 지하 60[cm] 이상의 깊이에 매설

④ 접지극은 공칭단면적 6[mm^2] 연동선에 연결하여, 지하 75[cm] 이상의 깊이에 매설

> **풀이**
>
> 각종 접지공사의 세목 (판단기준 제19조)
> - 제1종 : 6.0[mm²] 이상의 연동선
> - 제2종 : 특고압에서 변성되면 16[mm²] 이상, **고압에서 변성되면 6.0[mm²] 이상의 연동선**
> - 제3종 및 특별 제3종 : 2.5[mm²] 이상의 연동선
> - **접지극은 지하 75[cm] 이상의 깊이**에 매설하고 지표상 2[m]까지의 부분은 절연 효력이 있는 합성 수지
>   관으로 덮을 것
> **【답】** ④

문제 95

22900 [V]용 변압기의 금속제 외함에는 몇 종 접지공사를 하여야 하는가?

① 제1종 접지공사   ② 제2종 접지공사

③ 제3종 접지공사   ④ 특별 제3종 접지공사

> **풀이**
>
> 기계기구의 철대 및 외함의 접지 (판단기준 제33조)
> 전로에 시설하는 기계기구의 철대 및 금속제 외함에는 표에서 정한 접지공사를 하여야 한다.
>
> | 기계기구의 구분 | 접지 공사 |
> | --- | --- |
> | 400 [V] 미만인 저압용의 것 | 제3종 접지공사 |
> | 400 [V] 이상의 저압용의 것 | 특별 제3종 접지공사 |
> | **고압용 또는 특고압용의 것** | **제1종 접지공사** |
>
> **【답】** ①

문제 96

옥내에 시설하는 저압전선으로 나전선을 절대로 사용할 수 없는 경우는?

① 금속 덕트 공사에 의하여 시설하는 경우

② 버스 덕트 공사에 의하여 시설하는 경우

③ 애자 사용 공사에 의하여 전개된 곳에 전기로용 전선을 시설하는 경우

④ 유희용 전차에 전기를 공급하기 위하여 접촉전선을 사용하는 경우

> **풀이**
>
> 나전선의 사용 제한 (판단기준 제167조)
> 옥내에 시설하는 저압 전선에 나전선을 사용할 수 있는 경우는 다음과 같다
> ① **전기로용 전선** 및 절연물이 부식하는 장소에 시설하는 전선을 애자 사용 공사에 의하는 경우
> ② **접촉 전선**
> ③ 라이팅 덕트 공사 또는 **버스 덕트 공사**의 경우
> **【답】** ①

문제 97

과전류 차단기를 시설하여도 좋은 곳은 어느 것인가?

① 2종 접지 공사를 한 저압 가공 전선로의 접지측 전선

② 방전 장치를 시설한 고압측 전선

③ 접지 공사의 접지선

④ 다선식 전로의 중성선

과전류 차단기의 시설 제한(판단기준 제40조)
- 각종 접지 공사의 접지선
- 다선식 전로의 중성선
- 전로의 일부에 접지 공사를 한 저압 가공 전선로의 접지측 전선　　　　　　　【답】②

문제 98

가공전선로의 지지물로서 길이 9[m], 설계하중이 6.8[kN] 이하인 철근 콘크리트주를 시설할 때 땅에 묻히는 깊이는 몇 [m] 이상으로 하여야 하는가?

① 1.2　　　　　② 1.5　　　　　③ 2　　　　　④ 2.5

가공전선로 지지물의 기초의 안전율 (판단기준 제63조)
가공전선로의 지지물에 하중이 가하여지는 경우에 그 하중을 받는 지지물의 기초의 안전율은 2이상(단, 이상시 상정하중에 대한 철탑의 기초에 대하여는 1.33)이어야 한다. 다만, 땅에 묻히는 깊이를 다음의 표에서 정한 값 이상의 깊이로 시설하는 경우에는 그러하지 아니하다.

설계 하중　＼　전장	6.8 [kN] 이하	6.8 [kN] 초과 ~ 9.8 [kN] 이하	9.8 [kN] 초과 ~ 14.72 [kN] 이하
15 [m] 이하	**전장×1/6 [m] 이상**	전장×1/6 + 0.3 [m] 이상	–
15 [m] 초과	2.5 [m] 이상	2.8 [m] 이상	–
16 [m] 초과~20 [m] 이하	2.8 [m] 이상	–	–
15 [m] 초과~18 [m] 이하	–	–	3 [m] 이상
18 [m] 초과	–	–	3.2 [m] 이상

$$\therefore \ \text{땅에 묻히는 깊이} = 9[\text{m}] \times \frac{1}{6} = 1.5[\text{m}]$$

【답】②

문제 99

다음 (㉠), (㉡)에 알맞은 것은?

> "저압전로에서 그 전로에 지락이 생겼을 경우에 (㉠)초 이내에 자동적으로 전로를 차단하는 장치를 시설하는 경우 제3종 접지공사와 특별 제3종 접지공사의 접지저항 값은 자동 차단기의 (㉡)에 따라 달라진다."

① ㉠ 0.5　㉡ 정격차단속도　　　　② ㉠ 0.5　㉡ 정격감도전류
③ ㉠ 1.0　㉡ 정격차단속도　　　　④ ㉠ 1.0　㉡ 정격감도전류

접지공사의 종류 (판단기준 제18조)
저압전로에서 그 전로에 지락이 생겼을 경우에 **0.5초 이내에 자동적**으로 전로를 차단하는 장치를 시설하는 경우에는 제3종 접지공사와 특별 제3종 접지공사의 접지 저항치는 **자동 차단기의 정격감도 전류**에 따라 표에서 정한 값 이하로 하여야 한다.　　　【답】②

문제 100 다음 중에서 목주, A종 철주 및 A종 철근 콘크리트주를 전선로의 지지물로 사용할 수 없는 보안공사는?

① 고압 보안공사　　　　　　　　　② 제1종 특고압 보안공사

③ 제2종 특고압 보안공사　　　　　④ 제3종 특고압 보안공사

풀이

제1종 특고압 보안공사 (판단기준 제125조)

- 35 [kV]를 넘는 전선과 건조물과 제2차 접근 상태인 경우
- 지지물에는 B종 철주, B종 철근 콘크리트주, 철탑을 사용하여야 한다(목주나 A종은 사용 불가).

【답】 ②

D-60 시리즈 2-1

2016년도
전기산업기사 필기

- ▸ 16년 제1회 전기산업기사
- ▸ 16년 제2회 전기산업기사
- ▸ 16년 제3회 전기산업기사

국가기술자격검정 필기시험 문제

2016년도 전기산업기사 일반검정 제1회				수검 번호	성 명
자격종목 및 등급(선택분야)	종목코드	시험시간	문제지형별		
전기산업기사	2140	2시간 30분	A		

1과목 전기자기학

문제 01

$\epsilon_1 > \epsilon_2$의 유전체 경계면에 전계가 수직으로 입사할 때 경계면에 작용하는 힘과 방향에 대한 설명으로 옳은 것은?

① $f = \dfrac{1}{2}\left(\dfrac{1}{\epsilon_2} - \dfrac{1}{\epsilon_1}\right)D^2$의 힘이 ϵ_1에서 ϵ_2로 작용

② $f = \dfrac{1}{2}\left(\dfrac{1}{\epsilon_1} - \dfrac{1}{\epsilon_2}\right)E^2$의 힘이 ϵ_2에서 ϵ_1으로 작용

③ $f = \dfrac{1}{2}(\epsilon_2 - \epsilon_1)E^2$의 힘이 ϵ_1에서 ϵ_2로 작용

④ $f = \dfrac{1}{2}(\epsilon_1 - \epsilon_2)D^2$의 힘이 ϵ_2에서 ϵ_1으로 작용

풀이

전계가 경계면에 수직으로 입사 할 때, 경계면을 공통 전극으로 취하는 2개의 콘덴서가 직렬로 되어있는 회로로 볼 수 있다. 따라서, 콘덴서의 두 전극사이에는 흡인력이 작용하므로 f_1과 f_2의 방향은 서로 반대 방향이 되고 이때 단위면적당 작용하는 힘 f_1, f_2는

• $f_1 = \dfrac{1}{2}\dfrac{D^2}{\epsilon_1}$, $f_2 = \dfrac{1}{2}\dfrac{D^2}{\epsilon_2}$ 이된다.

따라서, $\epsilon_1 > \epsilon_2$이면 $f_1 < f_2$가 되므로

경계면에 작용하는 힘 f는

$$f = f_2 - f_1 = \dfrac{1}{2}\left(\dfrac{1}{\epsilon_2} - \dfrac{1}{\epsilon_1}\right)D^2$$

즉, 경계면에서의 정전력은 유전율이 큰 쪽에서 작은 쪽으로 향한다.

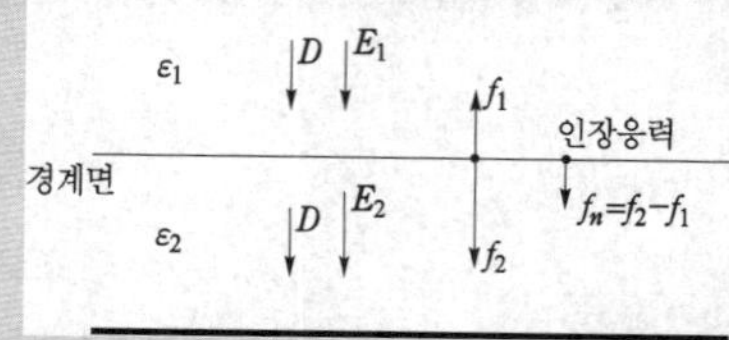

【답】 ①

문제 02

자속밀도 0.5 [Wb/m²]인 균일한 자장 내에 반지름 10 [cm], 권수 1000 [회]인 원형코일이 매분 1800 회전할 때 이 코일의 저항이 100 [Ω]일 경우 이 코일에 흐르는 전류의 최대값 [A]은 약 몇 [A] 인가?

① 14.4   ② 23.5   ③ 29.6   ④ 43.2

유기기전력 $e = \omega nSB\sin\omega t = E_m\sin\omega t$ 에서

유기기전력의 최대값 $E_m = \omega nSB$[V]

(참고로 $\omega = \dfrac{d\theta}{dt} = 2\pi \times \dfrac{N}{60}$, 여기서 N은 분당회전수[rpm], $S = \pi r^2$)

따라서, $E_m = 2\pi \times \dfrac{1800}{60} \times 1000 \times \pi \times 0.1^2 \times 0.5 = 2960.88$[V]

이때 흐르는 최대전류 $I_m = \dfrac{E_m}{R} = \dfrac{2960.88}{100} = 29.6$[A]

【답】③

문제 03

우주선 중에 10^{20}[eV]의 정전에너지를 가진 하전입자가 있다고 할 때, 이 에너지는 약 몇 [J] 인가?

① 2　　　　　　② 9　　　　　　③ 16　　　　　　④ 91

전자 1개가 1[V]의 전위차에 의해서 얻는 에너지로, $1[\text{eV}] = 1.6 \times 10^{-19}$[J]이므로

$10^{20}[\text{eV}] = 1.6 \times 10^{-19} \times 10^{20} = 16$[J] 이다.

【답】③

문제 04

코일의 면적을 2배로 하고 자속밀도의 주파수를 2배로 높이면 유기기전력의 최대값은 어떻게 되는가?

① $\dfrac{1}{4}$로 된다.　　　　　　② $\dfrac{1}{2}$로 된다.

③ 2배로 된다.　　　　　　④ 4배로 된다.

유기기전력의 최대값 $E_m = \omega nSB = 2\pi fnSB$[V]에서 $E_m \propto fS$ 이므로

면적 S와 주파수 f를 2배로 높이면

$$E_m' = 2\pi \times 2f \times n \times 2S \times B = 4 \times 2\pi fnSB = 4E_m$$

즉, 유기기전력의 최대값은 4배로 된다.

【답】④

문제 05

전위함수가 $V = x^2 + y^2$ [V]인 자유공간 내의 전하밀도는 몇 [C/m³]인가?

① -12.5×10^{-12}　　　　　　② -22.4×10^{-12}

③ -35.4×10^{-12}　　　　　　④ -70.8×10^{-12}

푸아송 방정식 $\nabla^2 V = \dfrac{\partial^2 V}{\partial x^2} + \dfrac{\partial^2 V}{\partial y^2} + \dfrac{\partial^2 V}{\partial z^2} = -\dfrac{\rho}{\epsilon_0}$ 에서

$$\nabla^2 V = \dfrac{\partial^2}{\partial x^2}(x^2 + y^2) + \dfrac{\partial^2}{\partial y^2}(x^2 + y^2) = 2 + 2 = -\dfrac{\rho}{\epsilon_0}$$

$\therefore \rho = -4\epsilon_0 = -4 \times 8.855 \times 10^{-12} = -35.4 \times 10^{-12}$ [C/m³]

【답】③

문제 06

그림과 같이 전류 I[A]가 흐르는 반지름 a[m]인 원형 코일의 중심으로부터 x[m]인 점 P의 자계의 세기는 몇 [AT/m]인가? (단, θ는 각 APO라 한다.)

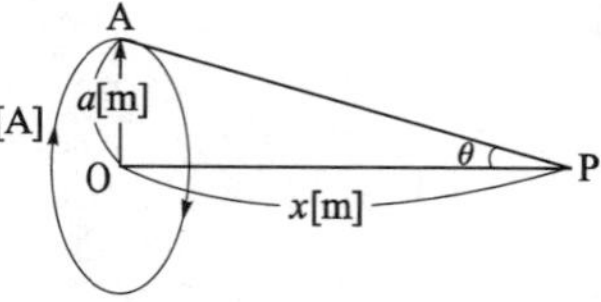

① $\dfrac{I}{2a}\cos^2\theta$
② $\dfrac{I}{2a}\sin^3\theta$
③ $\dfrac{I}{2a}\cos^3\theta$
④ $\dfrac{I}{2a}\sin^2\theta$

풀이

그림과 같이 점 P에서 코일 AB를 바라보는 입체각 ω는

$$\omega = 2\pi(1-\cos\theta)$$

이므로 자위는

$$U_m = \frac{I}{4\pi}\omega = \frac{I}{4\pi}\cdot 2\pi(1-\cos\theta) = \frac{I}{2}\left(1 - \frac{x}{\sqrt{a^2+x^2}}\right)\,[\text{AT}]$$

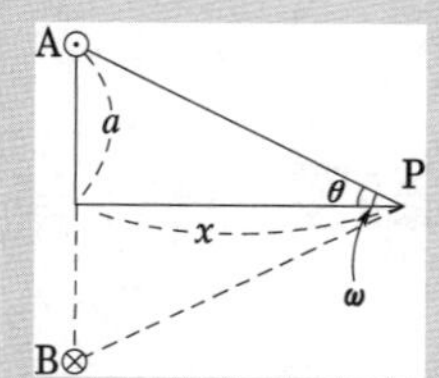

따라서, 원형 전류에 의한 축방향의 자계 H_x는

$$H_x = -\frac{\partial U}{\partial x} = \frac{a^2 I}{2(a^2+x^2)^{3/2}} = \frac{I}{2a}\sin^3\theta\,[\text{AT/m}]$$

【답】②

문제 07

그림과 같이 $+q$[C/m]로 대전된 두 도선이 d[m]의 간격으로 평행하게 가설되었을 때, 이 두 도선 간에서 전계가 최소가 되는 점은?

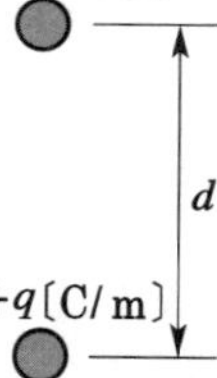

① $\dfrac{d}{4}$ 지점
② $\dfrac{3}{4}d$ 지점
③ $\dfrac{d}{3}$ 지점
④ $\dfrac{d}{2}$ 지점

풀이

P점의 전계의 세기 $E = \dfrac{q}{2\pi\epsilon_0 x} - \dfrac{q}{2\pi\epsilon_0(d-x)} = \dfrac{q}{2\pi\epsilon_0}\left(\dfrac{1}{x} - \dfrac{1}{d-x}\right)$[V]

전계의 세기가 최소가 되기 위한 조건은 $\dfrac{\partial E}{\partial x}=0$ 이므로

$$\frac{\partial E}{\partial x} = \frac{q}{2\pi\epsilon_0}\left[-\frac{1}{x^2} + \frac{1}{(d-x)^2}\right] = 0$$

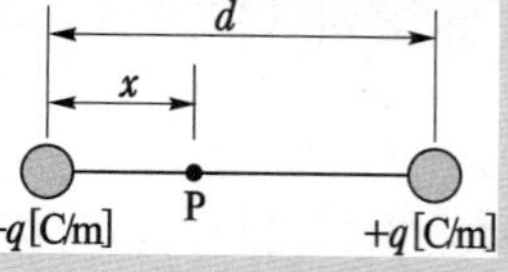

따라서, 0이 되기 위해서는 $\dfrac{1}{x^2} = \dfrac{1}{(d-x)^2}$

$$\therefore\ x^2 = (d-x)^2 \qquad x = d-x \qquad \therefore\ x = \frac{d}{2}$$

즉, 전하의 크기가 같기 때문에 두 도선 사이의 중간지점에서의 전계의 세기가 0이되어 **최소**가 된다.

【답】④

문제 08

자유공간에 있어서의 포인팅 벡터를 P[W/m^2]이라 할 때, 전계의 세기 E_e[V/m]를 구하면?

① $377P$
② $\dfrac{P}{377}$
③ $\sqrt{377P}$
④ $\sqrt{\dfrac{P}{377}}$

$$P = E_e H_e = E_e \left(\frac{E_e}{\sqrt{\dfrac{\mu_o}{\epsilon_o}}} \right) = \frac{1}{377} E_e^2 \quad \left(\because \sqrt{\frac{\mu_o}{\epsilon_o}} = \sqrt{\frac{4\pi \times 10^{-7}}{8.85 \times 10^{-12}}} \fallingdotseq 377 \right)$$

$$\therefore \ E_e = \sqrt{377\,P}$$

【답】③

문제 09 점전하 $+Q$의 무한 평면도체에 대한 영상전하는?

① $+Q$ 　　② $-Q$ 　　③ $+2Q$ 　　④ $-2Q$

전기 영상법

그림과 같이 도체 평면 XX'에서 거리 d인 점 P에 점
전하 Q가 있는 경우 도체면에 대하여 대칭인 영상점
P'에 **크기는 점전하와 같고 부호는 반대인 영상 전하**
$-Q$가 있다고 가상하고 해석 한다.

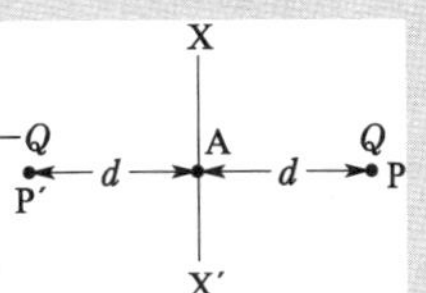

【답】②

문제 10 판자석의 세기가 P[Wb/m]되는 판자석을 보는 입체각 ω인 점의 자위는 몇 [A]인가?

① $\dfrac{P}{2\pi\mu_o\omega}$ 　　② $\dfrac{P\omega}{2\pi\mu_o}$ 　　③ $\dfrac{P}{4\pi\mu_o\omega}$ 　　④ $\dfrac{P\omega}{4\pi\mu_o}$

그림에서 미소 면적 dS인 소자석에 의한 점 P의 자위는

$$dU = \frac{1}{4\pi\mu_0} \cdot \frac{PdS\cos\theta}{r^2} = \frac{P}{4\pi\mu_0} \cdot \frac{dS\cos\theta}{r^2} \ [A]$$

따라서 판 전체에 의한 자위는

$$U = \frac{P}{4\pi\mu_0} \int_s \frac{dS\cos\theta}{r^2}$$

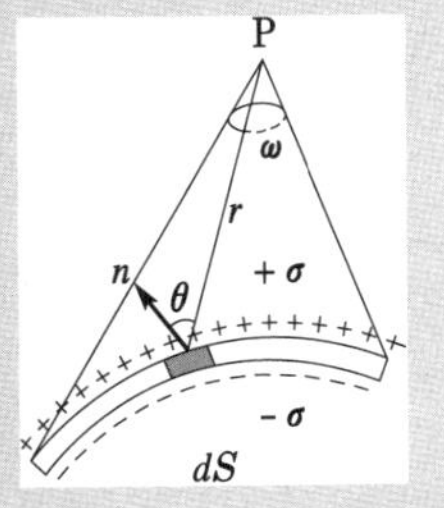

여기서, $\displaystyle\int_s \frac{dS\cos\theta}{r^2}$는 판 S가 점 P에 대하여 짓는 입체각 ω가 되므로

$$\therefore \ U = \frac{P\omega}{4\pi\mu_0} \ [A]$$

【답】④

문제 11 전자 e[C]이 공기 중의 자계 H[AT/m] 내를 H에 수직방향으로 v[m/s]의 속도로 돌입하였을 때 받는 힘은 몇 [N]인가?

① $\mu_o evH$ 　　② evH 　　③ $\dfrac{eH}{\epsilon_o\mu_o}$ 　　④ $\dfrac{\epsilon_o H}{\mu_o v}$

자계 내에 놓여진 운동 전하가 받는 힘은

$$F = evB\sin\theta = ev\mu_0 H\sin\theta \ [N]에서 \quad \theta = 90°이므로$$

$$F = ev\mu_0 H \ [N]이다.$$

【답】①

문제 12

두께 d[m]인 판상 유전체의 양면사이에 150[V]의 전압을 가하였을 때 내부에서의 전계가 3×10^4[V/m] 이었다. 이 판상 유전체의 두께는 몇 [mm] 인가?

① 2   ② 5   ③ 10   ④ 20

풀이

전위차 $V = Ed$[V]에서

$$d = \frac{V}{E} = \frac{150}{3 \times 10^4} = 0.005[\text{m}] = 5[\text{mm}]$$

【답】②

문제 13

비투자율이 μ_r인 철제 무단 솔레노이드가 있다. 평균 자로의 길이를 l[m]라 할 때 솔레노이드에 공극(air gap) l_0[m]를 만들어 자기저항을 원래의 2배로 하려면 얼마만한 공극을 만들면 되는가? (단, $\mu_r \gg 1$이고, 자기력은 일정하다고 한다.)

① $l_0 = \dfrac{l}{2}$ ② $l_0 = \dfrac{l}{\mu_r}$ ③ $l_0 = \dfrac{l}{2\mu_r}$ ④ $l_0 = 1 + \dfrac{l}{\mu_r}$

풀이

- 공극이 없을 때의 자기저항 $R_1 = \dfrac{l}{\mu S}$

- 공극의 자기저항 $R_0 = \dfrac{l_0}{\mu_0 S}$

- 공극이 있을 때의 철심의 자기저항 $R_m = \dfrac{l - l_0}{\mu S} \fallingdotseq \dfrac{l}{\mu S}$ $(\because l - l_0 \fallingdotseq l)$

- 공극이 있을 때의 자기저항 $R_2 = R_0 + R_m = \dfrac{l_0}{\mu_0 S} + \dfrac{l}{\mu S} = \dfrac{l}{\mu S}\left(1 + \dfrac{\mu_r l_0}{l}\right)$

따라서, $\dfrac{R_2}{R_1} = \dfrac{\dfrac{l}{\mu S}\left(1 + \dfrac{\mu_r l_0}{l}\right)}{\dfrac{l}{\mu S}} = 1 + \dfrac{\mu_r l_0}{l} = 2$ 에서 $\dfrac{\mu_r l_0}{l} = 1$ $\therefore \ l_0 = \dfrac{l}{\mu_r}[\text{m}]$

【답】②

문제 14

반지름 a[m]의 구도체에 전하 Q[C]이 주어질 때, 구도체 표면에 작용하는 정전응력[N/m^2]은?

① $\dfrac{Q^2}{64\pi^2 \epsilon_0 a^4}$ ② $\dfrac{Q^2}{32\pi^2 \epsilon_0 a^4}$ ③ $\dfrac{Q^2}{16\pi^2 \epsilon_0 a^4}$ ④ $\dfrac{Q^2}{8\pi^2 \epsilon_0 a^4}$

풀이

구도체 표면의 전계의 세기 $E = \dfrac{Q}{4\pi \epsilon_0 a^2}$

따라서, 구도체 표면에 작용하는 정전응력은

$$f = \frac{1}{2}\epsilon_0 E^2 = \frac{1}{2}\epsilon_0 \left(\frac{Q}{4\pi \epsilon_0 a^2}\right)^2 = \frac{Q^2}{32\pi^2 \epsilon_0 a^4} \ [\text{N/m}^2]$$

【답】②

반지름이 각각 $a = 0.2$[m], $b = 0.5$[m] 되는 동심구 간에 고유저항 $\rho = 2 \times 10^{12}$[Ω·m], 비유전율 $\epsilon_s = 100$인 유전체를 채우고 내외 동심구 간에 150[V]의 전위차를 가할 때 유전체를 통하여 흐르는 누설전류는 몇 [A]인가?

① 2.15×10^{-10}

② 3.14×10^{-10}

③ 5.31×10^{-10}

④ 6.13×10^{-10}

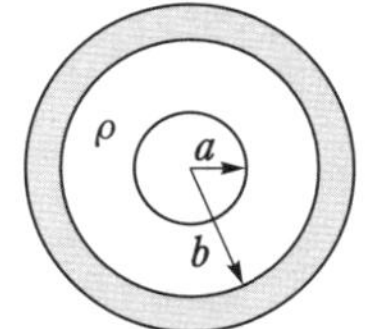

풀이

$$RC = \epsilon\rho, \quad R = \frac{\epsilon\rho}{C_{ab}} \quad \left(\because C_{ab} = \frac{4\pi\epsilon}{\dfrac{1}{a} - \dfrac{1}{b}} \right)$$

$$\therefore R = \frac{\rho}{4\pi}\left(\frac{1}{a} - \frac{1}{b} \right)$$

따라서, 전류 $I = \dfrac{V}{R} = \dfrac{4\pi V}{\rho\left(\dfrac{1}{a} - \dfrac{1}{b} \right)} = \dfrac{4\pi \times 150}{2 \times 10^{12}\left(\dfrac{1}{0.2} - \dfrac{1}{0.5} \right)} = 3.14 \times 10^{-10}$[A]

【답】②

유전체 내의 전속밀도에 관한 설명 중 옳은 것은?

① 진전하만이다.

② 분극 전하만이다.

③ 겉보기 전하만이다.

④ 진전하와 분극 전하이다.

풀이

가우스 정리의 미분형 $\mathrm{div}\,\boldsymbol{D} = \rho$에서 알 수 있듯이 **유전체 중의 전속 밀도의 발산은 진전하 밀도 ρ만에 의해 좌우**된다.

【답】①

전계와 자계의 위상 관계는?

① 위상이 서로 같다.

② 전계가 자계보다 90° 늦다.

③ 전계가 자계보다 90° 빠르다.

④ 전계가 자계보다 45° 빠르다.

풀이

전파(전계)와 자파(자계)는 직교하며, 같은 위상(동상)으로 진행하고 있다.

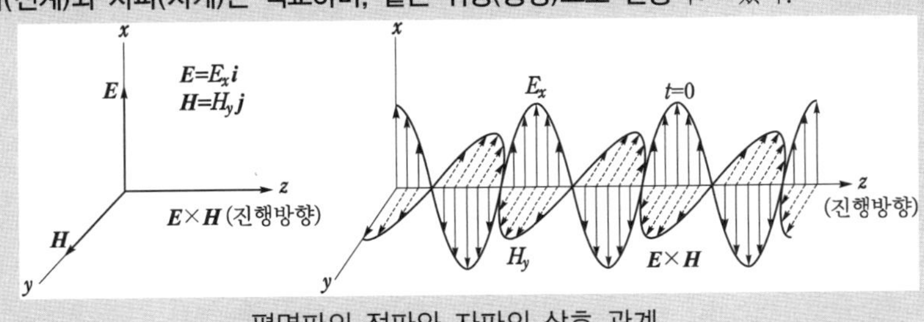

평면파의 전파와 자파의 상호 관계

【답】①

문제 18

진공 중에 놓인 $3[\mu C]$의 점전하에서 $3[m]$ 되는 점의 전계는 몇 $[V/m]$인가?

① 100　　　　② 1000　　　　③ 300　　　　④ 3000

풀이

점전하에 의한 전계 $E=\dfrac{Q}{4\pi\epsilon_0 r^2}$ 에서

전계 $E=9\times10^9\times\dfrac{3\times10^{-6}}{3^2}=3000[V/m]$　$\left(\because \dfrac{1}{4\pi\epsilon_0}=9\times10^9\right)$　　**【답】** ④

문제 19

정전계에 대한 설명으로 옳은 것은?

① 전계 에너지가 최소로 되는 전하분포의 전계이다.

② 전계 에너지가 최대로 되는 전하분포의 전계이다.

③ 전계 에너지가 항상 0인 전기장을 말한다.

④ 전계 에너지가 항상 ∞인 전기장을 말한다.

풀이

전계
① 전계(전기장, 전장) : 전기력이 미치는 공간을 말한다.
② **정전계 : 전계 에너지가 최소로 되는 전하 분포의 전계**　　**【답】** ①

문제 20

진공 중 $1[C]$의 전하에 대한 정의로 옳은 것은? (단, Q_1, Q_2는 전하이며, F는 작용력이다.)

① $Q_1 = Q_2$, 거리 $1[m]$, 작용력 $F=9\times10^9[N]$ 일 때이다.

② $Q_1 < Q_2$, 거리 $1[m]$, 작용력 $F=6\times10^4[N]$ 일 때이다.

③ $Q_1 = Q_2$, 거리 $1[m]$, 작용력 $F=1[N]$ 일 때이다.

④ $Q_1 > Q_2$, 거리 $1[m]$, 작용력 $F=1[N]$ 일 때이다.

풀이

쿨롱의 법칙 $F=9\times10^9\dfrac{Q_1 Q_2}{r^2}[N]$에서 $1[C]$의 두 점전하가 $1[m]$ 떨어져 있다면,

작용력 $F=9\times10^9\dfrac{Q_1 Q_2}{r^2}=9\times10^9\times\dfrac{1\times1}{1^2}=9\times10^9[N]$ 이다.　　**【답】** ①

문제 21

송전선로에서 연가를 하는 주된 목적은?

① 미관상 필요

② 직격뢰의 방지

③ 선로정수의 평형

④ 지지물의 높이를 낮추기 위하여

풀이

연가는 선로 정수를 평형시키고 통신선의 유도 장해를 방지하기 위하여 선로를 3배수 등분하여 실시한다.
① 직렬 공진 방지　　② 유도 장해 감소　　③ **선로 정수 평형**　　　　【답】③

문제 22

우리나라 22.9[kV] 배전선로에서 가장 많이 사용하는 배전 방식과 중성점 접지방식은?

① 3상 3선식 비접지

② 3상 4선식 비접지

③ 3상 3선식 다중접지

④ 3상 4선식 다중접지

풀이

① **3상 4선식은** 같은 회선에서 선간전압과 상전압의 양 전압을 이용할 수 있기 때문에 **배전에서 많이 채용**되고 있다.
② 전압별 접지방식
- **22.9 [kV] : 중성점 다중접지(현재 배전선로에 사용 되고 있음)**
- 154, 345 [kV] : 직접 접지
- 22 [kV] : 비접지(단거리 선로에 한해서 일부 사용)
- 66 [kV] : 소호 리액터 접지(일부 사용 되었으나 현재는 거의 사용하고 있지 않음)　　【답】④

문제 23

다음 송전선의 전압변동률 식에서 V_{R1}은 무엇을 의미 하는가?

$$\epsilon = \frac{V_{R1} - V_{R2}}{V_{R2}} \times 100[\%]$$

① 부하시 송전단 전압

② 무부하시 송전단 전압

③ 전부하시 수전단 전압

④ 무부하시 수전단 전압

풀이

$$전압\ 변동률 = \frac{무부하시의\ 수전단\ 전압 - 전부하시의\ 수전단\ 전압}{전부하시의\ 수전단\ 전압} \times 100\,[\%]$$

$$= \frac{V_{R1} - V_{R2}}{V_{R2}} \times 100[\%]$$

【답】④

문제 24

우리나라 22.9[kV] 배전선로에 적용하는 피뢰기의 공칭방전전류[A]는?

① 1500　　　② 2500　　　③ 5000　　　④ 10000

풀이

설치장소별 피뢰기 공칭방전전류(내선규정 표3250-2)

공칭방전전류	설치장소	적 용 조 건
10000 [A]	변전소	1. 154 [kV] 이상의 계통 2. 66 [kV] 및 그 이하의 계통에서 뱅크용량이 3000 [kVA]를 초과하거나 특히 중요한 곳 3. 장거리 송전선 케이블(배전선로 인출용 단거리 케이블은 제외) 4. 배전선로 인출측(배전 간선 인출용 장거리 케이블은 제외)
5000 [A]	변전소	66 [kV] 및 그 이하 계통에서 뱅크용량이 3000 [kVA] 이하인 곳
2500 [A]	선 로	**배전선로**

[주] **전압 22.9[kV-Y]이하** (22[kV] 비접지 제외)의 배전선로에서 수전하는 설비의 피뢰기 **공칭방전전류는 일반적으로 2500[A]**의 것을 적용한다.

【답】 ②

문제 25

100[kVA] 단상변압기 3대를 △-△결선으로 사용하다가 1대의 고장으로 V-V결선으로 사용하면 약 몇 [kVA] 부하까지 사용할 수 있는가?

① 150　　　　② 173　　　　③ 225　　　　④ 300

풀이

변압기 1대의 출력을 P_1라 하면

V-V결선 시 출력 $P_V = \sqrt{3} P_1 = \sqrt{3} \times 100 = 173.2 [kVA]$

【답】 ②

문제 26

1선 지락 시에 전위상승이 가장 적은 접지방식은?

① 직접 접지　　　　　　② 저항 접지
③ 리액터 접지　　　　　④ 소호리액터 접지

풀이

방 식	보호 계전기 동작	지락 전류	고장중 운전	전위 상승	과도 안정도	유도 장해	특 징
직접 접지 (22.9, 154, 345[kV])	확실	최대	×	1.3	최소	최대	중성점영전위, 단절연가능
저항 접지	↓	↓	×	$\sqrt{3}$	↓	↓	
비접지 (3.3, 6.6 [kV])	×	↓	가능	$\sqrt{3}$	↓	↓	저전압 단거리에 적용
소호 리액터 접지 (66 [kV])	불확실	최소	가능	$\sqrt{3}$ 이상	최대	최소	병렬공진, 고장전류최소

즉, **직접접지방식은** 타 접지방식에 비해 **지락사고시 건전상의 전위상승이 가장 낮으므로** 송전계통의 절연레벨을 저감시킬 수 있다. 따라서, 절연비가 커지는 초고압 송전계통에서는 직접접지방식이 가장 경제적이다.

【답】 ①

문제 27 어떤 발전소의 유효 낙차가 100[m]이고, 최대 사용 수량이 10[m³/s]일 경우 이 발전소의 이론적인 출력은 몇 [kW] 인가?

① 4900　　　② 9800　　　③ 10000　　　④ 14700

풀이

이론출력　$P = 9.8QH = 9.8 \times 10 \times 100 = 9800[\text{kW}]$　　　【답】②

문제 28 전원으로부터의 합성 임피던스가 0.5[%](15000[kVA] 기준)인 곳에 설치하는 차단기 용량은 몇 [MVA] 이상이어야 하는가?

① 2000　　　② 2500　　　③ 3000　　　④ 3500

풀이

$$P_s = \frac{100}{\%Z}P_n = \frac{100}{0.5} \times 15000 \times 10^{-3} \, [\text{MVA}] = 3,000[\text{MVA}]$$　　　【답】③

문제 29 직렬 콘덴서를 선로에 삽입할 때의 장점이 아닌 것은?

① 역률을 개선한다.　　　② 정태안정도를 증가한다.

③ 선로의 인덕턴스를 보상한다.　　　④ 수전단의 전압변동률을 줄인다.

풀이

직렬콘덴서의 장·단점

[장점]　① 유도 리액턴스를 보상하고 전압 강하를 감소시킨다.
　　　　② 수전단의 전압 변동률을 경감시킨다.
　　　　③ 최대 송전 전력이 증대하고 정태 안정도가 증대한다.
　　　　④ 부하 역률이 나쁠수록 효과가 크다.
　　　　⑤ 용량이 작으므로 설비비가 저렴하다.

[단점]　① 단락 고장시 콘덴서 양단에 고전압이 걸린다.
　　　　② 무부하 변압기에 직렬 콘덴서를 투입하는 경우 선로 전류가 증대한다.
　　　　③ 고압 배전선에 설치하는 경우 자기 여자 현상이 일어날 경우가 있다.
　　　　④ 과보상이 되면 동기기에 난조가 생기거나 탈조하는 수가 있다.

즉, **역률을 개선하기 위해서는 병렬 콘덴서를** 설치하여야 한다.　　　【답】①

문제 30 부하에 따라 전압 변동이 심한 급전선을 가진 배전 변전소의 전압 조정 장치로서 적당한 것은?

① 단권 변압기　　　② 주변압기 탭

③ 전력용 콘덴서　　　④ 유도 전압 조정기

풀이

부하 변동이 심한 경우 탭 절환 방식을 채용할 수 없다. 따라서, **유도 전압 조정기가** 많이 채용된다.　　　【답】④

문제 31

부하전류 및 단락전류를 모두 개폐할 수 있는 스위치는?

① 단로기　　　　② 차단기　　　　③ 선로개폐기　　　　④ 전력퓨즈

풀이

퓨즈와 각종 개폐기 및 차단기와의 기능비교

기능 \ 능력	회로 분리		사고 차단	
	무부하	부하	과부하	단락
퓨 즈	○			○
차단기	○	○	○	○
개폐기	○	○	○	
단로기	○			
전자 접촉기	○	○	○	

즉, **부하전류와 단락전류 모두를 개폐 할 수 있는 것은 차단기**만 가능하다.

【답】②

문제 32

선로의 커패시턴스와 무관한 것은?

① 전자유도　　　　　　　　　② 개폐서지

③ 중성점 잔류전압　　　　　④ 발전기 자기여자현상

풀이

- **전자 유도** : 전력선과 통신선과의 **상호 인덕턴스에 의해 발생**

전자유도전압 $E_m = -j\omega Ml(I_a + I_b + I_c) = -j\omega Ml(3I_0)$

여기서, M : 전력선과 통신선 사이의 상호 인덕턴스 [H/km]

l : 병행길이 [km]

I_0 : 영상 전류 [A]

【답】①

문제 33

배전선에서 균등하게 분포된 부하일 경우 배전선 말단의 전압강하는 모든 부하가 배전선의 어느 지점에 집중되어 있을 때의 전압강하와 같은가?

① $\dfrac{1}{2}$　　　　② $\dfrac{1}{3}$　　　　③ $\dfrac{2}{3}$　　　　④ $\dfrac{1}{5}$

풀이

집중 부하와 분산 부하

구 분	전력 손실	전압 강하
말단에 집중 부하	$I^2 rL$	IrL
균등 분포 부하	$\dfrac{1}{3}I^2 rL$	$\dfrac{1}{2}IrL$

여기서, I : 전선의 전류, r : 전선 단위 길이당 저항, L : 전선의 길이

즉, 균등분포 부하의 전압강하 $e = \dfrac{1}{2}IrL = Ir\left(\dfrac{1}{2}L\right)$

여기서, I : 전선의 전류, r : 전선 단위 길이당 저항, L : 전선의 길이

【답】①

문제 34 화력발전소에서 석탄 1[kg]으로 발생할 수 있는 전력량은 약 몇 [kWh]인가? (단, 석탄의 발열량은 5000[kcal/kg], 발전소의 효율은 40[%]이다.)

① 2.0　　　　　② 2.3　　　　　③ 4.7　　　　　④ 5.8

풀이

화력 발전소 열효율 $\eta = \dfrac{860\,W}{mH} \times 100$ 에서

전력량 $W = \dfrac{mH\eta}{860 \times 100}$ 이므로 $W = \dfrac{1 \times 5000 \times 40}{860 \times 100} = 2.33\,[\text{kWh}]$

【답】②

문제 35 송전거리, 전력, 손실률 및 역률이 일정하다면 전선의 굵기는?

① 전류에 비례한다.　　　　　② 전류에 반비례한다.

③ 전압의 제곱에 비례한다.　　　　　④ 전압의 제곱에 반비례한다.

풀이

- 전력손실 $P_l = 3I^2R = 3 \times \left(\dfrac{P}{\sqrt{3}\,V\cos\theta}\right)^2 \times \rho\dfrac{l}{A} = \dfrac{P^2\rho\,l}{V^2\cos^2\theta\,A}$

- 전력손실률 $h = \dfrac{P_l}{P} = \dfrac{P\rho\,l}{V^2\cos^2\theta\,A}$

- 전선단면적 $A = \dfrac{P\rho\,l}{h\,V^2\cos^2\theta}$

따라서, 송전거리 l, 전력 P, 손실률 h 및 역률 $\cos\theta$가 일정 한 경우 $A \propto \dfrac{1}{V^2}$ 이 되어 **전선의 단면적은 송전전압의 제곱에 반비례** 한다.

【답】④

문제 36 총부하설비가 160[kW], 수용률이 60[%], 부하역률이 80[%]인 수용가에 공급하기 위한 변압기 용량[kVA]은?

① 40　　　　　② 80　　　　　③ 120　　　　　④ 160

풀이

변압기 용량 ≥ 합성 최대 수용 전력 $= \dfrac{\text{개별 최대 수용 전력의 합}}{\text{부등률}} = \dfrac{\text{설비 용량} \times \text{수용률}}{\text{부등률}}$

$= \dfrac{160/0.8 \times 0.6}{1} = 120\,[\text{kVA}]$

【답】③

문제 37 3상 1회선 송전 선로의 소호 리액터의 용량[kVA]은?

① 선로 충전 용량과 같다.

② 선간 충전 용량의 1/2이다.

③ 3선 일괄의 대지 충전 용량과 같다.

④ 1선과 중성점 사이의 충전 용량과 같다.

풀이

3상 1회선 소호 리액터 용량

$$P = 3 \times 2\pi f\, C_s E^2 \times 10^{-3}\ [\mathrm{kVA}]$$

로 표현된다. 따라서, **소호 리액터 용량은 3선 일괄의 대지 충전 용량과 같다.**

여기서, C_s : 1상당 대지 정전 용량 $[\mu\mathrm{F}]$, E : 대지 전압 $[\mathrm{kV}]$　　　　　　【답】③

문제 38

154[kV] 송전계통에서 3상 단락고장이 발생하였을 경우 고장 점에서 본 등가 정상 임피던스가 100[MVA] 기준으로 25[%]라고 하면 단락용량은 몇 [MVA]인가?

① 250　　　　　　② 300　　　　　　③ 400　　　　　　④ 500

풀이

$$단락용량\ P_s = \frac{100}{\%Z} P_n = \frac{100}{25} \times 100 = 400[\mathrm{MVA}]$$

　　　　　　【답】③

문제 39

감전방지 대책으로 적합하지 않은 것은?

① 외함 접지　　　　　　　　② 아크혼 설치

③ 2중 절연기기　　　　　　④ 누전 차단기 설치

풀이

아크혼의 설치 목적

- 애자련의 전압분포 개선
- 선로의 섬락으로부터 **애자련의 보호**

　　　　　　【답】②

문제 40

18~23개를 한 줄로 이어 단 표준현수애자를 사용하는 전압[kV]은?

① 23[kV]　　　　　　② 154[kV]　　　　　　③ 345[kV]　　　　　　④ 765[kV]

풀이

전압별 현수애자의 개수

22.9 [kV]	66 [kV]	154 [kV]	345 [kV]
2~3	4~6	10~11	18~20

참고로, 전압에 따른 현수애자의 연결 개수는 주변 환경에 따라 다르나 일반적으로 다음과 같이 계산할 수 있다.

$$연결개수\ n = \frac{전압[\mathrm{kV}]}{20[\mathrm{kV}]} + 1 \sim 2(여유)$$

따라서 전압[kV] = (연결개수 - 1 ~ 2) × 20 = (18 - 1) × 20 = 340[kV] 이므로 345[kV] 계통이라는 것을 알 수 있다.

　　　　　　【답】③

문제 41

교류 정류자 전동기의 설명 중 틀린 것은?

① 정류 작용은 직류기와 같이 간단히 해결된다.

② 구조가 일반적으로 복잡하여 고장이 생기기 쉽다.

③ 기동토크가 크고 기동 장치가 필요 없는 경우가 많다.

④ 역률이 높은 편이며 연속적인 속도 제어가 가능하다.

풀이

교류정류자 전동기는 교류로 운전하며 직류전동기와 같은 특성을 가진 것으로서 구조는 직류 전동기 회전자와 유도 전동기 고정자를 합한 것과 같다. 또한, **교류 정류자 전동기는 정류 작용 문제가 직류기보다 더욱 곤란하기 때문에 출력에 제한을 받는다.**　　　　【답】①

문제 42

역률 80 [%](뒤짐)로 전부하 운전 중인 3상 100 [kVA], 3000/200 [V] 변압기의 저압측 선전류의 무효분은 몇 [A] 인가?

① 100　　　　② $80\sqrt{3}$　　　　③ $100\sqrt{3}$　　　　④ $500\sqrt{3}$

풀이

출력 $P = \sqrt{3}\, V_2 I_2$ 식에서

$$I_2 = \frac{P}{\sqrt{3}\, V_2} = \frac{100 \times 10^3}{\sqrt{3} \times 200} = \frac{500}{\sqrt{3}}\,[\text{A}]$$

무효 전류 $I_q = I_2 \sin\theta$ 에서

$$\therefore I_q = \frac{500}{\sqrt{3}} \times \sqrt{1 - 0.8^2} = \frac{300}{\sqrt{3}} = 100\sqrt{3}\,[\text{A}]$$

【답】③

문제 43

권선형 유도전동기에서 2차 저항을 변화시켜서 속도제어를 하는 경우 최대 토크는?

① 항상 일정하다

② 2차 저항에만 비례한다.

③ 최대 토크가 생기는 점의 슬립에 비례한다.

④ 최대 토크가 생기는 점의 슬립에 반비례한다.

풀이

• 최대 토크 $T_m \propto \dfrac{V^2}{2x_2}$: 2차 저항에 무관

• 최대 토크를 발생하는 슬립 $s_m = \pm\dfrac{r_2}{x_2}$: 2차 저항에 비례

따라서, 3상 유도 전동기의 **최대 토크의 크기는 2차저항 r_2와 슬립 s에 관계없이 항상 일정**하고 다만 최대 토크가 발생하는 슬립점이 2차 회로의 저항에 비례해서 이동할 뿐이다.　　　　【답】①

문제 44

직류 분권전동기의 계자저항을 운전 중에 증가시키면?

① 전류는 일정   ② 속도는 감소   ③ 속도는 일정   ④ 속도는 증가

풀이

계자 저항을 증가하는 것은 계자 코일과 직렬로 접속되어 있는 속도 조정기의 저항을 증가시킨다는 뜻이다. 그러면 여자 전류가 감소하고 따라서 계자 자속 ϕ도 감소한다.

$n = K \dfrac{V - I_a R_a}{\phi}$ 에서 **속도는 증가**하게 된다.

【답】 ④

문제 45

3상 유도 전동기로서 작용하기 위한 슬립 s의 범위는?

① $s \geq 1$

② $0 < s < 1$

③ $-1 \leq s \leq 0$

④ $s = 0$ 또는 $s = 1$

풀이

슬립의 범위

• **유도 전동기** : $0 < s < 1$

• 유도 발전기 : $s < 0$

• 제동기 : $s > 1$

【답】 ②

문제 46

스텝 모터(step motor)의 장점이 아닌 것은?

① 가속, 감속이 용이하며 정·역전 및 변속이 쉽다.

② 위치제어를 할 때 각도 오차가 있고 누적된다.

③ 피드백 루프가 필요 없이 오픈 루프로 손쉽게 속도 및 위치제어를 할 수 있다.

④ 디지털 신호를 직접 제어 할 수 있으므로 컴퓨터 등 다른 디지털 기기와 인터페이스가 쉽다.

풀이

스텝모터의 장·단점

[장점] ① 피드백루프가 필요 없어 오픈 루프로 손쉽게 속도 및 위치제어를 할 수 있다.
　　　② 다른 디지털 기기와의 인터페이스가 쉽다.
　　　③ 가속, 감속이 용이하며 정·역전 및 변속이 쉽다.
　　　④ 속도제어 범위가 광범위하며, 초저속에서 큰 토크를 얻을 수 있다.
　　　⑤ 위치제어를 할 때 **각도오차가 적고 누적되지 않는다.**
　　　⑥ 정지하고 있을 때 그 위치를 유지해 주는 토크가 크다.
　　　⑦ 브러시, 슬립 링 등이 없고 부품수가 적기 때문에 유지 보수의 필요성이 적다.

[단점] ① 분해 조립, 또는 정지위치가 한정된다.
　　　② 효율이 서보모터에 비해 나쁘다.
　　　③ 마찰 부하의 경우 위치 오차가 크다.
　　　④ 오버슈트 및 진동의 문제가 있다.
　　　⑤ 대용량의 대형기는 만들기 어렵다.
　　　⑥ 큰 관성부하에 적용하기는 부적합하다.

【답】 ②

변압기유 열화방지 방법 중 틀린 것은?

① 밀봉방식　　　　　　　　　　② 흡착제방식

③ 수소봉입방식　　　　　　　　④ 개방형 콘서베이터

풀이

- 절연유 열화의 원인은 절연유의 온도 상승과 공기와의 접촉에 의해 발생하며 기름의 **열화 방지**로는 **콘서베이터, 브리더(흡착제 방식), 질소 봉입**이 있다.　　　　　　**【답】** ③

동기기의 과도 안정도를 증가시키는 방법이 아닌 것은?

① 속응 여자 방식을 채용한다.

② 동기화 리액턴스를 크게 한다.

③ 동기 탈조 계전기를 사용 한다.

④ 발전기의 조속기 동작을 신속히 한다.

풀이

동기기의 안정도 증진법은
① **동기화 리액턴스를 작게** 할 것
② 회전자의 플라이휠 효과를 크게 할 것
③ 속응 여자 방식을 채용할 것
④ 발전기의 조속기 동작을 신속히 할 것
⑤ 단락비를 크게 할 것
⑥ 동기 탈조 계전기를 사용할 것
⑦ 정상 임피던스는 적게, 역상, 영상 임피던스는 크게 할 것　　**【답】** ②

3상 유도전동기의 동기속도는 주파수와 어떤 관계가 있는가?

① 비례한다.　　　　　　　　　② 반비례한다.

③ 자승에 비례한다.　　　　　　④ 자승에 반비례한다.

풀이

동기속도 $N_s = \dfrac{120f}{p}$[rpm]에서 $N_s \propto f$

따라서, **동기속도 N_s는 주파수 f에 비례**한다.　　　　　　**【답】** ①

직류기에서 전기자 반작용이란 전기자 권선에 흐르는 전류로 인하여 생긴 자속이 무엇에 영향을 주는 현상인가?

① 감자 작용만을 하는 현상

② 편자 작용만을 하는 현상

③ 계자극에 영향을 주는 현상

④ 모든 부분에 영향을 주는 현상

풀이

전기자 반작용 : 전기자 권선에 흐르는 전류에 의한 자속이 계자에서 만든 주자속에 영향을 미치는 현상을
전기자 반작용이라고 하며, 그 영향은 다음과 같다.
① 전기적 중성축 이동
　• 발전기 : 회전 방향으로 이동
　• 전동기 : 회전 방향과 반대 방향으로 이동
② 주자속 감소
③ 정류자 편간의 불꽃섬락이 발생하여 정류 불량 발생　　　　　　　　　【답】 ③

문제 51　3단자 사이리스터가 아닌 것은?

① SCR　　　　　② GTO　　　　　③ SCS　　　　　④ TRIAC

풀이

각 종 반도체 소자의 비교
① 방향성
　• 양방향성(쌍방향성) 소자 : DIAC, TRIAC, SSS
　• 역저지(단방향성) 소자 : SCR, LASCR, GTO
② 극(단자) 수
　• 2극(단자) 소자 : DIAC, SSS, Diode
　• 3극(단자) 소자 : SCR, LASCR, GTO, TRIAC
　• **4극(단자) 소자 : SCS**　　　　　　　　　　　　　　　　　　【답】 ③

문제 52　비례추이와 관계가 있는 전동기는?

① 동기 전동기　　　　　　　　　② 정류자 전동기
③ 3상 농형 유도전동기　　　　　④ 3상 권선형 유도전동기

풀이

비례추이란 2차 회로 저항의 크기를 조정함으로써 그 크기를 제어할 수 있는 요소를 말하며 비례추이를
할 수 있는 것은 $\dfrac{r_2}{s}$ 의 함수로 표시된다. 따라서, **비례추이는 2차 저항의 크기를 변화시킬 수 있는 권선형
유도 전동기**에서 사용된다. (농형 유도 전동기에는 적용할 수 없다.)　　　　【답】 ④

문제 53　200[kVA]의 단상변압기가 있다. 철손이 1.6[kW]이고 전부하 동손이 2.5[kW]이다. 이 변압
기의 역률이 0.8일 때 전부하시의 효율은 약 몇 [%]인가?

① 96.5　　　　　② 97.0　　　　　③ 97.5　　　　　④ 98.0

풀이

전부하 효율 $\eta = \dfrac{VI\cos\phi}{VI\cos\phi + P_i + P_c} \times 100 = \dfrac{P_a\cos\phi}{P_a\cos\phi + P_i + P_c} \times 100[\%]$ 에서

$$\eta_{0.8} = \dfrac{200 \times 0.8}{200 \times 0.8 + 1.6 + 2.5} \times 100 = 97.5[\%]$$　　　　【답】 ③

문제 54

60[Hz], 4극 유도전동기의 슬립이 4[%]인 때의 회전수[rpm]는?

① 1728 ② 1738 ③ 1748 ④ 1758

풀이

$$\text{회전수 } N = (1-s)N_s = (1-s)\frac{120f}{p} = (1-0.04) \times \frac{120 \times 60}{4} = 1728[\text{rpm}]$$

【답】 ①

문제 55

직류직권 전동기에서 토크 T와 회전수 N과의 관계는?

① $T \propto N$ ② $T \propto N^2$ ③ $T \propto \dfrac{1}{N}$ ④ $T \propto \dfrac{1}{N^2}$

풀이

토크와 속도와의 관계(자기포화가 되지 않는 범위, 즉 $\phi \propto I$)

$$E_c = K_1\phi N \text{에서 } N = K_2\frac{E_c}{\phi} = K_3\frac{E_c}{I_a}$$

$$\therefore N \propto \frac{1}{I_a}, \ I_a \propto \frac{1}{N}$$

$$T = K_1\phi I_a \text{에서 } T = K_2 I_a^2 \quad (\because \textbf{직권전동기에서 } I_a = I_f = I \propto \phi \text{ 이다.})$$

$$\therefore T \propto I_a^2 \propto \frac{1}{N^2}$$

【답】 ④

문제 56

변압기의 전부하 동손이 270[W], 철손이 120[W]일 때 최고 효율로 운전하는 출력은 정격출력의 약 몇 [%]인가?

① 66.7 ② 44.4 ③ 33.3 ④ 22.5

풀이

최대 효율은 "동손 = 철손" ($m^2 P_c = P_i$)일때 발생된다.

따라서, 최대 효율이 나타나는 부하 $m = \sqrt{\dfrac{P_i}{P_c}} = \sqrt{\dfrac{120}{270}} = 0.667$

$\therefore$ 정격 출력의 66.7[%]에서 최대 효율이 발생한다.

【답】 ①

문제 57

단상 반파정류로 직류전압 150[V]를 얻으려고 한다. 최대 역전압(Peak Inverse Voltage)이 약 몇 [V] 이상의 다이오드를 사용하여야 하는가? (단, 정류회로 및 변압기의 전압강하는 무시한다.)

① 150 ② 166 ③ 333 ④ 471

풀이

단상 반파 정류 회로에서 $\text{PIV} = \sqrt{2}E = \pi E_d$

$\therefore \text{PIV} = \pi \times 150 = 471.2[\text{V}]$

【답】 ④

문제 58 동기 전동기의 자기동법에서 계자권선을 단락하는 이유는?

① 기동이 쉽다. 　　　　　　　　② 기동권선으로 이용한다.

③ 고전압의 유도를 방지한다. 　　④ 전기자 반작용을 방지한다.

풀이

동기전동기의 자기동법

이 방식은 난조 방지용인 제동권선을 기동권선으로 하여 시동토크를 얻는 방법으로서, **기동 시 전기자 권선에 의한 회전자계에 의해 계자권선내에 고압이 유도되어 절연을 파괴할** 우려가 있으므로 계자권선은 외부 저항을 통해 단락해 놓고 기동해야 한다.　　　　　　　　　　　**【답】③**

문제 59 직류발전기 중 무부하일 때보다 부하가 증가한 경우에 단자전압이 상승하는 발전기는?

① 직권발전기 　　　　　　　　② 분권발전기

③ 과복권발전기 　　　　　　　④ 차동복권발전기

풀이

가동복권 발전기 : 분권 계자권선과 직권계자 권선이 만드는 기자력의 방향이 같아 서로 합해지도록 접속되어 있는 발전기로서 평복권, 부족복권, 과복권으로 구분된다.

- 평복권 : 직권계자권선에서 만들어진 자속에 의한 기전력(E_f)이 전기자반작용에 따른 유기기전력 감소분(E_a)과 전기자 저항에 의한 전압강하(E_r)를 보상함으로써 부하변동에 의한 단자전압을 일정하게 한 발전기 즉, $E_f = E_a + E_r$
- 부족복권 : $E_f < E_a + E_r$
- **과복권 : $E_f > E_a + E_r$**

즉, **과복권에서는 부하전류가 증가할수록 단자전압이 상승**한다.　　　　　　　**【답】③**

문제 60 3상 교류 발전기의 기전력에 대하여 $\dfrac{\pi}{2}$[rad] 뒤진 전기자 전류가 흐르면 전기자 반작용은?

① 증자작용을 한다. 　　　　　　② 감자작용을 한다.

③ 횡축 반작용을 한다. 　　　　　④ 교차 자화작용을 한다.

풀이

발전기와 전동기의 전기자 반작용은 서로 반대이다.

분 류	동기 발전기	동기 전동기
전압과 동상	교차 자화 작용(횡축 반작용)	교차 자화 작용(횡축 반작용)
전압에 대하여 진상전류	증자 작용	감자 작용
전압에 대하여 지상전류	**감자 작용**	증자 작용

【답】②

문제 61

아래와 같은 비정현파 전압을 RL 직렬회로에 인가할 때에 제 3고조파 전류의 실효값[A]은? (단, $R = 4[\Omega]$, $\omega L = 1[\Omega]$이다.)

$$e = 100\sqrt{2}\sin\omega t + 75\sqrt{2}\sin3\omega t + 20\sqrt{2}\sin5\omega t [V]$$

① 4 　　　　② 15 　　　　③ 20 　　　　④ 75

풀이

$$I_3 = \frac{V_3}{Z_3} = \frac{V_3}{\sqrt{R^2 + (3\omega L)^2}} = \frac{75}{\sqrt{4^2 + (3 \times 1)^2}} = 15[A]$$

($\because$ 저항은 기본파일 때나 고조파 일 때나 그 크기의 변화는 없다. 그러나 **리액턴스는 제n차 고조파에서는 주파수가 n배가 되므로**, 리액턴스 $X_n = 2\pi(nf)L = n \times 2\pi f L$로 기본파의 n배가 된다.)

【답】②

문제 62

$\dfrac{E_o(s)}{E_i(s)} = \dfrac{1}{s^2 + 3s + 1}$ 의 전달함수를 미분방정식으로 표시하면?

(단, $\mathcal{L}^{-1}[E_o(s)] = e_o(t)$, $\mathcal{L}^{-1}[E_i(s)] = e_i(t)$ 이다.)

① $\dfrac{d^2}{dt^2}e_o(t) + 3\dfrac{d}{dt}e_o(t) + e_o(t) = e_i(t)$

② $\dfrac{d^2}{dt^2}e_i(t) + 3\dfrac{d}{dt}e_i(t) + e_i(t) = e_o(t)$

③ $\dfrac{d^2}{dt^2}e_i(t) + 3\dfrac{d}{dt}e_i(t) + \displaystyle\int e_i(t)dt = e_o(t)$

④ $\dfrac{d^2}{dt^2}e_o(t) + 3\dfrac{d}{dt}e_o(t) + \displaystyle\int e_o(t)dt = e_i(t)$

풀이

$$\frac{E_o(s)}{E_i(s)} = \frac{1}{s^2 + 3s + 1} \quad \rightarrow \quad (s^2 + 3s + 1)E_o(s) = E_i(s)$$

$$\therefore \frac{d^2}{dt^2}e_o(t) + 3\frac{d}{dt}e_o(t) + e_o(t) = e_i(t)$$

【답】①

문제 63

선간전압 220 [V], 역률 60 [%]인 평형 3상 부하에서 소비전력 $P = 10[kW]$일 때 선전류는 약 몇 [A] 인가?

① 25.3 　　　　② 32.8 　　　　③ 43.7 　　　　④ 53.6

풀이

3상부하에서 소비전력 $P = \sqrt{3}\,VI\cos\theta$

$$\therefore I = \frac{P}{\sqrt{3}\,V\cos\theta} = \frac{10 \times 10^3}{\sqrt{3} \times 220 \times 0.6} = 43.74\,[\text{A}]$$

【답】③

문제 64

$i(t) = \dfrac{4I_m}{\pi}\left(\sin\omega t + \dfrac{1}{3}\sin 3\omega t + \dfrac{1}{5}\sin 5\omega t + \cdots\right)$ 로 표시하는 파형은?

① 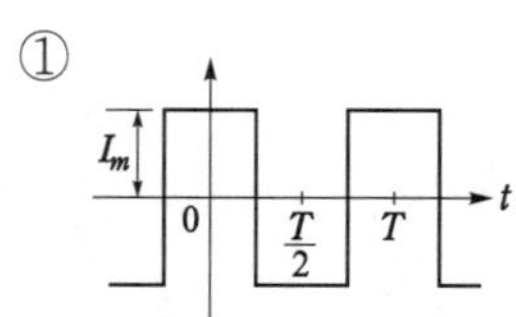

② 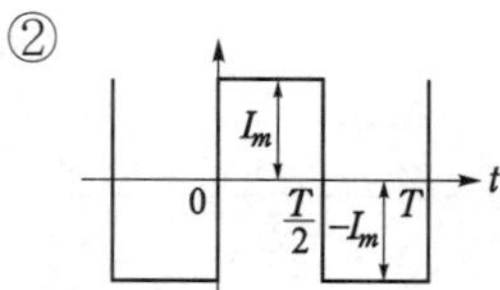

③ 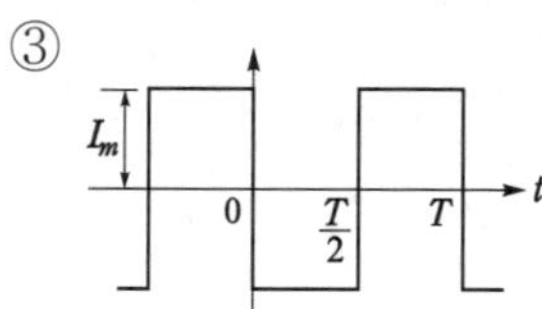

④ 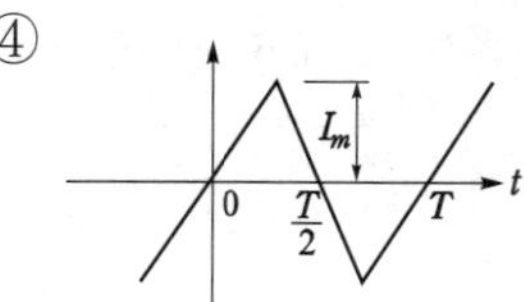

풀이

- 반파 대칭 및 정현 대칭을 동시에 만족하는 파형으로는 삼각파와 구형파가 있다.
- 반파 대칭의 특징 : 직류성분 $a_0 = 0$, 홀수항의 sin, cos항 존재
- 정현 대칭의 특징 : 직류성분 $a_0 = 0$, cos항$=0$, sin항 존재

따라서, **반파 및 정현대칭의 경우 홀수항(기수항)의 sin만 존재**한다.

【답】②

문제 65

그림과 같은 회로에서 전류 $I\,[\text{A}]$는?

① 7

② 10

③ 13

④ 17

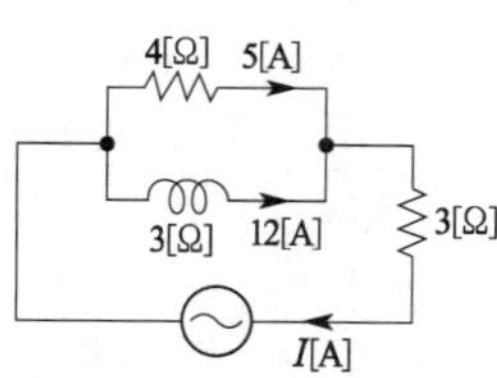

풀이

$$I = \sqrt{I_R^2 + I_L^2} = \sqrt{5^2 + 12^2} = 13\,[\text{A}]$$

【답】③

문제 66

$F(s) = \dfrac{3s + 10}{s^3 + 2s^2 + 5s}$ 일 때 $f(t)$의 최종값은?

① 0　　　　② 1　　　　③ 2　　　　④ 3

풀이

최종값 정리에 의해서

$$\lim_{t \to \infty} f(t) = \lim_{s \to 0} s\,F(s) = \lim_{s \to 0} s \cdot \frac{3s + 10}{s(s^2 + 2s + 5)} = \frac{10}{5} = 2$$

【답】③

문제 67

문제 67

RLC 직렬회로에서 제 n고조파의 공진주파수 f [Hz]는?

① $\dfrac{1}{2\pi\sqrt{LC}}$ ② $\dfrac{1}{2\pi\sqrt{nLC}}$

③ $\dfrac{1}{2\pi n\sqrt{LC}}$ ④ $\dfrac{1}{2\pi n^2\sqrt{LC}}$

풀이

$R-L-C$ 직렬 회로의 임피던스 $Z=R+j(\omega L-\dfrac{1}{\omega C})$이고,

이때 **임피던스의 허수부의 값이 0인 상태를 직렬공진 상태**라 한다.

즉, $\omega L-\dfrac{1}{\omega C}=0$ $\omega L=\dfrac{1}{\omega C}$

따라서, n차 고조파에 있어서 공진조건은 $2\pi(nf)L=\dfrac{1}{2\pi(nf)C}$ 이므로

제 n차 고조파 공진주파수 f는

$$f=\dfrac{1}{2\pi n\sqrt{LC}}$$

【답】 ③

문제 68

$\dfrac{1}{s+3}$ 을 역라플라스 변환하면?

① e^{3t} ② e^{-3t} ③ $e^{\frac{t}{3}}$ ④ $e^{-\frac{t}{3}}$

풀이

$e^{-at}\leftrightarrow\dfrac{1}{s+a}$ 이므로, 문제에서 $a=3$이다.

따라서, $f(t)=e^{-3t}$

【답】 ②

문제 69

20[kVA] 변압기 2대로 공급할 수 있는 최대 3상 전력은 약 몇 [kVA]인가?

① 17   ② 25   ③ 35   ④ 40

풀이

V결선시 출력 $P_v=\sqrt{3}\,P_1=\sqrt{3}\times20=34.64[\text{kVA}]$

【답】 ③

문제 70

한 상의 임피던스 $Z=6+j8[\Omega]$인 평형 Y부하에 평형 3상 전압 200[V]를 인가할 때 무효전력은 약 몇 [Var]인가?

① 1330   ② 1848   ③ 2381   ④ 3200

풀이

$$Q=3I^2X=3\left(\dfrac{V_p}{\sqrt{R^2+X^2}}\right)^2X=3\dfrac{V_p^{\,2}X}{R^2+X^2}=\dfrac{3\times\left(\dfrac{200}{\sqrt{3}}\right)^2\times8}{6^2+8^2}=3200[\text{Var}]$$

【답】 ④

문제 71 T 형 4단자 회로의 임피던스 파라미터 중 Z_{22} 는?

① $Z_1 + Z_2$

② $Z_2 + Z_3$

③ $Z_1 + Z_3$

④ $- Z_2$

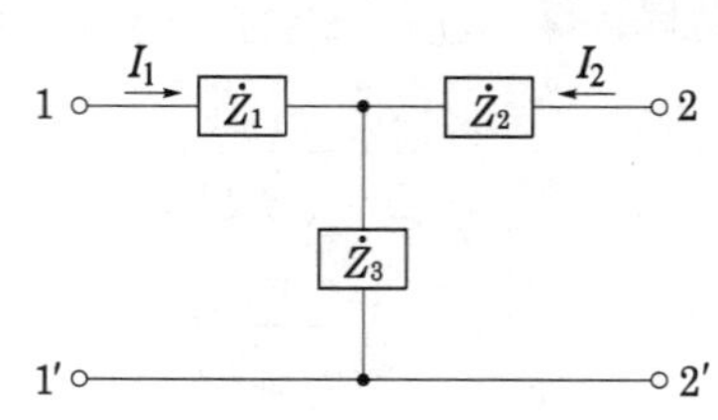

풀이

$$\bullet \; Z_{11} = \left.\frac{V_1}{I_1}\right|_{I_2=0} = \frac{I_1(Z_1+Z_3)}{I_1} = Z_1 + Z_3 \qquad \bullet \; Z_{12} = \left.\frac{V_1}{I_2}\right|_{I_1=0} = \frac{I_2 Z_3}{I_2} = Z_3$$

$$\bullet \; Z_{21} = \left.\frac{V_2}{I_1}\right|_{I_2=0} = \frac{I_1 Z_3}{I_1} = Z_3 \qquad \bullet \; Z_{22} = \left.\frac{V_2}{I_2}\right|_{I_1=0} = \frac{I_2(Z_2+Z_3)}{I_2} = Z_2 + Z_3 \qquad \text{【답】 ②}$$

문제 72 △ 결선된 저항부하를 Y결선으로 바꾸면 소비전력은 어떻게 되겠는가?
(단, 선간 전압은 일정하다.)

① 1/3로 된다.   ② 3배로 된다.

③ 1/9로 된다.   ④ 9배로 된다.

풀이

$$P_\triangle = 3I^2 R = 3\left(\frac{V}{R}\right)^2 R = 3 \cdot \frac{V^2}{R}$$

다음 Y결선시 상전압은 선간 전압의 $\dfrac{1}{\sqrt{3}}$ 이므로

$$P_Y = 3\left(\frac{\frac{V}{\sqrt{3}}}{R}\right)^2 \cdot R = 3 \cdot \frac{V^2}{3R} = \frac{V^2}{R}$$

$$\therefore \; \frac{P_Y}{P_\triangle} = \frac{\frac{V^2}{R}}{\frac{3V^2}{R}} = \frac{1}{3} \qquad P_Y = \frac{1}{3}P_\triangle \qquad\qquad \text{【답】 ①}$$

문제 73 정전용량 C만의 회로에서 100[V], 60[Hz]의 교류를 가했을 때 60[mA]의 전류가 흐른다면 C는 약 몇 [μF]인가?

① 5.26   ② 4.32   ③ 3.59   ④ 1.59

풀이

$$X_c = \frac{V}{I} = \frac{100}{60 \times 10^{-3}} = \frac{10}{6} \times 10^3 = 1.66 \times 10^3 [\Omega]$$

$$X_c = \frac{1}{\omega C} \text{에서 } C = \frac{1}{\omega X_c} \text{이므로,}$$

$$\therefore C = \frac{1}{\omega(1.66 \times 10^3)} = \frac{1}{2 \times 3.14 \times 60 \times 1.66 \times 10^3} = 1.59 \times 10^{-6}[\text{F}] = 1.59[\mu\text{F}] \qquad \text{【답】 ④}$$

| 문제 74 | RLC 회로망에서 입력을 $e_i(t)$, 출력을 $i(t)$로 할 때, 이 회로의 전달 함수는? |

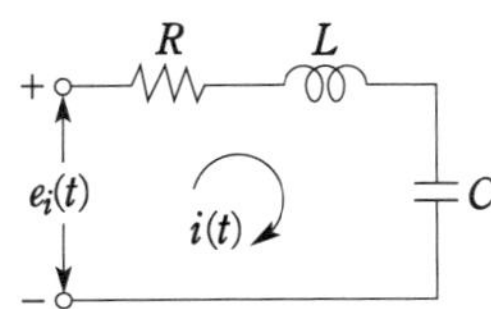

① $\dfrac{Rs}{LCs^2 + RCs + 1}$ 　　　② $\dfrac{RLs}{LCs^2 + RCs + 1}$

③ $\dfrac{Ls}{LCs^2 + RCs + 1}$ 　　　④ $\dfrac{Cs}{LCs^2 + RCs + 1}$

풀이

$$e_i(t) = R\,i(t) + L\frac{d}{dt}i(t) + \frac{1}{C}\int i(t)dt$$

라플라스 변환하면

$$E_i(s) = RI(s) + LsI(s) + \frac{1}{Cs}I(s)$$

$$\therefore \frac{I(s)}{E_i(s)} = \frac{Cs}{LCs^2 + RCs + 1}$$

【답】 ④

| 문제 75 | 그림과 같은 회로를 $t=0$에서 스위치 S를 닫았을 때 $R[\Omega]$에 흐르는 전류 $i_R(t)[\text{A}]$는? |

① $I_0\left(1 - e^{-\frac{R}{L}t}\right)$

② $I_0\left(1 + e^{-\frac{R}{L}t}\right)$

③ I_0

④ $I_0\,e^{-\frac{R}{L}t}$

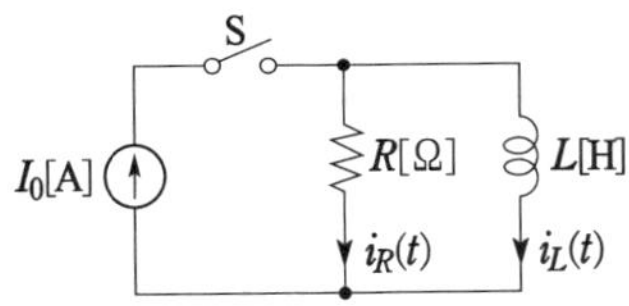

풀이

$i_R(t)$를 구하려면 $i_L(t)$를 먼저 구한다.

인덕턴스에 흐르는 전류 $i_L(t) = I_0\left(1 - e^{-\frac{R}{L}t}\right)$

키르히호프의 전류법칙에 의해 $I_0 = i_R(t) + i_L(t)$ 이므로

$$\therefore i_R(t) = I_0 - i_L(t) = I_0 - I_0\left(1 - e^{-\frac{R}{L}t}\right) = I_0\,e^{-\frac{R}{L}t}$$

【답】 ④

| 문제 76 | $e = E_m\cos\left(100\pi t - \dfrac{\pi}{3}\right)[\text{V}]$와 $i = I_m\sin\left(100\pi t + \dfrac{\pi}{4}\right)[\text{A}]$의 위상차를 시간으로 나타내면 약 몇 초인가? |

① 3.33×10^{-4} 　　　② 4.33×10^{-4}

③ 6.33×10^{-4} 　　　④ 8.33×10^{-4}

- $e = E_m \cos\left(100\pi t - \dfrac{\pi}{3}\right) = E_m \sin\left(100\pi t - \dfrac{\pi}{3} + \dfrac{\pi}{2}\right) = E_m \sin\left(100\pi t + \dfrac{\pi}{6}\right)$ 이므로

  e과 i의 위상차 $\theta = \dfrac{\pi}{4} - \dfrac{\pi}{6} = \dfrac{\pi}{12}$ 이다.

- $\theta = \omega t$ 에서 $t = \dfrac{\theta}{\omega}$

  $\therefore t = \dfrac{\theta}{\omega} = \dfrac{\pi}{12} \times \dfrac{1}{100\pi} = 8.33 \times 10^{-4}\,[\text{sec}]$ 【답】 ④

문제 77 회로의 3[Ω] 저항 양단에 걸리는 전압[V]은?

① 2

② −2

③ 3

④ −3

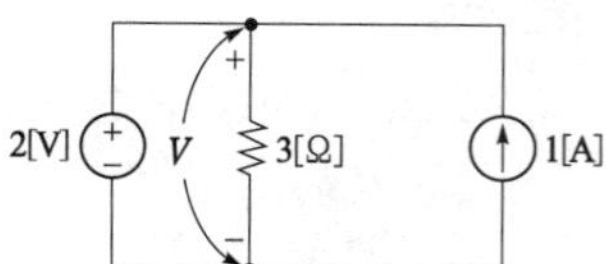

중첩의 원리에 의해서

- **전압원** 2[V]에 의해 3[Ω]에 흐르는 전류(**이때 전류원은 개방**) $i_1 = \dfrac{2}{3}\,[\text{A}]$
- **전류원** 1[A]에 의해서 3[Ω]에 흐르는 전류(**이때 전압원은 단락**) $i_2 = 0\,[\text{A}]$

  (**전압원은 단락**되므로 **전류는 저항을 통하여 흐르지 않고 모두 단락회로로 흐른다.**)
- 3[Ω]저항에 흐르는 전류 $i = i_1 + i_2 = \dfrac{2}{3} + 0 = \dfrac{2}{3}\,[\text{A}]$

$\therefore$ 저항 양단에 걸리는 전압 $E = ir = \dfrac{2}{3} \times 3 = 2\,[\text{V}]$ 【답】 ①

문제 78 대칭 3상 전압이 a상 $V_a[\text{V}]$, b상 $V_b = a^2 V_a[\text{V}]$, c상 $V_c = a V_a[\text{V}]$일 때 a상을 기준으로 한 대칭분 전압 중 정상분 $V_1[\text{V}]$은 어떻게 표시되는가?

(단, $a = -\dfrac{1}{2} + j\dfrac{\sqrt{3}}{2}$ 이다.)

① 0   ② V_a ③ $a V_a$ ④ $a^2 V_a$

$$V_1 = \frac{1}{3}\left(V_a + a V_b + a^2 V_c\right) = \frac{1}{3}\left(V_a + a^3 V_a + a^3 V_a\right) = \frac{V_a}{3}\left(1 + a^3 + a^3\right) = V_a$$

$(\because a^3 = 1)$ 【답】 ②

문제 79 314[mH]의 자기 인덕턴스에 120[V], 60[Hz]의 교류전압을 가하였을 때 흐르는 전류[A]는?

① 10   ② 8   ③ 1   ④ 0.5

풀이

$$I = \frac{V}{\omega L} = \frac{120}{2\pi \times 60 \times 314 \times 10^{-3}} = 1$$

【답】 ③

문제 80

그림과 같은 회로의 구동점 임피던스[Ω]는?

① $2 + j\omega$

② $\dfrac{2\omega^2 + j4\omega}{3}$

③ $\dfrac{\omega^2 + j8\omega}{4 + \omega^2}$

④ $\dfrac{2\omega^2 + j4\omega}{4 + \omega^2}$

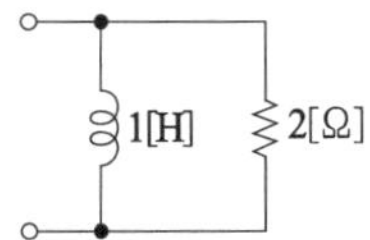

풀이

구동점 임피던스는 2단자망의 한 쌍의 단자에서 본 임피던스를 구동점 임피던스라고 하며, 보통 $j\omega$, 또는 s로 치환하여 나타낸다.

$$Z(j\omega) = \frac{1}{\dfrac{1}{j\omega L} + \dfrac{1}{R}} = \frac{1}{\dfrac{1}{j\omega} + \dfrac{1}{2}} = \frac{2j\omega}{2 + j\omega} = \frac{j2\omega(2 - j\omega)}{(2 + j\omega)(2 - j\omega)} = \frac{2\omega^2 + j4\omega}{4 + \omega^2}$$

【답】 ④

5과목　전기설비기술기준 및 판단기준

문제 81

지중전선로의 전선으로 적합한 것은?

① 케이블　　　② 동복강선　　　③ 절연전선　　　④ 나경동선

풀이

지중 전선로(판단기준 제136조 및 137조)

전선은 케이블을 사용하고, 또한, 관로 인입식 또는 암거식, 직접 매설식에 의하여 시공한다. 【답】 ①

문제 82

과전류 차단기를 설치하지 않아야 할 곳은?

① 수용가의 인입선 부분

② 고압 배전선로의 인출장소

③ 직접 접지계통에 설치한 변압기의 접지선

④ 역률조정용 고압 병렬콘덴서 뱅크의 분기선

풀이

과전류 차단기의 시설 제한(판단기준 제40조)

• 각종 접지 공사의 접지선

• 다선식 전로의 중성선

• 전로의 일부에 접지 공사를 한 저압 가공 전선로의 접지측 전선 【답】 ③

문제 83 금속관 공사에 대한 기준으로 틀린 것은?

① 저압 옥내배선에 사용하는 전선으로 옥외용 비닐절연전선을 사용하였다.

② 저압 옥내배선의 금속관 안에는 전선에 접속점이 없도록 하였다.

③ 콘크리트에 매설하는 금속관의 두께는 1.2[mm]를 사용하였다.

④ 저압 옥내배선의 사용전압이 400[V] 이상인 관에는 특별 제3종 접지공사를 하였다.

풀이

금속관 공사 (판단기준 제184조)

① 전선

- **전선은 절연전선(옥외용 비닐절연전선을 제외한다)일 것.**
- 전선은 연선일 것. 단, 단면적 10[mm²](알루미늄선은 단면적 16[mm²]) 이하의 것은 단선도 가능하다.

② 전선관의 두께

- 콘크리트에 매설 : 1.2 [mm] 이상
- 매설 이외의 경우 : 1 [mm] 이상 　　【답】①

문제 84 154[kV]용 변성기를 사람이 접촉할 우려가 없도록 시설하는 경우에 충전부분의 지표상의 높이는 최소 몇 [m] 이상이어야 하는가?

① 4　　　　② 5　　　　③ 6　　　　④ 8

풀이

특고압용 기계 기구의 시설 (판단기준 제31조)

사용전압의 구분	울타리·담 등의 높이와 울타리·담 등으로부터 충전 부분까지의 거리의 합계
35 [kV] 이하	5 [m]
35 [kV] 초과 160 [kV] 이하	**6 [m]**
160 [kV] 초과	• 거리 = 6 + 단수 × 0.12 [m] • 단수 = $\dfrac{\text{사용전압 [kV]} - 160}{10}$ 단수 계산에서 소수점 이하는 절상

【답】③

문제 85 버스덕트 공사에 대한 설명 중 옳은 것은?

① 버스덕트 끝부분을 개방 할 것

② 덕트를 수직으로 붙이는 경우 지지점간 거리는 12[m] 이하로 할 것

③ 덕트를 조용재에 붙이는 경우 덕트의 지지점간 거리는 6[m] 이하로 할 것

④ 저압 옥내배선의 사용전압이 400[V] 미만인 경우에는 덕트에 제3종 접지공사를 할 것

풀이

버스 덕트 공사(판단기준 제188조)

① 덕트 상호 및 전선 상호는 견고하고 전기적으로 완전하게 접속할 것

② 버스 덕트 지지점간의 거리는 3[m] 이하일 것(수직으로 붙이는 경우에는 6[m] 이하).

③ 덕트(환기형의 것을 제외)의 끝부분은 막을 것.

④ **400[V] 미만**의 건조한 장소에 시공이 가능하므로 **제3종 접지공사**로 시공한다.　　【답】④

저압 옥내배선에 사용되는 연동선의 굵기는 일반적인 경우 몇 [mm^2] 이상이어야 하는가?

① 2   ② 2.5   ③ 4   ④ 6

풀이

저압 옥내배선의 사용전선 (판단기준 제168조)
저압 옥내 배선은 단면적 2.5[mm^2]의 연동선이거나 동등 이상의 세기나 굵기의 것, 또는 단면적이 1 [mm^2] 이상의 MI 케이블이어야 한다. 【답】②

문제 87

옥내배선에서 나전선을 사용할 수 없는 것은?

① 전선의 피복 전열물이 부식하는 장소의 전선

② 취급자 이외의 자가 출입할 수 없도록 설비한 장소의 전선

③ 전용의 개폐기 및 과전류 차단기가 시설된 전기기계기구의 저압전선

④ 애자 사용공사에 의하여 전개된 장소에 시설하는 경우로 전기로용 전선

풀이

나전선의 사용 제한(판단기준 제167조)
옥내에 시설하는 저압 전선은 **다음의 경우를 제외하고 나전선을 사용하여서는 아니 된다.**
① 애자 사용 공사에 의하여 전개된 곳에 다음의 전선을 시설하는 경우
   • **전기로용 전선**
   • **전선의 피복 절연물이 부식하는 장소**에 시설하는 전선
   • **취급자 이외의 자가 출입할 수 없도록 설비한 장소**에 시설하는 전선
② 버스 덕트 공사에 의하여 시설하는 경우
③ 라이팅 덕트 공사에 의하여 시설하는 경우
④ 접촉전선을 시설하는 경우 【답】③

문제 88

시가지 등에서 특고압 가공전선로의 시설에 대한 내용 중 틀린 것은?

① A종 철주를 지지물로 사용하는 경우의 경간은 75[m] 이하이다.

② 사용전압이 170[kV] 이하인 전선로를 지지하는 애자장치는 2련 이상의 현수애자 또는 장간애자를 사용한다.

③ 사용전압이 100[kV]를 초과하는 특고압 가공전선에 지락 또는 단락이 생겼을 때에는 1초 이내에 자동적으로 이를 전로로부터 차단하는 장치를 시설한다.

④ 사용전압이 170[kV] 이하인 전선로를 지지하는 애자장치는 50[%] 충격섬락전압 값이 그 전선의 근접한 다른 부분을 지지하는 애자장치 값의 100[%] 이상인 것을 사용한다.

풀이

시가지 등에서 특고압 가공전선로의 시설(판단기준 제104조)
사용 전압 170 [kV] 이하인 전선로를 지지하는 애자 장치는 50 [%] 충격섬락전압 값이 그 전선의 근접한 **다른 부분을 지지하는 애자장치 값의 110 [%]** (사용 전압이 130 [kV]를 초과하는 경우는 105 [%]) 이상인 것을 사용한다. 【답】④

문제 89 전력보안 통신설비인 무선용 안테나 등을 지지하는 철주의 기초의 안전율이 얼마 이상이어야 하는가?

① 1.3 ② 1.5 ③ 1.8 ④ 2.0

풀이

무선용 안테나 등의 지지하는 철탑 등의 시설 (판단기준 제164조)
전력 보안통신 설비인 무선통신용 안테나 또는 반사판 을 지지하는 목주·철근·철근 콘크리트주 또는 철탑은 다음 각 호에 의하여 시설하여야 한다.
① 목주의 안전율 : 1.5 이상
② **철주·철근 콘크리트주 또는 철탑의 기초 안전율 : 1.5 이상**　　　　【답】②

문제 90 특고압 계기용변성기의 2차측 전로의 접지공사는?

① 제1종 접지공사 ② 제2종 접지공사
③ 제3종 접지공사 ④ 특별 제3종 접지공사

풀이

계기용 변성기의 2차측 접지(판단기준 제26조)
• 고압 계기용 변성기 : 제3종 접지공사 (100[Ω] 이하)
• **특고압용 계기용 변성기 : 제1종 접지공사** (10[Ω] 이하)　　　　【답】①

문제 91 345[kV] 가공전선로를 제1종 특고압 보안공사에 의하여 시설할 때 사용되는 경동연선의 굵기는 몇 [mm²] 이상이어야 하는가?

① 100 ② 125 ③ 150 ④ 200

풀이

제1종 특고압 보안공사 (판단기준 제125조)

사용전압	전　　선
100 [kV] 미만	인장강도 21.67 [kN] 이상의 연선 또는 단면적 55 [mm²] 이상의 경동연선
100 [kV] 이상 300 [kV] 미만	인장강도 58.84 [kN] 이상의 연선 또는 단면적 150 [mm²] 이상의 경동연선
300 [kV] 이상	인장강도 77.47 [kN] 이상의 연선 또는 **단면적 200 [mm²] 이상의 경동연선**

【답】④

문제 92 평상시 개폐를 하지 않는 고압 진상용 콘덴서에 고압 컷아웃트 스위치(C.O.S)를 설치하는 경우 옳은 것은?

① C.O.S에 단면적 6[mm²] 이상의 나동선을 직결한다.
② C.O.S에 단면적 10[mm²] 이상의 나동선을 직결한다.
③ C.O.S에 단면적 16[mm²] 이상의 나동선을 직결한다.
④ C.O.S에 단면적 25[mm²] 이상의 나동선을 직결한다.

문제 93

차단기에 사용하는 압축공기장치에 대한 설명 중 틀린 것은?

① 공기압축기를 통하는 관은 용접에 의한 잔류응력이 생기지 않도록 할 것

② 주 공기탱크에는 사용압력 1.5배 이상 3배 이하의 최고 눈금이 있는 압력계를 시설할 것

③ 공기압축기는 최고사용압력의 1.5배 수압을 연속하여 10분간 가하여 시험하였을 때 이에 견디고 새지 아니할 것

④ 공기탱크는 사용압력에서 공기의 보급이 없는 상태로 차단기의 투입 및 차단을 연속하여 3회 이상 할 수 있는 용량을 가질 것

문제 94

사용전압이 22900[V]인 가공전선이 건조물과 제2차 접근상태로 시설되는 경우에 이 특고압 가공전선로의 보안공사는 어떤 종류의 보안공사로 하여야 하는가?

① 고압 보안공사

② 제1종 특고압 보안공사

③ 제2종 특고압 보안공사

④ 제3종 특고압 보안공사

문제 95

비접지식 고압 전로에 접속되는 변압기의 외함에 실시하는 제1종 접지 공사의 접지극으로 사용할 수 있는 건물 철골의 대지 전기 저항은 몇 [Ω] 이하인가?

① 2　　　　② 3　　　　③ 5　　　　④ 10

[풀이]

판단기준 제21조 (수도관 등의 접지극)
대지와의 사이에 전기저항 값이 2[Ω] 이하인 값을 유지하는 건물의 철골, 기타의 금속제는 이를 비접지식 고압전로에 시설하는 기계기구의 철대 또는 금속제 외함에 실시하는 제1종 접지공사나 비접지식 고압전로와 저압전로를 결합하는 변압기의 저압전로에 시설하는 제2종 **접지공사의 접지극으로 사용**할 수 있다.

【답】 ①

문제 96 저압 수상전선로에 사용되는 전선은?

① MI 케이블

② 알루미늄피 케이블

③ 클로로프렌시스 케이블

④ 클로로프렌 캡타이어 케이블

[풀이]

수상전선로의 시설 (판단기준 제145조)
수상 전선로는 그 사용 전압이 저압 또는 고압의 것에 한한다.
(1) 전선
　① **저압 : 클로로프렌 캡타이어 케이블**
　② 고압 : 캡타이어 케이블
(2) 수상 전선로의 전선과 가공 전선로 접속점의 높이
　① 접속점이 육상에 있는 경우 : 지표상 5 [m] 이상
　② 접속점이 수면상에 있는 경우 : 저압 4 [m] 이상, 고압 5 [m] 이상

【답】 ④

문제 97 22.9[kV] 특고압으로 가공전선과 조영물이 아닌 다른 시설물이 교차하는 경우, 상호간의 이격거리는 몇 [cm] 까지 감할 수 있는가? (단, 전선은 케이블이다.)

① 50　　　　② 60　　　　③ 100　　　　④ 120

[풀이]

특고압 가공전선과 다른 시설물의 접근 또는 교차(판단기준 제131조)
특고압 절연전선 또는 케이블을 사용하는 사용전압이 35[kV]이하의 특고압 가공전선과 다른 시설물 사이의 이격거리는 다음 표와 같이 감 할 수 있다.

다른 시설물의 구분	접근형태	이격거리
조영물의 상부조영재	위쪽	2 [m] (전선이 케이블인 경우에는 1.2 [m])
	옆쪽 또는 아래쪽	1 [m] (전선이 케이블인 경우에는 50 [cm])
조영물의 상부조영재 이외의 부분 또는 **조영물 이외의 시설물**		1 [m] **(전선이 케이블인 경우에는 50 [cm])**

【답】 ①

문제 98 사용전압이 380[V]인 저압 전로의 전선 상호간의 절연저항은 몇 [MΩ] 이상이어야 하는가?

① 0.2　　　　② 0.3　　　　③ 0.4　　　　④ 0.5

저압 전로의 절연 저항 하한값 (기술기준 제52조)

전로의 사용전압의 구분		절연 저항값
400[V] 미만	대지 전압이 150 [V] 이하인 경우	0.1 [MΩ]
	대지 전압이 150 [V] 초과 300 [V] 이하인 경우 (전압측 전선과 중성선 또는 대지간의 절연 저항)	0.2 [MΩ]
	사용 전압이 300 [V] 초과 400 [V] 미만인 경우	**0.3 [MΩ]**
400 [V] 이상		0.4 [MΩ]

[비고] 대지 전압 : 접지식 전로는 전선과 대지간의 전압, 비접지식 전로는 전선간의 전압　【답】②

문제 99

가공전선로의 지지물에 시설하는 지선의 안전율과 허용인장하중의 최저값은?

① 안전율은 2.0이상, 허용인장하중 최저값은 4[kN]

② 안전율은 2.5이상, 허용인장하중 최저값은 4[kN]

③ 안전율은 2.0이상, 허용인장하중 최저값은 4.4[kN]

④ 안전율은 2.5이상, 허용인장하중 최저값은 4.31[kN]

지선의 시설 (판단기준 제67조)
- **안전율 : 2.5 이상**
- **최저 인장 하중 : 4.31 [kN]**
- 2.6 [mm] 이상의 금속선을 3조 이상 꼬아서 사용
- 지중 및 지표상 30 [cm]까지의 부분은 아연도금 철봉 등을 사용
- 지선이 도로를 횡단하는 경우는 지표상 5[m] 이상으로 한다.
  (단, 교통에 지장을 초래할 우려가 없는 경우에는 지표상 4.5[m], 보도 의 경우 2.5[m] 이상)　【답】④

문제 100

단락전류에 의하여 생기는 기계적 충격에 견디는 것을 요구하지 않는 것은?

① 애자　　　② 변압기　　　③ 조상기　　　④ 접지선

발전기 등의 기계적 강도(기술기준 제23조)
발전기, **변압기, 조상기,** 모선 또는 이를 지지하는 **애자는 단락 전류에 의하여 생긴 기계적 충격에 견디는** 것이어야 한다.　【답】④

국가기술자격검정 필기시험 문제

2016년도 전기산업기사 일반검정 제2회

수검 번호	성 명

자격종목 및 등급(선택분야)	종목코드	시험시간	문제지형별		
전기산업기사	2140	2시간 30분	A		

1과목 전기자기학

문제 01 10^{-5}[Wb]와 1.2×10^{-5}[Wb]의 점자극을 공기 중에서 2[cm] 거리에 놓았을 때 극간에 작용하는 힘은 약 몇 [N]인가?

① 1.9×10^{-2} 　　② 1.9×10^{-3} 　　③ 3.8×10^{-2} 　　④ 3.8×10^{-3}

풀이

쿨롱의 법칙 $F = \dfrac{m_1 m_2}{4\pi\mu_0 r^2} = 6.33 \times 10^4 \times \dfrac{m_1 m_2}{r^2}$ [N]에서 $\left(\because \dfrac{1}{4\pi\mu_0} = 6.33 \times 10^4\right)$

$F = 6.33 \times 10^4 \times \dfrac{10^{-5} \times 1.2 \times 10^{-5}}{0.02^2} \fallingdotseq 1.9 \times 10^{-2}$ [N]

【답】①

문제 02 간격 d[m]로 평행한 무한히 넓은 2개의 도체판에 각각 단위면적마다 $+\sigma$[C/m²], $-\sigma$[C/m²]의 전하가 대전되어 있을 때 두 도체간의 전위차는 몇 [V]인가?

① 0 　　② ∞ 　　③ $\dfrac{\sigma}{\epsilon_0}d$ 　　④ $\dfrac{\sigma}{2\epsilon_0}d$

풀이

평행판 전하밀도 σ[C/m²] 가 분포된 경우의 무한 평행판 전극 사이의 내부 전계 E는

$$E = \dfrac{\sigma}{\epsilon_0} \text{[V/m]}$$

$\therefore$ 전위차 $V = Ed = \dfrac{\sigma}{\epsilon_o}d$[V]

【답】③

문제 03 비유전률 ϵ_s에 대한 설명으로 옳은 것은?

① ϵ_s의 단위는 [C/m]이다.
② ϵ_s는 항상 1보다 작은 값이다.
③ ϵ_s는 유전체의 종류에 따라 다르다.
④ 진공의 비유전율은 0이고, 공기의 비유전율은 1이다.

풀이

비 유전율 ϵ_s[F/m]

• 진공의 비유전율 $\epsilon_s = 1$

• ϵ_s는 절연물의 종류에 따라 다르며 그 값은 1보다 크다.　　　　【답】③

문제 04

전자장에 대한 설명으로 틀린 것은?

① 대전된 입자에서 전기력선이 발산 또는 흡수한다.

② 전류(전하이동)는 순환형의 자기장을 이루고 있다.

③ 자석은 독립적으로 존재하지 않는다.

④ 운동하는 전자는 자기장으로부터 힘을 받지 않는다.

풀이

로렌츠의 힘 : 전계와 자계가 동시에 존재 할 때 입자에 작용하는 힘으로

• **전계에서의 힘** $F = qE$ [N]

• **자계에서의 힘** $F = q(v \times B)$ [N]

따라서, 전자장 내에서 운동전하는 $F = qE + q(v \times B) = q(E + v \times B)$ [N]의 힘을 받는다.　　【답】④

문제 05

영구자석의 재료로 사용되는 철에 요구되는 사항으로 옳은 것은?

① 잔류자속밀도는 작고 보자력이 커야 한다.

② 잔류자속밀도와 보자력이 모두 커야 한다.

③ 잔류자속밀도는 크고 보자력이 작아야 한다.

④ 잔류자속밀도는 커야 하나, 보자력이 0이어야 한다.

풀이

• **영구 자석 : 잔류 자속 및 보자력이 커야 한다.**

• 자심 재료 : 잔류 자속은 크고 보자력이 작아야 한다.　　　　【답】②

문제 06

온도가 20[℃]일 때 저항률의 온도계수가 가장 작은 금속은?

① 금　　　　　② 철　　　　　③ 알루미늄　　　　　④ 백금

풀이

금속의 저항률과 온도계수(20[℃])

금　　　속	$\rho \times 10^{-8}$[$\Omega \cdot$m]	저항온도계수(α_{20})
금	2.4	0.0034
철	10	0.0050
알루미늄	2.62	0.0039
백금	10.5	**0.0030**

【답】④

문제 07 대전도체의 성질로 가장 알맞은 것은?

① 도체 내부에 정전에너지가 저축된다.

② 도체 표면의 정전응력은 $\dfrac{\sigma^2}{2\epsilon_0}$ [N/m^2] 이다.

③ 도체 표면의 전계의 세기는 $\dfrac{\sigma^2}{\epsilon_0}$ [V/m] 이다.

④ 도체의 내부전위와 도체 표면의 전위는 다르다.

풀이

- 전하는 도체 내부에는 존재하지 않고, 도체 표면에만 분포한다.
- 도체 표면의 전하 밀도를 σ[c/m^2]이라 하면 **표면상의 정전응력은** $\dfrac{\sigma^2}{2\epsilon_0}$ [N/m^2] 이다.
- 도체 표면의 전계는 $E=\dfrac{\sigma}{\epsilon_0}$ [V/m]이다.
- 도체 표면과 내부의 전위는 동일하고(등전위), 표면은 등전위면이다. 【답】②

문제 08 그림과 같이 영역 $y \leq 0$은 완전 도체로 위치해 있고, 영역 $y \geq 0$은 완전 유전체로 위치해 있을 때, 만일 경계 무한 평면의 도체면상에 면전하 밀도 $\rho_s = 2$[nC/m^2]가 분포되어 있다면 P점 (−4, 1, −5)[m]의 전계의 세기[V/m]는?

① $18\pi a_y$

② $36\pi a_y$

③ $-54\pi a_y$

④ $72\pi a_y$

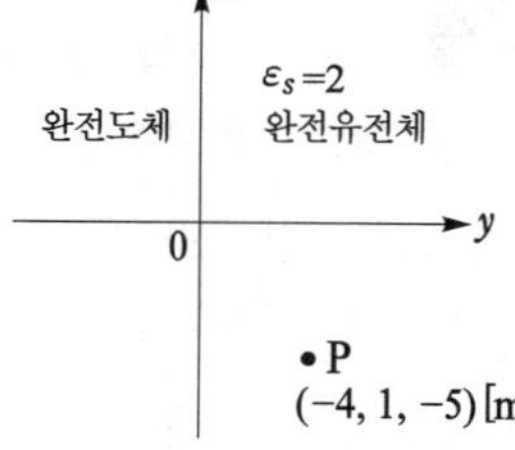

풀이

- 완전도체에서 전하는 z축 면상에만 균일분포
- 전기력선은 도체 외부의 수직 방향인 유전체 내부로 진행(a_y방향)
- 유전체 내부는 평등전계이므로 P점에 관계없이 어느 점이나 전계는 일정

전계의 세기(크기) $E=\dfrac{\rho_s}{\epsilon}=\dfrac{\rho_s}{\epsilon_0\epsilon_s}$

$\rho_s = 2\times 10^{-9}$[C/m^2] $\quad(\dfrac{1}{4\pi\epsilon_0}=9\times 10^9 \quad \therefore \dfrac{1}{\epsilon_0}=36\pi\times 10^9 \quad \epsilon_s=2)$

$\therefore E = 36\pi\times 10^9 \times \dfrac{2\times 10^{-9}}{2} = 36\pi$

$\therefore$ 전계의 세기(벡터) $\boldsymbol{E} = E a_y = 36\pi a_y$[V/m] 【답】②

문제 09 100[mH]의 자기인덕턴스를 갖는 코일에 10[A]의 전류를 통할 때 축적되는 에너지는 몇 [J]인가?

① 1 　　　　　② 5 　　　　　③ 50 　　　　　④ 1000

풀이

• 축적되는 전자에너지 $W = \dfrac{1}{2}LI^2[\text{J}]$에서

전자 에너지 $W = \dfrac{1}{2} \times 100 \times 10^{-3} \times 10^2 = 5[\text{J}]$

【답】 ②

문제 10

각종 전기기기에 접지하는 이유로 가장 옳은 것은?

① 편의상 대지는 전위가 영상 전위이기 때문이다.

② 대지는 습기가 있기 때문에 전류가 잘 흐르기 때문이다.

③ 영상전하로 생각하여 땅속은 음(-) 전하이기 때문이다.

④ 지구의 정전용량이 커서 전위가 거의 일정하기 때문이다.

풀이

지구는 정전 용량이 크므로 많은 전하가 축적되어도 지구의 전위는 일정하다. 따라서 모든 전기 장치를 접지시키고 대지를 실용상 등전위로 한다.

【답】 ④

문제 11

그림과 같이 도선에 전류 $I[\text{A}]$를 흘릴 때 도선의 바로 밑에 자침이 이 도선과 나란히 놓여 있다고 하면 자침의 N극의 회전력의 방향은?

① 지면을 뚫고 나오는 방향이다.

② 지면을 뚫고 들어가는 방향이다.

③ 좌측에서 우측으로 향하는 방향이다.

④ 우측에서 좌측으로 향하는 방향이다.

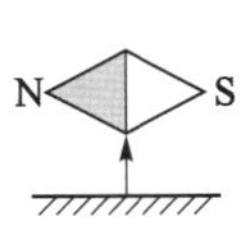

풀이

• 앙페르의 오른나사 법칙에 의해 도선 아래의 자기장 방향 : $\otimes$ (지면 위 → 아래)
• 자침의 N극의 회전방향은 자기장 방향과 일치하므로 지면 위에서 아래로 향하는 방향으로 회전력 작용

【답】 ②

문제 12

점전하 $Q[\text{C}]$에 의한 무한평면 도체의 영상전하는?

① $Q[\text{C}]$보다 작다.　　　　　　② $Q[\text{C}]$보다 크다.

③ $-Q[\text{C}]$와 같다.　　　　　　④ 0

풀이

전기 영상법

그림과 같이 도체 평면 XX'에서 거리 d인 점 P에 점 전하 Q가 있는 경우 도체면에 대하여 대칭인 영상점 P'에 **크기는 점 전하와 같고 부호는 반대인 영상 전하** $-Q$가 있다고 가상하고 해석 한다.

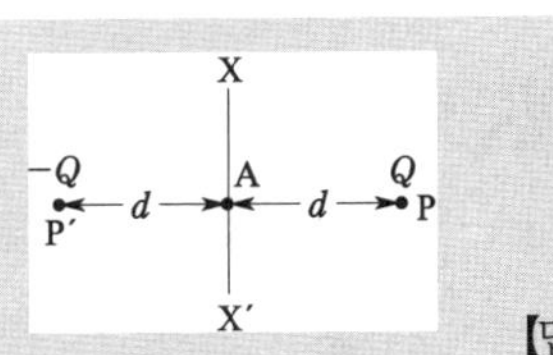

【답】 ③

문제 13

두 자성체 경계면에서 정자계가 만족하는 것은?

① 자계의 법선성분이 같다.

② 자속밀도의 접선성분이 같다.

③ 자속은 투자율이 작은 자성체에 모인다.

④ 양측 경계면상의 두 점간의 자위차가 같다.

풀이

경계조건

① 자계의 접선 성분이 같다. $H_1\sin\theta_1 = H_2\sin\theta_2$

② 자속 밀도의 법선 성분이 같다. $B_1\cos\theta_1 = B_2\cos\theta_2$

③ 자속은 투자율이 높은 쪽으로 모이려는 성질이 있다.

④ **경계면상의 두 점간의 자위차가 같다.**

【답】 ④

문제 14

공간 도체 내에서 자속이 시간적으로 변할 때 성립되는 식은?

① $\mathrm{rot}\, \boldsymbol{E} = \dfrac{\partial \boldsymbol{H}}{\partial t}$

② $\mathrm{rot}\, \boldsymbol{E} = -\dfrac{\partial \boldsymbol{B}}{\partial t}$

③ $\mathrm{div}\, \boldsymbol{E} = -\dfrac{\partial \boldsymbol{B}}{\partial t}$

④ $\mathrm{div}\, \boldsymbol{E} = -\dfrac{\partial \boldsymbol{H}}{\partial t}$

풀이

맥스웰의 제2 기본방정식

$$\mathrm{rot}\, \boldsymbol{E} = -\frac{\partial \boldsymbol{B}}{\partial t}$$

【답】 ②

문제 15

자속밀도가 B인 곳에 전하 Q, 질량 m인 물체가 자속밀도 방향과 수직으로 입사한다. 속도를 2배로 증가시키면, 원운동의 주기는 몇 배가 되는가?

① 1/2   ② 1   ③ 2   ④ 4

풀이

• 가속도 $\omega = \dfrac{v}{r} = \dfrac{eBv}{mv} = \dfrac{eB}{m}\,[\mathrm{rad/s}]$

• 주기 $T = \dfrac{2\pi}{\omega} = \dfrac{2\pi m}{eB}$

따라서, **원운동 주기 T는 속도 v와 무관**하다.

【답】 ②

문제 16

대지 중의 두 전극 사이에 있는 어떤 점의 전계의 세기가 6[V/cm], 지면의 도전율이 10^{-4} [℧/cm]일 때 이 점의 전류 밀도는 몇 [A/cm²]인가?

① 6×10^{-4} ② 6×10^{-3}

③ 6×10^{-2} ④ 6×10^{-1}

전류 밀도 $i = KE = 10^{-4} \times 6 = 6 \times 10^{-4} [\text{A/cm}^2]$

【답】 ①

문제 17 환상 솔레노이드 코일에 흐르는 전류가 2[A]일 때 자로의 자속이 1×10^{-2}[Wb]라고 한다. 코일의 권수를 500회라 할 때 이 코일의 자기인덕턴스는 몇 [H]인가?

① 2.5 ② 3.5 ③ 4.5 ④ 5.5

자기 인덕턴스 $L = \dfrac{N\phi}{I} = \dfrac{500 \times 1 \times 10^{-2}}{2} = 2.5[\text{H}]$

【답】 ①

문제 18 그림과 같은 환상철심에 A, B 의 코일이 감겨있다. 전류 I 가 120[A/s]로 변화할 때, 코일 A에 90[V], 코일 B에 40[V]의 기전력이 유도된 경우, 코일 A의 자기인덕턴스 L_1[H]과 상호 인덕턴스 M[H]의 값은 얼마인가?

① $L_1 = 0.75, \ M = 0.33$

② $L_1 = 1.25, \ M = 0.7$

③ $L_1 = 1.75, \ M = 0.9$

④ $L_1 = 1.95, \ M = 1.1$

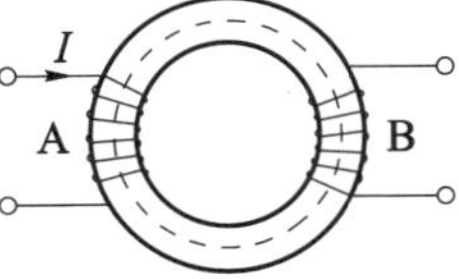

$\dfrac{dI_1}{dt} = 120[\text{A/s}]$일 때 $e_1 = 90\ [\text{V}]$, $e_2 = 40\ [\text{V}]$이므로

• 자기 인덕턴스 : $e_1 = L_1 \dfrac{dI_1}{dt}$ 이므로

$$L_1 = \frac{e_1}{\dfrac{dI_1}{dt}} = \frac{90}{120} = 0.75[\text{H}]$$

• 상호 인덕턴스 : $e_2 = M \dfrac{dI_1}{dt}$ 이므로

$$M = \frac{e_2}{\dfrac{dI_1}{dt}} = \frac{40}{120} = 0.33[\text{H}]$$

【답】 ①

문제 19 진공 중에서 1[μF]의 정전용량을 갖는 구의 반지름은 몇 [km]인가?

① 0.9 ② 9 ③ 90 ④ 900

구도체 정전용량 $C = 4\pi\epsilon_0 a = \dfrac{1}{9 \times 10^9} \times a$ 에서 $\left(\because \dfrac{1}{4\pi\epsilon_0} = 9 \times 10^9 \right)$

$\therefore \ a = 9 \times 10^9 C = 9 \times 10^9 \times 1 \times 10^{-6} = 9 \times 10^3 [\text{m}] = 9[\text{km}]$

【답】 ②

문제 20

표피효과에 관한 설명으로 옳은 것은?

① 주파수가 낮을수록 침투깊이는 작아진다.

② 전도도가 작을수록 침투깊이는 작아진다.

③ 표피효과는 전계 혹은 전류가 도체내부로 들어갈수록 지수함수적으로 적어지는 현상이다.

④ 도체내부의 전계의 세기가 도체표면의 전계세기의 1/2까지 감쇠되는 도체표면에서 거리를 표피두께라 한다.

풀이

전류의 주파수가 증가할수록 도체 내부의 전류 밀도가 지수 함수적으로 감소되는 현상을 표피효과라 한다.

$$\text{표피두께} \quad \delta = \sqrt{\frac{2}{\omega\sigma\mu}} = \sqrt{\frac{1}{\pi f \sigma\mu}} \ [\text{m}]$$

여기서, σ : 도전율, μ : 투자율

따라서, 주파수가 높을수록, 도전율이 높을수록, 투자율이 높을수록 표피 두께 δ가 감소하므로 표피효과는 증대되어 도체의 실효저항이 증가한다. 즉, 도체 내부의 전류밀도가 지수 함수적으로 감소된다.

【답】③

2과목 전력공학

문제 21

인입되는 전압이 정정값 이하로 되었을 때 동작하는 것으로서 단락 고장검출 등에 사용되는 계전기는?

① 접지 계전기　　　　　　　　　② 부족 전압 계전기

③ 역전력 계전기　　　　　　　　④ 과전압 계전기

풀이

① 전압이 정정값 이하 시 동작 : **부족 전압 계전기**
② 전압이 정정값 초과 시 동작 : 과전압 계전기

【답】②

문제 22

배전선로용 퓨즈(Power Fuse)는 주로 어떤 전류의 차단을 목적으로 사용하는가?

① 충전전류　　　　② 단락전류　　　　③ 부하전류　　　　④ 과도전류

풀이

전력용 퓨즈(Power Fuse)는 **단락 보호용**으로 사용된다.

【답】②

문제 23

접촉자가 외기(外氣)로부터 격리되어 있어 아크에 의한 화재의 염려가 없으며 소형, 경량으로 구조가 간단하고 보수가 용이하며 진공 중의 아크 소호 능력을 이용하는 차단기는?

① 유입차단기　　　② 진공차단기　　　③ 공기차단기　　　④ 가스차단기

소호 원리에 따른 차단기의 종류

종 류	약 어	소 호 원 리
유입 차단기	OCB	소호실에서 아크에 의한 절연유 분해 가스의 흡부력을 이용해서 차단
기중 차단기	ACB	대기 중에서 아크를 길게 하여 소호실에서 냉각 차단
자기 차단기	MBB	대기 중에서 전자력을 이용하여 아크를 소호실내로 유도해서 냉각차단
공기 차단기	ABB	압축된 공기를 아크에 불어 넣어서 차단
진공 차단기	VCB	**고진공 중**에서 전자의 고속도 확산에 의해 차단
가스 차단기	GCB	고성능 절연 특성을 가진 특수 가스(SF_6)를 흡수해서 차단

【답】 ②

문제 24

유효낙차 75[m], 최대 사용 수량 200[m³/s], 수차 및 발전기의 합성효율이 70[%]인 수력발전소의 최대출력은 약 몇 [MW] 인가?

① 102.9　　　　② 157.3　　　　③ 167.5　　　　④ 177.8

발전기 최대출력 $P = 9.8QH\eta_t\eta_g[\text{kW}]$에서

$$P = 9.8 \times 200 \times 75 \times 0.7 \times 10^{-3} = 102.9[\text{MW}]$$

【답】 ①

문제 25

서울과 같이 부하밀도가 큰 지역에서는 일반적으로 변전소의 수와 배전거리를 어떻게 결정하는 것이 좋은가?

① 변전소의 수를 감소하고 배전거리를 증가한다.
② 변전소의 수를 증가하고 배전거리를 감소한다.
③ 변전소의 수를 감소하고 배전거리도 감소한다.
④ 변전소의 수를 증가하고 배전거리도 증가한다.

부하 밀도가 큰 지역에서는 **변전소의 수를 증가**해서 담당 용량을 줄이고 **배전 거리를 작게** 해야 전력 손실도 줄어든다.

【답】 ②

문제 26

어떤 가공선의 인덕턴스가 1.6[mH/km]이고, 정전 용량이 0.008[μF/km]일 때 특성 임피던스는 약 몇 [Ω]인가?

① 128　　　　② 224　　　　③ 345　　　　④ 447

특성임피던스 $Z_0 = \sqrt{\dfrac{Z}{Y}} = \sqrt{\dfrac{R+j\omega L}{G+j\omega C}}$ 에서 저항 R과 누설 콘덕턴스 G를 무시하면

특성임피던스 $Z_0 = \sqrt{\dfrac{L}{C}} = \sqrt{\dfrac{1.6 \times 10^{-3}}{0.008 \times 10^{-6}}} \fallingdotseq 447[\Omega]$

【답】 ④

문제 27 중성점 접지방식에서 직접 접지방식을 다른 접지방식과 비교하였을 때 그 설명으로 틀린 것은?

① 변압기의 저감절연이 가능하다.

② 지락 고장시의 이상전압이 낮다.

③ 다중접지사고로의 확대 가능성이 대단히 크다.

④ 보호계전기의 동작이 확실하여 신뢰도가 높다.

풀이

직접 접지 방식의 장·단점
[장점] ① 1선 지락시에 **건전상의 대지 전압이 거의 상승하지 않는다.**
② 피뢰기의 효과를 증진시킬 수 있다.
③ 변압기의 **저감절연(단절연)이 가능**하다.
④ **계전기의 동작이 확실**해진다.
[단점] ① 송전 계통의 과도 안정도가 나빠진다.
② 통신선에 유도 장해가 크다.
③ 기기에 큰 영향을 주어 손상을 준다.
④ 대용량 차단기가 필요하다.

【답】③

문제 28 단선식 전력선과 단선식 통신선이 그림과 같이 근접되었을 때, 통신선의 정전유도전압 E_0는?

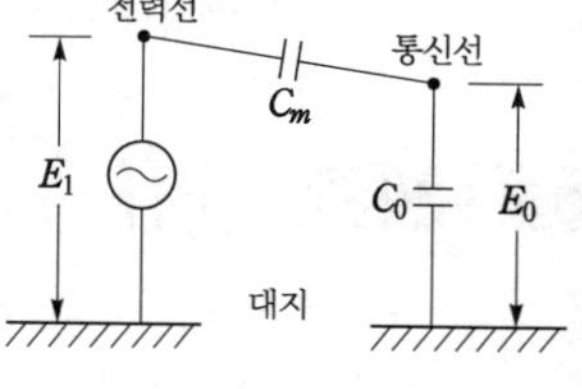

① $\dfrac{C_m}{C_0 + C_m} E_1$

② $\dfrac{C_0 + C_m}{C_m} E_1$

③ $\dfrac{C_0}{C_0 + C_m} E_1$

④ $\dfrac{C_0 + C_m}{C_0} E_1$

풀이

콘덴서 직렬접속 회로로 보면

$$C_m E_m = C_0 E_0 = \frac{C_m C_0}{C_m + C_0} E_1 \ \text{에서}$$

$$(\because Q_m = Q_0 = Q_1)$$

$$\therefore E_0 = \frac{C_m}{C_0 + C_m} E_1$$

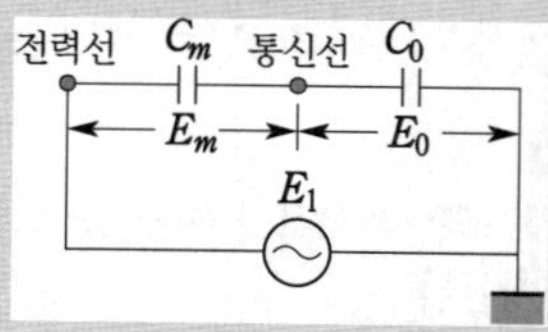

【답】①

문제 29 3상 3선식 복도체 방식의 송전선로를 3상 3선식 단도체 방식 송전선로와 비교한 것으로 알맞은 것은? (단, 단도체의 단면적은 복도체 방식 소선의 단면적 합과 같은 것으로 한다.)

① 전선의 인덕턴스와 정전용량은 모두 감소한다.

② 전선의 인덕턴스와 정전용량은 모두 증가한다.

③ 전선의 인덕턴스는 증가하고, 정전용량은 감소한다.

④ 전선의 인덕턴스는 감소하고, 정전용량은 증가한다.

풀이
복도체의 장점
① 선로의 **인덕턴스 감소**   ② 선로의 **정전용량 증가**
③ 선로의 송전용량 증가   ④ 안정도 증가
⑤ 코로나 개시전압 증가
【답】 ④

문제 30

송전방식에서 선간 전압, 선로 전류, 역률이 일정할 때(3상 3선식/단상 2선식)의 전선 1선당의 전력비는 약 몇 [%]인가?

① 87.5   ② 94.7   ③ 115.5   ④ 141.4

풀이

- 단상 2선식 전력 $P_1 = VI\cos\theta \rightarrow$ 1선당 전력 $\dfrac{VI\cos\theta}{2}$

- 3상 3선식 전력 $P_3 = \sqrt{3}\,VI\cos\theta \rightarrow$ 1선당 전력 $\dfrac{\sqrt{3}\,VI\cos\theta}{3}$

$\therefore$ 1선당의 전력비 $= \dfrac{3상\ 3선식\ 1선당\ 전력}{단상\ 2선식\ 1선당\ 전력} \times 100$

$\qquad = \dfrac{\sqrt{3}\,VI\cos\theta/3}{VI\cos\theta/2} \times 100 = \dfrac{2\times\sqrt{3}}{3} \times 100 = 115.47[\%]$

【답】 ③

문제 31

그림과 같은 열사이클은?

① 재생사이클

② 재열사이클

③ 카르노사이클

④ 재생재열사이클

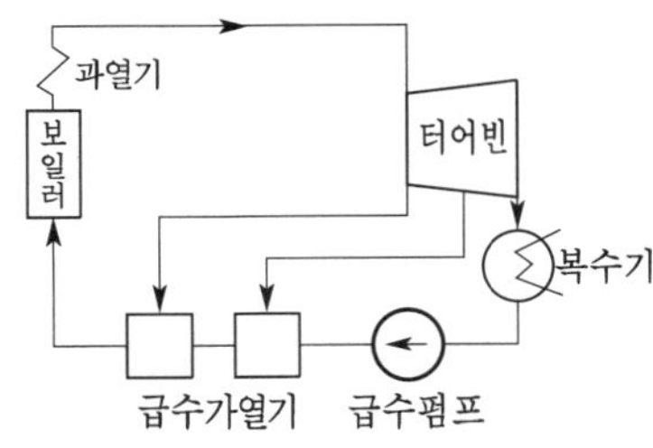

풀이

① **재생 사이클** : 랭킨 사이클의 단열 팽창 중도에서 **증기의 일부를 추기하여 보일러 급수를 가열**함으로써 복수기에서의 열손실을 회수하는 사이클

② 재열 사이클 : 랭킨 사이클의 단열 팽창 중도에서 증기를 다시 과열시켜 과열 증기로 만들어 이것을 다시 단열 팽창시켜 열효율의 향상과 증기 습도 증가에 의한 장해를 적게 하는 사이클

③ 카르노 사이클 : 이상적인 사이클로서 2개의 등온변화와 2개의 단열변화로 이루어져 있으며 모든 사이클 중에서 최고의 열효율을 나타내는 사이클이다.

④ 재생 재열 사이클 : 재생 사이클과 재열 사이클을 겸용하여 전 사이클의 효율을 향상시킨 사이클

【답】 ①

문제 32

고압 배전선로의 선간전압을 3300[V]에서 5700[V]로 승압하는 경우, 같은 전선으로 전력손실을 같게 한다면 약 몇 배의 전력[kW]을 공급할 수 있는가?

① 1   ② 2   ③ 3   ④ 4

풀이

① 전력손실이 동일 한 경우

- 전력손실 $P_{l1} = 3I_1^2 R = 3 \times \left(\dfrac{P_1}{\sqrt{3}\, V_1 \cos\theta} \right)^2 \times R = \dfrac{R P_1^2}{V_1^2 \cos^2\theta}$

- 전력손실 $P_{l2} = 3I_2^2 R = 3 \times \left(\dfrac{P_2}{\sqrt{3}\, V_2 \cos\theta} \right)^2 \times R = \dfrac{R P_2^2}{V_2^2 \cos^2\theta}$

전력손실이 동일하므로 $P_{l1} = P_{l2}$

$$\dfrac{R P_1^2}{V_1^2 \cos^2\theta} = \dfrac{R P_2^2}{V_2^2 \cos^2\theta} \qquad \therefore \dfrac{P_1}{V_1} = \dfrac{P_2}{V_2}$$

따라서, $P_2 = \dfrac{V_2}{V_2} \times P_1 = \dfrac{5700}{3300} \times P_1 = 1.73 P_1$ (답이 없음)

② 전력손실률이 동일 한 경우

- 전력 손실률 $h_1 = \dfrac{P_{l1}}{P_1} = \dfrac{R P_1}{V_1^2 \cos^2\theta}$

- 전력 손실률 $h_2 = \dfrac{P_{l2}}{P_2} = \dfrac{R P_2}{V_2^2 \cos^2\theta}$

전력손실률이 동일하므로 $h_1 = h_2$

$$\dfrac{R P_1}{V_1^2 \cos^2\theta} = \dfrac{R P_2}{V_2^2 \cos^2\theta}$$

따라서, $P_2 = \left(\dfrac{V_2}{V_1} \right)^2 \times P_1 = \left(\dfrac{5700}{3300} \right)^2 \times P_1 = 2.98 P_1$

참고로 이 문제는 **"전력손실을 같게 한다"**는 조건이 아니라 **"전력손실률을 같게 한다"** 는 조건으로 변경되어야 한다.

【답】③

문제 33 터빈 발전기의 냉각방식에 있어서 수소냉각방식을 채택하는 이유가 아닌 것은?

① 코로나에 의한 손실이 적다.

② 수소 압력의 변화로 출력을 변화시킬 수 있다.

③ 수소의 열전도율이 커서 발전기 내 온도상승이 저하한다.

④ 수소 부족시 공기와 혼합사용이 가능하므로 경제적이다.

풀이

수소 냉각의 장·단점

1) 장점
- 수소의 밀도는 공기의 약 7[%]이므로 풍손이 공기냉각에 비해 1/10로 감소
- 냉각효과가 크다.
- 수소는 공기보다 불활성이므로 코일의 절연 수명이 길게 된다.
- 전폐형으로 함으로서 불순물의 침입이 없고 소음을 현저하게 감소시킨다.
- 코로나 전압이 높아 코로나의 발생이 적다.

2) 단점
- **수소와 공기가 적당히 혼합 시 폭발**하게 된다.
- 설비비가 많이 든다.

【답】④

그림과 같이 지지점 A, B, C에는 고저차가 없으며, 경간 AB와 BC 사이에 전선이 가설되어, 그 이도가 12[cm]이었다. 지금 경간 AC의 중점인 지지점 B에서 전선이 떨어져서 전선의 이도가 D로 되었다면 D는 몇 [cm] 인가?

① 18

② 24

③ 30

④ 36

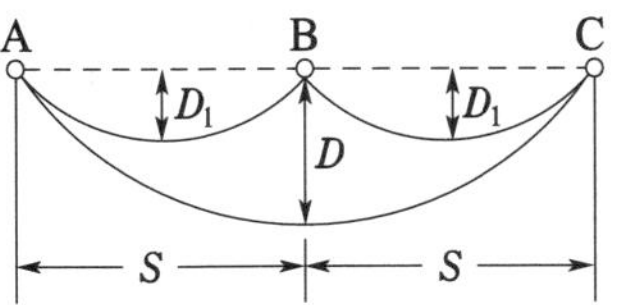

풀이

AB 및 BC 사이의 전선의 길이를 L_1 이라하고 AC 사이의 전선의 길이를 L라고 하면

$$L_1 = S + \frac{8D_1^2}{3S}, \qquad L = 2S + \frac{8D^2}{3 \times 2S}$$

전선의 실제 길이는 떨어지기 전과 떨어진 후가 같으므로

$$2L_1 = L$$

$$2\left(S + \frac{8D_1^2}{3S}\right) = 2S + \frac{8D^2}{3 \times 2S}$$

$$\frac{8D^2}{3 \times 2S} = 2\left(S + \frac{8D_1^2}{3S}\right) - 2S = \frac{2 \times 8D_1^2}{3S}$$

$$\therefore D = \sqrt{4D_1^2} = 2D_1 = 2 \times 12 = 24[cm]$$

【답】②

송배전 선로에서 내부 이상전압에 속하지 않는 것은?

① 개폐 이상전압

② 유도뢰에 의한 이상전압

③ 사고시의 과도 이상전압

④ 계통 조작과 고장시의 지속 이상전압

풀이

① 내부 이상 전압 : 내부 이상전압은 계통 조작 시 또는 고장 발생 시 발생하며 그 종류는 다음과 같다.
- 개폐 이상전압
- 사고시의 과도 이상전압
- 계통 조작과 고장시의 지속 이상전압

② **외부 이상 전압**
- 직격뢰에 의한 이상전압
- **유도뢰에 의한 이상전압**
- 타선과의 혼촉 시 발생하는 이상전압

【답】②

설비용량 800[kW], 부등률 1.2, 수용률 60[%]일 때, 변전시설 용량은 최저 약 몇 [kVA] 이상이어야 하는가? (단, 역률은 90[%] 이상 유지되어야 한다.)

① 450   ② 500   ③ 550   ④ 600

풀이

$$\text{변전 설비용량} = \text{변압기 용량} = \frac{\text{설비 용량} \times \text{수용률}}{\text{부등률} \times \text{역률}} [kVA] = \frac{800 \times 0.6}{1.2 \times 0.9} \fallingdotseq 444.44 [kVA] \quad 【답】 ①$$

문제 37 소호리액터 접지방식에 대하여 틀린 것은?

① 지락전류가 적다.

② 전자유도장애를 경감할 수 있다.

③ 지락 중에도 송전이 계속 가능하다.

④ 선택지락계전기의 동작이 용이하다.

풀이

소호리액터 접지방식은 중성점을 송전 선로의 대지 정전 용량과 공진하는 리액터를 통해 접지하는 방식으로 지락 사고시 지락 전류가 최소가 된다. 따라서 전자 유도 장해가 최소화 되며 지락 사고 중에도 송전이 가능하나 **선택 지락 계전기의 동작이 곤란한 단점**이 있다. 　　　　　　　　　　【답】 ④

문제 38 전력원선도에서 알 수 없는 것은?

① 조상용량　　　　　　　　　　　② 선로손실

③ 송전단의 역률　　　　　　　　　④ 정태안정 극한전력

풀이

① 전력원선도에서 알 수 있는 사항
- 정태안정 극한전력　　　　　　• 송·수전할 수 있는 최대전력
- 선로손실과 송전효율　　　　　• 수전단의 역률
- 조상용량　　　　　　　　　　• 필요한 전력을 보내기 위한 송·수전단 전압간의 상차각

② **원선도에서 구할 수 없는 것**
- 과도 안정 극한전력　　　　　　• 코로나 손실
- **송전단의 역률** 　　　　　　　　　　　　　　　　　　　　　　【답】 ③

문제 39 피뢰기의 제한전압이란?

① 피뢰기의 정격전압

② 상용주파수의 방전개시전압

③ 피뢰기 동작 중 단자전압의 파고치

④ 속류의 차단이 되는 최고의 교류전압

풀이

① 피뢰기의 정격전압 : 속류의 차단이 되는 최고의 교류전압
② 상용주파 방전 개시전압 : 상용주파수의 방전개시 전압(실효값)
③ **제한 전압 : 피뢰기 동작 중에 계속해서 걸리고 있는 단자 전압의 파고값**
④ 충격 방전 개시전압 : 피뢰기 단자간에 충격전압을 인가하였을 때 방전을 개시하는 전압 【답】 ③

문제 40

200 [kVA] 단상 변압기 3대를 △결선에 의하여 급전하고 있는 경우 1대의 변압기가 소손되어 V결선으로 사용하였다. 이때의 부하가 516 [kVA] 라고 하면 변압기는 약 몇 [%]의 과부하가 되는가?

① 119　　　② 129　　　③ 139　　　④ 149

풀이

V결선 출력 $P_V = \sqrt{3}\,P_1 = \sqrt{3} \times 200\,[\text{kVA}]$

과부하율 $= \dfrac{P_L}{P_V} \times 100 = \dfrac{516}{\sqrt{3} \times 200} \times 100 = 149\,[\%]$　　【답】④

3과목　전기기기

문제 41

6600/210[V], 10[kVA] 단상 변압기의 퍼센트 저항 강하는 1.2[%], 리액턴스 강하는 0.9[%]이다. 임피던스 전압[V]은?

① 99　　　② 81　　　③ 65　　　④ 37

풀이

퍼센트 저항 강하 $\%R = 1.2\,[\%]$, 퍼센트 리액턴스 강하 $\%X = 0.9\,[\%]$이므로

퍼센트 임피던스 강하 $\%Z$는

$\%Z = \sqrt{\%R^2 + \%X^2} = \sqrt{1.2^2 + 0.9^2} = 1.5\,[\%]$

$\%Z = \dfrac{V_s}{V_{1n}} \times 100\,[\%]$에서

$\therefore$ 임피던스 전압 $V_s = \dfrac{\%Z \times V_{1n}}{100} = \dfrac{1.5 \times 6600}{100} = 99\,[\text{V}]$　　【답】①

문제 42

2대의 같은 정격의 타여자 직류발전기가 있다. 그 정격은 출력 10 [kW], 전압 100 [V], 회전속도 1500 [rpm] 이다. 이 2대를 카프법에 의해서 반환부하시험을 하니 전원에서 흐르는 전류는 22 [A] 이었다. 이 결과에서 발전기의 효율은 약 몇 [%] 인가? (단, 각 기의 계자저항손은 각각 200 [W]라고 한다.)

① 88.5　　　② 87　　　③ 80.6　　　④ 76

풀이

전원에서 흐르는 전류는 전부 손실 전류(기계손 + 철손) 이므로

- 발전기 2대에 대한 손실 $P_{l0} = VI_0 = 100 \times 22 = 2200\,[\text{W}] = 2.2\,[\text{kW}]$
- 발전기 1대의 계자저항손 $P_{lf} = 200\,[\text{W}]$

따라서, 전체 손실은 $P_l = \dfrac{1}{2}P_{l0} + P_{lf} = \dfrac{2.2}{2} + 0.2 = 1.3\,[\text{kW}]$

발전기의 효율 η_g는

$$\therefore \eta_g = \frac{출력}{출력 + 손실} \times 100 = \frac{10}{10 + 1.3} \times 100 = 88.5[\%]$$

【답】①

문제 43

변압기 1차측 공급전압이 일정할 때, 1차코일 권수를 4배로 하면 누설리액턴스와 여자전류 및 최대자속은? (단, 자로는 포화상태가 되지 않는다.)

① 누설 리액턴스 = 16, 여자 전류 = $\frac{1}{4}$, 최대 자속 = $\frac{1}{16}$

② 누설 리액턴스 = 16, 여자 전류 = $\frac{1}{16}$, 최대 자속 = $\frac{1}{4}$

③ 누설 리액턴스 = $\frac{1}{16}$, 여자 전류 = 4, 최대 자속 = 16

④ 누설 리액턴스 = 16, 여자 전류 = $\frac{1}{16}$, 최대 자속 = 4

풀이

① 인덕턴스 $L = \frac{\mu A N^2}{l}$ 에서 $L \propto N^2$ 이므로 권수 N을 4배하면 누설리액턴스(ωL)는 16배가 된다.

② 여자 전류 $I_0 = \frac{V_1}{\omega L_1} \propto \frac{1}{L} \propto \frac{1}{N^2}$

따라서, $I_0 : I_0' = \frac{1}{N^2} : \frac{1}{(4N)^2}$, $I_0' = \frac{1}{16} I_0$

③ 최대자속 $\phi_m = \sqrt{2}\,\phi = \frac{\sqrt{2}\,V_1}{\omega N_1}$ 에서 $\phi_m \propto \frac{1}{N}$

따라서, 권수 N을 4배로 하면 최대자속 ϕ_m은 $\frac{1}{4}$로 감소한다.

【답】②

문제 44

직류전동기의 속도제어 방법에서 광범위한 속도제어가 가능하며, 운전효율이 가장 좋은 방법은?

① 계자제어　　　　　　　　　　② 전압제어

③ 직렬 저항제어　　　　　　　　④ 병렬 저항제어

풀이

직류 전동기의 속도 제어법 비교

구 분	제어 특성	특 징
계자 제어법	•정출력 제어	• 속도 제어 범위가 좁다.
전압 제어법	•정토크 제어 ┌ 워드 레오나드 방식 └ 일그너 방식	• **제어 범위가 넓다.** • **손실이 매우 적다.** • 정역 운전이 가능 • 압연기나 권상기 등의 속도제어에 사용 • 설비비가 많이 든다.
직렬 저항법		• 효율이 나쁘다.

【답】②

문제 45 직류전동기의 발전제동 시 사용하는 저항의 주된 용도는?

① 전압강하

② 전류의 감소

③ 전력의 소비

④ 전류의 방향전환

풀이

발전 제동 : 전동기를 전원으로부터 분리한 후 1차측에 직류전원을 공급하여 발전기로 동작시킨 후 발생된 **전력을 저항에서 열로 소비**시키는 방법

【답】③

문제 46 동기발전기의 병렬운전에서 일치하지 않아도 되는 것은?

① 기전력의 크기

② 기전력의 위상

③ 기전력의 극성

④ 기전력의 주파수

풀이

동기발전기의 **병렬운전 조건**

① 기전력의 **크기**가 같을 것

② 기전력의 **위상**이 같을 것

③ 기전력의 **주파수**가 같을 것

④ 기전력의 **파형**이 같을 것

⑤ 상회전 방향이 같을 것

【답】③

문제 47 100[kVA], 6000/200[V], 60[Hz]이고 %임피던스 강하 3[%]인 3상 변압기의 저압측에 3상 단락이 생겼을 경우의 단락전류는 약 몇 [A]인가?

① 5650

② 9623

③ 17000

④ 75000

풀이

$$단락전류 \quad I_s = \frac{100}{\%Z}I_n = \frac{100}{3} \times \frac{100 \times 10^3}{\sqrt{3} \times 200} = 9622.5[A]$$

【답】②

문제 48 구조가 회전 계자형으로 된 발전기는?

① 동기 발전기

② 직류 발전기

③ 유도 발전기

④ 분권 발전기

풀이

회전 계자형은 전기자를 고정자로 하고, 계자극을 회전자로 한 것으로 발전기 중 현재 가장 많이 사용되고 있는 **동기 발전기는 회전 계자형**으로 되어 있다.

【답】①

문제 49 전기설비 운전 중 계기용 변류기(CT)의 고장발생으로 변류기를 개방할 때 2차 측을 단락해야 하는 이유는?

① 2차 측의 절연 보호

② 1차 측의 과전류 방지

③ 2차 측의 과전류 보호

④ 계기의 측정 오차 방지

변류기의 2차측을 개방하면 1차 전류가 모두 여자 전류가 되어 2차 권선에 매우 높은 전압이 유기되어 절연이 파괴되고 소손될 염려가 있다. 따라서, **2차 측의 절연을 보호**하기 위해서는 변류기를 개방하기 전에 **2차측을 반드시 단락**해야 한다. 【답】 ①

문제 50 코일피치와 자극피치의 비를 β라 하면 기본파 기전력에 대한 단절계수는?

① $\sin\beta\pi$ ② $\cos\beta\pi$ ③ $\sin\dfrac{\beta\pi}{2}$ ④ $\cos\dfrac{\beta\pi}{2}$

• 기본파에 대한 **단절권 계수** $K_p = \sin\dfrac{\beta\pi}{2}$

• n차 고조파에 단절권 계수 $K_{pn} = \sin\dfrac{n\beta\pi}{2}$

여기서, $\beta = \dfrac{\text{코일간격}}{\text{극간격}}$ 【답】 ③

문제 51 8극 6[Hz]의 유도 전동기가 부하를 연결하고 864[rpm]으로 회전할 때 54.134[kg·m]의 토크를 발생 시 동기와트는 약 몇 [kW]인가?

① 48 ② 50 ③ 52 ④ 54

정답이 없는 관계로 모두 정답 처리 하였음 【답】 ①, ②, ③, ④
그러나, **문제에서 주파수가 6[Hz]가 아니고 60[Hz]로 주어진 경우에는**

• 동기속도 $N_s = \dfrac{120f}{p} = \dfrac{120 \times 60}{8} = 900\,[\text{rpm}]$

• 동기와트(2차입력) $P_2 = 2\pi n_s T[\text{W}]$에서

$$P_2 = 2\pi \times \dfrac{900}{60} \times 54.134 \times 9.8 \times 10^{-3} = 50[\text{kW}]$$

여기서, n_s : 동기속도[rps], T : 토크[N·m] (1[kg·m]=9.8[N·m]) 【답】 ②

문제 52 화학공장에서 선로의 역률은 앞선 역률 0.7 이었다. 이 선로에 동기 조상기를 병렬로 결선 해서 과여자로 하면 선로의 역률은 어떻게 되는가?

① 뒤진 역률이며 역률은 더욱 나빠진다.
② 뒤진 역률이며 역률은 더욱 좋아진다.
③ 앞선 역률이며 역률은 더욱 좋아진다.
④ 앞선 역률이며 역률은 더욱 나빠진다.

동기조상기의 운전
• 과여자 운전 : 콘덴서 작용 – 진상 전류

문제 53　유도 전동기에서 인가전압이 일정하고 주파수가 정격 값에서 수 [%] 감소할 때 나타나는 현
상 중 틀린 것은?

① 철손이 증가한다.　　　　　　　　　② 효율이 나빠진다.

③ 동기 속도가 감소한다.　　　　　　　④ 누설 리액턴스가 증가한다.

풀이

① • 와류손 $P_e = KE^2$: 주파수와 무관하고 전압의 자승에 비례

　• 히스테리시스손 $P_h = K\dfrac{E^2}{f}$: 주파수에 반비례 하고 전압의 자승

　따라서, 주파수가 낮아지면 와류손은 변함이 없으나, 히스테리시스손이 증가하여 전체적으로 철손
　은 증가하게 된다 (철손 = 히스테리시스손 + 와전류손)

② 주파수가 낮아져서 철손이 증가하면 효율은 나빠진다.

③ 동기속도 $N_s = \dfrac{120f}{p}$ [rpm]에서 주파수가 낮아지면 동기속도는 감소한다.

④ **누설리액턴스** $X_L = 2\pi f L[\Omega]$에서 **주파수가 낮아지면 누설리액턴스도 낮아진다.**　　【답】 ④

문제 54　정격전압 200[V], 전기자 전류 100[A]일 때 1000[rpm]으로 회전하는 직류 분권전동기가
있다. 이 전동기의 무부하 속도는 약 몇 [rpm]인가? (단, 전기자 저항은 0.15[Ω]이고 전기
자 반작용은 무시한다.)

① 981　　　　　　　② 1081　　　　　　　③ 1100　　　　　　　④ 1180

풀이

$I_a = 100$[A]일 때의 역기전력　$E_c = V - I_a R_a = 200 - (100 \times 0.15) = 185$[V]

$I_a = 0$일 때의 역기전력　$E_{c0} = 200$[V] $(\because I_a = 0)$

전기자 반작용을 무시하면 $E = k\phi N$에서 $E \propto N$ 이므로

$E_{c0} : E_c = N_0 : N$

$200 : 185 = N_0 : 1000$

$\therefore N_0 = \dfrac{200}{185} \times 1000 \fallingdotseq 1081$[rpm]　　　　　　　　　　　　　　　【답】 ②

문제 55　단상 유도 전동기를 기동 토크가 큰 것부터 낮은 순서로 배열한 것은?

① 모노사이클릭형 → 반발 유도형 → 반발 기동형 → 콘덴서 기동형 → 분상 기동형

② 반발 기동형 → 반발 유도형 → 모노사이클릭형 → 콘덴서 기동형 → 분상 기동형

③ 반발 기동형 → 반발 유도형 → 콘덴서 기동형 → 분상 기동형 → 모노사이클릭형

④ 반발 기동형 → 분상 기동형 → 콘덴서 기동형 → 반발 유도형 → 모노사이클릭형

풀이

단상 유도 전동기에서 기동 토크가 큰 것부터 순서로 배열하면
반발 기동형 > 반발 유도형 > 콘덴서 기동형 > 분상 기동형 > 세이딩 코일형 > 모노사이클릭형 순이다.

【답】③

문제 56

유도 전동기에서 여자전류는 극수가 많아지면 정격 전류에 대한 비율이 어떻게 변하는가?

① 커진다.   ② 불변이다.

③ 적어진다.   ④ 반으로 줄어든다.

풀이

유도전동기의 자기회로에는 공극이 있기 때문에 정격전류에 대한 여자전류의 비율은 매우 크며 일반적으로 전부하 전류의 25~50[%]에 이른다. 정격전류에 대한 **여자전류의 비는 전동기의 용량이 적을수록 크고, 동일용량의 전동기에서는 극수가 많을수록 크다.**

【답】①

문제 57

브러시를 이동하여 회전속도를 제어하는 전동기는?

① 반발 전동기   ② 단상 직권전동기

③ 직류 직권전동기   ④ 반발기동형 단상유도전동기

풀이

반발 전동기는 브러시 이동만으로 기동, 정지, 속도 제어가 가능하다.

【답】①

문제 58

일정한 부하에서 역률 1로 동기전동기를 운전하는 중 여자를 약하게 하면 전기자 전류는

① 진상전류가 되고 증가한다.   ② 진상전류가 되고 감소한다.

③ 지상전류가 되고 증가한다.   ④ 지상전류가 되고 감소한다.

풀이

위상 특성 곡선(V곡선)에서 보는 바와 같이 **여자 전류(I_f)를 감소시키면 역률은 뒤지고 전기자 전류는 증가**한다.

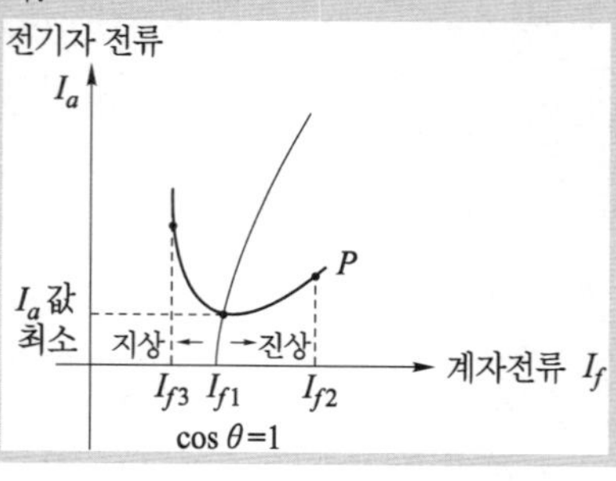

【답】③

문제 59

직류기의 전기자권선 중 중권 권선에서 뒤피치가 앞피치보다 큰 경우를 무엇이라 하는가?

① 진권   ② 쇄권   ③ 여권   ④ 장절권

- **진권** : 권선의 진행 방향은 시계 방향의 방사형이며, **후절(뒤피치)이 전절(앞피치)보다 크다.**
- **누권(역진권)** : 권선 방향은 반시계 방향으로 감겨지게 되고 후절(뒤피치)이 전절(앞피치)보다 적다.

【답】 ①

문제 60

4극 7.5[kW], 200[V], 60[Hz]인 3상 유도전동기가 있다. 전부하에서의 2차 입력이 7950[W]이다. 이 경우의 2차 효율은 약 몇 [%] 인가? (단, 기계손은 130[W]이다.)

① 92   ② 94   ③ 96   ④ 98

$P_2 = P_0 + P_{c2} + P_m$ 에서

$$P_{c2} = P_2 - P_0 - P_m = 7950 - 7500 - 130 = 320 \ [\text{W}]$$

$P_{c2} = sP_2$ 에서

$$s = \frac{P_{c2}}{P_2} = \frac{320}{7950} = 0.04$$

$$\eta_2 = 1 - s = 1 - 0.04 = 0.96 = 96[\%]$$

【답】 ③

4과목 회로이론

문제 61

그림과 같이 높이가 1인 펄스의 라플라스 변환은?

① $\dfrac{1}{s}\left(e^{-as} + e^{-bs}\right)$

② $\dfrac{1}{a-b}\left(\dfrac{e^{-as} + e^{-bs}}{1}\right)$

③ $\dfrac{1}{s}\left(e^{-as} - e^{-bs}\right)$

④ $\dfrac{1}{a-b}\left(\dfrac{e^{-as} - e^{-bs}}{s}\right)$

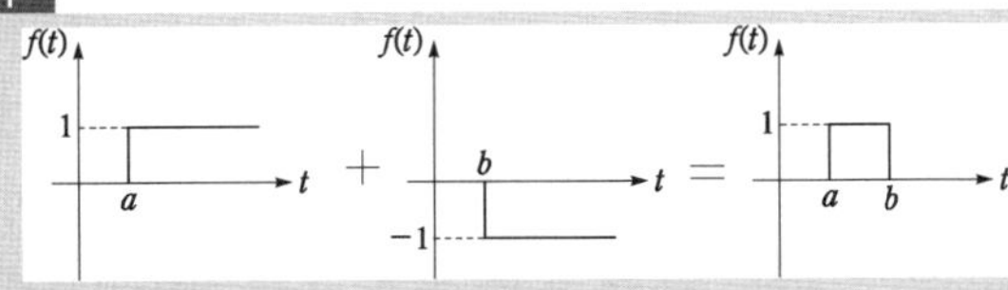

$f(t) = u(t-a) - u(t-b)$ 이므로

$$\mathcal{L}[f(t)] = \mathcal{L}[u(t-a)] - \mathcal{L}[u(t-b)] = \left\{\frac{e^{-as}}{s} - \frac{e^{-bs}}{s}\right\} = \frac{1}{s}\left(e^{-as} - e^{-bs}\right)$$

【답】 ③

문제 62

비대칭 다상 교류가 만드는 회전 자계는?

① 교번자기장   ② 타원형 회전자기장

③ 원형 회전자기장   ④ 포물선 회전자기장

풀이

회전자계
① 대칭 전류 : 원형 회전 자계 형성
② **비대칭** 전류 : **타원 회전 자계** 형성

【답】 ②

문제 63

다음 방정식에서 $\dfrac{X_3(s)}{X_1(s)}$ 를 구하면?

$$\begin{cases} x_2(t) = \dfrac{d}{dt}x_1(t) \\ x_3(t) = x_2(t) + 3\displaystyle\int x_3(t)dt + 2\dfrac{d}{dt}x_2(t) - 2x_1(t) \end{cases}$$

① $\dfrac{s(2s^2+s-2)}{s-3}$ ② $\dfrac{s(2s^2-s-2)}{s-3}$

③ $\dfrac{2(s^2+s+2)}{s-3}$ ④ $\dfrac{(2s^2+s+2)}{s-3}$

풀이

라플라스 변환하면,
$$X_2(s) = sX_1(s)$$
$$X_3(s) = X_2(s) + \frac{3}{s}X_3(s) + 2sX_2(s) - 2X_1(s)$$
위 두 식에서 $X_2(s)$를 소거하면,
$$X_3(s) = sX_1(s) + \frac{3}{s}X_3(s) + 2s^2X_1(s) - 2X_1(s)$$
$$\left(1 - \frac{3}{s}\right)X_3(s) = (2s^2+s-2)X_1(s)$$
$$\therefore \frac{X_3(s)}{X_1(s)} = \frac{2s^2+s-2}{1-\dfrac{3}{s}} = \frac{s(2s^2+s-2)}{s-3}$$

【답】 ①

문제 64

그림과 같은 회로의 전달함수는? (단, 초기조건은 0이다.)

① $\dfrac{R_2 + Cs}{R_1 + R_2 + Cs}$ ② $\dfrac{R_1 + R_2 + Cs}{R_1 + Cs}$

③ $\dfrac{R_2Cs + 1}{R_2Cs + R_1Cs + 1}$ ④ $\dfrac{R_1Cs + R_2Cs + 1}{R_2Cs + 1}$

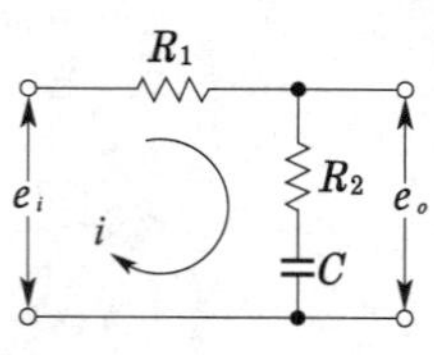

풀이

$$G(s) = \frac{e_o(s)}{e_i(s)} = \frac{R_2 + \dfrac{1}{Cs}}{R_1 + R_2 + \dfrac{1}{Cs}} = \frac{R_2Cs + 1}{R_2Cs + R_1Cs + 1}$$

【답】 ③

그림과 같은 반파 정현파의 실효값은?

① $\dfrac{1}{\sqrt{2}}I_m$ 　　② $\dfrac{2}{\pi}I_m$

③ $\dfrac{1}{\pi}I_m$ 　　④ $\dfrac{1}{2}I_m$

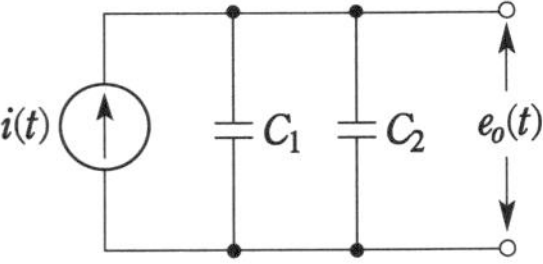

풀이

실효값 $I=\sqrt{\dfrac{1}{T}\displaystyle\int_0^T i^2 dt}=\sqrt{\dfrac{1}{2\pi}\displaystyle\int_0^{2\pi} i^2 d(\omega t)}$ 에서 반파 정류파는 $\pi\sim2\pi$일 때 $i=0$ 이므로

$$I=\sqrt{\dfrac{1}{2\pi}\int_0^\pi i^2 d(\omega t)}=\sqrt{\dfrac{1}{2\pi}\int_0^\pi I_m^2 \sin^2\omega t\, d(\omega t)}=\sqrt{\dfrac{I_m^2}{2\pi}\int_0^\pi \dfrac{1-\cos2\omega t}{2} d(\omega t)}=\dfrac{I_m}{2}$$

$$\left(\because \sin^2\omega t=\dfrac{1-\cos2\omega t}{2},\ \cos^2\omega t=\dfrac{1+\cos2\omega t}{2}\right)$$

【답】 ④

다음과 같은 회로의 전달함수 $\dfrac{E_o(s)}{I(s)}$ 는?

① $\dfrac{1}{s(C_1+C_2)}$ 　　② $\dfrac{C_1 C_2}{(C_1+C_2)}$

③ $\dfrac{C_1}{s(C_1+C_2)}$ 　　④ $\dfrac{C_2}{s(C_1+C_2)}$

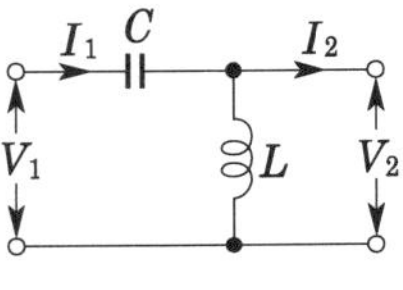

풀이

$$i(t)=C_1\dfrac{d}{dt}e_o(t)+C_2\dfrac{d}{dt}e_o(t)$$

초기값을 0으로 하고 라플라스 변환하면
$$I(s)=C_1 s E_o(s)+C_2 s E_o(s)=(C_1 s+C_2 s)E_o(s)$$

$$\therefore G(s)=\dfrac{E_o(s)}{I(s)}=\dfrac{1}{C_1 s+C_2 s}=\dfrac{1}{s(C_1+C_2)}$$

【답】 ①

그림과 같은 L형 회로의 4단자 A, B, C, D 정수 중 A는?

① $1+\dfrac{1}{\omega LC}$ 　　② $1-\dfrac{1}{\omega^2 LC}$

③ $1+\dfrac{1}{j\omega L}$ 　　④ $\dfrac{1}{2\sqrt{LC}}$

풀이

$$\begin{bmatrix} A & B \\ C & D \end{bmatrix}=\begin{bmatrix} 1 & \dfrac{1}{j\omega C} \\ 0 & 1 \end{bmatrix}\begin{bmatrix} 1 & 0 \\ \dfrac{1}{j\omega L} & 1 \end{bmatrix}=\begin{bmatrix} 1-\dfrac{1}{\omega^2 LC} & \dfrac{1}{j\omega C} \\ \dfrac{1}{j\omega L} & 1 \end{bmatrix}$$

【답】 ②

문제 68 다음 회로에서 I를 구하면 몇 [A]인가?

① 2

② -2

③ -4

④ 4

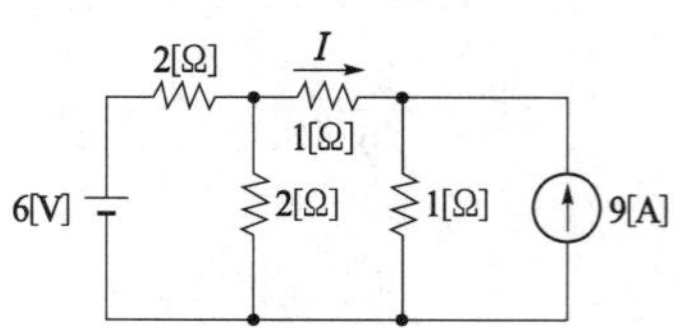

풀이

① [그림 (a), (b)]에서 전류원 개방시 I'는

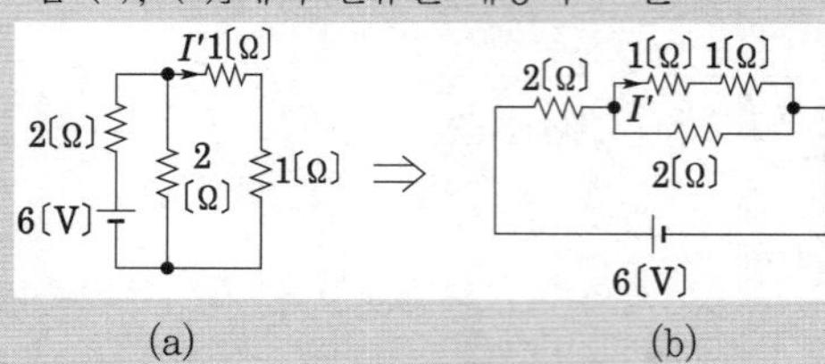

(a)   (b)

전체전류 $I = \dfrac{6}{2 + \dfrac{2 \times 2}{2+2}} = 2\,[\text{A}]$

$1[\Omega]$의 저항에 흐르는 전류 I'는

$$I' = 2 \times \frac{2}{(1+1)+2} = 1\,[\text{A}]$$

② [그림 (c), (d)]에서 전압원 단락시 I''는

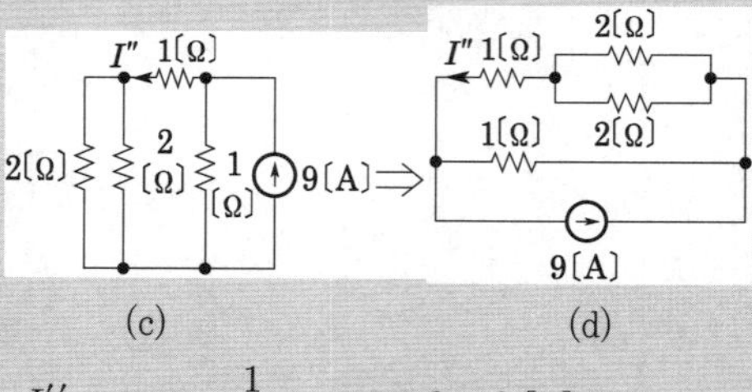

(c)   (d)

$$I'' = \frac{1}{\left(1 + \dfrac{2 \times 2}{2+2}\right) + 1} \times 9 = 3\,[\text{A}]$$

$I'' > I'$ 이고 I''의 방향이 **문제에서 주어진 방향과 반대** 이므로

$$I = I' - I'' = 1 - 3 = -2\,[\text{A}]$$

【답】 ②

문제 69 인덕턴스 L[H] 및 커패시턴스 C[F]를 직렬로 연결한 임피던스가 있다. 정저항 회로를 만들기 위하여 그림과 같이 L 및 C의 각각에 서로 같은 저항 $R[\Omega]$을 병렬로 연결할 때, $R[\Omega]$은 얼마인가? (단, $L = 4[\text{mH}]$, $C = 0.1[\mu\text{F}]$이다.)

① 100

② 200

③ 2×10^{-5}

④ 0.5×10^{-2}

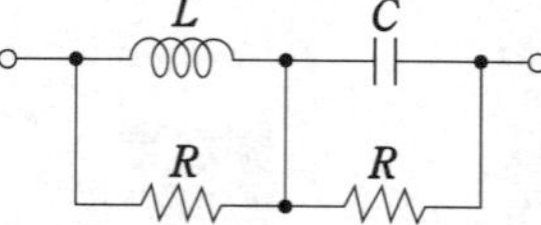

풀이

정저항 회로조건 $R = \sqrt{\dfrac{L}{C}}$ 에서 $R = \sqrt{\dfrac{4 \times 10^{-3}}{0.1 \times 10^{-6}}} = 200\,[\Omega]$

【답】 ②

두 개의 회로망 N_1과 N_2가 있다. a–b 단자, a′–b′ 단자의 각각의 전압은 50 [V], 30 [V]이다. 또, 양 단자에서 N_1, N_2를 본 임피던스가 15 [Ω]과 25 [Ω]이다. a–a′, b–b′를 연결하면 이 때 흐르는 전류는 몇 [A]인가?

① 0.5

② 1

③ 2

④ 4

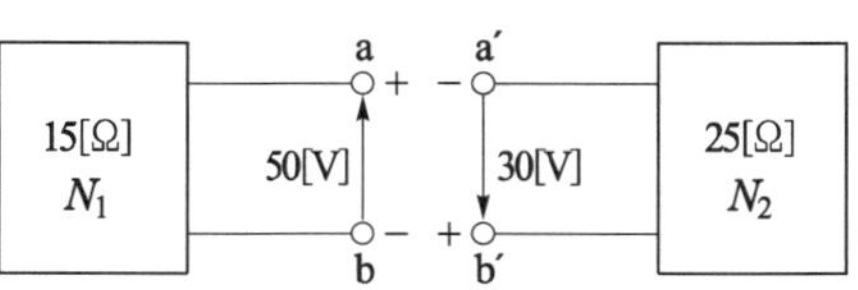

풀이

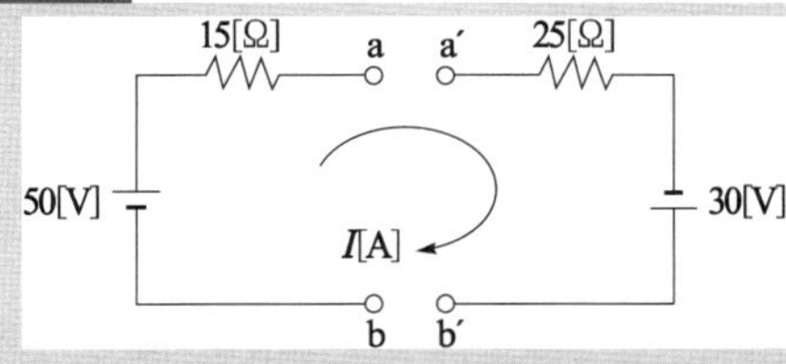

N_1과 N_2의 전압 방향이 반대이므로

$$\therefore I = \frac{V_1 + V_2}{Z_1 + Z_2} = \frac{50 + 30}{15 + 25} = 2 \,[\text{A}]$$

【답】 ③

다음과 같은 파형 $v(t)$을 단위계단함수로 표시하면 어떻게 되는가?

① $10u(t-2) + 10u(t-4) + 10u(t-8) + 10u(t-9)$

② $10u(t-2) - 10u(t-4) - 10u(t-8) - 10u(t-9)$

③ $10u(t-2) - 10u(t-4) + 10u(t-8) - 10u(t-9)$

④ $10u(t-2) - 10u(t-4) - 10u(t-8) + 10u(t-9)$

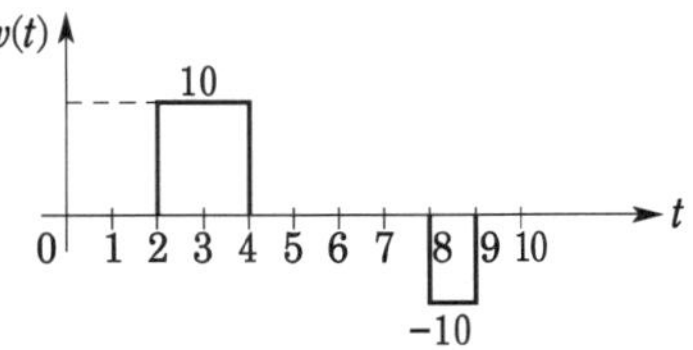

풀이

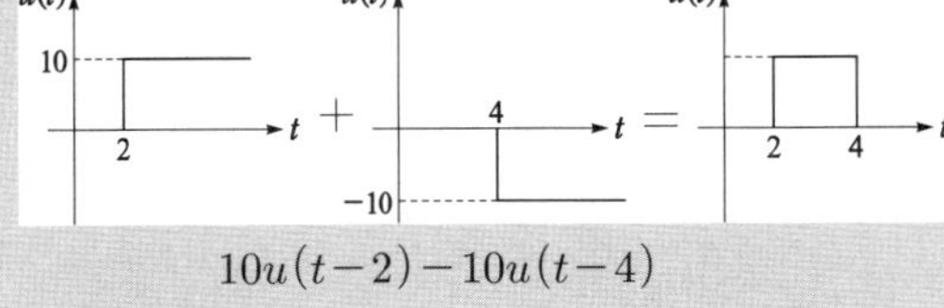

$$10u(t-2) - 10u(t-4)$$

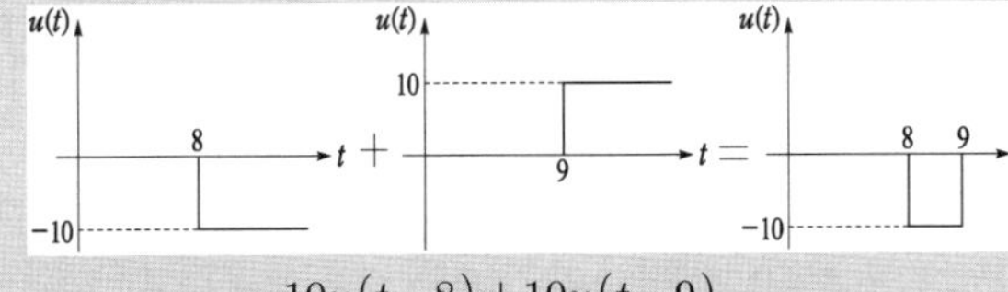

$$-10u(t-8) + 10u(t-9)$$

두 파형을 더하면

$$f(t) = 10u(t-2) - 10u(t-4) - 10u(t-8) + 10u(t-9)$$

【답】 ④

문제 72 3상 회로의 선간 전압이 각각 80[V], 50[V], 50[V]일 때의 전압의 불평형률[%]은?

① 39.6　　　　　② 57.3　　　　　③ 73.6　　　　　④ 86.7

풀이

$E_a = 80[\text{V}], \qquad E_b = -40 - j30[\text{V}], \qquad E_c = -40 + j30[\text{V}]$

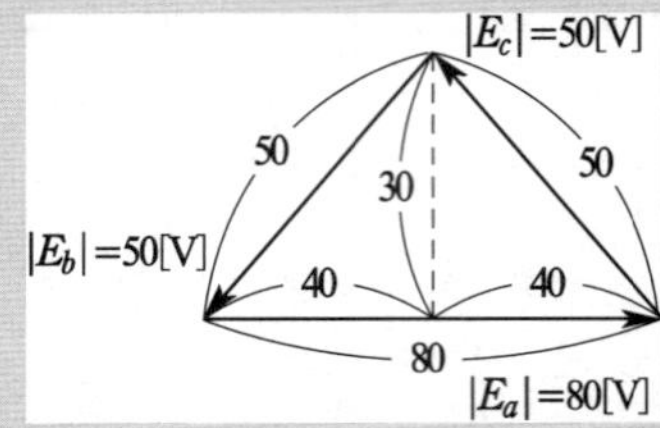

$$E_1 = \frac{1}{3}(E_a + aE_b + a^2E_c)$$

$$= \frac{1}{3}\left\{80 + \left(-\frac{1}{2} + j\frac{\sqrt{3}}{2}\right)(-40 - j30) + \left(-\frac{1}{2} - j\frac{\sqrt{3}}{2}\right)(-40 + j30)\right\}$$

$$= \frac{1}{3}(80 + 40 + 30\sqrt{3}) = 57.32[\text{V}]$$

$$E_2 = \frac{1}{3}(E_a + a^2E_b + aE_c)$$

$$= \frac{1}{3}\left\{80 + \left(-\frac{1}{2} - j\frac{\sqrt{3}}{2}\right)(-40 - j30) + \left(-\frac{1}{2} + j\frac{\sqrt{3}}{2}\right)(-40 + j30)\right\}$$

$$= \frac{1}{3}(80 + 40 - 30\sqrt{3}) = 22.68[\text{V}]$$

$$\therefore \text{불평형률} = \frac{|E_2|}{|E_1|} \times 100 = \frac{22.68}{57.32} \times 100 \fallingdotseq 39.6[\%]$$

【답】 ①

문제 73 저항 R인 검류계 G에 그림과 같이 r_1인 저항을 병렬로, 또 r_2인 저항을 직렬로 접속하였을 때 A, B단자 사이의 저항을 R과 같게 하고 또한 G에 흐르는 전류를 전 전류의 $1/n$로 하기 위한 $r_1[\Omega]$의 값은?

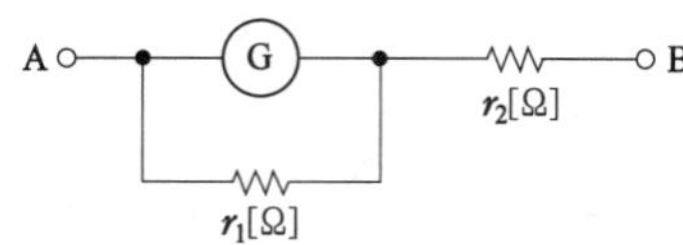

① $\dfrac{n-1}{R}$　　　　② $R\left(1 - \dfrac{1}{n}\right)$　　　　③ $\dfrac{R}{n-1}$　　　　④ $R\left(1 + \dfrac{1}{n}\right)$

풀이

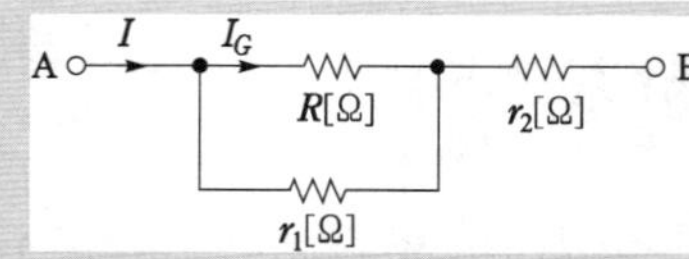

전 전류를 I, 검류계 G에 흐르는 전류를 I_G라고 하면

$$I_G = \frac{1}{n}I = \frac{r_1}{R + r_1} \times I \text{ 이므로 } nr_1 = R + r_1 \qquad \therefore r_1 = \frac{R}{n-1}$$

참고로 보상용 저항 r_2는 $\dfrac{R \times r_1}{R+r_1}+r_2=R$ 에서

$$r_2=R-\frac{R \cdot r_1}{R+r_1}=R\left(1-\frac{r_1}{R+r_1}\right)=R\left(1-\frac{\dfrac{R}{n-1}}{R+\dfrac{R}{n-1}}\right)=R\left(1-\frac{1}{n}\right) \text{이 되어야 한다.}$$

【답】③

문제 74 Y결선된 대칭 3상 회로에서 전원 한 상의 전압이 $V_a=220\sqrt{2}\sin\omega t[\text{V}]$일 때 선간전압의 실효값은 약 몇 [V] 인가?

① 220 ② 310 ③ 380 ④ 540

풀이

Y결선시 선간전압(V_l)은 상전압(V_p)의 $\sqrt{3}$ 배 이므로

$\therefore V_l=\sqrt{3}\,V_p=\sqrt{3}\times220≒381.05[\text{V}]$

【답】③

문제 75 저항 $R=5000[\Omega]$, 정전용량 $C=20[\mu\text{F}]$가 직렬로 접속된 회로에 일정전압 $E=100[\text{V}]$를 가하고 $t=0$에서 스위치를 넣을 때 콘덴서 단자전압 $V[\text{V}]$을 구하면?

(단, $t=0$에서의 콘덴서 전압은 0[V] 이다.)

① $100\left(1-e^{10t}\right)$

② $100e^{10t}$

③ $100\left(1-e^{-10t}\right)$

④ $100e^{-10t}$

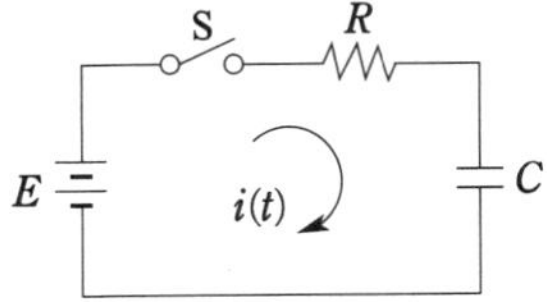

풀이

직류 전압 인가 시 전류 $i(t)=\dfrac{E}{R}e^{-\frac{1}{RC}t}[\text{A}]$이므로

콘덴서 양단의 전압 $v_c(t)$의 적분 구간을 $0\sim t$로 잡으면

$$v_c(t)=\frac{1}{C}\int_0^t i(t)dt=\frac{1}{C}\int_0^t \frac{E}{R}\cdot e^{-\frac{1}{RC}t}dt=E\left(1-e^{-\frac{1}{RC}t}\right)[\text{V}]$$

$$\therefore v_c(t)=100\left(1-e^{-\frac{1}{5000\times20\times10^{-6}}t}\right)=100\left(1-e^{-10t}\right)$$

【답】③

문제 76 휘스톤 브리지에서 R_L에 흐르는 전류(I)는 약 몇 [mA]인가?

① 2.28

② 4.57

③ 7.84

④ 22.8

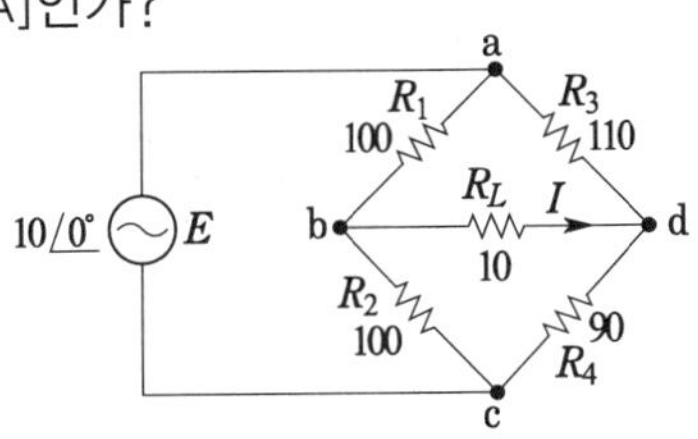

풀이

① b, d 단자의 단자전압 V_{bd}는

- b점의 전압 $V_b = 10 \times \dfrac{100}{100+100} = 5$ [V]

- d점의 전압 $V_d = 10 \times \dfrac{90}{200} = 4.5$ [V]

따라서 b-d의 전위차 $V_{bd} = V_b - V_d = 5 - 4.5 = 0.5$ [V]

② 테브낭의 등가저항 R_{bd} (이때 전압원은 단락, 전류원은 개방)

$$R_{bd} = \frac{100 \times 100}{100+100} + \frac{110 \times 90}{110+90} = 99.5 \text{ [}\Omega\text{]}$$

③ 테브낭의 등가회로에서 R_L에 흐르는 전류 I

$$\therefore I = \frac{0.5}{99.5+10} = 4.57 \times 10^{-3} \text{ [A]} = 4.57 \text{ [mA]}$$

【답】 ②

문제 77

그림과 같이 T형 4단자 회로망의 A, B, C, D 파라미터 중 B 값은?

① $\dfrac{1}{Z_3}$

② $1 + \dfrac{Z_1}{Z_3}$

③ $\dfrac{Z_3 + Z_2}{Z_3}$

④ $\dfrac{Z_1 Z_2 + Z_2 Z_3 + Z_3 Z_1}{Z_3}$

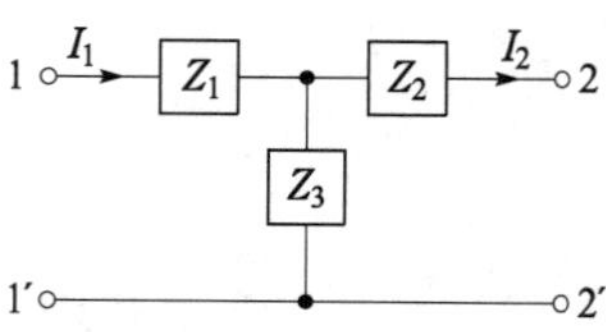

풀이

$$\begin{bmatrix} A & B \\ C & D \end{bmatrix} = \begin{bmatrix} 1 & Z_1 \\ 0 & 1 \end{bmatrix} \begin{bmatrix} 1 & 0 \\ \dfrac{1}{Z_3} & 1 \end{bmatrix} \begin{bmatrix} 1 & Z_2 \\ 0 & 1 \end{bmatrix} = \begin{bmatrix} \dfrac{Z_1 + Z_3}{Z_3} & \dfrac{Z_1 Z_2 + Z_2 Z_3 + Z_3 Z_1}{Z_3} \\ \dfrac{1}{Z_3} & \dfrac{Z_2 + Z_3}{Z_3} \end{bmatrix}$$

【답】 ④

문제 78

C[F]인 콘덴서에 q[C]의 전하를 충전하였더니 C의 양단 전압이 e[V]이었다. C에 저장된 에너지는 몇 [J] 인가?

① qe　　　　② Ce　　　　③ $\dfrac{1}{2}Cq^2$　　　　④ $\dfrac{1}{2}Ce^2$

정전콘덴서에 축적되는 에너지 $W = \dfrac{1}{2}qe = \dfrac{1}{2}Ce^2$[J] 【답】④

문제 79 그림은 상순이 a–b–c인 3상 대칭회로이다. 선간전압이 220[V]이고 부하 한 상의 임피던스가 $100\angle 60°$[Ω]일 때 전력계 W_a의 지시값[W]은?

① 242

② 386

③ 419

④ 484

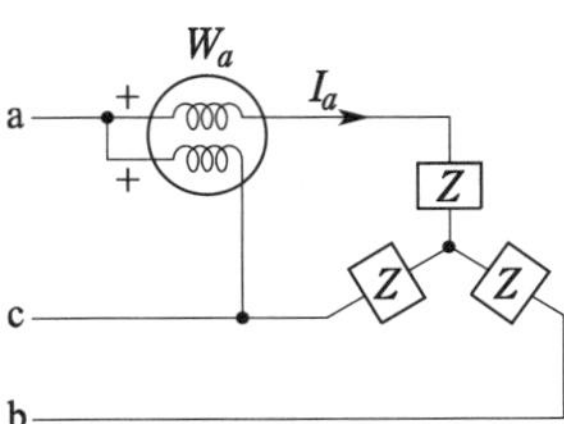

1전력계법에서 전력계 지시치를 W_a라 하면 $W_a = \dfrac{\sqrt{3}}{2}VI$이므로

$$\therefore\ W_a = \frac{\sqrt{3}}{2}\times 220\times \frac{220}{\dfrac{\sqrt{3}}{100}} = 242[\text{W}]$$

【답】①

문제 80 비정현파에 있어서 정현 대칭의 조건은?

① $f(t) = f(-t)$　　　　　　② $f(t) = -f(t)$

③ $f(t) = -f(t+\pi)$　　　　④ $f(t) = -f(-t)$

기함수
- 정현대칭, 원점대칭, … sin항만 존재
- $f(t) = -f(-t)$
- $f(t) = \displaystyle\sum_{n=0}^{\infty} b_n \sin n\omega t$
- $a_0,\ a_n = 0$

【답】④

5과목 전기설비기술기준 및 판단기준

문제 81 계통연계하는 분산형전원을 설치하는 경우에 이상 또는 고장 발생 시 자동적으로 분산형전원을 전력계통으로부터 분리하기 위한 장치를 시설해야 하는 경우가 아닌 것은?

① 역률 저하 상태　　　　　　② 단독운전 상태

③ 분산형전원의 이상 또는 고장　　　④ 연계한 전력계통의 이상 또는 고장

풀이

계통연계용 보호장치의 시설 (판단기준 제283조)

계통연계하는 분산형전원을 설치하는 경우 다음에 해당하는 이상 또는 고장 발생시 자동적으로 분산형 전원을 전력계통으로부터 분리하기 위한 장치 시설 및 해당 계통과의 보호협조를 실시하여야 한다.

① 분산형전원의 이상 또는 고장
② 연계한 전력계통의 이상 또는 고장
③ 단독운전 상태

【답】 ①

문제 82 특고압 가공 전선이 건조물과 1차 접근 상태로 시설되는 경우를 설명한 것 중 틀린 것은?

① 상부 조영재와 위쪽으로 접근 시 케이블을 사용하면 1.2[m] 이상 이격거리를 두어야 한다.

② 상부 조영재와 옆쪽으로 접근 시 특고압 절연전선을 사용하면 1.5[m] 이상 이격거리를 두어야 한다.

③ 상부 조영재와 아래쪽으로 접근 시 특고압 절연전선을 사용하면 1.5[m] 이상 이격거리를 두어야 한다.

④ 상부 조영재와 위쪽으로 접근 시 특고압 절연전선을 사용하면 2.0[m] 이상 이격거리를 두어야 한다.

풀이

특고압 가공전선과 건조물의 접근(판단기준 제126조)

건조물과 조영재의 구분	전선 종류	접근 형태	이격 거리
상부 조영재	특고압 절연 전선	위쪽	2.5[m]
		옆쪽 또는 아래쪽	1.5[m] (전선에 사람이 쉽게 접촉할 우려가 없도록 시설한 경우는 1[m])
	케 이 블	위쪽	1.2[m]
		옆쪽 또는 아래쪽	0.5[m]
	기타 전선		3[m]
기타 조영재	특고압 절연 전선		1.5[m] (전선에 사람이 쉽게 접촉할 우려가 없도록 시설한 경우는 1[m])
	케 이 블		0.5[m]
	기타 전선		3[m]

즉, 상부 조영재와 위쪽으로 접근 시 특고압 절연전선을 사용하면 2.5[m] 이상 이격거리를 두어야 한다.

【답】 ④

문제 83 고저압 혼촉에 의한 위험방지시설로 가공공동지선을 설치하여 시설하는 경우에 각 접지선을 가공공동지선으로부터 분리하였을 경우의 각 접지선과 대지간의 전기저항 값은 몇 [Ω] 이하로 하여야 하는가?

① 75　　　　② 150　　　　③ 300　　　　④ 600

고압 또는 특고압과 저압의 혼촉에 의한 위험 방지 시설 (판단기준 제23조)
가공 공동 지선과 대지간의 합성 전기저항치는 1[km]를 지름으로 하는 지역 안마다 규정된 제2종 접지
공사의 접지저항치를 가지는 것으로 하고 또한 각 접지선을 가공 공동 지선으로부터 분리하였을 경우의
각 **접지선과 대지간의 전기저항치는 300[Ω] 이하**로 할 것　　　　　　　　　　　　【답】③

문제 84　특고압 가공 전선로의 지지물 양쪽의 경간의 차가 큰 곳에 사용되는 철탑은?

① 내장형철탑　　　　　　　　　　　② 인류형철탑
③ 각도형철탑　　　　　　　　　　　④ 보강형철탑

특고압 가공 전선로의 지지물로 사용하는 B종 철주, 철근 콘크리트주, 철탑의 종류는 다음과 같다.
(판단기준 제114조)
① **내장형** : 전선로 지지물 **양측의 경간차가 큰 곳에 사용**하는 것
② 인류형 : 전 가섭선을 인류하는 곳에 사용하는 것
③ 각도형 : 전선로 중 수평 각도 3°를 넘는 곳에 사용되는 것
④ 보강형 : 전선로 직선 부분을 보강하기 위하여 사용하는 것
⑤ 직선형 : 전선로의 직선 부분 (3° 이하의 수평 각도 이루는 곳 포함)에 사용되는 것　　【답】①

문제 85　고압 가공전선 상호간이 접근 또는 교차하여 시설되는 경우, 고압 가공전선 상호간의 이격
거리는 몇 [cm] 이상이어야 하는가? (단, 고압 가공전선은 모두 케이블이 아니라고 한다.)

① 50　　　　　　　② 60　　　　　　③ 70　　　　　　④ 80

가공전선 상호간 접근 또는 교차(판단기준 제84조, 제85조, 제86조)

구 분	저압 가공전선		고압 가공전선	
	일반	고압 절연전선 또는 케이블	일반	케이블
저압가공전선	0.6[m]	0.3[m]	0.8[m]	0.4[m]
저압가공전선로의 지지물	0.3[m]	–	0.6[m]	0.3[m]
고압전차선	–	–	1.2[m]	–
고압가공전선	–	–	**0.8[m]**	0.4[m]
고압가공전선로의 지지물	–	–	0.6[m]	0.3[m]

【답】④

문제 86　금속제 외함을 가진 저압의 기계기구로서 사람이 쉽게 접촉할 우려가 있는 곳에 시설하는
것에 전기를 공급하는 전로에 지락이 생겼을 때에 자동적으로 차단하는 장치를 설치하여야
한다. 사용전압이 몇 [V]를 초과하는 기계기구의 경우인가?

① 25　　　　　　　② 30　　　　　　③ 50　　　　　　④ 60

지락차단장치 등의 시설 (판단기준 제41조)
금속제 외함을 가진 **사용 전압이 60 [V]를 넘는 저압의 기계 기구**로서 사람이 쉽게 접촉할 우려가 있는 곳에 시설하는 것은 전기를 공급하는 전로에 접지가 생긴 경우에 전로를 차단하는 장치를 하여야 한다.

【답】 ④

문제 87

가공 전선로의 지지물에 취급자가 오르고 내리는데 사용하는 발판 볼트 등은 지표상 몇 [m] 미만에 시설하여서는 아니 되는가?

① 1.2　　　　② 1.8　　　　③ 2.2　　　　④ 2.5

가공전선로 지지물의 승탑 및 승주방지 (판단기준 제60조)
발판 볼트 등은 1.8 [m] 미만에 시설하여서는 안 된다. 다만 다음의 경우에는 그러하지 아니하다.
• 발판 볼트을 내부에 넣을 수 있는 구조
• 지지물에 승탑 및 승주 방지 장치를 시설한 경우
• 취급자 이외의 자가 출입할 수 없도록 울타리 담 등을 시설한 경우
• 산간 등에 있으며 사람이 쉽게 접근할 우려가 없는 곳

【답】 ②

문제 88

저압 옥내배선의 사용전압이 220[V]인 출퇴표시등회로를 금속관공사에 의하여 시공하였다. 여기에 사용되는 배선은 단면적이 몇 [mm²] 이상의 연동선을 사용하여도 되는가?

① 1.5　　　　② 2.0　　　　③ 2.5　　　　④ 3.0

저압 옥내배선의 사용전선(판단기준 제168조)
옥내배선의 사용 전압이 400[V] 미만인 경우 **전광표시 장치·출퇴 표시등** 기타 이와 유사한 장치 또는 제어 회로 등에 사용하는 배선에 **단면적 1.5 [mm²] 이상의 연동선**을 사용할 것

【답】 ①

문제 89

전기설비기술기준의 안전원칙에 관계없는 것은?

① 에너지 절약 등에 지장을 주지 아니하도록 할 것
② 사람이나 다른 물체에 위해, 손상을 주지 않도록 할 것
③ 기기의 오동작에 의한 전기 공급에 지장을 주지 않도록 할 것
④ 다른 전기설비의 기능에 전기적 또는 자기적인 장해를 주지 아니하도록 할 것

안전 원칙 (기술기준 제2조)
① 전기설비는 감전, 화재 그 밖에 사람에게 **위해(危害)를 주거나 물건에 손상을 줄 우려가 없도록** 시설하여야 한다.
② 전기설비는 사용목적에 적절하고 안전하게 작동하여야 하며, 그 손상으로 인하여 **전기 공급에 지장을 주지 않도록 시설**하여야 한다.
③ 전기설비는 다른 전기설비, 그 밖의 물건의 기능에 **전기적 또는 자기적인 장해를 주지 않도록** 시설하여야 한다.

【답】 ①

합성수지관 공사 시 관 상호 간 및 박스와의 접속은 관에 삽입하는 깊이를 관 바깥지름의 몇 배 이상으로 하여야 하는가? (단, 접착제를 사용하지 않는 경우이다.)

① 0.5 ② 0.8 ③ 1.2 ④ 1.5

풀이

합성수지관 공사 (판단기준 제183조)
- 접착제를 사용할 때는 0.8배
- **접착제를 사용하지 않을 경우 1.2배**

【답】③

가로등, 경기장, 공장, 아파트 단지 등의 일반조명을 위하여 시설하는 고압방전등은 그 효율이 몇 [lm/W] 이상의 것이어야 하는가?

① 30 ② 50 ③ 70 ④ 100

풀이

점멸장치와 타임스위치 등의 시설 (판단기준 제177조)
에너지의 합리적 사용을 위하여 가로등, 보안등 등의 회로에 주광 센서를 설치하여야 하고, 옥외 일반 조명용 **고압 방전등은 고효율(70 [lm/W] 이상)의 것을 사용**하여야 한다.

【답】③

고압 가공전선이 철도를 횡단하는 경우 레일면상에서 몇 [m] 이상으로 유지되어야 하는가?

① 5.5 ② 6 ③ 6.5 ④ 7.0

풀이

저고압 가공전선의 높이(판단기준 제72조)

설치장소		가공전선의 높이
도로횡단		지표상 6[m] 이상
철도 또는 궤도 횡단		**레일면상 6.5[m] 이상**
횡단보도교 위	저압	노면상 3.5[m] 이상. 단, 절연전선의 경우 3[m] 이상
	고압	노면상 3.5[m] 이상
일반장소		지표상 5[m] 이상. 단, 절연전선 또는 케이블을 사용하여 교통에 지장이 없도록 하여 옥외조명용에 공급하는 경우 4[m]까지 감할 수 있다.

【답】③

호텔 또는 여관 각 객실의 입구등을 설치할 경우 몇 분 이내에 소등되는 타임스위치를 시설해야 하는가?

① 1 ② 2 ③ 3 ④ 10

풀이

점멸장치와 타임스위치 등의 시설 (판단기준 제177조)
조명용 백열 전등은 다음과 같은 타임 스위치를 시설하여야 한다.
① **호텔, 또는 여관 각 객실 입구등은 1분 이내 소등**되는 것
② 일반 주택 및 아파트 각 호실의 현관등은 3분 이내 소등되는 것

【답】①

문제 94

저압 옥내배선에 사용하는 연동선의 최소 굵기는 몇 [mm²] 이상인가?

① 1.5 　　② 2.5 　　③ 4.0 　　④ 6.0

풀이

저압 옥내배선의 사용전선 (판단기준 제168조)

저압 옥내 배선은 단면적 2.5[mm²] 의 연동선이거나 동등 이상의 세기나 굵기의 것, 또는 단면적이 1 [mm²] 이상의 MI 케이블이어야 한다.　　　　　　　　　　　　　　　　　　　　**【답】** ②

문제 95

전력보안통신설비로 무선용안테나 등의 시설에 관한 설명으로 옳은 것은?

① 항상 가공전선로의 지지물에 시설한다.

② 피뢰침설비가 불가능한 개소에 시설한다.

③ 접지와 공용으로 사용할 수 있도록 시설한다.

④ 전선로의 주위상태를 감시할 목적으로 시설한다.

풀이

무선용 안테나 등의 시설 제한(판단기준 제165조)

무선용 안테나 및 화상감시용 설비 등은 **전선로의 주위 상태를 감시할 목적**으로 시설하는 것 이외에는 가공전선로의 지지물에 시설하여서는 아니된다.　　　　　　　　　　　　　　　**【답】** ④

문제 96

타냉식 특고압용 변압기에는 냉각장치에 고장이 생긴 경우를 대비하여 어떤 장치를 하여야 하는가?

① 경보장치 　　② 속도조정장치 　　③ 온도시험장치 　　④ 냉매흐름장치

풀이

판단기준 제48조 (특고압용 변압기의 보호장치)

특고압용의 변압기에는 그 내부에 고장이 생겼을 경우에 보호하는 장치를 표와 같이 시설하여야 한다.

뱅크 용량의 구분	동작 조건	장치의 종류
5,000 [kVA] 이상 10,000 [kVA] 미만	변압기 내부 고장	자동 차단 장치 또는 경보 장치
10,000 [kVA] 이상	변압기 내부 고장	자동 차단 장치
타냉식 변압기(변압기의 권선 및 철심을 직접 냉각시키기 위하여 봉입한 냉매를 강제 순환시키는 냉각 방식을 말한다.)	**냉각 장치에 고장이 생긴 경우 또는 변압기의 온도가 현저히 상승한 경우**	**경보 장치**

【답】 ①

문제 97

특고압 가공전선이 삭도와 제2차 접근상태로 시설될 경우 특고압 가공전선로에 적용하는 보안공사는?

① 고압 보안공사 　　　　　　② 제1종 특고압 보안공사

③ 제2종 특고압 보안공사 　　　④ 제3종 특고압 보안공사

문제 98 철탑의 강도 계산에 사용하는 이상 시 상정하중의 종류가 아닌 것은?

① 수직하중
② 좌굴하중
③ 수평 횡하중
④ 수평 종하중

문제 99 가반형의 용접전극을 사용하는 아크 용접장치의 용접변압기의 1차측 전로의 대지전압은 몇 [V] 이하이어야 하는가?

① 220
② 300
③ 380
④ 440

문제 100 과전류차단기를 시설할 수 있는 곳은?

① 접지공사의 접지선
② 다선식 전로의 중성선
③ 단상 3선식 전로의 저압측 전선
④ 접지공사를 한 저압 가공전선로의 접지측 전선

국가기술자격검정 필기시험 문제

2016년도 전기산업기사 일반검정 제3회

수검 번호	성 명

자격종목 및 등급(선택분야)	종목코드	시험시간	문제지형별
전기산업기사	2140	2시간 30분	A

1과목   전기자기학

문제 01

환상 철심에 감은 코일에 5[A]의 전류를 흘리면 2000[AT]의 기자력을 발생시키고자 한다면 코일의 권수는 몇 회로 하면 되는가?

① 100회 ② 200회 ③ 300회 ④ 400회

풀이

기자력 $F = NI$ 에서

$$\therefore N = \frac{F}{I} = \frac{2000}{5} = 400[\text{회}]$$

【답】④

문제 02

유전체 내의 전계 E와 분극의 세기 P의 관계식은?

① $P = \epsilon_o(\epsilon_s - 1)E$ ② $P = \epsilon_s(\epsilon_o - 1)E$

③ $P = \epsilon_o(\epsilon_s + 1)E$ ④ $P = \epsilon_s(\epsilon_o + 1)E$

풀이

전계 $E = \dfrac{\sigma - \sigma_p}{\epsilon_0} = \dfrac{D - P}{\epsilon_0}$ [V/m]에서 $D - P = \epsilon_0 E$

전속밀도 $D = \epsilon_0 E + P = \epsilon_0 \epsilon_s E$ [C/m^2]

따라서 분극의 세기 $P = \epsilon_0(\epsilon_s - 1)E$ [C/m^2]

(여기서, σ : 진전하, σ_p : 속박전하, $\sigma - \sigma_p$: 자유전하)

【답】①

문제 03

임의의 점의 전계가 $E = iE_x + jE_y + kE_z$로 표시되었을 때, $\dfrac{\partial E_x}{\partial x} + \dfrac{\partial E_y}{\partial y} + \dfrac{\partial E_z}{\partial z}$와 같은 의미를 갖는 것은?

① $\nabla \times E$ ② $\nabla^2 E$ ③ $\nabla \cdot E$ ④ grad$|E|$

풀이

$$\text{div}E = \nabla \cdot E = \left(i\frac{\partial}{\partial x} + j\frac{\partial}{\partial y} + k\frac{\partial}{\partial z}\right) \cdot (iE_x + jE_y + kE_z) = \frac{\partial E_x}{\partial x} + \frac{\partial E_y}{\partial y} + \frac{\partial E_z}{\partial z}$$

【답】③

x축 상에서 x =1[m], 2[m], 3[m], 4[m]인 각 점에 2[nC], 4[nC], 6[nC], 8[nC]의 점전하가 존재할 때 이들에 의하여 전계 내에 저장되는 정전 에너지는 몇 [nJ] 인가?

① 483　　　　② 644　　　　③ 725　　　　④ 966

풀이

중첩의 정리를 적용하면

$$V_1 = \sum_i \frac{Q_i}{4\pi\epsilon_0 r_i} = \frac{1}{4\pi\epsilon_0}\left(\frac{4}{1}+\frac{6}{2}+\frac{8}{3}\right)\times 10^{-9} = 9\times10^9\times9.67\times10^{-9} = 87 \text{ [V]} \quad (x=1\text{[m]}점)$$

$$\left(\because \frac{1}{4\pi\epsilon_0}=9\times10^9, \quad 1[\text{nC}]=1\times10^{-9}[\text{C}]\right)$$

$$V_2 = \frac{1}{4\pi\epsilon_0}\left(\frac{2}{1}+\frac{6}{1}+\frac{8}{2}\right) = 108 \text{ [V]} \quad (x=2\text{[m]}점)$$

$$V_3 = \frac{1}{4\pi\epsilon_0}\left(\frac{2}{2}+\frac{4}{1}+\frac{8}{1}\right) = 117 \text{ [V]} \quad (x=3\text{[m]}점)$$

$$V_4 = \frac{1}{4\pi\epsilon_0}\left(\frac{2}{3}+\frac{4}{2}+\frac{6}{1}\right) = 78 \text{ [V]} \quad ((x=4\text{[m]}점)$$

전체 축적 에너지

$$W = \sum \frac{1}{2}Q_i V_i = \frac{1}{2}(Q_1 V_1 + Q_2 V_2 + Q_3 V_3 + Q_4 V_4)$$

$$= \frac{1}{2}(2\times10^{-9}\times87 + 4\times10^{-9}\times108 + 6\times10^{-9}\times117 + 8\times10^{-9}\times78)$$

$$= 966\times10^{-9}[\text{J}] = 966[\text{nJ}]$$

【답】④

도체의 저항에 대한 설명으로 옳은 것은?

① 도체의 단면적에 비례한다.

② 도체의 길이에 반비례한다.

③ 저항률이 클수록 저항은 적어진다.

④ 온도가 올라가면 저항값이 증가한다.

풀이

- 저항 $R = \rho\dfrac{l}{S}$ 에서 저항 R은 **고유저항 ρ(또는 저항률) 및 길이 l에 비례**하며, **단면적 S에 반비례**한다.
- 일반적으로 **금속도체의 전기저항은 온도의 상승과 더불어 증가**한다.
- 일반적으로 절연체 또는 반도체는 온도의 상승과 더불어 감소하는 경향이 있다.

【답】④

진공 중에 10^{-10}[C]의 점전하가 있을 때 전하에서 2[m] 떨어진 점의 전계는 몇 [V/m] 인가?

① 2.25×10^{-1}　　　② 4.50×10^{-1}　　　③ 2.25×10^{-2}　　　④ 4.50×10^{-2}

풀이

점전하에 의한 전계의 세기

$$E = 9\times10^9\times\frac{Q}{r^2} = 9\times10^9\times\frac{10^{-10}}{2^2} = 2.25\times10^{-1}[\text{V/m}]$$

【답】①

문제 07

일반적으로 도체를 관통하는 자속이 변화하든가 또는 자속과 도체가 상대적으로 운동하여 도체 내의 자속이 시간적 변화를 일으키면, 이 변화를 막기 위하여 도체 내에 국부적으로 형성되는 임의의 폐회로를 따라 전류가 유기되는데 이 전류를 무엇이라 하는가?

① 변위전류   ② 대칭전류
③ 와전류   ④ 도전전류

풀이

와전류는 도체내에 국부적으로 흐르는 맴돌이 전류로 $\mathrm{rot}\, i = - K \dfrac{\partial \boldsymbol{B}}{\partial t}$ 로 **자속의 변화를 방해하기 위한 역자속을 만드는 전류**이다. 따라서 이 전류는 자속의 수직되는 면을 회전한다. 【답】③

문제 08

철심이 들어있는 환상코일이 있다. 1차 코일의 권수 $N_1 = 100$ 회일 때 자기인덕턴스는 0.01 [H]였다. 이 철심에 2차 코일 $N_2 = 200$ 회를 감았을 때 1, 2차 코일의 상호인덕턴스는 몇 [H] 인가? (단, 이 경우 결합계수 $k = 1$ 로 한다.)

① 0.01   ② 0.02   ③ 0.03   ④ 0.04

풀이

$$L_1 = \frac{N_1^2}{R_m}\,[\mathrm{H}], \quad M = \frac{N_1 N_2}{R_m}\,[\mathrm{H}] \ \text{에서} \ R_m = \frac{N_1^2}{L_1} = \frac{N_1 N_2}{M}\,[\mathrm{H}]$$

상호인덕턴스 $M = L_1 \dfrac{N_2}{N_1}\,[\mathrm{H}]$

$N_1 = 100$ 회, $N_2 = 200$ 회, $L_1 = 0.01$ [H]이므로

상호인덕턴스 $M = L_1 \dfrac{N_2}{N_1} = 0.01 \times \dfrac{200}{100} = 0.02[\mathrm{H}]$ 【답】②

문제 09

내압과 용량이 각각 200[V] 5[μF], 300[V] 4[μF], 400[V] 3[μF], 500[V] 3[μF]인 4개의 콘덴서를 직렬 연결하고 양단에 직류전압을 가하여 전압을 서서히 상승시키면 최초로 파괴되는 콘덴서는? (단, 콘덴서의 재질이나 형태는 동일하다.)

① 200[V] 5[μF]   ② 300[V] 4[μF]
③ 400[V] 3[μF]   ④ 500[V] 3[μF]

풀이

직렬 회로에서 각 **콘덴서의 전하용량이 작을수록 빨리 파괴**된다.

$$Q_1 = C_1 \times V_1 = 5 \times 10^{-6} \times 200 = 1 \times 10^{-3}$$
$$Q_2 = C_2 \times V_2 = 4 \times 10^{-6} \times 300 = 1.2 \times 10^{-3}$$
$$Q_3 = C_3 \times V_3 = 3 \times 10^{-6} \times 400 = 1.2 \times 10^{-3}$$
$$Q_4 = C_4 \times V_4 = 3 \times 10^{-6} \times 500 = 1.5 \times 10^{-3}$$

따라서, 전하용량이 $Q_4 > Q_3 = Q_2 > Q_1$ 이므로 **전하용량이 가장 작은 200 [V] 5 [μF]의 콘덴서가 가장 빨리 파괴**된다. 【답】①

문제 10   정전용량 5[μF]인 콘덴서를 200[V]로 충전하여 자기인덕턴스 20[mH], 저항 0[Ω]인 코일을 통해 방전할 때 생기는 전기진동 주파수는 약 몇 [Hz]이며, 코일에 축적되는 에너지는 몇 [J] 인가?

① 50[Hz], 1[J]

② 500[Hz], 0.1[J]

③ 500[Hz], 1[J]

④ 5000[Hz], 0.1[J]

풀이

- 진동 주파수 $f = \dfrac{1}{2\pi\sqrt{LC}} = \dfrac{1}{2\times3.14\sqrt{20\times10^{-3}\times5\times10^{-6}}} = 503 \fallingdotseq 500[\text{Hz}]$

- 코일에 축적되는 에너지 $W = \dfrac{1}{2}CV^2 = \dfrac{1}{2}\times5\times10^{-6}\times200^2 = 0.1[\text{J}]$

【답】②

문제 11   무한히 넓은 2개의 평행 도체판의 간격이 d [m]이며 그 전위차는 V [V]이다. 도체판의 단위면적에 작용하는 힘은 몇 [N/m^2] 인가? (단, 유전율은 ϵ_0이다.)

① $\epsilon_0\left(\dfrac{V}{d}\right)^2$ ② $\dfrac{1}{2}\epsilon_0\left(\dfrac{V}{d}\right)^2$ ③ $\dfrac{1}{2}\epsilon_0\left(\dfrac{V}{d}\right)$ ④ $\epsilon_0\left(\dfrac{V}{d}\right)$

풀이

도체판의 단위면적당 작용하는 힘

$$F = \frac{1}{2}\epsilon_0 E^2 = \frac{1}{2}\epsilon_0\left(\frac{V}{d}\right)^2 [\text{N/m}^2]$$

【답】②

문제 12   내경 a[m], 외경 b[m]인 동심구 콘덴서의 내구를 접지했을 때의 정전용량은 몇 [F]인가?

① $4\pi\epsilon_0\dfrac{b^2}{b-a}$

② $4\pi\epsilon_0\dfrac{a^2}{b-a}$

③ $4\pi\epsilon_0\dfrac{ab}{b-a}$

④ $4\pi\epsilon_0\dfrac{b-a}{ab}$

풀이

- **내구가 접지된 동심구 콘덴서의 정전용량** $C = 4\pi\epsilon_0\dfrac{b^2}{b-a}[\text{F}]$

- 내구 절연, 외구 접지된 동심구 콘덴서의 정전용량 $C = 4\pi\epsilon_0\dfrac{ab}{a-b}[\text{F}]$

【답】①

문제 13   직류 500[V] 절연저항계로 절연저항을 측정하니 2[MΩ]이 되었다면 누설전류[μA]는?

① 25   ② 250   ③ 1000   ④ 1250

풀이

$$누설전류\ i = \frac{E}{R_g} = \frac{500}{2\times10^6} = 250\times10^{-6}[\text{A}] = 250[\mu\text{A}]$$

【답】②

문제 14

평등 자계 내에 놓여 있는 전류가 흐르는 직선도선이 받는 힘에 대한 설명으로 틀린 것은?

① 힘은 전류에 비례한다.

② 힘은 자장의 세기에 비례한다.

③ 힘은 도선의 길이에 반비례한다.

④ 힘은 전류의 방향과 자장의 방향과의 사이각의 정현에 관계된다.

풀이

플레밍의 왼손 법칙
자속밀도가 $B\,[\mathrm{Wb/m^2}]$인 자계중에 길이 $l\,[\mathrm{m}]$인 도체를 놓고 $I[\mathrm{A}]$의 전류를 흘릴 경우
자계 내에서 도체가 받는 힘 $F = BIl\sin\theta\,[\mathrm{N}]$ 이다.
따라서, **힘은 도선의 길이에 비례**한다.

【답】③

문제 15

그림과 같이 진공 중에 자극면적이 2[cm²], 간격이 0.1[cm]인 자성체내에서 포화자속밀도가 2[Wb/m²]일 때 두 자극면 사이에 작용하는 힘의 크기는 약 몇 [N]인가?

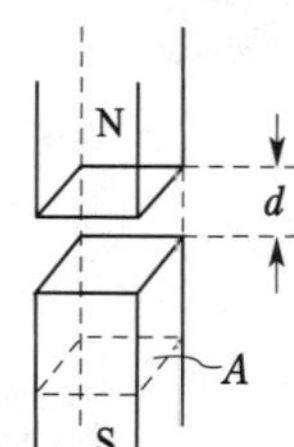

① 53

② 106

③ 159

④ 318

풀이

$$F = \frac{B^2 A}{2\mu_0} = \frac{2^2 \times 2 \times 10^{-4}}{2 \times 4\pi \times 10^{-7}} = 318.3[\mathrm{N}]$$

【답】④

문제 16

전류가 흐르고 있는 무한 직선도체로부터 2[m]만큼 떨어진 자유공간 내 P점의 자계의 세기가 $\frac{4}{\pi}$[AT/m]일 때, 이 도체에 흐르는 전류는 몇 [A]인가?

① 2

② 4

③ 8

④ 16

풀이

자계의 세기 $H = \dfrac{I}{2\pi r}$[AT/m]에서

$$\therefore I = 2\pi r H = 2\pi \times 2 \times \frac{4}{\pi} = 16[\mathrm{A}]$$

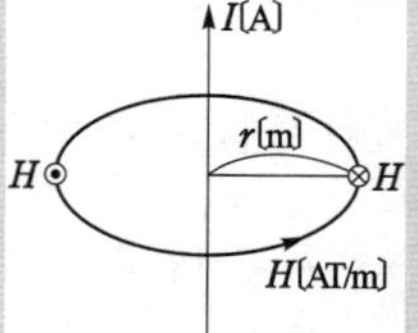

【답】④

문제 17

지름이 2[m]인 구도체의 표면전계가 5[kV/mm]일 때 이 구도체의 표면에서의 전위는 몇 [kV]인가?

① 1×10^3

② 2×10^3

③ 5×10^3

④ 1×10^4

풀이

$$V = E \cdot r = 5 \times 10^3 \times 10^3 [\text{V/m}] \times \frac{2}{2}[\text{m}] = 5 \times 10^6 [\text{V}] = 5 \times 10^3 [\text{kV}]$$

【답】③

문제 18

다음 내용은 어떤 법칙을 설명한 것인가?

> 유도 기전력의 크기는 코일 속을 쇄교하는 자속의 시간적 변화율에 비례한다.

① 쿨롱의 법칙
② 가우스의 법칙
③ 맥스웰의 법칙
④ 패러데이의 법칙

풀이

유도기전력 $e = -n\dfrac{d\phi}{dt}$

① **패러데이 법칙 : 유도기전력의 크기 결정**

(유도기전력의 크기는 권선수 n 및 쇄교하는 자속의 시간적 변화율 $\dfrac{d\phi}{dt}$에 비례)

② 렌쯔의 법칙 : 유도기전력의 방향 결정 ("–" 부호 : 자속변화를 방해하는 방향)

【답】④

문제 19

공기콘덴서의 극판 사이에 비유전율 ϵ_s의 유전체를 채운 경우, 동일 전위차에 대한 극판간의 전하량은?

① $\dfrac{1}{\epsilon_s}$로 감소
② ϵ_s배로 증가
③ $\pi\epsilon_s$ 배로 증가
④ 불변

풀이

① 극판 사이가 진공일 때

- 정전용량 $C_0 = \dfrac{\epsilon_0 S}{d}$
- 전하량 $Q_0 = C_0 V$

② 극판 사이를 비유전율 ϵ_s의 유전체를 채웠을 때

- 정전용량 $C = \dfrac{\epsilon_0 \epsilon_s S}{d} = \epsilon_s C_0$
- 전하량 $Q = CV = \epsilon_s C_0 V$

따라서, $Q = \epsilon_s Q_0$로 ϵ_s배 만큼 커진다.

【답】②

문제 20

유전체 중을 흐르는 전도전류 i_σ와 변위전류 i_d를 같게 하는 주파수를 임계주파수 f_c, 임의의 주파수를 f라 할 때 유전손실 $\tan\delta$는?

① $\dfrac{f_c}{2f}$
② $\dfrac{f}{2f_c}$
③ $\dfrac{f_c}{f}$
④ $\dfrac{f}{f_c}$

> **풀이**
>
> 전도전류 $i_\sigma = \sigma E$, 변위전류 $i_d = \omega \epsilon E$ 일 때 $i_\sigma = i_d$를 만족시키는 임계주파수 f_c는
>
> $\sigma E = \omega \epsilon E = 2\pi f_c \epsilon E$ 에서 임계주파수 $f_c = \dfrac{\sigma}{2\pi\epsilon}$
>
> 따라서 유전손실 $\tan\delta = \dfrac{i_\sigma}{i_d} = \dfrac{\sigma E}{\omega\epsilon E} = \dfrac{\sigma}{2\pi f\epsilon} = \dfrac{\sigma}{2\pi\epsilon} \cdot \dfrac{1}{f} = \dfrac{f_c}{f}$ 【답】③

2과목 전력공학

문제 21

송전선로에 충전전류가 흐르면 수전단 전압이 송전단 전압보다 높아지는 현상과 이 현상의 발생 원인으로 가장 옳은 것은?

① 페란티 효과, 선로의 인덕턴스 때문
② 페란티 효과, 선로의 정전용량 때문
③ 근접 효과, 선로의 인덕턴스 때문
④ 근접 효과, 선로의 정전용량 때문

> **풀이**
>
> **페란티 현상**이란 선로의 정전 용량으로 인하여 무부하시나 경부하시에 **진상 전류가 흘러 수전단 전압이 송전단 전압보다 높아지는 현상**을 말하며 이의 대책으로는 분로 리액터나 동기 조상기의 지상 용량으로 방지할 수 있다. 【답】②

문제 22

전력선에 의한 통신선로의 전자 유도 장해의 발생 요인은 주로 무엇 때문인가?

① 영상 전류가 흘러서
② 부하 전류가 크므로
③ 상호 정전 용량이 크므로
④ 전력선의 교차가 불충분하여

> **풀이**
>
> **전자 유도 전압** : $E_m = -j\omega Ml\, 3I_0$
>
> 여기서, M : 상호 인덕턴스, I_0 : 영상전류
>
> 즉, **사고 시 흐르는 영상전류**에 의해 전자 유도 장해가 발생한다. 【답】①

문제 23

취수구에 제수문을 설치하는 목적은?

① 유량을 조정한다.
② 모래를 배제한다.
③ 낙차를 높인다.
④ 홍수위를 낮춘다.

> **풀이**
>
> **제수문은 취수량을 조절**하고 물의 유입을 단절하기 위함이다. 【답】①

양수량 $Q\,[\mathrm{m^3/s}]$, 총양정 $H\,[\mathrm{m}]$, 펌프효율 η인 경우 양수펌프용 전동기의 출력 $P[\mathrm{kW}]$는? (단, k는 상수이다.)

① $k\dfrac{Q^2H^2}{\eta}$ ② $k\dfrac{Q^2H}{\eta}$ ③ $k\dfrac{QH^2}{\eta}$ ④ $k\dfrac{QH}{\eta}$

풀이

- 발전기 출력 $P_G = 9.8QH\eta_t\eta_g\,[\mathrm{kW}]$
- 양수펌프용 전동기 출력 $P_M = \dfrac{9.8QH}{\eta} = k\dfrac{QH}{\eta}\,[\mathrm{kW}]$

【답】④

공통중성선 다중접지 3상 4선식 배전선로에서 고압측(1차측) 중성선과 저압측(2차측) 중성선을 전기적으로 연결하는 목적은?

① 저압측의 단락사고를 검출하기 위함
② 저압측의 접지사고를 검출하기 위함
③ 주상변압기의 중성선측 부싱(bushing)을 생략하기 위함
④ 고저압 혼촉 시 수용가에 침입하는 상승전압을 억제하기 위함

풀이

고압측 중성선과 저압측 중성선이 전기적으로 연결되어 있지 않으면 **고저압 혼촉시 고압측의 높은 전압이 저압측을 통해 수용가에 침입**하여 인체에 위해를 주거나 옥내 전기 기기를 손상시킬 수 있다.

【답】④

차단기의 정격 차단시간에 대한 정의로써 옳은 것은?

① 고장 발생부터 소호까지의 시간
② 트립 코일 여자부터 소호까지의 시간
③ 가동접촉자 개극부터 소호까지의 시간
④ 가동접촉자 시동부터 소호까지의 시간

풀이

차단기의 차단 시간
- **트립코일(Trip coil)의 여자부터 아크소호시간을 합한 것**
  즉, 정격차단시간 = 개극시간 + 아크소호시간
- 차단기의 정격차단시간 : 3[Hz], 5[Hz], 8[Hz]

【답】②

154/22.9[kV], 40[MVA], 3상 변압기의 %리액턴스가 14[%]라면 고압측으로 환산한 리액턴스는 약 몇 [Ω]인가?

① 95 ② 83 ③ 75 ④ 61

풀이

퍼센트 임피던스 $\%Z = \dfrac{ZP}{10\,V^2}$ 에서 $Z = \dfrac{\%Z \times 10 \times V^2}{P}$ [Ω]

(여기서, V : 정격전압[kV], P : 정격용량[kVA], **단위가 [kV], [kVA]인 것에 주의**)

$$\therefore\ Z = \frac{14 \times 10 \times 154^2}{40000} = 83[\Omega]$$

【답】②

문제 28

고압 수전설비를 구성하는 기기로 볼 수 없는 것은?

① 변압기 ② 변류기
③ 복수기 ④ 과전류 계전기

풀이

복수기 : 증기 터빈에서 배출되는 증기를 물로 냉각하여 복수하기 위한 장치로서 수전설비가 아니라 **발전설비**에 해당된다. 【답】③

문제 29

보호계전기의 기본 기능이 아닌 것은?

① 확실성 ② 선택성 ③ 유동성 ④ 신속성

풀이

보호계전기(Protective Relay)는 전력계통의 구성요소를 항상 감시하여 이들에 고장이 발생하던가 계통의 운전에 이상이 있을때는 즉시 이를 검출, 동작하여 고장부분을 분리시킴으로써 전력공급지장을 방지하고 고장기기나 시설의 손상을 최소한으로 억제하는 기능을 가져야 한다.
따라서 **보호계전기에 요구되는 기본기능**은
① **확실성** ② **선택성** ③ **신속성** ④ 경제성 ⑤ 취급의 용이성 이다. 【답】③

문제 30

6[kV]급의 소내 전력공급용 차단기로서 현재 가장 많이 채택하는 것은?

① OCB ② GCB ③ VCB ④ ABB

풀이

VCB(진공 차단기)는 공칭 전압 30 [kV] 이하에서 소내 전력공급용 차단기로서 **현재 가장 많이 사용**된다.
【답】③

문제 31

수용가군 총합의 부하율은 각 수용가의 수용률 및 수용가 사이의 부등률이 변화할 때 옳은 것은?

① 부등률과 수용률에 비례한다.
② 부등률에 비례하고 수용률에 반비례한다.
③ 수용률에 비례하고 부등률에 반비례한다.
④ 부등률과 수용률에 반비례한다.

수용률, 부등률, 부하율의 관계

- 합성 최대 전력 $= \dfrac{\text{각 부하의 최대 수요 전력의 합}\,[\text{kW}]}{\text{부등률}}$

$\qquad\qquad\quad = \dfrac{\text{부하 설비 합계}\,[\text{kW}] \times \text{수용률}}{\text{부등률}}$

- 부하율 $= \dfrac{\text{평균 수요전력}\,[\text{kW}]}{\text{최대 수요 전력 (합성 최대 전력)}\,[\text{kW}]} \times 100$

$\qquad\quad = \dfrac{\text{평균 수요전력}\,[\text{kW}]}{\text{부하 설비합계}\,[\text{kW}]} \times \dfrac{\text{부등률}}{\text{수용률}}$

따라서 **부하율은 부등률에 비례하고 수용률에 반비례**한다.　　　　　　　　　　　　　　【답】②

문제 32

3상 3선식 3각형 배치의 송전선로가 있다. 선로가 연가되어 각 선간의 정전용량은 $0.007[\mu\text{F/km}]$, 각 선의 대지정전용량은 $0.002[\mu\text{F/km}]$ 라고 하면 1선의 작용정전용량은 몇 $[\mu\text{F/km}]$인가?

① 0.03

② 0.023

③ 0.012

④ 0.006

$$C_w = C_s + 3C_m = 0.002 + 3 \times 0.007 = 0.023\,[\mu\text{F/km}]$$

여기서, C_w : 작용정전용량, C_s : 대지정전용량, C_m : 선간정전용량　　　　　　　【답】②

문제 33

3상 Y결선된 발전기가 무부하 상태로 운전 중 b상 및 c상에서 동시에 직접접지 고장이 발생하였을 때 나타나는 현상으로 틀린 것은?

① a상의 전류는 항상 0이다.

② 건전상의 a상 전압은 영상분 전압의 3배와 같다.

③ a상의 정상분 전압과 역상분 전압은 항상 같다.

④ 영상분 전류와 역상분 전류는 대칭성분 임피던스에 관계없이 항상 같다.

2선 지락 고장(b, c상 지락 시)

- 고장조건 : $V_b = V_c = 0$, $I_a = 0$

- **영상전류** $I_0 = \dfrac{-Z_2 E_a}{Z_0 Z_1 + Z_1 Z_2 + Z_2 Z_0}$

- 정상전류 $I_1 = \dfrac{(Z_0 + Z_2) E_a}{Z_0 Z_1 + Z_1 Z_2 + Z_2 Z_0}$

- **역상전류** $I_2 = \dfrac{-Z_0 E_a}{Z_0 Z_1 + Z_1 Z_2 + Z_2 Z_0}$　　　　　　　　　　　　　　　【답】④

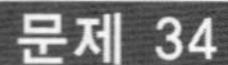

문제 34 전선로에 댐퍼(damper)를 설치하는 주된 목적은?

① 전선의 진동방지 　　　　　② 전력손실 격감

③ 낙뢰의 내습방지 　　　　　④ 많은 전력을 보내기 위하여

풀이

댐퍼는 **진동 억제 장치**이며 지지점 가까운 곳에 설치한다.　　　　　　　【답】 ①

문제 35 배전선로의 손실을 경감시키는 방법이 아닌 것은?

① 전압 조정　　　　　　　　　② 역률 개선

③ 다중접지방식 채용　　　　　④ 부하의 불평형 방지

풀이

배전선로의 전력 손실 $P_L = 3I^2 r = \dfrac{\rho W^2 L}{A V^2 \cos^2\theta}$

ρ : 고유저항　　　　W : 부하 전력　　　　L : 배전 거리

A : 전선의 단면적　　V : 수전 전압　　　$\cos\theta$: 부하 역률　　　【답】 ③

문제 36 최대 출력 350 [MW], 평균부하율 80 [%]로 운전되고 있는 화력 발전소의 10일간 중유 소비량이 1.6×10^7[L]라고 하면 발전단에서의 열효율은 몇 [%] 인가? (단, 중유의 열량은 10000 [kcal/L]이다.)

① 35.3　　　　　　② 36.1　　　　　　③ 37.8　　　　　　④ 39.2

풀이

- 발전소 열효율 $= \dfrac{출력}{입력} = \dfrac{발전전력에\ 해당하는\ 열량}{연료의\ 열량}$

- 열효율 $\eta = \dfrac{860\,W}{mH} = \dfrac{860 \times 350 \times 10^6 \times 0.8 \times 24}{\dfrac{1.6 \times 10^7}{10} \times 10000 \times 10^3} \times 100 = 36.12\,[\%]$

$(\because 1\,[kWh] = 860[kcal])$　　　　　　　　　　　　　　　　　【답】 ②

문제 37 전압과 역률이 일정할 때 전력을 몇 [%] 증가시키면 전력 손실이 2배로 되는가?

① 31　　　　　　　② 41　　　　　　　③ 51　　　　　　　④ 61

풀이

- 전력 손실을 P_l, 전력을 P라고 하면

$P_l = 3I^2 R = \dfrac{P^2 R}{V^2 \cos^2\theta}$ 에서　$P_l \propto P^2$ 이므로　$P \propto \sqrt{P_l}$ 이다.

- 전력 손실을 2배로 한 경우의 전력 P'는

$\dfrac{P'}{P} = \dfrac{\sqrt{2P_l}}{\sqrt{P_l}} = \sqrt{2}$ 에서　$P' = \sqrt{2}\,P$

$$\therefore \text{증가시킬 수 있는 전력 증가율} = \frac{P'-P}{P} \times 100 = \frac{\sqrt{2}\,P - P}{P} \times 100 = \frac{\sqrt{2}-1}{1} \times 100 = 41\,[\%]$$

【답】②

문제 38

어느 발전소에서 합성 임피던스가 0.4[%](10[MVA] 기준)인 장소에 설치하는 차단기의 차단 용량은 몇 [MVA] 인가?

① 10 　　　　② 250 　　　　③ 1000 　　　　④ 2500

풀이

- 차단기의 차단 용량 > 단락 용량 $P_s = \dfrac{100}{\%Z} P_n$ 에서

- $P_s = \dfrac{100}{\%Z} P_n = \dfrac{100}{0.4} \times 10 = 2500\,[\text{MVA}]$

【답】④

문제 39

주상변압기의 1차측 전압이 일정할 경우, 2차측 부하가 변하면, 주상변압기의 동손과 철손은 어떻게 되는가?

① 동손과 철손이 모두 변한다.

② 동손은 일정하고 철손이 변한다.

③ 동손은 변하고 철손은 일정하다.

④ 동손과 철손은 모두 변하지 않는다.

풀이

- 철손 : 히스테리시스손 + 와류손 으로서 부하와 관계없이 1차 전압만 인가되면 발생되는 손실
- 동손 : $P_c = I^2 R[\text{W}]$로 부하의 변화(I)에 따라 동손의 크기가 변한다.

따라서, **2차 부하가 증가하면 철손은 일정하고 동손은 증가**한다.

【답】③

문제 40

3상 3선식 변압기 결선 방식이 아닌 것은?

① △ 결선 　　　　② V 결선

③ T 결선 　　　　④ Y 결선

풀이

스코트(T) 결선 : 단상 변압기 2대를 사용하여 **3상 전원에서 2상 전압을 얻는 결선 방식**

【답】③

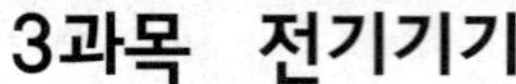

3과목 전기기기

문제 41

3상 동기 발전기를 병렬운전 하는 경우 필요한 조건이 아닌 것은?

① 회전수가 같다.　　　　　　　　② 상회전이 같다.

③ 발생 전압이 같다.　　　　　　　④ 전압 파형이 같다.

풀이

동기 발전기의 병렬 운전 조건은 다음과 같다.

① 기전력의 크기가 같을 것　　　　② 기전력의 위상이 같을 것

③ 기전력의 주파수가 같을 것　　　④ 기전력의 파형이 같을 것

⑤ 상회전 방향이 같을 것

주파수가 같다는 것은 $N_s = \dfrac{120f}{p}$ 에서 $f = \dfrac{N_s\,p}{120}$

즉, (회전수×극수)가 같아야 한다는 것이다.　　　　　　　　　　【답】①

문제 42

단상유도전압조정기의 1차 권선과 2차 권선의 축 사이의 각도를 α 라 하고 양 권선의 축이 일치할 때 2차 권선의 유기전압을 E_2, 전원전압을 V_1, 부하 측의 전압을 V_2 라고 하면 임의의 각 α 일 때의 V_2 는?

① $V_2 = V_1 + E_2\cos\alpha$　　　　　② $V_2 = V_1 - E_2\cos\alpha$

③ $V_2 = V_1 + E_2\sin\alpha$　　　　　④ $V_2 = V_1 - E_2\sin\alpha$

풀이

단상 유도 전압 조정기

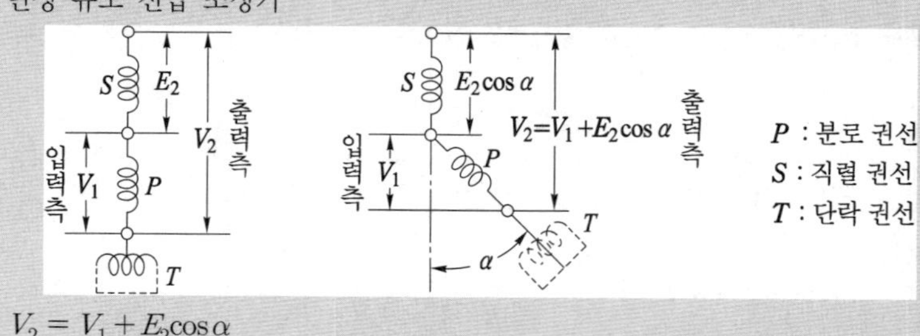

$V_2 = V_1 + E_2\cos\alpha$　　　　　　　　　　　　　　　　　　【답】①

문제 43

변압기의 절연유로서 갖추어야 할 조건이 아닌 것은?

① 비열이 커서 냉각 효과가 클 것

② 절연저항 및 절연내력이 적을 것

③ 인화점이 높고 응고점이 낮을 것

④ 고온에서도 석출물이 생기거나 산화하지 않을 것

문제 44

6극 60 [Hz]의 3상 권선형 유도전동기가 1140 [rpm]의 정격속도로 회전할 때 1차측 단자를 전환해서 상회전 방향을 반대로 바꾸어 역전제동을 하는 경우 제동토크를 전부하 토크와 같게 하기 위한 2차 삽입저항 R [Ω]은? (단, 회전자 1상의 저항은 0.005 [Ω], Y결선이다.)

① 0.19　　　　② 0.27　　　　③ 0.38　　　　④ 0.5

풀이

- 동기속도 $N_s = \dfrac{120f}{p} = \dfrac{120 \times 60}{6} = 1200$ [rpm]

- 정회전 시 슬립 $s = \dfrac{N_s - N}{N_s} = \dfrac{1200 - 1140}{1200} = 0.05$

- 역전 제동할 때에 슬립 $s' = \dfrac{N_s - (-N)}{N_s} = \dfrac{1200 - (-1140)}{1200} = 1.95$

- $s' = 1.95$에서 전부하 토크를 발생시키는데 필요한 2차 삽입 저항 R은

$$\frac{r_2}{s} = \frac{r_2 + R}{s'} \rightarrow \frac{0.005}{0.05} = \frac{0.005 + R}{1.95}$$

$$\therefore R = \frac{0.005}{0.05} \times 1.95 - 0.005 = 0.19 \,[\Omega]$$

【답】 ①

문제 45

브러시리스 모터(BLDC)의 회전자 위치 검출을 위해 사용하는 것은?

① 홀(Hall) 소자　　　　　　② 리니어 스케일

③ 회전형 엔코더　　　　　　④ 회전형 디코더

풀이

일반적으로 브러시리스(BLDC) 모터의 회전자 위치를 검출하는 센서로는 Resolver, Encoder, Hall sensor가 있으며, 그 중 가장 많이 쓰이는 것이 Hall sensor 이다. Encoder 또한 회전자의 회전 각도를 더욱 정밀하게 검출할 수 있기 때문에 브러시리스(BLDC) 모터의 효율을 향상시키거나, 정밀 위치 제어에 활용을 하고 있다.

따라서 정답은 ① 홀(hall)소자　③ 회전형 엔코더 가 된다.

【답】 ①, ③

문제 46

직류기의 전기자에 사용되지 않는 권선법은?

① 2층권　　　　② 고상권　　　　③ 폐로권　　　　④ 단층권

> **풀이**
>
> 직류기의 전기자 권선법
> - 단층권과 이층권 중에서 **이층권**을 사용
> - 환상권과 고상권 중에서 **고상권**을 사용
> - 개로권과 폐로권 중에서 **폐로권**을 사용한다.
>
> 【답】 ④

문제 47

전기자저항이 0.04[Ω]인 직류분권발전기가 있다. 단자전압 100[V], 회전속도 1000[rpm]일 때 전기자 전류는 50[A]라 한다. 이 발전기를 전동기로 사용할 때 전동기의 회전속도는 약 몇 [rpm]인가? (단, 전기자 반작용은 무시한다.)

① 759 　　② 883 　　③ 894 　　④ 961

> **풀이**
>
> - 발전기의 경우 유기기전력 $E = V + I_a R_a = 100 + (50 \times 0.04) = 102[\text{V}]$
>
>   또, $E = K\phi N$ 식에서 $K\phi = \dfrac{E}{N} = \dfrac{102}{1000} = 0.102$
>
> - 전동기로 사용시 단자 전압 및 전기자 전류가 같으므로
>   역기전력 $E_c = V - I_a R_a = K\phi N$ 에서
>
> $$N = \frac{V - I_a R_a}{K\phi} = \frac{100 - (50 \times 0.04)}{0.102} = 960.78[\text{rpm}]$$
>
> 【답】 ④

문제 48

유도 발전기에 대한 설명으로 틀린 것은?

① 공극이 크고 역률이 동기기에 비해 좋다.

② 병렬로 접속된 동기기에서 여자전류를 공급받아야 한다.

③ 농형 회전자를 사용할 수 있으므로 구조가 간단하고 가격이 싸다.

④ 선로에 단락이 생기면 여자가 없어지므로 동기기에 비해 단락전류가 작다.

> **풀이**
>
> 유도기를 전동기로서의 회전방향과 같은 방향으로 동기속도 이상의 속도로 회전시켜서 발전기로 한 경우에 이것을 유도 발전기 또는 비동기 발전기라고 하며, **유도 발전기는 동기기에 비하여 공극이 매우 작으며 효율, 역률이 나쁘다.**
>
> 【답】 ①

문제 49

변압기에서 부하에 관계없이 자속만을 만드는 전류는?

① 철손전류 　　② 자화전류 　　③ 여자전류 　　④ 교차전류

> **풀이**
>
> $$\dot{I}_o = \dot{I}_\phi + \dot{I}_i \qquad \therefore I_o = \sqrt{I_\phi^2 + I_i^2}$$
>
> $\dot{I}_0$: 여자전류
>
> $\dot{I}_\phi$ (**자화전류**) : **자속을 유지하는 전류**
>
> $\dot{I}_i$ (철손전류) : 철손을 공급하는 전류
>
> 【답】 ②

문제 50

직류 분권전동기의 정격 전압 200[V], 정격 전류 105[A], 전기자 저항 및 계자 회로의 저항이 각각 0.1[Ω] 및 40[Ω]이다. 기동 전류를 정격 전류의 150[%]로 할 때의 기동 저항은 약 몇 [Ω] 인가?

① 0.46　　　② 0.92　　　③ 1.08　　　④ 1.21

풀이

- 계자전류 $I_f = \dfrac{V}{R_f} = \dfrac{200}{40} = 5\,[\text{A}]$
- 기동전류 $= 105 \times 1.5 = 157.5\,[\text{A}]$
  (기동 전류는 정격의 150[%])
- 전기자 전류 $I_a = I - I_f = 157.5 - 5 = 152.5$
- $R_a + R_s = \dfrac{V}{I_a} = \dfrac{200}{152.5} = 1.31\,[\Omega]$
- 기동저항 $R_s = 1.31 - R_a = 1.31 - 0.1 = 1.21\,[\Omega]$

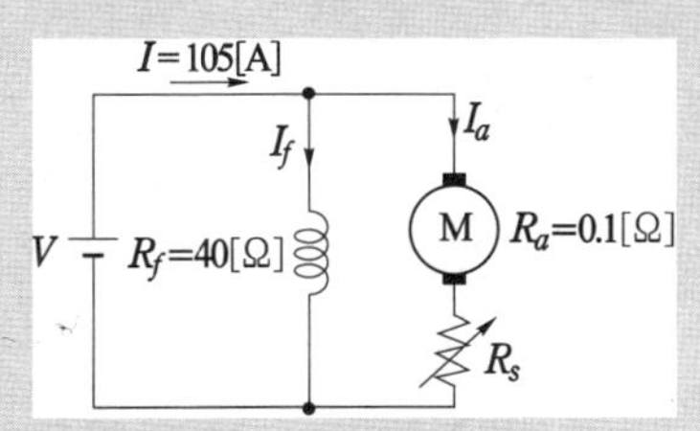

【답】④

문제 51

동기 발전기의 단락비를 계산하는데 필요한 시험의 종류는?

① 동기화 시험, 3상 단락 시험

② 부하 포화 시험, 동기화 시험

③ 무부하 포화 시험, 3상 단락시험

④ 전기자 반작용 시험, 3상 단락 시험

풀이

측정항목	시험의 종류
철　　　　손	무부하 시험
기　계　손	무부하 시험
동기임피던스	단락 시험
동기리액턴스	단락 시험
단　락　비	**무부하(포화) 시험, 단락 시험**

【답】③

문제 52

전기기기에 있어 와전류손(Eddy current loss)을 감소시키기 위한 방법은?

① 냉각압연　　　　　　　　② 보상권선 설치

③ 교류전원을 사용　　　　④ 규소강판을 성층하여 사용

풀이

와류손 $P_e = \delta_e (t f k_f B_m)^2\,[\text{W/kg}]$

여기서, δ_e : 재료에 의한 정수, f : 주파수[Hz], B_m : 자속 밀도의 최대값 $[\text{Wb/m}^2]$
　　　　t : 철판의 두께[m], k_f : 파형률

즉, 와전류손(와류손)은 철판의 두께 t^2에 비례한다.

따라서, **와전류손을 감소**시키기 위해서는 **얇은 규소강판을 성층**하여 사용 하면 된다.　　　【답】④

문제 53 저항부하를 갖는 단상 전파제어 정류기의 평균 출력 전압은? (단, α는 사이리스터의 점호각, V_m은 교류 입력전압의 최대값이다.)

① $V_{dc} = \dfrac{V_m}{2\pi}(1 + \cos\alpha)$

② $V_{dc} = \dfrac{V_m}{\pi}(1 + \cos\alpha)$

③ $V_{dc} = \dfrac{V_m}{2\pi}(1 - \cos\alpha)$

④ $V_{dc} = \dfrac{V_m}{\pi}(1 - \cos\alpha)$

풀이

	반파정류	전파정류
다이오드	$V_{dc} = \dfrac{\sqrt{2}\,E}{\pi} = 0.45E$	$V_{dc} = \dfrac{2\sqrt{2}\,E}{\pi} = 0.9E$
SCR	$V_{dc} = \dfrac{\sqrt{2}\,E}{2\pi}(1 + \cos\alpha)$	$V_{dc} = \dfrac{\sqrt{2}\,E}{\pi}(1 + \cos\alpha) = \dfrac{V_m}{\pi}(1 + \cos\alpha)$

여기서, V_{dc} : 직류 전압, E : 교류 전압의 실효값, V_m : 교류 전압의 최대값　　【답】②

문제 54 동기전동기의 V곡선(위상특성)에 대한 설명으로 틀린 것은?

① 횡축에 여자전류를 나타낸다.

② 종축에 전기자전류를 나타낸다.

③ V곡선의 최저점에는 역률이 0[%] 이다.

④ 동일출력에 대해서 여자가 약한 경우가 뒤진 역률이다.

풀이

위상특성곡선(V곡선)

- 전압, 주파수, 출력이 일정할 때 계자 전류 I_f 와 전기자 전류 I_a의 관계를 나타내는 곡선(V 곡선)을 위상 특성 곡선이라 하며 종축에 전기자 전류를, 횡축에 여자전류를 나타낸다.
- **역률이 1일 때 전기자 전류가 최소로 된다.**
- 부족여자(여자 전류를 감소)로 운전하면 뒤진전류가 흘러 일종의 리액터로 작용한다.
- 과여자(여자 전류를 증가)로 운전하면 앞선전류가 흘러 일종의 콘덴서로 작용한다.

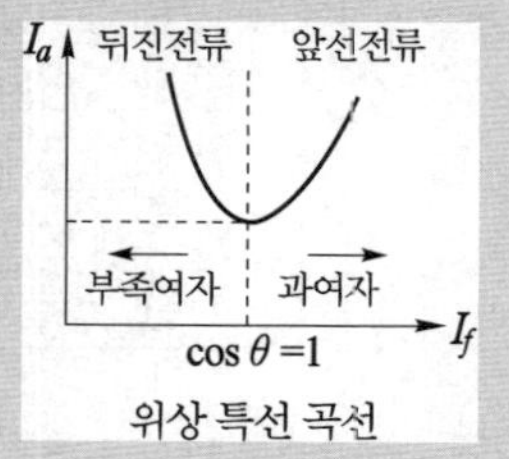

【답】③

문제 55 발전기의 종류 중 회전계자형으로 하는 것은?

① 동기 발전기

② 유도 발전기

③ 직류 복권발전기

④ 직류 타여자발전기

풀이

회전 계자형은 전기자를 고정자로 하고, 계자극을 회전자로 한 것으로서 발전기 중 현재 가장 많이 사용되고 있는 **동기 발전기는 회전 계자형**으로 되어 있다.　　【답】①

변압기의 정격을 정의한 것 중 옳은 것은?

① 전부하의 경우 1차 단자전압을 정격 1차 전압이라 한다.

② 정격 2차 전압은 명판에 기재되어 있는 2차 권선의 단자전압이다.

③ 정격 2차 전압을 2차 권선의 저항으로 나눈 것이 정격 2차 전류이다.

④ 2차 단자 간에서 얻을 수 있는 유효전력을 [kW]로 표시한 것이 정격출력이다.

【답】 ②

10[kW], 3상, 200[V] 유도전동기의 전부하 전류는 약 몇 [A]인가?
(단, 효율 및 역률 85[%] 이다.)

① 60 　　　② 80 　　　③ 40 　　　④ 20

풀이

$P = \sqrt{3}\,VI\cos\theta \cdot \eta[\mathrm{kW}]$ 이므로,

전부하 전류 $I = \dfrac{P}{\sqrt{3}\,V\cos\theta \cdot \eta} = \dfrac{10 \times 10^3}{\sqrt{3} \times 200 \times 0.85 \times 0.85} = 39.96[\mathrm{A}]$

【답】 ③

단상 유도전동기에서 기동토크가 가장 큰 것은?

① 반발 기동형　　　　　② 분상 기동형

③ 콘덴서 전동기　　　　④ 세이딩 코일형

풀이

기동 토크의 크기 : 반발 기동형 > 콘덴서 기동형 > 분상 기동형 > 세이딩 코일형

【답】 ①

변압기 온도시험을 하는데 가장 좋은 방법은?

① 실 부하법　　　　　② 반환 부하법

③ 단락 시험법　　　　④ 내전압 시험법

풀이

변압기의 온도 상승 시험중 실부하법은 전력 손실이 크기 때문에 소용량 이외에는 별로 적용되지 않는다. **반환 부하법**은 동일 정격의 변압기가 2대 이상 있을 경우에 채용되며, 전력 소비가 적고 철손과 동손을 따로 공급하는 것으로 **현재 가장 많이 사용**하고 있다.

【답】 ②

동기발전기에서 전기자전류를 I, 유기기전력과 전기자전류와의 위상각을 θ라 하면 직축반작용을 나타내는 성분은?

① $I\tan\theta$　　　　　② $I\cot\theta$

③ $I\sin\theta$　　　　　④ $I\cos\theta$

> **풀이**
>
> - **유효분** $I\cos\theta$: 기전력과 같은 위상의 전류 성분으로서 횡축 반작용
> - **무효분** $I\sin\theta$: 기전력 보다 $\pi/2$ [rad]만큼 뒤지거나 앞서기 때문에 **직축 반작용** 【답】③

4과목 회로이론

문제 61　자동제어의 각 요소를 블록선도로 표시할 때 각 요소는 전달함수로 표시하고, 신호의 전달 경로는 무엇으로 표시하는가?

① 전달함수　　　　　　　　　　　② 단자

③ 화살표　　　　　　　　　　　　④ 출력

> **풀이**
>
> 자동제어계의 각 요소를 Block 선도로 표시할 때에 각 요소를 전달함수로 표시하고, **신호의 전달 경로는 화살표**로 표시한다. 【답】③

문제 62　$t=0$에서 스위치 S를 닫을 때의 전류 $i(t)$는?

① $0.01(1-e^{-t})$

② $0.01(1+e^{-t})$

③ $0.01(1-e^{-100t})$

④ $0.01(1+e^{-100t})$

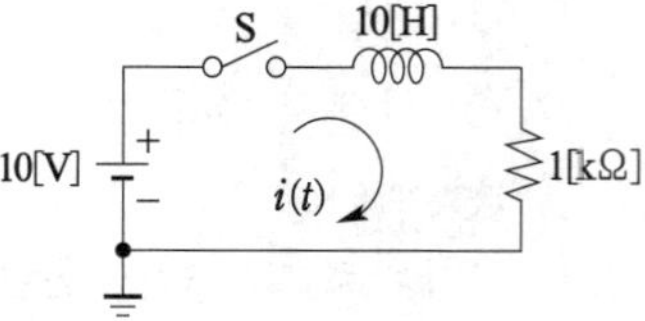

> **풀이**
>
> $R-L$직렬회로에 직류전압 인가시 흐르는 전류 $i(t)$는
>
> $$i(t)=\frac{E}{R}\left(1-e^{-\frac{R}{L}t}\right)=\frac{10}{1\times10^{3}}\left(1-e^{-\frac{1\times10^{3}}{10}t}\right)=0.01(1-e^{-100t})\,[\text{A}]$$ 【답】③

문제 63　$e_1=6\sqrt{2}\sin\omega t$[V], $e_2=4\sqrt{2}\sin(\omega t-60°)$[V]일 때, e_1-e_2의 실효값[V]은?

① $2\sqrt{2}$　　　　　② 4　　　　　③ $2\sqrt{7}$　　　　　④ $2\sqrt{13}$

> **풀이**
>
> $e_1=6\angle0°=6[\text{V}]$
>
> $e_2=4\angle-60°=4(\cos60°-j\sin60°)$
>
> $\therefore\ e_1-e_2=6-4(\cos60°-j\sin60°)=6-4\times\frac{1}{2}+j2\sqrt{3}$
>
> $\qquad\qquad=4+j2\sqrt{3}=\sqrt{4^2+(2\sqrt{3})^2}=2\sqrt{7}\,[\text{V}]$ 【답】③

문제 64 Var는 무엇의 단위인가?

① 효율   ② 유효전력   ③ 피상전력   ④ 무효전력

풀이

- 피상전력 $P_a = VI = I^2 Z \, [\text{VA}]$
- 유효전력 $P = VI\cos\theta = I^2 R \, [\text{W}]$
- **무효전력** $P_r = VI\sin\theta = I^2 X [\text{Var}]$

【답】④

문제 65 다음과 같은 4단자 회로에서 영상 임피던스는 몇 $[\Omega]$인가?

① 200   ② 300

③ 450   ④ 600

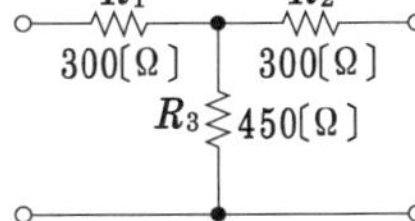

풀이

$Z_{01} = \sqrt{\dfrac{AB}{CD}}$ 에서 대칭 T형 회로에서는 $A = D$이므로

$Z_{01} = \sqrt{\dfrac{B}{C}}$ 이고 회로에서

$C = \dfrac{1}{450}$

$B = \dfrac{R_1 R_3 + R_1 R_2 + R_2 R_3}{R_3} = \dfrac{300 \times 450 + 300 \times 300 + 300 \times 450}{450} = 800$

$\therefore Z_{01} = \sqrt{\dfrac{B}{C}} = \sqrt{\dfrac{800}{1/450}} = 600 [\Omega]$

【답】④

문제 66 임피던스 $Z = 15 + j4 [\Omega]$의 회로에 $I = 5(2 + j)[\text{A}]$의 전류를 흘리는데 필요한 전압 $V [\text{V}]$는?

① $10(26 + j23)$ ② $10(34 + j23)$

③ $5(26 + j23)$ ④ $5(34 + j23)$

풀이

$I = 5(2 + j) = 10 + j5 [\text{A}]$

$\therefore V = IZ = (10 + j5) \times (15 + j4) = 130 + j115 = 5(26 + j23)[\text{V}]$

【답】③

문제 67 회로에서 V_{30}과 V_{15}는 각각 몇 $[\text{V}]$ 인가?

① $V_{30} = 60, \ V_{15} = 30$

② $V_{30} = 80, \ V_{15} = 40$

③ $V_{30} = 90, \ V_{15} = 45$

④ $V_{30} = 120, \ V_{15} = 60$

회로에 흐르는 전류 $i = \dfrac{120-30}{30+15} = 2[\text{A}]$

$V_{30} = i \times r = 2 \times 30 = 60[\text{V}]$

$V_{15} = i \times r = 2 \times 15 = 30[\text{V}]$

【답】①

문제 68 그림과 같은 비정현파의 주기함수에 대한 설명으로 틀린 것은?

① 기함수파이다.

② 반파 대칭파이다.

③ 직류 성분은 존재하지 않는다.

④ 홀수차의 정현항 계수는 0이다.

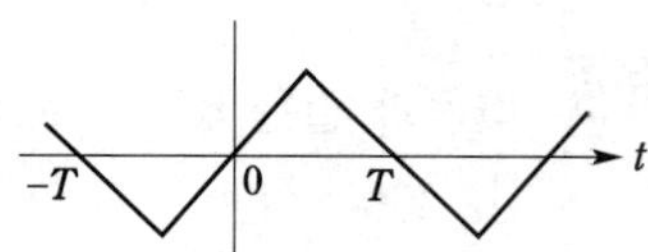

그림의 파형은 반파 정현 대칭 함수이므로

$f(t) = -f(t+\pi)$와 $f(t) = -f(-t)$의 두 조건을 만족하는 기함수파

【답】④

문제 69 그림에서 10[Ω]의 저항에 흐르는 전류는 몇 [A]인가?

① 13

② 14

③ 15

④ 16

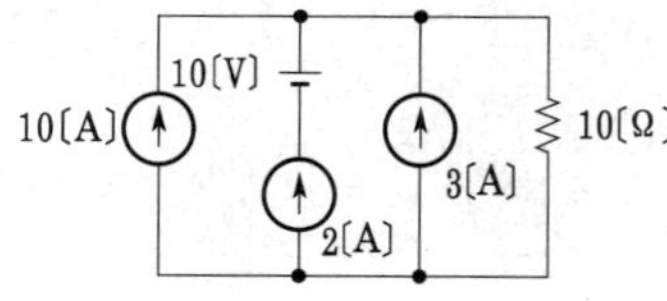

중첩의 정리에 의해

• 전류원 기준(전압원 단락) : $I_R = 10 + 2 + 3 = 15[\text{A}]$

• 전압원 기준(전류원 개방) : $I_R{}' = 0[\text{A}]$

∴ $I = I_R + I_R{}' = 15 + 0 = 15[\text{A}]$

【답】③

문제 70 그림은 평형 3상 회로에서 운전하고 있는 유도전동기의 결선도이다. 각 계기의 지시가 $W_1 = 2.36[\text{kW}]$, $W_2 = 5.95[\text{kW}]$, $V = 200[\text{V}]$, $I = 30[\text{A}]$일 때, 이 유도 전동기의 역률은 약 몇 [%]인가?

① 80

② 76

③ 70

④ 66

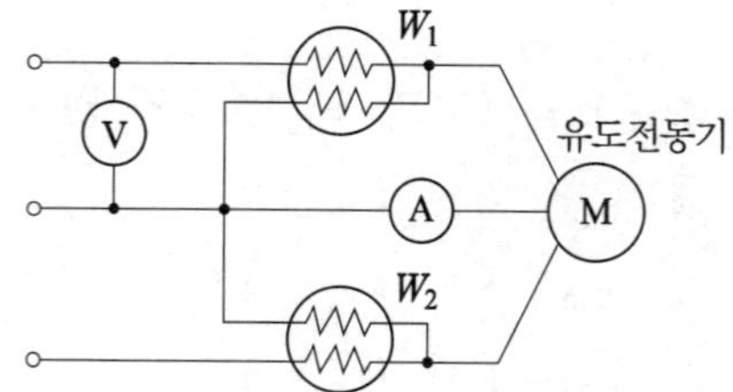

풀이

3상 전력 $W = \sqrt{3}\, VI\cos\theta$ 에서

$$\cos\theta = \frac{W_1 + W_2}{\sqrt{3}\, VI} = \frac{2360 + 5950}{\sqrt{3} \times 200 \times 30} = 0.8 = 80[\%]$$

【답】①

문제 71

3상 불평형 전압에서 불평형률은?

① $\dfrac{영상전압}{정상전압} \times 100[\%]$ ② $\dfrac{역상전압}{정상전압} \times 100[\%]$

③ $\dfrac{정상전압}{역상전압} \times 100[\%]$ ④ $\dfrac{정상전압}{영상전압} \times 100[\%]$

풀이

$$불평형률 = \frac{역상분}{정상분} \times 100\,[\%]$$

【답】②

문제 72

다음 회로에서 4단자 정수 A, B, C, D 중 C의 값은?

① 1 ② $j\omega L$

③ $j\omega C$ ④ $1 + j\omega(L + C)$

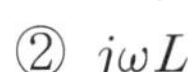

풀이

$$C = \frac{I_1}{V_2}\bigg|_{I_2 = 0} = \frac{I_1}{\dfrac{I_1}{j\omega C}} = j\omega C$$

【답】③

문제 73

기본파의 30[%]인 제3고조파와 기본파의 20[%]인 제5고조파를 포함하는 전압파의 왜형률은?

① 0.21 ② 0.31 ③ 0.36 ④ 0.42

풀이

$$왜형률 = \frac{각\ 고조파의\ 실효값의\ 합}{기본파의\ 실효값}$$

$$= \frac{\sqrt{V_3^2 + V_5^2}}{V_1} = \sqrt{\left(\frac{V_3}{V_1}\right)^2 + \left(\frac{V_5}{V_1}\right)^2} = \sqrt{0.3^2 + 0.2^2} = 0.36$$

【답】③

문제 74

코일의 권수 $N = 1000$회, 저항 $R = 10[\Omega]$ 이다. 전류 $I = 10[\text{A}]$를 흘릴 때 자속 $\phi = 3 \times 10^{-2}[\text{Wb}]$이라면 이 회로의 시정수[s]는?

① 0.3 ② 0.4 ③ 3.0 ④ 4.0

풀이

코일의 인덕턴스 L은

$$L = \frac{N\phi}{I} = \frac{1000 \times 3 \times 10^{-2}}{10} = 3[\text{H}]$$

$$\therefore \ \text{시정수} \ \tau = \frac{L}{R} = \frac{3}{10} = 0.3[\text{s}]$$

【답】 ①

문제 75

800[kW], 역률 80[%]의 부하가 있다. 1/4 시간 동안 소비되는 전력량[kWh]은?

① 800　　　　② 600　　　　③ 400　　　　④ 200

풀이

전력량 $W = P \cdot t = 800 \times \dfrac{1}{4} = 200[\text{kWh}]$

【답】 ④

문제 76

3상 불평형 전압을 V_a, V_b, V_c 라고 할 때 정상전압[V]은?

(단, $a = -\dfrac{1}{2} + j\dfrac{\sqrt{3}}{2}$ 이다.)

① $\dfrac{1}{3}(V_a + aV_b + a^2 V_c)$　　　　② $\dfrac{1}{3}(V_a + a^2 V_b + aV_c)$

③ $\dfrac{1}{3}(V_a + a^2 V_b + V_c)$　　　　④ $\dfrac{1}{3}(V_a + V_b + V_c)$

풀이

$V_0 = \dfrac{1}{3}(V_a + V_b + V_c)$ 영상 전압

$V_1 = \dfrac{1}{3}(V_a + aV_b + a^2 V_c)$ **정상 전압** (1 → a → a^2의 순서)

$V_2 = \dfrac{1}{3}(V_a + a^2 V_b + aV_c)$ 역상 전압 (1 → a^2 → a의 순서)

【답】 ①

문제 77

평형 3상 Y결선 회로의 선간전압 V_l, 상전압 V_p, 선전류 I_l, 상전류가 I_p일 때 다음의 관련 식 중 틀린 것은? (단 P_y는 3상 부하전력을 의미한다.)

① $V_l = \sqrt{3}\,V_p$　　　　② $I_l = I_p$

③ $P_y = \sqrt{3}\,V_l I_l \cos\theta$　　　　④ $P_y = \sqrt{3}\,V_p I_p \cos\theta$

풀이

Y결선 및 △결선과의 비교

결선법	선간전압 V_l	선전류 I_l	출	력
Y결선	$\sqrt{3}\,V_p$	I_p	$\sqrt{3}\,V_l I_l \cos\theta$	$3V_p I_p \cos\theta$
△결선	V_p	$\sqrt{3}\,I_p$	$\sqrt{3}\,V_l I_l \cos\theta$	$3V_p I_p \cos\theta$

여기서, V_l : 선간 전압, I_l : 선로 전류, V_p : 상전압, I_p : 상전류

【답】 ④

문제 78

$f(t) = \dfrac{d}{dt}\cos\omega t$ 를 라플라스 변환하면?

① $\dfrac{\omega^2}{s^2+\omega^2}$ ② $\dfrac{-s^2}{s^2+\omega^2}$ ③ $\dfrac{s}{s^2+\omega^2}$ ④ $\dfrac{-\omega^2}{s^2+\omega^2}$

풀이

실미분의 정리 $\mathcal{L}\left[f'(t)\right]=sF(s)-f(0)$ 에서,

$$\mathcal{L}\left[\dfrac{d}{dt}\cos\omega t\right]=s\cdot\dfrac{s}{s^2+\omega^2}-1=\dfrac{-\omega^2}{s^2+\omega^2}$$

【답】 ④

문제 79

그림과 같이 접속된 회로에 평형 3상 전압 E[V]를 가할 때의 전류 I_1[A]은?

① $\dfrac{\sqrt{3}}{4E}$ ② $\dfrac{4E}{\sqrt{3}}$

③ $\dfrac{4r}{\sqrt{3}\,E}$ ④ $\dfrac{\sqrt{3}\,E}{4r}$

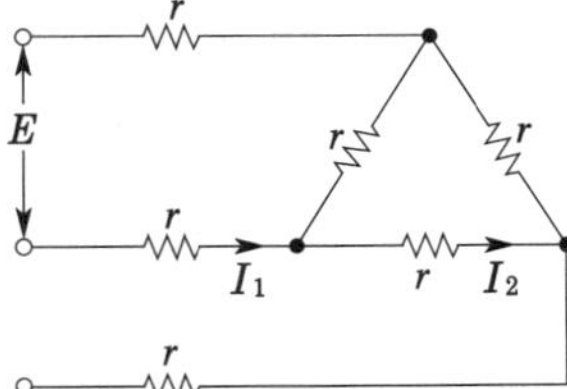

풀이

$\triangle$를 Y로 환산하면 1상의 등가 저항 R은

$$R=\dfrac{r^2}{r+r+r}=\dfrac{r^2}{3r}=\dfrac{r}{3}$$

따라서 선전류

$$I_1=\dfrac{\dfrac{E}{\sqrt{3}}}{r+\dfrac{r}{3}}=\dfrac{\sqrt{3}\,E}{4r}$$

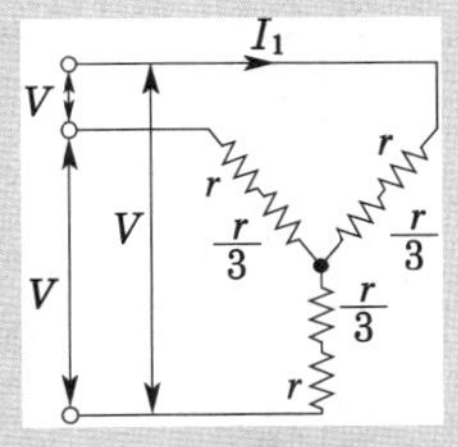

【답】 ④

문제 80

그림과 같은 커패시터 C의 초기 전압이 $V(0)$일 때 라플라스 변환에 의하여 s함수로 표시된 등가회로로 옳은 것은?

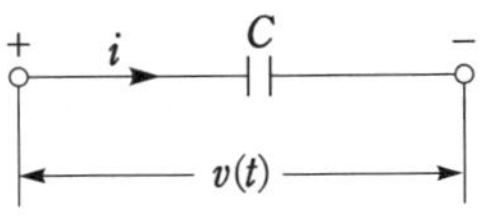

①   ②   ③   ④

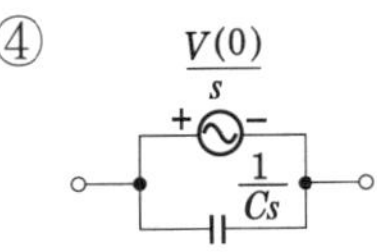

풀이

$$v(t)=\dfrac{1}{C}\int i(t)dt$$

라플라스 변환하면

$$V(s)=\dfrac{1}{Cs}I(s)+\dfrac{1}{Cs}i^{-1}(0)$$

여기서, $i^{-1}(0)$는 초기 충전 전하이므로 $Q_0=Cv(0)$

$$\therefore V(s) = \frac{1}{Cs}I(s) + \frac{v(0)}{s}$$

【답】②

5과목   전기설비기술기준 및 판단기준

문제 81

옥내배선의 사용전압이 220[V]인 경우 금속관공사의 기술기준으로 옳은 것은?

① 금속관에는 제3종 접지공사를 하였다.

② 전선은 옥외용 비닐절연전선을 사용하였다.

③ 금속관과 접속부분의 나사는 3턱 이상으로 나사결합을 하였다.

④ 콘크리트에 매설하는 전선관의 두께는 1.0[mm]를 사용하였다.

풀이

금속관 공사 (판단기준 제184조)
① 전선
  • 전선은 절연전선(옥외용 비닐절연전선을 제외한다)일 것.
  • 전선은 연선일 것. 단, 단면적 10[mm^2](알루미늄선은 단면적 16[mm^2]) 이하의 것은 단선도 가능
    하다.
② 전선관의 두께
  • 콘크리트에 매설 : 1.2 [mm] 이상
  • 매설 이외의 경우 : 1 [mm] 이상
  단, 이음매가 없는 길이 4 [m] 이하인 것을 건조하고 전개된 곳에 시설하는 경우에는 0.5 [mm]
③ 접지공사
  • **400[V] 미만 : 제3종 접지공사**
  • 400[V] 이상 : 특별 제3종 접지 공사

【답】①

문제 82

폭발성 또는 연소성의 가스가 침입할 우려가 있는 지중함에 그 크기가 몇 [m^3] 이상의 것은 통풍장치 기타 가스를 방산시키기 위한 적당한 장치를 시설하여야 하는가?

① 0.9   ② 1.0   ③ 1.5   ④ 2.0

풀이

지중함의 시설 (판단기준 제137조)
폭발성 또는 연소성의 가스가 침입할 우려가 있는 것에 시설하는 지중함으로서 그 크기가 1[m^3] 이상인
것에는 통풍장치 기타 가스를 방산시키기 위한 적당한 장치를 시설할 것   【답】②

문제 83

차량, 기타 중량물의 압력을 받을 우려가 없는 장소에 지중 전선로를 직접 매설식에 의하여 매설하는 경우에는 매설 깊이를 몇 [cm] 이상으로 하여야 하는가?

① 40   ② 60   ③ 80   ④ 100

지중 전선로의 시설 (판단기준 제136조)

① 지중 전선로는 전선에 케이블을 사용하고 또한 관로식·암거식 또는 직접 매설식에 의하여 시설하여야 한다.

② 지중 전선로를 직접 매설식에 의하여 시설하는 경우에는 매설 깊이를 차량 기타 중량물의 압력을 받을 우려가 있는 장소에는 1.2 [m] 이상, **기타 장소에는 60 [cm] 이상**으로 하고 또한 지중 전선을 견고한 트라프 기타 방호물에 넣어 시설하여야 한다. 【답】 ②

문제 84

전력용 커패시터의 용량 15000[kVA] 이상은 자동적으로 전로로부터 차단하는 장치가 필요하다. 자동적으로 전로로부터 차단하는 장치가 필요한 사유로 틀린 것은?

① 과전류가 생긴 경우

② 과전압이 생긴 경우

③ 내부에 고장이 생긴 경우

④ 절연유의 압력이 변화하는 경우

조상설비의 보호장치 (판단기준 제49조)

조상 설비에는 그 내부에 고장이 생긴 경우에 보호하는 장치를 표와 같이 시설하여야 한다.

설비 종별	뱅크 용량의 구분	자동적으로 전로로부터 차단하는 장치
전력용 커패시터 및 분로리액터	500 [kVA] 초과 15,000 [kVA] 미만	· 내부에 고장이 생긴 경우 · 과전류가 생긴 경우
	15,000 [kVA] 이상	· **내부에 고장**이 생긴 경우 · **과전류**가 생긴 경우 · **과전압**이 생긴 경우
조상기	15,000 [kVA] 이상	· 내부에 고장이 생긴 경우

【답】 ④

문제 85

고압 가공전선로의 지지물로 철탑을 사용한 경우 최대경간은 몇 [m]이하이어야 하는가?

① 300　　　② 400　　　③ 500　　　④ 600

고압 및 특고압 가공전선로 경간의 제한(판단기준 제76조, 제124조)

지지물의 종류		경	간
	고압	지름 5 [mm] 이상	단면적 22 [mm^2] 이상
	특고압	단면적 22 [mm^2] 이상	**단면적 55 [mm^2] 이상**
목주·A종 철주 또는 A종 철근 콘크리트주		150 [m] 이하	300 [m] 이하
B종 철주 또는 B종 철근 콘크리트주		250 [m] 이하	500 [m] 이하
철 탑		**600 [m] 이하**	600 [m] 이하

【답】 ④

문제 86

무선용 안테나를 지지하는 목주의 풍압하중에 대한 안전율은?

① 1.2 이상 ② 1.5 이상 ③ 2.0 이상 ④ 2.2 이상

풀이

무선용 안테나 등의 지지하는 철탑 등의 시설 (판단기준 제164조)

전력 보안통신 설비인 무선통신용 안테나 또는 반사판 을 지지하는 목주·철근·철근 콘크리트주 또는 철탑은 다음 각 호에 의하여 시설하여야 한다.

① **목주의 안전율 : 1.5 이상**

② 철주·철근 콘크리트주 또는 철탑의 기초 안전율 : 1.5 이상　【답】②

문제 87

목주, A종 철주 및 A종 철근 콘크리트주 지지물을 사용할 수 없는 보안공사는?

① 고압 보안공사 ② 제1종 특고압 보안공사

③ 제2종 특고압 보안공사 ④ 제3종 특고압 보안공사

풀이

특고압 보안공사(판단기준 제125조)

제1종 특고압 보안 공사의 지지물에는 **B종 철주, B종 철근 콘크리트주 또는 철탑**을 사용할 것.　【답】②

문제 88

특고압 가공전선로의 지지물로 사용하는 목주의 풍압하중에 대한 안전율은 얼마 이상이어야 하는가?

① 1.2 ② 1.5 ③ 2.0 ④ 2.5

풀이

가공전선로의 지지물의 강도 등 (판단기준 제74조, 제113조)

〈지지물이 목주인 경우 안전율 및 말구의 지름〉

전압의 종별	안전율	말구의 지름
저　압	1.2	–
고　압	1.3	12 [cm] 이상
특 고 압	1.5	12 [cm] 이상

【답】②

문제 89

전기집진장치에서 변압기로부터 정류기에 이르는 케이블을 넣는 방호장치의 금속제 부분 및 케이블의 피복에 사용되는 금속체에는 원칙적으로 몇 종 접지공사를 하여야 하는가?

① 제1종 접지 공사 ② 제2종 접지 공사

③ 제3종 접지 공사 ④ 특별 제3종 접지 공사

풀이

전기집진장치 등의 시설(판단기준 제246조)

케이블을 넣는 방호장치의 금속제 부분 및 **케이블의 피복에 사용하는 금속체에는 제1종 접지 공사를 할 것.** 다만 사람의 접촉 우려가 없도록 시설하는 경우에는 제3종 접지 공사를 할 수 있다.　【답】①

금속제 지중 관로에 대하여 전식 작용에 의한 장해를 줄 우려가 있어 배류 시설에 사용되는 선택 배류기를 보호할 목적으로 시설하여야 하는 것은?

① 피뢰기　　　　② 유입 개폐기　　　③ 과전류 차단기　　　④ 과전압 계전기

풀이

배류접속 (판단기준 제265조)
선택 배류기는 다음 각 호에 의하여 시설하여야 한다.
- **선택 배류기를 보호**하기 위하여 적정한 **과전류 차단기를 시설**할 것
- 선택 배류기는 제3종 접지공사를 한 금속제 외함 기타 견고한 함에 넣어 시설하거나 사람이 접촉할 우려가 없도록 시설할 것　　　　【답】③

진열장 안의 사용전압이 400[V] 미만인 저압 옥내배선으로 외부에서 보기 쉬운 곳에 한하여 시설할 수 있는 전선은? (단, 진열장은 건조한 곳에 시설하고 또한 진열장 내부를 건조한 상태로 사용하는 경우이다.)

① 단면적이 0.75[mm^2] 이상인 코드 또는 캡타이어 케이블
② 단면적이 0.75[mm^2] 이상인 나전선 또는 캡타이어 케이블
③ 단면적이 1.25[mm^2] 이상인 코드 또는 절연전선
④ 단면적이 1.25[mm^2] 이상인 나전선 또는 다심형전선

풀이

진열장안의 배선 공사 (판단기준 제205조)
- 전선의 굵기 : **단면적이 0.75 [mm^2] 이상**
- 전선의 종류 : **코드 또는 캡타이어 케이블**
- 전선 지지점 간의 거리 : 1 [m] 이하　　　　【답】①

저압 옥내배선을 가요전선관 공사에 의해 시공하고자 한다. 이 가요전선관에 설치하는 전선으로 단선을 사용할 경우 그 단면적은 최대 몇 [mm^2] 이하이어야 하는가? (단, 알루미늄선은 제외한다.)

① 2.5　　　　② 4　　　　③ 6　　　　④ 10

풀이

가요 전선관 공사에 의한 저압 옥내 배선의 시설(판단기준 제186조)
① 전선은 절연 전선일 것 (옥외용 비닐 절연 전선은 제외)
② 전선은 연선일 것. 단, **단면적 10 [mm^2] 이하의 것은 단선을 쓸 수 있다.**
③ 가요 전선관에는 전선에 접속점이 없도록 한다.
④ 가요 전선관은 2종 금속제 가요 전선관일 것　　　　【답】④

ACSR을 사용한 고압가공전선의 이도계산에 적용되는 안전율은?

① 2.0　　　　② 2.2　　　　③ 2.5　　　　④ 3

> **풀이**
>
> 저고압 가공전선의 안전율 (판단기준 제71조)
> 고압 가공전선은 케이블인 경우 이외에는 다음의 안전율 이상이 되는 이도로 시설하여야 한다.
> • 경동선 또는 내열 동합금선 : 2.2 이상
> • **그 밖의 전선 : 2.5 이상**
> 【답】③

문제 94

KS C IEC 60364에서 충전부 전체를 대지로부터 절연시키거나 한 점에 임피던스를 삽입하여 대지에 접속시키고, 전기기기의 노출 도전성 부분 단독 또는 일괄적으로 접지 하거나 또는 계통접지로 접속하는 접지계통을 무엇이라 하는가?

① TT 계통   ② IT 계통   ③ TN-C 계통   ④ TN-S 계통

> **풀이**
>
> ① TT 계통 : 전원의 한 점을 직접접지하고 설비의 노출 도전성 부분을 전원계통의 접지극과는 전기적으로 독립한 접지극에 접지하는 접지계통
> ② **IT 계통** : 충전부 전체를 대지로부터 절연시키거나, 한 점에 임피던스를 삽입하여 대지에 접속시키고, 전기기기의 **노출 도전성부분 단독 또는 일괄적으로 접지하거나 또는 계통접지로 접속**하는 접지계통
> ③ TN 계통 : 전원의 한 점을 직접접지하고 설비의 노출 도전성부분을 보호선(PEN)을 이용하여 전원의 한 점에 접속하는 접지계통
> • TN-S : 계통 전체의 중성선(또는 접지된 상전선)과 보호선을 접속하여 사용
> • TN-C-S : 계통 일부의 중성선과 보호선을 동일전선으로 사용
> • TN-C : 계통 전체의 중성선과 보호선을 동일전선으로 사용
> 【답】②

문제 95

전기공급 설비 및 전기사용설비에서 변압기 절연유에 대한 설명으로 옳은 것은?

① 사용전압이 20000[V] 이상의 중성점 직접접지식 전로에 접속하는 변압기를 설치하는 곳에는 절연유의 구외유출 및 지하침투를 방지하기 위한 설비를 갖추어야 한다.

② 사용전압이 25000[V] 이상의 중성점 직접접지식 전로에 접속하는 변압기를 설치하는 곳에는 절연유의 구외유출 및 지하침투를 방지하기 위한 설비를 갖추어야 한다.

③ 사용전압이 100000[V] 이상의 중성점 직접접지식 전로에 접속하는 변압기를 설치하는 곳에는 절연유의 구외유출 및 지하침투를 방지하기 위한 설비를 갖추어야 한다.

④ 사용전압이 150000[V] 이상의 중성점 직접접지식 전로에 접속하는 변압기를 설치하는 곳에는 절연유의 구외유출 및 지하침투를 방지하기 위한 설비를 갖추어야 한다.

> **풀이**
>
> 절연유의 구외유출방지 (판단기준 제45조)
> **사용전압이 100 [kV] 이상의 변압기**를 설치하는 곳에는 절연유의 구외 유출 및 지하침투를 방지하기 위하여 다음 각호에 의하여 **절연유 유출 방지설비**를 하여야 한다.
> ① 변압기 주변에 집유조 등을 설치할 것
> ② 절연유 유출방지설비의 용량은 변압기 탱크 내장유량의 50 [%]이상으로 할 것
> ③ 변압기 탱크가 2개 이상일 경우에는 공동의 집유조 등을 설치할 수 있으며 그 용량은 변압기 1 탱크 내장유량이 최대인 것의 50 [%] 이상일 것
> 【답】③

발전기 · 변압기 · 조상기 · 계기용변성기 · 모선 또는 이를 지지하는 애자는 어떤 전류에 의하여 생기는 기계적 충격에 견디는 것인가?

① 지상전류 　　　② 유도전류 　　　③ 충전전류 　　　④ 단락전류

풀이

발전기 등의 기계적 강도(기술기준 제23조)
발전기, 변압기, 조상기, 모선 또는 이를 지지하는 애자는 **단락 전류에 의하여 생기는 기계적 충격에 견디어야 한다.**
【답】 ④

저압전로에서 그 전로에 지락이 생겼을 경우에 0.5초 이내에 자동적으로 전로를 차단하는 장치를 시설하는 경우에는 자동차단기의 정격감도전류가 200[mA]이면 특별 제3종 접지공사의 저항값은 몇 [Ω] 이하로 하여야 하는가? (단, 전기적 위험도가 높은 장소인 경우이다.)

① 30 　　　② 50 　　　③ 75 　　　④ 150

풀이

접지 공사의 종류 (판단기준 제18조)

정격감도 전류	접지저항치	
	물기 있는 장소, 전기적 위험도 높은 장소	그 외 다른 장소
30 [mA]	500 [Ω]	500
50	300	500
100	150	500
200	75	250
300	50	166
500	30	100

정격감도전류 [A]×접지저항치[Ω](물기 있는 장소, 전기적 위험도가 높은 장소) = 15 [V] 이므로

$$0.2[A] \times R[\Omega] = 15[V] \qquad \therefore R = \frac{15}{0.2} = 75[\Omega]$$
【답】 ③

네온 방전관을 사용한 사용전압 12000[V]인 방전등에 사용되는 네온 변압기의 외함의 접지공사로 알맞은 것은?

① 제1종 접지공사 　　　② 제2종 접지공사
③ 제3종 접지공사 　　　④ 특별 제3종 접지공사

풀이

옥내의 네온 방전등 공사(판단기준 제215조)
옥내에 시설하는 관등회로의 사용 전압이 1,000 [V]를 초과하는 방전등으로서 관등회로의 배선은 애자 사용 공사에 의하여 시설하고 또한 다음에 의할 것
① 전선은 네온 전선일 것
② 전선은 조영재의 옆면 또는 아랫면에 붙일 것. 다만, 전선을 전개된 장소에 시설하는 경우에 기술상 부득이한 때에는 그러하지 아니하다.

③ 전선의 지지점간의 거리는 1[m] 이하일 것
④ 전선 상호간의 간격은 6[cm] 이상일 것
⑤ 네온 변압기의 외함에는 제3종 접지공사를 할 것 【답】③

문제 99

변압기의 고압측 전로의 1선 지락전류가 4[A] 일 때, 일반적인 경우의 제2종 접지저항값은 몇 [Ω] 이하로 유지되어야 하는가?

① 18.75　　　　② 22.5　　　　③ 37.5　　　　④ 52.5

풀이

접지 공사의 종류 (판단기준 제18조)

$$제2종\ 접지저항값 = \frac{150}{1선\ 지락\ 전류} = \frac{150}{4} = 37.5[\Omega]$$

【답】③

문제 100

화약류 저장소에 전기설비를 시설할 때의 사항으로 틀린 것은?

① 전로의 대지전압이 400[V] 이하이어야 한다.
② 개폐기 및 과전류차단기는 화약류저장소 밖에 둔다.
③ 옥내배선은 금속관배선 또는 케이블배선에 의하여 시설한다.
④ 과전류차단기에서 저장소 인입구까지의 배선에는 케이블을 사용한다.

풀이

화약류 저장소에서 전기설비의 시설(판단기준 제202조)
화약류 저장소 안에는 전기설비를 시설하여서는 아니 된다. 다만, 백열전등이나 형광등 또는 이들에 전기를 공급하기 위한 전기설비(개폐기 및 과전류 차단기를 제외한다)는 다음 각 호에 따라 시설하는 경우에는 그러하지 아니하다.
① 전로의 대지 전압은 300[V] 이하일 것
② 전기 기계 기구는 전폐형의 것일 것
③ 전용의 개폐기 및 과전류 차단기를 화약류 저장소 이외의 곳에 취급자 이외의 자가 쉽게 조작할 수 없도록 시설하고 전로에 지기가 생길 때에 자동적으로 전로를 차단하거나 경보하는 장치를 할 것
④ 전용의 개폐기 또는 과전류 차단기에서 화약류 저장소 인입구까지의 배선에는 케이블을 사용하여 지하에 시설하여야 한다. 【답】①

2017년도
전기산업기사 필기

- ▶ 17년 제1회 전기산업기사
- ▶ 17년 제2회 전기산업기사
- ▶ 17년 제3회 전기산업기사

국가기술자격검정 필기시험 문제

2017년도 전기산업기사 일반검정 제1회

	수검 번호	성 명

자격종목 및 등급(선택분야)	종목코드	시험시간	문제지형별
전기산업기사	2140	2시간 30분	A

1과목   전기자기학

문제 01 자화의 세기 J_m[C/m²]을 자속밀도 B[Wb/m²]와 비투자율 μ_r 로 나타내면?

① $J_m = (1 - \mu_r)B$

② $J_m = (\mu_r - 1)B$

③ $J_m = \left(1 - \dfrac{1}{\mu_r}\right)B$

④ $J_m = \left(\dfrac{1}{\mu_r} - 1\right)B$

풀이

$B = \mu_0 H + J_m$ 의 관계에서 $H = \dfrac{B}{\mu} = \dfrac{B}{\mu_0 \mu_r}$ 이므로

$$J_m = B - \mu_0 H = \left(1 - \dfrac{1}{\mu_r}\right)B$$

【답】③

문제 02 평행판 콘덴서의 양극판 면적을 3배로 하고 간격을 1/3로 줄이면 정전용량은 처음의 몇 배가 되는가?

① 1   ② 3   ③ 6   ④ 9

풀이

면적 S_1, 간격 d_1인 평행판 콘덴서의 정전 용량을 C_1이라 하면

$$C_1 = \dfrac{\epsilon_0}{d_1} S_1$$

문제에서 $d = \dfrac{1}{3} d_1$, $S = 3S_1$이므로 구하는 용량은

$$\therefore\ C = \dfrac{\epsilon_0}{\dfrac{1}{3} d_1} \cdot 3S_1 = 9\,\dfrac{\epsilon_0}{d_1} S_1 = 9C_1$$

【답】④

문제 03 임의의 절연체에 대한 유전율의 단위로 옳은 것은?

① F/m   ② V/m   ③ N/m   ④ C/m²

풀이

① ϵ [F/m] : 유전율, ② E [V/m] : 전계, ③ F [N/m] : 힘, ④ D [C/m²] : 전속밀도   【답】①

비유전율이 4이고, 전계의 세기가 20[kV/m]인 유전체 내의 전속밀도는 약 몇 $[\mu C/m^2]$인가?

① 0.71 ② 1.42 ③ 2.83 ④ 5.28

풀이

$$D = \epsilon_0 \epsilon_s E = 8.855 \times 10^{-12} \times 4 \times 20 \times 10^3 = 0.71 \times 10^{-6} [C/m^2] = 0.71 [\mu C/m^2]$$

【답】 ①

저항 24[Ω]의 코일을 지나는 자속이 $0.6\cos 800t$[Wb]일 때 코일에 흐르는 전류의 최대값은 몇 [A]인가?

① 10 ② 20 ③ 30 ④ 40

풀이

$$\phi = \phi_m \cos \omega t = 0.6 \cos 800t \text{ 에서 } \phi_m = 0.6, \ \omega = 800$$

$$e = \frac{d\phi}{dt} = \frac{d}{dt} \phi_m \cos \omega t = -\omega \phi_m \sin \omega t = E_m \sin \omega t \text{ 이므로}$$

$$|E_m| = \omega \phi_m = 800 \times 0.6 = 480 [V]$$

$$\therefore \text{ 최대전류 } I_m = \frac{E_m}{R} = \frac{480}{24} = 20 [A]$$

【답】 ②

−1.2[C]의 점전하가 $5a_x + 2a_y - 3a_z$[m/s]인 속도로 운동한다. 이 전하가 $\boldsymbol{B} = -4a_x + 4a_y + 3a_z$[Wb/m²]인 자계에서 운동하고 있을 때 이 전하에 작용하는 힘은 약 몇 [N] 인가? (단, a_x, a_y, a_z는 단위벡터이다.)

① 10 ② 20 ③ 30 ④ 40

풀이

$$\boldsymbol{F} = q(\boldsymbol{v} \times \boldsymbol{B}) = -1.2 \{(5a_x + 2a_y - 3a_z) \times (-4a_x + 4a_y + 3a_z)\}$$

$$= -1.2 \begin{vmatrix} a_x & a_y & a_z \\ 5 & 2 & -3 \\ -4 & 4 & 3 \end{vmatrix} = -1.2(18a_x - 3a_y + 28a_z) = -21.6a_x + 3.6a_y - 33.6a_z$$

$$\therefore F = \sqrt{21.6^2 + 3.6^2 + 33.6^2} = 40 [N]$$

【답】 ④

유도기전력의 크기는 폐회로에 쇄교하는 자속의 시간적 변화율에 비례한다는 법칙은?

① 쿨롱의 법칙 ② 패러데이 법칙
③ 플레밍의 오른손 법칙 ④ 암페어의 주회적분 법칙

풀이

유도기전력 $e = -n \dfrac{d\phi}{dt}$

① 패러데이 법칙 : 유도기전력의 크기 결정

(유도기전력의 크기는 권선수 n 및 쇄교하는 자속의 시간적 변화율 $\dfrac{d\phi}{dt}$에 비례)

② 렌쯔의 법칙 : 유도기전력의 방향 결정 ("−" 부호 : 자속변화를 방해하는 방향)

【답】 ②

문제 08

평행판 공기콘덴서 극판 간에 비유전율 6인 유리판을 일부만 삽입한 경우, 유리판과 공기 간의 경계면에서 발생하는 힘은 약 몇 [N/m²]인가? (단, 극판간의 전위경도는 30[kV/cm] 이고, 유리판의 두께는 평행판 간 거리와 같다.)

① 199　　　　　　② 223　　　　　　③ 247　　　　　　④ 269

풀이

두 유전체의 경계 조건
두 유전체의 경계면에 전속 및 전기력선이 평행으로 입사하므로 전계 E는 일정하다. 즉, 경계면에 작용하는 단위 면적당 힘 f는

$$f = \frac{1}{2}(D_2 - D_1)E = \frac{1}{2}(\epsilon_2 E - \epsilon_1 E)E = \frac{1}{2}(\epsilon_2 - \epsilon_1)E^2$$

$$f = \frac{1}{2}(6\epsilon_0 - \epsilon_0)E^2 = \frac{5}{2}\epsilon_0 E^2 = \frac{5}{2} \times 8.85 \times 10^{-12} \times (3 \times 10^6)^2 = 199[\text{N/m}^2]$$

【답】①

문제 09

극판면적 10[cm²], 간격 1[mm]인 평행판 콘덴서에 비유전율이 3인 유전체를 채웠을 때 전압 100[V]를 가하면 축적되는 에너지는 약 몇 [J] 인가?

① 1.32×10^{-7}　　② 1.32×10^{-9}　　③ 2.64×10^{-7}　　④ 2.64×10^{-9}

풀이

$$C = \frac{\epsilon_0 \epsilon_s}{d} \cdot S = 8.85 \times 10^{-12} \times \frac{3 \times 10 \times 10^{-4}}{1 \times 10^{-3}} = 26.55 \times 10^{-12}\,[\text{F}]$$

$$\therefore\ W = \frac{1}{2}CV^2 = \frac{1}{2} \times 26.55 \times 10^{-12} \times 100^2 = 1.33 \times 10^{-7}[\text{J}]$$

【답】①

문제 10

0.2[Wb/m²]의 평등자계 속에 자계와 직각방향으로 놓인 길이 30[cm]의 도선을 자계와 30° 의 방향으로 30[m/s]의 속도로 이동시킬 때 도체 양단에 유기되는 기전력은 몇 [V]인가?

① 0.45　　　　　　② 0.9　　　　　　③ 1.8　　　　　　④ 90

풀이

$$e = Blv\sin\theta = 0.2 \times 0.3 \times 30 \times \sin 30° = 0.9[\text{V}]$$

【답】②

문제 11

전기 쌍극자에서 전계의 세기(E)와 거리(r)과의 관계는?

① E는 r^2에 반비례　　　　　　② E는 r^3에 반비례

③ E는 $r^{\frac{3}{2}}$에 반비례　　　　　　④ E는 $r^{\frac{5}{2}}$에 반비례

풀이

전기 쌍극자에 의한 전계 $E = \dfrac{M\sqrt{1 + 3\cos^2\theta}}{4\pi\epsilon_0 r^3} \propto \dfrac{1}{r^3}$

【답】②

대전도체 표면의 전하밀도를 $\sigma[\text{C/m}^2]$이라 할 때, 대전도체 표면의 단위면적이 받는 정전응력은 전하밀도 σ와 어떤 관계에 있는가?

① $\sigma^{\frac{1}{2}}$에 비례   ② $\sigma^{\frac{3}{2}}$에 비례   ③ σ에 비례   ④ σ^2에 비례

풀이

정전 에너지 $W = \dfrac{Q^2}{2C} = \dfrac{Q^2}{2\left(\dfrac{\epsilon_0 S}{d}\right)} = \dfrac{Q^2 d}{2\epsilon_0 S} = \dfrac{\sigma^2 d}{2\epsilon_0}S[\text{J}]$ $(\because Q = \sigma \times S)$

정전응력 $F = -\dfrac{\partial W}{\partial d} = -\dfrac{\sigma^2}{2\epsilon_0}S[\text{N}]$ 에서 $F \propto \sigma^2$

【답】 ④

단면적이 같은 자기회로가 있다. 철심의 투자율을 μ라 하고 철심회로의 길이를 l이라 한다. 지금 그 일부에 미소공극 l_0을 만들었을 때 자기회로의 자기저항은 공극이 없을 때의 약 몇 배 인가? (단. $l \gg l_0$ 이다.)

① $1 + \dfrac{\mu l}{\mu_0 l_0}$ ② $1 + \dfrac{\mu l_0}{\mu_0 l}$ ③ $1 + \dfrac{\mu_0 l}{\mu l_0}$ ④ $1 + \dfrac{\mu_0 l_0}{\mu l}$

풀이

투자율 μ인 자기 저항 $R_\mu = \dfrac{l}{\mu A}$

여기서 A는 철심의 단면적, 미소 공극은 l_0이므로 철심의 길이는 $l - l_0 \fallingdotseq l$ 이라 하면 이때의 자기 저항 R_m은

$R_m = $ 공극부분의 자기저항 $+$ 철심부분의 자기저항 $= \dfrac{l_0}{\mu_0 A} + \dfrac{l}{\mu A} = \dfrac{l_0}{\mu_0 A} + R_\mu$

(철심부분의 자기저항 $R_\mu = \dfrac{l - l_0}{\mu A} \fallingdotseq \dfrac{l}{\mu A}$, $l - l_0 \fallingdotseq l$)

양변을 R_μ로 나누면

$\therefore \dfrac{R_m}{R_\mu} = 1 + \dfrac{1}{R_\mu} \times \dfrac{l_0}{\mu_0 A} = 1 + \dfrac{\mu A}{l} \times \dfrac{l_0}{\mu_0 A} = 1 + \dfrac{\mu l_0}{\mu_0 l}$

【답】 ②

자위(magnetic potential)의 단위로 옳은 것은?

① C/m   ② N·m   ③ AT   ④ J

풀이

1[Wb]의 정자극을 무한 원점에서 점 P까지 가져오는 데 필요한 일을 점 P의 자위라고 한다.
① 자계 중의 한 점 P에서의 자위 U_P

$U_P = -\displaystyle\int_{\infty}^{P} \boldsymbol{H} \cdot d\boldsymbol{r}\,[\text{AT}]$

② 점자극 $\boldsymbol{m}$에서 $\boldsymbol{r}$ 거리인 점의 자위 U_m

$U_m = \dfrac{m}{4\pi\mu r}[\text{AT}]$

【답】 ③

문제 15 그림과 같이 도체구 내부 공동의 중심에 점전하 Q[C]가 있을 때 이 도체구의 외부로 발산되어 나오는 전기력선의 수는? (단, 도체내외의 공간은 진공이라 한다.)

① 4π ② $\dfrac{Q}{\epsilon_o}$

③ Q ④ $\epsilon_0 Q$

풀이

전하 분포는 도체구 공동부의 전하 Q에 의해 내측 표면에 $-Q$, 외측 표면에 Q가 유도된다. 이에 따라 전기력선 분포는 도체구 내부에는 존재하지 않고, 도체구의 공동구와 외부에 존재하고 발산한다. 따라서 **도체 외측 표면 전하 Q에 의해 외부의 전속 $\phi = Q$이고, 전기력선의 수 N은**

$$N = \dfrac{Q}{\epsilon_o}$$

【답】②

문제 16 $E = xi - yj$[V/m]일 때 점 (3, 4)[m]를 통과하는 전기력선의 방정식은?

① $y = 12x$ ② $y = \dfrac{x}{12}$ ③ $y = \dfrac{12}{x}$ ④ $y = \dfrac{3}{4}x$

풀이

전기력선 방정식 : $\dfrac{dx}{E_x} = \dfrac{dy}{E_y}$, 주어진 식 $E_x = x$, $E_y = -y$ 이므로

$$\therefore \ \dfrac{dx}{x} = \dfrac{dy}{-y}$$

양변 적분(적분 C 누락하지 않도록 주의)

$$\int \dfrac{dx}{x} = - \int \dfrac{dy}{y} + C \Rightarrow \ln x = -\ln y + C$$

$$\ln x + \ln y = C \Rightarrow \ln xy = C \qquad xy = e^c$$

점 (3, 4)를 지나므로

$$xy = 12 \quad \therefore \ y = \dfrac{12}{x}$$

【답】③

문제 17 전자파 파동임피던스 관계식으로 옳은 것은?

① $\sqrt{\epsilon}H = \sqrt{\mu}E$ ② $\sqrt{\epsilon\mu} = EH$

③ $\sqrt{\mu}H = \sqrt{\epsilon}E$ ④ $\epsilon\mu = EH$

풀이

$$\eta = \dfrac{E}{H} = \sqrt{\dfrac{\mu}{\epsilon}} = \dfrac{\sqrt{\mu}}{\sqrt{\epsilon}} \ [\Omega]에서 \quad \sqrt{\mu}H = \sqrt{\epsilon}E$$

【답】③

문제 18 1000[AT/m]의 자계 중에 어떤 자극을 놓았을 때 3×10^2[N]의 힘을 받았다고 한다. 자극의 세기[Wb]는?

① 0.03 ② 0.3 ③ 3 ④ 30

$$F = mH \text{에서} \quad \therefore \ m = \frac{F}{H} = \frac{3 \times 10^2}{1000} = \frac{300}{1000} = 0.3\,[\text{Wb}]$$

【답】②

문제 19

매 초마다 S면을 통과하는 전자에너지를 $W = \int_S \boldsymbol{P} \cdot n\,dS\,[\text{W}]$로 표시하는데 이 중 틀린 설명은?

① 벡터 $\boldsymbol{P}$를 포인팅 벡터라 한다.

② n이 내향일 때는 S면 내에 공급되는 총 전력이다.

③ n이 외향일 때는 S면에서 나오는 총 전력이 된다.

④ $\boldsymbol{P}$의 방향은 전자계의 에너지 흐름의 진행방향과 다르다.

전자파의 진행 방향은 $\boldsymbol{E} \times \boldsymbol{H}$이고, 전자계에서 에너지(전력)의 흐름을 나타내는 포인팅 벡터 $\boldsymbol{P} = \boldsymbol{E} \times \boldsymbol{H}$이므로 $\boldsymbol{P}$의 방향은 전자계의 에너지 흐름의 진행 방향과 같다.

【답】④

문제 20

자기인덕턴스 $L[\text{H}]$의 코일에 $I[\text{A}]$의 전류가 흐를 때 저장되는 자기에너지는 몇 [J] 인가?

① LI
② $\frac{1}{2}LI$
③ LI^2
④ $\frac{1}{2}LI^2$

자기 인덕턴스 L에 전류를 0에서 I까지 증가 시키는데 필요한 일 W는

$$W = \int dW = \int_0^I LI\,dI = \frac{1}{2}LI^2\,[\text{J}]$$

【답】④

2과목 전력공학

문제 21

19/1.8[mm] 경동연선의 바깥지름은 몇 [mm] 인가?

① 5
② 7
③ 9
④ 11

19/1.8 [mm]는 직경이 1.8 [mm]인 소선 19가닥으로 구성된
연선을 의미

$N = 3n(n+1)+1$에서

$\quad 19 = 3n(n+1)+1$

$\quad \therefore \ n = 2$

2층권이므로 바깥지름 $D = (2n+1)d$

$\quad D = (2 \times 2 + 1) \times 1.8 = 9 \,[\text{mm}]$

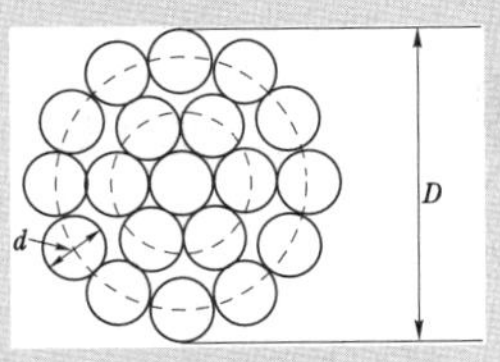

$n=2$인 연선의 구조

【답】③

문제 22 일반적으로 전선 1가닥의 단위 길이 당 작용 정전용량이 다음과 같이 표시되는 경우 D가 의미하는 것은?

$$C_n = \frac{0.02413\epsilon_s}{\log_{10}\dfrac{D}{r}}\ [\mu\text{F/km}]$$

① 선간거리
② 전선 지름
③ 전선 반지름
④ 선간거리 $\times \dfrac{1}{2}$

풀이

r : 전선의 반지름,　D : 등가선간 거리　　　　　【답】①

문제 23 3상 3선식 1선 1[km]의 임피던스가 $Z[\Omega]$이고, 어드미턴스가 $Y[\mho]$일 때 특성 임피던스는?

① $\sqrt{\dfrac{Z}{Y}}$　　　② $\sqrt{\dfrac{Y}{Z}}$　　　③ $\sqrt{ZY}$　　　④ $\sqrt{Z+Y}$

풀이

특성 임피던스 $Z_0 = \sqrt{\dfrac{Z}{Y}} = \sqrt{\dfrac{(r+j\omega L)}{(g+j\omega C)}}$ [Ω]

선로의 특성임피던스는 선로의 저항(r)과 누설콘덕턴스(g)를 무시하면

$Z_0 \fallingdotseq \sqrt{\dfrac{L}{C}}$ 로 표현된다.

- 어드미턴스 Y : 개방시험
- 임피던스 Z : 단락시험에서 측정한다.　　　　　【답】①

문제 24 역률 개선을 통해 얻을 수 있는 효과와 거리가 먼 것은?

① 고조파 제거
② 전력 손실의 경감
③ 전압 강하의 경감
④ 설비 용량의 여유분 증가

풀이

역률 개선의 효과
① 전력 손실 경감　　　② 전압 강하 경감
③ 설비 용량의 여유분 증가　　　④ 전력 요금의 절약
즉, **고조파는 역률을 개선 한다고 제거 되지 않는다.**　　　　　【답】①

문제 25 가공 선로에서 이도를 D[m] 라 하면 전선의 실제 길이는 경간 S[m]보다 얼마나 차이가 나는가?

① $\dfrac{5D}{8S}$　　　② $\dfrac{3D^2}{8S}$　　　③ $\dfrac{9D}{8S^2}$　　　④ $\dfrac{8D^2}{3S}$

풀이

전선의 실제길이 $L = S + \dfrac{8D^2}{3S}$ 에서 $L - S = \dfrac{8D^2}{3S}$ [m]

【답】④

문제 26

송전단 전압이 154[kV], 수전단 전압이 150[kV]인 송전선로에서 부하를 차단하였을 때 수전단 전압이 152[kV]가 되었다면 전압변동률은 약 몇 [%]인가?

① 1.11　　　　② 1.33　　　　③ 1.63　　　　④ 2.25

풀이

전압 변동률 $= \dfrac{\text{무부하시의 수전단 전압} - \text{전부하시의 수전단 전압}}{\text{전부하시의 수전단 전압}} \times 100\,[\%]$

$= \dfrac{152 - 150}{150} \times 100 = 1.33\,[\%]$

【답】②

문제 27

다음 중 VCB의 소호원리로 맞는 것은?

① 압축된 공기를 아크에 불어넣어서 차단

② 절연유 분해가스의 흡부력을 이용해서 차단

③ 고진공에서 전자의 고속도 확산에 의해 차단

④ 고성능 절연특성을 가진 가스를 이용하여 차단

풀이

소호 원리에 따른 차단기의 종류

차단기 종류	약어	소호 원리
유입 차단기	OCB	소호실에서 아크에 의한 절연유 분해 가스의 흡부력을 이용해서 차단
기중 차단기	ACB	대기 중에서 아크를 길게 하여 소호실에서 냉각 차단
자기 차단기	MBB	대기 중에서 전자력을 이용하여 아크를 소호실내로 유도해서 냉각차단
공기 차단기	ABB	압축된 공기를 아크에 불어 넣어서 차단
진공 차단기	**VCB**	**고진공 중에서 전자의 고속도 확산에 의해 차단**
가스 차단기	GCB	고성능 절연 특성을 가진 특수 가스(SF_6)를 흡수해서 차단

【답】③

문제 28

선간 단락 고장을 대칭좌표법으로 해석할 경우 필요한 것 모두를 나열한 것은?

① 정상 임피던스　　　　　② 역상 임피던스

③ 정상 임피던스, 역상 임피던스　　　　④ 정상 임피던스, 영상 임피던스

풀이

- 1선 지락고장 : 정상분, 역상분, 영상분
- **선간단락고장 : 정상분, 역상분**
- 3상 단락고장 : 정상분

【답】③

문제 29 피뢰기의 제한전압에 대한 설명으로 옳은 것은?

① 방전을 개시할 때의 단자전압의 순시값

② 피뢰기 동작 중 단자전압의 파고값

③ 특성요소에 흐르는 전압의 순시값

④ 피뢰기에 걸린 회로전압

풀이

제한 전압 : 피뢰기 동작 중에 계속해서 걸리고 있는 **단자 전압의 파고값**　　　　【답】②

문제 30 전력계통에서 안정도의 종류에 속하지 않는 것은?

① 상태 안정도　　　② 정태 안정도　　　③ 과도 안정도　　　④ 동태 안정도

풀이

안정도의 종류
① **정태 안정도**(static stability) : 송전 계통이 불변 부하 또는 극히 서서히 증가하는 부하에 대하여 계속적으로 송전할 수 있는 능력을 정태 안정도
② **과도 안정도**(transient stability) : 부하의 급변 또는 사고가 발생해서 계통에 큰 충격을 주었을 경우에도 탈조하지 않고 새로운 평형 상태를 회복하여 송전을 계속할 수 있는 능력
③ **동태 안정도**(dynamic stability) : 고성능의 AVR이라든가 조속기 등이 갖는 제어효과까지도 고려한 안정도를 동태안정도라 한다.　　　　【답】①

문제 31 3300[V], 60[Hz], 뒤진역률 60[%], 300[kW]의 단상 부하가 있다. 그 역률을 100[%]로 하기 위한 전력용 콘덴서의 용량은 몇 [kVA] 인가?

① 150　　　　　② 250　　　　　③ 400　　　　　④ 500

풀이

$$콘덴서\ 용량\ Q_c = P(\tan\theta_1 - \tan\theta_2) = P\left(\frac{\sin\theta_1}{\cos\theta_1} - \frac{\sin\theta_2}{\cos\theta_2}\right)$$

$$= \left(\frac{\sqrt{1-\cos^2\theta_1}}{\cos\theta_1} - \frac{\sqrt{1-\cos^2\theta_2}}{\cos\theta_2}\right)[\text{kVA}]$$

$$에서\ Q_c = 300\left(\frac{\sqrt{1-0.6^2}}{0.6} - \frac{\sqrt{1-1^2}}{1}\right) = 400[\text{kVA}]$$

【답】③

문제 32 저수지에서 취수구에 제수문을 설치하는 목적은?

① 낙차를 높인다.　　　　　　　　② 어족을 보호한다.

③ 수차를 조절한다.　　　　　　　④ 유량을 조절한다.

풀이

제수문은 **취수량을 조절**하고 물의 유입을 단절하기 위함이다.　　　　【답】④

거리 계전기의 종류가 아닌 것은?

① 모우(Mho)형
② 임피던스(Impedance)형
③ 리액턴스(Reactance)형
④ 정전용량(Capacitance)형

풀이

거리 계전기(ZR, Distance Relay) : 계전기가 설치된 위치로부터 고장점까지의 임피던스(전압과 전류의 비)에 비례하여 동작하는 것으로서, 고장점으로부터 일정한 임피던스 이내이면 동작한다. 임피던스는 송전선의 거리의 척도이므로 거리 계전기라 부른다.

종류로는
• **Mho형**　　• **임피던스형**　　• **리액턴스형**　　•Ohm형　　•off-set Mho형 이 있다.　　**【답】** ④

전력용 퓨즈의 설명으로 옳지 않은 것은?

① 소형으로 큰 차단용량을 갖는다.

② 가격이 싸고 유지 보수가 간단하다.

③ 밀폐형 퓨즈는 차단시에 소음이 없다.

④ 과도 전류에 의해 쉽게 용단되지 않는다.

풀이

전력용 퓨즈의 장점
• 소형, 경량이다.
• 소형으로 큰 차단 용량을 가진다.
• 가격이 저렴하다.
• **과도전류를 고속도 차단할 수 있다.**
• 유지 보수가 간단하다.　　**【답】** ④

갈수량이란 어떤 유량을 말하는가?

① 1년 365일 중 95일간은 이보다 낮아지지 않는 유량

② 1년 365일 중 185일간은 이보다 낮아지지 않는 유량

③ 1년 365일 중 275일간은 이보다 낮아지지 않는 유량

④ 1년 365일 중 355일간은 이보다 낮아지지 않는 유량

풀이

• **갈수량 : 1년 365일 중 355일은 이것보다 내려가지 않는 유량**
• 저수량 : 1년 365일 중 275일은 이것보다 내려가지 않는 유량
• 평수량 : 1년 365일 중 185일은 이것보다 내려가지 않는 유량
• 풍수량 : 1년 365일 중 95일은 이것보다 내려가지 않는 유량
• 고수량 : 매년 1~2회 생기는 출수의 유량
• 홍수량 : 3~4년에 한 번 생기는 출수의 유량
• 최저 갈수량, 최대 홍수량 : 과거의 기록, 구전 등으로 판정된 최저 또는 최대의 유량　　**【답】** ④

문제 36 유도뢰에 대한 차폐에서 가공지선이 있을 경우 전선상에 유기되는 전하를 q_1, 가공지선이 없을 때 유기되는 전하를 q_0라 할 때 가공지선의 보호율을 구하면?

① $\dfrac{q_0}{q_1}$ ② $\dfrac{q_1}{q_0}$ ③ $q_1 \times q_0$ ④ $q_1 - \mu_s q_0$

풀이

전선에 근접해서 전위가 0인 가공지선이 있기 때문에 뇌운으로부터 정전 유도로 전선상에 유기되는 전하의 양은 줄어든다. 가공지선이 있을 경우 전선상에 유기되는 전하를 q_1, 가공지선이 없을 때 유기되는 전하를 q_0라 할 때 다음 식으로 표시되는 m을 가공지선의 보호율 이라고 한다.

① 가공 지선의 보호율 $m = \dfrac{q_1}{q_0}$

② 보호율의 개략적인 값

	가공지선 1가닥	가공지선 2가닥
3상 1회선	0.5	0.3~0.4
3상 2회선	0.45~0.6	0.35~0.5

【답】 ②

문제 37 어떤 건물에서 총 설비 부하용량이 700[kW], 수용률이 70[%] 라면, 변압기 용량은 최소 몇 [kVA]로 하여야 하는가? (단, 여기서 설비 부하의 종합 역률은 0.8 이다.)

① 425.9 ② 513.8 ③ 612.5 ④ 739.2

풀이

$$\text{변압기 용량[kVA]} \geq \text{합성 최대 수용 전력} = \frac{\text{부하 설비 합계[kW]} \times \text{수용률}}{\text{부등률} \times \text{역률}} \text{ 에서}$$

$$\text{변압기 용량[kVA]} = \frac{700\,[\text{kW}] \times 0.7}{1 \times 0.8} = 612.5[\text{kVA}]$$

【답】 ③

문제 38 전력 원선도의 가로축(㉠)과 세로축(㉡)이 나타내는 것은?

① ㉠ 최대전력, ㉡ 피상전력 ② ㉠ 유효전력, ㉡ 무효전력
③ ㉠ 조상용량, ㉡ 송전손실 ④ ㉠ 송전효율, ㉡ 코로나손실

풀이

• 전력 원선도의 가로축 : 유효 전력
• 전력 원선도의 세로축 : 무효 전력

【답】 ②

문제 39 동작전류가 커질수록 동작시간이 짧게 되는 특성을 가진 계전기는?

① 반한시 계전기 ② 정한시 계전기
③ 순한시 계전기 ④ 부한시 계전기

보호 계전기 특징

① **반한시 특성 : 동작 전류가 커질수록 동작 시간이 짧게 되는 특성**
② 정한시 특성 : 동작 전류의 크기에 관계없이 일정한 시간에 동작하는 특성
③ 순한시 특성 : 최소 동작 전류 이상의 전류가 흐르면 즉시 동작하는 특성
④ 반한시 정한시 특성 : 동작 전류가 적은 동안에는 동작 전류가 커질수록 동작 시간이 짧게 되고 어떤
   전류 이상이면 동작 전류의 크기에 관계없이 일정한 시간에 동작하는 특성 　　　　【답】①

문제 40　직접접지방식에 대한 설명이 아닌 것은?

① 과도안정도가 좋다.

② 변압기의 단절연이 가능하다.

③ 보호계전기의 동작이 용이하다.

④ 계통의 절연수준이 낮아지므로 경제적이다.

[풀이]

직접 접지 방식의 장·단점
[장점]
　① 1선 지락시에 건전상의 대지 전압이 거의 상승하지 않는다.
　② 피뢰기의 효과를 증진시킬 수 있다.
　③ 단절연이 가능하다.
　④ 계전기의 동작이 확실해진다.
[단점]
　① **송전 계통의 과도 안정도가 나빠진다.**
　② 통신선에 유도 장해가 크다.
　③ 기기에 큰 영향을 주어 손상을 준다.
　④ 대용량 차단기가 필요하다. 　　　　【답】①

3과목　전기기기

문제 41　변압기의 철심이 갖추어야 할 조건으로 틀린 것은?

① 투자율이 클 것　　　　　　② 전기 저항이 작을 것
③ 성층 철심으로 할 것　　　　④ 히스테리시스손 계수가 작을 것

[풀이]

변압기 철심의 구비조건
　• 투자율이 클 것　　　　　• **전기 저항이 클 것**
　• 히스테리시스 계수가 작을 것(히스테리시스손이 적을 것)
　• 성층 철심으로 할 것(와류손이 적을 것) 　　　　【답】②

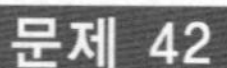

문제 42

3상 유도전동기의 전원주파수와 전압의 비가 일정하고 정격속도 이하로 속도를 제어하는 경우 전동기의 출력 P와 주파수 f와의 관계는?

① $P \propto f$ ② $P \propto \dfrac{1}{f}$ ③ $P \propto f^2$ ④ P는 f에 무관

풀이

출력 $P = 2\pi n T = 2\pi(1-s)n_s T = 2\pi(1-s)\dfrac{2f}{p}T$ 에서 $P \propto f$의 관계가 있다.   【답】 ①

문제 43

450[kVA], 역률 0.85, 효율 0.9인 동기발전기의 운전용 원동기의 입력은 500[kW] 이다. 이 원동기의 효율은?

① 0.75   ② 0.80   ③ 0.85   ④ 0.90

풀이

- 동기 발전기의 입력 $= \dfrac{\text{출력}}{\text{효율}} = \dfrac{450 \times 0.85}{0.9} = 425[\text{kW}]$

- **동기 발전기의 입력 = 원동기의 출력**

- 원동기 효율 $= \dfrac{\text{원동기 출력}}{\text{원동기 입력}} = \dfrac{425}{500} = 0.85$ 【답】 ③

문제 44

다음 중 일반적인 동기전동기 난조 방지에 가장 유효한 방법은?

① 자극수를 적게 한다.

② 회전자의 관성을 크게 한다.

③ 자극면에 제동권선을 설치한다.

④ 동기리액턴스 x_x를 작게 하고 동기화력을 크게 한다.

풀이

회전자의 관성을 크게 하면 난조의 발생 방지에는 유효하나 난조가 일어난 후에는 오히려 그 정지를 저해할 우려가 있다. 동기 화력도 이와 같다. 자극수의 감소도 효과가 있으나 이것은 원동기 조건으로 정해지는 것으로서 이 목적에는 맞지 않는다. 따라서 **난조방지에는 제동권선이 가장 적합**하다. 【답】 ③

문제 45

sE_2는 권선형 유도전동기의 2차 유기전압이고 E_c는 외부에서 2차 회로에 가하는 2차 주파수와 같은 주파수의 전압이다. E_c가 sE_2와 반대 위상일 경우 E_c를 크게 하면 속도는 어떻게 되는가? (단, $sE_2 - E_c$는 일정하다.)

① 속도가 증가한다.

② 속도가 감소한다.

③ 속도에 관계없다.

④ 난조현상이 발생한다.

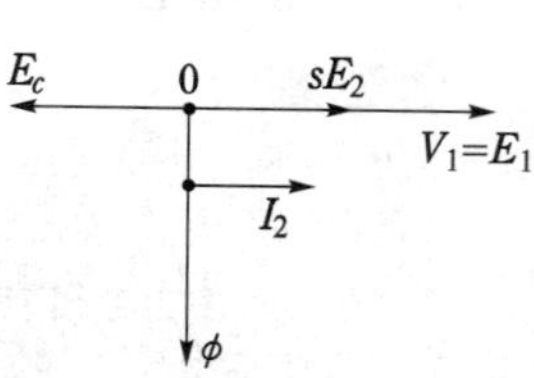

① E_c를 2차 기전력과(sE_2) 반대 방향으로 인가

$$I_2 = \frac{sE_2 - E_c}{r_2}$$ 에서 I_2 및 r_2 가 일정하면 $sE_2 - E_c$ 도 일정하다. 이때 E_c를 증가시키면 sE_2도 증

가, 즉, **슬립 s도 증가**하게 되며 반면에 **속도는 감소**하게 된다. 반대로 E_c를 감소시키면 sE_2도 감소

즉, 슬립 s도 감소하게 되며 반면에 속도는 증가하게 된다.

② E_c를 2차 기전력(sE_2)과 같은 방향으로 인가

$$I_2 = \frac{sE_2 + E_c}{r_2}$$ 에서 I_2 및 r_2 가 일정하면 $sE_2 + E_c$ 도 일정하고 E_c를 증가시키면 sE_2는 감소 즉,

슬립 s도 감소하게 되며 반면에 속도는 증가하게 된다. 반대로 E_c를 감소시키면 sE_2는 증가 즉,

슬립 s도 증가하게 되며 반면에 속도는 감소하게 된다.　　　　　　　　　　　　　【답】②

문제 46

일반적인 농형 유도전동기에 관한 설명 중 틀린 것은?

① 2차측을 개방할 수 없다.

② 2차측의 전압을 측정할 수 있다.

③ 2차 저항 제어법으로 속도를 제어할 수 없다.

④ 1차 3선 중 2선을 바꾸면 회전방향을 바꿀 수 있다.

농형유도전동기의 회전자(2차측)는 그림과 같이 회전자
권선이 단락환으로 단락된 구조로서, 농형 유도전동기의
**1차측(고정자 권선)에서 유도된 2차측(회전자) 전압은 측
정할 수 없다.**

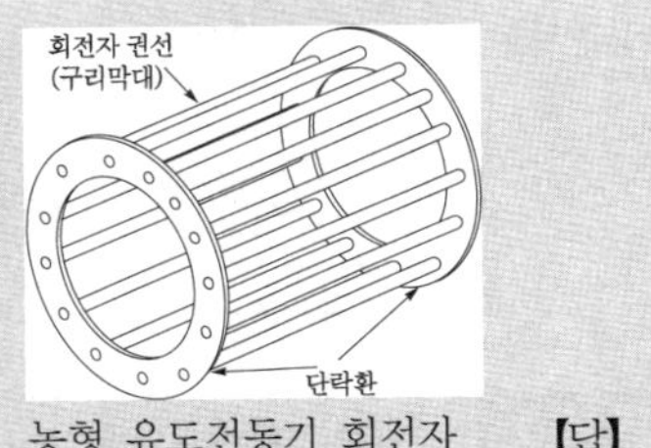

농형 유도전동기 회전자　　　【답】②

문제 47

3상 유도전동기가 경부하로 운전 중 1선의 퓨즈가 끊어지면 어떻게 되는가?

① 전류가 증가하고 회전은 계속한다.

② 슬립은 감소하고 회전수는 증가한다.

③ 슬립은 증가하고 회전수는 증가한다.

④ 계속 운전하여도 열손실이 발생하지 않는다.

3상 농형 유도전동기에서 전원의 3선중 1선이 개방되면 3상 전동기는 단상 전동기가 된다.

이때 큰 부하가 인가되어 있는 경우에는 전동기가 정지하게 되고 큰 전류가 흘러 전동기가 소손된다.

그러나 **경부하에서는 회전을 계속하게 되나 경부하 부하전류는 증가하게 된다.**　　　【답】①

문제 48

단상 반파정류회로에서 평균출력전압은 전원전압의 약 몇 [%] 인가?

① 45.0　　　　　　　② 66.7　　　　　　③ 81.0　　　　　　④ 86.7

- **단상 반파 정류** : $E_d = \dfrac{\sqrt{2}}{\pi} E = 0.45E$
- **3상 반파 정류** : $E_d = \dfrac{3\sqrt{3}}{\sqrt{2}\,\pi} E = 1.17E$
- **단상 전파 정류** : $\dfrac{2\sqrt{2}}{\pi} E = 0.9E$
- **3상 전파 정류** : $E_d = 2.34E$

【답】 ①

문제 49　그림과 같이 전기자 권선에 전류를 보낼 때 회전방향을 알기 위한 법칙 및 회전방향은?

① 플레밍의 왼손법칙, 시계방향

② 플레밍의 오른손법칙, 시계방향

③ 플레밍의 왼손법칙, 반시계방향

④ 플레밍의 오른손법칙, 반시계방향

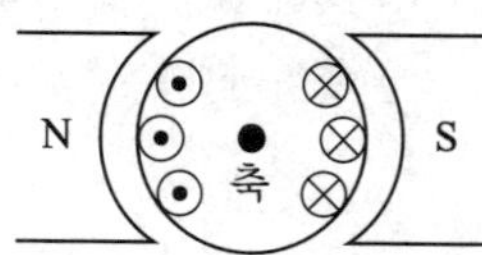

풀이

- **발전기** : 플레밍의 오른손 법칙 (유기 기전력의 방향)
- **전동기 : 플레밍의 왼손법칙 (운동 방향)**

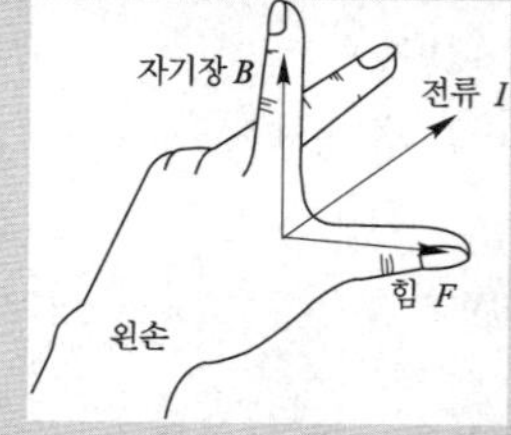

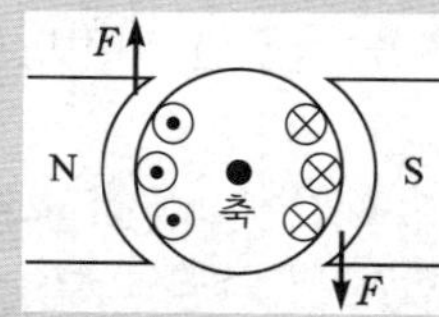

즉, 회전자는 시계방향으로 회전하게 된다.

【답】 ①

문제 50　1차측 권수가 1500인 변압기의 2차측에 접속한 저항 16[Ω]을 1차측으로 환산했을 때 8[kΩ]으로 되어 있다면 2차측 권수는 약 얼마인가?

① 75　　　　② 70　　　　③ 67　　　　④ 64

풀이

$n_1 = 1500, \ R_2 = 16[\Omega], \ R_1 = 8000[\Omega]$

2차를 1차로 환산 $R_1 = a^2 R_2$에서

권수비 $a = \sqrt{\dfrac{R_1}{R_2}} = \sqrt{\dfrac{8000}{16}} = 22.36$

$\therefore N_2 = \dfrac{N_1}{a} = \dfrac{1500}{22.36} = 67.08[회]$

【답】 ③

문제 51　출력과 속도가 일정하게 유지되는 동기전동기에서 여자를 증가시키면 어떻게 되는가?

① 토크가 증가한다.　　　　② 난조가 발생하기 쉽다.

③ 유기기전력이 감소한다.　　　　④ 전기자 전류의 위상이 앞선다.

위상 특성 곡선(V곡선)에서 보는 바와 같이 여
자 전류를 증가시키면 역률은 앞서고 전기자 전
류는 증가한다.

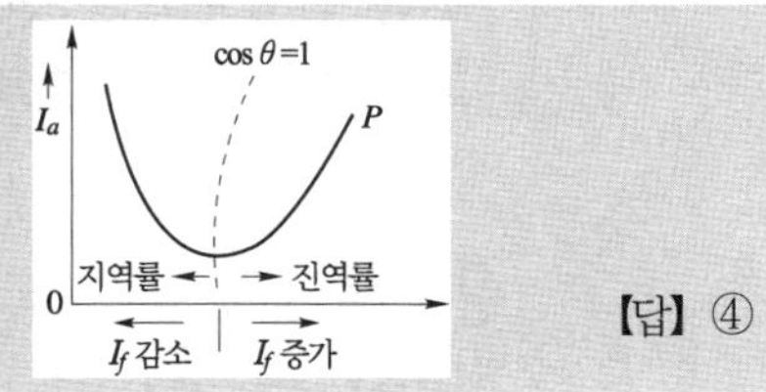

【답】 ④

문제 52 다음 전자석의 그림 중에서 전류의 방향이 화살표와 같을 때 위쪽부분이 N극인 것은?

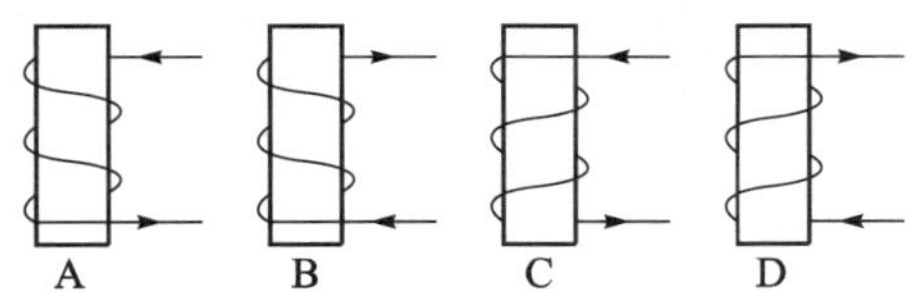

① A. B
② B, C
③ A, D
④ B, D

앙페르의 오른 나사법칙 적용

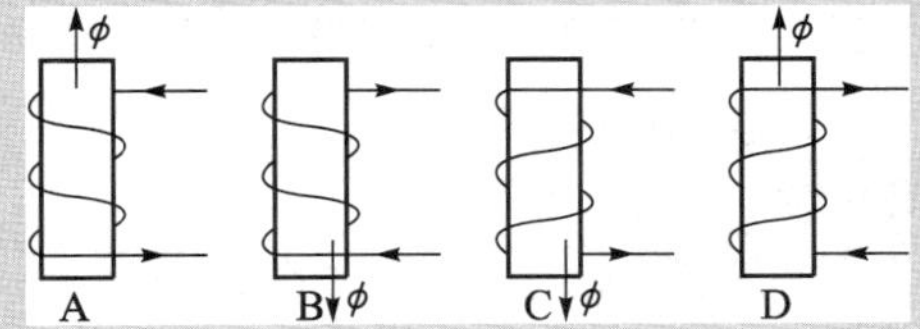

【답】 ③

문제 53 동기발전기의 전기자 권선법 중 집중권에 비해 분포권이 갖는 장점은?

① 난조를 방지할 수 있다.
② 기전력의 파형이 좋아진다.
③ 권선의 리액턴스가 커진다.
④ 합성유도기전력이 높아진다.

분포권의 장·단점
[장점] ① 기전력의 **고조파가 감소하여 파형이 좋아진다.**
　　　 ② 권선의 누설 리액턴스가 감소한다.
　　　 ③ 전기자 권선에 의한 열을 고르게 분포시켜 과열을 방지한다.
[단점] ① 분포권은 집중권에 비하여 합성 유기 기전력이 감소한다.

【답】 ②

문제 54 단상 유도전압 조정기의 1차 전압 100[V], 2차 전압 100±30[V], 2차 전류는 50[A] 이다.
이 전압 조정기의 정격용량은 약 몇 [kVA] 인가?

① 1.5
② 2.6
③ 5
④ 6.5

단상 유도 전압 조정기의 용량은

$$P = \text{부하용량} \times \frac{\text{승압 전압}}{\text{고압측 전압}} = 130 \times 50 \times \frac{30}{130} \times 10^{-3} = 1.5[\text{kVA}]$$

【답】 ①

문제 55

와류손이 50[W]인 3300/110[V], 60[Hz]용 단상 변압기를 50[Hz], 3000[V]의 전원에 사용하면 이 변압기의 와류손은 약 몇 [W]로 되는가?

① 25　　　　　② 31　　　　　③ 36　　　　　④ 41

풀이

와류손 $P_e = \sigma_e(tfB_m)^2 = K\left(f \cdot \dfrac{V}{f}\right)^2 = KV^2$

에서 **와류손은 주파수와는 무관하고 전압의 제곱에 비례**하므로

$$P_e' = P_e \times \left(\dfrac{V'}{V}\right)^2 = 50 \times \left(\dfrac{3000}{3300}\right)^2 = 41.32[\text{W}]$$

【답】④

문제 56

2대의 동기발전기를 병렬 운전할 때, 무효횡류(무효순환전류)가 흐르는 경우는?

① 부하분담의 차가 있을 때　　　　② 기전력의 위상차가 있을 때
③ 기전력의 파형에 차가 있을 때　　④ 기전력의 크기에 차가 있을 때

풀이

병렬운전 조건	병렬 운전 조건이 다른 경우
기전력의 크기가 같을 것	**무효 순환 전류가 흐른다.**
기전력의 위상이 같을 것	유효 전류로 동기화 전류가 흐른다.
기전력의 주파수가 같을 것	동기화 전류가 주기적으로 흐른다.
기전력의 파형이 같을 것	고조파 무효 순환 전류가 흐른다.

【답】④

문제 57

포화하고 있지 않은 직류발전기의 회전수가 1/2로 감소되었을 때 기전력을 속도 변화 전과 같은 값으로 하려면 여자를 어떻게 해야 하는가?

① 1/2로 감소시킨다.　　　　② 1배로 증가시킨다.
③ 2배로 증가시킨다.　　　　④ 4배로 증가시킨다.

풀이

$E = k\phi N$에서 N이 $\dfrac{1}{2}$로 되면, ϕ가 2배가 되어야 E가 일정하다.

【답】③

문제 58

교류전동기에서 브러시 이동으로 속도변화가 용이한 전동기는?

① 동기전동기　　　　　　　② 시라게 전동기
③ 3상 농형 유도전동기　　　④ 2중 농형 유도전동기

풀이

속도를 변화시킬 수 있는 교류 전동기로서 널리 사용되고 있는 것은 **시라게 전동기**이며 그 구조는 직류 전동기와 유사 하지만 브러시가 2조가 있어 각 조의 **브러시를 반대 방향으로 이동**하면 속도를 조정할 수 있다.

【답】②

변압기의 병렬운전 조건에 해당하지 않는 것은?

① 각 변압기의 극성이 같을 것

② 각 변압기의 정격출력이 같을 것

③ 각 변압기의 백분율 임피던스 강하가 같을 것

④ 각 변압기의 권수비가 같고 1차 및 2차의 정격전압이 같을 것

풀이

변압기 병렬 운전의 조건
① 각 변압기의 극성이 같을 것
② 각 변압기의 권수비가 같고, 1차와 2차의 정격 전압이 같을 것
③ 각 변압기의 %임피던스 강하가 같을 것
④ 3상식에서는 위의 조건 외에 각 변압기의 상회전 방향 및 위상 변위가 같을 것
그러나, **변압기의 정격출력은 같지 않아도 병렬운전에 문제가 없다.** 【답】②

4극 단중 파권 직류발전기의 전전류가 I[A]일 때, 전기자 권선의 각 병렬회로에 흐르는 전류는 몇 [A]가 되는가?

① $4I$　　　　② $2I$　　　　③ $I/2$　　　　④ $I/4$

풀이

파권에서는 전기자 병렬 회로수 $a=2$

$$\therefore i_a = \frac{I_a}{a} \,[\text{A}] = \frac{I}{2}[\text{A}]$$

I_a : 전기자에서 외부에 흐르는 전류,　p : 극수,　i_a : 병렬 회로에 흐르는 전류　【답】③

4과목 회로이론

그림과 같은 회로에서 r_1저항에 흐르는 전류를 최소로 하기 위한 저항 r_2[Ω]는?

① $\dfrac{r_1}{2}$　　　　　　② $\dfrac{r}{2}$

③ r_1　　　　　　④ r

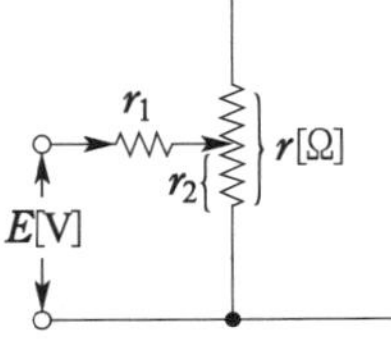

풀이

• 회로의 합성 저항 $r_0 = r_1 + \dfrac{r_2(r-r_2)}{r_2+(r-r_2)} = r_1 + \dfrac{r_2(r-r_2)}{r}$

• **전류를 최소**로 하기 위해서는 $I = \dfrac{E}{r_0}$에서 **r_0가 최대**이어야 한다.

• $r_0 = r_1 + \dfrac{r_2(r-r_2)}{r}$에서 r, r_1은 일정하므로 r_0가 최대로 되기 위해서는 $r_2(r-r_2)$가 최대이어야

한다.

- r_2를 변화시켜 $r_2(r-r_2)$값이 최대로 되기 위해서는 $\dfrac{d}{dr_2}\left[r_2(r-r_2)\right]=0$ 이 되어야 하므로

$$\dfrac{d}{dr_2}\left[r_2(r-r_2)\right]=r-2r_2=0$$

$$\therefore r_2=\dfrac{r}{2}\,[\Omega]$$

【답】②

문제 62 테브난의 정리를 이용하여 (a) 회로를 (b)와 같은 등가회로로 바꾸려 한다. $V[\text{V}]$와 $R[\Omega]$의 값은?

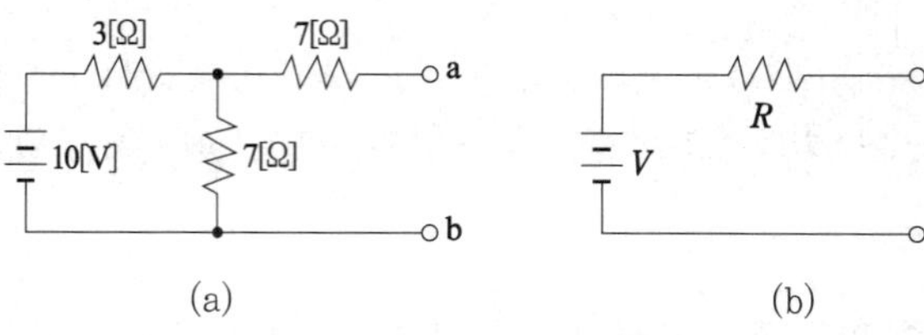

① 7[V], 9.1[Ω]
② 10[V], 9.1[Ω]
③ 7[V], 6.5[Ω]
④ 10[V], 6.5[Ω]

풀이

- 단자 a, b 사이의 전압 $V=\dfrac{7}{3+7}\times 10=7[\text{V}]$

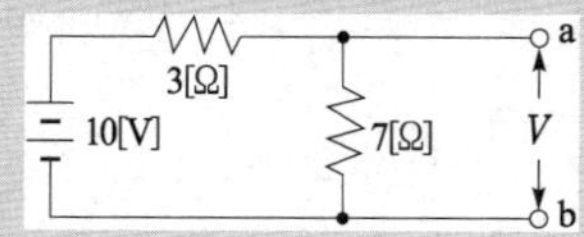

- 10[V] 전압원을 단락시키고 단자 a, b에서 본 저항 $R=7+\dfrac{3\times 7}{3+7}=9.1[\Omega]$

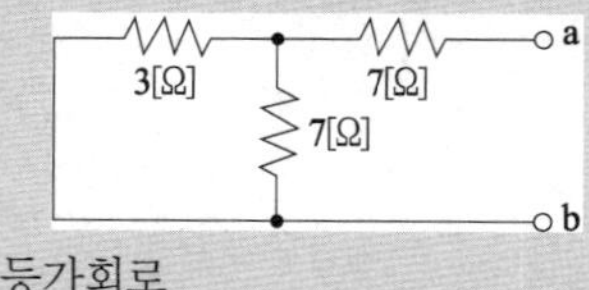

- 등가회로

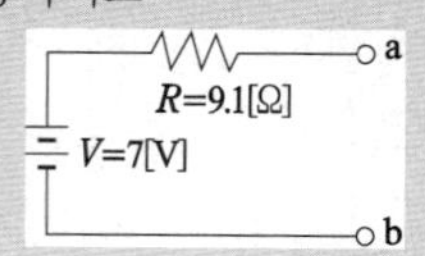

【답】①

문제 63 인덕턴스 $L=20[\text{mH}]$인 코일에 실효값 $V=50[\text{V}]$, 주파수 $f=60[\text{Hz}]$인 정현파 전압을 인가했을 때 코일에 축적되는 평균 자기에너지(W_L)은 약 몇 [J]인가?

① 0.22
② 0.33
③ 0.44
④ 0.55

풀이

$$W_L=\dfrac{LI^2}{2}=\dfrac{L}{2}\left(\dfrac{V}{2\pi f L}\right)^2=\dfrac{V^2}{8\pi^2 f^2 L}=\dfrac{50^2}{8\pi^2\times 60^2\times 20\times 10^{-3}}=0.44[\text{J}]$$

【답】③

정현파 교류전압의 파고율은?

① 0.91 ② 1.11 ③ 1.41 ④ 1.73

풀이

$$파고율 = \frac{최대치}{실효치}$$

로 표현되며, 각 파형의 파형률 및 파고율은 다음과 같다.

	구형파	3각파	정현파	정류파(전파)	정류파(반파)
파형률	1.0	1.15	1.11	1.11	1.57
파고율	1.0	1.732	**1.414**	1.414	2.0

【답】③

그림과 같이 π형 회로에서 Z_3를 4단자 정수로 표시한 것은?

① $\dfrac{A}{1-B}$ ② $\dfrac{B}{1-A}$

③ $\dfrac{A}{B-1}$ ④ $\dfrac{B}{A-1}$

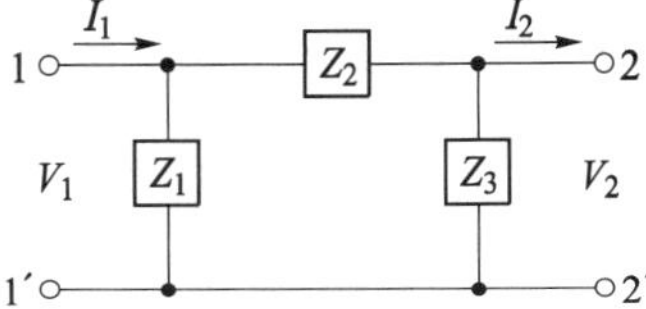

풀이

기본적인 4단자망의 4단자 정수

회로의 종류 / 4단자 정수	A	B	C	D
	$1+\dfrac{Z_2}{Z_3}$	Z_2	$\dfrac{Z_1+Z_2+Z_3}{Z_1 Z_3}$	$1+\dfrac{Z_2}{Z_1}$

4단자망의 4단자 정수 중 A와 B는

$$A = 1+\frac{Z_2}{Z_3}, \quad B = Z_2 \quad \therefore Z_3 = \frac{Z_2}{A-1} = \frac{B}{A-1}$$

【답】④

불평형 3상 전류가 다음과 같을 때 역상 전류 I_2는 약 몇 [A] 인가?

$$I_a = 15+j2\,[\text{A}] \qquad I_b = -20-j14\,[\text{A}] \qquad I_c = -3+j10\,[\text{A}]$$

① $1.91+j6.24$ ② $2.17+j5.34$

③ $3.38-j4.26$ ④ $4.27-j3.68$

풀이

$$역상전류 \; I_2 = \frac{1}{3}(I_a + a^2 I_b + a I_c)$$

$$= \frac{1}{3}\left\{ (15+j2) + \left(-\frac{1}{2} - j\frac{\sqrt{3}}{2}\right)(-20-j14) + \left(-\frac{1}{2} + j\frac{\sqrt{3}}{2}\right)(-3+j10) \right\}$$

$$= 1.91 + j6.24\,[\text{A}]$$

【답】①

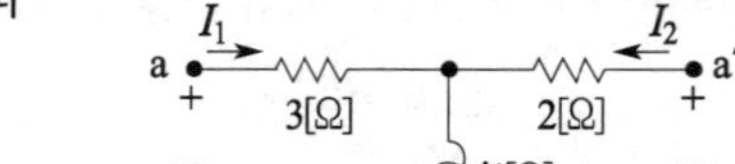

문제 67

다음의 4단자 회로에서 단자 a-b에서 본 구동점 임피던스 $Z_{11}[\Omega]$은?

① $2 + j4$ ② $2 - j4$

③ $3 + j4$ ④ $3 - j4$

풀이

$$Z_{11} = \left.\frac{V_1}{I_1}\right|_{I_2=0} = \frac{V_1}{\dfrac{V_1}{3+j4}} = 3+j4 \quad (\because I_2 = 0 \text{라는 것은 2차측 개방})$$

【답】 ③

문제 68

다음과 같은 회로에서 E_1, E_2, E_3를 대칭 3상 전압이라 할 때 전압 E_0는?

① 0 ② $\dfrac{E_1}{3}$

③ $\dfrac{2}{3}E_1$ ④ E_1

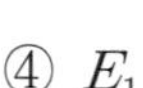
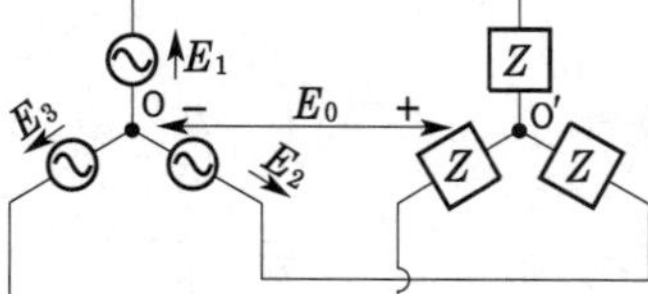

풀이

밀만의 정리에 의해

$$E_0 = \frac{\dfrac{E_1}{Z} + \dfrac{E_2}{Z} + \dfrac{E_3}{Z}}{\dfrac{1}{Z} + \dfrac{1}{Z} + \dfrac{1}{Z}} = \frac{\dfrac{1}{Z}(E_1 + E_2 + E_3)}{\dfrac{3}{Z}} = \frac{1}{3}(E_1 + E_2 + E_3)$$

E_1, E_2, E_3 가 대칭 3상 전압일 때 $E_1 + E_2 + E_3 = 0$

따라서, $E_0 = 0[\text{V}]$ 가 된다. 즉, **대칭 3상 회로의 경우 중성점 전위는 0이다.**

【답】 ①

문제 69

100[kVA] 단상 변압기 3대로 △결선하여 3상 전원을 공급하던 중 1대의 고장으로 V결선 하였다면 출력은 약 몇 [kVA] 인가?

① 100 ② 173 ③ 245 ④ 300

풀이

변압기 1대의 출력을 P_1라 하면

V결선 시 출력 $P_V = \sqrt{3}\,P_1 = \sqrt{3} \times 100 = 173.2[\text{kVA}]$

【답】 ②

문제 70

저항 $R[\Omega]$과 리액턴스 $X[\Omega]$이 직렬로 연결된 회로에서 $\dfrac{X}{R} = \dfrac{1}{\sqrt{2}}$ 일 때, 이 회로의 역률은?

① $\dfrac{1}{\sqrt{2}}$ ② $\dfrac{1}{\sqrt{3}}$ ③ $\sqrt{\dfrac{2}{3}}$ ④ $\dfrac{\sqrt{3}}{2}$

풀이

$$\cos\theta = \frac{R}{\sqrt{R^2+X^2}} = \frac{1}{\sqrt{1+\left(\dfrac{X}{R}\right)^2}} = \frac{1}{\sqrt{1+\left(\dfrac{1}{\sqrt{2}}\right)^2}} = \frac{1}{\sqrt{\dfrac{3}{2}}} = \sqrt{\frac{2}{3}}$$

【답】 ③

문제 71

옴의 법칙은 저항에 흐르는 전류와 전압의 관계를 나타낸 것이다. 회로의 저항이 일정할 때 전류는?

① 전압에 비례한다. ② 전압에 반비례한다.

③ 전압의 제곱에 비례한다. ④ 전압의 제곱에 반비례한다.

풀이

- 옴의 법칙 : $I = \dfrac{E}{R}$ [A]

- 전류 I는 전압 E에 비례하고 저항 R에 반비례 한다.

【답】 ①

문제 72

어떤 회로의 단자 전압과 전류가 다음과 같을 때, 회로에 공급되는 평균전력은 약 몇 [W]인가?

$$v(t) = 100\sin\omega t + 70\sin 2\omega t + 50\sin(3\omega t - 30°)\,[\mathrm{V}]$$
$$i(t) = 20\sin(\omega t - 60°) + 10\sin(3\omega t + 45°)\,[\mathrm{A}]$$

① 565 ② 525 ③ 495 ④ 465

풀이

주파수가 서로 다른 전압, 전류 사이에서는 유효전력도 무효전력도 전혀 발생하지 않는다.

따라서, 소비전력 $P = V_1 I_1 \cos\theta_1 + V_3 I_3 \cos\theta_3$

$$= \frac{100}{\sqrt{2}} \cdot \frac{20}{\sqrt{2}} \cos 60° + \frac{50}{\sqrt{2}} \cdot \frac{10}{\sqrt{2}} \cos(30°+45°) = 564.7\,[\mathrm{W}]$$

【답】 ①

문제 73

그림과 같은 회로가 있다. $I = 10$ [A], $G = 4$ [℧], $G_L = 6$ [℧]일 때 G_L의 소비전력[W]은?

① 100

② 10

③ 6

④ 4

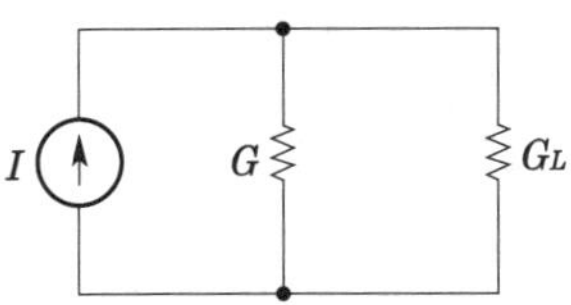

풀이

- G_L에 흐르는 전류 $I_L = \dfrac{G_L}{G+G_L} \times I = \dfrac{6}{4+6} \times 10 = 6\,[\mathrm{A}]$

- G_L의 소비전력 $P_L = I_L^2 \cdot \dfrac{1}{G_L} = 6^2 \times \dfrac{1}{6} = 6\,[\mathrm{W}]$ $\left(\because R = \dfrac{1}{G}\right)$

【답】 ③

문제 74

$F(s) = \dfrac{s+1}{s^2+2s}$ 의 역라플라스 변환은?

① $\dfrac{1}{2}(1-e^{-t})$ ② $\dfrac{1}{2}(1-e^{-2t})$ ③ $\dfrac{1}{2}(1+e^{t})$ ④ $\dfrac{1}{2}(1+e^{-2t})$

풀이

$$F(s) = \frac{s+1}{s(s+2)} = \frac{A}{s} + \frac{B}{s+2}$$

$$A = \frac{s+1}{s+2}\bigg|_{s=0} = \frac{1}{2}, \quad B = \frac{s+1}{s}\bigg|_{s=-2} = \frac{-2+1}{-2} = \frac{1}{2} \text{이므로}$$

$$F(s) = \frac{\frac{1}{2}}{s} + \frac{\frac{1}{2}}{s+2} = \frac{1}{2}\left(\frac{1}{s} + \frac{1}{s+2}\right)$$

$$\therefore \mathcal{L}^{-1}[F(s)] = \frac{1}{2}(1+e^{-2t})$$

【답】 ④

문제 75

그림과 같은 회로에서 $t=0$에서 스위치를 닫으면 전류 $i(t)$ [A]는? (단, 콘덴서의 초기 전압은 0[V] 이다.)

① $5(1-e^{-t})$ ② $1-e^{-t}$

③ $5e^{-t}$ ④ e^{-t}

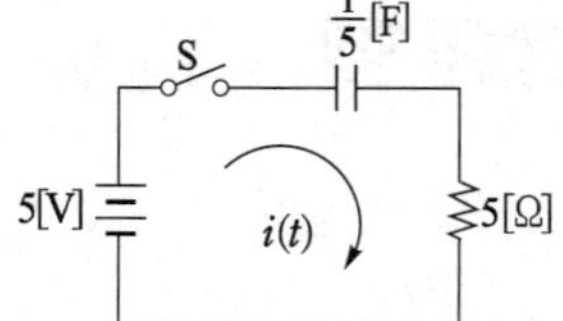

풀이

스위치를 닫았을 때 회로의 평형 방정식은

$$Ri(t) + \frac{1}{C}\int i(t)dt = E$$

C의 전하를 $q(t)$, C의 양단 전압을 v_0라 하면

$$q(t) = \int i(t)dt = Cv_0, \quad i(t) = \frac{dq(t)}{dt}$$

따라서, 윗 식은

$$R\frac{dq(t)}{dt} + \frac{1}{C}q(t) = E$$

초기 전하를 0라 하면

$$\therefore q(t) = CE\left(1 - e^{-\frac{1}{RC}t}\right)$$

또, $i(t) = \dfrac{dq(t)}{dt} = \dfrac{d}{dt}CE\left(1 - e^{-\frac{1}{RC}t}\right) = \dfrac{E}{R}e^{-\frac{1}{RC}t}$

따라서, $i(t) = \dfrac{E}{R}e^{-\frac{1}{RC}t} = \dfrac{5}{5}e^{-\frac{1}{5\times0.2}t} = e^{-t}$ [A]

【답】 ④

문제 76

단위 임펄스 $\delta(t)$의 라플라스 변환은?

① e^{-s} ② $\dfrac{1}{s}$ ③ $\dfrac{1}{s^2}$ ④ 1

	$f(t)$	$F(s)$
1	$\delta(t)$	1
2	$u(t)$	$\dfrac{1}{s}$

【답】 ④

문제 77

그림과 같은 회로에서 스위치 S를 $t=0$에서 닫았을 때 $(V_L)_{t=0}=100[\text{V}]$, $\left(\dfrac{di}{dt}\right)_{t=0}=400[\text{A/sec}]$이다. $L[\text{H}]$의 값은?

① 0.75

② 0.5

③ 0.25

④ 0.1

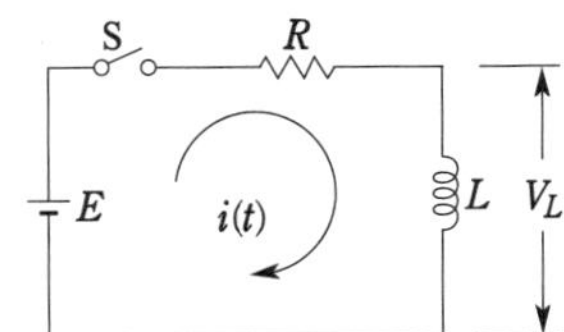

$V_L = L\dfrac{di}{dt}$에서 $100 = L\,400$ $\therefore\ L = \dfrac{100}{400} = 0.25$

【답】 ③

문제 78

임피던스 함수 $Z(s) = \dfrac{s+50}{s^2+3s+2}[\Omega]$으로 주어지는 2단자 회로망에 100[V]의 직류 전압을 가했다면 회로의 전류는 몇 [A]인가?

① 4 　　　　　 ② 6 　　　　　 ③ 8 　　　　　 ④ 10

직류이므로 $s(j\omega)=0$,　$Z(s)=\dfrac{50}{2}=25[\Omega]$

$\therefore\ I = \dfrac{V}{Z(s)} = \dfrac{100}{25} = 4[\text{A}]$

【답】 ①

문제 79

$\mathcal{L}^{-1}\left[\dfrac{\omega}{s(s^2+\omega^2)}\right]$은?

① $\dfrac{1}{\omega}(1-\sin\omega t)$ 　　　　　 ② $\dfrac{1}{\omega}(1-\cos\omega t)$

③ $\dfrac{1}{s}(1-\sin\omega t)$ 　　　　　 ④ $\dfrac{1}{s}(1-\cos\omega t)$

① $F(s) = \dfrac{\omega}{s(s^2+\omega^2)} = \dfrac{K_1}{s} + \dfrac{K_2}{s^2+\omega^2}$

$K_1 = \lim_{s\to 0} sF(s) = \left[\dfrac{\omega}{s^2+\omega^2}\right]_{s=0} = \dfrac{1}{\omega}$

$$K_2 = \lim_{s \to -\omega}(s^2+\omega^2)F(s) = \left[\frac{\omega}{s}\right]_{s^2=-\omega^2} = \frac{\omega s}{s^2} = \frac{\omega s}{-\omega^2} = \frac{s}{-\omega}$$

② $F(s) = \dfrac{1}{\omega} \cdot \dfrac{1}{s} - \dfrac{1}{\omega} \cdot \dfrac{s}{s^2+\omega^2} = \dfrac{1}{\omega}\left(\dfrac{1}{s} - \dfrac{s}{s^2+\omega^2}\right)$

$$\therefore \mathcal{L}^{-1}\left[\frac{1}{\omega}\left(\frac{1}{s} - \frac{s}{s^2+\omega^2}\right)\right] = \frac{1}{\omega}(1-\cos\omega t)$$

【답】 ②

문제 80

전류 $I = 30\sin\omega t + 40\sin(3\omega t + 45°)$[A]의 실효값은 약 몇 [A]인가?

① 25　　　　　② 35.4　　　　　③ 50　　　　　④ 70.7

풀이

실효값 $I = \sqrt{I_1^2 + I_2^2 + \cdots + I_n^2} = \sqrt{I_1^2 + I_3^2}$ 에서

$$I = \sqrt{\left(\frac{30}{\sqrt{2}}\right)^2 + \left(\frac{40}{\sqrt{2}}\right)^2} = 35.36 \, [\text{A}]$$

【답】 ②

5과목　전기설비기술기준 및 판단기준

문제 81

다음 (㉮), (㉯) 에 들어갈 내용으로 옳은 것은?

> "지중전선로는 기설 지중 약전류 전선로에 대하여 (㉮) 또는 (㉯)에 의하여 통신상의 장해를 주지 않도록 기설 약전류 전선로로부터 충분히 이격시키거나 기타 적당한 방법으로 시설하여야 한다."

① ㉮ 정전용량 ㉯ 표피작용　　　　② ㉮ 정전용량 ㉯ 유도작용

③ ㉮ 누설전류 ㉯ 표피작용　　　　④ ㉮ 누설전류 ㉯ 유도작용

풀이

지중 약전류전선에의 유도장해의 방지 (판단기준 제140조)
지중전선로는 기설 지중 약전류 전선로에 대하여 **누설전류** 또는 **유도작용**에 의하여 **통신상의 장해를 주지 아니하도록** 기설 약전류 전선로로부터 충분히 이격시키거나 기타 적당한 방법으로 시설하여야 하다.

【답】 ④

문제 82

전력보안 통신선 시설에서 가공전선로의 지지물에 시설하는 가공 통신선에 직접 접속하는 통신선의 종류로 틀린 것은?

① 조가용선　　　　　　　　　　② 절연전선

③ 광섬유 케이블　　　　　　　　④ 일반통신용 케이블 이외의 케이블

문제 83

고압 가공전선로의 가공지선으로 나경동선을 사용할 경우 지름 몇 [mm] 이상으로 시설하여야 하는가?

① 2.5   ② 3   ③ 3.5   ④ 4

문제 84

저압 옥내배선을 금속 덕트 공사로 할 경우 금속 덕트에 넣는 전선의 단면적(절연피복의 단면적 포함)의 합계는 덕트의 내부 단면적의 몇 [%] 까지 할 수 있는가?

① 20   ② 30   ③ 40   ④ 50

문제 85

타냉식 특고압용 변압기의 냉각장치에 고장이 생긴 경우 시설해야 하는 보호장치는?

① 경보장치   ② 온도측정장치
③ 자동차단장치   ④ 과전류 측정장치

문제 86

B종 철주 또는 B종 철근 콘크리트주를 사용하는 특고압 가공전선로의 경간은 몇 [m] 이하이어야 하는가?

① 150   ② 250   ③ 400   ④ 600

> **풀이**
>
> 특고압 가공전선로의 경간 제한(판단기준 제124조)
>
> | 지지물의 종류 | 경 간 |
> |---|---|
> | 목주·A종 철주 또는 A종 철근 콘크리트주 | 150 [m] 이하 |
> | **B종 철주 또는 B종 철근 콘크리트주** | **250 [m] 이하** |
> | 철 탑 | 600 [m] 이하
(단주인 경우에는 400[m] 이하) |
>
> 【답】 ②

문제 87

변전소의 주요 변압기에서 계측하여야 하는 사항 중 계측장치가 꼭 필요하지 않는 것은?
(단, 전기철도용 변전소의 주요 변압기는 제외한다.)

① 전압 　　　　② 전류 　　　　③ 전력 　　　　④ 주파수

> **풀이**
>
> 계측장치(판단기준 제50조)
> 변전소 또는 이에 준하는 곳에는 다음 각 호의 사항을 계측하는 장치를 시설하여야 한다. 다만, 전기철도용 변전소는 주요 변압기의 전압을 계측하는 장치를 시설하지 아니할 수 있다.
> ① 주요 변압기의 **전압 및 전류 또는 전력**
> ② 특고압용 변압기의 온도
>
> 【답】 ④

문제 88

옥내의 네온 방전등 공사의 방법으로 옳은 것은?

① 전선 상호 간의 간격은 5[cm] 이상일 것

② 관등회로의 배선은 애자사용공사에 의할 것

③ 전선의 지지점간의 거리는 2[m] 이하로 할 것

④ 관등회로의 배선은 점검할 수 없는 은폐된 장소에 시설할 것

> **풀이**
>
> 옥내의 네온 방전등 공사 (판단기준 제215조)
> 옥내에 시설하는 관등회로의 사용 전압이 1,000 [V]를 초과하는 방전등으로서 **관등회로의 배선은 애자 사용 공사에 의하여 시설**하고 또한 다음에 의할 것
> ① 전선은 네온 전선일 것
> ② 전선은 조영재의 옆면 또는 아랫면에 붙일 것.
> ③ 전선의 지지점간의 거리는 1 [m] 이하일 것
> ④ 전선 상호간의 간격은 6 [cm] 이상일 것
> ⑤ 네온 변압기의 외함에는 제3종 접지공사를 할 것
>
> 【답】 ②

문제 89

무대·무대마루 밑·오케스트라박스·영사실 기타 사람이나 무대 도구가 접촉할 우려가 있는 곳에 시설하는 저압 옥내배선·전구선 또는 이동전선은 사용전압이 몇 [V] 미만이어야 하는가?

① 100 　　　　② 200 　　　　③ 300 　　　　④ 400

문제 90

저압 가공전선로와 기설 가공약전류전선로가 병행하는 경우에는 유도작용에 의하여 통신상의 장해가 생기지 아니하도록 전선과 기설 약전류전선 간의 이격거리는 몇 [m] 이상이어야 하는가?

① 1　　　　② 2　　　　③ 2.5　　　　④ 4.5

문제 91

금속관 공사에 의한 저압 옥내배선의 방법으로 틀린 것은?

① 전선으로 연선을 사용하였다.

② 옥외용 비닐절연전선을 사용하였다.

③ 콘크리트에 매설하는 관은 두께 1.2[mm] 이상을 사용하였다.

④ 사용전압 400[V] 이상이고 사람의 접촉우려가 없어 제3종 접지공사를 하였다.

문제 92

특고압으로 시설할 수 없는 전선로는?

① 지중전선로　　　② 옥상전선로　　　③ 가공전선로　　　④ 수중전선로

문제 93

22.9[kV] 전선로를 제1종 특고압 보안공사로 시설할 경우 전선으로 경동연선을 사용한다면 그 단면적은 몇 [mm^2] 이상의 것을 사용하여야 하는가?

① 38　　　　② 55　　　　③ 80　　　　④ 100

풀이

제1종 특고압 보안 공사의 전선 굵기(판단기준 제125조)

사용전압	전선
100 [kV] 미만	**단면적 55 [mm^2] 이상의 경동연선**
100 [kV] 이상 300 [kV] 미만	단면적 150[mm^2] 이상의 경동연선
300 [kV] 이상	단면적 200 [mm^2] 이상의 경동연선

【답】②

문제 94

변압기 1차측 3300[V], 2차측 220[V]의 변압기 전로의 절연내력시험 전압은 각각 몇 [V]에서 10분간 견디어야 하는가?

① 1차측 4950[V], 2차측 500[V]
② 1차측 4500[V], 2차측 400[V]
③ 1차측 4125[V], 2차측 500[V]
④ 1차측 3350[V], 2차측 400[V]

풀이

변압기 전로의 절연내력(판단기준 제16조)

접지 방식	최대 사용 전압	시험 전압 (최대 사용 전압 배수)	최저 시험 전압
비접지	7[kV] 이하	1.5배	500[V]
	7[kV] 초과	1.25배	10,500[V] (60[kV] 이하)
중성점접지	60[kV] 초과	1.1배	75[kV]
중성점직접접지	60[kV] 초과 170[kV] 이하	0.72배	
	170[kV] 초과	0.64배	
중성점다중접지	25[kV] 이하	0.92배	500[V] (7[kV] 이하)

① 1차측 시험전압 $= 3300 \times 1.5 = 4950[V]$
② 2차측 시험전압 $= 220 \times 1.5 = 330[V]$
 (최저 시험 전압이 500 [V]이므로 500 [V]의 시험 전압을 가하여야 한다.)

【답】①

문제 95

교류 전차선 등이 교량 기타 이와 유사한 것의 밑에 시설되는 경우에 시설 기준으로 틀린 것은?

① 교류 전차선 등과 교량 등 사이의 이격거리는 30[cm] 이상일 것
② 교량의 가더 등의 금속제 부분에는 제1종 접지공사를 할 것
③ 교량 등의 위에서 사람이 교류 전차선 등에 접촉할 우려가 있는 경우에는 방호장치를 하고 위험표지를 할 것
④ 기술상 부득이한 경우에는 사용전압이 25[kV]인 교류 전차선과 교량 등 사이의 이격거리를 25[cm]까지로 감할 수 있을 것

풀이

전차선 등과 건조물 기타의 시설물과의 접근 또는 교차(판단기준 제270조)
교류 전차선 등이 교량 기타 이와 유사한 것의 밑에 시설되는 경우
① 교류 전차선 등과 교량 등 사이의 이격거리는 30[cm] 이상일 것. 다만, 기술상 부득이한 경우에는

　사용전압이 25 kV인 교류 전차선 또는 이와 전기적으로 접속하는 조가용선, 브래킷 혹은 장선과 교
량 등 사이의 이격거리를 25[cm]까지로 감할 수 있다.
② **교량의 가더 등의 금속제 부분에는 제3종 접지공사를 할 것**
③ 교량 등의 위에서 사람이 교류 전차선 등에 접촉할 우려가 있는 경우에는 적당한 방호장치를 시설하
고 또한 위험표시를 할 것
【답】 ②

문제 96

가공 전선로의 지지물에 취급자가 오르고 내리는데 사용하는 발판 볼트 등은 지표상 몇 [m]
미만에 사설하여서는 아니 되는가?

① 1.2　　　　　② 1.5　　　　　③ 1.8　　　　　④ 2

풀이

가공전선로 지지물의 승탑 및 승주방지 (판단기준 제60조)
발판 볼트 등은 1.8[m] 미만에 시설하여서는 안 된다. 다만 다음의 경우에는 그러하지 아니하다.
- 발판 볼트을 내부에 넣을 수 있는 구조
- 지지물에 승탑 및 승주 방지 장치를 시설한 경우
- 취급자 이외의 자가 출입할 수 없도록 울타리 담 등을 시설한 경우
- 산간 등에 있으며 사람이 쉽게 접근할 우려가 없는 곳
【답】 ③

문제 97

저압 가공전선 또는 고압 가공전선이 도로를 횡단할 때 지표상의 높이는 몇 [m] 이상으로
하여야 하는가? (단, 농로 기타 교통이 번잡하지 않은 도로 및 횡단보도교는 제외한다.)

① 4　　　　　② 5　　　　　③ 6　　　　　④ 7

풀이

저고압 가공전선의 높이(판단기준 제72조)

설치장소		가공전선의 높이
도로횡단		**지표상 6[m] 이상**
철도 또는 궤도 횡단		레일면상 6.5[m] 이상
횡단보도교 위	저압	노면상 3.5[m] 이상. 단, 절연전선의 경우 3[m] 이상
	고압	노면상 3.5[m] 이상
일반장소		지표상 5[m] 이상. 단, 절연전선 또는 케이블을 사용하여 교통에 지장이 없도록 하여 옥외조명용에 공급하는 경우 4[m]까지 감할 수 있다.

【답】 ③

문제 98

22.9[kV] 특고압 가공전선로의 시설에 있어서 중성선을 다중 접지하는 경우에 각각 접지한
곳 상호 간의 거리는 전선로에 따라 몇 [m] 이하이어야 하는가?

① 150　　　　　② 300　　　　　③ 400　　　　　④ 500

풀이

25[kV] 이하인 특고압 가공전선로의 시설 (판단기준 제135조)
25[kV] 이하인 특고압 가공 전선로의 시설에 있어서 **중성선을 다중 접지**하는 경우 각 접지점 상호의
거리는 **전선로에 따라 150[m] 이하일 것**
【답】 ①

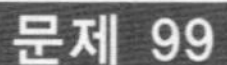

문제 99

혼촉 사고 시에 1초를 초과하고 2초 이내에 자동 차단되는 6.6[kV] 전로에 결합된 변압기 저압측의 전압이 220[V]인 경우 제2종 접지 저항값[Ω]은? (단, 고압측 1선 지락전류는 30 [A]라 한다.)

① 5   ② 10   ③ 20   ④ 30

풀이

접지공사의 종류(판단기준 제18조)

$$접지\ 저항 = \frac{300}{1선\ 지락\ 전류}\ [\Omega]\ (1초를\ 초과하고\ 2초\ 이내에\ 자동\ 차단)$$

$$\therefore R_2 = \frac{300}{1선\ 지락\ 전류} = \frac{300}{30} = 10[\Omega]$$

【답】②

문제 100

저압 옥내배선의 사용전압이 400[V] 미만인 경우에는 금속제 트레이에 몇 종 접지공사를 하여야 하는가?

① 제1종 접지공사   ② 제2종 접지공사

③ 제3종 접지공사   ④ 특별 제3종 접지공사

풀이

케이블 트레이는 다음에 적합하게 시설하여야 한다. (판단기준 제194조)
① 케이블 트레이의 안전율은 1.5 이상이어야 한다.
② 전선의 피복 등을 손상시킬 돌기 등이 없이 매끈해야 한다.
③ 금속제 케이블 트레이 계통은 기계적 또는 전기적으로 완전하게 접속하여야 하며, 저압 옥내 배선의 사용 전압이 **400 [V] 미만**인 경우에는 케이블 트레이에 **제3종 접지 공사**, 사용 전압이 400 [V] 이상 인 경우에는 특별 제3종 접지 공사를 하여야 한다.

【답】③

국가기술자격검정 필기시험 문제

2017년도 전기산업기사 일반검정 제2회				수검 번호	성 명
자격종목 및 등급(선택분야)	종목코드	시험시간	문제지형별		
전기산업기사	2140	2시간 30분	A		

1과목 전기자기학

문제 01 전기력선의 기본 성질에 관한 설명으로 틀린 것은?

① 전기력선의 방향은 그 점의 전계의 방향과 일치한다.

② 전기력선은 전위가 높은 점에서 낮은 점으로 향한다.

③ 전기력선은 그 자신만으로도 폐곡선을 만든다.

④ 전계가 0이 아닌 곳에서는 전기력선은 도체 표면에 수직으로 만난다.

풀이

전기력선의 성질

① 전기력선의 방향은 전계의 방향과 일치한다.

② 전기력선 밀도는 그 점에서의 전계의 세기와 같다.

③ 단위전하 (1 [C])에서는 $\dfrac{1}{\epsilon_0}=36\pi\times10^9$개의 전기력선이 발생한다.

④ 전기력선은 정전하(+ 전하)에서 출발하여 부전하(−전하)에서 멈추거나 무한원까지 퍼진다.

⑤ 전하가 없는 곳에서는 전기력선의 발생과 소멸이 없고 연속적이다.

⑥ 전기력선은 전위가 높은 곳에서 낮은 곳으로 향한다.($E=-\text{grad } V$)

⑦ 전기력선은 자신만으로 폐곡선이 되는 일은 없다.($\nabla\times E=0$)

⑧ 2개의 전기력선은 서로 교차하지 않는다.

⑨ 전기력선은 등전위면과 직교한다(단, 전계가 0인 곳에서는 이 조건은 성립되지 않는다.)

⑩ 도체 내부에서 전기력선은 없다.(도체내부 전계의 세기가 0)

⑪ 전기력선은 도체 표면에서 수직으로 출입한다.

⑫ 전기력선은 무한원점에서 끝나거나, 무한원점에서 오는 것이 있다.

⑬ 무한원점에 있는 전하까지 합하면 전하의 총량은 0 이다.

【답】 ③

문제 02 여러 가지 도체의 전하 분포에 있어서 각 도체의 전하를 n배 할 경우 중첩의 원리가 성립하기 위해서는 그 전위는 어떻게 되는가?

① $\dfrac{1}{2}n$배가 된다.　　　　　　② n배가 된다.

③ $2n$배가 된다.　　　　　　④ n^2배가 된다.

$V_i = P_{i1}Q_1 + P_{i2}Q_2 + \cdots + P_{in}Q_n$ 에서 각 전하를 n 배 하면 V_i 는 n 배 된다.　【답】②

문제 03

동일 용량 $C\,[\mu\mathrm{F}]$의 콘덴서 n개를 병렬로 연결하였다면 합성용량은 얼마인가?

① n^2C　　　② nC　　　③ $\dfrac{C}{n}$　　　④ C

풀이

항 목	직렬접속	병렬접속
결 선	C_1　C_2	C_1　C_2
합 성 정전용량	• $C_0 = \dfrac{C_1 C_2}{C_1 + C_2}$ • 저항의 병렬결선과 동일 방법 • 접속되는 콘덴서가 증가할수록 합성정전 용량은 감소	• $C_0 = C_1 + C_2$ • 저항의 직렬결선과 동일 방법 • 접속되는 콘덴서가 증가할수록 합성정전용량은 증가

정전용량의 병렬연결은 저항의 직렬연결과 동일 하므로
합성용량 $C_0 = C + C + \cdots + C = nC\,[\mu\mathrm{F}]$　【답】②

문제 04

반지름 $r = 1[\mathrm{m}]$인 도체구의 표면 전하밀도가 $\dfrac{10^{-8}}{9\pi}[\mathrm{C/m^2}]$이 되도록 하는 도체구의 전위는 몇 $[\mathrm{V}]$인가?

① 10　　　② 20　　　③ 40　　　④ 80

풀이

도체구의 표면전위 $V = \dfrac{Q}{4\pi\epsilon_0 r}\,[\mathrm{V}]$에서 도체구 표면의 총전하는 $Q = \sigma S = \sigma(4\pi r^2)[\mathrm{C}]$ 이므로
도체구의 표면전위 V_a는

$$\therefore\ V_a = \frac{Q}{4\pi\epsilon_0 r} = \frac{\sigma 4\pi r^2}{4\pi\epsilon_0 r} = \frac{\sigma 4\pi r}{4\pi\epsilon_0} = 9 \times 10^9 \times \frac{10^{-8}}{9\pi} \times 4\pi \times 1 = 40[\mathrm{V}]$$

【답】③

문제 05

도전율의 단위로 옳은 것은?

① $\mathrm{m/\Omega}$　　　② $\mathrm{\Omega/m^2}$　　　③ $1/\mho \cdot \mathrm{m}$　　　④ $\mho/\mathrm{m}$

풀이

• 저항 $R = \rho\dfrac{l}{S}$ 에서 저항율 $\rho = \dfrac{RS}{l} = \dfrac{\Omega \cdot \mathrm{m^2}}{\mathrm{m}} = \Omega \cdot \mathrm{m}$

• 도전율 $\sigma = \dfrac{1}{\text{저항율}} = \dfrac{1}{\rho}$ 이므로

$$\sigma = \frac{l}{RS} = \frac{\mathrm{m}}{\Omega \cdot \mathrm{m^2}} = \frac{1}{\Omega} \cdot \frac{1}{\mathrm{m}} = \mho/\mathrm{m} \quad \left(\because \mho = \frac{1}{\Omega}\right)$$

【답】④

문제 06 $A = i + 4j + 3k$, $B = 4i + 2j - 4k$의 두 벡터는 서로 어떤 관계에 있는가?

① 평행   ② 면적   ③ 접근   ④ 수직

풀이

두 벡터가 이루는 각은 스칼라적에 의해 구한다. 즉 $A \cdot B = AB \cos\theta$에서

$$\cos\theta = \frac{A \cdot B}{AB} \begin{cases} A \cdot B = 1 \times 4 + 4 \times 2 + 3 \times (-4) = 4 + 8 - 12 = 0 \\ A = |A| = \sqrt{1^2 + 4^2 + 3^2} = \sqrt{26} \\ B = |B| = \sqrt{4^2 + 2^2 + (-4)^2} = 6 \end{cases}$$

$$\cos\theta = \frac{A \cdot B}{AB} = \frac{0}{6\sqrt{26}} = 0 \qquad\qquad \therefore \ \theta = 90° (수직)$$

【답】 ④

문제 07   전류가 흐르는 도선을 자계 내에 놓으면 이 도선에 힘이 작용한다. 평등자계의 진공 중에 놓여 있는 직선전류 도선이 받는 힘에 대한 설명으로 옳은 것은?

① 도선의 길이에 비례한다.

② 전류의 세기에 반비례한다.

③ 자계의 세기에 반비례한다.

④ 전류와 자계 사이의 각에 대한 정현(sine)에 반비례한다.

풀이

플레밍의 왼손 법칙

자속밀도가 $B[\text{Wb/m}^2]$인 자계 중에 길이 $l[\text{m}]$인 도체를 놓고 $I[\text{A}]$의 전류를 흘릴 경우 자계 내에서 도체가 받는 힘 $F = BIl\sin\theta\,[\text{N}]$ 이다.

즉, **힘(F)은 자계의 세기(B), 전류의 세기(I), 도선의 길이(l) 및 전류와 자계 사이의 $\sin\theta$에 비례한다.**

【답】 ①

문제 08   정전용량이 $0.5[\mu\text{F}]$, $1[\mu\text{F}]$인 콘덴서에 각각 $2 \times 10^{-4}[\text{C}]$ 및 $3 \times 10^{-4}[\text{C}]$의 전하를 주고 극성을 같게 하여 병렬로 접속할 때 콘덴서에 축적된 에너지는 약 몇 [J] 인가?

① 0.042   ② 0.063   ③ 0.083   ④ 0.126

풀이

$$Q = Q_1 + Q_2 = 2 \times 10^{-4} + 3 \times 10^{-4} = 5 \times 10^{-4}\,[\text{C}]$$

$$C = C_1 + C_2 = (0.5 + 1) \times 10^{-6} = 1.5 \times 10^{-6}\,[\text{F}]$$

$$\therefore \ W = \frac{Q^2}{2C} = \frac{(5 \times 10^{-4})^2}{2 \times 1.5 \times 10^{-6}} = 0.083\,[\text{J}]$$

【답】 ③

문제 09   영역 1의 유전체 $\epsilon_{r1} = 4$, $\mu_{r1} = 1$, $\sigma_1 = 0$과 영역 2의 유전체 $\epsilon_{r2} = 9$, $\mu_{r2} = 1$, $\sigma_2 = 0$ 일 때 영역 1에서 영역 2로 입사된 전자파에 대한 반사계수는?

① -0.2 ② -0.5 ③ 0.2   ④ 0.8

풀이

입사파 E_1, H_1, 투과파 E_2, H_2, 반사파 E_3, H_3라고 할 때, 영역 1과 영역 2의 고유 임피던스 η 는 각각 다음과 같다.

$$\eta_1 = \frac{E_1}{H_1} = \sqrt{\frac{\mu_1}{\epsilon_1}} = \sqrt{\frac{\mu_0\mu_{r1}}{\epsilon_0\epsilon_{r1}}} = 377\sqrt{\frac{\mu_{r1}}{\epsilon_{r1}}} = 377\sqrt{\frac{1}{4}} = 188.5\,[\Omega]$$

$$\eta_2 = \frac{E_2}{H_2} = \sqrt{\frac{\mu_2}{\epsilon_2}} = \sqrt{\frac{\mu_0\mu_{r2}}{\epsilon_0\epsilon_{r2}}} = 377\sqrt{\frac{\mu_{r2}}{\epsilon_{r2}}} = 377\sqrt{\frac{1}{9}} = 125.67\,[\Omega]$$

$$\therefore \ 반사계수 \ R = \frac{\eta_2 - \eta_1}{\eta_2 + \eta_1} = \frac{125.67 - 188.5}{125.67 + 188.5} = -0.2$$

【답】 ①

문제 10

정전용량 및 내압이 3[μF]/1000[V], 5[μF]/500[V], 12[μF]/250[V]인 3개의 콘덴서를 직렬로 연결하고 양단에 가한 전압을 서서히 증가시킬 경우 가장 먼저 파괴되는 콘덴서는?

① 3[μF]
② 5[μF]
③ 12[μF]
④ 3개 동시 파괴

풀이

콘덴서를 직렬로 접속하고 전압을 서서히 증가 시키면, 콘덴서의 **전하량이 가장 적은 콘덴서가 제일 먼저 파괴**된다.

$$Q_1 = C_1 \times V_1 = 3 \times 10^{-6} \times 1000 = 3 \times 10^{-3}[C]$$

$$Q_2 = C_2 \times V_2 = 5 \times 10^{-6} \times 500 = 2.5 \times 10^{-3}[C]$$

$$Q_3 = C_3 \times V_3 = 12 \times 10^{-6} \times 250 = 3 \times 10^{-3}[C]$$

$\therefore$ 전하용량이 $Q_1 = Q_3 > Q_2$ 이므로 전하용량이 가장 작은 5[μF]/500[V]의 콘덴서가 가장 먼저 파괴된다.

【답】 ②

문제 11

정전용량 10[μF]인 콘덴서의 양단에 100[V]의 일정 전압을 인가하고 있다. 이 콘덴서의 극판 간의 거리를 1/10로 변화시키면 콘덴서에 충전되는 전하량은 거리를 변화시키기 이전의 전하량에 비해 어떻게 되는가?

① $\frac{1}{10}$로 감소
② $\frac{1}{100}$로 감소
③ 10배로 증가
④ 100배로 증가

풀이

- 정전용량 $C = \dfrac{\epsilon S}{d}$

- 전하량 $Q_1 = C_1 V = \dfrac{\epsilon S}{d} V$

- 극판간의 거리를 $\dfrac{1}{10}$로 변화시킨 경우의 전하량 $Q_2 = C_2 V = \dfrac{\epsilon S}{0.1d} V = 10\dfrac{\epsilon S}{d} V = 10 Q_1$

즉, 극판 간의 거리를 $\dfrac{1}{10}$로 변화시키면 전하량은 10배로 증가한다.

【답】 ③

문제 12 접지 구도체와 점전하간의 작용력은?

① 항상 반발력이다.　　　　　　　② 항상 흡입력이다.

③ 조건적 반발력이다.　　　　　　④ 조건적 흡입력이다.

풀이

접지 구도체에는 항상 **점전하와 반대 극성**인 전하$(Q' = -\dfrac{a}{d}Q)$가 유도되므로 **항상 흡인력**이 작용한다.

【답】②

문제 13 전계의 세기가 1500[V/m]인 전장에 5[μC]의 전하를 놓았을 때 이 전하에 작용하는 힘은 몇 [N]인가?

① 4.5×10^{-3}　　　② 5.5×10^{-3}　　　③ 6.5×10^{-3}　　　④ 7.5×10^{-3}

풀이

전하에 작용하는 힘 $F = Eq = 1500 \times 5 \times 10^{-6} = 7.5 \times 10^{-3}[\text{N}]$

【답】④

문제 14 500[AT/m]의 자계 중에 어떤 자극을 놓았을 때 4×10^{3}[N]의 힘이 작용했다면 이때 자극의 세기는 몇 [Wb]인가?

① 2　　　　　　② 4　　　　　　③ 6　　　　　　④ 8

풀이

$F = mH$ 에서　$\therefore \ m = \dfrac{F}{H} = \dfrac{4 \times 10^{3}}{500} = \dfrac{4000}{500} = 8[\text{Wb}]$

【답】④

문제 15 자극의 세기가 8×10^{-6}[Wb] 이고, 길이가 30[cm]인 막대자석을 120[AT/m] 평등자계 내에 자력선과 30°의 각도로 놓았다면 자석이 받는 회전력은 몇 [N·m]인가?

① 1.44×10^{-4}　　　　　　② 1.44×10^{-5}

③ 2.88×10^{-4}　　　　　　④ 2.88×10^{-5}

풀이

$$T = MH\sin\theta = mlH\sin\theta$$
$$= 8 \times 10^{-6} \times 30 \times 10^{-2} \times 120 \times \sin30° = 1.44 \times 10^{-4}[\text{N·m}]$$

【답】①

문제 16 도전성을 가진 매질내의 평면파에서 전송계수 γ를 표현한 것으로 알맞은 것은?
(단, α는 감쇠정수, β는 위상정수 이다.)

① $\gamma = \alpha + j\beta$　　　　　　② $\gamma = \alpha - j\beta$

③ $\gamma = j\alpha + \beta$　　　　　　④ $\gamma = j\alpha - \beta$

풀이

$\gamma = \alpha + j\beta$ 여기서, α : 감쇠정수, β : 위상정수   **【답】** ①

문제 17

도체 1을 Q가 되도록 대전시키고, 여기에 도체 2를 접촉했을 때 도체 2가 얻은 전하를 전위계수로 표시하면? (단, P_{11}, P_{12}, P_{21}, P_{22}는 전위계수이다.)

① $\dfrac{Q}{P_{11} - 2P_{12} + P_{22}}$

② $\dfrac{(P_{11} - P_{12})Q}{P_{11} - 2P_{12} + P_{22}}$

③ $\dfrac{(P_{11}P_{12} + P_{22})Q}{P_{11} + 2P_{12} + P_{22}}$

④ $\dfrac{(P_{11} - P_{12})Q}{P_{11} + 2P_{12} + P_{22}}$

풀이

$V_1 = P_{11}Q_1 + P_{12}Q_2$, $V_2 = P_{21}Q_1 + P_{22}Q_2$ 에서

$P_{12} = P_{21}$, $Q_1 = Q - Q_2$,

$V_1 = V_2$ (도체1에 도체2가 접속되면 두 도체의 전위는 동일하게 된다.)

그러므로 $P_{11}(Q - Q_2) + P_{12}Q_2 = P_{21}(Q - Q_2) + P_{22}Q_2$

$\qquad (P_{11} - P_{12})Q = (P_{11} + P_{22} - 2P_{12})Q_2$

$\qquad \therefore Q_2 = \dfrac{P_{11} - P_{12}}{P_{11} - 2P_{12} + P_{22}}Q$ **【답】** ②

문제 18

그림과 같이 직렬로 접속된 두 개의 코일이 있을 때, $L_1 = 20[\text{mH}]$, $L_2 = 80[\text{mH}]$, 결합계수 $k = 0.8$이다. 여기에 0.5[A]의 전류를 흘릴 때 이 합성코일에 저축되는 에너지는 약 몇 [J] 인가?

① 1.13×10^{-3}

② 2.05×10^{-2}

③ 6.63×10^{-3}

④ 8.25×10^{-2}

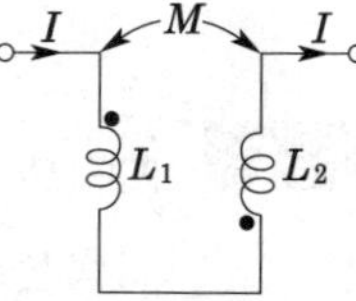

풀이

L_1, L_2에 흐르는 전류 방향이 동일하므로(dot 방향)

$L_+ = L_1 + L_2 + 2M$

$M = k\sqrt{L_1 L_2} = 0.8\sqrt{20 \times 10^{-3} \times 80 \times 10^{-3}} = 32 \times 10^{-3}[\text{H}]$

$\therefore W = \dfrac{1}{2}(L_1 + L_2 + 2M)I^2 = \dfrac{1}{2}(20 + 80 + 2 \times 32) \times 10^{-3} \times 0.5^2$

$\qquad = 2.05 \times 10^{-2} [\text{J}]$

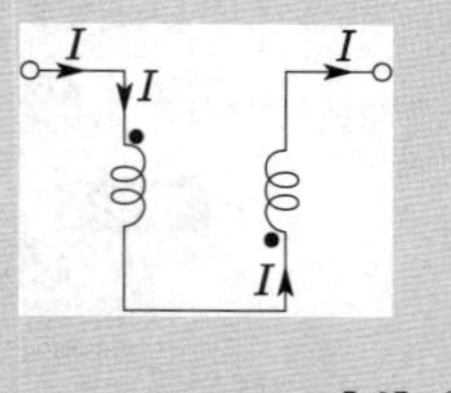

【답】 ②

문제 19

자기 회로의 퍼미언스(permeance)에 대응하는 전기 회로의 요소는?

① 서셉턴스(susceptance)

② 컨덕턴스(conductance)

③ 엘라스턴스(elastance)

④ 정전용량(electrostatic capacity)

문제 20

전류가 흐르고 있는 도체에 자계를 가하면 도체 측면에 정·부(+, −)의 전하가 나타나 두 면간에 전위차가 발생하는 현상은?

① 홀효과　　　　　　② 핀치효과　　　　　　③ 톰슨효과　　　　　　④ 지벡효과

2과목　전력공학

문제 21

개폐 서지를 흡수할 목적으로 설치하는 것의 약어는?

① CT　　　　　　② SA　　　　　　③ GIS　　　　　　④ ATS

문제 22

다음 중 표준형 철탑이 아닌 것은?

① 내선 철탑　　　　　　　　　　② 직선 철탑
③ 각도 철탑　　　　　　　　　　④ 인류 철탑

문제 23

전력계통의 전압안정도를 나타내는 P-V 곡선에 대한 설명 중 적합하지 않은 것은?

① 가로축은 수전단 전압을 세로축은 무효전력을 나타낸다.

② 진상무효전력이 부족하면 전압은 안정되고 진상무효전력이 과잉되면 전압은 불안정하게 된다.

③ 전압 불안정 현상이 일어나지 않도록 전압을 일정하게 유지하려면 무효전력을 적절하게 공급하여야 한다.

④ P-V 곡선에서 주어진 역률에서 전압을 증가시키더라도 송전할 수 있는 최대 전력이 존재하는 임계점이 있다.

풀이

즉, P-V 곡선의 가로축은 유효전력을 세로축은 수전단 전압을 나타낸다.

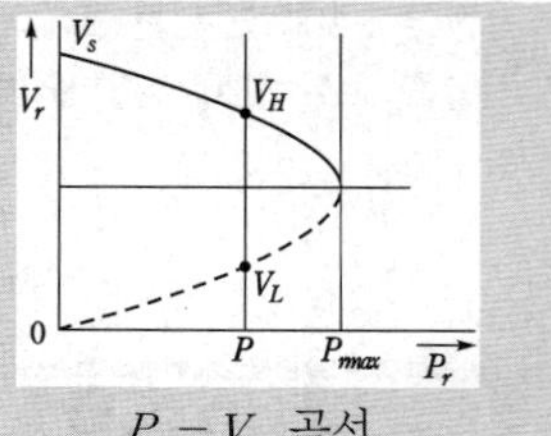

$P_r - V_r$ 곡선

【답】 ①

문제 24

3상으로 표준전압 3[kV], 800[kW]를 역률 0.9로 수전하는 공장의 수전회로에 시설할 계기용 변류기의 변류비로 적당한 것은? (단, 변류기의 2차 전류는 5[A]이며, 여유율은 1.2로 한다.)

① 10 　　　② 20 　　　③ 30 　　　④ 40

풀이

$P = \sqrt{3}\, V_1 I_1 \cos\theta$ 에서

1차 전류 $I_1 = \dfrac{800 \times 10^3}{\sqrt{3} \times 3000 \times 0.9} = 171.07$ [A]

변류기의 여유율 1.2를 고려한 변류비 $= \dfrac{1\text{차 전류} \times 1.2}{5} = \dfrac{171.07 \times 1.2}{5} = 41.06$

따라서, 변류비가 40인 변류기가 적당하다.

【답】 ④

문제 25

수전단을 단락한 경우 송전단에서 본 임피던스는 300[Ω]이고, 수전단을 개방한 경우에는 1200[Ω]일 때 이 선로의 특성 임피던스는 몇 [Ω] 인가?

① 300 　　　② 500 　　　③ 600 　　　④ 800

풀이

- 수전단을 단락한 경우 임피던스 $Z = 300[\Omega]$
- 수전단을 개방한 경우 어드미턴스 $Y = \dfrac{1}{1200}[\mho]$ 이므로
- 특성임피던스 $Z_0 = \sqrt{\dfrac{Z}{Y}} = \sqrt{\dfrac{300}{1/1200}} = 600[\Omega]$

【답】 ③

문제 26

3000[kW], 역률 80[%](뒤짐)의 부하에 전력을 공급하고 있는 변전소에 전력용콘덴서를 설치하여 변전소에서의 역률을 90[%]로 향상시키는데 필요한 전력용콘덴서의 용량은 약 몇 [kVA]인가?

① 600 ② 700 ③ 800 ④ 900

풀이

$$Q_c = P(\tan\theta_1 - \tan\theta_2) = P\left(\frac{\sin\theta_1}{\cos\theta_1} - \frac{\sin\theta_2}{\cos\theta_2}\right) = \left(\frac{\sqrt{1-\cos^2\theta_1}}{\cos\theta_1} - \frac{\sqrt{1-\cos^2\theta_2}}{\cos\theta_2}\right)$$

$$= 3000\left(\frac{\sqrt{1-0.8^2}}{0.8} - \frac{\sqrt{1-0.9^2}}{0.9}\right) = 797.03\,[\text{kVA}]$$

【답】③

문제 27

발전기나 변압기의 내부고장 검출에 주로 사용되는 계전기는?

① 역상계전기 ② 과전압계전기
③ 과전류계전기 ④ 비율차동계전기

풀이

비율 차동 계전기는 발전기와 변압기의 내부 고장에 대한 보호 장치로 1차 전류와 2차 전류의 차 전류가 일정 비율 이상으로 되면 동작하는 계전기이다.

【답】④

문제 28

역률 0.8인 부하 480[kW]를 공급하는 변전소에 전력용 콘덴서 220[kVA]를 설치하면 역률은 몇 [%]로 개선할 수 있는가?

① 92 ② 94 ③ 96 ④ 99

풀이

- 부하의 유효전력 $P = 480[\text{kW}]$
- 부하의 무효전력 $Q_L = \dfrac{P}{\cos\theta} \times \sin\theta = \dfrac{480}{0.8} \times 0.6 = 360[\text{kVar}]$
- 콘덴서 용량 $Q_c = 220[\text{kVA}]$
- 부하 역률 $\cos\theta = \dfrac{P}{\sqrt{P^2 + (Q_L - Q_c)^2}} \times 100 = \dfrac{480}{\sqrt{480^2 + (360-220)^2}} \times 100 = 96[\%]$

【답】③

문제 29

배전전압, 배전거리 및 전력손실이 같다는 조건에서 단상 2선식 전기방식의 전선 총중량을 100[%]라 할 때 3상 3선식 전기방식은 몇 [%]인가?

① 33.3 ② 37.5
③ 75.0 ④ 100.0

풀이

- 송전 전력은 동일하므로
$$\sqrt{3}\,VI_3\cos\theta = VI_1\cos\theta\,, \quad \therefore\ I_1 = \sqrt{3}\,I_3$$

- 전력 손실이 동일하므로

$$3I_3^2\rho\frac{l}{A_3}=2I_1^2\rho\frac{l}{A_1}, \quad 3I_3^2\rho\frac{l}{A_3}=2(\sqrt{3}\,I_3)^2\rho\frac{l}{A_1}, \quad A_3=\frac{1}{2}A_1$$

- 전선량(무게)비

$$\frac{3상3선식}{단상2선식}=\frac{3A_3l\sigma}{2A_1l\sigma}=\frac{3}{2}\times\frac{1}{2}=\frac{3}{4}=0.75$$

- 단상 2선식 기준 소요 전선량 요약

전기 방식	소용 전선량[%]	비 고
단상 2선식	100	단상 2선식 기준
단상 3선식	37.5	중성선과 전압선의 굵기가 동일
	31.3	중성선의 굵기가 전압선의 1/2
3상 3선식	**75**	
3상 4선식	33.3	중성선과 전압선의 굵기가 동일
	29.2	중성선의 굵기가 전압선의 1/2

【답】 ③

문제 30

외뢰(外雷)에 대한 주 보호장치로서 송전계통의 절연협조의 기본이 되는 것은?

① 애자
② 변압기
③ 차단기
④ 피뢰기

풀이

계통 내의 각 기기, 기구 및 애자 등의 상호간에 적정한 절연 강도를 지니게 함으로써 계통 설계를 합리적, 경제적으로 할 수 있게 한 것을 절연 협조라고 하며 **피뢰기의 제한 전압이 기본**이 된다. 【답】 ④

문제 31

배전선로의 전기적 특성 중 그 값이 1 이상인 것은?

① 전압강하율
② 부등률
③ 부하율
④ 수용률

풀이

$$부등률=\frac{수용\ 설비\ 개개의\ 최대\ 수용\ 전력의\ 합계}{합성\ 최대\ 수용\ 전력}\geqq 1$$

【답】 ②

문제 32

1000[kVA]의 단상변압기 3대를 △-△결선의 1뱅크로 하여 사용하는 변전소가 부하 증가로 다시 1대의 단상변압기를 증설하여 2뱅크로 사용하면 최대 약 몇 [kVA]의 3상 부하에 적용할 수 있는가?

① 1730
② 2000
③ 3460
④ 4000

풀이

4대의 단상 변압기로 최대의 전력을 공급할 수 있는 방법은 **V결선 2뱅크**로 구성하는 방법이므로

$$P_v=2\times\sqrt{3}\,P_1=2\times\sqrt{3}\times1000=3464.1[kVA]$$

【답】 ③

문제 33 3300[V] 배전선로의 전압을 6600[V]로 승압하고 같은 손실률로 송전하는 경우 송전전력은 승압전의 몇 배인가?

㉮ $\sqrt{3}$ ㉯ 2 ㉰ 3 ㉱ 4

풀이

- 전력손실률 $h = \dfrac{P_l}{P} = \dfrac{PR}{V^2\cos\theta^2}$ 에서

  송전전력 $P = \dfrac{h V^2\cos\theta^2}{R}$ $(P \propto V^2)$

- **송전전력 P는 전압의 자승에 비례**하므로

  $P' = \left(\dfrac{V'}{V}\right)^2 P = \left(\dfrac{6600}{3300}\right)^2 \times P = 4P$

【답】 ④

문제 34 송전선로에 근접한 통신선에 유도장해가 발생하였다. 전자유도의 주된 원인은?

① 영상전류 ② 정상전류 ③ 정상전압 ④ 역상전압

풀이

① **전자유도 : 영상전류에 의해 발생** (사고시)

  전자유도 전압 $E_m = -j\omega Ml \times 3I_0$ [V]

② 정전유도 : 영상전압에 의해 발생 (정상시)

【답】 ①

문제 35 3상 배전선로의 전압강하율[%]을 나타내는 식이 아닌 것은? (단, V_s : 송전단 전압, V_r : 수전단 전압, I : 전부하전류, P : 부하전력, Q : 무효전력 이다.)

① $\dfrac{PR+QX}{V_r^2}\times 100$

② $\dfrac{V_s - V_r}{V_r}\times 100$

③ $\dfrac{V_s(PR+QX)}{V_r}\times 100$

④ $\dfrac{\sqrt{3}\,I}{V_r}(R\cos\theta + X\sin\theta)\times 100$

풀이

전압강하율 $\epsilon = \dfrac{V_s - V_r}{V_r}\times 100 = \dfrac{\sqrt{3}\,I(R\cos\theta + X\sin\theta)}{V_r}\times 100 [\%]$

$= \dfrac{\sqrt{3}\,V_r I(R\cos\theta + X\sin\theta)}{V_r^2}\times 100 = \dfrac{RP+QX}{V_r^2}\times 100 [\%]$

【답】 ③

문제 36 송전선로의 보호방식으로 지락에 대한 보호는 영상전류를 이용하여 어떤 계전기를 동작시키는가?

① 선택지락 계전기 ② 전류차동 계전기

③ 과전압 계전기 ④ 거리 계전기

> **풀이**
> • 비접지 계통의 지락 사고 검출 : 접지 계전기(GR) + 영상 전류 검출(ZCT)
> • 비접지 다회선 계통의 선택 지락 보호 :
>   SGR(선택 지락 계전기) + GPT(접지 변압기 : 영상 전압) + ZCT(영상 변류기 : 영상 전류)　　**【답】** ①

문제 37　기력발전소의 열사이클 과정 중 단열팽창 과정에서 물 또는 증기의 상태변화로 옳은 것은?

① 습증기 → 포화액　　　　　　　　② 포화액 → 압축액

③ 과열증기 → 습증기　　　　　　　④ 압축액 → 포화액 → 포화증기

> **풀이**
> • 보일러 : 등압 가열　　　　　　　• 복수기 : 등압 냉각
> • 터빈 : **단열 팽창(과열증기 → 습증기)**　　• 급수펌프 : 단열 압축　　**【답】** ③

문제 38　경수감속 냉각형 원자로에 속하는 것은?

① 고속증식로　　　　　　　　　　② 열중성자로

③ 비등수형 원자로　　　　　　　　④ 흑연감속 가스 냉각로

> **풀이**
> 발전용 원자로의 종류에는 흑연감속 가스 냉각로, 경수감속 경수 냉각로, 중수감속 중수 냉각로 등이
> 있으며, **경수감속 경수 냉각로**에는 **가압수형 원자로(PWR), 비등수형 원자로(BWR)**가 있다.　　**【답】** ③

문제 39　장거리 송전선로의 특성을 표현한 회로로 옳은 것은?

① 분산부하 회로　　　　　　　　② 분포정수 회로

③ 집중정수 회로　　　　　　　　④ 특성 임피던스 회로

> **풀이**

구 분	거 리	선로 정수	회 로
단거리	수 [km]	R, L 만 고려	집중 정수 회로로 취급
중거리	수십 [km]	R, L, C 만 고려	T회로, π회로로 취급
장거리	수백 [km]	R, L, C, G 고려	**분포 정수 회로로 취급**

　　【답】 ②

문제 40　배전선로에 3상 3선식 비접지방식을 채용할 경우 장점이 아닌 것은?

① 과도 안정도가 크다.

② 1선 지락고장시 고장전류가 작다.

③ 1선 지락고장시 인접 통신선의 유도장해가 작다.

④ 1선 지락고장시 건전상의 대지전위 상승이 작다.

풀이

비접지의 특징(직접 접지와 비교)

① 지락 전류가 비교적 적다.(유도 장해 감소)

② 보호 계전기 동작이 불확실하다.

③ V-V결선 가능

④ 저전압 단거리에 적합

⑤ **1선 지락고장시** 건전상의 **대지전위는** $\sqrt{3}$ **배 까지 상승**한다.

【답】④

3과목 전기기기

문제 41

직류기에서 전기자 반작용의 영향을 설명한 것으로 틀린 것은?

① 주자극의 자속이 감소한다.

② 정류자편 사이의 전압이 불균일하게 된다.

③ 국부적으로 전압이 높아져 섬락을 일으킨다.

④ 전기적 중성점이 전동기인 경우 회전방향으로 이동한다.

풀이

전기자 반작용 : 전기자 권선에 흐르는 전류에 의한 자속이 계자에서 만든 주자속에 영향을 미치는 현상을 전기자 반작용이라고 하며, 그 영향은 다음과 같다.

① 전기적 중성축 이동

• 발전기 : 회전 방향으로 이동

• **전동기 : 회전 방향과 반대 방향으로 이동**

② 주자속 감소

③ 정류자 편간의 불꽃섬락이 발생하여 정류 불량 발생

【답】④

문제 42

6300/210[V], 20[kVA] 단상변압기 1차 저항과 리액턴스가 각각 15.2[Ω]과 21.6[Ω], 2차 저항과 리액턴스가 각각 0.019[Ω]과 0.028[Ω]이다. 백분율 임피던스는 약 몇 [%] 인가?

① 1.86　　　② 2.86　　　③ 3.86　　　④ 4.86

풀이

• 권수비 $a = \dfrac{6300}{210} = 30$

• 1차측으로 환산한 임피던스 $Z_1 = \sqrt{(r_1 + a^2 r_2)^2 + (x_1 + a^2 x_2)^2}$

$$= \sqrt{(15.2 + 30^2 \times 0.019)^2 + (21.6 + 30^2 \times 0.028)^2} = 56.86[\Omega]$$

• $\%Z = \dfrac{I_n Z}{E} \times 100 = \dfrac{\dfrac{20000}{6300} \times 56.86}{6300} \times 100 = 2.865[\%]$

【답】②

문제 43

권선형 유도전동기의 속도제어 방법 중 저항제어법의 특징으로 옳은 것은?

① 효율이 높고 역률이 좋다.

② 부하에 대한 속도 변동률이 작다.

③ 구조가 간단하고 제어조작이 편리하다.

④ 전부하로 장시간 운전하여도 온도에 영향이 적다.

풀이

2차 저항제어는 권선형 유도전동기에서만 사용 할 수 있는 방법으로 2차회로의 저항의 변화에 의한 토오크 속도특성의 비례추이를 응용한 것으로 다음과 같은 특징이 있다.

① 전류가 큰 2차 회로에 저항을 삽입하여 제어 하므로 2차 저항원이 현저하게 커져서 효율이 낮게 되는 결점이 있다.

② **구조가 간단하고 조작이 용이**하며, 동기속도 이하의 속도제어를 원활하고 광범위하게 행할 수 있다.

③ 속도제어의 한도는 동기속도의 40[%]정도 이다.

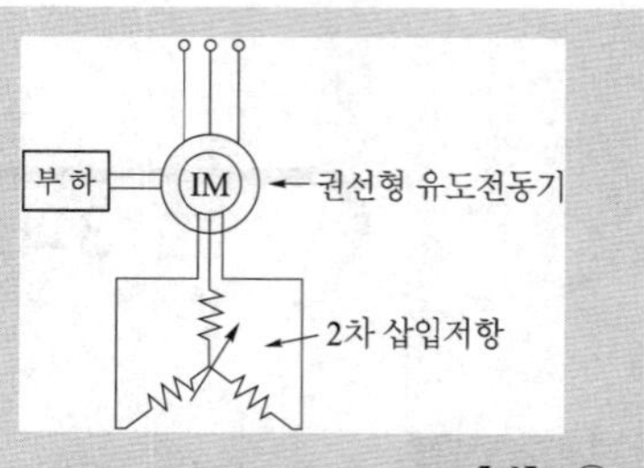

【답】 ③

문제 44

직류 분권전동기의 공급전압의 극성을 반대로 하면 회전 방향은 어떻게 되는가?

① 반대로 된다.

② 변하지 않는다.

③ 발전기로 된다.

④ 회전하지 않는다.

풀이

직류 분권 전동기의 공급 전압의 극성이 반대로 되면, **계자 전류와 전기자 전류의 방향이 동시에 반대로** 된다. 따라서, **회전 방향은 변하지 않는다.**

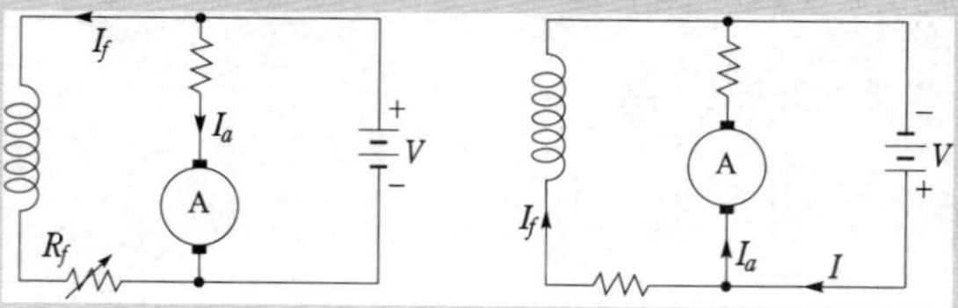

【답】 ②

문제 45

2방향성 3단자 사이리스터는?

① SCR ② SSS ③ SCS ④ TRIAC

풀이

각 종 반도체 소자의 비교

① 방향성

- **양방향성(쌍방향성) 소자** : DIAC, **TRIAC**, SSS
- 역저지(단방향성) 소자 : SCR, LASCR, GTO

② 극(단자) 수

- 2극(단자) 소자 : DIAC, SSS, Diode
- **3극(단자) 소자** : SCR, LASCR, GTO, **TRIAC**
- 4극(단자) 소자 : SCS

【답】 ④

단상 50[Hz], 전파 정류 회로에서 변압기의 2차 상전압 100[V], 수은 정류기의 전압 강하 20[V]에서 회로 중의 인덕턴스는 무시한다. 외부 부하로서 기전력 50[V], 내부 저항 0.3[Ω]의 축전지를 연결할 때 평균 출력은 약 몇 [W] 인가?

① 4556 ② 4667 ③ 4778 ④ 4889

풀이

직류 평균 전압 E_d는,

$$E_d = \frac{2\sqrt{2}}{\pi}E - e_a = \frac{2\sqrt{2}}{\pi} \times 100 - 20 = 70[V]$$

평균 부하 전류 I_d는,

$$I_d = \frac{E_d - 50}{0.3} = \frac{70 - 50}{0.3} = 66.67[A]$$

평균 출력 P_0는,

$$\therefore P_0 = E_d I_d = 70 \times 66.67 = 4667[W]$$

【답】 ②

3상 동기발전기의 여자 전류 5[A]에 대한 1상의 유기기전력이 600[V]이고 그 3상 단락 전류는 30[A]이다. 이 발전기의 동기임피던스[Ω]는?

① 10 ② 20 ③ 30 ④ 40

풀이

동기임피던스는 정격 상전압 E_n[V]을 단락 전류 I_s[A]로 나눈 값을 동기 임피던스라 한다.

$$Z_s = \frac{E_n}{I_s} = \frac{600}{30} = 20[\Omega]$$

【답】 ②

동기전동기의 제동권선은 다음 어떤 것과 같은가?

① 직류기의 전기자 ② 유도기의 농형 회전자
③ 동기기의 원통형 회전자 ④ 동기기의 유도자형 회전자

풀이

제동권선은 회전 자극 표면에 설치한 **유도 전동기의 농형 권선과 같은 권선**으로서 회전자가 동기 속도로 회전하고 있는 동안에는 전압을 유도하지 않으므로 아무런 작용이 없다. 그러나, 조금이라도 동기 속도를 벗어나면 전기자 자속을 끊어 전압이 유도되어 단락 전류가 흐르므로 동기 속도로 되돌아가게 된다. 즉, 진동 에너지를 열로 소비하여 진동을 방지한다. 이 제동 권선은 난조 방지에 쓰인다. **【답】** ②

권선형 유도전동기가 기동하면서 동기속도 이하까지 회전속도가 증가하면 회전자의 전압은?

① 증가한다. ② 감소한다.
③ 변함없다. ④ 0이 된다.

풀이

- 슬립 s로 회전하고 있을 때 2차전압(회전자 전압) $E_2' = sE_2 = s\dfrac{E_1}{a}$
- 슬립 $s = \dfrac{n_s - n}{n_s}$ 에서 **회전자의 속도** n**가 증가**하게 되면 **슬립** s**는 감소**하게 된다. 따라서, 회전자에 유기되는 전압 E_2' 도 감소하게 된다. **【답】②**

문제 50

동기발전기의 전기자 권선을 단절권으로 하는 가장 큰 이유는?

① 과열을 방지　　　　　　　　　② 기전력 증가

③ 기본파를 제거　　　　　　　　④ 고조파를 제거해서 기전력 파형 개선

풀이

단절권의 특징

① **고조파를 제거하여 기전력의 파형을 좋게** 하고　② 자기 인덕턴스 감소
③ 동량 절약　　　　　　　　　　　　　　　　　　④ 유기 기전력 감소　　**【답】④**

문제 51

3상 직권 정류자 전동기의 중간변압기의 사용목적은?

① 역회전의 방지　　　　　　　　② 역회전을 위하여

③ 전동기의 특성을 조정　　　　　④ 직권 특성을 얻기 위하여

풀이

3상 직권 정류자 전동기의 **중간 변압기**는 고정자 권선과 회전자 권선 사이에 직렬로 접속되며 이 중간 변압기를 사용하는 주요한 이유는 다음과 같다.
① 전원 전압의 크기에 관계없이 정류에 알맞은 회전자 전압을 선택할 수 있다.
② 중간 변압기의 권수비를 바꾸어 **전동기의 특성을 조정**할 수 있다.
③ 직권 특성이기 때문에 경부하에서는 속도가 매우 상승하나 중간 변압기를 사용, 그 철심을 포화하도록 하면 그 속도 상승을 제한할 수 있다. **【답】③**

문제 52

동기전동기의 특징으로 틀린 것은?

① 속도가 일정하다.　　　　　　② 역률을 조정할 수 없다.

③ 직류전원을 필요로 한다.　　　④ 난조를 일으킬 염려가 있다.

풀이

동기 전동기의 특징
(1) 장점
　① 속도가 일정 불변이다.　　　　② 역률을 조정하여 항상 **역률 1로 운전할 수 있다.**
　③ 부하의 역률을 개선할 수 있다.　④ 유도 전동기에 비하여 효율이 좋다.
(2) 단점
　① 보통 구조의 것은 기동 토크가 적고 속도 조정을 할 수 없다.
　② 난조를 일으킬 염려가 있다.
　③ 여자용의 직류 전원을 필요로 하며 설비비가 많이 든다. **【답】②**

전기자 지름 0.2[m]의 직류발전기가 1.5[kW]의 출력에서 1800[rpm]으로 회전하고 있을 때 전기자 주변속도는 약 몇 [m/s]인가?

① 18.84　　　　② 21.96　　　　③ 32.74　　　　④ 42.85

풀이

회전자 주변 속도　$v = \pi D \dfrac{N_s}{60}$ [m/s]

여기서, πD : 회전자 둘레

$$\therefore v = \pi \times 0.2 \times \frac{1800}{60} = 18.85 \,[\text{m/s}]$$

【답】①

정격 주파수 50[Hz]의 변압기를 일정 전압 60[Hz]의 전원에 접속하여 사용했을 때 여자전류, 철손 및 리액턴스 강하는?

① 여자 전류와 철손은 $\dfrac{5}{6}$ 감소, 리액턴스 강하 $\dfrac{6}{5}$ 증가

② 여자 전류와 철손은 $\dfrac{5}{6}$ 감소, 리액턴스 강하 $\dfrac{5}{6}$ 감소

③ 여자 전류와 철손은 $\dfrac{6}{5}$ 증가, 리액턴스 강하 $\dfrac{6}{5}$ 증가

④ 여자 전류와 철손은 $\dfrac{6}{5}$ 증가, 리액턴스 강하 $\dfrac{5}{6}$ 감소

풀이

전압이 일정할 때

① 여자전류 $I_0 = \dfrac{V_1}{\omega L_1} = \dfrac{V_1}{2\pi f L_1} \propto \dfrac{1}{f}$

② 철손 중에서 와류손은 주파수와 무관, 히스테리시스손은 주파수에 반비례$\left(P_h \propto \dfrac{1}{f}\right)$

③ 리액턴스 $X_L = \omega L = 2\pi f L \propto f$

따라서, 여자 전류와 철손은 $\dfrac{5}{6}$ 감소, 리액턴스 강하 $\dfrac{6}{5}$ 증가

【답】①

직류기에서 양호한 정류를 얻는 조건으로 틀린 것은?

① 정류 주기를 크게 한다.

② 브러시의 접촉 저항을 크게 한다.

③ 전기자 권선의 인덕턴스를 작게 한다.

④ 평균 리액턴스 전압을 브러시 접촉면 전압 강하보다 크게 한다.

풀이

양호한 정류를 얻는 조건

① **리액턴스 전압을 작게 한다.** $\left(e_L = L\dfrac{2I_c}{T_c}\right)$

② 단절권 채용으로 자기 인덕턴스를 작게 한다.
③ 고속을 피하여 정류 주기를 길게 한다.
④ 저항 정류로서 접촉저항이 큰 탄소 브러시를 사용한다.
⑤ 전압 정류로서 보극을 설치한다.　　　　　　　　　　　　　　　　【답】④

문제 56

어떤 주상 변압기가 4/5 부하일 때 최대효율이 된다고 한다. 전부하에 있어서의 철손과 동손의 비 P_c/P_i는 약 얼마인가?

① 0.64

② 1.56

③ 1.64

④ 2.56

풀이

최대 효율은 철손=동손 일때 발생한다.

즉, $P_i = m^2 P_c = \left(\dfrac{4}{5}\right)^2 P_c$ 　　　$\therefore \dfrac{P_c}{P_i} = \dfrac{25}{16} = 1.56$　　　【답】②

문제 57

직류기의 손실 중 기계손에 속하는 것은?

① 풍손

② 와전류손

③ 히스테리시스손

④ 브러시의 전기손

풀이

총손실	무부하손	철손	히스테리시스손
			와류손
		기계손 : 풍손, 베어링 마찰손, 브러시 마찰손	
	부하손	전기자 저항손 $P_c = I_a^2 R[\mathrm{W}]$	
		브러시 전기손	
		표유부하손 : 권선 이외 부분의 누설 자속에 의해 발생	

【답】①

문제 58

3상 유도전압조정기의 특징이 아닌 것은?

① 분로권선에 회전자계가 발생한다.

② 입력전압과 출력전압의 위상이 같다.

③ 두 권선은 2극 또는 4극으로 감는다.

④ 1차 권선은 회전자에 감고 2차 권선은 고정자에 감는다.

풀이

항　　목	단상 유도 전압 조정기	3상 유도 전압 조정기
단락권선	필요하다.	필요없다.
입력전압과 출력전압 사이의 위상차	위상차 없다.	**위상차 있다.**
자계	교번자계	회전자계

【답】②

문제 **59** 권선형 3상 유도전동기의 2차 회로는 Y로 접속되고 2차 각 상의 저항은 0.3[Ω]이며 1차, 2차 리액턴스의 합은 1.5[Ω]이다. 기동 시에 최대 토크를 발생하기 위해서 삽입하여야 할 저항[Ω]은? (단, 1차 각 상의 저항은 무시한다.)

① 1.2　　　　　② 1.5　　　　　③ 2　　　　　④ 2.2

풀이

1차 저항 $r_1 = 0$이므로

$$R_s' = \sqrt{r_1^2 + (x_1 + x_2')^2} - r_2' = \sqrt{(x_1 + x_2')^2} - r_2'$$

$x_1' + x_2 = 1.5[\Omega]$, $r_2 = 0.3[\Omega]$이므로

$$\therefore R_s = \sqrt{(x_1 + x_2')^2} - r_2 = \sqrt{(1.5)^2} - 0.3 = 1.2[\Omega]$$

【답】①

문제 **60** 변압기의 부하가 증가할 때의 현상으로서 틀린 것은?

① 동손이 증가한다.　　　　　② 온도가 상승한다.

③ 철손이 증가한다.　　　　　④ 여자전류는 변함없다.

풀이

변압기의 손실은 크게 보면 철손(히스테리시스손+와류손)과 동손(I^2R)으로 구분된다.

• 철손 : 전압만 인가되면 발생하는 손실로서 부하의 크기와 무관하다.

• 동손 : 동손은 I^2r 로서 부하 전류의 제곱에 비례한다.

따라서, **부하가 증가하면 철손은 변함이 없으나 동손은 증가하게 되고 변압기의 온도도 상승하게 된다.**

【답】③

4과목 회로이론

문제 **61** 어떤 회로망의 4단자 정수가 $A = 8$, $B = j2$, $D = 3 + j2$ 이면 이 회로망의 C는?

① $2 + j3$　　　　　② $3 + j3$　　　　　③ $24 + j14$　　　　　④ $8 - j11.5$

풀이

$AD - BC = 1$이므로　$C = \dfrac{AD - 1}{B} = \dfrac{8(3 + j2) - 1}{j2} = 8 - j11.5$

【답】④

문제 **62** 다음 회로에서 부하 R_L에 최대 전력이 공급될 때의 전력 값이 5[W]라고 하면 $R_L + R_i$의 값은 몇 [Ω] 인가? (단, R_i는 전원의 내부저항이다.)

① 5　　　　　② 10

③ 15　　　　　④ 20

최대공급전력 $P_m = \dfrac{V^2}{4R_L}$ [W] 이므로 $5 = \dfrac{10^2}{4R_L}$ 에서 $R_L = \dfrac{10^2}{4 \times 5} = 5[\Omega]$이 된다.

최대전력전송조건은 $R_i = R_L$ 이므로

$R_L + R_i = 5 + 5 = 10[\Omega]$이 된다. **【답】** ②

문제 63

다음과 같은 회로에서 $i_1 = I_m \sin \omega t$[A]일 때, 개방된 2차 단자에 나타나는 유기기전력 e_2 는 몇 [V] 인가?

① $\omega M I_m \sin(\omega t - 90°)$

② $\omega M I_m \cos(\omega t - 90°)$

③ $-\omega M \sin \omega t$

④ $\omega M \cos \omega t$

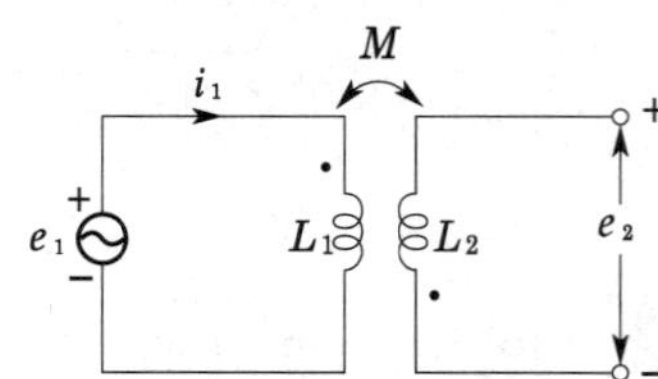

$$e_2 = -M\frac{di_1}{dt} = -\omega M I_m \cos \omega t = \omega M I_m \sin(\omega t - 90°)\,[\text{V}]$$ **【답】** ①

문제 64

부동작 시간(dead time) 요소의 전달함수는?

① K ② $\dfrac{K}{s}$ ③ Ke^{-Ls} ④ Ks

$y(t) = Kx(t-L)$의 양변을 라플라스 변환하면

$Y(s) = Ke^{-Ls} \cdot X(s)$

$\therefore\ G(s) = \dfrac{Y(s)}{X(s)} = Ke^{-Ls}$ **【답】** ③

문제 65

회로의 양 단자에서 테브난의 정리에 의한 등가 회로로 변환할 경우 V_{ab} 전압과 테브난 등가저항은?

① 60[V], 12[Ω]   ② 60[V], 15[Ω]

③ 50[V], 15[Ω]   ④ 50[V], 50[Ω]

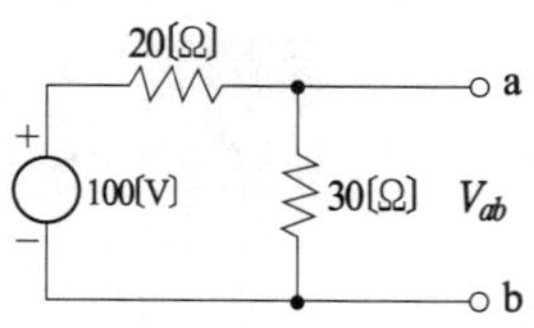

- 양단자에 걸리는 전압(30[Ω]에 걸리는 전압)

$$V_{ab} = 100 \times \frac{30}{20+30} = 60[\text{V}]$$

- 양 단자에서 본 저항(이때 전압원은 단락)

$$R_{th} = \frac{20 \times 30}{20+30} = 12[\Omega]$$ **【답】** ①

그림과 같은 회로에서 $V_1(s)$를 입력, $V_2(s)$를 출력으로 한 전달함수는?

① $\dfrac{1}{\dfrac{1}{Ls}+Cs}$

② $\dfrac{1}{1+s^2 LC}$

③ $\dfrac{1}{LC+Cs}$

④ $\dfrac{Cs}{s^2(s+LC)}$

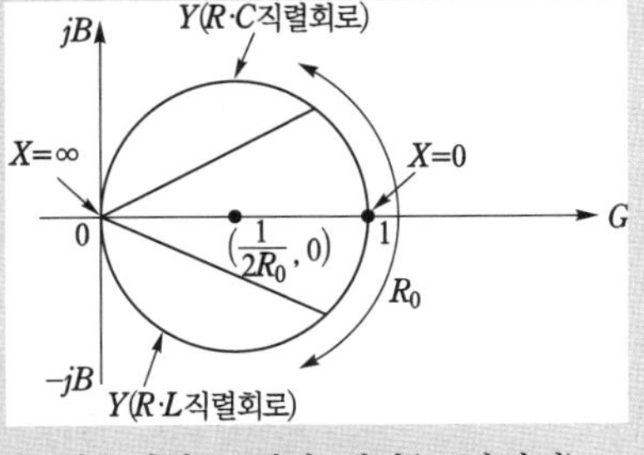

풀이

$$\begin{cases} V_1(s)=\left(Ls+\dfrac{1}{Cs}\right)I(s) \\ V_2(s)=\dfrac{1}{Cs}I(s) \end{cases}$$

$$\therefore G(s)=\frac{V_2(s)}{V_1(s)}=\frac{\dfrac{1}{Cs}}{Ls+\dfrac{1}{Cs}}=\frac{1}{1+s^2 LC}$$

【답】 ②

RLC 직렬회로에서 각주파수 ω를 변화시켰을 때 어드미턴스의 궤적은

① 원점을 지나는 원

② 원점을 지나는 반원

③ 원점을 지나지 않는 원

④ 원점을 지나지 않는 직선

풀이

$$Z=R+j\left(\omega L-\frac{1}{\omega C}\right)=R+jX$$

$Y=\dfrac{1}{Z}=\dfrac{1}{R+jX}$ 에서 $R=R_0$로 일정하고 X가 $-\infty<X<\infty$로 변할 경우($\because \omega$ 변화)의 벡터궤적을 구해보면

어드미턴스 $Y=\dfrac{1}{R_0+jX}=\dfrac{R}{R_0^2+X^2}+j\dfrac{-X}{R_0^2+X^2}$

여기서, $\dfrac{R_0}{R_0^2+X^2}=P$, $\dfrac{-X}{R_0^2+X^2}=Q$

로 놓고 가변항 X를 소거시키면

$$P^2+Q^2=\frac{R_0^2+X^2}{(R_0^2+X^2)^2}=\frac{1}{R_0^2+X^2}=\frac{P}{R_0}$$

$$\therefore \left(P-\frac{1}{2R_0}\right)^2+Q^2=\left(\frac{1}{2R_0}\right)^2$$

즉, 위 식은 중심 $\left(\dfrac{1}{2R_0},\,0\right)$, 반지름 $\dfrac{1}{2R_0}$인 원의 방정식이다.

어드미턴스 벡터 궤적(X 가변시)

【답】 ①

2단자 회로 소자 중에서 인가한 전류파형과 동위상의 전압파형을 얻을 수 있는 것은?

① 저항

② 콘덴서

③ 인덕턴스

④ 저항 + 콘덴서

풀이

① **저항 R** : 저항 R에 정현파전류 $i = I_m\sin\omega t$가 흐를 때 저항 양단의 전압은 옴의 법칙으로부터

$v = Ri = RI_m\sin\omega t = V_m\sin\omega t$, 즉 **전압과 전류는 동상**이다.

② **인덕턴스 L** : 인덕턴스 L에 정현파 전류가 흐를 때 전류의 방향으로 생기는 전압강하 v는

$$v = L\frac{di}{dt} = L\frac{d}{dt}(I_m\sin\omega t) = \omega LI_m\cos\omega t = V_m\sin(\omega t + 90°)$$

즉, **전압은 전류보다 90° 앞선다.**

③ **커패시턴스 C** : 커패시턴스 C에 정현파 전류가 흐를 때 전류의 방향으로 생기는 전압강하 v는

$$v = \frac{1}{C}\int i\,dt = \frac{1}{C}\int I_m\sin\omega t\,dt = -\frac{1}{\omega C}I_m\cos\omega t = \frac{1}{\omega C}I_m\sin(\omega t - 90°) = V_m\sin(\omega t - 90°)$$

즉, **전압은 전류보다 90° 뒤진다.** 【답】 ①

문제 69

불평형 3상 전류가 $I_a = 15 + j2$[A], $I_b = -20 - j14$[A], $I_c = -3 + j10$[A]일 때의 영상전류 I_0[A]는?

① $1.57 - j3.25$ ② $2.85 + j0.36$

③ $-2.67 - j0.67$ ④ $12.67 + j2$

풀이

$$I_0 = \frac{1}{3}(I_a + I_b + I_c) = \frac{1}{3}(15 + j2 - 20 - j14 - 3 + j10)$$

$$= \frac{1}{3}(-8 - j2) = -2.67 - j0.67[A]$$ 【답】 ③

문제 70

대칭 6상 기전력의 선간 전압과 상기전력의 위상차는?

① $120°$ ② $60°$ ③ $30°$ ④ $15°$

풀이

대칭 n상인 경우 기전력의 위상차는

$$\theta = \frac{\pi}{2}\left(1 - \frac{2}{n}\right) = \frac{180}{2}\left(1 - \frac{2}{6}\right) = 90 \times \frac{2}{3} = 60°$$ 【답】 ②

문제 71

저항 R[Ω], 리액턴스 X[Ω] 와의 직렬회로에 교류전압 V[V]를 가했을 때 소비되는 전력 [W]은?

① $\dfrac{V^2 R}{\sqrt{R^2 + X^2}}$ ② $\dfrac{V}{\sqrt{R^2 + X^2}}$ ③ $\dfrac{V^2 R}{R^2 + X^2}$ ④ $\dfrac{X}{R^2 + X^2}$

풀이

$$P = I^2 R, \qquad I = \frac{V}{\sqrt{R^2 + X^2}}$$

$$\therefore P = \left(\frac{V}{\sqrt{R^2 + X^2}}\right)^2 R = \frac{V^2}{R^2 + X^2}R$$ 【답】 ③

문제 72

RL 병렬회로의 양단에 $e = E_m \sin(\omega t + \theta)$[V]의 전압이 가해졌을 때 소비되는 유효전력 [W]은?

① $\dfrac{E_m^2}{2R}$ 　　② $\dfrac{E_m^2}{\sqrt{2}\,R}$ 　　③ $\dfrac{E_m}{2R}$ 　　④ $\dfrac{E_m}{\sqrt{2}\,R}$

풀이

$$P = I_r^2 R = \frac{V^2}{R} = \frac{\left(\dfrac{E_m}{\sqrt{2}}\right)^2}{R} = \frac{E_m^2}{2R}$$

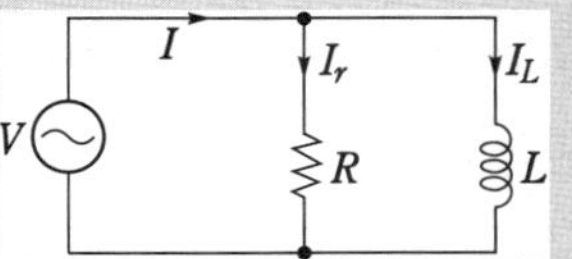

【답】 ①

문제 73

다음과 같은 교류 브리지 회로에서 Z_0에 흐르는 전류가 0이 되기 위한 각 임피던스의 조건은?

① $Z_1 Z_2 = Z_3 Z_4$

② $Z_1 Z_2 = Z_3 Z_0$

③ $Z_2 Z_3 = Z_1 Z_0$

④ $Z_2 Z_3 = Z_1 Z_4$

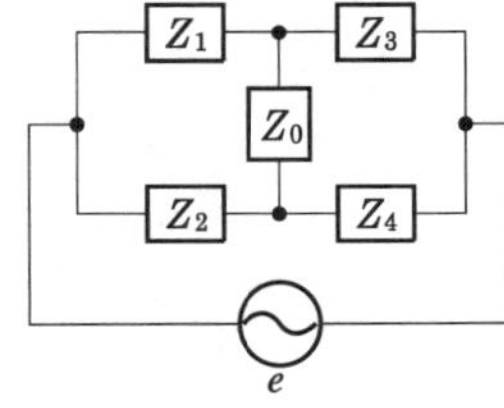

풀이

브리지의 평형조건 : 서로 대각선으로 마주보고 있는 임피던스의 곱이 서로 같을 때 이 회로는 평행상태가 되었다고 말하며, **평행상태에서는 Z_0에 전류가 흐르지 않는다.**

$\therefore Z_2 Z_3 = Z_1 Z_4$

【답】 ④

문제 74

회로에서 $L = 50$[mH], $R = 20$[kΩ]인 경우 회로의 시정수는 몇 [μs]인가?

① 4.0

② 3.5

③ 3.0

④ 2.5

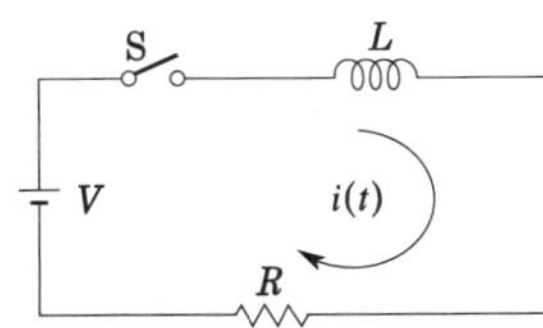

풀이

$R - L$ 직렬회로에 직류 전압 인가 시 시정수 τ

$$\tau = \frac{L}{R} = \frac{50 \times 10^{-3}}{20 \times 10^3} = 2.5 \times 10^{-6}[\text{sec}] = 2.5[\mu\text{s}]$$

【답】 ④

문제 75

$F(s) = \dfrac{5s + 3}{s(s + 1)}$ 일 때 $f(t)$의 최종값은?

① 3 　　② -3 　　③ 5 　　④ -5

풀이

최종값 정리 $f(\infty) = \lim_{t \to \infty} f(t) = \lim_{s \to 0} s\, F(s)$에 의해서

$$\lim_{t \to \infty} f(t) = \lim_{s \to 0} s \cdot F(s) = \lim_{s \to 0} s \cdot \frac{5s+3}{s(s+1)} = \lim_{s \to 0} \frac{5s+3}{s+1} = \frac{3}{1} = 3$$

【답】①

문제 76

다음 미분 방정식으로 표시되는 계에 대한 전달함수는? (단, $x(t)$는 입력, $y(t)$는 출력을 나타낸다.)

$$\frac{d^2 y(t)}{dt^2} + 3\frac{dy(t)}{dt} + 2y(t) = x(t) + \frac{dx(t)}{dt}$$

① $\dfrac{s+1}{s^2+3s+2}$ ② $\dfrac{s-1}{s^2+3s+2}$ ③ $\dfrac{s+1}{s^2-3s+2}$ ④ $\dfrac{s-1}{s^2-3s+2}$

풀이

양변을 라플라스 변환하면

$$s^2 Y(s) + 3s\, Y(s) + 2\, Y(s) = X(s) + s\, X(s)$$
$$(s^2 + 3s + 2)\, Y(s) = (s+1) X(s)$$
$$\therefore\ G(s) = \frac{Y(s)}{X(s)} = \frac{s+1}{s^2+3s+2}$$

【답】①

문제 77

RC 회로에 비정현파 전압을 가하여 흐른 전류가 다음과 같을 때 이 회로의 역률은 약 [%]인가?

$$v = 20 + 220\sqrt{2}\sin 120\pi t + 40\sqrt{2}\sin 360\pi t\,[\text{V}]$$
$$i = 2.2\sqrt{2}\sin(120\pi t + 36.87°) + 0.49\sqrt{2}\sin(360\pi t + 14.04°)\,[\text{A}]$$

① 75.8 ② 80.4 ③ 86.3 ④ 89.7

풀이

① 유효전력

$$P = V_1 I_1 \cos\theta_1 + V_3 I_3 \cos\theta_3 = 220 \times 2.2 \times \cos 36.87° + 40 \times 0.49 \times \cos 14.04° \fallingdotseq 406.21\,[\text{W}]$$

(주파수가 서로 다른 전압, 전류 사이에서는 유효전력도 무효전력도 전혀 발생하지 않고, 주파수가 같을 때에만 발생한다.)

② 피상전력

전압의 실효값 V와 전류의 실효값 I는

$$V = \sqrt{V_0^2 + V_1^2 + V_3^2} = \sqrt{20^2 + 220^2 + 40^2} = 224.5\,[\text{V}]$$
$$I = \sqrt{I_1^2 + I_3^2} = \sqrt{2.2^2 + 0.49^2} \fallingdotseq 2.25\,[\text{A}]$$
$$P_a = V \cdot I = 224.5 \times 2.25 = 505.13\,[\text{VA}]$$

따라서, 역률 $\cos\theta = \dfrac{P}{P_a} \times 100 = \dfrac{406.21}{505.13} \times 100 = 80.42\,[\%]$

【답】②

주기적인 구형파 신호의 구성은?

① 직류성분만으로 구성된다.

② 기본파 성분만으로 구성된다.

③ 고조파 성분만으로 구성된다.

④ 직류 성분, 기본파 성분, 무수히 많은 고조파 성분으로 구성된다.

풀이

주기적인 비정현파는 일반적으로 푸리에 급수에 의해 표시되므로 무수히 많은 주파수의 합성이다.

【답】 ④

대칭 좌표법에 관한 설명이 아닌 것은?

① 대칭 좌표법은 일반적인 비대칭 3상 교류회로의 계산에도 이용된다.

② 대칭 3상 전압의 영상분과 역상분은 0 이고, 정상분만 남는다.

③ 비대칭 3상 교류회로는 영상분, 역상분 및 정상분의 3성분으로 해석한다.

④ 비대칭 3상 회로의 접지식 회로에는 영상분이 존재하지 않는다.

풀이

비대칭 3상회로는 불평형 회로로서,
- **중성점 접지 방식** : 접지선을 통해 영상전류가 흐르므로 **영상분이 존재**
- 중성점 비접지 방식 : 영상전류가 흐를 수 있는 중성선이 없으므로 영상분은 존재하지 않는다.

【답】 ④

3상 Y결선 전원에서 각 상전압이 100[V]일 때 선간전압[V]은?

① 150　　　　② 170　　　　③ 173　　　　④ 179

풀이

Y결선에서 선간전압은 상전압의 $\sqrt{3}$ 배 이므로
$$V_l = \sqrt{3}\,V_p = \sqrt{3} \times 100 = 173.2[V]$$

【답】 ③

5과목 전기설비기술기준 및 판단기준

특고압 가공전선로의 지지물 중 전선로의 지지물 양쪽의 경간의 차가 큰 곳에 사용하는 철탑은?

① 내장형 철탑　　　　　　② 인류형철탑
③ 보강형철탑　　　　　　④ 각도형철탑

풀이

철탑의 종류 (판단기준 제114조)
① 직선형 : 전선로의 직선부분(3도 이하인 수평각도를 이루는 곳을 포함한다.)에 사용하는 것. 다만, 내장형 및 보강형에 속하는 것을 제외한다.
② 각도형 : 전선로 중 3도를 넘는 수평각도를 이루는 곳에 사용하는 것
③ 인류형 : 전가섭선을 인류하는 곳에 사용하는 것
④ **내장형** : 전선로의 지지물 **양쪽의 경간의 차가 큰 곳에 사용**하는 것
⑤ 보강형 : 전선로의 직선부분에 그 보강을 위하여 사용하는 것　　　　　**【답】 ①**

문제 82

변전소의 주요 변압기에 시설하지 않아도 되는 계측 장치는?

① 전압계　　　　　② 역률계　　　　　③ 전류계　　　　　④ 전력계

풀이

계측장치(판단기준 제50조)
변전소 또는 이에 준하는 곳에는 다음 각 호의 사항을 계측하는 장치를 시설하여야 한다. 다만, 전기철도용 변전소는 주요 변압기의 전압을 계측하는 장치를 시설하지 아니할 수 있다.
① 주요 변압기의 **전압 및 전류 또는 전력**
② 특고압용 변압기의 온도　　　　　**【답】 ②**

문제 83

애자사용 공사에 의한 고압 옥내배선을 시설하고자 할 경우 전선과 조영재 사이의 이격거리는 몇 [cm] 이상인가?

① 3　　　　　② 4　　　　　③ 5　　　　　④ 6

풀이

고압 옥내배선 등의 시설(판단기준 제209조)

전 압	전선과 조영재와의 이격 거리	전 선 상 호 간 격	전선 지지점간의 거리	
			조영재의 상면 또는 측면	조영재에 따라 시설 하지 않는 경우
고압	**5 [cm] 이상**	8[cm] 이상	2 [m] 이하	6 [m] 이하

【답】 ③

문제 84

특고압 전선로에 접속하는 배전용 변압기의 1차 및 2차 전압은?

① 1차 : 35[kV] 이하, 2차 : 저압 또는 고압
② 1차 : 50[kV] 이하, 2차 : 저압 또는 고압
③ 1차 : 35[kV] 이하, 2차 : 특고압 또는 고압
④ 1차 : 50[kV] 이하, 2차 : 특고압 또는 고압

풀이

특고압 배전용 변압기의 시설 (판단기준 제29조)
• 특고압 전선에 특고압 절연 전선 또는 케이블을 사용한다.
• **1차 전압은 35 [kV] 이하, 2차측은 저압 또는 고압일 것**
• 특고압측에는 개폐기 및 과전류 차단기를 시설할 것　　　　　**【답】 ①**

문제 85

관·암거·기타 지중전선을 넣은 방호장치의 금속제 부분(케이블을 지지하는 금구류는 제외한다.)·금속제의 전선 접속함 및 지중전선의 피복으로 사용하는 금속체에 시설하는 접지공사의 종류는?

① 제1종 접지공사

② 제2종 접지공사

③ 제3종 접지공사

④ 특별 제3종 접지공사

지중전선의 피복금속체 접지(판단기준 제139조)
금속제의 전선 접속함 및 지중 전선의 피복으로 사용하는 **금속체에는 제3종 접지공사**를 하여야 한다.

【답】③

문제 86

폭연성 분진 또는 화약류의 분말이 전기설비가 발화원이 되어 폭발할 우려가 있는 곳에 시설하는 저압 옥내 전기설비를 케이블 공사로 할 경우 관이나 방호장치에 넣지 않고 노출로 설치할 수 있는 케이블은?

① 미네럴인슈레이션 케이블

② 고무절연 비닐 시스케이블

③ 폴리에틸렌절연 비닐 시스케이블

④ 폴리에틸렌절연 폴리에틸렌 시스케이블

먼지가 많은 장소에서의 저압의 시설(판단기준 제199조)
전선은 개장된 케이블 또는 미네럴인슈레이션 케이블을 사용하는 경우 이외에는 관 기타의 방호 장치에 넣어 사용할 것.

【답】①

문제 87

정격전류가 15[A] 이하인 과전류차단기로 보호되는 저압 옥내전로에 접속하는 콘센트는 정격전류가 몇 [A] 이하인 것이어야 하는가?

① 15

② 20

③ 25

④ 30

분기회로의 시설(판단기준 제176조)
저압 옥내전로에 접속하는 콘센트·나사 접속기 및 소켓

저압 옥내전로의 종류	콘센트	나사 접속기 또는 소켓
정격전류가 15[A] 이하인 과전류 차단기로 보호되는 것	정격전류가 15[A] 이하인 것	나사형의 소켓으로서 공칭 지름이 39[mm] 이하인 것이나 나사형 이외의 소켓 또는 공칭 지름이 39[mm] 이하인 나사 접속기
정격전류가 15[A]를 초과하고 20[A] 이하인 배선용 차단기로 보호되는 것	정격전류가 20[A] 이하인 것	

【답】①

문제 88

지선을 사용하여 그 강도를 분담시켜서는 아니되는 가공전선로 지지물은?

① 목주

② 철주

③ 철탑

④ 철근콘크리트주

> **풀이**
>
> 지선의 시설 (판단기준 제67조)
> 가공 전선로의 지지물로서 사용하는 **철탑은 지선을 사용하여 그 강도를 분담시켜서는 아니된다.**
> 단, 임시사용으로 6개월 이내는 예외로 한다. **【답】** ③

문제 89

풀용 수중조명등의 시설공사에서 절연변압기는 그 2차측 전로의 사용전압이 몇 [V] 이하인 경우에는 1차 권선과 2차 권선 사이에 금속제의 혼촉방지판을 설치하여야 하며, 제 몇 종 접지공사를 하여야 하는가?

① 30[V], 제1종 접지공사

② 30[V], 제2종 접지공사

③ 60[V], 제1종 접지공사

④ 60[V], 제2종 접지공사

> **풀이**
>
> 수중 또는 분수에 조명등을 시설할 경우 시설 기준 (판단기준 제241조)
> ① 조명등에 전기를 공급하기 위해서는 1차측 전로의 사용 전압 및 2차측 전로의 사용 전압이 각각 400 [V] 미만 및 150 [V] 이하인 절연 변압기를 사용할 것
> ② 절연 변압기는 **2차 전압 30 [V] 이하는 제1종 접지 공사를 한 혼촉 방지판을 설치**하고 30 [V]를 넘는 경우에 지기가 발생하면 자동적으로 전로를 차단하는 장치를 시설한다. 또는 2차측 전로는 비접지로 한다. **【답】** ①

문제 90

수소냉각식 발전기 및 이에 부속하는 수소냉각장치 시설에 대한 설명으로 틀린 것은?

① 발전기 안의 수소의 온도를 계측하는 장치를 시설할 것

② 발전기 안의 수소의 순도가 70[%] 이하로 저하한 경우에 이를 경보하는 장치를 시설할 것

③ 발전기 안의 수소의 압력의 계측하는 장치 및 그 압력이 현저히 변동한 경우에 이를 경보하는 장치를 시설할 것

④ 발전기는 기밀구조의 것이고 또한 수소가 대기압에서 폭발하는 경우에 생기는 압력에 견디는 강도를 가지는 것일 것

> **풀이**
>
> 수소냉각식 발전기 등의 시설(판단기준 제51조)
> 발전기 또는 조상기 안의 수소의 **순도가 85 [%] 이하로 저하한 경우**에는 이를 경보하는 장치를 시설해야 한다. **【답】** ②

문제 91

물기가 있는 장소의 저압전로에서 그 전로에 지락이 생긴 경우, 0.5초 이내에 자동적으로 전로를 차단하는 장치를 시설하는 경우에는 자동차단기의 정격감도 전류가 50[mA] 라면 제3종 접지공사의 접지저항 값은 몇 [Ω] 이하로 하여야 하는가?

① 100

② 200

③ 300

④ 500

접지공사의 종류 (판단기준 제18조)

저압전로에서 그 전로에 지락이 생겼을 경우에 0.5초 이내에 자동적으로 전로를 차단하는 장치를 시설하는 경우에는 제3종 접지공사와 특별 제3종 접지공사의 접지 저항치는 자동 차단기의 정격감도 전류에 따라 표에서 정한 값 이하로 하여야 한다.

정격감도전류 [mA]	접지저항치 [Ω]	
	물기 있는 장소, 전기적 위험도가 높은 장소	그외 다른 장소
30	500	500
50	300	500
100	150	500
200	75	250
300	50	166
500	30	100

※ **전기적 위험도가 높은 장소**에서는

정격감도전류 [A] × 접지저항치 [Ω] = 15 [V] 의 조건을 만족 하여야 하므로

$0.05 \times R_3 = 15 [V]$ 따라서, $R_3 = 300 [\Omega]$

【답】 ③

문제 92

가공전선로의 지지물에 시설하는 통신선 또는 이에 직접 접속하는 가공 통신선의 높이에 대한 설명 중 틀린 것은?

① 도로를 횡단하는 경우에는 지표상 6[m] 이상으로 한다.

② 철도 또는 궤도를 횡단하는 경우에는 레일면상 6[m] 이상으로 한다.

③ 횡단보도교의 위에 시설하는 경우에는 그 노면상 5[m] 이상으로 한다.

④ 도로를 횡단하는 경우, 저압이나 고압의 가공전선로의 지지물에 시설하는 통신선이 교통에 지장을 줄 우려가 없는 경우에는 지표상 5[m]까지로 감할 수 있다.

가공 통신선의 높이 (판단기준 제156조)

〈전력 보안 가공 통신선의 높이〉

시설 장소		가공 통신선[m]	가공전선로의 지지물에 시설	
			고·저압[m]	특고압[m]
도로(차도)위	일반적인 경우	5	6	6
	교통에 지장을 안 주는 경우	4.5	5	
철도 횡단(레일면상)		6.5	**6.5**	**6.5**
횡단 보도교 위(노면상)		3	3.5	5
횡단 보도교 위(통신용 케이블을 사용)			3	4
기타의 장소(도로, 철도,횡단보도교 이외의 장소)		3.5	4	5

【답】 ②

문제 93

접지공사의 특례와 관련하여 특별 제3종 접지공사를 하여야 하는 금속체와 대지 간의 전기 저항 값이 몇 [Ω] 이하인 경우에는 특별 제3종 접지공사를 한 것으로 보는가?

① 3   ② 10   ③ 50   ④ 100

풀이

제3종 접지공사 등의 특례 (판단기준 제20조)
① 제3종 접지공사를 하여야 하는 금속체와 대지간의 전기저항치가 100 [Ω] 이하인 경우에는 제3종 접지공사를 한 것으로 본다.
② 특별 제3종 접지공사를 하여야 하는 금속체와 대지간의 **전기저항치가 10 [Ω] 이하인** 경우에는 **특별 제3종 접지공사를 한 것으로 본다.**
【답】 ②

문제 94

옥내에 시설하는 전동기에 과부하 보호장치의 시설을 생략할 수 없는 경우는?

① 정격출력이 0.75[kW]인 전동기

② 전동기의 구조나 부하의 성질로 보아 전동기가 소손할 수 있는 과전류가 생길 우려가 없는 경우

③ 전동기가 단상의 것으로 전원측 전로에 시설하는 배선용 차단기의 정격전류가 20[A] 이하인 경우

④ 전동기가 단상의 것으로 전원측 전로에 시설하는 과전류 차단기의 정격전류가 15[A] 이하인 경우

풀이

전동기의 과부하 보호 장치의 시설 (판단기준 제174조)
옥내에 시설하는 전동기에는 소손할 우려가 있는 과전류가 생긴 경우 자동적으로 이를 저지하거나 경보하는 장치를 하여야 한다. 단 다음의 경우에는 보호 장치를 생략할 수 있다.
① 전동기 운전 중 상시 감시자가 감시할 수 있는 위치에 시설하는 경우
② 전동기의 구조상 또는 부하의 성질상 과전류가 생길 우려가 없는 것
③ 단상 전동기를 15 [A] 분기 회로에 접속한 경우 (배선용 차단기는 20 [A] 이하)
④ **0.2 [kW] 이하의 전동기**
【답】 ①

문제 95

아크가 발생하는 고압용 차단기는 목재의 벽 또는 천장, 기타의 가연성 물체로부터 몇 [m] 이상 이격하여야 하는가?

① 0.5   ② 1   ③ 1.5   ④ 2

풀이

아크를 발생하는 기구의 시설 (판단기준 제35조)
개폐기·차단기·피뢰기 기타 이와 유사한 기구로서 동작시에 아크가 생기는 것은 목재의 벽 또는 천장 기타의 가연성 물체로부터 다음과 같이 이격시켜야 한다.
• **고압용 – 1 [m] 이상**
• 특고압용 – 2 [m] 이상
【답】 ②

문제 96

지중 전선로를 관로식에 의하여 시설하는 경우에는 매설 깊이를 몇 [m] 이상으로 하여야 하는가?

① 0.6   ② 1.0   ③ 1.2   ④ 1.5

지중 전선로의 시설 (판단기준 제136조)

① 지중 전선로는 전선에 케이블을 사용하고 또한 관로식·암거식 또는 직접 매설식에 의하여 시설하여야 한다.

② **관로식**에 의하여 시설하는 경우에는 **매설 깊이를 1.0[m] 이상**으로 하며, 매설 깊이가 충분하지 못한 장소에는 견고하고 차량 기타 중량물의 압력에 견디는 것을 사용할 것

③ 지중 전선로를 직접 매설식에 의하여 시설하는 경우에는 매설 깊이를 차량 기타 중량물의 압력을 받을 우려가 있는 장소에는 1.2 [m] 이상, 기타 장소에는 60 [cm] 이상으로 하고 또한 지중 전선을 견고한 트라프 기타 방호물에 넣어 시설하여야 한다.

【답】 ②

문제 97 가공 전선로의 지지물이 원형 철근콘크리트주인 경우 갑종 풍압하중은 몇 [Pa]를 기초로 하여 계산하는가?

① 294 ② 588 ③ 627 ④ 1078

풍압하중의 종별과 적용(판단기준 제62조)

풍압을 받는 구분			풍압[Pa]
지 지 물	목 주		588
	철 주	원형의 것	588
		삼각형 또는 농형	1412
		강관에 의하여 구성되는 4각형의 것	1117
		기타의 것으로 복재가 전후면에 겹치는 경우	1627
		기타의 것으로 겹치지 않은 경우	1784
	철근 콘크리트 주	**원형의 것**	**588**
		기타의 것	822
	철 탑	강판으로 구성되는 것	1255
		기타의 것	2157

【답】 ②

문제 98 교류식 전기철도는 그 단상부하에 의한 전압불평형의 허용한도가 그 변전소의 수전점에서 몇 [%] 이하이어야 하는가?

① 1 ② 2 ③ 3 ④ 4

전압불평형에 의한 장해방지 (판단기준 제267조)
전압불평형의 허용한도는 **변전소의 수전점에서 3 [%] 이하**일 것

【답】 ③

문제 99 100[kV] 미만인 특고압 가공전선로를 인가가 밀집한 지역에 시설할 경우 전선로에 사용되는 전선의 단면적이 몇 [mm^2] 이상의 경동연선이어야 하는가?

① 38 ② 55 ③ 100 ④ 150

풀이

시가지 등에서 특고압 가공전선로의 시설(판단기준 제104조)

특고압 가공 전선로를 시가지, 기타 인가가 밀집한 지역에 시설하는 경우는 케이블을 사용하여 시설하거나 사용 전압 170 [kV] 미만의 것을 다음에 의하여 시설한다.

① 지지물은 목주를 사용할 수 없고 철주, 철근 콘크리트주, 또는 철탑을 사용한다.

② 전선

사용전압의 구분	전선의 단면적
100 [kV] 미만	**단면적 55 [mm^2] 이상의 경동연선**
100 [kV] 이상	단면적 150 [mm^2] 이상의 경동연선

【답】 ②

문제 100 터널 내에 교류 220[V]의 애자사용 공사로 전선을 시설할 경우 노면으로부터 몇 [m] 이상의 높이로 유지해야 하는가?

① 2　　　　② 2.5　　　　③ 3　　　　④ 4

풀이

터널 안 전선로의 시설 (판단기준 제143조)

전압	전선의 굵기	시공 방법	애자사용 공사 시 높이
저압	인장강도 2.3 [kN] 이상의 절연전선 또는 2.6 [mm] 이상의 경동선의 절연전선	• 합성수지관 공사 • 금속관 공사 • 가요전선관 공사 • 케이블 공사 • 애자 사용 공사	**노면상, 레일면상 2.5 [m] 이상**
고압	4 [mm] 이상의 경동선의 절연전선	• 케이블 공사 • 애자 사용 공사	노면상, 레일면상 3 [m] 이상

【답】 ②

국가기술자격검정 필기시험 문제

수검 번호	성 명

자격종목 및 등급(선택분야)	종목코드	시험시간	문제지형별		
전기산업기사	2140	2시간 30분	A		

1과목 전기자기학

문제 01

100[kV]로 충전된 8×10^3[pF]의 콘덴서가 축적할 수 있는 에너지는 몇 [W] 전구가 2초 동안 한 일에 해당되는가?

① 10　　　　　② 20　　　　　③ 30　　　　　④ 40

풀이

- 콘덴서에 축적된 에너지

$$W = \frac{1}{2}CV^2 = \frac{1}{2} \times (8 \times 10^3 \times 10^{-12}) \times (100 \times 10^3)^2 = 40[\text{J}]$$

- P[W] 전구가 2초 동안 한 일

$$W = P \cdot t = P \times 2 = 40\,[\text{J}]$$

$$\therefore P = \frac{40}{2} = 20[\text{W}]$$

【답】②

문제 02

제벡(Seebeck) 효과를 이용한 것은?

① 광전지　　　　　② 열전대　　　　　③ 전자냉동　　　　　④ 수정 발전기

풀이

제벡 효과(Seebeck effect)

서로 다른 두 종류의 금속선을 접합하여 폐회로를 만든 후 두 접합점의 온도를 달리하였을 때, 폐회로에 열기전력이 발생하여 열전류가 흐르게 된다. 이러한 현상을 **제벡 효과**라 하며 이때 연결한 금속 루프를 **열전대**라 한다.

【답】②

문제 03

횡전자파(TEM)의 특성은?

① 진행 방향의 E, H 성분이 모두 존재한다.

② 진행 방향의 E, H 성분이 모두 존재하지 않는다.

③ 진행 방향의 E 성분만 모두 존재하고, H 성분은 존재하지 않는다.

④ 진행 방향의 H 성분만 모두 존재하고, E 성분은 존재하지 않는다.

풀이

TEM(transverse electromagnetic : 횡전자파)는 전계 $\boldsymbol{E}$와 자계 $\boldsymbol{H}$가 모두 전파의 진행방향과 수직으로 존재하며, **진행방향의 성분은 존재하지 않는다.** 【답】②

문제 04

두 벡터 $\boldsymbol{A} = -7i - j$, $\boldsymbol{B} = -3i - 4j$가 이루는 각은?

① 30°　　　　② 45°　　　　③ 60°　　　　④ 90°

풀이

$$\cos\theta = \frac{\boldsymbol{A} \cdot \boldsymbol{B}}{|\boldsymbol{A}\|\boldsymbol{B}|} = \frac{A_x B_x + A_y B_y}{\sqrt{A^2}\sqrt{B^2}}$$

$$= \frac{(-7)\times(-3)+(-1)\times(-4)}{\sqrt{(-7)^2+(-1)^2}\sqrt{(-3)^2+(-4)^2}} = \frac{21+4}{\sqrt{50}\times 5} = \frac{25}{25\sqrt{2}} = \frac{1}{\sqrt{2}}$$

$$\therefore \theta = \cos^{-1}\frac{1}{\sqrt{2}} = 45°$$

【답】②

문제 05

그림과 같이 반지름 a[m], 중심간격 d[m]인 평행원통도체가 공기 중에 있다. 원통도체의 선전하밀도가 각각 $\pm \rho_L$[C/m]일 때 두 원통도체 사이의 단위 길이당 정전용량은 약 몇 [F/m]인가? (단, $d \gg a$ 이다.)

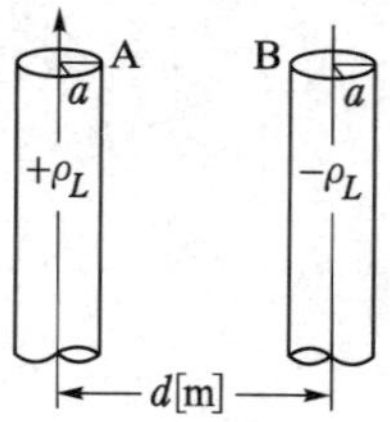

① $\dfrac{\pi\epsilon_0}{\ln\dfrac{d}{a}}$　　　　② $\dfrac{\pi\epsilon_0}{\ln\dfrac{a}{d}}$

③ $\dfrac{4\pi\epsilon_0}{\ln\dfrac{d}{a}}$　　　　④ $\dfrac{4\pi\epsilon_0}{\ln\dfrac{a}{d}}$

풀이

$$C_{AB} = \frac{\pi\epsilon_0}{\ln\dfrac{d-a}{a}}\ [\text{F/m}]$$

$d \gg a$일 때 $\ln\dfrac{d-a}{a} \fallingdotseq \ln\dfrac{d}{a}$로 되므로　$\therefore C_{AB} = \dfrac{\pi\epsilon_0}{\ln\dfrac{d}{a}}\ [\text{F/m}]$

【답】①

문제 06

반자성체가 아닌 것은?

① 은(Ag)　　　② 구리(Cu)　　　③ 니켈(Ni)　　　④ 비스무스(Bi)

풀이

- **강자성체** : Fe, Ni, Co
- **상자성체** : Al, Mn, Pt, W, Sn, O_2, N_2 등
- **반자성체** : Ag, Cu, Bi, H_2O, C, Si, Pb 등

【답】③

문제 07 마찰전기는 두 물체의 마찰열에 의해 무엇이 이동하는 것인가?

① 양자 ② 자하 ③ 중성자 ④ 자유전자

풀이

마찰전기 : 서로 다른 두 물체를 마찰할 때 마찰열에 의해 전자가 에너지를 얻게되고, 그 결과 **전자가 한 물체에서 다른 물체로 이동**하게 되어 발생하게 되는 전기를 마찰전기라 한다.
- 전자를 잃은 물체: (−)전하의 양이 (+)전하의 양보다 적다. → (+)전하를 띤다.
- 전자를 얻은 물체: (−)전하의 양이 (+)전하의 양보다 많다. → (−)전하를 띤다.

【답】 ④

문제 08 맥스웰 전자계의 기초 방정식으로 틀린 것은?

① $\mathrm{rot}\boldsymbol{H} = i_c + \dfrac{\partial \boldsymbol{D}}{\partial t}$

② $\mathrm{rot}\boldsymbol{E} = -\dfrac{\partial \boldsymbol{B}}{\partial t}$

③ $\mathrm{div}\boldsymbol{D} = \rho$

④ $\mathrm{div}\boldsymbol{B} = -\dfrac{\partial \boldsymbol{D}}{\partial t}$

풀이

맥스웰 방정식의 미분형

① $\mathrm{rot}\,\boldsymbol{H} = i + \dfrac{\partial \boldsymbol{D}}{\partial t}$: 암페어의 주회적분 법칙

② $\mathrm{rot}\,\boldsymbol{E} = -\dfrac{\partial \boldsymbol{B}}{\partial t}$: Faraday 법칙

③ $\mathrm{div}\,\boldsymbol{D} = \rho$: 가우스의 법칙

④ $\mathrm{div}\,\boldsymbol{B} = 0$: **고립된 자하는 없다.**

【답】 ④

문제 09 무한히 긴 두 평행도선이 2[cm]의 간격으로 가설되어 100[A]의 전류가 흐르고 있다. 두 도선의 단위 길이당 작용력은 몇 [N/m] 인가?

① 0.1 ② 0.5 ③ 1 ④ 1.5

풀이

평행도선에 작용하는 단위 길이당 힘

$$F = \frac{\mu_0 I_1 I_2}{2\pi r} = \frac{2I^2}{r} \times 10^{-7} = \frac{2 \times 100^2}{2 \times 10^{-2}} \times 10^{-7} = 0.1\,[\mathrm{N/m}]$$

$$(\because \mu_0 = 4\pi \times 10^{-7},\ I_1 = I_2 = I)$$

【답】 ①

문제 10 −1.2[C]의 점전하가 $5a_x + 2a_y - 3a_z$[m/s]인 속도로 운동한다. 이 전하가 $E = -18a_x + 5a_y - 10a_z$ [V/m] 전계에서 운동하고 있을 때 이 전하에 작용하는 힘은 약 몇 [N]인가?

① 21.1 ② 23.5 ③ 25.4 ④ 27.3

풀이

전기장에서 전하에 작용하는 힘 $\boldsymbol{F} = q\boldsymbol{E}$

$$\boldsymbol{F} = q\boldsymbol{E} = -1.2(-18a_x + 5a_y - 10a_z) = 21.6a_x - 6a_y + 12a_z$$

$$\therefore F = \sqrt{21.6^2 + (-6)^2 + 12^2} = 25.4\,[\mathrm{N}]$$

【답】 ③

문제 11

전계 $E = \sqrt{2}\, E_c \sin\omega\!\left(t - \dfrac{z}{v}\right)$ [V/m]의 평면 전자파가 있다. 진공 중에서의 자계의 실효값은 약 몇 [AT/m] 인가?

① $2.65 \times 10^{-4} E_e$

② $2.65 \times 10^{-3} E_e$

③ $3.77 \times 10^{-2} E_e$

④ $3.77 \times 10^{-1} E_e$

풀이

특성임피던스에서 전계와 자계의 관계식

$$\frac{E_e}{H_e} = \sqrt{\frac{\mu_o}{\epsilon_o}} = 377 \ \ (\text{진공중이므로 } \epsilon_s = 1,\ \mu_s = 1)$$

$$\therefore\ H_e = \frac{1}{377} E_e = 2.65 \times 10^{-3} E_e\,[\text{A/m}]$$

【답】②

문제 12

전자석의 재료로 가장 적당한 것은?

① 잔류자기와 보자력이 모두 커야 한다.

② 잔류자기는 작고, 보자력은 커야 한다.

③ 잔류자기와 보자력이 모두 작아야 한다.

④ 잔류자기는 크고, 보자력은 작아야 한다.

풀이

- 영구자석 재료 : 잔류자기(B_r) 및 보자력 (H_c)이 클 것
- **전자석 재료** : 히스테리시스 곡선 면적은 적고, **잔류자기(B_r)는 크고, 보자력(H_c)은 작아야 한다.**

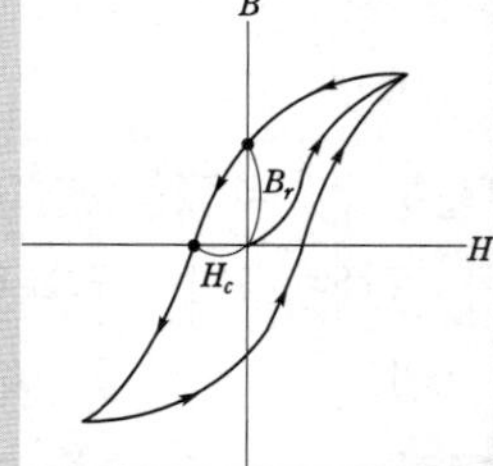

【답】④

문제 13

유전체내의 전계의 세기가 E, 분극의 세기가 P, 유전율이 $\epsilon = \epsilon_s \epsilon_o$인 유전체내의 변위 전류밀도는?

① $\epsilon \dfrac{\partial E}{\partial t} + \dfrac{\partial P}{\partial t}$

② $\epsilon_0 \dfrac{\partial E}{\partial t} + \dfrac{\partial P}{\partial t}$

③ $\epsilon_0\!\left(\dfrac{\partial E}{\partial t} + \dfrac{\partial P}{\partial t}\right)$

④ $\epsilon\!\left(\dfrac{\partial E}{\partial t} + \dfrac{\partial P}{\partial t}\right)$

풀이

유전체 중에서의 변위전류밀도는 $\boldsymbol{D} = \epsilon\boldsymbol{E} = \epsilon_0\boldsymbol{E} + \boldsymbol{P}$의 관계식에서

$$i_d = \frac{\partial D}{\partial t} = \epsilon\frac{\partial E}{\partial t} = \epsilon_0\frac{\partial E}{\partial t} + \frac{\partial P}{\partial t}\,[\text{A/m}^2]$$

【답】②

문제 14 점전하 $+Q[\mathrm{C}]$의 무한 평면도체에 대한 영상전하는?

① $Q[\mathrm{C}]$와 같다.　　　　　　　② $-Q[\mathrm{C}]$와 같다.

③ $Q[\mathrm{C}]$ 보다 작다.　　　　　　④ $Q[\mathrm{C}]$ 보다 크다.

풀이

전기 영상법
그림과 같이 도체 평면 XX'에서 거리 d인 점 P에 점 전하 Q가 있는 경우 도체면에 대하여 대칭인 영상점 P'에 **크기는 점전하와 같고 부호는 반대인 영상 전하** $-Q$가 있다고 **가상**하고 해석 한다.

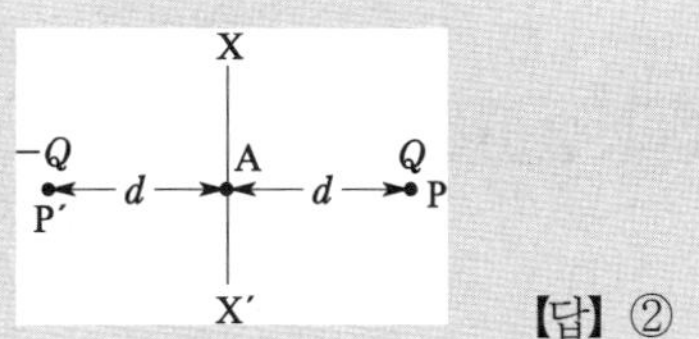

【답】②

문제 15 두 코일 A, B의 자기 인덕턴스가 각각 3[mH], 5[mH]라 한다. 두 코일을 직렬연결 시, 자속이 서로 상쇄 되도록 했을 때의 합성 인덕턴스는 서로 증가하도록 연결했을 때의 60[%] 이었다. 두 코일의 상호인덕턴스는 몇 [mH] 인가?

① 0.5　　　　　　② 1　　　　　　③ 5　　　　　　④ 10

풀이

$L = L_1 + L_2 \pm 2M$ 에서

• 증가하도록 연결했을 때 $L = 3 + 5 + 2M$ …… ①
• 상쇄되도록 연결했을 때 $L' = 0.6L = 3 + 5 - 2M$ …… ②

위 두 식에서 ①+②를 하여 M을 소거하면

　$1.6L = 16$　　∴ $L = 10[\mathrm{mH}]$

따라서, $10 = 3 + 5 + 2M$에서 $M = 1[\mathrm{mH}]$

【답】②

문제 16 N회 감긴 환상 솔레노이드의 단면적이 $S[\mathrm{m}^2]$이고 평균 길이가 $l[\mathrm{m}]$이다. 이 코일의 권수를 반으로 줄이고 인덕턴스를 일정하게 하려면?

① 길이를 1/2로 줄인다.　　　　② 길이를 1/4로 줄인다.

③ 길이를 1/8로 줄인다.　　　　④ 길이를 1/16로 줄인다.

풀이

환상 코일의 자기 인덕턴스 $L = \dfrac{\mu S N^2}{l}[\mathrm{H}]$이므로

$$\frac{N^2}{l} = \frac{\left(\frac{1}{2}N\right)^2}{l'} \text{ 에서 } l' = \frac{\frac{1}{4}N^2}{N^2}l = \frac{1}{4}l$$

따라서, 코일의 권수N을 $\dfrac{1}{2}$로 줄일 때 길이 l을 $\dfrac{1}{4}$로 줄이면 인덕턴스 값은 일정해진다.　【답】②

문제 17 고립 도체구의 정전용량이 50[pF]일 때 이 도체구의 반지름은 약 몇 [cm] 인가?

① 5　　　　　　② 25　　　　　　③ 45　　　　　　④ 85

풀이

구도체 정전 용량 $C = 4\pi\epsilon_0 a$ [F]에서 $50 \times 10^{-12} = 4\pi\epsilon_0 a$

$$\therefore a = \frac{50 \times 10^{-12}}{4\pi\epsilon_0} = 0.44[\text{m}] = 45[\text{cm}]$$

【답】③

문제 18 고유저항이 $\rho[\Omega \cdot \text{m}]$, 한 변의 길이가 $r[\text{m}]$인 정육면체의 저항$[\Omega]$은?

① $\dfrac{\rho}{\pi r}$ 　　　　② $\dfrac{r}{\rho}$ 　　　　③ $\dfrac{\pi r}{\rho}$ 　　　　④ $\dfrac{\rho}{r}$

풀이

$R = \rho\dfrac{l}{A}$ 에서 정육면체 한 변의 길이가 $r[\text{m}]$이므로 $A = r^2$, $l = r$ 을 대입하면

$$\therefore R = \rho\frac{r}{r^2} = \frac{\rho}{r}[\Omega]$$

【답】④

문제 19 내외 반지름이 각각 a, b이고 길이가 l인 동축원통도체 사이에 도전율 σ, 유전율 ϵ인 손실 유전체를 넣고, 내원통과 외원통 간에 전압 V를 가했을 때 방사상으로 흐르는 전류 I는? (단, $RC = \epsilon\rho$이다.)

① $\dfrac{2\pi l\,V}{\sigma \ln\dfrac{b}{a}}$ 　　　② $\dfrac{\pi\sigma l\,V}{\ln\dfrac{b}{a}}$ 　　　③ $\dfrac{2\pi\sigma l\,V}{\ln\dfrac{b}{a}}$ 　　　④ $\dfrac{4\pi\sigma l\,V}{\ln\dfrac{b}{a}}$

풀이

동축케이블의 정전용량 $C = \dfrac{2\pi\epsilon l}{\ln\dfrac{b}{a}}$ [F]

$RC = \rho\epsilon = \dfrac{\epsilon}{\sigma}$ 에서 $R = \dfrac{\epsilon}{\sigma C} = \dfrac{\epsilon}{\dfrac{2\pi\epsilon l}{\ln\dfrac{b}{a}} \cdot \sigma} = \dfrac{\ln\dfrac{b}{a}}{2\pi\sigma l}[\Omega]$

$$\therefore I = \frac{V}{R} = \frac{V}{\dfrac{\ln\dfrac{b}{a}}{2\pi\sigma l}} = \frac{2\pi\sigma l\,V}{\ln\dfrac{b}{a}}[\text{A}]$$

【답】③

문제 20 콘덴서를 그림과 같이 접속했을 때 C_x의 정전용량은 몇 $[\mu\text{F}]$ 인가?

(단, $C_1 = C_2 = C_3 = 3[\mu\text{F}]$이고 a–b 사이의 합성 정전용량은 $C_0 = 5[\mu\text{F}]$이다.)

① 0.5

② 1

③ 2

④ 4

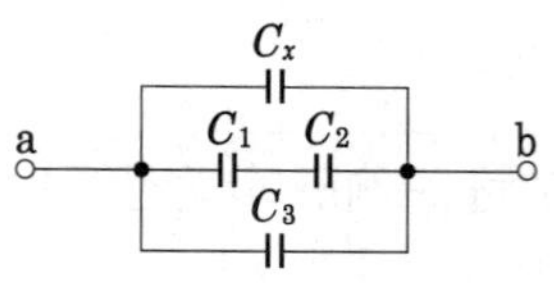

합성 정전용량 $C_0 = C_x + C_3 + \dfrac{C_1 C_2}{C_1 + C_2}$

$$\therefore \ C_x = C_0 - C_3 - \dfrac{C_1 C_2}{C_1 + C_2} = 5 - 3 - \dfrac{3 \times 3}{3 + 3} = 0.5[\mu\mathrm{F}]$$

【답】 ①

2과목 전력공학

문제 21

전력계통에 과도안정도 향상 대책과 관련 없는 것은?

① 빠른 고장 제거

② 속응 여자시스템 사용

③ 큰 임피던스의 변압기 사용

④ 병렬 송전선로의 추가 건설

안정도 향상 대책

① **계통의 직렬 리액턴스 감소**(다회선 방식 채택, 복도체 방식 채택, **기기의 리액턴스 감소**)

② 전압 변동률을 적게 한다 (속응 여자 방식 채용, 계통의 연계, 중간 조상 방식).

③ 계통에 주는 충격을 적게 한다 (적당한 중성점 접지 방식, 고속 차단 방식, 재폐로 방식).

④ 고장 중의 발전기 돌입 출력의 불평형을 적게 한다.

【답】 ③

문제 22

다음 중 페란티 현상의 방지대책으로 적합하지 않은 것은?

① 선로 전류를 지상이 되도록 한다.

② 수전단에 분로리액터를 설치한다.

③ 동기조상기를 부족여자로 운전한다.

④ 부하를 차단하여 무부하가 되도록 한다.

① **페란티 현상 : 무부하의 경우** 선로의 정전용량 때문에 전압보다 위상이 90°앞선 충전 전류의 영향이 커져서 선로에 흐르는 **전류가 진상이 되어** 수전단 전압이 송전단 전압보다 높아지는 현상을 페란티 현상이라 한다.

② 페란티 현상 방지 대책

• 선로에 흐르는 전류가 지상이 되도록 한다.

• 수전단에 분로 리액터를 설치한다.

• 동기 조상기의 부족여자 운전

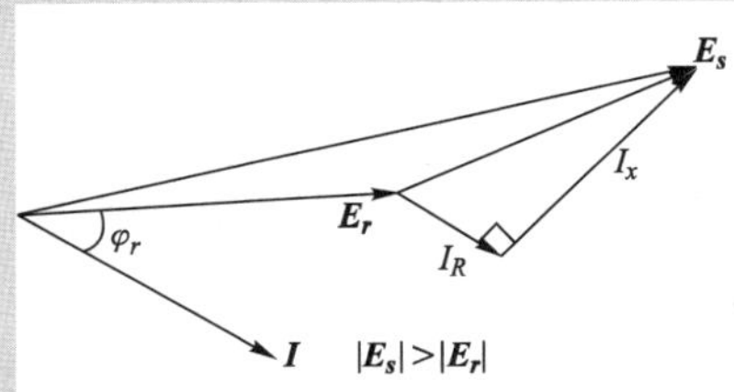

〈지상 전류가 흐를 경우의 벡터도〉

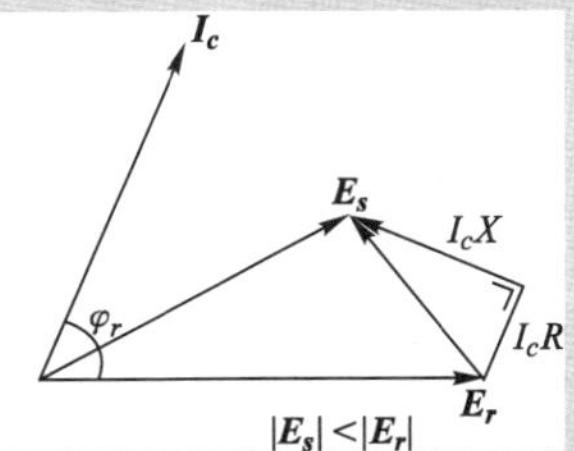

〈진상 전류가 흐를 경우의 벡터도〉

【답】 ④

문제 23 보호계전기의 구비 조건으로 틀린 것은?

① 고장 상태를 신속하게 선택할 것

② 조정 범위가 넓고 조정이 쉬울 것

③ 보호동작이 정확하고 감도가 예민할 것

④ 접점의 소모가 크고, 열적 기계적 강도가 클 것

풀이

보호 계전기의 구비 조건

① 고장 상태를 식별하여 정도를 파악할 수 있을 것

② 고장 개소를 정확히 선택할 수 있을 것

③ 동작이 예민하고 오동작이 없을 것

④ 적절한 후비 보호 능력이 있을 것

⑤ **접점의 소모가 작고, 열적 기계적 강도가 클 것** 【답】 ④

문제 24 우리나라의 화력발전소에서 가장 많이 사용되고 있는 복수기는?

① 분사 복수기   ② 방사 복수기

③ 표면 복수기   ④ 증발 복수기

풀이

복수기는 진공상태를 만들어 증기터빈에서 일을 한 증기를 그 배기단에서 냉각 응축 시킴과 동시에 복수로서 회수하는 장치이다. 복수기에는 표면 복수기, 증발 복수기, 분사 복수기 및 에젝터 복수기등 4가지가 있는데, 이 중 **가장 많이 쓰이고 있는 것은 표면 복수기**이다. 【답】 ③

문제 25 뒤진 역률 80[%], 1000[kW]의 3상 부하가 있다. 이것에 콘덴서를 설치하여 역률을 95[%]로 개선하려면 콘덴서의 용량은 약 몇 [kVA]로 해야 하는가?

① 240   ② 420   ③ 630   ④ 950

풀이

$$Q_c = P(\tan\theta_1 - \tan\theta_2) \text{ 에서}$$

$$Q_c = P\left(\frac{\sin\theta_1}{\cos\theta_1} - \frac{\sin\theta_2}{\cos\theta_2}\right) = P\left(\frac{\sqrt{1-\cos^2\theta_1}}{\cos\theta_1} - \frac{\sqrt{1-\cos^2\theta_2}}{\cos\theta_2}\right)$$

$$Q_c = 1000\left(\frac{0.6}{0.8} - \frac{\sqrt{1-0.95^2}}{0.95}\right) = 421.32[\text{kVA}]$$

【답】 ②

문제 26 154[kV] 송전선로에 10개의 현수애자가 연결되어 있다. 다음 중 전압부담이 가장 적은 것은? (단, 애자는 같은 간격으로 설치되어 있다.)

① 철탑에 가장 가까운 것   ② 철탑에서 3번째에 있는 것

③ 전선에서 가장 가까운 것   ④ 전선에서 3번째에 있는 것

- 전압 부담 최대 : 전선에 가장 가까운 애자
- **전압 부담 최소** : 전선에서 2/3 지점에 있는 애자 (**철탑에서 1/3 지점에 있는 애자**) 【답】②

문제 27 교류송전에서는 송전거리가 멀어질수록 동일 전압에서의 송전 가능 전력이 적어진다. 그 이유로 가장 알맞은 것은?

① 표피효과가 커지기 때문이다.

② 코로나 손실이 증가하기 때문이다.

③ 선로의 어드미턴스가 커지기 때문이다.

④ 선로의 유도성 리액턴스가 커지기 때문이다.

송전전력 $P = \dfrac{E_S E_R}{X}\sin\delta$ 에서 알 수 있듯이 송전 거리가 멀어질수록 **선로의 유도 리액턴스가 커지기 때문에 송전 가능 전력은 적어진다.** 【답】④

문제 28 어느 일정한 방향으로 일정한 크기 이상의 단락전류가 흘렀을 때 동작하는 보호계전기의 약어는?

① ZR   ② UFR   ③ OVR   ④ DOCR

① 거리 계전기 (ZR) : 계전기가 설치된 위치로부터 고장점까지의 전기적 거리에 비례하여 한시 동작하는 것으로 복잡한 계통의 단락 보호에 과전류 계전기의 대용으로 쓰인다.

② 저주파수 계전기 (UFR) : 주파수가 일정값 보다 낮을 경우 동작한다.

③ 과전압 계전기 (OVR) : 일정값 이상의 전압이 걸렸을 때 동작한다.

④ **단락 방향 계전기** (DOCR, DSR) : **어느 일정한 방향으로 일정값 이상의 단락 전류가 흘렀을 경우 동작하는 것** 【답】④

문제 29 전선의 자체 중량과 빙설의 종합하중을 W_1, 풍압하중을 W_2라 할 때 합성하중은?

① $W_1 + W_2$ ② $W_2 - W_1$ ③ $\sqrt{W_1 - W_2}$ ④ $\sqrt{W_1^2 + W_2^2}$

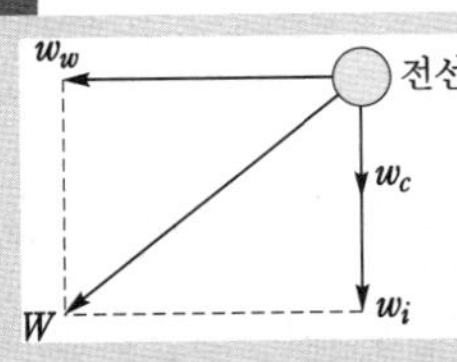

w_c : 전선의 자체중량

w_i : 부착빙설의 중량

w_w : 수평풍압

합성하중 $W = \sqrt{(w_c + w_i)^2 + w_w^2}$

따라서, 합성 하중 $W = \sqrt{(빙설하중 + 자중)^2 + (풍압하중)^2} = \sqrt{W_1^2 + W_2^2}$ 【답】④

문제 30 충전된 콘덴서의 에너지에 의해 트립되는 방식으로 정류기, 콘덴서 등으로 구성되어 있는 차단기의 트립방식은?

① 과전류 트립방식   ② 콘덴서 트립방식

③ 직류전압 트립방식   ④ 부족전압 트립방식

풀이

콘덴서 트립 방식(CTD)

충전기로 교류를 정류하여 콘덴서를 충전하고, 그 방전 에너지에 의해 트립 코일을 여자 하여 트립 시키는 방법으로 **정류기와 콘덴서로 구성**되어 있다. 【답】 ②

문제 31 보호계전기 동작속도에 관한 사항으로 한시특성 중 반한시형을 바르게 설명한 것은?

① 입력 크기에 관계없이 정해진 한시에 동작하는 것

② 입력이 커질수록 짧은 한시에 동작하는 것

③ 일정 입력(200[%])에서 0.2초 이내로 동작하는 것

④ 일정 입력(200[%])에서 0.04초 이내로 동작하는 것

풀이

동작 시간에 의한 보호 계전기 분류
① 순한시 계전기 : 고장 즉시 동작
② 정한시 계전기 : 고장 후 일정시간이 경과하면 동작
③ **반한시 계전기 : 고장전류의 크기에 반비례하여 동작**
④ 반한시 정한시 계전기 : 반한시와 정한시 특성을 겸함 【답】 ②

문제 32 다음 중 배전선로의 부하율이 F일 때 손실계수 H와의 관계로 옳은 것은?

① $H = F$ ② $H = \dfrac{1}{F}$

③ $H = F^3$ ④ $0 \leq F^2 \leq H \leq F \leq 1$

풀이

부하율 F와 손실계수 H와의 관계
• $0 \leq F^2 \leq H \leq F \leq 1$
• $H = \alpha F + (1-\alpha)F^2$
여기서, α : 정수로서 $0.1 \sim 0.4$ 【답】 ④

문제 33 송전선에 낙뢰가 가해져서 애자에 섬락이 생기면 아크가 생겨 애자가 손상되는데 이것을 방지하기 위하여 사용하는 것은?

① 댐퍼(damper)   ② 아킹혼(arcing horn)

③ 아모로드(armour rod)   ④ 가공지선(Overhead ground wire)

- 댐퍼 : 전선의 진동 방지
- **아킹 혼 : 섬락으로부터 애자련의 보호**, 애자련의 전압 분포 개선
- 아모로드 : 전선의 진동 방지
- 가공지선 : 뇌의 차폐

【답】 ②

문제 34 154[kV] 3상 1회선 송전선로의 1선의 리액턴스가 10[Ω], 전류가 200[A]일 때 %리액턴스는?

① 1.84 ② 2.25 ③ 3.17 ④ 4.19

$$\%X = \frac{I_n X}{E} \times 100 = \frac{200 \times 10}{\dfrac{154 \times 10^3}{\sqrt{3}}} \times 100 = 2.25$$

【답】 ②

문제 35 우리나라에서 현재 가장 많이 사용되고 있는 배전 방식은?

① 3상 3선식 ② 3상 4선식 ③ 단상 2선식 ④ 단상 3선식

3상 4선식은 같은 회선에서 선간전압과 상전압의 양전압을 이용할 수 있기 때문에 **배전에서 많이 채용되**고 있다.

【답】 ②

문제 36 조상설비가 아닌 것은?

① 단권변압기 ② 분로리액터 ③ 동기조상기 ④ 전력용콘덴서

조상설비는 무효전력을 공급하는 설비로서 **동기 조상기, 전력용 콘덴서 및 리액터**가 있다.

- 분로 리액터 : 지상 무효전력 공급
- 동기 조상기 : 지상 및 진상 무효전력 공급
- 전력용 콘덴서 : 진상 무효전력 공급

【답】 ①

문제 37 단거리 송전선의 4단자 정수 A, B, C, D 중 그 값이 0인 정수는?

① A ② B ③ C ④ D

단거리 송전 선로에서는 선로길이가 짧은 관계로 선로 정수로서 **저항과 인덕턴스만을 생각**한다.

$E_s = E_r + ZI_r$, $I_s = I_r$ 이므로

$E_s = AE_r + BI_r$, $I_s = CE_r + DI_r$ 에서

$A = 1$, $B = Z$, $C = 0$, $D = 1$

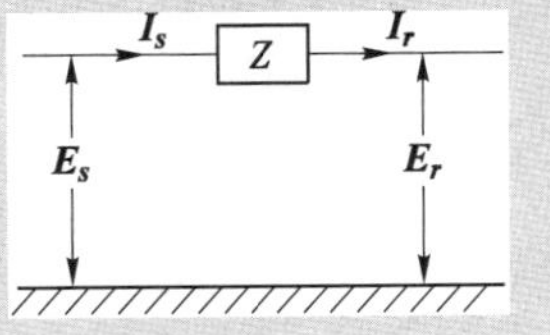

【답】 ③

문제 38

전원측과 송전선로의 합성 $\%Z_s$가 10[MVA] 기준용량으로 1[%]의 지점에 변전설비를 시설하고자 한다. 이 변전소에 정격 용량 6[MVA]의 변압기를 설치할 때 변압기 2차측의 단락용량은 몇 [MVA] 인가? (단, 변압기의 $\%Z_t$는 6.9[%] 이다.)

① 80　　　　　② 100　　　　　③ 120　　　　　④ 140

풀이

- 전원 및 선로 임피던스 $Z_s = 1[\%]$
- 변압기 임피던스 $Z_t = 6.9[\%]$
- 변압기 임피던스를 10[MVA] 기준으로 환산하면

$$Z_t' = \frac{10}{6} \times 6.9 = 11.5[\%]$$

- 전원부터 변압기 2차측까지의 합성 임피던스

$$Z = Z_s + Z_t' = 1 + 11.5 = 12.5[\%]$$

- 단락용량 $P_s = \dfrac{100}{\%Z} \times P_n = \dfrac{100}{12.5} \times 10 = 80[\text{MVA}]$

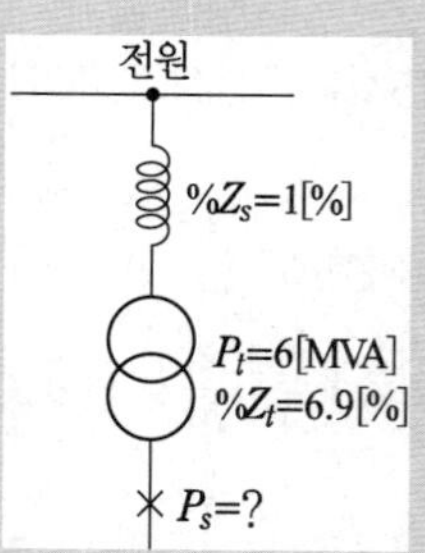

【답】 ①

문제 39

그림과 같은 단상 2선식 배선에서 인입구 A점의 전압이 220[V]라면 C점의 전압[V]은? (단, 저항값은 1선의 값이며 AB간은 0.05[Ω], BC간은 0.1[Ω]이다.)

① 214

② 210

③ 196

④ 192

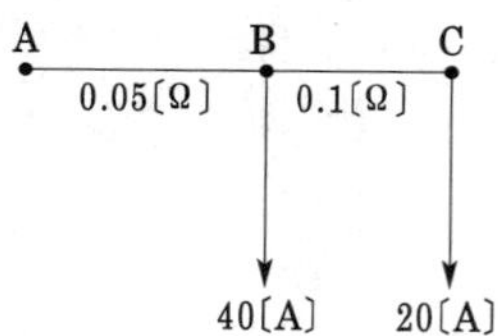

풀이

- B점의 전압 $V_B = V_A - 2IR = 220 - 2 \times (40+20) \times 0.05 = 214[\text{V}]$
- C점의 전압 $V_C = V_B - 2IR = 214 - 2 \times 20 \times 0.1 = 210[\text{V}]$

【답】 ②

문제 40

파동임피던스가 300[Ω]인 가공송전선 1[km] 당의 인덕턴스는 몇 [mH/km] 인가? (단, 저항과 누설콘덕턴스는 무시한다.)

① 0.5　　　　　② 1　　　　　③ 1.5　　　　　④ 2

풀이

$$\text{파동 임피던스 } Z = \sqrt{\frac{L}{C}} = 138\log_{10}\frac{D}{r} = 300 \ [\Omega]\text{에서} \quad \log_{10}\frac{D}{r} = \frac{300}{138}$$

$$\therefore L = 0.05 + 0.4605\log_{10}\frac{D}{r} = 0.05 + 0.4605 \times \frac{300}{138} = 1.05[\text{mH/km}]$$

【답】 ②

문제 41

3상 전원의 수전단에서 전압 3300[V], 전류 1000[A], 뒤진 역률 0.8의 전력을 받고 있을 때 동기조상기로 역률을 개선하여 1로 하고자 한다. 필요한 동기조상기의 용량은 약 몇 [kVA] 인가?

① 1525　　　　② 1950　　　　③ 3150　　　　④ 3429

풀이

- 부하의 무효전력 $Q_L = \sqrt{3}\,VI\sin\theta$ 에서

$$Q_L = \sqrt{3} \times 3300 \times 1000 \times 0.6 \times 10^{-3} = 3429.46[\text{kVar}]$$

$$(\because \cos\theta = 0.8 이므로 \sin\theta = \sqrt{1-0.8^2} = 0.6)$$

- **역률이 1이 되려면 무효전력 $Q = 0$[kVar]이 되어야 하므로** 동기조상기에서 진상 무효전력 $Q_c = Q_L = 3429.46[\text{kVA}]$를 공급하여야 한다.　　　【답】 ④

문제 42

기동장치를 갖는 단상 유도전동기가 아닌 것은?

① 2중 농형　　　　　　　　② 분상기동형
③ 반발기동형　　　　　　　④ 셰이딩코일형

풀이

2중 농형 유도 전동기
① 회전자의 농형권선을 내외 이중으로 설치한 것
② 도체
　- 외측도체 : 저항이 높은 황동 또는 동니켈 합금의 도체를 사용
　- 내측도체 : 저항이 낮은 전기동 사용
③ 기동시에는 저항이 높은 외측 도체로 흐르는 전류에 의해 큰 기동 토오크를 얻고 기동완료 후에는 저항이 적은 내측 도체로 전류가 흘러 우수한 운전 특성을 얻는 전동기로서 **별도의 기동장치가 필요 없다.**　　　【답】 ①

문제 43

일반적인 직류전동기의 정격표시 용어로 틀린 것은?

① 연속정격　　　② 순시정격　　　③ 반복정격　　　④ 단시간정격

풀이

① **연속정격** : 하루 24시간을 계속 운전해도 무리하지 않을 정도의 부하양의 한도
② **반복정격** : 주기적으로 반복하는 부하에 적합한 정격
③ **단시간정격** : 짧은 시간 즉 10분, 30분, 60분 90분간에 온도 상승 한도를 초과하지 않고, 그 밖의 제한 조건 내에서 운전할 수 있는 정격
④ **공칭 정격** : 전동차 등에 사용하는 정격으로 제시한 정격 용량보다 2배 정도의 부하를 증가해도 무리 없이 운전될 수 있는 여유 있는 정격　　　【답】 ②

문제 44 직류전동기의 속도제어 방법 중 광범위한 속도제어가 가능하며 운전 효율이 높은 방법은?

① 계자제어   ② 전압제어

③ 직렬저항제어   ④ 병렬저항제어

풀이

직류 전동기의 속도 제어법 비교

구 분	제어 특성	특 징
계자 제어법	•정출력 제어	•속도 제어 범위가 좁다.
전압 제어법	•정토크 제어 ┌ 워드 레오나드 방식 └ 일그너 방식	**•제어 범위가 넓다.** **•손실이 매우 적다.** •정역 운전이 가능 •압연기나 권상기 등의 속도제어에 사용 •설비비가 많이 든다.
직렬 저항법		•효율이 나쁘다.

【답】 ②

문제 45 트라이액(triac)에 대한 설명으로 틀린 것은?

① 쌍방향성 3단자 사이리스터이다.

② 턴오프 시간이 SCR보다 짧으며 급격한 전압변동에 강하다.

③ SCR 2개를 서로 반대방향으로 병렬 연결하여 양방향 전류제어가 가능하다.

④ 게이트에 전류를 흘리면 어느 방향이든 전압이 높은 쪽에서 낮은 쪽으로 도통한다.

풀이

TRIAC(trielectrode AC switch)

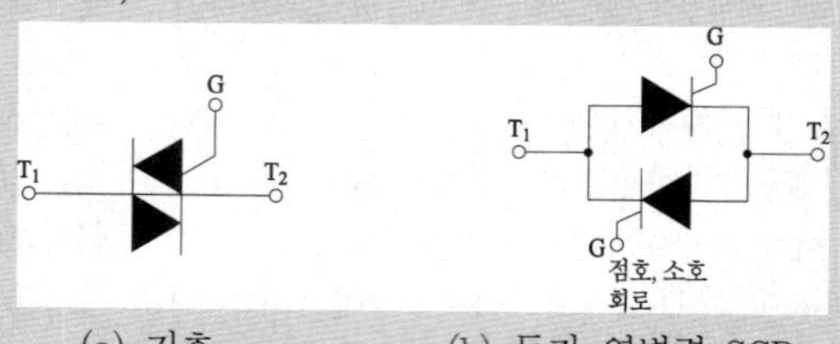

① SCR은 한 방향으로만 도통할 수 있는데 반하여 이 소자는 **양방향으로 도통**할 수 있다.

② TRIAC은 기능상으로 **2개의 SCR을 역병렬 접속**한 것과 같다.

③ TRIAC의 게이트에 전류를 흘리면 그 상항에서 어느 방향이건 **전압이 높은 쪽에서 낮은 쪽으로 도통**한다.

④ 일단 도통하면 SCR과 같이 그 방향으로 전류가 더 이상 흐르지 않을때 까지 계속 도통한다. 따라서, 전류 방향이 바뀌려고 하면 소호되고 일단 소호되면 다시 점호시킬 때까지 차단 상태를 유지한다.

⑤ TRIAC은 오직 교류 전력의 제어용으로 사용된다.

【답】 ②

문제 46 변압기의 냉각방식 중 유입자냉식의 표시 기호는?

① ANAN   ② ONAN   ③ ONAF   ④ OFAF

- **유입자냉식 (ONAN, OA)**
- 건식밀폐자냉식 (ANAN, GA)
- 건식풍냉식 (AF, AFA)
- 송유풍냉식 (OFAF, ODAF, FOA)
- 유입풍냉식 (ONAF, FA)
- 건식자냉식 (AN, AA)
- 송유수냉식 (OFWF, FOW)
- 유입수냉식 (ONWF, OW)

【답】 ②

문제 47 탭전환 변압기 1차측에 몇 개의 탭이 있는 이유는?

① 예비용 단자

② 부하 전류를 조정하기 위하여

③ 수전점의 전압을 조정하기 위하여

④ 변압기의 여자전류를 조정하기 위하여

풀이

탭(tap) 전환 변압기 : 전원 전압의 변동이나 부하의 변동에 따라 **변압기 2차측의 전압변동을 보상하고 일정 전압으로 유지**시키기 위하여, 고압측 1차 권선의 중앙 위치에 몇 개의 탭 단자를 두어 변압기의 권수비를 바꿀 수 있도록 설계한 변압기

【답】 ③

문제 48 스테핑전동기의 스텝각이 3°이고, 스테핑주파수(pulse rate)가 1200[pps] 이다. 이 스테핑 전동기의 회전속도[rps]는?

① 10　　　　　② 12　　　　　③ 14　　　　　④ 16

풀이

스테핑전동기는 디지털 신호에 비례하여 일정 각도만큼 회전하는 모터로 그 총회전각은 입력펄스의 수로, 회전속도는 입력펄스의 빠르기로 쉽게 제어가 가능한 특징이 있다.

- 1초당 입력펄스 : 1200 (pps : pulse/sec)
- 1펄스 당 회전각도 : 3°
- 1초당 회전각도 : $1200 \times 3° = 3600°$
- 전동기 1회전 당 회전각도 : 360°
- 전동기 1초당 회전속도 : $\dfrac{3600°}{360°} = 10$[회전]

【답】 ①

문제 49 직류기의 전기자 반작용의 영향이 아닌 것은?

① 주자속이 증가한다.

② 전기적 중성축이 이동한다.

③ 정류 작용에 악영향을 준다.

④ 정류자 편간전압이 상승한다.

풀이

전기자 반작용 : 전기자 권선에 흐르는 전류에 의한 자속이 계자에서 만든 주자속에 영향을 미치는 현상을 전기자 반작용이라고 하며, 그 영향은 다음과 같다.

① 전기적 중성축 이동
- 발전기 : 회전 방향으로 이동
- 전동기 : 회전 방향과 반대 방향으로 이동

② **주자속 감소**

③ 정류자 편간의 불꽃섬락이 발생하여 정류 불량 발생

【답】 ①

문제 50 유도전동기 역상제동의 상태를 크레인이나 권상기의 강하 시에 이용하고 속도제한의 목적에 사용되는 경우의 제동방법은?

① 발전제동   ② 유도제동   ③ 회생제동   ④ 단상제동

풀이

유도 전동기의 제동법
① 발전 제동 : 전동기를 전원으로부터 분리한 후 1차측에 직류전원을 공급하여 발전기로 동작시킨 후 발생된 전력을 저항에서 열로 소비시키는 방법
② **유도 제동** : 유도전동기 역상제동의 상태를 크레인이나 권상기의 **강하 시에 이용하고 속도제한의 목적**에 사용되는 경우의 제동방법
③ 회생 제동 : 유도 전동기를 유도 발전기로 동작시켜 그 발생 전력을 전원에 반환하면서 제동하는 방법으로, 크레인이나 언덕길을 운전하는 긴 전기 기관차 등에 사용된다.
④ 단상 제동 : 권선형 유도전동기의 1차측을 단상교류로 여자하고 2차측에 적당한 크기의 저항을 넣으면 전동기의 회전과는 역방향의 토크가 발생되므로 제동된다.   **【답】** ②

문제 51 단락비가 큰 동기기의 특징 중 옳은 것은?

① 전압 변동률이 크다.   ② 과부하 내량이 크다.
③ 전기자 반작용이 크다.   ④ 송전선로의 충전 용량이 작다.

풀이

단락비가 큰 기계(철기계)
- 동기 임피던스가 적다 ($K_s \propto \dfrac{1}{Z_s}$)
- 전압변동률이 작다.
- 전기자 반작용이 작다.
- 출력이 크다.
- **과부하 내량이 크고** 안정도가 높다.
- 자기 여자 현상이 작다.
- 송전선로의 충전용량이 크다.
- 부피가 커지며 가격이 비싸다.   **【답】** ②

문제 52 전류가 불연속인 경우 전원전압 220[V]인 단상 전파정류 회로에서 점호각 $\alpha = 90°$일 때의 직류 평균전압은 약 몇 [V]인가?

① 45   ② 84   ③ 90   ④ 99

풀이

$$E_{d\alpha} = \frac{\sqrt{2}}{\pi} E_s (1+\cos\alpha)\,[\text{V}]\text{에서}$$

$$E_{d\alpha} = \frac{\sqrt{2}}{\pi} \times 220 \times (1+\cos 90°) = 99.03\,[\text{V}]$$

    【답】 ④

문제 53 타여자 직류전동기의 속도제어에 사용되는 워드 레오나드(Ward Leonard) 방식은 다음 중 어느 제어법을 이용한 것인가?

① 저항제어법   ② 전압제어법   ③ 주파수제어법   ④ 직병렬제어법

직류 전동기의 속도 제어법 비교

구 분	제어 특성	특 징
계자 제어법	•정출력 제어	•속도 제어 범위가 좁다.
전압 제어법	•정토크 제어 ┌ 워드 레오나드 방식 └ 일그너 방식	•제어 범위가 넓다. •손실이 매우 적다. •정역 운전이 가능 •압연기나 권상기 등의 속도제어에 사용 •설비비가 많이 든다.
직렬 저항법		•효율이 나쁘다.

【답】 ②

문제 54

단상변압기 2대를 사용하여 3150[V]의 평형 3상에서 210[V]의 평형 2상으로 변환하는 경우에 각 변압기의 1차 전압과 2차 전압은 얼마인가?

① 주좌 변압기 : 1차 3150[V], 2차 210[V]

　　T좌 변압기 : 1차 3150[V], 2차 210[V]

② 주좌 변압기 : 1차 3150[V], 2차 210[V]

　　T좌 변압기 : 1차 $3150 \times \dfrac{\sqrt{3}}{2}$ [V], 2차 210[V]

③ 주좌 변압기 : 1차 $3150 \times \dfrac{\sqrt{3}}{2}$ [V], 2차 210[V]

　　T좌 변압기 : 1차 $3150 \times \dfrac{\sqrt{3}}{2}$ [V], 2차 210[V]

④ 주좌 변압기 : 1차 $3150 \times \dfrac{\sqrt{3}}{2}$ [V], 2차 210[V]

　　T좌 변압기 : 1차 3150[V], 2차 210[V]

스코트 결선

① 결선

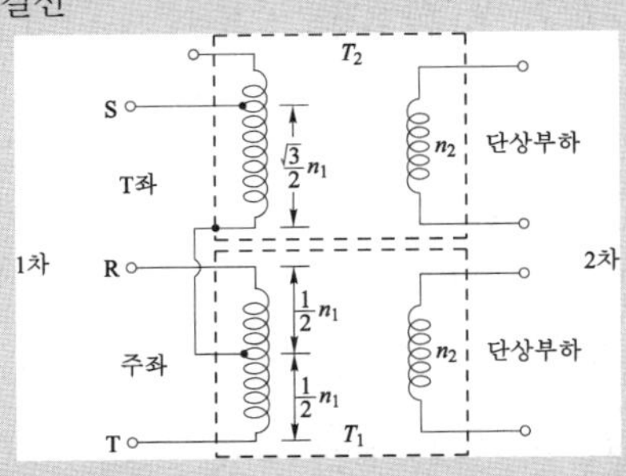

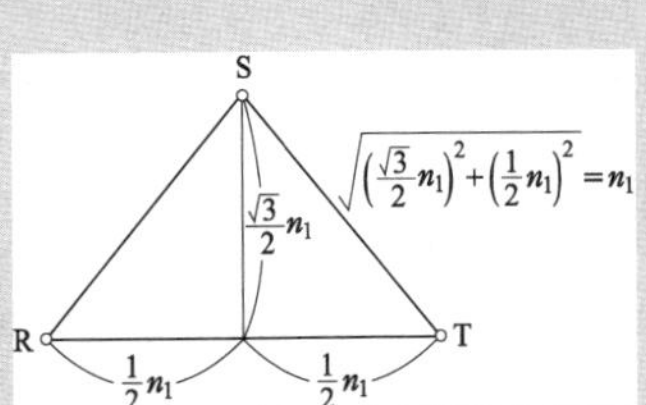

② 결선 방법

　주좌변압기 T_1의 1차 권선의 $\dfrac{1}{2}$ 되는 점. 즉, $\dfrac{1}{2}n_1$에서 탭을 인출하여 T좌 변압기 T_2의 한 단자에 접속하고 T좌 변압기의 $\dfrac{\sqrt{3}}{2}$ 되는 점. 즉, $\dfrac{\sqrt{3}}{2}n_1$에서 탭을 인출하여 전원 전압을 공급

③ 주좌 변압기 : 1차 3150[V], 2차 210[V]

　　T좌 변압기 : 1차 $3150 \times \dfrac{\sqrt{3}}{2}$ [V], 2차 210[V]

【답】 ②

문제 55 3상 유도전동기의 속도제어법 중 2차 저항제어와 관계가 없는 것은?

① 농형 유도전동기에 이용된다.

② 토크 속도특성의 비례추이를 응용한 것이다.

③ 2차 저항이 커져 효율이 낮아지는 단점이 있다.

④ 조작이 간단하고 속도제어를 광범위하게 행할 수 있다.

풀이

2차 저항제어

• 이 방식은 **권선형 유도전동기에서만 사용**할 수 있는 방법으로 2차 회로의 저항의 변화에 의한 토오크 속도특성의 비례추이를 응용한 것이다.

• 비례 추이 : $\dfrac{r_2}{s_1} = \dfrac{r_2 + R}{s_2}$

의 비례추이를 이용한 방식

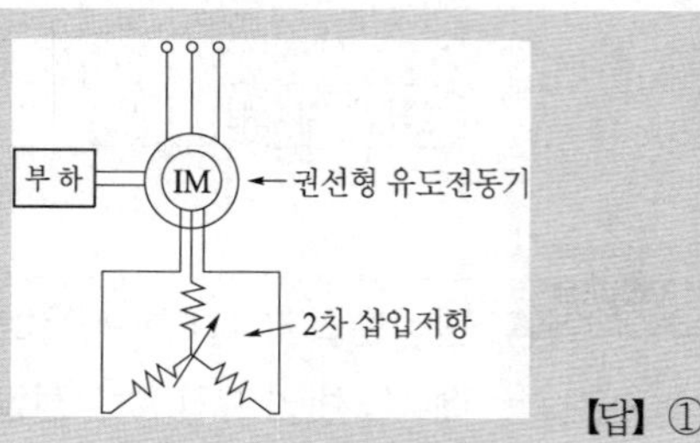

【답】 ①

문제 56 직류발전기의 무부하 특성곡선은 다음 중 어느 관계를 표시한 것인가?

① 계자전류-부하전류

② 단자전압-계자전류

③ 단자전압-회전속도

④ 부하전류-단자전압

풀이

직류 발전기의 특성곡선

유기 기전력 $E[V]$, 단자 전압 $V[V]$, 전기자 전류 $I_a[A]$, 부하 전류 $I[A]$, 계자 전류 $I_f[A]$, 속도 $n[rps]$ 등의 상호 관계를 표시하는 곡선을 특성 곡선이라고 한다.

구 분	횡 축	종 축	조	건
무부하 포화(특성) 곡선	I_f	$V(=E)$	$n=$일정	$I=0$
외부 특성 곡선	I	V	$n=$일정	$R_f=$일정
내부 특성 곡선	I	E	$n=$일정	$R_f=$일정
부하 특성 곡선	I_f	V	$n=$일정	$I=$일정
계자 조정 곡선	I	I_f	$n=$일정	$V=$일정

【답】 ②

문제 57 농형 유도전동기 기동법에 대한 설명 중 틀린 것은?

① 전전압 기동법은 일반적으로 소용량에 적용된다.

② Y-△ 기동법은 기동전압[V]이 $\dfrac{1}{\sqrt{3}}$[V]로 감소한다.

③ 리액터 기동법은 기동 후 스위치로 리액터를 단락한다.

④ 기동보상기법은 최종속도 도달 후에도 기동보상기가 계속 필요하다.

풀이

기동 보상기법

① 기동시에는 3상 단권변압기를 써서 기동전압을 떨어뜨려 공급함으로써 전류를 제한한다.
  (탭 전압 50[%] 또는 65[%] 또는 80[%]를 전동기에 가하여 기동 전류를 제한 한다.)

② **최종속도에 다다르면** 전동기에 전전압이 가해지고 동시에 **기동 보상기는 회로에서 끊기게 된다.** 【답】 ④

용량이 50[kVA] 변압기의 철손이 1[kW] 이고 전부하동손이 2[kW] 이다. 이 변압기를 최대 효율에서 사용하려면 부하를 약 몇 [kVA] 인가하여야 하는가?

① 25　　　　　② 35　　　　　③ 50　　　　　④ 71

풀이

최대 효율 조건 "동손 = 철손"

즉, $m^2 P_c = P_i$ 에서 $m = \sqrt{\dfrac{P_i}{P_c}} = \sqrt{\dfrac{1}{2}} = 0.707$

∴ 출력 $P = 0.707 \times 50 = 35.4[\text{kVA}]$

【답】②

3상 반작용 전동기(reaction motor)의 특성으로 가장 옳은 것은?

① 역률이 좋은 전동기
② 토크가 비교적 큰 전동기
③ 기동용 전동기가 필요한 전동기
④ 여자권선 없이 동기속도로 회전하는 전동기

풀이

반작용 전동기 : 자극만 있고 여자권선이 없는 회전자를 가진 일종의 동기전동기로서 출력은 작고 역률이 낮지만 직류전원을 필요로 하지 않으므로 구조가 간단하여 전기시계 및 각종 측정장치 용으로 사용된다.

【답】④

2대의 3상 동기발전기를 동일한 부하로 병렬운전하고 있을 때 대응하는 기전력 사이에 60°의 위상차가 있다면 한 쪽 발전기에서 다른 쪽 발전기에 공급되는 1상당 전력은 약 몇 [kW] 인가? (단, 각 발전기의 기전력(선간)은 3300[V], 동기 리액턴스는 5[Ω]이고, 전기자 저항은 무시한다.)

① 181　　　　　　　　② 314
③ 363　　　　　　　　④ 720

풀이

동기화력 $P_s = \dfrac{E^2}{2X_s} \sin\delta = \dfrac{\left(\dfrac{3300}{\sqrt{3}}\right)^2}{2 \times 5} \sin 60° \times 10^{-3} = 314.37[\text{kW}]$

【답】②

4과목   회로이론

문제 61

코일에 단상 100[V]의 전압을 가하면 30[A]의 전류가 흐르고 1.8[kW]의 전력을 소비한다고 한다. 이 코일과 병렬로 콘덴서를 접속하여 회로의 역률을 100[%]로 하기 위한 용량 리액턴스는 약 몇 [Ω] 인가?

① 4.2

② 6.2

③ 8.2

④ 10.2

풀이

- 피상전력 $P_a = V \cdot I = 100 \times 30 = 3000[\text{VA}] = 3[\text{kVA}]$
- 지상 무효전력 $P_r = \sqrt{P_a^2 - P^2} = \sqrt{3^2 - 1.8^2} = 2.4[\text{kVar}]$
- **역률이 100[%]로 되기 위해서는 무효전력이 0[kVar]가 되어야 하므로** 진상무효 전력인 2.4[kVA]의 콘덴서가 필요하다.
- 콘덴서 용량 $Q_C = 2\pi f CV^2 = \dfrac{V^2}{X_C} = 2.4 \times 10^3 [\text{kVA}]$에서

$$X_C = \frac{100^2}{2.4 \times 10^3} \fallingdotseq 4.2[\Omega]$$

【답】 ①

문제 62

회로에서 스위치를 닫을 때 콘덴서의 초기전하를 무시하면 회로에 흐르는 전류 $i(t)$는 어떻게 되는가?

① $\dfrac{E}{R} e^{\frac{C}{R}t}$

② $\dfrac{E}{R} e^{\frac{R}{C}t}$

③ $\dfrac{E}{R} e^{-\frac{1}{CR}t}$

④ $\dfrac{E}{R} e^{\frac{1}{CR}t}$

풀이

스위치를 닫았을 때 회로의 평형 방정식은

$$Ri(t) + \frac{1}{C} \int i(t)dt = E$$

C의 전하를 $q(t)$, C의 양단 전압을 v_0라 하면

$$q(t) = \int i(t)dt = Cv_0, \quad i(t) = \frac{dq(t)}{dt}$$

따라서, 윗 식은

$$R\frac{dq(t)}{dt} + \frac{1}{C}q(t) = E$$

초기 전하를 0라 하면

$$\therefore q(t) = CE\left(1 - e^{-\frac{1}{RC}t}\right)$$

또, $i(t) = \dfrac{dq(t)}{dt} = \dfrac{d}{dt}CE\left(1 - e^{-\frac{1}{RC}t}\right) = \dfrac{E}{R}e^{-\frac{1}{RC}t}$

【답】 ③

다음과 같은 파형을 푸리에 급수로 전개하면?

① $y = \dfrac{4A}{\pi}(\sin\alpha\,\sin x + \dfrac{1}{9}\sin3\alpha\,\sin3x + \cdots\cdots)$

② $y = \dfrac{4A}{\pi}(\sin x + \dfrac{1}{3}\sin3x + \dfrac{1}{5}\sin5x + \cdots\cdots)$

③ $y = \dfrac{4}{\pi}(\dfrac{\cos2x}{1.3} + \dfrac{\cos4x}{3.5} + \dfrac{\cos6x}{5.7} + \cdots\cdots)$

④ $y = \dfrac{A}{\pi} + \dfrac{\sin2x}{2} + \dfrac{\sin4x}{4} + \cdots\cdots$

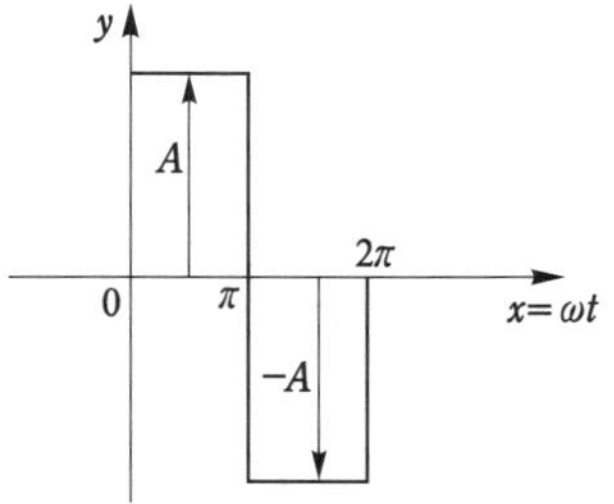

풀이

반파 대칭 및 정현파 대칭이므로 $b_n = a_0 = 0$ 기수항의 sin 항만이 존재한다.　【답】②

$i_1 = I_m \sin\omega t$ [A]와 $i_2 = I_m \cos\omega t$ [A]인 두 교류 전류의 위상차는 몇 도인가?

① $0°$　　　　② $30°$　　　　③ $60°$　　　　④ $90°$

풀이

$i_2 = I_m \cos\omega t = I_m \sin(\omega t + 90°)$

따라서, i_1과 위상차는 $90°$가 된다.　【답】④

$R-L$ 직렬회로에서 $e = 10 + 100\sqrt{2}\,\sin\omega t + 50\sqrt{2}\,\sin(3\omega t + 60°) + 60\sqrt{2}\,\sin(5\omega t + 30°)$[V]인 전압을 가할 때 제3고조파 전류의 실효값은 몇 [A]인가? (단, $R = 8[\Omega]$, $\omega L = 2[\Omega]$ 이다.)

① 1　　　　② 3　　　　③ 5　　　　④ 7

풀이

$$I_3 = \dfrac{V_3}{Z_3} = \dfrac{V_3}{\sqrt{R^2 + (3\omega L)^2}} = \dfrac{50}{\sqrt{8^2 + (3\times2)^2}} = 5 \text{ [A]}$$

(∵ 저항은 기본파일 때나 고조파 일 때나 그 크기의 변화는 없다. 그러나 **리액턴스는 제n차 고조파에서는 주파수가 n배가 되므로**, 리액턴스 $X_n = 2\pi(nf)L = n \times 2\pi f L$로 **기본파의 n배가** 된다.)　【답】③

대칭 n 상 Y형 결선에서 선간전압의 크기는 상전압의 몇 배인가?

① $\sin\dfrac{\pi}{n}$　　　　② $\cos\dfrac{\pi}{n}$　　　　③ $2\sin\dfrac{\pi}{n}$　　　　④ $2\cos\dfrac{\pi}{n}$

풀이

대칭 n 상 Y결선 선간전압

$$V_l = 2V_p\sin\dfrac{\pi}{n} \qquad \therefore \ \dfrac{V_l}{V_p} = 2\sin\dfrac{\pi}{n}$$

【답】③

문제 67

그림과 같은 회로에서 저항 r_1, r_2에 흐르는 전류의 크기가 1 : 2의 비율이라면 r_1, r_2는 각각 몇 [Ω]인가?

① $r_1 = 6$, $r_2 = 3$

② $r_1 = 8$, $r_2 = 4$

③ $r_1 = 16$, $r_2 = 8$

④ $r_1 = 24$, $r_2 = 12$

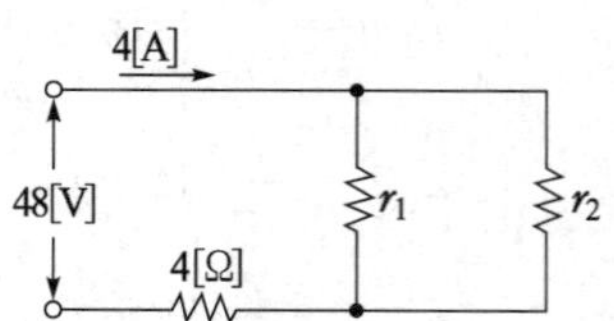

풀이

- $I = \dfrac{E}{R_t} = \dfrac{48}{R_t} = 4$ [A]에서 $R_t = \dfrac{48}{4} = 12$ [Ω]

- $I_1 : I_2 = 1 : 2$에서 저항은 전류에 반비례 하므로 $r_1 : r_2 = 2 : 1$가 된다. 즉, $r_1 = 2r_2$

- 합성저항 $R_t = 4 + \dfrac{r_1 r_2}{r_1 + r_2} = 12[Ω]$에서 $\dfrac{r_1 r_2}{r_1 + r_2} == 8[Ω]$

- $\dfrac{r_1 r_2}{r_1 + r_2} == 8[Ω]$에 $r_1 = 2r_2$ 를 대입하여 r_2을 구하면

$$\dfrac{2r_2 \times r_2}{2r_2 + r_2} = \dfrac{2}{3}r_2 = 8[Ω] \quad \therefore r_2 = 12[Ω], \ r_1 = 2r_2 = 2 \times 12 = 24[Ω]$$

【답】 ④

문제 68

다음 그림과 같은 전기회로의 입력을 e_i, 출력을 e_o라고 할 때 전달함수는?

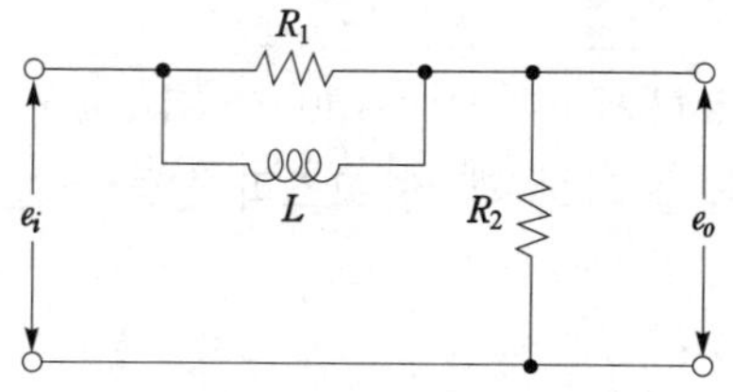

① $\dfrac{R_2(1 + R_1 Ls)}{R_1 + R_2 + R_1 R_2 Ls}$

② $\dfrac{1 + R_2 Ls}{1 + (R_1 + R_2)Ls}$

③ $\dfrac{R_2(R_1 + Ls)}{R_1 R_2 + R_1 Ls + R_2 Ls}$

④ $\dfrac{R_2 + \dfrac{1}{Ls}}{R_1 + R_2 + \dfrac{1}{Ls}}$

풀이

$$G(s) = \dfrac{E_0(s)}{E_i(s)} = \dfrac{R_2}{R_2 + \dfrac{R_1 Ls}{R_1 + Ls}} = \dfrac{R_2(R_1 + Ls)}{R_1 R_2 + R_1 Ls + R_2 Ls}$$

【답】 ③

문제 69

3대의 단상변압기를 △결선으로 하여 운전하던 중 변압기 1대가 고장으로 제거하여 V결선으로 한 경우 공급할 수 있는 전력은 고장 전 전력의 몇 [%] 인가?

① 57.7   ② 50.0   ③ 63.3   ④ 67.7

변압기 1개의 출력을 P라 하면

출력비$= \dfrac{P_V}{P_\triangle} = \dfrac{\sqrt{3}\,P}{3P} = \dfrac{\sqrt{3}}{3} ≒ 0.577$ (57.7[%])

【답】 ①

문제 70

3상회로의 영상분, 정상분, 역상분을 각각 I_0, I_1, I_2라 하고 선전류를 I_a, I_b, I_c라 할 때 I_b는? (단, $a = -\dfrac{1}{2} + j\dfrac{\sqrt{3}}{2}$ 이다.)

① $I_0 + I_1 + I_2$

② $I_0 + a^2 I_1 + a I_2$

③ $\dfrac{1}{3}(I_0 + I_1 + I_2)$

④ $\dfrac{1}{3}(I_0 + a I_1 + a^2 I_2)$

불평형 3상 전류

$\boldsymbol{I_a = I_0 + I_1 + I_2}$, $\boldsymbol{I_b = I_0 + a^2 I_1 + a I_2}$, $\boldsymbol{I_c = I_0 + a I_1 + a^2 I_2}$

【답】 ②

문제 71

전압의 순시값이 $v = 3 + 10\sqrt{2}\sin\omega t$[V]일 때 실효값은 약 몇 [V]인가?

① 10.4   ② 11.6   ③ 12.5   ④ 16.2

비정현파 교류의 실효값은 직류분, 기본파 및 고조파의 제곱 합의 평방근으로 나타내므로

$V = \sqrt{V_0^{\,2} + V_1^{\,2} + V_2^{\,2} + V_3^{\,2} + \cdots}$ 에서

$V = \sqrt{3^2 + 10^2} = 10.4$ [V]

【답】 ①

문제 72

다음과 같은 회로에서 단자 a, b 사이의 합성 저항[Ω]은?

① r

② $\dfrac{1}{2}r$

③ $\dfrac{3}{2}r$

④ $3r$

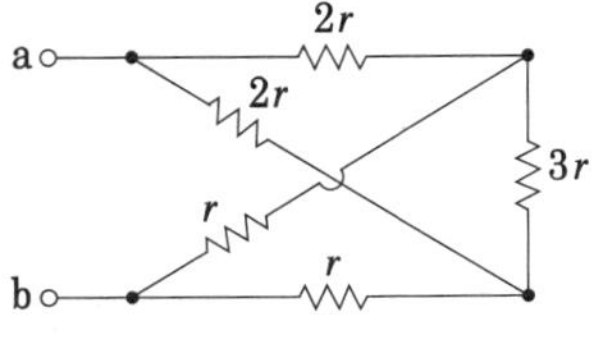

브리지 회로의 평형상태이므로 $3r$을 무시하면

$R = \dfrac{(2r+r) \times (2r+r)}{(2r+r) + (2r+r)} = \dfrac{9r^2}{6r} = \dfrac{3}{2}r[\Omega]$

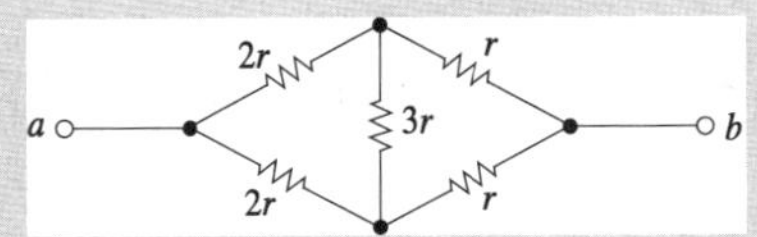

【답】 ③

문제 73

4단자 회로망이 가역적이기 위한 조건으로 틀린 것은?

① $Z_{12} = Z_{21}$ ② $Y_{12} = Y_{21}$ ③ $H_{12} = -H_{21}$ ④ $AB - CD = 1$

4단자 회로망이 가역성을 가질 때 각 파라미터의 조건은
$$Z_{12} = Z_{21}, \ Y_{12} = Y_{21}, \ H_{12} = -H_{21}, \ \boldsymbol{AD - BC = 1}$$
이고, 좌우 대칭인 경우는
$$Z_{11} = Z_{22}, \ Y_{11} = Y_{22}, \ H_{11}H_{22} - H_{12}H_{21} = 1, \ A = D \text{ 이다.}$$

【답】 ④

문제 74

저항 3개를 Y로 접속하고 이것을 선간전압 200[V]의 평형 3상 교류 전원에 연결할 때 선전류가 20[A] 흘렀다. 이 3개의 저항을 △로 접속하고 동일전원에 연결하였을 때의 선전류는 몇 [A] 인가?

① 30 ② 40 ③ 50 ④ 60

• Y접속시 상전류 $I_{Yp} = \dfrac{E}{R} = \dfrac{\frac{200}{\sqrt{3}}}{R} = 20[\text{A}]$에서 $R = \dfrac{200}{20\sqrt{3}}[\Omega]$

($\because$ Y결선 : 상전압 $= \dfrac{\text{선간전압}}{\sqrt{3}}$, 선전류 = 상전류)

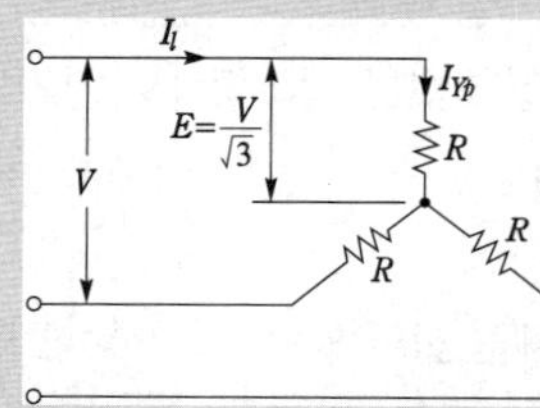

• △접속시의 상전류 $I_{\Delta P} = \dfrac{E}{R} = \dfrac{200}{\frac{200}{20\sqrt{3}}} = 20\sqrt{3} \ [\text{A}]$ ($\because$ △결선 : 상전압 = 선간전압)

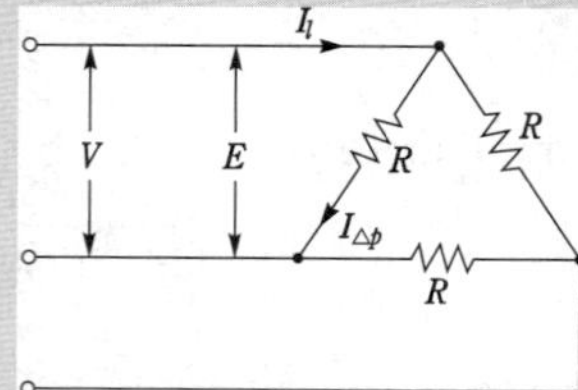

• △접속시 선전류 $= \sqrt{3} \times$ 상전류 $= \sqrt{3} \times 20\sqrt{3} = 60[\text{A}]$

【답】 ④

문제 75

그림과 같은 단일 임피던스 회로의 4단자 정수는?

① $A = Z, \ B = 0, \ C = 1, \ D = 0$

② $A = 0, \ B = 1, \ C = Z, \ D = 1$

③ $A = 1, \ B = Z, \ C = 0, \ D = 1$

④ $A = 1, \ B = 0, \ C = 1, \ D = Z$

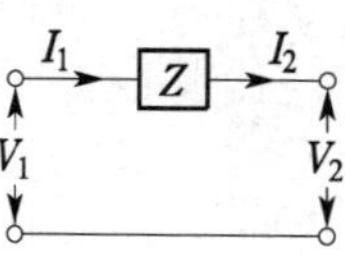

참고로 기본적인 4단자 회로를 기준해 보면
$E_s = E_r + ZI_r$, $I_s = I_r$ 이므로
$E_s = AE_r + BI_r$, $I_s = CE_r + DI_r$ 에서
$A = 1$, $B = Z$, $C = 0$, $D = 1$

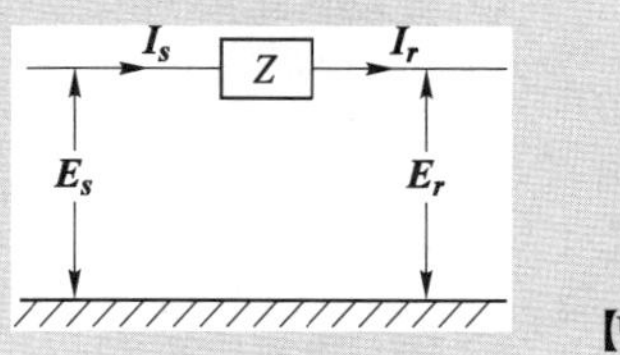

【답】③

문제 76

시간 지연 요인을 포함한 어떤 특정계가 다음 미분방정식 $\dfrac{dy(t)}{dt} + y(t) = x(t - T)$로 표현된다. $x(t)$를 입력, $y(t)$를 출력이라 할 때 이 계의 전달 함수는?

① $\dfrac{e^{-sT}}{s+1}$ ② $\dfrac{s+1}{e^{-sT}}$ ③ $\dfrac{e^{sT}}{s-1}$ ④ $\dfrac{e^{-2sT}}{s+2}$

양변을 라플라스 변환하면
$$sY(s) + Y(s) = e^{-sT}X(s)$$
$$\therefore G(s) = \frac{Y(s)}{X(s)} = \frac{e^{-sT}}{s+1}$$

【답】①

문제 77

그림과 같은 회로에서 유도성 리액턴스 X_L의 값[Ω]은?

① 8
② 6
③ 4
④ 1

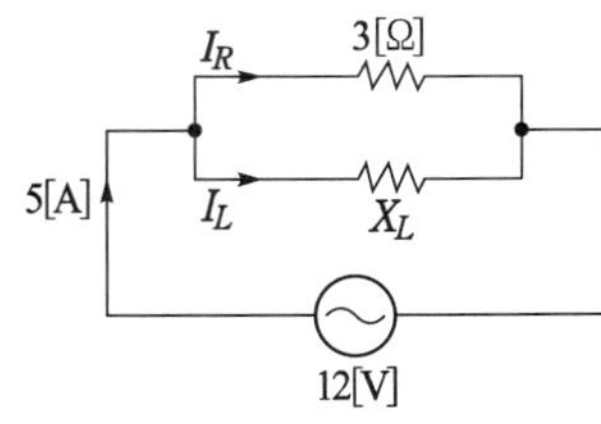

- $I_R = \dfrac{V}{R} = \dfrac{12}{3} = 4$ [A]
- $I_L = \sqrt{I^2 - I_R^2} = \sqrt{5^2 - 4^2} = 3$ [A]
- $E = I_R \cdot R = I_L \cdot X_L = 12$ [V]이므로 $\therefore X_L = \dfrac{12}{I_L} = \dfrac{12}{3} = 4[\Omega]$

【답】③

문제 78

$R = 4000[\Omega]$, $L = 5[H]$의 직렬회로에 직류전압 200[V]를 가하던 중 직류전원을 제거함과 동시에 급히 부하단자 사이의 스위치를 단락시킬 경우 이로부터 1/800초 후 회로의 전류는 몇 [mA]인가?

① 18.4   ② 1.84   ③ 28.4   ④ 2.84

$R - L$직렬회로에서 전원을 제거하는 경우이므로

$$i(t) = \frac{E}{R}e^{-\frac{R}{L}t} = \frac{200}{4000}e^{-\frac{4000}{5}\times\frac{1}{800}} \times 10^3 = 18.4\,[\text{mA}]$$

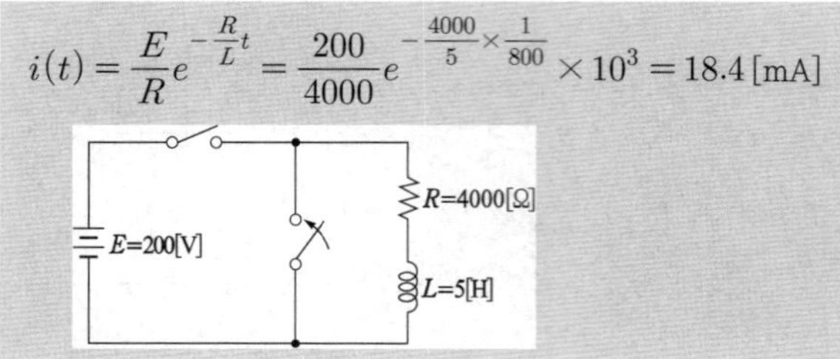

【답】 ①

문제 79

다음 함수 $F(s) = \dfrac{5s+3}{s(s+1)}$ 의 역라플라스 변환은?

① $2 + 3e^{-t}$　　　　　　　　② $3 + 2e^{-t}$

③ $3 - 2e^{-t}$　　　　　　　　④ $2 - 3e^{-t}$

풀이

$$F(s) = \frac{5s+3}{s(s+1)} = \frac{A}{s} + \frac{B}{s+1}$$

$$A = \left.\frac{5s+3}{s+1}\right|_{s=0} = \frac{3}{1} = 3 \,,\quad B = \left.\frac{5s+3}{s}\right|_{s=-1} = \frac{-2}{-1} = 2 \ \text{이므로}$$

$$F(s) = \frac{3}{s} + \frac{2}{s+1}$$

$$\mathcal{L}^{-1}(F(s)) = 3 + 2e^{-t}$$

【답】 ②

문제 80

그림과 같은 회로가 공진이 되기 위한 조건을 만족하는 어드미턴스는?

① $\dfrac{CL}{R}$　　　　　　　　② $\dfrac{CR}{L}$

③ $\dfrac{L}{CR}$　　　　　　　　④ $\dfrac{LR}{C}$

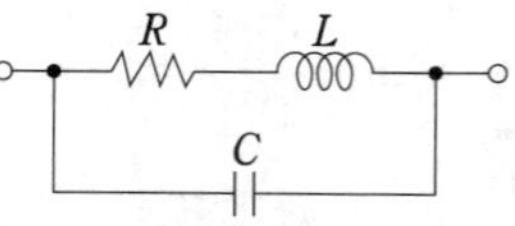

풀이

- 합성어드미턴스

$$Y = Y_1 + Y_2 = \frac{1}{R+j\omega L} + j\omega C = \frac{R}{R^2 + \omega^2 L^2} + j\left(\omega C - \frac{\omega L}{R^2 + \omega^2 L^2}\right)$$

- 병렬공진조건 : 허수부가 0이 되어야 한다.

　즉, $\omega C = \dfrac{\omega L}{R^2 + \omega^2 L^2}$ 에서 $R^2 + \omega^2 L^2 = \dfrac{\omega L}{\omega C} = \dfrac{L}{C}$

- 병렬공진시 어드미턴스 : $Y_r = \dfrac{R}{R^2 + \omega^2 L^2} = \dfrac{R}{L/C} = \dfrac{CR}{L}$

【답】 ②

문제 81

저압 절연전선을 사용한 220[V] 저압 가공전선이 안테나와 접근상태로 시설되는 경우 가공전선과 안테나 사이의 이격거리는 몇 [cm] 이상이어야 하는가? (단, 전선이 고압 절연전선, 특고압 절연전선 또는 케이블인 경우는 제외한다.)

① 30　　　　　② 60　　　　　③ 100　　　　　④ 120

풀이

저고압 가공전선과 안테나의 접근 또는 교차(판단기준 제82조)

사용 전압 부분 공작물의 종류		저압[m]	고압[m]
안 테 나	**일반적인 경우**	**0.6**	0.8
	전선이 고압절연전선	0.3	0.8
	전선이 케이블인 경우	0.3	0.4

【답】②

문제 82

금속덕트에 넣은 전선의 단면적의 합계는 덕트의 내부 단면적의 몇 [%] 이하이어야 하는가?

① 10　　　　　② 20　　　　　③ 32　　　　　④ 48

풀이

금속 덕트 공사(판단기준 제187조)
금속 덕트에 넣는 전선의 단면적의 합계는 **덕트 내부 단면적의 20[%]**(전광 표시 장치, 출퇴근 표시등, 제어 회로 등의 배전선만을 넣는 경우는 50[%]) 이하일 것

【답】②

문제 83

지선을 사용하여 그 강도를 분담시키면 안 되는 가공전선로의 지지물은?

① 목주　　　　　② 철주　　　　　③ 철탑　　　　　④ 철근 콘크리트주

풀이

지선의 시설 (판단기준 제67조)
가공 전선로의 지지물로서 사용하는 **철탑은 지선을 사용하여 그 강도를 분담시켜서는 아니된다.**
단, 임시사용으로 6개월 이내는 예외로 한다.

【답】③

문제 84

전기부식방지 시설에서 전원장치를 사용하는 경우로 옳은 것은?

① 전기부식방지 회로의 사용전압은 교류 60[V] 이하일 것

② 지중에 매설하는 양극(+)의 매설깊이는 50[cm] 이상일 것

③ 지표 또는 수중에서 1[m] 간격의 임의의 2점간의 전위차는 7[V]를 넘지 말 것

④ 수중에 시설하는 양극(+)과 그 주위 1[m] 이내의 거리에 있는 임의점과의 사이의 전위차는 10[V]를 넘지 말 것

> **풀이**
>
> 전기부식방지 시설 (판단기준 제243조)
> 지중 또는 수중에 시설되는 금속체의 부식을 방지하기 위하여 지중 또는 수중에 시설하는 양극과 금속체간에 방식 전류를 통하는 시설로 다음과 같이 한다.
> ① 사용 전압은 **직류 60 [V] 이하**일 것
> ② 지중에 매설하는 양극은 **75 [cm] 이상의 깊이**일 것
> ③ 수중에 시설하는 양극과 그 주위 **1 [m] 안의 임의의 점과의 전위차는 10 [V] 이내**, 지표 또는 수중에서 1 [m] 간격을 갖는 임의의 2점간의 전위차는 5 [V] 이내이어야 한다.
> ④ 전선은 케이블인 경우를 제외하고 2 [mm] 경동선 이상이어야 한다.　　　　**【답】** ④

문제 85

저압 가공인입선 시설 시 도로를 횡단하여 시설하는 경우 노면상 높이는 몇 [m] 이상으로 하여야 하는가?

① 4　　　　　② 4.5　　　　　③ 5　　　　　④ 5.5

> **풀이**
>
> 저압 인입선의 시설(판단기준 제100조)
> 전선의 높이
> ① **도로**(차도와 보도의 구별이 있는 도로인 경우에는 차도)**를 횡단하는 경우 : 노면상 5[m]** (기술상 부득이한 경우에 교통에 지장이 없을 때에는 3[m]) 이상
> ② 철도 또는 궤도를 횡단하는 경우 : 레일면상 6.5[m] 이상
> ③ 횡단보도교 위에 시설하는 경우 : 노면상 3[m] 이상　　　　**【답】** ③

문제 86

60[kV] 이하의 특고압 가공전선과 식물과의 이격거리는 몇 [m] 이상이어야 하는가?

① 2　　　　　② 2.12　　　　　③ 2.24　　　　　④ 2.36

> **풀이**
>
> 특고압 가공전선과 식물의 이격거리(판단기준 제133조)
>
> | 사용전압의 구분 | 이격거리 |
> | --- | --- |
> | 60 [kV] 이하 | 2 [m] |
> | 60 [kV] 초과 | • 이격거리 = 2 + 단수×0.12 [m]
• 단수 = $\dfrac{(\text{전압 [kV]}-60)}{10}$
단수 계산에서 소수점 이하는 절상 |
>
> **【답】** ①

문제 87

변전소를 관리하는 기술원이 상주하는 장소에 경보장치를 시설하지 아니하여도 되는 것은?

① 조상기 내부에 고장이 생긴 경우
② 주요 변압기의 전원측 전로가 무전압으로 된 경우
③ 특고압용 타냉식변압기의 냉각장치가 고장 난 경우
④ 출력 2000[kVA] 특고압용 변압기의 온도가 현저히 상승한 경우

풀이

상주 감시를 하지 아니하는 변전소의 시설(판단기준 제56조)
다음의 경우에는 변전제어소 또는 기술원이 상주하는 장소에 경보장치를 시설할 것.
① 운전조작에 필요한 차단기가 자동적으로 차단한 경우(차단기가 재폐로한 경우를 제외한다)
② 주요 변압기의 전원측 전로가 무전압으로 된 경우
③ 제어 회로의 전압이 현저히 저하한 경우
④ 옥내변전소에 화재가 발생한 경우
⑤ **출력 3,000[kVA]를 초과**하는 특고압용 변압기는 그 온도가 현저히 상승한 경우
⑥ 특고압용 타냉식 변압기는 그 냉각장치가 고장난 경우
⑦ 조상기는 내부에 고장이 생긴 경우
⑧ 수소냉각식조상기는 그 조상기안의 수소의 순도가 90[%] 이하로 저하한 경우, 수소의 압력이 현저히
　변동한 경우 또는 수소의 온도가 현저히 상승한 경우
⑨ 가스절연기기(압력의 저하에 의하여 절연파괴 등이 생길 우려가 없는 경우를 제외한다)의 절연가스
　의 압력이 현저히 저하한 경우　　　　　　　　　　　　　　　　　　　　　　**【답】** ④

문제 88　400[V] 미만인 저압용 전동기 외함을 접지공사 할 경우 접지선의 공칭단면적은 몇 [mm^2]
이상의 연동선이어야 하는가?

① 0.75　　　　　② 2.5　　　　　③ 6　　　　　④ 16

풀이

- 철대 및 금속제 외함의 접지(판단기준 제33조)
　전로에 시설하는 기계기구의 철대 및 금속제 외함에는 표에서 정한 접지공사를 하여야 한다.

기계기구의 구분	접 지 공 사
400 [V] 미만인 저압용의 것	제3종 접지공사
400 [V] 이상의 저압용의 것	특별 제3종 접지공사
고압용 또는 특고압용의 것	제1종 접지공사

- **제3종 접지공사** 및 특별 제3종 접지공사의 접지선은 **단면적 2.5[mm^2] 이상의 연동선**을 사용하여야 한
다. (판단기준 제 19조)　　　　　　　　　　　　　　　　　　　　　　　　　　**【답】** ②

문제 89　동기발전기를 사용하는 전력계통에 시설하여야 하는 장치는?

① 비상 조속기　　　　　　　　　② 분로 리액터
③ 동기검정장치　　　　　　　　　④ 절연유 유출방지설비

풀이

계측장치 (판단기준 제50조)
발전소에는 다음 각 호의 사항을 계측하는 장치를 시설하여야 한다. 다만, 태양전지 발전소는 연계하는
전력계통에 그 발전소 이외의 전원이 없는 것에 대하여는 그러하지 아니하다.
① 발전기, 주변압기, 동기 조상기의 전압, 전류 또는 전력
② 발전기, 동기 조상기의 베어링 및 고정자 온도
③ 특고압용 변압기의 유온
④ **동기 발전기를 시설하는 경우에는 동기 검정 장치**, 다만 동기 발전기 용량이 연계하는 전력 계통의
용량보다 현저하게 작은 경우는 생략할 수 있다.　　　　　　　　　　　　　　　　**【답】** ③

문제 90 345[kV] 변전소의 충전 부분에서 5.98[m] 거리에 울타리를 설치할 경우 울타리 최소 높이는 몇 [m] 인가?

① 2.1 ② 2.3 ③ 2.5 ④ 2.7

풀이

발전소 등의 울타리·담 등의 시설(판단기준 제44조)

사용전압의 구분	울타리·담 등의 높이와 울타리·담 등으로부터 충전 부분까지의 거리의 합계
35 [kV] 이하	5 [m]
35 [kV] 초과 160 [kV] 이하	6 [m]
160 [kV] 초과	• 거리 $= 6 + 단수 \times 0.12$ [m] • 단수 $= \dfrac{사용전압[kV]-160}{10}$ 단수 계산에서 소수점 이하는 절상

• 단수 $= \dfrac{345-160}{10} = 18.5 \to 19$단

• 이격거리 $+$ 울타리높이 $= 6 + 19 \times 0.12 = 8.28$[m]

• 울타리높이 $= 8.28 -$ 이격거리 $= 8.28 - 5.98 = 2.3$[m]

【답】 ②

문제 91 케이블 트레이 공사에 대한 설명으로 틀린 것은?

① 금속제의 것은 내식성 재료의 것이어야 한다.

② 케이블 트레이의 안전율은 1.25 이상이어야 한다.

③ 비금속제 케이블 트레이는 난연성 재료의 것이어야 한다.

④ 전선의 피복 등을 손상시킬 돌기 등이 없이 매끈하여야 한다.

풀이

케이블 트레이는 다음에 적합하게 시설하여야 한다. (판단기준 제194조)

① 케이블 트레이의 안전율은 1.5 이상이어야 한다.

② 전선의 피복 등을 손상시킬 돌기 등이 없이 매끈해야 한다.

③ 금속제 케이블 트레이 계통은 기계적 또는 전기적으로 완전하게 접속하여야 하며, 저압 옥내 배선의 사용 전압이 400 [V] 미만인 경우에는 케이블 트레이에 제3종 접지 공사, 사용 전압이 400 [V] 이상인 경우에는 특별 제3종 접지 공사를 하여야 한다.

【답】 ②

문제 92 특고압 가공전선로의 지지물에 시설하는 통신선 또는 이에 직접 접속하는 통신선 중 옥내에 시설하는 부분은 몇 [V] 이상의 저압 옥내배선의 규정에 준하여 시설하도록 하고 있는가?

① 150 ② 300 ③ 380 ④ 400

풀이

특고압 가공전선로 첨가 통신선에 직접 접속하는 옥내 통신선의 시설(판단기준 제162조)

특고압 가공전선로의 지지물에 시설하는 통신선 또는 이에 직접 접속하는 통신선 중 옥내에 시설하는 부분은 **400[V] 이상**의 저압 옥내배선의 규정에 준하여 시설하여야 한다.

【답】 ④

제2종 특고압 보안공사 시 B종 철주를 지지물로 사용하는 경우 경간은 몇 [m] 이하인가?

① 100　　　　② 200　　　　③ 400　　　　④ 500

풀이

특고압 보안공사(판단기준 제125조)

지지물종류	표준 경간	저·고압 보안 공사	1종 특고압 보안 공사	2·3종 특고압 보안 공사	특고압 시가지
목주, A종	150	100	×	100	75
B종	250	150	150	**200**	150
철탑	600	400	400	400	400

【답】 ②

전체의 길이가 18[m] 이고, 설계하중이 6.8[kN]인 철근 콘크리트주를 지반이 튼튼한 곳에 시설하려고 한다. 기초 안전율을 고려하지 않기 위해서는 묻히는 깊이를 몇 [m] 이상으로 시설하여야 하는가?

① 2.5　　　　② 2.8　　　　③ 3　　　　④ 3.2

풀이

가공 전선로 지지물의 기초의 안전율(판단기준 제63조)

가공전선로의 지지물에 하중이 가하여지는 경우에 그 하중을 받는 지지물의 기초의 안전율은 2 이상 (단, 이상시 상정하중에 대한 철탑의 기초에 대하여는 1.33)이어야 한다. 다만, 땅에 묻히는 깊이를 다음의 표에서 정한 값 이상의 깊이로 시설하는 경우에는 그러하지 아니하다.

설계 하중 ＼ 전장	6.8[kN] 이하	6.8[kN] 초과 ~ 9.8[kN] 이하	9.8[kN] 초과 ~ 14.72[kN] 이하
15[m] 이하	전장×1/6[m] 이상	전장×1/6＋0.3[m] 이상	–
15[m] 초과	2.5[m] 이상	2.8[m] 이상	–
16[m] 초과~20[m] 이하	**2.8[m] 이상**	–	–
15[m] 초과~18[m] 이하	–	–	3[m] 이상
18[m] 초과	–	–	3.2[m] 이상

【답】 ②

의료장소의 수술실에서 전기설비의 시설에 대한 설명으로 틀린 것은?

① 의료용 절연변압기의 정격출력은 10[kVA] 이하로 한다.

② 의료용 절연변압기의 2차측 정격전압은 교류 250[V] 이하로 한다.

③ 절연감시장치를 설치하는 경우 누설전류가 5[mA]에 도달하면 경보를 발하도록 한다.

④ 전원측에 강화절연을 한 의료용 절연변압기를 설치하고 그 2차측 전로는 접지한다.

풀이

의료장소 전기설비의 시설(판단기준 제249조)

전원측에 강화절연을 하여야 하며 이를 기호로 표시한 의료용 절연변압기를 설치하고 그 **2차측 전로는 접지하지 말 것**

【답】 ④

문제 96 전등 또는 방전등에 저압으로 전기를 공급하는 옥내의 전로의 대지전압은 몇 [V] 이하이어야 하는가?

① 100　　　　　　② 200　　　　　　③ 300　　　　　　④ 400

풀이

옥내 전로의 대지 전압의 제한(판단기준 제166조)
백열 전등이나 방전등에 전기를 공급하는 **옥내 전로의 대지 전압은 300 [V] 이하이어야 한다.** 【답】③

문제 97 저압 가공인입선 시설 시 사용할 수 없는 전선은?

① 절연전선, 다심형 전선, 케이블

② 지름 2.6[mm] 이상의 인입용 비닐절연전선

③ 인장강도 1.2[kN] 이상의 인입용 비닐절연전선

④ 사람의 접촉우려가 없도록 시설하는 경우 옥외용 비닐절연전선

풀이

저압 인입선의 시설(판단기준 제100조)
① 전선이 케이블인 경우 이외에는 **인장강도 2.30[kN] 이상의 것** 또는 지름 2.6[mm] 이상의 인입용 비닐절연전선일 것.
② 전선은 절연전선, 다심형 전선 또는 케이블일 것.
③ 전선이 옥외용 비닐절연전선인 경우에는 사람이 접촉할 우려가 없도록 시설하고, 옥외용 비닐절연전선이외의 절연전선인 경우에는 사람이 쉽게 접촉할 우려가 없도록 시설할 것. 【답】③

문제 98 전용부지가 아닌 가공 직류 전차선의 레일면상의 높이는 몇 [m] 이상으로 하여야 하는가?

① 3.6　　　　　　② 4　　　　　　③ 4.4　　　　　　④ 4.8

풀이

가공 직류 전차선의 레일면상의 높이 (판단기준 제256조)
가공 직류 전차선의 레일면상의 높이는 4.8[m] 이상, 전용의 부지위에 시설될 때에는 4.4 [m] 이상이어야 한다. 단, 다음에 해당하는 경우에는 그러하지 아니하다.
• 터널 안의 윗면, 교량의 아랫면 기타 이와 유사한 곳 또는 이에 인접하는 곳에 시설하는 경우로서 3.5 [m] 이상일 때
• 광산 기타의 갱도 안의 윗면에 시설하는 경우로서 1.8 [m] 이상일 때 【답】④

문제 99 저압의 옥측배선 또는 옥외배선 시설로 틀린 것은?

① 400[V] 이상 저압의 전개된 장소에 애자사용 공사로 시설

② 합성수지관 또는 금속관 공사, 가요전선관 공사로 시설

③ 400[V] 이상 저압의 점검 가능한 은폐장소에 버스덕트 공사로 시설

④ 옥내전로의 분기점에서 10[m] 이상인 저압의 옥측배선 또는 옥외배선의 개폐기를 옥내 전로용과 겸용으로 시설

문제 100 고압 가공전선로의 가공지선으로 나경동선을 사용하는 경우의 지름은 몇 [mm] 이상이어야

하는가?

① 3.2　　　　　　② 4　　　　　　③ 5.5　　　　　　④ 6

MEMO

• D-60 시리즈 2-2 •

전기산업기사 필기

과년도 13개년 문제
(2010~1998)

머 리 말

　국가 기초 산업의 중추적인 역할을 담당하고 있는 전기 분야에서 자신의 능력을 충분히 발휘하고 활동 영역을 확대하기 위해서는 어느 타 분야에 비해 전기 분야에서의 자격증 취득은 무엇보다 중요하며 필수적인 사항입니다.

　따라서 가장 단시간만에 쉽게 자격증을 취득하기 위해서는 먼저 기 출제된 문제를 철저하게 분석하여 시험범위 및 난이도를 분석하여 그에 맞도록 준비하는 것이 가장 중요하다고 할 수 있습니다.

　이에 따라 본서는 다음 사항에 중점을 두었습니다.

첫째 : 2010년부터 1998년까지의 기 출제된 문제를 년도 순으로 원문에 충실하게 수록
둘째 : **철저한 검증을 통한 답과 상세한 풀이 과정을 수록**함으로서 수험생 여러분들이 완벽하고 정확하게 이해할 수 있도록 준비하였습니다.
셋째 : 2010년부터 1998년까지의 기 출제된 문제 중 동일문제 또는 유사문제를 삭제하여 수험생의 부담을 낮추었습니다.

　따라서 본 수험서를 충분히 이해한다면 단시간에 자격증 취득이 가능할 뿐만 아니라 현업에서 즉시 사용될 수 있으리라고 생각합니다.

　끝으로 본 수험서로 필기시험을 준비하시는 여러분들에게 깊은 감사를 드리며 출판 과정에서 발생할 수 있는 오·탈자 및 오답이 발견될 경우 연락주시면 수정토록하여 보다 나은 수험서가 되도록 노력하겠습니다. 또한 본 수험서에 잘못된 내용은 인터넷 홈페이지 **고객센터/정오표** 신고란에 게시할 예정이오니 많은 참고바랍니다.

「**인터넷 주소 : www.onepointbook.co.kr**」

저 자

차 례

최근 기출문제

D-60 시리즈 2-2
최근 기출 문제

D-60 시리즈 2-2

2010년도 전기산업기사 필기

- ▶ 10년 제1회 전기산업기사
- ▶ 10년 제2회 전기산업기사
- ▶ 10년 제3회 전기산업기사

국가기술자격검정 필기시험 문제

2010년도 전기산업기사 일반검정 제1회				수검 번호	성 명
자격종목 및 등급(선택분야)	종목코드	시험시간	문제지형별		
전기산업기사	2140	2시간 30분	A		

1과목 전기자기학

문제 01 권수 500회이고 자기인덕턴스가 0.05[H]인 코일이 있을 때 여기에 전류 5[A]를 흘리면 자속 쇄교수는 몇 [Wb]인가?

① 0.15[Wb] ② 0.25[Wb]
③ 15[Wb] ④ 25[Wb]

풀이

쇄교 자속수 $\Phi = N\phi = LI$ 에서
$LI = 0.05 \times 5 = 0.25[Wb]$ 【답】②

문제 02 자체 인덕턴스가 100[mH]인 코일에 전류가 흘러 20[J]의 에너지가 축적되었다. 이 때 흐르는 전류 [A]는?

① 2[A] ② 10[A]
③ 20[A] ④ 50[A]

풀이

$W = \dfrac{1}{2}LI^2$ [J]에서

$I = \sqrt{\dfrac{2W}{L}} = \sqrt{\dfrac{2 \times 20}{100 \times 10^{-3}}} = 20[A]$ 【답】③

문제 03 내반경 a[m], 외반경 b[m], 길이 l[m]인 동축 케이블의 내원통 도체와 외원통 도체간에 유전율 ϵ [F/m], 도전율 σ [S/m]인 손실유전체를 채웠을 때 양 원통간의 저항[Ω]을 나타내는 식은?

① $R = \dfrac{0.16\sigma}{\epsilon l} \ln \dfrac{b}{a}[\Omega]$ ② $R = \dfrac{0.08}{\sigma l} \ln \dfrac{b}{a}[\Omega]$

③ $R = \dfrac{0.32}{\sigma l} \ln \dfrac{b}{a}[\Omega]$ ④ $R = \dfrac{0.16}{\sigma l} \ln \dfrac{b}{a}[\Omega]$

풀이

동축 케이블의 정전용량

$C = \dfrac{2\pi\epsilon_0 l}{\ln \dfrac{b}{a}}$ [F]

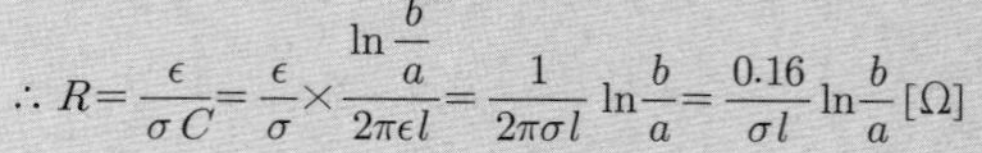

저항 R과 정전용량 C의 관계식

$RC = \epsilon\rho = \dfrac{\epsilon}{\sigma}$

이고, 따라서 저항 R은

$\therefore R = \dfrac{\epsilon}{\sigma C} = \dfrac{\epsilon}{\sigma} \times \dfrac{\ln \dfrac{b}{a}}{2\pi\epsilon l} = \dfrac{1}{2\pi\sigma l} \ln \dfrac{b}{a} = \dfrac{0.16}{\sigma l} \ln \dfrac{b}{a}[\Omega]$ 【답】④

문제 04 전자계에서 전파속도와 관계없는 것은?

① 도전율 ② 유전율
③ 비투자율 ④ 주파수

풀이

전파 속도 $v = \sqrt{\dfrac{\mu}{\epsilon}} = \sqrt{\dfrac{\mu_0 \mu_s}{\epsilon_0 \epsilon_s}}$ (유전율, 투자율)

$v = f\lambda$ (주파수, 파장)

두 식에서 **전파 속도 v는 유전율(ϵ), 투자율(μ), 주파수(f), 파장(λ)에 관계된다.** 【답】①

문제 05 전기력선의 성질에 대한 설명 중 옳지 않은 것은?

① 전기력선의 방향은 그 점의 전계의 방향과 일치하며, 밀도는 그 점에서의 전계의 크기와 같다.

② 전기력선은 부전하에서 시작하여 정전하에서 그친다.

③ 단위전하에서는 $\dfrac{1}{\epsilon_0}$ 개의 전기력선이 출입한다.

④ 전기력선은 전위가 높은 점에서 낮은 점으로 향한다.

전기력선의 성질은 다음과 같다.

• **전기력선은 정전하에서 시작하여 부전하에서 그친다.**
• 전하가 없는 곳에서는 전기력선의 발생, 소멸이 없고 연속적이다.
• 전위가 높은 점에서 낮은 점으로 향한다.
• 그 자신만으로 폐곡선이 되는 일은 없다.
• 전계가 0이 아닌 곳에서는 2개의 전기력선은 교차하지 않는다.
• 도체 내부에는 전기력선이 없다.
• 수직 단면의 전기력선 밀도는 전계의 세기이고(1 [개/m2] = 1 [N/C]), 전기력선의 접선 방향은 전계의 방향이다.
• 도체면(등전위면)에서 전기력선은 수직으로 출입한다.
• 단위 전하 ±1[C]에서는 $1/\epsilon_0$개의 전기력선이 출입한다.　【답】②

문제 06 진공 중에 미소 선전류 $I \cdot d\ell$[A/m]에 기인된 r[m]떨어진 점 P에 생기는 자계 dH[A/m]를 나타내는 식은?

① $dH = \dfrac{I \times a_r}{4\pi r^2} d\ell$ [A/m]

② $dH = \dfrac{a_r \times I}{8\pi \mu_0 r^2} d\ell$ [A/m]

③ $dH = \dfrac{I \times a_r}{4\pi \mu_0 r^2} d\ell$ [A/m]

④ $dH = \dfrac{a_r \times I}{8\pi r^2} d\ell$ [A/m]

비오-사바르 법칙

$$dH = \frac{Idl\sin\theta}{4\pi r^2} = \frac{Idl \times r}{4\pi r^3}$$

$$\therefore dH = \frac{Idl \times a_r}{4\pi r^2} = \frac{I \times a_r}{4\pi r^2} dl [\text{A/m}]$$　　【답】①

문제 07 전류 2π[A]가 흐르고 있는 무한 직선도체로부터 2[m]만큼 떨어진 자유공간 내 P점의 자속밀도의 세기 [Wb/m2]는?

① $\dfrac{\mu_0}{8}$　　　　　② $\dfrac{\mu_0}{4}$

③ $\dfrac{\mu_0}{2}$　　　　　④ μ_0

$$B = \mu H = \frac{\mu_0 I}{2\pi r} = \frac{\mu_0 \times 2\pi}{2\pi \times 2} = \frac{\mu_0}{2} [\text{Wb/m}^2]$$　　【답】③

문제 08 그림에서 2 [μF]의 콘덴서에 축적되는 에너지[J]는?

① 3.6×10^{-3}[J]

② 4.2×10^{-3}[J]

③ 3.6×10^{-2}[J]

④ 4.2×10^{-4}[J]

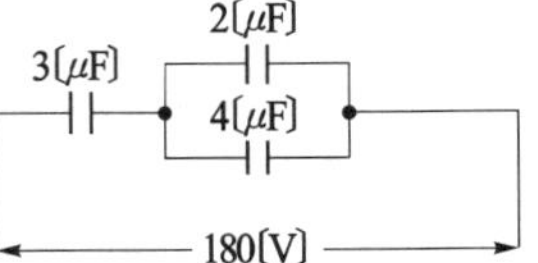

• 콘덴서 2 [μF]에 인가되는 전압

$$V = 180 \times \frac{3}{3 + (2+4)} = 60 [\text{V}]$$

• 콘덴서에 축적되는 에너지

$$W = \frac{1}{2} CV^2 = \frac{1}{2} \times 2 \times 10^{-6} \times (60)^2 = 3.6 \times 10^{-3} [\text{J}]$$　　【답】①

문제 09 그림과 같이 균일한 자계의 세기 H[AT/m] 내에 자극의 세기가 $+m$[Wb], 길이 l[m]인 막대자석을 그 중심 주위에 회전할 수 있도록 놓는다. 이때 자석과 자계의 방향이 이룬각을 θ라고 하면 자석이 받는 회전력 [N·m]은?

① $mHl\cos\theta$

② $mHl\sin\theta$

③ $2mHl\cos\theta$

④ $2mHl\tan\theta$

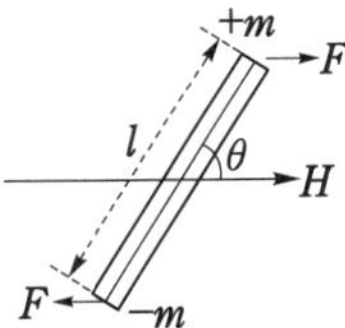

그림에서 자석의 축 방향에 직각인 수직 방향의 분력 F'는

$$F' = F\sin\theta = mH\sin\theta$$

$$\therefore T = 2F'\frac{l}{2} = mHl\sin\theta$$

$$= MH\sin\theta [\text{N·m}]$$　　【답】②

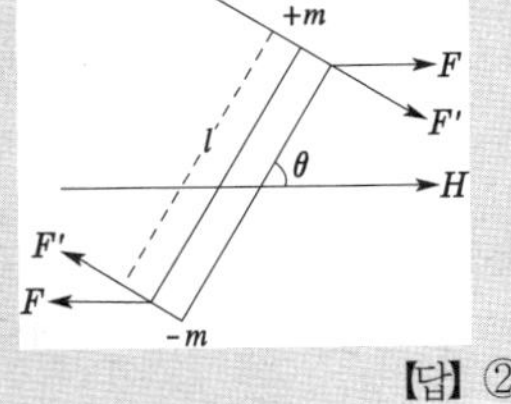

문제 10 Q[C]의 전하를 가진 반지름 a[m]의 도체구를 비유전율 ϵ_s인 기름탱크에서 공기 중으로 꺼내는데 필요한 에너지[J]는?

① $\dfrac{Q^2}{8\pi\epsilon_0 a}\left(1 - \dfrac{1}{\epsilon_s}\right)$　　② $\dfrac{Q^2}{4\pi\epsilon_0 a}\left(1 - \dfrac{1}{\epsilon_s}\right)$

③ $\dfrac{Q^2}{\pi\epsilon_0 a}\left(1 - \dfrac{1}{\epsilon_s}\right)$　　④ $\dfrac{Q^2}{8\pi\epsilon_0 a}\left(1 - \dfrac{1}{\epsilon_0}\right)$

풀이

- 공기 중 구의 정전용량 $C = 4\pi\epsilon_0 a$
- 기름 중 구의 정전용량 $C' = 4\pi\epsilon a = 4\pi\epsilon_0\epsilon_s a$

∴ 필요한 에너지

$$W = \frac{Q^2}{2C} - \frac{Q^2}{2C'} = \frac{Q^2}{8\pi\epsilon_0 a} - \frac{Q^2}{8\pi\epsilon_0\epsilon_s a} = \frac{Q^2}{8\pi\epsilon_0 a}\left(1 - \frac{1}{\epsilon_s}\right)$$

【답】①

문제 11 투자율이 서로 다른 두 자성체의 경계면에서의 굴절각에 대한 설명으로 옳은 것은?

① 투자율에 비례한다.

② 투자율에 반비례한다.

③ 투자율에 관계없이 일정하다.

④ 비투자율과 자속에 비례한다.

풀이

자성체의 굴절의 법칙

$\dfrac{\tan\theta_1}{\tan\theta_2} = \dfrac{\mu_1}{\mu_2}$ 이므로 **굴절각은 투자율에 비례**한다.　【답】①

문제 12 무한장 직선전하로부터 수직거리 ρ[m]되는 점에서 전계의 세기는?

① ρ에 반비례　　　　② ρ에 비례

③ ρ^2에 비례　　　　④ ρ^2에 반비례

풀이

선전하에 의한 전계 $E = \dfrac{\lambda}{2\pi\epsilon_0\rho}$ 에서 $E \propto \dfrac{1}{\rho}$　【답】①

문제 13 평형상태에서 도체의 전하분포와 전계에 관한 성질로 옳지 않은 것은?

① 도체 내부에는 전계가 0이 아니다.

② 대전된 도체의 전하는 도체 표면에만 존재한다.

③ 대전된 도체 표면은 동일 전위에 있다.

④ 대전된 도체 표면의 각 점의 전기력선은 표면에 수직이다.

풀이

도체의 성질과 전하분포
- 도체 표면과 내부의 전위는 동일하고 (등전위), 표면은 등전위면 이다.
- **도체 내부의 전계의 세기는 0이다.**
- 전하는 도체 내부에는 존재하지 않고 , 도체 표면에만 분포한다.
- 도체 면에서의 전계의 세기는 도체 표면에 항상 수직이다.

- 도체 표면에서의 전하밀도는 곡률이 클수록 (곡률반경이 작을수록)높다.
- 중공부에 전하가 없고 대전 도체라면, 전하는 도체 외부의 표면에만 분포한다.
- 중공부에 전하를 두면 도체 내부표면에 동량 이부호, 도체 외부 표면에 동량 동부호의 전하가 분포한다.　　【답】①

문제 14 v[m/s]의 속도로 전자가 B[Wb/m²]의 평등자계에 직각으로 들어가면 원운동을 한다. 이때의 각속도 ω[rad/s]와 주기 T[sec]에 해당하는 것은? (단, 전자의 질량은 m, 전자의 전하는 e 이다.)

① $\omega = \dfrac{m}{eB}$, $T = \dfrac{eB}{2\pi m}$

② $\omega = \dfrac{eB}{m}$, $T = \dfrac{2\pi m}{eB}$

③ $\omega = \dfrac{mv}{eB}$, $T = \dfrac{2\pi B}{mv}$

④ $\omega = \dfrac{em}{B}$, $T = \dfrac{2\pi m}{Bv}$

풀이

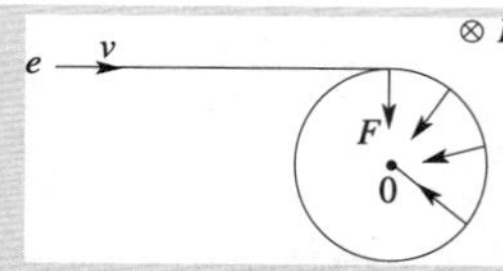

자계내의 운동 전하에 작용하는 힘은

$$\boldsymbol{F} = q\boldsymbol{v}\times\boldsymbol{B}, \quad \boldsymbol{B} = \mu_0\boldsymbol{H}$$

전자의 전하량을 e라 하면

$$\boldsymbol{F} = e(\boldsymbol{v}\times\mu_0\boldsymbol{H}) \text{ (벡터)}, \quad F = \mu_0 evH \text{ (크기)}$$

이 힘을 받아서 전자의 운동 방향은 끊임없이 변화하지만 $\boldsymbol{B}$에 직각이 됨은 변함이 없다. 따라서, 전자는 자계 내에서 원운동을 한다. 전자의 질량은 m, 궤도의 반지름을 r 이라고 하면 F와 원심력 F_0는 평형이므로

$$F = F_0, \quad \mu_0 evH = \frac{mv^2}{r} \qquad \therefore r = \frac{mv^2}{\mu_0 evH} = \frac{mv}{eB} \text{ [m]}$$

가속도 ω는　$\therefore \omega = \dfrac{v}{r} = \dfrac{eBv}{mv} = \dfrac{eB}{m}$ [rad/s]

주기 T는　$\therefore T = \dfrac{2\pi}{\omega} = \dfrac{2\pi m}{eB}$ [s]　【답】②

문제 15 진공 중에서 8π[Wb]의 자하(磁荷)로부터 발산되는 총자력선의 수는?

① 10^7[개]　　　　　② 2×10^7[개]

③ $8\pi\times 10^7$[개]　　　④ $\dfrac{10^7}{8\pi}$[개]

진공 중에서 m[Wb]의 자하로부터 나오는 자력선의 수는

$$\Phi = \frac{m}{\mu_0} = \frac{8\pi}{\mu_0} = \frac{8\pi}{4\pi \times 10^{-7}} = 2 \times 10^7 \, [\text{개}] \qquad \text{【답】} ②$$

문제 16 등전위면(equipotential surface)에 대한 설명으로 옳은 것은?

① 전기력선은 등전위면과 평행하게 지나간다.

② 전하를 갖고 등전위면에 따라 이동하면 일이 생긴다.

③ 다른 전위의 등전위면은 서로 교차한다.

④ 점전하가 만드는 전계의 등전위면은 동심구면이다.

전계 중에서 전위가 같은 점끼리 이어서 만들어진 하나의 면을 등전위면이라 하며, 등전위면의 특징은 다음과 같다.

- 등전위면은 폐곡면이다.
- **전기력선은 등전위면과 항상 직교**한다.
- 두 개의 서로 다른 **등전위면은 서로 교차하지 않는다.**
- 등전위면을 따라 전하 Q를 운반 할 때 그 면상에서는 **전위가 같으므로 이때의 일은 0 이다.**
- 점전하 Q[C]에서 r[m] 떨어진 점의 전위는 $V = \dfrac{Q}{4\pi\epsilon_0 r}$ 이므로 **등전위면은 반지름 r[m]의 동심구면이고 무수히 많다.** 　【답】④

문제 17　2014년도 1회 문제 06

문제 18　2011년도 3회 문제 03

문제 19　2013년도 2회 문제 04

문제 20　2015년도 1회 문제 04

2과목　전력공학

문제 21 동일 굵기의 전선으로 된 3상 3선식 2회선 송전선이 있다. A회선의 전류는 100[A], B회선의 전류는 50[A]이고 선로 손실은 합계 50[kW]이다. 개폐기를 닫아서 두 회선을 병렬로 사용하여 합계 150[A]의 전류를 통하도록 하려면 선로 손실[kW]은?

① 40[kW]　　　　② 45[kW]

③ 50[kW]　　　　④ 55[kW]

A회선의 선로 손실과 B회선의 선로 손실에서 저항을 구하면,

$$I_A^2 R + I_B^2 R = 50 \, [\text{kW}]$$
$$100^2 R + 50^2 R = 50 \times 10^3$$
$$\therefore \ R = 4 \, [\Omega]$$

양 회선을 병렬로 사용하면 동일 전선이므로 동일한 전류가 흐른다.

전력손실 $P = 2I^2 R$에서

$$P = 2 \times \left(\frac{150}{2}\right)^2 \times 4 = 45,000 [\text{W}] = 45 [\text{kW}] \qquad \text{【답】} ②$$

문제 22 피뢰기의 구조는?

① 특성 요소와 소호 리액터

② 특성 요소와 콘덴서

③ 소호 리액터와 콘덴서

④ 특성 요소와 직렬 갭

피뢰기의 구조

- **직렬 갭** : 속류 차단, 소호의 역할
- **특성 요소** : 도전도 형성
- **쉴드링** : 전기적, 자기적 충격으로부터 보호 　【답】④

문제 23 송전선로에서 코로나 임계전압이 높아지는 경우는?

① 온도가 높아지는 경우

② 상대공기밀도가 작을 경우

③ 전선의 지름이 큰 경우

④ 기압이 낮은 경우

코로나임계전압 E_0

$$E_o = 24.3 m_o m_1 \delta d \log_{10} \frac{D}{r} \, [\text{kV}]$$

여기서, δ : 상대공기밀도$\left(\delta = \dfrac{0.386b}{273+t}\right)$

b : 기압 [mmHg], 　t : 온도 [°C]

m_o : 전선 표면계수, 　m_1 : 기후에 관한 계수

r : 전선의 반지름 [m], 　D : 선간거리 [m]

전선의 직경 d가 증가하면 코로나 임계전압은 상승한다. 　【답】③

문제 24 증기 터빈의 팽창 도중에서 증기를 추출하는 형태의 터빈은?

① 복수 터빈　　　　② 배압 터빈

③ 추기 터빈　　　　④ 배기 터빈

풀이
증기를 추출하는 형태의 터빈을 추기 터빈이라 한다. 【답】③

문제 25 전력용 퓨즈를 차단기와 비교할 때 옳지 않은 것은?

① 소형, 경량이다.

② 고속도 차단을 할 수 없다.

③ 큰 차단 용량을 갖는다.

④ 보수가 간단하다.

풀이
전력용 퓨즈의 장점
• 소형, 경량이다.
• **고속도 차단할 수 있다.**
• 소형으로 큰 차단 용량을 가진다.
• 유지 보수가 간단하다.　　• 가격이 저렴하다.　　【답】②

문제 26 원자력 발전의 특징으로 적절하지 않은 것은?

① 처음에는 과잉량의 핵연료를 넣고 그 후에는 조금씩 보급하면 되므로 연료의 수송기지와 저장 시설이 크게 필요하지 않다.

② 핵연료의 허용온도와 열전달특성 등에 의해서 증발 조건이 결정되므로 비교적 저온, 저압의 증기로 운전 된다.

③ 핵분열 생성물에 의한 방사선 장해와 방사선 폐기물이 발생하므로 방사선측정기, 폐기물처리장치 등이 필요하다.

④ 기력발전보다 발전소 건설비가 낮아 발전원가 면에서 유리하다.

풀이
원자력 발전의 장점
• **건설비는 높지만 연료비가 적다.**
• 발전 원가가 낮다.
• 공해를 배출하지 않는다.
• 핵연료의 수송 저장이 용이하다.
• 설비는 국내 관련 사업을 발전시킨다.　　【답】④

문제 27 한류 리액터의 사용 목적은?

① 충전 전류의 제한　　② 단락 전류의 제한

③ 누설 전류의 제한　　④ 접지 전류의 제한

풀이
• **한류 리액터 : 단락 전류 감소**
• 분로리액터 : 페란티 현상 감소
• 직렬리액터 : 제5고조파 억제　　【답】②

문제 28 흡출관이 필요하지 않은 수차는?

① 사류 수차　　　　② 카플란 수차

③ 프란시스 수차　　④ 펠톤 수차

풀이
흡출관은 반동 수차의 러너의 출구로부터 방수면까지의 접속관을 말한다. 따라서 **충동 수차인 펠톤 수차에서는 필요가 없다.** 【답】④

문제 29 가공 송전선의 인덕턴스가 1.3 [mH/km]이고, 정전용량이 0.009 [μF/km]일 때 파동 임피던스는 약 몇 [Ω]인가?

① 350[Ω]　　　　② 380[Ω]

③ 400[Ω]　　　　④ 420[Ω]

풀이

파동(특성) 임피던스 $Z_0 = \sqrt{\dfrac{R+j\omega L}{G+j\omega C}}$ 에서

R, G는 적으므로 무시하면 $Z_0 = \sqrt{\dfrac{L}{C}}$

$\therefore Z_0 = \sqrt{\dfrac{1.3 \times 10^{-3}}{0.009 \times 10^{-6}}} = 380\,[\Omega]$ 　　【답】②

문제 30 설비용량 및 수용률이 표와 같은 수용가가 있다. 수용가 상호간에 부등률을 1.1로 할 때 합성최대전력[kW]은?

수용가	설비용량[kW]	수용률[%]
A	160	50
B	150	60
C	100	50

① 150[kW]　　　　② 200[kW]

③ 220[kW]　　　　④ 242[kW]

풀이

• 수용률 $= \dfrac{\text{최대 전력}}{\text{부하 설비 용량}} \times 100[\%]$ 에서

A 수용가의 최대 전력 = 설비 용량 × 수용률

　　　　　 $= 160 \times 0.5 = 80\,[\text{kW}]$

B 수용가의 최대 전력 = 설비 용량 × 수용률

　　　　　 $= 150 \times 0.6 = 90\,[\text{kW}]$

C 수용가의 최대 전력 = 설비 용량 × 수용률

$$= 100 \times 0.5 = 50[\text{kW}]$$

- 부등률 $= \dfrac{\text{각 수용가의 최대 전력의 합계}}{\text{합성 최대 전력}}$ 에서

합성 최대 전력 $= \dfrac{80+90+50}{1.1} = 200[\text{kW}]$ 【답】②

문제 31 그림과 같은 저압배전선이 있다. FA, AB, BC 간의 저항은 각각 0.1[Ω], 0.1[Ω], 0.2[Ω]이고, A, B, C점에 전등(역률 100%)부하가 각각 5[A], 15[A], 10[A]가 걸려 있다. 지금 급전점 F의 전압을 105[V]라 하면 C점의 전압[V]은? (단, 선로의 리액턴스는 무시한다.)

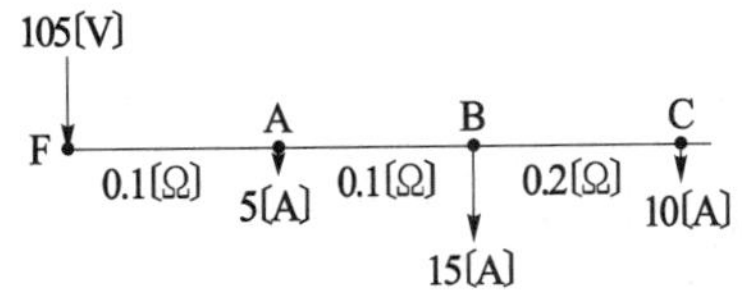

① 102.5[V]   ② 100.5[V]
③ 97.5[V]   ④ 95.5[V]

풀이

$$V_A = V_F - R_{FA}(I_A + I_B + I_C) = 105 - 0.1 \times (5+15+10)$$
$$= 102[\text{V}]$$
$$V_B = V_A - R_{AB}(I_B + I_C) = 102 - 0.1 \times (15+10) = 99.5[\text{V}]$$
$$V_C = V_B - R_{BC}I_C = 99.5 - 0.2 \times 10 = 97.5[\text{V}]$$ 【답】③

3과목 전기기기

문제 41 직류 분권 발전기의 브러시를 중성축에서 회전방향 쪽으로 이동하면 전압은?
① 상승한다.   ② 급격히 상승한다.
③ 변화하지 않는다.   ④ 감소한다.

풀이

브러시를 중성축에서 회전방향으로 이동시키면 브러시로 단락되는 코일에 단락 전류가 흘러서 불꽃이 발생하고 합성 기전력도 일부가 +, − 로 상쇄되어 감소한다. 【답】④

문제 42 유도 전동기의 고정자 철심(규소 강판)의 두께는 보통 몇 [mm]인가?
① 0.25~0.35   ② 0.35~0.5
③ 0.5~0.7   ④ 0.7~0.85

풀이

고정자 : 자속이 통과하는 자기회로로 두께 0.35[mm] 또는 0.5[mm]의 규소 강판을 수십겹 성층하고, 여기에 3상 코일을 감은 것이다. 【답】②

문제 43 100[kVA]의 단상변압기가 역률 80[%]에서 전부하 효율이 95[%]이면 역률 50[%]의 전부하에서의 효율은 약 몇 [%]인가?
① 84   ② 88
③ 92   ④ 96

풀이

$$\eta = \frac{V_2 I_2 \cos\theta}{V_2 I_2 \cos\theta + p_i + I_2^2 r}$$
$$\eta_{80} = \frac{100 \times 0.8}{100 \times 0.8 + p_l} = 0.95$$
$$\therefore p_l(= p_i + I_2^2 r) = \frac{80}{0.95} - 80 = 4.21$$

손실은 역률과 관계없으므로

$$\eta_{50} = \frac{100 \times 0.5}{100 \times 0.5 + 4.21} = 0.922 = 92.2\,[\%]$$ 【답】③

문제 44 2대의 변압기로 V결선하여 3상 변압하는 경우 변압기 이용률[%]은?
① 57.8   ② 66.6
③ 86.6   ④ 100

풀이

$$\text{이용률} = \frac{3\text{상 출력}}{\text{설비용량}} = \frac{\sqrt{3}\,VI}{2\,VI} = \frac{\sqrt{3}}{2} = 0.866\,(86.6\,[\%])$$

【답】③

문제 45 전기자 총 도체수 500, 6극, 중권의 직류전동기가 있다. 전기자 전 전류가 100[A]일 때의 발생 토크[kg·m]는 약 얼마인가? (단, 1극당 자속수는 0.01[Wb] 이다.)

① 8.12 ② 9.54
③ 10.25 ④ 11.58

풀이

$$T = \frac{pZ}{2\pi a}\phi I_a = \frac{6\times500}{2\times\pi\times6}\times0.01\times100 = 79.58\,[\text{N·m}]$$

$1\,[\text{kg·m}] = 9.8\,[\text{N·m}]$ 이므로

$$\text{토크}\quad T = \frac{79.58}{9.8} = 8.12\,[\text{kg·m}]$$

【답】①

문제 46 동기 발전기의 기전력의 파형을 정현파로 하기위해 채용되는 방법이 아닌 것은?

① 매극매상의 슬롯수 q를 작게 한다.
② 반폐 슬롯을 사용한다.
③ 단절권 및 분포권으로 한다.
④ 공극의 길이를 크게 한다.

풀이

고조파 기전력을 소거하는 방법은 다음과 같다.
• **매극 매상의 슬롯수 q를 크게** 한다.
• 부정수(不整數) 슬롯권을 채용한다.
• 단절권 및 분포권으로 한다.
• 반폐 슬롯을 사용한다.
• 전기자 철심을 스큐 슬롯으로 한다.
• 공극의 길이를 크게 한다.
• Y결선을 한다.

【답】①

문제 47 권수비가 1 : 3인 변압기(이상적인 변압기)를 사용하여 교류 100[V]의 입력을 가했을 때 전파 정류하면 출력 전압[V]의 평균치는 얼마인가?

① 300 ② $300\sqrt{2}$
③ $\dfrac{300\sqrt{2}}{\pi}$ ④ $\dfrac{600\sqrt{2}}{\pi}$

풀이

$$E_{dc} = \frac{2\sqrt{2}}{\pi}E = \frac{2\sqrt{2}}{\pi}\times300 = \frac{600\sqrt{2}}{\pi}\,[\text{V}]$$

【답】④

문제 48 정격 출력 20[kW], 정격 전압 100[V], 정격 회전 속도 1500[rpm]의 직류 직권 발전기가 있다. 정격 상태로 운전하고 있을 때 속도를 1300[rpm]으로 떨어뜨리고 전과 같은 부하 전류를 흘렸을 때 단자 전압은 몇 [V]가 되겠는가? (단, 전기자 저항은 0.05[Ω]이다.)

① 68.5 ② 79
③ 85.3 ④ 95.4

풀이

• 부하 전류 $I = \dfrac{P}{V} = \dfrac{20000}{100} = 200\,[\text{A}]$

• 유기 기전력 $E = V + R_a I_a = 100 + 0.05\times200 = 110\,[\text{V}]$

• $E = p\phi n\dfrac{Z}{a}$ 에서 $E \propto n$

따라서, $E : E' = 1500 : 1300$

$$E' = \frac{1300}{1500}E = \frac{1300}{1500}\times110 = 95.33\,[\text{V}]$$

• 속도 변경 후 단자 전압

$$V' = E' - IR_a = 95.33 - (200\times0.05) = 85.33\,[\text{V}]$$

【답】③

문제 49 병렬운전 중인 A, B 두 동기 발전기 중 A발전기의 여자를 B발전기 보다 강하게 하면 A발전기는?

① 부하 전류가 증가 한다.
② 90°지상 전류가 흐른다.
③ 동기화 전류가 흐른다.
④ 90°진상 전류가 흐른다.

풀이

A, B 두 대의 발전기가 병렬 운전 중에 A기의 여자를 증대하면, 즉 A기의 전압이 B기의 전압보다 높게 되면 A기로부터 B기로 전류가 흐르게 되는데 이때의 전류 I_c는

$$I_c = \frac{E_A - E_B}{j2x_s} = -j\frac{E_A - E_B}{2x_s}$$

로 **A기에는 전압보다 90° 늦은 전류가 흐르게 된다.**

【답】②

문제 50 단상 유도 전동기와 3상 유도 전동기를 비교했을 때 단상 유도 전동기에 해당되는 것은?

① 역률, 효율이 좋다. ② 중량이 작아진다.
③ 기동장치가 필요하다. ④ 대용량이다.

풀이

단상 유도 전동기는 기동시 즉 $s = 1$에서 **기동 토크가 0** 이므로 기동할 수 없다. 그러나, 어떤 방향으로 회전을 시켜주면 토크가 발생되어 그 방향으로 회전한다. 따라서, **단상 유도 전동기에는 기동 장치가 필요**하다.

【답】③

문제 51 교류 전압제어기를 전원과 부하회로에 연결된 조광기에 교류 실효전압을 변화시켜서 사용 할 수 있는 소자 중 가장 적합한 것은?

① 파워 트랜지스터(Power Transister)

② 트라이액(Triac)

③ 모스 에프이티(MOS-FET)

④ 다이오드(Diode)

풀이

TRIAC은 기능상 2개의 SCR를 역병렬 접속한 것과 같은 것으로서, SCR은 한 방향으로만 도통할 수 있는데 반하여 TRIAC은 양방향 도통할 수 있으며, **교류 실효전압을 변화시켜서 부하를 제어할 수 있다.** 【답】②

문제 52 그림과 같이 단상 전파 정류 회로(단상 중앙 탭 사용)에서 피크 역전압(PIV)[V]은?

① $\sqrt{2}\,E$

② $2\sqrt{2}\,E$

③ $\dfrac{\sqrt{2}}{\pi}E$

④ $\dfrac{2\sqrt{2}}{\pi}E$

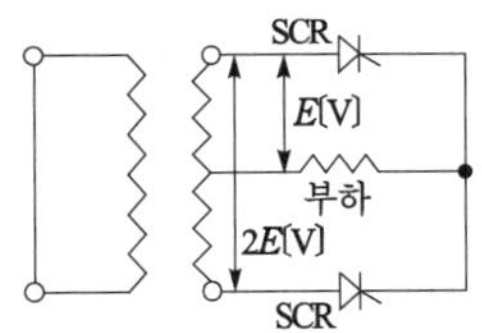

풀이

• 단상 반파 정류 회로에서의 $PIV = \sqrt{2}\,E = \pi E_d$

• 단상 전파 정류 회로에서의 $PIV = 2\sqrt{2}\,E = \pi E_d$ 【답】②

문제 53 비돌극형 동기 발전기의 단자전압(1상)을 V, 유도 기전력(1상)을 E, 동기 리액턴스(1상)를 X_s, 부하각을 δ라 하면 1상의 출력[W]은 약 얼마인가?

① $\dfrac{EV}{X_s}\cos\delta$

② $\dfrac{EV}{X_s}\sin\delta$

③ $\dfrac{E^2V}{X_s}\sin\delta$

④ $\dfrac{EV^2}{X_s}\cos\delta$

풀이

비돌극기의 출력 $P = \dfrac{EV}{Z_s}\sin(\alpha+\delta) - \dfrac{V^2}{Z_s}\sin\alpha$

전기자 저항 r_a는 매우 작으므로 이것을 무시하고

$Z_s \fallingdotseq x_s$, $\alpha \fallingdotseq 0$이라 하면

$\therefore P \fallingdotseq \dfrac{EV}{x_s}\sin\delta$ [W] 【답】②

문제 54 6극, 200[V], 10[kW]의 3상 유도전동기가 960[rpm]으로 회전하고 있을 때의 회전자 기전력의 주파수는? (단, 전원의 주파수는 60[Hz]이다.)

① 12 [Hz]

② 8 [Hz]

③ 6 [Hz]

④ 4 [Hz]

풀이

동기속도 $N_s = \dfrac{120f}{p} = \dfrac{120\times60}{6} = 1200$ [rpm]

슬립 $s = \dfrac{N_s - N}{N_s} = \dfrac{1200-960}{1200} = 0.2$ 이므로

회전자 기전력의 주파수 $f' = sf = 0.2\times60 = 12$[Hz] 【답】①

문제 55	2015년도 3회 문제 47
문제 56	2014년도 1회 문제 42
문제 57	2013년도 1회 문제 57
문제 58	2012년도 1회 문제 59
문제 59	2013년도 2회 문제 59
문제 60	2014년도 3회 문제 44

4과목 회로이론

문제 61 $f(t) = \sin t + 2\cos t$를 라플라스 변환하면?

① $\dfrac{2s}{s^2+1}$

② $\dfrac{2s+1}{(s+1)^2}$

③ $\dfrac{2s+1}{s^2+1}$

④ $\dfrac{2s}{(s+1)^2}$

풀이

라플라스 변환의 선형성 정리에 의해서

$F(s) = \mathcal{L}[f(t)] = \mathcal{L}[\sin t] + \mathcal{L}[2\cos t]$

$= \dfrac{1}{s^2+1} + \dfrac{2s}{s^2+1} = \dfrac{2s+1}{s^2+1}$ 【답】③

문제 62 24[Ω] 저항에 미지의 저항 R_X를 직렬로 접속한 후 전압을 가했을 때 24[Ω] 양단의 전압이 72[V]이고 저항 R_X양단의 전압이 45[V]이면 저항 R_X는?

① 20[Ω]

② 15[Ω]

③ 10[Ω]

④ 8[Ω]

풀이

- 전체 전압 $V = 72 + 45 = 117[\text{V}]$
- 전압 분배 법칙에 의해 저항 R_X 양단의 전압

$$V_{RX} = V \times \frac{R_X}{24 + R_X} \text{에서}$$

$$R_X = \frac{45 \times 24}{117} \times \frac{117}{117 - 45} = 15[\Omega]$$

【답】②

문제 63 다음 ( ) 안에 들어갈 내용으로 가장 적합한 것은?

"3상 3선식에서는 회로의 평형, 불평형 또는 부하의 △, Y에 불구하고 세 선전류의 합은 0 이므로 선전류의 ( )은 0이다."

① 정상분   ② 역상분

③ 영상분   ④ 평형분

풀이

중성점 비접지식에서는 평형, 불평형 또는 부하의 △, Y에 불구하고 영상전류 $I_0 = \frac{1}{3}(I_a + I_b + I_c)$ 에서 $I_a + I_b + I_c = 0$ 이므로 I_0(영상분)$= 0$ 이다.

【답】③

문제 64 $F(s) = \dfrac{2}{(s+1)(s+3)}$ 의 역라플라스 변환은?

① $e^{-t} - e^{-3t}$ ② $e^{-t} - e^{3t}$

③ $e^{t} - e^{3t}$ ④ $e^{t} - e^{-3t}$

풀이

$$F(s) = \frac{2}{(s+1)(s+3)} = \frac{A}{s+1} + \frac{B}{s+3}$$

$$A = \frac{2}{s+3}\bigg|_{s=-1} = \frac{2}{2} = 1$$

$$B = \frac{2}{s+1}\bigg|_{s=-3} = \frac{2}{-2} = -1 \text{이므로}$$

$$F(s) = \frac{1}{s+1} - \frac{1}{s+3}$$

$$\mathcal{L}^{-1}(F(s)) = e^{-t} - e^{-3t}$$

【답】①

문제 65 어떤 부하에 $100\sin\left(100\pi t + \dfrac{\pi}{6}\right)[\text{V}]$의 전압을 가했을 때 흐르는 전류가 $10\cos\left(100\pi t - \dfrac{\pi}{3}\right)$ [A]이었다면 이 부하의 소비 전력은?

① 250[W]   ② 433[W]

③ 500[W]   ④ 866[W]

풀이

$$\cos\alpha = \sin\left(\alpha + \frac{\pi}{2}\right) \text{이므로}$$

$$\text{전류 } i = 10\cos\left(100\pi t - \frac{\pi}{3}\right) = 10\sin\left(100\pi t - \frac{\pi}{3} + \frac{\pi}{2}\right)$$

$$= 10\sin\left(100\pi t + \frac{\pi}{6}\right)$$

그러므로 전압과 전류의 상차각은 $0°$로 전력 P는

$$P = VI\cos\theta = \frac{100}{\sqrt{2}} \times \frac{10}{\sqrt{2}} \times \cos 0° = 500\,[\text{W}] \text{가 된다.}$$

【답】③

문제 66 정현파 교류전압의 파고율은?

① 0.91   ② 1.11

③ 1.41   ④ 1.73

풀이

파 형	구형파	3각파	정현파	정류파(전파)	정류파(반파)
파형률	1.0	1.15	1.11	1.11	1.57
파고율	1.0	1.732	**1.414**	1.414	2.0

【답】③

문제 67 주기적인 구형파 신호의 구성은?

① 직류성분만으로 구성 된다.

② 기본파 성분만으로 구성 된다.

③ 고조파 성분만으로 구성 된다.

④ 직류 성분, 기본파 성분, 무수히 많은 고조파 성분으로 구성 된다.

풀이

주기적인 비정현파는 일반적으로 푸리에 급수에 의해 표시되므로 무수히 많은 주파수의 합성이다.

【답】④

문제 68 다음 회로에서 S를 닫은 후 $t = 2$초 일 때 회로에 흐르는 전류는 약 몇 [A]인가?

① 3.7[A]

② 4.6[A]

③ 5.2[A]

④ 6.3[A]

풀이

$R - L$ 직렬 회로에 직류 전압 인가 시 흐르는 전류

$$i(t) = \frac{E}{R}\left(1 - e^{-\frac{R}{L}t}\right) \text{에서 } t = 2\,[\text{s}] \text{이므로}$$

$$i(t=2) = \frac{10}{1}\left(1 - e^{-\frac{1}{2} \cdot 2}\right) = 10(1 - e^{-1}) = 6.32\,[\text{A}]$$

【답】④

5과목 전기설비기술기준 및 판단기준

문제 81 사용전압이 400[V]를 넘는 저압 옥내배선을 애자사용공사에 의하여 시설하는 경우 전선의 지지점 간의 거리는 몇 [m]이하이어야 하는가? (단, 전선을 조영재의 윗면 또는 옆면에 따라 붙이지 않은 경우이다.)

① 2.0[m]　　　　　② 4.0[m]
③ 4.5[m]　　　　　④ 6.0[m]

풀이

애자사용공사 (판단기준 제181조)

전 압		전선과 조영재와의 이격 거리	전선 상호 간격	전선 지지점간의 거리	
				조영재의 상면 또는 측면	조영재에 따라 시설하지 않는 경우
저압	400[V] 미만	2.5 [cm] 이상	6 [cm] 이상	2 [m] 이하	–
	400[V] 이상	건조한 장소 2.5 [cm] 이상			
		기타의 장소 4.5 [cm] 이상			6 [m] 이하

【답】 ④

문제 82 특고압 가공전선이 저고압 가공전선과 제1차 접근상태로 시설하는 경우, 66[kV] 특고압 가공전선과 저고압 가공전선 사이의 이격거리는 몇 [m] 이상이어 야 하는가?

① 2.0[m]　　　　　② 2.12[m]
③ 2.2[m]　　　　　④ 2.5[m]

풀이

특고압 가공전선과 저고압 가공전선 등의 접근 또는 교차 (제129조)

사용전압의 구분	이 격 거 리
60 [kV] 이하	2 [m]
60 [kV] 초과	2 [m] 에 사용전압이 60 [kV]를 초과하는 10 [kV] 또는 그 단수마다 12 [cm] 을 더한 값

• 단수 $= \dfrac{66-60}{10} = 0.6 \Rightarrow 1$단
• 이격거리 $= 2 + 1 \times 0.12 = 2.12[m]$ 　　　【답】 ②

문제 83 석유류를 저장하는 장소의 저압 옥내 전기설비에 사용할 수 없는 배선 공사방법은?

① 합성수지관공사　　　② 케이블공사
③ 금속관공사　　　　　④ 애자사용공사

풀이

위험물 등이 있는 곳에서의 저압의 시설 (판단기준 제201조)
셀룰로이드·성냥·**석유**, 기타 위험물이 있는 곳의 배선은 **금속관 공사, 케이블 공사, 경질 비닐관 공사**에 의하여야 한다. 　【답】 ④

문제 84 고압 가공전선과 저압 가공전선을 동일 지지 물에 시설하는 경우 고압 가공전선에 케이블을 사용하 면 그 케이블과 저압 가공전선의 이격거리는 최소 몇 [cm]이상으로 할 수 있는가?

① 30 [cm]　　　　　② 50 [cm]
③ 75 [cm]　　　　　④ 100 [cm]

풀이

가공전선 등의 병가 (판단기준 제75조, 제120조)

전 압	표 준	고압에 케이블사용	특고압에 케이블 사용 및 저·고압에 절연전선 또는 케이블 사용
저·고압 병가	0.5[m] 이상	0.3 [m] 이상	–
35 [kV] 이하	1.2[m] 이상	–	0.5 [m] 이상
35 [kV] 초과 60 [kV] 이하	2[m] 이상	–	1 [m] 이상

【답】 ①

문제 85 철탑의 강도계산에 사용하는 이상시 상정하 중에 대한 철탑의 기초에 대한 안전율은 얼마 이상이어 야 하는가?

① 0.9　　　　　② 1.33
③ 1.83　　　　　④ 2.25

풀이

가공 전선로 지지물의 기초의 안전율(판단기준 제63조)
가공 전선로 지지물의 기초 안전율은 2 이상이어야 한다. 단, **이상시 상정 하중은 철탑인 경우는 1.33**이다.　　　　【답】②

문제 86 저압 가공전선 상호간을 접근 또는 교차하여 시설하는 경우 전선 상호간 이격거리 및 하나의 저압 가공전선과 다른 저압 가공전선로의 지지물사이의 이격거리는 각각 몇 [cm] 이상이어야 하는가? (단, 어느 한 쪽의 전선이 고압 절연전선, 특고압 절연전선 또는 케이블이 아닌 경우이다.)

① 전선 상호간 : 30[cm], 전선과 지지물간 : 30[cm]
② 전선 상호간 : 30[cm], 전선과 지지물간 : 60[cm]
③ 전선 상호간 : 60[cm], 전선과 지지물간 : 30[cm]
④ 전선 상호간 : 60[cm], 전선과 지지물간 : 60[cm]

풀이

가공전선 상호간 접근 또는 교차(판단기준 제84조, 제85조, 제86조)

구 분	저압 가공전선		고압 가공전선	
	일반	고압 절연전선 또는 케이블	일반	케이블
저압가공전선	0.6 [m]	0.3 [m]	0.8 [m]	0.4 [m]
저압가공전선로의 지지물	0.3 [m]	–	0.6 [m]	0.3 [m]
고압전차선	–	–	1.2 [m]	–
고압가공전선	–	–	0.8 [m]	0.4 [m]
고압가공전선로의 지지물	–	–	0.6 [m]	0.3 [m]

【답】③

문제 87 금속제 수도관로를 접지공사의 접지극으로 사용하는 경우에 대한 사항이다. (㉠), (㉡), (㉢)에 들어갈 수치로 알맞은 것은?

"접지선과 금속제 수도관로의 접속은 안지름 (㉠)[mm] 이상인 금속제 수도관의 부분 또는 이로부터 분기한 안지름(㉡)[mm] 미만인 금속제 수도관의 그 분기점으로부터 5[m] 이내의 부분에서 할 것. 다만, 금속제 수도관로와 대지간의 전기저항치가 (㉢)[Ω] 이하인 경우에는 분기점으로부터의 거리는 5[m]를 넘을 수 있다."

① ㉠ 75, ㉡ 75, ㉢ 2
② ㉠ 75, ㉡ 50, ㉢ 2
③ ㉠ 50, ㉡ 75, ㉢ 4
④ ㉠ 50, ㉡ 50, ㉢ 4

풀이

수도관 등의 접지극(판단기준 제21조)
접지선과 수도관의 접속은 안지름 75 [mm] 이상의 수도관의 부분, 또는 이로부터 분기한 안지름 75 [mm] 미만인 수도관의 그 분기점부터 5 [m] 이내의 부분에서 할 것. 그러나, 수도관의 **전기 저항값이 2 [Ω] 이하인 경우에는 어느 곳에서나 접속할 수 있다.**　　　【답】①

문제 88 6600[V], 3상3선식 고압가공 전선로의 전선에 고압 절연전선을 사용한 전선연장이 180[km]로 되어 있다. 이 전로에 결합된 변압기의 저압측 제2종 접지공사의 접지저항 값은 몇 [Ω]이하로 하여야 하는가? (단, 이 전로에는 고저압 혼촉시에 2초 이내에 자동차단하는 장치가 없다.)

① 25　　　　　　　② 40
③ 50　　　　　　　④ 75

풀이

접지 공사의 종류 (판단기준 제18조)

$$1\text{선 지락 전류 } I_1 = 1 + \frac{\dfrac{V}{3}L - 100}{150} = 1 + \frac{\dfrac{6}{3}\times 180 - 100}{150}$$

$$= 1 + \frac{360 - 100}{150} = 3[\text{A}]$$

(V : 전로의 공칭전압을 1.1로 나눈값 [$V = \dfrac{6.6}{1.1} = 6$],

I_1 : 소수점 이하의 값은 절상한다.)

따라서, 접지 저항값 $R \leqq \dfrac{150}{I_1} = \dfrac{150}{3} = 50[\Omega]$　　　【답】③

문제 89 전선의 단면적이 38 [mm²]인 경동연선을 사용하고 지지물로는 B종 철주 또는 B종 철근 콘크리트주를 사용하는 특고압 가공 전선로를 제3종 특고압 보안공사에 의하여 시설하는 경우의 경간은 몇 [m] 이하이어야 하는가?

① 100 [m]　　　　② 150 [m]
③ 200 [m]　　　　④ 250 [m]

풀이

특고압 보안공사(판단기준 제125조)

지지물 종류	표준 경간	저·고압 보안 공사	1종 특고압 보안 공사	2·3종 특고압 보안 공사	특고압 시가지
목주, A종	150	100	×	100	75
B종	250	150	150	**200**	150
철탑	600	400	400	400	400

【답】③

 빙설의 정도에 따라 풍압하중을 적용하도록 규정하고 있는 내용 중 옳은 것은?

① 빙설이 많은 지방에서는 고온계절에는 갑종 풍압하중, 저온계절에는 을종 풍압하중을 적용한다.
② 빙설이 많은 지방에서는 고온계절에는 을종 풍압하중, 저온계절에는 갑종 풍압하중을 적용한다.
③ 빙설이 적은 지방에서는 고온계절에는 갑종 풍압하중, 저온계절에는 을종 풍압하중을 적용한다.
④ 빙설이 적은 지방에서는 고온계절에는 을종 풍압하중, 저온계절에는 갑종 풍압하중을 적용한다.

풀이

풍압 하중의 종별과 적용(판단기준 제62조)

지 역		고온 계절	저온 계절
빙설이 많은 지방 이외의 지방		갑종	병종
빙설이 많은 지방	일반지역	**갑종**	**을종**
	해안지방 기타 저온계절에 최대풍압이 생기는 지역	갑종	갑종과 을종 중 큰 값 선정
인가가 많이 연접되어 있는 장소		병종	병종

【답】①

문제 91 특고압을 직접 저압으로 변성하는 변압기의 시설기준으로 적합하지 않은 것은?

① 전기로 등 전류가 큰 전기를 소비하기 위한 변압기
② 광산에서 물을 양수하기 위한 양수기용 변압기
③ 발전소·변전소·개폐소 또는 이에 준하는 곳의 소내용 변압기
④ 교류식 전기철도용 신호회로에 전기를 공급하기 위한 변압기

풀이

특고압을 직접 저압으로 변성하는 변압기 (판단기준 제30조)
① **전기로 등 큰 전류를 소비하기 위한 변압기**
② 발·변전소, 개폐소 등에 사용되는 **소내용 변압기**
③ 25 [kV] 이하 중성점 다중 접지식 전로에 접속
④ 교류 **전기 철도 신호 회로용**
⑤ 특고압과 저압 혼촉한 경우 자동 차단 장치가 있는 사용 전압 35 [kV] 이하
⑥ 특고압과 저압 권선간에 제2종 접지 공사를 한 혼촉 방지판이 부착되어 있는 사용 전압 100 [kV] 이하 (접지 저항값은 10 [Ω] 이하일 것)

【답】②

문제 92 발전소에 시설하는 계측 장치 중 주요 변압기의 계측장치로 알맞은 것은?

① 전압 및 전류 또는 전력
② 전압 및 유온 또는 주파수
③ 전압 및 전류 또는 전력품질
④ 전압 및 전류 또는 온도

풀이

발전소에 시설하여야 하는 계측 장치 (판단기준 제50조)
• **주요 변압기의 전압 및 전류 또는 전력**
• 특고압용 변압기의 온도

【답】①

문제 93 사용전압이 35 [kV]이하인 특고압 가공전선과 가공 약전류 전선 등을 동일 지지물에 시설하는 경우, 특고압 가공 전선로는 어떤 종류의 보안공사로 하여야 하는가?

① 제1종 특고압 보안공사
② 제2종 특고압 보안공사
③ 제3종 특고압 보안공사
④ 고압 보안공사

풀이

특고압 가공전선과 가공 약전류전선 등의 공가 (판단기준 제122조)
① 사용전압 **35[kV] 이하**에 한하여 공가할 수 있으며, 전선로는 **제2종 특고압 보안 공사**에 의한다.
② 특고압 가공전선은 케이블인 경우 이외에는 인장강도 21.67[kN] 이상의 연선 또는 단면적이 55[mm²] 이상인 경동연선 이상으로 가공 약전선 위에 별개의 완금류에 시설한다.
③ 이격 거리는 2 [m] 이상으로 한다. (케이블인 경우에는 50[cm]까지로 감할 수 있다.)

【답】②

국가기술자격검정 필기시험 문제

2010년도 전기산업기사 일반검정 제2회

자격종목 및 등급(선택분야)	종목코드	시험시간	문제지형별	수검 번호	성 명
전기산업기사	2140	2시간 30분	A		

1과목 전기자기학

문제 01 Q와 $-Q$로 대전된 두 도체 n과 r사이의 전위차를 전위 계수로 표시하면?

① $(P_{nn} - 2P_{nr} + P_{rr})Q$

② $(P_{nn} + 2P_{nr} + P_{rr})Q$

③ $(P_{nn} + P_{nr} + P_{rr})Q$

④ $(P_{nn} - P_{nr} + P_{rr})Q$

풀이

$V_1 = P_{nn}Q_1 + P_{nr}Q_2$, $V_2 = P_{rn}Q_1 + P_{rr}Q_2$ 에서
$Q_1 = Q$, $Q_2 = -Q$ 를 대입하면
$$V_1 = P_{nn}Q - P_{nr}Q, \quad V_2 = P_{rn}Q - P_{rr}Q$$
전위차 $V = V_1 - V_2 = (P_{nn} - 2P_{nr} + P_{rr})Q$ **【답】** ①

문제 02 감자력은?

① 자속에 비례한다.

② 자화의 세기에 비례한다.

③ 자극의 세기에 반비례한다.

④ 자계의 세기에 반비례한다.

풀이

평등자계 H_0중에 상자성체를 놓고 자성체 단면에 $-m$ 과 $+m$의 자극을 갖도록 자화가 되었을 때, 자성체 내부에는 외부자계 H_0와 반대 방향으로 자극 $\pm m$에 의한 자계 H'를 생기게 하므로 자성체 내부에서의 자계 H는 $H = H_0 - H'$가 되고 이때 H'를 감자력이라 한다. 감자력 H'는 자화의 세기 J에 비례하며 자성체의 형태에 따라 결정되므로 다음과 같이 놓을 수 있다.

$$H' = \frac{N}{\mu_0}J \propto J$$

따라서, **감자력은 자화의 세기 J에 비례**하게 된다. **【답】** ②

문제 03 2 [Wb/m^2]인 평등자계 속에 자계와 직각방향으로 놓인 길이 30 [cm]인 도선을 자계와 30°각도의 방향으로 30 [m/sec]의 속도로 이동할 때, 도체 양단에 유기되는 기전력은?

① 3 [V]

② 9 [V]

③ 30 [V]

④ 90 [V]

풀이

$$e = Blv\sin\theta = 2 \times 0.3 \times 30 \times \sin 30° = 9[V]$$ **【답】** ②

문제 04 넓이 4 [m^2], 간격 1 [m]의 진공 평행판 콘덴서에 1 [C]의 전하를 충전하는 경우 평행판 사이의 힘 [N]은?

① $\dfrac{1}{4\epsilon_0}$ [N]

② $\dfrac{1}{8\epsilon_0}$ [N]

③ $\dfrac{1}{16\epsilon_0}$ [N]

④ $\dfrac{1}{32\epsilon_0}$ [N]

풀이

평행판 전극 도체에 작용하는 단위 면적당의 힘 f는

$$f = \frac{1}{2}DE = \frac{1}{2}\epsilon_0 E^2 = \frac{1}{2}\frac{D^2}{\epsilon_0} = \frac{1}{2}\frac{\sigma^2}{\epsilon_0} [N/m^2]$$

평행판 전극 도체에 작용하는 힘 F는

$$F = fS = \frac{\sigma^2}{2\epsilon_0}S = \frac{1}{2\epsilon_0}\left(\frac{Q}{S}\right)^2 S = \frac{1}{2\epsilon_0} \times \frac{Q^2}{S}$$

$$\therefore F = \frac{1}{2\epsilon_0} \times \frac{1^2}{4} = \frac{1}{8\epsilon_0} [N]$$ **【답】** ②

문제 05 진공 중에서 폐곡면을 통하여 나가는 전력선의 총 수는 그 내부에 있는 점전하의 대수적 합의 몇 배가 되는가?

① ϵ_0

② $\dfrac{1}{\epsilon_0}$

③ ϵ_0^2

④ 1

가우스의 정리 $\int_s E \cdot dS = \dfrac{1}{\epsilon_0} \times \sum_{n=1}^{n} Q_i$

즉, 진공 중의 폐곡면에서 나오는 전 전기력선 수는 폐곡면 내에 있는 전 전하량의 $\dfrac{1}{\epsilon_0}$ 배와 같다.　　【답】②

문제 06 평행판 콘덴서에서 전극판사이의 거리를 1/2로 줄이면 콘덴서의 용량은 처음 값에 대하여 어떻게 되는가?

① $\dfrac{1}{2}$ 로 감소한다.　　② $\dfrac{1}{4}$ 로 감소한다.

③ 2배로 증가한다.　　④ 4배로 증가한다.

$C = \epsilon \dfrac{S}{d}$ [F]에서 $C' = \epsilon \dfrac{S}{\frac{d}{2}} = 2\epsilon \dfrac{S}{d}$ [F]이므로 2배가 된다.　【답】③

문제 07 자계의 세기가 800[AT/m]이고, 자속밀도가 0.2[Wb/m²]인 재질의 투자율[H/m]은?

① 2.5×10^{-3}[H/m]　　② 4×10^{-3}[H/m]

③ 2.5×10^{-4}[H/m]　　④ 4×10^{-4}[H/m]

$B = \mu H$ 에서　$\mu = \dfrac{B}{H} = \dfrac{0.2}{800} = 2.5 \times 10^{-4}$ [H/m]　【답】③

문제 08 유전체 콘덴서에 전압을 인가할 때 발생하는 현상으로 옳지 않은 것은?

① 속박전하의 변위가 분극전하로 나타난다.

② 유전체면에 나타나는 분극전하 면밀도와 분극의 세기는 같다.

③ 유전체 콘덴서는 공기콘덴서에 비하여 전계의 세기는 작아지고 정전용량은 커진다.

④ 단위 면적당의 전기 쌍극자모멘트가 분극의 세기이다.

분극의 세기 P

• 단위 면적당의 분극 전하량 $P = \dfrac{Q}{S}$

• 단위 체적당의 전기 쌍극자 모멘트 $P = \dfrac{M}{V}$　【답】④

문제 09 서로 멀리 떨어져 있는 두 도체를 각각 V_1, $V_2 (V_1 > V_2)$의 전위로 충전한 후 가느다란 도선으로 연결하였을 때 그 도선을 흐르는 전하 Q[C]는? (단, C_1, C_2는 두 도체의 정전용량이라 한다.)

① $\dfrac{C_1^2}{C_1 + C_2}(V_1 - V_2)$

② $\dfrac{(C_1 + C_2)^2}{C_1 C_2}(V_1 - V_2)$

③ $\dfrac{C_1 C_2}{C_1 + C_2}(V_1 - V_2)$

④ $\dfrac{1}{2}\left(\dfrac{C_1 C_2}{C_1 + C_2}\right)(V_1 - V_2)$

두 도체의 처음 전하를 각각 Q_1, Q_2 [C], 가느다란 도체로 연결한 후의 전하를 Q_1', Q_2'[C]라 하면,

$$C_1 V_1 + C_2 V_2 = Q_1 + Q_2 = Q_1' + Q_2' = C_1 V + C_2 V \text{[C]}$$

공통 전위 $V = \dfrac{C_1 V_1 + C_2 V_2}{C_1 + C_2}$ [V]

그러므로 도체를 흐르는 전하량 Q [C]는

$$\therefore Q = Q_1 - Q_1' = C_1 V_1 - C_1 V = \dfrac{C_1 C_2}{C_1 + C_2}(V_1 - V_2) \text{[C]}$$

【답】③

문제 10 표피효과에 관한 설명으로 옳지 않은 것은?

① 도체에 교류가 흐르면 표면으로부터 중심으로 들어 갈수록 전류밀도가 작아진다.

② 고주파일수록, 도체의 전도도 및 투자율이 클수록 심하다.

③ 도체 내부는 전류의 전도에 거의 관여하지 않으므로 전기저항이 증가하는 요인이 된다.

④ 도체 내의 전류 또는 자속의 분포는 표면에서의 깊이에 대하여 지수 함수적으로 증가된다.

표피효과 $\delta = \sqrt{\dfrac{2}{\omega \sigma \mu}}$

여기서, σ : 도전율, μ : 투자율

따라서, 주파수가 높을수록, 도전율이 높을수록, 투자율이 높을수록 표피 두께 δ가 감소하므로 표피효과는 증대되어 도체의 실효저항이 증가한다. 즉, **도체 내부의 전류밀도가 지수 함수적으로 감소된다.**　【답】④

문제 11 공심 솔레노이드의 내부 자계의 세기가 800 [AT/m]일 때, 자속밀도[Wb/m²]는 약 얼마인가?

① 1×10^{-3}[Wb/m²] ② 1×10^{-4}[Wb/m²]

③ 1×10^{-5}[Wb/m²] ④ 1×10^{-6}[Wb/m²]

풀이

공심 솔레노이드이므로

$$\therefore B = \mu_0 H = 4\pi \times 10^{-7} \times 800 = 10^{-3}\,[\text{Wb/m}^2]$$ 【답】 ①

문제 12 20[℃]에서 저항 온도계수가 0.004인 동선의 저항이 100[Ω]이었다. 이 동선의 온도가 80[℃]일 때 저항은?

① 24[Ω] ② 48[Ω]

③ 72[Ω] ④ 124[Ω]

풀이

$$R_{80} = R_{20}\{1 + \alpha_{20}(T - t)\}$$
$$= 100\{1 + 0.004(80 - 20)\} = 124\,[\Omega]$$ 【답】 ④

문제 13	2011년도 1회 문제 09
문제 14	2015년도 1회 문제 04
문제 15	2014년도 1회 문제 09
문제 16	2014년도 1회 문제 12
문제 17	2013년도 2회 문제 03
문제 18	2012년도 3회 문제 17
문제 19	2016년도 1회 문제 17
문제 20	2014년도 3회 문제 15

2과목 전력공학

문제 21 전선 지지점에 고저차가 없는 경간 300[m] 인 송전선로가 있다. 이도를 8[m]로 유지할 경우 지지점 간의 전선 길이는 약 몇 [m]인가?

① 300.1[m] ② 300.3[m]

③ 300.6[m] ④ 300.9[m]

풀이

전선의 길이

$$L = S + \frac{8D^2}{3S} = 300 + \frac{8 \times 8^2}{3 \times 300} = 300.57\,[\text{m}]$$ 【답】 ③

문제 22 선로의 특성 임피던스에 대한 설명으로 알맞은 것은?

① 선로의 길이에 비례한다.

② 선로의 길이에 반비례한다.

③ 선로의 길이에 관계없이 일정하다.

④ 선로의 길이보다 부하에 따라 변화한다.

풀이

선로의 특성임피던스 $Z_0 = \sqrt{\dfrac{L}{C}}$: **길이에 무관하다.**
(저항 및 누설콘덕턴스 무시) 【답】 ③

문제 23 가공배전선로의 부하 분기점에 설치하여 선로고장 발생시 선로의 타 보호기기와 협조하여 고장구간을 신속하게 개방하는 개폐장치는?

① 고장구간 자동 개폐기

② 자동 선로 구분 개폐기

③ 자동 부하 전환 개폐기

④ 기중부하 개폐기

풀이

- 고장 구간 자동 개폐기 (ASS : Auto Section Switch) : 수용가의 구내 고장이 배전 선로에 파급되는 것을 방지하기 위하여 설치
- **자동 선로 구분 개폐기 (섹셔널라이저) : 부하분기점에 설치되어 고장발생시 선로의 타보호기기와 협조하여 고장구간을 신속 정확히 개방하는 자동구간 개폐기**
- 자동 부하 전환 개폐기(ALTS : Automatic Load Transfer Switch) : 수전점에 설치하여 주전원이 정전되면 자동적으로 예비전원으로 절체되어 계속적으로 전력을 공급 할 수 있는 기능을 가진 개폐기 【답】 ②

문제 24 3상 동기발전기의 고장전류를 계산할 때, 영상전류 I_0, 정상전류 I_1 및 역상전류 I_2가 같은 경우는 어떤 사고로 볼 수 있는가?

① 선간 지락 ② 1선 지락

③ 2선 단락 ④ 3상 단락

풀이

고장별 대칭분 및 전류의 크기

고장의 종류	대 칭 분	전류의 크기
3상 단락	정상분	$I_1 \neq 0,\ I_2 = I_0 = 0$
선간 단락	정상분, 역상분	$I_1 = -I_2 \neq 0,\ I_0 = 0$
1선 지락	**정상분, 역상분, 영상분**	$I_0 = I_1 = I_2 \neq 0$

【답】 ②

문제 25 수소냉각발전기에 대한 설명 중 잘못된 것은?

① 풍손이 감소하고 발전기 효율이 상승한다.

② 수소는 공기보다 코로나 발생전압이 낮다.

③ 수소는 열전도가 크고 냉각효과가 높다.

④ 발전기는 전폐형으로 습기의 침입이 적다.

풀이

수소 냉각의 장·단점

1) 장점
   - 수소의 밀도는 공기의 약 7[%]이므로 풍손이 공기냉각에 비해 1/10로 감소
   - 냉각효과가 크다.
   - 수소는 공기보다 불활성이므로 코일의 절연 수명이 길게 된다.
   - 전폐형으로 함으로서 불순물의 침입이 없고 소음을 현저하게 감소시킨다.
   - **코로나 전압이 높아 코로나의 발생이 적다.**
2) 단점
   - 수소와 공기가 적당히 혼합 시 폭발하게 된다.
   - 설비비가 많이 든다. 【답】②

문제 26 화력 발전소의 재열기(reheater)의 목적은?

① 급수를 가열한다.　② 석탄을 건조한다.

③ 공기를 예열한다.　④ 증기를 가열한다.

풀이

- 절탄기 : 보일러 급수를 예열
- 공기 예열기 : 연소용 공기를 예열
- **재열기 : 터빈에서 팽창한 증기를 다시 가열**
- 과열기 : 포화증기를 가열 【답】④

문제 27 수용가측에서 부하의 무효전력 변동분을 흡수하여 플리커의 발생을 방지하는 대책으로 거리가 먼 것은?

① 부스터 방식

② 동기조상기와 리액터 방식

③ 사이리스터 이용 콘덴서 개폐방식

④ 사이리스터용 리액터 방식

풀이

수용가측에서 실시하는 **플리커 발생방지 대책**

1) 전원계통에 리액터분을 보상하는 방법
   - 직렬 콘덴서 방식
   - 3권선 보상변압기 방식
2) **전압강하를 보상하는 방법**
   - **부스터 방식**
   - 상호 보상 리액터 방식

3) 부하의 무효전력 변동분을 흡수하는 방법
   - 동기 조상기와 리액터 방식
   - 사이리스터 이용 콘덴서 개폐 방식
   - 사이리스터용 리액터
4) 플리커 부하 전류의 변동분을 억제하는 방식
   - 직렬 리액터 방식
   - 직렬 리액터 가포화 방식 【답】①

문제 28 저압 뱅킹 배전방식에서 캐스케이딩 현상이란?

① 전압 동요가 적은 현상

② 변압기의 부하 배분이 불균일한 현상

③ 저압선이나 변압기에 고장이 생기면 자동적으로 고장이 제거되는 현상

④ 저압선의 고장에 의하여 건전한 변압기의 일부 또는 전부가 차단되는 현상

풀이

캐스케이딩 현상이란 Banking 배전방식으로 운전 중 건전한 변압기 일부가 고장이 발생하면 **부하가 다른 건전한 변압기에 걸려서 고장이 확대되는 현상**을 말한다. 【답】④

문제 29 유효낙차가 40[%] 저하되면 수차의 효율이 20[%] 저하 된다고 할 경우 이때의 출력은 원래의 약 몇 [%]인가? (단, 안내 날개의 열림은 불변인 것으로 한다.)

① 37.2[%]　　② 48.0[%]

③ 52.7[%]　　④ 63.7[%]

풀이

출력 P, 낙차 H, 효율을 η 라 하면

유량 $Q = \sqrt{2gH}$ 에서 $Q \propto H^{\frac{1}{2}}$

출력 $P = 9.8QH\eta$ 에서 $P \propto QH\eta = H^{\frac{3}{2}} \times \eta$

따라서, $P : P' = H^{\frac{3}{2}}\eta : (0.6H)^{\frac{3}{2}}(0.8\eta)$

$\therefore P = (0.6^{\frac{3}{2}} \times 0.8)P = 0.3718P \,[\%]$ 【답】①

문제 30 초호환(arcing ring)의 설치 목적은?

① 애자연의 보호

② 클램프의 보호

③ 이상전압 발생의 방지

④ 코로나손의 방지

풀이

초호환(소호환 : arcing ring)의 목적
• 애자련의 전압분포 개선
• 선로의 섬락으로부터 **애자련의 보호**　　　【답】①

문제 31　3상이고 표준전압 3[kV], 600[kW]를 역률 0.85로 수전하는 공장의 수전회로에 시설하는 계기용 변류기의 변류비로 적당한 것은? (단, 변류기의 2차 전류는 5[A]이다.)

① 5　　　　　　　　　② 10

③ 20　　　　　　　　④ 40

풀이

$P= \sqrt{3}\, V_1 I_1 \cos\theta$ 에서

1차 전류 $I_1 = \dfrac{600\times 10^3}{\sqrt{3}\times 3000\times 0.85} = 135.85$[A]

변압기용 변류기는 25~50[%] 여유를 두므로

변류기의 변류비 $= \dfrac{1차\ 전류\times(1.25 \sim 1.5)}{5}$

$= \dfrac{135.85\times(1.25 \sim 1.5)}{5} = 33.96 \sim 40.75$

따라서, 변류비가 40인 변류기가 적당하다.　　　【답】④

문제 32　장거리 송전 선로의 특성은 어떤 회로로 다루는 것이 가장 알맞은가?

① 분산 부하 회로　　② 집중정수 회로

③ 분포 정수 회로　　④ 특성 임피던스 회로

풀이

구 분	거 리	선로 정수	회 로
단거리	수 [km]	R, L 만 고려	집중 정수 회로로 취급
중거리	수십 [km]	R, L, C 만 고려	T회로, π회로로 취급
장거리	수백 [km]	R, L, C, G 고려	분포 정수 회로로 취급

【답】③

문제 33　피뢰기의 구비조건으로 틀린 것은?

① 충격 방전 개시 전압이 높을 것

② 상용 주파 방전 개시 전압이 높을 것

③ 속류의 차단능력이 충분할 것

④ 방전 내량이 크고, 제한 전압이 낮을 것

풀이

피뢰기의 구비조건
① 상용 주파 방전 개시 전압이 높을 것
② **충격 방전 개시 전압이 낮을 것**

---

③ 제한 전압이 낮을 것
④ 속류 차단 능력이 클 것
⑤ 방전 내량이 크며 장시간 사용하여도 열화가 적을 것　【답】①

문제 34	2014년도 2회 문제 30
문제 35	2013년도 2회 문제 29
문제 36	2016년도 2회 문제 37
문제 37	2016년도 2회 문제 29
문제 38	2011년도 1회 문제 30
문제 39	2013년도 1회 문제 36
문제 40	2013년도 1회 문제 40

3과목　전기기기

문제 41　200±100[V], 5[kVA]인 3상 유도전압조정기의 직렬권선의 전류는?

① 약 28.9[A]　　　　② 약 50.1[A]

③ 약 57.8[A]　　　　④ 약 16.7[A]

풀이

3상 유도 전압 조정기의 정격 출력 $P= \sqrt{3}\, E_2 I_2$[VA]

여기서, E_2 : 조정 전압[V]

　　　　I_2 : 직렬 권선에 흐르는 정격 2차 전류[A]

$\therefore I_2 = \dfrac{P}{\sqrt{3}\, V_2} = \dfrac{5\times 10^3}{\sqrt{3}\times 100} = 28.87$[A]　　　【답】①

문제 42　10극, 3상 유도전동기가 있다. 회전자는 3상이고 정지시의 2차 1상의 전압이 150[V]이다. 이 회전자를 회전자계와 반대방향으로 400[rpm] 회전시키면 2차 전압은? (단, 1차 전원 주파수는 50[Hz]이다.)

① 150[V]　　　　　　② 200[V]

③ 250[V]　　　　　　④ 300[V]

풀이

$N_s = \dfrac{120f}{p} = \dfrac{120\times 50}{10} = 600$ [rpm]

$s = \dfrac{N_s -(-N)}{N_s} = \dfrac{600+400}{600} = 1.667$

$\therefore E_{2s} = s E_2 = 1.667\times 150 = 250$[V]　　　【답】③

문제 43 전동기에서 회전력이 작용하는 방향으로 맞는 것은?

① 인덕턴스가 증가하는 방향

② 자기저항이 증가하는 방향

③ 시스템의 에너지가 증가하는 방향

④ 전류가 증가하는 방향

풀이

3상 유도 전동기의 회전자는 회전자계의 방향으로 회전한다. 또한, 회전자계는 a, b, c상의 합성 기자력이 증가하는 방향, 즉 인덕턴스가 증가하는 방향으로 발생한다. 【답】①

문제 44 어떤 유도전동기가 부하시 슬립(s) 5[%]에서 한상당 10[A]의 전류를 흘리고 있다. 한상에 대한 회전자 유효저항이 0.1[Ω]일 때 3상 회전자출력은?

① 190[W] ② 570[W]

③ 620[W] ④ 780[W]

풀이

기계적 출력은 부하를 대표하는 저항 R중의 소비전력으로 나타낼 수 있으므로

$$P = 3I_1^2 R$$

$$R = \frac{1-s}{s}r_2 = \frac{1-0.05}{0.05} \times 0.1 = 1.9[\Omega]$$

$$\therefore P = 3I_1^2 R = 3 \times 10^2 \times 1.9 = 570[W]$$ 【답】②

문제 45 3상 유도 전동기의 원선도 작성에 필요한 기본량을 구하기 위한 시험이 아닌 것은?

① 충격 전압 시험 ② 저항 측정 시험

③ 무부하 시험 ④ 구속 시험

풀이

1) 원선도 작성에 필요한 시험은
  • **저항 측정** • **무부하 시험** • **구속 시험**이 있다.
2) 유도 전동기의 원선도에서 구할 수 있는 항목
  • 전부하 전류 • 역률 • 효율 • 슬립
  • 최대출력/정격출력 • 토크 【답】①

문제 46 동기전동기에 관한 설명으로 잘못된 것은?

① 제동권선이 필요하다.

② 난조가 발생하기 쉽다.

③ 여자기가 필요하다.

④ 역률을 조정할 수 없다.

풀이

동기 전동기는 계자 전류의 크기를 조정함으로써 **지상에서부터 진상까지 역률을 조정**할 수 있으며, 속도가 불변이고, 결점으로는 기동 토크가 작은 점이다. 【답】④

문제 47 정격 전압이 120[V]인 직류 분권 발전기가 있다. 전압 변동률이 5[%]인 경우 무부하 단자전압은?

① 114[V] ② 126[V]

③ 132[V] ④ 138[V]

풀이

전압 변동률 $\epsilon = \dfrac{V_0 - V_n}{V_n} \times 100\,[\%]$에서

$$V_0 = \frac{\epsilon V_n}{100} + V_n = \frac{5 \times 120}{100} + 120 = 126[V]$$ 【답】②

문제 48 부하변동이 심한 부하에 직권전동기를 사용할 때 전기자 반작용을 감소시키기 위해서 설치하는 것은?

① 계자권선 ② 보상권선

③ 브러시 ④ 균압선

풀이

• 보상 권선 : 전기자 반작용 방지
• 보극 : 정류작용 개선 【답】②

문제 49 220[V] 3상 유도전동기의 전부하 슬립이 4[%]이다. 공급전압이 10[%] 저하된 경우의 전부하 슬립은?

① 4[%] ② 5[%]

③ 6[%] ④ 7[%]

풀이

공급 전압이 10[%] 저하된 경우의 전부하 슬립을 s'라 하면

$$s' = s \times \left(\frac{V}{V'}\right)^2 = s \times \left(\frac{V}{V \times 0.9}\right)^2 = 0.04 \times \left(\frac{220}{220 \times 0.9}\right)^2$$

$$= 0.05 = 5[\%]$$ 【답】②

문제 50 변압기에서 권수가 2배가 되면 유기기전력은 몇 배가 되는가?

① $\dfrac{1}{2}$ ② 1

③ 2 ④ 4

풀이

변압기의 유기 기전력 $E_1 = 4.44 f w_1 \Phi_m$ 에서 **기전력과 권수는 비례**한다. 즉, $E \propto w$ 이므로 권수가 2배가 되면 유기기전력도 2배가 된다. 【답】③

문제 51 전기자 도체의 굵기, 권수 및 극수가 같을 때 소전류, 고전압을 얻을 수 있는 권선법은?

① 단중 중권 ② 단중 파권

③ 균압 접속 ④ 개로권

풀이

중권과 파권의 비교 요약

비교 항목	단중 중권	단중 파권
전기자의 병렬 회로수(a)	$p(mp)$	$2(2m)$
브러시 수(b)	p	2
용도	저전압, 대전류	**고전압, 소전류**
균압 접속	4극 이상이면 균압 접속을 하여야 한다.	균압 접속은 필요 없다.

여기서, m : 다중도, p : 극수, a : 전기자 병렬 회로 수
　　　　b : 브러시 수 【답】②

문제 52 변압기의 단락시험과 관련 없는 것은?

① 권선의 저항

② 임피던스 전압

③ 임피던스 와트

④ 여자 어드미턴스

풀이

변압기의 단락 시험으로는 임피던스 와트, 임피던스 전압 및 입력 전류를 측정하여 누설 임피던스, 누설 리액턴스, 권선의 저항 등을 산출하고, **여자 어드미턴스는 무부하 시험으로 계산**한다. 【답】④

문제 53 2차 권선이 무부하 상태에서 변압기 여자 전류의 실효값을 결정하는 요소로 바르게 연결된 것은?

① 1차 권선 자기 인덕턴스, 1차 단자 전압 실효값

② 1차 권선 자기 인덕턴스, 2차 유기 기전력

③ 2차 권선 자기 인덕턴스, 입력 전압 실효값

④ 2차 권선 자기 인덕턴스, 2차 유기 기전력

풀이

무부하 상태에서의 변압기 1차 전류는 여자 전류 이므로

여자전류 $I_0 = \dfrac{V_1}{\omega L_1}$ [A] 【답】①

문제 54 3상 동기 발전기의 여자 전류가 5[A]일 때 1상의 유기 기전력은 440[V]이고 3상 단락전류는 20[A]이다. 이 발전기의 동기 임피던스는?

① 17 [Ω] ② 20 [Ω]

③ 22 [Ω] ④ 25 [Ω]

풀이

동기임피던스는 정격 상전압 E_n[V]을 단락 전류 I_s[A]로 나눈 값을 동기 임피던스라 한다.

$$Z_s = \frac{E_n}{I_s} = \frac{440}{20} = 22[\Omega]$$

【답】③

문제 55 다음 기기 중 공장에서 역률을 개선하려고 할 때 쓰이는 기기가 아닌 것은?

① 동기조상기 ② 콘덴서용 직렬리액터

③ 전력용 콘덴서 ④ 회전변류기

풀이

• 동기 조상기 : 지상 및 진상 무효 전력을 공급하여 역률 개선
• 콘덴서용 직렬 리액터 : 진상 무효 전력을 공급하는 전력용 콘덴서에 직렬로 접속하여 제5고조파를 상쇄
• 전력용 콘덴서 : 진상 무효 전력을 공급하여 역률 개선.
• **회전 변류기 : 교류 전력을 직류 전력으로 바꾸는 회전기로서 역률 개선과는 무관**하다. 【답】④

문제 56 직류 전동기의 정출력 제어를 위한 속도 제어법은?

① 워드 레오너드 제어법

② 전압 제어법

③ 계자 제어법

④ 전기자 저항 제어법

풀이

직류 전동기의 속도 제어 $N = K' \dfrac{E_c}{\phi} = K' \dfrac{V - I_a R_a}{\phi}$ [rps]

전압 제어 (V)	효율이 좋다.	• 정토크 제어 • 광범위 속도제어 • 일그너 방식(부하가 급변하는 곳) • 워드레너드 방식 • 직병렬 제어
계자 제어 (ϕ)	효율이 좋다.	• **정출력 제어** • 세밀하고 안정된 속도 제어 • 속도 조정 범위 좁다.
저항 제어 (R_a)	효율이 나쁘다.	• 속도 조정 범위 좁다.

【답】③

문제 57 3상 직권 정류자 전동기의 중간 변압기는 고정자 권선과 회전자 권선 사이에 직렬로 접속되는데 이 중간 변압기를 사용하는 중요한 이유는?

① 경부하시 속도의 급상승 방지를 위하여

② 주파수 변동으로 속도를 조정하기 위하여

③ 회전자 상수를 감소하기 위하여

④ 역회전을 방지하기 위하여

풀이

3상 직권 정류자 전동기의 **중간 변압기**는 고정자 권선과 회전자 권선 사이에 직렬로 접속되며 이 중간 변압기를 사용하는 주요한 이유는 다음과 같다.

① 전원 전압의 크기에 관계없이 정류에 알맞은 회전자 전압을 선택할 수 있다.

② 중간 변압기의 권수비를 바꾸어 전동기의 특성을 조정할 수 있다.

③ 직권 특성이기 때문에 **경부하에서는 속도가 매우 상승**하나 중간 **변압기를 사용, 그 철심을 포화하도록 하면 그 속도 상승을 제한할** 수 있다.

【답】 ①

문제 58 2개의 사이리스터로 단상전파정류를 하여 90[V]의 직류 전압을 얻는데 필요한 최대 첨두역전압은 약 얼마인가?

① 141[V]

② 283[V]

③ 365[V]

④ 400[V]

풀이

첨두역전압 $\mathrm{PIV} = \pi E_d$ [V] 에서

$\mathrm{PIV} = \pi \times 90 = 282.74$[V]

【답】 ②

문제 59 2016년도 1회 문제 60

문제 60 2012년도 3회 문제 51

4과목 회로이론

문제 61 두 코일의 자기 인덕턴스가 L_1[H], L_2[H]이고 상호 인덕턴스가 M일 때 결합계수 k는?

① $\dfrac{\sqrt{L_1 L_2}}{M}$

② $\dfrac{M}{\sqrt{L_1 L_2}}$

③ $\dfrac{M^2}{L_1 L_2}$

④ $\dfrac{L_1 L_2}{M^2}$

풀이

상호 인덕턴스 $M = k\sqrt{L_1 \cdot L_2}$ 에서

결합계수 $k = \dfrac{M}{\sqrt{L_1 \cdot L_2}}$

【답】 ②

문제 62 대칭 3상 Y부하에서 각 상의 임피던스가 $3 + j4$[Ω]이고 부하 전류가 20[A]일 때 이 부하에서 소비되는 전 전력은?

① 1400[W]

② 1600[W]

③ 1800[W]

④ 3600[W]

풀이

$P = 3I^2 R = 3 \times 20^2 \times 3 = 3600$ [W]

【답】 ④

문제 63 최대치 100[V], 주파수 60[Hz]인 정현파 전압이 $t = 0$에서 순시치가 50[V]이고 이 순간에 전압이 감소하고 있을 경우의 정현파의 순시치 식은?

① $100\sin(120\pi t + 45°)$

② $100\sin(120\pi t + 135°)$

③ $100\sin(120\pi t + 150°)$

④ $100\sin(120\pi t + 30°)$

풀이

$v = 100\sin(\omega t + 150°)$

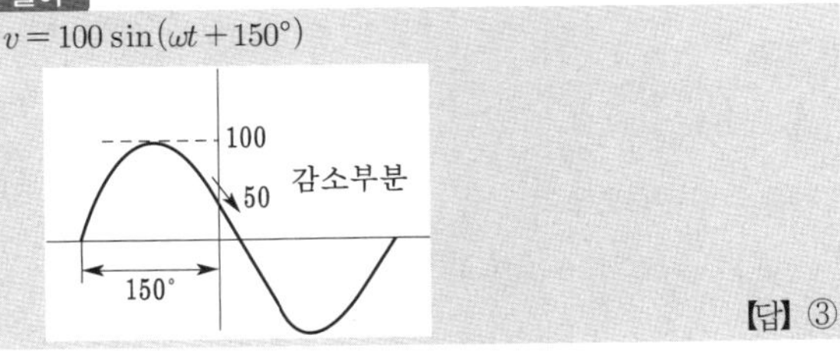

【답】 ③

문제 64 선간 전압 200[V], 부하 임피던스 $24 + j7$ [Ω]인 3상 Y결선의 3상 유효전력은?

① 192[W]

② 512[W]

③ 1536[W]

④ 4608[W]

풀이

• 임피던스 $Z = 24 + j7 = \sqrt{24^2 + 7^2} = 25$[Ω]

• 상전류 $I = \dfrac{E}{Z} = \dfrac{\frac{200}{\sqrt{3}}}{25} = \dfrac{8}{\sqrt{3}}$ [A]

• 3상 전력 $P = 3I^2 R$ 에서

$P = 3 \times \left(\dfrac{8}{\sqrt{3}}\right)^2 \times 24 = 1536$[W]

【답】 ③

문제 65 $R = 50[\Omega]$, $L = 200[\text{mH}]$의 직렬회로에 주파수 $f = 50[\text{Hz}]$의 교류에 대한 역률은?

① 82.3[%]   ② 72.3[%]

③ 62.3[%]   ④ 52.3[%]

풀이

$R - L$ 직렬 회로의 $\cos\theta = \dfrac{R}{Z} = \dfrac{R}{\sqrt{R^2 + X_L^2}}$

$$\cos\theta = \frac{50}{\sqrt{50^2 + (2 \times 3.14 \times 50 \times 200 \times 10^{-3})^2}} = 0.623$$

$\therefore 62.3\,[\%]$ **[답]** ③

문제 66 그림과 같은 $R - L - C$ 회로망에서 입력 전압을 $e_i(t)$, 출력량을 전류 $i(t)$로 할 때, 이 요소의 전달 함수는 어느 것인가?

① $\dfrac{Rs}{LCs^2 + RCs + 1}$

② $\dfrac{RLs}{LCs^2 + RCs + 1}$

③ $\dfrac{Ls}{LCs^2 + RCs + 1}$

④ $\dfrac{Cs}{LCs^2 + RCs + 1}$

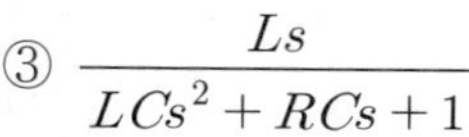

풀이

$$e_i(t) = Ri(t) + L\frac{d}{dt}i(t) + \frac{1}{C}\int i(t)\,dt$$

라플라스 변환하면

$$E_i(s) = RI(s) + LsI(s) + \frac{1}{Cs}I(s)$$

$$\therefore \frac{I(s)}{E_i(s)} = \frac{Cs}{LCs^2 + RCs + 1}$$

[답] ④

문제 67 전송선로에서 무손실일 때 $L = 96[\text{mH}]$, $C = 0.6[\mu\text{F}]$이면 특성 임피던스는?

① 10[Ω]   ② 40[Ω]

③ 100[Ω]   ④ 400[Ω]

풀이

특성 임피던스 $Z_0 = \sqrt{\dfrac{R + j\omega L}{G + j\omega C}}$

무손실 선로에서 $R = 0$, $G = 0$ 이므로

따라서, $Z_0 = \sqrt{\dfrac{L}{C}} = \sqrt{\dfrac{96 \times 10^{-3}}{0.6 \times 10^{-6}}} = 400[\Omega]$ **[답]** ④

문제 68 어떤 회로에서 유효전력 80[W], 무효전력 60[Var]일 때 역률은?

① 50[%]   ② 70[%]

③ 80[%]   ④ 90[%]

풀이

$$P = 80[\text{W}], \quad P_r = 60[\text{Var}]$$

피상 전력 $P_a = \sqrt{P^2 + P_r^2} = \sqrt{80^2 + 60^2} = 100[\text{VA}]$

$$\cos\theta = \frac{P}{P_a} = \frac{80}{100} = 0.8, \quad \therefore 80[\%]$$

[답] ③

문제 69 저항 30[Ω], 용량성 리액턴스 40[Ω]의 병렬 회로에 120[V]의 정현파 교류 전압을 가할 때 전체 전류는?

① 3[A]   ② 4[A]

③ 5[A]   ④ 6[A]

풀이

• 저항에 흐르는 전류 $I_R = \dfrac{E}{R} = \dfrac{120}{30} = 4[\text{A}]$

• 용량성 리액턴스에 흐르는 전류

$$I_c = \frac{E}{-jX_c} = j\frac{E}{X_c} = j\frac{120}{40} = j3[\text{A}]$$

• 전체 전류 $I = I_R + jI_c = 4 + j3 = \sqrt{4^2 + 3^2} = 5[\text{A}]$ **[답]** ③

문제 70 어떤 회로 소자에 $e = 125\sin 377t[\text{V}]$를 가했을 때 전류 $i = 25\sin 377t[\text{A}]$가 흐른다면 이 소자는?

① 다이오드   ② 순저항

③ 유도 리액턴스   ④ 용량 리액턴스

풀이

• L 회로 : $I = \dfrac{E}{j\omega L} = -j\dfrac{E}{\omega L}$: 전류가 전압보다 위상이 $\dfrac{\pi}{2}$ 늦다.

• C 회로 : $I = j\omega CE$: 전류가 전압보다 위상이 $\dfrac{\pi}{2}$ 앞선다.

• R 회로 : $I = \dfrac{E}{R}$: 전압과 전류가 동상이다.

따라서, **전압과 전류의 위상차가 없으므로 순 저항만의 부하이다.**

[답] ②

문제 71 어떤 회로망의 4단자 정수가 $A = 8$, $B = j2$, $D = 3 + j2$이면 이 회로망의 C는?

① $2 + j3$ ② $3 + j3$

③ $24 + j14$ ④ $8 - j11.5$

풀이

$AD - BC = 1$ 이므로

$$C = \frac{AD-1}{B} = \frac{8(3+j2)-1}{j2} = 8 - j11.5$$ 【답】④

문제 72 그림의 회로에서 단자 a, b 에 걸리는 전압 V_{ab}는 몇[V]인가?

① 12
② 18
③ 24
④ 36

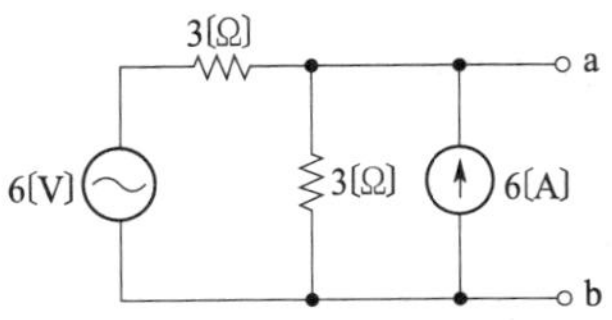

풀이

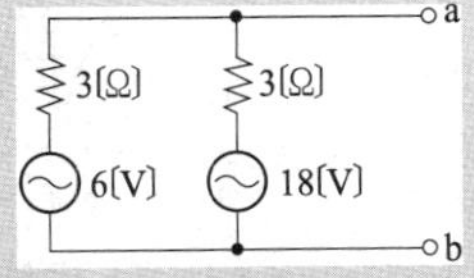

전류원을 전압원으로 등가 변환하면
밀만의 정리에 의해

$$V_{ab} = \frac{\dfrac{E_1}{R_1} + \dfrac{E_2}{R_2}}{\dfrac{1}{R_1} + \dfrac{1}{R_2}} = \frac{\dfrac{6}{3} + \dfrac{18}{3}}{\dfrac{1}{3} + \dfrac{1}{3}} = 12[V]$$ 【답】①

문제 73 다음 함수 $F(s) = \dfrac{5s+3}{s(s+1)}$ 의 역라플라스 변환은?

① $2 + 3e^{-t}$
② $3 + 2e^{-t}$
③ $3 - 2e^{-t}$
④ $2 - 3e^{-t}$

풀이

$$F(s) = \frac{5s+3}{s(s+1)} = \frac{A}{s} + \frac{B}{s+1}$$

$$A = \frac{5s+3}{s+1}\bigg|_{s=0} = \frac{3}{1} = 3$$

$$B = \frac{5s+3}{s}\bigg|_{s=-1} = \frac{-2}{-1} = 2 \text{ 이므로}$$

$$F(s) = \frac{3}{s} + \frac{2}{s+1} \qquad \mathcal{L}^{-1}(F(s)) = 3 + 2e^{-t}$$ 【답】②

문제 74	2016년도 1회 문제 72
문제 75	2011년도 3회 문제 68
문제 76	2012년도 3회 문제 65
문제 77	2011년도 3회 문제 77
문제 78	2016년도 3회 문제 73

문제 79	2011년도 1회 문제 70
문제 80	2011년도 3회 문제 72

5과목 전기설비기술기준 및 판단기준

문제 81 정격전류가 15[A]를 넘고 20[A] 이하인 배선용차단기로 보호되는 저압 옥내전로의 콘센트는 정격전류가 몇 [A] 이하인 것을 사용하여야 하는가?

① 15
② 20
③ 30
④ 50

풀이

분기회로의 시설 (판단기준 제176조)
정격 전류가 15 [A]를 넘고 20 [A] 이하의 배선용 차단기에 접속하는 콘센트의 정격 전류는 20 [A] 이하를 사용한다. 【답】②

문제 82 시가지에 시설되어 있는 가공 직류 전차선의 장선에는 가공 직류 전차선간 및 가공 직류 전차선으로부터 60[cm] 이내의 부분 이외에 접지공사를 할 때, 몇 종 접지공사를 하여야 하는가?

① 제1종 접지공사
② 제2종 접지공사
③ 제3종 접지공사
④ 특별 제3종 접지공사

풀이

조가용선 및 장선의 접지(판단기준 제258조)
직류 전기 철도용 급전선과 가공 직류 전차선을 접속하는 전선을 조가하는 금속선은 그 전선으로부터 애자로 절연하고 또한 이에 **제3종 접지공사**를 하여야 한다. 다만, 직류 전기 철도용 급전선과 가공 직류 전차선을 접속하는 전선을 조가하는 금속선에 애자를 2개 이상 접근하여 직렬로 붙일 경우에는 접지공사를 하지 아니하여도 된다. 【답】③

문제 83 특고압 가공전선로를 가공 케이블로 시설하는 경우 잘못된 것은?

① 조가용선에 행거의 간격은 1[m]로 시설하였다.
② 조가용선 및 케이블의 피복에 사용하는 금속체에는 제3종 접지공사를 하였다.
③ 조가용선은 단면적 22[mm²]의 아연도강연선을 사용하였다.
④ 조가용선에 접촉시켜 금속테이프를 간격 20[cm] 이하의 간격을 유지시켜 나선형으로 감아 붙였다.

가공 케이블의 시설 (판단기준 제69조, 제106조)
가공 전선에 케이블을 사용하는 경우에는 다음과 같이 시설한다.
① 케이블은 조가용선에 행거로 시설하며 고압인 경우 **행거의 간격을 50 [cm] 이하로** 한다.
② 조가용선은 인장 강도 5.93 [kN] 이상의 것 또는 단면적 22 [mm²] 이상인 아연도철연선일 것을 사용한다.
③ 조가용선 및 케이블의 피복에 사용하는 금속체에는 제3종 접지공사를 한다.
④ 조가용선을 케이블에 접촉시켜 금속 테이프를 감는 경우에는 20 [cm] 이하의 간격으로 나선상으로 한다.

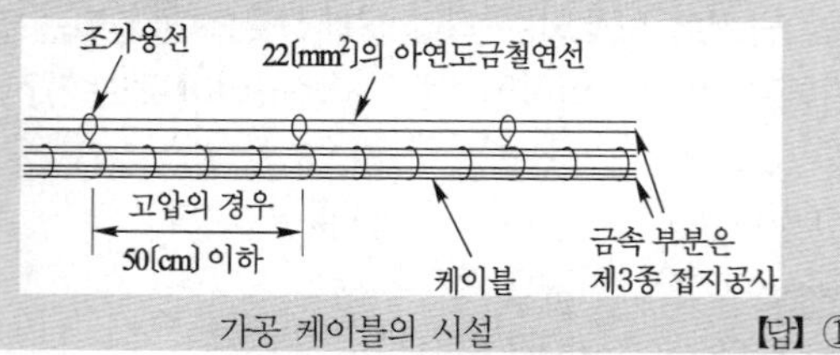

가공 케이블의 시설

[답] ①

문제 84 무선용 안테나 등을 지지하는 철탑의 기초 안전율은 얼마 이상이어야 하는가?

① 1.0
② 1.5
③ 2.0
④ 2.5

무선용 안테나 등의 지지하는 철탑 등의 시설 (판단기준 제164조)
전력 보안통신 설비인 무선통신용 안테나 또는 반사판 을 지지하는 목주·철근·철근 콘크리트주 또는 철탑은 다음 각 호에 의하여 시설하여야 한다.
① 목주의 안전율 : 1.5 이상
② 철주·철근 콘크리트주 또는 **철탑의 기초 안전율 : 1.5 이상**

[답] ②

문제 85 저압 또는 고압의 가공 전선로와 기설 가공 약전류 전선로가 병행할 때 유도작용에 의한 통신상의 장해가 생기지 않도록 전선과 기설 약전류 전선간의 이격거리는 몇 [m] 이상이어야 하는가? (단, 전기철도용 급전선과 단선식 전화선로는 제외한다.)

① 2
② 3
③ 4
④ 6

가공 약전류 전선로의 유도 장해 방지 (판단기준 제68조)
저압 또는 고압 가공전선로와 기설 가공 약전류 전선로가 병행하는 경우에는 유도 작용에 의하여 통신상의 장해가 생기지 아니하도록 **전선과 기설 약전류 전선간의 이격거리는 2 [m] 이상**이어야 한다.

[답] ①

문제 86 도로 등의 전열장치 시설에 맞지 않는 것은?

① 발열선의 전기공급은 전로의 대지전압 300[V]이하 일 것
② 콘크리트 기타 견고한 내열성이 있는 것 안에 시설할 것
③ 발열선은 그 온도가 80[℃]를 넘지 않도록 시설할 것
④ 발열선은 다른 약전류 전선 등에 자기적인 장애를 줄 것

도로 등의 전열장치의 시설 (판단기준 제235조)
• 발열선에 전기를 공급하는 전로의 대지전압은 300 [V] 이하일 것.
• 발열선은 사람이 접촉할 우려가 없고 또한 손상을 받을 우려가 없도록 콘크리트 기타 견고한 내열성이 있는 것 안에 시설할 것.
• 발열선은 그 온도가 80 [℃]를 넘지 아니하도록 시설할 것. 다만, 도로 또는 옥외주차장에 금속피복을 한 발열선을 시설할 경우에는 발열선의 온도를 120 [℃]이하로 할 수 있다.
• **발열선은 다른 전기설비·약전류 전선 등 또는 수관·가스관이나 이와 유사한 것에 전기적·자기적 또는 열적인 장해를 주지 아니하도록 시설할 것.**

[답] ④

문제 87 금속관공사에서 절연 부싱을 사용하는 가장 주된 목적은?

① 관의 끝이 터지는 것을 방지
② 관의 단구에서 조영재의 접촉 방지
③ 관내 해충 및 이물질 출입 방지
④ 관의 단구에서 전선 피복의 손상 방지

금속관 공사 (판단기준 제184조)
관의 단구에는 **전선의 피복이 손상하지 아니하도록 적당한 구조의 부싱을 사용할** 것

[답] ④

문제 88 옥내 관등회로의 사용전압이 1000[V]를 넘는 네온 방전등 공사로 적합하지 않는 것은?

① 애자 사용공사에 의한 전선 상호간의 간격은 10 [cm] 이상일 것
② 관등회로의 배선은 전개된 장소 또는 점검할 수 있는 은폐된 장소에 시설할 것
③ 네온변압기 외함에는 제3종 접지공사를 할 것
④ 애자 사용공사에 의한 전선의 지지점간의 거리는 1 [m] 이하일 것

옥내의 네온 방전등 공사 (판단기준 제215조)
옥내에 시설하는 관등회로의 사용 전압이 1,000[V]를 넘는 관등회로의 배선은 애자 사용 공사에 의하여 시설하고 또한 다음에 의할 것
① 전선은 네온 전선일 것
② 전선은 조영재의 옆면 또는 아랫면에 붙일 것. 다만, 전선을 전개된 장소에 시설하는 경우에 기술상 부득이한 때에는 그러하지 아니하다.
③ 전선의 지지점간의 거리는 1 [m] 이하일 것
④ **전선 상호간의 간격은 6 [cm] 이상일 것**
⑤ 네온 변압기의 외함에는 제3종 접지공사를 할 것　　【답】①

문제 89 시가지에 시설하는 특고압 가공전선로의 지지물이 철탑이고 전선이 수평으로 2이상 있는 경우에 전선 상호간의 간격이 4[m] 미만인 때에는 특고압 가공전선로의 경간은 몇 [m]이하이어야 하는가?

① 100　　　　　　　　② 150
③ 200　　　　　　　　④ 250

시가지 등에서 특고압 가공전선로의 시설 (판단기준 제104조)

지지물의 종류	경　간
A종 철주 또는 A종 철근 콘크리트주	75 [m]
B종 철주 또는 B종 철근 콘크리트주	150 [m]
철　탑	400 [m] (단주인 경우에는 300 [m]) 다만, **전선이 수평으로 2이상 있는 경우에 전선 상호 간의 간격이 4 [m] 미만인 때에는 250 [m])**

【답】④

문제 90 사용전압이 440[V]인 이동기중기용 접촉전선을 애자사용 공사에 의하여 옥내의 전개된 장소에 시설하는 경우 사용하는 전선으로 옳은 것은?

① 인장강도가 3.44[kN] 이상인 것 또는 지름 2.6 [mm]의 경동선으로 단면적이 8[mm^2] 이상인 것
② 인장강도가 3.44[kN] 이상인 것 또는 지름 3.2 [mm]의 경동선으로 단면적이 18[mm^2] 이상인 것
③ 인장강도가 11.2[kN] 이상인 것 또는 지름 6[mm]의 경동선으로 단면적이 28[mm^2] 이상인 것
④ 인장강도가 11.2[kN] 이상인 것 또는 지름 8[mm]의 경동선으로 단면적이 18[mm^2] 이상인 것

옥내에 시설하는 저압 접촉전선 공사 (판단기준 제206조)
전개된 장소에 애자 사용 공사에 의하는 경우, 이동 기중기, 자동 소제기 등의 저압 접촉 전선은 **인장강도 11.2 [kN] 이상의 것 또는 지름 6 [mm]의 경동선으로 단면적이 28 [mm^2] 이상인 것일 것** (단, 400 [V] 이하의 경우는 인장강도 3.44 [kN] 이상의 것 또는 지름 3.2 [mm] 이상의 경동선(단면적 8 [mm^2]) 이상일 것　【답】③

문제 91 중성점 직접 접지식으로서 최대 사용 전압이 161000[V]인 변압기 권선의 절연 내력 시험 전압은 몇 [V]인가?

① 103040　　　　　　② 115920
③ 148120　　　　　　④ 177100

변압기 전로의 절연내력 (판단기준 제16조)

접지방식	최대사용전압	시험전압(최대사용 전압 배수)	최저 시험전압
비접지	7 [kV] 이하	1.5배	500 [V]
	7 [kV] 초과	1.25배	10,500 [V]
중성점접지	60 [kV] 초과	1.1배	75,000 [V]
중성점직접접지	**60 [kV] 초과 170 [kV] 이하**	0.72배	
	170 [kV] 초과	0.64배	
중성점다중접지	25 [kV] 이하	0.92배	500 [V]

시험 전압은 최대 사용 전압에 배수를 곱하고 그 값을 권선과 대지 사이 10분간 시험한다.
단, 괄호 속의 숫자는 최저 시험 전압
∴ 시험 전압 = 161000 × 0.72 = 115920[V]　　【답】②

문제 92 고압과 저압전로를 결합하는 변압기 저압측의 중성점에는 제2종 접지공사를 변압기의 시설장소마다 하여야 하나 부득이 하여 가공공동지선을 설치하여 공통의 접지공사로 하는 경우 각 변압기를 중심으로 하는 지름 몇 [m] 이내의 지역에 시설하여야 하는가?

① 400　　　　　　　　② 500
③ 600　　　　　　　　④ 800

고압 또는 특고압과 저압의 혼촉에 의한 위험방지 시설 (판단기준 제23 조)
다음의 경우 **가공공동지선을 설치**하여 2 이상의 시설장소에 공통의 제2종 접지공사를 할 수 있다.
• **접지공사는 각 변압기를 중심으로 하는 지름 400 [m] 이내의 지역**으로서 그 변압기에 접속되는 전선로 바로 아래의 부분에서 각 변압기의 양쪽에 있도록 할 것. 다만, 그 시설장소에서 접지공사를 한

변압기에 대하여는 그러하지 아니하다.
• 가공공동지선과 대지 사이의 합성 전기저항 값은 1[km]를 지름으로 하는 지역 안마다 제2종 접지공사의 접지저항 값을 가지는 것으로 하고 또한 각 접지선을 가공공동지선으로부터 분리하였을 경우의 각 접지선과 대지 사이의 전기저항 값은 300[Ω] 이하로 할 것.　【답】①

문제 93　사람이 접촉할 우려가 있는 제1종 또는 제2종 접지공사에서 지하 75[cm]로부터 지표상 2[m]까지의 접지선은 사람의 접촉우려가 없도록 하기 위하여 어느 것을 사용하여 보호하는가?

① 두께 1[mm] 이상의 콤바인덕트관
② 두께 2[mm] 이상의 합성수지관
③ 피막의 두께가 균일한 비닐포장지
④ 이음 부분이 없는 플로어덕트

풀이

각종 접지공사의 세목 (판단기준 제19조)
제1종 접지공사 또는 제2종 접지공사에 사용하는 접지선을 사람이 접촉할 우려가 있는 곳에 시설하는 경우 **접지선의 지하 75[cm]로부터 지표상 2[m]까지의 부분은 합성수지관**(두께 2[mm] 미만의 합성수지제 전선관 및 난연성이 없는 콤바인덕트관을 제외한다) 또는 이와 동등 이상의 절연효력 및 강도를 가지는 몰드로 덮을 것.　【답】②

문제 94	2015년도 3회 문제 98
문제 95	2014년도 3회 문제 99
문제 96	2016년도 3회 문제 84
문제 97	2015년도 1회 문제 87
문제 98	2012년도 2회 문제 92
문제 99	2015년도 1회 문제 81
문제 100	2015년도 1회 문제 88

국가기술자격검정 필기시험 문제

자격종목 및 등급(선택분야)	종목코드	시험시간	문제지형별	수검 번호	성 명
전기산업기사	2140	2시간 30분	A		

1과목 전기자기학

문제 01 전자파의 진행 방향은?

① 전계 E의 방향과 같다.

② 자계 H의 방향과 같다.

③ $E \times H$의 방향과 같다.

④ $\nabla \times E$의 방향과 같다.

풀이

전자파의 성질

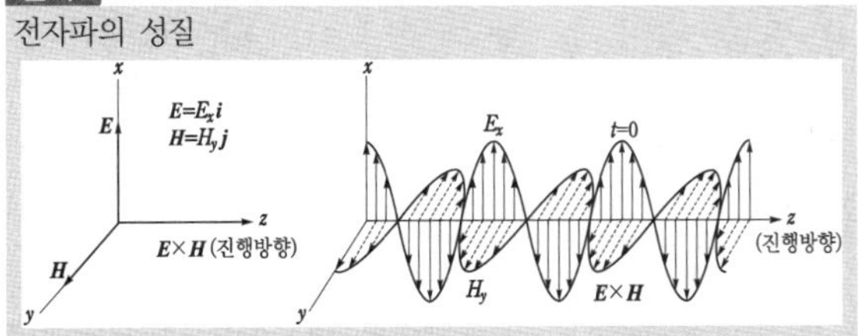

① 전자파는 전계와 자계가 동시에 존재

② TEM파(횡전자파)는 전계와 자계가 전파의 진행 방향과 수직으로 존재한다.

③ 수평 전파는 대지에 대해 전계가 수평면에 있는 전자파

④ 수직 전파는 대지에 대해 전계가 수직면에 있는 전자파

⑤ 포인팅 벡터 $P = E \times H$이므로 포인팅 벡터의 방향은 전자파의 진행 방향과 같다.　　　　　　**[답]** ③

문제 02 정전용량이 C인 콘덴서에서 극판사이의 비유전율이 2인 유전체를 제거하고 공기로 채운 경우 그 때의 용량을 C_0라고 하면, C와 C_0의 관계는?

① $C = 2C_0$

② $C = 4C_0$

③ $C = \dfrac{C_0}{4}$

④ $C = \dfrac{C_0}{2}$

풀이

- $C_0 = \dfrac{\epsilon_0 S}{d}$　　 ・$C = \dfrac{\epsilon_0 \epsilon_s S}{d}$

따라서, $C = \epsilon_s C_0 = 2C_0$　　　　　**[답]** ①

문제 03 두 개의 자력선이 동일한 방향으로 흐르면 자계의 강도는 한 개의 자력선에 비하여 어떻게 되는가?

① 더 약해진다.

② 주기적으로 약해졌다 또는 강해졌다 한다.

③ 더 강해진다.

④ 강해졌다가 약해진다.

풀이

자계강도 H는 자력선 밀도와 같으므로 한 개의 자력선 보다 동일 방향의 두 개의 자력선이 흐르면 자력선 밀도가 증가 하므로 자계 강도는 더 강해진다.　　　　　　**[답]** ③

문제 04 공기 중에 10 [cm] 떨어져 평행으로 놓여 진 두 개의 무한히 긴 도선에 왕복전류가 흐를 때 단위 길이 당 0.04 [N]의 힘이 작용한다면 이 때 흐르는 전류는 약 몇 [A]인가?

① 58 [A]

② 62 [A]

③ 83 [A]

④ 141 [A]

풀이

$$F = \frac{2I_1 I_2}{r} \times 10^{-7} \, [\text{N}] \text{에서 } I_1 = I_2 = I \text{이므로}$$

$$I = \sqrt{\frac{1}{2} Fr \times 10^7} = \sqrt{\frac{1}{2} \times 0.04 \times 0.1 \times 10^7}$$

$$= \sqrt{2 \times 10^4} = 141.4 \, [\text{A}]$$　　**[답]** ④

문제 05 무한히 넓은 평행판 콘덴서에서 두 평행판 사이의 간격이 d [m]일 때 단위 면적당 두 평행판사이의 정전용량[F/m²]은? (단, 매질은 공기이다.)

① $\dfrac{1}{4\pi\epsilon_0 d} \, [\text{F/m}^2]$

② $\dfrac{4\pi\epsilon_0}{d} \, [\text{F/m}^2]$

③ $\dfrac{\epsilon_0}{d} \, [\text{F/m}^2]$

④ $\dfrac{\epsilon_0}{d^2} \, [\text{F/m}^2]$

풀이

무한 평행평판 도체에서 극판 간의 거리 d[m]라 할 때, 두 평판 도체에 면전하 밀도 $\pm\sigma$[C/m²]를 부여 한다. 전속밀도 $D=\sigma$ 이므로

- 전계의 세기 $E=\dfrac{D}{\epsilon_0}=\dfrac{\sigma}{\epsilon_0}$

- 두 극판간의 전위차 $V=Ed=\dfrac{\sigma}{\epsilon_0}d$

- 단위 면적당의 정전용량 $C_0=\dfrac{\sigma}{V}=\dfrac{\epsilon_0}{d}$ [F/m²] **[답] ③**

문제 06 거리 r에 반비례하는 전계의 크기를 주는 대전체는?

① 점전하
② 선전하
③ 구전하
④ 무한평면전하

풀이

- 점전하에 의한 전계 $E=\dfrac{Q}{4\pi\epsilon_0 r^2}$

- **선전하에 의한 전계** $E=\dfrac{\lambda}{2\pi\epsilon_0 r}$

- 구전하에 의한 전계 $E=\dfrac{Q}{4\pi\epsilon_0 r^2}$

- 무한평면전하에 의한 전계 $E=\dfrac{\sigma}{2\epsilon_0}$ **[답] ②**

문제 07 구의 입체각은 몇 스테라디안 [sr : steradian] 인가?

① π[sr]
② 2π[sr]
③ 4π[sr]
④ 8π[sr]

풀이

- **전구면의 입체각** $\omega_1=\dfrac{4\pi r^2}{r^2}=4\pi$[sr]

- 반구면의 입체각 $\omega_2=\dfrac{2\pi r^2}{r^2}=2\pi$[sr] **[답] ③**

문제 08 암페어의 주회적분의 법칙은 직접적으로 다음의 어느 관계를 표시하는가?

① 전하와 전계
② 전류와 인덕턴스
③ 전류와 자계
④ 전하와 전위

풀이

암페어 주회적분 법칙
임의의 폐곡선에 대한 자계의 선적분은 이 폐곡선을 관통하는 전류와 같다.

$$\oint H\cdot dl=I$$

[답] ③

문제 09 지름 10 [cm]인 원형코일 중심에서의 자계가 1000 [A/m]이다. 원형코일이 100회 감겨있을 때, 전류는 몇 [A]인가?

① 1 [A]
② 2 [A]
③ 3 [A]
④ 5 [A]

풀이

원형코일 중심의 자계의 세기 $H=\dfrac{NI}{2a}$ 에서

$$I=\dfrac{2aH}{N}=\dfrac{2\times\dfrac{0.1}{2}\times1000}{100}=1[A]$$

[답] ①

문제 10 그림과 같이 길이 l_1[m], 폭 l_2[m]인 직사각 코일이 자속밀도 B [Wb/m²]인 평등 자계내에 코일면의 법선이 자계의 방향과 θ각으로 놓여 있다. 코일에 흐르는 전류가 I [A]이면 코일에 작용하는 회전력은 몇 [N·m]인가? (단, 코일의 권수는 n 이다.)

① $nBIl_1 l_2\sin\theta$
② $nBIl_1 l_2\cos\theta$
③ $nBI^2 l_1 l_2\sin\theta$
④ $nBI^2 l_1 l_2\cos\theta$

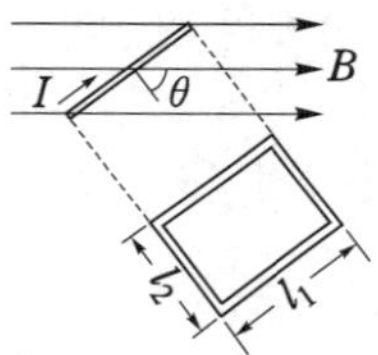

풀이

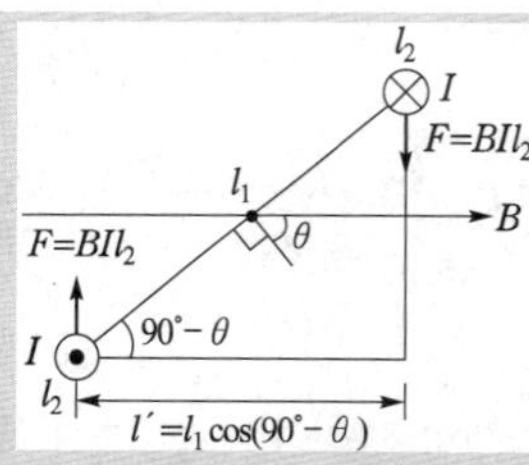

l_1의 두 코일변은 동일축상에서 힘의 크기는 같고, 방향은 서로 반대이므로 힘의 합성은 0이 되어 회전력이 없다.
l_2의 두 코일변은 그림과 같은 힘 $F=BIl_2$가 작용하므로 직사각형 코일이 받는 회전력 T는

$$T=Fl'=Fl_1\cos(90°-\theta)=BIl_2 l_1\sin\theta[N\cdot m]$$

코일의 권수 n이므로 회전력 T는

$$\therefore\ T=nBIl_1 l_2\sin\theta[N\cdot m]$$

[답] ①

문제 11 쌍극자 자기 모멘트를 이용하면 자화율과 절대 온도의 관계는 어떠한가?

① 항상 같다.
② 비례 한다.
③ 반비례한다.
④ 관계가 없다.

풀이

퀴리의 법칙 : 물질의 자화율은 절대온도 T에 반비례한다.

$$\chi = \frac{C}{(T-\Theta)} \ (\chi : 자화율, \ C : 퀴리상수, \ \Theta : 퀴리온도)$$

【답】③

문제 12 유전체 중의 전계의 세기를 E, 유전률을 ϵ 이라 하면 전기 변위는?

① $\dfrac{1}{2}\epsilon E^2$ 　　　　② $\dfrac{E}{\epsilon}$

③ ϵE^2 　　　　④ ϵE

【답】④

문제 13 그림 (a)의 인덕턴스에 전류가 그림 (b)와 같이 흐를 때 2초에서 6초 사이의 인덕턴스 전압 V_L[V]은?

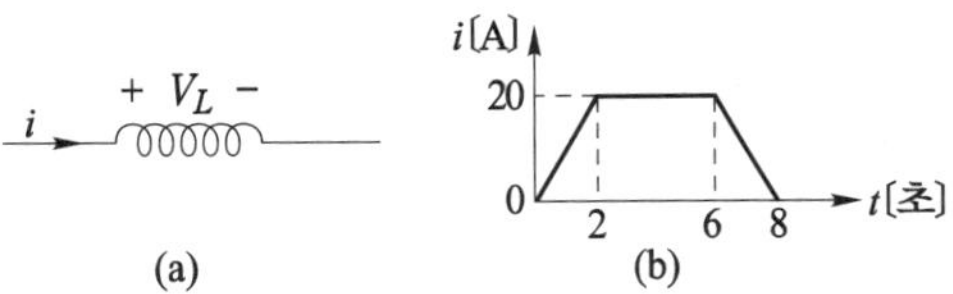

① 0 　　　　② 5

③ 10 　　　　④ −5

풀이

$2 \leq t \leq 6$인 구간에서는 **전류의 변화** $\left(\dfrac{di}{dt}\right)$가 없으므로 $V_L = 0$이다. $\left(V_L = -L\dfrac{di}{dt}\right)$

【답】①

문제 14 기전력 V[V], 내부저항 r[Ω]인 전지에 전열기를 연결했을 때 전열기의 발열을 최대로 낼 수 있는 최대전력 [W]은?

① $\dfrac{V^2}{2r}$ [W] 　　　　② $\dfrac{V^2}{4r}$ [W]

③ $\dfrac{2V^2}{r}$ [W] 　　　　④ $\dfrac{4V^2}{r}$ [W]

풀이

최대 전력 전송 조건은 **"전지의 내부저항 = 전열기의 저항"**일때 이다. 전열기의 최대 전력

$$P = I^2 \cdot r = \left(\frac{V}{2r}\right)^2 \cdot r = \frac{V^2}{4r} \text{[W]}$$

【답】②

문제 15 10 [μF]의 콘덴서를 100 [V]로 충전한 것을 단락시켜 0.1 [ms]에 방전시켰다고 하면 평균전력은 몇 [W]인가?

① 450 [W] 　　　　② 500 [W]

③ 550 [W] 　　　　④ 600 [W]

풀이

$$P = \frac{W}{t} = \frac{\frac{1}{2}CV^2}{t} = \frac{\frac{1}{2}\times 10 \times 10^{-6} \times 100^2}{0.1 \times 10^{-3}} = 500 \text{ [W]}$$ 【답】②

문제 16 주파수가 100 [MHz]인 전자파가 비투자율 $\mu_r = 1$, 비유전율 $\epsilon_r = 36$인 물질 속에서 전파할 경우 파장 [m]은? (단, 감쇠정수 $\alpha = 0$ 이다.)

① 0.5 [m] 　　　　② 1 [m]

③ 1.5 [m] 　　　　④ 2 [m]

풀이

전파 속도 $v = \dfrac{1}{\sqrt{\mu\epsilon}} = \dfrac{3\times 10^8}{\sqrt{\mu_r\epsilon_r}} = \dfrac{3\times 10^8}{\sqrt{1\times 36}} = 0.5\times 10^8 \text{ [m/s]}$

$\therefore$ 파장 $\lambda = \dfrac{v}{f} = \dfrac{0.5\times 10^8}{100\times 10^6} = 0.5\text{[m]}$가 된다.

【답】①

문제 17 2015년도 1회 문제 05

문제 18 2013년도 2회 문제 16

문제 19 2015년도 1회 문제 17

문제 20 2011년도 1회 문제 09

2과목 전력공학

문제 21 총단면적이 같은 경우 단도체와 비교해 볼 때 복도체의 이점으로 옳지 않은 것은?

① 정전용량이 증가한다.

② 안정도가 증가한다.

③ 송전전력이 증가한다.

④ 코로나 임계전압이 낮아진다.

풀이

복도체의 장점

① 선로의 인덕턴스 감소 　　② 선로의 정전용량 증가

③ 선로의 송전용량 증가 　　④ 안정도 증가

⑤ 코로나 개시전압 증가(코로나 임계전압 상승) 　　【답】④

문제 22 전등 부하에 공급하고 있는 그림 A, D와 같은 단상 2선식 저압 배전 간선이 있다. A, B, C, D의 각 점의 부하전류 및 각 부하점의 거리는 그림에 표시한 바와 같다. 이 저압 간선 중의 한 점 F에서 공급되는 것으로 하고 FA 및 FD 간의 전압강하를 동일하게 하는 F점의 위치를 구하면? (단, 전선의 굵기는 AD간을 전부 같게 하고, 또 전선의 리액턴스를 무시한다.)

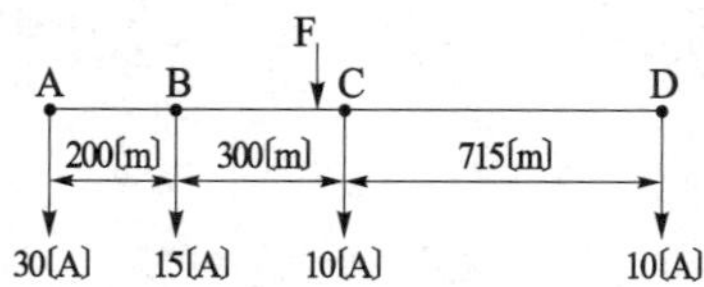

① B에서 C방향으로 80 [m]인 지점

② B에서 C방향으로 90 [m]인 지점

③ B에서 C방향으로 100 [m]인 지점

④ B에서 C방향으로 110 [m]인 지점

풀이

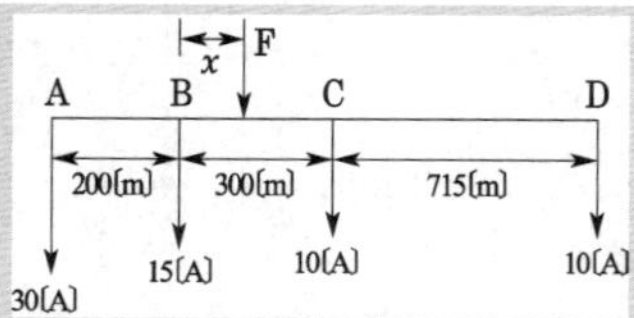

F점을 기준으로 해서 양쪽의 전압 강하가 같아야 하므로

저항 $R = \rho \dfrac{l}{A}$ [Ω]에서 전선의 굵기가 동일하므로 $R \propto l$ 이다.

따라서, 양쪽의 전압강하를 계산할 때는 전선의 고유저항 및 단면적을 생략하고 전선의 저항=전선의 길이로 계산 할 수 있다.

$$(30+15) \times x + 30 \times 200 = (10+10) \times (300-x) + 10 \times 715$$

$$65x = 7150 \qquad \therefore x = 110 \text{[m]}$$

즉, B에서 C방향으로 110 [m]인 지점에서 전기를 공급하면 양쪽의 전압강하는 동일하게 된다. **【답】④**

문제 23 3상3선식 송전선을 연가 할 경우 일반적으로 전체 선로길이의 몇 배수로 등분해서 연가 하는가?

① 2 　　　　② 3

③ 4 　　　　④ 5

풀이

3상 3선식에는 상이 셋이므로 **3상의 선로정수를 평형시키려면 3배수**로 하여야 한다.

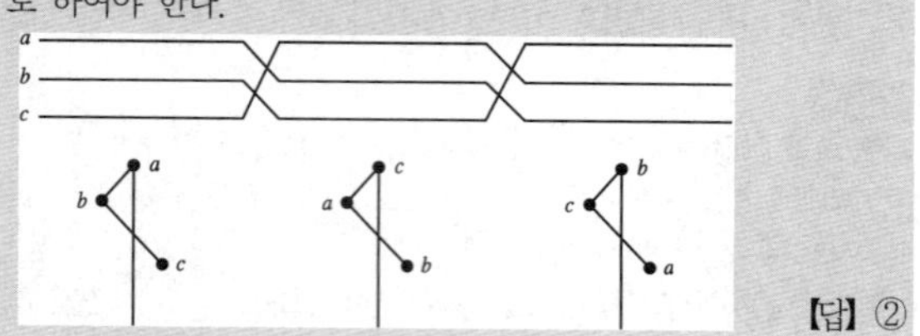

【답】②

문제 24 소호리액터의 탭이 공진점을 벗어나고 있는 정도를 나타내는데 합조도라는 용어가 사용된다. 합조도가 정(+)이 되는 상태를 나타낸 것은?

① $\omega L > \dfrac{1}{3\omega C_s}$ 　　② $\omega L < \dfrac{1}{3\omega C_s}$

③ $\omega L = \dfrac{1}{3\omega C_s}$ 　　④ $\omega L > \dfrac{1}{3\omega^2 C_s}$

풀이

합조도 $P = \dfrac{I_L - I_c}{I_c}$

I_L : 소호 리액터 탭전류, 　I_c : 전대지 충전 전류

합조도 P가 정(+)인 경우는 과보상 상태를 의미하며 $I_L > I_c$

즉, $\omega L < \dfrac{1}{3\omega C_s}$ 이 된다. **【답】②**

문제 25 430 [mm²]의 ACSR(반지름 $r = 14.6$ [mm])이 그림과 같이 배치되어 완전 연가된 송전선로가 있다. 인덕턴스는 약 얼마정도인가? (단, 지표상의 높이는 이도의 영향을 고려한 것이다.)

① 1.34 [mH/km]

② 1.39 [mH/km]

③ 1.44 [mH/km]

④ 1.49 [mH/km]

풀이

등가 선간 거리

$$D = \sqrt[3]{7.5 \times 7.5 \times 2 \times 7.5} = 9.45 \text{ [m]} = 9450 \text{ [mm]}$$

$$r = 14.6 \text{ [mm]}$$

인덕턴스 $L = 0.05 + 0.4605 \log_{10} \dfrac{D}{r}$

$$= 0.05 + 0.4605 \log_{10} \dfrac{9450}{14.6}$$

$$= 1.3445 \text{ [mH/km]}$$

【답】①

문제 26 원자로에서 독작용을 올바르게 설명한 것은?

① 열중성자가 독성을 받는 것을 말한다.

② 방사성 물질이 생체에 유해작용을 하는 것은 말한다.

③ 열중성자 이용률이 저하되고 반응도가 감소되는 작용을 말한다.

④ $_{54}\text{Xe}^{135}$와 $_{62}\text{Sm}^{149}$가 인체에 독성을 주는 작용을 말한다.

원자로 운전 중 연료 내에 핵분열 생성 물질이 축적된다. 이 핵분열 생성물 중에서 열중성자의 흡수 단면적이 큰 것이 포함되어 있다. 이것이 **원자로의 반응도를 저하시키는 작용**을 한다. 이것을 **독작용**(poisoning)이라 하고 열중성자 흡수 단면적이 큰 핵분열 생성물을 독물질(poison)이라고 한다.
【답】 ③

문제 27 화력발전소의 기본 사이클이다. 그 순서가 올바른 것은?

① 급수펌프 → 과열기 → 터빈 → 보일러 → 복수기 → 다시 급수펌프로

② 급수펌프 → 보일러 → 과열기 → 터빈 → 복수기 → 다시 급수펌프로

③ 보일러 → 과열기 → 복수기 → 터빈 → 급수펌프 → 축열기 → 다시 과열기로

④ 보일러 → 급수펌프 → 과열기 → 복수기 → 급수펌프 → 다시 보일러로

풀이

실제 기력 발전소에 쓰이는 기본 사이클(Rankine cycle)은 다음과 같다.

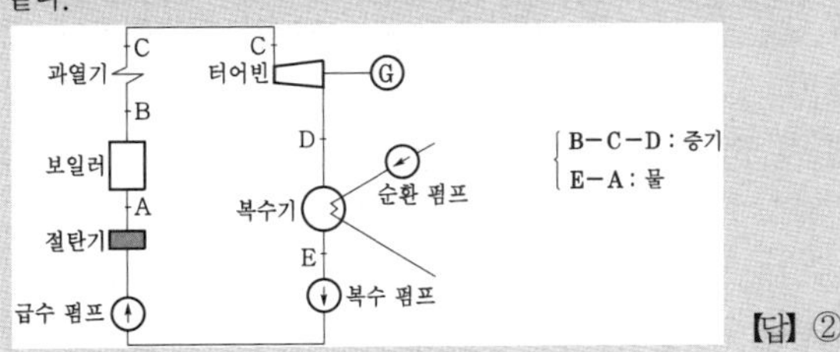

【답】 ②

문제 28 송전선로의 안정도 향상 대책으로 볼 수 없는 것은?

① 속응여자방식을 채용한다.

② 재폐로방식이나 복도체방식을 채용한다.

③ 단락비가 작은 발전기를 사용한다.

④ 고속차단기를 사용한다.

풀이

안정도 향상 대책
- **계통의 직렬 리액턴스 감소**(직렬콘덴서 설치, **단락비 크게**, 복도체 사용, 병행회선 채용)
- 전압 변동률을 적게 한다. (속응 여자 방식 채용, 계통의 연계, 중간 조상 방식)
- 계통에 주는 충격을 적게 한다. (적당한 중성점 접지 방식, 고속 차단 방식, 재폐로 방식)
- 고장 중의 발전기 돌입 출력의 불평형을 적게 한다.
【답】 ③

문제 29 1선당 저항 5 [Ω], 리액턴스가 6 [Ω]인 3상 4선식 배전선로의 말단(수전단)에 역률(지상) 0.8인 4800 [kW]의 3상 평형부하가 접속되어 있을 경우 수전단 전압이 20 [kV]라면 이 선로의 전압 강하 [V]는 약 얼마인가?

① 1316 [V] ② 1824 [V]
③ 2280 [V] ④ 3160 [V]

풀이

전압 강하 $e = \dfrac{P}{V}(R + X\tan\theta)\,[\mathrm{V}]$ 에서

$$e = \frac{4800}{20}\left(5 + 6 \times \frac{0.6}{0.8}\right) = 2280\,[\mathrm{V}]$$
【답】 ③

문제 30 단락 전류를 제한하기 위하여 사용되는 것은?

① 현수 애자 ② 사이리스터
③ 한류 리액터 ④ 직렬 콘덴서

풀이

한류 리액터는 선로에 직렬로 설치한 리액터로서, 단락 사고 시 발전기에 전기자 반작용이 일어나기 전 커다란 **돌발 단락 전류가 흐르므로 이를 제한하기 위해 설치**한다.
【답】 ③

문제 31 설비 용량의 합계가 3 [kW]인 주택에서 최대 수요 전력이 2.1 [kW]일 때의 수용률은?

① 51 [%] ② 58 [%]
③ 63 [%] ④ 70 [%]

풀이

$$수용률 = \frac{최대\ 수용\ 전력}{설비\ 용량} \times 100 = \frac{2.1}{3} \times 100 = 70\,[\%]$$
【답】 ④

문제 32 적산 유량곡선상의 임의의 점에서 그은 절선의 기울기는 그 점에서 해당하는 일자에 있어서의 무엇을 표시하는가?

① 하천 유량 ② 적산 유량
③ 하천 수위 ④ 사용 유량

풀이

임의의 점에서의 절선의 기울기는 그 점에서의 $\dfrac{d}{dt}\displaystyle\int Q dt$ 의 값이므로 이 값은 결국 Q, 즉 **하천의 유량이 누적**된다.
【답】 ①

문제 33 2016년도 2회 문제 39

문제 34 2012년도 3회 문제 23

3과목 전기기기

문제 41 단상 직권 정류자 전동기의 전압정류 개선법에 도움이 되지 않는 것은?

① 보상 권선   ② 보극 설치
③ 저저항 리이드   ④ 고저항 브러시

【답】 ③

문제 42 정류자형 주파수변환기의 설명 중 틀린 것은?

① 유도전동기를 2차여자법으로 속도제어 하는데 사용하지만 유도기의 역률을 개선할 수는 없다.
② 회전자는 3상 회전변류기의 전기자와 거의 같은 구조이며 정류자와 3개의 슬립링이 있다.
③ 소용량이고 가장 간단한 것은 회전자만으로 고정자는 없다.
④ 외부에서 회전력을 공급하는데 회전방향과 속도에 따라 다양한 주파수를 얻을 수 있는 전기기계이다.

풀이

정류자형 주파수 변환기를 이것과 동일 전원에 접속하여 슬립 s 로 운전하고 있는 권선형 유도 전동기와 조합시키면 유도 전동기의 2차 여자를 행할 수 있으므로 전동기의 속도 제어와 역률의 개선을 행할 수 있다.

【답】 ①

문제 43 출력 3 [kW], 1500 [rpm]인 전동기의 토크 [kg·m]는?

① 1.95   ② 2.12
③ 2.90   ④ 3.82

풀이

토크 $T = 0.975 \dfrac{P}{N} = 0.975 \times \dfrac{3 \times 10^3}{1500} = 1.95 \,[\mathrm{kg \cdot m}]$ 【답】 ①

문제 44 3상 동기발전기에서 그림과 같이 1상의 권선을 서로 똑같은 2조로 나누어서 그 1조의 권선전압을 $E\,[\mathrm{V}]$, 각 권선의 전류를 $I\,[\mathrm{A}]$ 라 하고 2중 Y형(double star)으로 결선한 경우 선간전압 [V], 선전류 [A], 피상전력 [VA]은?

① $3E$, I, $5.19EI$
② $\sqrt{3}\,E$, $2I$, $6EI$
③ E, $2\sqrt{3}\,I$, $6EI$
④ $\sqrt{3}\,E$, $\sqrt{3}\,I$, $5.19EI$

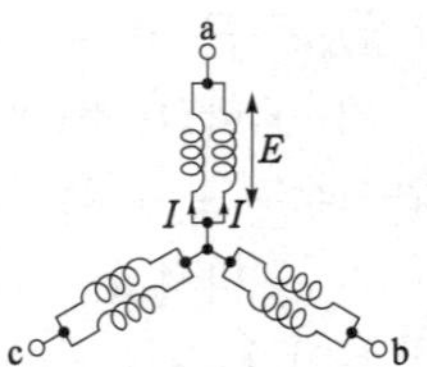

풀이

- Y결선의 선간전압 $V_l = \sqrt{3}\,E$
- 2개의 코일이 병렬로 되어 있으므로 전체 선전류 $I_l = 2I$
- 피상전력 $P_a = \sqrt{3}\,V_l I_l = \sqrt{3} \times \sqrt{3}\,E \times 2I = 6EI$ 【답】 ②

문제 45 SCR을 사용한 단상 브리지 정류 회로에 의하여 실효값 200 [V]의 교류전압을 정류 할 경우 직류 출력 전압은? (단, 제어각은 30°이다.)

① 87.6 [V]   ② 120.5 [V]
③ 155.9 [V]   ④ 173.2 [V]

풀이

SCR을 사용한 전파정류

- 부하가 저항 부하인 경우 $E_{d0} = \dfrac{\sqrt{2}\,V}{\pi}(1 + \cos\alpha)$
- 부하가 유도 부하인 경우 $E_{d0} = \dfrac{\sqrt{2}\,V}{\pi}\cos\alpha$

따라서, 유도 부하인 경우를 고려하면

$E_{d0} = \dfrac{2\sqrt{2}\,V}{\pi}\cos\alpha = \dfrac{2\sqrt{2} \times 200}{\pi} \times \cos 30 ≒ 155.9\,[\mathrm{V}]$

【답】 ③

문제 46 다음 시험 중 변압기의 절연 내력 시험을 하기 위한 것은? (A : 온도 상승 시험, B : 유도 시험, C : 가압 시험, D : 단락 시험, E : 충격 전압 시험, F : 권선 저항 측정 시험)

① B, C, E   ② A, B, E
③ B, E, F   ④ D, E, F

풀이

- 변압기의 절연 내력 시험 : 유도 시험, 가압 시험, 충격 전압 시험
- 변압기 등가 회로 작성에 필요한 시험 : 권선 저항 측정, 무부하 시험, 단락 시험

【답】 ①

문제 47 변압기 철심의 구조가 아닌 것은?

① 동심 원통형 ② 외철형
③ 권철심형 ④ 내철형

풀이

철심의 형태에 따른 변압기의 분류
- 내철형 · 외철형 · 권철심형

【답】 ①

문제 48 직류기의 효율이 최대가 되는 경우는?

① 와류손 = 히스테리시스손
② 기계손 = 전기자동손
③ 전부하동손 = 철손
④ 고정손 = 부하손

풀이

최대 효율은 고정손 = 부하손일 때이다.

즉, $m^2 P_c = P_i$

여기서, m : 부하율, P_c : 전부하 동손, P_i : 철손

【답】 ④

문제 49 직류 분권전동기의 단자전압과 계자전류를 일정하게 하고 2배의 속도로 2배의 토크를 발생하는데 필요한 전력은 처음 전력의 몇 배인가?

① 불변 ② 2배
③ 4배 ④ 8배

풀이

출력 $P = \omega T = 2\pi \times \dfrac{N}{60} \times T$ 에서 $P \propto NT$

따라서, $P : P' = NT : (2N)(2T)$ $P' = 4P$

【답】 ③

문제 50 직류기의 전기자 반작용을 방지하기 위한 가장 좋은 방법은?

① 균압환 설치 ② 공극의 증가
③ 보상 권선 설치 ④ 탄소 브러시 사용

풀이

- 전기자 반작용 방지 : 보상 권선 설치
- 양호한 정류 : 보극 설치(전압 정류), 탄소 브러시 사용(저항 정류)

【답】 ③

문제 51 60 [Hz], 6극의 권선형 유도전동기의 2차 유기전압이 정지시에 1000 [V]라 한다. 슬립 3 [%]일 때의 2차 전압은?

① 10 [V] ② 20 [V]
③ 30 [V] ④ 60 [V]

풀이

$E_{2s} = sE_2 = 0.03 \times 1000 = 30\ [V]$

여기서, E_{2s} : 슬립 s로 회전시 2차 유도 기전력

E_2 : 정지시 2차 유도 기전력

【답】 ③

문제 52 정격단자전압 V_n, 무부하 단자전압 V_o 일 때 동기 발전기의 전압변동률 [%]은?

① $\dfrac{V_n - V_o}{V_n} \times 100$ ② $\dfrac{V_n - V_o}{V_o} \times 100$

③ $\dfrac{V_o - V_n}{V_n} \times 100$ ④ $\dfrac{V_o - V_n}{V_o} \times 100$

풀이

전압 변동률 $\epsilon = \dfrac{V_o - V_n}{V_n} \times 100 [\%]$

【답】 ③

문제 53 변압기의 전기적 특성을 알아보는데 편리한 시험 중 회로의 정수를 구하는 방법에 필요 없는 것은?

① 저항 측정 시험 ② 무부하 시험
③ 절연 내력 시험 ④ 단락 시험

풀이

변압기 등가 회로 작성에 필요한 시험
- 단락 시험 · 무부하 시험 · 저항 측정 시험

【답】 ③

문제 54 2000/100 [V] 변압기의 1차 임피던스가 Z [Ω]이면 2차로 환산한 임피던스 [Ω]는?

① $\dfrac{Z}{400}$ ② $\dfrac{Z}{100}$

③ $100Z$ ④ $400Z$

풀이

- 변압기 권수비 $a = \dfrac{n_1}{n_2} = \dfrac{V_1}{V_2}$ 에서 $a = \dfrac{2000}{100} = 20$

- 1차측 임피던스를 2차로 환산한 임피던스

$Z_2 = \dfrac{Z}{a^2} = \dfrac{Z}{20^2} = \dfrac{Z}{400}$

【답】 ①

문제 55 동기 전동기의 특징이 아닌 것은?

① 항상 역률 1로 운전할 수 있다.

② 여자를 약하게 하면 진상 역률의 전류를 흘린다.

③ 저속도용은 일반적으로 유도 전동기에 비해 효율이 좋다.

④ 기동 토크가 작다.

풀이

동기 전동기의 운전

• 과여자 운전 : 콘덴서 작용 – 진상 전류

• 부족 여자 운전 : 리액터 작용 – 지상 전류 **[답]** ②

문제 56 3상 유도 전압 조정기의 특징이 아닌 것은?

① 1차 권선은 회전자에 감고 2차 권선은 고정자에 감는다.

② 두 권선은 2극 또는 4극을 감는다.

③ 입력 전압과 출력 전압의 위상이 같다.

④ 분로 권선에 회전자계가 발생한다.

풀이

3상 유도 전압 조정기의 입력측 전압 E_1과 출력측 전압 E 사이에는 위상차 α가 생긴다.

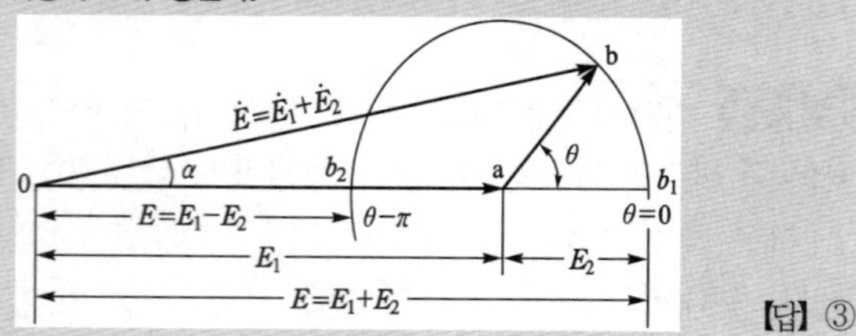

[답] ③

문제 57 | 2011년도 3회 문제 57

문제 58 | 2015년도 1회 문제 53

문제 59 | 2012년도 3회 문제 60

문제 60 | 2012년도 3회 문제 41

4과목 회로이론

문제 61 어떤 교류 전압의 평균값이 382 [V]일 때 실효값은 약 얼마인가?

① 390 [V]　　② 424 [V]

③ 540 [V]　　④ 614[V]

풀이

평균값 $V_{av} = \dfrac{2}{\pi} V_m$ 에서 최대값 $V_m = \dfrac{\pi}{2} V_{av}$

실효값 $V = \dfrac{V_m}{\sqrt{2}} = \dfrac{\pi}{2\sqrt{2}} V_{av} = \dfrac{\pi}{2\sqrt{2}} \times 382 = 424.3 [V]$

[답] ②

문제 62 저항 40 [Ω], 임피던스 50 [Ω]의 직렬 유도 부하에서 100 [V]가 인가될 때 소비되는 무효전력은?

① 120 [Var]　　② 160 [Var]

③ 200 [Var]　　④ 250 [Var]

풀이

• 전류 $I = \dfrac{E}{Z} = \dfrac{100}{50} = 2[A]$

• 임피던스 $Z = \sqrt{R^2 + X_L^2}$ 에서

리액턴스 $X_L = \sqrt{Z^2 - R^2} = \sqrt{50^2 - 40^2} = 30 [Ω]$

• 무효전력 $P_r = I^2 \cdot X_L = 2^2 \times 30 = 120[Var]$ **[답]** ①

문제 63 $i = 2 + 5\sin(100t + 30°) + 10\sin(200t - 10°)$와 파형이 동일하나 기본파의 위상이 20° 늦은 비정현 전류파의 순시값 i'를 나타내는 식은?

① $i' = 2 + 5\sin(100t + 10°) + 10\sin(200t - 30°)$

② $i' = 2 + 5\sin(100t + 10°) + 10\sin(200t + 30°)$

③ $i' = 2 + 5\sin(100t + 10°) + 10\sin(200t + 50°)$

④ $i' = 2 + 5\sin(100t + 10°) + 10\sin(200t - 50°)$

풀이

각 파에서(직류 제외) 위상을 20°씩 감한다. 이때 기본파는 1배, 2고조파는 2배, 4고조파는 4배를 하여야 한다.

$i' = 2 + 5\sin(100t + [30° - 20°])$
$\quad + 10\sin(200t + [-10° - 2 \times 20°])$
$\quad = 2 + 5\sin(100t + 10°) + 10\sin(200t - 50°)$ **[답]** ④

문제 64 다음과 같은 회로에서 1[Ω] 저항 양단에 걸리는 전압은?

① 2 [V]

② 3 [V]

③ 4 [V]

④ 6 [V]

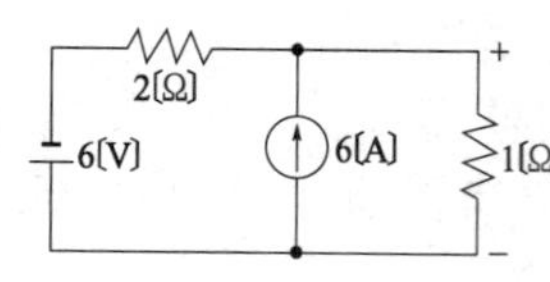

풀이

중첩의 정리에 의해

• 6[V] 전압원에 의한 전압 (이때 전류원 개방)

$$V_1 = -6 \times \frac{1}{2+1} = -2\,[\text{V}]\text{(전압원의 방향이 반대 이므로 }-6[\text{V}])$$

- 6[A] 전류원에 의해 1[Ω] 저항에 흐르는 전류 (이때 전압원 단락)

$$I_1 = 6 \times \frac{2}{2+1} = 4\,[\text{A}]$$

전압 $V_2 = I_1 \times R = 4 \times 1 = 4\,[\text{V}]$

- 1[Ω] 저항 양단에 걸리는 전체 전압

$$V = V_1 + V_2 = -2 + 4 = 2\,[\text{V}]$$

【답】 ①

문제 65 다음이 설명하는 것으로 알맞은 것은?

"여러 개의 전압원과 전류원이 동시에 존재하는 회로망에서 회로전류는 각 전압원이나 전류원이 각각 단독으로 인가될 때 흐르는 전류를 합한 것과 같다."

① 노오튼의 정리   ② 중첩의 원리

③ 키르히호프의 법칙   ④ 테브난의 정리

【답】 ②

문제 66 단상 전력계 2개로 평형3상 부하의 전력을 측정하였더니 각각 200 [W]와 400 [W]를 나타내었다면 이 때 부하역률은 약 얼마인가?

① 1   ② 0.866

③ 0.707   ④ 0.5

풀이

2전력계법에서 역률 $\cos\theta = \dfrac{P_1 + P_2}{2\sqrt{P_1^2 + P_2^2 - P_1 \cdot P_2}}$ 에서

$$\cos\theta = \frac{200 + 400}{2\sqrt{200^2 + 400^2 - 200 \times 400}} = 0.866$$

【답】 ②

문제 67 이상적인 전압원과 전류원의 내부저항은?

① 전압원과 전류원의 내부저항은 모두 0 이다.

② 전압원의 내부저항은 ∞ 이고, 전류원의 내부저항은 0 이다.

③ 전압원과 전류원의 내부저항은 모두 ∞ 이다.

④ 전압원의 내부저항은 0 이고, 전류원의 내부저항은 ∞ 이다.

풀이

- 이상 **전압원은 내부 저항이 적을수록 좋다.** ⇒ 내부 저항이 적을수록 내부 전압 강하가 적어진다.

- 이상 **전류원은 내부 저항이 클수록 좋다.** ⇒ 내부 저항이 클수록 내부 저항으로 흐르는 분로 전류가 적어진다.

【답】 ④

문제 68 저항 8[Ω]과 용량리액턴스 X_c[Ω]가 직렬로 접속된 회로에 100 [V], 60 [Hz]의 교류를 가하니 10 [A]의 전류가 흐른다면 이 때 X_c의 값은?

① 10 [Ω]   ② 8 [Ω]

③ 6 [Ω]   ④ 4 [Ω]

풀이

$$I = \frac{E}{Z} = \frac{E}{\sqrt{R^2 + X_c^2}} = \frac{100}{\sqrt{8^2 + X_c^2}} = 10$$

$$\therefore X_c = 6\,[\Omega]$$

【답】 ③

문제 69 $f(t) = 3u(t) + 2e^{-t}$ 인 시간함수를 라플라스 변환한 것은?

① $\dfrac{s+3}{s(s+1)}$ ② $\dfrac{5s+3}{s(s+1)}$

③ $\dfrac{3s}{s^2+1}$ ④ $\dfrac{5s+1}{(s+1)s^2}$

풀이

$$F(s) = \mathcal{L}[f(t)] = \mathcal{L}[3u(t) + 2e^{-t}]$$

$$= \frac{3}{s} + \frac{2}{s+1} = \frac{5s+3}{s(s+1)}$$

【답】 ②

문제 70 다음 회로에서 $E = 40$[V]일 때 정상 전류는?

① 0.5 [A]

② 1 [A]

③ 2 [A]

④ 4 [A]

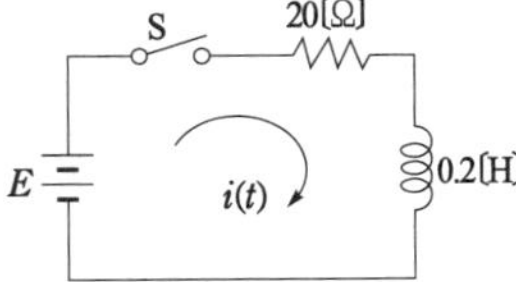

풀이

$$I = \frac{E}{R} = \frac{40}{20} = 2\,[\text{A}]$$

(**직류에서는 주파수가 없으므로 리액턴스 $X_L = 2\pi f L = 0$이 된다**)

【답】 ③

문제 71 한 상의 임피던스가 $20 + j10$[Ω]인 Y결선 부하에 대칭 3상 선간 전압 200 [V]를 가할 때 전 소비전력은?

① 1600 [W]   ② 1700 [W]

③ 1800 [W]   ④ 1900 [W]

풀이

1상에 흐르는 전류 $I_P = \dfrac{V_P}{Z} = \dfrac{200/\sqrt{3}}{\sqrt{20^2+10^2}} = 5.164\,[\text{A}]$

$P = 3I_P^2 R = 3 \times 5.164^2 \times 20 = 1600\,[\text{W}]$ 【답】①

문제 72 다음과 같은 회로에서 단자 a, b 사이의 합성 저항 [Ω]은?

① r

② $\dfrac{3}{2}r$

③ $\dfrac{1}{2}r$

④ $3r$

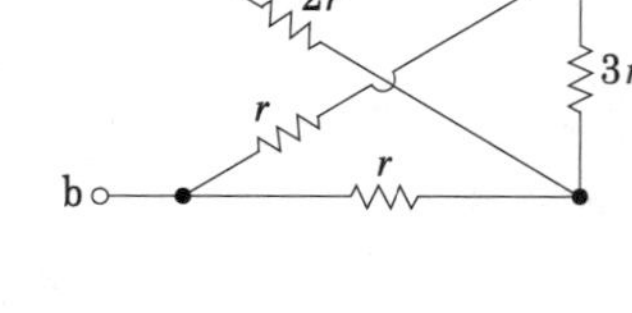

풀이

브리지 회로의 평형상태이므로 $3r$ 을 무시하면

$R = \dfrac{(2r+r)\times(2r+r)}{(2r+r)+(2r+r)} = \dfrac{9r^2}{6r} = \dfrac{3}{2}r\,[\Omega]$ 【답】②

문제 73	2014년도 3회 문제 73
문제 74	2016년도 3회 문제 62
문제 75	2015년도 3회 문제 79
문제 76	2016년도 3회 문제 73
문제 77	2011년도 3회 문제 77
문제 78	2016년도 3회 문제 69
문제 79	2014년도 1회 문제 66
문제 80	2013년도 1회 문제 64

5과목 전기설비기술기준 및 판단기준

문제 81 사용전압이 저압인 전로에서 정전이 어려운 경우 등 절연저항 측정이 곤란한 경우에 누설전류는 몇 [mA] 이하로 유지하여야 하는가?

① 1 ② 2

③ 3 ④ 5

풀이

전로의 절연저항 및 절연내력 (판단기준 제13조)
사용전압이 저압인 전로에서 정전이 어려운 경우 등 **절연저항 측정이 곤란한 경우에는 누설전류를 1[mA] 이하로 유지**하여야 한다.
【답】①

문제 82 애자사용 공사에 의한 고압 옥내배선을 시설하고자 한다. 다음 중 잘못된 내용은?

① 저압 옥내배선과 쉽게 식별되도록 시설한다.

② 전선은 공칭단면적 6 [mm^2] 이상의 연동선을 사용한다.

③ 전선 상호간의 간격은 8 [cm] 이상이어야 한다.

④ 전선과 조영재 사이의 이격거리는 4 [cm] 이상이어야 한다.

풀이

고압 옥내배선 등의 시설 (판단기준 제209조)
• 전선은 공칭단면적 6 [mm^2] 이상의 연동선 또는 이와 동등 이상의 세기 및 굵기의 고압 절연전선이나 특고압 절연전선 또는 인하용 고압 절연전선일 것.
• 전선의 지지점 간의 거리는 6 [m] 이하일 것. 다만, 전선을 조영재의 면을 따라 붙이는 경우에는 2 [m] 이하이어야 한다.
• 전선 상호 간의 간격은 8 [cm] 이상, **전선과 조영재 사이의 이격거리는 5 [cm] 이상**일 것
• 애자사용 공사에 사용하는 애자는 절연성·난연성 및 내수성의 것일 것.
• 고압 옥내배선은 저압 옥내배선과 쉽게 식별되도록 시설할 것.
【답】④

문제 83 다음 중 전력 보안통신용 전화 설비를 시설하지 않아도 되는 곳은?

① 원격감시 제어가 되지 않는 발전소

② 원격감시 제어가 되지 않는 변전소

③ 2 이상의 발전소 상호간

④ 2 이상의 급전소 상호간

풀이

전력보안 통신용 전화설비의 시설장소 (판단기준 제153조)
① **원격 감시 제어가 되지 않는 발·변전소**, 발·변전 제어소, 개폐소 기술원 주재소, 급전소 사이
② **2 이상의 급전선 상호간**과 이들을 총합 운용하는 급전소간
③ 총합운용 급전소로서 서로 연계가 다른 전력계통에 속하는 것의 상호간
④ 수력설비 중 필요한 곳 및 양수소, 강수량 관측소와 수력 발전소 간
⑤ 동일 수계의 수력 발전소 상호간

⑥ 동일 전력 계통의 발전소, 변전소, 발·변전 제어소 및 개폐소 상호간
⑦ 발·변전소 등과 긴급 연락의 필요가 있는 기상대, 측후소, 소방서 및 방사선 감시 계측 시설물 등의 사이 　【답】③

문제 84 특고압 전선로에 접속하는 배전용 변압기를 시설하는 경우에 특고압 전선에 특고압 절연전선 또는 케이블을 사용하였다면 변압기의 1차 전압은 몇 [kV] 이하이어야 하는가? (단, 발전소, 변전소, 개폐소, 이외의 곳)

① 20　　　　　　　　② 35
③ 50　　　　　　　　④ 70

특고압 배전용 변압기의 시설 (판단기준 제29조)
• 특고압 전선에 특고압 절연 전선 또는 케이블을 사용한다.
• **1차 전압은 35 [kV] 이하**, 2차측은 저압 또는 고압일 것
• 특고압측에는 개폐기 및 과전류 차단기를 시설할 것 　【답】②

문제 85 다음 중 플로어 덕트 공사에 의한 저압 옥내 배선 공사에 적합하지 않은 것은?

① 사용전압 400 [V] 미만일 것
② 덕트의 끝 부분은 막을 것
③ 제3종 접지공사를 할 것
④ 옥외용 비닐절연전선을 사용할 것

플로어 덕트 공사 (판단기준 제190조)
• 전선은 절연전선(**옥외용 비닐 절연전선을 제외**한다)일 것.
• 전선은 연선일 것. 다만, 단면적 10[mm²] (알루미늄선은 단면적 16 [mm²]) 이하인 것은 그러하지 아니하다.
• 덕트 상호 간 및 덕트와 박스 및 인출구와는 견고하고 또한 전기적으로 완전하게 접속할 것.
• 덕트의 끝부분은 막을 것.
• 덕트는 제3종 접지공사를 할 것. 　【답】④

문제 86 철탑의 강도계산에 사용하는 이상시 상정하중을 계산하는데 사용되는 것은?

① 미진에 의한 요동과 철구조물의 인장하중
② 풍압이 전선로에 직각방향으로 가하여 지는 경우의 하중
③ 이상전압이 전선로에 내습하였을 때 생기는 충격하중
④ 뇌가 철탑에 가하여졌을 경우의 충격하중

이상 시 상정하중 (판단기준 제117조)
철탑의 강도 계산에 사용하는 **이상 시 상정하중은 풍압이 전선로에 직각 방향으로 가하여지는 경우의 하중과 전선로의 방향으로 가하여지는 경우의 하중**이다. 　【답】②

문제 87 저압 가공전선으로 케이블을 사용하는 경우이다. 케이블은 조가용선에 행거로 시설하고 이 때 사용전압이 고압인 때에는 행거의 간격을 몇 [cm] 이하로 시설하여야 하는가?

① 30　　　　　　　　② 50
③ 75　　　　　　　　④ 100

가공 케이블의 시설 (판단기준 제69조, 제106조)
가공 전선에 케이블을 사용하는 경우에는 다음과 같이 시설한다.
① 케이블은 조가용선에 행거로 시설하며 **고압인 경우 행거의 간격을 50 [cm] 이하**로 한다.
② 조가용선은 인장 강도 5.93 [kN] 이상의 것 또는 단면적 22 [mm²] 이상인 아연도철연선일 것을 사용한다.
③ 조가용선 및 케이블의 피복에 사용하는 금속체에는 제3종 접지공사를 한다.
④ 조가용선을 케이블에 접촉시켜 금속 테이프를 감는 경우에는 20 [cm] 이하의 간격으로 나선상으로 한다.

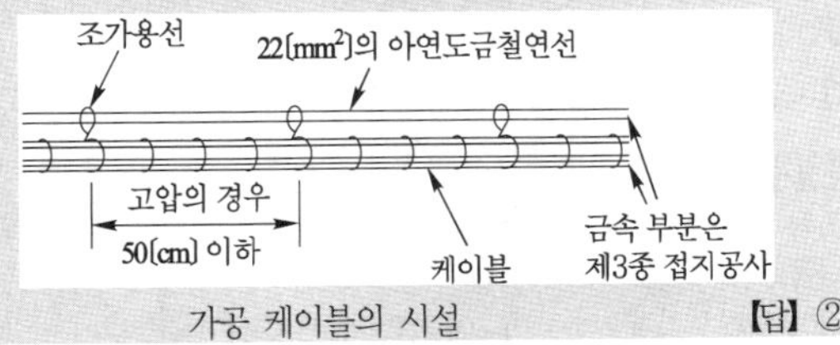

가공 케이블의 시설 　【답】②

문제 88 다음 중 발전소의 계측요소가 아닌 것은?

① 발전기의 전압 및 전류
② 발전기의 고정자 온도
③ 저압용 변압기의 온도
④ 변압기의 전류 및 전력

발전소에는 다음과 같은 계측 장치를 시설하여야 한다.
(판단기준 제50조)
① **발전기의 전압 및 전류** 또는 전력
② 발전기의 베어링 및 **고정자의 온도**
③ 주요 **변압기의 전압 및 전류** 또는 전력
④ 특고압용 변압기의 온도 　【답】③

문제 89
다음 중 전기부식방지를 위한 귀선의 시설방법에 대한 설명으로 옳지 않은 것은?
① 귀선은 부극성으로 할 것
② 이음매 하나의 저항은 그 레일의 길이 5 [m]의 저항에 상당한 값 이하일 것
③ 귀선용 레일은 특수한 곳 이외에는 길이 30 [m] 이상이 되도록 연속하여 용접할 것
④ 단면적 38 [mm²] 이상, 길이 60 [cm] 이상의 연동 연선을 사용한 본드 2개 이상을 용접함으로써 레일 용접에 갈음 할 수 있다.

풀이

전기부식 방지를 위한 귀선의 시설 (판단기준 제263조)
귀선용 레일은 특수한 곳 이외에는 길이 30 [m] 이상이 되도록 연속하여 용접할 것
다만, **단면적 115[mm²] 이상, 길이 60 [cm] 이상의 연동 연선을 사용한 본드 2개 이상을 용접하거나 볼트로 조여 붙임으로서 레일의 용접에 갈음할 수 있다.**
[답] ④

문제 90
시가지내에 시설하는 154 [kV] 가공 전선로에 지락 또는 단락이 생겼을 때 몇 초 안에 자동적으로 이를 전로로부터 차단하는 장치를 시설하여야 하는가?
① 1
② 3
③ 5
④ 10

풀이

시가지 등에서 특고압 가공전선로의 시설 (판단기준 제104조)
사용 전압이 100 [kV]를 초과하는 특고압 가공전선에 **지락 또는 단락이 생겼을 때에는 1초 이내에 자동적으로 이를 전로로부터 차단하는 장치를 시설할 것**
[답] ①

문제 91
연료전지 및 태양전지 모듈의 절연내력시험을 하는 경우 충전부분과 대지사이에 어느 정도의 시험전압을 인가하여야 하는가? (단, 연속하여 10분간 가하여 견디는 것이어야 한다.)
① 최대 사용 전압의 1.5배의 직류 전압 또는 1.25배의 교류 전압
② 최대 사용 전압의 1.25배의 직류 전압 또는 1.25배의 교류 전압
③ 최대 사용 전압의 1.5배의 직류 전압 또는 1배의 교류 전압
④ 최대 사용 전압의 1.25배의 직류 전압 또는 1배의 교류 전압

풀이

연료전지 및 태양전지 모듈의 절연내력 (판단기준 제15조)
연료전 및 태양전지 모듈은 **최대 사용 전압의 1.5배의 직류 전압 또는 1배의 교류 전압**(500 [V] 미만으로 되는 경우에는 500 [V])을 충전부분과 대지 사이에 연속하여 10분간 가하여 절연내력을 시험하였을 때에 이에 견디는 것이어야 한다.
[답] ③

문제 92
다음 중 가연성 분진에 전기설비가 발화원이 되어 폭발할 우려가 있는 곳에 시공할 수 있는 저압 옥내 배선공사는?
① 버스덕트 공사
② 라이팅덕트 공사
③ 가요전선관 공사
④ 금속관 공사

풀이

먼지가 많은 장소에서의 저압의 시설 (판단기준 제199조)
가연성 분진에 전기설비가 발화원이 되어 폭발할 우려가 있는 곳에 시설하는 저압 옥내 전기설비는 합성수지관 공사(두께 2 [mm] 미만의 합성수지전선관 및 콤바인덕트관을 사용하는 것을 제외한다.) **금속관 공사 또는 케이블 공사에 의할 것**
[답] ④

문제 93	2014년도 2회 문제 89
문제 94	2011년도 1회 문제 89
문제 95	2015년도 2회 문제 98
문제 96	2013년도 3회 문제 82
문제 97	2016년도 1회 문제 94
문제 98	2016년도 3회 문제 82
문제 99	2014년도 2회 문제 92

전기설비 기술기준(개정)과 판단기준에 따라 삭제된 문제가 있어 20문항이 안됩니다.

2009년도
전기산업기사 필기

- ▶ 09년 제1회 전기산업기사
- ▶ 09년 제2회 전기산업기사
- ▶ 09년 제3회 전기산업기사

국가기술자격검정 필기시험 문제

<table>
<tr><td colspan="4">2009년도 전기산업기사 일반검정 제1회</td><td>수검 번호</td><td>성 명</td></tr>
<tr><td>자격종목 및 등급(선택분야)
전기산업기사</td><td>종목코드
2140</td><td>시험시간
2시간 30분</td><td>문제지형별
A</td><td></td><td></td></tr>
</table>

1과목 전기자기학

문제 01 플레밍의 왼손법칙(Fleming s left hand rule)에서 왼손의 엄지, 인지, 중지의 방향에 해당 되지 않는 것은?

① 전압
② 전류
③ 자속밀도
④ 힘

풀이

- 엄지 : 힘 의 방향
- 인지 : 자속의 방향
- 중지 : 전류의 방향

【답】①

문제 02 $A = -i7 - j$, $B = -i3 - j4$의 두 벡터가 이루는 각도는?

① 30°
② 45°
③ 60°
④ 90°

풀이

$$\cos\theta = \frac{\boldsymbol{A} \cdot \boldsymbol{B}}{|\boldsymbol{A}||\boldsymbol{B}|} = \frac{A_x B_x + A_y B_y}{\sqrt{A^2}\sqrt{B^2}}$$

$$= \frac{(-7)\times(-3) + (-1)\times(-4)}{\sqrt{(-7)^2 + (-1)^2}\sqrt{(-3)^2 + (-4)^2}} = \frac{21+4}{\sqrt{50}\times 5}$$

$$= \frac{25}{25\sqrt{2}} = \frac{1}{\sqrt{2}}$$

$$\therefore \theta = \cos^{-1}\frac{1}{\sqrt{2}} = 45°$$

【답】②

문제 03 내구의 반지름 10[cm], 외구의 반지름 20[cm]인 동심 도체구의 정전용량은 약 몇 [pF]인가?

① 16[pF]
② 18[pF]
③ 20[pF]
④ 22[pF]

풀이

$$C = \frac{4\pi\epsilon_0 ab}{b-a} = \frac{\frac{1}{9\times 10^9}\times 0.1\times 0.2}{0.2-0.1} = \frac{2\times 10^{-10}}{9}$$

$$= 2.22\times 10^{-11} = 22.2\times 10^{-12}\,[F] = 22.2[pF]$$

【답】④

문제 04 진공 중에 반경 2[cm]인 도체구 A와 내외반경이 4[cm] 및 5[cm]인 도체구 B를 동심으로 놓고 도체구 A에 $Q_A = 2\times 10^{-10}$[C]의 전하를 대전시키고 도체구 B의 전하는 0[C]으로 했을 때 도체구 A의 전위는 몇 [V]인가?

① 36 [V]
② 45 [V]
③ 81 [V]
④ 90 [V]

풀이

$$V = \frac{Q}{4\pi\epsilon_0}\left(\frac{1}{a} - \frac{1}{b} + \frac{1}{c}\right) = \frac{2\times 10^{-10}}{4\pi\epsilon_0}\left(\frac{1}{0.02} - \frac{1}{0.04} + \frac{1}{0.05}\right)$$

$$= 9\times 10^9 \times 2\times 10^{-10} \times (50 - 25 + 20) = 81\,[V]$$

【답】③

문제 05 진공 중의 MKS 유리화 단위계에서 정전하간의 정전력 $F = \dfrac{Q_1 Q_2}{\alpha_o R^2}$[N], 자하간의 자기력 $F = \dfrac{m_1 m_2}{\beta_o R^2}$[N] 및 전류와 자계간의 전자력 $F = \dfrac{m I l \sin\theta}{\gamma_o R^2}$[N]이다. 상수 α_o, β_o, γ_o 상호간의 관계식 $\dfrac{\gamma_o^2}{\alpha_o \beta_o}$의 값은?

① 3×10^8
② 3×10^{10}
③ 9×10^{16}
④ 9×10^{20}

풀이

- 정전하간의 정전력 : $F = \dfrac{Q_1 Q_2}{4\pi\epsilon_o R^2}$[N]에서 $\alpha_o = 4\pi\epsilon_o$

- 자하간의 자기력 : $F = \dfrac{m_1 m_2}{4\pi\mu_o R^2}$[N]에서 $\beta_o = 4\pi\mu_o$

- 전류와 자계간의 전자력 : $F = IBl\sin\theta$

  그리고 자속밀도 $B = \dfrac{m}{4\pi R^2}$ 이므로

  $F = \dfrac{mIl\sin\theta}{4\pi R^2}$ 에서 $\gamma_0 = 4\pi$

  $\therefore \dfrac{\gamma_o^2}{\alpha_o\beta_o} = \dfrac{(4\pi)^2}{4\pi\epsilon_o \times 4\pi\mu_o} = \dfrac{(4\pi)^2}{(4\pi)^2(4\pi \times 10^{-7} \times 8.855 \times 10^{-12})}$

  $\qquad\qquad = 9 \times 10^{16}$ 　　　　　　　　【답】③

문제 06 공기 중에서 12 [Wb/m²]인 평등자계내에 길이 80 [cm]인 도선을 자계에 대하여 30°의 각을 이루는 위치에 두었을 때 24 [N]의 힘을 받았다면 도선에 흐르는 전류는 몇 [A]인가?

① 2 [A]　　　　　　② 3 [A]

③ 4 [A]　　　　　　④ 5 [A]

풀이

$F = IlB\sin\theta\,[\text{N}]$ 에서

$I = \dfrac{F}{lB\sin\theta} = \dfrac{24}{0.8 \times 12 \times \sin 30°} = 5\,[\text{A}]$ 　　　【답】④

문제 07 자유공간에서 주파수 5 [MHz]의 파장은 몇 [m]인가?

① 5 [m]　　　　　　② 15 [m]

③ 60 [m]　　　　　　④ 100 [m]

풀이

$\lambda = \dfrac{v}{f} = \dfrac{3 \times 10^8}{5 \times 10^6} = 60\,[\text{m}]$

여기서, λ : 전파의 파장 [m],　f : 주파수 [Hz]

$\qquad\quad v$: 전파속도(진공 중에서 3×10^8 [m/s]) 　【답】③

문제 08 그림과 같이 진공 중에 서로 평행인 무한 길이 두 직선도선 A, B가 d [m] 떨어져 있다. A, B의 선전하 밀도를 각각 λ_1[C/m], λ_2[C/m]라 할 때, A로부터 $\dfrac{d}{3}$ [m]인 점의 전계의 세기가 0 이었다면 λ_1과 λ_2의 관계는?

① $\lambda_2 = \dfrac{1}{2}\lambda_1$

② $\lambda_2 = 2\lambda_1$

③ $\lambda_2 = 3\lambda_1$

④ $\lambda_2 = 9\lambda_1$

풀이

선 전하에 의한 전계의 세기 $E = \dfrac{\lambda}{2\pi\epsilon_0 r}$ [V/m] 에서

$\dfrac{\lambda_1}{2\pi\epsilon_0\left(\dfrac{d}{3}\right)} = \dfrac{\lambda_2}{2\pi\epsilon_0\left(\dfrac{2d}{3}\right)}$　　$\lambda_1 = \dfrac{\lambda_2}{2}$　　$\therefore \lambda_2 = 2\lambda_1$

　　　　　　　　　　　　　　　　　　　　【답】②

문제 09 솔레노이드의 자기인덕턴스는 권수 N과 어떤 관계를 갖는가?

① N에 비례　　　　② $\sqrt{N}$ 에 비례

③ N^2에 비례　　　　④ $\sqrt{N}$ 에 반비례

풀이

$L = \dfrac{N\phi}{I} = \dfrac{N \cdot \dfrac{NI}{R_m}}{I} = \dfrac{N^2}{R_m} = \dfrac{\mu S N^2}{l}$

$\therefore L \propto N^2$ 　　　　　　　　　　　　【답】③

문제 10 평균반지름 10[cm]의 환상솔레노이드에 5 [A]의 전류가 흐를 때 내부자계가 1600[AT/m]이었다. 권수는 약 얼마인가?

① 180회　　　　　　② 190회

③ 200회　　　　　　④ 210회

풀이

환상 솔레노이드 내부 자계의 세기 $H = \dfrac{NI}{2\pi r}$ 에서

$\therefore N = \dfrac{2\pi r H}{I} = \dfrac{2\pi \times 10 \times 10^{-2} \times 1600}{5} = 201.06$ [회] 　【답】③

문제 11 반지름 a, $b(b > a)$[m]인 동심원통 전극사이에 도전율 σ[s/m]의 손실유전체를 채우면 단위길이당의 저항은 몇 [Ω/m]인가?

① $\dfrac{1}{2\pi\sigma}\ln\dfrac{b}{a}$ [Ω/m]　　② $\dfrac{1}{4\pi\sigma}\ln\dfrac{b}{a}$ [Ω/m]

③ $\dfrac{1}{\pi\sigma}\ln\dfrac{b}{a}$ [Ω/m]　　④ $\dfrac{2\pi}{\sigma}\ln\dfrac{b}{a}$ [Ω/m]

풀이

$RC = \rho\epsilon$ 에서

$R = \dfrac{\rho\epsilon}{C} = \dfrac{\epsilon}{\sigma C} = \dfrac{\epsilon}{\dfrac{2\pi\epsilon\sigma}{\ln\dfrac{b}{a}}} = \dfrac{1}{2\pi\sigma}\ln\dfrac{b}{a}\,[\Omega]$

　　　　　　　　　　　　　　　　　　　【답】①

문제 12 합성수지의 절연체에 5×10^3[V/m]의 전계를 가했을 때, 이때의 전속밀도를 구하면 약 몇 [C/m²]이 되는가? (단, 이 절연체의 비유전률은 10으로 한다.)

① 1.1×10^{-4} [C/m²] ② 2.2×10^{-5} [C/m²]
③ 3.3×10^{-6} [C/m²] ④ 4.4×10^{-7} [C/m²]

풀이

$$D = \epsilon E = \epsilon_0 \epsilon_s E = 8.855\times10^{-12}\times10\times5\times10^3$$
$$= 4.4\times10^{-7}[\text{C/m}^2]$$

【답】 ④

문제 13 그림과 같은 유전속 분포에서 ϵ_1과 ϵ_2 사이의 관계는?

① $\epsilon_1 = \epsilon_2$
② $\epsilon_1 > \epsilon_2$
③ $\epsilon_1 < \epsilon_2$
④ $\epsilon_1 = \epsilon_2 = 0$

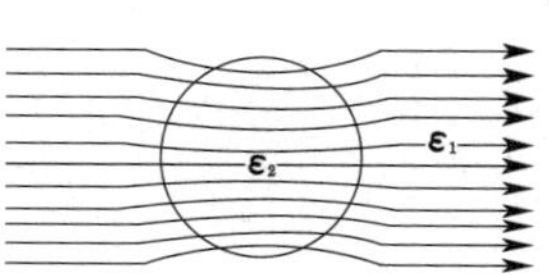

풀이

전속선은 유전율이 큰 쪽으로 모이므로 $\epsilon_2 > \epsilon_1$이다. 【답】 ③

문제 14 그림과 같이 반지름 2[m], 권수 100회인 원형 코일에 전류 1.5 [A]가 흐른다면 중심점 0의 자계의 세기는 몇 [AT/m]인가?

① 30 [AT/m]
② 37.5 [AT/m]
③ 75 [AT/m]
④ 105 [AT/m]

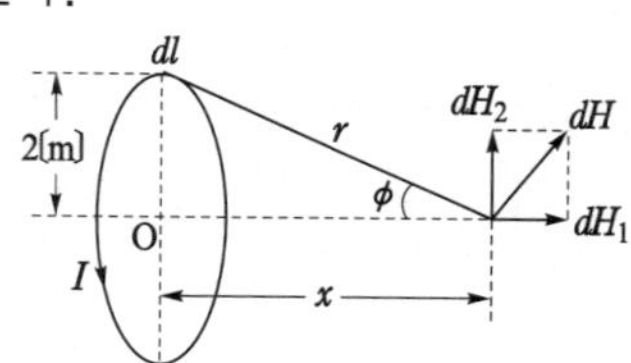

풀이

원형 코일 중심의 자계의 세기

$$H_0 = \frac{NI}{2a} = \frac{100\times1.5}{2\times2} = \frac{150}{4} = 37.5[\text{AT/m}]$$

【답】 ②

2과목 전력공학

문제 21 용량 25000 [kVA], 임피던스 10 [%]인 3상 변압기가 2차측에서 3상 단락 되었을 때 단락용량은 몇 [MVA]인가?

① 225 [MVA] ② 250 [MVA]
③ 275 [MVA] ④ 433 [MVA]

풀이

$$단락용량\ P_s = \frac{100}{\%Z}P_n = \frac{100}{10}\times25000\times10^{-3} = 250[\text{MVA}]$$

【답】 ②

문제 22 배전 전압을 $\sqrt{3}$ 배로 하면 동일한 전력 손실률로 보낼 수 있는 전력은 몇 배가 되는가?

① $\sqrt{3}$ ② $\dfrac{3}{2}$
③ 3 ④ $2\sqrt{3}$

풀이

전력 손실률 $h = \dfrac{P_l}{P} = \dfrac{\frac{P^2 R}{V^2\cos^2\theta}}{P} = \dfrac{PR}{V^2\cos^2\theta}$ 에서

전력 손실률이 일정한 경우에는 $P \propto V^2$

따라서, $\dfrac{P'}{P} = \left(\dfrac{V'}{V}\right)^2$ $\therefore P' = \left(\dfrac{\sqrt{3}}{1}\right)^2 P = 3P$가 된다.

【답】 ③

문제 23 30일간의 최대수용전력이 200 [kW], 소비전력량이 72000 [kWh]일 때 월 부하율은 몇 [%]인가?

① 30[%] ② 40[%]
③ 50[%] ④ 60[%]

풀이

$$부하율 = \frac{평균\ 전력}{최대\ 수용\ 전력}\times100 = \frac{\frac{72000}{30\times24}}{200}\times100 = 50[\%]$$

【답】 ③

문제 24 다음 중 원방감시제어(SCADA)의 기능과 관계가 먼 것은?

① 원격 제어 기능 ② 원격 측정 기능
③ 부하 조정 기능 ④ 자동 기록 기능

원방감시제어의 기능
① 원방 감시 기능   ② **원격 측정** 기능
③ **원격 제어** 기능   ④ **자동 기록** 기능
⑤ 경보 발생 기능   ⑥ 타시스템과의 연계 기능   **[답] ③**

문제 25 그림에서 계기 Ⓜ 이 지시하는 것은?

① 정상전류
② 영상전압
③ 역상전압
④ 정상전압

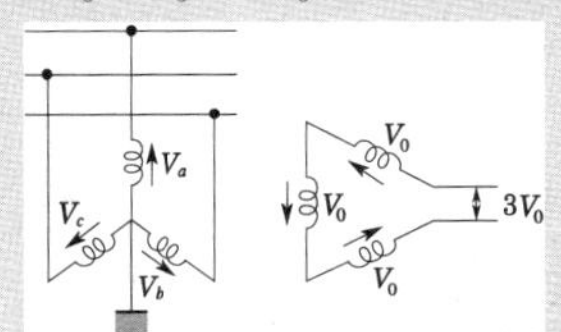

$V_0 + V_0 + V_0 = 3V_0$의 영상 전압이 나타난다.

[답] ②

문제 26 유역면적 550 $[km^2]$인 어떤 하천의 1년간 강수량이 1500 [mm]이다. 증발침투 등의 손실을 30[%]라고 하면 1년을 통하여 평균적으로 흐른 유량은 약 몇 $[m^3/s]$이겠는가?

① 18.3 $[m^3/s]$ ② 21.3 $[m^3/s]$
③ 24.2 $[m^3/s]$ ④ 26.2 $[m^3/s]$

• 1년 동안에 하천에 유입하는 총수량
  $1500 \times 10^{-3} \times 550 \times 10^6 \times (1-0.3) = 577.5 \times 10^6 \; [m^3]$
• 평균 유량
  1년은 $365 \times 24 \times 60 \times 60 \; [s]$이므로
  평균 유량 $= \dfrac{577.5 \times 10^6}{365 \times 24 \times 3600} ≒ 18.3 [m^3/s]$ **[답] ①**

문제 27 그림과 같이 임피던스 Z_1, Z_2 및 Z_3인 송전선이 접속된 선로의 A쪽에서 전압파 E 가 진행해 왔을 때 접속점 B에서 무반사로 되기 위한 조건은?

① $Z_1 = Z_2 \times Z_3$
② $Z_1 = Z_2 + Z_3$
③ $\dfrac{1}{Z_1} = \dfrac{1}{Z_2} \times \dfrac{1}{Z_3}$
④ $\dfrac{1}{Z_1} = \dfrac{1}{Z_2} + \dfrac{1}{Z_3}$

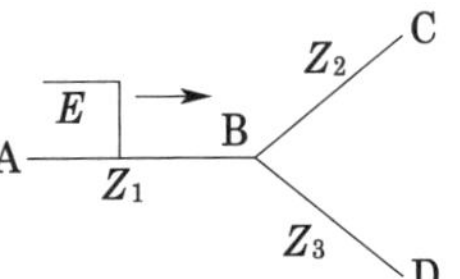

$Z_A = Z_1$, $Z_B = \dfrac{1}{\dfrac{1}{Z_2} + \dfrac{1}{Z_3}}$ 라고 하면

반사계수 $= \dfrac{Z_B - Z_A}{Z_A + Z_B}$ 에서 무반사 조건은 $Z_A = Z_B$ 일때 이다.

따라서, $Z_1 = \dfrac{1}{\dfrac{1}{Z_2} + \dfrac{1}{Z_3}}$ $\therefore \; \dfrac{1}{Z_1} = \dfrac{1}{Z_2} + \dfrac{1}{Z_3}$

[답] ④

문제 28 초고압용 차단기에 사용되는 개폐저항기의 목적은?

① 차단속도 증진
② 개폐서어지 이상전압 억제
③ 차단전류 감소
④ 차단전류의 역률 개선

차단기의 개폐시에 재점호로 인하여 **개폐 서지 이상 전압**이 발생된다. 이것을 낮추고 절연 내력을 높일 수 있게 하기 위해 차단기 접촉자간에 병렬 임피던스로서 저항을 삽입하는데 이것을 **개폐저항기**라고 한다.   **[답] ②**

문제 29 전력이 같고, 단면적과 긍장이 같을 때 전압변동률[%]은?

① 전압에 비례한다.
② 전압의 제곱에 비례한다.
③ 전압에 반비례한다.
④ 전압의 제곱에 반비례한다.

송전전압과 전압강하율과의 관계
• 조건 : 전력 P, 저항 R, 리액턴스 X, 역률 $\cos\theta$ 일정
• 전압강하율 $\epsilon = \dfrac{e}{V}$ 에서

$$\epsilon = \dfrac{\dfrac{P}{V}(R + X\tan\theta)}{V} = \dfrac{P}{V^2}(R + X\tan\theta)$$

P, R, X, $\tan\theta$가 일정하므로 $\therefore \; \epsilon \propto \dfrac{1}{V^2}$ **[답] ④**

문제 30 송전선로에서 4단자정수 A, B, C, D 사이의 관계는?

① $BC - AD = 1$ ② $AC - BD = 1$
③ $AB - CD = 1$ ④ $AD - BC = 1$

풀이

$AD - BC = 1$

【답】④

문제 31 전선의 장력이 1500[kgf]일 때, 지선에 걸리는 장력은 몇 [kgf]인가?

① 750[kgf]

② $750\sqrt{3}$ [kgf]

③ 3000 [kgf]

④ $\dfrac{3000}{\sqrt{3}}$ [kgf]

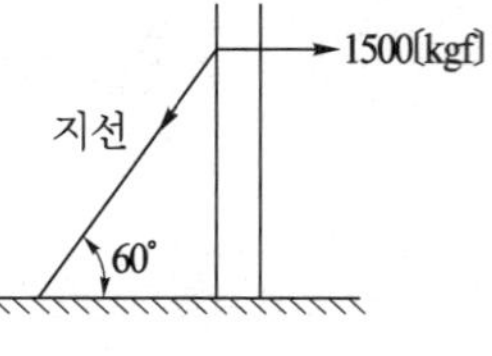

풀이

$T = \dfrac{1500}{\cos 60°} = 3000[\text{kgf}]$

【답】③

문제 32 전압 66000[V], 주파수 60[Hz], 길이 7[km], 1회선의 3상 지중전선로에서 3상 무부하 충전용량은 약 몇 [kVA]인가? (단, 케이블의 심선 1선 1[km]의 정전용량은 0.4[μF/km]라 한다.)

① 2560[kVA] ② 4600[kVA]

③ 7970[kVA] ④ 13800[kVA]

풀이

$Q_c = 3EI_c = 3\omega C\left(\dfrac{V}{\sqrt{3}}\right)^2$

$= 3 \times 2\pi \times 60 \times 0.4 \times 10^{-6} \times 7 \times \left(\dfrac{66000}{\sqrt{3}}\right)^2 \times 10^{-3}$

$= 4598[\text{kVA}]$

【답】②

문제 33 다음 중 보호계전기가 구비하여야 할 조건으로 거리가 먼 것은?

① 동작이 정확하고 감도가 예민할 것

② 열적, 기계적 강도가 클 것

③ 조정 범위가 좁고 조정이 쉬울 것

④ 고장 상태를 신속하게 선택할 것

풀이

보호 계전기는 조정 범위가 넓어야 하고 조정이 쉬워야 한다.

【답】③

문제 34 송전선로의 중성점을 접지하는 주된 목적은?

① 동량의 절약 ② 송전용량의 증가

③ 전압강하의 감소 ④ 이상전압의 억제

풀이

송전 선로의 **중성점 접지의 목적**

① **이상 전압 발생 방지**

② 1선 지락시 건전상 전압 상승 억제 및 기기나 선로의 절연 절감

③ 보호 계전기 동작 확실

④ 소호 리액터 계통에서의 1선 지락시 아크 소멸

【답】④

문제 35	2011년도 3회 문제 38
문제 36	2016년도 1회 문제 21
문제 37	2016년도 2회 문제 22
문제 38	2014년도 3회 문제 25
문제 39	2015년도 2회 문제 32
문제 40	2015년도 1회 문제 34

3과목 전기기기

문제 41 동기발전기의 병렬운전에 필요한 조건이 아닌 것은?

① 기전력의 주파수가 같을 것

② 기전력의 위상이 같을 것

③ 임피던스 및 상회전 방향과 각 변위가 같을 것

④ 기전력의 크기가 같은 것

풀이

동기 발전기의 **병렬 운전 조건**은 다음과 같다.

① 기전력의 **크기**가 같을 것

② 기전력의 **위상**이 같을 것

③ 기전력의 **주파수**가 같을 것

④ 기전력의 **파형**이 같을 것

⑤ **상회전 방향**이 같을 것

【답】③

문제 42 3상 유도전동기에서 비례추이를 하지 않는 것은?

① 효율 ② 역률

③ 1차 전류 ④ 동기 와트

풀이

1) 비례추이를 하는 제량

① 토오크 τ ② 1차 전류 I_1 ③ 2차 전류 I_2

④ 역률 $\cos\theta$ ⑤ 1차 입력 P_1

2) **비례추이를 할 수 없는 것**

① 출력 P_0 ② **효율** $\eta,\ \eta_2$ ③ 2차 동손 P_{c2}

【답】①

문제 43
다음 중 동기 전동기의 난조 방지에 가장 유효한 방법은?

① 자극수를 적게 한다.
② 회전자의 관성을 크게 한다.
③ 자극면에 제동권선을 설치한다.
④ 동기리액턴스 x_x를 작게 하고 동기화력을 크게 한다.

풀이

회전자의 관성을 크게 하면 난조의 발생 방지에는 유효하나 난조가 일어난 후에는 오히려 그 정지를 저해할 우려가 있다. 동기 화력도 이와 같다. 자극수의 감소도 효과가 있으나 이것은 원동기 조건으로 정해지는 것으로서 이 목적에는 맞지 않는다. 따라서 **난조방지에는 제동권선이 가장 적합**하다. 【답】 ③

문제 44
변압기에서 생기는 와류손은 철심 두께와 어떤 관계가 있는가?

① 철심 두께의 1/2승에 비례
② 철심 두께에 비례
③ 철심 두께에 2승에 비례
④ 철심 두께에 3승에 비례

풀이

와류손 $P_e = K_e (t \cdot f \cdot K_f \cdot B_m)^2$
여기서, K_e : 재료에 따라 정해지는 상수
t : 철심의 두께[m] 【답】 ③

문제 45
전압 정류의 역할을 하는 것은?

① 보극 　　　② 탄소
③ 보상권선 　　　④ 리액턴스 코일

풀이

• 보극 : 전압 정류
• 탄소 브러시 : 저항 정류 【답】 ①

문제 46
다음 중 유도전동기의 속도 제어법이 아닌 것은?

① 2차 저항법 　　　② 2차 여자법
③ 1차 저항법 　　　④ 주파수 제어법

풀이

① 농형 유도 전동기의 속도 제어법은
　• **주파수**를 바꾸는 방법
　• **극수**를 바꾸는 방법

　• 전원 전압을 바꾸는 방법
② 권선형 유도 전동기는
　• **2차 저항**을 제어하는 방법
　• **2차 여자법** 등이 있다. 【답】 ③

문제 47
전압 변동률이 작은 동기 발전기는?

① 전기자 반작용이 크다.
② 동기 리액턴스가 크다.
③ 단락비가 크다.
④ 값이 싸다.

풀이

단락비가 큰 기계(철기계)
• 동기 임피던스가 적다 ($K_s \propto \dfrac{1}{Z_s}$)
• **전압변동률이 작다.**
• 전기자 반작용이 작다.
• 출력이 크다.
• 과부하 내량이 크고 안정도가 높다.
• 자기 여자 현상이 작다. 【답】 ③

문제 48
변압기의 원리는?

① 전자유도 작용을 이용
② 정전유도 작용을 이용
③ 자기유도 작용을 이용
④ 플레밍의 오른손 법칙을 이용

풀이

변압기는 전자 유도 작용을 이용하여 교류 전압과 전류의 크기를 변성하는 장치로 2개 이상의 전기회로와 1개 이상의 공통 자기 회로로 이루어져 있다. 【답】 ①

문제 49
3상 권선형 유도전동기의 속도 제어를 위해서 2차 여자법을 사용하고자 할 때 그 방법은?

① 1차 권선에 가해주는 전압과 동일한 전압을 회전자에 가한다.
② 직류 전압을 3상 일괄해서 회전자에 가한다.
③ 회전자 기전력과 같은 주파수의 전압을 회전자에 가한다.
④ 회전자에 저항을 넣어 그 값을 변화시킨다.

풀이

2차 여자법
유도전동기의 회전자 권선에 2차 기전력 sE_2와 동일 주파수의 전압 E_c를 슬립링을 통하여 공급하고, 그 크기를 조절하므로써 속도를 제어 하는 방법을 2차 여자법 이라고 한다. $I_2 = \dfrac{sE_2 \pm E_c}{r_2}$ 에서 I_2 및 r_2가 일정하면 $sE_2 \pm E_c$ 도 일정하다. 이때 E_c를 증가시키면 sE_2도 증가, 즉, 슬립 s도 증가하게 되며 반면에 속도는 감소하게 된다.

【답】③

문제 50 PWM 인버터에서 나타나는 고조파의 영향이 아닌 것은?

① 손실　　　　　　　② 기계적인 마찰과 관성

③ 소음과 진동　　　　④ 토크맥동

풀이

기계적인 마찰은 고조파의 영향이 아니라 **기계적인 원인에 의해 발생**하는 것이다.

【답】②

문제 51 부하전류가 50 [A]일 때, 단자전압이 100 [V]인 직류 직권 발전기의 부하 전류가 70 [A]로 되면 단자전압은 몇 [V]가 되겠는가? (단, 전기자 저항 및 직권계자 권선의 저항은 각각 0.1 [Ω]이고, 전기자 반작용과 브러시의 접촉저항 및 자기포화는 모두 무시한다.)

① 110 [V]　　　　　　② 114 [V]

③ 140 [V]　　　　　　④ 154 [V]

풀이

전기자 전류 I_a, 부하 전류 I, 단자 전압 V, 유기 기전력 E, 전기자 저항 R_a, 직권 계자 저항 R_s 라고 하면, 직권 발전기에서는 다음의 관계가 있다.

$$E = V + (R_a + R_s)I_a = V + (R_a + R_s)I$$

그러므로, $I = 50$ [A]일 때의 유기 기전력을 E_{50}이라 하면

$$E_{50} = 100 + (0.10 + 0.10) \times 50 = 110 \text{ [V]}$$

그런데, 직권 발전기에 있어서 자로가 불포화일 때, 유기 기전력의 크기는 부하 전류에 비례하기 때문에 부하 전류 70 [A]일 때의 유기 기전력을 E_{70}이라 하면

$$E_{70} / E_{50} = 70/50 = 1.4$$
$$\therefore E_{70} = 1.4 \times E_{50} = 1.4 \times 110 = 154 \text{ [V]}$$

이 때의 단자 전압을 V_{70}이라 하면

$$\therefore V_{70} = E_{70} - (R_a + R_s) \times 70 = 154 - 0.20 \times 70 = 140 \text{ [V]}$$

【답】③

문제 52 변압기의 개방시험으로 측정할 수 없는 것은?

① 무부하전류　　　　② 철손

③ 여자 어드미턴스　　④ 임피던스 전압

풀이

변압기의 시험

(1) 개방회로(무부하) 시험으로 측정할 수 있는 항목

　① 무부하 전류　② 히스테리시스손　③ 와류손

　④ 여자 어드미턴스　⑤ 철손

(2) 단락시험으로 측정할 수 있는 항목

　① 동손　② 임피던스 와트　③ **임피던스 전압**

【답】④

문제 53 단상 유도전압조정기와 3상 유도전압조정기의 비교 설명으로 옳지 않은 것은?

① 모두 회전자와 고정자가 있으며 한편에 1차 권선을 다른 편에 2차 권선을 둔다.

② 모두 입력전압과 이에 대응한 출력 전압 사이에 위상차가 있다.

③ 단상유도전압조정기는 단락 권선이 필요하나 3상에는 필요 없다.

④ 모두 회전자의 회전각에 따라 조정된다.

풀이

항　　목	단상 유도전압조정기	3상 유도전압조정기
단락권선	필요하다.	필요없다.
입력전압과 출력전압 사이의 위상차	위상차 없다.	위상차 있다.

【답】②

문제 54 리액터 기동방식에 리액터 대신에 저항기를 사용한 것으로서 전동기의 전원측에 직렬로 저항을 접속하고, 전원 전압을 낮게 감압하여 기동한 후 서서히 저항을 감소시켜 가속하고, 전속도에 도달하면 이를 단락 하는 방법에 해당 되는 것은?

① 직입 기동방식

② Y-△ 기동

③ 1차 저항 기동방식

④ 기동보상기에 의한 기동

풀이

1차 저항 기동방식 : 전원측에 직렬로 저항을 삽입하고 운전 중에는 이를 단락하는 방식이다.

【답】③

문제 55 변압기의 철손을 알 수 있는 시험은?

① 부하 시험　　　　　② 무부하 시험

③ 단락 시험　　　　　④ 유도 시험

변압기의 시험

1) **개방회로(무부하) 시험**으로 측정할 수 있는 항목
  ① 무부하 전류　② 히스테리시스손　③ 와류손
  ④ 여자 어드미턴스　⑤ **철손**
2) 단락시험으로 측정할 수 있는 항목
  ① 동손　② 임피던스 와트　③ 임피던스 전압　【답】 ②

문제 56 | 2011년도 1회 문제 42

문제 57 | 2015년도 1회 문제 44

문제 58 | 2016년도 1회 문제 48

문제 59 | 2014년도 3회 문제 60

문제 60 | 2016년도 2회 문제 54

4과목　회로이론

문제 61 $R = 10\,[\Omega]$, $L = 0.045\,[H]$의 직렬 회로에 실효값 140 [V], 주파수 25 [Hz]의 정현파 교류 전압을 가했을 때 임피던스[Ω]의 크기는 약 얼마인가?

① 17.25 [Ω]　　② 15.31 [Ω]
③ 12.25 [Ω]　　④ 10.41 [Ω]

$\omega L = 2\pi f L = 2 \times 3.14 \times 25 \times 0.045 = 7.068\,[\Omega]$

$\therefore Z = \sqrt{R^2 + (\omega L)^2} = \sqrt{10^2 + 7.06^2} = 12.25\,[\Omega]$　【답】 ③

문제 62 그림과 같은 단위 계단함수는?

① $u(t)$
② $u(t-a)$
③ $u(a-t)$
④ $-u(t-a)$

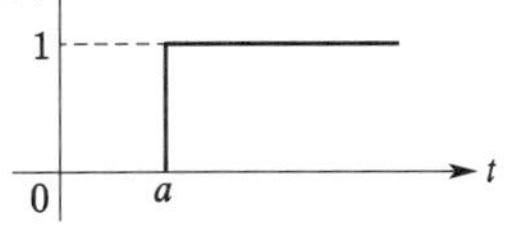

$f(t) = 1 \cdot u(t-a)$　【답】 ②

문제 63 $R = 40\,[\Omega]$, $L = 80\,[mH]$의 코일이 있다. 이 코일에 100 [V], 60 [Hz]의 전압을 가할 때에 소비되는 전력[W]은?

① 200[W]　　② 160[W]
③ 120[W]　　④ 100[W]

$X_L = \omega L = 2\pi f L = 2\pi \times 60 \times 80 \times 10^{-3} \fallingdotseq 30[\Omega]$

$\therefore P = I^2 R = \left(\dfrac{V}{\sqrt{R^2 + X^2}} \right)^2 R = \dfrac{V^2 R}{R^2 + X^2}$

$= \dfrac{100^2 \times 40}{40^2 + 30^2} = 160\,[W]$　【답】 ②

문제 64 그림과 같은 파형의 교류 전압 v와 전류 i 간의 등가 역률은? (단, $v = V_m \sin\omega t\,[V]$,
$i = I_m \left(\sin\omega t - \dfrac{1}{\sqrt{3}} \sin 3\omega t \right)[A]$이다.)

① $\dfrac{\sqrt{3}}{2}$

② $\dfrac{\sqrt{4}}{2}$

③ 0.8

④ 0.9

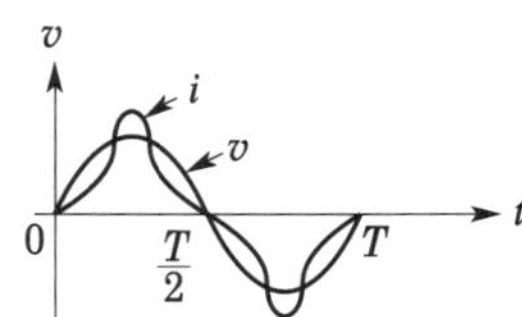

유효 전력 $P = \dfrac{V_m I_m}{2}$ 이고　$V = \dfrac{V_m}{\sqrt{2}}$,

$I = \dfrac{I_m}{\sqrt{2}} \sqrt{1 + \left(\dfrac{1}{\sqrt{3}} \right)^2} = \dfrac{\sqrt{2}\,I_m}{\sqrt{3}}$

$\therefore \cos\theta = \dfrac{P}{VI} = \dfrac{\dfrac{V_m I_m}{2}}{\dfrac{V_m}{\sqrt{2}} \cdot \dfrac{\sqrt{2}\,I_m}{\sqrt{3}}} = \dfrac{\sqrt{3}}{2}$　【답】 ①

문제 65 비정현파 $v = 100\sin\left(\omega t + \dfrac{\pi}{18} \right)$
$+ 50\sin\left(3\omega t + \dfrac{\pi}{3} \right) + 25\sin\left(5\omega t + \dfrac{7\pi}{18} \right)[V]$인 경우 실효치 전압[V]은?

① 71[V]　　② 81[V]
③ 91[V]　　④ 101[V]

비정현파 교류의 실효값은 직류분, 기본파 및 고조파의 제곱 합의 평방근으로 나타내므로

$V = \sqrt{V_0^2 + V_1^2 + V_2^2 + V_3^2 + \cdots}$ 에서

$V = \sqrt{\left(\dfrac{100}{\sqrt{2}} \right)^2 + \left(\dfrac{50}{\sqrt{2}} \right)^2 + \left(\dfrac{25}{\sqrt{2}} \right)^2} = 81\,[V]$　【답】 ②

문제 66

$f(t) = \dfrac{d}{dt}\cos \omega t$ 를 라플라스 변환하면?

① $\dfrac{\omega^2}{s^2 + \omega^2}$ ② $\dfrac{-s^2}{s^2 + \omega^2}$

③ $\dfrac{s}{s^2 + \omega^2}$ ④ $-\dfrac{\omega^2}{s^2 + \omega^2}$

풀이

실미분의 정리 $\mathcal{L}\left[f'(t)\right] = sF(s) - f(0)$ 에서,

$\mathcal{L}\left[\dfrac{d}{dt}\cos \omega t\right] = s \cdot \dfrac{s}{s^2 + \omega^2} - 1 = \dfrac{-\omega^2}{s^2 + \omega^2}$ 【답】 ④

문제 67

그림에서 저항 R이 접속되고 여기에 3상 평형 전압 V가 가해져 있다. 지금 ×표의 곳에서 1선이 단선 되었다고 하면 소비 전력은 처음의 몇 배로 되는가?

① 1.0
② 0.7
③ 0.5
④ 0.25

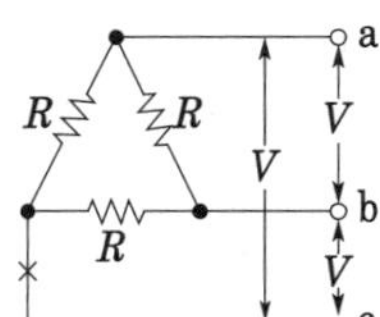

풀이

• 1선 단선 전 소비전력 $P_\triangle = 3\dfrac{V^2}{R}$

• 1선 단선 후 소비전력 P
  1선이 단선되면 R의 직·병렬 회로가 되므로

이때의 합성저항 $R_t = \dfrac{2R \times R}{2R + R} = \dfrac{2}{3}R$

소비전력 $P = \dfrac{V^2}{R_t} = \dfrac{V^2}{\dfrac{2R}{3}} = \dfrac{3V^2}{2R}$

$\therefore \dfrac{P}{P_\triangle} = \dfrac{\dfrac{3V^2}{2R}}{\dfrac{3V^2}{R}} = \dfrac{1}{2}$ 【답】 ③

문제 68

회로에서 저항 $0.5[\Omega]$에 걸리는 전압[V]은?

① 0.62 [V]
② 0.93 [V]
③ 1.47 [V]
④ 1.68 [V]

풀이

중첩의 정리에 의해 풀면

• 6 [A] 전류원에 의해 0.5 [Ω]에 흐르는 전류

$I_1 = 6 \times \dfrac{0.6}{0.6 + (0.5 + 0.4)} = 2.4[A]$ (이때 다른 전류원은 개방)

• 2 [A] 전류원에 의해 0.5 [Ω]에 흐르는 전류

$I_2 = 2 \times \dfrac{0.4}{(0.5 + 0.6) + 0.4} = 0.53[A]$
  (이때 다른 전류원은 개방)

• 0.5 [Ω]에 흐르는 전류의 방향이 서로 같으므로
  전체전류 $I = I_1 + I_2 = 2.4 + 0.53 = 2.93[A]$

• 전압 $V = IR = 2.93 \times 0.5 = 1.47[V]$ 【답】 ③

문제 69

어떤 정현파 교류전압의 실효값이 314[V] 일 때 평균값[V]은 약 얼마인가?

① 142[V]   ② 283[V]
③ 365[V]   ④ 382[V]

풀이

평균값 $V_{av} = \dfrac{2\sqrt{2}}{\pi} \cdot V = \dfrac{2\sqrt{2}}{\pi} \cdot 314 ≒ 283[V]$ 【답】 ②

문제 70	2010년도 2회 문제 71
문제 71	2010년도 3회 문제 67
문제 72	2016년도 3회 문제 74
문제 73	2015년도 3회 문제 62
문제 74	2011년도 3회 문제 77
문제 75	2016년도 2회 문제 80
문제 76	2012년도 1회 문제 76
문제 77	2015년도 1회 문제 62
문제 78	2011년도 2회 문제 76
문제 79	2010년도 1회 문제 64
문제 80	2016년도 1회 문제 70

5과목 전기설비기술기준 및 판단기준

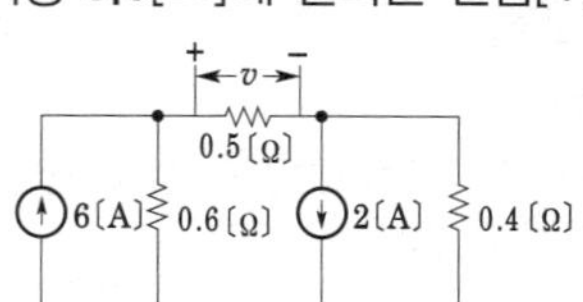

문제 81

특고압 가공전선이 저고압 가공전선 등과 제2차 접근상태로 시설되는 경우 사용전압이 35[kV] 이하인 특고압가공전선과, 저고압 가공전선 등 사이에 무엇을 시설하는 경우에 특고압 가공전선로를 제2종 특고압 보안공사에 의하지 아니하여도 되는가? (단, 애자장치에 관한 부분에 한 한다.)

① 접지설비   ② 보호망
③ 차폐장치   ④ 전류제한장치

특고압 가공전선과 도로 등의 접근 또는 교차 (판단기준 제127조)
특고압 가공전선로는 제2종 특고압 보안공사에 의할 것. 다만, 특고압 가공전선과 도로 등 사이에 다음에 의하여 **보호망을 시설하는 경우에는 제2종 특고압 보안공사**(애자장치에 관계되는 부분에 한한다)**에 의하지 아니할 수 있다.**　　　　　　　【답】②

문제 82 저압의 전선로 중 절연 부분의 전선과 대지간 및 전선의 심선 상호간의 절연저항에 대한 기준으로 옳은 것은?

① 사용전압에 대한 누설전류가 최대 공급전류의 $\dfrac{1}{1200}$ 을 넘지 않아야 한다.

② 사용전압에 대한 누설전류가 최대 공급전류의 $\dfrac{1}{2000}$ 을 넘지 않아야 한다.

③ 사용전압에 대한 누설전류가 부하전류의 $\dfrac{1}{1200}$ 을 넘지 않아야 한다.

④ 사용전압에 대한 누설전류가 부하전류의 $\dfrac{1}{2000}$ 을 넘지 않아야 한다.

전선로의 전선 및 절연성능 (기술기준 제27조)
저압 전선로 중 절연 부분의 전선과 대지간 및 전선의 심선 상호간의 절연 저항은 사용전압에 대한 **누설 전류(I_g)가 최대 공급 전류의 1/2000을 넘지 않도록 유지**하여야 한다.　　　【답】②

문제 83 그림은 전력선 반송통신용 결합장치의 보안장치이다. 그림에서 DR은 무엇인가?

① 접지형 개폐기
② 결합 필터
③ 방전갭
④ 배류선륜

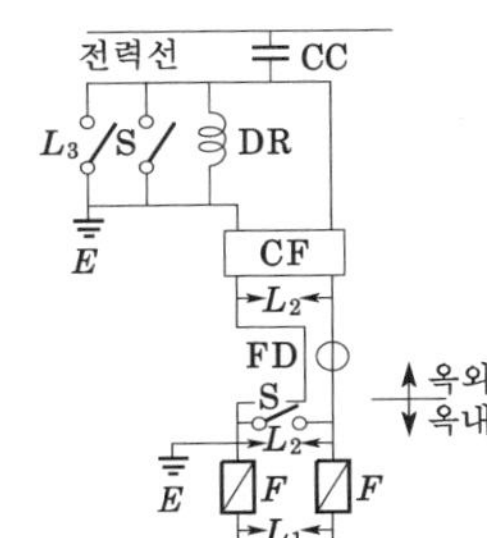

전력선 반송 통신용 결합 장치의 보안장치 (판단기준 제163조)
• FD는 동축 케이블
• F는 정격 전류 10 [A] 이하의 포장 퓨즈
• DR은 전류 용량 2 [A] 이상의 배류 선륜
• L_1은 교류 300 [V] 이하에서 동작하는 피뢰기
• L_2는 동작 전압이 교류 1,300 [V]를 넘고 1,600 [V] 이하로 조정된 방전갭

• L_3는 동작 전압이 교류 2,000 [V]를 넘고 3,000 [V] 이하로 조성된 구상 방전갭
• S는 접지용 개폐기
• CF는 결합 필터
• CC는 결합 콘덴서(결합 안테나를 포함한다)
• E는 접지　　　　　　　　　　　　　　【답】④

문제 84 사용전압이 60[kV] 이하인 특고압 가공 전선로는 상시정전유도작용에 의한 통신상의 장해가 없도록 시설하기 위하여 전화선로의 길이 12[km]마다 유도전류는 몇 [μA]를 넘지 않도록 하여야 하는가?

① 1 [μA]　　　　　　　② 2 [μA]
③ 3 [μA]　　　　　　　④ 5 [μA]

유도장해의 방지 (판단기준 제105조)
① 사용 전압이 60 [kV] 이하인 경우에는 전화 선로의 길이 12 [km]마다 유도 전류가 2 [μA]를 넘지 아니할 것
② 사용 전압이 60 [kV]를 넘는 경우에는 전화 선로의 길이 40 [km]마다 유도 전류가 3 [μA]를 넘지 아니할 것　　【답】②

문제 85 다음 중 "지중 관로"에 포함되지 않는 것은?

① 지중 광섬유 케이블 선로
② 지중 약전류 전선로
③ 지중 전선로
④ 지중 레일 선로

정의 (판단기준 제2조)
지중관로란 지중 전선로, 지중 약전류 전선로, 지중에 시설하는 수관 및 가스관과 이와 유사한 것 및 이들에 부속하는 지중함 등을 말한다.　　　　　　　　　　　　　　【답】④

문제 86 옥내에 시설하는 전동기에는 전동기가 소손될 우려가 있는 과전류가 생겼을 때 자동적으로 이를 저지하거나 이를 경보하는 장치를 하여야 하는데, 단상 전동기인 경우 전원측 전로에 시설하는 과전류차단기의 정격전류가 몇 [A]이하이면 이 과부하 보호 장치를 시설하지 않아도 되는가? (단, 단상 전동기는 KS C 4204(2003)의 표준정격의 것을 말한다.)

① 10[A]　　　　　　　② 15[A]
③ 30[A]　　　　　　　④ 50[A]

풀이

전동기의 과부하 보호 장치의 시설 (판단기준 제174조)
옥내에 시설하는 전동기에는 소손할 우려가 있는 과전류가 생긴 경우 자동적으로 이를 저지하거나 경보하는 장치를 하여야 한다. 단 다음의 경우에는 보호 장치를 생략할 수 있다.
① 전동기 운전 중 상시 감시자가 감시할 수 있는 위치에 시설하는 경우
② 전동기의 구조상 또는 부하의 성질상 과전류가 생길 우려가 없는 것
③ 단상 전동기를 15 [A] 분기 회로에 접속한 경우 (배선용 차단기는 20 [A] 이하)
④ 0.2 [kW] 이하의 전동기

[답] ②

문제 87 가요전선관 공사에 있어서 저압 옥내배선 시설에 맞지 않는 것은?
① 전선은 절연전선일 것
② 가요전선관 안에는 전선에 접속점이 없을 것
③ 1종 금속제 가요전선관의 두께는 0.8[mm] 이상일 것
④ 일반적으로 가요전선관은 3종 금속제 가요전선관일 것

풀이

가요 전선관 공사 (판단기준 제186조)
① 전선은 절연 전선(OW 제외)으로 연선이어야 하며 (단면적 10 [mm²] 이하의 것은 단선 사용 가능) 관 안에서 접속점이 없도록 시설하고 가요 **전선관은 2종 금속제 가요 전선관일 것**
② 1종 금속제 가요 전선관은 두께 0.8 [mm] 이상으로 4 [m]를 넘는 것은 1.6 [mm] 이상의 나연동선을 전장에 걸쳐 삽입 또는 첨가하여 양단에서 관과 전기적으로 완전하게 접속하여야 한다.

[답] ④

문제 88 전선 기타의 가섭선 주위에 두께 6 [mm], 비중 0.9의 빙설이 부착된 상태에서 을종풍압하중은 구성재의 수직 투영면적 1 [m²]당 몇 [Pa]을 기초로 하여 계산하는가?
① 333 [Pa]
② 372 [Pa]
③ 588 [Pa]
④ 666 [Pa]

풀이

풍압하중의 종별과 적용 (판단기준 제62조)
을종 풍압하중 : 전선 기타의 가섭선 주위에 **두께 6 [mm], 비중 0.9의 빙설이 부착된 상태에서 수직 투영면적 372 [Pa]**(다도체를 구성하는 전선은 333 [Pa]), 그 이외의 것은 갑종 풍압하중의 2분의 1을 기초로 하여 계산한 것

[답] ②

문제 89 저압 연접 인입선은 인입선에서 분기하는 점으로부터 몇 [m]를 초과하는 지역에 미치지 아니하도록 시설하여야 하는가?
① 10[m]
② 20[m]
③ 100[m]
④ 200[m]

풀이

저압 연접 인입선 시설 (판단기준 제101조)
한 수용 장소 인입구에서 분기하여 지지물을 거치지 아니하고 다른 수용 장소 인입구에 이르는 전선이며 시설 기준은 다음과 같다.
① 분기하는 점으로부터 **100 [m]를 초과하지 않을 것**
② 폭 5 [m]를 넘는 도로를 횡단하지 않을 것
③ 옥내를 관통하지 않을 것

[답] ③

문제 90 3상 4선식 22.9 [kV] 중성점 다중접지 전로의 절연내력 시험전압은 최대사용전압의 몇 배의 전압인가?
① 0.64배
② 0.72배
③ 0.92배
④ 1.25배

풀이

전로의 절연저항 및 절연내력 (판단기준 제13조)
절연 내력 시험 전압(최대 사용 전압의 배수)

접지방식	최대사용전압	시험전압(최대사용전압 배수)	최저 시험전압
비접지	7 [kV] 이하	1.5배	500 [V]
	7 [kV] 초과	1.25배	10,500 [V]
중성점접지	60 [kV] 초과	1.1배	75,000 [V]
중성점직접접지	60 [kV] 초과 170 [kV] 이하	0.72배	
	170 [kV] 초과	0.64배	
중성점다중접지	25 [kV] 이하	**0.92배**	500 [V]

※ 전로에 케이블을 사용하는 경우에는 직류로 시험할 수 있으며, 시험 전압은 교류의 경우의 2배가 된다.

[답] ③

문제 91 1차 22900[V], 2차 3300[V]의 변압기를 옥외에 시설할 때 구내에 취급자 이외의 사람이 들어가지 아니하도록 울타리를 시설하려고 한다. 이때 울타리의 높이는 몇 [m] 이상으로 하여야 하는가?
① 2[m]
② 3[m]
③ 4[m]
④ 5[m]

풀이

발전소 등의 울타리·담 등의 시설 (판단기준 제44조)
울타리·담 등의 높이는 2 [m] 이상으로 하고 지표면과 울타리·담 등의 하단 사이의 간격은 15 [cm] 이하로 할 것

[답] ①

문제 92 정격 전류 30[A]의 전동기 1대와 정격 전류 5[A]의 전열기 2대에 공급하는 저압 옥내 간선을 보호할 과전류 차단기의 정격 전류의 최대값은 몇 [A]인가?

① 40[A] 　　② 70[A]

③ 100[A] 　　④ 120[A]

풀이

금속망 사용 등의 목조 조영물 에서의 시설 (판단기준 제195조)
저압 옥내 간선에 전동기 등이 접속되는 경우에는 **전동기 등의 정격 전류 합계의 3배에 다른 전기 사용 기계 기구의 정격 전류 합계를 가산한 값 이하인 정격 전류를 갖는 과전류 차단기를** 사용한다.

∴ 과전류 차단기의 정격전류 $= 30 \times 3 + 10 = 100[A]$ 　　【답】③

문제 93 접지공사의 특례와 관련하여 특별 제3종 접지공사를 하여야하는 금속체와 대지간의 전기저항치가 몇 [Ω]이하인 경우에는 특별 제3종 접지공사를 한 것으로 보는가?

① 3[Ω] 　　② 10[Ω]

③ 50[Ω] 　　④ 100[Ω]

풀이

제3종 접지공사 등의 특례 (판단기준 제20조)
① 제3종 접지공사를 하여야 하는 금속체와 대지간의 전기저항치가 100 [Ω] 이하인 경우에는 제3종 접지공사를 한 것으로 본다.
② 특별 제3종 접지공사를 하여야 하는 금속체와 대지간의 **전기저항치가 10 [Ω] 이하인 경우에는 특별 제3종 접지공사를 한 것으로** 본다. 　　【답】②

문제 94	2016년도 3회 문제 98
문제 95	2015년도 3회 문제 90
문제 96	2013년도 1회 문제 97
문제 97	2016년도 3회 문제 81
문제 98	2011년도 3회 문제 88
문제 99	2012년도 2회 문제 99
문제 100	2011년도 2회 문제 87

국가기술자격검정 필기시험 문제

2009년도 전기산업기사 일반검정 제2회

	수검 번호	성 명
자격종목 및 등급(선택분야)	종목코드	시험시간	문제지형별
전기산업기사	2140	2시간 30분	A

1과목 전기자기학

문제 01 그림과 같이 평행한 두 개의 무한 직선 도선에 전류가 I, $2I$인 전류가 흐른다. 두 도선 사이의 점 P에서 자계의 세기가 0 이다. 이 때 $\dfrac{a}{b}$ 는?

① 4
② 2
③ $\dfrac{1}{2}$
④ $\dfrac{1}{4}$

풀이

I와 $2I$ 도선에 의한 자계의 방향은 서로 반대이므로 크기가 같으면 $H=0$가 된다.

I 도선에 의한 자계 $H_I = \dfrac{I}{2\pi a}$ [AT/m] ($\otimes$ 방향)

$2I$ 도선에 의한 자계 $H_{2I} = \dfrac{2I}{2\pi b}$ [AT/m] ($\odot$ 방향)

$H_I = H_{2I}$ 이므로

$\dfrac{I}{2\pi a} = \dfrac{2I}{2\pi b}$ $\therefore$ $\dfrac{a}{b} = \dfrac{1}{2}$ 【답】③

문제 02 길이 1[cm]마다 권수가 50인 무한장 솔레노이드에 500[mA]의 전류를 흘릴 때 내부의 자계는 몇 [AT/m]인가?

① 1250[AT/m]
② 2500[AT/m]
③ 12500[AT/m]
④ 25000[AT/m]

풀이

$H = n_0 I$ [AT/m]

여기서 n_0 : 단위 길이당 권수 [회/m], I :전류[A]

$\therefore H = 50 \times 100 \times 500 \times 10^{-3} = 2500$ [AT/m] 【답】②

문제 03 서로 같은 방향으로 전류가 흐르고 있는 평행한 두 도선 사이에는 어떤 힘이 작용하는가?

① 서로 미는 힘
② 서로 당기는 힘
③ 회전하는 힘
④ 하나는 밀고, 하나는 당기는 힘

풀이

평행도선 단위길이당 작용하는 힘은

$$F = \frac{\mu_0 I_1 I_2}{2\pi r} = \frac{2 I_1 I_2}{r} \times 10^{-7} \text{[N/m]}$$

이며, 플레밍 왼손법칙에 의해 전류 I_1, I_2의 **방향이 같으면 흡인력**, **방향이 반대이면 반발력**이 작용한다. 【답】②

문제 04 비유전율이 3인 유전체내의 한 점의 전장이 3×10^5 [V/m]일 때, 이 점의 분극의 세기는 몇 [C/m^2]인가?

① 1.77×10^{-6} [C/m^2]
② 5.31×10^{-6} [C/m^2]
③ 7.08×10^{-6} [C/m^2]
④ 8.85×10^{-6} [C/m^2]

풀이

$P = \epsilon_0 (\epsilon_s - 1) E = 2 \epsilon_0 E = 2 \times 8.855 \times 10^{-12} \times 3 \times 10^5$
$= 5.31 \times 10^{-6}$ [C/m^2] 【답】②

문제 05 접지 도체구와 점전하간에 작용하는 힘은?

① 항상 반발력이다.
② 조건적 반발력이다.
③ 항상 흡인력이다.
④ 조건적 흡인력이다.

풀이

접지 구도체에는 항상 **점전하와 반대 극성인 전하**($Q' = -\dfrac{a}{d} Q$)가 유도되므로 항상 **흡인력**이 작용한다. 【답】③

 그림과 같이 전속밀도 $D = 1\,[\text{C/m}^2]$중에 $\epsilon_s = 5$인 유전체가 놓여 있어서 균일하게 분극이 생겼다면 분극도 P는 몇 $[\text{C/m}^2]$인가?

① $0.3\,[\text{C/m}^2]$

② $0.5\,[\text{C/m}^2]$

③ $0.8\,[\text{C/m}^2]$

④ $1.0\,[\text{C/m}^2]$

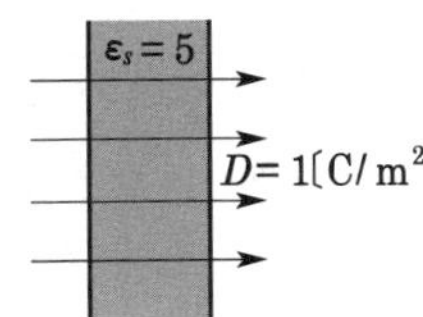

풀이

$D = \epsilon_0 E + P$ 식에서

$$\therefore P = D - \epsilon_0 E = D\left(1 - \frac{1}{\epsilon_s}\right) = 1\left(1 - \frac{1}{5}\right) = 0.8\,[\text{C/m}^2] \qquad \text{【답】 ③}$$

문제 07 그림과 같이 반지름 $a\,[\text{m}]$인 원의 임의의 두 점 A, B(각도 θ) 사이에 전류 $I\,[\text{A}]$가 흐른다. 원의 중심 O에서의 자계의 세기$[\text{AT/m}]$는?

① $\dfrac{I\theta}{4\pi a^2}$

② $\dfrac{I\theta}{4\pi a}$

③ $\dfrac{I\theta}{2\pi a^2}$

④ $\dfrac{I\theta}{2\pi a}$

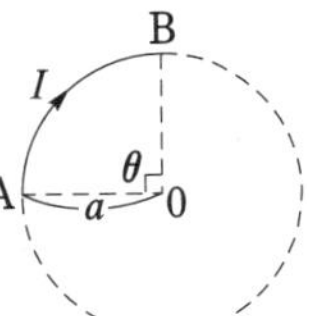

풀이

비오-사바르 법칙을 적용하면

$$H = \int_0^\theta dH = \int_0^\theta \frac{I\,dl}{4\pi a^2} = \int_0^\theta \frac{I\,a\,d\theta}{4\pi a^2} = \frac{I}{4\pi a}\int_0^\theta d\theta$$

$$= \frac{I}{4\pi a}\theta\Big|_0^\theta = \frac{I\theta}{4\pi a}\,[\text{A/m}] \qquad \text{【답】 ②}$$

문제 08 균등자장 H_0 중에 비투자율 μ_s, 반지름 a의 자성체구를 놓았을 때 자화의 세기가 M 이였다면 자성체 구의 내부자계의 세기는?

① $-\dfrac{M}{2}$

② $-\dfrac{M}{3}$

③ $\dfrac{M}{2}$

④ $\dfrac{M}{3}$

풀이

z축의 방향으로 균일하게 자화된 $\boldsymbol{M} = M\boldsymbol{k}$인 자성체구를 생각하면 구 내부의 스칼라 자기 포텐셜 ϕ는 Laplace의 경계조건을 만족한다. 따라서 M은 r 및 θ의 함수이므로

$$\phi = \frac{1}{3}Mr\cos\theta = \frac{1}{3}Mz$$

$$\therefore \boldsymbol{H} = -\operatorname{grad}\phi = -\nabla\phi = -\left(\frac{\partial}{\partial x}\boldsymbol{i} + \frac{\partial}{\partial y}\boldsymbol{j} + \frac{\partial}{\partial z}\boldsymbol{k}\right)\left(\frac{1}{3}Mz\right)$$

$$= -\frac{1}{3}M\boldsymbol{k}$$

$$\therefore H = -\frac{M}{3}$$

따라서 자계 H는 자화의 세기와 반대방향$(-\boldsymbol{k})$ 이다. 　【답】 ②

문제 09 지름이 40 $[\text{mm}]$인 원형 종이관에 일정하게 2000회의 코일이 감겨 있는 솔레노이드의 인덕턴스는 몇 $[\text{mH}]$인가? (단, 솔레노이드의 길이는 50$[\text{cm}]$, 투자율은 μ_o 라고 한다.)

① $1.26\,[\text{mH}]$

② $12.6\,[\text{mH}]$

③ $126\,[\text{mH}]$

④ $1260\,[\text{mH}]$

풀이

반지름에 비하여 길이가 훨씬 크므로 무한장 솔레노이드로 취급할 수 있다. 무한장 솔레노이드의 인덕턴스는 $L = \mu\pi a^2 n^2 l\,[\text{H}]$에서

단위 길이당 권수 $n = \dfrac{2000}{0.5} = 4000$ 회이고

반지름 $a = \dfrac{D}{2} = \dfrac{40\times10^{-3}}{2} = 20\times10^{-3}\,[\text{m}]$이므로

$$L = \mu\pi n^2 a^2 l = 4\pi\times10^{-7}\times\pi\times4000^2\times(20\times10^{-3})^2\times0.5$$

$$\fallingdotseq 0.0126\,[\text{H}] = 12.6\,[\text{mH}] \qquad \text{【답】 ②}$$

문제 10 표면전하밀도 $\rho_s > 0$인 도체 표면상의 한 점의 전속밀도가 $D = 4a_x - 5a_y + 2a_z\,[\text{C/m}^2]$일 때 ρ_s는 몇 $[\text{C/m}^2]$인가?

① $2\sqrt{3}\,[\text{C/m}^2]$

② $2\sqrt{5}\,[\text{C/m}^2]$

③ $3\sqrt{3}\,[\text{C/m}^2]$

④ $3\sqrt{5}\,[\text{C/m}^2]$

풀이

$D = \rho_s$ 에서

$$\rho_s = \sqrt{4^2 + (-5)^2 + 2^2} = \sqrt{45} = 3\sqrt{5}\,[\text{C/m}^2] \qquad \text{【답】 ④}$$

문제 11 정전계 내에 도체가 존재하는 경우에 대한 설명으로 다음 중 옳지 않은 것은?

① 도체의 표면은 등전위면이다.

② 도체 내부에는 전계가 존재하지 않는다.

③ 도체 내부의 유도전계는 외부전계와 크기는 같다.

④ 도체에 전하를 대전시킬 수 없어 전하는 모두 도체 표면에만 존재 한다.

풀이

도체의 성질과 전하분포

① 도체 표면과 내부의 전위는 동일하고 (등전위), 표면은 등전위면이다.

② 도체 내부의 전계의 세기는 0이다.

③ 전하는 도체 내부에는 존재하지 않고 , 도체 표면에만 분포한다.

④ 도체 면에서의 전계의 세기는 도체 표면에 항상 수직이다.

⑤ 도체 표면에서의 전하밀도는 곡률이 클수록 높다. 즉, 곡률반경이 작을수록 높다.

⑥ 중공부에 전하가 없고 **대전 도체라면, 전하는 도체 외부의 표면에만 분포한다.**

⑦ 중공부에 전하를 두면 도체 내부표면에 동량 이부호, 도체 외부표면에 동량 동부호의 전하가 분포한다.　　**【답】** ④

문제 12　$1[\mu F]$의 콘덴서를 30 [kV]로 충전하여 200 $[\Omega]$의 저항에 연결하면 저항에서 소모되는 에너지는 몇 [J]인가?

① 450[J]　　　　　　② 900[J]

③ 1350[J]　　　　　④ 1800[J]

풀이

콘덴서에 충전된 에너지가 소비되므로

$$W = \frac{1}{2} CV^2 = \frac{1}{2} \times 1 \times 10^{-6} \times (30 \times 10^3)^2 = 450[J] \quad \text{【답】} ①$$

문제 13　폐곡면을 통하여 나가는 전력선의 총수는 그 내부에 있는 점전하의 대수합의 몇 배와 같은가?

① $\dfrac{1}{\epsilon_o}$　　　　　　② $\dfrac{1}{\pi \epsilon_o}$

③ $\dfrac{1}{2\pi \epsilon_o}$　　　　　④ $\dfrac{1}{4\pi \epsilon_o}$

풀이

가우스의 정리　$\displaystyle \int_s E \cdot dS = \frac{1}{\epsilon_0} \times \sum_{n=1}^{n} Q_i$　　　**【답】** ①

문제 14　전속밀도의 시간적 변화율을 무엇이라 하는가?

① 전계의 세기　　　　② 변위전류밀도

③ 에너지밀도　　　　④ 유전율

풀이

변위 전류 i_d : 전속 밀도의 시간적 변화에 의한 것으로 다음과 같이 나타낸다.

변위전류밀도　$i_d = \dfrac{\partial D}{\partial t} [\text{A/m}]$　　　**【답】** ②

문제 15　표피효과(Skin effect)에 관한 설명으로 옳지 않은 것은?

① 도체에 교류가 흐르면 전류밀도는 표면에 가까울수록 커진다.

② 고주파일수록 심하지 않아 실효저항이 감소한다.

③ 고주파일수록 현저하게 나타난다.

④ 내부 도체는 전도에 거의 관여하지 않으므로 외견상 단면적이 감소하여 저항이 커진 것 같은 현상이다.

풀이

$$\delta = \sqrt{\frac{2}{\omega \sigma \mu}} \qquad \text{여기서 } \sigma : \text{도전율}, \ \mu : \text{투자율}$$

따라서, **주파수가 높을수록**, 도전율이 높을수록, 투자율이 높을수록 표피 두께 δ가 감소하므로 **표피효과는 증대되어 도체의 실효저항이 증가**한다.　　　**【답】** ②

문제 16　2011년도 2회 문제 08

문제 17　2016년도 3회 문제 10

문제 18　2016년도 2회 문제 17

문제 19　2013년도 3회 문제 01

문제 20　2013년도 1회 문제 10

2과목　전력공학

문제 21　발전기의 단락비가 적어질 경우에 일어나는 현상 중 옳은 것은?

① 발전기가 대형으로 된다.

② 관성정수가 커진다.

③ 전압변동률이 커진다.

④ 안정도가 향상된다.

풀이

단락비가 큰 기계(철기계)

• 동기 임피던스가 적다 $\left(K_s \propto \dfrac{1}{Z_s}\right)$

• **전압변동률이 작다.**

• 전기자 반작용이 작다.

• 출력이 크다.

• 과부하 내량이 크고 안정도가 높다.

• 자기 여자 현상이 작다.　　　**【답】** ③

 변압기의 기계적 보호계전기인 부흐흘쯔계
전기(Buchholtzrelay)의 설치위치로 알맞은 것은?

① 유면 위의 탱크내

② 컨서베이터 내부

③ 변압기의 고압측 부싱

④ 주탱크와 컨서베이터를 연결하는 파이프의 관중

풀이

부흐흘쯔계전기(Buchholtzrelay)는 변압기의 **주탱크와 컨서베이터 사이에 부착**하여 변압기의 내부 고장이 생기는 때에 오일의 분해가스나 오일의 분류를 이용하여 경보를 발하거나 차단기를 작동시킨다.　　【답】④

문제 23 일반적으로 전선 1가닥의 단위 길이당의 작용 정전 용량 C_n[μF/km]이 $C_n = \dfrac{0.02413\epsilon_s}{\log_{10}\dfrac{D}{r}}$[$\mu$F/km]로 표시되는 경우 여기서 D는 무엇을 나타내는가?

① 전선 반지름[m]　　② 선간 거리[m]

③ 전선 지름[m]　　④ 선건 거리$\times \dfrac{1}{2}$[m]

풀이

r : 전선의 반지름,　　D : 등가선간 거리　　【답】②

문제 24 임피던스 Z_1, Z_2 및 Z_3을 그림과 같이 접속한 선로의 A쪽에서 전압파 E가 진행해 왔을 때 접속점 B에서 무반사로 되기 위한 조건은?

① $Z_1 = Z_2 + Z_3$

② $\dfrac{1}{Z_1} = \dfrac{1}{Z_3} - \dfrac{1}{Z_2}$

③ $\dfrac{1}{Z_1} = \dfrac{1}{Z_2} + \dfrac{1}{Z_3}$

④ $\dfrac{1}{Z_1} = -\dfrac{1}{Z_2} - \dfrac{1}{Z_3}$

풀이

$Z_A = Z_1$, $Z_B = \dfrac{1}{\dfrac{1}{Z_2} + \dfrac{1}{Z_3}}$ 라고 하면

반사계수 $= \dfrac{Z_B - Z_A}{Z_A + Z_B}$ 에서 무반사 조건은 $Z_A = Z_B$ 일 때 이다.

따라서, $Z_1 = \dfrac{1}{\dfrac{1}{Z_2} + \dfrac{1}{Z_3}}$　　$\therefore \dfrac{1}{Z_1} = \dfrac{1}{Z_2} + \dfrac{1}{Z_3}$　　【답】③

문제 25 정사각형으로 배치된 4도체 송전선이 있다. 소도체의 반지름이 1[cm]이고, 한 변의 길이가 32[cm]일 때, 소도체간의 기하학적 평균거리는 몇 [cm]인가?

① $32 \times 2^{\frac{1}{3}}$[cm]　　② $32 \times 2^{\frac{1}{4}}$[cm]

③ $32 \times 2^{\frac{1}{5}}$[cm]　　④ $32 \times 2^{\frac{1}{6}}$[cm]

풀이

$S_e = \sqrt[3]{S \times S \times \sqrt{2}S}$

$= \sqrt[6]{2}\,S$

$= \sqrt[6]{2} \times 32$

$= 32 \times 2^{\frac{1}{6}}$　　【답】④

문제 26 전력계통의 안정도 향상대책으로 옳지 않은 것은?

① 계통의 직렬 리액턴스를 낮게 한다.

② 고속도 재폐로방식을 채용한다.

③ 지락전류를 크게 하기 위하여 직접접지방식을 채용한다.

④ 고속도 차단방식을 채용한다.

풀이

안정도 향상 대책

① 계통의 직렬 리액턴스 감소

② 전압 변동률을 적게 한다. (속응 여자 방식 채용, 계통의 연계, 중간 조상 방식)

③ 계통에 주는 충격을 적게 한다. (적당한 중성점 접지 방식을 채택하여 **지락전류 억제**, 고속 차단 방식, 재폐로 방식)

④ 고장 중의 발전기 돌입 출력의 불평형을 적게 한다.　　【답】③

문제 27 역률(늦음) 80[%], 10[kVA]의 부하를 가지는 주상변압기의 2차측에 2[kVA]의 전력용 콘덴서를 접속하면 주상변압기에 걸리는 부하는 약 몇 [kVA]가 되겠는가?

① 8[kVA]　　② 8.5[kVA]

③ 9[kVA]　　④ 9.5[kVA]

풀이

부하의 유효전력 $P = P_a\cos\theta = 10 \times 0.8 = 8$[kVar]

부하의 무효전력 $Q = P_a\sin\theta = 10 \times 0.6 = 6$[kVar]

콘덴서 설치 후 무효전력 $Q' = Q - Q_c = 6 - 2 = 4$[kVar]

콘덴서 설치 후 피상전력

$P_a' = \sqrt{P^2 + Q'^2} = \sqrt{8^2 + 4^2} \fallingdotseq 8.94$[kVA]　　【답】③

문제 28 6600[V]로 수전하는 자가용 전기 설비가 있다. 수전점에서 계산한 3상 단락 용량은 90[MVA]인데 이곳에 시설한 차단기의 최소정격차단전류[kA]로 가장 적당한 것은?

① 2[kA] ② 8[kA]

③ 12[kA] ④ 14[kA]

풀이

단락용량 $P_s = \sqrt{3}\,VI_s$ 에서

단락전류 $I_s = \dfrac{P_s}{\sqrt{3}\,V} = \dfrac{90 \times 10^3}{\sqrt{3} \times 6.6} \times 10^{-3} = 7.87[\text{kA}]$

그리고, **차단기의 정격 차단전류가 단락전류 보다 커야**, 단락사고 시 차단기가 고장 전류를 안전하게 차단할 수 있다. **【답】** ②

문제 29 중성점이 직접접지된 6600[V], 3상 발전기의 1단자가 접지되었을 경우 예상되는 지락전류의 크기는 약 몇 [A]인가? (단, 발전기의 임피던스 $Z_0 = 0.2 + j0.6[\Omega]$, $Z_1 = 0.1 + j4.5[\Omega]$, $Z_2 = 0.5 + j1.4[\Omega]$이다.)

① 1578[A] ② 1678[A]

③ 1745[A] ④ 3023[A]

풀이

지락전류 $I_g = 3I_0 = 3 \times \dfrac{E}{Z_0 + Z_1 + Z_2}$

$= 3 \times \dfrac{\dfrac{6600}{\sqrt{3}}}{0.2 + j0.6 + 0.1 + j4.5 + 0.5 + j1.4}$

$= \dfrac{6600 \times \sqrt{3}}{0.8 + j6.5} = \dfrac{6600 \times \sqrt{3}}{\sqrt{0.8^2 + 6.5^2}} = 1745[\text{A}]$ **【답】** ③

문제 30 중성점접지방식 중 비접지방식을 직접접지방식과 비교한 것으로 옳지 않은 것은?

① 지락전류가 적다.

② 보호계전기 동작이 확실하다.

③ 1선지락시 통신선 유도장해가 적다.

④ 과도안정도가 크다.

풀이

비접지의 특징 (직접 접지와 비교)
① 지락 전류가 비교적 적다. (유도 장해 감소)
② **보호 계전기 동작이 불확실**하다.
③ V-V결선 가능
④ 저전압 단거리에 적합 **【답】** ②

문제 31 다음 중 지락전류의 크기가 최소인 중성점 접지방식은?

① 비접지 ② 소호 리액터접지

③ 직접접지 ④ 고저항접지

풀이

지락 전류의 크기 : 직접 접지 > 고저항 접지 > 비접지 > **소호 리액터 접지** 순이다. **【답】** ②

문제 32 코로나의 방지대책으로 적당하지 않은 것은?

① 복도체를 사용한다.

② 가선금구를 개량한다.

③ 전선의 바깥지름을 크게 한다.

④ 선간거리를 감소시킨다.

풀이

코로나의 방지대책

코로나 임계전압 $E_o = 24.3 m_o m_1 \delta d \log_{10} \dfrac{D}{r}[\text{kV}]$

여기서, δ : 상대공기밀도 $\left(\delta = \dfrac{0.386b}{273 + t}\right)$

m_o : 전선 표면계수, m_1 : 기후에 관한 계수
r : 전선의 반지름 [m], D : 선간거리[m]

기본적으로 코로나 임계전압 E_o를 높게 하면 코로나 발생이 억제된다. **【답】** ④

문제 33	2015년도 1회 문제 27
문제 34	2013년도 2회 문제 27
문제 35	2009년도 1회 문제 21
문제 36	2015년도 2회 문제 37
문제 37	2015년도 1회 문제 24
문제 38	2011년도 2회 문제 24
문제 39	2013년도 2회 문제 33
문제 40	2010년도 2회 문제 26

3과목 전기기기

문제 41 다음 중 부하의 변화에 대하여 속도 변동이 가장 큰 직류 전동기는?

① 분권전동기 ② 차동 복권 전동기

③ 가동 복권 전동기 ④ 직권전동기

직권 전동기는 전기자 권선과 계자 권선이 직렬로 되어 $I = I_a = I_f$ [A]가 된다. 따라서 **부하 전류 I의 증감에 따라서 자속 ϕ도 변화**하게 된다. 직권 전동기에서 R_a 및 R_s값이 매우 적기 때문에 $I_a(R_a + R_s)$값도 적게되어 무시하면 직권전동기의

$$속도 \ n = K\frac{V}{\phi} \ 에서 \ n \propto \frac{1}{\phi} \propto \frac{1}{I}$$

로 되어 **부하의 변화에 따라 전동기의 속도도 크게 변화**게 된다.
【답】④

문제 42 불평형 전압 상태에서 3상 유도전동기를 운전하면 토크와 입력은 어떻게 되는가?

① 토크가 감소하고 입력도 감소한다.

② 토크는 감소하고 입력은 증가한다.

③ 토크는 증가하고 입력은 감소한다.

④ 토크가 증가하고 입력은 증가한다.

전압이 불평형이 되면 불평형 전류가 흘러 **전류는 증가하나 토크는 감소**한다.
【답】②

문제 43 운전 코일과 기동 코일로 구성된 단상 유도전동기의 내부에 설치되어 있으며 일정한 속도에 도달하면 기동권선을 전원으로부터 분리하는 기능을 가지고 있는 스위치는?

① 리미트 스위치　　　② 원심력 스위치

③ 캄 스위치　　　　　④ 셀렉트 스위치

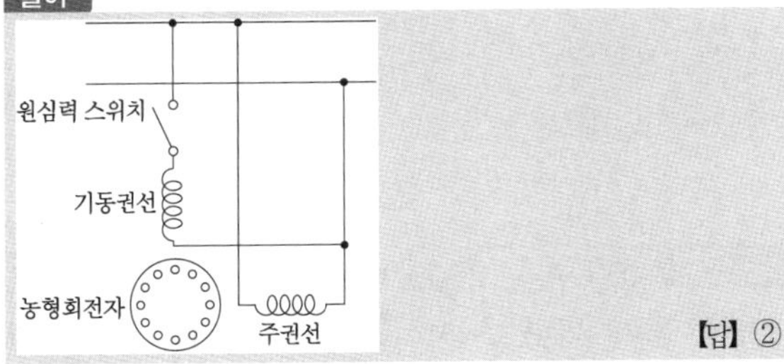

【답】②

문제 44 동기 발전기의 단자 부근에서 단락이 일어났다고 할 때 단락전류에 대한 설명으로 옳은 것은?

① 서서히 증가한다.

② 발전기는 즉시 정지한다.

③ 일정한 큰 전류가 흐른다.

④ 처음은 큰 전류가 흐르나 점차로 감소한다.

평형 3상 전압을 유기하고 있는 발전기의 단자를 갑자기 단락하면 단락 초기에 전기자 반작용이 순간적으로 나타나지 않기 때문에 **막대한 과도 전류가 흐르고**, 그 후 전기자 반작용이 나타나기 시작하여 **단락전류가 서서히 감소**하고 수초 후에는 영구 단락 전류값에 이르게 된다.
【답】④

문제 45 2대의 단권 변압기를 사용해서 V결선 하면 2대의 자기 용량은?

① $\dfrac{3상 \ 부하용량}{\sqrt{3}} \times \dfrac{승압전압}{고압측 \ 전압}$

② $2 \times \dfrac{3상 \ 부하용량}{\sqrt{3}} \times \dfrac{승압전압}{고압측 \ 전압}$

③ $3 \times \dfrac{3상 \ 부하용량}{\sqrt{3}} \times \dfrac{승압전압}{고압측 \ 전압}$

④ $2 \times \dfrac{3상 \ 부하용량}{3} \times \dfrac{승압전압}{고압측 \ 전압}$

$$\frac{자기 \ 용량}{부하 \ 용량} = \frac{2}{\sqrt{3}} \times \frac{V_h - V_l}{V_h}$$

【답】②

문제 46 병렬운전을 하고 있는 3상 동기 발전기에 동기화 전류가 흐르는 경우는 어느 때인가?

① 부하가 증가할 때

② 여자전류를 변화시킬 때

③ 부하가 감소할 때

④ 원동기의 출력이 변화할 때

병렬 운전 조건이 다른 경우

병렬 운전 조건	다른 경우 흐르는 전류
기전력의 크기가 같을 것	무효 순환 전류
기전력의 위상이 같을 것	**동기화 전류**
기전력의 주파수가 같을 것	동기화 전류
기전력의 파형이 같을 것	고주파 무효 순환 전류

따라서, **원동기의 출력이 변하면 발전기 유기기전력의 위상이 변하게 되어 두 발전기 사이에 동기화 전류가 흐르게 된다.**
【답】④

문제 47 단상유도전압 조정기 2차전압이 100 ± 30 [V]이고, 직렬권선의 전류(2차전류)가 5[A]인 경우의 정격출력은 몇 [kVA]인가?

① 0.1[kVA]　　　　　② 0.15[kVA]

③ 0.26[kVA]　　　　　④ 0.45[kVA]

풀이

2차 전압이 100±30 [V]의 의미는 저압측에 100[V]의 전압을 인가할 때 2차측 전압은 70~130 [V]까지 조정할 수 있다는 의미이다. 따라서, 고압측의 전압은 130 [V]까지 상승 하므로 승압전압은 30 [V]가 된다.
유도전압 조정기의 출력

$$P = 부하용량 \times \frac{승압\ 전압}{고압측\ 전압}$$

$$= 130 \times 5 \times \frac{30}{130} \times 10^{-3} = 0.15[kVA]$$

[답] ②

문제 48 직류전동기의 공급전압을 V[V], 자속을 ϕ[Wb], 전기자전류를 I_a[A], 전기자저항을 R_a[Ω], 속도를 N[rpm]이라 할 때 속도의 관계식은 어떻게 되는가? (단, k는 상수이다.)

① $N = k\dfrac{V + R_a I_a}{\phi}$　　② $N = k\dfrac{V - R_a I_a}{\phi}$

③ $N = k\dfrac{\phi}{V + R_a I_a}$　　④ $N = k\dfrac{\phi}{V - R_a I_a}$

풀이

역 기전력 $E_c = V - I_a R_a = p\phi n \dfrac{Z}{a}$ [V]

따라서, $n = \dfrac{a}{pZ} \times \dfrac{V - I_a R_a}{\phi}$

여기서 $\dfrac{a}{pZ} =$ 일정 하므로 $N = K\dfrac{V - I_a R_a}{\phi}$ [rpm] 이 된다.

[답] ②

문제 49 회전 변류기의 직류측의 전압을 변경하려면 슬립링에 가해지는 교류측 전압을 변화시킨다. 그 방법이 아닌 것은?

① 직렬리액턴스에 의한 방법
② 유도전압조정기에 의한 방법
③ 분류저항 삽입에 의한 방법
④ 부하시 전압조정 변압기에 의한 방법

풀이

회전 변류기는 교류측과 직류측의 전압비가 일정하므로 직류측 여자 전류를 가감하여 직류 전압을 조정할 수 없다. 따라서 **직류 전압을 조정하기 위해서는 슬립링에 가해지는 교류 전압을 조정**하여야 한다. 이 방법은 다음과 같다.
① **직렬 리액턴스**에 의한 방법
② **유도 전압 조정기**를 사용하는 방법
③ **부하시 전압 조정 변압기**를 사용하는 방법
④ **동기 승압기**를 사용하는 방법

[답] ③

문제 50 3상 유도전동기의 전원주파수를 변화하여 속도를 제어하는 경우 전동기의 출력 P와 주파수 f와의 관계는?

① $P \propto f$　　　　② $P \propto \dfrac{1}{f}$

③ $P \propto f^2$　　　　④ P는 f에 무관

풀이

• $P = 2\pi n T$에서　$P \propto n$
• $n = (1-s)n_s = (1-s) \cdot \dfrac{2f}{p}$에서　$n \propto f$

∴ $P \propto n \propto f$

[답] ①

문제 51 1000[kW], 500[V]의 분권 발전기가 있다. 회전수 240[rpm]이며 슬롯수 192, 슬롯내부 도체수 6, 자극수가 12일 때 전부하시의 자속수[Wb]는 약 얼마인가? (단, 전기자 저항은 0.006[Ω]이고, 단중 중권이다.)

① 0.001[Wb]　　　② 0.11[Wb]
③ 0.185[Wb]　　　④ 1.85[Wb]

풀이

전 부하 전류는

$$I = \frac{P}{V} = \frac{1000 \times 10^3}{500} = 2000 \ [A]$$

$$E = V + I_a R_a = 500 + (2000 \times 0.006) = 512 \ [V]$$

전도체수 Z는

$$Z = (슬롯수) \times (1슬롯의\ 도체수) = 192 \times 6 = 1152$$

단중 중권이므로 $a = p$이다.

$$E = \frac{pZ}{a}\phi n = Z\phi \frac{N}{60} \ [V]$$

$$512 = 1152 \times \phi \times \frac{240}{60}$$

$$\therefore \phi = 0.11[Wb]$$

[답] ②

문제 52 10[kVA], 2000/100[V] 변압기에서 1차로 환산한 등가 임피던스는 $6.2 + j7$[Ω]이다. 변압기의 %리액턴스 강하는 얼마인가?

① 0.75[%]　　　　② 1.75[%]
③ 3.0[%]　　　　④ 6.0[%]

풀이

$$I_{1n} = \frac{P}{V_{1n}} = \frac{10 \times 10^3}{2000} = 5 \ [A]$$

$$q = \frac{I_{1n}X}{V_{1n}} \times 100 = \frac{5 \times 7}{2000} \times 100 = 1.75 \ [\%]$$

[답] ②

문제 53 직류기의 손실 중 기계손에 속하는 것은?

① 브러시의 전기손　　② 와전류손

③ 풍손　　　　　　　④ 전기자권선동손

풀이

총손실

1. 무부하손
   (1) 철손
       ① 히스테리시스손
       ② 와류손
   (2) **기계손 - 풍손**, 베어링 마찰손, 브러시 마찰손
2. 부하손
   (1) 전기자 저항손 $P_c = I_a^2 R \, [\mathrm{W}]$
   (2) 브러시 전기손
   (3) 표류 부하손 - 철손, 기계손, 동손 이외의 손실　　**[답]** ③

문제 54 단상 유도 전압 조정기에 대한 설명 중 옳지 않은 것은?

① 전압, 위상의 변화가 없다.

② 회전 자계에 의한 유도 작용을 한다.

③ 교번 자계의 전자 유도 작용을 이용한다.

④ 무단으로 스무드(smooth)하게 전압이 조정된다.

풀이

- 단상 유도전압 조정기 : 교번자계에 의한 유도작용
- **3상 유도전압 조정기 : 회전자계에 의한 유도작용**　　**[답]** ②

문제 55 단상 직권정류자전동기의 기본형이 아닌 것은?

① 직권형　　　　　　② 보상직권형

③ 유도보상직권형　　④ 톰슨형

풀이

단상 정류자 전동기

1. 직권특성
   (1) 단상 직권 정류자 전동기 - 직권형, 보상직권형, 유도보상 직권형
   (2) **단상 반발 전동기** - 아트킨손형전동기, **톰슨전동기**, 테리전 동기
2. 분권특성 : 현재 실용화 되지 않고 있음　　**[답]** ④

문제 56 3상 반파정류회로에서 직류전압의 파형은 전원 전압의 주파수의 몇 배의 교류분을 포함하는가?

① 1　　　　　　　　② 2

③ 3　　　　　　　　④ 6

풀이

정류 종류	단상 반파	단상 전파	3상 반파	3상 전파
맥동률 [%]	121	48	17.7	4.04
정류 효율	40.5	81.1	96.7	99.8
맥동 주파수	f	$2f$	$3f$	$6f$

[답] ③

문제 57 ⟨ 2013년도 1회 문제 43 ⟩

문제 58 ⟨ 2016년도 1회 문제 43 ⟩

문제 59 ⟨ 2013년도 1회 문제 49 ⟩

문제 60 ⟨ 2009년도 1회 문제 43 ⟩

4과목　회로이론

문제 61 어느 회로에서 전압과 전류의 실효값이 각각 60[V], 10[A]이고, 역률이 0.8일 때 무효전력은 몇 [Var]인가?

① 360[Var]　　　　② 300[Var]

③ 200[Var]　　　　④ 100[Var]

풀이

$$P_r = VI\sin\theta = 60 \times 10 \times 0.6 = 360 \, [\mathrm{Var}]$$

(여기서, $\sin\theta = \sqrt{1 - \cos^2\theta} = \sqrt{1 - 0.8^2} = 0.6$)　　**[답]** ①

문제 62 어떤 회로에서 $i = 10\sin\left(314t - \dfrac{\pi}{6}\right)[\mathrm{A}]$ 의 전류가 흐른다. 이를 복소수로 표시하면?

① $6.12 - j3.54[\mathrm{A}]$　　② $17.32 - j5[\mathrm{A}]$

③ $3.54 - j6.12[\mathrm{A}]$　　④ $5 - j17.32[\mathrm{A}]$

풀이

$$I = \frac{10}{\sqrt{2}} \left/ -\frac{\pi}{6} \right. = \frac{10}{\sqrt{2}}\left(\cos\frac{\pi}{6} - j\sin\frac{\pi}{6}\right) = 6.12 - j3.54$$

[답] ①

문제 63 A, B, C, D 4단자 정수의 관계를 올바르게 나타낸 것은?

① $AD + BD = 1$　　② $AB - CD = 1$

③ $AB + CD = 1$　　④ $AD - BC = 1$

풀이

$AD - BC = 1$　　**[답]** ④

문제 64 $R[\Omega]$의 3개의 저항을 전압 $V[V]$의 3상 교류 선간에 그림과 같이 접속할 때 선전류[A]는 얼마인가?

① $\dfrac{V}{\sqrt{3}\,R}$

② $\dfrac{\sqrt{3}\,V}{R}$

③ $\dfrac{V}{3R}$

④ $\dfrac{3V}{R}$

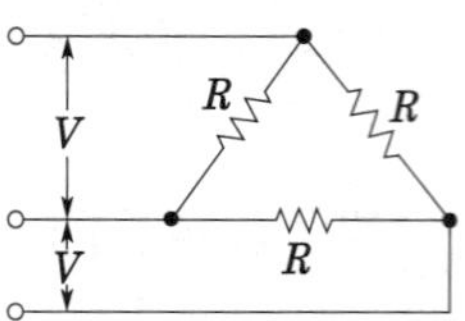

풀이

상전류 $I_p = \dfrac{V}{R}$, 선전류 $I_l = \sqrt{3}\,I_p$ 이므로

$$I_l = \sqrt{3}\,\dfrac{V}{R}$$

【답】②

문제 65 $8[\Omega]$인 저항과 $6[\Omega]$의 용량 리액턴스 직렬 회로에 $E = 28 - j4[V]$인 전압을 가했을 때 흐르는 전류는 몇 [A]인가?

① $3.5 - j0.5[A]$ ② $2.48 + j1.36[A]$

③ $2.8 - j0.4[A]$ ④ $5.3 + j2.21[A]$

풀이

$Z = 8 - j6,\ E = 28 - j4$ 이므로

$$I = \dfrac{E}{Z} = \dfrac{28 - j4}{8 - j6} = \dfrac{(28 - j4)(8 + j6)}{(8 - j6)(8 + j6)} = \dfrac{248 + j136}{100}$$
$$= 2.48 + j1.36[A]$$

【답】②

문제 66 두 개의 코일 a, b가 있다. 두 개를 직렬로 접속 하였더니 합성 인덕턴스가 119[mH]이었고, 극성을 반대로 접속하였더니 합성 인덕턴스가 11[mH]이었다. 코일 a의 자기 인덕턴스가 20[mH]라면 결합계수 K는 얼마인가?

① 0.6 ② 0.7

③ 0.8 ④ 0.9

풀이

$$L_a + L_b + 2M = 119 \cdots\cdots\cdots ①$$
$$L_a + L_b - 2M = 11 \cdots\cdots\cdots ②$$

식 ①, ②에서 $M = \dfrac{119 - 11}{4} = \dfrac{108}{4}$

$\therefore M = 27\,[mH]$

$\therefore L_b = 119 - 2M - L_a = 119 - 27 \times 2 - 20 = 45\,[mH]$

$$k = \dfrac{M}{\sqrt{L_a L_b}} = \dfrac{27}{\sqrt{20 \times 45}} = 0.9$$

【답】④

문제 67 다음과 같은 회로에서 a, b양단의 전압은 몇 [V]인가?

① 1[V]

② 2[V]

③ 2.5[V]

④ 3.5[V]

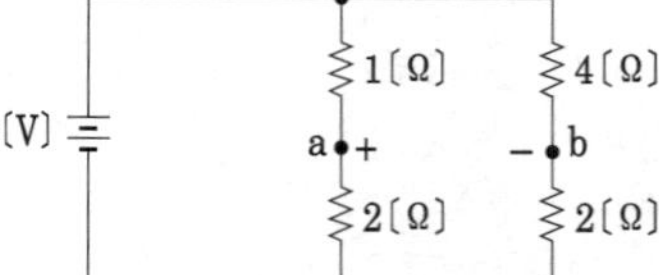

풀이

$$V_{ab} = \dfrac{4}{4+2} \times 6 - \dfrac{1}{1+2} \times 6 = 4 - 2 = 2[V]$$

【답】②

문제 68 $\cos \omega t$의 라플라스 변환은?

① $\dfrac{s}{s^2 + \omega^2}$ ② $\dfrac{-s}{s^2 + \omega^2}$

③ $\dfrac{\omega}{s^2 + \omega^2}$ ④ $\dfrac{\omega}{s^2 - \omega^2}$

풀이

라플라스 변환표	
$f(t)$	$F(s)$
$\sin\omega t$	$\dfrac{\omega}{s^2 + \omega^2}$
$\cos\omega t$	$\dfrac{s}{s^2 + \omega^2}$

【답】①

문제 69 저항 $R_1[\Omega]$, $R_2[\Omega]$ 및 인덕턴스 $L[H]$이 직렬로 연결되어 있는 회로의 시정수[s]는?

① $-\dfrac{R_1 + R_2}{L}$ ② $\dfrac{R_1 + R_2}{L}$

③ $-\dfrac{L}{R_1 + R_2}$ ④ $\dfrac{L}{R_1 + R_2}$

풀이

$R_1 + R_2$를 R이라 하면 $R - L$ 직렬 회로와 같다.

$$\therefore \tau = \dfrac{L}{R} = \dfrac{L}{R_1 + R_2}$$

【답】④

문제 70 다음과 같은 회로에서 출력전압 v_2의 위상은 입력전압 v_1보다 어떠한가?

① 같다.

② 앞선다.

③ 뒤진다.

④ 전압과 관계없다.

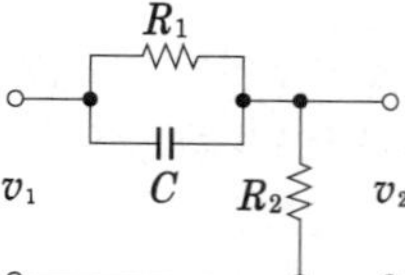

C의 전압 강하를 e_1, R_1, C에 흐르는 전류를 i_R, i_C라 하면

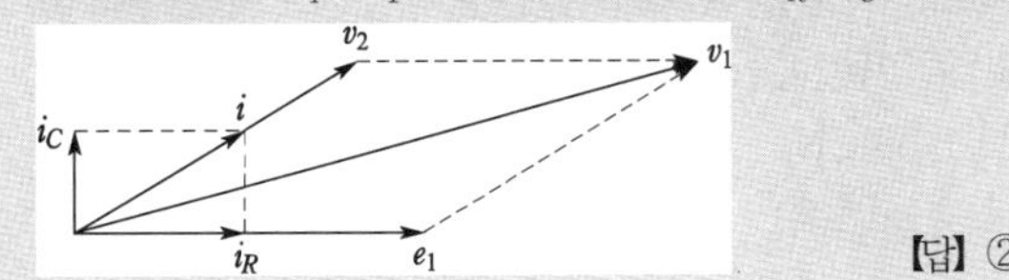

【답】②

 위상정수 $\beta = 10$[rad/km], 위상속도 $v = 20$[m/s]일 때 각주파수 ω는 몇 [rad/s]인가?

① 0.1[rad/s]　　　　② 0.2[rad/s]

③ 14.1[rad/s]　　　　④ 200[rad/s]

위상차가 2π로 되는 거리가 1 파장이므로

$$\beta\lambda = 2\pi \qquad \therefore \ \lambda = \frac{2\pi}{\beta}$$

전파속도 v는

$$v = f\lambda = \frac{2\pi f}{\beta} = \frac{\omega}{\beta}$$

$$\therefore \ \omega = \beta v = \frac{10}{1000}\times 20 = 0.2[\text{rad/s}]$$

【답】②

5과목　전기설비기술기준 및 판단기준

 옥내에 시설하는 고압의 이동전선의 종류로 알맞은 것은?

① 600[V] 비닐절연전선

② 비닐 캡타이어 케이블

③ 600[V] 고무절연전선

④ 고압용의 캡타이어 케이블

옥내 고압용 이동 전선의 시설 (판단기준 제210조)

① 전선은 **고압용의 캡타이어 케이블**일 것

② 전로에 지락이 생겼을 때에 자동적으로 전로를 차단하는 장치를 시설할 것

【답】④

 다음 중 전선로의 종류에 속하지 않는 것은?

① 산간 전선로　　　　② 수상 전선로

③ 물밑 전선로　　　　④ 터널 안 전선로

【답】①

 다음 중 전력보안 통신용 전화설비를 하여야 하는 곳의 기준으로 옳은 것은?

① 2 이상의 급전소 상호간과 이들을 총합 운용하는 급전소간

② 3 이상의 급전소 상호간과 이들을 총합 운용하는 급전소간

③ 원격감시제어가 되는 발전소

④ 원격감시제어가 되는 변전소

전력보안 **통신용 전화설비의 시설장소** (판단기준 제153조)

① 원격 감시 제어가 되지 않는 발·변전소, 발·변전 제어소, 개폐소 기술원 주재소, 급전소 사이

② **2 이상의 급전선 상호간과 이들을 총합 운용하는 급전소간**

③ 총합운용 급전소로서 서로 연계가 다른 전력계통에 속하는 것의 상호간

④ 수력설비 중 필요한 곳 및 양수소, 강수량 관측소와 수력 발전소 간

⑤ 동일 수계의 수력 발전소 상호간

⑥ 동일 전력 계통의 발전소, 변전소, 발·변전 제어소 및 개폐소 상호간

⑦ 발·변전소 등과 긴급 연락의 필요가 있는 기상대, 측후소, 소방서 및 방사선 감시 계측 시설물 등의 사이

【답】①

 정류기의 전로로 대지전압이 220[V]라고 한다. 이 전로의 절연저항값에 대하여 바르게 설명한 것은?

① 0.1 [MΩ] 이상으로 유지하여야 한다.

② 0.1 [MΩ] 이하로 유지하여야 한다.

③ 0.2 [MΩ] 이상으로 유지하여야 한다.

④ 0.2 [MΩ] 이하로 유지하여야 한다.

풀이

저압 전로의 절연 저항 하한값 (기술기준 제52조)

전로의 사용전압의 구분		절연저항값
400[V] 미만	대지 전압이 150[V] 이하인 경우	0.1 [MΩ]
	대지 전압이 150[V] 초과 300[V] 이하인 경우	0.2 [MΩ]
	사용 전압이 300[V] 초과 400[V] 미만인 경우	0.3 [MΩ]
400 [V] 이상		0.4 [MΩ]

[비고] 대지 전압 : 접지식 전로는 전선과 대지사이의 전압, 비접지식 전로는 전선간의 전압　**[답]** ③

문제 85 사용전압이 몇 [kV] 이상의 변압기를 설치하는 곳에는 절연유의 구외 유출 및 지하침투를 방지하기 위하여 절연유 유출 방지설비를 하여야 하는가?

① 10[kV]　　　　② 20[kV]

③ 100[kV]　　　　④ 300[kV]

풀이

절연유의 구외유출방지 (판단기준 제45조)

사용전압이 **100[kV] 이상의 변압기를 설치하는 곳**에는 절연유의 구외 유출 및 지하침투를 방지하기 위하여 다음 각호에 의하여 **절연유 유출 방지설비**를 하여야 한다.

① 변압기 주변에 집유조 등을 설치할 것

② 절연유 유출방지설비의 용량은 변압기 탱크 내장유량의 50[%] 이상으로 할 것

③ 변압기 탱크가 2개 이상일 경우에는 공동의 집유조 등을 설치할 수 있으며 그 용량은 변압기 1 탱크 내장유량이 최대인 것의 50 [%] 이상일 것　**[답]** ③

문제 86 전압의 종별을 구분할 때 직류에서의 고압의 범위는?

① 600[V]를 넘고 6.6[kV]이하인 것

② 750[V]를 넘고 7[kV]이하인 것

③ 600[V]를 넘고 7[kV]이하인 것

④ 750[V]를 넘고 6.6[kV]이하인 것

풀이

정의 (판단기준 제2조)

분 류	전압의 범위
저 압	• 직류 : 750 [V] 이하 • 교류는 600 [V] 이하
고 압	• **직류 : 750 [V]를 초과하고, 7 [kV] 이하** • 교류 : 600 [V]를 초과하고, 7 [kV] 이하
특 고 압	7 [kV]를 초과

[답] ②

문제 87 철도·궤도 또는 자동차도 전용터널안의 전선로를 시설할 때 저압 전선은 인장강도가 몇 [kN]이상의 절연전선을 사용하여야 하는가?

① 1.38[kN]　　　　② 2.30[kN]

③ 2.46[kN]　　　　④ 5.26[kN]

풀이

터널 안 전선로의 시설 (판단기준 제143조)

전압	전선의 굵기	시공 방법	애자사용 공사 시 높이
저압	인장강도 2.3 [kN] 이상의 절연전선 또는 2.6 [mm] 이상의 경동선의 절연전선	• 합성수지관 공사 • 금속관 공사 • 가요전선관 공사 • 케이블 공사 • 애자 사용 공사	노면상, 레일면상 2.5 [m] 이상
고압	4 [mm] 이상의 경동선의 절연전선	• 케이블 공사 • 애자 사용 공사	노면상, 레일면상 3 [m] 이상

[답] ②

문제 88 전압조정기의 내장권선을 이상전압으로부터 보호하기 위하여 특히 필요한 경우에는 그 권선에 몇 종 접지 공사를 하여야 하는가?

① 제1종　　　　② 제2종

③ 제3종　　　　④ 특별 제3종

풀이

전로의 중성점의 접지 (판단기준 제27조)

변압기의 **안정 권선이나 유휴 권선 또는 전압 조정기의 내장 권선을** 이상 전압으로부터 보호하기 위하여 특히 필요한 경우에 그 권선에 접지 공사를 할 때에는 **제1종 접지 공사를** 하여야 한다.　**[답]** ①

문제 89 저압 옥내배선에 미네럴인슈레이션케이블을 사용하는 경우 단면적은 몇 [mm²] 이상이어야 하는가?

① 0.75 [mm²]　　　　② 1.0 [mm²]

③ 1.2 [mm²]　　　　④ 1.25 [mm²]

풀이

저압 옥내배선의 사용전선 (판단기준 제168조)

저압 옥내 배선은 단면적 2.5[mm²] 연동선 이상의 것이나 1 [mm²] **이상의 MI 케이블이어야** 한다. 다만, 400 [V] 이하의 것을 다음에 의하여 시설할 수 있다.

① 전광 표시 장치, 출퇴 표시등 또는 제어 회로용 배선을 합성수지관, 금속관, 금속 몰드, 금속 덕트, 플로어 덕트 공사에 의하는 경우 단면적 1.5[mm²] 이상 연동선

② 전광 표시 장치 등의 배선에 과전류가 생긴 경우 자동 차단 장치를 시설한 경우 0.75 [mm²] 이상인 다심 케이블 또는 다심 캡타

국가기술자격검정 필기시험 문제

2009년도 전기산업기사 일반검정 제3회

자격종목 및 등급(선택분야)	종목코드	시험시간	문제지형별	수검 번호	성 명
전기산업기사	2140	2시간 30분	A		

1과목 전기자기학

문제 01 어떤 코일의 인덕턴스를 측정하였더니 4 [H]이고, 여기에 직류 전류 I [A]를 흘려주니 이 코일에 축적된 에너지가 10 [J]이었다면 전류 I는 몇 [A]인가?

① 0.5 [A] 　② $\sqrt{5}$ [A]

③ 5 [A] 　④ 25 [A]

풀이

$W = \dfrac{1}{2} L I^2$ 에서 $10 = \dfrac{1}{2} \times 4 \times I^2$

따라서, $I = \sqrt{\dfrac{10 \times 2}{4}} = \sqrt{5}$　**[답]** ②

문제 02 평행판콘덴서의 극간 거리를 1/2로 줄이면 콘덴서 용량은 처음 값에 비해 어떻게 되는가?

① $\dfrac{1}{2}$이 된다. 　② $\dfrac{1}{4}$이 된다.

③ 2배가 된다. 　④ 4배가 된다.

풀이

$C = \epsilon \dfrac{S}{d}$ [F]에서 $C' = \epsilon \dfrac{S}{\frac{d}{2}} = 2\epsilon \dfrac{S}{d}$ [F]이므로 2배가 된다.

[답] ③

문제 03 대전도체의 성질 중 옳지 않은 것은?

① 도체 표면의 전하 밀도를 σ [C/m²]이라 하면 표면상의 전계는 $E = \dfrac{\sigma}{\epsilon_0}$ [V/m]이다.

② 도체 표면상의 전계는 면에 대해서 수평이다.

③ 도체 내부의 전계는 0이다.

④ 도체는 등전위이고, 그의 표면은 등전위면이다.

풀이

도체의 성질과 전하분포

• 도체표면과 내부의 전위는 동일하고(등전위), 표면은 등전위면이다.

• 도체 내부의 전계의 세기는 0이다.

• 전하는 도체 내부에는 존재하지 않고, 도체 표면에만 분포한다.

• **도체 면에서의 전계의 세기는 도체 표면에 항상 수직이다.**

• 도체 표면에서의 전하밀도는 곡률이 클수록 높다. 즉, 곡률반경이 작을수록 높다.　**[답]** ②

문제 04 다음 중 벡터에 대한 계산식으로 틀린 것은?

① $\boldsymbol{i} \cdot \boldsymbol{i} = \boldsymbol{j} \cdot \boldsymbol{j} = \boldsymbol{k} \cdot \boldsymbol{k} = 0$

② $\boldsymbol{i} \cdot \boldsymbol{j} = \boldsymbol{j} \cdot \boldsymbol{k} = \boldsymbol{k} \cdot \boldsymbol{i} = 0$

③ $\boldsymbol{A} \cdot \boldsymbol{B} = AB \cos\theta$

④ $\boldsymbol{i} \times \boldsymbol{i} = \boldsymbol{j} \times \boldsymbol{j} = \boldsymbol{k} \times \boldsymbol{k} = 0$

풀이

• $\boldsymbol{A} \cdot \boldsymbol{B} = AB\cos\theta$

• $\boldsymbol{A} \times \boldsymbol{B} = AB\sin\theta$

• $\boldsymbol{i} \cdot \boldsymbol{i} = \boldsymbol{j} \cdot \boldsymbol{j} = \boldsymbol{k} \cdot \boldsymbol{k} = 1$ $(\theta = 0° \text{ 이므로 } \cos 0° = 1)$　**[답]** ①

문제 05 송전선의 전류가 0.01초간에 10[kA] 변화할 때 송전선과 평행한 통신선에 유도되는 전압은? (단, 송전선과 통신선간의 상호 유도계수는 0.3[mH]이다.)

① 3[V] 　② 300[V]

③ 3000[V] 　④ 300000[V]

풀이

$e = M\dfrac{di}{dt} = 0.3 \times 10^{-3} \times \dfrac{10 \times 10^3}{0.01} = 300[\text{V}]$　**[답]** ②

문제 06 저항 24 [Ω]의 코일을 지나는 자속이 0.3 cos 800t [Wb]일 때 코일에 흐르는 전류의 최대값은?

① 10 [A] 　② 20 [A]

③ 30 [A] 　④ 40 [A]

풀이

$\phi = \phi_m \cos\omega t$ 일때

$e = \dfrac{d\phi}{dt} = \dfrac{d}{dt}\phi_m \cos\omega t = -\omega\phi_m \sin\omega t = E_m \sin\omega t$ 이므로

$E_m = \omega\phi_m = 800 \times 0.3 = 240[\mathrm{V}]$

최대전류 $I_m = \dfrac{E_m}{R} = \dfrac{240}{24} = 10[\mathrm{A}]$ 【답】①

문제 07 평행판콘덴서의 면적이 S [m²], 양단의 극판 간격이 $d[\mathrm{m}]$일 때 비유전률 ϵ_s 인 유전체를 채우면 정전용량[F]은? 단, 진공중의 유전율은 ϵ_0 이다.

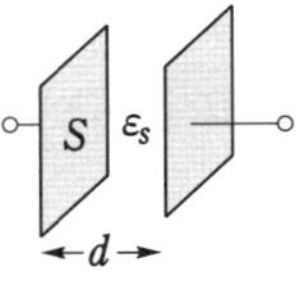

① $\dfrac{\epsilon_s S}{4\pi\epsilon_o d}$ ② $\dfrac{4\pi\epsilon_o \epsilon_s}{S d}$

③ $\dfrac{\epsilon_o \epsilon_s S}{d}$ ④ $\dfrac{\epsilon_s S}{\epsilon_o d}$

풀이

평행판 콘덴서의 정전용량

$C = \dfrac{\epsilon S}{d} = \dfrac{\epsilon_0 \epsilon_s S}{d}$ 【답】③

문제 08 어떤 막대 철심이 있다. 단면적이 0.4 [m²]이고, 길이가 0.8 [m], 비투자율이 20이다. 이 철심의 자기 저항은 약 몇 [AT/Wb]인가?

① 3.86×10^4 [AT/Wb]

② 3.86×10^5 [AT/Wb]

③ 7.96×10^4 [AT/Wb]

④ 7.96×10^5 [AT/Wb]

풀이

$R_m = \dfrac{l}{\mu_0 \mu_s S} = \dfrac{0.8}{4\pi \times 10^{-7} \times 20 \times 0.4} = 7.96 \times 10^4 \,[\mathrm{AT/Wb}]$ 【답】③

문제 09 고전압이 가해진 유전체 중에 공기의 기포가 있으면 유전체 중의 기포는 절연에 영향을 준다. 절연은 유전체의 유전율에 대하여 어떠한가?

① 유전율이 클수록 절연은 향상된다.

② 유전율이 작을수록 절연은 나빠진다.

③ 유전율에는 무관계하다.

④ 유전율이 클수록 절연은 나빠진다.

풀이

구형 기포 내의 전계의 세기 E_i는

$E_i = \dfrac{3\epsilon_1}{2\epsilon_1 + \epsilon_2} E = \dfrac{3\epsilon_r}{2\epsilon_r + 1} E$

따라서 유전체의 유전율이 클수록 기포 내부의 전계의 세기(=전기력선 밀도)는 커지게 되어 절연이 나빠진다. 【답】④

문제 10 같은 양, 같은 부호의 전하가 어느 거리만큼 떨어져 있을 때, 전하사이의 중점에 있어서의 전계 [V/m]의 세기는?

① 0 ② ∞

③ 9×10^9 ④ $\dfrac{1}{9 \times 10^9}$

풀이

$Q_A \bullet\!\!\xleftarrow{\;\;E_B\;\;}\!\bullet_{\,\mathrm{P}}\!\xrightarrow{\;\;E_A\;\;}\!\bullet Q_B$

전계의 세기 $E = \dfrac{1}{4\pi\epsilon_0} \dfrac{Q}{r^2}$ [V/m]에서 전하 Q의 크기가 같고 같은 부호 이므로 전계의 크기는 같고 방향이 반대가 되므로 두 전하의 중점에 있어서의 전계의 세기는 0이 된다. 【답】①

문제 11 펠티에 효과에 관한 공식 또는 설명으로 틀린 것은? (단, H는 열량, P는 펠티에 계수, I는 전류, t는 시간이다.)

① $H = P \displaystyle\int_0^t I dt$ [cal]

② 펠티에효과는 지벡효과와 반대의 효과이다.

③ 반도체와 금속을 결합시켜 전자냉동 등에 응용된다.

④ 펠티에효과란 동일한 금속이라도 그 도체 중의 2점간에 온도차가 있으면 전류를 흘림으로써 열의 발생 또는 흡수가 생긴다는 것이다.

풀이

서로 다른 두 종류의 금속선으로 폐회로를 만들고 온도를 일정하게 유지하면서 전류를 흘리면 금속선의 접속점에서 열의 흡수(온도 강하) 또는 발생(온도 상승)이 일어나는 현상을 펠티에 효과라 한다. 【답】④

문제 12 2015년도 3회 문제 19

문제 13 2015년도 1회 문제 16

문제 14 2016년도 3회 문제 09

문제 15 2013년도 1회 문제 15

2과목 전력공학

문제 21 설비 용량이 각각 75 [kW], 80 [kW], 85 [kW]의 부하 설비가 있다. 수용률이 60 [%]라면 최대 수요 전력은?

① 96[kW] ② 144[kW]
③ 240[kW] ④ 400[kW]

풀이

수용률 $= \dfrac{\text{최대 수용 전력}}{\text{설비 용량}} \times 100$ 에서

최대 수용 전력 $P_m = 0.6(75 + 80 + 85) = 144[\text{kW}]$ 【답】②

문제 22 다음 중 송전 계통의 안정도를 증진시키는 방법이 아닌 것은?

① 전압 변동을 적게 한다.
② 직렬 리액턴스를 크게 한다.
③ 제동 저항기를 설치한다.
④ 고속 재폐로 방식을 채용한다.

풀이

안정도 향상 대책
① **계통의 직렬 리액턴스 감소**
② 전압 변동률을 적게 한다. (속응 여자 방식 채용, 계통의 연계, 중간 조상 방식)
③ 계통에 주는 충격을 적게 한다. (적당한 중성점 접지 방식, 고속 차단 방식, 재폐로 방식)
④ 고장 중의 발전기 돌입 출력의 불평형을 적게 한다. 【답】②

문제 23 다음 중 열사이클의 효율을 올리는 방법과 거리가 먼 것은?

① 과열증기 사용 ② 저압저온 이용
③ 진공도 향상 ④ 재생사이클 채용

풀이

열효율 향상대책
① 증기의 압력과 온도를 높인다.
② 단위기의 용량을 크게 한다.
③ 복합사이클 발전의 채용
④ 열병합 발전설비 채용
⑤ 재생, 재열 사이클 도입
⑥ 복수기의 진공도를 높인다.
⑦ 연도가스의 온도를 낮춘다. 【답】②

문제 24 다음 중 수차 발전기가 난조를 일으키는 원인은?

① 발전기의 관성 모멘트가 크다.
② 발전기의 자극에 제동 권선이 있다.
③ 수차의 속도 변동률이 적다.
④ 수차의 조속기가 예민하다.

풀이

난조 발생의 원인
난조 방지에 대한 대책으로는 제동 권선이 적당하며 난조에 대한 원인 및 대책은 다음과 같다.
① 원동기의 **조속기 감도가 지나치게 예민한 경우**
  방지대책 : 조속기를 적당히 조정하면 충분히 방지할 수 있다.
② 원동기의 토크에 고조파 토크가 포함된 경우
  방지대책 : 디젤 기관 등에 생기는 문제로 회전부의 플라이휠 효과를 적당히 선정하면 방지할 수 있다.
③ 전기자 회로의 저항이 상당히 큰 경우
  방지대책 : 회로의 저항을 작게 하거나 리액턴스를 삽입하면 방지할 수 있다.
④ 부하가 맥동할 때
  방지대책 : 회전부의 플라이휠 효과를 적당히 선정하면 방지할 수 있다. 【답】④

문제 25 전력계통에서의 안정도란 주어진 운전 조건 하에서 계통이 안정하게 운전을 계속할 수 있는가의 능력을 말한다. 다음 중 안정도의 구분에 포함되지 않는 것은?

① 동태 안정도 ② 과도 안정도
③ 정태 안정도 ④ 동기 안정도

풀이

안정도의 종류
① **정태 안정도**(static stability) : 송전 계통이 불변 부하 또는 극히 서서히 증가하는 부하에 대하여 계속적으로 송전할 수 있는 능력을 정태 안정도로 하고, 안정도를 유지할 수 있는 극한의 송전 전력을 정태 안정 극한 전력이라고 한다.

② **과도 안정도**(transient stability) : 계통에 갑자기 고장 사고와 같은 급격한 외란이 발생하였을 때에도 탈조하지 않고 새로운 평형 상태를 회복하여 송전을 계속할 수 있는 능력을 과도 안정 도라 하고 이 경우의 극한 전력을 과도 안정 극한 전력이라고 한다.
③ **동태 안정도**(dynamic stability) : 고속 자동 전압 조정기로 동기 기의 여자 전류를 제어 할 경우의 정태 안정도를 특히 동태 안정 도라 한다.

【답】④

문제 26 그림과 같이 정수가 서로 같은 평행 2회선에 서 일반회로정수 C_0는 얼마인가? (단, 그림에서 좌측 은 송전단, 우측은 수전단이다.)

① $\dfrac{C_1}{4}$

② $\dfrac{C_1}{2}$

③ $2C_1$

④ $4C_1$

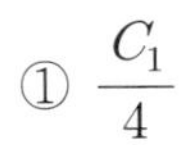

풀이

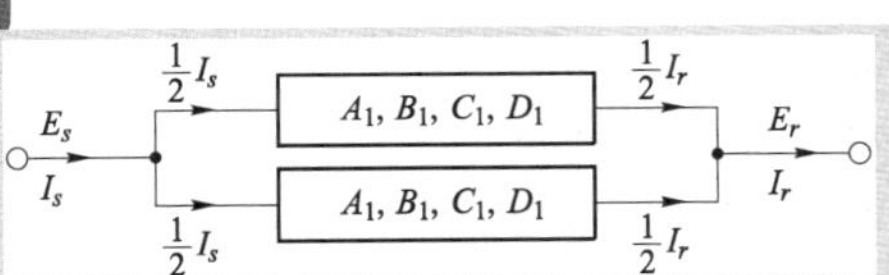

1회선 송전선로에 대해서

$$E_s = A_1 E_r + B_1 \cdot \frac{1}{2} I_r$$

$$\frac{1}{2} I_s = C_1 E_r + D_1 \cdot \frac{1}{2} I_r \text{ 에서}$$

$$I_s = 2C_1 E_r + D_1 \cdot I_r \text{ 로 된다.}$$

2회선 송전선로의 경우

$$E_s = A E_r + B I_r, \quad I_s = C E_r + D I_r \text{ 이므로}$$

$$A = A_1, \quad B = \frac{1}{2} B_1, \quad C = 2C_1, \quad D = D_1 \text{ 이 된다.}$$

즉, **2회선의 경우 병렬회로가 되므로 임피던스(B)는 1/2배, 어드미턴 스(C)는 2배가 된다.**

【답】③

문제 27 그림과 같이 송전선이 4도체인 경우 소선 상 호간의 기하학적 평균 거리는?

① $\sqrt[3]{2}\,D$

② $\sqrt[4]{2}\,D$

③ $\sqrt[6]{2}\,D$

④ $\sqrt[8]{2}\,D$

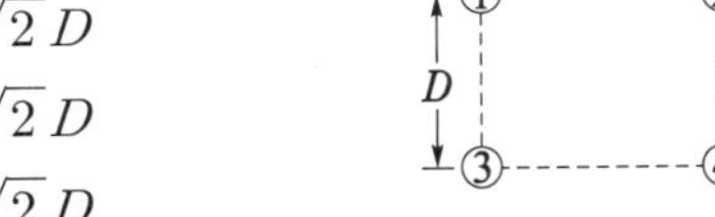

풀이

$$D_e = \sqrt[6]{D \cdot D \sqrt{2}\,D} = \sqrt[6]{2}\,D$$

【답】③

문제 28 중성점 접지방식 중 소호리액터 접지방식에 서 공진조건 $\omega L = \dfrac{1}{3\omega C} - \dfrac{x_t}{3}$ 에서 x_t는?

① 선로 임피던스　　　② 변압기 임피던스

③ 발전기 임피던스　　④ 부하설비 임피던스

풀이

① 변압기 임피던스 x_t를 고려하지 않은 경우 공진조건

$$\omega L = \frac{1}{3\omega C_s}, \qquad L = \frac{1}{3\omega^2 C_s} = \frac{1}{3(2\pi f)^2 C_s}$$

② 변압기의 임피던스 x_t를 고려하는 경우 공진조건

$$\omega L = \frac{1}{3\omega C_s} - \frac{x_t}{3}, \qquad L = \frac{1}{3\omega^2 C_s} - \frac{L_t}{3}$$

【답】②

문제 29 원자로에서 카드뮴 봉(rod)에 대한 설명으로 옳은 것은?

① 생체차폐를 한다.

② 냉각재로 사용된다.

③ 감속재로 사용된다.

④ 핵분열 연쇄반응을 제어한다.

풀이

원자로 내에서 **핵 분열의 연쇄 반응을 제어**하고 증배율을 변화시키기 위해서 **제어봉을 노심에 삽입**하고 이것을 넣었다 뺐다 할 수 있도록 한다. **붕소(B), 카드뮴(Cd), 하프늄(Hf)와 같이 중성자 흡수 단면적이 큰 재료**로써 만들어진다.

【답】④

문제 30 전력계통에서 변압기의 유기기전력이 발생 할 때 나타나는 고조파 중 제3고조파 및 제5고조파를 각각 제거시키는 방법으로 다음 중 가장 적절한 것은?

① 제3고조파 및 제5고조파 모두 직렬리액터를 설치 하여 제거할 수 있다.

② 변압기 결선 방식으로는 고조파를 제거할 수는 없다.

③ 제3고조파는 전력용 콘덴서를 설치하여 제거하고 제5고조파는 직렬리액터를 설치하여 제거한다.

④ 변압기 △ 결선 방식으로 제3고조파를 제거하고, 제5고조파는 직렬리액터를 설치하여 제거한다.

풀이

• 제3고조파 제거 : △결선 방식
• 제5고조파 제거 : 직렬 리액터

【답】④

문제 31 전극의 어느 일부분의 전위경도가 커져서 공기와의 절연이 파괴되어 생기는 현상은?

① 페란티 현상　　　　② 코로나 현상
③ 카르노 현상　　　　④ 보어 현상

풀이

전선 주위의 **공기절연이 국부적으로 파괴**되어 낮은 소리나 엷은 빛을 내면서 **방전하게 되는 현상을 코로나** 또는 코로나 방전이라고 한다.
[답] ②

문제 32 최근 GIS 설비에서 사용되고 있는 소호능력과 차단능력이 우수한 SF₆ 가스를 이용한 차단기는?

① 공기차단기　　　　② 자기차단기
③ 가스차단기　　　　④ 진공차단기

풀이

가스차단기(GCB)는 소호매질로서 SF₆(육불화유황)가스를 사용하며, SF₆가스의 특징으로는 안정도가 높고 무색, 무취, 무독, 불활성 기체이며 절연 내력은 공기의 약 3배이고, 10기압 정도로 압축하면 공기의 10배 정도 절연 내력을 가지므로 실용화된 가스로서는 가장 널리 쓰인다.
[답] ③

문제 33	2014년도 1회 문제 33
문제 34	2013년도 2회 문제 38
문제 35	2016년도 1회 문제 28
문제 36	2014년도 2회 문제 28
문제 37	2014년도 1회 문제 35
문제 38	2016년도 3회 문제 34
문제 39	2012년도 1회 문제 31
문제 40	2016년도 3회 문제 28

3과목　전기기기

문제 41 수은 정류기의 역호를 방지하기 위해 운전상 주의할 사항으로 틀린 것은?

① 과도한 부하 전류를 피한다.
② 진공도를 항상 양호하게 유지한다.
③ 철제 수은 정류기는 양극 바로 앞에 그리드를 설치한다.
④ 냉각 장치에 유의하고 과열되면 급히 냉각시킨다.

풀이

역호의 방지법
① 정류기를 과부하로 되지 않도록 할 것
② 냉각 장치에 주의하여 **과냉, 과열을 피할 것**
③ 진공도를 충분히 높게 할 것
④ 양극에 직접 수은 증기가 부착되지 않게 할 것
⑤ 양극의 바로 앞에 그리드를 설치하여 이것을 부전위로 하여 역호를 저지시킨다.
[답] ④

문제 42 단상 변압기 3대를 △-Y로 결선했을 때의 1차, 2차의 전압 위상차는?

① 0°　　　　　　　② 30°
③ 60°　　　　　　　④ 90°

풀이

- △결선 : $V_l = V_P \angle 0°$: 선간전압 V_l 과 상전압 V_P는 크기가 같고 위상도 같다.
- Y결선 : $V_l = \sqrt{3} V_P \angle 30°$: 선간전압 V_l 은 상전압 V_P 보다 크기는 $\sqrt{3}$ 배, 위상은 30° 앞선다.
[답] ②

문제 43 직류 분권발전기가 있다. 극수 6, 전기자도체 총수 400, 각 자극의 자속은 0.01 [Wb]이고, 그 회전수가 600 [rpm]일 때 전기자에 유기되는 기전력은 몇 [V]인가? (단, 전기자 권선은 파권이다.)

① 40[V]　　　　　　② 120[V]
③ 160[V]　　　　　　④ 240[V]

풀이

$p = 6[극], \ Z = 400, \ \phi = 0.01[\text{Wb}], \ N = 600[\text{rpm}]$
파권이므로 $a = 2$이다.

$$\therefore E = \frac{pZ}{a}\phi\frac{N}{60} = \frac{6 \times 400}{2} \times 0.01 \times \frac{600}{60} = 120[\text{V}]$$
[답] ②

문제 44 동기발전기를 모선에 연결하기 전에 동기검정기로 모선의 값과 동기발전기의 값들이 일치하는 지를 확인하려고 한다. 동기검정기로 알 수 없는 것은?

① 주파수　　　　　　② 상회전 방향
③ 전류　　　　　　　④ 전압의 크기

풀이

동기발전기의 병렬운전 조건은 기전력의 크기, 위상, 주파수 및 파형이 같아야 한다. 따라서, 동기 발전기를 모선(동기 발전기)에 연결하기 전 병렬 운전 조건이 맞는지 확인하기 위하여 동기검정기가 사용되며, **동기검정기로 전압의 크기, 주파수 및 위상이 서로 일치하는지 확인할 수 있다.**
[답] ③

$$E_d = \frac{2\sqrt{2}}{\pi} E = 0.9E \text{ 에서}$$

$$\therefore E = \frac{E_d}{0.9} = \frac{200}{0.9} = 222.22[\text{V}] \qquad \text{【답】 ③}$$

문제 45 어떤 주상 변압기가 4/5 부하일 때, 최대 효율이 된다고 한다. 전부하에 있어서의 철손과 동손의 비 P_c/P_i는 약 얼마인가?

① 0.64　　　　　② 1.56

③ 1.64　　　　　④ 2.56

풀이

최대 효율은 철손 = 동손 일때 발생한다.

즉, $P_i = m^2 P_c = \left(\dfrac{4}{5}\right)^2 P_c$　$\therefore \dfrac{P_c}{P_i} = \dfrac{25}{16} = 1.56$　【답】 ②

문제 46 직류기의 전기자 권선법 중 파권의 이점은?

① 효율이 크게 좋아진다.

② 전류가 증가된다.

③ 전압이 높아진다.

④ 출력이 증가한다.

풀이

중권과 파권의 비교 요약

비교 항목	단중 중권	단중 파권
전기자의 병렬 회로수 (a)	$p(mp)$	$2(2m)$
브러시 수(b)	p	2
용도	저전압, 대전류	**고전압, 소전류**
균압 접속	4극 이상이면 균압 접속을 하여야 한다.	균압 접속은 필요 없다.

여기서, m : 다중도, p : 극수, a : 전기자 병렬 회로 수,
　　　　b : 브러시 수　　　　　　　　　　【답】 ③

문제 47 운전 중인 유도 전동기의 등가회로에서 기계적 출력을 나타내는 것은?

① 2차 회로저항(r_2)　　② 부하 저항(r)

③ 2차 임피던스(Z_2)　　④ 2차 유기전압(E_2)

풀이

기계적 출력 P_0는 부하를 대표하는 저항 $r = r_2'\left(\dfrac{1-s}{s}\right)$ 중의 소비전력으로 나타낼 수 있다.　　　　【답】 ②

문제 48 단상 브리지 정류 회로에서 저항 부하에 인가되는 전압이 200 [V]이면 전원 전압은 약 몇 [V]인가? (단, 정류기에서의 전압강하는 무시한다.)

① 50[V]　　　　　② 112[V]

③ 222[V]　　　　　④ 340[V]

문제 49 정전압 계통에 접속된 동기 발전기는 그 여자를 약하게 하면?

① 출력이 감소한다.

② 전압이 강하된다.

③ 뒤진 무효 전류가 증가한다.

④ 앞선 무효 전류가 증가한다.

풀이

A, B 동기발전기를 병렬 운전 중 A기의 여자를 약하게 하면 A기의 **유기기전력이 저하**하고 A기에는 진상 무효전류가 흐르게 되어 역률이 **개선**되고, B기에는 지상무효전류가 흘러 역률이 저하한다. 【답】 ④

문제 50 동기발전기의 외부특성곡선에서 부하전류가 일정한 경우 전압 변동률이 가장 적게 되는 역률은? (단, 부하는 유도성 부하이다.)

① 0　　　　　　　② 0.6

③ 0.8　　　　　　④ 1

풀이

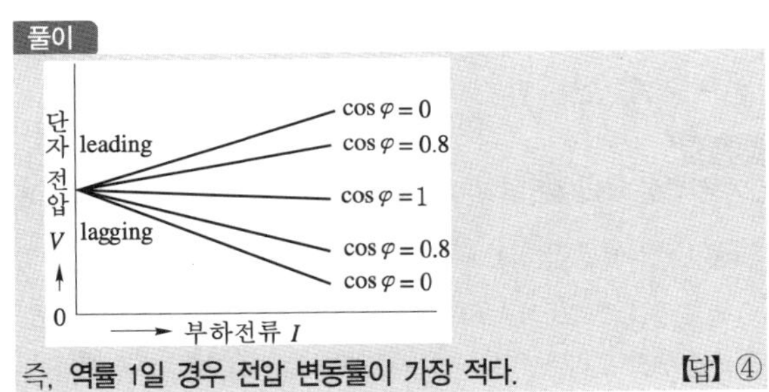

즉, **역률 1일 경우 전압 변동률이 가장 적다.**　　　【답】 ④

문제 51 다음 중 무부하 특성곡선이 존재하지 않는 발전기는?

① 직류 직권 발전기

② 직류 분권 발전기

③ 직류 차동복권 발전기

④ 직류 가동복권 발전기

풀이

무부하 특성곡선은 계자전류와 전압과의 관계 곡선이다.

직류 직권 발전기는 전기자와 계자권선이 직렬로 접속되어 있어 $I = I_f = I_a$ 가 된다. 따라서 **직권발전기는 무부하에서 계자전류 I_f**

가 0이 되므로 발전할 수 없고 무부하특성 곡선은 존재하지 않는다.

【답】 ①

문제 52 다음 중 직류 전동기의 속도 제어법이 아닌 것은?

① 계자 제어법　　　② 전압 제어법

③ 저항 제어법　　　④ 주파수 제어법

풀이

직류 전동기의 속도 제어 $N = K' \dfrac{E_C}{\phi} = K' \dfrac{V - I_a R_a}{\phi}$ [rps]

전압 제어(V)	효율이 좋다.	• 정토크 제어 • 광범위 속도제어 • 일그너 방식 (부하가 급변하는 곳) • 워드레너드 방식 • 직병렬 제어
계자 제어(ϕ)	효율이 좋다.	• 정출력 제어 • 세밀하고 안정된 속도 제어 • 속도 조정 범위 좁다.
저항 제어(R_a)	효율이 나쁘다.	• 속도 조정 범위 좁다.

또한 **직류기는 주파수의 개념이 없다.**　　　【답】 ④

문제 53 3상 권선형 유도 전동기의 회전자에 슬립 주파수의 전압을 공급하여 속도를 변화시키는 방법은?

① 교류 여자 제어법　　　② 1차 저항법

③ 주파수 변환법　　　④ 2차 여자 제어법

풀이

2차 주파수 sf와 같은 주파수의 전압 E_c을 발생시켜 슬립링을 통하여 회전자 권선에 공급하고 $I_2 = \dfrac{sE_2 \pm E_c}{r_2}$에서 정토크 부하의 경우 I_2는 일정하고 r_2도 일정하므로 E_c의 크기에 따라 s가 변하게 되고 속도가 변하게 된다. 이와 같은 속도제어 방법을 **2차 여자법**이라 한다.　　　【답】 ④

문제 54 다음 중 SCR에 관한 설명으로 옳은 것은?

① 증폭기능을 갖는 1방향성 3단자 소자이다.

② 정류기능을 갖는 1방향성 3단자 소자이다.

③ 제어기능을 갖는 양방향성 3단자 소자이다.

④ 스위치기능을 갖는 양방향성 3단자 소자이다.

풀이

SCR의 특징

① **정류기능을 갖는 단일방향성 3단자 소자**이다.

② 과전압에 약하다.

③ 열용량이 적어 고온에 약하다.

④ 게이트 신호를 인가할 때부터 도통할 때까지의 시간이 짧다.

⑤ 전류가 흐르고 있을 때 양극의 전압강하가 작다.

⑥ 아크가 생기지 않으므로 열의 발생이 적다.

⑦ 역률각 이하에서는 제어가 되지 않는다.　　　【답】 ②

문제 55 3상 유도 전동기의 출력이 10[kW], 슬립이 5[%]일 때 2차 동손은?

① 0.426[kW]　　　② 0.526[kW]

③ 0.626[kW]　　　④ 0.726[kW]

풀이

2차 입력 $P_2 = \dfrac{P}{1-s} = \dfrac{10}{1-0.05} = 10.526$ [kW]

$\therefore P_{c2} = sP_2 = 0.05 \times 10.526 = 0.526$ [kW]　　　【답】 ②

문제 56	2012년도 2회 문제 44
문제 57	2016년도 3회 문제 46
문제 58	2015년도 2회 문제 56
문제 59	2013년도 2회 문제 44
문제 60	2016년도 2회 문제 57

4과목　회로이론

문제 61 다음의 회로에서 전류 I_2는 몇 [A]인가?

① 1 [A]

② 2 [A]

③ 3 [A]

④ 5 [A]

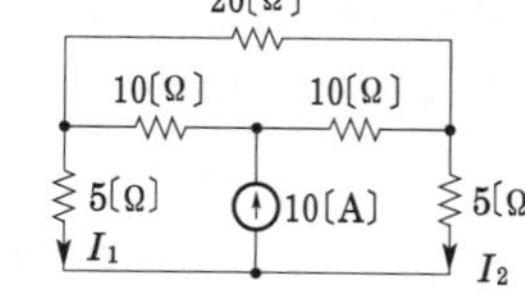

풀이

각 지로의 전류는 저항의 크기에 반비례하여 분배된다.

따라서, 전류원 10 [A]에서 본 좌·우측 저항값이 동일하므로 전류는 5 [A]씩 양분되어 흐른다.　　　【답】 ④

문제 62 100[V] 전원에 1[kW]의 선풍기를 접속하니 12[A]의 전류가 흘렀다. 선풍기의 무효율은 약 몇 [%]인가?

① 50[%]　　　② 55[%]

③ 83[%]　　　④ 91[%]

$$\cos\theta = \frac{P}{VI} = \frac{1000}{100\times12} = 0.83$$

$$\sin\theta = \sqrt{1-\cos^2\theta} = \sqrt{1-0.83^2} = 0.55$$

【답】 ②

문제 63 $R-L-C$ 직렬 회로에서 공진시의 전류는 공급 전압에 대하여 어떤 위상차를 갖는가?

① 0도

② 90도

③ 180도

④ 270도

직렬공진은 리액턴스 성분이 0 $\left(j\omega L = \dfrac{1}{j\omega c}\right)$이 되므로 **공진시 V와 I 는 동상**이 되고 **전류는 최대**로 된다.

【답】 ①

문제 64 실효값이 100[V], 주파수가 50[Hz]인 교류 전압을 저항 100[Ω], 용량 10[μF]인 RC 직렬회로에 가했을 때 역률은 약 얼마인가?

① 0.3

② 0.5

③ 0.6

④ 0.8

$$X_c = \frac{1}{2\pi f C} = \frac{1}{2\times3.14\times50\times10\times10^{-6}} = 318[\Omega]$$

$$\text{역률 } \cos\theta = \frac{R}{\sqrt{R^2+X_c^2}} = \frac{100}{\sqrt{100^2+318^2}} = 0.3$$

【답】 ①

문제 65 $R = 15[\Omega]$, $X_L = 12[\Omega]$, $X_C = 30[\Omega]$

이 병렬로 접속된 회로에 120 [V]의 교류 전압을 가하면 전원에 흐르는 전류는 몇 [A]인가?

① 5[A]

② 7[A]

③ 10[A]

④ 22[A]

병렬 접속인 경우 전압이 일정하므로

• 저항에 흐르는 전류 $I_R = \dfrac{V}{R} = \dfrac{120}{15} = 8[A]$

• 유도성 리액턴스에 흐르는 전류 $I_L = \dfrac{V}{jX_L} = \dfrac{120}{j12} = -j10[A]$

• 용량성 리액턴스에 흐르는 전류 $I_C = \dfrac{V}{-jX_C} = \dfrac{120}{-j30} = j4[A]$

따라서 전체 전류는

$$I = I_R + I_L + I_C = 8 - j10 + j4 = 8 - j6$$

$$= 10\,\underline{/-36.86}\,[A] \text{ 가 된다.}$$

【답】 ③

문제 66 무손실 분포정수 선로에서 인덕턴스가 1 [μH/m]이고, 정전 용량이 400 [pF/m]일 때 특성 임피던스는 몇 [Ω]인가?

① 25 [Ω]

② 30 [Ω]

③ 40 [Ω]

④ 50 [Ω]

무손실 선로에서 $R = 0$, $G = 0$이므로

$$Z_0 = \sqrt{\frac{Z}{Y}} = \sqrt{\frac{R+j\omega L}{G+j\omega C}} = \sqrt{\frac{L}{C}} = \sqrt{\frac{1\times10^{-6}}{400\times10^{-12}}} = 50[\Omega]$$

【답】 ④

문제 67 다음의 4단자 회로에서 단자 ab에서 본 구동점 임피던스 Z_{11} 는 몇 [Ω]인가?

① $2 + j4[\Omega]$

② $2 - j4[\Omega]$

③ $3 + j4[\Omega]$

④ $3 - j4[\Omega]$

$$Z_{11} = \frac{V_1}{I_1}\bigg|_{I_2=0} = \frac{V_1}{\dfrac{V_1}{3+j4}} = 3+j4$$

【답】 ③

문제 68 대칭 3상 Y부하에서 각 상의 임피던스가 $Z = 3 + j4[\Omega]$이고 부하전류가 20 [A]일 때 피상전력은 얼마인가?

① 1800 [VA]

② 2000 [VA]

③ 2400 [VA]

④ 2800 [VA]

임피던스 $Z = \sqrt{R^2+X^2} = \sqrt{3^2+4^2} = 5[\Omega]$

피상전력 $P_a = I^2 Z = 20^2 \times 5 = 2000[VA]$

【답】 ②

문제 69 4단자 정수 A, B, C, D 중에서 전압 이득의 차원을 가지는 것은?

① A

② B

③ C

④ D

A, B, C, D로 표시되는 4단자 기초 방정식은

$$\begin{bmatrix} V_1 \\ I_1 \end{bmatrix} = \begin{bmatrix} A & B \\ C & D \end{bmatrix}\begin{bmatrix} V_2 \\ I_2 \end{bmatrix}$$이며, 각 파라미터의 물리적 의미는

$$A = \frac{V_1}{V_2}\bigg|_{I_2=0} \ : \ \text{출력을 개방했을 때 전압 이득}$$

$$B = \frac{V_1}{I_2}\bigg|_{V_2=0} \ : \ \text{출력을 단락했을 때 전달 임피던스}$$

$$C = \frac{I_1}{V_2}\bigg|_{I_2=0} \ : \ \text{출력을 개방했을 때 전달 어드미턴스}$$

$$D = \frac{I_1}{I_2}\bigg|_{V_2=0} \ : \ \text{출력을 단락했을 때 전류 이득}$$
【답】①

문제 70 $f(t) = te^{at}$ 의 라플라스 변환은?

① $\dfrac{1}{s-a}$ ② $\dfrac{1}{(s-a)^2}$

③ $-\dfrac{1}{s-a}$ ④ $-\dfrac{1}{(s-a)^2}$

풀이

라플라스 변환 표

$f(t)$	$F(s)$
$e^{\mp at}$	$\dfrac{1}{s \pm a}$
$t\,e^{\mp at}$	$\dfrac{1}{(s \pm a)^2}$
$t^n e^{-at}$	$\dfrac{n!}{(s+a)^{n+1}}$

【답】②

문제 71 $i = 3\sqrt{2}\sin(377t - 30°)$ [A]의 평균값은 약 몇 [A]인가?

① 5.4 [A]   ② 4.35 [A]
③ 2.7 [A]   ④ 1.35 [A]

풀이

$$I_{av} = \frac{2}{\pi}I_m = \frac{2}{\pi} \times 3\sqrt{2} = 2.7[\text{A}]$$
【답】③

문제 72 저항 5 [Ω], 인덕턴스 10 [H]의 직렬회로에 기전력 20 [V]를 인가하는데 스위치를 닫고 나서 2 [sec] 후의 전류는 약 몇 [A]인가?

① 0.25 [A]   ② 2.53 [A]
③ 5.32 [A]   ④ 10.02 [A]

풀이

$R-L$ 직렬회로에서 전압 인가 시 흐르는 전류 i는
$$i = \frac{E}{R}(1 - e^{-\frac{R}{L}t})[\text{A}]에서$$

$$i = \frac{20}{5}(1 - e^{-\frac{5}{10} \times 2}) = 2.53[\text{A}]$$
【답】②

문제 73 RL 직렬회로에 직류전압을 가했을 때 흐르는 전류가 정상전류 $I = \dfrac{E}{R}$ 의 70 [%]에 도달하는데 요하는 시간은? (단, τ 는 시정수이다.)

① $t = 0.7\tau$ ② $t = 1.1\tau$
③ $t = 1.2\tau$ ④ $t = 1.4\tau$

풀이

$I = 0.7\dfrac{E}{R} = \dfrac{E}{R}(1 - e^{-\frac{t}{\tau}})$의 관계식에서 $1 - e^{-\frac{t}{\tau}} = 0.7$

$e^{-\frac{t}{\tau}} = 1 - 0.7 = 0.3, \quad -\dfrac{t}{\tau} = \ln 0.3, \quad t = -\tau\ln 0.3$

$\therefore \ t = 1.2\tau$
【답】③

문제 74 $F(s) = \dfrac{s}{(s+1)(s+2)}$ 일 때 $f(t)$를 구하면?

① $1 - 2e^{-2t} + e^{-t}$ ② $e^{-2t} - 2e^{-t}$
③ $2e^{-2t} + e^{-t}$ ④ $2e^{-2t} - e^{-t}$

풀이

$$F(s) = \frac{s}{(s+1)(s+2)} = \frac{A}{s+1} + \frac{B}{s+2}$$

$$A = [(s+1)F(s)]_{s=-1} = \frac{s}{s+2}\bigg|_{s=-1} = -1$$

$$B = [(s+2)F(s)]_{s=-2} = \frac{s}{s+1}\bigg|_{s=-2} = 2 \ \text{이므로}$$

$$F(s) = \frac{-1}{s+1} + \frac{2}{s+2}$$

$$\mathcal{L}^{-1}[F(s)] = -e^{-t} + 2e^{-2t}$$
【답】④

문제 75	2010년도 3회 문제 64
문제 76	2016년도 1회 문제 61
문제 77	2014년도 2회 문제 64
문제 78	2013년도 3회 문제 71
문제 79	2014년도 3회 문제 61
문제 80	2014년도 2회 문제 78

문제 81 시가지에서 저압 가공전선로를 도로에 따라 시설할 경우 지표상의 최저 높이는 몇 [m] 이상이어야 하는가?

① 4.5 [m] ② 5.0 [m]
③ 5.5 [m] ④ 6.0 [m]

풀이

저고압 가공전선의 높이 (판단기준 제72조)

설치장소		가공전선의 높이
도로횡단		지표상 6 [m] 이상
철도 또는 궤도 횡단		레일면상 6.5 [m] 이상
횡단보도교 위	저압	노면상 3.5 [m] 이상, 단, 절연전선의 경우 3 [m] 이상
	고압	노면상 3.5 [m] 이상
일반장소		**지표상 5 [m] 이상.** 단, 절연전선 또는 케이블을 사용하여 교통에 지장이 없도록 하여 옥외조명용에 공급하는 경우 4 [m]까지 감할 수 있다.

즉, 저고압 가공전선의 도로 횡단시는 6 [m] 이상이고 그외 장소는 5 [m] 이상일 것

[답] ②

문제 82 60 [kV] 송전선로의 송전선과 수목과의 최소 이격거리는?

① 1.5 [m] ② 2.0 [m]
③ 2.5 [m] ④ 3.0 [m]

풀이

특고압 가공전선과 식물의 이격거리 (판단기준 제133조)

사용전압의 구분	이격거리
60[kV] 이하	**2 [m]**
60[kV] 초과	2[m]에 사용전압이 60[kV]를 초과하는 10[kV] 또는 그 단수마다 12[cm] 를 더한 값

[답] ②

문제 83 사용전압이 저압인 전로에서 전선과 대지간의 전압이 100 [V]인 경우, 전로의 절연저항은 몇 [MΩ] 이상이어야 하는가?

① 0.1 [MΩ] ② 0.2 [MΩ]
③ 0.4 [MΩ] ④ 0.5 [MΩ]

풀이

저압전로의 절연성능 (기술기준 제52조)
저압 전로의 절연 저항 하한값

전로의 사용전압의 구분		절연 저항값
400 [V] 미만	**대지 전압이 150 [V] 이하인 경우**	**0.1 [MΩ]**
	대지 전압이 150 [V] 초과 300 [V] 이하인 경우	0.2 [MΩ]
	사용 전압이 300 [V] 초과 400 [V] 미만인 경우	0.3 [MΩ]
400 [V] 이상		0.4 [MΩ]

[답] ①

문제 84 최대사용전압이 1차 22000 [V], 2차 6600 [V]의 권선으로서 중성점 비접지식 전로에 접속하는 변압기의 특고압측 절연내력 시험전압은 몇 [V]인가?

① 24000 [V] ② 27500 [V]
③ 33000 [V] ④ 44000 [V]

풀이

변압기 전로의 절연내력 (판단기준 제16조)

접지방식	최대사용전압	시험전압(최대사용전압 배수)	최저 시험전압
비접지	7 [kV] 이하	1.5배	500 [V]
	7 [kV] 초과	**1.25배**	10,500 [V]
중성점접지	60 [kV] 초과	1.1배	75,000 [V]
중성점직접지	60 [kV] 초과 170 [kV] 이하	0.72배	
	170 [kV] 초과	0.64배	
중성점다중접지	25 [kV] 이하	0.92배	500 [V]

시험 전압은 최대 사용 전압에 배수를 곱하고 그 값을 권선과 대지 사이 10분간 시험한다. 단, 괄호 속의 숫자는 최저 시험 전압

$\therefore$ 시험 전압 $= 22,000 \times 1.25 = 27,500 [V]$

[답] ②

문제 85 인가가 많이 연접되어 있는 장소에 시설하는 가공 전선로의 구성재에 병종 풍압 하중을 적용할 수 없는 경우는?

① 저압 또는 고압 가공 전선로의 지지물
② 저압 또는 고압 가공 전선로의 가섭선
③ 사용 전압이 35 [kV] 이하에 특고압 절연 전선 또는 케이블을 사용하는 특고압 가공 전선로의 지지물
④ 사용 전압이 35 [kV] 이상인 특고압 가공 전선로에 사용하는 케이블 및 조가용선

풀이

병종 풍압 하중의 적용(판단기준 제62조)
① 저압 또는 고압 가공 전선로의 지지물 또는 가섭선
② 사용 전압 35 [kV] 이하인 특고압 가공 전선로의 지지물에 시설하는 저압 또는 고압 가공 전선
③ **사용 전압 35 [kV] 이하**인 특고압 가공 전선로에 사용하는 특고압 절연 전선이나 케이블 및 이를 조가하는 금속선 【답】 ④

문제 86 최대 사용 전압 22.9 [kV]인 가공 전선과 지지물과의 이격 거리는 일반적으로 몇 [cm] 이상이어야 하는가?

① 5 [cm]
② 10 [cm]
③ 15 [cm]
④ 20 [cm]

풀이

특고압 가공전선과 지지물 등의 이격거리 (판단기준 제108조)
특고압 가공전선(케이블은 제외한다)과 그 지지물·완금류·지주 또는 지선 사이의 이격거리는 표에서 정한 값 이상이어야 한다. 다만, 기술상 부득이한 경우에 위험의 우려가 없도록 시설한 때에는 표에서 정한 값의 0.8배까지 감할 수 있다.

단위 : [cm]

사 용 전 압	이격거리	사 용 전 압	이격거리
15[kV] 미만	15	70[kV] 이상 80[kV] 미만	45
15[kV] 이상 25[kV] 미만	20	80[kV] 이상 130[kV] 미만	65
25[kV] 이상 35[kV] 미만	25	130[kV] 이상 160[kV] 미만	90
35[kV] 이상 50[kV] 미만	30	160[kV] 이상 200[kV] 미만	110
50[kV] 이상 60[kV] 미만	35	200[kV] 이상 230[kV] 미만	130
60[kV] 이상 70[kV] 미만	40	230[kV] 이상	160

【답】 ④

문제 87 저압 옥내 간선은 특별한 경우를 제외하고 다음 중 어느 것에 의하여 그 굵기가 결정되는가?

① 변압기 용량
② 전기 방식
③ 부하의 종류
④ 허용 전류

풀이

저압 옥내간선의 시설 (판단기준 제175조)
전선은 저압 옥내 간선의 각 부분마다 그 부분을 통하여 공급되는 전기 사용 기계 기구의 **정격 전류의 합계 이상인 허용 전류가 있는 전선을 사용**하여야 한다. 【답】 ④

문제 88 금속관 공사에 관한 사항이다. 일반적으로 콘크리트에 매설하는 금속관의 두께는 몇 [mm] 이상 되는 것을 사용하여야 하는가?

① 1.0 [mm]
② 1.2 [mm]
③ 2.0 [mm]
④ 2.5 [mm]

풀이

금속관 공사 (판단기준 제184조)
전선관의 두께
• **콘크리트에 매설 : 1.2 [mm] 이상**
• 매설 이외의 경우 : 1 [mm] 이상
단, 이음매가 없는 길이 4 [m] 이하인 것을 건조하고 전개된 곳에 시설하는 경우에는 0.5 [mm] 【답】 ②

문제 89	2010년도 1회 문제 93
문제 90	2010년도 2회 문제 85
문제 91	2016년도 3회 문제 90
문제 92	2009년도 1회 문제 90
문제 93	2015년도 3회 문제 93
문제 94	2013년도 2회 문제 91
문제 95	2011년도 3회 문제 85
문제 96	2015년도 2회 문제 86
문제 97	2014년도 3회 문제 96
문제 98	2014년도 2회 문제 81
문제 99	2014년도 3회 문제 82
문제 100	2016년도 3회 문제 86

D-60 시리즈 2-2

2008년도
전기산업기사 필기

- ▶ 08년 제1회 전기산업기사
- ▶ 08년 제2회 전기산업기사
- ▶ 08년 제3회 전기산업기사

국가기술자격검정 필기시험 문제

2008년도 전기산업기사 일반검정 제1회

수검 번호	성 명

자격종목 및 등급(선택분야)	종목코드	시험시간	문제지형별
전기산업기사	2140	2시간 30분	A

1과목 전기자기학

문제 01 시변 전자파에 대한 설명중 옳지 않은 것은?

① 전자파는 전계와 자계가 동시에 존재한다.

② 횡전자파(transver electromagnetic wave)에서는 전파의 진행 방향으로 전계와 자계가 존재한다.

③ 포인팅 벡터의 방향은 전자파의 진행 방향과 같다.

④ 수직 편파는 대지에 대해서 전계가 수직면에 있는 전자파 이다.

풀이

전자파의 성질

① 전자파는 전계와 자계가 동시에 존재

② TEM파(횡전자파)는 **전계와 자계가 전파의 진행 방향과 수직으로 존재**한다.

③ 수평 전파는 대지에 대해 전계가 수평면에 있는 전자파

④ 수직 전파는 대지에 대해 전계가 수직면에 있는 전자파

⑤ 포인팅 벡터 $P = E \times H$ 이므로 포인팅 벡터의 방향은 전자파의 진행 방향과 같다. 【답】②

문제 02 평행판 전극의 단위 면적당 정전용량이 $C = 200[\text{pF}]$일 때 두 극판사이에 전위차 2000[V]를 가하면 이 전극판 사이의 전계의 세기는 약 몇 [V/m]인가?

① 22.6×10^3
② 45.2×10^3
③ 22.6×10^5
④ 45.2×10^5

풀이

정전용량 $C = 200 \times 10^{-12}[\text{F/m}^2]$, 전위차 $V = 2000[\text{V}]$ 이고

$C = \dfrac{\epsilon_0}{d}[\text{F/m}^2]$에서 전극간격 $d = \dfrac{\epsilon_0}{C}$이므로

$\therefore E = \dfrac{V}{d} = \dfrac{CV}{\epsilon_0} = \dfrac{200 \times 10^{-12} \times 2000}{8.85 \times 10^{-12}} = 45.2 \times 10^3 [\text{V/m}]$

(이 문제의 유전율은 $\epsilon = \epsilon_0$로 한 것) 【답】②

문제 03 코일을 지나는 자속이 $\cos \omega t$에 따라 변화할 때 코일에 유도되는 유도 기전력의 최대치는 주파수와 어떤 관계가 있는가?

① 주파수에 반비례
② 주파수에 비례
③ 주파수 제곱에 반비례
④ 주파수 제곱에 비례

풀이

$\phi = \phi_m \cos \omega t$ 이므로

$e = -N \dfrac{d\phi}{dt} = -N \dfrac{d}{dt}(\phi_m \cos \omega t) = N\phi_m \omega \sin \omega t$

$\quad = N\phi_m 2\pi f \sin \omega t \, [\text{V}]$

그러므로 $e \propto \omega \propto f$의 관계가 된다. 【답】②

문제 04 자계에 있어서의 자화의 세기 $J[\text{Wb/m}^2]$는 유전체에서의 무엇과 동일한 의미를 가지고 대응되는가?

① 전속 밀도
② 전계의 세기
③ 전기 분극도
④ 전위

풀이

자화의 세기(자화도) J는 정전계인 유전체에서의 분극의 세기(분극도) P에 대응하는 것으로 단위 면적당 자화된 자기량 또는 단위 체적당 발생된 자기 쌍극자 모멘트로 정의하며, 이것은 자성체 내부에서 S극에서 N극으로 향하는 벡터량이다. 【답】③

문제 05 점전하 $+2Q[\text{C}]$이 $x = 0$, $y = 1$의 점에 놓여 있고, $-Q[\text{C}]$의 전하가 $x = 0$, $y = -1$의 점에 위치할 때 전계의 세기가 0이 되는 점은?

① $+2Q$쪽으로 $5.83 (x = 0, y = 5.83)$

② $+2Q$쪽으로 $0.17 (x = 0, y = 0.17)$

③ $-Q$쪽으로 $5.83 (x = 0, y = -5.83)$

④ $-Q$쪽으로 $0.17 (x = 0, y = -0.17)$

두 전하의 부호가 다르므로 전계의 세기가 0이 되는 점은 전하의 절대 값이 작은 측의 외측에 존재하므로 그림과 같이 절대값이 작은 측의 외측에 K [m]인 P점이 전계의 세기가 0이라 하면

$$E = \frac{1}{4\pi\epsilon_0}\left\{\frac{Q}{K^2} - \frac{2Q}{(2+K)^2}\right\} = 0$$

$$\therefore \frac{Q}{K^2} = \frac{2Q}{(2+K)^2}$$

$$2K^2 = (2+K)^2$$

$$\sqrt{2}\,K = 2+K$$

$$\therefore K = \frac{2}{\sqrt{2}-1} = 4.83$$

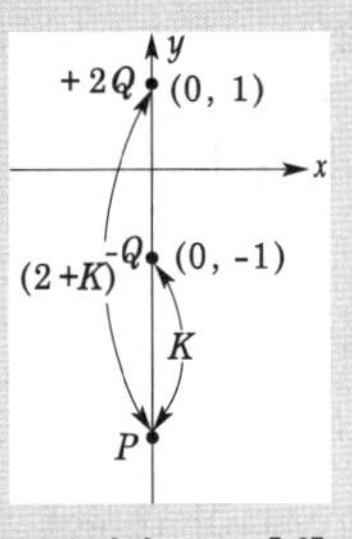

이므로 $-1 - 4.83 = -5.83$ 즉, P $(0,\ -5.83)$이다. [답] ③

문제 06 동심 구형 콘덴서의 내외 반지름을 각각 5배로 증가 시키면 정전 용량은 몇 배가 되는가?

① 2배   ② $\sqrt{2}$ 배

③ 5배   ④ $\sqrt{5}$ 배

$$C = \frac{4\pi\epsilon_0 ab}{b-a}\ [\text{F}]$$

내외구의 반지름을 5배로 늘린 경우의 정전 용량을 C'라 하면

$$\therefore C' = \frac{4\pi\epsilon_0(5a)(5b)}{(5b-5a)} = \frac{4\pi\epsilon_0 ab}{b-a}\times 5 = 5C$$

[답] ③

문제 07 공기의 절연내력을 $3\,[\text{kV/mm}]$라고 하면 직경 1[cm]의 도체구에 걸리는 최대 전압은 몇 [kV]인가?

① 15 [kV]   ② 30 [kV]

③ 15 [MV]   ④ 30 [MV]

$$V = \frac{Q}{4\pi\epsilon_0 r}\ [\text{V}],\quad G = E = \frac{Q}{4\pi\epsilon_0 r^2}\ [\text{V/m}]$$

단, G는 구의 표면에 있어서의 전위경도

$$V = Gr = 3\times 10^6\ [\text{V/m}]\times\frac{1}{2}\times 10^{-2}\ [\text{m}]$$

$$= 1.5\times 10^4\ [\text{V}] = 15\,[\text{kV}]$$

[답] ①

문제 08 어느 철심에 도선을 25회 감고 여기에 1 [A]의 전류를 흘릴 때 0.01 [Wb]의 자속이 발생하였다. 자기 인덕턴스를 1[H]로 하려면 도선의 권수는 얼마로 해야 하는가?

① 25   ② 50

③ 75   ④ 100

$$L\propto N^2 \text{에서 } L_1 = \frac{N\phi}{I} = \frac{25\times 0.01}{1} = 0.25\ [\text{H}]$$

$$0.25 : 25^2 = 1 : N'^2$$

$$N' = \sqrt{\frac{25^2}{0.25}} = 50$$

[답] ②

문제 09 두 유전체 ①, ②가 유전율 $\epsilon_1 = 2\sqrt{3}\,\epsilon_0$, $\epsilon_2 = 2\epsilon_0$이며, 경계를 이루고 있을 때 그림과 같이 전계가 입사하여 굴절하였다면 유전체 ② 내의 전계의 세기 E_2는 몇 [V/m]인가?

① 95

② 100

③ $100\sqrt{2}$

④ $100\sqrt{3}$

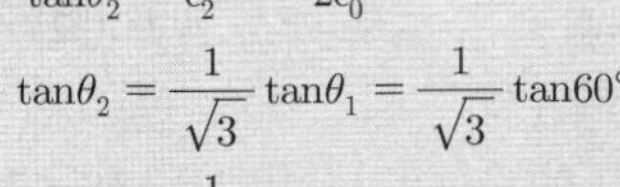

그림에서

$$\frac{\tan\theta_1}{\tan\theta_2} = \frac{\epsilon_1}{\epsilon_2} = \frac{2\sqrt{3}\,\epsilon_0}{2\epsilon_0} = \sqrt{3}$$

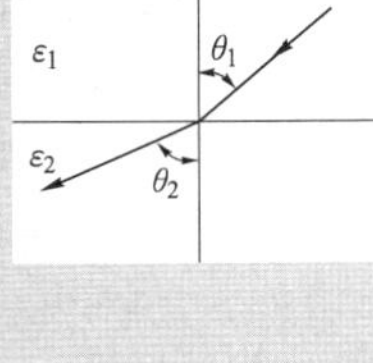

$$\tan\theta_2 = \frac{1}{\sqrt{3}}\tan\theta_1 = \frac{1}{\sqrt{3}}\tan 60°$$

$$= \frac{1}{\sqrt{3}}\times\sqrt{3} = 1$$

$$\therefore \theta_2 = \tan^{-1}1 = 45°$$

$$E_1\sin\theta_1 = E_2\sin\theta_2$$

$$\therefore E_2 = \frac{\sin\theta_1}{\sin\theta_2}E_1 = \frac{\sin 60°}{\sin 45°}\times E_1 = \frac{\sqrt{3}/2}{1/\sqrt{2}}\times 100\sqrt{2}$$

$$= 100\sqrt{3}\ [\text{V/m}]$$

[답] ④

문제 10 Z축상에 있는 무한히 긴 균일 선전하로 부터 2 [m] 거리에 있는 점의 전계의 세기가 1.8×10^4 [V/m]일 때의 선전하 밀도는 몇 $[\mu\text{C/m}]$인가?

① 2   ② 2×10^{-6}

③ 20   ④ 2×10^6

$$E = \frac{\lambda}{2\pi\epsilon_0 r} = 2\times\frac{1}{4\pi\epsilon_0}\times\frac{\lambda}{r} = 18\times 10^9\times\frac{\lambda}{r} \text{에서}$$

$$\lambda = \frac{rE}{18\times 10^9} = \frac{2\times 1.8\times 10^4}{18\times 10^9} = 2\times 10^{-6}\ [\text{C/m}] = 2\,[\mu\text{C/m}]$$

[답] ①

문제 11   2016년도 2회 문제 13

2과목 전력공학

문제 21 공통 중성선 다중접지방식인 22.9 [kV] 계통에 있어서 사고가 생기면 정전이 되지 않도록 선로 도중이나 분기선에 보호 장치를 설치하여 상호 보호협조로 사고 구간만을 제거할 수 있도록 각종 개폐기의 설치순서를 옳게 나열한 것은?

① 변전소 차단기 – 섹셔너라이저 – 리클로저 – 라인 퓨즈

② 변전소 차단기 – 리클로저 – 라인 퓨즈 – 섹셔너라이저

③ 변전소 차단기 – 섹셔너라이저 – 라인 퓨즈 – 리클로저

④ 변전소 차단기 – 리클로저 – 섹셔너라이저 – 라인 퓨즈

풀이

리클로저는 회로의 차단과 투입을 자동적으로 반복하는 기구를 갖춘 차단기의 일종이며 섹셔너라이저는 유중에서 동작하는 주 접촉자와 사고 전류가 흐르는 것을 계산하는 카운터로 구성되어 있으며, 이 둘은 서로 조합하여 쓰며 **리클로저는 변전소 쪽에, 섹셔너라이저는 부하 쪽에 설치**한다. 【답】 ④

문제 22 피뢰기의 구비조건으로 옳지 않은 것은?

① 충격 방전 개시 전압이 낮을 것

② 상용 주파 방전 개시 전압이 높을 것

③ 방전 내량이 작으면서 제한 전압이 높을 것

④ 속류 차단능력이 충분할 것

풀이

피뢰기의 구비조건
① 상용 주파 방전 개시 전압이 높을 것
② 충격 방전 개시 전압이 낮을 것
③ 제한 전압이 낮을 것
④ 속류 차단 능력이 클 것
⑤ 방전 내량이 크며 장시간 사용하여도 열화가 적을 것 【답】 ③

문제 23 애자가 갖추어야할 구비조건으로 옳은 것은?

① 온도의 급변에 잘 견디고 습기도 잘 흡수해야 한다.

② 지지물에 전선을 지지할 수 있는 충분한 기계적 강도를 갖추어야 한다.

③ 비, 눈, 안개 등에 대해서도 충분한 절연 저항을 가지며, 누설 전류가 많아야 한다.

④ 선로 전압에는 충분한 절연 내력을 가지며, 이상 전압에는 절연 내력이 매우 적어야 한다.

풀이

애자의 구비 조건
① 절연 내력이 클 것
② 비, 눈, 안개 등에 대해 필요한 표면저항을 가지고 누설전류가 적어야 한다.
③ **충분한 기계적 강도를 가져야 한다.**
④ 전기적 및 기계적 특성의 열화가 적어야 한다.
⑤ 온도의 급변에 견디고 습기를 흡수하지 않아야 한다. 【답】 ②

문제 24 3상 3선식 가공 송전선로가 있다. 전선 한 가닥의 저항은 15 [Ω], 리액턴스는 20 [Ω]이고, 부하 전류는 100 [A], 부하역률은 0.8로 지상이다. 이 때 선로의 전압강하는 약 몇 [V]인가?

① 2400 [V]
② 4157 [V]
③ 6062 [V]
④ 10500 [V]

풀이

3상 3선식의 전압 강하식
$$e = \sqrt{3}\,I(r\cos\theta + x\sin\theta)$$
$$= \sqrt{3} \times 100 \times (15 \times 0.8 + 20 \times 0.6) = 4156.92\,[V]$$ 【답】 ②

문제 25 고압 가공 배전선로에서 고장, 또는 보수 점검시 정전구간을 축소하기 위하여 사용되는 것은?

① 구분개폐기
② 컷아웃스위치
③ 캐치홀더
④ 공기차단기

고압 가공 배전선로에서 고장, 또는 보수 점검시 **정전구간을 축소하기 위하여 사용되는 것은 구분 개폐기**(section switch)이며 종류로는 유입 개폐기(OS), 기중 개폐기(AS), 진공 개폐기(VS) 등이 있다.

【답】 ①

문제 26 변전소의 역할에 대한 설명으로 옳지 않은 것은?

① 유효전력과 무효전력을 제어한다.

② 전력을 발생하고 분배한다.

③ 전압을 승압 또는 강압한다.

④ 전력조류를 제어한다.

변전소의 설치 목적

① 전압의 승압 및 강압

② 전력의 집중 및 분배

③ 유효전력 및 무효전력 제어

④ 전압 조정

⑤ 전력 조류제어

그러나 **전력의 발생은 발전소에서 이루어진다.**

【답】 ②

3과목 전기기기

문제 41 25 [kW], 125 [V], 1200 [rpm]의 타여자 발전기가 있다. 전기자 저항(브러시포함)은 0.04 [Ω]이다. 정격상태에서 운전하고 있을 때 속도를 200 [rpm]으로 늦추었을 경우 부하전류[A]는 어떻게 변화하는가? 단, 전기자 반작용은 무시하고 전기자 회로 및 부하저항 값은 변화지 않는다고 한다.

① 21.8 　② 33.3

③ 1200 　④ 2125

1200 [rpm], 200 [rpm]일 때의 유기기전력을 E, E' 라고 하면 $E = K\phi N$ 식에서, 타여자 이므로 자속 ϕ는 일정하므로

$$E = K\phi N, \quad E' = K\phi N'$$

여기서 $E' = \dfrac{N'}{N} \times E = \dfrac{200}{1200} \times E = \dfrac{1}{6} E$

즉, 속도가 $\dfrac{1}{6}$ 이 되면 유기 기전력도 $\dfrac{1}{6}$ 이 되고, 또한 부하 전류도 $\dfrac{1}{6}$ 이 된다.

따라서, 단자 전압도 $\dfrac{1}{6}$ 이 된다.

$$I' = \frac{1}{6} I = \frac{1}{6} \times \frac{25 \times 10^3}{125} = 33.3 \, [A]$$

【답】 ②

문제 42 변압기의 내부 고장 보호에 쓰이는 계전기는?

① 차동계전기 　② OCR

③ 역상계전기 　④ 접지계전기

차동 계전기 : 발전기 및 변압기의 **층간 단락 등 내부 고장 검출용**에 사용된다.

【답】 ①

문제 43 유도전동기의 제동법이 아닌 것은?

① 회생 제동 　② 발전 제동

③ 역전 제동 　④ 3상 제동

유도전동기의 제동법

① **회생 제동** : 유도 전동기를 유도 발전기로 동작시켜 그 발생 전력을 전원에 반환하면서 제동하는 방법

② **발전 제동** : 전동기를 전원으로부터 분리한 후 1차측에 직류전원을 공급하여 발전기로 동작시킨 후 발생된 전력을 저항에서 열로 소비시키는 방법

③ **역전 제동** : 회전중인 전동기의 1차 권선 3단자 중 임의의 2단자의 접속을 바꾸면 역방향의 토크가 발생되어 제동하는 방법으로

이 방법은 급속하게 정지 시키고자 하는 경우에 사용된다.
④ **단상 제동** : 권선형 유도전동기의 1차측을 단상교류로 여자하고 2차측에 적당한 크기의 저항을 넣으면 전동기의 회전과는 역방향의 토크가 발생되므로 제동된다. 【답】④

문제 44 단상 변압기에서 1차 전압은 3300 [V]이고, 1차측 무부하 전류는 0.09 [A], 철손은 115 [W] 이다. 이 때 자화전류[A]는 약 얼마인가?

① 0.072 　　　　　② 0.083

③ 0.83 　　　　　④ 0.93

풀이

철손 전류 $I_i = \dfrac{P_i}{V_1} = \dfrac{115}{3300} = 0.034[A]$

여자전류 $I_0 = \sqrt{I_i^2 + I_\phi^2}$ 에서

자화 전류 $I_\phi = \sqrt{I_0^2 - I_i^2} = \sqrt{0.09^2 - 0.034^2} = 0.083[A]$

【답】②

문제 45 다음 정류 방식중 맥동률이 가장 작은 방식은?

① 단상 반파 정류 　　② 단상 전파 정류

③ 3상 반파 정류 　　④ 3상 전파 정류

풀이

$$맥동률 = \sqrt{\dfrac{실효값^2 - 평균값^2}{평균값^2}} \times 100 = \dfrac{교류분}{직류분} \times 100[\%]$$

정류 종류	단상 반파	단상 전파	3상 반파	3상 전파
맥동률 [%]	121	48	17.7	4.04
정류 효율	40.5	81.1	96.7	99.8
맥동 주파수	f	$2f$	$3f$	$6f$

【답】④

문제 46 어떤 정류기의 부하 전압이 2000 [V] 이고 맥동률이 3 [%]이면 교류분은 몇 [V] 포함되어 있는가?

① 20 　　　　　② 30

③ 60 　　　　　④ 70

풀이

$맥동률 = \dfrac{\Delta E}{E_d} \times 100[\%]$

$\therefore \Delta E = 0.03 \times 2000 = 60[V]$ 【답】③

4과목　회로이론

문제 61 어떤 교류 회로에

$$v = 100\sin \omega t + 20\sin\left(3\omega t + \dfrac{\pi}{3}\right) [V]인$$ 전압을 가할 때 회로에 흐르는 전류가

$$i = 40\sin\left(\omega t - \dfrac{\pi}{6}\right) + 5\sin\left(3\omega t + \dfrac{\pi}{12}\right) [A]라$$ 한다. 이 회로에서 소비되는 전력[W]은?

① 4254 　　　　　② 3256

③ 2267 　　　　　④ 1767

풀이

$$P = \dfrac{100}{\sqrt{2}} \times \dfrac{40}{\sqrt{2}} \times \cos 30° + \dfrac{20}{\sqrt{2}} \times \dfrac{5}{\sqrt{2}} \times \cos 45° = 1767.4[W]$$

【답】④

문제 62 정현파 교류 $i = 10\sqrt{2}\sin\left(\omega t + \dfrac{\pi}{3}\right) [A]$ 를 복소수의 극좌표형으로 표시하면?

① $10\sqrt{2} \angle \dfrac{\pi}{3}$ 　　　　② $10 \angle 0$

③ $10 \angle \dfrac{\pi}{3}$ 　　　　④ $10 \angle -\dfrac{\pi}{3}$

풀이

복소수는 **실효값**이므로 $10 \angle \dfrac{\pi}{3}$ 가 된다. 【답】③

문제 63 그림과 같은 캠벨 브리지(Campbell bridge) 회로에 있어서 I_2가 0이 되기 위한 C의 값은?

① $\dfrac{1}{\omega L}$

② $\dfrac{1}{\omega^2 L}$

③ $\dfrac{1}{\omega M}$

④ $\dfrac{1}{\omega^2 M}$

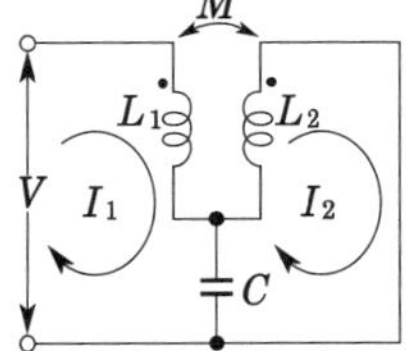

풀이

2차 회로의 전압 방정식은

$$-j\omega M I_1 - \frac{1}{j\omega C} I_1 + \left(j\omega L_2 + \frac{1}{j\omega C} \right) I_2 = 0$$

$I_2 = 0$가 되려면 I_1의 계수가 0이어야 하므로

$$-j\omega M + j\frac{1}{\omega C} = 0 \qquad \therefore C = \frac{1}{\omega^2 M}$$

[답] ④

문제 64 그림과 같은 L형 회로의 4단자 정수 A, B, C, D중 A는?

① $1 + \dfrac{1}{\omega LC}$

② $1 - \dfrac{1}{\omega^2 LC}$

③ $1 + \dfrac{1}{j\omega L}$

④ $\dfrac{1}{2\sqrt{LC}}$

풀이

$$\begin{bmatrix} A & B \\ C & D \end{bmatrix} = \begin{bmatrix} 1 & \dfrac{1}{j\omega C} \\ 0 & 1 \end{bmatrix} \begin{bmatrix} 1 & 0 \\ \dfrac{1}{j\omega L} & 1 \end{bmatrix} = \begin{bmatrix} 1 - \dfrac{1}{\omega^2 LC} & \dfrac{1}{j\omega C} \\ \dfrac{1}{j\omega L} & 1 \end{bmatrix}$$

[답] ②

문제 65 파형이 반파 정류파 일 때 파고율은?

① 1.0   ② 1.57

③ 1.73   ④ 2.0

풀이

	구형파	3각파	정현파	정류파(전파)	정류파(반파)
파형률	1.0	1.15	1.11	1.11	1.57
파고율	1.0	1.732	1.414	1.414	2.0

[답] ④

문제 66 그림과 같은 2단자망에서 구동점 임피던스를 구하면?

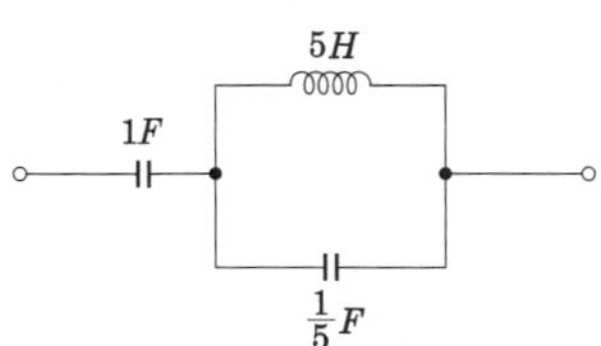

① $\dfrac{6s^2 + 1}{s(s^2 + 1)}$ ② $\dfrac{6s + 1}{6s^2 + 1}$

③ $\dfrac{6s^2 + 1}{(s+1)(s+2)}$ ④ $\dfrac{s+2}{6s(s+1)}$

풀이

$$Z(j\omega) = \frac{1}{j\omega C_1} + \frac{j\omega L \cdot \dfrac{1}{j\omega C_2}}{j\omega L + \dfrac{1}{j\omega C_2}}$$

$$Z(s) = \frac{1}{sC_1} + \frac{sL \cdot \dfrac{1}{sC_2}}{sL + \dfrac{1}{sC_2}} = \frac{1}{s} + \frac{5s \cdot \dfrac{5}{s}}{5s + \dfrac{5}{s}}$$

$$= \frac{1}{s} + \frac{25}{\dfrac{5s^2 + 5}{s}} = \frac{1}{s} + \frac{25}{5s^2 + 5} = \frac{s^2 + 1 + 5s^2}{s(s^2 + 1)} = \frac{6s^2 + 1}{s(s^2 + 1)}$$

[답] ①

문제 67 그림과 같은 이상 변압기에 대하여 성립되지 아니하는 관계식은? 단, n_1, n_2는 1차 및 2차 코일의 권수, n은 권수비 : $n = \dfrac{n_1}{n_2}$

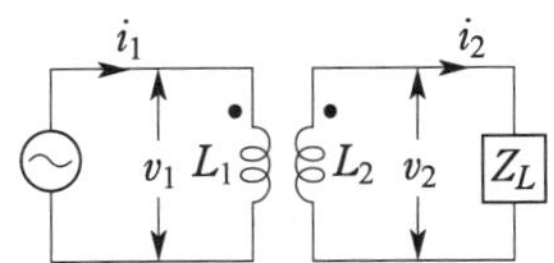

① $v_1 i_1 = v_2 i_2$ ② $\dfrac{i_2}{i_1} = \dfrac{n_1}{n_2} = n$

③ $\dfrac{v_2}{v_1} = \dfrac{n_2}{n_1} = \dfrac{1}{n}$ ④ $n = \sqrt{\dfrac{L_2}{L_1}}$

풀이

$$n = \frac{n_1}{n_2} = \frac{v_1}{v_2} = \sqrt{\frac{L_1}{L_2}} = \frac{i_2}{i_1}$$

(인덕턴스 L_2은 권수 n_2의 자승에 비례 $L_2 \propto n_2^2$)

[답] ④

문제 68 다음 회로에서 부하 R_L에 최대 전력이 공급될 때의 값이 5[W]라고 할 때 $R_L + R_i$의 값은 몇 [Ω]인가? 단, R_i는 전원의 내부 저항이다.

① 5
② 10
③ 15
④ 20

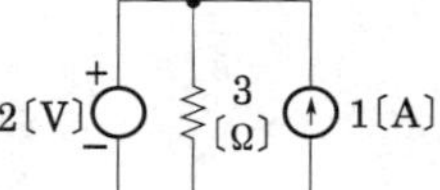

풀이

최대공급전력 $P_m = \dfrac{V^2}{4R_L}$ [W] 이므로

$5 = \dfrac{10^2}{4R_L}$ 에서 $R_L = \dfrac{10^2}{4 \times 5} = 5[\Omega]$이 된다.

최대전력전송조건은 $R_i = R_L$ 이므로

$R_L + R_i = 5 + 5 = 10[\Omega]$이 된다.　**[답]** ②

문제 69 그림과 같은 회로에서 선형 저항 3 [Ω] 양단의 전압은 몇 [V]인가?

① 4.5
② 3
③ 2.5
④ 2

풀이

중첩의 정리에 의해
- 2 [V] 전압원에 의해 3 [Ω]에 인가되는 전압 : 2 [V]
  (이때 **전류원 1 [A]는 개방**)
- 1 [A] 전류원에 의해 3 [Ω]에 인가되는 전압 : 0 [V]
  (이때 **전압원은 단락 시키므로 0 [V]**)　**[답]** ④

문제 70 $R - L$ 직렬 회로에서 스위치 S를 닫아 직류 전압 E [V]를 회로 양단에 급히 가한 후 $\dfrac{L}{R}$ [초] 후의 전류 I[A]값은?

① $0.632\dfrac{E}{R}$
② $0.5\dfrac{E}{R}$
③ $0.368\dfrac{E}{R}$
④ $\dfrac{E}{R}$

풀이

$i = \dfrac{E}{R}\left(1 - e^{-\frac{R}{L}t}\right) = \dfrac{E}{R}\left(1 - e^{-\frac{R}{L} \cdot \frac{L}{R}}\right) = \dfrac{E}{R}\left(1 - e^{-1}\right)$

$= 0.632\dfrac{E}{R}$ [A]　**[답]** ①

문제 71 리액턴스 2단자 회로망의 임피던스 함수 $Z(j\omega)$를 $Z(j\omega) = jX(\omega)$라 놓을 때 $\dfrac{dX(\omega)}{d\omega}$는 어떻게 되는가?

① $\dfrac{dX(\omega)}{d\omega} = 0$
② $\dfrac{dX(\omega)}{d\omega} = \infty$
③ $\dfrac{dX(\omega)}{d\omega} < 0$
④ $\dfrac{dX(\omega)}{d\omega} > 0$

풀이

일반적으로 한 개의 $L - C$ 직렬 리액턴스에서 $\dfrac{dX(\omega)}{d\omega} > 0$가 성립되면 두 리액턴스 $X_1(\omega)$와 $X_2(\omega)$의 직렬 회로에서는

$X(\omega) = X_1(\omega) + X_2(\omega)$

$\dfrac{dX(\omega)}{d\omega} = \dfrac{dX_1(\omega)}{d\omega} + \dfrac{dX_2(\omega)}{d\omega} > 0$

병렬 회로에서는

$X(\omega) = \dfrac{X_1(\omega) \cdot X_2(\omega)}{X_1(\omega) + X_2(\omega)}$

$\dfrac{dX(\omega)}{d\omega} = \dfrac{\left\{ X_1(\omega)^2 \cdot \dfrac{dX_2(\omega)}{d\omega} + X_2(\omega)^2 \cdot \dfrac{dX_1(\omega)}{d\omega} \right\}}{\left\{ X_1(\omega) + X_2(\omega) \right\}^2} > 0$

따라서, 리액턴스 $X(\omega)$는 ω에 비해서 단조 증가 함수가 되며 반공진점을 제외한 모든 점에서 항상 $\dfrac{dX(\omega)}{d\omega} > 0$가 성립한다. $Y(\omega)$의 경우는 $Z(\omega)$의 역수이므로 단조 감소 함수이다.　**[답]** ④

문제 72　2011년도 3회 문제 61
문제 73　2013년도 2회 문제 63
문제 74　2009년도 2회 문제 64
문제 75　2015년도 2회 문제 76
문제 76　2016년도 1회 문제 74
문제 77　2014년도 1회 문제 65
문제 78　2012년도 1회 문제 67
문제 79　2010년도 1회 문제 61
문제 80　2013년도 2회 문제 73

문제 81 다음 중 파이프라인 등에 발열선을 시설하는 기준에 대한 설명으로 옳지 않은 것은?

① 발열선에 전기를 공급하는 전로의 사용 전압은 저압일 것

② 발열선은 사람이 접촉할 우려가 없고 또한 손상을 받을 우려가 없도록 시설할 것

③ 발열선은 그 온도가 피 가열 액체의 발화 온도의 90 [%]를 넘지 않도록 시설할 것

④ 발열선 또는 발연선에 직접 접속하는 전선의 피복에 사용하는 금속체·파이프라인 등에는 사용전압이 400[V] 미만인 것에는 제3종 접지공사를 할 것

풀이

파이프라인 등의 전열장치의 시설(판단기준 제236조)
① 발열선에 전기를 공급하는 전로의 사용전압은 저압일 것
② 발열선은 그 온도가 **피 가열 액체의 발화 온도의 80 [%]를 넘지 아니하도록 시설**할 것
③ 발열선 또는 발연선에 직접 접속하는 전선의 피복에 사용하는 금속체·파이프라인 등에는 사용전압이 400 [V] 미만인 것에는 제3종 접지공사, 400 [V] 이상인 것에는 특별 제3종 접지공사를 할 것

[답] ③

문제 82 저압 전로를 절연 변압기로 결합하여 특고압 가공전선로의 철탑 최상부에 설치한 항공장해등에 이르는 저압전로가 있다. 이 절연 변압기의 부하측 1단자 또는 중성점에는 제 몇 종 접지공사를 하여야 하는가?

① 제1종 접지공사　　② 제2종 접지공사
③ 제3종 접지공사　　④ 특별 제3종 접지공사

풀이

특고압 가공전선로의 지지물에 시설하는 저압 기계기구 등의 시설 (판단기준 제123조)
특고압 가공전선로의 전선의 위쪽에서 지지물에 저압의 기계기구를 시설하는 경우에는 특고압 가공전선이 케이블인 경우 이외에는 다음 각호에 의하여 한다.
① 저압의 기계 기구에 접속하는 전로에는 다른 부하를 접속하지 아니할 것
② 제①호의 전로와 다른 전로를 변압기에 의하여 결합하는 경우에는 절연 변압기를 사용할 것
③ 제②호의 절연 변압기의 **부하측의 1단자 또는 중성점** 및 제①호의 기계 기구의 금속제 외함에는 **제1종 접지공사**를 하여야 한다.

[답] ①

문제 83 터널 등에 시설하는 사용 전압이 220 [V]인 저압의 전구선으로 편조고무 코드를 사용하는 경우 단면적은 몇 [mm²] 이상이어야 하는가?

① 0.5 [mm²]　　　② 0.75 [mm²]
③ 1.0 [mm²]　　　④ 1.5 [mm²]

풀이

터널 등의 전구선 또는 이동전선 등의 시설 (판단기준 제229조)
터널 등에 시설하는 사용 전압이 400[V] 미만인 저압의 전구선 또는 이동 전선은(전구선)은 **단면적 0.75[mm²] 이상의 300/300[V] 편조고무코드** 또는 0.6/1[kV] EP 고무절연 클로로프렌 캡타이어 케이블일 것.

[답] ②

문제 84 전기설비기술기준상 전력계통의 운용에 관한 지시 및 급전조작을 하는 곳으로 정의되는 것은?

① 상황실　　　　② 급전소
③ 발전소　　　　④ 지령실

풀이

급전소 : 전력계통의 운용에 관한 지시를 하는 곳

[답] ②

문제 85 제1종 접지공사의 접지선은 단면적 몇 [mm²] 이상의 연동선 이어야 하는가?

① 2.5　　　　　② 4
③ 6　　　　　　④ 10

풀이

각종 접지공사의 세목 (판단기준 제19조)

접지공사의 종류	접지선의 굵기
제1종 접지공사	공칭 단면적 **6 [mm²] 이상의 연동선**
제2종 접지공사	공칭 단면적16 [mm²] 이상의 연동선(고압전로 또는 제135조 제1항 및 제4항에 규정하는 특고압가공전선로의 전로와 저압 전로를 변압기에 의하여 결합하는 경우에는 공칭단면적 6 [mm²] 이상의 연동선)
제3종 접지공사 및 특별 제3종 접지공사	공칭단면적 2.5[mm²] 이상의 연동선

[답] ③

문제 86	2012년도 3회 문제 86
문제 87	2016년도 1회 문제 86
문제 88	2016년도 3회 문제 83
문제 89	2013년도 1회 문제 85
문제 90	2014년도 1회 문제 84

국가기술자격검정 필기시험 문제

수검 번호	성 명

자격종목 및 등급(선택분야)	종목코드	시험시간	문제지형별
전기산업기사	2140	2시간 30분	A

1과목 전기자기학

문제 01 그림과 같은 유한장 직선 도체 AB에 전류 I 가 흐를 때 임의의 점 P의 자계의 세기는? 단, a는 P와 AB 사이의 거리, θ_1, θ_2 : P에서 도체 AB에 내린 수직선과 AP, BP가 이루는 각이다.

① $\dfrac{I}{4\pi a}(\sin\theta_1 + \sin\theta_2)$

② $\dfrac{I}{4\pi a}(\cos\theta_1 - \cos\theta_2)$

③ $\dfrac{I}{4\pi a}(\sin\theta_1 - \sin\theta_2)$

④ $\dfrac{I}{4\pi a}(\cos\theta_1 + \cos\theta_2)$

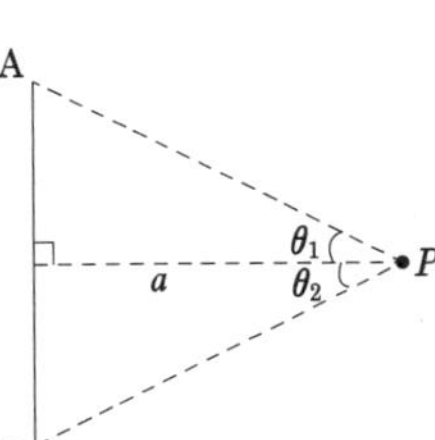

유한 직선전류에 의한 자계

$$H = \frac{I}{4\pi a}(\sin\theta_1 + \sin\theta_2)$$

$$= \frac{I}{4\pi a}(\cos\alpha_1 + \cos\alpha_2)\,[\text{AT/m}]$$

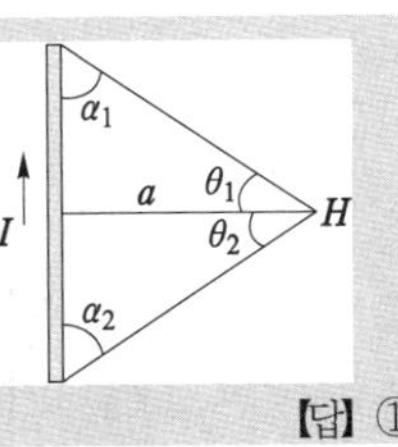

【답】 ①

문제 02 다음 중 (㉠), (㉡) 안에 들어갈 내용으로 알맞은 것은?

"맥스웰은 전극간의 유전체를 통하여 흐르는 전류를 (㉠)이라 하고, 이 것도 (㉡)를 발생한다고 가정하였다."

① ㉠ 와전류 ㉡ 자계

② ㉠ 변위전류 ㉡ 자계

③ ㉠ 전자전류 ㉡ 전계

④ ㉠ 파동전류 ㉡ 전계

• 전도 전류 : 도체에 전장(기전력)을 가할 때 흐르는 전류 $J_c = \sigma E$

• 변위 전류 : 유전체(공기)내에서 전속 밀도의 시간적 변화에 의한 전류 $J_d = \dfrac{dD}{dt}$

• 변위 전류도 전도전류와 마찬 가지로 자계를 발생시킨다.

【답】 ②

문제 03 반지름 a[m]인 접지 도체구 중심으로부터 d[m] $(>a)$인 곳에 점전하 Q[C]이 있으면 구도체에 유기되는 전하량은 몇 [C]인가?

① $-\dfrac{a}{d}Q$

② $+\dfrac{a}{d^2}Q$

③ $-\dfrac{d}{a}Q$

④ $+\dfrac{d^2}{a}Q$

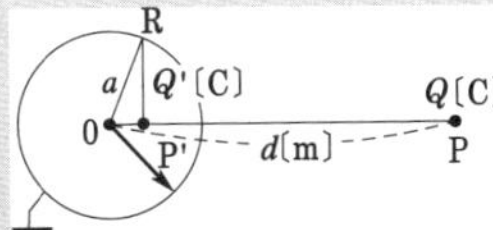

점 P'의 영상 전하는 도체에 유기되는 전하를 대표할 수 있으므로 그 값은 $Q' = -\dfrac{a}{d}Q$[C]이고(실제로 유기된 구도체상의 전하 밀도는 불균일) 중심으로부터의 거리 $\overline{OP'} = \dfrac{a^2}{d}$[m]이다.

【답】 ①

문제 04 그림과 같이 비투자율 μ_s가 800, 원형단면적 S가 10 [cm²], 평균 자로의 길이 l 이 30 [cm]인 환상 철심에 코일을 600회 감아 1 [A]의 전류를 흘릴 때 철심내 자속은 약 몇 [Wb]인가?

① 1.51×10^{-1}

② 2.01×10^{-1}

③ 1.51×10^{-2}

④ 2.01×10^{-3}

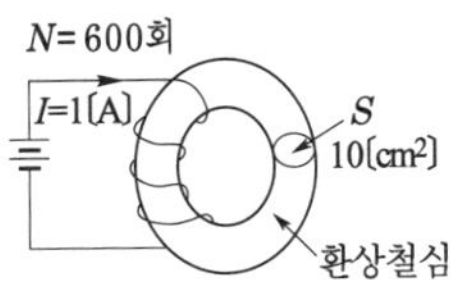

풀이

환상솔레노이드의 내부자속

$$\phi = BS = \mu HS = \mu \cdot \frac{NI}{2\pi r} \cdot S = \frac{\mu_0 \mu_s NIS}{l} \text{ 에서}$$

$$\phi = \frac{4\pi \times 10^{-7} \times 800 \times 600 \times 1 \times 10^{-4}}{0.3}$$

$$= 2.01 \times 10^{-3} \, [\text{Wb}] \qquad \text{【답】 ④}$$

문제 05 반지름 2 [m]인 구도체에 전하 10×10^{-4} [C]이 주어질 때 구도체 표면에 작용하는 정전 응력은 약 몇 [N/m²]인가?

① 22.4 [N/m²] ② 26.6 [N/m²]

③ 30.8 [N/m²] ④ 32.2 [N/m²]

풀이

구도체 표면의 전계의 세기 $E = \dfrac{Q}{4\pi \epsilon_0 a^2}$

따라서, 구도체 표면에 작용하는 정전응력은

$$f = \frac{1}{2}\epsilon_0 E^2 = \frac{1}{2}\epsilon_0 \left(\frac{Q}{4\pi \epsilon_0 a^2}\right)^2 = \frac{Q^2}{32\pi^2 \epsilon_0 a^4} \, [\text{N/m}^2]$$

$$\therefore f = \frac{(10 \times 10^{-4})^2}{32\pi^2 \times 8.855 \times 10^{-12} \times 2^4} = 22.4 [\text{N/m}^2] \text{ 가 된다.}$$

【답】 ①

문제 06 반지름이 2 [m], 권수가 100회인 원형코일의 중심에 30 [AT/m]의 자계를 발생시키려면 몇 [A]의 전류를 흘려야 하는가?

① 1.2 [A] ② 1.5 [A]

③ $\dfrac{150}{\pi}$ [A] ④ 150 [A]

풀이

원형 코일 중심의 자계의 세기는

$$H = \frac{NI}{2a} [\text{AT/m}]$$

에서 전류를 구하면

$$I = \frac{H \times 2a}{N} = \frac{30 \times 2 \times 2}{100} = 1.2[\text{A}] \text{가 된다.} \qquad \text{【답】 ①}$$

문제 07 전송회로에서 무손실인 경우 $L = 360$[mH], $C = 0.01[\mu\text{F}]$일 때 특성 임피던스는 몇 [Ω]인가?

① $\dfrac{1}{6} \times 10^{-3}[\Omega]$ ② $3.6 \times 10^{7}[\Omega]$

② $\dfrac{1}{36} \times 10^{-6}[\Omega]$ ④ $6 \times 10^{3}[\Omega]$

풀이

선로의 특성 임피던스 Z_0는 $Z_0 = \sqrt{\dfrac{R + j\omega L}{G + j\omega C}}$ [Ω]

주파수가 충분히 높은 무손실 회로에서는 $R = 0$, $G = 0$로 볼 수 있으므로 $Z_0 = \sqrt{\dfrac{L}{C}}$ 로 나타내어진다.

따라서, $Z_0 = \sqrt{\dfrac{360 \times 10^{-3}}{0.01 \times 10^{-6}}} = 6 \times 10^{3}[\Omega]$이 된다. 【답】 ④

문제 08 자성체의 스핀(spin)배열상태를 표시한 것 중 상자성체의 스핀의 배열상태를 표시한 것은? 단, ϕ 표시는 스핀 자기(磁氣)모멘트의 크기와 방향을 표시한 것임?

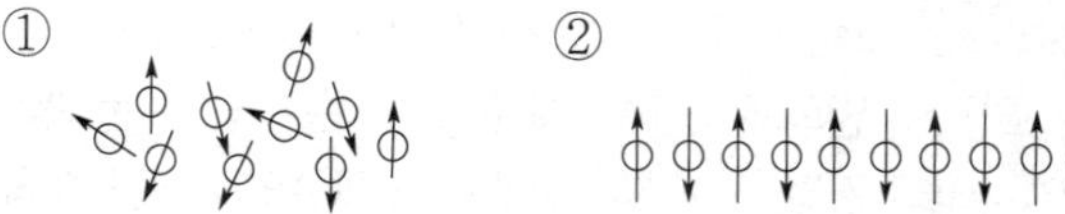

풀이

자성체의 특징

자성체의 종류	투자율	비투자율	비자하율	자기모멘트의 크기와 배열	종 류
강자성체	$\mu \gg \mu_0$	$\mu_s \gg 1$	$\chi_m \gg 1$		철(Fe) 니켈(Ni) 코발트(Co)
상자성체	$\mu > \mu_0$	$\mu_s > 1$	$\chi_m > 0$		백금(Pt) 알루미늄(Al) 산소(O₂)
반자성체	$\mu < \mu_0$	$\mu_s < 1$	$\chi_m < 0$		은(Ag) 구리(Cu) 비스무트(Bi) 물(H₂O)
반강자성체					

【답】 ①

문제 09 다음 벡터장 중에서 정전계에 해당되는 것은 어느 것인가?

① $E = yz\,a_x + 3x\,a_y$

② $E = -3a_y + 5a_z$

③ $E = \rho\,a_\phi$

④ $E = \left(\dfrac{10^{-8}}{r^3}\cos\theta\right)a_r + \left(\dfrac{10^{-8}}{r^3}\sin\theta\right)a_\theta$

풀이

- 정전계의 조건 : 비회전계 ($\nabla \times \boldsymbol{E} = 0$)
- 정자계의 조건 : 회전계 ($\nabla \times \boldsymbol{E} \neq 0$)

정전계의 조건은 $\nabla \times \boldsymbol{E} = 0$(비회전계)를 만족해야 하며, 벡터 $\boldsymbol{E}$ 의 미분 연산이므로 각 성분이 상수인 ②가 $\nabla \times \boldsymbol{E} = 0$이 된다.

【답】②

문제 10 다음 중 정전기와 자기의 유사점 비교로 옳지 않은 것은?

① $\oint_c \boldsymbol{E} \cdot dl = V$ 와 $\oint_c \boldsymbol{H} \cdot dl = NI$

② $\boldsymbol{E} = -\operatorname{grad} V$ 와 $\boldsymbol{B} = \operatorname{curl} \boldsymbol{A}$

③ $\operatorname{div} \boldsymbol{D} = \rho_{ev}$ 와 $\operatorname{div} \boldsymbol{B} = \rho_{mv}$

④ $\nabla^2 V = -\dfrac{\rho_v}{\epsilon_o}$ 와 $\nabla^2 \boldsymbol{A} = -\mu_o \boldsymbol{i}$

풀이

$\operatorname{div} \boldsymbol{B} = 0$: 고립된 자극은 존재하지 않으므로 연속이 되고 자속의 발산은 없다.

【답】③

문제 11 두 종류의 유전체 경계면에서 전속과 전기력선이 경계면에 수직으로 도달할 때 다음 중 옳지 않은 것은?

① 전속과 전기력선은 굴절하지 않는다.

② 전속밀도는 변하지 않는다.

③ 전계의 세기는 불연속적으로 변한다.

④ 전속선은 유전율이 작은 유전체 중으로 모이려는 성질이 있다.

풀이

① $E_1 \sin\theta_1 = E_2 \sin\theta_2$에서 입사각 $\theta_1 = 0°$이므로 $0 = E_2 \sin\theta_2$ 에서 $E_2 \neq 0$가 아닌 경우 $\sin\theta_2 = 0$가 되어야 하므로 $\theta_2 = 0$ 즉, 굴절하지 않는다.

② $\theta_1 = \theta_2 = 0°$이므로 $D_1 \cos\theta_1 = D_2 \cos\theta_2$에서 $\cos 0° = 1$이므로 $D_1 = D_2$, 즉 전속 밀도는 불변(연속)이다.

③ $D_1 = \epsilon_1 E_1$, $D_2 = \epsilon_2 E_2$이므로 $D_1 = D_2$인 경우 $\epsilon_1 E_1 = \epsilon_2 E_2$ 가 성립하는데 $\epsilon_1 \neq \epsilon_2$인 경우 $E_1 \neq E_2$이다. 즉, 전계의 세기는 크기가 같지 않다(불연속이다).

④ $\epsilon_1 E_1 = \epsilon_2 E_2$에서 $\dfrac{E_1}{E_2} = \dfrac{\epsilon_2}{\epsilon_1}$의 관계가 성립한다.

【답】④

문제 12 히스테리시스 곡선이 횡축과 만나는 점은 무엇을 나타내는가?

① 투자율 ② 잔류 자속 밀도

③ 자력선 ④ 보자력

풀이

종축과 만나는 점은 잔류 자기(잔류 자속 밀도(B_r))이고, **횡축과 만나는 점은 보자력(H_c)를** 표시한다.

【답】④

문제 13 두 자성체의 경계면에서 경계조건을 설명한 것 중 옳은 것은?

① 자계의 법선성분은 서로 같다.

② 자계와 자속밀도의 대수합은 항상 0이다.

③ 자속밀도의 법선성분은 서로 같다.

④ 자계와 자속밀도의 대수합은 ∞ 이다.

풀이

① 자계의 접선 성분이 같다. $H_1 \sin\theta_1 = H_2 \sin\theta_2$

② **자속 밀도의 법선 성분이 같다.** $B_1 \cos\theta_1 = B_2 \cos\theta_2$

③ 경계면상의 두 점간의 자위차는 같다.

④ 자속은 투자율이 높은 쪽으로 모이려는 성질이 있다. **【답】③**

2과목 전력공학

문제 21 수차에서 캐비테이션에 의한 결과로 옳지 않은 것은?

① 유수에 접한 러너나 버킷 등에 침식이 발생한다.

② 수차에 진동을 일으켜서 소음이 발생한다.

③ 흡출관 입구에서 수압의 변동이 현저해 진다.

④ 토출측에서 물이 역류하는 현상이 발생한다.

풀이

캐비테이션의 장해

① 수차의 효율, 출력, 낙차의 저하

② 유수에 접한 러너나 버킷 등에 침식 발생

③ 수차의 진동으로 소음발생

④ 흡출관 입구에서 수압의 변동이 심함

【답】④

문제 22 전선의 지지점 높이가 31 [m]이고, 전선의 이도가 9 [m]라면 전선의 평균 높이는 몇 [m]가 적당한가?

① 25.0 [m] ② 26.5 [m]
③ 28.5 [m] ④ 30.0 [m]

풀이

$$h = h' - \frac{2}{3}D = 31 - \frac{2}{3} \times 9 = 25 [m]$$

단, h : 전선의 평균 높이 h' : 지지점의 높이 D : 이도

[답] ①

문제 23 직접 접지 방식이 초고압 송전선에 채용되는 이유 중 가장 타당한 것은?

① 지락고장시 병행 통신선에 유기되는 유도전압이 작기 때문에
② 지락시의 지락전류가 적으므로
③ 계통의 절연을 낮게 할 수 있으므로
④ 송전선의 안정도가 높으므로

풀이

직접접지방식은 타 접지방식에 비해 **지락사고시 건전상의 전위상승이 가장 낮으므로** 송전계통의 절연레벨을 저감시킬 수 있다. 따라서, 절연비가 커지는 초고압 송전계통에서는 **직접접지방식이 가장 경제적**이다.

[답] ③

문제 24 교류송전에서는 송전거리가 멀어질수록 동일 전압에서의 송전 가능전력이 적어진다. 다음 중 그 이유로 가장 알맞은 것은?

① 선로의 어드미턴스가 커지기 때문이다.
② 선로의 유도성 리액턴스가 커지기 때문이다.
③ 코로나 손실이 증가하기 때문이다.
④ 표피효과가 커지기 때문이다.

풀이

$P = \dfrac{E_S E_R}{X} \sin\delta$ 에서 알 수 있듯이 송전 거리가 멀어질수록 **선로의 유도 리액턴스가 커지기 때문에 송전 가능 전력은 적어진다.**

[답] ②

문제 25 수전단 전압이 3300 [V]이고, 전압 강하율이 4 [%]인 송전선의 송전단 전압은 몇 [V]인가?

① 3395 [V] ② 3432 [V]
③ 3495 [V] ④ 5678 [V]

풀이

전압 강하율 $\epsilon = \dfrac{V_s - V_r}{V_r} \times 100 [\%]$ 에서

송전단 전압 $V_s = V_r\left(1 + \dfrac{\epsilon}{100}\right) = 3300\left(1 + \dfrac{4}{100}\right) = 3432 [V]$

[답] ②

문제 26 역률 80 [%]인 10,000 [kVA]의 부하를 갖는 변전소에 2000 [kVA]의 콘덴서를 설치해서 역률을 개선하면 변압기에 걸리는 부하[kVA]는 대략 얼마쯤 되겠는가?

① 8000 [kVA] ② 8500 [kVA]
③ 9000 [kVA] ④ 9500 [kVA]

풀이

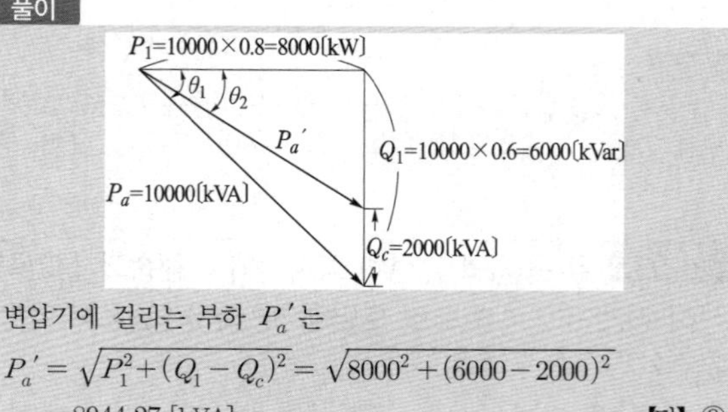

변압기에 걸리는 부하 $P_a{}'$는

$$P_a{}' = \sqrt{P_1^2 + (Q_1 - Q_c)^2} = \sqrt{8000^2 + (6000 - 2000)^2}$$
$$= 8944.27 [kVA]$$

[답] ③

문제 27 다음 그림은 카르노 사이클(carnot cycle)을 표현한 것이다. 단열팽창에 해당 되는 구간은? 단, P는 압력이고 V는 부피이다.

① 1 → 2
② 2 → 3
③ 3 → 4
④ 4 → 1

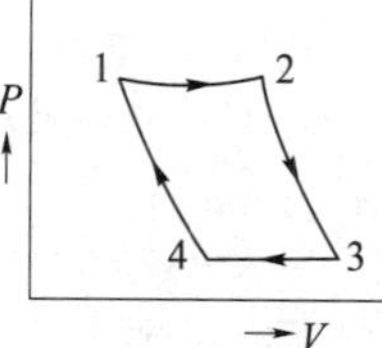

풀이

카르노 사이클(Carnot cycle) : 두 개의 등온 변화와 두 개의 단열 변화로 이루어지며, 가장 효율이 좋은 이상적인 사이클

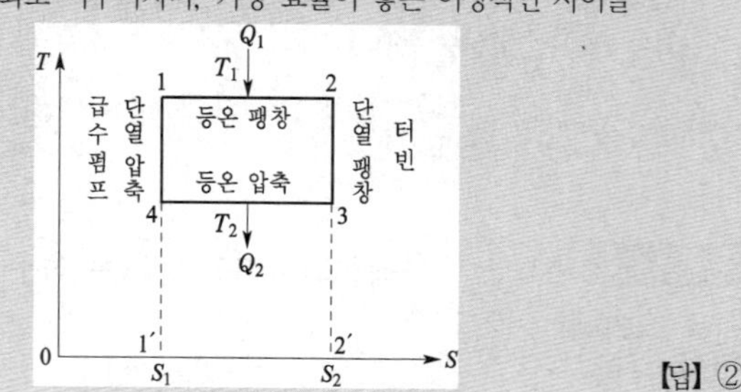

[답] ②

문제 28 정정된 값 이상의 전류가 흘렀을 때 동작 전류의 크기와 관계 없이 항시 정해진 시간이 경과 한 후에 동작하는 계전기는?

① 순한시 계전기
② 정한시 계전기
③ 반한시 계전기
④ 반한시성 정한시 계전기

풀이

보호 계전기 특징
① 순한시 특성 : 최소 동작 전류 이상의 전류가 흐르면 즉시 동작하는 특성
② 반한시 특성 : 동작 전류가 커질수록 동작 시간이 짧게 되는 특성
③ **정한시 특성** : 동작 전류의 크기에 관계없이 **일정한 시간에 동작**하는 특성
④ 반한시 정한시 특성 : 동작 전류가 적은 동안에는 동작 전류가 커질수록 동작 시간이 짧게 되고 어떤 전류 이상이면 동작 전류의 크기에 관계없이 일정한 시간에 동작하는 특성　【답】②

문제 29 다음 중 피뢰기를 가장 적절하게 설명한 것은?

① 동요전압의 파두, 파미의 파형의 준도를 저감하는 것
② 이상 전압이 내습 하였을 때 방전에 의한 이상 전압을 경감시키는 것
③ 뇌동요 전압의 파고를 저감하는 것
④ 1선 지락할 때 이크를 소멸시키는 것

풀이

전력계통에 **뇌서지가 침입하면 피뢰기가 동작하여 뇌서지를 대지로 방전**시킴으로서 기기의 절연파괴를 방지한다.　【답】②

문제 30 복도체를 사용하면 송전용량이 증가하는 주된 이유로 알맞은 것은?

① 코로나가 발생하지 않는다.
② 선로의 작용인덕턴스가 감소한다.
③ 전압강하가 적어진다.
④ 무효전력이 적어진다.

풀이

복도체를 사용하면 **전선의 등가 반지름은 증가하므로 인덕턴스는 감소하고 정전용량은 증가**하여 송전용량이 증가하고 안정도를 증대시킨다. 즉, $P = \dfrac{E_S E_R}{X} \sin\delta$에서 리액턴스 X가 감소하므로 송전용량은 증가한다.　【답】②

문제 31 터빈입구의 엔탈피 815 [kcal/kg], 복수의 엔탈피 270 [kcal/kg], 유입증기량 300 [t/h]일 때 발전기의 출력은 75000 [kW]로 된다. 발전기의 효율을 0.98로 한다면 터빈의 열효율은 약 몇 [%]인가?

① 30.3 [%]　　② 40.3 [%]
③ 50.3 [%]　　④ 60.3 [%]

풀이

터빈 효율　$\eta_t = \dfrac{860P}{G(i-i_e)\eta_g} \times 100 [\%]$

단, η_t : 터빈효율,　η_g : 발전기 효율
　P : 터빈 축단 출력 [kW],　G : 유입 증기량 [kg/h]
　i : 터빈 입구에서의 증기 엔탈피 [kcal/kg]
　i_e : 복수기 진공까지 팽창한 상태에서의 증기 엔탈피 [kcal/kg]

따라서, $\eta_t = \dfrac{860 \times 75000}{300 \times 10^3 \times (815 - 270) \times 0.98} \times 100 = 40.3 [\%]$

【답】②

문제 32 원자력발전에서 제어봉에 사용되는 제어재로 알맞은 것은?

① 하프늄　　② 베릴륨
③ 나트륨　　④ 경수

풀이

제어재는 원자로의 중성자 수를 적당히 유지하고 노의 출력을 제어하기 위해 사용되며 **하프늄, 카드뮴, 붕소 등이 사용**된다.　【답】①

문제 33 동일한 2대의 단상변압기를 V결선 하여 3상 전력을 100 [kVA]까지 배전할 수 있다면 똑같은 단상변압기 1대를 추가하여 △결선하게 되면 3상 전력은 약 몇 [kVA]까지 배전할 수 있겠는가?

① 57.7 [kVA]　　② 70.5 [kVA]
③ 141.5 [kVA]　　④ 173.2 [kVA]

풀이

$P_\triangle = 3P_1 = \sqrt{3} \cdot \sqrt{3} P_1 = \sqrt{3} P_V$ 이므로
$P_\triangle = \sqrt{3} \times 100 = 173.2 [kVA]$　【답】④

문제 34　2013년도 2회 문제 26
문제 35　2016년도 2회 문제 36
문제 36　2015년도 1회 문제 36
문제 37　2015년도 1회 문제 22
문제 38　2010년도 2회 문제 32
문제 39　2011년도 1회 문제 23

문제 40 [2013년도 3회 문제 37]

3과목 전기기기

문제 41 3상 직권 정류자 전동기의 구조를 설명한 것 중 틀린 것은?
① 고정자에 P극이 될 수 있는 3상 분포권선이 감겨 있다.
② 회전자는 직류기의 전기자와 거의 같다.
③ 정류자 위에 브러시가 전기각 $\frac{2\pi}{3}$ 의 간격으로 배치되어 있다.
④ 중간 변압기를 설치할 때에는 고정자 권선과 병렬로 설치한다.

풀이

3상 직권 정류자 전동기의 **고정자 권선과 회전자 권선은 중간 변압기를 거쳐 직렬로 접속**되어 있다.　　　　　**【답】** ④

문제 42 임피던스 강하가 5 [%]인 변압기가 운전 중 단락 되었을 때 단락 전류는 정격 전류의 몇 배인가?
① 10　　　　　　　　② 15
③ 20　　　　　　　　④ 25

풀이

단락 전류 I_{1s} 는

$$I_{1s} = I_{1n}\frac{100}{\%Z} = I_{1n} \times \frac{100}{5} = 20I_{1n}$$ 　　**【답】** ③

문제 43 동기발전기의 전기자 권선을 단절권으로 하는 가장 좋은 이유는?
① 기전력을 높이는데 있다.
② 절연이 잘 된다.
③ 효율이 좋아진다.
④ 고조파를 제거해서 기전력을 파형을 좋게 한다.

풀이

단절권의 특징
① **고조파를 제거하여 기전력의 파형을 좋게** 하고
② 자기 인덕턴스 감소
③ 동량 절약
④ 유기 기전력 감소　　　　　　　　　**【답】** ④

문제 44 용량 10 [kVA], 철손 120 [W], 전부하 동손 200 [W]인 단상 변압기 2대를 V결선하여 부하를 걸었을 때, 전부하 효율은 약 몇 [%]인가? 단, 부하의 역률은 $\sqrt{3}/2$ 이라 한다.
① 99.2　　　　　　　② 98.3
③ 97.9　　　　　　　④ 95.9

풀이

$$\eta = \frac{\sqrt{3}\,V_2 I_2 \cos\theta_2}{\sqrt{3}\,V_2 I_2 \cos\theta_2 + 2P_i + 2P_c}$$
$$= \frac{\sqrt{3}\times 10\times\sqrt{3}/2}{\sqrt{3}\times 10\times\sqrt{3}/2 + 2\times 0.12 + 2\times 0.2}\times 100$$
$$= \frac{15}{15 + 0.24 + 0.4}\times 100 = 95.9 \,[\%]$$ 　**【답】** ④

문제 45 직류 분권전동기가 있다. 여기에 전원전압 120 [V]를 가했을 때 전기자 전류가 35 [A]가 흐르고 회전수는 1300 [rpm]이었다. 이때 계자전류 및 부하전류를 일정하게 유지하고 전원 전압을 150 [V]로 올리면 회전수[rpm]는 약 얼마인가? 단, 전기자 저항은 0.4 [Ω]이다.
① 1543　　　　　　　② 1668
③ 1625　　　　　　　④ 2031

풀이

- 전원전압 120 [V] 인가시 역기전력
  $$E_c = V - I_a R_a = 120 - 35\times 0.4 = 106[V]$$
- 전원전압 150 [V] 인가시 역기전력
  $$E_c' = V' - I_a R_a = 150 - 35\times 0.4 = 136[V]$$
- $E_c = P\phi n \dfrac{Z}{a}$ 에서 $E_c \propto n$ 이므로
  $$106 : 136 = 1300 : n'$$
  $$\therefore\ n' = \frac{136}{106}\times 1300 = 1667.92[rpm]$$ 　**【답】** ②

문제 46 중권으로 감긴 직류 전동기의 극수 2, 매극의 자속수 0.09 [Wb], 전도체수 80, 부하전류 12 [A] 일 때 발생하는 토크[kg·m]는 약 얼마인가?
① 1.4　　　　　　　② 2.8
③ 3.8　　　　　　　④ 4.5

풀이

직류 전동기의 토크 τ는

$T = \dfrac{pZ}{2\pi a}\Phi I_a$ 식에서　$p=2$, $Z=80$, $\Phi=0.09$, $I_a=12[A]$,
$a=p=2$ 이므로

$$T=\frac{2\times80}{2\times3.14\times2}\times0.09\times12=13.75\,[\text{N}\cdot\text{m}]$$
$1\,[\text{kg}\cdot\text{m}]=9.8\,[\text{N}\cdot\text{m}]$ 이므로
$$T=\frac{13.75}{9.8}=1.4\,[\text{kg}\cdot\text{m}]$$
[답] ①

문제 47 변압기의 효율이 가장 좋을 때의 조건은?

① 철손 = 동손　　　　② 철손 = $\dfrac{1}{2}$ 동손

③ $\dfrac{1}{2}$ 철손 = 동손　　　④ 철손 = $\dfrac{2}{3}$ 동손

풀이

최대 효율은 고정손인 철손과 가변손인 동손이 같게 될 때 발생한다.
[답] ①

문제 48 25 [kW], 125 [V], 1200 [rpm]의 직류 타여자 발전기의 전기자 저항(브러시 저항 포함)은 0.4 [Ω]이다. 이 발전기를 정격상태에서 운전하고 있을 때 속도를 200 [rpm]으로 저하시켰다면 발전기의 유기 기전력[V]은 어떻게 변화 하겠는가? 단, 정상 상태에서의 유기 기전력은 E라고 한다.

① $\dfrac{1}{2}E$　　　　② $\dfrac{1}{4}E$

③ $\dfrac{1}{6}E$　　　　④ $\dfrac{1}{8}E$

풀이

1200 [rpm], 200 [rpm]일 때의 유기 기전력을 E, E'라고 하면
$E=K\phi N$ 식에서, 타여자 이므로 자속ϕ는 일정하다.
$$E=K\phi N,\quad E'=K\phi N'$$
여기서 $E'=\dfrac{N'}{N}\times E=\dfrac{200}{1200}\times E=\dfrac{1}{6}E$
즉, 속도가 $\dfrac{1}{6}$이 되면 유기 기전력도 $\dfrac{1}{6}$이 되고, 또한 부하 전류도 $\dfrac{1}{6}$이 된다. 따라서, 단자 전압도 $\dfrac{1}{6}$이 된다.
[답] ③

문제 49 다이오드를 사용한 단상전파정류회로에서 100 [A]의 직류을 얻으려고 한다. 이 때 정류기의 교류측 전류는 약 몇 [A]인가?

① 111　　　　② 167

③ 222　　　　④ 278

풀이

$$I_d=\frac{2\sqrt{2}}{\pi}I=0.9I\ \text{에서}\quad I=\frac{I_d}{0.9}=\frac{100}{0.9}=111\,[\text{A}]$$
[답] ①

4과목　회로이론

문제 61 $R=15\,[\Omega]$, $X_L=12\,[\Omega]$, $X_C=30\,[\Omega]$
이 병렬로 접속된 회로에 120 [V]의 교류 전압을 가하면 전원에 흐르는 전류 [A]와 역률[%]는 각각 얼마인가?

① 22, 85　　　　② 22, 80

③ 22, 60　　　　④ 10, 80

풀이

병렬 접속인 경우 전압이 일정하므로

· 저항에 흐르는 전류 $I_R=\dfrac{V}{R}=\dfrac{120}{15}=8[\text{A}]$

· 유도성 리액턴스에 흐르는 전류 $I_L=\dfrac{V}{jX_L}=\dfrac{120}{j12}=-j10[\text{A}]$

· 용량성 리액턴스에 흐르는 전류 $I_C=\dfrac{V}{-jX_C}=\dfrac{120}{-j30}=j4[\text{A}]$

∴ 전체 전류는 $I=I_R+I_L+I_C$
$$=8-j10+j4=8-j6=10\underline{/-36.86}[\text{A}]$$
가 된다.

역률　$\cos\theta=\dfrac{I_R}{I}\times100=\dfrac{8}{10}\times100=80[\%]$가 된다.
[답] ④

문제 62 구동점 임피던스에 있어서 영점(Zero)은?

① 전류가 흐르지 않는 경우이다.

② 회로를 개방한 것과 같다.

③ 전압이 가장 큰 상태이다.

④ 회로를 단락한 것과 같다.

풀이

- 영점 : $Z(s) = 0$, **회로의 단락상태를** 의미
- 극점 : $Z(s) = \infty$, **회로의 개방상태를** 의미 【답】④

문제 63 $R = 10\,[\Omega]$, $\omega L = 5\,[\Omega]$, $\dfrac{1}{\omega C} = 30\,[\Omega]$

이 직렬로 접속된 회로에서 기본파에 대한 합성임피던스(Z_1)와 제3고조파에 대한 합성임피던스(Z_3)는 각각 몇 $[\Omega]$인가?

① $Z_1 = \sqrt{725}$, $Z_3 = \sqrt{125}$

② $Z_1 = \sqrt{461}$, $Z_3 = \sqrt{461}$

③ $Z_1 = \sqrt{461}$, $Z_3 = \sqrt{125}$

④ $Z_1 = \sqrt{125}$, $Z_3 = \sqrt{461}$

풀이

기본파 임피던스

$$Z_1 = R + j\left(\omega L - \frac{1}{\omega C}\right) = 10 + j(5 - 30) = \sqrt{725}$$

제3고조파 임피던스

$$Z_3 = R + j\left(3\omega L - \frac{1}{3\omega C}\right) = 10 + j\left(3\times 5 - \frac{1}{3}\times 30\right) = \sqrt{125}$$

($\because$ **저항은 기본파일 때나 고조파 일 때나 그 크기의 변화는 없다.** 그러나 **유도성 리액턴스**는 제n차 고조파에서는 주파수가 n배가 되므로, 유도성 리액턴스 $X_{Ln} = 2\pi(nf)L = nX_L$ 로 **기본파의 n배가** 되고, **용량성 리액턴스**는 $X_{cn} = \dfrac{1}{2\pi(nf)C} = \dfrac{1}{n}\times X_c$ 로 **기본파의 $\dfrac{1}{n}$ 배가** 된다.) 【답】①

문제 64 저항과 콘덴서를 병렬로 접속한 회로에 직류 100 [V]를 가하면 5 [A]가 흐르고, 교류 300 [V]를 가하면 25 [A]가 흐른다. 이때 콘덴서의 리액턴스는 몇 $[\Omega]$인가?

① 7 ② 10

③ 14 ④ 15

풀이

직류를 인가한 경우

$$R = \frac{E}{I} = \frac{100}{5} = 20\,[\Omega]$$

교류를 인가한 경우 저항에 흐르는 전류를 I_R, 콘덴서에 흐르는 전류를 I_C, 전체 전류를 I라 하면

$$I_c^2 = I^2 - I_R^2 = 25^2 - \left(\frac{300}{20}\right)^2 = 400 \quad \therefore I_c = 20\,[A]$$

$$X_c = \frac{V}{I_c} = \frac{300}{20} = 15\,[\Omega]$$ 【답】④

문제 65 그림과 같은 회로에서 $t = 0$인 순간 S를 열었을 때 L의 양단에 발생하는 역기전력은 인가 전압의 몇 배가 발생하는가? 단, 스위치 S를 열기전에 회로는 정상상태에 있었다.

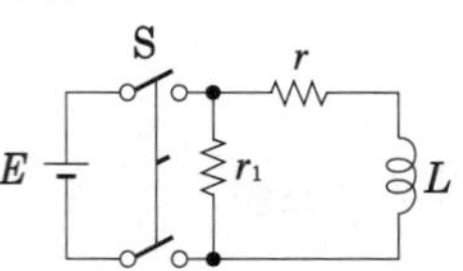

① $\dfrac{r}{r + r_1}$ ② $\dfrac{r_1 r}{r + r_1}$

③ $\dfrac{r + r_1}{r_1 r}$ ④ $\dfrac{r + r_1}{r}$

풀이

$$i = \frac{E}{r} e^{-\frac{r + r_1}{L}t} \text{ 이므로}$$

$$e_L = -L\frac{di}{dt} = -\frac{LE}{r}\left(-\frac{r + r_1}{L}\right)e^{-\frac{r + r_1}{L}t}$$

여기서 $t = 0$이면 $\quad E_L = \dfrac{r + r_1}{r}E \quad \therefore \dfrac{E_L}{E} = \dfrac{r + r_1}{r}$ 【답】④

문제 66 대칭 좌표법에 관한 설명 중 잘못된 것은?

① 불평형 3상 회로 비접지식 회로에서는 영상분이 존재한다.

② 대칭 3상 전압에서 영상분은 0 이다.

③ 대칭 3상 전압은 정상분만 존재한다.

④ 불평형 3상 회로의 접지식 회로에서는 영상분이 존재한다.

풀이

- 비 접지식에서는 **중성선이 없으므로 중성선에 전류가 흐를 수 없다.** 따라서, 3상 전류의 합 $I_a + I_b + I_c = 0$ 이 되어야 한다.
- 대칭 좌표법에서 영상전류 $I_0 = \dfrac{1}{3}(I_a + I_b + I_c) = 0$이 되어 비 **접지식에서는 영상분이 존재하지 않는다.** 【답】①

문제 67 $f(t) = \delta(t) - b\,e^{-bt}$ 의 라플라스 변환은? 단, $\delta(t)$는 임펄스 함수이다.

① $\dfrac{b}{s + b}$ ② $\dfrac{s(1 - b) + 5}{s(s + b)}$

③ $\dfrac{1}{s(s + b)}$ ④ $\dfrac{s}{s + b}$

풀이

선형성 정리에 의해서

$$\mathcal{L}\,[\delta(t)] - \mathcal{L}\,[be^{-bt}] = 1 - \frac{b}{s+b} = \frac{s}{s+b}$$ 【답】 ④

문제 68 다음 파형의 라플라스 변환은?

① $\dfrac{E}{s}$

② $\dfrac{E}{s^2}$

③ $\dfrac{E}{Ts}$

④ $\dfrac{E}{Ts^2}$

풀이

$$f(t) = \frac{E}{T}t\,u(t), \qquad F(s) = \frac{E}{T} \cdot \frac{1}{s^2}$$ 【답】 ④

문제 69 그림과 같은 π형 4단자 회로의 어드미턴스 파라미터 중 Y_{11}은?

① Y_1

② Y_2

③ $Y_1 + Y_2$

④ $Y_2 + Y_3$

풀이

$$Y_{11} = \left.\frac{I_1}{V_1}\right|_{V_2=0}$$ 에서 $V_2 = 0$ (2차측 단락)일 때

$Y_3 = 0$이 되고 Y_1과 Y_2는 병렬이 되므로

이때 흐르는 전체전류 $I_1 = Y_1 V_1 + Y_2 V_1$ 가 된다.

$$\therefore Y_{11} = \frac{Y_1 V_1 + Y_2 V_1}{V_1} = Y_1 + Y_2$$ 【답】 ③

5과목 전기설비기술기준 및 판단기준

문제 81 목장에서 가축의 탈출을 방지하기 위하여 전기울타리를 시설하는 경우의 전선은 인장강도가 몇 [kN] 이상의 것이어야 하는가?

① 0.39 [kN]　　② 1.38 [kN]

③ 2.78 [kN]　　④ 5.93 [kN]

풀이

전기 울타리의 시설(판단기준 제231조)
- 목적 : 논, 밭, 목장 등에서 짐승의 침입 또는 가축의 탈출을 방지하기 위하여 시설하는 것
- 전원 : 전원장치에 전기를 공급하는 **전로의 사용 전압은 250[V] 이하**
- 전선 : **인장강도 1.38 [kN] 이상**의 것 또는 지름 2 [mm] 이상의 경동선
- 전선과 다른 공작물 또는 수목과의 이격 거리 : 30 [cm] 이상
- 기둥과의 이격 거리 : 2.5 [cm] 이상　　【답】 ②

문제 82 다음 중 가공전선로의 지지물에 사용하는 지선에 대한 설명으로 옳지 않은 것은?

① 지선의 안전율은 2.5 이상이며, 허용 인장하중의 최저는 4.31 [kN]으로 한다.

② 지선에 연선을 사용 할 경우 소선(素線) 4가닥 이상의 연선 이어야 한다.

③ 도로를 횡단하는 경우 지선의 높이는 기술상 부득이한 경우 등을 제외하고 지표상 5 [m] 이상으로 하여야 한다.

④ 지중부분 및 지표상 30 [cm]까지의 부분에는 내식성이 있는 것을 사용한다.

풀이

지선의 시설 (판단기준 제67조)
- 안전율 : 2.5 이상
- 최저 인장 하중 : 4.31 [kN]
- 2.6 [mm] 이상의 **금속선을 3조 이상 꼬아서 사용**
- 지중 및 지표상 30 [cm]까지의 부분은 아연도금 철봉 등을 사용
- 도로를 횡단하는 경우 지선의 높이는 5[m] 이상으로 할 것　　【답】 ②

문제 83 저압 가공 전선이 가공 약전류 전선과 접근하여 시설될 때 가공전선과 가공약전류 전선 사이의 이격거리는 몇 [cm] 이상이어야 하는가?

① 30 [cm]
② 40 [cm]
③ 60 [cm]
④ 80 [cm]

풀이

저고압 가공전선과 가공약전류전선 등의 접근 또는 교차 (판단기준 제81조)

저압 가공 전선과 가공 약전류 전선이 접근하는 경우의 **수평 거리는 60[cm] 이상**으로 되어 있다. 다만, 전화선이 절연 전선 이상인 것이나 통신용 케이블인 경우는 30[cm] 이상으로 할 수 있다. 【답】③

문제 84 22.9[kV] 특고압 가공전선로의 시설에 있어서 중성선을 다중 접지하는 경우에 각각 접지한 곳 상호 간의 거리는 전선로에 따라 몇 [m] 이하이어야 하는가?

① 150 [m]
② 300 [m]
③ 400 [m]
④ 500 [m]

풀이

25 [kV] 이하인 특고압 가공전선로의 시설 (판단기준 제135조)

25 [kV] 이하인 특고압 가공 전선로의 시설에 있어서 **중성선을 다중 접지하는 경우 각 접지점 상호의 거리는 전선로에 따라 150 [m] 이하일 것** 【답】①

문제 85 다음 중 옥내전로의 시설 기준으로 적절하지 않은 것은?

① 주택의 옥내전로의 대지전압은 250 [V] 이하이어야 한다.
② 주택의 옥내전로의 사용전압은 400 [V] 미만이어야 한다.
③ 주택의 전로 인입구에는 인체 보호용 누전차단기가 시설되어 있어야 한다.
④ 정격 소비 전력이 3 [kW] 이상의 전기기계기구는 옥내배선과 직접 접속한다.

풀이

옥내 전로의 대지 전압의 제한 (판단기준 제166조)

대지 전압은 300 [V] 이하이어야 하며 다음 각 호에 의하여 시설하여야 한다. 다만, 대지 전압 150 [V] 이하의 전로인 경우에는 다음 각 호에 의하지 아니할 수 있다.

① 백열 전등 또는 방전등 및 이에 부속하는 전선은 사람이 접촉할 우려가 없도록 시설할 것
② 백열 전등의 전구 수구는 키 기타의 점멸 기구가 없는 것일 것

③ 백열 전등, 또는 방전등용 안정기는 저압의 옥내 배선과 직접 접속하여 시설할 것 【답】①

문제 86 최대 사용 전압이 22900 [V]인 3상 4선식 중성선 다중접지식 전로와 대지 사이의 절연내력 시험전압은 몇 [V]인가?

① 21068 [V]
② 25229 [V]
③ 28752 [V]
④ 32510 [V]

풀이

변압기 전로의 절연내력 (판단기준 제16조)

절연내력 시험전압(최대 사용전압의 배수)

접지방식	최대사용전압	시험전압(최대사용 전압 배수)	최저 시험전압
비접지	7 [kV] 이하	1.5배	500 [V]
	7 [kV] 초과	1.25배	10,500 [V]
중성점접지	60 [kV] 초과	1.1배	75,000 [V]
중성점직접접지	60 [kV] 초과 170 [kV] 이하	0.72배	
	170 [kV] 초과	0.64배	
중성점다중접지	**25 [kV] 이하**	0.92배	500 [V]

최대 사용 전압이 25[kV] 이하인 중성점 다중 접지식 전로에서 절연내력 시험 전압은 최대 사용 전압의 0.92배로 되어 있다.

$$22{,}900 \times 0.92 = 21{,}068 \text{ [V]}$$

【답】①

문제 87 사용전압이 35 [kV] 이하인 특고압 가공전선이 상부 조영재의 위쪽에서 제1차 접근 상태로 시설되는 경우 특고압 가공전선과 건조물의 조영재 이격거리는 몇 [m] 이상이어야 하는가? 단, 전선의 종류는 케이블이라고 한다.

① 0.5 [m]
② 1.2 [m]
③ 2.5 [m]
④ 3.0 [m]

풀이

특고압 가공전선과 건조물의 접근(판단기준 제126조)

특고압 전로와 건조물의 간격

건조물과 조영재의 구분	전선종류	접근형태	이격거리
상부 조영재	특고압 절연전선	위쪽	2.5 [m]
		옆쪽 또는 아래쪽	1.5 [m] (전선에 사람이 쉽게 접촉할 우려가 없도록 시설한 경우는 1 [m])
	케이블	**위쪽**	**1.2 [m]**
		옆쪽 또는 아래쪽	0.5 [m]
	기타전선		3 [m]

문제 88 다음 (   )안에 들어갈 내용으로 알맞은 것은?

"특고압 가공전선로 및 선로길이 (   ) 이상의 고압 가공 전선로에는 보안상 특히 필요한 곳에서 통화할 수 있도록 휴대용 또는 이동용의 전력보안 통신용 전화설비를 시설하여야 한다."

① 300 [m]　　　　② 1 [km]

③ 5 [km]　　　　④ 10 [km]

풀이

전력보안 통신용 전화설비의 시설 (판단기준 제153조)
특 고압 가공 전선로 및 **길이 5 [km] 이상의 고압 가공 전선로**에는 특히 필요한 경우에 선로의 순시 또는 보수 공사에 있어서 기술원 주재소와 긴급 연락할 수 있는 **휴대용 또는 이동용 전화 설비를 시설**하여야 한다.
【답】③

문제 89 "조상설비"에 대한 용어의 정의로 알맞은 것은?

① 전압을 조정하는 설비를 말한다.

② 전류를 조정하는 설비를 말한다.

③ 유효전력을 조정하는 전기기계기구를 말한다.

④ 무효전력을 조정하는 전기기계기구를 말한다.

풀이

용어의 정의(판단기준 제2조)
조상 설비 : 무효 전력을 조정하는 전기 기계 기구를 말한다.
【답】④

문제 90	2014년도 1회 문제 87
문제 91	2015년도 3회 문제 91
문제 92	2016년도 2회 문제 96
문제 93	2016년도 2회 문제 90
문제 94	2016년도 3회 문제 98
문제 95	2014년도 1회 문제 94
문제 96	2012년도 2회 문제 83
문제 97	2016년도 2회 문제 99
문제 98	2012년도 1회 문제 100
문제 99	2011년도 1회 문제 98
문제 100	2014년도 1회 문제 93

국가기술자격검정 필기시험 문제

2008년도 전기산업기사 일반검정 제3회				수검 번호	성 명
자격종목 및 등급(선택분야)	종목코드	시험시간	문제지형별		
전기산업기사	2140	2시간 30분	A		

1과목 전기자기학

문제 01 비유전율이 9이고, 비투자율이 1인 매질내의 고유 임피던스는 약 몇 [Ω]인가?

① 42　　　　　　② 84
③ 126　　　　　④ 377

풀이

고유 임피던스

$$Z_0 = \frac{E}{H} = \sqrt{\frac{\mu}{\epsilon}} = \sqrt{\frac{\mu_0}{\epsilon_0}} \cdot \sqrt{\frac{\mu_s}{\epsilon_s}}$$

$$= \sqrt{\frac{4\pi \times 10^{-7}}{8.855 \times 10^{-12}}} \cdot \sqrt{\frac{\mu_s}{\epsilon_s}} = 377\sqrt{\frac{\mu_s}{\epsilon_s}} = 377\sqrt{\frac{1}{9}}$$

$$= 125.67 \,[\Omega]$$

【답】③

문제 02 인덕턴스가 20 [mH]인 코일에 흐르는 전류가 0.2 [sec] 동안에 6 [A]가 변화했다면 코일에 유기되는 기전력은 몇 [V]인가?

① 0.6　　　　　② 1
③ 6　　　　　　④ 30

풀이

$$e = L\frac{di}{dt} = 20 \times 10^{-3} \times \frac{6}{0.2} = 0.6 \,[V]$$

【답】①

문제 03 한 폐곡선에 대한 H(자계의 세기)의 선적분이 이 폐곡선으로 둘러싸이는 전류와 같음을 정의한 법칙은?

① 가우스 법칙
② 쿨롱의 법칙
③ 비오-사바르 법칙
④ 앙페르의 주회적분 법칙

풀이

앙페르의 주회적분 법칙 : 임의의 폐곡선에 대한 자계의 선적분은 이 폐곡선을 관통하는 전류와 같다.

즉, $\oint H \cdot dl = I$

【답】④

문제 04 다음 중 자기회로와 전기회로의 대응관계로 옳지 않은 것은?

① 자속-전속　　　② 자계-전계
③ 투자율-도전율　④ 기자력-기전력

풀이

전 기 회 로		자 기 회 로	
기전력	E [V]	기자력	F_m [AT]
전 류	I [A]	**자 속**	ϕ [Wb]
전 계	E [V/m]	자 계	H [AT/m]
전기저항	R [Ω]	자기저항	R_m [AT/Wb]
콘덕턴스	G [℧]	퍼미언스	$\dfrac{1}{R_m}$ [Wb/AT]
도전율	σ [S/m]	투자율	μ [H/m]
옴의법칙	$E = IR$ [V] $\therefore I = \dfrac{E}{R}$ [A]	옴의법칙	$F_m = \phi R_m$ [AT] $\therefore \phi = \dfrac{NI}{R_m}$ [Wb]

【답】①

문제 05 권수가 200회이고, 자기 인덕턴스가 20 [mH]인 코일에 2 [A]의 전류를 흘릴 때 자속은 몇 [Wb]인가? 단, 누설자속은 없는 것으로 한다.

① 2×10^{-2}　　　② 4×10^{-2}
③ 2×10^{-4}　　　④ 4×10^{-4}

풀이

$$\phi = \frac{LI}{N} = \frac{20 \times 10^{-3} \times 2}{200} = 2 \times 10^{-4} \,[Wb]$$

【답】③

풀이

문제 06 길이 10 [cm], 반지름 1 [cm]의 원형 단면을 갖는 공심솔레노이드의 자기인덕턴스를 1 [mH]로 하기 위해서는 솔레노이드의 권수를 약 몇회로 하여야 하는가? 단, $\mu_s = 1$ 이다.

① 252　　　　② 504

③ 756　　　　④ 1006

풀이

$L = \dfrac{\mu S N^2}{l}$ [H]에서

$N = \sqrt{\dfrac{L \cdot l}{\mu S}} = \sqrt{\dfrac{1 \times 10^{-3} \times 0.1}{4\pi \times 10^{-7} \times \pi \times (1 \times 10^{-2})^2}} = 503.29$ [회]

【답】②

문제 07 10 [A]의 전류가 5분간 도선에 흘렀을 때 도선 단면을 지나는 전기량은 몇 [C]인가?

① 50　　　　② 300

③ 500　　　　④ 3000

풀이

$Q = I \cdot t$ [C]에서 $Q = 10 \times 5 \times 60 = 3000$ [C] 이 된다.　　【답】④

문제 08 변위 전류의 개념 도입은 다음 중 누구의 기여에 의한 것인가?

① 페러데이(Faraday)　　② 렌쯔(Lenz)

③ 맥스웰(Maxwell)　　④ 로렌츠(Lorentz)

풀이

콘덴서에 충전하는 과정에서 전극에 유입하는 전류는 있지만 전극 사이를 흐르는 전류는 전도전류만으로 해석이 불가능하다. 이와같이 콘덴서의 전극 사이에 흐르는 전류를 설명하기 위해 맥스웰은 다음과 같은 변위전류의 개념을 도입하였다.

$i_d = \dfrac{\partial D}{\partial t}$ [A/mm^2]

【답】③

문제 09 유전율이 각각 $\epsilon_1 = 1$, $\epsilon_2 = \sqrt{3}$ 인 두 유전체가 그림과 같이 접해있는 경우, 경계면에서 전기력선의 입사각 $\theta_1 = 45°$이었다. 굴절각 θ_2는 몇 도 인가?

① 20

② 30

③ 45

④ 60

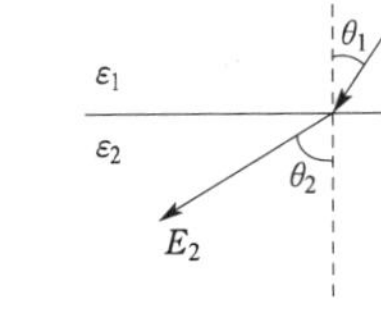

풀이

$\dfrac{\tan\theta_1}{\tan\theta_2} = \dfrac{\epsilon_1}{\epsilon_2} = \dfrac{1}{\sqrt{3}}$

$\tan\theta_2 = \sqrt{3} \times \tan\theta_1 = \sqrt{3} \times \tan 45° = \sqrt{3}$

$\therefore \theta_2 = \tan^{-1} \sqrt{3} = 60°$

【답】④

문제 10 반지름 $r = 1$ [m]인 도체구의 표면 전하밀도가 $\dfrac{10^{-8}}{9\pi}$ [C/m^2]이 되도록 하는 도체구의 전위는 몇 [V]인가?

① 10　　　　② 20

③ 40　　　　④ 80

풀이

도체구의 표면전위 $V = \dfrac{Q}{4\pi\epsilon_0 r}$ [V]에서 도체구 표면의 총전하는

$Q = \sigma S = \sigma(4\pi r^2)$ [C]이므로

도체구의 표면전위 V_a는

$\therefore V_a = \dfrac{Q}{4\pi\epsilon_0 r} = \dfrac{\sigma 4\pi r^2}{4\pi\epsilon_0 r} = \dfrac{\sigma 4\pi r}{4\pi\epsilon_0}$

$= 9 \times 10^9 \times \dfrac{10^{-8}}{9\pi} \times 4\pi \times 1 = 40$ [V]

【답】③

문제 11 그림과 같이 진공 중에 전하량 Q [C]인 점전하 Q를 둘러싸는 경로 C_1과 둘러싸지 않은 폐곡선 C_2가 있다. 지금 $+1$ [C]의 전하를 화살표 방향으로 경로 C_1을 따라 일주시킬 때 요하는 일을 W_1, 경로 C_2를 일주시키는데 요하는 일을 W_2라고 할 때 옳은 것은?

① $W_1 < W_2$

② $W_2 < W_1$

③ $W_1 \neq 0$, $W_2 = 0$

④ $W_1 = W_2 = 0$

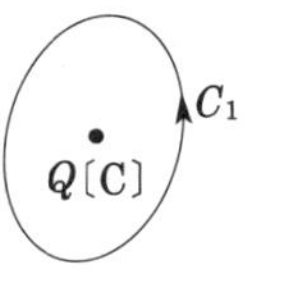
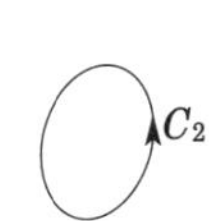

풀이

정전계의 보존성에 의해 폐곡선을 따라 일주했을 때 요하는 일의 양은 경로에 관계없이 항상 0이다.

그러므로 $W_1 = W_2$가 성립한다.

【답】④

문제 12 다음 중 강자성체가 아닌 것은?

① 니켈(Ni)　　　　② 철(Fe)

③ 코발트(Co)　　　④ 백금(Pt)

풀이

강자성체 : Fe, Ni, Co
상자성체 : Al, Mn, **Pt**, W, Sn, O_2, N_2 등
역자성체 : Bi, C, Si, Ag, Pb 등 【답】④

문제 13 전위 분포가 $V = 6x + 3$[V]로 주어졌을 때 점(10, 0)[m]에서의 전계의 크기[V/m] 및 방향은 어떻게 표현되는가?

① $6a_x$ ② $-6a_x$
③ $3a_x$ ④ $-3a_x$

풀이

$$E = -\text{grad } V = -\nabla V$$
$$= -\left(\frac{\partial V}{\partial x}a_x + \frac{\partial V}{\partial y}a_y + \frac{\partial V}{\partial z}a_z\right) = -6a_x$$ 【답】②

문제 14	2014년도 3회 문제 19
문제 15	2015년도 2회 문제 01
문제 16	2010년도 2회 문제 03
문제 17	2012년도 2회 문제 01
문제 18	2015년도 3회 문제 19
문제 19	2012년도 2회 문제 06
문제 20	2016년도 3회 문제 07

2과목 전력공학

문제 21 원자력발전소에 이용되는 감속재에 대한 설명으로 옳지 않은 것은?

① 중성자 흡수 면적이 클 것
② 감속비가 클 것
③ 감속능이 클 것
④ 경수, 중수, 흑연 등이 사용됨

풀이

감속재는 핵분열로 발생한 **고속 중성자**(약 2 [MeV])의 에너지(=속도)를 떨어뜨려서 **열중성자**(0.025 [eV])로 **바꾸는 작용**을 하는 것이다.
감속재로서는 **중성자 흡수가 적고** 탄성 산란에 의해 감속되는 정도가 큰 것이 좋으며 중수, 경수, 산화베릴륨, 흑연 등이 사용된다.
또한 감속재의 성질인 감속능(slowing down power)과 감속비(moderating ratio)의 값이 클수록 감속재로서 우수하다. 【답】①

문제 22 전선 지지점간의 고저차가 없는 가공 전선로에서 경간이 100 [m], 전선 1 [m]의 무게 0.2 [kg], 인장하중 550 [kg], 안전율 2.2인 경우 이도는 몇 [m]인가?

① 0.8 ② 0.85
③ 0.9 ④ 1.0

풀이

이도 $D = \dfrac{WS^2}{8T}$ [m] 이므로 $D = \dfrac{0.2 \times 100^2}{8 \times \dfrac{550}{2.2}} = 1$[m] 가 된다. 【답】④

문제 23 송전계통의 절연협조에 있어 절연 레벨을 가장 낮게 잡고 있는 것은?

① 피뢰기 ② 단로기
③ 변압기 ④ 차단기

풀이

계통 내의 각 기기, 기구 및 애자 등의 상호간에 적정한 절연 강도를 지니게 함으로써 계통 설계를 합리적, 경제적으로 할 수 있게 한 것을 절연 협조라고 하며 피뢰기의 제한 전압이 기본이 된다.
따라서, **피뢰기의 절연레벨이 제일 낮다.** 【답】①

문제 24	2012년도 1회 문제 40
문제 25	2016년도 2회 문제 39
문제 26	2010년도 1회 문제 23
문제 27	2016년도 1회 문제 34
문제 28	2010년도 2회 문제 28
문제 29	2012년도 2회 문제 29
문제 30	2014년도 1회 문제 33
문제 31	2016년도 1회 문제 36
문제 32	2014년도 2회 문제 39
문제 33	2016년도 3회 문제 32
문제 34	2016년도 1회 문제 27
문제 35	2012년도 2회 문제 23
문제 36	2015년도 1회 문제 37
문제 37	2014년도 2회 문제 35
문제 38	2016년도 2회 문제 29
문제 39	2014년도 3회 문제 33
문제 40	2014년도 2회 문제 21

문제 41 다음 중 변압기의 무부하손에 해당되지 않는 것은?

① 히스테리시스손   ② 와류손

③ 유전체손   ④ 표류부하손

풀이

변압기의 무부하손
- 히스테리시스손
- 와류손
- 여자 전류에 의한 동손(값이 적어 일반적으로 무시)
- 유전체손(고전압에서 발생)   **[답]** ④

문제 42 다음 중 전기기계에 있어서 히스테리시스손을 감소시키기 위하여 어떻게 하는 것이 가장 좋은가?

① 성층 철심 사용   ② 규소 강판 사용

③ 보극 설치   ④ 보상 권선 설치

풀이

- **규소강판 사용 이유 : 히스테리시스손 감소**
- 성층하는 이유 : 와류손 감소   **[답]** ②

문제 43 동기 발전기의 돌발 단락 전류를 주로 제한하는 것은?

① 동기 리액턴스   ② 누설 리액턴스

③ 권선 저항   ④ 동기 임피던스

풀이

동기기에서 저항은 누설 리액턴스에 비하여 작으며 전기자 반작용은 단락 전류가 흐른 뒤에 작용하므로 **돌발 단락 전류를 제한하는 것은 누설 리액턴스**이다. 역상 리액턴스는 역상 전류에 대응하는 것으로 3상 평형 단락이 되면 역상 전류는 흐르지 않는다.
동기 리액턴스 = 누설 리액턴스 + 반작용 리액턴스   **[답]** ②

문제 44 정격 1차 전압이 6600 [V], 2차 전압이 220 [V], 주파수가 60 [Hz]인 단상 변압기가 있다. 이 변압기를 이용하여 정격 220 [V], 10 [A]인 부하에 전력을 공급할 때 변압기의 1차측 입력은 몇 [kW]인가? 단, 부하의 역률은 1로 한다.

① 2.2   ② 3.3

③ 4.3   ④ 6.5

풀이

권수비 $a = \dfrac{6600}{220} = 30$

1차 전류 $I_1 = \dfrac{I_2}{a} = \dfrac{10}{30} = \dfrac{1}{3}\,[A]$

1차 입력 $P_1 = V_1 I_1 \cos\theta = 6600 \times \dfrac{1}{3} \times 1 \times 10^{-3} = 2.2\,[kW]$

     [답] ①

문제 45 직류 분권 발전기가 있다. 극당 자속 0.01 [Wb], 도체수 400, 회전수 600 [rpm]인 6극 직류기의 유기기전력은 몇 [V]인가? 단, 병렬 회로수는 2이다.

① 100   ② 120

③ 140   ④ 160

풀이

유기기전력 $E = p\phi n \dfrac{Z}{a}\,[V]$에서

$$E = 6 \times 0.01 \times \frac{600}{60} \times \frac{400}{2} = 120\,[V]$$

     [답] ②

문제 46 무부하 전동기는 역률이 낮지만 부하가 증가하면 역률이 커지는 이유는?

① 전류 증가   ② 효율 증가

③ 전압 감소   ④ 2차 저항 증가

풀이

유도 전동기는 자기 회로에 공극이 있기 때문에 **여자 전류가 전부하 전류의 20~50[%]**에 이른다. 그리고 무부하 상태에서는 유효 전류가 매우 적기 때문에 무부하 전류늑자화 전류로 보아도 좋다. 따라서, **무부하 전류는 역률이 매우 낮다.** 그러나 **2차측에 부하가 증가하면 유효분 전류의 증가로 인하여 1차측에서 본 역률은 점점 좋아지게 된다.**   **[답]** ①

문제 47 정격 전압 6000 [V], 용량 5000 [kVA]의 Y결선 3상 동기 발전기가 있다. 여자 전류 200 [A]에서의 무부하 단자 전압 6000 [V], 단락 전류 600 [A]일 때, 이 발전기의 단락비는 약 얼마인가?

① 0.25   ② 1

③ 1.25   ④ 1.5

풀이

정격 전류 $I_n = \dfrac{P}{\sqrt{3}\,V} = \dfrac{5000 \times 10^3}{\sqrt{3} \times 6000} = 481.13\,[A]$

정격 전류(481.13 [A])와 같은 단락 전류를 통하는 데 요하는 여자 전류 I_f''는

$$I_f'' = 200 \times \frac{481.13}{600} = 160.38 \,[\text{A}]$$

$$\therefore \text{단락비 } K_s = \frac{I_f'}{I_f''} = \frac{200}{160.38} = 1.25$$

【답】③

문제 48 다이오드를 사용한 정류회로에서 여러개를 병렬로 연결하여 사용할 경우 얻는 효과는?

① 다이오드를 과전압으로부터 보호

② 다이오드를 과전류로부터 보호

③ 부하 출력의 맥동률 감소

④ 전력공급의 증대

풀이

• 다이오드 직렬 연결 : 과전압으로 부터 보호

• 다이오드 병렬 연결 : 과전류로부터 보호

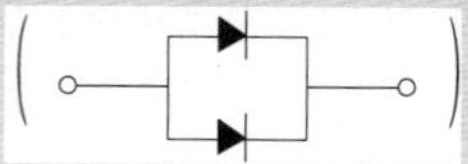

【답】②

문제 49 직류 분권 전동기가 있다. 단자 전압이 215 [V], 전기자 전류가 50 [A], 전기자 저항이 0.1 [Ω], 회전수가 1500 [rpm]일 때 발생 회전력은 약 몇 [N·m]인가?

① 66.8

② 72.7

③ 81.6

④ 91.2.

풀이

$$E_c = V - I_a R_a = 215 - 50 \times 0.1 = 210\,[\text{V}]$$

$$P = E_c I_a = 2\pi n T \text{ 에서}$$

$$T = \frac{E_c I_a}{2\pi n} = \frac{210 \times 50}{2\pi \times \dfrac{1500}{60}} = 66.85\,[\text{N·m}]$$

【답】①

4과목 회로이론

문제 61 단위 계단 함수 $u(t)$의 라플라스 변환은?

① 1

② $\dfrac{1}{s}$

③ $\dfrac{1}{s^2}$

④ $\dfrac{1}{s^2} e^{-1}$

풀이

$$\mathcal{L}[u(t)] = \int_0^\infty e^{-st}\,dt = \left[\frac{e^{-st}}{-s}\right]_0^\infty = \frac{1}{s}$$

【답】②

문제 62 전기 회로의 입력을 V_1, 출력을 V_2라고 할 때 전달 함수는? 단, $s = j\omega$이다.

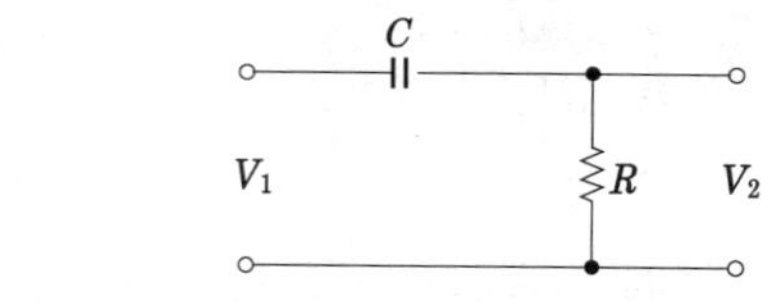

① $\dfrac{1}{R + \dfrac{1}{sC}}$

② $\dfrac{1}{j\omega + \dfrac{1}{RC}}$

③ $\dfrac{j\omega}{j\omega + \dfrac{1}{RC}}$

④ $\dfrac{s}{R + \dfrac{1}{sC}}$

풀이

$$G(s) = \frac{\text{출력}(Z)}{\text{입력}(Z)} = \frac{R}{R + \dfrac{1}{sC}} = \frac{RsC}{RsC + 1}$$

$$= \frac{s}{s + \dfrac{1}{RC}} = \frac{j\omega}{j\omega + \dfrac{1}{RC}}$$

【답】③

문제 63 T형 4단자 회로망에서 영상 임피던스가 $Z_{01} = 50\,[\Omega]$, $Z_{02} = 2\,[\Omega]$이고, 전달 정수가 0일 때 이 회로의 4단자 정수 D의 값은?

① 10

② 5

③ 0.2

④ 0.1

$$D = \sqrt{\frac{Z_{02}}{Z_{01}}}\cos h\theta = \sqrt{\frac{2}{50}}\cos h0 = \frac{1}{5}$$

【답】③

문제 64 다음의 파형률 값이 잘못된 것은?

① 정현파의 파형률은 1.414 이다.

② 구형파의 파형률은 1.0 이다.

③ 전파 정류파의 파형률은 1.11 이다.

④ 반파 정류파의 파형률은 1.571 이다.

파 형	구형파	3각파	정현파	정류파(전파)	정류파(반파)
파형률	1.0	1.15	1.11	1.11	1.57
파고율	1.0	1.732	1.414	1.414	2.0

【답】①

문제 65 그림에서 a, b단자의 전압이 100 [V], a, b에서 본 능동 회로망 N의 임피던스가 15 [Ω]일 때, 단자 a, b에 10 [Ω]의 저항을 접속하면 a, b 사이에 흐르는 전류는 몇 [A]인가?

① 2

② 4

③ 6

④ 8

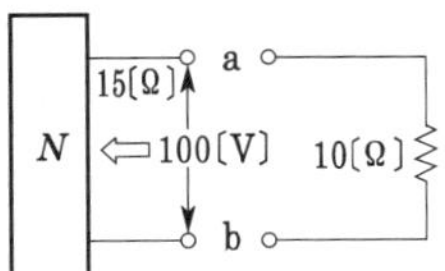

테브난 등가 회로는 다음과 같다.

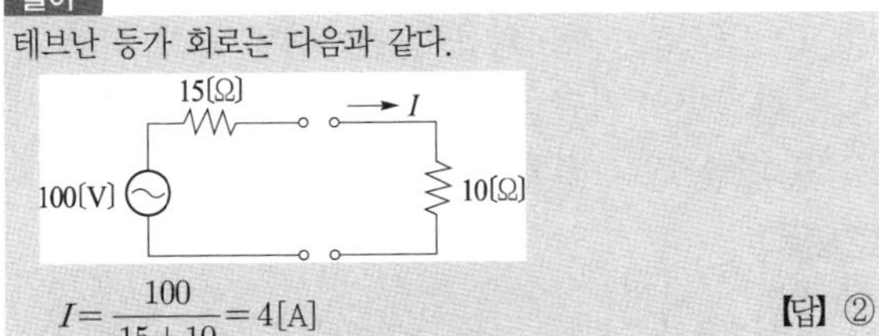

$$I = \frac{100}{15+10} = 4[A]$$

【답】②

문제 66 어떤 회로에 $e = 50\sin(\omega t + \theta)$ [V]를 인가 했을 때 $i = 4\sin(\omega t + \theta - 30°)$ [A]가 흘렀다면 유효전력은 약 몇 [W]인가?

① 50

② 57.7

③ 86.6

④ 100

$P = EI\cos\theta$ [W] 에서

여기서, E : 전압의 실효값, I : 전류의 실효값

　　　　θ : 전압과 전류의 위상차

$$P = \frac{50}{\sqrt{2}} \times \frac{4}{\sqrt{2}} \times \cos 30° = 86.6[W]$$

【답】③

문제 67 그림과 같은 회로에 대한 서술에서 잘못된 것은?

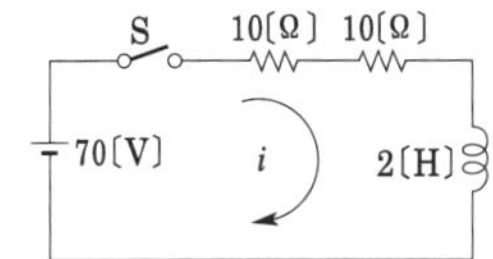

① 이 회로의 시정수는 0.1초 이다.

② 이 회로의 특성근은 −10이다.

③ 이 회로의 특성근은 +15이다.

④ 정상 전류값은 3.5 [A]이다.

시정수　$\tau = \dfrac{L}{R} = \dfrac{2}{20} = 0.1$ [초]

특성근　$-\dfrac{R}{L} = \dfrac{-20}{2} = -10$

정상전류　$I = \dfrac{E}{R} = \dfrac{70}{20} = 3.5$ [A]

【답】③

문제 68 전달 함수의 성질 중 틀린 것은?

① 어떤 계의 전달 함수는 그 계에 대한 임펄스 응답의 라플라스 변환과 같다.

② 전달 함수 $P(s)$인 계의 입력이 임펄스 함수(δ함수)이고 모든 초기값이 0이면 그 계의 출력 변환은 $P(s)$와 같다.

③ 계의 전달 함수는 계의 미분 방정식을 라플라스 변환하고 초기값에 의하여 생긴 항을 무시하면 $$P(s) = \mathcal{L}^{-1}\left[\frac{Y^2}{X^2}\right]$$ 와 같이 얻어진다.

④ 어떤계의 전달 함수의 분모를 0으로 놓으면 이것이 곧 특성 방정식이 된다.

전달 함수는 모든 초기값을 0으로 했을 때, 출력 신호의 라플라스 변환과 입력 신호 라플라스 변환의 비

$$P(s) = \frac{C(s)}{R(s)}$$ 를 말한다.

【답】③

문제 69 키르히호프의 전압 법칙의 적용에 대한 서술 중 잘못된 것은?

① 이 법칙은 집중 정수 회로에 적용된다.

② 이 법칙은 회로 소자의 선형, 비선형에는 관계를 받지 않고 적용된다.

③ 이 법칙은 회로 소자의 시변, 시불변성에 구애를 받지 아니 한다.

④ 이 법칙은 선형 소자로만 이루어진 회로에 적용된다.

풀이

- 중첩의 원리 :선형 회로인 경우에만 적용한다.
- **키르히호프의 법칙 : 선형, 비선형에 무관하게 항상 성립**된다.

【답】 ④

문제 70 | 2014년도 2회 문제 64

문제 71 | 2010년도 3회 문제 69

문제 72 | 2014년도 2회 문제 80

문제 73 | 2013년도 3회 문제 68

문제 74 | 2013년도 1회 문제 74

문제 75 | 2015년도 1회 문제 79

문제 76 | 2013년도 3회 문제 79

문제 77 | 2013년도 3회 문제 75

문제 78 | 2010년도 1회 문제 67

문제 79 | 2014년도 1회 문제 66

문제 80 | 2011년도 2회 문제 68

5과목 전기설비기술기준 및 판단기준

문제 81 가공전선로의 지지물에 시설하는 지선으로 연선을 사용할 경우 소선은 몇 가닥 이상이어야 하는가?

① 2　　　　② 3

③ 5　　　　④ 9

풀이

지선의 시설 (판단기준 제67조)
- 안전율 : 2.5 이상
- 최저 인장 하중 : 4.31 [kN]
- 2.6 [mm] 이상의 **금속선을 3조 이상 꼬아서 사용**
- 지중 및 지표상 30 [cm]까지의 부분은 아연도금 철봉 등을 사용

【답】 ②

문제 82 발전기·전동기·조상기·기타 회전기(회전 변류기 제외)의 절연내력 시험시 시험전압은 어느 곳에 가하면 되는가?

① 권선과 대지 사이

② 외함과 전선 사이

③ 외함과 대지 사이

④ 회전자와 고정자 사이

풀이

회전기 및 정류기의 절연내력 (판단기준 제14조)

종　류		시험 전압	시험 방법
회전기	발전기·전동기·조상기·기타회전기	7,000[V] 이하	1.5배 (최저 500 [V])	권선과 대지 사이에 연속하여 10분간
		7,000[V] 초과	1.25배 (최저 10,500 [V])	
	회전 변류기		직류측의 최대사용전압의 1배의 교류전압 (최저 500 [V])	

【답】 ①

문제 83 고압용 또는 특고압용 개폐기를 시설할 때 반드시 조치하지 않아도 되는 것은?

① 작동시에 개폐상태가 쉽게 확인될 수 없는 경우에는 개폐상태를 표시하는 장치

② 중력 등에 의하여 자연히 작동할 우려가 있는 것은 자물쇠장치 기타 이를 방지하는 장치

③ 고압용 또는 특고압용이라는 위험 표시

④ 부하전류의 차단용이 아닌 것은 부하전류가 통하고 있을 경우에 개로(開路)할 수 없도록 시설

풀이

개폐기의 시설 (판단기준 제37조)
(1) 전로 중에 개폐기를 시설하는 경우 각 극에 설치하여야 한다.
(2) 고압용 또는 특고압용 개폐기는 개폐 상태를 쉽게 확인할 수 있는 것을 제외하고, 그 동작에 따라 그 개폐 상태를 표시하는 장치를 해야 한다.
(3) 고압용 또는 특고압용 개폐기로서 **중력 등에 의하여 자연히 동작할 우려가 있는 것은 자물쇠장치** 기타 이를 방지할 수 있는 장치를 설치하여야 한다.
(4) 고압용 또는 특고압용 개폐기로서 부하 전류의 차단 능력이 없는 것은 **부하 전류가 통하고 있을 때에는 열리지 않도록 시설**해야 한다. 다만, 다음의 경우에는 예외로 한다.
　① 개폐기의 조작 위치에 **부하 전류의 유무 표시 장치**가 있는 경우
　② 개폐기의 조작 위치에 전화기 등의 지시 장치가 있는 경우
　③ 태블릿(tablet) 등을 사용하는 경우

【답】 ③

문제 84 다음 중 고압 가공인입선의 시설방법으로 옳지 않은 것은?

① 고압 가공인입선 아래 위험 표시를 하고 지표상 3.5 [m] 높이에 시설하였다.
② 전선은 지름이 5 [mm] 의경동선의 고압 절연 전선을 사용하였다.
③ 애자사용공사로 시설하였다.
④ 15 [m] 떨어진 다른 수용가에 고압 연접인입선을 시설하였다.

풀이

고압 인입선 등의 시설 (판단기준 제102조)
① 인장강도 8.01 [kN] 이상의 고압절연전선 또는 5 [mm] 이상의 경동선 사용
② 고압 가공 인입선의 높이 3.5 [m]까지 감할 수 있다. (전선의 아래쪽에 위험표시를 할 경우)
③ **고압 연접 인입선은 시설하여서는 아니된다.**　【답】④

문제 85 흥행장의 저압 전기설비공사로 무대·무대마루 밑·오케스트라 박스·영사실 기타 사람이나 무대 도구가 접촉할 우려가 있는 곳에 시설하는 저압 옥내배선·전구선 또는 이동전선은 사용전압이 몇 [V] 미만이어야 하는가?

① 100　　　　　　② 200
③ 300　　　　　　④ 400

풀이

흥행장의 저압 공사 (판단기준 제203조)
상설의 극장, 영화관 등의 무대, 마루 밑, 영사실 등의 배선은 400 [V] 미만으로 전용의 개폐기 및 과전류 차단기를 설치할 것　【답】④

문제 86 제3종 접지공사를 할 때 접지저항값과 접지선(연동선)의 굵기에 대한 기준으로 옳은 것은?

① 접지저항값 10[Ω] 이하, 접지선은 단면적 6 [mm²] 이상
② 접지저항값 10[Ω] 이하, 접지선은 단면적 16 [mm²] 이상
③ 접지저항값 100[Ω] 이하, 접지선은 단면적 6 [mm²] 이상
④ 접지저항값 100[Ω] 이하, 접지선은 단면적 2.5 [mm²] 이상

풀이

판단기준 제19조 (각종 접지공사의 세목)
• 제1종 : 6 [mm²] 이상
• 제2종 : 특고압에서 변성되면 16 [mm²] 이상, 고압에서 변성되면 6 [mm²] 이상
• 제3종 및 특별 제3종 : 2.5 [mm²] 이상　【답】④

문제 87 직류식 전기철도에서 가공으로 시설하는 배류선으로 동복강선을 사용한다면 그 지름은 몇 [mm]이상의 것을 사용하여야 하는가?

① 2.0　　　　　　② 3.0
③ 3.5　　　　　　④ 4.0

풀이

배류접속 (판단기준 제265조)
배류선은 케이블인 경우 이외에는 **지름 3.5 [mm] 이상의 동복 강선** 또는 지름 4 [mm]의 경동선이나 이와 동등 이상의 세기 및 굵기의 것일 것　【답】③

문제 88	2014년도 1회 문제 92
문제 89	2016년도 2회 문제 91
문제 90	2009년도 2회 문제 88
문제 91	2015년도 2회 문제 96
문제 92	2015년도 1회 문제 90
문제 93	2016년도 2회 문제 99
문제 94	2016년도 3회 문제 83
문제 95	2008년도 2회 문제 88
문제 96	2011년도 2회 문제 100
문제 97	2011년도 1회 문제 84
문제 98	2016년도 2회 문제 87
문제 99	2015년도 1회 문제 83
문제 100	2014년도 2회 문제 93

MEMO

D-60 시리즈 2-2

2007년도
전기산업기사 필기

- ▸ 07년 제1회 전기산업기사
- ▸ 07년 제2회 전기산업기사
- ▸ 07년 제3회 전기산업기사

국가기술자격검정 필기시험 문제

2007년도 전기산업기사 일반검정 제1회

	수검 번호	성 명

자격종목 및 등급(선택분야)	종목코드	시험시간	문제지형별
전기산업기사	2140	2시간 30분	A

1과목 전기자기학

문제 01 도체계에서의 전위 계수의 성질로 옳지 않은 것은?

① $P_{rr} \geqq P_{rs}$ ② $P_{rr} < 0$

③ $P_{rs} \geqq 0$ ④ $P_{rs} = P_{sr}$

풀이

전위 계수의 성질
• $P_{rr} > 0$ • $P_{rr} \geqq P_{rs}$ • $P_{rs} \geqq 0$ • $P_{rs} = P_{sr}$

[답] ②

문제 02 어느 점전하에 의하여 생기는 전위를 처음 전위의 1/2이 되게 하려면 전하로부터의 거리를 몇 배로 하면 되는가?

① $\dfrac{1}{\sqrt{2}}$ ② $\dfrac{1}{2}$

③ $\sqrt{2}$ ④ 2

풀이

전위 $V = 9 \times 10^9 \times \dfrac{Q}{r}$ [V]에서 전위는 거리에 반비례한다.

따라서 거리를 2배하면 전위는 $\dfrac{1}{2}$ 배가 된다.

[답] ④

문제 03 10[A]가 흐르는 1[m] 간격의 평행 도체 사이의 1[m]당 작용하는 힘[N/m]은?

① 1   ② 10^{-5}

③ 2×10^{-5} ④ 2×10^{-7}

풀이

평행 도체 사이에 작용하는 힘

$F = \dfrac{2 I_1 I_2}{r} \times 10^{-7}$ [N/m]에서

$F = \dfrac{2 \times 10 \times 10}{1} \times 10^{-7} = 2 \times 10^{-5}$ [N]

[답] ③

문제 04 전류에 대한 설명 중 옳지 않은 것은?

① 전하의 이동이다.

② 1[V/s]를 1[A]로 한다.

③ 전하가 전계 방향으로 평균 속도 v로 이동함에 따라 생기는 전류를 드리프트 전류라 한다.

④ $\mathrm{div}\, i = 0$은 전류의 연속성이라 한다.

풀이

전류 $I = \dfrac{Q}{t}$ [C/s]이므로 1초당 이동한 전하량으로 정의된다.

따라서, 1[A] = 1[C/s]가 된다.

[답] ②

문제 05 도체의 고유 저항과 관계없는 것은?

① 온도   ② 길이

③ 단면적   ④ 단면적의 모양

풀이

고유 저항 $\rho = \rho_0 (1 + \alpha t)$, $R = \rho \dfrac{l}{S}$

여기서, t : 온도 변화($\triangle t$), l : 길이, S : 단면적   **[답]** ④

문제 06 자유 공간에 있어서 변위 전류가 만드는 것은?

① 전계   ② 투자율

③ 유전율   ④ 자계

풀이

$\mathrm{rot}\, \boldsymbol{H} = \boldsymbol{J} + i_d$

$\boldsymbol{J}$: 전도 전류 밀도, i_d : 변위 전류 밀도

자유 공간에서 전도 전류 밀도 $\boldsymbol{J} = 0$이므로, 변위 전류 밀도 $i_d = \mathrm{rot}\, \boldsymbol{H}$ 가 된다. 따라서, **변위 전류는 회전 자계를 형성시킨다.**

[답] ④

문제 07 15 [℃]의 물 4 [l]를 용기에 넣어 1[kW]의 전열기로 가열하여 물의 온도를 90 [℃]로 올리는데 30분이 필요하였다. 이 전열기의 효율은 약 몇 [%]인가?

① 50 ② 60
③ 70 ④ 80

풀이

전열기 용량 $P = \dfrac{Cm\theta}{860\eta t}$ [kW]에서 $1 = \dfrac{1 \times 4 \times (90-15)}{860\eta \times 0.5}$ 이므로

$\therefore \eta = \dfrac{1 \times 4 \times (90-15)}{860 \times 1 \times 0.5} = 0.697 \fallingdotseq 70 \, [\%]$ 【답】③

문제 08 안테나에서 파장 20 [cm]의 평면파가 자유 공간에 전파될 때 발신 주파수는 몇 [MHz]인가?

① 1500 ② 800
③ 750 ④ 100

풀이

$v = f\lambda \qquad \therefore f = \dfrac{v}{\lambda}$

$v(\text{전파 속도}) = C_0 = 3 \times 10^8 \, [\text{m/s}], \quad \lambda(\text{파장}) = 0.2 \, [\text{m}]$

$\therefore f = \dfrac{v}{\lambda} = \dfrac{3 \times 10^8}{0.2} \, [\text{Hz}] = \dfrac{3 \times 10^8}{0.2} \times 10^{-6} \, [\text{MHz}] = 1500 \, [\text{MHz}]$ 【답】①

문제 09 벡터 $A = 2i - 6j - 3k$와 $B = 4i + 3j - k$에 수직한 단위 벡터는?

① $\pm \left(\dfrac{3}{7}i - \dfrac{2}{7}j + \dfrac{6}{7}k \right)$

② $\pm \left(\dfrac{3}{7}i + \dfrac{2}{7}j - \dfrac{6}{7}k \right)$

③ $\pm \left(\dfrac{3}{7}i - \dfrac{2}{7}j - \dfrac{6}{7}k \right)$

④ $\pm \left(\dfrac{3}{7}i + \dfrac{2}{7}j + \dfrac{6}{7}k \right)$

풀이

벡터적의 정의를 이용하면

$A \times B = |A \times B| \, n$

(n : 법선 벡터이므로 A와 B에 수직인 단위 벡터)

$n = \dfrac{A \times B}{|A \times B|} = \dfrac{\begin{vmatrix} i & j & k \\ 2 & -6 & -3 \\ 4 & 3 & -1 \end{vmatrix}}{|A \times B|} = \dfrac{15i - 10j + 30k}{\sqrt{15^2 + (-10)^2 + 30^2}}$

$= \dfrac{1}{35}(15i - 10j + 30k) = \dfrac{3}{7}i - \dfrac{2}{7}j + \dfrac{6}{7}k$

법선 벡터 n의 부(-)의 벡터도 벡터 A와 B에 수직이 되므로

$n = \pm \left(\dfrac{3}{7}i - \dfrac{2}{7}j + \dfrac{6}{7}k \right)$가 된다. 【답】①

문제 10 권수 600회, 평균 직경 20 [cm], 단면적 10 [cm^2]의 환상 솔레노이드 내부에 비투자율 800의 철심 이 들어 있다. 여기에 1[A]의 전류를 흘린다면 철심 중의 자속은 몇 [Wb]인가?

① 9.6×10^{-2} ② 9.6×10^{-3}
③ 9.6×10^{-4} ④ 9.6×10^{-5}

풀이

환상 솔레노이드의 내부 자속

$\phi = BS = \mu HS = \mu \cdot \dfrac{NI}{2\pi r} S$

$\mu = \mu_0 \mu_s = 4\pi \times 10^{-7} \times 800, \quad N = 600 \, [\text{회}], \quad I = 1[\text{A}]$

$S = 10 \times 10^{-4} \, [\text{m}^2], \quad r = 0.1 \, [\text{m}]$

$\therefore \phi = \dfrac{4\pi \times 10^{-7} \times 800 \times 600 \times 1 \times 10 \times 10^{-4}}{2\pi \times 0.1}$

$= 9.6 \times 10^{-4} \, [\text{Wb}]$ 【답】③

문제 11 2013년도 2회 문제 10

문제 12 2013년도 1회 문제 13

문제 13 2008년도 2회 문제 03

문제 14 2010년도 1회 문제 09

문제 15 2011년도 2회 문제 15

문제 16 2016년도 1회 문제 19

문제 17 2013년도 2회 문제 01

문제 18 2015년도 1회 문제 03

문제 19 2013년도 1회 문제 16

문제 20 2011년도 1회 문제 01

2과목 전력공학

문제 21 송전 선로에서 단선 고장시 이상 전압이 가장 큰 접지 방식은?

① 비접지 방식

② 직접 접지 방식

③ 소호 리액터 접지 방식

④ 저항 접지 방식

풀이

소호 리액터 접지방식은 지락전류는 가장 적고 **이상 전압 발생은 가장 크다.** 【답】③

문제 22 조압수조 중 서징의 주기가 가장 빠른 것은?

① 제수공 조압수조 ② 수실 조압수조

③ 차동 조압수조 ④ 단동 조압수조

풀이

수조 내부에 수로 단면적의 70~100 [%]의 단면을 갖는 라이저(riser)를 세워서 수로와 직결함과 동시에 수로와 수조를 포트로 연결한 구조를 **차동 조압 수조**(differential surge tank)라 하며, **서징 주기 및 수격의 감쇠가 빠르고 수조 용량도 단동식의 50 [%] 정도면** 된다는 특징이 있다. 【답】③

문제 23 유효 낙차 50 [m]에서 출력 7500 [kW]의 수차가 있다. 유효 낙차가 2.5 [m]만큼 낮아졌을 때 출력은 약 몇 [kW]가 되는가? (단, 수차의 수구개도는 일정하며, 효율의 변화는 무시하기로 한다.)

① 6650 ② 6755

③ 6850 ④ 6945

풀이

출력을 P, 사용 수량을 Q, 유효 낙차를 H라고 하면

$P = 9.8QH\eta$이므로 $P \propto QH$

수차에 유입하는 물의 유속 $v = C\sqrt{2gH}$ 에서 $v \propto H^{\frac{1}{2}}$

$Q = Av$에서 안내 날개의 개도 A는 일정하므로 $Q \propto v \propto H^{\frac{1}{2}}$

그러므로

$$P \propto QH \propto H^{\frac{3}{2}}$$

지금 P_1 : 낙차 변화 전의 출력[kW]

$\quad P_2$: 낙차 변화 후의 출력[kW]

$\quad H_1$: 변화 전의 낙차

$\quad H_2$: 변화 후의 낙차라고 하면

$$\therefore P_2 = P_1 \left(\frac{H_2}{H_1}\right)^{3/2} = 7500 \left(\frac{50-2.5}{50}\right)^{3/2}$$
$$= 7500 \times 0.93 = 6944.6 [\text{kW}]$$

【답】④

문제 24 송전단에서 전류가 동일하고 배전선에 리액턴스를 무시하면 배전선 말단에 단일부하가 있을 때의 전력손실은 배전선에 따라 균등한 부하가 분포되어 있는 경우의 전력손실에 비하여 몇 배나 되는가?

① $\dfrac{1}{2}$ ② 2

③ $\dfrac{1}{3}$ ④ 3

풀이

집중 부하와 분산 부하

구분	전력 손실	전압 강하
말단에 집중 부하	$I^2 rL$	IrL
평등 분포 부하	$\dfrac{1}{3}I^2 rL$	$\dfrac{1}{2}IrL$

여기서, I : 전선의 전류, r : 전선 단위 길이당 저항

$\quad\quad L$: 전선의 길이 【답】④

문제 25 원자로의 감속재로 사용하기에 적당치 않은 것은?

① 중수 ② 경수

③ 흑연 ④ 납

풀이

감속재로서는 중성자 흡수가 적고 탄성 산란에 의해 감속되는 정도가 큰 것이 좋으며 **중수, 경수, 산화베릴륨, 흑연** 등이 사용된다. 또한 감속재의 성질인 감속능(slowing down power)과 감속비(moderating ratio)의 값이 클수록 감속재로서 우수하다. 【답】④

문제 26 양수 발전의 주된 목적으로 옳은 것은?

① 연간 발전량을 증가시키기 위하여

② 연간 평균 손실 전력을 줄이기 위하여

③ 연간 발전 비용을 감소시키기 위하여

④ 연간 수력 발전량을 증가시키기 위하여

풀이

양수 발전은 심야 또는 경부하시 **발전 단가가 낮은 잉여 전력을 사용**하여 낮은 곳에 있는 물을 높은 곳으로 퍼올렸다가 첨두부하시에 양수된 물로 발전하는 것으로 **연간 발전 비용을 감소시키는데 목적을** 두고 있다. 【답】③

문제 27 수전단을 단락한 경우 송전단에서 본 임피던스 300 [Ω]이고 수전단을 개방한 경우에는 1200 [Ω]일 때 이 선로의 특성 임피던스는 몇 [Ω]인가?

① 300 ② 500

③ 600 ④ 800

풀이

• 수전단을 단락한 경우 임피던스 $Z = 300[\Omega]$

• 수전단을 개방한 경우 어드미턴스 $Y = \dfrac{1}{1200}[\mho]$이므로

• 특성임피던스 $Z_0 = \sqrt{\dfrac{Z}{Y}} = \sqrt{\dfrac{300}{1/1200}} = 600[\Omega]$ 【답】③

문제 28 열효율 35 [%]의 화력 발전소에서 발열량 6000 [kcal/kg]의 석탄을 이용한다면 1 [kWh]를 발전하는데 필요한 석탄량은 약 몇 [kg]인가?

① 0.41 ② 0.82
③ 1.23 ④ 2.42

풀이

화력 발전소 열효율 $\eta = \dfrac{860\,W}{mH} \times 100\,[\%]$

$\therefore$ 연료 소비량 $m = \dfrac{860\,W}{\eta H} = \dfrac{860 \times 1}{0.35 \times 6000} = 0.41\,[kg]$ 【답】 ①

문제 29 전주 사이의 경간이 50 [m]인 가공 전선로에서 전선 1 [m]의 하중이 0.37 [kg], 전선의 딥이 0.8 [m]라면 전선의 수평 장력은 몇 [kg]인가?

① 80 ② 120
③ 145 ④ 165

풀이

$D = \dfrac{WS^2}{8T}$ 에서

$T = \dfrac{WS^2}{8D} = \dfrac{0.37 \times 50^2}{8 \times 0.8} = \dfrac{0.37 \times 2500}{6.4} = 144.53\,[kg]$ 【답】 ③

문제 30	2011년도 2회 문제 30
문제 31	2016년도 2회 문제 31
문제 32	2015년도 2회 문제 31
문제 33	2012년도 3회 문제 30
문제 34	2016년도 1회 문제 21
문제 35	2010년도 3회 문제 21
문제 36	2012년도 3회 문제 34
문제 37	2015년도 2회 문제 32
문제 38	2014년도 1회 문제 24
문제 39	2016년도 1회 문제 38
문제 40	2011년도 3회 문제 21

3과목 전기기기

문제 41 단상 직권 정류자 전동기의 회전 속도를 높게 하였을 때 나타나는 주된 현상으로 옳은 것은?

① 리액턴스 강하가 크게 된다.
② 전기자에 유도되는 역기전력이 적게 된다.
③ 역률이 개선된다.
④ 병렬 회로수가 증가한다.

풀이

단상 직권 정류자 전동기는 회전 속도에 비례하는 기전력이 전류와 동상으로 유기되어 **속도가 증가할수록 역률이 개선**된다. 【답】 ③

문제 42 유도 전동기의 소음 중 전기적인 소음이 아닌 것은?

① 고조파 자속에 의한 진동음
② 슬립 비트 음
③ 기본파 자속에 의한 진동음
④ 팬 음

풀이

유도 전동기의 소음을 계통적으로 분류하여 보면 다음과 같다.
① 전기적 소음 : 기본파 자속에 의한 진동음, 고조파 자속에 의한 진동음, 슬립 비트 음
② 기계적 소음 : 언밸런스에 의한 진동음, 베어링 음, 브러시 음
③ **통풍음 : 팬 음**, 덕트 음 【답】 ④

문제 43 출력이 50 [kW]인 3상 농형 유도 전동기를 기동하려고 할 때 다음 중 가장 적당한 기동법은?

① Y-△ 기동법 ② 저항 기동법
③ 전전압 기동법 ④ 기동 보상기법

풀이

유도 전동기 기동법
① 전전압 기동법 (5 [kW] 이하 소형)
② 리액터 기동법 (기동 전류를 제한하고자 할 때)
③ Y-△ 기동법 (5~15 [kW] 정도)
④ **기동 보상기법 (15 [kW] 이상)** 【답】 ④

문제 44 다음 중 직류 전압을 직접 제어하는 것은?

① 단상 인버터 ② 브리지형 인버터
③ 초퍼형 인버터 ④ 3상 인버터

풀이

초퍼는 일정 입력 전원전압으로부터 초퍼된(짧게 자른) 부하전압을 만들며 전원으로부터 부하를 연결 혹은 단절하는 다이리스터 온/오프 스위치이다.

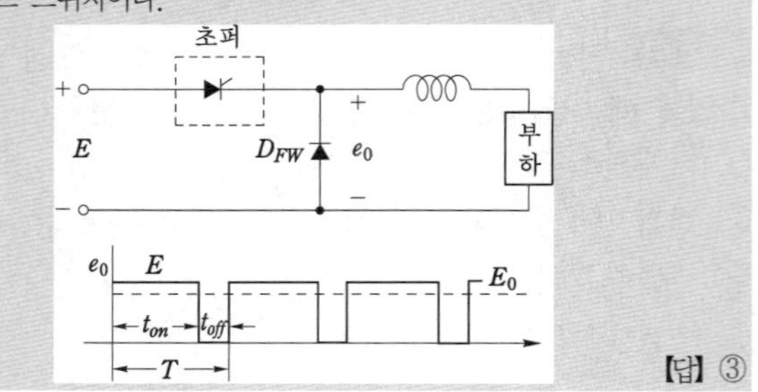

【답】 ③

문제 45 다음 중 권선형 유도 전동기의 2차 여자 제어법으로 사용되는 제어 방식은?

① 세르비우스 방식　　② 플러깅 방식

③ 발전 방식　　　　　④ 회생 방식

풀이

권선형 유도전동기의 2차측에 2차 주파수와 같은 주파수로 적당한 크기와 위상의 전압을 외부에서 가하는 방법을 **2차 여자 제어**라 하고 **크래머(kramer) 방법**과 세르비우스(scherbious) 방식이 있다.

【답】 ①

문제 46 가동 복권 발전기의 내부 결선을 바꾸어 직권 발전기로 사용하려면?

① 직권 계자를 단락시킨다.

② 분권 계자를 개방시킨다.

③ 직권 계자를 개방시킨다.

④ 외분권 복권형으로 한다.

풀이

가동 복권 발전기의 **분권 계자 권선을 개방시키면 직권 발전기**로 사용된다. 외분권 또는 내분권은 어느 것이나 복권 발전기의 일종이다.

【답】 ②

문제 47 슈라게 전동기는 다음 중 어디에 속하는가?

① 단상 직권 정류자 전동기

② 단상 반발 전동기

③ 3상 직권 정류자 전동기

④ 3상 분권 정류자 전동기

풀이

3상 분권 정류자 전동기(three phase shunt commutator motor)는 여러 가지 종류가 있으나, 그 중에서 가장 많이 사용되고 특성이 좋

은 것은 **슈라게 전동기**(schrage motor) 이다.　　**【답】** ④

4과목　회로이론

문제 61 정전 용량의 [F]와 같은 단위는 무엇인가?
(단, C는 쿨롱, N은 뉴턴, F는 패럿, V는 볼트, m은 미터 이다.)

① $\dfrac{V}{C}$　　　　　② $\dfrac{N}{C}$

③ $\dfrac{C}{m}$　　　　　④ $\dfrac{C}{V}$

풀이

$$C = \frac{Q}{V}\,[\text{C/V}] \qquad \therefore \quad [\text{F}] = [\text{C/V}]$$

【답】 ④

문제 62 4단자 정수 A, B, C, D 에서 어드미턴스의 차원을 가진 정수는?

① A　　　　　② B

③ C　　　　　④ D

풀이

4단자 방정식에서

- $E_s = AE_r + BI_r$　· $I_s = CE_r + DI_r$ 에서

A : 전압비 차원,　B : 임피던스 차원

C : **어드미턴스 차원**,　D : 전류비 차원

【답】 ③

문제 63 선형 회로와 가장 관계가 있는 것은?

① 중첩의 원리
② 데브낭의 정리
③ 키르히호프의 법칙
④ 패러데이의 전자 유도 법칙

풀이

- **중첩의 원리 : 선형 회로인 경우에만 적용**한다.
- 키르히호프의 법칙 : 선형, 비선형에 무관하게 항상 성립된다.

【답】①

문제 64 $R-L-C$ 직렬 회로에서 진동 조건은 어느 것인가?

① $R < 2\sqrt{\dfrac{L}{C}}$　　② $R < 2\sqrt{\dfrac{C}{L}}$

③ $R < 2\sqrt{LC}$　　④ $R < \dfrac{1}{2\sqrt{LC}}$

풀이

- $R^2 = 4\dfrac{L}{C}$: 임계진동　　・ $R^2 - 4\dfrac{L}{C} > 0$: 비진동

- $R^2 - 4\dfrac{L}{C} < 0$: 진동

【답】①

문제 65 전류 $i = 5 + 10\sqrt{2}\sin100t + 5\sqrt{2}\sin200t$ [A]가 1 [H]의 인덕터에 흐르고 있을 때 인덕터에 축적되는 에너지는 몇 [J]인가?

① 75　　② 100
③ 150　　④ 200

풀이

실효값 $I = \sqrt{I_1^2 + I_2^2 + I_3^2 + \cdots}$ 에서

$$I = \sqrt{5^2 + 10^2 + 5^2} = 12.247 \text{ [A]}$$

$$W = \frac{1}{2}LI^2 = \frac{1}{2} \times 1 \times (12.247)^2 = 75 \text{ [J]}$$

【답】①

문제 66 9 [Ω]과 3 [Ω]의 저항 각 3개를 그림과 같이 연결하였을 때 A, B 사이의 합성 저항은 몇 [Ω]인가?

① 2
② 3
③ 4
④ 6

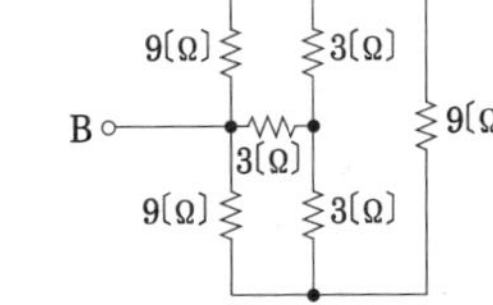

풀이

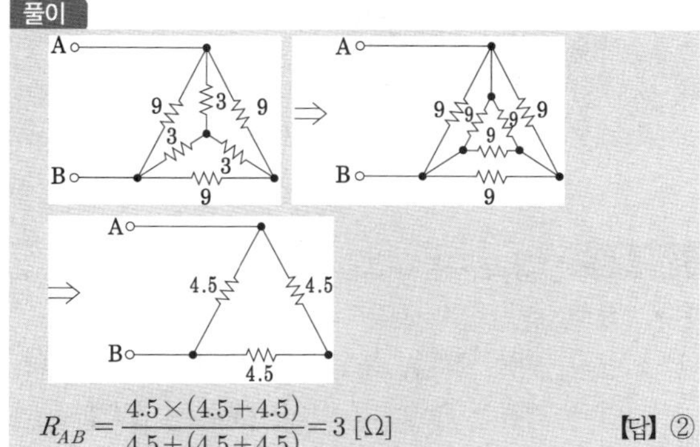

$$R_{AB} = \frac{4.5 \times (4.5 + 4.5)}{4.5 + (4.5 + 4.5)} = 3 \text{ [Ω]}$$

【답】②

5과목　전기설비기술기준 및 판단기준

문제 81 통신상의 유도 장해를 방지하기 위하여 가공 직류 절연 귀선이 기설 가공 약전류 전선로와 병행하여 시설될 때, 특별한 경우를 제외하고 이격 거리는 몇 [m] 이상으로 하여야 하는가?

① 3.5　　② 4
③ 4.5　　④ 5

풀이

통신상의 유도 장해방지 시설 (판단기준 제253조)
유도작용에 의한 통신상의 장해를 주지 아니하도록 전선과 기설 약전류 전선 사이의 이격거리는

① 직류 복선식 전기 철도용 급전선 또는 직류 복선식 전기 철도용 전차선의 경우에는 2 [m] 이상

② 직류 단선식 전기 철도용 급전선·직류 단선식 전기 철도용 전차선 또는 **가공 직류 절연 귀선의 경우에는 4 [m] 이상**   【답】②

풀이

지선의 시설(판단기준 제67조)
- **도로 횡단 : 5[m] 이상**
  (단, 교통에 지장을 초래할 우려가 없는 경우에는 지표상 4.5[m])
- **보도 : 2.5[m] 이상**   【답】①

문제 82 전압의 구분에 대한 설명으로 옳지 않은 것은?

① 전압은 저압, 고압, 특고압의 3종으로 구분한다.

② 저압은 직류는 600 [V] 이하, 교류는 750 [V] 이하이다.

③ 고압은 저압을 넘고 7 [kV] 이하이다.

④ 특고압은 7 [kV]를 넘는 것이다.

풀이

저압, 고압 및 특고압의 범위 (기술기준 제3조)

분 류	전압의 범위
저 압	• **직류 : 750 [V] 이하** • **교류 : 600 [V] 이하**
고 압	• 직류 : 750 [V]를 초과하고 7 [kV] 이하 • 교류 : 600 [V]를 초과하고 7 [kV] 이하
특 고 압	7 [kV]를 초과

【답】②

문제 83 플로어 덕트 공사에 의한 저압 옥내 배선에서 연선을 사용하지 않아도 되는 전선(동선)의 단면적은 최대 몇 [mm^2]인가?

① 2.5 ② 4
③ 6 ④ 10

풀이

플로어 덕트 공사에 의한 저압 옥내 배선은 다음 각호에 의하여 시설한다. (판단기준 제190조)

① 전선은 절연 전선(옥외용 비닐 절연 전선을 제외한다)일 것

② 전선은 연선일 것. 단, **단면적 10[mm^2] 이하인 연동선**(알루미늄선은 단면적 16[mm^2])인 경우에는 그러하지 아니하다.

③ 플로어 덕트 안에는 전선에 접속점이 없도록 할 것. 다만, 전선을 분기하는 경우에 접속점을 쉽게 점검할 수 있을 때에는 그러하지 아니하다.   【답】④

문제 84 도로를 횡단하여 시설하는 지선의 높이는 특별한 경우를 제외하고 지표상 몇 [m] 이상으로 하여야 하는가?

① 5 ② 5.5
③ 6 ④ 6.5

문제 85 단면적 55 [mm^2]인 경동연선을 사용하는 특고압 가공 전선로의 지지물로 내장형의 B종 철근 콘크리트주를 사용하는 경우, 허용 최대 경간은 몇 [m]인가?

① 150 ② 250
③ 300 ④ 500

풀이

고압 및 특고압 가공전선로 경간의 제한 (판단기준 제76조, 제124조)

지지물의 종류		경	간
	고 압	지름 5 [mm] 이상	단면적 22 [mm^2] 이상
	특고압	단면적 22 [mm^2] 이상	**단면적 55 [mm^2] 이상**
목주·A종 철주 또는 A종 철근 콘크리트주		150 [m] 이하	300 [m] 이하
B종 철주 또는 **B종 철근 콘크리트주**		250 [m] 이하	**500 [m] 이하**
철 탑		600 [m] 이하	600 [m] 이하

【답】④

문제 86 다음 중 발전기를 전로로부터 자동적으로 차단하는 장치를 시설하여야 하는 경우에 해당되지 않는 것은?

① 발전기에 과전류가 생긴 경우

② 용량이 500 [kVA] 이상의 발전기를 구동하는 수차의 압유 장치의 유압이 현저히 저하한 경우

③ 용량이 100 [kVA] 이상의 발전기를 구동하는 풍차의 압유 장치의 유압, 압축 공기 장치의 공기압이 현저히 저하한 경우

④ 용량이 5000 [kVA] 이상인 발전기의 내부에 고장이 생긴 경우

풀이

발전기 등의 보호(판단기준 제47조)
발전기 고장시 자동차단
① 수차의 압유 장치 유압의 저하 : 500 [kVA] 이상
② 수차 스러스트베어링의 온도 상승 : 2000 [kVA] 이상
③ **발전기 내부 고장 : 10,000 [kVA] 이상**   【답】④

 6[kV] 고압 옥내 배선을 애자 사용 공사로 하는 경우 전선의 지지점간의 거리는 전선을 조영재의 면을 따라 붙이는 경우 몇 [m] 이하이어야 하는가?

① 1 ② 2
③ 3 ④ 5

풀이

고압 옥내 애자 공사의 시설기준 (판단기준 제209조)

전 압	전선과 조영재와의 이격 거리	전선 상호 간격	전선 지지점간의 거리	
			조영재의 상면 또는 측면	조영재에 따라 시설 하지 않는 경우
고 압	5 [cm] 이상	8 [cm] 이상	**2 [m] 이하**	6 [m] 이하

[답] ②

 다음 중 특고압 전선로용으로 사용할 수 있는 케이블은?

① 비닐 외장 케이블 ② MI 케이블
③ CD 케이블 ④ 파이프형 압력 케이블

풀이

고압 케이블 및 특고압 케이블 (판단기준 제9조)
사용 전압이 **특고압인 전로**(전기기계기구 안의 전로를 제외한다)에 **전선**으로 사용하는 케이블에는 **파이프형 압력 케이블**, 연피 케이블, 알루미늄피케이블, 기타 금속 피복을 한 케이블을 사용하여야 한다.

[답] ④

 다음 중 저·고압 가공 전선과 가공 약전류 전선 등을 동일 지지물에 시설하는 경우 옳지 않은 것은?

① 가공 전선을 가공 약전류 전선 등의 위로하고 별개의 완금류에 시설할 것
② 전선로의 지지물로 사용하는 목주의 풍압하중에 대한 안전율은 1.5 이상일 것
③ 가공 전선과 가공 약전류 전선 등 사이의 이격거리는 저압과 고압 모두 75 [cm] 이상일 것
④ 가공 전선이 가공 약전류 전선에 대하여 유도 작용에 의한 통신상의 장해를 줄 우려가 있는 경우에는 가공 전선을 적당한 거리에서 연가할 것

풀이

저고압 가공전선과 가공약전류 전선 등의 공가(판단기준 제91조)
가공 전선을 가공 약전선의 위로 별개의 완금류에 시설하고 **이격 거리는 저압 가공 전선은 75 [cm] 이상, 고압은 1.5 [m] 이상**이어야 한다.

[답] ③

---

 220 [V]용 전동기의 절연 내력 시험시 시험 전압은 몇 [V]로 하여야 하는가?

① 300 ② 330
③ 450 ④ 500

풀이

회전기 및 정류기의 절연내력 (판단기준 제14조)

종 류		시험 전압	시험 방법
회전기	발전기·전동기·조상기·기타회전기	7,000[V] 이하	1.5배 (최저 500 [V])	권선과 대지 사이에 연속하여 10분간
		7,000[V] 초과	1.25배 (최저 10,500 [V])	
	회전 변류기		직류측의 최대사용전압의 1배의 교류전압 (최저 500 [V])	

∴ 시험 전압 $= 220 \times 1.5 = 330$[V] 이나 **최저 시험 전압이 500 [V]이므로 시험 전압은 500 [V]가 되어야 한다.**

[답] ④

 "조상설비"에 대한 용어의 정의로 옳은 것은?

① 전압을 조정하는 설비를 말한다.
② 전류를 조정하는 설비를 말한다.
③ 유효 전력을 조정하는 전기 기계 기구를 말한다.
④ 무효 전력을 조정하는 전기 기계 기구를 말한다.

풀이

조상설비(기술기준 제3조) : **무효 전력을 조정하는 전기 기계 기구**

[답] ④

 제2종 접지 공사의 접지 저항값을 $\dfrac{150}{I}$[Ω] 으로 정하고 있는데, 이때 I에 해당되는 것은?

① 변압기의 고압측 또는 특고압측 전로의 1선 지락 전류의 암페어 수
② 변압기의 고압측 또는 특고압측 전로의 단락 사고시의 고장 전류의 암페어 수
③ 변압기 1차측과 2차측의 혼촉에 의한 단락 전류의 암페어 수
④ 변압기의 1차와 2차에 해당되는 전류의 합

풀이

제2종 접지공사의 접지 저항값 $= \dfrac{150}{1선\ 지락\ 전류}$[Ω]

[답] ①

 2010년도 2회 문제 90

전기설비 기술기준(개정)과 판단기준에 따라 삭제된
문제가 있어 20문항이 안됩니다.

국가기술자격검정 필기시험 문제

2007년도 전기산업기사 일반검정 제2회

자격종목 및 등급(선택분야)	종목코드	시험시간	문제지형별	수검 번호	성 명
전기산업기사	2140	2시간 30분	A		

1과목 전기자기학

문제 01 다음 중 단위 체적당 발산 자화력선수를 나타내는 식은?

① $\nabla \times \boldsymbol{P}$ ② $\nabla \times \boldsymbol{M}$

③ $\nabla \cdot \boldsymbol{M}$ ④ $\nabla \cdot \boldsymbol{P}$

풀이

① $\nabla \times \boldsymbol{P}$: 단위 면적의 폐루프에서 회전 분극선수
② $\nabla \times \boldsymbol{M}$: 단위 면적의 폐루프에서 회전 자화력선수
③ $\nabla \cdot \boldsymbol{M}$: **단위 체적당 발산 자화력선수**
④ $\nabla \cdot \boldsymbol{P}$: 단위 체적당 발산 분극선수   **[답]** ③

문제 02 쿨롱의 법칙을 이용한 것이 아닌 것은?

① 정전 고압 전압계   ② 고압 집진기

③ 콘덴서 스피커   ④ 콘덴서 마이크로폰

풀이

콘덴서 마이크로폰은 음파에 의한 정전 용량의 변화를 전압의 변화로 변환하는 것이다.   **[답]** ④

문제 03 전위 계수에 있어서 $P_{11} = P_{21}$ 의 관계가 의미하는 것은?

① 도체 1과 도체 2가 멀리 떨어져 있다.

② 도체 1과 도체 2가 가까이 있다.

③ 도체 1이 도체 2의 내측에 있다.

④ 도체 2가 도체 1의 내측에 있다.

풀이

$P_{11} = P_{21}$: 도체 2가 도체 1속에 포함되어 있는 경우
즉, 도체 1이 도체 2를 감싸고 있다(**도체 2가 도체 1의 내측에 있다**).   **[답]** ④

문제 04 자성체가 균일하게 자화되어 있을 때의 자극의 상태로 옳은 것은?

① 자성체에는 자극이 나타나지 않는다.

② 자성체 전체에 자극이 골고루 분포되어 나타난다.

③ 자성체의 내부에 자극이 나타난다.

④ 자성체의 양단면에 자극이 나타난다.

풀이

자극(magnetic pole)
① 거시적 의미 : 자기 작용이 강한 자석의 양단에 나타나며 극성은 정반대 $(+m, -m)$
② 미시적 의미 : 자성체의 내부 현상으로 전자의 자전운동(스핀 운동)에 의해 자기 쌍극자 모멘트가 생기므로 **자성체 전체에 자극** $(+m, -m)$**이 골고루 분포**한다.

$\therefore \oint \boldsymbol{B} \cdot d\boldsymbol{S} = \sum m = 0$ (즉, $\operatorname{div} \boldsymbol{B} = 0$)

: 항상 동량의 서로 다른 부호의 자하가 존재 $(+m, -m)$ **[답]** ②

문제 05 평행판 공기 콘덴서 극판간에 비유전율 6인 유리판을 일부만 삽입한 경우 내부로 끌리는 힘은 약 몇 [N/m²]인가? 단, 극판간의 전위 경도는 30 [kV/cm]이고, 유리판의 두께는 판간 두께와 같다.

① 199   ② 223

③ 247   ④ 269

풀이

두 유전체의 경계 조건
두 유전체의 경계면에 전속 및 전기력선이 평행으로 입사하므로 전계 E는 일정하다. 즉, 경계면에 작용하는 단위 면적당 힘 f는

$$f = \frac{1}{2}(D_2 - D_1)E = \frac{1}{2}(\epsilon_2 E - \epsilon_1 E)E = \frac{1}{2}(\epsilon_2 - \epsilon_1)E^2$$

$$f = \frac{1}{2}(6\epsilon_0 - \epsilon_0)E^2 = \frac{5}{2}\epsilon_0 E^2$$

$$= \frac{5}{2} \times 8.85 \times 10^{-12} \times (3 \times 10^6)^2 = 199[\text{N/m}^2] \qquad \textbf{[답]} ①$$

문제 06 다음 (   )안에 들어갈 내용으로 알맞은 것은?
"유도 기전력은 (   )의 변화를 방해하는 방향으로 생기며, 그 크기는 (   )의 시간적인 변화율과 같다."

① 전압   ② 전류

③ 전자파   ④ 쇄교자속

풀이

유도기전력 $e = -n\dfrac{d\phi}{dt}$

① 패러데이 법칙 : 유도기전력의 크기 결정

　(권선수 n 및 $\dfrac{d\phi}{dt}$에 비례)

② 렌쯔의 법칙 : 유도기전력의 방향 결정

　("−" 부호 : **자속변화를 방해하는 방향**)　　**【답】** ④

문제 07 두 유전체의 경계면에서 정전계가 만족하는 것은?

① 전계의 법선 성분이 같다.

② 전속 밀도의 접선 성분이 같다.

③ 경계면상의 두 점의 전위는 서로 같다.

④ 전속은 유전율이 작은 유전체로 모인다.

풀이

경계 조건

• 전속밀도의 법선 성분(수직 성분)이 같다. $(D_1\cos\theta_1 = D_2\cos\theta_2)$

• 전계는 접선 성분(평행 성분)이 같다. $(E_1\sin\theta_1 = E_2\sin\theta_2)$

• **두 경계면에서의 전위는 서로 같다.** $(V_1 = V_2)$

• $\epsilon_1 > \epsilon_2$이면, $\theta_1 > \theta_2$ 이다.

• $\dfrac{\tan\theta_1}{\tan\theta_2} = \dfrac{\epsilon_1}{\epsilon_2}$

• 전속선은 유전율이 큰 유전체 쪽으로 모이려는 성질이 있다.

　　　　　　　　　　　　　　【답】 ③

문제 08 대향면적 $S = 100[\text{cm}^2]$의 평행판 콘덴서가 비유전율 2.1, 절연내력 1.2×10^5 [V/cm]인 기름 중에 있을 때 축적되는 최대 전하는 몇 [C]인가?

① 2.23×10^{-6} ② 3.14×10^{-6}

③ 4.28×10^{-6} ④ 6.28×10^{-6}

풀이

$Q = CV = \dfrac{\epsilon_0\epsilon_s s}{d} \cdot E_d = \epsilon_0\epsilon_s s \boldsymbol{E}$

$\therefore\ Q = (8.855 \times 10^{-12}) \times 2.1 \times (100 \times 10^{-4})$

$\qquad \times (1.2 \times 10^5 \times 10^2)$

$\qquad = 2.23 \times 10^{-6} [\text{C}]$　　　　**【답】** ①

문제 09 한 쪽 지름이 다른 쪽 지름의 6배인 2개의 금속구가 가늘고 긴 전선으로 접속되어 대전되어 있다. 큰 쪽은 작은 쪽보다 몇 배의 정전 에너지가 축적되는가?

① 3   ② 6

③ 18   ④ 36

풀이

두 금속구의 정전 용량 $C_1 = 4\pi\epsilon_0 a$, $C_2 = 4\pi\epsilon_0(6a) = 6C_1$

두 금속구의 전위는 전선으로 접속되어 공통 전위 V

$W_1 = \dfrac{1}{2}C_1 V$

$W_2 = \dfrac{1}{2}C_2 V = \dfrac{1}{2}(6C_1)V = 6 \cdot \dfrac{1}{2}C_1 V = 6W_1$ (6배)　**【답】** ②

문제 10 자기 인덕턴스 L_1, L_2와 상호 인덕턴스 M, 결합 계수 k와의 관계는?

① $M = k\sqrt{L_1 \cdot L_2}$　　② $M = \sqrt{k \cdot L_1 \cdot L_2}$

③ $M = \dfrac{L_1 \cdot L_2}{k}$　　④ $M = \sqrt{\dfrac{L_1 \cdot L_2}{k}}$

풀이

결합 계수 $k = \dfrac{M}{\sqrt{L_1 L_2}}$　　　　　　**【답】** ①

문제 11 고립 도체구의 정전 용량이 50 [pF]일 때 이 도체구의 반지름은 약 몇 [cm]인가?

① 5   ② 25

③ 45   ④ 85

풀이

구도체 정전 용량 $C = 4\pi\epsilon_0 a$ [F]에서　$50 \times 10^{-12} = 4\pi\epsilon_0 a$

$\therefore\ a = \dfrac{50 \times 10^{-12}}{4\pi\epsilon_0} = 0.44[\text{m}] = 45[\text{cm}]$　　**【답】** ③

문제 12	2015년도 2회 문제 03
문제 13	2014년도 3회 문제 07
문제 14	2010년도 1회 문제 04
문제 15	2015년도 1회 문제 09
문제 16	2009년도 3회 문제 02
문제 17	2009년도 2회 문제 07
문제 18	2012년도 2회 문제 02

2과목 전력공학

문제 21 압축된 공기를 아크에 불어 넣어서 차단하는 차단기는?

① ABB　　　　　　② MBB
③ VCB　　　　　　④ ACB

풀이

소호 원리에 따른 차단기의 종류

종 류	약 어	소 호 원 리
유입 차단기	OCB	소호실에서 아크에 의한 절연유 분해 가스의 흡부력을 이용해서 차단
기중 차단기	ACB	대기 중에서 아크를 길게 하여 소호실에서 냉각 차단
자기 차단기	MBB	대기 중에서 전자력을 이용하여 아크를 소호실내로 유도해서 냉각차단
공기 차단기	**ABB**	**압축된 공기를 아크에 불어 넣어서 차단**
진공 차단기	VCB	고진공 중에서 전자의 고속도 확산에 의해 차단
가스 차단기	GCB	고성능 절연 특성을 가진 특수 가스(SF_6)를 흡수해서 차단

【답】 ①

문제 22 이상 전압의 발생 우려가 가장 적은 중성점 접지 방식은?

① 저항 접지 방식　　　② 소호 리액터 접지 방식
③ 직접 접지 방식　　　④ 비접지 방식

풀이

방 식	보호 계전기 동작	지락 전류	고장중 운전	전위 상승	과도 안정도	유도 장해	특 징
직접 접지 (22.9, 154, 345 [kV])	확실	최대	×	1.3	최소	최대	중성점영전위, 단절연가능
저항 접지	↓	↓	×	$\sqrt{3}$	↓	↓	
비접지(3.3, 6.6 [kV])	×	↓	가능	$\sqrt{3}$	↓	↓	저전압 단거리에 적용
소호 리액터 접지(66[kV])	불확실	최소	가능	$\sqrt{3}$ 이상	최대	최소	병렬공진, 고장전류최소

【답】 ③

문제 23 총낙차 300 [m], 사용 수량 20 [m³/s]인 수력 발전소의 발전기 출력은 약 몇 [kW]인가? (단, 수차 및 발전기 효율은 각각 90 [%], 98 [%]이고, 손실 낙차는 총낙차의 6 [%]라 한다.)

① 49　　　　　　② 52
③ 77　　　　　　④ 87

풀이

발전소 출력 $P = 9.8QH\eta_t\,\eta_g$ 에서

$$P = 9.8 \times 20 \times (300 - 300 \times 0.06) \times 0.9 \times 0.98 \times 10^{-3}$$
$$= 48.75 [kW]$$

【답】 ①

문제 24 전력선과 통신선과의 상호 인덕턴스에 의하여 발생되는 유도 장해는?

① 전력 유도 장해　　　② 고조파 유도 장해
③ 전자 유도 장해　　　④ 정전 유도 장해

풀이

- **전자 유도 장해 :** 전력선과 통신선과의 상호 인덕턴스에 기인
- **정전 유도 장해 :** 전력선과 통신선과의 정전용량에 기인

【답】 ③

문제 25 수차의 특유 속도(specific speed)를 구하는 공식은? (단, 유효 낙차 H [m], 수차의 출력 : P [kW], 수차의 정격 회전수 : n [rpm], 특유 속도 : N_s [rpm]이라 한다.)

① $N_s = \dfrac{nP^{\frac{1}{2}}}{H^{\frac{5}{4}}}$　　　② $N_s = \dfrac{H^{\frac{5}{4}}}{nP}$

③ $N_s = \dfrac{HP^{\frac{1}{4}}}{n^{\frac{5}{4}}}$　　　④ $N_s = \dfrac{nP^2}{H^{\frac{5}{4}}}$

풀이

$$\text{특유 속도 } N_s = \frac{nP^{\frac{1}{2}}}{H^{\frac{5}{4}}} = \frac{n\sqrt{P}}{H\sqrt{\sqrt{H}}}\,[\text{rpm}]$$

【답】 ①

문제 26 계통의 기기 절연을 표준화하고 통일된 절연 체계를 구성하는 목적으로 절연계급을 설정하고 있다. 이 절연계급에 해당하는 내용을 무엇이라 부르는가?

① 제한 전압　　　　② 기준 충격 절연 강도
③ 상용 주파 내전압　④ 보호 계전

풀이

기준 충격 절연 강도(BIL, basic impulse insulation level)는 기기 절연을 표준화할 목적으로 제정되었으며, 또 **통일된 절연 체계를 구성할 목적으로 절연계급을 설정**하고 있다. 　　**[답]** ②

문제 27 3상 3선식 배전 선로로서 역률이 0.8(지상)인 3상 평형 부하 40 [kW]를 연결했을 때 전압 강하는 약 몇 [V]인가? (단, 부하의 전압은 200 [V], 전선 1조의 저항은 0.02 [Ω]이고, 리액턴스는 무시한다.)

① 2　　　　　　　　② 3
③ 4　　　　　　　　④ 5

풀이

전압 강하 $e = \dfrac{P}{V}(R + X\tan\theta)$ 에서 리액턴스를 무시하므로

$$e = \dfrac{PR}{V} = \dfrac{40 \times 10^3 \times 0.02}{200} = 4\,[\text{V}]$$　　**[답]** ③

문제 28 PWR(Pressurized Water Reactor)형 발전용 원자로에서 감속재, 냉각재 및 반사체로서의 구실을 겸하여 주로 사용되고 있는 것은?

① 경수(H_2O)　　　　② 중수(D_2O)
③ 흑연　　　　　　　④ 액체 금속(Na)

풀이

종　류	연　료	감속재	냉각재
가스 냉각로(GCR)	천연우라늄	흑연	탄산가스
가압수형 경수로(PWR)	**저농축우라늄**	**경수**	**경수**
비등수형 경수로(BWR)	저농축우라늄	경수	경수
중수로(CANDU)	천연우라늄	중수	중수
고속 증식로(FBR)	농축우라늄, 플루토늄	–	나트륨

[답] ①

문제 29 송전 선로의 코로나 손실을 나타내는 Peek 식에서 E_0에 해당하는 것은? (단, Peek식

$$P = \dfrac{241}{\delta}(f + 25)\sqrt{\dfrac{d}{2D}}\,(E - E_0)^2 \times 10^{-5}$$

[kW/km/선] 이다)

① 코로나 임계 전압
② 전선에 걸리는 대지 전압
③ 송전단 전압
④ 기준 충격 절연 강도 전압

풀이

δ : 상대 공기 밀도,　D : 선간 거리,　d : 전선의 지름
f : 주파수,　E : 전선에 걸리는 대지 전압,
E_0 : 코로나 임계 전압　　**[답]** ①

문제 30 5700 [kcal/kg]의 석탄을 150 [ton] 소비해서 200,000 [kWh]를 발전했을 때, 발전소의 효율은 약 몇 [%]인가?

① 12　　　　　　　　② 16
③ 20　　　　　　　　④ 24

풀이

$$E_2 = 200,000\,[\text{kWh}]$$
$$E_1 = \dfrac{WC}{860} = \dfrac{150 \times 1000 \times 5700}{860}\,[\text{kWh}]$$
$$\eta = \dfrac{E_2}{E_1} = \dfrac{860E_2}{WC} = \dfrac{860 \times 200,000}{150 \times 1000 \times 5700} = 0.2 = 20\,[\%]$$　　**[답]** ③

문제 31	2016년도 3회 문제 22
문제 32	2014년도 1회 문제 33
문제 33	2010년도 2회 문제 26
문제 34	2011년도 3회 문제 36
문제 35	2009년도 3회 문제 29
문제 36	2014년도 1회 문제 24
문제 37	2014년도 3회 문제 28
문제 38	2015년도 1회 문제 24
문제 39	2009년도 2회 문제 25
문제 40	2016년도 2회 문제 32

3과목 전기기기

문제 41 동기기의 전기자 권선법이 아닌 것은?

① 중권　　　　　　　② 2층권
③ 분포권　　　　　　④ 전절권

풀이

동기기의 전기자 권선은
• 집중권과 분포권 중에서 **분포권**을
• 전절권과 단절권 중에서 **단절권**을
• 중권, 파권, 쇄권 중에서 **중권**을
• 단층권과 이층권 중에서 **2층권을 채택**한다.　　**[답]** ④

문제 42 단상 변압기의 병렬 운전 조건에 필요하지 않은 것은?

① 극성이 일치할 것

② 출력이 반드시 같을 것

③ 권수비가 같을 것

④ 각 변압기의 백분율 임피던스 강하가 같을 것

풀이

변압기 병렬 운전 조건
① **권수비**가 같을 것(정격 전압이 같을 것)
② **극성**이 같을 것
③ **%임피던스 강하**가 같을 것
④ 내부 저항과 누설 리액턴스비가 같을 것 【답】②

문제 43 권선형 유도 전동기의 기동시 2차 저항을 넣는 이유는?

① 기동 전류 증대

② 회전수 감소

③ 기동 토크 감소

④ 기동 전류 감소와 토크 증대

풀이

• **권선형 유도 전동기의 기동법** : 2차측의 슬립링을 통하여 기동 저항을 삽입하고 비례 추이의 특성을 이용하여 속도-토크 특성을 변화시켜 가면서 기동하는 방식으로서, **기동전류는 줄이고 기동 토크는 증가시킨다.** 【답】④

문제 44 단상 변압기에서 전부하시 2차 전압은 115 [V]이고, 전압 변동률은 2 [%]이다. 1차 단자 전압은 몇 [V]인가? (단, 1차, 2차 권선비는 20 : 1이다.)

① 2326 ② 2336

③ 2346 ④ 2356

풀이

$$V_{10} = V_{1n}\left(1 + \frac{\epsilon}{100}\right) = a V_{2n}\left(1 + \frac{\epsilon}{100}\right)$$

$$= 20 \times 115 \times \left(1 + \frac{2}{100}\right) = 2346 \text{ [V]}$$

【답】③

문제 45 어떤 직류 전동기의 유기전력이 200 [V], 매분 회전수가 1200 [rpm]으로 토크 16.2 [kg·m]를 발생하고 있을 때의 전류는 약 몇 [A]인가?

① 60 ② 80

③ 100 ④ 120

풀이

$$T = 0.975 \frac{P}{N} = 0.975 \frac{E_c I}{N} \text{ [kg·m]에서}$$

$$I = \frac{NT}{0.975 E_c} = \frac{1200 \times 16.2}{0.975 \times 200} = 99.69 \text{[A]}$$

【답】③

4과목 회로이론

문제 61 $R - L - C$ 직렬 회로에서 $L = 0.1 \times 10^{-3}$ [H], $R = 100[\Omega]$, $C = 0.1 \times 10^{-6}$ [F]일 때 이 회로는?

① 비진동적이다.

② 진동적이다.

③ 정현파로 진동한다.

④ 진동과 비진동을 반복한다.

풀이

• $R^2 = 100^2 = 10^4$

• $4\frac{L}{C} = 4 \times \frac{0.1 \times 10^{-3}}{0.1 \times 10^{-6}} = 4 \times 10^3$

따라서 $R^2 > 4\frac{L}{C}$ 이므로 비진동적이다.

(• $R^2 = 4\frac{L}{C}$: 임계진동 • $R^2 - 4\frac{L}{C} > 0$: 비진동

• $R^2 - 4\frac{L}{C} < 0$: 진동) 【답】①

문제 62 어느 3상 회로의 선간 전압을 측정하니 V_a= 120 [V], V_b=$- 60 - j\,80$ [V], V_c=$- 60 + j\,80$[V]이었다. 불평형률[%]은?

① 13
② 27
③ 34
④ 41

풀이

$$V_1 = \frac{1}{3}(V_a + a\,V_b + a^2\,V_c)$$

$$= \frac{1}{3}\left\{120 + \left(-\frac{1}{2} + j\frac{\sqrt{3}}{2}\right)(-60 - j80)\right.$$

$$\left. + \left(-\frac{1}{2} - j\frac{\sqrt{3}}{2}\right)(-60 + j80)\right\}$$

$$= \frac{1}{3}(120 + 60 + 80\sqrt{3}) = 106.2\,[\text{V}]$$

$$V_2 = \frac{1}{3}(V_a + a^2\,V_b + a\,V_c)$$

$$= \frac{1}{3}\left\{120 + \left(-\frac{1}{2} - j\frac{\sqrt{3}}{2}\right)(-60 - j80)\right.$$

$$\left. + \left(-\frac{1}{2} + j\frac{\sqrt{3}}{2}\right)(-60 + j80)\right\}$$

$$= \frac{1}{3}(120 + 60 - 80\sqrt{3}) = 13.8\,[\text{V}]$$

$$\therefore \ \text{불평형률} = \frac{|V_2|}{|V_1|} \times 100 = \frac{13.8}{106.2} \times 100 = 13\,[\%]$$ **【답】** ①

문제 63 정현파 교류의 실효값을 구하는 식이 잘못된 것은?

① $\sqrt{\dfrac{1}{T}\displaystyle\int_0^T i^2\,dt}$
② 파고율×평균치

③ $\dfrac{\text{최대값}}{\sqrt{2}}$
④ $\dfrac{\pi}{2\sqrt{2}} \times$평균치

풀이

$$\text{실효값} = \sqrt{\frac{1}{T}\int_0^T i^2\,dt} = \frac{1}{\text{파고율}} \times \text{최대값}$$

$$= \text{파형률} \times \text{평균값} = \frac{1}{\sqrt{2}}\,\text{최대값} = \frac{\pi}{2\sqrt{2}}\,\text{평균값}$$ **【답】** ②

문제 64 회로 방정식의 특성근과 회로의 시정수에 대하여 바르게 서술된 것은?

① 특성근과 시정수는 같다.
② 특성근의 역(逆)과 회로의 시정수는 같다.
③ 특성근의 절대값의 역과 회로의 시정수는 같다.
④ 특성근과 회로의 시정수는 서로 상관되지 않는다.

풀이

안정된 회로에 있어서는 $\tau = \dfrac{-1}{\alpha} = \dfrac{1}{|\alpha|}$ 의 관계가 있으며 τ는 시정수, α는 특성근 또는 감쇠정수라 한다. **【답】** ③

문제 65 $R - C$ 직렬 회로의 시정수는 RC이다. 시정수의 단위는 어떻게 되는가?

① Ω
② $\Omega\mu\text{F}$
③ sec
④ Ω/F

풀이

- RC 직렬 회로의 시정수 $\tau = RC\,[\text{sec}]$

- RL 직렬 회로의 시정수 $\tau = \dfrac{L}{R}\,[\text{sec}]$ **【답】** ③

문제 66 회로에서 단자 1-1′에서 본 구동점 임피던스 Z_{11}의 값[Ω]은?

① 5 [Ω]
② 8 [Ω]
③ 10 [Ω]
④ 15 [Ω]

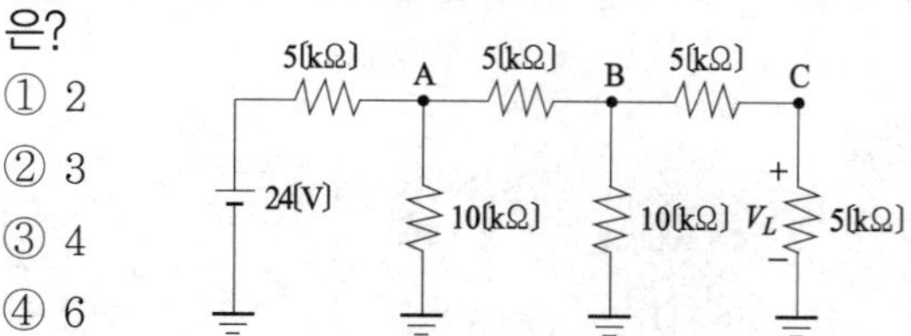

풀이

$$Z_{11} = \left.\frac{V_1}{I_1}\right|_{I_2=0} \qquad I_1 = \frac{V_1}{3+5} = \frac{V_1}{8}$$

$$\therefore \ Z_{11} = \frac{V_1}{\dfrac{V_1}{8}} = 8\,[\Omega]$$ **【답】** ②

문제 67 그림의 사다리꼴 회로에서 출력 전압 $V_L[\text{V}]$은?

① 2
② 3
③ 4
④ 6

풀이

전압분배 법칙을 적용하면 된다. 처음 B점의 우측의 합성저항은 10 [kΩ]이며, 이 저항이 아래측의 10 [kΩ]과 병렬로 되어 B점의 합성 저항은 5 [kΩ]이 된다. A점에서도 동일하게 되어 5 [kΩ]이 된다. 즉 24 [V]는 1/2씩 A점을 중심으로 나누어 걸리게 된다. 따라서, A점의 전위는 12 [V], 마찬가지로 B점의 전위는 6 [V], C점의 전위는 3 [V]가 된다. **【답】** ②

문제 68 비사인파의 실효값은 어떻게 되는가?

① 각 고조파의 실효값의 합
② 각 고조파의 실효값 제곱의 합의 제곱근
③ 기본파와 3고조파 성분의 합
④ 각 고조파의 실효값의 합의 평균

풀이

왜형파의 실효값은 **각 고조파 실효값 제곱의 합의 제곱근**이다.

$$V = \sqrt{V_0^2 + V_1^2 + V_3^2 + \cdots}$$

$$= \sqrt{V_0^2 + \left(\frac{V_{m1}}{\sqrt{2}}\right)^2 + \left(\frac{V_{m3}}{\sqrt{2}}\right)^2 + \cdots}$$

【답】②

문제 69 파고율의 관계식이 바르게 표시된 것은?

① $\dfrac{\text{최대값}}{\text{실효값}}$ ② $\dfrac{\text{실효값}}{\text{최대값}}$

③ $\dfrac{\text{평균값}}{\text{실효값}}$ ④ $\dfrac{\text{실효값}}{\text{평균값}}$

풀이

• 파고율 = $\dfrac{\text{최대값}}{\text{실효값}}$ • 파형률 = $\dfrac{\text{실효값}}{\text{평균값}}$ 【답】①

문제 70

2개의 교류 전압 $v_1 = 100\sin\left(377t + \dfrac{\pi}{6}\right)$ [V]와 $v_2 = 100\sqrt{2}\sin\left(377t + \dfrac{\pi}{3}\right)$ [V]가 있다. 옳게 표시된 것은?

① v_1과 v_2의 주기는 모두 1/60[sec]이다.
② v_1과 v_2의 주파수는 377[Hz]이다.
③ v_1과 v_2는 동상이다.
④ v_1과 v_2의 실효값은 100[V], $100\sqrt{2}$ [V] 이다.

풀이

$\omega = 2\pi f = 377$ 에서 $f = \dfrac{377}{2\pi} = 60[\text{Hz}]$

$T = \dfrac{1}{f}$ 이므로 $T = \dfrac{1}{60}$ 【답】①

5과목 전기설비기술기준 및 판단기준

문제 81 전력 보안 가공 통신선을 도로 위, 철도 또는 궤도, 횡단 보도교 위 등이 아닌 일반적인 장소에 시설하는 경우에는 지표상 몇 [m] 이상으로 시설하여야 하는가?

① 3.5   ② 4
③ 4.5   ④ 5

풀이

가공통신선의 높이(판단기준 제156조)

구 분		가공 통신선[m]	첨가 통신선
도로 위에 시설	교통에 영향	노면상 5 [m]	노면상 6 [m]
	교통에 지장 없음	노면상 4.5 [m]	노면상 5 [m]
철도 궤도 횡단시		궤조면상 6.5 [m]	궤조면상 6.5 [m]
횡단 보도교 위에 시설		노면상 3 [m]	노면상 5 [m]
기 타		**지표상 3.5 [m]**	지표상 5 [m]

【답】①

문제 82 터널 등에 시설하는 고압 배선이 그 터널 등에 시설하는 다른 고압 배선, 저압 배선, 약전류 전선 등 또는 수관·가스관이나 이와 유사한 것과 접근하거나 교차하는 경우에는 몇 [cm] 이상 이격하여야 하는가?

① 10   ② 15
③ 20   ④ 25

풀이

고압 옥내배선과 타 시설물과의 이격거리 (판단기준 제209조)
① 다른 고압 옥내배선·저압 옥내전선·관등회로의 배선·약전류 전선 : 15 [cm]
② 수관·가스관이나 이와 유사한 것과 접근하거나 교차하는 경우 : 15 [cm]
③ 애자사용 공사에 의하여 시설하는 저압 옥내전선인 경우 : 30 [cm]
④ 가스계량기 및 가스관의 이음부와 전력량계 및 개폐기 : 60 [cm]

【답】②

문제 83 전개된 건조한 장소에서 400 [V] 이상의 저압 옥내 배선을 할 때 특별한 경우를 제외하고는 시행할 수 없는 공사는?

① 애자 사용 공사　　② 금속 덕트 공사
③ 버스 덕트 공사　　④ 합성 수지 몰드 공사

풀이

저압 옥내배선의 시설장소별 공사의 종류 (판단기준 제180조)

시설장소의 구분 / 사용전압의 구분		400 [V] 미만인 것	400 [V] 이상인 것
전개된 장소	건조한 장소	애자사용공사·합성수지몰드공사·금속몰드공사·금속덕트공사·버스덕트공사 또는 라이팅 덕트공사	**애자사용공사·금속덕트공사 또는 버스덕트공사**
	기타장소	애자사용공사, 버스덕트공사	애자사용공사

※ 저압 옥내배선을 합성수지관 공사, 금속관 공사, 가요전선관공사나 케이블 공사로 할 경우 시설장소에 관계없이 사용할 수 있다.

【답】④

문제 84 조상기의 보호 장치로서 내부 고장시에 자동적으로 전로로부터 차단하는 장치를 하여야 하는 조상기의 용량은 몇 [kVA] 이상인가?

① 5000　　② 7500
③ 10000　　④ 15000

풀이

조상설비의 보호장치 (판단기준 제49조)
조상설비에는 그 내부에 고장이 생긴 경우에 보호하는 장치를 표와 같이 시설하여야 한다.

설비종별	뱅크용량의 구분	자동적으로 전로로부터 차단하는 장치
전력용 커패시터 및 분로리액터	500 [kVA] 초과 15,000 [kVA] 미만	·내부에 고장이 생긴 경우 ·과전류가 생긴 경우
	15,000 [kVA] 이상	·내부에 고장이 생긴 경우 ·과전류가 생긴 경우 ·과전압이 생긴 경우
조상기	15,000 [kVA] 이상	·내부에 고장이 생긴 경우

【답】④

문제 85 3 [kV]의 고압 옥내 배선을 케이블 공사로 설계하는 경우 사용할 수 없는 케이블은?

① 연피 케이블
② 비닐 외장 케이블
③ MI 케이블
④ 클로로프렌 외장 케이블

풀이

고압 옥내 배선 등의 시설(판단기준 제209조)
· MI 케이블은 저압만 사용한다.

【답】③

문제 86 전기 온상의 발열선의 온도는 몇 [℃]를 넘지 아니하도록 시설하여야 하는가?

① 70　　② 80
③ 90　　④ 100

풀이

· 발열선에 전기를 공급하는 전로의 대지 전압은 300[V] 이하일 것
· **발열선의 온도는 80 [℃]를 넘지 않도록 시설할 것**
· 발열선 또는 발열선에 직접 접속하는 전선의 피복에 사용하는 금속체에는 사용 전압이 400[V] 미만의 것에는 제3종 접지공사, 사용 전압이 400[V] 이상인 것에는 특별 제3종 접지 공사를 할 것 (판단기준 제237조)

【답】②

문제 87	2016년도 2회 문제 91
문제 88	2009년도 3회 문제 87
문제 89	2012년도 1회 문제 100
문제 90	2016년도 2회 문제 97
문제 91	2012년도 3회 문제 83
문제 92	2010년도 3회 문제 84
문제 93	2014년도 3회 문제 99
문제 94	2009년도 1회 문제 84
문제 95	2010년도 2회 문제 82
문제 96	2009년도 3회 문제 85
문제 97	2014년도 2회 문제 89
문제 98	2013년도 1회 문제 83
문제 99	2009년도 3회 문제 88
문제 100	2009년도 2회 문제 88

국가기술자격검정 필기시험 문제

자격종목 및 등급(선택분야)	종목코드	시험시간	문제지형별	수검 번호	성 명
전기산업기사	2140	2시간 30분	A		

1과목 전기자기학

문제 01 권수 1회의 코일에 5 [Wb]의 자속이 쇄교하고 있을 때 $t = 10^{-1}$초 사이에 이 자속을 0으로 변했다면 이 때 코일에 유도되는 기전력은 몇 [V]이겠는가?

① 5 　　　　② 25

③ 50 　　　　④ 100

풀이

$$e = N\frac{d\phi}{dt} = 1 \times \frac{5-0}{10^{-1}} = 50[\text{V}]$$

[답] ③

문제 02 그림과 같이 권수 N[회], 평균 반지름 r[m]인 환상 솔레노이드에 I[A]의 전류가 흐를 때 중심 O점의 자계의 세기는 몇 [AT/m]인가? 단, 누설 자속은 없다고 함.

① 0

② NI

③ $\dfrac{NI}{2\pi r}$

④ $\dfrac{NI}{2\pi r^2}$

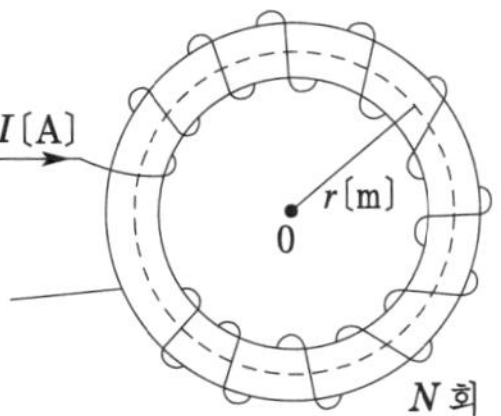

풀이

환상 솔레노이드의 자계

• 코일 내부 $H = \dfrac{NI}{2\pi r}$ 　　• 코일 외부 $H = 0$

[답] ①

문제 03 반지름 r의 직선상 도체에 전류 I가 고르게 흐를 때 도체 내의 전자 에너지와 관계가 없는 것은?

① 투자율 　　　　② 도체의 단면적

③ 도체의 길이 　　④ 전류의 크기

풀이

도체 내의 인덕턴스 $L_i = \dfrac{\mu l}{8\pi}$ 에서 도체 내의 전자 에너지는

$$W_i = \frac{1}{2}L_i I^2 = \frac{1}{2} \cdot \frac{\mu l}{8\pi} I^2 = \frac{\mu l}{16\pi} I^2 [\text{J}]$$

으로서 반지름 r과는 무관하므로 도체의 단면적과도 관계없다.

[답] ②

문제 04 자기 인덕턴스가 L_1, L_2이고 상호 인덕턴스가 M인 두 회로의 결합계수가 1일 때, 다음 중 성립되는 식은?

① $L_1 \cdot L_2 = M$ 　　　　② $L_1 \cdot L_2 < M^2$

③ $L_1 \cdot L_2 > M^2$ 　　　　④ $L_1 \cdot L_2 = M^2$

풀이

결합 계수 $K = \dfrac{M}{\sqrt{L_1 L_2}}$ 에서

결합 계수 $K = 1$인 경우 $\dfrac{M}{\sqrt{L_1 L_2}} = 1$

$\therefore L_1 L_2 = M^2$이 된다.

[답] ④

문제 05 면적 19.6 [cm²], 두께 5 [mm]의 판상 플라스틱 양면에 전극을 설치하고, 정전 용량을 측정하였더니 21.8 [pF]이었다. 이 재료의 비유전율은 약 얼마인가?

① 3.3 　　　　② 4.3

③ 5.3 　　　　④ 6.3

풀이

평행판 콘덴서의 정전용량 $C = \epsilon \dfrac{S}{d}$[F]에서

$$21.8 \times 10^{-12} = \epsilon_0 \epsilon_s \frac{19.6 \times 10^{-4}}{5 \times 10^{-3}}$$

따라서, $\epsilon_s = \dfrac{21.8 \times 10^{-12} \times 5 \times 10^{-3}}{8.855 \times 10^{-12} \times 19.6 \times 10^{-4}} = 6.28$

[답] ④

문제 06 $E = x\,a_x - y\,a_y$ [V/m]일 때 점 (6, 2) [m]를 통과하는 전기력선의 방정식은?

① $y = 12x$ ② $y = \dfrac{12}{x}$

③ $y = \dfrac{x}{12}$ ④ $y = 12x^2$

풀이

전기력선 방정식 : $\dfrac{dx}{E_x} = \dfrac{dy}{E_y}$

주어진 식 $E_x = x$, $E_y = -y$ 이므로

$\therefore \dfrac{dx}{x} = \dfrac{dy}{-y}$

양변 적분(적분 C 누락하지 않도록 주의)

$\displaystyle\int \dfrac{dx}{x} = -\int \dfrac{dy}{y} + C \Rightarrow \ln x = -\ln y + C$

$\ln x + \ln y = C \Rightarrow \ln xy = C$

$xy = e^c$

점 (6, 2)를 지나므로

$xy = 12 \quad \therefore y = \dfrac{12}{x}$

【답】 ②

문제 07 다음 설명 중 옳은 것은?

① 상자성체는 자화율이 0보다 크고, 반자성체에서는 자화율이 0보다 작다.

② 상자성체는 투자율이 1보다 작고, 반자성체에서는 투자율이 1보다 크다.

③ 반자성체는 자화율이 0보다 크고, 투자율이 1보다 크다.

④ 상자성체는 자화율이 0보다 작고, 투자율이 1보다 크다.

풀이

- **상자성체 : 자화율** $\chi > 0$, 비투자율 $\mu_r > 1$
- **반자성체 : 자화율** $\chi < 0$, 비투자율 $\mu_r < 1$
- **강자성체 : 비투자율** $\mu_r \gg 1$

【답】 ①

문제 08 비유전율 $\epsilon_r = 2.8$인 유전체에 전속 밀도 $D = 3.0 \times 10^{-7} a$ [C/m²]를 인가할 때 분극의 세기 P는 약 몇 [C/m²]인가? 단, 유전체는 동질 및 등방향성이라 한다.

① $1.93 \times 10^{-7} a$ ② $2.93 \times 10^{-7} a$

③ $3.50 \times 10^{-7} a$ ④ $4.07 \times 10^{-7} a$

풀이

분극의 세기 $P = D - \epsilon_0 E$ (단, $E = \dfrac{D}{\epsilon} = \dfrac{D}{\epsilon_0 \epsilon_r}$)

$= D - \epsilon_0 \left(\dfrac{D}{\epsilon_0 \epsilon_r}\right) = D - \dfrac{D}{\epsilon_r} = \left(1 - \dfrac{1}{\epsilon_r}\right) D$

$\therefore P = \left(1 - \dfrac{1}{2.8}\right) \times 3 \times 10^{-7} = 1.93 \times 10^{-7}$ [C/m²]

【답】 ①

문제 09 다음 중 실용상 영(0) 전위의 기준으로 가장 적합한 것은?

① 자유공간 ② 무한 원점

③ 철제 부분 ④ 대지

풀이

지구는 정전 용량이 크므로 많은 전하가 축적되어도 지구의 전위는 일정하다. 모든 전기 장치를 접지시키고 **대지를 실용상 영전위**로 한다.

【답】 ④

문제 10 구리 중에는 1 [cm³]에 8.5×10^{22}개의 자유 전자가 있다. 단면적 2 [mm²]의 구리선에 10 [A]의 전류가 흐를 때의 자유 전자의 평균 속도는 약 몇 [cm/s] 인가?

① 0.037 ② 0.37

③ 3.7 ④ 37

풀이

전류 $I = nevS$

$i = \dfrac{I}{S} = \dfrac{10}{2 \times 10^{-6}} = 5 \times 10^6$ [A/m²] = 500 [A/cm²]

평균 속도 $v = \dfrac{I}{neS} = \dfrac{i}{ne} = \dfrac{500}{8.5 \times 10^{22} \times 1.602 \times 10^{-19}}$

$= 0.0367$ [cm/s]

【답】 ①

문제 11 벡터의 계산에서 옳지 않은 것은?

① $i \cdot i = j \cdot j = k \cdot k = 1$

② $i \cdot j = j \cdot k = k \cdot i = 0$

③ $i \times i = j \times j = k \times k = 1$

④ $|A \times B| = AB \sin\theta$

풀이

- $A \cdot B = AB \cos\theta$
- $A \times B = AB \sin\theta$
- $i \times i = j \times j = k \times k = 0$ (i와 i의 위상차는 0° 이므로 $\sin 0° = 0$, 따라서, $i \times i = 0$이 된다)

【답】 ③

문제 12 비유전율 4, 비투자율 1인 공간에서 전자파의 전파 속도는 몇 [m/sec]인가?

① 0.5×10^8 ② 1.0×10^8

③ 1.5×10^8 ④ 2.0×10^8

풀이

전파 속도 $v = \dfrac{3 \times 10^8}{\sqrt{\epsilon_s \mu_s}} = \dfrac{3 \times 10^8}{\sqrt{4 \times 1}} = 1.5 \times 10^8$ [m/s]　　**[답]** ③

문제 13 2010년도 1회 문제 10

문제 14 2015년도 2회 문제 04

문제 15 2010년도 3회 문제 04

문제 16 2016년도 2회 문제 05

문제 17 2010년도 2회 문제 03

문제 18 2009년도 3회 문제 01

문제 19 2016년도 2회 문제 13

문제 20 2012년도 3회 문제 20

2과목 전력공학

문제 21 연간 최대 수용 전력이 70 [kW], 75 [kW], 85 [kW], 100 [kW]인 4개의 수용가를 합성한 연간 최대 수용 전력이 250 [kW]이다. 이 수용가의 부등률은 얼마인가?

① 1.11   ② 1.32

③ 1.38   ④ 1.43

풀이

부등률 $F_{di} = \dfrac{\text{개개의 최대 수용 전력의 합}}{\text{합성 최대 수용 전력}}$

$= \dfrac{70 + 75 + 85 + 100}{250} = 1.32$　　**[답]** ②

문제 22 다음 중 핵연료의 특성으로 적합하지 않은 것은?

① 높은 융점을 가져야 한다.

② 낮은 열전도율을 가져야 한다.

③ 부식에 강해야 한다.

④ 방사선에 안정하여야 한다.

풀이

핵연료의 구비 조건

① 중성자를 빨리 감속시킬 수 있을 것

② 중성자 흡수 단면적이 작을 것

③ **열전도율이 높고, 내식성, 내방사성이 우수할 것**

④ 가볍고, 밀도가 클 것　　**[답]** ②

문제 23 단상 승압기 1대를 사용하여 승압할 경우 승압 전의 전압을 E_1 이라 하면, 승압 후의 전압 E_2 는 어떻게 되는가? 단, 승압기의 변압비는 $\dfrac{\text{전원측 전압}}{\text{부하측 전압}}$ $= \dfrac{e_1}{e_2}$ 이다.

① $E_2 = E_1 + \dfrac{e_1}{e_2} E_1$ ② $E_2 = E_1 + e_2$

③ $E_2 = E_1 + \dfrac{e_2}{e_1} E_1$ ④ $E_2 = E_1 + e_1$

풀이

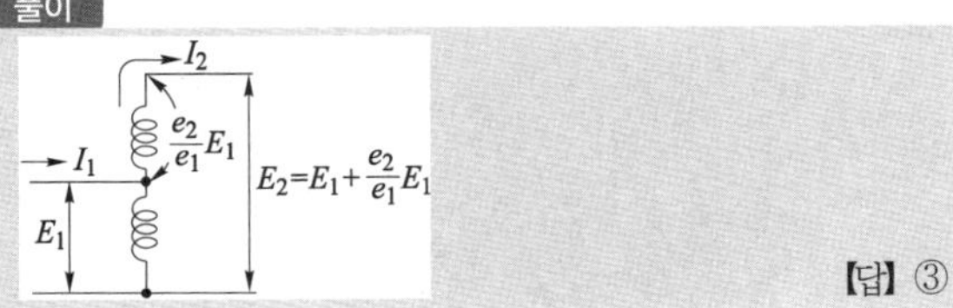

[답] ③

문제 24 중유 연소 기력 발전소의 공기 과잉률은 대략 얼마인가?

① 0.05   ② 1.05

③ 2.38   ④ 3.45

풀이

- 공기 과잉율 $= \dfrac{\text{실제 소요 공기량}}{\text{이론 공기량}}$
- 미분탄 연소 1.2~1.4 정도
- 중유 연소 1.05를 목표로 하고 있다.　　**[답]** ②

문제 25 전선에서 전류의 밀도가 도선의 중심으로 들어갈수록 작아지는 현상은?

① 페란티 효과   ② 표피 효과

③ 근접 효과   ④ 접지 효과

풀이

표피효과(skin effect) **: 도체의 중심으로 갈수록 전류의 밀도가 낮아지는**(전류가 잘 흐르지 못하는) **현상**

$$\delta = \sqrt{\frac{2}{\omega\sigma\mu}} = \sqrt{\frac{1}{\pi f \sigma\mu}} \ [\text{m}]$$

f(주파수), σ(도전율), μ(투자율) 가 클수록 δ가 작게 되어 표피 효과가 심해진다. 【답】②

문제 26 중거리 송전선로의 T형 회로에서 송전단 전류 I_s는? 단, Z, Y는 선로의 직렬 임피던스와 병렬 어드미턴스이고 E_r은 수전단 전압, I_r은 수전단 전류이다.

① $I_r\left(1 + \dfrac{ZY}{2}\right) + YE_r$

② $E_r\left(1 + \dfrac{ZY}{2}\right) + Z I_r\left(1 + \dfrac{ZY}{4}\right)$

③ $E_r\left(1 + \dfrac{ZY}{2}\right) + ZI_r$

④ $I_r\left(1 + \dfrac{ZY}{2}\right) + YE_r\left(1 + \dfrac{ZY}{4}\right)$

풀이

T회로에서 4단자 정수

$$\begin{bmatrix} A & B \\ C & D \end{bmatrix} = \begin{bmatrix} 1 & \frac{Z}{2} \\ 0 & 1 \end{bmatrix}\begin{bmatrix} 1 & 0 \\ Y & 1 \end{bmatrix}\begin{bmatrix} 1 & \frac{Z}{2} \\ 0 & 1 \end{bmatrix}$$

$$= \begin{bmatrix} 1 + \frac{YZ}{2} & Z\left(1 + \frac{YZ}{4}\right) \\ Y & 1 + \frac{YZ}{2} \end{bmatrix}$$

$$\therefore \ I_s = CE_r + DI_r = YE_r + \left(1 + \frac{YZ}{2}\right)I_r$$ 【답】①

문제 27 다음은 수압관 내의 평균 유속을 V[m/s], 사용 유량을 Q[m³/s]라 하고, 관의 직경을 D[m]라고 하면, 사용 유량 Q를 구하는 식은?

① $\dfrac{\pi}{4} \cdot D^2 \cdot V \ [\text{m}^3/\text{s}]$

② $\dfrac{4}{\pi} \cdot D^2 \cdot V \ [\text{m}^3/\text{s}]$

③ $4\pi \cdot D^2 \ [\text{m}^3/\text{s}]$

④ $4\pi \cdot D \cdot V \ [\text{m}^3/\text{s}]$

풀이

$$Q = AV = \frac{1}{4}\pi D^2 \cdot V \ [\text{m}^3/\text{s}]$$ 【답】①

3과목 전기기기

문제 41 직류기의 전기자 권선에 있어서 m중 중권일 때 내부 병렬 회로수는 어떻게 되는가? 단, a : 내부 병렬 회로수, p : 극수이다.

① $a = \dfrac{p}{m}$ ② $a = mp$

③ $a = p - m$ ④ $a = \dfrac{m}{p}$

풀이

중권과 파권의 비교

비교 항목	단중 중권	단중 파권
전기자의 병렬 회로수(a)	$p\,(mp)$	$2\,(2m)$
브러시 수(b)	p	2
용 도	저전압, 대전류	고전압, 소전류
균 압 접속	4극 이상이면 균압 접속을 하여야 한다.	균압 접속은 필요 없다.

여기서, m : 다중도 【답】②

문제 42 동기 발전기에서 앞선 전류가 흐를 때 옳은 것은?

① 감자 작용을 받는다.

② 증자 작용을 받는다.

③ 속도가 상승한다.

④ 효율이 좋아진다.

발전기와 전동기의 전기자 반작용은 서로 반대이다.

분류	동기 발전기	동기 전동기
전압과 동상	교차 자화 작용	교차 자화 작용
진상전류	**증자 작용**	감자 작용
지상전류	감자 작용	증자 작용

【답】②

문제 43 Y결선 3상 동기 발전기에서 극수 6, 1극의 자속수 0.16 [Wb], 회전수 1200 [rpm], 코일의 권수 186, 권선계수 0.96일 때 단자 전압은 약 몇 [V]인가?

① 6591　　　　② 9887
③ 13182　　　　④ 19774

$$N_s = \frac{120f}{P} \text{에서 } f = \frac{N_s P}{120} = \frac{1200 \times 6}{120} = 60 [\text{Hz}]$$
$$V = \sqrt{3}\,E = \sqrt{3} \times 4.44 K_w f W\phi$$
$$= \sqrt{3} \times 4.44 \times 0.96 \times 60 \times 186 \times 0.16 = 13182.53 [\text{V}]$$ 【답】③

문제 44 3000 [V], 60 [Hz], 8극, 100 [kW]의 3상 유도 전동기가 있다. 전부하에서 2차 동손이 3 [kW], 기계손이 2 [kW]이라면 전부하 회전수는 약 몇 [rpm]인가?

① 874　　　　② 762
③ 682　　　　④ 574

2차 입력 $P_2 = P + P_m + P_{c2} = 100 + 2.0 + 3.0 = 105 [\text{kW}]$
$$s = \frac{P_{c2}}{P_2} = \frac{3.0}{105} = \frac{1}{35}$$
$$\therefore N = (1-s)N_s = \left(1 - \frac{1}{35}\right) \times \frac{120 \times 60}{8} = 874 [\text{rpm}]$$ 【답】①

문제 45 변압기 유(油)의 열화에 따른 영향으로 옳지 않은 것은?

① 침식 작용　　　② 절연 내력의 저하
③ 냉각 효과의 감소　　　④ 공기 중 수분의 흡수

변압기 기름의 열화의 영향은
① 절연 내력의 저하
② 냉각 효과의 감소
③ 침식 작용
수분 흡수는 열화의 원인에 해당된다. 【답】④

문제 46 단상 변압기를 병렬 운전할 경우에 부하 전류의 분담은 무엇에 관계되는가?

① 누설 리액턴스에 비례한다.
② 누설 리액턴스 제곱에 반비례한다.
③ 누설 임피던스에 비례한다.
④ 누설 임피던스에 반비례한다.

무부하 전압이 같다고 생각하면 무부하 전류에 의한 내부 강하가 같아야 하므로 $I_A Z_A = I_B Z_B$
$$\therefore \frac{I_A}{I_B} = \frac{Z_B}{Z_A}$$
그러므로, **누설 임피던스에 반비례**한다. 【답】④

문제 47 변압기의 표유부하손이란?

① 동손, 철손
② 부하 전류 중 누전에 의한 손실
③ 권선이외 부분의 누설 자속에 의한 손실
④ 무부하시 여자 전류에 의한 동손

총손실
1. 무부하손(철손)
　① 와류손 : 와전류에 의해 발생
　② 히스테리시스손 : 잔류 자기와 보자력에 의해 발생
2. 부하손
　① 전부하 동손 : 권선에 의해 발생
　② **표유부하손 : 권선 이외 부분의 누설 자속에 의해 발생** 【답】③

문제 48 다음은 SCR에 관한 설명이다. 적당하지 않은 것은?

① 3단자 소자이다.
② 스위칭 소자이다.
③ 직류 전압만을 제어한다.
④ 적은 게이트 신호로 대전력을 제어한다.

SCR은 게이트에 (+)의 트리거 펄스가 인가되면 통전 상태로 되어 **정류 작용이 개시**되고, 일단 통전이 시작되면 게이트 전류를 차단해도 주전류(애노드 전류)는 차단되지 않는다. 이때에 이를 차단 하려면 애노드 전압을 (0) 또는 (−)로 해야 한다. 그러므로 DC 회로에서는 일단 흐르기 시작한 전류를 차단시키는 방법이 부과되지 않으면 안되지만 AC 회로에서는 애노드 전압이 반주기마다 (0) 또는 (−)가 되므로 문제가 되지 않는다. 【답】③

문제 49 3상 유도 전동기의 기동법 중 전전압 기동에 대한 설명으로 옳지 않은 것은?

① 소용량 농형 전동기의 기동법이다.

② 소용량의 농형 전동기에서는 일반적으로 기동 시간이 길다.

③ 기동시에는 역률이 좋지 않다.

④ 전동기 단자에 직접 정격 전압을 가한다.

풀이

전전압 기동법은 전동기에 별도의 기동장치를 두지 않고 정격전압을 가하여 기동하는 방식으로 **기동시간이 짧고 용량이 적은 유도전동기에 적합**하다. 기동 전류는 정격 전류의 4~6배 정도 흐르게 된다.

【답】 ②

문제 50 100 [V], 10 [A], 전기자 저항 1 [Ω], 회전수 1800 [rpm]인 직류 전동기의 역기전력 몇 [V]인가?

① 120 　　　　② 110

③ 100 　　　　④ 90

풀이

역기전력 $E_c = V - I_a R_a = 100 - 10 \times 1 = 90$ [V] 　　**【답】** ④

문제 51 직류 전동기의 제동법 중 발전 제동을 옳게 설명한 것은?

① 전동기가 정지할 때까지 제동 토크가 감소하지 않는 특징을 지닌다.

② 전동기를 발전기로 동작시켜 발생하는 전력을 전원으로 반환함으로써 제동한다.

③ 전기자를 전원과 분리한 후 이를 외부 저항에 접속하여 전동기의 운동 에너지를 열에너지로 소비시켜 제동한다.

④ 운전 중인 전동기의 전기자 접속을 반대로 접속하여 제동한다.

풀이

• **발전 제동** : 전동기를 발전기로 동작시켜 그때 **발생된 전력을 열로 소비하여 제동**하는 방법

• 회생 제동 : 전동기를 발전기로 동작시켜 발생하는 전력을 전원으로 반환함으로써 제동

• 역상 제동(플러깅 제동) : 전기자의 결선을 바꾸어 역 방향의 토크를 발생하여 급제동시는 방법 　　**【답】** ③

문제 52　2011년도 1회 문제 46

문제 53　2013년도 2회 문제 42

문제 54　2014년도 1회 문제 53

문제 55　2010년도 3회 문제 43

문제 56　2016년도 3회 문제 41

문제 57　2011년도 2회 문제 60

문제 58　2015년도 3회 문제 60

문제 59　2011년도 1회 문제 50

문제 60　2013년도 3회 문제 44

4과목　회로이론

문제 61 그림에서 a, b단자에 200 [V]를 가할 때 저항 2 [Ω]에 흐르는 전류 I_1[A]는?

① 40

② 30

③ 20

④ 10

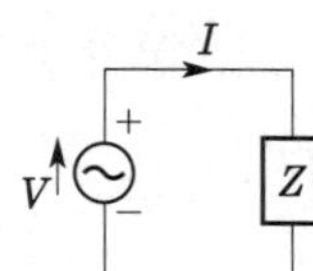

풀이

회로의 합성 저항 R은

$$R = 2.8 + \frac{2 \times 3}{2+3} = 4 \ [\Omega] \qquad \therefore \ I = \frac{200}{4} = 50 \ [A]$$

다음 전류 분배 법칙에 따라

$$I_1 = \frac{R_2}{R_1 + R_2} \times I = \frac{3}{2+3} \times 50 = 30 [A]$$

【답】 ②

문제 62 그림과 같이 $V = 96 + j28$ [V], $Z = 4 - j3$[Ω]이다. 전류 I [A]는?

단, $\alpha = \tan^{-1} \dfrac{4}{3}$, $\beta = \tan^{-1} \dfrac{3}{4}$ 이다.

① $20e^{j\alpha}$

② $10e^{j\alpha}$

③ $20e^{j\beta}$

④ $10e^{j\beta}$

풀이

$$I = \frac{V}{Z} = \frac{96 + j28}{4 - j3} = \frac{(96 + j28)(4 + j3)}{(4 - j3)(4 + j3)}$$

$$= 20 \left| \tan^{-1} \frac{16}{12} = 20 \left| \tan^{-1} \frac{4}{3} = 20e^{j\alpha} \right.\right.$$

【답】 ①

문제 63 다음과 같은 비정현파 기전력 및 전류에 의한 전력[W]은? 단, 전압 및 전류의 순시 식은 다음과 같다.

$$e = 100\sqrt{2}\sin(\omega t + 30°) + 50\sqrt{2}\sin(5\omega t + 60°)\,[V]$$
$$i = 15\sqrt{2}\sin(3\omega t + 30°) + 10\sqrt{2}(5\omega t + 30°)\,[A]$$

① $250\sqrt{3}$ ② 1000
③ $1000\sqrt{3}$ ④ 2000

풀이

전압과 전류의 주파수가 같은 조파간의 전력을 구한다.
즉, 5고조파에서 전압과 전류가 존재 하므로
$$P = V_5\,I_5\cos\theta_5 = 50 \times 10 \times \cos(60° - 30°) = 250\sqrt{3}\,[W]$$
가 된다.　　　　　　　　　　　　　　　　　**【답】** ①

문제 64 $100\,[\Omega]$의 저항에 흐르는 전류가
$$i = 5 + 14.14\sin t + 7.07\sin 2t\,[A]$$
일 때 저항에서 소비하는 평균 전력은 몇 [W]인가?

① 20000 ② 15000
③ 10000 ④ 7500

풀이

비정현파 교류의 실효 전류
$$I = \sqrt{{I_0}^2 + \left(\frac{I_{m1}}{\sqrt{2}}\right)^2 + \left(\frac{I_{m2}}{\sqrt{2}}\right)^2 + \cdots + \left(\frac{I_{mn}}{\sqrt{2}}\right)^2}\;\text{에서}$$
$$I = \sqrt{5^2 + \left(\frac{14.14}{\sqrt{2}}\right)^2 + \left(\frac{7.07}{\sqrt{2}}\right)^2} = 12.25\,[A]$$
$$\therefore\; \text{전력}\; P = I^2 R = 12.25^2 \times 100 = 15006\,[W]\text{가 된다.}\quad\textbf{【답】}\;②$$

문제 65 그림과 같은 회로에서 Z_1의 단자 전압 $V_1 = \sqrt{3} + jy\,[V]$, Z_2의 단자 전압 $V_2 = |V|\underline{/30°}$ [V]일 때 y 및 $|V|$의 값은?

① $1,\ \sqrt{3}$
② $2\sqrt{3},\ 1$
③ $\sqrt{3},\ 2$
④ $1,\ 2$

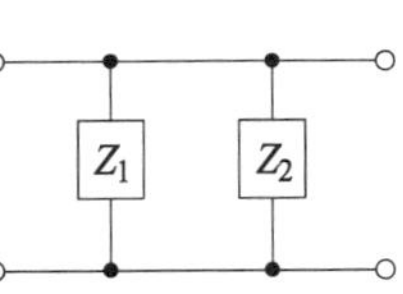

풀이

그림에서 $V_1 = V_2$
$$\sqrt{3} + jy = |V|(\cos 30° + j\sin 30°) = \frac{\sqrt{3}}{2}|V| + j\frac{1}{2}|V|$$
실수부와 허수부끼리 같아야 하므로
$$\frac{\sqrt{3}}{2}|V| = \sqrt{3}$$
$$|V| = 2,\qquad y = \frac{1}{2}|V| = \frac{1}{2} \times 2 = 1\qquad\textbf{【답】}\;④$$

문제 66 $\dfrac{di(t)}{dt} + 4i(t) + 4\displaystyle\int i(t)dt = 50u(t)$를 라플라스 변환하여 전류 $i(t)$의 값을 구하면?

단, $t = 0$에서 $i(0) = 0$, $\displaystyle\int_\infty^0 i(t)dt = 0$이다.

① $-50e^{-2t}$ ② $-50e^{2t}$
③ $50te^{2t}$ ④ $50te^{-2t}$

풀이

양변을 라플라스 변환하면
$$sI(s) + 4I(s) + \frac{4}{s}I(s) = \frac{50}{s}$$
$$I(s)\left(s + 4 + \frac{4}{s}\right) = \frac{50}{s}$$
$$I(s) = \frac{\dfrac{50}{s}}{s + 4 + \dfrac{4}{s}} = \frac{50}{s^2 + 4s + 4} = \frac{50}{(s+2)^2}$$
$$\therefore\; i(t) = \mathcal{L}^{-1}[I(s)] = 50te^{-2t}\qquad\textbf{【답】}\;④$$

문제 67 그림과 같은 전류 파형에 있어서 0으로부터 π까지의 사이는 $i = I_m\sin\omega t\,[A]$로 π로부터 2π까지는 $-\dfrac{I_m}{2}$으로 주어진다. $I_m = 5\,[A]$라 할 때 전류의 평균치는 약 몇 [A]인가?

① 0.234
② 0.342
③ 0.432
④ 0.512

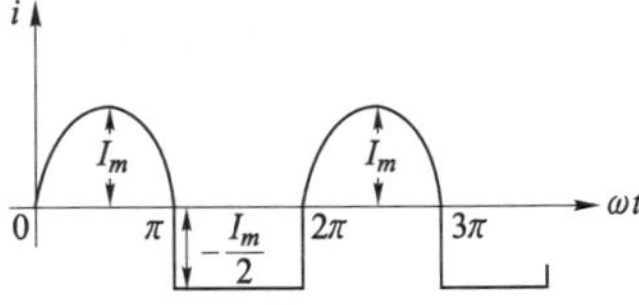

풀이

정현반파 부분의 평균값 $= \dfrac{2I_m}{\pi} = \dfrac{2 \times 5}{\pi} = \dfrac{10}{\pi}\,[A]$

구형 반파 부분의 평균값 $= -\dfrac{I_m}{2} = -\dfrac{5}{2} = -2.5\,[A]$

$$I_{av} = \frac{\dfrac{10}{\pi} - 2.5}{2} = 0.342\,[A]\qquad\textbf{【답】}\;②$$

문제 68 대칭 3상 교류에서 순시 전압의 벡터 합은?

① 0 ② 40
③ 0.577 ④ 86.6

풀이

a상을 기준으로 하면
$$e_a + e_b + e_c = e_a + a^2 e_a + a e_a = (1 + a^2 + a)e_a = 0$$

$$(\because 1+a+a^2=0)$$ 【답】①

문제 69 그림과 같은 회로가 정상 상태로 있을 때 $t=0$에서 S를 닫은 후 인덕턴스의 전위차 V_L은 몇 [V]인가?

① $\dfrac{(R-r)E}{R}e^{-\frac{R}{L}t}$

② $\dfrac{CR+rE}{R}e^{-\frac{R}{L}t}$

③ $\dfrac{RE}{R+r}e^{-\frac{R}{L}t}$

④ $-\dfrac{RE}{R+r}e^{-\frac{R}{L}t}$

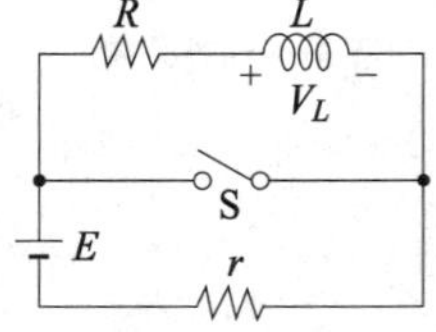

풀이

S를 닫았을 때 평형 방정식은

$$L\frac{di(t)}{dt}+Ri(t)=0$$

$$\therefore i(t)=Ae^{-\frac{R}{L}t}$$

스위치를 닫기 전 $I=\dfrac{E}{R+r}$ 이므로

$$i(t)=\frac{E}{R+r}e^{-\frac{R}{L}t}$$

$$\therefore v_L(t)=L\frac{di(t)}{dt}=L\frac{d}{dt}\frac{E}{R+r}e^{-\frac{R}{L}t}=-\frac{RE}{R+r}e^{-\frac{R}{L}t}$$

【답】④

문제 70 그림과 같은 회로는?

① 미분 회로
② 적분 회로
③ 가산 회로
④ 미분 적분 회로

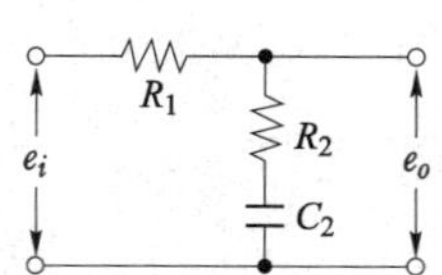

풀이

$$G(s)=\frac{R_2+\dfrac{1}{Cs}}{R_1+R_2+\dfrac{1}{Cs}}=\frac{R_2Cs+1}{(R_1+R_2)Cs+1}=\frac{1+T_2s}{1+\beta T_2s}$$

(단, $T_2=R_2C$, $\beta=\dfrac{R_1+R_2}{R_2}>1$이고,

만일 $T_1s\ll 1$, $\beta T_2s\gg 1$이면)

$$\therefore G(s)\fallingdotseq\frac{1}{\beta T_2 s}$$ 이므로 적분 회로에 해당한다. 【답】②

문제 71 그림과 같은 고역 여파기에서 공칭 임피던스 $K\,[\Omega]$ 및 차단 주파수 f_c[kHz]는 얼마인가?

① 400, 약 25.9
② 460, 약 20.9
③ 480, 약 18.9
④ 500, 약 15.9

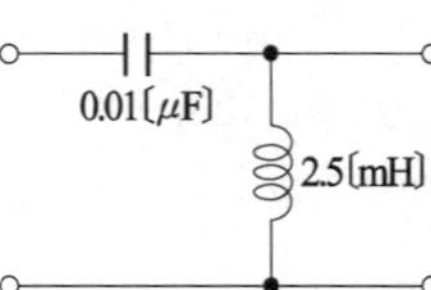

풀이

$$K=\sqrt{\frac{L}{C}}=\sqrt{\frac{2.5\times10^{-3}}{0.01\times10^{-6}}}=500$$

$$f_c=\frac{K}{4\pi L}=\frac{1}{4\pi CK}=\frac{500}{4\pi\times2.5\times10^{-3}}$$

$$=15,915.5\,[\text{Hz}]=15.9\,[\text{kHz}]$$ 【답】④

문제 72 대칭분을 I_0, I_1, I_2라 하고, 선전류를 I_a, I_b, I_c라 할 때, 역상분 전류는?

① $\dfrac{1}{3}(I_0+aI_1+a^2I_2)$ ② $\dfrac{1}{3}(I_a+aI_b+a^2I_c)$

③ $\dfrac{1}{3}(I_0+a^2I_1+aI_2)$ ④ $\dfrac{1}{3}(I_a+a^2I_b+aI_c)$

풀이

영상분 $I_0=\dfrac{1}{3}(I_a+I_b+I_c)$

정상분 $I_1=\dfrac{1}{3}(I_a+aI_b+a^2I_c)$ $(1\to a\to a^2$ 의 순서$)$

역상분 $I_2=\dfrac{1}{3}(I_a+a^2I_b+aI_c)$ $(1\to a^2\to a$ 의 순서$)$

【답】④

문제 73 $R-C$ 저역 필터 회로의 전달 함수 $G(j\omega)$는 $\omega=0$에서 얼마인가?

① 0
② 1
③ 0.5
④ 0.707

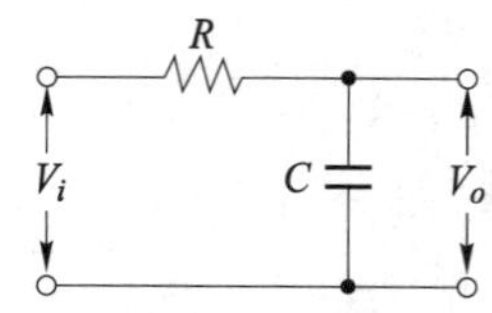

풀이

$$G(j\omega)=\frac{V_2(j\omega)}{V_1(j\omega)}=\frac{1}{RC(j\omega)+1},\ \omega=0$$이므로

$$\therefore G(j\omega)=1$$ 【답】②

문제 74 2010년도 3회 문제 66

문제 75 2014년도 2회 문제 71

문제 76 2014년도 2회 문제 69

5과목 전기설비기술기준 및 판단기준

문제 81 450/750 [V] 일반용 단심비닐 절연 전선을 사용한 저압 가공 전선이 위쪽에서 상부 조영재와 접근하는 경우의 전선과 상부 조영재간의 이격 거리는 몇 [m] 이상이어야 하는가?

① 1　　　　　　② 1.5

③ 2　　　　　　④ 2.5

풀이

저고압 가공 전선과 건조물의 접근 (판단기준 제79조)

사용 전압 부분 공작물의 종류			저압 [m]	고압 [m]
건조물	상부 조영재 상방	일반적인 경우	2	2
		전선이 고압절연전선	1	2
		전선이 케이블인 경우	1	1
	기타 조영재 또는 상부조영재의 옆쪽 또는 아래쪽	일반적인 경우	1.2	1.2
		전선이 고압절연전선	0.4	1.2
		전선이 케이블인 경우	0.4	0.4
		사람이 쉽게 접근 할 수 없도록 시설한 경우	0.8	0.8

【답】③

문제 82 직류식 전기철도에서 귀선의 궤도 근접 부분에 1년간의 평균 전류가 통할 때, 그 구간 안의 어느 2점 사이에서의 전위차는 몇 [V] 이하이어야 하는가?

① 2　　　　　　② 6

③ 10　　　　　④ 15

풀이

전기부식방지를 위한 귀선의 시설 (판단기준 제263조)
① 귀선은 부극성(負極性)으로 할 것
② 귀선용 레일의 이음매의 저항을 합친 값은 그 구간의 레일 자체의 저항의 20 [%] 이하로 유지하고 또한 하나의 이음매의 저항은 그 레일의 길이 5 [m]의 저항에 상당한 값 이하일 것
③ 귀선용 레일은 특수한 곳 이외에는 길이 30 [m] 이상이 되도록 연속하여 용접할 것

④ 귀선의 궤도 근접 부분에 1년간의 평균 전류가 통할 때에 생기는 **전위차**는 다음에 정하는 방법에 의하여 계산하고 그 구간 안의 **어느 2점 사이에서도 2 [V] 이하**일 것　　【답】①

문제 83 특고압 절연 전선을 사용한 22.9 [kV] 가공 전선과 안테나와의 이격(수평 이격)거리는 몇 [m] 이상이어야 하는가? 단, 중성선 다중접지식의 것으로 전로에 지락이 생겼을 때, 2초 이내에 자동적으로 이를 전로로부터 차단하는 장치가 되어 있음

① 1.0　　　　　② 1.2

③ 1.5　　　　　④ 2.0

풀이

25 [kV] 이하인 특고압 가공전선로의 시설 (판단기준 제135조)
특고압 가공 전선이 가공약전류 전선 등·저압 또는 고압의 가공전선·안테나, 저압 또는 고압의 전차선과 접근 또는 교차하는 경우

구　　분	가공전선의 종류	이격(수평이격) 거리 [m]
가공약전류 전선 등·저압 또는 고압의 가공전선·저압 또는 고압의 전차선·안테나	나전선	2
	특고압 절연전선	1.5
	케이블	0.5

【답】③

문제 84 제1종 특고압 보안 공사에 의하여 시설한 154 [kV] 가공 송전 선로는 전선에 지락 또는 단락이 생긴 경우에 몇 초 안에 자동적으로 이를 전로로부터 차단하는 장치를 시설하여야 하는가?

① 0.5　　　　　② 1.0

③ 2.0　　　　　④ 3.0

풀이

특고압 가공 전선에 지기가 생긴 경우 또는 단락한 경우에 3초(**사용 전압이 100 [kV] 이상인 경우 2초**) 이내에 자동적으로 차단하는 장치를 시설할 것 (판단기준 제125조)　　【답】③

문제 85 다음 중 사용 전압이 400 [V] 미만이고, 옥내 배선을 시공한 후 점검할 수 없는 은폐 장소이며, 건조된 장소일 때 공사 방법으로 가장 옳은 것은?

① 플로어 덕트 공사

② 버스 덕트 공사

③ 합성수지 몰드 공사

④ 금속 덕트 공사

풀이

저압 옥내배선의 시설장소별 공사의 종류 (판단기준 제180조)

시설장소의 구분	사용전압의 구분	400 [V] 미만인 것	400 [V] 이상인 것
전개된 장소	건조한 장소	애자사용공사·합성수지몰드공사·금속몰드공사·금속덕트공사·버스덕트공사 또는 라이팅 덕트공사	애자사용공사·금속덕트공사 또는 버스덕트공사
	기타장소	애자사용공사, 버스덕트공사	애자사용공사
점검할 수 없는 은폐된 장소	**건조한 장소**	**플로어덕트공사 또는 셀룰라덕트공사**	

※ 저압 옥내배선을 합성수지관 공사·금속관 공사·가요전선관공사나 케이블 공사로 할 경우 시설장소에 관계없이 사용할 수 있다.

【답】 ①

문제 86	2015년도 2회 문제 98
문제 87	2016년도 2회 문제 91
문제 88	2013년도 3회 문제 85
문제 89	2014년도 3회 문제 87
문제 90	2016년도 2회 문제 92
문제 91	2016년도 1회 문제 91
문제 92	2016년도 1회 문제 90
문제 93	2016년도 1회 문제 93
문제 94	2013년도 1회 문제 99
문제 95	2015년도 2회 문제 94
문제 96	2016년도 3회 문제 97
문제 97	2012년도 3회 문제 94
문제 98	2016년도 1회 문제 86

전기설비 기술기준(개정)과 판단기준에 따라 삭제된 문제가 있어 20문항이 안됩니다.

D-60 시리즈 2-2

2006년도
전기산업기사 필기

- ▸ 06년 제1회 전기산업기사
- ▸ 06년 제2회 전기산업기사
- ▸ 06년 제3회 전기산업기사

국가기술자격검정 필기시험 문제

2006년도 전기산업기사 일반검정 제1회				수검 번호	성 명
자격종목 및 등급(선택분야)	종목코드	시험시간	문제지형별		
전기산업기사	2140	2시간 30분	A		

1과목 전기자기학

문제 01 내부 저항 20 [Ω] 및 25 [Ω], 최대 지시 눈금이 다같이 1 [A]인 전류계 A_1 및 A_2를 그림과 같이 접속했을 때 측정할 수 있는 최대 전류의 값은 몇 [A]인가?

① 1
② 1.5
③ 1.8
④ 2

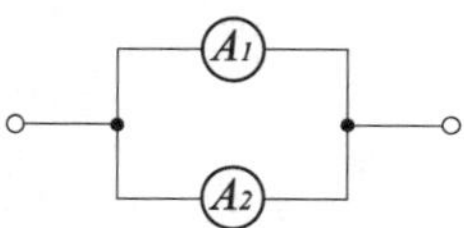

풀이

분류 법칙 $I_{A1} = \dfrac{R_2}{R_1 + R_2} \times I$

$$I = \dfrac{R_1 + R_2}{R_2} \times I_{A1} = \dfrac{20+25}{25} \times 1 = 1.8 [A]$$

(내부 저항이 적은 A_1 전류계 쪽으로 더 많은 전류가 흐르며 이때 전류값이 1 [A]를 초과하면 안됨) **【답】 ③**

문제 02 내부 저항 r 인 전원에서 저항 R인 부하에 전력을 공급할 경우, 최대 전력이 되기 위한 조건은?

① $r > R$ ② $r < R$
③ $r = R$ ④ $r = 0,\ R = \infty$

풀이

$$P_m = I^2 R = \left(\dfrac{E}{r+R} \right)^2 R$$

$$= \dfrac{RE^2}{r^2 + 2rR + R^2}$$

$$= \dfrac{E^2}{\dfrac{r^2}{R} + 2r + R}$$

따라서, 최대 전력 공급 조건은 분모가 최소일 때이므로

$A = \dfrac{r^2}{R} + 2r + R$ 라 하고 $\dfrac{\partial A}{\partial R} = 0$이 되면 A는 최소가 되므로

$$\dfrac{\partial A}{\partial R} = -\dfrac{r^2}{R^2} + 1 = 0$$

$$\therefore\ R = r \ \text{일 때 최대 전력}$$

즉, 내부 저항 = 부하 저항일 때 최대전력은 공급된다. **【답】 ③**

문제 03 길이 l [m]인 도체 ab가 속도 v [m/s]로 자계 속을 운동할 때 도체에서는 a에서 b 방향으로 유도기전력이 생기게 된다. 이때 속도와 자속밀도가 평형이 된다면 기전력은 얼마인가?

① 0   ② 3.14
③ $vl\sin\theta$ ④ $vBl\sin\theta$

풀이

쇄교 자속의 시간적 변화율에 의해 기전력이 발생한다. 그러나 도체의 속도나 **자속밀도가 평형이 되면 쇄교 자속은 일정하게 되므로 유도기전력은 0이** 된다.

$$e = -\dfrac{d\phi}{dt} = 0$$

【답】 ①

문제 04 사용되는 전자파의 파장이 가장 긴 것부터 순서대로 나열한 것은?

① 전자렌지 – 살균 소독 – 사진 전송 – 레이다
② 레이다 – 사진 전송 – 살균 소독 – 전자렌지
③ 사진 전송 – 레이다 – 전자렌지 – 살균 소독
④ 전자렌지 – 살균 소독 – 레이다 – 사진 전송

풀이

전자파의 종류와 파장 관계
  저주파 → 통신주파 → 마이크로 웨이브 → 적외선 → 가시광선
  → 자외선 → X선 → γ선
순으로 파장이 짧아진다.
  ① 사진 전송 (통신 저주파)
  ② 레이다 (통신 고주파)
  ③ 전자렌지 (마이크로 웨이브, 열적외선)
  ④ 살균 소독 (자외선) **【답】 ③**

문제 05 압전기 진동자로 가장 많이 이용되는 재료는?

① 로셸염 ② 실리콘
③ 방해석 ④ 페라이트

풀이

수정, 전기석, **로셸염 등의 압전기**가 수정 발진자, 초음파 발진자, crystal pick-up(일정 주파수의 발진 회로, 수중 탐색, 금속 탐상) 등 여러 방면에 이용되고 있다.　【답】 ①

문제 06 다음의 MKS 유리화 단위와 CGS 단위에서 그 값이 일치하는 것은?

① $1\,[\text{tesla}] = 10^{-4}\,[\text{gauss}]$

② $1\,[\text{ampere}] = 0.1\,[\text{emu}]$

③ $1\,[\text{coulomb}] = 3 \times 10^{-9}\,[\text{esu}]$

④ $1\,[\text{weber}] = 105\,[\text{maxwell}]$

풀이

① $1\,[\text{T}] = 10^4\,[\text{Gause}]$
② $1\,[\text{A}] = 3 \times 10^9\,[\text{sec}] = 0.1\,[\text{emu}]$
③ $1\,[\text{C}] = 3 \times 10^9\,[\text{esu}] = 0.1\,[\text{emu}]$
④ $1\,[\text{Wb}] = 10^8\,[\text{emu}] = 10^8\,[\text{Maxwell}]$　【답】 ②

문제 07 $Q = 0.15\,[\text{C}]$으로 대전하고 있는 큰 구에 그의 반경이 1/2이 되는 작은 구를 접촉했다가 떼면 큰 구와 작은 구 간에 작용하는 반발력은 몇 [N]인가? 단, 양 구를 접촉시켰을 때 전위는 동일 전위이며, 양 구는 서로 1[m] 떨어져 놓여 있다.

① 4.5×10^5 ② 4.5×10^6
③ 4.5×10^7 ④ 4.5×10^8

풀이

큰 구의 반경을 a라 할 때

　큰 구의 정전용량 : $C = 4\pi\epsilon_0 a$

　작은 구의 정전용량 : $C' = 4\pi\epsilon_0 \dfrac{a}{2} = 2\pi\epsilon_0 a$

$Q = CV$에 의해 접촉시의 전위는 동일 전위이므로 Q는 C에 비례 $(Q \propto C)$한다.

따라서, 접촉 후 구의 전하량

　큰 구의 전하량 : $Q = 0.15 \times \dfrac{2}{3} = 0.05 \times 2 = 0.1\,[\text{C}]$

　작은 구의 전하량 : $Q' = 0.15 \times \dfrac{1}{3} = 0.05 \times 1 = 0.05\,[\text{C}]$

$\therefore F = \dfrac{QQ'}{4\pi\epsilon_0 r^2} = 9 \times 10^9 \times \dfrac{0.1 \times 0.05}{1^2} = 0.045 \times 10^9\,[\text{N}]$

$= 4.5 \times 10^7\,[\text{N}]$　【답】 ③

문제 08 전도 전자나 구속 전자의 이동에 의하지 않는 전류는?

① 대류 전류 ② 전도 전류
③ 변위 전류 ④ 분극 전류

풀이

• 대류 전류 : 진공 내에 전자, 전해액 중의 이온 등과 같은 하전 입자의 운동에 의한 것
• 전도 전류 : 도체 내에서 전계의 작용으로 자유 전자의 이동으로 생기는 것
• **변위 전류 : 전속 밀도의 시간적 변화에 의한 것으로 하전체에 의하지 않는 전류**
• 분극 전류 : 분극 전하의 시간적 변화에 의한 것　【답】 ③

문제 09 권선수가 N 회인 코일에 전류 $I[\text{A}]$를 흘릴 경우, 코일에 $\phi\,[\text{Wb}]$의 자속이 지나간다면 이 코일에 저장된 자계 에너지는 어떻게 표현되는가?

① $\dfrac{1}{2}N\phi^2 I\,[\text{J}]$ ② $\dfrac{1}{2}N\phi I\,[\text{J}]$

③ $\dfrac{1}{2}N^2\phi I\,[\text{J}]$ ④ $\dfrac{1}{2}N\phi I^2\,[\text{J}]$

풀이

$W = \dfrac{1}{2}LI^2$에서 $L = \dfrac{N\phi}{I}$를 대입하면 $W = \dfrac{1}{2}N\phi I$가 된다.　【답】 ②

문제 10 자유 전자 e 가 전계 E 중을 열에너지에 의해 진동하고 있는 원자와 충돌하면서 운동하는 경우 평균 자유 시간을 τ 라 하면 도전율 σ 는 얼마인가? 단, 자유 전자의 밀도는 n, 질량은 m 이라 한다.

① $\dfrac{ne\tau}{2m}$ ② $\dfrac{ne^2\tau}{2m}$

③ $\dfrac{ne\tau}{m}$ ④ $\dfrac{ne^2\tau}{m}$

풀이

충돌과 충돌 사이에서 전하의 운동 방정식

$$m\frac{dv}{dt} = eE, \qquad \frac{dv}{dt} = \frac{eE}{m}, \qquad \therefore v = \frac{eE}{m}t + v(0)$$

이 식에서 충돌시 초기 속도 $v(0) = 0$, 충돌과 충돌 사이의 시간 $t = \tau$를 대입하면 속도 v는 다음과 같이 된다.

$$v = \frac{eE}{m}\tau$$

따라서 전류 밀도 $i = nev = \sigma E$의 관계식으로부터

$$ne \times \frac{eE}{m}\tau = \sigma E \qquad \therefore \sigma = \frac{ne^2}{m}\tau$$

　【답】 ④

문제 11 철편의 ( ) 부분에 대한 극성의 설명으로 옳은 것은?

① N극이다.

② S극이다.

③ N극과 S극이 교번한다.

④ 자극이 생기지 않는다.

앙페르의 오른나사법칙을 적용면 ( )는 N극이 된다. **【답】** ①

문제 12 그림과 같이 등전위면이 존재하는 경우 전계의 방향은?

① a 의 방향

② b 의 방향

③ c 의 방향

④ d 의 방향

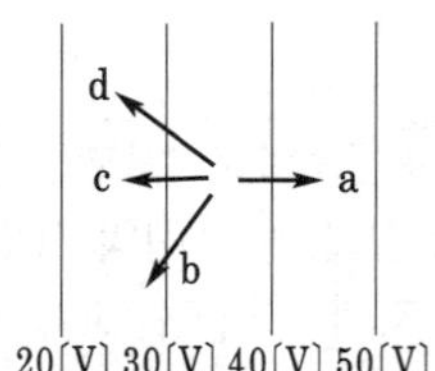

전계의 방향(전기력선)은 전위가 높은 점에서 낮은 점으로 향하고 또한, 등전위면에 수직으로 발생한다. **【답】** ③

문제 13	2011년도 3회 문제 19
문제 14	2009년도 2회 문제 04
문제 15	2013년도 2회 문제 08
문제 16	2009년도 2회 문제 02
문제 17	2009년도 2회 문제 07
문제 18	2014년도 3회 문제 18
문제 19	2013년도 1회 문제 12
문제 20	2016년도 1회 문제 16

2과목 전력공학

문제 21 고압 배전선로의 보호방식에서 고장 전류의 차단방식이 아닌 것은?

① 퓨즈에 의한 보호방식

② 리클로저(recloser)에 의한 방식

③ 섹셔널라이져(sectionalizer)에 의한 방식

④ 자동부하 전환스위치(ALTS : auto load transfer switch)에 의한 방식

자동부하 전환스위치(ALTS) : 수용가의 수전점에 설치하여 주전원이 정전되면 자동적으로 예비전원으로 절체되어 계속적으로 전력을 공급할 수 있도록 하는 장치이다. **【답】** ④

문제 22 후비 보호 계전 방식의 설명으로 틀린 것은?

① 주보호 계전기가 보호할 수 없을 경우 동작하며, 주보호 계전기와 정정값은 동일하다.

② 주보호 계전기가 그 어떤 이유로 정지해 있는 구간의 사고를 보호한다.

③ 주보호 계전기에 결함이 있어 정상 동작할 수 없는 상태에 있는 구간 사고를 보호한다.

④ 송전선로에서 거리 계전기의 후비 보호 계전기로 고장 선택 계전기를 많이 사용한다.

전력 계통에 발생한 사고를 제거하기 위한 보호 계전 방식은 주보호 계전 방식과 후비 보호 계전 방식으로 나눌 수 있다. 주보호는 신속하게 고장 구간을 최소 범위로 한정해서 제거한다는 것을 책무로 하며, 후비 보호는 주보호가 실패했을 경우 또는 보호할 수 없을 경우에 일정한 시간을 두고 동작하는 백업 계전 방식이다. **【답】** ①

문제 23 송전선로에 근접한 통신선에서 발생하는 유도장해에 관한 설명으로 옳지 않은 것은?

① 정전유도의 원인은 전력선의 영상전압에 의해 발생한다.

② 전자유도의 원인은 전력선의 영상전류에 의해 발생한다.

③ 유도장해를 억제하기 위하여 송전선에 충분한 연가를 한다.

④ 유도되는 전압은 통신선의 길이에 비례한다.

• 전자 유도 : 영상 전류에 의해 발생 (사고시)
• 전자 유도 전압($E_m = 2\pi f Ml \cdot 3I_0$)은 통신선의 길이에 비례
• 정전 유도 : 영상 전압에 의해 발생 (정상시)
• 정전 유도 전압

$$E = \left(\frac{\sqrt{C_a(C_a - C_b) + C_b(C_b - C_c) + C_c(C_c - C_a)}}{C_a + C_b + C_c + C_0} \times \frac{V}{\sqrt{3}} \right)$$

은 주파수 및 통신선 병행 길이와는 관계가 없다.
즉, **전자 유도전압은 통신선의 길이에 비례하나, 정전 유도전압은 주파수 및 통신선 병행 길이와는 관계가 없다.** **【답】** ④

문제 24 변전소 구내에서 보폭 전압을 저감하기 위한 방법으로서 잘못된 것은?

① 접지선을 얇게 매설한다.

② mesh식 접지 방법을 채용하고 mesh 간격을 좁게 한다.

③ 자갈 또는 콘크리트를 타설한다.

④ 철구, 가대 등의 보조 접지를 한다.

풀이

(1) 보폭전압

보폭전압이란 접지극을 통하여 전류가 대지로 흘러갈 때 접지극 주위의 지표면에 형성되는 전위분포 때문에 양발사이에 인가되는 전위차를 말한다.

(2) **보폭전압 저감 대책**
- 전위경도를 낮게 한다(**접지극을 깊게 매설**, 망접지인 경우 접지 밀도를 높게 매설)
- 고장 전류 억제(저항접지 또는 소호리액터 접지 채택)
- 접촉 저항 증가(콘크리트 또는 자갈로 포장, 배수를 원활하게 유지) 【답】 ①

문제 25 역률개선용 콘덴서를 부하와 병렬로 연결할 때 △결선 방법을 채택하는 이유로 가장 타당한 것은?

① 부하 저항을 일정하게 유지할 수 있기 때문이다.

② 콘덴서의 정전용량 $[\mu F]$의 소요가 적기 때문이다.

③ 콘덴서의 관리가 용이하기 때문이다.

④ 부하의 안정도가 높기 때문이다.

풀이

$$Q_Y = 3 \times 2\pi f \, C_Y \left(\frac{V}{\sqrt{3}} \right)^2 = 2\pi f \, C_Y V^2$$

$$Q_\triangle = 3 \times 2\pi f \, C_\triangle V^2$$

$Q_Y = Q_\triangle$ 의 경우

$$2\pi f \, C_Y V^2 = 3 \times 2\pi f \, C_\triangle V^2 \qquad \therefore \; C_\triangle = \frac{1}{3} C_Y$$

즉, 콘덴서를 △결선하면 소요 콘덴서의 정전용량이 **Y결선**에 비해 1/3로 감소하므로 **경제적**이다. 【답】 ②

문제 26 그림과 같은 회로의 영상, 정상, 역상 임피던스 Z_0, Z_1, Z_2는?

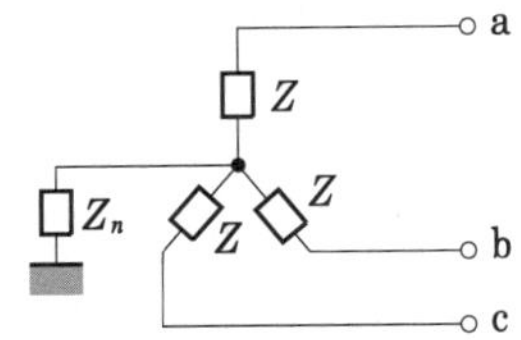

① $Z_0 = Z + 3Z_n$, $Z_1 = Z_2 = Z$

② $Z_0 = 3Z + Z_n$, $Z_1 = 3Z$, $Z_2 = Z$

③ $Z_0 = 3Z_n$, $Z_1 = Z$, $Z_2 = 3Z$

④ $Z_0 = Z + Z_n$, $Z_1 = Z_2 = Z + 3Z_n$

풀이

영상 임피던스(Z_0)는

$$Z_0 = Z + 3Z_n$$

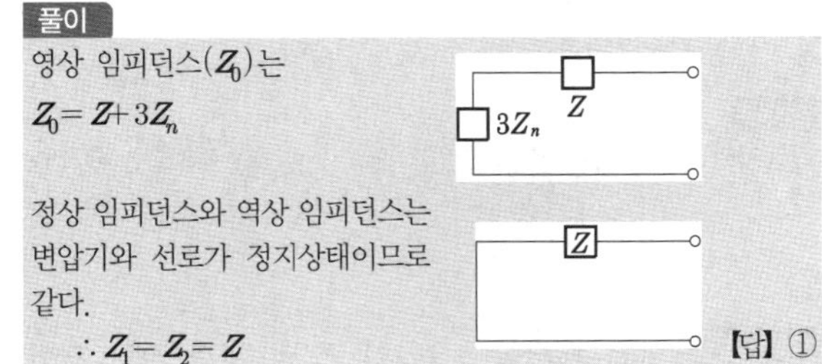

정상 임피던스와 역상 임피던스는 변압기와 선로가 정지상태이므로 같다.

$$\therefore Z_1 = Z_2 = Z$$

【답】 ①

3과목 전기기기

문제 41 3상 유도 전동기의 토크와 출력을 설명하는 말 중 옳은 것은?

① 속도에 관계 없다.

② 동일 속도에서 발생한다.

③ 최대 출력은 최대 토크보다 고속도에서 발생한다.

④ 최대 토크가 최대 출력보다 고속도에서 발생한다.

【답】 ③

문제 42 전동기의 부하가 증가할 때 다음 설명 중 틀린 것은?

① 전동기의 속도가 떨어진다.

② 역기전력이 감소한다.

③ 전동기의 전류가 증가한다.

④ 전동기의 단자 전압이 증가한다.

풀이

전동기의 단자 전압은 전원 전압과 관계가 있으나 **부하와는 무관하**다. 【답】 ④

문제 43 전기자 저항 0.3 [Ω], 직권 계자 권선 저항 0.4 [Ω]의 직권 전동기에 100 [V]를 가하였더니 부하 전류가 8 [A]이었다. 이때 전동기의 속도[rpm]는? 단, 기계 정수는 2이다.

① 1000   ② 1216

③ 1316   ④ 1416

풀이

직류 직권 전동기의 속도 N은,

$$N = K \frac{V - I_a(R_a + R_s)}{I_a}$$

이므로 $V = 100[V]$, $I_a = 8[A]$, $R_a = 0.3[\Omega]$, $R_s = 0.4[\Omega]$, $K = 2$를 대입하면,

$$\therefore N = 2 \times \frac{100 - 8(0.3 + 0.4)}{8} = 23.6 \,[rps] = 1416[rpm]$$

【답】 ④

문제 44 직류 전동기의 회전수는 자속이 감소하면 어떻게 되는가?

① 불변이다.   ② 정지한다.

③ 저하한다.   ④ 상승한다.

풀이

직류 전동기의 회전수 $n = k \dfrac{V - I_a R_a}{\phi}$ [rpm]

즉, n은 ϕ에 반비례 한다. 따라서, **자속이 감소하는 경우 속도는 상승**한다. 【답】 ④

문제 45 3상 동기 발전기의 3상 유도 기전력 120 [V], 반작용 리액턴스 0.2 [Ω]이다. 90° 진상 전류 20 [A]일 때의 발전기 단자 전압[V]은? 단, 기타는 무시한다.

① 116   ② 120

③ 124   ④ 140

풀이

$$E = V + IZ_s$$

여기서, E : 유기 기전력, V : 단자 전압,

    Z_s : 동기 임피던스 $(Z_s = r_a + jx_s)$

권선의 저항 r_a를 무시하면

$$E = V + jI \times jx_s = V - Ix_s$$

$$\therefore V = E + Ix_s = 120 + 20 \times 0.2 = 124[V]$$

【답】 ③

문제 46 부하시 전압 조정 변압기의 설명이 잘못된 것은?

① 부하 전류를 끊지 않고 권수를 변환할 수 있는 변압기를 말한다.

② 전력 계통 사이에 무효 전력 또는 유효 전력을 자유 이동시킬 수 있다.

③ 전력 계통의 전압 또는 부하 부담을 희망하는 값으로 유지하기 위하여 사용된다.

④ 부하시 신속하고 정확한 탭 변환 장치를 하나, 변환용 보조 변압기를 시설할 필요가 없다.

【답】 ②, ④

문제 47 220 [V], 3상, 4극, 60 [Hz]인 3상 유도 전동기가 정격 전압 주파수에서 최대 회전력을 내는 슬립은 16 [%]이다. 지금 200 [V], 50 [Hz]로 사용할 때의 최대 회전력 발생 슬립은 몇 [%]가 되는가?

① 16   ② 18

③ 19.2   ④ 21.3

풀이

$$\frac{s'}{s} = \left(\frac{V}{V'}\right)^2$$

$$s' = s \times \left(\frac{V}{V'}\right)^2 = 0.16 \times \left(\frac{220}{200}\right)^2 = 0.1936 = 19.36[\%]$$

【답】 ③

문제 48 다음 중 2방향성 3단자 사이리스터는 어느 것인가?

① TRIAC   ② SCR

③ SCS   ④ SSS

풀이

각 종 반도체 소자의 비교

① 방향성

 • **양방향성(쌍방향성) 소자** : DIAC, **TRIAC**, SSS

• 역저지(단방향성) 소자 : SCR, LASCR, GTO
② 극(단자) 수
　• 2극(단자) 소자 : DIAC, SSS, Diode
　• **3극(단자) 소자** : SCR, LASCR, GTO, **TRIAC**
　• 4극(단자) 소자 : SCS
【답】①

문제 49	2008년도 3회 문제 41
문제 50	2011년도 3회 문제 54
문제 51	2011년도 2회 문제 53
문제 52	2013년도 1회 문제 43
문제 53	2010년도 2회 문제 49
문제 54	2014년도 1회 문제 52
문제 55	2011년도 1회 문제 59
문제 56	2009년도 1회 문제 48
문제 57	2016년도 1회 문제 56
문제 58	2012년도 3회 문제 58
문제 59	2014년도 1회 문제 57
문제 60	2010년도 1회 문제 47

4과목　회로이론

문제 61 인덕턴스 L인 코일에 전류 $i = I_m \sin \omega t$ 가 흐르고 있다. L에 축적된 에너지의 첨두(peak)값은?

① $\dfrac{1}{\sqrt{2}} L I_m^{\ 2}$　　　② $\dfrac{1}{\sqrt{3}} L I_m^{\ 2}$

③ $\dfrac{1}{2} L I_m^{\ 2}$　　　④ $\dfrac{1}{2} L^2 I_m^{\ 2}$

풀이

L에 축적되는 자기 에너지의 순시값 W_L

$$W_L = \frac{1}{2} L i^2 = \frac{1}{2} L (I_m \sin \omega t)^2 = \frac{1}{2} L I_m^{\ 2} \sin^2 \omega t$$

그러므로 L에 축적된 에너지의 첨두값은 $\dfrac{1}{2} L I_m^{\ 2}$이 된다.
【답】③

문제 62 저항과 유도 리액턴스의 직렬 회로에 $E = 14 + j38$[V]인 교류 전압을 가하니 $I = 6 + j2$[A]의 전류가 흐른다. 이 회로의 저항과 유도 리액턴스는 얼마인가?

① $R = 4[\Omega]$, $X_L = 5[\Omega]$

② $R = 5[\Omega]$, $X_L = 4[\Omega]$

③ $R = 6[\Omega]$, $X_L = 3[\Omega]$

④ $R = 7[\Omega]$, $X_L = 2[\Omega]$

풀이

$$Z = \frac{E}{I} = \frac{14 + j38}{6 + j2} = \frac{(14 + j38)(6 - j2)}{(6 + j2)(6 - j2)} = \frac{160 + j200}{40}$$
$$= 4 + j5$$
【답】①

문제 63 일반적으로 대칭 3상 회로의 전압, 전류에 포함되는 전압, 전류의 고조파는 n을 임의의 정수로 하여 $(3n + 1)$일 때의 상회전은 어떻게 되는가?

① 상회전은 기본파와 동일

② 각 상 동위상

③ 정지 상태

④ 상회전은 기본파와 반대

풀이

• $3n$: 회전자계를 발생하지 않음
• **$3n + 1$: 상회전 방향이 기본파와 동일**
• $3n - 1$: 상회전 방향이 기본파와 반대
【답】①

문제 64 $R - L - C$ 병렬 회로에서 L 및 C의 값을 고정시켜 놓고 저항 R의 값만 큰 값으로 변화시킬 때 옳게 설명한 것은?

① 이 회로의 Q (선택도)는 커진다.

② 공진 주파수는 커진다.

③ 공진 주파수는 변화한다.

④ 공진 주파수는 커지고, 선택도는 작아진다.

풀이

병렬 공진회로에서의 선택도 $Q = R \sqrt{\dfrac{C}{L}}$ 에서 **저항값을 증가시키면** 주파수는 변화하지 않으며, **선택도는 커지게 된다.**　【답】①

문제 65 그림의 RL 직렬회로가 스위치를 닫은 상태에서 정상이었다. 스위치를 개방한 후 $t = 10^{-3}$[sec]일 때의 전류 i [A]는?

① 0.12

② 0.084

③ 0.076

④ 0.044

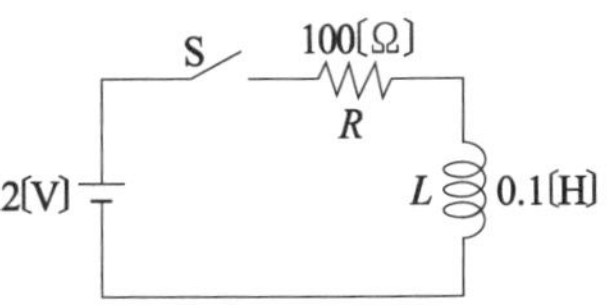

스위치 개방시 흐르는 전류 $i(t) = \dfrac{E}{R}e^{-\frac{R}{L}t}$ 이므로

$i_t = \dfrac{12}{100} e^{-\frac{100}{0.1} \times 10^{-3}} = 0.044[A]$

【답】 ④

문제 66	2008년도 2회 문제 63
문제 67	2014년도 2회 문제 64
문제 68	2007년도 3회 문제 66
문제 69	2011년도 1회 문제 70
문제 70	2016년도 1회 문제 72
문제 71	2014년도 1회 문제 71
문제 72	2011년도 2회 문제 61
문제 73	2007년도 1회 문제 62
문제 74	2007년도 3회 문제 68
문제 75	2008년도 2회 문제 68
문제 76	2014년도 2회 문제 75
문제 77	2013년도 1회 문제 74
문제 78	2015년도 2회 문제 71
문제 79	2013년도 1회 문제 64
문제 80	2012년도 2회 문제 61

5과목 전기설비기술기준 및 판단기준

문제 81 특고압 가공전선로의 지지물로 사용하는 철탑의 종류 중 인류형은?

① 전선로의 이완이 없도록 사용하는 것
② 지지물 양쪽 상호간을 이도를 주기 위하여 사용하는 것
③ 풍압에 의한 하중을 인류하기 위하여 사용하는 것
④ 전가섭선을 인류하는 곳에 사용하는 것

철탑의 종류 (판단기준 제114조)
① 직선형 : 전선로의 직선부분(3도 이하인 수평각도를 이루는 곳을 포함한다.)에 사용하는 것. 다만, 내장형 및 보강형에 속하는 것을 제외한다.
② 각도형 : 전선로 중 3도를 넘는 수평각도를 이루는 곳에 사용하는 것
③ **인류형 : 전가섭선을 인류하는 곳에 사용하는 것**
④ 내장형 : 전선로의 지지물 양쪽의 경간의 차가 큰 곳에 사용하는 것

⑤ 보강형 : 전선로의 직선부분에 그 보강을 위하여 사용하는 것

【답】 ④

문제 82 제1종 또는 제2종 접지공사에 사용되는 접지선을 사람이 접촉할 우려가 있는 곳에 시설하는 경우로 잘못된 것은?

① 접지선으로 옥외용 비닐절연전선을 제외한 절연 전선 또는 케이블을 사용하였다.
② 접지선을 시설한 지지물에 피뢰침용 지선을 시설하였다.
③ 접지극은 지하 75[cm] 이상의 깊이에 매설하였다.
④ 접지선의 지하 75[cm]로부터 지표상 2[m]까지의 부분은 합성수지관 등으로 덮었다.

제1종 또는 제2종 접지 공사에 사용하는 접지선을 사람이 접촉할 우려가 있는 경우는 다음과 같이 시설한다.
(판단기준 제19조)

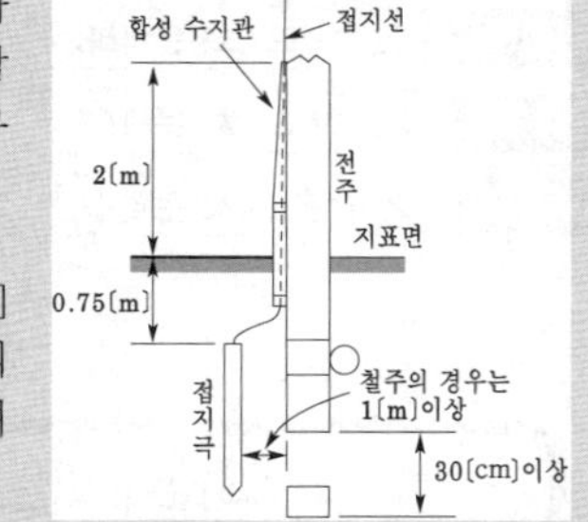

① 접지극은 지하 75 [cm] 이상의 깊이에 매설하되 동결 깊이를 감안하여 매설할 것
② 접지선을 철주 기타 금속체를 따라서 시설하는 경우에는 접지극을 철주의 밑면으로부터 30 [cm] 이상 깊이에 매설하는 경우 이외에는 접지극을 지중에서 그 금속체로부터 1 [m] 이상 이격하거나 30 [cm] 이상 더 깊이 매설할 것
③ 접지선에는 절연 전선 또는 케이블을 사용할 것
④ 접지선의 지하 75 [cm]부터 지표상 2 [m]까지의 부분은 합성 수지관 등으로 덮을 것
⑤ **접지선을 시설한 지지물에 피뢰침용 접지선을 시설하지 않을 것**

【답】 ②

문제 83 "고압 또는 특고압의 기계 기구, 모선 등을 옥외에 시설하는 발전소, 변전소, 개폐소 또는 이에 준하는 곳에 시설하는 울타리, 담 등의 높이는 (㉠) [m] 이상으로 하고, 지표면과 울타리, 담 등의 하단 사이의 간격은 (㉡) [cm] 이하로 하여야 한다"에서 ㉠, ㉡에 알맞은 것은?

① ㉠ 3 ㉡ 15 ② ㉠ 2 ㉡ 15
③ ㉠ 3 ㉡ 25 ④ ㉠ 2 ㉡ 25

울타리·담 등의 높이는 2[m] 이상으로 하고 지표면과 울타리·담 등의 하단 사이의 간격은 15[cm] 이하로 할 것(판단기준 제44조)

【답】②

문제 84 특고압 배전용 변압기의 특고압측에 반드시 시설하여야 하는 것은?

① 변성기 및 변류기
② 변류기 및 조상기
③ 개폐기 및 리액터
④ 개폐기 및 과전류 차단기

특고압 배전용 변압기의 **특고압측에는 개폐기 및 과전류 차단기를 시설**하여야 한다(판단기준 제29조).

【답】④

문제 85	2015년도 2회 문제96
문제 86	2010년도 3회 문제83
문제 87	2012년도 3회 문제93
문제 88	2009년도 3회 문제87
문제 89	2015년도 3회 문제96
문제 90	2009년도 3회 문제88
문제 91	2008년도 3회 문제81
문제 92	2009년도 2회 문제81
문제 93	2013년도 1회 문제94
문제 94	2012년도 1회 문제95
문제 95	2012년도 1회 문제96
문제 96	2014년도 1회 문제97
문제 97	2015년도 2회 문제100
문제 98	2015년도 2회 문제83
문제 99	2015년도 1회 문제84

전기설비 기술기준(개정)과 판단기준에 따라 삭제된 문제가 있어 20문항이 안됩니다.

국가기술자격검정 필기시험 문제

2006년도 전기산업기사 일반검정 제2회				수검 번호	성 명
자격종목 및 등급(선택분야)	종목코드	시험시간	문제지형별		
전기산업기사	2140	2시간 30분	A		

1과목 전기자기학

문제 01 전계의 세기가 E인 균일한 전계 내에 있는 전자가 받는 힘은? 단, 전자의 전하량은 그 크기가 e이다.

① 크기는 $e^2 E$이고 전계와 같은 방향

② 크기는 $e^2 E$이고 전계와 반대 방향

③ 크기는 eE이고 전계와 같은 방향

④ 크기는 eE이고 전계와 반대 방향

풀이
전계의 크기는 1 [C]이 받는 힘이므로, 전계의 세기가 E인 균일한 전계 내에 있는 전자가 받는 힘의 크기는 eE[N]이고, 전자는 음전하이므로 전계와 반대 방향으로 이동한다. 【답】④

문제 02 정전 유도에 의해서 고립 도체에 유기되는 전하는?

① 정, 부 동량이며 도체는 등전위이다.

② 정, 부 동량이며 도체는 등전위가 아니다.

③ 정전하 뿐이며 도체는 등전위이다.

④ 부전하 뿐이며 도체는 등전위이다.

【답】①

문제 03 물질의 자화 현상을 물성적으로 해석하면?

① 전자의 이동　　② 전자의 공전

③ 분자의 운동　　④ 전자의 자전

풀이
물체의 자화는 물질을 구성하는 각 원자 내의 핵과 전자의 운동으로 인한 미소전류 루프에 의한 것으로 생각된다. 즉, 핵 주위를 회전하는 전자의 궤도운동과 궤도전자 및 **핵의 자전운동(spin)**에 해당한 미소전류 루프의 자기 쌍극자 모멘트 방향이 외부자계에 의한 회전력에 의하여 일정방향으로 배열됨으로 형성된다. 【답】④

문제 04 전자 유도 작용과 관계가 없는 것은?

① 가습기　　　　② 지진계

③ 유량계　　　　④ 송화기

풀이
변압기, 전동기, 송화기, 유량계, 지진계 등은 전자유도 작용의 원리를 이용한 것들이다. 【답】①

문제 05 유전율 $\epsilon_0 \epsilon_s$의 유전체내에 있는 전하 Q에서 나오는 전속선의 수는?

①　$\dfrac{Q}{\epsilon_s}$　　　　　　②　$\dfrac{Q}{\epsilon_0}$

③　$\dfrac{Q}{\epsilon_0 \epsilon_s}$　　　　　④　Q

풀이
전속 ϕ는 매질에 관계없이 전하 Q[C]일 때 Q개의 전속선이 나온다. 【답】④

문제 06 두 개의 저항 R_1, R_2를 직렬로 연결하면 16 [Ω], 병렬로 연결하면 3.75 [Ω]이 된다. 두 저항값은 각각 몇 [Ω]인가?

① 4와 12　　　　② 5와 11

③ 6과 10　　　　④ 7과 9

풀이
직렬 : $R_1 + R_2 = 16$, 　병렬 : $\dfrac{R_1 R_2}{R_1 + R_2} = 3.75$

$\therefore R_1 R_2 = 3.75 \times 16 = 60$

$R_1(16 - R_1) = 60$

$R_1^2 - 16 R_1 + 60 = 0$

$R_1 = \dfrac{16 \pm \sqrt{16^2 - 4 \times 60}}{2} = \dfrac{16 \pm 4}{2}$

$\therefore R_1 = 10,\ 6$

$R_1 = 10$일 때 $R_2 = 6$, $R_1 = 6$일 때 $R_2 = 10$ 【답】③

 $Q_1 = Q_2 = 6 \times 10^{-6}$[C]인 두 개의 점전하가 서로 10[cm] 떨어져 있다. 전계의 강도가 0인 점은 어느 곳인가?

① Q_1과 Q_2의 중간 지점

② Q_2에서 Q_1쪽으로 15[cm] 지점

③ Q_2에서 Q_1의 반대쪽으로 10[cm] 지점

④ Q_1에서 Q_2의 반대쪽으로 10[cm] 지점

풀이
전계의 강도가 0이 되는 지점은 전하량이 같으므로 양전하의 중간지점이 된다. 【답】①

문제 08 접지되어 있는 반지름 0.2[m]인 도체구의 중심으로부터 거리가 0.4[m] 떨어진 점 P에 점전하 6$\times 10^{-3}$[C]이 있다. 영상전하는 몇 [C]인가?

① -2×10^{-3} ② -3×10^{-3}

③ -4×10^{-3} ④ -6×10^{-3}

풀이
접지 도체구의 영상전하
$$Q' = -\frac{a}{d}Q = -\frac{0.2}{0.4} \times 6 \times 10^{-3} [C]$$
$$\therefore Q' = -3 \times 10^{-3} [C]$$
【답】②

문제 09 자기 쌍극자에 의한 자계는 쌍극자 중심으로부터의 거리의 몇 제곱에 반비례하는가?

① 1 ② 2

③ 3 ④ 4

풀이
자기 쌍극자에 의한 자위
$$H = \sqrt{H_r^2 + H_0^2} = \frac{M}{4\pi\mu_0 r^3}\sqrt{1 + 3\cos^2\theta}\ [\text{AT/m}]$$
【답】③

문제 10 원점에 10^{-8}[C]의 전하가 있을 때 점 (1, 2, 2)[m]에서의 전계의 세기는 몇 [V/m]인가?

① 0.1 ② 1

③ 10 ④ 100

풀이
원점에 10^{-8}[C]
원점과 점 (1, 2, 2)간의 거리는 $\sqrt{1^2 + 2^2 + 2^2} = 3$[m]이므로
$$E = k\frac{Q}{r^2} = 9 \times 10^9 \times \frac{10^{-8}}{3^2} = 10[\text{V/m}]$$
【답】③

문제 11 그림에서 도체 1, 2, ……, n의 전하 및 전위가 각각 Q_1, $Q_2, \cdots$, Q_n 및 V_1, $V_2, \cdots$, V_n일 때 이 계의 정전 에너지 W는 어떻게 되는가?

① $W = \dfrac{1}{2}\displaystyle\sum_{i=1}^{n} Q_i^2 V_i$

② $W = \dfrac{1}{2}\displaystyle\sum_{i=1}^{n} Q_i V_i$

③ $W = \displaystyle\sum_{i=1}^{n} Q_i V_i^2$

④ $W = \displaystyle\sum_{i=1}^{n} Q_i V_i$

풀이
각각의 에너지의 합과 같은 정전 에너지가 발생한다.
$$W = \frac{1}{2}\sum_{i=1}^{n} Q_i V_i$$
【답】②

문제 12 자화율은 χ, 자속 밀도를 B, 자계의 세기를 H, 자화의 세기를 J라고 할 때 다음 중 성립할 수 없는 식은?

① $\mu = \mu_0 + \chi$ ② $\mu_s = 1 + \dfrac{\chi}{\mu_0}$

③ $B = \mu H$ ④ $J = \chi B$

풀이
$J = \chi H\ [\text{Wb/m}^2]$
$B = \mu_0 H + J = \mu_0 H + \chi H = (\mu_0 + \chi)H = \mu_0 \mu_s H\ [\text{Wb/m}^2]$
$\mu = \mu_0 + \chi\ [\text{H/m}]$, $\mu_s = \mu/\mu_0 = 1 + \chi$
$B = \mu H\ [\text{Wb/m}^2]$, $\mu_s = \dfrac{\mu}{\mu_0} = \dfrac{\mu_0 + \chi}{\mu_0} = 1 + \dfrac{\chi}{\mu_0}$
【답】④

문제 13	2007년도 3회 문제 04
문제 14	2007년도 3회 문제 02
문제 15	2013년도 1회 문제 20
문제 16	2010년도 1회 문제 06
문제 17	2011년도 2회 문제 04
문제 18	2016년도 2회 문제 14
문제 19	2015년도 1회 문제 02
문제 20	2013년도 3회 문제 19

2과목 전력공학

문제 21 송전선의 4단자 정수가 $A = D = 0.92$, $B = j80[\Omega]$일 때 C의 값은 몇 $[\mho]$인가?

① $j1.92 \times 10^{-4}$ ② $j2.47 \times 10^{-4}$

③ $j1.92 \times 10^{-3}$ ④ $j2.47 \times 10^{-3}$

풀이

$AD - BC = 1$에서

$$C = \frac{AD-1}{B} = \frac{0.92^2 - 1}{j80} = -\frac{0.1536}{j80} = j1.92 \times 10^{-3}[\mho]$$

[답] ③

문제 22 모선의 보호 계전 방식에 해당되는 것은?

① 전력 평형 보호 방식

② 전압 차동 보호 방식

③ 표시선 계전 방식

④ 위상 비교 반송 방식

풀이

모선 보호 계전 방식의 종류
① 전류 차동 계전 방식 ② **전압 차동 계전 방식**
③ 위상 비교 계전 방식 ④ 방향 비교 계전 방식 **[답]** ②

문제 23 복수기에 냉각수를 보내는 펌프는?

① 순환 펌프 ② 급수 펌프

③ 배출 펌프 ④ 복수 펌프

풀이

냉각수를 복수기에 보내는 것은 **순환 펌프**이며, 복수를 기내로부터 받아내는 것은 복수 펌프라 한다. **[답]** ①

문제 24 가공 송전 선로를 가선할 때에는 하중 조건과 온도 조건을 고려하여 적당한 이도(dip)를 주도록 하여야 한다. 다음 중 이도에 대한 설명으로 옳은 것은?

① 이도가 작으면 전선이 좌우로 크게 흔들려서 다른 상의 전선에 접촉하여 위험하게 된다.

② 전선을 가선할 때 전선을 팽팽하게 가선하는 것을 이도를 크게 준다고 한다.

③ 이도를 작게 하면 이에 비례하여 전선의 장력이 증가되며 심할 때는 전선 상호간이 꼬이게 된다.

④ 이도의 대소는 지지물의 높이를 좌우한다.

풀이

이도(dip)란 전선의 지지점을 연결하는 수평선으로부터 최대 수직 길이를 말한다.
① **이도의 대소는 지지물의 높이를 좌우한다.**
② 이도가 너무 크면 전선은 그만큼 좌우로 진동해서 다른 상의 전선에 접촉하거나 수목에 접촉해서 위험을 준다.
③ 이도가 너무 작으면 이에 전선의 장력이 증가하며 심할 경우에는 전선이 단선된다. **[답]** ④

문제 25 절연내력을 시험하기 위해 시험용 변압기를 사용하였다. 이때 전압조정을 하기 위하여 일반적으로 가장 많이 사용되는 것은?

① 한류 리액터

② 유도 전압 조정기

③ 소형 발전기의 변속 장치

④ 다단식 저항 전압 조정기

풀이

유도 전압 조정기는 전압의 조정을 ±(5~10 [%])로 할 수 있는 전압 조정기로서 유입자냉식, 공냉식, 단상, 3상, 수동식, 전동식, 자동식 등이 있다. **[답]** ②

문제 26 현수 애자 4개를 1련으로 한 66 [kV] 송전 선로가 있다. 현수 애자 1개의 절연 저항이 1500 [MΩ]이라면 표준 경간을 200 [m]로 할 때 1 [km]당의 누설 컨덕턴스[$\mho$]는?

① 약 0.83×10^{-9} ② 약 1.66×10^{-9}

③ 약 0.83×10^{-6} ④ 약 1.66×10^{-6}

풀이

현수 애자 1련의 저항 (직렬 접속)

$$r = 1500 \,[\text{M}\Omega] \times 4 = 6 \times 10^9 \,[\Omega]$$

표준 경간이 200 [m]이고 1 [km]당 현수 애자는 5련이 설치되므로 (병렬 접속)

$$R = \frac{r}{n} = \frac{6}{5} \times 10^9 \,[\Omega]$$

누설 컨덕턴스

$$G = \frac{1}{R} = \frac{5}{6} \times 10^{-9} \,[\mho] = 0.83 \times 10^{-9}[\mho]$$

[답] ①

문제 27 정격 전압 1차 6600 [V], 2차 220 [V]의 단상 변압기 두 대를 승압기로 V결선하여 6300 [V]의 3상 전원에 접속한다면 승압된 전압[V]은?

① 6410 ② 6460

③ 6510 ④ 6560

$$E_2 = E_1\left(1 + \frac{1}{n}\right) = 6300\left(1 + \frac{220}{6600}\right) = 6510[\text{V}]$$

【답】③

문제 28 정전 용량 C[F]인 콘덴서를 △결선해서 3상 전압 V[V]를 가했을 때의 충전 용량과 같은 전원을 Y결선으로 했을 때의 충전 용량비(△결선/Y결선)는?

① $\dfrac{1}{3}$ ② 3

③ $\dfrac{1}{\sqrt{3}}$ ④ $\sqrt{3}$

$$Q_Y = 3 \times 2\pi f C \left(\frac{V}{\sqrt{3}}\right)^2 = 2\pi f CV^2 \ [\text{VA}]$$

$$Q_\triangle = 3 \times 2\pi f CE^2 = 3 \times 2\pi f CV^2 \ [\text{VA}] \text{이므로}$$

$$\frac{Q_\triangle}{Q_Y} = \frac{3 \times 2\pi f CV^2}{2\pi f CV^2} = 3\text{배}$$

【답】②

문제 29	2013년도 1회 문제 37
문제 30	2013년도 1회 문제 30
문제 31	2014년도 3회 문제 28
문제 32	2013년도 1회 문제 31
문제 33	2013년도 2회 문제 27
문제 34	2012년도 2회 문제 31
문제 35	2007년도 2회 문제 24
문제 36	2014년도 2회 문제 39
문제 37	2012년도 2회 문제 37
문제 38	2016년도 2회 문제 27
문제 39	2014년도 1회 문제 39
문제 40	2011년도 2회 문제 40

3과목 전기기기

문제 41 변압기의 전부하 효율은?

① $\dfrac{\text{출력}}{\text{입력+동손+철손}}$ ② $\dfrac{\text{입력}}{\text{출력+동손+철손}}$

③ $\dfrac{\text{출력}}{\text{출력+동손+철손}}$ ④ $\dfrac{\text{입력}}{\text{입력+동손+철손}}$

$$\text{규약 효율} \quad \eta = \frac{\text{출력}}{\text{출력+손실}} \times 100 = \frac{\text{입력-손실}}{\text{입력}} \times 100 [\%]$$

$$= \frac{V_2 I_2 \cos\theta_2}{V_2 I_2 \cos\theta_2 + P_i + I_2{}^2 r} \times 100 \ [\%]$$

$(\because \text{입력} = \text{출력} + \text{동손} + \text{철손})$

【답】③

문제 42 보호하려는 회로의 전압이 그 예정값 이상으로 되었을 때 동작하는 것으로 기기 설비의 보호에 사용되는 계전기는?

① 거리 계전기   ② 방향 계전기

③ 과전압 계전기   ④ 지락 과전압 계전기

과전압 계전기(OVR)는 일정값 이상의 전압이 공급되면 동작하는 것으로 과전압 보호용이다.

【답】③

문제 43 그림에서 V를 교류 전압 v의 실효값이라고 할 때 단상 전파 정류에서 얻을 수 있는 직류 전압 e_d의 평균값은 얼마인가?

① $2E$

② $1.5E$

③ $0.9E$

④ $0.5E$

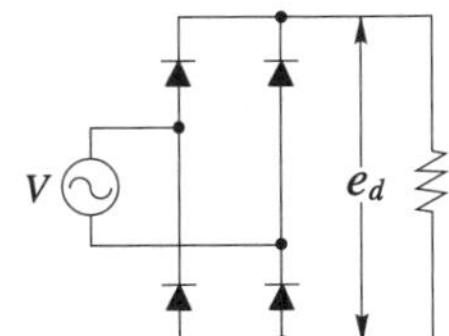

브리지 정류 회로이므로 단상 전파 정류 회로이다.
부하 양단의 직류 전압 e_d의 평균값은

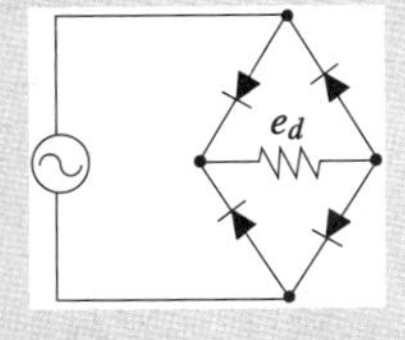

$$E_{dc} = \frac{2}{\pi} E_m = \frac{2}{\pi} \times \sqrt{2}\,E$$

$$= 0.9E \ [\text{V}]$$

【답】③

문제 44 토크 모터 (torque motor)란?

① 특별히 큰 전부하 토크를 발생하는 전동기

② 시동 토크가 특히 큰 전동기

③ 정동 토크가 특히 큰 전동기

④ 중성 위치에서 어느 각도만큼 회전하는 전동기

토크 모터(torque motor) : 설치된 위치에서 또는 **한정된 동작 범위** 내에서 주로 **토크를 발생**하는 것을 목적으로 하는 **전동기**를 말한다.

【답】④

문제 45 소형 유도전동기의 슬롯이나 권선의 잘못된 제작으로 전동기를 기동할 때 발생되는 현상은?

① 토크 증가 현상　　　② 게르게스 현상
③ 크로우링 현상　　　④ 제동 토크의 증가 현상

풀이

균일하지 않은 슬롯 부분의 자기 저항 차이 때문에 공극의 퍼미언스가 일정하지 않고 위치에 따라 변하기 때문에 공극내 자속분포에는 많은 고조파 성분이 있으며 이로 인해 유도 전동기에 있어서 정지 상태로부터 동기 속도의 수분의 1인 저속도까지 가속하고, 그 이상은 가속하지 않는(안정하기는 하지만) 이상한 운전 상태가 발생될 수 있으며 이러한 현상을 **크로우링 현상**이라 한다.　　【답】③

문제 46 변압기의 정격전류에 대한 백분율 저항강하가 1.5 [%], 백분율 리액턴스 강하는 4 [%]이다. 이 변압기에 정격전류를 통하여 전압변동률이 최대로 되는 부하 역률은 약 얼마인가?

① 0.15　　　　　　② 0.28
③ 0.35　　　　　　④ 0.68

풀이

최대 전압 변동률 $\epsilon_{\max}$ 는

$$\epsilon_{\max} = \sqrt{p^2 + q^2} = \sqrt{1.5^2 + 4^2} = 4.27\,[\%]$$

$$\therefore \cos\phi_m = \frac{p}{\sqrt{p^2 + q^2}} = \frac{1.5}{4.27} = 0.351$$

【답】③

문제 47 3상 유도전동기의 전원측에서 임의의 2선을 바꾸어 접속하여 운전하면?

① 회전 방향이 반대가 된다.
② 회전 방향은 불변이나 속도가 약간 떨어진다.
③ 즉각 정지된다.
④ 바꾸지 않았을 때와 동일하다.

풀이

3상 유도전동기의 경우 **임의의 2선의 접속을 반대로** 하면 회전 계자의 **회전 방향이 반대**로 되어 운전한다. 이러한 특성을 이용하여 승강기 등의 왕복운동을 하는 부하에 사용한다.　　【답】①

문제 48 유도 전동기의 동기 와트를 설명한 것은?

① 동기 속도 하에서 2차 입력을 말함
② 동기 속도 하에서 1차 입력을 말함
③ 동기 속도 하에서 2차 출력을 말함
④ 동기 속도 하에서 2차 동손을 말함

풀이

슬립 s, 토크 T를 발생하며 회전하는 유도 전동기가 같은 토크 T를 발생하며 동기 속도로 회전하는 것으로 가정하는 때의 입력 P_2를 말한다. 2차 입력(동기 와트) P_2, 회전 각속도 ω, 동기 각속도 ω_s 라 하면

$$T = \frac{P}{\omega} = \frac{P_2(1-s)}{\omega_s(1-s)} = \frac{P_2}{\omega_s}$$

$$\therefore P_2 = \omega_s T\,[\text{동기 와트}]$$

【답】①

문제 49 변압기의 냉각방식 중 유입 자냉식의 표시 기호는?

① ANAN　　　　　② ONAN
③ ONAF　　　　　④ OFAF

풀이

- **유입자냉식 (ONAN,** OA)　　　　· 유입풍냉식 (ONAF, FA)
- 건식밀폐자냉식 (ANAN, GA)　　· 건식자냉식 (AN, AA)
- 건식풍냉식 (AF, AFA)　　　　　· 송유수냉식 (OFWF, FOW)
- 송유풍냉식 (OFAF, ODAF, FOA)
- 유입수냉식 (ONWF, OW)　　　　　　　　　【답】②

문제 50 정격 속도로 회전하고 있는 무부하의 분권 발전기가 있다. 계자 권선의 저항이 50[Ω], 계자 전류 2[A], 전기자 저항 1.5[Ω]일 때 유기 기전력은 몇 [V]인가?

① 97　　　　　　　② 100
③ 103　　　　　　　④ 106

풀이

단자 전압 V는 계자 회로의 전압 강하와 같으므로
$$V = R_f I_f = 50 \times 2 = 100\,[\text{V}]$$
$E = V + I_a R_a$ 식에서 $I_a = I_f$ 이므로($\because$ 무부하이므로)
$$\therefore \text{유기 기전력 } E = V + I_f R_a = 100 + 2 \times 1.5 = 103\,[\text{V}]$$

【답】③

문제 51 유도 발전기의 슬립(slip) 범위에 속하는 것은?

① $0 < s < 1$　　　　② $s = 0$
③ $s = 1$　　　　　　④ $-1 < s < 0$

풀이

유도 전동기의 동작 특성에서 슬립의 영역은
- 유도 전동기의 동작 범위　$1 > s > 0$
- 유도 제동기의 동작 범위　$s > 1$
- **유도 발전기의 동작 범위**　$s < 0$　　　　【답】④

4과목 회로이론

문제 52 다음의 정류 회로 중 가장 큰 출력값을 갖는 회로는?

① 단상 반파 정류 회로

② 3상 반파 정류 회로

③ 단상 전파 정류 회로

④ 3상 전파 정류 회로

풀이

- 단상 반파 정류 : $E_d = \dfrac{\sqrt{2}}{\pi}E = 0.45E$

- 3상 반파 정류 : $E_d = \dfrac{3\sqrt{3}}{\sqrt{2}\,\pi}E = 1.17E$

- 단상 전파 정류 : $\dfrac{2\sqrt{2}}{\pi}E = 0.9E$

- **3상 전파 정류** : $E_d = 2.34E$　　　　【답】 ④

문제 53 변압기의 누설 리액턴스를 줄이는 가장 효과적인 방법은 어느 것인가?

① 권선을 분할하여 조립한다.

② 권선을 동심 배치한다.

③ 코일의 단면적을 크게 한다.

④ 철심의 단면적을 크게 한다.

풀이

변압기의 설계에서 **권선을 분할하여 조립**하면, 누설 리액턴스는 절반 이상 감소된다. 즉, 교호 배치한다.　　　　【답】 ①

문제 54	2013년도 3회 문제 49
문제 55	2008년도 2회 문제 48
문제 56	2011년도 3회 문제 58
문제 57	2012년도 2회 문제 54
문제 58	2009년도 2회 문제 44
문제 59	2015년도 1회 문제 56
문제 60	2009년도 3회 문제 52

문제 61 다음의 대칭 다상 교류에 의한 회전 자계 중 잘못된 것은?

① 대칭 3상 교류에 의한 회전 자계는 원형 회전 자계이다.

② 대칭 2상 교류에 의한 회전 자계는 타원형 회전 자계이다.

③ 3상 교류에서 어느 두 코일의 전류의 상순을 바꾸면 회전 자계의 방향도 바뀐다.

④ 회전 자계의 회전 속도는 일정 각속도이다.

풀이

대칭 2상 교류는 존재 의미가 없으므로 **회전 자계는 없다.** 【답】 ②

문제 62 그림과 같은 회로에서 단자 a, b 사이의 전압은 몇 [V]인가?

① 20

② 40

③ 60

④ 80

풀이

4 [Ω]의 저항이 병렬 접속되어 있으므로

합성 저항은 $\dfrac{4\times4}{4+4} = 2\,[\Omega]$

단자 a, b 사이의 전압 V_{ab}는 분압 법칙에 의해

$V_{ab} = \dfrac{2}{8+2}\times100 = 20[V]$의 전압이 a, b 양단에 걸린다.

【답】 ①

문제 63 직류 $R-C$ 직렬 회로에서 회로의 시정수 값은?

① $\dfrac{R}{C}$　　　　② $\dfrac{C}{R}$

③ RC　　　　④ $\dfrac{1}{RC}$

풀이

- $R-C$ 직렬 회로에 흐르는 전류 $i(t) = \dfrac{E}{R}e^{-\frac{1}{RC}t}$

- 시정수 τ는 스위치를 닫는 순간 정상전류 $\left(I = \dfrac{E}{R}\right)$의 $36.8\,[\%]$에 도달할 때 까지의 시간이므로 **시정수 $\tau = RC$가 된다.**

즉, $i(\tau) = \dfrac{E}{R} e^{-\frac{1}{RC} \cdot RC} = \dfrac{E}{R} e^{-1} \fallingdotseq 0.368 \dfrac{E}{R}$ 【답】 ③

문제 64 그림과 같은 회로에서 $V_1 = 110\,[\mathrm{V}]$, $V_2 = 120[\mathrm{V}]$, $R_1 = 1\,[\Omega]$, $R_2 = 2[\Omega]$일 때 a, b 단자에 5 $[\Omega]$의 R_3를 접속하였을 때 a, b간의 전압 V_{ab}는 몇 [V]인가?

① 85
② 90
③ 100
④ 105

풀이

밀만의 정리를 적용하면

$$V_{ab} = \cfrac{\dfrac{E_1}{R_1} + \dfrac{E_2}{R_2}}{\dfrac{1}{R_1} + \dfrac{1}{R_2} + \dfrac{1}{R_3}} = \cfrac{\dfrac{110}{1} + \dfrac{120}{2}}{\dfrac{1}{1} + \dfrac{1}{2} + \dfrac{1}{5}} = \dfrac{1700}{17} = 100[\mathrm{V}]$$

【답】 ③

문제 65 어떤 회로의 전압 및 전류가 $E = 10\angle 60°$ [V], $I = 5\angle 30°[\mathrm{A}]$일 때 이 회로의 임피던스 $Z\,[\Omega]$는?

① $\sqrt{3} + j$ ② $\sqrt{3} - j$
③ $1 + j\sqrt{3}$ ④ $1 - j\sqrt{3}$

풀이

$$Z = \frac{E}{I} = \frac{10\angle 60°}{5\angle 30°} = 2\angle 30° = 2(\cos 30° + j\sin 30°)$$
$$= 2\left(\frac{\sqrt{3}}{2} + j\frac{1}{2}\right) = \sqrt{3} + j\,[\Omega]$$

【답】 ①

문제 66 4단자 회로에서 4단자 정수를 A, B, C, D라 하면 영상 임피던스 Z_{01}, Z_{02}는?

① $Z_{01} = \sqrt{\dfrac{AB}{CD}}$, $Z_{02} = \sqrt{\dfrac{BD}{AC}}$

② $Z_{01} = \sqrt{AB}$, $Z_{02} = \sqrt{CD}$

③ $Z_{01} = \sqrt{\dfrac{CD}{AB}}$, $Z_{02} = \sqrt{\dfrac{BD}{AC}}$

④ $Z_{01} = \sqrt{\dfrac{BD}{AC}}$, $Z_{02} = \sqrt{ABCD}$

풀이

$$Z_{01} = \sqrt{\frac{AB}{CD}}, \qquad Z_{02} = \sqrt{\frac{BD}{AC}}$$

【답】 ①

문제 67 어떤 부하에 $v = 100\sin\left(100\pi t + \dfrac{\pi}{6}\right)[\mathrm{V}]$의 기전력을 가하니 $i = 10\cos\left(100\pi t - \dfrac{\pi}{3}\right)[\mathrm{A}]$이었다. 이 부하의 소비 전력은 몇 [W]인가?

① 250   ② 433
③ 500   ④ 866

풀이

$\cos\alpha = \sin\left(\alpha + \dfrac{\pi}{2}\right)$이므로

전류 $i = 10\cos\left(100\pi t - \dfrac{\pi}{3}\right) = 10\sin\left(100\pi t - \dfrac{\pi}{3} + \dfrac{\pi}{2}\right)$
$\quad = 10\sin\left(100\pi t + \dfrac{\pi}{6}\right)$

그러므로 전압과 전류의 상차각은 0°로 전력 P는

$$P = VI\cos\theta = \frac{100}{\sqrt{2}} \times \frac{10}{\sqrt{2}} \times \cos 0° = 500[\mathrm{W}]\text{가 된다.}$$

【답】 ③

문제 68 $\dfrac{1}{s^2 + 2s + 5}$ 의 라플라스 역변환 값은?

① $\dfrac{1}{2} e^{-t}\sin 2t$ ② $\dfrac{1}{2} e^{-t}\sin t$

③ $e^{-2t}\cos 2t$ ④ $\dfrac{1}{2} e^{-t}\cos 2t$

풀이

$$I(s) = \frac{1}{s^2 + 2s + 5} = \frac{1}{2} \cdot \frac{2}{(s+1)^2 + 2^2}$$
$$\therefore\ i(t) = \mathcal{L}^{-1}[I(s)] = \frac{1}{2} e^{-t}\sin 2t$$

【답】 ①

문제 69 그림과 같은 회로는?

① 가산 회로
② 승산 회로
③ 미분 회로
④ 적분 회로

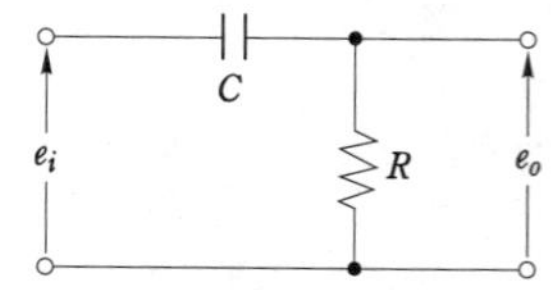

【답】 ③

문제 70 2010년도 3회 문제66

5과목 전기설비기술기준 및 판단기준

문제 81 사용전압 22.9 [kV]의 가공전선이 철도를 횡단하는 경우 전선의 궤조면상 높이는 몇 [m] 이상이어야 하는가?

① 5　　　　　　　　② 5.5
③ 6　　　　　　　　④ 6.5

풀이

특고압 가공전선의 높이 (판단기준 제110조)
특고압 가공전선의 지표상(철도 또는 궤도를 횡단하는 경우에는 레일면상, 횡단보도교를 횡단하는 경우에는 그 노면상)의 높이

전압의 범위	일반 장소	도로 횡단	철도 또는 궤도횡단	횡단보도교
35 [kV] 이하	5 [m]	6 [m]	6.5 [m]	4 [m] (특고압절연전선 또는 케이블 사용)
35 [kV] 초과 160 [kV] 이하	6 [m]	6 [m]	6.5 [m]	5 [m](케이블 사용)
	산지 등에서 사람이 쉽게 들어갈 수 없는 장소 : 5 [m] 이상			
160 [kV] 초과	일반장소			가공전선의 높이 = 6 + 단수 × 0.12 [m]
	철도 또는 궤도횡단			가공전선의 높이 = 6.5 + 단수 × 0.12 [m]
	산지			가공전선의 높이 = 5 + 단수 × 0.12 [m]

※ 단수 = $\dfrac{\text{전압 [kV]} - 160}{10}$ … 단수 계산에서 소수점 이하는 절상

【답】④

문제 82 라이팅 덕트 공사에 의한 저압 옥내 배선에서 덕트의 지지점간의 거리는 몇 [m] 이하로 하여야 하는가?

① 2　　　　　　　　② 3
③ 4　　　　　　　　④ 5

풀이

라이팅 덕트의 지지점간의 거리는 2 [m] 이하로 하여야 한다 (판단기준 제189조).

【답】①

문제 83 옥내에 시설하는 전동기가 과전류로 소손될 우려가 있을 경우 자동적으로 이를 저지하거나 경보하는 장치를 하여야 한다. 정격 출력이 몇 [kW] 이하인 전동기에는 이와 같은 과부하 보호장치를 시설하지 않아도 되는가?

① 0.2　　　　　　　② 0.75
③ 3　　　　　　　　④ 5

풀이

옥내에 시설하는 전동기에는 소손할 우려가 있는 과전류가 생긴 경우 자동적으로 이를 저지하거나 경보하는 장치를 하여야 한다.
단, 다음의 경우에는 보호 장치를 생략할 수 있다. (판단기준 제174조)
• 정격 출력이 0.2 [kW] 이하인 경우
• 운전 중 상시 취급자가 감시할 수 있는 경우
• 부하 성질상 소손할 정도의 과전류 발생 우려가 없는 경우
• 전원측 전로에 시설된 과전류 차단기의 정격 전류가 15 [A] 이하인 경우
• 전원측 전로에 시설된 배선용 차단기의 정격 전류가 20 [A] 이하인 경우

【답】①

문제 84 풀용 수중 조명등에 전기를 공급하는 절연 변압기의 시설에 관한 사항 중 틀린 것은?

① 절연 변압기의 2차측 전로는 접지하지 않는다.
② 2차측 전로의 사용전압이 30 [V] 이하인 경우에는 1차 및 2차 권선 사이에 금속제의 혼촉 방지판을 설치한다.
③ 1차와 2차 권선사이에 설치하는 금속제의 혼촉 방지판은 제1종 접지공사를 한다.
④ 2차측 전로의 전압이 150 [V] 이하인 경우에만 혼촉 방지판을 설치한다.

풀이

2차측 전로의 **사용전압이 30 [V] 이하인 경우** 1차 권선과 2차 권선 사이에 금속제의 **혼촉 방지판을 설치하고 이를 제1종 접지 공사를 하**여야 한다. (판단기준 제241조)

【답】④

문제 85 400 [V]를 넘는 저압측 기계 기구의 철대 및 금속제 외함에는 몇 종 접지 공사를 하여야 하는가?

① 제1종　　　　　　② 제2종
③ 제3종　　　　　　④ 특별 제3종

풀이

기계 기구의 철대 및 외함의 접지 (판단기준 제33조)

전로에 시설하는 기계 기구의 철대 및 금속제 외함에는 표에서 정한 접지공사를 하여야 한다.

기계기구의 구분	접지공사
400 [V] 미만인 저압용의 것	제3종 접지공사
400 [V] 이상의 저압용의 것	**특별 제3종 접지공사**
고압용 또는 특고압용의 것	제1종 접지공사

【답】 ④

문제 86 "지지물"의 정의에 대한 설명으로 가장 적당한 것은?

① 지중전선로를 보호하는 설비를 말한다.

② 전주 및 철탑과 이와 유사한 시설물로서 전선류를 지지하는 것을 주목적으로 하는 것을 말한다.

③ 목주나 철근으로 전주를 지지 보호하는 것을 주목적으로 하는 설비를 말한다.

④ 지중에 시설하는 수관 및 가스관 그리고 매설지선을 보호하는 것을 주목적으로 하는 것을 말한다.

풀이

지지물이라 함은 목주, 철주, 철근 콘크리트주 및 철탑과 이와 유사한 시설물로서 **전선 또는 약전류 전선을 지지하는 목적에 사용되는** 것을 말한다. 　　　　　　　　　　　　　　　【답】 ②

문제 87	2011년도 1회 문제 99
문제 88	2016년도 2회 문제 91
문제 89	2015년도 3회 문제 93
문제 90	2013년도 2회 문제 91
문제 91	2010년도 1회 문제 92
문제 92	2010년도 2회 문제 81
문제 93	2011년도 2회 문제 81
문제 94	2013년도 3회 문제 84
문제 95	2015년도 2회 문제 98
문제 96	2014년도 2회 문제 85
문제 97	2007년도 1회 문제 82
문제 98	2007년도 1회 문제 90
문제 99	2015년도 2회 문제 90

전기설비 기술기준(개정)과 판단기준에 따라 삭제된 문제가 있어 20문항이 안됩니다.

국가기술자격검정 필기시험 문제

2006년도 전기산업기사 일반검정 제3회

수검 번호	성 명

자격종목 및 등급(선택분야)	종목코드	시험시간	문제지형별
전기산업기사	2140	2시간 30분	A

1과목 전기자기학

문제 01 권수가 200회이고, 자기 인덕턴스가 20 [mH]인 코일에 2 [A]의 전류를 흘리면 쇄교 자속은 몇 [Wb]인가?

① 2×10^{-2} ② 4×10^{-2}

③ 2×10^{-4} ④ 4×10^{-4}

풀이

쇄교 자속수

$$\Phi = N\phi = LI = 20 \times 10^{-3} \times 2 = 4 \times 10^{-2} [\text{Wb} \cdot \text{T}]$$

【답】 ②

문제 02 한 변의 길이가 a[m]인 정사각형 A, B, C, D의 각 정점에 각각 Q [C]의 전하를 놓을 때 정사각형 중심 O의 전위는 몇 [V]인가?

① $\dfrac{3Q}{4\pi\epsilon_0 a}$

② $\dfrac{3Q}{\pi\epsilon_0 a}$

③ $\dfrac{\sqrt{2}\,Q}{\pi\epsilon_0 a}$

④ $\dfrac{2Q}{\pi\epsilon_0 a}$

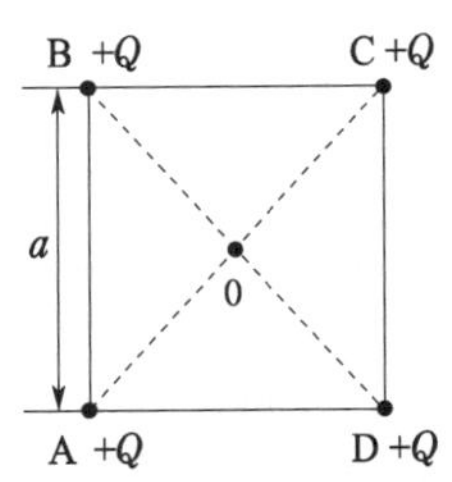

풀이

$$r = \overline{AO} = \frac{1}{2} \times \sqrt{2}\,a = \frac{1}{\sqrt{2}}a\,[\text{m}]$$

1점 전위 $V_1 = \dfrac{Q}{4\pi\epsilon_0 \left(\dfrac{a}{\sqrt{2}}\right)} = \dfrac{Q}{2\sqrt{2}\,\pi\epsilon_0 a}\,[\text{V}]$

중점 전위 $\therefore V_0 = 4V_1 = \dfrac{\sqrt{2}\,Q}{\pi\epsilon_0 a}\,[\text{V}]$

【답】 ③

문제 03 그림과 같이 콘덴서 $C_1 = 0.5[\mu\text{F}]$와 $C_2 = 0.01[\mu\text{F}]$를 접속하여 C_1에 1000 [V]의 약 $\dfrac{1}{100}$ 전압이 걸리도록 하기 위하여 C_x를 C_1에 병렬로 접속하였다. C_x의 용량은 몇 [μF]인가?

① 4.9

② 0.49

③ 1.49

④ 49

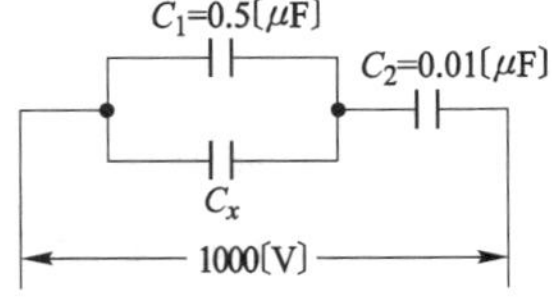

풀이

$Q = CV$에서 $C \propto \dfrac{1}{V}$이므로

$$(C_1 + C_x) : 0.01 = 990 : 10$$
$$10(C_1 + C_x) = 0.01 \times 990$$
$$0.5 + C_x = 0.99$$
$$\therefore C_x = 0.49\,[\mu\text{F}]$$

【답】 ②

문제 04 다음 유전체중 비유전율이 가장 큰 것은?

① 공기   ② 운모

③ 파라핀   ④ 티탄산바륨

풀이

비유전율 ϵ_s

- 공기 (1.00058)
- 운모 (6.7)
- 파라핀 (2.2)
- **티탄산바륨** (1000~3000)

【답】 ④

문제 05 무한장 원주형 도체에 전류 I가 표면에만 흐른다면 원주 내부의 자계의 세기는 몇 [AT/m]인가? 단, r[m]는 원주의 반지름이고, N은 권선수이다.

① $\dfrac{I}{2\pi r}$ ② $\dfrac{NI}{2\pi r}$

③ $\dfrac{I}{2r}$ ④ 0

풀이

도체의 전류가 표면에만 흐르면 내부 자계는 0이다.　　【답】④

문제 06 평등전계 내에서 얻어지는 전하의 운동속도는?

① 전위차에 비례한다.

② 전위차의 제곱근에 비례한다.

③ 전위차의 제곱에 비례한다.

④ 전위차의 1.6승에 비례한다.

풀이

$$W = qV = \frac{1}{2}mv^2, \quad v^2 = \frac{2qV}{m}$$

$$\therefore v = \sqrt{\frac{2qV}{m}} \qquad \therefore v \propto \sqrt{V}$$

【답】②

문제 07 자기 인덕턴스 L_1, L_2[H], 상호 인덕턴스 M[H]인 두 회로에 자속을 돕는 방향으로 각각 I_1, I_2 [A]의 전류가 흘렀을 때 저장되는 자계의 에너지는 몇 [J]인가?

① $\frac{1}{2}(L_1 I_1^2 + L_2 I_2^2)$

② $\frac{1}{2}(L_1 I_1 + L_2 I_2)^2$

③ $\frac{1}{2}(L_1 I_1^2 + L_2 I_2^2 + 2M I_1 I_2)$

④ $\frac{1}{2}(L_1 I_1^2 + L_2 I_2^2 + M I_1 I_2)$

풀이

전체 축적 에너지 $= W_1 + W_2 + 2 \times W_{12}$

$$= \frac{1}{2}L_1 I_1^2 + \frac{1}{2}L_2 I_2^2 + M I_1 I_2$$

【답】③

문제 08 도체의 고유 저항에 대한 설명 중 틀린 것은?

① 저항에 반비례한다.

② 길이에 반비례한다.

③ 도전율에 반비례한다.

④ 단면적에 비례한다.

풀이

$R = \rho \dfrac{l}{S}$ 에서 $\rho = \dfrac{RS}{l}$ 이므로 **고유저항은 도전율의 역수로 저항과 면적에 비례하며, 길이에 반비례**한다.　　【답】①

문제 09 반지름 a인 무한히 긴 원통상의 도체에 전류 I 가 균일하게 흐를 때 도체 내외에 발생하는 자계의 모양은? 단, 전류는 도체의 중심축에 대하여 대칭이고, 그 전류 밀도는 중심에서의 거리 r 의 함수로 주어진다고 한다.

① 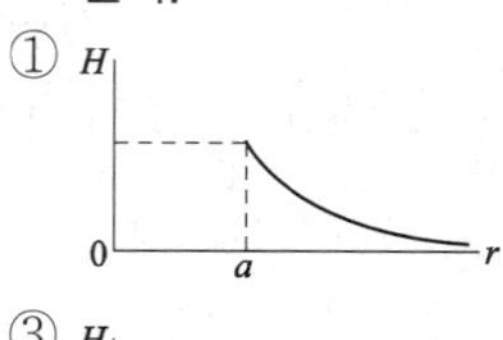
② 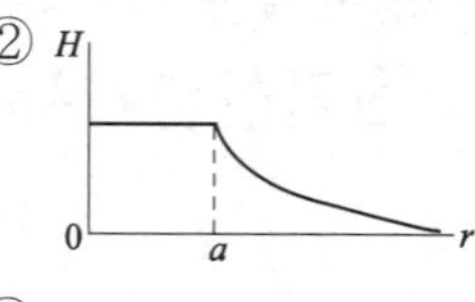
③ 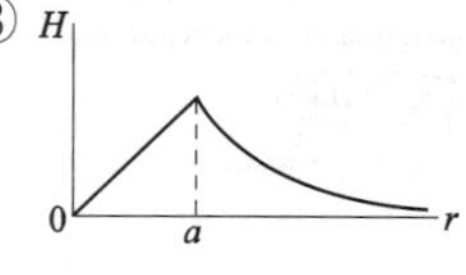
④ 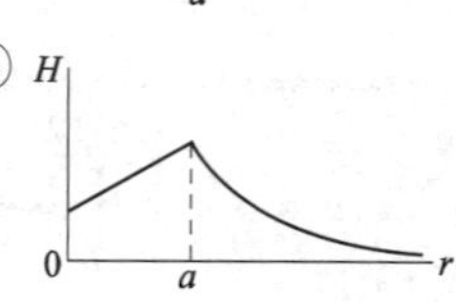

풀이

① 원주 내부의 자계 $H_i(r<a)$는 $H_i = \dfrac{Ir}{2\pi a^2}$ [AT/m]

$$\therefore H_i \propto r$$

② 원주 외부의 자계 $H_e(r>a)$는 $H_e = \dfrac{I}{2\pi r}$ [AT/m]

$$\therefore H_e \propto \frac{1}{r}$$

③ 원주 도체 표면의 자계 $H_a(r=a)$는 $H_a = \dfrac{I}{2\pi a}$ [AT/m]

가 된다. 즉 무한장 원주 전류에 의한 자계가 **도체 내부에서는 중심으로부터의 거리에 비례하며, 도체 외부에서는 거리에 반비례**한다.

【답】③

문제 10 평등자계에 수직으로 일정 속도의 전자가 입사할 때 전자의 궤적은 어떻게 되는가?

① 직선　　　　　　② 포물선

③ 원　　　　　　　④ 쌍곡선

풀이

전자 e 가 받는 힘

　　$F = e(v \times B)$

따라서, 전자 e 가 속도 v 로 평등자계에 수직으로 입사하면 운동 방향과 직각으로 힘을 받아 등속 원운동을 한다.

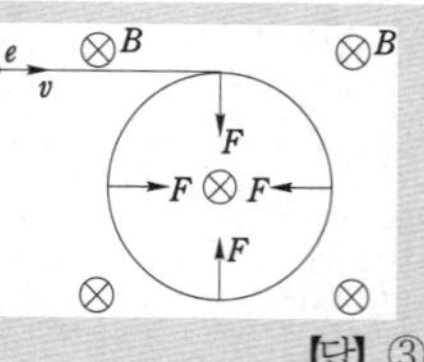

【답】③

문제 11 비유전율이 4인 유리를 넣어서 내압이 5 [kV], 용량이 50 [pF]인 평행판 콘덴서를 제작하려면 평행판 콘덴서의 전극 면적은 몇 [m²]로 하면 되는가? 단, 유리의 절연내력은 5 [kV/mm] 이다.

① 1.41×10^{-3}　　　　② 1.41×10^{-2}

③ 2.82×10^{-3}　　　　④ 2.82×10^{-2}

[풀이]

$E = g$ (절연내력) $= 5000\,[\text{V/mm}]$

$E = \dfrac{V}{d}$ 에서 $d = \dfrac{V}{E} = \dfrac{5000}{5000}\,[\text{mm}] = 1\,[\text{mm}]$

정전용량 $C = \dfrac{\epsilon_0 \epsilon_s S}{d}$ 이므로

$\therefore S = \dfrac{Cd}{\epsilon_0 \epsilon_s} = \dfrac{(50 \times 10^{-12}) \times (1 \times 10^{-3})}{8.85 \times 10^{-12} \times 4} = 1.41 \times 10^{-3}\,[\text{m}^2]$

【답】 ①

문제 12 콘덴서에 대한 설명 중 잘못된 것은?

① 두 도체 사이의 정전 용량에 의해서 전하를 충전하도록 한 장치이다.

② 두 도체 사이의 절연을 유지하기 위해서는 적당한 절연 내력을 갖는 절연체를 넣는다.

③ 정전 용량을 크게 하고 가능한 한 많은 전하를 축적하기 위해서는 도체 사이의 간격을 크게 한다.

④ 전극판의 대향 면적을 변화시키는 것에 의하여 용량이 변화될 수 있다.

[풀이]

$C = \dfrac{\epsilon_0 S}{d}$ 에서 정전용량을 크게 하기 위해서는 **도체 사이의 간격을 작게** 하여야 한다.

【답】 ③

문제 13 고주파를 취급할 경우 큰 단면적을 갖는 한 개의 도선을 사용하지 않고 전체로서는 같은 단면적이라도 가는 선을 모은 도체를 사용하는 주된 이유는?

① 히스테리스손을 감소시키기 위하여

② 철손을 감소시키기 위하여

③ 과전류에 대한 영향을 감소시키기 위하여

④ 표피 효과에 대한 영향을 감소시키기 위하여

[풀이]

표피효과 깊이 $\delta = \sqrt{\dfrac{2}{\omega \sigma \mu}}$

가 도체의 두께에 비해서 크면 자속 및 전류는 도체에 균일하게 분포된다. 따라서, 고주파를 취급할 경우 큰 단면적을 갖는 한 개의 도선을 사용하지 않고 전체로서는 같은 단면적이라도 가는 선을 모은 도체를 사용하여 δ가 도체의 두께에 비해 크게하여 **표피 효과를 억제**시킨다. 여기서, σ : 도체의 도전율, μ : 투자율, f : 전원 주파수, δ : 표피 두께 (침투 길이)

【답】 ④

문제 14 2010년도 1회 문제 05

문제 15 2013년도 1회 문제 08

문제 16 2013년도 1회 문제 10

문제 17 2012년도 3회 문제 03

문제 18 2008년도 1회 문제 05

문제 19 2008년도 1회 문제 01

문제 20 2013년도 1회 문제 19

2과목 전력공학

문제 21 유입 차단기에 대한 설명으로 옳지 않은 것은?

① 기름이 분해하여 발생되는 가스의 주성분은 수소 가스이다.

② 붓싱 변류기를 사용할 수 없다.

③ 기름이 분해하여 발생된 가스는 냉각작용을 한다.

④ 보통 상태의 공기 중에서보다 소호능력이 크다.

[풀이]

유입 차단기의 특징

① 보수가 번거롭다(정기적으로 절연유의 여과 및 교체 필요).

② 방음설비가 필요 없다.

③ 공기보다 소호 능력이 크다.

④ **붓싱 변류기를 사용할 수 있다.**

【답】 ②

문제 22 길이가 35 [km]인 단상 2선식 전선로의 유도 리액턴스는 몇 [Ω]인가? 단, 전선로 단위 길이당 인덕턴스는 1.3 [mH/km/선], 주파수 60 [Hz]이다.

① 17.6

② 26.5

③ 34.3

④ 68.5

[풀이]

유도 리액턴스 $X_L = 2\pi f L l = 2\pi \times 60 \times 1.3 \times 10^{-3} \times 2 \times 35$
$= 34.3\,[\Omega]$

【답】 ③

문제 23 저압 네트워크 배전 방식에 대한 설명으로 틀린 것은?

① 전압강하가 적다.

② 부하 밀도가 적은 곳에 유용하다.

③ 무정전 공급의 신뢰도가 높다.

④ 부하의 증가에 대한 적응성이 크다.

[풀이]

네트워크 배전 방식의 장점
① 무정전 공급에 대한 신뢰도 높다.
② 기기 이용률 향상된다.　③ 전압 변동이 적다.
④ 적응성 양호하다.　⑤ 전력 손실이 감소한다.
⑥ 변전소 수를 줄일 수 있다.　【답】②

문제 24 직접 접지 방식을 다른 접지 방식에 비교하였을 때 틀린 것은?
① 통신선에 미치는 유도장해가 최소이다.
② 기기의 절연수준 저감이 가능하다.
③ 보호 계전기의 동작이 확실하여 신뢰도가 높다.
④ 접지 고장시 건전상의 이상전압이 최저이다.

[풀이]

직접 접지 방식

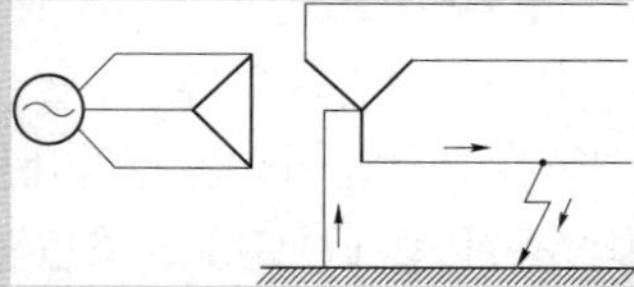

적용 : 22.9 [kV], 154 [kV], 345 [kV], 765 [kV] 계통에 적용
① 1선 지락 시 건전상의 대지전압 상승은 거의 없다.
② 선로 및 기기의 절연레벨을 낮출 수 있다.(저감절연, 단절연 가능)
③ 보호 계전기의 동작이 확실하다.
④ 지락전류가 저 역률의 대 전류이므로 과도 안정도가 나빠진다.
⑤ **지락고장 시 통신선에 전자유도 장해를 크게 미친다.**
⑥ 지락 전류가 매우 크기 때문에 기기에 큰 기계적 충격을 주기 쉽다.　【답】①

문제 25 소도체의 반지름이 r[m], 소도체간의 선간 거리가 d[m]인 2개의 소도체를 사용한 345 [kV] 송전 선로가 있다. 복도체의 등가 반지름은?
① $\sqrt{r \cdot d}$　　　② $\sqrt{r \cdot d^2}$
③ $\sqrt{r^2 \cdot d}$　　　④ $r \cdot d$

[풀이]

등가 반지름 $= \sqrt[n]{r d^{n-1}}$ 에서 $n = 2$를 대입하면 $\sqrt{r \cdot d}$ 가 된다.　【답】①

문제 26 유도 장해의 방지책으로 차폐선을 이용하면 유도전압을 몇 [%] 정도 줄일 수 있는가?
① 30~50　　　② 60~70
③ 80~90　　　④ 90~100

[풀이]

차폐선에 의한 유도전압의 **감쇄율은 30~50[%] 정도**이다. 【답】①

문제 27 다음은 변전소의 경우, 수용가에 공급되는 전력을 끊고 소내 기기를 점검할 필요가 있을 경우와 다음에 점검이 끝난 후 차단기와 단로기를 개폐시키는 동작을 설명한 것이다. 옳은 것은?
① 점검이 필요한 경우, 차단기로 부하회로를 끊고 난 다음 단로기를 열어야 하며 점검이 끝난 경우 차단기로 부하회로를 연결하고 난 다음 단로기를 넣어야 한다.
② 점검이 필요한 경우, 단로기를 열고 난 다음 차단기를 열어야 하며 점검이 끝난 경우 단로기를 넣고 난 다음 차단기로 부하회로를 연결하여야 한다.
③ 점검이 필요한 경우, 단로기를 열고 난 다음 차단기를 열어야 하며 점검이 끝난 경우 차단기를 부하에 넣고 난 다음 단로기를 넣어야 한다.
④ 점검이 필요한 경우, 차단기로 부하회로를 끊고 난 다음 단로기를 열어야 하며, 점검이 끝난 경우, 단로기를 넣고 난 다음 차단기를 넣어야 한다.

[풀이]

DS는 부하 전류를 개폐할 수 없으므로 정전시에는 차단기로 부하 전류를 차단 후 DS를 조작하고 급전시에는 DS를 조작 후 CB를 닫아야 한다. 즉, **차단기가 개방되어 있는 상태에서만 단로기를 개방 또는 투입할 수 있다.**　【답】④

문제 28 송전단 전압이 3300 [V], 수전단 전압이 3000 [V]인 3상 배전선에서 부하 전력이 1200 [kW], 역률이 0.9일 때 선로 저항은 몇 [Ω]인가? 단, 선로의 리액턴스는 무시한다.
① 0.68　　　② 0.75
③ 0.88　　　④ 0.95

[풀이]

전류 $I = \dfrac{P}{\sqrt{3}\,V\cos\theta} = \dfrac{1200\times10^3}{\sqrt{3}\times3000\times0.9} = 256.6$ [A]

$$V_s - V_r = \sqrt{3}\,I(R\cos\theta + X\sin\theta)$$

에서 선로의 리액턴스를 무시하면

$$\therefore\ 3300 - 3000 = \sqrt{3}\times256.6(R\times0.9 + 0)$$

$$R = \dfrac{300}{\sqrt{3}\times256.6\times0.9} = 0.75\ [\Omega]$$　【답】②

3과목 전기기기

문제 41 직류 분권 전동기의 전체 도체수는 100이고, 단중 중권이며 자극수는 4, 자속수는 극당 0.628[Wb]이다. 부하를 걸어 전기자에 5[A]가 흐르고 있을 때의 토크는 약 몇 [N·m]인가?

① 15 　　　　② 25

③ 50 　　　　④ 100

[풀이]

$p=4$, $Z=100$, $\phi=0.628$[Wb], $I_a=5$[A]

단중 중권이므로 $a=p=4$이다.

$$P=EI_a=P\phi n\frac{z}{a}I_a=2\pi n\,T$$

$$\therefore\ T=\frac{P\phi n\frac{z}{a}I_a}{2\pi n}=\frac{P\phi z I_a}{2\pi a}=\frac{4\times0.628\times100\times5}{2\pi\times4}$$

$$=49.97\ [\text{N·m}]$$

【답】③

문제 42 직류 전동기에 대한 설명으로 옳은 것은?

① 전동차용 전동기는 차동 복권 전동기이다.

② 직권 전동기가 운전 중 무부하로 되면 위험 속도가 된다.

③ 부하 변동에 대하여 속도 변동이 가장 큰 직류 전동기는 분권 전동기이다.

④ 직류 직권 전동기는 속도 조정이 어렵다.

[풀이]

직권 전동기의 속도 $n=K\dfrac{V-I_a(R_a+R_s)}{\phi}$

직권 전동기에서 $I_a=I=I_f$ 이고 $I_f\propto\phi$이므로

$$n=K'\frac{V-I(R_{a+}R_s)}{I}\ \text{가 된다.}$$

따라서, **무부하 상태($I=0$)에서는 전동기의 속도는 위험 속도가 된다.**

【답】②

문제 43 다음 중 정류자형 주파수 변환기의 용도가 아닌 것은?

① 역률 개선 　　　　② 전동기 속도제어

③ 교류 여자기 　　　　④ 대용량 전동기

[풀이]

정류자형 주파수 변환기를 이것과 동일 전원에 접속하여 슬립 s로 운전하고 있는 권선형 유도 전동기와 조합시키면 유도전동기의 **2차 여자를 행할 수 있으므로 전동기의 속도제어와 역률의 개선을 행할 수 있다.** 그러나 이 **주파수 변환기는** 정류작용의 점에서 대용량의 것은 제작이 어렵고 보상권선, 보극권선 등을 설치한 것에서도 100[kVA] 정도가 한도이므로 **대용량의 전동기에는 응용할 수 없다.** 그리고 속도제어의 범위도 동기속도의 상하 10~15[%] 정도로 되어 있다.

【답】④

문제 44 3상 유도 전동기에 불평형 3상 전압을 가한 경우 다음 전동기의 특성 중 옳은 것은?

① 영상분 전압은 존재하지 않는다.

② 영상 전압을 고려하여야 한다.

③ 정상 전압과 역상 전압에 의한 회전 자계의 방향은 같다.

④ 정상 운전 상태에서 역상분은 제동 작용을 하지 않는다.

[풀이]

불평형 전압이 가해져도 중성점이 접지되어 있지 않으므로 영상분은 존재하지 않는다. 정상분과 역상분의 회전 자계는 서로 반대 방향으로 회전하나 정상분에 의한 토크가 더 크므로 전동기는 정상분 회전 자계의 회전 방향으로 회전한다.

【답】①

문제 45 정격 15[kW], 기계손 350[W], 전부하시의 슬립이 3[%]인 3상 유도 전동기의 전부하시의 2차 동손은 약 몇 [W]인가?

① 400 　　　　② 425

③ 450 　　　　④ 475

풀이

$$P_0 = P + P_m = 15000 + 350 = 15,350 \, [\text{W}]$$

$P_0 = (1-s)P_2$ 에서

$$P_2 = \frac{P_0}{1-s} = \frac{15,350}{1-0.03} = 15824.7 \, [\text{W}]$$

$$P_{c2} = sP_2 = 0.03 \times 15824.7 = 474.74 \, [\text{W}]$$

【답】 ④

문제 46
1000[kVA] 역률 0.9, 효율 0.9인 동기 발전기 운전용 원동기의 출력은 몇 [kW]인가?

① 520　　　　　　　② 740

③ 800　　　　　　　④ 1000

풀이

원동기의 출력 = 동기 발전기의 입력이므로

동기 발전기의 입력 $= \dfrac{\text{출력}}{\text{효율}} = \dfrac{1000 \times 0.9}{0.9} = 1000 \, [\text{kW}]$　【답】 ④

문제 47
3상 직권 정류자 전동기의 중간 변압기의 사용 목적이 아닌 것은?

① 실효 권수비의 조정

② 정류 전압의 조정

③ 경부하 때 속도의 이상 상승 방지

④ 직권 특성을 얻기 위하여

풀이

3상 직권 정류자 전동기의 **중간 변압기**는 고정자 권선과 회전자 권선 사이에 직렬로 접속되며 이 중간 변압기를 사용하는 주요한 이유는 다음과 같다.
① 전원 전압의 크기에 관계없이 **정류에 알맞은 회전자 전압을 선택**할 수 있다.
② 중간 변압기의 권수비를 바꾸어 전동기의 특성을 조정할 수 있다.
③ 직권 특성이기 때문에 **경부하에서는 속도가 매우 상승하나 중간 변압기를 사용, 그 철심을 포화하도록 하면 그 속도 상승을 제한할** 수 있다.

【답】 ④

4과목　회로이론

문제 61
그림과 같은 회로의 2단자 임피던스 $Z(s)$ 는? 단, $s = j\omega$ 라 한다.

① $\dfrac{s^3 + 1}{3s^2(s+1)}$

② $\dfrac{3s^2(s+1)}{s^3 + 1}$

③ $\dfrac{3s^2(s+1)}{s^4 + 2s^2 + 1}$

④ $\dfrac{s^4 + 4s^2 + 1}{s(3s^2 + 1)}$

풀이

$$Z(s) = \frac{1}{s} + \frac{\left(0.5s + \dfrac{1}{2s}\right) \cdot s}{0.5s + \dfrac{1}{2s} + s} = \frac{1}{s} + \frac{0.5s^2 + \dfrac{1}{2}}{1.5s + \dfrac{1}{2s}}$$

$$= \frac{1}{s} + \frac{\left(0.5s^2 + \dfrac{1}{2}\right) \cdot 2s}{\left(1.5s + \dfrac{1}{2s}\right) \cdot 2s} = \frac{1}{s} + \frac{s^3 + s}{3s^2 + 1}$$

$$= \frac{3s^2 + 1 + s^4 + s^2}{s(3s^2 + 1)} = \frac{s^4 + 4s^2 + 1}{s(3s^2 + 1)}$$

【답】 ④

문제 62
어떤 코일에 흐르는 전류를 0.5 [m sec] 동안에 5 [A]를 변화시키면 20 [V] 전압이 생긴다. 자기 인덕턴스는 몇 [mH]인가?

① 2　　　　　　　② 4

③ 6　　　　　　　④ 8

풀이

$e = L\dfrac{di}{dt}$ 에서　$20 = L \cdot \dfrac{5}{0.5 \times 10^{-3}}$

$$\therefore L = \frac{20 \times 0.5 \times 10^{-3}}{5} = 2 \times 10^{-3} \, [\text{H}] = 2 \, [\text{mH}]$$

【답】 ①

5과목 전기설비기술기준 및 판단기준

문제 81 터널 내에 3.3 [kV] 전선로를 케이블 공사로 시행하려고 한다. 케이블을 조영재의 옆면 또는 아래면에 따라 붙일 경우에는 케이블의 지지점 간의 거리를 몇 [m] 이하로 하여야 하는가?

① 1 　　　　　　　② 1.5
③ 2 　　　　　　　④ 5

풀이

터널 안 전선로의 시설(판단기준 제143조)
케이블 공사는 **지지물 간격을 2 [m] 이하**로 한다.　【답】③

문제 82 전기 울타리의 시설에 사용되는 전선은 지름 몇 [mm]의 경동선 또는 이와 동등 이상의 세기 및 굵기이어야 하는가?

① 2 　　　　　　　② 2.6
③ 3.2 　　　　　　④ 4

풀이

전기 울타리는 사람이 출입하지 아니한 곳에 시설하며 **전선의 굵기는 2 [mm] 이상의 경동선**이며 전선과 이를 지지하는 기둥사이의 이격거리는 2.5 [cm] 이상일 것. 또한 울타리와 식물이 이격거리는 30 [cm] 이상일 것(판단기준 제231조).　【답】①

문제 83 교통 신호등 회로의 사용 전압은 몇 [V] 이하이어야 하는가?

① 110 　　　　　　② 200
③ 220 　　　　　　④ 300

풀이

교통신호등의 시설 (판단기준 제234조)
사용 전압은 300 [V] 이하로서, 전선은 케이블을 제외하고 공칭 단면적 2.5[mm^2]의 연동선　【답】④

문제 84 사용전압 400 [V] 미만인 쇼윈도내의 배선에 사용하는 캡타이어 케이블의 단면적은 최소 몇 [mm^2] 이상이어야 하는가?

① 0.5 　　　　　　② 0.75
③ 1.0 　　　　　　④ 1.25

풀이

진열장안의 배선 공사 (판단기준 제205조)
· **전선의 굵기 : 단면적이 0.75 [mm^2] 이상**
· 전선의 종류 : 코드 또는 캡타이어 케이블
· 전선 지지점 간의 거리 : 1 [m] 이하　【답】②

문제 85 철탑의 강도 계산을 하려고 한다. 이상시 상정하중의 계산에 사용되는 풍압에 의한 하중의 종류가 아닌 것은?

① 수직하중 　　　　　② 좌굴하중
③ 수평횡하중 　　　　④ 수평종하중

풀이

이상시 상정하중(판단기준 제117조)
· 수직하중 　· 수평횡하중 　· 수직종하중　【답】②

문제 86 154 [kV]에서 6.6 [kV]로 변성하는 변압기에 결합되는 고압 전로에는 사용 전압의 몇 배 이하인 전압이 가하여진 경우에 방전하는 장치를 그 변압기의 단자에 가까운 1극에 설치하여야 하는가?

① 2 　　　　　　　② 3
③ 4 　　　　　　　④ 5

풀이

변압기에 의하여 특고압전로에 결합되는 고압전로에는 **사용전압의 3배 이하인 전압이 가하여진 경우에 방전하는 장치**를 그 변압기의 단자에 가까운 1극에 설치하여야 하며 접지는 제1종 접지공사에 의하여야 한다. 다만, 사용전압의 3배 이하인 전압이 가하여진 경우에 방전하는 피뢰기를 고압전로의 모선의 각상에 시설하는 때에는 그러하지 아니하다. (판단기준 제25조)　　　**【답】** ②

문제 87 고압 또는 특고압 전로 중 기계 기구 및 전선을 보호하기 위하여 필요한 곳에는 어떤 것을 반드시 시설하여야 하는가?

① 계기용 변성기　　　② 전력용 콘덴서
③ 과전류 차단기　　　④ 직렬 리액터

풀이

고압 또는 특고압 전로 중 기계 기구 및 **전선을 보호하기 위하여 필요한 곳에는 과전류 차단기를 시설**하여야 한다.　　　**【답】** ③

문제 88	2015년도 3회 문제91
문제 89	2012년도 1회 문제89
문제 90	2011년도 3회 문제85
문제 91	2016년도 2회 문제91
문제 92	2016년도 1회 문제94
문제 93	2011년도 2회 문제86
문제 94	2013년도 2회 문제98
문제 95	2013년도 3회 문제82
문제 96	2013년도 3회 문제98
문제 97	2016년도 1회 문제90
문제 98	2013년도 3회 문제94

전기설비 기술기준(개정)과 판단기준에 따라 삭제된 문제가 있어 20문항이 안됩니다.

2005년도
전기산업기사 필기

- ▸ 05년 제1회 전기산업기사
- ▸ 05년 제2회 전기산업기사
- ▸ 05년 제3회 전기산업기사

국가기술자격검정 필기시험 문제

2005년도 전기산업기사 일반검정 제1회

수검 번호	성 명

자격종목 및 등급(선택분야)	종목코드	시험시간	문제지형별
전기산업기사	2140	2시간 30분	A

1과목 전기자기학

문제 01 한 개의 전자가 반지름 r[m]인 원궤도상에 속도 v[m/s]로 운동하고 있다. 자기 모멘트는 몇 [Wb·m]인가?

① $\mu_o evr$

② $\dfrac{\mu_o evr}{2}$

③ $\dfrac{ev}{\pi r}$

④ $\dfrac{ev}{2\pi r}$

풀이

궤도상에서 전자의 회전에 의해 발생하는 전류

$I = e \times$회전 진동수$(f) = e \times \dfrac{\omega}{2\pi} = \dfrac{ev}{2\pi r}$ [V] $\left(\omega = \dfrac{v}{r}\right)$

자기 모멘트 $M = \mu_0 IS = \dfrac{\mu_0 ev}{2\pi r} \times \pi r^2 = \dfrac{1}{2}\mu_0 evr$ [Wb·m]

【답】②

문제 02 진공 중에서 전하 밀도 $\pm\sigma$ [C/m²]의 무한 평면이 간격 d[m]로 떨어져 있다. $+\sigma$ 의 평면으로부터 r[m] 떨어진 점 P의 전계의 세기는 몇 [N/C]인가?

① 0

② $\dfrac{\sigma}{\epsilon_0}$

③ $\dfrac{\sigma}{2\epsilon_0}$

④ $\dfrac{\sigma}{2\epsilon_0}\left(\dfrac{1}{r} - \dfrac{1}{r+d}\right)$

풀이

두 장의 무한 평판 도체에 있어서 전계의 세기

- **도체판의 외측** : 전계가 존재하지 않으며 $E=0$
- 도체판의 내측 : $E = \dfrac{\sigma}{\epsilon_0}$ 의 평등전계가 형성.

【답】①

문제 03 종류가 다른 두 유전체 경계면의 전하 분포가 없을 때 경계면에서 정전계가 만족하는 것은?

① 전계의 법선 성분이 같다.

② 전속 밀도의 절선 성분이 같다.

③ 전속선은 유전율이 큰 곳으로 모인다.

④ 경계면상의 두 점간의 전위차가 다르다.

풀이

전기력선 밀도는 유전율이 크면 작고, 그 반면 **전속은 유전율이 큰 쪽으로 모인다.**

【답】③

문제 04 정전용량이 일정한 정전콘덴서에 축적되는 에너지와 전위의 관계식을 그림으로 나타내면 무엇이 되는가?

① 원

② 타원

③ 쌍곡선

④ 포물선

풀이

정전 에너지 W와 전위 V의 관계식

$W = \dfrac{1}{2}CV^2$에서 **포물선 그래프** 관계가 된다.

【답】④

문제 05 손실 전송선로에서 특성 임피던스는 여러 가지 요소에 의존한다. 다음 중 의존하지 않는 것은 어떤 것인가?

① 선로의 길이

② 도선의 도전율

③ 선로의 동작 주파수

④ 두 도선간 유전체의 유전율

풀이

특성 임피던스는 선로의 재질, 형상 등의 선로 자체의 고유특성에 관계하며, **선로의 길이에는 무관하다.**

【답】①

문제 06 표면 전하 밀도 σ[C/m²]로 대전된 도체 내부의 전속 밀도는 몇 [C/m²]인가?

① σ　　　　　　　　② $\epsilon_0 E$

③ $\dfrac{\sigma}{\epsilon_0}$　　　　　　　④ 0

풀이

- 도체 내부의 전계의 세기 $E=0$
- 전속 밀도 $D=\epsilon_0 E$ 에서 $E=0$이므로 전속밀도 D도 0이 된다.

【답】④

문제 07 도전율이 5.8×10^7[℧/m]이고, 길이가 1 [km]이며, 단면적이 1.309×10^{-6}[m²]인 물체가 갖는 저항값은 약 몇 [Ω]인가?

① 7.64　　　　　　　② 13.2

③ 21.2　　　　　　　④ 32.4

풀이

도체 저항

$$R=\rho\frac{l}{S}=\frac{l}{\sigma S}=\frac{1\times 10^3}{5.8\times 10^7\times 1.309\times 10^{-6}}=13.2[\Omega]$$

【답】②

문제 08 1변의 길이가 l [m]되는 정사각형 도체 회로에 전류 I[A]를 흘릴 때 회로의 중심점 자계의 세기 [A/m]는?

① $\dfrac{I}{\sqrt{2}\,\pi l}$　　　　　　② $\dfrac{2I}{\pi l}$

③ $\dfrac{\sqrt{2}\,I}{\pi l}$　　　　　④ $\dfrac{2\sqrt{2}\,I}{\pi l}$

풀이

한 변 AB에 대한 중심점의 자계는

$$H_{AB}=\frac{I}{4\pi a}(\sin\beta_1+\sin\beta_2)$$

이므로 $a=\dfrac{l}{2}$

$$\sin\beta_1=\sin\beta_2=\sin 45°=\frac{1}{\sqrt 2}$$

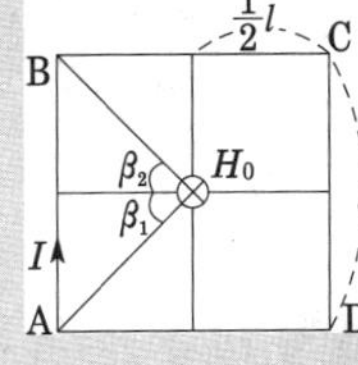

을 대입하면

$$H_{AB}=\frac{I}{4\pi\left(\dfrac{l}{2}\right)}\times 2\times\frac{1}{\sqrt 2}=\frac{I}{\sqrt 2\,\pi l}\,[\text{AT/m}]$$

$$\therefore\ H_0=H_{AB}+H_{BC}+H_{CD}+H_{DA}$$

$$=4H_{AB}=4\times\frac{I}{\sqrt 2\,\pi l}=\frac{2\sqrt 2\,I}{\pi l}\,[\text{AT/m}]$$

【답】④

문제 09 공극을 가진 환상 솔레노이드에서 총 권수 N, 철심의 비투자율 μ_r, 단면적 A, 길이 l이고 공극이 δ일 때, 공극부에 자속밀도 B를 얻기 위해서는 얼마의 전류를 흘려야 하는가?

① $\dfrac{10^7 B}{2\pi N}\left(\dfrac{l}{\mu_r}+\delta\right)$　　② $\dfrac{10^7 B}{2\pi N}\left(\dfrac{\delta}{\mu_r}+l\right)$

③ $\dfrac{10^7 B}{4\pi N}\left(\dfrac{l}{\mu_r}+\delta\right)$　　④ $\dfrac{10^7 B}{4\pi N}\left(\dfrac{\delta}{\mu_r}+l\right)$

풀이

자기 저항 $R_m=R_i+R_g=\dfrac{l}{\mu_0\mu_r A}+\dfrac{\delta}{\mu_0 A}=\dfrac{1}{\mu_0 A}\left(\dfrac{l}{\mu_r}+\delta\right)$

자기 회로의 옴의 법칙 $\phi=\dfrac{NI}{R_m}$ 이므로

$$\therefore\ I=\frac{\phi R_m}{N}=\frac{(BA)R_m}{N}=\frac{B}{\mu_0 N}\left(\frac{l}{\mu_r}+\delta\right)=\frac{10^7 B}{4\pi N}\left(\frac{l}{\mu_r}+\delta\right)$$

$\mu_0=4\pi\times 10^{-7}$

【답】③

문제 10 자유공간에서 완전 유전체, 손실 유전체 및 양도체를 결정해 주는 가장 중요한 인자는 다음 중 무엇인가?

① 도전율, 유전율 및 투자율이다.

② 감쇄 정수이다.

③ 반사계수이다.

④ 유전 손실 정접이다.

풀이

유전 정접 $\tan\delta$는 매질에서의 전력 손실의 척도를 의미한다. 따라서 유전체 혹은 양도체를 구분할 수 있는 중요한 인자이다.

$$\tan\delta=\frac{\epsilon''}{\epsilon'}=\frac{\sigma}{\omega\epsilon}$$

$\sigma\gg\omega\epsilon$ (양도체),　$\sigma\ll\omega\epsilon$ (양절연체)

【답】④

문제 11 평균 반지름이 a[m], 단면적 S[m²]인 원환 철심(투자율 μ)에 권선수 N인 코일을 감았을 때 자기 인덕턴스는?

① $a\mu N^2 S$ [H]　　　　② $2\pi a\mu N^2 S$ [H]

③ $\dfrac{\mu N^2 S}{2\pi a^2}$ [H]　　　④ $\dfrac{\mu N^2 S}{2\pi a}$ [H]

풀이

$$L=\frac{\mu N^2 S}{l}=\frac{\mu N^2 S}{2\pi a}[\text{H}]$$

【답】④

문제 12 Poisson의 방정식은?

① $\operatorname{div} \boldsymbol{E} = -\dfrac{\rho}{\epsilon_0}$　　② $\nabla^2 V = -\dfrac{\rho}{\epsilon_0}$

③ $\boldsymbol{E} = \operatorname{grad} V$　　④ $\operatorname{div} \boldsymbol{E} = \epsilon_0$

풀이

전하 밀도 ρ와 전위 V의 관계식

$\nabla^2 V = -\dfrac{\rho}{\epsilon_0}$를 Poisson의 방정식이라 한다.　　【답】②

문제 13 무한히 긴 직선 도체에 선전하 밀도 $+\rho$ [C/m]로 전하가 충전될 때 이 직선 도체에서 r[m]만큼 떨어진 점의 전위는?

① $\dfrac{\rho}{2\pi r^2}$　　② $\dfrac{\rho}{2\pi r}$

③ ∞　　④ 0

풀이

$$V = -\int_{\infty}^{r} \boldsymbol{E} \cdot dl = -\int_{\infty}^{r} E\,dr = -\int_{\infty}^{r} \frac{\rho}{2\pi\epsilon_0 r}\,dr$$

$$= \frac{-\rho}{2\pi\epsilon_0}[\ln r]_{\infty}^{r} = \frac{\rho}{2\pi\epsilon_0}[\ln r]_{r}^{\infty} = \infty$$
　　【답】③

문제 14 | 2009년도 2회 문제 02

문제 15 | 2007년도 2회 문제 11

문제 16 | 2006년도 2회 문제 04

문제 17 | 2010년도 1회 문제 11

문제 18 | 2009년도 1회 문제 13

문제 19 | 2013년도 2회 문제 20

문제 20 | 2015년도 1회 문제 14

2과목 전력공학

문제 21 정격전압 7.2 [kV]인 3상용 차단기의 차단 용량이 100 [MVA]라면 정격 차단 전류는 몇 [kA]인가?

① 2　　② 4

③ 8　　④ 12

풀이

$$P_s = \sqrt{3}\,VI_s$$

$$I_s = \frac{P_s}{\sqrt{3}\,V} = \frac{100 \times 10^3}{\sqrt{3} \times 7.2} \times 10^{-3}\,[\text{kA}] = 8\,[\text{kA}]$$
　　【답】③

문제 22 터빈 발전기의 과속도시의 보호를 위해 비상 조속기를 설치한다. 정격속도의 몇 [%] 정도에서 동작하도록 조정되어 있는가?

① 5 ± 1　　② 10 ± 1

③ 20 ± 1　　④ 25 ± 1

풀이

일반적으로 터빈의 **비상 조속기**는 정격 회전수의 110 ± 1 **[%]의 속도 상승에 동작**하도록 정정되어 있다.　　【답】②

문제 23 진상 전류만이 아니라 지상 전류도 잡아서 광범위하게 연속적인 전압 조정을 할 수 있는 것은?

① 전력용 콘덴서　　② 동기 조상기

③ 분로 리액터　　④ 직렬 리액터

풀이

	진 상	지 상	시충전	조 정
콘덴서	○	×	×	단계적
리액터	×	○	×	단계적
동기 조상기	○	○	○	**연속적**

【답】②

문제 24 역률 0.8(지상)인 부하 480 [kW]를 공급하는 곳에 전력용 콘덴서 220 [kVA]를 설치하면 역률은 몇 [%]로 개선되는가?

① 82　　② 85

③ 90　　④ 96

풀이

$$\text{부하 역률 } \cos\theta = \frac{W}{\sqrt{W^2 + (Q_L - Q_c)^2}} \times 100$$

(W : 유효전력, Q : 무효전력)

$$\therefore \cos\theta = \frac{480}{\sqrt{480^2 + \left(\dfrac{480}{0.8} \times 0.6 - 220\right)^2}} \times 100 = 96\,[\%]$$
　　【답】④

문제 25 단상 3선식 110/220 [V]에 대한 설명으로 옳은 것은?

① 전압 불평형이 우려되므로 콘덴서를 설치한다.

② 중성선과 외선사이에만 부하를 사용하여야 한다.

③ 중성선에는 반드시 퓨즈를 끼워야 한다.

④ 2종의 전압을 얻을 수 있고 전선량이 절약되는 이점이 있다.

단상3선식의 특징
① 전압강하 및 전력손실은 1/4로 감소한다.
② 소요 **전선량은 감소**한다.
③ 110/220 [V]와 같이 **2종의 전압을 얻을 수 있다.**
④ 상시 부하가 불평형이면 전압이 불평형이 되고 이에 대한 대책으로 밸런스를 설치하여야 한다.
⑤ 중성선에는 퓨즈를 설치하지 않는다.　　　　　　**【답】 ④**

문제 26　복도체에 대한 다음 설명 중 옳지 않은 것은?

① 같은 단면적의 단도체에 비하여 인덕턴스는 감소, 정전 용량은 증가한다.
② 코로나 개시 전압이 높고, 코로나 손실이 적다.
③ 같은 전류 용량에 대하여 단도체보다 단면적을 적게 할 수 있다.
④ 단락시 등의 대전류가 흐를 때 소도체간에 반발력이 생긴다.

단도체 방식에 비해서 복도체 방식의 특징은
① 전선의 인덕턴스가 감소하고 정전 용량이 증가되어 선로의 송전 용량이 증가하고 계통의 안정도를 증진시킨다.
② 전선 표면의 전위 경도가 저감되므로 코로나 인계 전압을 높일 수 있고 코로나손, 코로나 잡음 등의 장해가 저감된다.
③ 복도체에서 **단락시는 모든 소도체에는 동일 방향으로 전류가 흐르므로 흡인력이 생긴다.**　　　　　**【답】 ④**

문제 27　루프(loop) 배선의 이점은?

① 전선비가 적게 든다.
② 증설이 용이하다.
③ 농촌에 적당하다.
④ 전압 변동이 적다.

루프(환상)식
• 선로의 전류 분포가 좋다.
• **전압 강하 및 전력손실이 적다.**
• 선로에 고장이 일어난 경우 고장 부분을 제거하고 공급을 계속할 수 있다.
• 시설비가 많이 든다.

수지식
• 공사비가 저렴하다.
• 전압강하가 크고 사고시 정전범위가 크므로 공급신뢰도가 낮다.
• 부하밀도가 적은 농어촌에 적당하다.　　　　　　**【답】 ④**

문제 28　송전계통에서 안정도 증진과 관계 없는 것은?

① 고속 재폐로 방식 채용
② 계통의 전달 리액턴스 감소
③ 계통의 전압 변동의 제어
④ 차폐선의 채용

안정도 향상 대책
① 계통의 직렬 리액턴스 감소
② 전압 변동률을 적게 한다(속응 여자 방식 채용, 계통의 연계, 중간 조상 방식).
③ 계통에 주는 충격을 적게 한다(적당한 중성점 접지 방식, 고속 차단 방식, 재폐로 방식).
④ 고장 중의 발전기 돌입 출력의 불평형을 적게 한다.
그러나, **차폐선은 유도 장해 방지 대책으로 채용**된다.　　**【답】 ④**

문제 29	2014년도 1회 문제 24
문제 30	2009년도 2회 문제 31
문제 31	2008년도 1회 문제 23
문제 32	2011년도 3회 문제 39
문제 33	2011년도 2회 문제 38
문제 34	2012년도 2회 문제 37
문제 35	2013년도 3회 문제 22
문제 36	2013년도 3회 문제 32
문제 37	2010년도 2회 문제 32
문제 38	2016년도 1회 문제 21
문제 39	2010년도 1회 문제 30
문제 40	2014년도 1회 문제 23

3과목　전기기기

문제 41　직류 직권 전동기가 있다. 공급 전압이 525 [V], 전기자 전류가 50 [A]일 때 회전 속도는 1500 [rpm]이라고 한다. 공급 전압을 400 [V]로 낮추었을 때 같은 전기자 전류에 대한 회전 속도[rpm]를 구하여라. 단, 전기자 권선 및 계자 권선의 전저항은 0.5 [Ω]이라 한다.

① 1000　　　　　　② 1125
③ 1250　　　　　　④ 1375

풀이

$$E_1 = V_1 - I_a R_a = 525 - 50 \times 0.5 = 500 \,[\text{V}]$$
$$E_2 = V_2 - I_a R_a = 400 - 50 \times 0.5 = 375 \,[\text{V}]$$
$$E = P\phi n \frac{Z}{a} \text{에서 } E \propto n \text{이므로}$$
$$500 : 375 = 1500 : N$$
$$\therefore N = \frac{375}{500} \times 1500 = 1125 \,[\text{rpm}]$$

【답】②

문제 42 변압기에서 2차를 1차로 환산한 등가회로의 부하 소비전력 $P_2{'}$[W]는, 실제의 부하의 소비 전력 P_2 [W]에 대하여 어떠한가? 단, a는 변압비이다.

① a배 ② a^2배

③ $\dfrac{1}{a}$ ④ 변함없다

풀이

$$P_2 = V_2 I_2 = \frac{V_1}{a} \cdot aI_1 = V_1 I_1 = P_2{'}$$

등가회로의 부하전력이나 실제의 부하전력에는 변함이 없다.

【답】④

문제 43 3상 변압기의 병렬 운전 조건에 맞지 않는 것은?

① 1차, 2차의 정격 전압 및 극성이 같을 것
② % 저항 강하 및 리액턴스 강하가 같을 것
③ 각 군의 임피던스가 용량에 비례할 것
④ 상회전 방향과 각변위가 같을 것

풀이

변압기 병렬 운전 조건
① 각 변압기의 극성이 같을 것
② 권수비 및 2차 정격전압이 같을 것
③ 각 변압기의 **퍼센트 임피던스 강하가 같으며 저항과 리액턴스비가 같은 것**
④ 상회전 방향이 같을 것
⑤ 위상변위가 같아야 한다.

【답】③

문제 44 포화하고 있지 않은 직류 발전기의 회전수가 1/2로 감소되었을 때 기전력을 전과 같은 값으로 하자면 여자를 속도 변화 전에 비해 얼마로 해야 하는가?

① $\dfrac{1}{2}$배 ② 1배

③ 2배 ④ 4배

풀이

$$E = k\phi N \text{에서 } N \text{이 } \frac{1}{2} \text{로 되면, } \phi \text{가 2배가 되어야 } E \text{가 일정하다.}$$

【답】③

문제 45 농형 유도전동기에 대해서 기동전류가 큰 순서로 나열한 경우 옳은 것은?

① 보통농형 → 디프슬롯농형 → 2중농형
② 보통농형 → 2중농형 → 디프슬롯농형
③ 디프슬롯농형 → 2중농형 →보통농형
④ 2중농형 → 디프슬롯농형 →보통농형

【답】①

문제 46 자동화 설비 등에서 위치 결정 기구에 사용되는 것은?

① 반동 전동기 ② 전기 동력계
③ 세이딩 모터 ④ 스테핑 모터

풀이

스테핑 모터는 디지털 신호에 비례하여 일정각도 만큼 회전하는 모터로 그 총 회전각은 입력 펄스의 수로 정해진다. **스테핑 모터는 자동화설비 등에서 전기적 신호를 위치 신호로 변환시키는데 사용**된다.

【답】④

문제 47	2008년도 3회 문제 42
문제 48	2008년도 2회 문제 49
문제 49	2013년도 1회 문제 56
문제 50	2007년도 3회 문제 45
문제 51	2007년도 2회 문제 41
문제 52	2014년도 1회 문제 43
문제 53	2008년도 2회 문제 42
문제 54	2015년도 3회 문제 50
문제 55	2016년도 2회 문제 60
문제 56	2014년도 2회 문제 44
문제 57	2016년도 2회 문제 57
문제 58	2010년도 3회 문제 43
문제 59	2015년도 1회 문제 44
문제 60	2015년도 1회 문제 55

문제 61 그림에서 직류전압계를 그림과 같은 극성으로 연결할 때 전압계의 지시값 [V]는?

① 4

② −4

③ 8

④ −8

풀이

A점의 전위는 $V_A = 2 \times \dfrac{12}{2+4} = 4[\mathrm{V}]$

【답】 ①

문제 62 그림과 같은 L형 회로의 4단자 정수는 어떻게 되는가?

① $A = Z_1$, $B = 1 + \dfrac{Z_1}{Z_2}$, $C = \dfrac{1}{Z_2}$, $D = 1$

② $A = 1$, $B = \dfrac{1}{Z_2}$, $C = 1 + \dfrac{1}{Z_2}$, $D = Z_1$

③ $A = 1 + \dfrac{Z_1}{Z_2}$, $B = Z_1$, $C = \dfrac{1}{Z_2}$, $D = 1$

④ $A = \dfrac{1}{Z_2}$, $B = 1$, $C = Z_1$, $D = 1 + \dfrac{Z_1}{Z_2}$

풀이

$A = \left(\dfrac{E_1}{E_2}\right)_{I_2=0} = \dfrac{I_1(Z_1 + Z_2)}{I_1 Z_2} = 1 + \dfrac{Z_1}{Z_2}$

$B = \left(\dfrac{E_1}{I_2}\right)_{E_2=0} = \dfrac{I_1 Z_1}{I_1} = Z_1$

$C = \left(\dfrac{I_1}{E_1}\right)_{I_2=0} = \dfrac{I_1}{I_1 Z_2} = \dfrac{1}{Z_2}$

$D = \left(\dfrac{I_1}{I_2}\right)_{E_2=0} = \dfrac{I_1}{I_1} = 1$

【답】 ③

문제 63 $L - C$ 직렬 회로에 직류 기전력 E를 $t = 0$에서 갑자기 인가할 때 C에 걸리는 최대 전압은 ?

① E

② $1.5E$

③ $2E$

④ $2.5E$

풀이

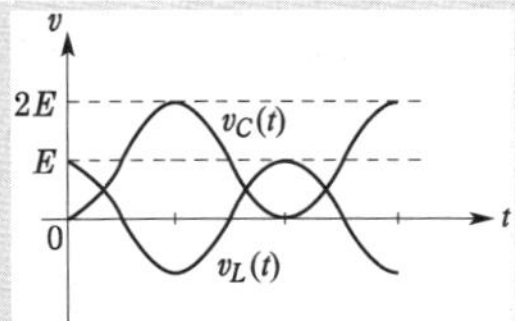

v_C, v_L의 시간적 변화

L과 C의 단자 전압 $v_L(t)$, $v_C(t)$는

$$v_L(t) = L\frac{di(t)}{dt} = L\frac{d}{dt}\left(\sqrt{\frac{C}{L}} \cdot E\sin\frac{1}{\sqrt{LC}}t\right)$$

$$= E\cos\frac{1}{\sqrt{LC}}t$$

$$v_C(t) = \frac{1}{C}q = E\left(1 - \cos\frac{1}{\sqrt{LC}}t\right)$$

와 같이 되며 그 시간적 변화는 그림과 같다. $v_L(t)$는 인가 전압 E보다 커지는 일이 없으나 $v_C(t)$는 E보다 커지는 일이 있으며 그 최대값은 $2E$로 되는데 이 현상은 고전압 발생에 이용할 수 있다.

【답】 ③

문제 64 그림과 같은 R과 C의 병렬 회로에서 C가 변화할 때의 임피던스 Z의 벡터 궤적은 어떻게 되는가?

① 원점을 통하는 반원

② 원점을 통하지 않는 반원

③ 원점을 지나는 직선

④ 원점을 통과하지 않는 직선

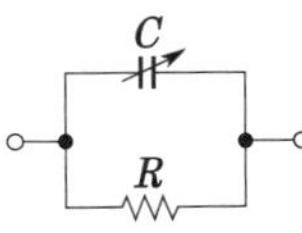

풀이

$$Z = \frac{1}{Y} = \frac{1}{\dfrac{1}{R} + j\omega C}$$

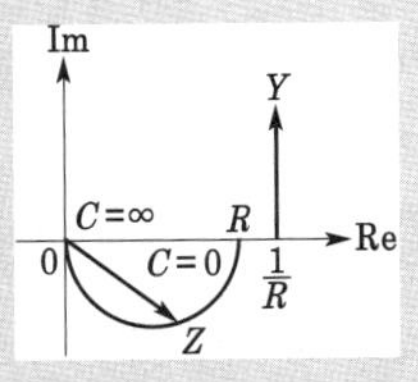

그림과 같이 Y의 궤적은 $\dfrac{1}{R}$이 상수이고 $j\omega C$가 변수이므로 1상한 내의 반직선이 되고, 그 역도형인 Z 궤적은 R을 지름으로 하는 4상한 내의 반원이 된다. 【답】 ①

문제 65 $f(t) = 5\sin 2t$ 를 라플라스 변환하면?

① $\dfrac{10}{s^2 + 4}$

② $\dfrac{10}{s^2 - 4}$

③ $\dfrac{5}{s^2 + 4}$

④ $\dfrac{5}{s^2 - 4}$

풀이

$\mathcal{L}[5\sin\omega t] = 5\,\mathcal{L}[\sin 2t] = 5\dfrac{2}{s^2 + 2^2} = \dfrac{10}{s^2 + 4}$

【답】 ①

문제 66 평형 3상 회로에서 임피던스를 Y결선에서 △ 결선으로 하면 소비전력은 몇 배가 되는가?

① 3
② $\dfrac{1}{\sqrt{3}}$
③ $\sqrt{3}$
④ $\dfrac{1}{3}$

풀이

$$P_\triangle = 3I^2 R = 3\left(\dfrac{V}{R}\right)^2 R = 3 \cdot \dfrac{V^2}{R}$$

다음 Y결선시 상전압은 선간 전압의 $\dfrac{1}{\sqrt{3}}$ 이므로

$$P_Y = 3 \cdot \dfrac{\left(\dfrac{V}{\sqrt{3}}\right)^2}{R} = \dfrac{V^2}{R}$$

$\therefore\ P_Y = \dfrac{1}{3}P_\triangle$ 이므로 △결선이 Y결선에 3배가 된다. 【답】①

문제 67 다음 사항 중 옳게 표현된 것은?

① 비례 요소의 전달 함수는 $\dfrac{1}{Ts}$ 이다.

② 미분 요소의 전달 함수는 K이다.

③ 적분 요소의 전달 함수는 Ts 이다.

④ 1차 지연 요소의 전달 함수는 $\dfrac{K}{Ts+1}$ 이다.

풀이

- 비례 요소의 전달 함수는 K
- 미분 요소의 전달 함수는 Ks
- 적분 요소의 전달 함수는 $\dfrac{K}{s}$
- 1차 지연 요소의 전달 함수는 $\dfrac{K}{Ts+1}$ 【답】④

문제 80 2008년도 1회 문제 70

5과목 전기설비기술기준 및 판단기준

문제 81 345 [kV] 가공전선이 154 [kV] 가공전선과 교차하는 경우 이들 양 전선 상호간의 이격 거리는 몇 [m] 이상인가?

① 4.48
② 4.96
③ 5.48
④ 5.82

풀이

특고압 가공전선 상호 간의 접근 또는 교차(판단기준 제130조)

사용 전압의 구분	이격 거리
60 [kV] 이하	2 [m]
60 [kV] 초과	2 [m]에 사용 전압이 60 [kV]를 초과하는 10 [kV] 또는 그 단수마다 12 [cm]를 더한 값

이격거리 $= 2 + 29 \times 0.12 = 5.48$ [m]

$\left(\because \dfrac{345-60}{10} = 28.5 \Rightarrow 29단\right)$ 【답】③

문제 82 철주가 강판에 의하여 구성되는 사각형의 것일 때 갑종 풍압 하중을 계산하려 한다. 수직 투영 면적 1 [m²]에 대한 풍압을 몇 [Pa]으로 기초하여 계산하는가?

① 588
② 882
③ 1117
④ 1412

풀이

풍압하중의 종별과 적용(판단기준 제62조)

풍압을 받는 구분			풍압[Pa]
지지물	목 주		588
	철 주	원형의 것	588
		삼각형 또는 농형	1412
		강관에 의하여 구성되는 4각형의 것	1117
		기타의 것으로 복재가 전후면에 겹치는 경우	1627
		기타의 것으로 겹치지 않은 경우	1784
	철근 콘크리트주	원형의 것	588
		기타의 것	882
	철 탑	단주 원형의 것	588
		단주 기타의 것	1117
		강관으로 구성되는 것	1255
		기타의 것	2157

【답】③

전기설비 기술기준(개정)과 판단기준에 따라 삭제된 문제가 있어 20문항이 안됩니다.

문제 83 특고압 가공전선로의 지지물로 사용하는 B종 철주, B종 철근콘크리트주 또는 철탑의 종류가 아닌 것은?

① 직선형　　　　② 각도형
③ 지지형　　　　④ 보강형

풀이

특고압 가공 전선로의 지지물로 사용하는 B종 철주, 철근 콘크리트주, 철탑의 종류는 다음과 같다. (판단기준 제114조)
① **직선형** : 전선로의 직선 부분 (3° 이하의 수평 각도 이루는 곳 포함)에 사용되는 것
② **각도형** : 전선로 중 수평 각도 3°를 넘는 곳에 사용되는 것
③ **인류형** : 전 가섭선을 인류하는 곳에 사용하는 것
④ **내장형** : 전선로 지지물 양측의 경간차가 큰 곳에 사용하는 것
⑤ **보강형** : 전선로 직선 부분을 보강하기 위하여 사용하는 것

【답】 ③

문제 84 접지공사를 생략할 수 없는 경우는?

① 사용 전압이 직류 600 [V]인 기계·기구를 습기가 있는 곳에 시설하는 경우
② 저압용의 기계·기구를 건조한 목재의 마루 위에서 취급하도록 시설하는 경우
③ 철대 또는 외함의 주위에 적당한 절연대를 설치한 경우
④ 외함이 없는 계기용 변성기가 고무·합성수지 기타의 절연물로 피복한 것일 경우

풀이

습기가 있는 곳은 접지공사를 생략할 수 없다. (판단기준 제33조)

【답】 ①

국가기술자격검정 필기시험 문제

2005년도 전기산업기사 일반검정 제2회

자격종목 및 등급(선택분야)	종목코드	시험시간	문제지형별	수검 번호	성 명
전기산업기사	2140	2시간 30분	A		

1과목　전기자기학

문제 01 두 개의 자극판이 놓여 있다. 이때의 자극판 사이의 자속 밀도 B[Wb/m²], 자계의 세기 H[AT/m], 투자율 μ라 하는 곳의 자계의 에너지 밀도는 몇 [J/m³]인가?

① $\frac{1}{2}HB^2$　　　　　② HB

③ $\frac{1}{2\mu}H^2$　　　　④ $\frac{1}{2\mu}B^2$

풀이
자계 내에 저장되는 단위 체적당의 자기 에너지는

$$w_m = \int_0^B \boldsymbol{H} \cdot d\boldsymbol{B}\,[\text{J/m}^3]$$

$\boldsymbol{B} = \mu\boldsymbol{H}$[Wb/m²]에서 μ = 일정(const.)이면

$$w_m = \int_0^B \boldsymbol{H} \cdot d\boldsymbol{B} = \int_0^B \frac{B}{\mu}dB = \frac{B^2}{2\mu} = \frac{1}{2}BH\,[\text{J/m}^3]$$

【답】 ④

문제 02 수신 전계강도가 15 [V/m]인 경우에 실효 높이 2 [m]의 도선에 유기되는 전압은 몇 [V]인가?

① 7.5　　　　　② 15
③ 30　　　　　④ 60

풀이
유기전압 V = 전계 강도 × 실효 높이 = 15 × 2 = 30[V]　【답】 ③

문제 03 감자율이 0인 것은?
① 가늘고 짧은 막대 자성체
② 굵고 짧은 막대 자성체
③ 가늘고 긴 막대 자성체
④ 환상 솔레노이드

풀이
감자력은 자화의 세기에 비례하며 이때 비례 상수를 감자율이라 한다. **감자율이 0이 되려면** 잘려진 극이 존재하지 않으면 되는데 **환상 솔레노이드**(toroid)가 무단(無端) 철심이므로 이에 해당한다. 환상 솔레노이드를 제외하면 가늘고 긴 막대 자성체가 자계와 평행으로 놓여 있을 때 감자율이 거의 0에 가깝다. 그러나 가늘고 긴 막대 자성체가 자계와 직각으로 놓여 있을 때는 감자율이 거의 1로 가장 크다. 참고로 구(球)인 경우 감자율은 $N = \frac{1}{3}$이다.　【답】 ④

문제 04 반지름 a[m]인 반구형 도체를 고유저항 ρ[Ω·m]의 대지 표면에 부딪쳤을 때 접지저항은 몇 [Ω]인가?

① $2\pi a\rho$　　　　　② $\frac{\rho}{2\pi a}$

③ $\frac{a}{2\pi\rho}$　　　　④ $\frac{1}{2\pi\rho a}$

풀이
반구의 정전 용량 $C = \frac{4\pi\epsilon a}{2} = 2\pi\epsilon a$이므로 $RC = \rho\epsilon$ 에서

$$\therefore R = \frac{\rho\epsilon}{C} = \frac{\rho\epsilon}{2\pi\epsilon a} = \frac{\rho}{2\pi a}\,[\Omega]$$

【답】 ②

문제 05 직경 9 [m]의 도체구에 3 [μC]의 전하를 줄 때, 이 도체구의 정전용량은 몇 [pF]인가?
① 200　　　　　② 300
③ 400　　　　　④ 500

풀이
$$C = 4\pi\epsilon_0 a = 4\pi \times 8.855 \times 10^{-12} \times \frac{9}{2} = 500 \times 10^{-12}\,[\text{F}]$$　【답】 ④

문제 06　2013년도 3회 문제 11

문제 07　2013년도 1회 문제 18

문제 08　2010년도 1회 문제 10

2과목 전력공학

문제 21 주파수 60 [Hz], 정전 용량 $\dfrac{1}{6\pi}\,[\mu F]$ 의 콘덴서를 △결선해서 3상 전압 20,000 [V]를 가했을 경우의 충전용량은 몇 [kVA]인가?

① 12
② 24
③ 48
④ 50

풀이

$$Q = 3EI_c = 3 \times 2\pi f\,CE^2$$
$$= 3 \times 2\pi \times 60 \times \frac{1}{6\pi} \times 10^{-6} \times 20000^2 \times 10^{-3}$$
$$= 24\,[kVA]$$

【답】②

문제 22 안정권선(△권선)을 가지고 있는 대용량 고전압의 변압기가 있다. 조상용 전력용 콘덴서는 주로 어디에 접속되는가?

① 주변압기의 1차
② 주변압기의 2차
③ 주변압기의 3차(안정권선)
④ 주변압기의 1차와 2차

풀이

안정권선(△권선)의 설치 목적
① 조상 설비 설치   ② 제3고조파의 제거
③ 소내용 전원 공급

【답】③

문제 23 저압 뱅킹(banking) 배전 방식이 적당한 곳은?

① 농촌
② 어촌
③ 부하 밀집 지역
④ 화학공장

풀이

고압선에 접속한 두 대 이상의 변압기의 저압측을 병렬 접속하는 방식을 **저압 뱅킹 방식**이라 하며 **부하가 밀집된 시가지**에 좋다.

【답】③

문제 24 피뢰기가 방전을 개시할 때의 단자 전압의 순시값을 방전 개시 전압이라 한다. 방전 중의 단자 전압의 파고값을 무슨 전압이라 하는가?

① 뇌전압
② 상용 주파 교류 전압
③ 제한 전압
④ 충격 절연 강도 전압

풀이

피뢰기가 동작할 때 피뢰기 양단자 사이의 전압을 **제한전압**이라 한다.

【답】③

문제 25 차단기의 정격 투입 전류란 투입되는 전류의 최초 주파의 어느 값을 말하는가?

① 평균값
② 최대값
③ 실효값
④ 순시값

풀이

차단기의 정격 투입 전류란 성능에 지장 없이 투입할 수 있는 전류의 한도를 말하며, **투입 전류의 최초 주파수에서의 최대값**으로 나타낸다. 크기는 정격 차단 전류(실효값)의 2.5배를 표준으로 한다.

【답】②

문제 26 우리 나라 양수 발전소의 입력은 주로 어떤 발전소에서 담당하는가?

① 원자력 발전소 및 화력 대용량 발전소
② 소수력 발전소
③ 열병합 발전소
④ MHD 발전소

풀이

양수 발전소란 심야 또는 경부하시의 잉여 전력을 사용하여 낮은 곳에 있는 물을 높은 곳으로 퍼올려서 첨두 부하시에 이 양수된 물을 사용해서 발전하는 것. 즉 잉여 전력의 유효한 활용 방법.   【답】①

문제 27 용량형 전압 변성기 CPD의 장점이 아닌 것은?

① 공진을 이용하므로 주파수 특성이 좋다.

② 절연 내량이 커서 계전기와 공용할 수 있다.

③ 절연의 신뢰도가 높다.

④ 고장이 나더라도 값싼 예비품으로 신속히 수리가 가능하다.

풀이

콘덴서형 계기용 변압기(CPD)의 특징
- 권선형에 비해 소형 경량이고 값이 싸다.
- 절연의 신뢰도가 권선형에 비해 크다.
- 전력선 반송용 결합 콘덴서와 공용할 수 있다.
- 전자형에 비해 **오차가 많고 특성이 나쁘다.**　　**【답】** ①

문제 28 단일 부하의 선로에서 부하율 50 [%], 선로 전류의 변화 곡선의 모양에 따라 달라지는 계수 $\alpha = 0.2$인 배전선의 손실계수는 얼마인가?

① 0.05　　　　　　② 0.15

③ 0.25　　　　　　④ 0.30

풀이

손실계수 $H = \alpha F + (1-\alpha)F^2$
$$= 0.2 \times 0.5 + (1-0.2) \times 0.5^2 = 0.3$$
　　【답】 ④

문제 29 늦은 역률의 부하를 갖는 단거리 송전선로의 전압강하의 근사식은? 단, P는 3상 부하전력[kW], E는 선간전압[kV], R는 선로저항[Ω], X는 리액턴스[Ω], θ는 부하의 늦은 역률각이다.

① $\dfrac{\sqrt{3}\,P}{E}(R + X \cdot \tan\theta)$

② $\dfrac{P}{\sqrt{3}\,E}(R + X \cdot \tan\theta)$

③ $\dfrac{P}{E}(R + X \cdot \tan\theta)$

④ $\dfrac{P}{\sqrt{3}\,E}(R \cdot \cos\theta + X \cdot \sin\theta)$

풀이

$P = \sqrt{3}\,EI\cos\theta$ 에서　$I = \dfrac{P}{\sqrt{3}\,E\cos\theta}$

3상 전압 강하

$v = V_s - V_r = \sqrt{3}\,I(R\cos\theta + X\sin\theta)$

$\quad = \sqrt{3}\,\dfrac{P}{\sqrt{3}\,E\cos\theta}(R\cos\theta + X\sin\theta)$

$\quad = \dfrac{P}{E}\left(R + X\dfrac{\sin\theta}{\cos\theta}\right) = \dfrac{P}{E}(R + X\tan\theta)$　　**【답】** ③

문제 30 수용가를 2군으로 나뉘어서 각 군에 변압기 1대씩을 설치하고 각 군 수용가의 총 설비부하용량을 각각 30 [kW] 및 20 [kW] 라 하자. 각 수용가의 수용률을 0.5, 수용가 상호간의 부등률을 1.2, 변압기 상호간의 부등률을 1.3 이라 하면 고압 간선에 대한 최대부하는 몇 [kVA]인가? 단, 부하역률은 모두 0.8 이라고 한다.

① 13　　　　　　② 16

③ 20　　　　　　④ 25

풀이

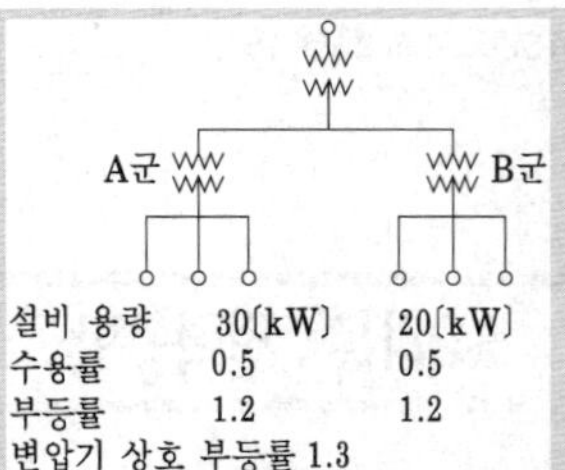

A군 최대 전력 = 설비 용량 × 수용률 = $30 \times 0.5 = 15$[kW]

합성 최대 전력 = $\dfrac{\text{최대 전력}}{\text{수용가 부등률}} = \dfrac{15}{1.2}$

B군 최대 전력 = $20 \times 0.5 = 10$[kW]

합성 최대 전력 = $\dfrac{10}{1.2}$

총 합성 최대 전력 = $\dfrac{\text{최대 전력의 합}}{\text{변압기 상호 부등률}}$

$= \dfrac{\dfrac{15}{1.2} + \dfrac{10}{1.2}}{1.3 \times 0.8} = 20$ [kVA]　　**【답】** ③

문제 31	2010년도 1회 문제 24
문제 32	2012년도 2회 문제 25
문제 33	2015년도 1회 문제 40
문제 34	2013년도 2회 문제 21
문제 35	2011년도 2회 문제 29
문제 36	2007년도 2회 문제 26
문제 37	2009년도 3회 문제 24
문제 38	2016년도 1회 문제 21
문제 39	2016년도 3회 문제 37
문제 40	2010년도 3회 문제 25

3과목 전기기기

발전기에서 **전류가 기전력보다 90° 앞선 경우**($\phi = 90°$ leading)는 자화 작용 또는 증자 작용이 발생되어 발전기의 유기기전력이 무부하 때보다 더 높게 된다. 【답】②

문제 41 3상 직권 정류자 전동기에 중간(직렬)변압기가 쓰이고 있는 이유가 아닌 것은?

① 정류자 전압의 조정
② 회전자 상수의 감소
③ 경부하때 속도의 이상 상승 방지
④ 실효 권수비 선정 조정

풀이

3상 직권 정류자 전동기의 직렬 변압기는 고정자 권선과 회전자 권선 사이에 직렬로 접속되며 이 **직렬 변압기를 사용하는 주요한 이유**는 다음과 같다.
① 정류자 전압의 조정
② 경부하때 속도의 이상 상승 방지
③ 실효 권수비 선정 조정 【답】②

문제 42 단락비가 1.3인 어떤 3상 동기 발전기가 역률 90 [%]에서 정격 전류가 50 [A], 정격 전압이 1000 [V]라 한다. 이 발전기의 정격 출력을 구하면 다음 어느 것인가?

① 75.6 [kW]
② 77.9 [kW]
③ 85.7 [kW]
④ 93.8 [kW]

풀이

$$P = \sqrt{3}\, VI\cos\theta$$
$$= \sqrt{3} \times 1000 \times 50 \times 0.9 = 77942.3 = 77.9\,[\text{kW}]$$
【답】②

문제 43 사이클로 컨버터(cycloconverter)란?

① 실리콘 양방향성 소자이다.
② 제어 정류기를 사용한 주파수 변환기이다.
③ 직류 제어 소자이다.
④ 전류 제어 소자이다.

풀이

사이클로 컨버터란 정지 사이리스터 회로에 의해 **전원 주파수와 다른 주파수의 전력으로 변환시키는 주파수 변환기** 이다. 【답】②

문제 44 동기 발전기의 부하에 콘덴서를 달아서 앞서는 전류가 흐르고 있다. 다음 중 옳은 것은?

① 단자 전압 강하
② 단자 전압 상승
③ 편자 작용
④ 속도 상승

문제 45 최근 제어 계통에는 유도 전동기의 변형이 많이 사용되고 있다. 이와 같은 계통에서 작은 회전력 또는 운동을 전기적으로 전송키 위한 자동 동기화 기계가 아닌 것은?

① 송량기 장치
② 자기 동기장치
③ 동기 연계장치
④ 자동 동기장치

풀이

셀신이라는 말은 self synchronous를 약한 것으로서 **자기 동기 장치**(self synchronizer), **동기 연계 장치**(synchro tie apparatus), **자동 동기 장치**(auto selsyn)라고도 한다. 회전자는 동일 단상 전원에 접속하고, 고정자는 전력 셀신의 회전자와 같이 접속한다. 【답】①

문제 46 출력이 10 [kW]인 농형 유도 전동기 기동에 가장 적당한 방법은?

① 저항 기동
② 직접 기동
③ Y-△ 기동
④ 기동 보상기에 의한 기동

풀이

유도 전동기의 기동법
① 전 전압 기동기(5 [kW] 이하의 소형)
② Y-△(5~15 [kW] 정도)
③ 리액터 기동(기동 전류를 제한하고자 할 때)
④ 기동 보상기(15 [kW] 이상) 【답】③

문제 47 극수 p인 3상 유도 전동기가 주파수 f [Hz], 슬립 s, 토크 T [N·m]로 회전하고 있을 때 기계적 출력[W]은?

① $T \cdot \dfrac{4\pi f}{p}(1-s)$
② $T \cdot \dfrac{4pf}{\pi}(1-s)$
③ $T \cdot \dfrac{4\pi f}{p}s$
④ $T \cdot \dfrac{\pi f}{2p}(1-s)$

풀이

$$P = T\omega$$
$$n = \frac{2f}{p}(1-s)\,[\text{rps}] \quad (\text{여기서, } p \text{는 극수})$$
$$\omega = 2\pi n = \frac{4\pi f}{p}(1-s)\,[\text{rad/s}]$$

$$\therefore P = T\omega = T \cdot \frac{4\pi f}{p}(1-s)\ [\text{W}]$$

【답】 ①

4과목 회로이론

문제 48 유도 전동기의 토크와 전동기에 가해지는 단자 전압과의 관계에서 가장 올바른 것은?
① 토크는 단자 전압에 비례한다.
② 토크는 단자 전압과 무관하다.
③ 토크는 단자 전압의 세제곱에 비례한다.
④ 토크는 단자 전압의 제곱에 비례한다.

풀이

$$T \propto k\phi I_2,\quad \phi \propto V_1 \ \text{또는}\ I_2 \propto V_1$$
$$\therefore\ T \propto k V_1^2$$

【답】 ④

문제 49 변압기의 부하 전류 및 전압은 일정하고, 주파수가 낮아지면?
① 철손이 증가　　② 철손이 감소
③ 동손이 증가　　④ 동손이 감소

풀이

• 와류손 $P_e = KE^2$: 주파수와 무관하고 전압의 자승에 비례
• 히스테리시스손 $P_h = K\dfrac{E^2}{f}$: 주파수에 반비례 하고 전압의 자승에 비례

따라서, **주파수가 낮아지면** 와류손은 변함이 없으나, 히스테리시스손이 증가하여 전체적으로 **철손은 증가**하게 된다 (철손 = 히스테리시스손 + 와전류손)

【답】 ①

문제 61 임피던스 함수가 $Z(s) = \dfrac{3s+3}{s}$ 로 표시되는 2단자 회로망은?

① 〔저항 3, 콘덴서 1/3〕　　② 〔인덕터 3, 콘덴서 1/3〕
③ 〔저항 3, 인덕터 3〕　　④ 〔저항 3, 인덕터 3, 콘덴서 1〕

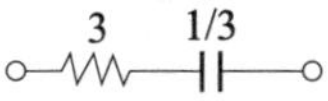

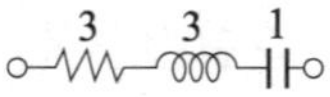

풀이

$$Z(s) = \frac{3s+3}{s} = 3 + \frac{3}{s} = 3 + \frac{1}{\frac{1}{3}s}\ \text{이므로}$$

저항 $3\,[\Omega]$과 정전용량 $\dfrac{1}{3}\,[\text{F}]$의 직렬회로가 된다.

【답】 ①

문제 62 저항 R와 리액턴스 X의 직렬 회로에서 $\dfrac{X}{R} = \sqrt{3}$ 일 경우 회로의 역률은?

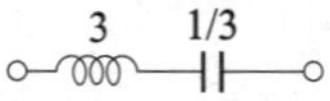

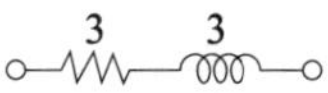

① $\dfrac{1}{\sqrt{3}}$　　② $\dfrac{1}{2}$
③ $\dfrac{2}{\sqrt{3}}$　　④ $\sqrt{3}$

풀이

$$\cos\theta = \frac{R}{\sqrt{R^2+X^2}} = \frac{1}{\sqrt{1+\left(\dfrac{X}{R}\right)^2}} = \frac{1}{\sqrt{1+(\sqrt{3})^2}}$$
$$= \frac{1}{\sqrt{4}} = \frac{1}{2}$$

【답】 ②

문제 63 내부 임피던스가 순저항 $6\,[\Omega]$인 전원과 $120\,[\Omega]$의 순저항 부하 사이에 임피던스 정합을 위한 이상 변압기의 권선비는?

① $\dfrac{1}{\sqrt{20}}$　　② $\dfrac{1}{\sqrt{2}}$
③ $\dfrac{1}{20}$　　④ $\dfrac{1}{2}$

풀이

임피던스 정합은 내부 임피던스와 외부 임피던스가 같아야 한다.
$$Z_{in} = a^2 Z_L\ \text{에서}$$
$$a = \sqrt{\frac{Z_{in}}{Z_L}} = \sqrt{\frac{6}{120}} = \frac{1}{\sqrt{20}}$$

【답】 ①

문제 64 각 상의 전압이 $V_a = 40\sin\omega t$, $V_b = 40\sin(\omega t + 90°)$, $V_c = 40\sin(\omega t - 90°)$이라 하면 영상 대칭분 전압은?

① $\dfrac{40}{3}\cos\omega t$　　　② $\dfrac{40}{3}\sin\omega t$

③ $\dfrac{40}{3}\sin(\omega t - 90°)$　④ $\dfrac{40}{3}\cos(\omega t + 90°)$

phasor로 표시하면
$$V_a = 40\underline{/0°} = 40,$$
$$V_b = 40\underline{/90°} = j40$$
$$V_c = 40\underline{/-90°} = -j40$$
따라서 영상 전압 V_0는
$$V_0 = \frac{1}{3}(V_a + V_b + V_c) = \frac{1}{3}(40 + j40 - j40) = \frac{40}{3}$$
$$\therefore V_0 = \frac{40}{3}\sin\omega t \text{ 가 된다.}$$

【답】②

문제 65 그림과 같은 $R - L - C$ 직렬 회로에서 발생하는 과도 현상이 진동이 되지 않는 조건은 어느 것인가?

① $\left(\dfrac{R}{2L}\right)^2 - \dfrac{1}{LC} > 0$

② $\left(\dfrac{R}{2L}\right)^2 - \dfrac{1}{LC} < 0$

③ $\left(\dfrac{R}{2L}\right)^2 - \dfrac{1}{LC} = 0$

④ $R < 2\sqrt{\dfrac{L}{C}}$

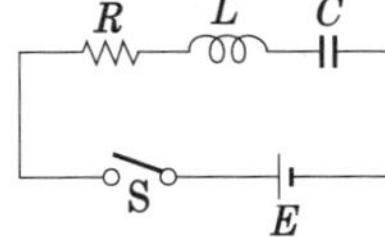

- $\left(\dfrac{R}{2L}\right)^2 - \dfrac{1}{LC} > 0$ 이면 **비진동적**
- $\left(\dfrac{R}{2L}\right)^2 - \dfrac{1}{LC} < 0$ 이면 진동적
- $\left(\dfrac{R}{2L}\right)^2 - \dfrac{1}{LC} = 0$ 이면 임계적

【답】①

문제 66 단위충격함수(unit impulse function) $\delta(t)$의 라플라스 변환은?

① 0　　　　　② -1

③ ∞　　　　④ 1

$\mathcal{L}[\delta(t)] = 1$

【답】④

문제 67 저항 $R = 6[\Omega]$과 유도 리액턴스 $X_L = 8$ [Ω]이 직렬로 접속된 회로에서 $v = 200\sqrt{2}\sin\omega t$ [V]인 전압을 인가하였다. 이 회로의 소비되는 전력 [kW]은?

① 3.2　　　　② 2.2

③ 1.2　　　　④ 2.4

$$P = I^2 R = \left(\frac{E}{\sqrt{R^2 + X^2}}\right)^2 R = \frac{E^2 R}{R^2 + X^2}$$
$$= \frac{200^2 \times 6}{6^2 + 8^2} \times 10^{-3} = 2.4 \text{ [kW]}$$

【답】④

문제 68 그림과 같은 $R-L-C$ 병렬 공진 회로에 관한 설명 중 옳지 않은 것은?

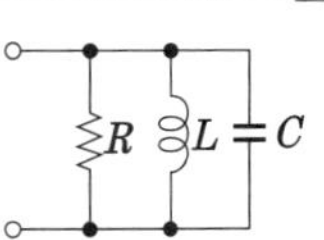

① 공진시 입력 어드미턴스는 매우 작아진다.

② 공진 주파수 이하에서의 입력 전류는 전압보다 위상이 뒤진다.

③ R가 작을수록 Q가 높다.

④ 공진시 L 또는 C를 흐르는 전류는 입력 전류 크기의 Q배가 된다.

회로의 어드미턴스 Y는
$$Y = \frac{1}{R} + \frac{1}{j\omega L} + j\omega C = \frac{1}{R} + j\left(\omega C - \frac{1}{\omega L}\right)$$
따라서, 공진 조건은 $\omega C = \dfrac{1}{\omega L}$

공진 주파수 : $f_r = \dfrac{1}{2\pi\sqrt{LC}}$

전류 확대비 : $Q = \dfrac{I_C}{I_r} = \dfrac{\omega C V}{\dfrac{V}{R}} = R\omega C$

$$Q = \frac{I_L}{I_r} = \frac{\dfrac{V}{\omega L}}{\dfrac{V}{R}} = \frac{R}{\omega L}$$

즉, R이 클수록 Q는 커진다.

$\omega L - \dfrac{1}{\omega C} = 0$에서 $f < f_r$이면 $\dfrac{1}{\omega C} > \omega L$이 되어 유도성 회로가 된다. 또한, 공진시 어드미턴스 $Y_r = \dfrac{1}{R}$이 되어 매우 작아진다.

【답】③

문제 69 상순이 a, b, c인 불평형 3상 전류 I_a, I_b, $\overline{I_c}$ 의 대칭분을 I_0, I_1, I_2라 하면 이때 대칭분과의 관계식 중 옳지 못한 것은?

① $\dfrac{1}{3}(I_a + I_b + I_c)$

② $\dfrac{1}{3}(I_a + I_b\,\underline{/120°} + I_c\,\underline{/-120°})$

③ $\dfrac{1}{3}(I_a + I_b\,\underline{/-120°} + I_c\,\underline{/120°})$

④ $\dfrac{1}{3}(-I_a - I_b - I_c)$

풀이

- 영상분 $I_0 = \dfrac{1}{3}(I_a + I_b + I_c)$

- 정상분 $I_1 = \dfrac{1}{3}(I_a + aI_b + a^2 I_c)$ $(1 \to a \to a^2$의 순서$)$

- 역상분 $I_2 = \dfrac{1}{3}(I_a + a^2 I_b + aI_c)$ $(1 \to a^2 \to a$의 순서$)$

【답】 ④

문제 70 그림의 회로에서 인덕턴스 L을 변화시킬 때 일정 교류 기전력에 대한 전 전류 I의 궤적은?

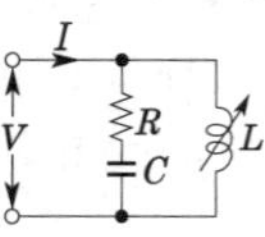

① 원점을 통하지 않는 반원이 된다.

② 원점을 통하는 반원이 된다.

③ 직선도 아니고 원도 아니다.

④ 원점을 통하지 않는 직선이 된다.

풀이

$$I = YV = (Y_1 + Y_2)V$$
$$= \left(\frac{1}{R - jX_C} + \frac{1}{j\omega L}\right)V = \frac{RV}{R^2 + X_C^2} + j\frac{X_C V}{R^2 + X_C^2} - j\frac{V}{\omega L}$$

I의 제1항과 제2항은 상수이므로 그림과 같이 1상한 내의 점 P를 나타낸다. 다음 제3항이 변수이므로 점 P에서 4상한으로 변화하는 반직선이 된다.

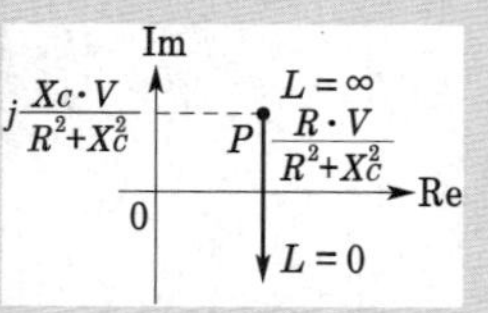

【답】 ④

문제 71 $F(s) = \dfrac{2(s+1)}{s^2 + 2s + 5}$의 시간 함수 $f(t)$는 어떤 것인가?

① $2e^{-t}\cos 2t$

② $2e^{t}\cos 2t$

③ $2e^{-t}\sin 2t$

④ $2e^{t}\sin 2t$

풀이

$$F(s) = \frac{2(s+1)}{s^2 + 2s + 5} = \frac{2(s+1)}{(s+1)^2 + 2^2} = 2\frac{s}{s^2 + 2^2}\bigg|_{s = s+1}$$

$$\therefore \mathcal{L}\left[\frac{2(s+1)}{(s+1)^2 + 2^2}\right] = 2e^{-t}\cos 2t$$

【답】 ①

문제 72 정전 콘덴서에 축적되는 에너지와 전위차와의 관계는?

① 직선 ② 타원

③ 포물선 ④ 쌍곡선

풀이

$W = \dfrac{1}{2}CV^2$에서 에너지는 **전압에 제곱에 비례하므로 포물선**이 된다.

【답】 ③

문제 73 그림의 회로에서 a-b 사이의 전압 E_{ab} 값은?

① 8 [V]

② 10 [V]

③ 12 [V]

④ 14 [V]

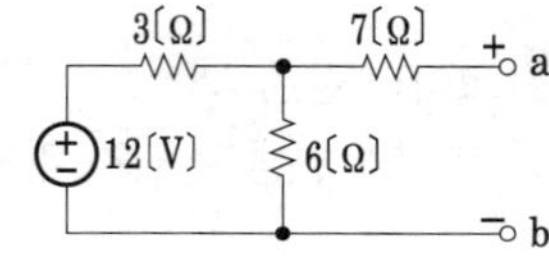

풀이

전압 분배 법칙을 적용하면

$E_{ab} = \dfrac{6}{3+6} \times 12 = 8[V]$이 된다.

【답】 ①

문제 74	2008년도 2회 문제 61
문제 75	2011년도 1회 문제 66
문제 76	2008년도 3회 문제 66
문제 77	2007년도 3회 문제 66
문제 78	2014년도 2회 문제 61
문제 79	2016년도 3회 문제 73
문제 80	2009년도 3회 문제 67

문제 81 수차 발전기는 스러스트 베어링의 온도가 현저히 상승하는 경우 자동적으로 이를 전로로부터 차단하는 장치를 시설하는데, 이때 수차 발전기의 최소 용량은?

① 500 [kVA] 이상
② 1000 [kVA] 이상
③ 1500 [kVA] 이상
④ 2000 [kVA] 이상

풀이
발전기의 고장시 자동 차단 (판단기준 제47조)
① 수차 압유 장치의 유압이 저하 : 500 [kVA] 이상
② **수차 스러스트 베어링의 온도 상승 : 2000 [kVA] 이상**
③ 발전기 내부 고장이 발생 : 10000 [kVA] 이상   **[답]** ④

문제 82 직류식 전기철도용 전차선로의 절연부분과 대지간의 절연저항은 사용전압에 대한 누설전류가 연장 1 [km] 마다 강체조가식을 제외한 가공 직류 전차선은 몇 [mA] 를 넘지 않도록 유지하여야 하는가?

① 10
② 100
③ 150
④ 200

풀이
직류식 전기 철도용 전차 선로의 절연 부분과 대지간의 절연 저항은 사용 전압에 대한 누설 전류가 궤도의 연장 1 [km]마다 **가공 직류 전차선은 10[mA]**, 기타의 전차선은 100[mA]를 넘지 않도록 유지하여야 한다. (판단기준 제259조)   **[답]** ①

문제 83 고압 가공 전선로의 지지물로 A종 철근 콘크리트주를 시설하고 전선으로는 단면적 22 [mm^2]의 경동연선을 사용하였을 경우, 경간은 몇 [m]까지로 할 수 있는가?

① 150
② 250
③ 300
④ 500

풀이
고압 가공전선로 경간의 제한 (판단기준 제76조)

지지물의 종류	표준 경간	22[mm^2] 이상의 경동선 사용
목주·A종 철주 또는 A종 철근 콘크리트 주	150 [m]	**300 [m]**
B종 철주 또는 B종 철근 콘크리트 주	250 [m]	500 [m]

[답] ③

문제 84 합성수지관 공사에 의한 저압 옥내 배선에 대한 설명으로 옳은 것은?

① 합성수지관 안에 전선의 접속점이 있어도 된다.
② 전선은 반드시 옥외용 비닐절연전선을 사용한다.
③ 단면적 10[mm^2] 이하의 것은 연선이 아니어도 사용 할 수 있다.
④ 관의 지지점간의 거리는 3 [m] 이하로 한다.

풀이
저압 옥내 배선 중 각종 관 공사의 경우 **관에 넣을 수 있는 단선으로서의 최대 굵기는 단면적 10 [mm^2]** (AL의 경우는 16 [mm^2]) 이다.
(판단기준 제183조)   **[답]** ③

문제 85 과전류 차단기로 저압 전로에 사용하는 배선용 차단기의 정격 전류가 30 [A]인 경우 정격 전류의 2배의 전류를 통한 경우 자동 동작되어야 할 시간의 한계는?

① 2초
② 30초
③ 1분
④ 2분

풀이
저압 전로에 사용하는 배선용 차단기 (판단기준 제38조)
• 정격 전류의 1배에 견딜 것
• 1.25배 및 2배 전류에 대한 자동 동작 시간은 다음과 같을 것

정격 전류의 구분	시간 [분]	
	1.25배	2배
30 [A] 이하	60	2
30 [A] 넘고 50 [A] 이하	60	4
50 [A] 넘고 100 [A] 이하	120	6
100 [A] 넘고 225 [A] 이하	120	8

[답] ④

문제 86 전력 계통의 용량과 비슷한 동기 조상기를 시설하는 경우에 반드시 시설하지 않아도 되는 것은?

① 동기 조상기의 역률 계측장치
② 동기 조상기의 전류 계측장치
③ 동기 조상기의 전압 계측장치
④ 동기 조상기의 베어링 및 고정자의 온도 계측장치

풀이
동기 조상기의 용량이 전력 계통의 용량과 비교하여 비슷한 경우 **동기 검정 장치, 조상기의 전압 및 전류 또는 전력, 조상기의 베어링 및 고정자의 온도 등을 계측하는 장치**를 시설하여야 한다.
(판단기준 제50조)   **[답]** ①

문제 87 사용전압이 35 [kV] 이하인 특고압 가공전선이 건조물과 제2차 접근상태로 시설된 경우의 기준으로 틀린 것은?

① 특고압 가공전선로는 제2종 특고압 보안공사로 시설한다.

② 특고압 가공전선과 건조물과의 이격거리는 3 [m] 이상으로 시설한다.

③ 특고압 가공전선으로 케이블을 사용하여 건조물의 상부조영재에서 위쪽에 시설하는 경우, 건조물과 조영재사이의 이격거리는 1.2 [m] 이상으로 시설한다.

④ 지지물로 사용하는 목주의 풍압하중에 대한 안전율은 1.5 이상으로 한다.

풀이

제2종 특고압 보안공사(판단기준 제125조)

• 목주의 풍압하중에 대한 안전율은 2 이상일 것.

• 사용전압이 35[kV]이하인 특고압 가공전선이 건조물과 제2차 접근상태로 시설될 경우 제2종 특고압 보안공사에 의할 것. 【답】 ④

문제 88	2008년도 3회 문제 85
문제 89	2008년도 1회 문제 84
문제 90	2015년도 1회 문제 81
문제 91	2013년도 2회 문제 91
문제 92	2011년도 2회 문제 98
문제 93	2016년도 2회 문제 87
문제 94	2009년도 2회 문제 88
문제 95	2013년도 3회 문제 98
문제 96	2007년도 1회 문제 82
문제 97	2015년도 1회 문제 82
문제 98	2014년도 3회 문제 86
문제 99	2016년도 2회 문제 99

전기설비 기술기준(개정)과 판단기준에 따라 삭제된 문제가 있어 20문항이 안됩니다.

국가기술자격검정 필기시험 문제

2005년도 전기산업기사 일반검정 제3회

수검 번호	성 명

자격종목 및 등급(선택분야)	종목코드	시험시간	문제지형별
전기산업기사	2140	2시간 30분	A

1과목 전기자기학

문제 01 자화의 세기 P_m [C/m²]을 자속 밀도 B [Wb/m²]과 비투자율 μ_s 로 나타내면?

① $P_m = (1 - \mu_s)B$　　② $P_m = \left(1 - \dfrac{1}{\mu_s}\right)B$

③ $P_m = (\mu_s - 1)B$　　④ $P_m = \left(\dfrac{1}{\mu_s} - 1\right)B$

풀이

$B = \mu_0 H + P_m$ 의 관계에서 $H = \dfrac{B}{\mu} = \dfrac{B}{\mu_0 \mu_s}$ 이므로

$$P_m = B - \mu_0 H = \left(1 - \dfrac{1}{\mu_s}\right)B$$

【답】②

문제 02 반지름이 a[m]되는 구도체에 Q[C]의 전하가 주어졌을 때 이 구의 중심에서 $5a$[m] 되는 점의 전위 V 는 얼마인가?

① $\dfrac{Q}{4\pi\epsilon_0 a}$　　② $\dfrac{Q}{4\pi\epsilon_0 a^2}$

③ $\dfrac{Q}{20\pi\epsilon_0 a}$　　④ $\dfrac{Q}{20\pi\epsilon_0 a^2}$

풀이

구도체 외부의 전위 $V = \dfrac{Q}{4\pi\epsilon_0 r}$ [V] 이므로

$$V = \dfrac{Q}{4\pi\epsilon_0 (5a)} = \dfrac{Q}{20\pi\epsilon_0 a}\ \text{[V]}$$

【답】③

문제 03 도체를 접지시킬 때 도체의 전위는 어떤 전위에 해당 되는가?

① 영전위　　② 정전위

③ 부전위　　④ ∞ 전위

풀이

지구는 정전 용량이 크므로 많은 전하가 축적되어도 지구의 전위는 일정하다. 따라서, **대지를 실용상 영전위**로 하며, **도체를 접지시키면 도체의 전위도 영전위에 해당**된다. 【답】①

문제 04 5[C]의 전하가 비유전율 $\epsilon_s = 2.5$인 매질 내에 있다고 한다면, 이 전하에서 나오는 전체 전기력 선의 수는?

① $\dfrac{5}{\epsilon_0}$ 개　　② $\dfrac{25}{2\epsilon_0}$ 개

③ $\dfrac{2}{\epsilon_0}$ 개　　④ $\dfrac{1}{\epsilon_0}$ 개

풀이

Q[C]에서 나오는 전기력선의 수는 $N = \dfrac{Q}{\epsilon}$ 이므로

$$N = \dfrac{Q}{\epsilon} = \dfrac{Q}{\epsilon_0 \epsilon_s} = \dfrac{5}{2.5\epsilon_0} = \dfrac{2}{\epsilon_0}\ \text{개}$$

【답】③

문제 05 유전율 ϵ [F/m], 고유 저항 ρ[Ω·m]의 유전 체로 채운 정전용량 C[F]의 콘덴서에 전압 V[V]를 가 할 때 유전체 중에 발생하는 열량은 시간 t 초간에 몇 [cal]가 되겠는가?

① $\dfrac{0.24 CV^2 t}{\rho\epsilon}$　　② $\dfrac{0.24 CV t}{\rho\epsilon}$

③ $\dfrac{4.2 CV t}{\rho\epsilon}$　　④ $\dfrac{4.2 CV^2 t}{\rho\epsilon}$

풀이

$$R = \dfrac{\epsilon\rho}{C}$$

$$Q = 0.24 I^2 Rt = 0.24\left(\dfrac{V}{R}\right)^2 Rt = 0.24\dfrac{V^2}{R}t = \dfrac{0.24 CV^2 t}{\epsilon\rho}$$

【답】①

"

문제 06 a, b, c 3개의 도체에서 도체 a를 도체 b로 정전 차폐했을 때의 조건으로 옳은 것은?

① c의 전하는 a의 전위와 관계 있다.

② a, b간의 유도 계수는 없다.

③ a, c간의 유도 계수는 0이다.

④ a의 전하는 c의 전위와 관계 있다.

풀이

도체 a의 전하는 접지 도체(정전차폐) b때문에 도체 c에 전혀 유도되지 않는다. **【답】** ③

문제 07 비유전율이 10인 유리 콘덴서와 동일 크기의 비유전율이 1인 공기 콘덴서가 있다. 유리 콘덴서에 380 [V]의 전압을 가할 때 동일한 전하를 축적하기 위하여 공기 콘덴서에 필요한 전압은 몇 [kV]인가?

① 1.8 ② 3.8

③ 5.4 ④ 7.6

풀이

유리 콘덴서 $Q_1 = C_1 V_1$, 공기 콘덴서 $Q_2 = C_2 V_2$에서

$Q_1 = Q_2$의 관계이므로

$$C_1 V_1 = C_2 V_2$$

$$\frac{\epsilon_0 \epsilon_s}{d} s V_1 = \frac{\epsilon_0}{d} s V_2$$

$$\therefore \ V_2 = \epsilon_s V_1 = 10 \times 380 = 3800 [\text{V}] = 3.8 [\text{kV}] \quad \text{【답】 ②}$$

문제 08 벡터 $\boldsymbol{A} = i + 4j + 3k$와 벡터 $\boldsymbol{B} = 4i + 2j - 4k$는 서로 어떤 관계가 있는가?

① 평행 ② 면적

③ 접근 ④ 수직

풀이

스칼라적 $\boldsymbol{A} \cdot \boldsymbol{B} = AB\cos\theta$에서

$$\cos\theta = \frac{\boldsymbol{A} \cdot \boldsymbol{B}}{AB} = \frac{(i+4j+3k) \cdot (4i+2j-4k)}{\sqrt{1^2+4^2+3^2} \cdot \sqrt{4^2+2^2+(-4)^2}}$$

$$= \frac{4+8-12}{6\sqrt{26}} = 0$$

그러므로 $\theta = 90°$가 되어 벡터 $\boldsymbol{A}$와 $\boldsymbol{B}$는 수직관계 **【답】** ④

문제 09 원점에 전하 0.4 [μC]이 있을 때 두 점 (4, 0, 0) [m]와 (0, 3, 0) [m]간의 전위차는 몇 [V]인가?

① 30 ② 100

③ 150 ④ 300

풀이

$$V = \frac{Q}{4\pi\epsilon_0}\left(\frac{1}{a} - \frac{1}{b}\right) = 9 \times 10^9 \times 0.4 \times 10^{-6}\left(\frac{1}{3} - \frac{1}{4}\right) = 300 [\text{V}]$$

【답】 ④

문제 10 전류 및 자계와 직접 관련이 없는 것은?

① 앙페르의 오른손 법칙

② 플레밍의 왼손 법칙

③ 비오–사바르의 법칙

④ 렌츠의 법칙

풀이

- 앙페르의 오른손 법칙 : 전류가 만드는 자계의 방향
- 플레밍의 왼손 법칙 : 자계내에 놓여진 전류도선이 받는 힘의 방향
- 비오–사바르의 법칙 : 자계내 전류 도선이 만드는 자계
- **렌츠의 법칙 : 자속의 변화에 따른 전자유도법칙** **【답】** ④

문제 11 어느 강철의 자화 곡선을 응용하여 종축을 자속 밀도 B 및 투자율 μ, 횡축을 자화의 세기 J라고 하면 다음 중에 투자율 곡선을 가장 잘 나타내고 있는 것은?

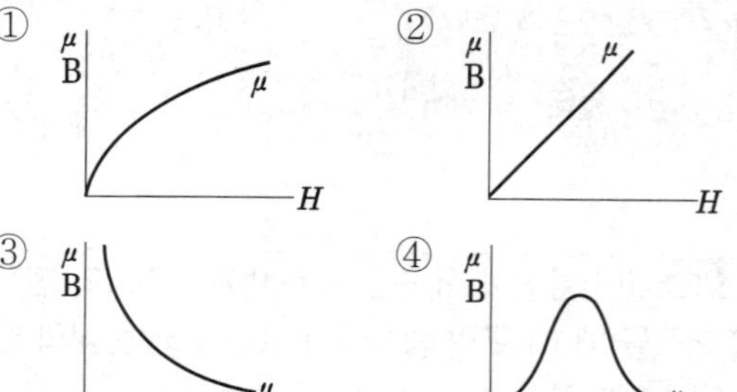

풀이

강자성체는 포화 현상이 있으므로 μ가 일정하지 않고 자화력 H의 증가에 따라 ④와 같이 최대값을 가진다. **【답】** ④

문제 12 무한 평면 전하에 의한 외부 전계의 크기는 거리와 어떤 관계가 있는가?

① 거리에 관계없다.

② 거리에 비례한다.

③ 거리에 반비례한다.

④ 거리에 자승에 비례한다.

풀이

무한 평면의 경우는 전하로부터 나오는 전기력선이 상하 방향으로 양분되므로 표면 전계의 세기는

$$E = \frac{\sigma}{2\epsilon_0} \, [\text{V/m}]$$ 따라서, 거리에 관계가 없다.

[답] ①

문제 13 두 도체의 전위 및 전하가 각각 V_1, Q_1 및 V_2, Q_2일 때, 이 도체계가 갖는 에너지는 얼마인가?

① $\dfrac{1}{2}(V_1 Q_1 + V_2 Q_2)$

② $\dfrac{1}{2}(Q_1 + Q_2)(V_1 + V_2)$

③ $V_1 Q_1 + V_2 Q_2$

④ $(V_1 + V_2)(Q_1 + Q_2)$

풀이

도체계의 전 에너지 W는

$$W = W_1 + W_2 = \frac{1}{2}P_{11}Q_1^{\,2} + P_{21}Q_1 Q_2 + \frac{1}{2}P_{22}Q_2^{\,2}$$

여기서, $V_1 = P_{11}Q_1 + P_{12}Q_2$, $V_2 = P_{21}Q_1 + P_{22}Q_2$의 관계를 대입하면

$$W = \frac{1}{2}(Q_1 V_1 + Q_2 V_2) \, [\text{J}]$$ 가 된다.

즉, $W = \displaystyle\sum_{i=1}^{n}\frac{1}{2}Q_i V_i = \frac{1}{2}\sum_{s=1}^{n}\sum_{r=1}^{n}P_{rs}Q_r Q_s \, [\text{J}]$가 성립한다.

[답] ①

문제 14 다음 사항 중 옳은 것은?

① 빛은 회절 및 간섭 현상을 갖는 전자파임과 동시에 입자성을 가진다는 것은 드브로이가 광전효과를 설명하기 위하여 발견하였다.

② 헤르츠는 라이덴병 전하 방전실험으로 전자파의 발생을 입증하였다.

③ 전계와 자계의 세기를 적절히 조절하여 인공적으로 전자파를 발생시키는 장치로 선형 가속기가 있다.

④ 전자파인 빛을 방출하는 천체의 지구에 대한 운동을 알기 위해서는 본래의 파장에 비하여 받아들인 파장이 어느 정도로 변화되었는가를 관측하는 톰슨 효과를 이용한다.

[답] ②

2과목 전력공학

문제 21 60 [Hz] 2극인 터빈 발전기의 과속도 트립은 몇 [rpm]인가? 단, 과속도 트립은 정격 회전수의 1.1배라고 한다.

① 3440　　　　② 3960

③ 4110　　　　④ 4320

풀이

발전기의 주파수 f와 극수 p 및 회전수 N과의 관계는

$$N = \frac{120f}{p} = \frac{120 \times 60}{2} = 3600 \, [\text{rpm}]$$

과속도 트립은 정격 회전수의 110[%] 이상에서 이루어져야 하므로 그 회전수의 한도는

$$\therefore \; 3600 \times 1.1 = 3960 \, [\text{rpm}]$$

[답] ②

문제 22 다음 중 해안 지방의 송전용 나전선으로 가장 적당한 것은?

① 동선

② 강선

③ 알루미늄 합금선

④ 강심 알루미늄선

풀이

• **알루미늄선은 염해에 약해** 해안지방에서는 사용하지 않는다.

• 강선은 저항값이 커서 강선 단독으로는 송전용 선로에 사용되지 않는다.

[답] ①

문제 23 옥내 배선 시설 공사에서 과부하 또는 단락 사고로부터 전선이나 기구를 보호하기 위하여 설치하는 것이 아닌 것은?

① 전류 절환스위치

② 전자 개폐기

③ 브레이커(Breaker)

④ 퓨즈(fuse)

[답] ①

문제 24 모선 보호에 사용되는 계전 방식은?

① 과전류 계전 방식

② 전력 평형 보호 방식

③ 표시선 계전 방식

④ 전류 차동 계전 방식

풀이

모선 보호 계전 방식의 종류

① 전류 차동 보호 방식

② 전압 차동 보호 방식　③ 위상 비교 방식

④ 환상 모선 보호 방식　⑤ 방향 거리 계전 방식　【답】④

문제 25 일반 회로 정수가 A, B, C, D 이고 송전단 상전압이 E_S인 경우 무부하시의 충전 전류(송전단 전류)는?

① $\dfrac{C}{A}E_S$

② ACE_S

③ $\dfrac{A}{C}E_S$

④ CE_S

풀이

$E_S = AE_R + BI_R$ 에서 무부하$(I_R = 0)$이므로 $E_S = AE_R$

$$\therefore E_R = \frac{E_S}{A}$$

$I_S = CE_R + DI_R$ 에서 무부하$(I_R = 0)$이므로

$$I_s = CE_R = \frac{C}{A}E_S$$

【답】①

3과목　전기기기

문제 41 용량 10 [kVA]의 단권 변압기를 그림과 같이 접속하면 역률 80 [%]의 부하에 몇 [kW]의 전력을 공급할 수 있는가?

① 8.8

② 88

③ 110

④ 137.5

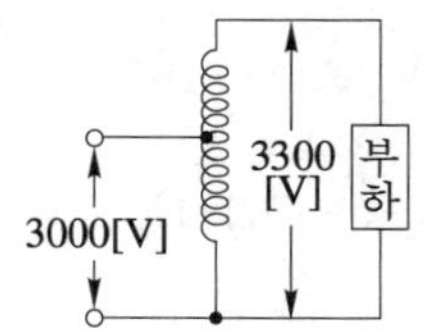

풀이

$$\frac{\text{자기 용량}}{\text{부하 용량}} = \frac{V_h - V_l}{V_h} \text{에서}$$

$$\text{부하 용량} = \text{자기 용량} \times \left(\frac{V_h}{V_h - V_l}\right)$$

$$= 10 \times \frac{3300}{3300 - 3000} = 110 \,[\text{kVA}]$$

$\cos\phi = 0.8$이므로 공급되는 부하 전력 P는

$$\therefore P = 110 \times 0.8 = 88 \,[\text{kW}]$$

【답】②

문제 42 A, B 2대의 동기 발전기를 병렬 운전 중 계통 주파수를 바꾸지 않고 B기의 역률을 좋게 하는 것은?

① A기의 여자 전류를 증대

② A기의 원동기 출력을 증대

③ B기의 여자 전류를 증대

④ B기의 원동기 출력을 증대

풀이

동기 발전기의 병렬 운전에서 여자전류의 변화는 역률의 변화로 나타난다. 여자전류를 증가하면 그 발전기의 역률은 낮아지고, 다른 발전기의 역률은 반대로 좋아진다.　【답】①

문제 43 아래 계전기 중 변압기의 보호에 사용되지 않는 계전기는?

① 비율 차동 계전기

② 차동 계전기

③ 부흐홀쯔 계전기

④ 임피던스 계전기

풀이

변압기 보호에 사용되는 계전기는 과전류 계전기, 차동 계전기, 부흐홀쯔 계전기, 압력 계전기, 지락 방향 계전기 등이 사용된다.
【답】④

 SCR(실리콘 정류 소자)의 특징이 아닌 것은?
① 아크가 생기지 않으므로 열의 발생이 적다.
② 과전압에 약하다.
③ 도통할 때까지의 시간이 짧다.
④ 전류가 흐르고 있을 때의 양극 전압 강하가 크다.

풀이
SCR의 순방향 전압 강하는 보통 1.5 [V] 이하로 적다. **【답】** ④

문제 45 돌극형 동기 발전기에서 직축 리액턴스를 x_d, 횡축 리액턴스를 x_q는 그 크기 사이에 어떤 관계가 있는가?

① $x_d = x_q$ ② $x_d > x_q$

③ $x_d < x_q$ ④ $2x_d = x_q$

풀이
- **돌극형(철극기)** : 직축이 횡축에 비하여 공극(air gap)이 작으므로 직축(동기) 리액턴스 x_d가 횡축(동기) 리액턴스 x_q보다 크다 $(x_d > x_q)$.
- **비철극기** : 공극이 일정하므로 $x_d = x_q = x_s$로 된다. **【답】** ②

문제 46 일정 토크 부하에 알맞은 유도 전동기의 주파수 제어에 의한 속도 제어 방법을 사용할 때 공급 전압과 주파수는 어떤 관계를 유지하여야 하는가?
① 공급 전압이 항상 일정하여야 한다.
② 공급 전압과 주파수는 반비례되어야 한다.
③ 공급 전압과 주파수는 비례되어야 한다.
④ 공급 전압의 제곱에 반비례하는 주파수를 공급하여야 한다.

풀이
$$E = 4.44 f \omega \phi_m \propto f$$
즉, 공급전압과 주파수는 비례되어야 한다. **【답】** ③

문제 47 정격 출력 2 [kVA], 200/100 [V], 50 [Hz]인 변압기의 2차 단락 시험 결과 임피던스 전압 6.8 [V], 임피던스 와트 60 [W]를 얻었다. 이 변압기의 2차를 1차로 환산한 저항과 리액턴스는?

① $r_{21} = 0.68\,[\Omega]$, $x_{21} = 0.65\,[\Omega]$

② $r_{21} = 0.5\,[\Omega]$, $x_{21} = 0.32\,[\Omega]$

③ $r_{21} = 0.6\,[\Omega]$, $x_{21} = 0.32\,[\Omega]$

④ $r_{21} = 0.6\,[\Omega]$, $x_{21} = 0.4\,[\Omega]$

풀이
$P = 2\,[\text{kVA}]$, $V_{1n} = 200\,[\text{V}]$, $V_{2n} = 100\,[\text{V}]$, $V_s = 6.8\,[\text{V}]$
$P_s = 60\,[\text{W}]$이므로

$$I_{1n} = \frac{P_n}{V_{1n}} = \frac{2 \times 10^3}{200} = 10\,[\text{A}]$$

임피던스 전압 $V_s = I_{1n} Z_{21}$에서,

$$Z_{21} = \frac{V_s}{I_{1n}} = \frac{6.8}{10} = 0.68\,[\Omega]$$

$P_s = (r_{21}) I_{1n}{}^2$에서

$$\therefore r_{21} = \frac{P_s}{(I_{1n})^2} = \frac{60}{10^2} = 0.6\,[\Omega]$$

$$\therefore x_{21} = \sqrt{(Z_{21})^2 - (r_{21})^2} = \sqrt{0.68^2 - 0.6^2} = 0.32\,[\Omega]$$
【답】 ③

문제 48 3상 변압기를 병렬 운전할 경우 조합 불가능한 것은?
① △-△와 △-△   ② Y-△와 Y-△
③ △-△와 △-Y   ④ △-Y와 Y-△

풀이
3상 변압기의 병렬 운전의 결선 조합

병렬 운전 가능	병렬 운전 불가능
△-△ 와 △-△	
Y-Y 와 Y-Y	
Y-△ 와 Y-△	△-△ 와 △-Y
△-Y 와 △-Y	△-Y 와 Y-Y
△-△ 와 Y-Y	
△-Y 와 Y-△	

※ △-△와 △-Y, △-Y와 Y-Y의 결선은 각 변위가 30° 차가 있어 순환 전류가 흐르기 때문에 병렬 운전이 불가능하다. **【답】** ③

문제 49 직류 전동기의 규약 효율은 어떤 식으로 표시된 식에 의하여 구하여진 값인가?

① $\eta = \dfrac{출력}{입력} \times 100\,[\%]$

② $\eta = \dfrac{출력}{출력+손실} \times 100\,[\%]$

③ $\eta = \dfrac{입력-손실}{입력} \times 100\,[\%]$

④ $\eta = \dfrac{입력}{출력+손실} \times 100\,[\%]$

풀이
규약효율(전기적 에너지를 기준으로 하여 암기)
- 발전기 (입력 : 기계적 에너지, 출력 : 전기적 에너지)

$$\eta = \frac{출력}{출력 + 손실} \times 100\,[\%] \quad (입력=출력+손실)$$

• 전동기(입력 : 전기적 에너지, 출력 : 기계적 에너지)

$$\eta = \frac{\text{입력}-\text{손실}}{\text{입력}} \times 100 \, [\%] \quad (\text{출력}=\text{입력}-\text{손실})$$

【답】③

문제 50	2009년도 3회 문제 53
문제 51	2007년도 3회 문제 49
문제 52	2008년도 3회 문제 47
문제 53	2009년도 3회 문제 43
문제 54	2013년도 2회 문제 52
문제 55	2011년도 2회 문제 49
문제 56	2016년도 2회 문제 57
문제 57	2011년도 3회 문제 58
문제 58	2009년도 3회 문제 52
문제 59	2015년도 1회 문제 55
문제 60	2007년도 2회 문제 42

4과목 회로이론

문제 61 수동 4단자 회로망(또는 2단자 쌍 회로망)이 가역적이기 위한 조건으로 옳지 않은 것은?

① $AB - CD = 1$　　　② $Z_{12} = Z_{21}$

③ $Y_{12} = Y_{21}$　　　④ $H_{12} = -H_{21}$

풀이

4단자 회로망이 가역성을 가질 때 각 파라미터의 조건은
$Z_{12} = Z_{21}$, $Y_{12} = Y_{21}$, $H_{12} = -H_{21}$, $AD - BC = 1$
이고, 좌우 대칭인 경우는
$Z_{11} = Z_{22}$, $Y_{11} = Y_{22}$, $H_{11}H_{22} - H_{12}H_{21} = 1$, $A = D$ 이다.

【답】①

문제 62 30 [Ω]의 저항과 40 [Ω]의 유도성 리액턴스가 병렬로 연결되어 있다. 이 $R-L$ 병렬 회로에 $v = 220\sqrt{2}\sin 377t$ [V]의 전압을 가할 때 전원에 흐르는 전류 [A]는 약 얼마인가?

① $i = 12.96\sin(377t - 36.87°)$

② $i = 9.17\sin(377t - 36.87°)$

③ $i = 12.96\,\underline{/-36.87°}$

④ $i = 10.37 + j7.78$

풀이

$$I_R = \frac{E}{R} = \frac{220}{30} = 7.33 \,[\text{A}]$$

$$I_L = \frac{E}{jX_L} = \frac{220}{j40} = -j5.5 \,[\text{A}]$$

$$I = 7.33 - j5.5 = 9.16\,\underline{/-36.87°}$$

$$\therefore \; i = \sqrt{2} \times 9.16\sin(377t - 36.87°)$$
$$= 12.96\sin(377t - 36.87°)$$

【답】①

문제 63 그림과 같은 T형 4단자 회로의 4단자 정수 중 B의 값은?

① $1 + \dfrac{Z_1}{Z_3}$

② $\dfrac{1}{Z_3}$

③ $\dfrac{Z_3 + Z_2}{Z_3}$

④ $\dfrac{Z_1Z_2 + Z_2Z_3 + Z_3Z_1}{Z_3}$

풀이

$$\begin{bmatrix} 1 & Z_1 \\ 0 & 1 \end{bmatrix} \begin{bmatrix} 1 & 0 \\ \frac{1}{Z_3} & 1 \end{bmatrix} \begin{bmatrix} 1 & Z_2 \\ 0 & 1 \end{bmatrix} = \begin{bmatrix} \dfrac{Z_1 + Z_3}{Z_3} & \dfrac{Z_1Z_2 + Z_2Z_3 + Z_3Z_1}{Z_3} \\ \dfrac{1}{Z_3} & \dfrac{Z_2 + Z_3}{Z_3} \end{bmatrix}$$

【답】④

문제 64 $R-L-C$ 직렬 회로에서 회로 저항값이 다음의 어느 값이어야 이 회로가 임계적으로 제동되는가?

① $\sqrt{\dfrac{L}{C}}$　　　② $2\sqrt{\dfrac{L}{C}}$

③ $\dfrac{1}{\sqrt{CL}}$　　　④ $2\sqrt{\dfrac{C}{L}}$

풀이

• $R^2 = 4\dfrac{L}{C}$: 임계진동　　• $R^2 - 4\dfrac{L}{C} > 0$: 비진동

• $R^2 - 4\dfrac{L}{C} < 0$: 진동

따라서, $R = 2\sqrt{\dfrac{L}{C}}$ 이면 임계적인 제동이 이루어진다. 【답】②

문제 65 제동계수 $\zeta = 0$이면 어떤 경우인가?

① 무제동　　　② 부족제동

③ 과제동　　　④ 임계제동

- $\zeta < 1$인 경우 : 부족 제동(감쇠 진동)
- $\zeta > 1$인 경우 : 과제동(비진동)
- $\zeta = 1$인 경우 : 임계 제동(임계 상태)
- $\zeta = 0$인 경우 : **무제동(무한 진동 또는 완전 진동)** 【답】 ①

문제 66 인덕턴스 $L = 20[\text{mH}]$인 코일에 실효값 $V = 50[\text{V}]$, 주파수 $f = 60[\text{Hz}]$인 정현파 전압을 인가했을 때 코일에 축적되는 평균 자기 에너지 $W_L[\text{J}]$은?

① 0.44   　　　② 4.4

③ 0.63   　　　④ 6.3

$$W_L = \frac{LI^2}{2} = \frac{L}{2}\left(\frac{V}{2\pi f L}\right)^2 = \frac{V^2}{8\pi^2 f^2 L}$$

$$= \frac{50^2}{8\pi^2 \times 60^2 \times 20 \times 10^{-3}} = 0.44\,[\text{J}]$$

【답】 ①

문제 67 $3r[\Omega]$인 6개의 저항을 그림과 같이 접속하고 평형 3상 전압 V를 가했을 때 I는 몇 [A]인가? 단, $r = 2\,[\Omega]$, $V = 200\sqrt{3}\,[\text{V}]$이다.

① 10

② 15

③ 20

④ 25

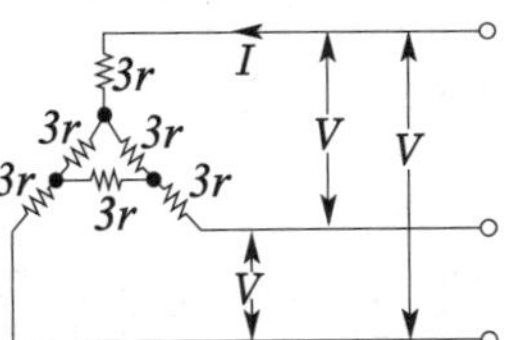

△를 Y로 변환시키면

전류 $I = \dfrac{\dfrac{V}{\sqrt{3}}}{3r + r}$

$$= \frac{V}{\sqrt{3} \times 4r}$$

$$= \frac{200\sqrt{3}}{\sqrt{3} \times 4 \times 2} = 25\,[\text{A}]$$

【답】 ④

문제 68 다음과 같은 왜형파 교류전압, 전류의 전력은 몇 [W]인가?

$$v = 100\sin\omega t + 50\sin(3\omega t + 60°)\,[\text{V}]$$
$$i = 20\cos(\omega t - 30°) + 10\cos(3\omega t - 30°)\,[\text{A}]$$

① 750   　　　② 1000

③ 1299   　　　④ 1732

i를 변형하면

$$i = 20\sin(\omega t + 90° - 30°) + 10\sin(3\omega t + 90° - 30°)$$
$$= 20\sin(\omega t + 60°) + 10\sin(3\omega t + 60°)$$
$$P = V_1 I_1 \cos\theta_1 + V_3 I_3 \cos\theta_3$$
$$= \frac{100}{\sqrt{2}} \cdot \frac{20}{\sqrt{2}}\cos 60° + \frac{50}{\sqrt{2}} \cdot \frac{10}{\sqrt{2}}\cos 0° = 750\,[\text{W}]$$

【답】 ①

문제 69 그림과 같은 브리지가 평형되어 있다. 미지 코일의 저항 R_4 및 인덕턴스 L_4의 값은 얼마인가?

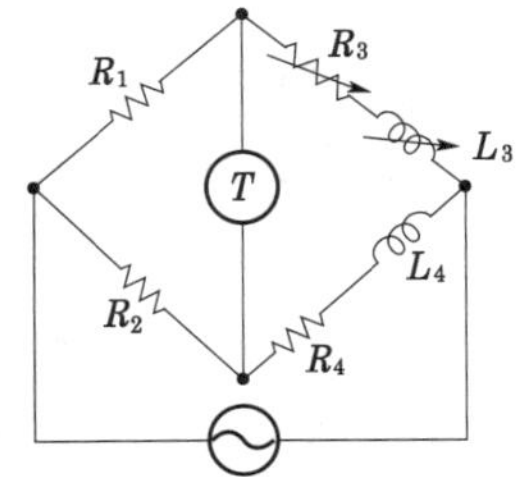

① $R_4 = \dfrac{R_1}{R_2}R_3, \quad L_4 = \dfrac{R_1}{R_2}L_3$

② $R_4 = \dfrac{R_1}{R_2}R_3, \quad L_4 = \dfrac{R_1 R_2}{L_3}$

③ $R_4 = R_1 R_2 R_3, \quad L_4 = R_1 R_2 L_3$

④ $R_4 = \dfrac{R_2}{R_1}R_3, \quad L_4 = \dfrac{R_2}{R_1}L_3$

$$R_1(R_4 + j\omega L_4) = R_2(R_3 + j\omega L_3)$$
$$R_1 R_4 + j\omega R_1 L_4 = R_2 R_3 + j\omega R_2 L_3$$

① 실수에서 $R_1 R_4 = R_2 R_3$ 　∴ $R_4 = \dfrac{R_2}{R_1}R_3$

② 허수에서 $j\omega R_1 L_4 = j\omega R_2 L_3$ 　∴ $L_4 = \dfrac{R_2}{R_1}L_3$ 【답】 ④

| 문제 79 | 2007년도 2회 문제 62 |
| 문제 80 | 2014년도 1회 문제 35 |

5과목 전기설비기술기준 및 판단기준

문제 81 가공전화선로에 유도장해를 방지하기 위한 특고압 가공전선로의 유도전류 제한사항으로 옳은 것은?

① 사용전압이 60 [kV] 이하인 경우에는 전화선로의 길이 12 [km]마다 유도전류가 1 [mA]를 넘지 않도록 할 것

② 사용전압이 60 [kV] 이하의 경우에는 전화선로의 길이 12 [km]마다 유도전류가 1.5 [mA]를 넘지 않도록 할 것

③ 사용전압이 60 [kV]를 넘는 경우에는 전화선로의 길이 40 [km]마다 유도전류가 1 [μA]를 넘지 않도록 할 것

④ 사용전압이 60 [kV]를 넘는 경우에는 전화선로의 길이 40 [km]마다 유도전류가 3 [μA]를 넘지 않도록 할 것

풀이

유도 장해 방지(판단기준 제105조)
① 사용 전압이 60 [kV] 이하인 경우에는 전화 선로의 길이 12 [km] 마다 유도 전류가 2 [μA]를 넘지 아니할 것
② 사용 전압이 **60 [kV]를 넘는 경우**에는 전화 선로의 **길이 40 [km]** 마다 유도 전류가 3 [μA]를 넘지 아니할 것 **[답] ④**

문제 82 특고압 전선로의 철탑의 가장 높은 곳에 220 [V]용 항공장애 등을 설치하였다. 이 등기구의 금속제 외함은 몇 종 접지 공사를 하여야 하는가?

① 제1종
② 제2종
③ 제3종
④ 특별 제3종

풀이

특고압 가공전선로의 지지물에 시설하는 저압 기계기구 등의 시설 (판단기준 제123조)
특고압 가공전선로의 전선의 위쪽에서 지지물에 저압의 기계기구를 시설하는 경우에는 특고압 가공전선이 케이블인 경우 이외에는 다음 각 호에 따라야 한다.

- 저압의 기계기구에 접속하는 전로에는 다른 부하를 접속하지 아니할 것
- 전로와 다른 전로를 변압기에 의하여 결합하는 경우에는 절연 변압기를 사용할 것.
- 절연 변압기의 부하측의 1단자 또는 중성점 및 기계기구의 **금속제 외함**에는 제1종 접지공사를 하여야 한다. **[답] ①**

문제 83 옥내에 시설하는 전동기가 소손되는 것을 방지하기 위한 과부하 보호 장치를 하지 않아도 되는 것은?

① 전동기 출력이 4 [kW]이며, 취급자가 감시할 수 없는 경우
② 정격 출력이 0.2 [kW] 이하인 경우
③ 전류 차단기가 없는 경우
④ 정격 출력이 10 [kW] 이상인 경우

풀이

전동기의 과부하 보호 장치의 시설 (판단기준 제174조)
옥내에 시설하는 전동기에는 소손할 우려가 있는 과전류가 생긴 경우 자동적으로 이를 저지하거나 경보하는 장치를 하여야 한다. 단, **다음의 경우에는 보호 장치를 생략**할 수 있다.
① 전동기 운전 중 상시 감시자가 감시할 수 있는 위치에 시설하는 경우
② 전동기의 구조상 또는 부하의 성질상 과전류가 생길 우려가 없는 것
③ 단상 전동기를 15 [A] 분기 회로에 접속한 경우 (배선용 차단기는 20 [A] 이하)
④ **0.2 [kW] 이하의 전동기** **[답] ②**

문제 84 모든 접지 공사의 접지극으로 사용할 수 있는 지중에 매설된 금속제 수도관로는 대지와의 전기 저항치가 몇 [Ω] 이하의 값을 유지하고 있어야 하는가?

① 1
② 2
③ 3
④ 5

풀이

지중에 매설되고 대지간의 **전기 저항값이 3 [Ω] 이하인 값을 유지**하고 있는 금속제 수도 관로에는 접지 공사의 접지극에 사용할 수 있다. (판단기준 제21조) **[답] ③**

문제 85	2015년도 2회 문제 98
문제 86	2016년도 2회 문제 99
문제 87	2016년도 2회 문제 87
문제 88	2014년도 1회 문제 97
문제 89	2009년도 1회 문제 93
문제 90	2009년도 3회 문제 82

MEMO

2004년도
전기산업기사 필기

‣ 04년 제1회 전기산업기사

‣ 04년 제2회 전기산업기사

‣ 04년 제3회 전기산업기사

국가기술자격검정 필기시험 문제

2004년도 전기산업기사 일반검정 제1회				수검 번호	성 명
자격종목 및 등급(선택분야)	종목코드	시험시간	문제지형별		
전기산업기사	2140	2시간 30분	A		

1과목 전기자기학

문제 01 그림과 같이 면적 $S[\mathrm{m}^2]$, 간격 $d\,[\mathrm{m}]$인 극판 간에 유전율 ϵ, 저항률이 ρ인 매질을 채웠을 때 극판간의 정전 용량 C와 저항 R의 관계는? 단, 전극판의 저항률은 매우 작은 것으로 한다.

① $R = \dfrac{\epsilon \rho}{C}$

② $R = \dfrac{C}{\epsilon \rho}$

③ $R = \epsilon \rho C$

④ $R = \dfrac{1}{\epsilon \rho C}$

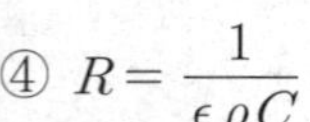 풀이

$RC = \rho\epsilon$ 에서 $R = \dfrac{\rho\epsilon}{C}\,[\Omega]$

【답】 ①

문제 02 그림과 같이 구형단면의 심환을 갖는 무단솔레노이드가 있다. 심환의 내외 반지름은 각각 R_1, R_2 [m]이고, 그 축방향의 두께는 $l[\mathrm{m}]$, 권수는 N회일 때, 솔레노이드의 인덕턴스는 몇 [H]인가?

① $\dfrac{\mu l N^2}{\pi} \ln \dfrac{R_2}{R_1}$

② $\dfrac{\mu l N^2}{\pi} \ln \dfrac{R_1}{R_2}$

③ $\dfrac{\mu l N^2}{2\pi} \ln \dfrac{R_2}{R_1}$

④ $\dfrac{\mu l N^2}{2\pi} \ln \dfrac{R_1}{R_2}$

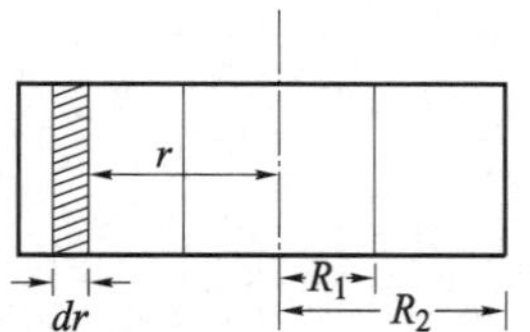

풀이

$$d\phi = Bl\,dr = \frac{\mu l NI}{2\pi r}dr$$

$$\phi = \frac{\mu l NI}{2\pi} \int_{R_1}^{R_2} \frac{1}{r}dr = \frac{\mu l NI}{2\pi} \ln \frac{R_2}{R_1}\,[\mathrm{Wb}]$$

$$\therefore\ L = \frac{N\phi}{I} = \frac{\mu l N^2}{2\pi} \ln \frac{R_2}{R_1}\,[\mathrm{H}]$$

【답】 ③

문제 03 질량 $m\,[\mathrm{kg}]$인 작은 물체가 전하 $Q\,[\mathrm{C}]$을 가지고 중력 방향과 직각인 무한 도체 평면 아래쪽 d [m]의 거리에 놓여있다. 정전력이 중력과 같게 되는데 필요한 $Q\,[\mathrm{C}]$의 크기는?

① $\dfrac{d}{2}\sqrt{\pi \epsilon_o mg}$

② $d\sqrt{\pi \epsilon_o mg}$

③ $2d\sqrt{\pi \epsilon_o mg}$

④ $4d\sqrt{\pi \epsilon_o mg}$

풀이

전기 영상법에 의해

$$F = \frac{Q^2}{4\pi\epsilon_o r^2} = \frac{Q^2}{4\pi\epsilon_0 (2d)^2} = mg$$

$$\frac{Q^2}{16\pi\epsilon_0 d^2} = mg$$

$Q^2 = 16\pi\epsilon_0 d^2 mg$ 에서 $Q = 4d\sqrt{\pi\epsilon_0 mg}$

【답】 ④

문제 04 자기 인덕턴스 $L_1[\mathrm{H}]$, $L_2[\mathrm{H}]$이고, 상호 인덕턴스가 $M[\mathrm{H}]$인 두 코일을 직렬로 연결하였을 경우 합성 인덕턴스는?

① $L_1 + L_2 \pm 2M$

② $\sqrt{L_1 + L_2} \pm 2M$

③ $L_1 + L_2 \pm 2\sqrt{M}$

④ $\sqrt{L_1 + L_2} \pm 2\sqrt{M}$

풀이

$L_{\pm} = L_1 + L_2 \pm 2M\,[\mathrm{H}]$

자계가 동일 방향이면 +, 반대 방향이면 −를 취한다.

【답】 ①

문제 05 푸아송의 방정식 $\nabla^2 V = -\dfrac{\rho}{\epsilon_o}$은 어떤식에서 유도한 것인가?

① $\mathrm{div}\, \boldsymbol{D} = \dfrac{\rho}{\epsilon_o}$ ② $\mathrm{div}\, \boldsymbol{D} = -\rho$

③ $\mathrm{div}\, \boldsymbol{E} = \dfrac{\rho}{\epsilon_o}$ ④ $\mathrm{div}\, \boldsymbol{E} = -\dfrac{\rho}{\epsilon_o}$

풀이

푸아송의 방정식은
$$\mathrm{div}\, \boldsymbol{E} = \mathrm{div}\,(-\mathrm{grad}\, V) = -\nabla^2 V = \frac{\rho}{\epsilon}$$ 에서 $\nabla^2 V = -\dfrac{\rho}{\epsilon}$ 이다.

【답】 ③

문제 06 자속 밀도 0.5 [Wb/m²]의 균일한 자계내에 길이 1 [m]의 도선을 자계와 수직 방향으로 운동시킬 때 도선에 50 [V]의 기전력이 유기된다면 이 도선의 속도는 몇 [m/s] 인가?

① 10 ② 25
③ 50 ④ 100

풀이

$e = Blv\sin\theta$ 에서
$$\therefore\; v = \frac{e}{Bl\sin\theta} = \frac{50}{0.5 \times 1 \times 1} = 100\,[\mathrm{m/s}]$$

【답】 ④

문제 07	2009년도 3회 문제 03
문제 08	2012년도 2회 문제 01
문제 09	2013년도 2회 문제 04
문제 10	2007년도 3회 문제 12
문제 11	2009년도 3회 문제 04
문제 12	2012년도 1회 문제 18
문제 13	2011년도 2회 문제 15
문제 14	2005년도 2회 문제 03
문제 15	2007년도 3회 문제 10
문제 16	2006년도 1회 문제 08
문제 17	2013년도 1회 문제 05
문제 18	2013년도 1회 문제 08
문제 19	2010년도 3회 문제 09
문제 20	2015년도 1회 문제 20

2과목 전력공학

문제 21 연가해도 효과가 없는 것은?
① 선로 정수의 평형
② 유도뢰의 방지
③ 작용 정전 용량 감소
④ 각 상의 임피던스 평형

풀이

연가의 효과
① 선로 정수 평형 ② 임피던스 평형
③ 소호 리액터 접지시 직렬 공진 방지
④ 유도 장해 감소

【답】 ②

문제 22 250 [mm] 현수 애자 10개를 직렬로 접속한 애자연의 건조 섬락 전압이 590 [kV]이고 연효율 (string efficiency) 0.74이다. 현수 애자 한 개의 건조 섬락 전압은 약 몇 [kV]인가?

① 80 ② 90
③ 100 ④ 120

풀이

연효율 $\eta = \dfrac{V_n}{n V_1}$ 에서

$$V_1 = \frac{V_n}{n\eta} = \frac{590}{10 \times 0.74} \fallingdotseq 80\,[\mathrm{kV}]$$

【답】 ①

문제 23 가공지선에 대한 설명으로 틀린 것은?
① 직격뢰에 대해서는 특히 유효하며, 탑 상부에 시설하므로 뇌는 주로 가공 지선에 내습한다.
② 가공 지선 때문에 송전 선로의 대지 용량이 감소하므로 대지와의 사이에 방전할 때 유도전압이 특히 커서 차폐 효과가 좋다.
③ 송전선 지락시 지락전류의 일부가 가공지선에 흘러 차폐작용을 하므로 전자유도 장해를 적게 할 수도 있다.
④ 가공지선은 아연도철선, ACSR 등을 사용하며 보통 300 [m], 때로는 50 [m]마다 접지하기도 한다.

풀이

가공 지선은 뇌해 방지, 전자 차폐 효과를 위해 설치한다. 【답】 ②

문제 24 그림과 같이 6300/210 [V]인 단상 변압기 3대를 △-△ 결선하여 수전단 전압이 6000 [V]인 배전선로에 접속하였다. 이 중 2대의 변압기는 감극성이고, RT상에 연결된 변압기 1대가 가극성이었다고 한다. 이때 아래 그림과 같이 접속된 전압계에는 몇 [V]의 전압이 유기되는가?

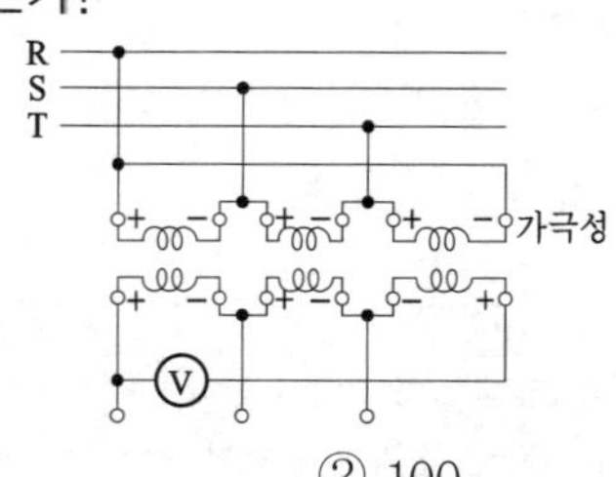

① 0
② 100
③ 200
④ 400

풀이

단상 변압기 2차측 전압 $V = 6000 \times \dfrac{210}{6300} = 200\,[V]$

2차측 변압기에서 키르히호프 전압 법칙을 적용하면

$V = V_{RS} + V_{ST} + V_{TR}$

$= 200\,\underline{/0} + 200\,\underline{/-120} - 200\,\underline{/-240}\,[V]$

$= 200 + 200\left(-\dfrac{1}{2} - j\dfrac{\sqrt{3}}{2}\right) - 200\left(-\dfrac{1}{2} + j\dfrac{\sqrt{3}}{2}\right)$

$= 200 - j200\sqrt{3}$

$|V| = \sqrt{200^2 + (200\sqrt{3})^2} = 400\,[V]$ **〖답〗** ④

문제 25 원자로의 보이드(void)계수란?

① 연료의 온도가 1도 변화할 때의 반응도 변화

② 노심내의 증기량이 1 [%] 변화할 때의 반응도 변화

③ 냉각재의 온도가 1도 변화할 때의 반응도 변화

④ 연료 중의 독물질의 독작용을 나타내는 값

〖답〗 ①

문제 26 복도체 선로가 있다. 소도체의 지름 8 [mm], 소도체 사이의 간격 40 [cm]일 때, 등가 반지름[cm]은?

① 2.8
② 3.6
③ 4.0
④ 5.7

풀이

등가 반지름 $r_e = \sqrt{rs} = \sqrt{0.4 \times 40} = 4.0\,[cm]$ **〖답〗** ③

문제 27 터빈 발전기에 있어서 수소 냉각 방식을 공기 냉각 방식과 비교한 것 중 수소 냉각 방식의 특징이 아닌 것은?

① 동일 기계에서 출력을 증가할 수 있다.

② 풍손이 작다.

③ 권선의 수명이 길어진다.

④ 코로나 발생이 심하다.

풀이

수소냉각의 장·단점

1) 장점
  - 수소의 밀도는 공기의 약 7[%]이므로 풍손이 공기냉각에 비해 1/10로 감소
  - 냉각효과가 크다.
  - 수소는 공기보다 불활성이므로 코일의 절연 수명이 길게 된다.
  - 전폐형으로 함으로서 불순물의 침입이 없고 소음을 현저하게 감소시킨다.
  - 코로나 전압이 높아 **코로나의 발생이 적다.**

2) 단점
  - 수소와 공기가 적당히 혼합 시 폭발하게 된다.
  - 설비비가 많이 든다. **〖답〗** ④

문제 28 3상 변압기의 %임피던스는? 단, 임피던스는 $Z\,[\Omega]$, 선간 전압은 $V\,[kV]$, 변압기의 용량은 $P\,[kW]$이다.

① $\dfrac{PZ}{V}$
② $\dfrac{PZ}{10V}$
③ $\dfrac{PZ}{10V^2}$
④ $\dfrac{10PZ}{V^2}$

풀이

$\%Z = \dfrac{I_n Z}{E_n} \times 100 \qquad P = \sqrt{3}\,VI_n,\ V = \sqrt{3}\,E_n$이므로

$= \dfrac{\sqrt{3}\,VI_n Z}{\sqrt{3}\,VE_n} \times 100 = \dfrac{P \times Z}{V^2} \times 100$

$= \dfrac{P\,[kVA] \times 10^3 \times Z\,[\Omega]}{V^2\,[kV] \times 10^6} \times 100$

$= \dfrac{ZP\,[kVA]}{10\,V^2\,[kV]}\,[\%]$ **〖답〗** ③

3과목 전기기기

문제 41 다음 중 변압기의 극성 시험법이 아닌 것은?

① 직류 전압계법 　② 교류 전압계법

③ 표준 변압기법 　④ 스코트법

풀이

스코트법은 극성 시험법이 아니라, 3상-2상간의 **상수 변환법**이다.

[답] ④

문제 42 다음 중 정전압형 발전기가 아닌 것은?

① Rosenberg Generator

② Third Brush Generator

③ Bergmann Generator

④ Rototrol

풀이

1) 정전압 발전기기
   - 로젠베르그 발전기　　· 베르그만 발전기
   - 제3브러시 발전기
2) 증폭 발전기
   - 앰플리다인 발전기
   - **로토트롤 발전기**
   - HT 다이나모 발전기

[답] ④

문제 43 직류 발전기의 병렬 운전 조건 중 잘못된 것은?

① 단자 전압이 같을 것

② 외부 특성이 같을 것

③ 극성을 같게 할 것

④ 유도 기전력이 같을 것

풀이

병렬 운전 조건

① 정격 전압 및 극성이 같을 것

② 외부 특성 곡선이 어느 정도 수하 특성일 것

③ 용량이 다를 경우 [%] 부하 전류로 나타낸 외부 특성 곡선이 거의 일치할 것

즉, 직류발전기의 병렬운전에서 **유기기전력의 크기는 달라도 되지만 단자전압의 크기는 같아야 한다.**

[답] ④

문제 44 변압기의 철손이 P_i [kW], 전부하 동손이 P_c [kW]일 때 정격 출력의 $\dfrac{1}{m}$ 의 부하를 걸었을 때 전손실[kW]은 얼마인가?

① $(P_i + P_c)\left(\dfrac{1}{m}\right)^2$　　② $P_i + P_c\left(\dfrac{1}{m}\right)$

③ $P_i + \left(\dfrac{1}{m}\right)^2 P_c$　　④ $P_i\left(\dfrac{1}{m}\right) + P_c$

풀이

철손은 부하에 관계없이 일정하고 동손은 $I^2 r$ 로서 부하 전류의 제곱에 비례하므로 $\dfrac{1}{m}$ 로 부하가 감소하면 P_c는 $\left(\dfrac{1}{m}\right)^2$ 으로 감소한다. 따라서

$$\dfrac{1}{m} \text{ 부하 효율} = \dfrac{\dfrac{1}{m} V_2 I_2 \cos\theta}{\dfrac{1}{m} V_2 I_2 \cos\theta + P_i + \left(\dfrac{1}{m}\right)^2 P_c}$$

이므로, 전손실은 $P_i + \left(\dfrac{1}{m}\right)^2 P_c$

[답] ③

문제 45 직류 전동기의 속도제어 방식중 직병렬 제어법을 사용할 수 있는 전동기는?

① 직류 타여자 전동기　② 직류 분권 전동기

③ 직류 직권 전동기　　④ 직류 복권 전동기

풀이

직병렬 제어법

이 방법은 전압 제어법의 일종으로서, **직류 직권 전동기 2대를 직렬**로 접속하면 한 전동기에는 **1/2의 전압이 가해지고**, 병렬로 접속하면 전 전압이 가해지므로 속도를 제어 할 수 있다.

[답] ③

문제 46 동기발전기에서 제 5고조파를 제거하기 위해서는 (β = 코일피치/극피치)가 얼마되는 단절권으로 해야 하는가?

① 0.9　　　　　　　② 0.8

③ 0.7　　　　　　　④ 0.6

풀이

제n고조파에 대한 단절권 계수(코일 간격/극 간격)는

$$K_{pn} = \sin\frac{n\beta\pi}{2} \text{ 가 된다.}$$

따라서, 제5고조파에 대해서는

$$K_{p5} = \sin\frac{5\beta\pi}{2} = 0$$

이 되면 제5고조파가 제거되므로

$\beta = 0,\ 0.4,\ 0.8,\ 1.2,\ \cdots$가 구해지나

이 중에서 1보다 작고 1에 가장 가까운 $\beta = 0.8$이 적당하다.

【답】②

문제 47 교류를 직류로 변환하는 전기 기기가 아닌 것은?

① 전동 발전기　　　　② 회전 변류기

③ 단극 발전기　　　　④ 수은 정류기

풀이

단극 발전기는 직류 발전기의 일종으로 저전압 대전류 용으로 사용된다.

【답】③

문제 48 브흐홀쯔 계전기로 보호되는 기기는?

① 변압기　　　　　　② 발전기

③ 유도 전동기　　　　④ 회전 변류기

풀이

브흐홀쯔 계전기는 변압기의 내부 고장으로 발생하는 **기름의 분해 가스 증기 또는 유류를 이용**하여 부저를 움직여 계전기의 접점을 닫는 것이므로 **변압기의 주탱크와 콘서베이터와의 연결관 도중에 설치**한다.

【답】①

문제 49 누설 변압기에 필요한 특성은 무엇인가?

① 정전압 특성

② 고저항 특성

③ 고임피던스 특성

④ 수하 특성

풀이

누설 변압기에는 정전류 특성이 필요하며, 전류가 증가하면 전압이 저하하는 **수하 특성이 필요**하다.

【답】④

4과목　회로이론

문제 61 그림에서 저항 2.6 [Ω]에 흐르는 전류는 몇 [A]인가?

① 0.2

② 0.4

③ 0.6

④ 1.0

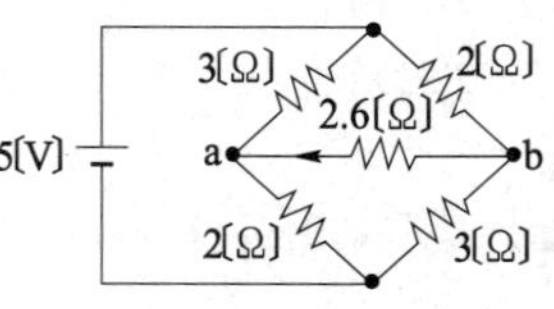

풀이

테브낭 정리 이용 a, b개방

$V_b = 3\,[\text{V}],\ V_a = 2\,[\text{V}]$

$\therefore V_{ab} = 1\,[\text{V}]$

전압원 제거(단락)하고,

a, b에서 본 저항 R_t 는

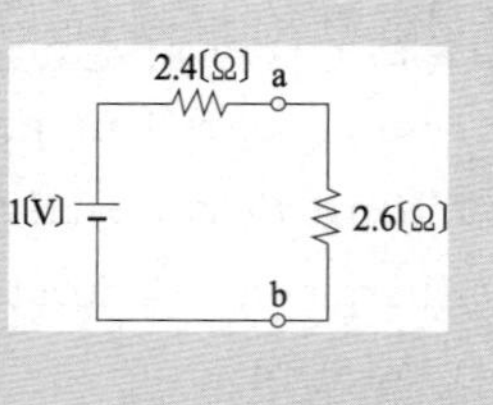

$$R_t = \frac{2\times 3}{2+3} + \frac{2\times 3}{2+3} = 2.4\,[\Omega]$$

$$\therefore I = \frac{1}{2.6+2.4} = 0.2\,[\text{A}]$$

【답】①

문제 62 대칭 3상 교류 발전기의 기본식 중 알맞게 표현된 것은? 단, V_0는 영상분 전압, V_1은 정상분 전압, V_2는 역상분 전압이다.

① $V_0 = E_0 - Z_0 I_0$　　　$V_1 = -Z_1 I_1$

③ $V_2 = Z_2 I_2$　　　　④ $V_1 = E_a - Z_1 I_1$

풀이

발전기의 기본식

• 영상분 : $V_0 = -Z_0 I_0$

• 정상분 : $V_1 = E_a - Z_1 I_1$

• 역상분 : $V_2 = -Z_2 \cdot I_2$

【답】④

문제 63 정전 용량계 C에 관한 설명으로 잘못된 것은?

① C의 단위에는 F, μF, pF 등이 사용된다.

② 정전 용량의 역(逆)을 엘라스턴스(elastance)라고 한다.

③ 엘라스턴스의 단위에는 Daraf가 사용된다.

④ 정전 용량계 C의 단자 전압은 순간적으로 변화시킬 수 있다.

【답】 ④

문제 64 그림과 같은 회로의 영상 전달 정수 θ를 $\cosh^{-1}$로 표시하면?

① $\cosh^{-1}\sqrt{1-\dfrac{Z_1}{4Z_2}}$

② $\cosh^{-1}\sqrt{1+\dfrac{Z_1}{4Z_2}}$

③ $\cosh^{-1}\sqrt{\dfrac{Z_1}{4Z_2}-1}$

④ $\cosh^{-1}\sqrt{\dfrac{Z_1}{Z_2}+1}$

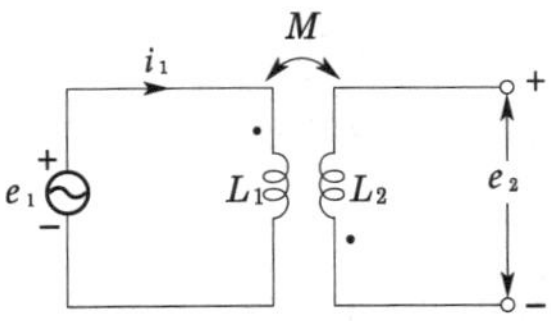

풀이

$$A=1+\frac{\frac{Z_1}{2}}{2Z_2}=1+\frac{Z_1}{4Z_2} \qquad B=\frac{Z_1}{2}$$

$$C=\frac{1}{2Z_2} \qquad\qquad D=1$$

그러므로, $\theta=\cosh^{-1}\sqrt{AD}=\cosh^{-1}\sqrt{1+\dfrac{Z_1}{4Z_2}}$

【답】 ②

문제 65 그림과 같은 4단자망에서 4단자 정수의 행렬은?

① $\begin{bmatrix} 1 & Z \\ 0 & 1 \end{bmatrix}$

② $\begin{bmatrix} Z & 0 \\ 1 & 0 \end{bmatrix}$

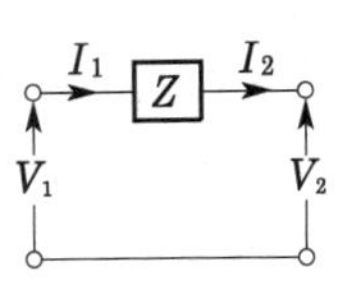

③ $\begin{bmatrix} 0 & 1 \\ Z & 1 \end{bmatrix}$

④ $\begin{bmatrix} 1 & 0 \\ 1 & Z \end{bmatrix}$

【답】 ①

문제 66 그림과 같은 회로에서 $i_1=I_m\sin\omega t$ 일 때 개방된 2차 단자에 나타나는 유기 기전력 e_2는 몇 [V]인가?

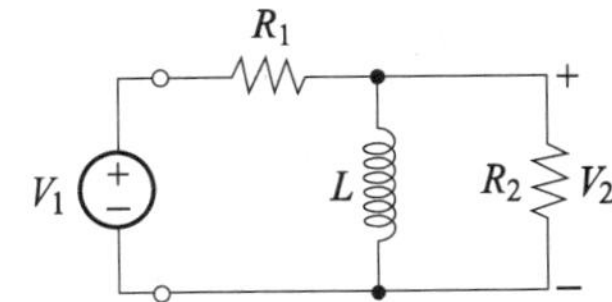

① $\omega MI_m\sin(\omega t-90°)$

② $\omega MI_m\cos(\omega t-90°)$

③ $-\omega M\cos\omega t$

④ $-\omega M\sin\omega t$

풀이

$$e_2=-M\frac{di_1}{dt}=-\omega MI_m\cos\omega t=\omega MI_m\sin(\omega t-90°)\ \text{[V]}$$

【답】 ①

문제 67 그림과 같은 회로에서 전달함수 $G(s)=\dfrac{V_{2(s)}}{V_{1(s)}}$ 를 구하면?

단, $R_e=\dfrac{R_1R_2}{R_1+R_2}$, $K=\dfrac{R_2}{R_1+R_2}$, $T=\dfrac{L}{R_e}$

① $\dfrac{Ts}{K+Ts}$ 　　② $\dfrac{KTs}{1+Ts}$

③ $\dfrac{Ts}{1+Ts}$ 　　④ $\dfrac{KTs}{K+Ts}$

풀이

$$V_2=V_1\cdot\frac{\frac{sLR_2}{sL+R_2}}{R_1+\frac{sLR_2}{sL+R_2}}=\frac{sLR_2}{R_1R_2+R_1Ls+sLR_2}\cdot V_1$$

$$G(s)=\frac{V_2}{V_1}=\frac{sLR_2}{R_1R_2+(R_1+R_2)Ls}=\frac{s\cdot\dfrac{L}{R_1}}{1+\dfrac{(R_1+R_2)L}{R_1R_2}s}$$

$\dfrac{R_1+R_2}{R_1\cdot R_2}L=\dfrac{L}{R_e}=T$, 　$\dfrac{L}{R_1}=KT$이므로

$$G(s)=\frac{KTs}{1+Ts}$$

【답】 ②

5과목 전기설비기술기준 및 판단기준

문제 81 수용 장소의 인입구 부근에 금속제 수도 관로가 있는 경우 또는 대지간의 전기 저항값이 몇 [Ω] 이하인 값을 유지하는 건물의 철골이 있는 경우에는 이것을 접지극으로 사용하여 저압 전선로의 접지측 전선에 추가 접지할 수 있는가?

① 1 [Ω] ② 2 [Ω]
③ 3 [Ω] ④ 10 [Ω]

풀이

수용장소의 인입구 부근에 금속제 수도관로가 있는 경우 또는 대지간의 **전기저항치가 3 [Ω] 이하**인 값을 유지하는 건물의 철골이 있는 경우에는 이것을 접지극으로 사용하여 이를 **제2종 접지공사를 한 저압 전선로의 중성선 또는 접지측 전선에 추가**로 인입구 부근에서 접지공사를 할 수 있으며 접지선은 단면적 6[mm²]의 연동선을 사용한다. (판단기준 제22조) **【답】③**

문제 82 사용전압이 22.9 [kV]인 개폐소의 울타리, 담 등과 특고압의 충전부분이 접근하는 경우에, 울타리, 담 등의 높이와 울타리, 담 등으로부터 충전부분까지의 거리의 합계는 몇 [m] 이상으로 하여야 하는가?

① 5 ② 5.5
③ 6 ④ 6.5

풀이

발전소 등의 울타라담 등의 시설(판단기준 제44조)
① 35 [kV] 이하 : 5 [m]
② 35 [kV] 초과 160 [kV] 이하 : 6 [m]
③ 160 [kV]가 넘는 것 : 6 [m]에 160 [kV]를 넘는 10 [kV] 또는 그 단수마다 12 [cm]를 가산한 값 **【답】①**

문제 83 저압 또는 고압 가공 전선로의 지지물을 인가가 많이 연접된 장소에 시설할 때 빙설, 고온 및 저온 계절을 구분하지 않고 적용할 수 있는 풍압 하중은?

① 갑종 풍압 하중의 30 [%]
② 병종 풍압 하중
③ 을종 풍압 하중
④ 을종 풍압 하중의 50 [%]

풀이

풍압 하중의 종별과 적용(판단기준 제62조)

지 역		고온 계절	저온 계절
빙설이 많은 지방 이외의 지방		갑종	병종
빙설이 많은 지방	일반지역	갑종	을종
	해안지방 기타 저온계절에 최대풍압이 생기는 지역	갑종	갑종과 을종 중 큰 값 선정
인가가 많이 연접되어 있는 장소		병종	병종

【답】②

문제 84 고압 옥내 배선을 건조한 장소로서 전개된 장소에 한하여만 시설할 수 있는 배선 공사는?

① 케이블 공사 ② 금속관 공사
③ 합성 수지관 공사 ④ 애자 사용 공사

풀이

고압 옥내 배선은 **건조한 장소로서 전개된 장소에 한하여 애자 사용 공사**로 하거나 또는 케이블 공사에 의하여야 한다. (판단기준 제209조) **【답】④**

문제 85 피뢰기를 시설하지 않아도 되는 곳은?

① 가공 전선로와 지중 전선로가 접속되는 곳으로서 피보호 기기가 보호 범위내에 위치하는 경우
② 발전소, 변전소 또는 이에 준하는 장소의 가공 전선 인입구
③ 특고압 가공 전선로로부터 공급받는 수용 장소의 인입구
④ 특고압 배전용 변압기의 특고압측 및 고압측

피뢰기 시설 장소(판단기준 제42조)
① 발·변전소 또는 이에 준하는 장소의 가공 전선 인입구 및 인출구
② 배전용 변압기의 고압측 및 특고압측
③ 고압 및 특고압 가공 전선로로부터 공급을 받는 수용 장소의 인입구
④ 가공 전선로와 지중 전선로가 접속되는 곳
그러나 **다음의 경우에는 피뢰기를 설치 하지 않아도 된다.**
- 직접 접속하는 전선이 짧은 경우
- **피보호기기가 보호범위 내에 위치하는 경우**　　　【답】①

문제 86 고압 가공인입선이 케이블 이외의 것으로서 그 아래에 위험표시를 하였다면 전선의 지표상 높이는 몇 [m]까지로 감할 수 있는가?

① 2.5　　　　② 3.5
③ 4.5　　　　④ 5.5

고압가공 인입선의 높이(판단기준 제102조)
- 지표상 5[m] 이상
- 전선의 아래쪽에 **위험 표시를 한 경우 : 지표상 3.5[m] 이상**
　　　　　　　　　　　　　　　　　　【답】②

문제 87	2014년도 2회 문제 93
문제 88	2016년도 2회 문제 87
문제 89	2011년도 2회 문제 100
문제 90	2016년도 2회 문제 90
문제 91	2012년도 3회 문제 83
문제 92	2012년도 2회 문제 92
문제 93	2011년도 1회 문제 100
문제 94	2009년도 1회 문제 84
문제 95	2006년도 2회 문제 82
문제 96	2006년도 3회 문제 83
문제 97	2015년도 1회 문제 96

전기설비 기술기준(개정)과 판단기준에 따라 삭제된 문제가 있어 20문항이 안됩니다.

국가기술자격검정 필기시험 문제

2004년도 전기산업기사 일반검정 제2회

	수검 번호	성 명

자격종목 및 등급(선택분야)	종목코드	시험시간	문제지형별		
전기산업기사	2140	2시간 30분	A		

1과목 전기자기학

문제 01 간격 d[m]인 두 개의 평행판 전극 사이에 유전율 ϵ의 유전체가 있을 때 전극 사이에 전압 $v = V_m\sin\omega t$ 를 가하면 변위 전류 밀도[A/m^2]는?

① $\dfrac{\epsilon}{d}V_m\cos\omega t$

② $\dfrac{\epsilon}{d}\omega V_m\cos\omega t$

③ $\dfrac{\epsilon}{d}\omega V_m\sin\omega t$

④ $-\dfrac{\epsilon}{d}V_m\cos\omega t$

풀이

변위 전류 밀도

$$i_d = \frac{\partial D}{\partial t} = \frac{\partial(\epsilon E)}{\partial t} = \frac{\partial}{\partial t}\epsilon\left(\frac{v}{d}\right) = \frac{\epsilon}{d}V_m\frac{\partial}{\partial t}\sin\omega t$$
$$= \frac{\epsilon}{d}\omega V_m\cos\omega t\,[\text{A/m}^2]$$

【답】②

문제 02 $\mathrm{div}\,i = 0$에 대한 설명이 아닌 것은?

① 도체 내에 흐르는 전류는 연속적이다.

② 도체 내에 흐르는 전류는 일정하다.

③ 단위 시간당 전하의 변화는 없다.

④ 도체 내에 전류가 흐르지 않는다.

풀이

$\mathrm{div}\,i = -\dfrac{\partial \rho}{\partial t}$에서 정상 전류가 흐를 때 전하의 축적 또는 소멸이 없을 것이므로 $\dfrac{\partial \rho}{\partial t} = 0$,

즉 $\mathrm{div}\,i = 0$가 된다. 이 결과 ①, ②, ③의 의미를 가진다.

【답】④

문제 03 유전 분극의 종류가 아닌 것은?

① 전하 분극   ② 전자 분극

③ 이온 분극   ④ 배향 분극

풀이

분극의 종류

① **전자분극**(electronic polarization) : 헬륨과 같은 단 결정에서 원자내의 전자와 핵의 상대적 변위로 발생

② **이온분극**(ionic polarization) : 양으로 대전된 원자와 음으로 대전된 원자의 상대적 변위에 의하여 일어나는 분극 현상을 이온분극 또는 원자분극(atomic polarization)이라 한다.

③ **쌍극자 배향 분극**(orientational polarization) : 유극성 분자(전계를 가하지 않아도 처음부터 영구 쌍극자를 갖는 분자)가 전계 방향에 의해 재배열한 분극

【답】①

문제 04 자계의 세기 H[AT/m], 자속 밀도 B[Wb/m^2], 투자율 μ[H/m]인 곳의 자성체에 저장되는 에너지 밀도[J/m^3]는?

① BH

② $\dfrac{1}{2}BH$

③ $\dfrac{H^2}{2\mu}$

④ $\dfrac{1}{2}\mu B^2$

풀이

자성체 단위 체적당 저장되는 에너지, 즉 에너지 밀도는

$$w = \frac{BH}{2} = \frac{B^2}{2\mu} = \frac{1}{2}\mu H^2\,[\text{J/m}^3]\ \text{이다.}$$

【답】②

문제 05 평등자계 H[AT/m]에 수직으로 전자가 속도 v[m/s]로 입사할 때, 이 전자의 궤도 r[m]는? 단, 전자의 전하를 e[C], 질량을 m[kg]이라 한다.

① $r = \dfrac{me}{\mu_o Hv}$

② $r = \dfrac{\mu_o He}{mv}$

③ $r = \dfrac{mve}{\mu_o H}$

④ $r = \dfrac{mv}{e\mu_o H}$

풀이

전자력 = 구심력

$$eBv = \frac{mv^2}{r} \qquad \therefore r = \frac{mv}{eB} = \frac{mv}{e\mu_o H}\,[\text{H}]$$

【답】④

문제 06 공기 중에서 반지름 a[m]의 도체구에 Q[C]의 전하를 주었 을때 전위가 V[V]로 되었다. 이 도체구가 갖는 에너지는?

① $\dfrac{Q^2}{4\pi\epsilon_0 a}$ ② $\dfrac{Q^2}{8\pi\epsilon_0 a}$

③ $\dfrac{Q}{4\pi\epsilon_0 a^2}$ ④ $\dfrac{Q}{8\pi\epsilon_0 a^2}$

공기 중의 구의 용량 $C = 4\pi\epsilon_0 a$

정전에너지 $W = \dfrac{1}{2} \cdot \dfrac{Q^2}{C} = \dfrac{1}{2} \times \dfrac{Q^2}{4\pi\epsilon_0 a} = \dfrac{Q^2}{8\pi\epsilon_0 a}$

【답】②

문제 07 그림과 같은 회로에서 a, b 양단의 합성 정전 용량은 몇 [C]인가?

① 2.6
② 3.6
③ 4.6
④ 5.6

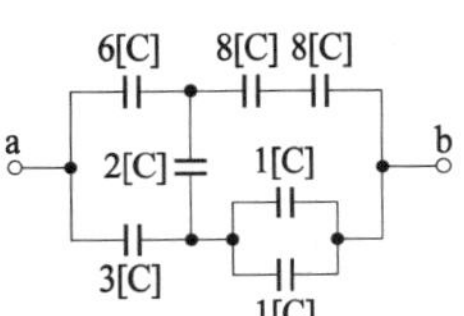

등가회로는 평형브리지 회로가 적용되어 다음과 같다.

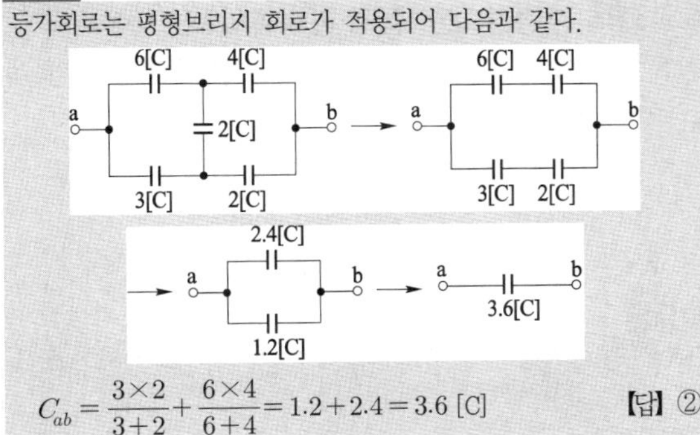

$$C_{ab} = \dfrac{3\times2}{3+2} + \dfrac{6\times4}{6+4} = 1.2 + 2.4 = 3.6 \text{ [C]}$$

【답】②

문제 08 그림과 같은 간격 d인 무한히 긴 2개의 평행 도선에 전류 I가 반대 방향으로 흐를 때 임의의 점 P의 자계의 세기는?

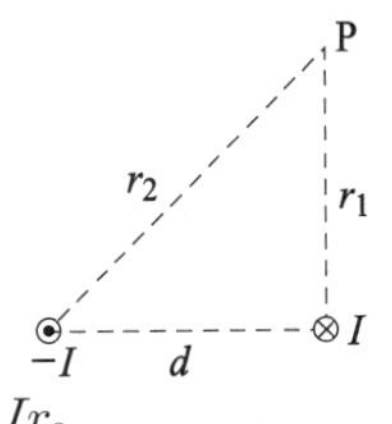

① $\dfrac{Id}{2\pi r_1 r_2}$ ② $\dfrac{Ir_2}{2\pi d r_1}$

③ $\dfrac{Ir_1}{2\pi d r_2}$ ④ $\dfrac{Id}{4\pi r_1 r_2}$

【답】①

문제 09 여러 가지 도체의 전하 분포에 있어 각 도체의 전하를 n배 하면 중첩의 원리가 성립하기 위해서는 그 전위는 어떻게 되는가?

① $\dfrac{1}{2}n$배가 된다. ② n배가 된다.

③ $2n$배가 된다. ④ n^2배가 된다.

$V_i = P_{i1}Q_1 + P_{i2}Q_2 + \cdots + P_{in}Q_n$에서 각 전하를 n배 하면 V_i는 n배 된다.

【답】②

문제 10	2013년도 3회 문제 12
문제 11	2016년도 1회 문제 19
문제 12	2012년도 2회 문제 02
문제 13	2011년도 1회 문제 15
문제 14	2012년도 1회 문제 06
문제 15	2010년도 1회 문제 09
문제 16	2011년도 3회 문제 19
문제 17	2013년도 3회 문제 14
문제 18	2013년도 2회 문제 16
문제 19	2008년도 3회 문제 05
문제 20	2016년도 1회 문제 08

2과목 전력공학

문제 21 % 임피던스에 대한 설명 중 옳은 것은?

① 터빈 발전기의 % 임피던스는 수차의 % 임피던스보다 작다.
② 전기기계의 % 임피던스가 크면 차단용량이 작아진다.
③ % 임피던스는 % 리액턴스보다 작다.
④ 직렬 리액터는 % 임피던스를 작게 하는 작용이 있다.

차단기의 차단 용량은 계통의 단락 용량보다 커야 한다.

단락 용량 $P_s = \dfrac{100}{\%Z} P_n$, $P_s \propto \dfrac{1}{\%Z}$

【답】②

문제 22 피뢰기의 구조에서 전·자기적인 충격으로부터 보호하는 구성 요소는?

① 쉴드링　　　　② 특성 요소
③ 직렬갭　　　　④ 소호 리액터

풀이

피뢰기의 구조
① 직렬 갭 ┐
② 특성 요소 ┘ 속류 차단, 소호의 역할
③ 쉴드링 : 전기적, 자기적 충격으로부터 보호　　【답】①

문제 23 전력 계통의 전압 조정 설비의 특징에 대한 설명 중 틀린 것은?

① 병렬 콘덴서는 진상 능력만을 가지며 병렬 리액터는 진상능력이 없다.
② 동기 조상기는 무효 전력의 공급과 흡수가 모두 가능하여 진상 및 지상용량을 갖는다.
③ 동기 조상기는 조정의 단계가 불연속적이나 직렬 콘덴서 및 병렬 리액터는 그것이 연속적이다.
④ 병렬 리액터는 장거리 초고압 송전선 또는 지중선 계통의 충전용량 보상용으로 주요 발변전소에 설치된다.

풀이

조상 설비

항목 ＼ 설비	동기조상기	리액터	콘덴서
진 상	가 능	불가능	가 능
지 상	가 능	가 능	불가능
조 정	연속적	단계적	단계적
시충전	가 능	불가능	불가능

【답】③

문제 24 단상 2선식의 교류 배전선이 있다. 전선 1줄의 저항은 0.15 [Ω], 리액턴스는 0.25 [Ω]이다. 부하는 무유도성으로서 100 [V], 3 [kW]일 때 급전점의 전압은 몇 [V]인가?

① 100　　　　② 110
③ 120　　　　④ 130

풀이

$$V_s = V_r + 2I(R\cos\theta + X\sin\theta) \quad \cos\theta = 1이므로$$
$$= 100 + 2 \times \frac{3000}{100} \times 0.15 = 109 \,[V]$$

【답】②

문제 25 그림과 같은 4단자 정수를 가진 2개의 회로가 직렬로 연결되어 있을 때 합성 4단자 정수는?

$$\circ\!-\!\boxed{\begin{array}{cc} A_1 & B_1 \\ C_1 & D_1 \end{array}}\!-\!\boxed{\begin{array}{cc} A_2 & B_2 \\ C_2 & D_2 \end{array}}\!-\!\circ$$

① $A = A_1A_2 + B_1C_2, \ B = A_1B_2 + B_1D_2$
　$C = A_2C_1 + C_2D_1, \ D = B_2C_1 + D_1D_2$

② $A = A_1A_2 + B_1C_1, \ B = A_1B_2 + B_1D_2$
　$C = A_2C_1 + D_1C_2, \ D = B_1C_2 + D_1D_2$

③ $A = A_1A_2 + B_2C_1, \ B = A_1B_2 + B_1D_2$
　$C = A_1C_2 + D_1C_2, \ D = B_2C_1 + D_1D_2$

④ $A = A_1A_2 + B_1C_2, \ B = A_2B_1 + B_1D_1$
　$C = A_1C_2 + D_1D_2, \ D = B_1C_1 + D_1D_2$

풀이

$$\begin{bmatrix} A_0 & B_0 \\ C_0 & D_0 \end{bmatrix} = \begin{bmatrix} A_1 & B_1 \\ C_1 & D_1 \end{bmatrix}\begin{bmatrix} A_2 & B_2 \\ C_2 & D_2 \end{bmatrix}$$
$$= \begin{bmatrix} A_1A_2 + B_1C_2 & A_1B_2 + B_1D_2 \\ C_1A_2 + D_1C_2 & C_1B_2 + D_1D_2 \end{bmatrix}$$

【답】①

문제 26 중성점 저항 접지 방식에서 1선 지락시의 영상 전류를 I_o라고 할 때 저항을 통하는 전류는 어떻게 표현되는가?

① $\dfrac{1}{3}I_o$　　　　② $\sqrt{3}\,I_o$
③ $3\,I_o$　　　　④ $6\,I_o$

풀이

지락전류 $I_g = I_0 + I_1 + I_2 = 3I_0 \ (\because I_0 = I_1 = I_2)$　【답】③

문제 27 2014년도 3회 문제 32

문제 28 2012년도 3회 문제 21

문제 29 2016년도 2회 문제 32

문제 30 2006년도 1회 문제 25

문제 31 2014년도 2회 문제 34

문제 32 2013년도 2회 문제 27

문제 33 2012년도 2회 문제 31

문제 34 2008년도 2회 문제 33

문제 35 2012년도 1회 문제 26

문제 36 2015년도 1회 문제 33

문제 37 2011년도 1회 문제 30

3과목 전기기기

문제 41 변압기의 결선중에서 6상측의 부하가 수은 정류기일때 주로 사용되는 결선은?

① 포오크 결선(fork connection)

② 환상 결선(ring connection)

③ 2중 3각 결선(double star connection)

④ 대각 결선(diagonal connection)

풀이

수은 정류기, 회전 변류기 다같이 6상을 쓰나 **수은 정류기일 때는 포오크 결선**이다.
【답】①

문제 42 변압기의 백분율 리액턴스 강하가 저항 강하의 3배라고 하면 정격 전류에 있어서 전압 변동률이 0이 되는 앞선 역률의 크기는?

① 약 0.80　　　② 약 0.85

③ 약 0.9　　　④ 약 0.95

풀이

앞선 역률이므로 전압 변동률 $\epsilon = p\cos\phi - q\sin\phi = 0$ 식에서

$$\frac{p}{q} = \tan\phi = \frac{1}{3}$$

따라서, 역률 $\cos\phi$는

$$\therefore \cos\phi = \frac{1}{\sqrt{1+\tan^2\phi}} = \frac{1}{\sqrt{1+\left(\frac{1}{3}\right)^2}} = \frac{3}{\sqrt{10}} = 0.95$$

【답】④

문제 43 3상 수은 정류기의 직류 부하 전류(평균)에 100 [A]되는 1상 양극 전류 실효값[A]은?

① $100\sqrt{3}$　　　② $\dfrac{100}{3}$

③ $\dfrac{100\sqrt{3}}{\pi}$　　　④ $\dfrac{100}{\sqrt{3}}$

풀이

1상의 양극 전류는 100 [A]가 $\dfrac{2\pi}{3}$ 사이에만 흐르고 나머지 $\dfrac{4\pi}{3}$는

흐르지 않으므로

$$I_{rms} = \sqrt{\frac{\left(100^2 \times \dfrac{2\pi}{3}\right)}{2\pi}} = \frac{100}{\sqrt{3}}\,[\text{A}]$$

【답】④

문제 44 3300 [V], 60 [Hz]인 Y결선의 3상 유도 전동기가 있다. 철손을 1020 [W]라 하면 1상의 여자 컨덕턴스[℧]는?

① 56.1×10^{-5}　　　② 18.7×10^{-5}

③ 9.37×10^{-5}　　　④ 6.12×10^{-5}

풀이

여자 컨덕턴스 g_0는

$$g_0 = \frac{P_i}{3E^2} = \frac{1020}{3 \times \left(\dfrac{3300}{\sqrt{3}}\right)^2} ≒ 9.37 \times 10^{-5}\,[\text{℧}]$$

【답】③

문제 45 일정 전압으로 운전하는 직류 전동기의 손실이 $x + yI^2$으로 될 때 어떤 전류에서 효율이 최대가 되는가? 단, x, y는 정수이다.

① $I = \sqrt{\dfrac{x}{y}}$　　　② $I = \sqrt{\dfrac{y}{x}}$

③ $I = \dfrac{x}{y}$　　　④ $I = \dfrac{y}{x}$

풀이

x는 부하 전류에 관계없는 고정손, yI^2은 전류의 제곱에 비례하는 가변손

최대 효율 조건은 고정손=가변손이므로 즉, $x = yI^2$이 되는

부하 전류 $I = \sqrt{\dfrac{x}{y}}$에서 최대 효율이 된다.
【답】①

문제 46 동기 발전기에서 전기자 전류를 I, 유기 기전력과 전기자 전류와의 위상각을 θ라 하면 횡축 반작용을 하는 성분은?

① $I\cot\theta$　　　② $I\tan\theta$

③ $I\sin\theta$　　　④ $I\cos\theta$

풀이

$I\cos\theta$는 기전력과 같은 위상의 전류 성분으로서 **횡축 반작용**을 하며 무효분 $I\sin\theta$는 $\pi/2$ [rad]만큼 뒤지거나 앞서기 때문에 직축 반작용을 한다.

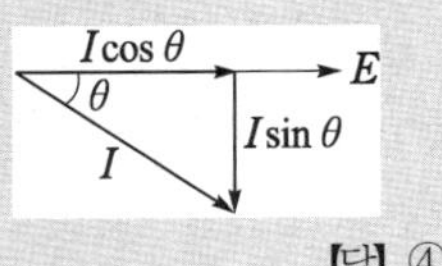

【답】④

문제 47 1차(고정자측) 1상당 저항이 $r_1[\Omega]$, 리액턴스 $x_1[\Omega]$이고 1차에 환산한 2차측(회전자측) 1상당 저항은 $r_2'[\Omega]$, 리액턴스 $x_2'[\Omega]$이 되는 권선형 유도 전동기가 있다. 2차 회로는 Y로 접속되어 있으며, 비례추이를 이용하여 최대 토크로 기동시키려고 하면 2차에 1상당 얼마의 외부 저항(1차에 환산한 값)을 연결하면 되는가?

① $\dfrac{r_2'}{\sqrt{r_1{}^2+(x_1+x_2')^2}}$

② $\sqrt{r_1{}^2+(x_1+x_2')^2}-r_2'$

③ $\sqrt{(r_1+r_2')^2+(x_1+x_2')^2}$

④ $\sqrt{r_1{}^2+(x_1+x_2)^2}+r_2'$

풀이

$$s_t = \frac{r_2'}{\sqrt{r_1^2+(x_1+x_2')^2}},$$

$$T_m = \frac{m_1 V_1{}^2}{2r_1+\sqrt{r_1^2+(x_1+x_2')^2}}$$

기동시에는 $s=1$이므로, 기동 저항을 R_s'라고 하면

$$\frac{r_2'}{s_t}=\frac{r_2'+R_s'}{s}$$

$$\therefore \frac{r_2'}{s_t}=\frac{r_2'+R_s'}{1}$$

$$r_2'+R_s'=\sqrt{r_1{}^2+(x_1+x_2')^2}$$

$$\therefore R_s'=\sqrt{r_1{}^2+(x_1+x_2')^2}-r_2'$$

【답】②

문제 48 다음은 유도 발전기의 원리를 설명한 것이다. 틀린 것은?

① 회전자 권선은 유도 전동기와 반대로 회전 자속을 자른다.

② 유도 기전력 및 전류의 방향은 유도 전동기와 반대로 된다.

③ 회전자 전류와 회전 자속의 토크의 방향은 회전자의 회전 방향과 같게 된다.

④ 고정자의 부하 전류의 방향은 전동기의 경우와 반대이다.

【답】③

문제 49 직류 전동기를 전 부하 전류 이하 동일 전류에서 운전할 경우 회전수가 큰 순서대로 나열하면?

① 직권, 화동(가동) 복권, 분권, 차동 복권

② 직권, 차동 복권, 분권, 화동(가동) 복권

③ 차동 복권, 분권, 화동(가동) 복권, 직권

④ 화동(가동) 복권, 분권, 차동 복권, 직권

풀이

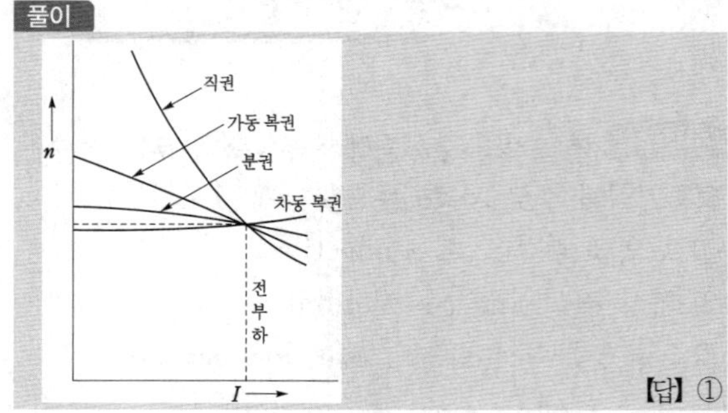

【답】①

문제 50 차단기의 트립 방식이 아닌 것은?

① 전압 트립 방식

② 과전류 트립 방식

③ 부족 전압 트립 방식

④ 인덕터 트립 방식

【답】④

문제 51	2013년도 2회 문제 59
문제 52	2007년도 1회 문제 46
문제 53	2014년도 1회 문제 42
문제 54	2009년도 2회 문제 44
문제 55	2016년도 3회 문제 49
문제 56	2010년도 2회 문제 43
문제 57	2009년도 3회 문제 55
문제 58	2007년도 2회 문제 44
문제 59	2009년도 2회 문제 44
문제 60	2007년도 1회 문제 41

문제 61 어떤 $R-L-C$ 병렬회로가 병렬 공진되었을 때 합성 전류는?

① 최대가 된다.

② 최소가 된다.

③ 전류는 흐르지 않는다.

④ 전류는 무한대가 된다.

풀이

병렬 공진시 회로의 어드미턴스는 최소가 되므로 전류는 최소가 된다.

$$Y = \frac{1}{R} + j\left(\omega C - \frac{1}{\omega L}\right) \text{에서}$$

$$Y_r = \frac{1}{R} \qquad \therefore I_r = Y_r V$$

【답】②

문제 62 9[Ω]과 3[Ω]의 저항 3개를 그림과 같이 연결하였을 때 A, B 사이의 합성 저항[Ω]은?

① 6

② 4

③ 3

④ 2

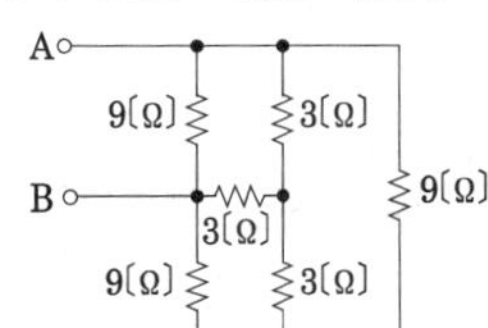

풀이

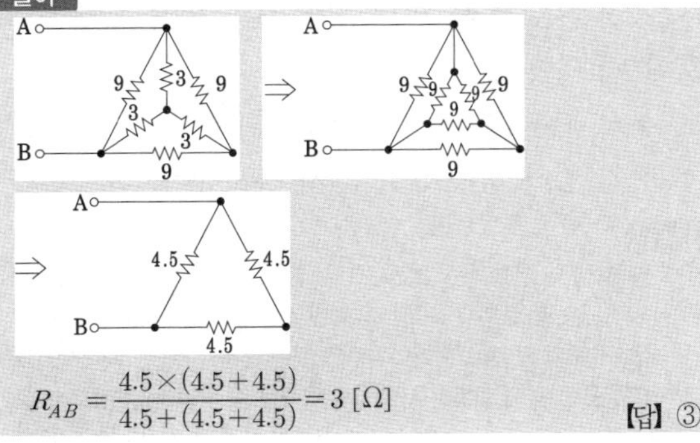

$$R_{AB} = \frac{4.5 \times (4.5 + 4.5)}{4.5 + (4.5 + 4.5)} = 3 \, [\Omega]$$

【답】③

문제 63 3상 전력을 측정하는 데 두 전력계 중에서 하나가 0이었다. 이때의 역률은 어떻게 되는가?

① 0.5 　　　　② 0.8

③ 0.6 　　　　④ 0.4

풀이

2전력계법에서

$$\text{역률 } \cos\theta = \frac{P_1 + P_2}{2\sqrt{P_1^2 + P_2^2 - P_1 P_2}} \text{에서}$$

$$P_1 = P, \ P_2 = 0 \text{이면 } \cos\theta = \frac{P}{2P} = 0.5$$

【답】①

문제 64 그림과 같은 회로에서 저항 $R[\Omega]$과 정전 용량 $C[F]$의 직렬 회로에서 잘못 표현된 것은?

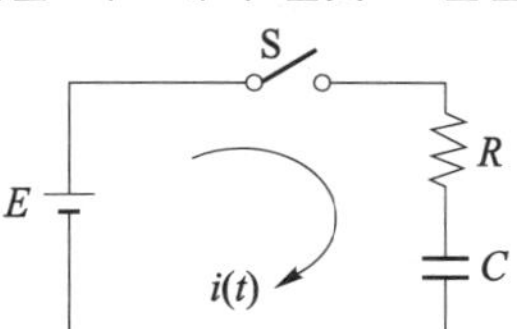

① 회로의 시정수는 $\tau = RC$ [s]이다.

② $t = 0$에서 직류 전압 E [V]를 가했을 때 t [s] 후의 전류 $i = \dfrac{E}{R} e^{-\frac{1}{RC}t}$ [A]이다.

③ $t = 0$에서 직류 전압 E [V]를 가했을 때 t [s] 후의 전류 $i = \dfrac{E}{R}\left(1 - e^{-\frac{1}{RC}t}\right)$ [A]이다.

④ $R - C$ 직렬 회로의 직류 전압 E[V]를 충전하는 경우 회로의 전압 방정식은

$$Ri + \frac{1}{C}\int i\,dt = E \text{이다.}$$

풀이

- $R - C$ 직렬회로에 직류전압 인가시 흐르는 전류 :

$$i(t) = \frac{E}{R} e^{-\frac{1}{RC}t} \text{ [A]}$$

- $R - L$ 직렬회로에 직류전압 인가시 흐르는 전류 :

$$i(t) = \frac{E}{R}(1 - e^{-\frac{R}{L}t})$$

【답】③

문제 65 대칭좌표법에 의하여 3상 회로에 대한 해석 중 잘못된 것은?

① △결선이든 Y결선이든 세 선전류의 합은 영(零)이면 영상분도 영(零)이다.

② 선간전압의 합이 영(零)이면 그 영상분은 항상 영(零)이다.

③ 선간전압이 평형이고 상순이 a-b-c이면 Y결선에서 상전압의 역상분은 영(零)이 아니다.

④ Y결선중 중성선 접지시에 중성선 정상분의 선전류에 대하여서 ∞의 임피이던스를 나타낸다.

풀이

평형 상태에서는 영상분 및 역상분은 0 이다.

【답】③

5과목 전기설비기술기준 및 판단기준

문제 81 전기 욕기에 전기를 공급하기 위한 전원장치에 내장되어 있는 전원변압기의 2차측 전로의 사용전압은 몇 [V] 이하인 것을 사용하여야 하는가?

① 5 ② 10
③ 25 ④ 35

풀이
전기욕기의 시설(판단기준 제239조)
전기 욕기의 2차측 전압은 10 [V] 이하로 한다. **【답】** ②

문제 82 직류식 전기철도에서 직류귀선은 귀선용 궤조와 궤조간 및 궤조의 바깥쪽 몇 [cm] 이내에 시설하는 부분 이외에는 대지로부터 절연하여야 하는가?

① 20 ② 30
③ 40 ④ 50

풀이
직류 귀선은 귀선용 레일과 레일간 및 **레일의 바깥쪽 30 [cm] 이내에 시설하는 부분**(이하 이 장에서 "궤도 근접 부분"이라 한다) 이외에는 대지로부터 절연하여야 한다.(판단기준 제261조). **【답】** ②

문제 83 직류 귀선의 궤도 근접 부분이 금속제 지중관로와 1[km] 안에 접근하는 경우, 금속제 지중관로에 대한 전식작용의 장해를 방지하기 위한 귀선의 시설 방법으로 옳은 것은?

① 귀선은 정극성으로 할 것
② 귀선용 궤조의 이음매 저항을 합친 값은 그 구간의 궤조 자체의 저항의 30 [%] 이하로 유지할 것
③ 귀선용 궤조는 특수한 곳 이외에는 길이 50 [m] 이상이 되도록 연속하여 용접할 것
④ 귀선의 궤도 근접부분에 1년간의 평균전류가 통할 때에 생기는 전위차는 그 구간안의 어느 두 점 사이에서도 2 [V] 이하일 것

풀이
전기부식방지를 위한 귀선(판단기준 제263조)
• 귀선은 부극성
• 이음매의 저항은 레일 자체의 저항의 20 [%] 이하로 유지
• 귀선용 레일은 특수한 곳 이외에는 길이 30 [m] 이상
• 귀선의 궤도 근접 부분에 1년간의 평균 전류가 통할 때에 생기는 **전위차는 그 구간 안의 어느 2점 사이에서도 2 [V] 이하** **【답】** ④

문제 84 전력 보안 통신 설비는 가공 전선로로 부터의 어떤 작용에 의하여 사람에게 위험을 주지 않도록 시설해야 하는가?

① 정전 유도 작용 또는 전자 유도 작용
② 표피 작용 또는 부식 작용
③ 부식 작용 또는 정전 유도 작용
④ 전압 강하 작용 또는 전자 유도 작용

풀이
유도장해 방지(기술기준 17조)
특고압 가공전선로는 지표상 1 [m]에서 전계강도가 3.5[kV/m] 이하, 자계강도가 83.3[μT] 이하가 되도록 시설하는 등 상시 **정전유도 및 전자유도 작용에 의하여 사람에게 위험을 줄 우려가 없도록** 시설하여야 한다. **【답】** ①

문제 85 특고압전로와 비접지식 저압전로를 결합하는 변압기로서 그 특고압 권선과 저압 권선간에 혼촉방지판이 있는 변압기에 접속하는 저압 옥상전선로의 전선으로 사용할수 있는 것은?

① 케이블 ② 절연 전선
③ 경동 연선 ④ 강심 알루미늄선

문제 86 23[kV] 특고압 전로와 저압 전로를 결합한 주상 변압기의 2차측 접지선의 굵기는 최저 몇 [mm²]인가? 단, 중성점 다중 접지식 전선로임.

① 2.5 　　　　② 4.0
③ 6.0 　　　　④ 16

문제 87 고압용 또는 특고압용의 개폐기로 부하전류를 차단하기 위한 것이 아닌 개폐기는 부하전류가 있을 때 개로할 수 없도록 시설하여야 한다. 다만 부하전류의 유무를 확인할 수 있으면 그러하지 않아도 되는데 부하전류의 유무를 확인할 수 있는 조치나 장치로 볼 수 없는 것은?

① 부하전류 계측장치 및 전자유도장해 경감장치
② 터블렛 등을 사용함으로서 부하전류가 통하고 있을 때에 개로 조작을 방지하기 위한 조치
③ 개폐기를 조작하는 곳의 보기 쉬운 위치에 부하전류의 유무를 표시한 장치
④ 전화기나 기타의 지령장치

문제 88	2016년도 2회 문제 87
문제 89	2005년도 3회 문제 82
문제 90	2013년도 2회 문제 86
문제 91	2013년도 3회 문제 84
문제 92	2015년도 2회 문제 96
문제 93	2011년도 3회 문제 96

문제 94	2013년도 2회 문제 85
문제 95	2016년도 2회 문제 99
문제 96	2006년도 2회 문제 83
문제 97	2015년도 3회 문제 98
문제 98	2016년도 2회 문제 91
문제 99	2016년도 2회 문제 96
문제 100	2013년도 2회 문제 83

국가기술자격검정 필기시험 문제

2004년도 전기산업기사 일반검정 제3회

	수검 번호	성 명

자격종목 및 등급(선택분야)	종목코드	시험시간	문제지형별
전기산업기사	2140	2시간 30분	A

1과목 전기자기학

문제 01 반지름 a인 원주 도체의 단위 길이당 내부 인덕턴스는 몇 [H/m]인가?

① $\dfrac{\mu}{4\pi}$ ② $4\pi\mu$

③ $\dfrac{\mu}{8\pi}$ ④ $8\pi\mu$

풀이

길이 1[m]당의 에너지는

$$W = \frac{\mu}{16\pi} I^2 = \frac{1}{2} L_i I^2 \,[\text{J}] \quad \therefore \ L_i = \frac{\mu}{8\pi} \,[\text{H/m}]$$

【답】 ③

문제 02 전계 $E = \sqrt{2}\,E_e \sin\omega(t - z/v)$ [V/m]인 평면 전자파가 있을 때 자계의 실효값[A/m]은? 단, 진공 중이라 한다.

① $2.65 \times 10^{-1} E_e$ ② $2.65 \times 10^{-2} E_e$

③ $2.65 \times 10^{-3} E_e$ ④ $2.65 \times 10^{-4} E_e$

풀이

특성임피던스에서 전계와 자계의 관계식

$$\frac{E_e}{H_e} = \sqrt{\frac{\mu_o}{\epsilon_o}} = 377 \ (진공중이므로 \ \epsilon_s = 1, \ \mu_s = 1)$$

$$\therefore \ H_e = \frac{1}{377} E_e = 2.65 \times 10^{-3} E_e \ [\text{A/m}]$$

【답】 ③

문제 03 도전율이 연동선의 62 [%]인 알루미늄선의 고유 저항은 몇 [Ω·m]인가? 단, 표준 연동선의 도전률은 58×10^6 [℧/m] 이다.

① 2.78×10^{-8} ② 2.93×10^{-8}

③ 3.41×10^{-8} ④ 3.60×10^{-8}

풀이

$$\rho = \frac{1}{\sigma} = \frac{1}{58 \times 10^6 \times 0.62} = 2.78 \times 10^{-8} \ [\Omega \cdot \text{m}]$$

【답】 ①

문제 04 반지름 r[m], 권수 N회의 원형 코일이 자속 밀도 B[T]의 균일한 자계 중을 중심축이 자계와 직교하도록 하고 매분 n회전할 때 코일에 발생하는 전압의 진폭은 몇 [V]인가?

① $\dfrac{\pi^2 N n B r^2}{60}$ ② $\dfrac{\pi^2 N n B r^2}{30}$

③ $\dfrac{\pi N n B r^2}{60}$ ④ $\dfrac{\pi N n B r^2}{30}$

풀이

자 속 $\phi = BS\cos\omega t$

기전력 $e = -N\dfrac{d\phi}{dt} = N\omega BS\sin\omega t = N\left(\dfrac{2\pi n}{60}\right)B(\pi r^2)\sin\omega t$

$$\therefore \ 기전력 \ 진폭 \ E_m = \frac{\pi^2 N n B r^2}{30} \ [\text{V}]$$

【답】 ②

문제 05 전기 쌍극자로부터 r만큼 떨어진 점의 전위 크기 V는 r과 어떤 관계에 있는가?

① $V \propto r$ ② $V \propto \dfrac{1}{r^3}$

③ $V \propto \dfrac{1}{r^2}$ ④ $V \propto \dfrac{1}{r}$

풀이

전기 쌍극자 전위 : $V = \dfrac{M\cos\theta}{4\pi\epsilon_0 r^2}$ [V] $\therefore \ V \propto \dfrac{1}{r^2}$

전계 : $E = \dfrac{M\sqrt{1+3\cos^2\theta}}{4\pi\epsilon_0 r^3}$ [V/m] $\therefore \ E \propto \dfrac{1}{r^3}$

【답】 ③

 반지름 a인 액체 상태의 원통상 도선 내부에 균일하게 전류가 흐를 때 도체 내부에 자장이 생겨 로렌츠의 힘으로 전류가 원통 중심방향으로 수축하려는 효과는?

① 펠티에 효과   ② 톰슨 효과

③ 핀치 효과   ④ 제에벡 효과

풀이

• **핀치 효과** : 액체 도체에 전류를 흘리면 **전류의 방향과 수직방향으로 원형 자계가 생겨서 전류가 흐르는 액체에는 구심력의 전자력이 작용**한다. 그 결과 액체단면은 수축하여 저항이 커지기 때문에 전류의 흐름은 작게 된다. 전류의 흐름이 작게 되면 수축력이 감소하여 액체 단면은 원상태로 복귀하고, 다시 전류가 흐르게 되어 수축력이 작용한다. 이와 같은 현상을 핀치 효과(pinch effect)라 한다.

【답】③

문제 07 반경 a[m]의 도체구와 내외반경이 각각 b[m] 및 c[m]인 도체구가 동심으로 되어 있다. 두 도체구 사이에 비유전율 ϵ_s인 유전체를 채웠을 경우의 정전용량은 몇 [F]인가?

① $\dfrac{1}{9\times10^9}\cdot\dfrac{abc}{a-b+c}$

② $9\times10^9\cdot\dfrac{bc}{c-b}$

③ $\dfrac{\epsilon_s}{9\times10^9}\cdot\dfrac{ac}{c-a}$

④ $\dfrac{\epsilon_s}{9\times10^9}\cdot\dfrac{ab}{b-a}$

풀이

동심구의 내구에 $+Q$[C], 외구에 $-Q$[C]을 준 경우, 두 도체구 사이의 전위차는

$$V_{12}=\frac{Q}{4\pi\epsilon}\left(\frac{1}{a}-\frac{1}{b}\right)\text{[V]이므로}$$

$$C=\frac{Q}{V_{12}}=\frac{4\pi\epsilon}{\frac{1}{a}-\frac{1}{b}}=\frac{4\pi\epsilon}{\frac{b-a}{ab}}=\frac{4\pi\epsilon ab}{b-a}\text{[F]}$$

$$=\frac{4\pi\epsilon_0\epsilon_s ab}{b-a}=\frac{\epsilon_s}{9\times10^9}\cdot\frac{ab}{b-a}$$

【답】④

문제 08 자계의 세기에 관계없이 급격히 자성을 잃는 점을 자기 임계온도 또는 큐리점(Curie point)이라고 한다. 순철의 경우 이 온도는 약 몇 [℃] 인가?

① 0   ② 370

③ 570   ④ 770

풀이

자화된 철의 온도를 높이면 자화가 서서히 감소하다가 690~870 [℃]에서(**순철에서는 770 [℃]**) 급격히 강자성을 잃어버리는데 이점을 **큐리점** 이라고 한다.

【답】④

문제 09 무한장 직선 도체에 전류 I[A]가 흐르고 있을 때 도체에서 r[m] 떨어진 점 P의 자속밀도는 몇 [Wb/m²]인가?

① $\dfrac{I}{2\pi r}$ ② $\dfrac{2\mu_o I}{\pi r}$

③ $\dfrac{\mu_o I}{r}$ ④ $\dfrac{\mu_o I}{2\pi r}$

풀이

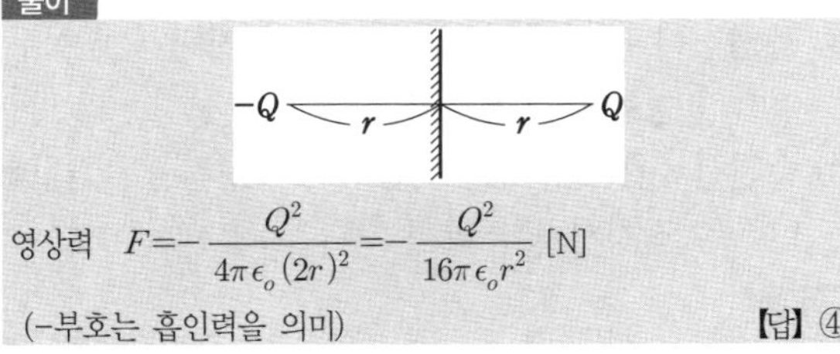

$$B=\mu_o H$$

$$=\frac{\mu_o I}{2\pi r}\text{ [Wb/m}^2]$$

【답】④

문제 10 공기 중에서 접지된 무한 넓이 평면 도체판으로부터 r[m] 떨어진 점에 Q[C]의 점전하를 놓을 때, 이 점전하에 작용하는 힘(引力)의 크기는 몇 [N]인가?

① $\dfrac{Q}{2\pi\epsilon_o r}$ ② $\dfrac{Q^2}{4\pi\epsilon_o r^2}$

③ $\dfrac{Q^2}{8\pi\epsilon_o r^2}$ ④ $\dfrac{Q^2}{16\pi\epsilon_o r^2}$

풀이

영상력 $F=-\dfrac{Q^2}{4\pi\epsilon_o(2r)^2}=-\dfrac{Q^2}{16\pi\epsilon_o r^2}$ [N]

(−부호는 흡인력을 의미)

【답】④

문제 11	2013년도 3회 문제 05
문제 12	2013년도 1회 문제 09
문제 13	2013년도 2회 문제 05
문제 14	2009년도 1회 문제 08
문제 15	2011년도 1회 문제 15
문제 16	2012년도 2회 문제 20
문제 17	2009년도 1회 문제 12
문제 18	2009년도 2회 문제 05

| 문제 19 | 2012년도 3회 문제 20 |
| 문제 20 | 2011년도 1회 문제 17 |

2과목 전력공학

문제 21 일반 회로 정수가 A, B, C, D이고 송수전단의 상전압이 각각 E_S, E_R일 때 수전단 전력원선도의 반지름은?

① $\dfrac{E_S E_R}{A}$ ② $\dfrac{E_S E_R}{B}$

③ $\dfrac{E_S E_R}{C}$ ④ $\dfrac{E_S E_R}{D}$

풀이

반지름 $\rho = \dfrac{E_S E_R}{B}$

【답】②

문제 22 송전계통의 중성점 접지 방식에서 유효접지라 하는 것은?

① 소호 리액터 접지방식

② 1선 접지시에 건전상의 전압이 상규 대지전압의 1.3배 이하로 중성점 임피던스를 억제시키는 중성점 접지

③ 중성점에 고저항을 접지시켜 1선 지락시에 이상전압의 상승을 억제시키는 중성점 접지

④ 송전선로에 사용되는 변압기의 중성점을 저 리액턴스로 접지시키는 방식

풀이

• 유효 접지 : 1선 지락 사고시 건전상의 전압이 **상규 대지 전압의 1.3배 이하**가 되도록 하는 접지 방식으로 **중성점 직접 접지 방식**이 있다.

• 비유효 접지 : 1선 지락시 건전상의 전압이 상규 대지 전압의 1.3배를 넘는 접지 방식으로 저항 접지, 비접지, 소호 리액터 접지 방식이 있다.

【답】②

문제 23 250 [mm] 현수 애자 1개의 건조 섬락 전압은 몇 [kV] 정도인가?

① 50 ② 60

③ 80 ④ 100

풀이

250 [mm] 현수 애자 1개의 섬락 전압

• **건조 섬락 전압 : 80 [kV]** • 주수 섬락 전압 : 50 [kV]

• 충격 섬락 전압 : 125 [kV] • 유중 파괴 전압 : 140 [kV]

【답】③

문제 24 경간 200 [m]인 가공 전선로가 있다. 사용 전선의 길이는 경간보다 몇 [m] 더 길게 하면 되는가? 단, 사용 전선의 1 [m]당 무게는 2.0 [kg], 인장 하중은 4000 [kg]이고 전선의 안전율을 2로 하고 풍압하중은 무시한다.

① $\dfrac{1}{2}$ ② $\sqrt{2}$

③ $\dfrac{1}{3}$ ④ $\sqrt{3}$

풀이

$$D = \frac{WS^2}{8T} = \frac{2 \times 200^2}{8 \times \frac{4000}{2}} = 5 [m]$$

$L = S + \dfrac{8D^2}{3S}$ 에서

$$L - S = \frac{8D^2}{3S} = \frac{8 \times 5^2}{3 \times 200} = \frac{1}{3} [m]$$

【답】③

문제 25 부하율이란?

① $\dfrac{최대 \ 전력}{평균 \ 전력}$ ② $\dfrac{최대 \ 전력}{설비 \ 용량}$

③ $\dfrac{설비 \ 용량}{최대 \ 전력}$ ④ $\dfrac{평균 \ 전력}{최대 \ 전력}$

풀이

부하율 $= \dfrac{평균 \ 전력}{최대 \ 전력}$

【답】④

문제 26 출력 30000 [kW]의 화력 발전소에서 6000 [kcal/kg]의 석탄을 매시간당 15톤의 비율로 사용하고 있다고 한다. 이 발전소의 종합 효율은 약 몇 [%]인가?

① 28.7 ② 31.6

③ 33.7 ④ 36.6

풀이

$1 [kWh] = 860 [kcal]$

효율 $\eta = \dfrac{출력}{입력} \times 100 = \dfrac{30000 \times 860}{6000 \times 15 \times 10^3} \times 100 = 28.7 [\%]$

【답】①

문제 27
농축 우라늄을 제조하는 방법이 아닌 것은?

① 물질 확산법 ② 열 확산법

③ 기체 확산법 ④ 이온법

【답】④

문제 28
그림에서와 같이 폭 B[m]인 수로를 막고 있는 구형 수문에 작용하는 전압력[kg]은? 단, 물의 단위 체적당의 무게를 W[kg/m³]라 한다.

① $\dfrac{1}{2}HWB$

② $\dfrac{1}{2}H^2WB$

③ H^2WB

④ HWB

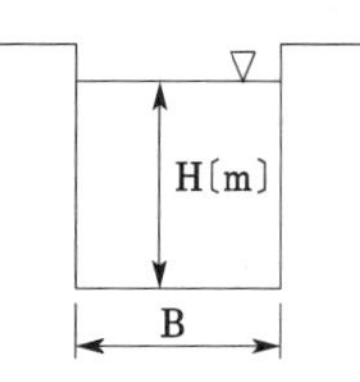

풀이

수면에서 수심 x[m]인 곳의 압력은 Wx[kg/m²], 폭이 B[m]이므로 수심 x[m]인 곳의 수문 수평선에 걸리는 수압은 WxB[kg/m] 이다. 그러므로 수문 전체에 걸리는 수압 P[kg]은

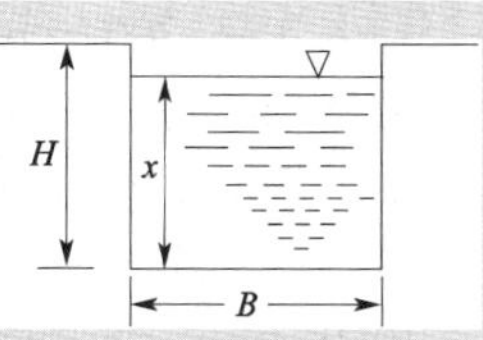

$$P = \int_0^H WxB\,dx = \frac{1}{2}WBH^2\,[\text{kg}]$$

【답】②

문제 29
평형 3상 송전선에서 보통의 운전상태인 경우 중성점 전위는 항상 얼마인가?

① 0 ② 1

③ 송전 전압과 같다. ④ ∞ (무한대)

풀이

불평형 상태에서는 중성점 전위가 존재하나 **평형 상태에서는 항상 0**이다.

【답】①

3과목 전기기기

문제 41
3상 농형 유도 전동기 기동법 중 옳은 것은?

① Y-△ 기동을 한다.

② 콘덴서를 이용하여 기동한다.

③ 2차 회로에 저항을 넣어 기동한다.

④ 기동저항기법을 사용한다.

풀이

농형유도 전동기의 기동법

① 전 전압 기동기(5 [kW] 이하의 소형)

② Y-△기동(5~15 [kW] 정도)

③ 리액터 기동(기동 전류를 제한하고자 할 때)

④ 기동 보상기(15 [kW] 이상)

【답】①

문제 42
220 [V], 50 [kW]인 직류 직권 전동기를 운전하는데 전기자 저항(브러시의 접촉 저항 포함)이 0.05 [Ω]이고 기계적 손실이 1.7 [kW], 표유손이 출력의 1 [%]이다. 부하 전류가 100 [A]일 때의 출력 [kW]은?

① 약 19.6 [kW] ② 약 18.2 [kW]

③ 약 16.7 [kW] ④ 약 14.5 [kW]

풀이

$$E_c = V - (R_a + R_s)I = 220 - 0.05 \times 100 = 215\,[\text{V}]$$

$$\therefore\ P = E_c I = 215 \times 100 = 21500\,[\text{W}] = 21.5\,[\text{kW}]$$

$$\therefore\ P' = 21.5 - 1.7 - (21.5 \times 0.01) = 19.6\,[\text{kW}]$$

【답】①

문제 43
9000 [kVA], 6000 [V]인 3상 교류 발전기의 % 동기임피던스가 80 [%]이다. 이 발전기의 동기 임피던스는 몇 [Ω]인가?

① 3.0 ② 3.2

③ 3.4 ④ 3.6

풀이

$$\%Z = \frac{ZP}{10V^2} \text{ 에서}$$

$$Z = \frac{10V^2 \times \%Z}{P} = \frac{10 \times 6^2 \times 80}{9000} = 3.2\,[\Omega]$$

【답】②

문제 44 유도 전동기 회전자에 2차 주파수와 같은 주파수 전압을 공급하여 속도를 제어하는 방법은?
① 전 전압제어
② 2차 저항법
③ 주파수 제어법
④ 2차 여자법

풀이

2차 주파수 sf와 같은 주파수의 전압을 발생시켜 슬립링을 통하여 회전자 권선에 공급하여, s를 변환시키는 방법이 **2차 여자법**이다.

$$I_2 = \frac{sE_2 \pm E_c}{r_2}$$

여기서, I_2, r_2 일정하면 $sE_2 \pm E_c$=일정 하므로 E_c의 크기에 따라 슬립 s도 변화하므로 속도도 변화게 된다. **[답]** ④

문제 45 변압기의 1차 권선에

$v_1 = \sqrt{2} \cdot 220\cos\omega t$[V]의 전압을 가하면 철심 자속은 $\phi = 9 \times 10^{-3}\sin\omega t$ [Wb], 여자 전류의 순시치 $i_0 = \sqrt{2}\,(5.0\sin\omega t - 2.0\sin 3\omega t + 1.0\cos\omega t - 0.5\cos 3\omega t)$이다. 이때 철손[W]은?

① 200
② 1205
③ 440
④ 220

풀이

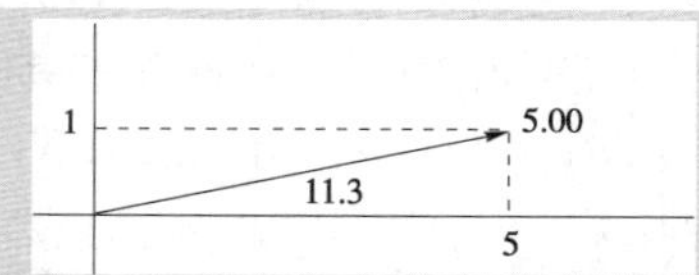

전압과 전류의 주파수가 다르면 전력은 존재하지 않는다.
전류는 기본파와 제3고조파가 주어졌지만, 전압이 기본파만 주어졌으므로 기본파만 고려하여 계산한다.
$i_0 = \sqrt{2}\,(5.0\sin\omega t - 2.0\sin 3\omega t + 1.0\cos\omega t - 0.5\cos 3\omega t)$에서
$i_0 = \sqrt{2}\,(5\sin\omega t + 1\cos\omega t) = 5.09\sqrt{2}\sin(\omega t + 11.3°)$
$v_1 = \sqrt{2} \cdot 200\sin(\omega t + 90°)$
$\therefore P_0 = 220 \times 5.09 \times \cos(90° - 11.3°) = 219.42$[W] **[답]** ④

문제 46 다음은 무슨 회로인가?
① 배전압 정류 회로
② 다이오드 특성 측정 회로
③ 전파 정류 회로
④ 반파 정류 회로

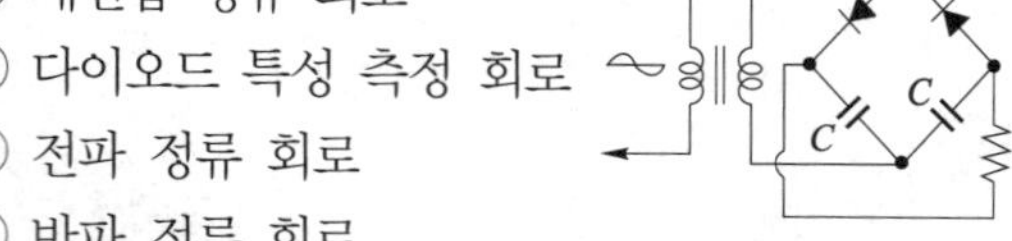

풀이

배전압 정류 회로 : 변압기를 사용하지 아니하고 **전원 전압의 약 두 배의 직류 전류 출력이 얻어지는 정류기 회로** **[답]** ①

문제 47 동기발전기의 부하가 불평형이 되어 발전기의 회전자가 과열 소손되는 것을 방지하기 위하여 설치하는 계전기는?
① 과전압 계전기
② 역상 과전류 계전기
③ 계자 상실 계전기
④ 부족 전압 계전기

풀이

역상과부하 보호 계전기는 동기 발전기가 접속되어 있는 계통에 **불평형 고장이 발생**하면 발전기에 역상 전류가 흐른다. 이 역상 전류는 회전자와 반대 방향으로 회전하는 자계를 만들어 회전자에 2배의 주파수(제2고조파)의 전류를 유기한다. 이에 의해서 **회전자 표면에는 맴돌이 전류가 발생**, 그 끝부분에서는 **국부 과열**이 일어나 기계적 강도를 위협하게 되므로 이것을 방지하기 위하여 설치하는 것이다. **[답]** ②

문제 48 20극, 360 [rpm]의 3상 동기 발전기가 있다. 전 슬롯수 180, 2층권 각 코일의 권수 4, 전기자 권선은 성형으로, 단자 전압 6600 [V]인 경우 1극의 자속[Wb]은 얼마인가? 단, 권선 계수는 0.9라 한다.

① 0.0596
② 0.0662
③ 0.0883
④ 0.1147

풀이

$E = 4.44 k_w f w \Phi$ [V]식을 이용한다.
1상의 기전력은

$$E = \frac{6600}{\sqrt{3}} = 3810.6 \text{ [V]}$$

$$f = \frac{pN_s}{120} = \frac{20 \times 360}{120} = 60 \text{ [Hz]}$$

$$w = \frac{180 \times 4}{3} = 240$$

$$\therefore \Phi = \frac{3810.6}{4.44 \times 0.9 \times 60 \times 240} = 0.0662 \text{ [Wb]}$$
[답] ②

4과목 회로이론

문제 61 그림과 같은 π형 4단자 회로의 어드미턴스 상수 중 Y_{22}는?

① 5 [℧]

② 6 [℧]

③ 9 [℧]

④ 11 [℧]

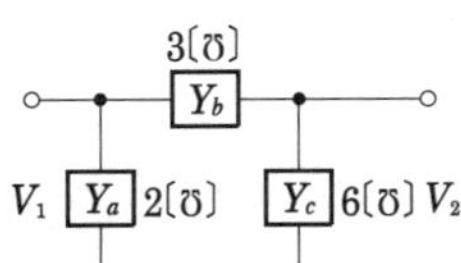

풀이

$$Y_{22} = \left.\frac{I_2}{V_2}\right|_{V_1=0} = Y_b + Y_c$$

($V_1 = 0$는 V_1 단자가 단락된 상태, 즉 $Y_a = 0$가 되고, Y_b, Y_c는 병렬 접속이 되어 $I_2 = (Y_b + Y_c)V_1$가 된다)

$$\therefore Y_{22} = 3 + 6 = 9$$

【답】③

문제 62 어떤 회로의 단자 전압이 $e = 20\sin\omega t + 10\sin 30t$[V]이고 전압 강하의 방향으로 흐르는 전류가 $i = 10\sin\omega t + 20\sin 30t$ [A]일 때 회로의 역률은 몇 [%]인가?

① 60

② 80

③ 96

④ 98

풀이

$$P = \frac{V_m}{\sqrt{2}} \times \frac{I_m}{\sqrt{2}} \times \cos\theta$$

$$= \frac{20}{\sqrt{2}} \times \frac{10}{\sqrt{2}} \times \cos 0° + \frac{10}{\sqrt{2}} \times \frac{20}{\sqrt{2}} \times \cos 0°$$

$$= 200 \, [\text{W}]$$

$$P_a = VI = \sqrt{\left(\frac{V_{m1}}{\sqrt{2}}\right)^2 + \left(\frac{V_{m2}}{\sqrt{2}}\right)^2} \cdot \sqrt{\left(\frac{I_{m1}}{\sqrt{2}}\right)^2 + \left(\frac{I_{m2}}{\sqrt{2}}\right)^2}$$

$$= \sqrt{\frac{20^2}{2} + \frac{10^2}{2}} \cdot \sqrt{\frac{10^2}{2} + \frac{20^2}{2}} = 250 \, [\text{VA}]$$

$$\therefore \cos\theta = \frac{P}{P_a} = \frac{200}{250} = 0.8$$

【답】②

문제 63 다음과 같은 전류의 초기값 $i(0^+)$를 구하면?

$$I(s) = \frac{12(s+8)}{4s(s+6)}$$

① 4

② 3

③ 2

④ 1

풀이

초기값 정리에 의해

$$i(0^+) = \lim_{t \to 0} i(t) = \lim_{s \to \infty} s \cdot I(s)$$

$$= \lim_{s \to \infty} s \cdot \frac{12(s+8)}{4s(s+6)} = \lim_{s \to \infty} \frac{12(s+8)}{4(s+6)}$$

$$= \lim_{s \to \infty} \frac{12\left(1 + \dfrac{8}{s}\right)}{4\left(1 + \dfrac{6}{s}\right)} = 3$$

【답】②

문제 64 저항 R, 리액턴스 X와의 직렬 회로에 전압 V가 가해졌을 때 소비되는 전력은?

① $\dfrac{V^2 R}{\sqrt{R^2 + X^2}}$

② $\dfrac{V}{\sqrt{R^2 + X^2}}$

③ $\dfrac{V^2 R}{R^2 + X^2}$

④ $\dfrac{X}{R^2 + X^2}$

풀이

$$P = I^2 R, \qquad I = \frac{V}{\sqrt{R^2 + X^2}}$$

$$\therefore P = \left(\frac{V}{\sqrt{R^2 + X^2}}\right)^2 R = \frac{V^2}{R^2 + X^2} R$$

【답】③

문제 65 대칭 3상 전압이 있다. 1상의 Y전압의 순시값이

$$v_s = 1000\sqrt{2}\sin\omega t + 500\sqrt{2}\sin(3\omega t + 20°)$$
$$+ 100\sqrt{2}\sin(5\omega t + 30°)$$

일 때 성상 및 선간 전압과의 비는 얼마인가?

① 0.55

② 0.65

③ 0.75

④ 0.85

풀이

상전압의 실효값 V_p는

$$V_p = \sqrt{V_1^2 + V_3^2 + V_5^2} = \sqrt{1000^2 + 500^2 + 100^2} = 1122.5$$

선간 전압에는 제3 고조파분이 나타나지 않으므로

$$V_l = \sqrt{3} \cdot \sqrt{V_1^2 + V_5^2} = \sqrt{3} \cdot \sqrt{1000^2 + 100^2} = 1740.7$$

$$\therefore \frac{V_p}{V_l} = \frac{1122.5}{1740.7} = 0.645$$

【답】②

문제 66 $R = 5[\Omega]$, $L = 10[\text{mH}]$, $C = 1[\mu\text{F}]$의 직렬 회로에서 공진 주파수 f_r [Hz]는 약 얼마인가?

① 3181   ② 1820

③ 1592   ④ 1432

풀이

$$f_r = \frac{1}{2\pi\sqrt{LC}} = \frac{1}{2\pi\sqrt{10\times10^{-3}\times1\times10^{-6}}} = 1591.55[\text{Hz}]$$

【답】③

문제 67 $\boldsymbol{A_1} = 20\left(\cos\frac{\pi}{3} + j\sin\frac{\pi}{3}\right),$

$\boldsymbol{A_2} = 5\left(\cos\frac{\pi}{6} + j\sin\frac{\pi}{6}\right)$로 표시되는 두 벡터가 있다. $\boldsymbol{A_3} = \dfrac{\boldsymbol{A_1}}{\boldsymbol{A_2}}$의 값은 얼마인가?

① $A_3 = 10\left(\cos\frac{\pi}{3} + j\sin\frac{\pi}{3}\right)$ [A]

② $A_3 = 10\left(\cos\frac{\pi}{3} - j\sin\frac{\pi}{3}\right)$ [A]

③ $A_3 = 4\left(\cos\frac{\pi}{3} + j\sin\frac{\pi}{3}\right)$ [A]

④ $A_3 = 4\left(\cos\frac{\pi}{6} + j\sin\frac{\pi}{6}\right)$ [A]

풀이

$$\boldsymbol{A_1} = 20\left(\cos\frac{\pi}{3} + j\sin\frac{\pi}{3}\right) = 20\underline{/\frac{\pi}{3}}$$

$$\boldsymbol{A_2} = 5\left(\cos\frac{\pi}{6} + j\sin\frac{\pi}{6}\right) = 5\underline{/\frac{\pi}{6}}$$

$$\therefore \boldsymbol{A_3} = \frac{\boldsymbol{A_1}}{\boldsymbol{A_2}} = 20\underline{/\frac{\pi}{3}} \Big/ 5\underline{/\frac{\pi}{6}} = 4\underline{/\frac{\pi}{3} - \frac{\pi}{6}} = 4\underline{/\frac{\pi}{6}}$$

$$= 4\left(\cos\frac{\pi}{6} + j\sin\frac{\pi}{6}\right)$$

【답】④

문제 68 $\dfrac{B(s)}{A(s)} = \dfrac{2}{2s+3}$의 전달 함수를 미분 방정식으로 표시하면?

① $2\dfrac{d}{dt}b(t) + 3b(t) = a(t)$

② $\dfrac{d}{dt}b(t) + b(t) = a(t)$

③ $2\dfrac{d}{dt}b(t) + 3b(t) = 2a(t)$

④ $3\dfrac{d}{dt}a(t) + (t) = 2b(t)$

풀이

$$\frac{B(s)}{A(s)} = \frac{2}{2s+3} \qquad 2sB(s) + 3B(s) = 2A(s)$$

$$\therefore \; 2\frac{d}{dt}b(t) + 3b(t) = 2a(t)$$

【답】③

문제 69 어떤 제어계의 임펄스 응답이 $\sin\omega t$ 일 때 계의 전달 함수는?

① $\dfrac{\omega}{s+\omega}$ ② $\dfrac{\omega^2}{s^2+\omega^2}$

③ $\dfrac{\omega}{s^2+\omega^2}$ ④ $\dfrac{\omega^2}{s+\omega}$

풀이

계의 전달 함수는 그 계에 대한 임펄스 응답의 라플라스 변환과 같으므로

$$\mathcal{L}[\sin\omega t] = \frac{\omega}{s^2+\omega^2}$$

【답】③

문제 70 $\boldsymbol{Z} = 5\sqrt{3} + j5[\Omega]$인 3개의 임피던스를 Y 결선하여 250 [V]의 대칭 3상 전원에 연결하였다. 소비 전력[W]은?

① 3125   ② 5412

③ 6250   ④ 7120

풀이

$$P = \frac{3V_p^2 R}{R^2+X^2} = \frac{3\left(\frac{250}{\sqrt{3}}\right)^2 \times 5\sqrt{3}}{(5\sqrt{3})^2 + 5^2} = 5412\,[\text{W}]$$

【답】②

문제 71	2008년도 3회 문제 67
문제 72	2013년도 3회 문제 75
문제 73	2007년도 2회 문제 61
문제 74	2010년도 1회 문제 67
문제 75	2013년도 3회 문제 74
문제 76	2011년도 1회 문제 75
문제 77	2015년도 1회 문제 62
문제 78	2014년도 1회 문제 69
문제 79	2016년도 2회 문제 65
문제 80	2014년도 2회 문제 70

문제 81 저압 옥내간선에 전동기와 전열기 및 전등이 연결되어 있다. 몇 [A] 이상의 허용전류가 있는 전선을 사용하여야 하는가? 단, 전동기의 정격전류는 130 [A], 전열기는 10 [A], 전등은 14 [A] 이고 수용률은 100 [%]로 한다.

① 125 　　　　　② 154
③ 167 　　　　　④ 186

풀이

옥내 저압 간선의 시설(판단기준 제175조)

$\sum I_M > \sum I_H$ 이고

- $\sum I_M \leq 50$ [A]인 경우 간선의 허용 전류 $= 1.25 \times \sum I_M + \sum I_H$
- $\sum I_M > 50$ [A]인 경우 간선의 허용 전류 $= 1.1 \times \sum I_M + \sum I_H$

여기서, $\sum I_M$: 전동기의 정격 전류의 합

$\qquad \sum I_H$: 전등, 전열기의 정격 전류의 합

$\therefore I = 130 \times 1.1 + (10 + 14) = 167$ [A] 　　**【답】** ③

문제 82 전력보안 가공통신선을 교통에 지장을 줄 우려가 없는 곳의 도로 위에 시설할 경우에는 지표상 몇 [m]까지로 감하여 시설할 수 있는가?

① 4 　　　　　② 4.5
③ 5 　　　　　④ 5.5

풀이

가공 통신선의 높이(판단기준 제156조)

시설 장소		가공 통신선[m]	가공전선로의 지지물에 시설	
			고·저압 [m]	특고압 [m]
도로(차도) 위	일반적인 경우	5	6	6
	교통에 지장을 안 주는 경우	**4.5**	5	
철도 횡단 (레일면 상)		6.5	6.5	6.5
횡단 보도교 위 (노면상)		3	3.5	5
횡단 보도교 위 (통신용 케이블을 사용)			3	4
기타의 장소 (도로, 철도, 횡단 보도교 이외의 장소)		3.5	4	5

【답】 ②

문제 83 인도교 위에 시설하는 조명용 저압 가공 전선로에 사용되는 경동선의 최소 굵기는 몇 [mm] 인가?

① 1.6 　　　　　② 2.0
③ 2.6 　　　　　④ 3.2

풀이

저압 가공 전선의 굵기(판단기준 제70조)

400[V] 미만인 저압 가공 전선의 굵기는 인장강도 3.43[kN] 이상의 것 또는 지름 3.2[mm] 이상의 경동선, **절연전선인 경우** 인장강도 2.3[kN] 이상의 것 또는 **2.6[mm] 이상의 경동선**　　**【답】** ③

문제 84 과전류 차단기로 시설하는 퓨즈 중 고압전로에 사용하는 비포장 퓨즈는 정격전류의 1.25배의 전류에 견디고 또한 몇 배의 전류로 몇 분안에 용단되는 것이어야 하는가?

① 1.5배로 1분 　　　　② 1.5배로 2분
③ 2배로 1분 　　　　　④ 2배로 2분

풀이

과전류 차단기로 시설하는 퓨즈 중 고압 전로에 사용하는 비포장 퓨즈는 정격 전류의 1.25배의 전류에 견디고, 또한 **2배의 전류로 2분안에 용단**되어야 한다. (판단기준 제38조)　　**【답】** ④

문제 85　2011년도 1회 문제 100

문제 86　2009년도 3회 문제 88

문제 87　2015년도 3회 문제 96

문제 88　2010년도 2회 문제 82

문제 89　2014년도 3회 문제 99

문제 90　2011년도 2회 문제 81

문제 91　2008년도 2회 문제 86

문제 92　2011년도 1회 문제 96

문제 93　2007년도 1회 문제 87

문제 94　2009년도 1회 문제 84

문제 95　2016년도 2회 문제 96

문제 96　2013년도 2회 문제 81

문제 97　2006년도 1회 문제 84

문제 98　2015년도 1회 문제 98

문제 99　2007년도 2회 문제 84

문제 100　2014년도 1회 문제 83

MEMO

2003년도
전기산업기사 필기

- ▸ 03년 제1회 전기산업기사
- ▸ 03년 제2회 전기산업기사
- ▸ 03년 제3회 전기산업기사

국가기술자격검정 필기시험 문제

2003년도 전기산업기사 일반검정 제1회				수검 번호	성 명
자격종목 및 등급(선택분야)	종목코드	시험시간	문제지형별		
전기산업기사	2140	2시간 30분	A		

1과목 전기자기학

문제 01 질량이 10^{-3} [kg]인 작은 물체가 전하 Q [C]을 가지고 무한 도체 평면 아래 진공중 2×10^{-2} [m]에 있다. 전기 영상법을 이용하여 정전력이 중력과 같게 되는 데 필요한 Q의 값 [C]은?

① 약 2.5×10^{-8} ② 약 3.2×10^{-8}

③ 약 4.2×10^{-8} ④ 약 5.0×10^{-8}

풀이

$$F = \frac{Q^2}{4\pi\epsilon_0 r^2} = \frac{Q^2}{4\pi\epsilon_0 (2d)^2} = mg$$

$$\frac{Q^2}{16\pi\epsilon_0 d^2} = mg$$

$$Q^2 = 16\pi\epsilon_0 d^2 mg$$

$m = 10^{-3}$ [kg], $d = 2 \times 10^{-2}$ [m]이므로

$$Q^2 = 16\pi \times \frac{1}{36\pi \times 10^{-9}} \times (2 \times 10^{-2})^2 \times 10^{-3} \times 9.8$$

$$= 17.42 \times 10^{-16}$$

$$\therefore Q = \sqrt{17.42 \times 10^{-16}} \fallingdotseq 4.2 \times 10^{-8} \text{ [C]}$$

【답】③

문제 02 그림과 같이 동심구에서 도체 A에 Q[C]을 줄 때 도체 A의 전위[V]는? 단, 도체 B의 전하는 0이다.

① $\dfrac{Q}{4\pi\epsilon_0 C}$

② $\dfrac{Q}{4\pi\epsilon_0}\left(\dfrac{1}{a} - \dfrac{1}{b}\right)$

③ $\dfrac{Q}{4\pi\epsilon_0}\left(\dfrac{1}{a} + \dfrac{1}{b}\right)$

④ $\dfrac{Q}{4\pi\epsilon_0}\left(\dfrac{1}{a} - \dfrac{1}{b} + \dfrac{1}{c}\right)$

풀이

$$V_A = -\int_\infty^c E dr - \int_b^a E dr = \frac{Q}{4\pi\epsilon_0}\left(\frac{1}{a} - \frac{1}{b} + \frac{1}{c}\right) \text{ [V]}$$

【답】④

문제 03 자기 회로의 자기 저항이 일정할 때 코일의 권수를 1/2로 줄이면 자기 인덕턴스는 원래의 몇 배가 되는가?

① $\dfrac{1}{\sqrt{2}}$ 배 ② $\dfrac{1}{2}$ 배

③ $\dfrac{1}{4}$ 배 ④ $\dfrac{1}{8}$ 배

풀이

$L = \dfrac{N^2}{R}$ 에서 자기 저항이 일정한 경우 **인덕턴스는 권수의 자승에 비례**하므로

$$L' = \left(\frac{1}{2}\right)^2 L = \frac{1}{4} L$$

【답】③

문제 04 그림과 같이 CD와 PQ의 2개의 저항을 연결하고, A, B 사이에 일정 전압을 공급한다. 이런 경우 PD에 흐르는 전류를 최소로 하려면 CP와 PD의 저항의 비를 얼마로 하면 좋은가?

① 1 : 1
② 1 : 2
③ 2 : 1
④ 1 : 3

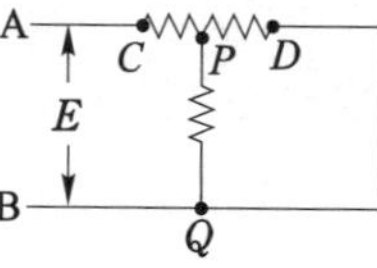

풀이

CP를 흐르는 전류 I는

$$I = \frac{E}{R_{CP} + \dfrac{R_{PD} \cdot R_{PQ}}{R_{PD} + R_{PQ}}}$$

PD를 흐르는 전류 I_{PD}는

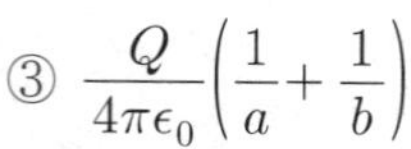
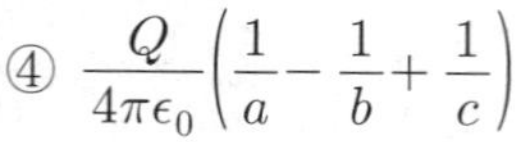
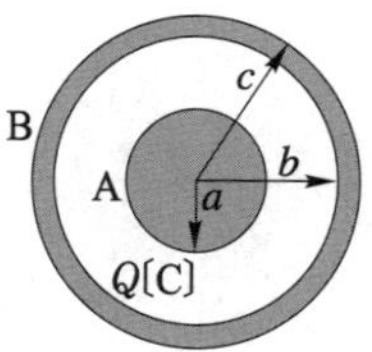

$$I_{PD} = I \times \frac{R_{PQ}}{R_{PD} + R_{PQ}}$$

I_{PD} 가 최소가 되려면 $\frac{d}{dR_{PD}}(I_{PD}) = 0$가 되어야 하므로

$$\frac{d}{dR_{PD}}(I_{PD}) = \frac{d}{dR_{PD}}\left(\frac{R_{PQ}E}{R_{CD}R_{PD} - R_{PD}^2 + R_{CP}R_{PQ}}\right)$$

$$= \frac{R_{CD} - 2R_{PD}}{(R_{CD}R_{PD} - R_{PD}^2 + R_{CP}R_{PQ})^2} = 0$$

$$R_{CD} - 2R_{PD} = 0$$

$$\therefore R_{PD} = \frac{1}{2}R_{CD} \qquad \therefore R_{CP} : R_{PD} = 1 : 1$$

【답】①

문제 05 도체 Ⅰ, Ⅱ 및 Ⅲ이 있을 때 도체 Ⅱ가 도체 Ⅰ에 완전 포위되어 있음을 나타내는 것은?

① $P_{11} = P_{21}$ ② $P_{11} = P_{31}$

③ $P_{11} = P_{33}$ ④ $P_{12} = P_{22}$

풀이

그림과 같이 반지름 a [m]인 도체구 Ⅱ를 안 반지름 b [m], 바깥 반지름 c [m]인 동심 도체구 Ⅰ로 포위하는 경우 도체 Ⅰ에만 $+Q$ [C]의 전하를 주었다면 $V_1 = P_{11}Q$, $V_2 = P_{21}Q$의 관계식이 성립한다. 여기서

$$P_{11} = \frac{V_1}{Q} = \frac{1}{4\pi\epsilon_0 c}$$

도체구 Ⅰ의 외부 표면 전위는 $\frac{Q}{4\pi\epsilon_0 c}$

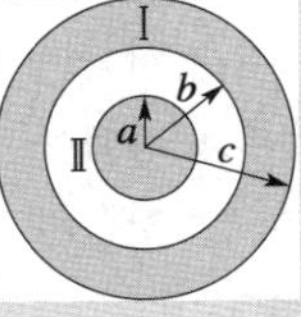

$$P_{21} = \frac{V_2}{Q} = \frac{1}{4\pi\epsilon_0 c}$$

도체구 Ⅰ, Ⅱ 사이의 전위차 = 0이므로

$$\therefore P_{11} = P_{21}$$

【답】①

문제 06 면적 S [m²], 간격 d [m]인 평행판 콘덴서에 Q [C]의 전하를 충전시킬 때 흡인력[N]은?

① $\dfrac{Q^2}{2\epsilon_0 S}$ ② $\dfrac{Q^2 d}{2\epsilon_0 S}$

③ $\dfrac{Q^2}{4\epsilon_0 S}$ ④ $\dfrac{Q^2 d}{4\epsilon_0 S}$

풀이

정전 에너지 $W = \dfrac{Q^2}{2C} = \dfrac{Q^2}{2\left(\dfrac{\epsilon_0 S}{d}\right)} = \dfrac{Q^2 d}{2\epsilon_0 S}$ [J]

정전력 $F = -\dfrac{\partial W}{\partial d} = -\dfrac{Q^2}{2\epsilon_0 S}$ [N]

【답】①

문제 07 전기 쌍극자 모멘트 M [C·m]인 전기 쌍극자에 의한 임의의 점의 전위는 몇 [V]인가? 단, 전기 쌍극자 간의 중심점에서 임의의 점까지의 거리는 R [m]이고, 이들 간에 이루어진 각은 θ 이다.

① $9 \times 10^9 \dfrac{M\cos\theta}{R}$ ② $9 \times 10^9 \dfrac{M\cos\theta}{R^2}$

③ $9 \times 10^9 \dfrac{M\sin\theta}{R}$ ④ $9 \times 10^9 \dfrac{M\sin\theta}{R^2}$

풀이

$$U = \frac{M\cos\theta}{4\pi\mu_0 R^2} = 9 \times 10^9 \times \frac{M\cos\theta}{R^2} \text{ [AT]}$$

【답】②

문제 08 공기 중에 고립된 금속구가 반지름 r 일 때, 그 정전용량 은 몇 [F]인가?

① $\dfrac{\epsilon_o r}{4\pi}$ ② $\epsilon_o r$

③ $4\pi\epsilon_o r$ ④ $8\pi\epsilon_o r$

풀이

고립된 반구 도체의 정전용량 : $4\pi\epsilon_o r$

【답】③

문제 09 경동선의 고유저항은 몇 [Ω·mm²/m]인가?

① $\dfrac{1}{35}$ ② $\dfrac{1}{38}$

③ $\dfrac{1}{55}$ ④ $\dfrac{1}{58}$

풀이

- 연동선의 고유저항 $\rho = \dfrac{1}{58}$ [Ω·mm²/m]
- **경동선의 고유저항** $\rho = \dfrac{1}{55}$ [Ω·mm²/m]

【답】③

문제 10 전기 분극이란?

① 도체내의 원자핵의 변위이다.

② 유전체내의 원자의 흐름이다.

③ 유전체내의 속박전하의 변위이다.

④ 도체내의 자유전하의 흐름이다.

풀이

전기분극(유전분극) : 절연체의 경우 **전자에 대한 원자핵의 구속력이 강한 속박전자로 인해** 전하의 분리가 일어나지 않고 **원자핵과 전자의 변위만 일으킨다.** 이러한 현상을 **전기분극**이라고 한다. 【답】③

2과목 전력공학

문제 21 다음 그림과 같이 200/5 [CT] 1차측에 150 [A]의 3상 평형 전류가 흐를 때 전류계 A_3에 흐르는 전류는 몇 [A]인가?

① 3.75
② 5.25
③ 6.75
④ 7.25

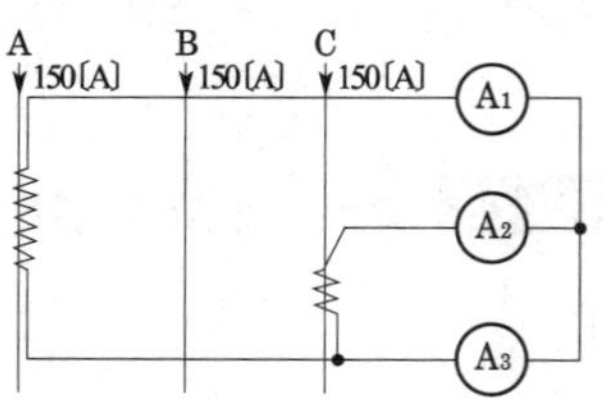

풀이

CT 권수비가 40이므로 1차측에 150 [A]가 흐르면

2차측에는 $\dfrac{150}{40} = 3.75$ [A]가 흐른다.

$$A_3 = |A_1 + A_2|$$
$$= \sqrt{A_1^2 + A_2^2 + 2A_1 A_2 \cos\theta}$$
$$= \sqrt{3.75^2 + 3.75^2 + 2\times 3.75^2 \cos 120}$$
$$= 3.75 \text{ [A]}$$

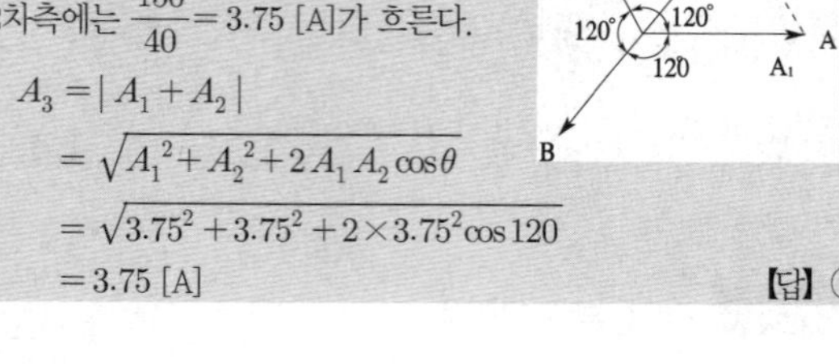

【답】 ①

문제 22 송전선 보호에 있어서 주로 교류 표시선 방식인 표시선 계전방식(pilot wire relaying)에 해당되는 것은?

① 전송차단방식(transfer trip relaying)
② 주파수비교방식(frequence comparision relaying)
③ 위상비교방식(phase comparision relaying)
④ 전압반향방식(opposed voltage method)

풀이

파일럿 계전방식
- **표시선 계전방식** : 전류 순환식, **전압반향식**
- **반송 계전방식** : 방향 비교방식, 위상 비교방식, 전류차동 및 전송 차단방식

【답】 ④

문제 23 그림과 같은 3상 3선식 전선로의 단락점에 있어서의 3상 단락 전류[A]는? 단, 22 [kV]에 대한 % 리액턴스는 4 [%], 저항분은 무시한다.

① 5560
② 6560
③ 7560
④ 8560

풀이

단락 전류 $I_s = \dfrac{100}{\%Z} I_n = \dfrac{100}{4} \dfrac{10,000}{\sqrt{3}\times 22} = 6560 \text{[A]}$

【답】 ②

문제 24 ACSR은 동일한 길이에서 동일한 전기저항을 갖는 경동연선에 비하여 어떠한가?

① 바깥 지름과 중량이 모두 크다.
② 바깥 지름은 크고 중량은 작다.
③ 바깥 지름은 작고 중량은 크다.
④ 바깥 지름과 중량이 모두 작다.

풀이

알루미늄선은 경동선에 비하여 고유저항이 크므로 동일저항을 얻기 위해서는 지름이 큰 전선을 사용해야 한다. 그러나 비중은 약 1/3 정도로 가볍다. 따라서, **ACSR은 동일한 길이에서 동일한 전기저항을 갖는 경동연선에 비하여 바깥 지름은 크고 중량은 가볍다.**

【답】 ②

문제 25 발열량 5500 [kcal/kg]의 석탄 10 [ton]을 연소하여 24000 [kWh]의 전력을 발생하는 화력발전소의 열효율은 약 몇 [%]인가?

① 27.5   ② 32.5
③ 35.5   ④ 37.5

풀이

- 발전소 열효율 $= \dfrac{\text{출력}}{\text{입력}} = \dfrac{\text{발전전력에 해당하는 열량}}{\text{연료의 열량}}$
- $\eta = \dfrac{860W}{mH} = \dfrac{860\times 24000}{10\times 1000\times 5500}\times 100 = 37.52$ [%]

($\because$ 1 [kWh] = 860[kcal])

【답】 ④

문제 26 특유속도를 선정할 때 그 한계를 표시하는 식으로 $N_s \leq \dfrac{13000}{H+20}+50$ 이 사용되는 수차는?

① 펠턴 수차　　　　② 프란시스 수차
③ 프로펠러 수차　　④ 카플란 수차

풀이

카플란 수차의 특유 속도 한도는 $N_s \leq \dfrac{20000}{H+20}$

이며, 프란시스 수차의 것은 $N_s \leq \dfrac{13000}{H+20}+50$ 이다. 【답】②

문제 27 전력계통의 전압을 조정하는 가장 보편적인 방법은?
① 발전기의 유효 전력 조정
② 부하의 유효 전력 조정
③ 계통의 주파수 조정
④ 계통의 무효 전력

풀이

• 무효 전력 제어 ⇔ 전압 제어
• 유효 전력 제어 ⇔ 주파수 제어　　　　【답】④

문제 28 6.6 [kV] 고압 배전 선로(비접지 선로)에서 지락 보호를 위하여 특별히 필요하지 않은 것은?
① DG　　　　　　② CT
③ ZCT　　　　　 ④ GPT

풀이

지락 보호 계전기 시스템 : 영상 전류 (ZCT) + 영상 전압 (GPT)
+ 지락 방향 계전기(DG)　　　　【답】②

문제 29 동기 조상기와 전력용 콘덴서를 비교할 때 전력용 콘덴서의 이점으로 옳은 것은?
① 진상과 지상의 양용이다.
② 단락고장이 일어나도 고장전류가 흐르지 않는다.
③ 송전선의 시송전에 이용 가능하다.
④ 전압조정이 연속적이다.

풀이

	진 상	지 상	시충전	조 정
콘덴서	○	×	×	단계적
리액터	×	○	×	단계적
동기 조상기	○	○	○	연속적

【답】②

3과목　전기기기

문제 41 60 [Hz], 20 [극], 3상 권선형 유도전동기의 2차 주파수가 3 [Hz]일 때 2차 손실이 600 [W]이다. 토크 [kg·m]는? 단, 기계적 손실은 무시한다.
① 약 35.5　　　　② 약 32.5
③ 약 31.5　　　　④ 약 30.5

풀이

$$• \; s = \frac{f_2}{f_1} = \frac{3}{60} = 0.05$$

$$• \; P_2 = \frac{P_{c2}}{s} = \frac{600}{0.05} = 12,000 \,[\text{W}]$$

$$• \; T = 0.975 \frac{P_2}{N_s} = 0.975 \frac{P_2}{\frac{120f}{p}} = 0.975 \times \frac{12000}{\frac{120 \times 60}{20}}$$

$$= 32.5 \,[\text{kg} \cdot \text{m}]$$

【답】②

문제 42 그림과 같은 단상 전파 정류 회로를 사용하여 직류 전압 100 [V]를 얻으려고 한다. 회로에 사용한 D_1, D_2는 몇 [V]의 PIV인 다이오드를 사용해야 하는가? 단, 부하는 무유도 저항이고 정류 회로 및 변압기 내의 전압 강하는 무시한다.
① 314
② 222
③ 111
④ 100

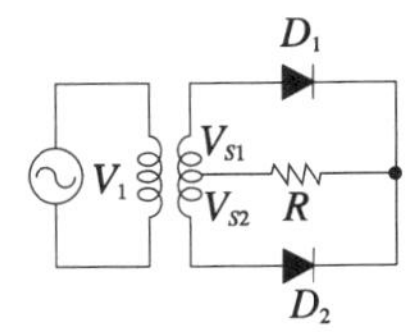

풀이

PIV (첨두역전압)
- 단상 반파 정류 회로 : $\mathrm{PIV} = \sqrt{2}\,E = \pi E_d$
- 단상 전파 정류 회로 : $\mathrm{PIV} = 2\sqrt{2}\,E = \pi E_d$

  $\therefore \ \mathrm{PIV} = \pi \times 100 = 314\,[\mathrm{V}]$ 【답】①

문제 43 권선형 유도 전동기의 슬립 s 에 있어서의 2차 전류는? 단, E_2, X_2는 전동기 정지시의 2차 유기 전압과 2차 리액턴스로 하고 R_2는 2차 저항으로 한다.

① $\dfrac{E_2}{\sqrt{(R_2/s)^2 + X_2^2}}$

② $sE_2 \big/ \sqrt{R_2^2 + \dfrac{X_2^2}{s}}$

③ $E_2 \big/ \left(\dfrac{R_2}{1-s}\right)^2 + X_2$

④ $E_2 \big/ \sqrt{(sR_2)^2 + X_2^2}$

풀이

$$I_2 = \frac{sE_2}{\sqrt{R_2^2 + (sX_2)^2}} = \frac{E_2}{\sqrt{\left(\dfrac{R_2}{s}\right)^2 + X_2^2}}$$

【답】①

문제 44 변압기 권선의 층간 절연 시험은?

① 가압 시험 　② 유도 시험

③ 충격 시험 　④ 단락 시험

풀이

변압기 절연 내력 시험은 내전압법, 충격 전압 시험, 유도 시험 등이 있다.
- 절연 내력 시험 : 정격 주파수의 고전압에 대한 절연의 안정 여부를 확인하는 시험
- **유도 시험 : 권선간의 절연 시험(층간 절연 시험)**
- 충격 전압 시험 : 벼락(lightning)에 직격될 우려가 있는 것을 전제로 하는 시험
- 권선 저항 측정, 무부하 시험, 단락 시험 등 : 변압기 등가 회로 작성에 필요한 시험 【답】②

문제 45 직권 전동기에서 위험 속도가 되는 경우는?

① 정격 전압, 무여자

② 저전압, 과여자

③ 전기자에 저저항 접속

④ 정격 전압,과부하

풀이

직권 전동기에서는 $I_a = I = I_f$ 이므로 $I = I_f \propto \phi$가 된다.

회전 속도 $n = K \dfrac{V - I_a(R_a + R_s)}{\phi}$ 에서 알 수 있듯이 무부하 상태 ($I = 0$, 즉 $\phi = 0$)가 되면 속도가 급격히 상승하여 원심력으로 파괴될 우려가 있다. 그러므로, 직권 전동기로 다른 기계를 운전하려면, 반드시 직결하거나 기어(gear)를 사용하여야 한다. 【답】①

문제 46 동기 발전기에 회전 계자형을 사용하는 경우가 많다. 그 이유에 적합하지 않은 것은?

① 전기자가 고정자이므로 고압 대전류용에 좋고 절연이 쉽다

② 계자가 회전자이지만 저압소용량의 직류이므로 구조가 간단하다

③ 전기자보다 계자극을 회전자로 하는 것이 기계적으로 튼튼하다

④ 기전력의 파형을 개선한다

풀이

회전 계자형을 사용하는 이유
① 전기자 권선은 전압이 높고 결선이 복잡하며, 대용량으로 되면 전류도 커지고, 3상 권선의 경우에는 4개의 도선을 인출하여야 한다.
② 계자 회로는 직류의 저압 회로이므로 소요 동력도 작으며, 인출 도선이 2개만 있어도 되기 때문이다.
③ 계자극은 기계적으로 튼튼하게 만드는 데 용이하기 때문이다.
④ 고장시의 과도 안정도를 높이기 위하여 회전자의 관성을 크게 하기 쉽기 때문이기도 하다.
그러나, **기전력의 파형을 개선하기 위해서는 전기자 권선을 분포권 및 단절권**으로 하여야 한다. 【답】④

문제 47 정격 전압이 일정하고 일정한 파형에서 주파수가 상승하면 변압기 철손은 어떻게 변하는가?

① 불변이다.

② 감소한다.

③ 증가한다.

④ 어떤 기간 동안 증가한다.

풀이

- 히스테리시스손 $P_h = \sigma_h f B_m^2 = Kf\left(\dfrac{V}{f}\right)^2 = K\dfrac{V^2}{f}$

- 와류손 $P_e = \sigma_e (t f B_m)^2 = K\left(f \cdot \dfrac{V}{f}\right)^2 = KV^2$

정격 전압이 일정하고 주파수가 상승하면 와전류손은 일정, 히스테리시스손은 감소하므로 결국 **철손은 감소**한다. 【답】②

문제 48 100 [kW], 효율 93 [%]인 직류발전기를 3상 유도 전동기에 직결하여 운전할 때, 전동기 유입 전류를 구하시오. 단, 전동기의 단자전압은 3300 [V], 효율 95 [%], 역률85 [%]이다.

① 약 23.3 [A] ② 약 36.6 [A]
③ 약 42.9 [A] ④ 약 48.7 [A]

풀이

유도 전동기로 발전기를 운전하는 것이므로 전동기가 원동기의 역할을 한다. 따라서, 전동기의 유입 전류는

$$I = \frac{\frac{100\times 10^3}{0.93}}{\sqrt{3}\times 3300\times 0.85\times 0.95} = 23.3 \text{ [A] 가 된다.}$$ 【답】①

4과목 회로이론

문제 61 3상 불평형 회로가 있다. 각 상전압이
$V_a = 220[\text{V}]$, $V_b = 220\ \underline{/-140°}[\text{V}]$,
$V_c = 220\underline{/100°}[\text{V}]$일 때 정상분 전압 $V_1[\text{V}]$는?

① 약 $197.31\ \underline{/13.06°}$ ② 약 $197.31\ \underline{/-13.36°}$
③ 약 $217.03\ \underline{/13.06°}$ ④ 약 $217.03\ \underline{/-13.36°}$

풀이

정상분 전압 $V_1 = \dfrac{1}{3}(V_a + aV_b + a^2 V_c)$

$= \dfrac{1}{3}\{220 + (1\underline{/120°})(220\ \underline{/-140°}) + (1\underline{/240°})(220\underline{/100°})\}$

$= 217.03\underline{/-13.36°}\ [\text{V}]$ 【답】④

문제 62 $R[\Omega]$인 3개의 저항을 같은 전원에 △결선으로 접속시킬 때와 Y결선으로 접속시킬 때 선전류의 크기 비 $\left(\dfrac{I_\triangle}{I_Y}\right)$는?

① $\dfrac{1}{3}$ ② $\sqrt{6}$
③ $\sqrt{3}$ ④ 3

풀이

$$\frac{I_\triangle}{I_Y} = \frac{\dfrac{\sqrt{3}\,V}{R}}{\dfrac{V}{\sqrt{3}\,R}} = 3$$ 【답】④

문제 63 $F(s) = \dfrac{s^2 + s + 3}{s^3 + 2s^2 + 5s}$ 일 때 $f(t)$의 초기 값은 얼마인가?

① 1 ② 2
③ 3 ④ 5

풀이

초기값 정리

$$\lim_{t\to 0} f(t) = \lim_{s\to\infty} s\cdot F(s) = \lim_{s\to\infty} s\cdot \frac{s^2+s+3}{s^3+2s^2+5s}$$

$$= \lim_{s\to\infty}\frac{1 + \dfrac{1}{s} + \dfrac{3}{s^2}}{1 + \dfrac{2}{s} + \dfrac{5}{s^2}} = 1$$ 【답】①

문제 64 인덕턴스 $L = 50[\text{mH}]$의 코일에 $I_0 = 200$ [A]의 직류를 흘려 급히 그림과 같이 용량 $C = 20[\mu\text{F}]$의 콘덴서에 연결할 때 회로에 생기는 최대 전압 [kV]은?

① 10
② $10\sqrt{2}$
③ 20
④ $20\sqrt{2}$

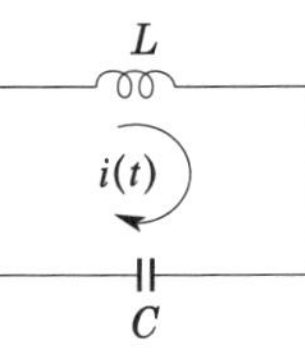

풀이

L, C의 직렬 회로에 전류 i가 흐르면

$$L\frac{di}{dt} + \frac{1}{C}\int i\,dt = 0, \qquad \therefore\ L\frac{di^2}{dt} + \frac{1}{C}i(t) = 0$$

$$\therefore\ i(t) = (A\cos\omega_r t + B\sin\omega_r t), \qquad \omega_r = \frac{1}{\sqrt{LC}}$$

$t = 0$일 때 $i = 200$이므로 $A = 200$, $B = 0$

$$e_L = L\frac{di}{dt} = -\sqrt{\frac{L}{C}}\cdot 200\cdot \sin\frac{t}{\sqrt{LC}}$$

$$e_c = \frac{1}{C}\int i(t)dt = \sqrt{\frac{L}{C}} \cdot 200 \cdot \sin\frac{t}{\sqrt{LC}}$$

$$e_{L_m} = e_{C_m} = \sqrt{\frac{L}{C}} \cdot 200 = \sqrt{\frac{50\times10^{-3}}{20\times10^{-6}}} \cdot 200 = 10[\text{kV}]$$

【답】①

문제 65 최대 눈금이 50 [V]인 직류 전압계가 있다. 이 전압계를 사용하여 150 [V]의 전압을 측정하려면 배율기의 저항은 몇 [Ω]을 사용하여야 하는가? 단, 전압계의 내부 저항은 5000 [Ω]이다.

① 1000　　　　　② 2500
③ 5000　　　　　④ 10000

풀이

$$m = 1 + \frac{R_m}{R_v} \text{에서}$$

$$R_m = R_v(m-1) = 5000\left(\frac{150}{50}-1\right) = 10000\,[\Omega]$$

【답】④

문제 66 전장 중에 단위 정전하를 놓을 때 여기에 작용하는 힘과 같은 것은?

① 전하　　　　　② 전위
③ 전속　　　　　④ 전장의 세기

풀이

전장의 세기 : 전계 중에 단위 정전하를 놓았을 때 단위 정전하에 작용하는 힘을 전계의 세기 또는 전장의 세기라 한다. 【답】④

문제 67	2008년도 2회 문제 64
문제 68	2011년도 3회 문제 76
문제 69	2016년도 1회 문제 73
문제 70	2012년도 2회 문제 63
문제 71	2015년도 3회 문제 76
문제 72	2011년도 2회 문제 71
문제 73	2011년도 1회 문제 76
문제 74	2015년도 1회 문제 64
문제 75	2016년도 1회 문제 72
문제 76	2009년도 2회 문제 61
문제 77	2010년도 1회 문제 67
문제 78	2014년도 1회 문제 69
문제 79	2009년도 2회 문제 65
문제 80	2014년도 3회 문제 73

5과목　전기설비기술기준 및 판단기준

문제 81 옥내에 시설하는 사용 전압이 400 [V] 미만인 전구선으로 0.6/1[kV] EP 고무절연 클로로프렌 캡타이어 케이블을 사용할 경우, 단면적이 몇 [mm²] 이상인 것을 사용하여야 하는가?

① 0.75　　　　　② 1.5
③ 2.5　　　　　④ 4.0

풀이

옥내 저압용의 전구선의 시설 (판단기준 제197조)
① 전구선 : 전기사용 장소에 시설하는 전선 중 조영물에 고정시키지 아니하는 백열전등에 이르는 전선
② 사용전압 : 400 [V] 미만
③ 전선의 종류 : 고무코드 또는 **0.6/1[kV] EP 고무절연 클로로프렌 캡타이어 케이블로서 단면적 0.75 [mm²] 이상**으로 하여야 한다.

【답】①

문제 82 고압 전로와 비접지식의 저압 전로를 결합하는 변압기로 금속제의 혼촉 방지판이 붙어 있고 또한 이 혼촉 방지판에 제2종 접지 공사를 한 것에 접촉하는 저압 전선을 옥외에 시설할 때 저압 가공 전선로의 전선으로 사용할 수 있는 것은?

① 450/750 [V] 일반용 단심 비닐 절연 전선
② 옥외용 비닐 절연 전선
③ 케이블
④ 다심형 전선

풀이

혼촉 방지판이 붙은 변압기를 사용하는 경우 옥외 저압 전로는 구내에만 한하고 전선은 케이블이어야 한다. 또, 저압 가공 전선과 특별 가공 전선은 동일 지지물에 시설하여서는 안 된다. 이 경우의 제2종 접지 공사의 접지 저항값은 10 [Ω] 이하이어야 한다 (판단기준 제24조).

【답】③

문제 83 가공직류 전차선 또는 이와 전기적으로 접속하는 조가용선이 가공약전류전선 등과 접근되어 시설되는 경우, 가공 약전류전선 등과의 수평거리는 전차선로의 사용전압이 고압인 경우에는 최소 몇 [m] 이상으로 하면 되는가?

① 1　　　　　② 1.2
③ 1.5　　　　　④ 1.8

가공 직류 전차선과 약전류 전선 등의 혼촉에 의한 위험 방지 시설
(판단기준 제257조)
전차선 또는 이와 전기적으로 접속하는 조가용선이 가공약전류전선
등과의 사이의 수평거리가, 전차 선로의 사용전압이 저압인 경우에
는 1 [m] 이상, **고압인 경우에는 1.2 [m] 이상**이고 또한 수직거리가
수평거리의 1.5배 이하로 할 것 경우　　　　　　　　　**【답】** ②

문제 84	2007년도 3회 문제 81
문제 85	2007년도 2회 문제 84
문제 86	2011년도 2회 문제 99
문제 87	2011년도 2회 문제 81
문제 88	2009년도 1회 문제 89
문제 89	2012년도 1회 문제 95
문제 90	2011년도 3회 문제 83
문제 91	2015년도 2회 문제 98
문제 92	2013년도 1회 문제 91
문제 93	2015년도 3회 문제 91
문제 94	2016년도 3회 문제 91
문제 95	2009년도 3회 문제 87
문제 96	2011년도 3회 문제 95
문제 97	2015년도 1회 문제 92
문제 98	2016년도 2회 문제 95

전기설비 기술기준(개정)과 판단기준에 따라 삭제된
문제가 있어 20문항이 안됩니다.

국가기술자격검정 필기시험 문제

2003년도 전기산업기사 일반검정 제2회

	수검 번호	성 명

자격종목 및 등급(선택분야)	종목코드	시험시간	문제지형별
전기산업기사	2140	2시간 30분	A

1과목 전기자기학

문제 01 강자성체의 자화의 세기 J와 자화력 H 사이의 관계는?

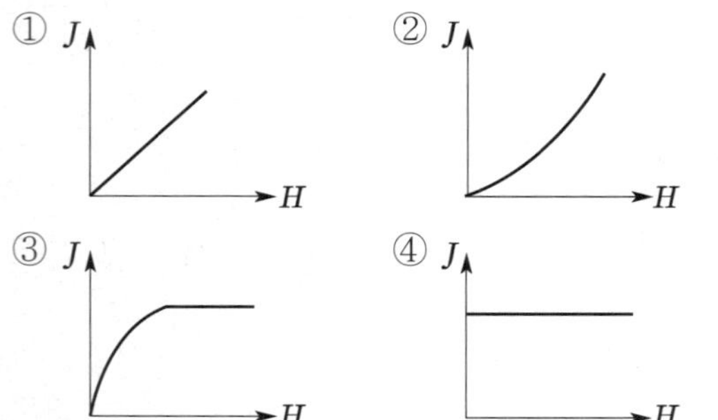

풀이

강자성체의 자화는 천천히 증가하지만 그 **한계를 넘으면 자기 포화**를 일으켜 H의 증가에도 불구하고 J는 일정하게 된다. **[답]** ③

문제 02 무한히 넓은 평면에 면밀도 σ [C/m²]의 전하가 분포되어 있는 경우 전계의 세기는 몇 [V/m]인가?

① $\dfrac{\sigma}{\epsilon_0}$ 　② $\dfrac{\sigma}{2\epsilon_0}$

③ $\dfrac{\sigma}{2\pi\epsilon_0}$ 　④ $\dfrac{\sigma}{4\pi\epsilon_0}$

풀이

무한 평면 전하에서는 전계가 수직으로 발산한다.
원통면을 가우스 표면으로 취하면

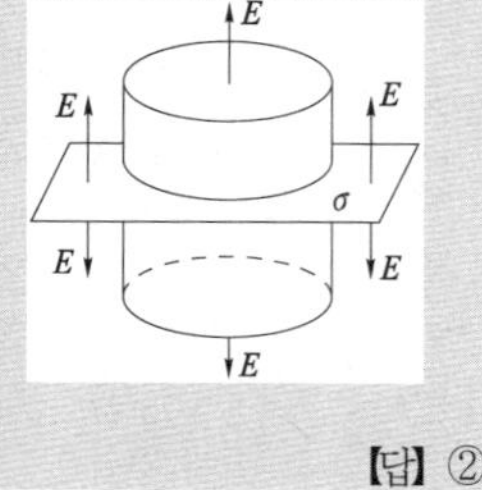

$$\oint_s \boldsymbol{E}\cdot ds = \frac{Q}{\epsilon_0} \text{에서}$$

$$\boldsymbol{E}\times 2s = \frac{\sigma s}{\epsilon_0}$$

$$\therefore \boldsymbol{E} = \frac{\sigma}{2\epsilon_0}$$

[답] ②

문제 03 DC 전압을 가하면 전류는 도선 중심쪽으로 흐르려고 한다. 이러한 현상을 무슨 효과라 하는가?

① Skin 효과　② Pinch 효과
③ 압전기 효과　④ Peltier 효과

풀이

액체 **도체에 전류를 흘리면** 전류의 방향과 수직방향으로 원형 자계가 생겨서 전류가 흐르는 액체에는 **구심력의 전자력이 작용**한다. 그 결과 액체 단면은 수축하여 저항이 커지기 때문에 전류의 흐름은 작게된다. 전류의 흐름이 작게되면 수축력이 감소하여 액체 단면은 원상태로 복귀하고 다시 전류가 흐르게 되어 수축력이 작용한다. 이와 같은 현상을 **핀치효과**라 한다. **[답]** ②

문제 04 정전용량이 0.03 [μF]인 평행판 공기 콘덴서가 있다. 지금 전극판 간격의 1/2 두께인 유리판을 전극에 평행하게 넣으면 용량은 약 몇 [μF]가 되는가? 단, 유리의 비유전율 10이다.

① 0.055　② 0.060
③ 0.155　④ 0.333

풀이

$$C = \frac{2C_0}{1+\dfrac{1}{\epsilon_s}} = \frac{2\times 0.03\times 10^{-6}}{1+\dfrac{1}{10}} = 0.055\,[\mu F]$$

[답] ①

문제 05 그림과 같은 자속 밀도 100 [Wb/m²]의 평등 자계 내에 한 변이 10 [cm]인 정방향 회로가 자계와 직각인 중심축 둘레를 매분 3600 회전할 때 이 회로의 유기 기전력은 몇 [V]인가? 단, 권선수는 1이라고 한다.

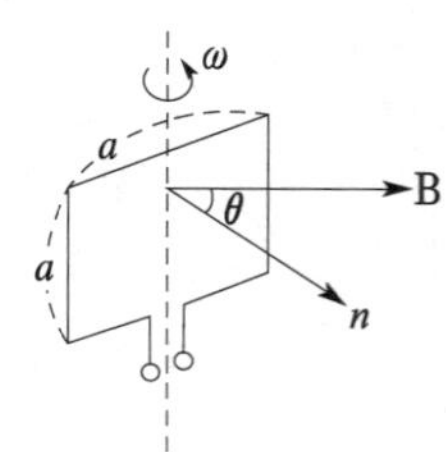

① $60\pi \sin(60\pi t)$
② $60\pi \cos(60\pi t)$
③ $120\pi \sin(120\pi t)$
④ $120\pi \cos(120\pi t)$

풀이

$$e = -\frac{d\phi}{dt} = -\frac{d}{dt}a^2 B\cos\omega t = \omega a^2 B\sin\omega t$$

$$= \frac{2\pi \times 3600}{60} \times (10 \times 10^{-2})^2 \times 100 \times \sin\frac{2\pi \times 3600}{60}t$$

$$= 120\pi \sin 120\pi t \, [\text{V}]$$

【답】③

문제 06 공기 중에 0.1×10^{-6} [C]의 점전하가 있다. 전하 Q에서 거리 $a = 1$[m], $b = 2$[m]에 있는 두 점 a, b 사이의 전위차는 몇 [V]인가?

① 4.5 ② 45
③ 450 ④ 4500

풀이

두 점간의 전위차 V_{ab}는

$$V_{ab} = \frac{Q}{4\pi\epsilon_0}\left(\frac{1}{a} - \frac{1}{b}\right) = 9 \times 10^9 \times 0.1 \times 10^{-6}\left(1 - \frac{1}{2}\right) = 450[\text{V}]$$

【답】③

문제 07 맥스웰 전자 방정식의 설명중 잘못 설명한 것은?

① 폐곡면에 따른 전계의 전적분은 폐곡선내를 통하는 자속의 시간 변화율과 같다.
② 폐곡면을 통해 나오는 자속은 폐곡면 내의 자극의 세기와 같다.
③ 폐곡면을 통해 나오는 전속은 폐곡면내의 전하량과 같다.
④ 폐곡선에 따른 자계의 선적분은 폐곡선내를 통하는 전류와 전속의 시간적 변화율의 화와 같다.

【답】②

문제 08 철심이 든 환상 솔레노이드에서 2000 [AT]의 기자력에 의하여 철심 내에 4×10^{-5} [Wb]의 자속이 통하면 이 철심 내의 자기 저항은 몇 [AT/Wb]가 되겠는가?

① 2×10^7 ② 3×10^7
③ 4×10^7 ④ 5×10^7

풀이

$$R = \frac{F}{\phi} = \frac{NI}{\phi} = \frac{2000}{4 \times 10^{-5}} = 5 \times 10^7 \, [\text{AT/Wb}]$$

【답】④

문제 09 2011년도 1회 문제 19

문제 10 2011년도 1회 문제 09

문제 11 2010년도 1회 문제 09

문제 12 2005년도 2회 문제 03

문제 13 2012년도 1회 문제 16

문제 14 2009년도 2회 문제 10

문제 15 2013년도 3회 문제 07

문제 16 2009년도 2회 문제 13

문제 17 2006년도 2회 문제 07

문제 18 2011년도 2회 문제 20

문제 19 2013년도 1회 문제 14

문제 20 2011년도 1회 문제 16

2과목 전력공학

문제 21 정격 전압 7.2[kV], 정격 차단 용량 250 [MVA]인 3상용 차단기의 정격 차단 전류는 약 몇 [kA]인가?

① 10 ② 20
③ 30 ④ 40

풀이

정격 차단 용량 $= \sqrt{3} \times$ 정격 전압 $\times$ 정격 차단 전류

$$I_s = \frac{250 \times 10^3}{\sqrt{3} \times 7.2} \times 10^{-3} = 20.05[\text{kA}]$$

【답】②

문제 22 가공지선에 대한 설명 중 옳지 않은 것은?

① 가공지선은 일반적으로 아연도금 강연선을 사용한다.
② 가공지선은 뇌해방지를 위하여 1~2조 가선으로 하는 것이 많다.
③ 가공지선의 이도는 전선의 이도보다 크게 한다.
④ 가공지선은 사고시에 고장전류의 일부분이 흐를 경우가 많다.

풀이

가공 지선(over head ground wire)은 송전선 위에 나란히 가설된 도선으로 각 철탑에 접지되어 있으며, 이와 같이 하여 뇌운에 의한 전선로에서의 정전 유도 작용을 차폐할 수 있어 유도뢰에 의한 피해를 줄일 수 있다.

【답】③

문제 23 지중 전선로인 전력 케이블의 고장 검출 방법으로 머리(Murray) 루프법이 있다. 이 방법을 사용하되 교류 전원 수화기를 접속시켜 찾을 수 있는 고장은?

① 1선 지락
② 2선 단락
③ 3선 단락
④ 1선 단선

[답] ④

문제 24 직렬 축전기를 선로에 삽입할 때의 현상으로 옳은 것은?

① 장거리 선로의 인덕턴스를 보상하므로 전압 강하가 많아진다.
② 부하의 역률이 나쁜 선로일수록 효과가 좋다.
③ 수전단의 전압 변동률을 증가시킨다.
④ 정태 안정도가 감소하여도 최대 송전 전력이 커진다.

풀이

직렬 콘덴서의 장·단점
[장점] ① 유도 리액턴스를 보상하고 전압 강하를 감소시킨다.
② 수전단의 전압 변동률을 경감시킨다.
③ 최대 송전 전력이 증대하고 정태 안정도가 증대한다.
④ **부하 역률이 나쁠수록 효과가 크다.**
⑤ 용량이 작으므로 설비비가 저렴하다.
[단점] ① 단락 고장시 콘덴서 양단에 고전압이 걸린다.
② 무부하 변압기에 직렬 콘덴서를 투입하는 경우 선로 전류가 증대한다.
③ 고압 배전선에 설치하는 경우 자기 여자 현상이 일어날 경우가 있다.
④ 과보상이 되면 동기기에 난조가 생기거나 탈조하는 수가 있다.

[답] ②

문제 25 가공 전선로에서 전선의 단위 길이당 중량과 경간이 일정할 때 이도는 어떻게 되는가?

① 전선의 장력에 반비례한다.
② 전선의 장력에 비례한다.
③ 전선의 장력의 2승에 반비례한다.
④ 전선의 장력의 2승에 비례한다.

풀이

$$D = \frac{WS^2}{8T} \qquad D \propto \frac{1}{T}$$

[답] ①

문제 26 수조에 대한 설명으로 옳은 것은?

① 무압 수로의 종단에 있으면 조압 수조, 압력 수로의 종단에 있으면 헤드 탱크라 한다.
② 헤드 탱크의 용량은 최대 사용 수량의 1~2시간에 상당하는 크기로 설계된다.
③ 조압 수조는 부하변동에 의하여 생긴 압력 터널 내의 수격압이 압력 터널에 침입하는 것을 방지한다.
④ 헤드 탱크는 수차의 부하가 급증할 때에는 물을 배제하는 기능을 가지고 있다.

풀이

조압 수조는 수격 작용으로부터 수압관을 보호하는 목적으로 설치되며 용량은 최대 사용 수량의 1~2분에 상당하는 크기로 설계한다.

[답] ③

문제 27 3상 1회선과 대지간의 단위길이당 충전 전류가 0.25 [A/km] 일 때 길이가 18 [km]인 선로의 충전전류는 몇 [A]인가?

① 1.5
② 4.5
③ 13.5
④ 40.5

풀이

충전 전류 $I_c = 0.25\,[\mathrm{A/km}] \times 18\,[\mathrm{km}] = 4.5\,[\mathrm{A}]$

[답] ②

문제 28 퓨즈를 시설하여도 좋은 것은?

① 온기가 있는 토양에 시설한 대지 전압 150 [V] 이하의 전동기 철대의 접지선
② 단상 3선식 100/200 [V]의 실내 전로의 중성선
③ 단상 2선식 100 [V]의 실내 전로의 접지측 전선
④ 3상 4선식 400 [V]의 실내 전로의 접지측 전선

풀이

단상 2선식의 경우 접지측 전선에 Fuse를 삽입해도 좋다. [답] ③

문제 29 2013년도 3회 문제 24
문제 30 2007년도 1회 문제 25
문제 31 2006년도 3회 문제 25
문제 32 2014년도 1회 문제 24
문제 33 2016년도 2회 문제 22
문제 34 2013년도 3회 문제 38
문제 35 2012년도 1회 문제 21
문제 36 2006년도 3회 문제 27

3과목 전기기기

문제 41 2 [kVA], 3000/100 [V]인 단상 변압기의 철손이 200 [W]이면 1차에 환산한 여자 컨덕턴스[℧]는?

① 약 22.2×10^{-6} ② 약 0.067

③ 약 0.073 ④ 약 0.090

풀이

$$g_0 = \frac{P_i}{(V_1')^2} = \frac{200}{3000^2} = 22.2 \times 10^{-6} \ [\text{℧}]$$

【답】①

문제 42 3300/210 [V], 5 [kVA]의 단상 주상 변압기를 승압용 단권 변압기로 접속하고, 1차에 3000 [V]를 가할 때의 출력[kVA]은?

① 약 69   ② 약 76

③ 약 82   ④ 약 84

풀이

$$V_2 = V_1 + \frac{210}{3300} V_1$$
$$= 3000 + \frac{210}{3300} \times 3000$$
$$= 3190 \ [\text{V}]$$

2차 정격 전류

$$I_{2n} = \frac{5 \times 10^3}{210} = 23.8 \ [\text{A}]$$

따라서 2차에 부하할 수 있는 부하 용량[kVA]은

$$\therefore P = 3190 \times 23.8 \times 10^{-3} = 75.92 \ [\text{kVA}]$$

【답】②

문제 43 단상 유도 전동기의 기동 방법 중 가장 기동 토크가 작은 것은?

① 반발 기동형   ② 반발 유도형

③ 콘덴서 분상형   ④ 분상 기동형

풀이

기동 토크의 크기 : 반발 기동형 > 반발 유도형 > 콘덴서 분상형
> 분상 기동형

【답】④

문제 44 용량 3 [kVA], 3000/100 [V]의 단상 변압기를 승압기로 연결하고 1차측에 3000 [V]를 가했을 때 그 부하 용량[kVA]는?

① 76   ② 85

③ 93   ④ 94

풀이

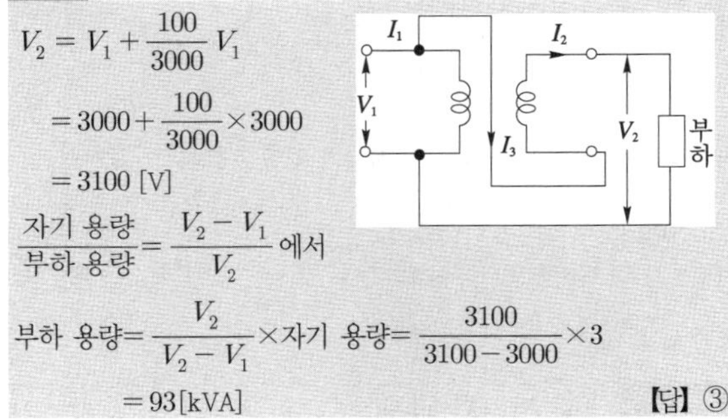

$$V_2 = V_1 + \frac{100}{3000} V_1$$
$$= 3000 + \frac{100}{3000} \times 3000$$
$$= 3100 \ [\text{V}]$$

$$\frac{\text{자기 용량}}{\text{부하 용량}} = \frac{V_2 - V_1}{V_2} \ \text{에서}$$

$$\text{부하 용량} = \frac{V_2}{V_2 - V_1} \times \text{자기 용량} = \frac{3100}{3100 - 3000} \times 3$$
$$= 93 [\text{kVA}]$$

【답】③

문제 45 직류 분권 발전기의 전기자 권선을 단중 중권으로 감으면?

① 병렬 회로수는 항상 2이다.

② 높은 전압, 작은 전류에 적당하다.

③ 균압선이 필요 없다.

④ 브러시 수는 극수와 같아야 한다.

풀이

중권과 파권의 비교

구 분	중권 (병렬권)	파권 (직렬권)
전기자 병렬회로 수 a	$p\,(a = mp)$	$2\,(a = 2m)$
브러시 수 b	p	2
용 도	저전압, 대전류	고전압, 소전류
균압접속	4극 이상	

여기서, p : 극수, m : 다중도

【답】④

문제 46 주상 변압기의 고압측에는 몇 개의 탭을 내놓았다. 그 이유는?

① 변압기의 여자전류를 조정하기 위하여

② 부하 전류를 조정하기 위하여

③ 수전점의 전압을 조정하기 위하여

④ 예비용 단자

풀이

$$a = \frac{N_1}{N_2} = \frac{E_1}{E_2} \ \text{에서} \ E_2 = \frac{N_2}{N_1} \cdot E_1$$

따라서, N_1을 조정하여 변압기 2차측 전압 E_2를 조정할 수 있다.

【답】③

문제 47 동기기의 안정도 향상에 유효하지 못한 것은?

① 관성 모멘트를 크게 할 것

② 단락비를 크게 할 것

③ 속응 여자 방식으로 할 것

④ 동기 임피던스를 크게 할 것

풀이

동기기의 안정도 향상대책

① **동기 임피던스를 작게** 한다.

② 속응 여자 방식을 채택한다.

③ 회전자에 플라이 휠을 설치하여 관성 모멘트를 크게 한다.

④ 정상 임피던스는 작고, 영상, 역상 임피던스를 크게 한다.

⑤ 단락비를 크게 한다.

⑥ 동기 탈조 계전기를 사용한다. 【답】 ④

문제 48 4극 전기자 권선이 단중 중권인 직류 발전기의 전기자 전류가 20 [A]이면 각 전기자 권선의 병렬 회로에 흐르는 전류는?

① 10 [A] ② 8 [A]

③ 5 [A] ④ 2 [A]

풀이

중권에서는 전기자 병렬 회로수 a는 p와 같다. $a = p$

$$i_a = \frac{I_a}{p} [A] = \frac{20}{4} = 5 [A]$$

I_a : 전기자에서 외부에 흐르는 전류, p : 극수

i_a : 병렬 회로에 흐르는 전류 【답】 ③

문제 49 회전수 N[rpm]으로 단자 전압이 E_t[V]일 때, 정격 부하에서 I_a[A]의 전기자 전류가 흐르는 직류 분권 전동기의 전기자 저항이 R_a[Ω]이라고 한다. 이 전동기를 같은 전압으로 무부하 운전할 때 그 속도 N' [rpm]는? 단, 그 전기자 반작용 및 자기 포화 현상 등은 일체 무시한다.

① $\dfrac{N}{E_t - I_a R_a}$ ② $\left(\dfrac{E_t}{E_t - I_a R_a}\right)N$

③ $\left(\dfrac{E_t - I_a R_a}{E_t}\right)N$ ④ $\left(\dfrac{E_t + I_a R_a}{E_t}\right)N$

풀이

정격 부하시의 역기전력 $E_c = E_t - I_a R_a$, Φ는 단자 전압에 비례하고 무부하시의 역기전력 $E_c' = E_t$이다. 무부하시의 회전수 N'는 역기전력에 비례하므로

$$N' = N\frac{E_c'}{E_c} = \left(\frac{E_t}{E_t - I_a R_a}\right)N$$

【답】 ②

문제 50 권선형 유도 전동기의 회전자 권선의 접속을 원심력 개폐기에 의해서 직렬 또는 병렬로 바꾸어 속도를 제어하는 방법은?

① 게르게스법 ② 2차 여자법

③ 2차 저항법 ④ 주파수 변환법

풀이

3상 권선형 전동기의 기동법으로는 기동 저항기(starter)법, 게르게스(Gerges)법 등이 있다. 【답】 ①

4과목 회로이론

문제 61 비정현파 기전력 및 전류의 값이

$$v = 100\sin \omega t - 50\sin(3\omega t + 30°) + 20\sin(5\omega t + 45°) [V]$$

$$i = 20\sin(\omega t + 30°) + 10\sin(3\omega t - 30°) + 5\cos 5\omega t [A]$$

라면, 전력[W]은?

① 763.2 ② 776.4

③ 705.8 ④ 725.6

풀이

i를 변형하면

$$i = 20\sin(\omega t + 30°) + 10\sin(3\omega t - 30°) + 5\sin(5\omega t + 90°)$$

$$\therefore P = V_1 I_1 \cos\theta_1 + V_3 I_3 \cos\theta_3 + V_5 I_5 \cos\theta_5$$

$$= \frac{100}{\sqrt{2}} \cdot \frac{20}{\sqrt{2}} \cos 30° - \frac{50}{\sqrt{2}} \cdot \frac{10}{\sqrt{2}} \cos 60°$$

$$+ \frac{20}{\sqrt{2}} \cdot \frac{5}{\sqrt{2}} \cos 45°$$

$$= \frac{2000}{2} \cdot \frac{\sqrt{3}}{2} - \frac{500}{2} \cdot \frac{1}{2} + \frac{100}{2} \cdot \frac{1}{\sqrt{2}} = 776.4 \,[\text{W}]$$

【답】 ②

문제 62 용량 30 [kVA]의 단상 변압기 2대를 V결선 하여 역률 0.8, 전력 20 [kW]의 평형 3상 부하에 전력을 공급할 때 변압기 1대가 분담하는 피상 전력[kVA]은 얼마인가?

① 14.4 ② 15

③ 20 ④ 30

풀이

변압기 1대가 분담할 피상 전력을 P_a, 부하의 피상 전력을 $P_a{}'$ 이라 하면

$$\sqrt{3}\,P_a = P_a{}'$$

$$\therefore \ P_a = \frac{P_a{}'}{\sqrt{3}} = \frac{P/\cos\theta}{\sqrt{3}} = \frac{20/0.8}{\sqrt{3}} = 14.4 \,[\text{kVA}]$$

【답】 ①

문제 63 $R-L-C$ 직렬 회로에서 일정 각주파수의 전압을 가하여 R만을 변화시켰을 때 R의 어떤값에서 소비 전력의 최대가 되는가?

① $\dfrac{V^2 R}{R^2 + X^2}$ ② $\dfrac{V^2 X}{R^2 + X^2}$

③ $\omega L + \dfrac{1}{\omega C}$ ④ $\omega L - \dfrac{1}{\omega C}$

풀이

최대 전력 전송 조건 : 임피던스 정합 (내부 임피던스 = 외부 임피던스)

그러므로 $R = \omega L - \dfrac{1}{\omega C}$ 이 되어야 한다.

【답】 ④

문제 64 회로의 영상 임피던스 Z_{01} 과 Z_{02} 는 각각 몇 [Ω]인가?

① 9, 5

② 4, 5

③ 6, $\dfrac{10}{3}$

④ 5, $\dfrac{11}{3}$

풀이

$$A = 1 + \frac{4}{5} = \frac{9}{5} \qquad B = 4 \qquad C = \frac{1}{5} \qquad D = 1$$

$$Z_{01} = \sqrt{\frac{\frac{9}{5} \times 4}{\frac{1}{5} \times 1}} = 6, \qquad Z_{02} = \sqrt{\frac{4 \times 1}{\frac{9}{5} \times \frac{1}{5}}} = \frac{10}{3}$$

【답】 ③

문제 65 그림과 같은 회로에 대한 설명으로 잘못된 것은?

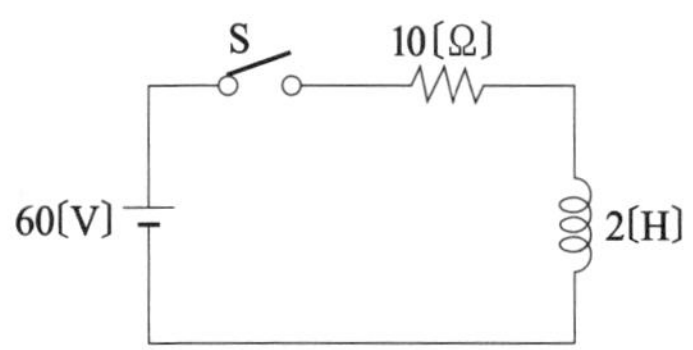

① 이 회로에 시정수는 0.2 [s]이다.

② 이 회로의 정상전류는 6 [A]이다.

③ 이 회로의 특성근은 −5이다.

④ $t = 0$에서 직류 전압 60 [V]를 제거할 때 $t = 0.4$ [s] 시각의 회로의 전류는 5.26 [A]이다.

풀이

① 시정수 $\tau = \dfrac{L}{R} = \dfrac{2}{10} = 0.2\,[\text{sec}]$

② 정상 전류 $I = \dfrac{E}{R} = \dfrac{60}{10} = 6\,[\text{A}]$

③ 특성근 $= -\dfrac{R}{L} = -\dfrac{10}{2} = -5$

④ $i(t) = \dfrac{E}{R} e^{-\frac{R}{L}t} = \dfrac{60}{10} e^{-\frac{10}{2} \times 0.4} = 4.912\,[\text{A}]$

【답】 ④

문제 66	2014년도 1회 문제 74
문제 67	2010년도 1회 문제 67
문제 68	2005년도 1회 문제 63
문제 69	2010년도 3회 문제 72
문제 70	2011년도 2회 문제 75
문제 71	2011년도 2회 문제 65
문제 72	2007년도 3회 문제 68
문제 73	2016년도 1회 문제 66
문제 74	2012년도 2회 문제 62
문제 75	2015년도 2회 문제 76
문제 76	2008년도 3회 문제 69
문제 77	2005년도 1회 문제 64
문제 78	2016년도 1회 문제 79
문제 79	2013년도 3회 문제 74
문제 80	2016년도 3회 문제 72

5과목 전기설비기술기준 및 판단기준

문제 81 발전기를 구동하는 수차의 압유장치의 유압이 현저히 저하한 경우 자동적으로 이를 전로로부터 차단하는 장치를 하여야 한다. 용량 몇 [kVA] 이상인 발전기에 반드시 자동차단장치를 시설하여야 하는가?

① 500 　　② 1000
③ 1500 　　④ 2000

풀이

발전기 등의 보호장치 (판단기준 제47조)
발전기 고장시 자동 차단
① **수차 압유 장치의 유압이 저하 : 500 [kVA] 이상**
② 수차 스러스트 베어링의 온도 상승 : 2000 [kVA] 이상
③ 발전기 내부 고장이 발생 : 10000 [kVA] 이상　　【답】①

문제 82 22.9[kV] 가공 전선로의 다중 접지를 한 중성선은 어느 공사의 규정에 준하여 시설하는가? 단, 중성선 다중 접지식의 것으로서 전로에 지기가 생겼을 때에 2초 이내에 자동적으로 이를 전로로부터 차단하는 장치가 되어 있다고 한다.

① 가공 공동 지선
② 저압 가공 전선
③ 고압 가공 전선
④ 특고압 가공 전선

풀이

다중 접지한 중성선은 저압 가공 전선의 규정에 준하여 시설한다.
(판단기준 제135조)　　【답】②

문제 83 옥내 저압용의 전구선을 시설하려고 한다. 사용 전압이 몇 [V] 이상인 전구선은 옥내에 시설할 수 없는가?

① 250 　　② 300
③ 350 　　④ 400

풀이

옥내 저압용의 전구선의 시설 (판단기준 제197조)
① 전구선 : 전기사용 장소에 시설하는 전선 중 조영물에 고정시키지 아니하는 백열전등에 이르는 전선
② **사용 전압 : 400 [V] 미만**
③ 전선의 종류 : 고무코드 또는 0.6/1[kV] EP고무절연 클로로프렌 캡타이어 케이블로 단면적 $0.75[mm^2]$ 이상으로 하여야 한다.
　　【답】④

문제 84 고압용 기계기구를 시가지에 시설할 때 지표상 몇 [m] 이상의 높이에 시설하고, 또한 사람이 쉽게 접촉할 우려가 없도록 하여야 하는가?

① 4 　　② 4.5
③ 5 　　④ 5.5

풀이

고압용 기계기구의 시설 (판단기준 제36조)
고압용 기계기구를 발전소, 변전소, 개폐소 또는 이에 준하는 곳 외에 시설하는 경우 다음의 경우 이외에는 시설하여서는 안된다.
① 기계기구의 주위에 규정에 준하여 울타리·담 등을 시설하는 경우
　• 울타리·담 등의 높이 : 2 [m] 이상
　• 지표면과 울타리·담 등 의 하단사이의 간격 : 15 [cm] 이하
② 기계기구를 **지표상 4.5 [m] (시가지 외에는 4 [m]) 이상의 높이에** 시설하고 또한 사람이 쉽게 접촉할 우려가 없도록 시설하는 경우
　　【답】②

문제 85 선로의 길이가 10 [km]가 넘는 154 [kV] 가공 전선로에 시설하는 전력 보안 통신용 전화 설비중 적어도 1회선에는 시설되어야 하는 것은?

① 이동 통신 설비
② OW 전선을 사용한 첨가 전화 설비
③ 약전선 반송 전화 설비
④ 전력선 반송 전화 설비

풀이

100 [kV] 이상이고 전화 선로 길이가 10 [km]를 넘는 것에 있어서는 전력 보안 통신용 전화 설비의 전화 회선 중 적어도 1회선은 다음중의 하나로 시설되어야 한다. (판단기준 제153조)
① **전력선 반송 전화 설비**
② 무선 전화 설비
③ 통신용·광섬유 케이블을 사용한 전화 설비　　【답】④

문제 86 농촌 지역에서 고압 가공 전선로에 접속되는 배전용 변압기를 시설하는 경우, 지표상의 높이는 몇 [m] 이상이어야 하는가?

① 3.5 　　② 4
③ 4.5 　　④ 5

풀이

고압용 기계기구의 시설 (판단기준 제36조)
고압용 기계기구를 발전소, 변전소, 개폐소 또는 이에 준하는 곳 외에 시설하는 경우 다음의 경우 이외에는 시설 하여서는 안된다.
① 기계기구의 주위에 규정에 준하여 울타리·담 등을 시설하는 경우
　• 울타리·담 등의 높이 : 2 [m] 이상
　• 지표면과 울타리·담 등 의 하단사이의 간격 : 15 [cm] 이하

② 기계기구를 **지표상** 4.5 [m] (**시가지 외에는** 4 [m]) 이상의 높이에 시설하고 또한 사람이 쉽게 접촉할 우려가 없도록 시설하는 경우

【답】 ②

문제 87	2014년도 1회 문제 97
문제 88	2015년도 1회 문제 83
문제 89	2014년도 3회 문제 96
문제 90	2014년도 2회 문제 85
문제 91	2009년도 1회 문제 84
문제 92	2013년도 2회 문제 87
문제 93	2012년도 1회 문제 95
문제 94	2013년도 1회 문제 92
문제 95	2011년도 1회 문제 96
문제 96	2015년도 3회 문제 96
문제 97	2016년도 2회 문제 96
문제 98	2015년도 2회 문제 83
문제 99	2012년도 3회 문제 82
문제 100	2015년도 2회 문제 87

국가기술자격검정 필기시험 문제

2003년도 전기산업기사 일반검정 제3회

수검 번호	성 명

자격종목 및 등급(선택분야)	종목코드	시험시간	문제지형별
전기산업기사	2140	2시간 30분	A

1과목 전기자기학

문제 01 전위 함수 $V = 2xy^2 + x^2yz^2$[V]일 때 점 $(1, 0, 0)$[m]의 공간 전하 밀도는 몇 [C/m³]인가?

① $-2\epsilon_0$ ② $-4\epsilon_0$

③ $-6\epsilon_0$ ④ $-8\epsilon_0$

풀이

$$\nabla^2 V = \frac{\partial^2 V}{\partial x^2} + \frac{\partial^2 V}{\partial y^2} + \frac{\partial^2 V}{\partial z^2} = 2yz^2 + 4x + 2x^2y = -\frac{\rho}{\epsilon_0}$$

$$[\nabla^2 V]_{x=1, y=0, z=0} = 4 = -\frac{\rho}{\epsilon_0}$$

$$\therefore \rho = -4\epsilon_0 \ [\text{C/m}^3]$$

【답】②

문제 02 평등 자계 내에 수직으로 돌입한 전자의 궤적은?

① 원운동을 하는데, 원의 반지름은 자계의 세기에 비례한다.

② 구면 위에서 회전하고 반지름은 자계의 세기에 비례한다.

③ 원운동을 하고 반지름은 전자의 처음 속도에 반비례한다.

④ 원운동을 하고, 반지름은 자계의 세기에 반비례한다.

풀이

플레밍의 왼손 법칙에 의하여 **전자가 받는 힘은 운동 방향에 수직하므로 전자는 원운동을 한다.** v [m/s]의 속도를 가진 전자가 B[Wb/m²]인 평등 자계에 직각으로 돌입할 때 전자가 받는 힘은 $F = e(v \times B)$, 크기는 $F = evB$

이때의 구심력 $F_0 = \dfrac{mv^2}{r}$ 이고 $F_0 = F$이므로

$$evB = \frac{mv^2}{r} \qquad \therefore r = \frac{mv}{eB} [\text{m}] \propto v$$

【답】④

문제 03 단면적 S[m²], 자로의 길이 l[m], 투자율 μ[H/m]의 환상 철심에 1[m]당 N회 균등하게 코일을 감았을 때 자기 인덕턴스[H]는?

① $\mu N^2 l S$ ② $\mu N l S$

③ $\dfrac{\mu N^2 l}{S}$ ④ $\dfrac{\mu N^2 S}{l}$

풀이

자기 인덕턴스 L은 $L = \dfrac{\mu S(Nl)^2}{l} = \mu N^2 l S$ [H] **【답】①**

문제 04 그림과 같이 권수 1이고 반지름 a[m]인 원형 전류 I[A]가 만드는 중심의 자계의 세기는 몇 [AT/m]인가?

① $\dfrac{I}{a}$ ② $\dfrac{I}{2a}$

③ $\dfrac{I}{3a}$ ④ $\dfrac{I}{4a}$

풀이

$$H_0 = \oint dH = \int_0^{2\pi a} \frac{Idl\sin\theta}{4\pi a^2} = \int_0^{2\pi a} \frac{Idl}{4\pi a^2}$$

$$= \frac{I}{4\pi a^2} \int_0^{2\pi a} dl = \frac{I}{2a} [\text{AT/m}]$$

또는

$$H_x = \frac{I}{2} \cdot \frac{a^2}{(a^2 + x^2)^{3/2}}$$

에서 원형 코일 중심의 자계의 세기 H_0는 $x = 0$이므로

$$\therefore H_0 = \frac{I}{2a} [\text{AT/m}]$$

【답】②

문제 05 자속 밀도 B[Wb/m²] 내에서 전류 I[A]가 흐르는 도선이 받는 힘 [N]을 바르게 표시한 것은?

① $F = Idl \times B$ ② $F = Idl \cdot B$

③ $F = IB/dl$ ④ $F = dl/IB$

자속 밀도 B [Wb/m²]인 자계 내를 흐르는 전류 I [A]의 미소 길이 dl의 부분에 작용하는 힘

$$dF = Idl \times B \, [\text{N}]$$

【답】①

문제 06 진공 중에서 떨어져 있는 두 도체 A, B가 있다. A에만 1[C]의 전하를 줄 때 도체 A, B의 전위가 각각 3, 2[V]였다. 지금 A, B에 각각 2[C], 1[C]의 전하를 주면 도체 A의 전위[V]는?

① 6　　　　　　　　② 7

③ 8　　　　　　　　④ 9

$$V_A = P_{AA}Q_A + P_{AB}Q_B$$
$$V_B = P_{BA}Q_A + P_{BB}Q_B$$
$$Q_A = 1\,[\text{C}], \quad Q_B = 0$$일 때
$$P_{AA} = V_A = 3, \quad P_{BA} = 2\,[\text{V/C}]$$가 되어
$$\therefore V_A = P_{AA}Q_A + P_{AB}Q_B = 3Q_A + 2Q_B$$
$$= 3 \times 2 + 2 \times 1 = 8\,[\text{V}]$$

【답】③

문제 07	2010년도 3회 문제 02
문제 08	2010년도 1회 문제 15
문제 09	2014년도 3회 문제 18
문제 10	2016년도 3회 문제 10
문제 11	2013년도 3회 문제 01
문제 12	2010년도 3회 문제 06
문제 13	2007년도 3회 문제 01
문제 14	2006년도 3회 문제 05
문제 15	2015년도 3회 문제 16
문제 16	2012년도 2회 문제 07
문제 17	2012년도 2회 문제 09
문제 18	2011년도 2회 문제 02
문제 19	2012년도 2회 문제 04
문제 20	2014년도 2회 문제 04

2과목 전력공학

문제 21 주상 변압기에 시설하는 캐치 홀더는 다음 어느 부분에 직렬로 삽입하는가?

① 1차측 양선　　　　② 1차측 1선

③ 2차측 비접지측선　④ 2차측 접지된 선

주상 변압기의 1차측 보호는 프라이머리 컷 아웃(primary cut out), **2차측 보호는 캐치 홀더**(catch holder)이다.

【답】③

문제 22 우리 나라에서 현재 사용되고 있는 송전 전압에 해당되는 것은?

① 150 [kV]　　　　② 220 [kV]

③ 345 [kV]　　　　④ 500 [kV]

송전전압

- 765[kV]　• 345[kV]　• 154[kV]
- 66[kV]　• 22.9[kV]

【답】③

문제 23 다음의 감속재 중 감속비가 가장 큰 것은?

① 경수　　　　　　② 중수

③ 흑연　　　　　　④ 헬륨

감속재로서는 중성자 흡수가 적고 탄성 산란에 의해 감속되는 정도가 큰 것이 좋으며 **중수, 경수, 산화베릴륨, 흑연 등이 사용**된다. 또한 감속재의 성질인 감속능(slowing down power)과 감속비 (moderating ratio)의 값이 클수록 감속재로서 우수하며, **중수의 감속비가 제일 크다.**

【답】②

문제 24 화력 발전소에서 가장 큰 손실은 주로 어떤 손실인가?

① 연돌 배출 가스 손실

② 복수기의 방열손

③ 소내용 동력

④ 터빈 및 발전기의 손실

발전소마다 각 손실의 비가 다르나 복수식 발전소에서는 **복수기 냉각수에 의한 열량**이 가장 크고 석탄 열량의 50~60 [%]에 달한다. 다음에 큰 것은 굴뚝 배출 가스 손실로 10 [%] 정도이다. 【답】②

문제 25 고장점에서 구한 전 임피던스를 Z, 고장점의 성형 전압을 E 라 하면 단락 전류는?

① $\dfrac{E}{Z}$　　　　② $\dfrac{ZE}{\sqrt{3}}$

③ $\dfrac{\sqrt{3}\,E}{Z}$　　　　④ $\dfrac{3E}{Z}$

【답】 ①

문제 26 연간 전력량 E [kWh], 연간 최대 전력 W [kW]인 연부하율은 몇 [%]인가?

① $\dfrac{E}{W}\times100$　　　　② $\dfrac{W}{E}\times100$

③ $\dfrac{8760\,W}{E}\times100$　　　　④ $\dfrac{E}{8760\,W}\times100$

풀이

$$\text{연부하율} = \frac{\text{연간 전력량} / (365\times24)}{\text{연간 최대 전력}}\times100$$
$$= \frac{E}{8760\,W}\times100\,[\%]$$

【답】 ④

3과목 전기기기

문제 41 몰드 변압기(mold transformer)는 변압기 코일을 직접 에폭시(Epoxy)수지로 몰드하는 고체 절연방식의 변압기로 그 절연 방식 중 금형을 사용하는 금형방식의 종류는?

① 프리 프레그 절연법
② 디핑법
③ 부유 경화법
④ 함침법

풀이

금형방식(주형몰드) 으로는 **주형법, 함침법, 함침주형법, FRP 주형법**(신뢰성이 높고, 양산성이 우수하다.) 등이 있으며, 금형방식의 단점을 보완하기 위한 방식 으로 무 금형방식(함침몰드)가 있다.

【답】 ④

문제 42 반도체 사이리스터를 사용하여 위상제어를 하는 것은?

① 2차 저항 제어　　② 1차 저항 제어
③ 전압 제어　　④ 회생 제동

【답】 ③

문제 43 반작용 전동기(reaction motor)의 특성으로 가장 옳은 것은?

① 기동 토오크가 특히 큰전동기
② 전부하 토오크가 큰전동기
③ 여자권선 없이 동기속도로 회전하는 전동기
④ 속도제어가 용이한 전동기

풀이

반작용 전동기는 여자를 주지 않아도 동기 토크를 발생한다.
이와 같은 전동기는 전기 시계, 레코드용 전동기와 같이 소형 전동기에 사용된다.

【답】 ③

문제 44 3300/220 [V], 5 [kVA] 단상변압기의 1차 및 2차 저항이 25 [Ω]과 0.12 [Ω], 리액턴스가 50 [Ω]과 0.24 [Ω]일 때 1차로 환산한 모든 임피던스는?

① 116.3　　　　② 121.4
③ 129　　　　④ 132.6

풀이

권수비 $a = \dfrac{3300}{220} = 15$

$r' = r_1 + r_2' = r_1 + a^2 r_2 = 25 + 0.12 \times 15^2 = 52 \,[\Omega]$

$x' = x_1 + x_2' = x_1 + a^2 x_2 = 50 + 0.24 \times 15^2 = 104 \,[\Omega]$

$\therefore Z' = r' + x' = 52 + j104 = \sqrt{(52)^2 + (104)^2} = 116.27 \,[\Omega]$

【답】①

문제 45 동기 전동기의 V곡선(위상 특성 곡선)의 설명 중 맞는 것은? 단, I는 전기자 전류, I_f는 계자 전류이다.

① 과여자시 I_f를 증가하면 뒤진 역률이 되며 I는 증가

② 과여자시 I_f를 증가하면 앞선 역률이 되며 I는 증가

③ 부족 여자시 I_f를 감소하면 앞선 역률이 되며 I는 감소

④ 부족 여자시 I_f를 감소하면 앞선 역률이 되며 I는 증가

풀이

위상 특성 곡선(V곡선)에서 보는 바와 같이 **여자 전류를 증가시키면 역률은 앞서고 전기자 전류는 증가**한다.

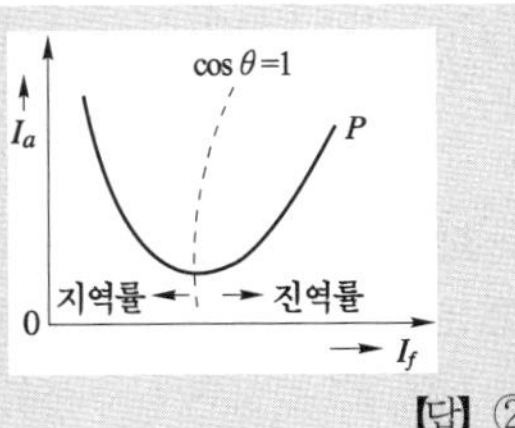

【답】②

문제 46 직류기를 구성하고 있는 3요소는?

① 전기자, 계자, 슬립링

② 전기자, 계자, 정류자

③ 전기자, 정류자, 브러시

④ 전기자, 계자, 보상권선

풀이

직류기의 3요소라 함은 **전기자, 계자, 정류자**를 말한다.　【답】②

4과목　회로이론

문제 61 그림과 같은 Y결선에서 기본파와 제3 고조파 전압만이 존재한다고 할 때 전압계의 눈금이 $V_p = 150[V]$, $V_l = 220[V]$로 나타났다면 제3 고조파 전압 [V]은?

① 약 145.4

② 약 150.4

③ 약 127.2

④ 약 79.9

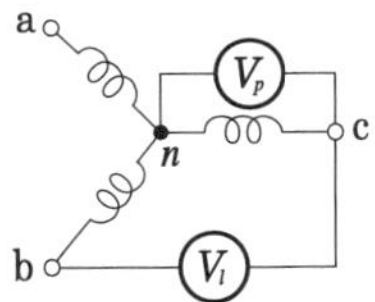

풀이

기본파와 제3 고조파 전압만 존재하므로 상전압 V_p는

$$V_p = \sqrt{V_1^2 + V_3^2}, \quad 150 = \sqrt{V_1^2 + V_3^2} \quad \cdots\cdots ①$$

선간 전압은 제3 고조파분이 존재하지 않으므로

$$V_l = \sqrt{3}\,V_1, \quad 220 = \sqrt{3}\,V_1 \quad \cdots\cdots ②$$

식 ①, ②에서

$$V_1 = \frac{220}{\sqrt{3}} = 127 \,[V]$$

$$V_3 = \sqrt{150^2 - V_1^2} = \sqrt{150^2 - 127^2} = 79.9 \,[V] \qquad 【답】④$$

문제 62 그림과 같은 어떤 정K형 필터가 있다고 할 때 이 필터는?

① 고역 필터

② 저역 필터

③ 대역 필터

④ 대역 소거 필터

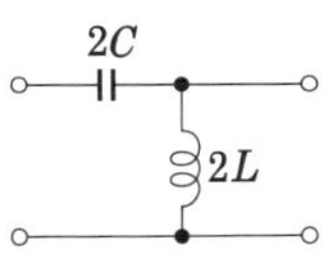

【답】①

문제 63 $\mathcal{L}\left[\dfrac{d}{dt}\sin\omega t\right]$ 의 값은?

① $\dfrac{s^2}{s^2+\omega^2}$ 　　② $\dfrac{-s^2}{s^2+\omega^2}$

③ $\dfrac{\omega s}{s^2+\omega^2}$ 　　④ $\dfrac{\omega}{s^2+\omega^2}$

풀이

실미분의 정리 $\mathcal{L}\left[f'(t)\right]=sF(s)-f(0)$ 에서

$$\mathcal{L}\left[\frac{d}{dt}\cos\omega t\right]=s\cdot\frac{\omega}{s^2+\omega^2}-0=\frac{\omega s}{s^2+\omega^2}$$

【답】③

문제 64 그림과 같은 회로에서 R_2 양단의 전압 E_2 [V]는?

① $\dfrac{R_1}{R_1+R_2}E$

② $\dfrac{R_2}{R_1+R_2}E$

③ $\dfrac{R_1 R_2}{R_1+R_2}E$

④ $\dfrac{R_1+R_2}{R_1\cdot R_2}E$

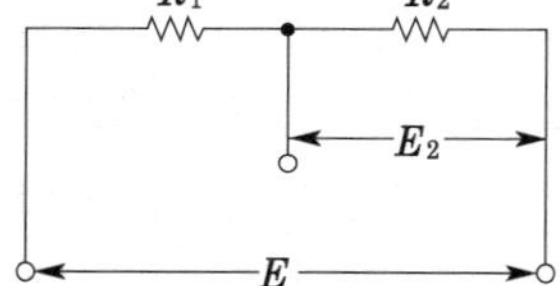

풀이

$E_2 = IR_2$ 이고 $I = \dfrac{E}{R_1+R_2}$

$$E_2 = \frac{E}{R_1+R_2}\times R_2 = \frac{R_2}{R_1+R_2}E$$

【답】②

문제 65 RLC 직렬 회로에서 $L=5\times10^{-3}$[H], $R=100[\Omega]$, $C=2\times10^{-6}$[F]일 때, 이 회로는 어떻게 되는가?

① 진동적이다. 　　② 임계진동이다.

③ 비진동이다. 　　④ 정현파 진동이다.

풀이

진동 여부의 판별식

- $R^2=4\dfrac{L}{C}$: 임계진동　　· $R^2-4\dfrac{L}{C}>0$: 비진동
- $R^2-4\dfrac{L}{C}<0$: 진동　　· $R^2=100^2=10^4$
- $4\dfrac{L}{C}=4\times\dfrac{5\times10^{-3}}{2\times10^{-6}}=10^4$

$\therefore R^2=4\dfrac{L}{C}$ 이므로 임계진동이다.

【답】②

문제 66 반지름 30[cm]인 원판 전극의 간격이 0.2 [cm]인 평행한 콘덴서의 정전용량 $[\mu F]$은? 단, 유전체의 비유전율은 8.0이다.

① 0.04 　　② 0.01

③ 0.02 　　④ 0.03

풀이

$$C=\frac{\epsilon S}{d}=\frac{\epsilon_0\epsilon_s\pi r^2}{d}=\frac{8.85\times10^{-12}\times8\times\pi\times0.3^2}{0.2\times10^{-2}}$$

$$=10^{-8}\,[\text{F}]=0.01\,[\mu\text{F}]$$

【답】②

문제 67 어떤 회로에 전압 $v(t)=V_m\cos(\omega t+\theta)$ 를 가했더니 전류 $i(t)=I_m\cos(\omega t+\theta+\phi)$가 흘렀다. 이때 회로에 유입하는 평균 전력은?

① $\dfrac{1}{4}V_m I_m\cos\phi$ 　　② $\dfrac{1}{2}V_m I_m\cos\phi$

③ $\dfrac{V_m I_m}{\sqrt{2}}$ 　　④ $V_m I_m\sin\phi$

풀이

$P=VI\cos\theta$ 에서 $\theta=\phi$ 이므로

$$P=\frac{V_m}{\sqrt{2}}\cdot\frac{I_m}{\sqrt{2}}\cos\phi=\frac{V_m I_m}{2}\cos\phi$$

【답】②

문제 68 힘 f에 의해 움직이고 있는 질량 M인 물체의 좌표를 y라 할 때 가한 힘에 대한 전달함수는?

① Ms 　　② Ms^2

③ $\dfrac{1}{Ms}$ 　　④ $\dfrac{1}{Ms^2}$

풀이

$$f(t)=M\frac{d^2 y(t)}{dt^2}$$

초기값을 0으로 하고 라플라스 변환하면

$$F(s)=Ms^2 Y(s) \qquad\therefore G(s)=\frac{F(s)}{Y(s)}=\frac{1}{Ms^2}$$

【답】④

문제 69 대칭 n 상 성형 결선에서 선간 전압의 크기는 성형 전압의 몇 배인가?

① $\sin\dfrac{\pi}{n}$ 　　② $\cos\dfrac{\pi}{n}$

③ $2\sin\dfrac{\pi}{n}$ 　　④ $2\cos\dfrac{\pi}{n}$

풀이

$$V_l = 2 V_p \sin \frac{\pi}{n} \qquad \therefore \ \frac{V_l}{V_p} = 2 \sin \frac{\pi}{n}$$

【답】 ③

문제 70 L 및 C를 직렬로 접속한 임피던스가 있다. 지금 그림과 같이 L 및 C의 각각에 동일한 무유도 저항 R을 병렬로 접속하여 이 합성 회로가 주파수에 무관계하게 되는 R의 값을 구하여라.

① $R^2 = \dfrac{L}{C}$

② $R^2 = \dfrac{C}{L}$

③ $R^2 = L \cdot C$

④ $R^2 = \dfrac{1}{LC}$

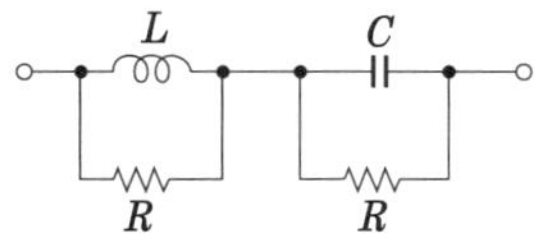

풀이

어떤 회로망의 임피던스가 주파수에 관계없이 항상 일정한 실효 저항이 되는 회로를 정저항 회로라 하며 **정저항 회로의 조건은** $R^2 = \dfrac{L}{C}$ 이다.

【답】 ①

문제 71 대칭분 전압을 $\overline{E_0}$, $\overline{E_1}$, $\overline{E_2}$, 대칭분 전류를 I_0, I_1, I_2라 할때 대칭분으로 표시된 전전력은?

① $3\overline{E_0} I_0 + 3\overline{E_1} I_1 + 3\overline{E_2} I_2$

② $3E_0 I_1 + 3E_1 I_2 + 3E_2 I_0$

③ $E_0 I_0 + E_1 I_1 + E_2 I_2$

④ $E_0 I_1 + E_1 I_2 + E_2 I_0$

풀이

3상 전력은 1상의 전력에 3배가 되어야 한다.

【답】 ①

문제 72	2015년도 3회 문제 68
문제 73	2014년도 2회 문제 69
문제 74	2015년도 1회 문제 79
문제 75	2010년도 2회 문제 65
문제 76	2012년도 3회 문제 62
문제 77	2011년도 3회 문제 72
문제 78	2011년도 3회 문제 64
문제 79	2007년도 2회 문제 68
문제 80	2012년도 2회 문제 75

5과목 전기설비기술기준 및 판단기준

문제 81 특고압 가공전선로의 지지물에 시설하는 통신선 또는 이에 직접 접속하는 통신선이 도로, 횡단보도교, 철도, 궤도 또는 삭도와 교차하는 경우에는 통신선은 지름 몇 [mm]의 경동선이나 이와 동등이상의 세기의 것이어야 하는가?

① 4 　　　　② 4.5

③ 5 　　　　④ 5.5

풀이

통신선이 도로·횡단보도교·철도의 레일 또는 삭도와 교차하는 경우에는 통신선은 지름 4 [mm] 의 절연전선과 동등 이상의 절연 효력이 있는 것, 인장강도 8.01 [kN] 이상의 것 또는 **지름 5 [mm] 의 경동선일 것.** (판단기준 제157조)

【답】 ③

문제 82 고압 가공 케이블을 설치하기 위한 조가용선은 단면적 몇 [mm²]인 아연도 철연선 또는 이와 동등 이상의 세기 및 굵기의 연선을 사용하여야 하는가?

① 8 　　　　② 14

③ 22 　　　　④ 30

풀이

가공 케이블의 시설 (판단기준 제69조)

가공 전선에 케이블을 사용하는 경우에는 다음과 같이 시설한다.

① 케이블은 조가용선에 행거로 시설하며 고압인 경우 행거의 간격을 50 [cm] 이하로 한다.

② 조가용선은 인장 강도 5.93 [kN] 이상의 것 또는 **단면적 22 [mm²] 이상인 아연도철연선**일 것을 사용한다.

③ 조가용선 및 케이블의 피복에 사용하는 금속체에는 제3종 접지공사를 한다.

④ 조가용선을 케이블에 접촉시켜 금속 테이프를 감는 경우에는 20 [cm] 이하의 간격으로 나선상으로 한다.

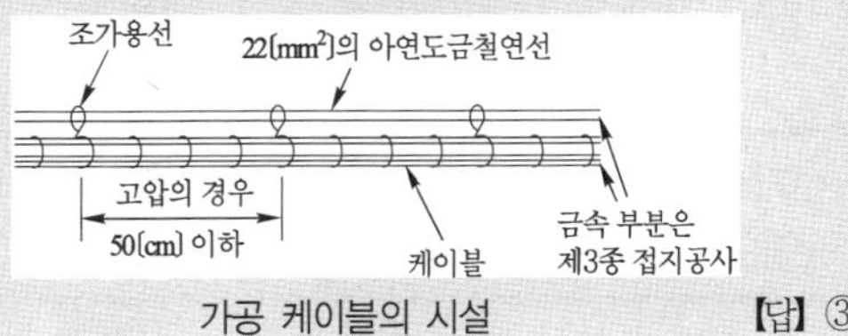

가공 케이블의 시설

【답】 ③

문제 83 플로어 덕트 공사에서 금속제 박스는 강판이 몇 [mm] 이상되는 것을 사용하여야 하는가?

① 1.0 　　　　② 1.2

③ 2.0 　　　　④ 2.5

풀이

금속제의 **플로어 덕트 및 박스** 기타의 부속품은 **두께가 2 [mm] 이상인 강판**으로 제작한 것으로 아연 도금을 하거나 에나멜 등으로 피복하여야 한다. (판단기준 제190조)　**【답】** ③

문제 84 저압의 가공 직류 전차선로의 전선은 특별한 경우를 제외하고 지름 몇 [mm]의 경동선 또는 이와 동등 이상의 세기 및 굵기이어야 하는가?

① 4　　　　　　　　② 5
③ 6　　　　　　　　④ 7

풀이

가공 직류 전차선의 굵기(판단기준 제254조)
• **저압 : 지름 7 [mm]의 경동선**
• 고압 : 지름 7.5 [mm]의 경동선　**【답】** ④

문제 85	2010년도 2회 문제 83
문제 86	2015년도 3회 문제 91
문제 87	2004년도 1회 문제 86
문제 88	2013년도 3회 문제 87
문제 89	2014년도 3회 문제 96
문제 90	2010년도 1회 문제 91
문제 91	2006년도 3회 문제 87
문제 92	2012년도 2회 문제 82
문제 93	2012년도 1회 문제 95
문제 94	2016년도 2회 문제 96
문제 95	2012년도 3회 문제 97
문제 96	2012년도 2회 문제 88
문제 97	2016년도 3회 문제 99
문제 98	2011년도 1회 문제 100

전기설비 기술기준(개정)과 판단기준에 따라 삭제된 문제가 있어 20문항이 안됩니다.

2002년도
전기산업기사 필기

- ▶ 02년 제1회 전기산업기사
- ▶ 02년 제2회 전기산업기사
- ▶ 02년 제3회 전기산업기사

국가기술자격검정 필기시험 문제

2002년도 전기산업기사 일반검정 제1회

수검 번호	성 명

자격종목 및 등급(선택분야)	종목코드	시험시간	문제지형별		
전기산업기사	2140	2시간 30분	A		

1과목 전기자기학

문제 01 공기 중에 $H = 1200$[AT/cm]의 자계와 30°의 각을 이루는 면적 20×40 [cm²]의 사변형 코일을 지나는 자속은 몇 [Wb]인가?

① 1.2×10^{-3} ② 12×10^{-3}

③ 0.6×10^{-3} ④ 6×10^{-3}

풀이

$$\phi = BS\sin\theta = \mu_0 HS\sin 30°$$
$$= 4\pi \times 10^{-7} \times 1200 \times 10^2 \times 20 \times 40 \times 10^{-4} \times \sin 30°$$
$$= 6 \times 10^{-3}\,[\text{Wb}]$$

[답] ④

문제 02 전계 강도 $E = ix + jy + kz$로 표시될 때 반지름 10 [m]의 구면을 통하는 전체 전속 선수는 얼마인가?

① 1.1×10^{-7} ② 2.1×10^{-7}

③ 3.2×10^{-7} ④ 5.1×10^{-7}

풀이

공간 전하 밀도 $\rho = \operatorname{div}\vec{D} = \epsilon \operatorname{div}\vec{E} = 3\epsilon_0$ [C/m³]

$$\therefore Q = \rho v = 3\epsilon_0 \times \frac{4}{3}\pi r^3$$
$$= 3 \times \frac{10^{-9}}{36\pi} \times \frac{4}{3}\pi \times 10^3 = 1.1 \times 10^{-7}\,[\text{C}]$$

[답] ①

문제 03 권수 n, 가로 a [m], 세로 b [m]인 구형 코일이 자속 밀도 B [Wb/m²] 되는 평등 자계 내에서 각속도 ω [rad/s]로 회전할 때 발생하는 유기 기전력의 최대값은?

① $\omega n B$ ② $\omega ab B^2$

③ $\omega nab B$ ④ $\omega nab B^2$

풀이

t [s] 후의 코일과 쇄교하는 자속은
$$\phi = \phi_m \sin\omega t = nab B\sin\omega t$$
유기 기전력은
$$\therefore e = -\frac{d\phi}{dt} = -\omega nab B\cos\omega t = -E_m\cos\omega t\,[\text{V}]$$

[답] ③

문제 04 $E = i\left(\dfrac{x}{x^2 + x^2}\right) + j\left(\dfrac{y}{x^2 + x^2}\right)$인 전계의 전기력선의 방정식을 옳게 나타낸 것은? 단, C 는 상수이다.

① $y = c\ln x$ ② $y = \dfrac{c}{x}$

③ $y = cx$ ④ $y = cx^2$

[답] ③

문제 05 반지름이 각각 2 [m], 3 [m], 4 [m]인 3개의 절연 도체구의 전위가 각각 5 [V], 6 [V], 7 [V]가 되도록 충전한 후 이들을 도선으로 접속할 때의 공통 전위 [V]는?

① $\dfrac{56}{9}$ ② $\dfrac{56}{18}$

③ $\dfrac{36}{24}$ ④ $\dfrac{56}{29}$

풀이

$$V = \frac{Q}{4\pi\epsilon_0 r} = 9 \times 10^9 \frac{Q}{r}\ \text{에서}$$
$$Q_1 = \frac{r_1 V_1}{9 \times 10^9} = \frac{2 \times 5}{9 \times 10^9}\,[\text{C}]$$
$$Q_2 = \frac{r_2 V_2}{9 \times 10^9} = \frac{3 \times 6}{9 \times 10^9}\,[\text{C}]$$
$$Q_3 = \frac{r_3 V_3}{9 \times 10^9} = \frac{4 \times 7}{9 \times 10^9}\,[\text{C}]$$

이므로 도체구를 도선으로 접속할 때의 공통 전위 V는

$$\therefore V = 9 \times 10^9 \times \frac{Q_1 + Q_2 + Q_3}{r_1 + r_2 + r_3}$$

$$= 9 \times 10^9 \times \frac{\frac{1}{9 \times 10^9}(10 + 18 + 28)}{2 + 3 + 4} = \frac{56}{9}\,[\text{V}]$$ 【답】 ①

문제 06	2005년도 1회 문제 04
문제 07	2006년도 3회 문제 07
문제 08	2012년도 3회 문제 08
문제 09	2008년도 2회 문제 03
문제 10	2004년도 3회 문제 08
문제 11	2008년도 3회 문제 01
문제 12	2003년도 1회 문제 07
문제 13	2013년도 1회 문제 05
문제 14	2011년도 2회 문제 16
문제 15	2009년도 2회 문제 07
문제 16	2008년도 1회 문제 04
문제 17	2011년도 3회 문제 20
문제 18	2012년도 3회 문제 02
문제 19	2006년도 1회 문제 05
문제 20	2016년도 2회 문제 03

2과목　전력공학

문제 21 그림과 같이 접속된 콘덴서에 3상 평형 100 [V], 60 [Hz]를 인가했을 때 흐르는 선전류는 30 [A]라 한다. 100 [V], 180 [Hz]의 전압을 인가했을 때 C에 흐르는 전류는 약 몇 [A]인가?

① 40
② 52
③ 56
④ 62

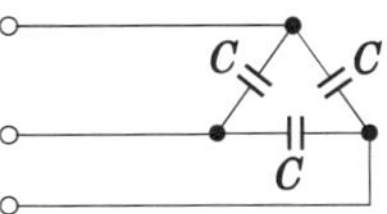

풀이

C에 흐르는 상전류 $I_P = \dfrac{I_l}{\sqrt{3}}$

$I_c = 2\pi f CE$에서 $I_c \propto f$ 이므로

$I_{180} = \dfrac{30}{\sqrt{3}} \times \dfrac{180}{60} = 51.9\,[\text{A}]$ 【답】 ②

문제 22 수전 설비와 병렬로 자가용 발전기가 설치된 회로에서 발전기 쪽으로 전류가 흐를 경우 동작하는 계전기를 자동 제어 기구 번호로 나타내면?

① 51
② 67
③ 80
④ 90

풀이

67 : 전력 방향 계전기 또는 지락 방향 계전기 【답】 ②

문제 23 3상 3선식 1회선의 가공 송전 선로에서 D를 선간 거리, r을 전선의 반지름이라고 하면 1선당 정전 용량 C는?

① $\log_{10}\dfrac{D}{r}$에 비례한다.

② $\log_{10}\dfrac{D}{r}$에 반비례한다.

③ $\dfrac{D}{r}$에 비례한다.

④ $\dfrac{r}{D}$에 비례한다.

풀이

$C_w = \dfrac{0.02413}{\log_{10}\dfrac{D}{r}}\,[\mu\text{F/km}]$이므로 정전 용량은 $\log_{10}\dfrac{D}{r}$에 반비례한다. 【답】 ②

문제 24 원자로에서 고속 중성자를 열중성자로 만들기 위하여 사용되는 재료는?

① 제어재
② 감속재
③ 냉각재
④ 반사재

풀이

- 제어재 : 원자로의 핵분열 반응을 조절하기 위하여 중성자를 흡수할 목적으로 사용
- **감속재** : 핵분열로 발생한 **고속 중성자를 열중성자로 바꾸는 작용**
- 냉각제 : 원자로에서 생긴 열을 노심 밖으로 보내기 위하여 사용되는 열 매체
- 반사재 : 핵분열에 의하여 발생하는 중성자가 외부로 누설되는 것을 원자로 내부로 다시 반사시키는 목적으로 사용 【답】 ②

문제 25 카플란 수차에서 없으면 안 될 것은?

① 백워터 브레이크
② 디플렉터
③ 흡출관
④ 수압 조정기

풀이

카플란 수차는 보통 저낙차 발전소에 설치되는 수차이다. 낙차가 낮으므로 대개 수압 조정기는 없는 것이 보통이다. 백워터 브레이크와 디플렉터는 펠톤 수차에만 필요한 것이다. 따라서 **카플란 수차에 필요한 것은 흡출관** 뿐이다.

【답】③

문제 26 그림과 같은 회로 중 영상 전압을 검출하는 방법은?

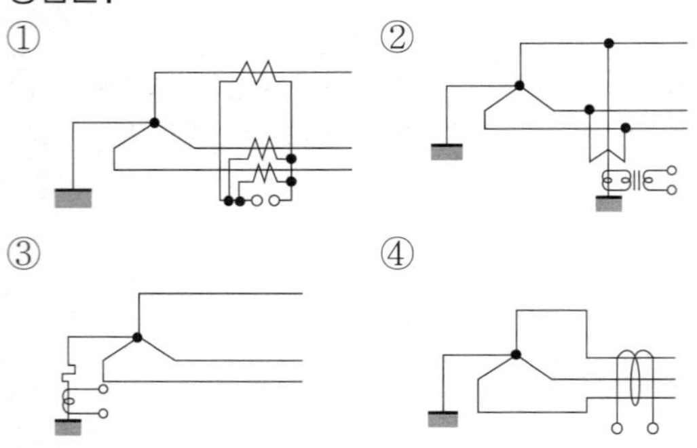

① ② ③ ④

풀이

①, ③, ④는 영상 전류 검출 방법이다.

【답】②

문제 27 기력 발전소의 열효율을 올리는 데 가장 효과적인 것은?

① 포화 증기 가열

② 연소용 공기의 예열

③ 재생 재열 사이클 채용

④ 절탄기의 사용

풀이

기력 발전소의 열효율 향상대책

• 터빈 입구의 증기압력 및 증기온도를 높인다.

• 복수기의 진공도를 높여서 열낙차를 크게한다.

• 재열 사이클과 재생 사이클을 도입한다.

• 절탄기 및 공기예열기를 설치해서 배기가스의 잉여열을 회수한다.

그러나 이중 **가장 효과적인 방법은 재생 재열 사이클을 채택하는 방법**이다.

【답】③

문제 28 3상 송전선의 각 선의 전류가 $I_a = 220 + j50$[A], $I_b = -150 - j300$ [A], $I_c = -50 + j150$ [A]일 때 이것과 병행으로 가설된 통신선에 유기되는 전자 유기 전압의 크기는 약 몇 [V]인가? 단, 송전선과 통신선 사이의 상호 임피던스는 15 [Ω]이다.

① 150

② 1020

③ 1530

④ 2040

풀이

$$E_m = j\omega Ml(I_a + I_b + I_c)$$
$$= j\omega Ml(220 + j50 - 150 - j300 - 50 + j150)$$
$$= 15 \times \sqrt{20^2 + 100^2} = 1530 \text{ [V]}$$

【답】③

문제 29 전력선 반송전화 장치를 송전선에 연락하는 장치로 사용되는 것은?

① 분로 리액터

② 분배기

③ 중계선륜

④ 결합 콘덴서

풀이

결합 콘덴서 : 전력선 반송전화 장치와 송전선의 연결에 사용

【답】④

문제 30 전력 손실을 감소시키기 위한 직접적인 노력으로 볼 수 없는 것은?

① 승압 공사 조기 준공

② 노후 설비 교체

③ 선로 등가 저항 계산

④ 설비 운전 역률 개선

풀이

등가 저항 계산은 직접적인 노력으로 볼 수 없다. 노후설비를 교체, 승압, 역률 개선 등의 결과를 통해 전력 손실을 감소시킬 수 있다.

【답】③

문제 31	2013년도 2회 문제 26
문제 32	2012년도 1회 문제 36
문제 33	2012년도 2회 문제 31
문제 34	2011년도 2회 문제 22
문제 35	2016년도 1회 문제 21
문제 36	2014년도 2회 문제 39
문제 37	2012년도 2회 문제 37
문제 38	2010년도 1회 문제 22
문제 39	2016년도 1회 문제 30
문제 40	2009년도 3회 문제 22

문제 41 유도 전동기의 보호 방식에 따른 종류가 아닌 것은?

① 방진형　　　　　② 방수형

③ 전개형　　　　　④ 방폭형

풀이

회전기의 보호 방식에 전개형이란 없다.　　【답】③

문제 42 10 [HP], 4극 60 [Hz] 3상 유도 전동기의 전 전압 기동 토크가 전부하 토크의 1/3일 때, 탭 전압이 $1/\sqrt{3}$ 인 기동 보상기로 기동하면 그 기동 토크는 전부하 토크의 몇 배가 되겠는가?

① $\dfrac{3}{\sqrt{3}}$ 배　　　　　② $\dfrac{1}{3\sqrt{3}}$ 배

③ $\dfrac{1}{9}$ 배　　　　　④ $\dfrac{1}{\sqrt{3}}$ 배

풀이

토크는 전압의 제곱에 비례하므로 기동 토크 T_s 는

$$\therefore\ T_s = \frac{1}{3}T \times \left(\frac{1}{\sqrt{3}}\right)^2 = \frac{1}{3}T \times \frac{1}{3} = \frac{1}{9}T$$

【답】③

문제 43 가동 복권 발전기의 내부 결선을 바꾸어 분권 발전기로 하자면?

① 내분권 복권형으로 해야 한다.

② 외분권 복권형으로 해야 한다.

③ 분권 계자를 단락시킨다.

④ 직권 계자를 단락시킨다.

풀이

• 복권 발전기를 직권 발전기로 사용 : 분권 계자권선을 개방
• 복권 발전기를 분권 발전기로 사용 : 직권 계자권선을 단락

【답】④

문제 44 용량이 50 [kVA] 변압기의철손이 1 [kW]이고 전부하동손이 2 [kW]이다. 이 변압기를 최대 효율에서 사용하려면 부하를 몇 [kVA]로 인가하여야 하는가?

① 25　　　　　② 35

③ 50　　　　　④ 71

풀이

최대 효율 조건 "동손 = 철손"

즉, $m^2 P_c = P_i$ 에서 $m = \sqrt{\dfrac{P_i}{P_c}} = \sqrt{\dfrac{1}{2}} = 0.707$

$\therefore$ 출력 $P = 0.707 \times 50 = 35.4$ [kVA]　　【답】②

문제 45 실리콘 제어 정류기의 게이트 전류에 관한 설명으로 옳은 것은?

① 게이트의 전류를 증가시키면 순방향 차단 전압은 변함이 없다.

② 게이트 전류를 증가시키면 순방향 차단 전압은 감소한다.

③ 게이트 전류를 감소시키면 브레이크 오버 전압은 감소한다.

④ 게이트 전류를 감소시키면 브레이크 오버 전압은 변함이 없다.

【답】②

문제 46 1000 [rpm]으로 회전할 때 단자 전압이 220 [V], 전기자 전류가 80 [A]인 직류 분권 발전기의 단자 전압과 전기자 전류를 같게 하고, 전동기로 운전할 때의 회전수는 몇 [rpm]인가? 단, 전기자 저항은 0.05 [Ω]이다.

① 964　　　　　② 956

③ 952　　　　　④ 947

풀이

발전기의 경우

$$E = V + I_a R_a = 220 + (80 \times 0.05) = 224\ [V]$$

$E = K\phi N$ 식에서

$$K\phi = \frac{E}{N} = \frac{224}{1000}$$

전동기에서 단자 전압 및 전기자 전류가 같으므로

$$N = \frac{V - I_a R_a}{K\phi} = \frac{220 - (80 \times 0.05)}{\dfrac{224}{1000}} = 964\ [rpm]$$

【답】①

문제 47 3상 전압에서 위상이 틀리는 3상 전압을 얻으려고 할 때 사용할 수 있는 전기기기는?

① 3상 유도 전압 조정기

② 회전 변류기

③ 동기 조상기

④ 3상 직권 정류자 전동기

3상 유도전압조정기의 직렬권선에 유도되는 전압(E_2)은 고정자와 회전자의 관계위치의 변화에 따라 **분로권선 전압(E_1)**에 대한 E_2의 **위상이 변화**한다.

【답】 ①

문제 48 같은 정격 30 [kVA], 3300/200 [V]의 변압기 2대를 그림과 같이 V결선으로 하고 여기에 전 부하 전류를 통하는 저항 R을 Y결선으로 해서 연결했을 때, 이 저항 R [Ω]의 값은?

① 1.15

② 1.07

③ 0.85

④ 0.77

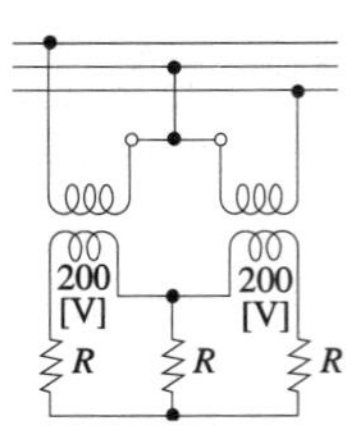

정격 전류 $I_2 = \dfrac{30 \times 10^3}{200} = 150 \,[\text{A}]$

$\therefore R = \dfrac{200}{\sqrt{3} \times 150} = 0.77 \,[\Omega]$

【답】 ④

문제 49 직류 초퍼 제어 방식에서 그 방식에 속하지 않는 것은?

① 펄스 주파수 제어

② 펄스폭 제어

③ 순시값 제어

④ 펄스 파고 제어

【답】 ④

문제 50	2009년도 1회 문제 43
문제 51	2009년도 2회 문제 50
문제 52	2009년도 2회 문제 46
문제 53	2012년도 1회 문제 41
문제 54	2010년도 3회 문제 43
문제 55	2011년도 3회 문제 43
문제 56	2004년도 2회 문제 42
문제 57	2014년도 2회 문제 51
문제 58	2010년도 2회 문제 52
문제 59	2008년도 2회 문제 49
문제 60	2012년도 2회 문제 54

4과목 회로이론

문제 61 그림과 같은 액면계에서 $q(t)$를 입력, $h(t)$를 출력으로 본 전달 함수는?

① $\dfrac{K}{s}$

② Ks

③ $1 + Ks$

④ $\dfrac{K}{1+s}$

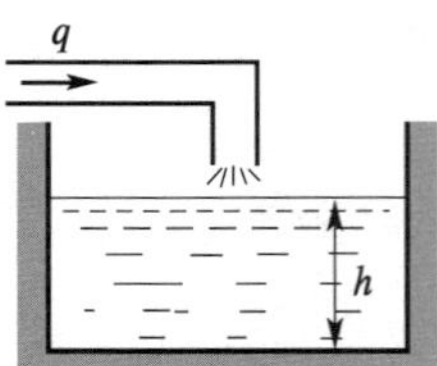

수위계의 단면적을 A 라 하면

$$h(t) = \frac{1}{A} \int q(t)dt \qquad H(s) = \frac{1}{As} Q(s)$$

$$\therefore G(s) = \frac{H(s)}{Q(s)} = \frac{1}{As} = \frac{K}{s}$$

【답】 ①

문제 62 비선형 저항에서의 단자 전압의 파형과 여기에 흐르는 전류의 파형은 일반적으로 어떠한가?

① 동일하다.

② 전혀 다르다.

③ 닮은꼴이 된다.

④ 파형은 같으나 위상차가 있다.

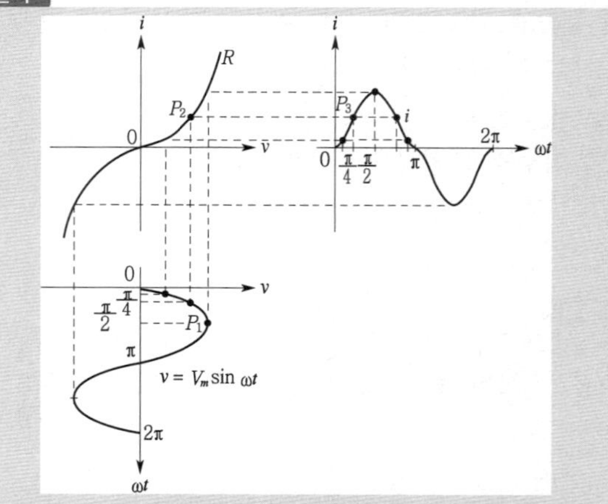

그림과 같이 **비선형 저항** 소자에 정현파 전압 v가 인가되면 회로에 흐르는 전류 i 는 v와 위상차는 없으나 **파형은 정현파가 아닌 왜형파**가 된다.

【답】 ②

문제 63 그림과 같은 파형의 실효값은?

① 47.7

② 57.7

③ 67.7

④ 77.5

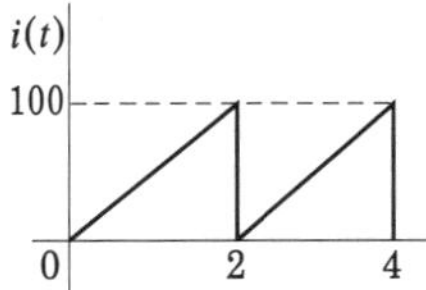

풀이

$$I = \sqrt{\frac{1}{2}\int_0^2 (50t)^2 dt} = \sqrt{\frac{2500}{2}\left|\frac{t^3}{3}\right|_0^2} = \frac{100}{\sqrt{3}} = 57.7[A]$$

【답】 ②

문제 64 어느 회로의 전압과 전류가 각각
$v = 50\sin(\omega t + \theta)$ [V], $\quad i = 4\sin(\omega t + \theta - 30°)$
[A]일 때, 무효 전력[Var]은 얼마인가?

① 100

② 86.6

③ 70.7

④ 50

풀이

$$P_r = \frac{V_m}{\sqrt{2}} \cdot \frac{I_m}{\sqrt{2}}\sin\varphi = \frac{50 \times 4}{2}\sin 30° = 50[Var]$$

【답】 ④

문제 65	2006년도 1회 문제 63
문제 66	2016년도 3회 문제 69
문제 67	2016년도 1회 문제 66
문제 68	2011년도 1회 문제 76
문제 69	2014년도 2회 문제 71
문제 70	2015년도 3회 문제 77
문제 71	2013년도 3회 문제 67
문제 72	2010년도 1회 문제 67
문제 73	2005년도 2회 문제 61
문제 74	2014년도 2회 문제 70
문제 75	2007년도 1회 문제 62
문제 76	2008년도 1회 문제 61
문제 77	2012년도 3회 문제 68
문제 78	2008년도 1회 문제 70
문제 79	2012년도 2회 문제 63
문제 80	2016년도 3회 문제 79

5과목 전기설비기술기준 및 판단기준

문제 81 통신선에 직접 접속하는 옥내 통신 설비를 시설하는 곳에 반드시 하여야 하는 것은? 단, 통신선은 광섬유 케이블을 제외하며, 뇌 또는 전선과의 혼촉에 의하여 사람에게 위험의 우려는 있다고 한다.

① 유도 조절 장치

② 전류 제한 장치

③ 전력 절감 장치

④ 보안 장치

풀이

전력 보안 통신 설비의 보안 장치 (판단기준 제161조)
통신선(광섬유 케이블을 제외한다.)에 직접 접속하는 옥내 통신 설비를 시설하는 곳에는 통신선의 구별에 따라 적합한 보안 장치 또는 이에 준하는 **보안 장치를 시설**하여야 한다. **【답】** ④

문제 82 특고압과 저압의 혼촉에 의한 위험 방지 시설로 가공 공동 지선을 설치하여 4개소에 공통의 2종 접지 공사를 하였다. 각 접지선을 가공 공동 지선으로부터 분리한다면 각 접지선과 대지 사이의 전기 저항은 몇 [Ω] 이하이어야 하는가?

① 37.5

② 75

③ 120

④ 300

풀이

고압 또는 특고압과 저압의 혼촉에 의한 위험 방지 시설
(판단기준 제23조)
가공 공동 지선과 대지간의 **합성 전기저항치는 1 [km]를 지름으로 하는 지역** 안마다 규정된 제2종 접지 공사의 접지저항치를 가지는 것으로 하고 또한 각 접지선을 가공 공동 지선으로부터 분리하였을 경우의 각 **접지선과 대지간의 전기저항치는 300 [Ω]** 이하로 할 것

【답】 ④

문제 83 특고압 전선로에 사용되는 특고압 전선로용의 애자 장치에 대한 갑종 풍압 하중은 그 구성재의 수직 투영 면적 1 [m²]에 대하여 몇 [Pa]을 기초로 하여 계산하여야 하는가?

① 588

② 745

③ 1117

④ 1039

풀이

갑종 풍압 하중 (판단기준 제62조)
• 목주 : 588 [Pa]
• 전선 기타 가섭선 : 745 [Pa]
• 애자 장치(특고압 선로용의 것에 한함) : 1039 [Pa] **【답】** ④

문제 84 지지물로 목주를 사용할 수 없는 보안 공사는?

① 제1종 특고압 보안 공사

② 제2종 특고압 보안 공사

③ 제3종 특고압 보안 공사

④ 고압 보안 공사

풀이

(판단기준 제125조)

지지물종류	표준 경간	저·고압 보안 공사	1종 특고압 보안 공사	2·3종 특고압 보안 공사	특고압 시가지
목주, A종	150	100	×	100	75
B종	250	150	150	200	150
철탑	600	400	400	400	400

즉, 1종 특고압 보안 공사는 목주와 A종 지지물은 사용 불가

【답】 ①

문제 85 가공 전선로의 지지물로 사용할 수 없는 것은?

① 보호주　　　　　② 목주

③ 철주　　　　　④ 철탑

풀이

보호주는 전선로의 지지물이 아니다.　　　**【답】** ①

문제 86 배류 시설에 대한 설명으로 옳은 것은?

① 다른 금속제 지중관로 및 귀선용 궤조에 대한 전식 작용에 의한 장해를 현저히 증가시킬 우려가 없도록 시설한다.

② 배류 시설에는 영상 변류기를 사용하여 전식 작용에 의한 장해를 방지한다.

③ 배류 회로는 배류선과 금속제 지중 관로 및 귀선과의 접속점을 제외하고 대지와 단락시킨다.

④ 배류선을 귀선에 접속하는 위치는 귀선용 궤조의 저항이 증가되는 곳으로 한다.

풀이

배류선(판단기준 제265조)

• **배류 시설**은 다른 금속제 지중 관로 및 귀선용 레일에 대한 **전식 작용에 의한 장해를 현저히 증가시킬 우려가 없도록 시설할 것.**

• 배류 시설에는 선택 배류기를 사용할 것.

• 배류선을 귀선에 접속하는 위치는 귀선용 레일의 전위 분포를 현저히 악화시키지 아니하도록 하고 또한 전기 철도의 자동신호 장치의 기능에 장해가 생기지 아니하도록 정할 것.

• 배류 회로는 배류선과 금속제 지중 관로 및 귀선과의 접속점을 제외하고 대지로부터 절연할 것.　　　**【답】** ①

문제 87 특고압 가공 전선로로부터 기설 가공 전화선로에 상시 정전 유도 장해에 의한 통신상의 장해가 발생되지 않도록 하기 위하여 사용 전압이 60 [kV]를 넘는 경우에는 전화 선로의 길이 40 [km]마다 유도 전류가 몇 [μA]를 넘지 않도록 하여야 하는가?

① 1　　　　　　② 2

③ 3　　　　　　④ 4

풀이

유도 장해 방지(판단기준 제105조)

① 사용 전압이 60 [kV] 이하인 경우에는 전화 선로의 길이 12 [km]마다 유도 전류가 2 [μA]를 넘지 아니할 것

② 사용 전압이 60 [kV]를 넘는 경우에는 전화 선로의 길이 40 [km]마다 유도 전류가 3 [μA]를 넘지 아니할 것　　**【답】** ③

문제 88　2008년도 3회 문제 85

문제 89　2015년도 1회 문제 84

문제 90　2004년도 1회 문제 84

문제 91　2015년도 3회 문제 93

문제 92　2008년도 2회 문제 86

문제 93　2009년도 2회 문제 84

문제 94　2011년도 1회 문제 92

문제 95　2011년도 2회 문제 95

문제 96　2010년도 1회 문제 84

문제 97　2008년도 3회 문제 85

문제 98　2008년도 1회 문제 84

문제 99　2012년도 1회 문제 94

전기설비 기술기준(개정)과 판단기준에 따라 삭제된 문제가 있어 20문항이 안됩니다.

국가기술자격검정 필기시험 문제

	수검 번호	성 명

자격종목 및 등급(선택분야)	종목코드	시험시간	문제지형별
전기산업기사	2140	2시간 30분	A

1과목 전기자기학

문제 01 그림과 같이 반지름 r [m], 중심 간격 d[m]인 평행 원통 도체가 있다. $d \gg r$ 라 할 때 원통 도체의 단위 길이당 정전 용량[F/m]은?

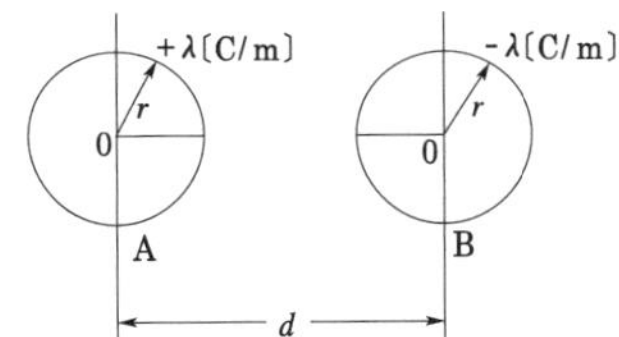

① $\dfrac{2\pi\epsilon_0}{\ln\dfrac{r}{d}}$

② $\dfrac{2\pi\epsilon_0}{\ln\dfrac{d}{r}}$

③ $\dfrac{\pi\epsilon_0}{\ln\dfrac{r}{d}}$

④ $\dfrac{\pi\epsilon_0}{\ln\dfrac{d}{r}}$

풀이

$$C_{AB} = \frac{\pi\epsilon_0}{\ln\dfrac{d-r}{r}} \text{[F/m]}$$

$d \gg r$일 때 $\ln\dfrac{d-r}{r} \fallingdotseq \ln\dfrac{d}{r}$로 되어 $C_{AB} = \dfrac{\pi\epsilon_0}{\ln\dfrac{d}{r}}$ [F/m]

[답] ④

문제 02 1변이 50 [cm]인 정사각형 전극을 가진 평행판 콘덴서가 있다. 이 극판 간격을 5[mm]로 할 때 정전 용량은 얼마인가? 단, 단말 효과는 무시한다.

① 443 [pF]
② 380 [μF]
③ 410 [μF]
④ 0.5 [pF]

풀이

$$C = \frac{\epsilon_0 S}{d} = \frac{8.855 \times 10^{-12} \times (5 \times 10^{-1})^2}{5 \times 10^{-3}} = 443 \times 10^{-12} \text{[F]}$$
$$= 443 \text{[pF]}$$

[답] ①

문제 03 반지름 a [m]인 도체구에 전하 Q [C]이 있을 때, 이 도체구가 유전율 ϵ [F/m]인 유전체에 있다고 하면 이 도체구가 가진 에너지는 몇 [J]인가?

① $\dfrac{Q^2}{2\pi\epsilon a}$

② $\dfrac{Q^2}{4\pi\epsilon a}$

③ $\dfrac{Q^2}{8\pi\epsilon a}$

④ $\dfrac{Q^2}{16\pi\epsilon a}$

풀이

$$W = \frac{1}{2} \times \frac{Q^2}{C} = \frac{1}{2} \times \frac{Q^2}{4\pi\epsilon a} = \frac{Q^2}{8\pi\epsilon a} \text{[J]}$$
$$(\because \text{구의 정전용량 } C = 4\pi\epsilon a)$$

[답] ③

문제 04 비투자율 μ_r인 철심이든 환상 솔레노이드의 권수가 N회, 평균 지름이 d [m], 철심의 단면적이 A [m²]라 할 때, 솔레노이드에 1[A]의 전류가 흐르면, 자속은 몇 [Wb]인가?

① $\dfrac{2\pi \times 10^{-7} \mu_r \, NIA}{d}$

② $\dfrac{4\pi \times 10^{-7} \mu_r \, NIA}{d}$

③ $\dfrac{2 \times 10^{-7} \mu_r \, NIA}{d}$

④ $\dfrac{4 \times 10^{-7} \mu_r \, NIA}{d}$

풀이

$$\phi = \frac{NI}{R_m} = \frac{\mu_0 \mu_r \, ANI}{l} = \frac{4\pi \times 10^{-7} \mu_r \, ANI}{\pi d}$$
$$= \frac{4 \times 10^{-7} \mu_r \, ANI}{d} \text{[Wb]}$$

[답] ④

문제 05 자계의 세기가 2×10^4[AT/m]인 평등 자계 내에서 자계와 30° 각도로 무한장 직선 도체를 놓고 도체에 전류 2[A]를 흘렸을 경우, 도체에 작용하는 단위 길이당의 힘은 몇 [N/m]인가?

① $2\pi \times 10^{-3}$
② $4\pi \times 10^{-3}$
③ $6\pi \times 10^{-3}$
④ $8\pi \times 10^{-3}$

풀이

자속 밀도 $B = \mu H = 4\pi \times 10^{-7} \times 2 \times 10^4 = 8\pi \times 10^{-3}$ [Wb/m^2]
$F = IBl\sin\theta = 2 \times 8\pi \times 10^{-3} \times \sin 30° = 8\pi \times 10^{-3}$ [N/m]

【답】 ④

2과목 전력공학

문제 21 분산 부하의 배전 선로에서 선로의 전력 손실은?

① 전압 강하에 비례한다.
② 전압 강하에 반비례한다.
③ 전압 강하의 자승에 비례한다.
④ 전압 강하의 자승에 반비례한다.

【답】 ③

문제 22 3상용 차단기의 정격 용량 산정은 차단기의 정격 전압과 정격 차단 전류와의 곱을 몇 배한 것을 참고치로 하는가?

① 3
② $\sqrt{3}$
③ 1
④ $\dfrac{1}{\sqrt{3}}$

풀이

정격 차단 용량 $= \sqrt{3} \times$정격 전압$\times$ 정격 차단 전류이므로
$P_c = \sqrt{3}\,VI$

【답】 ②

문제 23 최근 전력 계통에 전력 케이블의 사용이 많아지고 있다. 그래서 계통의 전압 조정 및 보호 방식에 대하여 많은 문제점이 발생하고 있는데, 이들에 대하여 기술한 것 중 옳은 것은?

① 적당한 개소에 분로용 콘덴서를 설치하여 무효 전력을 흡수토록 하고 전압 변동률을 줄인다.
② 계통의 정전 용량이 커져 경부하에서는 페란티 효과(Ferranti effect)로 인하여 전압 상승이 발생할 가능성이 많아진다.
③ 중성점 접지 방식의 경우 종류에 따라서는 고장시 반파의 정류 전류가 흐르고 대지 정전 용량이 커져서 영상 임피던스도 커진다.
④ 접지 사고시 과도 지락 전류가 작아서 지락 보호에 대해서는 가공 선로와 같은 무리를 할 필요가 없다.

풀이

• 페란티 현상 : 수전단 전압이 송전단 전압보다 높아지는 현상
• 원인 : 진상전류(지중화에 따른 정전용량이 큰 케이블의 증가)
• 대책 : 지상전류 공급(분로 리액터, 동기 조상기의 지상 용량)

【답】 ②

문제 24 수차의 조속기가 너무 예민하면?

① 난조를 일으키게 된다.
② 수압 상승률이 크게 된다.
③ 속도 변동률이 작게 된다.
④ 전압 변동이 작게 된다.

풀이

수차의 조속기가 예민하면 난조를 일으키기 쉽다. 발전기 관성 모멘트가 크든가, 또는 자극에 제동권선이 있으면 난조는 방지된다.

【답】 ①

분권전동기의 속도 $N = K\dfrac{V - I_a R_a}{\Phi}$ 에서 **계자 회로만 단선되면** ϕ **가 0이 되어 속도** N**은 급격히 상승하여 위험 속도가** 된다.

【답】②

문제 25 모선의 단락 용량이 10000 [MVA]인 154 [kV] 변전소에서 4 [kV]의 전압 변동폭을 주기에 필요한 조상 설비는 몇 [MVA] 정도 되겠는가?

① 100 ② 160

③ 200 ④ 260

풀이

전압 변동률 $[\%] = \dfrac{Q_c}{P_s} \times 100\,[\%]$ 이므로

$\dfrac{4}{154} \times 100 = \dfrac{Q_c}{10000} \times 100$

$\therefore\ Q_c = 260\,[\text{MVA}]$

(Q_c : 조상 설비 용량, P_s : 모선 단락 용량) 【답】④

문제 26	2006년도 2회 문제 23
문제 27	2005년도 2회 문제 22
문제 28	2006년도 3회 문제 27
문제 29	2013년도 3회 문제 30
문제 30	2007년도 1회 문제 29
문제 31	2010년도 3회 문제 31
문제 32	2003년도 2회 문제 24
문제 33	2011년도 2회 문제 34
문제 34	2012년도 2회 문제 36
문제 35	2012년도 1회 문제 21
문제 36	2011년도 2회 문제 36
문제 37	2010년도 1회 문제 23
문제 38	2013년도 3회 문제 37
문제 39	2012년도 2회 문제 23
문제 40	2013년도 3회 문제 35

3과목 전기기기

문제 41 다음 중 옳은 것은?

① 전차용 전동기는 차동 복권 전동기이다.

② 분권 전동기의 운전 중 계자 회로만이 단선되면 위험 속도가 된다.

③ 직권 전동기에서는 부하가 줄면 속도가 감소한다.

④ 분권 전동기는 부하에 따라 속도가 많이 변한다.

문제 42 수은 정류기에 있어서 정류기의 밸브 작용이 상실되는 현상을 무엇이라 하는가?

① 점호 ② 역호

③ 실호 ④ 통호

풀이

- 점호 : 아크를 발생하여 정류를 개시 하는 것
- **역호** : 밸브 작용을 상실하여 전자가 역류하는 현상
- 실호 : 점호 실패
- 통호 : 아크 유출

【답】②

문제 43 다음은 직류 직권 전동기를 단상 정류자 전동기로 사용하기 위하여 교류를 가했을 때 발생하는 문제점을 열거한 것이다. 옳지 않은 것은?

① 철손이 크다.

② 역률이 나쁘다.

③ 계자 권선이 필요 없다.

④ 정류가 불량하다.

풀이

직류 직권 전동기는 교류 전원을 사용할 수 있으나 자극은 철 덩어리로 되어 있기 때문에 **철손이 크고**, 계자 권선 및 전기자 권선의 인덕턴스 때문에 **역률이 나쁘다**. 또한 브러시에 의해 단락된 전기자 코일 내에 큰 기전력이 유기되어 **정류가 불량**하다는 단점이 있다.

【답】③

문제 44 정격이 동일한 A, B 두 대의 단상 변압기 1,500 [kVA]의 임피던스 전압은 각각 6 [%]와 4 [%]이다. 이것을 병렬로 하면 몇 [kVA]의 부하를 걸 수 있는가?

① 2500 ② 1500

③ 2000 ④ 3000

풀이

$\dfrac{P_a}{Z_b} = \dfrac{P_b}{Z_a} = \dfrac{P}{Z_a + Z_b}$ 에서 **임피던스가 적은 변압기(B 변압기)가 큰 부하를 분담하므로 이것이(B 변압기)1500 [kVA]가 될 때까지 부하를 걸 수 있다.**

즉, $\dfrac{P_b}{6} = \dfrac{P}{4 + 6}$

$$\therefore\ P=\frac{1500}{6}\times10=2500\ [\text{kVA}]$$

【답】 ①

문제 45 유도 전동기의 실부하법에서 부하로 쓰이지 않는 것은?

① 전기 동력계
② 프로니 브레이크
③ 전동 발전기
④ 손실을 알고 있는 직류 발전기

풀이

실부하법에서 부하는 **전기 동력계**, 와전류 제동기, **프로니 브레이크** 및 손실을 알고 있는 **직류 발전기** 등이 사용된다. 　【답】 ③

문제 46 3상 송전선의 수전단에서 전압 3,300 [V], 전류 800[A], 역률 0.8의 지상 전력을 수전하는 경우 동기 조상기를 사용해서 역률을 100 [%]로 개선하고자 한다. 필요한 동기 조상기의 용량 [kVA]은?

① 1,452
② 1,584
③ 2,743
④ 3,200

풀이

$$Q= P(\tan\theta_1 -\tan\theta_2)\ [\text{kVA}]$$
$$= \sqrt{3}\times3300\times800\times0.8\{\tan(\cos^{-1}0.8)-\tan(\cos^{-1}1)\}$$
$$\times10^{-3}$$
$$= 2743.56\ [\text{kVA}]$$

【답】 ③

문제 47	2008년도 3회 문제 43
문제 48	2008년도 1회 문제 41
문제 49	2011년도 2회 문제 51
문제 50	2010년도 2회 문제 56
문제 51	2013년도 1회 문제 44
문제 52	2011년도 2회 문제 59
문제 53	2010년도 1회 문제 54
문제 54	2006년도 2회 문제 51
문제 55	2006년도 2회 문제 53
문제 56	2007년도 2회 문제 44
문제 57	2011년도 3회 문제 58
문제 58	2014년도 1회 문제 57
문제 59	2016년도 1회 문제 44
문제 60	2015년도 2회 문제 55

4과목　회로이론

문제 61 전선 1 [km]당 0.02 [μF]의 정전 용량을 가진 50 [km] 1회선의 3상 전선이 있다. 송전단에서 22 [kV], 60 [Hz]의 대칭 3상 전압을 가할 때의 무부하 충전 용량[kVA]은?

① 162
② 172
③ 182
④ 192

풀이

$$Q=3EI_c =3\times2\pi fC\times\left(\frac{V}{\sqrt{3}}\right)^2=2\pi fCV^2\ \text{에서}$$
$$Q= 2\pi\times60\times0.02\times10^{-6}\times50\times(22\times10^3)^2\times10^{-3}$$
$$= 182.46\ [\text{kVA}]$$

【답】 ③

문제 62 $\mathcal{L}\left[t^2 e^{at}\right]$ 는 얼마인가?

① $\dfrac{1}{(s-a)^2}$
② $\dfrac{2}{(s-a)^2}$
③ $\dfrac{1}{(s-a)^3}$
④ $\dfrac{2}{(s-a)^3}$

풀이

$$\mathcal{L}[t^2 e^{at}]=\mathcal{L}[t^2]_{s=s-a}=\left[\frac{2}{s^3}\right]_{s=s-a}=\frac{2}{(s-a)^3}$$

【답】 ④

문제 63 다음 중 초[s]의 차원을 갖지 않는 것은 어느 것인가? 단, R은 저항, L은 인덕턴스, C는 커패시턴스이다.

① RC
② RL
③ $\dfrac{L}{R}$
④ $\sqrt{LC}$

풀이

- $R-C$ 직렬회로의 시정수 : $\tau= RC$ [sec]
- $R-L$ 직렬회로의 시정수 : $\tau=\dfrac{L}{R}$ [sec]
- $R-L-C$ 직렬회로의
  공진 각주파수 $f_r=\dfrac{1}{2\pi\sqrt{LC}}$, 주기 $T=\dfrac{1}{f}$ [sec] 　【답】 ②

문제 64 비정현파를 여러 개의 정현파의 합으로 표시하는 방법은?

① 키르히호프의 법칙
② 노튼의 정리
③ 푸리에 분석
④ 테일러의 분석

푸리에 분석은 비정현파를 여러 개의 정현파의 합으로 표시한다.

【답】③

문제 65 그림의 4단자 회로에서 단자 ab에서 본 구동점 임피던스 $\dot{Z}_{11}$ [Ω]과 구동점 어드미턴스 $\dot{Y}_{11}$[S]는?

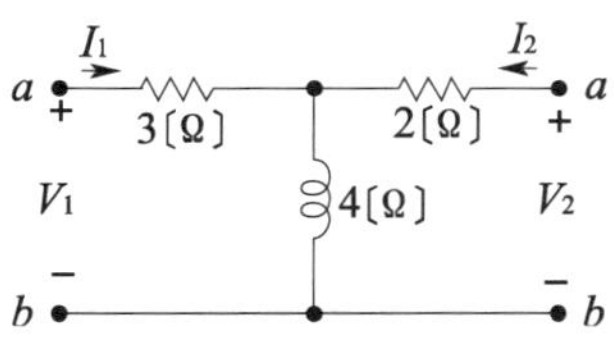

① $3+j4$, $\dfrac{1}{4.6+j0.8}$

② $3+j4$, $2.11+j0.037$

③ $2+j4$, $\dfrac{1}{4.6+j0.8}$

④ $2+j4$, $0.21+j0.037$

$$\bullet\; Z_{11} = \left.\frac{V_1}{I_1}\right|_{I_2=0}$$

$$I_1 = \frac{V_1}{3+j4} \qquad \therefore Z_{11} = \frac{V_1}{\dfrac{V_1}{3+j4}} = 3+j4$$

$$\bullet\; Y_{11} = \left.\frac{I_1}{V_1}\right|_{V_2=0}$$

$$I_1 = \frac{V_1}{3+\dfrac{2\times j4}{2+j4}} = \frac{V_1(2+j4)}{6+j20}$$

$$\therefore Y_{11} = \frac{I_1}{V_1} = \frac{2+j4}{6+j20} = \frac{1}{\dfrac{6+j20}{2+j4}} = \frac{1}{4.6+j0.8}$$

【답】①

문제 66 그림 (a), (b)와 같은 특성을 갖는 전압원은 다음 중 어느 것에 속하는가?

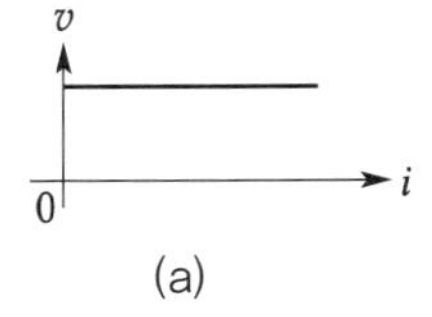 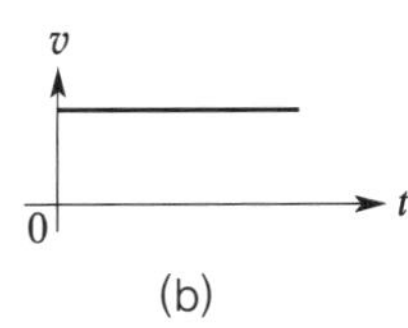

(a)   (b)

① 시변, 선형 소자

② 시불변, 선형 소자

③ 시변, 비선형 소자

④ 시불변, 비선형 소자

【답】④

5과목 전기설비기술기준 및 판단기준

문제 81 교류 단선식 전기 철도에서 전차 선로를 전용 부지 위에 시설하고 전차선을 가공 방식으로 할 때 최대 사용 전압은 몇 [kV] 이하이어야 하는가?

① 18   ② 20

③ 23   ④ 25

전차선로의 시설(기술기준 제46조)
- 직류 전차선로의 사용전압은 저압 또는 고압으로 하여야 한다.
- 교류 전차선로의 공칭전압은 25[kV] 이하로 하여야 한다. 【답】④

문제 82 어떤 규모, 어떤 시설, 어떤 장치가 있더라도 발전소 운전에 필요한 지식 및 기능이 있는 기술원이 상시 감시를 하여야 하는 발전소는?

① 원자력 발전소   ② 수로식 발전소

③ 태양 전지 발전소   ④ 내연력 발전소

기술원이 상시 감시를 하여야 하는 발전소는 원자력 발전소이다.
(판단기준 제55조) 【답】①

문제 83 고압 계기용 변성기의 2차측 전로에는 몇 종 접지 공사를 하는가?

① 제1종   ② 제2종

③ 제3종   ④ 특별 제3종

풀이

계기용 변성기의 2차측 접지(판단기준 제26조)
- **고압 계기용 변성기 : 제3종 접지공사(100[Ω] 이하)**
- 특고압용 계기용 변성기 : 제1종 접지공사(10[Ω]이하) **【답】** ③

문제 84 저압 가공 전선로의 지지물에 시설하는 통신선 또는 이에 직접 접속하는 가공 통신선의 높이는 횡단 보도교의 위에 시설하는 경우에는 그 노면상 최소 몇 [m] 이상으로 시설하면 되는가? (단, 통신선은 절연 전선과 동등 이상의 절연 효력이 있는 것이라고 한다.)

① 3   ② 3.5

③ 4   ④ 4.5

풀이

가공 통신선의 높이(판단기준 제156조)

시설 장소		가공 통신선 [m]	가공전선로의 지지물에 시설	
			고·저압 [m]	특고압 [m]
도로(차도) 위	일반적인 경우	5	6	6
	교통에 지장을 안 주는 경우	4.5	5	
철도 횡단 (레일면 상)		6.5	6.5	6.5
횡단 보도교 위 (노면상)		3	3.5	5
횡단 보도교 위(**절연전선**, 통신용 케이블을 사용)			3	4
기타의 장소 (도로, 철도, 횡단 보도교 이외의 장소)		3.5	4	5

【답】 ①

문제 85 합성 수지 몰드 공사에 의한 저압 옥내 배선의 시설 방법으로 옳은 것은?

① 전선으로는 단선만을 사용하고 연선을 사용하여서는 안된다.

② 전선으로 옥외용 비닐 절연 전선을 사용하였다.

③ 합성 수지 몰드 안에 전선의 접속점을 두기 위하여 합성 수지제의 조인트 박스를 사용하였다.

④ 합성 수지 몰드 안에는 전선의 접속점을 최소 2개소 두어야 한다.

풀이

합성 수지 몰드 공사 (판단기준 제182조)
① 절연 전선(OW 제외)을 **몰드 안에 접속점이 없도록 시설할 것.** 단, 합성수지제의 조인트 박스를 사용하여 접속할 경우에는 예외로 한다.
② 몰드는 홈의 폭 깊이가 3.5 [cm] 이하, 두께 1.2 [mm] 이상일 것. 다만, 사람이 쉽게 접촉할 우려가 없도록 하는 경우는 폭을 5 [cm] 이하로 할 수 있다. **【답】** ③

문제 86	2016년도 2회 문제 99
문제 87	2014년도 3회 문제 82
문제 88	2013년도 2회 문제 89
문제 89	2015년도 1회 문제 98
문제 90	2015년도 1회 문제 88
문제 91	2011년도 3회 문제 95
문제 92	2012년도 3회 문제 86
문제 93	2016년도 1회 문제 94
문제 94	2010년도 1회 문제 83
문제 95	2009년도 1회 문제 89
문제 96	2012년도 3회 문제 93
문제 97	2011년도 2회 문제 97
문제 98	2012년도 1회 문제 92
문제 99	2009년도 3회 문제 83
문제 100	2008년도 3회 문제 83

2002년도 전기산업기사 일반검정 제3회

	수검 번호	성 명

자격종목 및 등급(선택분야)	종목코드	시험시간	문제지형별
전기산업기사	2140	2시간 30분	A

1과목 전기자기학

문제 01 반지름 a인 원주 대전체에 전하가 균등하게 분포되어 있을 때 원주 대전체의 내외 전계의 세기 및 축으로부터의 거리와 관계되는 그래프는?

① 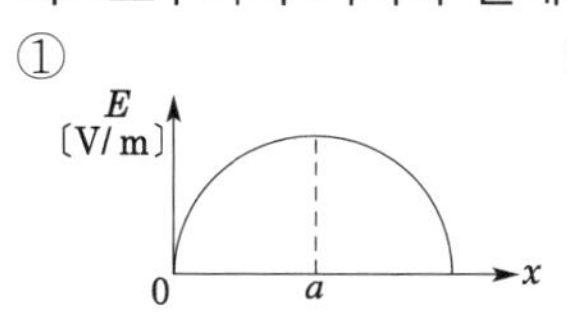
② 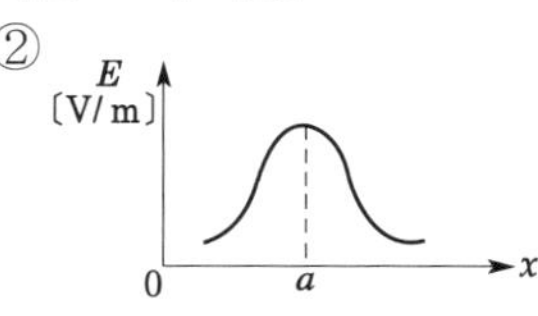
③ 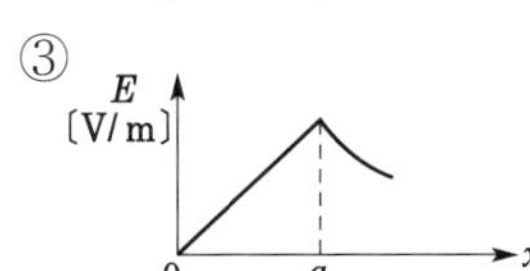
④ 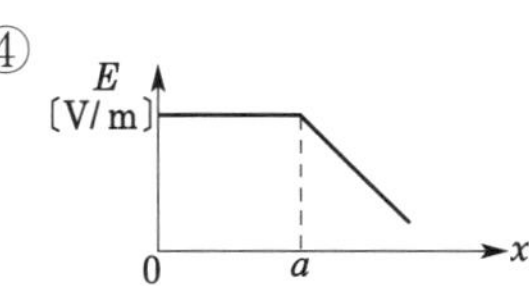

풀이

원주 대전체에 전하가 균등하게 분포된 경우

• 원주 내부 $E_i = \dfrac{r\rho}{2\pi\epsilon_0 a^2} \propto r$

• 원주 외부 $E = \dfrac{\rho}{2\pi\epsilon_0 r} \propto \dfrac{1}{r}$

[답] ③

문제 02 두 유전체의 경계면에 대한 설명 중 옳지 않은 것은?

① 전계가 경계면에 수직으로 입사하면 두 유전체 내의 전계의 세기가 같다.

② 경계면에 작용하는 맥스웰 변형력은 유전율이 큰 쪽에서 작은 쪽으로 끌려가는 힘을 받는다.

③ 유전율이 작은 쪽에서 전계가 입사할 때 입사각은 굴절각보다 작다.

④ 전계나 전속 밀도가 경계면에 수직으로 입사하면 굴절하지 않는다.

풀이

• 경계면 수직 입사$(\theta_1 = 0°)$ 시 **전계는 불연속**이다. $(E_1 < E_2)$

$D_1 = \epsilon_1 E_1$, $D_2 = \epsilon_2 E_2$ 이므로 $D_1 = D_2$ 인 경우 $\epsilon_1 E_1 = \epsilon_2 E_2$ 가 성립하는데 $\epsilon_1 \neq \epsilon_2$ 인 경우 $E_1 \neq E_2$ 이다. 즉, 전계의 세기는 크기가 같지 않다(불연속이다).

[답] ①

문제 03 그림과 같은 반지름 a[m]인 원형 코일에 I[A]가 흐르고 있다. 이 도체 중심축상 x[m]인 점 P의 자위[AT]는?

① $\dfrac{I}{2}\left(1 - \dfrac{x}{\sqrt{a^2 + x^2}}\right)$

② $\dfrac{I}{2}\left(1 - \dfrac{a}{\sqrt{a^2 + x^2}}\right)$

③ $\dfrac{I}{2}\left(1 - \dfrac{x^2}{(a^2 + x^2)^{3/2}}\right)$

④ $\dfrac{I}{2}\left(1 - \dfrac{a^2}{(a^2 + x^2)^{3/2}}\right)$

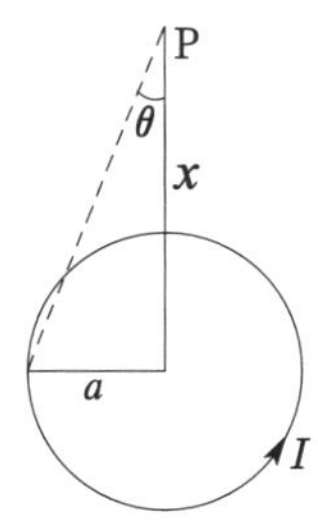

풀이

그림과 같이 점 P에서 코일 AB를 바라보는 입체각 ω는

$$\omega = 2\pi(1 - \cos\theta)$$

이므로 자위는

$$U_m = \dfrac{I}{4\pi}\omega = \dfrac{I}{4\pi} \cdot 2\pi(1 - \cos\theta)$$

$$= \dfrac{I}{2}\left(1 - \dfrac{x}{\sqrt{a^2 + x^2}}\right) \text{[AT]}$$

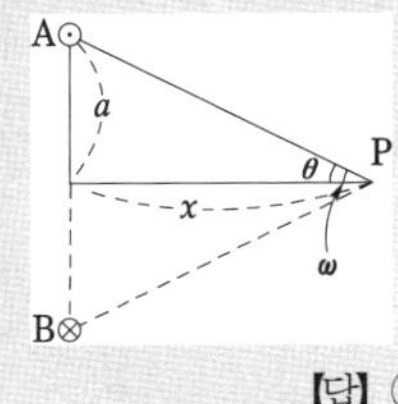

[답] ①

문제 04 1[cm]당 권수 50인 무한 길이 솔레노이드에 10[mA]의 전류가 흐르고 있을 때 솔레노이드 외부 자계의 세기[AT/m]를 구하면?

① 0
② 5
③ 10
④ 50

풀이

- 무한장 솔레노이드 내부의 자계 $H_i = nI$ [AT/m]
  (위치에 관계없는 평등자계)
- 무한장 솔레노이드 **외부의 자계** $H_o = 0$ [AT/m] 【답】①

문제 05

자유 공간의 고유 임피던스 $\sqrt{\dfrac{\mu_0}{\epsilon_0}}$ 의 값은 몇 [Ω]인가?

① 60π　　　　　② 80π
③ 100π　　　　④ 120π

풀이

$$Z_0 = \frac{E}{H} = \sqrt{\frac{\mu_0}{\epsilon_0}} = \sqrt{\frac{4\pi \times 10^{-7}}{\frac{1}{36\pi \times 10^9}}} = \sqrt{144\pi^2 \times 100} = 120\pi$$

【답】④

문제 06

비투자율 $\mu_s = 1000$인 매질 속에 무한대인 직선 도체가 있다. 여기에 전류 $I = 10$ [A]가 흐르고 있을 때 도체에서 수직거리 10 [m] 떨어진 점의 자속 밀도는 몇 Gauss 인가?

① 1　　　　　② 2
③ 3　　　　　④ 4

풀이

$$H = \frac{I}{2\pi r} \text{ [AT/m] }, \; 1[\text{Wb/m}^2] = 10^4 \text{ [Gauss]}$$

$$\therefore B = \mu_0 \mu_s H = \mu_0 \mu_s \times \frac{I}{2\pi r} \times 10^4$$

$$= 4\pi \times 10^{-7} \times 1000 \times \frac{10}{2\pi \times 10} \times 10^4 = 2 \text{ [Gauss]}$$ 【답】②

문제 07

자유 공간에서 z 방향으로 진행하는 평면 전자파로 옳지 않은 것은?

① 전파 및 자파의 z 성분이 없다.
  $(E_z = 0, H_z = 0)$

② x 에 관한 전파의 1차 도함수가 영이다. $\left(\dfrac{E}{x} = 0\right)$

③ y 에 관한 자파의 1차 도함수가 영이다. $\left(\dfrac{H}{y} = 0\right)$

④ z 에 관한 자파의 1차 도함수가 영이다. $\left(\dfrac{E}{z} = 0\right)$

【답】④

문제 08

권수 3000회인 공심 코일의 자기 인덕턴스는 0.06 [mH]이다. 자기 인덕턴스를 0.135 [mH]로 하자면 권수는 몇 회로 하면 되는가?

① 3500　　　　　② 4500
③ 5500　　　　　④ 6750

풀이

$$L = \frac{N^2}{R_m} \text{ [H]에서 } N \propto \sqrt{L}$$

$$\therefore N' = \sqrt{\frac{L'}{L}} \, N = \sqrt{\frac{0.135}{0.06}} \times 3000 = 4500 \text{ [회]}$$ 【답】②

문제 09

내구의 반지름이 a[m]이고, 외구의 내반지름이 b[m], 외반지름이 c[m]인 두 개의 동심구 도체의 내구에 Q[C], 외구에 $-Q$[C]의 전하를 주었다면, 중심에서 $r\,(>c)$[m]만큼 떨어진 도체 밖의 점 P의 전계는 몇 [V/m]인가?

① $\dfrac{Q}{4\pi\epsilon_0 r^2}$　　　　② $\dfrac{Q}{4\pi\epsilon_0 r}$

③ $\dfrac{Q}{2\pi\epsilon_0 r^2}$　　　　④ 0

【답】④

문제 10	2011년도 3회 문제 08
문제 11	2009년도 2회 문제 12
문제 12	2004년도 3회 문제 08
문제 13	2013년도 1회 문제 09
문제 14	2006년도 1회 문제 01
문제 15	2006년도 2회 문제 06
문제 16	2016년도 3회 문제 09
문제 17	2009년도 2회 문제 05
문제 18	2009년도 2회 문제 02
문제 19	2002년도 1회 문제 04
문제 20	2015년도 3회 문제 02

문제 21 우리나라에서 가장 많이 사용하는 현수 애자의 표준은 몇 [mm]인가?

① 160 ② 250

③ 280 ④ 320

풀이

현수 애자는 180[mm], 254[mm](편의상 250[mm]라 부른다.), 280[mm], 320[mm] 등이 있으며, **일반적으로 250[mm] 애자를 사용**한다. 【답】②

문제 22 이상 전류가 흐르는 경우 투입과 차단을 모두 할 수 없는 것은?

① 차단기 ② 단로기

③ 퓨즈 ④ 접지 스위치

풀이

• 차단기(Breaker) : 아크 소호능력이 있어 부하전류나 사고전류의 차단이 가능
• 스위치(Switch) : 아크 소호능력이 없어 부하전류나 사고전류의 차단이 불 가능
• **단로기(DS)는 스위치 이므로 아크 소호 능력이 없어 부하 전류의 개폐를 하지 못한다.** 【답】②

문제 23 차단기의 정격 투입 전류는 정격 차단 전류(실효값)의 몇 배를 표준으로 하는가?

① 1.5 ② 2.5

③ 3.5 ④ 5

풀이

차단기의 **정격 투입 전류**란 성능에 지장 없이 투입할 수 있는 전류의 한도를 말하며, 투입 전류의 최초 주파수에서의 최대값으로 나타낸다. 크기는 **정격 차단 전류(실효값)의 2.5배를 표준**으로 한다. 【답】②

문제 24 그림과 같은 단상 2선식 배전 선로에서 부하단자 전압 V_2[V]는? 단, 왕복선의 $r_1 = 1[\Omega]$, $x_1 = 2[\Omega]$, $r_2 = 2[\Omega]$, $x_2 = 4[\Omega]$이다.

① 3241

② 3254

③ 3347

④ 3360

풀이

$$V_r = V_s - I(R\cos\theta + X\sin\theta) \text{에서}$$
$$V_1 = V_s - [r_1(I_1\cos\theta_1 + I_2\cos\theta_2) + X_1(I_1\sin\theta_1 + I_2\sin\theta_2)]$$
$$= 3500 - [1\times(50\times0.8 + 30\times0.9)$$
$$+ 2\times(50\times0.6 + 30\times\sqrt{1-0.9^2}]$$
$$= 3346.8[V]$$
$$V_2 = 3346.8 - (2\times30\times0.9 + 4\times30\times\sqrt{1-0.9^2}) = 3240.5[V]$$
【답】①

문제 25 표시선 계전 방식이 아닌 것은?

① 전압 반향 방식(opposite voltage system)

② 방향 비교 방식(directional comparison)

③ 전류 순환 방식(circulating current system)

④ 반송 계전 방식(carrier-pilot relaying)

풀이

표시선 계전 방식의 종류
① 동작 원리별 분류
  • 방향 비교 방식 : 전류 순환 방식, 전압 방향 방식
  • 전압 반향 방식
  • 전류 순환 방식
② 통신 수단에 의한 분류
  • Wire Pilot
  • Carrier Pilot (30~300 [kc])
  • Micro Wave Pilot (900~6000 [Mc]) 【답】④

문제 26 송전단 전압, 전류를 각각 E_s, I_s 수전단의 전압, 전류를 각각 E_r, I_r 이라 하고 4단자 정수를 A, B, C, D 라 할 때 다음 중 옳은 식은?

① $\begin{cases} E_s = AE_r + BI_r \\ I_s = CE_r + DI_r \end{cases}$ ② $\begin{cases} E_s = CE_r + DI_r \\ I_s = AE_r + BI_r \end{cases}$

③ $\begin{cases} E_s = BE_r + AI_r \\ I_s = DE_r + CI_r \end{cases}$ ④ $\begin{cases} E_s = DE_r + CI_r \\ I_s = BE_r + AI_r \end{cases}$

【답】①

문제 27 2013년도 2회 문제 23

문제 28 2011년도 2회 문제 36

문제 29 2011년도 1회 문제 36

문제 30 2012년도 1회 문제 25

문제 31 2014년도 1회 문제 33

문제 32 2016년도 3회 문제 22

문제 33 2011년도 1회 문제 24

3과목 전기기기

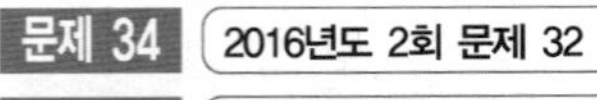

문제 41 병렬 운전하는 두 동기 발전기 사이에 그림과 같이 동기 검정기가 접속되었을 때 상회전 방향이 일치되어 있다면?

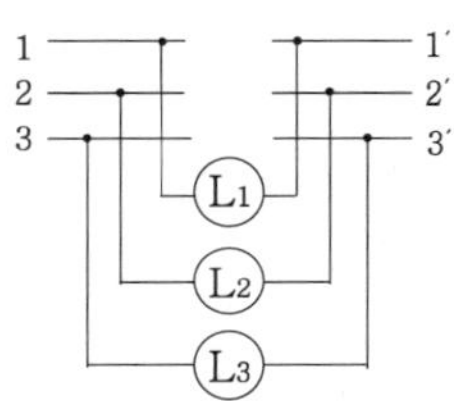

① L_1, L_2, L_3이 모두 어둡다.
② L_1, L_2, L_3 모두 밝다.
③ L_1, L_2, L_3 순서대로 명멸한다.
④ L_1, L_2, L_3 모두 점등되지 않는다.

풀이
상회전 방향이 일치된 경우에는 L_1, L_2, L_3 모두 점등되지 않고 상회전 방향이 서로 반대되면 L_1, L_2, L_3의 순서로 명멸한다.
【답】 ④

문제 42 무부하 운전 중의 동기 전동기에 일정 부하를 거는 경우에 발생하는 속도 N의 변화를 나타내는 곡선은?

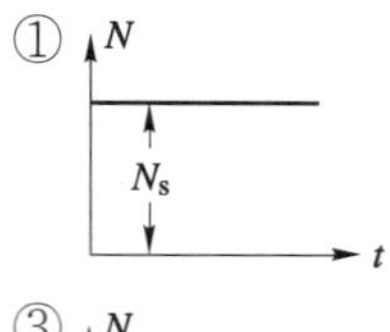
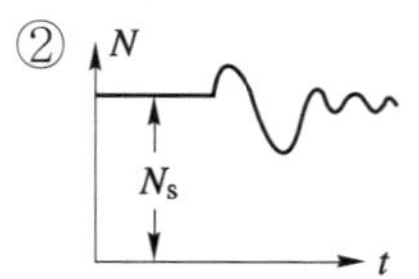
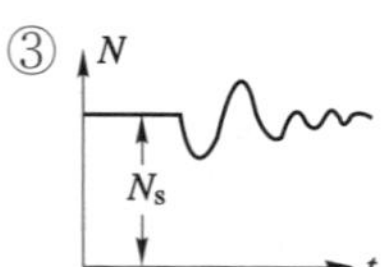
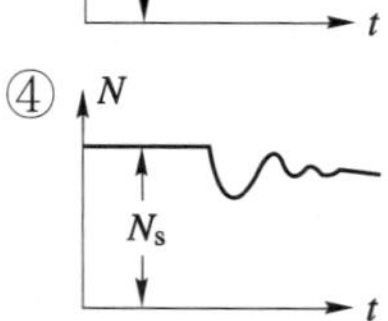

풀이
부하가 증가하면 속도가 떨어지고, 난조가 발생하여 진동하나 곧 동기 속도로 안정된다.
【답】 ③

문제 43 그림은 3상 유도 전동기의 1차에 환산한 1상 당 등가 회로이다. 2차 저항은 $r_2 = 0.02$, 2차 리액턴스 $x_2 = 0.06$ [Ω]이다. 슬립 5 [%]일 때 등가 부하 저항 R'의 값[Ω]은? 단, 권수비 $\alpha = 4$, 상수비 $\beta = 1$ 이다.

① 4.23
② 6.08
③ 7.25
④ 8.22

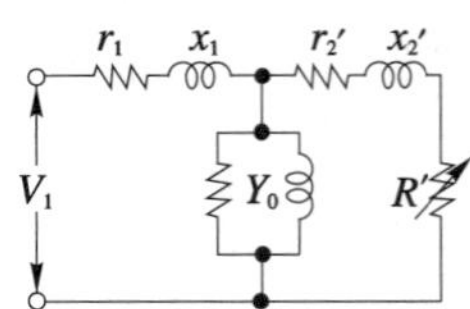

풀이
$$R' = \frac{1-s}{s} r_2' = \frac{1-s}{s}(\alpha^2 \beta r_2) = \frac{1-0.05}{0.05} \times (4^2 \times 0.02)$$
$$= 6.08 \,[\Omega]$$
【답】 ②

문제 44 직류 발전기의 병렬 운전에서 균압 모선을 필요로 하지 않는 것은?
① 분권 발전기
② 직권 발전기
③ 평복권 발전기
④ 과복권 발전기

풀이
직권 계자 권선이 있는 발전기의 병렬 운전시는 안정된 운전을 위하여 균압 모선이 필요하다.
【답】 ①

문제 45 단상 50 [Hz], 전파 정류 회로에서 변압기의 2차 상전압 100 [V], 수은 정류기의 전호 강하 15 [V]에서 회로 중의 인덕턴스는 무시한다. 외부 부하로서 기전력 60 [V], 내부 저항 0.2[Ω]의 축전지를 연결할 때 평균 출력을 구하여라.

① 5625
② 7425
③ 8385
④ 9205

풀이
직류 평균 전압 E_d는,
$$E_d = \frac{2\sqrt{2}}{\pi} E - e_a = \frac{2\sqrt{2}}{\pi} \times 100 - 15 = 75 \,[V]$$
평균 부하 전류 I_d는,
$$I_d = \frac{E_d - 60}{0.2} = \frac{75 - 60}{0.2} = 75 \,[A]$$
평균 출력 P_0는,
$$\therefore P_0 = E_d I_d = 75 \times 75 = 5625 \,[W]$$
【답】 ①

문제 46

자기 용량 20 [kVA]의 단권 변압기를 사용하여 배전선 전압 6000 [V]를 6600 [V]로 승압할 때 역률 80 [%]의 부하 몇 [kW]까지 걸 수 있는가?

① 220 　② 196

③ 176 　④ 156

풀이

$$w = 20\,[\text{kVA}], \quad V_l = 6000\,[\text{V}], \quad V_h = 6600\,[\text{V}]$$

$$W = \frac{w}{\dfrac{V_h - V_l}{V_h}} = \frac{20}{\dfrac{6600 - 6000}{6600}} = 220\,[\text{kVA}]$$

$$\therefore\ 220 \times 0.8 = 176\,[\text{kW}]$$

【답】③

문제 47

정격이 300 [kVA], 6600/2200 [V]인 단권 변압기 2대를 V결선으로 해서, 1차에 6600 [V]를 가하고, 전부하를 걸었을 때의 2차측 출력[kVA]은? 단, 손실은 무시한다.

① 약 519

② 약 487

③ 약 425

④ 약 390

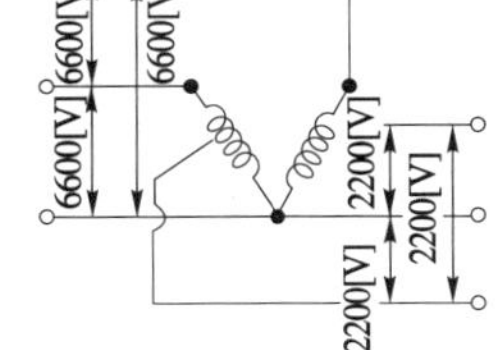

풀이

$$\frac{\text{변압기 용량}}{\text{2차측 출력}} = \frac{2}{\sqrt{3}} \times \frac{V_h - V_l}{V_h} = \frac{1}{0.866}\left(1 - \frac{V_l}{V_h}\right)$$

$$\therefore\ \text{2차측 출력} = \text{변압기 용량} \times \frac{\sqrt{3}}{2} \times \frac{V_h}{V_h - V_l}$$

$$= 300 \times \frac{\sqrt{3}}{2} \times \frac{6600}{6600 - 2200}$$

$$= 389.7 \fallingdotseq 390\,[\text{kVA}]$$

【답】④

4과목 회로이론

문제 61

그림과 같은 회로에 있어서 스위치 S를 닫을 때 1, 1' 단자에 발생하는 전압은?

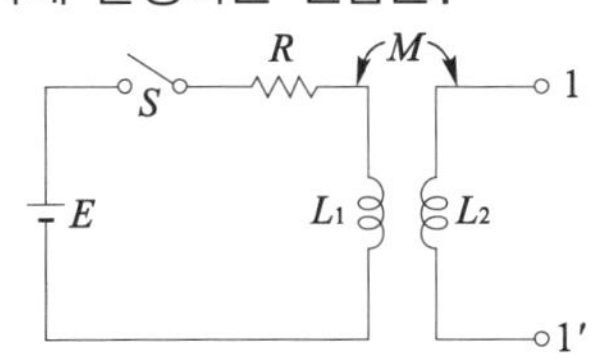

① $\dfrac{EM}{L_2}\epsilon^{-Rt/L_1}$ 　② $\dfrac{EM}{L_1}\epsilon^{-Rt/L_1}$

③ $\dfrac{EM}{L_2}(1 - \epsilon^{-Rt/L_1})$ 　④ $\dfrac{EM}{L_1}(1 - \epsilon^{-Rt/L_1})$

【답】②

문제 62

그림과 같은 회로에서 출력 전압의 위상은 입력 전압보다 어떠한가?

① 뒤진다

② 앞선다

③ 전압과 관계없다

④ 같다

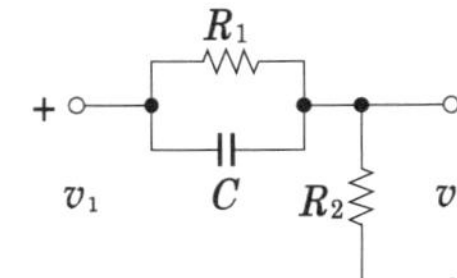

풀이

C의 전압 강하를 e_1, R_1, C에 흐르는 전류를 i_R, i_C라 하면

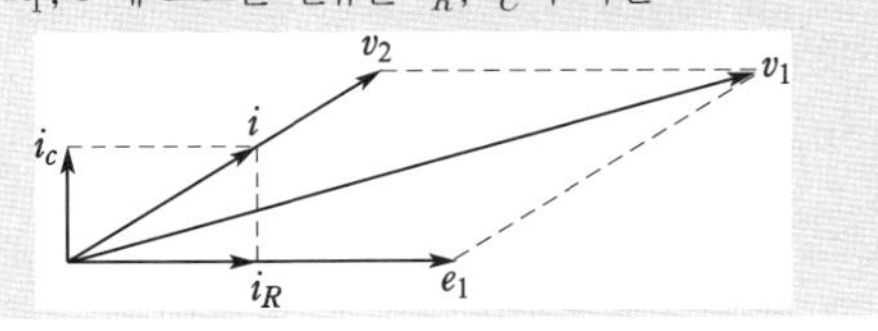

【답】②

문제 63

4단자 정수 $\dot{A} = \dfrac{5}{3}$, $\dot{B} = 800$, $\dot{C} = \dfrac{1}{450}$, $\dot{D} = \dfrac{5}{3}$ 일 때 전달 정수 θ 는?

① $\log_e 5$ 　② $\log_e 4$

③ $\log_e 3$ 　④ $\log_e 2$

풀이

$$\theta = \log_e\left(\sqrt{AD} + \sqrt{BC}\right) = \log_e\left(\sqrt{\frac{5}{3} \times \frac{5}{3}} + \sqrt{\frac{800}{450}}\right) = \log_e 3$$

【답】 ③

문제 64 3상 3선식 회로에서 $V_a = -j6$ [V], $V_b = -8 + j6$[V], $V_c = 8$ [V]일 때 정상분 전압은 몇 [V]가 되는가?

① 7.81 $\underline{/77°}$ ② 2.37 $\underline{/43°}$

③ 0.33 $\underline{/37°}$ ④ 0

풀이

$$V_1 = \frac{1}{3}(V_a + aV_b + a^2 V_c)$$

$$= \frac{1}{3}\left\{-j6 + \left(-\frac{1}{2} + j\frac{\sqrt{3}}{2}\right)(-8 + j6) + \left(-\frac{1}{2} - j\frac{\sqrt{3}}{2}\right) \times 8\right\}$$

$$= \frac{1}{3}(-3\sqrt{3} - j22.856)$$

$$\therefore \text{크기} = \frac{1}{3}\sqrt{(3\sqrt{3})^2 + (22.856)^2} = 7.81$$

$$\theta = \tan^{-1}\frac{22.856}{3\sqrt{3}} = 77.19°$$

【답】 ①

문제 65	2009년도 2회 문제 69
문제 66	2003년도 1회 문제 62
문제 67	2015년도 3회 문제 76
문제 68	2003년도 1회 문제 66
문제 69	2011년도 2회 문제 74
문제 70	2014년도 1회 문제 69
문제 71	2014년도 2회 문제 64
문제 72	2003년도 1회 문제 65
문제 73	2006년도 1회 문제 62
문제 74	2013년도 2회 문제 64
문제 75	2016년도 1회 문제 72
문제 76	2003년도 1회 문제 64
문제 77	2008년도 1회 문제 71
문제 78	2011년도 1회 문제 69
문제 79	2014년도 3회 문제 64
문제 80	2002년도 1회 문제 62

5과목 전기설비기술기준 및 판단기준

문제 81 최대 사용 전압이 7000 [V] 이하인 권선으로서 중성점이 접지되고 다중 접지된 중성선을 가지는 전로에 접속하는 변압기 전로의 절연 내력 시험 전압은 최대 사용 전압의 몇 배인가?

① 0.92 ② 1.1

③ 1.25 ④ 2

풀이

절연 내력 시험 전압(최대 사용 전압의 배수) (판단기준 제13조)

접지방식	최대사용전압	시험전압(최대 사용전압 배수)	최저 시험전압
비접지	7 [kV] 이하	1.5배	500 [V]
	7 [kV] 초과	1.25배	10,500 [V]
중성점접지	60 [kV] 초과	1.1배	75,000 [V]
중성점직접접지	60 [kV] 초과 170 [kV] 이하	0.72배	
	170 [kV] 초과	0.64배	
중성점다중접지	**25 [kV] 이하**	**0.92배**	500 [V]

※ 전로에 케이블을 사용하는 경우에는 직류로 시험할 수 있으며, 시험 전압은 교류의 경우의 2배가 된다.

【답】 ①

문제 82 방전등용 변압기의 2차 단락 전류나 관등 회로의 동작 전류가 몇 [mA] 이하인 방전등을 시설하는 경우 방전등용 안정기의 외함 및 방전등용 전등 기구의 금속제 부분에 옥내 방전등 공사의 접지 공사를 하지 않아도 되는가? 단, 방전등용 안정기를 외함에 넣고 또한 그 외함과 방전등용 안정기를 넣을 방전등용 전등기구를 전기적으로 접속하지 않도록 시설한다고 한다.

① 25 ② 50

③ 75 ④ 100

풀이

옥내 방전등 공사 (판단기준 제213조)
관등회로의 사용전압이 400 [V] 미만 또는 방전등용 변압기의 2차 단락전류나 관등회로의 동작전류가 50 [mA] 이하인 방전등을 시설하는 경우에 방전등용 안정기를 외함에 넣고 또한 그 외함과 방전등용 안정기를 넣을 방전등용 전등기구를 전기적으로 접속하지 아니하도록 시설할 때는 접지공사를 하지 않아도 된다.

【답】 ②

문제 83 특고압 가공 전선로에서 단주를 제외한 철탑의 경간은 몇 [m] 이하로 하여야 하는가?

① 400　　　　② 500
③ 600　　　　④ 700

풀이

고압 가공전선로 경간의 제한 (판단기준 제76조, 제124조)

지지물의 종류	경 간		
	고 압	지름 5 [mm] 이상	단면적 22 [mm^2] 이상
	특고압	단면적 22 [mm^2] 이상	단면적 55 [mm^2] 이상
목주·A종 철주 또는 A종 철근 콘크리트주		150 [m] 이하	300 [m] 이하
B종 철주 또는 B종 철근 콘크리트주		250 [m] 이하	500 [m] 이하
철 탑		600 [m] 이하	600 [m] 이하

【답】 ③

문제 84 강색 차선의 궤조면상의 높이는 터널 내, 교량 아래 기타 이와 유사한 곳에 시설하는 경우, 최소 몇 [m] 이상으로 할 수 있는가?

① 2.5　　　　② 3.0
③ 3.5　　　　④ 4.0

풀이

강색 차선의 시설 (판단기준 제275조)
① 강색 차선은 지름 7 [mm]의 경동선 또는 이와 동등 이상의 세기 및 굵기의 것일 것.
② 강색 차선의 레일면상의 높이는 4 [m] 이상일 것. 다만, **터널 안**, **교량 아래** 그 밖에 이와 유사한 곳에 시설하는 경우에는 3.5 [m] **이상**으로 할 수 있다.

【답】 ③

MEMO

2001년도
전기산업기사 필기

▸ 01년 제1회 전기산업기사

▸ 01년 제2회 전기산업기사

▸ 01년 제3회 전기산업기사

국가기술자격검정 필기시험 문제

2001년도 전기산업기사 일반검정 제1회				수검 번호	성 명
자격종목 및 등급(선택분야)	종목코드	시험시간	문제지형별		
전기산업기사	2140	2시간 30분	A		

1과목 전기자기학

문제 01 전하 e[C], 질량 m[kg]인 전자가 전계 E [V/m]내에 놓여 있을 때 최초에 정지해 있었다고 한다면 t [s] 후에 전자는 어떠한 속도를 얻게 되는가?

① $v = meEt$

② $v = \dfrac{me}{E}t$

③ $v = \dfrac{mE}{e}t$

④ $v = \dfrac{Ee}{m}t$

풀이

정전력 eE[N]에 의하여 x와 반대 방향으로 $m\dfrac{d^2x}{dt^2}$ [N]의 힘으로 운동한다면, 이때의 운동 방정식은

$$m\frac{d^2x}{dt^2} = eE\,[\text{N}]$$

전자의 속도 $v = \dfrac{dx}{dt} = \dfrac{eE}{m}t + A$

초기 조건은 $t = 0$, $v = \dfrac{dx}{dt} = 0$이므로 $A = 0$이 되어

$$\therefore\ v = \frac{eE}{m}t\ [\text{m/s}]$$

【답】④

문제 02 온도 t [℃]에서 저항 R_1 [Ω]인 동선은 30 [℃]일 때 저항은 어떻게 변하는가?

① $\dfrac{30 - t}{234.5}R_t$

② $\dfrac{234.5 + t}{264.5}R_t$

③ $\dfrac{30 - t}{234.5 + t}R_t$

④ $\dfrac{264.5}{234.5 + t}R_t$

풀이

$R_t = R_0\left(1 + \dfrac{1}{234.5}t\right)$, $R_{30} = R_0\left(1 + \dfrac{1}{234.5}\times 30\right)$에서

$$\frac{R_{30}}{R_t} = \frac{R_0\left(1 + \dfrac{30}{234.5}\right)}{R_0\left(1 + \dfrac{1}{234.5}t\right)} \quad \therefore\ R_{30} = \frac{264.5}{234.5 + t}R_t\ [\Omega]$$

【답】④

문제 03 자계 중에 한 코일이 있다. 이 코일에 전류 $I = 2$[A]가 흐르면 $F = 2$[N]의 힘이 작용한다. 또 이 코일을 $v = 5$ [m/s]로 운동시키면 e [V]의 기전력이 발생한다. 기전력[V]은?

① 3

② 5

③ 7

④ 9

풀이

$F = IBl$ [N]에서 Bl을 구하면 $Bl = \dfrac{F}{I}$이므로 유기 기전력 e는

$$\therefore\ e = Blv = \frac{Fv}{I} = \frac{2\times 5}{2} = 5\,[\text{V}]$$

【답】②

문제 04 유전체에서 분극의 세기의 단위는?

① [C]

② [C/m]

③ [C/m^2]

④ [C/m^3]

풀이

분극의 세기 P

• 단위 면적당의 분극 전하량 $\left(P = \dfrac{Q}{S}\,[\text{C/m}^2]\right)$

• 단위 체적당의 전기 쌍극자 모멘트

【답】③

문제 05 그림과 같은 상이한 유전체 ϵ_1, ϵ_2의 경계면에서 성립되는 관계로 옳은 것은?

① 전속의 법선 성분이 같고 전계의 법선 성분이 같다.

② 전속의 법선 성분이 같고 전계의 접선 성분이 같다.

③ 전속의 접선 성분이 같고 전계의 접선 성분이 같다.

④ 전속의 접선 성분이 같고 전계의 법선 성분이 같다.

- 전속 밀도의 법선 성분 (수직 성분)이 같다. $(D_1\cos\theta_1 = D_2\cos\theta_2)$
- 전계는 접선 성분(평행 성분)이 같다. $(E_1\sin\theta_1 = E_2\sin\theta_2)$
- 두 경계면에서의 전위는 서로 같다. $(V_1 = V_2)$
- $\epsilon_1 > \epsilon_2$이면, $\theta_1 > \theta_2$이다.
- $\dfrac{\tan\theta_1}{\tan\theta_2} = \dfrac{\epsilon_1}{\epsilon_2}$

【답】 ②

문제 06 그림과 같이 단면적이 균일한 환상 철심에 권수 N_1인 A코일과 권수 N_2인 B코일이 있을 때 A코일의 자기 인덕턴스가 L_1[H]라면 두 코일의 상호 인덕턴스 M[H]는? 단, 누설 자속은 0이다.

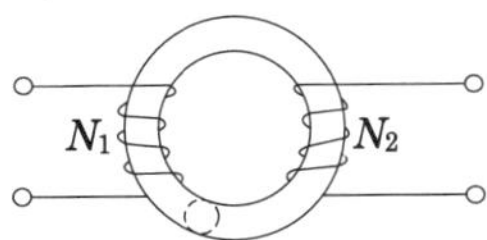

① $\dfrac{L_1 H_1}{N_2}$

② $\dfrac{N_2}{L_1 N_1}$

③ $\dfrac{N_1}{L_1 N_2}$

④ $\dfrac{L_1 N_2}{N_1}$

풀이

$R = \dfrac{N_1^2}{L_1} = \dfrac{N_1 N_2}{M}$ 에서

자기 인덕턴스 $L_1 = \dfrac{N_1^2}{R}$ [H], 상호 인덕턴스 $M = \dfrac{N_1 N_2}{R}$ [H]

위의 두 식에서 R을 소거하면

$\therefore M = \dfrac{L_1 N_2}{N_1}$ [H]

【답】 ④

문제 07 반지름이 각각 a [m], b [m], c [m]인 독립 구도체가 있다. 이들 도체를 가는 선으로 연결하면 합성 정전 용량은 몇 [F]인가?

① $4\pi\epsilon_0 (a+b+c)$

② $4\pi\epsilon_0 \sqrt{a^2+b^2+c^2}$

③ $12\pi\epsilon_0 \sqrt{a^3+b^3+c^3}$

④ $\dfrac{4}{3}\pi\epsilon_0 \sqrt{a^2+b^2+c^2}$

풀이

도체를 가는 선으로 연결하면 병렬 접속이 되고 이때의 합성 정전 용량은

$C = C_1 + C_2 + C_3 = 4\pi\epsilon_0 a + 4\pi\epsilon_0 b + 4\pi\epsilon_0 c$

$= 4\pi\epsilon_0 (a+b+c)$

【답】 ①

문제 08 코일의 권수를 2배로 하면 인덕턴스의 값은 몇 배가 되는가?

① $\dfrac{1}{2}$ 배

② $\dfrac{1}{4}$ 배

③ 2 배

④ 4 배

풀이

$L \propto N^2$ 이므로 코일의 권수를 2배로 하면 인덕턴스는 4배

【답】 ④

문제 09 손실 유전체 내에서 맥스웰 전자 기본 방정식을 페이저 방정식(phasor equation)으로 올바르게 표시한 것은?

① $\nabla \times \boldsymbol{H}_s = j\omega\epsilon \boldsymbol{E}_s$
   $\nabla \times \boldsymbol{E}_s = -j\omega\mu \boldsymbol{H}_s$
   $\nabla \cdot \boldsymbol{E}_s = 0$
   $\nabla \cdot \boldsymbol{E}_s = \rho$

② $\nabla \times \boldsymbol{H}_s = j\omega\epsilon \boldsymbol{E}_s$
   $\nabla \times \boldsymbol{E}_s = -j\omega\mu \boldsymbol{H}_s$
   $\nabla \cdot \boldsymbol{H}_s = m$
   $\nabla \cdot \boldsymbol{E}_s = 0$

③ $\nabla \times \boldsymbol{H}_s = (\sigma + j\omega\epsilon) \boldsymbol{E}_s$
   $\nabla \times \boldsymbol{E}_s = -j\omega\mu \boldsymbol{H}_s$
   $\nabla \cdot \boldsymbol{H}_s = 0$
   $\nabla \cdot \boldsymbol{E}_s = 0$

④ $\nabla \times \boldsymbol{H}_s = (\sigma + j\omega\epsilon) \boldsymbol{E}_s$
   $\nabla \times \boldsymbol{E}_s = -j\omega\mu \boldsymbol{H}_s$
   $\nabla \cdot \boldsymbol{H}_s = 0$
   $\nabla \cdot \boldsymbol{E}_s = \rho$

【답】 ③

문제 10	2011년도 1회 문제 14
문제 11	2011년도 2회 문제 15
문제 12	2007년도 1회 문제 06
문제 13	2003년도 1회 문제 04
문제 14	2013년도 1회 문제 18
문제 15	2009년도 3회 문제 08
문제 16	2012년도 3회 문제 03
문제 17	2008년도 3회 문제 11
문제 18	2008년도 2회 문제 03
문제 19	2006년도 2회 문제 03
문제 20	2015년도 3회 문제 18

2과목 전력공학

문제 21 저압 뱅킹 배전 방식에서 저전압의 고장에 의하여 건전한 변압기의 일부 또는 전부가 차단되는 현상은?

① 플리커(Flicker)

② 캐스케이딩(Cascading)

③ 밸런서(Balancer)

④ 아킹(Arcing)

풀이

캐스케이딩 현상이란 Banking 배전방식으로 운전 중 건전한 변압기 일부가 고장이 발생하면 **부하가 다른 건전한 변압기에 걸려서 고장이 확대되는 현상**을 말한다. 【답】②

문제 22 송전선에 복도체를 사용할 때의 장점으로 해당 없는 것은?

① 코로나손(corona loss) 경감

② 인덕턴스가 감소하고 커패시턴스가 증가

③ 안정도가 상승하고 충전 용량이 증가

④ 정전 반발력에 의한 전선 진동이 감소

풀이

3상 송전선의 한 상당 전선을 2가닥 이상으로 한 것을 다도체라 하고, 2가닥으로 한 것을 보통 복도체라 한다. 복도체의 특징으로는

• 코로나 임계 전압 15~20 [%] 상승

• 인덕턴스 20~30 [%] 감소

• 정전 용량 20 [%] 증가

• 안정도 증가

• 복도체 단락 시 **소도체에는 동일 방향으로 전류가 흐르므로 흡인력이 생긴다.** 【답】④

문제 23 송전 전력, 송전 거리, 전선로의 전력 손실이 일정하고 같은 재료의 전선을 사용한 경우 3상 3선식에서 전선 한 가닥마다의 전력을 100 [%]라 하면, 3상 4선식에서는 얼마나 되는가?

① 50

② 75

③ 87

④ 115

풀이

$$\frac{3상\ 4선식}{3상\ 3선식} = \frac{\dfrac{P}{4}}{\dfrac{P}{3}} = \frac{3}{4} = 0.75$$

【답】②

문제 24 현재 실용화되고 있는 경수형 원자력 발전소에 사용되는 터빈의 특징을 일반적인 기력 발전용 터빈과 비교해서 설명한 것이다. 틀린 것은?

① 원자로에서 끌어낸 증기는 연료 피복재의 관계상 고온으로 할 수 없으므로 증기조건은 좋지 못하므로 터빈이 대형으로 된다.

② 포화증기를 사용하므로 터빈 각 단마다 습기의 제거 대책이 필요하다.

③ BWR의 경우는 방사능을 띤 증기를 사용하므로 증기가 외부로 새지 않는 터빈이 필요하다.

④ 회전수가 1500~1800 [rpm]으로 낮아지므로 터빈 최종단의 가동날개의 길이를 적게 할 수 있다.

【답】④

문제 25 수력 발전소의 수차 발전기를 정지시키고자 다음과 같은 동작을 하였다. 동작 순서가 옳은 것은?

㉠ 주변(main valve)을 닫음과 동시에 제수문을 닫는다.

㉡ 여자기의 여자전압을 내려 발전기의 전압을 내린다.

㉢ 주개폐기를 열어 무부하로 한다.

㉣ 조속기의 유압 조정장치를 핸들에 옮겨 니들 밸브 또는 가이드변을 닫아 수차를 정지시키고 곧 주변을 닫는다.

① ㉠-㉡-㉢-㉣

② ㉣-㉢-㉡-㉠

③ ㉡-㉣-㉠-㉢

④ ㉢-㉡-㉣-㉠

풀이

수차발전기를 정지시킬 때의 순서

① 무부하로 만든다.

② 발전기 전압을 내린다.

③ 수차를 정지한다.

④ 제수문을 닫는다. 【답】④

3과목 전기기기

문제 41 무부하 전압 213 [V], 정격 전압 200 [V], 정격 출력 80 [kW]인 분권 발전기가 있다. 계자 저항이 20 [Ω], 전부하 때의 전기자 반작용에 의한 전압 강하가 4.8 [V]라면 그 전기자 회로의 저항[Ω]은?

① 0.02   ② 0.05

③ 0.06   ④ 0.1

풀이

$$I_a = I + I_f = \frac{80 \times 10^3}{200} + \frac{200}{20} = 410 \,[\text{A}]$$

$$E = V + I_a R_a + e_a$$

$$\therefore R_a = \frac{E - V - e_a}{I_a} = \frac{213 - 200 - 4.8}{410} = 0.02 \,[\Omega]$$

【답】 ①

문제 42 단상 주상 변압기의 2차측(105 [V] 단자)에 1 [Ω]의 저항을 접속하고 1차측에 1 [A]의 전류가 흘렀을 때 1차 단자 전압이 900 [V]였다. 1차측 탭 전압[V]과 2차 전류[A]는 얼마인가? 단, 변압기는 2상 변압기, V_T는 1차 탭 전압, I_2는 2차 전류이다.

① $V_T = 3150,\ I_2 = 30$

② $V_T = 900,\ I_2 = 30$

③ $V_T = 900,\ I_2 = 1$

④ $V_T = 3150,\ I_2 = 1$

풀이

$$R_1 = a^2 R_2 = a^2 \times 1 = a^2 \,[\Omega]$$

$$I_1 = \frac{V_1}{R_1} = \frac{V_1}{a^2} = \frac{900}{a^2} = 1 \,[\text{A}]$$

$$a^2 = 900 \quad \therefore a = 30$$

$$\therefore V_T = a V_2 = 30 \times 105 = 3150 \,[\text{V}]$$

$$\therefore I_2 = a I_1 = 30 \times 1 = 30 \,[\text{A}]$$

【답】 ①

문제 43 3상 동기 발전기의 전기자 권선을 Y결선으로 하는 이유로서 적당하지 않은 것은?

① 고조파 순환 전류가 흐르지 않는다.

② 이상 전압 방지의 대책이 용이하다.

③ 전기자 반작용이 감소한다.

④ 코일의 코로나, 열화 등이 감소된다.

풀이

3상 동기 발전기의 **전기자 권선을 Y결선으로 하면**

① 권선의 불평형 및 제3고조파(그 배수 포함) 등에 의한 **순환 전류가 흐르지 않는다.**

② 중성점을 이용할 수 있으므로 권선 보호 장치의 시설이나 중성점 접지에 의한 **이상 전압의 방지** 대책이 용이하다.

③ **상전압이 낮기 때문에 코일의 코로나, 열화 등이 작다.** 그러나, 동일 전압에 대하여 상전압이 낮기 때문에 발전기 권선의 전류는 커진다고 볼 수 있다.

【답】 ③

문제 44 4줄의 출구선이 나와 있는 분상 기동형 단상 유도 전동기가 있다. 이 전동기를 그림(도면)과 같이 결선했을 때 시계 방향으로 회전한다면, 반시계 방향으로 회전시키고자 할 경우 어느 결선이 옳은가?

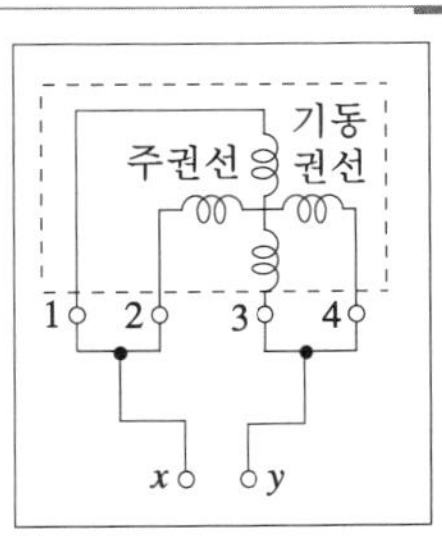

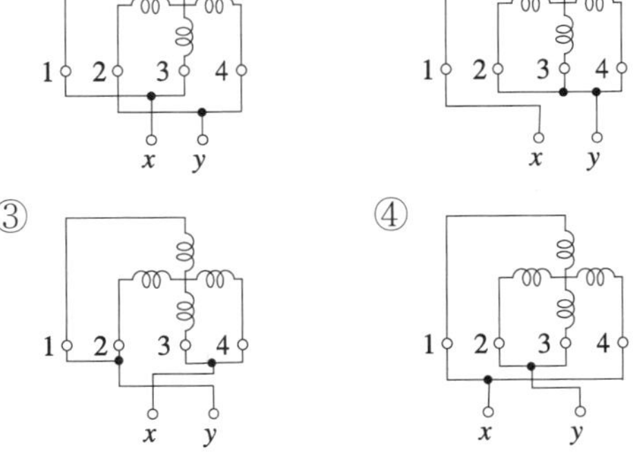

풀이

회전 방향을 바꾸려면 운전 권선이나 기동 권선 중 1개만을 전원에 대하여 반대로 연결하면 된다.

【답】 ④

문제 45 무부하에서 119 [V]되는 분권 발전기의 전압 변동률이 6 [%]이다. 정격 전 부하 전압[V]은?

① 11.22   ② 112.3

③ 12.5   ④ 125

풀이

전압 변동률을 나타내는 식에 의하여

$$\epsilon = \frac{V_0 - V_n}{V_n} \times 100 \,[\%]$$

여기서, $V_0 = 119\,[\mathrm{V}]$, $\epsilon = 6\,[\%]$이므로

$$6 = \frac{119 - V_n}{V_n} \times 100$$

$$\frac{6\,V_n}{100} = 119 - V_n, \quad V_n + 0.06\,V_n = 119$$

$$V_n \fallingdotseq 112.3\,[\mathrm{V}]$$

[답] ②

문제 46 50 [kVA], 3300/110 [V]의 변압기가 있다. 무부하일 때 1차 전류 0.5 [A], 입력 600 [W]이다. 자화 전류의 크기는?

① 약 0.48   ② 약 0.35

③ 약 0.47   ④ 약 0.54

풀이

철손 전류 $I_i = \dfrac{P_i}{V_1} = \dfrac{600}{3300} = 0.18\,[\mathrm{A}]$

따라서 자화 전류 I_ϕ 는 $I_\phi = \sqrt{I_0^{\,2} - I_i^{\,2}}$

$$\therefore I_\phi = \sqrt{0.5^2 - 0.18^2} = 0.466\,[\mathrm{A}]$$

[답] ③

문제 47 유도 발전기의 장점을 열거한 것이다. 옳지 않은 것은?

① 농형 회전자를 사용할 수 있으므로 구조가 간단하고 가격이 싸다.

② 선로에 단락이 생기면 여자가 없어지므로 동기 발전기에 비해 단락 전류가 적다.

③ 공극이 크고 역률이 동기기에 비해 좋다.

④ 유도 발전기는 여자기로서 동기 발전기가 필요하다.

풀이

유도기를 전동기로서의 회전방향과 같은 방향으로 동기속도 이상의 속도로 회전시켜서 발전기로 한 경우에 이것을 유도 발전기 또는 비동기 발전기라고 하며, **유도 발전기는 동기기에 비하여 공극이 매우 작으며 효율, 역률이 나쁘다.** **[답]** ③

문제 48 가포화 리액터와 저항을 직렬로 접속한 회로에 교류 전압을 가할 때, 이 리액터를 따로 직류로 여자하여 그 여자 전류가 철심이 포화되기 전까지 차차 증가하면 교류 회로의 전류는?

① 증가한다.   ② 감소한다.

③ 변화 없다.   ④ 증가한 후 감소한다.

풀이

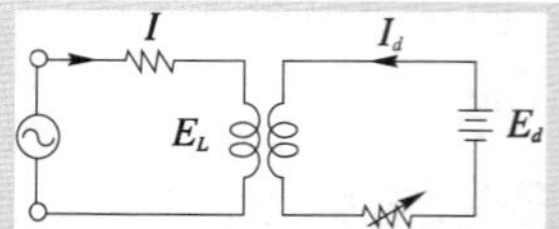

가포화 리액터가 포화 상태에 가까워질수록 리액턴스 X_L 이 감소된다. 따라서 철심이 포화되기 전까지 여자 전류 I_d 가 증가하면 교류 회로의 전류도 증가한다. **[답]** ①

문제 49 다음은 직류 발전기의 정류 곡선이다. 이 중에서 정류 말기에 정류의 상태가 좋지 않은 것은?

① 1

② 2

③ 3

④ 4

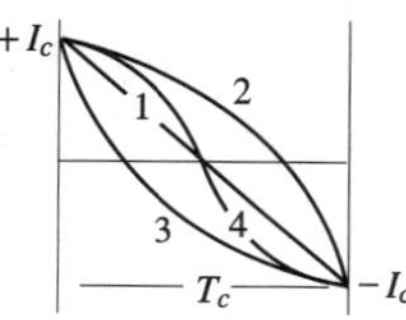

풀이

1 : 직선 정류 (불꽃 없는 정류)

2 : 부족 정류 (정류말기에 $\dfrac{dI}{dt}$ 가 크므로 정류 말기에 불꽃이 발생)

3 : 과정류 (정류초기에 $\dfrac{dI}{dt}$ 가 크므로 정류 초기에 불꽃이 발생)

4 : 정현파 정류 (불꽃 없는 정류) **[답]** ②

문제 50	2010년도 1회 문제 47
문제 51	2011년도 3회 문제 45
문제 52	2008년도 2회 문제 43
문제 53	2011년도 3회 문제 44
문제 54	2013년도 1회 문제 56
문제 55	2005년도 3회 문제 44
문제 56	2006년도 2회 문제 50
문제 57	2013년도 2회 문제 42
문제 58	2015년도 3회 문제 48
문제 59	2013년도 1회 문제 57
문제 60	2015년도 2회 문제 48

문제 61 그림과 같은 4단자망의 영상 임피던스는 얼마인가?

① $j\dfrac{1}{50}$

② -1

③ 1

④ 0

풀이

$$\begin{bmatrix} A & B \\ C & D \end{bmatrix}=\begin{bmatrix} 1 & j100 \\ 0 & 1 \end{bmatrix}\begin{bmatrix} 1 & 0 \\ \dfrac{1}{-j50} & 1 \end{bmatrix}\begin{bmatrix} 1 & j100 \\ 0 & 1 \end{bmatrix}=\begin{bmatrix} -1 & 0 \\ j\dfrac{1}{50} & -1 \end{bmatrix}$$

$$\therefore\ Z_0=\sqrt{\frac{B}{C}}=\sqrt{\frac{0}{j\dfrac{1}{50}}}=0$$

【답】 ④

문제 62 그림과 같은 파형의 맥동 전류를 열선형 계기로 측정한 결과 10 [A]이었다. 이를 가동 코일형 계기로 측정할 때 전류의 값은 몇 [A]인가?

① 7.07

② 10

③ 14.14

④ 17.32

풀이

열선형 계기는 실효값, 가동 코일형 계기는 평균값을 지시하므로

$$I_{av}=\frac{I_m}{2}=\frac{\sqrt{2}\,I}{2}=\frac{10}{\sqrt{2}}=7.07\,[A]$$

【답】 ①

문제 63 다음 중 푸리에(Fourier) 급수로 비정현파 교류를 해석하는 데 적당하지 않은 것은?

① 반파 대칭인 경우 직류분은 없다.

② 우함수인 비정현파에서는 사인(sin)항이 없다.

③ 기함수인 경우 사인항을 구할 때 반주기간만 적분하여 2배 한다.

④ 반파 대칭에서는 반주기마다 동일한 파형이 반복되나 부호의 변화가 없다.

풀이

• 반파 대칭의 왜형파에서는 $b_0=0$(직류분)이고 a_n, b_n 만 남는다.

• 우함수의 경우는 정현항이 없다.

• 기함수 정현항을 구할 때는 반주기마다 적분하여 2배 한다.

• 반파 대칭의 경우 한 주기마다 동일한 파형이 반복된다. 【답】 ④

문제 64 그림과 같이 △로 접속된 부하에서 각 선로의 저항은 $r=1\,[\Omega]$이고 부하의 임피던스는 $Z=6+j12\,[\Omega]$이다. 단자 a, b, c간에 200 [V]의 평형 3상 전압을 가할 때 부하의 상전류[A]는?

① 23.09

② 40.26

③ 13.33

④ 69.28

풀이

△→Y로 등가하면 1상의 임피던스

$$Z_p=r+\frac{Z}{3}=1+2+j4$$

$$=3+j4\,[\Omega]$$

Y결선에서

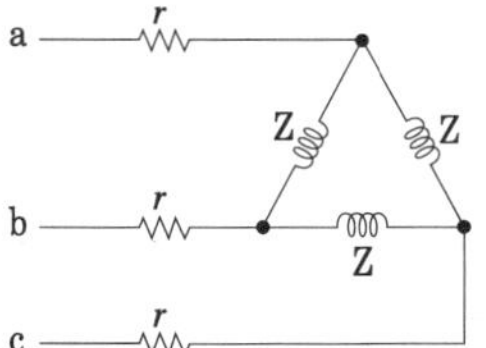

$$I_l=I_p=\frac{V_p}{Z_p}=\frac{\dfrac{200}{\sqrt{3}}}{3+j4}$$

$$=23.09\,[A]$$

따라서, △결선에서 $I_p=\dfrac{I_l}{\sqrt{3}}=\dfrac{23.09}{\sqrt{3}}=13.33\,[A]$

【답】 ③

문제 65 그림의 3상 Y결선 회로에서 소비하는 전력 [W]은?

① 3072

② 1536

③ 768

④ 512

풀이

$$P=\frac{3V_p^2R}{R^2+X^2}\,[W]=\frac{3\left(\dfrac{200}{\sqrt{3}}\right)^2\times24}{24^2+7^2}=1536\,[W]$$

【답】 ②

문제 66 $F(s)=\dfrac{5s+3}{s(s+1)}$ 의 정상값 $f(\infty)$는?

① 3

② -3

③ 2

④ -2

풀이

$f(\infty)=\lim\limits_{t\to\infty}f(t)=\lim\limits_{s\to0}s\,F(s)$로부터

$$f(\infty)=\lim\limits_{s\to0}s\cdot\frac{5s+3}{s(s+1)}=3$$

【답】 ①

문제 67	2003년도 3회 문제 65
문제 68	2009년도 3회 문제 69
문제 69	2009년도 3회 문제 64
문제 70	2003년도 3회 문제 64
문제 71	2013년도 3회 문제 67
문제 72	2015년도 3회 문제 68
문제 73	2016년도 3회 문제 69
문제 74	2010년도 2회 문제 61
문제 75	2014년도 2회 문제 70
문제 76	2010년도 3회 문제 63
문제 77	2007년도 2회 문제 61
문제 78	2010년도 1회 문제 68
문제 79	2015년도 3회 문제 64
문제 80	2016년도 1회 문제 68

5과목 전기설비기술기준 및 판단기준

문제 81 "제2차 접근 상태"라 함은 가공 전선이 다른 시설물과 접근하는 경우에 그 가공 전선이 다른 시설물의 위쪽 또는 옆쪽에서 수평 거리로 몇 [m] 미만인 곳에 시설되는 상태를 말하는가?

① 0.5 ② 1
③ 2 ④ 3

풀이

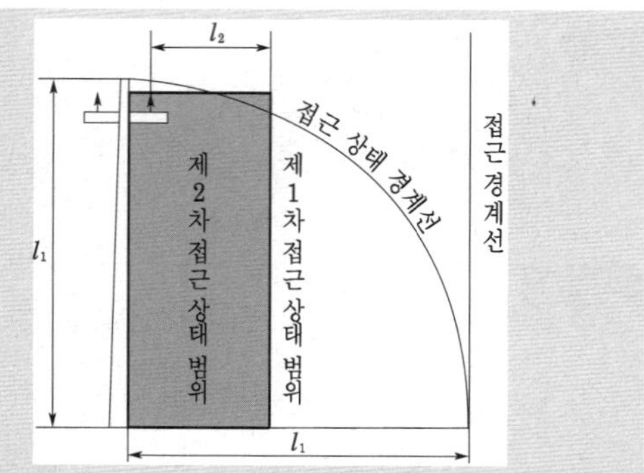

"**제2차 접근상태**"란 가공 전선이 다른 시설물과 접근하는 경우에 그 가공 전선이 다른 시설물의 위쪽 또는 옆쪽에서 **수평 거리로 3[m]** 미만인 곳에 시설되는 상태를 말한다. (판단기준 제2조) **[답] ④**

문제 82 3상 4선식 22[kV] 중성점 다중 접지식 가공 전선로와 저압 가공 전선을 병가하는 경우 상호간의 이격 거리는 몇 [m] 이상이어야 하는가?

① 1.0 ② 1.2
③ 1.3 ④ 1.4

풀이

25[kV] 이하인 특고압 가공전선로의 시설 (판단기준 제135조)
특고압 가공전선과 저압 또는 고압의 가공전선을 동일 지지물에 병가시 이격거리

구　　분	이격거리
일　반	1[m] 이상
특고압 가공 전선이 케이블 이고 저압·고압 가공 전선이 저압·고압 절연전선 또는 케이블인 경우	0.5[m] 이상

[답] ①

문제 83 단면적 38[mm²]의 경동 연선을 사용하고 지지물로 A종 철근 콘크리트주를 사용한 66[kV] 가공전선로를 제3종 특고압 보안 공사에 의하여 시설할 때 경간의 한도는 몇 [m]인가?

① 100 ② 150
③ 200 ④ 250

풀이

위의 보안 공사 시 경간은 다음과 같은 값 이하이어야 한다.
(판단기준 제125조)　　　　　　　　　단위 : [m]

지지물의　종류	표준 경간	저·고압 보안공사	1종 특고압 보안 공사	2, 3종 특고압 보안 공사
목주, A종 철주, **A종 철근 콘크리트주**	**150**	100		**100**
B종 철주, B종 철근 콘크리트주	250	150	150	200
철　탑	600	400	400	400

단, 제3종 특고압 보안 공사에서 **목주와 A종 사용시에 38[mm²]**, B종이나 철탑 사용시 55[mm²] 경동선 이상을 사용하는 경우에는 **표준 경간에 의하여 시설할 수 있다.** **[답] ②**

문제 84 출퇴 표시등 회로에 전기를 공급하기 위한 변압기는 2차측 전로의 사용 전압이 몇 [V] 이하인 절연 변압기이어야 하는가?

① 40 ② 60
③ 80 ④ 100

풀이

출퇴표시등 회로의 시설(판단기준 제245조)
출퇴 표시등에 전기를 공급하는 변압기는 1차측 전로의 대지 전압이

300 [V] 이하, **2차측 전로의 사용 전압이 60 [V] 이하인** 절연 변압기
이어야 한다.
【답】 ②

문제 85 고압 옥내 배선 공사 중 애자 사용 공사에 있
어서 전선 지지점간의 최대 거리[m]는?

① 4　　　　　　　　② 5

③ 6　　　　　　　　④ 7

풀이

고압 옥내배선 등의 시설(판단기준 제209조)

전 압	전선과 조영재와의 이격 거리	전선 상호 간격	전선 지지점간의 거리	
			조영재의 상면 또는 측면	조영재에 따라 시설 하지 않는 경우
고압	5 [cm] 이상	8[cm] 이상	2 [m] 이하	6 [m] 이하

【답】 ③

문제 86 과전압이 생긴 경우 자동적으로 전로로부터
차단하는 장치를 하여야 하는 전력용 콘덴서의 최소 뱅
크 용량[kVA]은?

① 500　　　　　　　② 5000

③ 10,000　　　　　　④ 15,000

풀이

조상 설비의 보호 장치 (판단기준 제49조)

설비종별	뱅크 용량의 구분	자동적으로 전로로부터 차단하는 장치
전력용 커패시터 및 분로리액터	500 [kVA] 초과 15,000 [kVA] 미만	• 내부에 고장이 생긴 경우 • 과전류가 생긴 경우
	15,000 [kVA] 이상	• 내부에 고장이 생긴 경우 • 과전류가 생긴 경우 • **과전압이 생긴 경우**
조상기 (調相機)	15,000 [kVA] 이상	• 내부에 고장이 생긴 경우

【답】 ④

문제 87 변압기에 의하여 특고압 전로에 결합되는 고
압 전로에 혼촉 등에 의한 위험 방지 시설로 어떤 것을
그 변압기 단자에 가까운 1극에 설치하여야 하는가?

① 댐퍼　　　　　　② 절연 애자

③ 퓨즈　　　　　　④ 방전 장치

풀이

특고압과 고압의 혼촉 등에 의한 위험 방지시설 (판단기준 제25조)
변압기에 의해 특고압 전로에 결합되는 **고압 전로에는 사용 전압이
3배 이하인** 전압이 가해진 경우 **방전하는 장치**를 변압기 단자 가까운
1극에 설치하고 제1종 접지 공사를 해야 한다.
【답】 ④

문제 88 고압 가공 전선과 가공 약전류 전선을 동일
지지물에 공가할 경우에 전선 상호간의 최소 이격거리
는 일반적으로 몇 [m] 이상이어야 하는가? (단, 고압
가공 전선은 절연 전선이라고 한다.)

① 0.75　　　　　　② 1.2

③ 1.0　　　　　　④ 1.5

풀이

저고압 가공전선과 가공약전류 전선 등의 공가(판단기준 제91조)
가공 전선을 가공 약전선의 위로 별개의 완금류에 시설하고 **이격
거리**는 저압 가공 전선은 75 [cm] 이상, **고압은 1.5 [m] 이상**이어야
한다.
【답】 ④

전기설비 기술기준(개정)과 판단기준에 따라 삭제된
문제가 있어 20문항이 안됩니다.

국가기술자격검정 필기시험 문제

2001년도 전기산업기사 일반검정 제 2 회				수검 번호	성 명
자격종목 및 등급(선택분야)	종목코드	시험시간	문제지형별		
전기산업기사	2140	2시간 30분	A		

1과목 전기자기학

문제 01 20 [W]의 전구가 2초 동안 한 일의 에너지를 축적할 수 있는 콘덴서의 용량은 몇 [μF]인가? 단, 충전 전압은 100 [V]이다.

① 4000   ② 6000

③ 8000   ④ 10000

풀이

20[W] 전구가 2초 동안 한 일

$$W = P \cdot t = 20 \times 2 = 40 \text{ [J]}$$

$40[\text{J}] = \dfrac{1}{2}CV^2$ 에서 $V = 100$ [V]이므로

$$\therefore C = 0.008 \text{ [F]} = 8000 \text{ [}\mu\text{F]}$$

【답】 ③

문제 02 콘덴서의 성질에 관한 설명 중 적절하지 못한 것은?

① 용량이 같은 콘덴서를 n개 직렬 연결하면 내압은 n배가 되고 용량은 $\dfrac{1}{n}$배가 된다.

② 용량이 같은 콘덴서를 n개 병렬 연결하면 내압은 같고 용량은 n배가 된다.

③ 정전용량이란 도체의 전위를 1 [V]로 하는데 필요한 전하량을 말한다.

④ 콘덴서를 직렬 연결할 때 각 콘덴서에 분포되는 전하량은 콘덴서 크기에 비례한다.

풀이

콘덴서를 직렬 연결할 때 각 콘덴서에 분포되는 전하량은 콘덴서 용량에 관계없이 일정하게 충전된다.

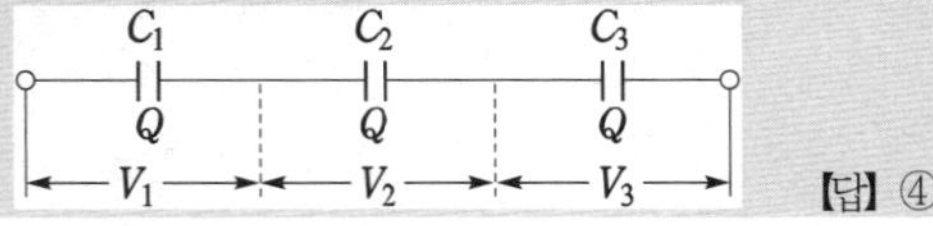

【답】 ④

문제 03 공기 중의 전계 $E_1 = 10$[kV/cm]이 30°의 입사각으로 기름의 경계에 닿을 때, 굴절각 θ_2와 기름 중의 전계 E_2 [V/m]는? 단, 기름의 비유전율은 3이라 한다.

① 60°, $\dfrac{10^6}{\sqrt{3}}$ ② 60°, $\dfrac{10^3}{\sqrt{3}}$

③ 45°, $\dfrac{10^6}{\sqrt{3}}$ ④ 45°, $\dfrac{10^3}{\sqrt{3}}$

풀이

$$\frac{\tan\theta_1}{\tan\theta_2} = \frac{\epsilon_1}{\epsilon_2} = \frac{1}{3}, \qquad 3\tan\theta_1 = \tan\theta_2$$

$$\therefore \theta_2 = \tan^{-1}(3\tan 30°) = \tan^{-1}\left(\frac{3}{\sqrt{3}}\right) = 60°$$

$$= \frac{1}{\sqrt{3}} \times 10^6 = \frac{10^6}{\sqrt{3}} \text{ [V/m]}$$

$$\therefore E_2 = \frac{\sin\theta_1}{\sin\theta_2}E_1 = \frac{\sin 30°}{\sin 60°} \times E_1 = \frac{\frac{1}{2}}{\frac{\sqrt{3}}{2}} \times 10 \times \frac{10^3}{10^{-2}}$$

【답】 ①

2과목 전력공학

문제 21 다음에서 가압수형 원자력 발전소(PWR)에 사용하는 연료, 감속재 및 냉각재로 적당한 것은?

① 천연 우라늄, 흑연감속, 이산화탄소 냉각

② 농축 우라늄, 중수감속, 경수냉각

③ 저농축 우라늄, 경수감속, 경수냉각

④ 저농축 우라늄, 흑연감속, 경수냉각

풀이

종 류	연료	감속재	냉각재
가스 냉각로(GCR)	천연우라늄	흑연	탄산가스
가압수형 경수로(PWR)	**저농축우라늄**	**경수**	**경수**
비등수형 경수로(BWR)	저농축우라늄	경수	경수
중수로(CANDU)	천연우라늄	중수	중수
고속 증식로(FBR)	농축우라늄, 플루토늄	–	나트륨

[답] ③

문제 22 우리 나라 전력 계통에서 송전 전압을 나타내는 것은?

① 표준 전압　　　　② 최고 전압

③ 선간 전압　　　　④ 수전단 전압

풀이

공칭전압이란 전선로를 대표하는 **송전단 선간전압이며**, 보통 수전단 전압보다 10[%] 높은 전압이다. **[답]** ③

문제 23 154 [kV] 송전 선로의 철탑에 90 [kA]의 직격 전류가 흘렀을 때 역섬락을 일으키지 않는 탑각 접지 저항값[Ω]의 최고값은? 단, 154 [kV]의 송전선에서 1련의 애자수를 9개 사용하였다고 하며 이때의 애자의 섬락 전압은 860 [kV]이다.

① 9.6　　　　② 14.6

③ 17.2　　　　④ 21.2

풀이

철탑이 직격뢰를 받으면 그 **뇌전류와 탑각 접지 저항과의 곱**에 해당하는 전위가 상승하므로,

• 역섬락을 일으키지 않는 탑각 접지 저항 = $\dfrac{\text{애자의 섬락 전압}}{\text{뇌전류}}$

$$= \frac{860}{90} ≒ 9.6[\Omega]$$

[답] ①

문제 24 어떤 구역에 3상 배전선으로 전력을 공급하는 변전소가 있다. 이 구역 내의 설비 부하는 전등 2000 [kW], 동력 3000 [kW]이고 수용률은 각기 0.5, 0.6이라 한다. 이 변전소에서 공급하는 최대 용량은 약 몇 [kVA]인가? 단, 배선 전로의 전력 손실률을 전등, 동력 모두 10 [%]로 하고 부하 역률은 전등, 동력 모두 변전소에서 0.8로 하며 전등, 동력 부하간의 부등률은 1.25라 한다.

① 2980　　　　② 3080

③ 3500　　　　④ 4000

풀이

합성 최대 수용 전력 = $\dfrac{\text{개별 최대 수용 전력의 합}}{\text{부등률}}$

$$= \frac{\text{설비 용량} \times \text{수용률}}{\text{부등률}} \text{ 이므로}$$

최대용량 = $\dfrac{2000 \times 0.5 + 3000 \times 0.6}{1.25 \times 0.8} \times 1.1 = 3080[kVA]$ **[답]** ②

문제 25 전력선 a의 충전 전압을 E, 통신선 b의 대지 정전 용량을 C_b, ab 사이의 상호 정전 용량을 C_{ab}라고 하면 통신선 b의 정전 유도 전압 E_s는?

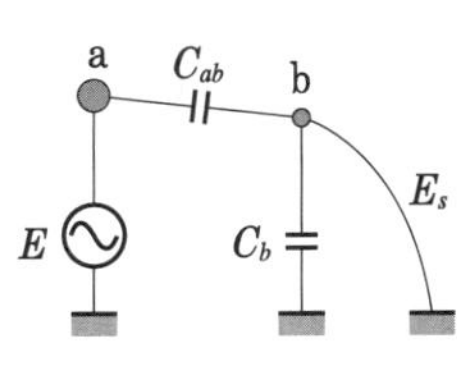

① $\dfrac{C_{ab} + C_b}{C_b}E$　　　　② $\dfrac{C_{ab} + C_a}{C_{ab}}E$

③ $\dfrac{C_b}{C_{ab} + C_b}E$　　　　④ $\dfrac{C_{ab}}{C_{ab} + C_b}E$

풀이

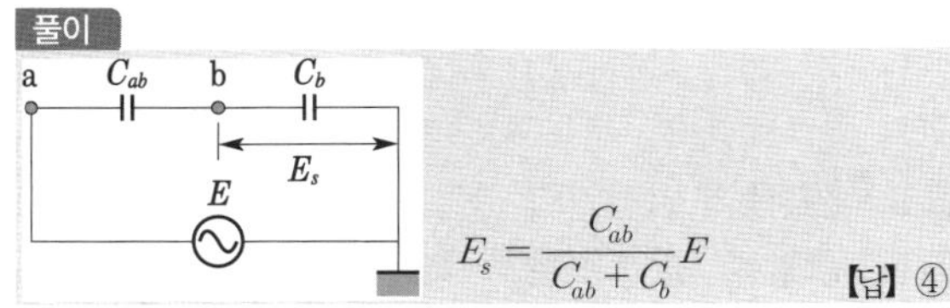

$E_s = \dfrac{C_{ab}}{C_{ab} + C_b}E$ **[답]** ④

3과목 전기기기

문제 41 2차 저항 0.02 [Ω], $s = 1$ 에서 2차 리액턴스 0.05[Ω]인 3상 유도 전동기가 있다. 이 전동기의 슬립이 5 [%]일 때, 1차 부하 전류가 12 [A]라면, 그 기계적 출력[kW]은? 단, 권수비 $a = 10$, 상수비 $m = 1$ 이다.

① 5.28 ② 5.47
③ 16.4 ④ 18.6

풀이

$r_2 = 0.02\,[\Omega]$이므로

$$r_2{}' = a^2 m r_2 = 10^2 \times 1 \times 0.02 = 2\,[\Omega]$$

기계적 출력을 대표하는 부하 저항의 1차 환산값 R' 는

$$R' = \frac{1-s}{s} r_2{}' = \frac{1-0.05}{0.05} \times 2 = 38\,[\Omega]$$

$$\therefore P = 3(I_1{}')^2 R' = 3 \times 12^2 \times 38 = 16{,}416\,[\text{W}] = 16.4\,[\text{kW}]$$

[답] ③

문제 42 동기 발전기의 단락 시험, 무부하 시험으로부터 구할 수 없는 것은?

① 철손 ② 단락비
③ 전기자 반작용 ④ 동기 임피던스

풀이

시험 및 측정

측정 항목	시험의 종류
철 손	무부하 시험
기 계 손	무부하 시험
동기임피던스	단락 시험
동기리액턴스	단락 시험
단 락 비	무부하(포화) 시험, 단락 시험

[답] ③

문제 43 정류기의 단상 전파 정류에 있어서 직류 전압 100 [V]를 얻는 데 필요한 2차 상전압[V]을 구하면? 단, 부하는 순저항으로 하고 변압기 내의 전압 강하는 무시하며 전호 강하를 15 [V]로 한다.

① 약 94.4 ② 약 128
③ 약 181 ④ 약 255

풀이

전파 정류에서 $E_d = 0.9 E_s$ 이므로

$$E_s = \frac{E_d}{0.9} = \frac{100+15}{0.9} = 127.8\,[\text{V}]$$

[답] ②

문제 44 유도 전압 조정기의 동작 원리는?

① 회전 자계에 의한 유도 작용을 이용하여 2차 전압의 위상 전압의 조정에 따라 변화한다.
② 교번 자계의 전자 유도 작용을 이용한다.
③ 충전된 두 물체 사이에 작용하는 힘
④ 두 전류 사이에 작용하는 힘

풀이

3상 유도 전압 조정기의 원리
회전자속에 의하여 직렬 권선의 1상에 유도되는 기전력을 조정전압이라 하고 이것을 E_2[V]라고 하면 E_2는 일정한 크기의 회전자속에 의하여 생기는 것이므로 회전자와 고정자와의 관계 위치에 관계없이 항상 그 크기는 일정하다. 그러나 회전자와 고정자의 관계 위치의 변화에 따라 **분로 권선 전압 E_1 에 대한 E_2의 위상이 변화**한다. 즉, 3상 유도전압 조정기의 출력측 전압

$$E = \sqrt{(E_1 + E_2 \cos\theta)^2 + (E_2 \sin\theta)^2}$$ 으로 나타낸다.

[답] ①

문제 45 6600/210 [V]의 단상 변압기 3대를 △-Y로 결선하여 1상 18 [kW] 전열기의 전원으로 사용하다가 이것을 △-△로 결선했을 때 이 전열기의 소비 전력 [kW]은 얼마인가?

① 31.2 ② 10.4
③ 2.0 ④ 6.0

△-Y결선을 △-△결선으로 하면 상전압(2차측 전압)은 $\dfrac{1}{\sqrt{3}}$ 배가 되므로 전력은 $\left(\dfrac{1}{\sqrt{3}}\right)^2$ 이 된다.

$$\therefore\ 18\times\left(\dfrac{1}{\sqrt{3}}\right)^2 = 6\,[\text{kW}]$$

【답】④

문제 46 유도 전동기의 토크 속도 곡선이 비례 추이(proportional shifting)한다는 것은 그 곡선이 무엇에 비례해서 이동하는 것을 말하는가?

① 슬립
② 회전수
③ 공급 전압
④ 2차 합성 저항

권선형 유도 전동기에서 2차 저항이 증가하면 토크 곡선 등이 슬립이 증가하는 방향으로 2차 저항에 비례하며 이동한다. 즉 같은 토크에서 **2차 저항과 슬립은 비례한다. 이를 비례 추이**라 한다. 【답】④

문제 47 평형 3상 3선식 선로에 2개의 PT와 3개의 전압계 V_1, V_2, V_3를 그림과 같이 접속하고, 선간 전압을 측정하고 있을 때 퓨즈 F_B가 절단되었다고 하면 각 전압계의 지시는 몇 [V]가 되는가? 단, 3상 선간 전압은 3000 [V]이다.

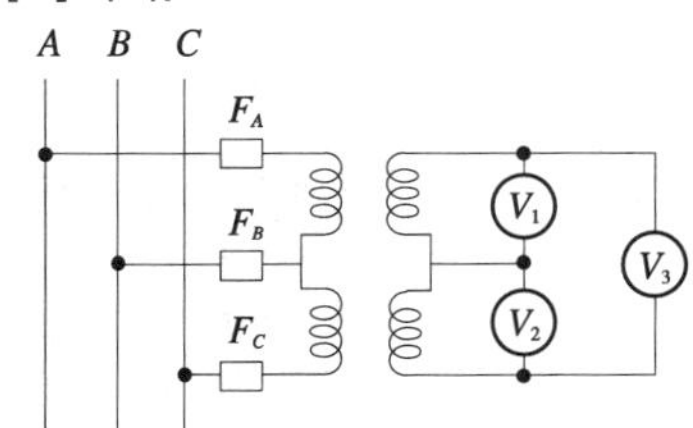

① $V_1 = V_2 = 3000\,[\text{V}],\ \ V_3 = 6000\,[\text{V}]$
② $V_1 = V_2 = V_3 = 3000\,[\text{V}]$
③ $V_1 = V_2 = 1500\,[\text{V}],\ \ V_3 = 3000\,[\text{V}]$
④ $V_1 = V_2 = V_3 = 1500\,[\text{V}]$

퓨즈 F_B가 절단되면 오른쪽 그림과 같이 되므로 양 변성기의 1차가 직렬이 되어 AC간의 단상 전압을 받으므로 1개의 PT에 가해지는 전압은 전의 1/2로 된다.

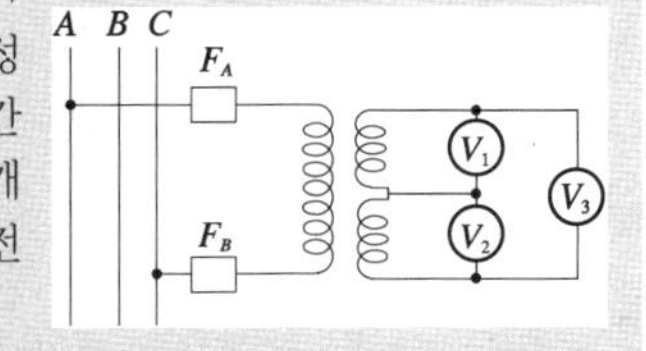

$$V_1 = V_2 = 1500\,[\text{V}]$$
$$V_3 = 3000\,[\text{V}]$$

【답】③

4과목　회로이론

문제 61 직류 과도 현상의 저항 $R\,[\Omega]$과 인덕턴스 L [H]의 직렬 회로에서 옳지 않은 것은?

① 회로의 시정수는 $\tau = \dfrac{L}{R}\,[\text{s}]$이다.

② $t = 0$에서 직류 전압 $E\,[\text{V}]$를 가했을 때 $t\,[\text{s}]$ 후의 전류는 $i(t) = \dfrac{E}{R}\left(1 - e^{-\frac{R}{L}t}\right)\,[\text{A}]$이다.

③ 과도 기간에 있어서의 인덕턴스 L의 단자 전압은 $v_L(t) = Ee^{-\frac{L}{R}t}$이다.

④ 과도 기간에 있어서의 저항 R의 단자 전압은 $v_R(t) = E\left(1 - e^{-\frac{R}{L}t}\right)$이다.

과도 기간에 인덕턴스 L의 단자 전압 $v_L(t)$는

$$v_L(t) = L\frac{di(t)}{dt} = L\cdot\frac{d}{dt}\frac{E}{R}\left(1 - e^{-\frac{R}{L}t}\right)$$

$$= L\cdot\frac{E}{R}\cdot\frac{R}{L}e^{-\frac{R}{L}t} = Ee^{-\frac{R}{L}t}$$

【답】③

문제 62 불평형 회로에서 영상분이 존재하는 3상 회로 구성은?

① △-△ 결선의 3상 3선식

② △-Y 결선의 3상 3선식

③ Y-Y 결선의 3상 3선식

④ Y-Y 결선의 3상 4선식

풀이

Y-Y 결선의 3상 4선식은 **중성점을 접지하므로 영상분이 존재한다.**
【답】 ④

문제 63 최대값이 100 [V]인 사인파 교류의 평균값은?

① 141

② 70.7

③ 63.7

④ 53.8

풀이

$$V_{av} = \frac{2}{\pi} V_m = \frac{2}{\pi} \times 100 = 63.7 \, [V]$$
【답】 ③

5과목 전기설비기술기준 및 판단기준

문제 81 피뢰기의 접지 공사에 사용되는 접지선의 굵기는 단면적 몇 [mm²]의 연동선 또는 이와 동등 이상의 세기 및 굵기이어야 하는가?

① 1.5

② 2.5

③ 6

④ 16

풀이

피뢰기는 제1종 접지이며 접지종별 접지선의 굵기는 다음과 같다. (판단기준 제43조)

• **제1종 : 6 [mm²] 이상의 연동선**

• 제2종 : 특고압에서 변성되면 16[mm²]이상, 고압에서 변성되면 6[mm²] 이상의 연동선

• 제3종 및 특별 제3종 : 2.5[mm²] 이상의 연동선 【답】 ③

문제 82 특고압 가공 전선로의 지지물로 B종 철주를 사용하여 경간 300 [m]로 하는 경우 전선으로 사용되는 경동연선의 최소 굵기는 몇 [mm²] 이상인가?

① 38

② 55

③ 100

④ 150

풀이

고압 가공전선로 경간의 제한 (판단기준 제76조, 제124조)

지지물의 종류		경 간	
	고 압	지름 5 [mm] 이상	단면적 22 [mm²] 이상
	특고압	단면적 22 [mm²] 이상	**단면적 55 [mm²] 이상**
목주·A종 철주 또는 A종 철근 콘크리트주		150 [m] 이하	300 [m] 이하
B종 철주 또는 B종 철근 콘크리트주		250 [m] 이하	**500 [m] 이하**
철 탑		600 [m] 이하	600 [m] 이하

【답】 ②

문제 83 애자 사용 공사의 고압 옥내 배선과 수도관의 최소 이격 거리[cm]는?

① 10

② 15

③ 30

④ 60

풀이

고압 옥내 배선과 타 시설물과의 이격거리 (판단기준 제209조)
① 다른 고압 옥내 배선·저압 옥내 전선·관등 회로의 배선·약전류 전선 : 15 [cm]

② **수관·가스관**이나 이와 유사한 것과 접근하거나 교차하는 경우
　: 15 [cm]
③ 애자 사용 공사에 의하여 시설하는 저압 옥내 전선인 경우 : 30 [cm]
④ 가스 계량기 및 가스관의 이음부와 전력량계 및 개폐기 : 60 [cm]

【답】 ②

문제 84 고압 가공 전선이 교류 전차선의 위쪽에서 교류 전차선과 교차하는 경우 고압 가공 전선로에 사용하는 경동 연선의 최소 굵기[mm²]는?

① 14　　　　　　② 22
③ 30　　　　　　④ 38

풀이

저고압 가공전선과 교류전차선 등의 접근 또는 교차(판단기준 제83조)
저압 가공전선 또는 고압 가공전선이 교류 전차선 등과 교차하는 경우에 저압 가공전선 또는 **고압 가공전선이 교류 전차선 등의 위에 시설되는 때에는 다음 각 호에 따라야 한다.**
① 저압 가공전선에는 케이블을 사용하고 또한 이를 단면적 38 [mm²] 이상인 아연도강연선으로서 인장강도 19.61 [kN] 이상인 것으로 조가하여 시설할 것.
② 고압 가공전선은 케이블인 경우 이외에는 인장강도 14.51[kN] 이상의 것 또는 **단면적 38 [mm²] 이상의 경동연선일 것.**
③ 고압 가공전선이 케이블인 경우에는 이를 단면적 38[mm²] 이상인 아연도강연선으로서 인장강도 19.61[kN] 이상인 것으로 조가하여 시설할 것.

【답】 ④

문제 85　2009년도 2회 문제 81

문제 86　2004년도 2회 문제 84

문제 87　2016년도 2회 문제 87

문제 88　2006년도 2회 문제 85

문제 89　2012년도 3회 문제 93

문제 90　2011년도 2회 문제 87

문제 91　2015년도 1회 문제 87

문제 92　2016년도 2회 문제 91

문제 93　2011년도 1회 문제 99

문제 94　2006년도 3회 문제 87

문제 95　2008년도 2회 문제 87

문제 96　2016년도 1회 문제 86

문제 97　2011년도 1회 문제 100

문제 98　2006년도 2회 문제 81

문제 99　2014년도 3회 문제 83

문제 100　2001년도 1회 문제 84

국가기술자격검정 필기시험 문제

2001년도 전기산업기사 일반검정 제3회				수검 번호	성 명
자격종목 및 등급(선택분야)	종목코드	시험시간	문제지형별		
전기산업기사	2140	2시간 30분	A		

1과목 전기자기학

문제 01 MKS 합리화 단위계에서 진공 중의 유전율에 대한 값으로 옳지 않은 것은? (단, C[m/s]는 진공 중의 전파 속도이다.)

① $\dfrac{1}{120\pi C}$

② $\dfrac{10^7}{4\pi C^2}$

③ $\dfrac{1}{36\pi 10^9}$

④ $\dfrac{10^7}{14\pi C}$

풀이

전파속도 $c = \dfrac{1}{\sqrt{\mu_0 \epsilon_0}}$ [m/s]에서 $\epsilon_0 = \dfrac{1}{\mu_0 c^2}$

- $\dfrac{1}{4\pi \times 10^{-7} c^2} = \dfrac{10^7}{4\pi c^2}$

- $\dfrac{10^7}{4\pi \times 3 \times 10^8 c} = \dfrac{1}{120\pi c}$

- $\dfrac{1}{120\pi \times 3 \times 10^8} = \dfrac{1}{36\pi \times 10^9}$

【답】 ④

문제 02 그림과 같이 무한장 직선 도체에 I[A]의 전류가 흐를 때 도체에서 d[m] 떨어진 곳에 있는 가로, 세로가 각각 a [m], b [m]인 구형의 면적을 통과하는 자속[Wb]은?

① $\dfrac{\mu_0 bI}{2\pi} \ln \dfrac{d}{d+a}$

② $\dfrac{\mu_0 bI}{2\pi} \ln \dfrac{d+a}{d}$

③ $\dfrac{\mu_0 bI}{\pi} \ln \dfrac{d}{d+a}$

④ $\dfrac{\mu_0 bI}{\pi} \ln \dfrac{d+a}{d}$

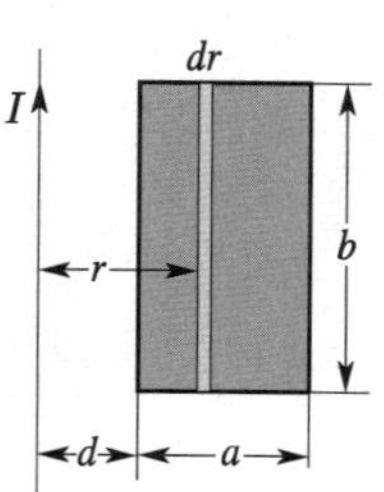

풀이

r [m]의 거리에 폭 dr 의 미소면적 $dS = bdr$ [m²]를 생각한다. r 위치의 자계 H는

$$H = \dfrac{I}{2\pi r} \text{ [A/m]}$$

dS 에 있어서의 자속은

$$d\Phi = \mu_0 H dS = \dfrac{\mu_0 I b dr}{2\pi r} \text{ [Wb]}$$

장방형 전부를 통과하는 자속은

$$\therefore \ \Phi = \int_d^{d+a} d\Phi = \dfrac{\mu_0 bI}{2\pi} \ln \dfrac{d+a}{d} \text{ [Wb]}$$

【답】 ②

문제 03 실용적인 유전체의 유전 손실각 $\tan \delta$는? (단, ω 는 각속도[rad/s], k는 도전율[℧/m], ϵ 은 유전율[F/m]이다.)

① $\dfrac{k\epsilon}{\omega}$

② $\dfrac{\omega}{\epsilon k}$

③ $\dfrac{k}{\omega\epsilon}$

④ $\dfrac{\omega k}{\epsilon}$

풀이

- 유전 손실각 $\tan \delta = \dfrac{k}{\omega\epsilon}$

【답】 ③

문제 04 $\operatorname{div} \boldsymbol{D} = \rho$와 가장 관계 깊은 것은?

① Ampere의 주회 적분 법칙

② Faraday의 전자 유도 법칙

③ Laplace의 방정식

④ Gauss의 정리

풀이

가우스의 정리 $\operatorname{div} \boldsymbol{D} = \rho$

① 전하가 존재하면 전속선이 발산한다.

② 임의점에서 전속선의 발산량은 그 점의 전하 밀도와 같다.

【답】 ④

문제 05 원형 단면을 가진 비자성 재료에 균일하게 감긴 권수 1000회인 환상 솔레노이드의 자기 유도계수가 2 [mH]이다. 그 위에 1200회의 코일을 감으면 상호 유도계수[mH]는? 단, 누설 자속은 없는 것으로 본다.

① 2.0 ② 2.4
③ 3.6 ④ 4.5

풀이

$$L_1 = \frac{N_1^{\,2}}{R_m}\,,\quad M = \frac{N_1 N_2}{R_m}\ \text{에서}$$

$$M = \frac{N_1 N_2}{\dfrac{N_1^{\,2}}{L_1}} = \frac{N_2}{N_1}\cdot L_1 = \frac{1200}{1000}\times 2 = 2.4[\text{mH}]$$

【답】 ②

문제 06 도체계에서 임의의 도체를 일정 전위의 도체로 완전 포위하면 내외 공간의 전계를 완전히 차단할 수 있다. 이것을 무엇이라 하는가?

① 전자차폐 ② 정전차폐
③ 홀(hall) 효과 ④ 핀치(pinch) 효과

풀이

임의의 도체를 접지된 도체로 완전 포위하면 외부에서 유도되는 전하를 차단할 수 있다. 이것을 **정전차폐**라고 한다. 【답】 ②

문제 07 정전 용량 C[F]와 컨덕턴스 G[S]와의 관계는 어떤 관계에 있는가? 단, k : 도전율[℧/m], ϵ : 유전율[F/m]

① $\dfrac{C}{G} = \dfrac{\epsilon}{k}$ ② $Ck = \dfrac{\epsilon}{G}$

③ $CG = k\epsilon$ ④ $\dfrac{C}{G} = \dfrac{k}{\epsilon}$

풀이

$$R = \rho\frac{d}{S} = \frac{d}{kS}[\Omega] \qquad C = \frac{\epsilon S}{d}[\text{F}]$$

$$RC = \frac{d}{kS}\times\frac{\epsilon S}{d} = \frac{\epsilon}{k} = \rho\epsilon$$

$$RC = \rho\epsilon \ \text{또는}\ \frac{C}{G} = \frac{\epsilon}{k}$$

【답】 ①

2과목 전력공학

문제 21 선로의 단락 보호 또는 계통 탈조 사고의 검출용으로 사용되는 계전기는?

① 접지 계전기 ② 역상 계전기
③ 재폐로 계전기 ④ 거리 계전기

풀이

거리 계전기는 선로의 단락사고 및 지락사고로부터 보호하기 위한 계전기로서, 전압 및 전류를 입력량으로 하여 전류의 전압에 대한 비의 함수가 예정치 이하일 때 동작한다. 이 비는 계전기에서 본 임피던스라고 하며 임피던스는 송전선 거리의 전기적 척도이므로 거리 계전기라고 한다. 【답】 ④

문제 22 그림과 같은 단상 2선식 배선에서 인입구 A점의 전압이 100 [V]라면 C점의 전압[V]은? 단, 저항값은 1선의 값으로 AB간 0.05 [Ω], BC간 0.1 [Ω]이다.

① 90
② 94
③ 96
④ 97

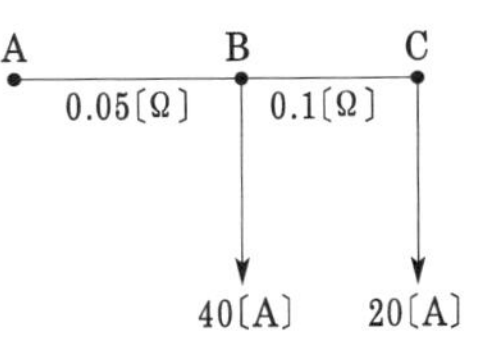

풀이

$$V_B = V_A - 2IR = 100 - 2\times 60\times 0.05 = 94\ [\text{V}]$$

$$V_C = V_B - 2IR = 94 - 2\times 20\times 0.1 = 90\ [\text{V}]$$

【답】 ①

문제 23 345 [kV] 초고압 송전선로에 사용되는 현수애자는 1련 현수인 경우 대략 몇 개 정도 사용되는가?

① 6~8 ② 12~14
③ 18~20 ④ 28~38

풀이

전압에 따른 현수애자(250 [mm])의 연결 개수					
전압 [kV]	66	154	220	**345**	765
수량	4~6	10~11	12~13	**18~20**	40~45

【답】③

문제 24 500 [kVA]의 단상 변압기 3대로 3상 전력을 공급하고 있던 공장에서 변압기1대가 고장났을 때 공급할 수 있는 전력은 몇 [kVA]인가?

① 500
② 688
③ 866
④ 1000

풀이

$$P_V = \sqrt{3}\,P_1 = \sqrt{3} \times 500 = 866\,[kVA]$$

【답】③

문제 25	2009년도 3회 문제 29
문제 26	2002년도 1회 문제 23
문제 27	2005년도 2회 문제 25
문제 28	2010년도 1회 문제 27
문제 29	2009년도 1회 문제 31
문제 30	2008년도 1회 문제 26
문제 31	2005년도 1회 문제 26
문제 32	2016년도 1회 문제 38
문제 33	2003년도 1회 문제 26
문제 34	2011년도 1회 문제 36
문제 35	2012년도 1회 문제 26
문제 36	2012년도 3회 문제 29
문제 37	2012년도 3회 문제 26
문제 38	2002년도 1회 문제 22
문제 39	2011년도 3회 문제 31
문제 40	2015년도 1회 문제 29

3과목 전기기기

문제 41 동기 와트로 표시되는 것은?

① 토크
② 동기 속도
③ 출력
④ 1차 입력

풀이

2차 입력(동기 와트) P_2, 회전 각속도 ω, 동기 각속도 ω_s 라 하면

$$T = \frac{P}{\omega} = \frac{P_2(1-s)}{\omega_s(1-s)} = \frac{P_2}{\omega_s} \qquad \therefore P_2 = \omega_s T\,[동기\ 와트]$$

즉, 동기 와트는 동기 각속도로 회전시 2차 입력을 토크로 표시한 것이다.

【답】①

문제 42 출력 10 [kVA], 정격 전압에서의 철손이 85 [W], 뒤진 역률 0.8, 3/4 부하에서 효율이 가장 큰 단상 변압기가 있다. 역률 1일 때의 최대 효율은?

① 96 [%]
② 97.8 [%]
③ 98.8 [%]
④ 99 [%]

풀이

$P_i = m^2 P_c$ 에서

$$P_c = \frac{P_i}{m^2} = \frac{85}{\left(\dfrac{3}{4}\right)^2} = 151.1\,[W]$$

효율 $\eta = \dfrac{mVI\cos\theta}{mVI\cos\theta + P_i + m^2 P_c} \times 100$ 에서 $\cos\theta = 1$ 이므로

$$\eta = \frac{10 \times 10^3 \times 1 \times \dfrac{3}{4}}{10 \times 10^3 \times 1 \times \dfrac{3}{4} + 85 + \left(\dfrac{3}{4}\right)^2 \times 151.1} \times 100 = 97.78\,[\%]$$

【답】②

문제 43 효율 85 [%]인 전동기에 의해 토크 40[N·m]의 부하를 속도 1500 [rpm]으로 구동한다. 전동기의 입력[kW]는?

① 5.3
② 6.3
③ 7.4
④ 8.4

풀이

출력 $P = 2\pi n T = 2\pi \times \dfrac{1500}{60} \times 40 = 6283\,[W] = 6.283\,[kW]$

$$\therefore 입력 = \frac{6.283}{0.85} = 7.39\,[kW]$$

【답】③

문제 44 크로우링 현상은 다음의 어느 것에서 일어나는가?

① 농형 유도 전동기
② 직류 직권 전동기
③ 회전 변류기
④ 3상 변압기

풀이

크로우링 현상이란 유도 전동기에 있어서 정지 상태로부터 동기 속도의 수분의 1인 저속도까지 가속하고, 그 이상은 가속하지 않는(안정되기는 하지만) 이상한 운전 상태.

【답】①

문제 45 다음 온도 측정 장치 중 변압기의 권선 온도 측정 장치로 쓸 수 있는 것은?

① 탐지 코일(search coil)

② 열동 계전기

③ 다이얼 온도계

④ 봉상 온도계

풀이

열동 계전기는 바이메탈의 만곡 작용을 이용하여, 온도가 일정 온도 이상이면 접점을 개폐하는 장치로서 전동기의 과부하 보호 계전기로 사용된다. 【답】②

문제 46 8극 50 [Hz]의 3상 유도 전동기가 있다. 매분 600회전으로 최대 토크를 발생한다고 한다. 최대 토크로 가동시키기 위해서는 회전자 각상 저항의 몇 배의 저항을 삽입하면 좋은가? (단, 여기서 회전자는 Y결선이다.)

① 2　　　　　　　　② 3

③ 4　　　　　　　　④ 5

풀이

$$N_s = \frac{120f}{p} = \frac{120 \times 50}{8} = 750$$

$$슬립\ s = \frac{N_s - N}{N_s} = \frac{750 - 600}{750} = 0.2$$

$$\therefore R = \frac{1-s}{s} r_2 = \frac{1-0.2}{0.2} r_2 = 4r_2$$

【답】③

문제 47 단중 중권으로 된 직류 8극 분권 발전기의 전 전류가 I[A]일 때 각 권선에 흐르는 전류는?

① $4I$　　　　　　　② $8I$

③ $\dfrac{I}{4}$　　　　　　　④ $\dfrac{I}{8}$

풀이

단중 중권에서는 $a = p$이므로

각 권선 전류 $i_a = \dfrac{I}{a} = \dfrac{I}{8}$ 【답】④

문제 48 직류 복권 발전기의 병렬 운전에 필요한 것은?

① 균압 모선　　　　② 보상 권선

③ 집전환　　　　　④ 브러시의 이동

풀이

직권 계자 권선이 있는 발전기(직권 발전기, 복권 발전기)의 병렬 운전시에는 안정한 운전을 하기 위해서는 균압 모선이 필요하다. 【답】①

문제 49 직류 분권 전동기의 계자 전류를 감소시키면 회전수는 어떻게 변하는가?

① 변화없음　　　　　② 정지

③ 증가　　　　　　　④ 감소

풀이

$N = K \dfrac{V - R_a I_a}{\Phi}$ [rpm]에서 계자 전류 I_f가 감소하면 Φ가 감소하므로 속도는 계자 전류에 반비례하여 증가한다. 【답】③

문제 50	2015년도 1회 문제 56
문제 51	2011년도 1회 문제 54
문제 52	2004년도 1회 문제 49
문제 53	2013년도 1회 문제 54
문제 54	2003년도 2회 문제 47
문제 55	2005년도 1회 문제 42
문제 56	2012년도 3회 문제 57
문제 57	2013년도 3회 문제 45
문제 58	2011년도 1회 문제 42
문제 59	2012년도 2회 문제 50
문제 60	2015년도 1회 문제 52

4과목　회로이론

문제 61 임피던스 함수 $Z(s) = \dfrac{s + 50}{s^2 + 3s + 2}$ [Ω]으로 주어지는 2단자 회로망에 직류 100 [V]의 전압을 가했다면 회로의 전류는 몇 [A]인가?

① 4　　　　　　　　② 6

③ 8　　　　　　　　④ 10

풀이

직류이므로 $s(jw) = 0$, $Z(s) = \dfrac{50}{2} = 25$ [Ω]

$$\therefore I = \frac{V}{Z(s)} = \frac{100}{25} = 4 \text{ [A]}$$

【답】①

문제 62
$C\,[\text{F}]$인 용량을
$$v = V_1 \sin(\omega t + \theta_1) + V_3 \sin(3\omega t + \theta_3)$$인 전압
으로 충전할 때 몇 [A]의 전류(실효값)가 필요한가?

① $\dfrac{1}{\sqrt{2}}\sqrt{V_1^2 + 9V_3^2}$

② $\dfrac{1}{\sqrt{2}}\sqrt{V_1^2 + V_3^2}$

③ $\dfrac{\omega C}{\sqrt{2}}\sqrt{V_1^2 + 9V_3^2}$

④ $\dfrac{\omega C}{\sqrt{2}}\sqrt{V_1^2 + V_3^2}$

풀이

$i = \omega C V_1 \sin(\omega t + \theta_1 + 90°) + 3\omega C V_3 \sin(3\omega t + \theta_3 + 90°)$
이므로

$$I = \sqrt{\left(\frac{\omega C V_1}{\sqrt{2}}\right)^2 + \left(\frac{3\omega C V_3}{\sqrt{2}}\right)^2} = \frac{\omega C}{\sqrt{2}}\sqrt{V_1^2 + 9V_3^2}$$

[답] ③

문제 63
$R - L - C$ 직렬 회로에서 시정수의 값이 작
을수록 과도 현상이 소멸되는 시간은 어떻게 되는가?
① 짧아진다.　　　　② 관계없다.
③ 길어진다.　　　　④ 과도 상태가 없다.

풀이

시정수가 크면 클수록 과도기가 오래 지속되고, 적으면 적을수록 지
속시간이 짧아진다.

[답] ①

문제 64
1[kHz]인 정현파 교류회로에서 5 [mH]인 유
도성 리액턴스와 크기가 같은 용량성 리액턴스를 갖는
C의 크기는 몇 [μF]인가?
① 2.07　　　　　　② 3.07
③ 4.07　　　　　　④ 5.07

풀이

$\omega L = \dfrac{1}{\omega C}$에서

$$C = \frac{1}{\omega^2 L} = \frac{1}{(2 \times \pi \times 1000)^2 \times 5 \times 10^{-3}} = 5.07 \times 10^{-6}$$
$$= 5.07\,[\mu\text{F}]$$

[답] ④

5과목　전기설비기술기준 및 판단기준

문제 81
특고압 가공 전선로의 지지물에 시설하는 통
신선 또는 이에 직접 접속하는 통신선이 도로, 횡단 보
도교, 철도, 궤도, 삭도 또는 교류 전차선 등과 교차하
는 경우에는 통신선과 삭도 또는 다른 가공 약전류 전
선 등 사이의 이격 거리는 몇 [cm] 이상으로 하여야 하
는가? (단, 통신선은 케이블 또는 광섬유 케이블이 아
니라고 한다.)
① 40　　　　　　　② 60
③ 80　　　　　　　④ 100

풀이

특고압 가공 전선로의 지지물에 시설하는 통신선 또는 이에 직접
접속하는 통신선이 도로, 횡단 보도교, 철도, 궤도, 삭도, 가공 전
선, 다른 가공 약전류 전선, 교류 전차선 등과 교차하는 경우에는
다음에 준하여 시설하여야 한다. (판단기준 제157조)
특고압 가공 전선로의 지지물에 시설하는 통신선 또는 이에 직접
접속하는 통신선이 도로, 횡단 보도교, 철도, 궤도, 삭도, 가공 전
선, 다른 가공 약전류 전선, 교류 전차선 등과 교차하는 경우에는
다음에 준하여 시설하여야 한다. (판단기준 제157조)
① 통신선이 교차하는 경우에는 통신선은 지름 4 [mm]의 절연 전선
　또는 지름 5 [mm]의 경동선
② 통신선과 가공 약전류 전선 등 사이의 이격 거리는 80 [cm](통신선
　이 케이블 또는 광섬유 케이블일 때는 40 [cm] 이상으로 할 것

[답] ③

 과전류 차단기로 저압 전로에 사용하는 퓨즈를 수평으로 설치할 경우의 동작 특성으로 옳은 것은?

① 정격전류의 1.1배의 전류에 견딜 것
② 정격전류의 1.6배로 60분 이상 견딜 것
③ 정격전류의 1.8배로 120분 이내에 용단될 것
④ 정격전류의 2배의 전류로 10분 안에 용단될 것

풀이

저압전로에 사용하는 퓨즈는 다음에 의하여야 한다. (판단기준 제38조)
① **정격전류의 1.1배에 견디어야 한다.**
② 1.6배 및 2배의 전류에 대하여 표와 같이 용단되어야 한다.

정격 전류의 구분	용단 시간(분)	
	1.6배의 전류	2배의 전류
30 [A] 이하	60	2
30 [A] 넘고 60 [A] 이하	60	4
60 [A] 넘고 100 [A] 이하	120	6
100 [A] 넘고 200 [A] 이하	120	8
200 [A] 넘고 400 [A] 이하	180	10
400 [A] 넘고 600 [A] 이하	240	12
600 [A] 초과	240	20

【답】 ①

문제 83 제1종 X선관의 최대 사용 전압이 154 [kV]인 경우에 전선 상호의 간격은 몇 [cm]인가?

① 45
② 63
③ 67
④ 70

풀이

제1종 X선 발생 장치의 시설(판단기준 제248)
• 100[kV] 이하의 것은 45[cm] 이상, 100[kV] 초과하는 것에는 45[cm]에 초과분 10[kV] 또는 단수마다 3[cm]를 가산한 값 이상으로 할 것
• 단수 $= \dfrac{154-100}{10} = 5.4 \rightarrow 6$단
• 간격 $= 45 + 6 \times 3 = 63$ [cm]

【답】 ②

문제 84 고압용 또는 특고압용의 개폐기로서 중력 등에 의하여 자연히 작동할 우려가 있는 것은 다음 중 어떤 장치를 시설하여야 하는가?

① 차단 장치
② 제어 장치
③ 단락 장치
④ 자물쇠 장치

풀이

고압 또는 특고압용 개폐기로서 중력 등에 의하여 **자연히 작동할 우려가 있는 경우**에는 **자물쇠 장치**, 기타 이를 방지하는 장치를 시설하여야 한다. (판단기준 제37조)

【답】 ④

문제 85 중성점 접지식 22.9 [kV] 특고압 가공 전선로를 A종 철근 콘크리트주를 사용하여 시가지에 시설하는 경우 반드시 지키지 않아도 되는 것은?

① 전선로의 경간은 75 [m] 이하로 할 것
② 전선은 단면적 55 [mm^2]의 경동 연선 또는 이와 동등 이상의 세기 및 굵기의 연선일 것
③ 전선이 특고압 절연 전선인 경우 지표상의 높이는 8 [m] 이상일 것
④ 전로에 지기가 생긴 경우 또는 단락한 경우에 경보하는 장치를 시설할 것

풀이

시가지 등에서 특고압 가공전선로의 시설(판단기준 제104조)
사용 전압이 100 [kV]를 초과하는 특고압 가공전선에 지락 또는 단락이 생겼을 때에는 1초 이내에 자동적으로 이를 전로로부터 차단하는 장치를 시설할 것

【답】 ④

문제 86	2012년도 3회 문제 98
문제 87	2013년도 2회 문제 91
문제 88	2012년도 2회 문제 97
문제 89	2015년도 1회 문제 82
문제 90	2011년도 2회 문제 87
문제 91	2011년도 2회 문제 95
문제 92	2007년도 3회 문제 81
문제 93	2011년도 2회 문제 92
문제 94	2016년도 2회 문제 87
문제 95	2009년도 3회 문제 88
문제 96	2016년도 1회 문제 93
문제 97	2006년도 3회 문제 82
문제 98	2014년도 1회 문제 90
문제 99	2010년도 2회 문제 91
문제 100	2002년도 2회 문제 81

MEMO

D-60 시리즈 2-2

2000년도
전기산업기사 필기

- ▶ 00년 제 2 회 전기산업기사
- ▶ 00년 제 4 회 전기산업기사
- ▶ 00년 제 6 회 전기산업기사

국가기술자격검정 필기시험 문제

2000년도 전기산업기사 일반검정 제2회				수검 번호	성 명
자격종목 및 등급(선택분야)	종목코드	시험시간	문제지형별		
전기산업기사	2140	2시간 30분	A		

1과목 전기자기학

문제 01 10^4 [eV]의 전자 속도는 10^2 [eV]의 전자 속도의 몇 배인가?

① 10
② 100
③ 1000
④ 10000

풀이

운동 에너지 $W = \dfrac{1}{2}mv^2 = eV$ [J]에서 $v \propto \sqrt{V}$ 이므로

$$\therefore \frac{v_1}{v_2} = \sqrt{\frac{V_1}{V_2}} = \sqrt{\frac{10^4}{10^2}} = 10 \text{배}$$

【답】 ①

문제 02 유전율 ϵ, 투자율 μ의 공간을 전파하는 전자파의 전파 속도 v는?

① $v = \sqrt{\epsilon\mu}$
② $v = \sqrt{\dfrac{\epsilon}{\mu}}$
③ $v = \sqrt{\dfrac{\mu}{\epsilon}}$
④ $v = \dfrac{1}{\sqrt{\epsilon\mu}}$

풀이

전자파의 속도는 $v^2 = \dfrac{1}{\epsilon\mu}$ 에서

$$\therefore v = \frac{1}{\sqrt{\epsilon\mu}} = \frac{1}{\sqrt{\epsilon_0\mu_0}} \cdot \frac{1}{\sqrt{\epsilon_s\mu_s}} = c\frac{1}{\sqrt{\epsilon_s\mu_s}}$$

$$= \frac{3\times10^8}{\sqrt{\epsilon_s\mu_s}} \text{[m/s]}$$

【답】 ④

문제 03 반지름 25 [cm]의 원주형 도선에 π[A]의 전류가 흐를 때 도선의 중심축에서 50 [cm] 되는 점의 자계의 세기[AT/m]는? 단, 도선의 길이 l은 매우 길다.

① 1
② π
③ $\dfrac{1}{2}\pi$
④ $\dfrac{1}{4}\pi$

풀이

$$H = \frac{I}{2\pi r} = \frac{\pi}{2\pi\times0.5} = 1 \text{ [AT/m]}$$

【답】 ①

문제 04 패러데이관에서 전속선 수가 $5Q$ 개이면 패러데이관 수는?

① $\dfrac{Q}{\epsilon}$
② $\dfrac{Q}{5}$
③ $\dfrac{5}{Q}$
④ $5Q$

풀이

패러데이관 양단에는 단위 정(+), 부(−) 전하가 존재하며, 단위 전하에서 항상 전속 한 개가 출입하므로 그 수는 **전속수와 서로 같다.**

【답】 ④

문제 05 모든 전기 장치에 접지시키는 근본적인 이유는?

① 지구의 용량이 커서 전위가 거의 일정하기 때문이다.
② 편의상 지면을 영전위로 보기 때문이다.
③ 영상 전하를 이용하기 때문이다.
④ 지구는 전류를 잘 통하기 때문이다.

풀이

지구는 정전 용량이 크므로 많은 전하가 축적되어도 **지구의 전위는 일정**하다. 모든 전기 장치를 접지시키고 대지를 실용상 등전위로 한다.

【답】 ①

문제 06 그림과 같은 회로에서 인덕턴스 20 [H]에 저축되는 에너지를 구하면 몇 [J]인가?

① 1.95
② 19.5
③ 97.7
④ 9770

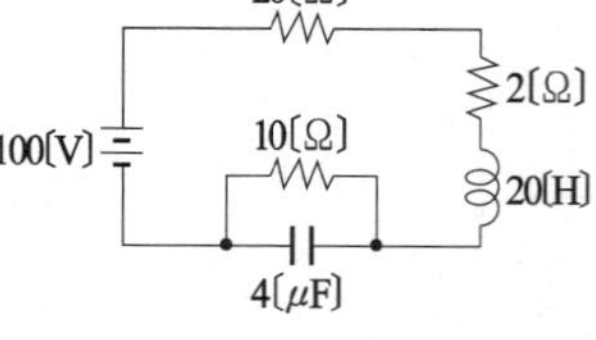

풀이

$$I = \frac{V}{R} = \frac{100}{20+2+10} = 3.125[\text{A}]$$

($\because$ 직류에 있어서 주파수는 0 이므로 리액터는 도체로 생각하면 된다. $X_L = 2\pi f L = 0$)

$$\therefore W = \frac{1}{2}LI^2 = \frac{1}{2}\times 20 \times (3.125)^2 = 97.7\,[\text{J}]$$

【답】③

문제 07	2012년도 3회 문제 20
문제 08	2011년도 1회 문제 19
문제 09	2016년도 3회 문제 02
문제 10	2009년도 2회 문제 13
문제 11	2010년도 2회 문제 01
문제 12	2008년도 3회 문제 12
문제 13	2010년도 1회 문제 09
문제 14	2009년도 1회 문제 03
문제 15	2008년도 2회 문제 03
문제 16	2013년도 2회 문제 13
문제 17	2013년도 3회 문제 18
문제 18	2006년도 3회 문제 02
문제 19	2012년도 3회 문제 09
문제 20	2009년도 1회 문제 09

2과목 전력공학

문제 21 파일럿 와이어(pilot wire) 계전 방식에 해당되지 않는 것은?

① 고장점 위치에 관계없이 양단을 동시에 고속 차단할 수 있다.

② 송전선에 평행하도록 양단을 연락한다.

③ 고장시 장해를 받지 않게 하기 위하여 연피 케이블을 사용한다.

④ 고장점 위치에 관계없이 부하측 고장을 고속도 차단한다.

풀이

파일럿 와이어(pilot wire) 계전 방식은 고장점의 위치에 무관하게 **양단을 동시에 고속도 차단**한다.

【답】④

문제 22 어느 변전 설비의 역률을 60 [%]에서 80 [%]로 개선한 결과 2800 [kVA]의 콘덴서가 필요했다. 이 변전 설비의 용량은 몇 [kW]인가?

① 4800   ② 5000

③ 5400   ④ 5800

풀이

$$Q_c = P(\tan\theta_1 - \tan\theta_2)$$

$$P = \frac{Q_c}{(\tan\theta_1 - \tan\theta_2)} = \frac{2800}{\left(\dfrac{0.8}{0.6} - \dfrac{0.6}{0.8}\right)} = 4800[\text{kW}]$$

【답】①

문제 23 수차의 속도 조정률이 4 [%]인 정격 출력 32,000 [kW]의 발전기가 계통 병렬 운전 중 주파수가 0.2 [Hz] 상승하면 발전기 출력은 약 몇 [kW] 변화하는가? 단, 계통의 정격 주파수는 60 [Hz]로 한다.

① 1,544   ② 1,928

③ 2,236   ④ 2,667

풀이

속도 조정률 $\delta = \dfrac{\Delta f}{N} \times \dfrac{P}{\Delta P} \times 100$

$$\therefore \Delta P = P \times \frac{\Delta f}{N} \times \frac{1}{\delta} = 32000 \times \frac{0.2}{60} \times \frac{1}{0.04} = 2666.64\,[\text{kW}]$$

【답】④

문제 24 최대 전류가 흐를 때의 손실이 50 [kW]이며 부하율이 55 [%]인 전선로의 평균 손실은 몇 [kW]인가? 단, 배전 선로의 손실 계수 H 는 0.38이다.

① 7   ② 11

③ 19   ④ 31

풀이

손실 계수 $= \dfrac{\text{평균 손실 전력}}{\text{최대 손실 전력}}$

$\therefore$ 평균 손실 전력 = 손실 계수 × 최대 손실 전력

$$= 0.38 \times 50 = 19[\text{kW}]$$

【답】③

문제 25 선택배류기는 어느 전기설비에 설치하는가?

① 급전선   ② 가공 통신 케이블

③ 가공 전화선   ④ 지하 전력 케이블

풀이

선택배류기는 지중에 매설된 금속체의 **전식 방지 대책**으로 사용되며 **지하 전력 케이블**에 설치된다.

【답】④

문제 26 지상 부하를 가진 3상 3선식 배전선 또는 단거리 송전선에서 선간 전압 강하를 나타낸 식은? 단, I, R, X, θ는 각각 수전단 전류, 선로저항, 리액턴스 및 수전단 전류의 위상각이다.

① $I(R\cos\theta + X\sin\theta)$
② $2I(R\cos\theta + X\sin\theta)$
③ $\sqrt{3}\,I(R\cos\theta + X\sin\theta)$
④ $3I(R\cos\theta + X\sin\theta)$

풀이

$$e = V_s - V_r = \sqrt{3}\,I(R\cos\theta + X\sin\theta)$$

【답】 ③

문제 27 대용량 기력 발전소에서는 터빈의 중도에서 추기하여 급수 가열에 사용함으로써 얻은 소득은 다음과 같다. 옳지 않은 것은?

① 열효율 개선
② 터빈 저압부 및 복수기의 소형화
③ 보일러 보급 수량의 감소
④ 복수기 냉각수 감소

풀이

터빈에서 **팽창 중인 증기** 일부를 추출하여 급수 가열에 사용되므로 급수 가열에 사용된 증기에 해당하는 만큼의 **보일러 급수를 증가**시켜야 한다.

【답】 ③

문제 28 고저차가 없는 가공 전선로에서 이도 및 전선 중량을 일정하게 하고, 경간을 2배로 했을 때, 전선의 수평 장력은 몇 배가 되는가?

① 2배
② 4배
③ $\dfrac{1}{2}$배
④ $\dfrac{1}{4}$배

풀이

$$D = \frac{WS^2}{8T}, \qquad T = \frac{WS^2}{8D}$$

$$\therefore\ T \propto S^2 = 4$$

【답】 ②

문제 29 동기 조상기의 설명으로 옳은 것은?

① 무부하로 운전되는 동기전동기로 역률을 개선한다.
② 전부하로 운전되는 동기전동기로 역률을 개선한다.
③ 무부하로 운전되는 동기발전기로 역률을 개선한다.
④ 전부하로 운전되는 동기발전기로 역률을 개선한다.

풀이

• 동기 조상기는 무부하로 운전되는 동기 전동기의 V곡선을 이용
• 동기조상기의 운전
　－ 과여자 운전 : 콘덴서 작용 － 역률 개선
　－ 부족 여자 운전 : 리액터 작용

【답】 ①

문제 30 발전기나 변압기의 내부 고장 검출에 주로 사용되는 계전기는?

① 비율 차동 계전기
② 역상 계전기
③ 과전류 계전기
④ 과전압 계전기

풀이

비율 차동 계전기는 변압기 내부 고장에 대한 보호 장치로 변압기 1차 전류와 2차 전류의 차 전류가 일정 비율 이상으로 되면 동작하는 계전기이다.

【답】 ①

문제 31 2002년도 1회 문제 30
문제 32 2008년도 2회 문제 33
문제 33 2007년도 3회 문제 26
문제 34 2016년도 1회 문제 36
문제 35 2006년도 3회 문제 27
문제 36 2016년도 1회 문제 28
문제 37 2007년도 2회 문제 22
문제 38 2001년도 3회 문제 21
문제 39 2011년도 2회 문제 37
문제 40 2014년도 1회 문제 40

3과목 전기기기

문제 41 단상 정류자 전동기에서 전기자 권선수를 계자 권선수에 비하여 특히 크게 하는 이유는?

① 전기자 반작용을 작게 하기 위하여
② 리액턴스 전압을 작게 하기 위하여
③ 토크를 크게 하기 위하여
④ 역률을 좋게 하기 위하여

풀이

단상 정류자 전동기에서는 **약계자, 강전기자형으로 하여 역률을 좋게** 한다.

【답】 ④

4과목 회로이론

문제 61 각상(各相)의 전류 I_a, I_b, I_c 가 다음 식으로 표시될 때 영상 대칭분 전류[A]를 나타낸 것은 어느 것인가?($I_a = 60\sin\omega t$, $I_b = 60\sin(\omega t - 90°)$, $I_c = 60\sin(\omega t + 90°)$ [A]이다.)

① $10\sin\omega t$ [A] ② $20\sin\omega t$ [A]
③ $30\sin\omega t$ [A] ④ $60\sin\omega t$ [A]

풀이

정현파를 phasor로 표시하면
$$I_a = 60\underline{/0°} = 60(\cos 0° + j\sin 0°) = 60$$
$$I_b = 60\underline{/-90°} = 60(\cos 90° - j\sin 90°) = -j60$$
$$I_c = 60\underline{/90°} = 60(\cos 90° + j\sin 90°) = j60$$

따라서 영상전류는
$$I_o = \frac{1}{3}(I_a + I_b + I_c) = \frac{1}{3}(60 - j60 + j60) = 20$$
$$\therefore\ I_o = 20\sin\omega t\ \text{가 된다.}$$

【답】②

문제 62 회로의 전압비 전달 함수 $G(s) = \dfrac{V_2(s)}{V_1(s)}$ 는?

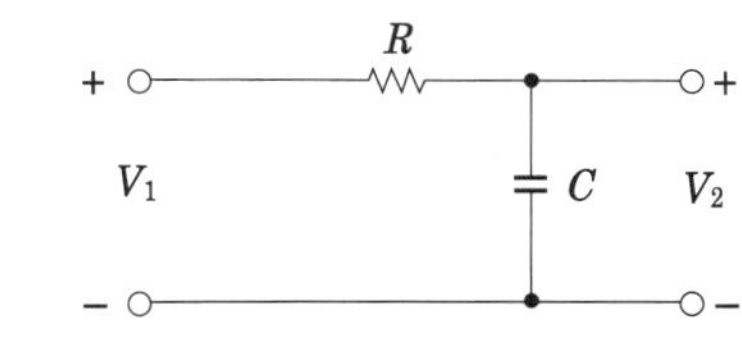

① $\dfrac{1}{RC}$ ② $\dfrac{1}{s + RC}$

③ $\dfrac{\dfrac{1}{RC}}{s + \dfrac{1}{RC}}$ ④ $\dfrac{-RC}{s + \dfrac{1}{RC}}$

풀이

$$G(s) = \frac{V_2(s)}{V_1(s)} = \frac{\dfrac{1}{Cs}}{R + \dfrac{1}{Cs}} = \frac{1}{RCs + 1} = \frac{\dfrac{1}{RC}}{s + \dfrac{1}{RC}}$$

【답】③

문제 63 그림의 회로에서 단자 a, b에 3 [Ω]의 저항을 연결할 때 저항에서의 소비 전력은 몇 [W]인가?

① 1/12
② 1/3
③ 1
④ 12

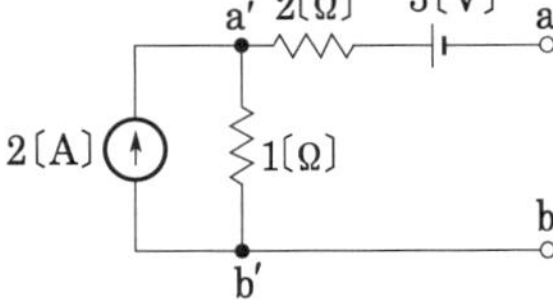

풀이

문제의 그림에서 전류원을 전압원으로 등가하면, 전류는
$$I = \frac{V}{R} = \frac{3 - 2}{1 + 2 + 3} = \frac{1}{6}\ \text{[A]}$$
그러므로 전력은 $P = I^2 R$ 에서
$$P = \left(\frac{1}{6}\right)^2 \cdot 3 = \frac{3}{36} = \frac{1}{12}\ \text{[W]}$$

【답】㉮

문제 64 $R = 4$[Ω]과 $X_c = 3$[Ω]이 직렬로 접속된 회로에 10 [A]의 전류를 통할 때의 교류 전력은 몇 [VA]인가?

① $400 + j300$ ② $400 - j300$
③ $420 + j360$ ④ $360 + j420$

풀이

$$P = VI^* = (ZI)I^* = ZI^2 = (4 - j3) \times 10^2 = 400 - j300 \,[VA]$$

[답] ②

문제 65 그림의 회로에서 스위치 S를 닫을 때 콘덴서의 초기 전하를 무시하고 회로에 흐르는 전류를 구하면?

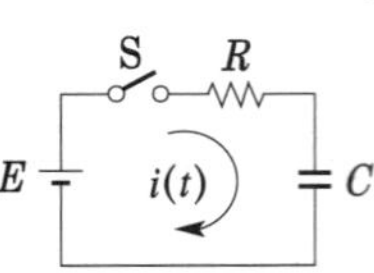

① $\dfrac{E}{R} e^{\frac{C}{R}t}$

② $\dfrac{E}{R} e^{\frac{R}{C}t}$

③ $\dfrac{E}{R} e^{-\frac{1}{CR}t}$

④ $\dfrac{E}{R} e^{\frac{1}{CR}t}$

풀이

스위치를 닫았을 때 회로의 평형 방정식은

$$Ri(t) + \frac{1}{C} \int i(t)dt = E$$

C의 전하를 $q(t)$, C의 양단 전압을 v_0라 하면

$$q(t) = \int i(t)dt = Cv_0, \quad i(t) = \frac{dq(t)}{dt}$$

따라서, 윗 식은

$$R\frac{dq(t)}{dt} + \frac{1}{C}q(t) = E$$

초기 전하를 0라 하면

$$\therefore \ q(t) = CE\left(1 - e^{-\frac{1}{RC}t}\right)$$

또, $i(t) = \dfrac{dq(t)}{dt} = \dfrac{d}{dt}CE\left(1 - e^{-\frac{1}{RC}t}\right) = \dfrac{E}{R}e^{-\frac{1}{RC}t}$

[답] ③

문제 80 2015년도 2회 문제 80

5과목 전기설비기술기준 및 판단기준

문제 81 출퇴표시등 회로에 전기를 공급하기 위한 변압기는 1차측 전로의 대지 전압을 몇 [V] 이하인 절연 변압기로 사용하여야 하는가?

① 200

② 300

③ 380

④ 440

풀이

출퇴표시등 회로의 시설(판단기준 제245조)
출퇴 표시등에 전기를 공급하는 변압기는 **1차측 전로의 대지 전압이 300 [V] 이하**, 2차측 전로의 사용 전압이 60 [V] 이하인 절연 변압기이어야 한다.

[답] ②

문제 82 과전류 차단기로서 저압 전로에 사용하는 100 [A] 퓨즈는 수평으로 붙여서 시험할 때 1.6배의 전류를 통하는 경우는 몇 분 안에 용단되어야 하며 또한 2배의 전류를 통하는 경우는 몇 분 안에 용단되어야 하는가?

① 30분, 2분

② 60분, 4분

③ 120분, 6분

④ 120분, 8분

풀이

저압전로 중의 과전류 차단기의 시설 (판단기준 제38조)
과전류차단기로 저압전로에 사용하는 퓨즈는 다음 각 호에 적합한 것이어야 한다.

① 정격전류의 1.1배의 전류에 견딜 것

② 정격전류의 1.6배 및 2배의 전류를 통한 경우에 표 에서 정한 시간 내에 용단될 것

정격전류의 구분	시 간 [분] 정격전류의 1.6배의 전류를 통한 경우	정격전류의 2배의 전류를 통한 경우
30 [A] 이하	60	2
30 [A] 초과 60 [A] 이하	60	4
60 [A] 초과 100 [A] 이하	120	6
100 [A] 초과 200 [A] 이하	120	8
200 [A] 초과 400 [A] 이하	180	10
400 [A] 초과 600 [A] 이하	240	12
600 [A] 초과	240	20

[답] ③

 교류에서 저압은 몇 [V] 이하인 것인가?

① 380　　　　　　　② 440
③ 600　　　　　　　④ 700

풀이

저압, 고압 및 특고압의 범위 (기술기준 제3조)

분류	전압의 범위
저 압	·직류 : 750 [V] 이하 ·교류 : 600 [V] 이하
고 압	·직류 : 750 [V]를 초과하고, 7 [kV] 이하 ·교류 : 600 [V]를 초과하고, 7 [kV] 이하
특고압	7 [kV]를 초과

【답】 ③

문제 84 저압 가공 전선이 25 [kV] 교류 전차선의 위에 교차하여 시설되는 경우 저압 가공 전선으로 케이블을 사용하고 단면적 몇 [mm²] 이상인 아연도강연선으로서 인장하중 19.61 [kN] 이상인 것으로 조가하여 시설하여야 하는가?

① 22　　　　　　　② 38
③ 55　　　　　　　④ 100

풀이

저고압 가공전선과 교류전차선 등의 접근 또는 교차(판단기준 제83조)
저압 가공전선 또는 고압 가공전선이 교류 전차선 등과 교차하는 경우에 **저압 가공전선 또는 고압 가공전선이 교류 전차선 등의 위에 시설되는 때**에는 다음 각 호에 따라야 한다.
① **저압 가공전선에는 케이블을 사용하고 또한 이를 단면적 38[mm²] 이상인 아연도강연선으로서 인장강도 19.61 [kN] 이상인 것으로 조가하여 시설할 것.**
② 고압 가공전선은 케이블인 경우 이외에는 인장강도 14.51 [kN] 이상의 것 또는 단면적 38 [mm²] 이상의 경동연선일 것.
③ 고압 가공전선이 케이블인 경우에는 이를 단면적 38[mm²] 이상인 아연도강연선으로서 인장강도 19.61 [kN] 이상인 것으로 조가하여 시설할 것.

【답】 ②

문제 85 특별 제3종 접지 공사의 접지 저항값은 몇 [Ω] 이하로 유지하여야 하는가?

① 10　　　　　　　② 50
③ 75　　　　　　　④ 100

풀이

접지 공사를 하는 경우 접지 저항 최대값은 다음과 같다.
(판단기준 제18조)
· 제1종 접지 공사 : 10 [Ω]
· 제3종 접지 공사 : 100 [Ω]
· **특별 제3종 접지 공사 : 10 [Ω]**

【답】 ①

문제 86 특고압용 제2종 보안 장치 또는 이에 준하는 보안 장치등이 되어 있지 않은 25 [kV] 이하인 특고압 가공 전선로의 지지물에 시설하는 통신선 또는 이에 직접 접속하는 통신선으로 사용할 수 있는 것은?

① 캡타이어 케이블
② 지름 2.6 [mm] 이상의 절연 전선
③ 광섬유 케이블
④ CV-CN 케이블

풀이

25 [kV] 이하인 특고압 가공전선로 첨가 통신선의 시설에 관한 특례
(판단기준 제160조) : 통신선은 **광섬유 케이블**일 것

【답】 ③

문제 87 직류식 전기 철도에서 배류선은 상승 부분 중 지표상 몇 [m] 미만의 부분에 대하여는 절연 전선, 캡타이어 케이블 또는 케이블을 사용하고 사람이 접촉할 우려가 없고 또한 손상받을 우려가 없도록 시설하여야 하는가?

① 2.5　　　　　　　② 3.0
③ 3.5　　　　　　　④ 4.0

풀이

배류접속(판단기준 제265조) : 배류선의 상승 부분 중 **지표상 2.5 [m] 미만의 부분**은 절연전선(옥외용 비닐 절연전선을 제외한다)·캡타이어 케이블 또는 케이블을 사용하고 사람이 접촉할 우려가 없고 또한 손상을 받을 우려가 없도록 시설할 것.

【답】 ①

문제 88	2010년도 1회 문제 83
문제 89	2012년도 1회 문제 100
문제 90	2015년도 1회 문제 98
문제 91	2007년도 2회 문제 84
문제 92	2010년도 2회 문제 93
문제 93	2014년도 2회 문제 92
문제 94	2016년도 2회 문제 87
문제 95	2009년도 2회 문제 89
문제 96	2012년도 1회 문제 95
문제 97	2011년도 1회 문제 96
문제 98	2015년도 2회 문제 95
문제 99	2014년도 2회 문제 88

전기설비 기술기준(개정)과 판단기준에 따라 삭제된 문제가 있어 20문항이 안됩니다.

국가기술자격검정 필기시험 문제

2000년도 전기산업기사 일반검정 제4회

	수검 번호	성 명

자격종목 및 등급(선택분야)	종목코드	시험시간	문제지형별		
전기산업기사	2140	2시간 30분	A		

1과목 전기자기학

문제 01 자기 저항의 역수를 무엇이라 하는가?

① conductance ② permeance

③ elastance ④ impedance

풀이

- **퍼미언스**(permeance) : **자기 저항의 역수**
- 콘덕턴스(conductance) : 전기 저항의 역수
- 엘라스턴스(elastance) : 정전 용량의 역수 【답】 ②

문제 02 비유전율이 4이고 전계의 세기가 20 [kV/m]인 유전체 내의 전속 밀도[$\mu c/m^2$]는?

① 0.708 ② 0.168

③ 6.28 ④ 2.83

풀이

$$D = \epsilon_0 \epsilon_s E = 8.855 \times 10^{-12} \times 4 \times 20 \times 10^3$$
$$= 0.708 \times 10^{-6} [C/m^2] = 0.708 [\mu C/m^2] \quad 【답】 ①$$

문제 03 다음은 도체의 전기 저항에 대한 설명이다. 틀린 것은?

① 고유 저항은 백금보다 구리가 크다.

② 단면적에 반비례하고 길이에 비례한다.

③ 도체 반지름의 제곱에 반비례한다.

④ 같은 길이, 단면적에서도 온도가 상승하면 저항이 증가한다.

풀이

전기저항 $R = \rho \dfrac{l}{S} = \rho \dfrac{l}{\pi r^2}$ 이므로 전기저항 R은 단면적에 반비례하고 길이에 비례한다. 또한 20 [℃]에서의 고유 저항은

- 구리 : 1.69×10^{-8} [Ω·m]
- 백금 : 10.5×10^{-8} [Ω·m] 【답】 ①

문제 04 그림과 같이 l_1 [m]에서 l_2 [m]까지 전류 i [A]가 흐르고 있는 직선 도체에서 수직 거리 a[m] 떨어진 점 P의 자계[AT/m]를 구하면?

① $\dfrac{i}{4\pi a}(\sin\theta_1 + \sin\theta_2)$

② $\dfrac{i}{4\pi a}(\cos\theta_1 + \cos\theta_2)$

③ $\dfrac{i}{2\pi a}(\sin\theta_1 + \sin\theta_2)$

④ $\dfrac{i}{2\pi a}(\cos\theta_1 + \cos\theta_2)$

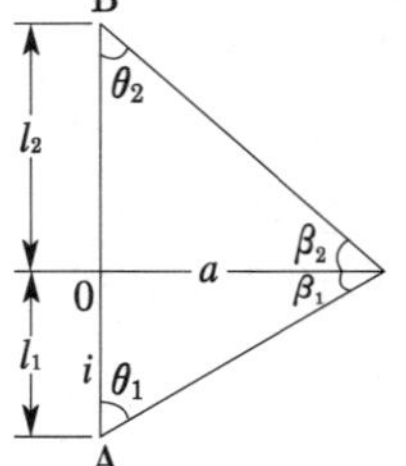

풀이

$$H = \frac{I}{4\pi a}(\sin\beta_1 + \sin\beta_2) = \frac{I}{4\pi a}(\cos\theta_1 + \cos\theta_2) \quad 【답】 ②$$

문제 05 10 [A]를 흘리고 있는 도체가 20 [Wb/s]의 자속을 끊었을 때 이 기계의 전력[W]은?

① 2 ② 200

③ 2000 ④ 4000

풀이

$$e = \frac{d\phi}{dt} = \frac{20}{1} = 20 [V]$$
$$P = ei = 20 \times 10 = 200 [W] \quad 【답】 ②$$

문제 06 $E = \dfrac{3x}{x^2 + y^2} i + \dfrac{3y}{x^2 + y^2} j$ [V/m]일 때 점 (4, 3, 0)을 지나는 전기력선의 방정식은?

① $xy = \dfrac{4}{3}$ ② $xy = \dfrac{3}{4}$

③ $x = \dfrac{4}{3} y$ ④ $x = \dfrac{3}{4} y$

풀이

전기력선 방정식 $\dfrac{dx}{E_x} = \dfrac{dy}{E_y}$ 에서

$$\frac{dx}{3x/(x^2+y^2)} = \frac{dy}{3y/(x^2+y^2)} \quad 즉, \quad \frac{dx}{x} = \frac{dy}{y}$$

여기서, $\ln x + \ln K_1 = \ln y + \ln K_2$

$$K_1 x = K_2 y, \quad 4K_1 = 3K_2, \quad \frac{K_2}{K_1} = \frac{4}{3}$$

$$\therefore \ x = \frac{K_2}{K_1} y = \frac{4}{3} y$$

【답】③

문제 07 그림과 같이 가요성 전선으로 직사각형의 회로를 만들어 대전류를 흘렸을 때 일어나는 현상은?

① 변함이 없다.
② 원형이 된다.
③ 마주보는 변끼리 합쳐진다.
④ 이웃하는 변끼리 합쳐진다.

풀이

그림과 같이 $\overline{AB}$에 흐르는 전류 I에 의한 자계 H_1과 $\overline{CD}$에 흐르는 전류 I에 작용하는 힘 F_1은 플레밍의 왼손 법칙에 의하여 그림과 같은 방향으로 받는다 (**두 도체의 전류가 반대 방향이므로 반발력이 작용**). 같은 방법으로 4개의 변의 밖으로 힘 F_2, F_3, F_4가 작용하게 되므로 원형이 된다.

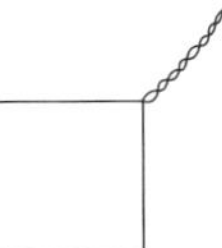

【답】②

문제 08 비유전율이 2.75인 기름 속의 전자파의 속도는 약 몇 [m/s]인가? (단, 기름의 비투자율은 1이다.)

① 1.2×10^8
② 1.5×10^8
③ 1.8×10^8
④ 2.1×10^8

풀이

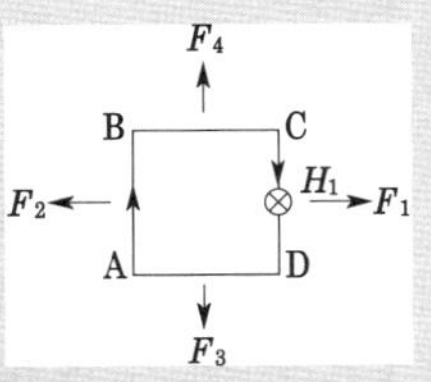

$$v = \frac{1}{\sqrt{\epsilon_\mu}} = \frac{1}{\sqrt{\epsilon_0 \mu_0}} \frac{1}{\sqrt{\epsilon_s \mu_s}} = \frac{3 \times 10^8}{\sqrt{\epsilon_s \mu_s}} = \frac{3 \times 10^8}{\sqrt{2.75 \times 1}}$$

$$= 1.8 \times 10^8 \ [\text{m/s}]$$

【답】③

문제 09	2013년도 1회 문제 16
문제 10	2016년도 1회 문제 19
문제 11	2001년도 3회 문제 01
문제 12	2013년도 3회 문제 19
문제 13	2013년도 1회 문제 08
문제 14	2012년도 2회 문제 02
문제 15	2011년도 1회 문제 11
문제 16	2007년도 2회 문제 02
문제 17	2007년도 3회 문제 01
문제 18	2007년도 1회 문제 01
문제 19	2008년도 2회 문제 02
문제 20	2014년도 3회 문제 08

2과목 전력공학

문제 21 단상 2선식(110 [V]) 저압 배전 선로를 단상 3선식(110/220 [V])으로 변경하고 부하 용량 및 공급 전압을 변경시키지 않고 부하를 평형시켰을 때의 전선로의 전압 강하율은 변경 전에 비해서 몇 배가 되는가?

① $\dfrac{1}{4}$ 배
② $\dfrac{1}{3}$ 배
③ $\dfrac{1}{2}$ 배
④ 변하지 않는다.

풀이

$$\epsilon = \frac{V_s - V_r}{V_r} = \frac{2IR}{V_r}$$

전압이 2배가 되면 전류는 $\dfrac{1}{2}$이 되므로

$$\epsilon' = \frac{2\dfrac{1}{2}IR}{2V_r} = \frac{IR}{2V_r}, \quad \frac{\epsilon'}{\epsilon} = \frac{\dfrac{IR}{2V_r}}{\dfrac{2IR}{V_r}} = \frac{1}{4}$$

【답】①

문제 22 접지고장시의 건전상의 이상전압이 최저인 접지방식은?

① 비접지식
② 직접 접지식
③ 고저항 접지식
④ 소호 리액터 접지식

풀이

직접 접지 방식의 장단점
[장점] ① 1선 지락시에 **건전상의 대지 전압이 거의 상승하지 않는다.**
② 피뢰기의 효과를 증진시킬 수 있다.
③ 단절연이 가능하다.
④ 계전기의 동작이 확실해진다.
[단점] ① 송전 계통의 과도 안정도가 나빠진다.
② 통신선에 유도 장해가 크다.
③ 기기에 큰 영향을 주어 손상을 준다.
④ 대용량 차단기가 필요하다.

【답】②

문제 23 주상 변압기로부터 60 [kVA]의 3상 평형 부하의 전압을 3,000 [V]에서 3,300 [V]로 승압할 때 필요한 변압기의 총 용량은 몇 [kVA]인가?

① 60　　　　② 66
③ 80　　　　④ 86

풀이

$$w = \frac{V_2 - V_1}{V_2} W = \frac{3300 - 3000}{3300} \times 60 = 5.45 [kVA]$$

∴ 5.45 [kVA]만큼의 승압기 용량이 필요하다. 따라서 65.45 [kVA]가 변압기 용량이 된다.　　　　【답】②

문제 24 단면적 330 [mm²]의 강심 알루미늄선을 경간이 300 [m]이고 지지점의 높이가 같은 철탑 사이에 가설하였다. 전선의 이도가 7.4 [m]이면 전선의 실제 길이는 몇 [m]인가? 단, 풍압, 온도 등의 영향은 무시한다.

① 300.287　　　　② 300.487
③ 300.685　　　　④ 300.875

풀이

$$L = S + \frac{8D^2}{3S} = 300 + \frac{8 \times 7.4^2}{3 \times 300} = 300.487$$

【답】②

문제 25 기력 발전소의 열 사이클 과정 중 단열 팽창 과정의 물 또는 증기의 상태 변화는?

① 습증기 → 포화액
② 과열증기 → 습증기
③ 포화액 → 압축액
④ 압축액 → 포화액 → 포화증기

풀이

- 보일러 : 등압 가열
- 복수기 : 등압 냉각
- 터빈 : 단열 팽창(과열증기 → 습증기)
- 급수펌프 : 단열 압축　　　　【답】②

문제 26 증기 터빈의 증기 누설 방지 장치에 일반적으로 사용되지 않는 패킹은?

① 레버랜드 패킹　　　　② 탄소 패킹
③ 수봉 패킹　　　　④ 고무 패킹

풀이

기밀 장치로 쓰이는 패킹에는
- 레버랜드 패킹　　· 탄소 패킹　　· 수봉 패킹

등이 있으며, 완전 패킹을 하기 위해서는 레버랜드 패킹과 수봉 패

킹을 조합하여 사용한다. 탄소 패킹은 소형 터빈에 사용한다.
【답】④

문제 27	2006년도 3회 문제 23
문제 28	2001년도 3회 문제 24
문제 29	2016년도 1회 문제 30
문제 30	2016년도 2회 문제 25
문제 31	2013년도 2회 문제 26
문제 32	2004년도 2회 문제 25
문제 33	2012년도 2회 문제 22
문제 34	2013년도 3회 문제 40
문제 35	2011년도 1회 문제 33
문제 36	2011년도 2회 문제 34
문제 37	2013년도 1회 문제 26
문제 38	2013년도 3회 문제 38
문제 39	2012년도 1회 문제 21
문제 40	2015년도 2회 문제 26

3과목　전기기기

문제 41 실리콘 다이오드의 특성에서 잘못된 것은?

① 전압 강하가 크다.　　② 정류비가 크다.
③ 허용 온도가 높다.　　④ 역내전압이 크다.

풀이

실리콘 정류기의 특성은
① 역내전압이 크다.
② 전류 밀도가 크다.(게르마늄의 2~3배, 셀렌의 500~1000배)
③ 온도에 의한 영향이 작다.(최고 허용 온도 140~200 [℃])
④ 효율은 가장 좋다.(99 [%])
⑤ 대용량 정류기에 적합하다.
⑥ 전압 강하가 적다.　　　　【답】①

문제 42 3상 동기 발전기의 정격 출력이 10,000 [kVA], 정격 전압은 6600[V], 정격 역률은 0.8이다. 1상의 동기 리액턴스를 1.0[p·u]라고 할 때 정태 안정 극한 전력[kW]을 구하면?

① 약 13,000　　　　② 약 14,240
③ 약 17,800　　　　④ 약 22,250

풀이

$$E = 0.8 + j(1+0.6)$$
$$= 0.8 + j1.6$$
$$= \sqrt{0.8^2 + 1.6^2}$$
$$= 1.78 \, [\text{pu}]$$

$$P_{\max} = \frac{EV}{X}\sin\delta \text{에서}$$

$$P_{\max} = \frac{EV}{X} = \frac{1.78 \times 1}{1} = 1.78[\text{pu}]$$

$$\therefore \ P_{\max} = 1.78 \times 10000 = 17800[\text{kW}]$$

【답】 ③

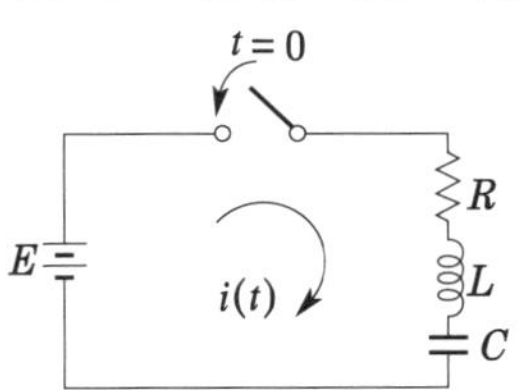

문제 43 변압기의 개방 회로 시험으로 구할 수 없는 것은?

① 무부하 전류 　　② 동손

③ 철손 　　④ 여자 임피던스

풀이

변압기의 시험
① 개방 회로 시험(무부하 시험)으로 측정할 수 있는 항목
　• 무부하 전류　• 히스테리시스손　• 와류손
　• 여자 어드미턴스　• 철손
② **단락 시험**으로 측정할 수 있는 항목
　• **동손**　• 임피던스 와트　• 임피던스 전압

【답】 ②

문제 44	2013년도 3회 문제 58
문제 45	2001년도 2회 문제 41
문제 46	2005년도 1회 문제 41
문제 47	2008년도 3회 문제 46
문제 48	2015년도 2회 문제 56
문제 49	2013년도 1회 문제 43
문제 50	2001년도 1회 문제 41
문제 51	2004년도 3회 문제 42
문제 52	2008년도 2회 문제 42
문제 53	2004년도 3회 문제 47
문제 54	2007년도 2회 문제 42
문제 55	2009년도 2회 문제 54
문제 56	2008년도 3회 문제 42
문제 57	2008년도 1회 문제 46
문제 58	2015년도 1회 문제 58
문제 59	2001년도 2회 문제 44
문제 60	2003년도 1회 문제 42

4과목　회로이론

문제 61 그림과 같은 $R-L-C$ 직렬 회로에서 $R = 100\,[\Omega]$, $L = 0.1\,[\text{mH}]$, $C = 0.1\,[\mu\text{F}]$일 때 이 회로의 전류 $i(t)$가 그림 중 가장 적당한 파형은?

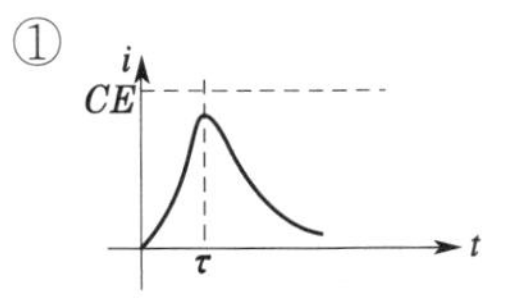

① 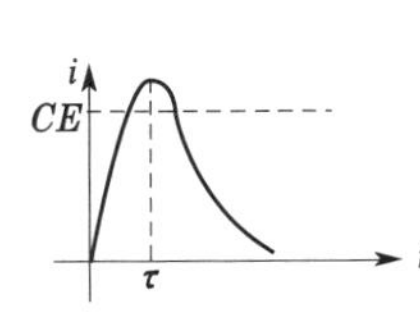
② 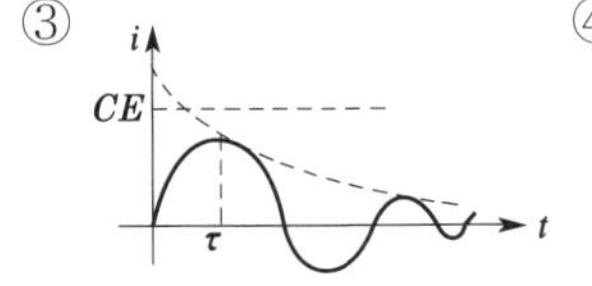
③ 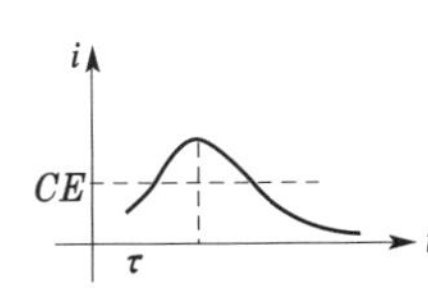
④

풀이

진동 여부의 판별식

• $R^2 = 4\dfrac{L}{C}$: 임계진동　• $R^2 - 4\dfrac{L}{C} > 0$: 비진동

• $R^2 - 4\dfrac{L}{C} < 0$: 진동　• $R^2 = 100^2 = 10^4$

• $4\dfrac{L}{C} = 4 \times \dfrac{0.1 \times 10^{-3}}{0.1 \times 10^{-6}} = 4000$

$\therefore \ R^2 > 4\dfrac{L}{C}$ 이므로 비진동이다.

【답】 ①

문제 62 선간 전압이 200 [V]인 10 [kW]의 3상 대칭 부하에 3상 전력을 공급하는 선로 임피던스가 $4 + j3$ [Ω]일 때 부하가 뒤진 역률 80 [%]이면 선전류는 몇 [A]인가?

① $18.8 + j21.6$ 　　② $28.8 - j21.6$

③ $35.7 - j4.3$ 　　④ $14.1 - j33.1$

풀이

선로의 임피던스는 고려할 필요가 없으므로

$$P = \sqrt{3}\,VI\cos\theta$$

$$I = \frac{P}{\sqrt{3}\,V\cos\theta} = \frac{10 \times 10^3}{\sqrt{3} \times 200 \times 0.8} = 36.08$$

$$\mathbf{I} = I(\cos\theta - j\sin\theta) = 36.08(0.8 - j0.6) = 28.8 - j21.6$$

【답】 ②

문제 63

$Ri(t) + L\dfrac{di(t)}{dt} = E$ 의 계통 방정식에서 정상 전류는?

① 0

② $\dfrac{E}{RL}$

③ $\dfrac{E}{R}$

④ E

풀이

$R-L$ 직렬 회로의 과도 전류는 $i(t) = \dfrac{E}{R}\left(1 - e^{-\frac{R}{L}t}\right)$ [A]이며 정상 전류는 $t = \infty$인 경우를 말한다. 따라서, $i(t) = \dfrac{E}{R}$[A]가 정상 전류가 된다.

【답】 ③

문제 64

그림의 회로에서 I_1 과 I_2 는 몇 [A]인가?

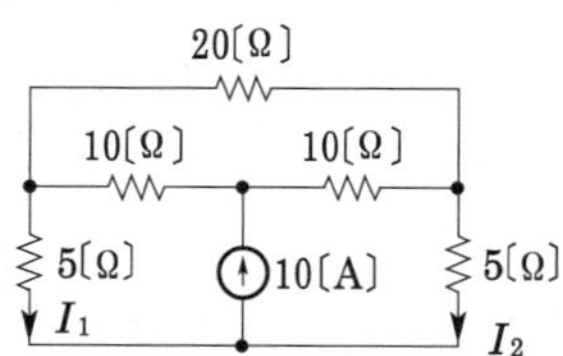

① $I_1 = 5$ [A], $I_2 = 5$ [A]

② $I_1 = 10$ [A], $I_2 = 10$ [A]

③ $I_1 = 5$ [A], $I_2 = 10$ [A]

④ $I_1 = 10$ [A], $I_2 = 5$ [A]

풀이

각 지로의 전류는 저항의 크기에 반비례하여 분배된다. 따라서, **전류원 10 [A]에서 본 좌우측 저항값이 동일하므로 전류는 5 [A]씩 양분되어 흐른다.**

【답】 ①

문제 65

그림과 같은 회로에서 특성 임피던스 Z_0 [Ω] 는?

① 1

② 2

③ 3

④ 4

풀이

단락하면 $Z = 2 + \dfrac{3 \times 2}{3+2} = 3.2$ [Ω]

개방하면 $Z = 5$ 따라서 $Y = \dfrac{1}{5}$

∴ 특성 임피던스 $Z_0 = \sqrt{\dfrac{Z}{Y}} = \sqrt{\dfrac{3.2}{\frac{1}{5}}} = 4$ [Ω]

【답】 ④

문제 66

평형 3상 3선식 회로가 있다. 부하는 Y결선이고 $V_{ab} = 100\sqrt{3}\underline{/0°}$ [V]일 때 $I_a = 20\underline{/-120°}$ [A]이었다. Y결선된 부하 한 상의 임피던스는 몇 [Ω]인가?

① $5\underline{/60°}$

② $5\sqrt{3}\underline{/60°}$

③ $5\underline{/90°}$

④ $5\sqrt{3}\underline{/90°}$

풀이

상전압은 선간 전압보다 30° 뒤지고 a상의 상전압을 V_a 라 하면,

$$Z_a = \dfrac{V_a}{I_a} = \dfrac{100\underline{/-30°}}{20\underline{/-120°}} = 5\underline{/90°}\ [\Omega]$$

【답】 ③

문제 67

그림과 같이 표시되는 파형을 함수로 표시하는 식은?

① $3 - u(t) - u(t-2)$

② $3u(t) - 3u(t-2)$

③ $3u(t) + 3u(t-2)$

④ $3u(t+2) - 3u(t)$

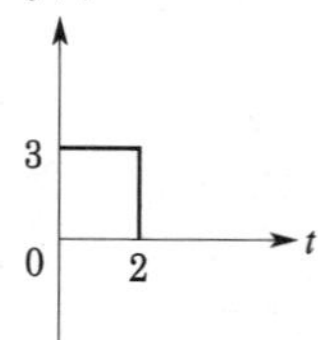

풀이

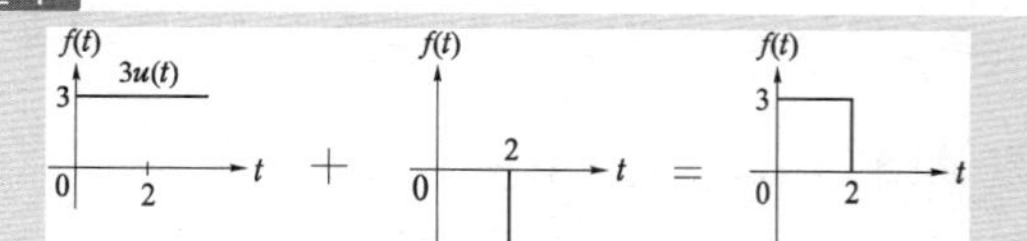

【답】 ②

문제 81 나전선을 사용한 69 [kV] 가공 전선이 삭도와 제1차 접근 상태에 시설되는 경우 전선과 삭도와의 최소 이격 거리는?

① 2.12 [m] ② 2.24 [m]
③ 2.36 [m] ④ 2.48 [m]

풀이

특고압 전로와 삭도와의 간격(판단기준 제128조)

사용전압의 구분	이격거리
35 [kV] 이하	2 [m] (전선이 특고압 절연전선인 경우는 1 [m], 케이블인 경우는 50 [cm])
35 [kV] 초과 60 [kV] 이하	2 [m]
60 [kV] 초과	2 [m]에 사용전압이 60 [kV]를 초과하는 10 [kV] 또는 그 단수마다 12 [cm]를 더한 값

• 단수 $= \dfrac{69-60}{10} = 0.9 \rightarrow 1$단
• 이격 거리 $= 2 + 1 \times 0.12 = 2.12 [m]$ **【답】 ①**

문제 82 사용 전압 400 [V] 미만의 이동 전선으로 목욕탕에 시설하여 사용되는 것은?

① 면절연 전선
② 고무 절연 전선
③ 면코드
④ 0.6/1[kV] EP 고무절연 클로로프렌 캡타이어 케이블

풀이

습기가 많은 장소에는 0.6/1[kV] EP 고무절연 클로로프렌 캡타이어 케이블을 사용할 것 (판단기준 제198조) **【답】 ④**

문제 83 특고압 가공 전선로에 사용하는 가공 지선에는 지름 몇 [mm]의 나경동선 또는 이와 동등 이상의 세기 및 굵기의 나선을 사용하여야 하는가?

① 2.6 ② 3.5
③ 4 ④ 5

풀이

가공지선
• 고압 가공 전선로의 가공지선 : 4 [mm] 이상의 나경동선
  (판단기준 제73조)
• 특고압 가공 전선로의 가공지선 : 5 [mm] 이상의 나경동선
  (판단기준 제111조) **【답】 ④**

국가기술자격검정 필기시험 문제

2000년도 전기산업기사 일반검정 제6회				수검 번호	성 명
자격종목 및 등급(선택분야)	종목코드	시험시간	문제지형별		
전기산업기사	**2140**	**2시간 30분**	**A**		

1과목 전기자기학

문제 01 평균 길이 l [m]인 환상 철심이 있다. 이 철심에 500회의 코일을 감고 2 [A]의 전류를 흘려 철 중의 자속 밀도를 1.5 [Wb/m²]으로 할 때의 철심에 대한 자화의 세기[Wb/m²]를 구하면?

① 2.0　　　　　　　② 1.5
③ 1.0　　　　　　　④ 0.5

풀이

$$NI = \oint_c H dl = H \oint_c dl = H \cdot l_c = \frac{B}{\mu_0 \mu_s} l_c \text{에서}$$

$$\mu_s = \frac{B l_c}{\mu_0 NI} = \frac{1.5 \times 1}{4\pi \times 10^{-7} \times 500 \times 2} = 1193$$

자화율 $\chi_m = \mu - \mu_0 = \mu_0(\mu_s - 1)$

$$= 4\pi \times 10^{-7} \times (1193 - 1) = 4 \times 3.14 \times 10^{-7} \times 1192$$

$$= 1.5 \times 10^{-3} \text{ [H/m]}$$

자화의 세기

$$\therefore J = \chi_m H = \frac{\chi_m B}{\mu} = \frac{\chi_m B}{\mu_0 \mu_s} = \frac{1.5 \times 10^{-3} \times 1.5}{4\pi \times 10^{-7} \times 1193}$$

$$= 1.5 \text{ [Wb/m}^2\text{]}$$

【답】 ②

문제 02 반지름 a, $b(a<b)$인 동심 원통 전극 사이에 고유 저항 ρ의 물질이 충만되어 있을 때 단위 길이당의 저항은?

① $2\pi\rho \ln ba$

② $\dfrac{\rho}{2\pi \ln \dfrac{b}{a}}$

③ $\dfrac{\rho}{2\pi} \ln \dfrac{b}{a}$

④ $2a\rho$

풀이

$$RC = \rho\epsilon \text{ 에서 } R = \frac{\rho\epsilon}{C} = \frac{\rho\epsilon}{\dfrac{2\pi\epsilon}{\ln\dfrac{b}{a}}} = \frac{\rho}{2\pi} \ln \frac{b}{a} \text{ [}\Omega\text{]}$$

【답】 ③

문제 03 1 [Wb/m²]의 자속 밀도에 수직으로 놓인 10 [cm]의 도선에 10 [A]의 전류가 흐를 때 도선이 받는 힘은 몇 [N]인가?

① 0.5　　　　　　　② 1
③ 5　　　　　　　　④ 10

풀이

$$F = IBl\sin\theta = 10 \times 1 \times 0.1 \times \sin 90° = 1 \text{ [N]}$$

【답】 ②

문제 04 원형 궤도를 운동하는 전하 Q가 일정한 각속도 ω로 움직일 때의 등가 전류는?

① $\dfrac{\omega Q}{\pi}$

② $\dfrac{\omega Q}{2\pi}$

③ $\dfrac{\omega Q}{4\pi}$

④ $\dfrac{\omega^2 Q}{4\pi}$

풀이

$$t = \frac{2\pi}{\omega} \text{에서} \quad \therefore I = \frac{Q}{t} = \frac{\omega Q}{2\pi} \text{[A]}$$

【답】 ②

문제 05 2 [μF], 3 [μF], 4 [μF]의 콘덴서를 직렬로 연결하고 양단에 가한 전압을 서서히 상승시킬 때 다음 중 옳은 것은? 단, 유전체의 재질 및 두께는 같다.

① 2 [μF]의 콘덴서가 제일 먼저 파괴된다.
② 3 [μF]의 콘덴서가 제일 먼저 파괴된다.
③ 4 [μF]의 콘덴서가 제일 먼저 파괴된다.
④ 세 개의 콘덴서가 동시에 파괴된다.

풀이

콘덴서 직렬 연결시 $Q_1 = Q_2 = Q_3 = Q$이므로

$$C_1 V_1 = C_2 V_2 = C_3 V_3 = Q$$

$$\therefore V_1 = \frac{Q}{C_1}, \quad V_2 = \frac{Q}{C_2}, \quad V_3 = \frac{Q}{C_3}$$

따라서, 각 콘덴서 양단간에 걸리는 전압은 용량에 반비례하므로, 내압이 같은 경우 **용량이 제일 작은 2 [μF]의 콘덴서가 제일 먼저 파괴된다.**

【답】 ①

 엘라스턴스(elastance)는?

① $\dfrac{1}{\text{전위차} \times \text{전기량}}$ ② 전위차 × 전기량

③ $\dfrac{\text{전위차}}{\text{전기량}}$ ④ $\dfrac{\text{전기량}}{\text{전위차}}$

풀이

엘라스턴스는 정전용량의 역으로서 $\dfrac{1}{C} = \dfrac{V}{Q}\left[\dfrac{1}{\text{F}}\right]$ 【답】③

문제 07 저항 10 [Ω]인 구리선과 30 [Ω]의 망간선을 직렬 접속하면 합성 저항 온도 계수는 몇 [%]인가? (단, 동선의 저항 온도 계수는 0.4 [%], 망간선은 0이다.)

① 0.1 ② 0.2

③ 0.3 ④ 0.4

풀이

합성 저항 온도 계수

$$\alpha = \frac{R_1 \alpha_1 + R_2 \alpha_2}{R_1 + R_2} = \frac{10 \times 0.4 + 30 \times 0}{10 + 30} = 0.1 \,[\%]$$ 【답】①

문제 08 그림과 같이 Ox, Oy, Oz를 직각 좌표축이라 하고, 무한장 직선 도선 l이 z축상에 있으며, 이것에 z의 +방향으로 전류 i_1이 흐르고 있다. 그리고 $y-z$면상에 직사각형 도선 ABCD가 있고 이것에 ABCD 방향으로 전류 i_2가 흐르고 있을 때 z의 +방향으로 힘이 발생하는 변은?

① AB

② BC

③ CD

④ DA

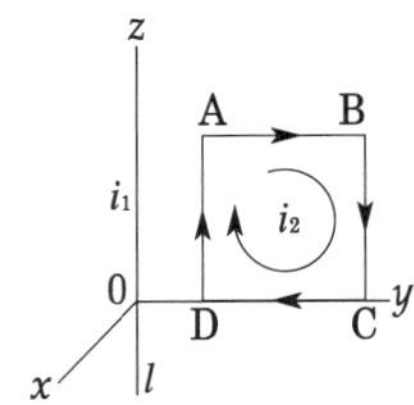

풀이

플레밍의 왼손 법칙에 의하여 도선 ABCD에 미치는 전자력을 무한 직선 전류 I_1에 의한 자계의 방향이 지면을 뚫고 들어가는 방향임을 감안해서 구하면 변 AB가 z의 +방향으로 힘을 받게 됨을 알 수 있다. 【답】①

문제 09 반지름 10 [cm]인 구의 표면 전계가 3 [kV/mm]라면 이 구의 전위는 몇 [kV]이겠는가?

① 100 ② 300

③ 500 ④ 800

풀이

$$V = E \cdot r = 3 \times 10^3 \times 10^3 \,[\text{V/m}] \times 0.1\,[\text{m}]$$
$$= 3 \times 10^5\,[\text{V}] = 300\,[\text{kV}]$$ 【답】②

2과목 전력공학

문제 21 외뢰에 대한 주 보호장치로서 송전 계통의 절연 협조의 기본이 되는 것은?

① 선로 ② 변압기

③ 피뢰기 ④ 변압기 부싱

풀이

계통 내의 각 기기, 기구 및 애자 등의 상호간에 적정한 절연 강도를 지니게 함으로써 계통 설계를 합리적, 경제적으로 할 수 있게 한 것을 **절연 협조**라고 하며 **피뢰기의 제한 전압이 기본이 된다.** 【답】③

문제 22 수력 발전용 중력댐의 설계에서 댐에 미치는 힘의 합력이 댐 저부의 1/3이내에 들어가야 한다는 것은 다음의 무엇을 위한 조건인가?

① 자체 각부에 장력이 생기지 않는 조건

② 댐이 압괴되지 않는 조건

③ 댐이 전복하지 않을 조건

④ 댐이 활동하지 않을 조건

풀이

합력이 중앙 1/3을 벗어나면 댐 자체에 장력이 작용하는 부분이 생기는데, 콘크리트는 압축에 대해서 강하지만, 장력에는 약하다. 【답】①

문제 23 그림과 같은 특성을 갖는 계전기의 동작 시간 특성은?

① 반한시 특성

② 정한시 특성

③ 비례한시 특성

④ 반한시성 정한시 특성

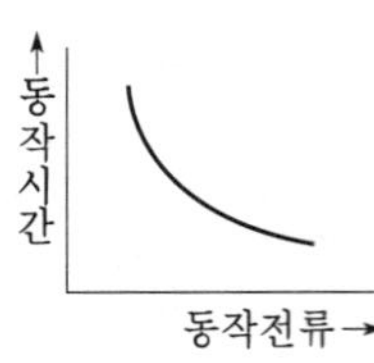

풀이

보호 계전기 특징

① 순한시 특성 – 최소 동작 전류 이상의 전류가 흐르면 즉시 동작하는 특성

② **반한시 특성 – 동작 전류가 커질수록 동작 시간이 짧게 되는 특성**

③ 정한시 특성 – 동작 전류의 크기에 관계없이 일정한 시간에 동작하는 특성

④ 반한시 정한시 특성 – 동작 전류가 적은 동안에는 동작 전류가 커질수록 동작 시간이 짧게 되고 어떤 전류 이상이면 동작 전류의 크기에 관계없이 일정한 시간에 동작하는 특성 **[답]** ①

문제 24 수용률이 50[%]인 주택지에 배전하는 66/6.6[kV]의 변전소를 설치할 때 주택지의 부하 설비 용량을 20,000[kVA]로 하면 필요한 변압기의 용량[kVA]은? 단, 주상 변압기 배전 간선을 포함한 부등률은 1.30이라 한다.

① 3850

② 5780

③ 7700

④ 9500

풀이

$$부등률 = \frac{개개의\ 최대\ 수용\ 전력의\ 합계}{합성\ 최대\ 수용\ 전력}$$

$$= \frac{\Sigma(수용률 \times 설비\ 용량)}{합성\ 최대\ 수용\ 전력}$$

$$변압기\ 용량 \geq 합성\ 최대\ 수용\ 전력 = \frac{수용률 \times 설비\ 용량}{부등률}$$

$$= \frac{0.5 \times 20,000}{1.3} = 7700[kVA]$$ **[답]** ③

문제 25 터빈의 비상 조속기가 동작할 때는?

① 터빈속도가 정격 속도의 110[%]까지 상승하였을 때

② 송전 선로가 차단되어 발전기가 무부하 상태로 되었을 때

③ 발전기 내부 고장이 발생하였을 때

④ 증기 압력이 과승하였을 때

풀이

비상 조속기(emergency governor)를 동작시키는 증기 터빈의 회전수를 비상 속도라 하며, 그의 값은 **정격 속도의 110[%]**이다.

[답] ①

문제 26 원자력 발전의 기본 원리가 되는 원자력 에너지 이론에 의하면 질량 1[kg]의 물질이 완전히 에너지로 변환되면 그 에너지는 약 몇 [kWh]에 해당되는 전력량과 같은가?

① 1.5×10^{10}

② 1.5×10^{7}

③ 2.5×10^{10}

④ 2.5×10^{7}

풀이

$$E = mC^2 = 1 \times (3 \times 10^8)^2\ [J] = 9 \times 10^{16}\ [J]$$

$$1[kWh] = 3.6 \times 10^6\ [J]이므로$$

$$E = \frac{9 \times 10^{16}}{3.6 \times 10^6} = 2.5 \times 10^{10}\ [kWh]$$ **[답]** ③

문제 27 서지 흡수기를 설치하는 장소는?

① 변전소 인입구

② 변전소 인출구

③ 발전기 부근

④ 변압기 부근

풀이

• **서지 흡수기(SA) – 발전기 보호**

• 피뢰기(LA) – 변압기 보호 **[답]** ③

문제 28 가공 지선에 관한 설명으로 틀린 것은?

① 직격뢰를 방지하는 효과가 있다.

② 유도뢰를 저감시키는 효과가 있다.

③ 차폐각이 클수록 효과적이다.

④ 사고 시 통신선에 전자 유도 장애가 경감된다.

풀이

가공지선은 차폐각이 작을수록 차폐효과가 크다. **[답]** ③

문제 29 2011년도 1회 문제 30

문제 30 2009년도 3회 문제 22

문제 31 2008년도 1회 문제 23

문제 32 2008년도 2회 문제 30

문제 33 2012년도 3회 문제 34

문제 34 2013년도 2회 문제 26

문제 35 2012년도 3회 문제 29

문제 36 2016년도 3회 문제 22

문제 37 2016년도 1회 문제 28

문제 38 2012년도 2회 문제 22

문제 39 2012년도 3회 문제 21

문제 40 2015년도 1회 문제 29

문제 41 무부하 전압 250 [V], 정격 전압 210 [V]인 발전기의 전압 변동률[%]은?

① 16 　　② 17
③ 19 　　④ 22

풀이

전압 변동률 $\epsilon = \dfrac{V_0 - V_n}{V_n} \times 100$

$\therefore \ \epsilon = \dfrac{250 - 210}{210} \times 100 = 19.05 \,[\%]$ 　【답】③

문제 42 직류기에서 전압 변동률이 (+)값으로 표시되는 발전기는?

① 과복권 발전기 　　② 직권 발전기
③ 평복권 발전기 　　④ 분권 발전기

풀이

전압 변동률 $\epsilon = \dfrac{V_0 - V_n}{V_n} \times 100 \,[\%]$

여기서, V_n : 정격 전압 [V], V_0 : 무부하 전압 [V]

직권 계자 권선이 있는 발전기(직권 발전기, 복권 발전기)는 **정격 부하시의 전압이 무부하 전압보다 높으므로 전압 변동률 ϵ은 (−)가 된다.** 　【답】④

문제 43 220 [V], 6극, 60 [Hz], 10 [kW]인 3상 유도 전동기의 회전자 1상의 저항은 0.1 [Ω], 리액턴스는 0.5 [Ω]이다. 정격 전압을 가했을 때 슬립이 4 [%]이었다. 회전자 전류[A]는 얼마인가? 단, 고정자와 회전자는 3각 결선으로서 각각 권수는 300회와 150회이며 각 권선 계수는 같다.

① 27 　　② 36
③ 43 　　④ 52

풀이

$k_{w1} = k_{w2}$ 라 하면

권수비 : $a = \dfrac{w_1}{w_2} = \dfrac{300}{150} = 2$

2차 유기 전압 : $E_2 = \dfrac{E_2'}{a} \fallingdotseq \dfrac{V_1}{a} = \dfrac{220}{2} = 110 \,[\text{V}]$

$\therefore$ 회전자 전류

$I_2 = \dfrac{s E_2}{\sqrt{r_2^2 + (s x_2)^2}} = \dfrac{0.04 \times 110}{\sqrt{0.1^2 + (0.04 \times 0.5)^2}} = 43[\text{A}]$ 　【답】③

문제 44 부하 변화에 대하여 속도 변동이 가장 작은 전동기는?

① 차동 복권 　　② 가동 복권
③ 분권 　　④ 직권

풀이

차동 복권은 직권 기자력(Φ_{se})을 분권 기자력(Φ_{sh})과 반대 방향으로 해서 부하에 따라 자속을 분자의 비율과 거의 같은 비율로 감소시키면 분모, 분자의 감소 비율이 같아져서 **회전 속도는 부하에 관계없이 거의 일정**하게 된다.

$$N = \dfrac{V - (R_a + R_{se}) I_a}{k(\Phi_{sh} - \Phi_{se})} \,[\text{rpm}] \quad \text{(차동 복권)}$$ 　【답】①

문제 45 정격 출력 1000 [kVA], 정격 전압 3300 [V], 정격 역률 0.8인 동기 발전기 두 대가 병행 운전하여 정격 상태로 동작하고 있을 때 한 쪽 발전기의 여자를 감소하여 그 역률을 1로 하였을 때 다른 쪽 발전기의 전류[A] 및 역률은 얼마인가? 단, 부하에는 변화가 없는 것으로 한다.

① 약 258, 약 0.65 　　② 약 258, 약 0.55
③ 약 252, 약 0.65 　　④ 약 252, 약 0.55

풀이

부하의 유효 전력 $= 200 \times 0.8 = 1600 \,[\text{kW}]$
부하의 무효 전력 $= 2000 \times 0.6 = 1200 \,[\text{kVar}]$
A기의 역률이 1이면 부하의 전체 무효 전력이 B기에서 부담하므로
B기의 피상 전력 $= \sqrt{800^2 + 1200^2} = 1442.2 \,[\text{kVA}]$

$I_2 = \dfrac{1442.2}{\sqrt{3} \times 3.3} = 252.32 \,[\text{A}]$

$\cos\theta_2 = \dfrac{800}{1442.2} = 0.55$ 　【답】④

문제 46 정격 출력 4.8 [kW], 정격 전압 200 [V], 무부하 전압 210 [V]인 분권 발전기가 있다. 계자 저항이 200 [Ω]이면, 전기자 저항 [Ω]은?

① 0.2 　　② 0.4
③ 0.6 　　④ 0.8

풀이

$I = \dfrac{P}{V} = \dfrac{4.8 \times 10^3}{200} = 24 \,[\text{A}]$

$I_f = \dfrac{V}{R_f} = \dfrac{200}{200} = 1 \,[\text{A}]$

$I_a = I + I_f = 24 + 1 = 25$ 이므로 $E = V + I_a R_a$ 에서

$\therefore \ R_a = \dfrac{E - V}{I_a} = \dfrac{210 - 200}{25} = 0.4$ 　【답】②

문제 47 교류 분권 정류자 전동기는 다음 중 어느 때에 가장 적당한 특성을 가지고 있는가?

① 속도의 연속 가감과 정속도 운전을 아울러 요하는 경우

② 속도를 여러 단으로 변화시킬 수 있고 각 단에서 정속도 운전을 요하는 경우

③ 부하 토크에 관계없이 완전 일정 속도를 요하는 경우

④ 무부하와 전부하의 속도 변화가 적고 거의 일정 속도를 요하는 경우

풀이

교류 분권 정류자 전동기는 토크의 변화에 대한 속도의 변화가 매우 작아 **분권 특성의 정속도 전동기인 동시에 교류 가변 속도 전동기로서 널리 사용**된다. 【답】①

문제 48 무부하 운전 중의 동기 전동기에 일정 부하를 걸었을 때 부하각 δ의 변화를 나타내는 곡선은?

① 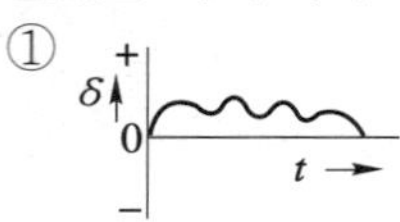 ② 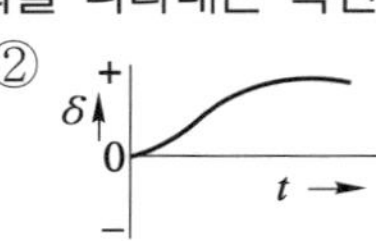

③ 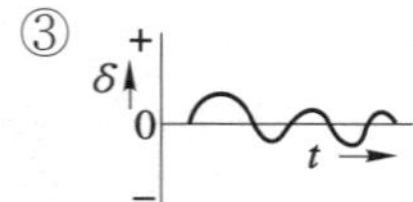 ④ 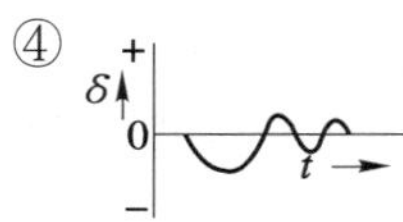

【답】①

문제 49 10 [kVA], 2000/100 [V] 변압기에서 1차 환산한 등가 임피던스가 $6.2 + j7$ [Ω]일 때 %리액턴스는 얼마인가?

① 0.175 ② 0.35

③ 1.75 ④ 4.35

풀이

$$I_{1n} = \frac{P_n}{V_{1n}} = \frac{10 \times 10^3}{2000} = 5 \text{ [A]}$$

$$q = \frac{I_{1n}X}{V_{1n}} \times 100 = \frac{5 \times 7}{2000} \times 100 = 1.75 \text{ [%]}$$

【답】③

4과목 회로이론

문제 61 $R-L$ 병렬 회로의 양단에 $e = E_m \sin(\omega t + \theta)$[V]의 전압이 가해졌을 때 소비되는 유효 전력[W]은?

① $\dfrac{E_m^2}{2R}$ ② $\dfrac{E^2}{2R}$

③ $\dfrac{E_m^2}{\sqrt{2R}}$ ④ $\dfrac{E^2}{\sqrt{2R}}$

풀이

$$P = I^2 R = \frac{V^2}{R} = \frac{\left(\frac{E_m}{\sqrt{2}}\right)^2}{R} = \frac{E_m^2}{2R}$$

【답】①

문제 62 그림에서 시간 함수의 라플라스 변환은?

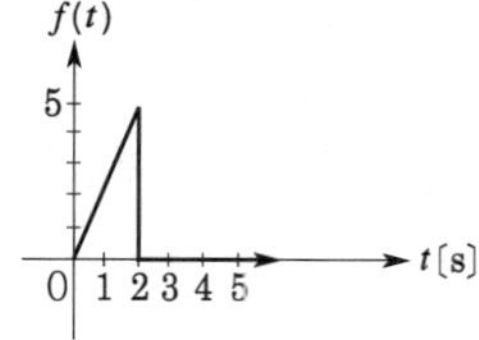

① $2.5(1 - e^{-2s} - 2se^{-2s})/s^2$

② $2.5(1 + e^{-2s} + 2se^{-2s})/s^2$

③ $2.5(1 + e^{2s} - 2se^{-2s})/s^2$

④ $2.5(1 + e^{2s} - 2se^{2s})/s^2$

풀이

$$f(t) = \frac{5}{2}tu(t) - 5u(t-2) - \frac{5}{2}(t-2)u(t-2)$$

$$F(s) = 2.5\frac{1}{s^2} - 5\frac{e^{-2s}}{s} - 2.5\frac{e^{-2s}}{s^2} = \frac{2.5}{s^2}(1 - e^{-2s} - 2se^{-2s})$$

【답】①

문제 63 3상 평형 부하가 있다. 전압이 200 [V], 역률이 0.8이고 소비 전력은 10 [kW]이다. 부하 전류는?

① 약 30[A] ② 약 32[A]
③ 약 34[A] ④ 약 36[A]

풀이

$$P = \sqrt{3}\,VI\cos\theta$$
$$I = \frac{P}{\sqrt{3}\,V\cos\theta} = \frac{10\times10^3}{\sqrt{3}\times200\times0.8} = 36.08\ [\text{A}]$$

【답】④

문제 64 다음의 비정현 주기파 중 고조파의 감소율이 가장 적은 것은? 단, 정류파는 정현파의 정류파를 뜻한다.

① 구형파 ② 삼각파
③ 반파 정류파 ④ 전파 정류파

풀이

고조파의 감소율은 파가 급격히 변화할수록 작고 반대로 완만하게 변화할수록 크다. 구형파는 가장 급격히 변화하며 그 푸리에 급수는 $\dfrac{1}{n}$로 감소한다.

【답】①

문제 65 어떤 회로에 전압 v와 전류 i가 각각

$$v = 100\sqrt{2}\,\sin\!\left(377t + \frac{\pi}{3}\right)\ [\text{V}],$$

$$i = \sqrt{8}\,\sin\!\left(377t + \frac{\pi}{6}\right)\ [\text{A}]$$

일 때 소비 전력[W]은?

① 100 ② $200\sqrt{3}$
③ 300 ④ $100\sqrt{3}$

풀이

$$P = VI\cos\theta = 100\times\frac{\sqrt{8}}{\sqrt{2}}\cos\!\left(\frac{\pi}{3} - \frac{\pi}{6}\right) = 100\sqrt{3}$$

【답】④

문제 66 그림의 회로에서 저항 R을 흐르는 전류가 0이 되는 조건을 구하면?

① $R_1 R_4 = R_2 R_3$
② $R_1 R_3 = 2R_3 R_4$
③ $R_1 R_2 = R_3 R_4$
④ $R_1 R_3 = R_2 R_4$

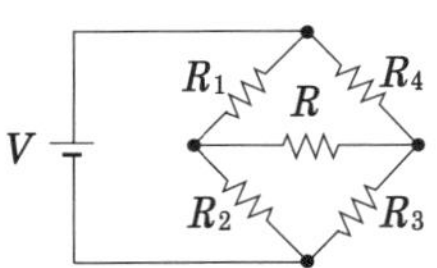

풀이

R에 흐르는 전류가 0이 되기 위한 조건은 브리지가 평형 상태에 있으면 된다. 즉, $R_1 R_3 = R_2 R_4$

【답】④

문제 67 3상 부하가 △ 결선 되었다. a 상에는 콘덕턴스 0.3 [℧], b상에는 콘덕턴스 0.3 [℧], c상은 유도 서셉턴스 0.3 [℧]가 연결되었다. 이 부하의 영상 어드미턴스는 몇 [℧]인가?

① $0.6 + j0.3$ ② $0.6 - j0.3$
③ $0.3 + j0.3$ ④ $0.2 - j0.1$

풀이

$$Y_0 = \frac{1}{3}(Y_a + Y_b + Y_c) = \frac{1}{3}(0.3 + 0.3 - j0.3)$$
$$= 0.2 - j0.1\ [\text{℧}]$$

【답】④

5과목 전기설비기술기준 및 판단기준

문제 81 제1종 특고압 보안 공사에 의해서 시설하는 전선로의 지지물로 사용할 수 없는 것은?

① 철탑 ② B종 철주
③ B종 철근 콘크리트주 ④ A종 철근 콘크리트주

풀이

보안공사 (판단기준 제77조, 제78조, 제125조)
표준 경간과 보안 공사의 경우 경간 단위 : [m]

지지물의 종류	표준 경간	저·고압 보안공사	1종 특고압 보안 공사	2, 3종 특고압 보안 공사
목주, A종 철주, A종 철근 콘크리트주	150	100	×	100

지지물의 종류	표준 경간	저·고압 보안공사	1종 특고압 보안 공사	2, 3종 특고압 보안 공사
B종 철주, B종 철근 콘크리트주	250	150	150	200
철 탑	600	400	400	400

【답】④

문제 82	2007년도 3회 문제 83
문제 83	2014년도 1회 문제 92
문제 84	2001년도 1회 문제 84
문제 85	2008년도 2회 문제 87
문제 86	2014년도 1회 문제 84
문제 87	2012년도 3회 문제 86
문제 88	2015년도 2회 문제 86
문제 89	2006년도 1회 문제 83
문제 90	2005년도 2회 문제 82
문제 91	2007년도 2회 문제 86
문제 92	2004년도 2회 문제 81
문제 93	2015년도 1회 문제 83
문제 94	2007년도 1회 문제 92
문제 95	2010년도 2회 문제 83
문제 96	2003년도 1회 문제 82
문제 97	2008년도 3회 문제 85
문제 98	2013년도 2회 문제 91
문제 99	2002년도 2회 문제 84

전기설비 기술기준(개정)과 판단기준에 따라 삭제된 문제가 있어 20문항이 안됩니다.

1999년도
전기산업기사 필기

▶ 99년 제 3 회 전기산업기사

▶ 99년 제 4 회 전기산업기사

▶ 99년 제 6 회 전기산업기사

국가기술자격검정 필기시험 문제

1999년도 전기산업기사 일반검정 제3회				수검 번호	성 명
자격종목 및 등급(선택분야)	종목코드	시험시간	문제지형별		
전기산업기사	2140	2시간 30분	A		

1과목 전기자기학

문제 01 두께 10 [cm]의 공기층에 전압 10 [V]를 가했을 때의 전위경도는 몇 [V/m]인가? 단, 전계는 평등전계라 한다.

① 1　　　　　　② 10
③ 100　　　　　④ 1000

풀이

전위경도 $E = V\dfrac{1}{d} = 10 \times \dfrac{1}{0.1} = 100$ [V/m]　　【답】③

문제 02 반드시 외부에서 자계를 가할 때만 일어나는 효과는?

① Seebeck 효과　　② Pinch 효과
③ Hall 효과　　　　④ Peltier 효과

풀이

홀 효과 : **외부 자장의 힘**에 의해 전하가 한쪽 측면으로 모여서 양 측면 사이에서의 전위차가 발생하는 현상　　【답】③

문제 03 도체의 성질을 설명한 것 중에서 틀린 것은?
① 도체의 표면 및 내부의 전위는 등전위이다.
② 도체 내부의 전계는 0이다.
③ 전하는 도체 표면에만 존재한다.
④ 도체 표면의 전하 밀도는 표면의 곡률이 큰 부분일수록 작다.

풀이

전하는 뾰족한 부분에 모인다.
그런 부분은 곡률 반경(곡률 반경 = $\dfrac{1}{\text{곡률}}$)이 작다.

∴ 곡률 반경이 작을수록(**곡률이 클수록**) 전하밀도가 높다. 【답】④

문제 04 자기 인덕턴스 0.1 [H]에 전류가 2 [A] 흐를 때 축적되는 자기 에너지는 몇 [J]인가?

① 0.1　　　　　② 0.2
③ 0.4　　　　　④ 0.6

풀이

$W = \dfrac{1}{2}LI^2 = \dfrac{1}{2} \times 0.1 \times 2^2 = 0.2$ [J]　　【답】②

문제 05 V로 충전되어 있는 정전 용량 C_0의 공기 콘덴서 사이에 $\epsilon_s = 10$의 유전체를 채운 경우 전계의 세기는 공기인 경우의 몇 배가 되는가?

① 10배　　　　② 5배
③ 0.2배　　　　④ 0.1배

풀이

$E = \dfrac{\sigma}{\epsilon_0 \epsilon_s} = \dfrac{Q/S}{\epsilon_0 \epsilon_s} = \dfrac{1}{\epsilon_s} \cdot \dfrac{Q}{\epsilon_0 S} = \dfrac{E_0}{\epsilon_s}$ 이므로

전계의 세기는 $\dfrac{1}{10}$ 배가 된다.

유전체를 채우기 전후 전하량 Q의 변화가 없는 경우이므로 $E = \dfrac{\sigma}{\epsilon}$ 에서 전계는 유전율에 반비례하므로 0.1배가 된다.　　【답】④

문제 06 그림과 같은 2개의 동심구에서 내구의 반지름이 a [m], 외구의 안지름이 b [m], 외구의 바깥지름이 c[m]일 때 전위 계수 P_{11}을 구하면?

① $\dfrac{1}{4\pi\epsilon_0}\left(\dfrac{1}{a} - \dfrac{1}{b} + \dfrac{1}{c}\right)$

② $\dfrac{1}{4\pi\epsilon_0}\dfrac{1}{c}$

③ $\dfrac{1}{4\pi\epsilon_0}\left(\dfrac{1}{a} - \dfrac{1}{b}\right)$

④ $\dfrac{1}{4\pi\epsilon_0}\left(\dfrac{1}{a} + \dfrac{1}{b} + \dfrac{1}{c}\right)$

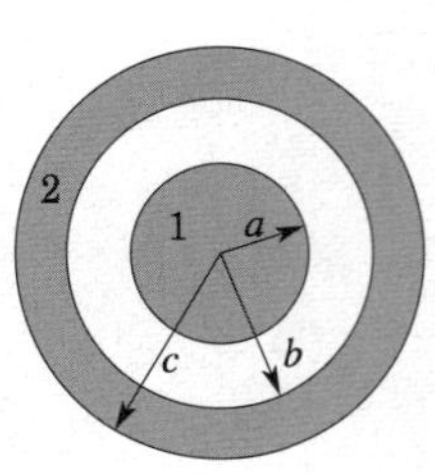

풀이

$$\begin{cases} V_1 = P_{11}\,Q_1 + P_{12}\,Q_2 \\ V_2 = P_{21}\,Q_1 + P_{22}\,Q_2 \end{cases}$$

에서 $Q_1 = 1$, $Q_2 = 0$일 때 $V_1 = P_{11}$, $V_2 = P_{21}$

$\quad\quad Q_1 = 0$, $Q_2 = 1$일 때 $V_2 = P_{22}$, $V_1 = P_{12}$

이므로, 내구에 $Q_1 = 1$을 줄 때 외구에는 -1, $+1$의 전하가 내외에 유기되므로

$$V_1 = P_{11} = \frac{1}{4\pi\epsilon_0}\left(\frac{1}{a} - \frac{1}{b} + \frac{1}{c}\right)[1/F]$$

【답】 ①

문제 07 자위의 단위[J/Wb]와 같은 것은?

① [A] ② [A/m]

③ [A·m] ④ [Wb]

풀이

무한 원점에서 자계 중의 한 점 P까지 단위 점자극(+1 [Wb])을 운반할 때, 소요되는 일을 그 점에 대한 자위라고 한다.

$$U_m = -\int_\infty^P \boldsymbol{H}\cdot dl \ \text{에서} \ [A/m]\cdot[m] = [A]$$

【답】 ①

문제 08 반지름 a[m]인 구의 정전 용량[F]은?

① $4\pi\epsilon_0 a$ ② $\epsilon_0 a$

③ a ④ $\dfrac{1}{4\pi}\epsilon_0 a$

풀이

$$C = \frac{Q}{V} = \frac{Q}{\dfrac{Q}{4\pi\epsilon_0 a}} = 4\pi\epsilon_0 a\,[F] = \frac{1}{9\times10^9}a\,[F]$$

【답】 ①

문제 09 전계의 세기가 $E = Ex\,i + Ey\,j$인 경우 x, y 평면 내의 전력선을 표시하는 미분 방정식은?

① $\dfrac{dy}{dx} = \dfrac{Ex}{Ey}$

② $\dfrac{dy}{dx} = \dfrac{Ey}{Ex}$

③ $Ex\,dx + Ey\,dy = 0$

④ $Ex\,dy + Ey\,dx = 0$

풀이

전기력선 방정식은 $\dfrac{dx}{Ex} = \dfrac{dy}{Ey} = \dfrac{dz}{Ez}$ 이므로

$\dfrac{dx}{Ex} = \dfrac{dy}{Ey}$ 에서 $dx\,Ey = dy\,Ex$ 가 된다.

문제에서 ②항의 $\dfrac{dy}{dx} = \dfrac{Ey}{Ex}$ 도 $dx\,Ey = dy\,Ex$ 가 된다. 【답】 ②

문제 10 단면적 $S[\mathrm{m}^2]$, 길이 $l\,[\mathrm{m}]$, 투자율 $\mu[\mathrm{H/m}]$의 자기 회로에 N 회의 코일을 감고 $I[\mathrm{A}]$의 전류를 통할 때의 옴의 법칙은?

① $B = \dfrac{\mu SNI}{l}$ ② $\phi = \dfrac{\mu SI}{lN}$

③ $\phi = \dfrac{\mu SNI}{l}$ ④ $\phi = \dfrac{l}{\mu SNI}$

풀이

$$\text{자속}\ \phi = \frac{NI}{R_m} = \frac{NI}{\dfrac{l}{\mu S}} = \frac{\mu SNI}{l}\ [\mathrm{Wb}]$$

【답】 ③

문제 11 다음 식 중에서 틀린 것은?

① 가우스의 정리 : $\mathrm{div}\,\boldsymbol{D} = \rho$

② 푸아송의 방정식 : $\nabla^2 V = \dfrac{\rho}{\epsilon}$

③ 라플라스의 방정식 : $\nabla^2 V = 0$

④ 발산정리 : $\oint_s \boldsymbol{A}\cdot d\boldsymbol{S} = \int_v \mathrm{div}\,\boldsymbol{A}\,dv$

풀이

푸아송의 방정식은 $\mathrm{div}\,\boldsymbol{E} = \mathrm{div}(-\mathrm{grad}\,V) = -\nabla^2 V = \dfrac{\rho}{\epsilon}$

에서 $\nabla^2 V = -\dfrac{\rho}{\epsilon}$ 이다. 【답】 ②

문제 12 길이 40 [cm]의 철선을 정사각형으로 만들고 전류 5 [A]를 흘렸을 때 그 중심에서의 자계의 세기는 몇 [A/m]인가?

① 40 ② 45

③ 80 ④ 85

풀이

한 변의 길이가 10 [cm]이므로 $\left(\dfrac{40[\mathrm{cm}]}{4} = 10[\mathrm{cm}]\right)$

$$H_0 = \frac{2\sqrt{2}\,I}{\pi l} = \frac{2\sqrt{2}\times5}{\pi\times10\times10^{-2}} = \frac{\sqrt{2}\times10^2}{\pi} = 45[\mathrm{A/m}]$$

【답】 ②

문제 13 2013년도 2회 문제 20

문제 14 2002년도 2회 문제 01

문제 15 2006년도 1회 문제 03

문제 16 2000년도 2회 문제 02

문제 17 2011년도 1회 문제 20

2과목 전력공학

문제 21 그림과 같은 단상 3선식 회로의 중성선 P점에서 단선되었다면 백열등 A(100 [W])와 B(400 [W])에 걸리는 단자전압은 각각 몇 [V]인가?

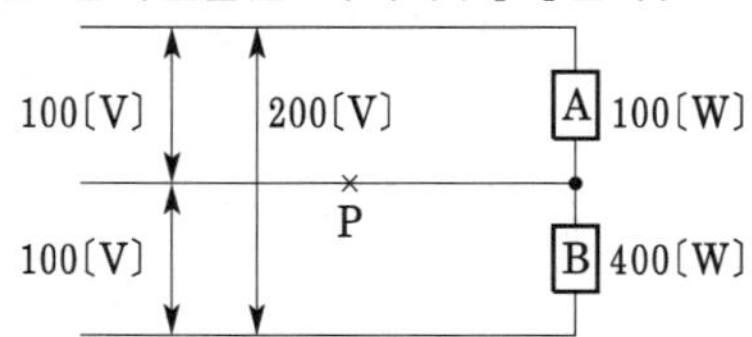

① $V_A = 160$ [V], $V_B = 40$ [V]

② $V_A = 120$ [V], $V_B = 80$ [V]

③ $V_A = 40$ [V], $V_B = 160$ [V]

④ $V_A = 80$ [V], $V_B = 120$ [V]

풀이

100 [W] 백열 전구 저항 $R_A = \dfrac{V^2}{P} = \dfrac{100^2}{100} = 100$ [Ω]

400 [W] 백열 전구 저항 $R_B = \dfrac{V^2}{P} = \dfrac{100^2}{400} = 25$ [Ω]

$V_A = \dfrac{V}{R_A + R_B} \times R_A = \dfrac{200}{100 + 25} \times 100 = 160$ [V]

$V_B = \dfrac{V}{R_A + R_B} \times R_B = \dfrac{200}{100 + 25} \times 25 = 40$ [V]

[답] ①

문제 22 일반적으로 부하의 역률을 저하시키는 원인이 되는 것은?

① 전등의 과부하

② 선로의 충전 전류

③ 유도 전동기의 경부하 운전

④ 동기 조상기의 중부하 운전

풀이

유도전동기의 자기회로에는 공극이 있으므로 변압기에 비해 부하전류에 대한 여자전류의 비율이 대단히 크며 전부하 전류의 25~50[%]에 달한다. 그리고 여자전류의 대부분을 차지하고 있는 **자화전류는 90° 뒤진 전류**이므로 유도전동기는 역률이 낮고 특히 경부하시에는 더욱 낮다.

[답] ③

문제 23 그림과 같이 강제 전선관과 (a)측의 전선 심선이 X 점에서 접촉했을 때 누설 전류[A]의 크기는? 단, 전원 전압은 100 [V]이며 접지 저항 외에 다른 저항은 생각하지 않는다.

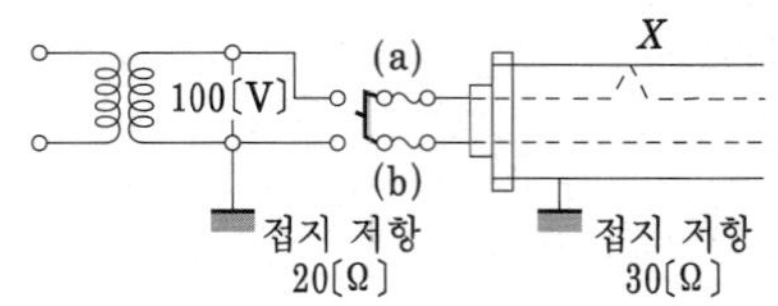

① 2

② 3.3

③ 5

④ 8.3

풀이

누설 전류 $I = \dfrac{E}{R} = \dfrac{100}{20 + 30} = 2$ [A]

[답] ①

문제 24 여러 회선인 비접지 3상 3선식 배전 선로에 방향 지락 계전기를 사용하여 선택 지락 보호를 하려고 한다. 필요한 것은?

① CT와 OCR

② CT와 PT

③ 접지 변압기와 ZCT

④ 접지 변압기와 ZPT

풀이

선택 지락 보호

DGR(방향 지락 계전기) + GPT(접지 변압기 : 영상 전압) + ZCT(영상 변류기 : 영상 전류)

[답] ③

문제 25 송전선의 전압 변동률은 다음 식으로 표시된다. 이 식에서 V_{R1}은 무엇인가?

$$(\text{전압 변동률}) = \frac{V_{R1} - V_{R2}}{V_{R2}} \times 100 [\%]$$

① 무부하시 송전단 전압

② 부하시 송전단 전압

③ 무부하시 수전단 전압

④ 부하시 수전단 전압

풀이

전압 변동률 = $\dfrac{\text{무부하시 수전단 전압} - \text{수전단 정격 전압}}{\text{수전단 정격 전압}} \times 100 [\%]$

[답] ③

문제 26 유효 낙차 50 [m], 이론 출력 4900 [kW]인 수력 발전소가 있다. 이 발전소의 최대 사용 수량은 몇 [m³/sec]이겠는가?

① 10   ② 25

③ 50   ④ 75

풀이

$$P = 9.8QH \, [\text{kW}]$$

$$\therefore \ Q = \frac{P}{9.8H} = \frac{4900}{9.8 \times 50} = 10 \, [\text{m}^3/\text{s}]$$

【답】①

문제 27 | 2003년도 2회 문제 28

문제 28 | 2007년도 2회 문제 30

문제 29 | 2005년도 2회 문제 25

문제 30 | 2008년도 1회 문제 26

문제 31 | 2013년도 3회 문제 40

문제 32 | 2012년도 1회 문제 22

문제 33 | 2011년도 1회 문제 26

문제 34 | 2006년도 2회 문제 26

문제 35 | 2002년도 1회 문제 29

문제 36 | 2011년도 2회 문제 38

문제 37 | 2013년도 2회 문제 38

문제 38 | 2012년도 1회 문제 21

문제 39 | 2016년도 2회 문제 26

문제 40 | 2014년도 1회 문제 34

3과목 전기기기

문제 41 단상 유도 전압 조정기에서 단락 권선의 직접적인 역할은?

① 누설 리액턴스로 인한 전압 강하 방지

② 역률 보상

③ 용량 증대

④ 고조파 방지

풀이

2차 권선의 누설 리액턴스는 특히 $\alpha = 90°$에서 매우 크므로 큰 **전압 강하가 생겨 전압 변동률이 커지게 되므로 이를 방지하기 위해서** 1차 권선과 직각 방향으로 단락 권선을 감는다.

【답】①

문제 42 그림과 같은 6상 반파 정류 회로에서 450 [V]의 직류 전압을 얻는 데 필요한 변압기의 직류 권선 전압은 몇 [V]인가?

① 333

② 348

③ 356

④ 375

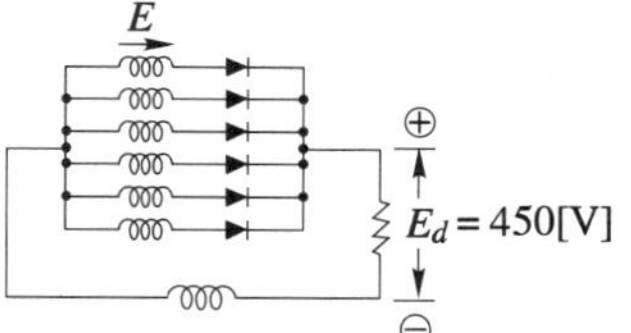

풀이

$$\frac{E_d}{E} = \frac{\sqrt{2} \sin \pi/m}{\pi/m}$$

$$\therefore \ E = \frac{E_d}{\dfrac{\sqrt{2}\,\sin(\pi/m)}{(\pi/m)}} = \frac{450}{\dfrac{\sqrt{2}\,\sin(\pi/6)}{(\pi/6)}} = 333.25 \, [\text{V}]$$

【답】①

문제 43 정격 출력 6 [kW], 전압 100 [V]의 직류 분권 전동기를 전기 동력계로 시험하였더니 전기 동력계의 저울이 10 [kg]을 가리켰다. 이 전동기의 출력 P[kW]와 토크 τ는 몇 [kg·m]인가? 단, 동력계의 암의 길이는 0.4 [m], 전동기의 회전수는 1600 [rpm]이다.

① $P = 6$, $\tau = 3.7$ ② $P = 6.56$, $\tau = 4$

③ $P = 4.2$, $\tau = 3.7$ ④ $P = 7.4$, $\tau = 4$

풀이

$$T = WL = 10 \times 0.4 = 4 \, [\text{kg·m}]$$

$$P = 9.8\omega T = 9.8 \times 2\pi \times \frac{N}{60} \times T = 9.8 \times 2\pi \times \frac{1600}{60} \times 4$$

$$= 6568 \, [\text{W}] = 6.568 \, [\text{kW}]$$

【답】②

문제 44 4500 [kVA], 정격전압 3000 [V]의 3상 교류 발전기의 % 동기 임피던스가 80 [%]일 때 이 발전기의 동기 임피던스 Z_s [Ω]과 단락비 K_s 는?

① 1.6 [Ω], 1.25   ② 1.65 [Ω], 1.2

③ 1.7 [Ω], 1.25   ④ 1.55 [Ω], 1.25

풀이

$$\%Z = \frac{Z_s P}{10 V^2} \ \text{에서}$$

(P : 기준용량[kVA], V : 정격 전압[kV] … 단위에 유의)

$$Z_s = \frac{\%Z 10 V^2}{P} = \frac{80 \times 10 \times 3^2}{4500} = 1.6 \, [\Omega]$$

단락비는 동기 임피던스의 역수이므로

$$K_s = \frac{100}{\%Z} = \frac{100}{80} = 1.25$$

【답】①

문제 45 4극 60 [Hz]의 정류자 주파수 변환기가 1440 [rpm]으로 회전할 때의 주파수는 몇 [Hz]인가?

① 8　　　　　　　　② 10

③ 12　　　　　　　④ 15

풀이

$$N_s = \frac{120f}{p} = \frac{120 \times 60}{4} = 1800 \, [\text{rpm}]$$

$$s = \frac{N_s - N}{N_s} = \frac{1800 - 1440}{1800} = 0.2$$

$$\therefore f_2 = sf_1 = 0.2 \times 60 = 12 \, [\text{Hz}] \qquad 【답】③$$

문제 46 어느 전동기가 입력 20 [kW]로 운전하여 25 [HP]의 동력(動力)을 발생하고 있을 때 손실[kW]은?

① 1.35　　　　　　② 13.5

③ 2.8　　　　　　　④ 2.35

풀이

$$P = 25 \, [\text{HP}] = 25 \times 0.746 = 18.65 \, [\text{kW}] \quad (1[\text{HP}] = 746[\text{W}])$$

손실 = 입력 − 출력 = 20 − 18.65 = 1.35 [kW]　　　【답】①

문제 47 소형 유도 전동기의 슬롯을 사구(skew slot)로 하는 이유는?

① 토크 증가

② 게르게스 현상의 방지

③ 크로우링 현상의 방지

④ 제동 토크의 증가

풀이

크로우링 현상을 경감시키기 위해서 회전자의 슬롯을 고정자 또는 회전자의 1슬롯 피치 정도 축방향에 대해서 경사시켜서 해결하는 일이 많다. 이와 같은 슬롯을 **사구**라 한다.　　【답】③

문제 48 직류기에서 정류(整流)를 양호하게 하는 조건이 아닌 것은?

① 정류 주기를 길게 한다.

② 전절권으로 한다.

③ 회전 속도를 적게 한다.

④ 리액턴스 전압을 감소시킨다.

풀이

양호한 정류를 얻는 조건

① 리액턴스 전압을 작게 한다. $\left(e_L = L \frac{2I_c}{T_c} \right)$

② **단절권 채용으로 자기 인덕턴스를 작게 한다.**

③ 고속을 피하여 정류 주기를 길게 한다.

④ 저항 정류로서 탄소 브러시를 사용한다.

⑤ 전압 정류로서 보극을 설치한다.　　【답】②

문제 49	2012년도 3회 문제 51
문제 50	2006년도 2회 문제 43
문제 51	2002년도 1회 문제 41
문제 52	2013년도 2회 문제 53
문제 53	2013년도 1회 문제 43
문제 54	2012년도 3회 문제 60
문제 55	2012년도 2회 문제 55
문제 56	2007년도 2회 문제 42
문제 57	2009년도 3회 문제 53
문제 58	2011년도 1회 문제 50
문제 59	2015년도 3회 문제 59
문제 60	2016년도 3회 문제 56

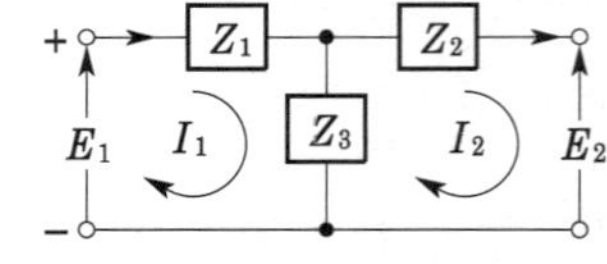 4과목　회로이론

문제 61 그림과 같은 T형 회로에서 4단자 정수가 아닌 것은?

① $1 + \dfrac{Z_1}{Z_3}$　　　　　　② $1 + \dfrac{Z_2}{Z_3}$

③ $\dfrac{Z_1 Z_2}{Z_3} + Z_2 + Z_1$　　④ $1 + \dfrac{Z_3}{Z_2}$

풀이

$$\begin{bmatrix} A & B \\ C & D \end{bmatrix} = \begin{bmatrix} 1 & Z_1 \\ 0 & 1 \end{bmatrix} \begin{bmatrix} 1 & 0 \\ \frac{1}{Z_3} & 1 \end{bmatrix} \begin{bmatrix} 1 & Z_2 \\ 0 & 1 \end{bmatrix} = \begin{bmatrix} 1 + \frac{Z_1}{Z_3} & Z_1 \\ \frac{1}{Z_3} & 1 \end{bmatrix} \begin{bmatrix} 1 & Z_2 \\ 1 & 0 \end{bmatrix}$$

$$= \begin{bmatrix} 1 + \frac{Z_1}{Z_3} & Z_2 \left(1 + \frac{Z_1}{Z_3} \right) + Z_1 \\ \frac{1}{Z_3} & \frac{Z_2}{Z_3} + 1 \end{bmatrix}$$

　　　　　　　　　　　　　　　　　　　　　　【답】④

 그림에서 a, b단자의 전압이 50 [V], a, b단자에서 본 능동회로망의 임피던스가 $Z_1 = 6 + j8$ [Ω]일 때 a, b단자에 임피던스 $\dot{Z} = 2 - j2$ [Ω]을 접속하면 이 임피던스에 흐르는 전류[A]는 얼마인가?

① $4 - j3$

② $4 + j3$

③ $3 - j4$

④ $3 + j4$

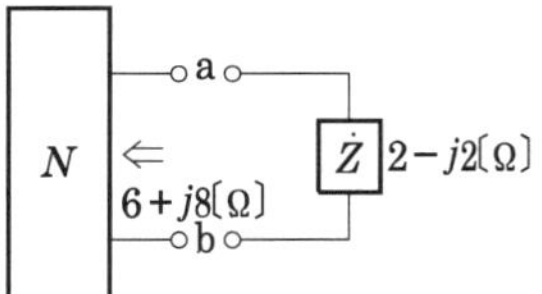

풀이

테브난 등가 회로는 다음과 같다.

$$\dot{I} = \frac{V}{Z_1 + Z'} = \frac{50}{6 + j8 + 2 - j2} = 4 - j3 \ [\text{A}]$$

[답] ①

문제 63 전달 함수 $G(s) = \dfrac{1}{s+1}$ 인 제어계의 인디셜 응답은?

① $1 - e^{-t}$

② e^{-t}

③ $1 + e^{-t}$

④ $e^{-t} - 1$

풀이

$$G(s) = \frac{C(s)}{R(s)} = \frac{1}{s+1}$$

$$C(s) = \frac{1}{s+1} \cdot R(s) = \frac{1}{s+1} \cdot \frac{1}{s} = \frac{1}{s(s+1)} = \frac{1}{s} - \frac{1}{s+1}$$

$$\therefore c(t) = 1 - e^{-t}$$

[답] ①

문제 64 그림과 같이 처음 10초간은 50 [A]의 전류를 흘리고, 다음 20초간은 40 [A]의 전류를 흘리면 전류의 실효값[A]은? 단, 주기는 30초라 한다.

① 38.7

② 43.6

③ 46.8

④ 51.5

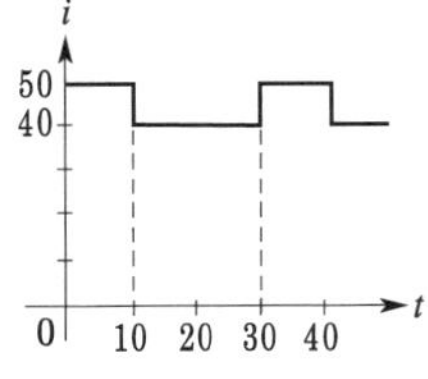

풀이

실효값

$$I = \sqrt{\frac{1}{T} \int_0^T i^2 \, dt} = \sqrt{\frac{1}{30} \left\{ \int_0^{10} (50)^2 \, dt + \int_{10}^{30} (40)^2 \, dt \right\}}$$

$$= \sqrt{\frac{1}{30} \left\{ [2500t]_0^{10} + [1600t]_{10}^{30} \right\}} = \sqrt{1900} \fallingdotseq 43.59 \ [\text{A}]$$

[답] ②

문제 65 영상 임피던스 및 전달 정수 Z_{01}, Z_{02}, θ 와 4단자 회로망의 정수 A, B, C, D와의 관계식 중 옳지 않은 것은?

① $A = \sqrt{\dfrac{Z_{01}}{Z_{02}}} \cosh\theta$

② $B = \sqrt{Z_{01} Z_{02}} \sinh\theta$

③ $C = \dfrac{1}{\sqrt{Z_{01} Z_{02}}} \cosh\theta$

④ $D = \sqrt{\dfrac{Z_{02}}{Z_{01}}} \cosh\theta$

풀이

$$\begin{bmatrix} A & B \\ C & D \end{bmatrix} = \begin{bmatrix} \sqrt{\dfrac{Z_{01}}{Z_{02}}} \cosh\theta & \sqrt{Z_{01} Z_{02}} \sinh\theta \\ \dfrac{1}{\sqrt{Z_{01} Z_{02}}} \sinh\theta & \sqrt{\dfrac{Z_{02}}{Z_{01}}} \cosh\theta \end{bmatrix}$$

[답] ③

문제 66 어떤 회로에 가한 전압이

$$V = 3 + 10\sqrt{2} \sin\omega t + 5\sqrt{2} \sin\left(3\omega t - \frac{\pi}{3}\right) \ [\text{V}]$$

일 때 실효치는?

① 약 11.5

② 약 10.5

③ 약 9.5

④ 약 8.5

풀이

$$E = \sqrt{E_0^2 + E_1^2 + E_3^2} = \sqrt{3^2 + 10^2 + 5^2} \fallingdotseq 11.6$$

[답] ①

문제 67 2010년도 2회 문제 66

문제 68 2010년도 3회 문제 62

문제 69 2011년도 2회 문제 64

문제 70 2013년도 1회 문제 76

문제 71 2013년도 2회 문제 68

문제 72 2013년도 2회 문제 62

문제 73 2011년도 2회 문제 65

문제 74 2001년도 3회 문제 64

문제 75 2016년도 2회 문제 76

문제 76 2010년도 1회 문제 67

문제 77 2006년도 2회 문제 65

문제 78 2013년도 1회 문제 79

문제 79 2013년도 1회 문제 71

문제 80 2007년도 1회 문제 64

5과목 전기설비기술기준 및 판단기준

문제 81 154 [kV] 특고압 가공전선로를 시가지에 위험의 우려가 없도록 시설하는 경우, 지지물로 A종 철주를 사용한다면 경간은 최대 몇 [m] 이하이어야 하는가?

① 50　　　　　　　② 75
③ 150　　　　　　　④ 200

풀이

170 [kV] 미만의 **특고압 가공 전선로**는 다음에 의하여 시설하거나 또는 케이블을 사용하는 경우가 아니면 시가지에 시설할 수 없다.
(판단기준 제104조)
• **지지물의 경간** : 목주는 사용할 수 없고, **A종주는 75 [m]**, B종주는 150 [m], 철탑은 400 [m] 이내로 한다.　　　　　**【답】** ②

문제 82 가공 전선로의 지지물에 시설하는 지선의 안전율은 2.5 이상이어야 한다. 이 경우에 허용 인장 하중의 최저는 몇 [kN]으로 하여야 하는가?

① 3.33　　　　　　② 3.72
③ 3.92　　　　　　④ 4.31

풀이

지선 : 지지물의 강도 보강(판단기준 제67조)
• 안전율 : 2.5 이상
• **최저 인장 하중 : 4.31 [kN]**
• 2.6 [mm] 이상의 금속선을 3조 이상 꼬아서 사용
• 지중 및 지표상 30 [cm]까지의 부분은 아연도금 철봉 등을 사용
　　　　　　　　　　　　　　　　　　　　【답】 ④

문제 83 고압용 수은 정류기의 절연 내력 시험은 직류측 최대 사용 전압의 몇 배의 교류 전압을 음극 및 외함과 대지간에 연속하여 10분간 가하여 이에 견디어야 하는가?

① 1배　　　　　　② 1.1배
③ 1.25배　　　　　④ 1.5배

풀이

회전기 및 정류기의 절연내력(판단기준 제14조)
① 최대 사용 전압 60 [kV] 이하 : **직류측 최대 사용 전압의 1배의 교류전압**(500 [V] 미만 500 [V])
② 최대 사용 전압 60 [kV] 초과 : 교류측 최대 사용 전압의 1.1배 교류 전압 또는 직류측 최대 사용 전압의 1.1배의 직류 전압
　　　　　　　　　　　　　　　　　　　　【답】 ①

문제 84 1차 전압 22.9 [kV], 2차 전압 100 [V]로서 용량 15 [kVA]의 변압기에서 공급하는 저압 전선로의 허용 누설 전류의 최대값은 몇 [mA]로 되는가?

① 35　　　　　　　② 50
③ 75　　　　　　　④ 80

풀이

누설 전류는 부하 전류의 $\dfrac{1}{2000}$ 을 넘어서는 안되므로
(기술기준 제27조)
$$i = \frac{15000}{100} \times \frac{1}{2000} = 0.075 \,[\text{A}] = 75 \,[\text{mA}]$$
　　　　　　　　　　　　　　　　　　　　【답】 ③

문제 85 수력발전소의 발전기 내부에 고장이 발생하였을 때 자동적으로 전로로부터 차단하는 장치를 시설하여야 하는 발전기 용량은 몇 [kVA] 이상인 것인가?

① 3000　　　　　　② 5000
③ 8000　　　　　　④ 10,000

풀이

발전기에는 다음과 같은 경우에 자동적으로 이를 전로로부터 차단하는 장치를 시설하여야 한다(판단기준 제47조)
① 발전기에 과전류나 과전압이 생긴 경우
② 용량이 500 [kVA] 이상인 발전기를 구동하는 수차 압유 장치의 유압이 현저히 저하한 경우
③ **용량이 10,000 [kVA] 이상인 발전기의 내부에 고장이 생긴 경우**
④ 용량이 2000 [kVA] 이상인 수차 발전기의 스러스트 베어링의 온도가 현저히 상승한 경우
⑤ 정격 출력이 10,000 [kW]를 넘는 증기 터빈에 있어서 그의 스러스트 베어링이 현저하게 마모되거나 그의 온도가 현저히 상승한 경우
　　　　　　　　　　　　　　　　　　　　【답】 ④

문제 86 고압 가공 전선으로 경동선 또는 내열 동합금선을 사용할 경우에 그 안전율은 최소 얼마 이상이 되는 이도로 시설하여야 하는가? 단, 빙설이 많지 않은 지방에서 그 지방의 평균온도에서 전선의 중량과 그 전선의 수직투영면적 1 [m²]당 76 [kg]의 수평풍압과의 합성하중을 지지하는 경우임

① 2.2　　　　　　② 2.5
③ 2.7　　　　　　④ 3.0

풀이

저고압 가공전선의 안전율 (판단기준 제71조)
고압 가공전선은 케이블인 경우 이외에는 다음의 안전율 이상이 되는 이도로 시설하여야 한다.
• **경동선 또는 내열 동합금선 : 2.2 이상**
• 그 밖의 전선 : 2.5 이상.　　　　　　　**【답】** ①

문제 87 중성선 다중 접지식의 것으로서 전로에 지기가 생겼을 때 2초 이내에 자동적으로 이를 전로로부터 차단하는 장치가 되어 있는 22.9[kV] 가공 전선과 식물과의 이격 거리는 특별한 경우를 제외하고는 몇 [m] 이상으로 하여야 하는가?

① 1.5 ② 2.0
③ 2.5 ④ 3.0

풀이

25[kV] 이하인 특고압 가공 전선로의 시설(판단기준 제135조)
특고압 가공전선과 식물 사이의 이격거리는 1.5[m] 이상일 것.
다만, 특고압 가공전선이 특고압 절연전선이거나 케이블인 경우로서 특고압 가공전선을 식물에 접촉하지 아니하도록 시설하는 경우에는 그러하지 아니하다.　　　　　　　　　　【답】①

문제 88	2012년도 1회 문제 89
문제 89	2014년도 1회 문제 97
문제 90	2012년도 1회 문제 98
문제 91	2015년도 3회 문제 96
문제 92	2016년도 1회 문제 86
문제 93	2014년도 3회 문제 99
문제 94	2016년도 3회 문제 90
문제 95	2011년도 2회 문제 90
문제 96	2015년도 2회 문제 98
문제 97	2004년도 1회 문제 86
문제 98	2003년도 2회 문제 85
문제 99	2015년도 3회 문제 97

전기설비 기술기준(개정)과 판단기준에 따라 삭제된 문제가 있어 20문항이 안됩니다.

국가기술자격검정 필기시험 문제

1999년도 전기산업기사 일반검정 제4회

수검 번호	성 명

자격종목 및 등급(선택분야)	종목코드	시험시간	문제지형별
전기산업기사	2140	2시간 30분	A

1과목 전기자기학

문제 01 전계 E와 전위 V 사이의 관계 즉, $E = -\text{grad}\, V$ 에 관한 설명으로 잘못된 것은?
① 전계는 전위가 일정한 면에 수직이다.
② 전계의 방향은 전위가 감소하는 방향으로 향한다.
③ 전계의 전기력선은 연속적이다.
④ 전계의 전기력선은 폐곡면을 이루지 않는다.

풀이
① grad V 의미 : 전위 V 가 단위 길이당 최대로 변화하는 방향과 그 크기를 나타낸다. 단위길이당 전위의 최대 변화를 갖는 방향은 등전위면과 수직(직각)방향이다(∵ E와 등전위면은 직교한다고 할 수 있다.)
② $E = -\nabla V$에서 - 부호는 감소하는 방향을 의미한다.
③ 전계의 전기력선은 (+)전하에서 시작하여 (−)전하에서 끝나므로 **전하가 존재할 때에는 비연속적이다.**
④ 양변에 curl을 취하면 curl E =−curlgrad V = 0(curlgrad는 벡터 성질에서 항상0) E라는 벡터는 비회전성 즉 폐곡선을 이루지 않는다.　　　　**【답】** ③

문제 02 진공 중에 놓인 반지름 1 [m]의 도체구에 전하 Q [C]이 있다면 그 표면에 있어서의 전속 밀도 D는 몇 [C/m²]인가?
① Q
② $\dfrac{Q}{\pi}$
③ $\dfrac{Q}{2\pi}$
④ $\dfrac{Q}{4\pi}$

풀이
전속 밀도 $D = \dfrac{Q}{S}$ [C/m²]이다. 도체구이므로 $S = 4\pi r^2$ [m²]이 되어 $D = \dfrac{Q}{4\pi r^2}$ [C/m²], $r = 1$ [m]이므로
$\therefore D = \dfrac{Q}{4\pi}$ [C/m²]　　　　**【답】** ④

문제 03 두 코일이 있다. 한 코일의 전류가 매초 120 [A]의 비율로 변화할 때 다른 코일에는 15 [V]의 기전력이 발생하였다면 두 코일의 상호 인덕턴스[H]는?
① 0.125
② 0.255
③ 0.515
④ 0.615

풀이
$e = M\dfrac{di}{dt}$ 에서 $M = e\dfrac{dt}{di} = 15 \times \dfrac{1}{120} = 0.125$ [H]　　**【답】** ①

문제 04 전류 I [A]에 대한 P점의 자계 H [A/m]의 방향이 옳게 표시된 것은? 단, ⊙은 지면을 나오는 방향, ⊗은 지면으로 들어가는 방향 표시이다.

① 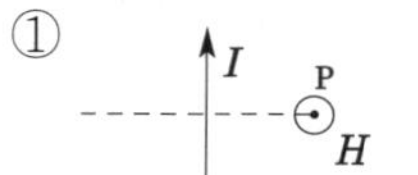
② 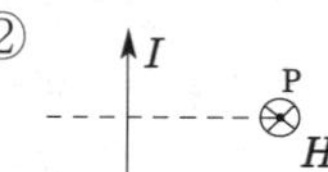
③ 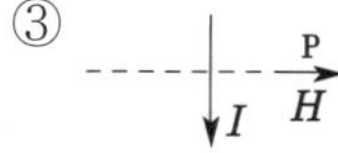
④ 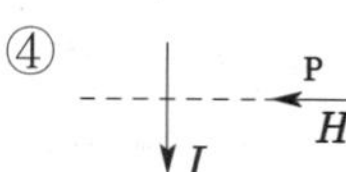

풀이
암페어의 오른나사 법칙을 적용　　　　**【답】** ②

문제 05 맥스웰(Maxwell)의 전자계에 관한 제1기본 방정식은?
① $\text{rot}\, \boldsymbol{D} = \boldsymbol{i} + \dfrac{\partial \boldsymbol{H}}{\partial t}$
② $\text{rot}\, \boldsymbol{H} = \boldsymbol{i} + \dfrac{\partial \boldsymbol{D}}{\partial t}$
③ $\text{rot}\, \boldsymbol{i} = \boldsymbol{H} + \dfrac{\partial \boldsymbol{D}}{\partial t}$
④ $\text{rot}\, \left(\boldsymbol{i} + \dfrac{\partial \boldsymbol{D}}{\partial t}\right) = \boldsymbol{H}$

풀이
맥스웰의 전자 방정식
• $\text{rot}\, \boldsymbol{E} = -\dfrac{\partial \boldsymbol{B}}{\partial t}$　　　• $\text{rot}\, \boldsymbol{H} = \boldsymbol{i} + \dfrac{\partial \boldsymbol{D}}{\partial t}$
보조 방정식
• $\text{div}\, \boldsymbol{D} = \rho$　　　• $\text{div}\, \boldsymbol{B} = 0$　　　**【답】** ②

문제 06 투자율 $1000\mu_0$ [H/m]인 철심에 코일을 감고 일정한 전류 15 [A]를 흘리고 있다. 지금 회로의 길이를 $l = 1$[m]라 할 때 자기 저항이 R_1[AT/Wb]이다. 만일 이 회로에 미소 공극 1[mm]를 만들어 자기 저항이 R_2가 되었다면 미소 공극을 만듦으로써 자기 저항은 처음의 몇 배가 되었는가?

① 변화 없음
② 2
③ $\dfrac{1}{2}$
④ 10

풀이

투자율이 $1000\mu_0$인 철심의 자기 저항 R_μ는

$$R_\mu = \frac{l}{\mu A} = \frac{l}{1000\mu_0 A} \ [\text{AT/Wb}]$$

미소 공극 $l_0 = 1$[mm]를 만들었을 때의 자기 저항을 R_m이라 하면

$$R_m = R_1 + R_2 = \frac{l - l_0}{\mu A} + \frac{l_0}{\mu_0 A} = \frac{l - l_0}{1000\mu_0 A} + \frac{l_0}{\mu_0 A} \ [\text{AT/Wb}]$$

$l - l_0 \fallingdotseq l$ 이므로

$$R_m = \frac{l}{1000\mu_0 A} + \frac{l_0}{\mu_0 A} \ [\text{AT/Wb}]$$

$$\therefore \ \frac{R_m}{R_\mu} = 1 + \frac{1000 l_0}{l} = 1 + \frac{1000 \times 1 \times 10^{-3}}{1} = 2$$

[답] ②

문제 07 반지름이 6 [m] 되는 내부 도체구와 반지름이 9 [m]인 외부 구도체로 된 동심구에서 내구를 접지할 때 이 도체의 전체 정전 용량은 몇 [F]인가?

① 3×10^{-9}
② 5×10^{-9}
③ 7×10^{-9}
④ 9×10^{-9}

풀이

내구 접지된 동심구 콘덴서

$$C = 4\pi\epsilon\left(\frac{ab}{b-a} + b\right) = \frac{1}{9 \times 10^9}\left(\frac{9 \times 6}{9 - 6} + 9\right) = 3 \times 10^{-9} \ [\text{F}]$$

[답] ①

문제 08 $\phi = \phi_m \sin\omega t$ [Wb]인 정현파로 변화하는 자속이 권수 N인 코일과 쇄교할 때의 유기 기전력의 위상은 자속에 비해 어떠한가?

① $\dfrac{\pi}{2}$만큼 빠르다
② $\dfrac{\pi}{2}$만큼 늦다
③ π만큼 빠르다
④ 동위상이다

풀이

$$e = -N\frac{d\phi}{dt} = -N\frac{d}{dt}(\phi_m \sin\omega t) = -N\phi_m \omega \cos\omega t$$

$$= N\phi_m \omega \sin\left(\omega t - \frac{\pi}{2}\right) \ [\text{V}]$$

따라서, 유기기전력 e는 자속보다 $\dfrac{\pi}{2}$만큼 늦다.

[답] ②

문제 09 지름 2.9 [mm] 19본, 길이 1 [km]인 경동선의 20 [℃]에서의 저항은 몇 [Ω]인가? 단, 20 [℃]일 때 경동선의 고유저항은 $\rho = \dfrac{1}{55} \times 10^{-6}$ [Ω·m]이다.

① 0.145
② 0.637
③ 1.304
④ 15.9

풀이

$$R = \rho\frac{l}{A} = \frac{1}{55} \times 10^{-6} \times \frac{1 \times 10^3}{\frac{\pi}{4} \times 2.9^2 \times 19 \times 10^{-6}} \ [\Omega]$$

$$= 0.145 \ [\Omega]$$

[답] ①

문제 10	2005년도 2회 문제 03
문제 11	2006년도 3회 문제 07
문제 12	2014년도 3회 문제 01
문제 13	2004년도 2회 문제 01
문제 14	2014년도 1회 문제 12
문제 15	2013년도 1회 문제 09
문제 16	2011년도 2회 문제 16
문제 17	2004년도 3회 문제 05
문제 18	2000년도 6회 문제 07
문제 19	2003년도 3회 문제 04
문제 20	2014년도 3회 문제 16

2과목 전력공학

문제 21 송전선의 파동 임피던스를 Z_0 [Ω], 전파 속도를 v 라 할 때, 이 송전선의 단위길이에 대한 인덕턴스는 몇 [H]인가?

① $L = \dfrac{v}{Z_0}$
② $L = \dfrac{Z_0}{v}$
③ $L = \sqrt{Z_0}\, v$
④ $L = \dfrac{Z_0^{\ 2}}{v}$

[풀이]

파동 임피던스 $Z_0 = \sqrt{\dfrac{L}{C}}$, 전파 속도 $v = \sqrt{\dfrac{1}{LC}}$

$$\therefore \frac{Z_0}{v} = \sqrt{\frac{\dfrac{L}{C}}{\dfrac{1}{LC}}} = L$$

【답】②

[문제 22] 3상 3선식 송전선로의 선간거리가 D_1, D_2, D_3[m] 전선의 직경이 d[m]로 연가된 경우에 전선 1[km]의 인덕턴스는 몇 [mH]인가?

① $0.05 + 0.4605 \log_{10} \dfrac{2\sqrt{D_1 \cdot D_2 \cdot D_3}}{d}$

② $0.05 + 0.4605 \log_{10} \dfrac{2\sqrt[3]{D_1 \cdot D_2 \cdot D_3}}{d}$

③ $0.05 + 0.4605 \log_{10} \dfrac{d^2\sqrt{D_1 \cdot D_2 \cdot D_3}}{d}$

④ $0.05 + 0.4605 \log_{10} \dfrac{d}{\sqrt[2]{D_1 \cdot D_2 \cdot D_3}}$

[풀이]

등가 선간 거리 $D_e = \sqrt[3]{D_1 \cdot D_2 \cdot D_3}$

$$\therefore L = 0.05 + 0.4605 \log_{10} \frac{D_e}{r}$$

$$= 0.05 + 0.4605 \log_{10} \frac{2D_e}{d} \text{[mH/km]}$$

$$= 0.05 + 0.4605 \log_{10} \frac{2\sqrt[3]{D_1 \cdot D_2 \cdot D_3}}{d} \text{[mH/km]}$$

【답】②

[문제 23] 다음 중 수압 철관의 부속 설비가 아닌 것은?

① 제수 밸브　　　　② 공기변 또는 공기관

③ 맨홀　　　　　　④ 에이프런

[풀이]

수압관의 부속 설비

① 신축 이음　② **제수 밸브**　③ **공기 밸브**, 공기 파이프

④ **맨홀**　⑤ 배수 밸브, 배사 밸브

【답】④

[문제 24] 배전용 변압기의 과전류에 대한 보호장치로써 고압측 설치에 적합하지 않은 것은?

① 고압 컷아웃 스위치　② 애자형 개폐기

③ CF 차단기　　　　　④ 캐치 홀더

[풀이]

배전용 변압기의 1차측(고압측) 보호장치로는 컷아웃 스위치를, **2차측(저압측)** 보호에는 캐치 홀더를 사용한다.

【답】④

[문제 25] 아킹 혼의 설치 목적은 무엇인가?

① 코로나 손의 방지　　② 이상 전압 제한

③ 지지물의 보호　　　④ 섬락 사고시 애자의 보호

[풀이]

• 아킹 혼(소호각) : 섬락사고시 **애자련의 보호**, 애자련의 전압 분담 균일화

【답】④

[문제 26] 중간 조상 방식이란?

① 송전 선로의 중간에 동기 조상기 연결

② 송전 선로의 중간에 직렬 콘덴서 삽입

③ 송전 선로의 중간에 병렬 전력용 콘덴서 연결

④ 송전 선로의 중간에 개폐소 설치, 리액터와 전력용 콘덴서를 병렬로 연결

[풀이]

중간 조상 방식이란 송전 선로 중간에 조상기를 설치하여 무효 전력을 발생시켜 전압을 일정하게 유지시킴으로써 정태 안정도, 과도 안정도, 동태 안정도를 증진시킬 수 있다.

【답】①

[문제 27] 2016년도 1회 문제 34

[문제 28] 2013년도 2회 문제 26

[문제 29] 2012년도 1회 문제 24

[문제 30] 2012년도 2회 문제 23

[문제 31] 2008년도 2회 문제 24

[문제 32] 2012년도 1회 문제 21

[문제 33] 2015년도 3회 문제 25

[문제 34] 2016년도 1회 문제 21

[문제 35] 2011년도 1회 문제 37

[문제 36] 2001년도 3회 문제 21

[문제 37] 2012년도 3회 문제 23

[문제 38] 2006년도 2회 문제 26

[문제 39] 2007년도 1회 문제 24

[문제 40] 2013년도 2회 문제 27

3과목 전기기기

문제 41 슬립 5 [%]인 유도전동기의 등가부하 저항은 2차 저항의 몇 배인가?

① 4 ② 5
③ 19 ④ 20

풀이

$$R' = r_2'\left(\frac{1}{s}-1\right) = r_2'\left(\frac{1}{0.05}-1\right) = 19\,r_2$$

【답】③

문제 42 6극, 60 [Hz], 220 [V], 10 [kW], 1140 [rpm]으로 회전하는 3상 권선형 유도전동기의 1차 및 2차 1상의 임피던스가 각각 $Z_1 = 0.2 + j\,0.2$ [Ω], $Z_2 = 0.03 + j\,0.05$ [Ω]이다. 이 전동기에서 기동시 최대 토크를 발생시키기 위하여 2차 1상에 삽입하여야 할 저항[Ω]은? 단, 권수비는 $a = 2$ 이다.

① 0.063 ② 0.082
③ 0.327 ④ 0.397

풀이

$$r_1 = 0.2,\ r_2' = a^2 r_2 = (2)^2 \times 0.03 = 0.12\ [\Omega]$$
$$x_1 = 0.2,\ x_2' = a^2 x_2 = (2)^2 \times 0.05 = 0.2\ [\Omega]$$
$$R' = \sqrt{r_1^2 + (x_1 + x_2')^2} - r_2'$$
$$= \sqrt{(0.2)^2 + (0.2+0.2)^2} - 0.12 = 0.327\ [\Omega]$$

【답】③

4과목 회로이론

문제 61 그림 (a)와 그림 (b)가 역회로 관계에 있으려면 L 의 값[mH]은? 단, $K^2 = 2000$ 이다.

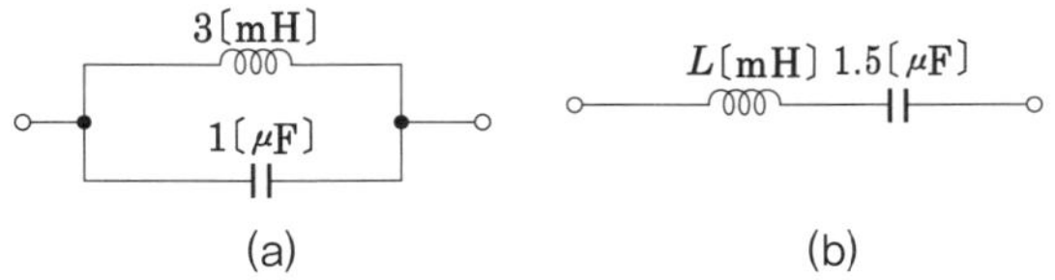

① 1.5×10^9 ② 2×10^6
③ 3 ④ 2

풀이

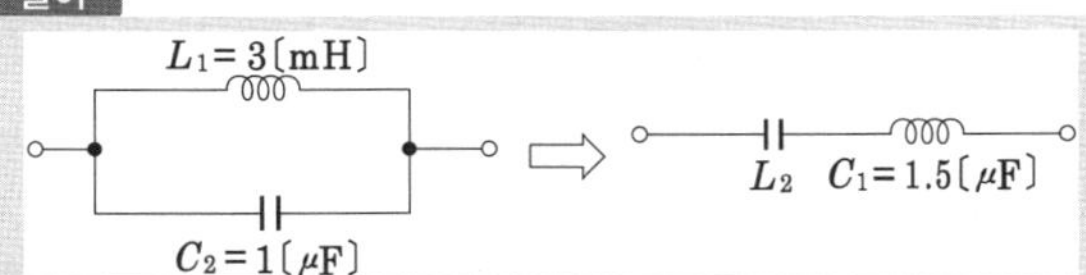

$$\frac{L_1}{C_1} = \frac{L_2}{C_2} = k^2 \text{의 관계에서}$$
$$L_2 = k^2 C_2 = 2000 \times 1 \times 10^{-6} = 2 \times 10^{-3} = 2\ [\text{mH}]$$

【답】④

문제 62 회로망의 4단자 상수 A 는 얼마인가? 단, $\omega = 10^4$ [rad/s]라 한다.

① 1
② $-j\,2$
③ 3
④ $-j\,4$

풀이

$$10\,[\text{mH}] \to jX = j\omega L = j10^4 \times 10 \times 10^{-3} = j100\ [\Omega]$$
$$2\,[\mu\text{F}] \to -jX = \frac{1}{j\omega C} = \frac{1}{j10^4 \times 2 \times 10^{-6}} = -j50\ [\Omega]$$
$$Z_1 = \frac{1}{\dfrac{1}{j100} + \dfrac{1}{-j50}} = -j100, \qquad Z_2 = -j50$$
$$\therefore\ A = 1 + \frac{Z_1}{Z_2} = 1 + \frac{-j100}{-j50} = 1 + 2 = 3$$

【답】③

문제 63 그림과 같은 회로의 전달 함수는?

단, $\dfrac{L}{R} = T$: 시정수이다.

① $\dfrac{1}{Ts^2 + 1}$

② $\dfrac{1}{Ts + 1}$

③ $Ts^2 + 1$

④ $Ts + 1$

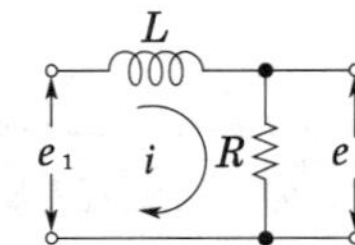

풀이

$$G(s) = \frac{R}{sL + R} = \frac{1}{s \cdot \dfrac{L}{R} + 1} = \frac{1}{Ts + 1}$$

【답】②

문제 64 전원과 부하가 △-△결선인 평형 3상 회로의 선간 전압이 220 [V], 선전류가 30 [A]이었다면 부하 1상의 임피던스[Ω]는?

① 9.7　　　　② 10.7

③ 11.7　　　　④ 12.7

풀이

△-△결선시엔 상전압과 선간 전압은 같고,
선전류는 상전류의 $\sqrt{3}$ 배이므로,

부하 1상의 임피던스 $= \dfrac{\text{상전압}}{\text{상전류}} = \dfrac{220}{\dfrac{30}{\sqrt{3}}} = \dfrac{220\sqrt{3}}{30} = 12.7[\Omega]$

【답】④

문제 65 그림과 같은 (a)의 회로를 그림 (b)와 같은 등가 회로로 구성하고자 한다. 이때 V 및 R의 값은?

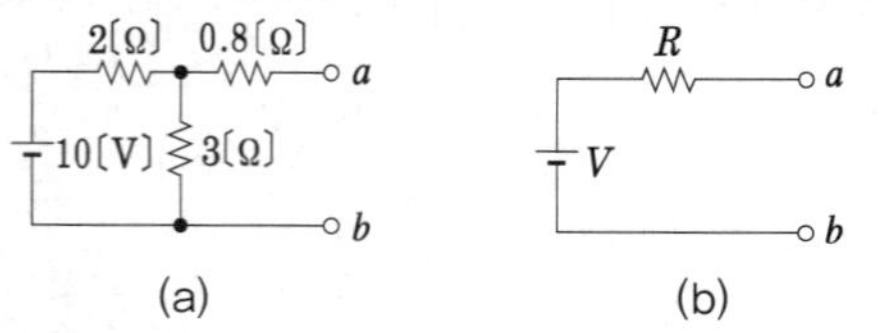

(a)　　　　　(b)

① 2 [V], 3 [Ω]　　　② 3 [V], 2 [Ω]

③ 6 [V], 2 [Ω]　　　④ 2 [V], 6 [Ω]

풀이

전압원을 단락한 후 a, b 단자에서 본 합성 저항 R은

$$R = 0.8 + \frac{2 \times 3}{2 + 3} = 2\,[\Omega]$$

a, b 단자에서 본 전압 즉, 3[Ω]의 저항에 인가된 전압 V는

$$V = \frac{3}{2 + 3} \times 10 = \frac{30}{5} = 6\,[V]$$

【답】③

문제 66 다음 설명 중 잘못된 것은?

① 역률 $\cos\theta = \dfrac{\text{유효 전력}}{\text{피상 전력}}$

② 파형률 $= \dfrac{\text{실효값}}{\text{평균값}}$

③ 파고율 $= \dfrac{\text{실효값}}{\text{최대값}}$

④ 왜형률 $= \dfrac{\text{전 고조파의 실효값}}{\text{기본파의 실효값}}$

풀이

파고율(crest factor) $= \dfrac{\text{최대값}}{\text{실효값}}$

【답】③

문제 67 어떤 회로에 흐르는 전류가

$$i = 5 + 10\sqrt{2}\sin\omega t + 5\sqrt{2}\sin\left(3\omega t + \frac{\pi}{3}\right)\,[A]$$

인 경우 실효값[A]은?

① 12.2　　　　② 13.6

③ 14.4　　　　④ 16.6

풀이

$$I = \sqrt{I_0^2 + I_1^2 + I_2^2} = \sqrt{5^2 + 10^2 + 5^2} = 12.2\,[A]$$

【답】①

문제 68 다음과 같은 4단자망에서 영상 임피던스는 몇 [Ω]인가?

① 600

② 450

③ 300

④ 200

풀이

$Z_{01} = \sqrt{\dfrac{AB}{CD}}$ 에서 대칭 T형 회로에서는 $A = D$이므로

$Z_{01} = \sqrt{\dfrac{B}{C}}$ 이고 회로에서

$$C = \frac{1}{450}$$

$$B = \frac{R_1 R_3 + R_1 R_2 + R_2 R_3}{R_3}$$

$$= \frac{300 \times 450 + 300 \times 300 + 300 \times 450}{450} = 800$$

$$\therefore Z_{01} = \sqrt{\frac{B}{C}} = \sqrt{\frac{800}{\dfrac{1}{450}}} = 600[\Omega]$$

【답】①

문제 70	2013년도 3회 문제 79
문제 71	2014년도 3회 문제 73
문제 72	2012년도 3회 문제 64
문제 73	2003년도 1회 문제 66
문제 74	2016년도 1회 문제 69
문제 75	2016년도 3회 문제 79
문제 76	2016년도 2회 문제 65
문제 77	2010년도 3회 문제 69
문제 78	2013년도 2회 문제 66
문제 79	2014년도 3회 문제 74
문제 80	2015년도 2회 문제 79

5과목 전기설비기술기준 및 판단기준

문제 81 고압 옥측 전선로의 전선으로 사용할 수 있는 것은?

① 케이블
② 절연전선
③ 다심형 전선
④ 나경동선

풀이

고압 옥측전선로의 시설(판단기준 제95조)

- **전선은 케이블일 것.**
- 케이블은 견고한 관 또는 트라프에 넣거나 사람이 접촉할 우려가 없도록 시설할 것.
- 케이블을 조영재의 옆면 또는 아랫면에 따라 붙일 경우에는 케이블의 지지점 간의 거리를 2 [m] (수직으로 붙일 경우에는 6 [m])이하로 하고 또한 피복을 손상하지 아니하도록 붙일 것.
- 관 기타의 케이블을 넣는 방호장치의 금속제 부분금속제의 전선 접속함 및 케이블의 피복에 사용하는 금속제에는 제1종 접지공사 (사람이 접촉할 우려가 없도록 시설할 경우에는 제3종 접지공사)를 할 것. 【답】 ①

문제 82 혼촉 방지판이 있는 변압기에 접속한 비접지식 저압 옥외 전선의 시설 방법으로 옳지 않은 것은?

① 저압전선은 1구내에만 시설하여야 한다.
② 저압 가공전선로의 전선은 케이블을 사용한다.
③ 고압과 병가할 때 고압과 저압을 모두 케이블로 사용한다.
④ 특고압과 병가할 때 저압은 케이블이고, 특고압은 절연전선을 사용한다.

풀이

혼촉방지판이 있는 변압기에 접속하는 저압 옥외전선의 시설 등 (판단기준 제24조)

- 저압전선은 1구내에만 시설할 것.
- 저압 가공전선로 또는 저압 옥상전선로의 전선은 케이블일 것.
- 저압 가공전선과 고압 또는 특고압의 가공전선을 **동일 지지물에 시설하지 아니할 것.** 다만, 고압 가공전선로 또는 **특고압 가공전선로의 전선이 케이블인 경우에는 그러하지 아니하다.** 【답】 ④

문제 83 100[kV] 미만의 특고압 가공전선로를 인가가 밀집되지 않는 시가지 외에 시설할 경우 전선로에 사용되는 경동 연선은 최소 몇 [mm^2] 이상이어야 하는가?

① 22
② 55
③ 100
④ 150

풀이

특고압 가공전선의 굵기 및 종류(판단기준 제107조)

가공 전선	전선의 종류
400 [V] 미만의 저압 가공 전선	지름 3.2 [mm] (절연 전선은 2.6 [mm])의 경동선 이상
400 [V] 이상의 저압, 고압 가공 전선	시가지내 : 지름 5 [mm]의 경동선, 3.5 [mm]의 동복 강선 시가지외 : 지름 4 [mm]의 경동선, 3.5 [mm]의 동복 강선
특고압 가공 전선	시가지내 : 100 [kV] 미만 → 55 [mm^2], 100 [kV] 이상 → 150 [mm^2] **시가지외 : 22 [mm^2] 이상의 경동 연선**
22.9 [kV-Y]	시내·외 모두 22 [mm^2] 이상의 경동 연선

【답】 ①

문제 84 사용 전압이 20 [kV]인 변전소에 울타리를 하고자 한다. 울타리의 높이를 2 [m]로 하면 울타리로부터 충전부까지의 거리는 몇 [m] 이상이어야 하는가?

① 1
② 2
③ 3
④ 4

풀이
발전소 등의 울타리·담 등의 시설(판단기준 제44조)
① **35 [kV] 이하** : 5 [m]
② 35 [kV]를 넘어 160 [kV] 이하 : 6 [m]
③ 160 [kV]를 넘는 경우 : 6 [m]에 10 [kV] 또는 그 단수마다 12 [cm]를 가한 값
∴ 울타리로부터 충전부까지의 거리 = 5 − 2 = 3[m]　　【답】 ③

문제 85 가공 전선로와 지중 전선로가 접속되는 곳에 시설하여야 하는 것은?
① 조상기　　　　　② 분로 리액터
③ 피뢰기　　　　　④ 정류기

풀이
피뢰기의 시설 (판단기준 제42조)
① 발·변전소 또는 이에 준하는 장소의 가공 전선 인입구 및 인출구
② 배전용 변압기의 고압측 및 특고압측
③ 고압 및 특고압 가공 전선로로부터 공급을 받는 수용 장소의 인입구
④ **가공 전선로와 지중 전선로가 접속되는 곳**　　【답】 ③

문제 86 저압 옥내 배선을 위한 금속관을 콘크리트에 매설할 때 적합한 관의 두께[mm]와 전선의 종류는?
① 1.0 [mm] 이상, 옥외용 비닐 절연 전선
② 1.2 [mm] 이상, 450/750 [V] 일반용 단심 비닐 절연 전선
③ 1.0 [mm] 이상, 450/750 [V] 일반용 단심 비닐 절연 전선
④ 1.2 [mm] 이상, 옥외용 비닐 절연 전선

풀이
금속관 공사(판단기준 제184조)
① 전선
　• 전선은 절연전선(옥외용 비닐절연전선을 제외한다)일 것.
　• 전선은 연선일 것. 단, 단면적 10[mm^2](알루미늄선은 단면적 16[mm^2]) 이하의 것은 단선도 가능하다.
② 전선관의 두께
　• **콘크리트에 매설 : 1.2 [mm] 이상**
　• 매설 이외의 경우 : 1 [mm] 이상
　　단, 이음매가 없는 길이 4 [m] 이하인 것을 건조하고 전개된 곳에 시설하는 경우에는 0.5 [mm]　　【답】 ②

문제 87 고압 가공 전선로의 경간은 지지물이 목주 또는 A종 콘크리트주일 때에는 최대 몇 [m]인가?
① 150 [m]　　　　　② 250 [m]
③ 400 [m]　　　　　④ 600 [m]

풀이
고압 및 특고압 가공전선로 경간의 제한 (판단기준 제76조, 제124조)

지지물의 종류	고 압	지름 5 [mm] 이상 / 단면적 22 [mm^2] 이상	단면적 22 [mm^2] 이상 / 단면적 55 [mm^2] 이상
	특고압	단면적 22 [mm^2] 이상	단면적 55 [mm^2] 이상
목주·A종 철주 또는 A종 철근 콘크리트주		150 [m] 이하	300 [m] 이하
B종 철주 또는 B종 철근 콘크리트주		250 [m] 이하	500 [m] 이하
철 탑		600 [m] 이하	600 [m] 이하

【답】 ①

문제 88 가공직류 절연귀선은 특별한 경우를 제외하고 어느 것에 준하여 시설하여야 하는가?
① 저압 가공전선　　　② 고압 가공전선
③ 특고압 가공전선　　④ 가공약전류전선

풀이
가공 직류 절연 귀선의 시설(판단기준 제260조)
가공 직류 절연 귀선은 **저압 가공 전선**에 준하여 시설하여야 한다.　　【답】 ①

문제 89　2013년도 3회 문제 90
문제 90　2015년도 2회 문제 98
문제 91　2012년도 2회 문제 88
문제 92　2007년도 2회 문제 85
문제 93　2016년도 3회 문제 99
문제 94　2011년도 2회 문제 100
문제 95　2016년도 3회 문제 89
문제 96　2013년도 3회 문제 84
문제 97　2014년도 3회 문제 99
문제 98　2004년도 3회 문제 82
문제 99　2000년도 6회 문제 81
문제 100　2014년도 2회 문제 90

국가기술자격검정 필기시험 문제

1999년도 전기산업기사 일반검정 제6회

자격종목 및 등급(선택분야)	종목코드	시험시간	문제지형별	수검 번호	성 명
전기산업기사	2140	2시간 30분	A		

1과목 전기자기학

문제 01 50 [V/m]인 평등전계 중의 80 [V]되는 A점에서 전계 방향으로 80 [cm] 떨어진 B점의 전위는 몇 [V]인가?

① 20
② 40
③ 60
④ 80

풀이

$$V_{BA} = V_B - V_A = -\int_A^B \boldsymbol{E} \cdot dl$$

$$= -\int_0^{0.8} \boldsymbol{E} \cdot dl = -[50l]_0^{0.8} = -40[\text{V}]$$

$E = 50$ [V/m], $V_A = 80$ [V], $V_{BA} = -40$ [V]이므로

$$\therefore V_B = V_A + V_{BA} = 80 - 40 = 40 [\text{V}]$$

【답】②

문제 02 안지름 1 [mm], 바깥지름 10 [mm]인 동축 케이블에서 내부 도체와 외부 도체 사이에 폴리에틸렌 ($\epsilon_s = 2.3$, $\mu_s = 1$)을 채우면 특성 임피던스는 몇 [Ω]인가?

① 91
② 115
③ 135
④ 161

풀이

동축 케이블의 특성 임피던스

$$Z_0 = \frac{1}{2\pi}\sqrt{\frac{\mu}{\epsilon}}\ln\frac{b}{a} = \frac{1}{2\pi}\times 377\times\sqrt{\frac{\mu_s}{\epsilon_s}}\ln\frac{b}{a}\,[\Omega]$$

$$\left(\because \sqrt{\frac{\mu_0}{\epsilon_0}} = 377\right)$$

$a : 1$ [mm] $b : 10$ [mm]

$$Z_0 = \frac{1}{2\pi}\times 377\times\sqrt{\frac{1}{2.3}}\ln 10 = 91[\Omega]$$

【답】①

문제 03 단위 구면을 통해 나오는 전기력선의 수는? 단, 구 내부의 전하량은 Q [C]이다.

① 1개
② 4π 개
③ ϵ_0 개
④ $\dfrac{Q}{\epsilon_o}$ 개

풀이

Q [C]의 전하로부터 발산되는 전기력선 수는 가우스 정리에 의하여

$$\int_S \boldsymbol{E}\cdot d\boldsymbol{S} = \frac{Q}{\epsilon_0}$$

유전체의 경우는 $\dfrac{Q}{\epsilon_0\epsilon_s}$ 가 되어 그의 수는 감소한다.

【답】④

문제 04 그림과 같이 모멘트가 각각 M, M'인 두 개의 소자석 A, B를 중앙에서 서로 직각으로 놓고 이것을 중심에서 수평으로 매달아 지자 기 수평 분력 H_0 내에 놓았을 때 H_0와 이루는 각은?

① $\theta_A = \tan^{-1}\dfrac{M'}{M}$

② $\theta_A = \sin^{-1}\dfrac{M'}{M}$

③ $\theta_A = \cos^{-1}\dfrac{M'}{M}$

④ $\theta_A = \tan\dfrac{M'}{M}$

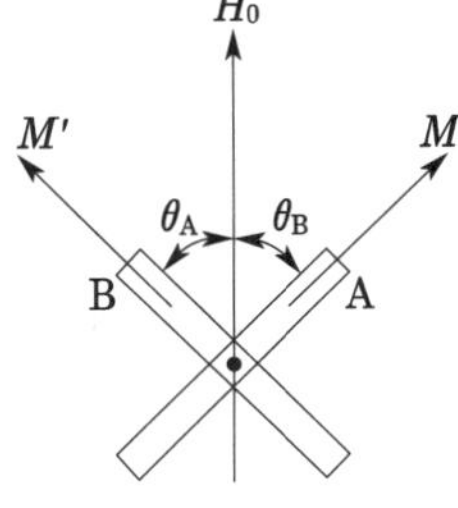

풀이

자석 A의 회전력 $T_A = MH_0\sin\theta_A$
자석 B의 회전력 $T_B = M'H_0\sin\theta_B$

평형 조건은 $T_A = T_B$이고 $\theta_B = \dfrac{\pi}{2} - \theta_A$이므로

$$M\sin\theta_A = M'\sin\theta_B = M'\sin\left(\frac{\pi}{2} - \theta_A\right) = M'\cos\theta_A$$

$$\frac{\sin\theta_A}{\cos\theta_A} = \frac{M'}{M} \qquad \tan\theta_A = \frac{M'}{M}$$

$$\therefore \theta_A = \tan^{-1}\left(\frac{M'}{M}\right)$$

【답】①

문제 05 그림과 같이 전류 I[A]가 흐르고 있는 직선 도체로부터 r [m] 떨어진 P점의 자계의 세기 및 방향을 바르게 나타낸 것은? 단, $\otimes$은 지면으로 들어가는 방향, $\odot$은 지면으로부터 나오는 방향이다.

① $\dfrac{I}{2\pi r}$, $\otimes$

② $\dfrac{I}{2\pi r}$, $\odot$

③ $\dfrac{Idl}{4\pi r^2}$, $\otimes$

④ $\dfrac{Idl}{4\pi r^2}$, $\odot$

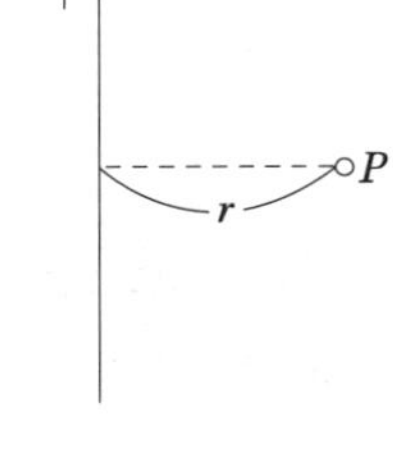

풀이

$H=\dfrac{I}{2\pi r}$ [AT/m]이고 **암페어의 오른나사 법칙을 적용**하면 자계 H는 지면으로 들어가는 방향이다. 【답】①

문제 06	2013년도 1회 문제 08
문제 07	2001년도 2회 문제 01
문제 08	2000년도 4회 문제 03
문제 09	2003년도 1회 문제 05
문제 10	2015년도 1회 문제 16
문제 11	1999년도 4회 문제 01
문제 12	2011년도 2회 문제 01
문제 13	2011년도 2회 문제 08
문제 14	2012년도 2회 문제 02
문제 15	2007년도 3회 문제 03
문제 16	2007년도 1회 문제 03
문제 17	2012년도 1회 문제 15
문제 18	2013년도 2회 문제 02
문제 19	2006년도 1회 문제 12
문제 20	2006년도 3회 문제 05

2과목 전력공학

문제 21 복도체 또는 다도체에 대한 설명으로 옳지 않은 것은?

① 복도체는 3상 송전선의 1상의 전선을 2본으로 분할한 것이다.

② 2본 이상으로 분할된 도체를 일반적으로 다도체라고 한다.

③ 복도체 또는 다도체를 사용하는 주 목적은 코로나 방지에 있다.

④ 복도체의 선로 정수는 같은 단면적의 단도체 선로에 비교할 때 변함이 없다.

풀이

3상 송전선의 한 상당 전선을 2가닥 이상으로 한 것을 다도체라 하고, 2가닥으로 한 것을 보통 복도체라 한다. **복도체는 같은 단면적의 단도체에 비해 전선의 등가 반지름이 증가**하며 그 결과 다음과 같은 특징이 있다.
- 코로나 임계 전압 15~20 [%] 상승
- 인덕턴스 20~30 [%] 감소(선로정수 L 감소)
- 정전 용량 20 [%] 증가(선로정수 C 증가)
- 안정도 증가
- 복도체 단락 시 소도체에는 동일 방향으로 전류가 흐르므로 흡인력이 생긴다. 【답】④

문제 22 팽창 차단기의 소호 방식은?

① 자력형이다.   ② 타력형이다.

③ 반타력형이다.   ④ 혼합형이다.

풀이

차단기의 소호 방식 종류
① 자연 소호식 : 유입 차단기
② **자력** 소호식 : 소호실부 유입 차단기, 유층 소호실부 유입 차단기, Deion Grid 형 유입 차단기, **팽창 차단기**
③ 타력 소호식 : 유층형(임펄스 차단기), 공기 차단기 【답】①

문제 23 최대 전력 5000 [kW], 일부하율 60 [%]로 운전하는 화력 발전소가 있다. 5000 [kcal/kg]의 석탄 4300 [t]을 사용하여 50일간 운전하면 발전소의 종합 효율은 몇 [%]인가?

① 14.4   ② 20.4

③ 30.4   ④ 40.4

풀이

전력량 P = 평균 전력 × 사용 시간

$\qquad$ = 최대 전력 × 부하율 × 사용 시간

$\qquad$ = $5000 \times 0.6 \times 24 \times 50 = 3,600,000$ [kWH]

$\eta = \dfrac{860P}{WC} \times 100 = \dfrac{860 \times 3,600,000}{5000 \times 4,300,000} \times 100 = 14.4$ [%] 【답】①

문제 24 송배전 선로의 작용 정전 용량은 무엇을 계산하는데 사용되는가?

① 비접지 계통의 1선 지락 고장시 지락 고장 전류 계산

② 정상 운전시 선로의 충전 전류 계산

③ 선간 단락 고장시 고장 전류 계산

④ 인접 통신선의 정전 유도 전압 계산

풀이

• 충전전류 $I_c = 2\pi f C_n \dfrac{V}{\sqrt{3}}$ [A] (C_n : 작용 정전 용량)

• 비 접지방식에서의 1선지락 전류 $I_g = j3\omega C_s E$ [A]

$\quad$ (C_s : 대지 정전용량)

즉, **지락전류를 구할 때는 대지 정전용량, 충전전류를 구할 때는 작용 정전용량**을 적용한다. 【답】②

문제 25 증기 터빈의 비상 조속기는 정격 회전수의 몇 [%] 이내에 정정(整定)되는가?

① 100 $\qquad$ ② 110

③ 120 $\qquad$ ④ 130

풀이

일반적으로 터빈의 **비상 조속기는 정격 회전수의 110 ± 1 [%]의 속도 상승에 동작**하도록 정정되어 있다. 【답】②

문제 26 1 [kg/cm^2]의 수압의 압력 수두[m]는?

① 1 $\qquad$ ② 10

③ 100 $\qquad$ ④ 1000

풀이

H : 압력 수두[m], p : 압력의 세기 [kg/m^2]

w : 단위 부피의 물의 무게[kg/m^3]라고 하면

$H = \dfrac{p}{w}$

$w = 1000$ [kg/m^3], $\quad p = 1$ [kg/cm^2] $= 10,000$ [kg/m^2]이므로

$\therefore H = \dfrac{p}{w} = \dfrac{10,000}{1,000} = 10$ [m] 【답】②

문제 27 선간 전압, 부하 역률, 선로 손실, 전선 중량 및 배전 거리가 같다고 할 경우 단상 2선식과 3상 3선식의 공급전력의 비(단상/3상)는?

① $\dfrac{3}{2}$ $\qquad$ ② $\dfrac{1}{\sqrt{3}}$

③ $\sqrt{3}$ $\qquad$ ④ $\dfrac{\sqrt{3}}{2}$

풀이

전선의 중량이 같다면 $W_0 = 2A_1 L = 3A_3 L$

$\therefore \dfrac{A_3}{A_1} = \dfrac{2}{3} = \dfrac{R_1}{R_3}$

또한 전력손실이 같으면 $P_c = 2I_1^2 R_1 = 3I_3^2 R_3$ 에서

$\left(\dfrac{I_1}{I_3}\right)^2 = \dfrac{3R_3}{2R_1} = \dfrac{3}{2} \times \dfrac{3}{2}$ $\qquad \therefore \dfrac{I_1}{I_3} = \dfrac{3}{2}$

$\therefore$ 공급전력의 비 $\dfrac{P_1}{P_3} = \dfrac{VI_1}{\sqrt{3}\,VI_3} = \dfrac{1}{\sqrt{3}} \times \dfrac{3}{2} = \dfrac{\sqrt{3}}{2}$ 【답】④

문제 28 배전선의 전압을 조정하는 방법으로 적당하지 않은 것은?

① 유도 전압 조정기

② 승압기

③ 주상 변압기 탭 전환

④ 동기 조상기

풀이

배전선 전압 조정 장치로는

① 선로전압 강하 보상기

② 고정 승압기 : 단상 승압기, 3상 V결선 승압기, 3상 △결선 승압기

③ 직렬콘덴서(병렬콘덴서는 주로 역률 개선용으로 사용되지만 동시에 전압조정 효과도 있다.)

④ 주상변압기의 탭 조정

그러나 **동기 조상기는 회전기 이기 때문에 지금은 거의 사용하지 않는다.** 【답】④

<table>
<tr><td>문제 29</td><td>2004년도 3회 문제 25</td></tr>
<tr><td>문제 30</td><td>2016년도 2회 문제 37</td></tr>
<tr><td>문제 31</td><td>2011년도 1회 문제 25</td></tr>
<tr><td>문제 32</td><td>2014년도 2회 문제 39</td></tr>
<tr><td>문제 33</td><td>2012년도 2회 문제 36</td></tr>
<tr><td>문제 34</td><td>2016년도 1회 문제 38</td></tr>
<tr><td>문제 35</td><td>2014년도 1회 문제 23</td></tr>
<tr><td>문제 36</td><td>2006년도 2회 문제 27</td></tr>
</table>

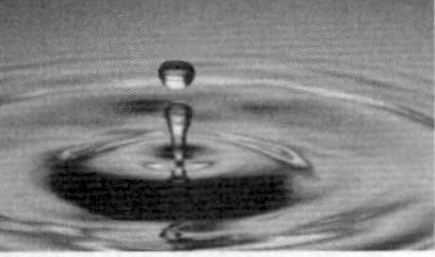

3과목 전기기기

문제 41 1차 전압 100 [V], 2차 전압 200 [V], 선로 출력 50 [kVA]인 단권 변압기의 자기 용량은 몇 [kVA]인가?

① 25

② 50

③ 250

④ 500

풀이

$$\frac{\text{자기 용량}}{\text{부하 용량}} = \frac{V_h - V_l}{V_h}$$

$$\therefore \text{자기 용량} = \text{부하 용량} \times \frac{V_h - V_l}{V_h} = 50 \times \frac{200 - 100}{200}$$

$$= 25 \, [\text{kVA}]$$

【답】①

문제 42 사용 기간이 짧을수록 변압기의 전일 효율을 좋게 하기 위해서는 P_i(철손)와 P_c(전부하 동손)와의 관계는?

① $P_i > P_c$

② $P_i < P_c$

③ $P_i = P_c$

④ 무관계

풀이

전일 효율을 최대로 하자면 $24P_i = hP_c$, 그런데 **부하 시간 h는 $24 > h$이고, 경부하 시간이 많으므로 $P_c > P_i$로 해야 된다.** 【답】②

문제 43 유도 전동기 토크 특성 곡선에서 2차 저항이 최대인 것은?

① ㉹

② ㉡

③ ㉠

④ ㉣

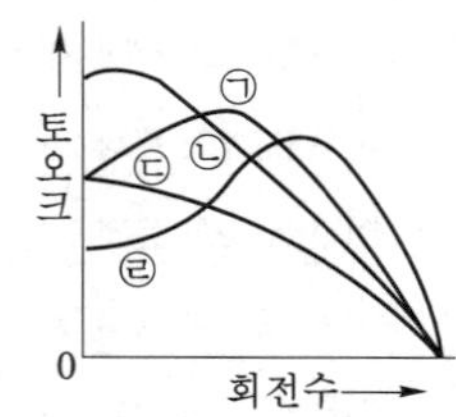

풀이

토크는 비례 추이를 하므로 **저항이 클수록 최대 토크를 발생하는 슬립점이 점점 왼쪽으로 이동**한다. ㉣은 최대 토크가 s의 (−)쪽(역전)에 이동한 것이므로 2차 저항이 가장 크다. 【답】②

문제 44 정격 2차 전류 I_2, 조정 전압 E_2일 때 3상 유도 전압 조정기 출력[kVA]은?

① $2E_2 I_2 \times 10^{-3}$

② $\sqrt{3} E_2 I_2 \times 10^{-3}$

③ $3E_2 I_2 \times 10^{-3}$

④ $E_2 I_2 \times 10^{-3}$

【답】②

문제 45 수은 접점 2개를 사용하여 아크 방전 등의 사고를 검출하는 계전기는?

① 과전류 계전기

② 가스 검출 계전기

③ 부흐홀쯔 계전기

④ 차동 계전기

풀이

부흐홀쯔 계전기는 변압기의 내부 고장으로 발생하는 **기름의 분해 가스 증기** 또는 유류를 이용하여 부저를 움직여 계전기의 **수은 접점**을 닫는 것이므로, 변압기의 주탱크와 콘서베이터와의 연결관 도중에 설치한다. 【답】③

문제 46 다이오드를 사용한 정류 회로에서 과대한 부하 전류에 의해 다이오드가 파손될 우려가 있을 때의 조치로서 적당한 것은?

① 다이오드 양단에 적당한 값의 콘덴서를 추가한다.

② 다이오드 양단에 적당한 값의 저항을 추가한다.

③ 다이오드를 직렬로 추가한다.

④ 다이오드를 병렬로 추가한다.

풀이

• 다이오드 직렬 연결 : 과전압으로부터 보호

• 다이오드 **병렬 연결** : **과전류로부터 보호**

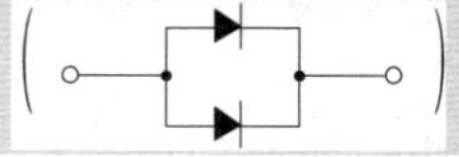

【답】④

문제 47 3상 유도전동기의 전압이 15 [%] 저하하면 기동토크의 감소를 [%]은 대략 얼마인가?

① 15.0

② 72.3

③ 85.0

④ 27.8

풀이

기동 토크 $T_s \propto V^2$ 이므로

$$T_s : T_s' = V^2 : (0.85V)^2 \qquad \therefore T_s' = 0.7225 T_s$$

$$\text{따라서, 토크 감소율} = \frac{T_s - T_s'}{T_s} \times 100 = \frac{1 - 0.7225}{1} \times 100$$

$$= 27.75 [\%]$$

【답】④

 6상 회전 변류기에서 직류 600 [V]를 얻으려면 슬립링 사이의 교류 전압을 몇 [V]로 하여야 하겠는가?

① 약 212
② 약 300
③ 약 424
④ 약 848

풀이

$$\frac{E_a}{E_d} = \frac{1}{\sqrt{2}} \sin \frac{\pi}{m}$$

$$\therefore E_a = \frac{1}{\sqrt{2}} \sin \frac{\pi}{6} \cdot E_d = \frac{1}{\sqrt{2}} \times \frac{1}{2} \times 600 = 212.16 [V]$$

【답】 ①

문제 49 동기기의 3상 단락 곡선이 직선이 되는 이유는?

① 무부하 상태이므로
② 자기 포화가 있으므로
③ 전기자 반작용으로
④ 누설 리액턴스가 크므로

풀이

단락시 동기 리액턴스가 전기자 저항보다 크기 때문에 역률 0의 뒤진 전류가 흐른다. 이 때 **전기자 반작용의 감자작용으로 자속이 적게 되어 불포화 상태가 되므로 직선**에 가깝게 된다. 【답】 ③

4과목　회로이론

문제 61 파고율값이 1.414인 것은 어떤 파인가?

① 반파 정류파
② 직사각형파
③ 정현파
④ 톱니파

풀이

	구형파	3각파	정현파	정류파(전파)	정류파(반파)
파형률	1.0	1.15	**1.11**	1.11	1.57
파고율	1.0	1.732	**1.414**	1.414	2.0

【답】 ③

문제 62 단위 램프 함수 $\rho(t) = tu(t)$의 라플라스 변환은?

① $\dfrac{1}{s^2}$
② $\dfrac{1}{s}$
③ $\dfrac{1}{s^3}$
④ $\dfrac{1}{s^4}$

풀이

$$\mathcal{L}[t] = \frac{1}{s^2}$$

【답】 ①

문제 63 전달 정수 θ가 4단자 정수 A, B, C, D로 표시할 때 올바르게 표시된 것은?

① $\cosh\theta = \sqrt{BD}$
② $\sinh\theta = \sqrt{BC}$
③ $\cosh\theta = \sqrt{\dfrac{AD}{BC}}$
④ $\sinh\theta = \sqrt{AD}$

풀이

$$\cosh\theta = \sqrt{AD} \qquad \sinh\theta = \sqrt{BC}$$

$$\tanh\theta = \sqrt{\frac{BC}{AD}}$$

【답】 ②

문제 64 어떤 전원의 내부 저항이 저항 R과 리액턴스 X로 구성되어 있다. 외부에 부하 R_L을 연결하여 최대 전력을 소모시키고 싶다. R_L의 값은 얼마이어야 하는가?

① R
② $R+X$
③ $\sqrt{R^2 - X^2}$
④ $\sqrt{R^2 + X^2}$

풀이

최대 전력 전송 조건 : 임피던스 정합 (내부 임피던스 = 외부 임피던스)

그러므로, $R_L = \sqrt{R^2 + X^2}$ 이 된다. **[답]** ④

문제 65 파형이 톱니파일 경우 파형률은?

① 0.577   ② 1.732

③ 1.414   ④ 1.155

풀이

$$파형률 = \frac{실효값}{평균값} \qquad 톱니파 \begin{cases} 파형률 = 1.15 \\ 파고율 = 1.732 \end{cases}$$

[답] ④

문제 66 4단자 정수를 구하는 식 중 옳지 않은 것은?

① $A = \left(\dfrac{V_1}{V_2}\right)_{I_2 = 0}$ ② $B = \left(\dfrac{V_2}{I_2}\right)_{V_2 = 0}$

③ $C = \left(\dfrac{I_1}{V_2}\right)_{I_2 = 0}$ ④ $D = \left(\dfrac{I_1}{I_2}\right)_{V_2 = 0}$

풀이

$$A = \frac{V_1}{V_2}\bigg|_{I_2 = 0} \qquad B = \frac{V_1}{I_1}\bigg|_{V_2 = 0}$$

$$C = \frac{I_1}{V_2}\bigg|_{I_2 = 0} \qquad D = \frac{I_1}{I_2}\bigg|_{V_2 = 0}$$

[답] ②

문제 67 $i_1 = I_m \sin \omega t$ 와 $i_2 = I_m \cos \omega t$ 와 두 교류 전류의 위상차는 몇 도인가?

① 0°   ② 60°

③ 30°   ④ 90°

풀이

$$i_2 = I_m \cos \omega t = I_m \sin(\omega t + 90°)$$

따라서, i_1과 위상차는 90°가 된다. **[답]** ④

5과목 전기설비기술기준 및 판단기준

문제 81 저압 가공 전선로에 가공약전류전선을 공가하는 경우에 전선로의 지지물로 사용되는 목주의 풍압하중에 대한 안전율은 얼마 이상이어야 하는가?

① 1.2   ② 3

③ 1.5   ④ 2.0

풀이

저고압 가공전선과 가공약전류 전선 등의 공가(판단기준 제91조)

① 목주의 풍압 하중에대한 **안전율은 1.5 이상**일 것

② 이격 거리는 저압은 75 [cm](중성선 제외) 이상, 고압은 1.5 [m] 이상일 것. 다만, 가공 약전선이 절연 전선 또는 통신용 케이블인 경우, 저압 전선이 고압 절연 전선 이상이면 30 [cm], 고압 전선이 케이블이면 50 [cm]로 할 수 있다. **[답]** ③

문제 82 제3종 접지공사를 시행하여야 할 저압전로에 지기가 생긴 경우 정격 감도 전류가 300 [mA]이고 0.5초 이내에 자동적으로 전로를 차단하는 장치를 시설한다면 이 전로의 접지저항은 몇 [Ω] 이하로 하여야 하는가? 단, 건조한 장소이다.

① 30   ② 50

③ 100   ④ 166

풀이

접지 공사의 종류 (판단기준 제18조)

정격 감도 전류	접지저항치 물기 있는 장소, 전기적 위험도가 높은 장소	접지저항치 그외 다른 장소	정격 감도 전류	접지저항치 물기 있는 장소, 전기적 험도가 높은 장소	접지저항치 그외 다른 장소
30 [mA]	500 [Ω]	500 [Ω]	200 [mA]	75 [Ω]	250 [Ω]
50 [mA]	300 [Ω]	500 [Ω]	**300 [mA]**	50 [Ω]	**166 [Ω]**
100 [mA]	150 [Ω]	500 [Ω]	500 [mA]	30 [Ω]	100 [Ω]

건조한 장소이므로 정격감도전류 × 최대 접지 저항값 = 15 [V]의 공식이 적용되지 않는다. **[답]** ④

 고압 가공전선로의 지지물에 시설하는 통신선의 높이는 도로를 횡단하는 경우 지표상 6 [m] 이상으로 하여야 한다. 그러나 교통에 지장을 줄 우려가 없을 경우에는 지표상 몇 [m]까지로 감할 수 있는가?

① 4
② 4.5
③ 5
④ 5.5

풀이

가공 통신선의 높이(판단기준 제156조)

시설 장소		가공 통신선 [m]	가공전선로의 지지물에 시설	
			고·저압[m]	특고압[m]
도로(차도) 위	일반적인 경우	5	6	6
	교통에 지장을 안 주는 경우	4.5	**5**	
철도 횡단 (레일면 상)		6.5	6.5	6.5
횡단 보도교 위(노면상)		3	3.5	5
횡단 보도교 위 (통신용 케이블을 사용)			3	4
기타의 장소(도로, 철도, 횡단 보도교 이외의 장소)		3.5	4	5

【답】③

문제 84 교류에서 고압의 범위는?

① 600 [V]를 넘고 7 [kV] 이하인 것
② 750 [V]를 넘고 7 [kV] 이하인 것
③ 600 [V]를 넘고 7.5 [kV] 이하인 것
④ 750 [V]를 넘고 7.5 [kV] 이하인 것

풀이

저압, 고압 및 특고압의 범위 (기술기준 제3조)

분 류	전압의 범위
저 압	• 직류 : 750 [V] 이하 • 교류는 600 [V] 이하
고 압	• 직류 : 750 [V]를 초과하고, 7 [kV] 이하 • **교류 : 600 [V]를 초과하고, 7 [kV] 이하**
특고압	7 [kV]를 초과

【답】①

문제 85 B종 철주를 사용한 고압 가공 전선로를 교류 전차 선로와 교차해서 시설하는 경우 고압 가공 전선로의 최대 경간[m]은?

① 60
② 100
③ 120
④ 150

풀이

저고압 가공전선과 교류전차선 등의 접근 또는 교차(판단기준 제83조)
가공 전선로의 경간

• A종 지지물 : 60 [m]
• B종 지지물 : 120 [m] 이하

【답】③

전기설비 기술기준(개정)과 판단기준에 따라 삭제된 문제가 있어 20문항이 안됩니다.

MEMO

1998년도
전기산업기사 필기

▶ 98년 제 2 회 전기산업기사

▶ 98년 제 4 회 전기산업기사

▶ 98년 제 6 회 전기산업기사

국가기술자격검정 필기시험 문제

1998년도 전기산업기사 일반검정 제2회

	수검 번호	성 명

자격종목 및 등급(선택분야)	종목코드	시험시간	문제지형별
전기산업기사	2140	2시간 30분	A

1과목 전기자기학

문제 01 전기 저항 R과 정전 용량 C, 고유저항 ρ 및 유전율 ϵ 사이의 관계는?

① $RC = \rho\epsilon$
② $\dfrac{R}{C} = \dfrac{\epsilon}{\rho}$
③ $\dfrac{C}{R} = \rho\epsilon$
④ $R = \epsilon C \rho$

풀이

$R = \rho\dfrac{l}{s}, \quad c = \dfrac{\epsilon s}{l}$ 에서 $RC = \rho\epsilon$

【답】①

문제 02 그림과 같이 공기 내에 1[A]의 전류가 흐르는 무한 길이 직선 도선이 있다. 도선과 수직인 평면 내에 있는 도선으로부터의 거리가 1[m]인 원주 C를 따라서 화살표 방향으로 1[Wb]의 자극을 일주시키는 데 요하는 일[J]은?

① 1
② 2π
③ $\dfrac{1}{2\pi}$
④ 0

풀이

$W = F \cdot l = mHl = m \cdot \dfrac{I}{2\pi r} \cdot 2\pi r = mI = 1 \times 1 = 1[J]$

【답】①

문제 03 비오-사바르의 법칙으로 구할 수 있는 것은?

① 자계의 세기
② 전계의 세기
③ 전하 사이의 힘
④ 자하 사이의 힘

풀이

비오-사바르의 법칙 : 미소 전류와 자계에 관한 법칙

$$dH = \frac{Idl\sin\theta}{4\pi r^2}[\text{AT/m}] \quad (\theta : \text{전류 방향과 거리가 이루는 각})$$

【답】①

문제 04 지름이 각각 2[cm] 및 4[cm]인 금속구가 비유전율 $\epsilon_s = 10$인 변압기유 속에 1[m]만큼 떨어져 있다. 각 구의 전위가 동일하게 10[kV]라면 두 금속구 사이에 작용하는 반발력[N]은?

① 1.2×10^{-6}
② 2.2×10^{-5}
③ 3.2×10^{-8}
④ 4.2×10^{-9}

풀이

$$Q_a = C_a V_a = 4\pi\epsilon_0\epsilon_s a V_a$$
$$= \frac{1}{9 \times 10^9} \times 10 \times 1 \times 10^{-2} \times 10 \times 10^3 = 1.11 \times 10^{-7}[\text{C}]$$
$$Q_b = C_b V_b = 4\pi\epsilon_0\epsilon_s a V_b$$
$$= \frac{1}{9 \times 10^9} \times 10 \times 2 \times 10^{-2} \times 10 \times 10^3 = 2.22 \times 10^{-7}[\text{C}]$$
$$\therefore F = \frac{1}{4\pi\epsilon_0\epsilon_s} \cdot \frac{Q_1 Q_2}{r^2}$$
$$= 9 \times 10^9 \times \frac{1}{10} \times \frac{1.11 \times 10^{-7} \times 2.22 \times 10^{-7}}{1^2}$$
$$= 2.2 \times 10^{-5}[\text{N}]$$

【답】②

문제 05 동심구의 양 도체 사이에 절연 내력이 30[kV/mm]이고, 비유전율 5인 절연 액체를 넣으면 공기인 경우의 몇 배의 전기량이 축적되는가? 단, 공기의 절연 내력은 3[kV/mm]이다.

① 3
② 5
③ 30
④ 50

풀이

전기량은 비유전율에 비례하므로 $C = \epsilon_s C_0$
비유전율이 5이면 축적되는 전기량도 5배가 된다.

【답】②

문제 06 자기 인덕턴스가 각각 L_1, L_2인 A, B 두 개의 코일이 있다. 이때, 상호 인덕턴스 $M = \sqrt{L_1 L_2}$ 라면 다음 중 옳지 않은 것은?

① A코일이 만든 자속은 전부 B 코일과 쇄교된다.

② 두 코일이 만드는 자속은 항상 같은 방향이다.

③ A 코일에 1초 동안에 1 [A]의 전류 변화를 주면 B 코일에는 1 [V]가 유기된다.

④ L_1, L_2는 (−)값을 가질 수 없다.

풀이

$k = \dfrac{M}{\sqrt{L_1 L_2}}$ 에서 $M = \sqrt{L_1 L_2}$ 라면 $k = 1$임을 의미하므로 누설 자속 없이 A 코일이 만든 자속은 전부 B 코일과 쇄교된다. $L_1 > 0$, $L_2 > 0$이므로 $M > 0$임을 의미하므로 두 코일이 만드는 자속은 항상 같은 방향이다. 그러나, $K = 1$의 의미가 $M = 1$이란 것은 아니므로 $e = M \dfrac{di}{dt}$ 에서 알 수 있듯이 ③의 설명은 옳지 않다. 【답】③

문제 07 면전하 밀도가 $\sigma [\text{C/m}^2]$인 대전 도체가 진공 중에 놓여 있을 때 도체 표면에 작용하는 정전 응력 $[\text{N/m}^2]$은?

① σ^2에 비례한다.　　② σ에 비례한다.

③ σ^2에 반비례한다.　　④ σ에 반비례한다.

풀이

$W = \dfrac{1}{2} QV = \dfrac{1}{2C} Q^2 = \dfrac{1}{2} \dfrac{Q^2}{4\pi\epsilon_0 a}$ (구도체의 경우)

전체 정전 응력

$F = \dfrac{\partial W}{\partial a} = \dfrac{1}{2} \dfrac{Q^2}{4\pi\epsilon_0 a^2} = \dfrac{(4\pi a^2)}{2\epsilon_0} \dfrac{Q^2}{(4\pi a^2)^2} = \dfrac{4\pi a^2}{2\epsilon_0} \sigma^2 [\text{N}]$

단위 면적당 정전 응력 $f = \dfrac{F}{4\pi a^2} = \dfrac{1}{2\epsilon_0} \sigma^2 [\text{N/m}^2]$ 【답】①

문제 08 정전 용량이 10 [μF]와 20 [μF]인 두 개의 콘덴서를 직렬로 연결하여 충전시키는데 300 [J]의 일이 필요했다면 20 [μF]에 저축되는 에너지는 몇 [J]인가?

① 50　　　　　　② 100

③ 150　　　　　　④ 200

풀이

$W_2 = \dfrac{C_1}{C_1 + C_2} W = \dfrac{10}{10+20} \times 300 = 100 [\text{J}]$ 【답】②

2과목 전력공학

문제 21 그림과 같은 3상 송전 계통에서 송전 전압은 22 [kV]이다. 지금 1점 P에서 3상 단락하였을 때의 발전기에 흐르는 단락 전류[A]는 약 얼마인가?

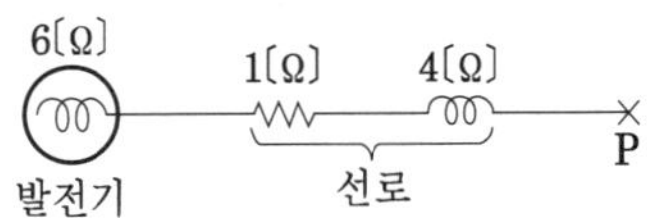

① 733　　　　　　② 1270

③ 2220　　　　　　④ 3810

풀이

$Z = Z_g + Z_l$ 에서 $Z_g = j6$, $Z_l = 1 + j4$ 이므로

$Z = 1 + j10$

$|Z| = \sqrt{1^2 + 10^2} \fallingdotseq 10$

$I_s = \dfrac{E}{Z} = \dfrac{22000/\sqrt{3}}{10} = 1270 [\text{A}]$ 【답】②

문제 22 수전용 차단기의 정격 차단 용량을 결정하는 중요한 요소는?

① 수전점 단락 전류

② 수전 변압기 용량

③ 부하 설비 용량

④ 최대 부하 전류

풀이

차단기 차단 용량 > 단락 용량

단락 용량 $P_s = \sqrt{3} \cdot V \cdot I_s$

여기서, V : 공칭 전압, I_s : 수전점 단락 전류 　　【답】 ①

문제 23 그림의 환상 직류 배전 선로에서 각 구간의 왕복 저항은 0.1 [Ω], 급전점 A의 전압은 100 [V], 부하점 B 및 D의 부하 전류는 각각 25 [A] 및 50 [A]이다. C점이 단선되었을 경우 B점의 전압은 몇[V]인가?

① 92.5

② 95

③ 97.5

④ 102.5

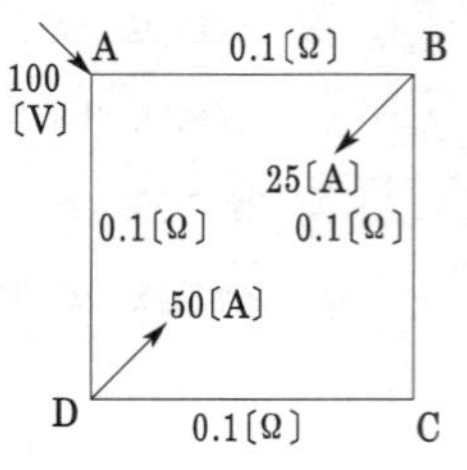

풀이

C점 단선시의 B점의 전압

$$V_B = V_A - R_{AB}\,I_B = 100 - 0.1 \times 25 = 97.5 \,[V]$$ 　　【답】 ③

문제 24 동기 조상기에 대한 다음 설명 중 옳지 않은 것은?

① 선로의 시충전이 불가능하다.

② 중부하시에는 과여자로 운전하여 앞선 전류를 취한다.

③ 경부하시에는 부족여자로 운전하여 뒤진 전류를 취한다.

④ 전압 조정이 연속적이다.

풀이

구 분	전력용 콘덴서	동기 조상기
종 류	정지기	무부하 운전하는 동기 전동기(회전기)
전압조정	계단적	연속적
발생전류 (발생전력)	진상전류 (진상전력)	·중부하시 과여자 운전하여 진상 (앞선)전류 ·경부하시 부족여자 운전하여 지상 (뒤진)전류 (진상 또는 지상 전력)
전력손실	작다	크다
가 격	저가	고가
시충전(시송전)	불가능	**가능**
계통 안정도	단락고장시 고장전류 발생하지 않음	단락고장시 고장전류 발생

【답】 ①

문제 25 500 [kVA] 변압기 3대를 △-△ 결선하여 운전하는 변전소에서 부하의 증가로 500 [kVA] 변압기 1대를 증설하여 2뱅크로 하였다. 최대 몇 [kVA]의 부하에 응할 수 있는가?

① $\dfrac{1000}{\sqrt{3}}$

② $1000\sqrt{3}$

③ $\dfrac{2000\sqrt{3}}{3}$

④ $\dfrac{3000\sqrt{3}}{3}$

풀이

예비 변압기 1대를 포함하여 4대의 단상 변압기로 최대의 전력을 공급할 수 있는 방법은 V결선 2뱅크로 구성하는 방법이므로

$$P_v = 2 \times \sqrt{3}\,P_1 = 2 \times \sqrt{3} \times 500 = 1000\sqrt{3}\ [kVA]$$ 　　【답】 ②

문제 26 π형 회로의 일반 회로 정수에서 B의 값은?

① $1 + \dfrac{ZY}{2}$

② $Y\left(1 + \dfrac{ZY}{4}\right)$

③ Y

④ Z

풀이

π회로에서의 송전단 전압

$$E_S = \left(1 + \dfrac{ZY}{2}\right)E_R + ZI_R \text{에서 } B \text{는 } Z \text{이다.}$$ 　　【답】 ④

문제 41 그림에서 동기기의 영상 임피던스 값[Ω]은?

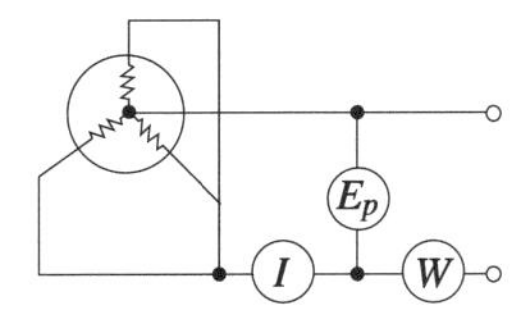

① $Z_0 = \dfrac{E_p}{I}$ ② $Z_0 = \dfrac{E_p}{3I}$

③ $Z_0 = \dfrac{3E_p}{I}$ ④ $Z_0 = \dfrac{2E_p}{3I}$

풀이

3상 동기 발전기를 무여자로 운전하고 3단자를 일괄한 것과 중성점 사이에 정격 주파수의 정격 전압을 가하면 그 계기의 지시로부터 영상 임피던스 Z_0는 다음과 같이 구할 수 있다.

$$Z_0 = \frac{3E_p}{I}$$

【답】③

문제 42 발전기를 정격 전압 220 [V]로 운전하다가 무부하로 운전하였더니 단자 전압이 253 [V]가 되었다. 이 발전기의 전압 변동률[%]은?

① 6 ② 10

③ 13 ④ 15

풀이

$$\epsilon = \frac{V_0 - V_n}{V_n} \times 100 = \frac{253 - 220}{220} \times 100 = 15\,[\%]$$

【답】④

문제 43 100 [V], 2 [kW]의 직류 분권 전동기의 단자 유입 전류가 7.5 [A]일 때 4 [N·m]의 토크를 발생하였다. 부하가 증가해서 단자 유입 전류가 22.5 [A]로 되었을 때의 토크는? 단, 전기자 저항과 계자 저항은 각각 0.2 [Ω]과 40 [Ω]이다.

① 12 [N·m] ② 13 [N·m]

③ 15 [N·m] ④ 16 [N·m]

풀이

$$I_a = \text{유입 전류} - I_f \qquad I_f = \frac{E}{R_f} = \frac{100}{40} = 2.5\,[\text{A}]$$

$T \propto I_a$ 에서 $(7.5 - 2.5) : (22.5 - 2.5) = 4 : T$

$$\therefore T = \frac{80}{5} = 16\,[\text{N·m}]$$

【답】④

문제 44 2개의 사이리스터를 이용한 단상 전파 정류 회로에서 직류 전압 150 [V]를 얻는 데 필요한 1차측 교류 전압[V]과 이 회로에 사용되는 다이오드의 첨두 역전압[PIV]은 얼마인가?

① 166.5, 235.5 ② 166.5, 471

③ 235.5, 323 ④ 235.5, 471

풀이

- 전파 정류에서 $E_d = 0.9 E_s$

$$E_s = \frac{E_d}{0.9} = \frac{150}{0.9} = 166.6\,[\text{V}]$$

- $\text{PIV} = \pi E_d = \pi \times 150 = 471.2\,[\text{V}]$

【답】②

문제 45 분로 권선 및 직렬 권선 1상에 유도되는 기전력을 각각 E_1, E_2[V]라 할 때 회전자를 0°에서 180°까지 돌릴 때 3상 유도 전압 조정기 출력측 선간 전압의 조정 범위는?

① $(E_1 \pm E_2)/\sqrt{3}$ ② $\sqrt{3}(E_1 \pm E_2)$

③ $\sqrt{3}(E_1 - E_2)$ ④ $\sqrt{3}(E_1 + E_2)$

풀이

3상 유도 전압 조정기는 출력 회로의 선간 전압을 $\sqrt{3}(E_1 \pm E_2)$의 범위에 걸쳐 연속적으로 조정할 수가 있다.

【답】②

문제 46 무부하에서 자기 여자로서 전압을 확립하지 못하는 직류 발전기는?

① 타여자 발전기 ② 직권 발전기

③ 분권 발전기 ④ 차동 복권 발전기

풀이

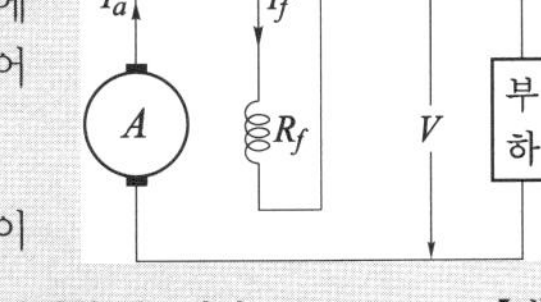

직권 발전기에서 $I_a = I_f = I$ 이므로 무부하 상태($I = 0$)에서는 계자 전류 I_f가 0이 되어 자속 $\phi = 0$이 된다.

$\therefore E = P\phi n \dfrac{Z}{a}$ 에서 ϕ가 0이므로 $E = 0$이 되어 전압을 확립할 수 없다.

【답】②

문제 47 전동기 축의 벨트 축 지름이 28 [cm], 1140 [rpm]에서 20 [kW]를 전달하고 있다. 벨트에 작용하는 힘[kg]은?

① 약 234 ② 약 212

③ 약 168 ④ 약 122

풀이

$P = 2\pi n T$에서 전동기의 발생 토크 T는

$$T = \frac{P \times 10^3}{2\pi N/60} = 9.55 \times \frac{P \times 10^3}{N} = 9.55 \times \frac{20 \times 10^3}{1140} = 168 [\text{N} \cdot \text{m}]$$

벨트에 작용하는 힘은

$$\therefore F = \frac{T}{r} = \frac{168}{0.14} \div 9.8 = 122.4 \,[\text{kg}]$$

[답] ④

문제 48 변압기의 손실비와 최대 효율을 나타내는 부하 전류와의 관계는?

① 손실비가 커지면 부하 전류가 적어진다.

② 손실비가 커지면 부하 전류가 많아진다.

③ 손실비가 커지면 그 제곱에 비례하여 부하 전류가 커진다.

④ 부하 전류는 손실비에 관계없다.

풀이

손실비 $LR = \dfrac{P_c}{P_i}$, 최고 효율은 $m^2 P_c = P_i$,

즉 $m = \sqrt{\dfrac{P_i}{P_c}}$ 일 때 발생

그러므로 손실비가 크다는 것은 P_c가 P_i에 비해 크다는 것을 의미하며 또한 m이 적다는 것을 의미하므로 부하 전류가 적어진다는 것을 의미함

[답] ①

문제 49 200 [V], 50 [Hz]인 3상 유도 전동기의 1차 권선이 △결선이다. 이것을 200 [V], 60 [Hz]용으로 하기 위해서 권선은 그대로 하고 접속을 2Y로 변경했다고 하면 자속의 양은 어떻게 변하는가?

단, $\dfrac{\Phi_{60}}{\Phi_{50}}$ 으로 계산한다.

① 약 0.962   ② 약 0.942

③ 약 0.843   ④ 약 0.812

풀이

w를 1상의 권선, k_w를 권선 계수라고 하면

$$\Phi_{50}(\triangle\ \text{결선}) = \frac{V}{4.44 f k_w w} = \frac{200}{4.44 \times 50 \times k_w \times w}$$

$$\Phi_{60}(2\text{Y 결선}) = \frac{200/\sqrt{3}}{4.44 f k_w w/2} = \frac{200 \times 2}{4.44 \times 60 \times \sqrt{3} \times k_w \times w}$$

$(\because 2\text{Y이므로})$

$$\therefore \frac{\Phi_{60}}{\Phi_{50}} = \frac{2}{\sqrt{3}} \cdot \frac{50}{60} = 0.962$$

[답] ①

문제 50 2007년도 3회 문제 46

문제 51 2013년도 3회 문제 44

문제 52 2007년도 1회 문제 42

문제 53 2013년도 2회 문제 54

문제 54 2002년도 2회 문제 46

문제 55 2003년도 2회 문제 43

문제 56 2010년도 3회 문제 48

문제 57 2009년도 1회 문제 45

문제 58 2006년도 1회 문제 43

문제 59 2014년도 3회 문제 50

문제 60 2015년도 1회 문제 52

4과목 회로이론

문제 61 3상 불평형 전압이 $V_a = 80[\text{V}]$, $V_b = -40 - j30[\text{V}]$, $V_c = -40 + j30[\text{V}]$라고 할 때 대칭분 전압 중 역상 전압 V_2 [V]는?

① 0   ② 22.7

③ 57.3   ④ 68.1

풀이

$$V_2 = \frac{1}{3}(V_a + a^2 V_b + a V_c)$$

$$= \frac{1}{3}\left\{80 + \left(-\frac{1}{2} - j\frac{\sqrt{3}}{2}\right)(-40 - j30)\right.$$

$$\left. + \left(-\frac{1}{2} + j\frac{\sqrt{3}}{2}\right)(-40 + j30)\right\}$$

$$= \frac{1}{3}(68) = 22.7 \,[\text{V}]$$

[답] ②

문제 62 다음 회로에 4단자 상수 중 잘못 구해진 것은 어느 것인가?

① $A = 2$

② $B = 12$

③ $C = \dfrac{1}{2}$

④ $D = 2$

풀이

$$\begin{bmatrix} A & B \\ C & D \end{bmatrix} = \begin{bmatrix} 1 & 4 \\ 0 & 1 \end{bmatrix} \begin{bmatrix} 1 & 0 \\ \frac{1}{4} & 1 \end{bmatrix} \begin{bmatrix} 1 & 4 \\ 0 & 1 \end{bmatrix} = \begin{bmatrix} 2 & 12 \\ \frac{1}{4} & 2 \end{bmatrix}$$

[답] ③

문제 63 그림과 같은 회로에서 R의 값은?

① $\dfrac{E}{E-V} \cdot r$

② $\dfrac{V}{E-V} \cdot r$

③ $\dfrac{E-V}{E} \cdot r$

④ $\dfrac{E-V}{V} \cdot r$

풀이

$E-V = I \cdot r, \quad I = \dfrac{V}{R}$ 이므로

$E-V = \dfrac{V \cdot r}{R}, \quad R = \dfrac{V}{E-V} \cdot r$ 【답】②

문제 64 $G(s) = \dfrac{(s+1)}{(s^2 + 2s - 3)}$ 인 특성 방정식은?

① $s = -2, \ 3$ ② $s = 1, \ -3$

③ $s = 1, \ 2$ ④ $s = 1$

풀이

분모 $s^2 + 2s - 3 = 0$을 인수 분해하면

$(s+3)(s-1) = 0$

$\therefore \ s = -3, \ 1$ 【답】②

문제 65 $R-L-C$ 직렬 회로에서 부족 제동인 경우 감쇄 진동의 고유 주파수 f는?

① 공진 주파수보다 작다.

② 공진 주파수보다 크다.

③ 공진 주파수에 관계없이 일정하다.

④ 공진 주파수와 같이 증가한다.

풀이

$R-L-C$ 직렬회로에서 감쇄진동인 경우

주파수는 $f = \dfrac{1}{2\pi} \sqrt{\dfrac{1}{LC} - \left(\dfrac{R}{2L}\right)^2}$ 이므로

공진주파수 $f_r = \dfrac{1}{2\pi \sqrt{LC}}$ 보다 작다 【답】①

문제 66 3상 3선식에서 선간 전압이 100 [V] 송전선에 $5\underline{/45°}$ [Ω]의 부하를 △접속할 때의 선전류[A]는?

① 20 ② 28.2

③ 34.6 ④ 40

풀이

△결선에서 선전류 $I_l = \sqrt{3}\, I_P$

$\therefore \ I_l = \sqrt{3} \times \dfrac{100}{5\underline{/45°}} = 20\sqrt{3}\ \underline{/-45°}$

$= 20\sqrt{3}\,(\cos 45° - j\sin 45°)$

$= 24.49 - j24.49 = 34.64[\text{A}]$ 【답】③

문제 67 제어계의 미분 방정식이

$\dfrac{d^3 c(t)}{dt^3} + 4\dfrac{d^2 c(t)}{dt^2} + 5\dfrac{dc(t)}{dt} + c(t) = 5R(t)$ 로 주

어졌을 때 전달 함수를 구하면?

① $\dfrac{5}{s^3 + 4s^2 + 5s + 1}$ ② $\dfrac{s^3 + 4s^2 + 5s + 1}{5s}$

③ $\dfrac{5s}{s^3 + 4s^2 + 5s + 1}$ ④ $s^3 + 4s^2 + 5s + 1$

풀이

$\{s^3 c(s) - s^2 c(0) - sc'(0) - c''(0)\} + \{4s^2 c(s) - sc(0) - c'(0)\}$

$+ \{5sc(s) - c(0)\} + c(s) = 5R(s)$

모든 초기값을 0으로 하고 라플라스 변환하면,

$s^3 C(s) + 4s^2 C(s) + 5s C(s) + C(s) = 5R(s)$

$C(s)(s^3 + 4s^2 + 5s + 1) = 5R(s)$

$\therefore \ \dfrac{C(s)}{R(s)} = \dfrac{5}{s^3 + 4s^2 + 5s + 1}$ 【답】①

5과목 전기설비기술기준 및 판단기준

문제 81 물기가 많고 전개된 장소에서 440 [V] 옥내 배선을 할 때 채용할 수 없는 공사 종류는 어느 것인가?

① 금속관 공사　　　　② 금속 덕트 공사

③ 케이블 공사　　　　④ 합성 수지관 공사

풀이

물기가 많고 전개된 장소로 400 [V] 이상의 곳에 시설할 수 있는 것은 애자 사용 공사, **금속관 공사, 합성수지관 공사, 케이블 공사,** 가요 전선관 공사에 의한다 (판단기준 제180조).　　　**【답】** ②

문제 82	2009년도 1회 문제 82
문제 83	2006년도 2회 문제 85
문제 84	2001년도 1회 문제 81
문제 85	2013년도 3회 문제 82
문제 86	2013년도 2회 문제 81
문제 87	2014년도 3회 문제 99
문제 88	2006년도 3회 문제 83
문제 89	2014년도 1회 문제 94
문제 90	2013년도 3회 문제 96
문제 91	2016년도 2회 문제 96
문제 92	2015년도 1회 문제 83

전기설비 기술기준(개정)과 판단기준에 따라 삭제된 문제가 있어 20문항이 안됩니다.

국가기술자격검정 필기시험 문제

1998년도 전기산업기사 일반검정 제 4 회

자격종목 및 등급(선택분야)	종목코드	시험시간	문제지형별	수검 번호	성 명
전기산업기사	2140	2시간 30분	A		

1과목 전기자기학

문제 01 히스테리시스 곡선이 종축과 만나는 좌표는?

① 잔류 자기 ② 보자력

③ 기자력 ④ 포화 자속

풀이

히스테리시스 곡선
- 횡축 : 자계(H)
- 종축 : 자속 밀도(B)
- **곡선과 종축이 만나는 점**
  : **잔류 자기**(잔류 자속 밀도 B_r)
- 곡선과 횡축이 만나는 점
  : 보자력(H_c)

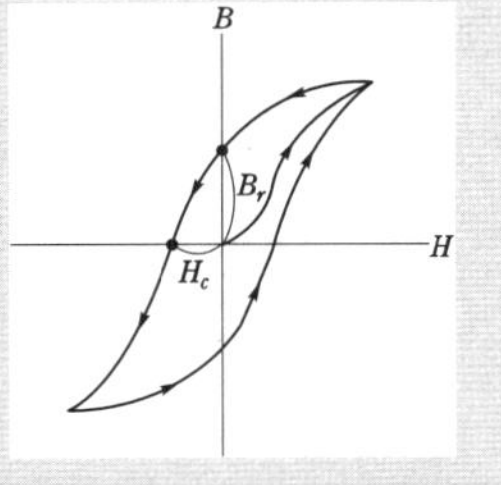

【답】①

문제 02 그림과 같은 동심 도체구의 정전 용량은 몇 [C]인가?

① $4\pi\epsilon_0(b-a)$

② $\dfrac{4\pi\epsilon_0 ab}{b-a}$

③ $\dfrac{ab}{4\pi\epsilon_0(b-a)}$

④ $4\pi\epsilon_0\left(\dfrac{1}{a}-\dfrac{1}{b}\right)$

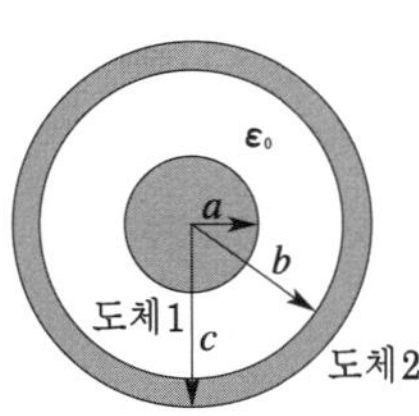

풀이

내구에 $+Q$[C], 외구에 $-Q$[C]을 준 경우 내외 도체 사이의 전위차는

$$V=\frac{Q}{4\pi\epsilon_0}\left(\frac{1}{a}-\frac{1}{b}\right)\text{[V]이므로,}$$

$$C=\frac{Q}{V}=\frac{4\pi\epsilon_0}{\dfrac{1}{a}-\dfrac{1}{b}}=\frac{4\pi\epsilon_0 ab}{b-a}\text{[F]}$$

【답】②

문제 03 비유전율 $\epsilon_s = 9$, 비투자율 $\mu_s = 1$인 공간에서의 특성 임피던스는 몇 [Ω]인가?

① 40π ② 100π

③ 120π ④ 150π

풀이

특성 임피던스

$$Z_0=\frac{E}{H}=\sqrt{\frac{\mu}{\epsilon}}=\sqrt{\frac{\mu_0}{\epsilon_0}}\sqrt{\frac{\mu_s}{\epsilon_s}}=120\pi\sqrt{\frac{\mu_s}{\epsilon_s}}=120\pi\sqrt{\frac{1}{9}}$$

$$=40\pi$$

【답】①

문제 04 P점에서 같은 거리에 있는 4개의 점의 전위를 측정하였더니 그림과 같이 나타났다고 하면 P점의 전위는 약 몇 [V] 정도 되는가?

① 12.3

② 14.5

③ 16.9

④ 18.2

풀이

라플라스 근사법

$$\frac{\partial^2 V}{\partial x^2}+\frac{\partial^2 V}{\partial y^2}=\left|\frac{\partial^2 V}{\partial x^2}\right|_0+\left|\frac{\partial^2 V}{\partial y^2}\right|_0$$

$$=\frac{V_1+V_2+V_3+V_4-4V_0}{l^2}=0$$

$$V_0=\frac{1}{4}(V_1+V_2+V_3+V_4)=\frac{1}{4}(18+10+14+16)$$

$$=14.5\text{ [V]}$$

【답】②

문제 05 비유전율이 4인 유전체 내에 있는 1[μC]의 전하에서 나오는 전전속[C]은?

① 4×10^{-6} ② 2×10^{-6}

③ 1×10^{-6} ④ $\dfrac{1}{4}\times10^{-6}$

"""

풀이

전속은 매질(ϵ_s)에 관계없이 그 수가 불변이므로

전속선수 $= \int_s \boldsymbol{D} \cdot d\boldsymbol{S} = Q = 1 \times 10^{-6}$ [개]　　【답】③

- 전계 내의 한점 p의 전위 $V_p = -\int_\infty^p \boldsymbol{E} dl$
- 전위경도 $\operatorname{grad} V = \left(\dfrac{\partial}{\partial x} \boldsymbol{i} + \dfrac{\partial}{\partial y} \boldsymbol{j} + \dfrac{\partial}{\partial z} \boldsymbol{k} \right) V$　　【답】③

문제 06 권수가 N인 철심이 든 환상 솔레노이드가 있다. 철심의 투자율이 일정하다고 하면, 이 솔레노이드의 자기 인덕턴스 L은? 단, 여기서 R_m은 철심의 자기 저항이고 솔레노이드에 흐르는 전류를 I라 한다.

① $L = \dfrac{R_m}{N^2}$　　　② $L = \dfrac{N^2}{R_m}$

③ $L = R_m N^2$　　　④ $L = \dfrac{N}{R_m}$

풀이

$$L = \frac{N\phi}{I} = \frac{N \dfrac{NI}{R_m}}{I} = \frac{N^2}{R_m} = \frac{\mu S N^2}{l} \ [\text{H}]$$
　　【답】②

문제 07 전기 회로와 비교할 때 자기 회로의 특징이 아닌 것은?

① 기자력과 자속은 변화가 비직선성이다.

② 공기에 대한 누설 자속이 많다.

③ 자기 회로는 정전 용량과 같은 회로 요소는 없다.

④ 자속의 변화에 따른 자기 저항 내의 줄 손실이 생긴다.

풀이

전기 회로에서는 전류가 흐르므로 $I^2 R$의 줄열이 발생하여 줄 손실(동손)이 생기지만 자기 회로에서는 자속이 흐르므로 자속에 의한 손실은 발생하지 않고 철손이 생긴다.　　【답】④

문제 08 다음 식 중 옳은 것은?

① $E = \operatorname{grad} V^2$

② $V_p = \int_p^\infty E^2 dx$

③ $\displaystyle\iint_s E \cdot n \, ds = \dfrac{Q}{\epsilon_0}$

④ $\operatorname{grad} V = \dfrac{\partial V}{\partial x} + \dfrac{\partial V}{\partial y} + \dfrac{\partial V}{\partial z}$

풀이

- 전계의 세기 $\boldsymbol{E} = -\operatorname{grad} V$

문제 09 그림과 같은 동축 케이블에 유전체가 채워졌을 때의 정전 용량은 몇 [F]인가? 단, 유전체의 비유전율은 ϵ_s이고, 내경과 외경은 각각 a[m], b[m]이며, 케이블의 길이는 l [m]이다.

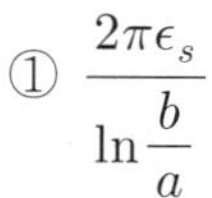

① $\dfrac{2\pi\epsilon_s}{\ln\dfrac{b}{a}}$　　　② $\dfrac{2\pi\epsilon_0\epsilon_s l}{\ln\dfrac{b}{a}}$

③ $\dfrac{\pi\epsilon_s l}{\ln\dfrac{b}{a}}$　　　④ $\dfrac{\pi\epsilon_0\epsilon_s l}{\ln\dfrac{b}{a}}$

풀이

동축 원통 사이의 단위 길이당 정전용량 $C = \dfrac{2\pi\epsilon_0\epsilon_s}{\ln\dfrac{b}{a}}$ [F/m]

따라서, 전체 정전용량 $C_t = \dfrac{2\pi\epsilon_0\epsilon_s l}{\ln\dfrac{b}{a}}$ [F]　　【답】②

문제 10　2001년도 3회 문제 07

문제 11　2005년도 3회 문제 09

문제 12　2012년도 1회 문제 15

문제 13　2012년도 1회 문제 18

문제 14　2010년도 1회 문제 11

문제 15　2013년도 3회 문제 11

문제 16　2015년도 3회 문제 16

문제 17　2006년도 2회 문제 10

문제 18　2015년도 1회 문제 18

문제 19　2000년도 2회 문제 02

문제 20　2004년도 3회 문제 01

2과목 전력공학

문제 21 송전 전력, 송전 거리, 전선로의 전력 손실이 일정하고 같은 재료의 전선을 사용한 경우 단상 2선식에 대한 3상 3선식의 1선당의 전력비는 얼마인가?

① 0.7　　　　　　② 1.0
③ 1.15　　　　　　④ 1.33

풀이

- 단상 2선식 전력 $P_1 = VI\cos\theta \to$ 1선당 전력 $\dfrac{VI\cos\theta}{2}$
- 3상 3선식 전력 $P_3 = \sqrt{3}\,VI\cos\theta \to$ 1선당 전력 $\dfrac{\sqrt{3}\,VI\cos\theta}{3}$

$$\therefore \frac{3상\ 3선식\ 1선당\ 전력}{단상\ 2선식\ 1선당\ 전력} = \frac{\sqrt{3}\,VI\cos\theta/3}{VI\cos\theta/2} = \frac{2\times\sqrt{3}}{3}$$
$$= 1.15$$

【답】 ③

문제 22 66 [kV] 송전선에서 연가 불충분으로 각 선의 대지용량이 $C_a = 1.1\ [\mu F]$, $C_b = 1\ [\mu F]$, $C_c = 0.9$ [μF]가 되었다. 이때 잔류 전압[V]은?

① 1500　　　　　　② 1800
③ 2200　　　　　　④ 2500

풀이

잔류전압

$$E_n = \frac{\sqrt{C_a(C_a - C_b) + C_b(C_b - C_c) + C_c(C_c - C_a)}}{C_a + C_b + C_c} \times \frac{V}{\sqrt{3}}$$

$$= \frac{\sqrt{1.1(1.1-1) + 1(1-0.9) + 0.9(0.9-1.1)}}{1.1 + 1 + 0.9} \times \frac{66{,}000}{\sqrt{3}}$$

$$= 2200\ [\text{V}]$$

【답】 ③

문제 23 주상 변압기의 고장 보호를 위하여 그 1차측에 설치하는 기기는?

① O.S 또는 A.S　　　　② C.O.S
③ L.S　　　　　　　　　④ Catch Holder

풀이

주상 변압기의 **1차측 보호**에는 컷아웃 스위치(C.O.S)를, 2차측 보호에는 캐치 홀더를 설치한다.

【답】 ②

3과목 전기기기

문제 41 어떤 타여자 발전기가 800 [rpm]으로 회전할 때 120 [V] 기전력을 유도하는 데 4 [A]의 여자 전류를 필요로 한다고 한다. 이 발전기를 640 [rpm]으로 회전하여 140 [V]의 유도 기전력을 얻으려면 몇 [A]의 여자 전류가 필요한가? 단, 자기 회로의 포화 현상은 무시한다.

① 6.7　　　　　　② 6.4
③ 5.98　　　　　　④ 5.8

풀이

$E = KI_f N$ 식에서 $K = \dfrac{E}{I_f N} = \dfrac{120}{4\times 800} = \dfrac{6}{160}$

$$\therefore I_f' = \frac{E'}{KN'} = \frac{140}{\dfrac{6}{160}\times 640} = \frac{140}{24} = 5.83\ [\text{A}]$$

【답】 ④

문제 42 저항 분상 기동형 단상 유도 전동기의 기동 권선의 저항 R 및 리액턴스 X 의 주권선에 대한 대소 관계는?

① R : 대, X : 대　　　② R : 대, X : 소
③ R : 소, X : 대　　　④ R : 소, X : 소

풀이

저항 분상 기동형 단상 유도 전동기에서 기동 권선에 흐르는 전류의 위상을 주권선에 흐르는 전류의 위상보다 앞서게 하기 위하여 **저항은 크고 리액턴스는 작게** 하여야 한다.

[답] ②

문제 43 사이리스터(thyristor) 단상 전파 정류 파형에서의 저항 부하시 맥동률[%]은?

① 17 ② 48
③ 52 ④ 83

풀이

사이리스터 단상 전파 정류 회로에서 순저항시의 맥동률은

$$v = \frac{\sqrt{(I_{rms})^2 - (I_{av})^2}}{I_{av}} \times 100$$

$$= \sqrt{\left(\frac{I_{rms}}{I_{av}}\right)^2 - 1} \times 100 = \sqrt{\left[\frac{\frac{I_m}{\sqrt{2}}}{\frac{2I_m}{\pi}}\right]^2 - 1} \times 100$$

$$= \sqrt{\left(\frac{\pi}{2\sqrt{2}}\right)^2 - 1} \times 100 = \sqrt{\frac{\pi^2}{8} - 1} \times 100 = 0.48 \times 100$$

$$= 48[\%]$$

[답] ②

문제 44 8극 50 [kW], 220 [V]의 평복권 발전기가 있다. 단중 병렬 권선을 가지고 있으며, 분권 여자 권선 내의 동손이 출력의 2 [%]일 때 전 부하에서의 전기자 도체의 전류는 약 몇 [A]인가?

① 232 ② 222.8
③ 29 ④ 27.8

풀이

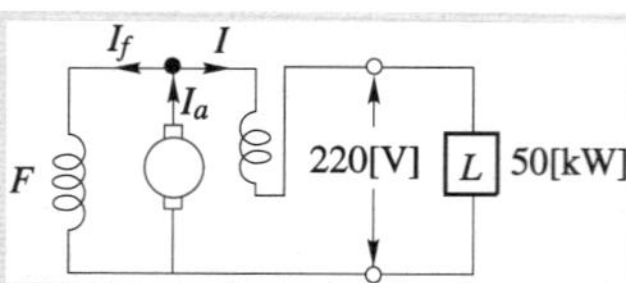

$$I = \frac{P}{V} = \frac{50 \times 10^3}{220} = 227.3 \, [A]$$

$$I_a = I + I_f$$

여자 전류에 의한 동손이 출력의 2 [%]이므로

$$VI_f = 50 \times 10^3 \times 0.02 \, [W]$$

$$I_f = \frac{VI_f}{V} = \frac{50 \times 10^3 \times 0.02}{220} = 4.55 \, [A]$$

$$\therefore I_a = I + I_f = 227.3 + 4.55 = 231.9 \, [A]$$

단중 중권이므로 $m = 1$, $a = p$

따라서 전기자 도체의 전류는 식 $i_a = \dfrac{I_a}{a}$ 에서

$$\therefore i_a = \frac{I_a}{a} = \frac{231.9}{8} ≒ 29 \, [A]$$

[답] ③

문제 45 전기자 권선의 저항 0.08 [Ω], 직권 계자 권선 및 분권 계자 회로의 저항이 각각 0.07 [Ω]과 100 [Ω]인 외분권 가동 복권 발전기의 부하 전류가 18 [A]일 때, 그 단자 전압이 $V = 200$ [V]라 하면 유기 기전력[V]은? 단, 전기자 반작용과 브러시 접촉 저항은 무시한다.

① 201.5 ② 203
③ 205.4 ④ 207

풀이

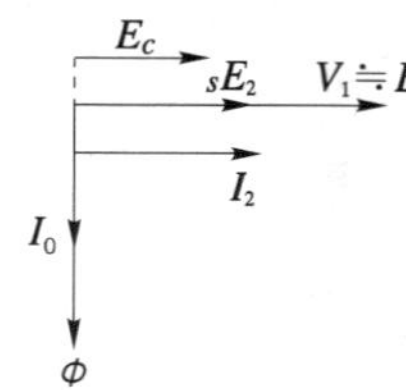

$$I_f = \frac{V}{R_f} = \frac{200}{100} = 2 \, [A]$$

$$I_a = I_f + I = 2 + 18 = 20 \, [A]$$

$$\therefore E = V + (R_a + R_s)I_a$$

$$= 200 + (0.08 + 0.07) \times 20$$

$$= 200 + 0.15 \times 20 = 203 \, [V]$$

[답] ②

문제 46 다음 그림의 sE_2는 권선형 3상 유도 전동기의 2차 유기 전압이고 E_c는 2차 여자법에 의한 속도 제어를 하기 위하여 외부에서 회전자 슬립에 가한 슬립 주파수의 전압이다. 여기서 E_c의 작용 중 옳은 것은?

① 역률을 향상시킨다.
② 속도를 강하하게 한다.
③ 속도를 상승하게 한다.
④ 역률과 속도를 떨어뜨린다.

풀이

2차 주파수 sf와 같은 주파수의 전압을 발생시켜 슬립링을 통하여 **회전자 권선에 공급**하여, s를 변환시키는 방법이 **2차 여자법**이다.

$$I_2 = \frac{sE_2 + E_c}{r_2}$$

여기서, I_2, r_2 일정하면 $sE_2 + E_c$=일정 하므로 E_c가 증가하면 sE_2는 감소하여야 하므로 슬립 s가 감소하게 되고, **속도는 증가**하게 된다.

[답] ③

문제 47 수은 정류기 이상 현상 또는 전기적 고장이 아닌 것은?

① 역호 ② 이상 전압
③ 점호 ④ 통호

풀이

- 역호 : 밸브 작용을 상실하여 전자가 역류하는 현상
- **점호 : 아크를 발생하여 정류를 개시하는 것**
- 실호 : 점호 실패　·통호 : 아크 유출

[답] ③

Y 결선의 경우 $I_l = I_p$, $V_l = \sqrt{3}\,V_p$ 이므로

$$I = \frac{V_p}{Z} = \frac{\frac{200}{\sqrt{3}}}{8+j6} = \frac{\frac{200}{\sqrt{3}}}{10} = \frac{20}{\sqrt{3}} = 11.55 \text{ [A]}$$

【답】 ④

문제 48 슬립 4 [%]인 유도 전동기의 정지시 2차 1상의 전압이 150 [V]이면 운전시 2차 1상 전압[V]은?

① 9   ② 8

③ 7   ④ 6

풀이

$E_{2s} = sE_2$ 에서 $E_{2s} = 0.04 \times 150 = 6$ [V]   【답】 ④

문제 49 단상 유도 전압 조정기의 1차 전압 100 [V], 2차 100±30 [V], 2차 전류는 50 [A]이다. 이 조정기의 정격은 몇 [kVA]인가?

① 1.5   ② 3.5

③ 15   ④ 50

풀이

단상 유도 전압 조정기의 용량은

$$P = \text{부하 용량} \times \frac{\text{승압 전압}}{\text{고압측 전압}}$$

$$= 130 \times 50 \times \frac{30}{130} \times 10^{-3} = 1.5 \text{ [kVA]}$$

【답】 ①

문제 50 2015년도 3회 문제 49

문제 51 2013년도 1회 문제 54

문제 52 2010년도 2회 문제 56

문제 53 2013년도 2회 문제 51

문제 54 2008년도 3회 문제 43

문제 55 2003년도 1회 문제 44

문제 56 2006년도 3회 문제 45

문제 57 2012년도 3회 문제 60

문제 58 2008년도 1회 문제 42

문제 59 2011년도 2회 문제 48

문제 60 2015년도 3회 문제 51

4과목 회로이론

문제 61 200[V]의 3상 3선식 회로에 $R = 8[\Omega]$, $X = 6[\Omega]$의 부하를 성형 접속했을 때 부하 전류 [A]는?

① 7.51   ② 8.42

③ 9.61   ④ 11.55

문제 62 다음 블록 선도의 입출력비는?

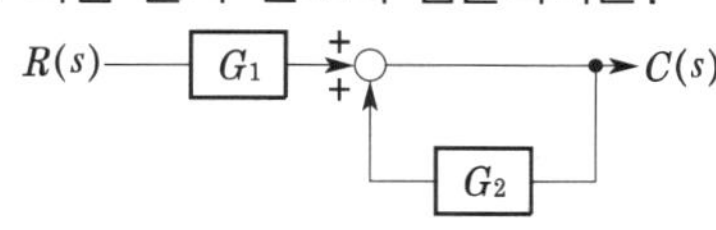

① $\dfrac{1}{1 + G_1 G_2}$ ② $\dfrac{G_1 G_2}{1 - G_2}$

③ $\dfrac{G_1}{1 - G_2}$ ④ $\dfrac{G_1}{1 + G_2}$

풀이

$RG_1 + CG_2 = C$ $RG_1 = C(1 - G_2)$

$$\therefore \frac{C}{R} = \frac{G_1}{1 - G_2}$$

【답】 ③

문제 63 정현파 교류의 평균값에 어떠한 수를 곱하면 실효값을 얻을 수 있는가?

① $\dfrac{2\sqrt{2}}{\pi}$ ② $\dfrac{\sqrt{3}}{2}$

③ $\dfrac{2}{\sqrt{3}}$ ④ $\dfrac{\pi}{2\sqrt{2}}$

풀이

실효값을 V, 최대값을 V_m, 평균값을 V_{av} 라 하면

$$V = \frac{V_m}{\sqrt{2}}, \quad V_{av} = \frac{2}{\pi} V_m, \quad V_m = \frac{\pi}{2} V_{av}$$

$$V = \frac{V_m}{\sqrt{2}} = \frac{1}{\sqrt{2}} \times \frac{\pi}{2} V_{av} = \frac{\pi}{2\sqrt{2}} V_{av}$$

【답】 ④

문제 64 그림과 같은 회로에서 I는 몇 [A]인가? 단, 저항의 단위는 [Ω]이다.

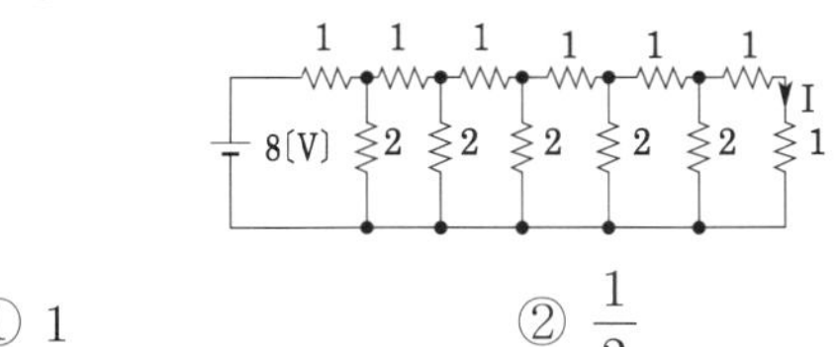

① 1   ② $\dfrac{1}{2}$

③ $\dfrac{1}{4}$ ④ $\dfrac{1}{8}$

풀이

말단 회로부터 합성 저항을 구해보면 등가 회로는 다음과 같다.

$I = \dfrac{8}{2} = 4 \,[\text{A}]$

여기서, 전전류 4 [A]는 각 지로의 저항에 반비례하여 분배된다.

따라서 $I = \dfrac{1}{8} \,[\text{A}]$ 【답】 ④

문제 65 그림과 같은 회로의 전달 함수는 얼마인가?

단, $T_1 = R_1 C$, $T_2 = \dfrac{R_2}{R_1 + R_2}$ 이다.

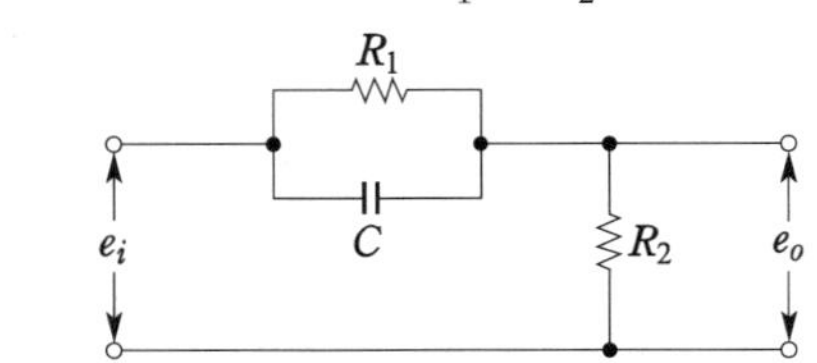

① $\dfrac{1}{1 + T_1 s}$

② $\dfrac{T_2(1 + T_1 s)}{1 + T_1 T_2 s}$

③ $\dfrac{1 + T_1 s}{1 + T_2 s}$

④ $\dfrac{T_2(1 + T_1 s)}{T_1(1 + T_2 s)}$

풀이

C와 R_1의 합성 저항 Zs는

$$Zs = \frac{R_1 \dfrac{1}{Cs}}{R_1 + \dfrac{1}{Cs}} = \frac{R_1}{CR_1 s + 1}$$

그러므로

$$E_i(s) = \left(\frac{R_1}{CR_1 s + 1} + R_2\right) I(s) = \frac{R_1 + CR_1 R_2 s + R_2}{CR_1 s + 1} I(s)$$

$$E_o(s) = R_2 I(s)$$

$$\therefore \ G(s) = \frac{E_o(s)}{E_i(s)} = \frac{R_2}{\dfrac{R_1 + CR_1 R_2 s + R_2}{CR_1 s + 1}}$$

$$= \frac{R_2 + CR_1 R_2 s}{R_1 + R_2 + CR_1 R_2 s} \cdots = \frac{T_2(1 + T_1 s)}{1 + T_1 T_2 s}$$ 【답】 ②

문제 66 그림과 같은 파형을 가진 맥류 전류의 평균값이 10 [A]라면 전류의 실효값[A]은?

① 10

② 14

③ 20

④ 28

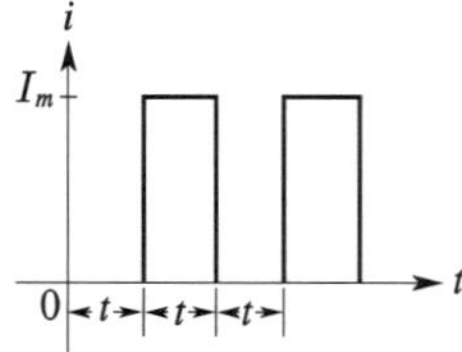

풀이

평균값 $I_{av} = \dfrac{1}{T} \displaystyle\int_0^T i\,dt = \dfrac{1}{2t} \int_0^{2t} i\,dt$

그런데 $t = 0 \sim t$ 사이의 전류는 0이므로

$$I_{av} = \frac{1}{2t} \int_t^{2t} I_m \, dt = \frac{I_m}{2t} [t]_t^{2t} = \frac{I_m}{2} = 10 \,[\text{A}]$$

$$\therefore \ I_m = 2 I_{av} = 2 \times 10 = 20 \,[\text{A}]$$

따라서, 실효값은

$$I = \sqrt{\frac{1}{T} \int_0^T i^2 \, dt} = \sqrt{\frac{1}{2t} \int_t^{2t} (20)^2 \, dt} = \sqrt{200} = 14.14 \,[\text{A}]$$ 【답】 ②

문제 67 그림과 같은 2단자망의 구동점 임피던스는 얼마인가? 단, $s = j\omega$ 이다.

① $\dfrac{s}{s^2 + 1}$

② $\dfrac{1}{s^2 + 1}$

③ $\dfrac{2s}{s^2 + 1}$

④ $\dfrac{3s}{s^2 + 1}$

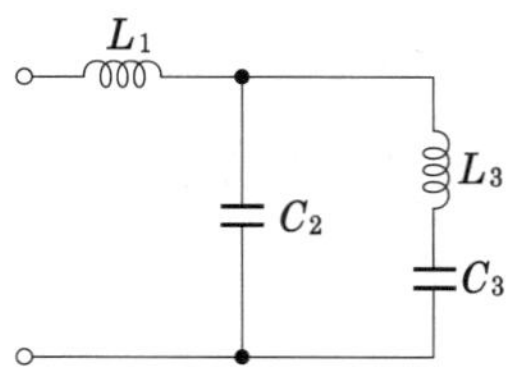

풀이

$$Z(s) = \frac{\dfrac{s}{s}}{s + \dfrac{1}{s}} \times 2 = \frac{2s}{s^2 + 1} \,[\Omega]$$ 【답】 ③

문제 68 그림은 리액턴스 2단자 회로의 성질이다. 잘못된 것은?

① 곡선의 기울기는 어디서나 정(+)이다.

② 주파수의 증가에 따라 극과 영점이 교대로 나타난다.

③ $\omega = 0$과 $\omega = \infty$ 에서 영점 또는 극이 존재한다.

④ $\omega \to \infty$ 에의 입력 리액턴스는 C_2의 크기에 좌우된다.

풀이

$\omega \to \infty$이면 극점을 의미하며, C_2는 영점과 관계된다. 【답】 ④

문제 69 다음에서 전류 i_5는?

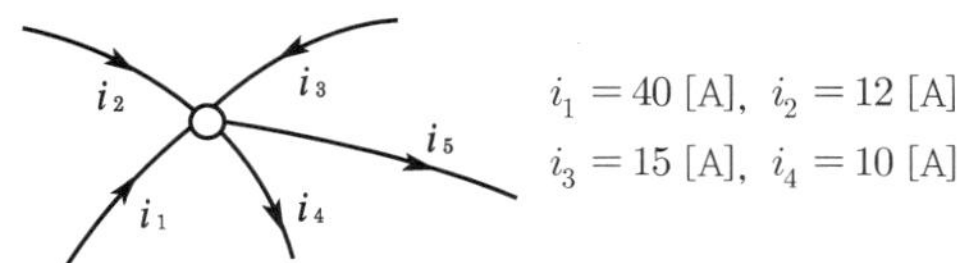

① 37 [A]　　　　② 47 [A]
③ 57 [A]　　　　④ 67 [A]

풀이

키르히호프의 1법칙

$$i_1 + i_2 + i_3 - i_4 - i_5 = 0$$

$$\therefore\ i_5 = i_1 + i_2 + i_3 - i_4 = 40 + 12 + 15 - 10 = 57\,[A]$$　【답】③

문제 70 $R-C$ 직렬 회로의 시정수 $\tau\,[s]$는?

① RC　　　　② $\dfrac{1}{RC}$

③ $\dfrac{C}{R}$　　　　④ $\dfrac{R}{C}$

풀이

- 전류 $i(t) = \dfrac{E}{R}e^{-\frac{1}{RC}t}$

- $R-C$ 직렬 회로의 시정수 τ는 스위치를 닫는 순간 전류 $\left(I = \dfrac{E}{R}\right)$의 36.8 [%]에 도달할 때 까지의 시간이므로 시정수 $\tau = RC$가 된다.

  즉, $i(\tau) = \dfrac{E}{R}e^{-\frac{1}{RC}\cdot RC} = \dfrac{E}{R}e^{-1} = 0.368\,\dfrac{E}{R}$　【답】①

문제 71	2007년도 3회 문제 67
문제 72	2013년도 3회 문제 79
문제 73	2015년도 3회 문제 68
문제 74	2011년도 1회 문제 69
문제 75	2011년도 2회 문제 69
문제 76	2012년도 2회 문제 62
문제 77	2011년도 1회 문제 75
문제 78	2009년도 2회 문제 64
문제 79	2004년도 2회 문제 61
문제 80	2016년도 1회 문제 66

문제 81 시가지에 시설되는 69 [kV] 가공 송전 선로 경동연선의 최소 굵기[mm²]는?

① 22　　　　② 35
③ 55　　　　④ 100

풀이

시가지에 시설되는 특고압 가공 송전 선로의 전선(판단기준 제104조)
- 사용 전압이 100 [kV] 미만 : 인장강도 21.67 [kN] 이상 연선 또는 단면적 55 [mm²] 이상의 경동연선
- 사용 전압이 100 [kV] 이상 : 인장강도 58.84 [kN] 이상의 연선 또는 단면적150 [mm²] 이상의 경동연선　【답】③

문제 82 기계 기구 및 전선을 보호하기 위하여 과전류 차단기를 전로 중에 시설할 수 있는 곳은?

① 다선식 전로의 중성선
② 접지 공사의 접지선
③ 전로의 일부에 접지 공사를 한 저압 가공 전선로의 접지측 전선
④ 저압 옥내 배선의 전원선

풀이

과전류 차단기의 시설 제한(판단기준 제40조)
- 각종 접지 공사의 접지선
- 다선식 전로의 중성선
- 전로의 일부에 접지 공사를 한 저압 가공 전선로의 접지측 전선
　【답】④

문제 83 특고압과 저압을 결합하는 변압기에서 계산된 1선 지락 전류가 4 [A]일 때 접지 저항의 최대값은 몇 [Ω]인가?

① 5　　　　② 10
③ 37.5　　　　④ 75

풀이

- 1차측이 고압 또는 특고압이고, 2차측이 저압인 변압기의 저압측의 중성점에는 2종 접지 공사를 해야 한다. 다만, 접지 저항값은 특고압이 35 [kV] 이하로서 1초 이내에 자동 차단하는 장치가 있거나 22.9 [kV-Y]의 경우를 제외한 특고압 경우는 10 [Ω] 이하로 한다. (판단기준 제18조)

- 접지 저항값 $R_2 = \dfrac{150}{I_g} = \dfrac{150}{4} = 37.5\,[\Omega]$으로 10 [Ω]을 초과하므로 접지 저항값은 10 [Ω]으로 하여야 한다.　【답】②

문제 84 사용 전압 154 [kV]의 가공 전선을 시가지에 시설하는 경우에 케이블인 경우를 제외하고 전선의 지표상의 최소 높이는 얼마인가?

① 7.44 [m] ② 7.80 [m]
③ 9.44 [m] ④ 11.44 [m]

풀이

- 시가지에 특고압이 시설되는 경우 전선의 지표 상 높이는 35 [kV] 이하 10 [m] (특고압 절연 전선인 경우 8 [m]) 이상, 35 [kV]를 넘는 경우 10 [m]에 35 [kV]를 넘는 10 [kV] 또는 그 단수마다 12 [cm] 를 더한 값으로 한다. (판단기준 제104조)
- 단수 $= \dfrac{154-35}{10} = 11.9 \rightarrow 12$단
- 지표상의 높이 $= 10 + 12 \times 0.12 = 11.44$ [m] 【답】 ④

문제 85 다음은 수영장용 수중 조명 설비 부하용 변압기에 대한 것이다. 옳지 않은 것은?

① 2차측 전로의 사용 전압이 150 [V] 이하인 절연 변압기를 반드시 사용하여야 한다.

② 2차측 전로의 사용 전압이 25 [V]인 절연 변압기는 1차와 2차 권선 사이에 금속제 혼촉 방지판이 있어야 한다.

③ 절연 변압기의 2차측 전로에는 반드시 제3종 접지를 하고 그 저항값은 5 [Ω] 이하가 되도록 하여야 한다.

④ 절연 변압기의 2차측 전로의 사용 전압이 30 [V] 이상이고 그 전로에 지기가 생긴 경우 자동적으로 전로를 차단하는 차단 장치가 있어야 한다.

풀이

수중 또는 분수에 조명등을 시설할 경우 시설 기준 (판단기준 제241조)
① 조명등에 전기를 공급하기 위해서는 1차측 전로의 사용 전압 및 2차측 전로의 사용 전압이 각각 400 [V] 미만 및 150 [V] 이하인 절연 변압기를 사용할 것
② 절연 변압기는 2차 전압 30 [V] 이하는 제1종 접지 공사를 한 혼촉 방지판을 설치하고 30 [V]를 넘는 경우에 지기가 발생하면 자동적으로 전로를 차단하는 장치를 시설한다. 또는 2차측 전로는 비접지로 한다. 【답】 ③

문제 86 발전기, 전동기 등 회전기의 절연 내력은 규정된 시험 전압을 권선과 대지사이에 계속하여 몇 분간 가하여 견디어야 하는가?

① 5 분 ② 10 분
③ 15 분 ④ 20 분

풀이

최대 사용 전압에 배수를 곱하고 그 값의 전압으로 **권선과 대지사이에 연속 10분간** 인가하여 견딜 것 (판단기준 제14조) 【답】 ②

문제 87	2008년도 1회 문제 85
문제 88	1999년도 6회 문제 85
문제 89	2016년도 3회 문제 97
문제 90	2015년도 1회 문제 88

전기설비 기술기준(개정)과 판단기준에 따라 삭제된 문제가 있어 20문항이 안됩니다.

국가기술자격검정 필기시험 문제

1998년도 전기산업기사 일반검정 제6회

	수검 번호	성 명

자격종목 및 등급(선택분야)	종목코드	시험시간	문제지형별
전기산업기사	2140	2시간 30분	A

1과목 전기자기학

문제 01 그림과 같이 유전체 경계면에서 $\epsilon_1 < \epsilon_2$이었을 때 E_1과 E_2의 관계식 중 맞는 것은?

① $E_1 > E_2$

② $E_1 \cos\theta_1 = E_2 \cos\theta_2$

③ $E_1 = E_2$

④ $E_1 < E_2$

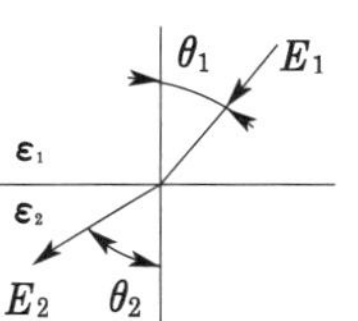

풀이

전계는 접선 성분이 같다. $\qquad E_1 \sin\theta_1 = E_2 \sin\theta_2$

또, $\epsilon_1 < \epsilon_2$이면 $\theta_1 < \theta_2$이므로 $E_1 \sin\theta_1 = E_2 \sin\theta_2$가 되기 위해서는 $E_1 > E_2$가 되어야 한다. 【답】①

문제 02 라디오 방송의 평면파 주파수를 800[kHz]라 할 때 이 평면파가 콘크리트 벽($\epsilon_s = 6$, $\mu_s = 1$)속을 지날 때의 전파 속도는 몇 [m/sec]인가?

① 1.22×10^8

② 2.44×10^8

③ 2.62×10^8

④ 2.86×10^8

풀이

$$v = \frac{3 \times 10^8}{\sqrt{\epsilon_s \mu_s}} = \frac{3 \times 10^8}{\sqrt{6 \times 1}} = 1.22 \times 10^8 \,[\text{m/sec}]$$

【답】①

문제 03 서로 결합하고 있는 두 코일의 자기 인덕턴스가 각각 3[mH], 5[mH]이다. 이들을 자속이 서로 합해지도록 직렬 접속할 때는 합성 인덕턴스가 L[mH]이고, 반대가 되도록 직렬 접속했을 때의 합성 인덕턴스 L'는 L의 60[%]였다. 두 코일간의 결합 계수는?

① 0.258

② 0.362

③ 0.451

④ 0.553

풀이

$L = L_1 + L_2 \pm 2M$에서

$\qquad L = 3 + 5 + 2M$ ······ ①

$\qquad L' = 0.6L = 3 + 5 - 2M$ ······ ②

위 두 식에서 M을 소거하면

$\qquad 1.6L = 16 \qquad \therefore \ L = 10\,[\text{mH}]$

이므로 이것을 대입하여 풀면

$\qquad 10 = 3 + 5 - 2M$ ······ ①'

$\qquad 6 = 3 + 5 - 2M$ ······ ②'

식 ①'- ②'에서

$\qquad 4 = 4M \qquad \therefore \ M = 1\,[\text{mH}]$

그러므로 $M = k\sqrt{L_1 L_2}$에서

$$\therefore \ k = \frac{M}{\sqrt{L_1 L_2}} = \frac{1}{\sqrt{3 \times 5}} = 0.258$$

【답】①

문제 04 점전하 Q_1, Q_2 사이에 작용하는 쿨롱의 힘이 F일 때 이 부근에 점전하 Q_3를 놓을 경우 Q_1과 Q_2 사이의 쿨롱의 힘을 F'라고 하면?

① $F > F'$

② $F < F'$

③ $F = F'$

④ Q_3의 크기에 따라 다르다.

풀이

Q_1과 Q_2 사이에 작용하는 쿨롱의 힘은 $F = \dfrac{1}{4\pi\epsilon} \cdot \dfrac{Q_1 \cdot Q_2}{r^2}$ [N]

으로 두 전하 사이의 거리와 전하량 및 주위의 유전율에 관계되므로 **Q_3의 영향은 받지 않는다.** 【답】③

문제 05 $V(x, \ y, \ z) = 3x^2 y - y^3 z^2$에 대하여 점 $(1, -2, -1)$에서의 grad V의 값을 구하면?

① $12i + 9j + 16k$

② $12i - 9j + 16k$

③ $-12i - 9j - 16k$

④ $-12i + 9j - 16k$

풀이

$$\text{grad } V = \left(\frac{\partial}{\partial x}\boldsymbol{i} + \frac{\partial}{\partial y}\boldsymbol{j} + \frac{\partial}{\partial z}\boldsymbol{k}\right)V$$

$$= \left\{\frac{\partial}{\partial x}(3x^2y - y^3z^2)\boldsymbol{i} + \frac{\partial}{\partial y}(3x^2y - y^3z^2)\boldsymbol{j}\right.$$

$$\left. + \frac{\partial}{\partial z}(3x^2y - y^3z^2)\boldsymbol{k}\right\}$$

$$= \{6xy\boldsymbol{i} + (3x^2 - 3y^2z^2)\boldsymbol{j} - 2y^3z\boldsymbol{k}\}$$

$x = 1$, $y = -2$, $z = -1$을 대입하면

$$\text{grad } V = -12\boldsymbol{i} - 9\boldsymbol{j} - 16\boldsymbol{k}$$

[답] ③

문제 06 20×10^{-6} [C]의 양전하와 20×10^{-6} [C]의 음전하를 갖는 대전체가 비유전율 2.5의 기름속에서 5 [cm] 거리에 있을 때 이 사이에 작용하는 힘은 몇 [N]인가?

① 반발력 608　　　　　② 반발력 576

③ 흡인력 608　　　　　④ 흡인력 576

풀이

$$\epsilon_s = 2.5 \quad r = 5 \times 10^{-2} \quad Q_1 = 20 \times 10^{-6} \quad Q_2 = 20 \times 10^{-6}$$

$$F = \frac{1}{4\pi\epsilon_0\epsilon_s}\frac{Q_1 Q_2}{r^2}$$

$$= 9 \times 10^9 \times \frac{1}{2.5} \times \frac{20 \times 10^{-6} \times (-20 \times 10^{-6})}{(5 \times 10^{-2})^2}$$

$$= -\frac{9 \times 4 \times 10^3}{2.5 \times 25} = -576[\text{N}]$$

즉, 흡인력 576[N]이 작용한다.

[답] ④

문제 07 강자성체를 소자시키는 방법으로 부적당한 것은?

① 처음에 준 자계와 같은 정도의 직류 자계를 반대 방향으로 가하는 조작을 반복한다(직류법).

② 처음에 준 자계와 같은 방향의 강한 자계를 준 후 급랭한다(급랭법).

③ 자화할 때와 같은 정도의 교류 자계를 가하고 그 값이 0이 될 때까지 점차로 감소시켜 간다(교류법).

④ 강자성체의 온도를 퀴리점 이상이 될 때까지 상승시킨다(가열법).

풀이

소자방법

- **직류법** : 처음에 준 자계와 같은 정도의 직류 자계를 반대 방향으로 가하는 조작을 반복하여 소자 시키는 방법
- **교류법** : 자화할 때와 같은 정도의 교류 자계를 가하고 그 값이 0이 될 때까지 점차로 감소시켜 소자시키는 방법
- **가열법** : 강자성체의 온도를 퀴리점 이상이 될 때까지 상승시킨다.

[답] ②

문제 08 판자석의 표면 밀도를 $\pm\sigma$ [Wb/m^2]라고 하고 두께를 δ [m]라 할 때 이 판자석의 세기는?

① $\sigma\delta$　　　　　　② $\dfrac{1}{2}\sigma\delta$

③ $\dfrac{1}{2}\sigma\delta^2$　　　　　④ $\sigma\delta^2$

풀이

판자석의 세기　$M = \sigma\delta$ [Wb/m]

[답] ①

2과목　전력공학

문제 21 등가 선간거리 9.37[m], 공칭단면적 330 [mm^2], 도체외경 25.3 [mm], 복도체 ACSR인 3상 송전선의 인덕턴스는 몇 [mH/km]인가? 단, 소도체 간격은 40 [cm]이다.

① 1.001　　　　　② 0.010

③ 0.100　　　　　④ 1.100

풀이

$$L_n = \frac{0.05}{n} + 0.4605 \cdot \log\frac{D}{\sqrt[n]{r\,S^{n-1}}}$$

$$= \frac{0.05}{2} + 0.4605 \cdot \log\frac{9370}{\sqrt{12.65 \times 400}} = 1.0011\,[\text{mH/km}]$$

[답] ①

문제 22 가공선의 임피던스가 Z_1, 케이블의 임피던스가 Z_2인 선로의 접속점에 피뢰기를 설치하였더니 가공선 쪽에서 파고값 e [V]의 진행파가 진행되어 이상 전류 i [A]를 방전시켰다면 피뢰기의 제한 전압식은?

① $\dfrac{2Z_2}{Z_1 + Z_2}e + \dfrac{Z_1 Z_2}{Z_1 + Z_2}i$

② $\dfrac{2Z_2}{Z_1 + Z_2}e - \dfrac{Z_1 Z_2}{Z_1 + Z_2}i$

③ $\dfrac{2Z_2}{Z_1 + Z_2}e + \dfrac{Z_1 + Z_2}{Z_1 Z_2}i$

④ $\dfrac{2Z_2}{Z_1 + Z_2}e - \dfrac{Z_1 + Z_2}{Z_1 Z_2}i$

풀이

제한 전압 = 피뢰기가 처리하고 남은 전압
   = 피뢰기가 처리해야 할 전압 − 피뢰기가 처리한 전압

$$= \dfrac{2Z_2}{Z_1 + Z_2}e - \dfrac{Z_1 Z_2}{Z_1 + Z_2}i$$

【답】②

문제 23 압력 수두를 속도 수두로 바꾸어서 작용시키는 수차는?

① 프란시스 수차   ② 카플란 수차

③ 펠턴 수차   ④ 사류 수차

풀이

펠턴 수차는 전 수두를 모두 속도 수두로 바꾸어 유수를 이용하는 수차로서, 구조는 유수를 노즐에 의하여 분사수를 만들고 그것을 러너 주변에 버킷(Bucket)에 분사, 충돌시켜 그 충격으로 러너를 회전시키는 것이다.

【답】③

문제 24 송전계통의 접지에 대하여 기술하였다. 다음 중 옳은 것은?

① 소호 리액터 접지 방식은 선로의 정전용량과 직렬 공진을 이용한 것으로 지락전류가 타방식에 비해 좀 큰 편이다.

② 고저항 접지 방식은 이 중 고장을 발생시킬 확률이 거의 없으며 비접지식보다는 많은 편이다.

③ 직접 접지 방식을 채용하는 경우 이상전압이 낮기 때문에 변압기 선정시 단절연이 가능하다.

④ 비접지 방식을 택하는 경우 지락전류차단이 용이하고 장거리 송전을 할 경우 이중고장의 발생을 예방하기 좋다.

풀이

직접 접지 방식의 장·단점
[장점] ① 1선 지락시에 건전상의 대지 전압이 거의 상승하지 않는다.
   ② 피뢰기의 효과를 증진시킬 수 있다.
   ③ 단절연이 가능하다.
   ④ 계전기의 동작이 확실해진다.
[단점] ① 송전 계통의 과도 안정도가 나빠진다.
   ② 통신선에 유도 장해가 크다.
   ③ 기기에 큰 영향을 주어 손상을 준다.
   ④ 대용량 차단기가 필요하다.

【답】③

문제 25 피뢰기의 공칭 전압이란?

① 뇌전압의 평균값

② 뇌전압의 파고값

③ 속류를 차단할 수 있는 최대의 교류 전압

④ 피뢰기가 동작되고 있을 때의 단자 전압

【답】③

문제 26 4회선의 급전선을 가진 변전소의 각 급전선 개개의 최대 수용 전력은 1000, 1100, 1200, 1450 [kW] 이고 변전소의 최대 합성 수용 전력은 4300 [kW]라고 한다. 이 변전소의 부등률은 얼마인가?

① 0.9   ② 1.0

③ 1.1   ④ 1.2

풀이

$$부등률 = \frac{각\ 개\ 최대\ 전력의\ 합}{합성\ 최대\ 전력}$$

$$= \frac{1000 + 1100 + 1200 + 1450}{4300} = 1.1$$

【답】③

문제 27 축소형 변전 설비(GIS)는 SF_6 가스를 사용하고 있다. 이 가스의 특성으로 옳지 않은 것은?

① 절연성이 높다.

② 가연성이다.

③ 독성이 없다.

④ 냄새가 없다.

풀이

SF_6 가스의 특징
① 무색, 무취, 무독, **불연성 가스**
② 공기에 비해 소호 능력이 약 100배
③ 불활성 가스
④ 1기압 하에서 절연 내력이 공기의 2~3배

【답】②

문제 28 과부하 전류는 물론 사고 때의 대전류도 개폐할 수 있는 것은?

① 단로기   ② 나이프 스위치

③ 차단기   ④ 부하 개폐기

풀이

• 부하 개폐기 : 정상적인 정격 전류의 개폐

• 단로기 : 충전 전류 개폐, 부하 전류는 개폐 불가

• **차단기 : 정격 전류 및 사고시 대전류 모두 차단 가능** 【답】③

문제 29 전력선 반송 보호 계전 방식이 아닌 것은?

① 방향 비교 방식

② 고속도 거리 계전기와 조합하는 방식

③ 영상 전류 비교 방식

④ 위상 비교 방식

풀이

전력선 반송 보호 방식 : 방향 비교 방식, 고속도 거리+기타 방식, 위상 비교 방식 【답】③

문제 30	2007년도 1회 문제 29
문제 31	2003년도 1회 문제 21
문제 32	2013년도 3회 문제 40
문제 33	2016년도 1회 문제 21
문제 34	2012년도 1회 문제 24
문제 35	2011년도 2회 문제 40
문제 36	2000년도 6회 문제 24
문제 37	2012년도 2회 문제 36
문제 38	2008년도 3회 문제 21
문제 39	2014년도 1회 문제 23
문제 40	2009년도 1회 문제 34

3과목 전기기기

문제 41 직류 분권 전동기가 있다. 총도체수 100, 단중 파권으로 자극수는 4, 자속수 3.14 [Wb], 부하를 가하여 전기자에 5 [A]가 흐르고 있으면 이 전동기의 토크[N·m]는?

① 400   ② 450

③ 500   ④ 550

풀이

자극 $p=4$, 총 도체수 $Z=100$, 자속 수 $\Phi=3.14$[Wb], 전기자 전류 $I_a=5$[A], 파권이므로 내부 회로수 $a=2$이다. 토크 T는

$$\therefore\ T=\frac{pZ}{2\pi a}\Phi I_a=\frac{4\times100}{2\times3.14\times2}\times3.14\times5=500[\text{N·m}]$$

【답】③

문제 42 직류 발전기의 저주파 및 고주파 맥동을 감소시키기 위한 것이 아닌 것은?

① 공극의 길이를 균일하게 한다.

② 자극 간격을 균등히 한다.

③ 자기 저항을 전기자 주변에 대하여 균등히 한다.

④ 홈을 1홈절 이상의 사구(斜溝)로 하고 정류자 면수를 감소시킨다.

【답】④

문제 43	2010년도 1회 문제 54
문제 44	2013년도 2회 문제 49
문제 45	2001년도 2회 문제 47
문제 46	2007년도 2회 문제 45
문제 47	2014년도 2회 문제 54
문제 48	2001년도 2회 문제 41
문제 49	2010년도 2회 문제 49
문제 50	2015년도 2회 문제 44
문제 51	2001년도 2회 문제 46
문제 52	2001년도 2회 문제 44
문제 53	2000년도 4회 문제 41
문제 54	2015년도 1회 문제 48
문제 55	2001년도 2회 문제 45
문제 56	2000년도 6회 문제 48
문제 57	2001년도 2회 문제 43
문제 58	2010년도 1회 문제 43
문제 59	2011년도 1회 문제 50
문제 60	2014년도 1회 문제 56

문제 61　그림과 같이 저항 R_1, R_2 및 인덕턴스 L 의 직렬 회로가 있다. 이 회로에 대한 서술에서 올바른 것은?

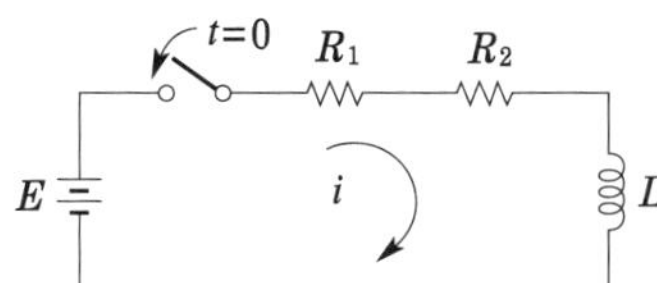

① 이 회로의 시정수는 $\dfrac{L}{R_1 + R_2}$ [s]이다.

② 이 회로의 특성근은 $\dfrac{R_1 + R_2}{L}$ 이다.

③ 정상 전류값은 $\dfrac{E}{R_2}$ 이다.

④ 이 회로의 전류값은

$$i(t) = \frac{E}{R_1 + R_2}\left(1 - e^{-\frac{L}{R_1 + R_2}t}\right) \text{이다.}$$

풀이

- $i(t) = \dfrac{E}{R_1 + R_2}\left(1 - e^{-\frac{R_1 + R_2}{L}t}\right)$

- 특성근 : $-\dfrac{R_1 + R_2}{L}$

- 시정수 : $\tau = \dfrac{L}{R_1 + R_2}$

- 정상 전류 : $I = \dfrac{E}{R_1 + R_2}$

[답] ①

문제 62　그림과 같은 4단자망에서 정수 행렬은?

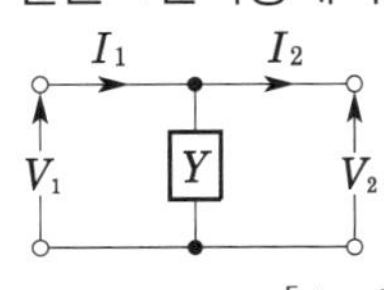

① $\begin{bmatrix} 1 & 0 \\ Y & 1 \end{bmatrix}$
　　② $\begin{bmatrix} 1 & Y \\ 0 & 1 \end{bmatrix}$

③ $\begin{bmatrix} Y & 1 \\ 1 & 0 \end{bmatrix}$
　　④ $\begin{bmatrix} 1 & 0 \\ \frac{1}{Y} & 1 \end{bmatrix}$

풀이

$$\begin{bmatrix} A & B \\ C & D \end{bmatrix} = \begin{bmatrix} 1 & 0 \\ Y & 1 \end{bmatrix}$$

[답] ①

문제 63　실효값 200 [V], 50 [Hz]인 교류 전압을 인덕턴스 20 [H]인 코일에 가했을 때 흐르는 전류의 실효값은?

① 10π
　　② $\dfrac{\pi}{10}$

③ $\dfrac{1}{10\pi}$
　　④ $\dfrac{10}{\pi}$

풀이

$$I = \frac{E}{X_L} = \frac{200}{2 \times \pi \times 50 \times 20} = \frac{1}{10\pi}$$

[답] ③

문제 64　그림과 같은 회로에서 스위치 S를 닫았을 때 R 에 흐르는 전류는?

① $I_0\left(1 - e^{-\frac{R}{L}t}\right)$

② $I_0\left(1 + e^{-\frac{R}{L}t}\right)$

③ $I_0\, e^{-\frac{R}{L}t}$

④ I_0

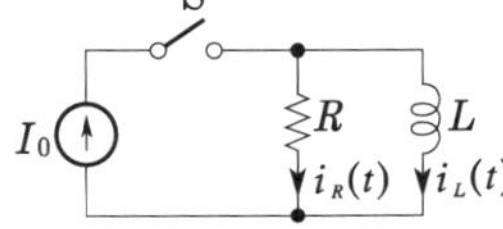

풀이

$$i(t) = I_0\, e^{-\frac{R}{L}t} \text{ [A]}$$

[답] ③

문제 65	2012년도 2회 문제 65
문제 66	2005년도 2회 문제 67
문제 67	2001년도 2회 문제 62
문제 68	2016년도 1회 문제 71
문제 69	2015년도 2회 문제 76
문제 70	2015년도 1회 문제 74
문제 71	2011년도 1회 문제 70
문제 72	2010년도 3회 문제 68
문제 73	2012년도 1회 문제 68
문제 74	2008년도 2회 문제 68
문제 75	2015년도 3회 문제 76
문제 76	2009년도 2회 문제 69
문제 77	2013년도 3회 문제 69
문제 78	2016년도 2회 문제 61
문제 79	2000년도 6회 문제 67
문제 80	2016년도 2회 문제 71

5과목 전기설비기술기준 및 판단기준

문제 81 피뢰기를 반드시 시설하여야 할 곳은?
① 전기 수용 장소 내의 차단기 2차측
② 가공 전선로와 지중 전선로가 접속되는 곳
③ 수전용 변압기의 2차측
④ 경간이 긴 가공 전선로

풀이

피뢰기의 시설(판단기준 제42조)
① 발·변전소 또는 이에 준하는 장소의 가공 전선 인입구 및 인출구
② 배전용 변압기의 고압측 및 특고압측
③ 고압 및 특고압 가공 전선로로부터 공급을 받는 수용 장소의 인입구
④ 가공 전선로와 지중 전선로가 접속되는 곳 【답】②

문제 82 2003년도 2회 문제 83

문제 83 2002년도 3회 문제 82

문제 84 2007년도 2회 문제 84

문제 85 2011년도 1회 문제 96

문제 86 2011년도 3회 문제 84

문제 87 2002년도 1회 문제 85

문제 88 2012년도 3회 문제 81

문제 89 2009년도 3회 문제 83

문제 90 2012년도 2회 문제 94

문제 91 2013년도 1회 문제 92

전기설비 기술기준(개정)과 판단기준에 따라 삭제된
문제가 있어 20문항이 안됩니다.

판 권
소 유

D60-2

전기산업기사 필기

인　쇄 / 2017년 11월 27일
발　행 / 2017년 12월　5일

저　　자 / 검정연구회
펴 낸 이 / 이 지 연
펴 낸 곳 / 도서출판 원포인트
주　　소 / 서울시 강서구 강서로 47-8 302호
　　　　　　(화곡동 평인빌딩)
전　　화 / 02) 2608-8315
팩　　스 / 02) 2608-8314
등록번호 / 제839-91-00430호

낙장 및 파본된 책은 구입서점이나 본사에서 교환해 드립니다.

ISBN : 979-11-962101-1-3-13560

값 / 35,000원

전기기사 · 산업기사
필기

차 례

Chap. 4 전기기기

Chap. 5 회로이론

Chap. 1

기호 및 기초전기수학

1 기호 및 단위

1 물리량과 단위

물 리 량	기 호	단 위	
커 패 시 턴 스	C	패라드(farad)	F
전 하 량	Q	쿨롱(coulomb)	C
도 전 율	G	지멘(siemen)	S
전 류	I	암페어(ampere)	A
에 너 지	W	주울(joule)	J
주 파 수	f	헤르쯔(hertz)	Hz
임 피 던 스	Z	옴(ohm)	Ω
인 덕 턴 스	L	헨리(henry)	H
전 력	P	와트(watt)	W
리 액 턴 스	X	오옴(ohm)	Ω
저 항	R	오옴(ohm)	Ω
시 간	t	초(second)	s
전 압	V	볼트(volt)	V

2 자주 사용되는 접두 미터법과 기호

접두 미터법	미터법 기호	10의 누승
기가(giga)	G	10^9
메가(mega)	M	10^6
킬로(kilo)	K	10^3
밀리(milli)	m	10^{-3}
마이크로(micro)	μ	10^{-6}
나노(nano)	n	10^{-9}
피코(pico)	p	10^{-12}

3 그리스 문자

그리스 문자		호 칭		그리스 문자		호 칭	
A	α	alpha	알 파	N	ν	nu	뉴 어
B	β	beta	베 타	Ξ	ξ	xi	크 사 이
Γ	γ	gamma	감 마	O	o	omicron	오미크론
Δ	δ	delta	델 타	Π	π	pi	파 이
E	ϵ	epsilon	입실론	P	ρ	rho	로 우
Z	ζ	zeta	제에타	Σ	σ	sigma	시 그 마
H	η	eta	이이타	T	τ	tau	타 우
Θ	θ	theta	시이타	Y	υ	upsilon	웁 실 론
I	ι	iota	이오타	Φ	$\phi(\varphi)$	phi	화 이
K	κ	kappa	갑 파	X	χ	chi	카 이
Λ	λ	lambda	람 다	Ψ	ψ	psi	프 사 이
M	μ	mu	뮤 우	Ω	ω	omega	오 메 가

2 전기수학

1 삼각함수

1) 삼각비의 정의

직각삼각형에서 한 예각($\angle B$)이 결정되면 임의의 2변의 비는 삼각형의 크기에 관계없이 일정하다. 이들 비를 그 각의 삼각비라 한다.

① 사인(sine) : 빗변에 대한 높이의 비

$$\sin B = \frac{높이}{빗변} = \frac{b}{c}$$

② 코사인(cosine) : 빗변에 대한 밑변의 비

$$\cos B = \frac{밑변}{빗변} = \frac{a}{c}$$

③ 탄젠트(tangent) : 밑변에 대한 높이의 비

$$\tan B = \frac{높이}{밑변} = \frac{b}{a}$$

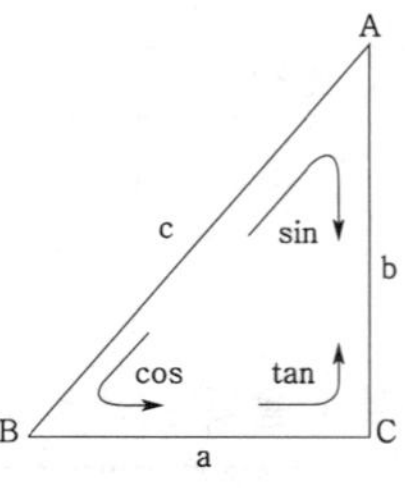

2) 특수각의 삼각비

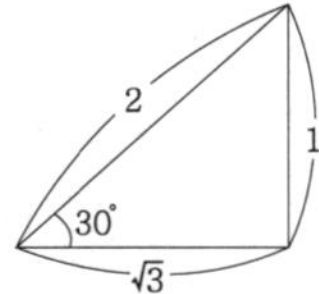

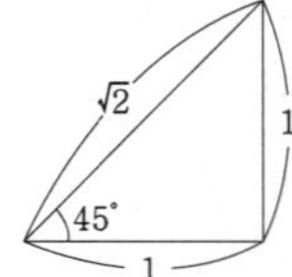

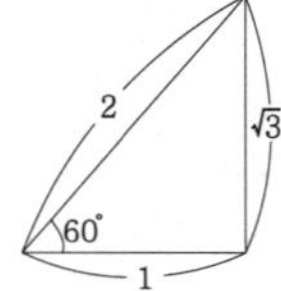

삼각비 \ θ	30°	45°	60°
$\sin\theta$	$\dfrac{1}{2}$	$\dfrac{1}{\sqrt{2}}$	$\dfrac{\sqrt{3}}{2}$
$\cos\theta$	$\dfrac{\sqrt{3}}{2}$	$\dfrac{1}{\sqrt{2}}$	$\dfrac{1}{2}$
$\tan\theta$	$\dfrac{1}{\sqrt{3}}$	1	$\sqrt{3}$

3) 삼각비의 상호관계

① $\sin(\alpha\pm\beta)=\sin\alpha\cos\beta\pm\cos\alpha\sin\beta$

② $\cos(\alpha\pm\beta)=\cos\alpha\cos\beta\mp\sin\alpha\sin\beta$

③ $\sin(90°-A)=\cos A$ ④ $\cos(90°-A)=\sin A$

⑤ $\tan(90°-A)=\dfrac{1}{\tan A}$ ⑥ $\sin(180°-A)=\sin A$

⑦ $\cos(180°-A)=-\cos A$ ⑧ $\tan(180°-A)=-\tan A$

⑨ $\sin^2 A+\cos^2 A=1$

⑩ $\tan A=\dfrac{\sin A}{\cos A}$ ⑪ $1+\tan^2 A=\dfrac{1}{\cos^2 A}$

2 제곱근 계산

$a>0,\ b>0$ 일 때

① $(\sqrt{a})^2=a$ ② $\sqrt{a}\,\sqrt{b}=\sqrt{ab}$

③ $a\sqrt{b}=\sqrt{a^2 b}$ ④ $\dfrac{\sqrt{b}}{\sqrt{a}}=\sqrt{\dfrac{b}{a}}$

⑤ $\dfrac{\sqrt{b}}{\sqrt{a}}=\dfrac{\sqrt{ab}}{a}$ ⑥ $\dfrac{1}{\sqrt{a}+\sqrt{b}}=\dfrac{\sqrt{a}-\sqrt{b}}{a-b}$

⑦ $a>0$ 일 때 $\sqrt{a^2}=a,\ a<0$ 일 때 $\sqrt{a^2}=-a$

3 지수법칙

① $a^m a^n=a^{m+n}$ ② $(a^m)^n=a^{mn}$

③ $(ab)^m=a^m b^m$ ④ $\dfrac{a^m}{a^n}=a^{m-n}$

⑤ $a^{-n}=\dfrac{1}{a^n}$ ⑥ $a^0=1$

4 곱셈 공식, 인수분해 공식

① $m(a+b-c)=ma+mb-mc$ ② $(a+b)^2=a^2+2ab+b^2$

③ $(a-b)^2=a^2-2ab+b^2$ ④ $(a+b)(a-b)=a^2-b^2$

⑤ $(x+a)(x+b)=x^2+(a+b)x+ab$ ⑥ $(ax+b)(cx+d)=acx^2+(bc+ad)x+bd$

5 분수식

① 약분 : $\dfrac{bc}{ac}=\dfrac{b}{a}$

② 통분 : $\dfrac{b}{a}+\dfrac{d}{c}=\dfrac{bc}{ac}+\dfrac{ad}{ac}$

③ 덧셈, 뺄셈 : $\dfrac{b}{a}\pm\dfrac{d}{c}=\dfrac{bc\pm ad}{ac}$

④ 곱셈 : $\dfrac{b}{a}\times\dfrac{d}{c}=\dfrac{bd}{ac}$

⑤ 나눗셈 : $\dfrac{b}{a}\div\dfrac{d}{c}=\dfrac{b}{a}\times\dfrac{c}{d}=\dfrac{bc}{ad}$

6 복소수

1) 복소수의 정의

방정식 $x^2+1=0$의 근의 하나인 $\sqrt{-1}$을, 즉 제곱해서 -1이 되는 수를 편의상 기호로서 $j=\sqrt{-1}$ 로 표시하며, 이것을 허수 단위(imaginary part)라고 한다. 일반적으로 복소수는 $a+jb$형으로 사용하는데 a는 실수부(real part), b는 허수부(imaginary part)라 한다.

2) 복소수의 사칙연산

$Z_1=a+jb$, $Z_2=c+jd$라 하면

① 더하기 빼기 : $Z_1\pm Z_2=(a+jb)\pm(c+jd)=(a\pm c)+j(b\pm d)$

② 곱하기 : $Z_1 Z_2=(a+jb)(c+jd)=(ac-bd)+j(ad+bc)$

③ 나누기 : $\dfrac{Z_1}{Z_2}=\dfrac{a+jb}{c+jd}=\dfrac{(a+jb)(c-jd)}{(c+jd)(c-jd)}=\dfrac{ac+bd}{c^2+d^2}+j\dfrac{bc-ad}{c^2+d^2}$

$\qquad\qquad$ (단, $c^2+d^2\neq 0$)

3) 공액복소수의 성질

$Z=a+jb$에 대하여 $\overline{Z}=a-jb$인 복소수를 Z의 공액복소수라 하며, Z와 $\overline{Z}$는 서로 공액(conjugate)이라고 한다. 즉 허수부의 부호가 서로 반대이다.

① $Z+\overline{Z}=$실수 $\quad\because (a+jb)+(a-jb)=2a$

② $Z\cdot\overline{Z}=$실수 $\quad\because (a+jb)(a-jb)=a^2+b^2$

4) 복소수의 극형식

복소수 $Z=a+jb$를 표시하는 점을 P라하고,
$OP=r$, $\angle POA=\theta$라 하면, 다음과 같이 표시한다.

$$r=|Z|=\sqrt{a^2+b^2}$$

$$\theta=\arg|Z|=\tan^{-1}\frac{b}{a}$$

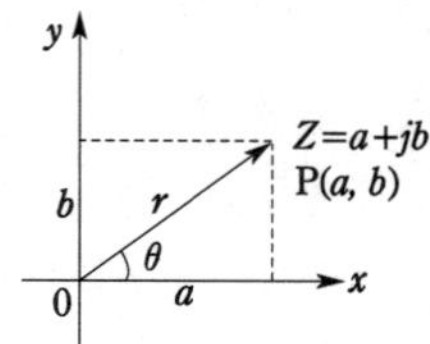

위의 식에서 복소수 $Z=a+jb$는 r의 θ를 사용해서

$$Z=a+jb=r\cos\theta+jr\sin\theta=r(\cos\theta+j\sin\theta)$$

로 된다. 이것을 복소수 Z의 극형식(polar form)이라고 한다.

5) 지수함수

복소수 $Z=a+jb$에 대한 지수는 e^Z로 나타내고 다음과 같이 표시한다.

$$e^Z = e^a(\cos y + j\sin y) = \exp Z$$

따라서, 복소수 $a+jb$의 극형식이 다음과 같이 표시됨을 알 수 있다.

$$Z = r(\cos\theta + j\sin\theta) = r\,e^{j\theta}$$

그러므로, 공액복소수 $\overline{Z}$의 경우도 같은 방법에 의하여

$$\overline{Z} = a - jb = r(\cos\theta - j\sin\theta) = r\,e^{-j\theta}$$

로 된다.

7 미 분

① $y = C$ (C는 상수) $\qquad y' = 0$

② $y = x^m$ $\qquad y' = m\,x^{m-1}$

③ $y = f(x)g(x)$ $\qquad y' = f'(x)g(x) + f(x)g'(x)$

④ $y = \dfrac{f(x)}{g(x)}$ $\qquad y' = \dfrac{f'(x)g(x) - f(x)g'(x)}{g(x)^2}$

⑤ $y = \epsilon^{ax}$ $\qquad y' = a\epsilon^{ax}$

⑥ $y = \sin x$ $\qquad y' = \cos x$

⑦ $y = \cos x$ $\qquad y' = -\sin x$

⑧ $y = \tan x$ $\qquad y' = \sec^2 x = \dfrac{1}{\cos^2 x}$

8 적 분

① $n \neq -1$일 때 $\displaystyle\int x^n\,dx = \dfrac{1}{n+1}x^{n+1} + C$

② $n = -1$일 때 $\displaystyle\int x^{-1}\,dx = \int \dfrac{1}{x}\,dx = \ln x + C$

③ $\displaystyle\int \sin x\,dx = -\cos x + C$

④ $\displaystyle\int \sin ax\,dx = -\dfrac{1}{a}\cos ax + C$

⑤ $\displaystyle\int \cos x\,dx = \sin x + C$

⑥ $\displaystyle\int \cos ax\,dx = \dfrac{1}{a}\sin ax + C$

⑦ $\displaystyle\int \sec^2 ax\,dx = \dfrac{1}{a}\tan ax + C$

⑧ $\displaystyle\int kf(x)\,dx = k\int f(x)\,dx$

⑨ $\displaystyle\int [f(x) \pm g(x)]\,dx = \int f(x)\,dx \pm \int g(x)\,dx$

Chap. 2

전기자기

1. **벡터의 내적** $A \cdot B = AB\cos\theta = A_x B_x + A_y B_y + A_z B_z$

2. **벡터의 외적** $A \times B = AB\sin\theta$

$$= \begin{vmatrix} i & j & k \\ A_x & A_y & A_z \\ B_x & B_y & B_z \end{vmatrix} = \begin{vmatrix} A_y & A_z \\ B_y & B_z \end{vmatrix} i + \begin{vmatrix} A_z & A_x \\ B_z & B_x \end{vmatrix} j + \begin{vmatrix} A_x & A_y \\ B_x & B_y \end{vmatrix} k$$

3. **미분연산자** $\nabla = \left(\dfrac{\partial}{\partial x} i + \dfrac{\partial}{\partial y} j + \dfrac{\partial}{\partial z} k \right)$

4. **전위경도** $\nabla V = \operatorname{grad} V = \dfrac{\partial V}{\partial x} i + \dfrac{\partial V}{\partial y} j + \dfrac{\partial V}{\partial z} k$

5. **전계의 세기** $E = -\nabla V = -\operatorname{grad} V$

   전계의 세기는 전위경도와 크기는 같고 방향은 반대

6. **가우스 법칙** : $\operatorname{div} D = \rho$

   전하가 존재하는 공간에서는 전속선이 발산(발생)한다.

7. $\operatorname{div} E = \nabla \cdot E = \dfrac{\rho}{\epsilon_0}$

   단위체적에서 발산하는 전기력선 수 = 단위체적당의 전하량 $\times \dfrac{1}{\epsilon_0}$

8. $\operatorname{div} E = \nabla \cdot E = 0$

   전하가 존재하지 않는 점은 전기력선의 새로운 발생이나 소멸이 없는 연속을 의미한다.

9. **라플라시안** $\nabla \cdot \nabla = \nabla^2 = \dfrac{\partial^2}{\partial x^2} + \dfrac{\partial^2}{\partial y^2} + \dfrac{\partial^2}{\partial z^2} = \operatorname{div} \operatorname{grad}$

10. **푸아송 방정식** : 전하밀도가 공간적으로 분포하고 있을 때, 그 내부의 임의의 점에서 전위를 결정하는 식

$$\nabla^2 V = \dfrac{\partial^2 V}{\partial x^2} + \dfrac{\partial^2 V}{\partial y^2} + \dfrac{\partial^2 V}{\partial z^2} = -\dfrac{\rho}{\epsilon_0}$$

11. **라플라스 방정식** : 전하분포 영역 이외의 한 점의 전위 V를 생각할 때는 그 점에 전하가 없으므로 전위가 0이다.

$$\nabla^2 V = \frac{\partial^2 V}{\partial x^2} + \frac{\partial^2 V}{\partial y^2} + \frac{\partial^2 V}{\partial z^2} = 0$$

12. • **기울기** $\nabla V = \mathrm{grad}\,V$ • **발산** $\nabla \cdot \boldsymbol{E} = \mathrm{div}\,E$ • 회전 $\nabla \times \boldsymbol{H} = \mathrm{rot}\,\boldsymbol{H} = \mathrm{curl}\,\boldsymbol{H}$

2 ｜ 진공중의 정전계

1 쿨롱의 법칙 : 두 점전하 사이에 작용하는 힘의 크기

$$F = \frac{Q_1 Q_2}{4\pi\epsilon_0 r^2} = 9 \times 10^9 \times \frac{Q_1 Q_2}{r^2} \ [\mathrm{N}]$$

두 전하 사이에 작용하는 힘
• 동종의 전하 : 반발력 • 이종의 전하 : 흡인력
여기서, Q : 전하량 [C], r : 양 전하간의 거리 [m], ϵ_0 : 진공중의 유전율(8.85×10^{-12} [F/m])

2 점전하와 전계의 세기

1) 힘과 전계의 세기

(1) $\boldsymbol{F} = Q\boldsymbol{E}$ [N]에서 $E = \dfrac{F}{Q}$ [V/m] (F : 힘[N], E : 전계의 세기[V/m])

(2) $\boldsymbol{F} = m\boldsymbol{a}$ [N] (m : 질량[kg], a : 가속도 [m/s^2]

(3) $\boldsymbol{E} = \dfrac{V}{d}$ [V/m] (V : 전위차[V], d : 전극간의 간격[m])

2) 한 개의 점전하에 의한 전계의 세기
•전계의 세기 : 전계 내의 임의의 한 점에 단위전하 +1[C]을 놓았을 때, 이에 작용하는 힘

$$F = E = \frac{1}{4\pi\epsilon_0} \frac{Q \times 1}{r^2} = \frac{1}{4\pi\epsilon_0} \frac{Q}{r^2} \ [\mathrm{V/m}]$$

3) 복수 개의 점전하에 의한 전계의 세기
각 점전하에 의한 전계를 구하여 벡터적으로 합성

$$E = E_1 + E_2 = \frac{1}{4\pi\epsilon_0} \frac{Q_1}{r_1^2} r_{01} + \frac{1}{4\pi\epsilon_0} \frac{Q_2}{r_2^2} r_{02}$$

4) 두 개의 점전하에 의해 전계의 세기가 0이 되는 점
(1) 두 개의 점전하의 극성이 동일 한 경우
: 전계의 세기가 0이 되는 점은 두 점전하 사이에 존재

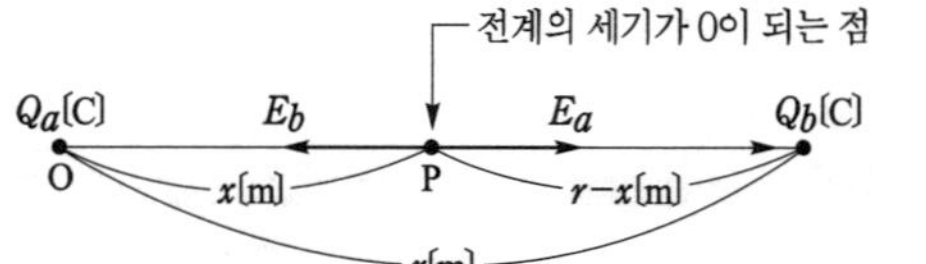

r : 두 전하간의 거리
x : 전계가 0이 되는 점

$$\frac{Q_a}{4\pi\epsilon_0 x^2} = \frac{Q_b}{4\pi\epsilon_0 (r-x)^2}$$

(2) 두 개의 점전하의 극성이 서로 다른 경우($|Q_a| > |Q_b|$ 인 경우)

   : 전계의 세기가 0이 되는 점은 전하의 절대값이 작은 측의 외측에 존재

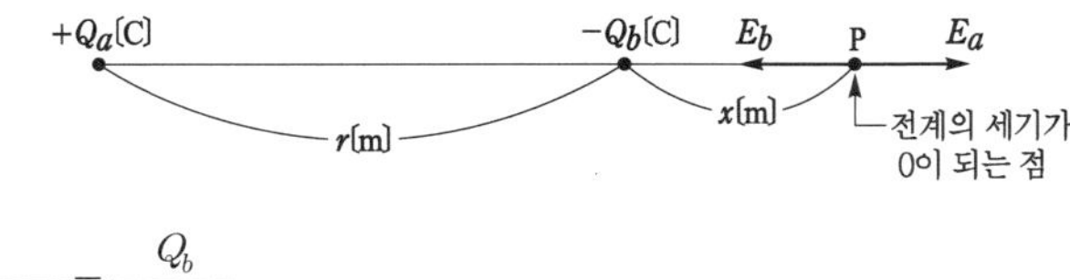

$$\frac{Q_a}{4\pi\epsilon_0 (r+x)^2} = \frac{Q_b}{4\pi\epsilon_0 x^2}$$

3 전계 및 전위

1) 반지름 a[m]인 구체상의 균일 전하분포에 의한 전계

	구체외부 $(r > a)$	구체 표면 $(r = a)$	구체내부 $(r < a)$
전계의 세기 [V/m]	$E = \dfrac{Q}{4\pi\epsilon_0 r^2}$	$E_a = \dfrac{Q}{4\pi\epsilon_0 a^2}$	$E_i = \dfrac{r}{4\pi\epsilon_0 a^3} Q$
전위 [V]	$V = \dfrac{Q}{4\pi\epsilon_0 r}$	$V_a = \dfrac{Q}{4\pi\epsilon_0 a}$	$V_i = \dfrac{Q}{4\pi\epsilon_0 a}\left(\dfrac{3}{2} - \dfrac{r^2}{2a^2}\right)$

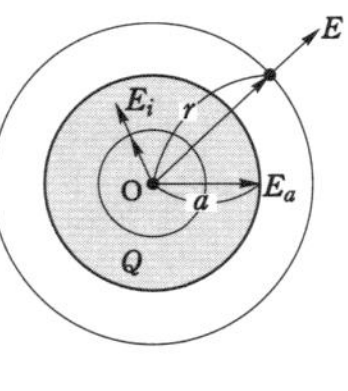

| 구체상 전하 |

2) 무한장 직선

(1) 전계의 세기 $E = \dfrac{\lambda}{2\pi\epsilon_0 r}$ [V/m] (λ : 선전하 밀도[C/m])

(2) 전위차 (직선도체로부터 거리 $r_2 > r_1$) $V_{AB} = \dfrac{\lambda}{2\pi\epsilon_0} \ln\dfrac{r_2}{r_1}$ [V]

3) 반지름 a[m]인 무한장 원주형 대전체에서의 전계

(1) 원주 외부에서의 전계의 세기($r > a$) $E = \dfrac{\lambda}{2\pi\epsilon_0 r}$ [V/m]

(2) 원주 표면에서의 전계의 세기($r = a$) $E_a = \dfrac{\lambda}{2\pi\epsilon_0 a}$ [V/m]

(3) 원주 내부에서의 전계의 세기($r < a$) $E_i = \dfrac{\lambda}{2\pi\epsilon_0 a^2} r$ [V/m]

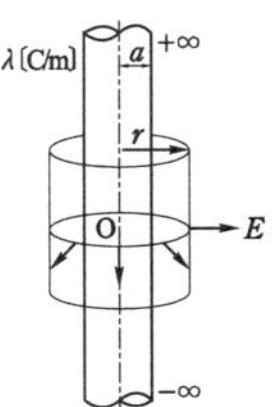

만일 원주형 대전체 내부에 전하가 없다면 내부의 전계의 세기
는 0 이 되어 완전도체와 같은 경우가 된다.

4) 동심 도체구에서의 전계 및 전위

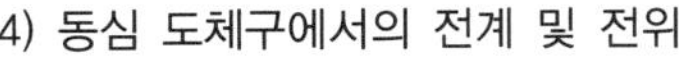

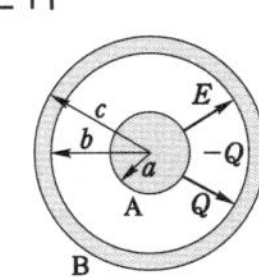

구　　　분	도체 A, B 사이의 전계	도체 B의 외측 전계	도체A의 전위	도체B의 전위
도체 A에 전하 : Q 도체 B에 전하 : 0	$\dfrac{Q}{4\pi\epsilon_0 r^2}$	$\dfrac{Q}{4\pi\epsilon_0 r^2}$	$\dfrac{Q}{4\pi\epsilon_0}\left(\dfrac{1}{a}-\dfrac{1}{b}+\dfrac{1}{c}\right)$	$\dfrac{Q}{4\pi\epsilon_0 c}$
도체 A에 전하 : 0 도체 B에 전하 : Q	0	$\dfrac{Q}{4\pi\epsilon_0 r^2}$	$\dfrac{Q}{4\pi\epsilon_0 c}$	$\dfrac{Q}{4\pi\epsilon_0 c}$
도체 A에 전하 : Q 도체 B에 전하 : $-Q$	$\dfrac{Q}{4\pi\epsilon_0 r^2}$	0	$\dfrac{Q}{4\pi\epsilon_0}\left(\dfrac{1}{a}-\dfrac{1}{b}\right)$	0

5) 무한 평면 도체에서의 전계 및 전위

　(1) 한 장의 무한 평판 도체

　　• 전속밀도 $D=\dfrac{\sigma}{2}$ [C/m^2] (σ : 면전하밀도[C/m^2])

　　• 전계의 세기 $E=\dfrac{D}{\epsilon_0}=\dfrac{\sigma}{2\epsilon_0}$ [V/m]

　(2) 두 장의 무한 평판 도체

　　• 평판 외측의 전계의 세기 $E=0$[V/m]

　　• 평판 내측의 전계의 세기 $E=\dfrac{\sigma}{\epsilon_0}$ [V/m]

　　• 두 평판 도체의 전위차 : $V=Ed$[V]

4 전기력선의 성질

① 전기력선의 방향은 전계의 방향과 일치한다.

② 전기력선 밀도는 그 점에서의 전계의 세기와 같다.

　(전기력선 밀도 $\dfrac{N}{S}$[lines/m^2]=전계의 세기 E[V/m])

③ 단위전하 (1 [C])에서는 $\dfrac{1}{\epsilon_0}=36\pi\times10^9$개의 전기력선이 발생한다.

④ 전기력선은 정전하(+ 전하)에서 출발하여 부전하(−전하)에서 멈추거나 무한원까지 퍼진다.

⑤ 전하가 없는 곳에서는 전기력선의 발생과 소멸이 없고 연속적이다.

⑥ 전기력선은 전위가 높은 곳에서 낮은 곳으로 향한다. ($E=-\operatorname{grad} V$)

⑦ 전기력선은 자신만으로 폐곡선이 되는 일은 없다. ($\nabla\times E=0$)

⑧ 2개의 전기력선은 서로 교차하지 않는다.

⑨ 전기력선은 등전위면과 직교한다(단, 전계가 0인 곳에서는 이 조건은 성립되지 않는다.)

⑩ 도체 내부에서 전기력선은 없다.(도체내부 전계의 세기가 0)

⑪ 전기력선은 도체 표면에서 수직으로 출입한다.

⑫ 전기력선은 무한원점에서 끝나거나, 무한원점에서 오는 것이 있다.

⑬ 무한원점에 있는 전하까지 합하면 전하의 총량은 0 이다.

5 전기력선 방정식　　$\dfrac{dx}{E_x}=\dfrac{dy}{E_y}=\dfrac{dz}{E_z}$

6 전속과 전속밀도

(1) 전속 Ψ = 전하 Q [C] : 매질에 관계없다.

(2) 전기력선수 $N = \dfrac{Q}{\epsilon_0}$: 매질에 따라 그 값이 달라진다.

(3) 진공 중에 점전하 Q [C]이 있고, 거리 r [m] 떨어진 구면상에서의 전속밀도 D

$$D = \frac{Q}{S} = \frac{Q}{4\pi r^2} \, [\mathrm{C/m^2}]$$

(4) 전속밀도와 전계와의 관계

$$\boldsymbol{D} = \epsilon_0 \boldsymbol{E} \, [\mathrm{C/m^2}] \ \text{또는} \ E = \frac{D}{\epsilon_0} = \frac{Q}{S\epsilon_0} = \frac{\Psi}{S\epsilon_0} \, [\mathrm{V/m}]$$

7 전속밀도 및 전계세기와 전하에 관한 법칙

1) 전속밀도와 전하

(1) 적분형 : 폐곡면에서 나오는 전 전속선 수는 폐곡면 내에 있는 전 전하량과 같다.

$$\oint_S \boldsymbol{D} \cdot d\boldsymbol{S} = Q$$

(2) 미분형 : 전속선의 발산량은 그 점에서의 체적(공간) 전하밀도 크기와 같다.

$$\rho = \operatorname{div} \boldsymbol{D} = \nabla \cdot \boldsymbol{D} = \frac{\partial D_x}{\partial x} + \frac{\partial D_y}{\partial y} + \frac{\partial D_z}{\partial z} \, [\mathrm{C/m^3}]$$

2) 전계세기와 전하

(1) 적분형 : 폐곡면에서 나오는 전 전기력선 수는 폐곡면 내에 있는 전 전하량의 $\dfrac{1}{\epsilon_0}$ 배와 같다

$$\oint_S \boldsymbol{E} \cdot d\boldsymbol{S} = \frac{Q}{\epsilon_0}$$

(2) 미분형 : 전기력선의 발산량은 그 점에서의 체적 전하밀도의 $\dfrac{1}{\epsilon_0}$ 배와 같다.

$$\operatorname{div} \boldsymbol{E} = \nabla \cdot \boldsymbol{E} = \frac{\rho}{\epsilon_0}$$

8 전위 및 전위차

(1) 전위 $V_P = -\displaystyle\int_{\infty}^{P} \boldsymbol{E} \cdot d\boldsymbol{l}$

(2) 한 개의 점전하에 의한 전위 $V = \dfrac{Q}{4\pi\epsilon_0 r} = 9 \times 10^9 \times \dfrac{Q}{r} \, [\mathrm{V}]$

(3) 2개 이상의 점전하 Q에 의한 전위의 합 $V = V_1 + V_2$ (대수합)

(반면에 전계의 합은 벡터 합이 되어야 한다 $\boldsymbol{E} = \boldsymbol{E_1} + \boldsymbol{E_2}$)

(4) 점전하 Q로부터 A, B점 까지의 거리가 r_A, r_B일 때 두 점 사이의 전위차

$$V_{AB} = \frac{Q}{4\pi\epsilon_0}\left(\frac{1}{r_A} - \frac{1}{r_B}\right)[\text{V}]$$

(5) 폐회로를 일주할 때 전계가 하는 일은 0이 된다.

$$\oint \boldsymbol{E} \cdot dl = 0 \ (\text{rot}\boldsymbol{E} = 0)$$

(6) 전위차 $\boldsymbol{V_{AB}}$는 점 A(종점)와 점 B(시점)의 위치만으로 결정되며 그 값은 경로에 관계없이 일정하다

9 등전위면

(1) 등전위면은 폐곡면이다.
(2) 전기력선은 등전위면과 항상 직교한다.
(3) 두 개의 서로 다른 등전위면은 서로 교차하지 않는다.

10 전위경도

(1) 전위가 단위 길이 당 변화하는 정도를 전위경도라 한다.

$$\text{전위경도} \ \frac{dV}{dl} = -\boldsymbol{E}\,[\text{V/m}]$$

(2) 전위경도는 전계의 세기와 크기는 같고, 방향은 반대 방향이다.
- 전위경도 $\nabla V = \text{grad}\,V\,[\text{V/m}]$
- 전계의 세기 $\boldsymbol{E} = -\left(\frac{\partial}{\partial x}\boldsymbol{i} + \frac{\partial}{\partial y}\boldsymbol{j} + \frac{\partial}{\partial z}\boldsymbol{k}\right)V = -\text{grad}\,V = -\nabla V\,[\text{V/m}]$

11 입체각

(1) 전구면의 입체각 $\omega = \dfrac{4\pi r^2}{r^2} = 4\pi\,[\text{sr}]$

(2) 반구면의 입체각 $\omega = \dfrac{2\pi r^2}{r^2} = 2\pi\,[\text{sr}]$

(3) 반지름 $a[\text{m}]$의 원 또는 원판의 중심축상 $x[\text{m}]$의 점 P에 대하여 이루는 입체각

$$\omega = 2\pi(1 - \cos\theta) = 2\pi\left(1 - \frac{x}{\sqrt{x^2 + a^2}}\right)$$

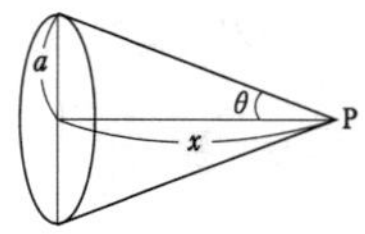

12 도체의 성질과 전하분포

① 도체 표면과 내부의 전위는 동일하고(등전위), 표면은 등전위면이다.
② 도체 내부의 전계의 세기는 0 이다.
③ 전하는 도체 내부에는 존재하지 않고, 도체 표면에만 분포한다.
④ 도체 면에서의 전계의 세기는 도체 표면에 항상 수직이다.
　　즉, 전계는 법선성분만 존재하고, 접선성분은 존재하지 않는다.
- 법선성분의 전계 $E_n = \dfrac{\sigma}{\epsilon_0}$　　　• 접선성분의 전계 $E_t = 0$

⑤ 도체 표면에서의 전하밀도는 곡률이 클수록(뾰족할수록) 높다.
⑥ 중공부에 전하가 없고 대전 도체라면, 전하는 도체 외부의 표면에만 분포한다.

13 정전응력

$$f = \frac{1}{2}DE = \frac{1}{2}\epsilon_0 E^2 = \frac{D^2}{2\epsilon_0} = \frac{\sigma^2}{2\epsilon_0}\,[\text{N/m}^2] \quad (\sigma : \text{면전하밀도 } [\text{C/m}^2])$$

14 전기 쌍극자 모멘트 M

(1) 크기 : $M = Qd[\text{C·m}]$
(2) 방향 : $-Q$에서 $+Q$로 향하는 방향

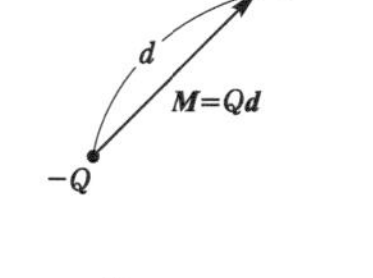

15 전기쌍극자에 의한 전위 및 전계

(1) 전위 $V = \dfrac{Q}{4\pi\epsilon_0}\left(\dfrac{1}{r_1} - \dfrac{1}{r_2}\right) = \dfrac{M\cos\theta}{4\pi\epsilon_0 r^2}\,[\text{V}]$

(2) 합성전계의 크기 $E = \dfrac{M\sqrt{1+3\cos^2\theta}}{4\pi\epsilon_0 r^3}\,[\text{V/m}]$

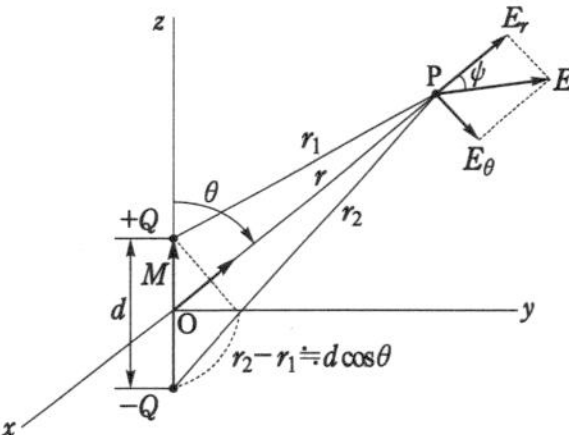

- 전계의 최대 값 : $\theta = 0°\ (\cos 0° = 1)$
- 전계의 최소 값 : $\theta = 90°\ (\cos 90° = 0)$

16 전기 이중층

(1) 세기 : $M = \sigma t\,[\text{C/m}]$ (σ : 면전하 밀도 $[\text{C/m}^2]$, t : 판의 두께 $[\text{m}]$)

(2) 전위 : $V = \pm\dfrac{M}{4\pi\epsilon_0}\omega\,[\text{V}]$

(3) 전기 이중층 양면의 전위차 $V_{PQ} = \dfrac{M}{\epsilon_0}\,[\text{V}]$

17 포아송 방정식(Poisson's equation) : 전하밀도가 0이 아닌 곳에 적용

- $\text{div grad}\,V = -\dfrac{\rho}{\epsilon_0}$ - $\nabla \cdot \nabla V = \nabla^2 V = -\dfrac{\rho}{\epsilon_0}$ $\left(\therefore\ \nabla^2 V = -\dfrac{\rho}{\epsilon_0}\right)$

(ρ : 체적 전하밀도$[\text{C/m}^3]$)

18 라플라스 방정식(Laplace's equation) : 전하밀도가 0일 때 적용

$\nabla \cdot \nabla V = \nabla^2 V = 0$ $\left(\therefore\ \nabla^2 V = 0\right)$

3 진공 중의 도체계와 정전용량

1 전위계수의 성질

- $P_{ii} > 0$ - $P_{ii} \geqq P_{ji}$ - $P_{ji} \geqq 0$ - $P_{ij} = P_{ji}$
(전위계수 P_{ij} : 도체 j에만 단위전하 +1[C]을 주었을 때 도체 i의 전위)

2   전위계수$= \dfrac{1}{C} = \dfrac{V}{Q}$ [1/F] [엘라스턴스 (elastance) (daraf)]

3   **용량계수와 유도계수**

- 용량계수$(q_{ii}) > 0$ 유도계수$(q_{ij}) \leqq 0$ $q_{ij} = q_{ji}$
- $q_{11} \geqq -(q_{21} + q_{31} + q_{41} + \cdots\cdots + q_{n1})$ 또는 $q_{11} + q_{21} + q_{31} + q_{41} + \cdots\cdots + q_{n1} \geqq 0$

4   **정전용량**

(1) 진공 중에 고립된 도체의 정전용량 $C = \dfrac{Q}{V}$ [F]

(2) 평행평판 도체에서의 정전용량 $C = \dfrac{\epsilon_0}{d} S$ [F]

(3) 반지름 a[m]인 고립 도체구의 정전용량 $C = \dfrac{Q}{V} = 4\pi\epsilon_0 a$ [F]

5   **콘덴서의 직렬접속 및 병렬접속**

항 목	직렬접속	병렬접속
결 선	C_1 C_2	C_1 C_2
합 성 정전용량	$\bullet\ C_0 = \dfrac{C_1 C_2}{C_1 + C_2}$	$\bullet\ C_0 = C_1 + C_2$
전압 및 전하량	$\bullet$ 각 콘덴서의 전하량 동일 $\quad Q_1 = Q_2 = Q_t$ $\bullet\ C_1 V_1 = C_2 V_2 = \dfrac{C_1 C_2}{C_1 + C_2} \cdot V$	$\bullet$ 각 콘덴서의 충전전압 동일 $\bullet\ V = \dfrac{Q_1}{C_1} = \dfrac{Q_2}{C_2} = \dfrac{Q_t}{C_1 + C_2}$

6   **콘덴서 직렬접속 후 전압을 상승 시킬 때 제일먼저 파괴되는 콘덴서**

(1) 콘덴서 내압이 같은 경우 : 정전용량이 제일 적은 콘덴서
(2) 콘덴서 내압이 다른 경우 : 전하량(내압×정전 용량)이 제일 적은 콘덴서

7   **정전 에너지 W**

$$W = \dfrac{1}{2} QV = \dfrac{1}{2} CV^2 = \dfrac{Q^2}{2C} \text{[J]}$$

8   **정전 에너지 밀도**

(1) 평행평판 콘덴서의 정전에너지

$$W = \dfrac{1}{2} CV^2 = \dfrac{1}{2} \cdot \dfrac{\epsilon S}{d} \cdot (dE)^2 = \dfrac{1}{2} \epsilon E^2 \cdot Sd \text{[J]} \quad (V : \text{전위차}, \ d : \text{간격}, \ S : \text{면적})$$

(2) 단위 체적당 축적되는 정전에너지 (정전에너지 밀도)

$$w = \dfrac{W}{Sd} = \dfrac{1}{2} \epsilon E^2 = \dfrac{1}{2} DE = \dfrac{1}{2} \dfrac{D^2}{\epsilon} \text{[J/m}^3\text{]}$$

(3) 진공 내에서 전위 함수 V[V]로 주어질 때 공간에 저축되는 에너지

$$W = \int_v \frac{1}{2}\epsilon_0 E^2 dv = \frac{1}{2}\epsilon_0 \int_v |-\mathrm{grad}\,V|^2 dv \,[\mathrm{J}]$$

9 정전 응력

1) 도체표면에 작용하는 정전응력 f

$$f = \frac{\sigma^2}{2\epsilon_0} = \frac{D^2}{2\epsilon_0} = \frac{1}{2}DE = \frac{1}{2}\epsilon_0 E^2 \,[\mathrm{N/m^2}]$$

(여기서, $\sigma[\mathrm{C/m^2}]$: 도체의 표면 전하밀도)

2) 반지름 a[m]인 구도체 표면에 작용하는 응력

$$f = \frac{1}{2}\epsilon_0 E^2 = \frac{1}{2}\epsilon_0 \left(\frac{Q}{4\pi\epsilon_0 a^2} \right)^2 = \frac{Q^2}{32\pi^2\epsilon_0 a^4} \,[\mathrm{N/m^2}]$$

4 유전체

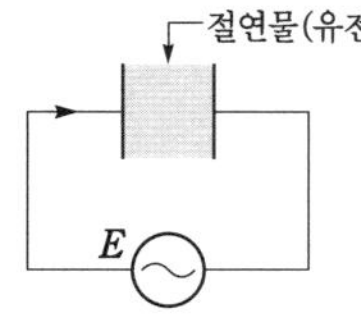

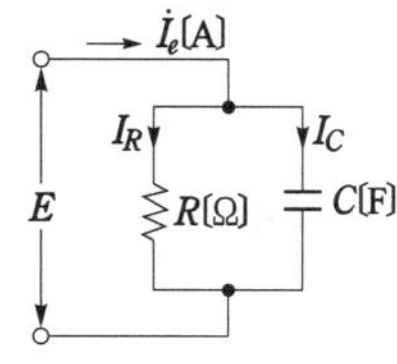

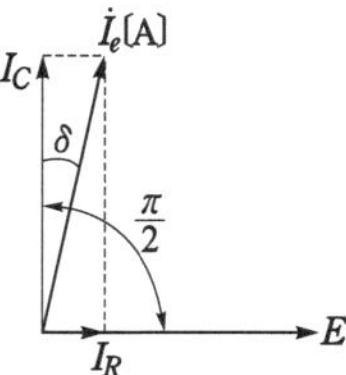

1 유전체 손실 $W_d = EI_R = EI_c \tan\delta = 2\pi f CE^2 \tan\delta$

2 유전체 역률 $\tan\delta = \dfrac{I_R}{I_c} = \dfrac{E/R}{2\pi fCE} = \dfrac{1}{2\pi fCR}$

3 비유전율 ϵ_s의 성질

(1) 유전체의 비유전율 ϵ_s는 항상 1보다 크다.
(2) 비유전율 ϵ_s는 물질의 종류에 따라 다르다.
(3) 진공 중 비유전율 $\epsilon_s = 1$
(4) 공기 중 비유전율 $\epsilon_s \fallingdotseq 1.00058$

4 분극의 종류

(1) 전자분극(electronic polarization) : 원자내의 전자와 핵의 상대적 변위로 발생
(2) 이온분극(ionic polarization) : 양으로 대전된 원자와 음으로 대전된 원자의 상대적 변위
   에 의하여 발생
(3) 쌍극자 분극(orientational polarization) : 유극성 분자가 전계 방향에 의해 재배열한 분극

5 분극의 세기 P

(1) $P = \chi E = (\epsilon - \epsilon_0)E = \epsilon E - \epsilon_0 E\,(D = \epsilon E) = D - \epsilon_0 E$ $[\chi\,(분극율) = \epsilon - \epsilon_0]$

(2) $P = \dfrac{Q}{S}$ (분극의 세기 : 단위 면적당의 분극 전하량)

(3) $P = \dfrac{M}{V}$ (분극의 세기 : 단위 체적당의 전기 쌍극자 모멘트)

6 분극의 방향 : 부(−)의 분극전하 → 정(+)의 분극전하

7 전기 감수율(비분극률) $\chi_{er} = \dfrac{\chi}{\epsilon_0} = \epsilon_s - 1$

8 패러데이관의 특징

(1) 패러데이관 내의 전속선 수는 일정하다.
(2) 진전하가 없는 점에서는 패러데이관은 연속적이다.
(3) 패러데이관 양단에 정·부의 단위 전하가 있다.
(4) 패러데이관의 밀도는 전속밀도와 같다.
(5) 패러데이 관은 $\mathrm{div}\,D = \rho$에 의하여 정전하에서 나와 부전하에서 끝나게 된다.
(6) 패러데이관 수 = 전속선 수

9 전속밀도 $D = \epsilon E = \epsilon_0 \epsilon_S E = \epsilon_0 E + \epsilon_0(\epsilon_s - 1)E = \epsilon_0 E + P\,[\mathrm{C/m^2}]$

(1) 전속밀도(D) = 진전하밀도 (σ)
(2) 분극의 세기(분극도 P) = 분극전하밀도(σ_p)

10 유전체 중의 쿨롱의 법칙

균일한 유전체 중에 거리 $r\,[\mathrm{m}]$인 점전하 Q_1, $Q_2\,[\mathrm{C}]$ 사이에 작용하는 힘

$$F = \frac{Q_1 Q_2}{4\pi\epsilon_0\epsilon_s r^2} = 9 \times 10^9 \times \frac{Q_1 Q_2}{\epsilon_s r^2}\,[\mathrm{N}]$$

11 점전하 $Q\,[\mathrm{C}]$에서 거리 $r\,[\mathrm{m}]$인 점에 생기는 전위

$$V = \frac{Q}{4\pi\epsilon_0\epsilon_s r} = 9 \times 10^9 \times \frac{Q}{\epsilon_s r}\,[\mathrm{V}]$$

12 두 유전체의 경계조건 (굴절법칙)

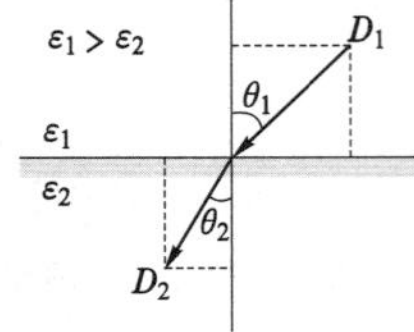

| 전속의 굴절 |

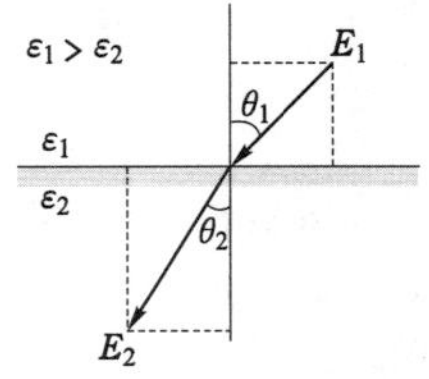

| 전기력선의 굴절 |

(1) 전속밀도(D)의 법선성분(수직성분)이 같다. $(D_1\cos\theta_1 = D_2\cos\theta_2)$

(2) 전계(E)는 접선성분(평행성분)이 같다. $(E_1\sin\theta_1 = E_2\sin\theta_2)$

(3) 두 경계면에서의 전위는 서로 같다. $(V_1 = V_2)$

(4) $\epsilon_1 > \epsilon_2$ 이면, $\theta_1 > \theta_2$ 이다.

(5) $\dfrac{\tan\theta_1}{\tan\theta_2} = \dfrac{\epsilon_1}{\epsilon_2}$

13 경계면 수직$(\theta_1 = 0°)$ 입사, $\epsilon_1 > \epsilon_2$인 경우

(1) 전속 및 전기력선은 굴절하지 않고 직진한다.$(\theta_2 = 0°)$

(2) 전속밀도는 연속(일정)한다.$(D_1 = D_2)$

(3) 전계는 불연속이다. $(E_1 < E_2)$

14 경계면 평행$(\theta_1 = 90°)$ 입사, $\epsilon_1 > \epsilon_2$인 경우

(1) 전속 및 전기력선은 굴절하지 않고 직진한다.$(\theta_2 = 90°)$

(2) 전속밀도는 불연속이다.$(D_1 > D_2)$

(3) 전계는 연속(일정)한다.$(E_1 = E_2)$

15 유전체 중의 정전 에너지 밀도

$$w = \frac{1}{2}\boldsymbol{E}\cdot\boldsymbol{D} = \frac{\epsilon E^2}{2} = \frac{D^2}{2\epsilon}\,[\mathrm{J/m^3}]$$

16 유전체에 작용하는 힘 $(\epsilon_1 > \epsilon_2$인 경우$)$

(1) 전계가 경계면에 수직일 때

① $f_n = \dfrac{1}{2}\left(\dfrac{1}{\epsilon_2} - \dfrac{1}{\epsilon_1}\right)D^2\,[\mathrm{N/m^2}]$

② 법선 성분만 존재한다.

③ 경계면에 인장응력 작용

④ 힘의 방향 : 유전율이 큰 쪽에서 적은 쪽으로

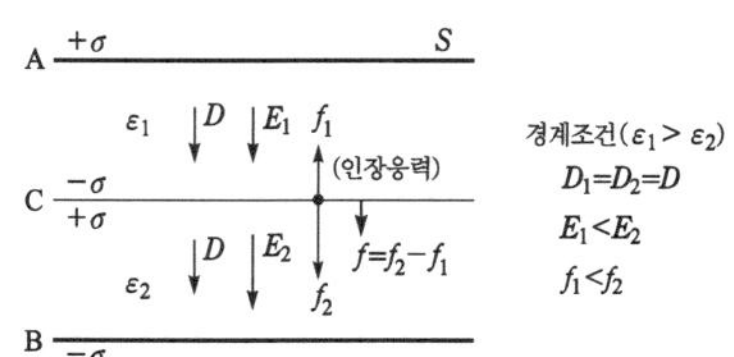

(2) 전계가 경계면에 평행일 때$(\epsilon_1 > \epsilon_2$인 경우$)$

① $f_n = \dfrac{1}{2}(\epsilon_1 - \epsilon_2)E^2\,[\mathrm{N/m^2}]$

② 접선 성분만 존재한다.

③ 경계면에 압축응력 작용

④ 힘의 방향 : 유전율이 큰 쪽에서 적은 쪽으로

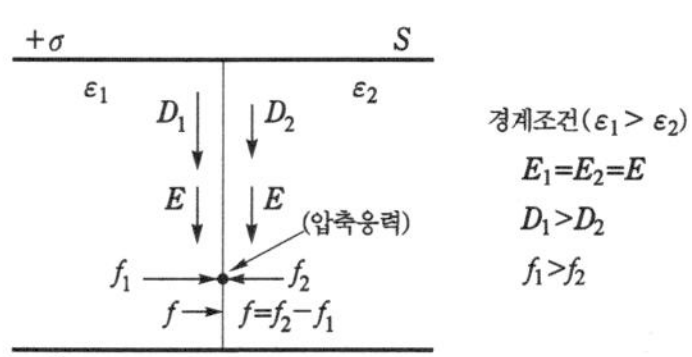

5 | 전기 영상법

1 평면 도체와 점 전하

(1) 유도전하 $-Q$와 점전하 Q사이에 작용하는 힘 F(영상력)

$$F= \frac{Q\times(-Q)}{4\pi\epsilon_0\,(2d)^2}=-\frac{Q^2}{16\pi\epsilon_0 d^2}\;[\text{N}]\;(-\text{부호 : 인력})$$

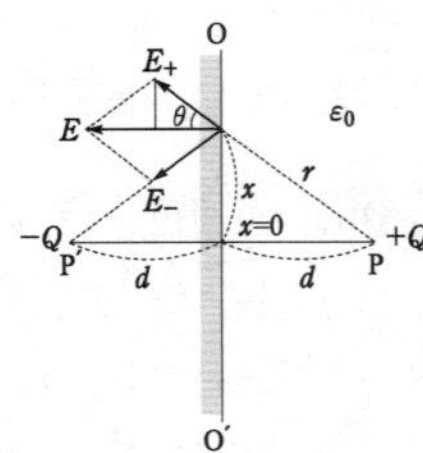

영상력은 전하의 종류에 관계없이 항상 흡인력이 작용한다.

(2) 원점으로부터 거리 x 만큼 떨어진 도체 위의 한 점의 전계 E

$$E= \frac{Q\,d}{2\pi\epsilon_0\,(d^2+x^2)^{3/2}}$$

(3) 도체 표면의 전하 밀도 $\sigma=\epsilon_0\,E= \dfrac{Qd}{2\pi(d^2+x^2)^{3/2}}\;[\text{C/m}^2]$

(4) 도체 표면의 최대 전하 밀도 $|\sigma|_{\max}= \dfrac{Q}{2\pi d^2}\;[\text{C/m}^2]$

(5) 영상전하 수량 $n= \dfrac{360}{\theta}-1\,[\text{개}]$

2 접지 도체구와 점전하

반지름 a의 접지 도체구의 중심으로부터 $d(>a)$인 점에 점전하 Q가 있는 경우

1) 영상점 : 중심으로부터 $\dfrac{a^2}{d}$인 점

2) 영상전하 $Q'=-\dfrac{a}{d}Q$

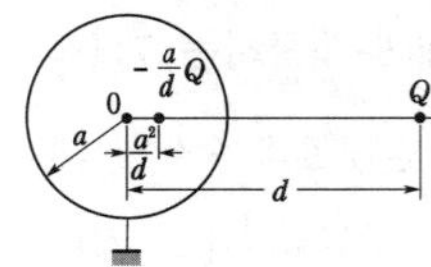

3 절연 도체구와 점전하

전계의 세기는 점전하 Q, 영상전하 $-\left(\dfrac{a}{d}\right)Q$ 및 $+\left(\dfrac{a}{d}\right)Q$의 세 개의 점전하에 의한 것이 된다.

1) 제1 영상전하

  • 영상점 : $\dfrac{a^2}{d}$ • 영상전하의 크기 : $Q'=-\dfrac{a}{d}Q$

2) 제2 영상전하

  • 영상점 : 원점   • 영상전하의 크기 : $Q'=\dfrac{a}{d}Q$

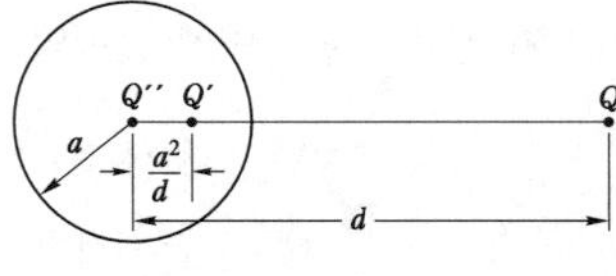

4 평판 도체와 선 전하

무한 평판 도체와 높이 h에 선전하밀도 λ를 갖는 반지름 a인 무한 직선도체가 평행으로 놓여 있는 경우의 정전용량

$$C= \frac{2\pi\epsilon_0}{\ln\dfrac{2h}{a}}\;[\text{F/m}]$$

5 평등전계 중의 유전체구

1) 유전체 구의 전계의 세기 E_i

유전율 ϵ_1인 유전체 내의 평등전계 E_0 중에 유전율 ϵ_2 반지름 a인 유전체구를 놓은 경우

$$E_i = \frac{3\epsilon_1}{2\epsilon_1 + \epsilon_2} E_0 \ [\text{V/m}]$$

2) 유전체구 내부의 전속밀도 D_i

$$D_i = \epsilon_2 E_i = \frac{3\epsilon_2}{2\epsilon_1 + \epsilon_2} D_0 \quad (D_0 : \text{최초의 전속밀도})$$

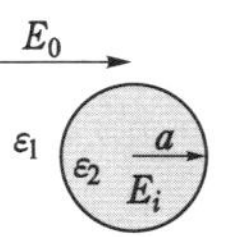

3) 전속은 유전율이 큰 부분으로 집중된다.
4) 전계는 유전율이 작은 부분으로 집중된다.

6 전류

1 전류는 미소시간 dt 사이에 그 단면을 통과한 전하량의 비율로써 정의한다

$$I = \frac{dQ}{dt} \ [\text{A}]$$

2 **전도 전류** I_c (conduction current) : 금속 도체 중을 흐르는 전류

• 순시값 $i_c = \dfrac{V_m}{R} \sin\omega t \ [\text{A}]$ • 실효값 $I_c = \dfrac{V}{R} \ [\text{A}]$

3 **변위 전류** I_d (displac-ement current) : 전속밀도의 시간적 변화에 의하여 발생

• 순시값 $i_d = \omega C V_m \sin(\omega t + 90°)$ • 실효값 $I_d = \omega C V$

4 **전류밀도와 도전율**

1) 전 류 $I = neSv = \rho_v Sv \ [\text{A}]$

2) 전류밀도 $i = \dfrac{I}{S} = nev = \rho_v v \ [\text{A/m}^2]$

3) 전류밀도 $i = \sigma E$: 정상전류의 미분형

4) 도 전 율 $\sigma = ne\mu = \rho_v \mu \ [\Omega \cdot \text{m}]^{-1}$

5) 체적전하밀도 $\rho_v = ne \ [\text{C/m}^3]$

6) 전하의 이동속도 $v = \mu E$

7) 전자의 비전하 $= \dfrac{e}{m} = \dfrac{-1.602 \times 10^{-19} \ [\text{C}]}{9.107 \times 10^{-31} \ [\text{kg}]} = -1.759 \times 10^{11} \ [\text{C/kg}]$

여기서, n : 단위체적당 전하의 수 μ : 하전입자의 이동도(mobility)
 v : 전하의 이동속도 [m/sec] S : 단면적 $[\text{m}^2]$

ρ_v : 체적전하밀도 $[C/m^3]$　　　　　σ : 도전율(conductivity)

ρ : 고유저항$[\Omega\cdot m]$

e : 한 개 입자의 전하량 $[C]$　$(1.602\times10^{-19}\,[C])$

5　**저항**　$R=\dfrac{l}{\sigma S}=\rho\dfrac{l}{S}\,[\Omega]$

6　**저항률**　$\rho=\dfrac{RS}{l}\,[\Omega\cdot m]$ 로 저항과 면적에 비례하며, 길이에 반비례한다.

7　**콘덕턴스**　$G=\dfrac{1}{R}=\sigma\dfrac{S}{l}=\dfrac{S}{\rho l}\,[\mho]$ 또는 $[S]$　$\left(\rho=\dfrac{1}{도전율}=\dfrac{1}{\sigma}\,[\Omega\cdot m]\right)$

8　**전기 저항과 정전 용량**

물질의 도전율과 유전율을 알고 있으면 저항만을 측정하여 정전용량을 구할 수 있다.

$$RC=\frac{\epsilon}{\sigma}=\epsilon\rho　　　　\therefore RC=\epsilon\rho$$

9　임의의 온도 $t\,[℃]$ 및 $t_0\,[℃]$에서의 고유저항을 ρ_t, ρ_0 라 하면

$$\rho_t=\rho_0\left\{1+\alpha_0(t+t_0)\right\}$$

10　온도 t_1 일 때의 저항 온도계수

$$\alpha_1=\frac{1}{\dfrac{1}{\alpha_0}+t_1}=\frac{\alpha_0}{1+\alpha_0 t_1}　（단, 0\,[℃]에서의 동선의 온도계수 :　\alpha_0=\frac{1}{234.5}）$$

11　온도 t_1 및 t_2 일 때 저항을 각각 R_1, R_2 라 하고, t_1 에서의 온도계수 α_1 이라 하면

$$R_2=R_1\left\{1+\alpha_1(t_2-t_1)\right\}$$

12　합성저항 온도계수 $\alpha_t=\dfrac{R_1\alpha_1+R_2\alpha_2}{R_1+R_2}$

13　전력 $P=\dfrac{W}{t}=V\dfrac{Q}{t}=VI\,[J/s]=VI\,[W]$

14　줄의 법칙

- 에너지(전력량) $W=P\cdot t=VIt=I^2Rt=\dfrac{V^2}{R}t\,[W\cdot s]$

- 열량 $Q=0.24W=0.24P\cdot t=0.24I^2Rt=0.24\dfrac{V^2}{R}t\,[cal]$

15　열전현상

(1) 제베크 효과(Seebeck effect)

① 서로 다른 두 종류의 금속선으로 폐회로 구성

② 두 접합점의 온도를 달리하였을 때, 폐회로에 열기전력이 발생

③ 열전대에 이용

(2) 펠티에 효과(Peltier effect)
   ① 서로 다른 두 종류의 금속선으로 폐회로 구성
   ② 전류를 흘리면 금속선의 접속점에서 열의 흡수(온도 강하) 또는 발생(온도 상승)
   ③ 제베크 효과의 역효과로서 이 현상을 이용하여 저온을 얻는 것을 전자냉동이라 한다.

(3) 톰슨 효과(Thomson effect)
   ① 동일한 금속 도선
   ② 고온쪽에서 저온쪽으로 전류를 흘리면 도선 속에서 열이 발생되거나 흡수가 일어나는 현상

7 정자계

1 쿨롱의 법칙

$$F = \frac{m_1 m_2}{4\pi\mu_0 r^2} = 6.33 \times 10^4 \times \frac{m_1 m_2}{r^2} \, [\text{N}]$$

(m_1, m_2 : 자극의 세기[Wb], r : 자극간의 거리[m])

- 진공의 투자율 $\mu_0 = 4\pi \times 10^{-7}\,[\text{H/m}]$
- $\dfrac{1}{4\pi\mu_0} = 6.33 \times 10^4$
- 동일 부호의 자극사이에는 반발력, 서로 다른 부호의 자극사이에는 흡인력이 작용

2 m[Wb]의 점자극에서 나오는 자력선 수 N

$$N = \frac{m}{\mu} = \frac{m}{\mu_0\,\mu_s}\,[\text{개}]$$

3 자속밀도 B

$$B = \frac{\phi}{S} = \frac{m}{S}\,[\text{Wb/m}^2] \quad \text{또는} \quad \phi = \boldsymbol{B} \cdot \boldsymbol{S} \;\; (\phi : \text{자속[Wb]}, \; S : \text{면적[m}^2\text{]})$$

4 자속밀도 B와 자계의 세기 H와의 관계 $B = \mu H\,[\text{Wb/m}^2]$

5 자계의 세기 H : 자계 중의 한 점에 단위자하 ($+1$[Wb])를 놓았을 때, 이에 작용하는 힘

$$H = \frac{m}{4\pi\mu_0 r^2} = 6.33 \times 10^4 \times \frac{m}{r^2}\,[\text{AT/m}]$$

6 쿨롱력과 자계

- 진공 중 $F = \dfrac{m^2}{4\pi\mu_0 r^2}\,[\text{N}]$ · 진공 이외의 매질 $F = \dfrac{m^2}{4\pi\mu r^2}\,[\text{N}]$

7 점자극 $\boldsymbol{m}$에서 $\boldsymbol{r}$ 거리인 점의 자위 $U_m = \dfrac{m}{4\pi\mu r}\,[\text{AT}]$

8 자기 모멘트 M

- 크기 : $M = ml$ [Wb·m]
- 방향 : $-m$에서 $+m$으로 향하는 방향

9 자기 쌍극자에서 거리 r 만큼 떨어진 임의의 한 점에서의 자위 U

$$U = \frac{M\cos\theta}{4\pi\mu_0 r^2} = 6.33 \times 10^4 \times \frac{M\cos\theta}{r^2} \ [\text{AT}]$$

10 자기 쌍극자에서 거리 r 만큼 떨어진 임의의 한 점에서의 자계의 세기 H

$$H = \frac{M}{4\pi\mu_0 r^3} \sqrt{1 + 3\cos^2\theta} \ [\text{AT/m}]$$

11 판자석의 자위 $U_m = \pm \dfrac{M\omega}{4\pi\mu_0}$ [AT]

12 판자석 양면의 자위차 $U_{NS} = \dfrac{M}{\mu_0}$ [AT]

13 자석의 자기 모멘트 $M = ml$ [Wb·m] (m : 자극, l : 자극간의 거리)

14 평등자계 H내에 길이 l, 자극의 세기 $\pm m$인 자석이 자계와 θ의 각을 이루고 있을 때 자석이 받는 회전력 T

$$T = Fl' = Fl\sin\theta = mHl\sin\theta \ [\text{N·m}]$$

15 정전계와 정자계의 유사성

정 전 계		정 자 계	
전 하	Q [C]	자 하 (자극의 세기)	m [Wb]
진공의 유전율	$\epsilon_0 = 8.85 \times 10^{-12}$ [F/m]	진공의 투자율	$\mu_0 = 4\pi \times 10^{-7}$ [H/m]
전 속	$\Psi = Q$ [C]	자 속	$\phi = m$ [Wb]
전 속 밀 도	$D = \dfrac{\Psi}{S} = \dfrac{Q}{S}$ [C/m^2] $\therefore \Psi = DS$ [C]	자 속 밀 도	$B = \dfrac{\phi}{S} = \dfrac{m}{S}$ [Wb/m^2] $\therefore \phi = BS$ [Wb]
전 기 력 선	$N = \dfrac{\Psi}{\epsilon_0} = \dfrac{Q}{\epsilon_0}$ [lines]	자 력 선	$N = \dfrac{\phi}{\mu_0} = \dfrac{m}{\mu_0}$ [lines]
전 계 의 세 기 (=전기력선밀도)	$E = \dfrac{D}{\epsilon_0}$ [V/m] $\therefore D = \epsilon_0 E$	자 계 의 세 기 (=자력선밀도)	$H = \dfrac{B}{\mu_0}$ [AT/m] $\therefore B = \mu_0 H$
쿨 롱 의 법 칙 (전기력)	$F = \dfrac{Q_1 Q_2}{4\pi\epsilon_0 r^2}$ [N]	쿨 롱 의 법 칙 (전기력)	$F = \dfrac{m_1 m_2}{4\pi\mu_0 r^2}$ [N]
전 계 의 세 기	$E = \dfrac{Q}{4\pi\epsilon_0 r^2}$ [V/m]	자 계 의 세 기	$H = \dfrac{m}{4\pi\mu_0 r^2}$ [AT/m]

정 전 계		정 자 계	
힘 과 전 계	$F = QE[\text{N}]$	힘 과 전 계	$F = mH[\text{N}]$
전 위	$V = \dfrac{Q}{4\pi\epsilon_0\, r}\,[\text{V}]$	자 위	$U = \dfrac{m}{4\pi\mu_0\, r}\,[\text{AT}]$
전 기 쌍 극 자	$V = \dfrac{M\cos\theta}{4\pi\epsilon_0\, r^2}\,[\text{V}]$	소 자 석	$U = \dfrac{M\cos\theta}{4\pi\mu_0\, r^2}\,[\text{AT}]$
전 기 이 중 층	$V = \dfrac{M}{4\pi\epsilon_0}\,\omega[\text{V}]$	판 자 석	$U = \dfrac{M}{4\pi\mu_0}\,\omega[\text{AT}]$
전 위 경 도	$\boldsymbol{E} = -\operatorname{grad} V$	자 위 경 도	$\boldsymbol{H} = -\operatorname{grad} U$

8 전류에 의한 자계

1 무한직선 전류에 의한 자계 H

$$H = \frac{I}{2\pi r}\,[\text{AT/m}] \quad (r : \text{거리}[\text{m}])$$

2 반지름 $a[\text{m}]$인 원통형(원주형) 도체의 전류에 의한 자계

- 도체 내부$(r \leq a)$: $H = \dfrac{rI}{2\pi a^2}\,[\text{AT/m}]$

- 도체 외부$(r \geq a)$: $H = \dfrac{I}{2\pi r}\,[\text{AT/m}]$

- 도체 내부에서는 축으로부터 떨어진 거리 r에 비례하나 도체외부에서는 r에 반비례하게 된다.

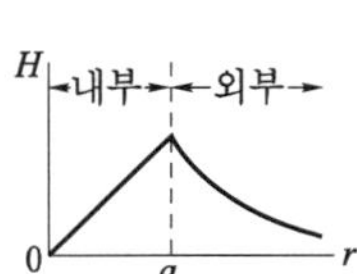

3 유한 직선도체에 전류 $I[\text{A}]$가 흐를 때 자계

$$H = \frac{I}{4\pi r}(\sin\theta_1 + \sin\theta_2) = \frac{I}{4\pi r}(\cos\alpha_1 + \cos\alpha_2)\,[\text{AT/m}]$$

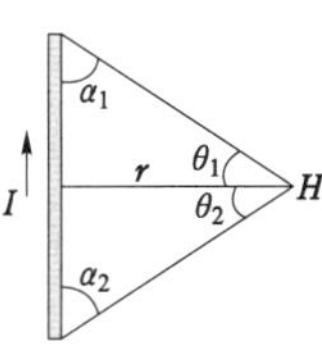

4 한 변이 l인 정삼각형 중심의 자계 : $H = \dfrac{9I}{2\pi l}\,[\text{AT/m}]$

5 한 변이 l인 정사각형 중심의 자계 : $H = \dfrac{2\sqrt{2}\,I}{\pi l}\,[\text{AT/m}]$

6 한 변이 l인 정육각형 중심의 자계 : $H = \dfrac{\sqrt{3}\,I}{\pi l}\,[\text{AT/m}]$

7 반지름 r인 원에 내접하는 정n각형의 회로에 전류 I가 흐를 때 원 중심점에서의 자계

(1) 전류에 의한 한 변의 자계 : $H_1 = \dfrac{I}{2\pi r}\tan\dfrac{\pi}{n}\,[\text{AT/m}]$

(2) n변형 중심의 자계 : $H = \dfrac{nI}{2\pi r}\tan\dfrac{\pi}{n}\,[\text{AT/m}]$

8 원형 전류 중심의 자계의 세기 : $H_0 = \dfrac{I}{2a}$ [AT/m]

9 원형전류 중심 축상 점 P에서의 자계의 세기

$$H_x = \dfrac{a^2 I}{2(a^2 + x^2)^{3/2}}\,[\text{AT/m}]$$

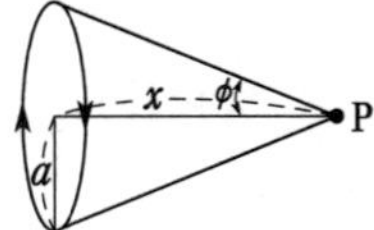

10 무한장 솔레노이드

(1) 내부 : $H = nI$ (내부에서는 평등자계 임)

(2) 외부 : $H = 0$

11 평등자계를 얻는 방법

(1) 단면적에 비하여 길이가 충분히 긴 solenoid

(2) 솔레노이드에 도선을 촘촘히 감는다.

(3) 무한장 솔레노이드 ($\because$ 누설 자속이 발생하지 않도록 하기 위함)

12 환상 솔레노이드

(1) 내부 : $H = \dfrac{NI}{2\pi r}$ (내부에서는 균등자계 임)

(2) 외부 : $H = 0$

13 원형전류의 등가 판자석

(1) 점 P에서의 자위 $U = \dfrac{I}{4\pi}\omega$ [A]

(2) 자계 중의 두 점 A, B 사이의 자위차 $U_{AB} = -\displaystyle\int_B^A \boldsymbol{H} \cdot dl = I = \dfrac{M}{\mu_0}$

(등가판자석의 세기 $M = \mu_0 I$)

14 비오–사바르 법칙

임의의 형상의 도선에 전류 I[A]가 흐를 때, 도선 상의 미
소길이 dl 부분에 흐르는 전류에 의하여 거리 r 만큼 떨어
진 점 P에서의 자계의 세기 $d\boldsymbol{H}$는

$$dH = \dfrac{Idl\sin\theta}{4\pi r^2}$$

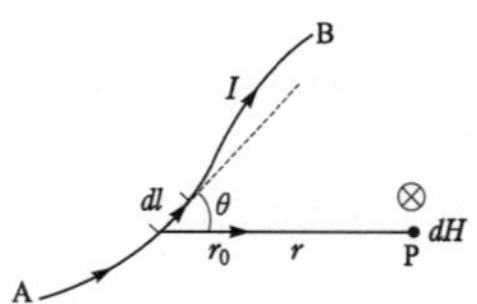

15 자계 내에서 전류 도체가 받는 힘 $F = BIl\sin\theta$ [N]

16 플레밍의 왼손 법칙(Fleming's left hand law)

- 엄지 : 힘(F)의 방향
- 인지 : 자속(B)의 방향
- 중지 : 전류(I)의 방향

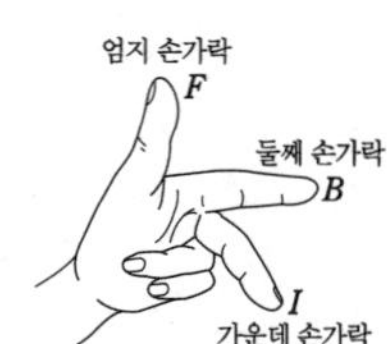

17 전하 q가 자속밀도 B인 평등자계 내를 이동 할 때의 전자력 F

- $F = q(v \times B)$ [N] $\quad$ • $F = Bqv\sin\theta$ [N]
- 자계와 평행 입사 : $F=0$이 되어 처음 상태와 같은 직선 궤적
- 자계와 수직 입사 : $F=qvB$가 되고 플레밍 왼손법칙에 의해 등속 원운동
- 회전 반경 $r = \dfrac{mv}{qB}$ [m] $\quad$ • 각속도 $\omega = \dfrac{qB}{m}$ [rad/sec] $\quad$ • 주기 $T = \dfrac{2\pi m}{qB}$ [sec]

  여기서, m : 질량[kg], q : 전기량[C], v : 속도[m/sec]
  $\qquad$ ω : 각속도[rad/sec], B : 자속밀도[Wb/m²]

18 운동 전하 q에 전계 E와 자계 H가 동시에 작용하고 있는 경우

$\qquad F = q(E + v \times B)$ [N] : 로렌쯔의 힘(Lorentz's force)

19 평행도체 상호간에 작용하는 힘

- 도체 A에 의한 도체 B의 단위길이에 작용하는 힘 $F = \mu_0 H_1 I_2 = \dfrac{\mu_0 I_1 I_2}{2\pi r}$ [N/m]
- 두 도체의 전류가 동일 방향 : 흡인력
- 두 도체의 전류가 반대 방향 : 반발력

9 | 자성체

1 자성체의 특징

자성체의 종류	투자율	비투자율	비자하율	자기모멘트의 크기와 배열	종 류
강 자 성 체	$\mu \gg \mu_0$	$\mu_s \gg 1$	$\chi_m \gg 1$		철(Fe), 니켈(Ni) 코발트(Co)
페 리 자 성 체					자철석(Fe_3O_4) 페라이트
상 자 성 체	$\mu > \mu_0$	$\mu_s > 1$	$\chi_m > 0$		백금(Pt), 알루미늄(Al) 산소(O_2), 질소(N_2)
반 자 성 체	$\mu < \mu_0$	$\mu_s < 1$	$\chi_m < 0$		금(Au), 은(Ag) 구리(Cu), 비스무트(Bi) 물(H_2O)
반 강 자 성 체					

2 강자성체의 특징

① 자구가 존재한다.   ② 히스테리시스 현상이 있다.
③ 자기포화 특성이 있다.   ④ 투자율이 높다.

3   자석 재료

(1) 영구자석 재료 : 잔류자기(B_r) 및 보자력(H_c)이 클 것

(2) 전자석 재료 : 잔류자기(B_r)는 크고 $\boldsymbol{H_c}$(보자력)가 적을 것

4   퀴리점 또는 임계온도

강자성이 상자성으로 변하면서 강자성을 잃어버리는 온도를 임계온도 또는 퀴리점이라 한다.

5   소자법

① 직류법   ② 교류법   ③ 가열법

6   자성체 내부자계(H)＝외부자계(H_0)－감자력(H')

7   감자력 H'는 자화의 세기 J에 비례하며 자성체의 형태에 따라 결정된다.

$$H' = \frac{N}{\mu_0} J \quad (N : 감자율,\ 0 \leq N \leq 1)$$

8   자기 차폐

(1) 자속은 투자율이 큰 자성체 내부로만 통과하므로 투자율이 큰 강자성체를 사용하여 외부자계의 영향을 작게 하는 자기적인 차단을 자기 차폐(magnetic shielding)라 한다.

(2) 자계에서는 투자율이 ∞인 자성체가 존재하지 않기 때문에 완전히 차단하는 것은 불가능

9   정전 차폐

정전 차폐는 임의의 도체를 접지된 도체로 완전 포위하면 외부 전계의 영향을 완전히 막을 수 있다.

10   자화의 세기 J

① 단위면적당의 자화된 자극의 세기로 표시 : $J = \dfrac{m}{S} = \dfrac{ml}{Sl} = \dfrac{M}{V} [\mathrm{Wb/m^2}]$

② 단위체적당의 자기모멘트로 표시 : $J = \dfrac{M}{V} [\mathrm{Wb/m^2}]$

11   자화의 세기 J와 자계의 세기 H와의 관계

① $J = \chi H = (\mu - \mu_0)H = \mu_0(\mu_s - 1)H = \dfrac{\mu_0(\mu_s-1)B}{\mu} = \dfrac{\mu_s-1}{\mu_s}B\ [\mathrm{Wb/m^2}]$

- 자화율 $\chi = \mu - \mu_0$

- 비자화율 $\chi_s = \mu_s - 1$

  여기서, $\dfrac{\mu_s-1}{\mu_s}$는 1보다 약간 작으므로 J도 B보다 약간 작다.

② $J = (\mu - \mu_0)H = B - \mu_0 H$

12 자화의 세기 J와 분극의 세기 P의 대응

분극의 세기(유전체 내부현상)	자화의 세기(자성체 내부현상)
$P=\chi E$ 분극률 : $\chi=\epsilon-\epsilon_0=\epsilon_0(\epsilon_s-1)$	$J=\chi H$ 자화율 : $\chi=\mu-\mu_0=\mu_0(\mu_s-1)$
$P=(\epsilon-\epsilon_0)E$ $\quad=\epsilon E-\epsilon_0 E\,(D=\epsilon E)=D-\epsilon_0 E$	$J=(\mu-\mu_0)H$ $\quad=\mu H-\mu_0 H\,(B=\mu H)=B-\mu_0 H$
$\therefore D=\epsilon_0 E+P$	$\therefore B=\mu_0 H+J$

13 자속밀도 $B=\mu H+J\,[\mathrm{Wb/m^2}]$

14 자기회로

① 기 자 력 $F=NI=\phi_m R_m\,[\mathrm{AT}]$ (N : 코일의 권수)

② 자기저항 $R_m=\dfrac{l}{\mu S}\,[\mathrm{AT/Wb}]$ (S : 단면적$[\mathrm{m^2}]$, l : 자로의 길이$[\mathrm{m}]$)

③ 자기회로의 옴의 법칙 $\phi=\dfrac{F}{R_m}$ (ϕ : 자속)

④ 자기회로에서의 키로히호프의 법칙 $\displaystyle\sum_{i=1}^{n}R_i\phi_i=\sum_{i=1}^{n}N_i I_i$

⑤ 철심부의 자기저항 $R_i=\dfrac{l_i}{\mu S}$ (여기서, l_i : 철심의 자로의 길이)

⑥ 공극부의 자기저항 $R_g=\dfrac{l_g}{\mu_0 S}$ (여기서, l_g : 공극부의 자로의 길이)

⑦ 합성자기저항 (철심의 자기저항과 공극부의 자기저항은 직렬접속)

$$R_m=R_i+R_g=\frac{l_i}{\mu S}+\frac{l_g}{\mu_0 S}=\frac{l_i}{\mu S}\left(1+\frac{l_g}{l_i}\mu_s\right)$$

⑧ 자속 $\phi=\dfrac{NI}{R}=\dfrac{NI}{\dfrac{l_i}{\mu S}\left(1+\dfrac{l_g}{l_i}\mu_s\right)}\,[\mathrm{Wb}]$

15 공극이 있는 경우와 공극이 없는 경우의 비교

(1) 자기저항 비교

① 공극이 있는 경우의 자기저항 $R_m=\dfrac{l_i}{\mu S}\left(1+\dfrac{l_g}{l_i}\mu_s\right)$

② 공극이 없는 경우의 자기저항 $R_0=\dfrac{l_i+l_g}{\mu S}=\dfrac{l}{\mu S}$

③ 자기저항의 비 $\dfrac{R_m}{R_0}=1+\dfrac{l_g}{l_i}\mu_s$ ($l_i\gg l_g$인 경우)

(2) 자계의 세기 비교

① 철심에서의 자계의 세기 $H_i = \dfrac{\phi}{\mu S} = \dfrac{NI}{l_i\left(1 + \dfrac{l_g}{l_i}\mu_s\right)}$

② 공극에서의 자계의 세기 $H_g = \dfrac{\phi}{\mu_0 S} = \dfrac{NI\mu_s}{l_i\left(1 + \dfrac{l_g}{l_i}\mu_s\right)}$

16 전기회로와 자기회로의 대응

전 기 회 로		자 기 회 로	
기 전 력	$U\,[\text{V}]$	기 자 력	$F_m\,[\text{AT}]$
전 류	$I\,[\text{A}]$	자 속	$\phi\,[\text{Wb}]$
전 계	$E\,[\text{V/m}]$	자 계	$H\,[\text{AT/m}]$
전기저항	$R\,[\Omega]$	자기저항	$R_m\,[\text{AT/Wb}]$
도 전 율	$\sigma\,[\text{S/m}]$	투 자 율	$\mu\,[\text{H/m}]$
옴의법칙	$E = IR\,[\text{V}]$ $\therefore I = \dfrac{E}{R}\,[\text{A}]$	옴의법칙	$F_m = \phi R_m\,[\text{AT}]$ $\therefore \phi = \dfrac{NI}{R_m}\,[\text{Wb}]$

17 자성체에서의 경계조건

(1) $B_1\cos\theta_1 = B_2\cos\theta_2\ (B_1 = \mu_1 H_1,\ B_2 = \mu_2 H_2)$

(2) $H_1\sin\theta_1 = H_2\sin\theta_2$

(3) 자성체의 굴절의 법칙 $\dfrac{\tan\theta_2}{\tan\theta_1} = \dfrac{\mu_2}{\mu_1}$

즉, 굴절각은 투자율에 비례한다.

18 자계 에너지

(1) 정자계 에너지 밀도 : $w_m = \dfrac{1}{2}BH = \dfrac{1}{2}\mu H^2 = \dfrac{B^2}{2\mu}\,[\text{J/m}^3]$

(2) 흡인력 : $f = \dfrac{1}{2}BH = \dfrac{1}{2}\mu H^2 = \dfrac{B^2}{2\mu}\,[\text{N/m}^2]$

10 전자유도

1 전자 유도 전압 $e = -\dfrac{d\Phi}{dt} = -N\dfrac{d\phi}{dt}\,[\text{V}]$

(1) 렌쯔의 법칙
  ① 전자유도에 의해 발생하는 기전력은 자속 변화를 방해하는 방향
  ② 기전력의 방향(−)을 결정
  ③ 유도기전력의 방향이 −인 것은 전류 및 자속 ϕ의 방향을 +로 정했기 때문
(2) 페러데이 법칙(Faraday's law) 또는 노이만 법칙(Neumann's law)
  ① 유도 기전력의 크기는 폐회로에 쇄교하는 자속의 시간적 변화율에 비례한다.
  ② 기전력의 크기를 결정한다.

2 상호 유도작용에 의한 유기기전력

(1) $e_1 = M\dfrac{di_2}{dt}$ [V] (2) $e_2 = M\dfrac{di_1}{dt}$ [V] (M : 상호인덕턴스)

3 전자 에너지(electromagnetic energy) 혹은 자계 에너지(magnetic energy)

(1) 회로가 1개일 때 $W_m = \dfrac{1}{2}LI^2$ [J]

(2) 회로가 2개일 때 $W_m = \dfrac{1}{2}L_1 I_1^{\ 2} + \dfrac{1}{2}L_2 I_2^{\ 2} \pm MI_1 I_2$ [J]

4 운동 기전력 $e = Blv\sin\theta$ [V]

(B : 자속밀도[Wb/m²], l : 도체의 길이[m], v : 속도[m/sec])

5 자속밀도 B에서 반지름 a인 도체가 이동 또는 회전할 때

유기기전력 $e = \dfrac{\omega Ba^2}{2} = \dfrac{\omega\mu_0 Ha^2}{2} = \dfrac{\left(\dfrac{2\pi N}{60}\right)\mu_0 Ha^2}{2} = \dfrac{\pi N\mu_0 Ha^2}{60}$ [V]

6 표피두께(skin depth) 또는 침투깊이 δ

$\delta = \sqrt{\dfrac{2}{\omega\sigma\mu}} = \sqrt{\dfrac{1}{\pi f\sigma\mu}}$ [m] (f : 주파수, σ : 도전율, μ : 투자율)

11 | 인덕턴스

1 자기유도 작용에 의해 발생하는 기전력의 크기 $e = -L\dfrac{dI}{dt}$ [V]

2 전자유도 작용에 의해 발생하는 기전력의 크기 $e = -\dfrac{d\Phi}{dt} = -N\dfrac{d\phi}{dt}$ [V]

3 쇄교 자속수 $\Phi(=N\phi)$와 자기 인덕턴스 L과의 관계

$N\phi = LI$ $\therefore L = \dfrac{N\phi}{I}$ [Wb/A] 또는 [H]

4 자기 인덕턴스(L)와 상호 인덕턴스(M)의 부호

(1) 자기 인덕턴스란 항상 정(+)의 값을 갖는다.

(2) 두 코일에 흐르는 전류가 만드는 자속이 같은 방향이면 정(+)의 값을, 반대 방향이면 부(−) 의 값을 갖는다.

(3) 인덕턴스의 단위 $[\text{henry}] = [\dfrac{\text{volt}}{\text{ampere}} \cdot \text{sec}] = [\text{ohm} \cdot \text{sec}]$

5 자기 인덕턴스 L을 구하는 방법

(1) 자속 쇄교법 $L = \dfrac{N\phi}{I}\,[\text{H}]$

(2) 자기 에너지법 $L = \displaystyle\int_v \boldsymbol{B} \cdot \boldsymbol{H} dv\,[\text{H}]$

(3) 벡터 포텐셜법 $L = \dfrac{1}{I^2} \displaystyle\int_v \boldsymbol{A} \cdot \boldsymbol{J} dv = \dfrac{1}{I} \displaystyle\int_s \boldsymbol{B} \cdot ds = \dfrac{\phi}{I}\,[\text{H}]$

(4) 정전 용량법 $LC = \dfrac{\phi}{I} \times \dfrac{Q}{V} = \mu\epsilon$ 에서 $L = \dfrac{\mu\epsilon}{C}\,[\text{H}]$

6 자기인덕턴스 계산 예

(1) 환상 솔레노이드 : $L = \dfrac{\mu S N^2}{l}\,[\text{H}]$ (S : 단면적[m²], l : 길이[m], N : 권수)

(2) 직선 솔레노이드 : $L = \dfrac{\mu S N^2}{l}\,[\text{H}]$

(3) 무한장 솔레노이드의 단위길이당 자기 인덕턴스 : $L = \mu S n^2\,[\text{H/m}]$
　　(n : 단위길이당 권수)

(4) 원형 코일 : $L = \dfrac{\pi a \mu N^2}{2}\,[\text{H}]$ (a : 반지름[m])

(5) 동축 케이블

　① 내부 인덕턴스 : $L_i = \dfrac{\mu}{8\pi}\,[\text{H/m}]$

　② 외부 인덕턴스 : $L_e = \dfrac{\mu_0}{2\pi} \ln\dfrac{b}{a}\,[\text{H/m}]$ (a : 내경의 반지름, b : 외경의 반지름)

　③ 전 인덕턴스 : $L = L_e + L_i = \dfrac{\mu_0}{2\pi} \ln\dfrac{b}{a} + \dfrac{\mu}{8\pi}\,[\text{H/m}]$

(6) 평행 왕복 도체

　① 선간의 자기 인덕턴스 $L_0 = \dfrac{\phi}{I} = \dfrac{\mu_0}{\pi} \ln\dfrac{d}{a}\,[\text{H/m}]$

　② 도체 내부에서의 자기인덕턴스 $L_i = \dfrac{\mu}{8\pi}\,[\text{H/m}]$

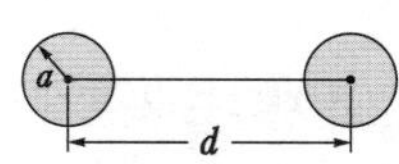

　③ 전 인덕턴스 $L = \dfrac{\mu_0}{\pi} \ln\dfrac{d}{a} + 2 \times \dfrac{\mu}{8\pi} = \dfrac{\mu_0}{\pi} \ln\dfrac{d}{a} + \dfrac{\mu}{4\pi}\,[\text{H/m}]$

7 상호 인덕턴스

① $M_{12} = \dfrac{N_2\,\phi_1}{I_1}$　　　　　　② $M_{21} = \dfrac{N_1\,\phi_2}{I_2}$

8 상호인덕턴스에 의해 유기되는 기전력

$$e_2 = -\,N_2\frac{d\phi_1}{dt} = -\,M\frac{dI_1}{dt}\,[\mathrm{V}]$$

9 자기인덕턴스와 상호인덕턴스의 관계

(1) 누설자속이 없는 경우 $M^2 = L_1 L_2$ 가 된다.　　$\therefore M = \sqrt{L_1 L_2}$

(2) 누설자속이 있는 경우

$k = \dfrac{M}{\sqrt{L_1 L_2}}$ 또는 $M = k\sqrt{L_1 L_2}$ 　(k : 결합계수)

(3) 자기인덕턴스 $L_1 = \dfrac{N_1\phi_1}{I_1} = \dfrac{N_1}{I_1}\cdot\dfrac{N_1 I_1}{R_m} = \dfrac{N_1^2}{R_m}\,[\mathrm{H}]$

(4) 누설자속이 없는 경우 상호인덕턴스

① $M_{12} = M_{21} = M = \dfrac{N_1 N_2}{R_m}\,[\mathrm{H}]$

② $M = \dfrac{N_2}{N_1}L_1\,[\mathrm{H}]$ 가 된다.

(5) 결합계수$(0 \le k \le 1)$
　① $k = 0$: 자기적 결합이 전혀 되지 않음 $(M = 0)$
　② $0 < k < 1$: 일반적인 자기 결합 상태 $(M = k\sqrt{L_1 L_2})$
　③ $k = 1$: 완전한 자기 결합 $(M = \sqrt{L_1 L_2})$

(6) C_1, C_2의 두 폐회로간의 상호 인덕턴스를 구하는 노이만 공식

$$M = \frac{\mu}{4\pi}\oint_{c2}\oint_{c1}\frac{d\boldsymbol{l}_1\cdot d\boldsymbol{l}_2}{r}$$

10 자기적 결합(유도 결합)을 갖는 인덕턴스의 직렬 접속

(1) 1, 2차 코일에 유도되는 전압 v_1, v_2

　• $v_1 = L_1\dfrac{di_1}{dt} \pm M\dfrac{di_2}{dt}$　　　　　• $v_2 = L_2\dfrac{di_2}{dt} \pm M\dfrac{di_1}{dt}$

여기서, $L_1\dfrac{di_1}{dt}$, $L_2\dfrac{di_2}{dt}$: 자기유도전압 , $\pm M\dfrac{di_2}{dt}$, $\pm M\dfrac{di_1}{dt}$: 상호유도전압

(2) 상호 유도 전압의 극성

　• 자속이 같은방향 : $+ M\dfrac{di_2}{dt}$　　　　• 자속이 반대방향 : $- M\dfrac{di_2}{dt}$

(3) $M > 0$일 때의 등가 인덕턴스 L^+ (L_1, L_2에 흐르는 전류가 같은 방향)

$$L^+ = L_1 + L_2 + 2M$$

(4) $M < 0$일 때의 등가 인덕턴스 L^- (L_1, L_2에 흐르는 전류가 반대방향)

$$L^- = L_1 + L_2 - 2M$$

(5) 상호 인덕턴스 $M = \dfrac{L^+ - L^-}{4}$

---

12 | 전자계

1 변위 전류 및 변위 전류 밀도는 시간적으로 변화하는 전속 밀도에 의한 전류를 말한다.

$$i_d = \frac{\partial D}{\partial t} \, [\mathrm{A/m^2}] \quad (D : 전속밀도)$$

2 콘덴서의 전극 사이에 흐르는 전류

(1) 전도 전류 : $+Q$ 에서 $-Q$ 로 흐른다.
(2) 변위 전류 : $-Q$ 에서 $+Q$ 로 흐른다.

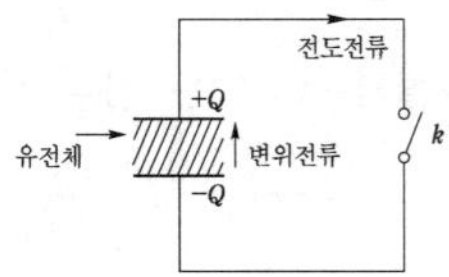

3 변위전류는 전도전류와 마찬가지로그 주위에 자계를 발생시키고 그 크기와 방향은 비오사바르 법칙이나 암페어의 주회적분 법칙을 따른다.

(1) 변위 전류 밀도 $i_d = \dfrac{\partial D}{\partial t} = \dfrac{\epsilon}{d} \omega V_m \sin\left(\omega t + \dfrac{\pi}{2}\right) [\mathrm{A/m^2}]$

(2) 변위 전류 $I_d = i_d S = \dfrac{\epsilon S}{d} \omega V_m \cos\omega t = \dfrac{\epsilon S}{d} \omega V_m \sin\left(\omega t + \dfrac{\pi}{2}\right) [\mathrm{A}]$

4 유전체 중에서의 변위전류밀도

$$i_d = \epsilon_0 \frac{\partial E}{\partial t} + \frac{\partial P}{\partial t} [\mathrm{A/m^2}] \quad (E : 전계의 세기, \ P : 분극의 세기)$$

유전체 중의 변위 전류=진공 중의 전계 변화에 의한 변위 전류 + 구속 전자의 변위에 의한 분극 전류

5 전도전류와 변위전류의 크기가 같게 되는 임계주파수 $f_c = \dfrac{\sigma}{2\pi\epsilon}$ (σ : 도전율, ϵ : 유전율)

6 임의의 주파수 f에서의 유전체 손실각 $\tan\theta = \dfrac{i_c}{i_d} = \dfrac{f_c}{f}$

7 시변계에서의 전계의 세기 $E = -\mathrm{grad}\,V - \dfrac{\partial A}{\partial t}$

E = 전하에 의한 전계 + 자계의 시간적 변화에 따른 전계
단, A는 벡터 퍼텐셜, V는 전위, H는 자계의 세기

8 전자계의 파동방정식

(1) 전계 $\nabla^2 E = \epsilon\mu \dfrac{\partial^2 E}{\partial t^2}$

(2) 자계 $\nabla^2 H = \epsilon\mu \dfrac{\partial^2 H}{\partial t^2}$

9 포인팅 벡터 $P = E \times H$

10 특성임피던스 η : 전계 E 와 자계 H 의 비

$$\eta = \frac{E_x}{H_y} = \sqrt{\frac{\mu}{\epsilon}}$$

(1) 진공의 고유 임피던스 $\eta_0 = \dfrac{E}{H} = \sqrt{\dfrac{\mu_0}{\epsilon_0}} = 377\,[\Omega]$

(2) 매질의 고유 임피던스 $\eta = \dfrac{E}{H} = \sqrt{\dfrac{\mu}{\epsilon}} = \sqrt{\dfrac{\mu_0}{\epsilon_0}} \cdot \sqrt{\dfrac{\mu_s}{\epsilon_s}} = 377\sqrt{\dfrac{\mu_s}{\epsilon_s}}\,[\Omega]$

11 전송로에서의 특성 임피던스

(1) 일반식 $Z_0 = \sqrt{\dfrac{R+j\omega L}{G+j\omega C}}\,[\Omega]$

(2) 무손실 선로($R=G=0$)인 경우 $Z_0 = \sqrt{\dfrac{L}{C}}\,[\Omega]$

(3) 동축 케이블(고주파에서 사용)

$$Z_0 = \sqrt{\frac{L}{C}} = \frac{1}{2\pi}\sqrt{\frac{\mu}{\epsilon}}\ln\frac{b}{a} = 60\sqrt{\frac{\mu_s}{\epsilon_s}}\ln\frac{b}{a}\,[\Omega]$$

12 진공 및 매질 중에서의 전자파

(1) 진공 중에서의 파장 $\lambda_0 = \dfrac{v_0}{f} = \dfrac{1}{f\sqrt{\epsilon_0\mu_0}} = \dfrac{c}{f}\,[\text{m}]$ (c : 광속)

(2) 매질 중에서의 파장 $\lambda = \dfrac{v}{f} = \dfrac{c}{f\sqrt{\epsilon_s\mu_s}} = \dfrac{\lambda_o}{\sqrt{\epsilon_s\mu_s}}\,[\text{m}]$

(3) 진공 중에서의 전파속도 $v_0 = \dfrac{1}{\sqrt{\epsilon_0\mu_0}} = 3\times10^8 = c\,[\text{m/s}]$ (광속)

(4) 매질 중에서의 전파속도 $v = \dfrac{1}{\sqrt{\epsilon_0\mu_0}}\times\dfrac{1}{\sqrt{\epsilon_s\mu_s}} = \dfrac{c}{\sqrt{\epsilon_s\mu_s}}\,[\text{m/s}]$

13 도체 내의 전자파

(1) 전파정수 $\gamma = \alpha + j\beta = \sqrt{\dfrac{\omega\sigma\mu}{2}} + j\sqrt{\dfrac{\omega\sigma\mu}{2}}$ (σ : 도전율, μ : 투자율)

(2) $\alpha = \beta = \sqrt{\dfrac{\omega\sigma\mu}{2}}$ (α : 감쇠정수, β : 위상정수)

(3) 도체에서의 전자파는 지수함수적으로 감쇠 진동한다.

(4) 도체에서의 전자파는 도전율 σ 및 주파수 f가 큰 도체일수록 감쇠가 크고 진입하기 어려우며, 완전도체에서는 전혀 진입할 수 없다.

(5) 전파속도 $v = \sqrt{\dfrac{2\omega}{\sigma\mu}}$ [m/s]

(6) 도체내의 전자파 침투깊이 또는 표피두께 $\delta = \dfrac{1}{\sqrt{\pi f \sigma \mu}}$

14 유전체에서의 전파속도는 주파수 f와 무관하며 매질의 특성 ϵ, μ에 관계된다.

$$v = f\lambda = \dfrac{1}{\sqrt{\epsilon\mu}}\,[\text{m/s}]$$

15 완전 유전체에서 전자파는 무감쇠 진동을 한다.

전파정수 $\gamma = \alpha + j\beta = 0 \mp j\omega\sqrt{\epsilon\mu}$ (감쇠정수 $\alpha = 0$)

16 정재파비(VSWR : voltage standing wave ratio)

(1) 정재파비 $S = \dfrac{1+\text{반사계수}}{1-\text{반사계수}}$

(2) 데시벨[dB]로 표시하면 $S = 20\log_{10}\dfrac{1+\varGamma}{1-\varGamma}\,[\text{dB}]$

17 정자계 에너지와 포인팅 벡터

(1) 전계 에너지 $w_e = \dfrac{1}{2}\boldsymbol{D}\cdot\boldsymbol{E} = \dfrac{1}{2}\epsilon E^2\,[\text{J/m}^3]$

(2) 자계 에너지 $w_m = \dfrac{1}{2}\boldsymbol{B}\cdot\boldsymbol{H} = \dfrac{1}{2}\mu H^2\,[\text{J/m}^3]$

(3) 단위 체적당의 전 에너지 밀도 $w = w_e + w_m = \dfrac{1}{2}(\epsilon E^2 + \mu H^2)\,[\text{J/m}^3]$

18 고유 임피던스, 전계 및 자계의 관계식

$$\eta = \sqrt{\dfrac{\mu}{\epsilon}}\,,\ \ E = \sqrt{\dfrac{\mu}{\epsilon}}\,H = \eta H$$

19 전력 밀도 P의 크기

$$P = wv = \epsilon E^2 \cdot \dfrac{1}{\sqrt{\epsilon\mu}} = \mu H^2 \cdot \dfrac{1}{\sqrt{\epsilon\mu}} = EH\,[\text{W/m}^2]$$

20 포인팅 벡터(Poynting vector) 또는 방사 벡터 P

$$\boldsymbol{P} = \boldsymbol{E}\times\boldsymbol{H} = EH\sin\theta = EH\sin 90° = EH\,[\text{W/m}^2]$$

Chap. 3

전력공학

1 송배전 계통의 구성

1 교류송전 방식의 장점
(1) 전압의 승압, 강압이 용이하다.
(2) 회전자계를 쉽게 얻을 수 있다.
(3) 일관된 운용을 기할 수 있다.

2 직류송전방식의 장·단점

(1) 장점
① 절연레벨을 낮출 수 있다.
② 선로의 리액턴스가 없으므로 안정도가 높다.
③ 유전체손과 무효전력이 없으므로 이로 인한 손실도 없다.
④ 표피 효과나 근접 효과가 없으므로 실효 저항의 증대가 없다.
⑤ 주파수가 다른 교류 계통과 연계가 가능하다.
⑥ 코로나 손실이 적고 충전전류가 없다.

(2) 단점
① 직·교류 변환 장치가 필요하다.
② 전압의 승·강압이 안 된다.
③ 고주파나 고조파 억제대책이 필요하다.
④ 직류 차단이 어렵다.

3 전압의 종류

(1) 공칭 전압(nominal voltage)
전선로를 대표하는 선간 전압을 말하며 그 계통의 송전 전압을 나타낸다.

(2) 최고 전압 $= \dfrac{\text{공칭 전압}}{1.1} \times 1.15$

4 경제적인 송전전압(Alfred still 식)

$$송전전압\,[kV]=5.5\sqrt{0.6\times송전거리[km]+\frac{송전전력[kW]}{100}}$$

5 전압과의 관계

항　　목	관　　계	관　계　식
송전전력(P)	전압의 자승에 비례	$\propto V^2$
공급용량(P_p)	전압에 비례	$\propto V$
전압강하(e)	전압에 반비례	$\propto \dfrac{1}{V}$
・전선의 단면적(A)　・전선의 총중량(W) ・전력손실(P_l)　・전압강하율(ϵ)	전압의 자승에 반비례	$\propto \dfrac{1}{V^2}$

2 　송전 선로

1 ACSR전선과 경동선의 비교

(1) 코로나 발생 : ACSR 전선은 바깥지름이 크므로 경동선에 비해 코로나 발생이 적다.
(2) 전선의 진동 : ACSR 전선은 경동선에 비해 가볍고 바깥지름이 크므로 진동이 많이 발생한다.

2 연선

(1) 소선의 총수 $N=3n(n+1)+1$　(n : 소선의 총수)
(2) 바깥지름 $D=(2n+1)d\,[mm]$　(d : 소선의 지름[mm])
(3) 연선의 단면적 $A=Na\,[mm^2]$　(a : 소선의 단면적[mm²])

3 전선의 굵기 선정 시 고려사항

① 허용전류　　　　　　② 전압강하
③ 기계적 강도　　　　　④ 코로나
⑤ 전력손실 및 경제성　⑥ 부하증가에 대한 예측 등

4 경제적인 전선의 굵기 : 켈빈의 법칙 (Kelvin's law)

5 이도(dip) $D=\dfrac{wS^2}{8T}\,[m]$

여기서, D : 이도 [m],　　　T : 전선의 수평장력 [kg]
　　　　　w : 단위 길이당 전선의 중량 [kg/m]
　　　　　S : 경간(전선의 지지점간의 거리) [m]

6 경간

(1) 표준 경간 : 건설비가 최소로 되는 경간
(2) 장경간 : 표준경간에 250[m]를 가산한 경간으로서

7 전선의 실제길이 $L = S + \dfrac{8D^2}{3S}$

8 전선의 진동이 발생하기 좋은 조건

(1) 가벼운 전선
(2) 경간이 길 경우
(3) 가선 장력이 클 경우
(4) 전선의 바깥지름이 클 경우

9 진동 억제 장치

① 스톡 브리지 댐퍼   ② 토셔널 댐퍼   ③ 베이츠 댐퍼   ④ 아머로드

10 오프셋 두는 이유 : 전선 도약에 의한 상부전선과 하부전선의 단락사고 방지

11 전압에 따른 현수애자(250 [mm])의 연결 개수

전압[kV]	66	154	220	345	765
수량	4~6	10~11	12~13	18~20	40~45

$\left(\text{연결개수} = \dfrac{\text{사용전압}[kV]}{20[kV]} + \text{여유}(1 \sim 2\text{개}) \ldots\ldots \text{단지 참고 자료 임}\right)$

12 애자련의 전압분포

(1) 최대 전압 분담애자 : 전선에 가장 가까운 애자
(2) 최소 전압 분담애자 : 전선으로부터 2/3 (철탑으로부터 1/3)되는 지점에 있는 애자

13 연효율 $\eta = \dfrac{V_n}{n V_1} \times 100[\%]$

여기서, V_n : 애자련의 건조 섬락전압, V_1 : 애자 1개의 건조섬락전압
$\quad\quad\quad n$: 애자개수

14 초호환, 초호각의 설치 효과

(1) 애자련의 전압분포가 개선되고
(2) 선로의 섬락으로부터 애자련을 보호할 수 있다.

15 지중 케이블 고장점 탐지법

① 머레이 루프법(Murray loop)
② 정전 용량의 측정으로 발견하는 법(Capacity bridge)
③ 수색 코일로 하는 방법
④ 펄스로 하는 방법(Pulse radar)
⑤ 음향으로 고장점을 측정하는 방법

3 │ 다도체와 선로정수 및 코로나

1 선로정수 : R, L, C, G의 4가지 정수

(리액턴스$[X_L = 2\pi f L]$는 주파수에 관계되므로 선로정수가 아니다.)

2 단도체 방식과 비교한 복도체 방식의 장·단점

① 코로나 임계전압 상승   ② 선로의 정전용량 증가

③ 선로의 인덕턴스 감소   ④ 선로의 송전용량 증가

⑤ 안정도 증대   ⑥ 전위경도 감소

⑦ 페란티 효과에 의한 수전단 전압 상승

⑧ 단락사고시 각 소도체에 같은 방향의 대전류가 흘러 소도체 상호간에 흡인력 발생

3 전선의 저항 $R = \rho \dfrac{l}{A} = \dfrac{1}{58} \times \dfrac{100}{C} \times \dfrac{l}{A}\,[\Omega]$

(ρ : 고유저항, c : 도전율[%], l : 선로길이[m], A : 단면적[mm²])

4 $t[\text{℃}]$에서의 저항값 $R_t = R_{20}[1 + \alpha_{20}(t - 20)]$

5 표피효과 $\delta = \sqrt{\dfrac{1}{\pi f \sigma \mu}}\,[\text{m}]$

주파수가 높을수록, 도전율이 높을수록, 투자율이 클수록, 표피 두께 δ가 감소하므로 표피효과는 증대되어 도체의 실효 저항이 증가한다.

6 인덕턴스(L)

(1) 단도체 인덕턴스 : $L = 0.4605 \log_{10} \dfrac{D}{r} + 0.05\,[\text{mH/km}]$

(D : 선간거리, r : 전선의 반지름)

(2) n도체 인덕턴스 : $L_n = 0.4605 \log_{10} \dfrac{D_e}{\sqrt[n]{r s^{n-1}}} + \dfrac{0.05}{n}\,[\text{mH/km}]$

(D_e : 등가선간거리, n : 복도체 수, s : 소도체 간격)

(3) 작용인덕턴스 $L = L_e$(자기인덕턴스) $- L_e{}'$(상호인덕턴스)

7 정전 용량(C_w)

(1) 단도체 정전 용량 : $C_w = \dfrac{0.02413}{\log_{10} \dfrac{D}{r}}\,[\mu\text{F/km}]$

(2) n도체 정전 용량 : $C_w = \dfrac{0.02413}{\log_{10} \dfrac{D}{\sqrt[n]{r s^{n-1}}}}\,[\mu\text{F/km}]$

(3) 단상 1회선인 경우 작용정전 용량 $C_w = C_s + 2C_m$

(C_s : 대지정전용량, C_m : 선간정전용량)

(4) 3상 1회선인 경우 작용정전 용량 $C_w = C_s + 3C_m$

(5) 3상 2회선인 경우 작용정전 용량 $C_w = C_s + 3(C_m + C'_m)$

(6) 3상 1회선인 경우 대지 정전 용량 $C_s = \dfrac{0.02413}{\log_{10}\dfrac{8h^3}{r\,D^2}}[\mu\mathrm{F/km}]$ (h : 지표면상 높이[m])

(7) 충전전류 $I_c = 2\pi f C_w \dfrac{V}{\sqrt{3}}[\mathrm{A}]$ (C_w : 작용 정전 용량)

(8) 전선로의 충전 용량 : $P_c = 2\pi f C_w V^2 [\mathrm{VA}] = 2\pi f C_w V^2 \times 10^{-3}[\mathrm{kVA}]$

(9) 비 접지방식에서의 1선지락 전류 $I_g = j3\omega C_s E [\mathrm{A}]$ (C_s : 대지 정전용량, E : 상전압[V])

8 연가

(1) 연가의 목적 : 선로정수의 평형

(2) 연가의 효과 : 직렬공진 방지, 유도장해 감소, 선로정수 평형

9 페란티 현상

(1) 현상 : 수전단 전압이 송전단 전압보다 높아지는 현상

(2) 발생원인 : 전압보다 위상이 90° 앞선 충전 전류가 흘러서 발생

(3) 페란티 현상 방지 대책

　① 수전단에 분로 리액터 설치

　② 동기 조상기의 부족여자 운전

10 공기의 파열극한 전위경도

(1) DC : 30 [kV/cm]

(2) AC : 21 [kV/cm] (실효값$= \dfrac{최대값}{\sqrt{2}} = \dfrac{30}{\sqrt{2}} = 21.2[\mathrm{kV}]$)

11 코로나

(1) 코로나 임계전압 $E_o = 24.3 m_o m_1 \delta d \log_{10}\dfrac{D}{r}[\mathrm{kV}]$

(2) 코로나 방지대책

　① 전선의 지름을 크게 한다.

　② 복도체를 사용한다.

　③ 가선 금구를 개량한다.

(3) 코로나 손실(Peek 식)

$$P = \frac{241}{\delta}(f+25)\sqrt{\frac{d}{2D}}\,(E - E_0)^2 \times 10^{-5}[\mathrm{kW/km/line}]$$

d : 전선의 지름[cm], r : 전선의 반지름[m], δ : 상대공기밀도

m_0 : 전선의 표면계수, m_1 : 일기에 대한 계수

D : 선간거리[m], E : 전선의 대지전압[kV]

4 송전 특성

1 송전선로의 구분

구 분	거 리	선 로 정 수	회　　　로
단거리	수 [km]	$R,\ L$ 만 고려	집중 정수회로로 취급
중거리	수십 [km]	$R,\ L,\ C$ 만 고려	T회로, π회로로 취급
장거리	수백 [km]	$R,\ L,\ C,\ G$ 고려	분포정수 회로로 취급

2 단거리 송전선로

(1) 3상 송전전압 $V_s \fallingdotseq V_r + \sqrt{3}\,I(R\cos\theta_r + X\sin\theta_r)$ (V_s, V_r : 송수전단 선간전압)

(2) 단상 송전전압 $E_s \fallingdotseq E_r + I(R\cos\theta_r + X\sin\theta_r)$ (E_s, E_r : 송수전단 상전압)

(3) 전압강하 $e = \dfrac{P}{V_r}(R + X\tan\theta_r)$

(4) 최대 전압 강하가 발생하는 상차각(θ_r) $\tan\theta_r = \dfrac{\sin\theta_r}{\cos\theta_r} = \dfrac{X}{R}$

(5) 전압 강하율 $\epsilon = \dfrac{V_s - V_r}{V_r}\times 100 = \dfrac{P}{V_r^2}(R + X\tan\theta_r)\times 100\,[\%]$

(6) 전압 변동률 $\delta = \dfrac{V_{r_0} - V_r}{V_r}\times 100\ [\%] = \dfrac{Q_c}{P_s}\times 100\ [\%]$

V_{r_0} : 무부하 상태에서의 수전단 전압, V_r : 정격부하 상태에서의 수전단 전압

Q_c : 조상설비 용량, P_s : 모선 단락용량

(7) 전력 손실률 $K = \dfrac{P_l}{P}\times 100\,[\%] = \dfrac{RP}{V^2\cos^2\theta}\times 100\,[\%]$

3 중거리 송전선로

(1) T회로

$\bullet\ E_s = \left(1 + \dfrac{ZY}{2}\right)E_r + Z\left(1 + \dfrac{ZY}{4}\right)I_r$ 　　　　$\bullet\ I_s = YE_r + \left(1 + \dfrac{ZY}{2}\right)I_r$

(2) π 회로

$\bullet\ E_s = \left(1 + \dfrac{ZY}{2}\right)E_r + ZI_r$ 　　　　$\bullet\ I_s = Y\left(1 + \dfrac{ZY}{4}\right)E_r + \left(1 + \dfrac{ZY}{2}\right)I_r$

4 장거리 송전선로

(1) 특성(파동)임피던스 $Z_0 = \sqrt{\dfrac{Z}{Y}} = \sqrt{\dfrac{(R + j\omega L)}{(G + j\omega C)}}\ [\Omega]$

선로의 특성임피던스는 선로의 저항(R)과 누설콘덕턴스(G)를 무시하면

$$Z_0 \fallingdotseq \sqrt{\dfrac{L}{C}} = 138\log_{10}\dfrac{D}{r}\ [\Omega]\ \ (D : 선간거리, \ r : 전선의 반지름)$$

- 어드미턴스 Y : 개방시험
- 임피던스 Z : 단락시험에서 측정

(2) 전파 정수 $\gamma = \sqrt{ZY} = \sqrt{(R+j\omega L)(G+j\omega C)}$ [rad] $= \alpha + j\beta$

$$(\alpha : \text{감쇠정수}, \ \beta : \text{위상정수})$$

(3) 서지파의 진행속도 $v = \dfrac{\omega}{\beta} = \dfrac{\omega}{\omega\sqrt{LC}} = \dfrac{1}{\sqrt{LC}}$

5 4단자 정수

- $E_s = AE_r + BI_r$
- $I_s = CE_r + DI_r$
- $AD - BC = 1$
- $A = D$

6 T형 회로

$$\begin{bmatrix} A & B \\ C & D \end{bmatrix} = \begin{bmatrix} 1+\dfrac{ZY}{2} & Z\left(1+\dfrac{ZY}{4}\right) \\ Y & 1+\dfrac{ZY}{2} \end{bmatrix}$$

7 π형 회로

$$\begin{bmatrix} A & B \\ C & D \end{bmatrix} = \begin{bmatrix} 1+\dfrac{ZY}{2} & Z \\ Y\left(1+\dfrac{ZY}{4}\right) & 1+\dfrac{ZY}{2} \end{bmatrix}$$

8 전력원선도

(1) 원선도
- 가로축 : 유효전력
- 세로축 : 무효전력

(2) 원선도의 반지름 $\rho = \dfrac{V_s V_r}{b}$ $(B = b \angle \beta)$

(3) 전력 원선도 작성시 필요한 것
- ① 송전단 전압 : E_s
- ② 수전단 전압 : E_r
- ③ 회로정수 : A, B, C, D

(4) 원선도에서 구할 수 없는 것 : 과도 안정 극한전력, 코로나 손실

9 송전용량 개략 계산법

(1) Still의 식(경제적인 송전 전압) $V_s = 5.5\sqrt{0.6l + \dfrac{P}{100}}$ [kV]

(l : 송전거리[km], P : 송전용량[kW])

(2) 고유 부하법 $P = \dfrac{V_r^2}{Z} = \dfrac{V_r^2}{\sqrt{\dfrac{L}{C}}}$ [MW/회선] (Z : 특성 임피던스[Ω])

(3) 송전 용량 계수법 $P_R = k\dfrac{V_r^2}{l}$ [kW]

10   **송전 전력** $P = \dfrac{V_s V_r}{X}\sin\delta$ [MW]   (V_s, V_r : 송·수전단 전압[kV], X : 리액턴스)

5 │ 중성점 접지방식과 유도장해

1 **유효접지**

1선 지락사고 시 건전상의 전위상승이 상규대지 전압의 1.3배 이하가 되도록 하는 접지방식으로 직접접지가 해당되며 그 조건은 다음과 같다.

① $\dfrac{R_0}{X_1} \leq 1$ ② $0 \leq \dfrac{X_0}{X_1} \leq 3$ (R_0 : 저항, X_0 : 영상 리액턴스, X_1 : 정상 리액턴스)

2 **비유효접지** : 비접지방식, 저항접지방식 및 소호리액터 접지방식

3 **저항 접지방식** : $Z_n = R$

(1) 고저항 접지 : $R = 100 \sim 1,000[\Omega]$ 정도
(2) 저저항 접지 : $R = 30[\Omega]$ 정도

4 **비접지방식**

(1) 지락전류 $I_g = j3\omega C_s E$ [A]   (C_s : 대지정전용량, E : 고장점 대지전압($= \dfrac{V}{\sqrt{3}}$))

(2) 특징
   ① 33 [kV] 이하 계통에 적용
   ② 변압기 결선을 △-△로 할 수 있어 변압기 1대 고장 시 V-V 결선으로 송전
   ③ 1선 지락사고 시 지락전류가 아주 적어서 그대로 송전 가능

5 **직접 접지 방식**

(1) 지락전류 $I_g = \dfrac{E}{R+jX}$ [A]

  선로의 저항 R을 무시하면 $I_g = \dfrac{E}{jX} = -j\dfrac{E}{X}$ [A]로 전압보다 90° 늦은 전류

(2) 특징
   ① 22.9[kV], 154[kV], 345[kV], 765[kV] 계통에 적용
   ② 1선 지락 시 건전상의 대지전압 상승은 거의 없다.
   ③ 선로 및 기기의 절연레벨을 낮출 수 있다. (저감절연, 단절연 가능)
   ④ 보호 계전기의 동작이 확실하다.
   ⑤ 지락전류가 저 역률의 대 전류이므로 과도 안정도가 나빠진다.
   ⑥ 지락고장 시 통신선에 전자유도 장해를 크게 미친다.

6 소호 리액터 접지 방식

(1) 원리 : 선로의 대지 정전 용량과 병렬 공진하는 리액터를 이용하여 중성점을 접지
(2) 지락전류 : 1선 지락고장시 고장점에는 극히 작은 손실전류만이 흐른다.
(3) 소호리액터의 크기
　① 변압기의 임피던스 x_t를 고려하지 않는 경우

$$\omega L = \frac{1}{3\omega C_s}, \quad L = \frac{1}{3\omega^2 C_s} = \frac{1}{3(2\pi f)^2 C_s}$$

　② 변압기의 임피던스 x_t를 고려하는 경우

$$\omega L = \frac{1}{3\omega C_s} - \frac{x_t}{3}, \quad L = \frac{1}{3\omega^2 C_s} - \frac{L_t}{3}$$

(4) 합조도 $P = \dfrac{I_L - I_C}{I_C} \times 100[\%]$　　(I_c : 대지충전전류, I_L : 소호리액터 사용탭 전류)

7 접지 방식별 특성비교

(1) 지락 전류의 크기 : 직접 접지 > 고저항 접지 > 비접지 > 소호 리액터 접지
(2) 지락 고장시 통신선의 유도장해 : 직접 접지 > 고저항 접지 > 비접지 > 소호 리액터
(3) 지락 고장시 전위상승 : 소호 리액터 접지 > 비 접지 > 저항접지 > 직접접지
(4) 과도 안정도 : 소호 리액터 접지 > 비 접지 > 저항접지 > 직접접지

8 중성점의 잔류 전압

$$E_n = \frac{\sqrt{C_a(C_a - C_b) + C_b(C_b - C_c) + C_c(C_c - C_a)}}{C_a + C_b + C_c} \times \frac{V}{\sqrt{3}} \, [\text{V}]$$

　(C_a, C_b, C_c : 각 선의 대지정전 용량)
연가를 완벽하게 하여 $C_a = C_b = C_c$의 조건이 되면 잔류전압은 0이 된다.

9 유도 장해

(1) 정전 유도 : 전력선과 통신선과의 상호 정전 용량에 의해 발생
(2) 전자 유도 : 전력선과 통신선과의 상호 인덕턴스 M에 의해 발생

　　전자유도전압 $E_m = -j\omega Ml(I_a + I_b + I_c) = -j\omega Ml(3I_0)$

(3) 고조파 유도 : 고조파의 유도에 의한 잡음 장해

6 고장계산

1 단락고장 계산

(1) 옴[Ω] 법

① 단락전류 $I_s = \dfrac{E}{Z} = \dfrac{E}{\sqrt{R^2+X^2}}$ [A]

② 단락용량 $P_s = 3EI_s = \sqrt{3}\,VI_s$ [VA]

(2) % 임피던스 법

① $\%Z = \dfrac{I_n[\text{A}] \times Z[\Omega]}{E[\text{V}]} \times 100[\%]$

② $\%Z = \dfrac{P_n[\text{kVA}] \times Z[\Omega]}{10\,V^2[\text{kV}]}[\%]$ (V 및 P_n 의 단위가 [kV] 및 [kVA]인 것에 주의)

③ 단락전류 $I_s = \dfrac{E[\text{V}]}{Z[\Omega]} = \dfrac{100}{\%Z} \times I_n$

④ 단락용량 $P_s = \dfrac{100}{\%Z} \times P_n$ (P_n : 기준용량)

⑤ 3상 단락용량 $P_s = \sqrt{3} \times$ 공칭전압$\times$단락전류[VA]

⑥ 3상 차단기의 차단용량 $P_s = \sqrt{3} \times$ 차단기의 정격전압$\times$차단전류[VA]

⑦ %Z (기준용량) $= \dfrac{\text{기준용량}[\text{kVA}]}{\text{자기용량}[\text{kVA}]} \times$ %Z (자기용량)

2 대칭좌표법

(1) 방법 : 불평형전압 이나 불평형전류를 3개의 성분(영상분, 정상분, 역상분)으로 나누어
계산하는 방법

(2) 고장별 대칭분 및 전류의 크기

고장의 종류	대 칭 분	전류의 크기
3상 단락	정상분	$I_1 \neq 0,\ I_2 = I_0 = 0$
선간 단락	정상분, 역상분	$I_1 = -I_2 \neq 0,\ I_0 = 0$
1선 지락	정상분, 역상분, 영상분	$I_0 = I_1 = I_2 \neq 0$

(I_0 : 영상전류, I_1 : 정상정류, I_2 : 역상전류)

① 영상전류($\boldsymbol{I_0}$)

  • 크기가 같고 같은 위상각을 가진 평형 단상전류
  • 지락고장 시 접지계전기를 동작시키는 전류
  • △결선이 있으면 △결선의 내부를 순환

② 정상전류($\boldsymbol{I_1}$) : 전원과 동일한 상회전 방향, 전동기에 회전토크를 준다.

③ 역상전류($\boldsymbol{I_2}$) : 전원의 상회전 방향과 반대 방향, 전동기에 제동력을 준다.

(3) 불평형 전압

  • $\boldsymbol{V_a = V_0 + V_1 + V_2}$

  • $\boldsymbol{V_b = V_0 + a^2 V_1 + a V_2}$

  • $\boldsymbol{V_c = V_0 + a V_1 + a^2 V_2}$

(4) 대칭분 전압

- 영상분 $V_0 = \dfrac{1}{3}(V_a + V_b + V_c)$

- 정상분 $V_1 = \dfrac{1}{3}(V_a + aV_b + a^2 V_c)$ $(1 \to a \to a^2$의 순서)

- 역상분 $V_2 = \dfrac{1}{3}(V_a + a^2 V_b + aV_c)$ $(1 \to a^2 \to a$의 순서)

(5) 발전기의 기본식

- $V_0 = -I_0 Z_0$
- $V_1 = E_1 - I_1 Z_1 = E_a - I_1 Z_1$
- $V_2 = -I_2 Z_2$

3 1선(a선) 지락고장 시

(1) 대칭분 $I_0 = I_1 = I_2 = \dfrac{E_a}{Z_0 + Z_1 + Z_2}$

(2) 지락전류 $I_a = I_0 + I_1 + I_2 = 3I_0 = \dfrac{3E_a}{Z_0 + Z_1 + Z_2}$

4 각 기기별 임피던스 관계

(1) 변압기 : $Z_1 = Z_2 = Z_0$

(2) 송전선로 : $Z_1 = Z_2 < Z_0$

- 송전 선로는 정지 회로이므로 정상 임피던스(Z_1)와 역상 임피던스(Z_2)는 같다
- 송전 선로의 영상 임피던스(Z_0)는 정상분의 약 4배 정도이다.

(3) 발전기 : $Z_1 \neq Z_2$

7 | 전력계통의 안정도

1 안정도에 관한 공식

(1) 송전 전력 : $P = \dfrac{V_s V_r}{X}\sin\delta$ $(\delta : V_s$와 V_r의 상차각)

(2) 최대 송전 전력 : $P_m = \dfrac{V_s V_r}{X}$ $(X : $리액턴스)

2 안정도 향상대책

(1) 직렬 리액턴스(X)를 작게 한다(기기의 리액턴스를 적게, 복도체 방식, 직렬콘덴서)
(2) 전압 변동을 작게 한다(속응여자 방식, 계통 연계)
(3) 계통에 주는 충격의 경감(고속 재폐로 방식, 차단기의 고속화, 중간 개폐소)
(4) 고장시 발전기 입·출력의 불평형을 작게 한다.

8 이상전압 및 방호대책

1 개폐 이상전압

(1) 개폐 이상전압이 가장 큰 경우 : 무부하 송전 선로의 충전 전류를 차단할 경우
(2) 개폐 이상 전압의 크기 : 상규 대지 전압의 3.5배 이하로서 4배를 넘는 경우는 거의 없다.

2 뇌전압 또는 뇌전류의 특징

(1) 충격파이다.
(2) 외부 이상 전압과 내부 이상전압은 파두장 및 파미장 모두 다르다.
(3) 충격 전압 시험시의 표준 충격 전압 파형 : $1.2 \times 50\,[\mu s]$

3 진행파의 반사와 투과

(1) 전파속도 $v = \dfrac{1}{\sqrt{LC}}\,[\text{m/sec}]$

(2) 반사 계수 $= \dfrac{Z_2 - Z_1}{Z_2 + Z_1}$

(3) 투과 계수 $= \dfrac{2Z_2}{Z_2 + Z_1}$

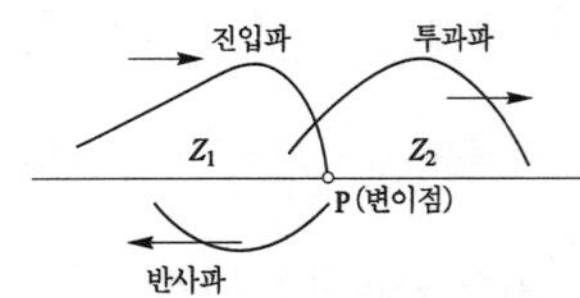

4 이상전압에 대한 방호 장치 및 기능

(1) 가공지선 : 뇌의 차폐
(2) 피뢰기 : 기기 보호
(3) 매설지선 : 역섬락 방지
(4) 개폐 저항기 : 개폐 서지 이상전압의 억제
(5) 서지 흡수기 : 변압기, 발전기 등을 서지로부터 보호

5 가공지선의 특징

(1) 보호각(차폐각)은 될 수 있는 대로 작게 하는 것이 바람직하다.
(2) 2회선 가공에 대해서 지선 1가닥의 경우는 보호각을 $35 \sim 40°$ 정도
(3) 가공지선을 2가닥으로 하면 차폐 효과가 더 좋아진다.

6 피뢰기

(1) 피뢰기의 제1보호 대상 : 변압기
(2) 구성 : 직렬갭 + 특성요소
　① 직렬갭 : 뇌 전류를 방전하고 속류를 차단
　② 특성요소 : 뇌 전류 방전 시 피뢰기 자신의 전위상승을 억제
　③ 쉴드링 : 전기적, 자기적 충격으로부터 보호
(3) 피뢰기의 구비조건
　① 상용 주파 방전 개시 전압이 높을 것

② 충격 방전 개시 전압이 낮을 것
③ 제한 전압이 낮을 것
④ 속류 차단 능력이 클 것
(4) 피뢰기의 정격전압
   ① 직접 접지계 : 선로의 공칭전압 × 0.8~1.0배
   ② 저항 또는 소호 리액터 접지 : 선로의 공칭전압 ×1.4~1.6배
   ③ 유효접지 계통에서 피뢰기의 정격 전압을 결정하는 데 가장 중요한 요소
      : 1선 지락 고장시 건전상의 대지전위 즉, 지속성 이상전압의 크기

7 절연협조

(1) 절연협조의 기준 : 피뢰기의 제한전압
(2) 절연협조 : 선로, 애자 > 부싱, 차단기 > 변압기 > 피뢰기 제한전압

9 | 보호계전방식

1 보호계전기의 책무

(1) 주보호의 책무 : 신속하게 고장구간을 최소 범위로 한정해서 제거
(2) 후비보호의 책무 : 주보호가 실패했을 경우 일정한 시간을 두고 동작하는 백업(back up)
   계전방식

2 보호 계전기의 동작 시간에 의한 분류

(1) 순한시 계전기 : 고장 즉시 동작
(2) 정한시 계전기 : 고장 후 일정시간이 경과하면 동작
(3) 반한시 계전기 : 고장전류의 크기에 반비례하여 동작
(4) 반한시 정한시 계전기 : 반한시와 정한시 특성을 겸함

3 변류기 2차측 개방 시

(1) 1차 전류가 모두 여자전류가 되어 2차측에 과전압 유기 및 절연 파괴
(2) CT 2차측 기기를 교체하고자 하는 경우는 반드시 CT 2차측을 단락시켜야 한다.

4 영상 변류기(ZCT) : 지락 사고시 지락 전류(영상 전류)를 검출

5 접지형 계기용 변압기(GPT) : 비접지 계통에서 지락 사고시의 영상 전압 검출

6 선택 지락 계전기 (Selective Ground Relay : SGR)

(1) 병행 2회선 송전 선로에서 한쪽의 1회선에 지락 사고가 일어났을 경우 이것을 검출하여
   고장 회선만을 선택 차단
(2) 구성 : SGR + GPT + ZCT

7 비율 차동 계전기

(1) 용도 : 발전기나 변압기의 내부 고장에 대한 보호용

(2) 비율 차동 계전기용 변류기의 결선은 변압기 결선과 반대로 한다.

변압기 결선	변류기 결선
Y - △	△ - Y
△ - Y	Y - △

(3) 보상 변류기의 역할 : 변압기 고·저압간의 전류의 크기 및 위상을 보상

8 방사상 선로의 단락 보호

(1) 전원이 1단에만 있는 경우 : 과전류 계전기(OCR)

(2) 전원이 양단에 있는 경우 : 방향 단락 계전기(DS) + 과전류 계전기(OC)

9 환상 선로의 단락 보호

(1) 전원이 1단에만 있는 경우 : 방향 단락 계전기(DS)

(2) 전원이 2군데 이상 있는 경우 : 방향 거리 계전기(DZ)

10 모선 보호 계전 방식

(1) 전류 차동 계전 방식　　(2) 전압 차동 계전 방식

(3) 위상 비교 계전 방식　　(4) 방향 비교 계전 방식

11 표시선(pilot wire) 계전 방식의 종류

(1) 전류 순환 방식

(2) 전압 반향 방식

(3) 방향 비교 방식

10 | 변전소 설비 및 전력계통 운영

1 변전소의 역할

(1) 전압의 변성(승압, 강압)과 조정　　(2) 전력의 집중과 배분

(3) 전력 조류의 제어　　(4) 송배전선로 및 변전소의 보호

2 1차 변전소

(1) 1차 변전소의 변압기 결선 : Y-Y-△결선

(2) 3차 권선(△결선, 안정 권선)의 용도

　• 제3고조파의 제거　　• 조상설비의 설치　　• 소내용 전원의 공급

3 △결선이 없는 Y-Y 결선에는 제3고조파의 전류가 흐른다.

4 조상설비의 종류

(1) 콘덴서 : 앞선 전류를 취하여 전압강하를 보상한다.
(2) 리액터 : 늦은 전류를 취하여 이상전압의 상승을 억제한다.
(3) 동기조상기 : 무부하 운전중인 동기전동기를 과여자 운전하면 콘덴서로 작용하며, 부족
여자 운전하면 리액터로 작용한다.

5 모선의 종류

① 단일 모선 방식　　　　　　　② 표준 2중 모선 방식

③ $1\frac{1}{2}$ 차단기 방식　　　　　　④ 환상 모선 방식

6 각 차단기별 소호 매질은?

종 류	소호매질
유입차단기(OCB)	절연유
진공차단기(VCB)	고진공
자기차단기(MBB)	자기력
공기차단기(ABB)	압축공기
가스차단기(GCB)	SF_6 가스

7 가스절연개폐장치(GIS)

가스절연 개폐장치(GIS)는 차단기, 단로기, 피뢰기, 변성기, 변류기 및 접지장치 등의 변전
설비를 SF_6 가스를 충전한 금속제 함에 수납한 구조

8 차단기의 차단시간 및 재점호

(1) 차단기의 차단시간은 트립 코일(trip coil)의 여자부터 아크 소호 시간을 합한 것

　　　정격 차단 시간 = 개극 시간 + 아크 소호 시간

(2) 차단기의 정격 차단 시간(표준) : 3 [Hz], 5 [Hz], 8 [Hz]

9 차단기의 표준 동작 책무

어느 시간 간격을 두고 행하여지는 일련의 동작을 규정한 것을 차단기의 동작책무(duty
cycle) 라고 한다.
• 일반용 갑호 : O – 1분 – CO – 3분 – CO
　　　　을호 : CO – 15초 – CO
• 고속도 재투입용 O – t(0.3초) – CO – 1분 – CO
　(O : 차단동작, C : 투입동작, CO : 투입 직후 차단)

10 차단기의 트립방식

(1) CT 2차 전류 트립 방식
(2) DC 전압 방식

(3) CTD 방식(콘덴서 트립 방식)

정류기로 교류를 정류하여 콘덴서를 충전하고, 그 방전 에너지에 의해 트립 코일을 여자하여 트립 시키는 방법으로 정류기와 콘덴서로 구성되어 있다.

11 DC 전압 방식에 필요한 축전지 용량

(1) 축전지 용량 산출 일반식 $C = \dfrac{1}{L} KI\,[Ah]$

(L : 보수율, K : 용량 환산시간[h], I : 방전전류[A])

(2) 연축전지
- 공칭 전압 : 2.0 [V/cell]
- 공칭 용량 : 10시간율 [Ah]
- 방전 종료 전압 : 1.8 [V]

(3) 알칼리축전지
- 공칭 전압 : 1.2 [V/cell]
- 공칭 용량 : 5 시간율 [Ah]

12 SF_6 가스의 특성

(1) 무색, 무취, 무독, 불연성 가스
(2) 공기에 비해 소호 능력이 약 100배
(3) 불활성 가스
(4) 1기압 하에서 절연 내력이 공기의 2~3배

13 단로기와 각종 개폐기 및 차단기와의 기능 비교

기 능 ＼ 능 력	회로 분리		사고 차단	
	무부하	부하	과부하	단락
퓨 즈	○			○
차단기	○	○	○	○
개폐기	○	○	○	
단로기	○			
전자 접촉기	○	○	○	

14 인터록

단로기(DS)는 부하 전류를 개폐할 수 없다. 따라서 단로기는 차단기(CB)가 열려 있어야 열고 닫을 수 있으며, 부하 통전시 단로기를 열 수 없도록 하는것을 인터록이라고 한다.
- 급전시 : DS → CB 순
- 정전시 : CB → DS 순

15 각종 개폐기의 적용

(1) 단로기
① 단로 구간을 확실하게 하여 정전 개소를 확보
② 충전전류와 변압기의 여자 전류 및 경부하 전류 등의 미약한 전류 개폐

(2) 자동부하 전환 개폐기(ALTS : automatic load transfer switch)
　　이중 전원을 확보하여 주전원 정전시나, 주 전원의 전압이 정격전압 이하로 떨어지는
　　경우 예비전원으로 자동 전환
(3) 선로개폐기 : 보안상의 책임 분기점에서 보수 점검시 전로를 구분하기 위하여 시설
　　　　　　　　(단로기와 비슷한 용도).

16　전력 퓨즈

(1) 전력 퓨즈의 주된 차단전류 : 단락전류
(2) 퓨즈의 가장 큰 단점 : 재투입이 불가능

17　주파수, 전압제어

(1) 유효전력 조정 → 주파수 조정
(2) 무효전력 조정 → 전압 조정

18　위상 조정 변압기 : 조류제어 할 때 사용

19　전력 계통을 연계시키면 전력 계통의 규모가 증대되고 계통의 임피던스는 감소하여 단락전류가 증대되고 통신선의 전자유도장해도 커진다.

11 | 배전계통

1　캐스케이딩(cascading)현상

(1) 캐스케이딩(cascading)현상이 발생하는 배전방식 : 저압 뱅킹방식
(2) 캐스케이딩 원인 및 현상
　　변압기 또는 선로의 사고에 의해서 뱅킹내의 건전한 변압기의 일부 또는 전부가 연쇄적
　　으로 회로로부터 차단되는 현상
(3) 대책 : 인접 변압기와 연결되어 있는 저압선의 중간에 구분 퓨즈 설치

2　단상 3선식

(1) 2종류의 전압공급을 하기 위해 사용하는 방법
(2) 중성선이 단선되면 불평형 부하일 경우 부하 전압에 심한 불평형이 발생하며 이에 대한
　　대책으로 저압선의 말단에 밸런스를 설치한다.
(3) 밸런스 : 권수비가 1 : 1인 단권변압기로서 누설 임피던스가 적다.

3　전력 손실

(1) 손실계수

$$\cdot H = \frac{\text{어느 기간 중의 평균 전력 손실}}{\text{같은 기간 중의 최대 손실 전력}} \times 100[\%]$$

- $H = \alpha F + (1-\alpha)F^2$ (α : 정수로서 $0.1{\sim}0.4$)

(2) 부하율 F 와 손실계수 H 와의 관계 : $1 \geq \boldsymbol{F} \geq \boldsymbol{H} \geq \boldsymbol{F^2} \geq 0$

4 집중부하와 분산부하

구 분	전력손실	전압강하
말단에 집중부하	$I^2 rL$	IrL
평등분포 부하	$\dfrac{1}{3}I^2 rL$	$\dfrac{1}{2}IrL$

5 수용률 $= \dfrac{\text{최대 전력}}{\text{부하 설비 용량}} \times 100\,[\%]$

6 부등률 $= \dfrac{\text{각 수용가의 최대전력의 합계}}{\text{합성 최대 전력}}$

7 부하율 $= \dfrac{\text{평균 전력}}{\text{최대 전력}} \times 100[\%] = \dfrac{\text{평균 전력}}{\text{부하 설비 용량}} \times \dfrac{\text{부등률}}{\text{수용률}}$

8 변압기 용량 $[\mathrm{kW}] \geq$ 합성 최대 수용 전력

$$= \dfrac{\text{각 부하의 최대 수요 전력의 합 }[\mathrm{kW}]}{\text{부등률}}$$

$$= \dfrac{\text{부하 설비 합계 }[\mathrm{kW}] \times \text{수용률}}{\text{부등률}}$$

9 V–V 결선

(1) V 결선 출력 $P_V = \sqrt{3}\,P_1$ (P_1 : 단상변압기 1대 용량)

(2) 이용률 $= \dfrac{\sqrt{3}\,P_1}{2P_1} = 0.866$

(3) 출력비 $= \dfrac{\sqrt{3}\,P_1}{3P_1} = 0.577$

10 역률 개선

(1) 콘덴서 용량 $Q_c = P(\tan\theta_1 - \tan\theta_2) = P\left(\dfrac{\sqrt{1-\cos^2\theta_1}}{\cos\theta_1} - \dfrac{\sqrt{1-\cos^2\theta_2}}{\cos\theta_2}\right)$

(P_1 : 부하전력$[\mathrm{kW}]$, $\cos\theta_1$: 개선 전 역률, $\cos\theta_2$: 개선 후 역률)

(2) 방전 코일(DC) : 콘덴서에 축적된 잔류 전하를 방전하여 감전 사고 방지

(3) 직렬 리액터

① 제5고조파로부터 전력용 콘덴서 보호

② 직렬리액터 용량

- 이론적 : 콘덴서 용량$\times 4[\%]$
- 실제(주파수 변동 등의 여유를 고려하여 선정) : 콘덴서 용량$\times 5{\sim}6[\%]$

11　배전선로의 과전류 보호

(1) 배전 변압기 1차 측 : 고압퓨즈(COS, Cut Out Switch)
(2) 변압기 2차 측 : 저압 퓨즈(catch holder)
(3) 수용가 실내의 인입구에서 과전류 보호 : 배선용 차단기(MCCB)
(4) 수용가 실내의 인입구에서 누전으로부터 보호 : 누전 차단기(ELB)

12　구분 개폐기

선로 고장시 또는 정전공사 등의 경우에 전체 선로를 정전 시키지 않고 일부 구간만을 구분
해서 정전시키기 위하여 설치하는 것으로서 그 종류는 다음과 같다.
(1) 가스절연 부하개폐기
(2) 유입 개폐기
(3) 기중 개폐기

13　배전선로의 보호협조 : 변전소 차단기 – 리클로저 – 섹셔너라이저 – 라인 퓨즈

14　고장구간 자동개폐기(ASS) : 수용가의 구내 고장이 배전선로에 파급되는 것을 방지

15　자동부하 절체 개폐기(ALTS) : 주전원이 정전되면 자동적으로 예비전원으로 절체

12 │ 수력발전

1　발전기 출력 $P_g = 9.8QH\eta_t\eta_g\,[\text{kW}]$

(여기서, η_t : 수차효율, η_g : 발전기 효율, Q : 유량[m³/s], H : 유효낙차[m])

2　수두 : 단위 무게 [kg]당의 물이 갖는 에너지

(1) 위치 수두 : $H_0\,[\text{m}]$

(2) 속도 수두 : $H_V = \dfrac{v^2}{2g}\,[\text{m}]$ (v : 유속[m/s], g : 중력 가속도($\fallingdotseq 9.8[\text{m/s}^2]$)

(3) 압력 수두 : $H_P = \dfrac{P}{w}\,[\text{m}] = \dfrac{P}{1000}\,[\text{m}]$

$$(P : \text{수압}[\text{kg/m}^2],\ w : \text{물의 단위 부피의 무게}[\text{kg/m}^3])$$

3　연속의 정리 $A_1v_1 = A_2v_2 = Q\,(\text{일정})$

4　베르누이의 정리

(1) 손실을 무시할 때 : $H + \dfrac{P}{w} + \dfrac{v^2}{2g} = k\,(\text{일정})$

(2) 손실 수두(h_{12})를 고려할 때 : $H_1 + \dfrac{P_1}{w} + \dfrac{v_1^2}{2g} = H_2 + \dfrac{P_2}{w} + \dfrac{v_2^2}{2g} + h_{12}$

5 물의 이론 분출 속도 $v = \sqrt{2gH}$ [m/s]

6 하천 유량의 크기

(1) 갈수량 : 1년 365일 중 355일은 이것보다 내려가지 않는 유량
(2) 저수량 : 1년 365일 중 275일은 이것보다 내려가지 않는 유량
(3) 평수량 : 1년 365일 중 185일은 이것보다 내려가지 않는 유량
(4) 풍수량 : 1년 365일 중 95일은 이것보다 내려가지 않는 유량
(5) 고수량 : 매년 1~2회 생기는 유량
(6) 홍수량 : 3~4년에 한 번 생기는 유량

7 **유황곡선** : 하천 유량의 종류(갈수량, 저수량, 평수량, 풍수량)를 알 수 있으며 발전계획을 수립할 경우 유용하게 이용된다.

8 **적산 유량곡선** : 저수지 계획에 유용하게 사용된다.

9 **취수 설비 및 도수 설비**

(1) 취수구 : 제수문으로 취수량을 조절하고 제진 격자 또는 스크린으로 유목이나 유수 중의 부유물의 유입을 방지한다.
(2) 조압 수조 : 부하 변동에 대해 수격압을 흡수, 수차 사용 수량 변동에 따른 서지 작용을 흡수하는 기능

10 **수차**

(1) 충동수차 (위치 에너지 → 운동 에너지) : 펠톤수차
(2) 반동수차 (위치 에너지 → 압력 에너지)
　　① 프란시스 수차　　② 프로펠러 수차　　③ 카플란 수차
(3) 수차의 특유 속도 $N_s = N\dfrac{\sqrt{P}}{H^{5/4}}$ [rpm]

　(N : 정격회전수, H : 유효낙차, P : 낙차 H[m]에서의 최대출력)

11 **낙차 변화에 의한 특성 변화**

(1) 회전수 : $\dfrac{N_2}{N_1} = \left(\dfrac{H_2}{H_1}\right)^{1/2}$

(2) 유　량 : $\dfrac{Q_2}{Q_1} = \left(\dfrac{H_2}{H_1}\right)^{1/2}$

(3) 출　력 : $\dfrac{P_2}{P_1} = \left(\dfrac{H_2}{H_1}\right)^{3/2}$

12 **양수발전소의 특징**

(1) 심야 잉여전력을 유효하게 소비(발전 단가를 낮추는 효과)할 수 있다.
(2) 첨두부하 발전소로 운전한다.

(3) 계통 사고시 운전예비력을 확보할 수 있다. (비상용 발전소)

(4) 무효전력 공급원의 역할을 담당할 수 있으므로 조상설비용량이 경감된다.

(5) 주파수 제어 운전에 기여할 수 있다.

13 조속기

(1) 부하가 변하여도 수차의 회전수를 일정하게 유지하기 위해 수차의 유량조정을 자동적으로 행하는 장치를 조속기라 한다.

(2) 기계식 조속기의 동작순서 : 평속기 → 배압 밸브 → 서보 전동기 → 복원 기구

14 흡출관 : 낙차를 유효하게 이용(낙차를 늘리기 위해)하기 위해 사용

(1) 충동수차 : 흡출관 필요없다.

(2) 반동수차 : 흡출관 필요하다.

13 | 화력 발전

1 열량의 단위

- 1 [kWh] = 860 [kcal]
- 1 [kcal] = 4.186 [kJ]

2 압력

(1) 절대압 = 대기압 + 게이지압

(2) 1기압 = 760 [mmHg] = 1.033[kg/cm^2]

(3) $P = 1.033 \times \dfrac{P_a - P_0}{760}$ [kg/cm^2 a]   (P_a : 대기압[mmHg], P_0 : 진공도[mmHg])

3 증기 발생장치에서 상태변화

(1) 보일러 : 등압 가열

(2) 터빈 : 단열 팽창 (과열증기 → 습증기)

(3) 복수기 : 등압 냉각

(4) 급수펌프 : 단열 압축

4 $T\text{-}s$(온도−엔트로피) 선도

- $A_1 \rightarrow A_2$: 급수 펌프에 의한 등적 단열 압축
- $A_2 \rightarrow B$: 보일러 내에서의 등압 가열
- $B \rightarrow C$: 보일러 내에서의 건조 포화 증기의 등온 등압 수열
- $C \rightarrow D$: 과열기 내에서의 건조 포화 증기의 등압 과열
- $D \rightarrow E$: 터빈 내의 단열 팽창
- $E \rightarrow A_1$: 복수기 내의 터빈 배기의 등온 등압 응결

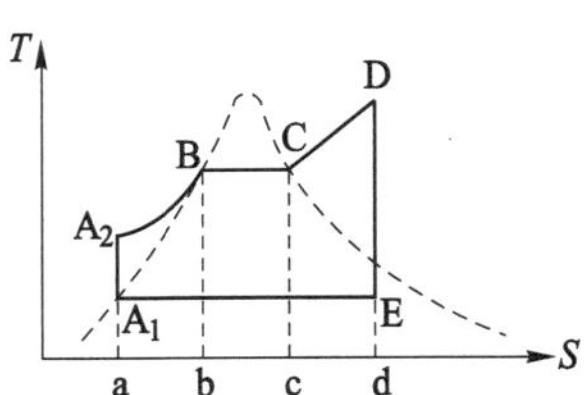

5 **보일러 설비**

(1) 과열기 : 포화 증기를 과열 증기로 만들어 증기 터빈에 공급하는 장치
(2) 재열기 : 터빈에서 팽창한 증기를 다시 가열하여 과열 증기의 온도 근처까지 온도를 올리기 위한 장치
(3) 절탄기 : 연소 가스가 갖는 열량을 회수하여 보일러 급수를 가열하는 장치
(4) 공기 예열기 : 연소 가스가 갖는 열량을 회수하여 연소용 공기의 온도를 예열
(5) 집진기 : 연도로 배출되는 분진을 수거하기 위한 설비

14 원자력

1 **원자로의 연료, 감속재 및 냉각재**

종 류	연 료	감속재	냉각재
가스 냉각로(GCR)	천연우라늄	흑연	탄산가스
가압수형 경수로(PWR)	저농축우라늄	경수	경수
비등수형 경수로(BWR)	저농축우라늄	경수	경수
중수로(CANDU)	천연우라늄	중수	중수
고속 증식로(FBR)	농축우라늄, 플루토늄	–	나트륨

2 **제어재의 구비조건**

(1) 중성자 흡수 단면적이 클 것
(2) 냉각재에 대하여 내부식성이 있는 것
(3) 열과 방사능에 대해 안정적일 것

3 **핵연료의 구비 조건**

(1) 중성자를 빨리 감속시킬 수 있을 것
(2) 중성자 흡수 단면적이 작을 것
(3) 열전도율이 높고, 내식성, 내방사성이 우수할 것
(4) 가볍고, 밀도가 클 것

전기기기

1 | 직류 발전기

1 직류 발전기의 주요 부분 및 역할

(1) 계자(field) : 전기자를 통과하는 자속을 만드는 부분

(2) 전기자(armature) : 계자에서 만든 자속을 끊어서 기전력을 유도하는 부분

(3) 정류자(commutator) : 전기자 권선에서 유도된 교류를 직류로 바꾸어 주는 부분

2 보극 : 정류 개선

3 보상권선 : 전기자 반작용 억제

4 전기자

(1) 규소강판을 사용하는 이유 : 히스테리시스손 감소

(2) 얇은 철판을 성층하는 이유 : 와류손 감소

5 직류기의 전기자 권선 : 이층권, 고상권, 폐로권을 채택한다.

6 중권과 파권의 비교

비교 항목	단중 중권	단중 파권
전기자의 병렬 회로수(a)	$p(mp)$	$2(2m)$
브러시 수(b)	p	2
용　　도	저전압, 대전류	고전압, 소전류
균압접속	4극 이상이면 균압 접속을 하여야 한다.	균압 접속은 필요 없다.

　p : 극수,　m : 다중도

7 유기기전력

(1) 전기자 도체 1개에 유도되는 유기기전력 $e = Blv$ [V]

(　B : 자속밀도[Wb/m²], l : 도체의 길이[m], v : 도체의 회전속도[m/s])

(2) 도체 총 수가 Z인 발전기의 유기기전력 $E = p\phi n \times \dfrac{Z}{a}$ [V]

(p : 극수, ϕ : 매극당 자속[Wb], n : 회전수[rps], Z : 총 도체수, a : 내부 병렬회로수)

8 **전기자 반작용의 영향**

(1) 전기적 중성축 이동 (2) 주자속 감소

(3) 정류자 편간의 불꽃섬락 발생 (4) 발전기의 출력감소

9 **전기자 반작용에 대한 대책**

(1) 브러시를 새로운 중성점으로 이동

　① 발전기 : 회전 방향으로 이동

　② 전동기 : 회전 방향과 반대 방향으로 이동

(2) 보상권선 설치

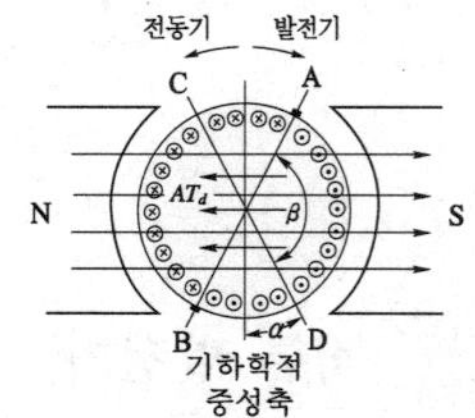

10 **감자 기자력** $AT_d = \dfrac{Z}{2p} \cdot \dfrac{2\alpha}{180°} \cdot \dfrac{I_a}{a}$ [AT/극]

11 **교차 기자력** $AT_c = \dfrac{Z}{2p} \cdot \dfrac{\beta}{180°} \cdot \dfrac{I_a}{a}$ [AT/극]

12 **정류곡선** : 직선정류, 정현파 정류, 부족정류, 과정류 등이 있으며 불꽃없는 정류는 직선 또는 정현파 정류이다.

13 **정류 코일의 리액턴스 전압(평균값)** $e_L = L\dfrac{di}{dt} = L\dfrac{2I_c}{T_c}$　(T_c : 정류주기)

14 **양호한 정류를 얻는 방법**

(1) 저항 정류 : 탄소브러시 사용

(2) 전압 정류 : 보극설치

(3) 리액턴스(L)를 적게 한다 : 단절권 채택

(4) 정류주기(T_c)를 길게 한다. : 회전속도를 낮춘다.

15 **정류자 편간전압** $e_{sa} = \dfrac{E}{\frac{K}{p}} = \dfrac{pE}{K}$ [V]

　　(E : 유기기전력, K : 정류자 편수, p : 극수)

16 **타여자 발전기** : 외부의 독립된 직류 전원에 의해 계자권선을 여자 시키는 방법

(1) 유기기전력 $E = p\phi n\dfrac{Z}{a}$ [V]

(2) 단자전압 $V = E - I_a R_a - e_a - e_b$

　여기서, e_a : 전기자 반작용에 의한 전압강하[V]

　　　　　e_b : 브러시 접촉저항에 의한 전압강하[V]

(3) 특징

　① 잔류 자기가 없어도 발전 가능

　② 운전 중 전기자 회전 방향 반대 ⇒ +, − 극성이 반대로 발전

17 **분권 발전기** : 전기자 권선과 계자 권선이 병렬로 접속

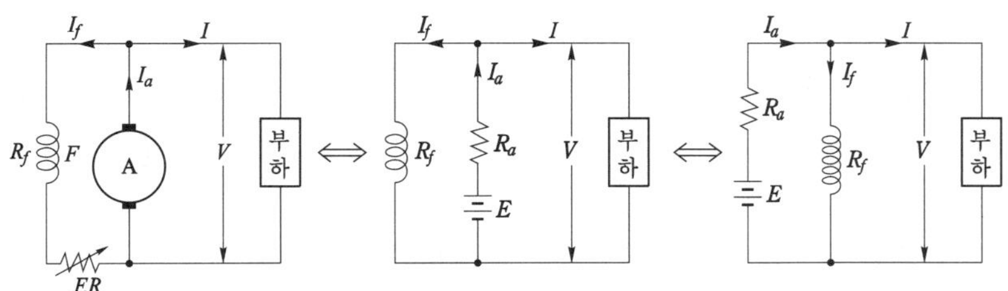

(1) 부하전류 $I = \dfrac{P}{V}$ (2) 계자전류 $I_f = \dfrac{V}{R_f}$

(3) 전기자 전류 $I_a = I_f + I$

(4) 단자전압 $V = E - I_a R_a - e_a - e_b = E - (I_f + I) R_a - e_a - e_b$

(5) 분권발전기의 특징

  ① 잔류 자기가 없으면 ⇒ 발전 불가능

  ② 운전 중 전기자 회전 방향을 반대로 하면 ⇒ 잔류 자기를 소멸시켜 발전 불가능

  ③ 운전 중 계자 회로를 갑자기 열면 계자 권선에 고압을 유기하여 계자 권선의 절연을
파괴할 우려가 있다.

  ④ 운전 중 서서히 단락 ⇒ 처음에는 큰 전류가 흐르나 종래에는 소전류가 흐른다.

18 **직권 발전기** : 전기자 권선과 계자 권선이 직렬로 접속

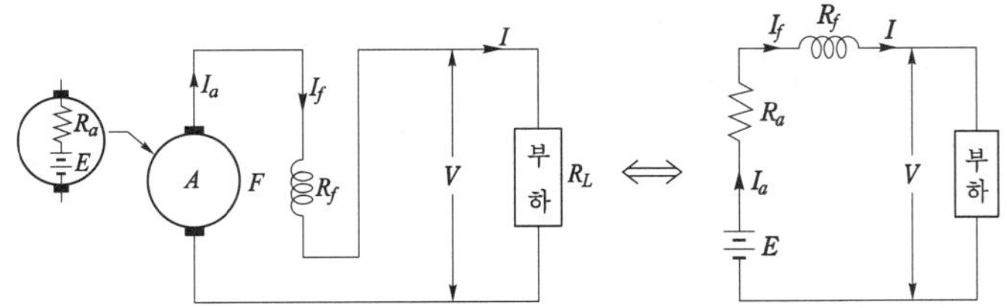

(1) 전기자전류=계자전류= 부하전류$(I_a = I_f = I)$

(2) 부하전류 $I = \dfrac{P}{V}$

(3) 단자전압 $V = E - I_a R_a - I_f R_f - e_a - e_b = E - I R_a - I R_f - e_a - e_b$

(4) 특징

  ① 잔류 자기가 없으면 발전 불가능

  ② 운전 중 전기자 회전 방향을 반대 ⇒ 잔류 자기를 소멸시켜 발전 불가능

  ③ 무부하시에는 자기여자로 전압을 확립할 수 없다.

19 **복권 발전기** : 전기자 권선과 직렬로 접속되어 있는 직권 계자 권선과 전기자 권선과 병렬
로 접속되어 있는 분권 계자 권선이 설치되어 있다.

20 **차동복권 발전기** : 분권계자권선의 기자력과 직권계자권선의 기자력이 서로 감해지는 방향으로 되어있는 발전기로서 수하특성을 갖고 있다.

21 **전압 변동률** $\epsilon = \dfrac{V_0 - V_n}{V_n} \times 100\,[\%]$ (V_0 : 무부하 전압[V], V_n : 정격전압[V])

- 전압변동률 $\epsilon > 0(V_0 > V_n)$인 발전기 : 타여자, 분권 및 부족복권 발전기
- 전압변동률 $\epsilon = 0(V_0 = V_n)$인 발전기 : 평복권
- 전압변동률 $\epsilon < 0(V_0 < V_n)$인 발전기 : 직권, 과복권발전기

22 **직류 발전기의 병렬 운전 조건**

(1) 전압 및 극성이 같을 것
(2) 외부 특성 곡선이 어느 정도 수하 특성일 것
(3) 용량이 같으면 각 발전기의 외부 특성 곡선이 같을 것
(4) 용량이 다를 경우 [%] 부하 전류로 나타낸 외부 특성 곡선이 거의 일치할 것

23 **분권 발전기 병렬 운전 시 부하의 분담**

(1) 저항(R_a)이 같으면 유기 전압(E)이 큰 발전기가 부하를 많이 분담
(2) 유기 전압(E)이 같으면 부하는 전기자 회로 저항에 반비례해서 분배
(3) 외부 특성 곡선이 같은 경우 부하분담은 용량에 비례

24 **병렬운전 시 균압모선이 필요한 발전기**

- 직권발전기　　　• 평복권　　　• 과복권

25 **병렬운전 시 균압모선이 필요 없는 발전기**

- 부족복권　　　• 차동복권　　　• 분권발전기

2 ｜ 직류 전동기

1 **직류 전동기** : 전기적 에너지를 운동에너지로 변환

2 **단자전압** $V = E_c + I_a R_a\,[\text{V}]$

3 **역기전력** $E_c = p\phi n \dfrac{Z}{a}\,[\text{V}]$

여기서, V : 단자 전압 [V], E_c : 역기전력 [V], p : 극수
　　　　ϕ : 자속 [Wb], I_a : 전기자 전류 [A], R_a : 전기자 권선 저항 [Ω]
　　　　n : 회전수 [rps], Z : 전체 도체 수, a : 내부 병렬 회로 수

4 **발전기의 유기기전력** : 플레밍의 오른손 법칙

5 **전동기의 운동 방향** : 플레밍의 왼손법칙

6 **타여자 전동기**

(1) 역기전력 $E_c = p\phi n\dfrac{Z}{a}$ [V], $E_c = V - I_a R_a$ [V]

(2) 회전 속도 $n = K\dfrac{E_c}{\phi} = K\dfrac{V - I_a R_a}{\phi}$ [rps] (단, $K = \dfrac{a}{pZ}$)

(3) 출력 $P = E_c I_a = 2\pi n T$ [W]

(4) 토오크 $T = \dfrac{E_c I_a}{2\pi n} = \dfrac{p\phi n\dfrac{Z}{a} I_a}{2\pi n} = \dfrac{pZ}{2\pi a}\phi I_a = K\phi I_a$ [N·m]

(5) 타여자 전동기에서 계자전류를 0으로 하면 자속 ϕ가 0이 되어 회전자 속도가 상승하여 위험하게 되므로 계자회로에는 퓨즈를 넣어서는 안된다.

(6) 공급 전원의 방향을 반대로 하며 회전방향은 반대로 된다.

7 **분권 전동기**

(1) 계자 전류 $I_f = \dfrac{V}{R_f}$

(2) 전원에서 흘러들어가는 전전류 $I = I_a + I_f$ (I_a : 전기자 전류, I_f : 계자전류)

(3) 회전 속도 $n = K\dfrac{V - I_a R_a}{\phi}$ [rps]

(4) 출력 $P = E_c I_a = 2\pi n T$ [W]

(5) 토오크 $T = \dfrac{E_c I_a}{2\pi n} = \dfrac{p\phi n\dfrac{Z}{a} I_a}{2\pi n} = \dfrac{pZ}{2\pi a}\phi I_a = K\phi I_a$ [N·m]

토오크 $T = \dfrac{P}{2\pi\dfrac{N}{60}} \times \dfrac{1}{9.8} = 0.975 \times \dfrac{P}{N}$ [kg·m]

(6) 계자 회로가 단선이 되면 자속 ϕ가 0이 되어 경부하시에는 원심력에 의해 기계가 파괴될 정도의 과속도에 도달할 수 있으므로 주의하여야 한다.

(7) 공급 전원의 방향을 반대로 하면 계자 전류와 전기자 전류의 방향이 동시에 반대로 되어 회전 방향은 바뀌지 않는다.

8 **직권 전동기**

(1) 전기자 전류 = 계자 전류 = 부하 전류 ($I_a = I_f = I$)

(2) 단자 전압 $V = E_c + I_a(R_s + R_a)$ (R_s : 직권계자 권선저항, R_a : 전기자 저항)

(3) 회전속도 $n = K \cdot \dfrac{V - I_a(R_a + R_s)}{\phi}$ [rps]

(4) 토크 $T = \dfrac{E_c I_a}{2\pi n} = \dfrac{p\phi n\dfrac{Z}{a} I_a}{2\pi n} = \dfrac{pZ}{2\pi a}\phi I_a = K\phi I_a$ [N·m]

① 부하 전류가 적어 철심의 자기포화가 되지 않는 범위 $T = K I_a^2$ [N·m]

② 부하 전류가 증가하여 철심이 자기포화된 경우 $T = KI_a$ [N·m]

(5) 직권 전동기에서 무부하가 되면($I = I_a = I_f = 0$, $\phi = 0$) 속도는 무한대가 되어 원심력 때문에 기계를 파괴할 염려가 있다. 따라서, 직권 전동기는 벨트 운전을 하지 않는다.

(6) 직권전동기의 용도

직권전동기는 전차, 기중기등의 부하 변동이 심하고 큰 기동토크가 요구되는 기기에 주로 사용된다.

9 속도 변동률 $\epsilon = \dfrac{N_0 - N_n}{N_n} \times 100[\%]$ (N_0 : 무부하 속도, N_n : 정격부하에서 정격속도)

10 전기자 전류

(1) 운전중에 있는 직류전동기의 전기자 전류 $I_a = \dfrac{V - E_c}{R_a}$ [A]

(2) 기동시 직류전동기의 전기자 전류 $I_a = \dfrac{V}{R_a}$ [A] (기동시 역기전력 $E_c = 0$)

11 직류 분권 전동기의 속도 제어법

구 분	제어 특성	특 징
계자 제어법	·정출력 제어	·속도제어 범위가 좁다.
전압 제어법	·정토크 제어 ⌈ 워드 레오나드 방식 ⌊ 일그너 방식	·제어범위가 넓다. ·손실이 매우 적다. ·정역운전이 가능 ·설비비가 많이 든다.
직렬 저항법		·효율 나쁘다.

12 직권 전동기의 속도제어

(1) 계자 제어법   (2) 직렬 저항 제어법   (3) 직·병렬 제어법

13 직류기의 제동법

(1) 발전 제동 : 전동기를 발전기로 동작시켜 그때 발생된 전력을 열로 소비하여 제동

(2) 회생 제동 : 전동기를 발전기로 동작시켜 발생하는 전력을 전원으로 반환함으로써 제동

(3) 역상 제동(플러깅 제동) : 전기자의 결선을 바꾸어 역 방향의 토크를 발생하여 급 제동하는 방법

---

3 │ 직류기의 손실, 효율 및 정격

1 손실의 종류

- 총 손실 = 무부하손 + 부하손   • 무부하손 = 철손 + 기계손
- 철손 = 히스테리시스손 + 와류손

2 **실측 효율** $\eta = \dfrac{출력}{입력} \times 100[\%]$

3 **규약효율(전기적 에너지를 기준으로 하여 암기)**

(1) 발전기 (입력 : 기계적 에너지, 출력 : 전기적 에너지)

$$\eta = \frac{출력}{출력+손실} \times 100 \,[\%] \qquad (입력=출력+손실)$$

(2) 전동기 (입력 : 전기적 에너지, 출력 : 기계적 에너지)

$$\eta = \frac{입력-손실}{입력} \times 100 \,[\%] \qquad (출력=입력-손실)$$

4 **최대효율 발생 조건** : 무부하손(고정손)=부하손(가변손)

4 | 특수 직류기

1 **토크 측정방법**

(1) 소형 전동기 토크 측정방법 : 와전류 제동기, 프로니 브레이크법
(2) 대형 전동기의 토크 측정 : 전기 동력계

2 **전기 동력계**

(1) 토크 $T = W \cdot L[\text{kg·m}] = 9.8\,W \cdot L\,[\text{N·m}]$
  (W : 힘[kg], L : 동력계 중심과의 거리[m])

(2) 출력 $P = 2\pi n T = 2\pi \dfrac{N}{60} \times 9.8\,W \cdot L = 1.027 N \cdot W \cdot L\,[\text{W}]$

3 **단극 발전기**

(1) 일정 방향의 기전력을 발생하여 정류자가 필요 없는 구조의 발전기
(2) 3~15 [V]의 저전압과 수 천 [A] 이상의 대전류 발생용으로 화학공업이나 저항 용접 등에 사용

4 **3선식 발전기** : 두 종류의 전압(220[V] / 110[V])을 하나의 발전기로 겸용하여 사용

5 **증폭기의 종류**

① 앰플리다인   ② 로토트롤   ③ HT 다이나모

6 **앰플리다인** : 2단으로 증폭이 되므로 10,000 정도의 증폭률이 얻어진다.

7 **정전압 발전기의 종류**

① 로젠베르그 발전기   ② 베르그만 발전기   ③ 제3브러시 발전기

5 | 동기 발전기

1 **동기 속도** $n_s = \dfrac{2f}{p}$ [rps], $N_s = \dfrac{120f}{p}$ [rpm]

2 **동기기에서 분포권의 장점 및 단점**

(1) 장점
　① 기전력의 파형이 좋아진다.
　② 권선의 누설리액턴스가 감소
　③ 전기자에 발생되는 열을 골고루 분포시켜 과열을 방지
(2) 단점 : 집중권에 비해 합성 유기 기전력이 감소

3 **분포권 계수** $K_{dn} = \dfrac{\sin\dfrac{n\pi}{2m}}{q\sin\dfrac{n\pi}{2mq}}$ (n차 고조파, q : 매극매상 당 슬롯 수, m : 상수)

4 매극 매상 당 슬롯 수 $= \dfrac{\text{총 슬롯 수}}{\text{상수} \times \text{극수}}$

5 총 코일 수 $= \dfrac{\text{총 슬롯 수} \times \text{층수}}{2}$

6 **단절권의 장·단점**

(1) 장점
　① 고조파를 제거하여 기전력의 파형을 개선하고
　② 동의 양이 적게 되는 이점이 있다.
(2) 단점 : 전절권에 비해 합성 유기기전력이 감소

7 **단절권 계수** $K_{pn} = \sin\dfrac{n\beta\pi}{2}$ (n차 고조파, $\beta = \dfrac{\text{코일간격}}{\text{극간격}}$)

8 **동기기의 전기자 권선법**

　•2층권　　　•단절권　　　•분포권 을 사용

9 **전기자 권선을 Y결선으로 하는 이유**

(1) 중성점을 접지할 수 있으므로 권선보호 장치의 시설이 용이
(2) 이상전압의 방지 대책이 용이
(3) 권선의 불평형 및 제3고조파에 의한 순환전류가 흐르지 않는다.
(4) 상전압은 선간 전압의 $\dfrac{1}{\sqrt{3}}$ 이 되어 코일의 절연이 용이하고 코로나 발생을 억제

10 **고조파 기전력을 제거하여 정현파로 하기 위해 채용되는 방법**

(1) 매극 매상의 슬롯수 q를 크게 한다.

(2) 단절권 및 분포권으로 한다.

(3) 전기자 철심을 사(skewed slot) 슬롯으로 한다.

(4) Y(성형)결선을 한다.

11 유기 기전력

(1) 1개의 도체에 유기되는 기전력의 순시치 $e = Blv$ [V]

(2) 권수 W 에 유기되는 기전력의 실효치 $E = 4.44K_w fW\phi$ [V]

12 전압변동률 $\epsilon = \dfrac{V_0 - V_n}{V_n} \times 100[\%]$ (V_0 : 무부하 단자전압, V_n : 정격단자전압)

(1) 유도부하 인 경우 : $\epsilon > 0$ ($V_0 > V_n$)

(2) 용량부하 인 경우 : $\epsilon < 0$ ($V_0 < V_n$)

13 동기 발전기의 출력

(1) 비돌극기(원통형)의 출력

- 단상 발전기 $P \fallingdotseq \dfrac{EV}{x_s}\sin\delta$ (E : 유기기전력, V : 단자전압, δ : 부하각)

- 3상 발전기 $P \fallingdotseq \dfrac{3EV}{x_s}\sin\delta$

- 최대 출력 : 부하각 $\delta = 90°$ 에서 발생

(2) 돌극기의 출력

- 출력 $P = \dfrac{EV}{x_d}\sin\delta + \dfrac{V^2(x_d - x_q)}{2x_d x_q}\sin2\delta$

  (x_d : 직축 동기 리액턴스, x_q : 횡축 동기 리액턴스)

- 최대 출력 : 부하각 $\delta \fallingdotseq 60°$ 에서 발생

14 전기자 반작용

역 률	부 하	전류와 전압과의 위상	작 용
역률 1	저항	I_a 가 E 와 동상인 경우	교차 자화 작용(횡축 반작용)
뒤진역률 0	유도성 부하	I_a 가 E 보다 $\pi/2$ 뒤지는 경우	감자 작용(직축 반작용)
앞선역률 0	용량성 부하	I_a 가 E 보다 $\pi/2$ 앞서는 경우	증자 작용(자화 작용)

(1) 횡축 반작용 성분 : $I\cos\theta$

(2) 직축 반작용 성분 : $I\sin\theta$

- 전압보다 $\dfrac{\pi}{2}$ 앞선 $I\sin\theta$ (진상전류, 콘덴서 부하) : 증자작용

- 전압보다 $\dfrac{\pi}{2}$ 뒤진 $I\sin\theta$ (지상전류, 리액터 부하) : 감자작용

15 동기 임피던스 $Z_s = r_a + jx_s = r_a + j(x_a + x_l)$ [Ω]

(r_a : 전기자 저항[Ω], x_a : 전기자 반작용 리액턴스[Ω], x_l : 전기자 누설 리액턴스[Ω])

동기 임피던스 $Z_s = \dfrac{E_n}{I_s} = \dfrac{V_n}{\sqrt{3}\,I_s}\,[\Omega]$

16 %동기 임피던스 $\%Z_s$

(1) $\%Z_s = \dfrac{Z_s I_n}{E_n} \times 100\,[\%]$ 　　　　(2) $\%Z_s = \dfrac{P Z_s}{10\,V^2}\,[\%]$

　　(P : 기준용량[kVA], V : 선간전압[kV])

17 리액턴스의 크기 비교

(1) 초기 과도 리액턴스 < 과도 리액턴스 < 동기리액턴스

(2) 돌극형 동기 발전기 : $x_d > x_q$　(x_d : 직축 동기리액턴스)

(3) 원통형(비철극기) 동기발전기 : $x_d = x_q = x_s$　(x_q : 횡축 동기리액턴스)

18 단락 전류

(1) 돌발 단락 전류 $I_s = \dfrac{E}{r_a + j x_l} \fallingdotseq \dfrac{E}{j x_l}$　(돌발 단락 전류 억제 : 누설 리액턴스 x_l)

(2) 영구 단락 전류 $I_s = \dfrac{E}{r_a + j x_s} = \dfrac{E}{r_a + j(x_a + x_l)} \fallingdotseq \dfrac{E}{j x_s}$

　　($x_s = x_a + x_l$, 영구 단락 전류 억제 : 동기 리액턴스 x_s)

19 단락 시 흐르는 단락전류의 크기변화

단락초기 막대한 과도 전류가 흐르다가 점차 감소하여 수초 후에는 영구 단락 전류값에 이르게 된다.

20 단락비 $K_s = \dfrac{I_f{'}}{I_f{''}} = \dfrac{1}{Z[\mathrm{PU}]}$

여기서, $I_f{'}$: 무부하에서 정격 전압을 유기하는데 요하는 여자 전류

　　　　$I_f{''}$: 3상 영구 단락 전류를 통하는 데 요하는 여자 전류

21 철기계(돌극형)의 특징

① 단락비가 크다.　　　　　　　　② 동기 임피던스가 적다.

③ 반작용 리액턴스 x_a가 적다.　　④ 전압 변동률이 양호해진다.

⑤ 기계의 중량이 크다.　　　　　　⑥ 과부하 내량이 증대

⑦ 극수가 많은 저속기에 적합하다.　⑧ 안정도가 높다

22 동기계(원통형, 비돌극형)의 특징

① 단락비가 적다.　　　　　　　　② 동기 임피던스가 크다.

③ 전기자 반작용이 크다.　　　　　④ 중량이 가볍고, 가격이 싸다.

23 발전기의 병렬운전 조건

① 기전력의 크기가 같을 것　　　　② 기전력의 위상이 같을 것

③ 기전력의 주파수가 같을 것   ④ 기전력의 파형이 같을 것
이 외에도 3상 동기 발전기의 병렬 운전 시에는 상회전 방향이 같아야 한다.

24 **동기화 전류(유효전류)** $I_s = \dfrac{E_1}{x_s}\sin\dfrac{\delta}{2}\,[\mathrm{A}]$ (δ : 위상차)

25 **동기화력(유효전력)** $P_s = \dfrac{E_1{}^2}{2x_s}\sin\delta\,[\mathrm{W}]$ (x_s : 동기리액턴스)

26 **부하의 분담**

① 유효 전력의 분담 : 원동기의 속도 특성에 따라 정해진다.
② 무효 전력의 분담 : 기전력의 크기. 즉, 계자 전류의 크기에 의해 결정된다.

27 **동기발전기의 안정도 향상대책**

① 동기 임피던스를 작게 한다.
② 속응 여자 방식을 채택한다.
③ 단락비를 크게 한다.
④ 동기 탈조 계전기를 사용한다.
⑤ 회전자에 플라이 휘일을 설치하여 관성 모멘트를 크게 한다.
⑥ 정상 임피던스는 작고, 영상, 역상 임피던스를 크게 한다.

28 **동기발전기의 시험 및 측정**

측정 항목	시험의 종류
철 손	무부하 시험
기 계 손	무부하 시험
동기임피던스	단락 시험
동기리액턴스	단락 시험
단 락 비	무부하(포화)시험, 단락 시험

6 | 동기 전동기

1 **동기 전동기의 입·출력**

(1) 동기전동기의 입력 $P_1 \fallingdotseq \dfrac{VE}{x_s}\sin\delta$ (V : 단자전압, E : 역기전력, δ : V와 E의 위상차)

(2) 동기전동기의 출력 $P_2 = \dfrac{VE}{Z_s}\cos(\beta-\delta) - \dfrac{E^2}{Z_s}\cos\beta$ ($\beta = \tan^{-1}\dfrac{x_s}{r}$)

(3) 최대출력 $P_{2\max} = \dfrac{VE}{Z_s} - \dfrac{E^2}{Z_s}\cos\beta$ 즉, 최대출력은 $\delta=\beta$일 때 발생

2 동기와트

(1) 전동기의 출력 $P = 2\pi n T$ 에서 출력은 토크와 속도의 곱으로 나타낸다.

(2) 동기전동기의 경우 속도 n은 항상 일정하므로 기계적 출력을 토크로 표시하기도 하는데 이와 같이 출력와트를 토크로 표시할 때를 동기와트라 한다.

3 토크 T

- $T = \dfrac{60}{2\pi} \cdot \dfrac{P_2}{N_s}$ [N·m]

- $T = \dfrac{1}{9.8} \times \dfrac{60}{2\pi} \times \dfrac{P_2}{N_s} = 0.975 \times \dfrac{P_2}{N_s}$ [kg·m]

4 동기기의 전기자 반작용

작 용	동기 발전기	동기 전동기
교차 자화 작용(횡축 반작용)	I_a가 E와 동상인 경우	I_a가 V와 동상인 경우
감자 작용(직축 반작용)	I_a가 E보다 $\pi/2$ 뒤지는 경우	I_a가 V보다 $\pi/2$ 앞서는 경우
증자 작용(자화 작용)	I_a가 E보다 $\pi/2$ 앞서는 경우	I_a가 V보다 $\pi/2$ 뒤지는 경우

여기서, I_a : 전기자 전류, E : 유기 기전력, V : 단자전압(공급전압)

5 제동 권선의 기능

① 난조 방지
② 기동 토크 발생
③ 불평형 부하시의 전류, 전압 파형 개선
④ 송전선의 불평형 단락시의 이상 전압 방지

6 동기 전동기의 위상특성곡선 (V 곡선)

(1) 역률 1
  ① $\cos\theta = 1$ (V와 I는 동상)
  ② 전기자 전류 $I\left(I \fallingdotseq \dfrac{E_s}{jX}\right)$는 최소

(2) 과여자
  ① $\cos\theta = $ 진상
  ② 콘덴서의 역할
  ③ 진상의 전기자 전류 증대
    (I가 V보다 위상이 θ만큼 앞섬)

(3) 부족 여자
  ① $\cos\theta = $ 지상
  ② 리액터의 역할
  ③ 지상의 전기자 전류 증대 (I가 V보다 위상이 θ만큼 뒤짐)

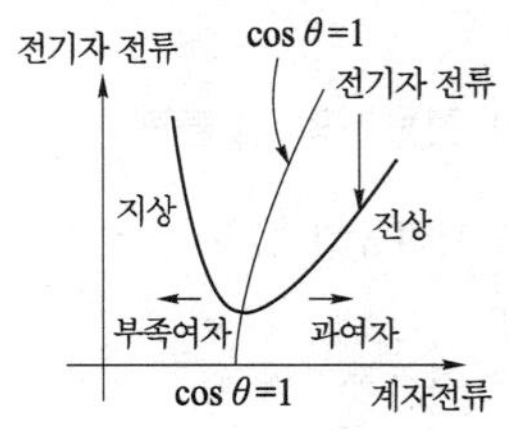

7 | 변압기

1 **여자전류의 순시치** $i_0 = \sqrt{2}\,I_0\sin\left(\omega t - \dfrac{\pi}{2}\right)[\mathrm{A}]$

여기서, 실효치 $I_0 = \dfrac{V_1}{\omega L_1}[\mathrm{A}]$ 로 전압 V_1 보다 위상이 $90°$ 뒤진다.

2 **유기기전력의 실효값**

(1) 1차측 유기기전력의 실효값 $E_1 = 4.44 f n_1 \phi_m [\mathrm{V}]$

(2) 2차측 유기기전력의 실효값 $E_2 = 4.44 f n_2 \phi_m [\mathrm{V}]$

3 **변압기의 권수비(전압비)** $a = \dfrac{E_1}{E_2} = \dfrac{N_1}{N_2}$

전압비는 선간전압이 아니고 반드시 상전압이 되어야 한다.

4 변압기의 전류비 $= \dfrac{2\text{차측 상전류}}{1\text{차측 상전류}}$, $\dfrac{I_{p1}}{I_{p2}} = \dfrac{1}{a}$

전류비는 선전류가 아니고 반드시 상전류가 되어야 한다.

5 **변압기의 등가회로 작성에 필요한 시험**

① 직류 저항 측정 : 권선 저항 측정

② 무부하 시험 : 철손 측정

③ 단락 시험 : 동손 측정

6 **변압기 2차측에서 1차측으로 환산시**

• 전압은 a배   • 전류는 $\dfrac{1}{a}$ 배   • 임피던스는 a^2 배

7 **변압기 1차측에서 2차측으로 환산시**

• 전압은 $\dfrac{1}{a}$ 배   • 전류는 a배

• 임피던스는 $\dfrac{1}{a^2}$ 배   • 어드미턴스는 a^2 배

8 **여자전류** $I_0 = I_\phi + I_i = \sqrt{I_\phi^{\,2} + I_i^{\,2}}$ (I_ϕ : 자화전류, I_i : 철손전류)

9 **철손전류** $I_i = \dfrac{P_i}{V_1}[\mathrm{A}]$ (P_i : 철손)

10 **여자 어드미턴스** $Y_0 = \sqrt{g_0^2 + b_0^2} = \dfrac{I_0}{V_1}[\mho]$

11 **컨덕턴스** $g_o = \dfrac{I_i}{V_1} = \dfrac{P_i}{V_1^{\,2}}[\mho]$

12 서셉턴스 $b_0 = \sqrt{Y_0^2 - g_0^2} = \sqrt{\left(\dfrac{I_0}{V_1}\right)^2 - \left(\dfrac{P_i}{V_1^{\,2}}\right)^2}$ [℧]

13 변압기의 누설리액턴스 $L = \dfrac{\mu A N^2}{l} \propto N^2$

    (A : 철심의 단면적[m²], N : 코일의 권수, l : 자로의 길이[m])

14 변압기 1차측 단락전류

(1) $I_{1s} = \dfrac{V_1}{Z_1 + Z_2'}$ [A] : 옴(ohm)법으로 표현

      (Z_2' : 2차측 임피던스를 1차측으로 환산한 임피던스)

(2) $I_{1s} = \dfrac{100}{\%Z} \times I_n$: $\%Z$ 법으로 표현

15 %저항 강하 $p = \dfrac{r_{21}\, I_{1n}}{V_{1n}} \times 100 = \dfrac{r_{21}\, I_{1n}^{\,2}}{V_{1n}\, I_{1n}} \times 100 = \dfrac{P_c}{V_{1n}\, I_{1n}} \times 100$ [%]

16 %리액턴스 강하 $q = \dfrac{x_{21}\, I_{1n}}{V_{1n}} \times 100$ [%]

17 %임피던스 강하 $z = \dfrac{z_{21}\, I_{1n}}{V_{1n}} \times 100 = \dfrac{V_s}{V_{1n}} \times 100 = \sqrt{p^2 + q^2}$ [%]

18 전압 변동률

(1) 전압으로 구하는 전압 변동률 $\epsilon = \dfrac{V_{20} - V_{2n}}{V_{2n}} \times 100$ [%]

(2) %임피던스로 구하는 전압변동률 (지상 부하 시)

    $\epsilon = p\cos\phi + q\sin\phi + \dfrac{1}{200}(q\cos\phi - p\sin\phi)^2$ [%]

    $\fallingdotseq p\cos\phi + q\sin\phi$ (ϕ : 부하 Z의 위상각)

(3) %임피던스로 구하는 전압변동률 (진상 부하 시)

    $\epsilon \fallingdotseq p\cos\phi - q\sin\phi$

(4) 역률이 100 [%]일 때 전압 변동률

    $\cos\phi = 1$, $\sin\phi = 0$이므로

    $\epsilon \fallingdotseq p = \dfrac{I_{2n}\, r}{V_{2n}} \times 100 = \dfrac{I_{2n}^{\,2}\, r}{V_{2n}\, I_{2n}} \times 100 = \dfrac{\text{전부하 동손}}{\text{정격 용량}} \times 100$ [%]

(5) 최대 전압변동률 $\epsilon_{\max} = \sqrt{p^2 + q^2}$

(6) 최대 전압변동률을 발생하는 역률 $\cos\phi_{\max} = \dfrac{p}{\sqrt{p^2 + q^2}}$

19 변압기 손실의 종류

(1) 변압기 손실 = 무부하손 + 부하손
(2) 무부하손 = 히스테리시스손 + 와류손 + 유전체손
    (철손=히스테리시스손 + 와류손 ; 부하의 크기에 무관)

(3) 부하손 = 동손 + 표류 부하손

20 **히스테리시스손** $P_h = K_h f B_m{}^2$ [W/kg]

$$(K_h : \text{히스테리시스 계수}, \ B_m : \text{최대 자속밀도[Wb/m}^2])$$

$$P_h = K \cdot f \cdot \left(\frac{V}{f}\right)^2 = K\frac{V^2}{f}$$

21 **와류손** $P_e = K_e (t \cdot f \cdot K_f \cdot B_m)^2$

$$(K_e : \text{재료에 따라 정해지는 상수}, \ t : \text{철심의 두께}, \ K_f : \text{파형률})$$

$$P_e = K \left(f \cdot \frac{V}{f}\right)^2 = K V^2$$

22 **유전체손** : 절연물에서 생기는 손실

23 **동손** $P_c = I^2 R$ [W]로서 변압기의 부하율에 따라 그 값이 달라진다.

- 전 부하일 때의 동손 $P_c = I^2 R$[W]
- 부하율 m일 때의 동손 $P_{cm} = m^2 P_c = m^2 \times I^2 R$[W]

24 **변압기의 손실과 주파수와의 관계**

① 동손 $P_c = I^2 R$ 로 동손은 전류의 자승에 비례하나 주파수와는 무관하다.

② 와류손 $P_e = KE^2$ 에서 와류손은 주파수와 무관

③ 히스테리시스손 $P_h = K\dfrac{E^2}{f}$ 로 주파수에 반비례 한다.

25 **정격 부하시 효율** $\eta = \dfrac{V_{2n} I_{2n} \cos\theta}{V_{2n} I_{2n} \cos\theta + P_i + I_{2n}{}^2 r_{21}} \times 100$ [%]

26 **부하율 m으로 운전시 효율** $\eta = \dfrac{m V_{2n} I_{2n} \cos\theta}{m V_{2n} I_{2n} \cos\theta + P_i + m^2 I_{2n}{}^2 r_{21}} \times 100$ [%]

27 **최대 효율 운전 조건** : 부하율 $m = \sqrt{\dfrac{P_i}{P_c}}$ 의 부하로 운전시 최대 효율로 운전된다.

28 **변압기 결선**

(1) △-△ 결선도

① $V_l = V_p \angle 0°$: 선간 전압과 상전압은 크기가 같고 동상이 된다.

② $I_l = \sqrt{3} I_p \angle -30°$: 선전류는 상전류에 비해 크기가 $\sqrt{3}$ 배이고 위상은 30° 뒤진다.

(2) Y-Y 결선

① $V_l = \sqrt{3} V_p \angle 30°$: 선간 전압은 상전압에 비해 크기가 $\sqrt{3}$ 배이고 위상은 30° 앞선다.

② $I_l = I_p \angle 0°$: 선전류는 상전류와 크기가 같고 위상이 동상이 된다.

29 **3상 출력** $P = \sqrt{3} V_l I_l = 3 V_p I_p = 3 \times$ 단상 출력

30 **최대전력 공급조건** : "전원의 내부 저항 = 부하 저항"

31 V–V 결선

(1) V결선 출력 $P_V = \sqrt{3}\,V_p I_p = \sqrt{3} \times$ 단상변압기 1대 용량

(2) 출력의 비 $= \dfrac{V\text{결선 출력}}{3\text{상 출력}} = \dfrac{\sqrt{3}\,VI}{3\,VI} = \dfrac{1}{\sqrt{3}} \fallingdotseq 0.577 = 57.7[\%]$

(3) 이용률 $= \dfrac{3\text{상 출력}}{\text{설비용량}} = \dfrac{\sqrt{3}\,VI}{2\,VI} = \dfrac{\sqrt{3}}{2} = 0.866 = 86.6[\%]$

32 변압기 병렬 운전 조건

(1) 극성이 같을 것

(2) 권수비가 같고, 1차와 2차의 정격 전압이 같을 것

(3) %임피던스 강하가 같을 것

(4) 3상식에서는 위의 조건 외에 각 변압기의 상회전 방향 및 각 변위가 같을 것

33 변압기 병렬운전 시 부하 분담

$$\frac{P_a}{P_b} = \frac{P_A}{P_B} \times \frac{\%Z_B}{\%Z_A}$$

여기서, P_a, P_b : A, B 변압기의 분담부하

$\quad\quad\quad P_A$, P_B : A, B 변압기의 용량

$\quad\quad\quad \%Z_A$, $\%Z_B$: A, B 변압기의 %Z

- 부하 분담은 변압기의 %Z에 반비례 한다.
- 부하 분담을 많이 하는 변압기(%Z가 적은 변압기)라도 변압기의 자기 용량 이상을 분담하지 못한다.

34 3상 변압기의 병렬 운전 결선

병렬 운전 가능	병렬 운전 불가능
△-△ 와 △-△ Y-△ 와 Y-△ Y-Y 와 Y-Y △-Y 와 △-Y △-△ 와 Y-Y △-Y 와 Y-△	△-△ 와 △-Y △-Y 와 Y-Y

35 상수의 변환

(1) 3상–2상간의 상수 변환

   ① 스코트 결선(T결선)

   ② 메이어 결선

   ③ 우드 브리지 결선

(2) 3상–6상간의 상수 변환

   ① 환상 결선   ② 2중 3각 결선   ③ 2중 성형 결선

   ④ 대각 결선   ⑤ 포크 결선

36 스코트 결선

(1) 권선비

① 주좌변압기 $\alpha_M = \dfrac{n_1}{n_2}$

② T좌변압기 $\alpha_T = \dfrac{\dfrac{\sqrt{3}}{2}n_1}{n_2} = \dfrac{\sqrt{3}}{2}\alpha_M$

(2) 이용률$= \dfrac{\sqrt{3}\,VI}{2\,VI} = 0.866 = 86.6[\%]$

37 단권 변압기의 자기 용량과 부하 용량

(1) 변압기 1차 정격전압과 공급전압이 동일 한 경우

- 단권 변압기 용량(자기 용량)$=$부하 용량$\times \dfrac{\text{고압}-\text{저압}}{\text{고압}}$

(2) 변압기 1차 정격전압과 공급전압이 서로 다른 경우(승압기의 경우)

- 단권변압기 자기용량 $P_n = e_2 I_2$

38 계기용 변압기

- 공칭 전압비 : $K_{np} = \dfrac{V_1}{V_2}$
- 2차 전압은 110 [V]가 정격이다.

39 변류기

- 공칭 전류비 : $K_{nc} = \dfrac{I_1}{I_2}$
- 2차 전류는 5 [A]가 정격이다.
- 변류기는 사용 중 고장으로 계기를 수리하고자 할 때 2차를 개로해서는 안된다.

40 변압기 내부고장 검출용 보호 계전기

① 차동 계전기 (비율 차동 계전기)
② 압력 계전기
③ 부흐홀쯔 계전기
④ 가스 검출 계전기

41 변압기 개방회로 시험으로 측정 할 수 있는 항목

① 무부하전류   ② 히스테리시스손
③ 와류손   ④ 여자어드미턴스
⑤ 철손

42 변압기 단락시험으로 측정 할 수 있는 항목

① 동손   ② 임피던스 와트   ③ 임피던스 전압

43 절연의 종류

종 류	최고사용온도 [℃]	종 류	최고사용온도 [℃]
Y 종	90	F 종	155
A 종	105	H 종	180
E 종	120	C 종	180 이상
B 종	130		

44 절연유

(1) 열화 원인

변압기의 호흡작용에 의해 고온의 절연유가 외부 공기와의 접촉에 의해 열화 발생

(2) 열화영향
- 절연내력의 저하
- 냉각효과 감소
- 침식작용

(3) 열화 방지설비
- 브리더
- 질소봉입
- 콘서베이터

8 | 유도 전동기

1 동기속도 : 극수와 주파수에 의해 정해지는 속도

- $n_s = \dfrac{2f}{p}$ [rps]
- $N_s = \dfrac{120f}{p}$ [rpm]

2 전기각$(\alpha) = \dfrac{180°}{슬롯수/극수}$

3 전기적 각도$= \dfrac{p}{2} \times$ 기하학적 각도 $(p : 극수)$

4 슬립 $s = \dfrac{N_s - N}{N_s} \times 100[\%]$ $(N_s : 동기속도, \ N : 전동기의 실제 회전속도)$

회전자 속도 $N = (1-s)N_s$ [rpm]

5 기기별 슬립의 범위

(1) 유도 전동기의 슬립 : $0 < s < 1$

① $s = 1$이면 $N = 0$이고 전동기는 정지상태

② $s = 0$이면 $N = N_s$ 가 되어 전동기가 동기속도로 회전

(2) 유도 제동기의 슬립 : $s > 1$

(3) 유도 발전기(비동기 발전기) : $s < 0$

(4) 슬립측정 방법

① DC 밀리볼트계법   ② 수화기법   ③ 스트로보스코프법

6 유도 기전력 및 권선비

(1) 전동기가 정지하고 있는 경우$(s=1)$

① 1차 유도기전력 $E_1 = 4.44 K_{w1} w_1 f \Phi$ [V]

② 2차 유도기전력 $E_2 = 4.44 K_{w2} w_2 f \Phi$ [V]

$\quad K_{w1},\ K_{w2}$: 1차·2차 권선계수

$\quad w_1, w_2$: 1차·2차 1상당 권선수

$\quad \phi$: 1극의 평균자속[Wb]

③ 1차, 2차 권수비 : $\dfrac{w_1 K_{w1}}{w_2 K_{w2}} = \dfrac{E_1}{E_2} = \alpha$

(2) 전동기가 슬립 s로 회전하고 있는 경우

회전자가 회전하고 있을 때의 상대속도는 회전자가 정지하고 있을 때의 s배가 된다.

① 2차전압 $E_{2s} = s E_2$

② 2차 주파수 $f' = s f$

③ 2차전류 $I_2 = \dfrac{E_{2s}}{Z_{2s}} = \dfrac{s E_2}{\sqrt{r_2{}^2 + (s x_2)^2}} = \dfrac{E_2}{\sqrt{\left(\dfrac{r_2}{s}\right)^2 + x_2{}^2}}$ [A]

④ 슬립s로 회전하고 있을 때 역률 $\cos\theta_2 = \dfrac{r_2}{\sqrt{r_2^2 + (s x_2)^2}},\ \ \theta = \tan^{-1}\dfrac{s x_2}{r_2}$

7 기계적 출력을 대표하는 부하저항 $R = \dfrac{1-s}{s} r_2$ (r_2 : 2차 권선 1상의 저항)

8 1차, 2차 환산

(1) 2차 전압의 1차 환산 : $E_2' = E_1 = \alpha E_2$ [V]

(2) 2차 전류의 1차 환산 : $I_2' = I_1 = \dfrac{1}{\alpha\beta} I_2$ [A]

(상수비 $\beta = \dfrac{m_1}{m_2},\quad m_1,\ m_2$: 1차·2차 상수)

(3) 2차 임피던스의 1차 환산 : $Z_2' = \dfrac{E_2'}{I_2'} = \dfrac{\alpha E_2}{\dfrac{I_2}{\alpha\beta}} = \alpha^2 \beta Z_2$ [Ω]

9 2차 저항손 $P_{c2} = s E_2 I_2 \cos\theta = s P_2$

10 기계적 출력 $P_0 = P_2 - P_{c2} = P_2 - s P_2 = P_2(1-s)$

11 2차 효율 $\eta_2 = \dfrac{\text{기계적출력}}{\text{2차입력}} = \dfrac{P_0}{P_2} = \dfrac{P_2(1-s)}{P_2} = (1-s)$

12 동기 와트 $P_2 = 2\pi \cdot \dfrac{N_s}{60} \cdot T$

동기 와트 $P_2 = P_0 + P_{c2} + P_m = $ 출력 + 2차 동손 + 기계손

13 토오크 T

(1) $T = 0.975 \dfrac{P_2}{N_s}$ [kg·m] (2) $T = 0.975 \dfrac{P_0}{N}$ [kg·m]

(3) $T \propto K\phi I$ 에서 $\phi \propto V, I \propto V$ 이므로 $T \propto V^2$, 혹은 $T \propto I^2$

14 3상 유도 전동기의 특성

(1) 2차전류 $I_2 = \dfrac{sE_2}{\sqrt{r_2^{\,2} + (sx_2)^2}}$ (2) 토크 $T = K_0 \dfrac{sE_2^{\,2}\, r_2}{r_2 + (sx_2)^2}$

(3) 최대 토크가 발생하는 슬립 $s_m = \dfrac{r_2}{x_2}$ (4) 최대 토크 $T_m = K_0 \dfrac{E_2^{\,2}}{2x_2}$ [N·m]

15 2차 저항과 최대토크와의 관계

(1) 3상 유도 전동기 : 2차 저항의 크기를 변화시키면 최대 토크의 크기는 변하지 않으나 최대 토크를 발생하는 슬립점이 2차 회로의 저항에 비례하여 이동한다.

(2) 단상 유도 전동기 : 2차 저항의 크기를 변화시키면 최대 토크를 발생하는 슬립점 뿐만 아니라 최대 토크의 크기까지 변화한다.

16 기동 시 최대 토크를 발생시키기 위하여 삽입하여야 하는 저항의 크기

$$R_s{}' = \sqrt{r_1^2 + (x_1 + x_2{}')^2} - r_2{}'$$

17 공급전압 V와 슬립 s와의 관계 : $s \propto \dfrac{1}{V^2}$

18 비례추이

• $\dfrac{r_2}{s_m} = \dfrac{r_2 + R_s}{s_t}$ (r_2 : 2차 권선의 저항, s_m : 최대 토크시 슬립

s_t : 기동시 슬립, R_s : 2차 외부회로 저항)

• 비례추이가 되는 항목 : 토크, 역률, 2차 전류, 1차 전류

19 원선도 작성에 필요한 기본량

(1) 저항측정 (2) 무부하시험 (3) 구속시험

20 전동기 토크(T) 와 부하 토크(T_L) 와의 관계

(1) $T > T_L$ $(\dfrac{d\omega}{dt} > 0)$: 가속상태

(2) $T = T_L$ $(\dfrac{d\omega}{dt} = 0)$: 평형속도 상태

(3) $T < T_L$ $(\dfrac{d\omega}{dt} < 0)$: 감속상태

21 농형 유도 전동기의 기동법

(1) 전 전압 기동법

  ① 5 [kW] 이하의 소용량 농형 유도 전동기에 적용

  ② 기동 전류가 정격 전류의 4~6배 정도이다.

(2) Y-△ 기동 방법

  ① 5~15 [kW] 정도의 농형 유도전동기 기동에 적용

  ② Y로 기동시 △ 기동시에 비해 기동전류는 1/3, 기동토오크도 1/3로 감소한다.

(3) 리액터 기동방법

(4) 기동보상기법

(5) 콘도로퍼법

22 고조파의 회전자계 방향 및 속도

(1) 회전 자계 방향

  ① $h=3n+1$: 기본파와 같은 방향의 회전 자계 발생 (n : 상수 1, 2, 3 …)

  ② $h=3n$: 회전자계를 발생하지 않는다.

  ③ $h=3n-1$: 기본파와 반대 방향의 회전자계 발생

(2) 회전속도 $= \dfrac{1}{\text{고조파 차수}(h)}$

23 유도 전동기의 이상기동

(1) 차동기 운전(크로우링 현상) : 3상 유도 전동기에서 고조파에 의해 낮은 속도에서 안정 상태가 되어 더 이상 가속하지 않는 현상

(2) 게르게스 현상 : 3상 권선형 유도 전동기의 2차 회로가 한 개 단선된 경우 슬립 $s=50$ [%] 부근에서 더 이상 가속되지 않는 현상

24 유도 전동기의 속도제어

(1) 농형 유도 전동기의 속도 제어법

  ① 주파수를 바꾸는 방법

  ② 극수를 바꾸는 방법

  ③ 전원 전압을 바꾸는 방법

(2) 권선형 유도 전동기의 속도 제어법

  ① 2차 저항을 제어하는 방법

  ② 2차 여자법 등이 있다.

  ③ 종속 제어법

25 종속 제어법

(1) 직렬 종속법 : $N=\dfrac{120f}{p_1+p_2}$ [rpm]

(2) 차동 종속법 : $N=\dfrac{120f}{p_1-p_2}$ [rpm]

(3) 병렬 종속법 : $N=\dfrac{2\times120f}{p_1+p_2}$ [rpm]

26 주파수가 60 [Hz]에서 50 [Hz]로 감소한 경우

(1) 속도 감소　　　(2) 자속 ϕ 증가　　　(3) 역률 $\cos\theta$ 저하

(4) 온도 상승　　　(5) 최대 토크 증가　　　(6) 기동 전류 약간 증가

27 단상유도 전압조정기

(1) 구조

　① 1차 권선 : 회전자

　② 2차 권선 : 고정자

(2) 직렬권선과 분로권선이 이루는 각 θ에 따른 출력전압

　① $\theta=0°$일 때 : $E=E_1+E_2$ (E_1 : 입력전압, E_2 : 조정전압, E : 출력전압)

　② $\theta=90°$일 때 : $E=E_1$

　③ $\theta=180°$일 때 : $E=E_1-E_2$

(3) 단락권선의 설치목적 : 전압강하 감소

(4) 정격출력 $P_a=E_2\,I_2\times10^{-3}\,[\text{kVA}]$

(5) 입력 전압과 출력 전압 사이에 위상차가 없다.

28 3상 유도 전압조정기

(1) 구조

　① 1차 권선 : 회전자

　② 2차 권선 : 고정자

(2) 출력전압 $E=\sqrt{(E_1+E_2\cos\theta)^2+(E_2\sin\theta)^2}$　(θ : 직렬권선과 분로권선이 이루는 각)

(3) 단락권선 : 필요 없다.

(4) 정격출력 $P_a=\sqrt{3}\,E_2I_2\times10^{-3}[\text{kVA}]$

(5) 입력 전압과 출력 전압 사이에 위상차가 있다.

29 3상 유도전동기의 시험

(1) 실부하법에 의한 부하시험

　① 전기동력계법

　② 프로니브레이크법

　③ 손실을 알고 있는 직류발전기를 사용하는 방법 등이 있다.

(2) 슬립의 측정

　① 회전계법　　　② 직류 밀리볼트계법

　③ 수화기법　　　④ 스트로보스코프

30 2중 농형 유도 전동기

(1) 회전자의 농형권선을 내외 이중으로 설치한 것

(2) 도체

　① 외측도체 : 저항이 높은 황동 또는 동니켈 합금의 도체를 사용

　② 내측도체 : 저항이 낮은 전기동 사용

31 단상 유도전동기의 기동토크의 크기 및 용도

종 류	기동 토크 [%]	용 도
분상 기동형	125 이상	복사기, 계산기
콘덴서 기동형	250 이상	냉장고
콘덴서 전동기	140~160	세탁기, 선풍기
반발 기동형	300 이상	펌프
셰이딩 코일형	40~100	플레이어, 테이프 레코더

9 │ 전력용 반도체 및 정류기

1 **회전 변류기** : 정류기로서 교류 전력을 직류 전력으로 변성하는 회전기계이다.

(1) 전압비 : $\dfrac{E_a}{E_d} = \dfrac{1}{\sqrt{2}}\sin\dfrac{\pi}{m}$ (E_a : 교류측 전압, E_d : 직류측 전압, m : 상수)

(2) 전류비 : $\dfrac{I_l}{I_d} = \dfrac{2\sqrt{2}}{m\cos\theta}$ (I_l : 교류측 선전류, I_d : 직류측 전류)

(3) 회전 변류기의 전압 조정법
① 직렬 리액턴스에 의한 방법
② 유도 전압 조정기를 사용하는 방법
③ 부하시 전압 조정 변압기를 사용하는 방법
④ 동기 승압기에 의한 방법

2 **실리콘 정류기의 특성**

① 역내전압이 크다.   ② 전압 강하가 적다.
③ 전류 밀도가 크다.(게르마늄의 2~3배, 셀렌의 500~1000배)
④ 온도에 의한 영향이 작다.(최고 허용 온도 140~200 [℃])
⑤ 효율은 가장 좋다.(99 [%])
⑥ 대용량 정류기에 적합하다

3 **다이오드의 접속**

• 다이오드 직렬 연결 : 과전압으로부터 보호
• 다이오드 병렬 연결 : 과전류로부터 보호

4 **다이오드의 종류 및 용도**

• 정류용 다이오드 : 교류를 직류로 변환
• 바랙터 다이오드 : 정전용량이 전압에 따라 변화하는 소자
• 바리스터 다이오드 : 과도전압, 이상 전압에 대한 회로 보호용으로 사용
• 제너 다이오드 : 정전압 회로용 소자

5 SCR

(1) 위상 제어

- SCR 반파전류 $E_d = \dfrac{\sqrt{2}\,E}{2\pi}(1+\cos\alpha)$

- SCR 전파정류 $E_d = \dfrac{\sqrt{2}\,E}{\pi}(1+\cos\alpha)$

(2) 전압제어 범위
- 가능한 범위 : $\phi < \alpha \leqq \pi$　(α : 점호각, ϕ : 역률각)
- 불 가능한 범위 : $\alpha \leqq \phi$

　여기서, 역률각 $\phi = \tan^{-1}\dfrac{X}{R}$

(3) SCR의 특징
① 아크가 생기지 않으므로 열의 발생이 적다.
② 과전압에 약하다.
③ 열용량이 적어 고온에 약하다.
④ 게이트 신호를 인가할 때부터 도통할 때까지의 시간이 짧다.
⑤ 전류가 흐르고 있을 때 양극의 전압강하가 작다.
⑥ 정류기능을 갖는 단일방향성 3단자 소자이다.
⑦ 역률각 이하에서는 제어가 되지 않는다.

6 TRIAC(trielectrode AC switch)의 특징

① 양방향으로 도통할 수 있다.
② 2개의 SCR을 역병렬 접속한 것과 같다.
③ 게이트에 전류를 흘리면 어느 방향이건 전압이 높은 쪽에서 낮은 쪽으로 도통
④ TRIAC은 오직 교류 전력의 제어용으로 사용된다.
⑤ TRIAC은 정격 전류 이하의 전류에 있어서 과전압에 의해 파괴되지 않는다.

7 각종 반도체 소자의 비교

명　　칭			단 자	신　　호	응용 예
사이리스터	역저지 사이리스터	SCR	3단자	게이트 신호	정류기 인버터
		LASCR		빛 또는 게이트 신호	정지스위치 및 응용 스위치
		GTO		게이트 신호 on, off	초퍼 직류 스위치
		SCS	4단자		
	쌍방향 사이리스터	TRIAC	3단자	게이트 신호	조광장치, 교류 스위치
		역도통 사이리스터		게이트 신호	직류 효과
다이오드			2단자		정류기
트랜지스터			3단자		증폭기

8 정류회로

(1) 단상

	반파정류	전파정류
다이오드	$E_d = \dfrac{\sqrt{2}\,E}{\pi} = 0.45E$	$E_d = \dfrac{2\sqrt{2}\,E}{\pi} = 0.9E$
SCR	$E_d = \dfrac{\sqrt{2}\,E}{2\pi}(1+\cos\alpha)$	$E_d = \dfrac{\sqrt{2}\,E}{\pi}(1+\cos\alpha)$
효율	40.6 [%]	81.2 [%]
PIV	$PIV = E_d \times \pi$	

(2) 다상 정류 $E_d = \dfrac{\sqrt{2}\,\sin\dfrac{\pi}{m}}{\dfrac{\pi}{m}} \cdot E \quad (m\ :\ 상수)$

(3) 3상 반파제어정류회로 $E_d = \dfrac{3\sqrt{6}}{2\pi}\,V\cos\theta$

9 PIV (첨두 역전압)

(1) 단상 반파 정류 회로 : $PIV = \sqrt{2}\,E = \pi\,E_d$ (E_d : 직류전압, E : 교류전압(실효값))

(2) 단상 전파 정류 회로 : $PIV = 2\sqrt{2}\,E = \pi\,E_d$

10 맥동률 $= \sqrt{\dfrac{실효값^2 - 평균값^2}{평균값^2}} \times 100 = \dfrac{교류분}{직류분} \times 100[\%]$

- 단상 반파 : 121 [%]
- 단상 전파 : 48 [%]
- 삼상 반파 : 17 [%]
- 삼상 전파 : 4 [%]

11 수은 정류기

(1) 전압비 $\dfrac{E_d}{E_a} = \dfrac{\sqrt{2}\cdot\sin\dfrac{\pi}{m}}{\dfrac{\pi}{m}}$ 여기서, m : 상수

(2) 전류비 $\dfrac{I_d}{I_a} = \sqrt{m}$

(3) 수은 정류기의 이상현상

① 역호 : 밸브 작용을 상실하여 전자가 역류하는 현상

② 실호 : 점호 실패

③ 통호 : 아크 유출

④ 이상 전압 발생

회로이론

1 전기기초

1 **전위차는 두 점간의 에너지 차**

$$V = \frac{W[\text{J}]}{Q[\text{C}]} \, [\text{V}] \ \text{또는} \ W = QV \, [\text{J}]$$

2 **대지전압** : 대지를 기준으로 할 때의 전압으로서 대지전위는 0[V] 이다.

3 **선간전압** : 회로에서 두 점 a, b 사이의 전압을 나타내는데 a점을 기준으로 해서 b점의 전압을 나타낼 때는 보통 V_{ab}로 나타낸다.

4 도체의 어느 단면을 Q[C]의 전하가 t 초 동안에 이동된 경우 전류 I

- $I = \dfrac{Q}{t} \, [\text{A}]$ 또는 $Q = I \cdot t \, [\text{C}]$

- $i(t) = \dfrac{dq}{dt} \, [\text{A}]$ 또는 $q = \displaystyle\int_0^t i \, dt \, [\text{C}]$

5 **전자 1개의 전하량**

- 양전하(+)인 양자 : $1.602 \times 10^{-19} [\text{C}]$
- 음전하(−)인 전자 : $-1.602 \times 10^{-19} \, [\text{C}]$

6 도선에 흐르는 전류가 $t(s)$ 동안에 W[J]의 일을 행하였다면 전력 P[W]

$$P = \frac{W}{t} = \frac{QV}{t} = V\frac{Q}{t} = VI = I^2 R = \frac{V^2}{R} \, [\text{W}]$$

7 1 [W] = 1 [J/sec], 1 [J] = 1 [N·m], 1 [kg·m] = 9.8 [N·m]

8 **전력량** $W = Pt \, [\text{J}]$

9 $1[\text{kWh}] = 1,000[\text{Wh}] = 1,000 \times 3,600[\text{W·sec}]$

$$= 3.6 \times 10^6 \left[\frac{\text{J}}{\text{sec}} \cdot \text{sec}\right] = 3.6 \times 10^6 \, [\text{J}]$$

2 | 전기회로의 기본법칙

1 옴의 법칙

- 전압 $V=RI$ [V]   • 전류 $I=\dfrac{V}{R}$ [A]   • 저항 $R=\dfrac{V}{I}$ [Ω]

2 키르히호프의 전류법칙(Kirchhoff's Current Law : KCL : 제1법칙)

한 절점(접속점)에서의 유입 전류와 유출 전류의 대수적인 합은 같다.

$$\Sigma I_{in} = \Sigma I_{out}$$

3 키르히호프의 전압법칙(Kirchhoff's Voltage Law : KVL : 제2법칙)

임의의 폐회로(경로)에 있어서 전원전압(E_i)의 합은 전압강하의 합$(V_i = IR_i)$과 같다.

$$\Sigma E_i = \Sigma V_i$$

4 주울의 법칙(Joule's Law)

저항 R인 도체에 전류 I가 $t(s)$동안 흘렀을 때 발생되는 에너지 H [J]

- $H= I^2Rt = Pt$ [J]   • $H= 0.24I^2Rt = 0.24Pt$ [cal]

5 단위 환산

- 1 [J] = 0.239[cal] ≒ 0.24[cal]   • 1 [cal] = 4.186 [J] ≒ 4.2 [J]
- 1 [kWh] = 860 [kcal]   • 1 [kcal] = 4.186 [kJ]

6 파라데이 법칙(Faraday' Law)

전해액에 전류 I[A]가 t[s] 동안 흐른 경우, 석출되는 물질의 양 w[g]은

$$w= kQ = kIt \text{ [g]} \quad (k : \text{전기화학당량})$$

3 | 회로 소자

1 저항 $R=\rho\dfrac{l}{A}$ [Ω]

2 컨덕턴스(conductance)

$$G=\dfrac{1}{R}=\sigma\dfrac{A}{l}\,(\text{mho} : [\mho]) \text{ 또는 } (\text{siemens} : [\text{S}])$$

여기서, σ : 도전율$(=1/\rho)$

3 저항온도계수(Temperature coefficient of resistance)

- 금속 도체 : 정(+) 온도특성
- 반도체나 부도체 : 부(−) 온도특성

4 온도 $t_1[℃]$에서의 도체의 저항을 R_1, $t_2[℃]$에서의 저항을 R_2라 하면

$$R_2 = R_1\{1+\alpha_1(t_2-t_1)\}\,[\Omega] \quad (\alpha_1 : t_1\,[℃]일\;때의\;저항온도계수)$$

5 **합성저항**

- 직렬접속 $R_0 = R_1 + R_2 + R_3 + \cdots + R_n$

- 병렬접속 $R_0 = \dfrac{1}{\dfrac{1}{R_1}+\dfrac{1}{R_2}+\cdots+\dfrac{1}{R_n}}$

6 **전압분배법칙**

(1) $V_1 = E \times \dfrac{R_1}{R_1 + R_2}$

(2) $V_2 = E \times \dfrac{R_2}{R_1 + R_2}$

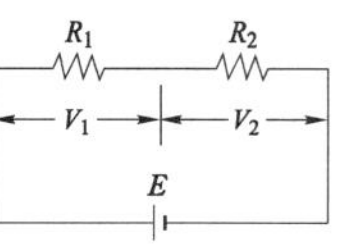

7 **전류분배법칙**

(1) $I_1 = I \times \dfrac{R_2}{R_1 + R_2}$ 　　　　　(2) $I_2 = I \times \dfrac{R_1}{R_1 + R_2}$

8 **배율기의 배율** $m = \dfrac{V}{V_a} = 1 + \dfrac{R_m}{r_v}$

여기서, r_v : 전압계 내부저항 , R_m: 배율기 저항

9 **분류기의 배율** $m = \dfrac{I}{I_a} = 1 + \dfrac{r_a}{R_s}$

여기서, r_a : 전류계 내부저항 , R_s: 분류기 저항

10 **인덕턴스(inductance)** $L = \dfrac{N\Phi}{I} = \dfrac{\mu AN^2}{l}\,[\text{H}]$

여기서, N : 코일의 권수, μ : 코일의 투자율, l : 코일 길이

11 **역기전력** $e = -N\dfrac{d\phi}{dt}\,[\text{V}]$

(1) 기전력의 크기결정 : 파라데이 법칙
(2) 기전력의 방향결정 : 렌쯔의 법칙

12 **인덕터의 특징 및 에너지 저장**

(1) 인덕터에 직류전류가 흐르면 $\dfrac{di}{dt}=0$가 되므로 유도전압이 생성되지 않는다.

(2) 직류(D.C)에 대해서 인덕터는 회로적으로 단락(short)되어 도체적 역할만 할 뿐이며 전압강하는 생기지 않는다.

(3) 직류에 의해서도 자기장은 형성되므로 직류전류 I에 의한 자기에너지 $W_L[\text{J}]$가 인덕터에 저장된다.

$$W_L = \dfrac{1}{2}LI^2\,[\text{J}]$$

13 합성인덕턴스

(1) 직렬접속 $L_0 = L_1 + L_2 + \cdots + L_n$

(2) 병렬접속 $L_0 = \dfrac{1}{\dfrac{1}{L_1} + \dfrac{1}{L_2} + \cdots + \dfrac{1}{L_n}}$

14 정전용량 $C = \dfrac{\epsilon_0 \epsilon_s S}{d}$ [F]

15 커패시터의 직렬접속

(1) 각 콘덴서에 걸리는 전하량은 동일하다

$$Q = Q_1 = Q_2 = Q_3 = \cdots = Q_n = Q_0$$

(2) 합성 정전용량 $C_0 = \dfrac{1}{\dfrac{1}{C_1} + \dfrac{1}{C_2} + \cdots + \dfrac{1}{C_n}}$

16 커패시터의 병렬접속

(1) 각 콘덴서에 걸리는 전압은 동일하다.

$$E_1 = E_2 = E_3 \cdots E_n = E_0$$

(2) 합성정전용량 $C_0 = C_1 + C_2 + \cdots + C_n$

17 분압법칙(콘덴서)

- $V_1 = E \times \dfrac{C_2}{C_1 + C_2}$ - $V_2 = E \times \dfrac{C_1}{C_1 + C_2}$

18 콘덴서에 교류전압 v를 인가하는 경우 흐르는 전류 $i = \dfrac{dq}{dt} = C\dfrac{dv}{dt}$ [A]

19 교류전류 i가 흐르는 경우 커패시터 양단에서의 전압강하 $v = \dfrac{1}{C}\displaystyle\int i\,dt$ [V]

20 전압의 시간적 변화가 없는 $dv/dt = 0$인 직류전압을 커패시터에 인가한 경우 $i = 0$가 되어 커패시터는 개방상태로 된다.

21 커패시터에 저장되는 정전에너지 $W_c = \dfrac{1}{2}CV^2 = \dfrac{Q^2}{2C}$ [J]

4 | 전기회로의 일반해석

1 전압원

(1) 이상적인 전압원은 내부 저항이(r) 적을수록 좋다.
(2) 전압원의 직렬접속 : 전압의 크기가 서로 같지 않아도 된다.
(3) 전압원의 병렬접속 조건 : 전압의 크기가 동일하여야 한다.

2 전류원

(1) 이상적인 전류원의 내부저항값(r)은 클수록 좋다.

(2) 전류원의 직렬접속 조건 : 전류원의 크기가 동일하여야 한다.

(3) 전류원의 병렬접속 : 전류원의 크기가 서로 같지 않아도 된다.

3 브리지 회로(Bridge circuit)의 평형조건

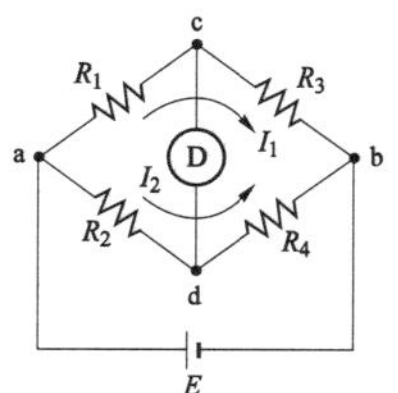

(1) 저항회로 : 서로 마주보는 변의 저항 값의 곱이 서로 같을
    때이다.
$$즉, \ R_1 R_4 = R_2 R_3$$

(2) 임피던스 회로 : 서로 마주보는 변의 임피던스 곱의 실수부
    는 실수부 끼리 허수부는 허수부 끼리 서로 같을 때 이다.

4 저항의 등가변환

• 저항이 평형상태인 경우 $R_\Delta = 3R_Y$ 또는 $R_Y = \dfrac{1}{3} R_\Delta$

5 중첩의 정리

(1) 먼저, 한 개의 전원(전압원이나 전류 원)을 취하고 나머지 전원은 모두 없앤다.
    (이때, 다른 전압원은 단락, 다른 전류원은 개방)

(2) 한 개의 전원 만에 의해 지로에 흐르는 전류를 구한다.

(3) 구하려는 지로의 전류는 각각의 전원에 의해 구한 전류값을 대수적으로 합하여 구한다.
    이때 전류 방향이 같은 것은 (+)하고 다른 것은 (−)로 한다. 전류방향은 (+)값과 (−)값
    을 비교하여 큰 것으로 결정한다.

6 테브낭의 정리(Thevenin's theorem)

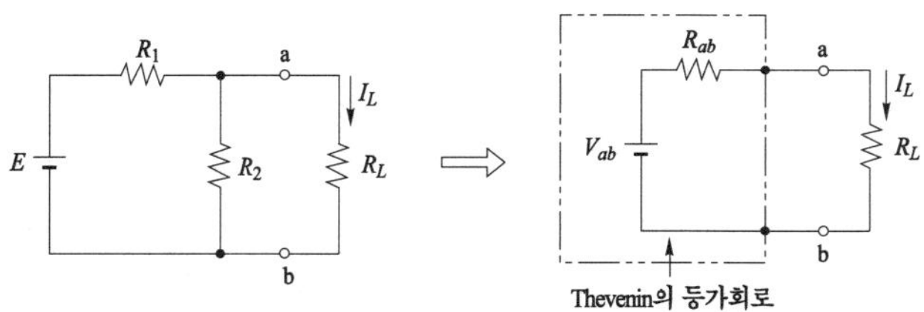

(1) a, b 단자 사이에 걸리는 개방전압 $V_{ab} = \dfrac{R_2}{R_1 + R_2} E$

(2) a, b 단자에서 회로측으로 바라본 등가저항 $R_{ab} = \dfrac{R_1 R_2}{R_1 + R_2}$

    이때, 전압원일 경우는 단락시키고 전류원의 경우는 개방시킨다.

(3) 부하전류 $I_L = \dfrac{V_{ab}}{R_{ab} + R_L}$

7 노튼의 정리(Norton's theorem)

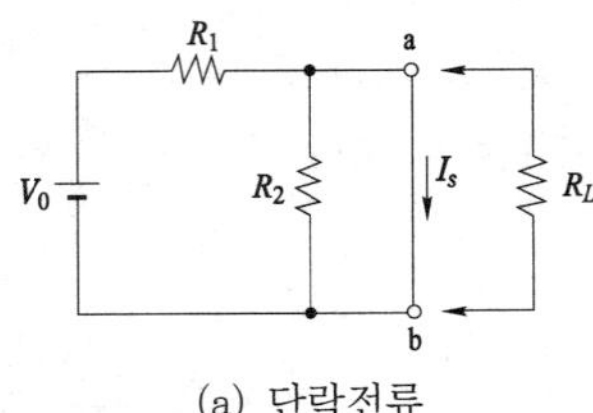

(a) 단락전류

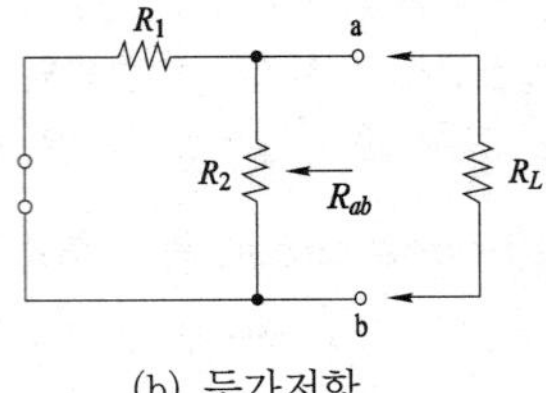

(b) 등가저항

(1) 전류원 $I_s = \dfrac{V_0}{R_1}$

(2) a, b 단자에서 회로측으로 바라본 등가저항 $R_{ab} = \dfrac{R_1 R_2}{R_1 + R_2}$

(3) 부하전류 $I_L = \dfrac{R_{ab}}{R_{ab} + R_L} I_s$

8 밀만의 정리(Millman's theorem)

$$V_{ab} = \dfrac{\dfrac{E_1}{R_1} + \dfrac{E_2}{R_2} + \dfrac{E_3}{R_3}}{\dfrac{1}{R_1} + \dfrac{1}{R_2} + \dfrac{1}{R_3}} = \dfrac{G_1 E_1 + G_2 E_2 + G_3 E_3}{G_1 + G_2 + G_3}$$

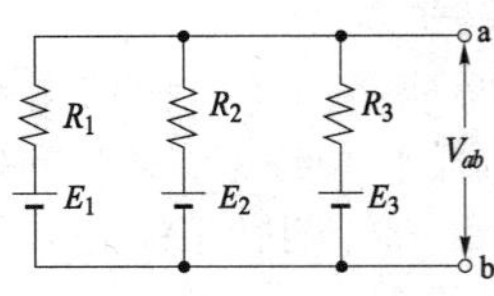

5 | 교류 회로

1 주기 $T = \dfrac{1}{f}$ [sec]

2 각속도 $\omega = 2\pi f$ [rad/sec]

3 기하각과 전기각의 관계

(1) 기하각 $\theta\,[°] = \omega t$ [rad]　　　　(2) 전기각 $\omega t = \dfrac{\theta}{180}\pi$ [rad]

4 평균값(average value) $V_{av} = \dfrac{1}{T} \displaystyle\int_0^T v\,dt$

5 정현파 교류의 평균치

(1) $V_{av} = \dfrac{2}{\pi} V_m ≒ 0.637 V_m$　　　　(2) $I_{av} = \dfrac{2}{\pi} I_m ≒ 0.637 I_m$

6 실효값(effective value)의 정의

동일한 저항회로에 직류와 교류를 동일시간 인가하였을 때 소비되는 전력량이 같은 경우 이 때의 직류값을 정현파 교류의 실효값으로 정의한다.

7 정현파 교류의 실효치

(1) $V = \dfrac{V_m}{\sqrt{2}} ≒ 0.707\,V_m$

(2) $I = \dfrac{I_m}{\sqrt{2}} ≒ 0.707\,I_m$

8 정현파 교류에 대한 파형률과 파고율

(1) 파형률 $= \dfrac{\text{실효값}}{\text{평균값}} = \dfrac{V}{V_{av}} = \dfrac{\dfrac{V_m}{\sqrt{2}}}{\dfrac{2I_m}{\pi}} ≒ 1.109$

(2) 파고율 $= \dfrac{\text{최대값}}{\text{실효값}} = \dfrac{V_m}{V} = \dfrac{V_m}{\dfrac{V_m}{\sqrt{2}}} = 1.414$

9 $R,\ L,\ C$ 회로의 전류 및 벡터

요소	순시치 표시	파형	실효치	벡터	벡터도	전류
R	$i = \dfrac{e}{R}$	$e = E_m \sin\omega t\,[\text{V}]$ $i = I_m \sin\omega t\,[\text{A}]$	$I = \dfrac{E}{R}$	$I = \dfrac{E}{R}$		동상전류 유효전류
L	$e = L\dfrac{di}{dt}$ $i = \dfrac{1}{L}\displaystyle\int e\,dt$	$e = E_m \sin\omega t\,[\text{V}]$ $i = I_m \sin\!\left(\omega t - \dfrac{\pi}{2}\right)[\text{A}]$	$I = \dfrac{E}{\omega L}$	$I = \dfrac{E}{j\omega L}$		지상전류 자화전류
C	$e = \dfrac{1}{C}\displaystyle\int i\,dt$ $i = C\dfrac{de}{dt}$	$e = E_m \sin\omega t\,[\text{V}]$ $i = I_m \sin\!\left(\omega t + \dfrac{\pi}{2}\right)[\text{A}]$	$I = \omega CE$	$I = j\omega CE$		진상전류 충전전류

10 $R - L$ 직렬회로

(1) 복소임피던스 $Z = R + jX_L$

(2) 크기 $Z = \sqrt{R^2 + X_L^{\,2}}$

(3) 편각 $\theta = \tan^{-1}\dfrac{X_L}{R} = \tan^{-1}\dfrac{\omega L}{R}$

(4) 전압은 전류보다 $\theta = \tan^{-1}\dfrac{X_L}{R}$ 만큼 빠르다.

11 $R - C$ 직렬회로

(1) 복소임피던스 $Z = R - jX_C$

(2) 크기 $Z = \sqrt{R^2 + X_C^{\,2}}$

(3) 편각 $\theta = \tan^{-1}\dfrac{X_C}{R} = \tan^{-1}\dfrac{1}{\omega CR}$

(4) 전압은 전류보다 $\theta = \tan^{-1}\dfrac{1}{\omega CR}$ 만큼 늦다.

12 $R - L - C$ 직렬회로

(1) 복소임피던스 $Z = R + j(X_L - X_C)$

(2) 크기 $Z = \sqrt{R^2 + (X_L - X_C)^2}$

(3) 편각 $\theta = \tan^{-1}\dfrac{X_L - X_C}{R}$

6 | 교류 전력과 에너지

1 저항 R 회로

(1) 순시전력 p의 주파수는 전압이나 전류 주파수의 2배(2ω)로서 항상 (+) 전력값

(2) 평균전력 $P = VI = I^2 R = \dfrac{V^2}{R}$

(3) 시간 $t(s)$ 동안에 저항에서 열로 소비되는 에너지(전력량) $W_R = Pt = I^2 Rt\,[\text{J}]$

2 인덕턴스 L 회로 및 커패시턴스 C 회로

(1) 순시전력 p의 주파수는 전압이나 전류 주파수의 2배(2ω)로 되며 주기적으로 (+)와 (−)가 변하는 정현파 전력특성을 나타낸다.

(2) 평균전력 $P = \dfrac{1}{T}\displaystyle\int_0^T VI\sin2\omega t\, dt = 0$

(3) 전원과 인덕턴스 또는 커패시턴스 사이에 주기적인 에너지 교환이 일어날 뿐이며 전력의 소모는 발생하지 않는다.

(4) L에 축적되는 에너지의 평균값 $W_L = \dfrac{1}{2}LI^2$

(5) C에 축적되는 에너지의 평균값 $W_C = \dfrac{1}{2}CV^2$

3 역률

(1) 직렬 회로의 역률 $\cos\theta = \dfrac{R}{\sqrt{R^2+X^2}}$

(2) 병렬 회로의 역률 $\cos\theta = \dfrac{X}{\sqrt{R^2+X^2}}$

4 역률의 범위

(1) 순 저항성 회로의 경우 $\theta = 0°$이므로 $\cos\theta = 1$
(2) 순 유도성 회로인 경우 $\theta = 90°$이므로 $\cos\theta = 0$
(3) 순 용량성 회로의 경우 $\theta = -90°$이므로 $\cos\theta = 0$

5 교류회로의 전력

(1) 유효전력 $P = VI\cos\theta = I^2 R\,[\text{W}]$
(2) 무효전력 $Q = VI\sin\theta = I^2 X\,[\text{Var}]$
(3) 피상전력 $P_a = VI = I^2 Z\,[\text{VA}]$

6 전력과의 관계

(1) $P_a{}^2 = P^2 + Q^2$ 또는 $P_a = \sqrt{P^2+Q^2}$

(2) 역률 $\cos\theta = \dfrac{P}{P_a} = \dfrac{\text{유효전력}}{\text{피상전력}}$　　　(3) 무효율 $\sin\theta = \dfrac{Q}{P_a} = \dfrac{\text{무효전력}}{\text{피상전력}}$

7 역률 개선용 콘덴서 용량

$$Q_c = P\tan\theta_1 - P\tan\theta_2 = P(\tan\theta_1 - \tan\theta_2)$$

(θ_1 : 역률개선 전, θ_2 : 역률개선 후)

8 $Z_S = R_S$, $Z_L = R_L$ 인 경우(순수한 저항회로) 최대전력전달

(1) 최대전력 전달조건 $R_S = R_L$

(2) 최대전력 $P_{Lmax} = \dfrac{V_S^{\,2}}{4R_L} = \dfrac{V_S^{\,2}}{4R_S}$

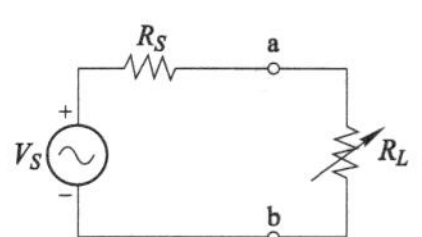

9 $Z_S = R_S + jX_S$, $Z_L = R_L + jX_L$ 인 경우 최대전력전달

(1) 최대전력 전달조건 $Z_L = Z_S^{\,*}$ 즉, $R_L = R_S$, $X_L = -X_S$

(2) 최대출력 $P_{Lmax} = \dfrac{V_S^{\,2}}{4R_L} = \dfrac{V_S^{\,2}}{4R_S}$

7 | 벡터궤적

임피던스 궤적	어드미턴스 궤적 (전류 궤적)	특　　　　징
$R-L$ 직렬	$R-C$ 병렬	• 가변하는 축에 평행한 직선　• 1상한에 존재
$R-C$ 직렬	$R-L$ 병렬	• 가변하는 축에 평행한 직선　• 4상한에 존재
$R-L$ 병렬	$R-C$ 직렬	• 가변하지 않는 축에 원의 중심점을 둔 반원벡터 • 원점을 지나는 반원벡터 • 1상한에 존재
$R-C$ 병렬	$R-L$ 직렬	• 가변하지 않는 축에 원의 중심점을 둔 반원벡터 • 원점을 지나는 반원벡터 • 4상한에 존재

8 | 유도 결합 회로

1 1차 코일에 유도되는 전압 $v_1 = L_1\dfrac{di_1}{dt} \pm M\dfrac{di_2}{dt}$

• 두 코일에서 생기는 자속이 합쳐지는 방향이면 : $+\,M\dfrac{di_2}{dt}$

• 두 코일에서 생기는 자속이 반대방향이면 : $-\,M\dfrac{di_2}{dt}$

2 2차 코일에 유도되는 전압 $v_2 = L_2 \dfrac{di_2}{dt} \pm M \dfrac{di_1}{dt}$

3 가극성 (L_1, L_2에 흘러 들어가는 전류의 방향이 모두 같은 방향)

$L^+ = L_1 + L_2 + 2M$

4 감극성 (L_1, L_2에 흘러 들어가는 전류의 방향이 서로 반대방향)

$L^- = L_1 + L_2 - 2M$

5 결합계수 $k = \dfrac{M}{\sqrt{L_1 L_2}}$ $(0 \leq k \leq 1)$

9 | 3상 교류

1 3상 기전력의 순시값

$$v_a = V_m \sin\omega t, \quad v_b = V_m \sin(\omega t - 120°), \quad v_c = V_m \sin(\omega t - 240°)$$

2 페이저로 표시

$$\boldsymbol{V}_a = V\underline{/0°}, \quad \boldsymbol{V}_b = V\underline{/-120°}, \quad \boldsymbol{V}_c = V\underline{/-240°}$$

3 평형 3상 전원 : 기전력의 크기가 같고 120°의 위상차를 갖는 3상 기전력

4 평형 3상 전원의 벡터 합 $\boldsymbol{V}_a + \boldsymbol{V}_b + \boldsymbol{V}_c = 0$

5 Y결선

(1) $V_l = \sqrt{3}\, V_p \underline{/30°}$: 선간전압은 상전압에 비해 크기가 $\sqrt{3}$ 배이며 위상은 30° 빠르다.

(2) $I_l = I_P$: 선전류는 상전류와 크기와 위상이 같다.

6 △결선

(1) $V_l = V_P$: 선간전압은 상전압과 크기와 위상이 같다.

(2) $I_l = \sqrt{3}\, I_p \underline{/-30°}$: 선전류는 상전류에 비해 크기가 $\sqrt{3}$ 배이며 위상은 30° 늦다.

7 대칭 n상 성형결선

(1) 선간전압 $E_l = 2E_P \sin\dfrac{\pi}{n}$ (2) 선전류=성형전류

(3) 위상 : 선간전압이 상전압보다 $\dfrac{\pi}{2}\left(1 - \dfrac{2}{n}\right)$[rad] 만큼 앞선다.

8 대칭 n상 환상결선

(1) 선간전압=환상전압   (2) 선전류 $I_l = 2I_P \sin\dfrac{\pi}{n}$

(3) 위상 : 선전류가 성형전류보다 $\dfrac{\pi}{2}\left(1 - \dfrac{2}{n}\right)$[rad] 만큼 뒤진다.

9 n상 전력 $P = \dfrac{n}{2\sin\dfrac{\pi}{n}}\, V_l\, I_l \cos\theta\,[\mathrm{W}]$

10 회전자계

(1) 대칭 전류 : 원형회전 자계 형성
(2) 비대칭 전류 : 타원 회전자계 형성

11 불평형 회로

(1) 3상 3선식 Y–Y회로(중성선이 연결되어 있지 않는 경우) $I_1 + I_2 + I_3 = 0$
(2) 3상 4선식(중성선이 연결되어 있는 경우) $I_1 + I_2 + I_3 = I_n$

12 불평형 3상전압

- $V_a = V_0 + V_1 + V_2$
- $V_b = V_0 + a^2 V_1 + a V_2$
- $V_c = V_0 + a V_1 + a^2 V_2$

13 영상, 정상, 역상전압

- 영상 전압 $V_0 = \dfrac{1}{3}(V_a + V_b + V_c)$

- 정상 전압 $V_1 = \dfrac{1}{3}(V_a + a V_b + a^2 V_c)$

- 역상 전압 $V_2 = \dfrac{1}{3}(V_a + a^2 V_b + a V_c)$

14 3상 교류발전기의 기본식

$$V_0 = -Z_0 I_0, \qquad V_1 = E_a - Z_1 I_1, \qquad V_2 = -Z_2 I_2$$

15 불평형률 $= \dfrac{\text{역상분}}{\text{정상분}} \times 100\,[\%]$

$$= \dfrac{V_2}{V_1} \times 100\,[\%] \ \text{또는} \ \dfrac{I_2}{I_1} \times 100\,[\%]$$

16 2전력계법

(1) 유효전력 $P = P_1 + P_2$
(2) 무효전력 $Q = \sqrt{3}\,(P_1 - P_2)$
(3) 피상전력 $P_a = \sqrt{P^2 + Q^2} = 2\sqrt{P_1^{\,2} + P_2^{\,2} - P_1 P_2}$
(4) 역률 $\cos\theta = \dfrac{P}{P_a} = \dfrac{P_1 + P_2}{2\sqrt{P_1^{\,2} + P_2^{\,2} - P_1 P_2}}$

10 | 비정현파 교류

1 비정현파 교류의 실효값

- $I = \sqrt{I_0^2 + \left(\dfrac{I_{m1}}{\sqrt{2}}\right)^2 + \left(\dfrac{I_{m2}}{\sqrt{2}}\right)^2 + \cdots + \left(\dfrac{I_{mn}}{\sqrt{2}}\right)^2} = \sqrt{I_0^2 + I_1^2 + I_2^2 + \cdots + I_n^2}$

- $V = \sqrt{V_0{}^2 + V_1{}^2 + V_2{}^2 + V_3{}^2 + \cdots}$

  (V_0 : 직류분, V_1 : 기본파, V_n : 고조파)

2 왜형률$= \dfrac{\text{고조파 실효값의 합}}{\text{기본파 실효값}} = \sqrt{\left(\dfrac{V_2}{V_1}\right)^2 + \left(\dfrac{V_3}{V_1}\right)^2 + \cdots}$

3 n차 고조파에서 임피던스의 변화

(1) 저항 : 변화 없음 (주파수와 무관)

(2) 유도 리액턴스 $X_{Ln} = 2\pi n f L = n \cdot X_L \rightarrow n$배로 증가

(3) 용량 리액턴스 $X_{cn} = \dfrac{1}{2\pi n f C} = \dfrac{1}{n} \cdot \dfrac{1}{2\pi f C} = \dfrac{1}{n} \cdot X_c \rightarrow \dfrac{1}{n}$배로 감소

4 n차 고조파에서 전류

(1) 기본파 $I_1 = \dfrac{V_1}{Z_1} = \dfrac{V_1}{\sqrt{R^2 + X_L{}^2}}$

(2) 3고조파(인덕턴스 회로) $I_3 = \dfrac{V_3}{\sqrt{R^2 + (3X_L)^2}}$

(3) 3고조파(콘덴서 회로) $I_3 = \dfrac{V_3}{\sqrt{R^2 + \left(\dfrac{1}{3}X_c\right)^2}}$

5 비정현파 교류의 전력

(1) 비정현파에 의해 공급되는 유효전력과 무효전력은 주파수가 같은 성분의 전압, 전류에서만 발생된다.

(2) 비정현파 교류전력의 평균전력 $P = V_0 I_0 + V_1 I_1 \cos\theta_1 + V_2 I_2 \cos\theta_2 + \cdots$

　즉, 비정현파 교류전력은 직류분과 각 고조파 전력의 합으로 나타난다.

(3) 무효전력 $Q = \sum V_n I_n \sin\theta_n = V_1 I_1 \sin\theta_1 + V_2 I_2 \sin\theta_2 + \cdots$ (직류분이 없다)

(4) 피상전력 $P_a = V_0 I_0 + \sum V_n I_n = V_0 I_0 + V_1 I_1 + V_2 I_2 + \cdots$

(5) 역률 $\cos\theta = \dfrac{P}{VI} = \dfrac{V_0 I_0 + V_1 I_1 \cos\theta_1 + V_2 I_2 \cos\theta_2 + \cdots}{\sqrt{(V_0^2 + V_1^2 + V_2^2 + \cdots)} \cdot \sqrt{(I_0^2 + I_1^2 + I_2^2 + \cdots)}}$

6 비정현파에 대한 푸리에 급수 표현식

(1) $f(t) = a_0 + \displaystyle\sum_{n=0}^{\infty} a_n \cos n\omega t + \sum_{n=0}^{\infty} b_n \sin n\omega t$

(2) 비정현파 교류 = 직류분 + 기본파 + 고조파

7 반파 대칭파

(1) 대칭 조건 $y(x) = -y(\pi + x)$ (2) 기수파(홀수파)
(3) (+)파형과 (−)파형이 같으므로 직류분(a_0)은 존재하지 않는다.
(4) $\sin$항(정현항)과 $\cos$항(여현항)이 존재한다.

8 정현 대칭파

(1) 대칭조건 $y(x) = -y(2\pi - x) = -y(-x)$
(2) (+)파형과 (−)파형이 같으므로 직류분(a_0)은 존재하지 않는다.
(3) $\sin$항(정현항)만 존재하고 $\cos$항(여현항)은 존재하지 않는다.

9 여현 대칭파

(1) 대칭조건 $y(x) = y(2\pi - x) = y(-x)$ (2) 우함수 파
(3) 직류분(a_0)이 존재할 수 있다.
(4) $\cos$항(여현항)만 존재하고, $\sin$항(정현항)은 존재하지 않는다.

10 반파 정현 대칭파

(1) 대칭조건 $y(x) = -y(-x) = -y(\pi + x)$ (2) 기수파
(3) $\sin$항(정현항)만 존재하고 $\cos$항(여현항)은 존재하지 않는다.

11 반파 여현 대칭

(1) 대칭조건 $y(x) = y(-x)$ (2) 기수파
(3) $\cos$항(여현항)만 존재하고, $\sin$항(정현항)은 존재하지 않는다.

11 | 2단자 회로망

1 $R,\ L,\ C$ 직렬회로의 임피던스 $Z_s(s) = R + sL + \dfrac{1}{sC}$

2 $R,\ L,\ C$ 병렬회로의 임피던스 $Z_p(s) = \dfrac{1}{\dfrac{1}{R} + \dfrac{1}{sL} + sC}$

3 영점 및 극점

영 점	극 점
• $Z(s) = 0$가 되는 s의 값	• $Z(s) = \infty$가 되는 s의 값
• 분자항 = 0	• 분모항 = 0
• 회로의 단락상태	• 회로의 개방상태
• ○로 표시	• ×으로 표시

4 역회로

임피던스의 곱이 주파수에 무관한 점의 정수로 될 때 즉,

$$Z_1 Z_2 = K^2 \text{ 또는 } \frac{Y_1}{Y_2} = K^2 \ (K \text{는 실정수})$$

의 관계에 있을 때 이 두 회로의 Z_1, Z_2는 $K>0$에 관해서 역회로라 한다.

5 정저항 회로

- 2단자 구동점 임피던스가 주파수에 관계없이 항상 일정한 순저항으로 될 때의 회로
- 정저항 회로 조건 $R^2 = \dfrac{L}{C}$에서, $R = \sqrt{\dfrac{L}{C}}$

12 │ 4단자 회로망

1 임피던스 파라미터(Z parameter)

$$V_1 = Z_{11} I_1 + Z_{12} I_2$$
$$V_2 = Z_{21} I_1 + Z_{22} I_2$$

2 행렬식으로 표시

$$\begin{bmatrix} V_1 \\ V_2 \end{bmatrix} = \begin{bmatrix} Z_{11} & Z_{12} \\ Z_{21} & Z_{22} \end{bmatrix} \begin{bmatrix} I_1 \\ I_2 \end{bmatrix}$$

- Z_{11} : 단자 1-1′에서의 개방 구동점 임피던스 $\qquad Z_{11} = \left. \dfrac{V_1}{I_1} \right|_{I_2=0}$

- Z_{21} : 개방 순방형 전달임피던스 $\qquad Z_{21} = \left. \dfrac{V_2}{I_1} \right|_{I_2=0}$

- Z_{22} : 단자 2-2′에서의 개방 구동점 임피던스 $\qquad Z_{22} = \left. \dfrac{V_2}{I_2} \right|_{I_1=0}$

- Z_{12} : 개방 역방형 전달임피던스 $\qquad Z_{12} = \left. \dfrac{V_1}{I_2} \right|_{I_1=0}$

3 ABCD 파라미터(전송 파라미터)

$$V_1 = A V_2 + B I_2, \ I_1 = C V_2 + D I_2 \text{ 에서}$$

- $A = \left. \dfrac{V_1}{V_2} \right|_{I_2=0}$: 전압비 $\qquad$ ⋯ 2차측 개방

- $B = \left. \dfrac{V_1}{I_2} \right|_{V_2=0}$: 임피던스 차원 $\qquad$ ⋯ 2차측 단락

- $C=\dfrac{I_1}{V_2}\bigg|_{I_2=0}$: 어드미턴스 차원　… 2차측 개방

- $D=\dfrac{I_1}{I_2}\bigg|_{V_2=0}$: 전류비　　　　　… 2차측 단락

4 영상임피던스

(1) 1차측에서 본 영상임피던스 $Z_{01}=\sqrt{\dfrac{AB}{CD}}$

(2) 2차측에서 본 영상임피던스 $Z_{02}=\sqrt{\dfrac{DB}{CA}}$

(3) 전달정수 $\theta=\ln(\sqrt{AD}+\sqrt{BC})$
　　$\theta=\alpha+j\beta$ (α : 영상 감쇠정수, β : 영상 위상정수)

13 | 공진회로

1 직렬공진회로

(1) 임피던스　$Z=R+j\left(\omega L-\dfrac{1}{\omega C}\right)$

(2) 직렬공진조건 : 허수부 = 0, 즉 리액턴스 성분 $X=0$가 되는 조건

　　즉, $\omega L-\dfrac{1}{\omega C}=0$　　즉, $\omega L=\dfrac{1}{\omega C}$

(3) 공진주파수 $f_r=\dfrac{1}{2\pi\sqrt{LC}}$

(4) 전압확대율 또는 양호도 $Q=Q_L=Q_C=\dfrac{\omega_r L}{R}=\dfrac{1}{R\omega_r C}=\dfrac{1}{R}\sqrt{\dfrac{L}{C}}$

2 병렬공진회로

(1) 공진주파수 $f_a=\dfrac{1}{2\pi}\sqrt{\left(\dfrac{1}{LC}-\dfrac{R^2}{L^2}\right)}$

(2) 전류확대율 $Q=\dfrac{I_L}{I_a}=\dfrac{I_C}{I_a}=\dfrac{\omega_a L}{R}=\dfrac{1}{R\omega_a C}=\dfrac{1}{R}\sqrt{\dfrac{L}{C}}$

14 | 분포정수회로

1 특성 임피던스 (파동 임피던스)의 크기 $Z_0=\sqrt{\dfrac{Z}{Y}}=\sqrt{\dfrac{R+j\omega L}{G+j\omega C}}\,[\Omega]$

여기서, R, G를 무시하면 $Z_0 \fallingdotseq \sqrt{\dfrac{L}{C}}\,[\Omega]$

2 전파정수 $\gamma = \sqrt{ZY} = \sqrt{(R+j\omega L)(G+j\omega C)} \fallingdotseq j\omega\sqrt{LC}\,[\text{rad}]$

전파정수 $\gamma = \alpha + j\beta$ (α : 감쇠정수 β : 위상정수)

3 분포정수 회로의 4단자 정수

$$A = D = \cosh\gamma l, \qquad B = Z_0\sinh\gamma l, \qquad C = \dfrac{1}{Z_0}\sinh\gamma l$$

4 무손실 선로 : $R = G = 0$인 선로를 무손실 선로라 한다.

(1) 특성임피던스 $Z_0 = \sqrt{\dfrac{L}{C}}$

(2) 전파정수 $\gamma = \alpha + j\beta = j\omega\sqrt{LC}$ $\quad \therefore \alpha = 0,\ \beta = \omega\sqrt{LC}$

(3) 진행파의 전파속도 $v = \dfrac{1}{\sqrt{LC}}$

(4) 무손실 선로에서는 신호의 감쇠가 없으며 주파수에 관계없이 같은 크기의 파형이 전파 속도 v로 진행한다.

5 무왜형 선로

(1) 무왜형 선로의 조건 $RC = GL$

(2) 특성임피던스 $Z_0 = \sqrt{\dfrac{L}{C}}$

(3) 전파정수 $\gamma = \sqrt{RG} + j\omega\sqrt{LC}$ $\quad \therefore$ 감쇠정수 $\alpha = \sqrt{RG}$, 위상정수 $\beta = \omega\sqrt{LC}$

(4) 진행파의 전파속도 $v = \dfrac{1}{\sqrt{LC}}$

(5) 무왜형 선로에서 Z_0, α, v는 주파수에 관계없다.

15 과도현상

1 인덕터

(1) 인덕터에 흐르는 전류는 순간적으로 변화될 수가 없다.
(2) 전류가 흐르지 않던 인덕터에 전원을 연결하는 경우 인덕터는 마치 회로를 개방(open) 시키는 작용을 한다.

2 커패시터

(1) 커패시터의 단자전압은 순간적으로 변화될 수 없다.
(2) 초기전하를 갖지 않는 커패시터에 전원을 연결하면 순간적으로 큰 전류가 흐르면서 마 치 커패시터가 회로를 단락(short)시키는 작용을 한다.

3 $R-L$ 직렬의 직류회로

(1) 정상해 $i_s = \dfrac{E}{R}$ [A]

(2) 과도해 $i_t = -\dfrac{E}{R} e^{-\frac{R}{L}t}$

(3) 일반해 $i = \dfrac{E}{R}(1 - e^{-\frac{R}{L}t})$

(4) 시정수 $\tau = \dfrac{L}{R}$ [sec]

4 $R-C$ 직렬의 직류회로

(1) 정상해 $q_s = CE$ [C]

(2) 과도해 $q_t = -CEe^{-\frac{1}{RC}t}$

(3) 전류 $i = \dfrac{dq}{dt} = \dfrac{E}{R} e^{-\frac{1}{RC}t}$

(4) 시정수 $\tau = RC$ [sec]

5 $R-L-C$ 직렬회로

(1) $R > 2\sqrt{\dfrac{L}{C}}$: 과제동 (비진동적)

(2) $R = 2\sqrt{\dfrac{L}{C}}$: 임계 진동

(3) $R < 2\sqrt{\dfrac{L}{C}}$: 부족 제동(감쇄진동)

(4) $R = 0$: 무제동($L-C$ 회로)

6 $R-L$ 직렬회로에 교류전원 인가시 흐르는 전류

$$i(t) = I_m \left[\sin(\omega t + \theta - \phi) - e^{-\left(\frac{R}{L}\right)t} \sin(\theta - \phi) \right]$$

7 $R-C$ 직렬회로에 교류전원 인가시 흐르는 전류

$$i(t) = I_m \left\{ \sin(\omega t + \theta + \phi) - \dfrac{1}{\omega CR} e^{-\frac{1}{RC}t} \cos(\theta + \phi) \right\}$$

16   라플라스 변환

1 $f(t)$의 라플라스 변환 $F(s) = \mathcal{L}[f(t)] = \displaystyle\int_0^\infty f(t)\, e^{-st}\, dt$

2   라플라스 역변환

라플라스 변환식 $F(s)$로부터 그 본래의 함수 $f(t)$를 구하는 것을 $F(s)$의 라플라스 역변환이라고 한다.

$$f(t) = \mathcal{L}^{-1}[F(s)] = \dfrac{1}{2\pi j} \int_{c-j\infty}^{c+j\infty} f(t)e^{st}\, ds$$

3   단위 계단함수가 시간 이동하는 경우의 라플라스 변환 $\mathcal{L}[u(t-a)] = \dfrac{1}{s}e^{-as}$

4   단위 램프함수의 라플라스 변환 $\mathcal{L}[t\,u(t)] = \dfrac{1}{s^2}$

5 기울기가 a인 경우의 라플라스 변환 $\mathcal{L}[at] = \dfrac{a}{s^2}$

6 라플라스 변환의 기본정리

상 사 정 리	$\mathcal{L}\left[f\left(\dfrac{t}{a}\right)\right] = aF(as)$
시 간 추 이 정 리	$\mathcal{L}[f(t-a)] = e^{-as}F(s)$
복 소 추 이 정 리	$\mathcal{L}[e^{\mp at}f(t)] = F(s \pm a)$
초 기 값 정 리	$\lim_{t \to 0} f(t) = \lim_{s \to \infty} sF(s)$
최 종 값 정 리	$\lim_{t \to \infty} f(t) = \lim_{s \to 0} sF(s)$

7 기본함수의 라플라스 변환

	$f(t)$	$F(s)$		$f(t)$	$F(s)$
1	$\delta(t)$	1	8	$\sin\omega t$	$\dfrac{\omega}{s^2 + \omega^2}$
2	$u(t)$	$\dfrac{1}{s}$	9	$\cos\omega t$	$\dfrac{s}{s^2 + \omega^2}$
3	t	$\dfrac{1}{s^2}$	10	$t\sin\omega t$	$\dfrac{2\omega s}{(s^2 + \omega^2)^2}$
4	t^n	$\dfrac{n!}{s^{n+1}}$	11	$t\cos\omega t$	$\dfrac{s^2 - \omega^2}{(s^2 + \omega^2)^2}$
5	e^{-at}	$\dfrac{1}{s+a}$	12	$e^{-at}\sin\omega t$	$\dfrac{\omega}{(s+a)^2 + \omega^2}$
6	$t\,e^{-at}$	$\dfrac{1}{(s+a)^2}$	13	$e^{-at}\cos\omega t$	$\dfrac{s+a}{(s+a)^2 + \omega^2}$
7	$t^n\,e^{-at}$	$\dfrac{n!}{(s+a)^{n+1}}$			

Chap. 6

제어공학

1 개회로 제어계(open loop control system)

미리 정해 놓은 순서에 따라서 제어의 각 단계가 순차적으로 진행되므로 시퀀스 제어 (sequential control) 라고도 한다.

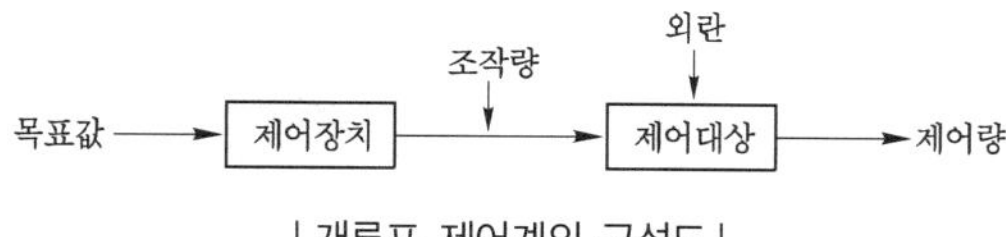

| 개루프 제어계의 구성도 |

2 폐회로 제어계 (closed loop control system)

궤환 경로(feedback path)를 가지고 있는 제어계로서, 폐회로제어계에는 입력을 출력을 비교하는 장치가 반드시 필요하다.

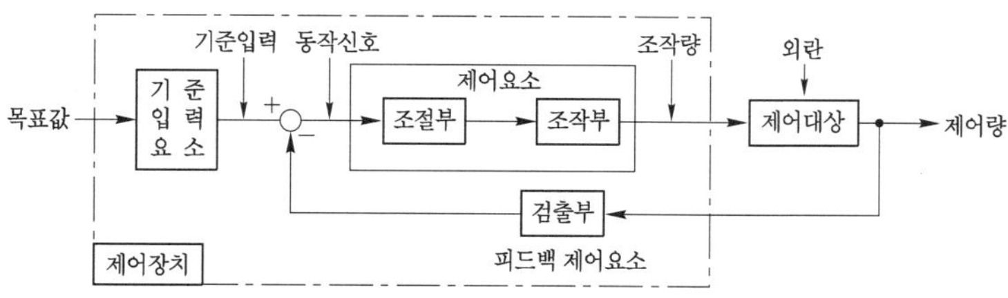

| 폐루프 제어계의 구성도 |

- 제어요소 = 조절부 + 조작부
- 제어장치 = 설정부(기준 입력요소)+제어요소+검출부

3 제어량의 종류에 의한 분류 : 프로세스 제어, 서보 제어, 자동 조정 제어

항 목	프로세스 제어		서보 제어	자동 조정 제어	
제어량의 종 류	·온도 ·압력 ·농도	·유량 ·액위 ·밀도 등	·물체의 위치 ·방위 ·자세 등	·전압 ·주파수 ·힘 등	·전류 ·회전 속도

4 목표값의 시간적 성질에 의한 분류 : 정치제어 와 추치제어가 있다.

(1) 정치제어 : 프로세스 제어, 자동 조정
(2) 추치제어 : 추종제어, 프로그램 제어, 비율 제어

5 제어방식별 특징

종 류		특 징	정상편차	속응도
P	비례동작	·정상오차를 수반 ·잔류 편차 발생	있음	늦음
I	적분동작		없음	늦음
D	미분동작	·오차가 커지는 것을 미리 방지 ·단독으로 사용하지 않음		빠름
PI	비례적분동작	·뒤진 회로의 특성과 같음 ·제어결과가 진동적으로 될 수 있다.	없음	늦음
PD	비례미분동작	·앞선 회로의 특성과 같음	있음	늦음
PID	비례적분미분동작	·응답의 오버슈트 감소 ·뒤진-앞선 회로의 특성과 같음	최적	최적

6 변환 장치

변환량	변환요소
압력 → 변위	벨로스, 다이어프램, 스프링
변위 → 압력	노즐 플래퍼, 유압 분사관, 스프링
온도 → 임피던스	측온 저항(열선, 서미스터, 백금, 니켈)
온도 → 전압	열전대(백금-백금 로듐, 철-콘스탄탄, 구리-콘스탄탄, 크로멜-알루멜)

2 전달함수

1 전달 함수의 정의

선형미분방정식의 초기값을 0으로 했을 때 출력신호의 라플라스 변환과 입력 신호의 라플라스 변환의 값이다.

$$G(s) = \frac{C(s)}{R(s)} = \frac{\text{출력을 라플라스 변환한 값}}{\text{입력을 라플라스 변환한 값}}$$

2 시스템의 입력

(1) 입력신호가 단위임펄스 함수인 $r(t) = \delta(t)$일 때 $R(s) = \mathcal{L}[\delta(t)] = 1$

(2) 입력신호가 단위 계단함수인 $r(t) = u_s(t)$일 때 $R(s) = \mathcal{L}[u_s(t)] = \dfrac{1}{s}$

3 제어요소의 전달 함수

(1) 비례요소 : $c(t) = Kr(t)$ 　　　　전달함수 $G(s) = \dfrac{C(s)}{R(s)} = K$ 　(K : 이득 정수)

(2) 미분요소 : $c(t) = K\dfrac{dr(t)}{dt}$ 전달함수 $G(s) = \dfrac{C(s)}{R(s)} = sK$

(3) 적분요소 : $c(t) = K\displaystyle\int r(t)dt$ 전달함수 $G(s) = \dfrac{C(s)}{R(s)} = \dfrac{K}{s}$

(4) 1차 지연 요소 : $b_1\dfrac{dc(t)}{dt} + b_0 c(t) = a_0 r(t)\,(b_1,\ b_0 > 0)$

     전달함수 $G(s) = \dfrac{C(s)}{R(s)} = \dfrac{K}{Ts+1}$

(5) 2차 지연 요소 : $b_2\dfrac{d^2 c(t)}{dt^2} + b_1\dfrac{dc(t)}{dt} + b_0 c(t) = a_0 r(t)\,(b_2,\ b_1,\ b_0 > 0)$

     전달함수 $G(s) = \dfrac{C(s)}{R(s)}) = \dfrac{K\omega_n^2}{s^2 + 2\delta\omega_n s + \omega_n^2}$

     여기서, δ : 감쇠 계수 또는 제동비, ω_n : 고유 주파수

(6) 부동작 시간 요소 : $c(t) = Kr(t-L)$

     전달함수 $G(s) = \dfrac{C(s)}{R(s)} = Ke^{-Ls}$ 여기서, L : 부동작 시간

4 보상기

(1) 진상 보상기 : 제어계의 안정도, 속응성 및 과도 특성을 개선
(2) 지상 보상기 : 이득을 재조정하여 정상편차를 개선, 과도특성을 해치지 않는다.
(3) 진상·지상 보상기 : 속응성과 안정도 및 정상편차를 동시에 개선

5 보상기에서 원래 시스템에 극점을 첨가하면 일어나는 현상

(1) 분모의 s의 차수를 증가시킨다.
(2) 회로내에 $L,\ C$ 개수 증가
(3) 시스템은 불안정화된다 (안정도 감소)
(4) 과도 응답시간이 길어진다.
(5) 근궤적을 s-평면의 오른쪽으로 옮겨준다.

3 | 블록선도와 신호흐름선도

1 블록 선도의 등가변환

(1) 직렬접속

$$R(s) \longrightarrow \boxed{G_1(s)} \xrightarrow{\ E(s)\ } \boxed{G_2(s)} \xrightarrow{\ C(s)\ }$$

직렬접속시의 전달함수 $\dfrac{C(s)}{R(s)} = G_1(s)\,G_2(s)$

(2) 병렬 접속

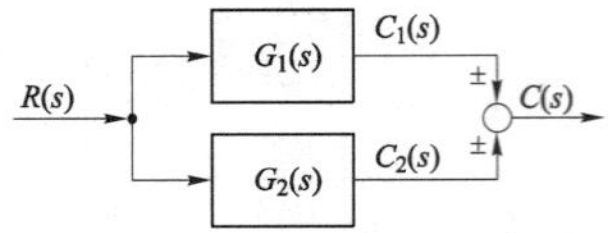

병렬접속시의 전달함수 $\dfrac{C(s)}{R(s)} = G_1(s) \pm G_2(s)$

(3) 부궤환 접속

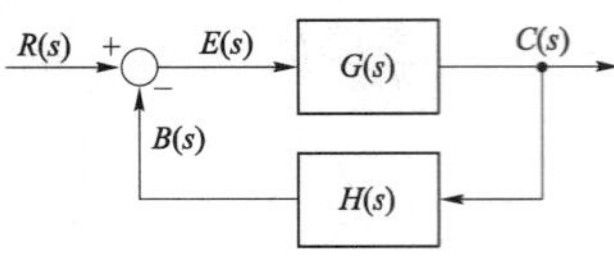

부궤환접속시의 전달함수 $\dfrac{C(s)}{R(s)} = \dfrac{G(s)}{1 + G(s)H(s)}$

2 메이슨(Mason)의 정리

전달함수 $G = \dfrac{\sum G_k \Delta_k}{\Delta}$

$\Delta = 1 - ($서로 다른 루프 이득의 합$) + ($서로 접촉하지 않은 두 개의 루프 이득의 곱$)$
   $- ($서로 접촉하지 않은 세 개의 루프 이득의 곱$) + \cdots$

G_k : 입력마디에서 출력마디까지의 K번째의 전방경로 이득

Δ_k : K번째의 전방경로 이득과 서로 접촉하지 않는 신호흐름 선도에 대한 $\triangle$의 값

3 이상적인 연산 증폭기의 특성

(1) 입력저항 $R_i = \infty$ (2) 출력저항 $R_0 = 0$

(3) 전압이득 $V = \infty$ (4) 대역폭 $= \infty$

(5) 정부(+, -) 2개의 전원을 필요로 한다.

4   자동제어계의 과도응답

1 응답

(1) 인디셜 응답 : 입력에 단위 계단 함수($\mathcal{L}[r(t)] = \dfrac{1}{s}$)를 가했을 때의 응답

(2) 임펄스 응답 : 입력에 단위 임펄스 함수($\mathcal{L}[\delta(t)] = 1$)를 가했을 때의 응답

(3) 경사 응답 : 입력에 단위 램프 함수($\mathcal{L}[r(t)] = \dfrac{1}{s^2}$)를 가했을 때의 응답

2 오버슈트

(1) 상대 오버슈트 $= \dfrac{\text{최대 오버슈트}}{\text{최종의 희망값}} \times 100\,[\%]$

(2) 백분율 오버슈트 $= \dfrac{\text{최대 오버슈트}}{\text{최종 목표값}} \times 100\,[\%]$

(3) 최대 오버슈트 발생 시간 $t_p = \dfrac{\pi}{\omega_n \sqrt{1-\delta^2}}$

3 **지연 시간**(delay time) : 응답이 최초로 목표값의 50[%]가 되는 데 요하는 시간

4 감쇠비$= \dfrac{\text{제2 오버슈트}}{\text{최대 오버슈트}}$

5 **상승 시간**(rise time) : 응답이 목표값의 10[%]로부터 90[%]까지 도달하는 데 요하는 시간

6 **자동제어계의 과도응답**

(1) 선형 자동 제어계의 특성 방정식 : $1 + G(s)H(s) = 0$

(2) 특성 방정식의 근의 위치와 응답

① 정상 상태에 빨리 도달하려면 시정수 값이 작아야 한다.

② 시정수 $= -\dfrac{1}{\text{특성근}}$

- 시정수 값이 적기 위해서는 특성근의 값이 $\ominus$값으로서 큰 값을 가져야 한다.
- 특성근의 값이 $\ominus$값이 된다는 것은 근이 s평면의 좌반 평면에 있어야 한다
- 근이 s평면의 좌반부에서 j축에서 많이 떨어져 있을수록 정상값에 빨리 도달
- 근이 s평면의 우반 평면에 존재하면, 즉 특성근 값이 $\oplus$값이면 시정수는 $\ominus$가 되어 진동이 점점 커진다.

7 **영점 및 극점**

영　점	극　점
·$Z(s)=0$가 되는 s의 값	·$Z(s)=\infty$가 되는 s의 값
·분자항 $=0$	·분모항 $=0$
·단락상태	·회로의 개방상태
·○로 표시	·× 으로 표시

8 **2차계의 과도응답**

(1) 폐회로 전달 함수 $\dfrac{C(s)}{R(s)} = \dfrac{\omega_n^{\,2}}{s^2 + 2\delta\omega_n s + \omega_n^{\,2}}$

(2) 특성 방정식 $s^2 + 2\delta\omega_n s + \omega_n^{\,2} = 0$

$$s_1, s_2 = -\delta\omega_n \pm j\omega_n \sqrt{1-\delta^2} = -\sigma \pm j\omega$$

여기서, δ : 제동비 또는 감쇠 계수, ω_n : 자연 주파수 또는 고유 주파수

$\omega = \omega_n \sqrt{1-\delta^2}$: 실제 주파수 또는 감쇠 진동 주파수

① $\delta < 1$인 경우 : 부족 제동(감쇠진동)　　② $\delta = 1$인 경우 : 임계 제동

③ $\delta > 1$인 경우 : 과제동(비진동)

④ $\delta = 0$인 경우 : 무제동(무한 진동 또는 완전 진동)

5 │ 편차와 감도

1 자동제어 시스템의 오차

단위 궤환 요소($H=1$)를 가진 자동 제어 시스템의 오차

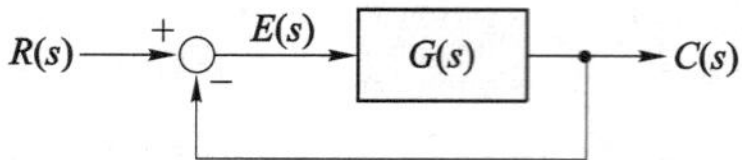

$$e_{ss} = \lim_{s \to 0} \frac{sR(s)}{1+G(s)}$$

2 형에 의한 궤환 시스템의 분류

$$\lim_{s \to 0} G(s)H(s) = \frac{K}{s^l}$$

(1) 0 형의 제어 시스템 : $l=0$인 제어 시스템
(2) 1 형의 제어 시스템 : $l=1$인 제어 시스템
(3) 2 형의 제어 시스템 : $l=2$인 제어 시스템

3 기준 시험 입력에 대한 정상오차

(1) 단위 계단 입력(정상 위치 편차) $r(t)=u(t) \to R(s) = \dfrac{1}{s}$

(2) 단위 램프 입력(정상 속도 편차) $r(t)=tu(t) \to R(s) = \dfrac{1}{s^2}$

(3) 단위 포물선 입력(정상 가속도 편차) $r(t)=\dfrac{1}{2}t^2 u(t) \to R(s) = \dfrac{1}{s^3}$

4 편차 상수 요약

(1) 위치 편차 상수 $K_p = \lim\limits_{s \to 0} G(s)H(s)$

(2) 속도 편차 상수 $K_v = \lim\limits_{s \to 0} sG(s)H(s)$

(3) 가속 편차 상수 $K_a = \lim\limits_{s \to 0} s^2 G(s)H(s)$

5 제어 시스템의 정상 상태 오차

계	정상 위치 편차 e_{ssp}	정상 속도 편차 e_{ssv}	정상 가속도 편차 e_{ssa}
2형	0	0	R/K_1
1형	0	R/K_1	∞
0형	R/K_1	∞	∞

6 감도 $S_K^T = \dfrac{dT/T}{dK/K} = \dfrac{K}{T} \cdot \dfrac{dT}{dK}$

6 | 주파수 응답에 의한 해석

1 주파수 전달함수

$$[G(s)]_{s=j\omega} = G(j\omega) = |G(j\omega)| \angle G(j\omega)$$

여기서, $G(j\omega)$: 주파수 전달함수

$|G(j\omega)|$: 주파수 이득(gain)

$\angle G(j\omega)$: 위상차 또는 위상각

2 벡터 궤적 : ω가 0에서 ∞까지 변화하였을 때의 $G(j\omega)$의 크기와 위상각의 변화를 극좌표에 그린 것

(1) 비례 요소 $G(s) = K$: 실수축상 K의 위치에 단 하나의 점으로 나타난다.

(2) 미분 요소 $G(s) = s$: 허수축상에서 위로 올라가는 직선

(3) 적분 요소 $G(s) = \dfrac{1}{s}$

ω가 점점 증가함에 따라 허수축상 $-\infty$에서 0으로 올라가는 직선

(4) 비례 미분 요소 $G(s) = 1 + Ts$

$(1, j0)$인 점에서 수직으로 위로 올라가는 직선이 된다.

(5) 1차 지연 요소 $G(s) = \dfrac{1}{1+Ts}$: 반원을 그린다.

3 보드선도

(1) 이 득 $g = 20\log_{10}|G(j\omega)\,H(j\omega)|$ [dB]

(2) 위상차 $\phi = \angle G(j\omega)\,H(j\omega)$ [°]

(3) 절점 주파수 $\omega = \dfrac{1}{T}$

4 보드 선도의 안정 판정

(1) 이득 곡선이 0 [dB]인 점을 지날 때의 주파수에서 위상 여유가 양(+)이고, 위상 곡선이 $-180°$를 지날 때 이득 여유가 양(+)이면 시스템은 안정하다.

(2) 보드 선도는 극점과 영점이 우반 평면에 존재하는 경우 판정이 불가능하다.

5 주파수 특성에 관한 상수

(1) 대역폭 : 대역폭은 크기가 $0.707M_0$ $(\dfrac{1}{\sqrt{2}}M_0)$ 또는 $(20\log M_0 - 3)$ [dB]에서의 주파수로 정의

(2) 공진 정점 M_p : M_p가 크면 과도 응답 시 오버슈트가 커진다. 제어계에서 최적의 M_p의 값은 대략 $1.1 \sim 1.5$이다.

(3) 분리도 : 분리도가 예리해질수록 공진 정점 M_p가 크고, M_p가 너무 크면 과도 응답 시 오버슈트가 커지므로 제어계는 불안정하게 된다.

6 2차 시스템에서 공진주파수

$$\omega_p = \omega_n \sqrt{1 - 2\delta^2}$$

여기서, δ : 계의 제동비, ω_n : 고유 주파수

7 | 제어계의 안정도

1 루드-훌비쯔의 안정 판별법

근이 모두 s 평면의 좌반부에 있어야 만 제어계는 안정하다. 따라서, 특성근이 s 평면의 좌반부 즉, 부 (−)의 실수부를 갖는 조건은 다음과 같다.

(1) 특성 방정식의 모든 계수의 부호가 같아야 한다.

(2) 계수 중 어느 하나라도 0이 되어서는 안 된다.

(3) 루드의 표에서 제1열의 원소 부호가 같고 정(+)이라야 한다. 만일 제1열의 원소 중 부의 값이 존재하면 부호 변화의 개수만큼의 근이 우반 평면에 존재한다.

2 나이퀴스트(Nyquist)안정 판별법의 특징

(1) 절대 안정도에 관하여 루드-훌비쯔 판별법과 같은 정보를 제공한다.

(2) 시스템의 안정도를 개선할 수 있는 방법을 제시한다.

(3) 시스템의 주파수 영역 응답에 대한 정보를 제공한다.

3 자동 제어계의 안정성 판별법

(1) $G(s)H(s)$의 $\omega > 0$에 대한 벡터 궤적을 ω가 증가 하는 방향으로 궤적을 따라갈 때 점 $(-1, j0)$을 왼쪽으로 보게되면 안정, 오른쪽으로 보게 되면 불안정하다.

(2) 제어시스템이 안정하기 위해서는 특성방정식의 근들이 모두 부(−)의 실수부를 가져야 한다.

(3) Nyquist 선도 경로내에 특성 방정식의 근이 존재하면 불안정, 근이 존재하지 않으면 안 정하다.

(4) GH 평면상의 $(-1, j0)$점을 $G(s)H(s)$ 선도가 원점 둘레를 오른쪽으로 일주하는 회전수 를 N 이라고 하면 $N = z - p$ 에서 $z < p$ 이면 $N < 0$이 되어 $G(s)H(s)$ 선도는 왼쪽으로 회전 하게 되고, 또 그 계는 안정하다고 할 수 있다.

(5) 위상여유, 이득여유가 +이면 안정, −이면 불안정으로 된다.

4 이득 여유$(GM) = 20\log \dfrac{1}{|GH_c|} = -20\log|GH_c|\,[\text{dB}]$

5 위상 여유 : 이득교차 주파수에서의 위상각에서 180°를 더한 것이다.

8 근궤적법

1 폐루프의 특성 방정식 : $1+G(s)H(s)=0$

(1) $|G(s)H(s)|=1$

(2) $\angle G(s)H(s)=180°+k\times360°$ 여기서, $k=0,\ \pm1,\ \pm2,\ \cdots$ 이다.

2 근궤적의 작도법

(1) 근궤적의 출발점$(K=0)$: 근궤적은 $G(s)H(s)$의 극으로부터 출발한다.

(2) 근궤적의 종착점$(K=\infty)$: 근궤적은 $G(s)H(s)$의 0점에서 끝난다.

(3) 근궤적의 개수 N은 영점z와 극점p 중에서 큰 수와 같다. 또한 근궤적의 개수는 특성 방정식의 차수와 같다.

(4) 근궤적은 실축에 대하여 대칭이다.

(5) 근궤적의 점근선의 각도 $\alpha_K=\dfrac{(2K+1)\pi}{p-z}$

    여기서, $K=0,\ 1,\ 2,\ \cdots$로서, $p-z-1$까지이다.

(6) 점근선의 교차점

① 점근선은 실수축 상에서만 교차하고 그 수 $n=p-z$이다.

② 실수축 상에서의 점근선의 교차점 σ

$$\sigma=\frac{\sum G(s)H(s)\text{의 극점}-\sum G(s)H(s)\text{의 영점}}{p-z}$$

(7) $G(s)H(s)$의 실수축과 실영점으로부터 실수축이 분할될 때 어느 구간에서 오른쪽으로 실수축상의 극과 영점을 헤아려 갈 때 만일 총수가 홀수이면 그 구간에 근궤적이 존재하고, 짝수이면 존재하지 않는다.

(8) 복소수 극에서 근궤적이 출발 또는 끝날 때의 각도(발생각) θ

$$\theta=[\pm180°\times(\text{홀수})]-(\text{개루프 전달 함수의 나머지 극 및}$$
$$\text{영점에서부터 해당되는 극까지의 벡터각의 총합})$$

9 상태방정식 및 Z변환

1 선형이고 정계수계에서의 상태 방정식 및 출력 방정식

- $x(t)=Ax(t)+Bu(t)$
- $y(t)=Cx(t)$

2 단위행렬 : 주 대각원소는 1이고 나머지 원소가 모두 0인 정사각행렬이다.

$$I=\begin{bmatrix}1&0\\0&1\end{bmatrix}\quad\text{또는}\quad I=\begin{bmatrix}1&0&0\\0&1&0\\0&0&1\end{bmatrix}$$

3 상태 천이 행렬 $\Phi(t) = \mathcal{L}^{-1}[(s\boldsymbol{I} - \boldsymbol{A})^{-1}]$의 성질

(1) $\Phi(0) = \boldsymbol{I}$ ($\boldsymbol{I}$: 단위행렬)

(2) $\Phi^{-1}(t) = \Phi(-t) = e^{-At}$

(3) $\Phi(t_2 - t_1)\,\Phi(t_1 - t_0) = \Phi(t_2 - t_0)$(모든 값에 대하여)

(4) $[\Phi(t)]^K = \Phi(Kt)$ 여기서 K=정수이다.

4 특성 방정식 : $|s\boldsymbol{I} - \boldsymbol{A}| = 0$

5 z변환 : 라플라스 변환 함수의 s 대신 $\dfrac{1}{T}\ln z$를 대입

6 z**변환의 몇 가지 중요한 정리**

초기치 정리	$\lim\limits_{k \to 0} y(kT) = \lim\limits_{z \to \infty} Y(z)$
최종치 정리	$y(\infty) = \lim\limits_{k \to \infty} y(kT) = \lim\limits_{z \to 1}(1 - z^{-1})\,Y(z)$

7 z**변환표**

$f(t)$	$F(s)$	$F(z)$
$\delta(t)$	1	1
$u(t)$	$\dfrac{1}{s}$	$\dfrac{z}{z-1}$
t	$\dfrac{1}{s^2}$	$\dfrac{Tz}{(z-1)^2}$
e^{-at}	$\dfrac{1}{s+a}$	$\dfrac{z}{z - e^{-at}}$

8 z**변환법을 사용한 샘플값 제어계의 해석**

계의 안정도	근의 위치	
	s평면의	z평면상
안　　정	좌반면	단위원 내부
불 안 정	우반면	단위원 외부
임계안정	허수축	단위 원주상

따라서, 제어계가 안정되기 위해서는 전체 전달 함수의 모든 극점이 z평면의 원점에 중심을 둔 단위원 내부에 위치해야 한다.

10 │ 시퀀스 제어

1 시퀀스

(1) 미리 정해 놓은 순서 또는 일정한 논리에 의하여 정해진 순서에 따라 제어의 각 단계를 순서적으로 진행하는 제어
(2) 간단한 예로서는 전기 세탁기, 자동 판매기, 엘리베이터, 교통 신호기, 또한 트랜스퍼머신, 무인 발전소 등에 활용되고 있다.

2 논리 시퀀스회로

(1) 논리적 회로(AND gate) : X=A·B로 표시
(2) 논리합 회로(OR gate) : X=A+B로 표시한다.
(3) 논리 부정 회로(NOT gate) : 입력이 "0"일 때 출력은 "1", 입력이 "1"일 때 출력은 "0"이 되는 회로
(4) NAND 회로(NAND gate) : AND 회로에 NOT 회로를 접속한 AND-NOT 회로로서 논리식은 $X = \overline{A \cdot B}$가 된다.
(5) NOR 회로(NOR gate) : OR-NOT 회로로서 논리식은 $X = \overline{A+B}$가 된다.
(6) 배타적 논리 합회로(exclusive-OR gate) : 입력 A, B가 서로 같지 않을 때만 출력이 "1"이 되는 회로 $X = \overline{A} \cdot B + A \cdot \overline{B} = A \oplus B$로 표시.

3 논리 대수 및 드모르간의 정리

(1) 교환의 법칙
　① $A+B=B+A$　　　　　　② $A \cdot B=B \cdot A$
(2) 결합의 법칙
　① $(A+B)+C=A+(B+C)$　　② $(A \cdot B) \cdot C=A \cdot (B \cdot C)$
(3) 분배의 법칙
　① $A \cdot (B+C)=A \cdot B+A \cdot C$　② $A+(B \cdot C)=(A+B) \cdot (A+C)$
(4) 동일의 법칙
　① $A+A=A$　　　　　　　② $A \cdot A=A$
(5) 부정의 법칙
　① $(A)=\overline{A}$　　　　　　　② $(\overline{A})=A$
(6) 흡수의 법칙
　① $A+A \cdot B=A$　　　　　② $A \cdot (A+B)=A$
(7) 공리
　① $0+A=A$　　② $1 \cdot A=A$　　③ $1+A=1$　　④ $0 \cdot A=0$
(8) 드 모르간의 정리
　① $\overline{(X_1+X_2+X_3 \cdots X_n)}=\overline{X_1} \cdot \overline{X_2} \cdot \overline{X_3} \cdots \overline{X_n}$
　② $\overline{(X_1 \cdot X_2 \cdot X_3 \cdots X_n)}=\overline{X_1}+\overline{X_2}+\overline{X_3}+\cdots+\overline{X_n}$

Chap. 7

전기설비기술기준 및 판단기준

1   용어

(1) 급전소 : 전력계통의 운용에 관한 지시 및 급전조작을 하는 것을 말한다.

(2) 가섭선 : 가섭선이라 함은 지지물에 가설되는 모든 선류를 말한다.

(3) 관등 회로 : 방전등용 안정기로부터 방전관까지의 전로

(4) 접근 상태

  ① 1차 접근 상태 : 지지물의 높이에 상당하는 거리에 시설

  ② 2차 접근 상태 : 수평거리 3 [m] 미만의 곳에 다른 시설물을 시설

(5) 지지물

  ① A종 철주 : 강관주, 강판조립주

  ② A종 철근 콘크리트주 : 전장 16 [m] 이하, 설계 하중 6.8 [kN] 이하

  ③ B종 철근 콘크리트주 : A종 철근 콘크리트주 이외

(6) 조상설비 : 무효전력을 조절하는 전기기계기구를 말한다.

2   전압의 종별

(1) 저압 DC 750 [V] 이하, AC 600 [V] 이하

(2) 고압 : 저압을 초과하고 7[kV] 이하

(3) 특고압 : 7[kV] 넘는 것

2   전로의 절연

(1) 사용전압이 저압인 전로에서 정전이 어려운 경우 등 절연저항 측정이 곤란한 경우에는 누설전류를 1 [mA] 이하로 유지하여야 한다.

(2) 옥내에 시설하는 저압접촉전선과 대지간의 절연저항

전압의 구분	절연 저항치
대지 전압 150 [V] 이하	0.1 [MΩ]
대지 전압이 150 [V]를 넘고 300 [V] 이하	0.2 [MΩ]
사용 전압이 300 [V]를 넘고 400 [V] 미만	0.3 [MΩ]
400 [V] 이상	0.4 [MΩ]

(3) 고압 및 특고압 전로의 절연내력 시험 방법 및 시험전압

① 절연내력을 시험할 부분에 최대사용전압에 의하여 결정되는 시험전압을 계속하여 10분 간 가하여 견디어야 한다.

② 전선에 케이블을 사용하는 경우에는 직류로 시험할 수 있으며, 시험전압은 교류 시험전 압의 2배의 직류 전압을 가하여 견디어야 한다.

(4) 절연내력시험전압

구 분		배율	최저전압 [V]
중성점 직접 접지식이 아닌 경우	7[kV] 이하	1.5	
	7 [kV] 초과 ~ 60 [kV] 이하	1.25	10,500
	60 [kV] 초과 (비접지식)	1.25	
	60 [kV] 초과 (중성점 접지식)	1.1	75,000
중성점 직접 접지식	25 [kV] 이하	0.92	
	60 [kV] 초과 170 [kV]까지	0.72	
	170 [kV] 초과(발,변전소에 한함)	0.64	

3 　접지공사

1 　접지종별 및 적용

접지종별	접지 저항값	접지선 굵기	적 용
제1종 접지공사	10 [Ω] 이하	6[mm^2] 이상	•특고압 계기용 변성기 2차측 •고압 기계기구의 외함 •피뢰기
제2종 접지공사	$\dfrac{150}{1선\ 지락전류}$ [Ω] 이하 • 자동차단 설비가 1초 이내 동작하면 600/I [Ω] • 자동차단설비가 1초를 넘어 2초이내 동작하면 300/I [Ω] • 계산한 값이 5 [Ω] 미만인 경우 5[Ω]으로 한다.	특고압 16[mm^2] 이상 고압 또는 22.9 [kV-Y] 6[mm^2] 이상	•변압기 2차측 중성점 또는 1단자

접지종별	접지 저항값	접지선 굵기	적 용
제3종 접지공사	100 [Ω] 이하 지락시 0.5초 이내 자동차단하는 설비를 시설한 경우(물기있는 장소, 전기적 위험도가 높은 장소) : 정격감도전류×접지저항치 = 15 [V]	2.5[mm²] 이상	•덕트(400 [V] 미만) •고압계기용 변성기 2차측 • 400 [V] 미만의 기기 외함, 철대 •유도장해 방지 차폐선 •조가용선
특별 제3종 접지공사	10 [Ω] 이하 지락시 0.5초 이내 자동차단하는 설비를 시설한 경우(물기있는 장소, 전기적 위험도가 높은 장소) : 정격감도전류×접지저항치=15 [V]	2.5[mm²] 이상	•400 [V] 이상의 저압 기계 기구의 외함, 철대

2 1, 2종 접지공사 시공법

(1) 접지극은 지하 75 [cm] 이상의 깊이에 매설
(2) 철주의 밑면에서 30 [cm] 이상의 깊이에 매설하거나 금속체로부터 1 [m] 이상 떼어 설치 (금속체에 따라 시설시)
(3) 접지선은 지하 75 [cm]~지표 2 [m] 이상까지 합성수지관몰드로 덮을 것

3 정전 방전 장치

고압과 특고압이 변압기로 접속되는 경우, 고압측에는 사용 전압의 3배 이하에서 방전하는 방전 장치를 해야하며, 방전장치는 제1종 접지공사를 하여야 한다.

4 기계/기구

1 고압용 기계 기구의 시설

(1) 지표상의 높이 4.5 [m](시가지 외에서는 4 [m]) 이상
(2) 기계 기구의 주위에 울타리를 설치하고 울타리, 담, 등의 높이는 2 [m] 이상으로 할 것

2 특고압용 기계 기구의 시설

(1) 울타리 높이와 울타리로부터 충전부와의 거리
① 35 [kV] 이하 : 5 [m] 이상
② 35 [kV] 초과 160 [kV] 이하 : 6 [m] 이상
③ 160 [kV]를 넘는 것 : 6 [m] + (160 [kV]를 넘는 매 10 [kV] 마다 또는 그 단수마다 12 [cm]를 가산한다.)
(2) 지표상 높이
① 35 [kV] 이하 : 5 [m] 이상
② 35 [kV] 초과 160 [kV] 이하 : 6 [m] 이상

(3) 개폐기의 시설 : 각 극에 설치하나 다음 경우 생략한다.
   ① 중성선 또는 접지선
   ② 400 [V] 미만의 점멸 제어용 개폐기는 단극에 설치가능
   ③ 특고압 가공 전선로로서 다중 접지한 중성선
   ④ 제어 회로의 조작용 개폐기
(4) 개폐기

고압용 또는 특고압용 개폐기로서 부하 전류의 차단 능력이 없는 것은 부하 전류가 통하고 있을 때에는 열리지 않도록 시설해야 한다. 다만, 다음의 경우에는 예외로 한다.
   ① 개폐기의 조작 위치에 부하 전류의 유무 표시 장치가 있는 경우
   ② 개폐기의 조작 위치에 전화기 등의 지시 장치가 있는 경우
   ③ 태블릿(tablet) 등을 사용하는 경우
(5) 과전류 차단기의 시설

		정격전류	용단시간(분)	
			정격전류 1.6배	정격전류 2배
저압용 퓨 즈	1.1배의 전류에 견디고	30 [A] 이하	60	2
		31~60	60	4
		61~100	120	6
		101~200	120	8
		201~400	180	10
		정격전류	용단시간(분)	
			정격전류 1.25배	정격전류 2배
배선용 차단기	1배의 전류에 견디고	30 [A] 이하	60	2
		31~50	60	4
		51~100	120	6
		101~225	120	8
		226~400	120	10
고압용 퓨 즈	포장퓨즈	1.3배에 견디고 2배의 전류로 120분 안에 용단		
	비포장퓨즈	1.25배에 견디고 2배의 전류로 2분 안에 용단		

(6) 과전류 차단기의 시설제한
   ① 접지공사의 접지선
   ② 다선식 전로의 중성선
   ③ 제2종 접지 공사를 한 저압 가공 전선로의 접지측 전선
(7) 지락 차단 장치의 시설

금속제외함을 가지는 60 [V]를 넘는 저압 기계 기구로서 사람이 쉽게 접촉할 우려가 있는 곳은 전로에 지기가 생겼을 경우 이를 자동 차단하는 장치를 설치한다.
(8) 피뢰기 등의 시설
   ① 발·변전소 또는 이에 준하는 장소의 가공 전선 인입구 및 인출구
   ② 가공 전선로에 접속하는 배전용 변압기의 고압측 및 특고압측
   ③ 고압·특고압 가공 전선로로 공급 받는 수용 장소의 인입구

④ 가공 전선과 지중 전선이 접속되는 곳
⑤ 설치 적용 제외
  • 가공 전선이 짧은 경우
  • 피보호 기기가 보호 범위 내에 위치하는 경우

5 발전소/개폐소

1 기기의 보호장치

기기의 종류	용 량	사고의 종류	보호장치
발전기	원자력 발전소의 비상용 예비 발전기를 제외한 모든 발전기	과전류	자동차단장치
	500 [kVA] 이상	수차 압유장치 유압의 현저한 저하	자동차단장치
	2000 [kVA] 이상	수차 발전기 스러스트 베어링 과열	자동차단장치
	10000 [kVA] 이상	내부고장	자동차단장치
	10000 [kVA] 초과	증기터빈 베어링의 마모, 과열	자동차단장치
특 별 고 압 변압기	5000 [kVA] 이상 10000 [kVA] 미만	변압기의 내부고장	자동차단장치 또는 경보장치
	10000 [kVA] 이상	변압기의 내부고장	자동차단장치
	타냉식	냉각장치고장	경보장치
전력용 콘덴서 및 분 로 리액터	500 [kVA]를 넘고 15000 [kVA]미만인 경우	내부고장시 과전류시	자동차단장치
	15000 [kVA] 이상	내부고장시 과전류시 과전압시	자동차단장치

2 수소 냉각 발전기등의 시설

(1) 발전기 또는 조상기는 기밀구조
(2) 수소의 순도가 85 [%] 이하로 저하한 경우 경보 장치를 시설할 것
(3) 기계 안에 수소 온도 계측 장치의 시설
(4) 동관 또는 연결부 없는 강관 사용
(5) 수소가 새지 않는 구조로 할 것

3 압축 공기 장치 등의 시설

(1) 개폐기 또는 차단기에 사용하는 압축공기 장치 중에서 공기 압축기는 1.5배의 수압 (1.25배의 기압)에서 10분간 견디어야 한다.
(2) 공기 탱크는 개폐기 및 차단기의 투입 및 차단을 1회 이상 할 수 있는 용량을 가져야 한다.

6 전선로

1 풍압하중의 종류별 적용

종 별	지 역	적용방법
갑종풍압하중	고온계 지방	구성재의 수직 투영면적 1[m²]에 대한 풍압을 기초로 하여 계산
을종풍압하중	빙설이 많은 저온계	전선 기타 가섭선의 주위에 두께 6[mm], 비중 0.9의 빙설이 부착한 상태에서 갑종풍압하중의 1/2 적용
병종풍압하중	인가 밀집 지역	갑종풍압하중의 1/2을 기준으로 적용

2 지지물의 기초 안전율

(1) 일반적으로 2 이상이어야 한다.
(2) 철탑의 경우 이상시 상정 하중에 대하여 1.33 이상으로 계산한 값과 상시 상정 하중에 대해 2 이상으로 계산한 값중에서 큰값

3 지선의 사용

(1) 지선의 설치조건
   ① 안전율은 목주, A종 지지물의 경우 1.5 이상, B종의 경우 2.5 이상
   ② 인장하중 4.31[kN] 이상
   ③ 3조 이상의 연선인 소선을 사용
   ④ 2.6[mm] 금속선 또는 인장강도가 0.68[kN/mm²]인 아연도 강연선은 지름 2.0[mm]도 가능함
   ⑤ 지중 부분 및 지표상 30[cm]까지 아연도금 철봉을 사용하고, 근가로 시설한다.
(2) 지선의 높이
   ① 도로횡단 5[m]
   ② 교통에 지장이 없는 도로 4.5[m]
   ③ 보도 2.5[m]

4 유도 장해의 방지

(1) 60[kV] 이하의 경우 전화선로 12[km]마다 유도전류가 2[μA]를 넘지 아니할 것
(2) 60[kV]를 넘는 경우 전화선로 40[km]마다 유도전류가 3[μA]를 넘지 아니할 것

5 특고압 전선로의 시가지 등의 시설

(1) 애자 : 50[%] 충격섬락의 값이 그 전선의 근접한 다른 부분을 지지하는 애자장치의 110[%](130[kV]를 넘는 경우 105[%]) 이상인 것
(2) 지지물의 경간 (목주는 사용할 수 없음)
   ① A종 : 75[m] 이하   ② B종 : 150[m] 이하   ③ 철탑 : 400[m] 이하

(3) 전선의 굵기
　① 100[kV] 미만 : 55[mm²] 이상
　② 100 [kV] 이상 : 150[mm²] 이상
(4) 지표상 높이
　① 35[kV] 이하 : 10[m] 이상 (절연전선 일 경우 8[m] 이상)
　② 35[kV]를 넘는 것 : 10[m] 넘는 1만 [V] 단수마다 12[cm]를 더한 것
(5) 지지물에 위험 표지를 하고 100[kV]를 넘는 것은 지기발생 또는 단락시 1초 안에 동작하는 자동 차단 장치를 시설할 것

6　가공 케이블의 시설

(1) 조가용선에 행가로 시설, 행가의 간격은 50[cm] 이하
(2) 조가용선은 단면적 22 [mm²]의 아연도강연선
(3) 조가용선은 제3종 접지공사를 할 것
(4) 금속 테이프 작업시 테이프를 나선형으로 감으며 간격은 20[cm] 이하

7　가공전선의 굵기

구 분	전선의 굵기
저 압	나전선 : 3.2 [mm] 이상 경동선 절연전선 : 2.6 [mm] 이상 경동선
고 압	시가지 : 5.0 [mm] 이상 경동선 시가지 외 : 4.0 [mm] 이상 경동선
특고압	시가지 외 : 22 [mm²]의 경동연선 및 케이블 시가지 : 100 [kV] 미만 : 55 [mm²] 이상 　　　　 100 [kV] 이상 : 150 [mm²] 이상

8　가공전선의 안전율

(1) 경동선 : 2.2 이상
(2) 기타 전선(연동, AL선) : 2.5 이상

9　전선로의 경간 제한

지지물	표준경간	계곡,하천 (장경간)	저·고압 보안 공사	특고압 1종 보안공사	특고압 2·3종 보안공사
목주, A종	150 [m]	300 [m]	100 [m]	×	100 [m]
B종	250 [m]	500 [m]	150 [m]	150 [m]	200 [m]
철탑	600 [m]	제한없음	400 [m]	400 [m]	400 [m]

10　가공 전선 등의 병가 (2종의 전압을 함께 시설)

(1) 저·고압 가공 전선의 병가 : 50[cm] 이상 이격 고압이 케이블 사용할 때 30[cm] 이상

(2) 특고압 가공 전선과 저·고압 가공전선의 병가시 이격 거리

① 35[kV] 이하 : 1.2[m] 이상(25[kV] 이하 중성점 다중 접지식인 경우 1[m]), 케이블 사용할 때 0.5[m]

② 35[kV]를 넘고 100[kV] 미만 : 2[m] 이상

11 가공 전선의 공가(전력선과 약전류 전선 함께 시설)

시설방법	저압	고압
원 칙	75 [cm]	1.5 [m]
케이블	30 [cm]	50 [cm]

12 보호망의 시설

(1) 보호망은 제1종 접지공사를 한다.

(2) 금속선의 상호간격 1.5[m]

(3) 종선 : 3.5[mm]의 동복강선 또는 5[mm] 이상의 경동선

13 25 [kV] 이하 중성선 다중 접지 방식의 특고압 가공전선로

(1) 접지선의 굵기 : 6[mm²] 이상의 연동선

(2) 접지개소 상호간의 거리 : 300 [m] 이하

(3) 22.9[kV] – 각 접지점 단독 저항값은 300 [Ω] 이하이고 1 [km]마다 중성선과 대지사이의 합성 전기 저항값은 15 [Ω] 이하여야 한다.

(4) 15[kV] 이하 – 각 접지점의 단독 저항값은 300 [Ω] 이하이고 1 [km]마다 중성선과 대지사이의 합성전기저항은 30 [Ω] 이하이어야 한다.

14 지중 전선로

(1) 관로식 매설 깊이 : 1.0[m] 이상

(2) 직매식

① 중량을 받는지역 : 1.2 [m] 이상

② 기타 : 60 [cm] 이상 매설

(3) 지중선과 약전류전선, 수도관 등 이격거리

① 고·저압 : 30[cm]

② 특고압 : 60 [cm]

(4) 특고압 지중선과 가연성, 유독성 유체관과 접근 : 1 [m] 이상 이격

(5) 저·고·특고압 지중선상호 교차 30 [cm] 이상 이격

15 터널내 전선로

(1) 저압 전선로

① 2.6 [mm] 이상의 경동선

② 궤조면·노면상 2.5 [m] 이상 유지

③ 합성수지관, 가요 전선관, 금속관, 케이블 공사

(2) 고압 전선로
  ① 케이블 공사
  ② 애자사용 공사시 4 [mm] 이상의 경동선
  ③ 노면상 3 [m] 이상

16 저·고압 가공전선의 이격거리(접근 또는 교차시)

구 분		저압 가공 전선	고압 가공 전선
건조물	상부 조영재	상방에서 2 [m] 측하방에서 1.2 [m]	상방에서 2 [m] 측하방에서 1.2 [m]
	기타	1.2 [m]	1.2 [m]
도로등	도로, 횡단 보도교, 철도, 궤도	3 [m]	3 [m]
	삭도 또는 저압 전차선	0.6 [m]	0.8 [m]
	저압 전차 선로의 지지물	0.3 [m]	0.6 [m]
가공 약전류 전선		0.6 [m]	0.8 [m]
안 테 나		0.6 [m]	0.8 [m]
식 물		접촉만 않으면 됨.	접촉만 않으면 됨.
저압 가공 전선		0.6 [m]	0.8 [m]
고압 가공 전선		0.8 [m]	0.8 [m]

7 전력보안 통신설비

1 전력보안 통신설비용 전화설비의 시설

(1) 휴대용 전화설비
  특고압 및 길이 5 [km] 이상의 고압선에는 적당한 곳에 통화를 할 수 있도록 휴대용 또는
  이동용 전력보안통신용 전화설비를 시설하여야 한다.
(2) 장소
  ① 원격감시제어가 되지 않는 발·변전소, 개폐소, 기술원주재소, 급전소 사이
  ② 2 이상의 급전소 상호간
  ③ 발·변전소 등과 긴급연락이 필요한 기상대, 측후소, 소방서 및 방사선 감시계측 시설물 등
  ④ 동일 전력계통의 발전소, 변전소, 발·변전 제어소 및 개폐소 상호

2 전력보안 가공 통신선의 시설

(1) 통신선의 굵기 : 2.6 [mm] 이상의 경동선
(2) 가공통신선 높이 (전력보안)
  ① 도로횡단 : 5 [m] (교통지장 없을시 4.5 [m]) 이상
  ② 철도 횡단 : 6.5 [m] 이상

③ 횡단 보도교위 : 3 [m] 이상
④ 기타의 장소 : 3.5 [m] 이상

8 | 전기사용장소의 시설

1 옥내 전로의 대지 전압의 제한

(1) 주택을 제외한 옥내전로 : 대지전압 300 [V] 이하
(2) 주택의 옥내전로
　① 사용전압 400 [V] 미만일 것(대지전압 300 [V] 이하)
　② 전로의 입구에는 인체보호용 누전차단기를 설치할 것
　③ 백열전등의 전구 소켓을 키나 그밖의 점멸기구가 없는 것일 것
　④ 정격 소비전력 3 [kW] 이상의 기계기구는 전기를 공급하기 위한 전로에 전용의 개폐기
　　및 과전류 차단기를 시설

2 저압 옥내 배선

(1) 굵기 : 2.5[mm²] 연동선 이상, 1 [mm²] 이상의 MI 케이블
(2) 400[V] 미만인 경우 전선의 굵기
　① 전광·출퇴표시등 : 1.5[mm²] 이상의 연동선
　② 제어회로 : 0.75[mm²] 이상의 다심형·캡타이어 케이블
　③ 쇼윈도, 쇼케이스 배선 : 0.75[mm²] 이상의 코드, 캡타이어 케이블

3 저압 옥내 간선의 굵기

(1) 전동기 등의 정격전류 합계가 다른 전기 사용 기계기구의 정격전류 보다 클 경우
　① 전동기 등의 전격전류의 합계가 50 [A] 이하인 경우
　　전동기 전류 합계×1.25 + 기타 부하
　② 전동기 등의 정격전류의 합계가 50 [A]를 넘는 경우
　　전동기 전류 합계×1.1 + 기타 부하
(2) 전동기 등의 정격전류 합계가 다른 전기 사용 기계기구의 정격전류보다 적은 경우
　① 전동기 정격전류 합계 + 기타 부하

4 과전류 차단기의 시설

(1) 과전류 차단기 정격
　전동기 정격전류의 3배 이하 + 기타부하 정격전류의 합계와 간선 허용전류의 2.5배 한 값중
　적은 값을 기준하여 선정
(2) 분기회로 과전류 차단기의 설치
　① 원칙 : 3 [m] 이하
　② 정격전류의 35 [%] 이상인 경우 : 8 [m] 이하

③ 정격전류의 55 [%] 이상인 경우 : 제한없음

5 점멸기구의 시설

(1) 여관·호텔 : 객실입구에 1분이내 소등되는 타임 스위치 시설
(2) 주택·아파트 : 현관입구에 3분이내 소등되는 타임스위치

6 애자 사용 공사

(1) 전선 상호 간격 : 6 [cm] 이상
(2) 조영재와 이격거리
  • 400 [V] 미만 : 2.5 [cm] 이상
  • 400 [V] 이상 : 4.5 [cm] 이상 (건조한 곳 : 2.5 [cm])
(3) 지지점간의 거리
  • 조영재 옆면·윗면 : 2 [m] 이하
  • 400 [V] 이상 저압으로 조영재 아래면 : 6 [m] 이하

7 합성수지관 공사

(1) 단선 사용 가능한 전선 단면적 : 10[mm²] 이하 사용 (Al은 16[mm²])
(2) 관상호간 삽입깊이 : 바깥지름의 1.2배(접착제 사용시 0.8배)
(3) 관의 지지점간의 거리 : 1.5[m] 이하

8 금속관 공사

(1) 관의 두께
  ① 콘크리트 매설 : 1.2 [mm] 이상
  ② 기타의 것 : 1 [mm] 이상
(2) 단선 사용 가능한 전선 단면적 : 10[mm²] 이하 (Al선은 16 [mm²])

9 금속덕트공사

(1) 금속덕트에 넣을 수 있는 전선의 단면적 :덕트 내부 단면적의 20[%] 이하
  (제어회로 등은 50[%] 이하)
(2) 폭 5[cm], 두께 1.2[mm] 이상의 철판 또는 동등 이상의 금속제로 제작
(3) 지지점간의 거리
  • 수직 : 6[m] 이하
  • 수평 : 3[m] 이하

10 버스덕트 공사

(1) 피더 버스 덕트 : 간선용의 덕트
(2) 플러그인 버스 덕트 : 플러그의 수구를 설치하여 쉽게 분기할 수 있는 덕트
(3) 트롤리 버스 덕트 : 이동 시킬수 있는 구조
(4) 400 [V] 미만은 3종, 그 이상은 특별 제3종 접지공사를 한다.

11 저압 옥내 배선과 수도관·약전류 전선의 이격 거리

(1) 수도관 등과의 이격거리 : 10 [cm] 이상
(2) 가스관과의 이격거리 : 10 [cm] 이상

12 고압 옥내 배선

(1) 공사방법 : 애자 사용 공사, 케이블 공사, 케이블 트레이 배선
(2) 애자 사용 배선에 의한 고압 옥내 배선
　① 전선 : 6 [mm²] 이상의 고압·특고압 절연전선
　② 지지점간의 거리 : 6 [m] 이하(조영재 옆면 : 2 [m] 이하)
　③ 전선상호간격 : 8 [cm] 이상
　④ 조영재와 이격거리 : 5 [cm] 이상
　⑤ 수관·가스관과의 이격거리 : 15 [cm] 이상

13 옥외등의 인하선 시설

옥외 백열전등의 인하선으로 지표상 2.5 [m] 미만의 부분은 케이블 또는 2.5 [mm2] 이상의 절연전선을 사용한다.

9 │ 특수 시설

1 특수시설

종류	사용전압	전선굵기	접지
전 기 울타리	1차측 250 [V] 이하	2 [mm] 이상의 경동선	
	• 충격전류 500 [mA] • 1회 충격 전기량 3 [mC] • 0.1초 경과 후 10 [mA] 이하		
유희용 전 차	• 1차측 400 [V] 미만 • 2차측 직류 60 [V], 　교류 40 [V] 이하 • 절연변압기 사용		
	• 전차내 승압기 사용시 2차 전압 150 [V] 이하		
교 통 신호등	• 2차측 사용전압 300 [V]이하	• 2.5[mm²] 이상의 NR 전선	•제3종
	• 건조물 다른 시설물 등과 이격거리 60 [cm] (케이블 30 [cm]) 이상 • 조가용선 4 [mm] 이상의 철선 2가닥		

종류	사용전압	전선굵기	접지
전 기 온 돌	• 대지전압 300 [V] 이하 • 허용온도 80 [℃] 이하 • 전용개폐기, 과전류 차단기, 지락차단장치 시설 • 발열선은 MI 케이블 일 것		
전 기 온 상	• 대지전압 300 [V] 이하 • 개폐기 및 과전류 차단기의 시설 • 발열선 온도 : 80 [℃] 이하 유지		•제3종
전극식 온천용 승온기	• 사용전압 400 [V] 미만 • 1차측에 개폐기 및 과전류 차단기를 시설한 절연변압기 시설 • 차폐장치의 거리 　승온기 : 50 [cm] 이상 　욕탕 : 1.5 [m] 이상		•제1종
전 기 욕 기	• 1차 300 [V] 이하 • 2차 10 [V] 이하 • 전극간의 거리 1 [m] 이상		•제3종
풀 용 수 중 조명등	• 1차 400 [V] 미만 • 2차 150 [V] 이하 • 150[V]이하의 절연변압기의 사용	조명등용 전선 : 2.5[mm^2]	•금속제 혼촉 　방지판 제1종
전 기 방 식	• 절연변압기를 사용하여 　DC 60 [V] 이하 • 지중매설 양극깊이 75 [cm] 이상 • 급전 양극과 1 [m] 이내 임의의 점 사이의 전위차는 10 [V]를 초과 하지 아니할 것		
소세력 회 로	• 1차 대지전압 300 [V] 이하	• 1[mm^2] 이상의 연동선 • 가공전선의 경우 1.2 [mm] 　이상의 경동선	
출 퇴 표 시	• 1차 300 [V] 이하 • 2차 60 [V] 이하	단면적 1 [mm^2] 이상의 연동선	
전 기 접 진 장 치			•제1종 •사람 접촉 없다 　:제3종
아크용 접장치	• 1차 대지전압 300 [V] 이하 • 전용개폐기를 시설한 절연변압기의 사용		